당신도 이번에 반드시 합격합니다!

찐합격

공하성 교수님 직강

전기 ① 필기

소방설비기사

Ⅰ 본문

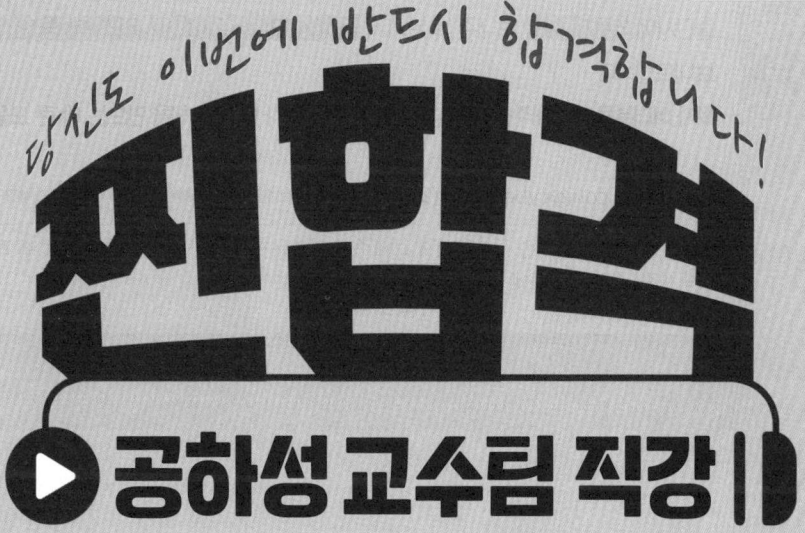

소방공학박사
우석대학교 소방방재학과 교수
공하성 지음

BM (주)도서출판 성안당

도서 A/S 안내

성안당에서 발행하는 모든 도서는 저자와 출판사, 그리고 독자가 함께 만들어 나갑니다.

좋은 책을 펴내기 위해 많은 노력을 기울이고 있습니다. 혹시라도 내용상의 오류나 오탈자 등이 발견되면 **"좋은 책은 나라의 보배"**로서 우리 모두가 함께 만들어 간다는 마음으로 연락주시기 바랍니다. 수정 보완하여 더 나은 책이 되도록 최선을 다하겠습니다.

성안당은 늘 독자 여러분들의 소중한 의견을 기다리고 있습니다. 좋은 의견을 보내주시는 분께는 성안당 쇼핑몰의 포인트(3,000포인트)를 적립해 드립니다.

잘못 만들어진 책이나 부록 등이 파손된 경우에는 교환해 드립니다.

저자 문의 : http://pf.kakao.com/_TZKbxj
Daum cafe.daum.net/firepass
NAVER cafe.naver.com/fireleader

본서 기획자 e-mail : coh@cyber.co.kr(최옥현)

홈페이지 : http://www.cyber.co.kr 전화 : 031) 950-6300

머리말

God loves you, and has a wonderful plan for you.

안녕하십니까?

우석대학교 소방방재학과 교수 공하성입니다.

지난 31년간 보내주신 독자 여러분의 아낌없는 찬사에 진심으로 감사드립니다.

앞으로도 변함없는 성원을 부탁드리며, 여러분들의 성원에 힘입어 항상 더 좋은 책으로 거듭나겠습니다.

본 책의 특징은 학원 강의를 듣듯 정말 자세하게 설명해 놓았다는 것입니다.

시험의 기출문제를 분석해 보면 문제은행식으로 과년도 문제가 매년 거듭 출제되고 있음을 알 수 있습니다. 그러므로 과년도 문제만 충실히 풀어보아도 쉽게 합격할 수 있을 것입니다.

그런데, 2004년 5월 29일부터 소방관련 법령이 전면 개정됨으로써 "소방관계법규"는 2005년부터 신법에 맞게 새로운 문제들이 출제되고 있습니다.

본 서는 여기에 중점을 두어 국내 최다의 과년도 문제와 신법에 맞는 출제 가능한 문제들을 최대한 많이 수록하였습니다.

또한, 각 문제마다 아래와 같이 중요도를 표시하였습니다.

별표 없는 것	출제빈도 10%	★	출제빈도 30%
★★	출제빈도 70%	★★★	출제빈도 90%

그리고 해답의 근거를 다음과 같이 약자로 표기하여 신뢰성을 높였습니다.

- **기본법** : 소방기본법
- **기본령** : 소방기본법 시행령
- **기본규칙** : 소방기본법 시행규칙
- **소방시설법** : 소방시설 설치 및 관리에 관한 법률
- **소방시설법 시행령** : 소방시설 설치 및 관리에 관한 법률 시행령
- **소방시설법 시행규칙** : 소방시설 설치 및 관리에 관한 법률 시행규칙
- **화재예방법** : 화재의 예방 및 안전관리에 관한 법률
- **화재예방법 시행령** : 화재의 예방 및 안전관리에 관한 법률 시행령
- **화재예방법 시행규칙** : 화재의 예방 및 안전관리에 관한 법률 시행규칙
- **공사업법** : 소방시설공사업법
- **공사업령** : 소방시설공사업법 시행령
- **공사업규칙** : 소방시설공사업법 시행규칙
- **위험물법** : 위험물안전관리법
- **위험물령** : 위험물안전관리법 시행령
- **위험물규칙** : 위험물안전관리법 시행규칙
- **건축령** : 건축법 시행령
- **위험물기준** : 위험물안전관리에 관한 세부기준
- **피난 · 방화구조** : 건축물의 피난 · 방화구조 등의 기준에 관한 규칙

본 책에는 잘못된 부분이 있을 수 있으며, 잘못된 부분에 대해서는 발견 즉시 성안당(www.cyber.co.kr) 또는 예스미디어(www.ymg.kr)에 올리도록 하고, 새로운 책이 나올 때마다 늘 수정 · 보완하도록 하겠습니다.

이 책의 집필에 도움을 준 이종화 · 안재천 교수님, 임수란님에게 고마움을 표합니다.

끝으로 이 책에 대한 모든 영광을 그 분께 돌려 드립니다.

공하성 올림

출제경향분석

소방설비기사 필기(전기분야) 출제경향분석

제1과목 소방원론

1. 화재의 성격과 원인 및 피해	9.1% (2문제)
2. 연소의 이론	16.8% (4문제)
3. 건축물의 화재성상	10.8% (2문제)
4. 불 및 연기의 이동과 특성	8.4% (1문제)
5. 물질의 화재위험	12.8% (3문제)
6. 건축물의 내화성상	11.4% (2문제)
7. 건축물의 방화 및 안전계획	5.1% (1문제)
8. 방화안전관리	6.4% (1문제)
9. 소화이론	6.4% (1문제)
10. 소화약제	12.8% (3문제)

제2과목 소방전기일반

1. 직류회로	19.9% (4문제)
2. 정전계	4.8% (1문제)
3. 자기	13.4% (2문제)
4. 교류회로	31.2% (6문제)
5. 비정현파 교류	1.1% (1문제)
6. 과도현상	1.1% (1문제)
7. 자동제어	10.8% (2문제)
8. 유도전동기	17.7% (3문제)

제3과목 소방관계법규

1. 소방기본법령	20% (4문제)
2. 소방시설 설치 및 관리에 관한 법령	14% (3문제)
3. 화재의 예방 및 안전관리에 관한 법령	21% (4문제)
4. 소방시설공사업법령	30% (6문제)
5. 위험물안전관리법령	15% (3문제)

제4과목 소방전기시설의 구조 및 원리

1. 자동화재탐지설비	22% (5문제)
2. 자동화재속보설비	6% (1문제)
3. 비상경보설비 및 비상방송설비	15% (3문제)
4. 누전경보기	8% (2문제)
5. 가스누설경보기	3% (1문제)
6. 유도등·유도표지 및 비상조명등	18% (4문제)
7. 비상콘센트설비	6% (1문제)
8. 무선통신 보조설비	10% (2문제)
9. 피난기구	6% (1문제)
10. 간선설비 · 예비전원설비	6% (1문제)

차 례

초스피드 기억법

1 소방원론

CONTENTS

2 소방관계법규

3 소방전기일반

차 례

CONTENTS

4 소방전기시설의 구조 및 원리

책선정시유의사항

첫째 **저자의 지명도를 보고 선택할 것**
(저자가 책의 모든 내용을 집필하기 때문)

둘째 **문제에 대한 100% 상세한 해설이 있는지 확인할 것**
(해설이 없을 경우 문제 이해에 어려움이 있음)

셋째 **과년도문제가 많이 수록되어 있는 것을 선택할 것**
(국가기술자격시험은 대부분 과년도문제에서 출제되기 때문)

넷째 **핵심내용을 정리한 요점 노트가 있는지 확인할 것**
(요점 노트가 있으면 중요사항을 쉽게 구분할 수 있기 때문)

이 책의 특징

1. 요점

요점 8 폭발의 종류

① **분해폭발** : 과산화물, 아세틸렌, 다이나마이트
② **분진폭발** : 밀가루, 담뱃가루, 석탄가루, 먼지, 전분, 금속
③ **중합폭발** : 염화비닐, 시안화수소

핵심내용을 별책 부록화하여 어디서든 휴대하기 간편한 요점 노트를 수록하였음.
(으흠 이런 깊은 뜻이!)

2. 문제

각 문제마다 중요도를 표시하여 ★이 많은 것은 특별히 주의깊게 볼 수 있도록 하였음!

★★★
08 자기연소를 일으키는 가연물질로만 짝지어진 것은?

① 나이트로셀룰로오즈, 황, 등유
② 질산에스터, 셀룰로이드, 나이트로화합물
③ 셀룰로이드, 발연황산, 목탄
④ 질산에스터, 황린, 염소산칼륨

각 문제마다 100% 상세한 해설을 하고 꼭 알아야 될 사항은 고딕체로 구분하여 표시하였음.

해설 위험물 **제4류 제2석유류**(등유, 경유)의 특성
(1) 성질은 **인화성 액체**이다.
(2) 상온에서 안정하고, 약간의 자극으로는 쉽게 폭발하지 않는다.
(3) 용해하지 않고, **물보다 가볍다.**
(4) 소화방법은 **포말소화**가 좋다.

답 ①

용어에 대한 설명을 첨부하여 문제를 쉽게 이해하여 답안작성이 용이하도록 하였음.

• **소방력** : 소방기관이 소방업무를 수행하는 데 필요한 인력과 장비

3. 초스피드 기억법

중요 표시방식
(1) 차량용 운반용기 : **흑색** 바탕에 **황색** 반사도료
(2) 옥외탱크저장소 : **백색** 바탕에 **흑색** 문자
(3) 주유취급소 : **황색** 바탕에 **흑색** 문자
(4) 물기엄금 : **청색** 바탕에 **백색** 문자
(5) 화기엄금 · 화기주의 : **적색** 바탕에 **백색** 문자

특히, 중요한 내용은 별도로 정리하여 쉽게 암기할 수 있도록 하였음.

9 점화원이 될 수 없는 것

1. 흡착열
2. 기화열
3. 융해열

● 초스피드 기억법

흡기 융점없(호흡기의 융점은 없다.)

시험에 자주 출제되는 내용들은 초스피드 기억법을 적용하여 한번에 기억할 수 있도록 하였음.

이 책의 공부방법

소방설비기사 필기(전기분야)의 가장 효율적인 공부방법을 소개합니다. 이 책으로 이대로만 공부하면 반드시 한 번에 합격할 수 있습니다.

첫째, 요점 노트를 읽고 숙지한다.
(요점 노트에서 평균 60% 이상이 출제되기 때문에 항상 휴대하고 다니며 틈날 때마다 눈에 익힌다.)

둘째, 초스피드 기억법을 읽고 숙지한다.
(특히 혼동되면서 중요한 내용들은 기억법을 적용하여 쉽게 암기할 수 있도록 하였으므로 꼭 기억한다.)

셋째, 본 책의 출제문제 수를 파악하고, 시험 때까지 3번 정도 반복하여 공부할 수 있도록 1일 공부 분량을 정한다.
(이때 너무 무리하지 않도록 1주일에 하루 정도는 쉬는 것으로 하여 계획을 짜는 것이 좋겠다.)

넷째, 본문은 Key Point란에 특히 관심을 가지며 부담없이 한 번 정도 읽은 후, 처음부터 차근차근 문제를 풀어 나간다.
(해설을 보며 암기할 사항이 요점 노트에 있으면 그것을 다시 한번 보고 혹시 요점 노트에 없으면 요점 노트의 여백에 기록한다.)

다섯째, 시험 전날에는 책 전체를 한 번 쭉 훑어보며 문제와 답만 체크(check)하며 보도록 한다.
(가능한 한 시험 전날에는 책 전체 내용을 밤을 세우더라도 꼭 점검하기 바란다. 시험 전날 본 문제가 의외로 많이 출제된다.)

여섯째, 시험장에 갈 때에도 책과 요점 노트는 반드시 지참한다.
(가능한 한 대중교통을 이용하여 시험장으로 향하는 동안에도 요점 노트를 계속 본다.)

일곱째, 시험장에 도착해서는 책을 다시 한번 훑어본다.
(마지막 5분까지 최선을 다하면 반드시 한 번에 합격할 수 있습니다.)

시험안내

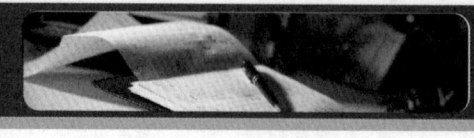

소방설비기사 필기(전기분야) 시험내용

1. 필기시험

구 분	내 용
시험 과목	1. 소방원론 2. 소방전기일반 3. 소방관계법규 4. 소방전기시설의 구조 및 원리
출제 문제	과목당 20문제(전체 80문제)
합격 기준	과목당 40점 이상 평균 60점 이상
시험 시간	2시간
문제 유형	객관식(4지선택형)

2. 실기시험

구 분	내 용
시험 과목	소방전기시설 설계 및 시공실무
출제 문제	9~18 문제
합격 기준	60점 이상
시험 시간	3시간
문제 유형	필답형

단위환산표

단위환산표(전기분야)

명 칭	기 호	크 기	명 칭	기 호	크 기
테라(tera)	T	10^{12}	피코(pico)	p	10^{-12}
기가(giga)	G	10^{9}	나노(nano)	n	10^{-9}
메가(mega)	M	10^{6}	마이크로(micro)	μ	10^{-6}
킬로(kilo)	k	10^{3}	밀리(milli)	m	10^{-3}
헥토(hecto)	h	10^{2}	센티(centi)	c	10^{-2}
데카(deka)	D	10^{1}	데시(deci)	d	10^{-1}

〈보기〉

- $1km=10^{3}m$
- $1mm=10^{-3}m$
- $1pF=10^{-12}F$
- $1\mu m=10^{-6}m$

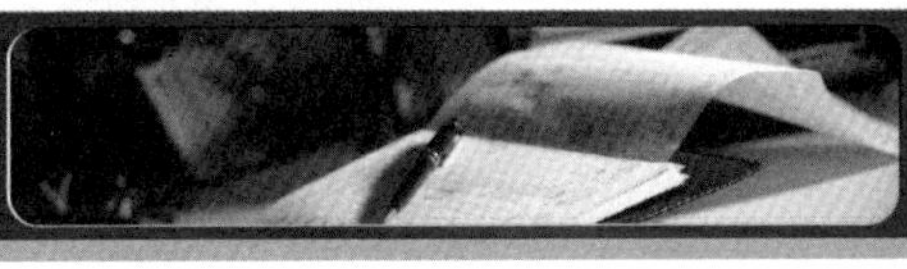

단위읽기표

단위읽기표(전기분야)

여러분들이 고민하는 것 중 하나가 단위를 어떻게 읽느냐 하는 것일 듯 합니다. 그 방법을 속시원하게 공개해 드립니다.

(알파벳 순)

단위	단위 읽는 법	단위의 의미(물리량)
〔Ah〕	암페어 아워(Ampere hour)	축전지의 용량
〔AT/m〕	암페어 턴 퍼 미터(Ampere Turn per meter)	자계의 세기
〔AT/Wb〕	암페어 턴 퍼 웨버(Ampere Turn per Weber)	자기저항
〔atm〕	에이 티 엠(atmosphere)	기압, 압력
〔AT〕	암페어 턴(Ampere Turn)	기자력
〔A〕	암페어(Ampere)	전류
〔BTU〕	비티유(British Thermal Unit)	열량
〔C/m^2〕	쿨롱 퍼 제곱미터(Coulomb per meter square)	전속밀도
〔cal/g〕	칼로리 퍼 그램(calorie per gram)	융해열, 기화열
〔cal/g℃〕	칼로리 퍼 그램 도씨(calorie per gram degree Celsius)	비열
〔cal〕	칼로리(calorie)	에너지, 일
〔C〕	쿨롱(Coulomb)	전하(전기량)
〔dB/m〕	데시벨 퍼 미터(deciBel per meter)	감쇠정수
〔dyn〕, 〔dyne〕	다인(dyne)	힘
〔erg〕	에르그(erg)	에너지, 일
〔F/m〕	패럿 퍼 미터(Farad per meter)	유전율
〔F〕	패럿(Farad)	정전용량(커패시턴스)
〔gauss〕	가우스(gauss)	자화의 세기
〔g〕	그램(gram)	질량
〔H/m〕	헨리 퍼 미터(Henry per meter)	투자율
〔HP〕	마력(Horse Power)	일률
〔Hz〕	헤르츠(Hertz)	주파수
〔H〕	헨리(Henry)	인덕턴스
〔h〕	아워(hour)	시간
〔J/m^3〕	줄 퍼 세제곱 미터(Joule per meter cubic)	에너지 밀도
〔J〕	줄(Joule)	에너지, 일
〔kg/m^2〕	킬로그램 퍼 제곱미터(kilogram per meter square)	화재하중
〔K〕	케이(Kelvin temperature)	켈빈온도
〔lb〕	파운드(pound)	중량
〔m^{-1}〕	미터 마이너스 일제곱(meter−)	감광계수
〔m/min〕	미터 퍼 미뉴트(meter per minute)	속도
〔m/s〕, 〔m/sec〕	미터 퍼 세컨드(meter per second)	속도
〔m^2〕	제곱미터(meter square)	면적

단위읽기표

단위	단위 읽는 법	단위의 의미(물리량)
〔maxwell/m^2〕	맥스웰 퍼 제곱미터(maxwell per meter square)	자화의 세기
〔mol〕, 〔mole〕	몰(mole)	물질의 양
〔m〕	미터(meter)	길이
〔N/C〕	뉴턴 퍼 쿨롱(Newton per Coulomb)	전계의 세기
〔N〕	뉴턴(Newton)	힘
〔N · m〕	뉴턴 미터(Newton meter)	회전력
〔PS〕	미터마력(PferdeStarke)	일률
〔rad/m〕	라디안 퍼 미터(radian per meter)	위상정수
〔rad/s〕, 〔rad/sec〕	라디안 퍼 세컨드(radian per second)	각주파수, 각속도
〔rad〕	라디안(radian)	각도
〔rpm〕	알피엠(revolution per minute)	동기속도, 회전속도
〔S〕	지멘스(Siemens)	컨덕턴스
〔s〕, 〔sec〕	세컨드(second)	시간
〔V/cell〕	볼트 퍼 셀(Volt per cell)	축전지 1개의 최저 허용전압
〔V/m〕	볼트 퍼 미터(Volt per meter)	전계의 세기
〔Var〕	바르(Var)	무효전력
〔VA〕	볼트 암페어(Volt Ampere)	피상전력
〔vol%〕	볼륨 퍼센트(volume percent)	농도
〔V〕	볼트(Volt)	전압
〔W/m^2〕	와트 퍼 제곱미터(watt per meter square)	대류열
〔W/m^2 · K^3〕	와트 퍼 제곱미터 케이 세제곱(Watt per meter square kelvin cubic)	스테판 볼츠만 상수
〔W/m^2 · ℃〕	와트 퍼 제곱미터 도씨(Watt per meter square degree Celsius)	열전달률
〔W/m^3〕	와트 퍼 세제곱 미터(Watt per meter cubic)	와전류손
〔W/m · K〕	와트 퍼 미터 케이(Watt per meter Kelvin)	열전도율
〔W/sec〕, 〔W/s〕	와트 퍼 세컨드(Watt per second)	전도열
〔Wb/m^2〕	웨버 퍼 제곱미터(Weber per meter square)	자화의 세기
〔Wb〕	웨버(Weber)	자극의 세기, 자속, 자화
〔Wb · m〕	웨버 미터(Weber meter)	자기모멘트
〔W〕	와트(Watt)	전력, 유효전력(소비전력)
〔°F〕	도에프(degree Fahrenheit)	화씨온도
〔°R〕	도알(degree Rankine temperature)	랭킨온도
〔Ω^{-1}〕	옴 마이너스 일제곱(ohm−)	컨덕턴스
〔Ω〕	옴(ohm)	저항
〔℧〕	모(mho)	컨덕턴스
〔℃〕	도씨(degree Celsius)	섭씨온도

시험안내 연락처

기관명	주 소	전화번호
서울지역본부	02512 서울 동대문구 장안벚꽃로 279(휘경동 49-35)	02-2137-0590
서울서부지사	03302 서울 은평구 진관3로 36(진관동 산100-23)	02-2024-1700
서울남부지사	07225 서울시 영등포구 버드나루로 110(당산동)	02-876-8322
서울강남지사	06193 서울시 강남구 테헤란로 412 알레르망타워 15층(대치동)	02-2161-9100
인천지사	21634 인천시 남동구 남동서로 209(고잔동)	032-820-8600
경인지역본부	16626 경기도 수원시 권선구 호매실로 46-68(탑동)	031-249-1201
경기동부지사	13313 경기 성남시 수정구 성남대로 1214(수진동)	031-750-6200
경기서부지사	14488 경기도 부천시 길주로 463번길 69(춘의동)	032-719-0800
경기남부지사	17561 경기 안성시 공도읍 공도로 51-23	031-615-9000
경기북부지사	11801 경기도 의정부시 바대논길 21 해인프라자 3~5층(고산동)	031-850-9100
강원지사	24408 강원특별자치도 춘천시 동내면 원창 고개길 135(학곡리)	033-248-8500
강원동부지사	25440 강원특별자치도 강릉시 사천면 방동길 60(방동리)	033-650-5700
부산지역본부	46519 부산시 북구 금곡대로 441번길 26(금곡동)	051-330-1910
부산남부지사	48518 부산시 남구 신선로 454-18(용당동)	051-620-1910
경남지사	51519 경남 창원시 성산구 두대로 239(중앙동)	055-212-7200
경남서부지사	52733 경남 진주시 남강로 1689(초전동 260)	055-791-0700
울산지사	44538 울산광역시 중구 종가로 347(교동)	052-220-3277
대구지역본부	42704 대구시 달서구 성서공단로 213(갈산동)	053-580-2300
경북지사	36616 경북 안동시 서후면 학가산 온천길 42(명리)	054-840-3000
경북동부지사	37580 경북 포항시 북구 법원로 140번길 9(장성동)	054-230-3200
경북서부지사	39371 경상북도 구미시 산호대로 253(구미첨단의료 기술타워 2층)	054-713-3000
광주지역본부	61008 광주광역시 북구 첨단벤처로 82(대촌동)	062-970-1700
전북지사	54852 전북 전주시 덕진구 유상로 69(팔복동)	063-210-9200
전북서부지사	54098 전북 군산시 공단대로 197번지 풍산빌딩 2층(수송동)	063-731-5500
전남지사	57948 전남 순천시 순광로 35-2(조례동)	061-720-8500
전남서부지사	58604 전남 목포시 영산로 820(대양동)	061-288-3300
대전지역본부	35000 대전광역시 중구 서문로 25번길 1(문화동)	042-580-9100
충북지사	28456 충북 청주시 흥덕구 1순환로 394번길 81(신봉동)	043-279-9000
충북북부지사	27480 충북 충주시 호암수청2로 14 충주농협 호암행복지점 3~4층(호암동)	043-722-4300
충남지사	31081 충남 천안시 서북구 상고1길 27(신당동)	041-620-7600
세종지사	30128 세종특별자치시 한누리대로 296(나성동)	044-410-8000
제주지사	63220 제주 제주시 복지로 19(도남동)	064-729-0701

※ 청사이전 및 조직변동 시 주소와 전화번호가 변경, 추가될 수 있음

응시자격

기사 : 다음 각 호의 어느 하나에 해당하는 사람

1. **산업기사** 등급 이상의 자격을 취득한 후 응시하려는 종목이 속하는 동일 및 유사 직무분야에서 **1년 이상** 실무에 종사한 사람
2. **기능사** 자격을 취득한 후 응시하려는 종목이 속하는 동일 및 유사 직무분야에서 **3년 이상** 실무에 종사한 사람
3. 응시하려는 종목이 속하는 동일 및 유사 직무분야의 다른 종목의 기사 등급 이상의 자격을 취득한 사람
4. 관련학과의 대학졸업자 등 또는 그 졸업예정자
5. **3년제 전문대학** 관련학과 졸업자 등으로서 졸업 후 응시하려는 종목이 속하는 동일 및 유사 직무분야에서 **1년 이상** 실무에 종사한 사람
6. **2년제 전문대학** 관련학과 졸업자 등으로서 졸업 후 응시하려는 종목이 속하는 동일 및 유사 직무분야에서 **2년 이상** 실무에 종사한 사람
7. 동일 및 유사 직무분야의 **기사** 수준 기술훈련과정 이수자 또는 그 이수예정자
8. 동일 및 유사 직무분야의 **산업기사** 수준 기술훈련과정 이수자로서 이수 후 응시하려는 종목이 속하는 동일 및 유사 직무분야에서 **2년 이상** 실무에 종사한 사람
9. 응시하려는 종목이 속하는 동일 및 유사 직무분야에서 **4년 이상** 실무에 종사한 사람
10. 외국에서 동일한 종목에 해당하는 자격을 취득한 사람

산업기사 : 다음 각 호의 어느 하나에 해당하는 사람

1. **기능사** 등급 이상의 자격을 취득한 후 응시하려는 종목이 속하는 동일 및 유사 직무분야에 **1년 이상** 실무에 종사한 사람
2. 응시하려는 종목이 속하는 동일 및 유사 직무분야의 다른 종목의 산업기사 등급 이상의 자격을 취득한 사람
3. 관련학과의 **2년제** 또는 **3년제 전문대학**졸업자 등 또는 그 졸업예정자
4. 관련학과의 대학졸업자 등 또는 그 졸업예정자
5. 동일 및 유사 직무분야의 산업기사 수준 기술훈련과정 이수자 또는 그 이수예정자
6. 응시하려는 종목이 속하는 동일 및 유사 직무분야에서 **2년 이상** 실무에 종사한 사람
7. 고용노동부령으로 정하는 기능경기대회 입상자
8. 외국에서 동일한 종목에 해당하는 자격을 취득한 사람

※ 세부사항은 한국산업인력공단 **1644-8000**으로 문의바람

소방설비(산업)기사 필기
(전기분야)

초스피드 기억법

상대성 원리

아인슈타인이 '상대성 원리'를 발견하고 강연회를 다니기 시작했다. 많은 단체 또는 사람들이 그를 불렀다.

30번 이상의 강연을 한 어느날이었다. 전속 운전기사가 아인슈타인에게 장난스럽게 이런말을 했다.

"박사님! 전 상대성 원리에 대한 강연을 30번이나 들었기 때문에 이제 모두 암송할 수 있게 되었습니다. 박사님은 연일 강연하시느라 피곤하실텐데 다음번에는 제가 한번 강연하면 어떨까요?"

그 말을 들은 아인슈타인은 아주 재미있어 하면서 순순히 그 말에 응하였다.

그래서 다음 대학을 향해 가면서 아인슈타인과 운전기사는 옷을 바꿔입었다.

운전기사는 아인슈타인과 나이도 비슷했고 외모도 많이 닮았다.

이때부터 아인슈타인은 운전을 했고 뒷자석에는 운전기사가 앉아 있게 되었다.

학교에 도착하여 강연이 시작되었다.

가짜 아인슈타인 박사의 강의는 정말 훌륭했다. 말 한마디, 얼굴표정, 몸의 움직임까지도 진짜 박사와 흡사했다.

성공적으로 강연을 마친 가짜 박사는 많은 박수를 받으며 강단에서 내려오려고 했다. 그 때 문제가 발생했다. 그 대학의 교수가 질문을 한 것이다.

가슴이 '쿵'하고 내려앉은 것은 가짜박사보다 진짜 박사쪽이었다.

운전기사 복장을 하고 있으니 나서서 질문에 답할 수도 없는 상황이었다.

그런데 단상에 있던 가짜 박사는 조금도 당황하지 않고 오히려 빙그레 웃으며 이렇게 말했다.

"아주 간단한 질문이오. 그 정도는 제 운전기사도 답할 수 있습니다."

그러더니 진짜 아인슈타인 박사를 향해 소리쳤다.

"여보게나? 이 분의 질문에 대해 어서 설명해 드리게나!"

그말에 진짜 박사는 안도의 숨을 내쉬며 그 질문에 대해 차근차근 설명해 나갔다.

인생을 살면서 아무리 어려운 일이 닥치더라도 결코 당황하지 말고 침착하고 지혜롭게 대처하는 여러분들이 되시길 바랍니다.

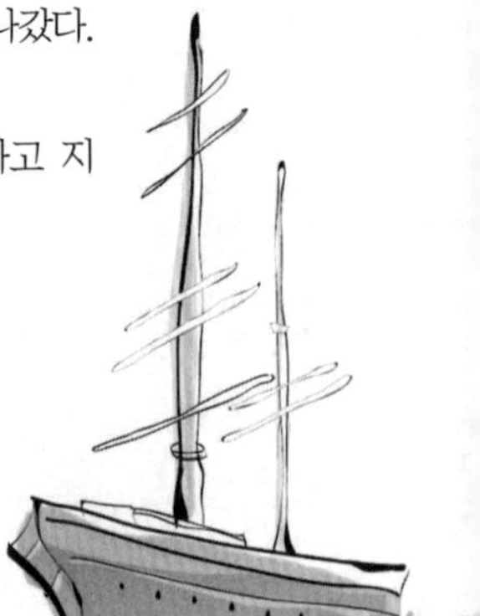

제1편

소방원론

제1장 화재론

1 화재의 발생현황(눈을 크게 뜨고 보라!)

① 발화요인별 : 부주의>전기적 요인>기계적 요인>화학적 요인>교통사고>방화의심>방화>자연적 요인>가스누출

② 장소별 : 근린생활시설>공동주택>공장 및 창고>복합건축물>업무시설>숙박시설>교육연구시설

③ 계절별 : 겨울>봄>가을>여름

2 화재의 종류

구 분 \ 등 급	A급	B급	C급	D급	K급
화재종류	일반화재	유류화재	전기화재	금속화재	주방화재
표시색	**백**색	**황**색	**청**색	**무**색	–

● 초스피드 기억법

백황청무(**백**색 **황**새가 **청**나라 **무**서워한다.)

※ 요즘은 표시색의 의무규정은 없음

3 연소의 색과 온도

색	온도(℃)
암적색(진홍색)	700~750
적색	850
휘적색(주황색)	925~950
황적색	1100
백적색(백색)	1200~1300
휘백색	1500

● 초스피드 기억법

진7(**진**출), 적8(**저팔**개), 주9(**주**먹**구구**)

4 전기화재의 발생원인

① **단락**(합선)에 의한 발화

② **과부하**(과전류)에 의한 발화

③ **절연저항 감소**(누전)로 인한 발화

Key Point

※ 화재
자연 또는 인위적인 원인에 의하여 불이 물체를 연소시키고, 인명과 재산의 손해를 주는 현상

※ 일반화재
연소 후 재를 남기는 가연물

※ 유류화재
연소 후 재를 남기지 않는 가연물

※ 전기화재가 아닌 것
① 승압
② 고압전류

Key Point

❋ 단락
두 전선의 피복이 녹아서 전선과 전선이 서로 접촉되는 것

❋ 누전
전류가 전선 이외의 다른 곳으로 흐르는 것

❋ 폭발한계와 같은 의미
① 폭발범위
② 연소한계
③ 가연한계
④ 가연범위

❋ 분진폭발을 일으키지 않는 물질
① 시멘트
② 석회석
③ 탄산칼슘($CaCO_3$)
④ 생석회(CaO)

❋ 폭굉
화염의 전파속도가 음속보다 빠르다.

④ 전열기기 과열에 의한 발화
⑤ 전기불꽃에 의한 발화
⑥ 용접불꽃에 의한 발화
⑦ 낙뢰에 의한 발화

5 공기중의 폭발한계 (익사천리로 나와야 한다.)

가 스	하한계(vol%)	상한계(vol%)
아세틸렌(C_2H_2)	2.5	81
수소(H_2)	4	75
일산화탄소(CO)	12	75
암모니아(NH_3)	15	25
메탄(CH_4)	5	15
에탄(C_2H_6)	3	12.4
프로판(C_3H_8)	2.1	9.5
부탄(C_4H_{10})	1.8	8.4

● 초스피드 기억법

수475 (수사후 치료하세요.)
부18 (부자의 일반적인 팔자)

6 폭발의 종류(물 흐르듯 나와야 한다.)

① **분해폭발** : 아세틸렌, 과산화물, 다이너마이트
② **분진폭발** : 밀가루, 담뱃가루, 석탄가루, 먼지, 전분, 금속분
③ **중합폭발** : 염화비닐, 시안화수소
④ **분해 · 중합폭발** : 산화에틸렌
⑤ **산화폭발** : 압축가스, 액화가스

● 초스피드 기억법

아과다해(아세틸렌이 과다해)

7 폭굉의 연소속도

1000~3500m/s

Key Point

8 가연물이 될 수 없는 물질

구 분	설 명
주기율표의 0족 원소	헬륨(He), 네온(Ne), 아르곤(Ar), 크립톤(Kr), 크세논(Xe), 라돈(Rn)
산소와 더이상 반응하지 않는 물질	물(H_2O), 이산화탄소(CO_2), 산화알루미늄(Al_2O_3), 오산화인(P_2O_5)
흡열반응 물질	질소(N_2)

● 초스피드 기억법

질흡(진흙탕)

※ 질소
복사열을 흡수하지 않는다.

9 점화원이 될 수 없는 것

① 흡착열
② 기화열
③ 융해열

● 초스피드 기억법

흡기 융점없(호흡기의 융점은 없다.)

※ 점화원과 같은 의미
① 발화원
② 착화원

10 연소의 형태(다 외웠는가? 훌륭하다!)

연소 형태	종 류
표면연소	숯, 코크스, 목탄, 금속분
분해연소	아스팔트, 플라스틱, 중유, 고무, 종이, 목재, 석탄
증발연소	황, 왁스, 파라핀, 나프탈렌, 가솔린, 등유, 경유, 알코올, 아세톤
자기연소	나이트로글리세린, 나이트로셀룰로오스(질화면), TNT, 피크린산
액적연소	벙커C유
확산연소	메탄(CH_4), 암모니아(NH_3), 아세틸렌(C_2H_2), 일산화탄소(CO), 수소(H_2)

● 초스피드 기억법

아플 중고종목 분석(아플땐 중고종목을 분석해)
자T피(쟈니윤이 티피코시를 입었다.)

11 연소와 관계되는 용어

연소 용어	설 명
발화점	가연성 물질에 불꽃을 접하지 아니하였을 때 연소가 가능한 **최저온도**
인화점	휘발성 물질에 불꽃을 접하여 연소가 가능한 **최저온도**
연소점	어떤 인화성 액체가 공기중에서 열을 받아 점화원의 존재하에 지속적인 연소를 일으킬 수 있는 온도

※ 물질의 발화점
① 황린 : 30~50℃
② 황화인 · 이황화탄소 : 100℃
③ 나이트로셀룰로오스 : 180℃

Key Point

● 초스피드 기억법

연지(연지 곤지)

12 물의 잠열

※ 융해잠열
고체에서 액체로 변할 때의 잠열

※ 기화잠열
액체에서 기체로 변할 때의 잠열

구 분	열 량
융해잠열	80cal/g
기화(증발)잠열	539cal/g
0℃의 물 1g이 100℃의 수증기로 되는 데 필요한 열량	639cal
0℃의 얼음 1g이 100℃의 수증기로 되는 데 필요한 열량	719cal

● 초스피드 기억법

융8(왕파리), 5기(오기가 생겨서)

13 증기비중

※ 증기밀도

$$증기밀도=\frac{분자량}{22.4}$$

여기서,
22.4 : 기체 1몰의 부피[l]

$$증기비중=\frac{분자량}{29}$$

여기서, 29 : 공기의 평균 분자량

14 증기－공기밀도

$$증기-공기밀도=\frac{P_2 d}{P_1}+\frac{P_1-P_2}{P_1}$$

여기서, P_1 : 대기압
P_2 : 주변온도에서의 증기압
d : 증기밀도

15 일산화탄소의 영향

※ 일산화탄소
화재시 인명피해를 주는 유독성 가스

농 도	영 향
0.2%	1시간 호흡시 생명에 위험을 준다.
0.4%	1시간 내에 사망한다.
1%	2~3분 내에 실신한다.

16 스테판－볼츠만의 법칙

$$Q=aAF(T_1^{\ 4}-T_2^{\ 4})$$

여기서, Q : 복사열[W]
a : 스테판－볼츠만 상수[$W/m^2 \cdot K^4$]

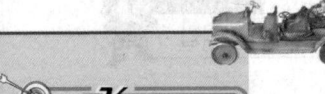

Key Point

F : 기하학적 factor
A : 단면적[m^2]
T_1 : 고온[K]
T_2 : 저온[K]

스테판-볼츠만의 법칙 : 복사체에서 발산되는 복사열은 복사체의 절대온도의 **4제곱**에 비례한다.

● 초스피드 기억법

스4(**수사**하라.)

17 보일 오버(boil over)

① 중질유의 탱크에서 장시간 조용히 연소하다 탱크 내의 잔존기름이 갑자기 분출하는 현상
② 유류탱크에서 탱크바닥에 물과 기름의 **에멀전**이 섞여 있을 때 이로 인하여 화재가 발생하는 현상
③ 연소유면으로부터 100℃ 이상의 열파가 탱크 저부에 고여 있는 물을 비등하게 하면서 연소유를 탱크 밖으로 비산시키며 연소하는 현상

※ 에멀전
물의 미립자가 기름과 섞여서 기름의 증발능력을 떨어뜨려 연소를 억제하는 것

18 열전달의 종류

① 전도
② 복사 : 전자파의 형태로 열이 옮겨지며, 가장 크게 작용한다.
③ 대류

● 초스피드 기억법

전복열대(**전복**은 **열대**어다.)

19 열에너지원의 종류(이 내용은 자다가도 말할 수 있어야 한다.)

(1) 전기열

① 유도열 : 도체주위의 자장에 의해 발생
② 유전열 : **누설전류**(절연감소)에 의해 발생
③ 저항열 : 백열전구의 발열
④ 아크열
⑤ 정전기열
⑥ 낙뢰에 의한 열

(2) 화학열

① 연소열 : 물질이 완전히 산화되는 과정에서 발생

※ 자연발화의 형태
(1) 분해열
① 셀룰로이드
② 나이트로셀룰로오스
(2) 산화열
① 건성유(정어리유, 아마인유, 해바라기유)
② 석탄
③ 원면
④ 고무분말
(3) 발효열
① 먼지
② 곡물
③ 퇴비
(4) 흡착열
① 목탄
② 활성탄

기억법
자먼곡발퇴(자네 먼 곳에서 오느라 발이 붙어텄나)

Key Point

② 분해열
③ 용해열 : **농황산**
④ 자연발열(자연발화) : 어떤 물질이 외부로부터 열의 공급을 받지 아니하고 온도가 상승하는 현상
⑤ 생성열

● **초스피드 기억법**

연분용 자생화(연분홍 자생화)

20 자연발화의 방지법

① 습도가 높은 곳을 피할 것(건조하게 유지할 것)
② 저장실의 **온도**를 **낮출 것**
③ 통풍이 잘 되게 할 것
④ 퇴적 및 수납시 열이 쌓이지 않게 할 것

※ 샤를의 법칙
압력이 일정할 때 기체의 부피는 절대온도에 비례한다.

21 보일-샤를의 법칙

기체가 차지하는 부피는 **압력**에 **반비례**하며, **절대온도**에 **비례**한다.

$$\frac{P_1 V_1}{T_1} = \frac{P_2 V_2}{T_2}$$

여기서, P_1, P_2 : 기압〔atm〕
V_1, V_2 : 부피〔m^3〕
T_1, T_2 : 절대온도〔K〕

22 목재 건축물의 화재진행과정

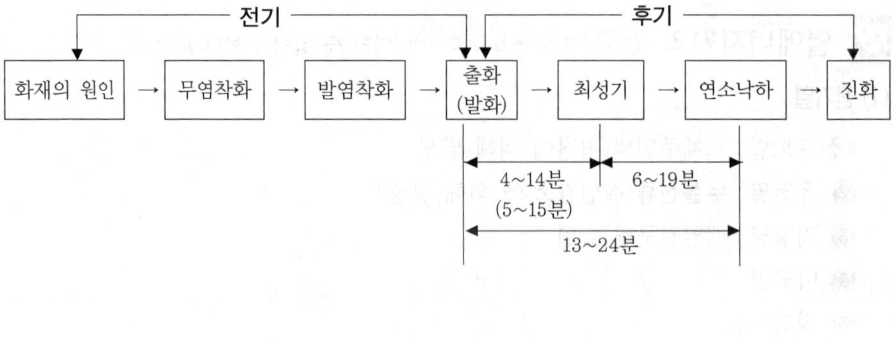

※ 무염착화
가연물이 재로 덮힌 숯불 모양으로 불꽃 없이 착화하는 현상

※ 발염착화
가연물이 불꽃이 발생되면서 착화하는 현상

Key Point

23 건축물의 화재성상(다 중요! 참 중요!)

(1) 목재 건축물

❶ 화재성상 : 고온 단기형

❷ 최고온도 : 1300℃

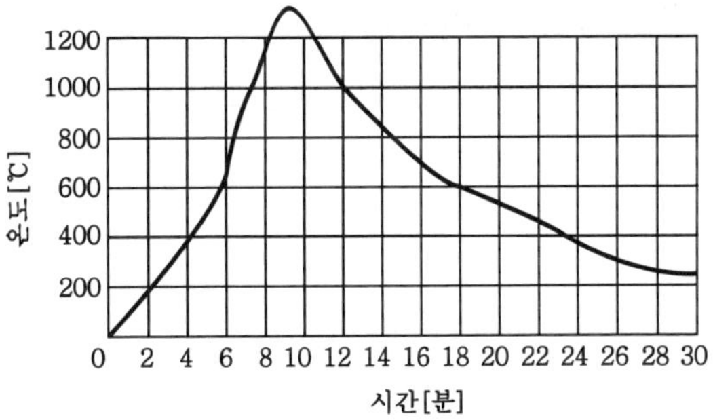

● 초스피드 기억법

고단목(고단할 땐 목캔디가 최고야!)

(2) 내화 건축물

❶ 화재성상 : 저온 장기형

❷ 최고온도 : 900~1000℃

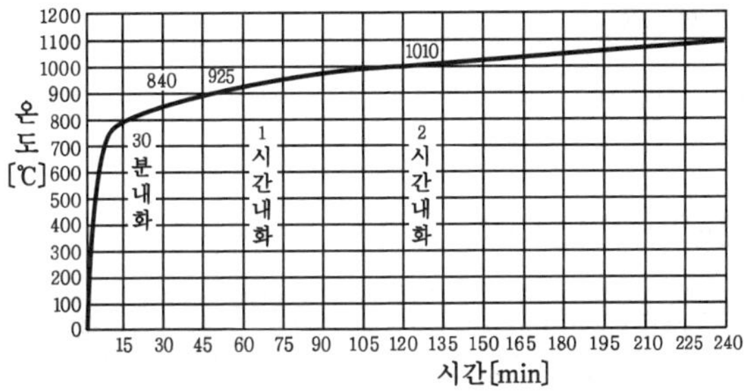

※ 내화건축물의 표준 온도
① 30분 후 : 840℃
② 1시간 후 : 925~950℃
③ 2시간 후 : 1010℃

24 플래시 오버(flash over)

(1) 정의

❶ 폭발적인 착화현상

❷ 순발적인 연소확대현상

❸ 화재로 인하여 실내의 온도가 급격히 상승하여 화재가 순간적으로 실내전체에 확산되어 연소되는 현상

(2) 발생시점

성장기~최성기(성장기에서 최성기로 넘어가는 분기점)

Key Point

(3) 실내온도 : 약 800~900℃

● 초스피드 기억법

내플89 (내풀팔고 네플쓰자)

25 플래시 오버에 영향을 미치는 것

※ 플래시 오버와 같은 의미
① 순발연소
② 순간연소

① 내장재료(내장재료의 제성상, 실내의 내장재료)
② 화원의 크기
③ 개구율

● 초스피드 기억법

내화플개 (내화구조를 풀게나)

26 연기의 이동속도

※ 연기의 형태
(1) 고체 미립자계 : 일반적인 연기
(2) 액체 미립자계
① 담배연기
② 훈소연기

구 분	이동속도
수평방향	0.5~1m/s
수직방향	2~3m/s
계단실 내의 수직 이동속도	3~5m/s

● 초스피드 기억법

연직23 (연구직은 이상해)

27 연기의 농도와 가시거리(아주 중요! 정말 중요!)

감광계수[m^{-1}]	가시거리[m]	상 황
0.1	20~30	연기감지기가 작동할 때의 농도
0.3	5	건물내부에 익숙한 사람이 피난에 지장을 느낄 정도의 농도
0.5	3	어두운 것을 느낄 정도의 농도
1	1~2	거의 앞이 보이지 않을 정도의 농도
10	0.2~0.5	화재 최성기 때의 농도
30	-	출화실에서 연기가 분출할 때의 농도

● 초스피드 기억법

연1 2030 (연일 20~30℃까지 올라간다.)

28 위험물의 일반 사항(술술 나오도록 외우자!)

위험물	성 질	소화방법
제1류	**강산화성 물질**(산화성 고체)	물에 의한 **냉각소화** (단, **무기과산화물**은 **마른모래** 등에 의한 질식소화)
제2류	**환원성 물질**(가연성 고체)	물에 의한 **냉각소화** (단, **금속분**은 **마른모래** 등에 의한 **질식소화**)
제3류	**금수성 물질** 및 **자연발화성 물질**	**마른모래** 등에 의한 질식소화 (단, **칼륨**·**나트륨**은 연소확대 방지)
제4류	**인화성 물질**(인화성 액체)	포·분말·CO_2·할론소화약제에 의한 **질식소화**
제5류	**폭발성 물질**(자기 반응성 물질)	화재 초기에만 대량의 물에 의한 **냉각소화**(단, 화재가 진행되면 자연진화 되도록 기다릴 것)
제6류	**산화성 물질**(산화성 액체)	마른모래 등에 의한 **질식소화** (단, **과산화수소**는 다량의 **물**로 **희석소화**)

● **초스피드 기억법**

1강산(일류, 강산)
4인(싸인해)
5폭자(오폭으로 자멸하다.)

※ **금수성 물질**
① 생석회
② 금속칼슘
③ 탄화칼슘

※ **마른모래**
예전에는 '건조사'라고 불리어졌다.

29 물질에 따른 저장장소

물 질	저장장소
황린, 이황화탄소(CS_2)	물속
나이트로셀룰로오스	알코올 속
칼륨(K), 나트륨(Na), 리튬(Li)	석유류(등유) 속
아세틸렌(C_2H_2)	디메틸포름아미드(DMF), 아세톤에 용해

● **초스피드 기억법**

황물이(황토색 물이 나온다.)

30 주수소화시 위험한 물질

구 분	주수소화시 현상
무기 과산화물	산소발생
금속분·마그네슘·알루미늄·칼륨·나트륨	수소발생
가연성 액체의 유류화재	연소면(화재면) 확대

● **초스피드 기억법**

무산(무산 됐다.)

※ **주수소화**
물을 뿌려 소화하는 것

Key Point

※ 최소 정전기 점화에너지
국부적으로 온도를 높이는 전기불꽃과 같은 점화원에 의해 점화될 때의 에너지 최소값

31 최소 정전기 점화에너지

① 수소(H_2) : 0.02mJ
② 메탄(CH_4)
③ 에탄(C_2H_6)
④ 프로판(C_3H_8)
⑤ 부탄(C_4H_{10})

(②~⑤) 0.3mJ

● 초스피드 기억법

002점수(국제전화 002의 점수)

제2장 방화론

32 공간적 대응

① 도피성
② 대항성 : 내화성능 · 방연성능 · 초기소화 대응 등의 화재사상의 저항능력
③ 회피성

● 초스피드 기억법

도대회공(도에서 대회를 개최하는 것은 공무수행이다.)

※ 회피성
불연화 · 난연화 · 내장제한 · 구획의 세분화 · 방화훈련(소방훈련) · 불조심 등 출화유발 · 확대 등을 저감시키는 예방조치 강구사항을 말한다.

33 연소확대방지를 위한 방화계획

① 수평구획(면적단위)
② 수직구획(층단위)
③ 용도구획(용도단위)

● 초스피드 기억법

연수용(연수용 건물)

34 내화구조 · 불연재료(진짜 중요!)

내화구조	불연재료
① 철근 콘크리트조 ② 석조 ③ 연와조	① 콘크리트 · 석재 ② 벽돌 · 기와 ③ 석면판 · 철강 ④ 알루미늄 · 유리 ⑤ 모르타르 · 회

● 초스피드 기억법

철석연내(**철석** 소리가 나더니 **연내** 무너졌다.)

35 내화구조의 기준

내화구분	기 준
벽 · 바닥	철골 · 철근 콘크리트조로서 두께가 10cm 이상인 것
기둥	철골을 두께 5cm 이상의 콘크리트로 덮은 것
보	두께 5cm 이상의 콘크리트로 덮은 것

● 초스피드 기억법

벽바내1(**벽**을 **바**라보면 **내일**이 보인다.)

36 방화구조의 기준

구조내용	기 준
• **철망모르타르** 바르기	두께 2cm 이상
• 석고판 위에 시멘트모르타르를 바른 것 • 석고판 위에 회반죽을 바른 것 • 시멘트모르타르 위에 타일을 붙인 것	두께 2.5cm 이상
• 심벽에 흙으로 맞벽치기 한 것	모두 해당

37 방화문의 구분

60분+방화문	60분 방화문	30분 방화문
연기 및 불꽃을 차단할 수 있는 시간이 60분 이상이고, 열을 차단할 수 있는 시간이 30분 이상인 방화문	연기 및 불꽃을 차단할 수 있는 시간이 60분 이상인 방화문	연기 및 불꽃을 차단할 수 있는 시간이 30분 이상 60분 미만인 방화문

Key Point

❋ **내화구조**
공동주택의 각 세대간의 경계벽의 구조

❋ **방화구조**
화재시 건축물의 인접부분에로의 연소를 차단할 수 있는 구조

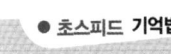

❋ **방화문**
① 직접 손으로 열 수 있을 것
② 자동으로 닫히는 구조(자동폐쇄 장치)일 것

Key Point

※ 주요 구조부
건물의 주요 골격을 이루는 부분

38 주요 구조부(정말 중요!)

1. 주계단(옥외계단 제외)
2. 기둥(사잇기둥 제외)
3. 바닥(최하층 바닥 제외)
4. 지붕틀(차양 제외)
5. 벽(내력벽)
6. 보(작은보 제외)

● 초스피드 기억법

주기바지벽보(**주기**적으로 **바지**가 그려져 있는 **벽보**를 보라.)

39 피난행동의 성격

1. 계단 보행속도
2. 군집 보행속도 ─┬ 자유보행 : 0.5~2m/s
   └ 군집보행 : 1m/s
3. 군집 유동계수

● 초스피드 기억법

계단 군보유(그 **계단**은 **군**이 **보유**하고 있다.)

※ 피난동선
'피난경로'라고도 부른다.

40 피난동선의 특성

1. 가급적 **단순형태**가 좋다.
2. **수평동선**과 **수직동선**으로 구분한다.
3. 가급적 상호 반대방향으로 다수의 출구와 연결되는 것이 좋다.
4. 어느 곳에서도 2개 이상의 방향으로 피난할 수 있으며, 그 말단은 화재로부터 안전한 장소이어야 한다.

※ 제연방법
① 희석
② 배기
③ 차단

※ 모니터
창살이나 넓은 유리창이 달린 지붕 위의 구조물

41 제연방식

1. 자연 제연방식 : **개구부** 이용
2. 스모크타워 제연방식 : **루프 모니터** 이용
3. 기계 제연방식 ─┬ 제1종 기계 제연방식 : **송풍기+배연기**
   ├ 제2종 기계 제연방식 : **송풍기**
   └ 제3종 기계 제연방식 : **배연기**

● 초스피드 기억법

송2(송이 버섯), 배3(배삼룡)

42 제연구획(NFPC 501 4·7조, NFTC 501 2.1.2.2, 2.4.2)

구 분	설 명
제연경계의 폭	0.6m 이상
제연경계의 수직거리	2m 이내
예상제연구역~배출구의 수평거리	10m 이내

43 건축물의 안전계획

(1) 피난시설의 안전구획

안전구획	설 명
1차 안전구획	복도
2차 안전구획	부실(계단전실)
3차 안전구획	계단

● 초스피드 기억법

복부계(복부인 계하나 더세요.)

(2) 패닉(Panic)현상을 일으키는 피난형태

① H형

② CO형

● 초스피드 기억법

패H(피해), Panic C(Panic C)

※ 패닉현상
인간이 극도로 긴장되어 돌출행동을 하는 것

44 적응 화재

화재의 종류	적응 소화기구
A급	• 물 • 산알칼리
AB급	• 포
BC급	• 이산화탄소 • 할론 • 1, 2, 4종 분말
ABC급	• 3종 분말 • 강화액

Key Point

※ 질식효과
공기중의 산소농도를 16%(10~15%) 이하로 희박하게 하는 방법

※ 할론 1301
① 할론 약제 중 소화효과가 가장 좋다.
② 할론 약제 중 독성이 가장 약하다.
③ 할론 약제 중 오존파괴지수가 가장 높다.

※ 중탄산나트륨
"탄산수소나트륨"이라고도 부른다.

※ 중탄산칼륨
"탄산수소칼륨"이라고도 부른다.

45 주된 소화작용(참 중요!)

소화제	주된 소화작용
• 물	• 냉각효과
• 포 • 분말 • 이산화탄소	• 질식효과
• 할론	• 부촉매효과(연쇄반응억제)

● 초스피드 기억법

물냉(물냉면)
할부억(할아버지 억지부리지 마세요.)

46 분말 소화약제

종 별	소화약제	약제의 착색	적응 화재	비 고
제1종	중탄산나트륨 ($NaHCO_3$)	백색	BC급	식용유 및 지방질유의 화재에 적합
제2종	중탄산칼륨 ($KHCO_3$)	담자색 (담회색)	BC급	–
제3종	제1인산암모늄 ($NH_4H_2PO_4$)	담홍색	ABC급	차고 · 주차장에 적합
제4종	중탄산칼륨+요소 ($KHCO_3+(NH_2)_2CO$)	회(백)색	BC급	–

● 초스피드 기억법

1식분(일식 분식)
3분 차주(삼보컴퓨터 차주)

1 기 간(30분만 눈에 불을 켜고 보라!)

(1) 1일

제조소 등의 변경신고(위험물법 6조)

(2) 2일

① 소방시설공사 착공 · 변경신고처리(공사업규칙 12조)
② 소방공사감리자 지정 · 변경신고처리(공사업규칙 15조)

(3) 3일

① 하자보수기간(공사업법 15조)
② 소방시설업 등록증 분실 등의 **재발급**(공사업규칙 4조)
③ 소방시설 등의 자체점검 면제 또는 연기신청(소방시설법 시행규칙 22조)
④ 소방안전관리자 선임연기신청서 관계인 통보(화재예방법 시행규칙 14조)

● **초스피드 기억법**

3하분재(상**하**이에서 **분재**를 가져왔다.)

(4) 4일

건축허가 등의 **동의** 요구서류 보완(소방시설법 시행규칙 3조)

(5) 5일

① 일반적인 **건축허가** 등의 **동의**여부 회신(소방시설법 시행규칙 3조)
② 소방시설업 등록증 변경신고 등의 **재발급**(공사업규칙 6조)

● **초스피드 기억법**

5변재(**오**이로 **변제**해)

(6) 7일

① 옮긴 물건 등의 **보관**기간(화재예방법 시행령 17조)
② 건축허가 등의 취소통보(소방시설법 시행규칙 3조)
③ 소방공사 감리원의 배치통보일(공사업규칙 17조)
④ 소방공사 감리결과 통보 · 보고일(공사업규칙 19조)

(7) 10일

① 화재예방강화지구 안의 소방훈련 · 교육 통보일(화재예방법 시행령 20조)

Key Point

※ 제조소
위험물을 제조할 목적으로 지정수량 이상의 위험물을 취급하기 위하여 허가를 받은 장소

※ 소방시설업
① 소방시설설계업
② 소방시설공사업
③ 소방공사감리업
④ 방염처리업

※ 건축허가 등의 동의 요구
① 소방본부장
② 소방서장

※ 화재예방강화지구
화재발생 우려가 크거나 화재가 발생할 경우 피해가 클 것으로 예상되는 지역에 대하여 화재의 예방 및 안전관리를 강화하기 위해 지정 · 관리하는 지역

Key Point

❷ 50층 이상(지하층 제외) 또는 200m 이상인 아파트의 건축허가 등의 동의 여부 회신(소방시설법 시행규칙 3조)
❸ 30층 이상(지하층 포함) 또는 120m 이상의 건축허가 등의 동의 여부 회신(소방시설법 시행규칙 3조)
❹ 연면적 10만m^2 이상의 건축허가 등의 동의 여부 회신(소방시설법 시행규칙 3조)
❺ 소방안전교육 통보일(화재예방법 시행규칙 40조)
❻ 소방기술자의 **실무교육** 통지일(공사업규칙 26조)
❼ **실무교육** 교육계획의 변경보고일(공사업규칙 35조)
❽ 소방기술자 **실무교육기관** 지정사항 변경보고일(공사업규칙 33조)
❾ 소방시설업의 등록신청서류 보완일(공사업규칙 2조 2)
❿ 제조소 등의 재발급 완공검사합격확인증 제출일(위험물령 10조)

(8) 14일

❶ 옮긴 물건 등을 보관하는 경우 공고기간(화재예방법 시행령 17조)
❷ 소방기술자 실무교육기관 휴폐업신고일(공사업규칙 34조)
❸ 제조소 등의 용도폐지 신고일(위험물법 11조)
❹ 위험물안전관리자의 선임신고일(위험물법 15조)
❺ 소방안전관리자의 선임신고일(화재예방법 26조)

※ **위험물안전관리자와 소방안전관리자**
① 위험물안전관리자
제조소 등에서 위험물의 안전관리에 관한 직무를 수행하는 자
② 소방안전관리자
특정소방대상물에서 화재가 발생하지 않도록 관리하는 사람

● 초스피드 기억법

14제폐선(**일사**천리로 **제패**하여 **성**공하라.)

(9) 15일

❶ 소방기술자 실무교육기관 신청서류 보완일(공사업규칙 31조)
❷ 소방시설업 등록증 발급(공사업규칙 3조)

● 초스피드 기억법

실15보(**실**제 **일**과는 **오**전에 **보**라!)

(10) 20일

소방안전관리자의 강습실시공고일(화재예방법 시행규칙 25조)

● 초스피드 기억법

강2(**강의**)

(11) 30일

❶ 소방시설업 등록사항 변경신고(공사업규칙 6조)
❷ 위험물안전관리자의 **재선임**(위험물법 15조)
❸ 소방안전관리자의 **재선임**(화재예방법 시행규칙 14조)
❹ 소방안전관리자의 **실무교육** 통보일(화재예방법 시행규칙 29조)

Key Point

❺ **도급계약** 해지(공사업법 23조)
❻ 소방시설공사 중요사항 변경시의 신고일(공사업규칙 12조)
❼ 소방기술자 실무교육기관 지정서 발급(공사업규칙 32조)
❽ 소방공사감리자 변경서류제출(공사업규칙 15조)
❾ **승계**(위험물법 10조)
❿ 위험물안전관리자의 직무대행(위험물법 15조)
⓫ 탱크시험자의 변경신고일(위험물법 16조)

(12) 90일

❶ 소방시설업 등록신청 자산평가액 · 기업진단보고서 유효기간(공사업규칙 2조)
❷ 위험물 임시저장기간(위험물법 5조)
❸ 소방시설관리사 시험공고일(소방시설법 시행령 42조)

● 초스피드 기억법

등유9(**등유 구**해와.)

2 횟수

(1) 월 1회 이상 : 소방용수시설 및 지리조사(기본규칙 7조)

● 초스피드 기억법

월1지(**월**요 **일**이 **지**났다.)

(2) 연 1회 이상

❶ 화재예방강화지구 안의 화재안전조사 · 훈련 · 교육(화재예방법 시행령 20조)
❷ 특정소방대상물의 소방훈련 · 교육(화재예방법 시행규칙 36조)
❸ 제조소 등의 정기점검(위험물규칙 64조)
❹ 종합점검(특급 소방안전관리대상물은 반기별 1회 이상)(소방시설법 시행규칙 [별표 3])
❺ 작동점검(소방시설법 시행규칙 [별표 3])

● 초스피드 기억법

연1정종(**연일 정종**술을 마셨다.)

(3) 2년마다 1회 이상

❶ 소방대원의 소방교육 · 훈련(기본규칙 9조)
❷ 실무교육(화재예방법 시행규칙 29조)

● 초스피드 기억법

실2(**실리**)

*** 소방용수시설**
① 소화전
② 급수탑
③ 저수조

*** 종합점검자의 자격**
① 소방안전관리자(소방시설관리사 · 소방기술사)
② 소방시설관리업자(소방시설관리사)

Key Point

3 담당자(모두 시험에 썩! 잘 나온다.)

(1) 소방대장

소방활동구역의 설정(기본법 23조)

● 초스피드 기억법

대구활(대구의 활동)

(2) 소방본부장 · 소방서장

1. 소방용수시설 및 지리조사(기본규칙 7조)
2. 건축허가 등의 동의(소방시설법 6조)
3. 소방안전관리자 · 소방안전관리보조자의 선임신고(화재예방법 26조)
4. 소방훈련의 지도 · 감독(화재예방법 37조)
5. 소방시설 등의 자체점검 결과 보고(소방시설법 23조)
6. 소방계획의 작성 · 실시에 관한 지도 · 감독(화재예방법 시행령 27조)
7. 소방안전교육 실시(화재예방법 시행규칙 40조)
8. 소방시설공사의 착공신고 · 완공검사(공사업법 13 · 14조)
9. 소방공사 감리결과 보고서 제출(공사업법 20조)
10. 소방공사 감리원의 배치통보(공사업규칙 17조)

(3) 소방본부장 · 소방서장 · 소방대장

1. 소방활동 종사명령(기본법 24조)
2. 강제처분(기본법 25조)
3. 피난명령(기본법 26조)

● 초스피드 기억법

소대종강피(소방대의 종강파티)

(4) 시 · 도지사

1. 제조소 등의 설치허가(위험물법 6조)
2. 소방업무의 지휘 · 감독(기본법 3조)
3. 소방체험관의 설립 · 운영(기본법 5조)
4. 소방업무에 관한 세부적인 종합계획수립 및 소방업무 수행(기본법 6조)
5. 소방시설업자의 지위승계(공사업법 7조)
6. 제조소 등의 승계(위험물법 10조)
7. 소방력의 기준에 따른 계획 수립(기본법 8조)
8. 화재예방강화지구의 지정(화재예방법 18조)

※ 소방활동구역
화재, 재난 · 재해 그 밖의 위급한 상황이 발생한 현장에 정하는 구역

※ 소방본부장과 소방대장
① 소방본부장
시 · 도에서 화재의 예방 · 경계 · 진압 · 조사 · 구조 · 구급 등의 업무를 담당하는 부서의 장
② 소방대장
소방본부장 또는 소방서장 등 화재, 재난 · 재해 그 밖의 위급한 상황이 발생한 현장에서 소방대를 지휘하는 자

※ 소방체험관
화재현장에서의 피난 등을 체험할 수 있는 체험관

※ 소방력 기준
행정안전부령

⑨ 소방시설관리업의 **등록**(소방시설법 29조)
⑩ 탱크시험자의 **등록**(위험물법 16조)
⑪ 소방시설관리업의 과징금 **부과**(소방시설법 36조)
⑫ 탱크안전성능검사(위험물법 8조)
⑬ 제조소 등의 **완공검사**(위험물법 9조)
⑭ 제조소 등의 용도 폐지(위험물법 11조)
⑮ **예**방규정의 제출(위험물법 17조)

● **초스피드 기억법**

허시승화예(농구선수 **허**재가 차 **시승**장에서 나와 **화**해했다.)

(5) 시 · 도지사 · 소방본부장 · 소방서장

① 소방**시**설업의 **감**독(공사업법 31조)
② 탱크시험자에 대한 명령(위험물법 23조)
③ **무**허가장소의 위험물 조치명령(위험물법 24조)
④ 소방기본법령상 **과**태료부과(기본법 56조)
⑤ 제조소 등의 수리 · 개조 · 이전명령(위험물법 14조)

● **초스피드 기억법**

감무시소과(**감**나**무** 아래에 있는 **시소**에서 **과**일 먹기)

(6) 소방청장

① 소방업무에 관한 종합계획의 수립 · 시행(기본법 6조)
② **방**염성능 **검**사(소방시설법 21조)
③ 소방박물관의 설립 · 운영(기본법 5조)
④ 한국소방안전원의 정관 변경(기본법 43조)
⑤ 한국소방안전원의 **감독**(기본법 48조)
⑥ 소방대원의 소방교육 · 훈련 정하는 것(기본규칙 9조)
⑦ 소방박물관의 설립 · 운영(기본규칙 4조)
⑧ 소방용품의 형식승인(소방시설법 37조)
⑨ 우수품질제품 인증(소방시설법 43조)
⑩ 시공능력평가의 공시(공사업법 26조)
⑪ 실무교육기관의 지정(공사업법 29조)
⑫ 소방기술자의 실무교육 필요사항 제정(공사업규칙 26조)

● **초스피드 기억법**

검방청(**검**사는 **방청**객)

Key Point

*** 시 · 도지사**
제조소 등의 완공검사

*** 소방본부장 · 소방서장**
소방시설공사의 착공 신고 · 완공검사

*** 한국소방안전원**
소방기술과 안전관리 기술의 향상 및 홍보 그 밖의 교육훈련 등 행정기관이 위탁하는 업무를 수행하는 기관

*** 우수품질인증**
소방용품 가운데 품질이 우수하다고 인정되는 제품에 대하여 품질인증 마크를 붙여주는 것

Key Point

✱ 119 종합상황실
화재·재난·재해·구조·구급 등이 필요한 때에 신속한 소방활동을 위한 정보를 수집·분석과 판단·전파, 상황관리, 현장 지휘 및 조정·통제 등의 업무수행

(7) 소방청장·소방본부장·소방서장(소방관서장)

1. 119 종합상황실의 설치·운영(기본법 4조)
2. 소방활동(기본법 16조)
3. 소방대원의 소방교육·훈련 실시(기본법 17조)
4. 특정소방대상물의 화재안전조사(화재예방법 7조)
5. 화재안전조사 결과에 따른 조치명령(화재예방법 14조)
6. 화재의 예방조치(화재예방법 17조)
7. 옮긴 물건 등을 보관하는 경우 공고기간(화재예방법 시행령 17조)
8. 화재위험경보발령(화재예방법 20조)
9. 화재예방강화지구의 화재안전조사·소방훈련 및 교육(화재예방법 시행령 20조)

● 초스피드 기억법

종청소(**종**로구 **청소**)

(8) 소방청장(위탁 : 한국소방안전원장)

1. 소방안전관리자의 실무교육(화재예방법 48조)
2. 소방안전관리자의 강습(화재예방법 48조)

● 초스피드 기억법

실강원(**실강**이 벌이지 말고 **원**망해라.)

(9) 소방청장·시·도지사·소방본부장·소방서장

1. 소방시설 설치 및 관리에 관한 법령상 과태료 부과권자(소방시설법 61조)
2. 화재의 예방 및 안전관리에 관한 법령상 과태료 부과권자(화재예방법 52조)
3. 제조소 등의 출입·검사권자(위험물법 22조)

4 관련법령

(1) 대통령령

1. 소방장비 등에 대한 국고보조 기준(기본법 9조)
2. 불을 사용하는 설비의 관리사항 정하는 기준(화재예방법 17조)
3. 특수가연물 저장·취급(화재예방법 17조)
4. 방염성능 기준(소방시설법 20조)
5. 건축허가 등의 동의대상물의 범위(소방시설법 6조)
6. 소방시설관리업의 등록기준(소방시설법 29조)
7. 화재의 예방조치(화재예방법 17조)
8. 소방시설업의 업종별 영업범위(공사업법 4조)
9. 소방공사감리의 종류 및 대상에 따른 감리원 배치, 감리의 방법(공사업법 16조)
10. 위험물의 정의(위험물법 2조)

✱ 특수가연물
화재가 발생하면 불길이 빠르게 번지는 물품

✱ 방염성능
화재의 발생 초기단계에서 화재 확대의 매개체를 단절시키는 성질

✱ 위험물
인화성 또는 발화성 등의 성질을 가지는 것으로서 대통령령으로 정하는 물질

⑪ 탱크안전성능검사의 내용(위험물법 8조)
⑫ 제조소 등의 안전관리자의 자격(위험물법 15조)

● 초스피드 기억법

대국장 특방(**대**구 시**장**에서 **특**수 **방**한복 지급)

(2) 행정안전부령

① 119 종합상황실의 설치 · 운영에 관하여 필요한 사항(기본법 4조)
② 소방박물관(기본법 5조)
③ 소방력 기준(기본법 8조)
④ 소방용수시설의 기준(기본법 10조)
⑤ 소방대원의 소방교육 · 훈련 실시규정(기본법 17조)
⑥ 소방신호의 종류와 방법(기본법 18조)
⑦ 소방활동장비 및 설비의 종류와 규격(기본령 2조)
⑧ 소방용품의 형식승인의 방법(소방시설법 36조)
⑨ 우수품질제품 인증에 관한 사항(소방시설법 43조)
⑩ 소방공사감리원의 세부적인 배치기준(공사업법 18조)
⑪ 시공능력평가 및 공시방법(공사업법 26조)
⑫ 실무교육기관 지정방법 · 절차 · 기준(공사업법 29조)
⑬ 탱크안전성능검사의 실시 등에 관한 사항(위험물법 8조)

● 초스피드 기억법

용력행박(**용역**할 사람이 **행**실이 반듯한 **박**씨)

(3) 시 · 도의 조례

① 소방체험관(기본법 5조)
② 지정수량 미만의 위험물 취급(위험물법 4조)

● 초스피드 기억법

시체미(**시체미** 육체미)

5 인가 · 승인 등(꼭! 외워야 합니다.)

(1) 인가

한국소방안전원의 정관변경(기본법 43조)

● 초스피드 기억법

인정(**인정**사정)

(2) 승인

한국소방안전원의 사업계획 및 예산(기본령 10조)

Key Point

❋ 소방신호의 목적
① 화재예방
② 소방활동
③ 소방훈련

❋ 시공능력의 평가 기준
① 소방시설공사 실적
② 자본금

❋ 조례
지방자치단체가 고유사무와 위임사무 등을 지방의회의 결정에 의하여 제정하는 것

❋ 지정수량
제조소 등의 설치허가 등에 있어서 최저의 기준이 되는 수량

Key Point

● 초스피드 기억법

승사(성사)

(3) 등록

1 소방시설관리업(소방시설법 29조)
2 소방시설업(공사업법 4조)
3 탱크안전성능시험자(위험물법 16조)

(4) 신고

1 위험물안전관리자의 선임(위험물법 15조)
2 소방안전관리자 · 소방안전관리보조자의 선임(화재예방법 28조)
3 제조소 등의 승계(위험물법 10조)
4 제조소 등의 용도폐지(위험물법 11조)

※ 승계
직계가족으로부터 물려받음

● 초스피드 기억법

신선승(신선이 승천했다.)

(5) 허가

제조소 등의 설치(위험물법 6조)

● 초스피드 기억법

허제(농구선수 허재)

6 용어의 뜻

(1) **소방대상물** : 건축물 · 차량 · 선박(매어둔 것) · 선박건조구조물 · 산림 · 인공구조물 · 물건(기본법 2조)

※ 인공구조물
전기설비, 기계설비 등의 각종 설비를 말한다.

비교

위험물의 저장 · 운반 · 취급에 대한 적용 제외(위험물법 3조)
① 항공기 ② 선박 ③ 철도 ④ 궤도

(2) 소방시설(소방시설법 2조)

1 소화설비
2 경보설비
3 소화용수설비
4 소화활동설비
5 피난구조설비

※ 소화설비
물, 그 밖의 소화약제를 사용하여 소화하는 기계 · 기구 또는 설비

※ 소화용수설비
화재를 진압하는 데 필요한 물을 공급하거나 저장하는 설비

※ 소화활동설비
화재를 진압하거나 인명구조활동을 위하여 사용하는 설비

● 초스피드 기억법

소경소피(소경이 소피본다.)

Key Point

(3) **소방용품**(소방시설법 2조)

소방시설 등을 구성하거나 소방용으로 사용되는 제품 또는 기기로서 **대통령령**으로 정하는 것

(4) **관계지역**(기본법 2조)

소방대상물이 있는 **장소** 및 그 **이웃지역**으로서 화재의 예방 · 경계 · 진압, 구조 · 구급 등의 활동에 필요한 지역

(5) **무창층**(소방시설법 시행령 2조)

지상층 중 개구부의 면적의 합계가 해당 층의 바닥 면적의 $\frac{1}{30}$ 이하가 되는 층

(6) **개구부**(소방시설법 시행령 2조)

❶ 개구부의 크기가 지름 50cm 이상의 원이 통과할 수 있을 것
❷ 해당 층의 바닥면으로부터 개구부 밑부분까지의 높이가 1.2m 이내일 것
❸ 개구부는 **도로** 또는 **차량**이 진입할 수 있는 **빈터**를 향할 것
❹ 화재시 건축물로부터 쉽게 피난할 수 있도록 개구부에 창살, 그 밖의 장애물이 설치되지 않을 것
❺ 내부 또는 외부에서 **쉽게 부수**거나 **열** 수 있을 것

※ **개구부**
화재시 쉽게 피난할 수 있는 출입문, 창문 등을 말한다.

(7) **피난층**(소방시설법 시행령 2조)

곧바로 지상으로 갈 수 있는 출입구가 있는 층

7 특정소방대상물의 소방훈련의 종류(화재예방법 37조)

❶ 소화훈련 ❷ 피난훈련 ❸ 통보훈련

● **초스피드 기억법**

소피통훈(**소**의 **피**는 **통** **훈**기가 없다.)

8 특정소방대상물의 관계인과 소방안전관리대상물의 소방안전관리자의 업무(화재예방법 24조)

특정소방대상물(관계인)	소방안전관리대상물(소방안전관리자)
① 피난시설 · 방화구획 및 방화시설의 관리 ② 소방시설, 그 밖의 소방관련시설의 관리 ③ **화기취급**의 감독 ④ 소방안전관리에 필요한 업무 ⑤ 화재발생시 초기대응	① 피난시설 · 방화구획 및 방화시설의 관리 ② 소방시설, 그 밖의 소방관련시설의 관리 ③ **화기취급**의 감독 ④ 소방안전관리에 필요한 업무 ⑤ **소방계획서**의 작성 및 시행(대통령령으로 정하는 사항 포함) ⑥ **자위소방대** 및 **초기대응체계**의 구성 · 운영 · 교육 ⑦ 소방훈련 및 교육 ⑧ 소방안전관리에 관한 업무수행에 관한 기록 · 유지 ⑨ 화재발생시 초기대응

※ **자위소방대 vs 자체소방대**
① 자위소방대
빌딩 · 공장 등에 설치한 사설소방대
② 자체소방대
다량의 위험물을 저장 · 취급하는 제조소에 설치하는 소방대

Key Point

9 제조소 등의 설치허가 제외장소(위험물법 6조)

① 주택의 난방시설(공동주택의 **중앙난방시설**은 제외)을 위한 **저장소** 또는 **취급소**

② 지정수량 **20배** 이하의 농예용 · 축산용 · 수산용 난방시설 또는 건조시설의 **저장소**

● 초스피드 기억법

농축수2

10 제조소 등 설치허가의 취소와 사용정지(위험물법 12조)

① **변경허가**를 받지 아니하고 제조소 등의 위치 · 구조 또는 설비를 변경한 경우

② **완공검사**를 받지 아니하고 제조소 등을 사용한 경우

③ **안전조치 이행명령**을 따르지 아니할 때

④ **수리 · 개조** 또는 **이전**의 **명령**에 **위반**한 경우

⑤ **위험물안전관리자**를 선임하지 아니한 경우

⑥ 안전관리자의 직무를 대행하는 **대리자**를 지정하지 아니한 경우

⑦ **정기점검**을 하지 아니한 경우

⑧ **정기검사**를 받지 아니한 경우

⑨ **저장 · 취급기준 준수명령**에 위반한 경우

11 소방시설업의 등록기준(공사업법 4조)

① 기술인력

② 자본금

● 초스피드 기억법

기자등(**기자**가 **등**장했다.)

12 소방시설업의 등록취소(공사업법 9조)

① **거짓**, 그 밖의 **부정한 방법**으로 등록을 한 경우

② **등록결격사유**에 해당된 경우

③ 영업정지 기간 중에 소방시설공사 등을 한 경우

13 하도급범위(공사업법 22조)

(1) 도급받은 소방시설공사의 일부를 다른 공사업자에게 하도급할 수 있다. 하도급인은 제3자에게 다시 하도급 불가

＊ 소방시설업의 종류

① 소방시설설계업
소방시설공사에 기본이 되는 공사계획 · 설계도면 · 설계설명서 · 기술계산서 등을 작성하는 영업

② 소방시설공사업
설계도서에 따라 소방 시설을 신설 · 증설 · 개설 · 이전 · 정비하는 영업

③ 소방공사감리업
소방시설공사가 설계도서 및 관계법령에 따라 적법하게 시공되는지 여부의 확인과 기술지도를 수행하는 영업

④ 방염처리업
방염대상물품에 대하여 방염처리하는 영업

(2) **소방시설공사의 시공을 하도급할 수 있는 경우**(공사업령 12조 ①항)

① 주택건설사업
② 건설업
③ 전기공사업
④ 정보통신공사업

14 소방기술자의 의무(공사업법 27조)

2 이상의 업체에 취업금지(1개 업체에 취업)

15 소방대(기본법 2조)

① 소방공무원
② 의무소방원
③ 의용소방대원

16 의용소방대의 설치(기본법 37조, 의용소방대법 2조)

① 특별시
② 광역시, 특별자치시, 특별자치도, 도
③ 시
④ 읍
⑤ 면

17 무기 또는 5년 이상의 징역(위험물법 33조)

제조소 등 또는 허가를 받지 않고 지정수량 이상의 위험물을 저장 또는 취급하는 장소에서 위험물을 유출·방출 또는 확산시켜 사람을 **사망**에 이르게 한 자

18 무기 또는 3년 이상의 징역(위험물법 33조)

제조소 등 또는 허가를 받지 않고 지정수량 이상의 위험물을 저장 또는 취급하는 장소에서 위험물을 유출·방출 또는 확산시켜 사람을 **상해**에 이르게 한 자

19 1년 이상 10년 이하의 징역(위험물법 33조)

제조소 등 또는 허가를 받지 않고 지정수량 이상의 위험물을 저장 또는 취급하는 장소에서 위험물을 유출·방출 또는 확산시켜 사람의 생명·신체 또는 재산에 대하여 **위험**을 발생시킨 자

20 5년 이하의 징역 또는 1억원 이하의 벌금(위험물법 34조 2)

제조소 등의 설치허가를 받지 아니하고 제조소 등을 설치한 자

21 5년 이하의 징역 또는 5000만원 이하의 벌금

① 소방시설에 폐쇄·차단 등의 행위를 한 자(소방시설법 56조)
② 소방자동차의 출동 방해(기본법 50조)
③ 사람구출 방해(기본법 50조)
④ 소방용수시설 또는 비상소화장치의 효용 방해(기본법 50조)

Vital Point

※ 소방기술자
① 소방시설관리사
② 소방기술사
③ 소방설비기사
④ 소방설비산업기사
⑤ 위험물기능장
⑥ 위험물산업기사
⑦ 위험물기능사

※ 의용소방대의 설치권자
① 시·도지사
② 소방서장

※ 벌금
범죄의 대가로서 부과하는 돈

※ 소방용수시설
화재진압에 사용하기 위한 물을 공급하는 시설

Key Point

22 벌칙(소방시설법 56조)

5년 이하의 징역 또는 5천만원 이하의 벌금	7년 이하의 징역 또는 7천만원 이하의 벌금	10년 이하의 징역 또는 1억원 이하의 벌금
소방시설 폐쇄·차단 등의 행위를 한 자	**소방시설 폐쇄·차단** 등의 행위를 하여 사람을 **상해**에 이르게 한 자	**소방시설 폐쇄·차단** 등의 행위를 하여 사람을 **사망**에 이르게 한 자

23 3년 이하의 징역 또는 3000만원 이하의 벌금

① 화재안전조사 결과에 따른 조치명령(화재예방법 50조)
② **소방시설관리업** 무등록자(소방시설법 57조)
③ **형식승인**을 받지 않은 소방용품 제조·수입자(소방시설법 57조)
④ **제품검사**를 받지 않은 사람(소방시설법 57조)
⑤ 거짓이나 그 밖의 **부정한 방법**으로 제품검사 전문기관의 지정을 받은 사람(소방시설법 57조)
⑥ 소방용품을 판매·진열하거나 소방시설공사에 사용한 자(소방시설법 57조)
⑦ 구매자에게 명령을 받은 사실을 알리지 아니하거나 필요한 조치를 하지 아니한 자(소방시설법 57조)
⑧ 소방활동에 필요한 소방대상물 및 토지의 강제처분을 방해한 자(기본법 51조)
⑨ 소방시설업 무등록자(공사업법 35조)
⑩ 부정한 청탁을 받고 재물 또는 재산상의 이익을 취득하거나 부정한 청탁을 하면서 재물 또는 재산상의 이익을 제공한 자(공사업법 35조)
⑪ 제조소 등이 아닌 장소에서 위험물을 저장·취급한 자(위험물법 34조 3)

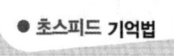

● 초스피드 기억법

33관(삼삼하게 관리하기!)

※ 소방시설관리업
소방안전관리업무의 대행 또는 소방시설 등의 점검 및 유지·관리업

※ 우수품질인증
소방용품 가운데 품질이 우수하다고 인정되는 제품에 대하여 품질인증마크를 붙여주는 것

※ 감리
소방시설공사가 설계도서 및 관계법령에 적법하게 시공되는지 여부의 확인과 품질·시공관리에 대한 기술지도를 수행하는 것

24 1년 이하의 징역 또는 1000만원 이하의 벌금

① 소방시설의 **자체점검** 미실시자(소방시설법 58조)
② **소방시설관리사증** 대여(소방시설법 58조)
③ **소방시설관리업**의 등록증 또는 등록수첩 대여(소방시설법 58조)
④ 화재안전조사시 관계인의 정당업무방해 또는 **비밀누설**(화재예방법 50조)
⑤ **제품검사** 합격표시 위조(소방시설법 58조)
⑥ **성능인증** 합격표시 위조(소방시설법 58조)
⑦ **우수품질 인증표시** 위조(소방시설법 58조)
⑧ 제조소 등의 정기점검 기록 허위 작성(위험물법 35조)
⑨ **자체소방대**를 두지 않고 제조소 등의 허가를 받은 자(위험물법 35조)
⑩ **위험물 운반용기**의 검사를 받지 않고 유통시킨 자(위험물법 35조)
⑪ 제조소 등의 긴급 사용정지 위반자(위험물법 35조)
⑫ 영업정지처분 위반자(공사업법 36조)
⑬ 거짓 감리자(공사업법 36조)

Key Point

⑭ 공사감리자 미지정자(공사업법 36조)
⑮ 소방시설 설계 · 시공 · 감리 하도급자(공사업법 36조)
⑯ 소방시설공사 재하도급자(공사업법 36조)
⑰ 소방시설업자가 아닌 자에게 **소방시설공사** 등을 도급한 관계인(공사업법 36조)
⑱ 공사업법의 명령에 따르지 않은 소방기술자(공사업법 36조)

25 1500만원 이하의 벌금(위험물법 36조)

① **위험물의 저장 · 취급**에 관한 중요기준 위반
② 제조소 등의 무단 변경
③ **제조소** 등의 **사용정지** 명령 위반
④ **안전관리자**를 **미선임**한 관계인
⑤ 대리자를 미지정한 관계인
⑥ 탱크시험자의 업무정지 명령 위반
⑦ **무허가장소**의 위험물 조치 명령 위반

26 1000만원 이하의 벌금(위험물법 37조)

① **위험물 취급**에 관한 안전관리와 감독하지 않은 자
② **위험물 운반**에 관한 중요기준 위반
③ 위험물운반자 요건을 갖추지 아니한 위험물운반자
④ 위험물안전관리자 또는 그 대리자가 참여하지 아니한 상태에서 위험물을 취급한 자
⑤ 변경한 예방규정을 제출하지 아니한 관계인으로서 제조소 등의 설치허가를 받은 자
⑥ 위험물 저장 · 취급장소의 출입 · 검사시 관계인의 정당업무 방해 또는 **비밀누설**
⑦ 위험물 운송규정을 위반한 위험물 운송자

27 300만원 이하의 벌금

① 관계인의 **화재안전조사**를 정당한 사유없이 거부 · 방해 · 기피(화재예방법 50조)
② 방염성능검사 합격표시 위조 및 거짓시료제출(소방시설법 59조)
③ 소방안전관리자, 총괄소방안전관리자 또는 소방안전관리보조자 미선임(화재예방법 50조)
④ 위탁받은 업무종사자의 **비밀누설**(화재예방법 50조, 소방시설법 59조)
⑤ 다른 자에게 자기의 성명이나 상호를 사용하여 소방시설공사 등을 수급 또는 시공하게 하거나 소방시설업의 등록증 · 등록수첩을 빌려준 자(공사업법 37조)
⑥ 감리원 미배치자(공사업법 37조)
⑦ 소방기술인정 자격수첩을 빌려준 자(공사업법 37조)
⑧ <u>2</u> **이상**의 업체에 취업한 자(공사업법 37조)
⑨ 소방시설업자나 관계인 감독시 관계인의 업무를 방해하거나 **비밀누설**(공사업법 37조)
⑩ 화재의 예방조치명령 위반(화재예방법 50조)

* **관계인**
① 소유자
② 관리자
③ 점유자

Key Point

28 100만원 이하의 벌금

❶ **피난 명령** 위반(기본법 54조)
❷ 위험시설 등에 대한 긴급조치 방해(기본법 54조)
❸ 소방활동을 하지 않은 **관계인**(기본법 54조)
❹ 정당한 사유없이 **물**의 **사용**이나 **수도**의 **개폐장치**의 사용 또는 조작을 하지 못하게 하거나 **방해**한 자(기본법 54조)
❺ 거짓 보고 또는 자료 미제출자(공사업법 38조)
❻ 관계공무원의 출입 또는 검사 · 조사를 거부 · 방해 또는 기피한 자(공사업법 38조)
❼ 소방대의 생활안전활동을 방해한 자(기본법 54조)

※ 시 · 도지사
화재예방강화지구의 지정

※ 소방대장
소방활동구역의 설정

● **초스피드 기억법**

피1(차일**피일**)

비교

비밀누설

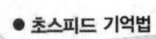

1년 이하의 징역 또는 1000만원 이하의 벌금	1000만원 이하의 벌금	300만원 이하의 벌금
• 화재안전조사시 관계인의 정당업무방해 또는 **비밀누설**	• 위험물 저장 · 취급장소의 출입 · 검사시 관계인의 정당업무방해 또는 **비밀누설**	① 위탁받은 업무종사자의 **비밀누설** ② 소방시설업자나 관계인 감독시 관계인의 업무를 방해하거나 **비밀누설**

29 500만원 이하의 과태료

❶ **화재** 또는 **구조 · 구급**이 필요한 상황을 **거짓**으로 알린 사람(기본법 56조)
❷ 정당한 사유없이 화재, 재난 · 재해, 그 밖의 위급한 상황을 소방본부, 소방서 또는 관계행정기관에 알리지 아니한 관계인(기본법 56조)
❸ 위험물의 임시저장 미승인(위험물법 39조)
❹ 위험물의 운반에 관한 세부기준 위반(위험물법 39조)
❺ 제조소 등의 지위 승계 거짓신고(위험물법 39조)
❻ 예방규정을 준수하지 아니한 자(위험물법 39조)
❼ **제조소** 등의 **점검결과**를 기록 · 보존하지 아니한 자(위험물법 39조)
❽ **위험물**의 **운송기준** 미준수자(위험물법 39조)
❾ 제조소 등의 폐지 허위신고(위험물법 39조)

※ 피난시설
인명을 화재발생장소에서 안전한 장소로 신속하게 대피할 수 있도록 하기 위한 시설

※ 방화시설
① 방화문
② 비상구

30 300만원 이하의 과태료

❶ 소방시설을 화재안전기준에 따라 설치 · 관리하지 아니한 자(소방시설법 61조)
❷ **피난시설 · 방화구획** 또는 **방화시설**의 **폐쇄 · 훼손 · 변경** 등의 행위를 한 자(소방시설법 61조)
❸ 임시소방시설을 설치 · 관리하지 아니한 자(소방시설법 61조)

Key Point

❹ 관계인의 소방안전관리 업무 미수행(화재예방법 52조)
❺ **소방훈련** 및 **교육** 미실시자(화재예방법 52조)
❻ 관계인의 거짓 사료세출(소방시설법 61조)
❼ 소방시설의 점검결과 미보고(소방시설법 61조)
❽ 공무원의 출입 또는 검사를 거부 · 방해 또는 기피한 자(소방시설법 61조)

31 200만원 이하의 과태료

❶ 소방용수시설 · 소화기구 및 설비 등의 설치명령 위반(화재예방법 52조)
❷ 특수가연물의 저장 · 취급 기준 위반(화재예방법 52조)
❸ 한국119청소년단 또는 이와 유사한 명칭을 사용한 자(기본법 56조)
❹ 소방활동구역 출입(기본법 56조)
❺ 소방자동차의 출동에 지장을 준 자(기본법 56조)
❻ 한국소방안전원 또는 이와 유사한 명칭을 사용한 자(기본법 56조)
❼ 관계서류 미보관자(공사업법 40조)
❽ 소방기술자 미배치자(공사업법 40조)
❾ 하도급 미통지자(공사업법 40조)
❿ 완공검사를 받지 아니한 자(공사업법 40조)
⓫ 방염성능기준 미만으로 방염한 자(공사업법 40조)
⓬ 관계인에게 지위승계 · 행정처분 · 휴업 · 폐업 사실을 거짓으로 알린 자(공사업법 40조)

32 100만원 이하의 과태료

전용구역에 차를 주차하거나 전용구역의 진입을 가로막는 등의 방해행위를 한 자(기본법 56조)

33 20만원 이하의 과태료

화재로 오인할 만한 불을 피우거나 연막 소독을 하려는 자가 신고를 하지 아니하여 소방자동차를 출동하게 한 자(기본법 57조)

34 건축허가 등의 동의대상물(소방시설법 시행령 7조)

❶ 연면적 400m²(학교시설 : 100m², 수련시설 · 노유자시설 : 200m², 정신의료기관 · 장애인의료재활시설 : 300m²) 이상
❷ **6층** 이상인 건축물
❸ 차고 · 주차장으로서 바닥면적 **200m²** 이상(자동차 **20대** 이상)
❹ **항공기격납고, 관망탑, 항공관제탑, 방송용 송수신탑**
❺ 지하층 또는 무창층의 바닥면적 **150m²**(공연장은 **100m²**) 이상
❻ **위험물저장 및 처리시설**
❼ **결핵환자**나 **한센인**이 24시간 생활하는 **노유자시설**
❽ **지하구**
❾ 전기저장시설, 풍력발전소

*** 항공기격납고**
항공기를 안전하게 보관하는 장소

Key Point

⑩ 공동주택 · 숙박시설
⑪ 조산원, 산후조리원, 의원(입원실 또는 인공신장실이 있는 것)
⑫ 요양병원(의료재활시설 제외)
⑬ 노인주거복지시설 · 노인의료복지시설 및 재가노인복지시설, 학대피해노인 전용쉼터, 아동복지시설, 장애인거주시설
⑭ 정신질환자 관련시설(공동생활가정을 제외한 재활훈련시설과 종합시설 중 24시간 주거를 제공하지 않는 시설 제외)
⑮ 노숙인자활시설, 노숙인재활시설 및 노숙인요양시설
⑯ 공장 또는 창고시설로서 지정하는 수량의 **750배** 이상의 특수가연물을 저장 · 취급하는 것
⑰ 가스시설로서 지상에 노출된 탱크의 저장용량의 합계가 **100t** 이상인 것

35 관리의 권원이 분리된 특정소방대상물의 소방안전관리(화재예방법 35조, 화재예방법 시행령 35조)

※ 복합건축물
하나의 건축물 안에 둘 이상의 특정소방대상물로서 용도가 복합되어 있는 것

① 복합건축물(지하층을 제외한 11층 이상 또는 연면적 3만m^2 이상 건축물)
② 지하가
③ **도매시장, 소매시장, 전통시장**

36 소방안전관리자의 선임(화재예방법 시행령 [별표 4])

※ 특급소방안전관리대상물(동식물원, 불연성 물품 저장 · 취급창고, 지하구, 위험물제조소 등 제외)
① 50층 이상(지하층 제외) 또는 지상 200m 이상 아파트
② 30층 이상(지하층 포함) 또는 지상 120m 이상(아파트 제외)
③ 연면적 10만m^2 이상(아파트 제외)

(1) 특급 소방안전관리대상물의 소방안전관리자 선임조건

자 격	경 력	비 고
• 소방기술사 • 소방시설관리사	경력 필요 없음	특급 소방안전관리자 자격증을 받은 사람
• 1급 소방안전관리자(소방설비기사)	5년	
• 1급 소방안전관리자(소방설비산업기사)	7년	
• 소방공무원	20년	
• 소방청장이 실시하는 특급 소방안전관리대상물의 소방안전관리에 관한 시험에 합격한 사람	경력 필요 없음	

(2) 1급 소방안전관리대상물의 소방안전관리자 선임조건

자 격	경 력	비 고
• 소방설비기사 · 소방설비산업기사	경력 필요 없음	1급 소방안전관리자 자격증을 받은 사람
• 소방공무원	7년	
• 소방청장이 실시하는 1급 소방안전관리대상물의 소방안전관리에 관한 시험에 합격한 사람	경력 필요 없음	
• 특급 소방안전관리대상물의 소방안전관리자 자격이 인정되는 사람		

(3) 2급 소방안전관리대상물의 소방안전관리자 선임조건

자 격	경 력	비 고
• 위험물기능장 · 위험물산업기사 · 위험물기능사	경력 필요 없음	2급 소방안전관리자 자격증을 받은 사람
• 소방공무원	3년	
• 소방청장이 실시하는 2급 소방안전관리대상물의 소방안전관리에 관한 시험에 합격한 사람	경력 필요 없음	
• 「기업활동 규제완화에 관한 특별조치법」에 따라 소방안전관리자로 선임된 사람(소방안전관리자로 선임된 기간으로 한정)		
• **특급** 또는 **1급** 소방안전관리대상물의 소방안전관리자 자격이 인정되는 사람		

(4) 3급 소방안전관리대상물의 소방안전관리자 선임조건

자 격	경 력	비 고
• 소방공무원	1년	3급 소방안전관리자 자격증을 받은 사람
• 소방청장이 실시하는 3급 소방안전관리대상물의 소방안전관리에 관한 시험에 합격한 사람	경력 필요 없음	
• 「기업활동 규제완화에 관한 특별조치법」에 따라 소방안전관리자로 선임된 사람(소방안전관리자로 선임된 기간으로 한정)		
• **특급** 소방안전관리대상물, **1급** 소방안전관리대상물 또는 **2급** 소방안전관리대상물의 소방안전관리자 자격이 인정되는 사람		

37 특정소방대상물의 방염

(1) **방염성능기준 이상 적용 특정소방대상물**(소방시설법 시행령 30조)

1. 체력단련장, 공연장 및 종교집회장
2. 문화 및 집회시설
3. 종교시설
4. 운동시설(수영장 제외)
5. 의료시설(종합병원, 정신의료기관)
6. 의원, 치과의원, 한의원, 조산원, 산후조리원
7. 교육연구시설 중 합숙소
8. 노유자시설
9. 숙박이 가능한 수련시설
10. 숙박시설
11. 방송국 및 촬영소
12. 다중이용업소(단란주점영업, 유흥주점영업, 노래연습장의 영업장 등)
13. 층수가 11층 이상인 것(아파트 제외 : 2026. 12. 1. 삭제)

Key Point

✻ 2급 소방안전관리대상물
① 지하구
② 가스제조설비를 갖추고 도시가스사업 허가를 받아야 하는 시설 또는 가연성 가스를 100~1000t 미만 저장 · 취급하는 시설
③ 스프링클러설비 또는 물분무등소화설비 설치대상물(호스릴 제외)
④ 옥내소화전설비 설치대상물
⑤ 공동주택(옥내소화전설비 또는 스프링클러설비가 설치된 공동주택 한정)
⑥ 목조건축물(국보 · 보물)

✻ 방염
연소하기 쉬운 건축물의 실내장식물 등 또는 그 재료에 어떤 방법을 가하여 연소하기 어렵게 만든 것

Key Point

(2) **방염대상물품**(소방시설법 시행령 31조)

제조 또는 가공 공정에서 방염처리를 한 물품	건축물 내부의 천장이나 벽에 부착하거나 설치하는 것
① 창문에 설치하는 **커튼류**(블라인드 포함) ② 카펫 ③ **벽지류**(두께 2mm 미만인 **종이벽지 제외**) ④ **전시용 합판·목재** 또는 **섬유판** ⑤ **무대용 합판·목재** 또는 **섬유판** ⑥ **암막·무대막**(영화상영관·가상체험 체육시설업의 **스크린** 포함) ⑦ 섬유류 또는 합성수지류 등을 원료로 하여 제작된 소파·의자(단란주점영업, 유흥주점영업 및 노래연습장업의 영업장에 설치하는 것만 해당)	① 종이류(두께 2mm 이상), **합성수지류** 또는 **섬유류**를 주원료로 한 물품 ② **합판**이나 **목재** ③ 공간을 구획하기 위하여 설치하는 **간이칸막이** ④ **흡음재**(흡음용 커튼 포함) 또는 **방음재**(방음용 커튼 포함) 가구류(옷장, 찬장, 식탁, 식탁용 의자, 사무용 책상, 사무용 의자, 계산대)와 너비 10cm 이하인 반자돌림대, 내부 마감재료 제외

※ 잔염시간
버너의 불꽃을 제거한 때부터 불꽃을 올리며 연소하는 상태가 그칠 때까지의 시간

※ 잔진시간(잔신시간)
버너의 불꽃을 제거한 때부터 불꽃을 올리지 않고 연소하는 상태가 그칠 때까지의 시간

(3) **방염성능기준**(소방시설법 시행령 31조)

1. 버너의 불꽃을 올리며 연소하는 상태가 그칠 때까지의 시간 **20초** 이내
2. 버너의 불꽃을 올리지 않고 연소하는 상태가 그칠 때까지의 시간 **30초** 이내
3. 탄화한 면적 **50cm²** 이내(길이 **20cm** 이내)
4. 불꽃의 접촉횟수는 **3회** 이상
5. 최대 연기밀도 **400** 이하

● **초스피드 기억법**

올2(올리다.)

38 자체소방대의 설치제외 대상인 일반취급소(위험물규칙 73조)

1. **보일러·버너**로 위험물을 소비하는 일반취급소
2. **이동저장탱크**에 위험물을 주입하는 일반취급소
3. **용기**에 위험물을 옮겨 담는 일반취급소
4. **유압장치·윤활유순환장치**로 위험물을 취급하는 일반취급소
5. **광산안전법의 적용을 받는** 일반취급소

※ 광산안전법
광산의 안전을 유지하기 위해 제정해 놓은 법

※ 연소방지설비
지하구에 헤드를 설치하여 지하구의 화재시 소방차에 의해 물을 공급받아 헤드를 통해 방사하는 설비

39 소화활동설비(소방시설법 시행령 〔별표 1〕)

1. 연결송수관설비
2. 연결살수설비
3. 연소방지설비
4. 무선통신보조설비

⑤ 제연설비
⑥ 비상콘센트설비

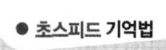

● 초스피드 기억법

3연 무제비(3년에 한 번은 제비가 오지 않는다.)

40 소화설비(소방시설법 시행령 [별표 4])

(1) 소화설비의 설치대상

종 류	설치대상
소화기구	① 연면적 $33m^2$ 이상 ② 국가유산 ③ 가스시설, 전기저장시설 ④ 터널 ⑤ 지하구
주거용 주방자동소화장치	① 아파트 등(모든 층) ② 오피스텔(모든 층)

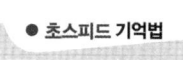

● 초스피드 기억법

아자(아자!)

(2) 옥내소화전설비의 설치대상

설치대상	조 건
① 차고 · 주차장	• $200m^2$ 이상
② 근린생활시설 ③ 업무시설(금융업소 · 사무소)	• 연면적 $1500m^2$ 이상
④ 문화 및 집회시설, 운동시설 ⑤ 종교시설	• 연면적 $3000m^2$ 이상
⑥ 특수가연물 저장 · 취급	• 지정수량 750배 이상
⑦ 터널길이	• 1000m 이상

(3) 옥외소화전설비의 설치대상

설치대상	조 건
① 목조건축물	• 국보 · 보물
② 지상 1 · 2층	• 바닥면적 합계 $9000m^2$ 이상
③ 특수가연물 저장 · 취급	• 지정수량 750배 이상

● 초스피드 기억법

지9외(지구의)

Key Point

※ 제연설비
화재시 발생하는 연기를 감지하여 화재의 확대 및 연기의 확산을 막기 위한 설비

※ 주거용 주방자동소화장치
가스레인지 후드에 고정 설치하여 화재시 100℃의 열에 의해 자동으로 소화약제를 방출하며 가스자동차단, 화재경보 및 가스누출 경보 기능을 함

※ 근린생활시설
사람이 생활을 하는 데 필요한 여러 가지 시설

Key Point

(4) 스프링클러설비의 설치대상

설치대상	조 건
① 문화 및 집회시설, 운동시설 ② 종교시설	• 수용인원 – 100명 이상 • 영화상영관 – 지하층 · 무창층 500m^2(기타 1000m^2) 이상 • 무대부 ① 지하층 · 무창층 · 4층 이상 300m^2 이상 ② 1~3층 500m^2 이상
③ 판매시설 ④ 운수시설 ⑤ 물류터미널	• 수용인원 – 500명 이상 • 바닥면적 합계 5000m^2 이상
⑥ 노유자시설 ⑦ 정신의료기관 ⑧ 수련시설(숙박 가능한 것) ⑨ 종합병원, 병원, 치과병원, 한방병원 및 요양병원(정신병원 제외) ⑩ 숙박시설	• 바닥면적 합계 600m^2 이상
⑪ 지하층 · 무창층 · 4층 이상	• 바닥면적 1000m^2 이상
⑫ 창고시설(물류터미널 제외)	• 바닥면적 합계 5000m^2 이상 – 전층
⑬ 지하상가	• 연면적 1000m^2 이상
⑭ 10m 넘는 랙식 창고	• 연면적 1500m^2 이상
⑮ 복합건축물 ⑯ 기숙사	• 연면적 5000m^2 이상 – 전층
⑰ 6층 이상	• 전층
⑱ 보일러실 · 연결통로	• 전부
⑲ 특수가연물 저장 · 취급	• 지정수량 1000배 이상
⑳ 발전시설 중 전기저장시설	• 전부

* 노유자시설
① 아동관련시설
② 노인관련시설
③ 장애인관련시설

* 랙식 창고
① 물품보관용 랙을 설치하는 창고시설
② 선반 또는 이와 비슷한 것을 설치하고 승강기에 의하여 수납을 운반하는 장치를 갖춘 것

(5) 물분무등소화설비의 설치대상

설치대상	조 건
① 차고 · 주차장	• 바닥면적 합계 200m^2 이상
② 전기실 · 발전실 · 변전실 ③ 축전지실 · 통신기기실 · 전산실	• 바닥면적 300m^2 이상
④ 주차용 건축물	• 연면적 800m^2 이상
⑤ 기계식 주차장치	• 20대 이상
⑥ 항공기격납고	• 전부(규모에 관계없이 설치)

* 물분무등소화설비
① 물분무소화설비
② 미분무소화설비
③ 포소화설비
④ 이산화탄소 소화설비
⑤ 할론소화설비
⑥ 분말소화설비
⑦ 할로겐화합물 및 불활성기체 소화설비
⑧ 강화액 소화설비

41 비상경보설비의 설치대상(소방시설법 시행령 〔별표 4〕)

설치대상	조 건
① 지하층 · 무창층	• 바닥면적 150m^2(공연장 100m^2) 이상
② 전부	• 연면적 400m^2 이상
③ 터널	• 길이 500m 이상
④ 옥내작업장	• 50인 이상 작업

42 인명구조기구의 설치장소(소방시설법 시행령 [별표 4])

1. 지하층을 포함한 **7층** 이상의 **관광호텔**[방열복, 방화복(안전모, 보호장갑, 안전화 포함), 인공소생기, 공기호흡기]
2. 지하층을 포함한 **5층** 이상의 **병원**[방열복, 방화복(안전모, 보호장갑, 안전화 포함), 공기호흡기]

● **초스피드 기억법**

5병(**오병**이어의 기적)

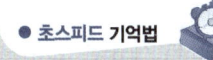

43 제연설비의 설치대상(소방시설법 시행령 [별표 4])

설치대상	조 건
① 문화 및 집회시설, 운동시설 ② 종교시설	• 바닥면적 200m² 이상
③ 기타	• 1000m² 이상
④ 영화상영관	• 수용인원 100인 이상
⑤ 터널	• 예상교통량, 경사도 등 터널의 특성을 고려하여 **행정안전부령**으로 정하는 터널
⑥ 특별피난계단 ⑦ 비상용 승강기의 승강장 ⑧ 피난용 승강기의 승강장	• 전부

44 소방용품 제외 대상(소방시설법 시행령 6조)

1. 주거용 주방자동소화장치용 소화약제
2. 가스자동소화장치용 소화약제
3. 분말자동소화장치용 소화약제
4. 고체에어로졸자동소화장치용 소화약제
5. 소화약제 외의 것을 이용한 간이소화용구
6. 휴대용 비상조명등
7. 유도표지
8. 벨용 푸시버튼스위치
9. 피난밧줄
10. 옥내소화전함
11. 방수구
12. 안전매트
13. 방수복

45 화재예방강화지구의 지정지역(화재예방법 18조)

1. **시장**지역
2. **공장 · 창고** 등이 밀집한 지역

Key Point

✻ 인명구조기구와 피난기구

(1) 인명구조기구
① **방**열복
② 방화복(안전모, 보호장갑, 안전화 포함)
③ **공**기호흡기
④ **인**공소생기

기억법
방공인(**방공인**)

(2) 피난기구
① 피난사다리
② 구조대
③ 완강기
④ 소방청장이 정하여 고시하는 화재안전성능기준으로 정하는 것(미끄럼대, 피난교, 공기안전매트, 피난용 트랩, 다수인 피난장비, 승강식 피난기, 간이완강기, 하향식 피난구용 내림식 사다리)

✻ 제연설비

화재시 발생하는 연기를 감지하여 방연 및 제연함은 물론 화재의 확대, 연기의 확산을 막아 연기로 인한 탈출로 차단 및 질식으로 인한 인명피해를 줄이는 등 피난 및 소화활동상 필요한 안전설비

✻ 화재예방강화지구

화재발생 우려가 크거나 화재가 발생할 경우 피해가 클 것으로 예상되는 지역에 대하여 화재의 예방 및 안전관리를 강화하기 위해 지정 · 관리하는 지역

Key Point

* **의원과 병원**
① 의원 : 근린생활시설
② 병원 : 의료시설

* **결핵 및 한센병 요양시설과 요양병원**
① 결핵 및 한센병 요양시설 : 노유자시설
② 요양병원 : 의료시설

* **공동주택**
① 아파트 등 : 5층 이상인 주택
② 기숙사

* **업무시설**
오피스텔

③ **목조건물**이 밀집한 지역
④ 노후 · 불량건축물이 밀집한 지역
⑤ **위험물의 저장** 및 **처리시설**이 **밀집**한 지역
⑥ **석유화학제품**을 생산하는 공장이 있는 지역
⑦ **소방시설 · 소방용수시설** 또는 **소방출동로**가 **없는** 지역
⑧ 「**산업입지 및 개발에 관한 법률**」에 따른 산업단지
⑨ 「물류시설의 개발 및 운영에 관한 법률」에 따른 물류단지
⑩ **소방청장, 소방본부장** 또는 **소방서장**이 화재예방강화지구로 지정할 필요가 있다고 인정하는 지역

46 근린생활시설(소방시설법 시행령 〔별표 2〕)

면 적	적용장소	
$150m^2$ 미만	• 단란주점	
$300m^2$ 미만	• **종**교시설 • 비디오물 감상실업	• 공연장 • 비디오물 소극장업
$500m^2$ 미만	• 탁구장 • 테니스장 • 체육도장 • 사무소 • 학원 • 당구장	• 서점 • 볼링장 • 금융업소 • 부동산 중개사무소 • 골프연습장
$1000m^2$ 미만	• 자동차영업소 • 일용품 • 의약품 판매소	• 슈퍼마켓 • 의료기기 판매소
전부	• 기원 • 이용원 · 미용원 · 목욕장 및 세탁소 • 휴게음식점 · 일반음식점, 제과점 • 안마원(안마시술소 포함) • 의원, 치과의원, 한의원, 침술원, 접골원	• 독서실 • 조산원(산후조리원 포함)

● 초스피드 기억법

종3(**중세**시대)

47 업무시설(소방시설법 시행령 〔별표 2〕)

면적	적용장소	
전부	• 주민자치센터(동사무소) • 소방서 • 보건소 • 국민건강보험공단 • 금융업소 · **오피스텔** · 신문사	• 경찰서 • 우체국 • 공공도서관

48 위험물(위험물령 〔별표 1〕)

① 과산화수소 : 농도 36wt% 이상
② 황 : 순도 60wt% 이상
③ 질산 : 비중 1.49 이상

● 초스피드 기억법

3과(삼가 인사올립니다.)
질49(제일 싸구려)

49 소방시설공사업(공사업령 〔별표 1〕)

종 류	자본금	영업범위
전문	• 법인 : **1억원** 이상 • 개인 : **1억원** 이상	• 특정소방대상물
일반	• 법인 : **1억원** 이상 • 개인 : **1억원** 이상	• 연면적 10000m^2 미만 • **위험물제조소** 등

50 소방용수시설의 설치기준(기본규칙 〔별표 3〕)

거리기준	지 역
100m 이하	• 주거지역 • 공업지역 • 상업지역
140m 이하	• 기타지역

● 초스피드 기억법

주공 100상(**주공**아파트에 **백상**어가 그려져 있다.)

51 소방용수시설의 저수조의 설치기준(기본규칙 〔별표 3〕)

1. 낙차 : 4.5m 이하
2. 수심 : 0.5m 이상
3. 투입구의 길이 또는 지름 : 60cm 이상
4. 소방 펌프 자동차가 **쉽게 접근**할 수 있도록 할 것
5. 흡수에 지장이 없도록 **토사** 및 **쓰레기** 등을 제거할 수 있는 설비를 갖출 것
6. 저수조에 물을 공급하는 방법은 **상수도**에 연결하여 **자동**으로 **급수**되는 구조일 것

52 소방신호표(기본규칙 〔별표 4〕)

신호방법 / 종 별	타종신호	사이렌신호
경계신호	**1타**와 **연 2타**를 반복	**5초** 간격을 두고 **30초**씩 **3회**
발화신호	**난타**	**5초** 간격을 두고 **5초**씩 **3회**
해제신호	상당한 간격을 두고 **1타**씩 반복	**1분**간 **1회**
훈련신호	**연 3타** 반복	**10초** 간격을 두고 **1분**씩 **3회**

Key Point

＊ 소방시설공사업의 보조기술인력
① 전문공사업 : 2명 이상
② 일반공사업 : 1명 이상

＊ 소방용수시설
화재진압에 사용하기 위한 물을 공급하는 시설

＊ 경계신호
화재예방상 필요하다고 인정되거나 화재위험경보시 발령

＊ 발화신호
화재가 발생한 때 발령

＊ 해제신호
소화활동이 필요 없다고 인정되는 때 발령

＊ 훈련신호
훈련상 필요하다고 인정되는 때 발령

Key Point

※ 전력
전기장치가 행한 일

※ 줄의 법칙
전류의 열작용

※ 옴의 법칙

$$I=\frac{V}{R}\text{[A]}$$

여기서, I : 전류[A]
V : 전압[V]
R : 저항[Ω]

※ 전압

$$V=\frac{W}{Q}\text{[V]}$$

여기서, V : 전압[V]
W : 일[J]
Q : 전기량[C]

※ 실리콘
'규소'라고도 부른다.

제1장 직류회로

1 전력

$$P=VI=I^2R=\frac{V^2}{R}\text{[W]}$$

여기서, P : 전력[W], V : 전압[V], I : 전류[A], R : 저항[Ω]

2 줄의 법칙(Joule's law)

$$H=0.24Pt=0.24VIt=0.24I^2Rt=0.24\frac{V^2}{R}t\text{ [cal]}$$

여기서, H : 발열량[cal], P : 전력[W], t : 시간[s],
V : 전압[V], I : 전류[A], R : 저항[Ω]

3 전열기의 용량

$$860P\eta t=M(T_2-T_1)$$

여기서, P : 용량[kW], η : 효율,
t : 소요시간[h], M : 질량[l],
T_2 : 상승후 온도[℃], T_1 : 상승전 온도[℃]

4 단위환산

1. 1W = 1J/s
2. 1J = 1N · m
3. 1kg = 9.8N
4. 1Wh = 860cal
5. 1BTU = 252cal

5 물질의 종류

물 질	종 류
도체	구리(Cu), 알루미늄(Al), 백금(Pt), 은(Ag)
반도체	실리콘(Si), 게르마늄(Ge), 탄소(C), 아산화동
절연체	유리, 플라스틱, 고무, 페놀수지

● 초스피드 기억법

반실게탄아(반듯하고 실하게 탄생한 아기)

6 여러 가지 법칙

1. 플레밍의 오른손 법칙 : 도체운동에 의한 유기기전력의 방향 결정
2. 플레밍의 왼손 법칙 : 전자력의 방향 결정
3. 렌츠의 법칙 : 전자유도현상에서 코일에 생기는 유도기전력의 방향 결정
4. 패러데이의 법칙 : 유기기전력의 크기 결정
5. 앙페르의 법칙 : 전류에 의한 자계의 방향을 결정하는 법칙

● 초스피드 기억법

방유도오(방에 우유를 도로 갔다 놓게!)
왼전 (왠 전쟁이냐?)
렌유방 (오렌지가 유일한 방법이다.)
패유크 (페유를 버리면 큰일난다.)
앙전자(양전자)

7 전지의 작용

전지의 작용	현 상
국부작용	① 전극의 불순물로 인하여 기전력이 감소하는 현상 ② 전지를 쓰지 않고 오래두면 못쓰게 되는 현상
분극작용 (성극작용)	① 일정한 전압을 가진 전지에 부하를 걸면 단자전압이 저하하는 현상 ② 전지에 부하를 걸면 양극 표면에 수소가스가 생겨 전류의 흐름을 방해하는 현상

● 초스피드 기억법

불못국(불못에 들어가면 국물도 없다.)
성분단수(성분이 나빠서 단수시켰다.)

제2장 정전계

8 정전용량

$$C=\frac{\varepsilon A}{d}\,[\mathrm{F}]$$

여기서, A : 극판의 면적[m^2]
d : 극판 간의 간격[m]
ε : 유전율[F/m]($\varepsilon=\varepsilon_o \cdot \varepsilon_s$)

Key Point

※ 플레밍의 오른손 법칙
발전기에 적용

기억법
오발(오발탄)

※ 플레밍의 왼손 법칙
전동기에 적용

※ 앙페르의 법칙
'암페어의 오른나사 법칙'이라고도 한다.

※ 전류의 3대 작용
① 발열작용(열작용)
② 자기작용
③ 화학작용

기억법
발전자화
(발전체가 자화됐다.)

※ 정전용량
'커패시턴스(capacitance)'라고도 부른다.

Key Point

9 정전계와 자기

정전계	자 기
(1) 정전력 $F=\dfrac{Q_1 Q_2}{4\pi\varepsilon r^2}=QE$ [N] 여기서, F : 정전력[N] Q_1, Q_2 : 전하[C] ε : 유전율[F/m] ($\varepsilon=\varepsilon_o \cdot \varepsilon_s$) r : 거리[m] E : 전계의 세기[V/m] ※ **진공의 유전율** : $\varepsilon_o=8.855\times 10^{-12}$ [F/m]	**(1) 자기력** $F=\dfrac{m_1 m_2}{4\pi\mu r^2}=mH$ [N] 여기서, F : 자기력[N] m_1, m_2 : 자하[Wb] μ : 투자율[H/m] ($\mu=\mu_o \cdot \mu_s$) r : 거리[m] H : 자계의 세기[A/m] ※ **진공의 투자율** : $\mu_o=4\pi\times 10^{-7}$ [H/m]
(2) 전계의 세기 $E=\dfrac{Q}{4\pi\varepsilon r^2}$ [V/m] 여기서, E : 전계의 세기[V/m] Q : 전하[C] ε : 유전율[F/m] ($\varepsilon=\varepsilon_o \cdot \varepsilon_s$) r : 거리[m]	**(2) 자계의 세기** $H=\dfrac{m}{4\pi\mu r^2}$ [AT/m] 여기서, H : 자계의 세기[AT/m] m : 자하[Wb] μ : 투자율[H/m] ($\mu=\mu_o \cdot \mu_s$) r : 거리[m]
(3) P점에서의 전위 $V_P=\dfrac{Q}{4\pi\varepsilon r}$ [V] 여기서, V_P : P점에서의 전위[V] Q : 전하[C] ε : 유전율[F/m] ($\varepsilon=\varepsilon_o \cdot \varepsilon_s$) r : 거리[m]	**(3) P점에서의 자위** $U_m=\dfrac{m}{4\pi\mu r}$ [AT] 여기서, U_m : P점에서의 자위[AT] m : 자극의 세기[Wb] μ : 투자율[H/m] ($\mu=\mu_o \cdot \mu_s$) r : 거리[m]
(4) 전속밀도 $D=\varepsilon_o\varepsilon_s E$ [C/m^2] 여기서, D : 전속밀도[C/m^2] ε_o : 진공의 유전율[F/m] ε_s : 비유전율(단위없음) E : 전계의 세기[V/m]	**(4) 자속밀도** $B=\mu_o\mu_s H$ [Wb/m^2] 여기서, B : 자속밀도[Wb/m^2] μ_o : 진공의 투자율[H/m] μ_s : 비투자율(단위없음) H : 자계의 세기[AT/m]

＊ 정전력
전하 사이에 작용하는 힘

＊ 자기력
자석이 금속을 끌어당기는 힘

＊ 전속밀도
단면을 통과하는 전속의 수

＊ 자속밀도
자속으로서 자기장의 크기 및 철의 내부의 자기적인 상태를 표시하기 위하여 사용한다.

정전계	자 기
(5) 정전에너지 $$W=\frac{1}{2}QV=\frac{1}{2}CV^2=\frac{Q^2}{2C}\text{[J]}$$ 여기서, W : 정전에너지[J] Q : 전하[C] V : 전압[V] C : 정전용량[F]	(5) 코일에 축적되는 에너지 $$W=\frac{1}{2}LI^2=\frac{1}{2}IN\phi\text{[J]}$$ 여기서, W : 코일의 축적에너지[J] L : 자기 인덕턴스[H] I : 전류[A] N : 코일권수 ϕ : 자속[Wb]
(6) 에너지밀도 $$W_o=\frac{1}{2}ED=\frac{1}{2}\varepsilon E^2=\frac{D^2}{2\varepsilon}\text{[J/m}^3\text{]}$$ 여기서, W_o : 에너지밀도[J/m^3] E : 전계의 세기[V/m] D : 전속밀도[C/m^2] ε : 유전율[F/m]($\varepsilon=\varepsilon_o\cdot\varepsilon_s$)	(6) 단위체적당 축적되는 에너지 $$W_m=\frac{1}{2}BH=\frac{1}{2}\mu H^2=\frac{B^2}{2\mu}\text{[J/m}^3\text{]}$$ 여기서, W_m : 단위체적당 축적에너지[J/m^3] B : 자속밀도[Wb/m^2] H : 자계의 세기[AT/m] μ : 투자율[H/m]($\mu=\mu_o\cdot\mu_s$)

Key Point

※ 정전에너지
콘덴서를 충전할 때 발생하는 에너지, 다시 말하면 콘덴서를 충전할 때 짧은 시간이지만 콘덴서에 나타나는 역전압과 반대로 전류를 흘리는 것이므로 에너지가 주입되는데 이 에너지를 말한다.

제3장 자 기

※ 자기
자기력이 생기는 원인이 되는 것 즉, 자석이 금속을 끌어당기는 성질을 말한다.

10 자석이 받는 회전력

$$T=MH\sin\theta=mHl\sin\theta\text{[N·m]}$$

여기서, T : 회전력[N · m]
M : 자기 모멘트[Wb · m]
H : 자계의 세기[AT/m]
θ : 이루는 각[rad]
m : 자극의 세기[Wb]
l : 자석의 길이[m]

11 기자력

$$F=NI=Hl=R_m\phi\text{[AT]}$$

여기서, F : 기자력[AT]
N : 코일 권수
I : 전류[A]
H : 자계의 세기[AT/m]
l : 자로의 길이[m]
R_m : 자기저항[AT/Wb]
ϕ : 자속[Wb]

※ 자기력
자속을 발생시키는 원동력 즉, 철심에 코일을 감고 전류를 흘릴 때 이 코일권수와 전류의 곱을 말한다.

Key Point

12 자계

(1) 무한장 직선전류의 자계

$$H = \frac{I}{2\pi r} \text{〔AT/m〕}$$

여기서, H : 자계의 세기〔AT/m〕, I : 전류〔A〕, r : 거리〔m〕

※ 원형코일
코일내부의 자장의 세기는 모두 같다.

(2) 원형코일 중심의 자계

$$H = \frac{NI}{2a} \text{〔AT/m〕}$$

여기서, H : 자계의 세기〔AT/m〕, N : 코일권수, I : 전류〔A〕, a : 반지름〔m〕

※ 솔레노이드
도체에 코일을 일정하게 감아놓은 것

(3) 무한장 솔레노이드에 의한 자계

① 내부 자계 : $H_i = nI$〔AT/m〕

② 외부 자계 : $H_e = 0$

여기서, n : 1m당 권수, I : 전류〔A〕

● 초스피드 기억법

무솔외 0(무술을 익히려면 외워라!)

(4) 환상 솔레노이드에 의한 자계

① 내부 자계 : $H_i = \frac{NI}{2\pi a}$〔AT/m〕

② 외부 자계 : $H_e = 0$

여기서, N : 코일권수, I : 전류〔A〕, a : 반지름〔m〕

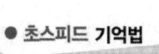

● 초스피드 기억법

환솔 외0(한솔에 취직하려면 외워라!)

※ 유도기전력
전자유도에 의해 발생된 기전력으로서 '유기기전력'이라고도 부른다.

13 유도기전력

$$e = -N\frac{d\phi}{dt} = -L\frac{di}{dt} = Bl\,v\sin\theta \text{〔V〕}$$

여기서, e : 유기기전력〔V〕
N : 코일권수〔s〕
$d\phi$: 자속의 변화량〔Wb〕
dt : 시간의 변화량〔s〕
L : 자기 인덕턴스〔H〕

※ 자속
자극에서 나오는 전체의 자기력선의 수

di : 전류의 변화량〔A〕
B : 자속밀도〔Wb/m^2〕
l : 도체의 길이〔m〕
v : 도체의 이동속도〔m/s〕
θ : 이루는 각〔rad〕

14 상호 인덕턴스

$$M = K\sqrt{L_1 L_2} \text{ 〔H〕}$$

여기서, M : 상호 인덕턴스〔H〕
K : 결합계수
L_1, L_2 : 자기 인덕턴스〔H〕

- 이상결합 · 완전결합시 : $K=1$
- 두 코일 직교시 : $K=0$

● 초스피드 기억법

1이완상(일반적인 이완상태)
0직상(영문도 없이 직상층에서 발화했다.)

※ 상호 인덕턴스
1차 전류의 시간변화량과 2차 유도전압의 비례상수

※ 결합계수
누설자속에 의한 상호 인덕턴스의 감소비율

제4장 교류회로

15 순시값 · 평균값 · 실효값

순시값	평균값	실효값
$v = V_m \sin\omega t$ $= \sqrt{2}\, V\sin\omega t$ 〔V〕	$V_{av} = \frac{2}{\pi} V_m = 0.637\, V_m$ 〔V〕	$V = \frac{V_m}{\sqrt{2}} = 0.707\, V_m$ 〔V〕
여기서, v : 전압의 순시값〔V〕 V_m : 전압의 최대값〔V〕 ω : 각주파수〔rad/s〕 t : 주기〔s〕 V : 실효값〔V〕	여기서, V_{av} : 전압의 평균값〔V〕 V_m : 전압의 최대값〔V〕	여기서, V : 전압의 실효값〔V〕 V_m : 전압의 최대값〔V〕

● 초스피드 기억법

평637(평소에 육상선수는 칠칠맞다.)
실707(실제로 칠공주는 칠면조를 좋아한다.)

※ 순시값
교류의 임의의 시간에 있어서 전압 또는 전류의 값

※ 평균값
순시값의 반주기에 대하여 평균을 취한 값

※ 실효값
교류의 크기를 교류와 동일한 일을 하는 직류의 크기로 바꿔 나타냈을 때의 값. 일반적으로 사용되는 값이다.

Key Point

※ 저항(R)
동상

※ 인덕턴스(L)
전압이 전류보다 90° 앞선다.

※ 커패시턴스(C)
전압이 전류보다 90° 뒤진다.

16 RLC의 접속

회로의 종류		위상차	전 류	역률 및 무효율
직렬회로	$R-L$	$\theta=\tan^{-1}\dfrac{\omega L}{R}$	$I=\dfrac{V}{Z}=\dfrac{V}{\sqrt{R^2+X_L^2}}$	$\cos\theta=\dfrac{R}{\sqrt{R^2+X_L^2}}$ $\sin\theta=\dfrac{X_L}{\sqrt{R^2+X_L^2}}$
	$R-C$	$\theta=\tan^{-1}\dfrac{1}{\omega CR}$	$I=\dfrac{V}{Z}=\dfrac{V}{\sqrt{R^2+X_C^2}}$	$\cos\theta=\dfrac{R}{\sqrt{R^2+X_C^2}}$ $\sin\theta=\dfrac{X_c}{\sqrt{R^2+X_C^2}}$
	$R-L-C$	$\theta=\tan^{-1}\dfrac{X_L-X_C}{R}$	$I=\dfrac{V}{Z}=\dfrac{V}{\sqrt{R^2+(X_L-X_C)^2}}$	$\cos\theta=\dfrac{R}{Z}$ $\sin\theta=\dfrac{X_L-X_C}{Z}$
병렬회로	$R-L$	$\theta=\tan^{-1}\dfrac{R}{\omega L}$	$I=YV=\sqrt{\left(\dfrac{1}{R}\right)^2+\left(\dfrac{1}{X_L}\right)^2}\cdot V$	$\cos\theta=\dfrac{X_L}{\sqrt{R^2+X_L^2}}$ $\sin\theta=\dfrac{R}{\sqrt{R^2+X_L^2}}$
	$R-C$	$\theta=\tan^{-1}\omega CR$	$I=YV=\sqrt{\left(\dfrac{1}{R}\right)^2+\left(\dfrac{1}{X_C}\right)^2}\cdot V$	$\cos\theta=\dfrac{X_C}{\sqrt{R^2+X_C^2}}$ $\sin\theta=\dfrac{R}{\sqrt{R^2+X_C^2}}$
	$R-L-C$	$\theta=\tan^{-1}R\left(\dfrac{1}{X_C}-\dfrac{1}{X_L}\right)$	$I=YV=\sqrt{\left(\dfrac{1}{R}\right)^2+\left(\dfrac{1}{X_C}-\dfrac{1}{X_L}\right)^2}\cdot V$	$\cos\theta=\dfrac{\dfrac{1}{R}}{Y}$ $\sin\theta=\dfrac{\dfrac{1}{X_C}-\dfrac{1}{X_L}}{Y}$

※ 유효전력
전원에서 부하로 실제 소비되는 전력

17 전력

구 분	단 상	3 상
유효전력	$P=VI\cos\theta=I^2R$[W] 여기서, P : 유효전력[W] V : 전압[V] I : 전류[A] θ : 이루는 각[rad] R : 저항[Ω]	$P=3V_PI_P\cos\theta=\sqrt{3}\,V_lI_l\cos\theta$ $=3{I_P}^2R$[W] 여기서, P : 유효전력[W] V_P, I_P : 상전압[V] · 상전류[A] V_l, I_l : 선간전압[V] · 선전류[A] R : 저항[Ω]

구 분	단 상	3 상
무효 전력	$P_r = VI\sin\theta = I^2X$ [Var] 여기서, P_r : 무효전력[Var] V : 전압[V] I : 전류[A] θ : 이루는 각[rad] X : 리액턴스[Ω]	$P_r = 3V_PI_P\sin\theta = \sqrt{3}\,V_lI_l\sin\theta = 3{I_P}^2X$ [Var] 여기서, P_r : 무효전력[Var] V_P, I_P : 상전압[V] · 상전류[A] V_l, I_l : 선간전압[V] · 선전류[A] X : 리액턴스[Ω]
피상 전력	$P_a = VI = \sqrt{P^2 + {P_r}^2} = I^2Z$ [VA] 여기서, P_a : 피상전력[VA] V : 전압[V] I : 전류[A] P : 유효전력[W] P_r : 무효전력[Var] Z : 임피던스[Ω]	$P_a = 3V_PI_P = \sqrt{3}\,V_lI_l = \sqrt{P^2 + {P_r}^2} = 3{I_P}^2Z$ [VA] 여기서, P_a : 피상전력[VA] V_P, I_P : 상전압[V] · 상전류[A] V_l, I_l : 선간전압[V] · 선전류[A] Z : 임피던스[Ω]

18 Y결선 · △결선

구 분	선간전압	선전류
Y결선	$V_l = \sqrt{3}\,V_P$ 여기서, V_l : 선간전압[V] V_P : 상전압[V]	$I_l = I_P$ 여기서, I_l : 선전류[A] I_P : 상전류[A]
△결선	$V_l = V_P$ 여기서, V_l : 선간전압[V] V_P : 상전압[V]	$I_l = \sqrt{3}\,I_P$ 여기서, I_l : 선전류[A] I_P : 상전류[A]

19 분류기 · 배율기

분류기	배율기
$I_o = I\left(1 + \frac{R_A}{R_S}\right)$ [A] 여기서, I_o : 측정하고자 하는 전류[A] I : 전류계의 최대눈금[A] R_A : 전류계 내부저항[Ω] R_S : 분류기 저항[Ω]	$V_o = V\left(1 + \frac{R_m}{R_v}\right)$ [V] 여기서, V_o : 측정하고자 하는 전압[V] V : 전압계의 최대눈금[V] R_v : 전압계 내부저항[Ω] R_m : 배율기 저항[Ω]

Key Point

※ 무효전력
실제로는 아무런 일을 하지 않아 부하에서는 전력으로 이용될 수 없는 전력

※ 피상전력
교류의 부하 또는 전원의 용량을 표시하는 전력

※ 선간전압
부하에 전력을 공급하는 선들 사이의 전압

※ 선전류
3상 교류회로에서 단자로부터 유입 또는 유출되는 전류를 말한다.

※ 분류기
전류계의 측정범위를 확대하기 위해 전**류**계와 **병**렬로 접속하는 저항

기억법
분류병
(**분류**하여 **병**에 담아)

※ 배율기
전압계의 측정범위를 확대하기 위해 전**압**계와 **직**렬로 접속하는 저항

기억법
배압직
(**배**에 **압**정이 **직**접 꽂혔다.)

Key Point

제5장 자동제어

20 제어량에 의한 분류

① 프로세스제어(process control) : 온도, 압력, 유량, 액면
② 서보기구(servo mechanism) : 위치, 방위, 자세
③ 자동조정(automatic regulation) : 전압, 전류, 주파수, 회전속도, 장력

● 초스피드 기억법

프온압유액(프레온의 압력으로 우유액이 쏟아졌다.)
서위방자(스위스는 방자하다.)

※ 불대수
임의의 회로에서 일련의 기능을 수행하기 위한 가장 최적의 방법을 결정하기 위하여 이를 수식적으로 표현하는 방법

21 불대수의 정리

논리합	논리곱	비 고
$X+0=X$	$X\cdot 0=0$	-
$X+1=1$	$X\cdot 1=X$	-
$X+X=X$	$X\cdot X=X$	-
$X+\overline{X}=1$	$X\cdot \overline{X}=0$	-
$X+Y=Y+X$	$X\cdot Y=Y\cdot X$	교환법칙
$X+(Y+Z)=(X+Y)+Z$	$X(YZ)=(XY)Z$	결합법칙
$X(Y+Z)=XY+XZ$	$(X+Y)(Z+W)$ $=XZ+XW+YZ+YW$	분배법칙
$X+XY=X$	$X+\overline{X}Y=X+Y$	흡수법칙
$(\overline{X+Y})=\overline{X}\cdot\overline{Y}$	$(\overline{X\cdot Y})=\overline{X}+\overline{Y}$	드모르간의 정리

※ 논리회로
집적회로를 논리기호를 사용하여 알기 쉽도록 표현해 놓은 회로

※ 진리표
논리대수에 있어서 ON, OFF 또는 동작, 부동작의 상태를 1과 0으로 나타낸 표

22 시퀀스회로와 논리회로

명 칭	시퀀스회로	논리회로	진리표
AND 회로	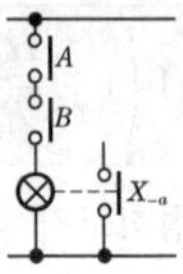	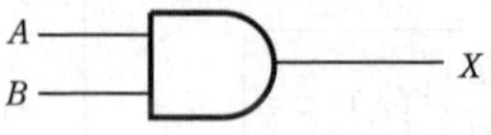 $X=A\cdot B$ 입력신호 A, B가 동시에 1일 때만 출력신호 X가 1이 된다.	A B X 0 0 0 0 1 0 1 0 0 1 1 1

<table>
<tr><th>명 칭</th><th>시퀀스회로</th><th>논리회로</th><th>진리표</th></tr>
<tr><td>OR 회로</td><td>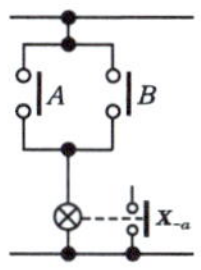</td><td>$X=A+B$
입력신호 A, B 중 어느 하나라도 1이면 출력신호 X가 1이 된다.</td><td><table><tr><th>A</th><th>B</th><th>X</th></tr><tr><td>0</td><td>0</td><td>0</td></tr><tr><td>0</td><td>1</td><td>1</td></tr><tr><td>1</td><td>0</td><td>1</td></tr><tr><td>1</td><td>1</td><td>1</td></tr></table></td></tr>
<tr><td>NOT 회로</td><td>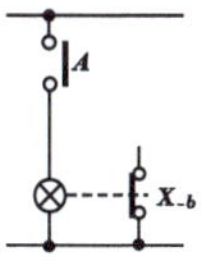</td><td>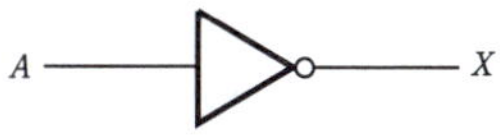$X=\overline{A}$
입력신호 A가 0일 때만 출력신호 X가 1이 된다.</td><td><table><tr><th>A</th><th>X</th></tr><tr><td>0</td><td>1</td></tr><tr><td>1</td><td>0</td></tr></table></td></tr>
<tr><td>NAND 회로</td><td>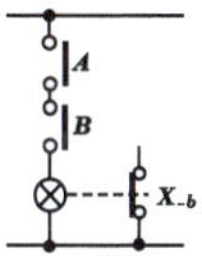</td><td>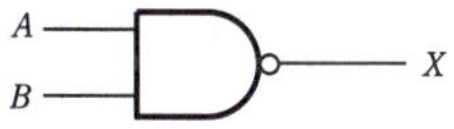$X=\overline{A \cdot B}$
입력신호 A, B가 동시에 1일 때만 출력신호 X가 0이 된다.
(AND 회로의 부정)</td><td><table><tr><th>A</th><th>B</th><th>X</th></tr><tr><td>0</td><td>0</td><td>1</td></tr><tr><td>0</td><td>1</td><td>1</td></tr><tr><td>1</td><td>0</td><td>1</td></tr><tr><td>1</td><td>1</td><td>0</td></tr></table></td></tr>
<tr><td>NOR 회로</td><td>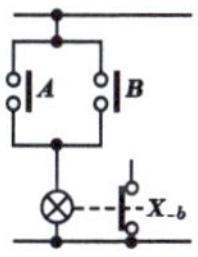</td><td>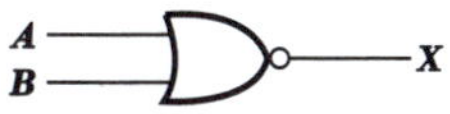$X=\overline{A+B}$
입력신호 A, B가 동시에 0일 때만 출력신호 X가 1이 된다. (OR회로의 부정)</td><td><table><tr><th>A</th><th>B</th><th>X</th></tr><tr><td>0</td><td>0</td><td>1</td></tr><tr><td>0</td><td>1</td><td>0</td></tr><tr><td>1</td><td>0</td><td>0</td></tr><tr><td>1</td><td>1</td><td>0</td></tr></table></td></tr>
<tr><td>EXCLUSIVE OR 회로</td><td>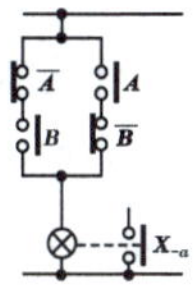</td><td>$X=A\oplus B=\overline{A}B+A\overline{B}$
입력신호 A, B 중 어느 한쪽만이 1이면 출력신호 X가 1이 된다.</td><td><table><tr><th>A</th><th>B</th><th>X</th></tr><tr><td>0</td><td>0</td><td>0</td></tr><tr><td>0</td><td>1</td><td>1</td></tr><tr><td>1</td><td>0</td><td>1</td></tr><tr><td>1</td><td>1</td><td>0</td></tr></table></td></tr>
<tr><td>EXCLUSIVE NOR 회로</td><td>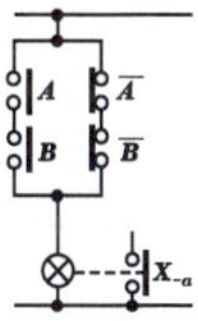</td><td>$X=\overline{A\oplus B}=AB+\overline{A}\,\overline{B}$
입력신호 A, B가 동시에 0이거나 1일 때만 출력신호 X가 1이 된다.</td><td><table><tr><th>A</th><th>B</th><th>X</th></tr><tr><td>0</td><td>0</td><td>1</td></tr><tr><td>0</td><td>1</td><td>0</td></tr><tr><td>1</td><td>0</td><td>0</td></tr><tr><td>1</td><td>1</td><td>1</td></tr></table></td></tr>
</table>

Key Point

✻NAND 회로
AND 회로의 부정

✻NOR 회로
OR 회로의 부정

제4편
소방전기시설의 구조 및 원리

제1장 경보설비의 구조 및 원리

Key Point

※ 자동화재탐지설비
① 감지기
② 수신기
③ 발신기
④ 중계기
⑤ 음향장치
⑥ 표시등
⑦ 전원
⑧ 배선

1 경보설비의 종류

경보설비
- 자동화재 탐지설비 · 시각경보기
- 자동화재 속보설비
- 가스누설경보기
- 비상방송설비
- 비상경보설비(비상벨설비, 자동식 사이렌설비)
- 누전경보기
- 단독경보형 감지기
- 통합감시시설
- 화재알림설비

● 초스피드 기억법

경자가비누단(경자가 비누를 단독으로 쓴다.)

※ 공기관식의 구성요소
① 공기관
② 다이어프램
③ 리크구멍
④ 접점
⑤ 시험장치

※ 공기관
① 두께 : 0.3mm 이상
② 바깥지름 : 1.9mm 이상

2 정온식 감지선형 감지기의 고정방법

구 분	감지선형 감지기
단자부와 마감고정금구	10cm 이내
굴곡반경	5cm 이상

3 감지기의 부착높이

부착높이	감지기의 종류
8~15m 미만	• 차동식 분포형 • 이온화식 1종 또는 2종 • 광전식(스포트형 · 분리형 · 공기흡입형) 1종 또는 2종 • 연기복합형 • 불꽃감지기
15~20m 미만	• 이온화식 1종 • 광전식(스포트형 · 분리형 · 공기흡입형) 1종 • 연기복합형 • 불꽃감지기

※ 연기복합형 감지기
이온화식+광전식을 겸용한 것으로 두 가지 기능이 동시에 작동되면 신호를 발함

● 초스피드 기억법

차분815(차분히 815 광복절을 맞이하자!)

4 반복시험 횟수

횟 수	기 기
1000회	속보기
2000회	중계기
5000회	전원스위치 · 발신기
6000회	감지기
10000회	비상조명등, 스위치접점, 기타의 설비 및 기기(수신기)

● 초스피드 기억법

속1
중2(중이염)
5발전(5개 발에 전을 부치자.)

5 대상에 따른 음압

음 압	대 상
40dB 이하	유도등 · 비상조명등의 소음
60dB 이상	① 고장표시장치용 ② 전화용 부저 ③ 단독경보형 감지기(건전지 교체 **음성안내**)
70dB 이상	① 가스누설경보기(단독형 · 영업용) ② 누전경보기 ③ 단독경보형 감지기(건전지 교체 **음향경보**)
85dB 이상	단독경보형 감지기(화재경보음)
90dB 이상	① 가스누설경보기(공업용) ② 자동화재탐지설비의 음향장치 ③ 비상벨설비의 음향장치

● 초스피드 기억법

유비음4(유비는 음식 중 사발면을 좋아한다.)
고전음6(고전음악을 유창하게 해.)
9공자

Key Point

＊반복시험 횟수
유도등 : 2500회

＊속보기
감지기 또는 P형발신기로부터 발신하는 신호나 중계기를 통하여 송신된 신호를 수신하여 관계인에게 화재발생을 경보함과 동시에 소방관서에 자동적으로 전화를 통한 해당 특정소방대상물의 위치 및 화재발생을 음성으로 통보하여 주는 것

＊유도등
평상시에 상용전원에 의해 점등되어 있다가 비상시에 비상전원에 의해 점등된다.

＊비상조명등
평상시에 소등되어 있다가 비상시에 점등된다.

Key Point

❋ 수평거리
최단거리 · 직선거리 또는 반경을 의미한다.

❋ 보행거리
걸어서 가는 거리

❋ 비상전원
상용전원 정전시에 사용하기 위한 전원

❋ 예비전원
상용전원 고장시 또는 용량부족시 최소한의 기능을 유지하기 위한 전원

6 수평거리 · 보행거리 · 수직거리

(1) 수평거리

수평거리	기 기
25m 이하	• 발신기 • 음향장치(확성기) • 비상콘센트(지하상가 · 지하층 바닥면적 합계 $3000m^2$ 이상)
50m 이하	• 비상콘센트(기타)

● 초스피드 기억법

발음2비지(발음이 비슷하지)

(2) 보행거리

보행거리	기 기
15m 이하	• 유도표지
20m 이하	• 복도통로유도등 • 거실통로유도등 • 3종 연기감지기
30m 이하	• 1 · 2종 연기감지기

● 초스피드 기억법

보통2(보통이 아니네요!)

(3) 수직거리

수직거리	기 기
15m 이하	• 1 · 2종 연기감지기
10m 이하	• 3종 연기감지기

7 비상전원 용량

설비의 종류	비상전원 용량
• 자동화재탐지설비 • 비상경보설비 • 자동화재속보설비	10분 이상
• 유도등 • 비상콘센트설비 • 제연설비 • 물분무소화설비 • 옥내소화전설비(30층 미만) • 특별피난계단의 계단실 및 부속실 제연설비(30층 미만)	20분 이상
• 무선통신보조설비의 증폭기	30분 이상

Key Point

설비의 종류	비상전원 용량
• 옥내소화전설비(30~49층 이하) • 특별피난계단의 계단실 및 부속실 제연설비(30~49층 이하) • 연결송수관설비(30~49층 이하) • 스프링클러설비(30~49층 이하)	40분 이상
• 유도등 · 비상조명등(지하상가 및 11층 이상) • 옥내소화전설비(50층 이상) • 특별피난계단의 계단실 및 부속실 제연설비(50층 이상) • 연결송수관설비(50층 이상) • 스프링클러설비(50층 이상)	60분 이상

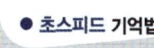

● 초스피드 기억법

경자비1(**경자**라는 이름은 **비일**비재하게 많다).
3중(**3중**고)

8 주위온도 시험

주위온도	기 기
−35±2~70±2℃	경종(옥내 · 옥외형), 발신기(옥내 · 옥외형)
−20±2~55±2℃	변류기(옥외형)
−10±2~50±2℃	경종(옥내형), 가스누설경보기(분리형), 속보기
−10±2~55±2℃	발신기(옥내형), 변류기(옥내형)

● 초스피드 기억법

분04(**분양소**)

9 스포트형 감지기의 바닥면적

(단위 : [m^2])

부착높이 및 소방대상물의 구분		감지기의 종류				
		차동식 · 보상식 스포트형		정온식 스포트형		
		1종	2종	특종	1종	2종
4m 미만	내화구조	90	70	70	60	20
	기타구조	50	40	40	30	15
4m 이상 8m 미만	내화구조	45	35	35	30	−
	기타구조	30	25	25	15	−

10 연기감지기의 바닥면적

(단위 : [m^2])

부착높이	감지기의 종류	
	1종 및 2종	3종
4m 미만	150	50
4~20m 미만	75	설치할 수 없다.

＊ 변류기
누설전류를 검출하는 데 사용하는 기기

＊ 정온식 스포트형 감지기
일국소의 주위 온도가 일정한 온도 이상이 되는 경우에 작동하는 것으로서 외관이 전선으로 되어 있지 않은 것

＊ 연기감지기
화재시 발생하는 연기를 이용하여 작동하는 것으로서 주로 계단, 경사로, 복도, 통로, 엘리베이터, 전산실, 통신기기실에 쓰인다.

Key Point

※ 경계구역
자동화재탐지설비의 1회선이 화재발생을 유효하게 탐지할 수 있는 구역

※ 정온식 감지선형 감지기
일국소의 주위 온도가 일정한 온도 이상이 되는 경우에 작동하는 것으로서 외관이 전선으로 되어 있는 것

11 절연저항시험(절대! 절대! 중요!)

절연저항계	절연저항	대 상
직류 250V	0.1MΩ 이상	• 1경계구역의 절연저항
직류 500V	5MΩ 이상	• 누전경보기 • 가스누설경보기 • 수신기(10회로 미만, 절연된 충전부와 외함간) • 자동화재속보설비 • 비상경보설비 • 유도등(교류입력측과 외함간 포함) • 비상조명등(교류입력측과 외함간 포함)
	20MΩ 이상	• 경종 • 발신기 • 중계기 • 비상콘센트 • 기기의 절연된 선로간 • 기기의 충전부와 비충전부간 • 기기의 교류입력측과 외함간(유도등·비상조명등 제외)
	50MΩ 이상	• 감지기(정온식 감지선형 감지기 제외) • 가스누설경보기(**10회로** 이상) • 수신기(**10회로** 이상, 교류입력측과 외함간 제외)
	1000MΩ 이상	• 정온식 감지선형 감지기

12 소요시간

기 기	시 간
• P형·P형 복합식·R형·R형 복합식·GP형·GP형 복합식·GR형·GR형 복합식 수신기 • 중계기	5초 이내
비상방송설비	10초 이하
가스누설경보기	60초 이내

● 초스피드 기억법

시중5 (**시중**을 드시**오**!), 6**가**(**육**체미**가** 아름답다.)

중요

축적형 수신기

전원차단시간	축적시간	화재표시감지시간
1~3초 이하	30~60초 이하	60초(1회 이상 반복)

13 수신기의 적합기준

① 해당 특정소방대상물의 경계구역을 각각 표시할 수 있는 회선수 이상의 수신기를 설치할 것

Key Point

② 해당 특정소방대상물에 가스누설탐지설비가 설치된 경우에는 가스누설탐지설비로부터 가스누설신호를 수신하여 가스누설경보를 할 수 있는 수신기를 설치할 것(가스누설탐지설비의 수신부를 별도로 설치한 경우에는 제외한다)

14 설치높이

기 기	설치높이
기타기기	0.8~1.5m 이하
시각경보장치	2~2.5m 이하(단, 천장의 높이가 **2m 이하**인 경우에는 천장으로부터 **0.15m 이내**의 장소에 설치)

15 누전경보기의 설치방법

정격전류	경보기 종류
60A 초과	1급
60A 이하	1급 또는 2급

① 변류기는 옥외인입선의 **제1지점**의 **부하측** 또는 **제2종**의 **접지선측**에 설치할 것
② 옥외전로에 설치하는 변류기는 **옥외형**을 사용할 것

● **초스피드 기억법**

1부접2누(**일부**는 **접이**식 의자에 **누**워있다.)

*** 변류기의 설치**
① 옥외인입선의 제1지점의 부하측
② 제2종의 접지선측

16 누전경보기

① 공칭작동전류치 : 200mA 이하
② 감도조정장치의 조정범위 : 1A 이하(1000mA)

● **초스피드 기억법**

누공2(**누**구나 **공짜이**면 좋아해.)
누감1(**누**가 **감**히 **일**부러 그럴까?)

참고

검출누설전류 설정치 범위
① 경계전로 : 100~400mA
② 제2종 접지선 : 400~700mA

*** 공칭작동 전류치**
누전경보기를 작동시키기 위하여 필요한 누설전류의 값으로서 제조자에 의하여 표시된 값

제2장 피난구조설비 및 소화활동설비

17 설치높이

유도등 · 유도표지	설치높이
• 복도통로유도등 • 계단통로유도등 • 통로유도표지	1m 이하

*** 조도**
① 객석유도등 : 0.2 lx 이상
② 통로유도등 : 1 lx 이상
③ 비상조명등 : 1 lx 이상

Key Point

• 피난구유도등 • 거실통로유도등	1.5m 이상

18 설치개수

* 통로유도등
백색바탕에 녹색문자

* 피난구유도등
녹색바탕에 백색문자

(1) 복도 · 거실 통로유도등

$$\text{개수} \geq \frac{\text{보행거리}}{20} - 1$$

(2) 유도표지

$$\text{개수} \geq \frac{\text{보행거리}}{15} - 1$$

(3) 객석유도등

$$\text{개수} \geq \frac{\text{직선부분 길이}}{4} - 1$$

19 비상콘센트 전원회로의 설치기준

구 분	전 압	용 량	플러그접속기
단상 교류	220V	1.5kVA 이상	접지형 2극

❶ 1 전용회로에 설치하는 비상콘센트는 10개 이하로 할 것
❷ 풀박스는 1.6mm 이상의 철판을 사용할 것

* 풀박스
배관이 긴 곳 또는 굴곡부분이 많은 곳에서 시공을 용이하게 하기 위하여 배선도중에 사용하여 전선을 끌어들이기 위한 박스

● 초스피드 기억법

10콘(시큰둥!)

제3장 소방전기시설

20 감지기의 적응장소

정온식 스포트형 감지기	연기감지기
① 영사실 ② 주방 · 주조실 ③ 용접작업장 ④ 건조실 ⑤ 조리실 ⑥ 스튜디오 ⑦ 보일러실 ⑧ 살균실	① 계단 · 경사로 ② 복도 · 통로 ③ 엘리베이트 권상기실 ④ 린넨슈트 ⑤ 파이프덕트 ⑥ 전산실 ⑦ 통신기기실

* 린넨슈트
병원, 호텔 등에서 세탁물을 구분하여 실로 유도하는 통로

Key Point

● 초스피드 기억법

영주용건 정조스 보살(**영주**의 **용건**이 **정**말 **죠스**와 **보살**을 만나는 것이냐?)

21 전원의 종류

1. 상용전원
2. 비상전원 : 상용전원 정전 때를 대비하기 위한 전원
3. 예비전원 : 상용전원 고장시 또는 용량부족시 최소한의 기능을 유지하기 위한 전원

22 부동충전방식의 2차 전류

$$2차전류 = \frac{축전지의\ 정격용량}{축전지의\ 공칭용량} + \frac{상시부하}{표준전압} \text{〔A〕}$$

＊ 부동충전방식
축전지와 부하를 충전기에 병렬로 접속하여 충전과 방전을 동시에 행하는 방식

23 부동충전방식의 축전지의 용량

$$C = \frac{1}{L} KI \text{〔Ah〕}$$

여기서, C : 축전지용량
L : 용량저하율(보수율)
K : 용량환산시간〔h〕
I : 방전전류〔A〕

＊ 용량저하율(보수율)
축전지의 용량저하를 고려하여 축전지의 용량산정시 여유를 주는 계수로서, 보통 0.8을 적용한다.

24 옥내소화전설비, 자동화재탐지설비의 공사방법

1. 가요전선관공사
2. 합성수지관공사
3. 금속관공사
4. 금속덕트공사
5. 케이블공사

● 초스피드 기억법

옥자가 합금케(**옥자**가 **합금**을 **캐**냈다.)

25 경계구역

＊ 지하구
지하의 케이블 통로

(1) 경계구역의 설정기준

1. 1경계구역이 2개 이상의 **건축물**에 미치지 않을 것
2. 1경계구역이 2개 이상의 **층**에 미치지 않을 것
3. 1경계구역의 면적은 **600m²** 이하로 하고, 1변의 길이는 **50m** 이하로 할 것

(2) 1경계구역 높이 : 45m 이하

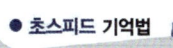

＊ 경계구역
화재신호를 발신하고 그 신호를 수신 및 유효하게 제어할 수 있는 구역

Key-Point

26 대상에 따른 전압

전 압	대 상
0.5V 이하	누전경보기 경계전로의 전압강하
0.6V 이하	완전방전
60V 이하	약전류회로
60V 초과	접지단자 설치
300V 이하	• 전원변압기의 1차 전압 • 유도등 · 비상조명등의 사용전압
600V 이하	누전경보기의 경계전로전압

● 초스피드 기억법

05경전(공오경전), 변3(변상해), 누6(누룩)

27 전선 단면적의 계산

전기방식	전선 단면적
단상 2선식	$A=\dfrac{35.6LI}{1000e}$
3상 3선식	$A=\dfrac{30.8LI}{1000e}$

여기서, A : 전선의 단면적[mm^2]
L : 선로길이[m]
I : 전부하전류[A]
e : 각 선간의 전압강하[V]

※ 소방펌프 : 3상 3선식, 기타 : 단상 2선식

● 초스피드 기억법

33펌(삼삼하게 펌프질한다.)

※ 예비전원
상용전원 고장시 또는 용량부족시 최소한의 기능을 유지하기 위한 전원

28 축전지의 비교표

구 분	연축전지	알칼리축전지
기전력	2.05~2.08V	1.32V
공칭전압	2.0V	1.2V
공칭용량	10Ah	5Ah
충전시간	길다	짧다
수 명	5~15년	15~20년
종 류	클래드식, 페이스트식	소결식, 포케트식

● 초스피드 기억법

연2 10(연이어 열차가 온다.)

※ 기전력
전류를 연속해서 흘리기 위해 전압을 연속적으로 만들어 주는 힘

소방설비기사 필기
(전기분야)

Part 1

소방원론

출제경향분석

CHAPTER 01 화재론

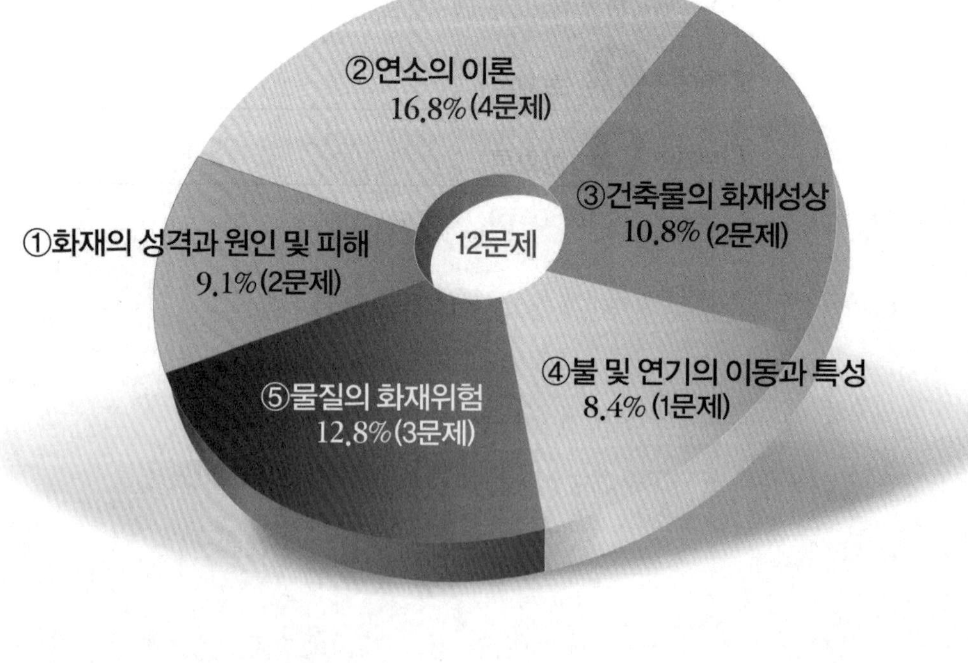

CHAPTER 01

화재론

1 화재의 성격과 원인 및 피해

출제확률 9.1% (2문제)

1 화재의 성격과 원인

(1) 화재의 정의

① 자연 또는 인위적인 원인에 의하여 불이 물체를 연소시키고, 인명과 재산의 손해를 주는 현상

② 불이 그 사용목적을 넘어 다른 곳으로 연소하여 사람들에게 예기치 않은 경제상의 손해를 발생시키는 현상

③ 사람의 의도에 반(反)하여 출화 또는 방화에 의하여 불이 발생하고 확대되는 현상

④ 불을 사용하는 사람의 부주의와 불안정한 상태에서 발생되는 것

⑤ 실화, 방화로 발생하는 연소현상을 말하며 사람에게 유익하지 못한 해로운 불

⑥ 사람의 의사에 반한, 즉 대부분의 사람이 원치 않는 상태의 불

⑦ 소화의 필요성이 있는 불

⑧ 소화에 효과가 있는 어떤 물건(소화시설)을 사용할 필요가 있다고 판단되는 불

★★★

문제 화재의 정의로서 옳지 않은 것은?

① 사람의 의사에 반한, 즉 대부분의 사람이 원치 않는 상태의 불

② 소화의 필요성이 있는 불

③ 소화의 경제적 필요성이 있는 불

'이로운 불'로서 화재가 아니다.

④ 소화에 효과가 있는 어떤 물건을 사용할 필요가 있다고 판단되는 불

답 ③

(2) 화재의 발생현황

① **발화요인별** : 부주의>전기적 요인>기계적 요인>화학적 요인>교통사고>방화의심>방화>자연적 요인>가스누출

② **장소별** : 근린생활시설>공동주택>공장 및 창고>복합건축물>업무시설>숙박시설>교육연구시설

③ **계절별** : 겨울>봄>가을>여름

※ **화재의 특성** : 우발성, 확대성, 불안정성

Key Point

※ 화재
자연 또는 인위적인 원인에 의하여 불이 물체를 연소시키고, 인간의 신체·재산·생명에 손해를 주는 현상

※ 일반화재
연소 후 재를 남기는 가연물

※ 유류화재
연소 후 재를 남기지 않는 가연물

※ 화재발생요인
① 취급에 관한 지식 결여
② 기기나 기구 등의 정격미달
③ 사전교육 및 관리 부족

※ 경제발전과 화재 피해의 관계
경제발전속도<화재피해속도

※ 화재피해의 감소 대책
① 예방
② 경계(발견)
③ 진압

※ 화재의 특성
① 우발성 : 화재가 돌발적으로 발생
② 확대성
③ 불안정성

Key Point

2 화재의 종류

▌화재의 구분▐

화재종류	표시색	적응물질
일반화재(A급)	백색	• 일반가연물(목재)
유류화재(B급)	황색	• 가연성 액체(유류) • 가연성 가스(가스)
전기화재(C급)	청색	• 전기설비(전기)
금속화재(D급)	무색	• 가연성 금속
주방화재(K급)	–	• 식용유화재

※ **A급 화재** : 합성수지류, 섬유류에 의한 화재
요즘은 표시색의 의무규정은 없음

(1) 일반화재

목재·종이·섬유류·합성수지 등의 일반가연물에 의한 화재

(2) 유류화재

제4류 위험물(특수인화물, 석유류, 알코올류, 동식물유류)에 의한 화재

① 특수인화물 : **다이에틸에터·이황화탄소** 등으로서 인화점이 −20℃ 이하인 것
② 제1석유류 : **아세톤·휘발유·콜로디온** 등으로서 인화점이 21℃ 미만인 것
③ 제2석유류 : **등유·경유** 등으로서 인화점이 21~70℃ 미만인 것
④ 제3석유류 : **중유·크레오소트유** 등으로서 인화점이 70~200℃ 미만인 것
⑤ 제4석유류 : **기어유·실린더유** 등으로서 인화점이 200~250℃ 미만인 것
⑥ 알코올류 : 포화 1가 알코올(변성알코올 포함)

(3) 가스화재

① 가연성 가스 : 폭발 하한계가 10% 이하 또는 폭발 상한계와 하한계의 차이가 20% 이상인 것
② 압축가스 : 산소(O_2), 수소(H_2)
③ 용해가스 : **아세틸렌**(C_2H_2)
④ 액화가스 : 액화석유가스(LPG), 액화천연가스(LNG)

(4) 전기화재

전기화재의 발생원인은 다음과 같다.

① 단락(합선)에 의한 발화
② 과부하(과전류)에 의한 발화
③ 절연저항 감소(누전)에 의한 발화
④ 전열기기 과열에 의한 발화
⑤ 전기불꽃에 의한 발화
⑥ 용접불꽃에 의한 발화

❋ LPG
액화석유가스로서 주성분은 프로판(C_3H_8)과 부탄(C_4H_{10})이다.

❋ LNG
액화천연가스로서 주성분은 메탄(CH_4)이다.

❋ 프로판의 액화압력
7기압

❋ 누전
전기가 도선 이외에 다른 곳으로 유출되는 것

⑦ 낙뢰에 의한 발화

※ **승압 · 고압전류** : 전기화재의 주요원인이라 볼 수 없다.

문제 전기화재의 발생가능성이 가장 낮은 부분은?

① 코드 접촉부 ② 전기장판
③ 전열기 ④ 배선차단기

전기화재의 발생가능성이 가장 낮으며 '저압 배선용 과부하차단기', 'MCCB'라고 부른다.

답 ④

Key Point

❋ **역률 · 배선용 차단기**
화재의 전기적 발화요인과 무관 또는 관계 적음

❋ **풍상(風上)**
① 화재진행에 직접적인 영향
② 비화연소현상의 발전

(5) 금속화재

① 금속화재를 일으킬 수 있는 위험물

㈎ 제1류 위험물 : 무기과산화물

㈏ 제2류 위험물 : 금속분(알루미늄(Al), 마그네슘(Mg))

㈐ 제3류 위험물 : 황린(P_4), 칼슘(Ca), 칼륨(K), 나트륨(Na)

② 금속화재의 특성 및 적응소화제

㈎ 물과 반응하면 주로 **수소**(H_2), **아세틸렌**(C_2H_2) 등 가연성 가스를 발생하는 **금수성 물질**이다.

㈏ 금속화재를 일으키는 분진의 양은 30~80mg/l 이다.

㈐ **알킬알루미늄**에 적당한 소화제는 **팽창질석, 팽창진주암**이다.

(6) 산불화재

산불화재의 형태는 다음과 같다.

① **수간화 형태** : 나무기둥 부분부터 연소하는 것

② **수관화 형태** : 나뭇가지 부분부터 연소하는 것

③ **지중화 형태** : 썩은 나무의 유기물이 연소하는 것

④ **지표화 형태** : 지면의 낙엽 등이 연소하는 것

3 가연성 가스의 폭발한계

(1) 폭발한계

① **정의** : 가연성 물질이 기체상태에서 공기와 혼합하여 일정농도 범위 내에서 연소가 일어나는 범위를 말하며, **하한계**와 **상한계**로 표시한다.

② **공기 중의 폭발한계**(상온, 1atm)

가 스	하한계[vol%]	상한계[vol%]
아세틸렌(C_2H_2)	2.5	81
수소(H_2)	4	75
일산화탄소(CO)	12	75

❋ **폭발한계와 같은 의미**
① 폭발범위
② 연소한계
③ 연소범위
④ 가연한계
⑤ 가연범위

Key Point

※ vol%
어떤 공간에 차지하는 부피를 백분율로 나타낸 것

※ 연소가스
열분해 또는 연소할 때 발생

※ 폭발의 종류
(1) 화학적 폭발
① 가스폭발
② 유증기폭발
③ 분진폭발
④ 화약류의 폭발
⑤ 산화폭발
⑥ 분해폭발
⑦ 중합폭발
(2) 물리적 폭발
① 증기폭발(=수증기폭발)
② 전선폭발
③ 상전이폭발
④ 압력방출에 의한 폭발

가 스	하한계[vol%]	상한계[vol%]
에터($C_2H_5OC_2H_5$)	1.7	48
이황화탄소(CS_2)	1	50
에틸렌(C_2H_4)	2.7	36
암모니아(NH_3)	15	25
메탄(CH_4)	5	15
에탄(C_2H_6)	3	12.4
프로판(C_3H_8)	2.1	9.5
부탄(C_4H_{10})	1.8	8.4
휘발유(C_5H_{12}~C_9H_{20})	1.2	7.6

★★★
문제 다음 물질의 증기가 공기와 혼합기체를 형성하였을 때 폭발한계 중 폭발상한계가 가장 높은 혼합비를 형성하는 물질은?

① 수소(H_2) → 75vol%
② 이황화탄소(CS_2) → 50vol%
③ 아세틸렌(C_2H_2) → 81vol%
④ 에터($(C_2H_5)_2O$) → 48vol%

답 ③

휘발유=가솔린

③ 폭발한계와 위험성

㈎ 하한계가 낮을수록 위험하다.
㈏ 상한계가 높을수록 위험하다.
㈐ 연소범위가 넓을수록 위험하다.
㈑ 연소범위의 하한계는 그 물질의 인화점에 해당된다.
㈒ 연소범위는 주위온도와 관계가 깊다.
㈓ 압력상승시 하한계는 불변, 상한계만 상승한다.

중요

연소범위

① 공기와 혼합된 가연성 기체의 체적농도로 표시된다.
② 가연성 기체의 종류에 따라 다른 값을 갖는다.
③ 온도가 낮아지면 좁아진다.
④ 압력이 상승하면 넓어진다.
⑤ 불활성 기체를 첨가하면 좁아진다.
⑥ **일산화탄소**(CO), **수소**(H_2)는 압력이 상승하면 좁아진다.
⑦ 가연성 기체라도 점화원이 존재하에 그 농도 범위 내에 있을 때 발화한다.

④ 위험도(Degree of hazards)

$$H = \frac{U - L}{L}$$

여기서, H : 위험도
U : 폭발상한계
L : 폭발하한계

⑤ **혼합가스의 폭발하한계** : 가연성 가스가 혼합되었을 때 폭발하한계는 르 샤틀리에 법칙에 의하여 다음과 같이 계산된다.

$$\frac{100}{L} = \frac{V_1}{L_1} + \frac{V_2}{L_2} + \frac{V_3}{L_3} + \cdots\cdots + \frac{V_n}{L_n}$$

여기서, L : 혼합가스의 폭발하한계〔vol%〕
L_1, L_2, L_3, L_n : 가연성 가스의 폭발하한계〔vol%〕
V_1, V_2, V_3, V_n : 가연성 가스의 용량〔vol%〕

4 폭발(Explosion)

- 폭발
  - 폭연(Deflagration)
  - 폭굉(Detonation)

(1) 폭 연(Deflagration)

① 정의

㈎ 급격한 압력의 증가로 인해 격렬한 음향을 발하며 팽창하는 현상

㈏ 발열반응으로 연소의 전파속도가 음속보다 느린현상

화염전파속도 < 음속

(2) 폭 굉(Detonation)

① 정의 : 폭발 중에서도 격렬한 폭발로서 **화염**의 **전파속도**가 **음속보다 빠른 경우**로 파면선단에 충격파(압력파)가 진행되는 현상

화염전파속도 > 음속

② 연소속도 : 1000~3500m/s

(3) 폭발의 종류

폭발종류	물 질
분해폭발	• 과산화물 · 아세틸렌 • 다이너마이트

＊ 물과 반응하여 가연성 기체를 발생하지 않는 것
① 시멘트
② 석회석
③ 탄산칼슘($CaCO_3$)

＊ 분진폭발을 일으키지 않는 물질
① 시멘트
② 석회석
③ 탄산칼슘($CaCO_3$)
④ 생석회(CaO) = 산화칼슘

＊ 음속
소리의 속도로서 약 340m/s이다.

＊ 폭굉의 연소속도
1000~3500m/s

Key Point

분진폭발	• 밀가루 · 담뱃가루 • 석탄가루 · 먼지 • 전분 · 금속분
중합폭발	• 염화비닐 • 시안화수소
분해 · 중합폭발	• 산화에틸렌
산화폭발	• 압축가스, 액화가스

중요 **폭발발생 원인**

물리적 · 기계적 원인	화학적 원인
압력방출에 의한 폭발	① 증기운(vapor cloud) 폭발 ② 분해폭발 ③ 석탄분진의 폭발

5 열과 화상

사람의 피부는 열로 인하여 화상을 입는 수가 있는데 화상은 다음의 4가지로 분류한다.

화상분류	설 명
1도 화상	화상의 부위가 분홍색으로 되고, **가벼운 부음**과 통증을 수반하는 화상
2도 화상	화상의 부위가 분홍색으로 되고, **분비액**이 많이 분비되는 화상
3도 화상	화상의 부위가 벗겨지고, 검게 되는 화상
4도 화상	전기화재에서 입은 화상으로서 피부가 탄화되고, 뼈까지 도달되는 화상

＊화상
불에 의해 피부에 상처를 입게 되는 것

＊2도 화상
화상의 부위가 분홍색으로 되고, 분비액이 많이 분비되는 화상의 정도

＊탄화
불에 의해 피부가 검게 된 후 부스러지는 것

2 연소의 이론

출제확률 16.8% (4문제)

Key Point

※ 연소
응고상태 또는 기체상태의 연료가 관계된 자발적인 발열반응 과정

※ 연소속도
산화속도

※ 산화반응
물질이 산소와 화합하여 반응하는 것

※ 산화속도
연소속도와 직접 관계된다.

※ 가연물
가연물질

1 연 소

(1) 연소의 정의

가연물이 공기 중에 있는 산소와 반응하여 **열**과 **빛**을 동반하며 급격히 산화반응하는 현상

(2) 연소의 색과 온도

| 연소의 색과 온도 |

색	온도[℃]
암적색(진홍색)	700~750
적색	850
휘적색(주황색)	925~950
황적색	1100
백적색(백색)	1200~1300
휘백색	1500

★★★
문제 보통 화재에서 주황색의 불꽃온도는 섭씨 몇 도 정도인가?

① 525도 ② 750도
③ 925도 → 주황색 : 925~950℃ ④ 1075도

답 ③

(3) 연소물질의 온도

| 연소물질의 온도 |

상 태	온도[℃]
목재화재	1200~1300
연강 용해, 촛불	1400
전기용접 불꽃	3000~4000
아세틸렌 불꽃	3300

(4) 연소의 3요소

가연물, 산소공급원, 점화원을 연소의 3요소라 한다.

① 가연물

(가) 가연물의 구비 조건

㉮ **열전도율**이 작을 것

㉯ 발열량이 클 것

㉰ **산화반응**이면서 **발열반응**할 것

㉱ **활성화 에너지**가 작을 것

Key Point

※ 활성화 에너지
가연물이 처음 연소하는 데 필요한 열

※ 프레온
불연성 가스

※ 질소
복사열을 흡수하지 않는다.

※ 공기의 구성 성분
① 산소 : 21%
② 질소 : 78%
③ 아르곤 : 1%

※ 점화원이 될 수 없는 것
① 기화열
② 융해열
③ 흡착열

※ 나화
불꽃이 있는 연소 상태

㈒ 산소와 화학적으로 친화력이 클 것
㈓ 표면적이 넓을 것
㈔ 연쇄반응을 일으킬 수 있을 것

㈏ 가연물이 될 수 없는 물질(불연성 물질)

특 징	불연성 물질
주기율표의 0족 원소	• 헬륨(He) • 네온(Ne) • 아르곤(Ar) • 크립톤(Kr) • 크세논(Xe) • 라돈(Rn)
산소와 더 이상 반응하지 않는 물질	• 물(H_2O) • 이산화탄소(CO_2) • 산화알루미늄(Al_2O_3) • 오산화인(P_2O_5)
흡열반응 물질	• 질소(N_2)

② **산소공급원** : 공기 중의 산소 외에 다음의 위험물이 포함된다.
㈎ 제1류 위험물
㈏ 제5류 위험물
㈐ 제6류 위험물

※ **산소공급원** : 산소, 공기, 바람, 산화제

③ 점화원
㈎ 자연발화
㈏ 단열압축
㈐ 나화 및 고온표면
㈑ 충격마찰
㈒ 전기불꽃
㈓ 정전기불꽃

(5) 연소의 4요소(4면체적 요소)
① 가연물(연료)
② 산소공급원(산소, 산화제, 공기, 바람)
③ 점화원(온도)
④ 순조로운 연쇄반응 : **불꽃연소**와 관계

※ **불꽃연소**
① 증발연소 ② 분해연소 ③ 확산연소 ④ 예혼합기연소(예혼합연소)

> **중요**
> **불꽃연소의 특징**
> ① 가연성 성분의 기체상태 연소
> ② **연쇄반응**이 일어난다.
> ③ 연소시 **발열량**이 매우 **크다**.

(6) 정전기

① 정전기의 방지대책

㈎ **접지**를 한다.

㈏ 공기의 상대습도를 **70%** 이상으로 한다.

㈐ 공기를 **이온화**한다.

㈑ **도체물질**을 사용한다.

② 정전기의 발화과정

전하의 **발**생	→	전하의 **축**적	→	**방**전	→	발화

※ **정전기** : 가연성 물질을 발화시킬 수가 있다.

기억법 **발축방**

2 연소의 형태

(1) 고체의 연소

① 표면연소 : **숯, 코크스, 목탄, 금속분** 등이 열분해에 의하여 가연성 가스를 발생하지 않고 그 물질 자체가 연소하는 현상

표면연소 = 응축연소 = 작열연소 = 직접연소

> **중요**
> **작열연소**
> ① 연쇄반응이 존재하지 않음
> ② 순수한 **숯**이 타는 것
> ③ 불꽃연소에 비하여 발열량이 크지 않다.

② 분해연소 : **석탄, 종이, 플라스틱, 목재, 고무** 등의 연소시 열분해에 의하여 발생된 가스와 산소가 혼합하여 연소하는 현상

③ 증발연소 : **황, 왁스, 파라핀, 나프탈렌** 등을 가열하면 고체에서 액체로, 액체에서 기체로 상태가 변하여 그 기체가 연소하는 현상

④ 자기연소 : 제5류 위험물인 **나이트로글리세린, 나이트로셀룰로오스**(질화면), TNT, **나이트로화합물(피크린산), 질산에스터류(셀룰로이드)** 등이 열분해에 의해 산소를 발생하면서 연소하는 현상

Key Point

＊ 불꽃연소
솜뭉치가 서서히 타는 것

＊ PVC film 제조
정전기 발생에 의한 화재위험이 크다.

＊ 목재의 연소형태
증발연소
↓
분해연소
↓
표면연소

＊ 불꽃연소
① 증발연소
② 분해연소
③ 확산연소
④ 예혼합기 연소

＊ 작열연소
표면연소

＊ 질화도
① 정의 : 나이트로셀룰로오스의 질소의 함유율
② 질화도가 높을수록 위험하다.

Key Point

★★★
문제 자기연소를 일으키는 가연물질로만 짝지어진 것은?

① 나이트로셀룰로오스, 황, 등유
② 질산에스터류, 셀룰로이드, 나이트로화합물
③ 셀룰로이드, 발연황산, 목탄
④ 질산에스터류, 황린, 염소산칼륨

해설 ② 자기연소 : 질산에스터류(셀룰로이드), 나이트로화합물

답 ②

자기연소 = 내부연소

(2) 액체의 연소

① 분해연소 : **중유, 아스팔트**와 같이 점도가 높고 비휘발성인 액체가 고온에서 열분해에 의해 가스로 분해되어 연소하는 현상
② 액적연소 : **벙커C유**와 같이 가열하고 점도를 낮추어 버너 등을 사용하여 액체의 입자를 안개형태로 분출하여 연소하는 현상
③ 증발연소 : **가솔린, 등유, 경유, 알코올, 아세톤** 등과 같이 액체가 열에 의해 증기가 되어 그 증기가 연소하는 현상
④ 분무연소 : 물질의 입자를 분산시켜 공기의 접촉면적을 넓게 하여 연소하는 현상

(4) 기체의 연소

① 확산연소 : **메탄**(CH_4), **암모니아**(NH_3), **아세틸렌**(C_2H_2), **일산화탄소**(CO), **수소**(H_2) 등과 같이 기체연료가 공기 중의 산소와 혼합되면서 연소하는 현상
② 예혼합기 연소 : 기체연료에 공기 중의 산소를 미리 혼합한 상태에서 연소하는 현상

※ **확산연소**
화염의 안정범위가 넓고 조작이 용이하며 역화의 위험이 없는 연소

※ **예혼합기연소**
'예혼합연소'라고도 한다.

용어

임계온도와 임계압력

임계온도	임계압력
아무리 큰 압력을 가해도 액화하지 않는 최저온도	임계온도에서 액화하는 데 필요한 압력

※ **임계온도**
압력조건에 관계없이 그 값이 일정하다.

3 연소와 관계되는 용어

(1) 발화점(Ignition point)

가연성 물질에 불꽃을 접하지 아니하였을 때 연소가 가능한 최저온도

※ 탄화수소계의 분자량이 클수록 발화온도는 일반적으로 낮다.

(2) 인화점(Flash point)

① 휘발성 물질에 **불꽃**을 접하여 연소가 가능한 **최저온도**
② 가연성 증기 발생시 연소범위의 **하한계**에 이르는 **최저온도**

※ **발화점과 같은 의미**
착화점

※ **인견**
고체물질 중 발화온도가 높다.

③ 가연성 증기를 발생하는 액체가 공기와 혼합하여 기상부에 다른 불꽃이 닿았을 때 연소가 일어나는 **최저온도**

④ **위험성 기준**의 척도

> **중요** 인화점
> ① 가연성 액체의 발화와 깊은 관계가 있다.
> ② 연료의 조성, 점도, 비중에 따라 달라진다.

(3) 연소점(Fire point)

① 인화점보다 10℃ 높으며 연소를 **5초** 이상 지속할 수 있는 온도

② 어떤 인화성 액체가 공기 중에서 열을 받아 점화원의 존재하에 **지속적**인 연소를 일으킬 수 있는 온도

③ 가연성 액체에 점화원을 가져가서 인화된 후에 점화원을 제거하여도 가연물이 **계속** 연소되는 **최저온도**

> ★★★
> **문제** 어떤 물질이 공기 중에서 열을 받아 지속적인 연소를 일으킬 수 있는 온도를 무엇이라 하는가?
>
> ① 발화점 ② 발열점
> ③ 연소점 ④ 가연점
>
> 해설 ③ 연소점 : 지속적인 연소를 일으킬 수 있는 온도
>
> 답 ③

(4) 비중(Specific gravity)

물 4℃를 기준으로 했을 때의 물체의 무게

(5) 비점(Boiling point)

액체가 끓으면서 증발이 일어날 때의 온도

(6) 비열(Specific heat)

단 위	정 의
1cal	1g의 물체를 1℃만큼 온도 상승시키는 데 필요한 열량
1BTU	1lb의 물체를 1°F만큼 온도 상승시키는 데 필요한 열량
1chu	1lb의 물체를 1℃만큼 온도 상승시키는 데 필요한 열량

(7) 융점(Melting point)

대기압하에서 고체가 용융하여 액체가 되는 온도

(8) 잠열(Latent heat)

어떤 물질이 고체, 액체, 기체로 상태를 변화하기 위해 필요로 하는 열

Key Point

※ 발화점이 낮아지는 경우
① 열전도율이 낮을 때
② 분자구조가 복잡할 때
③ 습도가 낮을 때

※ 물질의 발화점
① 황린 : 30~50℃
② 황화인 · 이황화탄소 : 100℃
③ 나이트로셀룰로오스 : 180℃

※ 1BTU
252cal

※ lb
파운드

Key Point

※ 열량

$Q = rm + mC\Delta T$

여기서,
Q : 열량[cal]
r : 융해열 또는 기화열[cal/g]
m : 질량[g]
C : 비열[cal/g · ℃]
ΔT : 온도차[℃]

※ 열용량
비점이 낮은 액체일수록 증기압이 높다.

※ 증기비중과 같은 의미
가스비중

※ 증기밀도

$$증기밀도 = \frac{분자량}{22.4}$$

여기서,
22.4 : 기체 1몰의 부피[l]

※ 증기압
비점이 낮은 액체일수록 증기압이 높다.

※ 비중이 무거운 순서
① Halon 2402
② Halon 1211
③ Halon 1301
④ CO_2

중요 **물의 잠열**

잠열 및 열량	설 명
80cal/g	융해잠열
539cal/g	기화(증발)잠열
639cal	0℃의 물 1g이 100℃의 수증기로 되는 데 필요한 열량
719cal	0℃의 얼음 1g이 100℃의 수증기로 되는 데 필요한 열량

(9) 점도(Viscosity)

액체의 점착과 응집력의 효과로 인한 흐름에 대한 저항을 측정하는 기준

(10) 온도

온도단위	설 명
섭씨[℃]	1기압에서 물의 빙점을 0℃, 비점을 100℃로 한 것
화씨[°F]	대기압에서 물의 빙점을 32°F, 비점을 212°F로 한 것
캘빈온도[K]	1기압에서 물의 빙점을 **273.18K**, 비점을 **373.18K**로 한 것
랭킨온도[°R]	온도차를 말할 때는 화씨와 같으나 0°F가 459.71°R로 한 것

(11) 증기비중(Vapor Specific Gravity)

$$증기비중 = \frac{분자량}{29}$$

여기서, 29 : 공기의 평균분자량

★★★

문제 CO_2의 증기비중은? (단, 분자량 CO_2 : 44, N_2 : 28, O_2 : 32)

① 0.8
② 1.5
③ 1.8
④ 2.0

해설

② $증기비중 = \frac{분자량}{29} = \frac{44}{29} \fallingdotseq 1.5$

답 ②

(12) 증기-공기밀도(Vapor-Air Density)

어떤 온도에서 액체와 평형상태에 있는 증기와 공기의 혼합물의 증기밀도

$$증기-공기밀도 = \frac{P_2 d}{P_1} + \frac{P_1 - P_2}{P_1}$$

여기서, P_1 : 대기압
P_2 : 주변온도에서의 증기압
d : 증기밀도

Key Point

4 위험물질의 위험성

① 비등점(비점)이 낮아질수록 위험하다.
② 융점이 낮아질수록 위험하다.
③ 점성이 낮아질수록 위험하다.
④ 비중이 낮아질수록 위험하다.

용어

용 어	설 명
비등점	액체가 끓어오르는 온도, '**비점**'이라고도 한다.
융점	녹는 온도, '**융해점**'이라고도 한다.
점성	끈끈한 성질
비중	어떤 물질과 표준물질과의 질량비

5 연소의 온도 및 문제점

(1) 연소온도에 영향을 미치는 요인

① 공기비
② 산소농도
③ 연소상태
④ 연소의 발열량
⑤ 연소 및 공기의 현열
⑥ 화염전파의 열손실

(2) 연소속도에 영향을 미치는 요인

① 압력
② 촉매
③ 산소의 농도
④ 가연물의 온도
⑤ 가연물의 입자

(3) 연소상의 문제점

① 백-파이어(Back-fire) ; 역화
가스가 노즐에서 나가는 속도가 연소속도보다 느리게 되어 버너 내부에서 연소하게 되는 현상

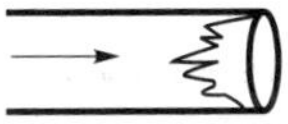

백-파이어

※ 공기비
① 고체 : 1.4~2.0
② 액체 : 1.2~1.4
③ 기체 : 1.1~1.3

※ 연소
빛과 열을 수반하는 산화반응

※ 촉매
반응을 촉진시키는 것

Key Point

혼합가스의 유출속도 < 연소속도

※ 리프트
버너 내압이 높아져서 분출속도가 빨라지는 현상

② 리프트(Lift)

가스가 노즐에서 나가는 속도가 연소속도보다 빠르게 되어 불꽃이 버너의 노즐에서 떨어져서 연소하게 되는 현상

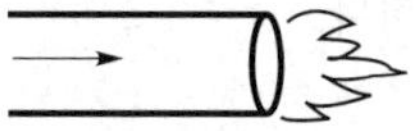

| 리프트 |

혼합가스의 유출속도 > 연소속도

③ 블로-오프(Blow-off)

리프트 상태에서 불이 꺼지는 현상

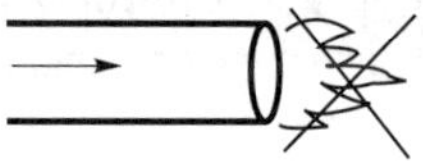

| 블로-오프 |

※ 연소생성물
① 열
② 연기
③ 불꽃
④ 가연성 가스

6 연소생성물의 종류 및 특성

(1) 일산화탄소(CO)

① 화재시 흡입된 일산화탄소(CO)의 화학적 작용에 의해 **헤모글로빈**(Hb)이 혈액의 산소운반작용을 저해하여 사람을 질식 · 사망하게 한다.

② 산소와의 결합력이 극히 강하여 질식작용에 의한 독성을 나타냄

※ 일산화탄소
① 화재시 인명피해를 주는 유독성 가스
② 인체의 폐에 큰 자극을 줌
③ 연기로 인한 의식불명 또는 질식을 가져오는 유해성분

| 일산화탄소의 영향 |

농 도	영 향
0.2%	**1시간** 호흡시 **생명**에 위험을 준다.
0.4%	**1시간** 내에 **사망**한다.
1%	**2~3분** 내에 **실신**한다.

★★★

문제 일산화탄소(CO)를 1시간 정도 마셨을 때 생명에 위험을 주는 위험농도는?

① 0.1%　　② 0.2%

③ 0.3%　　④ 0.4%

해설 ② 0.2% : 1시간 정도 마셨을 때 생명에 위험을 줌

답 ②

중요 고체가연물 연소시 생성물질

① CO　　② CO_2　　③ SO_2

④ NH_3　　⑤ HCN　　⑥ HCl

(2) 이산화탄소(CO_2)

연소가스 중 **가장 많은 양**을 차지하고 있으며 가스 그 자체의 독성은 거의 없으나 다량이 존재할 경우, 사람의 호흡속도를 증가시키고, 이로 인하여 화재가스에 혼합된 유해가스의 혼입을 증가시켜 위험을 가중시키는 가스

★★★
문제 **연소가스 중 가장 많은 양을 차지하고 있으며 가스 그 자체의 독성은 거의 없으나 다량이 존재할 경우, 사람의 호흡속도를 증가시키고, 이로 인하여 화재가스에 혼합된 유해가스의 흡입을 증가시켜 위험을 가중시키는 가스는?**

① CO ② CO_2
③ SO_2 ④ NH_3

해설 ② CO_2 : 화재가스에 혼합된 유해가스의 흡입을 증가시켜 위험을 가중시키는 가스

답 ②

| 이산화탄소의 영향 |

농 도	영 향
1%	공중위생상의 상한선이다.
2%	수 시간의 흡입으로는 증상이 없다.
3%	호흡수가 증가되기 시작한다.
4%	두부에 압박감이 느껴진다.
6%	호흡수가 현저하게 증가한다.
8%	호흡이 곤란해진다.
10%	2~3분 동안에 의식을 상실한다.
20%	사망한다.

※ 이산화탄소는 온도가 낮을수록, 압력이 높을수록 용해도는 증가한다.

중요 PVC 연소시 생성가스
① HCl(염화수소) : 부식성 가스
② CO_2(이산화탄소)
③ CO(일산화탄소)

(3) 포스겐($COCl_2$)

매우 독성이 강한 가스로서 소화제인 **사염화탄소**(CCl_4)를 화재시에 사용할 때도 발생한다.

(4) 황화수소(H_2S)

① **달걀 썩는 냄새**가 나는 특성이 있다.
② **황분**이 포함되어 있는 물질의 불완전 연소에 의하여 발생하는 가스
③ **자극성**이 있다.

Key Point

※ 임계점
액화 CO_2를 가열하여 액체와 기체의 밀도가 서로 같아질 때의 온도

※ 두부
"머리"를 말한다.

※ 용해도
포화용액 가운데 들어 있는 용질의 농도

※ 농황산
용해열

※ 연소시 SO_2 발생 물질
S성분이 있는 물질

※ 연소시 HCl 발생 물질
Cl성분이 있는 물질

Key Point

※ 질소함유 플라스틱 연소시 발생가스
N성분이 있는 물질

※ 연소시 HCN 발생물질
① 요소
② 멜라민
③ 아닐린
④ poly urethane (폴리우레탄)

※ 아황산가스
$S + O_2 \rightarrow SO_2$

※ 유류탱크에서 발생하는 현상
① 보일 오버
② 오일 오버
③ 프로스 오버
④ 슬롭 오버

※ 보일 오버의 발생조건
① 화염이 된 탱크의 기름이 열파를 형성하는 기름일 것
② 탱크 일부분에 물이 있을 것
③ 탱크 밑부분의 물이 증발에 의하여 거품을 생성하는 고점도를 가질 것

중요 **가연성가스 + 독성가스**
① 황화수소(H_2S)
② 암모니아(NH_3)

(5) 아크롤레인($CH_2=CHCHO$)

독성이 매우 높은 가스로서 **석유제품, 유지** 등이 연소할 때 생성되는 가스

(6) 암모니아(NH_3)

① 나무, 페놀수지, 멜라민수지 등의 **질소함유물**이 연소할 때 발생하며, 냉동시설의 **냉매**로 쓰인다.

② **눈 · 코 · 폐** 등에 매우 자극성이 큰 가연성 가스

중요 **인체에 영향을 미치는 연소생성물**
① 일산화탄소(CO) · 이산화탄소(CO_2) · 황화수소(H_2S)
② 아황산가스(SO_2) · 암모니아(NH_3) · 시안화수소(HCN)
③ 염화수소(HCl) · 이산화질소(NO_2) · 포스겐($COCl_2$)

7 유류탱크, 가스탱크에서 발생하는 현상

(1) 블래비(BLEVE : Boiling Liquid Expanding Vapour Explosion)

과열상태의 탱크에서 내부의 액화가스가 분출하여 기화되어 폭발하는 현상

블래비(BLEVE)

(2) 보일 오버(Boil over)

① 중질유의 탱크에서 장시간 조용히 연소하다 탱크 내의 잔존기름이 갑자기 분출하는 현상

② 유류탱크에서 탱크 바닥에 물과 기름의 **에멀전**(emulsion)이 섞여 있을 때 이로 인하여 화재가 발생하는 현상

③ 연소 유면으로부터 **100℃** 이상의 열파가 탱크 저부에 고여 있는 물을 비등하게 하면서 연소유를 탱크 밖으로 비산시키며 연소하는 현상

④ 유류탱크의 화재시 탱크 저부의 물이 뜨거운 열류층에 의하여 수증기로 변하면서 급작스런 부피팽창을 일으켜 유류가 탱크 외부로 분출하는 현상

⑤ 탱크저부의 물이 급격히 증발하여 탱크 밖으로 화재를 동반하며 방출하는 현상

★★★
문제 **중질유의 탱크에서 장시간 조용히 연소하다 탱크 내의 잔존기름이 갑자기 분출하는 현상을 무엇이라고 하는가?**

① 보일 오버(Boil over)
② 플래시 오버(Flash over)
③ 슬롭 오버(Slop over)
④ 프로스 오버(Froth over)

해설 ① **보일 오버** : 탱크 내의 잔존기름이 갑자기 분출하는 현상

답 ①

(3) 오일 오버(Oil over)

저장탱크 내에 저장된 유류저장량이 내용적의 **50%** 이하로 충전되어 있을 때 화재로 인하여 탱크가 폭발하는 현상

(4) 프로스 오버(Froth over)

물이 점성의 뜨거운 기름 표면 아래에서 끓을 때 화재를 수반하지 않고 용기가 넘치는 현상

(5) 슬롭 오버(Slop over)

① 물이 연소유의 뜨거운 표면에 들어갈 때 기름표면에서 화재가 발생하는 현상
② 유화제로 소화하기 위한 물이 수분의 급격한 증발에 의하여 액면이 거품을 일으키면서 열유층 밑의 냉유가 급히 열팽창하여 기름의 일부가 불이 붙은 채 탱크벽을 넘어서 일출하는 현상

8 열전달의 종류

(1) 전도(Conduction)

① **정의** : 하나의 물체가 다른 물체와 **직접 접촉**하여 열이 이동하는 현상
② **전도의 예** : 티스푼을 통해 커피의 열이 손에 전달되는 것

$$\mathring{Q} = \frac{kA(T_2 - T_1)}{l}$$

여기서, $\mathring{Q}$: 전도열〔W〕
k : 열전도율〔W/m·K〕
A : 단면적〔m^2〕
$(T_2 - T_1)$: 온도차〔K〕
l : 벽체 두께〔m〕

(2) 대류(Convection)

① **정의** : 유체의 흐름에 의하여 열이 이동하는 현상
② **대류의 예** : 난로에 의해 방안의 공기가 데워지는 것

$$\mathring{Q} = Ah(T_2 - T_1)$$

Key Point

※ 에멀전
물의 미립자가 기름과 섞여서 기름의 증발능력을 떨어뜨려 연소를 억제하는 것

※ 열파
열의 파장

※ 슬롭 오버
① 연소유면의 온도가 100℃ 이상일 때 발생
② 연소유면의 폭발적 연소로 탱크 외부까지 화재가 확산
③ 소화시 외부에서 뿌려지는 물에 의하여 발생

※ 유화제
물을 기름화재에 사용할 수 있도록 거품을 일으키는 물질을 섞은 것

※ 열의 전도와 관계 있는 것
① 온도차
② 자유전자
③ 분자의 병진운동

※ 열의 전달
전도, 대류, 복사가 모두 관여된다.

※ 유체
액체 또는 기체

Key Point

여기서, A : 대류면적(표면적)〔m^2〕
$\overset{\circ}{Q}$: 대류열〔W〕
h : 열전달률〔$W/m^2 \cdot ℃$〕
$(T_2 - T_1)$: 온도차〔℃〕

※ 복사
화재시 열의 이동에 가장 크게 작용하는 방식

※ 열전달의 종류
① 전도
② 대류
③ 복사

※ 열전도와 관계있는 것
① 열전도율
② 밀도
③ 비열
④ 온도

(3) 복사(Radiation)

① 정의 : 전자파의 형태로 열이 옮겨지는 현상으로서, 높은 온도에서 낮은 온도로 열이 이동한다.

② 복사의 예 : 태양의 열이 지구에 전달되어 따뜻함을 느끼는 것

$$\overset{\circ}{Q} = aAF(T_1^{\ 4} - T_2^{\ 4})$$

여기서, $\overset{\circ}{Q}$: 복사열〔W〕
a : 스테판-볼츠만 상수〔$W/m^2 \cdot K^4$〕
A : 단면적〔m^2〕
T_1 : 고온〔K〕
T_2 : 저온〔K〕
F : 기하학적 Factor

중요

스테판-볼츠만의 법칙

복사체에서 발산되는 복사열은 복사체의 절대온도의 **4제곱**에 비례한다.

★★★

문제 스테판-볼츠만의 법칙으로 온도차이가 있는 두 물체(흑체)에서 저온(T_2)의 물체가 고온(T_1)의 물체로부터 흡수하는 복사열 Q에 대한 식으로 옳은 것은? (a : 스테판-볼츠만 상수, A : 단면적, F : 기하학적 Factor, T_1, T_2 : 물체의 절대온도)

① $Q = aAF(T_1^{\ 4} - T_2^{\ 4})$　　② $Q = aAF(T_2^{\ 4} - T_1^{\ 4})$

③ $Q = aA/F(T_1^{\ 4} - T_2^{\ 4})$　　④ $Q = aA/F(T_2^{\ 4} - T_1^{\ 4})$

해설 ① $Q = aAF(T_1^{\ 4} - T_2^{\ 4})$

답 ①

9 열에너지원(Heat Energy Sources)의 종류

※ 기계적 착화원
① 단열압축
② 충격
③ 마찰

(1) 기계열

① 압축열 : 기체를 급히 압축할 때 발생되는 열

② 마찰열 : 두 고체를 마찰시킬 때 발생되는 열

③ 마찰스파크 : 고체와 금속을 마찰시킬 때 불꽃이 일어나는 것

(2) 전기열

① **유도열** : 도체 주위에 변화하는 **자장**이 존재하거나 도체가 자장 사이를 통과하여 전위차가 발생하고 이 전위차에서 전류의 흐름이 일어나 도체의 저항에 의하여 열이 발생하는 것

② **유전열** : **누설전류**에 의해 절연능력이 감소하여 발생되는 열

③ **저항열** : 도체에 전류가 흐르면 도체물질의 원자구조 특성에 따르는 **전기저항** 때문에 전기에너지의 일부가 열로 변하는 발열

④ **아크열** : 스위치의 ON/OFF에 의해 발생하는 것

⑤ **정전기열** : 정전기가 방전할 때 발생되는 열

⑥ **낙뢰에 의한 열** : 번개에 의해 발생되는 열

(3) 화학열

① **연소열** : 어떤 물질이 완전히 **산화**되는 과정에서 발생하는 열

② **용해열** : 어떤 물질이 액체에 **용해**될 때 발생하는 열(**농황산, 묽은 황산**)

③ **분해열** : 화합물이 **분해**할 때 발생하는 열

④ **생성열** : 발열반응에 의한 화합물이 **생성**할 때의 열

⑤ **자연발열**(자연발화) : 어떤 물질이 외부로부터 열의 공급을 받지 아니하고 온도가 상승하는 현상

중요 자연발화의 방지법

① **습도**가 **높은 곳**을 **피할 것**(건조하게 유지할 것)
② 저장실의 온도를 낮출 것(주위온도를 낮게 유지)
③ 통풍이 잘 되게 할 것
④ 퇴적 및 수납시 열이 쌓이지 않게 할 것(열의 축적 방지)
⑤ 발열반응에 정촉매 작용을 하는 물질을 피할 것

비교

자연발화 조건

(1) **열전도율**이 **작을 것**
(2) 발열량이 클 것
(3) 주위의 온도가 높을 것
(4) 표면적이 넓을 것

Key Point

※ 저항열
백열전구의 발열

※ 화약류
① 무연화약
② 도화선
③ 초안폭약

※ 자연발화의 형태
(1) 분해열
① 셀룰로이드
② 나이트로셀룰로오스
(2) 산화열
① 건성유(정어리유, 아마인유, 해바라기유)
② 석탄
③ 원면
④ 고무분말
(3) 발효열
① 퇴비
② 먼지
③ 곡물
(4) 흡착열
① 목탄
② 활성탄

※ 자연발화
어떤 물질이 외부로부터 열의 공급을 받지 아니하고 온도가 상승하는 현상

※ 건성유
① 동유
② 아마인유
③ 들기름

※ 건성유 : 자연발화가 일어나기 쉽다.

※ 물질의 발화점

물질의 종류	발화점
• 황린	30~50℃
• 황화인 • 이황화탄소	100℃
• 나이트로셀룰로오스	180℃

Key Point

10 기체의 부피에 관한 법칙

(1) 보일의 법칙(Boyle's law)

온도가 일정할 때 기체의 부피는 절대압력에 반비례한다.

$$P_1 V_1 = P_2 V_2$$

여기서, P_1, P_2 : 기압〔atm〕, V_1, V_2 : 부피〔m^3〕

※ 기압
기체의 압력

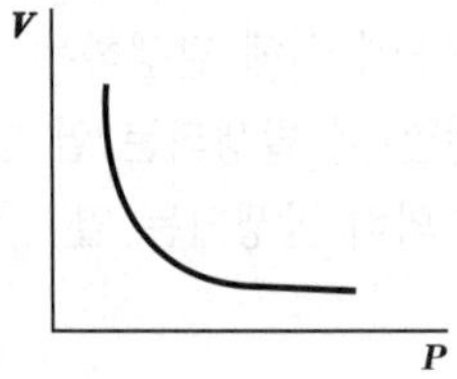

‖ 보일의 법칙 ‖

(2) 샤를의 법칙(Charl's law)

압력이 일정할 때 기체의 부피는 절대온도에 비례한다.

$$\frac{V_1}{T_1} = \frac{V_2}{T_2}$$

여기서, V_1, V_2 : 부피〔m^3〕, T_1, T_2 : 절대온도〔K〕

※ 절대온도
① 켈빈온도
K=273+℃
② 랭킨온도
°R=460+°F

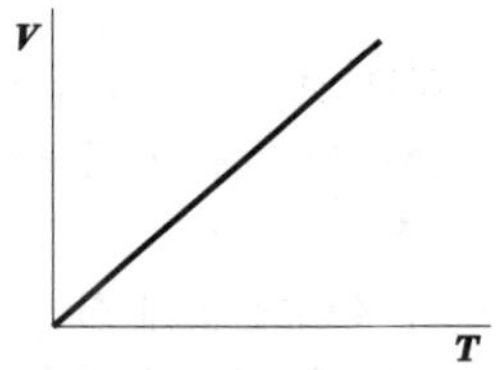

‖ 샤를의 법칙 ‖

(3) 보일-샤를의 법칙(Boyle-Charl's law)

※ 보일-샤를의 법칙
★ 꼭 기억하세요 ★

기체가 차지하는 부피는 압력에 반비례하며, 절대온도에 비례한다.

$$\frac{P_1 V_1}{T_1} = \frac{P_2 V_2}{T_2}$$

여기서, P_1, P_2 : 기압〔atm〕
V_1, V_2 : 부피〔m^3〕
T_1, T_2 : 절대온도〔K〕

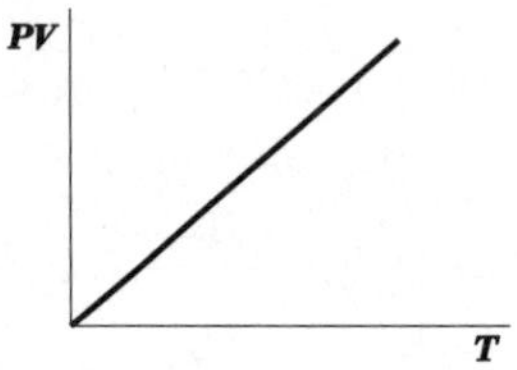

‖ 보일-샤를의 법칙 ‖

Key Point

★★★

문제 "기체가 차지하는 부피는 압력에 반비례하며 절대온도에 비례한다."와 가장 관련이 있는 법칙은?

① 보일의 법칙 ② 샤를의 법칙
③ 보일-샤를의 법칙 ④ 줄의 법칙

해설

③ **보일-샤를의 법칙** : 기체가 차지하는 부피는 **압력**에 **반비례**하여 **절대온도**에 **비례**한다.

답 ③

(4) 이상기체 상태방정식

$$PV = nRT$$

여기서, P : 기압〔atm〕
V : 부피〔m^3〕
n : 몰수$\left(n = \dfrac{m\,(\text{질량〔kg〕})}{M(\text{분자량〔kg/kmol〕})}\right)$
R : 기체상수(0.082atm · m^3/kmol · K)
T : 절대온도〔K〕

※ 이상기체 상태방정식
★ 꼭 기억하세요 ★

※ 몰수
아보가드로수에 해당하는 물질의 입자수 또는 원자수

3 건축물의 화재성상

출제확률 10.8% (2문제)

1 목재 건축물

※ 석면, 암면
열전도율이 가장 적다.

(1) 열전도율

목재의 열전도율은 콘크리트보다 적다.

※ 철근콘크리트에서 철근의 허용응력을 위태롭게 하는 최저온도는 600℃이다.

※ 철근콘크리트
① 철근의 허용응력
: 600℃
② 콘크리트의 탄성
: 500℃

(2) 열팽창률

목재의 열팽창률은 벽돌 · 철재 · 콘크리트보다 적으며, 벽돌 · 철재 · 콘크리트 등은 열팽창률이 비슷하다.

(3) 수분함유량

목재의 수분함유량이 15% 이상이면 고온에 장시간 접촉해도 착화하기 어렵다.

문제 목재가 고온에 장시간 접촉해도 착화하기 어려운 수분함유량은 최소 몇 % 이상인가?

① 10 ② 15
③ 20 ④ 25

해설 ② 목재의 수분함유량이 15% 이상이면 고온에 장시간 접촉해도 착화하기 어렵다.

답 ②

※ 목재 건축물
① 화재성상
: 고온 단기형
② 최고온도
: 1300℃

목재건축물=목조건축물

(4) 목재의 연소에 영향을 주는 인자

① 비중 ② 비열 ③ 열전도율
④ 수분함량 ⑤ 온도 ⑥ 공급상태
⑦ 목재의 비표면적

(5) 목재의 상태와 연소속도

※ 내화 건축물
① 화재성상
: 저온 장기형
② 최고온도
: 900~1000℃

연소속도 / 목재의 상태	빠르다	느리다
형 상	사각형	둥근 것
표 면	거친 것	매끈한 것
두 께	얇은 것	두꺼운 것
굵 기	가는 것	굵은 것
색	흑 색	백 색
내화성	없는 것	있는 것
건조상태	수분이 적은 것	수분이 많은 것

※ 작고 엷은 가연물은 입자표면에서 전도율의 방출이 적기 때문에 잘 탄다.

(6) 목재의 연소과정

목재의 가열 → 100℃ 갈색	수분의 증발 → 160℃ 흑갈색	목재의 분해 → 220~260℃ 분해가 급격히 일어난다.	탄화 종료 → 300~350℃	발화 → 420~470℃

(7) 목재 건축물의 화재 진행과정

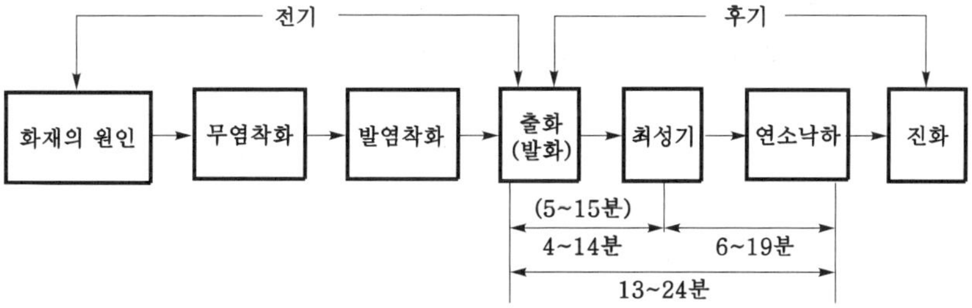

최성기 = 성기 = 맹화

(8) 출화의 구분

옥내출화	옥외출화
① **천장 속 · 벽 속** 등에서 **발염착화**한 때 ② 가옥 구조시에는 천장판에 **발염착화**한 때 ③ 불연 벽체나 칸막이의 불연천장인 경우 실내에서는 그 뒤판에 **발염착화**한 때	① **창 · 출입구** 등에 **발염착화**한 때 ② 목재사용 가옥에서는 **벽 · 추녀밑**의 판자나 목재에 **발염착화**한 때

용어

도괴방향법	탄화심도 비교법
출화가옥의 기둥 등은 발화부를 향하여 파괴하는 경향이 있으므로 이곳을 출화부로 추정하는 원칙	탄소화합물이 분해되어 탄소가 되는 깊이, 즉 나무를 예로 들면 나무가 불에 탄 깊이를 측정하여 출화부를 추정하는 원칙

(9) 목재 건축물의 표준온도곡선

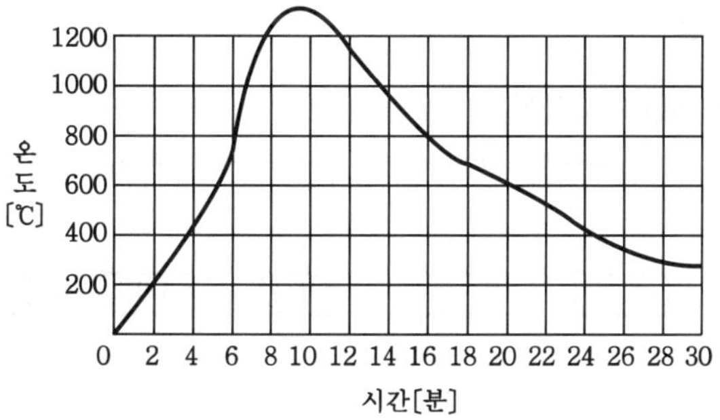

Key Point

※ 무염착화
가연물이 재로 덮힌 숯불 모양으로 불꽃없이 착화하는 현상

※ 발염착화
가연물이 불꽃이 발생되면서 착화하는 현상

※ 건축물의 화재성상
① 실(室)의 규모
② 내장재료
③ 공기유입부분의 형태

※ 일반가연물의 연소 생성물
① 수증기
② 이산화탄소(CO_2)
③ 일산화탄소(CO)

※ 출화
"화재"를 의미한다.

※ 탄화심도
발화부에 가까울수록 깊어지는 경향이 있다.

※ 목조건축물
처음에는 백색연기 발생

Key Point

중요

최성기의 상태

① 온도는 국부적으로 1200~1300℃ 정도가 된다.
② 상층으로 완전히 연소되고 농연은 건물 전체에 충만된다.
③ 유리가 타서 녹아 떨어지는 상태가 목격된다.

★ **문제** 목조 건물 화재의 일반현상이 아닌 것은?

① 처음에는 흑색 연기가 창·환기구 등으로 분출된다.
② 차차 연기량이 많아지고 지붕, 처마 등에서 연기가 새어 나온다.
③ 옥내에서 탈 때, 타는 소리가 요란하다.
④ 결국은 화염이 외부에 나타난다.

해설 ① 처음에는 **백색 연기**가 발생하며 차차 **흑색 연기**가 창·환기구 등으로 분출된다.

답 ①

(10) 목재 건축물의 화재원인

구 분	설 명
접염	건축물과 건축물이 연결되어 불이 옮겨 붙는 것
비화	불씨가 날아가서 다른 건축물에 옮겨 붙는 것
복사열	복사파에 의해 열이 높은 온도에서 낮은 온도로 이동하는 것

목재 건축물 = 목조 건축물

※ 접염
농촌의 목재 건축물에서 주로 발생한다.

※ 복사열
열이 높은 온도에서 낮은 온도로 이동하는 것

(11) 훈 소

구 분	설 명
훈소	불꽃없이 연기만 내면서 타다가 어느 정도 시간이 경과 후 발열될 때의 연소상태
훈소흔	목재에 남겨진 흔적

2 내화 건축물

(1) 내화 건축물의 내화 진행과정

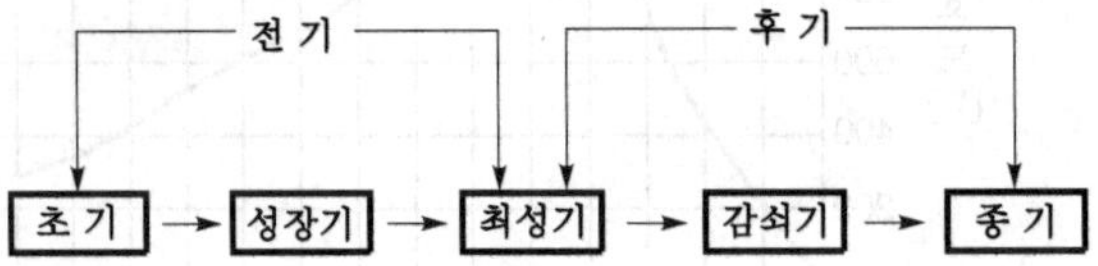

(2) 내화 건축물의 표준온도곡선

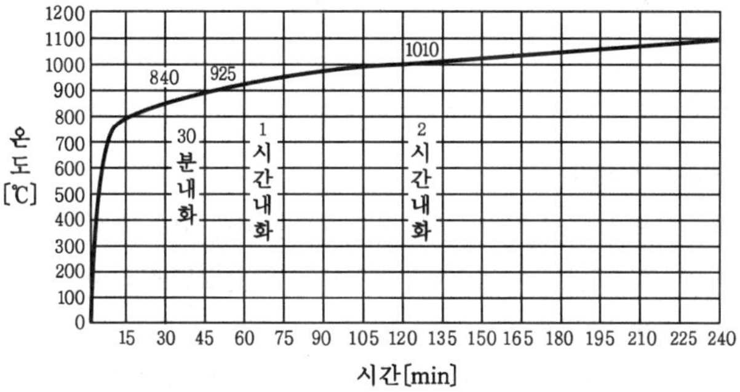

※ 내화 건축물의 화재시 1시간 경과된 후의 화재온도는 약 925~950℃이다.

Key Point

※ 성장기

공기의 유통구가 생기면 연소속도는 급격히 진행되어 실내는 순간적으로 화염이 가득하게 되는 시기

※ 건축물의 화재성상

① 내화 건축물
: 저온 장기형
② 목재 건축물
: 고온 단기형

※ 내화건축물의 표준온도

① 30분 후 : 840℃
② 1시간 후
: 925~950℃
③ 2시간 후 : 1010℃

Key Point

4 불 및 연기의 이동과 특성

출제확률 8.4% (2문제)

1 불의 성상

(1) 플래시오버(Flash over)

① 정의 : 화재로 인하여 실내의 온도가 급격히 상승하여 화재가 순간적으로 실내 전체에 확산되어 연소되는 현상으로 일반적으로 **순발연소**라고도 한다.

② 발생시간 : 화재 발생후 **5~6분** 경

③ 발생시점 : **성장기~최성기**(성장기에서 최성기로 넘어가는 분기점)

④ 실내온도 : 약 **800~900℃**

※ **플래시오버 포인트**(Flash Over Point) : 내화건축물에서 최성기로 보는 시점

＊ 플래시오버
① 폭발적인 착화현상
② 순발적인 연소확대 현상
③ 옥내화재가 서서히 진행하여 열이 축적되었다가 일시에 화염이 크게 발생하는 상태
④ 가연성 가스가 동시에 연소되면서 급격한 온도상승 유발
⑤ 가연성가스가 일시에 인화하여 화염이 충만하는 단계

★★★
문제 플래시오버(flash-over)를 설명한 것은 어느 것인가?

① 도시가스의 폭발적 연소를 말한다.
② 휘발유 등 가연성 액체가 넓게 흘러서 발화한 상태를 말한다.
③ 옥내화재가 서서히 진행하여 열이 축적되었다가 일시에 화염이 크게 발생하는 상태를 말한다.
④ 화재층의 불이 상부층으로 옮아 붙는 현상을 말한다.

해설 ③ **플래시오버** : 일시에 화염이 크게 발생하는 상태

답 ③

(2) 플래시오버에 영향을 미치는 것

① 개구율
② 내장재료(내장재료의 제성상, 실내의 내장재료)
③ 화원의 크기
④ 실의 내표면적(실의 넓이 · 모양)

(3) 플래시오버의 발생시간과 내장재의 관계

① 벽보다 천장재가 크게 영향을 받는다.
② 가연재료가 난연재료보다 빨리 발생한다.
③ 열전도율이 적은 내장재가 빨리 발생한다.
④ 내장재의 두께가 얇은 쪽이 빨리 발생한다.

＊ 가연재료
불에 잘 타는 성능을 가진 건축재료

＊ 난연재료
불에 잘 타지 아니하는 성능을 가진 건축재료

(4) 플래시오버 시간(FOT)

① 열의 **발생속도**가 빠르면 FOT는 짧아진다.
② 개구율이 크면 FOT는 짧아진다.
③ 개구율이 너무 크게 되면 FOT는 길어진다.
④ 실내부의 FOT가 짧은 순서는 **천장, 벽, 바닥**의 순이다.
⑤ 열전도율이 작은 내장재가 발생시각을 빠르게 한다.

Key Point

중요 **플래시오버(flash over)현상과 관계 있는 것**
① 복사열
② 분해연소
③ 화재성장기

(5) 화재의 성장-온도곡선

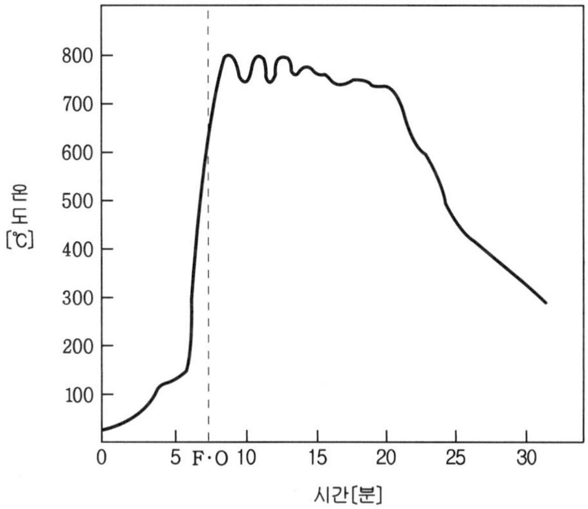

화재의 성장과 실내온도 변화

※ F·O
'플래시오버(Flash Over)'를 말한다.

2 연기의 성상

(1) 연기

① 정의 : 가연물 중 완전 연소되지 않은 고체 또는 액체의 미립자가 떠돌아 다니는 상태
② 입자크기 : 0.01~99μm

〔μm〕= 미크론 = 마이크로 미터

(2) 연기의 이동속도

구 분	이동속도
수평방향	0.5~1m/s
수직방향	2~3m/s
계단실 내의 수직 이동속도	3~5m/s

※ 화재초기의 연소속도는 평균 0.75~1m/min씩 **원형**의 모양을 그리면서 확대해 나간다.

※ 연기
탄소 및 타르입자에 의해 연소가스가 눈에 보이는 것

※ 연기의 형태
(1) 고체 미립자계
: 일반적인 연기
(2) 액체 미립자계
① 담배연기
② 훈소연기

※ 피난한계거리
연기로부터 2~3m 거리 유지

Key Point

★★★

문제 연기가 자기 자신의 열에너지에 의해서 유동할 때 수직방향에서의 유동속도는 몇 m/s 정도 되는가?

① 2~3 ② 5~6
③ 8~9 ④ 11~12

해설 ① 연기의 **수직방향** 유동속도 : 2~3m/s

답 ①

(3) 연기의 전달현상

① 연기의 유동확산은 **벽** 및 **천장**을 따라서 진행한다.
② 연기의 농도는 상층으로부터 점차적으로 하층으로 미친다.
③ 연기의 유동은 건물 내외의 **온도차**에 영향을 받는다.
④ 연기는 공기보다 고온이므로 **천장**의 **하면**을 따라 이동한다.
⑤ 수직공간에서 확산속도가 빠르고 그 흐름에 따라 화재 **최상층**부터 차례로 충만해 간다.

※ 화재초기의 연기량은 화재성숙기의 발연량보다 많다.

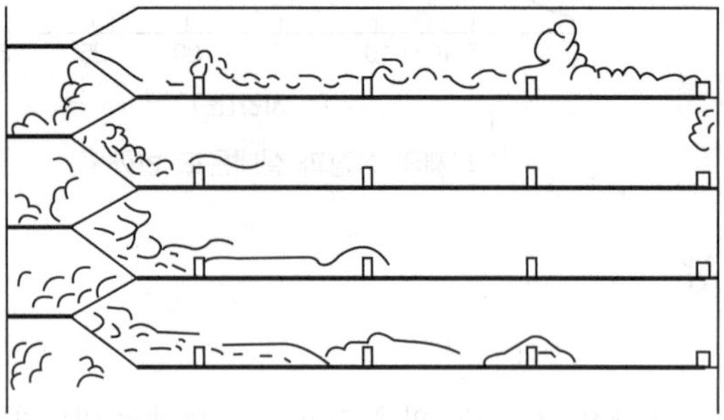

| 연기의 전달현상 |

(4) 연기의 농도와 가시거리

감광계수[m^{-1}]	가시거리[m]	상 황
0.1	20~30	연기감지기가 작동할 때의 농도
0.3	5	건물 내부에 익숙한 사람이 피난에 지장을 느낄 정도의 농도
0.5	3	어두운 것을 느낄 정도의 농도
1	1~2	거의 앞이 보이지 않을 정도의 농도
10	0.2~0.5	화재 최성기 때의 농도
30	-	출화실에서 연기가 분출할 때의 농도

(5) 연기로 인한 사람의 투시거리에 영향을 주는 요인

① 연기농도(주된 요인)
② 연기의 흐름속도
③ 보는 표시의 휘도, 형상, 색

※ 일산화탄소의 증가와 산소의 감소
연기가 인체에 영향을 미치는 요인 중 가장 중요한 요인

※ 연기의 발생속도
연소속도×발연계수

※ 감광계수
연기의 농도에 의해 빛이 감해지는 계수

※ 가시거리
방해를 받지 않고 눈으로 어떤 물체를 볼 수 있는 거리

※ 출화실
화재가 발생한 집 또는 방

Key Point

중요

연기(smoke)

① 연소생성물이 눈에 보이는 것을 **연기**라고 한다.
② 수직으로 연기가 이동하는 속도는 수평으로 이동하는 속도보다 빠르다.
③ 연기 중 **액체미립자계**만 유독성이다.
④ 연기는 **대류**에 의하여 전파된다.

(6) 연기를 이동시키는 요인

① **연돌**(굴뚝) **효과**
② 외부에서의 **풍력**의 영향
③ 온도상승에 의한 증기 **팽창**(온도상승에 따른 기체의 팽창)
④ 건물 내에서의 강제적인 공기 이동(공조설비)
⑤ 건물 내외의 **온도차**(기후조건)
⑥ 비중차
⑦ **부력**

문제 화재시 연기를 이동시키는 추진력으로 옳지 않은 것은?

① 굴뚝효과 ② 팽창
③ 중력 ④ 부력
연기의 이동과 관계없음

답 ③

용어

연돌(굴뚝) 효과(stack effect)

(1) 건물 내의 연기가 압력차에 의하여 순식간에 이동하여 상층부로 상승하거나 외부로 배출되는 현상
(2) 실내·외 공기사이의 **온도**와 **밀도**의 **차이**에 의해 공기가 건물의 수직방향으로 이동하는 현상

※ **중성대** : 건물 내의 기류는 중성대의 **하부**에서 **상부** 또는 **상부**에서 **하부**로 이동한다.

(7) 연기를 이동시키지 않는 방호조치

① 계단에는 반드시 **전실**을 만든다.
② 고층부의 **드래프트 효과**(draft effect)를 감소시킨다.
③ 전용실 내에 **에스컬레이터**를 설치한다.
④ 가능한 한 각층의 엘리베이터 홀은 구획한다.

(8) 연기가 인체에 미치는 영향

① 질식사 ② 시력장애 ③ 인지능력감소

※ **공기**의 **양**이 **부족**할 경우 짙은 연기가 생성된다.

※ 굴뚝효과와 관계 있는 것
① 화재실의 온도
② 건물의 높이
③ 건물 내외의 온도차

※ 드래프트 효과
화재시 열에 의해 공기가 상승하며 연소가스가 건물 외부로 빠져나가고 신선한 공기가 흡입되어 순환하는 것

※ 연기의 이동과 관계 있는 것
① 굴뚝효과
② 비중차
③ 공조설비

※ 연기
① 고체미립자계 : 무독성
② 액체미립자계 : 유독성

※ 검은 연기생성
탄소를 많이 함유한 경우

Key Point

5 물질의 화재위험

출제확률 12.8% (3문제)

1 화재의 발생체계

(1) 화재위험

① 발화위험
② 확대위험
③ 피해의 증가

(2) 화재를 발생시키는 열원

물리적인 열원	화학적인 열원
마찰, 충격, 단열, 압축, 전기, 정전기	화합, 분해, 혼합, 부가

2 위험물의 일반사항

※ 위험물
인화성 또는 발화성 물품

(1) 제1류 위험물

구 분	내 용
성질	**강산화성 물질**(산화성 고체)
종류	① 염소산 염류 · 아염소산 염류 · 과염소산 염류 ② 브로민산 염류 · 아이오딘산 염류 · 과망가니즈산 염류 ③ 질산 염류 · 다이크로뮴산 염류 · 삼산화크로뮴
특성	① 상온에서 **고체상태**이다. ② 반응속도가 대단히 빠르다. ③ 가열 · 충격 및 다른 화학제품과 접촉시 쉽게 분해하여 산소를 방출한다. ④ **조연성 · 조해성** 물질이다.
저장 및 취급방법	① 산화되기 쉬운 물질과 화재 위험이 있는 것으로부터 멀리 할 것 ② 환기가 잘되는 곳에 저장할 것 ③ 가연물 및 분해성 물질과의 접촉을 피할 것 ④ **습기**에 **주의**하며 **밀폐용기**에 **저장**할 것
소화방법	물에 의한 **냉각소화** (단, **무기과산화물**은 **마른모래** 등에 의한 질식소화)

※ 자체화재시에는 주위의 가연물에 대량의 물을 뿌려 연소확대를 방지한다.

※ 조연성
연소를 돕는 성질

※ 조해성
녹는 성질(질산염류)

※ 무기과산화물
물과 반응시 산소 발생

※ 질산염류
흡습성이 있으므로 습기에 주의할 것

(2) 제2류 위험물

구 분	내 용
성질	**환원성 물질**(가연성 고체)
종류	① 황화인 · 적린 · 황 ② 철분 · 마그네슘 · 금속분 ③ 인화성 고체

※ 황화인
온도 및 습도가 높은 장소에서 자연발화의 위험이 크다.

특성	① 상온에서 **고체상태**이다. ② 연소속도가 대단히 빠르다. ③ 산화제와 접촉하면 폭발할 수 있다. ④ **금속분**은 물과 접촉시 발열한다. ⑤ 화재시 유독가스를 많이 발생한다. ⑥ 비교적 낮은 온도에서 착화하기 쉬운 가연물이다.
저장 및 취급방법	① 용기가 파손되지 않도록 할 것 ② 점화원의 접촉을 피할 것 ③ 산화제의 접촉을 피할 것 ④ 금속분은 물과의 접촉을 피할 것
소화방법	물에 의한 **냉각소화** (단, **황화인 · 철분 · 마그네슘 · 금속분**은 **마른모래** 등에 의한 질식소화)

용어

질식소화
공기 중의 산소농도를 **16% 이하**로 희박하게 하여 소화하는 방법

(3) 제3류 위험물

구 분	내 용
성질	**금수성 물질** 및 **자연발화성 물질**
종류	① 황린 · 칼륨 · 나트륨 · 생석회 ② 알킬리튬 · 알킬알루미늄 · 알칼리 금속류 · 금속칼슘 · 탄화칼슘 ③ 금속인화물 · 금속수소화합물 · 유기금속화합물
특성	① 상온에서 **고체상태**이다. ② 대부분 불연성 물질이다. (단, 금속칼륨, 금속나트륨은 가연성 물질이다) ③ 물과 접촉시 발열 및 가연성 가스를 발생하며, 급격히 발화한다.
저장 및 취급방법	① 용기가 부식 · 파손되지 않도록 할 것 ② 보호액 속에 보관하는 경우 위험물이 보호액 표면에 노출되지 않도록 할 것 ③ 화재시 소화가 용이하게 하기 위해 나누어서 보관할 것
소화방법	**마른모래** 등에 의한 질식소화 (단, **칼륨 · 나트륨**은 주변 인화물질을 제거하여 연소확대를 막는다.)

※ 제3류 위험물은 **금수성 물질**이므로 절대로 물로 소화하면 안 된다.

★★
문제 제3류 위험물은 가연성 및 불연성 물질을 포함하고 있다. 이 위험물이 지니는 특수성은 어느 것인가?

① 금수성　　② 자기연소성
③ 강산성　　④ 산화성

해설 ① 제3류 위험물 ② 제5류 위험물 ③ 제1류 위험물 ④ 제6류 위험물

답 ①

Key Point

✻ 저장물질
① 황린, 이황화탄소(CS_2) : 물속
② 나이트로셀룰로오스 : 알코올 속
③ 칼륨(K), 나트륨(Na), 리튬(Li) : 석유류(등유) 속
④ 아세틸렌(C_2H_2) : 디메틸포름아미드(DMF), 아세톤

✻ 저장제외 물질
산화프로필렌, 아세트알데하이드, 아세틸렌(C_2H_2) : 구리(Cu), 마그네슘(Mg), 은(Ag), 수은(Hg)용기에 사용금지

✻ 금수성 물질
① 생석회
② 금속칼슘
③ 탄화칼슘

Key Point

중요 물과 반응하여 발화하는 물질

위험물	종 류
제2류 위험물	• 금속분(**수소화 마그네슘**)
제3류 위험물	• **칼륨** • **나트륨** • **알킬알루미늄**

(4) 제4류 위험물

구 분	내 용
성질	**인화성 물질**(인화성 액체)
종류	① 제1~4석유류 ② 특수인화물 · 알코올류 · 동식물유류
특성	① 상온에서 **액체상태**이다(**가연성 액체**). ② 상온에서 **안정**하다. ③ **인화성 증기**를 발생시킨다. ④ 연소범위의 폭발 하한계가 낮다. ⑤ 물보다 가벼우며 물에 잘 녹지 않는다. ⑥ 약간의 자극으로는 쉽게 폭발하지 않는다.
저장 및 취급방법	① 용기가 파손되지 않도록 할 것 ② 불티, 불꽃, 화기 기타 열원의 접촉을 피할 것 ③ 온도를 인화점 이하로 유지할 것 ④ 운반용기에 **"화기엄금"** 등의 표시를 할 것
소화방법	포 · 분말 · CO_2 · 할론소화약제에 의한 질식소화

※ **알코올류**는 알코올포 소화약제를 사용하여 소화하여야 한다.

(5) 제5류 위험물

구 분	내 용
성질	**폭발성 물질**(자기 반응성 물질)
종류	① 유기과산화물 · 나이트로화합물 · 나이트로소화합물 ② 질산에스터류(셀룰로이드, 나이트로셀룰로오스) · 하이드라진유도체 ③ 아조화합물 · 다이아조화합물
특성	① 상온에서 **고체** 또는 **액체상태**이다. ② 연소속도가 대단히 빠르다. ③ 불안정하고 분해되기 쉬우므로 폭발성이 강하다. ④ **자기연소** 또는 **내부연소**를 일으키기 쉽다. ⑤ 산화반응에 의한 자연발화를 일으킨다. ⑥ 한번 불이 붙으면 소화가 곤란하다.
저장 및 취급방법	① 용기가 파손되지 않도록 할 것 ② 화재시 소화가 용이하게 하기 위해 나누어서 보관할 것 ③ 점화원 및 분해 촉진 물질과의 접촉을 피할 것 ④ 운반용기에 "**화기엄금**" 등의 표시를 할 것

※ 가연성 액체
유류화재

※ 실리콘유
난연성물질

※ 제5류 위험물
자체에서 산소를 함유하고 있어 공기 중의 산소를 필요로 하지 않고 자기 연소하는 물질

※ 나이트로셀룰로오스
질화도가 클수록 위험성이 크다.

※ TNT폭발시 발생 기체
① CO_2
② 질소
③ 수증기

Key Point

소화방법	화재 초기에만 대량의 물에 의한 **냉각소화**(단, 화재가 진행되면 자연진화 되도록 기다릴 것)

자기 반응성 물질 = 자체 반응성 물질 = 자기 연소성 물질

★ 문제 나이트로셀룰로오스에 대하여 잘못된 설명은?

① 질화도가 낮을수록 위험성이 크다.
클수록
② 알코올, 물 등으로 적신 상태로 보관한다.
③ 화약의 원료로 쓰인다.
④ 충분히 정제되지 않고 산 성분이 남아 있는 것이 더 위험하다.

해설 • **질화도** : 나이트로셀룰로오스의 질소 함유율

답 ①

(6) 제6류 위험물

구 분	내 용
성질	**산화성 물질**(산화성 액체)
종류	① 질산 ② 과염소산 · 과산화수소
특성	① 상온에서 **액체상태**이다. ② 불연성 물질이지만 강산화제이다. ③ 물과 접촉시 발열한다. ④ 유기물과 혼합하면 산화시킨다. ⑤ 부식성이 있다.
저장 및 취급방법	① 용기가 파손되지 않도록 할 것 ② 물과의 접촉을 피할 것 ③ 가연물 및 분해성 물질과의 접촉을 피할 것
소화방법	마른모래 등에 의한 **질식소화** (단, **과산화수소**는 다량의 **물**로 **희석소화**)

중요

(1) 무기과산화물

① $2K_2O_2 + 2H_2O \rightarrow 4KOH + O_2\uparrow$

② $2Na_2O_2 + 2H_2O \rightarrow 4NaOH + O_2\uparrow$

(2) 금속분

$Al + 2H_2O \rightarrow Al(OH)_2 + H_2\uparrow$

(3) 기타물질

① $2K + 2H_2O \rightarrow 2KOH + H_2\uparrow$

② $2Na + 2H_2O \rightarrow 2NaOH + H_2\uparrow$

③ $2Li + 2H_2O \rightarrow 2LiOH + H_2\uparrow$

④ $Mg + 2H_2O \rightarrow Mg(OH)_2 + H_2\uparrow$

＊ 산소공급원
① 제1류 위험물
② 제5류 위험물
③ 제6류 위험물

＊ 유기물
탄소를 주성분으로 한 물질

＊ 과산화물질
용기옮길 때 밀폐용기 사용

＊ 주수소화시 위험한 물질
① 무기과산화물 : 산소 발생
② 금속분 · 마그네슘 : 수소 발생
③ 가연성 액체의 유류화재 : 연소면(화재면) 확대

Key Point

※ 아세틸렌
할로젠 원소와 화합하여 유기용매가 된다.

※ 특수가연물
화재가 발생하면 그 확대가 빠른 물품

※ **동소체** : 연소생성물을 보면 알 수 있다.

3 특수가연물(화재예방법 시행령 [별표 2])

품 명		수 량
면화류		200kg 이상
나무껍질 및 대팻밥		400kg 이상
넝마 및 종이부스러기		1000kg 이상
사류(絲類)		
볏짚류		
가연성 고체류		3000kg 이상
석탄 · 목탄류		10000kg 이상
가연성 액체류		$2m^3$ 이상
목재가공품 및 나무부스러기		$10m^3$ 이상
고무류 · 플라스틱류	발포시킨 것	$20m^3$ 이상
	그 밖의 것	3000kg 이상

(비고)
1. **"면화류"**란 불연성 또는 난연성이 아닌 **면상** 또는 **팽이모양**의 섬유와 마사(麻絲) 원료를 말한다.
2. 넝마 및 종이부스러기는 불연성 또는 난연성이 아닌 것(동식물유류가 깊이 스며들어 있는 옷감 · 종이 및 이들의 제품 포함)에 한한다.
3. **"사류"**란 불연성 또는 난연성이 아닌 **실**(실부스러기와 솜털 포함)과 **누에고치**를 말한다.
4. **"볏짚류"**란 마른 볏짚 · 마른 북더기와 이들의 제품 및 건초를 말한다.

4 위험물질의 화재성상

(1) 합성섬유의 화재성상

※ 실리콘유
난연성 물질

※ 망울
작고 둥글게 엉기어 뭉쳐진 덩어리

※ 용융점
녹는점

※ 연화
단단한 것이 부드럽고 연하게 되는 것

종 류	화 재 성 상
모	① 연소시키기가 어렵다. ② 연소속도가 느리지만 면에 비해 소화하기 어렵다.
나일론	① 지속적인 연소가 어렵다. ② 용융하여 망울이 되며 용융점은 160~260℃이다. ③ 착화점은 425℃이다.
폴리에스테르	① 쉽게 연소된다. ② 256~292℃에서 연화하여 망울이 된다. ③ 착화점은 450~485℃이다.
아세테이트	① 불꽃을 일으키기 전에 연소하여 용융한다. ② 착화점은 475℃이다.

※ **동물성 섬유** : 섬유 중 화재위험성이 가장 낮다.

(2) 합성수지의 화재성상

① **열가소성 수지** : 열에 의하여 변형되는 수지로서 **PVC 수지, 폴리에틸렌수지, 폴리스틸렌수지** 등이 있다.

Key Point

② **열경화성 수지** : 열에 의하여 변형되지 않는 수지로서 **페놀수지, 요소수지, 멜라민 수지** 등이 있다.

(3) 고분자재료의 난연화방법

① 재료의 표면에 열전달을 제어하는 방법
② 재료의 열분해 속도를 제어하는 방법
③ 재료의 열분해 생성물을 제어하는 방법
④ 재료의 기상반응을 제어하는 방법

(4) 방염섬유의 화재성상

방염섬유는 L.O.I(Limited Oxygen Index)에 의해 결정된다.

용어

방염성능

화재의 발생초기단계에서 화재확대의 매개체를 **단절**시키는 성질

① **L.O.I(산소지수)** : 가연물을 수직으로 하여 가장 윗부분에 착화하여 연소를 계속 유지시킬 수 있는 최소산소농도

※ L.O.I가 높을수록 연소의 우려가 적다.

② 고분자 물질의 L.O.I

고분자 물질	산소지수
폴리에틸렌	17.4%
폴리스틸렌	18.1%
폴리프로필렌	19%
폴리염화비닐	45%

중요 **잔진시간과 잔염시간**

잔진시간(잔신시간)	잔염시간
버너의 불꽃을 제거한 때부터 **불꽃을 올리지 않고** 연소하는 상태가 그칠 때까지의 경과시간	버너의 불꽃을 제거한 때부터 **불꽃을 올리며** 연소하는 상태가 그칠 때까지의 경과시간

(5) 액화석유가스(LPG)의 화재성상

① 주성분은 **프로판**(C_3H_8)과 **부탄**(C_4H_{10})이다.
② 무색, 무취하다.
③ 독성이 없는 가스이다.
④ 액화하면 물보다 가볍고, 기화하면 **공기보다 무겁다**.
⑤ 휘발유 등 **유기용매**에 잘 녹는다.
⑥ 천연고무를 잘 녹인다.

※ 방염
연소하기 쉬운 건축물의 실내장식물 등 또는 그 재료에 어떤 방법을 가하여 연소하기 어렵게 만든 것

※ 방염제
세탁하여도 쉽게 씻겨지지 않을 것

※ 방염성능 측정기준
① 잔진시간(잔신시간)
② 잔염시간
③ 탄화면적
④ 탄화길이
⑤ 불꽃접촉 횟수
⑥ 최대연기밀도

※ 도시가스의 주성분
메탄(CH_4)

※ 도시가스
공기보다 가볍다.

Key Point

※ BTX
① 벤젠
② 톨루엔
③ 키시렌

⑦ 공기 중에서 쉽게 연소, 폭발한다.

※ LPG, CO_2, 할론 저장용기는 40℃ 이하로 유지하여야 한다.

(6) 액화천연가스(LNG)의 화재성상

① 주성분은 **메탄**(CH_4)이다.
② 무색, 무취하다.
③ 액화하면 물보다 가볍고, 기화하면 **공기보다 가볍다**.

중요 **가스의 주성분**

가 스	주성분	증기비중
도시가스	• **메탄**(CH_4)	0.55
액화천연가스(LNG)	• **메탄**(CH_4)	0.55
액화석유가스(LPG)	• **프로판**(C_3H_8)	1.51
액화석유가스(LPG)	• **부탄**(C_4H_{10})	2

증기비중이 1보다 작으면 공기보다 가볍다.

기억법 도메

※ 최소발화에너지와 같은 의미
① 최소 착화 에너지
② 최소 정전기 점화 에너지

(7) 최소발화에너지(MIE ; Minimum Ignition Energy)

가연성 가스	최소발화에너지	소염거리
2유화염소	1.5×10^{-5}J (0.015mJ)	0.0078cm
수소	2.0×10^{-5}J (0.02mJ)	0.0098cm
아세틸렌	3×10^{-5}J (0.03mJ)	0.011cm
에틸렌	9.6×10^{-5}J (0.096mJ)	0.019cm
메탄올	21×10^{-5}J (0.21mJ)	0.028cm
프로판	30×10^{-5}J (0.3mJ)	0.031cm
메탄	33×10^{-5}J (0.33mJ)	0.039cm
에탄	42×10^{-5}J (0.42mJ)	0.035cm
벤젠	76×10^{-5}J (0.76mJ)	0.043cm
헥산	95×10^{-5}J (0.95mJ)	0.055cm

용어

용 어	설 명
최소발화에너지 (Minimum Ignition Energy)	① 가연성가스 및 공기와의 혼합가스에 착화원으로 점화시에 발화하기 위하여 필요한 착화원이 갖는 최소에너지 ② 국부적으로 온도를 높이는 전기불꽃과 같은 점화원에 의해 점화될 때의 에너지 최소값
소염거리 (Quenching Distance)	인화가 되지 않는 최대거리

당신의 활동지수는?

요령 : 번호별 점수를 합산해 맨 아래쪽 판정표로 확인

1. 얼마나 걷나(하루 기준)

•빠른걸음(시속 6km)으로 걷는 시간은?
10분 : 50점
20분 : 100점
30분 : 150점
10분 추가 때마다 50점씩 추가

•느린걸음(시속 3km)으로 걷는 시간은?
10분 : 30점
20분 : 60점
10분 추가 때마다 30점씩 추가

2. 집에서 뭘 하나

•집안청소·요리·못질 등
10분 : 30점
20분 : 60점
10분 추가 때마다 30점 추가

•정원 가꾸기
10분 : 50점
20분 : 100점
10분 추가 때마다 50점 추가

•힘이 많이 드는 집안일(장작패기·삽질·곡괭이질 등)
10분 : 60점
20분 : 120점
10분 추가 때마다 60점 추가

3. 어떻게 움직이나

•조깅
10분 : 100점
20분 : 200점
10분 추가 때마다 100점 추가

•자전거 타기
10분 : 50점
20분 : 100점
10분 추가 때마다 50점 추가

•운전
10분 : 15점
20분 : 30점
10분 추가 때마다 15점 추가

4. 2층 이상 올라가야 할 경우

•승강기를 탄다 : −100점
•승강기냐 계단이냐 고민한다 : −50점
•계단을 이용한다 : +50점

5. 운동유형별

•골프(캐디 없이)·수영 : 30분당 150점
•테니스·댄스·농구·롤러 스케이트 : 30분당 180점
•축구·복싱·격투기 : 30분당 250점

6. 직장 또는 학교에서 돌아와 컴퓨터나 TV 앞에 앉아 있는 시간은?

•1시간 이하 : 0점
•1~3시간 이하 : −50점
•3시간 이상 : −250점

7. 여가시간은

•쇼핑한다
10분 : 25점
20분 : 50점
10분 추가 때마다 25점씩 추가

•사랑을 한다.
10분 : 45점
20분 : 90점
10분 추가 때마다 45점씩 추가

판정표

• 150점 이하 : 정말 움직이지 않는 사람. 건강에 참으로 문제가 많을 것이다.
• 150~1000점 : 그럭저럭 활동적인 사람. 그럭저럭 건강할 것이다.
• 1000점 이상 : 매우 활동적인 사람. 건강이 매우 좋을 것이다.

※1점은 소비열량 기준 1cal에 해당
자료=리베라시옹

출제경향분석

CHAPTER 02 방화론

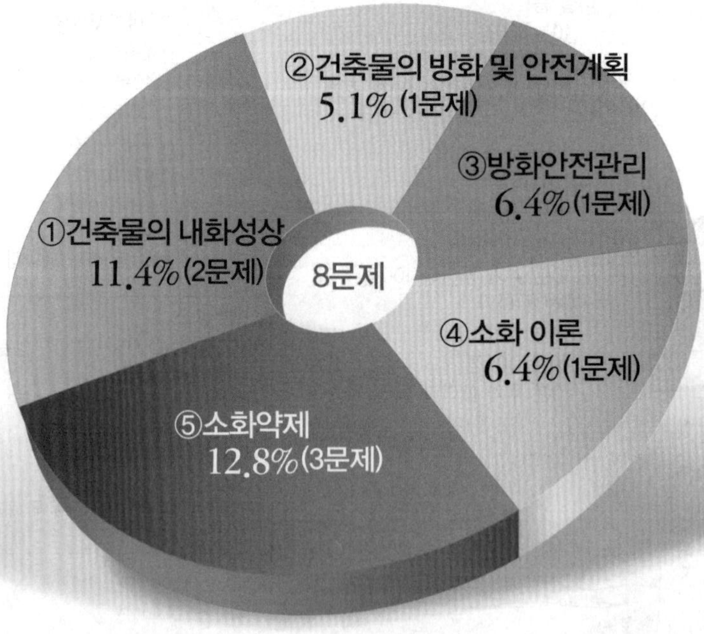

CHAPTER 02

방화론

1 건축물의 내화성상

출제확률 11.4% (2문제)

Key Point

1 건축방재의 기본적인 사항

(1) 공간적 대응

공간적 대응	설 명
대항성	• 내화성능 · 방연성능 · 초기 소화대응 등의 화재사상의 저항능력
회피성	• 불연화 · 난연화 · 내장제한 · 구획의 세분화 · 방화훈련(소방훈련) · 불조심 등 출화유발 · 확대 등을 저감시키는 예방조치 강구
도피성	• 화재가 발생한 경우 안전하게 피난할 수 있는 시스템

※ 공간적 대응
① 대항성
② 회피성
③ 도피성

문제 건축방재의 계획에 있어서 건축의 설비적 대응과 공간적 대응이 있다. 공간적 대응 중 대항성에 대한 설명으로 맞는 것은 어느 것인가?

① 불연화, 난연화, 내장제한, 구획의 세분화로 예방조치강구 → 회피성
② 방화훈련(소방훈련), 불조심 등 출화유발, 대응을 저감시키는 조치 → 회피성
③ 화재가 발생한 경우보다 안전하게 계단으로부터 피난할 수 있는 공간적 시스템 → 도피성
④ 내화성능, 방연성능, 초기 소화대응 등의 화재사상의 저항능력

답 ④

(2) 설비적 대응

제연설비 · 방화문 · 방화셔터 · 자동화재탐지설비 · 스프링클러설비 등에 의한 대응

※ 건축물의 방재기능설정요소
① 부지선정, 배치계획
② 평면계획
③ 단면계획
④ 입면계획
⑤ 재료계획

2 건축물의 방재기능

(1) 부지선정, 배치계획

소화활동에 지장이 없도록 적합한 건물 배치를 하는 것

(2) 평면계획

방연구획과 제연구획을 설정하여 화재예방 · 소화 · 피난 등을 유효하게 하기 위한 계획

(3) 단면계획

불이나 연기가 다른 층으로 이동하지 않도록 구획하는 계획

※ 연소확대방지를 위한 방화계획
① 수평구획(면적단위)
② 수직구획(층단위)
③ 용도구획(용도단위)

Key Point

(4) 입면계획

불이나 연기가 다른 건물로 이동하지 않도록 구획하는 계획으로 입면계획의 가장 큰 요소는 **벽**과 **개구부**이다.

(5) 재료계획

불연성능 · 내화성능을 가진 재료를 사용하여 화재를 예방하기 위한 계획

3 건축물의 내화구조와 방화구조

(1) 내화구조의 기준(피난 · 방화구조 3조)

내화구분		기 준
벽	모든 벽	① 철골 · 철근콘크리트조로서 두께가 10cm 이상인 것 ② 골구를 철골조로 하고 그 양면을 두께 4cm 이상의 철망 모르타르로 덮은 것 ③ 두께 5cm 이상의 콘크리트 블록 · 벽돌 또는 석재로 덮은 것 ④ 석조로서 철재에 덮은 콘크리트 블록의 두께가 5cm 이상인 것 ⑤ 벽돌조로서 두께가 19cm 이상인 것
	외벽 중 비내력벽	① 철골 · 철근콘크리트조로서 두께가 7cm 이상인 것 ② 골구를 철골조로 하고 그 양면을 두께 3cm 이상의 철망 모르타르로 덮은 것 ③ 두께 4cm 이상의 콘크리트 블록 · 벽돌 또는 석재로 덮은 것 ④ 석조로서 두께가 7cm 이상인 것
기둥(작은 지름이 25cm 이상인 것)		① 철골을 두께 6cm 이상의 철망 모르타르로 덮은 것 ② 두께 7cm 이상의 콘크리트 블록 · 벽돌 또는 석재로 덮은 것 ③ 철골을 두께 5cm 이상의 콘크리트로 덮은 것
바닥		① 철골 · 철근콘크리트조로서 두께가 10cm 이상인 것 ② 석조로서 철재에 덮은 콘크리트 블록 등의 두께가 5cm 이상인 것 ③ 철재의 양면을 두께 5cm 이상의 철망 모르타르로 덮은 것
보		① 철골을 두께 6cm 이상의 철망 모르타르로 덮은 것 ② 두께 5cm 이상의 콘크리트로 덮은 것

※ 공동주택의 각 세대간의 경계벽의 구조는 **내화구조**이다.

문제 다음에 열거한 건축재료 중 화재에 대한 내화성능이 가장 우수한 것은 어떤 재료로 시공한 건축물인가?

① 내화재료 ② 불연재료

③ 난연재료 ④ 준불연재료

해설 내화성능이 우수한 순서
내화재료 > 불연재료 > 준불연재료 > 난연재료

답 ①

※ 내화구조

(1) 정의
① 수리하여 재사용 할 수 있는 구조
② 화재시 쉽게 연소되지 않는 구조
③ 화재에 대하여 상당한 시간동안 구조상 내력이 감소되지 않는 구조

(2) 종류
① 철근콘크리트조
② 연와조
③ 석조

※ 방화구조

(1) 정의
화재시 건축물의 인접부분으로의 연소를 차단할 수 있는 구조

(2) 구조
① 철망 모르타르 바르기
② 회반죽 바르기

※ 내화성능이 우수한 순서
① 내화재료
② 불연재료
③ 준불연재료
④ 난연재료

Key Point

(2) 방화구조의 기준(피난 · 방화구조 4조)

구조내용	기 준
• 철망 모르타르 바르기	바름 두께가 2cm 이상인 것
• 석고판 위에 시멘트 모르타르 또는 회반죽을 바른 것 • 시멘트 모르타르 위에 타일을 붙인 것	두께의 합계가 2.5cm 이상인 것
• 심벽에 흙으로 맞벽치기 한 것	모두 해당

중요

직통계단의 설치거리(건축령 34조)

구 분	보행거리
일반건축물	30m 이하
16층 이상인 공동주택	40m 이하
내화구조 또는 불연재료로 된 건축물	50m 이하

4 건축물의 방화문과 방화벽

(1) 방화문의 구분(건축령 64조)

60분+방화문	60분 방화문	30분 방화문
연기 및 불꽃을 차단할 수 있는 시간이 60분 이상이고, 열을 차단할 수 있는 시간이 30분 이상인 방화문	연기 및 불꽃을 차단할 수 있는 시간이 60분 이상인 방화문	연기 및 불꽃을 차단할 수 있는 시간이 30분 이상 60분 미만인 방화문

용어

방화문

화재시 상당한 시간 동안 연소를 차단할 수 있도록 하기 위하여 방화구획선상 또는 방화벽에 개구부 부분에 설치하는 것

(2) 방화벽의 구조(건축령 57조)

대상 건축물	구획단지	방화벽의 구조
주요 구조부가 내화구조 또는 불연재료가 아닌 연면적 $1000m^2$ 이상인 건축물	연면적 $1000m^2$ 미만마다 구획	• **내화구조**로서 홀로 설 수 있는 구조일 것 • 방화벽의 양쪽끝과 위쪽끝을 건축물의 외벽면 및 지붕면으로부터 0.5m 이상 튀어나오게 할 것 • 방화벽에 설치하는 출입문의 너비 및 높이는 각각 2.5m 이하로 하고 해당 출입문에는 60분+방화문 또는 60분 방화문을 설치할 것

※ **모르타르**
시멘트와 모래를 섞어서 물에 갠 것

※ **석조**
돌로 만든 것

※ **방화문**
① 직접 손으로 열 수 있을 것
② 자동으로 닫히는 구조(자동폐쇄장치)일 것

※ **주요구조부**
① 내력벽
② 보(작은 보 제외)
③ 지붕틀(차양 제외)
④ 바닥(최하층 바닥 제외)
⑤ 주계단(옥외계단 제외)
⑥ 기둥(사잇기둥 제외)

Key Point

※ 불연재료
① 콘크리트
② 석재
③ 벽돌
④ 기와
⑤ 석면판
⑥ 철강
⑦ 알루미늄
⑧ 유리
⑨ 모르타르
⑩ 회

중요 **불연 · 준불연재료 · 난연재료**(건축령 2조, 피난 · 방화구조 5~7조)

구 분	불연재료	준불연재료	난연재료
정의	불에 타지 않는 재료	불연재료에 준하는 방화 성능을 가진 재료	불에 잘 타지 아니하는 성능을 가진 재료
종류	① 콘크리트 ② 석재 ③ 벽돌 ④ 기와 ⑤ 유리(그라스울) ⑥ 철강 ⑦ 알루미늄 ⑧ 모르타르 ⑨ 회	① 석고보드 ② 목모시멘트판	① 난연 합판 ② 난연 플라스틱판

★★★
문제 불연재료가 아닌 것은?

① 기와
② 연와조 (내화구조)
③ 벽돌
④ 콘크리트

답 ②

용어

간벽

외부에 접하지 아니하는 건물 내부공간을 분할하기 위하여 설치하는 벽

5 건축물의 방화구획

(1) 방화구획의 기준(건축령 46조, 피난 · 방화구조 14조)

대상건축물	대상규모	층 및 구획방법		구획부분의 구조
주요 구조부가 내화구조 또는 불연재료로 된 건축물	연면적 $1000m^2$ 넘는 것	10층 이하	바닥면적 $1000m^2$ 이내마다	• 내화구조로 된 바닥 · 벽 • 60분+방화문, 60분 방화문 • 자동방화셔터
		매 층마다	지하 1층에서 지상으로 직접 연결하는 경사로 부위는 제외	
		11층 이상	바닥면적 $200m^2$ 이내마다(실내 마감을 불연재료로 한 경우 $500m^2$ 이내마다)	

• **스프링클러**, 기타 이와 유사한 **자동식 소화설비**를 설치한 경우 바닥면적은 위의 **3배** 면적으로 산정한다.
• **필로티**나 그 밖의 비슷한 구조의 부분을 주차장으로 사용하는 경우 그 부분은 건축물의 다른 부분과 구획할 것

Key Point

중요

대규모 건축물의 방화벽 등(건축령 57조 3)
연면적이 1000m^2 이상인 목조의 건축물은 국토교통부령이 정하는 바에 따라 그 구조를 **방화구조**로 하거나 **불연재료**로 하여야 한다.

(2) 연소확대방지를 위한 방화구획

① 층 또는 면적별 구획
② 승강기의 승강로 구획
③ 위험 용도별 구획
④ 방화 댐퍼 설치

(3) 방화구획용 방화 댐퍼의 기준(피난 · 방화구조 14조)

화재로 인한 연기 또는 불꽃을 감지하여 자동적으로 닫히는 구조로 할 것(단, 주방 등 연기가 항상 발생하는 부분에는 온도를 감지하여 자동적으로 닫히는 구조로 할 수 있다.)

(4) 개구부에 설치하는 방화설비(피난 · 방화구조 23조)

① 60분+방화문 또는 60분 방화문
② 창문 등에 설치하는 **드렌처**(drencher)
③ 환기구멍에 설치하는 불연재료로 된 방화커버 또는 그물눈 2mm 이하인 금속망
④ 해당 창문 등과 연소할 우려가 있는 다른 건축물의 부분을 차단하는 내화구조나 불연재료로 된 벽 · 담장, 기타 이와 유사한 방화설비

(5) 건축물의 방화계획시 피난계획

① 공조설비
② 건물의 층고
③ 옥내소화전의 위치
④ 화재탐지와 통보

(6) 건축물의 방화계획과 직접적인 관계가 있는 것

① 건축물의 층고
② 건물과 소방대와의 거리
③ 계단의 폭

* **승강기**
"엘리베이터"를 말한다.

* **방화구획의 종류**
① 층단위
② 용도단위
③ 면적단위

* **드렌처**
화재발생시 열에 의해 창문의 유리가 깨지지 않도록 창문에 물을 방사하는 장치

* **공조설비**
"공기조화설비"를 말한다.

Key Point

※ 피난계획
2방향의 통로확보

※ 특별피난계단의 구조
화재발생시 인명피해 방지를 위한 건축물

※ 화재하중

$$q = \frac{\Sigma G_t H_t}{HA} = \frac{\Sigma Q}{4500A}$$

여기서,
q : 화재하중[kg/m²]
G_t : 가연물의 양[kg]
H_t : 가연물의 단위중량당 발열량[kcal/kg]
H : 목재의 단위중량당 발열량[kcal/kg]
A : 바닥면적[m²]
ΣQ : 가연물의 전체 발열량[kcal]

6 피난계단의 설치기준(건축령 35조)

층 및 용도		계단의 종류	비 고
• 5~10층 이하 • 지하 2층 이하	판매시설	피난계단 또는 특별피난계단 중 1개소 이상은 특별피난계단	–
• 11층 이상 • 지하 3층 이하		특별피난계단	• 공동주택은 **16층** 이상 • **지하 3층** 이하의 바닥면적이 **400m²** 미만인 층은 제외

중요 피난계단과 특별피난계단

피난계단	특별피난계단
계단의 출입구에 방화문이 설치되어 있는 계단이다.	건물 각 층으로 통하는 문은 방화문이 달리고 내화구조의 벽체나 연소우려가 없는 창문으로 구획된 피난용 계단으로 반드시 부속실을 거쳐서 계단실과 연결된다.

7 건축물의 화재하중

(1) 화재하중

① 가연물 등의 연소시 건축물의 붕괴 등을 고려하여 설계하는 하중
② 화재실 또는 화재구획의 단위면적당 가연물의 양
③ 일반건축물에서 가연성의 건축구조재와 가연성 수용물의 양으로서 건물화재시 **발열량** 및 **화재위험성**을 나타내는 용어
④ 건물화재에서 가열온도의 정도를 의미한다.
⑤ 건물의 내화설계시 고려되어야 할 사항이다.
⑥ 단위면적당 건물의 가연성구조를 포함한 양으로 정한다.

(2) 건축물의 화재하중

건축물의 용도	화재하중[kg/m²]
호텔	5~15
병원	10~15
사무실	10~20
주택 · 아파트	30~60
점포(백화점)	100~200
도서관	250
창고	200~1000

Key Point

★★
문제 화재하중(fire load)을 나타내는 단위는?

① kcal/kg　　② ℃/m^2
③ kg/m^2　　④ kg/kcal

해설 ③ 화재하중 단위 : **kg/m^2** 또는 N/m^2

답 ③

※ **화재하중**의 **감소방법** : 내장재의 불연화

(3) 화재강도(Fire intensity)에 영향을 미치는 인자

① 가연물의 비표면적
② 화재실의 구조
③ 가연물의 배열상태

※ 화재강도
열의 집중 및 방출량을 상대적으로 나타낸 것 즉, 화재의 온도가 높으면 화재강도는 커진다.

※ 개구부
화재발생시 쉽게 피난할 수 있는 출입문 또는 창문 등을 말한다.

8 개구부와 내화율

개구부의 종류	설치 장소	내화율
A급	건물과 건물 사이	3시간 이상
B급	계단 · 엘리베이터	1시간 30분 이상
C급	복도 · 거실	45분 이상
D급	건물의 외부와 접하는 곳	1시간 30분 이상

Key Point

2 건축물의 방화 및 안전계획

출제확률 5.1% (1문제)

1 피난행동의 특성

(1) 재해 발생시의 피난행동

① 비교적 평상상태에서의 행동
② 긴장상태에서의 행동
③ 패닉(Panic) 상태에서의 행동

※ 패닉상태
인간이 극도로 긴장되어 돌출행동을 할 수 있는 상태

중요 **패닉(Panic)의 발생원인**
① 연기에 의한 시계제한
② 유독가스에 의한 호흡장애
③ 외부와 단절되어 고립

※ 피난행동의 성격
① 계단 보행속도
② 군집 보행속도
③ 군집 유동계수

(2) 피난행동의 성격

① 계단 보행속도
② 군집 보행속도
(가) 자유보행 : 아무런 제약을 받지 않고 걷는 속도로서 보통 0.5~2m/s이다.
(나) 군집보행 : 후속 보행자의 제약을 받아 후속 보행속도에 동조하여 걷는 속도로서 보통 1m/s이다.
③ 군집 유동계수 : 협소한 출구에서의 출구를 통과하는 일정한 인원을 단위폭, 단위시간으로 나타낸 것으로 평균적으로 1.33인/m·s이다.

※ 군집보행속도
① 자유보행 : 0.5~2m/s
② 군집보행 : 1.0m/s

2 건축물의 방화대책

(1) 피난대책의 일반적인 원칙

① 피난경로는 **간단 명료**하게 한다.
② 피난구조설비는 **고정식 설비**를 위주로 설치한다.
③ 피난수단은 **원시적 방법**에 의한 것을 원칙으로 한다.
④ **2방향**의 피난통로를 확보한다.
⑤ 피난통로를 **완전불연화**한다.
⑥ **화재층**의 **피난**을 **최우선**으로 고려한다.
⑦ 피난시설 중 피난로는 **복도** 및 **거실**을 가리킨다.
⑧ 인간의 **본능적 행동**을 무시하지 않도록 고려한다.
⑨ 계단은 **직통계단**으로 할 것

Key Point

문제 **피난대책으로 부적합한 것은?**

① 화재층의 피난을 최우선으로 고려한다.
② 피난동선은 2방향 피난을 가장 중시한다.
③ 피난시설 중 피난로는 출입구 및 계단을 가리킨다.
복도 및 거실
④ 인간의 본능적 행동을 무시하지 않도록 고려한다.

답 ③

(2) 피난동선의 특성

① 가급적 **단순형태**가 좋다.
② **수평동선**과 **수직동선**으로 구분한다.
③ 가급적 상호 반대방향으로 다수의 출구와 연결되는 것이 좋다.
④ 어느 곳에서도 2개 이상의 방향으로 피난할 수 있으며 그 말단은 화재로부터 안전한 장소이어야 한다.

※ 피난동선
복도 · 통로 · 계단과 같은 피난전용의 통행 구조로서 '피난경로'라고도 부른다.

(3) 화재발생시 인간의 피난특성

피난특성	설 명
귀소본능	① 피난시 **평소**에 사용하는 **문**, 길, **통로**를 사용하거나 자신이 왔었던 길로 **되돌아가려는** 본능 ② **친숙한 피난경로**를 선택하려는 행동 ③ 무의식 중에 **평상시** 사용하는 **출입구**나 **통로**를 사용하려는 행동 ④ 화재시 본능적으로 원래 왔던 길 또는 늘 사용하는 경로로 탈출하려고 하는 것
지광본능	① 화재시 연기 및 정전 등으로 시야가 흐려질 때 어두운 곳에서 개구부, 조명부 등의 **밝은 빛**을 따르려는 본능 ② **밝은 쪽**을 지향하는 행동 ③ 화재의 공포감으로 인하여 **빛**을 따라 외부로 달아나려고 하는 행동
퇴피본능	① 반사적으로 **위험**으로부터 **멀리**하려는 본능 ② 화염, 연기에 대한 공포감으로 **발화**의 **반대방향**으로 이동하려는 행동 ③ 화재가 발생하면 확인하려 하고, 그것이 비상사태로 확인되면 **화재**로부터 **멀어지려고** 하는 본능 ④ 연기, 불의 **차폐물**이 있는 곳으로 도망가거나 숨는다. ⑤ **발화점**으로부터 조금이라도 **먼 곳**으로 피난한다.
추종본능	① 많은 사람이 달아나는 방향으로 쫓아가려는 행동 ② 화재시 **최초**로 **행동**을 **개시**한 사람을 따라 전체가 움직이려는 행동
좌회본능	**좌측통행**을 하고 **시계반대방향**으로 회전하려는 행동
폐쇄공간 지향본능	가능한 **넓은 공간**을 찾아 **이동**하다가 위험성이 높아지면 의외의 좁은 공간을 찾는 본능
초능력본능	비상시 **상상**도 **못할 힘**을 내는 본능
공격본능	**이상심리현상**으로서 구조용 헬리콥터를 부수려고 한다든지 무차별적으로 주변 사람과 구조인력 등에게 공격을 가하는 본능
패닉(Panic) 현상	인간의 비이성적인 또는 부적합한 **공포반응행동**으로서 무모하게 높은 곳에서 뛰어내리는 행위라든지, 몸이 굳어서 움직이지 못하는 행동

※ **피난로온도의 기준** : 사람의 어깨높이

Key Point

(4) 방화진단의 중요성

① 화재발생 위험의 배제
② 화재확대 위험의 배제
③ 피난통로의 확보

(5) 제연방식

① **자연제연방식** : 개구부(건물에 설치된 창)를 통하여 연기를 자연적으로 배출하는 방식

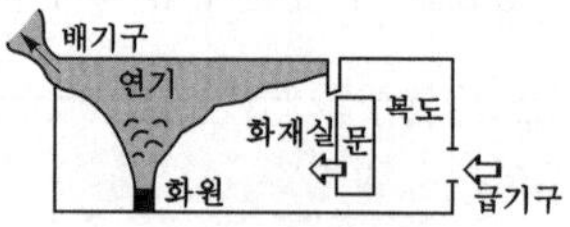

▮자연 제연방식▮

> ※ **개구부**
> 화재시 쉽게 피난 할 수 있는 문이나 창문 등을 말한다.

★★
문제 **제연방식에는 자연제연과 기계제연 2종류가 있다. 다음 중 자연제연과 관계가 깊은 것은?**

① 스모크타워　　② 건물에 설치된 창
③ 배연기, 송풍기 설치　　④ 배연기 설치

해설 ② **자연제연방식** : **건물**에 **설치**된 **창**을 통한 연기의 자연배출방식

답 ②

② **스모크타워 제연방식** : **루프 모니터**를 설치하여 제연하는 방식

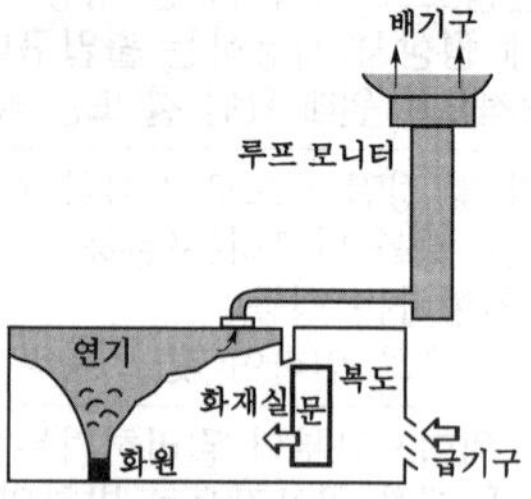

▮스모크타워 제연방식▮

> ※ **스모크타워 제연방식**
> ① 고층빌딩에 적당하다.
> ② 제연 샤프트의 굴뚝효과를 이용한다.
> ③ 모든 층의 일반 거실화재에 이용할 수 있다.
> ④ 제연통의 제연구는 바닥에서 윗쪽에 설치하고 급기통의 급기구는 바닥부분에 설치한다.

> ※ **스모크타워 제연방식**
> 창살이나 넓은 유리창이 달린 지붕 위의 구조물

③ 기계제연방식(강제제연방식)

(가) 제1종 기계제연방식 : **송풍기**와 **배연기**(배풍기)를 설치하여 급기와 배기를 하는 방식으로 **장치**가 **복잡**하다.

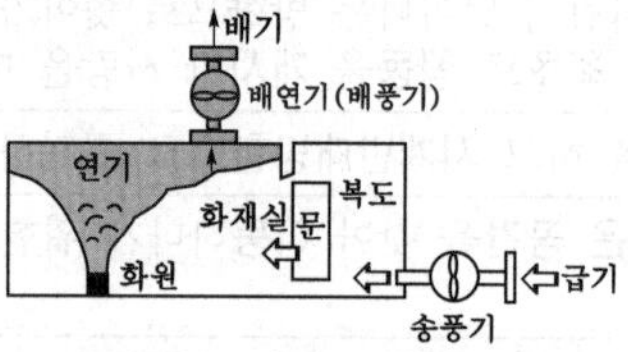

▮제1종 기계제연방식▮

(나) 제2종 기계제연방식 : **송풍기**만 설치하여 급기와 배기를 하는 방식으로 **역류**의 **우려**가 있다.

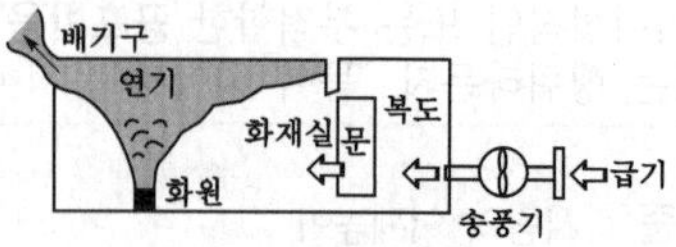

▮제2종 기계제연방식▮

> ※ **기계제연방식**
> ① 제1종 : 송풍기 + 배연기
> ② 제2종 : 송풍기
> ③ 제3종 : 배연기

> ※ **기계제연방식과 같은 의미**
> ① 강제제연방식
> ② 기계식 제연방식

㈐ 제3종 기계제연방식 : **배연기**(배풍기)만 설치하여 급기와 배기를 하는 방식으로 가장 많이 사용한다.

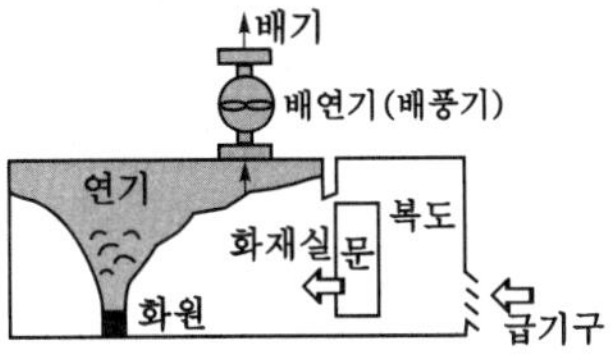

| 제3종 기계제연방식 |

(6) 제연방법

제연방법	설 명
희석(Dilution)	외부로부터 신선한 공기를 대량 불어 넣어 연기의 양을 일정농도 이하로 낮추는 것
배기(Exhaust)	건물 내의 압력차에 의하여 연기를 외부로 배출시키는 것
차단(Confinement)	연기가 일정한 장소 내로 들어오지 못하도록 하는 것

★★
문제 건축물의 제연방법과 가장 관계가 먼 것은?

① 연기의 희석 ② 연기의 배기
③ 연기의 차단 ④ 연기의 가압

건축물의 제연방법과 관계가 없다.

답 ④

(7) 제연구획

① 제연경계의 폭 : 0.6m 이상
② 제연경계의 수직거리 : 2m 이내
③ 예상제연구역~배출구의 수평거리 : 10m 이내

3 건축물의 안전계획

(1) 피난시설의 안전구획

① 1차 안전구획 : 복도
② 2차 안전구획 : 부실(계단전실)
③ 3차 안전구획 : 계단

(2) 피난형태

형 태	피난 방향	상 황
X형	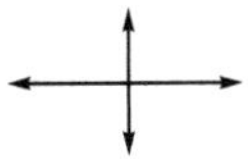	**확실한 피난통로**가 보장되어 신속한 피난이 가능하다.
Y형		

Key Point

※ 건축물의 제연방법
① 연기의 희석
② 연기의 배기
③ 연기의 차단

※ 희석
가장 많이 사용된다.

※ 수평거리와 같은 의미
① 유효반경
② 직선거리

※ 제연계획
제연을 위해 승강기용 승강로 이용금지

※ 부실(계단부속실)
계단으로 들어가는 입구의 부분

Key Point

※ 패닉현상
① CO형
② H형

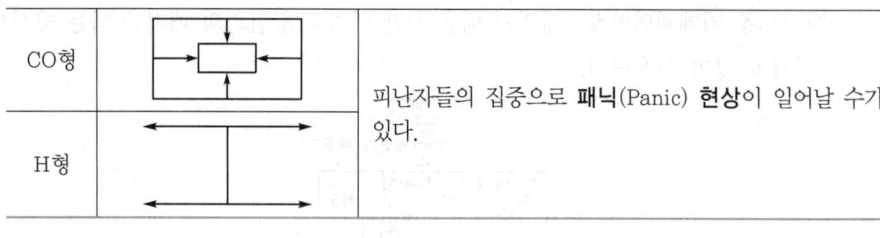

CO형	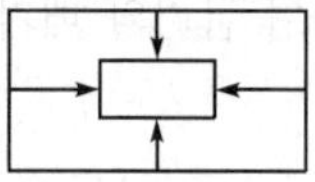	피난자들의 집중으로 **패닉**(Panic) **현상**이 일어날 수가 있다.
H형	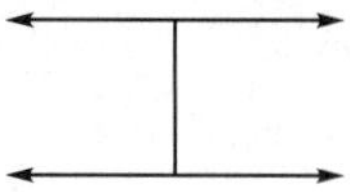	

(3) 피뢰설비

피뢰설비는 **돌출부**, **피뢰도선**, **접지전극**으로 구성되어 있다.

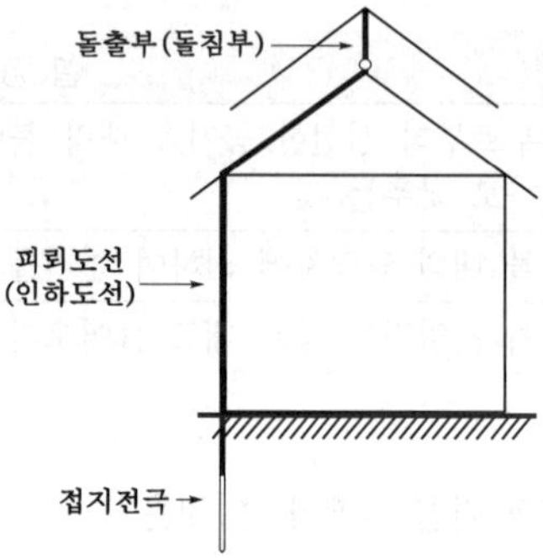

‖ 피뢰설비 ‖

※ 방폭구조
폭발성 가스가 있는 장소에서 사용하더라도 주위에 있는 폭발성 가스에 영향을 받지 않는 구조

(4) 방폭구조의 종류

※ 내압(耐壓) 방폭구조
가장 많이 사용된다.

① 내압(耐壓) 방폭구조 : d

폭발성 가스가 용기 내부에서 폭발하였을 때 용기가 그 압력에 견디거나 또는 외부의 폭발성 가스에 인화될 우려가 없도록 한 구조

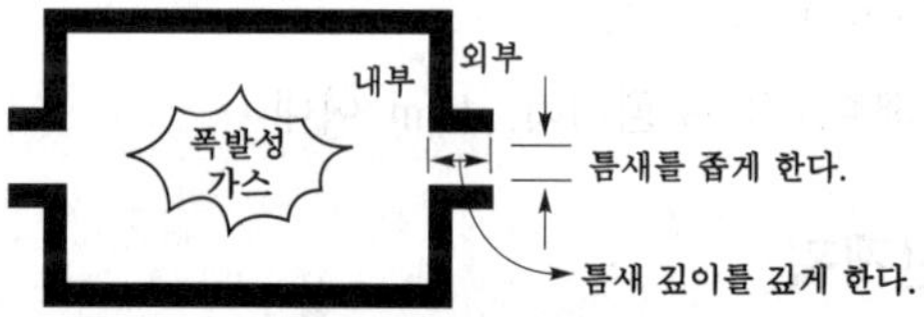

‖ 내압(耐壓) 방폭구조 ‖

※ 내압(內壓) 방폭구조
'내부압력 방폭구조'라고도 부른다.

② 내압(內壓) 방폭구조 : p

용기 내부에 질소 등의 보호용 가스를 충전하여 외부에서 폭발성 가스가 침입하지 못하도록 한 구조

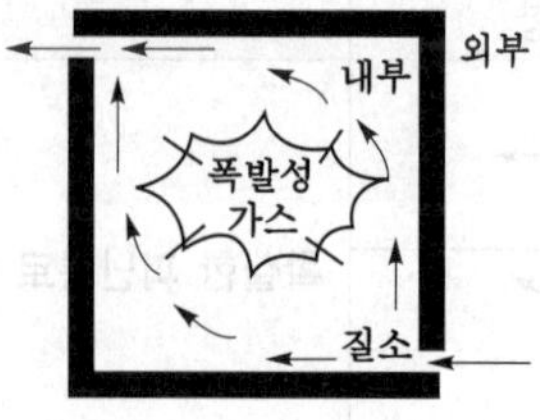

‖ 내압(內壓) 방폭구조 ‖

③ 안전증 방폭구조 : e

기기의 정상운전 중에 폭발성 가스에 의해 점화원이 될 수 있는 전기불꽃 또는 고온이 되어서는 안 될 부분에 기계적, 전기적으로 특히 안전도를 증가시킨 구조

▌안전증 방폭구조▐

④ 유입 방폭구조 : o

전기불꽃, 아크 또는 고온이 발생하는 부분을 기름 속에 넣어 폭발성 가스에 의해 인화가 되지 않도록 한 구조

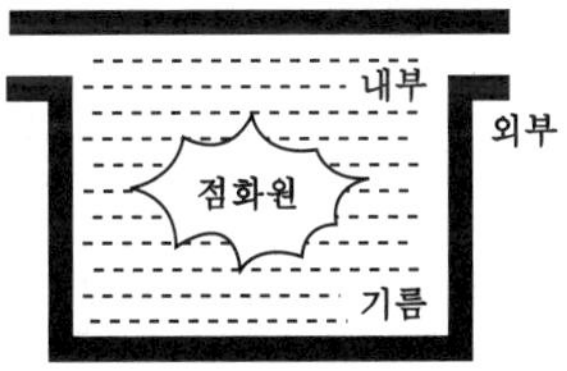

▌유입 방폭구조▐

⑤ 본질안전 방폭구조 : i

폭발성 가스가 단선, 단락, 지락 등에 의해 발생하는 전기불꽃, 아크 또는 고온에 의하여 점화되지 않는 것이 확인된 구조

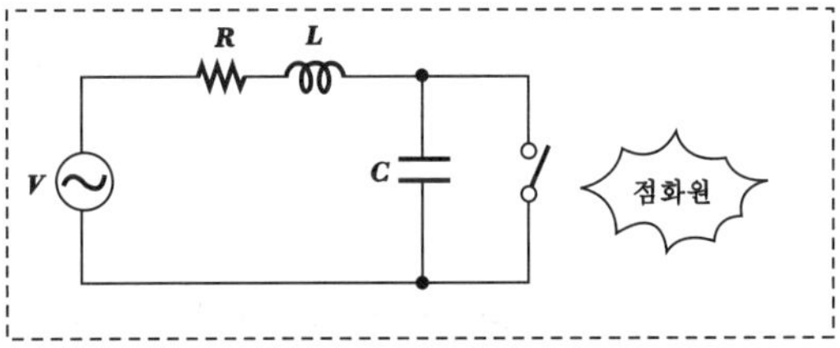

▌본질안전 방폭구조▐

⑥ 특수 방폭구조 : s

위에서 설명한 구조 이외의 방폭구조로서 폭발성 가스에 의해 점화되지 않는 것이 시험 등에 의하여 확인된 구조

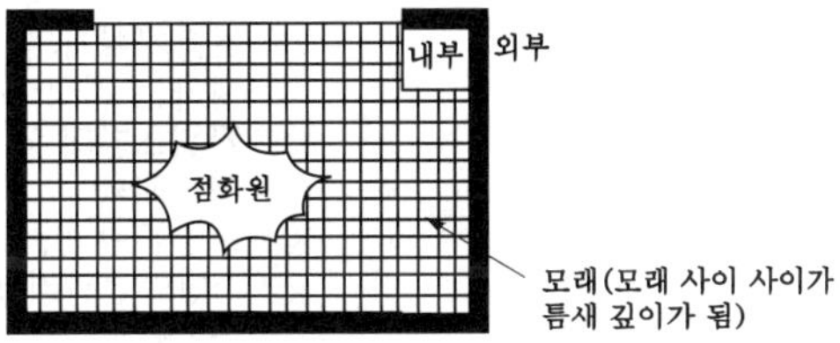

▌특수 방폭구조▐

Key Point

＊ 안전증 방폭구조
"안전증가 방폭구조" 라고도 부른다.

＊ 유입 방폭구조
전기불꽃 발생부분을 기름 속에 넣은 것

＊ 본질안전 방폭구조
회로의 전압·전류를 제한하여 폭발성 가스가 점화되지 않도록 만든 구조

＊ 특수 방폭구조
① 사입 방폭구조
② 협극 방폭구조

Key Point

※ 가정불화
방화의 동기유형으로 가장 큰 비중 차지

※ 화점
화재의 원인이 되는 불이 최초로 존재하고 발생한 곳

※ 방화문, 방화셔터
화재시 열, 연기를 차단하여 화재의 연소확대를 방지하기 위한 설비

※ 방화댐퍼
화재시 연소를 방지하기 위한 설비

※ 방연수직벽
화재시 연기의 유동을 방지하기 위한 설비

※ 제연설비
화재시 실내의 연기를 배출하고 신선한 공기를 불어 넣어 피난을 용이하게 하기 위한 설비

3 방화안전관리

출제확률 6.4% (1문제)

1 화점의 관리

① 화기 사용장소의 한정
② 화기 사용책임자의 선정
③ 화기 사용시간의 제한
④ 가연물 · 위험물의 보관
⑤ 모닥불 · 흡연 등의 처리

2 연소방지(방배연) 설비

① 방화문, 방화셔터　② 방화댐퍼
③ 방연수직벽　④ 제연설비
⑤ 기타 급기구 등

3 초기소화설비와 본격소화설비

초기 소화설비	본격 소화설비
① 소화기류	① 소화용수설비
② 물분무소화설비	② 연결송수관설비
③ 옥내소화전설비	③ 연결살수설비
④ 스프링클러설비	④ 비상용 엘리베이터
⑤ CO_2 소화설비	⑤ 비상콘센트 설비
⑥ 할론소화설비	⑥ 무선통신 보조설비
⑦ 분말소화설비	
⑧ 포소화설비	

★★★
문제 초기 소화용으로 사용되는 소화설비가 아닌 것은?
① 옥내소화전설비　② 물분무설비
③ 분말소화설비　④ 연결송수관설비

해설 ④ 본격소화설비

답 ④

4 특정소방대상물의 관계인과 소방안전관리대상물의 소방안전관리자의 업무

(화재예방법 24조)

특정소방대상물(관계인)	소방안전관리대상물(소방안전관리자)
① 피난시설 · 방화구획 및 방화시설의 관리	① 피난시설 · 방화구획 및 방화시설의 관리
② 소방시설, 그 밖의 소방관련시설의 관리	② 소방시설, 그 밖의 소방관련시설의 관리
③ **화기취급**의 감독	③ **화기취급**의 감독
④ 소방안전관리에 필요한 업무	④ 소방안전관리에 필요한 업무
⑤ 화재발생시 초기대응	⑤ **소방계획서**의 작성 및 시행(대통령령으로 정하는 사항 포함)
	⑥ **자위소방대** 및 **초기대응체계**의 구성 · 운영 · 교육
	⑦ 소방훈련 및 교육
	⑧ 소방안전관리에 관한 업무수행에 관한 기록 · 유지
	⑨ 화재발생시 초기대응

5 소방훈련

실시방법에 의한 분류	대상에 의한 분류
① 기초훈련 ② 부분훈련 ③ 종합훈련 ④ 도상훈련 : **화재진압작전도**에 의하여 실시하는 훈련	① 자체훈련 ② 지도훈련 ③ 합동훈련

6 인명구조 활동

인명구조 활동시 주의하여야 할 사항은 다음과 같다.

① 구조대상자 위치확인

② 필요한 장비장착

③ 세심한 주의로 명확한 판단

④ 용기와 정확한 판단

※ 고층건축물 : **11층** 이상 또는 높이 **31m** 초과

7 방재센터

방재센터는 다음의 기능을 갖추고 있어야 한다.

① 방재센터는 피난인원의 유도를 위하여 **피난층**으로부터 가능한 한 **같은 위치**에 설치한다.

② 방재센터는 연소위험이 없도록 **충분한 면적**을 갖도록 한다.

③ 소화설비 등의 기동에 대하여 **감시제어기능**을 갖추어야 한다.

> **중요** **방재센터 내의 설비, 기기**
> ① C.R.T 표시장치
> ② 소화펌프의 원격기동장치
> ③ 비상전원장치

8 안전관리

안전관리에 대한 내용은 다음과 같다.

① 무사고 상태를 유지하기 위한 활동

② 인명 및 재산을 보호하기 위한 활동

③ 손실의 최소화를 위한 활동

Key Point

※ 3E
① 교육 · 홍보
② 법규의 시행
③ 기술

※ 피난교의 폭
60cm 이상

※ 거실
거주, 집무, 작업, 집회, 오락, 기타 이와 유사한 목적을 위하여 사용하는 것

※ 피난을 위한 시설물
① 객석유도등
② 방연커텐
③ 특별피난계단 전실

※ 소방의 주된 목적
재해방지

※ 방재센터
화재를 사전에 예방하고 초기에 진압하기 위해 모든 소방시설을 제어하고 비상방송 등을 통해 인명을 대피시키는 총체적 지휘본부

※ C.R.T 표시장치
화재의 발생을 감시하는 모니터

Key Point

※ 비상조명장치
조도 1lx 이상

※ 화재부위 온도측정
① 열전대
② 열반도체

중요 안전관리 관련색

표시색	안전관리 상황
녹색	• 안전 · 구급
백색	• 안내
황색	• 주의
적색	• 위험방화

9 피난기구

① 완강기
② 피난사다리
③ 구조대(경사강하식 구조대, 수직강하식 구조대)
④ 소방청장이 정하여 고시하는 화재안전기준으로 정하는 것(미끄럼대, 피난교, 공기안전매트, 피난용 트랩, 다수인 피난장비, 승강식 피난기, 간이완강기, 하향식 피난구용 내림식 사다리)

문제 화재발생시 피난기구로서 직접 활용할 수 없는 것은?

① 완강기 ② 무선통신 보조장치
③ 수직강하식 구조대 ④ 구조대

해설 ② 소화활동설비

답 ②

※ 가연성가스 누출시
배기팬 작동금지

10 소방용 배관

① 배관용 탄소강관
② 압력배관용 탄소강관
③ 이음매 없는 동 및 동합금관
④ 배관용 스테인리스강관 또는 일반배관용 스테인리스강관
⑤ 덕타일 주철관

Key Point

4 소화이론

출제확률 6.4% (1문제)

1 소화의 정의

물질이 연소할 때 연소의 3요소 중 일부 또는 전부를 제거하여 연소가 계속될 수 없도록 하는 것을 말한다.

2 소화의 원리

물리적 소화	화학적 소화
① 화재를 **냉각**시켜 소화하는 방법 ② 화재를 **강풍**으로 불어 소화하는 방법 ③ **혼합물성**의 **조성변화**를 시켜 소화하는 방법	① **분말소화약제**로 소화하는 방법 ② **할론소화약제**로 소화하는 방법 ③ 할로겐화합물 소화약제

※ **아르곤**(Ar) : 불연성 가스이지만 소화효과는 기대할 수 없다.

3 소화의 형태

(1) 냉각소화

① **점화원**을 냉각시켜 소화하는 방법

② **증발잠열**을 이용하여 열을 빼앗아 가연물의 온도를 떨어뜨려 화재를 진압하는 소화

③ 다량의 물을 뿌려 소화하는 방법

④ 가연성물질을 발화점 이하로 냉각

※ 물의 소화효과를 크게 하기 위한 방법 : **무상주수**(분무상 방사)

(2) 질식소화

① 공기 중의 산소농도를 **16%**(10~15% 또는 12~15%) 이하로 희박하게 하여 소화하는 방법

② 산화제의 농도를 낮추어 연소가 지속될 수 없도록 함

③ **산소공급**을 **차단**하는 소화방법

＊ 연소의 3요소
① 가연물질(연료)
② 산소공급원(산소)
③ 점화원(온도)

＊ 가연물이 완전연소시 발생물질
① 물(H_2O)
② 이산화탄소(CO_2)

＊ 불연성 가스
① 수증기(H_2O)
② 질소(N_2)
③ 아르곤(Ar)
④ 이산화탄소(CO_2)

＊ 공기 중의 산소농도
약 21%

＊ 소화약제의 방출 수단
① 가스압력(CO_2, N_2 등)
② 동력(전동기 등)
③ 사람의 손

Key Point

중요 공기 중 산소농도

구 분	산소농도
체적비 (부피백분율)	약 21%
중량비 (중량백분율)	약 23%

※ 질식소화
공기 중의 산소농도 16%(12~15%) 이하

★★★
문제 질식소화시 공기 중의 산소농도는 몇 % 이하 정도인가?

① 3~5 ② 5~8
③ 12~15 ④ 15~18

해설 ③ **질식소화** : 공기 중의 산소농도를 **16%**(10~15% 또는 12~15%) 이하로 희박하게 하여 소화하는 방법

답 ③

(3) 제거소화

가연물을 제거하여 소화하는 방법

중요 제거소화의 예

① 산불의 확산방지를 위하여 **산림**의 **일부**를 **벌채**한다.
② 화학반응기의 화재시 원료공급관의 **밸브**를 **잠근다**.
③ 유류탱크 화재시 **옥외소화전**을 사용하여 **탱크외벽**에 **주수**(注水)한다.
④ 금속화재시 불활성물질로 가연물을 덮어 미연소부분과 분리한다.
⑤ 전기화재시 신속히 **전원**을 **차단**한다.
⑥ 목재를 **방염**처리하여 가연성기체의 생성을 억제 · 차단한다.

※ 화학소화(억제소화)
할론소화제의 주요 소화원리

(4) 화학소화(부촉매효과) = 억제소화

① 연쇄반응을 차단하여 소화하는 방법
② 화학적인 방법으로 화재 억제
③ 염(炎) 억제작용

※ **화학소화** : 할로젠화 탄화수소는 원자수의 비율이 클수록 소화효과가 좋다.

★
문제 할론소화제의 주요 소화원리는?

① 냉각소화 ② 질식소화
③ 염(炎) 억제작용 ④ 차단소화

해설 ③ **할론소화제**의 주요 소화원리는 **염(炎) 억제작용**이다.

답 ③

(5) 희석소화

기체, 고체, 액체에서 나오는 분해가스나 증기의 농도를 낮춰 소화하는 방법

> **중요** 희석소화의 예
> ① **아세톤**에 **물**을 다량으로 섞는다.
> ② 폭약 등의 **폭풍**을 이용한다.
> ③ **불연성 기체**를 화염 속에 투입하여 **산소**의 **농도**를 **감소**시킨다.

(6) 유화소화

① **물**을 무상으로 방사하거나 **포소화약제**를 방사하여 유류 표면에 **유화층**의 막을 형성시켜 공기의 접촉을 막아 소화하는 방법

② 물의 미립자가 기름과 섞여서 기름의 증발능력을 떨어뜨려 연소를 억제하는 것

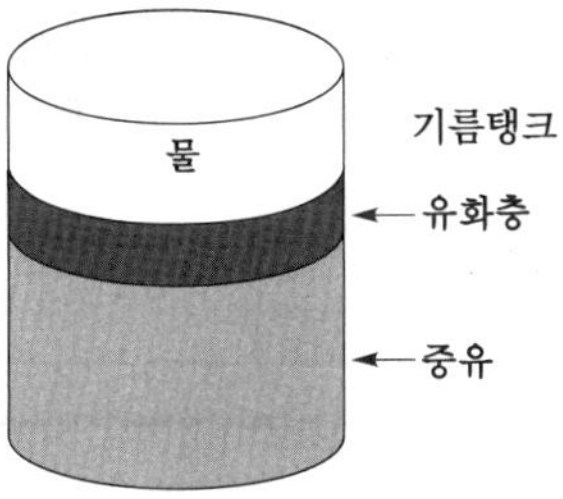

‖ 유화소화의 예 ‖

(7) 피복소화

비중이 공기의 **1.5배** 정도로 무거운 소화약제를 방사하여 가연물의 구석구석까지 침투 · 피복하여 소화하는 방법

‖ 소화약제의 소화형태 ‖

소화약제의 종류		냉각소화	질식소화	화학소화 (부촉매효과)	희석소화	유화소화	피복소화
물	봉상	○	–	○	○	–	–
	무상	○	○	○	○	○	–
강화액	봉상	○	–	○	–	–	–
	무상	○	○	○	–	○	–
포	화학포	○	○	–	–	○	–
	기계포	○	○	–	–	○	–
분말		○	○	○	–	–	–
이산화탄소		○	○	–	–	–	○
산 · 알칼리		○	○	–	–	○	–
할론		○	○	○	–	–	–
간이소화약제	팽창질석 · 진주암	–	○	–	–	–	–
	마른 모래	–	○	–	–	–	–

Key Point

✻ **희석소화**
아세톤, 알코올, 에테르, 에스터, 케톤류

✻ **유화소화**
중유

✻ **피복소화**
이산화탄소 소화약제

Key Point

4 물의 주수형태

구 분	봉상주수	무상주수
정의	대량의 물을 뿌려 소화하는 것	안개처럼 분무상으로 방사하여 소화하는 것
주된 효과	**냉각소화**	**질식효과**

※ **무상주수** : 물의 소화효과를 가장 크게 하기 위한 방법

중요 물의 주수형태

구 분	봉상주수	적상주수	무상주수
방사형태	막대 모양의 굵은 물줄기	물방울 (직경 0.5~6mm)	물방울 (직경 0.1~1mm)
적응화재	• **일반화재**	• **일반화재**	• **일반화재** • **유류화재** • **전기화재**

5 소화방법

(1) 적응화재

화재의 종류	적응 소화기구
A급	• 물 • 산알칼리
AB급	• 포
BC급	• 이산화탄소 • 할론 • 1, 2, 4종 분말
ABC급	• 3종 분말 • 강화액

(2) 소화기구

소화제	소화작용
• 포 • 산알칼리	• 냉각효과 • 질식효과 • 유화효과
• 이산화탄소	• 냉각효과 • 질식효과 • 피복효과

*** 포**
AB급

*** CO_2 · 할론**
BC급

*** 주된 소화효과**
① 이산화탄소 : 질식효과
② 분말 : 질식효과
③ 물 : 냉각효과
④ 할론 : 부촉매효과

• 물	• 냉각효과 • 질식효과 • 희석효과 • 유화효과
• 할론	• 냉각효과 • 질식효과 • 부촉매효과(억제작용)
• 강화액	• 냉각효과 • 질식효과 • 부촉매효과(억제작용) • 유화효과
• 분말	• 냉각효과 • 질식효과 • 부촉매효과(억제작용) • 차단효과(분말운무) • 방진효과

① 산알칼리 소화기

$2NaHCO_3 + H_2SO_4 \rightarrow Na_2SO_4 + 2CO_2 + 2H_2O$

② 강화액 소화기

$K_2CO_3 + H_2SO_4 \rightarrow K_2SO_4 + H_2O + CO_2$

③ 포소화기

$6NaHCO_3 + AL_2(SO_4)_3 \cdot 18H_2O \rightarrow 3Na_2SO_4 + 2Al(OH)_3 + 6CO_2 + 18H_2O$

(외통) (내통)

④ 할론소화기 : 연쇄반응억제, 질식효과

할론 1301 농도	증 상
6%	• 현기증 • 맥박수 증가 • 가벼운 지각 이상 • 심전도는 변화 없음
9%	• 불쾌한 현기증 • 맥박수 증가 • 심전도는 변화 없음
10%	• 가벼운 현기증과 지각 이상 • 혈압이 내려간다. • 심전도 파고가 낮아진다.
12~15%	• 심한 현기증과 지각 이상 • 심전도 파고가 낮아진다.

※ **할론 1301** : 소화효과가 가장 좋고 독성이 가장 약하다.

Key Point

※ 방진효과
가연물의 표면에 부착되어 차단효과를 나타내는 것

※ 포소화기
① 내통 : 황산알루미늄 ($Al_2(SO_4)_3$)
② 외통 : 중탄산소다 ($NaHCO_3$)

※ 할론소화약제
① 부촉매 효과 크기
I>Br>Cl>F
② 전기음성도(친화력) 크기
F>Cl>Br>I

※ 분말약제의 소화효과
① 냉각효과(흡열반응)
② 질식효과(CO_2, NH_3, H_2O)
③ 부촉매효과(NH_4^+)
④ 차단효과(분말운무)
⑤ 방진효과(HPO_3)

Key Point

⑤ 분말 소화기 : 질식효과

종 별	소화약제	약제의 착색	화학반응식	적응화재
제1종	중탄산나트륨 ($NaHCO_3$)	백색	$2NaHCO_3 \rightarrow NA_2CO_3+CO_2+H_2O$	BC급
제2종	중탄산칼륨 ($KHCO_3$)	담자색 (담회색)	$2KHCO_3 \rightarrow K_2CO_3+CO_2+H_2O$	
제3종	인산암모늄 ($NH_4H_2PO_4$)	담홍색	$NH_4H_2PO_4 \rightarrow HPO_3+NH_3+H_2O$	ABC급
제4종	중탄산칼륨+요소 ($KHCO_3+(NH_2)_2CO$)	회(백)색	$2KHCO_3+(NH_2)_2CO \rightarrow K_2CO_3+2NH_3+2CO_2$	BC급

중요 **제3종 분말약제의 열분해 반응식**

① 190℃ : $NH_4H_2PO_4 \rightarrow H_3PO_4 + NH_3$

② 215℃ : $2H_3PO_4 \rightarrow H_4P_2O_7 + H_2O$

③ 300℃ : $H_4P_2O_7 \rightarrow 2HPO_3 + H_2O$

④ 250℃ : $2HPO_3 \rightarrow P_2O_5 + H_2O$

(3) 소화기의 설치장소

① 통행 또는 피난에 지장을 주지 않는 장소

② 사용시 방출이 용이한 장소

③ 사람들의 눈에 잘 띄는 장소

④ 바닥으로부터 1.5m 이하의 위치에 설치

※ 지하층 및 무창층에는 CO_2와 할론 1211의 사용을 제한하고 있다.

＊ 무창층
지상층 중 개구부의 면적의 합계가 해당 층의 바닥면적의 1/30 이하가 되는 층

＊ 공유결합
전자를 서로 한 개씩 갖는 것

6 유기화합물의 성질

① **공유결합**으로 구성되어 있다.

② 연소되어 **물**과 **탄산가스**를 생성한다.

③ 물에 녹는 것보다 **유기용매**에 녹는 것이 많다.

④ 유기화합물 상호간의 반응속도는 비교적 느리다.

Key Point

5 소화약제

출제확률 12.8% (3문제)

1 물소화약제

(1) 물이 소화작업에 사용되는 이유

① 가격이 싸다.
② 쉽게 구할 수 있다.
③ 열흡수가 매우 크다.
④ 사용방법이 비교적 간단하다.

※ 물은 **극성공유결합**을 하고 있으므로 다른 소화약제에 비해 비등점(비점)이 높다.

(2) 주수형태

① **봉상주수** : 물이 가늘고 긴 물줄기 모양을 형성하면서 방사되는 형태
② **적상주수** : 물이 물방울 모양을 형성하면서 방사되는 형태
③ **무상주수** : 물이 안개 또는 구름모양을 형성하면서 방사되는 형태

※ 물소화기는 **자동차**에 설치하기에는 **부적합**하다.

(3) 물소화약제의 성질

① 비열이 크다.
② 표면장력이 크다.
③ 열전도계수가 크다.
④ **점도**가 낮다.

※ 물의 기화잠열(증발잠열) : 539cal/g

(4) 물의 동결방지제

① **에틸렌글리콜** : 가장 많이 사용한다.
② 프로필렌글리콜
③ 글리세린

※ 수용액의 소화약제 : 검정의 석출, 용액의 분리 등이 생기지 않을 것

★★★
문제 소화용수로 사용되는 물의 동결방지제로 사용하지 않는 것은?

① 에틸렌글리콜 ② 프로필렌글리콜
③ 질소 ④ 글리세린

물의 동결방지제로 사용하지 않는다.

답 ③

※ 물(H_2O)
① 기화잠열(증발잠열) : 539cal/g
② 융해열 : 80cal/g

※ 극성공유결합
전자가 이동하지 않고 공유하는 결합 중 이온 결합형태를 나타내는 것

※ 주수형태
① 봉상주수
옥내 · 외 소화전
② 적상주수
스프링클러헤드
③ 무상주수
물분무 헤드

※ 물분무설비의 부적합물질
① 마그네슘(Mg)
② 알루미늄(Al)
③ 아연(Zn)
④ 알칼리금속 과산화물

Key Point

※ 부촉매효과 소화약제
① 물
② 강화액
③ 분말
④ 할론

(5) Wet Water

물의 침투성을 높여주기 위해 Wetting agent가 첨가된 물로서 이의 특징은 다음과 같다.

① 물의 표면장력을 저하하여 침투력을 좋게 한다.
② 연소열의 흡수를 향상시킨다.
③ 다공질 표면 또는 심부화재에 적합하다.
④ 재연소방지에도 적합하다.

※ Wetting agent : 주수소화시 물의 표면장력에 의해 연소물의 침투속도를 향상시키기 위해 첨가하는 침투제

※ 포소화약제
가연성 기체에 화재적응성이 가장 낮다.
① 냉각작용
② 질식작용

※ 알코올포 사용온도
0~40℃(5~30℃) 이하

※ 파포성
포가 파괴되는 성질

2 포소화약제

(1) 포소화약제의 구비조건

❶ **유동성**이 있어야 한다.
❷ **안정성**을 가지고 내열성이 있을 것
❸ 독성이 적어야 한다.
❹ 화재면에 부착하는 성질이 커야 한다.(응집성과 안정성이 있을 것)
❺ 바람에 견디는 힘이 커야 한다.

※ **유동점** : 포소화약제가 액체상태를 유지할 수 있는 최저의 온도

★★
문제 포소화약제가 갖추어야 할 조건이 아닌 것은?
① 부착성이 있을 것
② 유동성을 가지고 내열성이 있을 것
③ 응집성과 안정성이 있을 것
④ 파포성을 가지고 기화가 용이할 것
가지지 않고

답 ④

(2) 포소화약제의 유류화재 적응성

① 유류표면으로부터 **기포**의 **증발**을 **억제** 또는 **차단**한다.
② 포가 유류표면을 덮어 기름과 **공기**와의 **접촉**을 **차단**한다.
③ 수분의 **증발잠열**을 이용한다.

※ 포소화약제 저장조의 약제 충전시는 **밑부분**에서 서서히 주입시킨다.

(3) 화학포 소화약제

① **1약제 건식설비** : 내약제(B제)인 **황산 알루미늄**($Al_2(SO_4)_3$)과 외약제(A제)인 **탄산수소나트륨**($NaHCO_3$)을 **하나**의 **저장탱크**에 저장했다가 물과 혼합해서 방사하는 방식

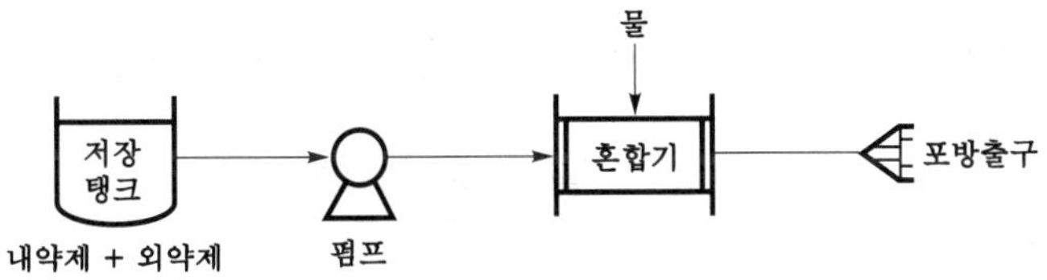

‖ 1약제 건식설비 ‖

② **2약제 건식설비** : 내약제인 **황산알루미늄**($Al_2(SO_4)_3$)과 외약제인 **탄산수소나트륨**($NaHCO_3$)을 각각 **다른 저장탱크**에 저장했다가 물과 혼합해서 방사하는 방식

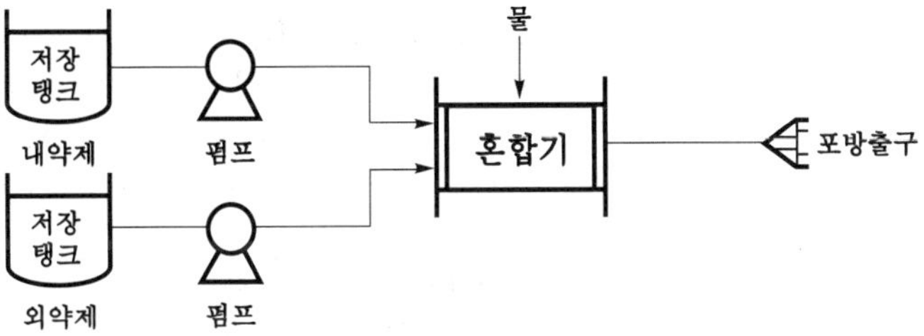

‖ 2약제 건식설비 ‖

※ **화학포** : 침투성이 좋지 않다.

③ **2약제 습식설비** : 내약제 수용액과 외약제 수용액을 각각 **다른 저장탱크**에 저장했다가 혼합기로 혼합해서 방사하는 방식

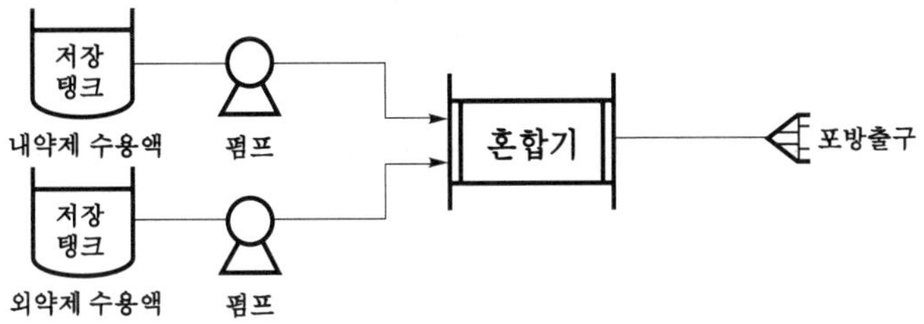

‖ 2약제 습식설비 ‖

※ **2약제 습식설비** : 화학포 소화설비에서 가장 많이 사용된다.

(4) 기계포(공기포) 소화약제

① 특징

㈎ 유동성이 크다.

㈏ 고체표면에 접착성이 우수하다.

㈐ 넓은 면적의 **유류화재**에 적합하다.

㈑ 약제탱크의 용량이 작아질 수 있다.

㈒ **혼합기구**가 **복잡**하다.

Key Point

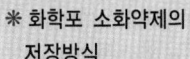

✻ 화학포 소화약제의 저장방식
① 1약제 건식설비
② 2약제 건식설비
③ 2약제 습식설비

✻ 황산알루미늄과 같은 의미
황산반토

✻ 탄산수소나트륨과 같은 의미
① 중조
② 중탄산소다
③ 중탄산나트륨

✻ 기포 안정제
① 가수분해단백질
② 사포닝
③ 젤라틴
④ 카세인
⑤ 소다회
⑥ 염화제1철

✻ 2약제 습식의 혼합비
물 1l에 분말 120g

✻ 포헤드
공기포를 형성하는 곳

✻ 포약제의 pH
6~8

✻ 규정농도
용액 1l 속에 포함되어 있는 용질의 g당량수

✻ 몰농도
용액 1l 속에 포함되어 있는 용질의 g수

✻ 비중
① 내알코올형포
: 0.9~1.2 이하
② 합성계면활성제포
: 0.9~1.2 이하
③ 수성막포
: 1.0~1.15 이하
④ 단백포
: 1.1~1.2 이하

Key Point

※ 과포화용액
용질이 용해도 이상으로 불안정한 상태

※ 단백포
옥외저장탱크의 측벽에 설치하는 고정포 방출구용

※ 수성막포
유류화재 진압용으로 가장 뛰어나며 일명 light water라고 부른다.

※ 수성막포 적용대상
① 항공기 격납고
② 유류저장탱크
③ 옥내 주차장의 폼 헤드용

※ **공기포** : 수용성의 인화성 액체 및 모든 가연성액체의 화재에 탁월한 효과가 있다.

| 공기포 소화약제의 특징 |

약제의 종류	특 징
단백포	① **흑갈색**이다. ② **냄새**가 **지독**하다. ③ 포안정제로서 **제 1철염**을 첨가한다. ④ 다른 포약제에 비해 **부식성**이 **크다**.
수성막포	① 안전성이 좋아 장기보관이 가능하다. ② 내약품성이 좋아 **타약제**와 **겸용**사용이 가능하다. ③ 석유류 표면에 신속히 피막을 형성하여 유류증발을 억제한다. ④ 일명 **AFFF**(Aqueous Film Forming Foam)라고 한다. ⑤ 점성 및 표면장력이 작기 때문에 가연성 기름의 표면에서 쉽게 피막을 형성한다.
내알코올형포	① 알코올류 위험물(**메탄올**)의 소화에 사용 ② 수용성 유류화재(**아세트알데하이드, 에스터류**)에 사용 ③ **가연성 액체**에 사용
불화단백포	① 소화성능이 가장 우수하다. ② 단백포와 수성막포의 결점인 열안정성을 보완시킴 ③ **표면하 주입방식**에도 적합
합성계면활성제포	① **저발포**와 **고발포**를 임의로 발포할 수 있다. ② **유동성**이 좋다. ③ 카바이트 저장소에는 부적합하다.

★★★
문제 유류화재 진압용으로 가장 뛰어난 소화력을 가진 포소화약제는?

① 단백포 ② 수성막포
③ 고팽창포 ④ 웨트 워터(wet water)

해설 ② 수성막포 : 유류화재 진압용

답 ②

중요

(1) **단백포**의 장단점

장 점	단 점
① **내열성**이 우수하다. ② **유면봉쇄성**이 우수하다.	① 소화기간이 길다. ② 유동성이 좋지 않다. ③ 변질에 의한 저장성 불량 ④ 유류오염

(2) **수성막포**의 장단점

장 점	단 점
① 석유류표면에 신속히 **피막**을 **형성**하여 유류증발을 억제한다.	① 가격이 비싸다. ② 내열성이 좋지 않다.

※ 수성막포의 특징
① 점성이 작다.
② 표면장력이 작다.

② **안전성**이 좋아 장기보존이 가능하다. ③ **내약품성**이 좋아 타약제와 겸용 사용도 가능하다. ④ **내유염성**이 우수하다.	③ 부식방지용 저장설비가 요구된다.

(3) **합성계면활성제포**의 장단점

장 점	단 점
① **유동성**이 우수하다. ② **저장성**이 우수하다.	① 적열된 기름탱크 주위에는 효과가 적다. ② 가연물에 양이온이 있을 경우 발포성능이 저하된다. ③ 타약제와 겸용시 소화효과가 좋지 않을 수가 있다.

② **저발포용 소화약제(3%, 6%형)**

(가) 단백포 소화약제

(나) 수성막포 소화약제

(다) 내알코올형포 소화약제

(라) 불화단백포 소화약제

(마) 합성계면활성제포 소화약제

③ **고발포용 소화약제(1%, 1.5%, 2%형)**

합성계면활성제포 소화약제

※ **포헤드** : 기계포를 형성하는 곳

④ **팽창비**

저발포	고발포
• 20배 이하	• 제1종 기계포 : 80~250배 미만 • 제2종 기계포 : 250~500배 미만 • 제3종 기계포 : 500~1000배 미만

중요

① **팽창비**

$$팽창비 = \frac{방출된\ 포의\ 체적[l]}{방출전\ 포수용액의\ 체적[l]}$$

② **발포배율**

$$발포배율 = \frac{내용적(용량,\ 부피)}{전체중량 - 빈\ 시료용기의\ 중량}$$

(5) 포소화약제의 혼합장치

① **펌프 프로포셔너 방식(Pump Proportioner; 펌프 혼합 방식)** : 펌프의 **토출관**과 **흡입관** 사이의 배관 도중에 설치한 흡입기에 펌프에서 토출된 물의 일부를 보내고 **농**

Key Point

✻ 표면하 주입방식
① 불화단백포
② 수성막포

✻ 내유염성
포가 기름에 의해 오염되기 어려운 성질

✻ 적열
열에 의해 빨갛게 달구어진 상태

✻ 포수용액
포원액+물

✻ 포혼합장치 설치 목적
일정한 혼합비를 유지하기 위해서

Key Point

* 비례혼합방식의 유량허용범위
50~200%

도조정밸브에서 조정된 포소화약제의 필요량을 포소화약제 탱크에서 펌프 흡입측으로 보내어 약제를 혼합하는 방식

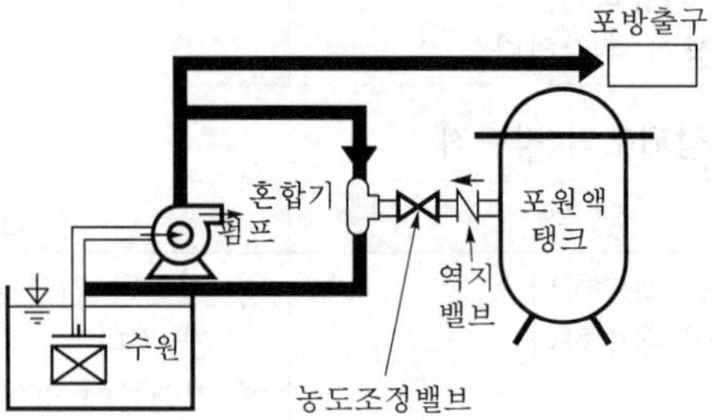

‖ 펌프 프로포셔너 방식 ‖

* 프레져 프로포셔너 방식
① 가압송수관 도중에 공기포소화 원액혼합조(P.P.T)와 혼합기를 접속하여 사용하는 방법
② 격막방식휨탱크를 사용하는 에어휨 혼합방식

② **프레져 프로포셔너 방식**(Pressure Proportioner; **차압 혼합 방식**) : 펌프와 발포기의 중간에 설치된 벤투리관의 **벤투리 작용**과 펌프 가압수의 **포소화약제 저장탱크**에 대한 압력에 의하여 포소화약제를 흡입 · 혼합하는 방식

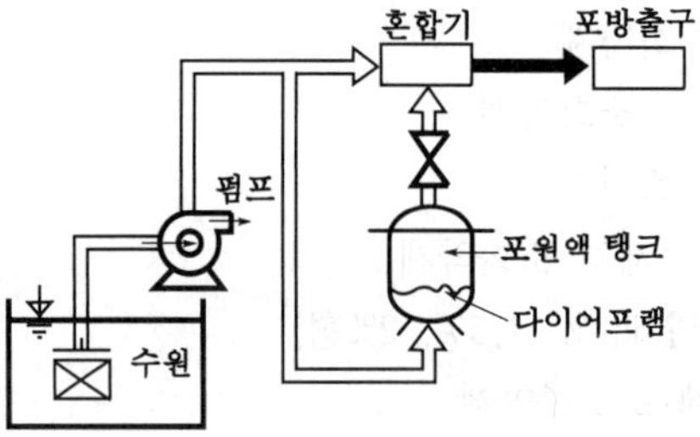

‖ 프레져 프로포셔너 방식 ‖

* 라인 프로포셔너 방식
급수관의 배관 도중에 포소화약제 흡입기를 설치하여 그 흡입관에서 소화약제를 흡입하여 혼합하는 방식

③ **라인 프로포셔너 방식**(Line Proportioner; **관로 혼합 방식**) : 펌프와 발포기의 중간에 설치된 벤투리관의 **벤투리 작용**에 의하여 포소화약제를 흡입 · 혼합하는 방식

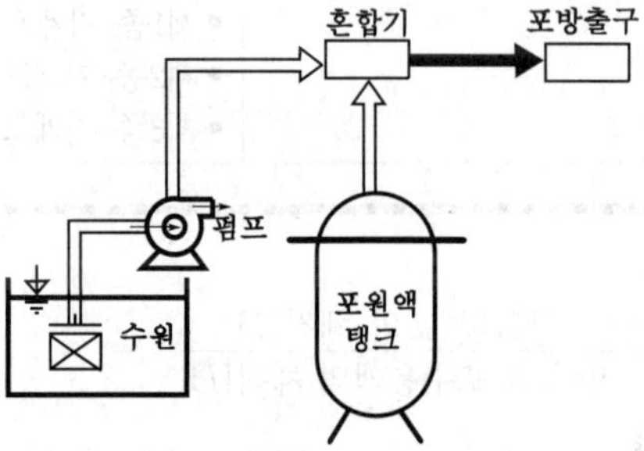

‖ 라인 프로포셔너 방식 ‖

* 프레져 사이드 프로포셔너 방식
소화원액 가압펌프(압입용 펌프)를 별도로 사용하는 방식

④ **프레져 사이드 프로포셔너 방식**(Pressure Side Proportioner; **압입 혼합 방식**) : 펌프 **토출관**에 압입기를 설치하여 포소화약제 **압입용 펌프**로 포소화약제를 압입시켜 혼합하는 방식

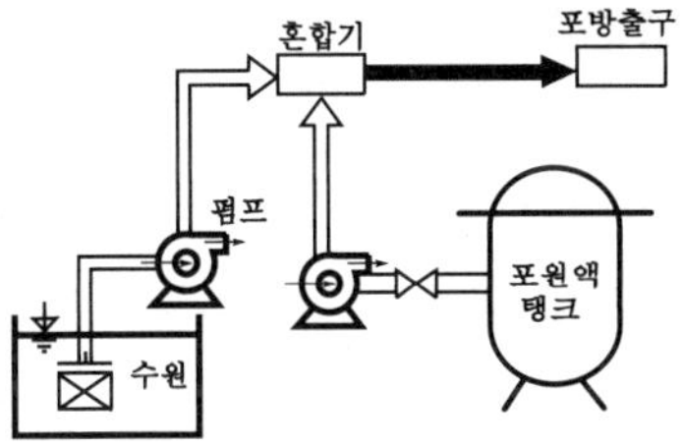

▌프레져 사이드 프로포셔너 방식▐

⑤ **압축공기포 믹싱챔버방식** : 포수용액에 **공기**를 **강제**로 **주입**시켜 **원거리 방수**가 가능하고 물 사용량을 줄여 **수손피해**를 **최소화**할 수 있는 방식

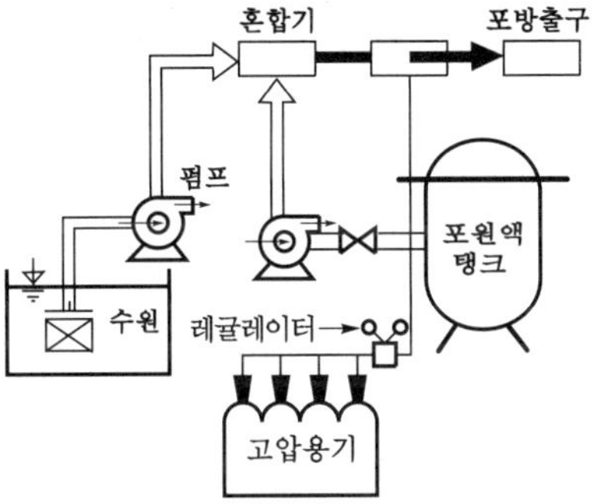

▌압축공기포 믹싱챔버방식▐

3 이산화탄소 소화약제

(1) 이산화탄소 소화약제의 성상

① 대기압, 상온에서 **무색**, **무취**의 기체이며 화학적으로 안정되어 있다.

② 기체상태의 가스비중은 **1.51**로 공기보다 무겁다.

③ 31℃에서 액체와 증기가 동일한 밀도를 갖는다.

※ CO_2 소화기는 밀폐된 공간에서 소화효과가 크다.

▌이산화탄소의 물성▐

구 분	물 성
임계압력	72.75atm
임계온도	31℃
3중점	−56.3℃
승화점(비점)	−78.5℃
허용농도	0.5%
수분	0.05% 이하(함량 99.5% 이상)

※ CO_2의 고체상태 : **−80℃, 1기압**

Key Point

＊ CO_2 소화작용
산소와 더 이상 반응하지 않는다.
① 질식작용 : 주효과
② 냉각작용
③ 피복작용(비중이 크기 때문)

＊ 일산화탄소(CO)
소화약제가 아니다.

＊ 임계압력
임계온도에서 액화하는 데 필요한 압력

＊ 임계온도
아무리 큰 압력을 가해도 액화하지 않는 최저온도

＊ 3중점
고체, 액체, 기체가 공존하는 온도

＊ CO_2의 상태도

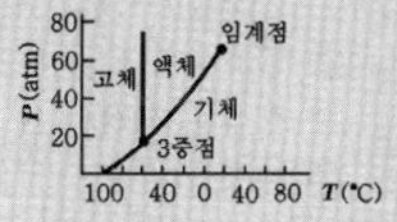

Key Point

※ 기체의 용해도
① 온도가 일정할 때 압력이 증가하면 용해도는 증가한다.
② 온도가 낮고 압력이 높을수록(저온·고압) 용해되기 쉽다.

※ 할론소화작용
① 부촉매(억제)효과 : 주효과
② 질식효과

※ 할론소화약제
난연성능 우수

※ 증발성액체 소화약제
인체에 대한 독성이 적은 것도 있고 심한 것도 있다.

※ 저비점 물질
끓는점이 낮은 물질

※ 할로젠 원소
① 불소 : F
② 염소 : Cl
③ 브로민(취소) : Br
④ 아이오딘(옥소) : I

(2) 이산화탄소 소화약제의 충전비

| CO_2 소화약제의 충전비 |

구 분	저장용기
저압식	1.1~1.4 이하
고압식	1.5~1.9 이하

★★
문제 이산화탄소 소화약제의 저장용기 충전비로서 적합하게 짝지어져 있는 것은?
① 저압식은 1.1 이상, 고압식은 1.5 이상
② 저압식은 1.4 이상, 고압식은 2.0 이상
③ 저압식은 1.9 이상, 고압식은 2.5 이상
④ 저압식은 2.3 이상, 고압식은 3.0 이상

해설 ① CO_2 **저장용기**충전비 : 저압식 **1.1~1.4** 이하, 고압식 **1.5~1.9** 이하

답 ①

※ 고압가스 용기 : 40℃ 이하의 온도변화가 작은 장소에 설치한다.

(3) 이산화탄소 소화약제의 저장과 방출
① 이산화탄소는 상온에서 용기에 **액체상태**로 저장한 후 방출시에는 기체화된다.
② 이산화탄소의 증기압으로 **완전방출**이 가능하다.
③ 20℃에서의 CO_2 저장용기의 내압력은 충전비와 관계가 있다.
④ 이산화탄소의 방출시 용기 내의 온도는 급강하하지만, 압력은 변하지 않는다.

4 할론소화약제

(1) 할론소화약제의 특성
① 전기의 불량도체이다(**전기절연성**이 크다).
② 금속에 대한 **부식성**이 **적다**.
③ 화학적 **부촉매 효과**에 의한 연소억제작용이 뛰어나 소화능력이 크다.
④ **가연성 액체화재**에 대하여 소화속도가 매우 크다.

(2) 할론소화약제의 구비조건
① 증발잔유물이 없어야 한다.
② 기화되기 쉬워야 한다.
③ **저비점 물질**이어야 한다.
④ **불연성**이어야 한다.

(3) 할론소화약제의 성상
① 할론인 F, Cl, Br, I 등은 화학적으로 안정되어 있으며, 소화성능이 우수하여 할론 소화약제로 사용된다.
② 소화약제는 할론 1011, 할론 104, 할론 1211, 할론 1301, 할론 2402 등이 있다.

※ 충전된 질소의 일부가 할론 1301에 용해되어도 액체 할론 1301의 용액은 증가하지 않는다.

Key Point

▌할론소화약제의 물성▐

구 분 \ 종 류	할론 1301	할론 2402
임계압력	39.1atm(3.96MPa)	33.9atm(3.44MPa)
임계온도	67℃	214.5℃
임계밀도	750kg/m^3	790kg/m^3
증발잠열	119kJ/kg	105kJ/kg
분자량	148.95	259.9

★★★
문제 할론소화약제 중 상온상압에서 액체상태인 것은 다음 중 어느 것인가?

① 할론 2402
② 할론 1301 (기체상태)
③ 할론 1211 (기체상태)
④ 할론 1400 (이런 약제는 없다.)

답 ①

(4) 할론소화약제의 명명법

Halon 1 3 0 1

- 탄소원자수(C) → 1
- 불소원자수(F) → 3
- 염소원자수(Cl) → 0
- 브로민원자수(Br) → 1

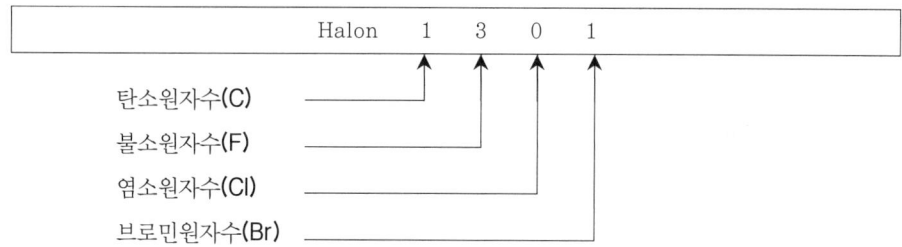

수소원자의 수 = (첫번째 숫자×2)+2−나머지 숫자의 합

▌할론소화약제▐

종 류	약 칭	분자식	충전비
Halon 1011	CB	CH_2ClBr	−
Halon 104	CTC	CCl_4	−
Halon 1211	BCF	CF_2ClBr	0.7~1.4 이하
Halon 1301	BTM	CF_3Br	0.9~1.6 이하
Halon 2402	FB	$C_2F_4Br_2$	0.51~0.67 미만(가압식)
			0.67~2.75 이하(축압식)

중요 **액체 할론 1211의 부식성이 큰 순서**

알루미늄 > 청동 > 니켈 > 구리

＊ 상온에서 기체상태
① 할론 1301
② 할론 1211
③ 탄산가스(CO_2)

＊ 상온에서 액체상태
① 할론 1011
② 할론 104
③ 할론 2402

＊ 할론소화약제
① 부촉매 효과 크기
I > Br > Cl > F
② 전기음성도(친화력) 크기
F > Cl > Br > I

＊ 휴대용 소화기
① Halon 1211
② Halon 2402

＊ Halon 1211
① 약간 달콤한 냄새가 있다.
② 전기전도성이 없다.
③ 공기보다 무겁다.
④ 알루미늄(Al)이 부식성이 크다.

＊ 할론 1011 · 104
독성이 강하여 소화약제로 사용하지 않는다.

Key Point

※ 할론 1301
① 소화성능이 가장 좋다.
② 독성이 가장 약하다.
③ 오존층 파괴지수가 가장 높다.
④ 비중은 약 5.1배이다.

※ 증발잠열
① 할론1301 : 119kJ/kg
② 아르곤 : 156kJ/kg
③ 질소 : 199kJ/kg
④ 이산화탄소 : 574kJ/kg

※ 제1종 분말
식용유 및 지방질유의 화재에 적합

※ 제3종 분말
차고 · 주차장에 적합

※ 제4종 분말
소화성능이 가장 우수

(5) 할론소화약제의 저장용기(NFPC 107 4조, NFTC 107 2.1.1)

① **방호구역 외**의 장소에 설치할 것
② 온도가 **40℃** 이하이고, 온도변화가 작은 곳에 설치할 것
③ 직사광선 및 빗물이 침투할 우려가 없는 곳에 설치할 것
④ 방화문 구획된 실에 설치할 것
⑤ 용기의 설치장소에는 해당 용기가 표시된 곳임을 표시하는 표지를 설치할 것
⑥ 용기간의 간격은 점검에 지장이 없도록 **3cm** 이상의 간격을 유지할 것
⑦ 저장용기와 집합관을 연결하는 연결배관에는 **체크 밸브**를 설치할 것

※ 이산화탄소 소화약제 저장용기의 기준과 동일하다.

중요

할론소화약제의 측정법
① 압력 측정법
② 비중 측정법
③ 액위 측정법
④ 중량 측정법
⑤ 비파괴 검사법

5 분말소화약제

(1) 분말소화약제의 종류

분말약제의 가압용 가스로는 **질소**(N_2)가 사용된다.

| 분말소화약제 |

종 별	분자식	착 색	적응화재	충전비 [l/kg]	저장량	순도(함량)
제1종	중탄산나트륨 ($NaHCO_3$)	백색	BC급	0.8	50kg	90% 이상
제2종	중탄산칼륨 ($KHCO_3$)	담자색 (담회색)	BC급	1.0	30kg	92% 이상
제3종	제1인산암모늄 ($NH_4H_2PO_4$)	담홍색	ABC급	1.0	30kg	75% 이상
제4종	중탄산칼륨+요소 ($KHCO_3+(NH_2)_2CO$)	회(백)색	BC급	1.25	20kg	–

중요

충전가스(압력원)

구 분	내 용
질소(N_2)	• 분말소화설비(축압식) • 할론소화설비
이산화탄소(CO_2)	• 기타설비

기억법 질충분할(질소가 충분할 것)

Key Point

※ 충전비
0.8 이상

(2) 제2종 분말소화약제의 성상

구 분	설 명
비중	• 2.14
함유수분	• 0.2% 이하
소화효능	• 전기화재, 기름화재
조성	• $KHCO_3$ 97%, 방습가공제 3%

(3) 제3종 분말소화약제의 소화작용

① 열분해에 의한 **냉각작용**
② 발생한 불연성 가스에 의한 **질식작용**
③ 메타인산(HPO_3)에 의한 **방진작용**
④ 유리된 NH_4^+의 **부촉매작용**
⑤ 분말운무에 의한 **열방사**의 **차단효과**

※ 제3종 분말소화약제가 A급화재에도 적용되는 이유 : **인산분말 암모늄계**가 열에 의해 분해되면서 생성되는 불연성의 용융물질이 가연물의 표면에 부착되어 **차단효과**를 보여주기 때문이다.

※ 방진작용
가연물의 표면에 부착되어 차단효과를 나타내는 것

(4) 분말소화약제의 미세도

① 20~25μm의 입자로 미세도의 분포가 골고루 되어 있어야 한다.
② 입도가 너무 미세하거나 너무 커도 소화성능이 저하된다.

※ μm : **미크론** 또는 **마이크로미터**라고 읽는다.

※ 미세도
입자크기를 의미하는 것으로서 '입도'라고도 부른다.

★★
문제 분말소화약제 분말입도의 소화성능에 대하여 옳은 것은?

① 미세할수록 소화성능이 우수하다.
② 입도가 클수록 소화성능이 우수하다.
③ 입도와 소화성능과는 관련이 없다.
④ 입도가 너무 미세하거나 너무 커도 소화성능은 저하된다.

해설 ④ 분말소화약제의 분말입도가 너무 미세하거나 너무 커도 소화성능은 저하된다.

답 ④

(5) 수분함유율

$$M = \frac{W_1 - W_2}{W_1} \times 100\%$$

여기서, M : 수분함유율[%]
W_1 : 원시료의 중량[g]
W_2 : 24시간 건조후의 시료중량[g]

※ 원시료
원래상태의 시험재료

기억전략법

읽었을 때 **10%** 기억
들었을 때 **20%** 기억
보았을 때 **30%** 기억
보고 들었을 때 **50%** 기억
친구(동료)와 이야기를 통해 **70%** 기억
누군가를 가르쳤을 때 95% 기억

Part 2

소방관계법규

출제경향분석

CHAPTER 01 소방기본법령

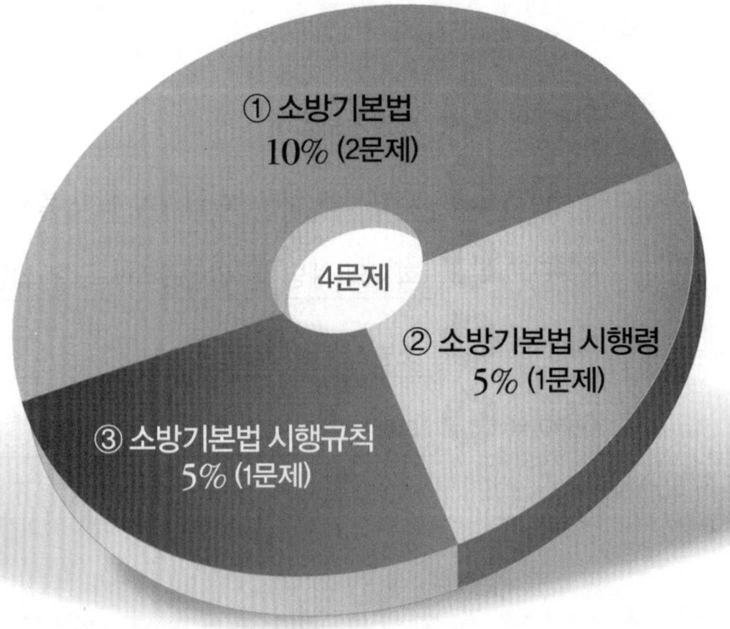

CHAPTER 01

소방기본법령

1 소방기본법

출제확률 10% (2문제)

Key Point

1 용어(기본법 2조)

소방대상물	소방대
① 건축물 ② 차량 ③ 선박(매어둔 것) ④ 선박건조구조물 ⑤ 인공구조물 ⑥ 물건 ⑦ 산림	① 소방공무원 ② 의무소방원 ③ 의용소방대원

※ 관계인
① 소유자
② 관리자
③ 점유자

2 소방용수시설(기본법 10조)

① 종류 : **소화전 · 급수탑 · 저수조**

② 기준 : **행정안전부령**

③ 설치 · 유지 · 관리 : **시 · 도**(단, 수도법에 의한 소화전은 일반수도사업자가 관할소방서장과 협의하여 설치)

3 소방활동구역의 설정(기본법 23조)

(1) **설정권자** : 소방대장

(2) **설정구역**
- 화재현장
- 재난 · 재해 등의 위급한 상황이 발생한 현장

※ 증표 제시
위급한 상황에서도 증표는 반드시 내보여야 한다.

4 의용소방대 및 한국소방안전원

(1) **의용소방대의 설치**(의용소방대법 2~14조)

① **설치권자** : 시 · 도지사, 소방서장

② **설치장소** : 특별시 · 광역시 · 특별자치시 · 도 · 특별자치도 · 시 · 읍 · 면

③ **의용소방대**의 **임명** : 그 지역의 주민 중 희망하는 사람

④ **의용소방대원**의 **직무** : 소방업무 보조

⑤ **의용소방대**의 **경비부담자** : 시 · 도지사

※ 의용소방대원
비상근

※ 비상근
평상시 근무하지 않고 필요에 따라 소집되어 근무하는 형태

Key Point

※ 한국소방안전원의 정관변경
소방청장의 인가

(2) **한국소방안전원의 업무**(기본법 41조)

① 소방기술과 안전관리에 관한 **교육** 및 **조사** · **연구**
② 소방기술과 안전관리에 관한 각종 **간행물**의 **발간**
③ 화재예방과 안전관리의식의 고취를 위한 **대국민 홍보**
④ 소방업무에 관하여 **행정기관**이 **위탁**하는 **사업**
⑤ 소방안전에 관한 **국제협력**
⑥ **회원**에 대한 **기술지원** 등 정관이 정하는 사항

※ 벌금과 과태료
① 벌금
범죄의 대가로서 부과하는 돈
② 과태료
지정된 기한 내에 어떤 의무를 이행하지 않았을 때 부과하는 돈

※ 500만원 이하의 과태료(기본법 56조)
① 화재 또는 구조 · 구급이 필요한 상황을 거짓으로 알린 사람
② 정당한 사유없이 화재, 재난 · 재해, 그 밖의 위급한 상황을 소방본부, 소방서 또는 관계행정기관에 알리지 아니한 관계인

5 벌칙

(1) **5년 이하의 징역 또는 5000만원 이하의 벌금**(기본법 50조)

① 소방자동차의 출동 방해
② 사람구출 방해
③ 소방용수시설 또는 비상소화장치의 효용방해
④ **위력**을 사용하여 출동한 소방대의 화재진압 · 인명구조 또는 구급활동을 방해하는 행위를 한 사람
⑤ 소방대가 화재진압 · 인명구조 또는 구급활동을 위하여 현장에 출동하거나 현장에 출입하는 것을 고의로 **방해**하는 행위를 한 사람
⑥ 출동한 소방대원에게 **폭행** 또는 **협박**을 행사하여 화재진압 · 인명구조 또는 구급활동을 방해하는 행위를 한 사람
⑦ 출동한 소방대의 **소방장비**를 **파손**하거나 그 **효용**을 해하여 화재진압 · 인명구조 또는 구급활동을 방해하는 행위를 한 사람

(2) **3년 이하의 징역 또는 3000만원 이하의 벌금**(기본법 51조)

소방활동에 필요한 소방대상물 및 토지의 강제처분을 방해한 자

(3) **200만원 이하의 과태료**(기본법 56조)

① 한국119청소년단 또는 이와 유사한 명칭을 사용한 자
② 소방활동구역 출입
③ 소방자동차의 출동에 지장을 준 자
④ 한국소방안전원 또는 이와 유사한 명칭을 사용한 자

2 소방기본법 시행령

출제확률 5% (1문제)

1 국고보조의 대상 및 기준(기본령 2조)

(1) 국고보조의 대상

① 소방활동장비와 설비의 구입 및 설치

㈎ 소방자동차

㈏ 소방 헬리콥터 · 소방정

㈐ 소방전용통신설비 · 전산설비

㈑ 방화복

② 소방관서용 청사

(2) 소방활동장비 및 설비의 종류와 규격 : 행정안전부령

(3) 대상사업의 기준보조율 : 「보조금관리에 관한 법률 시행령」에 따름

2 소방활동구역 출입자(기본령 8조)

① **소유자 · 관리자** 또는 **점유자**

② **전기 · 가스 · 수도 · 통신 · 교통**의 업무에 종사하는 자로서 원활한 **소방활동**을 위하여 필요한 자

③ **의사 · 간호사** 그 밖의 구조 · 구급업무에 종사하는 자

④ **취재인력** 등 보도업무에 종사하는 자

⑤ **수사업무**에 종사하는 자

⑥ **소방대장**이 소방활동을 위하여 **출입**을 **허가**한 **자**

Key Point

※ 국고보조
국가가 소방장비의 구입 등 시·도의 소방업무에 필요한 경비의 일부를 보조

※ 소방활동구역
화재, 재난·재해 그 밖의 위급한 상황이 발생한 현장에 정하는 구역

Key Point

3 소방기본법 시행규칙

출제확률 5% (1문제)

1 종합상황실 실장의 보고 화재(기본규칙 3조)

> ※ **종합상황실**
> 화재 · 재난 · 재해 · 구조 · 구급 등이 필요한 때에 신속한 소방활동을 위한 정보를 수집 · 분석과 판단 · 전파, 상황관리, 현장 지휘 및 조정 · 통제 등의 업무수행

① 사망자 **5명** 이상 화재
② 사상자 **10명** 이상 화재
③ 이재민 **100명** 이상 화재
④ 재산피해액 **50억원** 이상 화재
⑤ **관광호텔**, 층수가 **11층** 이상인 건축물, **지하상가**, **시장**, **백화점**
⑥ **5층** 이상 또는 객실 **30실** 이상인 **숙박시설**
⑦ **5층** 이상 또는 병상 **30개** 이상인 **종합병원 · 정신병원 · 한방병원 · 요양소**
⑧ 1000t 이상인 선박(항구에 매어둔 것), **철도차량**, **항공기**, **발전소** 또는 **변전소**
⑨ 지정수량 **3000배** 이상의 위험물 제조소 · 저장소 · 취급소
⑩ 연면적 15000m^2 이상인 **공장** 또는 **화재예방강화지구**에서 발생한 화재
⑪ **가스** 및 **화약류**의 폭발에 의한 화재
⑫ **관공서 · 학교 · 정부미 도정공장 · 문화재 · 지하철** 또는 지하구의 **화재**
⑬ 다중이용업소의 화재

2 소방용수시설

> ※ **소방용수시설의 설치 · 유지 · 관리**
> 시 · 도지사

(1) 소방용수시설 및 지리조사(기본규칙 7조)

① **조사자 : 소방본부장 · 소방서장**
② **조사일시 : 월 1회 이상**
③ **조사내용**
　㈎ 소방용수시설
　㈏ 도로의 **폭 · 교통상황**
　㈐ 도로주변의 **토지 고저**
　㈑ 건축물의 **개황**
④ **조사결과 : 2년간 보관**

기억법 월1지(월요일이 지났다)

(2) 소방용수시설의 설치기준(기본규칙 〔별표 3〕)

거리기준	지 역
100m 이하	• 공업지역 • 상업지역 • 주거지역
140m 이하	• 기타지역

(3) 소방용수시설의 저수조의 설치기준(기본규칙 〔별표 3〕)

① 낙차 : 4.5m 이하
② 수심 : 0.5m 이상

③ 투입구의 길이 또는 지름 : 60cm 이상
④ 소방 펌프 자동차가 **쉽게 접근**할 수 있도록 할 것
⑤ 흡수에 지장이 없도록 **토사** 및 **쓰레기** 등을 제거할 수 있는 설비를 갖출 것
⑥ 저수조에 물을 공급하는 방법은 **상수도**에 연결하여 **자동**으로 **급수**되는 구조일 것

기억법 수5(수호천사)

Key Point

※ 토사
흙과 모래

3 소방교육 훈련(기본규칙 9조)

실 시	**2년**마다 **1회** 이상 실시
기 간	**2주** 이상
정하는 자	소방청장
종 류	① 화재진압훈련 ② 인명구조훈련 ③ 응급처치훈련 ④ 인명대피훈련 ⑤ 현장지휘훈련

4 소방신호

※ 소방신호의 종류
① 경계신호
② 발화신호
③ 해제신호
④ 훈련신호

(1) 소방신호의 종류(기본규칙 10조)

소방신호 종류	설 명
경계신호	화재예방상 필요하다고 인정되거나 화재위험경보시 발령
발화신호	화재가 발생한 경우 발령
해제신호	소화활동이 필요없다고 인정되는 경우 발령
훈련신호	훈련상 필요하다고 인정되는 경우 발령

(2) 소방신호표(기본규칙 〔별표 4〕)

신호방법 / 종 별	타종신호	사이렌 신호
경계신호	**1타**와 연 **2타**를 반복	**5초** 간격을 두고 **30초**씩 **3회**
발화신호	**난타**	**5초** 간격을 두고 **5초**씩 **3회**
해제신호	상당한 간격을 두고 **1타**씩 반복	**1분** 간 **1회**
훈련신호	**연 3타** 반복	**10초** 간격을 두고 **1분**씩 **3회**

출제경향분석

CHAPTER 02 소방시설 설치 및 관리에 관한 법령

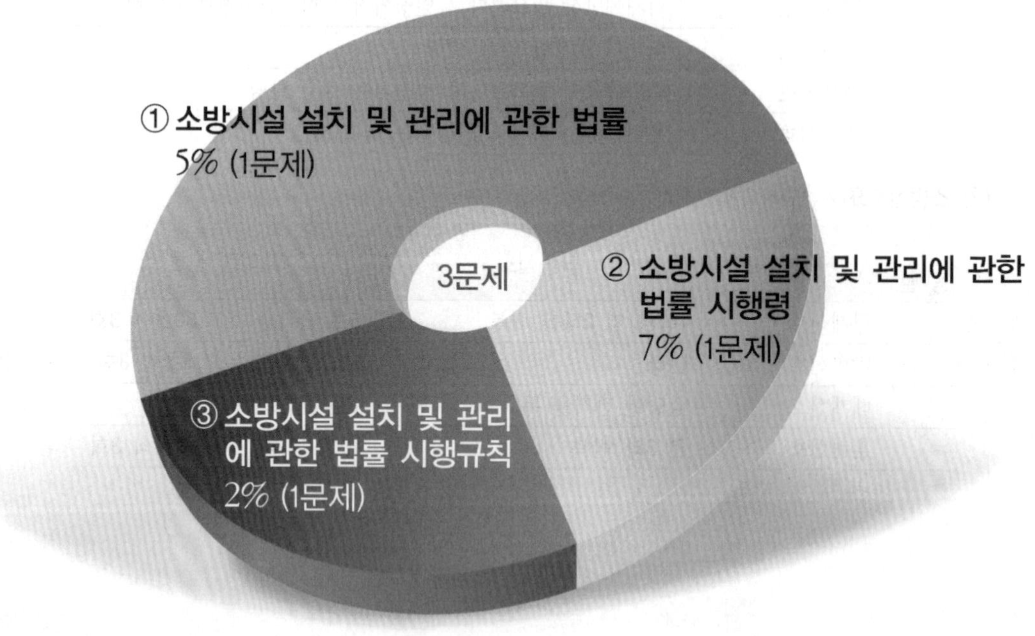

CHAPTER

02 소방시설 설치 및 관리에 관한 법령

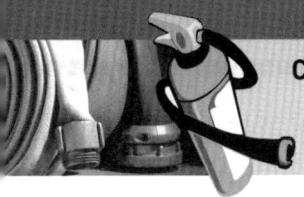

1 소방시설 설치 및 관리에 관한 법률

출제확률 5% (1문제)

1 건축허가 등의 동의(소방시설법 6조)

① 건축허가 등의 동의권자 : **소방본부장 · 소방서장**
② 건축허가 등의 동의대상물의 범위 : **대통령령**

※ 건축물의 동의 범위
대통령령

2 변경강화기준 적용 설비(소방시설법 13조)

① 소화기구
② 비상경보설비
③ 자동화재탐지설비
④ 자동화재속보설비
⑤ 피난구조설비
⑥ 소방시설(공동구 설치용, 전력 및 통신사업용 지하구)
⑦ **노유자시설, 의료시설**에 설치하여야 하는 소방시설(소방시설법 시행령 13조)

공동구, 전력 및 통신사업용 지하구	**노유자시설**에 설치하여야 하는 소방시설	**의료시설**에 설치하여야 하는 소방시설
① 소화기 ② 자동소화장치 ③ 자동화재탐지설비 ④ 통합감시시설 ⑤ 유도등 및 연소방지설비	① 간이스프링클러설비 ② 자동화재탐지설비 ③ 단독경보형 감지기	① 스프링클러설비 ② 간이스프링클러설비 ③ 자동화재탐지설비 ④ 자동화재속보설비

3 방염(소방시설법 20 · 21조)

① 방염성능기준 : **대통령령**
② 방염성능검사 : **소방청장**

※ 방염성능기준
대통령령

※ 방염성능
화재의 발생 초기단계에서 화재 확대의 매개체를 **단절**시키는 성질

4 벌칙

(1) **벌칙**(소방시설법 56조)

5년 이하의 징역 또는 5천만원 이하의 벌금	7년 이하의 징역 또는 7천만원 이하의 벌금	10년 이하의 징역 또는 1억원 이하의 벌금
소방시설 폐쇄 · 차단 등의 행위를 한 자	**소방시설 폐쇄 · 차단** 등의 행위를 하여 사람을 **상해**에 이르게 한 자	**소방시설 폐쇄 · 차단** 등의 행위를 하여 사람을 **사망**에 이르게 한 자

Key Point

＊300만원 이하의 벌금
방염성능검사 합격표시 위조

(2) **3년 이하의 징역 또는 3000만원 이하의 벌금**(소방시설법 57조)

① **소방시설관리업** 무등록자
② **형식승인**을 받지 않은 소방용품 제조 · 수입자
③ **제품검사**를 받지 않은 자
④ 거짓이나 그 밖의 **부정한 방법**으로 제품검사 전문기관의 지정을 받은 자
⑤ 소방용품을 판매 · 진열하거나 소방시설공사에 사용한 자
⑥ 구매자에게 명령을 받은 사실을 알리지 아니하거나 필요한 조치를 하지 아니한 자

(3) **1년 이하의 징역 또는 1000만원 이하의 벌금**(소방시설법 58조)

① 소방시설의 **자체점검** 미실시자
② **소방시설관리사증** 대여
③ **소방시설관리업**의 등록증 대여

(4) **300만원 이하의 과태료**(소방시설법 61조)

① 소방시설을 화재안전기준에 따라 설치 · 관리하지 아니한 자
② **피난시설** · **방화구획** 또는 **방화시설**의 **폐쇄** · **훼손** · **변경** 등의 행위를 한 자
③ 임시소방시설을 설치 · 관리하지 아니한 자

Key Point

2 소방시설 설치 및 관리에 관한 법률 시행령

출제확률 7% (1문제)

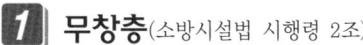

1 무창층(소방시설법 시행령 2조)

(1) 무창층의 뜻

지상층 중 기준에 의한 개구부의 면적의 합계가 해당 층의 바닥면적의 $\frac{1}{30}$ 이하가 되는 층

(2) 무창층의 개구부의 기준

① 개구부의 크기가 지름 50cm 이상의 원이 통과할 수 있을 것

② 해당 층의 바닥면으로부터 개구부 밑부분까지의 높이가 1.2m 이내일 것

③ 개구부는 **도로** 또는 **차량**이 진입할 수 있는 **빈터**를 향할 것

④ 화재시 건축물로부터 **쉽게 피난**할 수 있도록 개구부에 창살 그 밖의 장애물이 설치되지 않을 것

⑤ 내부 또는 외부에서 **쉽게 부수**거나 **열** 수 있을 것

※ 피난층
곧바로 지상으로 갈 수 있는 출입구가 있는 층

2 소방용품 제외 대상(소방시설법 시행령 6조)

① 주거용 주방자동소화장치용 소화약제

② 가스자동소화장치용 소화약제

③ 분말자동소화장치용 소화약제

④ 고체에어로졸자동소화장치용 소화약제

⑤ 소화약제 외의 것을 이용한 간이소화용구

⑥ 휴대용 비상조명등

⑦ 유도표지

⑧ 벨용 푸시버튼스위치

⑨ 피난밧줄

⑩ 옥내소화전함

⑪ 방수구

⑫ 안전매트

⑬ 방수복

※ 소방용품
① 소화기
② 소화약제
③ 방염도료

3 건축허가 등의 동의대상물(소방시설법 시행령 7조)

① 연면적 400m²(학교시설 : 100m², 수련시설 · 노유자시설 : 200m², 정신의료기관 · 장애인의료재활시설 : 300m²) 이상

② 6층 이상인 건축물

※ 건축허가 등의 동의대상물
★꼭 기억하세요★

Key Point

③ 차고 · 주차장으로서 바닥면적 200m² 이상(자동차 20대 이상)

④ **항공기격납고, 관망탑, 항공관제탑, 방송용 송수신탑**

⑤ 지하층 또는 무창층의 바닥면적 150m²(공연장은 100m²) 이상

⑥ **위험물저장 및 처리시설**

⑦ **결핵환자**나 **한센인**이 24시간 생활하는 **노유자시설**

⑧ **지하구**

⑨ 전기저장시설, 풍력발전소

⑩ 공동주택 · 숙박시설

⑪ 조산원, 산후조리원, 의원(입원실 또는 인공신장실이 있는 것)

⑫ 요양병원(의료재활시설 제외)

⑬ 노인주거복지시설 · 노인의료복지시설 및 재가노인복지시설, 학대피해노인 전용쉼터, 아동복지시설, 장애인거주시설

⑭ 정신질환자 관련시설(공동생활가정을 제외한 재활훈련시설과 종합시설 중 24시간 주거를 제공하지 않는 시설 제외)

⑮ 노숙인자활시설, 노숙인재활시설 및 노숙인요양시설

⑯ 공장 또는 창고시설로서 지정하는 수량의 750배 이상의 특수가연물을 저장 · 취급하는 것

⑰ 가스시설로서 지상에 노출된 탱크의 저장용량의 합계가 100t 이상인 것

4 방염

(1) 방염성능기준 이상 적용 특정소방대상물(소방시설법 시행령 30조)

① 체력단련장, 공연장 및 종교집회장

② 문화 및 집회시설

③ 종교시설

④ 운동시설(수영장 제외)

⑤ 의료시설(종합병원, 정신의료기관)

⑥ 의원, 치과의원, 한의원, 조산원, 산후조리원

⑦ 교육연구시설 중 합숙소

⑧ 노유자시설

⑨ 숙박이 가능한 수련시설

⑩ 숙박시설

⑪ 방송국 및 촬영소

⑫ 다중이용업소(단란주점영업, 유흥주점영업, 노래연습장의 영업장 등)

⑬ 층수가 11층 이상인 것(아파트 제외)

※ 11층 이상 : '고층건축물'에 해당된다.

＊ 다중이용업
① 휴게음식점영업 · 일반음식점영업 100m²(지하층은 66m² 이상)
② 단란주점영업
③ 유흥주점영업
④ 비디오물감상실업
⑤ 비디오물소극장업 및 복합영상물제공업
⑥ 게임제공업
⑦ 노래연습장업
⑧ 복합유통게임 제공업
⑨ 영화상영관
⑩ 학원 · 목욕장업 수용인원 100명 이상

Key Point

(2) **방염대상물품**(소방시설법 시행령 31조)

제조 또는 가공 공정에서 방염처리를 한 물품	건축물 내부의 천장이나 벽에 부착하거나 설치하는 것
① 창문에 설치하는 **커튼류**(블라인드 포함) ② 카펫 ③ **벽지류**(두께 2mm 미만인 **종이벽지 제외**) ④ **전시용 합판·목재** 또는 **섬유판** ⑤ **무대용 합판·목재** 또는 **섬유판** ⑥ **암막·무대막**(영화상영관·가상체험 체육시설업의 **스크린** 포함) ⑦ 섬유류 또는 합성수지류 등을 원료로 하여 제작된 소파·의자(단란주점영업, 유흥주점영업 및 노래연습장업의 영업장에 설치하는 것만 해당)	① 종이류(두께 2mm 이상), **합성수지류** 또는 **섬유류**를 주원료로 한 물품 ② **합판**이나 **목재** ③ 공간을 구획하기 위하여 설치하는 **간이칸막이** ④ **흡음재**(흡음용 커튼 포함) 또는 **방음재**(방음용 커튼 포함) ※ 가구류(옷장, 찬장, 식탁, 식탁용 의자, 사무용 책상, 사무용 의자, 계산대)와 너비 10cm 이하인 반자돌림대, 내부 마감재료 제외

(3) **방염성능기준**(소방시설법 시행령 31조)

① 잔염시간 : **20초** 이내

② 잔**진**시간(잔신시간) : **3**0초 이내

기억법 3진(**삼진**아웃)

③ 탄화길이 : 20cm 이내

④ 탄화면적 : 50cm^2 이내

⑤ 불꽃 접촉 횟수 : **3회** 이상

⑥ 최대 연기밀도 : 400 이하

5 소화활동설비(소방시설법 시행령 [별표 1])

① **연결송수관**설비
② **연결살수**설비
③ **연소방지**설비
④ **무선통신보조**설비
⑤ **제연**설비
⑥ **비상 콘센트** 설비

기억법 3연무제비콘

※ 잔염시간과 잔진시간
① 잔염시간
버너의 불꽃을 제거한 때부터 불꽃을 올리며 연소하는 상태가 그칠 때까지의 시간
② 잔진시간(잔신시간)
버너의 불꽃을 제거한 때부터 불꽃을 올리지 않고 연소하는 상태가 그칠 때까지의 시간

※ 소화활동설비
화재를 진압하거나 인명구조활동을 위하여 사용하는 설비

Key Point

※ 근린생활시설
사람이 생활을 하는 데 필요한 여러 가지 시설

※ 무대부
노래·춤·연극 등의 연기를 하기 위해 만들어 놓은 부분

6 근린생활시설(소방시설법 시행령 〔별표 2〕)

면 적	적용장소	
150m² 미만	• 단란주점	
300m² 미만	• 종교시설 • 비디오물 감상실업	• 공연장 • 비디오물 소극장업
500m² 미만	• 탁구장 • 테니스장 • 체육도장 • 사무소 • 학원 • 당구장	• 서점 • 볼링장 • 금융업소 • 부동산 중개사무소 • 골프연습장
1000m² 미만	• 자동차영업소 • 일용품 • 의약품 판매소	• 슈퍼마켓 • 의료기기 판매소
전부	• 기원 • 이용원·미용원·목욕장 및 세탁소 • 휴게음식점·일반음식점, 제과점 • 독서실 • 안마원(안마시술소 포함) • 조산원(산후조리원 포함) • 의원, 치과의원, 한의원, 침술원, 접골원	

기억법 종3(중세시대)

7 스프링클러설비의 설치대상(소방시설법 시행령 〔별표 4〕)

설치대상	조 건
① 문화 및 집회시설, 운동시설 ② 종교시설	• 수용인원 – **100명** 이상 • 영화상영관 – 지하층·무창층 **500m²**(기타 **1000m²**) 이상 • 무대부 ① 지하층·무창층·**4층** 이상 **300m²** 이상 ② 1~3층 **500m²** 이상
③ 판매시설 ④ 운수시설 ⑤ 물류터미널	• 수용인원–**500명** 이상 • 바닥면적 합계 **5000m²** 이상
⑥ 노유자시설 ⑦ 정신의료기관 ⑧ 수련시설(숙박 가능한 것) ⑨ 종합병원, 병원, 치과병원, 한방병원 및 요양병원(정신병원 제외) ⑩ 숙박시설	• 바닥면적 합계 **600m²** 이상

⑪ 지하층 · 무창층 · 4층 이상	• 바닥면적 1000m^2 이상
⑫ 창고시설(물류터미널 제외)	• 바닥면적 합계 5000m^2 이상-전층
⑬ 지하상가	• 연면적 1000m^2 이상
⑭ 10m 넘는 랙식 창고	• 연면적 1500m^2 이상
⑮ 복합건축물 ⑯ 기숙사	• 연면적 5000m^2 이상-전층
⑰ **6층** 이상	• 전층
⑱ 보일러실 · 연결통로	• 전부
⑲ 특수가연물 저장 · 취급	• 지정수량 **1000배** 이상
⑳ 발전시설 중 전기저장시설	• 전부

8 인명구조기구의 설치장소(소방시설법 시행령 〔별표 4〕)

① 지하층을 포함한 **7층** 이상의 **관광호텔**[방열복, 방화복(안전모, 보호장갑, 안전화 포함), 인공소생기, 공기호흡기]

② 지하층을 포함한 **5층** 이상의 **병원**[방열복, 방화복(안전모, 보호장갑, 안전화 포함), 공기호흡기]

기억법 **5병**(**오병**이어의 기적)

Key Point

※ 랙식 창고
① 물품보관용 랙을 설치하는 창고시설
② 선반 또는 이와 비슷한 것을 설치하고 승강기에 의하여 수납을 운반하는 장치를 갖춘 것

※ 복합건축물
하나의 건축물 안에 2 이상의 용도로 사용되는 것

Key Point

3 소방시설 설치 및 관리에 관한 법률 시행규칙

출제확률 (1문제)

※ 건축허가 등의 동의 요구
① 소방본부장
② 소방서장

1 건축허가 등의 동의(소방시설법 시행규칙 3조)

<table>
<tr><th>내 용</th><th colspan="2">날 짜</th></tr>
<tr><td>• 동의요구 서류보완</td><td colspan="2">4일 이내</td></tr>
<tr><td>• 건축허가 등의 취소통보</td><td colspan="2">7일 이내</td></tr>
<tr><td rowspan="2">• 동의여부 회신</td><td>5일 이내</td><td>기타</td></tr>
<tr><td>10일 이내</td><td>① 50층 이상(지하층 제외) 또는 지상으로부터 높이 200m 이상인 아파트
② 30층 이상(지하층 포함) 또는 높이 120m 이상(아파트 제외)
③ 연면적 10만m^2 이상(아파트 제외)</td></tr>
</table>

2 소방시설 등의 자체점검(소방시설법 시행규칙 23조, [별표 3])

(1) 소방시설 등의 자체점검결과

① 점검결과 자체 보관 : **2년**

② 자체점검 실시결과 보고서 제출

구 분	제출기간	제출처
관리업자 또는 소방안전관리자로 선임된 소방시설관리사 · 소방기술사	10일 이내	관계인
관계인	15일 이내	소방본부장 · 소방서장

(2) 소방시설 등 자체점검의 점검대상, 점검자의 자격, 점검횟수 및 시기

※ **작동점검**
소방시설 등을 인위적으로 조작하여 정상작동 여부를 점검하는 것

<table>
<tr><th>점검구분</th><th>정 의</th><th>점검대상</th><th>점검자의 자격
(주된 인력)</th><th>점검횟수 및
점검시기</th></tr>
<tr><td rowspan="3">작동점검</td><td rowspan="3">소방시설 등을 인위적으로 조작하여 정상적으로 작동하는지를 점검하는 것</td><td>① 간이스프링클러설비 · 자동화재탐지설비</td><td>• 관계인
• 소방안전관리자로 선임된 소방시설관리사 또는 소방기술사
• 소방시설관리업에 등록된 기술인력 중 소방시설관리사 또는 「소방시설공사업법 시행규칙」에 따른 특급 점검자</td><td rowspan="3">• 작동점검은 연 1회 이상 실시하며, 종합점검대상은 종합점검(최초점검 제외)을 받은 달부터 6개월이 되는 달에 실시
• 종합점검대상 외의 특정소방대상물은 사용승인일이 속하는 달의 말일까지 실시</td></tr>
<tr><td>② ①에 해당하지 아니하는 특정소방대상물</td><td>• 소방시설관리업에 등록된 기술인력 중 소방시설관리사
• 소방안전관리자로 선임된 소방시설관리사 또는 소방기술사</td></tr>
<tr><td colspan="2">③ 작동점검 제외대상
• 특정소방대상물 중 소방안전관리자를 선임하지 않는 대상
• 위험물제조소 등
• 특급 소방안전관리대상물</td></tr>
</table>

종합점검	소방시설 등의 작동점검을 포함하여 소방시설 등의 설비별 주요 구성 부품의 구조기준이 화재안전기준과 「건축법」 등 관련 법령에서 정하는 기준에 적합한지 여부를 점검하는 것 (1) 최초점검 : 특정소방대상물의 소방시설이 신설된 경우 건축물을 사용할 수 있게 된 날부터 60일 이내에 점검하는 것 (2) 그 밖의 종합점검 : 최초점검을 제외한 종합점검	④ 소방시설 등이 신설된 경우에 해당하는 특정소방대상물 ⑤ **스프링클러설비**가 설치된 특정소방대상물 ⑥ **물분무등소화설비**(호스릴 방식의 물분무등소화설비만을 설치한 경우는 제외)가 설치된 연면적 **5000m²** 이상인 특정소방대상물(위험물제조소 등 제외) ⑦ 다중이용업의 영업장이 설치된 특정소방대상물로서 연면적이 **2000m²** 이상인 것 ⑧ **제연설비**가 설치된 터널 ⑨ **공공기관** 중 연면적(터널·지하구의 경우 그 길이와 평균 폭을 곱하여 계산된 값)이 **1000m²** 이상인 것으로서 옥내소화전설비 또는 자동화재탐지설비가 설치된 것(단, 소방대가 근무하는 공공기관 제외) 중요 **종합점검** ① 공공기관 : 1000m² ② 다중이용업 : 2000m² ③ 물분무등(호스릴 ×) : 5000m²	• 소방시설관리업에 등록된 기술인력 중 **소방시설관리사** • 소방안전관리자로 선임된 **소방시설관리사** 또는 **소방기술사**	〈점검횟수〉 ㉠ 연 1회 이상(특급 소방안전관리대상물은 반기에 1회 이상) 실시 ㉡ ㉠에도 불구하고 소방본부장 또는 소방서장은 소방청장이 소방안전관리가 우수하다고 인정한 특정소방대상물에 대해서는 3년의 범위에서 소방청장이 고시하거나 정한 기간 동안 종합점검을 면제할 수 있다(단, 면제기간 중 화재가 발생한 경우는 제외). 〈점검시기〉 ㉠ ④에 해당하는 특정소방대상물은 건축물을 사용할 수 있게 된 날부터 60일 이내 실시 ㉡ ㉠을 제외한 특정소방대상물은 건축물의 사용승인일이 속하는 달에 실시(단, 학교의 경우 해당 건축물의 사용승인일이 1월에서 6월 사이에 있는 경우에는 6월 30일까지 실시할 수 있다) ㉢ 건축물 사용승인일 이후 ⑦에 따라 종합점검 대상에 해당하게 된 경우에는 그 다음 해부터 실시 ㉣ 하나의 대지경계선 안에 2개 이상의 자체점검대상 건축물 등이 있는 경우 그 건축물 중 사용승인일이 가장 빠른 연도의 건축물의 사용승인일을 기준으로 점검할 수 있다.

Key Point

※ 종합점검
소방시설 등의 작동점검을 포함하여 설비별 주요구성부품의 구조기준이 화재안전기준에 적합한지 여부를 점검하는 것

출제경향분석

CHAPTER 03 화재의 예방 및 안전관리에 관한 법령

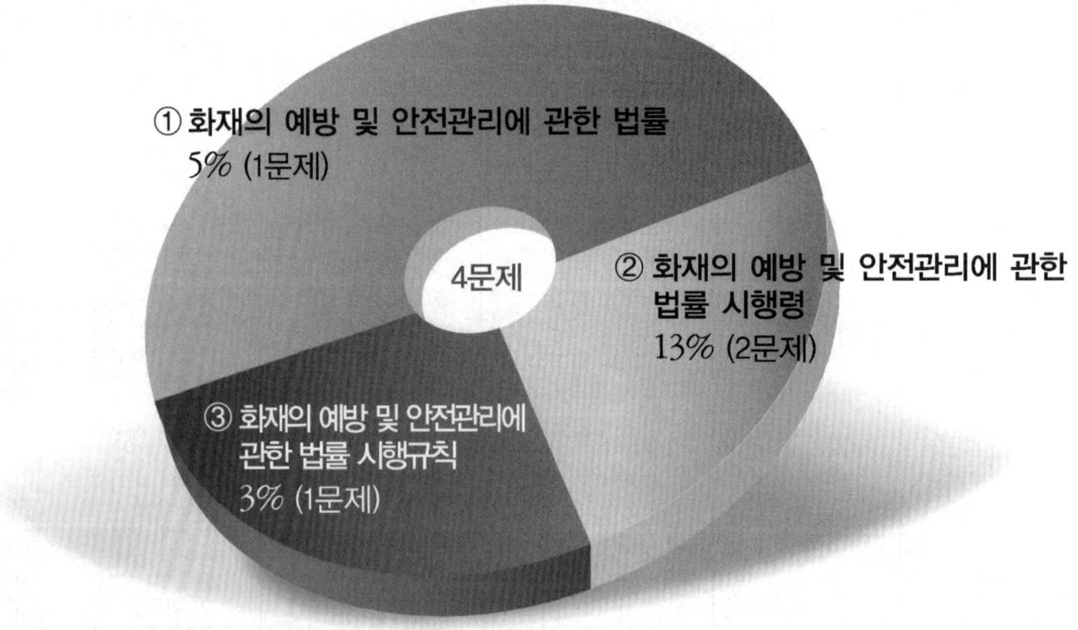

CHAPTER

03 화재의 예방 및 안전관리에 관한 법령

1 화재의 예방 및 안전관리에 관한 법률

출제확률 5% (1문제)

Key Point

1 화재안전조사 및 조치명령 등

(1) 화재안전조사(화재예방법 7조)

① 실시자 : **소방청장 · 소방본부장 · 소방서장(소방관서장)**

② 관계인의 승낙이 필요한 곳 : **주거**(주택)

(2) 화재안전조사 결과에 따른 조치명령(화재예방법 14조)

① 명령권자 : **소방관서장**(소방청장, 소방본부장, 소방서장)

② 명령사항

㈎ 화재안전조사 조치명령

㈏ **개수**명령

㈐ **이전**명령

㈑ **제거**명령

㈒ **사용**의 **금지** 또는 제한명령, 사용폐쇄

㈓ **공사**의 **정지** 또는 중지명령

> **✽ 화재안전조사**
> 소방대상물, 관계지역 또는 관계인에 대하여 소방시설 등이 소방관계법령에 적합하게 설치 · 관리되고 있는지, 소방대상물에 화재의 발생위험이 있는지 등을 확인하기 위하여 실시하는 현장조사 · 문서열람 · 보고요구 등을 하는 활동

2 화재예방강화지구(화재예방법 18조)

(1) 지정권자 : 시 · 도지사

(2) 지정지역

① **시장**지역

② **공장 · 창고** 등이 밀집한 지역

③ **목조건물**이 밀집한 지역

④ 노후 · 불량 건축물이 밀집한 지역

⑤ **위험물**의 **저장** 및 **처리시설**이 **밀집**한 지역

⑥ **석유화학제품**을 생산하는 공장이 있는 지역

⑦ 「산업입지 및 개발에 관한 법률」에 따른 **산업단지**

⑧ **소방시설 · 소방용수시설** 또는 **소방출동로**가 **없는** 지역

⑨ 「물류시설의 개발 및 운영에 관한 법률」에 따른 물류단지

⑩ **소방관서장**이 화재예방강화지구로 지정할 필요가 있다고 인정하는 지역

(3) 화재안전조사

소방관서장

> **✽ 화재예방강화지구**
> 화재발생 우려가 크거나 화재가 발생할 경우 피해가 클 것으로 예상되는 지역에 대하여 화재의 예방 및 안전관리를 강화하기 위해 지정 · 관리하는 지역

> **✽ 소방관서장**
> 소방청장, 소방본부장 또는 소방서장

Key Point

3 특정소방대상물의 소방안전관리(화재예방법 24조)

(1) 소방안전관리업무 대행자

소방시설관리업을 등록한 자(소방시설관리업자)

(2) 소방안전관리자의 선임

① 선임신고 : **14일** 이내

② 신고대상 : **소방본부장 · 소방서장**

(3) 특정소방대상물의 관계인과 소방안전관리대상물의 소방안전관리자의 업무(화재예방법 24조 ⑤항)

특정소방대상물(관계인)	소방안전관리대상물(소방안전관리자)
① 피난시설 · 방화구획 및 방화시설의 관리 ② 소방시설, 그 밖의 소방관련시설의 관리 ③ **화기취급**의 감독 ④ 소방안전관리에 필요한 업무 ⑤ 화재발생시 초기대응	① 피난시설 · 방화구획 및 방화시설의 관리 ② 소방시설, 그 밖의 소방관련시설의 관리 ③ **화기취급**의 감독 ④ 소방안전관리에 필요한 업무 ⑤ **소방계획서**의 작성 및 시행(대통령령으로 정하는 사항 포함) ⑥ **자위소방대** 및 **초기대응체계**의 구성 · 운영 · 교육 ⑦ 소방훈련 및 교육 ⑧ 소방안전관리에 관한 업무수행에 관한 기록 · 유지 ⑨ 화재발생시 초기대응

중요

관리의 권원이 분리된 특정소방대상물의 소방안전관리(화재예방법 35조)

① 복합건축물(지하층을 제외한 11층 이상 또는 연면적 30000m^2 이상)

② 지하가

③ **대통령령**이 정하는 특정소방대상물

4 특정소방대상물의 소방훈련(화재예방법 37조)

(1) 소방훈련의 종류

① **소**화훈련

② **통**보훈련

③ **피**난훈련

(2) 소방훈련의 지도 · 감독 : 소방본부장 · 소방서장

※ **소방안전관리자**
특정소방대상물에서 화재가 발생하지 않도록 관리하는 사람

※ **특정소방대상물**
건축물 등의 규모 · 용도 및 수용인원 등을 고려하여 소방시설을 설치하여야 하는 소방대상물로서 대통령령으로 정하는 것

Key Point

5 벌칙

(1) 3년 이하의 징역 또는 3000만원 이하의 벌금(화재예방법 50조)

① **화재안전조사 결과**에 따른 조치명령을 정당한 사유 없이 위반한 자
② **소방안전관리자 선임명령** 등을 정당한 사유 없이 위반한 자
③ 화재예방안전진단 결과에 따라 보수·보강 등의 조치명령을 정당한 사유 없이 위반한 자
④ 거짓이나 그 밖의 부정한 방법으로 진단기관으로 지정을 받은 자

(2) 1년 이하의 징역 또는 1000만원 이하의 벌금(화재예방법 50조)

① **관계인**의 정당한 업무를 방해하거나, 조사업무를 수행하면서 취득한 자료나 알게 된 **비밀**을 다른 사람 또는 기관에게 제공 또는 누설하거나 목적 외의 용도로 사용한 자
② **소방안전관리자 자격증**을 다른 사람에게 빌려 주거나 빌리거나 이를 알선한 자
③ **진단기관**으로부터 화재예방안전진단을 받지 아니한 자

(3) 300만원 이하의 벌금(화재예방법 50조)

① 화재안전조사를 정당한 사유 없이 거부·방해 또는 기피한 자
② 화재발생 위험이 크거나 소화활동에 지장을 줄 수 있다고 인정되는 행위나 물건에 대한 금지 또는 제한 명령을 정당한 사유 없이 따르지 아니하거나 방해한 자
③ 소방안전관리자, 총괄소방안전관리자 또는 소방안전관리보조자를 선임하지 아니한 자
④ 소방시설·피난시설·방화시설 및 방화구획 등이 법령에 위반된 것을 발견하였음에도 필요한 조치를 할 것을 요구하지 아니한 소방안전관리자
⑤ **소방안전관리자**에게 불이익한 처우를 한 관계인
⑥ 업무를 수행하면서 알게 된 비밀을 이 법에서 정한 목적 외의 용도로 사용하거나 다른 사람 또는 기관에 제공하거나 누설한 자

(4) 300만원 이하의 과태료(화재예방법 52조)

① 정당한 사유 없이 **화재예방강화지구** 및 이에 준하는 대통령령으로 정하는 장소에서의 금지 명령에 해당하는 행위를 한 자
② 다른 안전관리자가 소방안전관리자를 겸한 자
③ 소방안전관리업무를 하지 아니한 특정소방대상물의 관계인 또는 소방안전관리대상물의 소방안전관리자
④ 소방안전관리업무의 지도·감독을 하지 아니한 자
⑤ 건설현장 소방안전관리대상물의 소방안전관리자의 업무를 하지 아니한 소방안전관리자
⑥ 피난유도 안내정보를 제공하지 아니한 자
⑦ **소방훈련** 및 **교육**을 하지 아니한 자
⑧ 화재예방안전진단 결과를 제출하지 아니한 자

✻ **1년 이하의 징역 또는 1000만원 이하의 벌금**
비밀누설

✻ **300만원 이하의 벌금**
화재안전조사 거부·기피

Key Point

(5) **200만원 이하의 과태료**(화재예방법 52조)

① 불을 사용할 때 지켜야 하는 사항 및 특수가연물의 저장 및 취급 기준을 위반한 자

② 소방설비 등의 설치명령을 정당한 사유 없이 따르지 아니한 자

③ 기간 내에 **선임신고**를 하지 아니하거나 **소방안전관리자**의 **성명** 등을 게시하지 아니한 자

④ 기간 내에 선임신고를 하지 아니한 자

⑤ 기간 내에 소방훈련 및 교육 결과를 제출하지 아니한 자

* **100만원 이하의 과태료**
실무교육을 미실시한 소방안전관리자

(6) **100만원 이하의 과태료**(화재예방법 52조)

실무교육을 받지 아니한 **소방안전관리자** 및 **소방안전관리보조자**

Key Point

2 화재의 예방 및 안전관리에 관한 법률 시행령

출제확률 13% (2문제)

1 화재예방강화지구 안의 화재안전조사·소방훈련 및 교육(화재예방법 시행령 20조)

① 실시자 : **소방청장 · 소방본부장 · 소방서장**(소방관서장)
② 횟수 : **연 1회** 이상
③ 훈련 · 교육 : **10일 전** 통보

※ 화재예방강화지구
화재발생 우려가 크거나 화재가 발생할 경우 피해가 클 것으로 예상되는 지역에 대하여 화재의 예방 및 안전관리를 강화하기 위해 지정 · 관리하는 지역

2 관리의 권원이 분리된 특정소방대상물(화재예방법 35조, 화재예방법 시행령 35조)

① 복합건축물(지하층을 제외한 11층 이상 또는 연면적 3만m^2 이상인 건축물)
② 지하가
③ **도매시장, 소매시장, 전통시장**

※ 지하가
지하의 인공구조물 안에 설치된 상점 및 사무실, 그 밖에 이와 비슷한 시설이 연속하여 지하도에 접하여 설치된 것과 그 지하도를 합한 것

3 벽 · 천장 사이의 거리(화재예방법 시행령 〔별표 1〕)

종 류	벽 · 천장 사이의 거리
건조설비	**0.5m** 이상
보일러	**0.6m** 이상

4 특수가연물(화재예방법 시행령 〔별표 2〕)

① 면화류
② 나무껍질 및 대팻밥
③ 넝마 및 종이 부스러기
④ 사류
⑤ 볏짚류
⑥ 가연성 고체류
⑦ 석탄 · 목탄류
⑧ 가연성 액체류
⑨ 목재가공품 및 나무 부스러기
⑩ 고무류 · 플라스틱류

※ 특수가연물
화재가 발생하면 불길이 빠르게 번지는 물품

※ 사류
실과 누에고치

Key Point

※ 특급 소방안전관리 대상물
① 50층 이상(지하층 제외) 또는 지상 200m 이상 아파트
② 30층 이상(지하층 포함) 또는 지상 120m 이상(아파트 제외)
③ 연면적 10만m^2 이상(아파트 제외)

5 소방안전관리자

(1) 소방안전관리자 및 소방안전관리보조자를 선임하는 특정소방대상물(화재예방법 시행령 〔별표 4〕)

소방안전관리대상물	특정소방대상물
특급 소방안전관리대상물 (**동식물원, 철강 등 불연성 물품 저장·취급창고, 지하구, 위험물 제조소 등** 제외)	• **50층** 이상(지하층 제외) 또는 지상 **200m** 이상 **아파트** • **30층** 이상(지하층 포함) 또는 지상 **120m** 이상(아파트 제외) • 연면적 **10만m^2** 이상(아파트 제외)
1급 소방안전관리대상물 (**동식물원, 철강 등 불연성 물품 저장·취급창고, 지하구, 위험물 제조소 등** 제외)	• **30층** 이상(지하층 제외) 또는 지상 **120m** 이상 **아파트** • 연면적 **15000m^2** 이상인 것(아파트 및 연립주택 제외) • **11층** 이상(아파트 제외) • 가연성 가스를 **1000t** 이상 저장·취급하는 시설
2급 소방안전관리대상물	• 지하구 • 가스제조설비를 갖추고 도시가스사업 허가를 받아야 하는 시설 또는 가연성 가스를 **100~1000t** 미만 저장·취급하는 시설 • **옥내소화전설비·스프링클러설비** 설치대상물 • **물분무등소화설비** 설치대상물(호스릴방식의 물분무등소화설비만을 설치한 경우 제외) • 공동주택(옥내소화전설비 또는 스프링클러설비가 설치된 공동주택 한정) • 목조건축물(국보·보물)
3급 소방안전관리대상물	• **자동화재탐지설비** 설치대상물 • **간이스프링클러설비**(주택 전용 간이스프링클러설비 제외) 설치대상물

(2) 소방안전관리자(화재예방법 시행령 〔별표 4〕)

① 특급 소방안전관리대상물의 소방안전관리자 선임조건

자 격	경 력	비 고
• 소방기술사 • 소방시설관리사	경력 필요 없음	특급 소방안전관리자 자격증을 받은 사람
• 1급 소방안전관리자(소방설비기사)	5년	
• 1급 소방안전관리자(소방설비산업기사)	7년	
• 소방공무원	20년	
• 소방청장이 실시하는 특급 소방안전관리대상물의 소방안전관리에 관한 시험에 합격한 사람	경력 필요 없음	

② 1급 소방안전관리대상물의 소방안전관리자 선임조건

자 격	경 력	비 고
• 소방설비기사·소방설비산업기사	경력 필요 없음	1급 소방안전관리자 자격증을 받은 사람
• 소방공무원	7년	
• 소방청장이 실시하는 1급 소방안전관리대상물의 소방안전관리에 관한 시험에 합격한 사람	경력 필요 없음	
• 특급 소방안전관리대상물의 소방안전관리자 자격이 인정되는 사람		

③ 2급 소방안전관리대상물의 소방안전관리자 선임조건

자 격	경 력	비 고
• 위험물기능장 · 위험물산업기사 · 위험물기능사	경력 필요 없음	
• 소방공무원	3년	
• 소방청장이 실시하는 2급 소방안전관리대상물의 소방안전관리에 관한 시험에 합격한 사람		2급 소방안전관리자 자격증을 받은 사람
• 「기업활동 규제완화에 관한 특별조치법」에 따라 소방안전관리자로 선임된 사람(소방안전관리자로 선임된 기간으로 한정)	경력 필요 없음	
• **특급** 또는 **1급** 소방안전관리대상물의 소방안전관리자 자격이 인정되는 사람		

④ 3급 소방안전관리대상물의 소방안전관리자 선임조건

자 격	경 력	비 고
• 소방공무원	1년	
• 소방청장이 실시하는 3급 소방안전관리대상물의 소방안전관리에 관한 시험에 합격한 사람		3급 소방안전관리자 자격증을 받은 사람
• 「기업활동 규제완화에 관한 특별조치법」에 따라 소방안전관리자로 선임된 사람(소방안전관리자로 선임된 기간으로 한정)	경력 필요 없음	
• **특급** 소방안전관리대상물, **1급** 소방안전관리대상물 또는 **2급** 소방안전관리대상물의 소방안전관리자 자격이 인정되는 사람		

Key Point

✻ 소방안전관리자 선임조건

① 특급 : 소방공무원 20년
② 1급 : 소방공무원 7년
③ 2급 : 소방공무원 3년
④ 3급 : 소방공무원 1년

Key Point

3 화재의 예방 및 안전관리에 관한 법률 시행규칙

출제확률 3% (1문제)

1 소방훈련 · 교육 및 강습 · 실무교육

※ 특정소방대상물의 소방훈련 · 교육
연 1회 이상

(1) 근무자 및 거주자의 소방훈련 · 교육(화재예방법 시행규칙 36조)

① 실시횟수 : **연 1회** 이상

② 실시결과 기록부 보관 : **2년**

※ 소방안전관리자의 **재선임** : **30일** 이내

(2) 소방안전관리자의 강습(화재예방법 시행규칙 25조)

① 실시자 : **소방청장**(위탁 : 한국소방안전원장)

② 실시공고 : **20일** 전

※ 소방안전관리자
특정소방대상물에서 화재가 발생하지 않도록 관리하는 사람

(3) 소방안전관리자의 실무교육(화재예방법 시행규칙 29조)

① 실시자 : **소방청장**(위탁 : 한국소방안전원장)

② 실시 : **2년**마다 **1회** 이상

③ 교육통보 : **30일** 전

(4) 소방안전관리업무의 강습교육과목 및 교육시간(화재예방법 시행규칙 〔별표 5〕)

① **교육과정별 과목 및 시간**

구 분	교육과목	교육시간
특급 소방안전관리자	• 소방안전관리자 제도 • 화재통계 및 피해분석 • 직업윤리 및 리더십 • 소방관계법령 • 건축 · 전기 · 가스 관계법령 및 안전관리 • 위험물안전관계법령 및 안전관리 • 재난관리 일반 및 관련법령 • 초고층재난관리법령 • 소방기초이론 • 연소 · 방화 · 방폭공학 • 화재예방 사례 및 홍보 • 고층건축물 소방시설 적용기준 • 소방시설의 종류 및 기준 • 소방시설(소화설비, 경보설비, 피난구조설비, 소화용수설비, 소화활동설비)의 구조 · 점검 · 실습 · 평가 • 공사장 안전관리 계획 및 감독 • 화기취급감독 및 화재위험작업 허가 · 관리 • 종합방재실 운용 • 피난안전구역 운영 • 고층건축물 화재 등 재난사례 및 대응방법 • 화재원인 조사실무	160시간

특급 소방안전 관리자	• 위험성 평가기법 및 성능위주 설계 • 소방계획 수립 이론 · 실습 · 평가(피난약자의 피난계획 등 포함) • 자위소방대 및 초기대응체계 구성 등 이론 · 실습 · 평가 • 방재계획 수립 이론 · 실습 · 평가 • 재난예방 및 피해경감계획 수립 이론 · 실습 · 평가 • 자체점검 서식의 작성 실습 · 평가 • 통합안전점검 실시(가스, 전기, 승강기 등) • 피난시설, 방화구획 및 방화시설의 관리 • 구조 및 응급처치 이론 · 실습 · 평가 • 소방안전 교육 및 훈련 이론 · 실습 · 평가 • 화재시 초기대응 및 피난 실습 · 평가 • 업무수행기록의 작성 · 유지 실습 · 평가 • 화재피해 복구 • 초고층 건축물 안전관리 우수사례 토의 • 소방신기술 동향 • 시청각 교육	160시간
1급 소방안전 관리자	• 소방안전관리자 제도 • 소방관계법령 • 건축관계법령 • 소방학개론 • 화기취급감독 및 화재위험작업 허가 · 관리 • 공사장 안전관리 계획 및 감독 • 위험물 · 전기 · 가스 안전관리 • 종합방재실 운영 • 소방시설의 종류 및 기준 • 소방시설(소화설비, 경보설비, 피난구조설비, 소화용수설비, 소화활동설비)의 구조 · 점검 · 실습 · 평가 • 소방계획 수립 이론 · 실습 · 평가(피난약자의 피난계획 등 포함) • 자위소방대 및 초기대응체계 구성 등 이론 · 실습 · 평가 • 작동점검표 작성 실습 · 평가 • 피난시설, 방화구획 및 방화시설의 관리 • 구조 및 응급처치 이론 · 실습 · 평가 • 소방안전 교육 및 훈련 이론 · 실습 · 평가 • 화재시 초기대응 및 피난 실습 · 평가 • 업무수행기록의 작성 · 유지 실습 · 평가 • 형성평가(시험)	80시간
공공기관 소방안전 관리자	• 소방안전관리자 제도 • 직업윤리 및 리더십 • 소방관계법령 • 건축관계법령 • 공공기관 소방안전규정의 이해 • 소방학개론 • 소방시설의 종류 및 기준 • 소방시설(소화설비, 경보설비, 피난구조설비, 소화용수설비, 소화활동설비)의 구조 · 점검 · 실습 · 평가 • 소방안전관리 업무대행 감독 • 공사장 안전관리 계획 및 감독 • 화기취급감독 및 화재위험작업 허가 · 관리 • 위험물 · 전기 · 가스 안전관리	40시간

Key Point

※ 소방안전관리자 교육시간

① 특급 : 160시간
② 1급 : 80시간
③ 공공기관 : 40시간
④ 2급 : 40시간
⑤ 3급 : 24시간
⑥ 건설현장 : 24시간
⑦ 업무대행감독자 : 16시간

Key Point

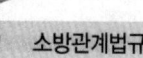

※ 형성평가(시험)를 보지 않는 것
① 공공기관 소방안전관리자
② 업무대행감독자
③ 건설현장 소방안전관리자

공공기관 소방안전 관리자	• 소방계획 수립 이론 · 실습 · 평가(피난약자의 피난계획 등 포함) • 자위소방대 및 초기대응체계 구성 등 이론 · 실습 · 평가 • 작동점검표 및 외관점검표 작성 실습 · 평가 • 피난시설, 방화구획 및 방화시설의 관리 • 응급처치 이론 · 실습 · 평가 • 소방안전 교육 및 훈련 이론 · 실습 · 평가 • 화재시 초기대응 및 피난 실습 · 평가 • 업무수행기록의 작성 · 유지 실습 · 평가 • 공공기관 소방안전관리 우수사례 토의 • 형성평가(수료)	40시간
2급 소방안전 관리자	• 소방안전관리자 제도 • 소방관계법령(건축관계법령 포함) • 소방학개론 • 화기취급감독 및 화재위험작업 허가 · 관리 • 위험물 · 전기 · 가스 안전관리 • 소방시설의 종류 및 기준 • 소방시설(소화설비, 경보설비, 피난구조설비)의 구조 · 원리 · 점검 · 실습 · 평가 • 소방계획 수립 이론 · 실습 · 평가(피난약자의 피난계획 등 포함) • 자위소방대 및 초기대응체계 구성 등 이론 · 실습 · 평가 • 작동점검표 작성 실습 · 평가 • 피난시설, 방화구획 및 방화시설의 관리 • 응급처치 이론 · 실습 · 평가 • 소방안전 교육 및 훈련 이론 · 실습 · 평가 • 화재시 초기대응 및 피난 실습 · 평가 • 업무수행기록의 작성 · 유지 실습 · 평가 • 형성평가(시험)	40시간
3급 소방안전 관리자	• 소방관계법령 • 화재일반 • 화기취급감독 및 화재위험작업 허가 · 관리 • 위험물 · 전기 · 가스 안전관리 • 소방시설(소화기, 경보설비, 피난구조설비)의 구조 · 점검 · 실습 · 평가 • 소방계획 수립 이론 · 실습 · 평가(업무수행기록의 작성 · 유지 실습 · 평가 및 피난약자의 피난계획 등 포함) • 작동점검표 작성 실습 · 평가 • 응급처치 이론 · 실습 · 평가 • 소방안전 교육 및 훈련 이론 · 실습 · 평가 • 화재시 초기대응 및 피난 실습 · 평가 • 형성평가(시험)	24시간
업무대행 감독자	• 소방관계법령 • 소방안전관리 업무대행 감독 • 소방시설 유지 · 관리 • 화기취급감독 및 위험물 · 전기 · 가스 안전관리 • 소방계획 수립 이론 · 실습 · 평가(업무수행기록의 작성 · 유지 및 피난약자의 피난계획 등 포함) • 자위소방대 구성운영 등 이론 · 실습 · 평가 • 응급처치 이론 · 실습 · 평가 • 소방안전 교육 및 훈련 이론 · 실습 · 평가 • 화재시 초기대응 및 피난 실습 · 평가 • 형성평가(수료)	16시간

Key Point

건설현장 소방안전 관리자	• 소방관계법령 • 건설현장 관련 법령 • 건설현장 화재일반 • 건설현장 위험물 · 전기 · 가스 안전관리 • 임시소방시설의 구조 · 점검 · 실습 · 평가 • 화기취급감독 및 화재위험작업 허가 · 관리 • 건설현장 소방계획 이론 · 실습 · 평가 • 초기대응체계 구성 · 운영 이론 · 실습 · 평가 • 건설현장 피난계획 수립 • 건설현장 작업자 교육훈련 이론 · 실습 · 평가 • 응급처치 이론 · 실습 · 평가 • 형성평가(수료)	24시간

② **교육과정별 교육시간 운영 편성기준**

구 분	시간 합계	이론(30%)	실무(70%)	
			일반(30%)	실습 및 평가(40%)
특급 소방안전관리자	**160시간**	48시간	48시간	64시간
1급 소방안전관리자	**80시간**	24시간	24시간	32시간
2급 및 공공기관 소방안전관리자	**40시간**	12시간	12시간	16시간
3급 소방안전관리자	**24시간**	7시간	7시간	10시간
업무대행감독자	**16시간**	5시간	5시간	6시간
건설현장 소방안전관리자	**24시간**	7시간	7시간	10시간

2 한국소방안전원의 시설기준(화재예방법 시행규칙 〔별표 10〕)

① 사무실 : $60m^2$ 이상

② 강의실 : $100m^2$ 이상

③ 실습 · 실험실 : $100m^2$ 이상

✻ **'수료'만 해도 되는 것**

① 공공기관

② 업무대행 감독자

③ 건설현장

출제경향분석

CHAPTER 04 소방시설공사업법령

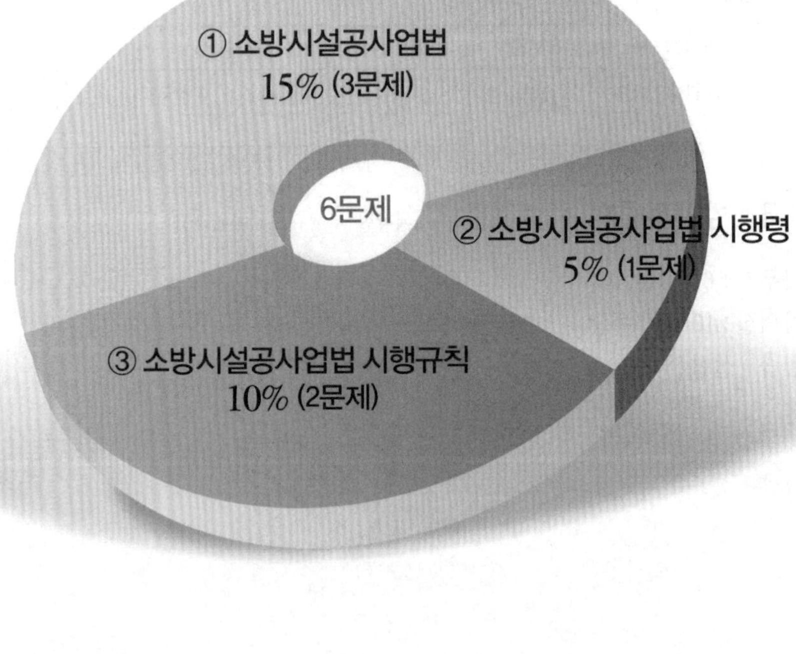

CHAPTER

04 소방시설공사업법령

1 소방시설공사업법

출제확률 15% (3문제)

1 소방시설업의 종류(공사업법 2조)

소방시설설계업	소방시설공사업	소방공사감리업	방염처리업
소방시설공사에 기본이 되는 공사계획·설계도면·설계설명서·기술계산서 등을 작성하는 영업	설계도서에 따라 소방시설을 신설·증설·개설·이전·정비하는 영업	소방시설공사가 설계도서 및 관계법령에 따라 적법하게 시공되는지 여부의 확인과 기술지도를 수행하는 영업	방염대상물품에 대하여 방염처리하는 영업

2 소방시설업(공사업법 2·4·6·7조)

① 등록권자, ② 등록사항변경, ③ 지위승계 ─ **시·도지사**

④ 등록기준 ─ **자본금(개인은 자산평가액)**, **기술인력**

⑤ 종류 ─ **소방시설 설계업**, **소방시설 공사업**, **소방공사 감리업**, **방염처리업**

⑥ 업종별 영업범위 : **대통령령**

3 등록 결격사유 및 등록취소

(1) **소방시설업의 등록결격사유**(공사업법 5조)

① 피성년후견인

② 금고 이상의 실형을 선고받고 그 집행이 끝나거나(집행이 끝난 것으로 보는 경우 포함) 면제된 날부터 **2년**이 지나지 아니한 사람

③ 금고 이상의 형의 집행유예를 선고받고 그 유예기간 중에 있는 사람

④ 시설업의 등록이 취소된 날부터 **2년**이 지나지 아니한 자

⑤ **법인**의 **대표자**가 위 ①~④에 해당되는 경우

⑥ **법인**의 **임원**이 위 ②~④에 해당되는 경우

Key Point

※ 소방시설업 등록기준
① 자본금
② 기술인력

※ 소방시설업의 영업범위
대통령령

Key Point

(2) 소방시설업의 등록취소(공사업법 9조)

① **거짓** 그 밖의 **부정한 방법**으로 등록을 한 경우

② **등록결격사유**에 해당된 경우

③ 영업정지 기간 중에 소방시설공사 등을 한 경우

> 중요
>
> **착공신고 · 완공검사 등**(공사업법 13 · 14 · 15조)
>
> ① 소방시설공사의 착공신고 ┐
> ② 소방시설공사의 완공검사 ┘ **소방본부장 · 소방서장**
> ③ 하자보수 기간 : **3일** 이내

4 소방공사감리 및 하도급

(1) 소방공사감리(공사업법 16 · 18 · 20조)

① 감리의 종류와 방법 : **대통령령**

② 감리원의 세부적인 배치기준 : **행정안전부령**

③ 공사감리결과

㈎ 서면통지 ─ **관계인** / **도급인** / **건축사**

㈏ 결과보고서 제출 : **소방본부장 · 소방서장**

(2) 하도급범위(공사업법 21 · 22조)

① 도급받은 소방시설공사의 일부를 다른 공사업자에게 하도급할 수 있다. 하수급인은 제3자에게 다시 하도급 불가

② 소방시설공사의 시공을 하도급할 수 있는 경우(공사업령 12조 ①항)

㈎ 주택건설사업

㈏ 건설업

㈐ 전기공사업

㈑ 정보통신공사업

> 중요
>
> **소방기술자의 의무**(공사업법 27조)
>
> 소방기술자는 동시에 **2** 이상의 업체에 **취업**하여서는 **아니 된다**(1개 업체에 취업).

＊ 도급인
공사를 발주하는 사람

＊ 도급계약의 해지
30일 이상

5 권한의 위탁(공사업법 33조)

업 무	위 탁	권 한
• 실무교육	• 한국소방안전원 • 실무교육기관	• 소방청장
• 소방기술과 관련된 자격 · 학력 · 경력의 인정 • 소방기술자 양성 · 인정 교육훈련 업무	• 소방시설업자협회 • 소방기술과 관련된 법인 또는 단체	• 소방청장
• 시공능력평가	• 소방시설업자협회	• 소방청장 • 시 · 도지사

6 벌칙

(1) 3년 이하의 징역 또는 3000만원 이하의 벌금(공사업법 35조)

① 소방시설업 무능독자

② 부정한 청탁을 받고 재물 또는 재산상의 이익을 취득하거나 부정한 청탁을 하면서 재물 또는 재산상의 이익을 제공한 자

(2) 1년 이하의 징역 또는 1000만원 이하의 벌금(공사업법 36조)

① 영업정지처분 위반자

② 거짓 감리자

③ 공사감리자 미지정자

④ 소방시설 설계 · 시공 · 감리 하도급자

⑤ 소방시설공사 재하도급자

⑥ 소방시설업자가 아닌 자에게 소방시설공사 등을 도급한 관계인

(3) 100만원 이하의 벌금(공사업법 38조)

① 거짓보고 또는 자료 미제출자

② 관계공무원의 출입 또는 검사 · 조사를 거부 · 방해 또는 기피한 자

Key Point

＊3년 이하의 징역
소방시설업 미등록자

＊300만원 이하의 벌금
① 등록증 · 등록수첩 빌려준 자
② 다른 자에게 자기의 성명이나 상호를 사용하여 소방시설공사 등을 수급 또는 시공하게 한 자
③ 감리원 미배치자
④ 소방기술인정 자격수첩 빌려준 자
⑤ 2 이상의 업체 취업한 자
⑥ 소방시설업자나 관계인 감독시 관계인의 업무를 방해하거나 비밀누설

Key Point

2 소방시설공사업법 시행령

출제확률 5% (1문제)

1 소방시설공사의 하자보수보증기간(공사업령 6조)

보증기간	소방시설
2년	① 유도등 · 피난기구 ② 비상조명등 · 비상경보설비 · 비상방송설비 ③ 무선통신보조설비
3년	① 자동소화장치 ② 옥내 · 외소화전설비 ③ 스프링클러설비 ④ 물분무등소화설비 · 소화용수설비 ⑤ 자동화재탐지설비 · 소화활동설비(무선통신보조설비 제외) ⑥ 화재알림설비

※ 하자보수 보증기간 (2년)
① 유도등
② 비상경보설비 · 비상조명등 · 비상방송설비
③ 피난기구
④ 무선통신 보조설비

2 소방시설업

(1) 소방시설설계업(공사업령 〔별표 1〕)

종 류	기술인력	영업범위
전문	• 주된 기술인력 : **1명** 이상 • 보조기술인력 : **1명** 이상	• 모든 특정소방대상물
일반	• 주된 기술인력 : **1명** 이상 • 보조기술인력 : **1명** 이상	• **아파트**(기계분야 제연설비 제외) • 연면적 **30000**m²(공장 **10000**m²) 미만(기계분야 제연설비 제외) • **위험물 제조소** 등

※ 소방시설설계업의 보조기술인력

업 종	보조기술 인력
전문 설계업	1명 이상
일반 설계업	1명 이상

(2) 소방시설공사업(공사업령 〔별표 1〕)

종 류	기술인력	자본금	영업범위
전문	• 주된 기술인력 : **1명** 이상 • 보조기술인력 : **2명** 이상	• 법인 : **1억원** 이상 • 개인 : **1억원** 이상	• 특정소방대상물
일반	• 주된 기술인력 : **1명** 이상 • 보조기술인력 : **1명** 이상	• 법인 : **1억원** 이상 • 개인 : **1억원** 이상	• 연면적 **10000**m² 미만 • 위험물제조소 등

※ 소방시설공사업의 보조기술인력

업 종	보조기술 인력
전문 공사업	2명 이상
일반 공사업	1명 이상

(3) 소방공사감리업(공사업령 〔별표 1〕)

종 류	기술인력	영업범위
전문	• 소방기술사 **1명** 이상 • **특급**감리원 **1명** 이상 • **고급**감리원 **1명** 이상 • **중급**감리원 **1명** 이상 • **초급**감리원 **1명** 이상	• 모든 특정소방대상물
일반	• **특급**감리원 **1명** 이상 • **고급** 또는 **중급**감리원 **1명** 이상 • **초급**감리원 **1명** 이상	• **아파트**(기계분야 제연설비 제외) • 연면적 **30000**m²(공장 **10000**m²) 미만(기계분야 제연설비 제외) • **위험물 제조소** 등

(4) 방염처리업(공사업령 〔별표 1〕)

업종별 \ 항 목	실험실	영업범위
섬유류 방염업	1개 이상 갖출 것	**커튼 · 카펫** 등 섬유류를 주된 원료로 하는 방염대상물품을 제조 또는 가공 공정에서 방염처리
합성수지류 방염업		**합성수지류**를 주된 원료로 하는 방염대상물품을 제조 또는 가공 공정에서 방염처리
합판 · 목재류 방염업		**합판** 또는 **목재류**를 제조 · 가공 공정 또는 설치 현장에서 방염처리

Key Point

※ 방염처리업 종류
① 섬유류 방염업
② 합성수지류 방염업
③ 합판 · 목재류 방염업

Key Point

3 소방시설공사업법 시행규칙

출제확률 10% (2문제)

※ 소방시설업
① 소방시설설계업
② 소방시설공사업
③ 소방공사감리업
④ 방염처리업

소방시설업 등록신청 자산평가액·기업진단보고서 : 신청일 **90일** 이내에 작성한 것

1 소방시설업(공사업규칙 3·4·6·7조)

내 용		날 짜
• 등록증 재발급	지위승계·분실 등	**3일** 이내
	변경 신고 등	**5일** 이내
• 등록서류보완		**10일** 이내
• 등록증 발급		**15일** 이내
• 등록사항 변경신고 • 지위승계 신고시 서류제출		**30일** 이내

※ 소방공사감리의 종류
① 상주공사감리 : 연면적 $30000m^2$ 이상
② 일반공사감리

2 공사 및 공사감리자

(1) 소방시설공사(공사업규칙 12조)

내 용	날 짜
• 착공·변경신고처리	**2일** 이내
• 중요사항 변경시의 신고	**30일** 이내

(2) 소방공사감리자(공사업규칙 15조)

내 용	날 짜
• 지정·변경신고처리	**2일** 이내
• 변경서류 제출	**30일** 이내

3 공사감리원

(1) 소방공사감리원의 세부배치기준(공사업규칙 16조)

감리대상	책임감리원
일반공사감리대상	• **주1회** 이상 방문감리 • 담당감리현장 **5개** 이하로서 연면적 총합계 **100000**m^2 이하

(2) 소방공사 감리원의 배치 통보(공사업규칙 17조)

① 통보대상 : **소방본부장·소방서장**
② 통보일 : 배치일로부터 **7일** 이내

※ 시공능력평가자
시공능력 평가 및 공사에 관한 업무를 위탁받은 법인으로서 소방청장의 허가를 받아 설립된 법인

4 소방시설공사 시공능력 평가의 신청·평가(공사업규칙 22·23조)

제출일	내 용
① 매년 **2월 15일**	• 공사실적증명서류 • 소방시설업 등록수첩 사본 • 소방기술자 보유현황 • 신인도 평가신고서

② 매년 **4월 15일**(법인) ③ 매년 **6월 10일**(개인)	• 법인세법 · 소득세법 신고서 • 재무제표 • 회계서류 • 출자, 예치 · 담보 금액확인서
④ 매년 **7월 31일**	• 시공능력평가의 공시

비교

실무교육기관

보고일	내 용
매년 **1월말**	• 교육실적보고
다음연도 **1월말**	• 실무교육대상자 관리 및 교육실적보고
매년 **11월 30일**	• 다음 연도 교육계획 보고

5 실무교육

(1) 소방기술자의 실무교육(공사업규칙 26조)

① 실무교육실시 : **2년마다 1회** 이상

② 실무교육 통지 : **10일** 전

③ 실무교육 필요사항 : **소방청장**

(2) 소방기술자 실무교육기관(공사업규칙 31~35조)

내 용	날 짜
• 교육계획의 변경보고 • 지정사항 변경보고	**10일** 이내
• 휴 · 폐업 신고	**14일** 전까지
• 신청서류 보완	**15일** 이내
• 지정서 발급	**30일** 이내

6 시공능력평가의 산정식(공사업규칙 〔별표 4〕)

① **시공능력평가액**=실적평가액+자본금평가액+기술력평가액+경력평가액±신인도평가액

② **실적평가액**=연평균공사실적액

③ **자본금평가액**=(실질자본금×실질자본금의 평점+소방청장이 지정한 금융회사 또는 소방산업공제 조합에 출자 · 예치 · 담보한 금액)$\times \frac{70}{100}$

④ **기술력평가액**=전년도 공사업계의 기술자 1인당 평균생산액×보유기술인력가중치합계 $\times \frac{30}{100}$+전년도 기술개발투자액

⑤ **경력평가액**=실적평가액×공사업경영기간 평점$\times \frac{20}{100}$

⑥ **신인도평가액**=(실적평가액+자본금평가액+기술력평가액+경력평가액)×신인도 반영 비율 합계

Key Point

✻ **소방기술자의 실무교육**
① 실무교육실시 : 2년마다 1회 이상
② 실무교육 통지 : 10일 전

✻ **시공능력 평가 및 공사방법**
행정안전부령

출제경향분석

CHAPTER 05

위험물안전관리법령

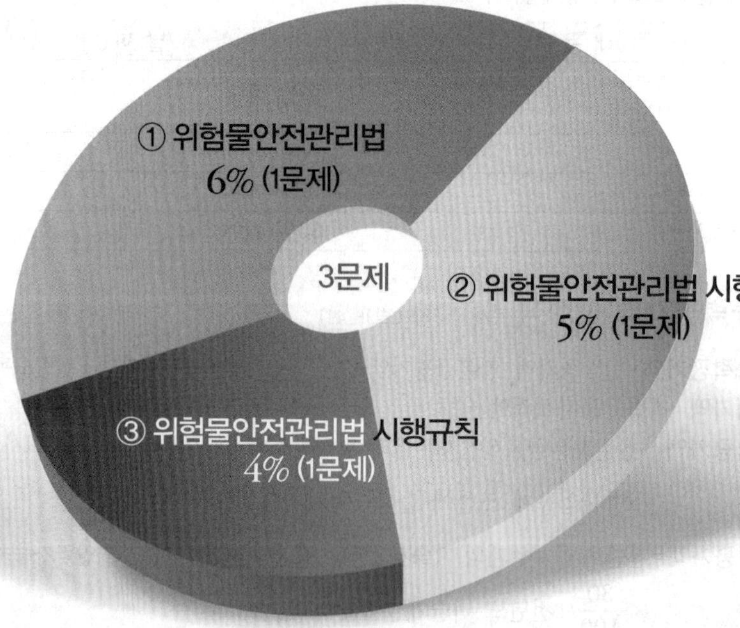

CHAPTER

05 위험물안전관리법령

1 위험물안전관리법

출제확률 7% (1문제)

1 위험물

(1) 위험물의 저장 · 운반 · 취급에 대한 적용 제외(위험물법 3조)

① 항공기
② 선박
③ 철도(기차)
④ 궤도

비교

소방대상물

(1) 건축물 (2) 차량 (3) 선박(매어둔 것) (4) 선박건조구조물
(5) 인공구조물 (6) 물건 (7) 산림

(2) 위험물(위험물법 4 · 5조)

① 지정수량 미만인 위험물의 저장 · 취급 : **시 · 도의 조례**
② 위험물의 임시저장기간 : **90일** 이내

2 제조소

(1) 제조소 등의 설치허가(위험물법 6조)

① 설치허가자 : **시 · 도지사**
② 설치허가 제외장소
㈎ **주택**의 난방시설(**공동주택**의 **중앙난방시설**은 **제외**)을 위한 **저장소** 또는 **취급소**
㈏ 지정수량 **20배** 이하의 **농예용 · 축산용 · 수산용** 난방시설 또는 건조시설의 **저장소**
③ 제조소 등의 변경신고 : 변경하고자 하는 날의 **1일** 전까지

(2) 제조소 등의 시설기준(위험물법 6조)

① 제조소 등의 **위치**
② 제조소 등의 **구조**
③ 제조소 등의 **설비**

(3) 제조소 등의 승계 및 용도폐지(위험물법 10 · 11조)

제조소 등의 승계	제조소 등의 용도폐지
① 신고처 : **시 · 도지사** ② 신고기간 : **30일** 이내	① 신고처 : **시 · 도지사** ② 신고일 : **14일** 이내

Key Point

*** 위험물 임시저장기간**
90일 이내

*** 완공검사**(위험물법 9)
① 제조소 등 : 시 · 도지사
② 소방시설공사 : 소방본부장 · 소방서장

*** 제조소 등의 승계**
30일 이내에 시 · 도지사에게 신고

Key Point

※ 과징금
위반행위에 대한 제재로서 부과하는 금액

3 과징금(소방시설법 36조 · 공사업법 10조 · 위험물법 13조)

3000만원 이하	2억원 이하
• 소방시설관리업 영업정지 처분 갈음	• 제조소 사용정지 처분 갈음 • 소방시설업(설계업 · 감리업 · 공사업 · 방염업) 영업정지 처분 갈음

4 위험물 안전관리자(위험물법 15조)

(1) 선임신고

① 소방안전관리자
② 위험물 안전관리자
→ 14일 이내에 **소방본부장 · 소방서장**에게 **신고**

(2) 제조소 등의 안전관리자의 자격 : 대통령령

날 짜	내 용
14일 이내	• 위험물 안전관리자의 선임신고
30일 이내	• 위험물 안전관리자의 재선임 • 위험물 안전관리자의 직무대행

※ 예방규정
제조소 등의 화재예방과 화재 등 재해발생시의 비상조치를 위한 규정

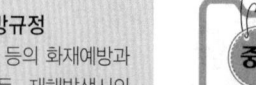

> 중요
> **예방규정**(위험물법 17조)
> 예방규정의 제출자 : **시 · 도지사**

5 벌칙

※ 1000만원 이하의 벌금
① 위험물 취급에 관한 안전관리와 감독하지 않은 자
② 위험물 운반에 관한 중요기준 위반
③ 위험물안전관리자 또는 그 대리자가 참여하지 아니한 상태에서 위험물을 취급한 자
④ 변경한 예방규정을 제출하지 아니한 관계인으로서 제조소 등의 설치 허가를 받은 자
⑤ 관계인의 정당업무 방해 또는 출입 · 검사 등의 비밀누설
⑥ 운송규정을 위반한 위험물운송자

(1) 1년 이하의 징역 또는 1000만원 이하의 벌금(위험물법 35조)

① 제조소 등의 정기점검기록 허위 작성
② **자체소방대**를 두지 않고 제조소 등의 허가를 받은 자
③ **위험물 운반용기**의 검사를 받지 않고 유통시킨 자
④ 제조소 등의 긴급 사용정지 위반자

(2) 500만원 이하의 과태료(위험물법 39조)

① 위험물의 임시저장 미승인
② 위험물의 운반에 관한 세부기준 위반
③ 제조소 등의 지위 승계 허위신고 · 미신고
④ 예방규정을 준수하지 아니한 자
⑤ **제조소** 등의 **점검결과** 기록보존 아니한 자
⑥ **위험물**의 **운송기준** 미준수자
⑦ 제조소 등의 폐지 허위 신고

2 위험물안전관리법 시행령

출제확률 5% (1문제)

Key Point

1 예방규정을 정하여야 할 제조소 등(위험물령 15조)

① 10배 이상의 **제조소 · 일반취급소**
② 100배 이상의 **옥외저장소**
③ 150배 이상의 **옥내저장소**
④ 200배 이상의 **옥외 탱크 저장소**
⑤ **이송취급소**
⑥ **암반탱크저장소**

> 중요 **제조소 등의 재발급 완공검사합격확인증 제출**(위험물령 10조)
> ① 제출일 : **10일** 이내
> ② 제출대상 : **시 · 도지사**

※ 예방규정
제조소 등의 화재예방과 화재 등 재해발생시의 비상조치를 위한 규정

2 위험물

(1) 운송책임자의 감독 · 지원을 받는 위험물(위험물령 19조)

① 알킬알루미늄
② 알킬리튬
③ 알킬리튬 · 알킬알루미늄이 함유된 물질

(2) 위험물(위험물령 〔별표 1〕)

유 별	성 질	품 명	
제1류	산화성 고체	• 아염소산염류 • 과염소산염류 • 무기과산화물	• 염소산염류 • 질산염류
제2류	가연성 고체	• 황화인 • 황	• 적린 • 마그네슘
제3류	자연발화성 물질 및 금수성 물질	• 황린 • 나트륨	• 칼륨
제4류	인화성 액체	• 특수인화물 • 알코올류	• 석유류 • 동식물유류
제5류	자기반응성 물질	• 셀룰로이드 • 나이트로화합물 • 아조화합물	• 유기과산화물 • 나이트로소화합물
제6류	산화성 액체	• 과염소산 • 질산	• 과산화수소

※ 가연성 고체
고체로서 화염에 의한 발화의 위험성 또는 인화의 위험성을 판단하기 위하여 고시로 정하는 시험에서 고시로 정하는 성질과 상태를 나타내는 것

※ 자연발화성
어떤 물질이 외부로부터 열의 공급을 받지 아니하고 온도가 상승하는 성질

※ 금수성
물의 접촉을 피하여야 하는 것

중요 **제4류 위험물**(위험물령 〔별표 1〕)

성 질	품 명		지정수량	대표물질
인화성 액체	특수인화물		50l	• 다이에틸에터 • 이황화탄소
	제1석유류	비수용성	200l	• 휘발유 • 콜로디온
		수용성	400l	• 아세톤
	알코올류		400l	• 변성알코올
	제2석유류	비수용성	1000l	• 등유 • 경유
		수용성	2000l	• 아세트산
	제3석유류	비수용성	2000l	• 중유 • 크레오소트유
		수용성	4000l	• 글리세린
	제4석유류		6000l	• 기어유 • 실린더유
	동식물유류		10000l	• 아마인유

(3) **위험물**(위험물령 〔별표 1〕)

① **과산화수소** : 농도 **36wt%** 이상

② **황** : 순도 **60wt%** 이상

③ **질산** : 비중 **1.49** 이상

※ **판매취급소**
점포에서 위험물을 용기에 담아 판매하기 위하여 지정수량의 **40배** 이하의 위험물을 취급하는 장소

3 위험물 탱크 안전성능시험자의 기술능력 · 시설 · 장비(위험물령 〔별표 7〕)

기술능력(필수인력)	시 설	장비(필수장비)
• 위험물기능장 · 산업기사 · 기능사 **1명** 이상 • 비파괴검사기술사 **1명** 이상 · 초음파비파괴검사 · 자기비파괴검사 · 침투비파괴검사별로 기사 또는 산업기사 각 **1명** 이상	전용 사무실	• 영상초음파시험기 • 방사선투과시험기 및 초음파시험기 ─ 택 1 • 자기탐상시험기 • 초음파두께측정기

Key Point

3 위험물안전관리법 시행규칙

출제확률 4% (1문제)

1 자체소방대의 설치제외 대상인 일반 취급소(위험물 규칙 73조)

① **보일러 · 버너**로 위험물을 소비하는 일반취급소
② **이동저장탱크**에 위험물을 주입하는 일반취급소
③ **용기**에 위험물을 옮겨담는 일반취급소
④ **유압장치 · 윤활유순환장치**로 위험물을 취급하는 일반취급소
⑤ **광산안전법**의 **적용을 받는** 일반취급소

※ **자체소방대의 설치**
광산안전법의 적용을 받지 않는 일반취급소

2 위험물제조소의 안전거리(위험물 규칙 〔별표 4〕)

안전 거리	대 상
3m 이상	• 7~35kV 이하의 특고압가공전선
5m 이상	• 35kV를 초과하는 특고압가공전선
10m 이상	• **주거용**으로 사용되는 것
20m 이상	• 고압가스 **제조**시설(용기에 충전하는 것 포함) • 고압가스 **사용**시설(1일 $30m^3$ 이상 용적 취급) • 고압가스 **저장**시설 • 액화산소 **소비**시설 • 액화석유가스 제조 · 저장시설 • 도시가스 공급시설
30m 이상	• 학교 • 병원급 의료기관 • 공연장, • 영화상영관 ─ **300명** 이상 수용시설 • 아동복지시설 • 노인복지시설 • 장애인복지시설 • 한부모가족복지시설 • 어린이집 • 성매매피해자 등을 위한 지원시설 • 정신건강증진시설 • 가정폭력 피해자 보호시설 (아동복지시설 ~ 가정폭력 피해자 보호시설) ─ **20명** 이상 수용시설
50m 이상	• 지정문화유산 • 천연기념물 등

※ **안전거리**
건축물의 외벽 또는 이에 상당하는 인공구조물의 외측으로부터 해당 제조소의 외벽 또는 이에 상당하는 인공구조물의 외측까지의 수평거리

3 위험물제조소의 표지 설치기준(위험물 규칙 〔별표 4〕)

① 한 변의 길이가 0.3m 이상, 다른 한 변의 길이가 0.6m 이상인 직사각형일 것
② 바탕은 **백색**으로, 문자는 **흑색**일 것

Key Point

※ 게시판의 기재사항
① 위험물의 유별
② 위험물의 품명
③ 위험물의 저장최대 수량
④ 위험물의 취급최대 수량
⑤ 지정수량의 배수
⑥ 안전관리자의 성명 또는 직명

※ 위험물 운반용기의 재질
① 강판
② 알루미늄판
③ 양철판
④ 유리
⑤ 금속판
⑥ 종이
⑦ 플라스틱
⑧ 섬유판
⑨ 고무류
⑩ 합성섬유
⑪ 삼
⑫ 짚
⑬ 나무

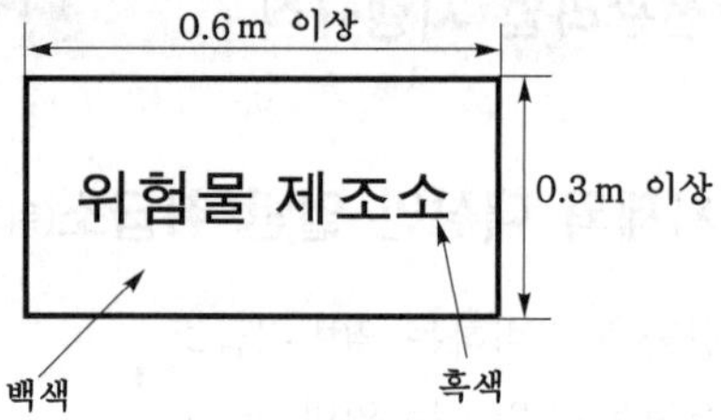

‖ 제조소의 표지 ‖

4 위험물제조소의 게시판 설치기준(위험물 규칙 〔별표 4〕)

위험물	주의 사항	비 고
• 제1류 위험물(알칼리금속의 과산화물) • 제3류 위험물(금수성 물질)	물기 엄금	**청색**바탕에 **백색**문자
• 제2류 위험물(인화성 고체 제외)	화기 주의	**적색**바탕에 **백색**문자
• 제2류 위험물(인화성 고체) • 제3류 위험물(자연발화성 물질) • 제4류 위험물 • 제5류 위험물	화기 엄금	
• 제6류 위험물	별도의 표시를 하지 않는다.	

비교

위험물 운반용기의 주의사항(위험물 규칙 〔별표 19〕)

위험물		주의사항
제1류 위험물	알칼리금속의 과산화물	• 화기 · 충격 주의 • 물기 엄금 • 가연물 접촉 주의
	기타	• 화기 · 충격 주의 • 가연물 접촉 주의
제2류 위험물	철분 · 금속분 · 마그네슘	• 화기 주의 • 물기 엄금
	인화성 고체	• 화기 엄금
	기타	• 화기 주의
제3류 위험물	자연발화성 물질	• 화기 엄금 • 공기 접촉 엄금
	금수성 물질	• 물기 엄금
제4류 위험물		• 화기 엄금
제5류 위험물		• 화기 엄금 • 충격 주의
제6류 위험물		• 가연물 접촉 주의

Key Point

5 주유취급소의 게시판(위험물 규칙 〔별표 13〕)

주유 중 엔진 정지 : **황색** 바탕에 **흑색** 문자

중요 표시방식

구 분	표시방식
옥외탱크저장소 · 컨테이너식 이동탱크저장소	**백색** 바탕에 **흑색** 문자
주유취급소	**황색** 바탕에 **흑색** 문자
물기엄금	**청색** 바탕에 **백색** 문자
화기엄금 · 화기주의	**적색** 바탕에 **백색** 문자

6 위험물제조소 방유제의 용량(위험물 규칙 〔별표 4〕)

1기의 탱크	방유제용량＝탱크용량×0.5
2기 이상의 탱크	방유제용량＝최대탱크용량×0.5＋기타 탱크용량의 합×0.1

비교

옥외탱크저장소의 방유제(위험물 규칙 〔별표 6〕)

구 분	설 명
높이	0.5~3m 이하
탱크	**10기**(모든 탱크용량이 **20만**l 이하, 인화점이 70~200℃ 미만은 **20기**) 이하
면적	**80000m²** 이하
용량	• 1기 이상 : **탱크용량**×110% 이상 • 2기 이상 : **최대용량**×110% 이상

※ 지정수량의 **10배** 이상의 위험물을 취급하는 제조소(**제6류 위험물**을 취급하는 위험물제조소 제외)에는 **피뢰침**을 설치하여야 한다.

✻ 방유제
기름탱크가 흘러넘쳐 화재가 확산되는 것을 방지하기 위해 탱크주위에 설치하는 벽

7 옥내저장소의 보유공지(위험물 규칙 〔별표 5〕)

위험물의 최대수량	공지너비	
	내화구조	기타구조
지정수량의 5배 이하	－	0.5m 이상
지정수량의 5배 초과 10배 이하	1m 이상	1.5m 이상
지정수량의 10배 초과 20배 이하	2m 이상	3m 이상
지정수량의 20배 초과 50배 이하	3m 이상	5m 이상
지정수량의 50배 초과 200배 이하	5m 이상	10m 이상
지정수량의 200배 초과	10m 이상	15m 이상

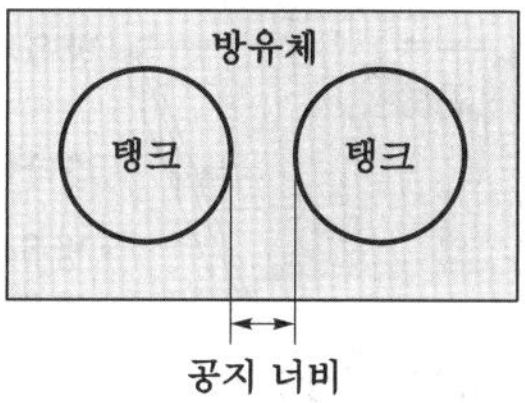

| 공지 너비 |

✻ 보유공지
위험물을 취급하는 건축물, 그 밖의 시설의 주위에 마련해 놓은 안전을 위한 빈터

Key Point

*** 제조소 보유공지 너비**

위험물의 최대수량	공지 너비
지정수량 10배 이하	3m 이상
지정수량 10배 초과	5m 이상

중요

① **옥외저장소의 보유공지**(위험물 규칙 〔별표 11〕)

위험물의 최대수량	공지의 너비
지정수량의 10배 이하	3m 이상
지정수량의 11~20배 이하	5m 이상
지정수량의 21~50배 이하	9m 이상
지정수량의 51~200배 이하	12m 이상
지정수량의 200배 초과	15m 이상

② **옥외탱크저장소의 보유공지**(위험물 규칙 〔별표 6〕)

위험물의 최대수량	공지의 너비
지정수량의 500배 이하	3m 이상
지정수량의 501~1000배 이하	5m 이상
지정수량의 1001~2000배 이하	9m 이상
지정수량의 2001~3000배 이하	12m 이상
지정수량의 3001~4000배 이하	15m 이상
지정수량의 4000배 초과	당해 탱크의 수평단면의 **최대지름**(가로형인 경우에는 긴 변)과 **높이** 중 **큰 것**과 같은 거리 이상(단, 30m 초과의 경우에는 **30m 이상**으로 할 수 있고, 15m 미만의 경우에는 **15m 이상**)

③ **지정과산화물의 옥내저장소의 보유공지**(위험물 규칙 〔별표 5〕)

저장 또는 취급하는 위험물의 최대수량	공지의 너비	
	저장창고의 주위에 담 또는 토제를 설치하는 경우	기타의 경우
5배 이하	3.0m 이상	10m 이상
6~10배 이하	5.0m 이상	15m 이상
11~20배 이하	6.5m 이상	20m 이상
21~40배 이하	8.0m 이상	25m 이상
41~60배 이하	10.0m 이상	30m 이상
61~90배 이하	11.5m 이상	35m 이상
91~150배 이하	13.0m 이상	40m 이상
151~300배 이하	15.0m 이상	45m 이상
300배 초과	16.5m 이상	50m 이상

*** 토제**
흙으로 만든 방죽

8 옥외 탱크 저장소의 방유제(위험물 규칙 〔별표 6〕)

*** 방유제**
위험물의 유출을 방지하기 위하여 위험물 옥외탱크저장소의 주위에 철근콘크리트 또는 흙으로 둑을 만들어 놓은 것

구 분	설 명
높이	0.5~3m 이하
탱크	10기(모든 탱크용량이 **20만**l 이하, 인화점이 70~200℃ 미만은 **20기**) 이하
면적	80000m^2 이하
용량	• 1기 이상 : **탱크용량×110%** 이상 • 2기 이상 : **최대용량×110%** 이상

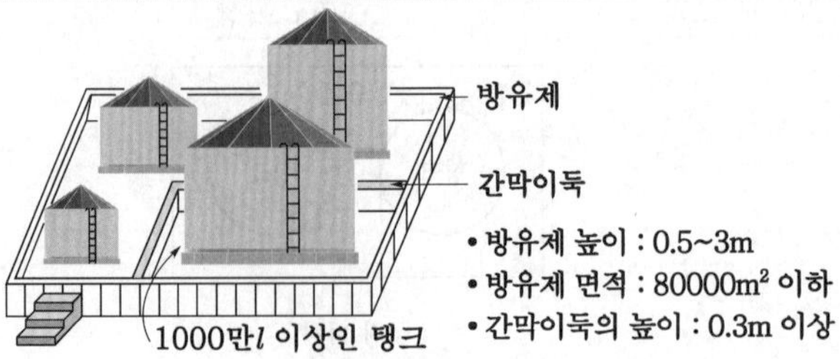

‖ 옥외 탱크 저장소 ‖

Key Point

9 거리

거 리	설 명
0.15m(15cm) 이상	이동저장 탱크 배출밸브 수동폐쇄장치 **레버**의 길이(위험물 규칙 〔별표 10〕) 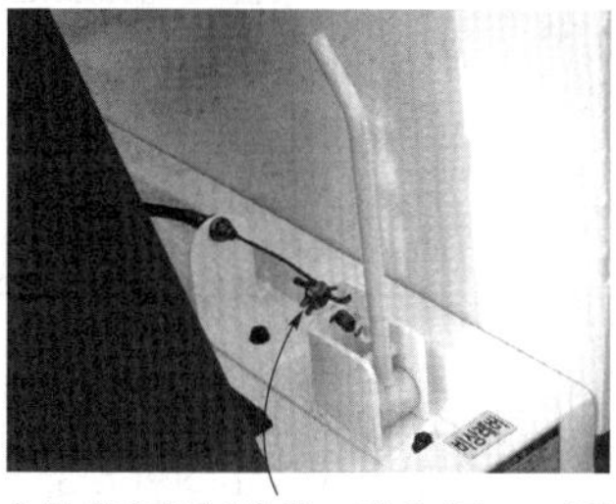 수동폐쇄장치(레버) : 길이 15cm 이상 ‖ 이동저장 탱크 배출밸브 수동폐쇄장치 레버 ‖
0.2m 이상	CS_2 옥외 탱크 저장소의 두께(위험물 규칙 〔별표 6〕)
0.3m 이상	지하 탱크 저장소의 철근 콘크리트조 **뚜껑** 두께(위험물 규칙 〔별표 8〕)
0.5m 이상	① **옥내 탱크 저장소**의 탱크 등의 **간격**(위험물 규칙 〔별표 7〕) ② 지정수량 **100배** 이하의 지하 탱크 저장소의 상호간격(위험물 규칙 〔별표 8〕)
0.6m 이상	지하 탱크 저장소의 철근 콘크리트 뚜껑 크기(위험물 규칙 〔별표 8〕)
1m 이내	이동 탱크 저장소 측면틀 탱크 상부 **네 모퉁**이에서의 위치(위험물 규칙 〔별표 10〕)
1.5m 이하	황 옥외저장소의 **경계표시** 높이(위험물 규칙 〔별표 11〕)
2m 이상	주유취급소의 **담** 또는 **벽**의 높이(위험물 규칙 〔별표 13〕
4m 이상	주유취급소의 **고정주유설비**와 **고정급유설비** 사이의 **이격거리**(위험물 규칙 〔별표 13〕)
5m 이내	주유취급소의 주유관의 길이(위험물 규칙 〔별표 13〕)
6m 이하	옥외저장소의 **선반** 높이(위험물 규칙 〔별표 11〕) 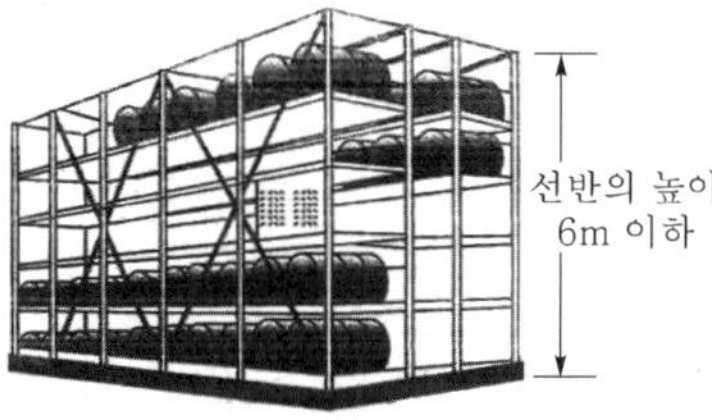
50m 이내	이동 탱크 저장소의 **주입설비**의 길이(위험물 규칙 〔별표 10〕)

10 용량

용 량	설 명
100l 이하	① 셀프용 고정주유설비 **휘발유 주유량**의 상한(위험물 규칙 〔별표 13〕) ② 셀프용 고정주유설비 **급유량**의 상한(위험물 규칙 〔별표 13〕)
400l 이상	이송취급소 **기자재창고 포소화약제** 저장량(위험물 규칙 〔별표 15〕)
600l 이하	① 간이 탱크 저장소의 탱크 용량(위험물 규칙 〔별표 9〕) ② 셀프용 고정주유설비 **경유** 주유량의 상한(위험물 규칙 〔별표 13〕)
1900l 미만	**알킬알루미늄** 등을 저장 · 취급하는 이동저장 탱크의 용량(위험물 규칙 〔별표 10〕)
2000l 미만	이동저장 탱크의 방파판 설치제외(위험물 규칙 〔별표 10〕)

※ 고정주유설비와 고정급유설비

① 고정주유설비
펌프기기 및 호스기기로 되어 위험물을 자동차 등에 직접 주유하기 위한 설비로서 현수식 포함

② 고정급유설비
펌프기기 및 호스기기로 되어 위험물을 용기에 채우거나 이동저장탱크에 주입하기 위한 설비로서 현수식 포함

Key Point

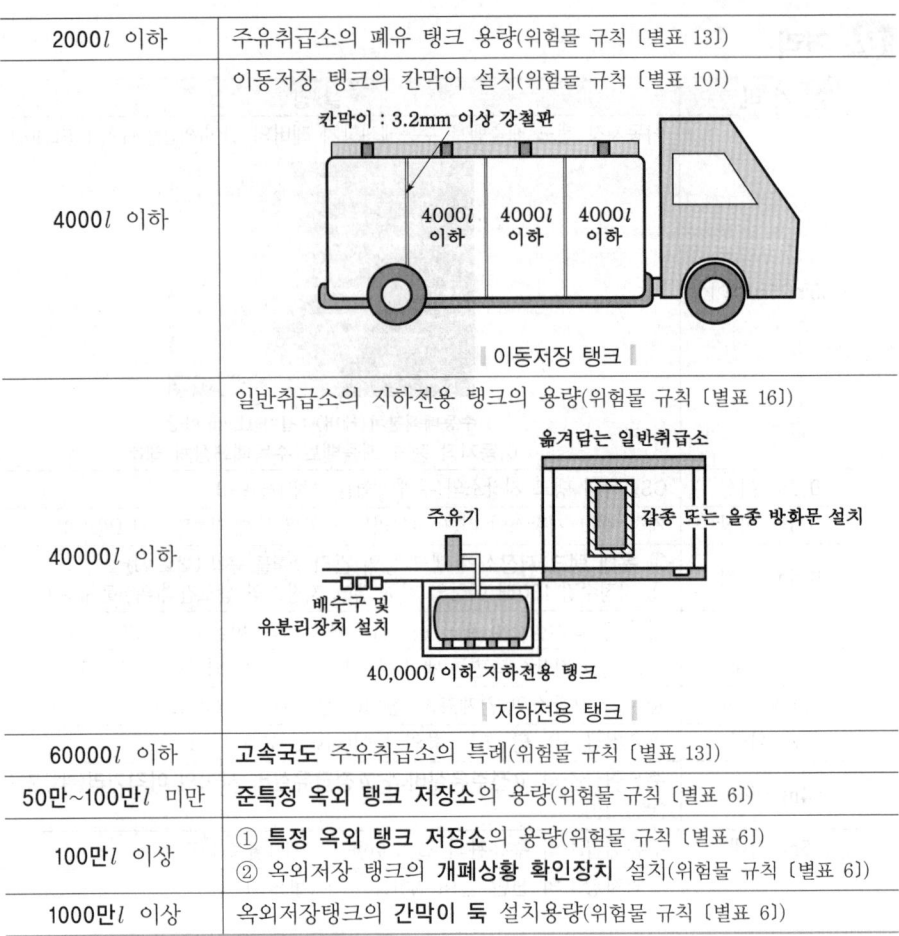

2000l 이하	주유취급소의 폐유 탱크 용량(위험물 규칙 〔별표 13〕)
4000l 이하	이동저장 탱크의 칸막이 설치(위험물 규칙 〔별표 10〕) 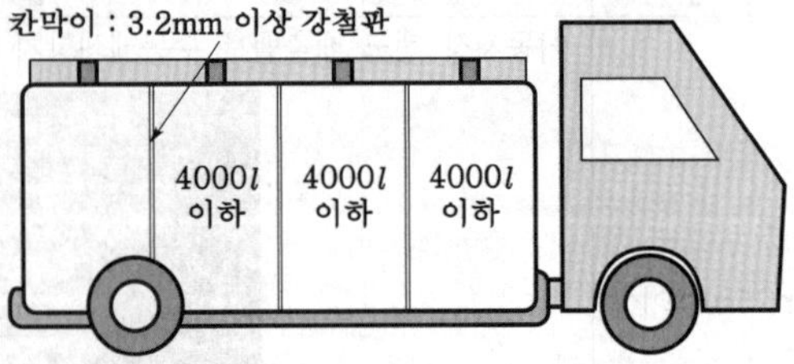 ▮이동저장 탱크▮
40000l 이하	일반취급소의 지하전용 탱크의 용량(위험물 규칙 〔별표 16〕) 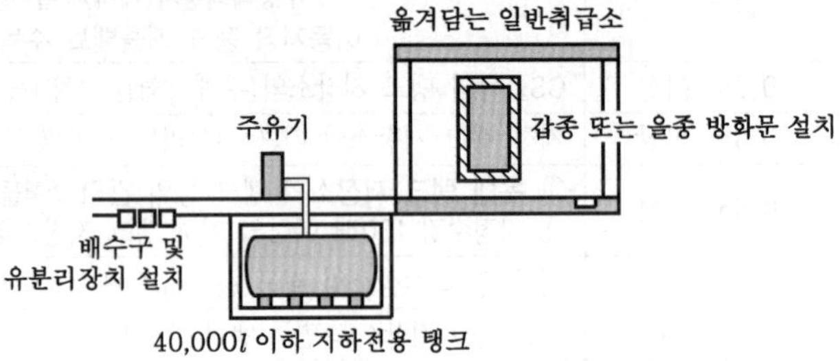 ▮지하전용 탱크▮
60000l 이하	**고속국도** 주유취급소의 특례(위험물 규칙 〔별표 13〕)
50만~100만l 미만	**준특정 옥외 탱크 저장소**의 용량(위험물 규칙 〔별표 6〕)
100만l 이상	① **특정 옥외 탱크 저장소**의 용량(위험물 규칙 〔별표 6〕) ② 옥외저장 탱크의 **개폐상황 확인장치** 설치(위험물 규칙 〔별표 6〕)
1000만l 이상	옥외저장탱크의 **간막이 둑** 설치용량(위험물 규칙 〔별표 6〕)

11 온도

※ 온도

15℃ 이하	30℃ 이하
압력 탱크 외의 아세트알데하이드	압력 탱크 외의 다이에틸에터 · 산화프로필렌

온 도	설 명
15℃ 이하	**압력 탱크** 외의 **아세트알데하이드**의 온도(위험물 규칙 〔별표 18〕)
21℃ 미만	① 옥외저장 탱크의 **주입구 게시판** 설치(위험물 규칙 〔별표 6〕) ② 옥외저장 탱크의 **펌프 설비 게시판** 설치(위험물 규칙 〔별표 6〕)
30℃ 이하	**압력 탱크** 외의 **다이에틸에터 · 산화프로필렌**의 온도(위험물 규칙 〔별표 18〕)
38℃ 이상	**보일러** 등으로 위험물을 소비하는 일반취급소(위험물 규칙 〔별표 16〕)
40℃ 미만	이동 탱크저장소의 **원동기** 정지(위험물 규칙 〔별표 18〕)
40℃ 이하	① **압력 탱크**의 **다이에틸에터 · 아세트알데하이드**의 온도(위험물 규칙 〔별표 18〕) ② **보냉장치**가 **없는 다이에틸에터 · 아세트알데하이드**의 온도(위험물 규칙 〔별표 18〕)
40℃ 이상	① 지하 탱크 저장소의 배관 **윗부분** 설치 제외(위험물 규칙 〔별표 8〕) ② **세정작업**의 일반취급소(위험물 규칙 〔별표 16〕) ③ 이동저장 탱크의 **주입구 주입호스** 결합 제외(위험물 규칙 〔별표 18〕)
55℃ 이하	옥내저장소의 **용기수납** 저장온도(위험물 규칙 〔별표 18〕)

<table>
<tr><td>70℃ 미만</td><td>옥내저장소 저장창고의 배출설비 구비(위험물 규칙 〔별표 5〕)
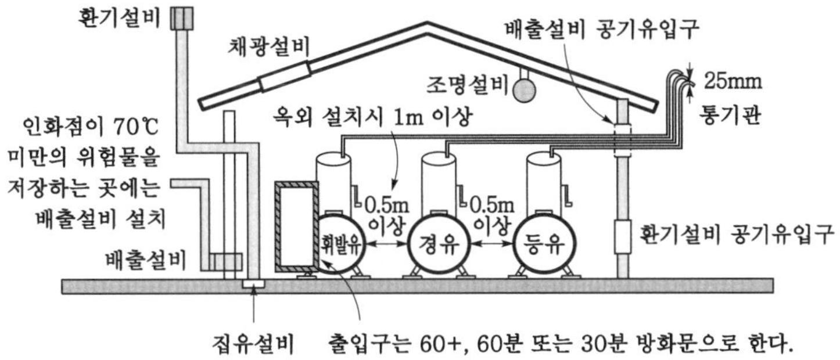

| 옥내저장소 저장창고 |</td></tr>
<tr><td>70℃ 이상</td><td>① 옥내저장 탱크의 외벽 · 기둥 · 바닥을 불연재료로 할 수 있는 경우(위험물 규칙 〔별표 7〕)
② 열처리작업 등의 일반취급소(위험물 규칙 〔별표 16〕)</td></tr>
<tr><td>100℃ 이상</td><td>고인화점 위험물(위험물 규칙 〔별표 4〕)</td></tr>
<tr><td>200℃ 이상</td><td>옥외저장 탱크의 방유제 거리확보 제외(위험물 규칙 〔별표 6〕)</td></tr>
</table>

12 위험물의 혼재기준(위험물 규칙 〔별표 19〕)

① 제1류 위험물+제6류 위험물
② 제2류 위험물+제4류 위험물
③ 제2류 위험물+제5류 위험물
④ 제3류 위험물+제4류 위험물
⑤ 제4류 위험물+제5류 위험물

기억법 1-6
2-4, 5
3-4
4-5

Key Point

✱ 제1류 위험물
① 가연물과의 접촉 · 혼합 · 분해를 촉진하는 물품과의 접근 또는 과열 · 충격 · 마찰 등을 피할 것
② 알칼리금속의 과산화물 및 이를 함유한 것은 물과의 접촉을 피할 것

✱ 제4류 위험물
① 불티 · 불꽃 · 고온체와의 접근 또는 과열을 피할 것
② 함부로 증기를 발생시키지 아니할 것

✱ 제5류 위험물
불티 · 불꽃 · 고온체와의 접근이나 과열 · 충격 · 마찰을 피할 것

✱ 제6류 위험물
가연물과의 접촉 · 혼합이나 분해를 촉진하는 물품과 접근 · 과열을 피할 것

내가 못하면 아무도 못하는 그날까지...

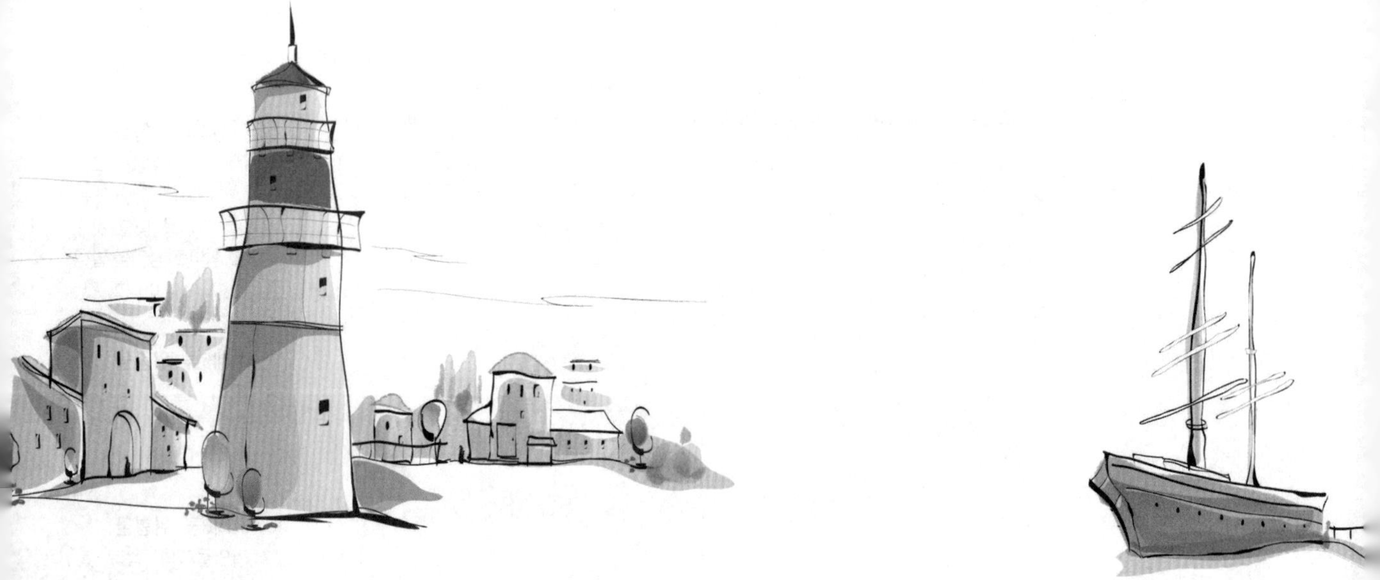

소방설비기사 필기
(전기분야)

Part 3

소방전기일반

출제경향분석

CHAPTER 01~04

전기회로

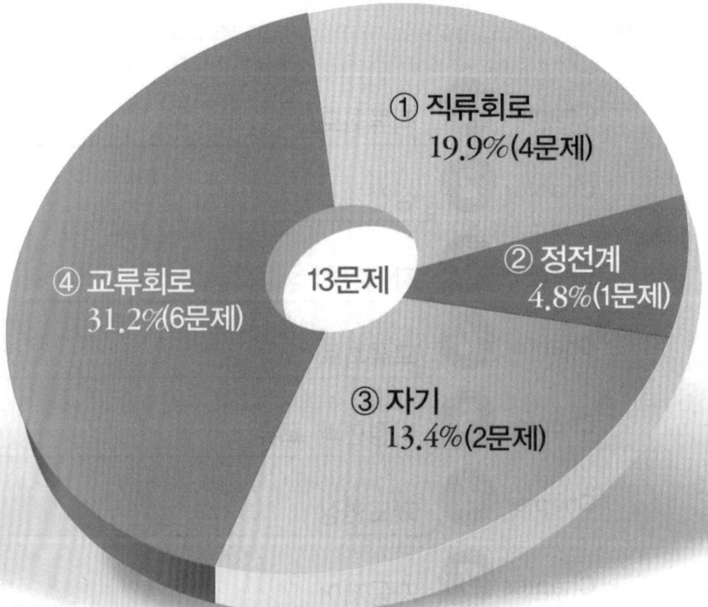

CHAPTER 01 직류회로

1 전자와 양자

출제확률 19.9% (4문제)

양자는 양전기(+), 전자는 음전기(−)를 가지고 있으며, **같은 종류**의 전기는 **반발**하고 **다른 종류**의 전기는 **흡인**한다.

구 분	설 명
전자의 질량	$m_e = 9.109 \times 10^{-31}$kg
양자의 질량	$m_p = 1.672 \times 10^{-27}$kg (전자의 1840배)
중성자의 질량	$m_p = 1.672 \times 10^{-27}$kg
전자와 양자의 전기량	$e = 1.602 \times 10^{-19}$C

$$1\text{eV} = 1.602 \times 10^{-19}\text{J}$$

문제 1eV는 몇 J인가?

① 1J ② 1.602×10^{-19}J

③ 9.1095×10^{-31}J ④ 1.602×10^{19}J

해설
- **1eV** : 전자에 1V의 전위차를 가했을때, 전자에 주어지는 에너지의 단위

답 ②

Key Point

* **전자의 질량**
9.109×10^{-31}kg

* **양자의 질량**
1.672×10^{-27}kg

* **전자 · 양자의 전기량**
1.602×10^{-19}C

2 전기회로의 전압과 전류

1 전류와 전압

(1) 전류

① 전류의 방향

전자의 **이동**과 **반대방향**으로 (+)에서 (−)로 흐른다고 간주한다.

② 전류

$$I = \frac{Q}{t} \text{[A]}$$

여기서, I : 전류[A]
Q : 전기량[C]
t : 시간[s]

* **전류**
① 자유전자의 이동
② 단위시간당 전기의 양

* **전류**

$$I = \frac{Q}{t} \text{[A]}$$

여기서, I : 전류[A]
Q : 전기량[C]
t : 시간[s]

따라서 1초 동안에 1C의 전기량이 이동하였다면 전류의 세기는 1A가 된다.

★★

문제 단면적이 $5cm^2$인 도체구(전선)가 있다. 이 단면을 $\underset{t}{\underline{3s}}$ 동안에 $\underset{Q}{\underline{30C}}$의 전하가 이동하면 $\underset{I}{\underline{\text{전류}}}$는 몇 A가 되는가?

① 20 ② 2

③ 90 ④ 10

해설 (1) 기호

- t : 3s
- Q : 30C
- I : ?

(2) 전류 $I = \frac{Q}{t} = \frac{30}{3} = 10A$

- **단면적**은 적용하지 않는 것에 주의할 것

답 ④

(2) 전압

$$V = \frac{W}{Q}[V], \quad W = QV[J]$$

여기서, V : 전압[V], W : 일[J], Q : 전기량[C]

중요 기전력과 전압

$E = IR + Ir$

$E = V + Ir$

$E - Ir = V$

$V = E - Ir$

여기서, E : 기전력[V]

V : 전압[V]

r : 전지의 내부저항[Ω]

R : 저항[Ω]

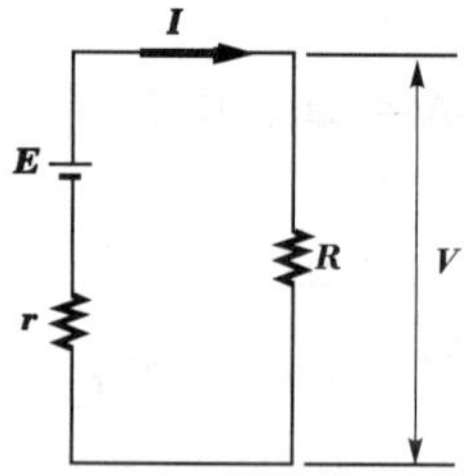

| 기전력과 전압 |

2 옴의 법칙

(1) 옴의 법칙

전류는 전압에 비례하고 저항에 반비례한다.

$$I = \frac{V}{R}[A], \quad I = G \cdot V[A]$$

여기서, I : 전류[A], V : 전압[V], R : 저항[Ω], G : 컨덕턴스[℧]

$V = I \cdot R[V]$, $V = \frac{I}{G}[V]$

$R = \frac{V}{I}[Ω]$, $G = \frac{1}{R} = \frac{I}{V}[℧, S, Ω^{-1}]$

※ **컨덕턴스(conductance)** : 저항의 역수로 전류의 흐르는 정도를 나타내며 기호는 G, 단위는 ℧(모우 ; mho), S(지멘스 ; siemens), $Ω^{-1}$로 나타낸다.

Key Point

＊ 전압과 기전력

(1) 전압

전기적인 압력

(2) 기전력

① 전압을 연속적으로 만들어 주는 힘

② 1C의 전기량이 이동할 때 1J의 일을 하는 두 점간의 전위차

＊ 기전력

$$E = \frac{W}{Q}[V]$$

여기서, E : 기전력[V]

W : 일[J]

Q : 전기량[C]

＊ 옴의 법칙

$$I = \frac{V}{R}[A]$$

여기서, I : 전류[A]

V : 전압[V]

R : 저항[Ω]

＊ 컨덕턴스

$$G = \frac{1}{R}[℧, S, Ω^{-1}]$$

여기서,

G : 컨덕턴스[℧]

R : 저항[Ω]

Key Point

★ **문제** 옴의 법칙에서 전류는?

① 저항에 비례하고 전압에 반비례한다.
② 저항에 비례하고 전압에도 비례한다.
③ 저항에 반비례하고 전압에 비례한다.
④ 저항에 반비례하고 전압에도 반비례한다.

해설 $I=\frac{V}{R}$ [A]에서 전류는 저항에 반비례하고 전압에 비례한다.

- 분모에 있으면 반비례, 분자에 있으면 비례한다고 생각하면 된다.
- $I=\frac{V(\text{비례})}{R(\text{반비례})}$

답 ③

(2) 전압강하

$$V_2 = V_1 - IR\ [\text{V}]$$

여기서, E : 기전력[V]
r : 전지의 내부저항[Ω]
R : 저항[Ω]
R_L : 부하[Ω]

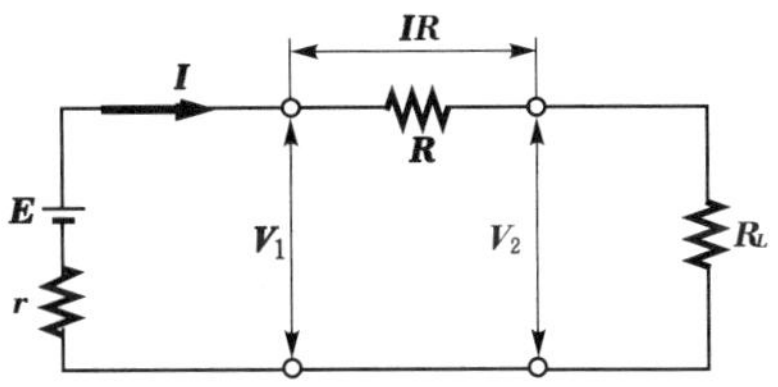

전압강하

※ 전압강하
저항에 전류가 흐를 때 저항 양단에 생기는 전위차

중요

$$V=\frac{R}{r+R}E$$

$$R=\frac{V}{E-V}\cdot r$$

여기서, V : 전압[V]
R : 저항[Ω]
r : 내부저항[Ω]
E : 기전력[V]

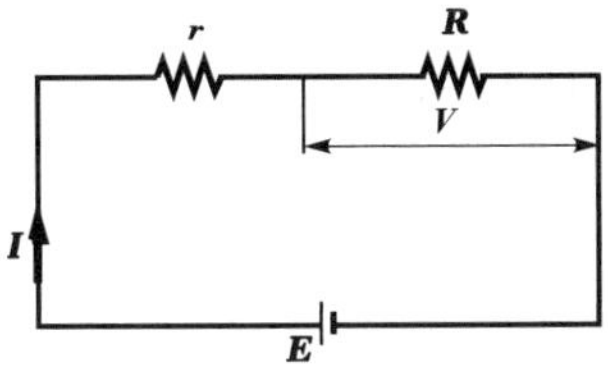

단자전압

3 저항의 접속

(1) 직렬접속(series connection)

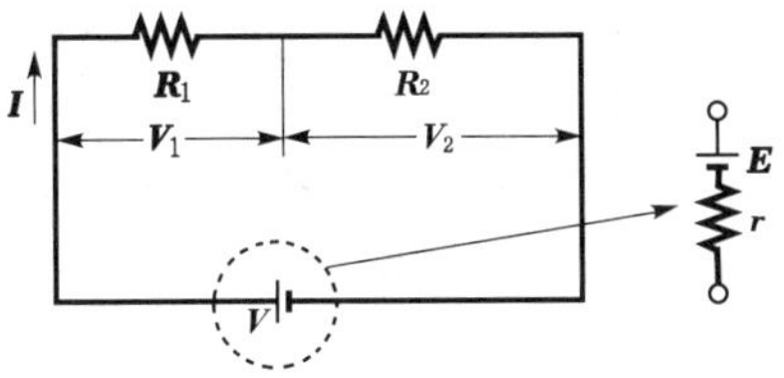

직렬접속

※ 저항 n개의 직렬 접속

$$R_0 = nR$$

여기서,
R_0 : 합성저항[Ω]
n : 저항의 개수
R : 1개의 저항[Ω]

Key Point

※ 직렬접속

$V_1 = \frac{R_1}{R_1 + R_2} V$[V]

$V_2 = \frac{R_2}{R_1 + R_2} V$[V]

① 합성저항

$$R_0 = R_1 + R_2 \text{〔Ω〕}$$

여기서, R_0 : 합성저항〔Ω〕, $R_1 \cdot R_2$: 각각의 저항〔Ω〕

② R〔Ω〕인 저항 n개를 직렬로 접속한 합성저항

$$R_0 = nR$$

여기서, R_0 : 합성저항〔Ω〕, n : 저항의 개수, R : 1개의 저항〔Ω〕

③ 각 저항에 걸리는 전압

$$V_1 = \frac{R_1}{R_1 + R_2} V \text{〔V〕}$$

$$V_2 = \frac{R_2}{R_1 + R_2} V \text{〔V〕}$$

여기서, V_1 : R_1에 걸리는 전압〔V〕
V_2 : R_2에 걸리는 전압〔V〕
V : 전체전압〔V〕
$R_1 \cdot R_2$: 각각의 저항〔Ω〕

비교

컨덕턴스의 직렬접속

$$E_1 = \frac{G_2}{G_1 + G_2} E$$

$$E_2 = \frac{G_1}{G_1 + G_2} E$$

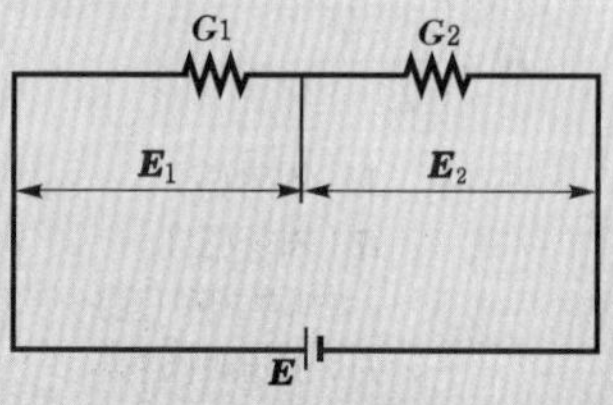

(2) 병렬접속

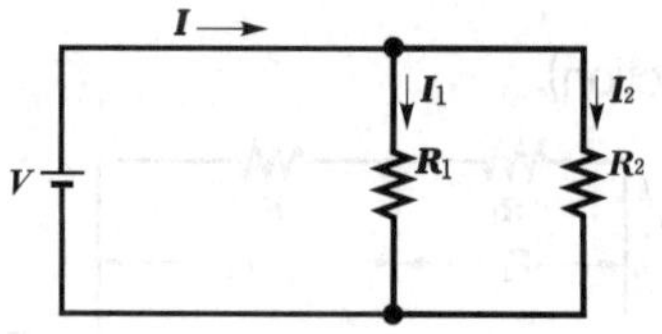

▮ 병렬접속 ▮

① 합성저항

$$R_0 = \frac{V}{I} = \frac{V}{V\left(\frac{1}{R_1} + \frac{1}{R_2}\right)} = \frac{1}{\frac{1}{R_1} + \frac{1}{R_2}} \text{〔Ω〕}$$

※ 저항 n개의 병렬 접속

$$R_0 = \frac{R}{n}$$

여기서,
R_0 : 합성저항〔Ω〕
n : 저항의 개수
R : 1개의 저항〔Ω〕

② R〔Ω〕인 저항 n개를 병렬로 접속한 합성저항

$$R_0 = \frac{R}{n}$$

여기서, R_0 : 합성저항〔Ω〕, n : 저항의 개수, R : 1개의 저항〔Ω〕

③ 각 저항에 흐르는 전류

$V = \frac{R_1 R_2}{R_1 + R_2} I$〔V〕에서

$$I_1 = \frac{V}{R_1} = \frac{R_2}{R_1 + R_2} I \text{〔A〕}, \quad I_2 = \frac{V}{R_2} = \frac{R_1}{R_1 + R_2} I \text{〔A〕}$$

여기서, I_1 : R_1에 흐르는 전류〔A〕
I_2 : R_2에 흐르는 전류〔A〕
I : 전체전류〔A〕
$R_1 \cdot R_2$: 각각의 저항〔Ω〕

4 휘트스톤브리지(Wheatstone bridge)

검류계 G의 지시치가 0이면 브리지가 평형되었다고 하며 c, d점 사이의 전위차가 0이다.

$$I_1 P = I_2 Q, \quad I_1 X = I_2 R$$

∴ $PR = QX$ (마주보는 변의 곱은 서로 같다)

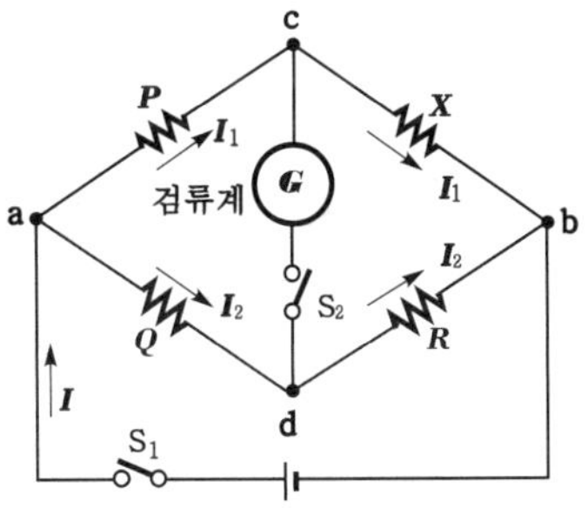

휘트스톤브리지

중요

전압계	전류계
부하에 **병렬**연결	부하에 **직렬**연결

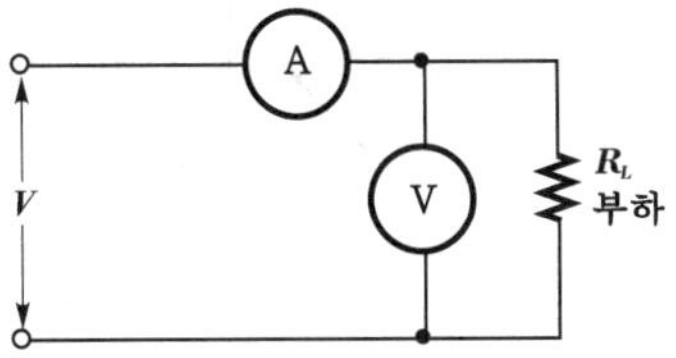

Key Point

※ 병렬접속

$I_1 = \frac{R_2}{R_1 + R_2} I$〔A〕

$I_2 = \frac{R_1}{R_1 + R_2} I$〔A〕

※ 휘트스톤브리지
0.5~10^5Ω의 중저항 측정

※ 메거
10^6Ω 이상의 고저항 측정

※ 휘트스톤브리지 식
$PR = QX$

※ 등가회로
서로 다른 회로라도 전기적으로는 같은 작용을 하는 회로

※ 검류계
미약한 전류를 측정하기 위한 계기

※ 전위차계
0.1Ω 이하의 저저항 측정

Key Point

★★
문제 부하의 전압과 전류를 측정할 때 전압계와 전류계를 연결하는 방법이 옳게 된 것은?

① 전압계는 병렬연결, 전류계는 직렬연결한다.
② 전압계는 직렬연결, 전류계는 병렬연결한다.
③ 전압계와 전류계는 모두 직렬연결한다.
④ 전압계와 전류계는 모두 병렬연결한다.

해설 ① **전압계**는 **병렬**연결, **전류계**는 **직렬**연결한다.

답 ①

* 키르히호프의 법칙
① 제1법칙(전류법칙)
div$I=0$ 또는
$\sum I=0$
② 제2법칙(전압법칙)
$\sum E=\sum IR$

5 키르히호프의 법칙(Kirchhoff's law)

(1) **제 1 법칙**(전류평형의 법칙 = 전류법칙)

① **"회로망 중의 한 점에서 흘러 들어오는 전류의 대수합과 나가는 전류의 대수합은 같다."**는 법칙

② **"회로망의 임의의 접속점에 유입되는 여러 전류의 총합은 0이다."**라는 법칙

$$I_1+I_2+I_3+I_4+\cdots+I_n=0 \text{ 또는 } \sum I=0$$

$I_1+I_2=I_3$

이 식을 변형하면

$I_1+I_2-I_3=0$

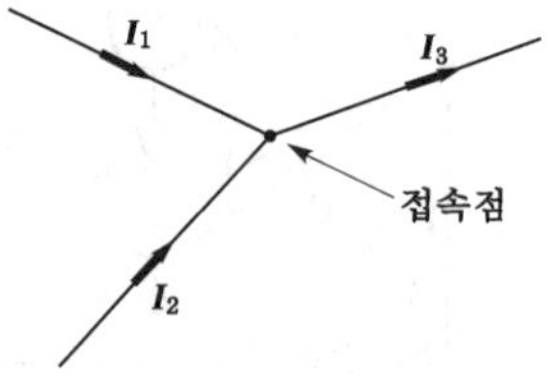

키르히호프의 제1법칙

★★★
문제 그림에서 i_5 전류의 크기(A)는?

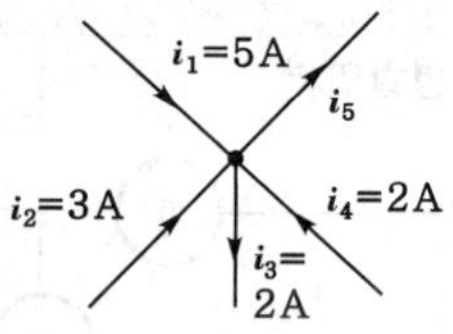

① 3 ② 5 ③ 8 ④ 12

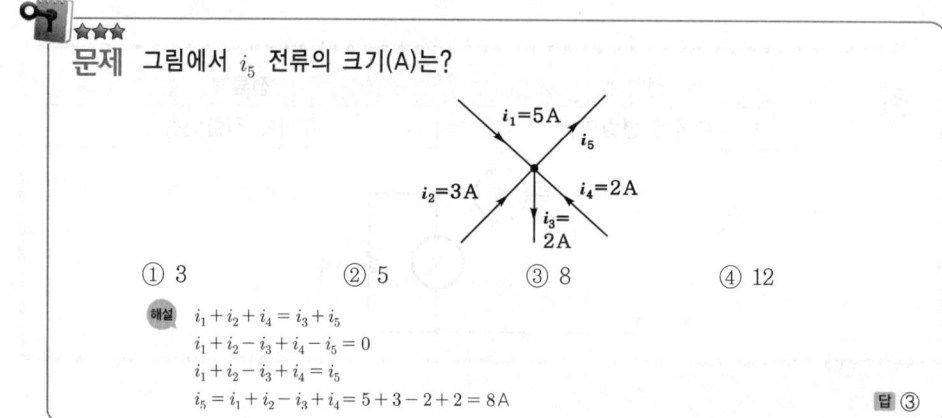

해설
$i_1+i_2+i_4=i_3+i_5$
$i_1+i_2-i_3+i_4-i_5=0$
$i_1+i_2-i_3+i_4=i_5$
$i_5=i_1+i_2-i_3+i_4=5+3-2+2=8\text{A}$

답 ③

(2) **제 2 법칙**(전압평형의 법칙=전압법칙)

"회로망 중의 임의의 폐회로의 기전력의 대수합과 전압강하의 대수합은 같다."는 법칙

$$E_1 + E_2 + E_3 + \dots + E_n = IR_1 + IR_2 + IR_3 + \dots + IR_n$$

또는

$$\Sigma E = \Sigma IR$$

$E_1 - E_2 = I_1 R_1 - I_2 R_2$

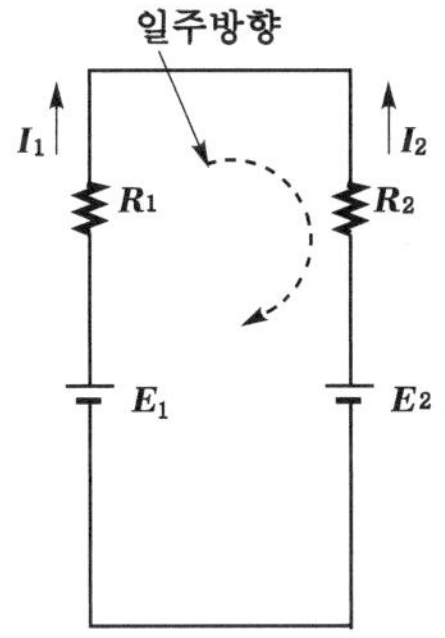

▌키르히호프의 제2법칙▐

> **중요**
>
> **키르히호프의 전압법칙 이용**
>
> ① **집중정수회로**에 적용
>
> ② 회로소자의 **선형 · 비선형**에 관계없이 적용
>
> ③ 회로소자의 **시변 · 시불변성**에 **적용**을 **받지 않음**

3 전력과 열량

1 전력과 전력량

(1) **전력**

옴의 법칙에서

$$V = IR,\ I = \frac{V}{R} \text{이므로}$$

전력 P는

$$P = VI = I^2R = \frac{V^2}{R}\,[\text{W}]$$

여기서, P : 전력[W], V : 전압[V], I : 전류[A], R : 저항[Ω]

중요

저항이 변할 때	저항이 동일할 때
$P = VI$	$P = I^2R = \dfrac{V^2}{R}$

Key Point

✻ 회로망
복잡한 전기회로에서 회로가 구성하는 일정한 망

✻ 폐회로
회로망 중에서 닫혀진 회로

✻ 전력
1초 동안에 전기가 하는 일의 양

✻ 전력량
일정한 시간 동안 전기가 하는 일의 양

✻ 전류의 3대 작용
① 발열작용(열작용)
② 자기작용
③ 화학작용

Key Point

문제 부하저항 R〔Ω〕에 5A의 전류가 흐를 때 소비전력이 500W이었다. 부하저항 R은 몇 Ω인가?

① 5 ② 10
③ 20 ④ 100

해설 (1) 기호

- I : 5A
- P : 500W
- R : ?

(2) $P=I^2R$에서

저항 $R=\frac{P}{I^2}=\frac{500}{5^2}=20\,\Omega$

답 ③

(2) 전력량

옴의 법칙 $V=IR$에서

$$W=VIt=I^2Rt=Pt\,[\mathrm{J}]$$

여기서, W : 전력량〔J〕, P : 전력〔W〕, V : 전압〔V〕
I : 전류〔A〕, t : 시간〔s〕, R : 저항〔Ω〕

2 전류의 발열작용(열작용)－줄의 법칙

※ 전류의 발열작용
전열기에 전류를 흘리면 열이 발생하는 현상

① 열량

$H=I^2Rt\,[\mathrm{J}]$

$H=0.24I^2Rt\,[\mathrm{cal}]$ (1J＝0.24cal)

가 된다. 이것을 줄의 법칙(Joule's law)이라 한다.

※ 줄의 법칙

$H=0.24I^2Rt\,[\mathrm{cal}]$

여기서, H : 발열량〔cal〕
I : 전류〔A〕
R : 저항〔Ω〕
t : 시간〔s〕

② 전열기의 용량

$$860P\eta t=M(T_2-T_1)$$

여기서, P : 용량〔kW〕, η : 효율
t : 소요시간〔h〕, M : 질량〔l〕
T_2 : 상승후 온도〔℃〕, T_1 : 상승전 온도〔℃〕

※ 열회로의 **열량**은 전기회로의 **전기량**에 해당된다.

※ 마력과 와트의 관계
1HP＝746W

참고

열량

$$H=0.24Pt=m(T_2-T_1)$$

여기서, H : 열량〔cal〕 m : 질량〔g〕
P : 전력〔W〕 T_2 : 상승후 온도〔℃〕
t : 시간〔s〕 T_1 : 상승전 온도〔℃〕

Key Point

★★★

문제 500W 전열기를 5분간 사용하면 20℃의 물 1kg을 몇 ℃로 올릴 수 있는가?
(500W: P, 5분간: t, 20℃: T_1, 1kg: m, ℃: T_2)

① 36 ② 46 ③ 56 ④ 66

해설 (1) 기호

- P : 500W
- t : 5분=5×60=300초(1분=60초이므로)
- T_1 : 20℃
- m : 1kg
- T_2 : ?

(2) $H=0.24Pt=m(T_2-T_1)$ 에서

$$0.24Pt=m(T_2-T_1)$$

$$\frac{0.24Pt}{m}=T_2-T_1$$

$$\frac{0.24Pt}{m}+T_1=T_2$$

$$\therefore\ T_2=\frac{0.24Pt}{m}+T_1=\frac{0.24\times500\times5\times60}{1\times10^3}+20=56\,℃$$

답 ③

중요 단위

1W=1J/s	$1\text{N}=10^5\text{dyne}$
1J=1N · m	1kg=9.8N
$1\text{J}=0.24\text{cal}=10^7\text{erg}$	$1\text{kWh}=3.6\times10^6\text{J}=860\text{kcal}$
1BTU=0.252kcal=252cal	

4 전기저항

1 고유저항

(1) 고유저항

$$R=\rho\frac{l}{A}=\rho\frac{l}{\pi r^2}\,[\Omega]$$

여기서, R : 저항[Ω], ρ : 고유저항[Ω · m]
A : 도체의 단면적[m^2], l : 도체의 길이[m]
r : 도체의 반지름[m]

단위는 [Ω · m], [Ω · cm], [$\Omega\cdot\text{mm}^2/\text{m}$]로 나타낸다.
($1\Omega\cdot\text{m}=10^2\Omega\cdot\text{cm}=10^6\Omega\cdot\text{mm}^2/\text{m}$)

위 식에서 고유저항 ρ는

$$\rho=\frac{R[\Omega]\cdot A[\text{m}^2]}{l[\text{m}]}=\frac{RA}{l}\,[\Omega\cdot\text{m}]$$

★★

문제 MKS 단위계로 고유저항의 단위는?

① [Ω · m] ② [$\Omega\cdot\text{mm}^2/\text{m}$]
③ [μΩ · cm] ④ [Ω · cm]

해설 **고유저항**의 **단위** : [Ω · m], [Ω · cm], [$\Omega\cdot\text{mm}^2/\text{m}$]
여기서는 MKS 단위계이므로 [Ω · m]가 해당된다.

답 ①

✻ 고유저항
전류의 흐름을 방해하는 물질의 고유한 성질

✻ 고유저항의 MKS 단위
[Ω · m]

Key Point

※ 도전율
고유저항의 역수. 단위는 〔℧/m〕, 기호는 σ로 나타낸다.

※ 컨덕턴스
저항의 역수. 단위는 〔℧〕, 기호는 G로 나타낸다.

※ 허용전류
전선에 안전하게 흘릴 수 있는 최대 전류

※ 저항의 온도계수
온도변화에 의한 저항의 변화를 비율로 나타낸 것

(2) 도전율

$$\sigma = \frac{1}{\rho} = \frac{1}{\frac{RA}{l}} = \frac{l}{RA}\left[\frac{℧}{\mathrm{m}}\right]$$

단위는 $\left[\frac{℧}{\mathrm{m}}\right] = \left[\frac{1}{\Omega \cdot \mathrm{m}}\right] = \left[\frac{\Omega^{-1}}{\mathrm{m}}\right]$로 나타낸다.

※ **도전율** : 전해액의 농도에 비례하고 고유저항에 반비례한다.

2 저항의 온도계수

① 도체의 저항

$$R_2 = R_1[1+\alpha_{t_1}(t_2-t_1)]〔\Omega〕$$

여기서, R_1 : t_1〔℃〕에 있어서의 도체의 저항〔Ω〕
R_2 : t_2〔℃〕에 있어서의 도체의 저항〔Ω〕
t_1 : 상승 전의 온도〔℃〕 t_2 : 상승 후의 온도〔℃〕
α_{t_1} : t_1〔℃〕에서의 저항온도계수

★★★

문제 20℃(t_1)에서 저항온도계수 α_{20} = 0.004인 저항선의 저항이 100Ω(R_1)이다. 이 저항선의 온도가 80℃(t_2)로 상승될 때 저항(R_2)은 몇 Ω이 되겠는가?

① 24 ② 48 ③ 72 ④ 124

해설 (1) 기호
- t_1 : 20℃
- α_{20} : 0.004
- R_1 : 100Ω
- t_2 : 80℃
- R_2 : ?

(2) $R_2 = R_1[1+\alpha_{t_1}(t_2-t_1)] = 100〔1+0.004\ (80-20)\ 〕= 124\Omega$

답 ④

② t_1〔℃〕에 있어서의 저항 온도계수

$$\alpha_{t_1} = \frac{1}{234.5+t_1}〔1/℃〕$$

여기서, α_{t_1} : t_1〔℃〕에서의 저항온도계수
t_1 : 상승전의 온도〔℃〕

비교

온도가 올라가면 저항이 감소하는 물질
(1) **반도체**(semiconductor) : **규소, 게르마늄, 탄소, 아산화동** 등
(2) **전해질**(electrolyte) : 물에 용해하여 전류를 잘 흐를 수 있게 할 수 있는 물질. 소금, 황산(H_2SO_4)

※ 금속체의 전기저항 : **온도상승**에 따라 **증가**한다.

※ 온도상승시 저항 감소 물질
① 규소
② 게르마늄
③ 탄소
④ 아산화동

Key Point

3 여러 가지 저항

(1) 여러 가지 물질의 고유저항

① **도체**(conductor) : $10^{-4}\Omega \cdot m$ 이하. 구리(Cu), 은(Ag), 백금(Pt), 수은(Hg)
② **반도체**(semiconductor) : $10^{-4} \sim 10^{6}\Omega \cdot m$. 게르마늄(Ge), 규소(Si), 탄소(C), 아산화동
③ **절연체**(insulator) : $10^{4}\Omega \cdot m$ 이상. 고무, 유리, 페놀수지

(2) 전해질(electrolyte)

소금, 황산(H_2SO_4) 등과 같이 물에 용해되어 전류를 잘 흐르게 할 수 있는 물질을 **전해질**이라 하고, 이 전해질의 용액을 **전해액**이라 한다.

5 여러 가지 효과

1 열전효과(Thermoelectric effect)

효 과	설 명
제에벡 효과(Seebeck effect) =제벡효과	① 다른 종류의 금속선으로 된 폐회로의 두접합점의 **온도**를 달리하였을 때 전기(**열기전력**)가 발생하는 효과 ② 이종 금속을 접합하여 **폐회로**를 만든 후 두 접합점의 온도를 다르게 하여 **열전류**를 얻는 열전현상
펠티에 효과(Peltier effect)	두 종류의 금속으로 된 회로에 **전류**를 통하면 각 접속점에서 열의 흡수 또는 발생이 일어나는 현상
톰슨 효과(Thomson effect)	① 균질의 철사에 **온도구배**가 있을 때 여기에 전류가 흐르면 열의 흡수 또는 발생이 일어나는 현상 ② 동종 금속도선의 두 점 간에 온도차를 주고 고온쪽에서 저온쪽으로 **전류**를 흘리면, 줄열 이외에 도선 속에서 **열**이 발생하거나 흡수가 일어나는 현상

중요 열전효과를 이용한 것
① 열전대전류계
② 열전온도계
③ 열전발전

2 여러 가지 효과

효 과	설 명
홀 효과(Hall effect)	전류가 흐르고 있는 도체에 **자계**를 가하면 도체 측면에는 정부의 전하가 나타나 두면 간에 전위차가 발생하는 현상
핀치 효과(Pinch effect)	전류가 **도선 중심**으로 흐르려고 하는 현상
압전기 효과(piezoelectric effect)	**수정, 전기석, 로셀염** 등의 결정에 전압을 가하면 일그러짐이 생기고, 반대로 압력을 가하여 일그러지게 하면 전압을 발생하는 현상

※ 열전효과
① 제에벡 효과
② 펠티에 효과
③ 톰슨 효과

※ 열기전력에 관한 법칙
① 제에벡 효과
② 중간온도의 법칙
③ 중간금속의 법칙

※ 홀 효과
반드시 외부에서 자계를 가할 때만 일어나는 효과

Key Point

6 전류의 화학작용과 전지

1 패러데이의 법칙(Faraday's law)

① 전기분해에 의해서 석출되는 물질의 양은 전해액을 통과한 총전기량에 비례한다.
② 전기량이 일정할 때 석출되는 물질의 양은 **화학당량**(chemical equivalent)에 비례한다.

※ 화학당량
어떤 원소의 원자량을 원자가로 나눈 값
(화학당량 $= \frac{\text{원자량}}{\text{원자가}}$)

2 전 지

(1) 전지의 종류

① **1차 전지** : 한번 방전하면 재차 사용할 수 없는 전지(건전지)
② **2차 전지** : 방전 방향과 반대 방향으로 충전하여 몇번이고 계속 사용할 수 있는 전지(납 · 알칼리 축전지)

※ 전지
화학변화에 의해서 생기는 에너지, 열, 빛 등의 물리적인 에너지를 전기에너지로 변환하는 장치

(2) 망가니즈(르클랑세) 건전지

① **양극** : 탄소(C)
② **음극** : 아연(Zn)
③ **전해액** : 염화암모늄 용액($NH_4Cl + H_2O$)
④ **감극제** : 이산화망가니즈(MnO_2)

※ 분극(성극)작용
① 전지에 부하를 걸면 양극 표면에 수소가스가 생겨 전류의 흐름을 방해하는 현상
② 일정한 전압을 가진 전지에 부하를 걸면 단자전압이 저하되는 현상

※ 감극제
분극작용을 막기 위해 쓰이는 물질

중요 **수은도금과 전기도금**

수은도금	전기도금
전지의 **국부작용**을 **방지**하는 방법	황산용액에 **양극**으로 **구리막대**, **음극**으로 **은막대**를 두고 전기를 통하면 은막대가 구리색이 나는 것

(3) 연(납)축전지

2차전지의 대표적인 것이 연축전지(lead storage battery)이다.

① **양극** : 이산화납(PbO_2)
② **음극** : 납(Pb)
③ **전해액** : 묽은 황산 ($2H_2SO_4 = H_2SO_4 + H_2O$)
④ **비중** : 1.2~1.3
⑤ **화학반응식**

$$\underset{(+)}{PbO_2} + \underset{(\text{전해액})}{2H_2SO_4} + \underset{(-)}{Pb} \underset{\text{충전}}{\overset{\text{방전}}{\rightleftarrows}} \underset{(+)}{PbSO_4} + \underset{(\text{물})}{2H_2O} + \underset{(-)}{PbSO_4}$$

※ 국부작용
① 전지의 전극에 사용하고 있는 아연판이 불순물에 의한 전지작용으로 인해 자기방전하는 현상
② 전지를 쓰지 않고 오래두면 못쓰게 되는 현상

중요 연축전지

① 충방전시의 물질

구 분	충전시	방전시
양극물질	**과산화연**(PbO_2)	**황산연**($PbSO_4$)
음극물질	**연**(Pb)	

② 충방전시의 색

구 분	충전시	방전시
양극판	적갈색	회백색
음극판	회백색	

(4) 표준전지

표준전지로서 현재에 사용되고 있는 것은 **클라크전지, 웨스턴전지** 등이 있다.

① **양극** : 수은(Hg)

② **음극** : Cd아말감

③ **전해액** : 황산카드뮴($CdSO_4$)

④ **기전력** : 20℃에서 1.0183V

⑤ **내부저항** : 500Ω 이내

문제 표준전지로서 현재에 사용되고 있는 것은?

① 다니엘전지 ② 클라크전지

③ 카드뮴전지 ④ 태양열전지

해설 ② **표준전지** : 클라크전지 · 웨스턴전지

답 ②

(5) 전지의 접속

① **직렬접속**

기전력이 각각 E_1, E_2, E_3〔V〕이고 내부저항이 r_1, r_2, r_3〔Ω〕인 전지를 직렬로 연결하고 외부저항 R〔Ω〕의 저항을 접속할 때 흐르는 전류 I는 키르히호프 제2법칙에 의해

$$E_1 + E_2 + E_3 = Ir_1 + Ir_2 + Ir_3 + IR$$

$$= I(r_1 + r_2 + r_3 + R)$$

$$\therefore I = \frac{E_1 + E_2 + E_3}{r_1 + r_2 + r_3 + R} \text{〔A〕}$$

Key Point

※ 전리
원자 또는 분자가 에너지를 받아 양이온과 음이온으로 분리되는 현상

※ 전지의 내부저항
작을수록 좋다.

※ 표준전지
① 클라크전지
② 웨스턴전지

※ 공칭용량

연축전지	알칼리 축전지
10Ah	5Ah

Key Point

＊ 전지의 접속

① 직렬접속

$$I=\frac{nE}{nr+R}\,[\mathrm{A}]$$

② 병렬접속

$$I=\frac{E}{\frac{r}{m}+R}\,[\mathrm{A}]$$

③ 직 · 병렬접속

$$I=\frac{nE}{\frac{n}{m}r+R}\,[\mathrm{A}]$$

여기서,
I : 전류[A]
n : 직렬연결개수
m : 병렬연결개수
r : 내부저항[Ω]
R : 외부저항[Ω]

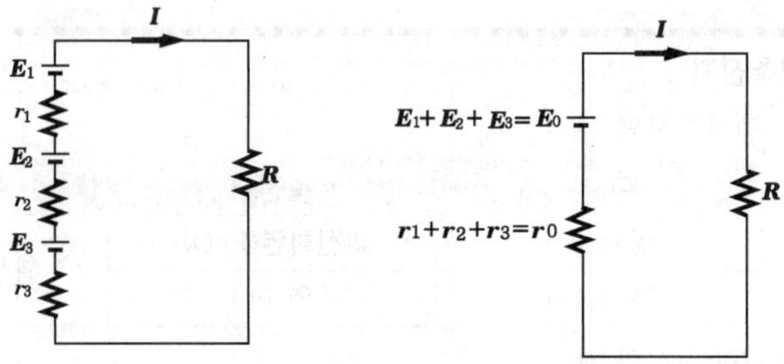

▍전지의 직렬접속과 등가회로▍

그러므로 같은 전지 n 개를 직렬로 접속하면

$E_0 = nE,\quad r_0 = nr$ 이므로

$nE = I(nr + R)$

$$\therefore I = \frac{nE}{nr+R}\,[\mathrm{A}]$$

② **병렬접속**

같은 전지 m 개를 병렬로 접속하면 $E_0 = E,\ r_0 = \frac{r}{m}$ 이므로

$$E = I\left(\frac{r}{m} + R\right)$$

$$\therefore I = \frac{E}{\frac{r}{m}+R}\,[\mathrm{A}]$$

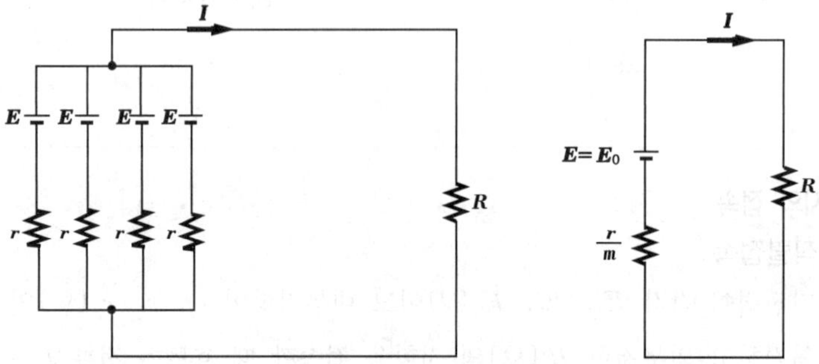

▍전지의 병렬접속과 등가회로▍

③ **직 · 병렬 접속**

같은 전지 n 개를 직렬로 접속한 것을 m 줄 만들어 이 m 줄을 병렬로 접속하면

$E_0 = nE,\quad r_0 = \frac{n}{m}r$ 이므로

$$nE = I\left(\frac{n}{m}r + R\right)$$

$$\therefore I = \frac{nE}{\frac{n}{m}r + R}$$

단위의 배수

명 칭	기 호	크 기	명 칭	기 호	크 기
테 라	T	10^{12}	데 시	d	10^{-1}
기 가	G	10^{9}	센 티	c	10^{-2}
메 가	M	10^{6}	밀 리	m	10^{-3}
킬 로	k	10^{3}	마이크로	μ	10^{-6}
헥 토	h	10^{2}	나 노	n	10^{-9}
데 카	D	10^{1}	피 코	p	10^{-12}

Key Point

* 단위의 배수
① 메가(M) : 10^6
② 킬로(k) : 10^3
③ 센티(c) : 10^{-2}
④ 밀리(m) : 10^{-3}
⑤ 마이크로(μ) : 10^{-6}
⑥ 피코(p) : 10^{-12}

CHAPTER 02

정전계

Key Point

1 콘덴서와 정전용량

출제확률 4.8% (1문제)

1 정전계의 발생

(1) 정전력

정(+)전하와 부(−)전하, 두 전하 사이에 작용하는 힘을 **정전력**(electrostatic force)이라 하고, **같은 전하**끼리는 **반발**하고 **다른 전하**끼리는 **흡인**한다.

※ **톰슨의 정리** : 정전계는 전계에너지가 최소로 되는 전하분포의 전계이다.

(2) 정전유도

대전체 A에 대전되지 않은 도체 B를 가까이 하면 A에 가까운 쪽에는 다른 종류의 전하가, 먼쪽에는 같은 종류의 전하가 나타나는데 이 현상을 **정전유도**(electrostatic induction)라고 한다.

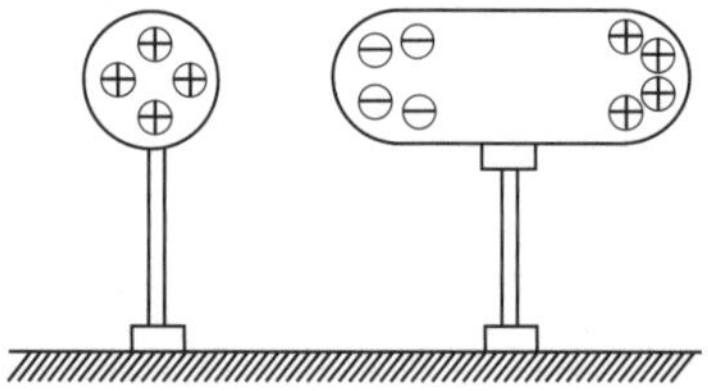

| 정전유도 |

※ 정전유도에 의하여 작용하는 힘 : **흡인력**

2 정전용량 및 콘덴서

(1) 정전용량

콘덴서가 전하를 축적할 수 있는 능력을 **정전용량**(electrostatic capacity)이라 하며, 기호는 C, 단위는 F(farad)로 나타낸다.

$$Q = CV \text{ [C]}, \quad C = \frac{Q}{V} = \frac{\varepsilon A}{d} \text{ [F] 또는 } C = \frac{\varepsilon S}{d}$$

여기서, Q : 전하(전기량)[C], C : 정전용량[F]
V : 전압[V], A또는 S : 극판의 면적[m^2]
d : 극판간의 간격[m], ε : 유전율[F/m] $\varepsilon = \varepsilon_0 \cdot \varepsilon_s$
ε_0 : 진공의 유전율[F/m], ε_s : 비유전율[단위없음]

※ 정전력
전하 사이에 작용하는 힘

※ 정전기
물체 위에 머물고 있는 전하

※ 대전
어떤 물질이 전기의 성질을 띠는 현상

※ 전하
물질이 가지고 있는 전기의 양, 자하와 구별

※ 콘덴서
2개의 도체 사이에 절연물을 넣어서 정전용량을 가지게 한 소자. 커패시터(capacitor)라고도 함

※ 전기량
전하가 가지고 있는 전기의 양

Key Point

＊ 유전율
콘덴서에서 유전체를 삽입하였을 때의 정전용량(C)과, 유전체가 없는 진공 중에 있어서의 정전용량(C_0)의 비 $\left(\varepsilon=\frac{C}{C_0}\right)$

＊ 비유전율
물질의 유전율과 진공의 유전율과의 비(공기 중 또는 진공 중 $\varepsilon_s=1$)

＊ 콘덴서의 접속
① 직렬접속

$$C=\frac{C_1 C_2}{C_1+C_2}\,[\text{F}]$$

② 병렬접속

$$C=C_1+C_2\,[\text{F}]$$

여기서,
C : 합성정전용량[F]
C_1, C_2 : 각각의 정전용량[F]

★ **문제** 정전용량(farad)과 같은 단위는?

① V/m ② C/A
③ C/V ④ N・m

해설

$$C=\frac{Q}{V}$$

여기서, C : 정전용량[F]
V : 전압[V]
Q : 전기량(전하)[C]

$$C\,[\text{F}]=\frac{Q\,[\text{C}]}{V\,[\text{V}]}$$

답 ③

위 식에서 콘덴서가 큰 정전용량을 얻기 위해서는

① 극판의 면적(A)을 넓게
② 극판 간의 간격(d)을 좁게
③ 비유전율(ε_s)이 큰 절연물을 사용하면 된다.

※ **지구**는 정전용량이 커서 **전위**가 거의 **일정**하다.

중요 **역수관계**

구 분	역 수
저항	컨덕턴스
리액턴스	서셉턴스
임피던스	어드미턴스
정전용량	엘라스턴스

(2) 콘덴서의 접속

① 직렬접속

(가) 각 콘덴서의 전압

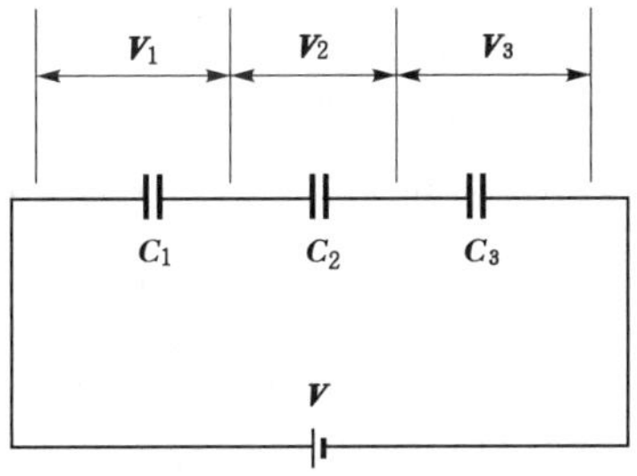

| 직렬접속 |

$$V_1=\frac{Q}{C_1}\,[\text{V}],\quad V_2=\frac{Q}{C_2}\,[\text{V}],\quad V_3=\frac{Q}{C_3}\,[\text{V}]$$

Key Point

여기서, V_1 : C_1에 걸리는 전압[V]
V_2 : C_2에 걸리는 전압[V]
V_3 : C_3에 걸리는 전압[V]
Q : 전하(전기량)[C]
$C_1 \cdot C_2 \cdot C_3$: 각각의 정전용량[F]

※ 엘라스턴스

$$l = \frac{1}{C} = \frac{V}{Q}$$

여기서,
l : 엘라스턴스$\left[\frac{1}{F}\right]$
C : 정전용량[F]
V : 전위차(전압)[V]
Q : 전기량(전하)[C]

(나) 합성 정전용량

$$C = \frac{1}{\frac{1}{C_1} + \frac{1}{C_2} + \frac{1}{C_3}} \text{[F]}$$

여기서, C : 합성정전용량[F]
$C_1 \cdot C_2 \cdot C_3$: 각각의 정전용량[F]

② **병렬접속**

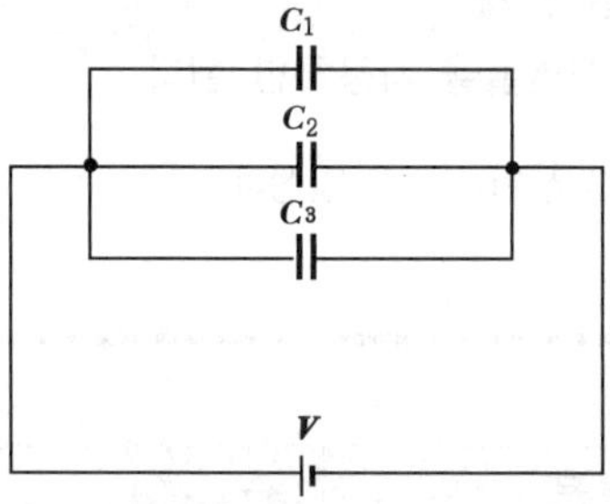

병렬접속

(가) 각 콘덴서에 축적되는 전하

$Q_1 = C_1 V$[C], $Q_2 = C_2 V$[C], $Q_3 = C_3 V$[C]

여기서, $Q_1 \cdot Q_2 \cdot Q_3$: 각 콘덴서에 축적되는 전하[C]
$C_1 \cdot C_2 \cdot C_3$: 각각의 정전용량[F]
V : 전압[V]

(나) 합성정전용량

$$C = C_1 + C_2 + C_3 \text{[F]}$$

여기서, C : 합성정전용량[F]
$C_1 \cdot C_2 \cdot C_3$: 각각의 정전용량[F]

중요

(1) 각각의 전기량

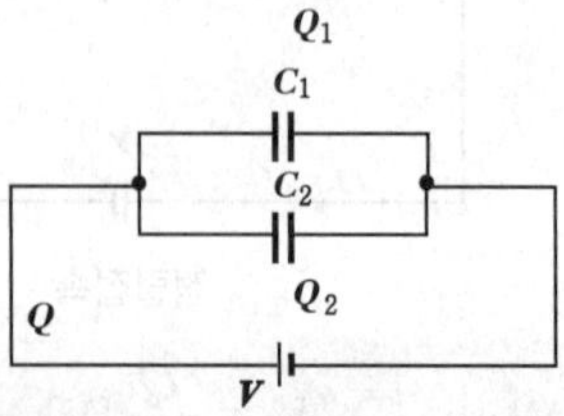

$$Q_1 = \frac{C_1}{C_1 + C_2} Q \qquad Q_2 = \frac{C_2}{C_1 + C_2} Q$$

여기서, Q_1 : C_1의 전기량〔C〕
Q_2 : C_2의 전기량〔C〕
$C_1 \cdot C_2$: 각각의 정전용량〔F〕
Q : 전체 전기량〔C〕

(2) 각각의 전압

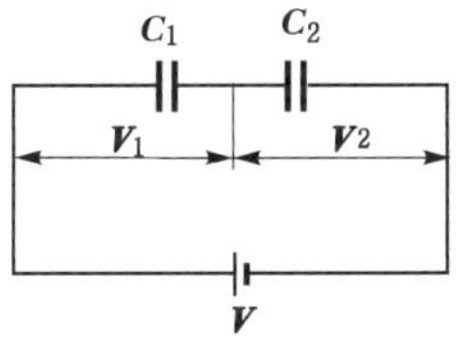

$$V_1 = \frac{C_2}{C_1 + C_2} V$$

$$V_2 = \frac{C_1}{C_1 + C_2} V$$

여기서, V_1 : C_1에 걸리는 전압〔V〕
V_2 : C_2에 걸리는 전압〔V〕
$C_1 \cdot C_2$: 각각의 정전용량〔F〕
V : 전체 전압〔V〕

2 전 계

1 전계의 세기

(1) 쿨롱의 법칙(Coulom's law)

$$F = \frac{1}{4\pi\varepsilon} \cdot \frac{Q_1 Q_2}{r^2} = 9 \times 10^9 \times \frac{Q_1 Q_2}{\varepsilon_s r^2} \text{〔N〕}$$

여기서, F : 두 전하 사이에 작용하는 힘〔N〕
ε : 유전율〔F/m〕 $\varepsilon = \varepsilon_0 \cdot \varepsilon_s$
ε_0 : 진공의 유전율〔F/m〕
ε_s : 비유전율〔단위없음〕

위 식에서 ε_0는

$$\varepsilon_0 = \frac{10^7}{4\pi C^2} = 8.855 \times 10^{-12} \text{F/m}$$

여기서, ε_0 : 진공의 유전율〔F/m〕
C : 광(光)속도 ($C = 3 \times 10^8$ m/s)

＊ 쿨롱의 법칙

$$F = \frac{Q_1 Q_2}{4\pi\varepsilon r^2}$$

여기서,
F : 정전력〔N〕
Q_1, Q_2 : 전하〔C〕
ε : 유전율〔F/m〕
r : 거리〔m〕

＊ 진공의 유전율

$\varepsilon_0 = 8.855 \times 10^{-12}$ F/m

Key Point

★★
문제 진공의 유전율 $10^7/4\pi C^2$ 와 같은 값(F/m)은? (단, C는 광속도라 한다.)

① 8.855×10^{-10} ② 8.855×10^{-12}
③ 9×10^2 ④ 36×10^9

해설 진공의 유전율 ε_0는

$$\varepsilon_0 = \frac{10^7}{4\pi C^2}$$
$$= \frac{10^7}{4\pi\times(3\times10^8)^2}$$
$$= 8.855\times10^{-12}\text{F/m}$$

답 ②

(2) 전계와 전기력선

정전력의 영향을 받는 영역을 **전계**(electric field) 또는 **전기장**, **전장**이라 하고 전계의 상태를 나타내기 위한 가상의 선을 **전기력선**(line of electric field)이라 한다.

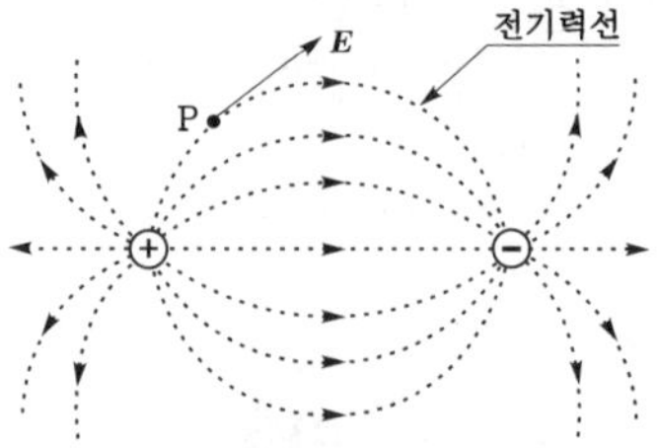

전기력선

중요

전기력선의 기본성질

① **정(+)전하**에서 **시작**하여 **부(−)전하**에서 끝난다.
② 전기력선의 접선방향은 그 접점에서의 **전계의 방향과 일치**한다.
③ 전위가 **높은 점에서 낮은 점**으로 향한다.
④ 그 자신만으로 **폐곡선이 안 된다**.
⑤ 전기력선은 서로 **교차하지 않는다**.
⑥ 단위 전하에서는 $1/\varepsilon_0$ 개의 전기력선이 출입한다.
⑦ 전기력선은 도체표면(등전위면)에서 **수직으로 출**입한다.
⑧ 전하가 없는 곳에서는 전기력선의 발생, 소멸이 없고 연속적이다.
⑨ **도체 내부**에는 **전기력선이 없다**.

※ 전기력선의 기본 성질
★꼭 기억하세요★

※ 전기력선의 총수

전기력선의 총수$=\dfrac{Q}{\varepsilon}$

여기서, ε : 유전율
Q : 전하[C]

※ 자기력선의 총수

자기력선의 총수$=\dfrac{m}{\mu}$

여기서, μ : 투자율
m : 자극의 세기 [Wb]

★★
문제 전기력선의 설명 중 틀리게 설명한 것은?

① 전기력선의 방향은 그 점의 전계의 방향과 일치하여 밀도는 그 점에서의 전계의 세기와 같다.
② 전기력선은 부전하(정전하)에서 시작하여 정전하(부전하)에서 그친다.
③ 단위 전하에서는 $1/\varepsilon_0$개의 전기력선이 출입한다.
④ 전기력선은 전위가 높은 점에서 낮은 점으로 향한다.

답 ②

(3) 전계의 세기

전계 중에 +1C의 전하를 놓을 때 여기에 작용하는 정전력을 그 점의 **전계의 세기**(intensity of electric-field)라고 하고, 기호는 E, 단위는 〔V/m 또는 N/C〕으로 나타낸다.

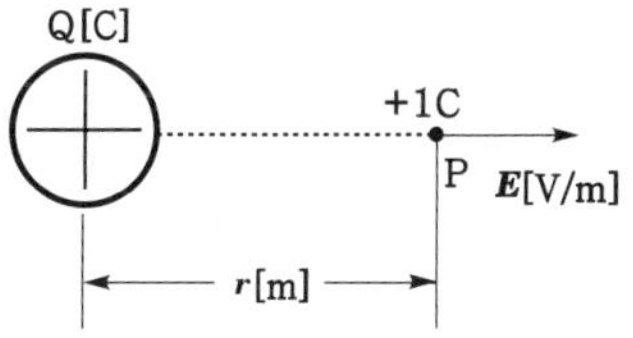

전계의 세기

※ **전계의 세기** : 가우스(Gauss)의 정리를 이용하여 구할 수 있다.

① 전계의 세기

$$E = \frac{1}{4\pi\varepsilon} \cdot \frac{Q}{r^2} = K\frac{Q}{r^2} = 9\times10^9 \times \frac{Q}{\varepsilon_s r^2} \text{〔V/m〕 또는 } E = \frac{V}{d}$$

여기서, E : 전계의 세기〔V/m〕, ε : 유전율〔F/m〕 $\varepsilon = \varepsilon_0 \cdot \varepsilon_s$
ε_0 : 진공의 유전율〔F/m〕, ε_s : 비유전율
Q : 전하〔C〕 r : 거리〔m〕
V : 전압〔V〕 d : 두께〔m〕
K : 비례상수$\left(\frac{1}{4\pi\varepsilon}\right)$

② 전위

$$V_P = \frac{1}{4\pi\varepsilon} \cdot \frac{Q}{r} = K\frac{Q}{r} = 9\times10^9 \times \frac{Q}{\varepsilon_s r} \text{〔V〕}$$

여기서, V_p : P점에서의 전위〔V〕 ε : 유전율〔F/m〕 $\varepsilon = \varepsilon_0 \cdot \varepsilon_s$
Q : 전하〔C〕 r : 거리〔m〕
K : 비례상수$\left(\frac{1}{4\pi\varepsilon}\right)$

③ 전하 사이에 작용하는 힘

$$F = \frac{1}{4\pi\varepsilon} \cdot \frac{Q_1 Q_2}{r^2} = K\frac{Q_1 Q_2}{r^2} = QE \text{〔N〕}$$

여기서, F : 두 전하 사이에 작용하는 힘〔N〕
ε : 유전율〔F/m〕
$\varepsilon = \varepsilon_0 \cdot \varepsilon_s$ (ε_0 : 진공의 유전율〔F/m〕, ε_s : 비유전율)
$Q_1 Q_2$: 전하〔C〕
r : 거리〔m〕
K : 비례상수$\left(\frac{1}{4\pi\varepsilon}\right)$
E : 전계의 세기〔V/m〕

2 전속과 전속밀도

전계 중에 금속판을 넣으면 금속판 양쪽에 $\pm Q$〔C〕의 전하가 유도되는데 이 작용을 나타내기 위한 가상의 선을 **전속**(dielectric flux) 또는 **유전속**이라 하며, 기호는 Q, 단위는 C〔coulomb〕으로 나타낸다.

또 단위 면적당의 전속을 **전속밀도**(dielectric flux density)라 하며, 기호는 D, 단위는 〔C/m²〕으로 나타낸다.

$$D = \frac{Q}{A} = \frac{Q}{4\pi r^2} \text{〔C/m}^2\text{〕} = \varepsilon_0 \varepsilon_s E$$

Key Point

＊ 전계의 세기
전계 중에 단위 전하를 놓았을 때 그것에 작용하는 힘

$E = \frac{Q}{4\pi\varepsilon r^2}$〔V/m〕

여기서
E : 전계의 세기〔V/m〕
Q : 전하〔C〕
ε : 유전율〔F/m〕
r : 거리〔m〕

＊ 전속
전하의 상태를 나타내기 위한 가상의 선

＊ 전기력선
전계의 상태를 나타내기 위한 가상의 선

＊ 전속밀도

$D = \varepsilon_0 \varepsilon_s E$〔C/m²〕

여기서,
D : 전속밀도〔C/m²〕
ε_0 : 진공의 유전율〔F/m〕
ε_s : 비유전율
E : 전계의 세기〔V/m〕

Key Point

여기서, D : 전속밀도[C/m^2], A : 단면적[m^2], Q : 전속[C], r : 거리[m], ε_0 : 진공의 유전율[F/m], ε_s : 비유전율, E : 전계의 세기[V/m]

위 식에서 분자, 분모에 ε를 곱하면

$$D = \frac{\varepsilon\, Q}{4\pi\, \varepsilon\, r^2} = \varepsilon E = \varepsilon_0 \varepsilon_s E \text{ [C/m}^2\text{]}$$

여기서, D : 전속밀도[C/m^2]
E : 전계의 세기[V/m]
ε : 유전율[F/m] $\varepsilon = \varepsilon_0 \cdot \varepsilon_s$
Q : 전속[C]
r : 거리[m]

※ 유전체 = 절연물

※ 정전에너지
콘덴서에 충전할 때 발생되는 에너지

$W = \frac{1}{2}QV = \frac{1}{2}CV^2 = \frac{Q^2}{2C}$ [J]

여기서,
W_0 : 정전에너지[J]
Q : 전하[C]
V : 전압[V]
C : 정전용량[F]

3 유전체 내의 에너지

(1) 정전에너지

콘덴서에 축적되는 정전에너지 W 는 $Q = CV$ [C]이므로,

$$\therefore W = \frac{1}{2}QV = \frac{1}{2}CV^2 = \frac{Q^2}{2C} \text{ [J]}$$

여기서, W : 정전에너지[J], Q : 전하[C]
V : 전압[V], C : 정전용량[F]

★ **문제** 정전용량 C 인 콘덴서에 전압 V 로 Q의 전하로 충전하였을 때의 에너지는?

① $\frac{1}{2}CQ^2$ ② $\frac{Q^2}{2C}$ ③ $\frac{1}{2}C^2Q$ ④ $\frac{C^2}{2Q}$

해설
② $W = \frac{Q^2}{2C}$

답 ②

비교

일

$$W = QV$$

여기서, W : 일[J]
Q : 전하(전기량)[C]
V : 전압[V]

※ 에너지밀도

$W_0 = \frac{1}{2}ED = \frac{1}{2}\varepsilon E^2 = \frac{D^2}{2\varepsilon}$ [J/m^3]

여기서,
W_0 : 에너지밀도[J/m^3]
E : 전계의 세기[V/m]
D : 전속밀도[C/m^2]
ε : 유전율[F/m]

(2) 에너지밀도

단위체적당 축적에너지(에너지밀도) W_0 는
$D = \varepsilon E$ [C/m^2]이므로

$$\therefore W_0 = \frac{1}{2}ED = \frac{1}{2}\varepsilon E^2 = \frac{D^2}{2\varepsilon} \text{ [J/m}^3\text{]}$$

또는 [N/m^2] (1J=1N · m)

여기서, W_0 : 에너지 밀도[J/m^3], E : 전계의 세기[V/m]
D : 전속밀도[C/m^2], ε : 유전율[F/m]
ε_0 : 진공의 유전율[F/m], ε_s : 비유전율

CHAPTER 03

자 기

1 자기회로

출제확률 13.4% (2문제)

Key Point

1 자기와 전류

(1) 자극의 세기

자석의 양끝을 **자극**(magnetic pole)이라 하며, 이 자극은 자기가 가장 크게 나타나는 부분이다.

기호는 m, 단위는 Wb(weber)로 나타낸다.

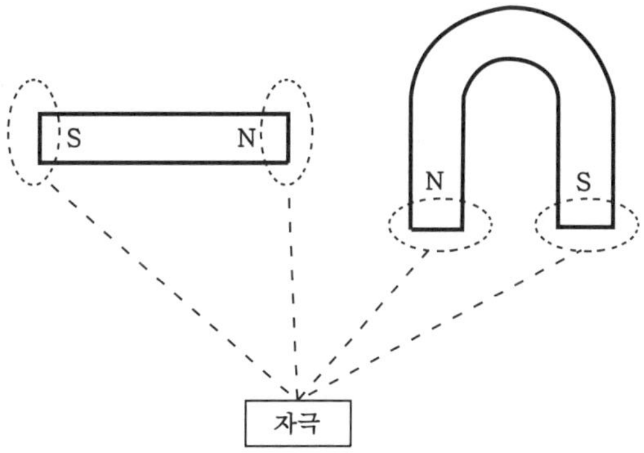

자극의 세기

(2) 쿨롱의 법칙(Coulom's law)

두 자극 사이에 작용하는 힘은 두 자극의 세기의 곱에 비례하고, 두 자극 사이의 거리의 제곱에 반비례한다.

$$F = \frac{1}{4\pi\mu} \cdot \frac{m_1 m_2}{r^2} = 6.33 \times 10^4 \times \frac{m_1 m_2}{\mu_s r^2} \text{[N]}$$

여기서, F : 두 자극 사이에 작용하는 힘[N]

μ : 투자율[H/m] $\mu = \mu_0 \cdot \mu_s$

μ_0 : 진공의 투자율[H/m]

μ_s : 비투자율[단위없음]

m_1, m_2 : 자극의 세기[Wb]

위 식에서 μ_0는 진공의 투자율(permeability)이라 하며, 그 크기는

$$\mu_0 = 4\pi \times 10^{-7} \text{H/m}$$

＊ **자기**
자석이 금속을 끌어당기는 성질

＊ **자극**
자석의 양끝을 말하는 것으로 이 부분이 자기가 가장 크다.

＊ **자력**
자석이 금속을 끌어당기는 힘

＊ **쿨롱의 법칙**

$$F = \frac{m_1 m_2}{4\pi\mu r^2} \text{[N]}$$

여기서

F : 자기력[N]

m_1, m_2 : 자하[Wb]

μ : 투자율[H/m]

r : 거리[m]

＊ **진공의 투자율**
$\mu_0 = 4\pi \times 10^{-7}$H/m

Key Point

★

문제 공기 중에서 자극 $\underset{m_1}{\underline{1.6\times10^{-4}\text{Wb}}}$와 $\underset{m_2}{\underline{2\times10^{-3}\text{Wb}}}$의 사이에 작용하는 힘이 $\underset{F}{\underline{12.66\text{N}}}$이었다면 두 자극 사이의 $\underset{r}{\underline{\text{거리}}}$(cm)는?

① 7　　② 6
③ 5　　④ 4

해설 (1) 기호

- m_1 : 1.6×10^{-4}Wb
- m_2 : 2×10^{-3}Wb
- F : 12.66N
- r : ?

(2) $F=\dfrac{m_1m_2}{4\pi\mu_o r^2}=6.33\times10^4\dfrac{m_1m_2}{r^2}$ 이므로

$$\therefore r=\sqrt{\frac{6.33\times10^4\times m_1m_2}{F}}$$
$$=\sqrt{\frac{6.33\times10^4\times1.6\times10^{-4}\times2\times10^{-3}}{12.66}}=0.04\text{m}=4\text{cm}$$

답 ④

※ 자하
물질이 가지고 있는 자기의 양. 자극의 세기와 자하는 같은 의미로 본다. 전하와 구별

※ 자계의 세기

$H=\dfrac{m}{4\pi\mu r^2}$ [AT/m]

여기서,
H : 자계의 세기[AT/m]
m : 자하[Wb]
μ : 투자율[H/m]
r : 거리[m]

(3) 자 계

자력이 작용하는 장소를 **자계**(magnetic field), 또는 **자기장**, **자장**이라 한다. 또 자계 중에 1Wb의 자하를 놓을 때 여기에 작용하는 힘을 **자계의 세기**(magnetic field intensity)라 하고 기호는 H, 단위는 [AT/m 또는 N/Wb]로 나타낸다.

① 자계의 세기

m[Wb]의 자극에서 r[m] 떨어진 점 P의 자계의 세기 H[AT/m]는

$$H=\frac{1}{4\pi\mu}\cdot\frac{m}{r^2}=6.33\times10^4\times\frac{m}{\mu_s r^2}\text{[AT/m]}$$

여기서, H : 자계의 세기[AT/m], μ : 투자율[H/m] ($\mu=\mu_0\cdot\mu_s$)
μ_0 : 진공의 투자율[H/m], μ_s : 비투자율
r : 거리[m], m : 자극의 세기[Wb]

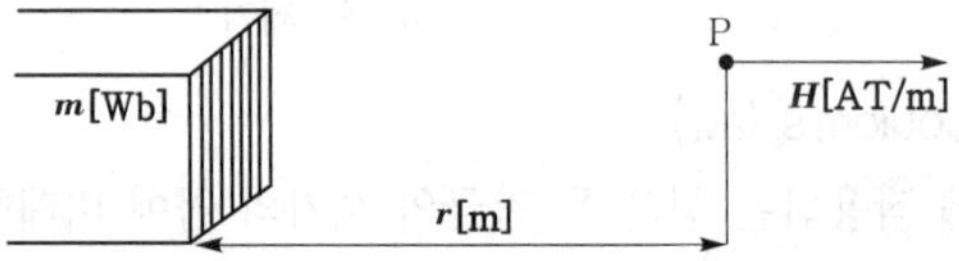

‖ 자계의 세기 ‖

② 자위

$$U_m=\frac{1}{4\pi\mu}\cdot\frac{m}{r}=6.33\times10^4\times\frac{m}{\mu_s r}\text{[AT] 또는 [A], [J/Wb]}$$

여기서, U_m : P점에서의 자위[AT], μ : 투자율[H/m] ($\mu=\mu_0\cdot\mu_s$)
m : 자극의 세기[Wb], r : 거리[m]

★

문제 $\underline{m\text{[Wb]}}$의 점 자극에 의한 자계 중에서 $\underline{r\text{[m]}}$ 거리에 있는 점의 $\underline{\text{자위}}$는?

① r에 비례한다.　　② r^2에 비례한다.
③ r에 반비례한다.　　④ r^2에 반비례한다.

해설 P점의 자위 $U_m=\dfrac{m}{4\pi\mu r}\propto\dfrac{1}{r\text{(반비례)}}$

- **분모** : 반비례, **분자** : 비례

답 ③

Key Point

③ 힘

$$F = mH\,[\text{N}]$$

여기서, F : 힘[N], m : 자극의 세기[Wb], H : 자계의 세기[AT/m]

④ 자기모멘트

자극의 세기 m [Wb]와 자석의 길이 l [m]와의 곱을 **자기모멘트**(magnetic moment)라 한다.

$$M = ml\,[\text{Wb} \cdot \text{m}]$$

여기서, M : 자기모멘트[Wb · m], m : 자극의 세기[Wb], l : 자석의 길이[m]

⑤ 자석이 받는 회전력

$$T = MH\sin\theta = mHl\sin\theta\,[\text{N} \cdot \text{m}]$$

여기서, T : 회전력[N · m], M : 자기모멘트[Wb · m]
H : 자계의 세기[AT/m], m : 자극의 세기[Wb]
l : 자석의 길이[m]

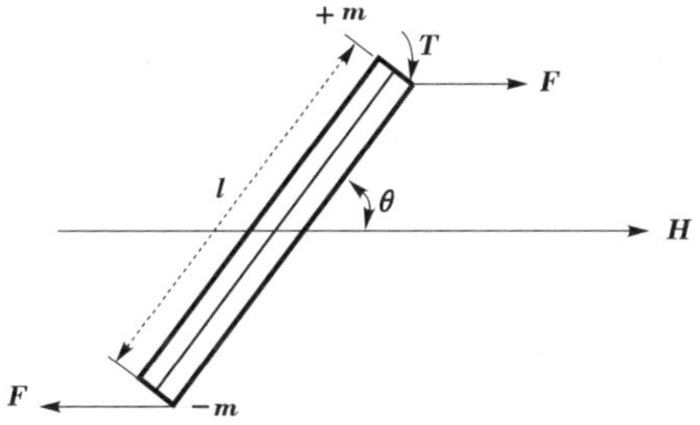

| 자석의 회전력 |

※ 회전력

$T = mHl\sin\theta\,[\text{N}\cdot\text{m}]$

여기서,
T : 회전력[N · m]
m : 자하[Wb]
H : 자계의 세기[AT/m]
l : 자석의 길이[m]
θ : 이루는 각[rad]

(4) 자기유도

① 자기유도와 자성체

철편 등을 자극에 가까이 하면 자기가 나타나는 현상을 **자기유도**(magenetic induction)라 하며, 이때 철편은 **자화**(magnetization)되었다고 한다.

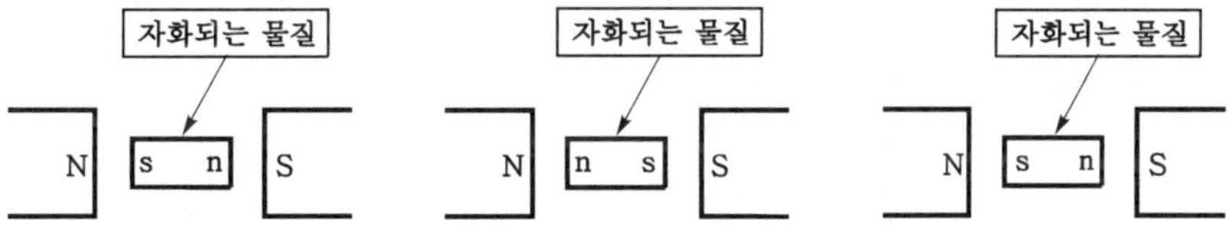

| 자성체 |

※ 자성체

자기장 중에 놓으면 자화되는 물질

㉮ **상자성체**(paramagnetic material) : 자석의 N극에 s극이, S극에 n극이 자화되는 물질. **알루미늄**(Al), **백금**(Pt)

㉯ **반자성체**(diamagnetic material) : 자석의 N극에 n극이, S극에 s극이 자화되는 물질. **금**(Au), **은**(Ag), **구리**(Cu), **아연**(Zn), **탄소**(C)

㉰ **강자성체**(ferromagnetic material) : 자석의 N극에 s극이, S극에 n극이 강하게 자화되는 물질. **니켈**(Ni), **코발트**(Co), **망가니즈**(Mn), **철**(Fe)

※ 상자성체

Al, Pt

※ 반자성체

Au, Ag, Cu, Zn, C

※ 강자성체

Ni, Co, Mn, Fe

Key Point

② 자속과 자속밀도

자계의 상태를 나타내기 위한 가상의 선을 **자력선**(line of magnetic force)이라 하고 자극에서 나오는 전체의 자력선수를 **자속**(magnetic flux)이라 하며, 기호는 ϕ, 단위는 〔Wb〕로 나타낸다.

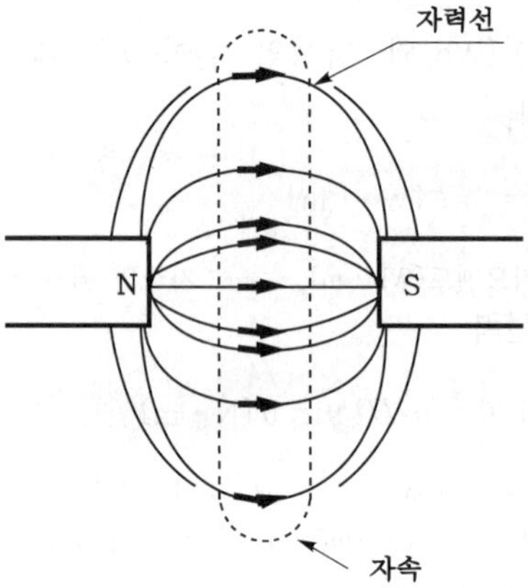

‖ 자속과 자력선 ‖

※ 자속밀도

$B=\mu_0\mu_s H$〔Wb/m²〕

여기서, B : 자속밀도〔Wb/m²〕
μ_0 : 진공의 투자율〔H/m〕
μ_s : 비투자율
H : 자계의 세기〔AT/m〕

또한, 단위면적을 통과하는 자속의 수를 **자속밀도**(magnetic flux density)라 하고, 기호는 B, 단위는 〔Wb/m²〕 또는 T(tesla)로 나타낸다.

$$B=\frac{\phi}{A}\text{〔Wb/m}^2\text{〕}$$

$$B=\mu H=\mu_0\mu_s H\text{〔Wb/m}^2\text{〕}$$

여기서, B : 자속밀도〔Wb/m²〕
ϕ : 자속〔Wb〕
A : 단면적〔m²〕
H : 자계의 세기〔AT/m〕

또한 **자화의 세기** J는 단위체적당 자기모멘트이므로

$$J=\frac{M}{V}=\mu_0(\mu_s-1)H\text{〔Wb/m}^2\text{〕}$$

여기서, J : 자화의 세기〔Wb/m²〕
V : 체적〔m³〕
M : 자기모멘트〔Wb·m〕
H : 자계의 세기〔AT/m〕

$$1\text{Wb/m}^2=10^8\text{maxwell/m}^2=10^4\text{gauss}$$

★ **문제** 1Wb는 몇 맥스웰인가?

① 3×10^9　② 10^8　③ 4π　④ $\frac{4\pi}{10}$

해설 ② $1\text{Wb}=10^8$maxwell

답 ②

(5) 전류에 의한 자계

① 암페어의 오른나사법칙

전류에 의한 자계의 방향을 결정하는 법칙을 **암페어의 오른나사법칙**(Ampere's right handed screw rule)이라 한다.

㉮ **전류의 방향** : 오른나사의 **진행**방향

㉯ **자계의 방향** : 오른나사의 **회전**방향

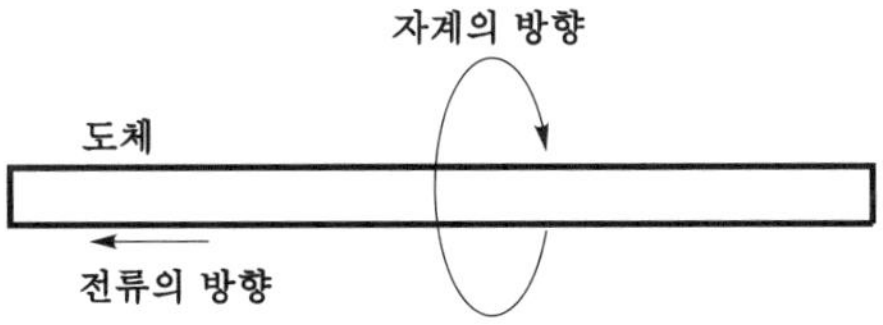

‖ 오른나사의 법칙 ‖

② 비오-사바르의 법칙

직선전류에 의한 자계의 세기를 나타내는 법칙을 **비오-사바르의 법칙**(Biot-Savart's law)이라 한다.

$$dH = \frac{Idl \sin\theta}{4\pi r^2} \text{(AT/m)}$$

여기서, dH : P점의 자계의 세기〔AT/m〕
I : 도체의 전류〔A〕
dl : 도체의 미소부분〔m〕
r : 거리〔m〕

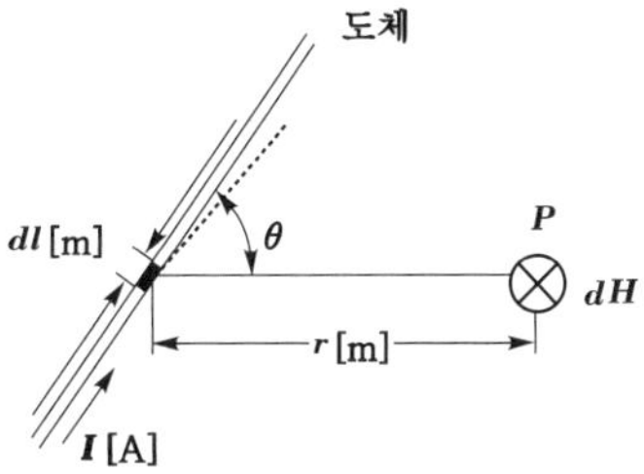

‖ 비오-사바르의 법칙 ‖

2 자기회로

(1) 기자력과 자기저항

철심에 코일을 N회 감고 전류 I를 흘리면 철심에 생기는 자속 ϕ는 NI에 비례한다. 이 NI를 **기자력**(magnetive force)이라 한다.

$$F = NI = Hl \text{(AT)}$$

여기서, F : 기자력〔AT〕　　N : 코일 권수
I : 전류〔A〕　　H : 자계의 세기〔AT/m〕
l : 자로(자기회로)의 길이〔m〕

Key Point

※ 암페어의 오른나사법칙
① 전류의 방향 : 오른나사의 진행방향
② 자계의 방향 : 오른나사의 회전방향

※ 비오-사바르의 법칙
직선(또는 곡선 · 원 · 면 · 체적)전류에 의한 자계의 세기를 나타내는 법칙

※ 자기회로
자속의 통로

※ 기자력

$$F = NI = Hl = R_m \phi \text{(AT)}$$

여기서,
F : 기자력〔AT〕
N : 코일 권수
I : 전류〔A〕
H : 자계의 세기〔AT/m〕
l : 자로의 길이〔m〕
R_m : 자기저항〔AT/Wb〕
ϕ : 자속〔Wb〕

Key Point

★★★

문제 코일의 감긴 수와 전류와의 곱을 무엇이라 하는가?
N I

① 기전력 ② 전자력
③ 보자력 ④ 기자력

해설 N=코일의 감긴 수, I : 전류라 하면
기자력 $F=NI$[AT]

답 ④

$$R_m = \frac{l}{\mu A} \text{[AT/Wb]}$$

여기서, R_m : 자기저항[AT/Wb] l : 자로의 길이[m]
μ : 투자율[H/m] A : 단면적[m^2]

$$\phi = BA = \mu HA = \frac{\mu ANI}{l} = \frac{NI}{\frac{l}{\mu A}} = \frac{NI}{R_m} = \frac{F}{R_m} \text{[Wb]}$$

여기서, ϕ : 자속[Wb] B : 자속밀도[Wb/m^2]
H : 자계의 세기[AT/m] F : 기자력[AT]

위 식에서 자기회로를 통하는 자속 ϕ 는 기자력 F에 비례하고 자기저항 R_m에 반비례한다. 이 관계를 **자기회로**의 **옴의 법칙**이라 한다.

※ **자기저항**
기자력과 자속의 비

$$R_m = \frac{l}{\mu A} = \frac{F}{\phi}$$

여기서,
R_m : 자기저항[AT/Wb]
l : 자로의 길이[m]
μ : 투자율[H/m]
A : 단면적[m^2]
F : 기자력[AT]
ϕ : 자속[Wb]

3 자계의 세기

(1) 암페어의 주회적분 법칙

"자계의 세기와 전류 I 주위를 일주하는 거리의 곱의 합은 전류와 코일 권수를 곱한 것과 같다."는 법칙

$\sum Hl = NI$

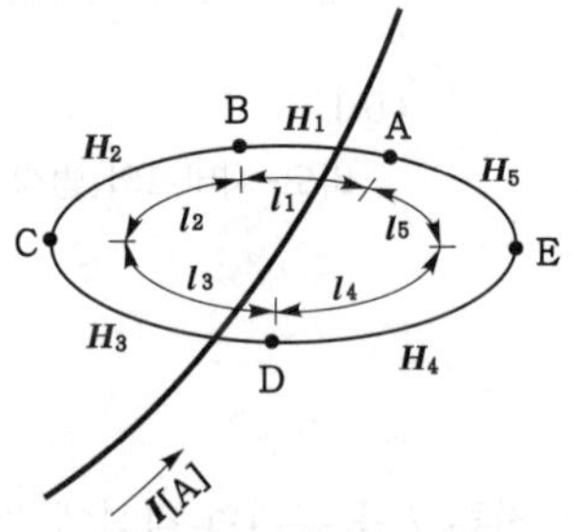

‖ 암페어의 주회적분 법칙 ‖

(2) 자계의 세기 계산 예

① 유한장 직선전류

$$H = \frac{I}{4\pi \alpha}(\sin\beta_1 + \sin\beta_2) = \frac{I}{4\pi\alpha}(\cos\theta_1 + \cos\theta_2) \text{ [AT/m]}$$

여기서, H : 자계의 세기[AT/m]
I : 전류[A], α : 도체의 수직거리[m]

Key Point

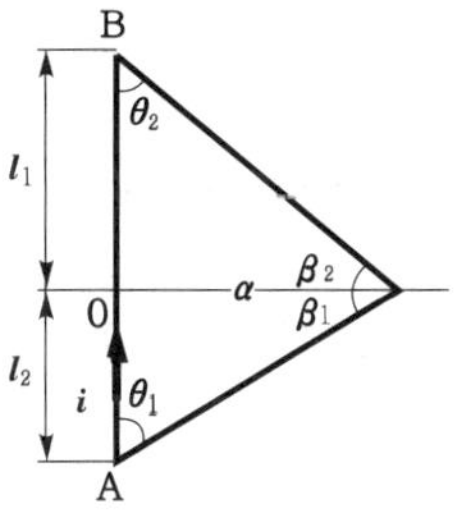

‖ 유한장 직선전류 ‖

② 무한장 직선전류

$$H = \frac{I}{2\pi r} \text{ [AT/m]}$$

여기서, H : 자계의 세기[AT/m]　　I : 전류[A]
r : 거리[m]

★ **문제** 10A의 무한장 직선전류로부터 10cm 떨어진 곳의 자계의 세기(AT/m)는?
(10A: I, 10cm: r, 자계의 세기: H)

① 1.59　② 15.0　③ 15.9　④ 159

해설 (1) 기호
- I : 10A
- r : 10cm=0.1m(1m=100cm이므로)
- H : ?

(2) $H = \frac{I}{2\pi r} = \frac{10}{2\pi \times 0.1} \fallingdotseq 15.9$AT/m

답 ③

③ 원형 전류(코일 중심)

$$H = \frac{NI}{2a} \text{ [AT/m]}$$ (반원형 전류 $H = \frac{NI}{4a}$)

여기서, H : 자계의 세기[AT/m]　　N : 코일 권수
a : 반지름[m]

④ 무한장 솔레노이드

내부 자계 : $H_i = nI$ [AT/m]

외부 자계 : $H_e = 0$

여기서, H_i : 내부자계의 세기[AT/m]　H_e : 외부자계의 세기[AT/m]
n : 단위길이당 권수　I : 전류[A]

⑤ 환상 솔레노이드

내부 자계 : $H_i = \frac{NI}{2\pi a}$ [AT/m]

외부 자계 : $H_e = 0$

여기서, H_i : 내부자계의 세기[AT/m]　H_e : 외부자계의 세기[AT/m]
N : 코일권수　I : 전류[A]
a : 반지름[m]

※ 무한장 직선전류

$H = \frac{I}{2\pi r}$ [AT/m]

여기서,
H : 자계의 세기[AT/m]
I : 전류[A]
r : 거리[m]

※ 원형 전류

$H = \frac{NI}{2a}$ [AT/m]

여기서,
H : 자계의 세기[AT/m]
N : 코일 권수
I : 전류[A]
a : 반지름[m]

※ 솔레노이드
도체에 코일을 일정하게 감아놓은 것

Key Point

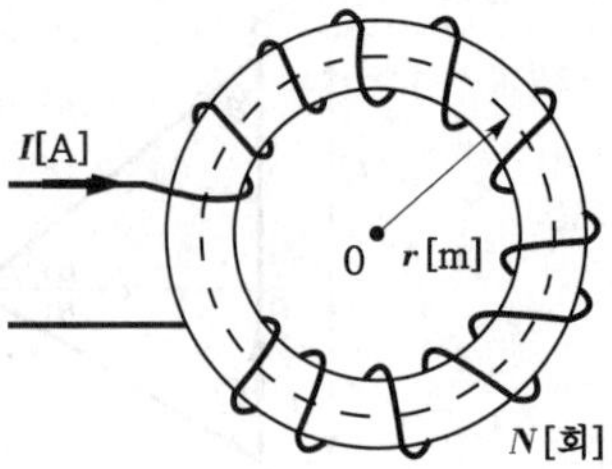

‖ 환상 솔레노이드 ‖

4 자화곡선

자속밀도 B와 자계의 세기 H와의 관계를 나타내는 곡선을 **자화곡선**(magnetization curve) 또는 **$B-H$곡선**이라 한다.

이 곡선에서 H가 증가함에 따라 B가 더 이상 증가하지 않는 현상을 **자기포화**(magnetic saturation)라 한다.

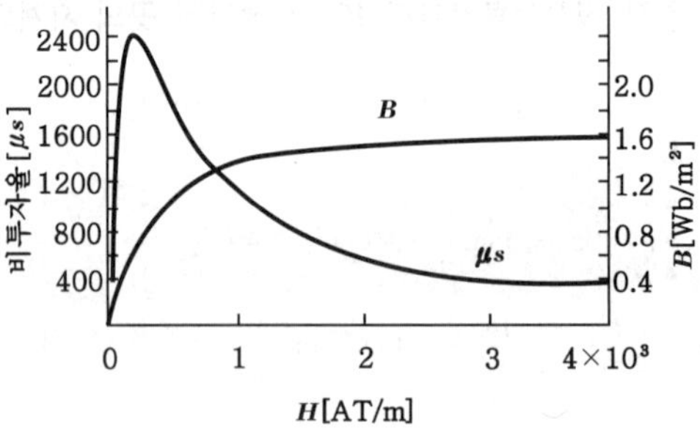

‖ 자화곡선과 비투자율 ‖

※ 투자율 곡선

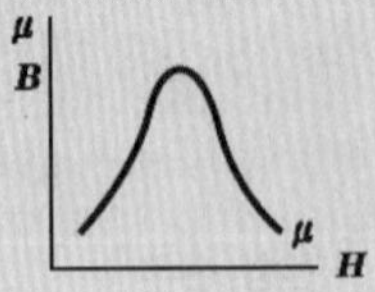

2 전자력

1 전자력의 방향

자계 내에 있는 도체에 전류를 흘리면 힘이 작용한다. 이와 같은 힘을 **전자력**(electromagnetic force)이라 한다. 방향은 플레밍의 왼손법칙에 따른다.

(1) 플레밍의 왼손법칙

자계와 전류가 직각을 이루고 있을 때 왼손의 세손가락을 서로 직각이 되도록 하면

① **중지** : **전류**의 방향

② **검지** : **자계**의 방향

③ **엄지** : **힘**의 방향

※ 플레밍의 왼손법칙
전동기에 관한 법칙
(1) 중지 : 전류의 방향
(2) 검지 : 자계의 방향
(3) 엄지 : 힘의 방향

Key Point

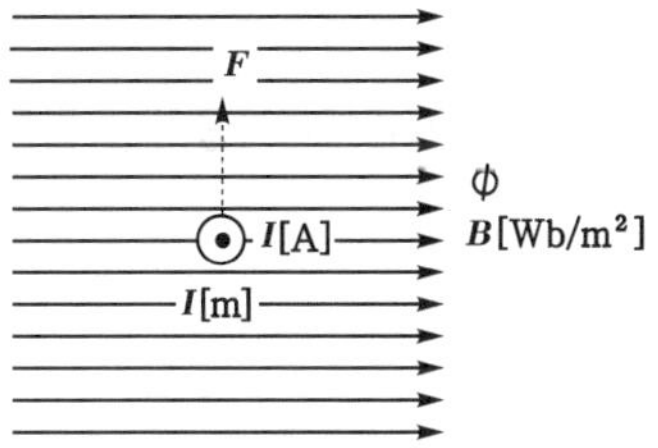

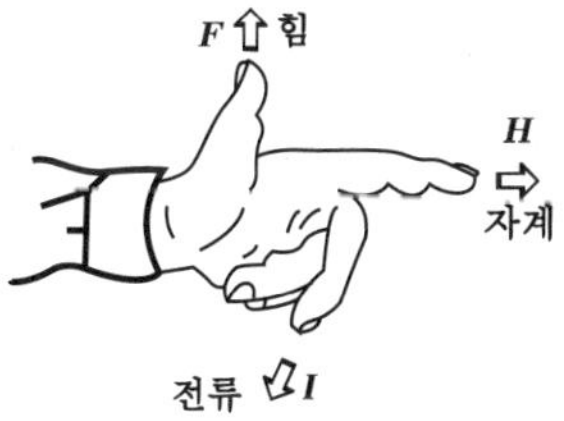

플레밍의 왼손법칙

문제 플레밍의 왼손법칙에서 엄지손가락의 방향은 무엇의 방향인가?

① 전류의 반대방향 ② 자력선의 방향
③ 전류의 방향 ④ 힘의 방향

해설 **플레밍의 왼손법칙**
① 중지 : 전류의 방향
② 검지 : 자계의 방향
③ 엄지 : 힘의 방향

답 ④

(2) 전자력의 크기(직선전류에 작용하는 힘)

직선전류에 작용하는 힘 F는

$B=\mu H=\mu_0\mu_s H$ [Wb/m²]에서

$$F=BIl\sin\theta=\mu HIl\sin\theta\text{[N]}$$

여기서, F : 직선전류의 힘[N]
B : 자속밀도[Wb/m²]
l : 도체의 길이[m]

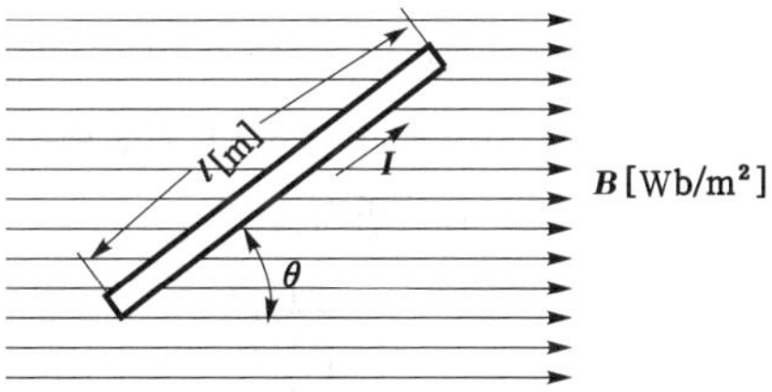

직선전류의 힘

2 평행도체 사이에 작용하는 힘

두 평행 도선에 작용하는 힘 F는

$$F=\frac{\mu_0 I_1 I_2}{2\pi r}=\frac{2I_1 I_2}{r}\times10^{-7}\text{N/m}$$

여기서, F : 평행도체의 힘[N/m]
μ_0 : 진공의 투자율[H/m]
r : 두 평행 도선의 거리[m]

※ 직선전류의 힘

$F=BIl\sin\theta$[N]

여기서,
F : 직선전류의 힘[N]
B : 자속밀도[Wb/m²]
I : 전류[A]
l : 도체의 길이[m]

※ 평행도체의 힘

$F=\frac{\mu_0 I_1 I_2}{2\pi r}$[N/m]

여기서,
F : 평행전류의 힘[N/m]
μ_0 : 진공의 투자율[H/m]
I_1, I_2 : 전류[A]
r : 거리[m]

Key Point

✱ 도선
전기가 통하는 물체. 전선(電線)

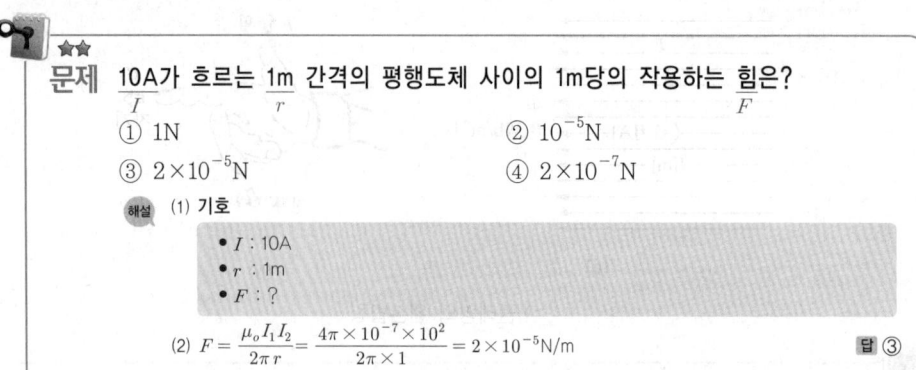

★★
문제 10A가 흐르는 1m 간격의 평행도체 사이의 1m당의 작용하는 힘은?
(I: 10A, r: 1m, F: 힘)

① 1N ② 10^{-5}N
③ 2×10^{-5}N ④ 2×10^{-7}N

해설 (1) 기호
- I : 10A
- r : 1m
- F : ?

(2) $F=\dfrac{\mu_o I_1 I_2}{2\pi r}=\dfrac{4\pi\times10^{-7}\times10^2}{2\pi\times1}=2\times10^{-5}$N/m

답 ③

힘의 방향은 전류가 **같은 방향**이면 **흡인력**, **다른 방향**이면 **반발력**이 작용한다.

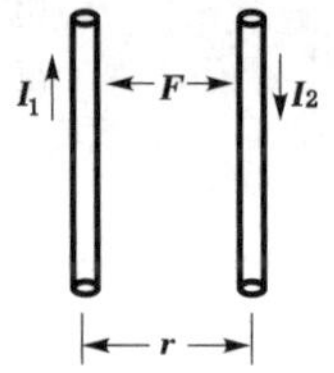

| 평행전류의 힘 |

3 전자유도

1 자속변화에 의한 유기기전력

(1) 전자유도

✱ 유기기전력
유도기전력

✱ 검류계
미세한 전류를 측정하기 위한 계기

코일 속을 통과하는 자속을 변화시킬 때 코일에 기전력이 발생되는 현상을 **전자유도**(electromagnetic induction)라 하고, 이 발생된 기전력을 **유기기전력** 또는 **유도기전력**(induced electromotive force)이라 한다.

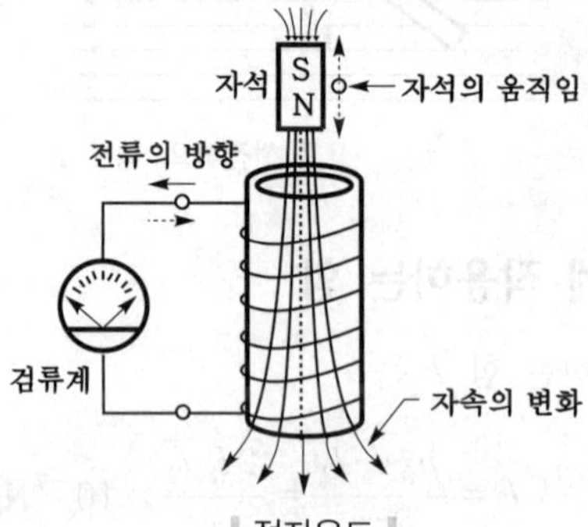

| 전자유도 |

(2) 유기기전력의 방향-렌츠의 법칙

✱ 렌츠의 법칙
자속변화에 의한 유기기전력의 방향 결정

유기기전력의 방향은 자속의 변화를 방해하려는 방향으로 발생한다.
이것을 유도 기전력에 관한 **렌츠의 법칙**(Lenz's law)이라 한다.

(3) 유기기전력의 크기－패러데이의 법칙

유기기전력의 크기는 코일을 지나는 자속의 매초 변화량과 코일의 권수에 비례한다. 이것을 전자유도에 관한 **패러데이의 법칙**(Faraday's law)이라 한다.

$$e = -N\frac{d\phi}{dt}\text{[V]} \ (-\text{부호는 방향을 나타냄})$$

여기서, e : 유기기전력[V]　　N : 코일 권수
$d\phi$: 자속의 변화량[Wb]　　dt : 시간의 변화량[s]

2 도체운동에 의한 유기기전력

(1) 유기기전력의 크기

균등자계 내에서 도체가 자계와 θ의 각을 이루어 속도 v [m/s]로 이동할 때 유기기전력 e [V]는

$$e = Blv\sin\theta\,\text{[V]}$$

여기서, e : 유기기전력[V]　　B : 자속밀도[Wb/m^2]
l : 도체의 길이[m]　　v : 도체의 이동속도[m/s]
θ : 자계와 도체의 각도

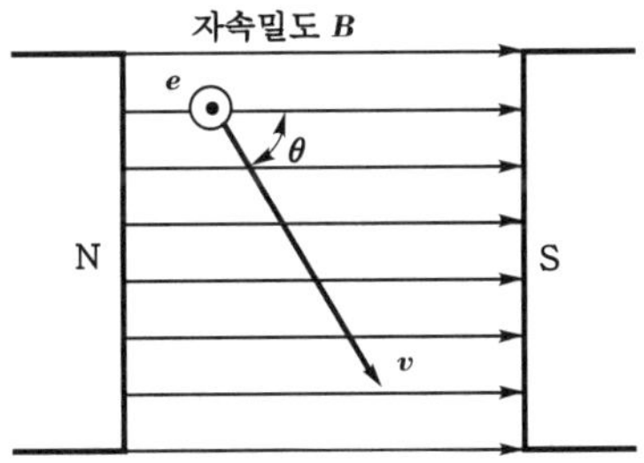

‖ 도체에 의한 유기기전력 ‖

(2) 유기기전력의 방향－플레밍의 오른손법칙

도체의 운동에 의한 유기기전력의 방향은 플레밍의 오른손법칙(Fleming's right-hand rule)에 따른다.

① **중지 : 유기기전력**의 방향
② **검지 : 자속**의 방향
③ **엄지 : 운동**의 방향

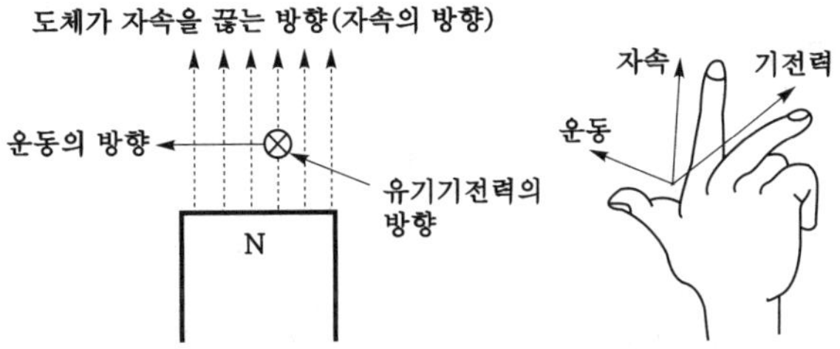

‖ 플레밍의 오른손 법칙 ‖

Key Point

✽ 플레밍의 오른손 법칙
도체운동에 의한 유기기전력의 방향 결정

✽ 패러데이의 법칙
유기기전력의 크기 결정

✽ 플레밍의 오른손 법칙
발전기에 관한 법칙
① 중지 : 유기기전력의 방향
② 검지 : 자속의 방향
③ 엄지 : 운동의 방향

Key Point

※ 와전류손과 히스테리시스손

① 와전류손

$P_e \propto B_m^{\ 2}$

② 히스테리시스손

$P_n \propto B_m^{\ 1.6}$

여기서,

B_m : 최대자속밀도 [Wb/m²]

※ 도전율

고유저항의 역수. 단위는 [℧/m], 기호는 σ로 나타낸다.

※ 히스테리시스손

철심에 가해지는 자화력의 방향을 주기적으로 변화시킬 때 철심에 열이 생겨 발생하는 손실

※ 자기인덕턴스

코일의 권수, 형태 및 철심의 재질 등에 의해 결정되는 상수, 단위는 H(henry)로 나타낸다.

※ 유기기전력

$$e = -N\frac{d\phi}{dt} = -L\frac{di}{dt} = Blv\sin\theta\,[\text{V}]$$

여기서,

e : 유기기전력[V]

N : 코일 권수

$d\phi$: 자속의 변화량[Wb]

dt : 시간의 변화량[s]

L : 자기인덕턴스[H]

di : 전류의 변화량[A]

B : 자속밀도[Wb/m²]

l : 도체의 길이[m]

v : 이동속도[m/s]

θ : 이루는 각[rad]

3 와전류(맴돌이 전류)

금속 내부를 지나는 자속이 변화하면 철 내부에서는 자속의 변화를 방해하려는 방향으로 유기기전력이 발생하여 전류가 흐른다.

이 전류를 **와전류**(eddy current)라 하며 이 와전류에 의해 주울열이 생겨 발생하는 손실을 **와전류손**(eddy current loss)이라 한다.

$$P_e = A\sigma f^2 B_m^2\,[\text{W/m}^3]$$

여기서, P_e : 와류손[W/m³], A : 상수, σ : 도전율[℧/m],
f : 주파수[Hz], B_m : 최대자속밀도[Wb/m²]

비교

히스테리시스손

$$P_h = \eta f B_m^{1.6}\,[\text{W/m}^3]$$

여기서, P_h : 히스테리시스손[W/m³] η : 히스테리시스 계수
f : 주파수[Hz] B_m : 최대자속밀도[Wb/m²]

문제 ★ 히스테리시스손은 최대자속밀도의 몇 승에 비례하는가?

① 1 ② 1.6 ③ 2 ④ 2.6

해설 $P_h = \eta f B_m^{1.6}$ [W/m³]

여기서, P_h = 히스테리시스손[W/m³]

η : 히스테리시스 계수

f : 주파수[Hz]

B_m : 최대자속밀도[Wb/m²]

답 ②

4 인덕턴스

(1) 자기유도와 자기인덕턴스

① 자기유도

코일에 흐르는 전류가 변화하면 코일 중의 자속이 변화되어 코일에 기전력이 유도되는 현상을 **자기유도**(self induction)라 한다.

② 자기인덕턴스

유기기전력 e 는

$$e = -N\frac{d\phi}{dt} = -L\frac{di}{dt} = Blv\sin\theta\,[\text{V}]$$ 에서

여기서, e : 유기기전력[V], N : 코일 권수
$d\phi$: 자속의 변화량[Wb], dt : 시간의 변화량[s]
L : 자기인덕턴스[H], di : 전류의 변화량[A]
B : 자속밀도[Wb/m²], l : 도체의 길이[m]
v : 도체의 이동속도[m/s]

Key Point

$$N\phi = LI \qquad \therefore L = \frac{N\phi}{I} \text{[H]}$$

③ 환상코일의 자기인덕턴스

$$\phi = \frac{F}{R_m} \text{[Wb]}, \quad F = NI \text{[AT]}, \quad R_m = \frac{l}{\mu A} \text{[AT/Wb]에서}$$

$$L = \frac{N\phi}{I} = \frac{N \cdot \frac{F}{R_m}}{I} = \frac{NF}{R_m I} = \frac{NNI}{\frac{l}{\mu A} I} = \frac{\mu A N^2}{l} \text{[H]}$$

여기서, L : 자기인덕턴스[H]
μ : 투자율[H/m]
A : 단면적[m^2]
N : 코일 권수
l : 평균 자로의 길이[m]

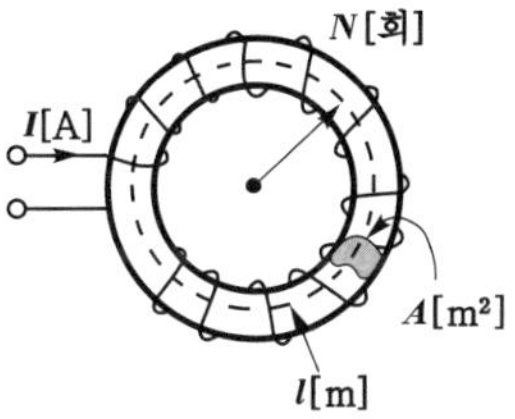

환상 코일의 자기인덕턴스

(2) 상호유도와 상호인덕턴스

① 상호유도

한 코일의 전류가 변화할 때 다른 코일에 기전력이 유도되는 현상을 **상호유도**(mutual induction)라고 한다.

② 상호인덕턴스

상호 유도작용에서 1차측 전류의 시간 변화량과 2차측에 유도되는 전압의 비례상수를 **상호인덕턴스**(mutual inductance)라고 한다.

$$e_{21} = -N_2 \frac{d\phi_{21}}{dt} = -M_{21} \frac{di_1}{dt} \text{[V]}, \quad e_{12} = -N_1 \frac{d\phi_{12}}{dt} = -M_{12} \frac{di_2}{dt} \text{[V]}$$

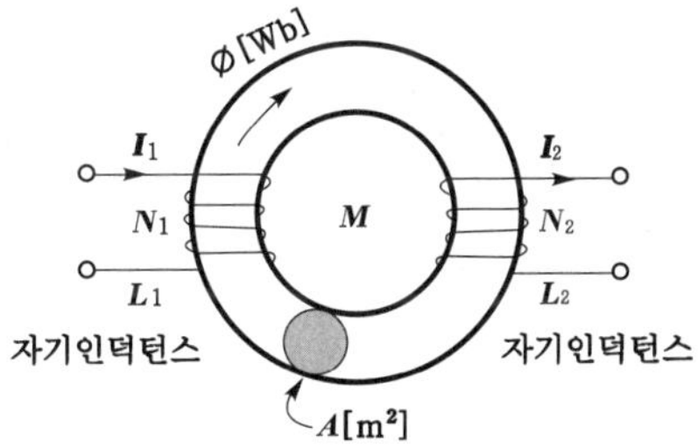

환상 코일의 상호인덕턴스

여기서, e_{21} : 2차 코일에 의해 1차 코일에 유도되는 기전력[V]
$d\phi_{21}$: 2차 코일에 의해 1차 코일에 쇄교되는 자속의 변화량[Wb]
dt : 시간의 변화량[s]
M_{21} : 2차 코일에 의해 1차 코일에 유도되는 상호인덕턴스[H]

※ **쇄교**
전류의 통로인 폐곡선이 서로 교차되는 것

※ **누설자속**
자기회로 이외의 부분을 통과하는 자속

※ **자기회로**
자속의 통로

Key Point

✽ 상호인덕턴스

$M = K\sqrt{L_1 L_2}$ [H]

여기서,
M : 상호인덕턴스[H]
K : 결합계수
L_1, L_2 : 자기인덕턴스[H]

✽ 결합계수

누설자속에 의한 상호인덕턴스의 감소비율 ($0 < K \leq 1$)

✽ 합성인덕턴스

$L = L_1 + L_2 \pm 2M$ [H]

여기서,
L : 합성인덕턴스[H]
L_1, L_2 : 자기인덕턴스[H]
M : 상호인덕턴스[H]

✽ 자속

자극에서 나오는 전체의 자력선 수

✽ 결합접속

1·2차 코일이 만드는 자속의 방향이 정방향이 되는 접속

✽ 차동접속

1·2차 코일이 만드는 자속의 방향이 역방향이 되는 접속

③ 자기인덕턴스와 상호인덕턴스의 관계

누설자속에 의해 자기인덕턴스와 상호인덕턴스 사이에는 다음과 같은 관계가 성립한다.

$$M = K\sqrt{L_1 L_2}\ \text{[H]}$$ (이상 결합시 $K=1$)

여기서, M : 상호인덕턴스[H]
K : 결합계수
L_1, L_2 : 자기인덕턴스[H]

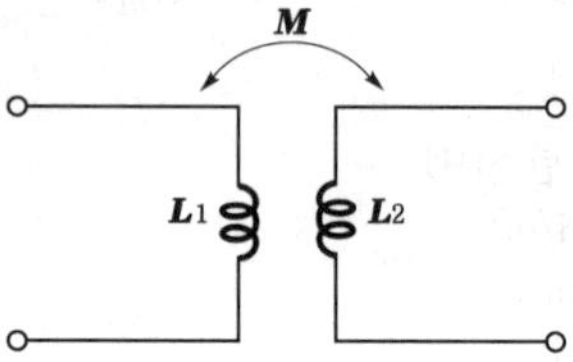

‖ 자기인덕턴스와 상호인덕턴스 ‖

(3) 인덕턴스 접속

두 개의 코일을 같은 방향으로 또는 반대방향으로 접속하면 합성인덕턴스 L은

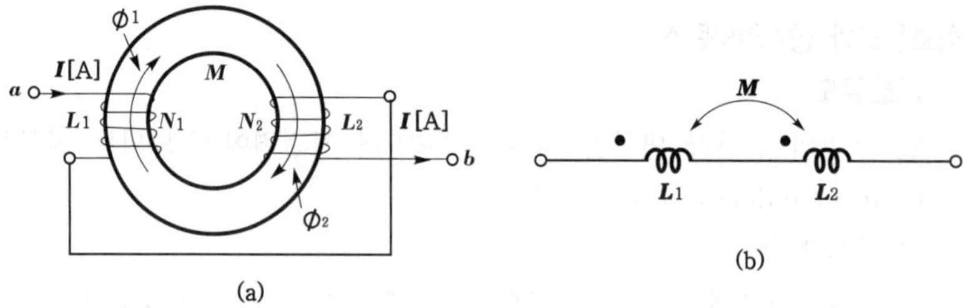

‖ 결합접속 ‖

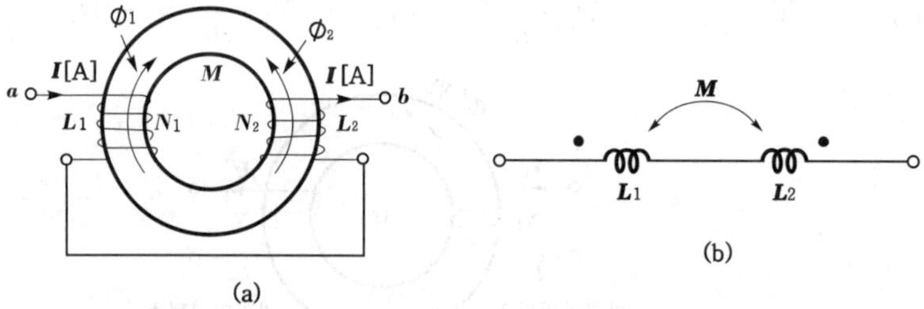

‖ 차동접속 ‖

★★★
문제 그림과 같은 결합회로의 합성인덕턴스는 몇 H인가?

① 4
② 6
③ 10
④ 13

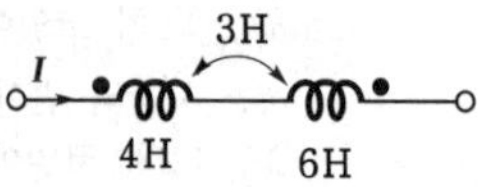

해설 2개의 코일이 **반대 방향**이므로
$L = L_1 + L_2 - 2M = 4 + 6 - 2 \times 3 = 4$H

답 ①

4 전자에너지

1 코일에 축적되는 에너지

자기인덕턴스가 L〔H〕인 회로에 전류 I〔A〕가 흐르고 있을 때 이 회로에 축적되는 에너지 W는

$$L = \frac{N\phi}{I}\text{〔H〕에서}$$

$$W = \frac{1}{2}LI^2 = \frac{1}{2}IN\phi\text{〔J〕}$$

여기서, L : 자기인덕턴스〔H〕
N : 코일 권수
ϕ : 자속〔Wb〕
I : 전류〔A〕
W : 코일의 축적에너지〔J〕

문제 어떤 자기회로에 3000AT(F)의 기자력을 줄 때 2×10^{-3}Wb(ϕ)의 자속이 통하였다. 이 자기회로의 자화에 필요한 에너지(W)(J)는?

① 3×10 ② 3
③ 1.5×10 ④ 1.5

해설 (1) 기호
- F : 3000AT
- ϕ : 2×10^{-3}Wb
- W : ?

(2) $W = \frac{1}{2}IN\phi = \frac{1}{2}F\phi = \frac{1}{2}\times3000\times(2\times10^{-3}) = 3\text{J}$

답 ②

2 단위체적당 축적되는 에너지

자계에 저장되는 단위체적당 축적되는 에너지 W_m은

$$B = \mu H = \mu_0\,\mu_s\,H\text{〔Wb/m}^2\text{〕에서}$$

$$W_m = \frac{1}{2}BH = \frac{1}{2}\mu H^2 = \frac{B^2}{2\mu}\text{〔J/m}^3\text{〕}$$

또는 〔N/m^2〕 (1J=1N・m)

여기서, B : 자속밀도〔Wb/m^2〕
μ : 투자율〔H/m〕
H : 자계의 세기〔AT/m〕
W_m : 단위체적당 축적에너지〔J/m^3〕

Key Point

✻ 코일의 축적에너지

$$W = \frac{1}{2}LI^2 = \frac{1}{2}IN\phi\text{〔J〕}$$

여기서,
W : 코일의 축적에너지〔J〕
L : 자기인덕턴스〔H〕
N : 코일 권수
ϕ : 자속〔Wb〕
I : 전류〔A〕

✻ 단위체적당 축적 에너지

$$W_m = \frac{1}{2}BH = \frac{1}{2}\mu H^2 = \frac{B^2}{2\mu}\text{〔J/m}^3\text{〕}$$

여기서,
W_m : 단위체적당 축적 에너지〔J/m^3〕
B : 자속밀도〔Wb/m^2〕
μ : 투자율〔H/m〕
H : 자계의 세기〔AT/m〕

Key Point

※ 흡인력

$$F = \frac{B^2 A}{2\mu_0} \text{[N]}$$

여기서,
F : 흡인력[N]
μ_0 : 진공의 투자율 [H/m]
B : 자속밀도[Wb/m²]
A : 단면적[m²]

※ 흡인력
끌어당기는 힘

3 전자석의 흡인력

단면적 A[m²]인 전자석에 자속밀도 B[Wb/m²]인 자속이 발생했을 때 철편을 흡인하는 힘 F는

$$F = \frac{B^2 A}{2\mu_0} \text{[N]} \text{ 또는 } F = \frac{B^2 S}{2\mu_0} \text{[N]}$$

여기서, F : 전자석의 흡인력[N]
μ_0 : 진공의 투자율[H/m]
A 또는 S : 단면적[m²]

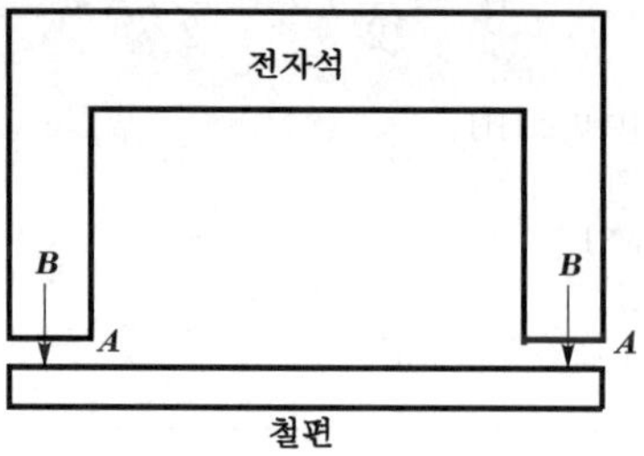

‖ 전자석의 흡인력 ‖

1 교류회로의 기초

출제확률 31.2% (6문제)

1 정현파 교류

(1) 파형과 정현파 교류

전압, 전류 등이 시간의 흐름에 따라 변화하는 모양을 **파형**(wave form)이라 하고, 시간의 변화에 따라 크기와 방향이 주기적으로 변화하는 전압, 전류를 **정현파 교류**(sinusoidal wave A·C)라 한다.

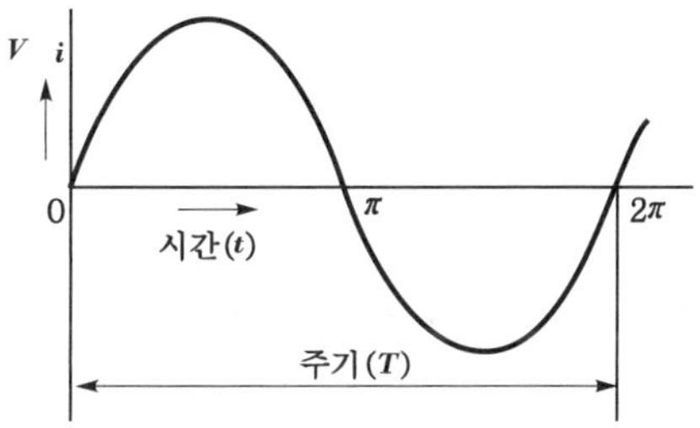

정현파 교류

(2) 주기와 주파수

0에서 2π 까지 1회의 변화를 **1사이클**(cycle)이라 한다.

① 주 기

1사이클의 변화에 요하는 시간을 **주기**(period)라 한다. 기호는 T, 단위는 s〔s〕로 나타낸다.

$$T=\frac{1}{f}\text{〔s〕}$$

여기서, T : 주기〔s〕, f : 주파수〔Hz〕

문제 주기 0.002초인 교류의 주파수는?

① 50Hz ② 500Hz
③ 1000Hz ④ 2000Hz

해설 주파수 $f=\frac{1}{T}=\frac{1}{0.002}=500\text{Hz}$

답 ②

② 주파수

1초 동안에 반복되는 사이클의 수를 **주파수**(frequency)라 한다.

Key Point

※ 정현파 교류
사인파 교류

※ 교류
시간의 변화에 따라 크기와 방향이 주기적으로 변하는 전압·전류

※ 직류
시간의 변화에 따라 크기와 방향이 일정한 전압·전류

※ 주기

$$T=\frac{1}{f}\text{〔s〕}$$

여기서, T : 주기〔s〕
f : 주파수〔Hz〕

Key Point

※ 각주파수

$\omega = 2\pi f$ [rad/s]

여기서,
ω : 각주파수[rad/s]
f : 주파수[Hz]

※ 최대값
교류의 순시값 중에서 가장 큰 값

※ 순시값

$v = V_m \sin\omega t$ [V]

여기서,
v : 순시값[V]
V_m : 최대값[V]
ω : 각주파수[rad/s]
t : 주기[s]

※ 최대값

$V_m = \sqrt{2}\, V$[V]

여기서, V_m : 최대값[V]
V : 실효값[V]

※ 평균값

$V_{av} = 0.637\, V_m$[V]

여기서, V_{av} : 평균값[V]
V_m : 최대값[V]

(3) 각속도(각주파수)

① 각속도

어떤 물체가 1초 동안 회전한 각도를 **각속도**(angular velocity)라 하고 ω[rad/s]로 나타낸다.

② 각주파수

어떤 한 점이 1초 동안 몇 회전하였는가를 나타내는 것이 **각주파수**(angular frequency)이며 ω[rad/s]로 나타낸다.

$T = \dfrac{1}{f}$ [s]에서

$$\omega = \frac{2\pi}{T} = 2\pi f \text{ [rad/s]}$$

여기서, ω : 각주파수[rad/s], f : 주파수[Hz]

2 교류의 표시

(1) 순시값

교류의 임의의 시간에 있어서 전압 또는 전류의 값을 **순시값**(instantaneous value)이라 한다.

$$v = V_m \sin\omega t = \sqrt{2}\, V \sin\omega t \text{ [V]} \quad (V_m = \sqrt{2}\, V)$$

$$i = I_m \sin\omega t = \sqrt{2}\, I \sin\omega t \text{ [A]} \quad (I_m = \sqrt{2}\, I)$$

여기서, v : 전압의 순시값[V], V_m : 전압의 최대값[V]
ω : 각주파수[rad/s], t : 주기[s]
V : 전압의 실효값[V], i : 전류의 순시값[A]
I_m : 전류의 최대값[A], I : 전류의 실효값[A]

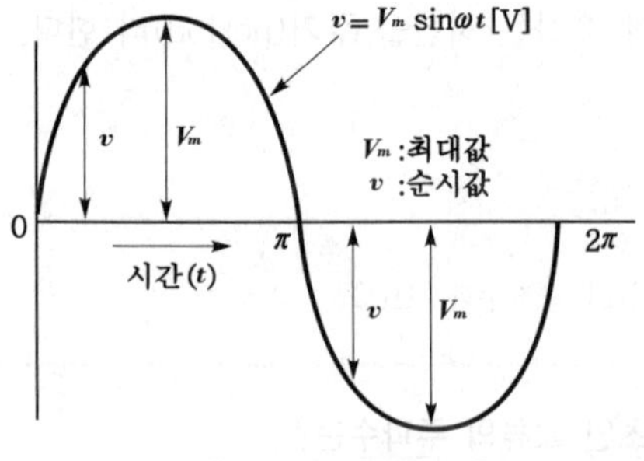

‖ 순시값과 최대값 ‖

(2) 평균값

순시값의 반주기에 대하여 평균한 값을 **평균값**(average value)이라 한다.

$$V_{av} = \frac{2}{\pi} V_m = 0.637\, V_m \text{ [V]}$$

Key Point

$$I_{av} = \frac{2}{\pi} I_m = 0.637\, I_m \text{ [A]}$$

여기서, V_{av} : 전압의 평균값[V], I_{av} : 전류의 평균값[A]

※ **평균값**은 **전파정류**에서의 **직류값**과 같다.

문제 어떤 정현파 전압의 평균값이 191V이면 최대값(V)은?
(191V: V_{av}, 최대값(V): V_m)

① 약 150 ② 약 250
③ 약 300 ④ 약 400

해설 (1) **기호**

- V_{av} : 191V
- V_m : ?

(2) **정현파** $V_{av} = 0.637\, V_m$에서

$V_m = \frac{V_{av}}{0.637} = \frac{191}{0.637} \fallingdotseq 300\text{V}$

답 ③

(3) 실효값

일반적으로 사용되는 값으로 교류의 각 순시값의 제곱에 대한 1주기의 평균의 제곱근을 **실효값**(effective value)이라 한다.

$$I = \sqrt{i^2 \text{의 1주기간의 평균값}}$$

여기서, I : 전류의 실효값[A], i : 전류의 순시값[A]

정현파 교류에서 실효값은

$$V = \sqrt{\frac{{V_m}^2}{2}} = \frac{V_m}{\sqrt{2}} = 0.707\, V_m \text{ [V]}$$

$$I = \sqrt{\frac{{I_m}^2}{2}} = \frac{I_m}{\sqrt{2}} = 0.707\, I_m \text{ [A]}$$

여기서, V : 전압의 실효값[V], I : 전류의 실효값[A]

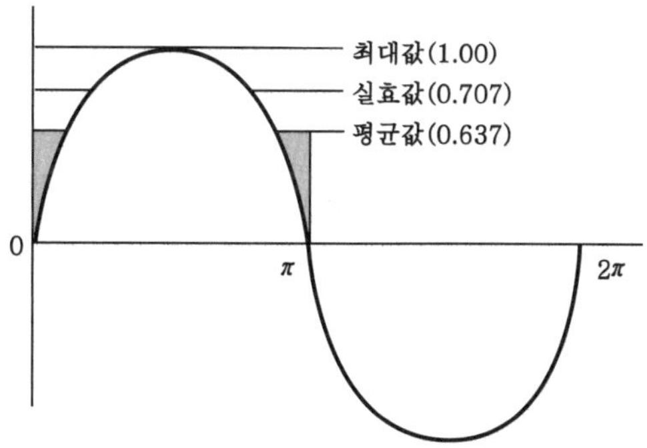

최대값, 실효값, 평균값

※ **실효값**

$V = 0.707\, V_m$ [V]

여기서, V : 실효값[V]
V_m : 최대값[V]

※ **반파정류정현파의 실효값**

$E = \frac{E_m}{2}$ 또는 $V = \frac{V_m}{2}$

여기서,
E, V : 실효값[V]
E_m, V_m : 최대값[V]

Key Point

※ R
저항

※ L
코일(인덕턴스)

※ C
콘덴서(정전용량)

2 교류전류에 대한 RLC 작용

회로의 종류		위상차	전류와 전압 관계	역률 및 무효율
단독회로	R	0	$I=\frac{V}{R}$	$\cos\theta=1$ $\sin\theta=0$
	L	$\frac{\pi}{2}$	$I=\frac{V}{X_L}=\frac{V}{\omega L}$	$\cos\theta=0$ $\sin\theta=1$
	C	$\frac{\pi}{2}$	$I=\frac{V}{X_c}=\omega CV$	$\cos\theta=0$ $\sin\theta=1$
직렬회로	R-L	$\tan^{-1}\frac{\omega L}{R}$	$I=\frac{V}{Z}=\frac{V}{\sqrt{R^2+{X_L}^2}}$	$\cos\theta=\frac{R}{\sqrt{R^2+{X_L}^2}}$ $\sin\theta=\frac{X_L}{\sqrt{R^2+{X_L}^2}}$
	R-C	$\tan^{-1}\frac{1}{\omega CR}$	$I=\frac{V}{Z}=\frac{V}{\sqrt{R^2+{X_C}^2}}$	$\cos\theta=\frac{R}{\sqrt{R^2+{X_C}^2}}$ $\sin\theta=\frac{X_C}{\sqrt{R^2+{X_C}^2}}$
	R-L-C	$\tan^{-1}\frac{X_L-X_C}{R}$	$I=\frac{V}{Z}=\frac{V}{\sqrt{R^2+(X_L-X_C)^2}}$	$\cos\theta=\frac{R}{Z}$ $\sin\theta=\frac{X_L-X_C}{Z}$
병렬회로	R-L	$\tan^{-1}\frac{R}{\omega L}$	$I=YV=\sqrt{\left(\frac{1}{R}\right)^2+\left(\frac{1}{X_L}\right)^2}\cdot V$	$\cos\theta=\frac{X_L}{\sqrt{R^2+{X_L}^2}}$ $\sin\theta=\frac{R}{\sqrt{R^2+{X_L}^2}}$
	R-C	$\tan^{-1}\omega CR$	$I=YV=\sqrt{\left(\frac{1}{R}\right)^2+\left(\frac{1}{X_C}\right)^2}\cdot V$	$\cos\theta=\frac{X_c}{\sqrt{R^2+{X_C}^2}}$ $\sin\theta=\frac{R}{\sqrt{R^2+{X_C}^2}}$
	R-L-C	$\tan^{-1}R\left(\frac{1}{X_C}-\frac{1}{X_L}\right)$	$I=YV=\sqrt{\left(\frac{1}{R}\right)^2+\left(\frac{1}{X_C}-\frac{1}{X_L}\right)^2}\cdot V$	$\cos\theta=\frac{\frac{1}{R}}{Y}$ $\sin\theta=\frac{\frac{1}{X_C}-\frac{1}{X_L}}{Y}$

Key Point

★★
문제 그림과 같은 회로에서 전류 I는 몇 A인가?

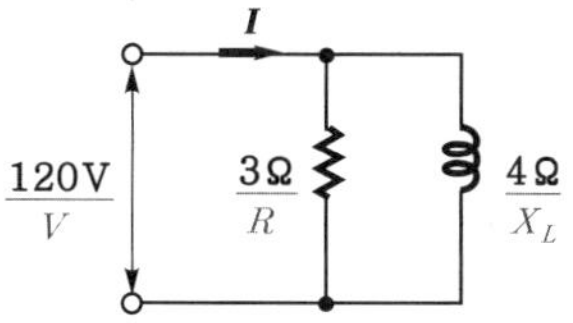

① 40 ② 50 ③ 80 ④ 90

해설 (1) **기호**

- I : ?
- V : 120V
- R : 3Ω
- X_L : 4Ω

(2) $R-L$ **병렬회로**에서 I는

$$I=\sqrt{\left(\frac{1}{R}\right)^2+\left(\frac{1}{X_L}\right)^2}\cdot V=\sqrt{\left(\frac{1}{3}\right)^2+\left(\frac{1}{4}\right)^2}\times 120=50\text{A}$$

답 ②

1 R 만의 회로

전류는

$i=I_m\sin\omega t$ [A]

여기서, i : 전류의 순시값[A]

$$I=\frac{V}{R}\text{[A]}$$

여기서, I : 전류의 실효값[A]
V : 전압의 실효값[V]
R : 저항[Ω]

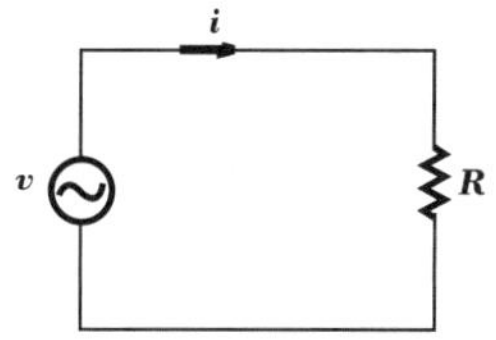

| R만의 회로 |

전압과 전류는 동상(in-phase)이다.

$$\theta=0°\text{(동상)}$$

여기서, θ : 위상차

2 L 만의 회로

전류는

$$i=\frac{1}{L}\int v\cdot dt=I_m\sin\left(\omega t-\frac{\pi}{2}\right)$$

여기서, i : 전류의 순시값[A]
v : 전압의 순시값[V]
L : 인덕턴스[H]
I_m : 전류의 최대값[A]
ω : 각 주파수[rad/s]

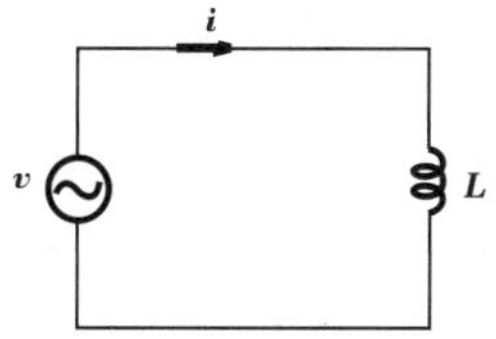

| L만의 회로 |

※ R만의 회로

$$I=\frac{V}{R}\text{[A]}$$

여기서, I : 전류[A]
V : 전압[V]
R : 저항[Ω]

※ **동상**
동일한 주파수에서 위상차가 없는 경우를 말함

※ **위상**
주파수가 동일한 2개 이상의 교류가 동시에 존재할 때, 상호간의 시간적인 차이

※ **위상차**
2개 이상의 동일한 교류의 위상의 차

Key Point

$$X_L = \omega L = 2\pi f L\,[\Omega]$$ 에서

$$I = \frac{V}{X_L} = \frac{V}{\omega L}\,[\text{A}]$$

여기서, X_L : 유도 리액턴스[Ω]
ω : 각주파수[rad/s]
L : 인덕턴스[H]
I : 전류의 실효값[A]
V : 전압의 실효값[V]

전류는 전압보다 90° 뒤진다.

$$\theta = -\frac{\pi}{2}\,[\text{rad}]\ (\text{뒤짐})$$

여기서, θ : 위상차

3 C만의 회로

전류 i는

$$i = C\frac{dv}{dt} = I_m \sin\left(\omega t + \frac{\pi}{2}\right)$$

여기서, i : 전류의 순시값[A]
v : 전압의 순시값[V]

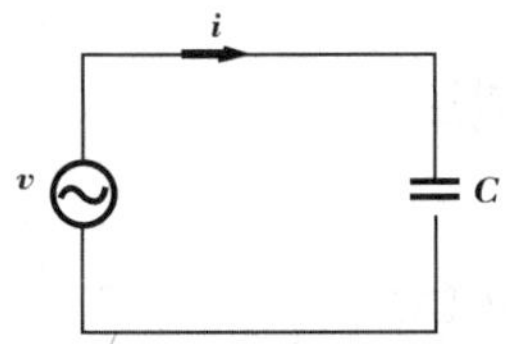

‖ C만의 회로 ‖

$$X_C = \frac{1}{\omega C} = \frac{1}{2\pi f C}\,[\Omega]$$ 에서

$$I = \frac{V}{X_C} = \omega C V\,[\text{A}]$$

여기서, X_C : 용량 리액턴스[Ω]
C : 정전용량[F]
I : 전류의 실효값[A]
V : 전압의 실효값[V]

전류는 전압보다 90° 앞선다.

$$\theta = \frac{\pi}{2}\,[\text{rad}]\ (\text{앞섬})$$

여기서, θ : 위상차

문제 ★★★ **콘덴서만의 회로에서 전압과 전류 사이의 위상관계는?**

① 전압이 전류보다 180° 앞선다.
② 전압이 전류보다 180° 뒤진다.
③ 전압이 전류보다 90° 앞선다.
④ 전압이 전류보다 90° 뒤진다.

해설 **L만의 회로** : 전압이 전류보다 90° 앞선다.
C만의 회로 : 전압이 전류보다 90° 뒤진다.

답 ④

※ 유도 리액턴스
인덕턴스의 유도작용에 의한 리액턴스

※ 인덕턴스
코일의 권수, 형태 및 철심의 재질 등에 의해 결정되는 상수, 단위는 H(henry)로 나타낸다.

※ 리액턴스
교류에서 저항 이외에 전류의 흐름을 방해하는 작용을 하는 성분

※ 용량 리액턴스
콘덴서의 충전작용에 의한 리액턴스

※ 콘덴서
2개의 도체사이에 절연물을 넣어서 정전용량을 가지게 한 소자

※ 정전용량
콘덴서가 전하를 축적할 수 있는 능력

3 RLC 직병렬 회로

1 RL 직렬회로

전류 I는

$$I=\frac{V}{Z}=\frac{V}{\sqrt{R^2+{X_L}^2}}\ \text{[A]}$$

임피던스 Z는

$$Z=\sqrt{R^2+{X_L}^2}=\sqrt{R^2+(\omega L)^2}\ [\Omega]$$

여기서, Z : 임피던스[Ω]
X_L : 유도 리액턴스[Ω]
L : 인덕턴스[H]

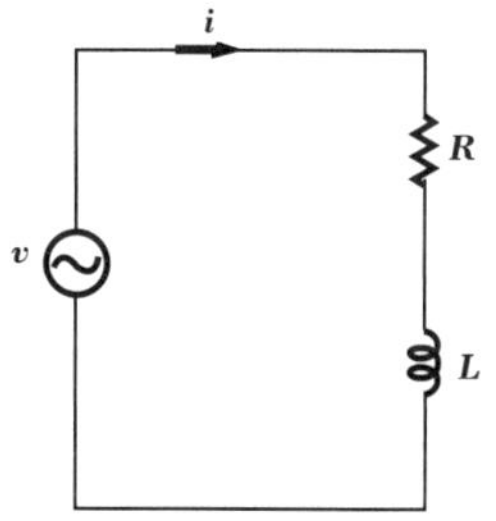

RL 직렬회로

① **위상차** : $\theta=\tan^{-1}\frac{X_L}{R}=\tan^{-1}\frac{\omega L}{R}$ [rad]

② **역률** : $\cos\theta=\frac{R}{Z}=\frac{R}{\sqrt{R^2+{X_L}^2}}$

③ **무효율** : $\sin\theta=\frac{X_L}{Z}=\frac{X_L}{\sqrt{R^2+{X_L}^2}}$

2 RC 직렬회로

전류 I는

$$I=\frac{V}{Z}=\frac{V}{\sqrt{R^2+{X_C}^2}}\ \text{[A]}$$

여기서 임피던스 Z는

$$Z=\sqrt{R^2+{X_C}^2}=\sqrt{R^2+\left(\frac{1}{\omega C}\right)^2}\ [\Omega]$$

여기서, Z : 임피던스[Ω]
X_C : 용량 리액턴스[Ω]
C : 정전용량[F]

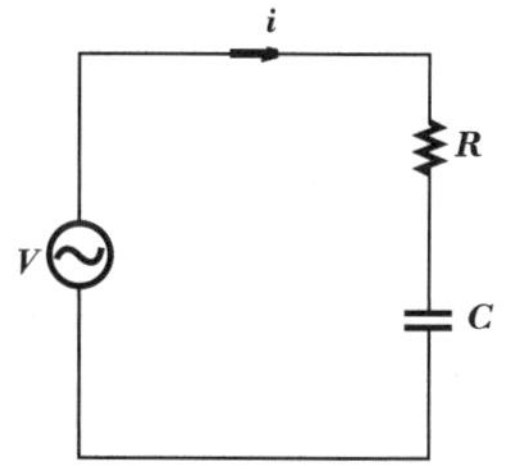

RC 직렬회로

① **위상차** : $\theta=\tan^{-1}\frac{X_C}{R}=\tan^{-1}\frac{1}{\omega CR}$ [rad]

② **역률** : $\cos\theta=\frac{R}{Z}=\frac{R}{\sqrt{R^2+{X_C}^2}}$

Key Point

✻ RL 직렬회로

$$I=\frac{V}{\sqrt{R^2+{X_L}^2}}\ \text{[A]}$$

여기서,
I : 전류[A]
V : 전압[V]
R : 저항[Ω]
X_L : 유도 리액턴스[Ω]

✻ 임피던스
교류에서 전류가 흐를 때의 전류의 흐름을 방해하는 R, L, C의 벡터적인 합

✻ 역률
전압과 전류의 위상차의 코사인(cos) 값

✻ 무효율
전압과 전류의 위상차의 사인(sin) 값

✻ RC 직렬회로

$$I=\frac{V}{\sqrt{R^2+{X_C}^2}}\ \text{[A]}$$

여기서,
I : 전류[A]
V : 전압[V]
R : 저항[Ω]
X_C : 용량 리액턴스[Ω]

Key Point

★★
문제 저항 R과 리액턴스 X의 직렬회로에서 $\frac{X}{R}=\frac{1}{\sqrt{2}}$일 경우 회로의 역률은?

① $\frac{1}{2}$ ② $\frac{1}{\sqrt{3}}$ ③ $\frac{\sqrt{2}}{\sqrt{3}}$ ④ $\frac{\sqrt{3}}{2}$

해설 $\frac{X}{R}=\frac{1}{\sqrt{2}}$에서

$R=\sqrt{2}$, $X=1$이므로

역률 $\cos\theta=\frac{R}{Z}=\frac{R}{\sqrt{R^2+X^2}}=\frac{\sqrt{2}}{\sqrt{(\sqrt{2})^2+1^2}}=\frac{\sqrt{2}}{\sqrt{3}}$

답 ③

③ **무효율** : $\sin\theta=\frac{X_C}{Z}=\frac{X_C}{\sqrt{R^2+{X_C}^2}}$

* RLC 직렬회로

$I=\frac{V}{\sqrt{R^2+(X_L-X_C)^2}}$

여기서,
I : 전류[A]
V : 전압[V]
R : 저항[Ω]
X_L : 유도리액턴스[Ω]
X_C : 용량리액턴스[Ω]

3 RLC 직렬회로

전류 I는

$$I=\frac{V}{Z}=\frac{V}{\sqrt{R^2+(X_L-X_C)^2}}\text{ [A]}$$

여기서 임피던스 Z는

$$Z=\sqrt{R^2+(X_L-X_C)^2}=\sqrt{R^2+(\omega L-\frac{1}{\omega C})^2}\text{ [Ω]}$$

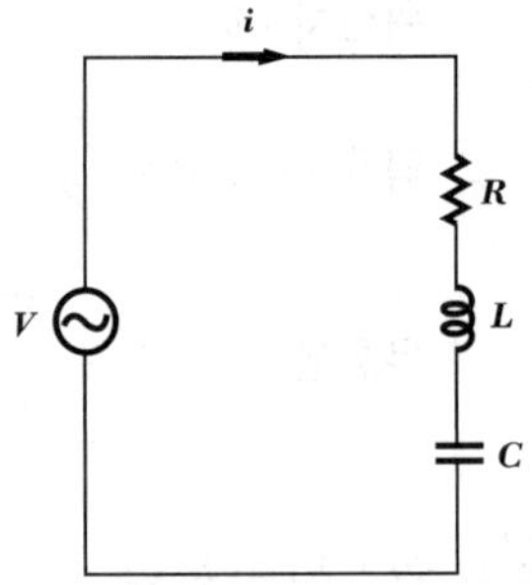

| RLC 직렬회로 |

공진조건 $\omega L=\frac{1}{\omega C}$이므로

$$\omega L-\frac{1}{\omega C}=0$$

위 식에서 $Z=R$(**임피던스 최소**) 이와 같은 상태를 **직렬공진**(series resonance)이라 한다.

* **공진주파수**
RLC직렬 공진회로에서 정전용량 C가 일정해도 주파수에 따라 인덕턴스 $L=\frac{1}{\omega C}$로 되는 주파수

① **공진주파수** : $f_0=\frac{1}{2\pi\sqrt{LC}}$ [Hz]

여기서, L : 인덕턴스[H]
C : 정전용량[F]

* **선택도**
공진곡선의 첨예도 및 공진시의 전압확대비를 나타낸다.

② **선택도** : $Q=\frac{V_L}{V}=\frac{V_C}{V}=\frac{\omega L}{R}=\frac{1}{\omega CR}=\frac{1}{R}\sqrt{\frac{L}{C}}$

여기서, V : 전원전압[V]
V_L : L에 걸리는 전압[V]
V_C : C에 걸리는 전압[V]
ω : 각주파수[rad/s]

③ **위상차** : $$\theta = \tan^{-1}\frac{X_L - X_C}{R} \text{[rad]}$$

- $X_L > X_C$: **유도성**회로(전류는 전압보다 θ만큼 뒤진다)
- $X_L < X_C$: **용량성**회로(전류는 전압보다 θ만큼 앞선다)
- $X_L = X_C$: **직렬공진**회로(전압과 전류는 동상이다)

④ **역률** : $$\cos\theta = \frac{R}{Z} = \frac{R}{\sqrt{R^2 + (X_L - X_C)^2}}$$

⑤ **무효율** : $$\sin\theta = \frac{X_L - X_C}{Z} = \frac{X_L - X_C}{\sqrt{R^2 + (X_L - X_C)^2}}$$

4 *RL* 병렬회로

전류 I는

$$I = YV = \sqrt{\left(\frac{1}{R}\right)^2 + \left(\frac{1}{X_L}\right)^2} \cdot V \text{[A]}$$

여기에 어드미턴스 Y는

$$Y = \frac{1}{Z} = \sqrt{\left(\frac{1}{R}\right)^2 + \left(\frac{1}{X_L}\right)^2} \text{[℧]}$$

여기서, Y : 어드미턴스[℧], Z : 임피던스[Ω]

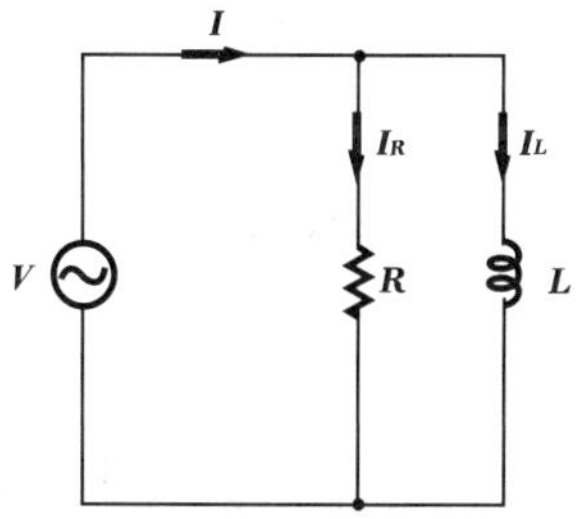

| *RL* 병렬회로 |

① **위상차** : $\theta = \tan^{-1}\dfrac{R}{X_L} = \tan^{-1}\dfrac{R}{\omega L}$ [rad]

② **역률** : $\cos\theta = \dfrac{X_L}{Z} = \dfrac{X_L}{\sqrt{R^2 + X_L^{\,2}}}$

★★

문제 그림과 같은 병렬회로에서 저항 8Ω(R), 유도 리액턴스 6Ω(X_L)일 때 이 회로의 역률 $\cos\theta$는?

① 0.4
② 0.5
③ 0.6
④ 0.8

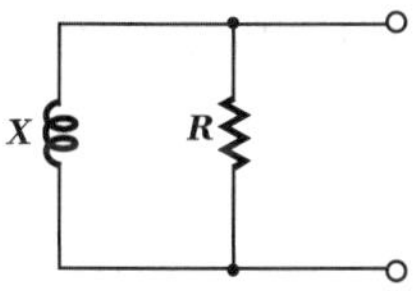

해설 (1) 기호

- R : 8Ω
- X_L : 6Ω
- $\cos\theta$: ?

(2) $\cos\theta = \dfrac{X_L}{\sqrt{R^2 + X_L^{\,2}}} = \dfrac{6}{\sqrt{8^2 + 6^2}} = 0.6$

여기서, R : 저항[Ω] X_L : 유도리액턴스[Ω]

답 ③

③ **무효율** : $\sin\theta = \dfrac{R}{Z} = \dfrac{R}{\sqrt{R^2 + X_L^{\,2}}}$

Key Point

✽ 어드미턴스
임피던스의 역수, Y[℧]로 표시한다.

✽ 임피던스
교류에서 전류가 흐를 때의 전류의 흐름을 방해하는 R, L, C의 벡터적인 합

✽ 위상차
2개 이상의 동일한 교류의 위상의 차

✽ 역률
전압과 전류의 위상차의 코사인(cos) 값

✽ 무효율
전압과 전류의 위상차의 사인(sin) 값

Key Point

※ *RC* 병렬회로

$I=\sqrt{\left(\frac{1}{R}\right)^2+\left(\frac{1}{X_C}\right)^2}\cdot V$[A]

여기서,
I : 전류[A]
R : 저항[Ω]
X_c : 용량 리액턴스[Ω]
V : 전압[V]

5 *RC* 병렬회로

전류 I는

$$I=YV=\sqrt{\left(\frac{1}{R}\right)^2+\left(\frac{1}{X_C}\right)^2}\cdot V[\text{A}]$$

여기에 어드미턴스 Y는

$$Y=\frac{1}{Z}=\sqrt{\left(\frac{1}{R}\right)^2+\left(\frac{1}{X_C}\right)^2}\,[℧]$$

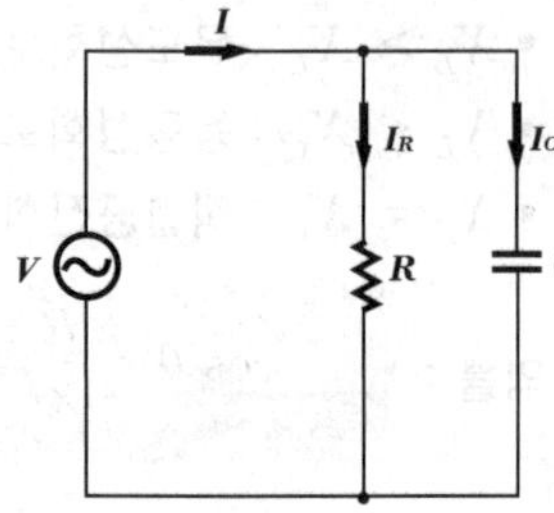

∥ *RC* 병렬회로 ∥

① **위상차** : $\theta=\tan^{-1}\frac{R}{X_C}=\tan^{-1}\omega CR$[rad]

② **역률** : $\cos\theta=\frac{X_C}{Z}=\frac{X_C}{\sqrt{R^2+X_C{}^2}}$

③ **무효율** : $\sin\theta=\frac{R}{Z}=\frac{R}{\sqrt{R^2+X_C{}^2}}$

6 *RLC* 병렬회로

전류 I는

$$I=YV=\sqrt{\left(\frac{1}{R}\right)^2+\left(\frac{1}{X_C}-\frac{1}{X_L}\right)^2}\cdot V[\text{A}]$$

여기서 어드미턴스 Y는

$$Y=\frac{1}{Z}=\sqrt{\left(\frac{1}{R}\right)^2+\left(\frac{1}{X_C}-\frac{1}{X_L}\right)^2}$$

$$=\sqrt{\left(\frac{1}{R}\right)^2+\left(\omega C-\frac{1}{\omega L}\right)^2}\,[℧]$$

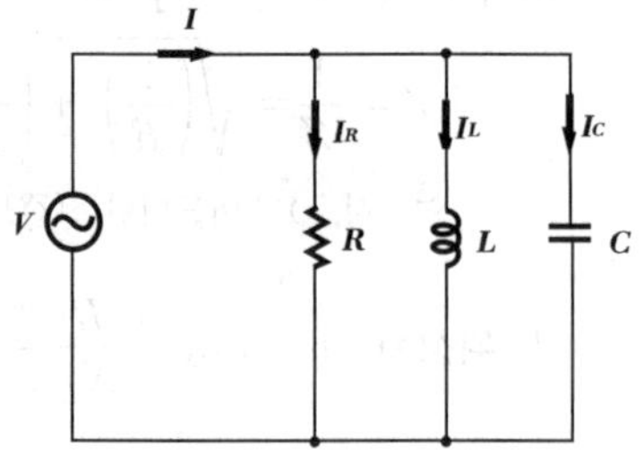

∥ *RLC* 병렬회로 ∥

$\omega C-\frac{1}{\omega L}=0$이면

위 식에서 $Y=\frac{1}{R}$**(임피던스 최대)** 이와 같은 상태를 **병렬공진**(parallel resonance)이라 한다.

① **위상차** : $\theta=\tan^{-1}R\left(\frac{1}{X_C}-\frac{1}{X_L}\right)$

- $X_L>X_C$: **용량성**회로
- $X_L<X_C$: **유도성**회로
- $X_L=X_C$: **병렬공진**회로

※ 직렬공진
① 임피던스 최소
② 전류 최대

※ 병렬공진
① 임피던스 최대
② 전류 최소

Key Point

4 교류전력

1 교류전력

① **유효전력**(평균전력, 소비전력)

$P = VI\cos\theta = I^2R$ [W]

② **무효전력** : $P_r = VI\sin\theta = I^2X$ [Var]

여기서, X : 리액턴스[Ω]

③ **피상전력** : $P_a = VI = \sqrt{P^2 + P_r^2} = I^2Z$ [VA]

여기서, Z : 임피던스[Ω]

※ 유효전력
전원에서 부하로 실제 소비되는 전력

※ 무효전력
실제로 아무런 일도 할 수 없는 전력

※ 피상전력
전원에서 공급되는 전력

2 역률과 무효율

① **역률**

$$\cos\theta = \frac{P}{P_a} = \frac{P}{VI} = \frac{R}{Z}$$

② **무효율**

$$\sin\theta = \frac{P_r}{P_a} = \frac{P_r}{VI} = \frac{X}{Z}$$

※ *RL* 직렬회로

$$\cos\theta = \frac{R}{Z} = \frac{R}{\sqrt{R^2 + X_L^2}},\ \sin\theta = \frac{X_L}{Z} = \frac{X_L}{\sqrt{R^2 + X_L^2}}$$

※ 역률과 무효율
① 역률

$$\cos\theta = \frac{R}{\sqrt{R^2 + X_L^2}}$$

② 무효율

$$\sin\theta = \frac{X_L}{\sqrt{R^2 + X_L^2}}$$

여기서,
$\cos\theta$: 역률
$\sin\theta$: 무효율
R : 저항[Ω]
X_L : 유도 리액턴스[Ω]

3 복소 전력

$V = V_1 + jV_2$ [V], $I = I_1 + jI_2$ [A] 라 하면

$$P_a = V\overline{I} = (V_1 + jV_2)(I_1 - jI_2) = (V_1I_1 + V_2I_2) + j(V_2I_1 - V_1I_2) = P + jP_r \text{ [VA]}$$

$P_r > 0$: 유도성 회로
$P_r < 0$: 용량성 회로

① **유효전력** : $P = V_1I_1 + V_2I_2$ [W]

② **무효전력** : $P_r = V_2I_1 - V_1I_2$ [Var]

③ **피상전력** : $P_a = \sqrt{P^2 + P_r^2}$ [VA]

※ 복소 전력
실수와 허수로 구성되는 전력

Key Point

※ 최대 전력

$$P_{\max}=\frac{{V_g}^2}{4R_g}$$

여기서,
$P_{\max}$: 최대 전력[W]
V_g : 전압[V]
R_g : 저항[Ω]

4 최대 전력

그림에서 $Z_g=R_g$, $Z_L=R_L$인 경우

① **최대 전력전달 조건** : $R_g=R_L$

② **최대 전력** : $P_{\max}=\dfrac{{V_g}^2}{4R_g}$

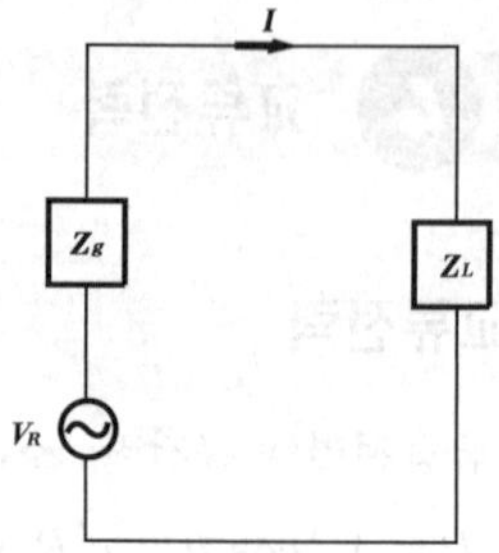

‖ 최대 전력 ‖

★★
문제 그림과 같은 회로에서 부하 R_L에서 소비되는 최대전력(W)은?
($P_{\max}$)

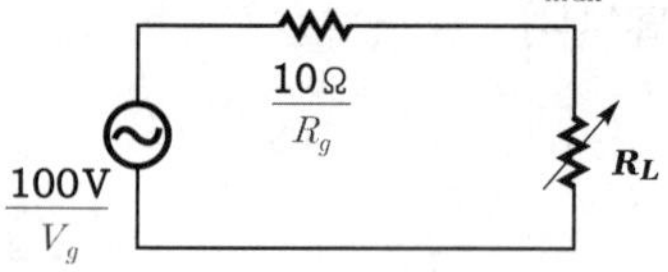

① 50 ② 125 ③ 250 ④ 500

해설 (1) **기호**

- $P_{\max}$: ?
- R_g : 10Ω
- V_g : 100V

(2) **최대전력 전달조건**에 의해

$$P_{\max}=\frac{{V_g}^2}{4R_g}=\frac{100^2}{4\times10}=250\,\text{W}$$

답 ③

5 콘덴서의 용량

역률개선용 병렬콘덴서의 용량 Q_c는

$$Q_c=P(\tan\theta_1-\tan\theta_2)=P\left(\frac{\sin\theta_1}{\cos\theta_1}-\frac{\sin\theta_2}{\cos\theta_2}\right)[\text{kVA}]$$

여기서, Q_c : 콘덴서의 용량[kVA], P : 유효전력[kW]
$\cos\theta_1$: 개선전 역률, $\cos\theta_2$: 개선후 역률
$\sin\theta_1$: 개선전 무효율$\left(\sin\theta_1=\sqrt{1-\cos\theta_1^2}\right)$
$\sin\theta_2$: 개선후 무효율$\left(\sin\theta_2=\sqrt{1-\cos\theta_2^2}\right)$

※ 임피던스

$Z=R+jX$[Ω]

여기서, Z : 임피던스[Ω]
R : 저항[Ω]
X : 리액턴스[Ω]

6 임피던스

그림에서 $j(X_L-X_C)=jX$ 라 하면

① **임피던스** : $Z=R+j(X_L-X_C)=R+jX$ [Ω]

여기서, R : 저항[Ω], X : 리액턴스[Ω]

② **전류** : $I=\dfrac{V}{Z}=\dfrac{V}{R+jX}=\dfrac{V}{\sqrt{R^2+X^2}}$ [A]

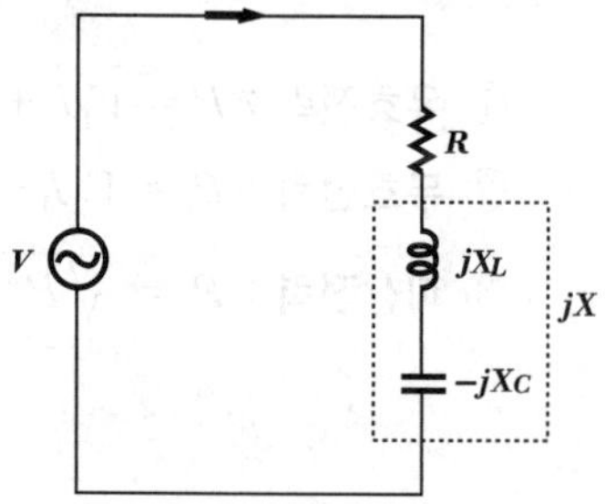

‖ 임피던스, 어드미턴스 ‖

7 어드미턴스

① 어드미턴스

$$Y=\frac{1}{Z}=\frac{1}{R+jX}=\frac{R}{R^2+X^2}+j\frac{-X}{R^2+X^2}=G+jB\,[℧]$$

여기서, G : 컨덕턴스[℧]
B : 서셉턴스[℧]

② 전류 : $I=\frac{V}{Z}=YV$[A]

8 병렬공진회로

① 공진 주파수

$$f_0=\frac{1}{2\pi\sqrt{LC}} \quad \text{또는,} \quad f_0=\frac{1}{2\pi}\sqrt{\frac{1}{LC}-\frac{R^2}{L^2}}\,[\text{Hz}]$$

② 공진 임피던스

$$Z_0=\frac{L}{CR}\,[\Omega]$$ (임피던스 최대)

③ 공진 어드미턴스

$$Y_0=\frac{1}{Z_0}=\frac{CR}{L}\,[℧]$$ (어드미턴스 최소)

★★★

문제 그림과 같은 회로의 공진시의 어드미턴스는?

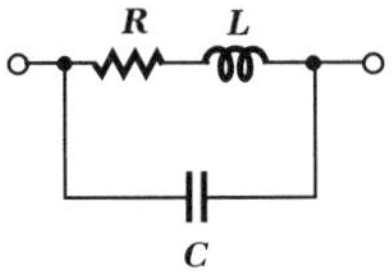

① $\frac{CR}{L}$ ② $\frac{L}{CR}$ ③ $\frac{CL}{R}$ ④ $\frac{LR}{C}$

해설 병렬 공진회로

① 공진 임피던스 : $Z_o=\frac{L}{CR}$[Ω]

② 공진 어드미턴스 : $Y_o=\frac{1}{Z_o}=\frac{CR}{L}$[℧]

답 ①

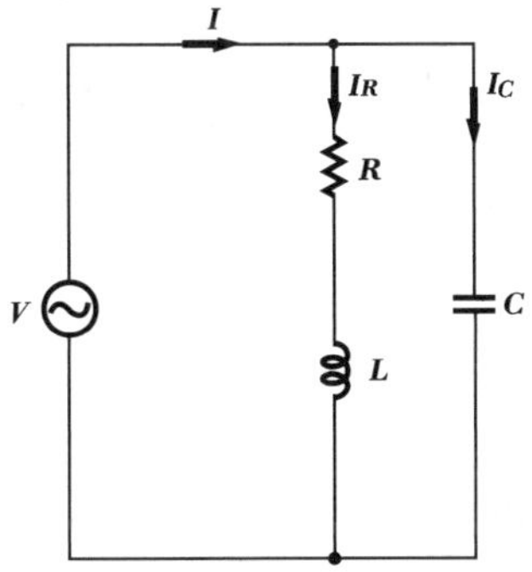

‖ 인덕턴스와 정전용량의 병렬회로 ‖

Key Point

＊ 어드미턴스

$Y=G+jB$[℧]

여기서,
Y : 어드미턴스[℧]
G : 컨덕턴스[℧]
B : 서셉턴스[℧]

＊ 서셉턴스

어드미턴스의 허수부를 말한다.

＊ 공진 임피던스

$Z_0=\frac{L}{CR}$[Ω]

여기서,
Z_0 : 공진 임피던스[Ω]
L : 인덕턴스[H]
C : 정전용량[F]
R : 저항[Ω]

＊ 인덕턴스

코일의 권수·형태 및 철심의 재질 등에 의해 결정되는 상수

Key Point

※ 정전용량
콘덴서가 전하를 축적하는 능력의 정도를 나타내는 상수

9 교류브리지

교류검출기(detector)에 전압이 검출되지 않으면 브리지가 평형되었다고 하고 c, d점 사이의 전위차가 0이다.

이때 평형 조건은

- $I_1 Z_1 = I_2 Z_2$
- $I_1 Z_3 = I_2 Z_4$

$$\therefore Z_1 Z_4 = Z_2 Z_3$$

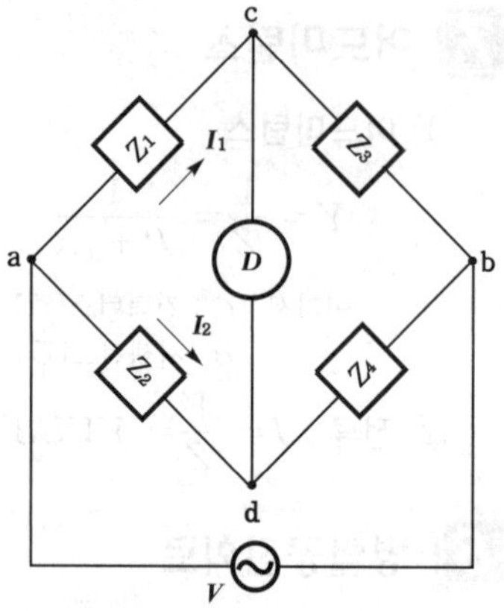

| 교류 브리지 |

5 3상교류

※ 대칭3상교류
크기가 같고 서로 $\frac{2}{3}\pi$ [rad]만큼의 위상차를 가지는 3상교류

1 대칭3상교류

대칭3상교류 기전력을 순시치로 표시하면

$$e_a = \sqrt{2}\,E\,\sin\omega t\ [\text{V}]$$

$$e_b = \sqrt{2}\,E\sin\left(\omega t - \frac{2\pi}{3}\right)[\text{V}]$$

$$e_c = \sqrt{2}\,E\sin\left(\omega t - \frac{4\pi}{3}\right)[\text{V}]$$

여기서, E : 기전력의 실효값

이때, 각 순시 기전력의 합은

$$e_a + e_b + e_c = 0$$

※ 기호법
정현파 교류의 전압, 전류 등의 벡터량을 복소수로 표현하는 방법

※ 벡터량
크기와 방향의 2개의 요소로 표시되는 양(힘과 속도)

a, b, c 상의 3상 기전력 E_a, E_b, E_c를 기호법으로 표시하면

$$E_a = E$$

$$E_b = E_e^{-j\frac{2\pi}{3}} = E\angle -\frac{2\pi}{3} = E\left(-\frac{1}{2} - j\frac{\sqrt{3}}{2}\right)[\text{V}]$$

$$E_c = E_e^{-j\frac{4\pi}{3}} = E\angle -\frac{4\pi}{3} = E\left(-\frac{1}{2} + j\frac{\sqrt{3}}{2}\right)[\text{V}]$$

$$\therefore \boldsymbol{E_a} + \boldsymbol{E_b} + \boldsymbol{E_c} = 0$$

2 3상교류의 결선법

(1) Y 결선과 전압

※ 상전압
다상교류회로에서 각 상에 걸리는 전압

V_a, V_b, V_c를 각각 **상전압**(phase voltage)이라 하고 V_{ab}, V_{bc}, V_{ca}를 **선간전압**(line voltage)이라 한다.

Key Point

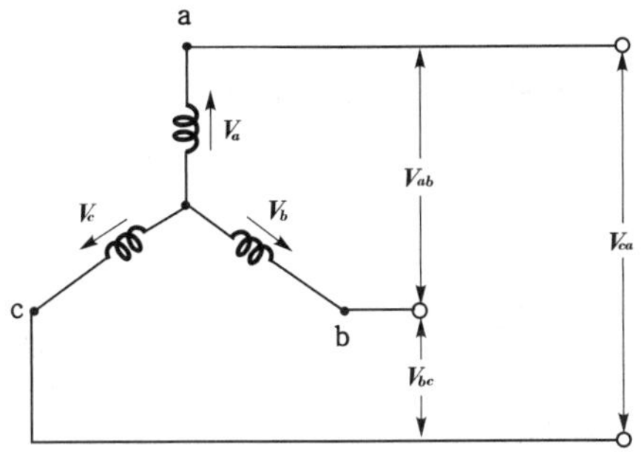

Y 결선

선간전압

$V_{ab} = \sqrt{3}\, V_a \angle \frac{\pi}{6}$ [V], $V_{bc} = \sqrt{3}\, V_b \angle \frac{\pi}{6}$ [V], $V_{ca} = \sqrt{3}\, V_c \angle \frac{\pi}{6}$ [V]

일반적으로 $V_l = \sqrt{3}\, V_P$, 즉 선간전압$=\sqrt{3}\times$상전압

✱ 선간전압
다상교류회로에서 단자간에 걸리는 전압

✱ 다상교류
3개 이상의 상을 가진 교류

★★★
문제 대칭 3상 Y 부하에서 각 상의 임피던스가 $Z=3+j4$[Ω]이고, 부하전류가 20A (I_p) 일 때 이 부하의 선간전압(V_l)[V]은?

① 226 ② 173 ③ 192 ④ 164

해설

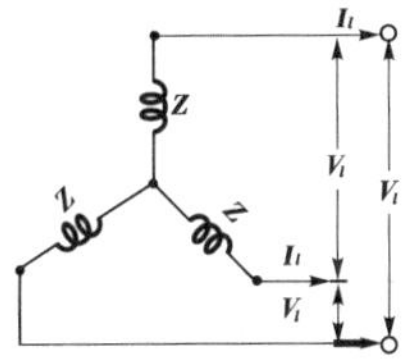

(1) 기호
- Z : $3+j4$[Ω]
- I_p : 20A
- V_l : ?

(2) 임피던스 $Z=\sqrt{3^2+4^2}=5\,\Omega$
상전압 $V_p = I_p Z = 20\times 5 = 100$V
∴ 선간전압 $V_l = \sqrt{3}\, V_p = \sqrt{3}\times 100 \fallingdotseq 173$V

답 ②

(2) △결선과 전압

선간전압 : $V_{ab} = V_a$ [V]

$V_{bc} = V_b$ [V]

$V_{ca} = V_c$ [V]

일반적으로 $V_l = V_P$

즉 선간전압=상전압

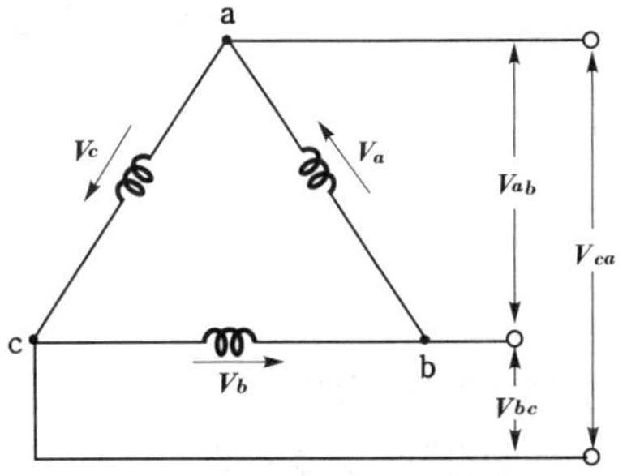

△결선

✱ Y결선과 △결선
① Y결선
$I_l = I_P$[A]
② △결선
$I_l = \sqrt{3}\, I_P$[A]
여기서, I_l : 선전류[A]
I_P : 상전류[A]

✱ 상전류
다상교류회로에서 각 상에 흐르는 전류

(3) Y결선과 전류

선전류 : $I_a = I_a$ [A], $I_b = I_b$ [A], $I_c = I_c$ [A]

일반적으로 $I_l = I_p$ 즉 선전류=상전류

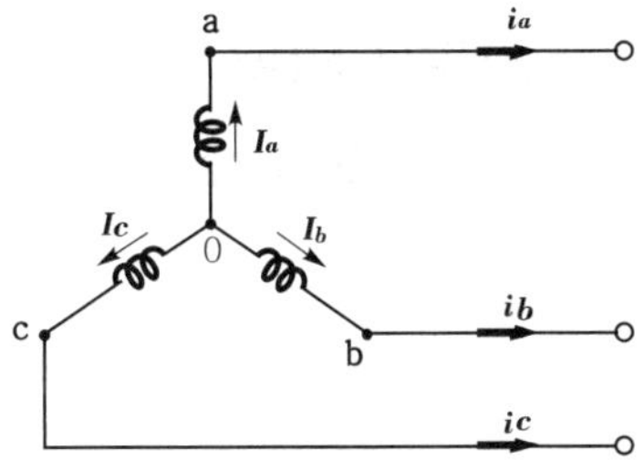

Y결선

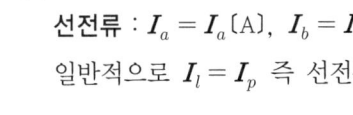

✱ 선전류
다상교류회로에서 단자로부터 유입 또는 유출되는 전류

Key Point

(4) △결선과 전류

I_{ab}, I_{bc}, I_{ca}를 각각 **상전류**(phase current)라 하고 I_a, I_b, I_c를 **선전류**(line current)라 한다.

선전류

$$I_a = \sqrt{3}\, I_{ab} \angle -\frac{\pi}{6} \text{[A]}$$

$$I_b = \sqrt{3}\, I_{bc} \angle -\frac{\pi}{6} \text{[A]}$$

$$I_c = \sqrt{3}\, I_{ca} \angle -\frac{\pi}{6} \text{[A]}$$

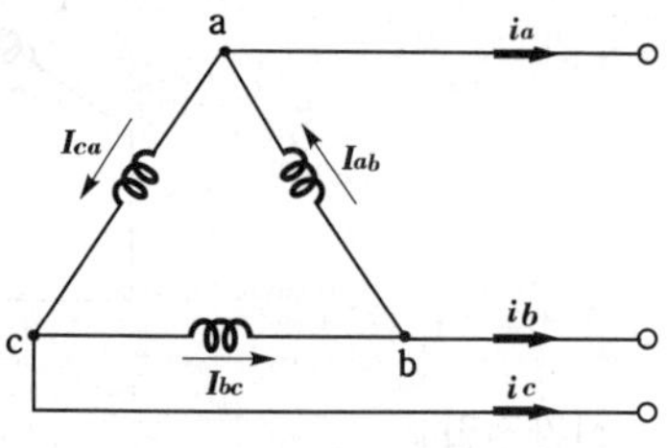

‖ △결선 ‖

일반적으로 $I_l = \sqrt{3}\, I_P$ 즉 선전류= $\sqrt{3}$ ×상전류

※ 평형 3상회로
전원이 대칭이고 부하가 평형을 이루고 있는 회로

※ 상전압
각 상에 걸리는 전압

※ 선간전압
선과 선 사이에 걸리는 전압

3 평형 3상회로

(1) 평형 Y-Y결선

① 선간전압과 상전압

$V_l = \sqrt{3}\, V_P$, V_l은 V_P보다 $\frac{\pi}{6}$[rad] 앞선다.

② 선전류와 상전류

$I_l = I_P$

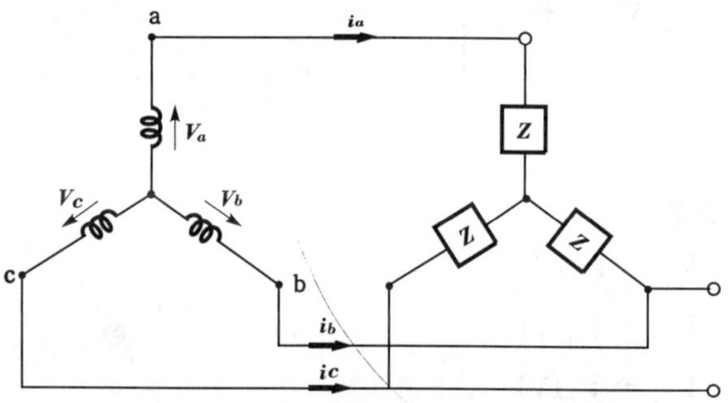

‖ 평형 Y-Y결선 ‖

(2) 평형 △-△결선

① 선간전압과 상전압

$V_l = V_P$

② 선전류와 상전류

$I_l = \sqrt{3}\, I_P$, I_l은 I_P보다 $\frac{\pi}{6}$[rad] 뒤진다.

※ 선전류
각 선에 흐르는 전류

※ 상전류
각 상에 흐르는 전류

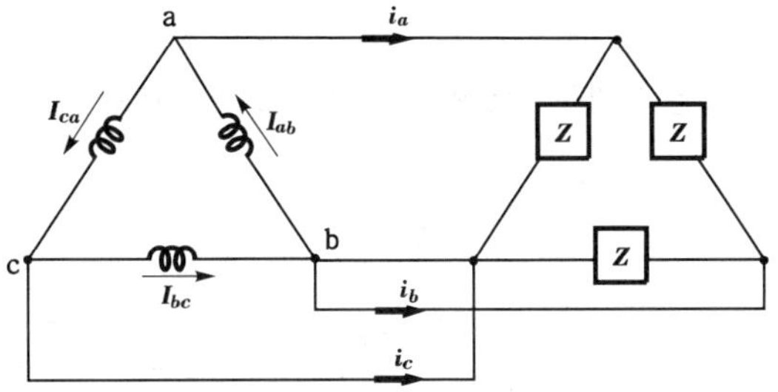

평형 △-△결선

4 Y-△회로의 변환

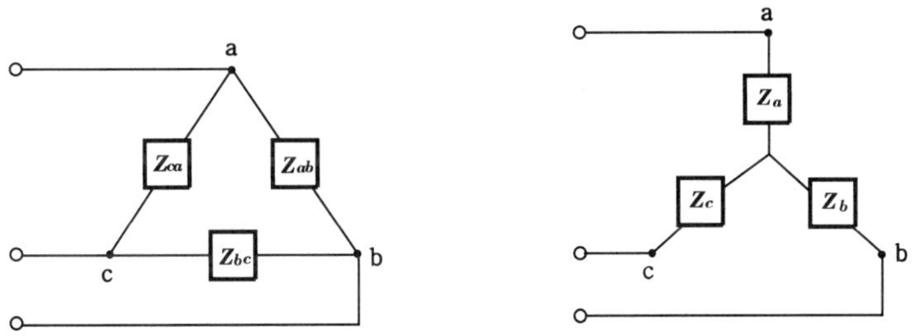

Y-△변환

(1) △→Y변환

$$Z_a = \frac{Z_{ab} \cdot Z_{ca}}{Z_{ab} + Z_{bc} + Z_{ca}} [\Omega]$$

$$Z_b = \frac{Z_{ab} \cdot Z_{bc}}{Z_{ab} + Z_{bc} + Z_{ca}} [\Omega]$$

$$Z_c = \frac{Z_{bc} \cdot Z_{ca}}{Z_{ab} + Z_{bc} + Z_{ca}} [\Omega]$$

평형부하인 경우에는 $Z_Y = \frac{Z_\triangle}{3} [\Omega]$

(2) Y→△변환

$$Z_{ab} = \frac{Z_a Z_b + Z_b Z_c + Z_c Z_a}{Z_c} [\Omega]$$

$$Z_{bc} = \frac{Z_a Z_b + Z_b Z_c + Z_c Z_a}{Z_a} [\Omega]$$

$$Z_{ca} = \frac{Z_a Z_b + Z_b Z_c + Z_c Z_a}{Z_b} [\Omega]$$

평형부하인 경우에는 $Z_\triangle = 3Z_Y [\Omega]$

* △ → Y 변환
$Z_Y = \frac{Z_\triangle}{3}$

* Y → △변환
$Z_\triangle = 3Z_Y$

Key Point

문제 ★ 그림과 같은 Y 결선 회로와 등가인 △결선 회로의 A, B, C 값은?

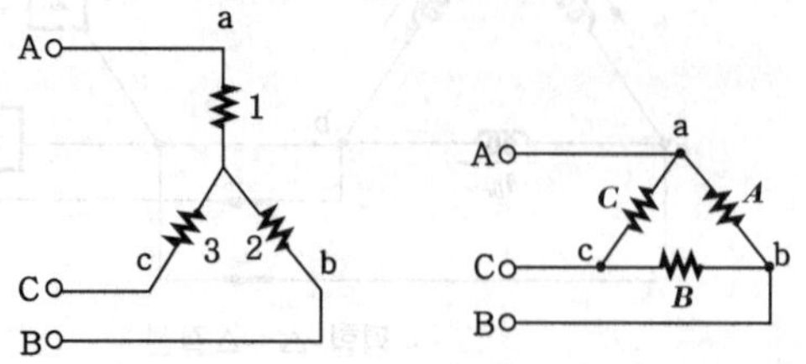

① $A=\frac{11}{3}$, $B=11$, $C=\frac{11}{2}$ ② $A=\frac{7}{3}$, $B=7$, $C=\frac{7}{2}$

③ $A=11$, $B=\frac{11}{2}$, $C=\frac{11}{3}$ ④ $A=7$, $B=\frac{7}{2}$, $C=\frac{7}{3}$

해설

$$A=Z_{ab}=\frac{Z_aZ_b+Z_bZ_c+Z_cZ_a}{Z_c}=\frac{1\times2+2\times3+3\times1}{3}=\frac{11}{3}$$

$$B=Z_{bc}=\frac{Z_aZ_b+Z_bZ_c+Z_cZ_a}{Z_a}=\frac{1\times2+2\times3+3\times1}{1}=11$$

$$C=Z_{ca}=\frac{Z_aZ_b+Z_bZ_c+Z_cZ_a}{Z_b}=\frac{1\times2+2\times3+3\times1}{2}=\frac{11}{2}$$

답 ①

5 3상전력

① **유효전력** : $P=3V_pI_p\cos\theta=\sqrt{3}\,V_lI_l\cos\theta=3I_p^{\,2}R$[W]

② **무효전력** : $P_r=3V_pI_p\sin\theta=\sqrt{3}\,V_lI_l\sin\theta=3I_p^{\,2}X$[Var]

③ **피상전력** : $P_a=3V_pI_p=\sqrt{3}\,V_lI_l=\sqrt{P^2+P_r^{\,2}}=3I_p^{\,2}Z$[VA]

여기서, V_p : 상전압[V], I_p : 상전류[A], V_l : 선간전압[V], I_l : 선전류[A]

$$R=Z\cos\theta,\ X=Z\sin\theta$$

6 V결선

① **출력**

$$P=\sqrt{3}\,V_pI_p\cos\theta\text{[W]}$$

② **변압기 1대의 이용률**

$$U=\frac{\sqrt{3}\,V_pI_p\cos\theta}{2V_pI_p\cos\theta}=\frac{\sqrt{3}}{2}=0.866$$

문제 ★★ V결선 변압기 이용률[%]은?

① 57.7 ② 86.6 ③ 80 ④ 100

해설 V 결선 변압기 1대의 이용률

$$U=\frac{\sqrt{3}\,VI\cos\theta}{2VI\cos\theta}=\frac{\sqrt{3}}{2}=0.866$$

답 ②

＊ 3상전력

① 유효전력

$P=3I_p^{\,2}R$[W]

② 무효전력

$P_r=3I_p^{\,2}X$[Var]

③ 피상전력

$P_a=3I_p^{\,2}Z$[VA]

여기서,

P : 유효전력[W]

P_r : 무효전력[Var]

P_a : 피상전력[VA]

I_P : 상전류[A]

R : 저항[Ω]

X : 리액턴스[Ω]

Z : 임피던스[Ω]

＊ V결선

△결선된 전원 중 1상을 제거하여 결선한 방식. V결선은 변압기 사고시 응급조치 등의 용도로 사용된다.

③ 출력비

$$\frac{P_{\text{V}}}{P_{\triangle\cdot\text{Y}}} = \frac{\sqrt{3}\, V_p\, I_p \cos\theta}{3\, V_p\, I_p \cos\theta} = \frac{\sqrt{3}}{3} = 0.577$$

7 3상전력의 측정

(1) 2전력계법

단상전력계 2개로 측정하는 경우

① **유효전력** : $P = P_1 + P_2$〔W〕

여기서, P_1, P_2 : 전력계의 지시값

② **무효전력** : $P_r = \sqrt{3}\,(P_1 - P_2)$〔Var〕

③ **역률** : $\cos\theta = \dfrac{P_1 + P_2}{2\sqrt{P_1^{\,2} + P_2^{\,2} - P_1 P_2}}$

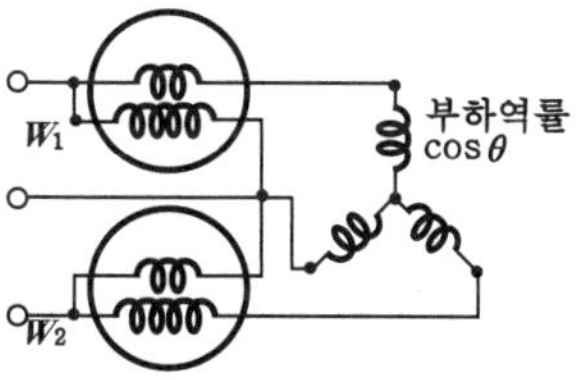

‖ 2전력계법 ‖

> ※ 2전력계법
> 단상전력계 2개로 3상 전력을 측정하기 위한 방법

(2) 3전력계법

단상전력계 3개로 측정하는 경우

① **유효전력** : $P = P_1 + P_2 + P_3$〔W〕

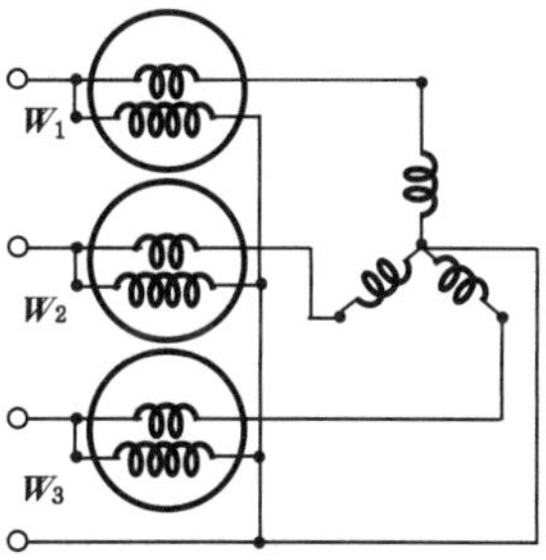

‖ 3전력계법 ‖

> ※ 3전력계법
> 단상전력계 3개로 3상 전력을 측정하기 위한 방법

8 전기계기의 오차

① **오차**$= M - T$

백분율 오차(오차율)$= \dfrac{M - T}{T} \times 100$〔%〕

② **보정**$= T - M$

백분율 보정(보정률)$= \dfrac{T - M}{M} \times 100$〔%〕

여기서, T : 참값, M : 측정값

> ※ M
> 'measure(측정하다)'의 약자이다.

> ※ T
> 'true(참되다)'의 약자이다.

9 분류기와 배율기

(1) 분류기(shunt)

전류계의 측정범위를 확대하기 위해 전류계와 병렬로 접속하는 저항

Key Point

※ 분류기

$$I_0 = I\left(1+\frac{R_A}{R_S}\right)\text{[A]}$$

여기서,
I_0 : 측정하고자 하는 전류[A]
I : 전류계의 최대눈금[A]
R_A : 전류계 내부저항[Ω]
R_S : 분류기 저항[Ω]

※ 배율기

$$V_0 = V\left(1+\frac{R_m}{R_v}\right)\text{[V]}$$

여기서,
V_0 : 측정하고자 하는 전압[V]
V : 전압계의 최대눈금[V]
R_v : 전압계의 내부저항[Ω]
R_m : 배율기 저항[Ω]

$$I_0 = I\left(1+\frac{R_A}{R_S}\right)\text{[A]}$$

여기서, I_0 : 측정하고자 하는 전류[A]　　I : 전류계의 최대 눈금[A]
R_A : 전류계 내부저항[Ω]　　R_S : 분류기 저항[Ω]

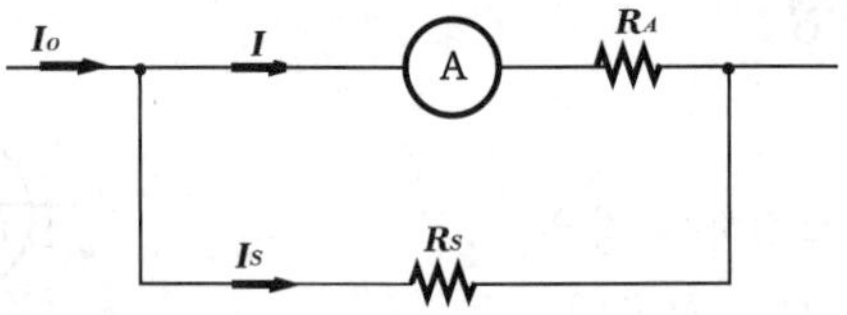

‖ 분류기 ‖

위 식에서 분류기 배율 M은

$$M = \frac{I_0}{I} = 1 + \frac{R_A}{R_S}$$

★★

문제 어떤 전류계의 측정범위를 10배(M)로 하자면 분류기의 저항은 전류계 내부저항(R_S)의 몇 배로 하여야 하는가?

① 99　　② 9　　③ $\frac{1}{99}$　　④ $\frac{1}{9}$

해설 (1) **기호**

- M : 10배
- R_S : ?

(2) **배율** $M = \frac{I_o}{I} = \left(1+\frac{R_A}{R_S}\right)$에서

$\therefore R_S = \frac{R_A}{M-I} = \frac{R_A}{10-1} = \frac{1}{9}R_A$

답 ④

(2) 배율기(multiplier)

전압계의 측정범위를 확대하기 위해 전압계와 직렬로 접속하는 저항

$$V_0 = V\left(1+\frac{R_m}{R_v}\right)\text{[V]}$$

여기서, V_0 : 측정하고자 하는 전압[V]
V : 전압계의 최대 눈금[A]
R_v : 전압계 내부저항[Ω]
R_m : 배율기 저항[Ω]

위 식에서 배율기 배율 M은

$$M = \frac{V_0}{V} = 1 + \frac{R_m}{R_v}$$

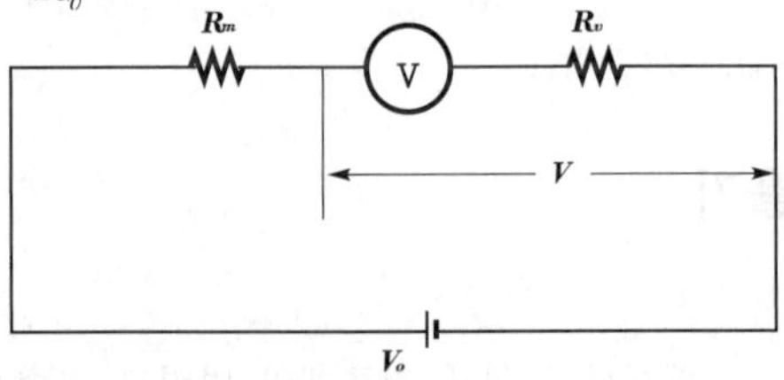

‖ 배율기 ‖

10 지시 전기계기의 종류

계기의 종류	기 호	사용회로
가동코일형		직류
가동철편형		교류
정류형		교류
유도형		교류
전류력계형	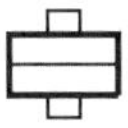	교직양용
열선형		교직양용
정전형		교직양용

6 회로망에 대한 정리

1 정전압원, 정전류원

(1) **정전압원**

내부저항은 0이다. ($r=0$)

정전압원을 **단락**시키면 전류는 무한대가 된다.

(2) **정전류원**

내부저항은 ∞이다. ($r=\infty$)

정전류원을 **개방**하면 단자전압은 무한대가 된다.

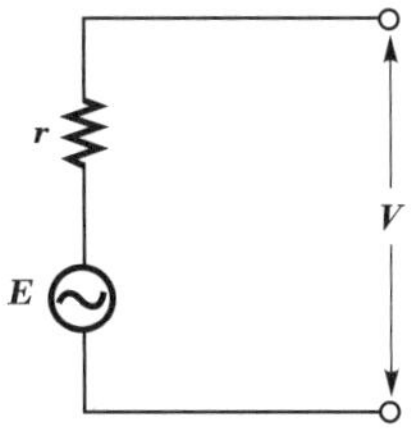

| 전압원 |

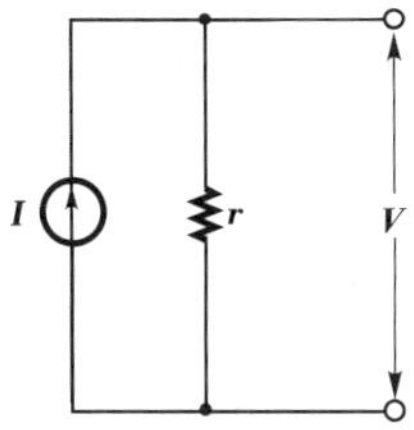

| 전류원 |

Key Point

※ 직류전용계기
가동코일형

※ 교류전용계기
① 가동철편형
② 정류형
③ 유도형

※ 회로망
저항, 코일, 콘덴서,트랜지스터 등을 임의로 조합하여 구성시킨 시스템

※ 정전압원
부하의 크기에 관계없이 단자전압의 크기가 일정한 전원

※ 정전류원
부하의 크기에 관계없이 출력전류의 크기가 일정한 전원

Key Point

2 중첩의 원리

2개 이상의 기전력을 포함한 회로망 중의 어떤 점의 전위 또는 전류는 각 기전력이 각각 단독으로 존재한다고 할 때, 그 점의 전위 또는 전류의 합과 같다.

이를 **중첩의 원리**(principle of superposition)이라 하며, 이 원리는 **선형소자**로만 이루어진 회로에 적용된다.

※ **선형소자**
전압과 전류특성이 직선적으로 비례하는 소자로 *R*, *L*, *C*가 이에 해당된다.

3 테브낭의 정리

※ **테브낭의 정리**
2개의 독립된 회로망을 접속하였을 때의 전압·전류 및 임피던스의 관계를 나타내는 정리

※ **등가회로**
서로 다른 회로라도 전기적으로는 같은 작용을 하는 회로

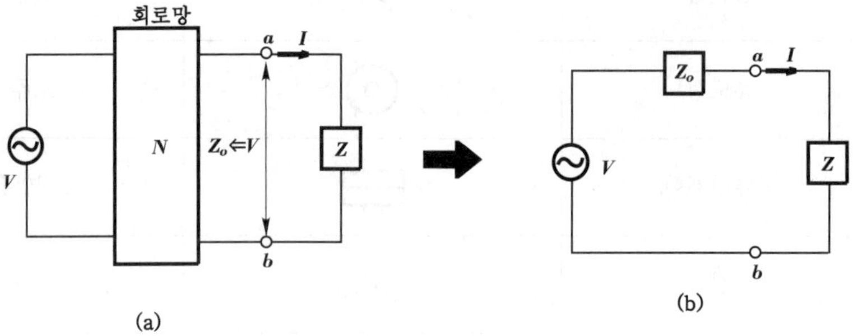

▎등가회로 ▎

회로망에서 단자 a, b 간의 전압을 V, ab간의 **전압원**을 **단락**시키고 회로망에서 본 임피던스를 Z_0라고 하면, ab간에 임피던스 Z를 접속하는 경우 Z에 흐르는 전류 I는

$$I = \frac{V}{Z_0 + Z} \text{〔A〕}$$

여기서, Z_0 : 합성 임피던스〔Ω〕, Z : 회로의 임피던스〔Ω〕

위 식을 **테브낭의 정리**(Thevenin's theorem)라 한다.

4 노튼의 정리

※ **노튼의 정리**
테브낭의 정리와 서로 상대적인 관계에 있다.

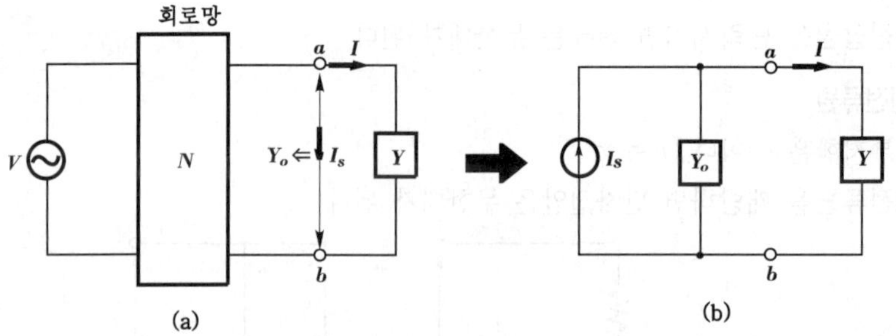

▎등가회로 ▎

회로망에서 단락전류를 I_s, 단자 a, b에서 **전류원**을 **개방**시키고 회로망에서 본 어드미턴스를 Y_0라고 하면, ab간에 어드미턴스 Y를 접속하는 경우 Y에 흐르는 전류 I는

$$I = \frac{Y}{Y_0 + Y} I_s \text{〔A〕}$$

Key Point

여기서, Y_0 : 합성 어드미턴스[℧], Y : 회로의 어드미턴스[℧],
I_s : 단락전류[A]

위 식을 **노튼의 정리**(Norton's theorem)라 한다.

※ 테브낭의 정리와 노튼의 정리는 서로 쌍대의 관계에 있다.

문제 **테브낭의 정리와 쌍대의 관계가 있는 것은 다음 중 어느 것인가?**

① 밀만의 정리 ② 중첩의 원리
③ 노오튼의 원리 ④ 보상의 원리

해설 ① **테브낭의 정리** : 임피던스에 관한 정리
② **노오튼의 정리** : 어드미턴스에 관한 정리

• 테브낭의 정리와 노오튼의 정리는 서로 쌍대의 관계에 있다.

답 ③

※ 쌍대의 관계
'상대적인 관계'를 말한다.

5 밀만의 정리

임피던스를 가진 전압원이 n 개 병렬로 연결되어 있을 때 단자 a, b에 나타나는 전압 V_{ab}는

$$V_{ab}=\frac{\dfrac{E_1}{Z_1}+\dfrac{E_2}{Z_2}+\dots+\dfrac{E_n}{Z_n}}{\dfrac{1}{Z_1}+\dfrac{1}{Z_2}+\dots+\dfrac{1}{Z_n}}$$

$$=\frac{I_1+I_2+\cdots+I_n}{Y_1+Y_2+\cdots+Y_n}\,[\text{V}]$$

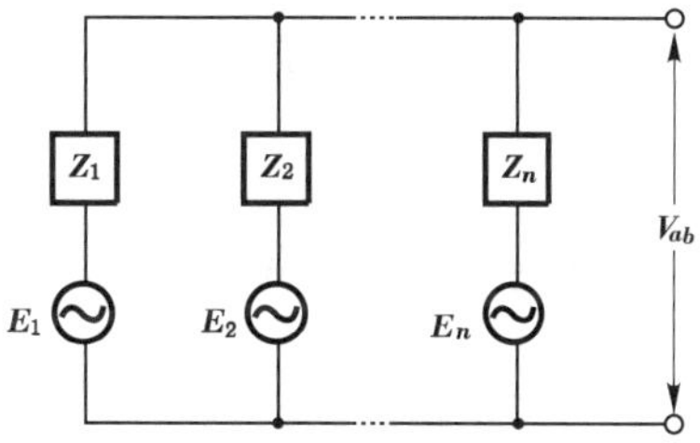

| 밀만의 정리 |

위 식을 **밀만의 정리**(Millman's theorem)라 한다.

※ 밀만의 정리

$$V_{ab}=\frac{\dfrac{E_1}{Z_1}+\dfrac{E_2}{Z_2}}{\dfrac{1}{Z_1}+\dfrac{1}{Z_2}}\,[\text{V}]$$

여기서,
V_{ab} : 단자전압[V]
$E_1 \cdot E_2$: 각각의 전압[V]
$Z_1 \cdot Z_2$: 각각의 임피던스[Ω]

7 4단자망

※ 4단자망
입력과 출력에 각각 2개의 단자를 가진 회로

1 4단자 정수

※ 4단자 정수
4단자망의 전기적인 성질을 나타내는 정수

전압 V_1, V_2 와 전류 I_1, I_2 의 관계를 나타내면

$$\begin{bmatrix} V_1 \\ I_1 \end{bmatrix}=\begin{bmatrix} A & B \\ C & D \end{bmatrix}\begin{bmatrix} V_2 \\ I_2 \end{bmatrix}$$ 에서

$$V_1=AV_2+BI_2, \qquad I_1=CV_2+DI_2$$

여기서, V_1 : 입력전압[V], I_1 : 입력전류[A]
V_2 : 출력전압[V], I_2 : 출력전류[A]

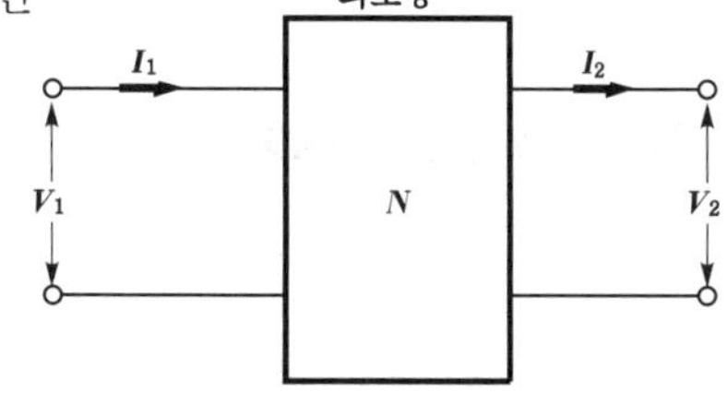

| 4단자망 |

위 식을 4단자망의 기본식이라 하며, A, B, C, D 를 4단자 정수(four teminal constants)라 한다.

Key Point

※ 4단자 정수
① A : 입출력 전압비
② B : 전달임피던스
③ C : 전달어드미턴스
④ D : 입출력 전류비

① 출력단을 개방할 때 $I_2=0$이므로

$$A=\left.\frac{V_1}{V_2}\right|_{I_2=0}$$: 입 · 출력 전압비(출력개방)

$$C=\left.\frac{I_1}{V_2}\right|_{I_2=0}$$: 전달 어드미턴스(출력개방)

② 출력단을 단락할 때 $V_2=0$이므로

$$B=\left.\frac{V_1}{I_2}\right|_{V_2=0}$$: 전달 임피던스(출력단락)

$$D=\left.\frac{I_1}{I_2}\right|_{V_2=0}$$: 입 · 출력 전류비(출력단락)

③ $AD-BC=1$이 되어야 한다.

문제 ★ 4단자 정수를 구하는 식 중 옳지 않은 것은?

① $A=\left(\frac{V_1}{V_2}\right)_{I_2=0}$ ② $B=\left(\frac{V_2}{I_2}\right)_{V_2=0}$ ③ $C=\left(\frac{I_1}{V_2}\right)_{I_2=0}$ ④ $D=\left(\frac{I_1}{I_2}\right)_{V_2=0}$

해설 $B=\left(\frac{V_1}{I_2}\right)_{V_2=0}$

답 ②

※ 이상변압기
손실이 전혀없는 변압기

2 이상 변압기의 4단자 정수

$$\begin{bmatrix} n & 0 \\ 0 & \frac{1}{n} \end{bmatrix}$$

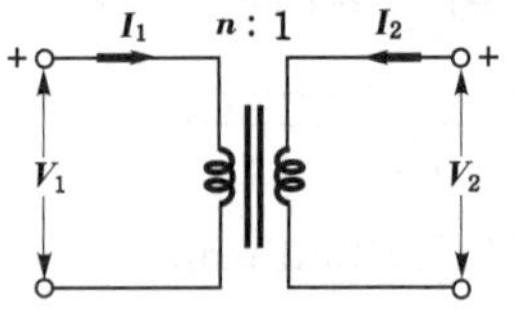

| 이상 변압기 |

※ 자이레이터
초고주파 회로소자

3 자이레이터의 4단자 정수

$$\begin{bmatrix} 0 & r \\ \frac{1}{r} & 0 \end{bmatrix}$$

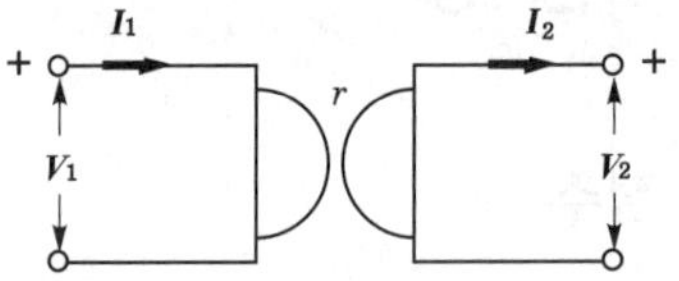

| 자이레이터 |

※ 4단자 정수
4단자망의 전기적인 성질을 나타내는 정수

4 기본적인 4단자 정수

| 기본적인 4단자 정수 |

회로의 종류	4단자 정수
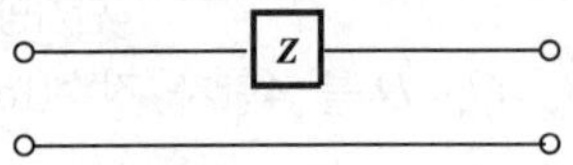	$\begin{bmatrix} 1 & Z \\ 0 & 1 \end{bmatrix}$

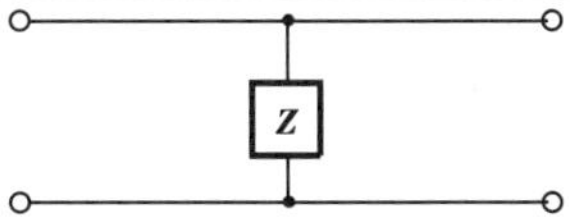	$\begin{bmatrix} 1 & 0 \\ \frac{1}{Z} & 1 \end{bmatrix}$
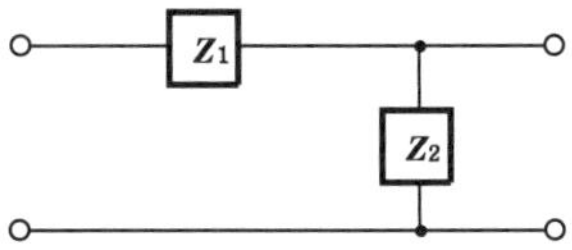	$\begin{bmatrix} 1+\frac{Z_1}{Z_2} & Z_1 \\ \frac{1}{Z_2} & 1 \end{bmatrix}$
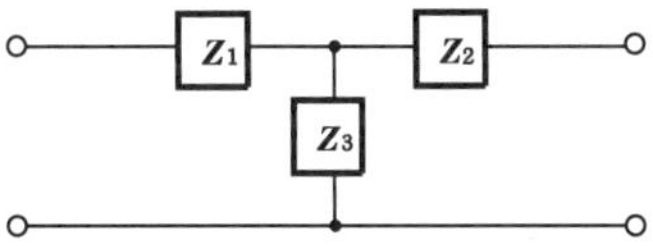 T형 회로	$\begin{bmatrix} 1+\frac{Z_1}{Z_3} & \frac{Z_1Z_2}{Z_3}+Z_2+Z_1 \\ \frac{1}{Z_3} & 1+\frac{Z_2}{Z_3} \end{bmatrix}$
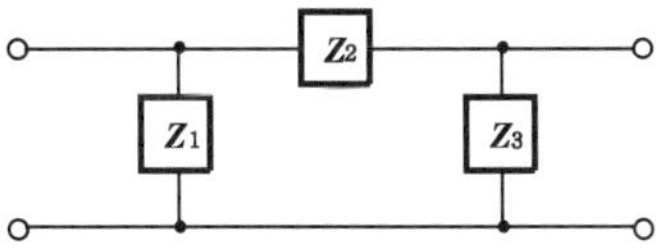 π형 회로	$\begin{bmatrix} 1+\frac{Z_2}{Z_3} & Z_2 \\ \frac{Z_1+Z_2+Z_3}{Z_1Z_3} & 1+\frac{Z_2}{Z_1} \end{bmatrix}$

5 영상 임피던스

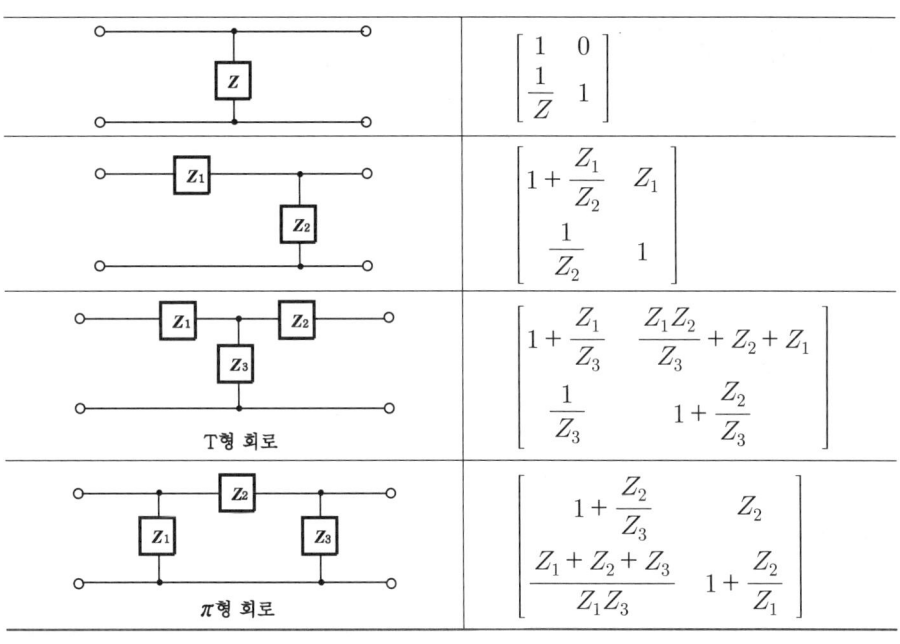

4단자망에서 입력단에서 본 임피던스가 Z_{01}이고, 출력단에서 본 임피던스가 Z_{02}일 때 입·출력은 임피던스의 정합이 되는데, 이 정합 임피던스 Z_{01}, Z_{02}를 **영상 임피던스**(image impedance)라고 한다.

$$Z_{01} = \sqrt{\frac{AB}{CD}}\ [\Omega], \quad Z_{02} = \sqrt{\frac{BD}{AC}}\ [\Omega]$$

★★
문제 4단자 회로에서 4단자 정수를 A, B, C, D라 하면 영상 임피던스 Z_{01}, Z_{02}는?

① $Z_{01} = \sqrt{\frac{AB}{CD}}$, $Z_{02} = \sqrt{\frac{BD}{AC}}$　② $Z_{01} = \sqrt{AB}$, $Z_{02} = \sqrt{CD}$

③ $Z_{01} = \sqrt{\frac{CD}{AB}}$, $Z_{02} = \sqrt{\frac{BD}{AC}}$　④ $Z_{01} = \sqrt{\frac{BD}{AC}}$, $Z_{02} = \sqrt{ABCD}$

해설 영상 임피던스

$Z_{01} = \sqrt{\frac{AB}{CD}}\ [\Omega]$, $Z_{02} = \sqrt{\frac{BD}{AC}}\ [\Omega]$

답 ①

대칭 4단자망의 경우에는 $A = D$이므로

$$Z_{01} = Z_{02} = \sqrt{\frac{B}{C}}\ [\Omega]$$

6 영상 전달정수

$$\theta = \log_e(\sqrt{AD} + \sqrt{BC}) = \cosh^{-1}\sqrt{AD} = \sinh^{-1}\sqrt{BC}$$

Key Point

* **임피던스 정합**
회로망의 접속점에서 좌우를 본 입력 임피던스와 출력 임피던스의 크기를 같게 하는 것

* **영상 임피던스**
4단자망의 입·출력 단자에 임피던스를 접속하는 경우 좌우에서 본 임피던스 값이 거울의 영상과 같은 관계에 있는 임피던스

* **영상 전달정수**
전력비의 제곱근에 자연대수를 취한 값으로 입력과 출력의 전력전달 효율을 나타내는 정수

Key Point

※ 분포정수회로
선로정수 R, L, C, G가 균등하게 분포되어 있는 회로

※ 선로정수
선로에서 발생하는 저항, 인덕턴스, 정전용량, 누설 컨덕턴스 등을 말한다.

※ 특성 임피던스
선로에서 전압과 전류가 일정한 비

※ 전파정수
선로에서 전파되는 정도를 나타내는 정수

※ 감쇠정수
선로에서 단위길이당 감쇠의 정도를 나타내는 정수

※ 위상정수
선로에서 단위길이당 위상의 변화정도를 나타내는 정수

※ 파장
1주기(周期)에 대한 거리 간격

8 분포정수회로

1 특성 임피던스

$$Z_0 = \sqrt{\frac{Z}{Y}} = \sqrt{\frac{R+j\omega L}{G+j\omega C}} \,[\Omega]$$

여기서, G : 컨덕턴스[℧]

2 전파정수

$$\gamma = \alpha + j\beta = \sqrt{ZY} = \sqrt{(R+j\omega L)(G+j\omega C)}$$

여기서, α : 감쇠정수[dB/m], β : 위상정수[rad/m]

3 무손실 선로

① 무손실선로의 조건 : $R=0$, $G=0$

② 특성 임피던스 : $Z_0 = \sqrt{\frac{Z}{Y}} = \sqrt{\frac{R+j\omega L}{G+j\omega C}} = \sqrt{\frac{L}{C}}\,[\Omega]$

③ 전파정수 : $\gamma = \alpha + j\beta = j\omega\sqrt{LC}$ $(\alpha = 0, \beta = \omega\sqrt{LC})$

④ 파장 : $\lambda = \frac{2\pi}{\beta} = \frac{2\pi}{\omega\sqrt{LC}} = \frac{1}{f\sqrt{LC}}\,[\text{m}]$

⑤ 전파속도 : $v = \lambda f = \frac{2\pi f}{\beta} = \frac{\omega}{\beta} = \frac{1}{\sqrt{LC}}\,[\text{m/s}]$

4 무왜선로의 조건

$$\frac{R}{L} = \frac{G}{C}$$

$$\therefore RC = LG$$

★

문제 분포정수회로가 무왜선로로 되는 조건은?(단, 선로의 단위길이당 저항을 R, 인덕턴스를 L, 정전용량을 C, 누설 컨덕턴스를 G라 한다.)

① $RC = LG$ ② $RL = CG$ ③ $R = \sqrt{\frac{L}{C}}$ ④ $R = \sqrt{LC}$

해설 무왜선로의 조건 : $\frac{R}{L} = \frac{G}{C}$ $\therefore RC = LG$

답 ①

면면이 이어져 오는 개성상인 5대 경영철학

1. 남의 돈으로 사업하지 않는다.
2. 한 가지 업종을 선택해 그 분야 최고 기업으로 키운다.
3. 장사꾼은 목에 칼이 들어와도 신용을 지킨다.
4. 자식이라도 능력이 모자라면 회사를 물려주지 않는다.
5. 기업은 국가경제발전에 기여해야 한다.

출제경향분석

CHAPTER 05~08 제어회로 및 전기기기

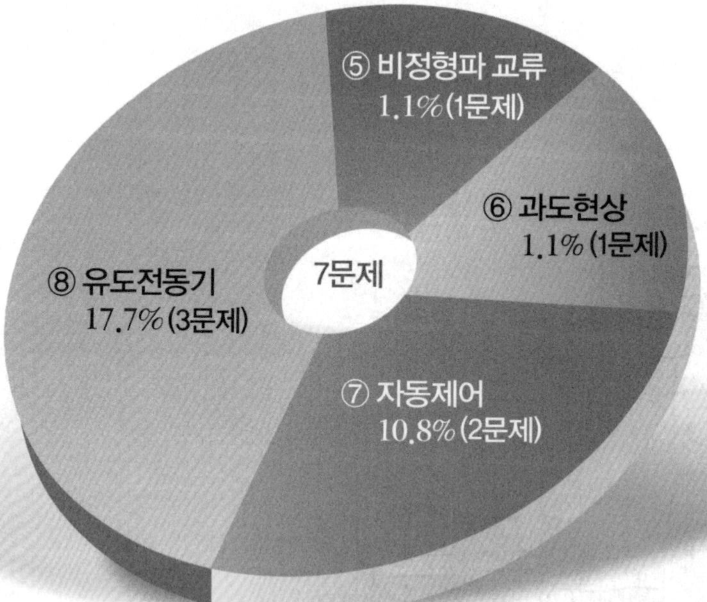

CHAPTER 05 비정현파 교류

1 비정현파의 해석

출제확률 1.1% (1문제)

1 비정현파=(직류분)+(기본파)+(고조파)

2 비정현파의 푸리에 급수에 의한 전개

$$v = V_o + V_{m_1}\sin(\omega t + \theta_1) + V_{m_2}\sin(2\omega t + \theta_2) + \cdots + V_{mn}\sin(n\omega t + \theta_n)$$

$$= V_o + \sum_{n=1}^{\infty} V_{mn}\sin(n\omega t + \theta_n)\text{[V]}$$

여기서, v : 비정현파 교류전압[V], V_m : 전압의 최대값[V],
ω : 각주파수[rad/s], θ : 위상차

3 파형률과 파고율

① 파형률 $= \dfrac{\text{실효값}}{\text{평균값}}$

② 파고율 $= \dfrac{\text{최대값}}{\text{실효값}}$

문제 교류의 파형률이란?

① $\dfrac{\text{실효값}}{\text{평균값}}$ ② $\dfrac{\text{평균값}}{\text{실효값}}$ ③ $\dfrac{\text{실효값}}{\text{최대값}}$ ④ $\dfrac{\text{최대값}}{\text{실효값}}$

해설 파형률 $= \dfrac{\text{실효값}}{\text{평균값}}$, 파고율 $= \dfrac{\text{최대값}}{\text{실효값}}$

답 ①

파형률과 파고율

파 형	최대값	실효값	평균값	파형률	파고율
• 정현파 • 전파정류파	V_m	$\dfrac{V_m}{\sqrt{2}}$	$\dfrac{2V_m}{\pi}$	1.11	1.414 ($\sqrt{2}$)
• 반구형파	V_m	$\dfrac{V_m}{\sqrt{2}}$	$\dfrac{V_m}{2}$	1.414	1.414
• 삼각파(3각파) • 톱니파	V_m	$\dfrac{V_m}{\sqrt{3}}$	$\dfrac{V_m}{2}$	1.155	1.732 ($\sqrt{3}$)
• 구형파	V_m	V_m	V_m	1	1
• 반파정류파	V_m	$\dfrac{V_m}{2}$	$\dfrac{V_m}{\pi}$	1.571	2

Key Point

* **비정현파 교류**
파형이 일그러져 정현파가 되지 않는 교류

* **고조파**
기본파보다 높은 주파수, 고주파와 구별

* **푸리에 급수**
주기적인 비정현파를 해석하기 위한 급수

* **파형률**
실효값을 평균값으로 나눈 값으로 파의 기울기 정도를 나타낸다.

* **파고율**
최대값을 실효값으로 나눈 값으로 파두(wave front)의 날카로운 정도를 나타낸다.

Key Point

★★

문제 파형률 및 파고율이 모두 1.0인 파형은?

① 구형파　② 3각파　③ 정현파　④ 반원파

해설 파형률, 파고율이 모두 1.0인 것은 **구형파**이다.

답 ①

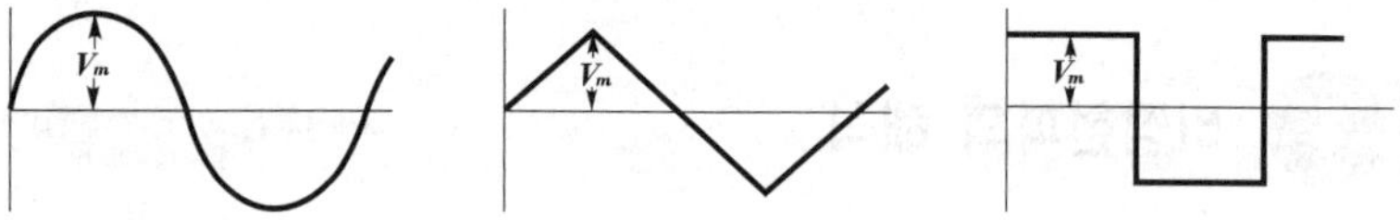

▌여러 가지 파형▐

4 실효값과 왜형률

① 실효값

$$V = \sqrt{{V_0}^2 + \left(\frac{V_{m1}}{\sqrt{2}}\right)^2 + \left(\frac{V_{m2}}{\sqrt{2}}\right)^2 + \cdots + \left(\frac{V_{mn}}{\sqrt{2}}\right)^2}$$

$$= \sqrt{{V_0}^2 + {V_1}^2 + {V_2}^2 + \ldots + {V_n}^2}\ \text{[V]}$$

$$I = \sqrt{{I_0}^2 + \left(\frac{I_{m1}}{\sqrt{2}}\right)^2 + \left(\frac{I_{m2}}{\sqrt{2}}\right)^2 + \cdots + \left(\frac{I_{mn}}{\sqrt{2}}\right)^2}$$

$$= \sqrt{{I_0}^2 + {I_1}^2 + {I_2}^2 + \ldots + {I_n}^2}\ \text{[A]}$$

여기서, V_{m1}, V_{m2}, V_{mn} : 각 고조파의 전압의 최대값[V]

I_{m1}, I_{m2}, I_{mn} : 각 고조파의 전류의 최대값[A]

② 왜형률

$$D = \frac{\text{전고조파의 실효값}}{\text{기본파의 실효값}} = \frac{\sqrt{{I_2}^2 + {I_3}^2 + \cdots + {I_n}^2}}{I_1}$$

5 비정현파의 전력

① 유효전력(평균전력)

$$P = V_0 I_0 + \frac{V_{m_1}}{\sqrt{2}} \cdot \frac{I_{m_1}}{\sqrt{2}} \cos\theta_1 + \frac{V_{m_2}}{\sqrt{2}} \cdot \frac{I_{m_2}}{\sqrt{2}} \cos\theta_2 + \cdots + \frac{V_{mn}}{\sqrt{2}} \cdot \frac{I_{mn}}{\sqrt{2}} \cos\theta_n$$

$$= V_0 I_0 + V_1 I_1 \cos\theta_1 + V_2 I_2 \cos\theta_2 + \cdots + V_n I_n \cos\theta_n$$

＊ 왜형률
전고조파의 실효값을 기본파의 실효값으로 나눈 값으로 파형의 일그러짐 정도를 나타낸다.

＊ 기본파
비정현파에서 기본이 되는 파형

＊ 고조파
기본파보다 높은 주파수

＊ 고주파
3~30MHz의 높은 주파수

Key Point

★★
문제 $\underline{v(t)=150\sin\omega t}$ [V]이고, $\underline{i(t)=6\sin\omega t}$ [A]일 때 $\underline{평균전력}$ [W]은?
V_m I_m P

① 400
② 450
③ 500
④ 550

해설 (1) 기호

- V_m : $150\sin\omega t$
- I_m : $6\sin\omega t$
- P : ?

(2) $P=\frac{V_m}{\sqrt{2}}\cdot\frac{I_m}{\sqrt{2}}\cos\theta=\frac{150}{\sqrt{2}}\times\frac{6}{\sqrt{2}}\times\cos 0°=450\text{W}$

답 ②

② 피상전력

$$P_a=V\cdot I=\sqrt{V_0^{\ 2}+\left(\frac{V_{m1}}{\sqrt{2}}\right)^2+\left(\frac{V_{m2}}{\sqrt{2}}\right)^2+\cdots}\ \sqrt{I_0^{\ 2}+\left(\frac{I_{m1}}{\sqrt{2}}\right)^2+\left(\frac{I_{m2}}{\sqrt{2}}\right)^2+\cdots}$$

$$=\sqrt{V_0^{\ 2}+V_1^{\ 2}+V_2^{\ 2}+\cdots}\cdot\sqrt{I_0^{\ 2}+I_1^{\ 2}+I_2^{\ 2}+\cdots}\ \text{[VA]}$$

여기서, P_a : 피상전력[VA]
V : 전압의 실효값[V]
I : 전류의 실효값[A]
V_0 : 직류분전압[V]
V_{m_1} : 제1고조파의 전압의 최대값[V]
V_{m_2} : 제2고조파의 전압의 최대값[V]
I_0 : 직류분전류[A]
I_{m_1} : 제1고조파의 전류의 최대값[A]
I_{m_2} : 제2고조파의 전류의 최대값[A]
V_1 : 제1고조파의 전압의 실효값[V]
V_2 : 제2고조파의 전압의 실효값[V]
I_1 : 제1고조파의 전류의 실효값[A]
I_2 : 제2고조파의 전류의 실효값[A]

③ 역률

$$\cos\theta=\frac{P}{P_a}=\frac{P}{VI}$$

여기서, $\cos\theta$: 역률
P : 유효전력[W]
P_a : 피상전력[VA]
V : 전압[V]
Z : 전류[A]

* 역률
전압과 전류의 위상차의 코사인(cos) 값

Key Point

1 RL 직렬회로

출제확률 1.1% (1문제)

1 스위치 S를 닫을 때

※ 과도현상
회로에서 스위치를 닫은 후 정상상태에 이르는 사이에 나타나는 여러 가지 현상

※ 정상상태
회로에서 전류가 일정한 값에 도달한 상태

※ 과도상태
회로에서 스위치를 닫은 후 정상상태에 이르는 사이의 상태

① **평형방정식** : $R_i + L\dfrac{di}{dt} = E$

② **전류** : $i = \dfrac{E}{R}(1-e^{-\frac{R}{L}t})$〔A〕 (초기조건 $t=0$일 때 $i=0$)

문제 그림에서 $t=0$일 때 S를 닫았다. 전류 $i(t)$〔A〕를 구하면?

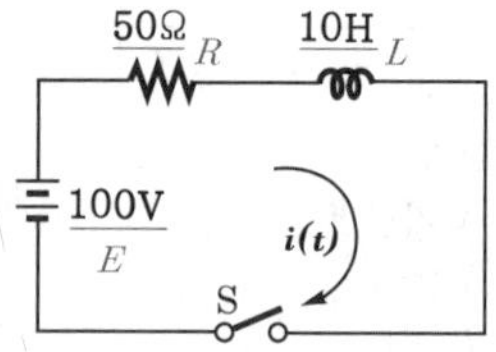

① $2(1+e^{-5t})$ ② $2(1-e^{5t})$ ③ $2(1-e^{-5t})$ ④ $2(1+e^{5t})$

해설 (1) 기호

- i : ?
- R : 50Ω
- E : 100V
- L : 10H

(2) 스위치를 닫을 때

$i(t) = \dfrac{E}{R}\left(1-e^{-\frac{R}{L}t}\right) = \dfrac{100}{50}\left(1-e^{-\frac{50}{10}t}\right) = 2(1-e^{-5t})$〔A〕

답 ③

※ 시정수
과도상태에 대한 변화의 속도를 나타내는 척도가 되는 정수

③ **시정수** : $\tau = \dfrac{L}{R}$〔S〕

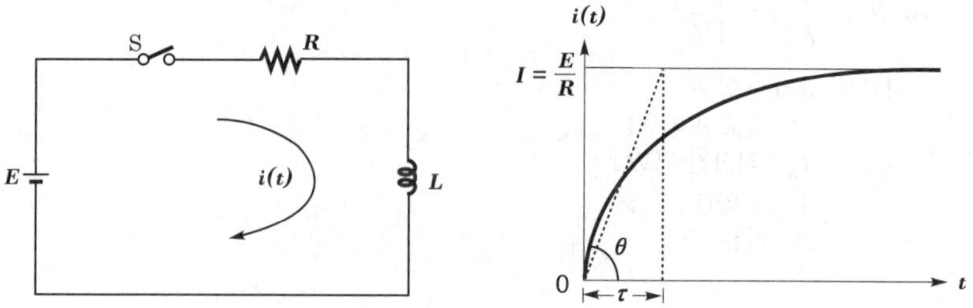

RL 직렬회로

Key Point

2 스위치 S를 열 때

① 평형방정식 : $R_i + L\dfrac{di}{dt} = 0$

② 전류 : $i = \dfrac{E}{R}e^{-\frac{R}{L}t}$ 〔A〕

(초기조건 $t=0$일 때 $i = \dfrac{E}{R}$)

③ 시정수 : $\tau = \dfrac{L}{R}$〔s〕

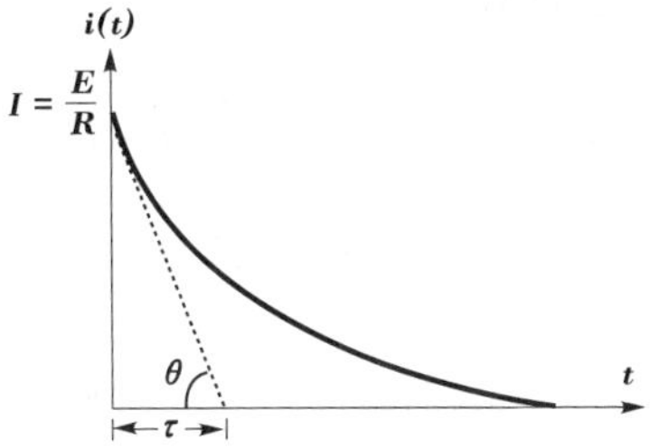

2 RC 직렬회로

1 스위치 S를 닫을 때

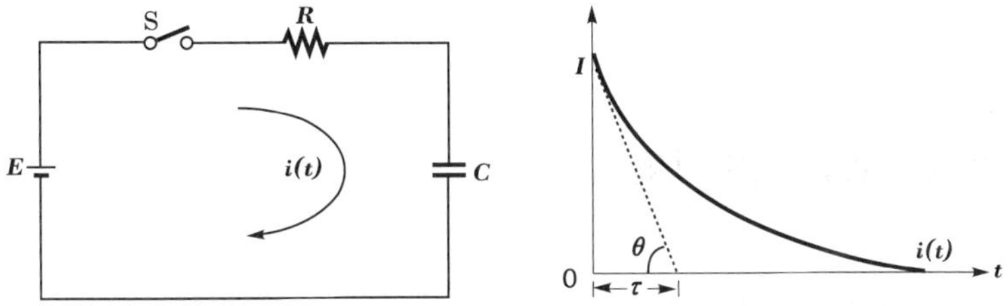

| RC 직렬회로 |

① 평형방정식 :$R_i + \dfrac{1}{C}\displaystyle\int i\,dt = E$

② 전류 : $i = \dfrac{E}{R}e^{-\frac{1}{RC}t}$ 〔A〕 (초기조건 $t=0$일 때 $i = \dfrac{E}{R}$)

★★

문제 $t=0$에서 스위치 S를 닫았다. 초기값이 0일 때 $i(t)$는 어느 것인가?

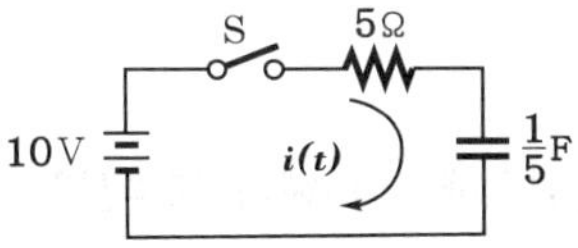

① $-2e^{-t}$
② $2e^{-t}$
③ $2(1-e^{-t})$
④ $2(1+e^{-t})$

해설 스위치 S를 닫을 때

$i(t) = \dfrac{E}{R}e^{-\frac{1}{RC}t} = \dfrac{10}{5}e^{-\frac{1}{5\times\frac{1}{5}}t} = 2e^{-t}$〔A〕

답 ②

※ RC 직렬회로

(1) 스위치를 닫을 때

① 전류

$i = \dfrac{E}{R}e^{-\frac{1}{RC}t}$〔A〕

② 시정수

$\tau = RC$〔s〕

(2) 스위치를 열 때

① 전류

$i = -\dfrac{E}{R}e^{-\frac{1}{RC}t}$〔A〕

② 시정수

$\tau = RC$〔s〕

여기서,
i : 전류〔A〕
E : 전압〔V〕
R : 저항〔Ω〕
C : 정전용량〔F〕
τ : 시정수〔s〕

Key Point

③ 시정수 : $\tau = RC$〔s〕

2 스위치 S를 열 때

① 평형방정식 : $R_i + \frac{1}{C}\int i\,dt = 0$

② 전류 : $i = -\frac{E}{R}e^{-\frac{1}{RC}t}$〔A〕

(초기조건 $t=0$일 때 $i = -\frac{E}{R}$)

③ 시정수 : $\tau = RC$〔s〕

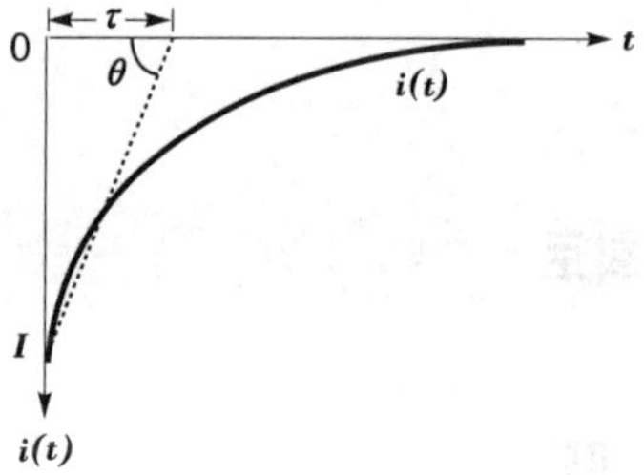

‖ $i(t)$의 특성 ‖

3 RLC 직렬회로

1 스위치 S를 닫을 때

① 평형방정식 : $R_i + L\frac{di}{dt} + \frac{1}{C}\int idt = E$

② 초기조건 : $i=0$ 일 때 $I=0$

③ 비진동상태 : $R^2 > 4\frac{L}{C}$

④ 임계상태 : $R^2 = 4\frac{L}{C}$

⑤ 진동상태 : $R^2 < 4\frac{L}{C}$

※ 스위치
전기 또는 전자회로를 이었다 또는 끊었다 하는 기구. 개폐기라고도 한다.

※ 비진동상태
전류가 시간에 따라 증가하다가 점차 감소하는 상태

※ 임계상태
전류가 시간에 따라 증가하다가 어느 시각에 최대값으로 되고 점차 감소하는 상태

★★
문제 $R-L-C$ 직렬회로에 $t=0$에서 교류전압 $v(t) = V_m \sin(\omega t + \theta)$를 가할 때 $R^2 - 4\frac{L}{C} < 0$ 이면 이 회로는?

① 비진동적이다. ② 임계적이다. ③ 진동적이다. ④ 비감쇠 진동이다.

해설 진동상태 : $R^2 < 4\frac{L}{C}$이므로
$R^2 - 4\frac{L}{C} < 0$

답 ③

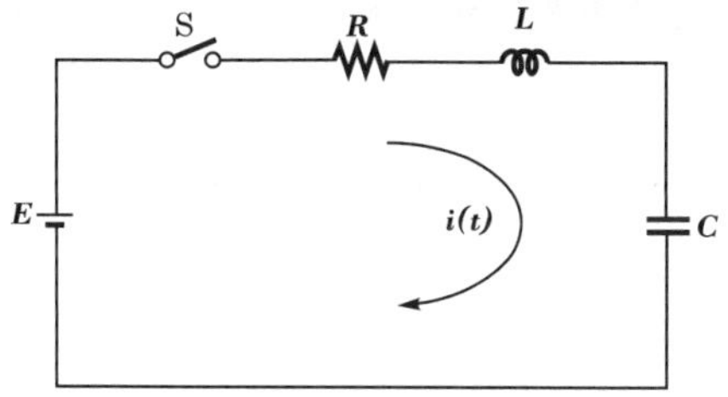

| RLC 직렬회로 |

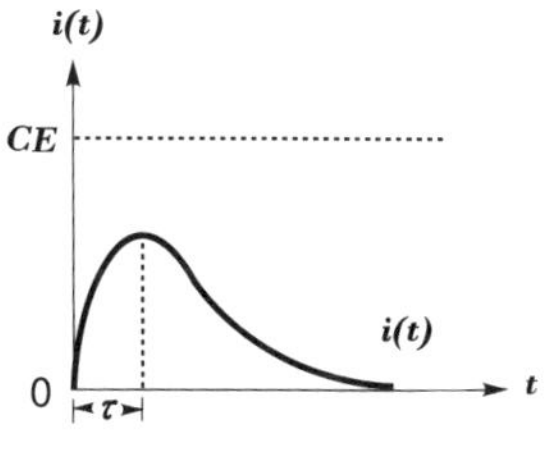

(a) 비진동상태

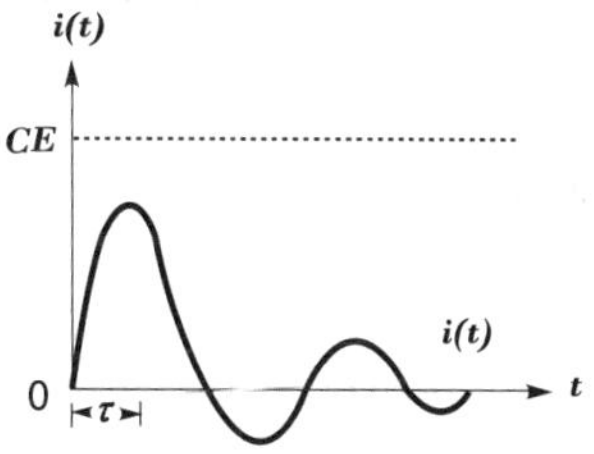

(b) 진동상태

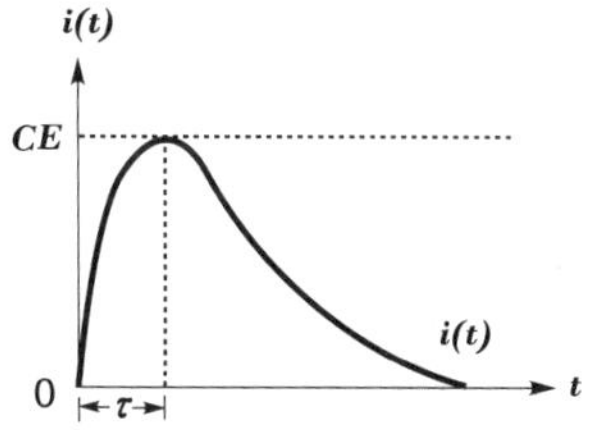

(c) 임계상태

| RLC 직렬회로의 특성 |

Key Point

※ 진동상태
전류가 시간에 따라 (+)값으로 증가하다가 어느 시각에 (−)값으로 감소하며 감쇠진동 특성을 갖는 상태

CHAPTER 07

자동제어

Key Point

1 자동제어계의 구성요소

출제확률 10.8% (2문제)

※ 자동제어
제어장치에 의해 자동적으로 행해지는 제어

※ 제어
기계나 설비 등을 사용목적에 알맞도록 조절하는 것

1 제어계의 특징

① 장점

㉮ **정확도, 정밀도**가 높아진다.

㉯ **대량 생산**으로 생산성이 향상된다.

㉰ **신뢰성**이 향상된다.

② 단점

㉮ 공장자동화로 인한 **실업률이 증가**된다.

㉯ **시설투자비**가 많이 든다.

㉰ 설비의 일부가 고장시 **전 line에 영향**을 미친다.

2 제어계의 종류

① 개-루프 제어계

제어동작이 출력과 관계없이 순차적으로 진행되는 것으로 **구조**가 **간단**하고 경제적인 제어계를 개-루프 제어계(open loop system)라 한다.

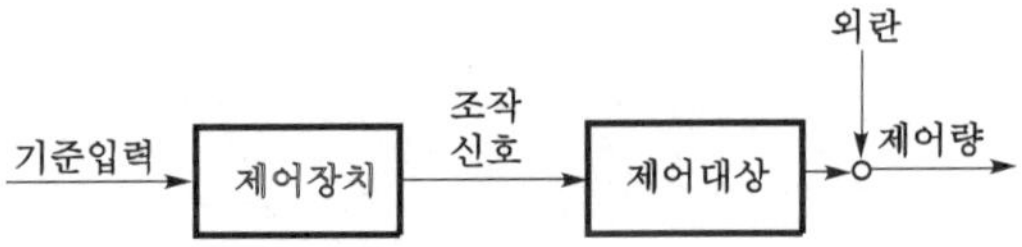

‖ 개-루프 제어계 ‖

※ 피드백 제어계
① 폐-루프 제어계
② 기억과 판단기구 및 검출기를 가진 제어방식

② **피드백 제어계**

출력신호를 입력신호로 되돌려서 제어량의 **목표값과 비교**하여 **정확**한 제어가 가능하도록 한 제어계를 **피드백 제어계**(feedback system) 또는 **폐-루프 제어계**(closed loop system)라 한다.

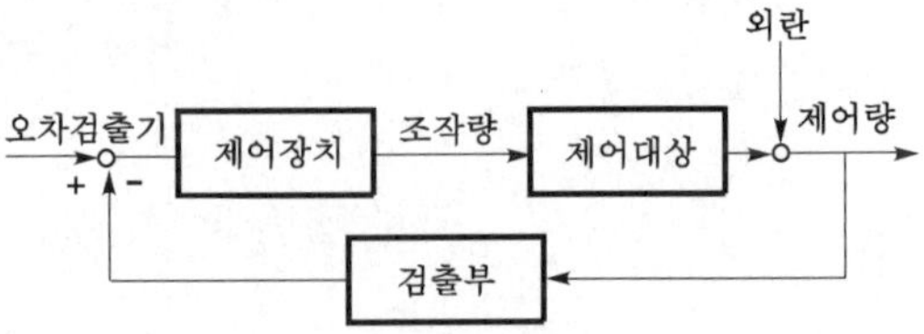

‖ 피드백 제어계 ‖

Key Point

3 피드백 제어계의 특징

① **정확성**이 증가한다.
② **대역폭**이 증가한다.
③ **구조**가 **복잡**하고 **설치비**가 **많이** 든다.
④ 계의 특성변화에 대한 **입력 대 출력비의 감도**가 **감소**한다.

전기다리미 = 피드백제어

※ **대역폭**
증폭기에서 고역차단 주파수와 저역차단 주파수사이의 주파수 폭

★ **문제** 피드백 제어계의 특징이 아닌 것은?
① 정확성이 증가한다.
② 대역폭이 증가한다.
③ 구조가 간단하고 설치비가 저렴하다.
복잡
④ 계의 특성 변화에 대한 입력대 출력비의 감도가 감소한다.

답 ③

4 피드백 제어계의 구성과 용어의 해설

① **제어대상**(controlled system)
제어의 대상으로 제어하려고 하는 기계의 전체 또는 그 일부분
② **제어장치**(control device)
제어를 하기 위해 제어대상에 부착되는 장치이고, **조절부**, **설정부**, **검출부** 등이 이에 해당된다.

※ **제어장치**
① 조절부
② 설정부
③ 검출부

③ **제어요소**(control element)
동작신호를 조작량으로 변환하는 요소이고, **조절부**와 **조작부**로 이루어진다.
④ **제어량**(controlled value)
제어대상에 속하는 양으로, 제어대상을 제어하는 것을 목적으로 하는 물리적인 양
⑤ **목표값**(desired value)
제어량이 어떤 값을 취하도록 목표로서 외부에서 주어지는 값
⑥ **기준입력**(reference input)
제어계를 동작시키는 기준으로 직접 제어계에 가해지는 신호를 말한다.
⑦ **기준입력장치**
목표값을 제어할 수 있는 신호로 변환하는 장치
⑧ **외란**(disturbance)
제어량의 변화를 일으키는 신호로서 제어계의 상태를 교란하는 외적 요인

Key Point

※ 조절기
① 설정부
② 조절부
③ 비교부

※ 조작량
제어요소가 제어 대상에 주는 양

※ 프로세스제어
① 온도
② 압력
③ 유량
④ 액면

※ 서보 기구
① 위치
② 방위
③ 자세

※ 정치제어
목표치가 일정하고 제어량을 그것과 같게 유지하기 위한 제어

⑨ **검출부**(detecting element)
제어대상으로부터 제어에 필요한 신호를 인출하는 부분

⑩ **조절기**(blind type controller)
설정부, **조절부** 및 **비교부**를 합친 것

⑪ **설정부**(set point unit)
제어하려는 목표값을 지정하는 부분

⑫ **조절부**(controlling units)
제어계가 작용을 하는 데 필요한 신호를 만들어 조작부에 보내는 부분

⑬ **조작부**
제어명령을 증폭시켜 직접 제어대상을 제어시키는 부분

⑭ **비교부**(comparator)
목표값과 제어량의 신호를 비교하여 제어동작에 필요한 신호를 만들어 내는 부분

⑮ **조작량**(manipulated value)
제어요소가 제어대상에 주는 양

⑯ **오차검출기**
제어량을 설정값과 비교하여 오차를 계산하는 장치

5 제어량에 의한 분류

① **프로세스제어**(process control)
제어량이 **온도**, **압력**, **유량** 및 **액면** 등과 같은 일반 공업량일 때의 제어(예 : **석유공업**, **화학공업**)

② **서보 기구**(servo mechanism)
물체의 **위치**, **방위**, **자세** 등 기계적 변위를 제어량으로 한다.

③ **자동조정**(automatic regulation)
전압, **전류**, **주파수**, **회전속도**, **장력** 등을 제어량으로 한다.

6 목표값에 의한 분류

① **정치제어**(fixed value control)
일정한 목표값을 유지하는 것으로 **프로세스 제어**, **자동조정**이 이에 해당된다. (예 : **연속식 압연기**)

② **추종제어**(follow-up control)
미지의 시간적 변화를 하는 목표값에 제어량을 추종시키기 위한 제어로 **서어보 기구**가 이에 해당된다.(예 : **대공포의 포신**)

★★
문제 대공포의 포신제어는?

① 정치제어　　② 추종제어
③ 비율제어　　④ 프로그램제어

해설 ② 추종제어 : **대공포**의 포신

답 ②

③ **비율제어**(ratio control)

둘 이상의 제어량을 소정의 비율로 제어하는 것

④ **프로그램 제어**(program control)=프로그래밍제어

목표값이 **미리 정해진 시간적 변화**를 하는 경우 제어량을 그것에 추종시키기 위한 제어(예 : **열차 · 산업로보트의 무인운전, 무조종사**의 **엘리베이터**)

> ※ **시퀀스 제어**(sequence control) : 미리 정해진 순서에 따라 각 단계가 순차적으로 진행되는 제어(예 : 무인 커피판매기)

7 제어동작에 의한 분류

① **연속제어**

㉮ 비례제어(**P동작**) : **잔류편차**(off－set)가 있는 제어

㉯ 미분제어(**D동작**) : 오차가 커지는 것을 **미연에 방지**하고 **진동을 억제**하는 제어로 rate**동작**이라고도 한다.

㉰ 적분제어(**I동작**) : **잔류편차**를 **제거**하기 위한 제어

㉱ 비례적분제어(**PI동작**) : **간헐현상**이 있는 제어

㉲ 비례적분미분제어(**PID동작**)

② **불연속제어**

㉮ 2위치 제어(on－off control)

㉯ 샘플값 제어(sampled date control)

Key Point

＊ 잔류편차
비례제어에서 급격한 목표값의 변화 또는 외란이 있는 경우 제어계가 정상상태로 된 후에도 제어량이 목표값과 차이가 난채로 있는 것

＊ 간헐현상
제어계에서 동작신호가 연속적으로 변하여도 조작량이 일정한 시간을 두고 간헐적으로 변하는 현상

2 블록선도

제어계에서 신호가 전달되는 모양을 표시하는 선도를 **블록선도**(block diagram)라 한다.

＊ 블록선도
제어계의 신호전송상태를 나타내는 계통도

＊ 전달함수
모든 초기값을 0으로 하였을 때 출력신호의 라플라스 변환과 입력신호의 라플라스 변환의 비

| 블록선도 |

블록선도	전달함수
	$G=\dfrac{C}{R}=G_1\,G_2$
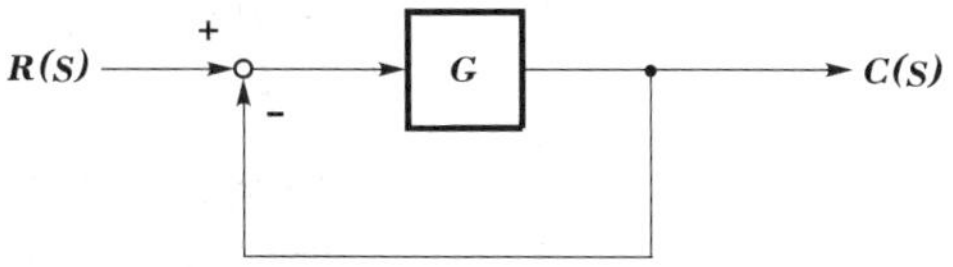	$G=\dfrac{C}{R}=\dfrac{G}{1+G}$

Key Point

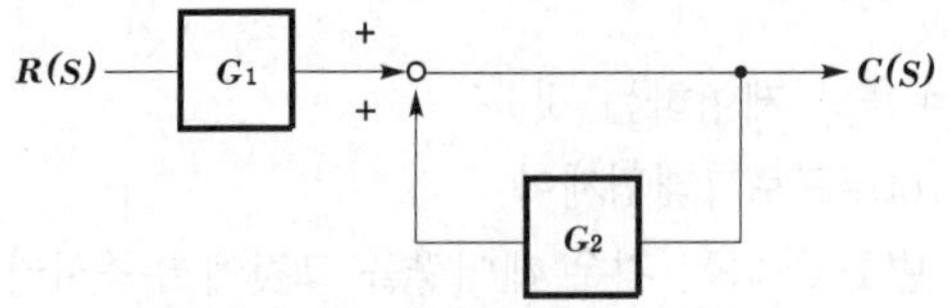	$G=\frac{C}{R}=\frac{G_1}{1-G_2}$
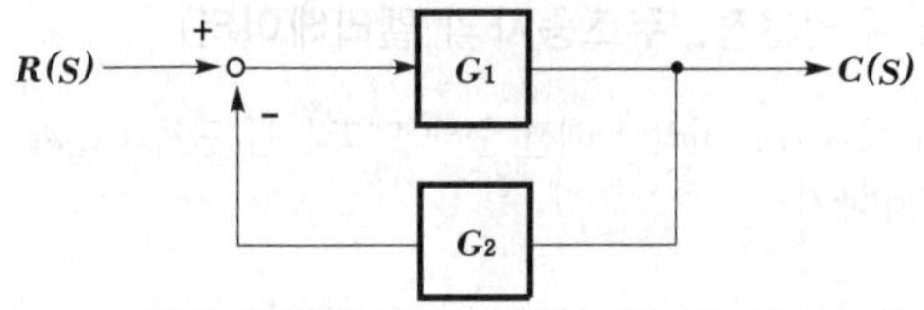	$G=\frac{C}{R}=\frac{G_1}{1+G_1G_2}$
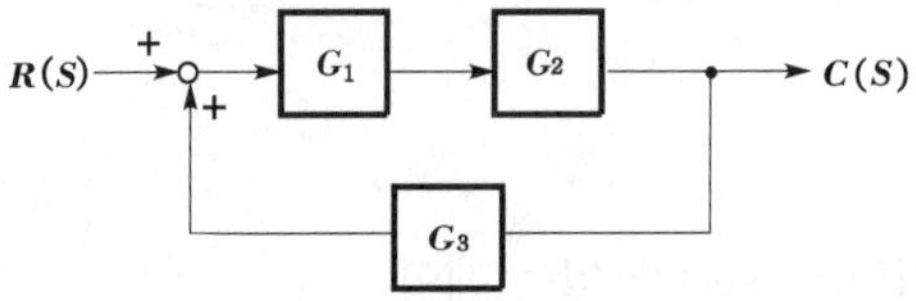	$G=\frac{C}{R}=\frac{G_1G_2}{1-G_1G_2G_3}$
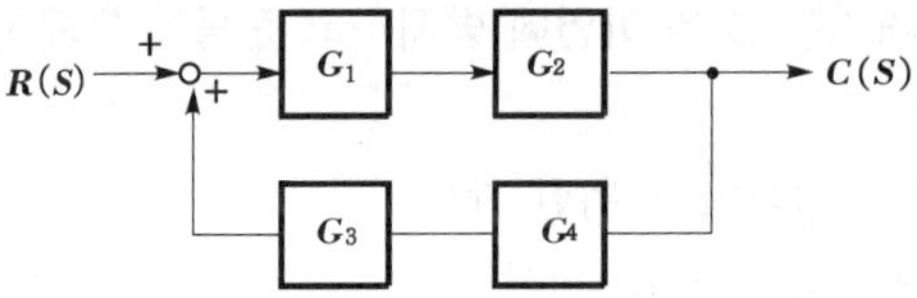	$G=\frac{C}{R}=\frac{G_1G_2}{1-G_1G_2G_3G_4}$

★★★

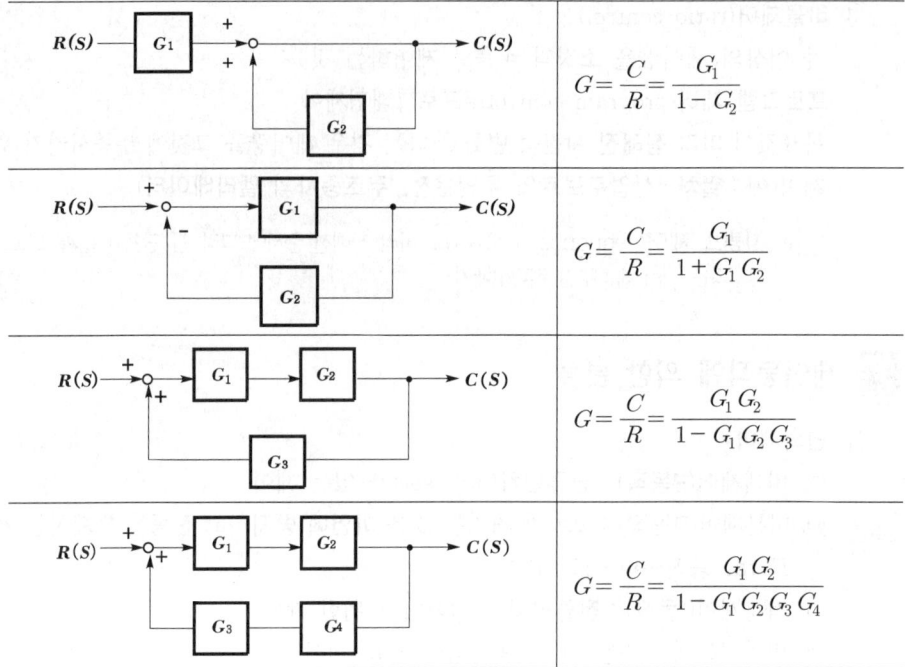

문제 그림과 같은 시스템의 등가합성 전달함수는?

① G_1+G_2　② G_1G_2　③ $G_1\sqrt{G_2}$　④ G_1-G_2

해설 전달함수 G는 $G=\frac{C}{R}=G_1\cdot G_2$

답 ②

3 시퀀스 제어의 기본 심벌

번호	명 칭	심 벌		적 요
		a 접점	b 접점	
1	접점(일반) 혹은 수동접점			**텀블러스위치, 토글스위치**와 같이 조작을 가하면 그 상태를 그대로 유지하는 접점
2	수동조작 자동복귀접점			**푸시버튼스위치**와 같이 손을 떼면 복귀하는 접점

※ a접점
평상시 열려 있는 접점으로, 일명 make접점이라고도 부른다.

※ b접점
평상시 닫혀 있는 접점

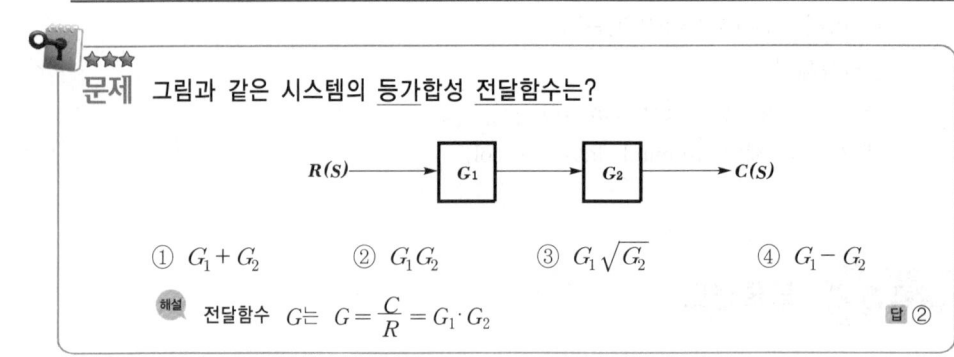

※ 토글스위치
손으로 좌우 또는 상하로 움직여 전기회로를 개폐하는 레버형태의 스위치

3	기계적 접점			**리미트스위치**와 같이 접점의 개폐가 전기적 이외의 원인에 의해서 이루어지는 것에 쓰인다.
4	조작스위치 잔류접점			–
5	계전기접점 혹은 보조 스위치접점			–
6	한시(限時)동작 접점			**타이머**와 같이 일정시간 후 동작하는 접점
7	한시복귀접점			
8	수동복귀접점 (열동계전기 접점)			**열동계전기**와 같이 인위적으로 복귀시키는 것으로 전자석으로 복귀시키는 것도 포함된다.
9	전자접촉기 접점	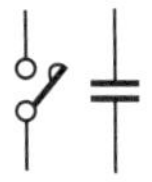	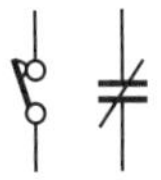	혼동될 우려가 없는 경우에는 5와 같은 심벌을 쓸 수 있다.
10	제어기접점 (드럼형 혹은 캠형)			그림은 한 접점을 나타낸다.

Key Point

＊ 계전기의 전자코일 심벌

① 

② 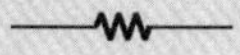

③ 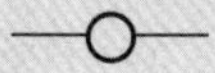

＊ 타이머

미리 설정한 시간에 따라 회로를 개폐하는 동작을 하는 기기

＊ 열동계전기

전동기의 과부하 보호용계전기

★ **문제** 다음 중 계전기접점의 심벌은?

① 

② 

③ 

④ 

해설 ① 계전기접점
② 수동접점(토글 스위치)
③ 수동조작 자동복귀접점(푸시버튼 스위치)
④ 기계적접점(리미트 스위치)

답 ①

Key Point

4 불대수와 논리회로

1 불대수

※ 불대수
여러 가지 조건의 논리적 관계를 논리기호로 나타내고 이것을 수식적으로 표현하는 방법, 논리대수라고도 한다.

임의의 회로에서 일련의 기능을 수행하기 위한 가장 최적의 방법을 결정하기 위하여 이를 수식적으로 표현하는 방법을 **불대수**(Boolean algebra)라 한다.

(1) 불대수의 정리

(정리 1) $X+0=X$ $X\cdot 0=0$

(정리 2) $X+1=1$ $X\cdot 1=X$

(정리 3) $X+X=X$ $X\cdot X=X$

(정리 4) $X+\overline{X}=1$ $X\cdot\overline{X}=0$

(정리 5) $X+Y=Y+X$ $X\cdot Y=Y\cdot X$: 교환법칙

(정리 6) $X+(Y+Z)=(X+Y)+Z$

$X(YZ)=(XY)Z$: 결합법칙

(정리 7) $X(Y+Z)=XY+XZ$

$(X+Y)(Z+W)=XZ+XW+YZ+YW$: 분배법칙

(정리 8) $X+XY=X$ $X+\overline{X}Y=X+Y$: 흡수법칙

★★★
문제 다음 불대수의 정리는?

$$A+A\cdot B=A$$

① 교환법칙 ② 분배법칙 ③ 흡수법칙 ④ 결합법칙

해설 $A+A\cdot B=A$는 **흡수법칙**에 해당된다.

답 ③

※ 흡수법칙
★ 꼭 기억하세요 ★

(2) 드모르간의 정리

(정리 9) $(\overline{X+Y})=\overline{X}\cdot\overline{Y}$ $(\overline{X\cdot Y})=\overline{X}+\overline{Y}$

2 논리회로

※ 논리회로
집적회로를 논리기호를 사용하여 알기 쉽도록 표현해 놓은 회로

※ 진리표
논리대수에 있어서 ON, OFF 또는 동작, 부동작의 상태를 1과 0으로 나타낸 표

‖ 시퀀스회로와 논리회로 ‖

명 칭	시퀀스회로	논리회로	진리표
AND 회로 (**직렬회로**)	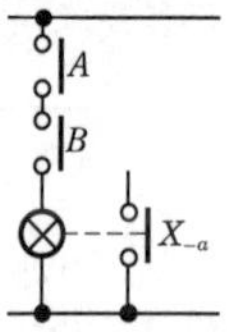	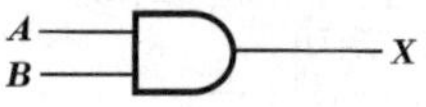 $X=A\cdot B$ 입력신호 A, B가 동시에 1일 때만 출력 신호 X가 1이 된다.	A B X 0 0 0 0 1 0 1 0 0 1 1 1

OR 회로 (**병렬회로**)	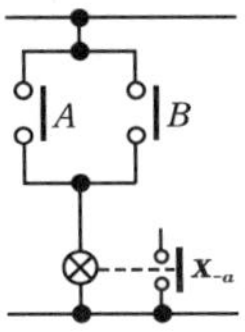	 $X=A+B$ 입력신호 A, B 중 어느 하나라도 1이면 출력신호 X가 1이 된다.	A B X 0 0 0 0 1 1 1 0 1 1 1 1
NOT 회로 (**b접점**)	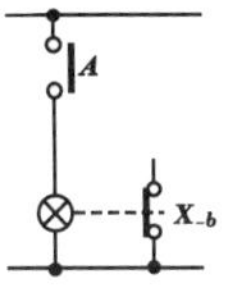	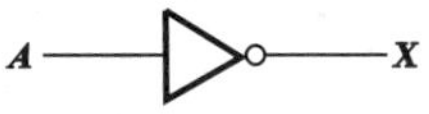 $X=\overline{A}$ 입력신호 A가 0일 때만 출력신호 X가 1이 된다.	A X 0 1 1 0
NAND 회로	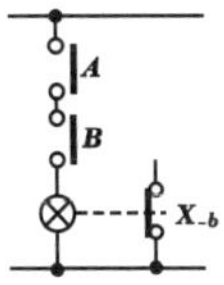	 $X=\overline{A \cdot B}$ 입력신호 A, B가 동시에 1일 때만 출력신호 X가 0이 된다.(AND회로의 부정)	A B X 0 0 1 0 1 1 1 0 1 1 1 0
NOR 회로	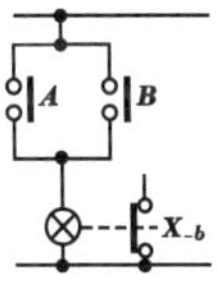	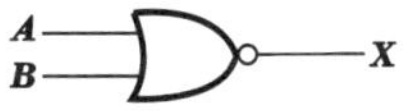 $X=\overline{A+B}$ 입력신호 A, B가 동시에 0일 때만 출력신호 X가 1이 된다.(OR회로의 부정)	A B X 0 0 1 0 1 0 1 0 0 1 1 0
EXCL USIVE OR 회로	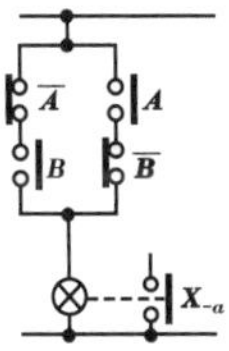	 $X=A \oplus B=\overline{A}\,B+A\overline{B}$ 입력신호 A, B 중 어느 한쪽만이 1이면 출력신호 X 가 1이 된다.	A B X 0 0 0 0 1 1 1 0 1 1 1 0
EXCL USIVE NOR 회로	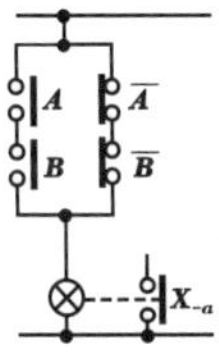	 $X=\overline{A \oplus B}=AB+\overline{A}\,\overline{B}$ 입력신호 A, B가 동시에 0이거나 1일 때만 출력신호 X가 1이 된다.	A B X 0 0 1 0 1 0 1 0 0 1 1 1

중요 **치환법**

① **AND 회로 → OR 회로, OR 회로 → AND 회로**로 바꾼다.

② **버블**(Bubble)이 **있는 것은 없애고, 버블**이 **없는 것은** 버블을 **붙인다.**
(버블(Bubble)이란 작은 동그라미를 말한다.)

Key Point

※ **OR 회로**

또는

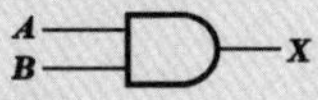

※ **NAND 회로**
AND 회로의 부정

※ **NOR 회로**
OR 회로의 부정

Key Point

논리회로	치 환	명 칭
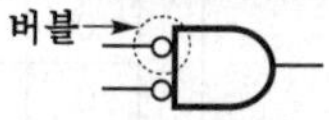	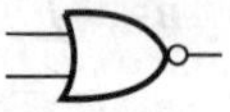	NOR 회로
	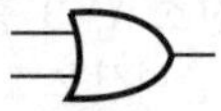	OR 회로
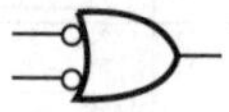		NAND 회로
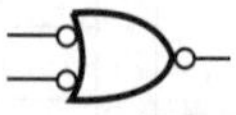		AND 회로

5 제어장치에 필요한 기초전자회로

1 정류회로의 용어

① 전압변동률

$$\delta = \frac{V_{R0} - V_R}{V_R} \times 100\,[\%]$$

여기서, V_{R0} : 무부하시 수전단 전압[V], V_R : 부하시 수전단 전압[V]

② 정류효율

$$\eta = \frac{P_{DC}}{P_{AC}} \times 100\,[\%]$$

여기서, P_{DC} : 직류출력 전력의 평균값[W], P_{AC} : 교류입력 전력의 실효값[W]

③ 맥동률

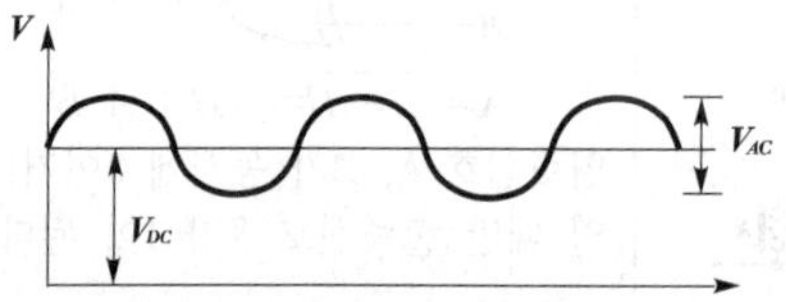

$$\gamma = \frac{V_{AC}}{V_{DC}} \times 100\,[\%]$$

여기서, V_{AC} : 직류출력 전압의 교류분[V], V_{DC} : 직류출력 전압[V]

④ 단상 반파 · 전파 정류회로의 비교

‖ 단상 반파·전파 정류회로 ‖

구 분	단상 반파 정류회로	단상 전파 정류회로
정류효율	40.6%	81.2%
맥동률	1.21	0.482

※ 정류회로
교류를 직류로 변환하는 회로

※ 전압변동률
출력측에서 부하시와 무부하시의 전압의 차를 비율로 나타낸 것

※ 맥동률
교류분을 포함한 직류에 있어서 직류분에 대한 교류분의 비, '리플 백분율'이라고도 한다.

※ 브리지 정류회로 첨두역전압

$PIV = \sqrt{2}\,V$

여기서,
PIV : 첨두역전압[V]
V : 교류전압[V]

Key Point

★★

문제 단상 전파 정류회로에서 순저항 부하시의 이론적 최대정류효율은?

① 12.1% ② 40.6% ③ 48.2% ④ 81.2%

해설

구 분	단상 반파	단상 전파
정류효율	40.6%	81.2%
맥동률	1.21	0.482

답 ④

중요 정류회로

① 단상 전파정류회로 1

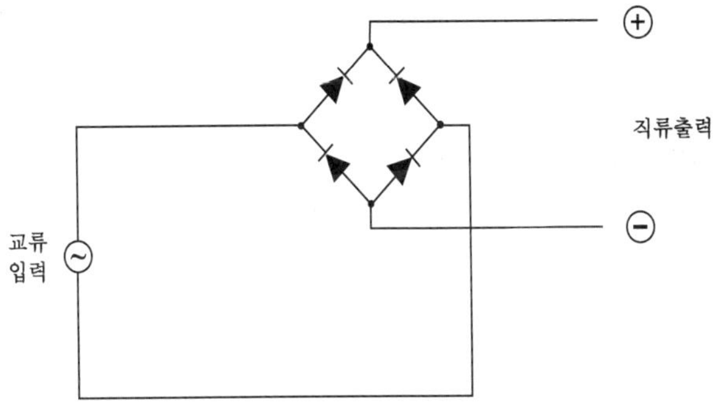

② 단상 전파정류회로 2

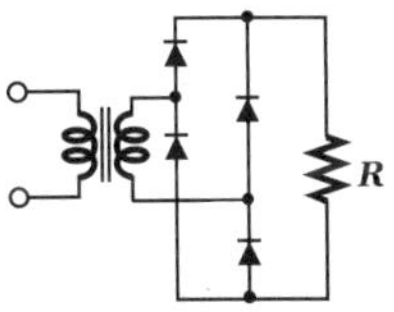

단상 전파정류회로 = 단상 전파회로

③ 배전압 정류회로

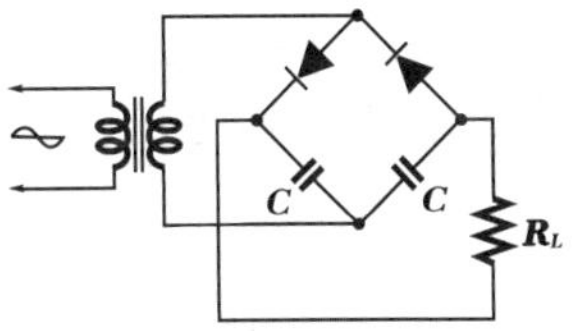

⑤ 맥동주파수(입력 전원주파수가 60Hz인 경우)

㉮ **단상 반파** 정류 : 60Hz(f_0)

㉯ **단상 전파** 정류 : 120Hz($2f_0$)

㉰ **3상 반파** 정류 : 180Hz($3f_0$)

㉱ **3상 전파** 정류 : 360Hz($6f_0$)

※ 맥동주파수가 높을수록 맥동률이 작아진다.

＊ 맥동주파수
'리플주파수'라고도 부른다.

Key Point

중요 **컨버터와 인버터**

컨버터(converter)	인버터(inverter)
AC → DC 변환회로	DC → AC 변환회로

2 반도체 소자의 심벌

‖ 여러가지 심벌 ‖

명 칭	심 벌
① **정류용 다이오드** 주로 실리콘 다이오드가 사용된다.	 혼동할 우려가 없을 때는 원을 생략해도 된다.
② **제너 다이오드**(Zener Diode) 주로 정전압 전원회로에 사용된다.(**전원전압 일정**하게 **유지**)	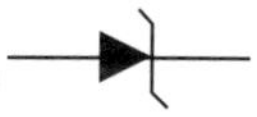
③ **발광 다이오드**(LED) 화합물 반도체로 만든 다이오드로 응답속도가 빠르고 정류에 대한 광출력이 직선성을 가진다.	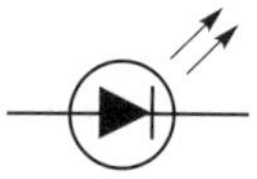
④ CDS 광-저항 변환소자로서 감도가 특히 높고 값이 싸며 취급이 용이하다.	
⑤ **서미스터** 부온도특성을 가진 저항기의 일종으로서 주로 **온도보상용**으로 쓰인다.(**온도제어회로용**)	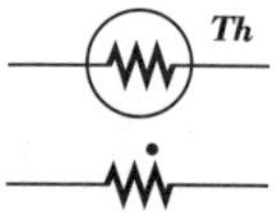
⑥ SCR **단방향 대전류 스위칭 소자**로서 제어를 할 수 있는 정류소자이다.(**DC전력**의 **제어용**)	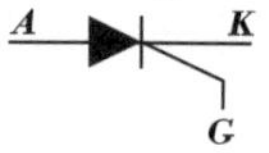
⑦ PUT SCR과 유사한 특성으로 게이트(G)레벨보다 애노드(A) 레벨이 높아지면 스위칭하는 기능을 지닌 소자이다.	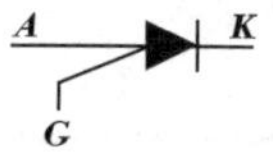
⑧ TRIAC **양방향성 스위칭 소자**로서 SCR 2개를 역병렬로 접속한 것과 같다.(**AC전력**의 **제어용**, **쌍방향성 사이리스터**)	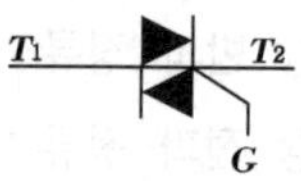
⑨ DIAC 네온관과 같은 성질을 가진 것으로서 주로 SCR, TRIAC 등의 **트리거소자**로 이용된다.	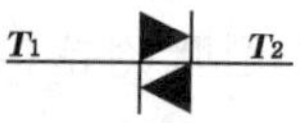

✻ CMOS
전력소모가 가장 적은 게이트 회로

✻ 서미스터
온도보상용(온도제어회로용)

✻ 사이리스터
① SCR
② TRIAC
③ SSS
④ SCS

✻ SCR의 등가회로

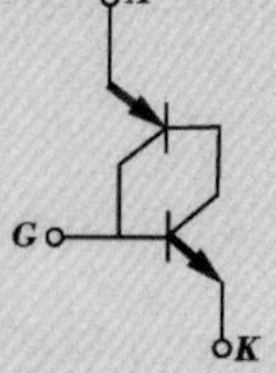

⑩ **바리스터** 주로 서지 전압에 대한 **회로보호용**으로 사용된다.	
⑪ UJT(단일 접합 트랜지스터) 증폭기로는 사용이 불가능하며 톱니파나 펄스발생기로 작용하며 **SCR의 트리거 소자로** 쓰인다.	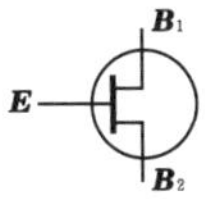

※ SCS(silicon controlled S.W) : 단방향성 소자

중요 V-I 특성곡선

SCR	TRIAC	DIAC	바리스터
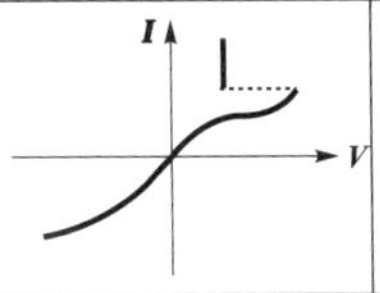	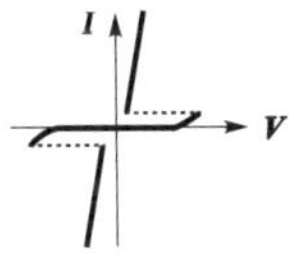	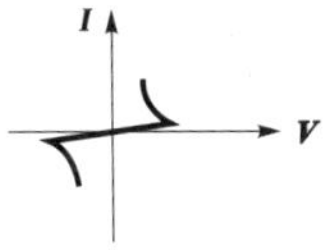	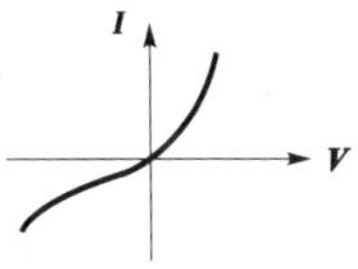

Key Point

※ 바리스터
서지전압에 대한 회로보호용

※ UJT
SCR의 트리거소자

CHAPTER 08 유도전동기

Key Point

※ 직류직권전동기
기동토크가 큰 특성을 가짐

※ 직류전동기의 회전수
① 자속감소 → 속도 상승
② 자속증가 → 속도 감소

1 단상유도전동기 · 직류전동기

출제확률 17.7% (3문제)

1 기동토크가 큰 순서

반발기동형 > 반발유도형 > 콘덴서기동형 > 분상기동형 > 세이딩 코일형

2 직류전동기의 속도제어

① 저항제어
② 전압제어 : 정토크제어
③ 계자제어 : 정출력제어

중요 **출력**

$$P = 9.8\omega\tau = 9.8 \times 2\pi \frac{N}{60} \times \tau \text{[W]}$$

여기서, P : 출력[W]
ω : 각속도[rad/s]
N : 회전수[rpm]
τ : 토크[kg · m]

2 3상유도 전동기

1 유도전동기의 기동법

① 전전압 기동법 : 전동기 용량이 **5.5kW 미만**에 적용
② Y-△기동법 : 전동기 용량이 **5.5~15kW 미만**에 적용
③ 기동 보상기법 : 전동기 용량이 **15kW 이상**에 적용
④ 기동저항기법
⑤ 콘도르퍼 기동법
⑥ 게르게스법

※ 15kW 이상에 Y-△ 기동법을 사용하기도 한다.

Key Point

2 역회전 방법

전동기 종류	역회전 방법
3상 유도전동기	3상 중 2상을 바꿈
단상 유도전동기	주권선이나 보조권선 중 한 권선을 바꿈
직류전동기	전기자권선이나 계자권선 중 한권선을 바꿈

3 서보전동기

1 AC 서보전동기의 일반사항

① 큰 회전력이 요구되지 않는 계에 사용되는 전동기이다.

② 고정자의 **기준 권선**에는 **정전압**을 인가하며, **제어권선**에는 **제어용 전압**을 인가한다.

③ 기준권선과 제어권선의 두 고정자 권선이 있으며, **90도**의 **위상차**가 있는 **2상 전압**을 인가하여 회전자계를 만든다.

2 서보전동기의 특징

① **직류전동기**와 **교류전동기**가 있다.

② **정 · 역회전**이 가능하다.

③ **급가속, 급감속**이 가능하다.

④ **저속운전**이 용이하다.

중요 절연물의 허용온도

절연의 종류	Y	A	E	B	F	H	C
최고 허용 온도[℃]	90	105	120	130	155	180	180℃ 초과

※ 서보전동기 (servo motor)
서보기구의 최종단에 설치되는 조작기기로, **직선운동** 또는 **회전운동**을 하며 정확한 제어가 가능하다.

에디슨의 한마디

어느 날, 연구에 몰입해 있는 에디슨에게 한 방문객이 아들을 데리고 찾아와서 말했습니다.

“선생님, 이 아이에게 평생의 좌우명이 될 만한 말씀 한마디만 해 주십시오.”

그러나 연구에 몰두해 있던 에디슨은 입을 열 줄 몰랐고, 초조해진 방문객은 자꾸 시계를 들여다보았습니다.

유학을 떠나는 아들의 비행기 탑승시간이 가까웠기 때문입니다.

그때, 에디슨이 말했습니다.

“시계를 보지 말라.”

시계를 보지 않는다는 데는 많은 의미가 있습니다. 자신의 일에 즐겨 몰두해 있는 사람이라면 결코 시계를 보지 않을 것입니다.

허리를 펴며 “벌써 시간이 이렇게 됐나?”라고, 아무렇지 않은 듯 말하지 않을까요?

•「지하철 사랑의 편지」 중에서•

소방설비기사 필기
(전기분야)

Part 4

소방전기시설의 구조 및 원리

출제경향분석

CHAPTER 01 경보설비의 구조 및 원리

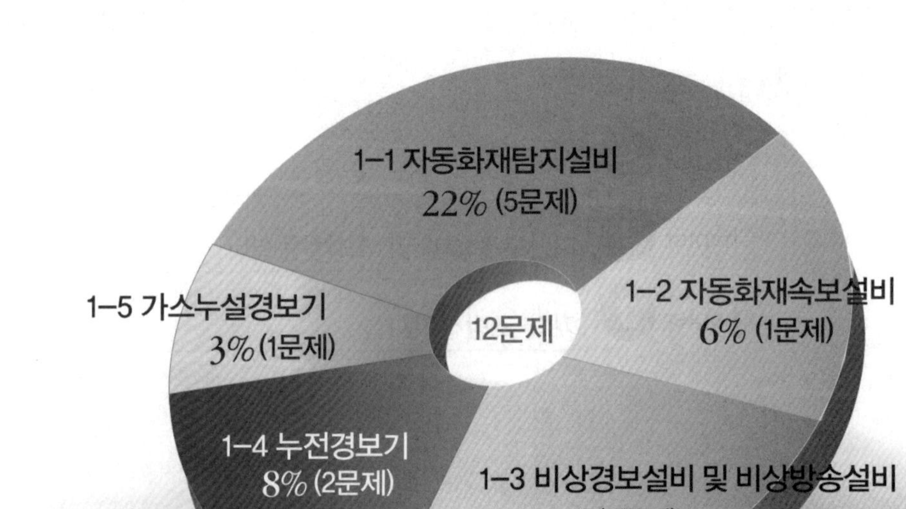

CHAPTER

01 경보설비의 구조 및 원리

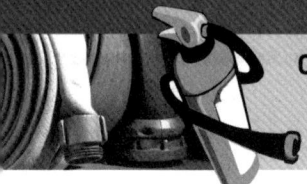

1-1 자동화재탐지설비

1 경보설비 및 감지기

출제확률 10% (2문제)

Key Point

1 경보설비의 종류

① 자동화재탐지설비 · 시각경보기
② 자동화재속보설비
③ 누전경보기
④ 비상방송설비
⑤ 비상경보설비(비상벨설비, 자동식 사이렌설비)
⑥ 가스누설경보기
⑦ 단독경보형 감지기
⑧ 통합감시시설
⑨ 화재알림설비

※ 음향장치는 주위의 소음 및 다른 용도의 경보와 **구별**이 **가능한 음색**으로 하여야 한다. (NFPC 103 9조, NFTC 103 2.6.1.4)

✻ 경보설비
화재발생 사실을 통보하는 기계 · 기구 또는 설비

✻ 방재센터에 대한 위치, 구조
① 소방대의 출입이 쉬운 장소일 것
② 직접 지상으로 통하는 출입구가 1개소 이상 있을 것
③ 다른 방(실)과는 독립된 방화구획의 구조일 것

2 자동화재탐지설비

(1) 구성요소

① 감지기 ② 수신기
③ 발신기 ④ 중계기
⑤ 음향장치 ⑥ 표시등
⑦ 전원 ⑧ 배선

✻ 자동화재탐지설비
건물 내에 발생한 화재를 초기단계에서 자동적으로 발견하여 관계인에게 통보하는 설비

★★★
문제 다음 중 자동화재탐지설비의 구성요소가 아닌 것은?

① 음향장치 ② 비상조명등
③ 발신기 ④ 감지기

해설 **자동화재탐지설비의 구성요소**
(1) 감지기 (2) 수신기 (3) 발신기
(4) 중계기 (5) 음향장치 (6) 표시등
(7) 전원 (8) 배선

② 비상조명등은 자동화재 탐지설비의 구성요소가 아니다.

답 ②

Key Point

＊ 차동식 분포형 감지기
① 공기관식
② 열전대식
③ 열반도체식

＊ P형 수신기
소방대상물에 설치되는 수신기

＊ 600m² 이상 설치 대상
① 근린생활시설
② 위락시설

＊ 1000m² 이상 설치 대상
① 목욕장
② 문화 및 집회시설
③ 운동시설
④ 방송통신시설
⑤ 지하가

(2) 구성도

- 자동화재탐지설비
  - 감지기
    - 열감지기
      - 차동식
        - 분포형
          - 공기관식(1종, 2종, 3종)
          - 열전대식(1종, 2종, 3종)
          - 열반도체식(1종, 2종, 3종)
        - 스포트형(1종, 2종)
      - 정온식
        - 감지선형(특종, 1종, 2종)
        - 스포트형(특종, 1종, 2종)
      - 열복합식
        - 열복합식 스포트형
        - 보상식 스포트형(특종, 1종, 2종)
    - 열연기복합형 — 스포트형
    - 연기감지기
      - 이온화식 — 스포트형
        - 비축적형(1종, 2종, 3종)
        - 축적형(1종, 2종, 3종)
      - 광전식
        - 스포트형
          - 비축적형(1종, 2종, 3종)
          - 축적형(1종, 2종, 3종)
        - 분리형
          - 비축적형(1종, 2종)
          - 축적형(1종, 2종)
        - 공기흡입형
      - 연기복합형 — 스포트형
    - 불꽃감지기
      - 자외선식 — 스포트형(옥내형, 옥외형, 도로형)
      - 적외선식 — 스포트형(옥내형, 옥외형, 도로형)
      - 자외선·적외선 겸용식 – 스포트형(옥내형, 옥외형, 도로형)
      - 불꽃복합형 — 스포트형(옥내형, 옥외형, 도로형)
  - 수신기
    - P형
    - R형
    - GP형
    - GR형
    - 복합식
      - P형
      - R형
      - GP형
      - GR형
  - 발신기

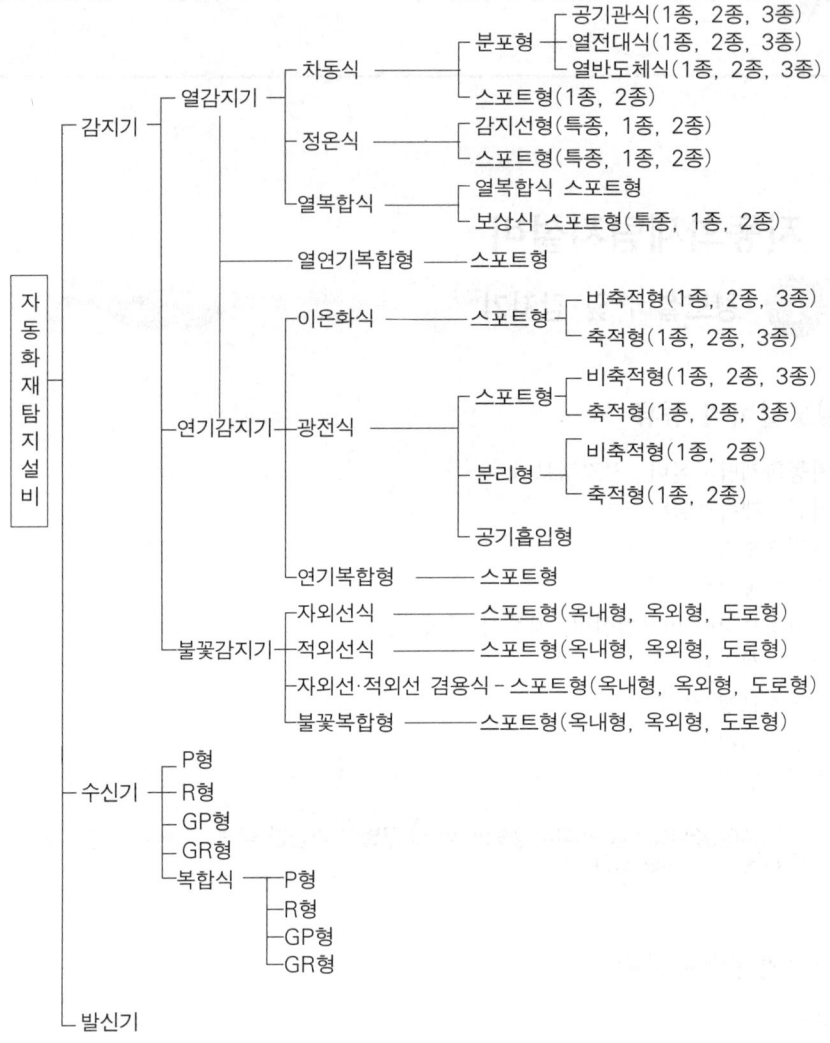

(3) 설치대상(소방시설법 시행령 〔별표 4〕)

설치대상	조 건
① 정신의료기관 · 의료재활시설	• 창살설치 : 바닥면적 300m² 미만 • 기타 : 바닥면적 300m² 이상
② 노유자시설	• 연면적 400m² 이상
③ **근**린생활시설 · **위**락시설 ④ **의**료시설(정신의료기관, 요양병원 제외) ⑤ **복**합건축물 · **장례시설**	• 연면적 600m² 이상
⑥ 목욕장 · 문화 및 집회시설, 운동시설 ⑦ 종교시설 ⑧ 방송통신시설 · 관광휴게시설 ⑨ 업무시설 · 판매시설 ⑩ 항공기 및 자동차관련시설 · 공장 · 창고시설 ⑪ 지하상가 · 운수시설 · 발전시설 · 위험물 저장 및 처리시설 ⑫ 교정 및 군사시설 중 국방 · 군사시설	• 연면적 1000m² 이상

⑬ 교육연구시설 · 동식물관련시설 ⑭ 자원순환관련시설 · 교정 및 군사시설(국방 · 군사시설 제외) ⑮ 수련시설(숙박시설이 있는 것 제외) ⑯ 묘지관련시설	• 연면적 2000m² 이상
⑰ 터널	• 길이 1000m 이상
⑱ 지하구 ⑲ 노유자생활시설 ⑳ 아파트 등 기숙사 ㉑ 숙박시설 ㉒ **6층** 이상인 건축물 ㉓ 조산원 및 산후조리원 ㉔ 전통시장 ㉕ 요양병원(정신병원, 의료재활시설 제외)	• 전부
㉖ 특수가연물 저장 · 취급	• 지정수량 **500배** 이상
㉗ 수련시설(숙박시설이 있는 것)	• 수용인원 **100명** 이상
㉘ 발전시설	• 전기저장시설

기억법 **근위의복 6, 교동자교수 2**

★★★

문제 **자동화재탐지설비를 설치하여야 할 소방 대상물 중 연면적 2000m² 이상에 해당되는 것은?**

① 판매시설
연면적 1000m² 이상

② 교정 및 군사시설(국방 · 군사시설 제외)
연면적 2000m² 이상

③ 업무시설
연면적 1000m² 이상

④ 위락시설
연면적 600m² 이상

답 ②

3 감지기

(1) 종별

① **차동식 분포형 감지기** : **넓은 범위**에서의 **열효과**의 누적에 의하여 작동한다.
② **차동식 스포트형 감지기** : **일국소**에서의 **열효과**에 의하여 작동한다.
③ **이온화식 연기감지기** : **이온전류**가 **변화**하여 작동한다.
④ **광전식 연기감지기** : **광량**의 **변화**로 작동한다.
⑤ **보상식 스포트형 감지기** : **차동식+정온식**을 겸용한 것으로 한 가지 기능이 작동되면 신호를 발한다.
⑥ **열복합형 감지기** : **차동식+정온식**을 겸용한 것으로 두 가지 기능이 동시에 작동되면 신호를 발한다.
⑦ **정온식 감지선형 감지기** : 외관이 **전선**으로 되어 있는 것

(2) 형식

① **다신호식 감지기**
㉠ 각 서로 다른 종별 또는 감도 등의 기능을 갖춘 것으로서 일정 시간 간격을 두고 각각 다른 2개 이상의 화재신호를 발하는 감지기
㉡ 동일 종별 또는 감도를 갖는 2개 이상의 센서를 통해 감지하여 화재신호를 각각 발신하는 감지기

② **아날로그식 감지기** : 주위의 **온도** 또는 **연기 양**의 변화에 따른 화재정보신호값을 출력하는 감지기

＊ 감지기
화재시 발생하는 열, 연기, 불꽃 또는 연소 생성물을 자동적으로 감지하여 수신기에 발신하는 장치

＊ 정온식 감지선형 감지기
일국소의 주위온도가 일정한 온도 이상이 되는 경우에 작동하는 것

Key Point

✻ 차동식 분포형 감지기
넓은 범위(전구역)의 열효과에 의하여 작동하는 것

✻ 차동식 스포트형 감지기
일국소의 열효과에 의하여 작동하는 것

✻ 공기관식의 구성요소
① 공기관
② 다이어프램
③ 리크구멍
④ 접점
⑤ 시험장치

✻ 리크구멍
감지기의 오동작(비화재보) 방지

✻ 리크밸브의 기능
① 비화재보(오동작) 방지
② 작동속도조정
③ 공기유통에 대한 저항을 가짐

✻ 공기관의 상호접속
슬리브에 삽입 후 납땜

✻ 검출부와 공기관의 접속
공기관 접속단자에 삽입 후 납땜

✻ 공기관의 지지금속기구
① 스테플
② 스티커

4 차동식 분포형 감지기

(1) 공기관식

① **구성요소** : 공기관(두께 0.3mm 이상, 바깥지름(외경) 1.9mm 이상) 다이어프램, 리크구멍, 시험장치, 접점

리크구멍 = 리크공 = 리크홀 = 리크밸브

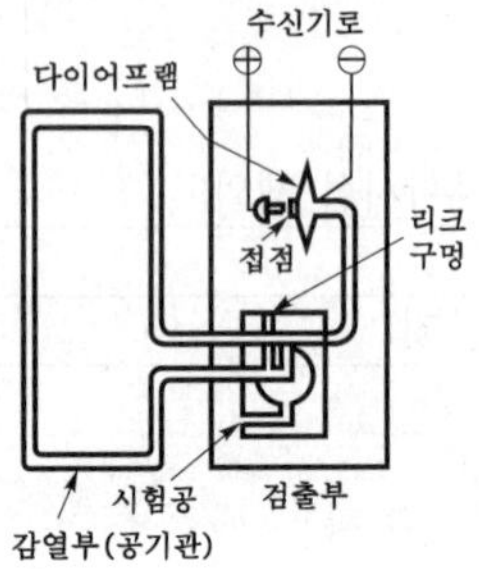

‖ 공기관식 감지기 ‖

※ **공기관식 감지기** : **전구역** 열효과에 의한 동관 내의 **공기팽창**으로 동작하는 감지기

★

문제 공기관식 감지기의 주된 부분이 아닌 것은?

① 다이어프램
② 리크공
③ 공기관
④ 감지선
정온식 감지선형 감지기의 구성요소

해설 **공기관식 감지기**의 **구성요소**
(1) 다이어프램
(2) 리크공(리크구멍)
(3) 공기관
(4) 접점
(5) 시험장치

답 ④

② **동작원리** : 화재발생시 공기관 내의 공기가 팽창하여 **다이어프램**을 밀어 올려 접점을 붙게 함으로써 수신기에 신호를 보낸다.

③ 공기관 상호간의 접속 : **슬리브**에 삽입한 후 **납땜**한다.

④ 검출부와 공기관의 접속 : **공기관 접속단자**에 삽입한 후 납땜한다.

Key Point

(2) 열전대식

① 구성요소 : 열전대, 미터릴레이(가동선륜, 스프링, 접점), 접속전선

※ **미터릴레이** : 전압계가 부착되어 있는 릴레이

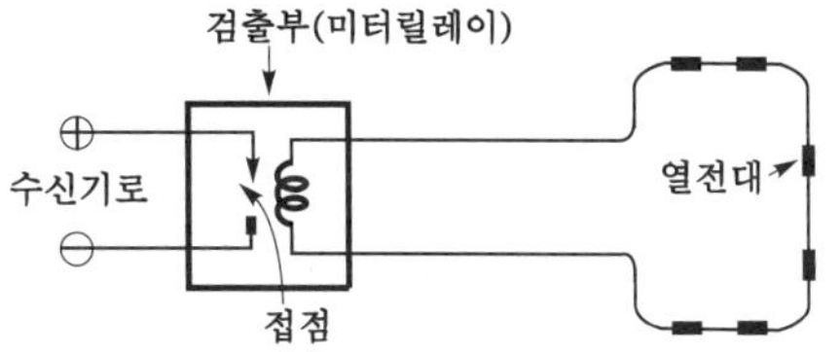

‖ 열전대식 감지기의 구조 ‖

② 동작원리 : 화재발생시 열전대부가 가열되면 **열기전력**이 발생하여 **미터릴레이**에 전류가 흘러 접점을 붙게 함으로써 수신기에 신호를 보낸다.

③ 열전대부의 접속 : **슬리브**에 삽입한 후 **압착**한다.

④ 고정방법 : 메신저와이어(messenger wire) 사용시 30cm 이내

※ **메신저와이어** : 열전대가 늘어지지 않도록 고정시키기 위한 철선

(3) 열반도체식

① 구성요소 : 열반도체소자, 수열판, 미터릴레이

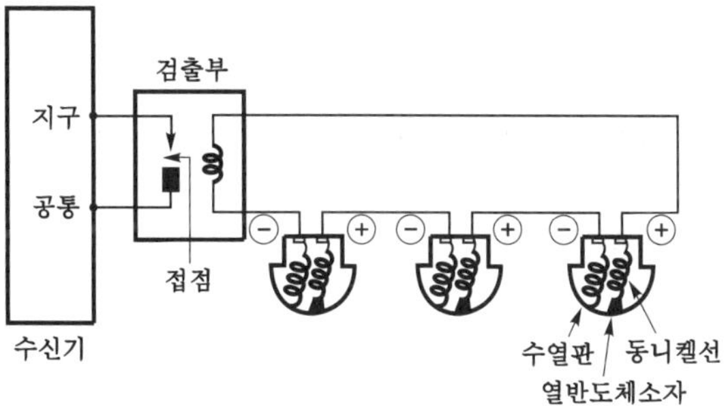

‖ 열반도체식 감지기의 구조 ‖

용어

(1) **수열판** : 열을 유효하게 받는 부분
(2) **열반도체소자** : 열기전력을 발생하는 부분
(3) **동니켈선** : 열반도체소자와 역방향의 열기전력을 발생하는 부분
(차동식 스포트형 감지기의 리크공과 같은 역할을 한다.)

② 동작원리 : 화재발생시 수열판이 가열되면 열반도체소자에 **열기전력**이 발생하여 **미터릴레이**를 작동시켜 수신기에 신호를 보낸다.

중요

공기관식 차동식 분포형 감지기

(1) **작동개시시간**이 허용범위보다 **늦게 되는 경우**

① 감지기의 **리크저항**(leak resistance)이 **기준치 이하**일 때

② 검출부 내의 **다이어프램**이 부식되어 표면에 구멍(leak)이 발생하였을 때

* **미터릴레이**
전압계가 부착되어 있는 릴레이

* **극성이 있는 감지기**
① 열전대식
② 열반도체식

* **열반도체소자의 구성요소**
① 비스무스(Bi)
② 안티몬(Sb)
③ 텔루륨(Te)

* **동니켈선**
감지기의 오동작 방지

* **열반도체식의 동작원리**
화재발생시 열반도체소자가 제베크효과에 의해 열기전력이 발생하여 미터릴레이를 작동시켜 수신기에 신호를 보낸다.

Key Point

(2) **작동개시시간**이 허용범위보다 **빨리 되는 경우**
① 감지기의 **리크저항** (leak resistance)이 **기준치 이상**일 때
② 감지기의 **리크구멍**이 이물질 등에 의해 막히게 되었을 때

* **차동식 스포트형 감지기**
(1) 공기의 팽창이용
① 감열실
② 다이어프램
③ 리크구멍
④ 접점
⑤ 작동표시장치
(2) 열기전력 이용
① 감열실
② 반도체열전대
③ 고감도릴레이
(3) 반도체 이용

* **리크구멍과 같은 의미**
① 리크공
② 리크홀
③ 리크밸브

5 차동식 스포트형 감지기

(1) 공기의 팽창을 이용한 것

① **구성요소** : 감열실, 다이어프램, 리크구멍, 접점, 작동표시장치

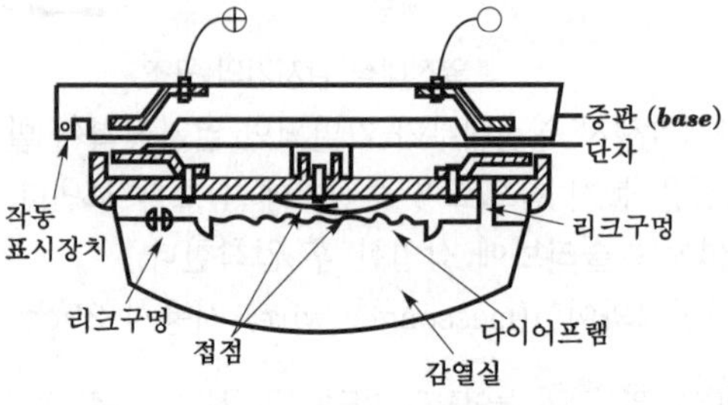

‖ 공기의 팽창을 이용한 것 ‖

※ **리크구멍** : 감지기의 오동작을 방지하며, 리크구멍이 이물질 등에 의해 막히게 되면 오동작이 발생하여 비화재보의 원인이 된다.

★★★
문제 공기관식 차동식 분포형 감지기의 오동작을 방지하는 안전장치에 해당하는 것은?

① 다이아프램　　② 공기관
③ 시험홀　　④ 리크구멍

해설 ④ 리크구멍(Leak hole) : 감지기의 오동작(비화재보)방지
리크구멍 = 리크공 = 리크홀 = 리크밸브

답 ④

② **동작원리** : 화재발생시 감열부의 공기가 팽창하여 **다이어프램**을 밀어 올려 접점을 붙게 함으로써 수신기에 신호를 보낸다.

(2) 열기전력을 이용한 것

① **구성요소** : 감열실, 반도체열전대, 고감도릴레이

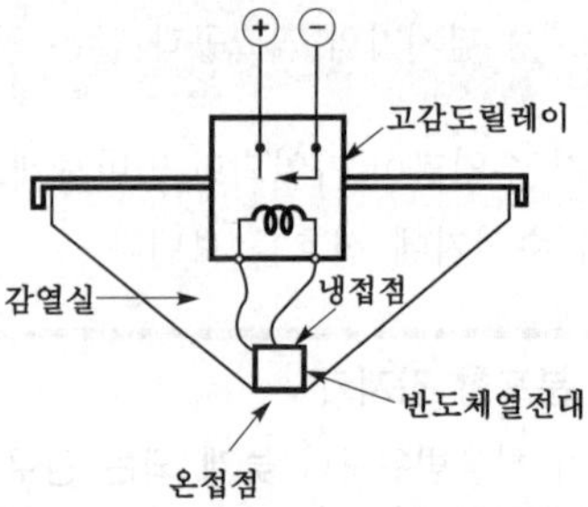

‖ 열기전력을 이용한 것 ‖

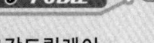

② **동작원리** : 화재발생시 반도체열전대가 가열되면 열기전력이 발생하여 **고감도릴레이**를 작동시켜 수신기에 신호를 보낸다.

※ **고감도릴레이** : 미소한 전압으로도 동작하는 계전기

6 정온식 스포트형 감지기

① **바이메탈**의 활곡·반전을 이용한 것
② 금속의 팽창계수차를 이용한 것
③ **액체(기체)**의 팽창을 이용한 것
④ 가용절연물을 이용한 것
⑤ 감열반도체 소자를 이용한 것

※ **바이메탈** : 팽창계수가 다른 금속을 서로 붙여서 열에 의해 어느 한쪽으로 휘어지게 만든 것

7 정온식 감지선형 감지기

(1) 종류

① 선 전체가 감열부분으로 되어 있는 것
② 감열부가 띄엄띄엄 존재해 있는 것

(2) 고정방법

① 단자부와 마감고정금구 : 10cm 이내
② 굴곡반경 : 5cm 이상

(3) 감지선의 접속

단자를 사용하여 접속한다.

※ 정온식 감지선형 감지기 : **비재용형**

중요 접속방법

(1) 공기관식 감지기
① 공기관의 상호접속 : **슬리브**를 이용하여 접속한 후 **납땜**한다.
② 검출부와 공기관의 접속 : **공기관 접속단자**에 공기관을 삽입하고 **납땜**한다.

(2) 열전대식·열반도체식 감지기
슬리브에 삽입한 후 **압착**한다.

(3) 정온식 감지선형 감지기
단자를 이용하여 **접속**한다.

Key Point

✻ 고감도릴레이
미소한 전압으로도 동작하는 계전기

✻ 바이메탈
팽창계수가 다른 금속을 서로 붙여서 열에 의해 어느 한쪽으로 휘어지게 만든 것

✻ 비재용형 감지기
① 정온식 스포트형 감지기(가용절연물 이용)
② 정온식 감지선형 감지기

✻ 비재용형
한 번 동작하면 재차 사용이 불가능한 것

Key Point

✻ 보상식 스포트형 감지기의 구성요소
① 감열실
② 다이어프램
③ 리크구멍
④ 고팽창금속
⑤ 저팽창금속

8 보상식 스포트형 감지기의 동작원리

차동식으로 동작	정온식으로 동작
화재발생시 주위의 온도가 급격히 상승하면 **다이어프램**을 밀어 올려 수신기에 신호를 보낸다.	화재발생시 일정 온도상승률 이상이 되면 팽창률이 큰 금속이 **활곡** 또는 **반전**하여 수신기에 신호를 보낸다.

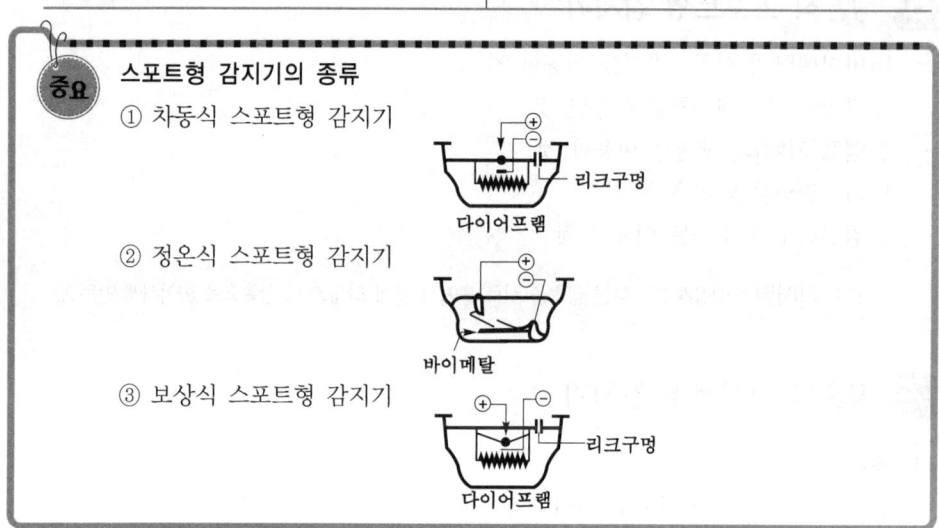

중요

스포트형 감지기의 종류

① 차동식 스포트형 감지기

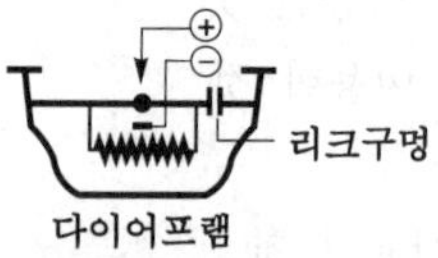

② 정온식 스포트형 감지기

③ 보상식 스포트형 감지기

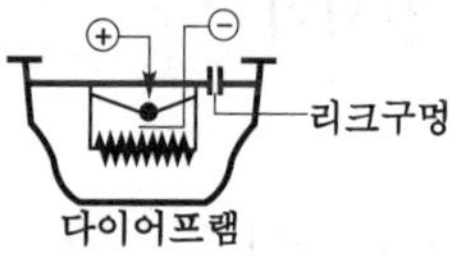

9 이온화식 연기감지기

✻ 이온화식 감지기의 구성요소
① 이온실
② 신호증폭회로
③ 스위칭회로
④ 작동표시장치

✻ 이온화식 연기감지기
① 내부이온실 : ⊕극전류, 밀폐
② 외부이온실 : ⊖극전류, 개방

(1) 구성요소

이온실, 신호증폭회로, 스위칭회로, 작동표시장치

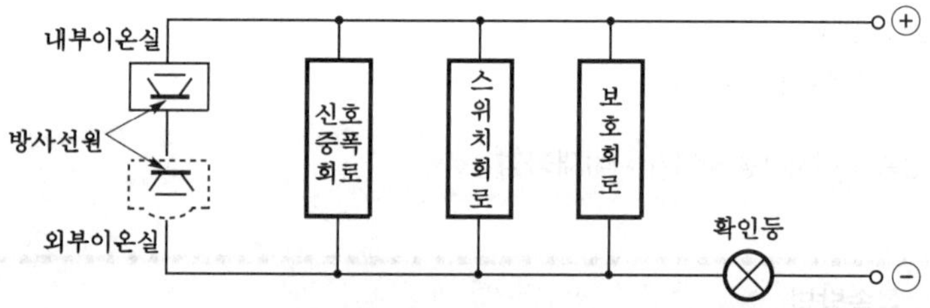

| 이온화식 감지기의 구조 |

(2) 동작원리

화재발생시 연기입자의 침입으로 **이온전류**의 흐름이 저항을 받아 이온전류가 작아지면 이것을 검출부, 증폭부, 스위칭회로에 전달하여 수신기에 신호를 보낸다.

Key Point

중요 이온화식 연기감지기

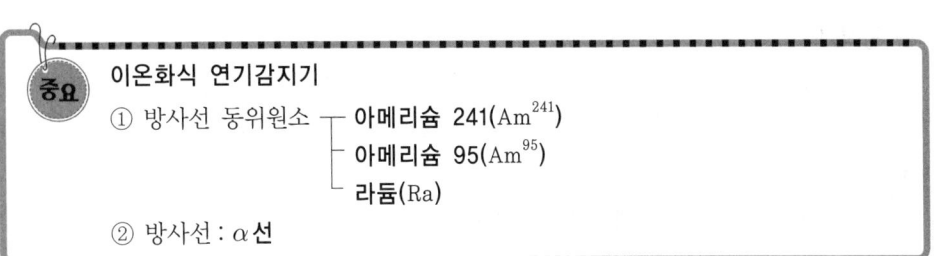

① 방사선 동위원소 ─ 아메리슘 241(Am^{241})
　　　　　　　　　 ─ 아메리슘 95(Am^{95})
　　　　　　　　　 ─ 라듐(Ra)

② 방사선 : α선

★★★

문제 이온화식 연기감지기에 이용되는 아메리슘, 라듐의 방사선은?

① α선　② β선

③ γ선　④ x 선

해설 ① 방사선 : α선

답 ①

10 광전식 스포트형 감지기

(1) 구성요소

발광부, 수광부, 차광판, 신호증폭회로, 스위칭회로, 작동표시장치

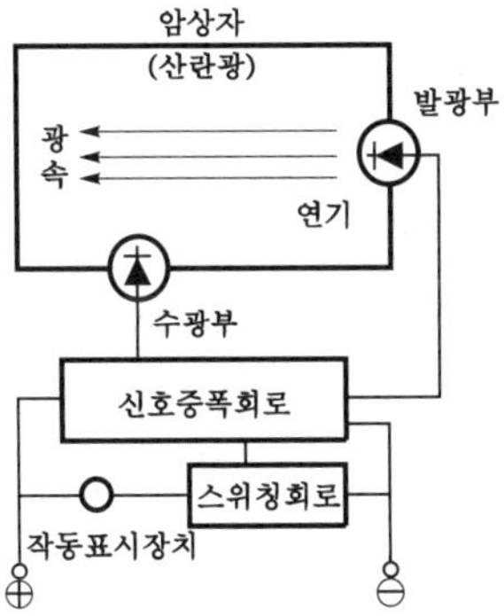

‖ 광전식 스포트형 감지기 ‖

(2) 동작원리

화재발생시 연기입자의 침입으로 광반사가 일어나 광전소자의 저항이 변화하면 이것을 수신기에 전달하여 신호를 보낸다.

11 광전식 분리형 감지기

(1) 구성요소

발광부, 수광부, 신호증폭회로, 스위칭회로, 작동표시장치

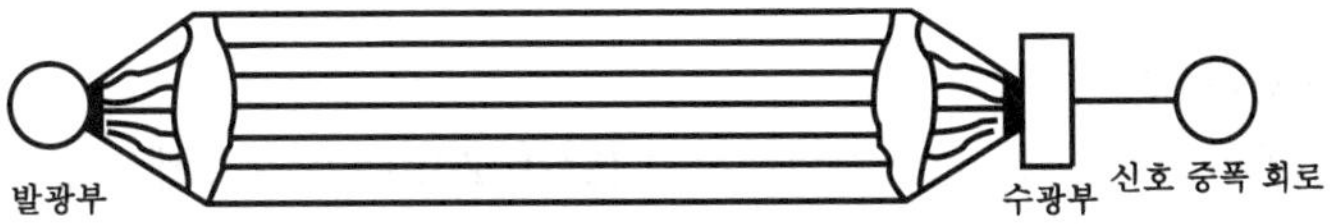

‖ 광전식 분리형 감지기 ‖

＊ 광전식 스포트형 감지기
① 산란광식
② 감광식

＊ 이온화식 감지기의 특징
① 화재의 조기발견
② 연기의 색에 영향을 받지 않음
③ 외부의 빛에 의해서는 동작하지 않음
④ 접점과 같은 가동부분이 없어 재조정 불필요

＊ 산란광식 감지기의 동작원리
연기가 암상자 내로 유입되면 빛이 산란현상을 일으켜 광전소자의 저항이 변화하여 수신기에 신호를 보낸다.

＊ 감광식 감지기의 동작원리
연기가 암상자 내로 유입되면 수광소자로 들어오는 빛의 양이 감소하여 광전소자저항의 변화로 수신기에 신호를 보낸다.

Key Point

* 광전식 감지기의 광원
광속변화가 적을 것

(2) 동작원리

발광부에서 상시 수광부로 빛을 보내고 있어 그 사이에 연기가 광도의 축을 방해하는 경우, 광량이 감소되면서 일정량을 초과하면 화재 신호를 발한다.

★★★
문제 **광전식 감지기에 대한 설명으로 옳지 않은 것은?**

① 광원이 끊어진 경우 이를 자동적으로 수신기에 송신할 수 있어야 한다.
② 광전소자는 감도의 저하 및 피로현상이 적어야 한다.
③ 광원의 통이 켜지는 것을 쉽게 확인할 수 있는 것이어야 한다.
④ 광원은 광속변화가 커야 한다.
적어야

해설 **광전식 감지기의 기준**

발광소자	수광소자
광속변화가 적고 장기간 사용에 충분히 견딜 수 있는 것이어야 한다.	감도의 저하 및 피로현상이 적고 장기간 사용에 충분히 견딜 수 있는 것이어야 한다.

답 ④

12 공기흡입형 감지기(Air Sampling Smoke Detector)

(1) 구성요소

흡입배관, 공기흡입펌프(Aspirator), 감지부, 계측제어부, 필터

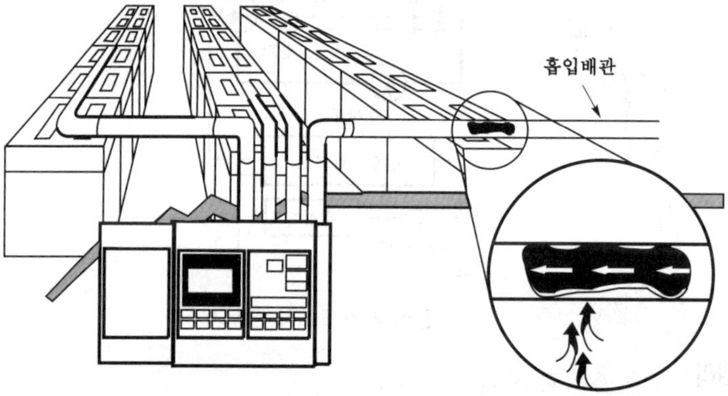

▮공기흡입형 감지기의 구성▮

(2) 동작원리

흡입용 팬 또는 펌프가 흡입배관을 통하여 경계구역 내의 공기를 흡입하고 흡입한 공기 중에 함유된 연소생성물을 분석하여 화재를 감지한다.

* 검출파장
① 자외선식: 0.18~0.26μm
② 적외선식: 4.35μm

13 불꽃감지기

(1) 자외선식(UV) 감지기

자외선 영역(0.1~0.35μm) 중 화재시 0.18~0.26μm의 파장에서 강한 에너지 레벨이 되며 이를 검출하여 그 검출신호를 화재신호로 발한다.

Key Point

(2) 적외선식(IR) 감지기

적외선 영역(0.76~220μm) 중 화재시에는 4.35μm에서 강한 에너지 레벨이 되며 이 파장을 검출하여 이를 화재신호로 발한다.

14 감지기의 설치기준

(1) 부착높이(NFPC 203 7조, NFTC 203 2.4.1)

부착높이	감지기의 종류
4m 미만	• 차동식(스포트형, 분포형) • 보상식 스포트형 • 정온식(스포트형, 감지선형) • 이온화식 또는 광전식(스포트형, 분리형, 공기흡입형) • 열복합형 • 연기복합형 • 열연기복합형 • 불꽃감지기
4~8m 미만	• 차동식(스포트형, 분포형) • 보상식 스포트형 • 정온식(스포트형, 감지선형) 특종 또는 1종 • 이온화식 1종 또는 2종 • 광전식(스포트형, 분리형, 공기흡입형) 1종 또는 2종 • 열복합형 • 연기복합형 • 열연기복합형 • 불꽃감지기
8~15m 미만	• 차동식 분포형 • 이온화식 1종 또는 2종 • 광전식(스포트형, 분리형, 공기흡입형) 1종 또는 2종 • 연기복합형 • 불꽃감지기
15~20m 미만	• 이온화식 1종 • 광전식(스포트형, 분리형, 공기흡입형) 1종 • 연기복합형 • 불꽃감지기
20m 이상	• 불꽃감지기 • 광전식(분리형, 공기흡입형) 중 아날로그 방식

★★★
문제 자동화재탐지설비의 감지기의 높이가 10m인 장소에 설치할 수 있는 감지기의 종류는 다음 중 어느 것인가?

① 차동식 스포트형 (4~8m 미만)
② 보상식 스포트형 (4~8m 미만)
③ 차동식 분포형 (8~15m 미만)
④ 정온식 스포트형 (4~8m 미만)

답 ③

※ 광전식 감지기
① 스포트형
② 분리형
③ 공기흡입형

※ 8~15m 미만 설치 가능한 감지기
① 차동식 분포형
② 이온화식 1·2종
③ 광전식 1·2종
④ 연기복합형

※ 부착높이 20m 이상에 설치되는 광전식 중 아날로그 방식의 감지기
공칭감지농도 하한값이 감광률 5%/m 미만

Key Point

> **중요** **지하층 · 무창층** 등으로서 환기가 잘되지 아니하거나 실내면적이 **40m² 미만**인 장소, 감지기의 부착면과 실내바닥과의 거리가 **2.3m 이하**인 곳으로서 일시적으로 발생한 열 · 연기 또는 먼지 등으로 인하여 화재신호를 발신할 우려가 있는 장소의 적응감지기
> ① 불꽃감지기
> ② 정온식 감지선형 감지기
> ③ 분포형 감지기
> ④ 복합형 감지기
> ⑤ 광전식 분리형 감지기
> ⑥ 아날로그 방식의 감지기
> ⑦ 다신호 방식의 감지기
> ⑧ 축적 방식의 감지기

(2) 연기감지기의 설치장소(NFPC 203 7조, NFTC 203 2.4.2)

① 계단 및 경사로 · 에스컬레이터 경사로
② 복도(30m 미만 제외)
③ 엘리베이터 승강로(권상기실이 있는 것은 권상기실) · 린넨슈트 · 파이프피트 및 덕트 기타 이와 유사한 장소
④ 천장 또는 반자의 높이가 15~20m 미만의 장소
⑤ 공동주택 · 오피스텔 · 숙박시설 · 노유자시설 · 수련시설
⑥ 합숙소
⑦ 의료시설, 입원실이 있는 의원 · 조산원
⑧ 교정 및 군사시설
⑨ 고시원

(⑤~⑨: 취침 · 숙박 · 입원 등 이와 유사한 용도로 사용되는 거실)

(3) 감지기 설치기준(NFPC 203 7조, NFTC 203 2.4.3)

① 감지기(**차동식 분포형** 제외)는 실내로의 공기유입구로부터 1.5m 이상 떨어진 위치에 설치할 것
② 감지기는 천장 또는 반자의 옥내의 면하는 부분에 설치할 것
③ **보상식 스포트형 감지기**는 정온점이 감지기 주위의 평상시 최고온도보다 20℃ 이상 높은 것으로 설치하여야 한다.
④ **정온식 감지기**는 **주방 · 보일러실** 등으로 다량의 화기를 단속적으로 취급하는 장소에 설치한다.
⑤ 스포트형 감지기는 45° 이상 경사되지 아니하도록 부착할 것
⑥ 바닥면적

(단위 : [m²])

부착높이 및 소방대상물의 구분		감지기의 종류				
		차동식 · 보상식 스포트형		정온식 스포트형		
		1종	2종	특종	1종	2종
4m 미만	내화구조	90	70	70	60	20
	기타구조	50	40	40	30	15

＊ 린넨슈트
병원, 호텔 등에서 세탁물을 구분하여 실로 유도하는 통로

＊ 정온식 감지기의 설치장소
① 주방
② 조리실
③ 용접작업장
④ 건조실
⑤ 살균실
⑥ 보일러실
⑦ 주조실
⑧ 영사실
⑨ 스튜디오

＊ 정온식 감지기의 공칭작동온도범위

60~150℃

① 60~80℃ → 5℃ 눈금
② 80~150℃ → 10℃ 눈금

4m 이상 8m 미만	내화구조	45	35	35	30	설치 불가능
	기타구조	30	25	25	15	

중요 축적기능이 없는 감지기의 설치
① **교차회로 방식**에 사용되는 감지기
② **급속**한 **연소확대**가 우려되는 장소에 사용되는 감지기
③ **축적기능**이 있는 **수신기**에 연결하여 사용하는 감지기

(4) 공기관식 차동식 분포형 감지기의 설치기준(NFPC 203 7조, NFTC 203 2.4.3.7)

① 공기관의 노출부분은 감지구역마다 **20m** 이상이 되도록 설치한다.
② 공기관과 감지구역의 각 변과의 수평거리는 **1.5m** 이하가 되도록 한다.
③ 공기관 상호간의 거리는 **6m**(내화구조는 **9m**) 이하가 되도록 한다.
④ 하나의 검출부에 접속하는 공기관의 길이는 **100m** 이하가 되도록 한다.
⑤ 검출부는 **5°** 이상 경사되지 않도록 한다.
⑥ 검출부는 바닥으로부터 **0.8~1.5m** 이하의 위치에 설치한다.
⑦ 공기관은 도중에서 **분기**하지 않도록 한다.

※ **경사제한각도**

5° 이상	45° 이상
차동식 분포형 감지기	스포트형 감지기

★★★
문제 차동식 분포형 감지기의 검출부에 연결하는 공기관의 길이는 몇 m 이하로 하여야 하는가?
① 50　　② 100
③ 150　　④ 200

해설 ② 하나의 검출부분에 접속하는 공기관의 길이 : **100m 이하**

답 ②

(5) 열전대식 감지기의 설치기준(NFPC 203 7조, NFTC 203 2.4.3.8)

① 하나의 검출부에 접속하는 열전대부는 **4~20개** 이하로 할 것(단, **주소형 열전대식 감지기**는 제외)
② 바닥면적

분 류	바닥면적	설치개수
내화구조	$22m^2$마다 1개 이상	4개 이상
기타구조	$18m^2$마다 1개 이상	4개 이상

(6) 열반도체식 감지기의 설치기준(NFPC 203 7조, NFTC 203 2.4.3.9)

① 하나의 검출기에 접속하는 감지부는 **2~15개** 이하가 되도록 할 것

✻ 공기관의 길이
20~100m 이하

✻ 각 부분과의 수평거리
(1) 공기관식 : 1.5m 이하
(2) 정온식 감지선형
① 1종 : 3m 이하 (내화구조 4.5m 이하)
② 2종 : 1m 이하 (내화구조 3m 이하)

✻ 주소형 열전대식 감지기
각각의 열전대부에 대한 작동여부를 검출부에서 표시할 수 있는 감지기

✻ 열전대식 감지기
4~20개 이하

✻ 열반도체식 감지기
2~15개 이하
(부착 높이가 8m 미만이고 바닥면적이 기준면적 이하인 경우 1개로 할 수 있다.)

Key Point

② 바닥면적

(단위 : m^2)

부착높이 및 소방대상물의 구분		감지기의 종류	
		1종	2종
8m 미만	내화구조	65	36
	기타구조	40	23
8~15m 미만	내화구조	50	36
	기타구조	30	23

※ 연기농도의 단위
[%/m]

※ 연기
완전 연소되지 않은 가연물이 고체 또는 액체의 미립자로 떠돌아 다니는 상태

(7) 연기감지기의 설치기준(NFPC 203 7조, NFTC 203 2.4.3.10)

① 복도 및 통로는 보행거리 30m(3종은 20m)마다 1개 이상으로 할 것

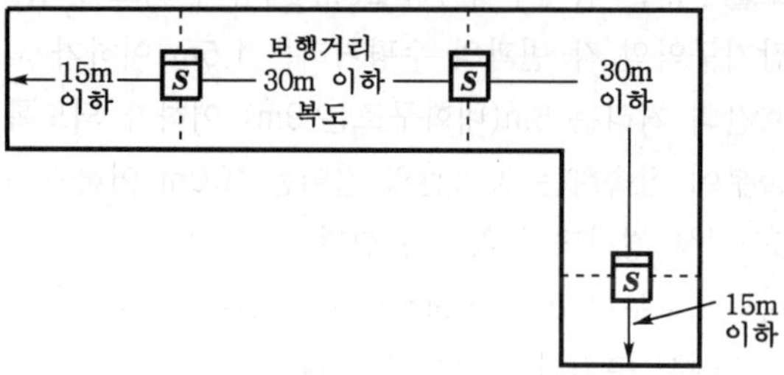

| 연기감지기의 설치 |

※ 벽 또는 보의 설치거리
① 스포트형 감지기 : 0.3m 이상
② 연기감지기 : 0.6m 이상

② 계단 및 경사로는 수직거리 15m(3종은 10m)마다 1개 이상으로 할 것

③ 천장 또는 반자가 낮은 실내 또는 좁은 실내는 **출입구**의 가까운 부분에 설치할 것

④ 천장 또는 반자 부근에 **배기구**가 있는 경우에는 그 부근에 설치할 것

⑤ 감지기는 벽 또는 보로부터 0.6m 이상 떨어진 곳에 설치할 것

⑥ 바닥면적

(단위 : m^2)

부착높이	감지기의 종류	
	1종 및 2종	3종
4m 미만	150	50
4~20m 미만	75	설치불가능

★★
문제 연기감지기를 다음과 같이 설치하였을 때 기준에 적합하지 않은 것은?

① 좁은 실내에 있어서는 출입구 부근에 설치하였다.
② 천장 또는 반자부근에 배기구가 있어서 그 부근에 설치하였다.
③ 벽으로부터 0.6m 떨어진 곳에 설치하였다.
④ 복도 및 통로에는 보행거리에 관계없이 1개만 설치하였다.

해설 **복도 · 통로**

1 · 2종	3종
보행거리 30m마다 설치	보행거리 20m마다 설치

답 ④

Key Point

(8) 정온식 감지선형 감지기의 설치기준(NFPC 203 7조, NFTC 203 2.4.3.12)

① 정온식 감지선형 감지기의 거리기준

수평거리 \ 종 별	1종		2종	
	내화구조	기타구조	내화구조	기타구조
감지기와 감지구역의 각 부분과의 수평거리	4.5m 이하	3m 이하	3m 이하	1m 이하

② 감지선형 감지기의 굴곡반경 : **5cm** 이상

③ 단자부와 마감 고정금구와의 설치간격 : **10cm** 이내

④ 보조선이나 고정금구를 사용하여 감지선이 늘어지지 않도록 설치할 것

⑤ 케이블트레이에 감지기를 설치하는 경우에는 **케이블트레이 받침대**에 **마감금구**를 사용하여 설치할 것

⑥ **창고**의 **천장** 등에 지지물이 적당하지 않는 장소에서는 **보조선**을 설치하고 그 보조선에 설치할 것

⑦ 분전반 내부에 설치하는 경우 **접착제**를 이용하여 **돌기**를 바닥에 고정시키고 그 곳에 감지기를 설치할 것

(9) 불꽃감지기의 설치기준(NFPC 203 7조, NFTC 203 2.4.3.13)

① 공칭감시거리 · 공칭시야각(감지기 형식 19조 2)

조 건	공칭감시거리	공칭시야각
20m 미만의 장소에 적합한 것	1m 간격	5° 간격
20m 이상의 장소에 적합한 것	5m 간격	

② 감지기는 **공칭감시거리**와 **공칭시야각**을 기준으로 감시구역이 모두 포용될 수 있도록 설치할 것

③ 감지기는 화재감지를 유효하게 감지할 수 있는 **모서리** 또는 **벽** 등에 설치할 것

④ 감지기를 **천장**에 설치하는 경우에는 감지기는 **바닥**을 향하여 설치할 것

⑤ **수분**이 많이 발생할 우려가 있는 장소에는 **방수형**으로 설치할 것

* **도로형의 최대시야각**
180° 이상

(10) 아날로그 방식의 감지기 설치기준(NFPC 203 7조, NFTC 203 2.4.3.14)

공칭감지온도범위 및 **공칭감지농도범위**에 적합한 장소에 설치할 것

(11) 다신호 방식의 감지기 설치기준(NFPC 203 7조, NFTC 203 2.4.3.14)

화재신호를 발신하는 **감도**에 적합한 장소에 설치할 것

(12) 광전식 분리형 감지기의 설치기준(NFPC 203 7조, NFTC 203 2.4.3.15)

① 감지기의 수광면은 햇빛을 직접 받지 않도록 설치할 것

② 광축은 나란한 벽으로부터 **0.6m 이상** 이격하여 설치할 것

③ 감지기의 송광부와 수광부는 설치된 뒷벽으로부터 **1m 이내** 위치에 설치할 것

④ 광축의 높이는 천장 등 높이의 **80% 이상**일 것

⑤ 감지기의 광축의 길이는 **공칭감시거리** 범위 이내일 것

* **광축**
송광면과 수광면의 중심을 연결한 선

Key Point

중요 **아날로그식 분리형 광전식 감지기의 공칭감시거리**(감지기 형식 19조)
5~100m 이하로 하여 **5m 간격**으로 한다.

(13) 특수한 장소에 설치하는 감지기(NFPC 203 7조, NFTC 203 2.4.4)

장 소	적응감지기
• 화학공장 • 격납고 • 제련소	• 광전식 분리형 감지기 • 불꽃감지기
• 전산실 • 반도체 공장	• 광전식 공기흡입형 감지기

(14) 감지기의 설치제외 장소(NFPC 203 7조, NFTC 203 2.4.5)

① 천장 또는 반자의 높이가 **20m** 이상인 장소. (단, 부착높이에 따라 적응성이 있는 장소 제외)

② **헛간** 등 외부와 기류가 통하는 장소로서 감지기에 의하여 **화재발생**을 유효하게 감지할 수 없는 장소

③ **부식성** 가스가 체류하는 장소

④ **고온도** 및 **저온도**로서 감지기의 기능이 정지되기 쉽거나 감지기의 **유지관리**가 어려운 장소

⑤ **목욕실** · 욕조나 샤워시설이 있는 **화장실**, 기타 이와 유사한 장소

⑥ **파이프덕트** 등 그 밖의 이와 비슷한 것으로서 2개층마다 방화구획된 것이나 수평단면적이 $5m^2$ 이하인 것

⑦ 먼지 · 가루 또는 **수증기**가 다량으로 체류하는 장소 또는 주방 등 평상시에 연기가 발생하는 장소(단, **연기감지기**만 적용)

⑧ 삭제 〈2015.1.23〉

⑨ 프레스공장 · 주조공장 등 화재발생의 위험이 적은 장소로서 감지기의 유지관리가 어려운 장소

＊ 방화구획
화재시 불이 번지지 않도록 내화구조로 구획해 놓은 것

★★
문제 소방대상물에 자동화재탐지설비의 감지기를 설치하지 않아도 되는 곳은?
① 목욕실 · 욕조나 샤워시설이 있는 화장실, 기타 이와 유사한 장소
→ 감지기 설치제외 장소
② 습기가 별로 없는 건조한 장소
③ 사람의 왕래가 별로 없는 장소
④ 천장 또는 반자의 높이가 15m 이상 20m 미만인 장소
(②~④ → 감지기 설치장소)

답 ①

15 감지기의 기능시험

(1) 차동식 분포형 감지기

① 화재작동시험

㉠ 공기관식 : 펌프시험, 작동계속시험, 유통시험, 접점수고시험

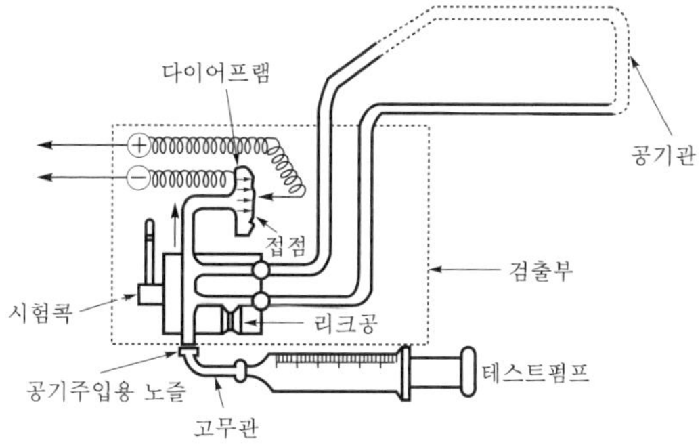

| 펌프시험 |

중요 **공기관식의 화재작동시험**

(1) **펌프시험** : 감지기의 작동공기압에 상당하는 공기량을 테스트펌프에 의해 불어넣어 작동할 때까지의 시간이 지정치인가를 확인하기 위한 시험

(2) **작동계속시험** : 감지기가 작동을 개시한 때부터 작동정지할 때까지의 시간을 측정하여 감지기의 작동의 계속이 정상인가를 확인하기 위한 시험

(3) **유통시험** : 공기관이 새거나, 깨지거나, 줄어들었는지의 여부 및 공기관의 길이를 확인하기 위한 시험

① 검출부의 시험공 또는 공기관의 한쪽 끝에 테스트펌프를, 다른 한쪽 끝에 마노미터를 접속한다.

② 테스트펌프로 공기를 불어넣어 마노미터의 수위를 100mm까지 상승시켜 수위를 정지시킨다.(정지하지 않으면 공기관에 누설이 있는 것이다.)

③ 시험콕을 이동시켜 송기구를 열고 수위가 50mm까지 내려가는 시간(**유통시간**)을 측정하여 공기관의 길이를 산출한다.

※ 공기관의 두께는 0.3mm 이상, 외경은 1.9mm 이상이며, 공기관의 길이는 20~100m 이하이어야 한다.

(4) **접점수고시험** : 접점수고치가 적정치를 보유하고 있는지를 확인하기 위한 시험(접점수고치가 규정치 이상이면 감지기의 작동이 늦어진다.)

Key Point

＊ 펌프시험
테스트펌프로 감지기에 공기를 불어넣어 작동할 때까지의 시간이 지정치인가를 확인하기 위한 시험

＊ 유통시험
확인할 수 있는 것
① 공기관의 길이
② 공기관의 누설
③ 공기관의 찌그러짐

＊ 공기관식의 화재작동시험
① 펌프시험
② 작동계속시험
③ 유통시험
④ 접점수고시험: 감지기의 접점간격 확인

＊ 테스트펌프와 같은 의미
공기주입기

＊ 유통시험시 사용기구
① 공기주입기
② 고무관
③ 유리관
④ 마노미터

＊ 마노미터
공기관의 누설측정

Key Point

★★★
문제 공기관식 차동식 분포형 감지기의 기능시험을 하였더니 검출기의 접점수고치가 규정 이상으로 되어 있다. 이때 발생되는 장애로 볼 수 있는 것은?

① 동작이 전혀 되지 않는다.
② 화재도 아닌데 작동하는 일이 있다.
③ 작동이 늦어진다.
④ 장애는 발생되지 않는다.

해설 **접점수고시험**의 **접점수고치**

규정치 이상	규정치 이하
감도가 저하하여 **지연동작**의 원인	감도가 과민하게 되어 **비화재보**의 원인

③ 접점수고치 규정 이상 : 작동이 늦어진다.

답 ③

㉡ 열전대식 : 화재작동시험, 합성저항시험

② 연소시험
㉠ 감지기를 작동시키지 않고 행하는 시험
㉡ 감지기를 작동시키고 행하는 시험

(2) 스포트형 감지기

가열시험 : 감지기를 가열한 경우 감지기가 정상적으로 작동하는가를 확인

(3) 정온식 감지선형 감지기

합성저항시험 : 감지기의 **단선 유무** 확인

(4) 연기감지기

가연시험 : 가연시험기에 의해 가연한 경우 **동작 유무** 확인

16 측정기기

(1) 마노미터(mano meter)
① 정의 : 공기관의 누설을 측정하기 위한 기구
② 적응시험 : **유통시험, 접점수고시험, 연소시험**

(2) 테스트펌프(test pump)
① 정의 : 공기관에 공기를 주입하기 위한 기구
② 적응시험 : **유통시험, 접점수고시험**

(3) 초시계(stop watch)
① 정의 : 공기관의 유통시간을 측정하기 위한 기구
② 적응시험 : **유통시험**

※ **마노미터의 수위가 불안정한 경우의 원인**
공기관 접속부분의 불량 또는 물방울 등의 침입

※ **접점수고시험**
① 접점수고치가 낮은 경우 : 비화재보의 원인
② 접점수고치가 높은 경우 : 지연동작의 원인

17 절연저항시험

절연저항계	절연저항	대 상
직류 250V	0.1MΩ 이상	• 1경계구역의 절연저항
직류 500V	5MΩ 이상	• 누전경보기 • 가스누설경보기 • 수신기(10회로 미만, 절연된 충전부와 외함간) • 자동화재속보설비 • 비상경보설비 • 유도등(교류입력측과 외함간 포함) • 비상조명등(교류입력측과 외함간 포함)
	20MΩ 이상	• 경종 • 발신기 • 중계기 • 비상콘센트 • 기기의 절연된 선로간 • 기기의 충전부와 비충전부간 • 기기의 교류입력측과 외함간(유도등 · 비상조명등 제외)
	50MΩ 이상	• 감지기(정온식 감지선형 감지기 제외) • 가스누설경보기(10회로 이상) • 수신기(10회로 이상, 교류입력측과 외함간 제외)
	1000MΩ 이상	• 정온식 감지선형 감지기

Key Point

✻ 절연저항시험
★ 꼭 기억하세요 ★

✻ 이온화식 감지기
① 축적시간 : 5~60초
② 공칭축적시간 : 10~60초

✻ 감지기의 충격시험
① 최대가속도 : 50g
② 시험횟수 : 5회

18 감지기의 적응성

(1) 연기감지기를 설치할 수 없는 경우(NFTC 203 2.4.6(1))

설치장소		적응열감지기									불꽃감지기
환경상태	적응장소	차동식 스포트형		차동식 분포형		보상식 스포트형		정온식		열아날로그식	
		1종	2종	1종	2종	1종	2종	특종	1종		
먼지 또는 미분 등이 다량으로 체류하는장소	• 쓰레기장 • 하역장 • 도장실 • 섬유 · 목재 · 석재 등 가공공장	○	○	○	○	○	○	○	×	○	○

〔비고〕 1. **불꽃감지기**에 따라 감시가 곤란한 장소는 적응성이 있는 열감지기를 설치할 것
2. **차동식 분포형 감지기**를 설치하는 경우에는 검출부에 먼지, 미분 등이 침입하지 않도록 조치할 것
3. **차동식 스포트형 감지기** 또는 **보상식 스포트형 감지기**를 설치하는 경우에는 검출부에 먼지, 미분 등이 침입하지 않도록 조치할 것
4. **정온식 감지기**를 설치하는 경우에는 **특종**으로 설치할 것
5. **섬유, 목재가공 공장** 등 화재확대가 급속하게 진행될 우려가 있는 장소에 설치하는 경우 **정온식 감지기**는 **특종**으로 설치할 것, 공칭작동 온도 **75℃ 이하**, 열아날로그식 스포트형 감지기는 화재표시 설정은 **80℃ 이하**가 되도록 할 것

✻ 정온식 감지기의 시험
① 작동시험
공칭작동온도의 125%가 되는 온도이고 풍속이 1m/s인 수직기류에 투입하는 경우 정하는 시간 이내에 작동
② 부작동시험
공칭작동온도보다 10℃ 낮은 풍속 1m/s의 기류에 투입한 경우 10분 이내로 작동하지 않을 것

Key Point

★

문제 정온식 감지기의 부작동시험은 공칭작동온도보다 10℃ 낮은 온도이고 풍속이 1m/s인 수직기류에 투입하는 경우 몇 분 이내에 작동하지 아니하여야 하는가?

① 5　　② 10
③ 15　　④ 20

해설

② **정온식 감지기의 부작동시험**(감지기 형식 30조)
공칭작동온도보다 **10℃** 낮은 온도이고 풍속이 **1m/s**인 수직기류에 투입하는 경우 **10분** 이내에 작동하지 않을 것

답 ②

설치장소		적응열감지기									불꽃감지기
환경상태	적응장소	차동식 스포트형		차동식 분포형		보상식 스포트형		정온식		열아날로그식	
		1종	2종	1종	2종	1종	2종	특종	1종		
수증기가 다량으로 머무는 장소	• 증기세정실 • 탕비실 • 소독실	×	×	×	○	×	○	○	○	○	○

〔비고〕 1. **차동식 분포형 감지기** 또는 **보상식 스포트형 감지기**는 급격한 온도변화가 없는 장소에 한하여 사용할 것
2. **차동식 분포형 감지기**를 설치하는 경우에는 검출부에 수증기가 침입하지 않도록 조치할 것
3. **보상식 스포트형 감지기, 정온식 감지기** 또는 **열아날로그식 감지기**를 설치하는 경우에는 **방수형**으로 설치할 것
4. **불꽃감지기**를 설치할 경우 **방수형**으로 할 것

※ **공기관식 감지기의 가열시험시 작동하지 않는 경우의 원인**
① 접점간격이 너무 넓다.
② 공기관이 막혔다.
③ 다이아프램이 부식되었다.
④ 공기관이 부식되었다.

설치장소		적응열감지기									불꽃감지기
환경상태	적응장소	차동식 스포트형		차동식 분포형		보상식 스포트형		정온식		열아날로그식	
		1종	2종	1종	2종	1종	2종	특종	1종		
부식성 가스가 발생할 우려가 있는 장소	• 도금공장 • 축전지실 • 오수처리장	×	×	○	○	○	○	○	×	○	○

〔비고〕 1. **차동식 분포형 감지기**를 설치하는 경우에는 감지부가 피복되어 있고 검출부가 부식성가스에 영향을 받지 않는 것 또는 검출부에 부식성가스가 침입하지 않도록 조치할 것
2. **보상식 스포트형 감지기, 정온식 감지기** 또는 **열아날로그식 스포트형 감지기**를 설치하는 경우에는 부식성가스의 성상에 반응하지 않는 **내산형** 또는 **내알칼리형**으로 설치할 것
3. **정온식 감지기**를 설치하는 경우에는 **특종**으로 설치할 것

Key Point

설치장소		적응열감지기									
환경 상태	적응 장소	차동식 스포트형 1종	차동식 스포트형 2종	차동식 분포형 1종	차동식 분포형 2종	보상식 스포트형 1종	보상식 스포트형 2종	정온식 특종	정온식 1종	열 아날로그식	불꽃 감지기
주방, 기타 평상시에 연기가 체류하는 장소	• 주방 • 조리실 • 용접작업장	×	×	×	×	×	×	○	○	○	○
현저하게 고온으로 되는 장소	• 건조실 • 살균실 • 보일러실 • 주조실 • 영사실 • 스튜디오	×	×	×	×	×	×	○	○	○	×

〔비고〕 1. **주방, 조리실** 등 습도가 많은 장소에는 **방수형** 감지기를 설치할 것
2. **불꽃감지기**는 UV/IR형을 설치할 것

설치장소		적응열감지기									
환경 상태	적응 장소	차동식 스포트형 1종	차동식 스포트형 2종	차동식 분포형 1종	차동식 분포형 2종	보상식 스포트형 1종	보상식 스포트형 2종	정온식 특종	정온식 1종	열 아날로그식	불꽃 감지기
배기가스가 다량으로 체류하는 장소	• 주차장, 차고 • 화물취급소 차로 • 자가발전실 • 트럭 터미널 • 엔진 시험실	○	○	○	○	○	○	×	×	○	○

〔비고〕 1. **불꽃감지기**에 따라 감시가 곤란한 장소는 적응성이 있는 열감지기를 설치할 것
2. **열아날로그식 스포트형 감지기**는 화재표시 설정이 **60℃ 이하**가 바람직하다.

설치장소		적응열감지기									
환경 상태	적응 장소	차동식 스포트형 1종	차동식 스포트형 2종	차동식 분포형 1종	차동식 분포형 2종	보상식 스포트형 1종	보상식 스포트형 2종	정온식 특종	정온식 1종	열 아날로그식	불꽃 감지기
연기가 다량으로 유입할 우려가 있는 장소	• 음식물배급실 • 주방전실 • 주방 내 식품저장실 • 음식물 운반용 엘리베이터 • 주방주변의 복도 및 통로 • 식당	○	○	○	○	○	○	○	○	○	×

〔비고〕 1. 고체연료 등 가연물이 수납되어 있는 **음식물배급실, 주방전실**에 설치하는 **정온식 감지기**는 **특종**으로 설치할 것
2. **주방주변**의 **복도** 및 **통로, 식당** 등에는 **정온식 감지기**를 설치하지 말 것
3. **열아날로그식 스포트형 감지기**를 설치하는 경우에는 화재표시 설정을 **60℃ 이하**로 할 것

※ 정온식 감지기(특종)
① 음식물배급실
② 주방전실

Key Point

※ 보상식 스포트형 감지기
급격한 온도변화가 없는 장소에 설치

설치장소		적응열감지기									불꽃감지기
환경상태	적응장소	차동식 스포트형		차동식 분포형		보상식 스포트형		정온식		열아날로그식	
		1종	2종	1종	2종	1종	2종	특종	1종		
물방울이 발생하는 장소	• 스레트 또는 철판으로 설치한 지붕 창고·공장 • 패키지형 냉각기전용수납실 • 밀폐된 지하창고 • 냉동실 주변	×	×	○	○	○	○	○	○	○	○
불을 사용하는 설비로서 불꽃이 노출되는 장소	• 유리공장 • 용선로가 있는 장소 • 용접실 • 작업장 • 주방 • 주조실	×	×	×	×	×	×	○	○	○	×

〔비고〕 1. **보상식 스포트형 감지기, 정온식 감지기** 또는 **열아날로그식 스포트형 감지기**를 설치하는 경우에는 **방수형**으로 설치할 것
2. **보상식 스포트형 감지기**는 급격한 온도변화가 없는 장소에 한하여 설치할 것
3. 불꽃감지기를 설치하는 경우에는 방수형으로 설치할 것

주) 1. "○"는 해당 설치장소에 적응하는 것을 표시, "×"는 해당 설치장소에 적응하지 않는 것을 표시
2. 차동식 스포트형, 차동식 분포형 및 보상식 스포트형 1종은 감도가 예민하기 때문에 비화재보 발생은 2종에 비해 불리한 조건이라는 것을 유의할 것
3. 차동식 분포형 3종 및 정온식 2종은 소화설비와 연동하는 경우에 한해서 사용할 것
4. 다신호식 감지기는 그 감지기가 가지고 있는 종별, 공칭작동 온도별로 따르지 말고 상기 표에 따른 적응성이 있는 감지기로 할 것

(2) 연기감지기를 설치할 수 있는 경우(NFTC 203 2.4.6(2))

설치장소		적응열감지기					적응연기감지기						불꽃감지기
환경상태	적응장소	차동식스포트형	차동식분포형	보상식스포트형	정온식	열아날로그식	이온화식스포트형	광전식스포트형	이온아날로그식스포트형	광전아날로그식스포트형	광전식분리형	광전아날로그식분리형	
1. 흡연에 의해 연기가 체류하며 환기가 되지 않는 장소	• 회의실 • 응접실 • 휴게실 • 노래연습실 • 오락실 • 다방 • 음식점 • 대합실 • 카바레 등의 객실 • 집회장 • 연회장	○	○	○				◎		◎	○	○	

Key Point

2. 취침시설로 사용하는 장소	• 호텔객실 • 여관 • 수면실						◎	◎	◎	◎	○	○	
3. 연기 이외의 미분이 떠다니는 장소	• 복도 • 통로						◎	◎	◎	◎	○	○	○
4. 바람에 영향을 받기 쉬운 장소	• 로비 • 교회 • 관람장 • 옥탑에 있는 기계실		○					◎		◎	○	○	○
5. 연기가 멀리 이동해서 감지기에 도달하는 장소	• 계단 • 경사로							○		○	○	○	
6. 훈소화재의 우려가 있는 장소	• 전화기기실 • 통신기기실 • 전산실 • 기계제어실							○		○	○	○	
7. 넓은 공간으로 천장이 높아 열 및 연기가 확산하는 장소	• 체육관 • 항공기격납고 • 높은 천장의 창고·공장 • 관람석 상부 등 감지기 부착높이가 8m 이상의 장소		○								○	○	○

〔비고〕 **광전식 스포트형 감지기** 또는 **광전아날로그식 스포트형 감지기**를 설치하는 경우에는 해당 감지기회로에 **축적기능**을 갖지 않는 것으로 할 것

주) 1. "○"는 해당 설치장소에 적응하는 것을 표시
2. "◎"는 해당 설치장소에 **연기감지기**를 설치하는 경우에는 해당 감지회로에 **축적기능**을 갖는 것을 표시
3. 차동식 스포트형, 차동식 분포형, 보상식 스포트형 및 연기식(해당 감지기회로에 축적기능을 갖지 않는 것) 1종은 감도가 예민하기 때문에 비화재보 발생은 2종에 비해 불리한 조건이라는 것을 유의하여 따를 것
4. 차동식 분포형 3종 및 정온식 2종은 소화설비와 연동하는 경우에 한해서 사용할 것
5. **광전식 분리형 감지기**는 평상시 연기가 발생하는 장소 또는 공간이 협소한 경우에는 적응성이 없음
6. 넓은 공간으로 천장이 높아 열 및 연기가 확산하는 장소로서 차동식 분포형 또는 광전식 분리형 2종을 설치하는 경우에는 제조사의 사양에 따를 것
7. **다신호식 감지기**는 그 감지기가 가지고 있는 종별, 공칭작동 온도별로 따르고 표에 따른 적응성이 있는 감지기로 할 것

※ 훈소
① 불꽃없이 연기만 내면서 타다가 어느 정도 시간이 경과 후 발열될 때의 연소상태
② 화염이 발생되지 않은 채 가연성 증기가 외부로 방출되는 현상

Key Point

※ 다신호식 감지기
① 각 서로 다른 종별 또는 감도 등의 기능을 갖춘 것으로서 일정 시간 간격을 두고 각각 다른 2개 이상의 화재신호를 발하는 감지기
② 동일 종별 또는 감도를 갖는 2개 이상의 센서를 통해 감지하여 화재신호를 각각 발신하는 감지기

※ EX
'Explosion'의 약자로서 방폭을 의미한다.

19 옥내배선기호

감지기의 종류	그림기호	비 고
정온식 스포트형 감지기		• 방수형 :  • 내산형 :  • 내알칼리형 :  • 방폭형 : 
차동식 스포트형 감지기		–
보상식 스포트형 감지기		–

★★
문제 자동화재탐지설비 도면에 "" 표식이 있다. 이 표식은 무엇을 나타낸 것인가?

① 정온식 스포트(spot)형 감지기
② 보상식 스포트(spot)형 감지기
③ 차동식 스포트(spot)형 감지기
④ 광전식 스포트(spot)형 감지기

해설
② 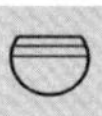 : 보상식 스포트형 감지기

답 ②

2 수신기

출제확률 6% (1문제)

1 P형 수신기

(1) P형 수신기의 기능

① 화재표시작동시험장치
② 수신기와 감지기 사이의 도통시험장치
③ 상용전원과 예비전원의 자동절환장치
④ 예비전원 양부시험장치
⑤ 기록장치

2 R형 수신기

(1) 기능

① 화재표시작동시험장치
② 수신기와 중계기 사이의 단선 · 단락 · 도통시험장치
③ 상용전원과 예비전원의 자동절환장치
④ 예비전원 양부시험장치
⑤ 기록장치
⑥ 지구등 또는 적당한 표시장치

(2) 특징

① 선로수가 적어 경제적이다.
② 선로길이를 길게 할 수 있다.
③ 증설 또는 이설이 비교적 쉽다.
④ 화재발생지구를 선명하게 숫자로 표시할 수 있다.
⑤ 신호의 전달이 확실하다.

중요 P형 수신기와 R형 수신기의 비교

구 분	P형 수신기	R형 수신기
시스템의 구성	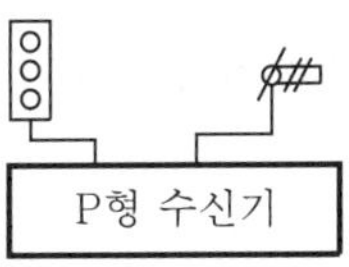	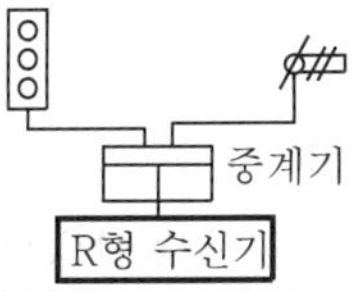
신호전송방식	1 : 1 접점방식	다중전송방식
신호의 종류	공통신호	고유신호

Key Point

✽ 수신기
감지기나 발신기에서 발하는 화재신호를 직접 수신하거나 중계기를 통하여 수신하여 화재의 발생을 표시 및 경보하여 주는 장치

✽ P형 수신기
① 화재표시작동시험장치
② 도통시험장치
③ 자동절환장치
④ 예비전원 양부시험장치
⑤ 기록장치

✽ P형 수신기의 정상작동
① 지구벨
② 지구램프
③ 화재램프
(①~③ 점등)

✽ P형 수신기의 신호방식
① 공통신호방식
② 1 : 1 접점방식

✽ R형 수신기의 신호방식
① 개별신호방식
② 다중전송방식

✽ R형 수신기
각종 계기에 이르는 외부 신호선의 단선 및 단락시험을 할 수 있는 장치가 있어야 하는 수신기

Key Point

화재표시기구	램프(Lamp)	액정표시장치(LCD)
자기진단기능	없음	있음
선로수	많이 필요하다.	적게 필요하다.
기기비용	적게 소요	많이 소요
배관배선공사	선로수가 많이 소요되므로 복잡하다.	선로수가 적게 소요되므로 간단하다.
유지관리	선로수가 많고 수신기에 자기진단기능이 없으므로 어렵다.	선로수가 적고 자기진단기능에 의해 고장발생을 자동으로 경보 · 표시하므로 쉽다.
수신반가격	기능이 단순하므로 가격이 싸다.	효율적인 감지 · 제어를 위해 여러 기능이 추가되어 있어 가격이 비싸다.
화재표시방식	창구식, 지도식	창구식, 지도식, CRT식, 디지털식

※ 수신기의 분류
(1) P형
(2) R형
(3) GP형
(4) GR형
(5) 복합식
① P형
② R형
③ GP형
④ GR형

※ GP형 수신기
P형 수신기의 기능과 가스누설경보기의 수신부 기능을 겸한 수신기

★★★
문제 P형 수신기의 화재표시방식을 모두 고른 것은?

㉠ 창구식
㉡ 지도식
㉢ CRT식
㉣ 디지털식

① ㉠
② ㉠, ㉡
③ ㉠, ㉡, ㉢
④ ㉠, ㉡, ㉢, ㉣

해설

구 분	P형 수신기	R형 수신기
화재표시방식	창구식, 지도식	창구식, 지도식, CRT식, 디지털식

답 ②

3 수신기의 적합기준(NFPC 203 5조, NFTC 203 2.2.1)

① 해당 특정소방대상물의 경계구역을 각각 표시할 수 있는 회선수 이상의 수신기를 설치할 것
② 해당 특정소방대상물에 가스누설탐지설비가 설치된 경우에는 가스누설탐지설비로부터 가스누설신호를 수신하여 가스누설경보를 할 수 있는 수신기를 설치할 것(가스누설탐지설비의 수신부를 별도로 설치한 경우는 제외)

Key Point

중요 **축적형 수신기의 설치**

① **지하층 · 무창층**으로 환기가 잘 되지 않는 장소
② 실내면적이 **40m² 미만**인 장소
③ 감지기의 부착면과 실내바닥의 사이가 **2.3m 이하**인 장소

4 자동화재탐지설비의 수신기의 설치기준(NFPC 203 5조, NFTC 203 2.2.3)

① 수위실 등 상시 사람이 근무하는 장소에 설치할 것(단, 사람이 상시 근무하는 장소가 없는 경우에는 관계인이 쉽게 접근할 수 있고 관리가 용이한 장소에 설치할 수 있다.)
② 수신기가 설치된 장소에는 **경계구역일람도**를 비치할 것(단, **주수신기**를 설치하는 경우에는 **주수신기**를 제외한 기타 수신기는 제외)
③ 수신기의 음향기구는 그 음량 및 음색이 다른 기기의 소음 등과 명확히 구별될 수 있는 것으로 할 것
④ 수신기는 **감지기 · 중계기** 또는 **발신기**가 작동하는 경계구역을 표시할 수 있는 것으로 할 것
⑤ 화재 · 가스 전기 등에 대한 **종합방재반**을 설치한 경우에는 해당 조작반에 수신기의 작동과 연동하여 감지기 · 중계기 또는 발신기가 작동하는 경계구역을 표시할 수 있는 것으로 할 것
⑥ 하나의 경계구역은 하나의 **표시등** 또는 하나의 **문자**로 표시되도록 할 것
⑦ 수신기의 조작스위치는 바닥으로부터의 높이가 **0.8~1.5m** 이하인 장소에 설치할 것
⑧ 하나의 특정소방대상물에 2 이상의 수신기를 설치하는 경우에는 수신기를 **상호**간 연동하여 화재발생**상황**을 각 수신기마다 **확인**할 수 있도록 할 것
⑨ 화재로 인하여 하나의 층의 지구음향장치 또는 배선이 단락되어도 다른 층의 화재통보에 지장이 없도록 각 층 배선상에 유효한 조치를 할 것

문제 수신기의 설치기준으로 옳지 않은 것은?

① 수위실 등 상시 사람이 근무하고 있는 장소에 설치하고 그 장소에는 경계구역일람도를 설치할 것
② 수신기의 음향기구는 그 음량 및 음색이 다른 기기의 소음 등과 명확히 구별될 수 있는 것으로 할 것
③ 하나의 표시등에는 두 개 이상의 경계구역이 표시되도록 할 것
(또는 하나의 문자로 하나)
④ 화재 · 가스전기 등에 대한 종합방재반을 설치할 경우에는 해당 조작반에 수신기의 작동과 연동하여 감지기 · 중계기 또는 발신기가 작동하는 경계구역을 표시할 수 있는 것으로 할 것

답 ③

＊ 경계구역일람도
회로배선이 각 구역별로 어떻게 결선되어 있는지 나타낸 도면

＊ 주수신기
모든 수신기와 연결되어 각 수신기의 상황을 감시하고 제어할 수 있는 수신기

＊ 설치높이
① 기타 기기
0.8~1.5m 이하
② 시각경보장치
2~2.5m 이하(단, 천장의 높이가 2m 이하인 경우에는 천장으로부터 0.15m 이내의 장소에 설치)

＊ 상시개로방식
자동화재탐지설비에 사용해도 좋은 회로방식

Key Point

＊ 스위치 주의등
각 스위치가 정상위치에 있지 않을 때 점등된다.

＊ 상용전원 감시등 소등 원인
① 정전
② Fuse 단선
③ 입력전원 전원선 불량
④ 전원회로부 훼손

＊ 예비전원 감시등 소등 원인
① Fuse 단선
② 충전불량
③ 배터리 소켓 접속불량
④ 배터리 완전방전

＊ 화재표시작동시험 불량시의 점검부분
① 릴레이의 작동
② 램프의 단선
③ 회로의 단선
④ 회로선택스위치

중요

(1) 수신기의 **스위치**의 **주의등 점멸**시의 **원인**
① 지구경종정지 스위치 ON시
② 주경종정지 스위치 ON시
③ 자동복구 스위치 ON시
④ 도통시험 스위치 ON시
등으로 각 스위치가 ON상태에서 점멸한다.

(2) 수신기의 **19번째 회로 이상**시의 **원인**
① 19번째 전선접속부의 접속불량
② 19번째 종단저항의 단선
③ 19번째 종단저항의 누락
④ 19번째 지구선의 단선
⑤ 19번째 지구선의 누락

5 P형 수신기의 고장진단

고장증상	예상원인	점검방법
상용전원 감시등 소등	① 정전	상용전원 확인
	② Fuse 단선	전원스위치를 끄고 Fuse 교체
	③ 입력전원 전원선 불량	외부전원선 점검
	④ 전원회로부 훼손	트랜스 2차측 24V AC 및 다이오드 출력 24V DC 확인
예비전원 감시등 소등	① Fuse 단선	확인교체
	② 충전불량	충전 전압확인
	③ 배터리소켓 접속불량	배터리 감시 표시등의 점등확인
	④ 장기간 정전으로 인한 배터리의 완전방전	소켓단자 확인

6 수신기의 시험(성능시험)

(1) 화재표시작동시험

① 시험방법

㉠ 회로선택스위치로서 실행하는 시험 : 동작시험 스위치를 눌러서 스위치 주의등의 점등을 확인한 후 회로선택스위치를 차례로 회전시켜 1회로마다 화재시의 작동시험을 행할 것

㉡ 감지기 또는 발신기의 작동시험과 함께 행하는 방법 : 감지기 또는 발신기를 차례로 작동시켜 경계구역과 지구표시등과의 접속상태를 확인할 것

② 가부판정의 기준 : 각 **릴레이**(relay)의 작동, **화재표시등**, **지구표시등** 그 밖의 표시장치의 점등(램프의 단선도 함께 확인할 것), **음향장치** 작동확인, **감지기회로** 또는 **부속기기회로**와의 연결접속이 정상일 것

(2) 회로도통시험

① **시험방법 : 감지기회로**의 **단선**의 **유무**와 기기 등의 접속상황을 확인하기 위해서 다음과 같은 시험을 행할 것

㉠ 도통시험스위치를 누른다.

㉡ 회로선택스위치를 차례로 회전시킨다.

㉢ 각 회선별로 전압계의 전압을 확인한다.(단, 발광다이오드로 그 정상유무를 표시하는 것은 발광다이오드의 점등유무를 확인한다.)

㉣ 종단저항 등의 접속상황을 조사한다.

② **가부판정의 기준** : 각 회선의 **전압계**의 **지시치** 또는 발광다이오드(LED)의 점등유무 상황이 정상일 것

회로도통시험 = 도통시험

문제 P형 수신기의 시험 중 감지기선로의 단락 또는 단선을 시험하는 것은 어느 것인가?

① 작동시험 ② 도통시험

③ 유통시험 ④ 절연내력시험

해설

시 험	설 명
작동시험	수신기 자체에서 그리고 감지기 또는 발신기를 작동시켜 표시등의 점등 및 경계구역의 접속상태를 확인하는 것
도통시험	감지기회로의 단락 또는 단선유무와 기기 등의 접속상태를 확인하기 위한 것
유통시험	감지기에 관한 시험으로 공기관의 누설 등의 이상 유무를 확인하기 위한 것
절연내력시험	수신기가 어느 정도의 전압에 견딜 수 있는가를 확인하기 위한 것

② **도통시험** : 감지기선로의 단락 또는 단선 시험

답 ②

(3) 공통선시험(단, 7회선 이하는 제외)

① **시험방법** : 공통선이 담당하고 있는 경계구역의 적정여부를 다음에 따라 확인할 것

㉠ 수신기 내 접속단자의 회로공통선을 1선 제거한다.

㉡ 회로도통시험의 예에 따라 도통시험스위치를 누르고, 회로선택스위치를 차례로 회전시킨다.

㉢ 전압계 또는 발광다이오드를 확인하여 「**단선**」을 지시한 경계구역의 회선수를 조사한다.

② **가부판정의 기준** : 공통선이 담당하고 있는 경계구역수가 7 이하일 것

(4) 예비전원시험

① **시험방법** : 상용전원 및 비상전원이 사고 등으로 정전된 경우, 자동적으로 예비전원으로 절환되며, 또한 정전복구시에 자동적으로 상용전원으로 절환되는지의 여부를 다음에 따라 확인할 것

㉠ 예비전원시험스위치를 누른다.

Key Point

＊ 회로도통시험
① 정상상태 : 2~6V
② 단선상태 : 0V
③ 단락상태 : 22~26V

＊ 수신기의 기능검사
① 화재표시작동시험
② 회로도통시험
③ 공통선시험
④ 예비전원시험
⑤ 동시작동시험
⑥ 저전압시험
⑦ 회로저항시험
⑧ 지구음향장치의 작동시험
⑨ 비상전원시험

＊ 수신기 이상시 전압계가 0을 가리키는 시험
① 자동복구시험
② 복구시험
③ 도통시험
④ 예비전원시험
⑤ 공통선시험

Key Point

㉡ 전압계의 지시치가 지정치의 범위 내에 있을 것(단, 발광다이오드로 그 정상유무를 표시하는 것은 발광다이오드의 정상 점등유무를 확인한다.)

㉢ 교류전원을 개로하고 자동절환릴레이의 작동상황을 조사한다.

② 가부판정의 기준 : 예비전원의 **전압, 용량, 절환상황** 및 **복구작동**이 정상일 것

※ 동시작동시험
5회선을 동시에 작동시켜 수신기의 기능에 이상여부 확인

(5) 동시작동시험(단, 1회선은 제외)

① **시험방법** : 감지기가 동시에 수회선 작동하더라도 수신기의 기능에 이상이 없는가의 여부를 다음에 따라 확인할 것

㉠ 주전원에 의해 행한다.

㉡ 각 회선의 화재작동을 복구시키는 일이 없이 **5회선**(5회선 미만은 전회선)을 동시에 작동시킨다.

㉢ ㉡의 경우 주음향장치 및 지구음향장치를 작동시킨다.

㉣ 부수신기와 표시기를 함께 하는 것에 있어서는 이 모두를 작동상태로 하고 행한다.

② **가부판정의 기준** : 각 회선을 동시작동시켰을 때 **수신기, 부수신기, 표시기, 음향장치** 등의 기능에 이상이 없고, 또한 **화재**시 **작동**을 정확하게 계속하는 것일 것

※ 감지기회로의 단선 시험방법
① 회로도통시험
② 회로저항시험

(6) 회로저항시험

감지기회로의 선로저항치가 수신기의 기능에 이상을 가져오는지 여부확인

(7) 저전압시험

정격전압의 **80%** 이하로 하여 행한다.

※ 수신기에 내장하는 음향장치는 사용전압의 최소 **80%**인 전압에서 소리를 내어야 한다.

★★★
문제 **수신기에 내장하는 음향장치는 사용전압의 최소 몇 %인 전압에서 소리를 내어야 하는가?**

① 65　　② 70
③ 75　　④ 80

해설 ④ 수신기에 내장하는 음향장치는 사용전압의 최소 **80%**인 전압에서 소리를 낼 것

답 ④

(8) 비상전원시험

비상전원으로 **축전지설비**를 사용하는 것에 대해 행한다.

7 수신기의 절연저항시험

(1) 사용기기

직류 250V급 메거(Megger)

※ 메거
'절연저항계'를 말한다.

(2) **측정방법**

① 기기 부착 전 : 배선 상호간

② 기기 부착 후 : 배선과 대지 사이

(3) **판정기준**

1경계구역마다 0.1MΩ 이상일 것

비교

수신기의 절연저항시험

측정대상	절연저항	
절연된 충전부와 외함간	10회로 미만	직류 500V의 절연저항계, 5MΩ 이상
	10회로 이상	직류 500V의 절연저항계, 50MΩ 이상
교류입력측과 외함간	직류 500V의 절연저항계, 20MΩ 이상	
절연된 선로간	직류 500V의 절연저항계, 20MΩ 이상	

8 옥내배선기호

명 칭	그림기호	적 요
수신기	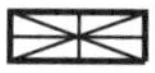	• 가스누설경보설비와 일체인 것  • 가스누설경보설비 및 방배연 연동과 일체인 것 
부수신기 (표시기)		–
중계기		–
배전반, 분전반 및 제어반		• 배전반 :  • 분전반 :  • 제어반 : 

Key Point

✻ **접점**

① 전자계전기 : GS합금

② 감지기 : PGS합금

✻ **수신기의 일반기능**

① 정격전압이 60V를 넘는 기구의 금속제외함에는 접지단자 설치

② 공통신호용 단자는 7개 회로마다 1개씩 설치

Key Point

3 발신기 · 중계기 · 시각경보장치 등 출제확률 6% (1문제)

1 발신기

구성요소 : 보호판, 스위치, 응답램프(응답확인램프), 외함, 명판

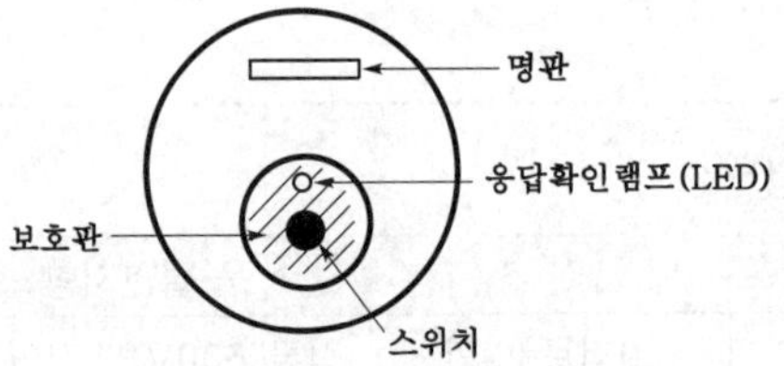

‖ 발신기 ‖

※ 발신기의 구성
① 응답확인램프(LED)
② 스위치

★ 문제 다음 중 발신기의 구조나 기능이 아닌 것은?

① 응답확인램프 ② 스위치
③ 회로시험 ④ 명판
수신기의 시험

답 ③

※ 발신기
① 공통신호
② 발신과 동시에 통화 불가능

중요

(1) **발신기**의 **외형**

① **응답램프** : 발신기의 신호가 수신기에 전달되었는가를 확인하여 주는 램프
② **발신기스위치** : 수동조작에 의하여 수신기에 화재신호를 발신하는 장치
③ **투명플라스틱 보호판** : 스위치를 보호하기 위한 것

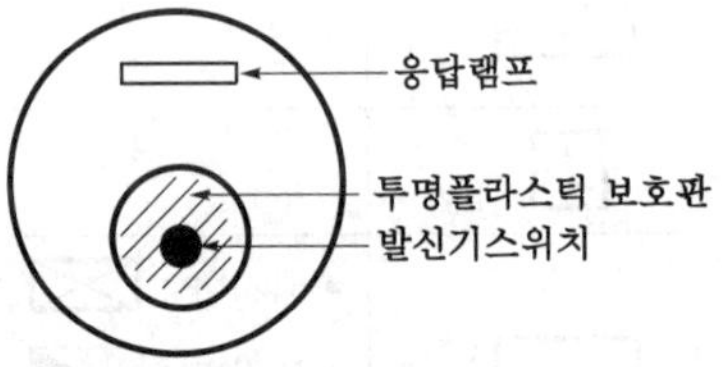

‖ 발신기(구형) ‖

(2) **발신기**와 **수신기**간의 **결선**

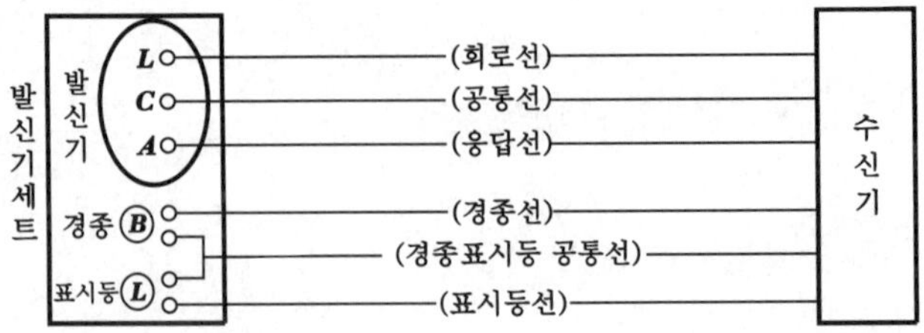

※ 경종표시등 공통선과 같은 의미
벨표시등 공통선

2 발신기의 설명

① P형 수신기 또는 R형 수신기에 연결하여 사용한다.
② 스위치, 응답램프가 있다.

3 수신기·발신기·감지기의 배선기호의 의미

명 칭	기 호	원 어	동일한 명칭
회로선	L	Line	• 지구선 • 신호선 • 표시선 • 감지기선
	N	Number	
공통선	C	Common	• 지구공통선 • 신호공통선 • 회로공통선 • 감지기공통선 • 발신기공통선
응답선	A	Answer	• 발신기선 • 발신기응답선 • 응답확인선 • 확인선
경종선	B	Bell	• 벨선
표시등선	PL	Pilot Lamp	–
경종공통선	BC	Bell Common	• 벨공통선
경종표시등 공통선	특별한 기호가 없음		

중요 반복시험 횟수

횟 수	대 상
1000회	속보기
2000회	중계기
2500회	유도등
5000회	전원스위치, 발신기
6000회	감지기
10000회	비상조명등, 스위치접점, 기타의 설비 및 기기(수신기)

4 자동화재탐지설비의 발신기 설치기준(NFPC 203 9조, NFTC 203 2.6.1)

① **조작**이 쉬운 장소에 설치하고 스위치는 바닥으로부터 0.8~1.5m 이하의 높이에 설치할 것

Key Point

✻ 응답램프와 같은 의미
① 확인램프
② 응답확인램프

✻ 표시등의 색
① 기타 : 적색
② 가스누설표시등 : 황색

✻ 발신기
화재발생신호를 수신기에 수동으로 발신하는 장치

Key Point

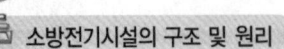

※ 발신기 설치제외 장소
지하구

※ 주위온도시험
① 옥내·외형 발신기 -35±2~70±2℃
② 옥내형 발신기 -10±2~50±2℃

② 특정소방대상물의 **층**마다 설치하되, 해당 특정소방대상물의 각 부분으로부터 하나의 발신기까지의 **수평거리**가 25m 이하가 되도록 할 것. 다만, 복도 또는 별도로 구획된 실로서 **보행거리**가 40m 이상일 경우에는 추가로 설치하여야 한다.

중요 수평거리와 보행거리

① 수평거리

수평거리	적용대상
수평거리 25m 이하	• 발신기 • 음향장치(확성기) • 비상콘센트(지하상가·지하층 바닥면적 합계 3000m² 이상)
수평거리 50m 이하	• 비상콘센트(기타)

② 보행거리

보행거리	적용대상
보행거리 15m 이하	• 유도표지
보행거리 20m 이하	• 복도통로유도등 • 거실통로유도등 • 3종 연기감지기
보행거리 30m 이하	• 1·2종 연기감지기

※ 중계기
감지기·발신기 또는 전기적 접점 등의 작동에 따른 신호를 받아 이를 수신기의 제어반에 전송하는 장치

※ 중계기의 설치위치
수신기와 감지기 사이에 설치

※ 중계기의 시험
① 상용전원시험
② 예비전원시험

※ 일제경보방식
층별 구분 없이 동시에 경보하는 방식

5 자동화재탐지설비의 중계기 설치기준(NFPC 203 6조, NFTC 203 2.3.1)

① 수신기에서 직접 감지기회로의 **도통시험**을 행하지 아니하는 것에 있어서는 **수신기**와 **감지기** 사이에 설치할 것

② **조작** 및 **점검**에 편리하고 화재 및 침수 등의 **재해**로 인한 피해를 받을 우려가 없는 장소에 설치할 것

③ 수신기에 따라 감시되지 아니하는 배선을 통하여 전력을 공급받는 것에 있어서는 **전원입력측**의 배선에 **과전류차단기**를 설치하고 해당 전원의 정전시 즉시 수신기에 표시되는 것으로 하며, **상용전원** 및 **예비전원**의 시험을 할 수 있도록 할 것

6 자동화재탐지설비의 음향장치 설치기준(NFPC 203 8조, NFTC 203 2.5.1)

① 주음향장치는 수신기의 내부 또는 그 직근에 설치할 것

② **11층**(공동주택은 16층) 이상의 특정소방대상물의 경보

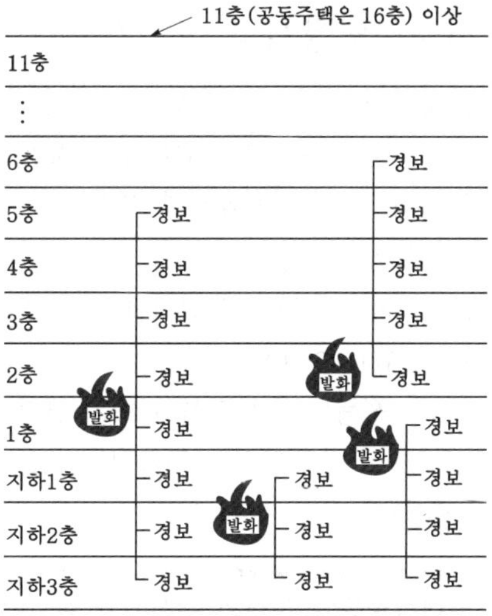

음향장치의 경보

발화층	경보층	
	11층(공동주택은 16층) 미만	11층(공동주택은 16층) 이상
2층 이상 발화	전층 일제경보	• 발화층 • 직상 4개층
1층 발화		• 발화층 • 직상 4개층 • 지하층
지하층 발화		• 발화층 • 직상층 • 기타의 지하층

★★★

문제 11층 이상의 건물에서 1층에서 발화한 경우 우선적으로 경보를 발하지 않아도 되는 층은? (단, 자동화재탐지설비의 경우이다.)

① 6 ② 5

③ 4 ④ 3

해설

1층 발화시 경보층 : 1~5층 · 지하

답 ①

③ 지구음향장치는 특정소방대상물의 층마다 설치하되, 해당 특정소방대상물의 각 부분으로부터 하나의 음향장치까지의 **수평거리**가 25m 이하가 되도록 하고, 해당 층의 각 부분에 유효하게 경보를 발할 수 있도록 설치할 것(단, **비상방송설비**를 자동화재탐지설비의 **감지기**와 연동하여 작동하도록 설치한 경우에는 지구음향장치를 설치하지 아니할 수 있다.)

중요

자동화재탐지설비의 음향장치의 구조 및 성능기준

① 정격전압의 **80%** 전압에서 음향을 발할 수 있는 것으로 할 것(단, 건전지를 주전원으로 사용하는 음향장치는 제외)

② 음량은 부착된 음향장치의 중심으로부터 **1m** 떨어진 위치에서 **90dB** 이상이 되는 것으로 할 것

③ **감지기** 및 **발신기**의 작동과 연동하여 작동할 수 있는 것으로 할 것

Key Point

＊ 우선경보방식
화재시 안전하고 신속한 인명의 대피를 위하여 화재가 발생한 층과 인근 층부터 우선하여 별도로 경보하는 방식

＊ 자동화재탐지설비의 직상 4개층 우선경보 방식
11층(공동주택 16층) 이상인 특정소방대상물

＊ 경보기구의 반도체
최대사용전압 및 최대사용전류에 견딜 수 있을 것

＊ 시각경보장치
자동화재탐지설비에서 발하는 화재신호를 시각경보기에 전달하여 청각장애인에게 점멸형태의 시각경보를 하는 것

Key Point

※ 거실의 기준
① 로비
② 회의실
③ 강의실
④ 식당
⑤ 휴게실

※ 거실
거주 · 집무 · 작업 · 집회 · 오락, 그 밖에 이와 유사한 목적을 위하여 사용하는 방

※ 경계구역
소방대상물 중 화재신호를 발신하고 그 신호를 수신 및 유효하게 제어할 수 있는 구역

※ 경계구역을 1000m²로 할 수 없는 장소
① 사무실
② 창고
③ 공장

※ 계단의 1경계구역
높이 45m 이하

※ 린넨슈트
병원, 호텔 등에서 세탁물을 구분하여 실로 유도하는 통로

7 청각장애인용 시각경보장치의 설치기준(NFPC 203 8조, NFTC 203 2.5.2)

① **복도 · 통로 · 청각장애인용 객실** 및 공용으로 사용하는 **거실**에 설치하며, 각 부분으로부터 유효하게 경보를 발할 수 있는 위치에 설치할 것

② **공연장 · 집회장 · 관람장** 또는 이와 유사한 장소에 설치하는 경우에는 시선이 집중되는 **무대부 부분** 등에 설치할 것

③ 바닥으로부터 **2~2.5m** 이하의 장소에 설치할 것(단, 천장의 높이가 2m 이하인 경우에는 천장으로부터 0.15m 이내의 장소)

④ 시각경보장치의 광원은 **전용**의 **축전지설비** 또는 전기저장장치에 의하여 점등되도록 할 것(단, 시각경보기에 작동전원을 공급할 수 있도록 형식승인을 얻은 수신기를 설치한 경우는 제외)

> **중요**
> **하나의 특정소방대상물에 2 이상의 수신기가 설치된 경우**
> 어느 수신기에서도 **지구음향장치** 및 **시각경보장치**를 작동할 수 있도록 할 것

8 자동화재탐지설비의 경계구역(NFPC 203 4조, NFTC 203 2.1.1)

(1) 경계구역 설정기준

① 하나의 경계구역이 **2개 이상**의 **건축물**에 미치지 아니하도록 할 것

② 하나의 경계구역이 **2개 이상**의 **층**에 미치지 아니하도록 할 것(단, **500m²** 이하의 범위 안에서는 2개 층을 하나의 경계구역으로 할 수 있다.)

③ 하나의 경계구역의 면적은 **600m²**(내부 전체가 보이면 **1000m²**) 이하로 하고, 한 변의 길이는 **50m** 이하로 할 것

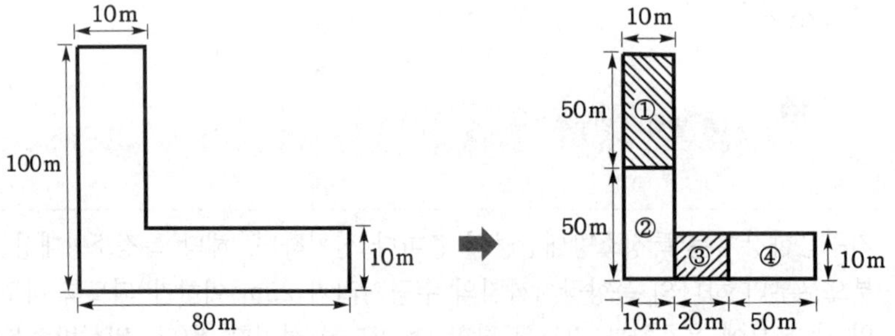

4경계구역

(2) 별도의 경계구역

계단 · 경사로(에스컬레이터 경사로 포함) · **엘리베이터 승강로**(권상기실이 있는 경우 권상기실) · **린넨슈트 · 파이프피트** 및 **덕트**, 기타 이와 유사한 부분에 대하여는 별도로 경계구역을 설정하되, 하나의 경계구역은 높이 **45m 이하**로 하고, 지하층의 계단 및 경사로(지하층의 층수가 1일 경우는 제외)는 별도로 하나의 경계구역으로 하여야 한다.

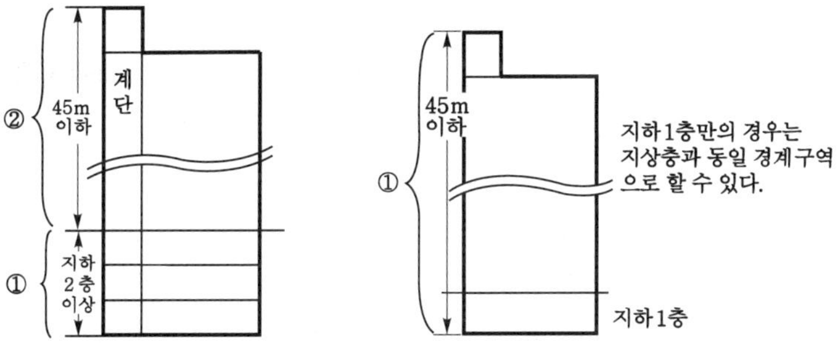

| 2경계구역 | 1경계구역 |

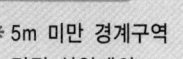

※ **스프링클러설비** 또는 **물분무** 등 **소화설비** 또는 **제연설비**의 화재감지장치로서 화재감지기를 설치한 경우의 경계구역은 해당 소화설비의 **방사구역** 또는 **제연구역**과 **동일**하게 설정할 수 있다.

★★★

문제 계단, 경사로에 자동화재탐지설비를 설치했을 경우 별도로 경계구역을 설정하는데 하나의 경계구역의 높이는 몇 m 이하로 하는가?

① 45　　② 50

③ 55　　④ 60

해설 ① 계단 등의 1경계구역의 높이 : **45m** 이하

답 ①

9 자동화재탐지설비의 상용전원 설치기준(NFPC 203 10조, NFTC 203 2.7.1)

① 전원은 전기가 정상적으로 공급되는 **축전지**, 전기저장장치 또는 **교류전압**의 **옥내간선**으로 하고, 전원까지의 배선은 **전용**으로 할 것

② 개폐기에는 '**자동화재탐지설비용**'이라고 표시한 표지를 할 것

중요 ① 비상전원용량

설비의 종류	비상전원용량
자동화재탐지설비, 비상경보설비, 자동화재속보설비	**10분** 이상
유도등, 비상콘센트설비, 제연설비, 물분무소화설비, 옥내소화전설비(30층 미만), 특별피난계단의 계단실 및 부속실 제연설비(30층 미만), 스프링클러설비(30층 미만), 연결송수관설비(30층 미만)	**20분** 이상
무선통신보조설비의 증폭기	**30분** 이상
옥내소화전설비(30~49층 이하), 특별피난계단의 계단실 및 부속실 제연설비(30~49층 이하), 연결송수관설비(30~49층 이하), 스프링클러설비(30~49층 이하)	**40분** 이상
유도등・비상조명등(지하상가 및 11층 이상), 옥내소화전설비(50층 이상), 특별피난계단의 계단실 및 부속실 제연설비(50층 이상), 연결송수관설비(50층 이상), 스프링클러설비(50층 이상)	**60분** 이상

Key Point

※ 5m 미만 경계구역 면적 산입제외
① 차고
② 주차장
③ 창고

※ 불연성 구조의 자동화재탐지설비
스포트형 감지기가 적당

※ 제연설비 적응감지기
연기감지기

※ 전기저장장치
외부 전기에너지를 저장해 두었다가 필요한 때 전기를 공급하는 장치

※ 축전지설비
① 감시상태 : 60분
② 경보시간 : 10분(30층 이상은 30분) 이상

※ 자동화재탐지설비의 비상전원
축전지(원통밀폐형 니켈카드뮴 축전지 또는 무보수 밀폐형 축전지)

Key Point

② 축전지의 비교

구 분	연축전지	알칼리축전지
기전력	2.05~2.08V	1.32V
공칭전압	2.0V	1.2V
공칭용량	10Ah	5Ah
충전시간	길다	짧다
수명	5~15년	15~20년
종류	클래드식, 페이스트식	소결식, 포켓식
기계적 강도	약하다	강하다

10 배선의 설치기준(NFPC 203 11조, NFTC 203 2.8.1.1~2.8.1.3)

(1) 전원회로의 배선

전원회로의 배선은 **내화배선**에 따르고, 그 밖의 배선(감지기 상호간 또는 감지기로부터 수신기에 이르는 감지기회로의 배선 제외)은 **내화배선** 또는 **내열배선**에 따라 설치할 것

(2) 감지기 상호간 또는 감지기로부터 수신기에 이르는 감지기회로의 배선 설치기준

① **아날로그식, 다신호식 감지기나 R형 수신기용**으로 사용되는 것은 전자파 방해를 받지 아니하는 **쉴드선** 등을 사용해야 하며, **광케이블**의 경우에는 전자파 방해를 받지 아니하고 내열성능이 있는 경우 사용 가능(단, 전자파 방해를 받지 아니하는 방식의 경우는 제외)

② 일반배선을 사용할 때는 **내화배선** 또는 **내열배선**으로 사용할 것

※ 감지기 상호간의 배선
450/750V 저독성 난연 가교 폴리올레핀 절연 전선(HFIX)

(3) 감지기회로의 도통시험을 위한 종단저항의 기준

① **점검** 및 **관리**가 쉬운 장소에 설치할 것

② 전용함을 설치하는 경우 그 설치높이는 바닥으로부터 **1.5m** 이내로 할 것

③ 감지기회로의 **끝부분**에 설치하며, 종단감지기에 설치할 경우에는 구별이 쉽도록 해당감지기의 **기판** 및 감지기 외부 등에 별도의 표시를 할 것

※ 종단저항
① 설치목적 : 도통시험
② 설치장소 : 수신기함 또는 발신기함 내부

※ 감지기회로의 상시개로식의 배선은 용이하게 **회로도통시험**을 할 수 있도록 그 말단에 **발신기, 스위치**(푸시버튼스위치) 또는 **종단저항** 등을 설치할 것

11 배선시공의 일반사항(NFPC 203 11조, NFTC 203 2.8.1.4~2.8.1.8)

① 감지기 사이의 회로의 배선은 **송배선식**으로 할 것

② 감지기회로 및 부속회로의 전로와 대지 사이 및 배선 상호간의 절연저항은 1경계구역마다 **직류 250V**의 절연저항측정기를 사용하여 측정한 절연저항이 **0.1MΩ** 이상이 되도록 할 것

③ 자동화재탐지설비의 배선은 다른 전선과 별도의 관·덕트·몰드 또는 풀박스 등에 설치할 것(단, **60V 미만**의 **약 전류회로**에 사용하는 전선으로서 각각의 전압이 같을 때에는 제외)

④ P형 수신기 및 GP형 수신기의 감지기회로의 배선에 있어서 하나의 공통선에 접속할 수 있는 경계구역은 **7개 이하**로 할 것

⑤ 자동화재탐지설비의 감지기회로의 전로저항은 **50Ω** 이하가 되도록 하여야 하며, 수신기의 각 회로별 종단에 설치되는 감지기에 접속되는 배선의 전압은 감지기 정격전압의 **80%** 이상이어야 할 것

12 내화배선 · 내열배선(NFTC 102 2.7.2)

(1) 내화배선

사용전선의 종류	공사방법
① 450/750V 저독성 난연 가교 폴리올레핀 절연전선 ② 0.6/1kV 가교 폴리에틸렌 절연 저독성 난연 폴리올레핀 시스 전력 케이블 ③ 6/10kV 가교 폴리에틸렌 절연 저독성 난연 폴리올레핀 시스 전력용 케이블 ④ 가교 폴리에틸렌 절연 비닐시스 트레이용 난연 전력 케이블 ⑤ 0.6/1kV EP 고무절연 클로로프렌 시스 케이블 ⑥ 300/500V 내열성 실리콘 고무 절연전선(180℃) ⑦ 내열성 에틸렌-비닐 아세테이트 고무 절연 케이블 ⑧ 버스덕트(Bus Duct)	• 금속관공사 • 2종 금속제 가요전선관공사 • 합성수지관공사 ※ 내화구조로 된 벽 또는 바닥 등에 벽 또는 바닥의 표면으로부터 25mm 이상의 깊이로 매설할 것
• 내화전선	• 케이블공사

중요 내화전선의 내화성능

KS C IEC 60331-1과 2(온도 830℃/가열시간 120분) 표준 이상을 충족하고, 난연성능 확보를 위해 KS C IEC 60332-3-24 성능 이상을 충족할 것

문제 내화배선에 사용할 수 없는 전선은?

① 내화전선
② 버스덕트
③ 600V 비닐절연전선 → 사용불가
④ 내열성 에틸렌-비닐 아세테이트 고무 절연 케이블

답 ③

Key Point

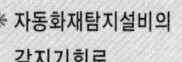

✽ 자동화재탐지설비의 감지기회로
① 전로저항 50Ω 이하
② 절연저항 0.1MΩ 이상

✽ 내화배선 공사방법
① 금속관공사
② 2종 금속제 가요전선관공사
③ 합성수지관공사

✽ FP
내화전선으로 'FR-8'이라는 기호로 사용되기도 한다.

✽ 내열배선 공사방법
① 금속관공사
② 금속제 가요전선관공사
③ 금속덕트공사
④ 케이블공사

✽ 자동화재탐지설비의 배선공사
① 가요전선공사(가요전선관공사)
② 합성수지관공사
③ 금속관공사
④ 금속덕트공사
⑤ 케이블공사

Key Point

(2) 내열배선

사용전선의 종류	공사방법
① 450/750V 저독성 난연 가교 폴리올레핀 절연 전선 ② 0.6/1kV 가교 폴리에틸렌 절연 저독성 난연 폴리올레핀 시스 전력 케이블 ③ 6/10kV 가교 폴리에틸렌 절연 저독성 난연 폴리올레핀 시스 전력용 케이블 ④ 가교 폴리에틸렌 절연 비닐시스 트레이용 난연 전력 케이블 ⑤ 0.6/1kV EP 고무절연 클로로프렌 시스 케이블 ⑥ 300/500V 내열성 실리콘 고무 절연전선(180℃) ⑦ 내열성 에틸렌-비닐 아세테이트 고무 절연 케이블 ⑧ 버스덕트(Bus Duct)	• 금속관공사 • 금속제 가요전선관공사 • 금속덕트공사 • 케이블공사
• 내화전선	• 케이블공사

＊ 분극(성극)작용
전지에 부하를 걸면 양극표면에 수소가스가 생겨 전류의 흐름을 방해하므로 단자전압이 저하되는 현상

＊ 국부작용
전지를 사용하지 않고 오래두면 전지의 전극에 사용하고 있는 아연판이 불순물에 의한 전지작용으로 인해 장기방전하는 현상

13 축전지 · 전동기 · 발전기

(1) 축전지의 용량(C)

$$C = \frac{1}{L} KI \text{[Ah]}$$

여기서, C : 25℃에서의 정격방전율 환산용량[Ah]
L : 용량저하율(보수율)
K : 용량환산시간(방전시간)[h]
I : 방전전류[A]

(2) 2차 충전전류

$$= \frac{\text{축전지의 정격용량[Ah]}}{\text{축전지의 공칭용량[Ah]}} + \frac{\text{상시부하[W]}}{\text{표준전압[V]}}$$

(3) 유도전동기의 기동법

① 전전압기동법(직입기동) : 전동기 용량이 5.5kW 미만에 적용(소형 전동기용)
② Y-△기동법 : 전동기 용량이 5.5~15kW 미만에 적용
③ 기동보상기법 : 전동기 용량이 15kW 이상에 적용
④ 기동저항기법

※ 15kW **이상**에 Y-△ **기동법**을 사용하기도 한다.

(4) 전동기의 용량

$$P\eta t = 9.8KHQ$$

여기서, P : 전동기의 용량〔kW〕
η : 효율
t : 시간〔s〕
K : 여유계수
H : 전양정〔m〕
Q : 양수량(유량)〔m^3〕

(5) 비상전원용 디젤발전기가 기동하지 못하는 원인

① **점화계통**의 불량
② **냉각장치**의 고장
③ **연료공급장치**의 고장
④ **축전지**의 충전불량

14 자동화재탐지설비의 고장원인

(1) 비화재보가 발생할 수 있는 원인

① 표시회로의 절연불량
② 감지기의 기능불량
③ 수신기의 기능불량
④ 감지기가 설치되어 있는 장소의 온도변화가 급격한 것에 의한 것

문제 **자동화재탐지설비에서 비화재보가 계속되는 경우의 조치로서 적당하지 않는 것은?**

① 감지기회로의 배선의 절연상태 조사
② 수신기 내부의 계전기 기능 조사
③ 전원회로의 전압계의 지시 확인 (해당없음)
④ 감지기 설치장소에 이상온도 반입체가 있는가 조사

답 ③

(2) 동작하지 않는 경우의 원인

① 전원의 고장
② 전기회로의 접촉불량
③ 전기회로의 단선
④ 릴레이 · 감지기 등의 접점불량
⑤ 감지기의 기능불량

Key Point

＊ 엔진출력

엔진의 출력 $\geq \frac{P}{0.736\eta}$〔PS〕

여기서,
P : 발전기 용량〔kW〕
η : 발전기 효율

＊ 비화재보가 빈번할 때의 조치사항

① 감지기 설치장소에 이상온도 반입체가 있는가 조사
② 수신기 내부의 계전기 기능 조사
③ 감지기회로 배선의 절연상태 확인
④ 표시회로의 절연상태 확인

Key Point

*** 경계구역일람도**
회로 배선이 각 구역별로 어떻게 결선되어 있는지 나타낸 도면

15 자동화재탐지설비의 유지관리 사항

① 수신기가 있는 장소에는 **경계구역일람도**를 비치하였는가
② 수신기 부근에 조작상 지장을 주는 **장애물**은 없는가
③ 수신기 **조작부**의 **스위치**는 **정상위치**에 있는가
④ 감지기는 유효하게 화재발생을 **감지**할 수 있도록 설치되었는가
⑤ 연기감지기는 출입구 부분이나 흡입구가 있는 실내에는 그 부근에 설치되어 있는가
⑥ 발신기의 상단에 **표시등**은 점등되어 있는가
⑦ **비상전원**이 방전되고 있지 않는가

1-2 자동화재속보설비

출제확률 6% (1문제)

1 자동화재속보설비의 설치기준(NFPC 204 4조, NFTC 204 2.1.1)

① **자동화재탐지설비**와 연동으로 작동하여 자동적으로 화재신호를 **소방관서**에 전달되는 것으로 할 것

② 조작스위치는 바닥으로부터 0.8~1.5m 이하의 높이에 설치하고, 그 보기 쉬운 곳에 스위치임을 표시한 표지를 할 것

③ 속보기는 소방관서에 통신망으로 통보하도록 하며, **데이터** 또는 **코드전송방식**을 부가적으로 설치할 수 있다.

④ 문화재에 설치하는 자동화재속보설비는 **속보기**에 **감지기**를 **직접 연결**하는 방식으로 할 수 있다.

★★★

문제 자동화재속보설비는 어떤 설비와 연동으로 작동하여 소방관서에 전달되는 것으로 하여야 하는가?

① 누전경보설비
② 자동화재탐지설비
③ 비상경보설비
④ 피난구조설비

해설 ② 자동화재속보설비 : **자동화재탐지설비**와 연동

답 ②

2 속보기의 성능시험 기술기준

(1) 구조

① 부식에 의하여 기계적 기능에 영향을 초래할 우려가 있는 부분은 철, 도금 등으로 기계적 내식가공을 하거나 방청가공을 하여야 하며, 전기적기능에 영향이 있는 단자 등은 동합금이나 이와 동등이상의 내식성능이 있는 재질 사용

② 외부에서 쉽게 사람이 접촉할 우려가 있는 충전부는 충분히 보호 되어야 하며 정격전압이 60V를 넘고 금속제 외함을 사용하는 경우에는 외함에 **접지단자** 설치

③ 극성이 있는 배선을 접속하는 경우에는 오접속 방지를 위한 필요한 조치를 하여야 하며, 커넥터로 접속하는 방식은 구조적으로 오접속이 되지 않는 형태일 것

④ 내부에는 예비전원(**알칼리계** 또는 **리튬계 2차 축전지**, **무보수밀폐형축전지**)을 설치하여야 하며 예비전원의 인출선 또는 접속단자는 오접속을 방지하기 위하여 적당한 색상에 의하여 극성을 구분할 수 있도록 할 것

⑤ 예비전원회로에는 **단락사고** 등을 방지하기 위한 **퓨즈**, **차단기** 등과 같은 보호장치를 할 것

Key Point

＊ 자동화재탐지설비의 구성요소
① 감지기
② 수신기
③ 발신기
④ 중계기
⑤ 음향장치
⑥ 표시등
⑦ 전원
⑧ 배선

＊ 설치높이
① 기타기기
0.8~1.5m 이하
② 시각경보장치
2~ 2.5m 이하(단, 천장의 높이가 2m 이하인 경우에는 천장으로부터 0.15m 이내의 장소에 설치)

＊ 속보기 외함 두께

재 질	두 께
강판	1.2mm 이상
합성수지	3mm 이상

Key Point

※ 퓨즈 · 차단기
단락사고 방지

※ 자동화재속보설비
20초 이내에 3회 이상 통보

※ 표시등의 전구
2개 이상 병렬 설치

※ 속보기
① 예비전원 : 원통밀폐형 니켈카드뮴축전지
② 예비전원용량 : 60분간 감시 후 10분 이상 통보

⑥ 전면에는 주전원 및 예비전원의 상태를 표시할 수 있는 장치와 작동시 작동여부를 표시하는 장치를 할 것
⑦ 화재표시 복구스위치 및 음향장치의 울림을 정지시킬 수 있는 스위치 설치
⑧ 작동시 그 **작동시간**과 **작동회수**를 표시할 수 있는 장치를 할 것
⑨ **수동통화용 송수화기** 설치
⑩ 표시등에 전구를 사용하는 경우에는 **2개**를 **병렬**로 설치

(2) 기능

① 작동신호를 수신하거나 수동으로 동작 시키는 경우 **20초** 이내에 소방관서에 자동적으로 신호를 발하여 통보하되, **3회** 이상 속보
② 주전원이 정지한 경우에는 자동적으로 예비전원으로 전환되고, 주전원이 정상상태로 복귀한 경우에는 자동적으로 예비전원에서 주전원으로 전환
③ 예비전원은 자동적으로 충전되어야 하며 자동과충전방지장치가 있을 것
④ 화재신호를 수신하거나 속보기를 수동으로 동작시키는 경우 자동적으로 **적색 화재표시등**이 점등되고 **음향장치**로 **화재**를 **경보**하여야 하며 화재표시 및 경보는 **수동**으로 **복구** 및 정지시키지 않는 한 지속
⑤ 연동 또는 수동으로 소방관서에 화재발생 음성정보를 속보 중인 경우에도 송수화장치를 이용한 통화가 우선적으로 가능할 것
⑥ 예비전원을 **병렬**로 접속하는 경우에는 **역충전 방지** 등의 조치
⑦ 예비전원은 **감시상태**를 **60분**간 지속한 후 **10분** 이상 동작(화재속보 후 화재표시 및 경보를 10분간 유지하는 것)이 지속될 수 있는 용량

★★★
문제 **자동화재속보설비의 속보기의 예비전원 용량은 감시상태를 몇 분간 계속할 수 있는 것이어야 하는가?**

① 20　　② 30
③ 40　　④ 60

해설 **속보기의 예비전원**

감시시간	동작시간
60분 보기 ④	10분 이상

답 ④

⑧ 속보기는 연동 또는 수동 작동에 의한 다이얼링 후 소방관서와 전화접속이 이루어지지 않는 경우에는 최초 다이얼링을 포함하여 **10회** 이상 반복적으로 접속을 위한 다이얼링이 이루어질 것(매회 다이얼링 완료 후 호출은 **30초** 이상 지속)
⑨ 속보기의 송수화장치가 정상위치가 아닌 경우에도 연동 또는 수동으로 속보 가능
⑩ 음성으로 통보되는 속보내용을 통하여 해당 소방대상물의 위치, 관계인 2명 이상의 연락처, 화재발생 및 속보기에 의한 신고임을 확인
⑪ 속보기는 음성속보방식 외에 데이터 또는 코드전송방식 등을 이용한 속보기능 설치

(3) 주위온도시험

속보기는 －10±2℃ 및 50±2℃에서 각각 12시간 이상 방치한 후 1시간 이상 실온에서 방치한 다음 기능시험을 실시하는 경우 기능에 이상이 없을 것

(4) 반복시험

속보기는 정격전압에서 **1000회**의 화재작동을 반복실시하는 경우 그 구조 또는 기능에 이상이 생기지 아니하여야 한다.

(5) 절연저항시험

① 절연된 충전부와 외함간 : **직류 500V** 절연저항계로 **5MΩ** 이상
② 교류입력측과 외함간 : **직류 500V** 절연저항계로 **20MΩ** 이상
③ 절연된 선로간 : **직류 500V** 절연저항계로 **20MΩ** 이상

중요 **보안기**

옥외선(가공선)과 **옥내선**의 **접속점**에 설치한다.

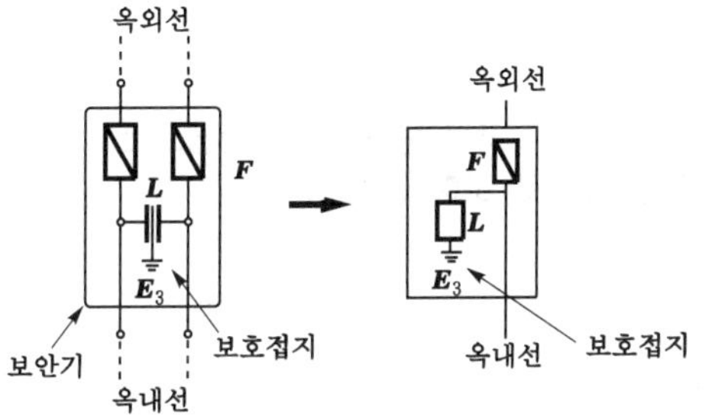

| 보안기의 구조 |

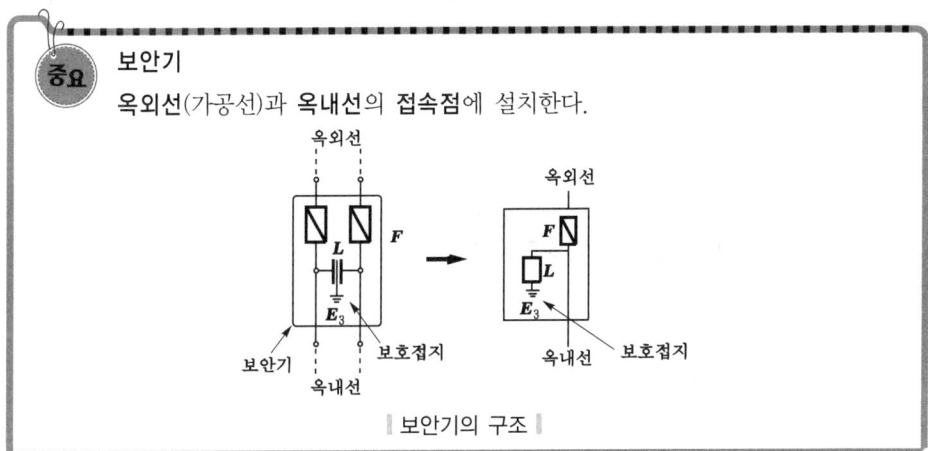

※ **피뢰기**(Lightning Arrester) : 화재속보설비에 침입한 **과전압**을 적절히 **방전**시키기 위해서 사용한다.

2 자동화재속보설비의 설치대상

설치대상	조 건
① 수련시설(숙박시설이 있는 것) ② 노유자시설 ③ 정신병원, 의료재활시설 기억법 5수노속	• 바닥면적 500m² 이상
④ 목조건축물	• 국보 · 보물
⑤ 노유자생활시설	• 전부
⑥ 전통시장	
⑦ 의원, 치과의원 및 한의원(입원실이 있는 시설) ⑧ 조산원 및 산후조리원 ⑨ 종합병원, 병원, 치과병원, 한방병원 및 요양병원(의료재활시설 제외)	

Key Point

✻ **속보기의 주위온도 시험**
－10±2∼50±2℃

✻ **속보기의 반복시험**
1000회

✻ **절연저항시험**
① 절연된 충전부와 외함간 : 5MΩ 이상
② 교류입력측과 외함간 : 20MΩ 이상
③ 절연된 선로간 : 20MΩ 이상

✻ **피뢰기**
과전압 방전

Key Point

1-3 비상경보설비 및 비상방송설비

출제확률 15% (3문제)

1 비상경보설비 및 단독경보형 감지기

※ **비상벨설비**
화재발생 상황을 경종으로 경보하는 설비

※ **자동식 사이렌 설비**
화재발생 상황을 사이렌으로 경보하는 설비

※ **비상벨설비 · 자동식 사이렌 설비**
부식성 가스 또는 습기 등으로 인하여 부식의 우려가 없는 장소에 설치할 것

※ **발신기의 설치제외**
지하구

1 비상벨 또는 자동식 사이렌 설비의 설치기준(NFPC 201 4조, NFTC 201 2.1)

(1) 음향장치

① 지구음향장치는 특정소방대상물의 **층**마다 설치하되, 해당 특정소방대상물의 각 부분으로부터 하나의 음향장치까지의 **수평거리**가 25m 이하가 되도록 하고, 해당 층의 각 부분에 유효하게 경보를 발할 수 있도록 설치할 것

② 정격전압의 **80%** 전압에서 음향을 발할 수 있도록 할 것(단, **건전지**를 **주전원**으로 사용하는 음향장치는 제외)

③ 음량은 부착된 음향장치의 중심으로부터 1m 떨어진 위치에서 90dB 이상이 되는 것으로 할 것

★★★
문제 음향장치에서 음량은 부착된 음향장치의 중심으로부터 1m 떨어진 위치에서 몇 dB 이상이 되는 것으로 하여야 하는가?

① 60 ② 70
③ 80 ④ 90

해설 ④ 음향장치에서 음량은 1m 떨어진 곳에서 90dB 이상일 것

답 ④

(2) 발신기

① 조작이 **쉬운 장소**에 설치하고, 조작스위치는 바닥으로부터 0.8~1.5m 이하의 높이에 설치할 것

② 특정소방대상물의 **층**마다 설치하되, 해당 특정소방대상물의 각 부분으로부터 하나의 발신기까지의 **수평거리**가 25m 이하가 되도록 할 것. (단, 복도 또는 별도로 구획된 실로서 **보행거리**가 40m 이상일 경우에는 추가로 설치)

③ 발신기의 **위치표시등**은 **함**의 **상부**에 설치하되, 그 불빛은 부착면으로부터 15° 이상의 범위 안에서 부착지점으로부터 10m 이내의 어느 곳에서도 쉽게 식별할 수 있는 **적색등**으로 할 것

(3) 상용전원

① 전원은 전기가 정상적으로 공급되는 **축전지설비**, **전기저장장치** 또는 **교류전압**의 **옥내 간선**으로 하고, 전원까지의 배선은 **전용**으로 할 것

② 개폐기에는 "**비상벨설비 또는 자동식 사이렌 설비용**"이라고 표시한 표지를 할 것

2 단독경보형 감지기의 설치기준(NFPC 201 5조, NFTC 201 2.2.1)

① 각 실(이웃하는 실내의 바닥면적이 각각 30m² **미만**이고 벽체의 상부의 전부 또는 일부가 개방되어 이웃하는 실내와 공기가 상호 유통되는 경우에는 이를 1개의 실로

본다)마다 설치하되, 바닥면적이 150m^{2}를 초과하는 경우에는 150m^{2}마다 1개 이상 설치할 것

② 최상층의 계단실의 **천장**(외기가 상통하는 계단실의 경우 제외)에 설치할 것

③ 건전지를 주전원으로 사용하는 단독경보형 감지기는 정상적인 작동상태를 유지할 수 있도록 건전지를 교환할 것

④ 상용전원을 주전원으로 사용하는 단독경보형 감지기의 **2차 전지**는 제품검사에 합격한 것을 사용할 것

Key Point

※ 단독경보형 감지기
화재발생 상황을 단독으로 감지하여 자체에 내장된 음향장치로 경보하는 감지기

2 비상방송설비

1 비상방송설비의 계통도

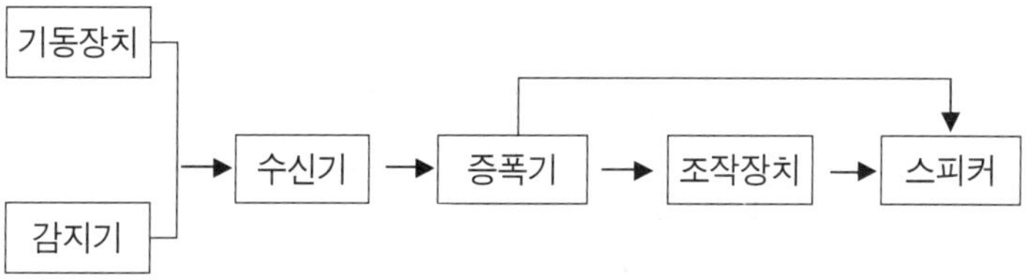

비상방송설비의 계통도

※ 비상방송설비
업무용 방송설비와 겸용 가능

2 비상방송설비의 설치기준(NFPC 202 4조, NFTC 202 2.1.1)

① **발화층 및 직상 4개층 우선경보방식 적용대상물**

11층(공동주택 **16층**) 이상의 특정소방대상물의 경보

비상방송설비 음향장치의 경보

발화층	경보층	
	11층(공동주택 16층) 미만	11층(공동주택 16층) 이상
2층 이상 발화	전층 일제경보	• 발화층 • 직상 4개층
1층 발화		• 발화층 • 직상 4개층 • 지하층
지하층 발화		• 발화층 • 직상층 • 기타의 지하층

② 확성기의 음성입력은 실내 1W, 실외 3W 이상일 것

③ 확성기는 **각 층**마다 설치하되, 각 부분으로부터의 **수평거리**는 25m 이하일 것

④ 음량조절기는 **3선식** 배선일 것

⑤ 조작스위치는 바닥으로부터 0.8~1.5m 이하의 높이에 설치할 것

⑥ 다른 전기회로에 의하여 **유도장애**가 생기지 않을 것

⑦ 비상방송 개시시간은 **10초** 이하일 것

※ 확성기
소리를 크게 하여 멀리까지 전달될 수 있도록 하는 장치로서 일명 '스피커'를 말한다.

※ 음량조절기
가변저항을 이용하여 전류를 변화시켜 음량을 크게 하거나 작게 조절할 수 있는 장치

Key Point

문제 비상방송설비의 확성기 음성입력은 실내에 설치하는 것에 있어서는 최소 몇 W 이상이어야 하는가?

① 1 ② 2
③ 3 ④ 5

해설 확성기 음성입력

실외	실내
3W 이상	1W 이상 보기 ①

답 ①

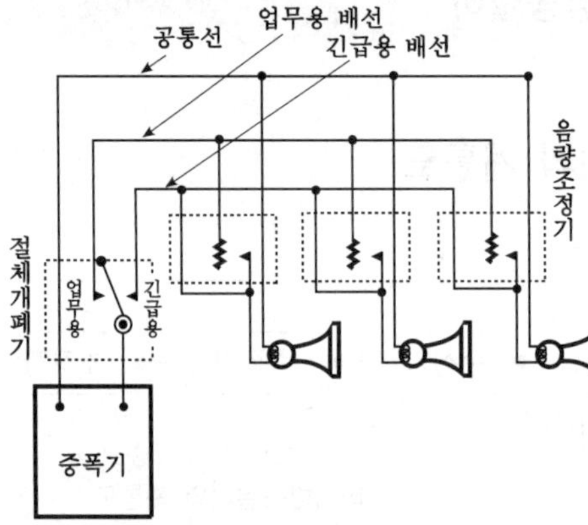

3선식 배선

중요 음향장치의 구조 및 성능기준

① 정격전압의 **80%** 전압에서 음향을 발할 수 있는 것을 할 것(단, **건전지**를 **주전원**으로 사용하는 음향장치는 제외)
② **자동화재탐지설비**의 작동과 연동하여 작동할 수 있는 것으로 할 것

3 비상방송설비의 절연저항

DC 250V 메거 사용 : 0.1MΩ 이상

※ 증폭기
전압전류의 진폭을 늘려 감도를 좋게 하고 미약한 음성전류를 커다란 음성전류로 변화시켜 소리를 크게 하는 장치

※ 메거(megger)
'절연저항계' 또는 '절연저항측정기'라고도 부른다.

1-4 누전경보기

출제확률 8% (2문제)

1 누전경보기

(1) 구성요소

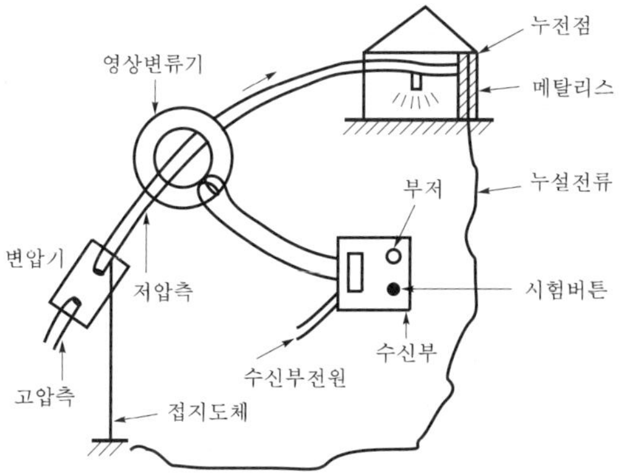

| 누전경보기의 구성 |

① **영상변류기 : 누설전류**를 검출한다.
② **수신기**(차단기구 포함) : **누설전류**를 **증폭**한다.
③ **음향장치** : 경보를 발한다.

※ 누전경보기의 **증폭기** : **수신기**에 내장

문제 누전경보기의 증폭기는 어느 부분에 내장되어 있는가?

① 변류기 ② 수신기
③ 경보기 ④ 계전기

해설 ② 누전경보기의 **증폭기** : **수신기**에 내장

답 ②

중요 변류기와 영상변류기

명 칭	기 능	그림기호
변류기(CT)	일반전류검출	
영상변류기(ZCT)	누설전류검출	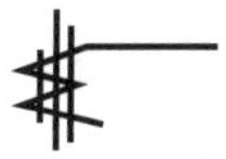

(2) 수신기 증폭부의 방식

① **매칭트랜스**나 **트랜지스터**를 조합하여 계전기를 동작시키는 방식
② **트랜지스터**나 I.C로 증폭하여 계전기를 동작시키는 방식
③ **트랜지스터** 또는 I.C와 **미터릴레이**를 증폭하여 계전기를 동작시키는 방식

Key Point

※ 누전경보기
내화구조가 아닌 건축물로서 벽, 바닥 또는 천장의 전부나 일부를 불연재료 또는 준불연재료가 아닌 재료에 철망을 넣어 만든 건물의 전기설비로부터 누설전류를 탐지하여 경보를 발하는 것

※ 누전경보기의 개괄적인 구성
① 변류기
② 수신부

※ 수신부
변류기로부터 검출된 신호를 수신하여 누전의 발생을 해당 특정소방대상물의 관계인에게 경보하여 주는 것(차단기구를 갖는 것 포함)

※ 트랜지스터
PNP 또는 NPN 접합으로 이루어진 3단자 반도체 소자로서, 주로 증폭용으로 사용된다.

Key Point

※ **누전경보기의 기능 시험**
① 누설전류 측정시험
② 동작시험
③ 도통시험

※ **검출시험**
누설전류를 변류기에 흘려서 실시

※ **누전경보기**
600V 이하의 누설전류 검출

※ **누전경보기 (방수유무에 따른) 의 분류**
① 옥내형
② 옥외형

2 누전경보기의 시험

① **동작시험**: 스위치를 시험위치에 두고 회로시험스위치로 각 구역을 선택하여 **누전시와 같은 작동**이 행하여지는지를 확인한다.

② **도통시험**: 스위치를 시험위치에 두고 회로시험스위치로 각 구역을 선택하여 **변류기**와의 **접속**이상 유무를 점검한다. 이상시에는 **도통감시등**이 점등된다.

③ **누설전류 측정시험**: 평상시 누설되어지고 있는 **누전량**을 **점검**할 때 사용한다. 이 스위치를 누르고 회로시험 스위치 해당구역을 선택하면 누전되고 있는 전류량이 누설전류 표시부에 숫자로 나타난다.

참고

누전경보기와 누전차단기

누전경보기 (Earthed Leakage Detector)	누전차단기 (Earth Leakage Breaker)
누설전류를 **검출**하여 소방대상물의 관계인에게 **경보**를 발하는 장치	**누설전류**를 **검출**하여 **회로**를 **차단**시키는 기기

3 누전경보기의 수신부(NFPC 205 5조, NFTC 205 2.2)

(1) 수신부의 설치장소

옥내의 점검에 편리한 장소(옥내 건조한 장소)

문제 **누전경보기의 설치장소로 적당한 곳은?**

① 가연성 가스, 증기 등이 체류하는 장소
② 습도가 높은 장소
③ 대전류회로가 있는 장소
④ 옥내 건조한 장소

해설 ④ 누전경보기의 수신부 설치장소 : 옥내의 점검에 편리한 장소(**옥내 건조한 장소**)

답 ④

(2) 수신부의 설치 제외장소

① 습도가 높은 장소
② 온도의 변화가 급격한 장소
③ 화약류제조 · 저장 · 취급장소
④ **대전류회로 · 고주파 발생회로** 등의 영향을 받을 우려가 있는 장소
⑤ 가연성의 증기 · 먼지 · 가스 · 부식성의 증기 · 가스 다량 체류장소

4 누전경보기의 미작동 원인

① 접속단자의 접속불량
② 푸시버튼스위치의 접촉불량
③ 회로의 단선
④ 수신기 자체의 고장
⑤ 수신기 전원 Fuse 단선

5 3상 3선식 전기회로

(1) 누설전류가 없을 때

$\dot{I}_1 = \dot{I}_b - \dot{I}_a$

$\dot{I}_2 = \dot{I}_c - \dot{I}_b$

$\dot{I}_3 = \dot{I}_a - \dot{I}_c$

$\dot{I}_1 + \dot{I}_2 + \dot{I}_3 = \dot{I}_b - \dot{I}_a + \dot{I}_c - \dot{I}_b + \dot{I}_a - \dot{I}_c = 0$

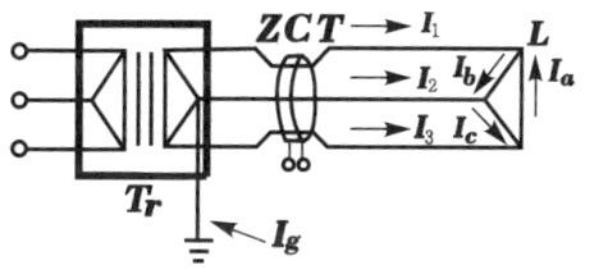

(2) 누설전류가 있을 때

$\dot{I}_1 = \dot{I}_b - \dot{I}_a$

$\dot{I}_2 = \dot{I}_c - \dot{I}_b$

$\dot{I}_3 = \dot{I}_a - \dot{I}_c + \dot{I}_g$

$\dot{I}_1 + \dot{I}_2 + \dot{I}_3 = \dot{I}_b - \dot{I}_a + \dot{I}_c - \dot{I}_b + \dot{I}_a - \dot{I}_c + \dot{I}_g = \dot{I}_g$

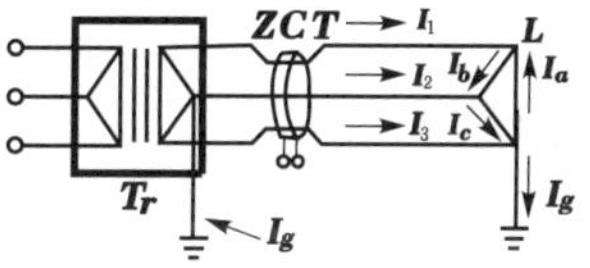

※ 전류의 흐름이 **같은 방향**은 "+", **반대 방향**은 "−"로 표시하면 된다.

6 누전경보기의 설치방법(NFPC 205 4 · 6조, NFTC 205 2.1.1, 2.3.1.1)

정격전류	종 별
60A 초과	1급
60A 이하	1급 또는 2급

★★★

문제 2급 누전경보기는 경계전로의 정격전로의 몇 A 이하에서 사용하는가?

① 50 ② 80
③ 60 ④ 100

해설 ③ 1급 또는 2급 누전경보기 : 정격전류 **60A** 이하

답 ③

① 변류기는 옥외인입선의 **제1지점**의 **부하측** 또는 **제2종**의 **접지선측**의 점검이 쉬운 위치에 설치할 것
② 옥외전로에 설치하는 변류기는 **옥외형**으로 설치할 것

Key Point

※ 푸시버튼스위치와 같은 의미
누름버튼스위치

※ 누설전류와 같은 의미
① 누전전류
② 영상전류

※ 바리스터
과대교류 입력전압 억제

※ 변류기
경계전로의 누설전류를 자동적으로 검출하여 이를 누전경보기의 수신부에 송신하는 것

※ 누전경보기 설치
① 60A 초과 : 1급
② 60A 이하 : 1급 또는 2급

※ 변류기의 설치
① 옥외 인입선의 제1지점의 부하측
② 제2종의 접지선측
③ 전선 모두를 변류기에 관통시킬 것

Key Point

③ 각 극에 **개폐기** 및 15A 이하의 **과전류차단기**를 설치할 것(**배선용 차단기**는 20A 이하)
④ 분전반으로부터 **전용회로**로 할 것

※ 누전경보기의 설치
① 개폐기 및 15A 이하의 과전류차단기 설치
② 20A 이하의 배선용 차단기 설치

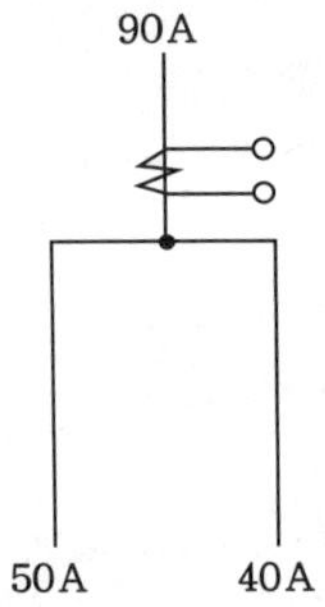

(a) 1급 누전경보기 설치

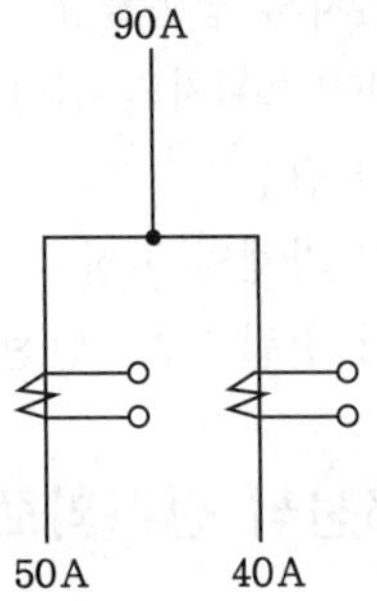

(b) 2급 누전경보기 설치

‖ 1급 누전경보기로 보는 경우 ‖

※ 1급 누전경보기로 보는 경우
정격전류가 60A를 초과하는 경계전로가 분기되어 각 분기회로의 정격전류가 60A 이하로 되는 경우 해당 분기회로마다 2급 누전경보기를 설치한 때

※ 유기전압식

$$E = 4.44 f N_2 \phi_g \text{[V]}$$

여기서, ϕ_g : 누설전류에 의한 자속
N_2 : 변류기 2차 권선수
f : 주파수
E : 유기전압

7 누전경보기의 형식승인 및 제품검사기술기준

(1) 용어의 정의

① 누전경보기 : 변류기+수신부(600V 이하)
② 집합형 누전경보기의 수신부 : **전원장치+음향장치**
(2개 이상의 변류기 사용)

※ 집합형 누전경보기의 수신부
2개 이상의 변류기를 연결하여 사용하는 수신부

중요

대상에 따른 전압

전 압	대 상
0.5V	누전경보기의 전압강하 최대치
0.6V 이하	완전방전
60V 이하	약전류회로
60V 초과	접지단자 설치
300V 이하	• 전원변압기의 1차 전압 • 유도등 · 비상조명등의 사용전압
600V 이하	누전경보기의 경계전로전압

기억법 도05경전(공오경전), 변3(변상해), 누6(누룩)

(2) 부품의 구조 및 기능

① 음향장치

㉠ 사용전압의 **80%**에서 경보할 것

㉡ 주음향 장치용 : **70dB** 이상

㉢ 고장표시 장치용 : **60dB** 이상

② 반도체

최대사용전압 및 **최대사용전류**에 견딜 수 있을 것

③ 단자 외의 부분 : 견고한 **상자**에 넣을 것

용어

dB : 음향의 국제표준단위

(3) 변류기와 수신부

① 변류기 ─ 구조에 따른 분류(옥내형, 옥외형)
└ 수신부와의 상호호환성 유무에 따른 분류(호환형, 비호환형)

② 수신부 ─ 정격전류에 따른 분류(1급, 2급)
└ 변류기와의 호환성 유무에 따른 분류(호환형, 비호환형)

(4) 공칭작동전류치와 감도조정장치

① 공칭작동전류치 : 200mA 이하

② 감도조정장치 : 1A(1000mA) 이하

★★★

문제 누전경보기에서 감도조정장치의 조정범위는 최대 몇 mA이어야 하는가?

① 200 ② 500

③ 1000 ④ 2000

해설 ③ 감도조정장치의 최대치 : 1A(1000mA)

답 ③

(5) 누전경보기의 절연저항시험

구 분	수신부	변류기
측정개소	① 절연된 충전부와 외함간 ② 차단기구의 개폐부 (열린 상태에서는 같은 극의 전원단자와 부하측 단자와의 사이, 닫힌 상태에서는 충전부와 손잡이 사이)	① 절연된 1차 권선과 2차 권선간의 절연저항 ② 절연된 1차 권선과 외부금속부간의 절연저항 ③ 절연된 2차 권선과 외부금속부간의 절연저항
측정계기	직류 500V 절연저항계	직류 500V 절연저항계
절연저항의 적정성 판단의 정도	5MΩ 이상	5MΩ 이상

Key Point

＊ 음향측정
① 사용기기 : 음량계
② 판정기준 : 1m 위치에서 70dB 이상
(고장표시 장치용은 60dB 이상)

＊ 공칭작동전류치
누전경보기를 작동시키기 위하여 필요한 누설전류의 값으로서 제조자에 의하여 표시된 값

＊ 절연저항시험
① 변류기 : 직류 500V 메거로 5MΩ 이상
② 수신부 : 직류 500V 메거로 5MΩ 이상

＊ 절연내력시험
① 250V 이하
1500V
② 250V 초과
$2V+1000V$

Key Point

1-5 가스누설경보기

출제확률 3% (1문제)

1 가스누설경보기의 형식승인 및 제품검사기술기준

※ 가스누설경보기
가스로 인한 사고를 미연에 방지하여 주는 경보장치

(1) 경보기의 분류

① 단독형 : 가정용

② 분리형 ─┬ 영업용 : 1회로용
　　　　　└ 공업용 : 1회로 이상용

※ 가스누설경보기의 음향장치
(1) 단독형 : 70dB 이상
(2) 분리형
① 영업용 : 70dB 이상
② 공업용 : 90dB 이상

(2) 음향장치

① 주음향 장치용(공업용) : **90dB** 이상
② 주음향 장치용(단독형, 영업용) : **70dB** 이상
③ 고장표시장치용 : **60dB** 이상
④ 충전부와 비충전부 사이의 절연저항 : 직류 500V 절연저항계, **20MΩ** 이상

※ 가스누설경보기의 검사방식
① 반도체식
② 접촉연소식
③ 기체열전도식

★★
문제 가스누설경보기에서 주음향장치용의 사용전압에서의 음압은 영업용인 경우 몇 dB 이상이 되어야 하는가?

① 50　　② 60
③ 70　　④ 90

해설 가스누설경보기

단독형	분리형	
	영업용	공업용
70dB 이상	70dB 이상 보기 ③	90dB 이상

답 ③

(3) 절연저항시험

① 절연된 충전부와 외함간 : 직류 500V 절연저항계, **5MΩ** 이상
② 입력측과 외함간 : 직류 500V 절연저항계, **20MΩ** 이상
③ 절연된 선로간 : 직류 500V 절연저항계, **20MΩ** 이상

※ 경보기의 예비전원
① 알칼리계 2차 축전지
② 리튬계 2차 축전지
③ 무보수밀폐형 연축전지

(4) 예비전원

경보기의 예비전원은 **알칼리계 2차 축전지, 리튬계 2차 축전지** 또는 **무보수밀폐형 연축전지**이어야 한다.

※ 가스누설경보기의 감지소자
산화주석

(5) 축전지의 방전종지전압

축전지 종류	방전종지전압
알칼리계 2차축전지	1.0V/셀
무보수밀폐형 연축전지	1.75V/셀
리튬계 2차축전지	2.75V/셀

Key Point

(6) 가스누설경보기의 설치시 주의사항

① 수분 · 증기와 접촉할 우려가 없는 곳에 설치
② 가스가 체류하기 쉬운 장소에 설치
③ 분리형 경보기는 사람이 상주하는 곳에 설치
④ 주위온도가 40℃ 이상될 우려가 없는 곳에 설치
⑤ 공기보다 무거운 연소기가 설치되어 있는 곳은 연소기로부터 4m 이내에 설치하고 바닥으로부터 30cm 정도 떨어져 설치하여야 한다(청소시 **수분접촉** 우려).

2 수신기의 형식승인 및 제품검사기술기준

(1) 화재 및 가스누설표시

① 화재등, 화재지구등 : **적색**
② 누설등, 누설지구등 : **황색**

(2) 표시등

① 전구는 **2개 이상**을 **병렬**로 접속하여야 한다(단, **방전등** 또는 **발광다이오드**는 제외).
② 주위의 밝기가 300lx인 장소에서 측정하여 앞면으로부터 3m 떨어진 곳에서 켜진 등이 확실히 식별되어야 한다.

(3) 절연저항시험

① 절연된 충전부와 외함간 : 직류 500V 절연저항계, 5MΩ 이상
② 교류입력측과 외함간 : 직류 500V 절연저항계, 20MΩ 이상

★★★
문제 가스누설경보기의 절연된 충전부와 외함간의 절연저항은 직류 500V의 절연저항계로 측정한 값이 몇 MΩ 이상이어야 하는가?

① 1 ② 3
③ 5 ④ 10

해설 ③ 가스누설경보기의 절연된 충전부와 외함간의 절연저항 : 5MΩ 이상

답 ③

※ 누설등
가스의 누설을 표시하는 표시등

※ 누설지구등
가스가 누설할 경계구역의 위치를 표시하는 표시등

※ 발광다이오드
간단히 'LED'라고도 부른다.

※ 60V 초과
접지단자 설치

출제경향분석

CHAPTER 02 피난구조설비 및 소화활동설비

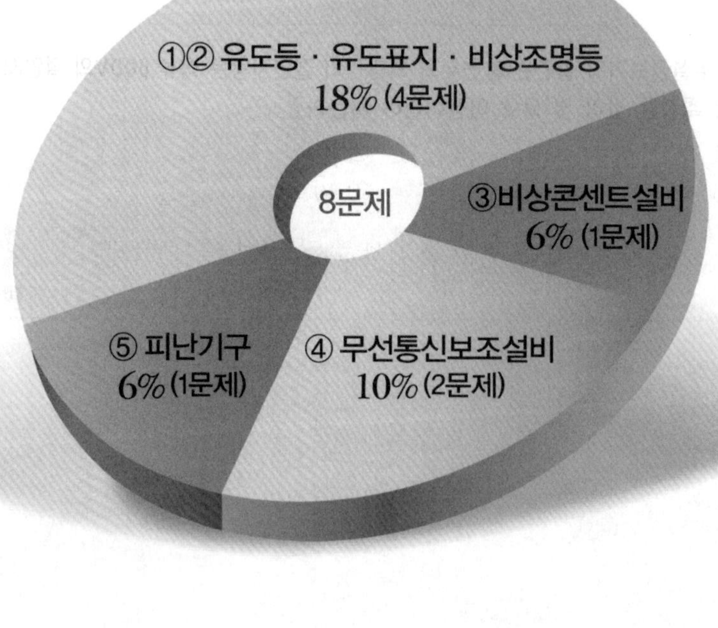

CHAPTER 02 피난구조설비 및 소화활동설비

1 유도등 · 유도표지

출제확률 18% (4문제)

1 종 류

- 유도등
  - 피난구유도등
  - 통로유도등
    - 계단통로유도등
    - 복도통로유도등
    - 거실통로유도등
  - 객석유도등
- 유도표지
  - 피난구유도표지
  - 통로유도표지

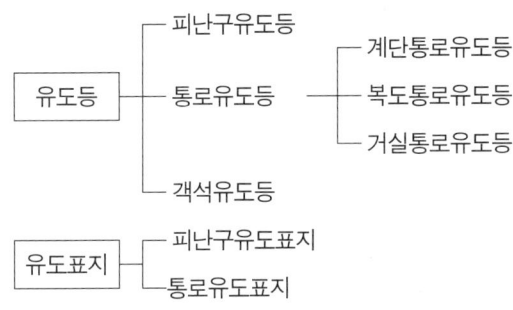

2 유도등 및 유도표지의 종류(NFPC 303 4조, NFTC 303 2.1.1)

설치장소	유도등 및 유도표지의 종류
• 공연장 · 집회장 · 관람장 · **운동시설** • 유흥주점 영업시설(카바레 · 나이트클럽)	• 대형피난구유도등 • 통로유도등 • 객석유도등
• 위락시설 · 판매시설 • 관광숙박업 · 의료시설 · 방송통신시설 • 전시장 · 지하상가 · 지하철역사 • 운수시설 · 장례식장	• 대형피난구유도등 • 통로유도등
• 숙박시설 · 오피스텔 • 지하층 · 무창층 및 11층 이상의 부분	• 중형피난구유도등 • 통로유도등
• 근린생활시설 · 노유자시설 · 업무시설 • 종교시설 · 교육연구시설 · 공장 • 교정 및 군사시설 • 자동차정비공장 · 운전학원 및 정비학원 • 다중이용업소 • 수련시설 · 발전시설 • 복합건축물	• 소형피난구유도등 • 통로유도등
• 그 밖의 것	• 피난구유도표지 • 통로유도표지

Key Point

※ 유도등
화재시에 피난을 유도하기 위한 등으로서 정상 상태에서는 상용전원에 따라 켜지고 상용전원이 정전되는 경우에는 비상전원으로 자동전환되어 켜지는 등

※ 오피스텔
중형 피난구유도등

※ 다중이용업소
소형 피난구유도등

※ 객석유도등의 설치장소
① 공연장
② 집회장
③ 관람장
④ 운동시설

※ 중형유도등설치장소
① 숙박시설
② 오피스텔
③ 지하층 · 무창층 및 11층 이상의 부분

Key Point

★

문제 운동시설에 설치하지 않아도 되는 것은?

① 객석유도등　　② 통로유도등
③ 중형피난구유도등　　④ 대형피난구유도등

해설 ③ **중형 피난구 유도등** : 숙박시설 · 오피스텔 · 지하층 · 무창층 및 11층 이상의 부분

답 ③

※ 피난구유도등
피난구 또는 피난경로로 사용되는 출입구를 표시하여 피난을 유도하는 등

※ 유도등
전원이 필요하다.

※ 유도표지
전원이 필요없다.

3 피난구유도등의 설치장소

① **옥내**로부터 직접 지상으로 통하는 출입구 및 그 부속실의 출입구

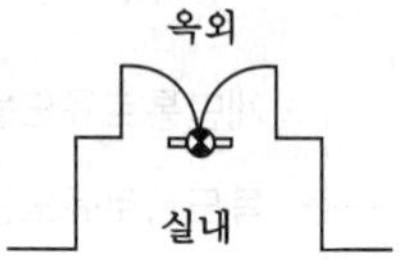

② 직통계단 · 직통계단의 **계단실** 및 그 부속실의 출입구

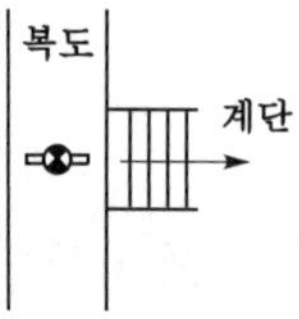

③ 출입구에 이르는 **복도** 또는 **통로**로 통하는 출입구

④ **안전구획**된 거실로 통하는 출입구

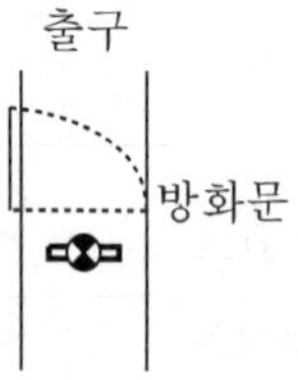

※ 복도통로유도등
피난통로가 되는 복도에 설치하는 통로유도등으로서 피난구의 방향을 명시하는 것

4 복도통로유도등의 설치기준

① 복도에 설치하되 피난구유도등이 설치된 출입구의 맞은편 **복도**에는 **입체형**으로 설치하거나 바닥에 설치할 것
② 구부러진 모퉁이 및 피난구유도등이 설치된 출입구의 맞은편 복도에 입체형 또는 바닥에 설치된 **보행거리 20m**마다 설치할 것
③ 바닥으로부터 높이 **1m 이하**의 위치에 설치할 것(단, 지하층 또는 무창층의 용도가 **도매시장 · 소매시장 · 여객자동차터미널 · 지하역사** 또는 **지하상가**인 경우에는 복도 · 통로 중앙부분의 **바닥**에 설치할 것)

④ 바닥에 설치하는 통로유도등은 하중에 따라 파괴되지 아니하는 강도의 것으로 할 것

★★
문제 **복도통로유도등은 구부러진 모퉁이 및 보행거리 몇 m마다 설치하는가?**

① 20 ② 30
③ 35 ④ 40

해설 **수평거리**와 **보행거리**

(1) 수평거리

수평거리	적용대상
수평거리 **25m** 이하	• 발신기 • 음향장치(확성기) • 비상콘센트(**지하상가** 또는 **지하층** 바닥면적 합계 **3000m²** 이상)
수평거리 **50m** 이하	• 비상콘센트(기타)

(2) 보행거리

보행거리	적용대상
보행거리 **15m** 이하	• 유도표지
보행거리 **20m** 이하	• 복도통로유도등 [보기 ①] • 거실통로유도등 • 3종 연기감지기
보행거리 **30m** 이하	• 1·2종 연기감지기

답 ①

5 거실통로유도등의 설치기준

① 거실의 통로에 설치할 것(단, 거실의 통로가 **벽체** 등으로 **구획**된 경우에는 **복도통로유도등**을 설치할 것)

② 구부러진 모퉁이 및 **보행거리 20m**마다 설치할 것

③ 바닥으로부터 높이 **1.5m 이상**의 위치에 설치할 것(단, **거실통로**에 **기둥**이 설치된 경우에는 기둥부분의 바닥으로부터 높이 **1.5m 이하**의 위치에 설치 가능)

6 계단통로유도등의 설치기준

① 각 층의 **경사로참** 또는 **계단참**마다(1개층에 경사로참 또는 계단참이 2 이상 있는 경우에는 2개의 계단참마다) 설치할 것

② 바닥으로부터 높이 **1m 이하**의 위치에 설치할 것

중요 **조명도**

① 통로유도등 : 1 lx 이상
② 비상조명등 : 1 lx 이상
③ 객석유도등 : 0.2 lx 이상

Key Point

*** 거실통로유도등**
거주, 집무, 작업, 집회, 오락 그 밖에 이와 유사한 목적을 위하여 계속적으로 사용하는 거실, 주차장 등 개방된 통로에 설치하는 유도등으로 피난의 방향을 명시하는 것

*** 계단통로유도등**
피난통로가 되는 계단이나 경사로에 설치하는 통로유도등으로 바닥면 및 디딤 바닥면을 비추는 것

*** 조명도**
① 통로유도등
바로 밑의 바닥으로부터 수평으로 0.5m 떨어진 곳에서 측정하여(바닥매설시 직상부 1m 높이에서 측정) 1 lx 이상
② 객석유도등
통로바닥의 중심선 0.5m 높이에서 측정하여 0.2 lx 이상

Key Point

※ 통로유도등
피난통로를 안내하기 위한 유도등으로 복도통로유도등, 거실통로유도등, 계단통로유도등이 있다.

※ 설치높이
(1) 1m 이하
① 복도통로유도등
② 계단통로유도등
③ 통로유도표지
(2) 1.5m 이상
① 거실통로유도등
② 피난구유도등

※ 통로유도등

※ 피난구유도표지
피난구 또는 피난경로로 사용되는 출입구를 표시하여 피난을 유도하는 표지

※ 통로유도표지
피난통로가 되는 복도, 계단 등에 설치하는 것으로서 피난구의 방향을 표시하는 유도표지

※ 유도표지의 설치 제외
피난방향을 표시하는 통로유도등을 설치한 부분

7 통로유도등의 조도

지상노출시	바닥매설시
통로유도등의 바로 밑의 바닥으로부터 수평으로 **0.5m** 떨어진 지점에서 **1lx** 이상	통로유도등의 직상부 **1m**의 높이에서 측정하여 **1lx** 이상

8 유도등의 색깔표시 방법

① 복도통로유도등 : **백색바탕**에 **녹색문자**
② 피난구유도등 : **녹색바탕**에 **백색문자**

‖ 복도통로유도등 ‖

‖ 피난구유도등 ‖

9 객석유도등의 설치기준(NFPC 303 7조, NFTC 303 2.4, 유도등의 형식승인 및 제품검사의 기술기준 23조)

① 객석유도등은 객석의 **통로**, **바닥** 또는 **벽**에 설치하여야 한다.
② 객석유도등은 바닥면 또는 디딤 바닥면에서 높이 **0.5m**의 위치에 설치하고 유도등의 바로 밑에서 0.3m 떨어진 위치에서의 수평조도가 **0.2lx** 이상일 것

10 유도표지의 설치기준(NFPC 303 8조, NFTC 303 2.5)

피난구유도표지	통로유도표지
출입구 상단에 설치	바닥에서 **1m 이하**의 높이에 설치

11 유도표지의 적합기준(축광표지 성능인증 ⑥~⑨)

① 축광유도표지 및 축광위치표지는 200 lx 밝기의 광원으로 20분간 조사시킨 상태에서 다시 주위조도를 0 lx로 하여 60분간 발광시킨 후 직선거리 20m(축광위치표지의 경우 10m) 떨어진 위치에서 유도표지 또는 위치표지가 있다는 것이 식별되어야 하고, 유도표지는 직선거리 3m의 거리에서 표시면의 표시 중 주체가 되는 문자 또는 주체가 되는 화살표 등이 쉽게 식별되어야 한다.
② 축광보조표지는 200 lx 밝기의 광원으로 20분간 조사시킨 상태에서 다시 주위조도를 0 lx로 하여 60분간 발광시킨 후 직선거리 10m 떨어진 위치에서 축광보조표지가 있다는 것이 식별되어야 한다. 이 경우 측정자의 조건은 위 ①의 조건을 적용한다.
③ 축광유도표지 및 축광위치표지의 표시면을 0 lx 상태에서 1시간 이상 방치한 후 200 lx 밝기의 광원으로 20분간 조사시킨 상태에서 다시 주위조도를 0 lx로 하여 휘도시험을 실시하는 경우

발광시간	휘 도
5분간	110mcd/m^2 이상
10분간	50mcd/m^2 이상
20분간	24mcd/m^2 이상
60분간	7mcd/m^2 이상

④ 축광표지의 표시면 두께는 **1.0mm** 이상(금속재질인 경우 **0.5mm** 이상)이어야 한다. 축광유도표지 및 축광위치표지의 표시면의 크기, 표시면이 사각형이 아닌 경우에는 표시면에 내접하는 사각형의 크기는 표에 적합하여야 한다.

표시면의 두께 및 크기	긴 변의 길이	짧은 변의 길이
피난구축광유도표지	360mm 이상	120mm 이상
통로축광유도표지	250mm 이상	85mm 이상
축광위치표지	200mm 이상	70mm 이상
축광보조표지	–	20mm 이상 (면적 2500mm^2 이상)

12 전 원

(1) 유도등의 전원

① 상용전원 : **전기저장장치, 교류전압 옥내간선**

② 비상전원 : **축전지**

③ 유도등의 인입선과 옥내배선은 **직접 연결**할 것

④ 유도등은 전기회로에 점멸기를 설치하지 않고 항상 점등상태를 유지할 것

⑤ 3선식 배선은 내화배선 또는 내열배선으로 사용할 것

예외규정

다음의 장소로서 3선식 배선에 따라 상시 충전되는 구조인 경우

(1) 외부의 빛에 따라 피난구 또는 피난방향을 쉽게 식별할 수 있는 장소
(2) 공연장, 암실 등으로서 어두워야 할 필요가 있는 장소
(3) 특정소방대상물의 관계인 또는 종사원이 주로 사용하는 장소

(2) 각 설비의 비상전원 종류

① **유도등** ── 축전지
② **비상콘센트설비**
- 자가발전설비
- 비상전원수전설비
- 축전지설비
- 전기저장장치

③ **옥내소화전설비**
- 자가발전설비
- 축전지설비
- 전기저장장치

── **20분** 이상

Key Point

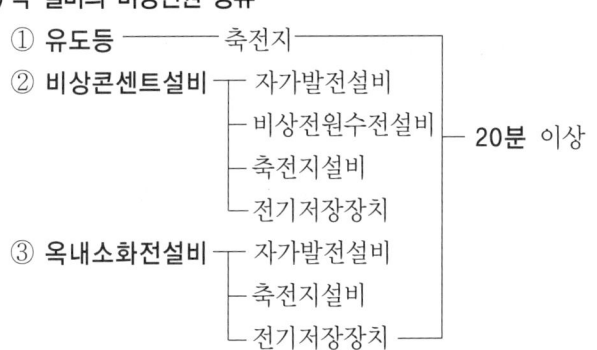

＊ 상용전원
평상시에 사용하기 위한 전원

＊ 비상전원
상용전원 정전시에 사용하기 위한 전원

＊ 표준광속비
표준광속비
$$=\frac{E_{37}}{E_0}\times 100\%$$
여기서,
E_0 : 정격전압[V]
E_{37} : 점등후 37분 후의 전압[V]

＊ 전기저장장치
외부 전기에너지를 저장해 두었다가 필요할 때 공급하는 장치

Key Point

★★★

문제 유도등의 비상전원을 축전지로 할 때 축전지용량은 해당 유도등을 몇 분 이상 작동시킬 수 있어야 하는가?

① 5 ② 10
③ 15 ④ 20

해설

설비의 종류	비상전원용량
자동화재탐지설비, 비상경보설비, 자동화재속보설비	**10분** 이상
유도등 보기 ④, 비상콘센트설비, 제연설비, 물분무소화설비, 옥내소화전설비(30층 미만), 특별피난계단의 계단실 및 부속실 제연설비(30층 미만)	**20분** 이상
무선통신보조설비의 증폭기	**30분** 이상
옥내소화전설비(30~49층 이하), 특별피난계단의 계단실 및 부속실 제연설비(30~49층 이하), 연결송수관설비(30~49층 이하), 스프링클러설비(30~49층 이하)	**40분** 이상
유도등 · 비상조명등(지하상가 및 11층 이상), 옥내소화전설비(50층 이상), 특별피난계단의 계단실 및 부속실 제연설비(50층 이상), 연결송수관설비(50층 이상), 스프링클러설비(50층 이상)	**60분** 이상

답 ④

예외규정

유도등의 60분 이상 작동용량

(1) **11층** 이상(지하층 제외)

(2) 지하층 · 무창층으로서 도매시장 · 소매시장 · 여객자동차터미널 · 지하역사 · 지하상가

* 3선식 배선시 점등되어야 하는 경우
① 자동화재탐지설비의 감지기 또는 발신기가 작동되는 때
② 비상경보설비의 발신기가 작동되는 때
③ 상용전원이 정전되거나 전원선이 단선되는 때
④ 방재업무를 통제하는 곳 또는 전기실의 배전반에서 수동적으로 점등하는 때
⑤ 자동소화설비가 작동되는 때

13 유도등의 3선식 배선시 반드시 점등되어야 하는 경우

① **자동화재탐지설비**의 **감지기** 또는 **발신기**가 작동되는 때

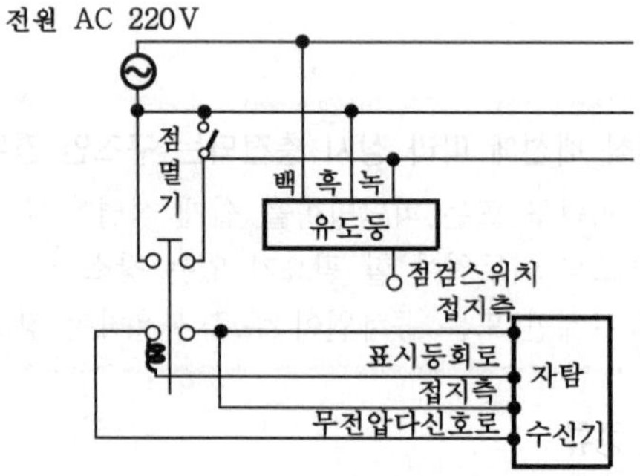

| 자동화재탐지설비와 연동 |

② **비상경보설비**의 **발신기**가 작동되는 때

③ **상용전원**이 **정전**되거나 **전원선**이 **단선**되는 때

④ **방재업무**를 **통제**하는 곳 또는 전기실의 배전반에서 **수동**으로 **점등**하는 때

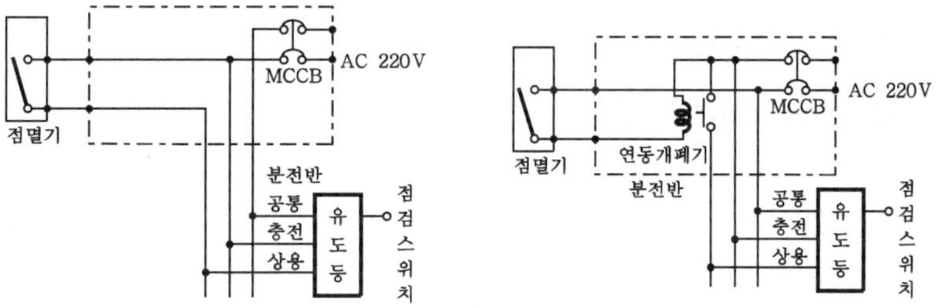

| 유도등의 원격점멸 |

⑤ **자동소화설비**가 작동되는 때

14 최소 설치개수 산정식

설치개수 산정시 소수가 발생하면 반드시 **절상**한다.

① 객석유도등

$$\text{설치개수} = \frac{\text{객석통로의 직선부분의 길이[m]}}{4} - 1$$

기억법 객4

② 유도표지

$$\text{설치개수} = \frac{\text{구부러진 곳이 없는 부분의 보행거리[m]}}{15} - 1$$

기억법 유15

③ 복도통로유도등, 거실통로유도등

$$\text{설치개수} = \frac{\text{구부러진 곳이 없는 부분의 보행거리[m]}}{20} - 1$$

기억법 통20

★★★
문제 직선거리가 24m인 통로가 있다. 최소 몇 개의 객석유도등을 시설하여야 하는가?

① 4 ② 5
③ 6 ④ 7

해설 설치개수

$$= \frac{\text{객석의 통로의 직선부분의 길이[m]}}{4} - 1$$

$$= \frac{24}{4} - 1$$

$$= 5$$

답 ②

Key Point

※ MCCB
배선용 차단기

※ 점멸기
점등 또는 소등시에 사용하는 스위치

※ 전선의 굵기
① 인출선 굵기 $0.75mm^2$ 이상
② 인출선 길이 150mm 이상

Key Point

✱ 표시등의 전구
2개 이상 병렬접속

✱ 유도등의 반복시험 횟수
2500회

✱ 유도등 외함의 재질
① 3mm 이상의 내열성 강화유리
② 합성수지로서 80℃에서 변형되지 않을 것

15 유도등의 제외(NFPC 303 11조, NFTC 303 2.8)

(1) 피난구유도등의 설치제외장소

① 바닥면적이 1000m^2 미만인 층으로서 옥내로부터 지상으로 직접 통하는 출입구
② 대각선 길이가 15m 이내인 구획된 실의 출입구
③ 거실 각 부분으로부터 하나의 출입구에 이르는 보행거리가 20m 이하이고 비상조명등과 유도표지가 설치된 거실의 출입구
④ 출입구가 **3 이상** 있는 거실로서 그 거실 각 부분으로부터 하나의 출입구에 이르는 보행거리가 30m 이하인 경우에는 주된 출입구 **2개소 외**의 출입구(단, **공연장 · 집회장 · 관람장 · 전시장 · 운수시설 · 판매시설 · 숙박시설 · 노유자시설 · 의료시설 · 장례식장** 제외)

(2) 통로유도등의 설치제외장소

① 구부러지지 아니한 복도 또는 통로로서 길이가 30m 미만인 복도 또는 통로
② 복도 또는 통로로서 보행거리가 20m 미만이고 그 복도 또는 통로와 연결된 출입구 또는 그 부속실의 출입구에 **피난구유도등**이 설치된 복도 또는 통로

(3) 객석유도등의 설치제외장소

① **주간**에만 사용하는 장소로서 **채광**이 충분한 객석
② 거실 등의 각 부분으로부터 하나의 거실 출입구에 이르는 **보행거리**가 20m **이하**인 객석의 통로로서 그 통로에 통로유도등이 설치된 객석

Key Point

2 비상조명등

1 종 류

비상조명등	전용형
	겸용형

2 비상조명등의 설치기준(NFPC 304 4조, NFTC 304 2.1.1)

① 특정소방대상물의 각 거실과 그로부터 지상에 이르는 **복도·계단** 및 그 밖의 **통로**에 설치하여야 한다.

② 조도는 비상조명등이 설치된 장소의 각 부분의 바닥에서 1 lx 이상이 되도록 할 것

③ 예비전원을 내장하는 비상조명등에는 평상시 점등여부를 확인할 수 있는 **점검스위치**를 설치하고 해당 조명등을 유효하게 작동시킬 수 있는 용량의 **축전지**와 **예비전원 충전장치**를 내장할 것

④ 비상전원은 비상조명등을 **20분** 이상 유효하게 작동시킬 수 있는 용량으로 할 것

예외규정

비상조명등의 60분 이상 작동용량

(1) **11층** 이상(지하층 제외)

(2) 지하층·무창층으로서 도매시장·소매시장·여객자동차터미널·지하역사·지하상가

⑤ 예비전원을 내장하지 아니하는 비상조명등의 비상전원은 **자가발전설비, 축전지설비** 또는 **전기저장장치**를 설치할 것

문제 예비전원을 내장하는 비상조명등에는 평상시 점등여부를 확인할 수 있는 것으로 무엇을 설치하여야 하는가?

① 배선용 차단기 ② 충전장치
③ 인버터 및 컨버터 ④ 점검스위치

해설 ④ 비상조명등에는 **점검스위치**를 설치할 것

답 ④

중요

비상전원의 설치기준

① 점검에 편리하고 **화재** 및 **침수** 등의 재해로 인한 피해를 받을 우려가 없는 곳에 설치할 것

② 상용전원으로부터 전력의 공급이 중단된 때에는 자동으로 비상전원으로부터 전력을 공급받을 수 있도록 할 것

※ 비상조명등의 설치 제외 장소
① 의원
② 경기장
③ 공동주택
④ 의료시설
⑤ 학교의 거실

※ 휴대용 비상조명등
화재발생 등으로 정전시 안전하고 원활한 피난을 위하여 피난자가 휴대할 수 있는 조명등

※ 비상조명등 스위치의 반복시험
10000회

Key Point

③ 비상전원의 설치장소는 다른 장소와 **방화구획**할 것. 이 경우 그 장소에는 비상전원의 공급에 필요한 기구나 설비 외의 것(**열병합발전설비**에 필요한 기구·설비 제외)을 두어서는 아니된다.
④ 비상전원을 실내에 설치하는 때에는 그 **실내**에 **비상조명등**을 설치할 것

＊ 비상조명등
화재발생 등에 따른 정전시에 안전하고 원활한 피난활동을 할 수 있도록 거실 및 피난통로 등에 설치되어 자동 점등되는 조명등

3 비상조명등의 설치제외 장소(NFPC 304 5조, NFTC 304 2.2)

① 거실의 각 부분으로부터 하나의 출입구에 이르는 **보행거리**가 15m 이내인 부분
② **의원·경기장·공동주택·의료시설·학교**의 **거실**

4 휴대용 비상조명등의 적합기준(NFPC 304 4조, NFTC 304 2.1.2)

설치개수	설치장소
1개 이상	• **숙박시설** 또는 **다중이용업소**에는 객실 또는 영업장 안의 구획된 실마다 잘 보이는 곳(외부에 설치시 출입문 손잡이로부터 1m 이내 부분)
3개 이상	• **지하상가** 및 **지하역사**의 **보행거리 25m** 이내마다 • **대규모점포(백화점·대형점·쇼핑센터)** 및 **영화상영관**의 **보행거리 50m** 이내마다

① 바닥으로부터 0.8~1.5m 이하의 높이에 설치할 것
② 어둠속에서 **위치**를 **확인**할 수 있도록 할 것
③ 사용시 **자동**으로 **점등**되는 구조일 것
④ 외함은 **난연성능**이 있을 것
⑤ 건전지를 사용하는 경우에는 **방전방지조치**를 하여야 하고, **충전식 배터리**의 경우에는 **상시 충전**되도록 할 것
⑥ 건전지 및 충전식 배터리의 용량은 **20분** 이상 유효하게 사용할 수 있는 것으로 할 것

5 휴대용 비상조명등의 설치제외 장소(NFPC 304 5조, NFTC 304 2.2.2)

① **지상 1층** 또는 **피난층**으로서 복도·통로 또는 창문 등의 개구부를 통하여 피난이 용이한 경우
② **숙박시설**로서 복도에 비상조명등을 설치한 경우

Key Point

3 비상콘센트설비

출제확률 6% (1문제)

1 비상콘센트설비의 구성도

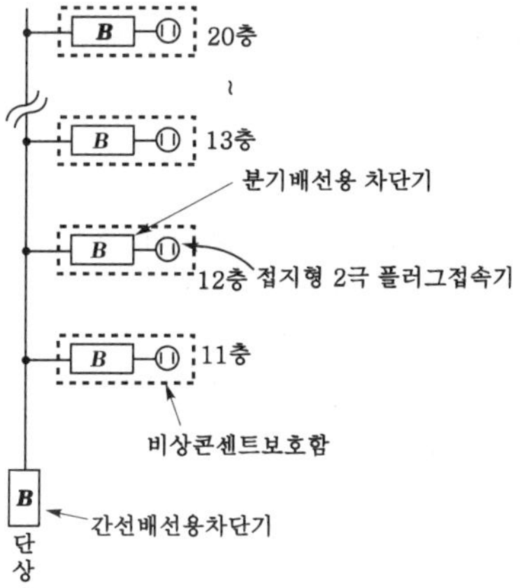

2 비상콘센트설비(NFPC 504 4조, NFTC 504 2.1.2)

구 분	전 압	공급용량	플러그접속기
단상 교류	220V	1.5kVA 이상	접지형 2극

★★★

문제 비상콘센트설비의 전원회로로 옳은 것은?

① 단상교류 220V, 공급용량 1.5kVA 이상
② 단상교류 110V, 공급용량 3kVA 이상
③ 단상교류 380V, 공급용량 3kVA 이상
④ 단상교류 200V, 공급용량 1.5kVA 이상

해설 ① 단상교류 : 전압 **220V**, 공급용량 **1.5kVA** 이상

답 ①

‖ 접지형 2극 플러그접속기 ‖

① 하나의 전용회로에 설치하는 비상콘센트는 **10개** 이하로 할 것(전선의 용량은 최대 **3개**)

설치하는 비상콘센트 수량	전선의 용량산정시 적용하는 비상콘센트 수량	전선의 용량
1	1개 이상	1.5〔kVA〕 이상
2	2개 이상	3.0〔kVA〕 이상
3~10	3개 이상	4.5〔kVA〕 이상

② 전원회로는 각 층에 있어서 **2 이상**이 되도록 설치할 것(단, 설치하여야 할 층의 콘센트가 **1개**인 때에는 하나의 회로로 할 수 있다.)

③ 플러그접속기의 칼받이 접지극에는 **접지공사**를 하여야 한다.

※ 비상콘센트설비
소방대의 조명용 또는 소화활동상 필요한 장비의 전원설비

※ 비상콘센트의 심벌

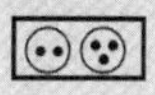

※ 플러그접속기
'콘센트'를 의미한다.

Key Point

※ 접지
회로의 일부분을 대지에 도선 등의 도체로 접속하여 영전위가 되도록 하는 것

※ 풀박스(pull box)
배관이 긴 곳 또는 굴곡부분이 많은 곳에서 시공을 용이하게 하기 위하여 배선 도중에 사용하여 전선을 끌어들이기 위한 박스

※ 절연저항시험
DC 500V 절연저항계로 20MΩ 이상

※ 절연저항시험 정의
전원부와 외함 등의 절연이 얼마나 잘 되어 있는가를 확인하는 시험

※ 절연내력시험
평상시보다 높은 전압을 인가하여 절연이 파괴되는지의 여부를 확인하는 시험

※ 설치높이
① 시각경보장치 2~2.5m 이하(단, 천장의 높이가 2m 이하인 경우에는 천장으로부터 0.15m 이내의 장소에 설치)
② 기타 기기 0.8~1.5m 이하

④ 풀박스는 1.6mm 이상의 철판을 사용할 것
⑤ 절연저항은 **전원부**와 **외함** 사이를 **직류** 500V **절연저항계**로 측정하여 20MΩ 이상일 것
⑥ 전원으로부터 각 층의 비상콘센트에 분기되는 경우에는 **분기배선용 차단기**를 보호함 안에 설치할 것
⑦ 바닥으로부터 0.8~1.5m 이하의 높이에 설치할 것
⑧ 전원회로는 주배전반에서 **전용회로**로 하며, 배선의 종류는 **내화배선**이어야 한다.

참고

접지시스템(KEC 140)
① 접지시스템 구분

접지 대상	접지시스템 구분	접지시스템 시설 종류	접지도체의 단면적 및 종류
특고압·고압 설비	• 계통접지 : 전력계통의 이상현상에 대비하여 대지와 계통을 접지하는 것 • 보호접지 : 감전보호를 목적으로 기기의 한 점 이상을 접지하는 것 • 피뢰시스템 접지 : 뇌격전류를 안전하게 대지로 방류하기 위해 접지하는 것	• 단독접지 • 공통접지 • 통합접지 • **변압기 중성점 접지**	$6mm^2$ 이상 연동선
일반적인 경우			구리 $6mm^2$ (철제 $50mm^2$) 이상
변압기			$16mm^2$ 이상 연동선

② 접지도체에 피뢰시스템이 접속되는 경우 접지도체의 단면적(KEC 142.3.1)

구 리	철 제
$16mm^2$ 이상	$50mm^2$ 이상

③ 큰 고장전류가 접지도체를 통하여 흐르지 않을 경우 접지도체의 최소 단면적(KEC 142.3.1)

구 리	철 제
$6mm^2$ 이상	$50mm^2$ 이상

3 비상콘센트설비의 설치대상(소방시설법 시행령 [별표 4])

① 11층 이상의 층
② **지하 3층** 이상이고, 지하층의 바닥면적의 합계가 $1000m^2$ 이상인 것은 지하전층
③ 터널길이 500m 이상

4 절연내력시험(NFPC 504 4조, NFTC 504 2.1.6.2)

① 150V 이하 : 1000V의 실효전압을 가하여 1분 이상 견딜 것
② 150V 초과 : (정격전압×2) +1000V의 실효전압을 가하여 **1분** 이상 견딜 것

5 설치거리(NFPC 504 4조, NFTC 504 2.1.5.2.1, 2.1.5.2.2)

조 건	설치거리
지하상가 또는 **지하층**의 바닥면적의 합계가 $3000m^2$ 이상	수평거리 25m 이하
기 타	수평거리 50m 이하

6 비상콘센트의 배치(NFPC 504 4조, NFTC 504 2.1.5.2)

조 건	배 치
• 바닥면적 $1000m^2$ **미만** 층	• 계단의 출입구로부터 5m 이내
• 바닥면적 $1000m^2$ **이상** 층	• 각 계단의 출입구로부터 5m 이내 • 계단부속실의 출입구로부터 5m 이내

Key Point

7 비상콘센트 보호함의 시설기준(NFPC 504 5조, NFTC 504 2.2.1)

① 보호함에는 쉽게 개폐할 수 있는 **문**을 설치하여야 한다.
② 보호함 표면에 **"비상콘센트"**라고 표시한 표지를 하여야 한다.
③ 보호함 상부에 적색의 표시등을 설치하여야 한다(단, 비상콘센트의 보호함을 **옥내소화전함** 등과 접속하여 설치하는 경우에는 **옥내소화전함** 등의 표시등과 겸용할 수 있다.)

문제 비상콘센트를 보호하기 위한 비상콘센트보호함의 설치 중 옳지 않은 것은?

① 비상콘센트 보호함에는 쉽게 개폐할 수 있는 문을 설치하여야 한다.
② 비상콘센트 보호함 내부(표면)에 "비상콘센트" 라고 표시한 표식을 하여야 한다.
③ 비상콘센트 보호함 상부에 적색의 표시등을 설치하여야 한다.
④ 비상콘센트 보호함을 옥내소화전함등과 접속하여 설치하는 경우에는 옥내소화전함 등의 표시등과 겸용할 수 있다.

답 ②

비상콘센트 보호함

8 비상콘센트설비의 비상전원(NFPC 504 4조, NFTC 504 2.1.1.2)

지하층을 제외한 층수가 **7층** 이상으로서 연면적이 **2000m²** 이상이거나 지하층의 바닥면적의 합계가 **3000m²** 이상인 소방대상물의 비상콘센트설비에는 **자가발전설비, 비상전원수전설비**, 축전지설비 또는 **전기저장장치**를 비상전원으로 설치하여야 한다(단, 둘 이상의 변전소에서 전력을 동시에 공급받을 수 있거나 하나의 변전소로부터 전력의 공급이 중단되는 때에는 자동으로 다른 변전소로부터 전력을 공급받을 수 있도록 **상용전원**을 설치한 경우에는 비상전원을 설치하지 아니할 수 있다.)

※ 비상콘센트설비의 비상전원용량 : **20분** 이상

9 비상콘센트설비의 상용전원회로의 배선(NFPC 504 4조, NFTC 504 2.1.1.1)

① **저압수전**인 경우에는 인입개폐기의 직후에서 분기하여 **전용 배선**으로 하여야 한다.

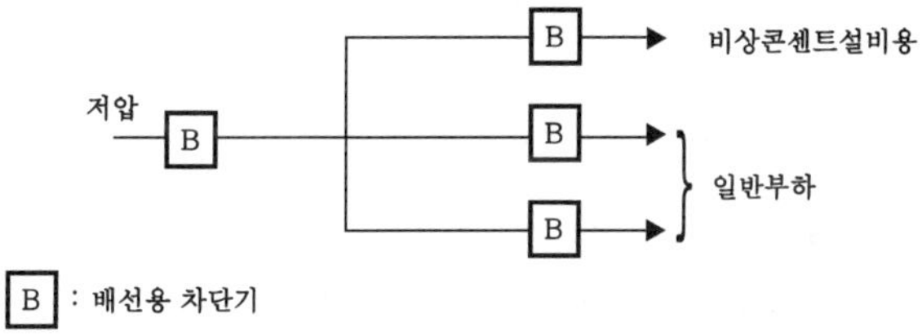

* 비상콘센트설비의 비상전원 설치대상
① 지하층을 제외한 7층 이상으로 연면적 2000m² 이상
② 지하층의 바닥면적 합계 3000m² 이상

* 비상전원
(1) 유도등 : 축전지
(2) 비상콘센트설비
① 자가발전설비
② 비상전원수전설비
③ 축전지설비
④ 전기저장장치
(3) 옥내소화전설비
① 자가발전설비
② 축전지설비
③ 전기저장장치

Key Point

※ 특고압
7000V를 초과

※ 상용전원회로의 배선
① 저압수전 : 인입개폐기의 직후에서 분기
② 특 · 고압수전 : 전력용 변압기 2차측의 주차단기 1차측 또는 2차측에서 분기

② 고압수전 또는 특고압수전인 경우에는 전력용 변압기 2차측의 주차단기 1차측 또는 2차측에서 분기하여 **전용 배선**으로 하여야 한다.

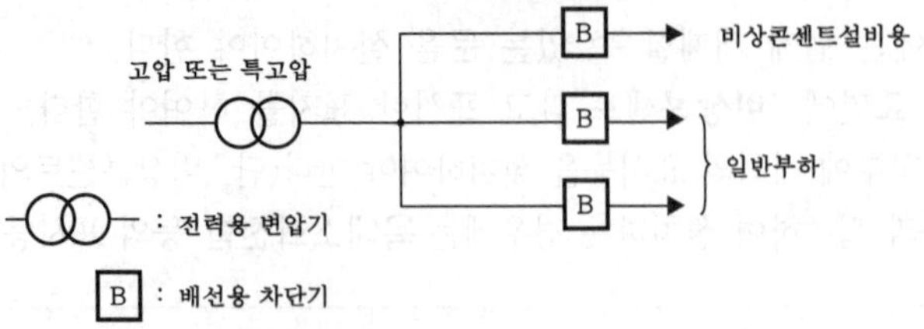

10 전선의 종류

약 호	명 칭	최고허용온도
OW	옥외용 비닐절연전선	60℃
DV	인입용 비닐절연전선	
HFIX	450/750V 저독성 난연 가교 폴리올레핀 절연전선	90℃
CV	가교폴리에틸렌 절연비닐 외장케이블	
MI	미네랄 인슐레이션 케이블	
IH	하이퍼론 절연전선	95℃

※ 전선관
'금속관'이라고도 부른다.

참고

전선관의 종류

(1) 후강전선관 : 표시된 규격은 **내경**을 의미하며, **짝수**로 표시된다.
폭발성 가스 저장장소에 사용된다.

※ 규격 : 16mm, 22mm, 28mm, 36mm, 42mm, 54mm, 70mm, 82mm, 92mm, 104mm

(2) 박강전선관 : 표시된 규격은 **외경**을 의미하며, **홀수**로 표시된다.

※ 규격 : 19mm, 25mm, 31mm, 39mm, 51mm, 63mm, 75mm

11 전선의 단면적 계산

※ 도면표기 방법
① 단상 2선식 : $1\phi 2W$
② 3상 3선식 : $3\phi 3W$

전기방식	전선단면적
단상 2선식	$A = \dfrac{35.6LI}{1000e}$
3상 3선식	$A = \dfrac{30.8LI}{1000e}$

여기서, A : 전선의 단면적[mm^2], L : 선로길이[m], I : 전부하전류[A], e : 각 선간의 전압강하[V]

※ 전기방식의 구분
① 소방펌프 : 3상 3선식
② 기타 : 단상 2선식

★

문제 수신기에서 200m(L) 떨어진 곳에 지구경종이 설치되어 있다. 흐르는 전류가 1A(I)이고, 전선의 단면적이 $4mm^2$(A)이라 할 때 전압강하(e)는 약 몇 V인가?

① 1.3 ② 1.8 ③ 2.3 ④ 3.5

해설

• 소방펌프 : 3상 3선식, 기타 : 단상 2선식

(1) 기호
• L : 200m
• I : 1A
• A : $4mm^2$
• e : ?

(2) 전압강하 e는 $e = \dfrac{35.6LI}{1000A} = \dfrac{35.6 \times 200 \times 1}{1000 \times 4} ≒ 1.8V$

답 ②

4 무선통신보조설비

출제확률 10% (2문제)

1 무선통신보조설비의 설치기준(NFPC 505 5~7조, NFTC 505 2.2~2.4)

① 누설동축케이블 및 안테나는 **금속판** 등에 의하여 **전파의 복사** 또는 **특성**이 현저하게 저하되지 아니하는 위치에 설치할 것

② **누설동축케이블**과 이에 접속하는 **안테나** 또는 **동축케이블**과 이에 접속하는 **안테나**일 것

③ 누설동축케이블 및 동축케이블은 화재에 따라 해당 케이블의 피복이 소실된 경우에 케이블 본체가 떨어지지 아니하도록 4m 이내마다 금속제 또는 자기제 등의 지지금구로 벽·천장·기둥 등에 견고하게 고정시킬 것(단, 불연재료로 구획된 반자 안에 설치하는 경우 제외)

④ 누설동축케이블 및 안테나는 고압전로로부터 1.5m 이상 떨어진 위치에 설치할 것(해당 전로에 **정전기차폐장치**를 유효하게 설치한 경우에는 제외)

★★★

문제 **무선통신보조설비의 안테나는 고압의 전로로부터 몇 m 이상 떨어진 위치에 설치하는가? (단, 해당 전로에 정전기차폐장치를 유효하게 설치하지 않았다고 한다.)**

① 0.8　② 1.0　③ 1.2　④ 1.5

해설 ④ 누설동축케이블 및 안테나는 고압의 전로로부터 1.5m 이상 떨어진 위치에 설치할 것

답 ④

⑤ 누설동축케이블의 끝부분에는 **무반사종단저항**을 설치할 것

⑥ 누설동축케이블, 동축케이블, 분배기, 분파기, 혼합기 등의 임피던스는 50Ω으로 할 것

⑦ 증폭기의 전면에는 **표시등** 및 **전압계**를 설치할 것

⑧ **건축물**, **지하가**, **터널** 또는 **공동구**의 출입구 및 출입구 인근에서 통신이 가능한 장소에 설치할 것

⑨ 다른 용도로 사용되는 안테나로 인한 **통신장애**가 발생하지 않도록 설치할 것

⑩ 옥외안테나는 견고하게 설치하며 파손의 우려가 없는 곳에 설치하고 그 가까운 곳의 보기 쉬운 곳에 "**무선통신보조설비 안테나**"라는 표시와 함께 통신가능거리를 표시한 표지를 설치할 것

⑪ 수신기가 설치된 장소 등 사람이 상시 근무하는 장소에는 옥외안테나의 위치가 모두 표시된 옥외안테나 위치표시도를 비치할 것

⑫ 소방전용 주파수대에 **전파의 전송** 또는 **복사**에 적합한 것으로서 **소방전용**의 것으로 할 것(단, 소방대 상호간의 **무선연락**에 지장이 없는 경우에는 다른 용도와 겸용할 수 있다.)

⑬ **비상전원용량**

설비의 종류	비상전원 용량
• 자동화재탐지설비, 비상경보설비, 자동화재속보설비	**10분** 이상
• 유도등, 비상콘센트설비, 제연설비, 물분무소화설비, 옥내소화전설비(30층 미만), 특별피난계단의 계단실 및 부속실 제연설비(30층 미만)	**20분** 이상
• 무선통신보조설비의 증폭기	**30분** 이상

Key Point

＊ 무선통신보조설비
화재시 소방관 상호간의 원활한 무선통화를 위해 사용하는 설비

＊ 안테나
예전에는 '공중선'이라고 했다.

＊ 무선통신보조설비의 구성요소
① 누설동축케이블, 동축케이블
② 분배기
③ 증폭기
④ 옥외안테나
⑤ 혼합기
⑥ 분파기

＊ 각 저항의 사용설비
(1) 무반사 종단저항
무선통신보조설비
(2) 종단저항
① 자동화재탐지설비
② 제연설비
③ 이산화탄소 소화설비
④ 할론소화설비
⑤ 분말소화설비
⑥ 포소화설비
⑦ 준비작동식 스프링클러설비

Key Point

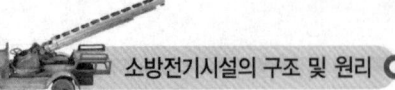

• 옥내소화전설비(30~49층 이하), 특별피난계단의 계단실 및 부속실 제연설비(30~49층 이하), 연결송수관설비(30~49층 이하) • 스프링클러설비(30~49층 이하)	**40분** 이상
• 유도등 · 비상조명등(지하상가 및 11층 이상), 옥내소화전설비(50층 이상), 특별피난계단의 계단실 및 부속실 제연설비(50층 이상) • 연결송수관설비(50층 이상), 스프링클러설비(50층 이상)	**60분** 이상

기억법 **경자비1**(**경자**라는 이름은 **비일**비재하게 많다).
3중(**3중**고)

용어

(1) 누설동축케이블과 동축케이블

누설동축케이블	동축케이블
동축케이블의 외부도체에 가느다란 홈을 만들어서 전파가 외부로 새어나갈 수 있도록 한 케이블. **정합손실**이 **큰 것**을 사용	유도장애를 방지하기 위해 전파가 누설되지 않도록 만든 케이블. **정합손실**이 **작은 것**을 사용

(2) 종단저항과 무반사 종단저항

종단저항	무반사 종단저항
감지기회로의 도통시험을 용이하게 하기 위하여 **감지기회로**의 **끝부분**에 설치하는 저항	전송로로 전송되는 전자파가 전송로의 종단에서 반사되어 교신을 방해하는 것을 막기 위해 **누설동축케이블**의 **끝부분**에 설치하는 저항

*** 누설동축케이블의 임피던스**
50Ω

2 무선통신보조설비의 증폭기 및 무선중계기의 설치기준(NFPC 505 8조, NFTC 505 2.5)

① 전원은 **축전지설비**, **전기저장장치** 또는 **교류전압 옥내간선**으로 하고, 전원까지의 배선은 **전용**으로 할 것
② 증폭기의 전면에는 전원확인 **표시등** 및 **전압계**를 설치할 것
③ 증폭기의 비상전원용량은 **30분** 이상일 것
④ **증폭기** 및 **무선중계기**를 설치하는 경우 전파법 규정에 따른 적합성평가를 받은 제품으로 설치할 것
⑤ 디지털방식의 무전기를 사용하는 데 지장이 없도록 설치할 것

*** 전기저장장치**
외부 전기에너지를 저장해 두었다가 필요한 때 전기를 공급하는 장치

*** 증폭기**
신호 전송시 신호가 약해져 수신이 불가능해지는 것을 방지하기 위해서 증폭하는 장치

3 무선통신보조설비의 설치제외(NFPC 505 4조, NFTC 505 2.1.1)

① 지하층으로서 특정소방대상물의 바닥부분 **2면 이상**이 지표면과 동일한 경우의 해당층
② 지하층으로서 지표면으로부터의 깊이가 **1m 이하**인 경우의 해당층

★

문제 **지하층**으로서 소방대상물의 바닥부분 몇 면 이상이 지표면과 동일한 경우의 해당층에는 무선통신보조설비의 설치를 제외할 수 있는가?

① 1 ② 2 ③ 3 ④ 4

해설 ② **지하층**으로서 소방대상물의 바닥부분 **2면 이상**의 지표면과 동일한 경우의 해당층

답 ②

Key Point

4 누설동축케이블의 결합손실

① $LC = -20\log\frac{V_R}{V_r}$ dB

② $LC = -20\log\frac{I_R}{I_r}$ dB

③ $LC = -10\log\frac{P_R}{P_r}$ dB

여기서, V_R : 수신전압[V]

V_r : 송신전압[V]

I_R : 수신전류[A]

I_r : 송신전류[A]

P_R : 수신전력[W]

P_r : 송신전력[W]

※ 수식에서 "−"는 손실을 의미한다.

5 옥내배선기호

명 칭	그림기호	비 고
누설동축케이블	———————	• 천장에 은폐하는 경우 : —— - ——
안테나		• 내열형 : 
분배기	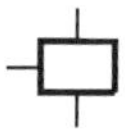	-
무선기기접속단자		• 소방용 :  • 경찰용 :  • 자위용 : 
혼합기		-
분파기 (필터 포함)		-

※ 분배기
신호의 전송로가 분기되는 장소에 설치하는 것으로 임피던스 매칭(Matching)과 신호 균등분배를 위해 사용하는 장치

※ 분파기
서로 다른 주파수의 합성된 신호를 분리하기 위해서 사용하는 장치

※ 혼합기
두 개 이상의 입력신호를 원하는 비율로 조합한 출력이 발생하도록 하는 장치

Key Point

5 피난기구

출제확률 6% (1문제)

1 개 요

화재가 발생할 경우 피난하기 위하여 사용하는 기구를 말한다.

▮피난기구의 적응성▮

설치 장소별 구분 \ 층별	1층	2층	3층	4~10층 이하
노유자시설	• 미끄럼대 • 구조대 • 피난교 • 다수인 피난장비 • 승강식 피난기	• 미끄럼대 • 구조대 • 피난교 • 다수인 피난장비 • 승강식 피난기	• 미끄럼대 • 구조대 • 피난교 • 다수인 피난장비 • 승강식 피난기	• 구조대[1] • 피난교 • 다수인 피난장비 • 승강식 피난기
의료시설 · 입원실이 있는 의원 · 접골원 · 조산원	–	–	• 미끄럼대 • 구조대 • 피난교 • 피난용 트랩 • 다수인 피난장비 • 승강식 피난기	• 구조대 • 피난교 • 피난용 트랩 • 다수인 피난장비 • 승강식 피난기
영업장의 위치가 **4층** 이하인 다중이용업소	–	• 미끄럼대 • 피난사다리 • 구조대 • 완강기 • 다수인 피난장비 • 승강식 피난기	• 미끄럼대 • 피난사다리 • 구조대 • 완강기 • 다수인 피난장비 • 승강식 피난기	• 미끄럼대 • 피난사다리 • 구조대 • 완강기 • 다수인 피난장비 • 승강식 피난기
그 밖의 것	–	–	• 미끄럼대 • 피난사다리 • 구조대 • 완강기 • 피난교 • 피난용 트랩 • 간이완강기[2] • 공기안전매트 • 다수인 피난장비 • 승강식 피난기	• 피난사다리 • 구조대 • 완강기 • 피난교 • 간이완강기[2] • 공기안전매트 • 다수인 피난장비 • 승강식 피난기

[비고] 1) **구조대**의 적응성은 **장애인관련시설**로서 주된 사용자 중 **스스로 피난**이 **불가**한 자가 있는 경우 추가로 설치하는 경우에 한한다.
2) 간이완강기의 적응성은 **숙박시설**의 **3층 이상**에 있는 객실에 추가로 설치하는 경우에 한한다.

> 중요
> **의무관리대상 공동주택**(NFPC 608 13조, NFTC 608 2.9.1.3)
> 공동주택 구역마다 공기안전매트 1개 이상 추가 설치

※ 피난사다리
화재시 긴급대피를 위해 사용하는 사다리

※ 완강기와 간이완강기
① 완강기
사용자의 몸무게에 따라 자동적으로 내려올 수 있는 기구 중 사용자가 교대하여 연속적으로 사용할 수 있는 것
② 간이완강기
사용자의 몸무게에 따라 자동적으로 내려올 수 있는 기구 중 사용자가 연속적으로 사용할 수 없는 것

★★
문제 **간이완강기의 적응성은 숙박시설의 몇 층 이상에 있는 객실에 추가로 설치하는 경우인가?**

① 1층 이상　　② 2층 이상
③ 3층 이상　　④ 4층 이상

해설 ③ 간이완강기 : 3층 이상에 있는 객실

답 ③

2 종 류

피난기구
- 피난사다리
- 구조대
- 완강기
- 소방청장이 정하여 고시하는 화재안전기준으로 정하는 것(미끄럼대, 피난교, 공기안전매트, 피난용 트랩, 다수인 피난장비, 승강식 피난기, 간이완강기, 하향식 피난구용 내림식 사다리)

3 피난기구의 설치개수 등(NFPC 301 5조, NFTC 301 2.1.2~2.1.3)

(1) 피난기구의 설치개수

① 층마다 설치할 것

시 설	설치기준
① 숙박시설 · 노유자시설 · 의료시설	바닥면적 **$500m^2$**마다(층마다 설치)
② 위락시설 · 문화 및 집회시설, 운동시설 ③ 판매시설 · 복합용도의 층	바닥면적 **$800m^2$**마다(층마다 설치)
④ 그 밖의 용도의 층	바닥면적 **$1000m^2$**마다(층마다 설치)
⑤ 아파트 등(계단실형 아파트)	각 **세대**마다

② 피난기구 외에 **숙박시설**(휴양콘도미니엄 제외)의 경우에는 추가로 객실마다 **완강기** 또는 둘 이상의 간이완강기를 설치할 것

③ 피난기구 외에 4층 이상의 층에 설치된 노유자시설 중 장애인 관련시설로서 주된 사용자 중 스스로 피난이 불가한 자가 있는 경우에는 층마다 구조대를 1개 이상 추가로 설치할 것

(2) 피난기구의 설치기준

① 피난기구는 **계단 · 피난구** 기타 피난시설로부터 적당한 거리에 있는 안전한 구조로 된 피난 또는 소화활동상 유효한 **개구부**에 고정하여 설치하거나 필요한 때에 신속하고 유효하게 설치할 수 있는 상태에 둘 것

② 피난기구를 설치하는 **개구부**는 서로 **동일직선상**이 **아닌 위치**에 있을 것(단, 피난교 · 피난용트랩 · 간이완강기 · 아파트에 설치되는 피난기구 기타 피난상 지장이 없는 것은 제외)

③ 피난기구는 소방대상물의 **기둥 · 바닥 · 보** 기타 구조상 견고한 부분에 **볼트조임 · 매입 · 용접** 기타의 방법으로 견고하게 부착할 것

④ **4층** 이상의 층에 피난사다리를 설치하는 경우에는 **금속성 고정사다리**를 설치하고, 해당 고정사다리에는 쉽게 피난할 수 있는 구조의 **노대**를 설치할 것

⑤ 완강기는 강하시 로프가 소방대상물과 접촉하여 손상되지 아니하도록 할 것

⑥ **완강기 로프**의 길이는 부착위치에서 지면 기타 피난상 유효한 **착지면**까지의 길이로 할 것

⑦ 미끄럼대는 안전한 강하속도를 유지하도록 하고, 전락방지를 위한 안전조치를 할 것

⑧ 구조대의 길이는 피난상 지장이 없고 안전한 강하속도를 유지할 수 있는 길이로 할 것

Key Point

※ 구조대
포지 등을 사용하여 자루형태로 만든 것으로서 화재시 사용자가 그 내부에 들어가서 내려옴으로써 대피할 수 있는 것

※ 공기안전매트
화재발생시 사람이 건축물내에서 외부로 긴급히 뛰어내릴 때 충격을 흡수하여 안전하게 지상에 도달할 수 있도록 포지에 공기 등을 주입하는 구조로 되어 있는 것

※ 노대
'발코니'를 의미하며, 직접 옥외에 연결되어 있는 공간을 말한다.

Key Point

(3) 축광식 표지의 적합기준

① 방사성물질을 사용하는 위치표지는 쉽게 파괴되지 아니하는 재질로 처리할 것

② 위치표지는 주위 조도 0 lx에서 **60분**간 발광 후 직선거리가 축광유도표지는 20m, 축광위치표지는 10m 떨어진 위치에서 보통시력으로 표시면의 **문자** 또는 **화살표** 등을 쉽게 식별할 수 있는 것으로 할 것

③ 위치표지의 표시면은 쉽게 변형 · 변질 또는 변색되지 아니할 것

④ 위치표지의 표지면의 휘도는 주위 조도 0 lx에서 **60분**간 발광 후 7mcd/m^2 이상으로 할 것

※ 피난기구를 설치한 장소에는 가까운 곳의 보기 쉬운 곳에 피난기구의 위치를 표시하는 **발광식** 또는 **축광식표지**와 그 사용방법을 표시한 표지를 부착할 것

4 피난기구의 설치제외(NFPC 301 6조, NFTC 301 2.2)

(1) 기준에 적합한 층

① 주요구조부가 **내화구조**로 되어 있어야 한다.

② 실내의 면하는 부분의 마감이 **불연재료** · **준불연재료** 또는 **난연재료**로 되어 있고 방화구획이 규정에 적합하게 구획되어 있어야 한다.

③ 거실의 각 부분으로부터 직접 **복도**로 쉽게 통할 수 있어야 한다.

④ 복도에 **2 이상**의 **특별피난계단** 또는 **피난계단**이 규정에 적합하게 설치되어 있어야 한다.

⑤ 복도의 어느 부분에서도 **2 이상**의 방향으로 각각 다른 **계단**에 도달할 수 있어야 한다.

*** 불연재료**
불에 타지 않는 재료

*** 준불연재료**
불연재료에 준하는 성능을 가진 재료

*** 난연재료**
불에 잘 타지 않는 재료

문제 복도에 몇 개 이상의 특별피난계단 또는 피난계단이 설치되어 있는 경우 피난기구의 설치를 제외할 수 있는가?

① 1 ② 2
③ 3 ④ 4

해설 ② 복도에 **2개** 이상의 **특별피난계단** 또는 **피난계단**이 설치되어 있는 경우 피난기구의 설치를 제외할 수 있다.

답 ②

(2) 옥상의 지하층 또는 최상층

① 주요구조부가 **내화구조**로 되어 있어야 한다.

② 옥상의 면적이 1500m^2 이상이어야 한다.

③ 옥상으로 쉽게 통할 수 있는 **창** 또는 **출입구**가 설치되어 있어야 한다.

④ 옥상이 소방사다리차가 쉽게 통행할 수 있는 **도로**(폭 6m 이상) 또는 **공지**에 면하여 설치되어 있거나 옥상으로부터 피난층 또는 지상으로 통하는 2 이상의 피난계단 또는 특별피난계단이 규정에 적합하게 설치되어 있어야 한다.

*** 공지**
대지내의 건물에 의해 점유되지 않은 부분

(3) 주요구조부가 **내화구조**이고 지하층을 제외한 층수가 **4층 이하**이며 소방사다리차가 쉽게 통행할 수 있는 도로 또는 공지에 면하는 부분에 기준에 적합한 개구부가 2 이상 설치되어 있는 층(**문화 및 집회시설, 운동시설 · 제품검사 전문기관 · 노유자시설**의 용도로 사용되는 층으로서 그 층의 바닥면적이 $1000m^2$ 이상은 제외)

(4) **갓복도식 아파트** 또는 아파트의 4층 이상의 층에서 발코니에 해당하는 구조 또는 시설을 설치하여 인접세대로 피난할 수 있는 아파트

(5) 주요구조부가 **내화구조**로서 거실의 각 부분으로부터 직접 복도로 피난할 수 있는 **학교**(**강의실** 용도로 사용되는 층)

(6) **무인공장** 또는 **자동창고**로서 사람의 출입이 금지된 장소

5 피난기구 설치의 감소(NFPC 301 7조, NFTC 301 2.3.1)

(1) 피난기구의 $\frac{1}{2}$ 감소

① 주요구조부가 **내화구조**로 되어 있을 것
② 직통계단인 피난계단 또는 특별피난계단이 2 이상 설치되어 있을 것

※ 피난기구 수의 산정에 있어서 **소수점 이하**는 **절상**한다.

★ **문제** 피난기구를 설치하여야 할 소방대상물 중 직통계단인 피난계단 또는 특별피난계단이 몇 이상 설치되어 있을 경우 피난기구의 $\frac{1}{2}$을 감소할 수 있는가?

① 1 ② 2
③ 3 ④ 4

해설
② 직통계단인 피난계단 또는 특별피난계단이 2 이상일 때 피난기구 $\frac{1}{2}$ 감소

답 ②

(2) 내화구조이고 건널복도가 설치된 층

피난기구의 수에서 건널복도 수의 2배의 수를 **뺀 수**로 한다.

① **내화구조** 또는 **철골구조**로 되어 있을 것
② 건널복도 양단의 출입구에 자동폐쇄장치를 한 60분+방화문 또는 60분 방화문(방화셔터 제외)이 설치되어 있을 것
③ **피난 · 통행** 또는 **운반**의 전용 용도일 것

(3) 노대가 설치된 거실의 바닥면적

피난기구의 설치개수 산정을 위한 바닥면적에서 제외한다.

Key Point

*** 주요구조부**
건물의 골격을 이루는 중요한 부분

*** 노유자시설**
① 아동관련시설
② 노인관련시설
③ 장애인관련시설
④ 사회복지시설

*** 피난계단**
화재발생시 건물내에서 대피하기 위하여 옥외 또는 옥내에서 피난층까지 연결되어 있는 직통계단

*** 특별피난계단**
건물 각 층으로 통하는 문에 방화문이 설치되어 있고 내화구조의 벽체나 연소우려가 없는 창문으로 구획된 피난용 계단

Key Point

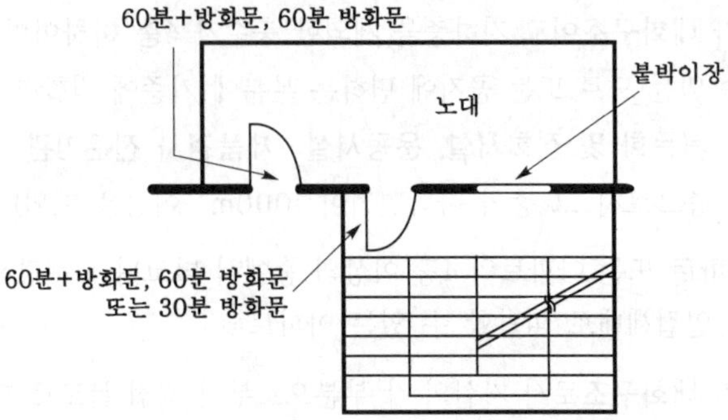

‖노대를 설치한 경우‖

＊ 노대
'발코니'를 의미하며, 직접 옥외에 연결되어 있는 공간을 말한다.

① 노대를 포함한 소방대상물의 주요구조부가 **내화구조**이어야 한다.
② 노대가 거실의 외기에 면하는 부분에 피난상 유효하게 설치되어 있어야 한다.
③ 노대가 소방사다리차가 쉽게 통행할 수 있는 도로 또는 공지에 면하여 설치되어 있거나, 거실부분과 방화구획되어 있거나 또는 노대에 지상으로 통하는 계단 그 밖의 피난기구가 설치되어 있어야 한다.

외국계 기업 취업전략 5계명

① 취업 정보를 발 빠르게 얻어라

–결원이 생길 때 수시채용하는 곳이 많으므로 재빨리 지원하는 것이 중요하다.

② 인맥 네트워크를 적극 활용하라

–신뢰를 중시하는 만큼 그 기업 임직원의 추천은 큰 도움이 된다.

③ 학력보다 경력이 중요하다.

–아르바이트나 이전 직장 경력을 통해 그 업무에 적합한 인재임을 증명하라

④ 겸손은 미덕이 아니다

–자신을 잘 홍보하는 것도 능력이다. 얼마나 열정이 있는지 적극적으로 알린다.

⑤ 지원할 기업을 잘 파악하라

–무작정 지원하지 말고 그 회사의 문화까지도 잘 살펴라.

▼ 외국계 기업 채용 정보 얻을 수 있는 사이트

–한국외국기업협회 (www.peoplenjob.com)
–주한미국상공회의소 (www.amchamkorea.org)
–주한유럽연합상공회의소 (www.euccк.org)

〈자료=잡링크〉

출제경향분석

CHAPTER 03

기타 소방전기시설

CHAPTER

03 기타 소방전기시설

1 간선설비

출제확률 6% (1문제)

1 전선의 굵기를 결정하는 3요소

① 허용전류

② 전압강하

③ 기계적 강도

★★★

문제 옥내 배선의 지름을 결정하는 가장 중요한 요소는?

① 허용전류 ② 전압강하

③ 기계적 강도 ④ 옥내구조

해설 전선굵기의 선정조건 중 가장 중요한 것은 **허용전류**이다.

답 ①

2 전선 단면적의 계산

▮전선 단면적▮

전기방식	전선 단면적
단상 2선식	$A = \dfrac{35.6LI}{1000e}$
3상 3선식	$A = \dfrac{30.8LI}{1000e}$
단상 3선식 3상 4선식	$A = \dfrac{17.8LI}{1000e'}$

여기서, A : 전선의 단면적[mm^2]

L : 선로길이[m]

I : 전부하 전류[A]

e : 각 선간의 전압강하[V]

e' : 각 선간의 1선과 중성선 사이의 전압강하[V]

3 전선의 종류

① 절연 전선

- **HFIX 전선** : 450/750V 저독성 난연 가교 폴리올레핀 절연전선
- **RB 전선** : 600V 고무절연전선
- **DV 전선** : 인입용 비닐절연전선
- **OW 전선** : 옥외용 비닐절연전선

Key Point

＊ 허용전류
전선의 성능을 손상시키지 않고 연속하여 흘릴 수 있는 전류의 한도

＊ 전압강하
입력전압과 출력전압의 차

＊ 전압강하율
전압강하를 출력전압으로 나누어 %로 표시한 것.

$$\epsilon = \frac{V_S - V_R}{V_R} \times 100\ [\%]$$

여기서, V_S : 입력전압[V]

V_R : 출력전압[V]

＊ 최고허용온도
HFIX 전선 : 90℃

Key Point

② 전력용 케이블

- CV 케이블 : 가교 폴리에틸렌 절연비닐 외장케이블
- EV 케이블 : 폴리에틸렌 절연비닐 외장케이블
- BN 케이블 : 부틸 고무 절연클로로프렌 외장케이블
- RN 케이블 : 고무 절연클로로프렌 외장케이블
- VV 케이블 : 비닐 절연비닐 외장케이블

③ 특수 케이블

- HFIX 전선 : 450/750V 저독성 난연 가교 폴리올레핀 절연전선
- GV 전선 : 접지용 비닐전선

4 접지시스템(KEC 140)

※ 접지
선로나 전기기기와 대지 사이에 회로를 만드는 것

※ 수도관의 접지저항
3Ω 이하

(1) 접지시스템 구분

접지 대상	접지시스템 구분	접지시스템 시설 종류	접지도체의 단면적 및 종류
특고압 · 고압 설비	• 계통접지 : 전력계통의 이상현상에 대비하여 대지와 계통을 접지하는 것 • 보호접지 : 감전보호를 목적으로 기기의 한 점 이상을 접지하는 것 • 피뢰시스템 접지 : 뇌격전류를 안전하게 대지로 방류하기 위해 접지하는 것	• 단독접지 • 공통접지 • 통합접지 **• 변압기 중성점 접지**	$6mm^2$ 이상 연동선
일반적인 경우			구리 $6mm^2$ (철제 $50mm^2$) 이상
변압기			$16mm^2$ 이상 연동선

(2) 접지도체에 피뢰시스템이 접속되는 경우 접지도체의 단면적(KEC 142.3.1)

구 리	철 제
$16mm^2$ 이상	$50mm^2$ 이상

(3) 큰 고장전류가 접지도체를 통하여 흐르지 않을 경우 접지도체의 최소 단면적(KEC 142.3.1)

구 리	철 제
$6mm^2$ 이상	$50mm^2$ 이상

★★★

문제 접지시스템의 구분방법으로 옳지 않은 것은?

① 계통접지　　② 보호접지

③ 피뢰시스템 접지　　④ 이상접지

해설

접지 대상	접지시스템 구분	접지시스템 시설 종류	접지도체의 단면적 및 종류
특고압 · 고압 설비	• 계통접지 : 전력계통의 이상현상에 대비하여 대지와 계통을 접지하는 것 • 보호접지 : 감전보호를 목적으로 기기의 한 점 이상을 접지하는 것 • 피뢰시스템 접지 : 뇌격전류를 안전하게 대지로 방류하기 위해 접지하는 것	• 단독접지 • 공통접지 • 통합접지 **• 변압기 중성점 접지**	$6mm^2$ 이상 연동선
일반적인 경우			구리 $6mm^2$ (철제 $50mm^2$) 이상
변압기			$16mm^2$ 이상 연동선

답 ④

Key Point

※ 접지공사의 노출시공

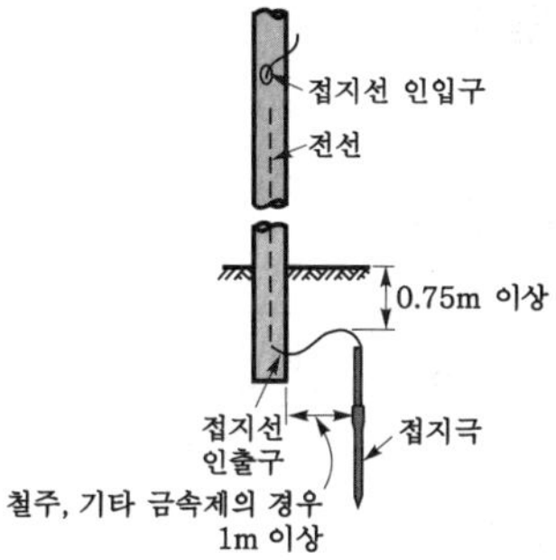

접지극의 매설(KEC 142.2.3)

5 전선관의 산정(KEC 핸드북 p.301, 306, 313)

케이블 또는 절연도체의 내부 단면적이 휨(가요) 전선관 단면적의 $\frac{1}{3}$을 초과하지 않도록 하는 것이 바람직하다.

※ 전선관과 같은 의미
금속관

6 전동기 용량의 산정

$$P\eta t = 9.8KHQ$$

여기서, P : 전동기 용량[kW]
t : 시간[s]
H : 전양정[m]
η : 효율
K : 여유계수
Q : 양수량[m³]

★★★

문제 펌프의 분당 토출량 700l/min(Q), 양정 72m(H)인 소화전펌프에 사용되는 전동기의 용량(P)은 최소 몇 kW가 필요한가? (단, 펌프효율 0.6(η)이고, 전달계수는 1.1(K)이다.)

① 12 ② 15
③ 18 ④ 21

해설 (1) 기호
- Q : 700l/min
- H : 72m
- P : ?
- η : 0.6
- K : 1.1

(2) $p\eta t = 9.8KHQ$

1l/min$= 10^{-3}$m³/min

$P = \frac{9.8KHQ}{\eta t} = \frac{9.8\times1.1\times72\times700\times10^{-3}}{0.6\times60} = 15.09 \fallingdotseq 15$kW

답 ②

7 동기속도

$$N_s = \frac{120f}{P}\text{[rpm]}$$

여기서, N_s : 동기속도[rpm], f : 주파수[Hz], P : 극수

Key Point

※ 예비전원
상용전원 고장시 또는 용량 부족시 최소한의 기능을 유지하기 위한 전원

※ 비상전원
상용전원 정전시에 사용되는 전원

※ 부동충전방식
축전지와 부하를 정류기에 병렬로 접속하여 충전과 방전을 동시에 행하는 방식

2 예비전원 설비

1 자가발전기 용량의 산정

$$P_n > \left(\frac{1}{e} - 1\right) X_L P \text{[kVA]}$$

여기서, P_n : 발전기 정격 용량[kVA]
e : 허용전압강하, X_L : 과도 리액턴스
P : 기동용량[kVA]($P = \sqrt{3} \times$정격전압$\times$기동전류)

2 발전기용 차단기의 용량

$$P_s > \frac{1.25P_n}{X_L} \text{[kVA]}$$

여기서, P_n : 발전기 정격용량[kVA]
X_L : 과도 리액턴스

3 축전지 설비

(1) 충전방식

충전방식	설 명
보통충전	필요할 때마다 표준시간율로 충전하는 방식
급속충전	보통 충전전류의 **2배**의 **전류**로 충전하는 방식
부동충전	전지의 자기방전을 보충함과 동시에 상용부하에 대한 전력공급은 충전기가 부담하되 부담하기 어려운 일시적인 대전류부하는 축전지가 부담하도록 하는 방식으로 **가장 많이 사용**된다.
균등충전	각 축전지의 **전위차를 보정**하기 위해 1~3개월마다 10~12시간 1회 충전하는 방식
세류충전(트리클 충전)	**자기 방전량**만 항상 **충전**하는 방식

중요 부동충전방식의 장점
① 축전지의 수명이 연장된다.
② 축전지 용량이 작아도 된다.
③ 부하변동에 대한 방전 전압을 일정하게 유지할 수 있다.
④ 보수가 용이하다.

No.1 공하성 교수님의 노하우와 함께 소방자격시험 완전정복!

"명품교재 번호 제대로 알고 단번에 합격하기!"

필기

기사

- 85점 합격!
  - 1 — 이론부터 제대로!
    - 초스피드기억법
    - 본문
    - 10개년 과년도
    - 요점노트
- 65점 합격!
  - 대해부 — 유형별로 쉽게!
    - 핵심요약
    - 과년도 대해부
    - 실제 문제형태 그대로
    - 최근 과년도 문제
  - 1-7 — 기출로 빠르게!
    - 초스피드기억법
    - 7개년 과년도
- 75점 합격!
  - 1-10 — 기출 완전정복!
    - 초스피드기억법
    - 10개년 과년도
    - 요점노트

산업기사

- 3 — 이론부터 제대로!
  - 초스피드기억법
  - 본문
  - 10개년 과년도
  - 요점노트
- 3-7 — 기출로 빠르게!
  - 초스피드기억법
  - 7개년 과년도

실기

기사

- 80점 합격!
  - 대해부 — 유형별로 쉽게!
    - 핵심요약
    - 과년도 대해부
    - 실제 문제형태 그대로
    - 최근 과년도 문제
  - 4 — 이론부터 제대로!
    - 초스피드기억법
    - 본문
    - 13개년 과년도
    - 요점노트
- 60점 합격!
  - 4-7 — 기출로 빠르게!
    - 초스피드기억법
    - 7개년 과년도
- 70점 합격!
  - 4-12 — 기출 완전정복!
    - 초스피드기억법
    - 12개년 과년도
    - 요점노트

산업기사

- 6 — 이론부터 제대로!
  - 초스피드기억법
  - 본문
  - 10개년 과년도
  - 요점노트

자문위원 — 자문위원님들의 끊임없는 노력으로 더 좋은 책이 만들어집니다.

김귀주 강동대학교	류창수 대구보건대학교	한석우 국제대학교
김현우 동원대학교	이종화 호남대학교	

※가나다 순

BM Book Media Group
성안당은 선진화된 출판 및 영상교육 시스템을 구축하고
항상 연구하는 자세로 독자 앞에 다가갑니다.

God loves you
and has a wonderful plan for you.

정가 : 46,000원 (별책 포함, 1·2권 SET)
ISBN 978-89-315-1401-8
http://www.cyber.co.kr

Key Point

4 2차 충전전류 및 출력

① 2차 충전전류 $= \dfrac{\text{축전지의 정격용량}}{\text{축전지의 공칭용량}} + \dfrac{\text{상시부하}}{\text{표준전압}}$ [A]

② 충전기 2차출력 = 표준전압×2차 충전전류[kVA]

5 용량 산정

① 시간에 따라 방전전류가 일정한 경우

$$C = \frac{1}{L} KI \text{ [Ah]}$$

② 시간에 따라 방전전류가 변하는 경우

$$C = \frac{1}{L}[K_1 I_1 + K_2(I_2 - I_1) + K_3(I_3 - I_2) + \cdots + K_n(I_N - I_{n-1})] \text{ [Ah]}$$

여기서, C : 25℃에서의 정격방전율 환산 용량[Ah]
L : 용량저하율(보수율)
K : 용량환산시간[h]
I : 방전전류[A]

6 축전지 1개의 허용 최저전압

$$V = \frac{V_a + V_b}{n} \text{ [V/cell]}$$

여기서, V_a : 부하의 허용 최저전압[V/cell]
V_b : 축전지와 부하간의 접속선의 전압강하[V]
n : 직렬로 접속한 축전지 개수

7 연축전지와 알칼리축전지의 비교

‖ 축전지의 비교 ‖

구 분	연축전지	알칼리축전지
기전력	2.05~2.08V	1.32V
공칭전압	2.0V	1.2V
공칭용량	10Ah	5Ah
충전시간	길다	짧다.
수명	5~15년	15~20년
종류	클래드식, 페이스트식	소결식, 포케트식

✻ 공칭용량

알칼리축전지	연축전지
5Ah	10Ah

✻ 축전지의 용량

$$C = \frac{1}{L} KI \text{ [Ah]}$$

여기서,
C : 축전지의 용량[Ah]
L : 용량저하율
K : 용량환산시간[h]
I : 방전전류[A]

✻ 기전력
전류를 연속해서 흘리기 위해 전압을 연속적으로 만들어 주는 힘당신도 해낼 수 있습니다.

당신도 이번에 반드시 합격합니다!

찐합격

공하성 교수님 직강

소방설비기사

전기 ① 필기

Ⅱ 10개년 과년도 출제문제

소방공학박사
우석대학교 소방방재학과 교수
공하성 지음

BM (주)도서출판 성안당

■ 도서 A/S 안내

성안당에서 발행하는 모든 도서는 저자와 출판사, 그리고 독자가 함께 만들어 나갑니다.

좋은 책을 펴내기 위해 많은 노력을 기울이고 있습니다. 혹시라도 내용상의 오류나 오탈자 등이 발견되면 **"좋은 책은 나라의 보배"**로서 우리 모두가 함께 만들어 간다는 마음으로 연락주시기 바랍니다. 수정 보완하여 더 나은 책이 되도록 최선을 다하겠습니다.

성안당은 늘 독자 여러분들의 소중한 의견을 기다리고 있습니다. 좋은 의견을 보내주시는 분께는 성안당 쇼핑몰의 포인트(3,000포인트)를 적립해 드립니다.

잘못 만들어진 책이나 부록 등이 파손된 경우에는 교환해 드립니다.

저자 문의 : http://pf.kakao.com/_TZKbxj
Daum cafe.daum.net/firepass
NAVER cafe.naver.com/fireleader

본서 기획자 e-mail : coh@cyber.co.kr(최옥현)

홈페이지 : http://www.cyber.co.kr 전화 : 031) 950-6300

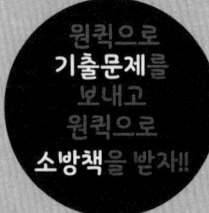

당신도 이번에 반드시 합격합니다!

찐합격

공하성 교수팀 직강

2026 최신개정판 공하성

전기① 필기

소방설비기사

Ⅱ 10개년 과년도 출제문제

소방공학박사
우석대학교 소방방재학과 교수
공하성 지음

★★★ 공하성 교수팀 직강 동영상 강의교재 유료 bm.cyber.co.kr | www.ymg.kr

\+ 초스피드 기억법 + 본문 및 10개년 과년도 + 요점노트

스마트폰 카메라로 QR코드를 찍어보세요!

Q&A
http://pf.kakao.com/_TZKbxj
Daum cafe.daum.net/firepass
NAVER cafe.naver.com/fireleader

BM (주)도서출판 성안당

출제경향분석

소방설비기사 필기(전기분야) 출제경향분석

제1과목 소방원론

1. 화재의 성격과 원인 및 피해	9.1% (2문제)
2. 연소의 이론	16.8% (4문제)
3. 건축물의 화재성상	10.8% (2문제)
4. 불 및 연기의 이동과 특성	8.4% (1문제)
5. 물질의 화재위험	12.8% (3문제)
6. 건축물의 내화성상	11.4% (2문제)
7. 건축물의 방화 및 안전계획	5.1% (1문제)
8. 방화안전관리	6.4% (1문제)
9. 소화이론	6.4% (1문제)
10. 소화약제	12.8% (3문제)

제2과목 소방전기일반

1. 직류회로	19.9% (4문제)
2. 정전계	4.8% (1문제)
3. 자기	13.4% (2문제)
4. 교류회로	31.2% (6문제)
5. 비정현파 교류	1.1% (1문제)
6. 과도현상	1.1% (1문제)
7. 자동제어	10.8% (2문제)
8. 유도전동기	17.7% (3문제)

제3과목 소방관계법규

1. 소방기본법령	20% (4문제)
2. 소방시설 설치 및 관리에 관한 법령	14% (3문제)
3. 화재의 예방 및 안전관리에 관한 법령	21% (4문제)
4. 소방시설공사업법령	30% (6문제)
5. 위험물안전관리법령	15% (3문제)

제4과목 소방전기시설의 구조 및 원리

1. 자동화재탐지설비	22% (5문제)
2. 자동화재속보설비	6% (1문제)
3. 비상경보설비 및 비상방송설비	15% (3문제)
4. 누전경보기	8% (2문제)
5. 가스누설경보기	3% (1문제)
6. 유도등·유도표지 및 비상조명등	18% (4문제)
7. 비상콘센트설비	6% (1문제)
8. 무선통신 보조설비	10% (2문제)
9. 피난기구	6% (1문제)
10. 간선설비 · 예비전원설비	6% (1문제)

CONTENTS

과년도 기출문제(CBT기출복원문제 포함)

차 례

CBT 기출복원문제

2025년

소방설비기사 필기(전기분야)

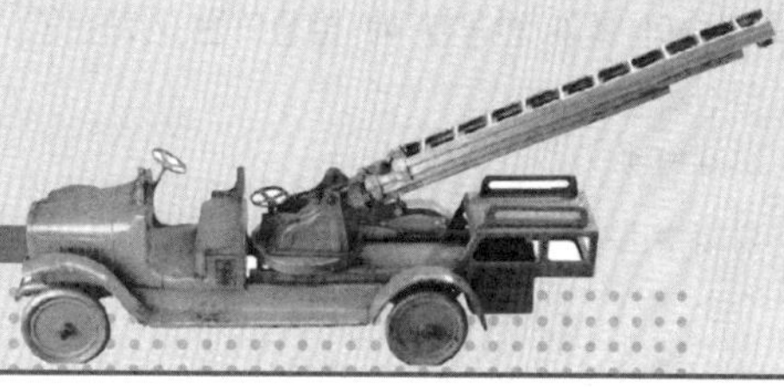

** 수험자 유의사항 **

1. 문제지를 받는 즉시 **본인**이 **응시한 종목**이 맞는지 확인하시기 바랍니다.
2. 문제지 표지에 본인의 **수험번호**와 **성명**을 기재하여야 합니다.
3. 문제지의 **총면수**, **문제번호 일련순서**, **인쇄상태**, **중복 및 누락 페이지 유무**를 확인하시기 바랍니다.
4. 답안은 각 문제마다 요구하는 가장 적합하거나 가까운 답 1개만을 선택하여야 합니다.
5. 답안카드는 뒷면의 「수험자 유의사항」에 따라 작성하시고, 답안카드 작성 시 형별누락, 마킹착오로 인한 불이익은 전적으로 수험자에게 책임이 있음을 알려드립니다.
6. 문제지는 시험 종료 후 본인이 가져갈 수 있습니다.

** 안내사항 **

- 가답안/최종정답은 큐넷(www.q-net.or.kr)에서 확인하실 수 있습니다. 가답안에 대한 의견은 큐넷의 [가답안 의견제시]를 통해 제시할 수 있으며, 확정된 답안은 최종정답으로 갈음합니다.
- 공단에서 제공하는 자격검정서비스에 대해 개선할 점이 있으시면 고객참여(http://hrdkorea.or.kr/7/1/1)를 통해 건의하여 주시기 바랍니다.

▌2025년 기사 제1회 필기시험 CBT 기출복원문제▐

자격종목	종목코드	시험시간	형별	수험번호	성명
소방설비기사(전기분야)		2시간			

※ 각 문항은 4지택일형으로 질문에 가장 적합한 보기 항을 선택하여 체크하여야 합니다.

제 1 과목 소방원론

01 탄화칼슘이 물과 반응할 때 발생되는 기체는?

19.03.문17 18.04.문18 17.05.문09 11.10.문05 10.09.문12

① 일산화탄소
② 아세틸렌
③ 황화수소
④ 수소

유사문제부터 풀어보세요. 실력이 팍!팍! 올라갑니다.

해설 (1) **탄화칼슘**과 물의 반응식 보기 ②

$CaC_2 + 2H_2O \rightarrow Ca(OH)_2 + C_2H_2\uparrow$
탄화칼슘 물 수산화칼슘 **아세틸렌**

(2) **탄화알루미늄**과 물의 반응식

$Al_4C_3 + 12H_2O \rightarrow 4Al(OH)_3 + 3CH_4\uparrow$
탄화알루미늄 물 수산화알루미늄 메탄

(3) **인화칼슘**과 물의 반응식

$Ca_3P_2 + 6H_2O \rightarrow 3Ca(OH)_2 + 2PH_3\uparrow$
인화칼슘 물 수산화칼슘 포스핀

(4) **수소화리튬**과 물의 반응식

$LiH + H_2O \rightarrow LiOH + H_2$
수소화리튬 물 수산화리튬 수소

답 ②

02 분말소화약제로서 ABC급 화재에 적응성이 있는 소화약제의 종류는?

22.04.문18 21.05.문07 20.09.문07 19.03.문01 18.04.문06 17.09.문10 17.03.문18 16.10.문06 16.10.문10 16.05.문15

① $NH_4H_2PO_4$
② $NaHCO_3$
③ Na_2CO_3
④ $KHCO_3$

해설 **분말소화약제**

종 별	분자식	착 색	적응 화재	비 고
제1종	탄산수소나트륨 ($NaHCO_3$)	백색	BC급	**식용유** 및 **지방질유**의 화재에 적합 / 기억법 1식분(일식 분식)
제2종	탄산수소칼륨 ($KHCO_3$)	담자색 (담회색)	BC급	−
제3종	제1인산암모늄 ($NH_4H_2PO_4$) 보기 ①	담홍색	**ABC급**	**차고·주차장**에 적합 / 기억법 3분 차주(삼보 컴퓨터 차주)
제4종	**탄산수소칼륨+요소** ($KHCO_3$+$(NH_2)_2CO$)	회(백)색	BC급	−

답 ①

03 Fourier법칙(전도)에 대한 설명으로 틀린 것은?

23.09.문18 18.03.문13 17.09.문35 17.05.문33 16.10.문40

① 이동열량은 전열체의 단면적에 비례한다.
② 이동열량은 전열체의 두께에 비례한다.
③ 이동열량은 전열체의 열전도도에 비례한다.
④ 이동열량은 전열체 내·외부의 온도차에 비례한다.

해설 ② 비례 → 반비례

공식

(1) **전도**

$$Q=\frac{kA(T_2-T_1)}{l}$$ ← 비례 / ← 반비례

여기서, Q : 전도열[W]
k : 열전도율[W/m·K]
A : 단면적[m²]
(T_2-T_1) : 온도차[K]
l : 벽체 두께[m]

(2) **대류**

$$Q=h(T_2-T_1)$$

여기서, Q : 대류열[W/m²]
h : 열전달률[W/m²·℃]
(T_2-T_1) : 온도차[℃]

(3) **복사**

$$Q=aAF(T_1^{\ 4}-T_2^{\ 4})$$

여기서, Q : 복사열[W]
a : 스테판-볼츠만 상수[W/m^2 · K^4]
A : 단면적[m^2]
F : 기하학적 Factor
T_1 : 고온[K]
T_2 : 저온[K]

중요

열전달의 종류

종 류	설 명	관련 법칙
전도 (conduction)	하나의 물체가 다른 물체와 직접 **접촉**하여 열이 이동하는 현상	**푸리에**(Fourier)의 법칙
대류 (convection)	**유체**의 흐름에 의하여 열이 이동하는 현상	**뉴턴**의 법칙
복사 (radiation)	① 화재시 화원과 **격리**된 인접 가연물에 불이 옮겨 붙는 현상 ② 열전달 **매질**이 **없이** 열이 전달되는 형태 ③ 열에너지가 **전자파**의 형태로 옮겨지는 현상으로, **가장 크게 작용**한다.	**스테판-볼츠만**의 법칙

답 ②

★★
04 탄산가스에 대한 일반적인 설명으로 옳은 것은?

14.03.문16
10.09.문14

① 산소와 반응시 흡열반응을 일으킨다.
② 산소와 반응하여 불연성 물질을 발생시킨다.
③ 산화하지 않으나 산소와는 반응한다.
④ 산소와 반응하지 않는다.

해설 **가연물**이 **될 수 없는 물질**(불연성 물질)

특 징	불연성 물질
주기율표의 0족 원소	• 헬륨(He) • 네온(Ne) • 아르곤(Ar) • 크립톤(Kr) • 크세논(Xe) • 라돈(Rn)
산소와 더 이상 반응하지 않는 물질	• 물(H_2O) • **이산화탄소(CO_2)** 보기 ④ • 산화알루미늄(Al_2O_3) • 오산화인(P_2O_5)
흡열반응 물질	질소(N_2)

• 탄산가스=이산화탄소(CO_2)

답 ④

★
05 같은 원액으로 만들어진 포의 특성에 관한 설명으로 옳지 않은 것은?

15.09.문16

① 발포배율이 커지면 환원시간은 짧아진다.
② 환원시간이 길면 내열성이 떨어진다.
③ 유동성이 좋으면 내열성이 떨어진다.
④ 발포배율이 작으면 유동성이 떨어진다.

해설 ② 떨어진다 → 좋아진다

포의 **특성**

(1) 발포배율이 커지면 환원시간은 짧아진다. 보기 ①
(2) 환원시간이 길면 내열성이 **좋아진다.** 보기 ②
(3) 유동성이 좋으면 내열성이 떨어진다. 보기 ③
(4) 발포배율이 작으면 유동성이 떨어진다. 보기 ④

• 발포배율=팽창비

용어

용 어	설 명
발포배율	수용액의 포가 팽창하는 비율
환원시간	발포된 포가 원래의 포수용액으로 되돌아가는 데 걸리는 시간
유동성	포가 잘 움직이는 성질

답 ②

★★★
06 메탄 80vol%, 에탄 15vol%, 프로판 5vol%인 혼합가스의 공기 중 폭발하한계는 약 몇 vol%인가? (단, 메탄, 에탄, 프로판의 공기 중 폭발하한계는 5.0vol%, 3.0vol%, 2.1vol%이다.)

23.09.문08
22.09.문15
21.05.문20
17.05.문03

① 4.28 ② 3.61
③ 3.23 ④ 4.02

해설 (1) **기호**

• V_1 : 80vol%
• V_2 : 15vol%
• V_3 : 5vol%
• L_1 : 5.0vol%
• L_2 : 3.0vol%
• L_3 : 2.1vol%

(2) **혼합가스**의 **폭발하한계**

$$\frac{100}{L}=\frac{V_1}{L_1}+\frac{V_2}{L_2}+\frac{V_3}{L_3}$$

여기서, L : 혼합가스의 폭발하한계[vol%]
L_1, L_2, L_3 : 가연성 가스의 폭발하한계[vol%]
V_1, V_2, V_3 : 가연성 가스의 용량[vol%]

$$\frac{100}{L}=\frac{V_1}{L_1}+\frac{V_2}{L_2}+\frac{V_3}{L_3}$$

$$\frac{100}{L}=\frac{80}{5.0}+\frac{15}{3.0}+\frac{5}{2.1}$$

$$\frac{100}{\frac{80}{5.0}+\frac{15}{3.0}+\frac{5}{2.1}}=L$$

$$L=\frac{100}{\frac{80}{5.0}+\frac{15}{3.0}+\frac{5}{2.1}}\fallingdotseq 4.28\text{vol\%}$$

• 단위가 원래는 [vol%] 또는 [v%], [vol.%]인데 줄여서 [%]로 쓰기도 한다.

답 ①

★★★
07 할로젠원소의 소화효과가 큰 순서대로 배열된 것은?

23.09.문16
17.09.문15
15.03.문16
12.03.문04

① I > Br > Cl > F
② Br > I > F > Cl
③ Cl > F > I > Br
④ F > Cl > Br > I

해설 **할론소화약제**

부촉매효과(소화효과) 크기	전기음성도(친화력) 크기
I > Br > Cl > F 보기 ①	F > Cl > Br > I

- 소화효과=소화능력
- 전기음성도 크기=수소와의 결합력 크기

중요

할로젠족 원소
(1) 불소 : F (2) 염소 : Cl
(3) 브로민(취소) : Br (4) 아이오딘(옥소) : I

기억법 FClBrI

답 ①

★★★
08 연면적이 $1000m^2$ 이상인 건축물에 설치하는 방화벽이 갖추어야 할 기준으로 틀린 것은?

18.03.문14
17.09.문16
13.03.문16
12.03.문10
08.09.문05

① 내화구조로서 홀로 설 수 있는 구조일 것
② 방화벽의 양쪽 끝과 위쪽 끝을 건축물의 외벽면 및 지붕면으로부터 0.1m 이상 튀어나오게 할 것
③ 방화벽에 설치하는 출입문의 너비는 2.5m 이하로 할 것
④ 방화벽에 설치하는 출입문의 높이는 2.5m 이하로 할 것

해설

② 0.1m → 0.5m

건축령 57조, 피난 · 방화구조 21조
방화벽의 구조

대상 건축물	주요구조부가 내화구조 또는 불연재료가 아닌 연면적 $1000m^2$ 이상인 건축물
구획단지	연면적 **$1000m^2$** 미만마다 구획
방화벽의 구조	① **내화구조**로서 홀로 설 수 있는 구조일 것 보기 ① ② 방화벽의 양쪽 끝과 위쪽 끝을 건축물의 외벽면 및 지붕면으로부터 **0.5m** 이상 튀어나오게 할 것 보기 ② ③ 방화벽에 설치하는 **출입문**의 **너비** 및 높이는 각각 **2.5m** 이하로 하고 해당 출입문에는 60분+방화문 또는 60분 방화문을 설치할 것 보기 ③④

답 ②

★
09 주요구조부가 내화구조로 된 건축물에서 거실 각 부분으로부터 하나의 직통계단에 이르는 보행거리는 피난자의 안전상 몇 m 이하이어야 하는가?

99.08.문10

① 50
② 60
③ 70
④ 80

해설 **건축령 34조**
직통계단의 설치거리
(1) 일반건축물 : 보행거리 **30m** 이하
(2) 16층 이상인 공동주택 : 보행거리 **40m** 이하
(3) 내화구조 또는 불연재료로 된 건축물 : **50m** 이하 보기 ①

답 ①

★★★
10 할론(Halon) 1301의 분자식은?

19.09.문07
17.03.문05
16.10.문08
15.03.문04
14.09.문04
14.03.문02

① CH_3Cl
② CH_3Br
③ CF_3Cl
④ CF_3Br

해설 **할론소화약제**의 **약칭** 및 **분자식**

종 류	약 칭	분자식
할론 1011	CB	CH_2ClBr
할론 104	CTC	CCl_4
할론 1211	BCF	CF_2ClBr
할론 1301	BTM	CF_3Br 보기 ④
할론 2402	FB	$C_2F_4Br_2$

답 ④

★★★
11 물체의 표면온도가 250℃에서 650℃로 상승하면 열복사량은 약 몇 배 정도 상승하는가?

18.04.문15
17.05.문11
14.09.문14
13.06.문08

① 2.5
② 5.7
③ 7.5
④ 9.7

해설 **스테판-볼츠만**의 **법칙**(Stefan-Boltzman's law)

$$\frac{Q_2}{Q_1} = \frac{(273+t_2)^4}{(273+t_1)^4} = \frac{(273+650)^4}{(273+250)^4} \fallingdotseq 9.7\text{배}$$

- 열복사량은 복사체의 **절대온도**의 **4제곱**에 **비례**하고, **단면적**에 **비례**한다.

참고

스테판-볼츠만의 법칙(Stefan-Boltzman's law)

$$Q = aAF(T_1^{\ 4} - T_2^{\ 4})$$

여기서, Q : 복사열〔W〕
a : 스테판-볼츠만 상수〔$W/m^2 \cdot K^4$〕
A : 단면적〔m^2〕
F : 기하학적 Factor
T_1 : 고온($273 + t_1$)〔K〕
T_2 : 저온($273 + t_2$)〔K〕
t_1 : 저온〔℃〕
t_2 : 고온〔℃〕

답 ④

★★★
12 화재의 분류방법 중 유류화재를 나타낸 것은?

21.09.문17 19.03.문08 17.09.문07 16.05.문09 15.09.문19 13.09.문07

① A급 화재
② B급 화재
③ C급 화재
④ D급 화재

해설 **화재**의 **종류**

구 분	표시색	적응물질
일반화재(A급)	백색	• 일반가연물 • 종이류 화재 • 목재 · 섬유화재
유류화재(B급) 보기 ②	황색	• 가연성 액체 • 가연성 가스 • 액화가스화재 • 석유화재
전기화재(C급)	청색	• 전기설비
금속화재(D급)	무색	• 가연성 금속
주방화재(K급)	−	• 식용유화재

• 요즘은 표시색의 의무규정은 없음

답 ②

★★★
13 가연물이 연소가 잘 되기 위한 구비조건으로 틀린 것은?

20.06.문04 17.05.문18 08.03.문11

① 열전도율이 클 것
② 산소와 화학적으로 친화력이 클 것
③ 표면적이 클 것
④ 활성화에너지가 작을 것

해설

① 클 것 → 작을 것

가연물이 **연소**하기 쉬운 **조건**
(1) 산소와 **친화력**이 클 것 보기 ②
(2) **발열량**이 클 것
(3) **표면적**이 넓을 것 보기 ③
(4) **열전도율**이 **작을 것** 보기 ①
(5) **활성화에너지**가 **작을 것** 보기 ④
(6) **연쇄반응**을 일으킬 수 있을 것
(7) 산소가 포함된 **유기물**일 것

• **활성화에너지** : 가연물이 처음 연소하는 데 필요한 열

답 ①

★★★
14 화재 표면온도(절대온도)가 2배로 되면 복사에너지는 몇 배로 증가되는가?

14.09.문14 13.09.문01 13.06.문08

① 2
② 4
③ 8
④ 16

해설 **스테판-볼츠만**의 **법칙**(Stefan-Boltzman's law)

$$\frac{Q_2}{Q_1} = \frac{(273 + T_2)^4}{(273 + T_1)^4} = (2\text{배})^4 = 16\text{배}$$

• 열복사량은 복사체의 **절대온도**의 **4제곱**에 **비례**하고, **단면적**에 **비례**한다.

답 ④

★★★
15 연기감지기가 작동할 정도이고 가시거리가 20~30m에 해당하는 감광계수는 얼마인가?

17.03.문10 16.10.문16 16.03.문03 14.05.문06 13.09.문11

① $0.1m^{-1}$ ② $1.0m^{-1}$
③ $2.0m^{-1}$ ④ $10m^{-1}$

해설 **감광계수**와 **가시거리**

감광계수〔m^{-1}〕	가시거리〔m〕	상 황
0.1 보기 ①	20~30	연기**감**지기가 작동할 때의 농도(연기감지기가 작동하기 직전의 농도)
0.3	5	건물 내부에 **익**숙한 사람이 피난에 지장을 느낄 정도의 농도
0.5	3	**어**두운 것을 느낄 정도의 농도
1	1~2	앞이 거의 **보**이지 않을 정도의 농도
10	0.2~0.5	화재 **최**성기 때의 농도
30	−	출화실에서 연기가 **분**출할 때의 농도

기억법
0123 감
035 익
053 어
112 보
100205 최
30 분

답 ①

★★★
16 물속에 저장할 때 안전한 물질은?

21.03.문15
17.03.문11
16.05.문19
16.03.문07
10.03.문09
09.03.문16

① 나트륨
② 수소화칼슘
③ 탄화칼슘
④ 이황화탄소

해설 **물질**에 따른 **저장장소**

물 질	저장장소
황린, **이**황화탄소(CS_2) 보기 ④	**물**속
나이트로셀룰로오스	알코올 속
칼륨(K), 나트륨(Na), 리튬(Li)	석유류(등유) 속
알킬알루미늄	벤젠액 속
아세틸렌(C_2H_2)	디메틸포름아미드(DMF), 아세톤에 용해
수소화칼슘	**환기**가 잘 되는 내화성 **냉암소**에 보관
탄화칼슘(칼슘카바이드)	습기가 없는 **밀폐용기**에 저장하는 곳

기억법 **황물이(황**토색 **물이** 나온다.)

중요

산화프로필렌, 아세트알데하이드
구리, **마**그네슘, **은**, **수**은 및 그 합금과 저장 금지

기억법 **구마은수**

답 ④

★★★
17 물에 황산을 넣어 묽은 황산을 만들 때 발생되는 열은?

16.03.문17
15.03.문04

① 연소열
② 분해열
③ 용해열
④ 자연발열

해설 **화학열**

종 류	설 명
연소열	어떤 물질이 완전히 **산**화되는 과정에서 발생하는 열
용해열	어떤 물질이 액체에 **용해**될 때 발생하는 열(농**황**산, **묽은 황산**) 보기 ③
분해열	화합물이 **분해**할 때 발생하는 열
생성열	발열반응에 의한 화합물이 **생성**할 때의 열
자연발열 (자연발화)	어떤 물질이 **외**부로부터 열의 공급을 받지 아니하고 온도가 상승하는 현상

기억법 **연산, 용황, 자외**

답 ③

★★★
18 다음 중 자연발화의 방지방법이 아닌 것은 어느 것인가?

20.09.문05
18.04.문02
16.10.문05
16.03.문14
15.05.문19
15.03.문09
14.09.문09
14.09.문17
12.03.문09
10.03.문13

① 통풍이 잘 되도록 한다.
② 퇴적 및 수납시 열이 쌓이지 않게 한다.
③ 높은 습도를 유지한다.
④ 저장실의 온도를 낮게 한다.

해설

③ 높은 습도를 → 건조하게(낮은 습도를)

(1) **자연발화**의 **방지법**
㉠ **습**도가 높은 곳을 **피**할 것(건조하게 유지할 것) 보기 ③
㉡ 저장실의 온도를 낮출 것 보기 ④
㉢ 통풍이 잘 되게 할 것(**환기**를 원활히 시킨다) 보기 ①
㉣ 퇴적 및 수납시 열이 쌓이지 않게 할 것(**열축적 방지**) 보기 ②
㉤ 산소와의 접촉을 차단할 것(**촉매물질**과의 접촉을 피한다)
㉥ **열전도성**을 좋게 할 것

기억법 **자습피**

(2) **자연발화 조건**
㉠ 열전도율이 작을 것
㉡ 발열량이 클 것
㉢ 주위의 온도가 높을 것
㉣ 표면적이 넓을 것

답 ③

★★★
19 표준상태에서 44.8m^3의 용적을 가진 이산화탄소가스를 모두 액화하면 몇 kg인가? (단, 이산화탄소의 분자량은 44이다.)

24.05.문18
20.08.문18
19.03.문18

① 88
② 44
③ 22
④ 11

해설 (1) **주어진 값**

- 용적 : 44.8m^3=44800L(1m^3=1000L)
- 질량 : ?
- 분자량 : 44

(2) **증기밀도**

$$\text{증기밀도[g/L]} = \frac{\text{분자량}}{22.4}$$

여기서, 22.4 : 공기의 부피[L]

$$\text{증기밀도[g/L]} = \frac{\text{분자량}}{22.4}$$

$$\frac{\text{g(질량)}}{44800\text{L}} = \frac{44}{22.4}$$

$$\text{g(질량)} = \frac{44}{22.4} \times 44800\text{L} = 88000\text{g} = 88\text{kg}$$

- 단위를 보고 계산하면 쉽다.

답 ①

★★★
20 인화점이 낮은 것부터 높은 순서로 옳게 나열된 것은?

21.03.문14 18.04.문05 15.09.문02 14.05.문05 14.03.문10 12.03.문01 11.06.문09 11.03.문12 10.05.문11

① 에틸알코올 < 이황화탄소 < 아세톤
② 이황화탄소 < 에틸알코올 < 아세톤
③ 에틸알코올 < 아세톤 < 이황화탄소
④ 이황화탄소 < 아세톤 < 에틸알코올

해설

물 질	인화점	착화점
• 프로필렌	-107℃	497℃
• 에틸에터 • 다이에틸에터	-45℃	180℃
• 가솔린(휘발유)	-43℃	300℃
• 이황화탄소	**-30℃**	**100℃**
• 아세틸렌	-18℃	335℃
• 아세톤	**-18℃**	**538℃**
• 벤젠	-11℃	562℃
• 톨루엔	4.4℃	480℃
• 에틸알코올	**13℃**	**423℃**
• 아세트산	40℃	-
• 등유	43~72℃	210℃
• 경유	50~70℃	200℃
• 적린	-	260℃

답 ④

제 2 과목 소방전기일반

★
21 그림과 같이 전류계 A_1, A_2를 접속할 경우 A_1은 25A, A_2는 5A를 지시하였다. 전류계 A_2의 내부저항은 몇 Ω인가?

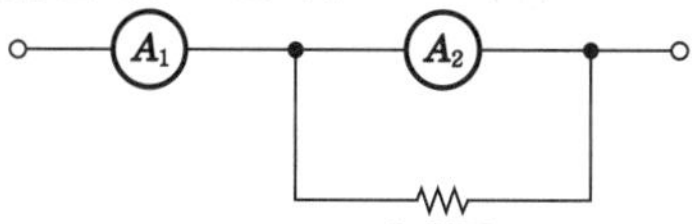

① 0.05 ② 0.08
③ 0.12 ④ 0.15

해설

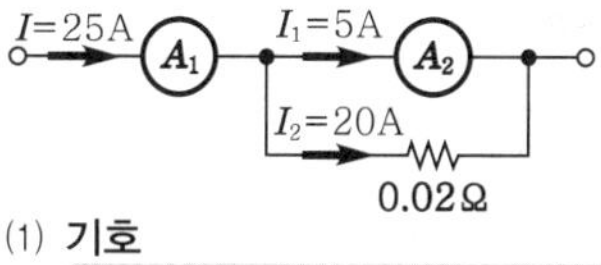

(1) **기호**
- I : 25A
- I_1 : 5A
- R : 0.02Ω

(2) **전류**
A_2와 0.02Ω이 병렬회로이므로

$I = I_1 + I_2$ 에서

$I_2 = I - I_1 = 25 - 5 = 20\text{A}$

(3) **전압**

$$V = IR$$

여기서, V : 전압[V]
I : 전류[A]
R : 저항[Ω]

0.02Ω에 가해지는 전압 V는
$V = I_2 R = 20 \times 0.02 = 0.4\text{V}$

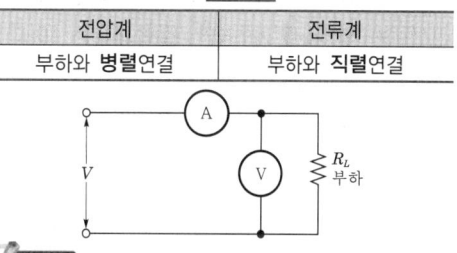

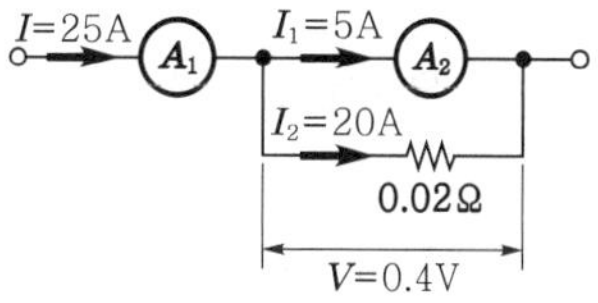

A_2의 내부저항 R은
$R = \frac{V}{I_1} = \frac{0.4}{5} = 0.08\Omega$

답 ②

★★★
22 회로의 전압과 전류를 측정하기 위한 계측기의 연결방법으로 옳은 것은?

19.09.문24 19.03.문22 17.09.문24 16.03.문26 14.09.문36 08.03.문30 04.09.문98 03.03.문37

① 전압계 : 부하와 직렬, 전류계 : 부하와 병렬
② 전압계 : 부하와 직렬, 전류계 : 부하와 직렬
③ 전압계 : 부하와 병렬, 전류계 : 부하와 병렬
④ 전압계 : 부하와 병렬, 전류계 : 부하와 직렬

해설 **전압계**와 **전류계**의 **연결** 보기 ④

전압계	전류계
부하와 **병렬**연결	부하와 **직렬**연결

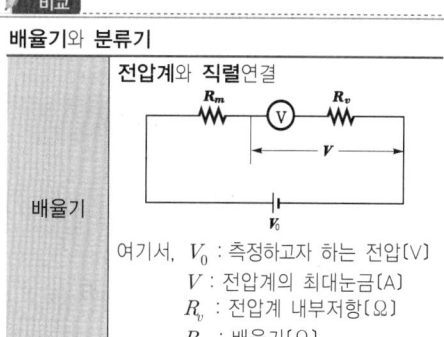

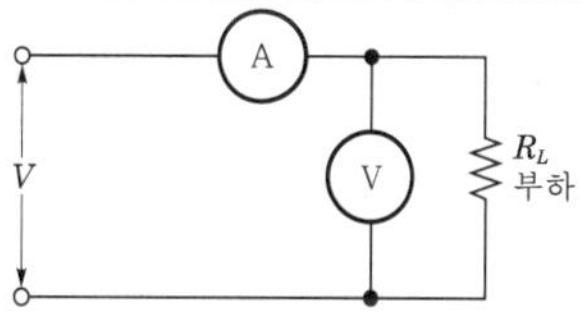

비교

배율기와 **분류기**

배율기	**전압계**와 **직렬**연결 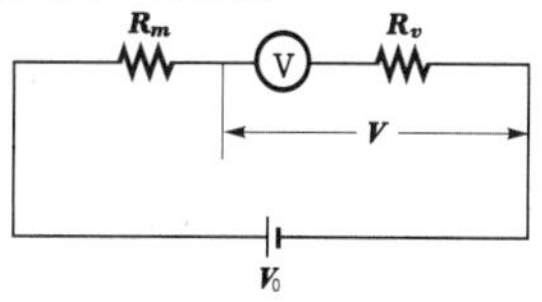 여기서, V_0 : 측정하고자 하는 전압[V] V : 전압계의 최대눈금[A] R_v : 전압계 내부저항[Ω] R_m : 배율기[Ω]

분류기	**전류계**와 **병렬**연결 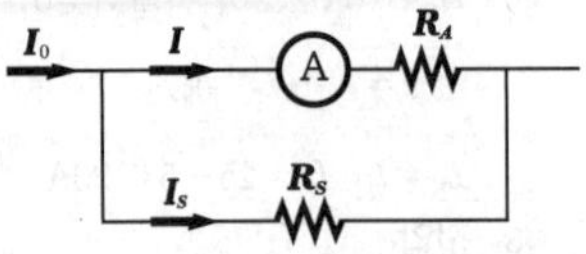 여기서, I_0 : 측정하고자 하는 전류〔A〕 I : 전류계의 최대눈금〔A〕 I_s : 분류기에 흐르는 전류〔A〕 R_A : 전류계 내부저항〔Ω〕 R_s : 분류기〔Ω〕

답 ④

★ 23 열팽창식 온도계가 아닌 것은?

17.03.문39

① 열전대 온도계 ② 유리 온도계
③ 바이메탈 온도계 ④ 압력식 온도계

해설 **온도계**의 **종류**

열팽창식 온도계	열전 온도계
• **유**리 온도계 보기 ② • **압**력식 온도계 보기 ④ • **바**이메탈 온도계 보기 ③ • 알코올 온도계 • 수은 온도계 기억법 **유압바**	• 열전대 온도계 보기 ①

답 ①

★★★ 24 자기인덕턴스 L_1, L_2가 각각 4mH, 9mH인 두 코일이 이상적인 결합이 되었다면 상호인덕턴스는 몇 mH인가? (단, 결합계수는 1이다.)

16.10.문25
14.05.문36
13.03.문40

① 6 ② 12
③ 24 ④ 36

해설 (1) **기호**

- L_1 : 4mH
- L_2 : 9mH
- M : ?
- K : 1

(2) **상호인덕턴스**(Mutual inductance)

$$M = K\sqrt{L_1 L_2}$$

여기서, M : 상호인덕턴스〔H〕
K : 결합계수
L_1, L_2 : 자기인덕턴스〔H〕

상호인덕턴스 M은

$M = K\sqrt{L_1 L_2} = 1\sqrt{4 \times 9} = 6\text{mH}$

중요

결합계수

$K=0$	$K=1$
두 코일 직교시	이상결합 · 완전결합시

답 ①

★★★ 25 어떤 회로에 $v(t) = 150\sin\omega t$〔V〕의 전압을 가하니 $i(t) = 12\sin(\omega t - 30°)$〔A〕의 전류가 흘렀다. 이 회로의 소비전력(유효전력)은 약 몇 W인가?

21.03.문34
19.09.문34
12.03.문31

① 390 ② 450
③ 780 ④ 900

해설 중요

cos → sin 변경	sin → cos 변경
+90° 붙임	−90° 붙임

$v(t) = V_m \sin\omega t = 150\sin\omega t = 150\cos(\omega t - 90°)$〔V〕
$i(t) = I_m \sin\omega t = 12\sin(\omega t - 30°)$
$= 12\cos(\omega t - 30° - 90°) = 12\cos(\omega t - 120°)$〔A〕

(1) **전압**의 **최대값**

$$V_m = \sqrt{2}\,V$$

여기서, V_m : 전압의 최대값〔V〕
V : 전압의 실효값〔V〕

전압의 **실효값** V는

$V = \dfrac{V_m}{\sqrt{2}} = \dfrac{150}{\sqrt{2}}\text{V}$

(2) **전류**의 **최대값**

$$I_m = \sqrt{2}\,I$$

여기서, I_m : 전류의 최대값〔A〕
I : 전류의 실효값〔A〕

전류의 **실효값** I는

$I = \dfrac{I_m}{\sqrt{2}} = \dfrac{12}{\sqrt{2}}\text{A}$

(3) **소비전력**

$$P = VI\cos\theta$$

여기서, P : 소비전력〔W〕
V : 전압의 실효값〔V〕
I : 전류의 실효값〔A〕
θ : 위상차〔rad〕

소비전력 P는

$P = VI\cos\theta$
$= \dfrac{150}{\sqrt{2}} \times \dfrac{12}{\sqrt{2}} \times \cos(-90-(-120))°$
$= \dfrac{150}{\sqrt{2}} \times \dfrac{12}{\sqrt{2}} \times \cos 30° ≒ 780\text{W}$

- 소비전력=유효전력=부하전력

답 ③

26
21.03.문25

테브난의 정리를 이용하여 그림 (a)의 회로를 그림 (b)와 같은 등가회로로 만들고자 할 때 V_{th}[V]와 R_{th}[Ω]은?

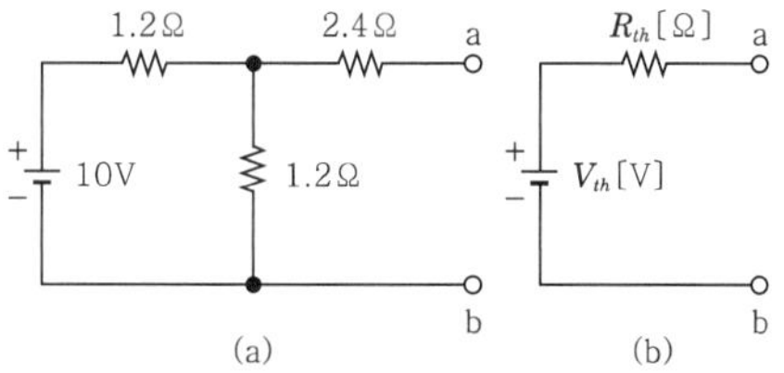

① 5V, 2Ω ② 5V, 3Ω
③ 6V, 2Ω ④ 6V, 3Ω

해설 **테브난의 정리**에 의해 2.4Ω에는 전압이 가해지지 않으므로

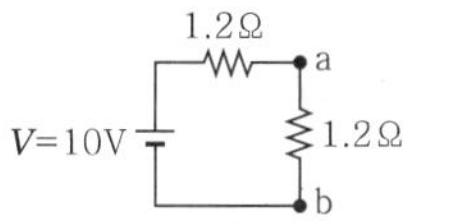

이해하기 쉽게 회로를 변형하면

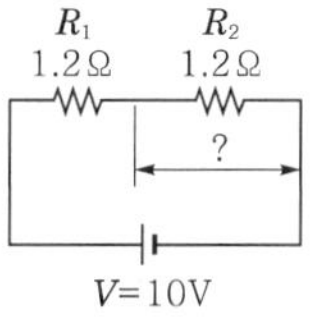

$$V_{th} = \frac{R_2}{R_1+R_2}V = \frac{1.2}{1.2+1.2} \times 10 = 5\text{V}$$

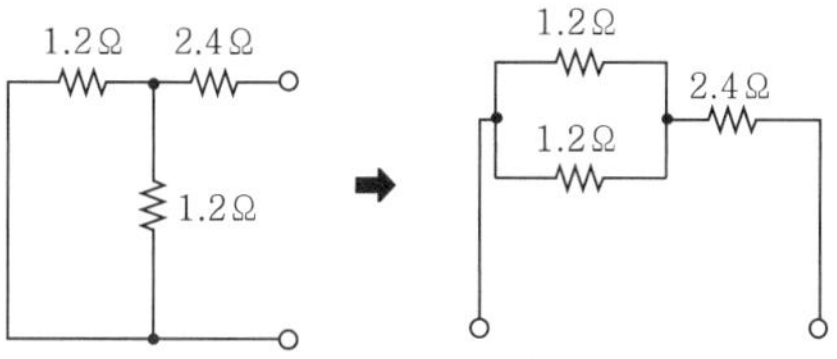

전압원을 **단락**하고 회로망에서 본 저항 R_{th}은

$$R_{th} = \frac{1.2 \times 1.2}{1.2+1.2} + 2.4 = 3\Omega$$

용어

테브난의 **정리**(테브낭의 정리)
2개의 독립된 회로망을 접속하였을 때의 전압 · 전류 및 임피던스의 관계를 나타내는 정리

답 ②

27
20.08.문23

다음 중 강자성체에 속하지 않는 것은?

① 니켈
② 알루미늄
③ 코발트
④ 철

해설 ② 알루미늄 : 상자성체

자성체의 **종류**

자성체	종 류
상자성체 (paramagnetic material)	① **알**루미늄(Al) 보기 ② ② **백**금(Pt) 기억법 **상알백**
반자성체 (diamagnetic material)	① 금(Au) ② 은(Ag) ③ 구리(동)(Cu) ④ 아연(Zn) ⑤ 탄소(C)
강자성체 (ferromagnetic material)	① **니**켈(Ni) 보기 ① ② **코**발트(Co) 보기 ③ ③ **망**가니즈(Mn) ④ **철**(Fe) 보기 ④ 기억법 **강니코망철** • **자기차폐**와 관계 깊음

답 ②

28
16.03.문37
00.07.문33

PNPN 4층 구조로 되어 있는 소자가 아닌 것은?

① SCR ② TRIAC
③ Diode ④ GTO

해설

PN 2층 구조	PNP 또는 NPN 3층 구조	PNPN 4층 구조
• Diode(다이오드) 보기 ③	• Transistor (트랜지스터)	• SCR 보기 ① • TRIAC(트라이액) 보기 ② • GTO 보기 ④

답 ③

29
18.09.문27
11.06.문22
09.08.문34
08.03.문24

그림과 같은 다이오드 게이트 회로에서 출력전압은? (단, 다이오드 내의 전압강하는 무시한다.)

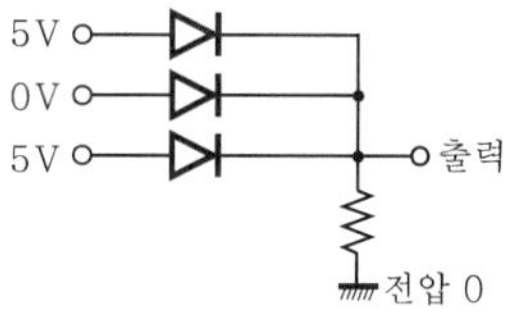

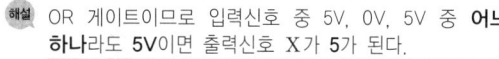

① 10V ② 5V
③ 1V ④ 0V

해설 OR 게이트이므로 입력신호 중 5V, 0V, 5V 중 **어느 하나**라도 **5V**이면 출력신호 X가 **5**가 된다.

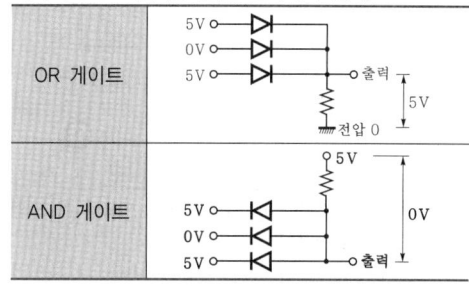

OR 게이트	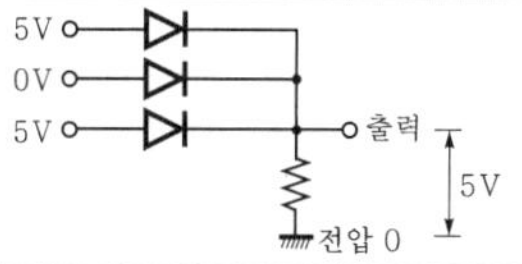
AND 게이트	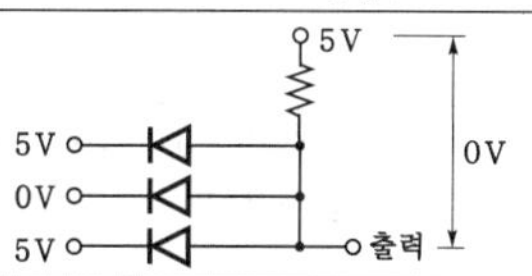

중요

논리회로

명 칭	회 로
AND 게이트	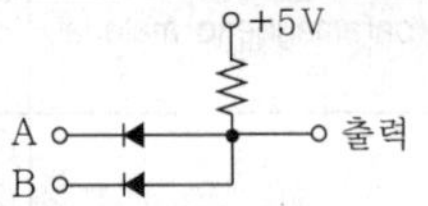
	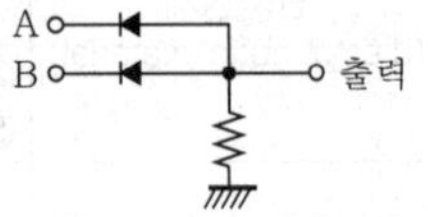
OR 게이트	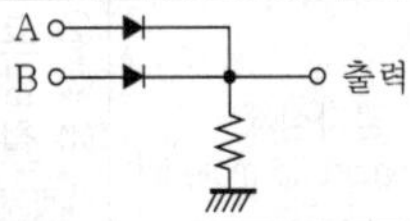 보기 ②
	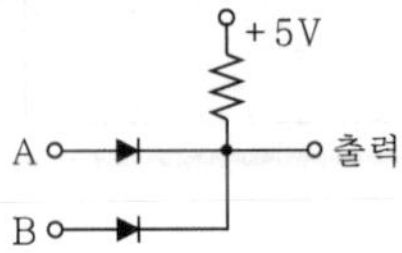
NOR 게이트	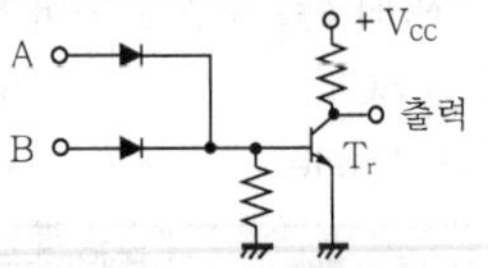
NAND 게이트	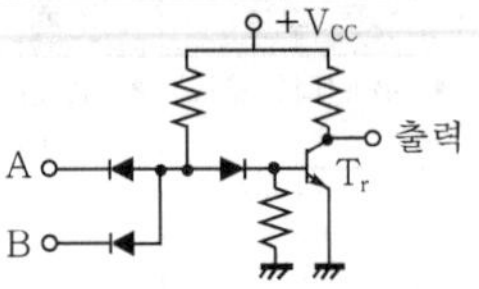

답 ②

★★★

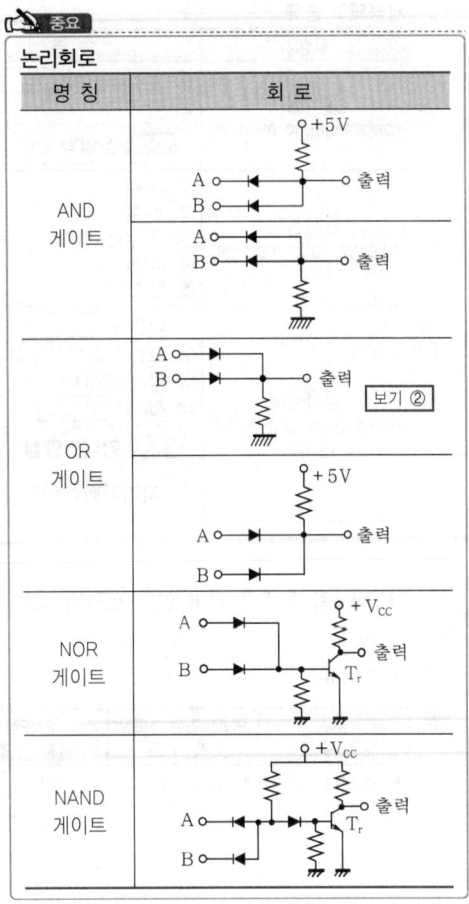

30 회로에서 저항 5Ω의 양단전압 V_R[V]은?

21.09.문28 21.05.문40 14.09.문39 08.03.문21

① −10
② −7
③ 7
④ 10

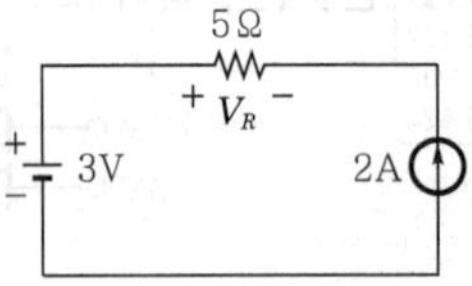

해설 **중첩**의 **원리**

(1) **전압원 단락시**

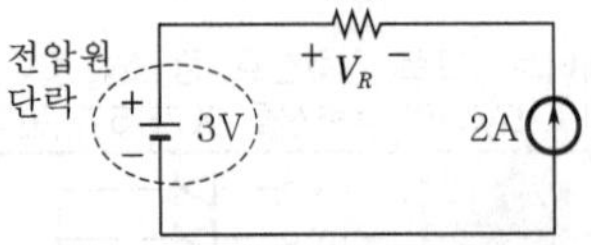

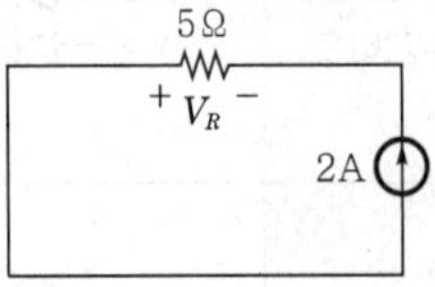

$V=IR=2\times 5=10$V(전류와 전압 V_R의 방향의 반대이므로 **−10V**)

(2) **전류원 개방시**

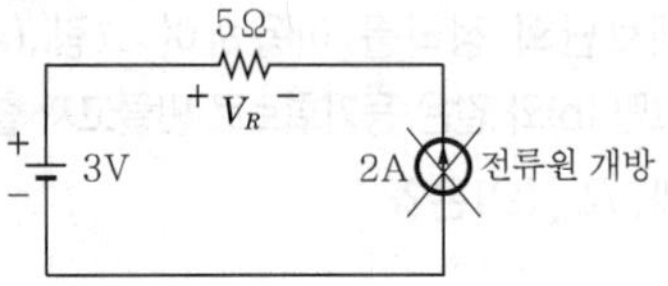

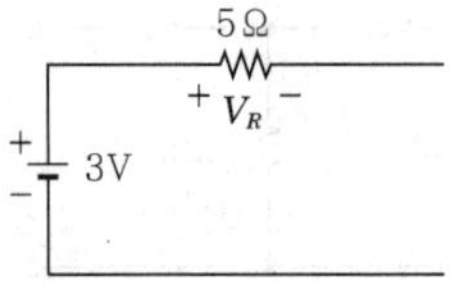

회로가 **개방**되어 있으므로 **5**Ω에는 전압이 인가되지 않음

∴ 5Ω 양단전압은 **−10V**

• 중첩의 원리=전압원 단락시 값+전류원 개방시 값

답 ①

★★★

31 그림의 시퀀스회로와 등가인 논리게이트는?

17.09.문25 16.05.문36 16.03.문39 15.09.문23 13.09.문30 13.06.문35

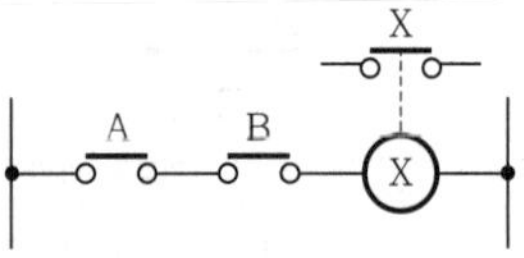

① OR 게이트 ② AND 게이트
③ NOT 게이트 ④ NOR 게이트

해설 **시퀀스회로**와 **논리회로**

명 칭	시퀀스회로	논리회로
AND 회로 (**직렬 회로**) 보기 ②	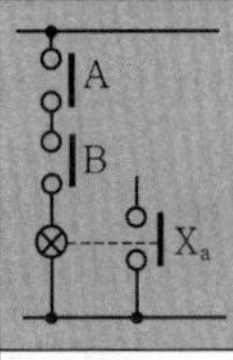	 X=A·B 입력신호 A, B가 동시에 1일 때만 출력신호 X가 1이 된다.
OR 회로 (**병렬 회로**)	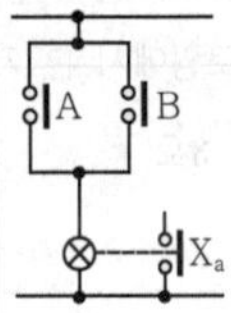	 X=A+B 입력신호 A, B 중 어느 하나라도 1이면 출력신호 X가 1이 된다.
NOT 회로 (**b접점**)	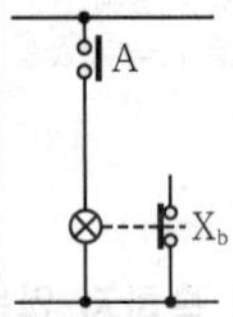	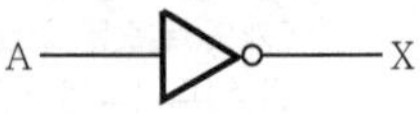 $X=\overline{A}$ 입력신호 A가 0일 때만 출력신호 X가 1이 된다.
NAND 회로	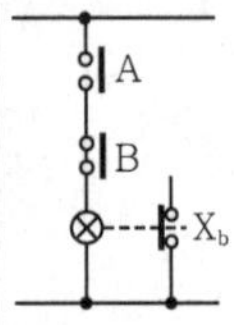	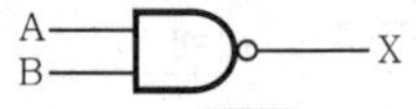 $X=\overline{A\cdot B}$ 입력신호 A, B가 동시에 1일 때만 출력신호 X가 0이 된다(AND회로의 부정).

NOR 회로	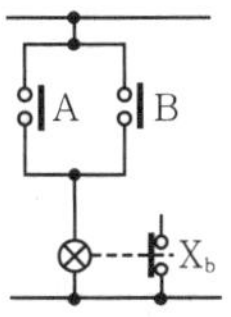	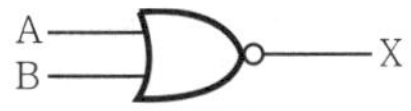 $X=\overline{A+B}$ 입력신호 A, B가 동시에 0일 때만 출력신호 X가 1이 된다(OR회로의 부정).
EXCLUSIVE OR 회로	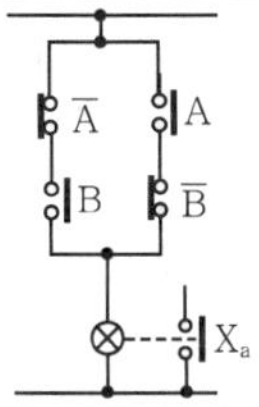	 $X=A\oplus B=\overline{A}B+A\overline{B}$ 입력신호 A, B 중 어느 한쪽만이 1이면 출력신호 X가 1이 된다.
EXCLUSIVE NOR 회로	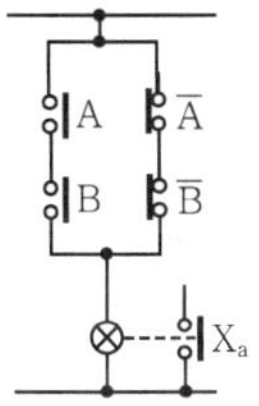	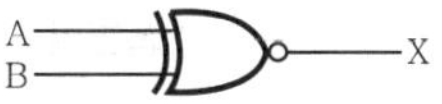 $X=\overline{A\oplus B}=AB+\overline{A}\,\overline{B}$ 입력신호 A, B가 동시에 0이거나 1일 때만 출력신호 X가 1이 된다.

- 회로＝게이트
- 시퀀스회로는 해설과 같이 세로로 그려도 된다.

답 ②

32 평행한 왕복전선에 10A의 전류가 흐를 때 전선 사이에 작용하는 전자력〔N/m〕은? (단, 전선의 간격은 40cm이다.)

18.09.문34
14.09.문37

① 5×10^{-5}N/m, 서로 반발하는 힘
② 5×10^{-5}N/m, 서로 흡인하는 힘
③ 7×10^{-5}N/m, 서로 반발하는 힘
④ 7×10^{-5}N/m, 서로 흡인하는 힘

해설 (1) **기호**

- $I_1=I_2$: 10A
- F : ?
- r : 40cm=0.4m(100cm=1m)

(2) **평행도체 사이**에 **작용**하는 **힘**

$$F=\frac{\mu_0 I_1 I_2}{2\pi r}\text{〔N/m〕}$$

여기서, F : 평행전류의 힘〔N/m〕
μ_0 : 진공의 투자율$(4\pi\times10^{-7})$〔H/m〕
I_1, I_2 : 전류〔A〕
r : 거리〔m〕

평행도체 사이에 작용하는 힘 F는

$$F=\frac{\mu_0 I_1 I_2}{2\pi r}$$

$$=\frac{(4\pi\times10^{-7})\times10\times10}{2\pi\times0.4}=5\times10^{-5}\text{N/m}$$

- μ_0 : $4\pi\times10^{-7}$〔H/m〕

힘의 방향은 전류가 **같은 방향**이면 **흡인력**, **다른 방향**이면 **반발력**이 작용한다.

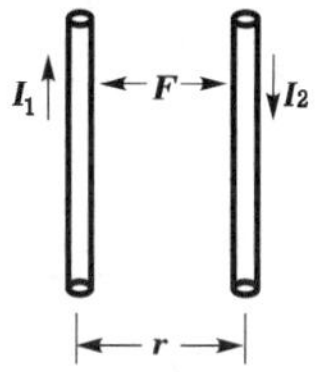

▮평행전류의 힘▮

평행 왕복전선은 두 전선의 전류방향이 다른 방향이므로 **반발력**

용어

반발력
서로 반발하는 힘

답 ①

33 저항 R_1〔Ω〕, 저항 R_2〔Ω〕, 인덕턴스 L〔H〕의 직렬회로가 있다. 이 회로의 시정수〔s〕는?

16.03.문33
12.09.문31

① $-\dfrac{R_1+R_2}{L}$

② $\dfrac{R_1+R_2}{L}$

③ $-\dfrac{L}{R_1+R_2}$

④ $\dfrac{L}{R_1+R_2}$

해설 **시정수**

(1)  : $\tau=\dfrac{L}{R}$〔s〕

(2) 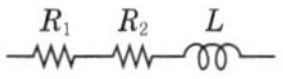 : $\tau=\dfrac{L}{R_1+R_2}$〔s〕 보기 ④

비교

RC 직렬회로

$$\tau=RC$$

여기서, τ : 시정수〔s〕
R : 저항〔Ω〕
C : 정전용량〔F〕

용어

시정수(Time constant)
과도상태에 대한 변화의 속도를 나타내는 척도가 되는 상수

답 ④

★★★ 34 그림의 블록선도에서 $\frac{C(s)}{R(s)}$을 구하면?

21.03.문39 20.09.문23 19.09.문22 17.09.문27 16.03.문25 09.05.문32 08.03.문39

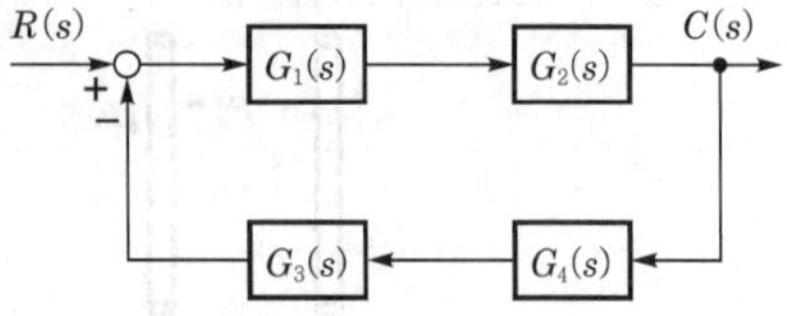

① $\dfrac{G_1(s)+G_2(s)}{1+G_1(s)G_2(s)+G_3(s)G_4(s)}$

② $\dfrac{G_1(s)G_2(s)}{1+G_1(s)G_2(s)G_3(s)G_4(s)}$

③ $\dfrac{G_3(s)G_4(s)}{1+G_1(s)G_2(s)G_3(s)G_4(s)}$

④ $\dfrac{G_1(s)G_2(s)}{1+G_1(s)G_2(s)+G_3(s)G_4(s)}$

해설

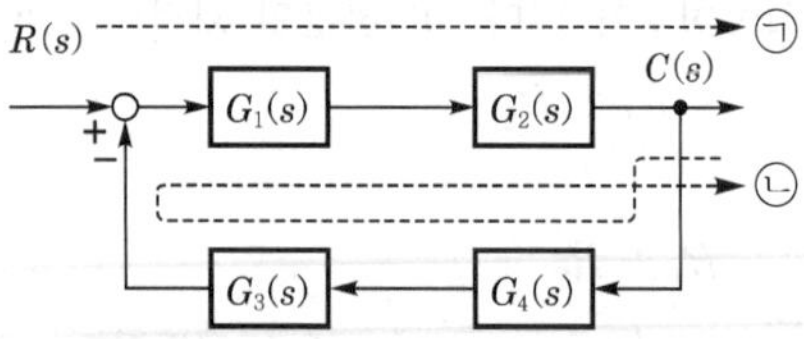

계산 편의를 위해 잠시 (s)를 생략하고 계산하면

$RG_1G_2 - CG_1G_2G_3G_4 = C$

$RG_1G_2 = C + CG_1G_2G_3G_4$

$RG_1G_2 = C(1+G_1G_2G_3G_4)$

$\dfrac{G_1G_2}{1+G_1G_2G_3G_4} = \dfrac{C}{R}$

$\dfrac{C}{R} = \dfrac{G_1G_2}{1+G_1G_2G_3G_4}$ ← (s)를 다시 붙이면

$\dfrac{C(s)}{R(s)} = \dfrac{G_1(s)G_2(s)}{1+G_1(s)G_2(s)G_3(s)G_4(s)}$

용어

블록선도(block diagram)
제어계에서 신호가 전달되는 모양을 표시하는 선도

답 ②

★ 35 아날로그와 디지털 통신에서 데시벨의 단위로 나타내는 SN비를 올바르게 풀어쓴 것은?

16.03.문34

① SIGN TO NUMBER RATING
② SIGNAL TO NOISE RATIO
③ SOURCE NULL RESISTANCE
④ SOURCE NETWORK RANGE

해설 **SN비** 또는 **SNR비**(Signal-to-Noise Ratio, 신호 대 잡음비)
아날로그와 디지털 통신에서, 즉 신호 대 잡음의 상대적인 크기를 나타내는 것으로서 단위는 **데시벨**(dB)이다.

답 ②

★★ 36 가동철편형 계기의 구조형태가 아닌 것은?

00.10.문35 98.10.문24

① 흡인형
② 회전자장형
③ 반발형
④ 반발흡인형

해설 **가동철편형 계기의 구조형태**

(1) **흡**인형(attraction type) 보기 ①
(2) **반**발형(repulsion type) 보기 ③
(3) **반**발흡인형(repulsion attraction type) 보기 ④

기억법 **흡반철**

참고

유도형 계기의 구조형태
(1) 회전자장형(revolving field type) 보기 ②
(2) 이동자장형(shifting field type)

답 ②

★ 37 다음의 회로에서 V_1, V_2는 몇 V인가?

23.09.문33

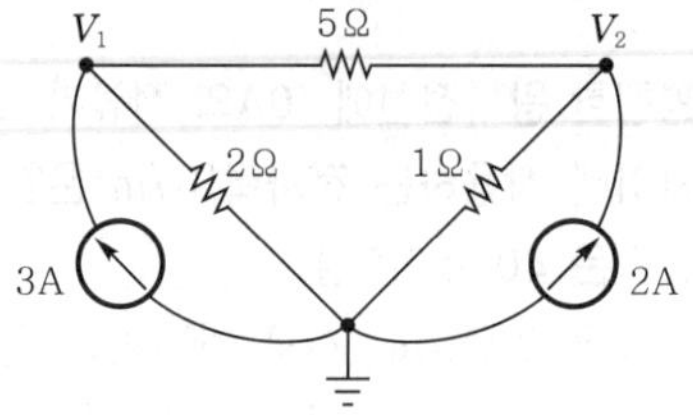

① $V_1 = 4.5\text{V}$, $V_2 = 2.5\text{V}$
② $V_1 = 5\text{V}$, $V_2 = 2\text{V}$
③ $V_1 = 4.5\text{V}$, $V_2 = 2\text{V}$
④ $V_1 = 5\text{V}$, $V_2 = 2.5\text{V}$

해설 그림을 변형하면

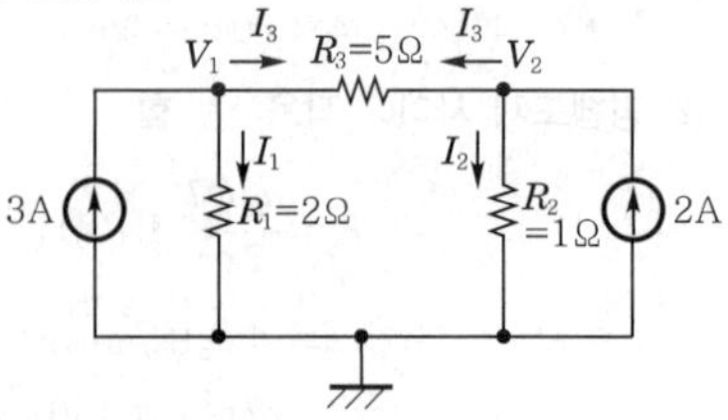

(1) 점 V_1

$I_1 = \dfrac{V_1}{R_1} = \dfrac{V_1}{2}$

$I_3 = \dfrac{V_1 - V_2}{R_3} = \dfrac{V_1 - V_2}{5}$

(V_1을 기준으로 보면 V_2의 방향이 반대이므로 V_2에 −를 붙임)

점 $V_1 = I_1 + I_3 = 3A$

$= \frac{V_1}{2} + \frac{V_1 - V_2}{5} = 3A$

$= \frac{5V_1}{5\times2} + \frac{2(V_1 - V_2)}{2\times5} = 3A$

(공통분모 10을 만들기 위해 한 쪽 분자, 분모에 5 또는 2를 곱함)

$= \frac{5V_1}{10} + \frac{2V_1 - 2V_2}{10} = 3A$

$= \frac{5V_1 + 2V_1 - 2V_2}{10} = 3A$

$= \frac{7V_1 - 2V_2}{10} = 3A$

$= 7V_1 - 2V_2 = 3\times10A$

$= 7V_1 - 2V_2 = 30A \cdots$ ①

(2) 점 V_2

$I_2 = \frac{V_2}{R_2} = \frac{V_2}{1}$

$I_3 = \frac{-V_1 + V_2}{R_3} = \frac{-V_1 + V_2}{5}$

(V_2를 기준으로 보면 V_1의 방향이 반대이므로 V_1에 −를 붙임)

점 $V_2 = I_2 + I_3 = 2A$

$= \frac{V_2}{1} + \left(\frac{-V_1 + V_2}{5}\right) = 2A$

$= \frac{5V_2}{5\times1} + \left(\frac{-V_1 + V_2}{5}\right) = 2A$

(공통분모 5를 만들기 위해 한 쪽 분자, 분모에 5를 곱함)

$= \frac{5V_2}{5} + \left(\frac{-V_1 + V_2}{5}\right) = 2A$

$= \frac{5V_2 - V_1 + V_2}{5} = 2A$

$= \frac{6V_2 - V_1}{5} = 2A$

$= 6V_2 - V_1 = 2\times5A$

$= 6V_2 - V_1 = 10A$

$= -V_1 + 6V_2 = 10A \cdots$ ② ⬅ V_1, V_2 위치 바꿈

(3) ①식 ②식 적용(계산편의를 위해 단위 생략)

$7V_1 - 2V_2 = 30 \cdots$ ①′

$+ \; -V_1 + 6V_2 = 10 \cdots$ ②′

①′식 V_2값을 ②′식과 일치시켜서 생략하기 위해 ①′식에 3을 곱함

$(3\times7)V_1 - (3\times2)V_2 = 3\times30 \cdots$ ①′

$+ \; -V_1 + 6V_2 = 10 \cdots$ ②′

$21V_1 - 6V_2 = 90 \cdots$ ①′

$+ \; -V_1 + 6V_2 = 10 \cdots$ ②′

$20V_1 = 100$

$V_1 = \frac{100}{20} = 5V$

$-V_1 + 6V_2 = 10 \cdots$ ②′ ($V_1 = 5$ 대입)

$-5 + 6V_2 = 10$

$6V_2 = 10 + 5$

$V_2 = \frac{10+5}{6} = 2.5V$

답 ④

★★ **38** 정전용량이 각각 1μF, 2μF, 3μF이고, 내압이 모두 동일한 3개의 커패시터가 있다. 이 커패시터들을 직렬로 연결하여 양단에 전압을 인가한 후 전압을 상승시키면 가장 먼저 절연이 파괴되는 커패시터는? (단, 커패시터의 재질이나 형태는 동일하다.)

21.05.문24

① 1μF ② 2μF

③ 3μF ④ 3개 모두

해설

① 전기량이 **작은 콘덴서**가 가장 먼저 **파괴**됨

(1) **기호**

- C_1 : 1μF=1×10^{-6}F(1μF=10^{-6}F)
- C_2 : 2μF=2×10^{-6}F(1μF=10^{-6}F)
- C_3 : 3μF=3×10^{-6}F(1μF=10^{-6}F)
- $V_1 = V_2 = V_3$(내압이 모두 동일)

내압을 1000V로 가정하면

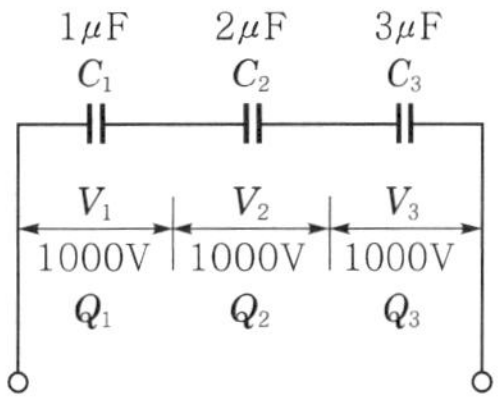

(2) **전기량**

$$Q = CV$$

여기서, Q : 전기량(전하)[C]

C : 정전용량[F]

V : 전압[V]

$Q_1 = C_1V_1 = (1\times10^{-6})\times1000 = 1\times10^{-3}C$

$Q_2 = C_2V_2 = (2\times10^{-6})\times1000 = 2\times10^{-3}C$

$Q_3 = C_3V_3 = (3\times10^{-6})\times1000 = 3\times10^{-3}C$

Q_1(1μF)이 전기량이 가장 작으므로 **가장 먼저 파괴**된다.

답 ①

★★★
39 그림과 같은 회로에 평형 3상 전압 200V를 인가한 경우 소비된 유효전력[kW]은? (단, $R=20\Omega$, $X=10\Omega$)

18.09.문32
16.10.문21
12.05.문21
07.09.문27
03.05.문34

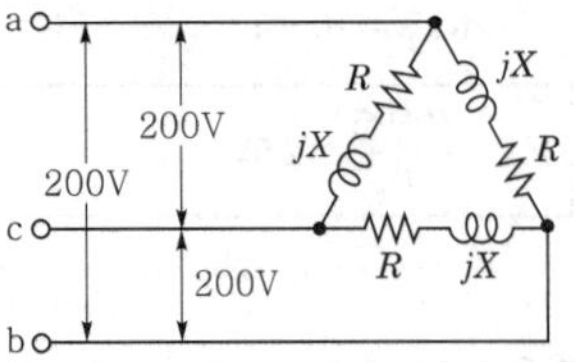

① 1.6　② 2.4
③ 2.8　④ 4.8

해설 (1) 기호

- V_L : 200V
- R : 20Ω
- X : 10Ω
- P : ?

(2) △결선 선전류

△결선	Y결선
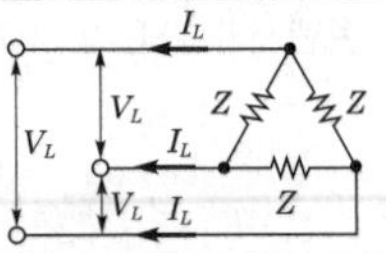	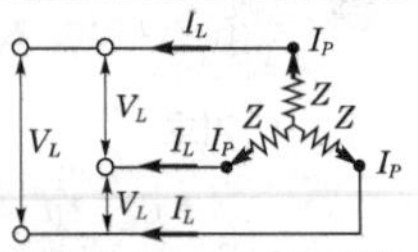
$I_L=\frac{\sqrt{3}\,V_L}{Z}$ $I_L=\sqrt{3}\,I_P$	$I_L=I_P=\frac{V_L}{\sqrt{3}\,Z}$
여기서, I_L : 선전류[A] V_L : 선간전압[V] Z : 임피던스[Ω] I_P : 상전류[A]	여기서, I_L : 선전류[A] I_P : 상전류[A] V_L : 선간전압[V] Z : 임피던스[Ω]

△결선 선전류 I_L는

$$I_L=\frac{\sqrt{3}\,V_L}{Z}=\frac{\sqrt{3}\times 200}{20+j10}=\frac{\sqrt{3}\times 200}{\sqrt{20^2+10^2}}=15.491\text{A}$$

(3) △결선 상전류

$$I_P=\frac{I_L}{\sqrt{3}},\ I_L=\sqrt{3}\,I_P$$

여기서, I_P : 상전류[A]
I_L : 선전류[A]

△결선 상전류 I_P는

$$I_P=\frac{I_L}{\sqrt{3}}=\frac{15.491}{\sqrt{3}}=8.943\text{A}$$

(4) 3상 유효전력

$$P=3V_PI_P\cos\theta=\sqrt{3}\,V_LI_L\cos\theta=3I_P^{\,2}R\ [\text{W}]$$

여기서, P : 3상 유효전력[W]
V_P, I_P : 상전압[V], 상전류[A]
V_L, I_L : 선간전압[V], 선전류[A]
R : 저항[Ω]

3상 유효전력 P는

$P=3I_P^{\,2}R$
$=3\times 8.943^2\times 20=4798 \fallingdotseq 4800\text{W}=4.8\text{kW}$

- 1000W=1kW

답 ④

★
40 자기용량이 10kVA인 단권변압기를 그림과 같이 접속하였을 때 역률 80%의 부하에 몇 kW의 전력을 공급할 수 있는가?

18.09.문28

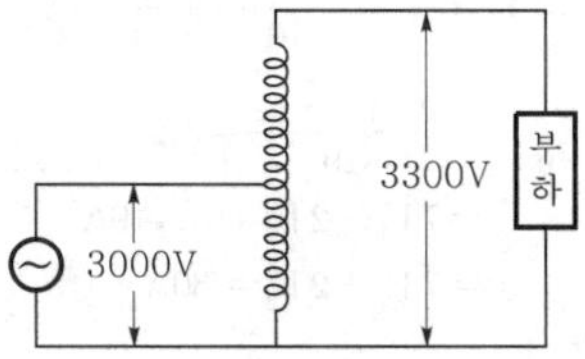

① 8　② 54
③ 80　④ 88

해설 (1) 기호

- V_1 : 3000V
- V_2 : 3300V
- P : 10kVA=10000VA
- $\cos\theta$: 80%=0.8
- P_L : ?

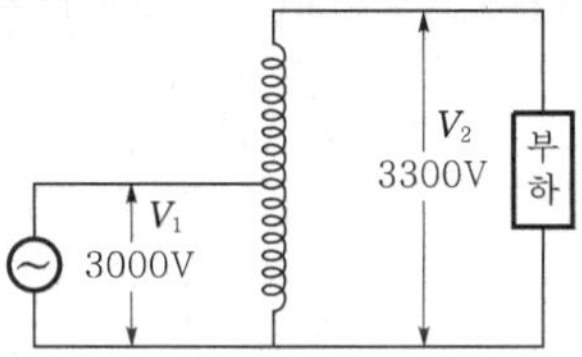

(2) 부하전류

$$I_2=\frac{P}{V_2-V_1}$$

여기서, I_2 : 부하전류[A]
P : 자기용량[VA]
V_2 : 부하전압[V]
V_1 : 입력전압[V]

부하전류 I_2는

$$I_2=\frac{P}{V_2-V_1}=\frac{10000}{(3300-3000)}\fallingdotseq 33.33\text{A}$$

(3) **부하측 소비전력**(공급전력)

$$P_L=V_2I_2\cos\theta$$

여기서, P_L : 부하측 소비전력[VA]
V_2 : 부하전압[V]
I_2 : 부하전류[A]
$\cos\theta$: 역률

부하측 소비전력 P_L는

$P_L=V_2I_2\cos\theta=3300\times 33.33\times 0.8$
$\fallingdotseq 87991\text{W} \fallingdotseq 88000\text{W}=88\text{kW}$

답 ④

제 3 과목 소방관계법규

★★
41 소방시설 설치 및 관리에 관한 법령상 간이스프링클러설비를 설치하여야 하는 특정소방대상물의 기준으로 옳은 것은?

10.03.문41

① 근린생활시설로 사용하는 부분의 바닥면적 합계가 1000m^2 이상인 것은 모든 층

② 교육연구시설 내에 있는 합숙소로서 연면적 500m^2 이상인 것

③ 의료재활시설을 제외한 요양병원으로 사용되는 바닥년적의 합계가 300m^2 이상 600m^2 미만인 시설

④ 정신의료기관 또는 의료재활시설로 사용되는 바닥면적의 합계가 600m^2 미만인 시설

해설 **소방시설법 시행령 〔별표 4〕**
간이스프링클러설비의 설치대상

설치대상	조 건
교육연구시설 내 합숙소	• 연면적 **100m²** 이상 보기 ②
노유자시설 · 정신의료기관 · 의료재활시설	• 창살설치 : **300m²** 미만 • 기타 : **300m²** 이상 **600m²** 미만 보기 ④
숙박시설	• 바닥면적 합계 **300m²** 이상 **600m²** 미만
종합병원, 병원, 치과병원, 한방병원 및 요양병원(의료재활시설 제외)	• 바닥면적 합계 **600m²** 미만 보기 ③
근린생활시설	• 바닥면적 합계 **1000m²** 이상은 **전층** 보기 ① • **의원**, 치과의원 및 한의원으로서 **입원실** 또는 인공신장실이 **있는 시설** • 조산원 및 산후조리원으로서 연면적 **600m²** 미만
연립주택, 다세대주택	• 주택 전용 간이스프링클러설비 설치

② 500m^2 이상 → 100m^2 이상
③ 300m^2 이상 600m^2 미만 → 600m^2 미만
④ 600m^2 미만 → 300m^2 이상 600m^2 미만

답 ①

★★★
42 위험물안전관리법령상 인화성 액체 위험물(이황화탄소를 제외)의 옥외탱크저장소의 탱크 주위에 설치하여야 하는 방유제의 기준 중 틀린 것은?

21.03.문42
18.09.문47
18.03.문54
15.03.문07
14.05.문45
08.09.문58

① 방유제의 용량은 방유제 안에 설치된 탱크가 하나인 때에는 그 탱크용량의 110% 이상으로 할 것

② 방유제의 용량은 방유제 안에 설치된 탱크가 2기 이상인 때에는 그 탱크 중 용량이 최대인 것의 용량의 110% 이상으로 할 것

③ 방유제는 높이 1m 이상 2m 이하, 두께 0.2m 이상, 지하매설깊이 0.5m 이상으로 할 것

④ 방유제 내의 면적은 80000m^2 이하로 할 것

해설 ③ 1m 이상 2m 이하 → 0.5m 이상 3m 이하, 0.5m → 1m

위험물규칙 〔별표 6〕
(1) **옥외탱크저장소의 방유제**

구 분	설 명
높이	**0.5~3m** 이하(두께 **0.2m** 이상, 지하매설깊이 **1m** 이상) 보기 ③
탱크	**10기**(모든 탱크용량이 **20만L** 이하, 인화점이 70~200℃ 미만은 **20기**) 이하
면적	**80000m²** 이하 보기 ④
용량	① 1기 이상 : **탱크용량**×110% 이상 보기 ① ② 2기 이상 : **최대탱크용량**×110% 이상 보기 ②

(2) 높이가 **1m**를 넘는 방유제 및 간막이 둑의 안팎에는 방유제 내에 출입하기 위한 계단 또는 경사로를 약 **50m**마다 설치할 것

답 ③

★★★
43 소방기본법령상 소방안전교육사의 배치대상별 배치기준으로 틀린 것은?

22.09.문56
20.09.문57
13.09.문46

① 소방청 : 2명 이상 배치

② 소방본부 : 2명 이상 배치

③ 소방서 : 1명 이상 배치

④ 한국소방안전원(본회) : 1명 이상 배치

해설 ④ 1명 이상 → 2명 이상

기본령 〔별표 2의 3〕
소방안전교육사의 배치대상별 배치기준

배치대상	배치기준
소방서	• **1명** 이상 보기 ③
한국소방안전원	• 시 · 도지부 : **1명** 이상 • 본회 : **2명** 이상 보기 ④
소방본부	• **2명** 이상 보기 ②
소방청	• **2명** 이상 보기 ①
한국소방산업기술원	• **2명** 이상

답 ④

★★
44 소방안전관리자 및 소방안전관리보조자에 대한 실무교육의 교육대상, 교육일정 등 실무교육에 필요한 계획을 수립하여 매년 누구의 승인을 얻어 교육을 실시하는가?

① 한국소방안전원장
② 소방본부장
③ 소방청장
④ 시·도지사

해설 **공사업법 33조**
권한의 위탁

업 무	위 탁	권 한
• **실무교육** 보기 ③	• 한국소방안전원 • 실무교육기관	• 소방청장
• 소방기술과 관련된 자격·학력·경력의 인정 • 소방기술자 양성·인정 교육훈련 업무	• 소방시설업자협회 • 소방기술과 관련된 법인 또는 단체	• 소방청장
• 시공능력평가	• 소방시설업자협회	• 소방청장 • 시·도지사

답 ③

★★★
45 소방기본법령상 용어의 정의로 옳은 것은?

21.03.문41
19.09.문52
19.04.문46
13.03.문42
10.03.문45
05.09.문44
05.03.문57

① 소방서장이란 시·도에서 화재의 예방·진압·조사 및 구조·구급 등의 업무를 담당하는 부서의 장을 말한다.
② 관계인이란 소방대상물의 소유자·관리자 또는 점유자를 말한다.
③ 소방대란 화재를 진압하고 화재, 재난·재해, 그 밖의 위급한 상황에서 구조·구급 활동 등을 하기 위하여 소방공무원으로만 구성된 조직체를 말한다.
④ 소방대상물이란 건축물과 공작물만을 말한다.

해설
> ① 소방서장 → 소방본부장
> ③ 소방공무원으로만 → 소방공무원, 의무소방원, 의용소방대원
> ④ 건축물과 공작물만을 → 건축물, 차량, 선박(매어둔 것), 선박건조구조물, 산림, 인공구조물, 물건을

(1) **기본법 2조 6호** 보기 ①
소방본부장
시·도에서 화재의 예방·진압·조사 및 구조·구급 등의 업무를 담당하는 **부서**의 **장**

(2) **기본법 2조** 보기 ②
관계인
㉠ **소**유자
㉡ **관**리자
㉢ **점**유자

기억법 **소관점**

(3) **기본법 2조** 보기 ③
소방대
㉠ 소방**공**무원
㉡ **의**무소방원
㉢ **의**용소방대원

기억법 **소공의**

(4) **기본법 2조 1호** 보기 ④
소방대상물 : 소방차가 출동해서 불을 끌 수 있는 범위
㉠ **건**축물
㉡ **차**량
㉢ **선**박(매어둔 것)
㉣ 선박건조구조물
㉤ **산**림
㉥ **인**공구조물
㉦ **물**건

기억법 **건차선 산인물**

답 ②

★★★
46 화재의 예방 및 안전관리에 관한 법령상 시·도지사는 화재가 발생할 우려가 높거나 화재가 발생하는 경우 그로 인하여 피해가 클 것으로 예상되는 지역을 화재예방강화지구로 지정할 수 있는데 다음 중 지정대상지역에 대한 기준으로 틀린 것은? (단, 소방청장·소방본부장 또는 소방서장이 화재예방강화지구로 지정할 필요가 있다고 별도로 인정하는 지역은 제외한다.)

22.03.문44
20.09.문55
19.09.문50
17.09.문49
16.05.문53
13.09.문56

① 소방출동로가 없는 지역
② 석유화학제품을 생산하는 공장이 있는 지역
③ 석조건물이 2채 이상 밀집한 지역
④ 공장이 밀집한 지역

해설
> ③ 해당 없음

화재예방법 18조
화재예방강화지구의 지정
(1) **지정권자** : 시·도지사
(2) **지정지역**
㉠ **시장**지역
㉡ **공장**·**창고** 등이 밀집한 지역 보기 ④
㉢ **목조건물**이 밀집한 지역
㉣ **노후**·**불량** 건축물이 밀집한 지역

ⓜ **위험물**의 **저장** 및 **처리시설**이 **밀집**한 지역
ⓑ **석유화학제품**을 생산하는 공장이 있는 지역 보기 ②
ⓢ **소방시설** · **소방용수시설** 또는 **소방출동로**가 **없는** 지역 보기 ①
ⓞ 「**산업입지 및 개발에 관한 법률**」에 따른 산업단지
ⓙ 「물류시설의 개발 및 운영에 관한 법률」에 따른 **물류단지**
ⓒ **소방청장** · **소방본부장** · **소방서장**(소방관서장)이 화재예방강화지구로 지정할 필요가 있다고 인정하는 지역

※ **화재예방강화지구** : 화재발생 우려가 크거나 화재가 발생할 경우 피해가 클 것으로 예상되는 지역에 대하여 화재의 예방 및 안전관리를 강화하기 위해 지정 · 관리하는 지역

비교

기본법 19조
화재로 오인할 만한 불을 피우거나 연막소독시 신고지역
(1) **시장**지역
(2) **공장** · **창고**가 밀집한 지역
(3) **목조건물**이 밀집한 지역
(4) **위험물**의 **저장** 및 **처리시설**이 **밀집**한 지역
(5) **석유화학제품**을 생산하는 공장이 있는 지역
(6) 그 밖에 **시** · **도**의 **조례**로 정하는 지역 또는 장소

답 ③

★★
47 17.05.문45 06.05.문56

제조소 등의 위치 · 구조 및 설비의 기준 중 위험물을 취급하는 건축물의 환기설비 설치기준으로 다음 ( ) 안에 알맞은 것은?

급기구는 당해 급기구가 설치된 실의 바닥면적 (㉠)m^2마다 1개 이상으로 하되, 급기구의 크기는 (㉡)cm^2 이상으로 할 것

① ㉠ 100, ㉡ 800
② ㉠ 150, ㉡ 800
③ ㉠ 100, ㉡ 1000
④ ㉠ 150, ㉡ 1000

해설 **위험물규칙 〔별표 4〕**
위험물제조소의 환기설비
(1) 환기는 **자연배기방식**으로 할 것
(2) 급기구는 바닥면적 **150m^2**마다 1개 이상으로 하되, 그 크기는 **800cm^2** 이상일 것 보기 ㉠㉡

바닥면적	급기구의 면적
60m^2 미만	150cm^2 이상
60~90m^2 미만	300cm^2 이상
90~120m^2 미만	450cm^2 이상
120~150m^2 미만	600cm^2 이상

(3) 급기구는 **낮은 곳**에 설치하고, **인화방지망**을 설치할 것
(4) 환기구는 지붕 위 또는 지상 **2m** 이상의 높이에 **회전식 고정 벤틸레이터** 또는 **루프팬방식**으로 설치할 것

답 ②

★★★
48 22.04.문56 21.03.문44 12.03.문48

다음 중 소방신호의 종류가 아닌 것은?

① 경계신호
② 발화신호
③ 경보신호
④ 훈련신호

해설 ③ 해당 없음

기본규칙 10조
소방신호의 종류

소방신호	설 명
경계신호 보기 ①	화재예방상 필요하다고 인정되거나 화재위험경보시 발령
발화신호 보기 ②	화재가 발생한 때 발령
해제신호	소화활동이 필요없다고 인정되는 때 발령
훈련신호 보기 ④	훈련상 필요하다고 인정되는 때 발령

중요

기본규칙 〔별표 4〕
소방신호표

신호방법 / 종 별	타종신호	사이렌 신호
경계신호	**1타**와 연 **2타**를 반복	**5초** 간격을 두고 **30초**씩 **3회**
발화신호	**난타**	**5초** 간격을 두고 **5초**씩 **3회**
해제신호	상당한 간격을 두고 **1타**씩 반복	**1분**간 **1회**
훈련신호	연 **3타** 반복	**10초** 간격을 두고 **1분**씩 **3회**

기억법

	타	사
경계	1+2	5+30=3
발	난	5+5=3
해	1	1=1
훈	3	10+1=3

답 ③

★★★
49 22.06.문48 19.03.문59 18.03.문56 16.10.문54 16.03.문55 11.03.문56

위험물안전관리법령에 따라 위험물안전관리자를 해임하거나 퇴직한 때에는 해임하거나 퇴직한 날부터 며칠 이내에 다시 안전관리자를 선임하여야 하는가?

① 30일
② 35일
③ 40일
④ 55일

해설 30일

(1) 소방시설업 등록사항 변경신고(공사업규칙 6조)
(2) **위험물안전관리자의 재선임**(위험물안전관리법 15조) 보기 ①
(3) 소방안전관리자의 재선임(화재예방법 시행규칙 14조)
(4) **도급계약 해지**(공사업법 23조)
(5) 소방시설공사 중요사항 변경시의 신고일(공사업규칙 12조)
(6) 소방기술자 실무교육기관 지정서 발급(공사업규칙 32조)
(7) 소방공사감리자 변경서류 제출(공사업규칙 15조)
(8) **승계**(위험물법 10조)
(9) 위험물안전관리자의 직무대행(위험물법 15조)
(10) 탱크시험자의 변경신고일(위험물법 16조)

답 ①

★★★
50 소방용수시설 중 소화전과 급수탑의 설치기준으로 틀린 것은?

19.03.문58 17.03.문54 16.10.문55 09.08.문43

① 급수탑 급수배관의 구경은 100mm 이상으로 할 것
② 소화전은 상수도와 연결하여 지하식 또는 지상식의 구조로 할 것
③ 소방용 호스와 연결하는 소화전의 연결금속구의 구경은 65mm로 할 것
④ 급수탑의 개폐밸브는 지상에서 1.5m 이상 1.8m 이하의 위치에 설치할 것

해설 ④ 1.8m 이하 → 1.7m 이하

기본규칙 [별표 3]
소방용수시설별 설치기준

소화전	급수탑
• **65mm** : 연결금속구의 구경 보기 ③	• **100mm** : 급수배관의 구경 보기 ① • **1.5~1.7m** 이하 : 개폐밸브 높이 보기 ④ 기억법 57탑(57층 탑)

답 ④

★
51 소방시설 설치 및 관리에 관한 법률상 주택의 소유자가 설치하여야 하는 소방시설의 설치대상으로 틀린 것은?

① 다세대주택 ② 다가구주택
③ 아파트 ④ 연립주택

해설 **소방시설법 10조**
주택의 소유자가 설치하는 소방시설의 설치대상
(1) **단독주택**
(2) **공동주택**(아파트 및 기숙사 제외) : **연립주택**, **다세대주택**, **다가구주택** 보기 ①②④

답 ③

★★★
52 위험물안전관리법령상 관계인이 예방규정을 정하여야 하는 위험물을 취급하는 제조소의 지정수량 기준으로 옳은 것은?

19.04.문53 17.03.문41 17.03.문55 15.09.문48 15.03.문58 14.05.문41 12.09.문52

① 지정수량의 10배 이상
② 지정수량의 100배 이상
③ 지정수량의 150배 이상
④ 지정수량의 200배 이상

해설 **위험물령 15조**
예방규정을 정하여야 할 제조소 등

배 수	제조소 등
10배 이상	• **제**조소 보기 ① • **일**반취급소
100배 이상	• 옥**외**저장소
150배 이상	• 옥**내**저장소
200배 이상	• 옥외**탱**크저장소
모두 해당	• 이송취급소 • 암반탱크저장소

기억법
1 제일
0 외
5 내
2 탱

※ **예방규정** : 제조소 등의 화재예방과 화재 등 재해발생시의 비상조치를 위한 규정

답 ①

★★★
53 특정소방대상물의 관계인이 소방안전관리자를 해임한 경우 재선임을 해야 하는 기준은? (단, 해임한 날부터를 기준일로 한다.)

19.03.문59 16.10.문54 16.03.문55 11.03.문56

① 10일 이내 ② 20일 이내
③ 30일 이내 ④ 40일 이내

해설 **화재예방법 시행규칙 14조**
소방안전관리자의 재선임
30일 이내

답 ③

★★★
54 소방시설 설치 및 관리에 관한 법령상 제조 또는 가공공정에서 방염처리를 한 물품 중 방염대상물품이 아닌 것은?

23.03.문56 22.04.문59 15.09.문09 13.09.문52 13.06.문53 12.09.문46 12.05.문46 12.03.문44

① 카펫
② 전시용 합판
③ 창문에 설치하는 커튼류
④ 두께 2mm 미만인 종이벽지

해설

④ 종이벽지 → 종이벽지 제외

소방시설법 시행령 31조
방염대상물품

제조 또는 가공 공정에서 방염처리를 한 물품	건축물 내부의 천장이나 벽에 부착하거나 설치하는 것
① 창문에 설치하는 **커튼류**(블라인드 포함) 보기 ③ ② 카펫 보기 ① ③ **벽지류**(두께 **2mm 미만**인 **종이벽지 제외**) 보기 ④ ④ **전시용 합판·목재 또는 섬유판** 보기 ② ⑤ **무대용 합판·목재 또는 섬유판** ⑥ **암막·무대막**(영화상영관·가상체험 체육시설업의 **스크린** 포함) ⑦ 섬유류 또는 합성수지류 등을 원료로 하여 제작된 소파·의자(단란주점영업, 유흥주점영업 및 노래연습장업의 영업장에 설치하는 것만 해당)	① 종이류(두께 **2mm 이상**), **합성수지류** 또는 **섬유류**를 주원료로 한 물품 ② **합판**이나 **목재** ③ 공간을 구획하기 위하여 설치하는 **간이칸막이** ④ **흡음재**(흡음용 커튼 포함) 또는 **방음재**(방음용 커튼 포함) ※ 가구류(옷장, 찬장, 식탁, 식탁용 의자, 사무용 책상, 사무용 의자, 계산대)와 너비 10cm 이하인 반자돌림대, 내부 마감재료 제외

답 ④

★★★
55

18.03.문43
17.05.문46
14.05.문44
13.09.문60
06.03.문58

위험물안전관리법상 시·도지사의 허가를 받지 아니하고 당해 제조소 등을 설치할 수 있는 기준 중 다음 ( ) 안에 알맞은 것은?

> 농예용·축산용 또는 수산용으로 필요한 난방시설 또는 건조시설을 위한 지정수량 ( )배 이하의 저장소

① 20　② 30
③ 40　④ 50

해설 **위험물법 6조**
제조소 등의 설치허가
(1) **설치허가자**: **시·도지사**
(2) **설치허가 제외장소**
　㉠ 주택의 난방시설(공동주택의 중앙난방시설은 제외)을 위한 **저장소** 또는 **취급소**
　㉡ 지정수량 **20배** 이하의 **농예용·축산용·수산용** 난방시설 또는 건조시설의 **저장소** 보기 ①
(3) **제조소 등의 변경신고**: 변경하고자 하는 날의 **1일** 전까지

기억법 농축수2

참고

시·도지사
(1) 특별시장
(2) 광역시장
(3) 특별자치시장
(4) 도지사
(5) 특별자치도지사

답 ①

★★★
56

20.08.문52
18.04.문51
14.09.문50

소방시설공사업법령상 공사감리자 지정대상 특정소방대상물의 범위가 아닌 것은?

① 물분무등소화설비(호스릴방식의 소화설비는 제외)를 신설·개설하거나 방호·방수구역을 증설할 때
② 제연설비를 신설·개설하거나 제연구역을 증설할 때
③ 연소방지설비를 신설·개설하거나 살수구역을 증설할 때
④ 캐비닛형 간이스프링클러설비를 신설·개설하거나 방호·방수구역을 증설할 때

해설

④ 캐비닛형 간이스프링클러설비를 → 스프링클러설비(캐비닛형 간이스프링클러설비 제외)를

공사업령 10조
소방공사감리자 지정대상 특정소방대상물의 범위
(1) **옥내소화전설비**를 신설·개설 또는 **증설**할 때
(2) **스프링클러설비** 등(캐비닛형 간이스프링클러설비 제외)을 신설·개설하거나 방호·**방수구역**을 **증설**할 때 보기 ④
(3) **물분무등소화설비**(호스릴방식의 소화설비 제외)를 신설·개설하거나 방호·방수구역을 **증설**할 때 보기 ①
(4) **옥외소화전설비**를 신설·개설 또는 **증설**할 때
(5) **자동화재탐지설비**를 신설 또는 개설할 때
(6) **화재알림설비**를 신설 또는 개설할 때
(7) **비상방송설비**를 신설 또는 개설할 때
(8) **통합감시시설**을 신설 또는 **개설**할 때
(9) **소화용수설비**를 신설 또는 **개설**할 때
(10) 다음의 **소화활동설비**에 대하여 시공할 때
　㉠ **제연설비**를 신설·개설하거나 제연구역을 증설할 때 보기 ②
　㉡ 연결송수관설비를 신설 또는 개설할 때
　㉢ 연결살수설비를 신설·개설하거나 송수구역을 증설할 때
　㉣ 비상콘센트설비를 신설·개설하거나 전용회로를 증설할 때
　㉤ 무선통신보조설비를 신설 또는 개설할 때
　㉥ **연소방지설비**를 신설·개설하거나 살수구역을 증설할 때 보기 ③

답 ④

★★★
57 소방시설 설치 및 관리에 관한 법령상 무창층으로 판정하기 위한 개구부가 갖추어야 할 요건으로 틀린 것은?

18.09.문09
10.05.문52
06.09.문57
05.03.문49

① 크기는 반지름 30cm 이상의 원이 통과할 수 있을 것
② 해당 층의 바닥면으로부터 개구부 밑부분까지 높이가 1.2m 이내일 것
③ 도로 또는 차량이 진입할 수 있는 빈터를 향할 것
④ 화재시 건축물로부터 쉽게 피난할 수 있도록 창살이나 그 밖의 장애물이 설치되지 않을 것

해설 ① 반지름 → 지름, 30cm 이상 → 50cm 이상

소방시설법 시행령 2조
무창층의 개구부의 기준
(1) 개구부의 크기는 지름 **50cm 이상**의 원이 통과할 수 있을 것 보기 ①
(2) 해당 층의 바닥면으로부터 개구부 밑부분까지의 높이가 **1.2m 이내**일 것 보기 ②
(3) 개구부는 **도로** 또는 **차량**이 진입할 수 있는 **빈터**를 향할 것 보기 ③
(4) 화재시 건축물로부터 **쉽게 피난**할 수 있도록 개구부에 창살, 그 밖의 장애물이 설치되지 않을 것 보기 ④
(5) 내부 또는 외부에서 **쉽게 부수거나 열 수** 있을 것

용어

소방시설법 시행령 2조
무창층
지상층 중 기준에 의해 개구부의 면적의 합계가 해당 층의 바닥면적의 $\frac{1}{30}$ **이하**가 되는 층

답 ①

★★
58 위험물안전관리법령상 위험물을 취급함에 있어서 정전기가 발생할 우려가 있는 설비에 설치할 수 있는 정전기 제거설비 방법이 아닌 것은?

13.06.문44
12.09.문53

① 접지에 의한 방법
② 공기를 이온화하는 방법
③ 자동적으로 압력의 상승을 정지시키는 방법
④ 공기 중의 상대습도를 70% 이상으로 하는 방법

해설 **위험물규칙 [별표 4]**
정전기 제거방법
(1) **접지**에 의한 방법 보기 ①
(2) 공기 중의 상대습도를 **70%** 이상으로 하는 방법 보기 ④
(3) **공기**를 **이온화**하는 방법 보기 ②

비교

위험물규칙 [별표 4]
위험물을 가압하는 설비 또는 그 취급하는 위험물의 압력이 상승할 우려가 있는 설비에 설치하는 안전장치
(1) 자동적으로 **압력**의 **상승**을 **정지**시키는 장치 보기 ③
(2) 감압측에 **안전밸브**를 부착한 **감압밸브**
(3) **안전밸브**를 겸하는 **경보장치**
(4) **파괴판**

답 ③

★★
59 화재의 예방 및 안전관리에 관한 법령상 특수가연물의 저장 및 취급기준이 아닌 것은? (단, 석탄·목탄류를 발전용으로 저장하는 경우는 제외)

19.03.문55
18.03.문60
14.05.문46
14.03.문46
13.03.문60

① 품명별로 구분하여 쌓는다.
② 쌓는 높이는 20m 이하가 되도록 한다.
③ 쌓는 부분의 바닥면적 사이는 실내의 경우 1.2m 또는 쌓는 높이의 $\frac{1}{2}$ 중 큰 값 이상이 되도록 한다.
④ 특수가연물을 저장 또는 취급하는 장소에는 품명·최대저장수량, 단위부피당 질량 또는 단위체적당 질량, 관리책임자 성명, 직책, 연락처 및 화기취급의 금지표지를 설치해야 한다.

해설 ② 20m 이하 → 10m 이하

화재예방법 시행령 [별표 3]
특수가연물의 저장·취급기준
(1) **품명별**로 구분하여 쌓을 것 보기 ①
(2) 쌓는 높이는 **10m** 이하가 되도록 할 것 보기 ②
(3) 쌓는 부분의 바닥면적은 **50m²**(석탄·목탄류는 **200m²**) 이하가 되도록 할 것(단, 살수설비를 설치하거나 대형수동식 소화기를 설치하는 경우에는 높이 **15m** 이하, 바닥면적 **200m²**(석탄·목탄류는 **300m²**) 이하)
(4) 쌓는 부분의 바닥면적 사이는 실내의 경우 **1.2m** 또는 **쌓는 높이**의 $\frac{1}{2}$ 중 **큰 값**(실외 **3m** 또는 **쌓는 높이** 중 **큰 값**) 이상으로 간격을 둘 것 보기 ③

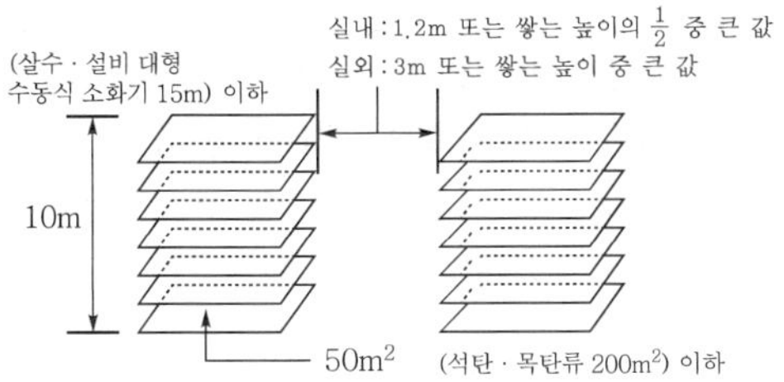

| 살수 · 설비 대형 수동식 소화기 200m² (석탄 · 목탄류 300m²) 이하 |

(5) 취급장소에는 **품명, 최대저장수량, 단위부피당 질량 또는 단위체적당 질량, 관리책임자 성명 · 직책 · 연락처** 및 **화기취급**의 **금지표지** 설치 보기 ④

답 ②

★★★
60 소방기본법령상 저수조의 설치기준으로 틀린 것은?

16.10.문52 16.05.문44 16.03.문41 13.03.문49

① 지면으로부터의 낙차가 4.5m 이상일 것
② 흡수부분의 수심이 0.5m 이상일 것
③ 흡수에 지장이 없도록 토사 및 쓰레기 등을 제거할 수 있는 설비를 갖출 것
④ 흡수관의 투입구가 사각형의 경우에는 한 변의 길이가 60cm 이상, 원형의 경우에는 지름이 60cm 이상일 것

해설

① 4.5m 이상 → 4.5m 이하

기본규칙 [별표 3]
소방용수시설의 저수조에 대한 설치기준
(1) 낙차 : **4.5m** 이하 보기 ①
(2) **수**심 : **0.5m** 이상 보기 ②
(3) 투입구의 길이 또는 지름 : **60cm** 이상 보기 ④
(4) 소방펌프자동차가 **쉽게 접근**할 수 있도록 할 것
(5) 흡수에 지장이 없도록 **토사** 및 **쓰레기** 등을 제거할 수 있는 설비를 갖출 것 보기 ③
(6) 저수조에 물을 공급하는 방법은 **상수도**에 연결하여 **자동**으로 **급수**되는 구조일 것

기억법 수5(수호천사)

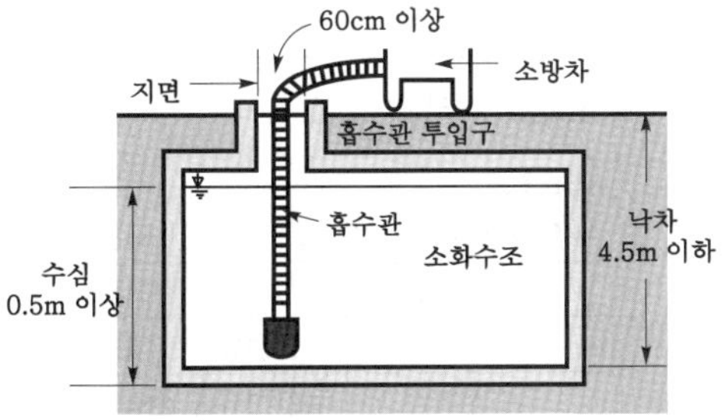

| 저수조의 깊이 |

답 ①

제 4 과목 소방전기시설의 구조 및 원리

★★
61 무선통신보조설비를 설치하여야 할 특정소방대상물의 기준 중 다음 ( ) 안에 알맞은 것은?

18.04.문75 17.09.문79

> 층수가 30층 이상인 것으로서 ( )층 이상 부분의 모든 층

① 11　　② 15
③ 16　　④ 20

해설 **무선통신보조설비**의 **설치대상**(소방시설법 시행령 [별표 4])

설치대상	조 건
지하상가	• 연면적 **1000m²** 이상
지하층의 모든 층	• 지하층 바닥면적합계 **3000m²** 이상 • 지하 **3층** 이상이고 지하층 바닥면적합계 **1000m²** 이상
터널	• 길이 **500m** 이상
모든 층	• **30층** 이상으로서 **16층** 이상의 부분 보기 ③
지하구	• 공동구

답 ③

★★
62 유도등의 우수품질인증 기술기준에서 정하는 유도등의 일반구조에 적합하지 않은 것은?

21.09.문71 20.09.문78 20.08.문77 13.09.문67

① 축전지에 배선 등은 직접 납땜하여야 한다.
② 충전부가 노출되지 아니한 것은 사용전압이 300V를 초과할 수 있다.
③ 외함은 기기 내의 온도상승에 의하여 변형, 변색 또는 변질되지 아니하여야 한다.
④ 전선의 굵기는 인출선인 경우에는 단면적이 0.75mm² 이상이어야 한다.

해설

① 납땜하여야 한다. → 납땜하지 아니하여야 한다.

비상조명등 · 유도등의 **일반구조**(유도등의 우수품질인증 기술기준 2조)
(1) 전선의 굵기 및 길이 보기 ④

인출선 굵기	인출선 길이
0.75mm² 이상	150mm 이상

기억법 인75(인(사람) 치료)

(2) 축전지에 배선 등을 직접 납땜하지 아니할 것 보기 ①

• 직접 납땜하지 않는 이유 : 납땜시 **축전지**의 **교체**가 **어려움**

(3) 사용전압은 **300V 이하**이어야 한다(단, 충전부가 노출되지 아니한 것은 300V 초과 가능). 보기 ②
(4) 예비전원을 **병렬**로 접속하는 경우는 **역충전방지 등**의 조치를 강구할 것
(5) 유도등에는 **점멸**, **음성** 또는 이와 유사한 방식 등에 의한 **유도장치** 설치 가능
(6) 외함은 **기기 내**의 **온도 상승**에 의하여 **변형**, **변색** 또는 **변질**되지 아니하여야 한다. 보기 ③

답 ①

★★★
63 22.09.문67 19.04.문68 18.09.문77 18.03.문73 16.10.문69 16.05.문67 16.03.문68 15.09.문66 15.05.문76 15.03.문62 14.05.문63 14.05.문75 14.03.문61 13.09.문70 13.06.문62 13.06.문80 11.06.문79

비상방송설비의 화재안전기준에 따라 음량조정기를 설치하는 경우 음량조정기의 배선은 3선식으로 하여야 한다. 음량조정기의 각 배선의 용도를 나타낸 것으로 옳은 것은?

① 전원선, 음량조정용, 접지선
② 전원선, 통신선, 예비용
③ 공통선, 업무용, 긴급용
④ 업무용, 긴급용, 접지선

해설

비상방송설비 3선식 배선 보기 ③	유도등 3선식 배선
• 공통선 • 업무용 배선 • 긴급용 배선(비상용 배선)	• 공통선 • 상용선 • 충전선

중요

비상방송설비의 **설치기준**(NFPC 202 4조, NFTC 202 2.1)
(1) 확성기의 음성입력은 실내 **1W 이상**, 실외 **3W** 이상일 것

실 내	실 외
1W 이상	3W 이상

(2) 확성기는 **각 층**마다 설치하되, 각 부분으로부터의 수평거리는 **25m** 이하일 것
(3) 음량조정기는 **3선식** 배선일 것

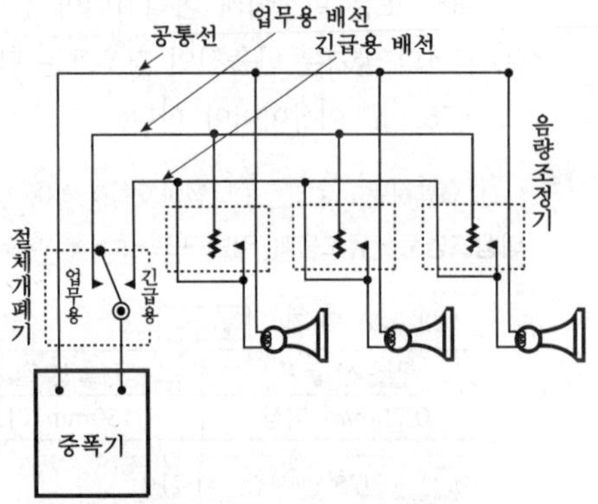

(4) 조작스위치는 바닥으로부터 **0.8~1.5m** 이하의 높이에 설치할 것
(5) 다른 전기회로에 의하여 **유도장애**가 생기지 않을 것
(6) 비상방송 개시시간은 **10초** 이하일 것

답 ③

★★★
64 19.03.문68 14.09.문68 12.05.문71 12.03.문68 09.08.문69 07.09.문64

자동화재탐지설비 및 시각경보장치의 화재안전기준에 따라 특정소방대상물 중 화재신호를 발신하고 그 신호를 수신 및 유효하게 제어할 수 있는 구역을 무엇이라 하는가?

① 방호구역　② 방수구역
③ 경계구역　④ 화재구역

해설 **경계구역**
(1) **정의**
특정소방대상물 중 **화재신호**를 **발신**하고 그 **신호**를 **수신** 및 유효하게 **제어**할 수 있는 구역 보기 ③
(2) **경계구역의 설정기준**
㉠ 1경계구역이 2개 이상의 **건축물**에 미치지 않을 것
㉡ 1경계구역이 2개 이상의 **층**에 미치지 않을 것
㉢ 1경계구역의 면적은 **600m²** 이하로 하고, 1변의 길이는 **50m** 이하로 할 것(내부 전체가 보이면 **1000m²** 이하)
(3) **1경계구역의 높이**: **45m** 이하

답 ③

★★★
65 19.03.문78 15.03.문66 10.09.문67

누전경보기의 화재안전기준에 따라 경계전로의 누설전류를 자동적으로 검출하여 이를 누전경보기의 수신부에 송신하는 것은 어느 것인가?

① 변류기
② 변압기
③ 음향장치
④ 과전류차단기

해설 **누전경보기**

용 어	설 명
수신부	변류기로부터 검출된 **신호**를 **수신**하여 누전의 발생을 해당 소방대상물의 **관계인**에게 **경보**하여 주는 것(**차단기구**를 갖는 것 포함)
변류기	경계전로의 **누설전류**를 자동적으로 **검출**하여 이를 누전경보기의 수신부에 송신하는 것 보기 ①

기억법 **수수변누**

비교

누전경보기의 **구성요소**(세부적인 구분)

구성요소	설 명
변류기	**누설전류**를 **검출**한다.
수신기	**누설전류**를 **증폭**한다.
음향장치	**경보**한다.
차단기	차단릴레이 포함

답 ①

★★★
66 무선통신보조설비의 화재안전기준에 따라 무선통신보조설비의 누설동축케이블 및 동축케이블은 화재에 따라 해당 케이블의 피복이 소실된 경우에 케이블 본체가 떨어지지 아니하도록 몇 m 이내마다 금속제 또는 자기제 등의 지지금구로 벽 · 천장 · 기둥 등에 견고하게 고정시켜야 하는가? (단, 불연재료로 구획된 반자 안에 설치하지 않은 경우이다.)

20.08.문65 19.03.문80 17.05.문68 16.10.문72 15.09.문78 14.05.문78 12.05.문78 10.05.문76 08.09.문70

① 1
② 1.5
③ 2.5
④ 4

해설 **누설동축케이블**의 **설치기준**(NFPC 505 5조, NFTC 505 2.2.1)

(1) 소방전용 주파수대에서 전파의 **전송** 또는 **복사**에 적합한 것으로서 소방전용의 것
(2) 누설동축케이블과 이에 접속하는 안테나 또는 동축케이블과 이에 접속하는 안테나
(3) 누설동축케이블 및 동축케이블은 화재에 따라 해당 케이블의 피복이 소실된 경우에 케이블 본체가 떨어지지 아니하도록 **4m** 이내마다 금속제 또는 자기제 등의 지지금구로 벽·천장·기둥 등에 견고하게 고정시킬 것(단, 불연재료로 구획된 반자 안에 설치하는 경우 제외) 보기 ④
(4) **누설동축케이블** 및 **안테나**는 고압전로로부터 1.5m 이상 떨어진 위치에 설치(단, 해당 전로에 **정전기 차폐장치**를 유효하게 설치한 경우에는 제외)
(5) 누설동축케이블의 끝부분에는 **무반사종단저항**을 설치

기억법 누고15

용어

무반사종단저항
전송로로 전송되는 전자파가 전송로의 종단에서 반사되어 **교신**을 **방해**하는 것을 막기 위한 저항

답 ④

★★★
67 비상콘센트설비의 화재안전기준에 따라 비상콘센트용의 풀박스 등은 방청도장을 한 것으로서, 두께 몇 mm 이상의 철판으로 하여야 하는가?

20.08.문64 19.04.문63 18.04.문61 17.03.문72 16.10.문61 16.05.문76 15.09.문80 14.03.문64 11.10.문67

① 1.0　② 1.2
③ 1.5　④ 1.6

해설 **비상콘센트설비**(NFPC 504 4조, NFTC 504 2.1)

구 분	전 압	용 량	플러그접속기
단상 교류	220V	1.5kVA 이상	접지형 2극

(1) 하나의 전용 회로에 설치하는 비상콘센트는 **10개** 이하로 할 것(전선의 용량은 최대 **3개**)

설치하는 비상콘센트 수량	전선의 용량산정시 적용하는 비상콘센트 수량	단상 전선의 용량
1개	1개 이상	1.5kVA 이상
2개	2개 이상	3.0kVA 이상
3~10개	3개 이상	4.5kVA 이상

(2) 전원회로는 각 층에 있어서 **2 이상**이 되도록 설치할 것(단, 설치하여야 할 층의 콘센트가 **1개**인 때에는 하나의 회로로 할 수 있다.)
(3) 플러그접속기의 칼받이 접지극에는 **접지공사**를 하여야 한다.
(4) 풀박스는 **1.6mm** 이상의 철판을 사용할 것 보기 ④
(5) 절연저항은 **전원부**와 **외함** 사이를 **직류 500V 절연저항계**로 측정하여 **20MΩ** 이상일 것
(6) 전원으로부터 각 층의 비상콘센트에 분기되는 경우에는 **분기배선용 차단기**를 보호함 안에 설치할 것
(7) 바닥으로부터 **0.8~1.5m** 이하의 높이에 설치할 것
(8) 전원회로는 주배전반에서 **전용 회로**로 하며, 배선의 종류는 **내화배선**이어야 한다.

답 ④

★★★
68 유도등 및 유도표지의 화재안전기준에 따라 지하층을 제외한 층수가 11층 이상인 특정소방대상물의 유도등의 비상전원을 축전지로 설치한다면 피난층에 이르는 부분의 유도등을 몇 분 이상 유효하게 작동시킬 수 있는 용량으로 하여야 하는가?

20.06.문65 19.04.문61 17.03.문77 13.06.문72 07.09.문80

① 10
② 20
③ 50
④ 60

해설 **비상전원 용량**

설비의 종류	비상전원 용량
• 자동화재탐지설비 • 비상경보설비 • 자동화재속보설비	10분 이상
• 유도등 • 비상콘센트설비 • 제연설비 • 물분무소화설비 • 옥내소화전설비(**30층** 미만) • 특별피난계단의 계단실 및 부속실 제연설비(**30층** 미만)	**20분** 이상
• 무선통신보조설비의 증폭기	30분 이상

• 옥내소화전설비(30~**49층** 이하) • 특별피난계단의 계단실 및 부속실 제연설비(30~**49층** 이하) • 연결송수관설비(30~**49층** 이하) • 스프링클러설비(30~**49층** 이하)	**40분** 이상
• 유도등 · 비상조명등(지하상가 및 **11층** 이상) 보기 ④ → • 옥내소화전설비(**50층** 이상) • 특별피난계단의 계단실 및 부속실 제연설비(**50층** 이상) • 연결송수관설비(**50층** 이상) • 스프링클러설비(**50층** 이상)	**60분** 이상

기억법 **경자비1(경자라는 이름은 비일비재하다.)**
3증(3중고)

중요

비상전원의 종류

소방시설	비상전원
유도등	축전지
비상콘센트설비	① 자가발전설비 ② 축전지설비 ③ 비상전원수전설비 ④ 전기저장장치
옥내소화전설비, 물분무소화설비	① 자가발전설비 ② 축전지설비 ③ 전기저장장치

답 ④

69 누전경보기의 구성요소에 해당하지 않는 것은?

22.03.문38 19.03.문37 17.09.문69 15.09.문21 14.09.문69 13.03.문62

① 차단기
② 영상변류기(ZCT)
③ 음향장치
④ 발신기

해설 **누전경보기**의 **구성요소**

구성요소	설 명
영상**변**류기(ZCT) 보기 ②	**누설전류**를 **검출**한다. 기억법 **변검(변검술)**
수신기	**누설전류**를 **증폭**한다.
음향장치 보기 ③	경보를 발한다.
차단기 보기 ①	차단릴레이를 포함한다.

기억법 **변수음차**

• 소방에서는 변류기(CT)와 영상변류기(ZCT)를 혼용하여 사용한다.

답 ④

70 비상방송설비의 화재안전기준에 따라 기동장치에 따른 화재신고를 수신한 후 필요한 음량으로 화재발생 상황 및 피난에 유효한 방송이 자동으로 개시될 때까지의 소요시간은 몇 초 이하로 하여야 하는가?

23.03.문67 20.09.문64 12.03.문64

① 3 ② 5
③ 7 ④ 10

해설 **소요시간**

기 기	시 간
• P형 · P형 복합식 · R형 · R형 복합식 · GP형 · GP형 복합식 · GR형 · GR형 복합식 수신기 • 중계기	5초 이내
비상방송설비	10초 이하 보기 ④
가스누설경보기	60초 이내

기억법 **시중5(시중을 드시오!)**
6가(육체미가 뛰어나다.)

중요

축적형 수신기

전원차단시간	축적시간	화재표시감지시간
1~3초 이하	30~60초 이하	60초(1회 이상 반복)

답 ④

71 수신기를 나타내는 소방시설 도시기호로 옳은 것은?

20.06.문76 15.05.문75

①  ② 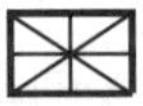
③ 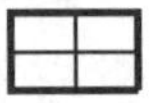 ④ 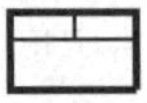

해설 ① 소방시설 도시기호가 아님

도시기호

명 칭	그림기호	적 요
수신기	 보기 ②	• 가스누설경보설비와 일체인 것 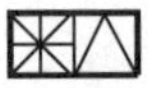 • 가스누설경보설비 및 방배연 연동과 일체인 것 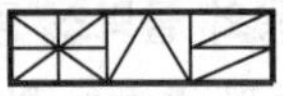
부수신기 (표시기)	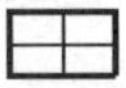	–
중계기		–
제어반		–
표시반		• 창이 3개인 표시반 : 

답 ②

★★★
72 부착높이 3m, 바닥면적 50m²인 주요구조부를 내화구조로 한 소방대상물에 1종 열반도체식 차동식 분포형 감지기를 설치하고자 할 때 감지부의 최소 설치개수는?

19.04.문73
14.09.문77
13.09.문71
05.03.문79

① 1개 ② 2개
③ 3개 ④ 4개

해설 열반도체식 감지기

(단위 : m²)

부착높이 및 소방대상물의 구분		감지기의 종류 1종	감지기의 종류 2종
8m 미만	내화구조 →	65	36
	기타구조	40	23
8~15m 미만	내화구조	50	36
	기타구조	30	23

1종 감지기 1개가 담당하는 바닥면적은 **65m²**이므로

$\frac{50}{65} = 0.77 \fallingdotseq 1$개

- 하나의 검출기에 접속하는 감지부는 **2~15개** 이하이지만 부착높이가 **8m** 미만이고 바닥면적이 **기준면적 이하**인 경우 1개로 할 수 있다. 그러므로 최소개수는 2개가 아닌 **1개**가 되는 것이다. **주의!**

답 ①

★★
73 정온식 감지선형 감지기에 관한 설명으로 옳은 것은?

09.05.문66

① 일국소의 주위온도 변화에 따라서 차동 및 정온식의 성능을 갖는 것을 말한다.
② 일국소의 주위온도가 일정한 온도 이상이 되었을 때 작동하는 것으로서 외관이 전선으로 되어 있는 것을 말한다.
③ 그 주위온도가 일정한 온도상승률 이상이 되었을 때 작동하는 것으로서 일국소의 열효과에 의해서 동작하는 것을 말한다.
④ 그 주위온도가 일정한 온도상승률 이상이 되었을 때 작동하는 것으로서 광범위한 열효과의 누적에 의하여 동작하는 것을 말한다.

해설
① 보상식 스포트형 감지기 또는 열복합형 감지기
② 정온식 감지선형 감지기
③ 차동식 스포트형 감지기
④ 차동식 분포형 감지기

감지기

종 류	설 명
차동식 분포형 감지기 보기 ④	**넓은 범위**에서의 **열효과**의 누적에 의하여 작동
차동식 스포트형 감지기 보기 ③	**일국소**에서의 **열효과**에 의하여 작동
이온화식 연기감지기	**이온전류**가 **변화**하여 작동
광전식 연기감지기	**광량**의 **변화**로 작동
보상식 스포트형 감지기 보기 ①	**차동식**+**정온식**을 겸용한 것으로 **한 가지** 기능이 작동되면 신호를 발함
열복합형 감지기 보기 ①	**차동식**+**정온식**을 겸용한 것으로 **두 가지** 기능이 동시에 작동되면 신호를 발하거나 또는 **두 개**의 화재신호를 각각 발신
정온식 감지선형 감지기 보기 ②	외관이 **전선**으로 되어 있는 것
단독경보형 감지기	감지기에 **음향장치**가 내장되어 **일체**로 되어 있는 것

답 ②

★
74 경종의 우수품질인증 기술기준에 따른 기능시험에 대한 내용이다. 다음 (   )에 들어갈 내용으로 옳은 것은?

22.03.문68

> 경종은 정격전압을 인가하여 경종의 중심으로부터 1m 떨어진 위치에서 (㉠)dB 이상이어야 하며, 최소청취거리에서 (㉡)dB을 초과하지 아니하여야 한다.

① ㉠ 90, ㉡ 110
② ㉠ 90, ㉡ 130
③ ㉠ 110, ㉡ 90
④ ㉠ 110, ㉡ 130

해설 **경종**의 **기능시험**(경종의 우수품질인증 기술기준 4조)

구 분	설 명
적합기능 보기 ①	① 중심으로부터 1m 떨어진 위치에서 **90dB** 이상 ② 최소청취거리에서 **110dB**을 초과하지 아니할 것
소비전류	**50mA** 이하

답 ①

★★★
75 무선통신보조설비의 화재안전기준에 따라 분배기 · 분파기 및 혼합기 등의 임피던스는 몇 Ω의 것으로 하여야 하는가?

18.09.문67
17.05.문69
16.03.문61
14.05.문62
13.06.문75
11.10.문74
07.05.문79

① 10 ② 20
③ 50 ④ 75

해설 **무선통신보조설비의 분배기 · 분파기 · 혼합기 설치기준**
(NFPC 505 7조, NFTC 505 2.4)
(1) 먼지 · 습기 · 부식 등에 이상이 없을 것
(2) 임피던스 **50**Ω의 것 보기 ③
(3) 점검이 편리하고 화재 등의 피해 우려가 없는 장소

비교

증폭기 및 무선중계기의 설치기준(NFPC 505 8조, NFTC 505 2.5.1)
(1) 전원은 **축전지설비**, **전기저장장치** 또는 **교류전압 옥내간선**으로 하고, 전원까지의 배선은 **전용**으로 할 것
(2) 증폭기의 전면에는 전원확인 **표시등** 및 **전압계**를 설치할 것
(3) 증폭기의 비상전원 용량은 **30분** 이상일 것
(4) **증폭기** 및 **무선중계기**를 설치하는 경우 전파법에 따른 적합성 평가를 받은 제품으로 설치하고 임의로 변경하지 않도록 할 것
(5) 디지털방식의 무전기를 사용하는 데 지장이 없도록 설치할 것

용어

전기저장장치
외부 전기에너지를 저장해 두었다가 필요한 때 전기를 공급하는 장치

답 ③

★
76 경종의 형식승인 및 제품검사의 기술기준에 따라 경종은 전원전압이 정격전압의 ± 몇 % 범위에서 변동하는 경우 기능에 이상이 생기지 않아야 하는가?

21.03.문70

① 5 ② 10
③ 20 ④ 30

해설 **경종의 형식승인 및 제품검사의 기술기준 4조**
전원전압변동시의 기능
경종은 전원전압이 정격전압의 **±20%** 범위에서 변동하는 경우 기능에 이상이 생기지 않아야 한다. 다만, 경종에 내장된 건전지를 전원으로 하는 경종은 건전지의 전압이 건전지 교체전압 범위(제조사 설계값)의 하한값으로 낮아진 경우에도 기능에 이상이 없어야 한다. 보기 ③

비교

비상조명등의 일반구조
상용전원전압의 **110%** 범위 안에서는 비상조명등 내부의 온도상승이 그 기능에 지장을 주거나 위해를 발행시킬 염려가 없을 것

답 ③

★★★
77 비상벨설비 또는 자동식 사이렌설비에는 그 설비에 대한 감시상태를 몇 시간 지속한 후 유효하게 10분 이상 경보할 수 있는 축전지설비(수신기에 내장하는 경우를 포함)를 설치하여야 하는가?

19.03.문64
16.03.문66
15.09.문67
13.06.문63
10.05.문69

① 1시간
② 2시간
③ 4시간
④ 6시간

해설 **축전지설비 · 자동식 사이렌설비 · 자동화재탐지설비 · 비상방송설비 · 비상벨설비**

감시시간	경보시간
60분(1시간) 이상 보기 ①	**10분** 이상(30층 이상 : **30분**)

기억법 **6감**

답 ①

★★★
78 누전경보기의 화재안전기준에 따라 누전경보기의 수신부를 설치할 수 있는 장소는? (단, 해당 누전경보기에 대하여 방폭 · 방식 · 방습 · 방온 · 방진 및 정전기 차폐 등의 방호조치를 하지 않은 경우이다.)

16.05.문66
16.03.문76
14.09.문61
12.09.문63

① 옥내의 건조한 장소
② 화약류를 제조하거나 저장 또는 취급하는 장소
③ 부식성의 증기 · 가스 등이 다량으로 체류하는 장소
④ 온도의 변화가 급격한 장소

해설 **누전경보기 수신부의 설치장소**
옥내의 점검이 편리한 **건조**한 장소(옥내의 건조한 장소)
보기 ①

비교

누전경보기의 수신부 설치 제외 장소
(1) **온**도변화가 급격한 장소
(2) **습**도가 높은 장소
(3) **가**연성의 증기, 가스 등 또는 부식성의 증기, 가스 등의 다량 체류장소
(4) **대전류회로, 고주파 발생회로** 등의 영향을 받을 우려가 있는 장소
(5) **화**약류 제조, 저장, 취급 장소

기억법 **온습누가대화(온도 · 습도가 높으면 누가 대화하나?)**

답 ①

★★★
79 20.09.문74 **자동화재탐지설비 및 시각경보장치의 화재안전기준에 따른 발신기의 시설기준에 대한 내용이다. 다음 (　)에 들어갈 내용으로 옳은 것은?**

> 발신기의 위치를 표시하는 표시등은 함의 상부에 설치하되, 그 불빛은 부착면으로부터 (㉠)° 이상의 범위 안에서 부착지점으로부터 (㉡)m 이내의 어느 곳에서도 쉽게 식별할 수 있는 적색등으로 하여야 한다.

① ㉠ 10, ㉡ 10
② ㉠ 15, ㉡ 10
③ ㉠ 25, ㉡ 15
④ ㉠ 25, ㉡ 20

해설 **자동화재탐지설비**의 **발신기 설치기준**(NFPC 203 9조, NFTC 203 2.6)

(1) 조작이 **쉬운 장소**에 설치하고, 조작스위치는 바닥으로부터 **0.8~1.5m** 이하의 높이에 설치할 것
(2) 특정소방대상물의 **층**마다 설치하되, 해당 특정소방대상물의 각 부분으로부터 하나의 발신기까지의 **수평거리**가 **25m** 이하가 되도록 할 것. 다만, 복도 또는 별도로 구획된 실로서 **보행거리**가 **40m** 이상일 경우에는 추가로 설치할 것
(3) (2)의 기준을 초과하는 경우로서 기둥 또는 벽이 설치되지 아니한 대형공간의 경우 발신기는 설치대상 장소의 가장 가까운 장소의 벽 또는 기둥 등에 설치할 것
(4) 발신기의 **위치표시등**은 **함**의 **상부**에 설치하되, 그 불빛은 부착면으로부터 **15°** 이상의 범위 안에서 부착지점으로부터 **10m** 이내의 어느 곳에서도 쉽게 식별할 수 있는 **적색등**으로 할 것 보기 ②

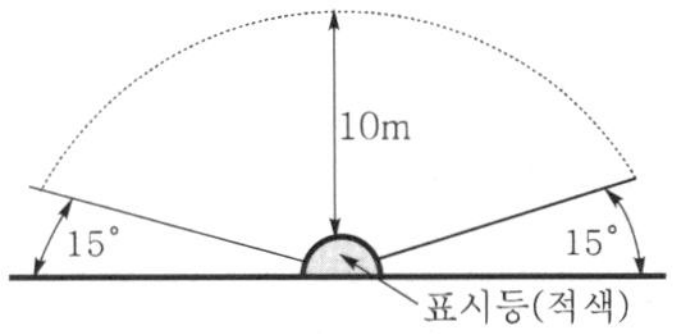

▮ 위치표시등의 식별 ▮

답 ②

★
80 12.05.문68 **자동화재탐지설비 및 시각경보장치의 화재안전기준에 따른 자동화재탐지설비의 중계기의 시설기준으로 틀린 것은?**

① 조작 및 점검에 편리하고 화재 및 침수 등의 재해로 인한 피해를 받을 우려가 없는 장소에 설치할 것
② 수신기에서 직접 감지기회로의 도통시험을 행하지 아니하는 것에 있어서는 수신기와 감지기 사이에 설치할 것
③ 감지기에 따라 감시되지 아니하는 배선을 통하여 전력을 공급받는 것에 있어서는 전원입력측의 배선에 누전경보기를 설치할 것
④ 수신기에 따라 감시되지 아니하는 배선을 통하여 전력을 공급받는 것에 있어서는 해당 전원의 정전이 즉시 수신기에 표시되는 것으로 할 것

해설 ③ 감지기 → 수신기, 누전경보기 → 과전류차단기

중계기의 **설치기준**(NFPC 203 6조, NFTC 203 2.3.1)

(1) 수신기에서 직접 감지기회로의 도통시험을 행하지 않는 경우에는 **수신기**와 **감지기** 사이에 설치할 것 보기 ②

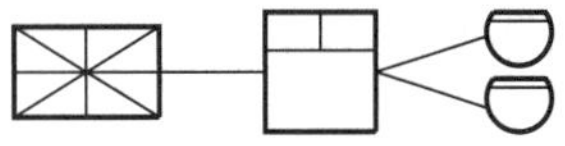

▮ 중계기의 설치위치 ▮

(2) **조작** 및 **점검**이 편리하고 화재 및 침수 등의 재해로 인한 피해를 받을 우려가 없는 장소에 설치할 것 보기 ①
(3) **수신기**에 따라 감시되지 아니하는 배선을 통하여 전력을 공급받는 것에 있어서는 **전원입력측**의 배선에 **과전류차단기**를 설치하고 해당 전원의 정전이 즉시 수신기에 표시되는 것으로 하며, **상용전원** 및 **예비전원**의 시험을 할 수 있도록 할 것 보기 ③④

답 ③

2025. 5. 21 시행

2025년 기사 제2회 필기시험 CBT 기출복원문제

자격종목	종목코드	시험시간	형별	수험번호	성명
소방설비기사(전기분야)		2시간			

※ 각 문항은 4지택일형으로 질문에 가장 적합한 보기 항을 선택하여 체크하여야 합니다.

제 1 과목 소방원론

★★★
01 프로판 50vol%, 부탄 40vol%, 프로필렌 10vol%로 된 혼합가스의 폭발하한계는 약 몇 vol%인가? (단, 각 가스의 폭발하한계는 프로판은 2.2vol%, 부탄은 1.9vol%, 프로필렌은 2.4vol%이다.)

24.05.문13 23.09.문08 22.09.문15 21.05.문20 17.05.문03

① 0.83 ② 2.09
③ 5.05 ④ 9.44

유사문제부터 풀어보세요. 실력이 팍!팍! 올라갑니다.

해설 (1) 기호
- V_1 : 50vol%
- V_2 : 40vol%
- V_3 : 10vol%
- L_1 : 2.2vol%
- L_2 : 1.9vol%
- L_3 : 2.4vol%

(2) 혼합가스의 폭발하한계

$$\frac{100}{L}=\frac{V_1}{L_1}+\frac{V_2}{L_2}+\frac{V_3}{L_3}$$

여기서, L : 혼합가스의 폭발하한계〔vol%〕
$L_1,\ L_2,\ L_3$: 가연성 가스의 폭발하한계〔vol%〕
$V_1,\ V_2,\ V_3$: 가연성 가스의 용량〔vol%〕

$$\frac{100}{L}=\frac{V_1}{L_1}+\frac{V_2}{L_2}+\frac{V_3}{L_3}$$

$$\frac{100}{L}=\frac{50}{2.2}+\frac{40}{1.9}+\frac{10}{2.4}$$

$$\frac{100}{\frac{50}{2.2}+\frac{40}{1.9}+\frac{10}{2.4}}=L$$

$$L=\frac{100}{\frac{50}{2.2}+\frac{40}{1.9}+\frac{10}{2.4}}\fallingdotseq 2.09\text{vol\%}$$

- 단위가 원래는 〔vol%〕 또는 〔v%〕, 〔vol.%〕인데 줄여서 〔%〕로 쓰기도 한다.

답 ②

★★★
02 할로젠원소의 소화효과가 큰 순서대로 배열된 것은?

24.03.문05 23.09.문16 17.09.문15 15.03.문16 12.03.문04

① I > Br > Cl > F ② Br > I > F > Cl
③ Cl > F > I > Br ④ F > Cl > Br > I

해설 할론소화약제

부촉매효과(소화효과) 크기	전기음성도(친화력) 크기
I > Br > Cl > F 보기 ①	F > Cl > Br > I

- 소화효과=소화능력
- 전기음성도 크기=수소와의 결합력 크기

중요

할로젠족 원소
(1) 불소 : F
(2) 염소 : Cl
(3) 브로민(취소) : Br
(4) 아이오딘(옥소) : I

기억법 FClBrI

답 ①

★★★
03 위험물의 유별에 따른 대표적인 성질의 연결이 옳지 않은 것은?

24.03.문07 19.04.문44 16.05.문46 16.05.문52 15.09.문03 15.09.문18 15.05.문10 15.05.문42 15.03.문51 14.09.문18 14.03.문18 11.06.문54

① 제1류 : 산화성 고체
② 제2류 : 가연성 고체
③ 제4류 : 인화성 액체
④ 제5류 : 산화성 액체

해설 ④ 산화성 액체 → 자기반응성 물질

위험물령 〔별표 1〕
위험물

유 별	성 질	품 명
제1류	**산**화성 **고**체 보기 ①	• 아염소산염류 • 염소산염류(**염소산나트륨**) • 과염소산염류 • 질산염류 • 무기과산화물 기억법 1산고염나
제2류	가연성 고체 보기 ②	• 황화인 • 적린 • 황 • 마그네슘
제3류	자연발화성 물질 및 금수성 물질	• **황**린 • **칼**륨 • **나**트륨 • **알**칼리토금속 • **트**리에틸알루미늄 기억법 황칼나알트

제4류	인화성 액체 보기 ③	• 특수인화물 • 석유류(벤젠) • 알코올류 • 동식물유류
제**5**류	**자**기반응성 물질 보기 ④	• 유기과산화물 • 나이트로화합물 • 나이트로소화합물 • 아조화합물 • 질산에스터류(셀룰로이드) 기억법 **5자(오자탈자)**
제6류	산화성 액체	• 과염소산 • 과산화수소 • 질산

답 ④

04 물과 반응하여 가연성 기체를 발생하지 않는 것은?

20.09.문17 18.04.문13 15.05.문03 13.03.문03 12.09.문17

① 칼륨
② 인화아연
③ 산화칼슘
④ 탄화알루미늄

해설 **분진폭발**을 **일으키지** 않는 **물질**

물과 반응하여 가연성 기체를 발생하지 않는 것

(1) **시**멘트
(2) **석**회석
(3) **탄**산칼슘($CaCO_3$)
(4) **생**석회(CaO)=**산화칼슘** 보기 ③

기억법 **분시석탄생**

답 ③

05 화재의 종류에 따른 분류가 틀린 것은?

24.07.문11 20.08.문03 19.03.문08 17.09.문07 16.05.문09 15.09.문19 13.09.문07

① A급 : 일반화재
② B급 : 유류화재
③ C급 : 가스화재
④ D급 : 금속화재

해설 ③ 가스화재 → 전기화재

화재의 **종류**

구 분	표시색	적응물질
일반화재(A급) 보기 ①	백색	• 일반가연물 • 종이류 화재 • 목재 · 섬유화재
유류화재(B급) 보기 ②	황색	• 가연성 액체 • 가연성 가스 • 액화가스화재 • 석유화재
전기화재(C급) 보기 ③	청색	• 전기설비
금속화재(D급) 보기 ④	무색	• 가연성 금속
주방화재(K급)	–	• 식용유화재

• 요즘은 표시색의 의무규정은 없음

답 ③

06 폭굉(detonation)에 관한 설명으로 틀린 것은?

23.09.문13 22.04.문13 16.05.문14 03.05.문10

① 연소속도가 음속보다 느릴 때 나타난다.
② 온도의 상승은 충격파의 압력에 기인한다.
③ 압력상승은 폭연의 경우보다 크다.
④ 폭굉의 유도거리는 배관의 지름과 관계가 있다.

해설 ① 느릴 때 → 빠를 때

연소반응(전파형태에 따른 분류)

폭연(deflagration)	**폭굉**(detonation)
연소속도가 음속보다 느릴 때 발생	① 연소속도가 음속보다 **빠를 때** 발생 보기 ① ② 온도의 상승은 **충격파**의 압력에 기인한다. 보기 ② ③ 압력상승은 **폭연**의 경우보다 **크다**. 보기 ③ ④ 폭굉의 **유도거리**는 배관의 **지름**과 **관계**가 있다. 보기 ④

※ **음속** : 소리의 속도로서 약 **340m/s**이다.

답 ①

07 다음 중 화학적 에너지에 해당하지 않는 것은?

22.03.문13 15.05.문15

① 분해열
② 산화열
③ 연소열
④ 압축열

해설 ④ 압축열 → 기계열

열에너지원의 **종류**

기계열 (기계적 에너지)	**전기열** (전기적 에너지)	**화**학열 (화학적 에너지)
압축열, **마**찰열, 마찰 스파크 기억법 **기압마**	유도열, 유전열, 저항열, 아크열, 정전기열, 낙뢰에 의한 열	**연**소열, **용**해열, **분**해열, **생**성열, **자**연발화열 기억법 **화연용분생자**

• 기계열=기계적 에너지=기계에너지
• 전기열=전기적 에너지=전기에너지
• 화학열=화학적 에너지=화학에너지
• 유도열=유도가열
• 유전열=유전가열

답 ④

★★★
08 독성이 매우 높은 가스로서 석유제품, 유지(油脂) 등이 연소할 때 생성되는 알데하이드계통의 가스는?

19.09.문17
14.03.문05
00.03.문04

① 시안화수소 ② 암모니아
③ 포스겐 ④ 아크롤레인

해설 **연소가스**

구 분	설 명
일산화탄소 (CO)	화재시 흡입된 일산화탄소(CO)의 화학적 작용에 의해 **헤모글로빈**(Hb)이 혈액의 산소운반작용을 저해하여 사람을 질식·사망하게 한다.
이산화탄소 (CO_2)	연소가스 중 **가장 많은 양**을 차지하고 있으며 가스 그 자체의 독성은 거의 없으나 다량이 존재할 경우 호흡속도를 증가시키고, 이로 인하여 화재가스에 혼합된 유해가스의 혼입을 증가시켜 위험을 가중시키는 가스이다.
암모니아 (NH_3)	나무, 페놀수지, 멜라민수지 등의 **질소 함유물**이 연소할 때 발생하며, 냉동시설의 **냉매**로 쓰인다.
포스겐 ($COCl_2$)	매우 독성이 강한 가스로서 소화제인 **사염화탄소**(CCl_4)를 화재시에 사용할 때도 발생한다.
황화수소 (H_2S)	달걀 썩는 냄새가 나는 특성이 있다.
아크롤레인 ($CH_2=CHCHO$) 보기 ④	독성이 매우 높은 가스로서 **석유제품**, **유지** 등이 연소할 때 생성되는 가스이다. 기억법 **유아석**

용어

유지(油脂)
들기름 및 지방을 통틀어 일컫는 말

답 ④

★★★
09 제3종 분말소화약제의 주성분은?

21.05.문16
17.09.문10
16.10.문06
16.10.문10
16.05.문15
16.05.문17
16.03.문09
16.03.문11
15.09.문01

① 인산암모늄
② 탄산수소칼륨
③ 탄산수소나트륨
④ 탄산수소칼륨과 요소

해설 (1) **분말소화약제**

종 별	주성분	착 색	적응화재	비 고
제**1**종	중탄산나트륨 ($NaHCO_3$)	백색	BC급	**식용유** 및 **지방질유**의 화재에 적합
제2종	중탄산칼륨 ($KHCO_3$)	담자색 (담회색)	BC급	-
제**3**종	제1인산암모늄 ($NH_4H_2PO_4$) 보기 ①	담홍색 (황색)	ABC급	**차고**·**주차장**에 적합
제4종	중탄산칼륨 + 요소 ($KHCO_3$ + $(NH_2)_2CO$)	회(백)색	BC급	-

기억법 **1식분(일식 분식)**
3분 차주(삼보컴퓨터 차주)

• 제1인산암모늄=인산암모늄=인산염

(2) **이산화탄소 소화약제**

주성분	적응화재
이산화탄소(CO_2)	BC급

답 ①

★★★
10 가연성 액체로부터 발생한 증기가 액체표면에서 연소범위의 하한계에 도달할 수 있는 최저온도를 의미하는 것은?

23.05.문14
14.09.문05
14.05.문15
11.06.문05

① 비점
② 연소점
③ 발화점
④ 인화점

해설 **발화점, 인화점, 연소점**

구 분	설 명
발화점 (ignition point)	• 가연성 물질에 불꽃을 접하지 아니하였을 때 연소가 가능한 **최저온도** • **점화원 없이** 스스로 불이 붙는 **최저온도**
인화점 (flash point)	• 휘발성 물질에 **불**꽃을 접하여 연소가 가능한 **최저온도** • 가연성 증기를 발생하는 액체가 공기와 혼합하여 기상부에 다른 불꽃이 닿았을 때 연소가 일어나는 **최저온도** • **점화원**에 의해 불이 붙는 **최저온도** • 연소범위의 **하**한계 보기 ④ 기억법 **불인하(불임하**면 안돼!)
연소점 (fire point)	• 인화점보다 **10**℃ 높으며 연소를 **5초** 이상 지속할 수 있는 온도 • 어떤 인화성 액체가 공기 중에서 열을 받아 점화원의 존재하에 **지**속적인 연소를 일으킬 수 있는 온도 • 가연성 액체에 점화원을 가져가서 인화된 후에 점화원을 제거하여도 가연물이 **계**속 연소되는 **최저온도** 기억법 **연105초지계**

답 ④

★★★
11 소화에 필요한 CO_2의 이론소화농도가 공기 중에서 37vol%일 때 한계산소농도는 약 몇 vol% 인가?

21.09.문03 19.04.문13 17.03.문14 15.03.문14 14.05.문07 12.05.문14

① 13.2 ② 14.5
③ 15.5 ④ 16.5

해설 **CO_2의 농도**(이론소화농도)

$$CO_2=\frac{21-O_2}{21}\times100$$

여기서, CO_2 : CO_2의 이론소화농도[vol%]
O_2 : 한계산소농도[vol%]

$$CO_2=\frac{21-O_2}{21}\times100$$

$$37=\frac{21-O_2}{21}\times100,\ \frac{37}{100}=\frac{21-O_2}{21}$$

$$0.37=\frac{21-O_2}{21},\ 0.37\times21=21-O_2$$

$$O_2+(0.37\times21)=21$$

$$O_2=21-(0.37\times21)\fallingdotseq13.2\text{vol\%}$$

용어

vol%
어떤 공간에 차지하는 부피를 백분율로 나타낸 것

답 ①

★★
12 물소화약제를 어떠한 상태로 주수할 경우 전기화재의 진압에서도 소화능력을 발휘할 수 있는가?

19.04.문14

① 물에 의한 봉상주수
② 물에 의한 적상주수
③ 물에 의한 무상주수
④ 어떤 상태의 주수에 의해서도 효과가 없다.

해설 **전기화재**(변전실화재) **적응방법**
(1) 무상주수 보기 ③
(2) 할론소화약제 방사
(3) 분말소화설비
(4) 이산화탄소 소화설비
(5) 할로겐화합물 및 불활성기체 소화설비

참고

물을 **주수**하는 **방법**

주수방법	설 명
봉상주수	화점이 멀리 있을 때 또는 고체가연물의 대규모 화재시 사용 예 **옥내소화전**
적상주수	일반 고체가연물의 화재시 사용 예 **스프링클러헤드**
무상주수	화점이 가까이 있을 때 또는 질식효과, 에멀션효과를 필요로 할 때 사용 예 **물분무헤드**

답 ③

★
13 포소화약제가 갖추어야 할 조건이 아닌 것은?

18.03.문08

① 부착성이 있을 것
② 유동성과 내열성이 있을 것
③ 응집성과 안정성이 있을 것
④ 소포성이 있고 기화가 용이할 것

해설 ④ 있고 → 없고, 용이할 것 → 용이하지 않을 것

포소화약제의 **구비조건**
(1) **부착성**이 있을 것 보기 ①
(2) **유동성**을 가지고 **내열성**이 있을 것 보기 ②
(3) **응집성**과 **안정성**이 있을 것 보기 ③
(4) 소포성이 **없고** 기화가 용이하지 않을 것 보기 ④
(5) **독성**이 적을 것
(6) 바람에 견디는 힘이 클 것
(7) 수용액의 침전량이 **0.1%** 이하일 것

용어

수용성과 **소포성**

용 어	설 명
수용성	어떤 물질이 물에 녹는 성질
소포성	포가 깨지는 성질

답 ④

★★★
14 포소화약제 중 고팽창포로 사용할 수 있는 것은?

23.09.문15 17.09.문05 15.05.문09 15.05.문20 13.06.문03

① 단백포
② 불화단백포
③ 내알코올포
④ 합성계면활성제포

해설 **포소화약제**

저팽창포	고팽창포
• 단백포소화약제 • 수성막포소화약제 • 내알코올형포소화약제 • 불화단백포소화약제 • 합성계면활성제포소화약제	• **합**성계면활성제포소화약제 보기 ④ 기억법 **고합**(**고합**그룹)

• 저팽창포=저발포
• 고팽창포=고발포

중요

포소화약제의 **특징**

약제의 종류	특 징
단백포	• 흑갈색이다. • 냄새가 지독하다. • 포안정제로서 **제1철염**을 첨가한다. • 다른 포약제에 비해 **부식성**이 **크다**.

수성막포	• 안전성이 좋아 장기보관이 가능하다. • 내약품성이 좋아 **분말소화약제**와 **겸용** 사용이 가능하다. • 석유류 표면에 신속히 피막을 형성하여 유류증발을 억제한다. • 일명 **A**FFF(Aqueous Film Forming Foam)라고 한다. • 점성이 작기 때문에 가연성 기름의 표면에서 쉽게 피막을 형성한다. • 단백포 소화약제와도 병용이 가능하다. 기억법 **분수**
내알코올형포(내알코올포)	• 알코올류 위험물(**메탄올**)의 소화에 사용한다. • 수용성 유류화재(**아세트알데하이드, 에스터류**)에 사용한다. • 가연성 액체에 사용한다.
불화단백포	• 소화성능이 가장 우수하다. • 단백포와 수성막포의 결점인 열안정성을 보완시킨다. • **표면하 주입방식**에도 적합하다.
합성계면활성제포	• **저**팽창포와 **고**팽창포 모두 사용 가능하다. • 유동성이 좋다. • 카바이트 저장소에는 부적합하다. 기억법 **합저고**

답 ④

★
15 다음 중 건축물의 방재기능 설정요소로 틀린 것은?

24.05.문03

① 배치계획　② 굴토계획
③ 단면계획　④ 평면계획

해설 (1) **건축물**의 **방재기능 설정요소**(건물을 지을 때 내·외부 및 부지 등의 방재계획을 고려한 계획)

구 분	설 명
부지선정, 배치계획 보기 ①	소화활동에 지장이 없도록 적합한 **건물 배치**를 하는 것
평면계획 보기 ④	**방연구획**과 **제연구획**을 설정하여 화재예방·소화·피난 등을 유효하게 하기 위한 계획
단면계획 보기 ③	불이나 연기가 **다른 층**으로 이동하지 않도록 구획하는 계획
입면계획	불이나 연기가 **다른 건물**로 이동하지 않도록 구획하는 계획(입면계획의 가장 큰 요소 : 벽과 개구부)
재료계획	불연성능·내화성능을 가진 재료를 사용하여 화재를 예방하기 위한 계획

(2) **건축물 내부**의 **연소확대방지**를 위한 **방화계획**
㉠ 수평구획
㉡ 수직구획
㉢ 용도구획

답 ②

★★★
16 목조건축물의 온도와 시간에 따른 화재특성으로 옳은 것은?

22.04.문01
21.05.문01
19.09.문11

① 저온단기형　② 저온장기형
③ 고온단기형　④ 고온장기형

해설

목조건물의 화재온도 표준곡선	내화건물의 화재온도 표준곡선
• 화재성상 : **고**온**단**기형 보기 ③ • 최고온도(최성기온도) : 1300℃	• 화재성상 : 저온장기형 • 최고온도(최성기온도) : 900~1000℃
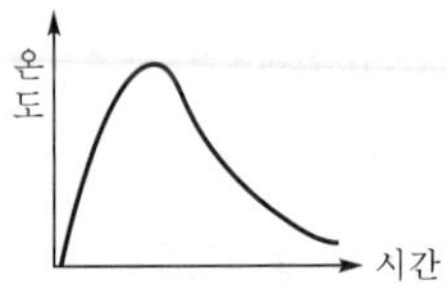	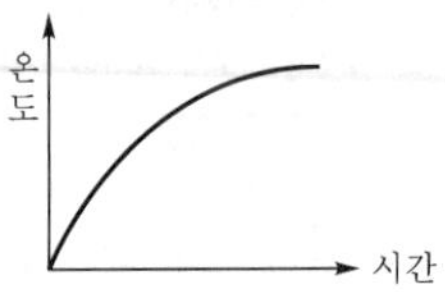

기억법 **목고단 13**

• 목조건물=목재건물

답 ③

★★★
17 프로판가스의 공기 중 폭발범위는 약 몇 vol% 인가?

24.03.문06
24.05.문05
23.05.문16

① 2.1~9.5
② 15~25.5
③ 20.5~32.1
④ 33.1~63.5

해설 (1) **공기 중**의 **폭발범위**(상온 1atm)

가 스	하한계 〔vol%〕	상한계 〔vol%〕
아세틸렌(C_2H_2)	2.5	81
수소(H_2)	4	75
일산화탄소(CO)	12	75
에틸렌(C_2H_4)	2.7	36
암모니아(NH_3)	15	25
메탄(CH_4)	5	15
에탄(C_2H_6)	3	12.4
프로판(C_3H_8) 보기 ①	2.1	9.5
부탄(C_4H_{10})	1.8	8.4

기억법 아 25 81(이오 팔 하나)
수 4 75(수사 후 치료하세요.)
일 12 75
에 27 36
암 15 25
메 5 15
에 3 124
프 21 95(둘 하나 구오)
부 18 84(부자의 일반적인 팔자)

(2) **폭발한계**와 **같은 의미**
- ㉠ 폭발범위
- ㉡ 연소한계
- ㉢ 연소범위
- ㉣ 가연한계
- ㉤ 가연범위

답 ①

★★★
18
24.05.문18
15.05.문07

표준상태에서 44.8m³의 용적을 가진 이산화탄소가스를 모두 액화하면 몇 kg인가? (단, 이산화탄소의 분자량은 44이다.)

① 88　② 44
③ 22　④ 11

해설 (1) **주어진 값**
- 용적 : 44.8m³=44800L(1m³=1000L)
- 질량 : ?
- 분자량 : 44

(2) **증기밀도**

$$\text{증기밀도[g/L]} = \frac{\text{분자량}}{22.4}$$

여기서, 22.4 : 공기의 부피[L]

$$\text{증기밀도[g/L]} = \frac{\text{분자량}}{22.4}$$

$$\frac{\text{g(질량)}}{44800\text{L}} = \frac{44}{22.4}$$

$$\text{g(질량)} = \frac{44}{22.4} \times 44800\text{L} = 88000\text{g} = 88\text{kg}$$

- 단위를 보고 계산하면 쉽다.

답 ①

★★★
19
23.05.문12
19.03.문18
16.03.문01

기체상태의 Halon 1301은 공기보다 약 몇 배 무거운가? (단, 공기의 평균분자량은 28.84이다.)

① 4.05배　② 5.17배
③ 6.12배　④ 7.01배

해설 (1) **원자량**

원 소	원자량
H	1
C →	12
N	14
O	16
F →	19
S	32
Cl	35
Br →	80

(2) **분자량**
Halon 1301(CF_3Br)=12+19×3+80=149

(3) **증기비중**

$$\text{증기비중} = \frac{\text{분자량}}{28.84} \fallingdotseq \frac{\text{분자량}}{29}$$

여기서, 29 : 공기의 평균분자량

$$\text{증기비중} = \frac{\text{분자량}}{29} = \frac{149}{28.84} \fallingdotseq 5.17$$

비교

증기밀도

$$\text{증기밀도[g/L]} = \frac{\text{분자량}}{22.4}$$

여기서, 22.4 : 기체 1몰의 부피[L]

중요

할론소화약제의 **약칭** 및 **분자식**

종 류	약 칭	분자식
Halon 1011	CB	CH_2ClBr
Halon 104	CTC	CCl_4
Halon 1211	BCF	CF_2ClBr(CF_2BrCl, $CBrClF_2$)
Halon 1301	BTM	CF_3Br
Halon 2402	FB	$C_2F_4Br_2$

답 ②

★★★
20
22.04.문15
21.09.문02
20.06.문01

감광계수에 따른 가시거리 및 상황에 대한 설명으로 틀린 것은?

① 감광계수 0.1m⁻¹는 연기감지기가 작동할 정도의 연기농도이고, 가시거리는 20~30m이다.
② 감광계수 0.5m⁻¹는 거의 앞이 보이지 않을 정도의 농도이고, 가시거리는 1~2m이다.
③ 감광계수 10m⁻¹는 화재 최성기 때의 연기농도를 나타낸다.
④ 감광계수 30m⁻¹는 출화실에서 연기가 분출할 때의 농도이다.

해설

② 0.5m^{-1} → 1m^{-1}

감광계수에 따른 **가시거리** 및 **상황**

감광계수 (m^{-1})	가시거리 (m)	상 황
0.1	20~30	연기감지기가 작동할 때의 농도 보기 ①
0.3	5	건물 내부에 익숙한 사람이 피난에 지장을 느낄 정도의 농도
0.5	3	어두운 것을 느낄 정도의 농도
1	1~2	거의 앞이 보이지 않을 정도의 농도 보기 ②
10	0.2~0.5	화재 최성기 때의 농도 보기 ③
30	–	출화실에서 연기가 분출할 때의 농도 보기 ④

답 ②

제 2 과목 소방전기일반

21 ★★★

20.08.문21 17.03.문35 16.05.문21 15.05.문22 11.06.문24

개루프 제어와 비교하여 폐루프 제어에서 반드시 필요한 장치는?

① 안정도를 좋게 하는 장치
② 제어대상을 조작하는 장치
③ 동작신호를 조절하는 장치
④ 기준입력신호와 주궤환신호를 비교하는 장치

해설 **피드백제어**(feedback control=**폐루프제어**)

(1) 출력신호를 입력신호로 되돌려서 **입력**과 **출력**을 **비교**함으로써 **정확한 제어**가 가능하도록 한 제어
(2) **기준입력신호**와 **주궤환신호**를 **비교**하는 장치가 있는 제어 보기 ④

중요

피드백제어의 **특징**
(1) **정확도**(정확성)가 **증가**한다.
(2) **대역폭**이 **크다**(**대역폭**이 **증가**한다).
(3) 계의 특성 변화에 대한 입력 대 출력비의 감도가 감소한다.
(4) 구조가 **복잡**하고 설치비용이 고가이다.
(5) 폐회로로 구성되어 있다.
(6) 입력과 출력을 비교하는 장치가 있다.
(7) 오차를 **자동정정**한다.
(8) **발진**을 일으키고 **불안정한 상태**로 되어가는 경향성이 있다.
(9) 비선형과 왜형에 대한 효과가 **감소**한다.

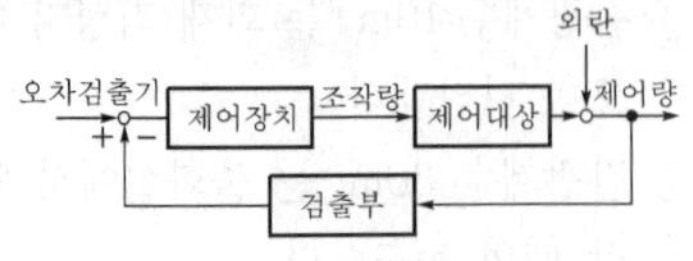

| 피드백제어 |

답 ④

22 ★★

18.09.문36 06.09.문30 01.06.문32

정현파 전압의 평균값이 150V이면 최대값은 약 몇 V인가?

① 235.6 ② 212.1
③ 106.1 ④ 95.5

해설 (1) **기호**

- V_{av} : 150V
- V_m : ?

(2) **전압**의 **평균값**

$$V_{av}=0.637\,V_m$$

여기서, V_{av} : 전압의 평균값(V)
V_m : 전압의 최대값(V)

전압의 **최대값** V_m은

$$V_m=\frac{V_{av}}{0.637}=\frac{150}{0.637}\fallingdotseq 235.47\text{V}(\therefore\ 235.6\text{V 정답})$$

답 ①

23 ★★★

20.09.문26 19.09.문35 12.05.문34 05.05.문35

절연저항을 측정할 때 사용하는 계기는?

① 전류계
② 전위차계
③ 메거
④ 휘트스톤브리지

해설 **계측기**

구 분	용 도
메거 (megger) 보기 ③	절연저항 측정  ∥메거∥
어스테스터 (earth tester)	접지저항 측정  ∥어스테스터∥

코올라우시 브리지 (Kohlrausch bridge)	전지(축전지)의 내부저항 측정 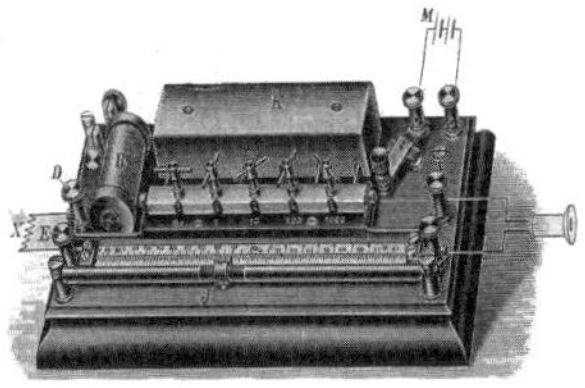 코올라우시 브리지
C.R.O. (Cathode Ray Oscilloscope)	음극선을 사용한 오실로스코프
휘트스톤 브리지 (Wheatstone bridge)	0.5~10^5Ω의 중저항 측정

비교

코올라우시 브리지
(1) 축전지의 내부저항 측정
(2) 전해액의 저항 측정
(3) 접지저항 측정

답 ③

★★★
24

24.03.문24
23.09.문25
20.06.문36
15.09.문26
09.03.문27

반지름 20cm, 권수 50회인 원형 코일에 2A의 전류를 흘려주었을 때 코일 중심에서 자계(자기장)의 세기[AT/m]는?

① 70
② 100
③ 125
④ 250

해설 (1) **기호**

- a : 20cm=0.2m(100cm=1m)
- N : 50
- I : 2A
- H : ?

(2) **원형 코일 중심**의 **자계**

$$H=\frac{NI}{2a}\text{[AT/m]}$$

여기서, H : 자계의 세기[AT/m]
N : 코일권수
I : 전류[A]
a : 반지름[m]

자계의 세기 H는

$$H=\frac{NI}{2a}=\frac{50\times2}{2\times0.2}=250\text{AT/m}$$

답 ④

★★★
25

24.05.문23
23.03.문37
19.09.문37
15.05.문28
10.09.문39
98.10.문38

반파정류회로를 통해 정현파를 정류하여 얻은 반파정류파의 최대값이 1일 때, 실효값과 평균값은?

① $\dfrac{1}{\sqrt{2}},\ \dfrac{2}{\pi}$
② $\dfrac{1}{2},\ \dfrac{\pi}{2}$
③ $\dfrac{1}{\sqrt{2}},\ \dfrac{\pi}{2\sqrt{2}}$
④ $\dfrac{1}{2},\ \dfrac{1}{\pi}$

해설 **최대값 · 실효값 · 평균값**

파 형	최대값	실효값	평균값
① 정현파 ② 전파정류파	1	$\frac{1}{\sqrt{2}}$	$\frac{2}{\pi}$
③ 반구형파	1	$\frac{1}{\sqrt{2}}$	$\frac{1}{2}$
④ 삼각파(3각파) ⑤ 톱니파	1	$\frac{1}{\sqrt{3}}$	$\frac{1}{2}$
⑥ 구형파	1	1	1
⑦ 반파정류파 보기 ④	1 →	$\frac{1}{2}$	$\frac{1}{\pi}$

답 ④

★★★
26

24.05.문22
19.04.문28
16.10.문35
16.05.문22
16.03.문32
15.05.문23
15.03.문22
14.09.문23
13.09.문27
11.03.문30

제어량이 압력, 온도 및 유량 등과 같은 공업량일 경우의 제어는?

① 시퀀스제어
② 프로세스제어
③ 추종제어
④ 프로그램제어

해설 **제어량**에 의한 **분류**

분류방법	제어량
프로세스제어 (공정제어) 보기 ②	• **온**도 • **압**력 • **유**량 • **액**면 기억법 **프온압유액**
서보기구	• **위**치 • **방**위 • **자**세 기억법 **서위방자**
자동조정	• **전**압 • **전**류 • **주**파수 • **회**전속도(발전기의 속도조절기) • **장**력 기억법 **전전주회장**

용어

프로세스제어(공정제어)
공업공정의 상태량을 제어량으로 하는 제어

답 ②

★ **27** 저항이 R, 유도리액턴스가 X_L, 용량리액턴스가 X_C인 RLC 직렬회로에서의 $\dot{Z}$와 Z값으로 옳은 것은?

24.05.문26 17.09.문31

① $\dot{Z}=R+j(X_L-X_C)$
$Z=\sqrt{R^2+(X_L-X_C)^2}$

② $\dot{Z}=R+j(X_L+X_C)$
$Z=\sqrt{R+(X_L+X_C)^2}$

③ $\dot{Z}=R+j(X_C-X_L)$
$Z=\sqrt{R^2+(X_C-X_L)^2}$

④ $\dot{Z}=R+j(X_C+X_L)$
$Z=\sqrt{R^2+(X_C+X_L)^2}$

해설 **임피던스**

RLC 직렬회로	RLC 병렬회로
$\dot{Z}=R+j(X_L-X_C)$ $Z=\sqrt{R^2+(X_L-X_C)^2}$ 보기 ①	$\dot{Z}=\frac{1}{R}+j\left(\frac{1}{X_C}-\frac{1}{X_L}\right)$ $Z=\sqrt{\left(\frac{1}{R}\right)^2+\left(\frac{1}{X_C}-\frac{1}{X_L}\right)^2}$

여기서, $\dot{Z}$: 임피던스(벡터)〔Ω〕
Z : 임피던스〔Ω〕
R : 저항〔Ω〕
j : 허수($=\sqrt{-1}$)
X_L : 유도리액턴스〔Ω〕
X_C : 용량리액턴스〔Ω〕

답 ①

★★★ **28** 논리식 $\overline{X}+XY$를 간략화한 것은?

19.03.문24 18.04.문38 17.09.문33 17.03.문23 16.05.문36 16.03.문39 15.09.문23 13.09.문30 13.06.문35

① $\overline{X}+Y$
② $X+\overline{Y}$
③ $\overline{X}\,Y$
④ $X\overline{Y}$

해설 **불대수**의 **정리**

논리합	논리곱	비 고
$X+0=X$	$X\cdot 0=0$	−
$X+1=1$	$X\cdot 1=X$	−
$X+X=X$	$X\cdot X=X$	−
$X+\overline{X}=1$	$X\cdot\overline{X}=0$	−
$X+Y=Y+X$	$X\cdot Y=Y\cdot X$	교환법칙
$X+(Y+Z)=(X+Y)+Z$	$X(YZ)=(XY)Z$	결합법칙
$X(Y+Z)=XY+XZ$	$(X+Y)(Z+W)=XZ+XW+YZ+YW$	분배법칙
$X+XY=X$	$\overline{X}+XY=\overline{X}+Y$ 보기 ① $\overline{X}+X\overline{Y}=\overline{X}+\overline{Y}$ $X+\overline{X}Y=X+Y$ $X+\overline{X}\,\overline{Y}=X+\overline{Y}$	흡수법칙
$(\overline{X+Y})=\overline{X}\cdot\overline{Y}$	$(\overline{X\cdot Y})=\overline{X}+\overline{Y}$	드모르간의 정리

답 ①

★★★ **29** 전기기기에서 생기는 손실 중 권선의 저항에 의하여 생기는 손실은?

23.05.문28 19.04.문23 16.10.문36 14.09.문22 11.10.문24

① 철손 ② 동손
③ 표유부하손 ④ 히스테리시스손

해설

동 손 보기 ②	철 손
권선의 **저항**에 의하여 생기는 손실	**철심 속**에서 생기는 손실

기억법 **권동철철**

중요

무부하손
(1) 철손
(2) 저항손
(3) 유전체손

답 ②

★★ **30** 어떤 계를 표시하는 미분방정식이 $5\frac{d^2}{dt^2}y(t)+3\frac{d}{dt}y(t)-2y(t)=x(t)$라고 한다. $x(t)$는 입력신호, $y(t)$는 출력신호라고 하면 이 계의 전달함수는?

24.05.문24 18.04.문36

① $\frac{1}{(s+1)(s-5)}$ ② $\frac{1}{(s-1)(s+5)}$
③ $\frac{1}{(5s-1)(s+2)}$ ④ $\frac{1}{(5s-2)(s+1)}$

해설 **전달함수**

$$G(s)=\frac{Y(s)}{X(s)}$$

여기서, $G(s)$: 전달함수
$Y(s)$: 출력신호
$X(s)$: 입력신호

- $5\dfrac{d^2}{dt^2} \to 5s^2$, $3\dfrac{d}{dt} \to 3s$, $2 \to 2$

라플라스 변환하면

$(5s^2+3s-2)Y(s)=X(s)$

전달함수

$$G(s)=\frac{Y(s)}{X(s)}=\frac{1}{(5s^2+3s-2)}=\frac{1}{(5s-2)(s+1)}$$

용어

전달함수
모든 초기값을 0으로 하였을 때 출력신호의 라플라스 변환과 입력신호의 라플라스 변환의 비

답 ④

★★★
31 테브난의 정리를 이용하여 그림 (a)의 회로를 그림 (b)와 같은 등가회로로 만들고자 할 때 V_{th}[V]와 R_{th}[Ω]은?

23.03.문30
22.04.문33
21.03.문25

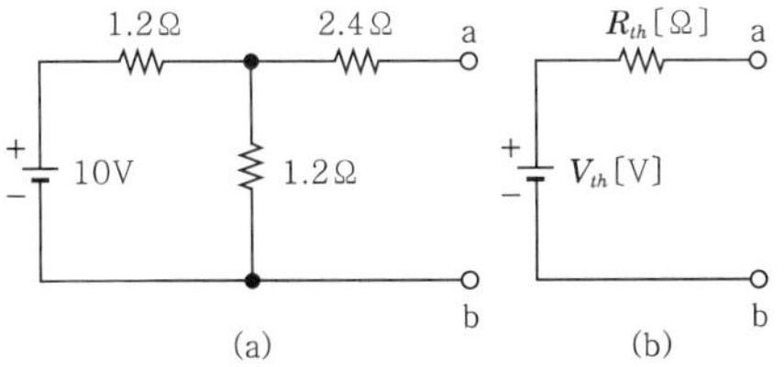

(a) (b)

① 5V, 2Ω ② 5V, 3Ω
③ 6V, 2Ω ④ 6V, 3Ω

해설 **기호**

- R_1 : 1.2Ω
- R_2 : 1.2Ω
- V : 10V
- V_{th} : ?
- R_{th} : ?

테브난의 **정리**에 의해 2.4Ω에는 전압이 가해지지 않으므로

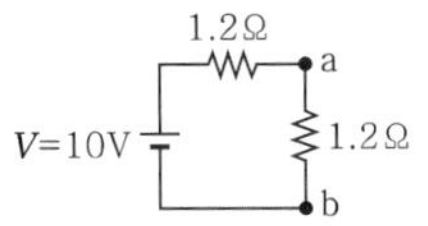

이해하기 쉽게 회로를 변형하면

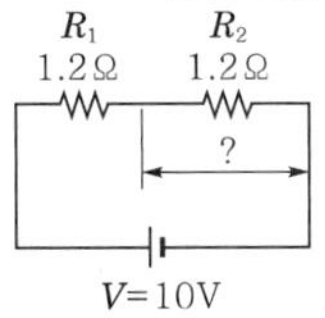

$$V_{th}=\frac{R_2}{R_1+R_2}V=\frac{1.2}{1.2+1.2}\times 10=5\text{V}$$

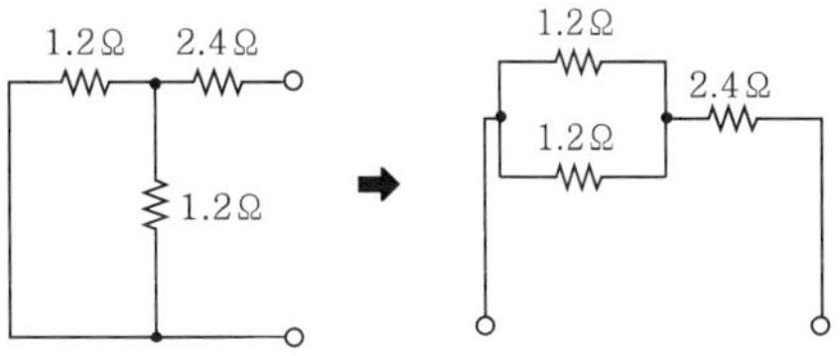

전압원을 **단락**하고 회로망에서 본 저항 R_{th}은

$$R_{th}=\frac{1.2\times1.2}{1.2+1.2}+2.4=3\,\Omega$$

용어

테브난의 **정리**(테브낭의 정리)
2개의 독립된 회로망을 접속하였을 때의 전압 · 전류 및 임피던스의 관계를 나타내는 정리

답 ②

★★★
32 $R=4\,\Omega$, $\dfrac{1}{\omega C}=9\,\Omega$인 RC 직렬회로에 전압 $e(t)$를 인가할 때, 제3고조파 전류의 실효값 크기는 몇 A인가? (단, $e(t)=50+10\sqrt{2}\sin\omega t+120\sqrt{2}\sin3\omega t$[V])

23.09.문28
20.09.문29
19.09.문34
13.03.문28
12.03.문31

① 4.4
② 12.2
③ 24
④ 34

해설 (1) **기호**

- R : 4Ω
- $\dfrac{1}{\omega C}$: 9Ω
- I_3 : ?
- $e(t)=\underset{\text{직류분}}{\underline{50}}+\underset{\text{기본파}}{\underline{10\sqrt{2}\sin\omega t}}+\underset{\text{3고조파}}{\underline{120\sqrt{2}\sin3\omega t}}$

제3고조파 성분만 계산하면 되므로 리액턴스$\left(\dfrac{1}{\omega C}\right)$의 주파수 부분에 ω대신 3ω 대입

$$\frac{1}{\omega C}:9=\frac{1}{3\omega C}:X$$

$$X=\frac{9}{3}=3$$

(2) **임피던스**

$$Z=R+jX$$

여기서, Z: 임피던스[Ω]
R: 저항[Ω]
X: 리액턴스[Ω]

제3고조파 임피던스 Z는
$Z=R+jX=4+j3$

(3) **순시값**

$$v = V_m \sin\omega t$$

여기서, v : 전압의 순시값〔V〕
V_m : 전압의 최대값〔V〕
ω : 각주파수〔rad/s〕
t : 주기〔s〕

제3고조파만 고려하면

$v = V_m \sin\omega t$

$= 120\sqrt{2}\sin 3\omega t \left(\therefore V_m = 120\sqrt{2}\right)$

(4) **전압**의 **최대값**

$$V_m = \sqrt{2}\, V$$

여기서, V_m : 전압의 최대값〔V〕
V : 전압의 실효값〔V〕

전압의 실효값 V는

$V = \dfrac{V_m}{\sqrt{2}} = \dfrac{120\sqrt{2}}{\sqrt{2}} = 120\text{V}$

(5) **전류**

$$I = \frac{V}{Z} = \frac{V}{R + jX} = \frac{V}{\sqrt{R^2 + X^2}}$$

여기서, I : 전류〔A〕
V : 전압〔V〕
Z : 임피던스〔Ω〕
R : 저항〔Ω〕
X : 리액턴스〔Ω〕

전류 I는

$I = \dfrac{V}{\sqrt{R^2 + X^2}} = \dfrac{120}{\sqrt{4^2 + 3^2}} = 24\text{A}$

답 ③

★★

33 아날로그와 디지털 통신에서 데시벨의 단위로 나타내는 SN비를 올바르게 풀어쓴 것은?

23.09.문37
16.03.문34

① SIGN TO NUMBER RATING
② SIGNAL TO NOISE RATIO
③ SOURCE NULL RESISTANCE
④ SOURCE NETWORK RANGE

해설 **SN비** 또는 **SNR비**(**Signal-to-Noise Ratio, 신호 대 잡음비**)

아날로그와 디지털 통신에서, 즉 신호 대 잡음의 상대적인 크기를 나타내는 것으로서, 단위는 **데시벨**〔dB〕이다.

답 ②

★★★

34 100V에서 500W를 소비하는 전열기가 있다. 이 전열기에 90V의 전압을 인가했을 때 소비되는 전력〔W〕은?

22.04.문28

① 81
② 90
③ 405
④ 450

해설 (1) **기호**

- V : 100V
- P : 500W
- V' : 90V
- P' : ?

(2) **전력**

$$P = VI = I^2R = \frac{V^2}{R}$$

여기서, P : 전력〔W〕, V : 전압〔V〕
I : 전류〔A〕, R : 저항〔Ω〕

저항 R은

$R = \dfrac{V^2}{P} = \dfrac{100^2}{500} = 20\,\Omega$

90V의 전압사용시 **소비전력** P'는

$P' = \dfrac{V'^2}{R} = \dfrac{90^2}{20} = 405\text{W}$

- 이 문제에서 저항(R)이 일정하므로 위 식에서 $P = VI$ 공식을 사용할 수 없고, $P = I^2R = \dfrac{V^2}{R}$ 공식을 사용해야 한다.

답 ③

★★★

35 진공 중에서 원점에 10^{-8}C의 전하가 있을 때 점 (1, 2, 2)m에서의 전계의 세기는 약 몇 V/m인가?

22.04.문30
20.08.문37
17.09.문32
16.05.문33
07.09.문22

① 0.1
② 1
③ 10
④ 100

해설 (1) **기호**

- Q : 10^{-8}C
- r : $\sqrt{1^2 + 2^2 + 2^2} = 3\text{m}$[점 (1, 2, 2)m]
- E : ?

(2) **전계**의 **세기**(intensity of electric field)

$$E = \frac{Q}{4\pi\varepsilon r^2}$$

여기서, E : 전계의 세기〔V/m〕
Q : 전하〔C〕
ε : 유전율〔F/m〕($\varepsilon = \varepsilon_0 \cdot \varepsilon_s$)
(ε_0 : 진공의 유전율〔F/m〕
ε_s : 비유전율)
r : 거리〔m〕

전계의 세기(전장의 세기) E는

$E = \dfrac{Q}{4\pi\varepsilon r^2} = \dfrac{Q}{4\pi\varepsilon_0\varepsilon_s r^2} = \dfrac{Q}{4\pi\varepsilon_0 r^2}$

$= \dfrac{10^{-8}}{4\pi \times (8.855 \times 10^{-12}) \times 3^2}$

$\fallingdotseq 10\text{V/m}$

- **진공**의 **유전율** : $\varepsilon_0 = 8.855 \times 10^{-12}$F/m
- ε_s(비유전율) : 진공 중 또는 공기 중 $\varepsilon_s \fallingdotseq 1$이므로 생략

답 ③

★★★
36 0.1H인 코일의 리액턴스가 377Ω일 때 주파수 〔Hz〕는?

23.05.문21
20.06.문21
17.03.문34

① 100　② 200
③ 400　④ 600

해설 (1) **기호**

- L : 0.1H
- X_L : 377Ω
- f : ?

(2) **유도리액턴스**

$$X_L = \omega L = 2\pi f L$$

여기서, X_L : 유도리액턴스〔Ω〕
ω : 각주파수〔rad/s〕
L : 인덕턴스〔H〕
f : 주파수〔Hz〕

주파수 f는

$$f = \frac{X_L}{2\pi L} = \frac{377}{2\pi \times 0.1} \fallingdotseq 600\text{Hz}$$

비교

용량리액턴스

$$X_C = \frac{1}{\omega C} = \frac{1}{2\pi f C}$$

여기서, X_C : 용량리액턴스〔Ω〕
ω : 각주파수〔rad/s〕
C : 정전용량(커패시턴스)〔F〕
f : 주파수〔Hz〕

답 ④

★★★
37 6F와 4F의 커패시터가 직렬로 접속된 회로에 전압 30V를 가했을 때, 6F의 커패시터 단자전압 V_1은 몇 V인가?

21.03.문28
18.03.문34
15.03.문33

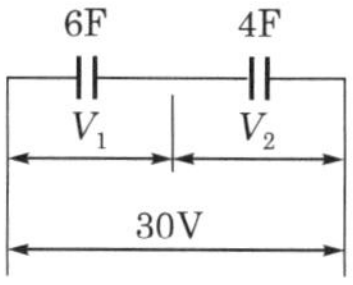

① 10
② 12
③ 15
④ 18

해설 **각각**의 **전압**

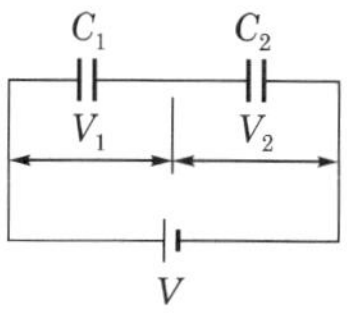

$$V_1 = \frac{C_2}{C_1 + C_2} V, \quad V_2 = \frac{C_1}{C_1 + C_2} V$$

여기서, V_1 : C_1에 걸리는 전압〔V〕
V_2 : C_2에 걸리는 전압〔V〕
C_1, C_2 : 각각의 정전용량〔F〕
V : 전체 전압〔V〕

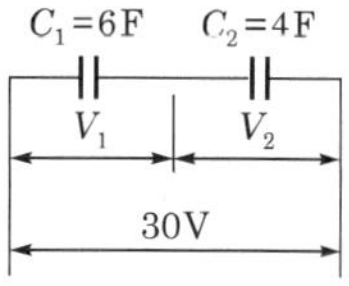

$$V_1 = \frac{C_2}{C_1 + C_2} V = \frac{4}{6+4} \times 30 = 12\text{V}$$

답 ②

★★★
38 그림에서 스위치 S를 개폐하여도 검류계 G의 지침이 흔들리지 않았을 때, 저항 X의 값은 얼마인가? (단, 그림에서 저항의 단위는 모두 Ω이다.)

21.09.문25
21.05.문37

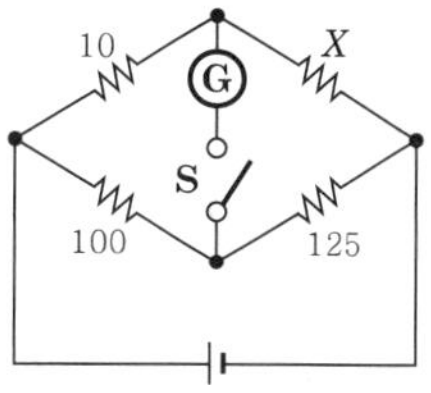

① 1.3Ω
② 8.0Ω
③ 12.5Ω
④ 22.5Ω

해설 **휘트스톤브리지**

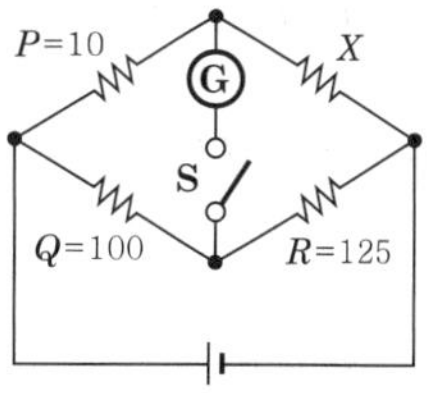

$PR = QX$
$10 \times 125 = 100X$
$100X = 10 \times 125$

$$\therefore X = \frac{10 \times 125}{100} = 12.5\Omega$$

중요

휘트스톤브리지

- $I_1 P = I_2 Q$
- $I_1 X = I_2 R$

$\therefore PR = QX$(마주보는 변의 곱은 서로 같다.)

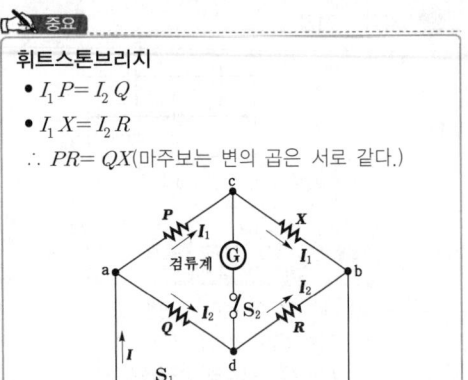

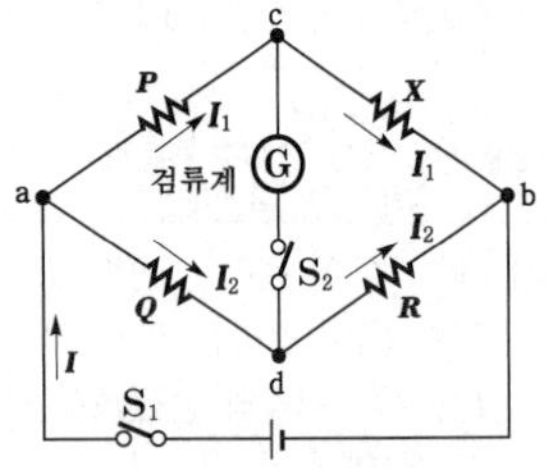

답 ③

★★★
39 그림의 블록선도에서 $\dfrac{C(s)}{D(s)}$는?

24.07.문40
24.05.문32
24.03.문28

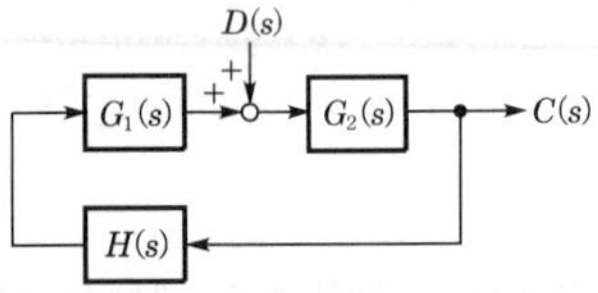

① $\dfrac{G_2(s)}{1-G_1(s)G_2(s)H(s)}$

② $\dfrac{G_1(s)G_2(s)}{H(s)}$

③ $\dfrac{H(s)}{G_1(s)G_2(s)}$

④ $\dfrac{G_1(s)}{1-G_1(s)G_2(s)H(s)}$

해설

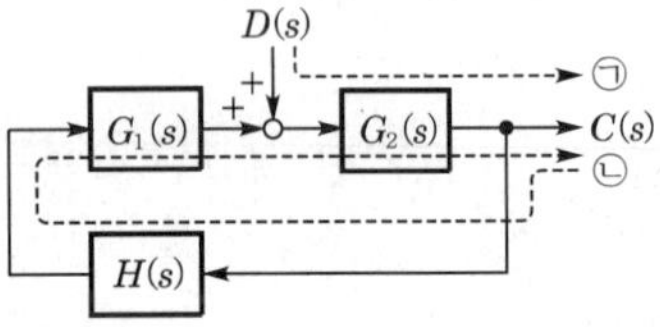

$D(s)G_2(s) + CG_1(s)G_2(s)H(s) = C(s)$

$DG_2 + CG_1G_2H = C$ ← 계산편의를 위해 (s) 생략

$DG_2 = C - CG_1G_2H$

$DG_2 = C(1 - G_1G_2H)$

$\dfrac{G_2}{1-G_1G_2H} = \dfrac{C}{D}$

$\dfrac{C}{D} = \dfrac{G_2}{1-G_1G_2H}$

$\dfrac{C(s)}{D(s)} = \dfrac{G_2(s)}{1-G_1(s)G_2(s)H(s)}$ ← (s) 다시 붙임

용어

블록선도
제어계에서 신호전송상태를 나타내는 계통도

답 ①

★★★
40 다음 그림과 같은 다이오드 게이트회로에서 출력전압은 약 몇 V인가? (단, 다이오드 내의 전압강하는 무시한다.)

23.03.문29
18.09.문27

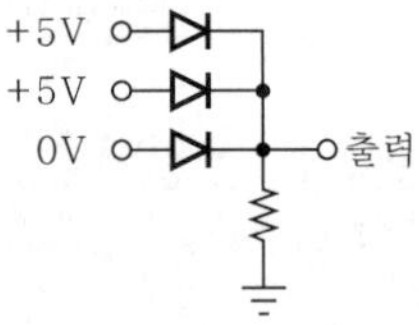

① 0 ② 5
③ 10 ④ 20

해설 **OR gate**이므로 3개의 입력신호 중 **어느 하나**라도 1(5V)이면 출력신호가 1(5V)이 된다.

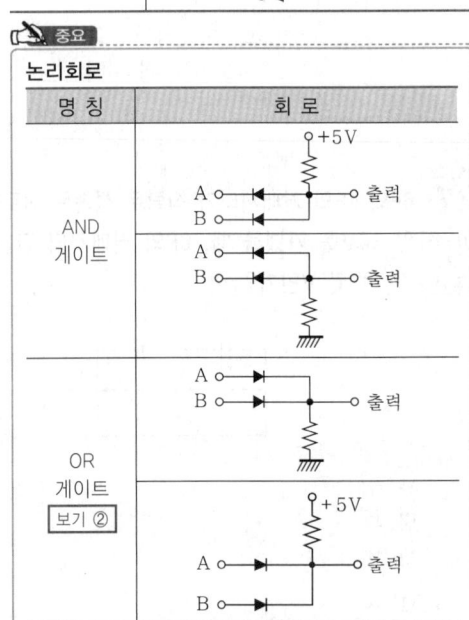

명 칭	회 로
OR 게이트 보기 ②	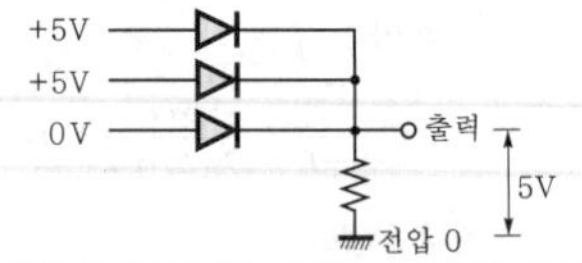
AND 게이트	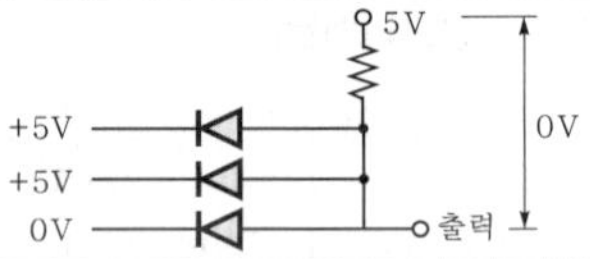

중요

논리회로

명 칭	회 로
AND 게이트	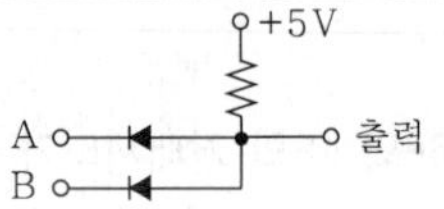
	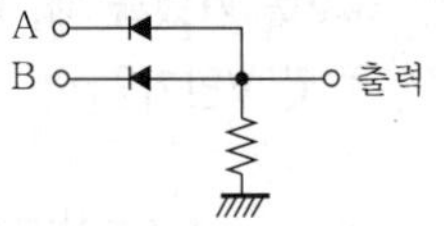
OR 게이트 보기 ②	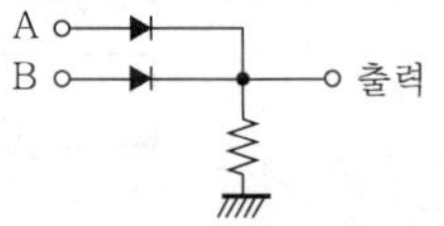
	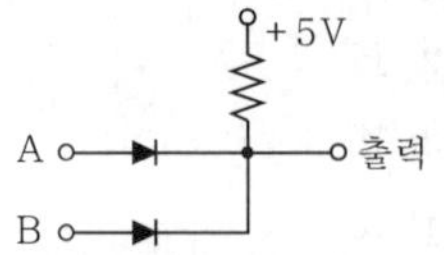

NOR 게이트	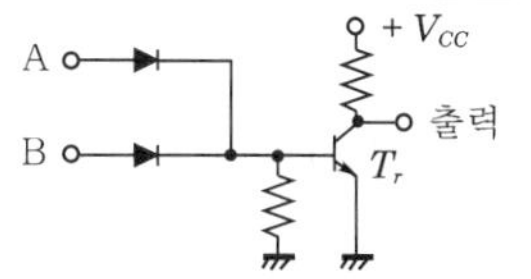
NAND 게이트	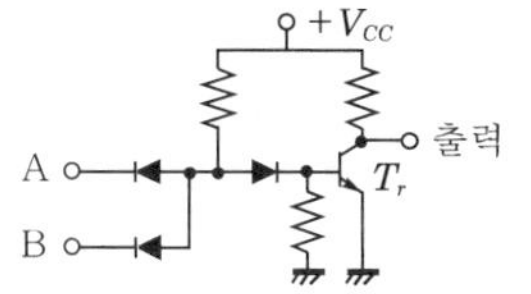

답 ②

제 3 과목 소방관계법규

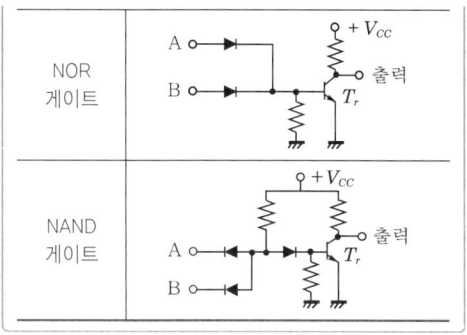

★★★
41 위험물안전관리법상 위험물의 정의 중 다음 (　) 안에 알맞은 것은?

24.03.문01 23.09.문03 23.05.문04 17.03.문52 13.03.문47

> 위험물이라 함은 (㉠) 또는 발화성 등의 성질을 가지는 것으로서 (㉡)이/가 정하는 물품을 말한다.

① ㉠ 인화성, ㉡ 대통령령
② ㉠ 휘발성, ㉡ 국무총리령
③ ㉠ 인화성, ㉡ 국무총리령
④ ㉠ 휘발성, ㉡ 대통령령

해설 **위험물법 2조**
용어의 정의

용 어	뜻
위험물	**인화성** 또는 **발화성** 등의 성질을 가지는 것으로서 **대통령령**이 정하는 물품 보기 ①
지정수량	위험물의 종류별로 위험성을 고려하여 대통령령이 정하는 수량으로서 제조소 등의 설치허가 등에 있어서 **최저**의 기준이 되는 **수량**
제조소	위험물을 제조할 목적으로 **지정수량 이상**의 위험물을 취급하기 위하여 허가를 받은 장소
저장소	지정수량 이상의 위험물을 저장하기 위한 **대통령령**이 정하는 장소
취급소	지정수량 이상의 위험물을 제조 외의 목적으로 취급하기 위한 대통령령이 정하는 장소
제조소 등	제조소 · 저장소 · 취급소

답 ①

★★
42 소방시설 설치 및 관리에 관한 법령상 대통령령 또는 화재안전기준이 변경되어 그 기준이 강화되는 경우 기존 특정소방대상물의 소방시설 중 강화된 기준을 적용하여야 하는 소방시설은?

24.05.문45 21.03.문45 17.03.문48

① 비상경보설비
② 비상방송설비
③ 비상콘센트설비
④ 옥내소화전설비

해설 **소방시설법 13조**
변경강화기준 적용설비
(1) 소화기구
(2) **비**상**경**보설비 보기 ①
(3) 자동화재탐지설비
(4) **자**동화재**속**보설비
(5) **피**난구조설비
(6) 소방시설(공동구 설치용, 전력 및 통신사업용 지하구)
(7) **노**유자시설
(8) 의료시설

기억법 **강비경 자속피노**

중요

소방시설법 시행령 13조
변경강화기준 적용설비

공동구, 전력 및 통신사업용 지하구	**노유자시설**에 설치하여야 하는 소방시설	**의료시설**에 설치하여야 하는 소방시설
• 소화기 • 자동소화장치 • 자동화재탐지설비 • 통합감시시설 • 유도등 및 연소방지설비	• 간이스프링클러설비 • 자동화재탐지설비 • 단독경보형 감지기	• 간이스프링클러설비 • 스프링클러설비 • 자동화재탐지설비 • 자동화재속보설비

답 ①

★
43 위험물안전관리법령상 위험물 및 지정수량에 대한 기준 중 다음 (　) 안에 알맞은 것은?

24.05.문51 22.03.문57

> 금속분이라 함은 알칼리금속 · 알칼리토류금속 · 철 및 마그네슘 외의 금속의 분말을 말하고, 구리분 · 니켈분 및 (㉠)마이크로미터의 체를 통과하는 것이 (㉡)중량퍼센트 미만인 것은 제외한다.

① ㉠ 150, ㉡ 50　② ㉠ 53, ㉡ 50
③ ㉠ 50, ㉡ 150　④ ㉠ 50, ㉡ 53

해설 **위험물령 〔별표 1〕**

금속분

알칼리금속·알칼리토류금속·철 및 마그네슘 외의 금속의 분말을 말하고, **구리분·니켈분** 및 **150**μ**m**의 체를 통과하는 것이 **50wt%** 미만인 것은 제외한다. 보기 ①

- μm = 마이크로미터
- wt% = 중량퍼센트

답 ①

★★★

44 소방기본법에 따른 출동한 소방대의 소방장비를 파손하거나 그 효용을 해하여 화재진압·인명구조 또는 구급활동을 방해하는 행위를 한 사람에 대한 벌칙기준은?

24.07.문41 21.05.문47 18.09.문42 17.03.문49 16.05.문57 15.09.문43 15.05.문58 11.10.문51 10.09.문54

① 5년 이하의 징역 또는 5000만원 이하의 벌금
② 5년 이하의 징역 또는 3000만원 이하의 벌금
③ 3년 이하의 징역 또는 3000만원 이하의 벌금
④ 3년 이하의 징역 또는 1500만원 이하의 벌금

해설 **기본법 50조**

5년 이하의 징역 또는 **5000만원** 이하의 벌금
(1) 소방자동차의 **출**동 방해
(2) 사람**구**출 방해(화재진압, 구급활동 방해) 보기 ①
(3) **소방용수시설** 또는 **비상소화장치**의 효용 방해

기억법 **출구용5**

답 ①

★★★

45 소방용수시설 중 소화전과 급수탑의 설치기준으로 틀린 것은?

24.07.문43 19.03.문58 17.03.문54 16.10.문55 09.08.문43

① 소화전은 상수도와 연결하여 지하식 또는 지상식의 구조로 할 것
② 소방용 호스와 연결하는 소화전의 연결금속구의 구경은 65mm로 할 것
③ 급수탑 급수배관의 구경은 100mm 이상으로 할 것
④ 급수탑의 개폐밸브는 지상에서 1.5m 이상 1.8m 이하의 위치에 설치할 것

해설 ④ 1.5m 이상 1.8m 이하 → 1.5m 이상 1.7m 이하

기본규칙 〔별표 3〕

소방용수시설별 설치기준

소화전	급수탑
• **65mm** : 연결금속구의 구경	• **100mm** : 급수배관의 구경 • **1.5~1.7m** 이하 : 개폐밸브 높이 보기 ④

답 ④

★★★

46 다음 중 소방시설 설치 및 관리에 관한 법령상 소방시설관리업을 등록할 수 있는 자는?

24.07.문45 23.09.문46 20.08.문57 15.09.문45 15.03.문41 12.09.문44

① 피성년후견인
② 소방시설관리업의 등록이 취소된 날부터 2년이 경과된 자
③ 금고 이상의 형의 집행유예를 선고받고 그 유예기간 중에 있는 자
④ 금고 이상의 실형을 선고받고 그 집행이 면제된 날부터 2년이 지나지 아니한 자

해설 **소방시설법 30조**

소방시설관리업의 등록결격사유
(1) 피성년후견인 보기 ①
(2) 금고 이상의 실형을 선고받고 그 집행이 끝나거나 집행이 면제된 날부터 **2년**이 지나지 아니한 사람 보기 ④
(3) 금고 이상의 형의 집행유예를 선고받고 그 유예기간 중에 있는 사람 보기 ③
(4) 관리업의 등록이 취소된 날부터 **2년**이 지나지 아니한 자

답 ②

★★★

47 관리의 권원이 분리된 특정소방대상물의 기준이 아닌 것은?

24.07.문59 22.04.문48 18.09.문58 18.03.문53 16.03.문42

① 판매시설 중 도매시장 및 소매시장
② 복합건축물로서 층수가 11층 이상인 것(단, 지하층 제외)
③ 지하층을 제외한 층수가 7층 이상인 고층건축물
④ 복합건축물로서 연면적이 30000m^2 이상인 것

해설 ③ 7층 이상 고층건축물 → 11층 이상 복합건축물

화재예방법 35조, 화재예방법 시행령 35조

관리의 권원이 분리된 특정소방대상물의 소방안전관리
(1) **복합건축물**(**지하층**을 **제외**한 **11층** 이상, 또는 연면적 **30000m^2** 이상인 건축물) 보기 ②③④
(2) 지하가
(3) **도매시장, 소매시장, 전통시장** 보기 ①

답 ③

★★★

48 22.03.문58 19.09.문46 18.09.문55 16.03.문55 13.09.문47 11.03.문56

위험물안전관리법령상 제조소 등의 관계인은 위험물의 안전관리에 관한 직무를 수행하게 하기 위하여 제조소 등마다 위험물의 취급에 관한 자격이 있는 자를 위험물안전관리자로 선임하여야 한다. 이 경우 제조소 등의 관계인이 지켜야 할 기준으로 틀린 것은?

① 제조소 등의 관계인은 안전관리자를 해임하거나 안전관리자가 퇴직한 때에는 해임하거나 퇴직한 날부터 15일 이내에 다시 안전관리자를 선임하여야 한다.

② 제조소 등의 관계인이 안전관리자를 선임한 경우에는 선임한 날부터 14일 이내에 소방본부장 또는 소방서장에게 신고하여야 한다.

③ 제조소 등의 관계인은 안전관리자가 여행·질병, 그 밖의 사유로 인하여 일시적으로 직무를 수행할 수 없는 경우에는 국가기술자격법에 따른 위험물의 취급에 관한 자격취득자 또는 위험물안전에 관한 기본지식과 경험이 있는 자를 대리자로 지정하여 그 직무를 대행하게 하여야 한다. 이 경우 대행하는 기간은 30일을 초과할 수 없다.

④ 안전관리자는 위험물을 취급하는 작업을 하는 때에는 작업자에게 안전관리에 관한 필요한 지시를 하는 등 위험물의 취급에 관한 안전관리와 감독을 하여야 하고, 제조소 등의 관계인은 안전관리자의 위험물안전관리에 관한 의견을 존중하고 그 권고에 따라야 한다.

해설

① 15일 이내 → 30일 이내

위험물안전관리법 15조
위험물안전관리자의 재선임
30일 이내 보기 ①

중요

30일
(1) 소방시설업 등록사항 변경신고(공사업규칙 6조)
(2) **위험물안전관리자**의 **재선임**(위험물안전관리법 15조)
(3) **소방안전관리자**의 **재선임**(화재예방법 시행규칙 14조)
(4) 도급계약 해지(공사업법 23조)
(5) 소방시설공사 중요사항 변경시의 신고일(공사업규칙 12조)
(6) 소방기술자 실무교육기관 지정서 발급(공사업규칙 32조)
(7) 소방공사감리자 변경서류 제출(공사업규칙 15조)
(8) **승계**(위험물법 10조)
(9) 위험물안전관리자의 직무대행(위험물법 15조)
(10) 탱크시험자의 변경신고일(위험물법 16조)

답 ①

★

49 19.03.문52

다음 중 중급기술자의 학력·경력자에 대한 기준으로 옳은 것은? (단, "학력·경력자"란 고등학교·대학 또는 이와 같은 수준 이상의 교육기관의 소방관련학과의 정해진 교육과정을 이수하고 졸업하거나 그 밖의 관계법령에 따라 국내 또는 외국에서 이와 같은 수준 이상의 학력이 있다고 인정되는 사람을 말한다.)

① 일반 고등학교를 졸업 후 10년 이상 소방관련업무를 수행한 자

② 학사학위를 취득한 후 5년 이상 소방관련업무를 수행한 자

③ 석사학위를 취득한 후 1년 이상 소방관련업무를 수행한 자

④ 박사학위를 취득한 후 1년 이상 소방관련업무를 수행한 자

해설

① 10년 → 12년
③ 1년 → 2년
④ 박사학위만 소지해도 중급(1년 이상 경력이 필요 없음) 기술자

공사업규칙 [별표 4의 2]
소방기술자

구 분	기술자격	학력·경력	경 력
특급 기술자	① 소방기술사 ② 소방시설관리사+5년 ③ 건축사, 건축기계설비기술사, 건축전기설비기술사, 건설기계기술사, 공조냉동기계기술사, 화공기술사, 가스기술사+5년 ④ 소방설비기사+8년 ⑤ 소방설비산업기사+11년 ⑥ 위험물기능장+13년	① 박사+3년 ② 석사+7년 ③ 학사+11년 ④ 전문학사+15년	–
고급 기술자	① 소방시설관리사 ② 건축사, 건축기계설비기술사, 건축전기설비기술사, 건설기계기술사, 공조냉동기계기술사, 화공기술사, 가스기술사+3년 ③ 소방설비기사+5년 ④ 소방설비산업기사+8년 ⑤ 위험물기능장+11년 ⑥ 위험물산업기사+13년	① 박사+1년 ② 석사+4년 ③ 학사+7년 ④ 전문학사+10년 ⑤ 고등학교(소방)+13년 ⑥ 고등학교(일반)+15년	① 학사+12년 ② 전문학사+15년 ③ 고등학교+18년 ④ 실무경력+22년

중급 기술자	① 건축사, 건축기계설비기술사, 건축전기설비기술사, 건설기계기술사, 공조냉동기계기술사, 화공기술사, 가스기술사 ② 소방설비기사 ③ 소방설비산업기사+3년 ④ 위험물기능장+5년 ⑤ 위험물산업기사+8년	① 박사 보기 ④ ② 석사+2년 보기 ③ ③ 학사+5년 보기 ② ④ 전문학사+8년 ⑤ 고등학교(소방)+10년 ⑥ 고등학교(일반)+12년 보기 ①	① 학사+9년 ② 전문학사+12년 ③ 고등학교+15년 ④ 실무경력+18년
초급 기술자	① 소방설비산업기사 ② 위험물기능장+2년 ③ 위험물산업기사+4년 ④ 위험물기능사+6년	① 석사 ② 학사 ③ 전문학사+2년 ④ 고등학교(소방)+3년 ⑤ 고등학교(일반)+5년	① 학사+3년 ② 전문학사+5년 ③ 고등학교+7년 ④ 실무경력+9년

답 ②

★★★
50 화재의 예방 및 안전관리에 관한 법령상 화재가 발생할 우려가 높거나 화재가 발생하는 경우 그로 인하여 피해가 클 것으로 예상되는 지역을 화재예방강화지구로 지정할 수 있는 자는?

22.03.문44
19.09.문50
17.09.문49
16.05.문53
13.09.문56

① 한국소방안전협회장
② 소방시설관리사
③ 소방본부장
④ 시 · 도지사

해설 **화재예방법 18조**
화재예방강화지구의 지정
(1) **지정권자** : 시 · 도지사 보기 ④
(2) **지정지역**
㉠ **시장**지역
㉡ **공장 · 창고** 등이 밀집한 지역
㉢ **목조건물**이 밀집한 지역
㉣ **노후 · 불량 건축물**이 밀집한 지역
㉤ **위험물**의 **저장** 및 **처리시설**이 **밀집**한 지역
㉥ **석유화학제품**을 생산하는 공장이 있는 지역
㉦ **소방시설 · 소방용수시설** 또는 **소방출동로**가 **없**는 지역
㉧ 「**산업입지 및 개발에 관한 법률**」에 따른 산업단지
㉨ 「물류시설의 개발 및 운영에 관한 법률」에 따른 물류단지
㉩ **소방청장 · 소방본부장 · 소방서장**(소방관서장)이 화재예방강화지구로 지정할 필요가 있다고 인정하는 지역

용어
소방관서장
소방청장 · 소방본부장 · 소방서장

답 ④

★★★
51 제3류 위험물 중 금수성 물품에 적응성이 있는 소화약제는?

19.03.문49
16.03.문45
09.05.문11

① 물　② 강화액
③ 팽창질석　④ 인산염류분말

해설 **금수성 물품**에 **적응성**이 있는 **소화약제**
(1) 마른모래
(2) 팽창질석 보기 ③
(3) 팽창진주암

참고
위험물령 〔별표 1〕
금수성 물품(금수성 물질)
(1) **칼륨**
(2) **나트륨**
(3) **알킬알루미늄**
(4) **알킬리튬**
(5) 알칼리금속(칼륨 및 나트륨 제외) 및 알칼리토금속
(6) 유기금속화합물(알킬알루미늄 및 알킬리튬 제외)
(7) 금속의 수소화물
(8) 금속의 인화물
(9) **칼슘** 또는 **알루미늄**의 **탄화물**

답 ③

★★★
52 산화성 고체인 제1류 위험물에 해당되지 않는 것은?

23.09.문58
19.04.문44
16.05.문46
15.09.문03
15.09.문18
15.05.문10
15.05.문42
15.03.문51
14.09.문18

① 질산염류
② 과염소산염류
③ 과염소산
④ 아염소산염류

해설 ③ 제6류 위험물

위험물령 〔별표 1〕
위험물

유 별	성 질	품 명
제1류	산화성 고체	• 아염소산염류 • 염소산염류 보기 ④ • 과염소산염류 보기 ② • 질산염류 보기 ① • 무기과산화물 기억법 1산고(일산GO), ~염류, 무기과산화물
제2류	가연성 고체	• 황화인 • 적린 • 황 • 마그네슘 • 금속분 기억법 2황화적황마
제3류	자연발화성 물질 및 금수성 물질	• 황린 • 칼륨 • 나트륨 • 트리에틸알루미늄 • 금속의 수소화물 기억법 황칼나트알
제4류	인화성 액체	• 특수인화물 • 석유류(벤젠) • 알코올류 • 동식물유류

제5류	자기반응성 물질	• 유기과산화물 • 나이트로화합물 • 나이트로소화합물 • 아조화합물 • 질산에스터류(셀룰로이드)
제6류	산화성 액체	• 과염소산 보기 ③ • 과산화수소 • 질산

답 ③

★★
53 화재의 예방 및 안전관리에 관한 법령상 특수가연물의 저장 및 취급기준이 아닌 것은? (단, 석탄·목탄류를 발전용으로 저장하는 경우는 제외)

21.05.문45
19.03.문55
18.03.문60
14.05.문46
14.03.문46
13.03.문60

① 품명별로 구분하여 쌓는다.
② 쌓는 높이는 20m 이하가 되도록 한다.
③ 쌓는 부분의 바닥면적 사이는 실내의 경우 1.2m 또는 쌓는 높이의 $\frac{1}{2}$ 중 큰 값 이상이 되도록 한다.
④ 특수가연물을 저장 또는 취급하는 장소에는 품명, 최대저장수량, 단위부피당 질량 또는 단위체적당 질량, 관리책임자 성명·직책·연락처 및 화기취급의 금지표지를 설치해야 한다.

해설
② 20m 이하 → 10m 이하

화재예방법 시행령 〔별표 3〕
특수가연물의 저장·취급기준
(1) **품명별**로 구분하여 쌓을 것 보기 ①
(2) 쌓는 높이는 **10m** 이하가 되도록 할 것 보기 ②
(3) 쌓는 부분의 바닥면적은 **50m²**(석탄·목탄류는 **200m²**) 이하가 되도록 할 것(단, 살수설비를 설치하거나 대형 수동식 소화기를 설치하는 경우에는 높이 **15m** 이하, 바닥면적 **200m²**(석탄·목탄류는 **300m²**) 이하)
(4) 쌓는 부분의 바닥면적 사이는 실내의 경우 **1.2m** 또는 **쌓는 높이**의 $\frac{1}{2}$ 중 **큰 값**(실외 **3m** 또는 **쌓는 높이** 중 **큰 값**) 이상으로 간격을 둘 것 보기 ③

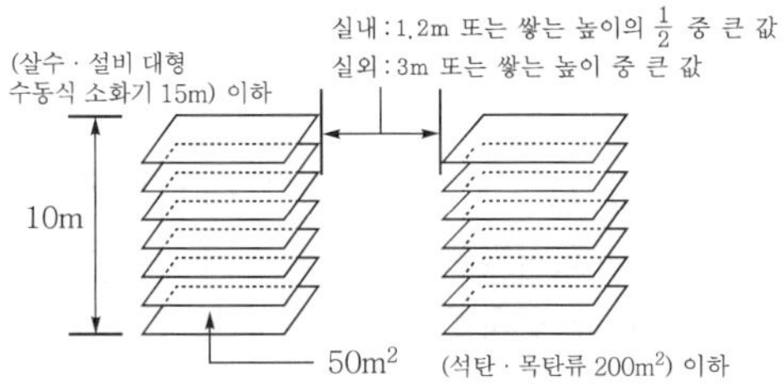

▮ 살수·설비 대형 수동식 소화기 200m² (석탄·목탄류 300m²) 이하 ▮

(5) 취급장소에는 **품명, 최대저장수량, 단위부피당 질량** 또는 **단위체적당 질량, 관리책임자 성명·직책·연락처** 및 **화기취급**의 **금지표지** 설치 보기 ④

답 ②

★★
54 제4류 위험물제조소의 경우 사용전압이 22kV인 특고압가공전선이 지나갈 때 제조소의 외벽과 가공전선 사이의 수평거리(안전거리)는 몇 m 이상이어야 하는가?

24.07.문49
15.09.문55
11.10.문59

① 2 ② 3
③ 5 ④ 10

해설 **위험물규칙 〔별표 4〕**
위험물제조소의 안전거리

안전거리	대 상
3m 이상	• **7~35kV** 이하의 특고압가공전선 보기 ②
5m 이상	• **35kV**를 초과하는 특고압가공전선
10m 이상	• **주거용**으로 사용되는 것
20m 이상	• 고압가스 **제조**시설(용기에 충전하는 것 포함) • 고압가스 **사용**시설(1일 **30m³** 이상 용적 취급) • 고압가스 **저장**시설 • 액화산소 **소비**시설 • 액화석유가스 제조·저장시설 • 도시가스 공급시설
30m 이상	• 학교 • 병원급 의료기관 • 공연장, • 영화상영관 — **300명** 이상 수용시설 • 아동복지시설, • 노인복지시설, • 장애인복지시설, • 한부모가족 복지시설, • 어린이집, • 성매매 피해자 등을 위한 지원시설, • 정신건강증진시설, • 가정폭력 피해자 보호시설 — **20명** 이상 수용시설
50m 이상	• 지정문화유산 • 천연기념물 등

답 ②

★★★
55 화재의 예방 및 안전관리에 관한 법령상 소방안전관리대상물의 소방안전관리자의 업무가 아닌 것은?

23.03.문51
21.03.문47
19.09.문01
18.04.문45
14.09.문52
14.03.문53
13.06.문48

① 자위소방대의 구성·운영·교육
② 소방시설공사
③ 소방계획서의 작성 및 시행
④ 소방훈련 및 교육

해설 ② 소방시설공사 : 소방시설공사업체

화재예방법 24조 ⑤항
관계인 및 소방안전관리자의 업무

특정소방대상물 (관계인)	소방안전관리대상물 (소방안전관리자)
① **피난시설 · 방화구획** 및 방화시설의 관리 ② **소방시설**, 그 밖의 소방관련 시설의 관리 ③ **화기취급**의 감독 ④ 소방안전관리에 필요한 업무 ⑤ 화재발생시 초기대응	① **피난시설 · 방화구획** 및 방화시설의 관리 ② 소방시설, 그 밖의 소방관련 시설의 관리 ③ **화기취급**의 감독 ④ 소방안전관리에 필요한 업무 ⑤ **소방계획서**의 작성 및 시행(대통령령으로 정하는 사항 포함) 보기 ③ ⑥ **자위소방대** 및 **초기대응체계**의 구성 · 운영 · 교육 보기 ① ⑦ 소방훈련 및 교육 보기 ④ ⑧ 소방안전관리에 관한 업무수행에 관한 기록 · 유지 ⑨ 화재발생시 초기대응

용어

특정소방대상물	소방안전관리대상물
① 다수인이 출입하는 곳으로서 소방시설 설치장소 ② 건축물 등의 규모 · 용도 및 수용인원 등을 고려하여 소방시설을 설치하여야 하는 소방대상물로서 대통령령으로 정하는 것	① 특급, 1급, 2급 또는 3급 소방안전관리자를 배치하여야 하는 건축물 ② **대통령령**으로 정하는 특정소방대상물

답 ②

★★★
56 소방시설 설치 및 관리에 관한 법령상 방염성능 기준 이상의 실내장식물 등을 설치하여야 하는 특정소방대상물의 기준으로 틀린 것은?

22.09.문55 22.04.문47 18.04.문50 16.10.문48 16.03.문58 15.09.문54 15.05.문54 14.05.문48

① 층수가 11층 이상인 아파트
② 건축물의 옥내에 있는 시설로서 종교시설
③ 의료시설 중 종합병원
④ 노유자시설

해설 ① 아파트 제외

소방시설법 시행령 30조
방염성능기준 이상 적용 특정소방대상물
(1) 체력단련장, 공연장 및 종교집회장
(2) 문화 및 집회시설
(3) **종**교시설 보기 ②
(4) 운동시설(수영장은 제외)
(5) 의료시설(종합병원, 정신의료기관) 보기 ③
(6) 의원, 치과의원, 한의원, 조산원, 산후조리원
(7) 교육연구시설 중 합숙소
(8) **노**유자시설 보기 ④
(9) 숙박이 가능한 **수**련시설
(10) **숙**박시설
(11) 방송국 및 촬영소
(12) 다중이용업소(단란주점영업, 유흥주점영업, 노래연습장업의 연습장 등)
(13) 층수가 11층 이상인 것(아파트는 제외 : 2026. 12. 1. 삭제)

기억법 **방숙 노종수**

답 ①

★★★
57 위험물안전관리법령상 제4류 위험물 중 경유의 지정수량은 몇 리터인가?

21.09.문47 20.09.문46 17.09.문42

① 1500 ② 2000
③ 500 ④ 1000

해설 **위험물령 〔별표 1〕**
제4류 위험물

성 질	품 명		지정수량	대표물질
인화성 액체	특수인화물		50L	• 다이에틸에터 • 이황화탄소
	제1석유류	비수용성	200L	• 휘발유 • 콜로디온
		수용성	**400L**	• 아세톤
	알코올류		400L	• 변성알코올
	제2석유류	비수용성	1000L	• 등유 • 경유 보기 ④
		수용성	**2000L**	• 아세트산
	제3석유류	비수용성	2000L	• 중유 • 크레오소트유
		수용성	**4000L**	• 글리세린
	제4석유류		**6000L**	• 기어유 • 실린더유
	동식물유류		10000L	• 아마인유

답 ④

★★
58 소방시설공사업법상 소방시설공사 결과 소방시설의 하자발생시 통보를 받은 공사업자는 며칠 이내에 하자를 보수해야 하는가?

24.03.문41 23.05.문56 20.08.문56 17.03.문51 11.06.문59

① 3 ② 5
③ 7 ④ 10

해설 공사업법 15조
소방시설공사의 하자보수기간 : **3일** 이내

중요

3일
(1) **하**자보수기간(공사업법 15조)
(2) 소방시설업 **등**록증 **분**실 등의 **재발급**(공사업규칙 4조)
(3) 소방시설 등의 자체점검 면제 또는 연기신청(소방시설법 시행규칙 22조)
(4) 소방안전관리자 선임연기신청서 관계인 통보(화재예방법 시행규칙 14조)

기억법 **3하등분재(상하**이에서 **동**생이 **분재**를 가져왔다.)

답 ①

★★★
59 소방시설 설치 및 관리에 관한 법률상 무창층 여부 판단시 개구부 요건에 대한 기준으로 맞는 것은?

22.04.문53 19.09.문43 18.09.문09 14.03.문48 12.09.문54 11.06.문49 05.09.문46

① 도로 또는 차량이 진입할 수 없는 빈터를 향할 것
② 내부 또는 외부에서 쉽게 부수거나 열 수 없을 것
③ 크기는 지름 50cm 이상의 원이 통과할 수 있을 것
④ 해당 층의 바닥면으로부터 개구부 밑부분까지의 높이가 1.5m 이내일 것

해설
① 없는 → 있는
② 없을 것 → 있을 것
④ 1.5m 이내 → 1.2m 이내

소방시설법 시행령 2조
무창층의 개구부의 기준
(1) 개구부의 크기는 지름 **50cm** 이상의 원이 통과할 수 있을 것 보기 ③
(2) 해당 층의 바닥면으로부터 개구부 밑부분까지의 높이가 **1.2m** 이내일 것 보기 ④
(3) 개구부는 **도로** 또는 **차량**이 진입할 수 있는 **빈터**를 향할 것 보기 ①
(4) 화재시 건축물로부터 **쉽게 피난**할 수 있도록 개구부에 창살, 그 밖의 장애물이 설치되지 않을 것
(5) 내부 또는 외부에서 **쉽게** 부수거나 열 수 있을 것 보기 ②

기억법 무125

답 ③

★★★
60 위험물안전관리법상 제조소 등을 설치하고자 하는 자는 누구의 허가를 받아 설치할 수 있는가?

23.05.문45 21.03.문49 20.06.문56 19.04.문47 14.03.문58

① 소방서장 ② 소방청장
③ 시·도지사 ④ 안전관리자

해설 위험물법 6조
제조소 등의 설치허가
(1) **설치허가자 : 시·도지사** 보기 ③
(2) **설치허가 제외장소**
㉠ 주택의 난방시설(공동주택의 중앙난방시설은 제외)을 위한 **저장소** 또는 **취급소**
㉡ 지정수량 **20배** 이하의 **농예용·축산용·수산용** 난방시설 또는 건조시설의 **저장소**
(3) **제조소 등의 변경신고** : 변경하고자 하는 날의 **1일** 전까지

참고

시·도지사
(1) 특별시장
(2) 광역시장
(3) 특별자치시장
(4) 도지사
(5) 특별자치도지사

답 ③

제 4 과목 소방전기시설의 구조 및 원리

★★★
61 비상방송설비의 음향장치는 정격전압의 몇 % 전압에서 음향을 발할 수 있는 것으로 하여야 하는가?

22.04.문77 20.08.문66 19.03.문77 18.09.문68 18.04.문74 16.05.문63 15.03.문67 14.09.문65 11.03.문72 10.09.문70 09.05.문75

① 80
② 90
③ 100
④ 110

해설 **비상방송설비 음향장치의 구조 및 성능기준**(NFPC 202 4조, NFTC 202 2.1.1.12)
(1) 정격전압의 **80%** 전압에서 음향을 발할 것 보기 ①
(2) **자동화재탐지설비**의 작동과 연동하여 작동할 것

비교

자동화재탐지설비 음향장치의 구조 및 성능 기준
(1) 정격전압의 **80%** 전압에서 음향을 발할 것
(2) 음량은 **1m** 떨어진 곳에서 **90dB** 이상일 것
(3) **감지기·발신기**의 작동과 **연동**하여 작동할 것

답 ①

★★★
62 비상콘센트설비의 화재안전기준에 따라 비상콘센트설비의 전원부와 외함 사이의 절연저항은 전원부와 외함 사이를 500V 절연저항계로 측정할 때 몇 MΩ 이상이어야 하는가?

24.03.문62 21.05.문73 18.03.문64 11.06.문73

① 10 ② 20
③ 30 ④ 50

해설 **절연저항시험**

절연 저항계	절연저항	대 상
직류 250V	0.1MΩ 이상	• 1경계구역의 절연저항
직류 500V	5MΩ 이상	• 누전경보기 • 가스누설경보기 • 수신기(10회로 미만, 절연된 충전부와 외함 간) • 자동화재속보설비 • 비상경보설비 • 유도등(교류입력측과 외함 간 포함) • 비상조명등(교류입력측과 외함 간 포함)
	20MΩ 이상	• 경종 • 발신기 • 중계기 • 비상**콘**센트 보기 ② • 기기의 절연된 선로 간 • 기기의 충전부와 비충전부 간 • 기기의 교류입력측과 외함 간(유도등 · 비상조명등 제외) 기억법 **2콘(이크)**
	50MΩ 이상	• 감지기(정온식 감지선형 감지기 제외) • 가스누설경보기(10회로 이상) • 수신기(10회로 이상, 교류입력측과 외함 간 제외)
	1000MΩ 이상	• 정온식 감지선형 감지기

답 ②

63 24.03.문65 20.06.문78

비상경보설비 및 단독경보형 감지기의 화재안전기준에 따라 비상벨설비 또는 자동식 사이렌설비의 전원회로 배선 중 내열배선에 사용하는 전선의 종류가 아닌 것은?

① 버스덕트(bus duct)
② 0.6/10kV 1종 비닐절연전선
③ 0.6/1kV EP 고무절연 클로로프렌 시스 케이블
④ 450/750V 저독성 난연 가교 폴리올레핀 절연전선

해설 ② 해당없음

(1) **비상벨설비** 또는 **자동식 사이렌설비**의 **배선**(NFTC 201 2.1.8.1)

전원회로의 배선은 「옥내소화전설비의 화재안전기술기준[NFTC 102 2.7.2(1)]」에 따른 내화배선에 의하고 그 밖의 배선은 「옥내소화전설비의 화재안전기술기준[NFTC 102 2.7.2(1), 2.7.2(2)]」에 따른 **내화배선** 또는 **내열배선**에 따를 것

(2) **옥내소화전설비**의 **화재안전기술기준**(NFTC 102 2.7.2)

㉠ **내화배선**

사용전선의 종류	공사방법
① 450/750V 저독성 난연 가교 폴리올레핀 절연전선 ② 0.6/1kV 가교 폴리에틸렌 절연 저독성 난연 폴리올레핀 시스 전력 케이블 ③ 6/10kV 가교 폴리에틸렌 절연 저독성 난연 폴리올레핀 시스 전력용 케이블 ④ 가교 폴리에틸렌 절연 비닐시스 트레이용 난연 전력 케이블 ⑤ 0.6/1kV EP 고무절연 클로로프렌 시스 케이블 ⑥ 300/500V 내열성 실리콘 고무절연전선(180℃) ⑦ 내열성 에틸렌-비닐 아세테이트 고무절연 케이블 ⑧ 버스덕트(bus duct)	**금속관** · **2종 금속제 가요전선관** 또는 **합성수지관**에 수납하여 내화구조로 된 벽 또는 바닥 등에 벽 또는 바닥의 표면으로부터 **25mm** 이상의 깊이로 매설하여야 한다. 기억법 **금2가합25** 단, 다음의 기준에 적합하게 설치하는 경우에는 그러하지 아니하다. ① 배선을 **내**화성능을 갖는 배선**전**용실 또는 배선용 **샤**프트 · **피**트 · **덕**트 등에 설치하는 경우 ② 배선전용실 또는 배선용 샤프트 · 피트 · 덕트 등에 **다**른 설비의 배선이 있는 경우에는 이로부터 **15cm** 이상 떨어지게 하거나 소화설비의 배선과 이웃하는 다른 설비의 배선 사이에 배선지름(배선의 지름이 다른 경우에는 가장 큰 것을 기준으로 한다)의 **1.5배** 이상의 높이의 **불연성 격벽**을 설치하는 경우 기억법 **내전샤피덕 다15**
내화전선	케이블공사

㉡ **내열배선**

사용전선의 종류	공사방법
① 450/750V 저독성 난연 가교 폴리올레핀 절연전선 보기 ④ ② 0.6/1kV 가교 폴리에틸렌 절연 저독성 난연 폴리올레핀 시스 전력 케이블 ③ 6/10kV 가교 폴리에틸렌 절연 저독성 난연 폴리올레핀 시스 전력용 케이블 ④ 가교 폴리에틸렌 절연 비닐시스 트레이용 난연 전력 케이블	**금속관** · **금속제 가요전선관** · **금속덕트** 또는 **케이블**(불연성 덕트에 설치하는 경우에 한한다) **공사방법**에 따라야 한다. 단, 다음의 기준에 적합하게 설치하는 경우에는 그러하지 아니하다. ① 배선을 내화성능을 갖는 배선전용실 또는 배선용 샤프트 · 피트 · 덕트 등에 설치하는 경우

⑤ 0.6/1kV EP 고무절연 클로로프렌 시스 케이블 보기 ③ ⑥ 300/500V 내열성 실리콘 고무절연전선(180℃) ⑦ 내열성 에틸렌-비닐 아세테이트 고무절연 케이블 ⑧ 버스덕트(bus duct) 보기 ①	② 배선전용실 또는 배선용 샤프트 · 피트 · 덕트 등에 다른 설비의 배선이 있는 경우에는 이로부터 **15cm** 이상 떨어지게 하거나 소화설비의 배선과 이웃하는 다른 설비의 배선 사이에 배선지름(배선의 지름이 다른 경우에는 지름이 가장 큰 것을 기준으로 한다)의 **1.5배** 이상의 높이의 **불연성 격벽**을 설치하는 경우
내화전선	케이블공사

답 ②

64 자동화재속보설비의 속보기의 기능에 대한 설명으로 틀린 것은?

24.03.문68 17.05.문66 16.10.문77 16.05.문62

① 연동 또는 수동으로 소방관서에 화재발생 음성정보를 속보 중인 경우에도 송수화장치를 이용한 통화가 우선적으로 가능하여야 한다.
② 주전원이 정지한 경우에는 자동적으로 예비전원으로 전환되고, 주전원이 정상상태로 복귀한 경우에는 자동적으로 예비전원에서 주전원으로 전환되어야 한다.
③ 화재신호를 수신하거나 속보기를 수동으로 동작시키는 경우 자동적으로 적색 화재표시등이 점등되고 음향장치로 화재를 경보하여야 한다.
④ 자동으로 동작시키는 경우 20초 이내에 소방관서에 자동적으로 신호를 발하여 알리되, 3회 이상 속보할 수 있어야 한다.

해설 ④ 자동으로 → 수동으로

속보기의 **적합기능**(자동화재속보설비의 속보기 성능인증 및 제품검사의 기술기준 5조)
(1) 예비전원은 **감시상태**를 **60분**간 지속한 후 **10분** 이상 **동작**이 지속될 수 있는 용량일 것
(2) 속보기는 연동 또는 수동 작동에 의한 다이얼링 후 소방관서와 전화접속이 이루어지지 않는 경우에는 최초 **다**이얼링을 포함하여 **10회** 이상 반복적으로 접속을 위한 다이얼링이 이루어져야 한다. 이 경우 매회 다이얼링 완료 후 호출은 **30초** 이상 지속될 것

기억법 다10(다 쉽다.)

(3) 예비전원을 **병렬**로 접속하는 경우 **역충전방지** 등의 조치를 할 것
(4) **연동** 또는 **수동**으로 소방관서에 화재발생 음성정보를 속보 중인 경우에도 송수화장치를 이용한 통화가 우선적으로 가능 보기 ①
(5) 속보기의 송수화장치가 정상위치가 아닌 경우에도 **연동** 또는 **수동**으로 속보가 가능할 것
(6) 주전원이 정지한 경우에는 자동적으로 예비전원으로 전환되고, 주전원이 정상상태로 복귀한 경우에는 자동적으로 예비전원에서 주전원으로 전환 보기 ②
(7) 화재신호를 수신하거나 속보기를 수동으로 동작시키는 경우 **자동**적으로 **적색 화재표시등**이 점등되고 음향장치로 화재경보 보기 ③
(8) **수동**으로 동작시키는 경우 **20초** 이내에 **소방관서**에 자동적으로 신호를 발하여 알리되, **3회** 이상 속보 보기 ④

답 ④

65 피난구유도등의 설치 제외 기준 중 틀린 것은?

23.03.문69 20.08.문73 17.03.문76 11.06.문76

① 거실 각 부분으로부터 하나의 출입구에 이르는 보행거리가 20m 이하이고 비상조명등과 유도표지가 설치된 거실의 출입구
② 바닥면적이 1000m^2 미만인 층으로서 옥내로부터 직접 지상으로 통하는 출입구(외부의 식별이 용이한 경우에 한함)
③ 출입구가 2 이상 있는 거실로서 그 거실 각 부분으로부터 하나의 출입구에 이르는 보행거리가 10m 이하인 경우에는 주된 출입구 2개소 외의 출입구(유도표지가 부착된 출입구)
④ 대각선 길이가 15m 이내인 구획된 실의 출입구

해설 ③ 2 이상 → 3 이상, 10m 이하 → 30m 이하

피난구유도등의 **설치 제외 장소**(NFTC 303 2.8.1)
(1) 옥내에서 직접 지상으로 통하는 출입구(바닥면적 **1000m^2** 미만 층) 보기 ②
(2) **대각선** 길이가 **15m 이내**인 구획된 실의 출입구 보기 ④
(3) 비상조명등 · 유도표지가 설치된 거실 출입구(거실 각 부분에서 출입구까지의 **보행거리 20m** 이하) 보기 ①
(4) 출입구가 **3 이상**인 거실(거실 각 부분에서 출입구까지의 **보행거리 30m** 이하는 주된 출입구 **2개소 외**의 출입구) 보기 ③

비교

(1) **휴대용 비상조명등**의 **설치 제외 장소** : 복도·통로·창문 등을 통해 **피**난이 용이한 경우(**지상 1층·피난층**)

기억법 휴피(**휴**지로 **피**닦아!)

(2) **통로유도등**의 **설치 제외 장소**(NFTC 303 2.8.2)
㉠ 길이 **30m** 미만의 복도·통로(구부러지지 않은 복도·통로)
㉡ 보행거리 **20m** 미만의 복도·통로(출입구에 **피난구유도등**이 설치된 복도·통로)

(3) **객석유도등**의 **설치 제외 장소**(NFTC 303 2.8.3)
㉠ **채광**이 충분한 객석(**주간**에만 사용)
㉡ **통**로유도등이 설치된 객석(거실 각 부분에서 거실 출입구까지의 **보행거리 20m** 이하)

기억법 채객보통(**채**소는 **객**관적으로 **보통**이다.)

(4) **피난구유도등**의 **설치장소**(NFPC 303 5조, NFTC 303 2.2.1)

설치장소	도 해
옥내로부터 직접 지상으로 통하는 출입구 및 그 부속실의 출입구	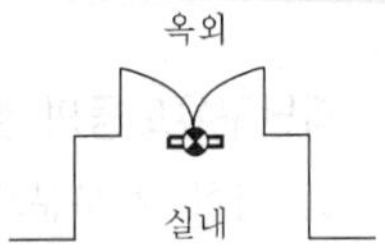
직통계단·직통계단의 **계단실** 및 그 부속실의 출입구	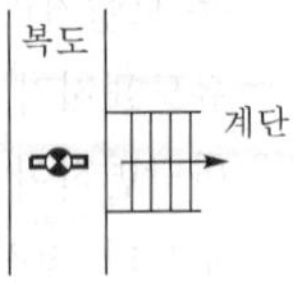
출입구에 이르는 **복도** 또는 **통로**로 통하는 출입구	
안전구획된 거실로 통하는 출입구	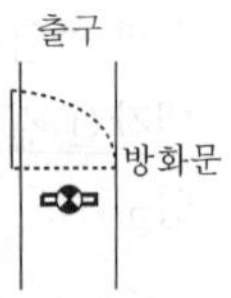

기억법 피옥직안출

답 ③

★★★
66

24.05.문61
23.03.문61
22.04.문74
21.05.문78
16.03.문77
15.05.문79
10.03.문76

누전경보기의 형식승인 및 제품검사의 기술기준에서 정하는 누전경보기의 공칭작동전류치(누전경보기를 작동시키기 위하여 필요한 누설전류의 값으로서 제조자에 의하여 표시된 값을 말한다.)는 몇 mA 이하이어야 하는가?

① 50 ② 100
③ 150 ④ 200

해설 누전경보기

공칭작동전류치	감도조정장치의 조정범위
200mA 이하 보기 ④	1A(1000mA) 이하

기억법 공2

참고

검출누설전류 설정치 범위

경계전로	중성점 접지선
100~400mA	400~700mA

답 ④

★★★
67

24.05.문71
20.06.문77
19.03.문64
16.03.문66
15.09.문67
13.06.문63
10.05.문69

비상경보설비 및 단독경보형 감지기의 화재안전기준에 따른 비상벨설비 또는 자동식 사이렌설비에 대한 설명이다. 다음 ( )의 ㉠, ㉡에 들어갈 내용으로 옳은 것은?

> 비상벨설비 또는 자동식 사이렌설비에는 그 설비에 대한 감시상태를 (㉠)분간 지속한 후 유효하게 (㉡)분 이상 경보할 수 있는 축전지설비(수신기에 내장하는 경우를 포함한다) 또는 전기저장장치(외부 전기에너지를 저장해 두었다가 필요한 때 전기를 공급하는 장치)를 설치하여야 한다.

① ㉠ 30, ㉡ 10 ② ㉠ 60, ㉡ 10
③ ㉠ 30, ㉡ 20 ④ ㉠ 60, ㉡ 20

해설 축전지설비·자동식 사이렌설비·자동화재탐지설비·비상방송설비·비상벨설비

감시시간	경보시간
60분(1시간) 이상 보기 ㉠	10분 이상 보기 ㉡ (30층 이상 : 30분)

기억법 6감(**육감**)

답 ②

★★★
68

23.05.문77
19.04.문73
14.09.문77
13.09.문71
05.03.문79

부착높이 3m, 바닥면적 50m^{2}인 주요구조부를 내화구조로 한 소방대상물에 1종 열반도체식 차동식 분포형 감지기를 설치하고자 할 때 감지부의 최소 설치개수는?

① 1개
② 2개
③ 3개
④ 4개

해설 **열반도체식 감지기**

(단위 : m^2)

부착높이 및 소방대상물의 구분		감지기의 종류	
		1종	2종
8m 미만	내화구조 →	65	36
	기타구조	40	23
8~15m 미만	내화구조	50	36
	기타구조	30	23

1종 감지기 1개가 담당하는 바닥면적은 **65m^2**이므로

$\frac{50}{65} = 0.77 ≒ 1$개

• 하나의 검출기에 접속하는 감지부는 **2~15개** 이하이지만 부착높이가 **8m** 미만이고 바닥면적이 **기준면적 이하**인 경우 1개로 할 수 있나. 그러므로 최소 개수는 2개가 아닌 **1개**가 되는 것이다. **주의!**

답 ①

★★★
69 **누전경보기의 구성요소에 해당하지 않는 것은?**

24.07.문78 23.05.문79 22.03.문38 19.03.문37 17.09.문69 15.09.문21 14.09.문69 13.03.문62

① 차단기
② 영상변류기(ZCT)
③ 음향장치
④ 발신기

해설 ④ 발신기 : 자동화재탐지설비의 구성요소

누전경보기의 **구성요소**

구성요소	설 명
영상**변**류기(ZCT)	**누설전류**를 **검출**한다. 보기 ② 기억법 **변검(변검술)**
수신기	**누설전류**를 **증폭**한다.
음향장치	경보를 발한다. 보기 ③
차단기	차단릴레이를 포함한다. 보기 ①

기억법 **변수음차**

• 소방에서는 변류기(CT)와 영상변류기(ZCT)를 혼용하여 사용한다.

답 ④

★★
70 **비상콘센트설비의 성능인증 및 제품검사의 기술기준에 따른 표시등의 구조 및 기능에 대한 내용이다. 다음 ( )에 들어갈 내용으로 옳은 것은?**

23.09.문74 21.03.문79 20.08.문80

> 적색으로 표시되어야 하며 주위의 밝기가 (㉠)lx 이상인 장소에서 측정하여 앞면으로부터 (㉡)m 떨어진 곳에서 켜진 등이 확실히 식별되어야 한다.

① ㉠ 100, ㉡ 1　　② ㉠ 300, ㉡ 3
③ ㉠ 500, ㉡ 5　　④ ㉠ 1000, ㉡ 10

해설 **비상콘센트설비 부품**의 **구조** 및 **기능**
(1) 배선용 차단기는 KS C 8321(**배선용 차단기**)에 적합할 것
(2) 접속기는 KS C 8305(**배선용 꽂음 접속기**)에 적합할 것
(3) **표시등**의 **구조** 및 **기능**
　㉠ 전구는 사용전압의 **130%**인 교류전압을 **20시간** 연속하여 가하는 경우 **단선**, **현저한 광속변화**, **흑화**, **전류**의 **저하** 등이 발생하지 아니할 것
　㉡ 소켓은 접속이 확실하여야 하며 쉽게 전구를 교체할 수 있도록 부착할 것
　㉢ 전구에는 적당한 **보호커버**를 설치할 것(단, **발광다이오드** 제외)
　㉣ 적색으로 표시되어야 하며 주위의 밝기가 **300 lx** 이상인 장소에서 측정하여 앞면으로부터 **3m** 떨어진 곳에서 켜진 등이 확실히 식별될 것 보기 ②
(4) 단자는 충분한 **전류용량**을 갖는 것으로 하여야 하며 단자의 접속이 정확하고 확실할 것

답 ②

★★
71 **자동화재탐지설비 및 시각경보장치의 화재안전기준에 따라 감지기 상호간 또는 감지기로부터 수신기에 이르는 감지기회로의 배선 중 전자파 방해를 받지 아니하는 쉴드선 등을 사용하지 않아도 되는 것은?**

22.04.문80 14.03.문66 06.09.문79

① R형 수신기용으로 사용되는 것
② 차동식 감지기
③ 다신호식 감지기
④ 아날로그식 감지기

해설 **쉴드선**을 **사용**해야 하는 **감지기**(NFTC 203 2.8.1.2.1)
(1) **아**날로그식 감지기 보기 ④
(2) **다**신호식 감지기 보기 ③
(3) **R**형 수신기용으로 사용되는 감지기 보기 ①

기억법 **쉴아다R**

중요

쉴드선의 **단면** 및 **외형**

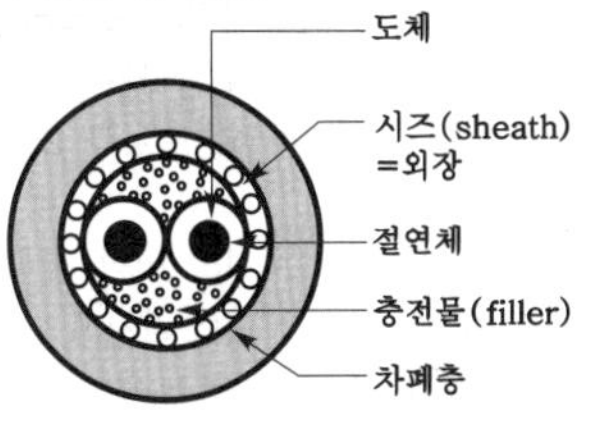

(a) 단면

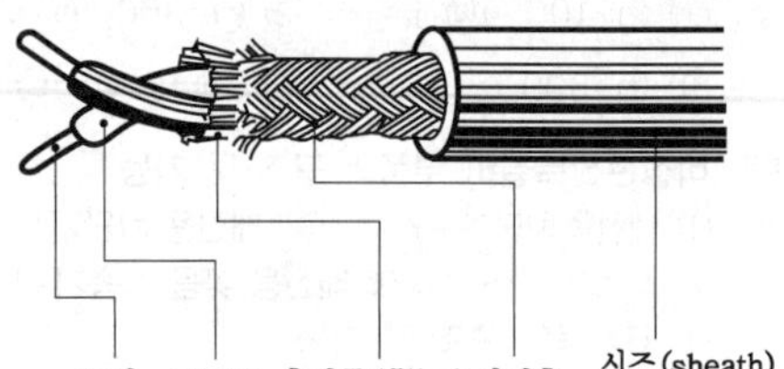

(b) 외형

| 쉴드선 |

답 ②

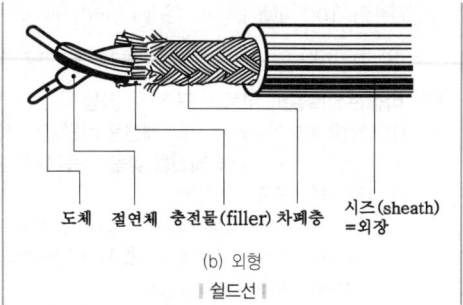

★★★
72 자동화재탐지설비 및 시각경보장치의 화재안전기준에 따른 공기관식 차동식 분포형 감지기의 설치기준으로 틀린 것은?

23.03.문65 20.06.문63 19.03.문72 17.03.문61 15.05.문69 12.05.문66 11.03.문78 01.03.문63 98.07.문75 97.03.문68

① 검출부는 3° 이상 경사되지 아니하도록 부착할 것
② 공기관의 노출부분은 감지구역마다 20m 이상이 되도록 할 것
③ 하나의 검출부분에 접속하는 공기관의 길이는 100m 이하로 할 것
④ 공기관과 감지구역의 각 변과의 수평거리는 1.5m 이하가 되도록 할 것

해설 ① 3° 이상 → 5° 이상

감지기 설치기준(NFPC 203 7조, NFTC 203 2.4.3.3~2.4.3.7)

(1) 공기관의 노출부분은 감지구역마다 20m 이상이 되도록 할 것 보기 ②
(2) 하나의 검출부분에 접속하는 공기관의 길이는 100m 이하로 할 것 보기 ③
(3) 공기관과 감지구역의 각 변과의 수평거리는 1.5m 이하가 되도록 할 것 보기 ④
(4) 감지기(**차동식 분포형** 및 **특수한 것** 제외)는 실내로의 공기유입구로부터 **1.5m** 이상 떨어진 위치에 설치
(5) 감지기는 천장 또는 반자의 옥내의 면하는 부분에 설치
(6) **보상식 스포트형 감지기**는 정온점이 감지기 주위의 평상시 최고온도보다 **20℃** 이상 높은 것으로 설치
(7) **정온식 감지기는 주방·보일러실** 등으로 다량의 화기를 단속적으로 취급하는 장소에 설치하되, 공칭작동온도가 최고주위온도보다 **20℃** 이상 높은 것으로 설치
(8) 스포트형 감지기는 **45°** 이상 경사지지 않도록 부착
(9) **공기관식** 차동식 분포형 감지기 설치시 공기관은 **도중**에서 **분기**하지 않도록 부착
(10) **공기관식** 차동식 분포형 감지기의 검출부는 **5°** 이상 경사되지 않도록 설치 보기 ①

중요

경사제한각도

공기관식 감지기의 검출부	스포트형 감지기
5° 이상	45° 이상

답 ①

★
73 누전경보기의 형식승인 및 제품검사의 기술기준에 따라 외함은 불연성 또는 난연성 재질로 만들어져야 하며, 누전경보기 외함의 두께는 몇 mm 이상이어야 하는가? (단, 직접 벽면에 접하여 벽 속에 매립되는 외함의 부분은 제외한다.)

21.05.문74

① 1 ② 1.2
③ 2.5 ④ 3

해설 **누전경보기**의 **외함두께**(누전경보기의 형식승인 및 제품검사의 기술기준 3조)

일반적인 경우	직접 벽면에 접하여 벽 속에 매립되는 외함부분
1mm 이상 보기 ①	1.6mm 이상

답 ①

★★★
74 자동화재탐지설비 및 시각경보장치의 화재안전기준에 따라 제2종 연기감지기를 부착높이가 4m 미만인 장소에 설치시 기준 바닥면적은?

21.09.문66 18.09.문78 16.10.문62 13.03.문79 00.10.문79

① $30m^2$
② $50m^2$
③ $75m^2$
④ $150m^2$

해설 **연기감지기**의 **설치기준**

(1) 연기감지기 1개의 유효바닥면적

(단위 : m^2)

부착높이	감지기의 종류	
	1종 및 2종	3종
4m 미만	→ 150 보기 ④	50
4~20m 미만	75	설치할 수 없다.

(2) 복도 및 통로는 보행거리 **30m**(3종은 **20m**)마다 1개 이상으로 할 것
(3) 계단 및 경사로는 수직거리 **15m**(3종은 **10m**)마다 1개 이상으로 할 것
(4) 천장 또는 반자가 **낮은 실내** 또는 **좁은 실내**는 **출입구**의 가까운 부분에 설치할 것
(5) 천장 또는 반자 부근에 **배기구**가 있는 경우에는 그 부근에 설치할 것
(6) 감지기는 벽 또는 보로부터 **0.6m** 이상 떨어진 곳에 설치할 것

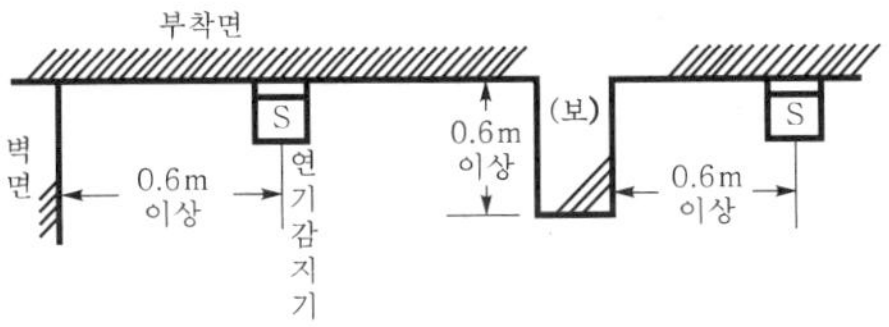

답 ④

★
75 수신기를 나타내는 소방시설 도시기호로 옳은 것은?

20.06.문76
15.05.문75

① 
② 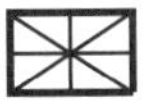
③ 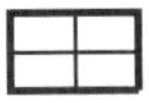
④ 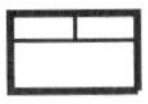

해설
① 소방시설 도시기호가 아님

도시기호

명 칭	그림기호	적 요
수신기	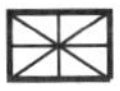 보기 ②	• 가스누설경보설비와 일체인 것 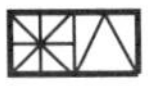 • 가스누설경보설비 및 방배연 연동과 일체인 것 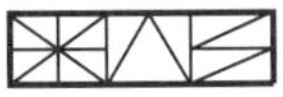
부수신기(표시기)	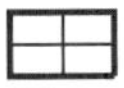 보기 ③	–
중계기	 보기 ④	–
제어반		–
표시반		• 창이 3개인 표시반 : 

답 ②

★★★
76 무선통신보조설비의 화재안전기준에 따른 옥외안테나의 설치기준으로 옳지 않은 것은?

23.03.문72
20.08.문63

① 건축물, 지하가, 터널 또는 공동구의 출입구 및 출입구 인근에서 통신이 가능한 장소에 설치할 것
② 다른 용도로 사용되는 안테나로 인한 통신장애가 발생하지 않도록 설치할 것
③ 옥외안테나는 견고하게 설치하며 파손의 우려가 없는 곳에 설치하고 그 가까운 곳의 보기 쉬운 곳에 "옥외안테나"라는 표시와 함께 통신가능거리를 표시한 표지를 설치할 것
④ 수신기가 설치된 장소 등 사람이 상시 근무하는 장소에는 옥외안테나의 위치가 모두 표시된 옥외안테나 위치표시도를 비치할 것

해설
③ "옥외안테나" → "무선통신보조설비 안테나"

무선통신보조설비 옥외안테나 설치기준(NFPC 505 6조, NFTC 505 2.3)

(1) **건축물, 지하가, 터널** 또는 공동구의 출입구 및 출입구 인근에서 통신이 가능한 장소에 설치할 것 보기 ①
(2) 다른 용도로 사용되는 안테나로 인한 **통신장애**가 발생하지 않도록 설치할 것 보기 ②
(3) 옥외안테나는 견고하게 설치하며 파손의 우려가 없는 곳에 설치하고 그 가까운 곳의 보기 쉬운 곳에 **"무선통신보조설비 안테나"**라는 표시와 함께 통신가능거리를 표시한 표지를 설치할 것 보기 ③
(4) 수신기가 설치된 장소 등 사람이 상시 근무하는 장소에는 옥외안테나의 위치가 모두 표시된 옥외안테나 **위치표시도**를 비치할 것 보기 ④

답 ③

★★★
77 비상조명등의 화재안전기준에 따라 비상조명등의 조도는 비상조명등이 설치된 장소의 각 부분의 바닥에서 몇 lx 이상이 되도록 하여야 하는가?

22.09.문72
21.05.문61
20.06.문62

① 1 ② 3
③ 5 ④ 10

해설
비상조명등의 **설치기준**(NFPC 304 4조, NFTC 304 2.1)

(1) 소방대상물의 각 거실과 지상에 이르는 복도·계단·통로에 설치할 것
(2) 조도는 각 부분의 바닥에서 **1 lx** 이상일 것 보기 ①
(3) **점검스위치**를 설치하고 **20분** 이상 작동시킬 수 있는 용량의 **축전지**와 **예비전원 충전장치**를 내장할 것

비교

유도등의 **형식승인** 및 **제품검사**의 **기술기준 23조 조도시험**

유도등의 종류	시험방법
계단 통로 유도등	바닥면에서 **2.5m** 높이에 유도등을 설치하고 수평거리 **10m** 위치에서 법선조도 **0.5lx** 이상 기억법 **계2505**
복도 통로 유도등	바닥면에서 **1m** 높이에 유도등을 설치하고 중앙으로부터 **0.5m** 위치에서 조도 **1lx** 이상 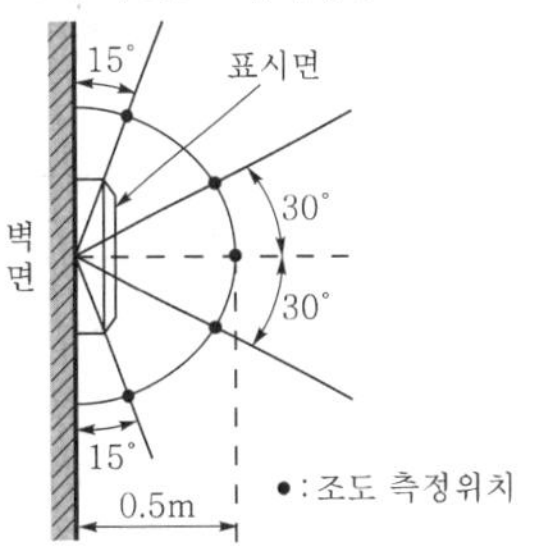 ‖ 복도통로유도등 ‖

<table>
<tr><td>거실
통로
유도등</td><td>바닥면에서 2m 높이에 유도등을 설치하고 중앙으로부터 0.5m 위치에서 조도 1lx 이상
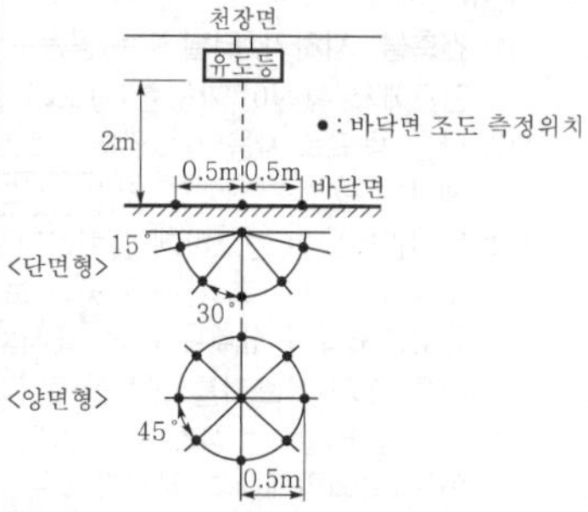

▮ 거실통로유도등 ▮</td></tr>
<tr><td>객석
유도등</td><td>바닥면에서 0.5m 높이에 유도등을 설치하고 바로 밑에서 0.3m 위치에서 수평조도 0.2lx 이상
기억법 객532</td></tr>
</table>

답 ①

★★★
78 비상방송설비의 설치기준에 관한 다음 (　) 안에 알맞은 것은?

24.07.문62 23.09.문78 23.03.문67

> 기동장치에 따른 화재신고를 수신한 후 필요한 음량으로 화재발생 상황 및 피난에 유효한 방송이 자동으로 개시될 때까지의 소요시간은 (　)초 이하로 할 것

① 5
② 10
③ 20
④ 30

해설 **소요시간**

기 기	시 간
• P형·P형 복합식·R형·R형 복합식·GP형·GP형 복합식·GR형·GR형 복합식 수신기 • 중계기	**5초** 이내
비상방송설비 ——→	**10초** 이하 보기 ②
가스누설경보기	**60초** 이내
축적형 수신기	• 축적시간 : 30~60초 이하 • 화재표시감지시간 : 60초

중요

비상방송설비의 **설치기준**(NFPC 202 4조, NFTC 202 2.1.1)

(1) 확성기의 음성입력은 실내 **1W**, 실외 **3W** 이상일 것
(2) 확성기는 각 **층**마다 설치하되, 각 부분으로부터의 수평거리는 **25m 이하**일 것
(3) 음량조정기는 **3선식 배선**일 것
(4) 조작스위치는 바닥으로부터 **0.8~1.5m** 이하의 높이에 설치할 것
(5) 다른 전기회로에 의하여 **유도장애**가 생기지 않을 것
(6) 비상방송 개시시간은 **10초** 이하일 것
(7) **엘리베이터** 내부에는 **별도**의 **음향장치**를 설치할 수 있다.
(8) 2 이상의 조작부가 설치된 경우 동시통화가 가능하고 전 구역에 방송할 수 있을 것

답 ②

★
79 발신기의 형식승인 및 제품검사의 기술기준에 따라 다음 (　)에 들어갈 내용으로 옳은 것은?

21.03.문76 17.05.문73

> 발신기의 조작부는 작동스위치의 동작방향으로 가하는 힘이 (㉠)kg을 초과하고 (㉡)kg 이하인 범위에서 확실하게 동작되어야 하며, (㉠)kg의 힘을 가하는 경우 동작되지 아니하여야 한다.

① ㉠ 3, ㉡ 8
② ㉠ 2, ㉡ 5
③ ㉠ 3, ㉡ 5
④ ㉠ 2, ㉡ 8

해설 **발신기**의 **작동기능**(발신기의 형식승인 및 제품검사의 기술기준 4조의 2)

작동스위치의 동작방향으로 가하는 힘이 **2kg**을 초과하고 **8kg** 이하인 범위에서 확실하게 동작(단, **2kg**의 힘을 가하는 경우 동작하지 않을 것) 보기 ④

답 ④

★★★
80 비상방송설비의 화재안전기준에 따라 확성기는 각 층마다 설치하되, 그 층의 각 부분으로부터 하나의 확성기까지의 수평거리가 몇 m 이하가 되도록 하여야 하는가?

24.07.문69 23.05.문67 21.03.문69

① 15
② 30
③ 25
④ 20

해설 **비상방송설비**의 **설치기준**(NFPC 202 4조, NFTC 202 2.1)

(1) 확성기의 음성입력은 실내 **1W** 이상, 실외 **3W** 이상일 것
(2) 확성기는 **각 층**마다 설치하되, 각 부분으로부터의 **수평거리**는 **25m 이하**일 것 보기 ③
(3) 음량조정기는 **3선식 배선**일 것
(4) 조작스위치는 바닥으로부터 **0.8~1.5m** 이하의 높이에 설치할 것
(5) 다른 전기회로에 의하여 **유도장애**가 생기지 않을 것
(6) 비상방송 개시시간은 **10초** 이하일 것
(7) 엘리베이터 내부에는 별도의 음향장치를 설치할 수 있다.

중요

(1) **수평거리**

수평거리	적용대상
수평거리 **25m** 이하	• 발신기 • 음향장치(확성기) 보기 ③ • 비상콘센트(지하상가·지하층 바닥면적 합계 **3000m²** 이상)
수평거리 **50m** 이하	• 비상콘센트(기타)

(2) **보행거리**

보행거리	적용대상
보행거리 **15m** 이하	• 유도표지
보행거리 **20m** 이하	• 복도통로유도등 • 거실통로유도등 • 3종 연기감지기
보행거리 **30m** 이하	• 1·2종 연기감지기

(3) **수직거리**

수직거리	적용대상
수직거리 **10m** 이하	• 3종 연기감지기
수직거리 **15m** 이하	• 1·2종 연기감지기

답 ③

▌2025년 기사 제3회 필기시험 CBT 기출복원문제▌

자격종목	종목코드	시험시간	형별	수험번호	성명
소방설비기사(전기분야)		2시간			

※ 각 문항은 4지택일형으로 질문에 가장 적합한 보기 항을 선택하여 체크하여야 합니다.

제 1 과목 소방원론

01 건물의 주요구조부에 해당되지 않는 것은?

17.09.문19
15.03.문18
13.09.문18

① 바닥 ② 천장
③ 기둥 ④ 주계단

유사문제부터 풀어보세요. 실력이 팍!팍! 올라갑니다.

해설 **주요구조부**

(1) 내력**벽**
(2) **보**(작은 보 제외)
(3) **지**붕틀(차양 제외)
(4) **바**닥(최하층 바닥 제외) 보기 ①
(5) **주**계단(옥외계단 제외) 보기 ④
(6) **기**둥(사잇기둥 제외) 보기 ③

기억법 **벽보지 바주기**

답 ②

02 제1종 분말소화약제의 열분해반응식으로 옳은 것은?

19.03.문01
18.04.문06
17.09.문10
16.10.문06
16.10.문10
16.10.문11
16.05.문15
16.05.문17
16.03.문09
15.09.문01
15.05.문08
14.09.문10

① $2NaHCO_3 \rightarrow Na_2CO_3 + CO_2 + H_2O$
② $2KHCO_3 \rightarrow K_2CO_3 + CO_2 + H_2O$
③ $2NaHCO_3 \rightarrow Na_2CO_3 + 2CO_2 + H_2O$
④ $2KHCO_3 \rightarrow K_2CO_3 + 2CO_2 + H_2O$

해설 **분말소화기(질식효과)**

종 별	소화약제	약제의 착색	화학반응식	적응 화재
제1종	탄산수소나트륨 ($NaHCO_3$)	백색	$2NaHCO_3 \rightarrow Na_2CO_3+\mathbf{CO_2}+H_2O$ 보기 ①	BC급
제2종	탄산수소칼륨 ($KHCO_3$)	담자색 (담회색)	$2KHCO_3 \rightarrow K_2CO_3+CO_2+H_2O$	BC급
제3종	인산암모늄 ($NH_4H_2PO_4$)	담홍색	$NH_4H_2PO_4 \rightarrow HPO_3+NH_3+H_2O$	ABC급
제4종	탄산수소칼륨+요소 ($KHCO_3+(NH_2)_2CO$)	회(백)색	$2KHCO_3+(NH_2)_2CO \rightarrow K_2CO_3+2NH_3+2CO_2$	BC급

- 탄산수소나트륨 = 중탄산나트륨
- 탄산수소칼륨 = 중탄산칼륨
- 제1인산암모늄 = 인산암모늄 = 인산염
- 탄산수소칼륨 + 요소 = 중탄산칼륨 + 요소

답 ①

03 다음 중 연기에 의한 감광계수가 $0.1m^{-1}$, 가시거리가 20~30m일 때의 상황으로 옳은 것은?

22.04.문15
21.09.문02
20.06.문01
17.03.문10
16.10.문16
16.03.문03
14.05.문06
13.09.문11

① 건물 내부에 익숙한 사람이 피난에 지장을 느낄 정도
② 연기감지기가 작동할 정도
③ 어두운 것을 느낄 정도
④ 앞이 거의 보이지 않을 정도

해설 **감광계수**와 **가시거리**

감광계수 $[m^{-1}]$	가시거리 [m]	상 황
0.1	20~30	연기**감**지기가 작동할 때의 농도(연기감지기가 작동하기 직전의 농도) 보기 ②
0.3	5	건물 내부에 **익**숙한 사람이 피난에 지장을 느낄 정도의 농도 보기 ①
0.5	3	**어**두운 것을 느낄 정도의 농도 보기 ③
1	1~2	앞이 거의 **보**이지 않을 정도의 농도 보기 ④
10	0.2~0.5	화재 **최**성기 때의 농도
30	–	출화실에서 연기가 **분**출할 때의 농도

기억법
0123 감
035 익
053 어
112 보
100205 최
30 분

답 ②

★★
04 화재하중 계산시 목재의 단위 발열량은 약 몇 kcal/kg인가?

19.03.문20
16.10.문18
01.06.문06
97.03.문19

① 3000　　② 4500
③ 9000　　④ 12000

해설

$$q=\frac{\Sigma G_t H_t}{HA}=\frac{\Sigma Q}{4500A}$$

여기서, q : 화재하중[kg/m²]
G_t : 가연물의 양[kg]
H_t : 가연물의 단위 발열량[kcal/kg]
H : 목재의 단위 발열량[kcal/kg]
A : 바닥면적[m²]
ΣQ : 가연물의 전체 발열량[kcal]

• 목재의 단위발열량 : **4500kcal/kg**

답 ②

★
05 물의 물리·화학적 성질로 틀린 것은?

① 증발잠열은 539.6cal/g으로 다른 물질에 비해 매우 큰 편이다.
② 대기압하에서 100℃의 물이 액체에서 수증기로 바뀌면 체적은 약 1603배 정도 증가한다.
③ 수소 1분자와 산소 1/2분자로 이루어져 있으며 이들 사이의 화학결합은 극성 공유결합이다.
④ 분자 간의 결합은 쌍극자-쌍극자 상호작용의 일종인 산소결합에 의해 이루어진다.

해설

④ 산소결합 → 수소결합

물 분자의 **결합**
(1) 물 분자 간 결합은 분자 간 인력인 **수소결합**이다. 보기 ④
(2) 물 분자 내의 결합은 수소원자와 산소원자 사이의 결합인 **공유결합**이다.
(3) **공유결합**은 수소결합보다 **강한 결합**이다.

답 ④

★★★
06 불연성 물질로만 이루어진 것은?

23.05.문08
21.09.문07
19.03.문10
16.03.문04

① 황린, 나트륨
② 적린, 황
③ 이황화탄소, 나이트로글리세린
④ 과산화나트륨, 질산

해설 **불연성 물질**

제1류 위험물	제6류 위험물
• 과산화칼륨 • 과산화나트륨 보기 ④ • 과산화바륨	• 과염소산 • 과산화수소 • 질산 보기 ④

중요

(1) **과산화나트륨**(Na_2O_2)
① 제1류 위험물(무기과산화물)
② 자신은 **불연성** 물질이지만 **산소공급원** 역할을 하는 물질

기억법 과나불산

(2) **질산**
① 제6류 위험물
② **부식성**이 있다.
③ **불연성 물**질이다.
④ **산화제**이다.
⑤ 산화성 물질과의 접촉을 피할 것

답 ④

★★★
07 플래시오버(flash over)현상에 대한 설명으로 옳은 것은?

22.09.문06
20.09.문14
14.05.문18
14.03.문11
13.06.문17
11.06.문11

① 실내에서 가연성 가스가 축적되어 발생되는 폭발적인 착화현상
② 실내에서 에너지가 느리게 집적되는 현상
③ 실내에서 가연성 가스가 분해되는 현상
④ 실내에서 가연성 가스가 방출되는 현상

해설 **플래시오버**(flash over) : 순발연소
(1) **실내**에서 폭발적인 착화현상 보기 ①
(2) 폭발적인 **화재확대현상**
(3) 건물화재에서 발생한 가연성 가스가 일시에 인화하여 화염이 **충**만하는 단계
(4) 실내의 가연물이 연소됨에 따라 생성되는 가연성 가스가 실내에 누적되어 **폭**발적으로 연소하여 실 전체가 순간적으로 불길에 싸이는 현상
(5) **옥내화재**가 서서히 진행하여 열이 축적되었다가 일시에 화염이 크게 발생하는 상태
(6) **다량**의 **가연성 가스**가 동시에 연소되면서 **급**격한 온도상승을 유발하는 현상
(7) 건축물에서 한순간에 폭발적으로 화재가 확산되는 현상

기억법 플확충 폭급

• 플래시오버=플래쉬오버

비교

(1) **패닉(panic)현상**
인간의 비이성적인 또는 부적합한 **공포반응행동**으로서 무모하게 높은 곳에서 뛰어내리는 행위라든지, 몸이 굳어서 움직이지 못하는 행동
(2) **굴뚝효과**(stack effect)
㉠ 건물 내외의 **온도차**에 따른 공기의 흐름현상이다.
㉡ 굴뚝효과는 **고층건물**에서 주로 나타난다.
㉢ 평상시 건물 내의 기류분포를 지배하는 중요 요소이며 화재시 **연기**의 **이동**에 큰 영향을 미친다.

㉣ 건물 외부의 온도가 내부의 온도보다 높은 경우 저층부에서는 내부에서 외부로 공기의 흐름이 생긴다.

(3) **블레비(BLEVE)=블레이브(BLEVE)현상**
과열상태의 탱크에서 내부의 액화가스가 분출하여 기화되어 폭발하는 현상
㉠ 가연성 액체
㉡ 화구(fire ball)의 형성
㉢ 복사열의 대량 방출

답 ①

★★★
08 자연발화 방지대책에 대한 설명 중 틀린 것은?

18.04.문02 16.10.문05 16.03.문14 15.05.문19 15.03.문09 14.09.문09 14.09.문17 12.03.문09 10.03.문13

① 저장실의 온도를 낮게 유지한다.
② 저장실의 환기를 원활히 시킨다.
③ 촉매물질과의 접촉을 피한다.
④ 저장실의 습도를 높게 유지한다.

해설
④ 높게 → 낮게

(1) **자연발화의 방지법**
㉠ **습**도가 높은 곳을 **피**할 것(건조하게 유지할 것) 보기 ④
㉡ 저장실의 온도를 낮출 것 보기 ①
㉢ 통풍이 잘 되게 할 것(**환기**를 원활히 시킨다) 보기 ②
㉣ 퇴적 및 수납시 열이 쌓이지 않게 할 것(**열축적 방지**)
㉤ 산소와의 접촉을 차단할 것(**촉매물질**과의 접촉을 피한다) 보기 ③
㉥ **열전도성**을 좋게 할 것

기억법 **자습피**

(2) **자연발화 조건**
㉠ 열전도율이 작을 것
㉡ 발열량이 클 것
㉢ 주위의 온도가 높을 것
㉣ 표면적이 넓을 것

답 ④

★★
09 인화점이 낮은 것부터 높은 순서로 옳게 나열된 것은?

15.09.문02 14.05.문05 14.03.문10 12.03.문01 11.06.문09 11.03.문12 10.05.문11

① 에틸알코올 < 이황화탄소 < 아세톤
② 이황화탄소 < 에틸알코올 < 아세톤
③ 에틸알코올 < 아세톤 < 이황화탄소
④ 이황화탄소 < 아세톤 < 에틸알코올

해설

물 질	인화점	착화점
• 프로필렌	−107℃	497℃
• 에틸에터 • 다이에틸에터	−45℃	180℃
• 가솔린(휘발유)	−43℃	300℃
• **이황화탄소**	−30℃	**100℃**
• 아세틸렌	−18℃	335℃
• **아세톤**	−18℃	**538℃**
• 벤젠	−11℃	562℃
• 톨루엔	4.4℃	480℃
• **에틸알코올**	13℃	**423℃**
• 아세트산	40℃	−
• 등유	43~72℃	210℃
• 경유	50~70℃	200℃
• 적린	−	260℃

답 ④

★★
10 촛불의 주된 연소 형태에 해당하는 것은?

14.09.문01 10.03.문17

① 표면연소 ② 분해연소
③ 증발연소 ④ 자기연소

해설 **연소의 형태**

연소 형태	종 류
표면연소	• **숯** • **코**크스 • **목탄** • **금**속분
분해연소	• **석**탄 • **종**이 • **플**라스틱 • **목**재 • **고**무 • **중**유 • **아**스팔트
증발연소 보기 ③	• **황** • **왁**스 • **파**라핀(**양**초) • **나**프탈렌 • **가**솔린(휘발유) • **등**유 • **경**유 • **알**코올 • **아**세톤
자기연소	• 나이트로글리세린 • 나이트로셀룰로오스(질화면) • TNT • 피크린산
액적연소	• 벙커C유
확산연소	• 메탄(CH_4) • 암모니아(NH_3) • 아세틸렌(C_2H_2) • 일산화탄소(CO) • 수소(H_2)

기억법 **표숯코 목탄금, 분석종플 목고중아, 증황왁파양 나가등경알아**

※ **파라핀** : 양초(초)의 주성분

답 ③

★★★
11 상온, 상압에서 액체상태인 할론소화약제는?

24.05.문02 20.06.문05 18.03.문04

① 할론 2402 ② 할론 1301
③ 할론 1211 ④ 할론 1400

해설

④ 할론 1400 : 이런 소화약제는 없음

상온에서의 **상태**

기체상태	액체상태
① 할론 1301 보기 ② ② 할론 1211 보기 ③ ③ **탄**산가스(CO_2)	① 할론 1011 ② 할론 104 ③ 할론 2402 보기 ①

기억법 132탄기

답 ①

★★★
12 비수용성 유류의 화재시 물로 소화할 수 없는 이유는?

19.03.문04 15.09.문06 15.09.문13 14.03.문06 12.09.문16 12.05.문05

① 인화점이 변하기 때문
② 발화점이 변하기 때문
③ 연소면이 확대되기 때문
④ 수용성으로 변하여 인화점이 상승하기 때문

해설 **경유화재시 주수소화가 부적당한 이유**
물보다 비중이 가벼워 물 위에 떠서 **화재면 확대**의 우려가 있기 때문이다(연소면 확대).

중요

주수소화(물소화)시 위험한 물질

위험물	발생물질
• 무기과산화물	**산소**(O_2) 발생
• 금속분 • 마그네슘 • 알루미늄 • 칼륨 • 나트륨 • 수소화리튬	**수소**(H_2) 발생
• 가연성 액체의 유류화재(경유)	**연소면**(화재면) 확대 보기 ③

답 ③

★★★
13 소화방법 중 제거소화에 해당되지 않는 것은?

17.03.문16 16.10.문07 16.03.문12 11.03.문04

① 산불이 발생하면 화재의 진행방향을 앞질러 벌목
② 방 안에서 화재가 발생하면 이불이나 담요로 덮음
③ 가스화재시 밸브를 잠궈 가스흐름을 차단
④ 불타고 있는 장작더미 속에서 아직 타지 않은 것을 안전한 곳으로 운반

해설

② **질식소화** : 방 안에서 화재가 발생하면 이불이나 담요로 덮는다.

중요

제거소화의 **예**

(1) **가연성 기체**화재시 **주밸브**를 **차단**한다.
(2) **가연성 액체**화재시 펌프를 이용하여 **연료**를 제거한다.
(3) **연료탱크**를 **냉각**하여 가연성 가스의 발생속도를 작게 하여 연소를 억제한다.
(4) 금속화재시 **불활성 물질**로 가연물을 덮는다.
(5) **목재**를 **방염처리**한다.
(6) 전기화재시 **전원**을 **차단**한다.
(7) 산불이 발생하면 화재의 진행방향을 앞질러 **벌목**한다. 보기 ①
(8) 가스화재시 **밸브**를 **잠궈** 가스흐름을 차단한다. 보기 ③
(9) 불타고 있는 장작더미 속에서 아직 타지 않은 것을 안전한 곳으로 **운반**한다. 보기 ④
(10) 유류탱크화재시 주변에 있는 유류탱크의 유류를 다른 곳으로 이동시킨다.
(11) **양초**를 입으로 불어서 끈다.

※ **제거효과** : 가연물을 반응계에서 제거하든지 또는 반응계로의 공급을 정지시켜 소화하는 효과

답 ②

★
14 나이트로셀룰로오스의 용도, 성상 및 위험성과 저장·취급에 대한 설명 중 틀린 것은?

16.10.문02

① 질화도가 낮을수록 위험성이 크다.
② 운반시 물, 알코올을 첨가하여 습윤시킨다.
③ 무연화약의 원료로 사용된다.
④ 햇빛에서 황갈색으로 변하고 물에 녹지 않지만 아세톤, 초산에스터, 나이트로벤젠에 녹는다.

해설

① 질화도가 클수록 위험성이 크다.

중요

질화도

구 분	설 명
정의	나이트로셀룰로오스의 질소 함유율이다.
특징	질화도가 높을수록 위험하다. 보기 ①

답 ①

★★★
15 연소시 불꽃의 온도가 가장 높을 때 불꽃의 색상은 무엇인가?

① 암적색 ② 휘적색
③ 황적색 ④ 휘백색

해설 **연소의 색과 온도**

색	온도[℃]
암적색(진홍색)	700~750 보기 ①
적색	850
휘적색(주황색)	925~950 보기 ②
황적색	1100 보기 ③
백적색(백색)	1200~1300
휘백색	1500 보기 ④

답 ④

★★★
16 공기의 평균 분자량이 29일 때 이산화탄소 기체의 증기비중은 얼마인가?

19.03.문18 16.03.문01 15.03.문05 14.09.문15 12.09.문18 07.05.문17

① 1.44　② 1.52
③ 2.88　④ 3.24

해설 (1) **분자량**

원 소	원자량
H	1
C →	12
N	14
O →	16

이산화탄소(CO_2) : $12+16\times2=44$

(2) **증기비중**

$$증기비중=\frac{분자량}{29}$$

여기서, 29 : 공기의 평균 분자량[g/mol]

$$이산화탄소\ 증기비중=\frac{분자량}{29}=\frac{44}{29}\fallingdotseq1.52$$

비교

증기밀도

$$증기밀도=\frac{분자량}{22.4}$$

여기서, 22.4 : 기체 1몰의 부피[L]

중요

이산화탄소의 물성

구 분	물 성
임계압력	72.75atm
임계온도	31.35℃(약 31.1℃)
3중점	-56.3℃(약 -56℃)
승화점(비점)	-78.5℃
허용농도	0.5%
증기비중	1.529
수분	0.05% 이하(함량 99.5% 이상)

기억법 이356, 이비78, 이증15

답 ②

★★★
17 할로겐화합물 소화약제에 관한 설명으로 옳지 않은 것은?

20.06.문09 19.09.문13 18.09.문19 17.05.문06 16.03.문08 15.03.문17 14.03.문19 11.10.문19 03.08.문11

① 연쇄반응을 차단하여 소화한다.
② 할로겐족(할로젠족) 원소가 사용된다.
③ 전기에 도체이므로 전기화재에 효과가 있다.
④ 소화약제의 변질분해 위험성이 낮다.

해설 ③ 도체 → 부도체(불량도체)

할론소화설비(할로겐화합물 소화약제)의 **특징**

(1) **연쇄반응**을 **차단**하여 소화한다. 보기 ①
(2) **할로겐족(할로젠족)** 원소가 사용된다. 보기 ②
(3) 전기에 **부도체**이므로 전기화재에 효과가 있다. 보기 ③
(4) 소화약제의 **변질분해** 위험성이 **낮다**. 보기 ④
(5) **오존층**을 **파괴**한다.
(6) 연소 **억제작용**이 크다(가연물과 산소의 화학반응을 억제한다).
(7) **소화능력**이 **크다**(소화속도가 빠르다).
(8) **금속**에 대한 **부식성**이 **작다**.

답 ③

★★★
18 다음 중 발화점이 가장 높은 물질은?

20.08.문06 19.09.문02 18.03.문07 15.09.문02

① 이황화탄소　② 황린
③ 가솔린　④ 메탄

해설

물 질	인화점	발화점
• **황린** 보기 ②	20℃ 미만	**30~50℃**
• 아세트산	40℃	-
• **이황화탄소** 보기 ①	-30℃	**100℃**
• 에틸에터 • 다이에틸에터	-45℃	180℃
• 아세트알데하이드	-37.8℃	185℃
• 경유	50~70℃	200℃
• 등유	43~72℃	210℃
• 적린	-	260℃
• **가솔린(휘발유)** 보기 ③	-43℃	**300℃**
• 아세틸렌	-18℃	335℃
• 에틸알코올	13℃	423℃
• 메틸알코올	11℃	464℃
• 산화프로필렌	-37℃	465℃
• 톨루엔	4.4℃	480℃
• 프로필렌	-107℃	497℃
• 아세톤	-18℃	538℃
• **메탄** 보기 ④	-188℃	**540℃**
• 벤젠	-11℃	562℃

- 착화점＝발화점＝착화온도＝발화온도
- 인화점＝인화온도

답 ④

★★★
19 메탄 80vol%, 에탄 15vol%, 프로판 5vol%인 혼합가스의 공기 중 폭발하한계는 약 몇 vol%인가? (단, 메탄, 에탄, 프로판의 공기 중 폭발하한계는 5.0vol%, 3.0vol%, 2.1vol%이다.)

23.09.문08 22.09.문15 21.05.문20 17.05.문03

① 4.28 ② 3.61
③ 3.23 ④ 4.02

해설 (1) **기호**

- V_1 : 80vol%
- V_2 : 15vol%
- V_3 : 5vol%
- L_1 : 5.0vol%
- L_2 : 3.0vol%
- L_3 : 2.1vol%

(2) **혼합가스**의 **폭발하한계**

$$\frac{100}{L}=\frac{V_1}{L_1}+\frac{V_2}{L_2}+\frac{V_3}{L_3}$$

여기서, L : 혼합가스의 폭발하한계[vol%]
L_1, L_2, L_3 : 가연성 가스의 폭발하한계[vol%]
V_1, V_2, V_3 : 가연성 가스의 용량[vol%]

$$\frac{100}{L}=\frac{V_1}{L_1}+\frac{V_2}{L_2}+\frac{V_3}{L_3}$$

$$\frac{100}{L}=\frac{80}{5.0}+\frac{15}{3.0}+\frac{5}{2.1}$$

$$\frac{100}{\frac{80}{5.0}+\frac{15}{3.0}+\frac{5}{2.1}}=L$$

$$L=\frac{100}{\frac{80}{5.0}+\frac{15}{3.0}+\frac{5}{2.1}}\fallingdotseq 4.28\text{vol\%}$$

- 단위가 원래는 vol% 또는 v%, vol.%인데 줄여서 %로 쓰기도 한다.

답 ①

★★
20 유류탱크 화재시 기름 표면에 물을 살수하면 기름이 탱크 밖으로 비산하여 화재가 확대되는 현상은?

20.06.문10 17.05.문04

① 슬롭오버(Slop over)
② 플래시오버(Flash over)
③ 프로스오버(Froth over)
④ 블레비(BLEVE)

해설 **유류탱크**, **가스탱크**에서 **발생**하는 **현상**

구 분	설 명
블래비＝블레비 (BLEVE)	• 과열상태의 탱크에서 내부의 액화가스가 분출하여 기화되어 폭발하는 현상
보일오버 (Boil over)	• 중질유의 석유탱크에서 장시간 조용히 연소하다 탱크 내의 잔존기름이 갑자기 분출하는 현상 • 유류탱크에서 **탱크바닥**에 **물**과 기름의 **에멀션**이 섞여 있을 때 이로 인하여 화재가 발생하는 현상 • 연소유면으로부터 100℃ 이상의 열파가 탱크 저부에 고여 있는 물을 비등하게 하면서 연소유를 탱크 밖으로 비산시키며 연소하는 현상
오일오버 (Oil over)	• 저장탱크에 저장된 유류저장량이 내용적의 **50%** 이하로 충전되어 있을 때 화재로 인하여 탱크가 폭발하는 현상
프로스오버 (Froth over)	• 물이 점성의 뜨거운 기름표면 아래에서 끓을 때 화재를 수반하지 않고 용기가 넘치는 현상
슬롭오버 (Slop over)	• **유류탱크 화재시** 기름 표면에 물을 살수하면 **기름**이 **탱크** 밖으로 **비산**하여 화재가 확대되는 현상(연소유가 비산되어 탱크 외부까지 화재가 확산) 보기 ① • 물이 연소유의 뜨거운 표면에 들어갈 때 기름 표면에서 화재가 발생하는 현상 • 유화제로 소화하기 위한 물이 수분의 급격한 증발에 의하여 액면이 거품을 일으키면서 열유층 밑의 냉유가 급히 열팽창하여 기름의 일부가 불이 붙은 채 탱크벽을 넘어서 일출하는 현상 • 연소면의 온도가 100℃ 이상일 때 물을 주수하면 발생 • 소화시 외부에서 방사하는 포에 의해 발생

답 ①

제 2 과목 소방전기일반

★★★
21 3상 농형 유도전동기의 기동법이 아닌 것은?

20.08.문22 17.09.문34 17.05.문23 06.05.문22 04.09.문30

① Y－△기동법 ② 기동보상기법
③ 2차 저항기동법 ④ 리액터 기동법

해설 **3상 유도전동기의 기동법**

농 형	권선형
① 전전압기동법(직입기동법) ② Y-△기동법 보기 ① ③ 리액터법(리액터 기동법) 보기 ④ ④ 기동보상기법 보기 ② ⑤ 콘도르퍼기동법	① 2차 저항법(2차 저항 기동법) 보기 ③ ② 게르게스법

기억법 권2(권위)

답 ③

22 그림과 같은 회로의 A, B 양단에 전압을 인가하여 서서히 상승시킬 때 제일 먼저 파괴되는 콘덴서는? (단, 유전체의 재질 및 두께는 동일한 것으로 한다.)

17.05.문31
02.09.문25

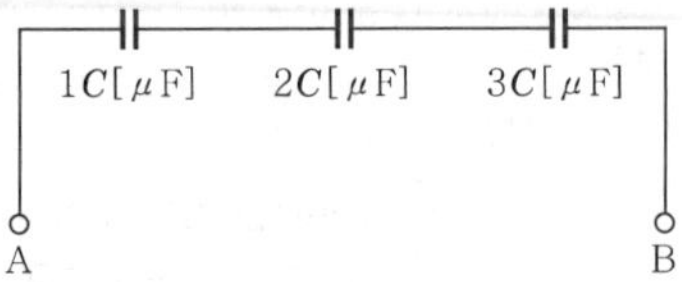

① $1C$　② $2C$
③ $3C$　④ 모두

해설
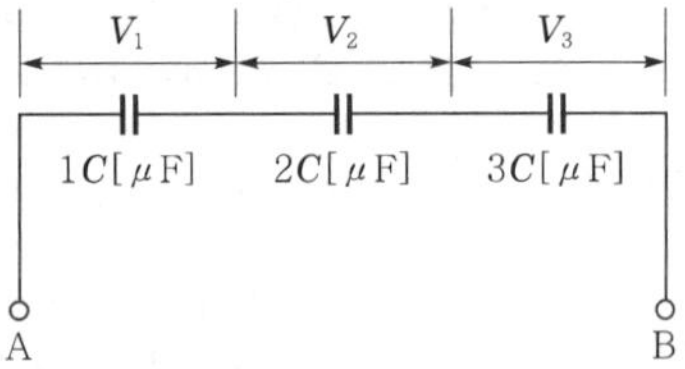

전압

$$V = IX_C = I\frac{1}{2\pi fC} \propto \frac{1}{C}$$

여기서, V : 전압[V]
I : 전류[A]
X_C : 용량리액턴스[Ω]
f : 주파수[Hz]
C : 정전용량[F]

전압(V)과 **정전용량**(C)은 **반비례**하므로 각 콘덴서에 걸리는 전압을 V_1, V_2, V_3[V]라 하면

$V_1 : V_2 : V_3 = \frac{1}{1} : \frac{1}{2} : \frac{1}{3} = 1 : 0.5 : 0.33$

- 용량이 제일 작은 $1C$[μF]이 전압이 가장 높으므로 제일 먼저 파괴된다.

답 ①

23 열동계전기(thermal relay)의 설치 목적은?

19.09.문38
18.03.문32

① 전동기의 과부하 보호
② 감전사고 예방
③ 자기유지
④ 인터록유지

해설

계전기	설 명
• **접지계전기**	• 지락전류 검출
• **거리계전기**	• 계전기 입력전압과 전류의 비에 따라 작동하는 계전기
• **비율차동계전기** • **브흐홀츠계전기**	• 발전기나 변압기의 내부고장 보호용
• **열동계전기**	• 전동기의 과부하 보호용 보기 ① 기억법 열전과

답 ①

24 3상 유도전동기를 기동하기 위하여 권선을 Y결선하면 △ 결선하였을 때 보다 토크는 어떻게 되는가?

15.05.문21
14.03.문37

① $\frac{1}{\sqrt{3}}$로 감소　② $\frac{1}{3}$로 감소
③ 3배로 증가　④ $\sqrt{3}$ 배로 증가

해설 (1) **3상 전력**

$$P = \sqrt{3}\, V_l I_l \cos\theta = 9.8\omega\tau$$

여기서, P : 3상 전력[W]
V_l : 선간전압[V]
I_l : 선전류[A]
$\cos\theta$: 역률
ω : 각속도[rad/s]
τ : 토크[kg · m]

(2) **Y결선, △결선의 선전류**

$$I_l \propto \tau$$

$$I_Y = -\frac{V}{\sqrt{3}R},\quad I_\triangle = \frac{\sqrt{3}\,V}{R}$$

여기서, I_Y : Y결선의 선전류[A]
V : 선간전압[V]
R : 저항[Ω]
$I_\triangle$: △결선의 선전류[A]

$$\frac{I_Y}{I_\triangle} = \frac{\frac{\cancel{V}}{\sqrt{3}\cancel{R}}}{\frac{\sqrt{3}\cancel{V}}{\cancel{R}}} = \frac{1}{3}$$

• 선전류(I_l)와 토크(τ)에 비례하므로 △결선에서 Y 결선으로 바꾸면 기동토크는 $\frac{1}{3}$로 감소한다.

답 ②

☆☆☆
25 유도전동기의 슬립이 5.6%이고 회전자속도가 1700rpm일 때, 이 유도전동기의 동기속도는 약 몇 rpm인가?

23.03.문25 22.03.문34 21.05.문26 18.03.문29

① 1000　② 1200
③ 1500　④ 1800

해설
• 회전자속도=회전속도

(1) **기호**
• N : 1700rpm
• s : 5.6%=0.056
• N_s : ?

(2) **동기속도** …… ㉠

$$N_s = \frac{120f}{P}$$

여기서, N_s : 동기속도[rpm], f : 주파수[Hz]
P : 극수

(3) **회전속도** …… ㉡

$$N = \frac{120f}{P}(1-s)\text{[rpm]}$$

여기서, N : 회전속도[rpm], P : 극수
f : 주파수[Hz], s : 슬립

㉠식을 ㉡식에 대입하면

$$N = N_s(1-s)$$

동기속도 N_s는

$$N_s = \frac{N}{(1-s)} = \frac{1700}{(1-0.056)} \fallingdotseq 1800\text{rpm}$$

답 ④

☆☆☆
26 100V의 전압계가 있다. 이 전압계를 써서 300V의 전압을 측정하려면 배율기의 저항은 몇 Ω이어야 하는가? (단, 전압계의 내부저항은 6000Ω이라고 한다.)

23.05.문30 20.06.문22 19.09.문30 17.03.문21

① 6000　② 8000
③ 10000　④ 12000

해설 (1) **기호**
• V : 100V
• V_0 : 300V
• R_m : ?
• R_v : 6000Ω

(2) **배율기**

$$V_0 = V\left(1+\frac{R_m}{R_v}\right)\text{[V]}$$

여기서, V_0 : 측정하고자 하는 전압[V]
V : 전압계의 최대눈금[V]
R_v : 전압계의 내부저항[Ω]
R_m : 배율기 저항[Ω]

$$V_0 = V\left(1+\frac{R_m}{R_v}\right)$$

$$\frac{V_0}{V} = 1+\frac{R_m}{R_v}$$

$$1+\frac{R_m}{R_v} = \frac{V_0}{V}$$

$$\frac{R_m}{R_v} = \frac{V_0}{V}-1$$

$$R_m = \left(\frac{V_0}{V}-1\right)R_v = \left(\frac{300}{100}-1\right)\times 6000 = 12000\Omega$$

비교

분류기

$$I_0 = I\left(1+\frac{R_A}{R_S}\right)\text{[A]}$$

여기서, I_0 : 측정하고자 하는 전류[A]
I : 전류계의 최대눈금[A]
R_A : 전류계 내부저항[Ω]
R_S : 분류기 저항[Ω]

답 ④

☆☆
27 저항 R_1[Ω], 저항 R_2[Ω], 인덕턴스 L[H]의 직렬회로가 있다. 이 회로의 시정수[s]는?

16.03.문33 12.09.문31

① $-\frac{R_1+R_2}{L}$　② $\frac{R_1+R_2}{L}$
③ $-\frac{L}{R_1+R_2}$　④ $\frac{L}{R_1+R_2}$

해설 **시정수**

(1)  : $\tau = \frac{L}{R}$[s]

(2) 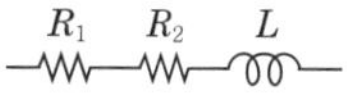 : $\tau = \frac{L}{R_1+R_2}$[s] 보기 ④

비교

RC 직렬회로

$$\tau = RC$$

여기서, τ : 시정수[s]
R : 저항[Ω]
C : 정전용량[F]

용어

시정수(time constant)
과도상태에 대한 변화의 속도를 나타내는 척도가 되는 상수

답 ④

★★★
28 계전기 접점의 불꽃을 소거할 목적으로 사용하는 것은?

21.05.문35 20.06.문38 19.03.문35 18.09.문31 16.10.문30 15.05.문38 14.09.문40 14.05.문24 14.03.문27 12.03.문34 11.06.문37 00.10.문25

① 터널다이오드
② 버랙터다이오드
③ 바리스터
④ 서미스터

해설 **반도체소자**

명 칭	심 벌
제너다이오드(zener diode) ① 주로 정전압 전원회로에 사용된다. ② **전원전압**을 **일정**하게 **유지**한다.	
서미스터(thermistor) : 부온도특성을 가진 저항기의 일종으로서 주로 **온**도보정용(온도보상용)으로 쓰인다. 보기 ④ 기억법 **서온(서운해)**	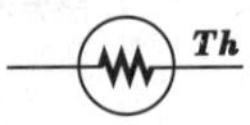
SCR(Silicon Controlled Rectifier) : 단방향 대전류 스위칭소자로서 제어를 할 수 있는 정류소자이다.	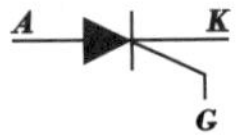
바리스터(varistor) 보기 ③ ① 주로 **서**지전압에 대한 회로보호용(과도전압에 대한 회로보호) ② **계**전기접점의 불꽃제거 기억법 **바리서계**	
UJT(Unijunction Transistor, **단일접합 트랜지스터**) : 증폭기로는 사용이 불가능하며 톱니파나 펄스발생기로 작용하며 SCR의 트리거소자로 쓰인다.	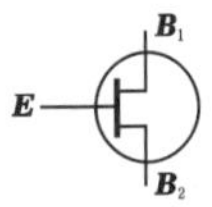
가변용량 다이오드(버랙터다이오드) 보기 ② ① **가변용량** 특성을 FM 변조 AFC 동조에 이용 ② 제너현상을 이용한 다이오드	
터널다이오드 : 음저항 특성을 **마이크로파 발진**에 이용 보기 ①	
쇼트키다이오드 : N형 반도체와 금속을 접합하여 금속부분이 반도체와 같은 기능을 하도록 만들어진 다이오드	

답 ③

★★★
29 각 상의 임피던스가 $Z = 6 + j8\,\Omega$인 △결선의 평형 3상 부하에 선간전압이 220V인 대칭 3상 전압을 가했을 때 이 부하로 흐르는 선전류의 크기는 약 몇 A인가?

21.09.문35 16.10.문21 12.05.문21 03.05.문34

① 13　② 22
③ 38　④ 66

해설 (1) 기호

- Z : $6+j8\,\Omega$
- V_L : 220V
- I_L : ?

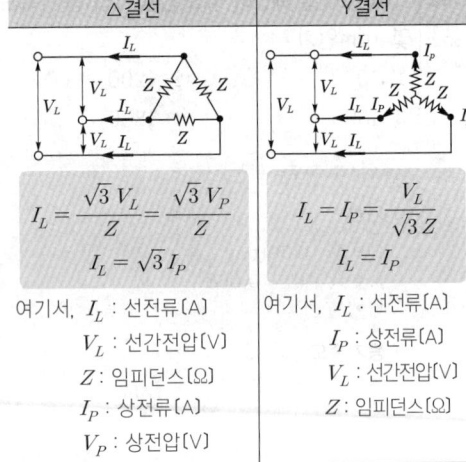

(2) △결선 vs Y결선

△결선	Y결선
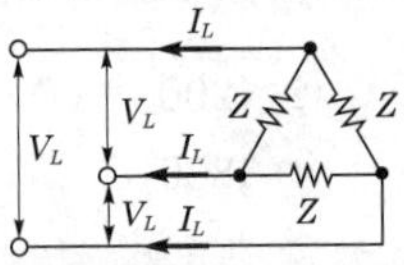	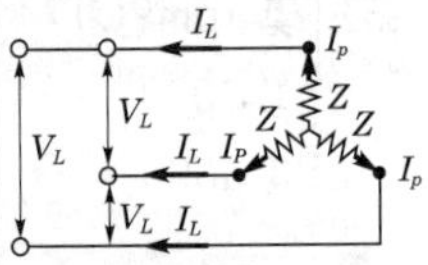
$I_L = \frac{\sqrt{3}\,V_L}{Z} = \frac{\sqrt{3}\,V_P}{Z}$ $I_L = \sqrt{3}\,I_P$	$I_L = I_P = \frac{V_L}{\sqrt{3}\,Z}$ $I_L = I_P$
여기서, I_L : 선전류[A] V_L : 선간전압[V] Z : 임피던스[Ω] I_P : 상전류[A] V_P : 상전압[V]	여기서, I_L : 선전류[A] I_P : 상전류[A] V_L : 선간전압[V] Z : 임피던스[Ω]

△결선 선전류 I_L는

$$I_L = \frac{\sqrt{3}\,V_L}{Z} = \frac{\sqrt{3}\times 220}{6+j8} = \frac{\sqrt{3}\times 220}{\sqrt{6^2+8^2}} \fallingdotseq 38\text{A}$$

답 ③

★★★
30 그림과 같은 시퀀스회로의 논리식은?

24.03.문25 23.09.문27 22.09.문36 21.09.문22

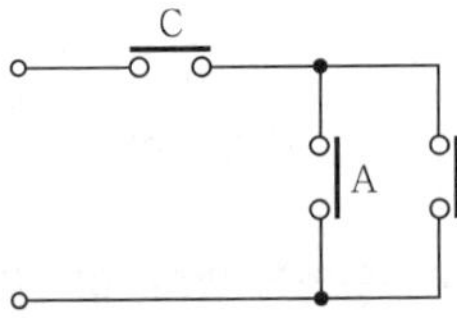

① A+B−C　② (A+B)·C
③ A·B·C　④ A·B+C

해설 시퀀스회로에서 직렬은 (·), 병렬은 (+)로 나타내므로 논리식은 (A+B)·C이다.

중요

시퀀스회로와 **논리회로**

명 칭	시퀀스회로	논리식
AND회로 (직렬회로)	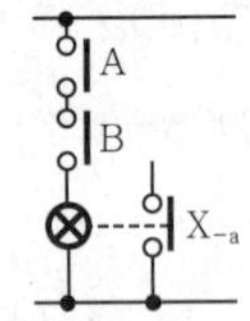	X=A·B

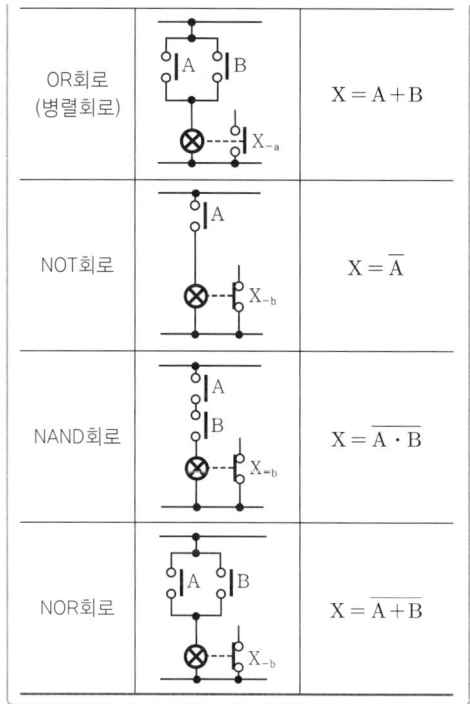

OR회로 (병렬회로)	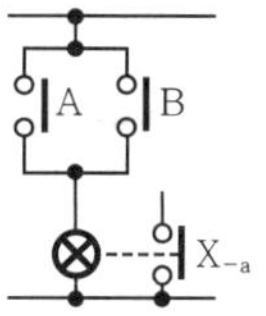	$X = A + B$
NOT회로	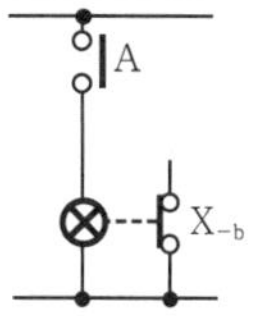	$X = \overline{A}$
NAND회로	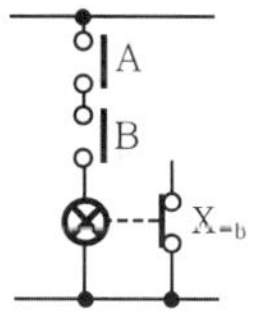	$X = \overline{A \cdot B}$
NOR회로	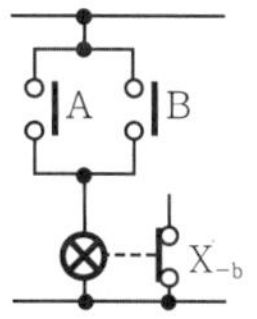	$X = \overline{A + B}$

답 ②

★★
31 테브난의 정리를 이용하여 그림 (a)의 회로를 그림 (b)와 같은 등가회로로 만들고자 할 때 V_{th}[V]와 R_{th}[Ω]은?

22.04.문33
21.03.문25

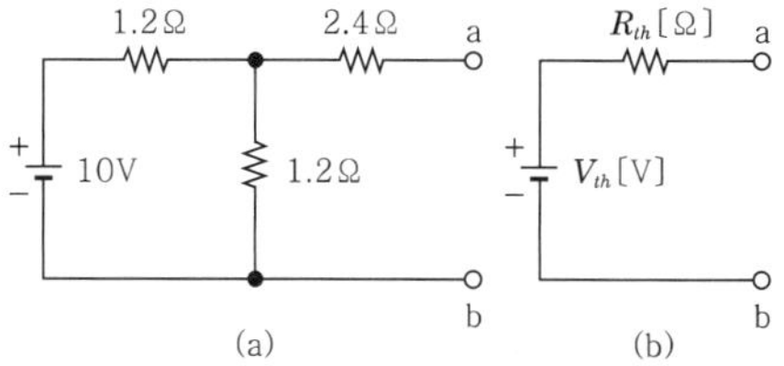

① 5V, 2Ω　　② 5V, 3Ω
③ 6V, 2Ω　　④ 6V, 3Ω

해설 **테브난**의 **정리**에 의해 2.4Ω에는 전압이 가해지지 않으므로

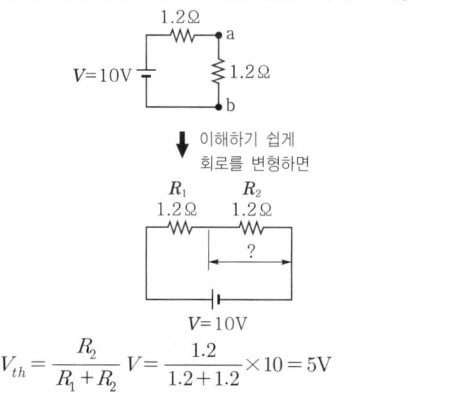

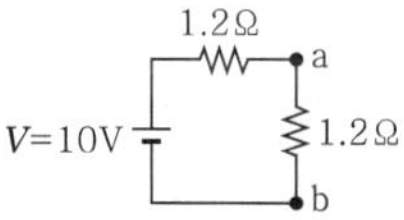

이해하기 쉽게
회로를 변형하면

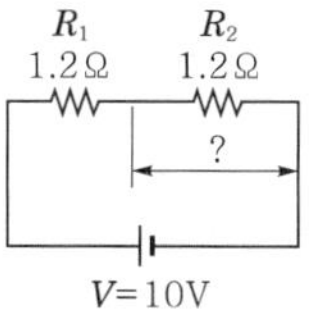

$$V_{th} = \frac{R_2}{R_1 + R_2} V = \frac{1.2}{1.2 + 1.2} \times 10 = 5\text{V}$$

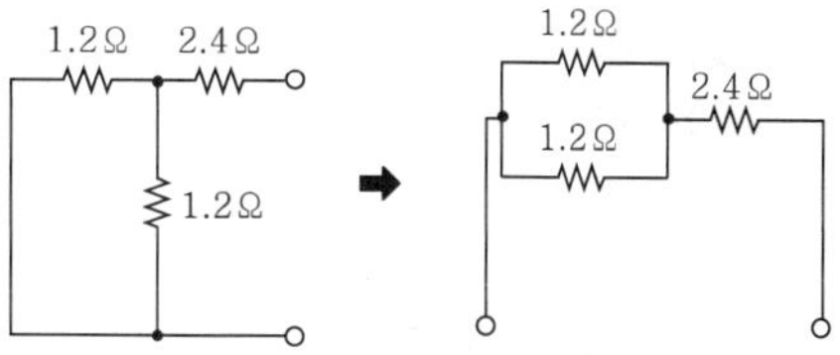

전압원을 **단락**하고 회로망에서 본 저항 R_{th}은

$$R_{th} = \frac{1.2 \times 1.2}{1.2 + 1.2} + 2.4 = 3\Omega$$

용어

테브난의 **정리**(테브낭의 정리)
2개의 독립된 회로망을 접속하였을 때의 전압 · 전류 및 임피던스의 관계를 나타내는 정리

답 ②

★★★
32 그림과 같이 전압계 V_1, V_2, V_3와 5Ω의 저항 R을 접속하였다. 전압계의 지시가 V_1 = 20V, V_2 = 40V, V_3 = 50V라면 부하전력은 몇 W인가?

18.03.문27
15.09.문32
08.09.문39
07.05.문39

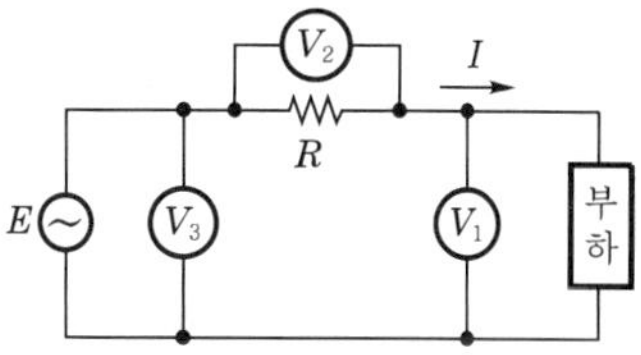

① 50　　② 100
③ 150　　④ 200

해설 (1) **기호**

- V_1 : 20V
- V_2 : 40V
- V_3 : 50V
- R : 5Ω
- P : ?

(2) **3전압계법**

$$P = \frac{1}{2R}(V_3^{\ 2} - V_1^{\ 2} - V_2^{\ 2})$$

여기서, P : 유효전력(소비전력)[W]
R : 저항[Ω]
V_1, V_2, V_3 : 전압계의 지시값[V]

유효전력 P는

$$P = \frac{1}{2R}(V_3^{\ 2} - V_1^{\ 2} - V_2^{\ 2})$$
$$= \frac{1}{2 \times 5} \times (50^2 - 20^2 - 40^2)$$
$$= 50\text{W}$$

비교

3전류계법

$$P=\frac{R}{2}(I_3^{\ 2}-I_1^{\ 2}-I_2^{\ 2})\text{[W]}$$

여기서, P : 유효전력[W]
R : 저항[Ω]
I_1, I_2, I_3 : 전류계의 지시값[A]

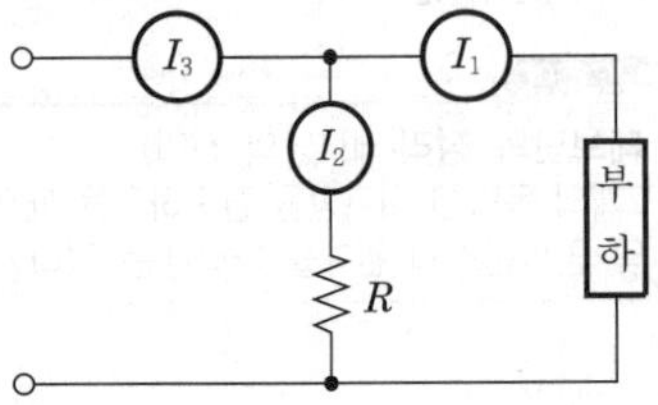

답 ①

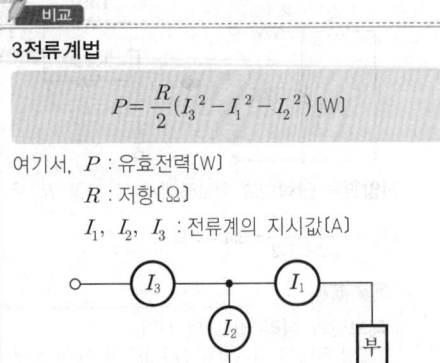

★
33 그림과 같은 회로에서 전압계 ⓥ가 10V일 때 단자 A－B 간의 전압은 몇 V인가?

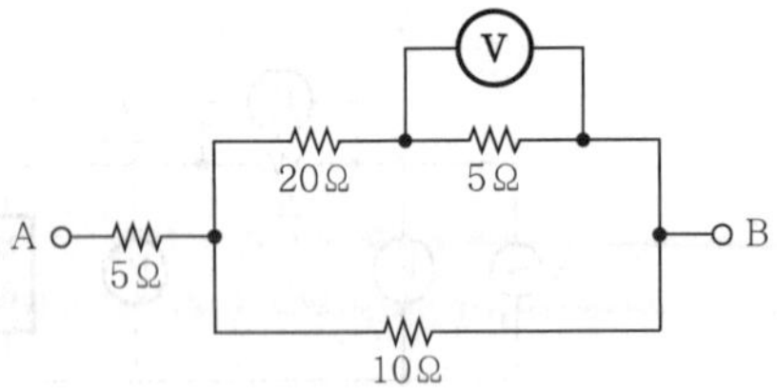

① 50　　② 85
③ 100　　④ 135

해설 문제 조건에 의해 회로를 일부 수정하면 다음과 같다.

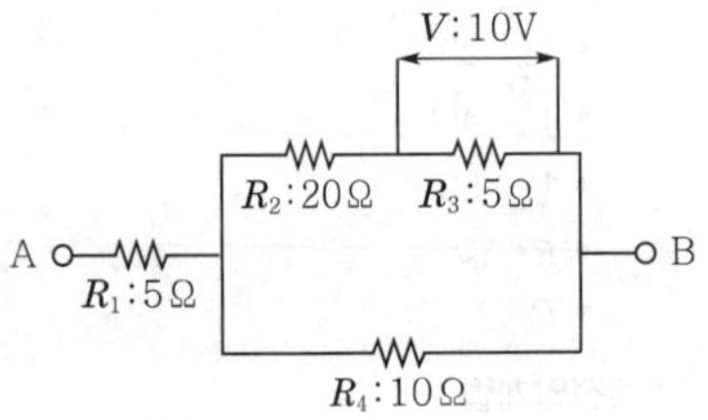

(1) **전류**

$$I=\frac{V}{R}$$

여기서, I : 전류[A]
V : 전압[V]
R : 저항[Ω]

전류 I_3는

$$I_3=\frac{V}{R_3}=\frac{10}{5}=2\text{A}$$

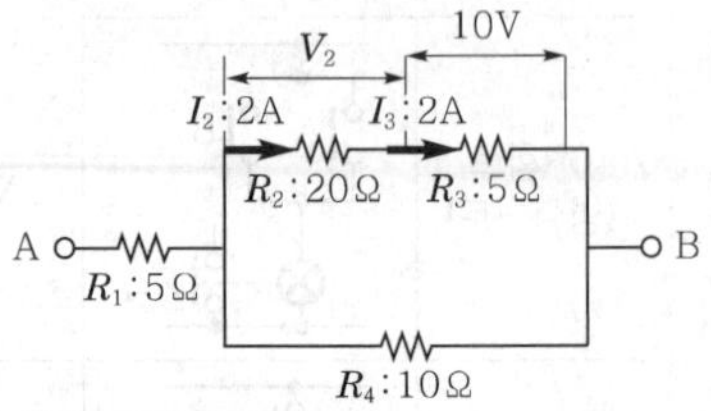

같은 선에 전류가 흐르므로

$$I_2=I_3$$

전압 V_2는

$V_2=I_2R_2=2\times20=40\text{V}$

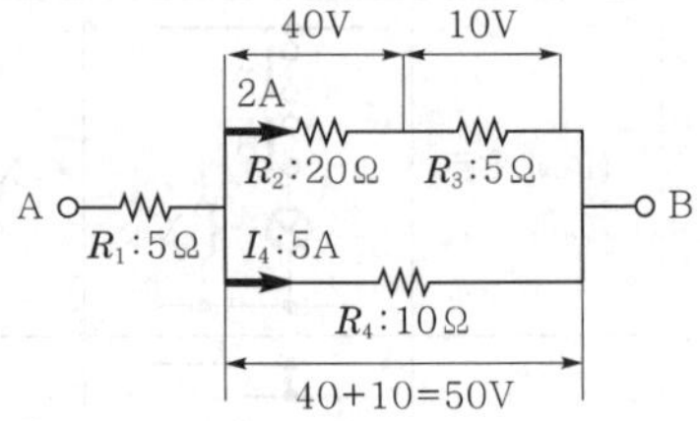

전류 I_4는

$$I_4=\frac{V}{R_4}=\frac{50}{10}=5\text{A}$$

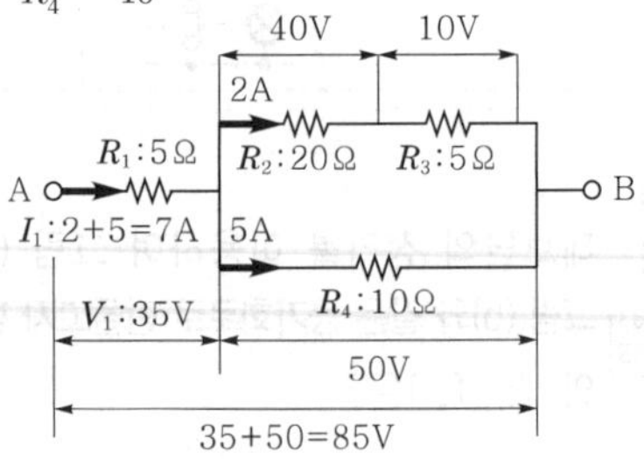

전압 V_1은

$V_1=I_1R_1=7\times5=35\text{V}$

단자 A－B 간 전압 $V=35+50=85\text{V}$

답 ②

★★★
34 그림의 블록선도와 같이 표현되는 제어시스템의 전달함수 $G(s)$는?

19.09.문22
17.09.문27
16.03.문25
09.05.문32
08.03.문39

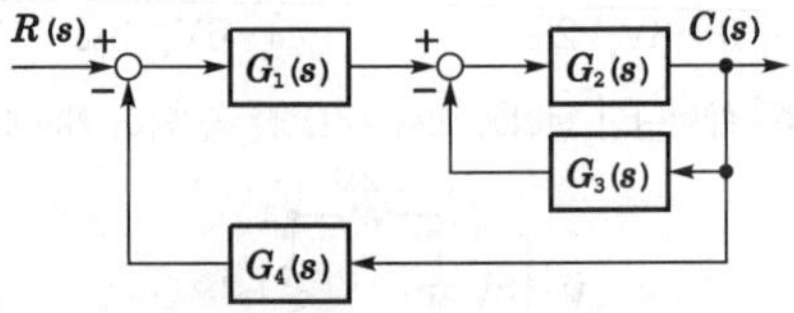

① $\dfrac{G_1(s)G_2(s)}{1+G_2(s)G_3(s)+G_1(s)G_2(s)G_4(s)}$

② $\dfrac{G_3(s)G_4(s)}{1+G_2(s)G_3(s)+G_1(s)G_2(s)G_4(s)}$

③ $\dfrac{G_1(s)G_2(s)}{1+G_1(s)G_2(s)+G_1(s)G_2(s)G_3(s)}$

④ $\dfrac{G_3(s)G_4(s)}{1+G_1(s)G_2(s)+G_1(s)G_2(s)G_3(s)}$

해설

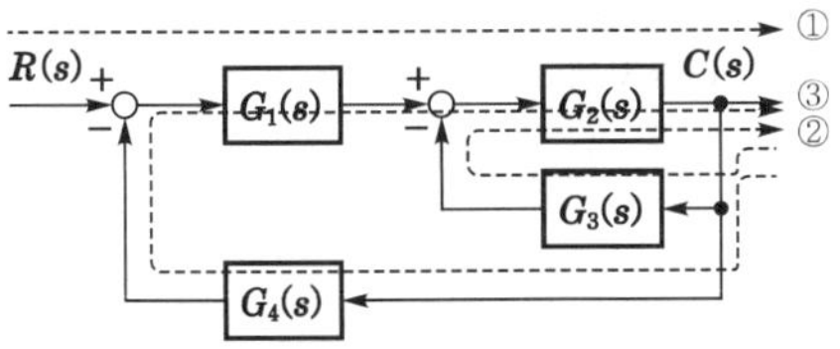

$C = R(s)G_1(s)G_2(s) - CG_1(s)G_2(s)G_4(s)$
$\quad - CG_2(s)G_3(s)$

계산편의를 위해 잠시 (s)를 생략하고 계산하면

$C = RG_1G_2 - CG_1G_2G_4 - CG_2G_3$

$C + CG_1G_2G_4 + CG_2G_3 = RG_1G_2$

$C(1 + G_1G_2G_4 + G_2G_3) = RG_1G_2$

$\frac{C}{R} = \frac{G_1G_2}{1 + G_1G_2G_4 + G_2G_3}$

$G = \frac{C}{R} = \frac{G_1G_2}{1 + G_2G_3 + G_1G_2G_4}$

$G(s) = \frac{C(s)}{R(s)} = \frac{G_1(s)G_2(s)}{1 + G_2(s)G_3(s) + G_1(s)G_2(s)G_4(s)}$

용어

전달함수
모든 초기값을 **0**으로 하였을 때 출력신호의 라플라스 변환과 입력신호의 라플라스변환의 **비**

답 ①

35 그림과 같은 브리지회로의 평형 조건은?

16.03.문24
13.06.문23

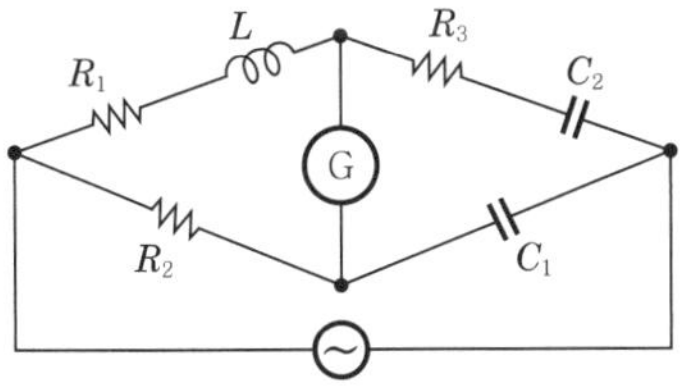

① $R_1C_1 = R_2C_2,\ R_2R_3 = C_1L$
② $R_1C_1 = R_2C_2,\ R_2R_3C_1 = L$
③ $R_1C_2 = R_2C_1,\ R_2R_3 = C_1L$
④ $R_1C_2 = R_2C_1,\ L = R_2R_3C_1$

해설 **교류브리지 평형 조건**

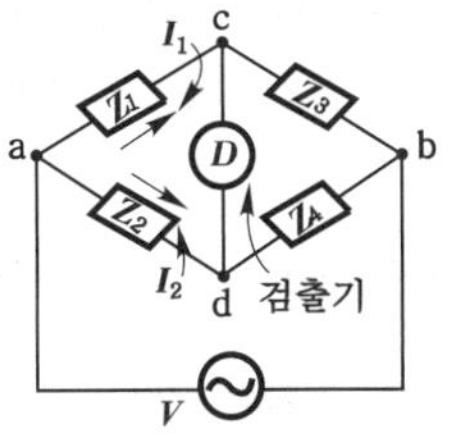

$I_1Z_1 = I_2Z_2,\ I_1Z_3 = I_2Z_4 \quad \therefore Z_1Z_4 = Z_2Z_3$

$Z_1 = R_1 + j\omega L$

$Z_2 = R_2$

$Z_3 = R_3 + \frac{1}{j\omega C_2} = \frac{j\omega C_2R_3}{j\omega C_2} + \frac{1}{j\omega C_2} = \frac{j\omega C_2R_3 + 1}{j\omega C_2}$

$Z_4 = \frac{1}{j\omega C_1}$

$Z_1Z_4 = Z_2Z_3$

$(R_1 + j\omega L) \times \frac{1}{j\omega C_1} = R_2 \times \frac{j\omega C_2R_3 + 1}{j\omega C_2}$

$\frac{R_1 + j\omega L}{j\omega C_1} = R_2 \times \frac{j\omega C_2R_3 + 1}{j\omega C_2}$

$\frac{R_1 + j\omega L}{j\omega C_1} = \frac{j\omega C_2R_2R_3 + R_2}{j\omega C_2}$

$\frac{R_1 + j\omega L}{j\omega C_1} = \frac{R_2 + j\omega C_2R_2R_3}{j\omega C_2}$

$L = C_2R_2R_3,\ C_1 = C_2,\ R_1 = R_2$

$L = C_2R_2R_3 = R_2R_3C_2$

$C_1 = C_2$ 이므로

$\therefore L = R_2R_3C_1$

$R_2R_3C_2 = R_2R_3C_1$

$R_1 = R_2$ 이므로

$R_1\cancel{R_3}C_2 = R_2\cancel{R_3}C_1$

$\therefore R_1C_2 = R_2C_1$

답 ④

36 어떤 측정계기의 지시값을 M, 참값을 T라 할 때 보정률은?

24.07.문31
21.03.문40
16.10.문29
16.03.문31
15.09.문36

① $\frac{T-M}{M} \times 100\%$ ② $\frac{M}{M-T} \times 100\%$
③ $\frac{T-M}{T} \times 100\%$ ④ $\frac{T}{M-T} \times 100\%$

해설 **전기계기의 오차**

오차율	보정률
오차율 $= \frac{M-T}{T} \times 100\%$ 기억법 오MTT	보정률 $= \frac{T-M}{M} \times 100\%$ 보기 ① 기억법 보TMM

여기서, T : 참값
M : 측정값(지시값)

답 ①

37 전자유도현상에서 코일에 생기는 유도기전력의 방향을 정의한 법칙은?

18.09.문29
12.03.문29
11.10.문29
00.07.문28

① 플레밍의 오른손법칙
② 플레밍의 왼손법칙
③ 렌츠의 법칙
④ 패러데이의 법칙

해설 **여러 가지 법칙**

법 칙	설 명
플레밍의 오른손법칙	도체운동에 의한 유도기전력의 방향 결정 기억법 방유도오(방에 우유를 도로 갖다 놓게!)
플레밍의 왼손법칙	전자력의 방향 결정 기억법 왼전(왠 전쟁이냐?)
렌츠의 법칙 (렌쯔의 법칙) 보기 ③	자속변화에 의한 유도기전력의 방향 결정 기억법 렌유방(오렌지가 유일한 방법이다.)
패러데이의 전자유도법칙 (페러데이의 법칙)	① 자속변화에 의한 유기기전력의 크기 결정 ② 전자유도현상에 의하여 생기는 유도기전력의 크기를 정의하는 법칙 기억법 패유크(폐유를 버리면 큰일난다.)
앙페르의 오른나사법칙 (앙페에르의 법칙)	전류에 의한 자기장의 방향 결정 기억법 앙전자(양전자)
비오-사바르의 법칙	전류에 의해 발생되는 자기장의 크기 결정 기억법 비전자(비전공자)

• 유도기전력 = 유기기전력

답 ③

★★★

38 길이 1cm마다 감은 권선수가 50회인 무한장 솔레노이드에 500mA의 전류를 흘릴 때 솔레노이드 내부에서의 자계의 세기는 몇 AT/m인가?

21.05.문39
18.04.문40
16.03.문22

① 2500 ② 1250
③ 12500 ④ 25000

해설 (1) **기호**

- n : 1cm당 50회
  1cm당 권수 50회이므로
  1m=100cm당 권수는
  1cm : 100cm=50회 : n
  n=100×50
- I : 500mA=0.5A(1000mA=1A)
- H_i : ?

(2) **무한장 솔레노이드**

㉠ **내부자계**

$$H_i = nI \text{[AT/m]}$$

여기서, H_i : 내부자계의 세기[AT/m]
n : 단위길이당 권수(1m당 권수)
I : 전류[A]

㉡ **외부자계**

$$H_e = 0$$

여기서, H_e : 외부자계의 세기[AT/m]

내부자계이므로
무한장 솔레노이드 내부의 **자계**
$H_i = nI = (100\times50)\times0.5 = 2500\text{AT/m}$

답 ①

★★★

39 간선의 굵기를 결정하는 데 고려하지 않아도 되는 것은?

15.03.문30
04.09.문23

① 허용전류
② 전압강하
③ 전선관의 굵기
④ 기계적 강도

해설 **전선**의 **굵기**를 **결정**하는 **요소**

(1) **허**용전류 보기 ① ┐
(2) **전**압강하 보기 ② ├ 3요소
(3) **기**계적 강도 보기 ④ ┘
(4) 역률
(5) 수용률
(6) 부하용량

기억법 **허전기**

답 ③

★★★

40 개루프 제어와 비교하여 폐루프 제어에서 반드시 필요한 장치는?

17.03.문35
16.05.문21
15.05.문22
11.06.문24

① 안정도를 좋게 하는 장치
② 제어대상을 조작하는 장치
③ 동작신호를 조절하는 장치
④ 기준입력신호와 주궤환신호를 비교하는 장치

해설 **피드백제어**(feedback control=**폐루프제어**)

(1) 출력신호를 입력신호로 되돌려서 **입력**과 **출력**을 **비교**함으로써 **정확한 제어**가 가능하도록 한 제어
(2) 기준입력신호와 주궤환신호를 비교하는 장치가 있는 제어 보기 ④

중요

피드백제어의 **특징**
(1) **정확도**(정확성)가 **증가**한다.
(2) **대역폭**이 **크다**(**대역폭**이 **증가**한다).
(3) 계의 특성 변화에 대한 입력 대 출력비의 감도가 감소한다.
(4) 구조가 **복잡**하고 설치비용이 고가이다.
(5) 폐회로로 구성되어 있다.
(6) 입력과 출력을 비교하는 장치가 있다.
(7) 오차를 **자동정정**한다.
(8) **발진**을 일으키고 **불안정한 상태**로 되어가는 경향성이 있다.
(9) 비선형과 왜형에 대한 효과가 **감소**한다.

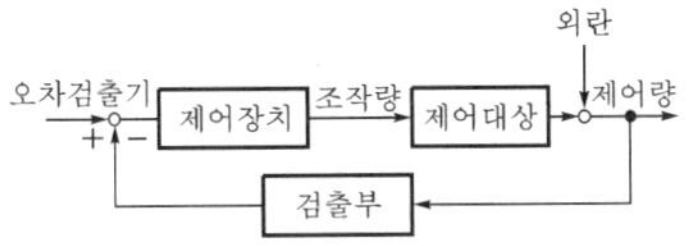

▮ 피드백제어 ▮

답 ④

제 3 과목 소방관계법규

★★★
41 화재의 예방 및 안전관리에 관한 법령상 시·도지사는 화재가 발생할 우려가 높거나 화재가 발생하는 경우 그로 인하여 피해가 클 것으로 예상되는 지역을 화재예방강화지구로 지정할 수 있는데 다음 중 지정대상지역에 대한 기준으로 틀린 것은? (단, 소방청장·소방본부장 또는 소방서장이 화재예방강화지구로 지정할 필요가 있다고 별도로 인정하는 지역은 제외한다.)

23.03.문47
22.03.문44
20.09.문55
19.09.문50
17.09.문49
16.05.문53
13.09.문56

① 소방용수시설이 없는 지역
② 시장지역
③ 목조건물이 밀집한 지역
④ 섬유공장이 분산되어 있는 지역

해설
④ 분산되어 있는 → 밀집한

화재예방법 18조
화재예방강화지구의 지정
(1) **지정권자** : 시·도지사
(2) **지정지역**
㉠ **시장**지역 보기 ②
㉡ **공장**·**창고** 등이 밀집한 지역 보기 ④
㉢ **목조건물**이 밀집한 지역 보기 ③
㉣ **노후**·**불량** 건축물이 밀집한 지역
㉤ **위험물**의 **저장** 및 **처리시설**이 **밀집**한 지역
㉥ **석유화학제품**을 생산하는 공장이 있는 지역
㉦ **소방시설**·**소방용수시설** 또는 **소방출동로**가 **없는** 지역 보기 ①
㉧ 「**산업입지 및 개발에 관한 법률**」에 따른 산업단지
㉨ 「물류시설의 개발 및 운영에 관한 법률」에 따른 **물류단지**
㉩ **소방청장**·**소방본부장**·**소방서장**(소방관서장)이 화재예방강화지구로 지정할 필요가 있다고 인정하는 지역

※ **화재예방강화지구** : 화재발생 우려가 크거나 화재가 발생할 경우 피해가 클 것으로 예상되는 지역에 대하여 화재의 예방 및 안전관리를 강화하기 위해 지정·관리하는 지역

비교

기본법 19조
화재로 오인할 만한 불을 피우거나 연막소독시 신고지역
(1) **시장**지역
(2) **공장**·**창고**가 밀집한 지역
(3) **목조건물**이 밀집한 지역
(4) **위험물**의 **저장** 및 **처리시설**이 **밀집**한 지역
(5) **석유화학제품**을 생산하는 공장이 있는 지역
(6) 그 밖에 **시**·**도**의 **조례**로 정하는 지역 또는 장소

답 ④

★★★
42 소방시설공사업법령상 하자를 보수하여야 하는 소방시설과 소방시설별 하자보수 보증기간으로 옳은 것은?

16.10.문56
15.05.문59
15.03.문52
12.05.문59

① 유도등 : 1년
② 자동소화장치 : 3년
③ 자동화재탐지설비 : 2년
④ 소화용수설비 : 2년

해설
① 2년
③, ④ 3년

공사업령 6조
소방시설공사의 하자보수 보증기간

보증기간	소방시설
2년	① **유**도등·**피**난기구 보기 ① ② **비**상**조**명등·비상**경**보설비·비상**방**송설비 ③ **무**선통신보조설비
3년	① 자동소화장치 보기 ② ② 옥내·외소화전설비 ③ 스프링클러설비 ④ 물분무등소화설비·소화용수설비 보기 ④ ⑤ 자동화재탐지설비·소화활동설비(무선통신보조설비 제외) 보기 ③ ⑥ 화재알림설비

기억법 유비 조경방무피2

답 ②

★★★
43 화재의 예방 및 안전관리에 관한 법령상 특수가연물의 저장기준 중 ㉠, ㉡, ㉢에 알맞은 것은? (단, 석탄·목탄류를 발전용으로 저장하는 경우는 제외한다.)

24.07.문46 22.04.문49 21.05.문45 19.03.문55 18.03.문60

> 쌓는 높이는 10m 이하가 되도록 하고, 쌓는 부분의 바닥면적은 (㉠)m^2 이하가 되도록 할 것. 다만, 살수설비를 설치하거나, 방사능력 범위에 해당 특수가연물이 포함되도록 대형 수동식 소화기를 설치하는 경우에는 쌓는 높이를 (㉡)m 이하, 쌓는 부분의 바닥면적을 (㉢)m^2 이하로 할 수 있다.

① ㉠ 200, ㉡ 20, ㉢ 400
② ㉠ 200, ㉡ 15, ㉢ 300
③ ㉠ 50, ㉡ 20, ㉢ 100
④ ㉠ 50, ㉡ 15, ㉢ 200

해설 **화재예방법 시행령 〔별표 3〕**
특수가연물의 저장 및 취급의 기준
(1) 특수가연물을 저장 또는 취급하는 장소에는 품명, 최대저장수량, 단위부피당 질량 또는 단위체적당 질량, 관리책임자 성명·직책·연락처 및 화기취급의 금지표지가 포함된 특수가연물 표지를 설치할 것
(2) 쌓아 저장하는 기준(단, 석탄·목탄류를 발전용으로 저장하는 것 제외)
㉠ 품명별로 구분하여 쌓을 것
㉡ 쌓는 높이는 **10m** 이하가 되도록 하고, 쌓는 부분의 바닥면적은 **50m^2**(석탄·목탄류는 **200m^2**) 이하가 되도록 할 것(단, 살수설비를 설치하거나, 방사능력 범위에 해당 특수가연물이 포함되도록 대형 수동식 소화기를 설치하는 경우에는 쌓는 높이를 **15m** 이하, 쌓는 부분의 바닥면적을 **200m^2**(석탄·목탄류는 **300m^2**) 이하로 할 수 있다) 보기 ④
㉢ 쌓는 부분 바닥면적의 사이는 실내의 경우 **1.2m** 또는 쌓는 높이의 $\frac{1}{2}$ 중 **큰 값** 이상으로 간격을 두어야 하며, **실외**의 경우 **3m** 또는 쌓는 높이 중 큰 값 이상으로 간격을 둘 것

답 ④

★★★
44 위험물안전관리법령에 따른 정기점검의 대상인 제조소 등의 기준 중 틀린 것은?

18.09.문53 17.09.문51 16.10.문45 10.03.문52

① 암반탱크저장소
② 지하탱크저장소
③ 이동탱크저장소
④ 지정수량의 150배 이상의 위험물을 저장하는 옥외탱크저장소

해설 ④ 150배 → 200배

위험물령 15·16조
정기점검의 대상인 제조소 등
(1) 예방규정을 정하여야 할 제조소 등
㉠ **10배** 이상의 **제조소·일반취급소**
㉡ **100배** 이상의 **옥외저장소**
㉢ **150배** 이상의 **옥내저장소**
㉣ **200배** 이상의 **옥외탱크저장소** 보기 ④
㉤ **이송취급소**
㉥ **암반탱크저장소** 보기 ①

기억법 0 제일
0 외
5 내
2 탱

(2) **지하탱크**저장소 보기 ②
(3) **이동탱크**저장소 보기 ③
(4) 위험물을 취급하는 탱크로서 지하에 매설된 탱크가 있는 **제조소·주유취급소** 또는 **일반취급소**

기억법 정 지이

답 ④

★★★
45 소방기본법령에 따른 소방용수시설의 설치기준상 소방용수시설을 주거지역·상업지역 및 공업지역에 설치하는 경우 소방대상물과의 수평거리를 몇 m 이하가 되도록 해야 하는가?

22.09.문45 20.06.문46 17.09.문56 10.05.문41

① 280 ② 100
③ 140 ④ 200

해설 **기본규칙 〔별표 3〕**
소방용수시설의 설치기준

거리기준	지 역
수평거리 **100m** 이하 보기 ②	• **공**업지역 • **상**업지역 • **주**거지역 기억법 주상공100(**주상공** **백**지에 사인을 하시오.)
수평거리 **140m** 이하	• 기타지역

답 ②

★
46 화재의 예방 및 안전관리에 관한 법령상 소방대상물의 개수·이전·제거, 사용의 금지 또는 제한, 사용폐쇄, 공사의 정지 또는 중지, 그 밖의 필요한 조치로 인하여 손실을 받은 자가 손실보상청구서에 첨부하여야 하는 서류로 틀린 것은?

19.09.문60

① 손실보상합의서
② 손실을 증명할 수 있는 사진
③ 손실을 증명할 수 있는 증빙자료
④ 소방대상물의 관계인임을 증명할 수 있는 서류(건축물대장은 제외)

해설 ① 해당없음

화재예방법 시행규칙 6조

손실보상 청구자가 제출하여야 하는 서류

(1) 소방대상물의 **관계인**임을 증명할 수 있는 서류(건축물대장 제외) 보기 ④

(2) 손실을 증명할 수 있는 **사진**, 그 밖의 **증빙자료** 보기 ②③

기억법 사증관손(사정관의 손)

답 ①

47 ★★★ 24.07.문51 22.04.문54 16.10.문58

소방시설공사업법령상 전문 소방시설공사업의 등록기준 및 영업범위의 기준에 대한 설명으로 틀린 것은?

① 법인인 경우 자본금은 최소 1억원 이상이다.

② 개인인 경우 자산평가액은 최소 1억원 이상이다.

③ 주된 기술인력 최소 1명 이상, 보조기술인력 최소 3명 이상을 둔다.

④ 영업범위는 특정소방대상물에 설치되는 기계분야 및 전기분야 소방시설의 공사·개설·이전 및 정비이다.

해설 ③ 3명 이상 → 2명 이상

공사업령 〔별표 1〕

소방시설공사업

종 류	기술인력	자본금	영업범위
전문	• 주된 기술인력 : **1명** 이상 • 보조기술인력 : **2명** 이상 보기 ③	• 법인 : **1억원** 이상 • 개인 : **1억원** 이상	• 특정소방대상물
일반	• 주된 기술인력 : **1명** 이상 • 보조기술인력 : **1명** 이상	• 법인 : **1억원** 이상 • 개인 : **1억원** 이상	• 연면적 10000m^2 미만 • **위험물제조소** 등

답 ③

48 ★★ 23.03.문46 20.06.문54

소방시설공사업법령상 소방공사감리를 실시함에 있어 용도와 구조에서 특별히 안전성과 보안성이 요구되는 소방대상물로서 소방시설물에 대한 감리를 감리업자가 아닌 자가 감리할 수 있는 장소는?

① 정보기관의 청사

② 교도소 등 교정관련시설

③ 국방 관계시설 설치장소

④ 원자력안전법상 관계시설이 설치되는 장소

해설 (1) **공사업법 시행령 8조**

감리업자가 아닌 자가 감리할 수 있는 보안성 등이 요구되는 소방대상물의 시공장소 「**원자력안전법**」 제2조 제10호에 따른 **관계시설**이 설치되는 장소 보기 ④

(2) **원자력안전법 2조 10호**

"**관계시설**"이란 **원자로**의 **안전**에 **관계**되는 **시설**로서 **대통령령**으로 정하는 것을 말한다.

답 ④

49 ★★★ 22.04.문56 21.03.문44 12.03.문48

다음 중 소방신호의 종류가 아닌 것은?

① 경계신호

② 발화신호

③ 경보신호

④ 훈련신호

해설 **기본규칙 10조**

소방신호의 종류

소방신호	설 명
경계신호 보기 ①	화재예방상 필요하다고 인정되거나 화재위험경보시 발령
발화신호 보기 ②	화재가 발생한 때 발령
해제신호	소화활동이 필요없다고 인정되는 때 발령
훈련신호 보기 ④	훈련상 필요하다고 인정되는 때 발령

중요

기본규칙 〔별표 4〕

소방신호표

종 별 \ 신호방법	타종신호	사이렌 신호
경계신호	**1타**와 연 **2타**를 반복	**5초** 간격을 두고 **30초**씩 **3회**
발화신호	**난타**	**5초** 간격을 두고 **5초**씩 **3회**
해제신호	상당한 간격을 두고 **1타**씩 반복	**1분**간 **1회**
훈련신호	**연 3타** 반복	**10초** 간격을 두고 **1분**씩 **3회**

기억법

	타	사
경계	1+2	5+30=3
발	난	5+5=3
해	1	1=1
훈	3	10+1=3

답 ③

★★★
50 소방기본법령상 이웃하는 다른 시·도지사와 소방업무에 관하여 시·도지사가 체결할 상호응원 협정 사항이 아닌 것은?

24.07.문42
19.04.문47
15.05.문55

① 화재조사활동
② 응원출동의 요청방법
③ 소방교육 및 응원출동훈련
④ 응원출동 대상지역 및 규모

해설
③ 소방교육은 해당없음

기본규칙 8조
소방업무의 상호응원협정
(1) 다음의 **소방활동**에 관한 사항
㉠ 화재의 경계·진압활동
㉡ 구조·구급업무의 지원
㉢ 화재조사활동 보기 ①
(2) **응원출동 대상지역** 및 **규모** 보기 ④
(3) **소요경비**의 **부담**에 관한 사항
㉠ 출동대원의 수당·식사 및 의복의 수선
㉡ 소방장비 및 기구의 정비와 연료의 보급
(4) **응원출동**의 **요청방법** 보기 ②
(5) **응원출동 훈련** 및 **평가**

기억법 조응(조아?)

답 ③

★★★
51 소방시설 설치 및 관리에 관한 법령상 스프링클러설비를 설치하여야 하는 특정소방대상물의 기준으로 틀린 것은? (단, 위험물 저장 및 처리 시설 중 가스시설 또는 지하구는 제외한다.)

23.09.문41
20.08.문47
19.03.문48
15.03.문56
12.05.문51

① 복합건축물로서 연면적 $3500m^2$ 이상인 경우에는 모든 층
② 창고시설(물류터미널은 제외)로서 바닥면적 합계가 $5000m^2$ 이상인 경우에는 모든 층
③ 숙박이 가능한 수련시설 용도로 사용되는 시설의 바닥면적의 합계가 $600m^2$ 이상인 것은 모든 층
④ 판매시설, 운수시설 및 창고시설(물류터미널에 한정)로서 바닥면적의 합계가 $5000m^2$ 이상이거나 수용인원이 500명 이상인 경우에는 모든 층

해설
① $3500m^2$ → $5000m^2$

소방시설법 시행령 〔별표 4〕
스프링클러설비의 설치대상

설치대상	조 건
① 문화 및 집회시설, 운동시설 ② 종교시설	• 수용인원 : **100명** 이상 • 영화상영관 : 지하층·무창층 **$500m^2$**(기타 **$1000m^2$**) 이상 • 무대부 – 지하층·무창층·**4층** 이상 **$300m^2$** 이상 – 1~3층 **$500m^2$** 이상
③ 판매시설 ④ 운수시설 ⑤ 물류터미널	• 수용인원 : **500명** 이상 • 바닥면적 합계 : **$5000m^2$** 이상 보기 ④
⑥ 노유자시설 ⑦ 정신의료기관 ⑧ 수련시설(숙박 가능한 것) ⑨ 종합병원, 병원, 치과병원, 한방병원 및 요양병원(정신병원 제외) ⑩ 숙박시설	• 바닥면적 합계 **$600m^2$** 이상 보기 ③
⑪ 지하층·무창층·**4층** 이상	• 바닥면적 **$1000m^2$** 이상
⑫ 창고시설(물류터미널 제외)	• 바닥면적 합계 : **$5000m^2$** 이상 : 전층 보기 ②
⑬ **지하상가**	• 연면적 **$1000m^2$** 이상
⑭ **10m** 넘는 랙식 창고	• 연면적 **$1500m^2$** 이상
⑮ 복합건축물 ⑯ 기숙사	• 연면적 **$5000m^2$** 이상 : 전층 보기 ①
⑰ **6층** 이상	• 전층
⑱ 보일러실·연결통로	• 전부
⑲ 특수가연물 저장·취급	• 지정수량 **1000배** 이상
⑳ 발전시설	• 전기저장시설 : 전부

답 ①

★★★
52 소방시설 설치 및 관리에 관한 법령상 제조 또는 가공공정에서 방염처리를 한 물품 중 방염대상물품이 아닌 것은?

22.04.문59
15.09.문09
13.09.문52
13.06.문53
12.09.문46
12.05.문46
12.03.문44

① 카펫
② 전시용 합판
③ 창문에 설치하는 커튼류
④ 두께 2mm 미만인 종이벽지

해설
④ 두께 2mm 미만인 종이벽지 → 두께 2mm 미만인 종이벽지 제외

소방시설법 시행령 31조
방염대상물품

제조 또는 가공 공정에서 방염처리를 한 물품	건축물 내부의 천장이나 벽에 부착하거나 설치하는 것
① 창문에 설치하는 **커튼류**(블라인드 포함) 보기 ③ ② 카펫 보기 ① ③ **벽지류**(두께 2mm 미만인 **종이벽지 제외**) 보기 ④ ④ **전시용 합판 · 목재 또는 섬유판** 보기 ② ⑤ **무대용 합판 · 목재 또는 섬유판** ⑥ **암막 · 무대막**(영화상영관 · 가상체험 체육시설업의 **스크린** 포함) ⑦ 섬유류 또는 합성수지류 등을 원료로 하여 제작된 소파 · 의자(단란주점영업, 유흥주점영업 및 노래연습장업의 영업장에 설치하는 것만 해당)	① 종이류(두께 **2mm 이상**), **합성수지류** 또는 **섬유류**를 주원료로 한 물품 ② **합판**이나 **목재** ③ 공간을 구획하기 위하여 설치하는 **간이칸막이** ④ **흡음재**(흡음용 커튼 포함) 또는 **방음재**(방음용 커튼 포함) ※ 가구류(옷장, 찬장, 식탁, 식탁용 의자, 사무용 책상, 사무용 의자, 계산대)와 너비 10cm 이하인 반자돌림대, 내부 마감재료 제외

답 ④

★★★
53 피난시설, 방화구획 및 방화시설을 폐쇄 · 훼손 · 변경 등의 행위를 3차 이상 위반한 자에 대한 과태료는?

21.09.문52
19.04.문49
18.04.문58
15.09.문57
10.03.문57

① 200만원 ② 300만원
③ 500만원 ④ 1000만원

해설 소방시설법 61조
300만원 이하의 과태료
(1) 소방시설을 **화재안전기준**에 따라 설치 · 관리하지 아니한 자
(2) 피난시설, 방화구획 또는 방화시설의 **폐쇄 · 훼손 · 변경** 등의 행위를 한 자 보기 ②
(3) **임시소방시설**을 설치 · 관리하지 아니한 자
(4) **점검기록표**를 기록하지 아니하거나 특정소방대상물의 출입자가 쉽게 볼 수 있는 장소에 게시하지 아니한 관계인

비교

소방시설법 시행령 〔별표 10〕
피난시설, 방화구획 또는 방화시설을 폐쇄 · 훼손 · 변경 등의 행위

1차 위반	2차 위반	3차 이상 위반
100만원	200만원	300만원

답 ②

★★★
54 소방시설 설치 및 관리에 관한 법령상 스프링클러설비를 설치하여야 하는 특정소방대상물의 기준으로 틀린 것은? (단, 위험물 저장 및 처리 시설 중 가스시설 또는 지하구를 제외한다.)

24.07.문54
23.09.문41
20.08.문47
19.03.문48
15.03.문56

① 물류터미널로서 바닥면적 합계가 2000m^2 이상인 경우에는 모든 층
② 숙박이 가능한 수련시설에 해당하는 용도로 사용되는 시설의 바닥면적의 합계가 600m^2 이상인 것은 모든 층
③ 종교시설(주요구조부가 목조인 것은 제외)로서 수용인원이 100명 이상인 것에 해당하는 경우에는 모든 층
④ 지하상가로서 연면적 1000m^2 이상인 것

해설 ① 2000m^2 → 5000m^2

소방시설법 시행령 〔별표 4〕
스프링클러설비의 설치대상

설치대상	조 건
• 문화 및 집회시설, 운동시설 • **종교시설** 보기 ③	• 수용인원 : **100명** 이상 • 영화상영관 : 지하층 · 무창층 **500m^2**(기타 **1000m^2**) 이상 • 무대부 – 지하층 · 무창층 · **4층** 이상 : **300m^2** 이상 – 1~3층 : **500m^2** 이상
• 판매시설 • 운수시설 • 물류터미널 보기 ①	• 수용인원 : **500명** 이상 • 바닥면적 합계 **5000m^2** 이상
창고시설(물류터미널 제외)	바닥면적 합계 **5000m^2** 이상 : 전층
• 노유자시설 • 정신의료기관 • 수련시설(숙박 가능한 곳) 보기 ② • 종합병원, 병원, 치과병원, 한방병원 및 요양병원(정신병원 제외) • 숙박시설	바닥면적 합계 **600m^2** 이상
지하상가 보기 ④	연면적 **1000m^2** 이상
지하층 · 무창층 · 4층 이상	바닥면적 **1000m^2** 이상
10m 넘는 랙식 창고	연면적 **1500m^2** 이상

• 복합건축물 • 기숙사	연면적 5000m² 이상 : 전층
6층 이상 중요 **6층 이상** ① 건축허가 동의 ② 자동화재탐지설비 ③ 스프링클러설비	전층
보일러실 · 연결통로	전부
특수가연물 저장 · 취급	지정수량 **1000배** 이상
발전시설	전기저장시설 : 전층

중요

지정수량 500배 이상	지정수량 750배 이상	지정수량 1000배 이상
① 자동화재탐지설비 ② 스프링클러설비(지붕 또는 외벽이 불연재료가 아니거나 내화구조가 아닌 공장 또는 창고시설)	① 옥내 · 외 소화전설비 ② 물분무등소화설비 ③ 건축허가 동의	스프링클러설비(공장 또는 창고시설)

답 ①

★★
55 다음 중 한국소방안전원의 업무에 해당하지 않는 것은?
13.03.문41

① 소방용품의 형식승인
② 소방업무에 관하여 행정기관이 위탁하는 업무
③ 화재예방과 안전관리의식 고취를 위한 대국민 홍보
④ 소방기술과 안전관리에 관한 교육, 조사 · 연구 및 각종 간행물 발간

해설
① 한국소방산업기술원의 업무

기본법 41조
한국소방안전원의 업무
(1) 소방기술과 안전관리에 관한 **교육** 및 **조사 · 연구** 보기 ④
(2) 소방기술과 안전관리에 관한 각종 **간행물**의 **발간** 보기 ④
(3) 화재예방과 안전관리의식의 고취를 위한 **대국민 홍보** 보기 ③
(4) 소방업무에 관하여 **행정기관**이 위탁하는 **사업** 보기 ②
(5) 소방안전에 관한 **국제협력**
(6) **회원**에 대한 **기술지원** 등 정관이 정하는 사항

답 ①

★★★
56 소방시설공사업법령에 따른 소방시설업 등록이 가능한 사람은?
15.03.문41
12.09.문44
11.03.문53

① 피성년후견인
② 위험물안전관리법에 따른 금고 이상의 형의 집행유예를 선고받고 그 유예기간 중에 있는 사람
③ 등록하려는 소방시설업 등록이 취소된 날부터 3년이 지난 사람
④ 소방기본법에 따른 금고 이상의 실형을 선고받고 그 집행이 면제된 날부터 1년이 지난 사람

해설
③ 2년이 지났으므로 등록 가능

공사업법 5조
소방시설업의 등록결격사유
(1) 피성년후견인 보기 ①
(2) 금고 이상의 실형을 선고받고 그 집행이 끝나거나 집행이 면제된 날부터 **2년**이 지나지 아니한 사람 보기 ④
(3) 금고 이상의 형의 집행유예를 선고받고 그 유예기간 중에 있는 사람 보기 ②
(4) 시설업의 등록이 취소된 날부터 **2년**이 지나지 아니한 자 보기 ③
(5) **법인**의 **대표자**가 위 (1)~(4)에 해당되는 경우
(6) **법인**의 **임원**이 위 (2)~(4)에 해당되는 경우

비교

소방시설법 30조
소방시설관리업의 등록결격사유
(1) 피성년후견인
(2) 금고 이상의 실형을 선고받고 그 집행이 끝나거나 집행이 면제된 날부터 **2년**이 지나지 아니한 사람
(3) 금고 이상의 형의 집행유예를 선고받고 그 유예기간 중에 있는 사람
(4) 관리업의 등록이 취소된 날부터 **2년**이 지나지 아니한 자

답 ③

★★★
57 소방안전교육사를 배치하지 않아도 되는 곳은 어느 것인가?
24.05.문53
22.03.문51
21.09.문42

① 소방청
② 한국소방안전원
③ 소방체험관
④ 한국소방산업기술원

해설 기본령 〔별표 2의 3〕
소방안전교육사의 배치대상별 배치기준

배치대상	배치기준
소방**서**	• 1명 이상
한국소방안전원 보기 ②	• 시 · 도지부 : 1명 이상 • 본회 : 2명 이상
소방**본**부	• 2명 이상
소방청 보기 ①	• 2명 이상
한국소방산업**기**술원 보기 ④	• 2명 이상

기억법 서본기안

답 ③

58 화재의 예방 및 안전관리에 관한 법령상 소방청장, 소방본부장 또는 소방서장은 관할구역에 있는 소방대상물에 대하여 화재안전조사를 실시할 수 있다. 화재안전조사 대상과 거리가 먼 것은? (단, 개인 주거에 대하여는 관계인의 승낙을 득한 경우이다.)

19.09.문56
14.09.문60
14.03.문41
13.06.문54

① 화재예방강화지구 등 법령에서 화재안전조사를 하도록 규정되어 있는 경우
② 관계인이 법령에 따라 실시하는 소방시설 등, 방화시설, 피난시설 등에 대한 자체점검 등이 불성실하거나 불완전하다고 인정되는 경우
③ 화재가 발생할 우려는 없으나 소방대상물의 정기점검이 필요한 경우
④ 국가적 행사 등 주요 행사가 개최되는 장소에 대하여 소방안전관리 실태를 조사할 필요가 있는 경우

해설 ③ 해당없음

화재예방법 7조
화재안전조사 실시대상
(1) **관계인**이 이 법 또는 다른 법령에 따라 실시하는 소방시설 등, 방화시설, 피난시설 등에 대한 자체점검이 불성실하거나 불완전하다고 인정되는 경우 보기 ②
(2) **화재예방강화지구** 등 법령에서 화재안전조사를 하도록 규정되어 있는 경우 보기 ①
(3) 화재예방안전진단이 불성실하거나 불완전하다고 인정되는 경우
(4) **국가적 행사** 등 주요 행사가 개최되는 장소 및 그 주변의 관계지역에 대하여 소방안전관리 실태를 조사할 필요가 있는 경우 보기 ④
(5) 화재가 **자주 발생**하였거나 발생할 우려가 뚜렷한 곳에 대한 조사가 필요한 경우
(6) **재난예측정보, 기상예보** 등을 분석한 결과 소방대상물에 화재의 발생 위험이 크다고 판단되는 경우
(7) 화재, 그 밖의 긴급한 상황이 발생할 경우 인명 또는 재산 피해의 우려가 현저하다고 판단되는 경우

기억법 화관국안

중요

화재예방법 7 · 8조
화재안전조사
소방대상물에 대한 화재예방을 위하여 관계인에게 필요한 자료제출을 명하거나 위치 · 구조 · 설비 또는 관리의 상황을 조사하는 것
(1) 실시자 : 소방청장 · 소방본부장 · 소방서장
(2) 관계인의 승낙이 필요한 곳 : **주거**(주택)

답 ③

59 위험물안전관리법령상 제조소의 기준에 따라 건축물의 외벽 또는 이에 상당하는 공작물의 외측으로부터 제조소의 외벽 또는 이에 상당하는 공작물의 외측까지의 안전거리기준으로 틀린 것은? (단, 제6류 위험물을 취급하는 제조소를 제외하고, 건축물에 불연재료로 된 방화상 유효한 담 또는 벽을 설치하지 않은 경우이다.)

19.03.문50
08.05.문52

① 의료법에 의한 종합병원에 있어서는 30m 이상
② 도시가스사업법에 의한 가스공급시설에 있어서는 20m 이상
③ 사용전압 35000V를 초과하는 특고압가공전선에 있어서는 5m 이상
④ 문화유산의 보존 및 활용에 관한 법률에 따른 지정문화유산과 자연유산의 보존 및 활용에 관한 법률에 따른 천연기념물 등에 있어서는 30m 이상

해설 ④ 30m → 50m

위험물규칙 〔별표 4〕
위험물제조소의 안전거리

안전거리	대 상
3m 이상	• 7~35kV 이하의 특고압가공전선
5m 이상	• 35kV를 초과하는 특고압가공전선 보기 ③
10m 이상	• **주거용**으로 사용되는 것

20m 이상	• 고압가스 **제조**시설(용기에 충전하는 것 포함) • 고압가스 **사용**시설(1일 **30m³** 이상 용적 취급) • 고압가스 **저장**시설 • 액화산소 **소비**시설 • 액화석유가스 제조 · 저장시설 • 도시가스 공급시설 보기 ②
30m 이상	• 학교 • 병원급 의료기관 보기 ① • 공연장, • 영화상영관 — **300명** 이상 수용시설 • 아동복지시설, • 노인복지시설, • 장애인복지시설, • 한부모가족 복지시설, • 어린이집, • 성매매 피해자 등을 위한 지원시설, • 정신건강증진시설, • 가정폭력 피해자 보호시설 — **20명** 이상 수용시설
50m 이상	• 지정문화유산 • 천연기념물 등 보기 ④

답 ④

★★★
60 소방용수시설 저수조의 설치기준으로 틀린 것은?

16.10.문52
16.05.문44
13.03.문49

① 지면으로부터의 낙차가 4.5m 이하일 것
② 흡수부분의 수심이 0.3m 이상일 것
③ 흡수관의 투입구가 사각형의 경우에는 한 변의 길이가 60cm 이상일 것
④ 흡수관의 투입구가 원형의 경우에는 지름이 60cm 이상일 것

해설

② 0.3m 이상 → 0.5m 이상

기본규칙 〔별표 3〕
소방용수시설의 저수조에 대한 설치기준

(1) 낙차 : **4.5m** 이하 보기 ①
(2) 수심 : **0.5m** 이상 보기 ②
(3) 투입구의 길이 또는 지름 : **60cm** 이상 보기 ③④
(4) 소방펌프자동차가 **쉽게 접근**할 수 있도록 할 것
(5) 흡수에 지장이 없도록 **토사** 및 **쓰레기** 등을 제거할 수 있는 설비를 갖출 것
(6) 저수조에 물을 공급하는 방법은 **상수도**에 연결하여 **자동**으로 **급수**되는 구조일 것

기억법 수5(수호천사)

답 ②

제 4 과목 소방전기시설의 구조 및 원리

★★★
61 무선통신보조설비의 화재안전기준에 따라 서로 다른 주파수의 합성된 신호를 분리하기 위하여 사용하는 장치는?

19.04.문72
16.05.문61
16.03.문65
15.09.문62
11.03.문80

① 분배기 ② 혼합기
③ 증폭기 ④ 분파기

해설 **무선통신보조설비**(NFPC 505 3조, NFTC 505 1.7)

용 어	설 명
누설동축 케이블	동축케이블의 외부도체에 가느다란 홈을 만들어서 **전파**가 **외부**로 **새어나갈 수 있도록** 한 케이블
분배기	신호의 전송로가 분기되는 장소에 설치하는 것으로 **임피던스 매칭**(matching)과 **신호균등분배**를 위해 사용하는 장치 기억법 배임(배임죄)
분파기 보기 ④	서로 다른 **주**파수의 합성된 **신호**를 **분리**하기 위해서 사용하는 장치 기억법 파주
혼합기	**두 개 이상**의 **입력신호**를 원하는 비율로 **조합**한 **출력**이 발생하도록 하는 장치
증폭기	신호전송시 신호가 약해져 수신이 불가능해지는 것을 방지하기 위해서 **증폭**하는 장치
무선중계기	안테나를 통하여 수신된 무전기 신호를 증폭한 후 음영지역에 재방사하여 무전기 상호간 송수신이 가능하도록 하는 장치
옥외안테나	감시제어반 등에 설치된 무선중계기의 입력과 출력포트에 연결되어 송수신 신호를 원활하게 방사 · 수신하기 위해 옥외에 설치하는 장치

답 ④

★★★
62 유도등 및 유도표지의 화재안전기준에 따라 지하층을 제외한 층수가 11층 이상인 특정소방대상물의 유도등의 비상전원을 축전지로 설치한다면 피난층에 이르는 부분의 유도등을 몇 분 이상 유효하게 작동시킬 수 있는 용량으로 하여야 하는가?

19.04.문61
17.03.문77
13.06.문72
07.09.문80

① 10 ② 20
③ 50 ④ 60

해설 **비상전원 용량**

설비의 종류	비상전원 용량
• **자**동화재탐지설비 • 비상**경**보설비 • **자**동화재속보설비	**10분** 이상
• 유도등 • 비상콘센트설비 • 제연설비 • 물분무소화설비 • 옥내소화전설비(**30층** 미만) • 특별피난계단의 계단실 및 부속실 제연설비(**30층** 미만)	**20분** 이상
• 무선통신보조설비의 **증**폭기	**30분** 이상
• 옥내소화전설비(30~**49층** 이하) • 특별피난계단의 계단실 및 부속실 제연설비(30~**49층** 이하) • 연결송수관설비(30~**49층** 이하) • 스프링클러설비(30~**49층** 이하)	**40분** 이상
• 유도등 · 비상조명등(지하상가 및 **11층** 이상) 보기 ④ • 옥내소화전설비(**50층** 이상) • 특별피난계단의 계단실 및 부속실 제연설비(**50층** 이상) • 연결송수관설비(**50층** 이상) • 스프링클러설비(**50층** 이상)	→ **60분** 이상

기억법 **경자비1**(**경자**라는 이름은 **비일**비재하게 많다.)
3증(**3중**고)

중요

비상전원의 **종류**

소방시설	비상전원
유도등	축전지
비상콘센트설비	① 자가발전설비 ② 축전지설비 ③ 비상전원수전설비 ④ 전기저장장치
옥내소화전설비, 물분무소화설비	① 자가발전설비 ② 축전지설비 ③ 전기저장장치

답 ④

★★★
63 소방시설용 비상전원수전설비의 화재안전기준에 따라 소방시설용 비상전원수전설비에서 소방회로 및 일반회로 겸용의 것으로서 수전설비, 변전설비, 그 밖의 기기 및 배선을 금속제 외함에 수납한 것은?

19.04.문67
15.09.문61
09.05.문69
08.03.문72

① 공용분전반　② 전용배전반
③ 공용큐비클식　④ 전용큐비클식

해설 **소방시설용 비상전원수전설비**(NFPC 602 3조, NFTC 602 1.7)

용 어	설 명
소방회로	소방부하에 전원을 공급하는 전기회로
일반회로	소방회로 이외의 전기회로
수전설비	전력수급용 **계기용 변성기** · **주차단장치** 및 그 **부속기기**
변전설비	**전력용 변압기** 및 그 **부속장치**
전용 **큐**비클식	**소방회로용**의 것으로 **수전설비**, **변전설비**, 그 밖의 기기 및 배선을 **금속제 외함**에 수납한 것 기억법 **큐수변**
공용 **큐**비클식 보기 ③	← **소방회로** 및 **일반회로** **겸용**의 것으로서 **수**전설비, **변**전설비, 그 밖의 기기 및 배선을 금속제 외함에 수납한 것 기억법 **공큐겸수변**
전용 배전반	**소방회로 전용**의 것으로서 개폐기, 과전류차단기, 계기, 그 밖의 배선용 기기 및 배선을 금속제 외함에 수납한 것
공용 배전반	**소방회로** 및 **일반회로 겸용**의 것으로서 개폐기, 과전류차단기, 계기, 그 밖의 배선용 기기 및 배선을 금속제 외함에 수납한 것
전용 분전반	**소방회로 전용**의 것으로서 분기개폐기, 분기과전류차단기, 그 밖의 배선용 기기 및 배선을 금속제 외함에 수납한 것
공용 분전반	**소방회로** 및 **일반회로 겸용**의 것으로서 분기개폐기, 분기과전류차단기, 그 밖의 배선용 기기 및 배선을 금속제 외함에 수납한 것

답 ③

★★★
64 누전경보기의 형식승인 및 제품검사의 기술기준에서 정하는 누전경보기의 공칭작동전류치(누전경보기를 작동시키기 위하여 필요한 누설전류의 값으로서 제조자에 의하여 표시된 값을 말한다.)는 몇 mA 이하이어야 하는가?

23.03.문61
22.04.문74
21.05.문78
16.03.문77
15.05.문79
10.03.문76

① 50　② 100
③ 150　④ 200

해설 **누전경보기**(누전경보기의 형식승인 및 제품검사의 기술기준 7 · 8조)

공칭작동전류치	감도조정장치의 조정범위
200mA 이하 보기 ④	**1A**(1000mA) 이하

기억법 **공2**

참고

검출누설전류 설정치 범위

경계전로	중성점 접지선
100~400mA	400~700mA

답 ④

★★★
65 **공연장 및 집회장에 설치해야 할 유도등 및 유도표지의 종류에 해당하지 않는 것은?**

24.05.문80
19.09.문69
16.05.문75
15.03.문77

① 객석유도등
② 통로유도등
③ 피난구유도표지
④ 대형 피난구유도등

해설 **유도등** 및 **유도표지**의 **종류**(NFPC 303 4조, NFTC 303 2.1.1)

설치장소	유도등 및 유도표지의 종류
• **공**연장 · **집**회장 · **관**람장 · **운**동시설 • 유흥주점 영업시설(카바레, 나이트클럽)	• **대**형 피난구유도등 보기 ④ • **통**로유도등 보기 ② • **객**석유도등 보기 ① 기억법 **공집관운 대통객**
• 위락시설 · 판매시설 • 관광숙박업 · 의료시설 · 방송통신시설 • 전시장 · 지하상가 · 지하철역사 • 운수시설 · 장례식장	• 대형 피난구유도등 • 통로유도등
• 숙박시설 · 오피스텔 • 지하층 · 무창층 및 11층 이상의 부분	• 중형 피난구유도등 • 통로유도등
• 근린생활시설 · 노유자시설 · 업무시설 • 종교시설 · 교육연구시설 · 공장 • 교정 및 군사시설 • 자동차정비공장 · 운전학원 및 정비학원 • 다중이용업소 • 수련시설 · 발전시설 • 복합건축물	• 소형 피난구유도등 • 통로유도등
• 그 밖의 것	• 피난구유도표지 • 통로유도표지

답 ③

★
66 **자동화재탐지설비 및 시각경보장치의 화재안전기준에 따라 전화기기실, 통신기기실 등과 같은 훈소화재의 우려가 있는 장소에 적응성이 없는 감지기는?**

① 광전식 스포트형
② 광전아날로그식 분리형
③ 광전아날로그식 스포트형
④ 이온아날로그식 스포트형

해설 **연기감지기**를 **설치**할 수 있는 **경우**(NFTC 203 2.4.6(2))
훈소화재
(1) **광**전식 스포트형 보기 ①
(2) **광**전아날로그식 스포트형 보기 ③
(3) **광**전식 분리형
(4) **광**전아날로그식 분리형 보기 ②

기억법 **광훈**

답 ④

★★★
67 **비상방송설비의 특징에 대한 설명으로 틀린 것은?**

19.09.문63
19.03.문64
15.09.문67
13.06.문63
10.05.문69

① 다른 방송설비와 공용하는 경우에는 화재시 비상경보 외의 방송을 차단할 수 있는 구조로 하여야 한다.
② 비상방송설비의 축전지는 감시상태를 10분간 지속한 후 유효하게 60분 이상 경보할 수 있어야 한다.
③ 확성기의 음성입력은 실외에 설치한 경우 3W 이상이어야 한다.
④ 음량조정기의 배선은 3선식으로 한다.

해설
② 감시상태를 10분간 → 감시상태를 60분간, 60분 이상 경보 → 10분 이상 경보

비상방송설비 · 비상벨설비 · 자동식 사이렌설비(NFPC 202 8조, NFTC 202 2.3.2)

감시시간	경보시간
60분	**10분** 이상(30층 이상 : **30분**)

기억법 **6감**

답 ②

★★
68 **자동화재탐지설비의 음향장치 설치기준 중 옳은 것은?**

19.09.문64
19.03.문77
18.09.문68
18.04.문74
16.05.문63
15.03.문67
14.09.문65
11.03.문72
10.09.문70
09.05.문75

① 지구음향장치는 해당 소방대상물의 각 부분으로부터 하나의 음향장치까지의 수평거리가 30m 이하가 되도록 한다.
② 정격전압의 80% 전압에서 음향을 발할 수 있어야 한다.
③ 음량은 부착된 음향장치의 중심으로부터 1m 떨어진 위치에서 80dB 이상이 되도록 하여야 한다.
④ 8층으로서 연면적이 3000m^2를 초과하는 소방대상물에 있어서는 2층 이상의 층에서 발화시 발화층 및 직하층에 경보를 발하여야 한다.

해설

> ① 수평거리 30m 이하 → 수평거리 25m 이하
> ③ 80dB 이상 → 90dB 이상
> ④ 발화층 및 직하층 → 전층에 일제히

자동화재탐지설비의 **음향장치**의 **구조** 및 **성능기준**(NFPC 203 8조, NFTC 203 2.5)

(1) 정격전압의 **80%** 전압에서 음향을 발할 것(단, **건전지**를 **주전원**으로 사용한 음향장치는 제외) 보기 ②

(2) 음량은 **1m** 떨어진 곳에서 **90dB** 이상일 것 보기 ③

(3) **감지기·발신기**의 작동과 **연동**하여 작동할 것

(4) **자동화재탐지설비의 직상 4개층 우선경보방식 소방대상물** : **11층**(공동주택 16층) **이상**의 특정소방대상물의 경보

‖ 자동화재탐지설비 직상 4개층 우선경보방식 ‖

발화층	경보층	
	11층(공동주택 16층) 미만 보기 ④	11층(공동주택 16층) 이상
2층 이상 발화	전층 일제경보	• 발화층 • 직상 4개층
1층 발화	전층 일제경보	• 발화층 • 직상 4개층 • 지하층
지하층 발화		• 발화층 • 직상층 • 기타의 지하층

(5) 지구음향장치는 수평거리 25m 이하가 되도록 설치 보기 ①

답 ②

★★★
69

11.10.문61

비상방송설비의 화재안전기준에 따라 부속회로의 전로와 대지 사이 및 배선 상호간의 절연저항은 1경계구역마다 직류 250V의 절연저항측정기를 사용하여 측정한 절연저항이 몇 MΩ 이상이 되도록 하여야 하는가?

① 0.1 ② 0.2
③ 10 ④ 20

해설 **절연저항시험**

절연저항계	절연저항	대 상
직류 250V	**0.1MΩ 이상**	• 1경계구역의 절연저항 보기 ①
직류 500V	5MΩ 이상	• 누전경보기 • 가스누설경보기 • 수신기(10회로 미만, 절연된 충전부와 외함간) • 자동화재속보설비 • 비상경보설비 • 유도등(교류입력측과 외함 간 포함) • 비상조명등(교류입력측과 외함 간 포함)
직류 500V	20MΩ 이상	• 경종 • 발신기 • 중계기 • 비상콘센트 • 기기의 절연된 선로 간 • 기기의 충전부와 비충전부 간 • 기기의 교류입력측과 외함 간(유도등·비상조명등 제외)
	50MΩ 이상	• 감지기(정온식 감지선형 감지기 제외) • 가스누설경보기(10회로 이상) • 수신기(10회로 이상, 교류입력측과 외함간 제외)
	1000MΩ 이상	• 정온식 감지선형 감지기

답 ①

★★★
70

23.05.문63
21.05.문64
20.08.문76
18.03.문65
17.09.문71

자동화재탐지설비 배선의 설치기준 중 다음 ( ) 안에 알맞은 것은?

> 자동화재탐지설비의 감지기회로의 전로저항은 (㉠)Ω 이하가 되도록 하여야 하며, 수신기의 각 회로별 종단에 설치되는 감지기에 접속되는 배선의 전압은 감지기 정격전압의 (㉡)% 이상이어야 할 것

① ㉠ 5, ㉡ 60 ② ㉠ 5, ㉡ 80
③ ㉠ 50, ㉡ 60 ④ ㉠ 50, ㉡ 80

해설 **자동화재탐지설비**의 **배선**(NFPC 203 11조, NFTC 203 2.8)

(1) P형 수신기 및 GP형 수신기의 감지기회로의 배선에 있어서 하나의 공통선에 접속할 수 있는 경계구역은 **7개** 이하로 할 것

(2) 자동화재탐지설비의 감지기회로의 전로저항은 **50Ω** 이하가 되도록 하여야 하며, 수신기의 각 회로별 종단에 설치되는 감지기에 접속되는 배선의 전압은 감지기 정격전압의 **80%** 이상이어야 할 것 보기 ④

중요

자동화재탐지설비

전로저항	감지기 접속 배선전압
50Ω 이하	정격전압의 **80%** 이상

기억법 **5전(오전)**

비교

속보기의 전압변동기준(자동화재속보설비의 속보기의 성능인증 및 제품검사의 기술기준 7조)

80% 및 **120%** 전압을 인가하는 경우 정상일 것

답 ④

★★★
71 비상콘센트설비의 화재안전기준에 따라 비상콘센트용의 풀박스 등은 방청도장을 한 것으로서, 두께 몇 mm 이상의 철판으로 하여야 하는가?

20.08.문64
19.04.문63
18.04.문61
17.03.문72
16.10.문61
16.05.문76
15.09.문80
14.03.문64
11.10.문67

① 1.0 ② 1.2
③ 1.5 ④ 1.6

해설 **비상콘센트설비**(NFPC 504 4조, NFTC 504 2.1)

구 분	전 압	용 량	플러그접속기
단상 교류	220V	1.5kVA 이상	접지형 2극

(1) 하나의 전용 회로에 설치하는 비상콘센트는 **10개** 이하로 할 것(전선의 용량은 최대 **3개**)

설치하는 비상콘센트 수량	전선의 용량산정시 적용하는 비상콘센트 수량	단상 전선의 용량
1개	1개 이상	1.5kVA 이상
2개	2개 이상	3.0kVA 이상
3~10개	3개 이상	4.5kVA 이상

(2) 전원회로는 각 층에 있어서 **2 이상**이 되도록 설치할 것(단, 설치하여야 할 층의 콘센트가 **1개**인 때에는 하나의 회로로 할 수 있다.)
(3) 플러그접속기의 칼받이 접지극에는 **접지공사**를 하여야 한다.
(4) 풀박스는 **1.6mm** 이상의 철판을 사용할 것 보기 ④
(5) 절연저항은 **전원부**와 **외함** 사이를 **직류 500V 절연저항계**로 측정하여 **20MΩ** 이상일 것
(6) 전원으로부터 각 층의 비상콘센트에 분기되는 경우에는 **분기배선용 차단기**를 보호함 안에 설치할 것
(7) 바닥으로부터 **0.8~1.5m** 이하의 높이에 설치할 것
(8) 전원회로는 주배전반에서 **전용 회로**로 하며, 배선의 종류는 **내화배선**이어야 한다.

답 ④

★★★
72 누전경보기의 구성요소에 해당하지 않는 것은?

23.05.문79
22.03.문38
19.03.문37
17.09.문69
15.09.문21
14.09.문69
13.03.문62

① 차단기
② 영상변류기(ZCT)
③ 음향장치
④ 발신기

해설 ④ 발신기 : 자동화재탐지설비의 구성요소

누전경보기의 **구성요소**

구성요소	설 명
영상**변**류기(ZCT)	**누설전류**를 **검출**한다. 보기 ② 기억법 **변검(변검술)**
수신기	**누설전류**를 **증폭**한다.
음향장치	경보를 발한다. 보기 ③
차단기	차단릴레이를 포함한다. 보기 ①

기억법 **변수음차**

• 소방에서는 변류기(CT)와 영상변류기(ZCT)를 혼용하여 사용한다.

답 ④

★★★
73 소방대상물의 설치장소별 피난기구의 적응성 기준 중 노유자시설의 4층 이상 10층 이하에 적응성을 가진 피난기구가 아닌 것은?

24.05.문78
18.04.문77
17.05.문77
16.10.문68
16.05.문74

① 피난교 ② 다수인 피난장비
③ 피난용 트랩 ④ 승강식 피난기

해설 ③ 해당없음

피난기구의 **적응성**(NFTC 301 2.1.1)

층별 / 설치장소별 구분	1층	2층	3층	4층 이상 10층 이하
노유자시설	• 미끄럼대 • 구조대 • 피난교 • 다수인 피난장비 • 승강식 피난기	• 미끄럼대 • 구조대 • 피난교 • 다수인 피난장비 • 승강식 피난기	• 미끄럼대 • 구조대 • 피난교 • 다수인 피난장비 • 승강식 피난기	• 구조대[1] • 피난교 보기 ① • 다수인 피난장비 보기 ② • 승강식 피난기 보기 ④
의료시설 · 입원실이 있는 의원 · 접골원 · 조산원	–	–	• 미끄럼대 • 구조대 • 피난교 • 피난용 트랩 • 다수인 피난장비 • 승강식 피난기	• 구조대 • 피난교 • 피난용 트랩 • 다수인 피난장비 • 승강식 피난기
영업장의 위치가 4층 이하인 다중 이용업소	–	• 미끄럼대 • 피난사다리 • 구조대 • 완강기 • 다수인 피난장비 • 승강식 피난기	• 미끄럼대 • 피난사다리 • 구조대 • 완강기 • 다수인 피난장비 • 승강식 피난기	• 미끄럼대 • 피난사다리 • 구조대 • 완강기 • 다수인 피난장비 • 승강식 피난기
그 밖의 것	–	–	• 미끄럼대 • 피난사다리 • 구조대 • 완강기 • 피난교 • 피난용 트랩 • 간이완강기[2] • 공기안전매트 • 다수인 피난장비 • 승강식 피난기	• 피난사다리 • 구조대 • 완강기 • 피난교 • 간이완강기[2] • 공기안전매트 • 다수인 피난장비 • 승강식 피난기

[비고] 1) **구조대**의 적응성은 **장애인관련시설**로서 주된 사용자 중 **스스로 피난**이 **불가**한 자가 있는 경우 추가로 설치하는 경우에 한한다.
2) 간이완강기의 적응성은 **숙박시설**의 **3층 이상**에 있는 객실에 추가로 설치하는 경우에 한한다.

중요

의무관리대상 공동주택(NFPC 608 13조, NFTC 608 2.9.1.3)
공동주택 구역마다 공기안전매트 1개 이상을 추가로 설치할 것

비교

피난기구 적응성

간이완강기	공기안전매트	구조대
숙박시설의 **3층 이상**에 있는 객실	공동주택	장애인관련시설

답 ③

★★★
74 비상경보설비 및 단독경보형 감지기의 화재안전기준에 따라 비상경보설비의 발신기 설치시 복도 또는 별도로 구획된 실로서 보행거리가 몇 m 이상일 경우에는 추가로 설치하여야 하는가?

18.03.문77
17.05.문63
16.05.문63
14.03.문71
12.03.문73
10.03.문68

① 25　② 30
③ 40　④ 50

해설 **비상경보설비**의 **발신기 설치기준**(NFPC 201 4조, NFTC 201 2.1.5)

(1) 전원 : **축전지설비**, **전기저장장치**, **교류전압**의 옥내**간선**으로 하고 배선은 **전용**
(2) 감시상태 : **60분**, 경보시간 : **10분**
(3) 조작이 **쉬운 장소**에 설치하고, 조작스위치는 바닥으로부터 **0.8~1.5m** 이하의 높이에 설치할 것
(4) 특정소방대상물의 **층**마다 설치하되, 해당 소방대상물의 각 부분으로부터 하나의 발신기까지의 **수평거리**가 **25m** 이하가 되도록 할 것(단, 복도 또는 별도로 구획된 실로서 **보행거리**가 **40m** 이상일 경우에는 추가로 설치할 것) 보기 ③
(5) 발신기의 **위치표시등**은 **함**의 **상부**에 설치하되, 그 불빛은 부착면으로부터 **15°** 이상의 범위 안에서 부착지점으로부터 **10m** 이내의 어느 곳에서도 쉽게 식별할 수 있는 **적색등**으로 할 것

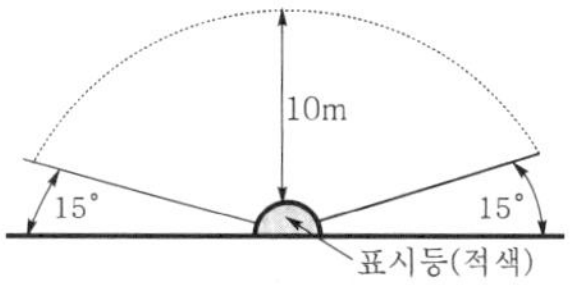

‖ 위치표시등의 식별 ‖

용어

전기저장장치
외부 전기에너지를 저장해 두었다가 필요한 때 전기를 공급하는 장치

답 ③

★★★
75 비상조명등의 설치제외 기준 중 다음 (　) 안에 알맞은 것은?

18.09.문65
17.09.문61
13.09.문65

> 거실의 각 부분으로부터 하나의 출입구에 이르는 보행거리가 (　)m 이내인 부분

① 2　② 5
③ 15　④ 25

해설 **비상조명등**의 **설치제외 장소**

(1) 거실 각 부분에서 출입구까지의 **보행거리 15m** 이내 보기 ③
(2) **공**동주택 · **경**기장 · **의**원 · **의**료시설 · **학**교 · 거실

기억법 조공 경의학

비교

(1) **휴대용 비상조명등**의 **설치제외 장소**
　㉠ 복도 · 통로 · 창문 등을 통해 **피**난이 용이한 경우(**지상 1층 · 피난층**)
　㉡ **숙박시설**로서 **복**도에 비상조명등을 설치한 경우

기억법 휴피(**휴**지로 **피**닦아!), 휴숙복

(2) **통로유도등**의 **설치제외 장소**
　㉠ 길이 **30m** 미만의 복도 · 통로(구부러지지 않은 복도 · 통로)
　㉡ 보행거리 **20m** 미만의 복도 · 통로(출입구에 **피난구유도등**이 설치된 복도 · 통로)
(3) **객석유도등**의 **설치제외 장소**
　㉠ **채광**이 충분한 객석(**주간**에만 사용)
　㉡ **통**로유도등이 설치된 객석(거실 각 부분에서 거실 출입구까지의 **보행거리 20m** 이하)

기억법 채객보통(**채**소는 **객**관적으로 **보통**이다.)

답 ③

★★
76 누전경보기의 화재안전기준 중 누전경보기의 설치방법 및 전원기준으로 틀린 것은?

18.03.문62
16.03.문74
11.03.문65

① 경계전로의 정격전류가 60A를 초과하는 전로에 있어서는 1급 누전경보기를 설치할 것
② 경계전로의 정격전류가 60A 이하의 전로에 있어서는 1급 또는 2급 누전경보기를 설치할 것
③ 전원은 분전반으로부터 전용회로로 하고, 각 극에 개폐기 및 20A 이하의 과전류차단기를 설치할 것
④ 전원을 분기할 때에는 다른 차단기에 따라 전원이 차단되지 아니하도록 할 것

해설 ③ 20A 이하 → 15A 이하

누전경보기의 **설치방법**(NFPC 205 4 · 6조, NFTC 205 2.1, 2.3.1.1)

60A 초과	60A 이하
1급 누전경보기 설치 보기 ①	**1급** 또는 **2급** 누전경보기 설치 보기 ②

(1) 변류기는 옥외인입선의 **제1지점**의 **부하측** 또는 제2종 **접지선측**의 점검이 쉬운 위치에 설치할 것
(2) 옥외전로에 설치하는 변류기는 **옥외형**으로 설치할 것
(3) 각 극에 **개폐기** 및 **15A** 이하의 **과전류차단기**를 설치할 것(**배선용 차단기**는 **20A** 이하) 보기 ③

과전류차단기	배선용 차단기
개폐기 및 15A 이하	20A 이하

답 ③

★★★
77 자동화재탐지설비 및 시각경보장치의 화재안전기준에 따른 발신기의 시설기준에 대한 내용이다. 다음 (   )에 들어갈 내용으로 옳은 것은?

20.09.문74

> 발신기의 위치를 표시하는 표시등은 함의 상부에 설치하되, 그 불빛은 부착면으로부터 (㉠)° 이상의 범위 안에서 부착지점으로부터 (㉡)m 이내의 어느 곳에서도 쉽게 식별할 수 있는 적색등으로 하여야 한다.

① ㉠ 10, ㉡ 10　② ㉠ 15, ㉡ 10
③ ㉠ 25, ㉡ 15　④ ㉠ 25, ㉡ 20

해설 **자동화재탐지설비의 발신기 설치기준**(NFPC 203 9조, NFTC 203 2.6)

(1) 조작이 **쉬운 장소**에 설치하고, 조작스위치는 바닥으로부터 **0.8~1.5m** 이하의 높이에 설치할 것
(2) 특정소방대상물의 **층**마다 설치하되, 해당 특정소방대상물의 각 부분으로부터 하나의 발신기까지의 **수평거리**가 **25m** 이하가 되도록 할 것. 다만, 복도 또는 별도로 구획된 실로서 **보행거리**가 **40m** 이상일 경우에는 추가로 설치할 것
(3) (2)의 기준을 초과하는 경우로서 기둥 또는 벽이 설치되지 아니한 대형공간의 경우 발신기는 설치대상 장소의 가장 가까운 장소의 벽 또는 기둥 등에 설치할 것
(4) 발신기의 **위치표시등**은 **함**의 **상부**에 설치하되, 그 불빛은 부착면으로부터 **15°** 이상의 범위 안에서 부착지점으로부터 **10m** 이내의 어느 곳에서도 쉽게 식별할 수 있는 **적색등**으로 할 것 [보기 ②]

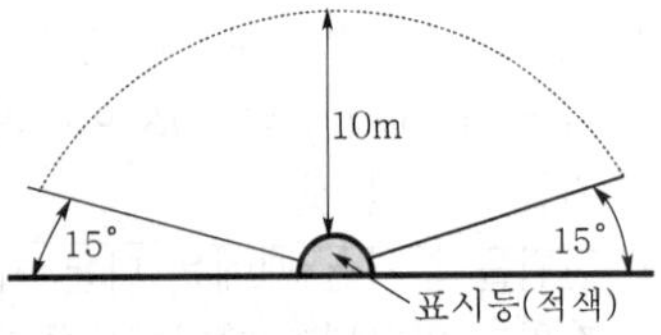

▎위치표시등의 식별▎

답 ②

★★★
78 자동화재속보설비의 속보기의 성능인증 및 제품검사의 기술기준에 따른 속보기의 기능으로 틀린 것은?

24.03.문68 17.05.문66 16.10.문77 16.05.문62

① 예비전원은 자동적으로 충전되어야 하며, 자동과충전방지장치가 있어야 한다.
② 예비전원을 병렬로 접속하는 경우에는 역충전 방지 등의 조치를 하여야 한다.
③ 화재신호를 수신하거나 속보기를 수동으로 동작시키는 경우 자동적으로 녹색 화재표시등이 점등되어야 한다.
④ 연동 또는 수동으로 소방관서에 화재발생 음성정보를 속보 중인 경우에도 송수화장치를 이용한 통화가 우선적으로 가능하여야 한다.

해설 ③ 녹색 화재표시등 → 적색 화재표시등

자동화재속보설비의 **속보기**의 **성능인증** 및 **제품검사**의 **기술기준 5조**

(1) **자동화재속보설비**의 **기능**

구 분	설 명
연동설비	**자동화재탐지설비**
속보대상	**소방관서**
속보방법	**20초** 이내에 **3회** 이상
다이얼링	**10회** 이상, **30초** 이상 지속

(2) 예비전원을 **병렬**로 접속하는 경우에는 **역충전 방지** 등의 조치 [보기 ②]
(3) 속보기의 송수화장치가 정상위치가 아닌 경우에도 **연동** 또는 **수동**으로 속보가 가능할 것
(4) 예비전원은 자동적으로 충전되어야 하며 **자동과충전 방지장치**가 있어야 한다. [보기 ①]
(5) 화재신호를 수신하거나 속보기를 **수동**으로 동작시키는 경우 자동적으로 **적색 화재표시등**이 점등되고 음향장치로 화재를 경보하여야 하며 화재표시 및 경보는 **수동**으로 **복구** 및 **정지**시키지 않는 한 **지속**되어야 한다. [보기 ③]
(6) **연동** 또는 **수동**으로 **소방관서**에 화재발생 음성정보를 속보 중인 경우에도 **송수화장치**를 이용한 **통화**가 **우선**적으로 **가능**하여야 한다. [보기 ④]

답 ③

★★★
79 누전경보기의 화재안전기준에 따라 누전경보기의 수신부를 설치할 수 있는 장소는? (단, 해당 누전경보기에 대하여 방폭 · 방식 · 방습 · 방온 · 방진 및 정전기 차폐 등의 방호조치를 하지 않은 경우이다.)

21.03.문67 16.05.문66 16.03.문76 14.09.문61 12.09.문63

① 습도가 낮은 장소
② 온도의 변화가 급격한 장소
③ 화약류를 제조하거나 저장 또는 취급하는 장소
④ 부식성의 증기 · 가스 등이 다량으로 체류하는 장소

해설 **누전경보기**의 **수신부 설치 제외 장소**(NFPC 205 5조, NFTC 205 2.2.2)

(1) **온**도변화가 급격한 장소 [보기 ②]
(2) **습**도가 높은 장소 [보기 ①]
(3) **가**연성의 증기, 가스 등 또는 **부식성**의 증기, 가스 등의 다량 체류장소 [보기 ④]

(4) **대전류회로, 고주파 발생회로** 등의 영향을 받을 우려가 있는 장소
(5) **화**약류 제조, 저장, 취급 장소 보기 ③

기억법 **온습누가대화**(온도 · 습도가 높으면 누가 대화하나?)

비교

누전경보기 수신부의 **설치장소**
옥내의 점검이 편리한 **건조**한 장소

답 ①

80 무선통신보조설비를 설치하여야 할 특정소방대상물의 기준 중 다음 ( ) 안에 알맞은 것은?

18.04.문75
17.09.문79

층수가 30층 이상인 것으로서 ( )층 이상 부분의 모든 층

① 11 ② 15
③ 16 ④ 20

해설 **무선통신보조설비**의 **설치대상**(소방시설법 시행령 [별표 4])

설치대상	조 건
지하상가	• 연면적 **1000m²** 이상
지하층의 모든 층	• 지하층 바닥면적합계 **3000m²** 이상 • 지하 **3층** 이상이고 지하층 바닥면적합계 **1000m²** 이상
터널길이	• 길이 **500m** 이상
모든 층	• **30층** 이상으로서 **16층** 이상의 부분 보기 ③

답 ③

발건강에 좋은 신발 고르기

1. 신발을 신은 뒤 엄지손가락을 엄지발가락 끝에 놓고 눌러본다. (엄지손가락으로 가볍게 약간 눌려지는 것이 적당)
2. 신발을 신어본 뒤 볼이 조이지 않는지 확인한다. (신발의 볼이 여유가 있어야 발이 편하다)
3. 신발 구입은 저녁 무렵에 한다. (발은 아침 기상시 가장 작고 저녁 무렵에는 0.5~1cm 커지기 때문)
4. 선 상태에서 신발을 신어본다. (서면 의자에 앉았을 때보다 발길이가 1cm까지 커지기 때문
5. 양 발 중 큰 발의 크기에 따라 맞춘다.
6. 신발 모양보다 기능에 초점을 맞춘다.
7. 외국인 평균치에 맞춘 신발을 살 때는 발등 높이·발너비를 잘 살핀다. (한국인은 발등이 높고 발너비가 상대적으로 넓다)
8. 앞쪽이 뾰족하고 굽이 3cm 이상인 하이힐은 가능한 한 피한다.
9. 통굽·뽀빠이 구두는 피한다. (보행이 불안해지고 보행시 척추·뇌에 충격)

자료 : 을지병원 족부클리닉

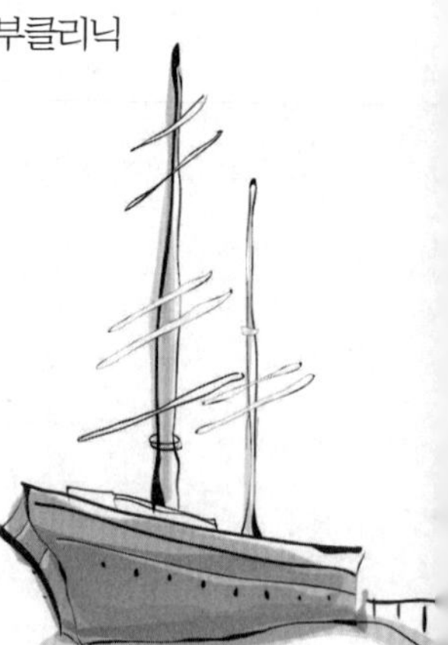

CBT 기출복원문제

2024년

소방설비기사 필기(전기분야)

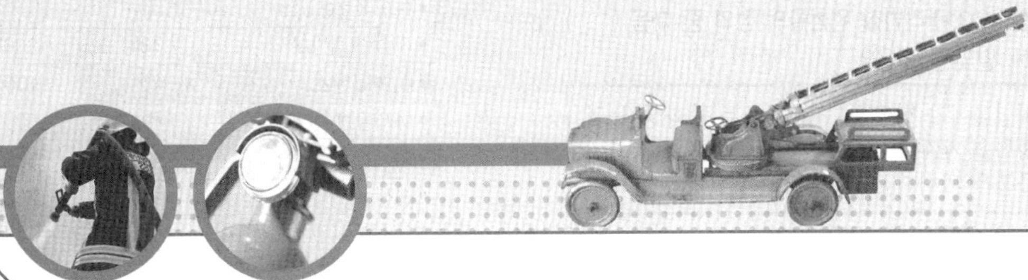

** 수험자 유의사항 **

1. 문제지를 받는 즉시 **본인**이 **응시한 종목**이 맞는지 확인하시기 바랍니다.
2. 문제지 표지에 본인의 **수험번호**와 **성명**을 기재하여야 합니다.
3. 문제지의 **총면수, 문제번호 일련순서, 인쇄상태, 중복 및 누락 페이지 유무**를 확인하시기 바랍니다.
4. 답안은 각 문제마다 요구하는 가장 적합하거나 가까운 답 1개만을 선택하여야 합니다.
5. 답안카드는 뒷면의 「수험자 유의사항」에 따라 작성하시고, 답안카드 작성 시 형별누락, 마킹착오로 인한 불이익은 전적으로 수험자에게 책임이 있음을 알려드립니다.
6. 문제지는 시험 종료 후 본인이 가져갈 수 있습니다.

** 안내사항 **

- 가답안/최종정답은 큐넷(www.q-net.or.kr)에서 확인하실 수 있습니다. 가답안에 대한 의견은 큐넷의 [가답안 의견 제시]를 통해 제시할 수 있으며, 확정된 답안은 최종정답으로 갈음합니다.
- 공단에서 제공하는 자격검정서비스에 대해 개선할 점이 있으시면 고객참여(http://hrdkorea.or.kr/7/1/1)를 통해 건의하여 주시기 바랍니다.

2024. 3. 1 시행

▮2024년 기사 제1회 필기시험 CBT 기출복원문제▮

자격종목	종목코드	시험시간	형별	수험번호	성명
소방설비기사(전기분야)		2시간			

※ 각 문항은 4지택일형으로 질문에 가장 적합한 보기 항을 선택하여 체크하여야 합니다.

제 1 과목 소방원론

★★★
01 위험물안전관리법상 위험물의 정의 중 다음 ( ) 안에 알맞은 것은?

23.09.문03
23.05.문04
13.03.문47

유사문제부터 풀어보세요. 실력이 팍!팍! 올라갑니다.

> 위험물이라 함은 (㉠) 또는 발화성 등의 성질을 가지는 것으로서 (㉡)이/가 정하는 물품을 말한다.

① ㉠ 인화성, ㉡ 대통령령
② ㉠ 휘발성, ㉡ 국무총리령
③ ㉠ 인화성, ㉡ 국무총리령
④ ㉠ 휘발성, ㉡ 대통령령

해설 **위험물법 2조**
용어의 정의

용 어	뜻
위험물	**인화성** 또는 **발화성** 등의 성질을 가지는 것으로서 **대통령령**이 정하는 물품 보기 ①
지정수량	위험물의 종류별로 위험성을 고려하여 대통령령이 정하는 수량으로서 제조소 등의 설치허가 등에 있어서 **최저**의 기준이 되는 **수량**
제조소	위험물을 제조할 목적으로 **지정수량 이상**의 위험물을 취급하기 위하여 허가를 받은 장소
저장소	지정수량 이상의 위험물을 저장하기 위한 **대통령령**이 정하는 장소
취급소	지정수량 이상의 위험물을 제조 외의 목적으로 취급하기 위한 대통령령이 정하는 장소
제조소 등	제조소·저장소·취급소

답 ①

★★★
02 인화점이 낮은 것부터 높은 순서로 옳게 나열된 것은?

23.09.문04
21.03.문14
18.04.문05
15.09.문02
14.05.문05
14.03.문10
12.03.문01
11.06.문09
11.03.문12
10.05.문11

① 에틸알코올 < 이황화탄소 < 아세톤
② 이황화탄소 < 에틸알코올 < 아세톤
③ 에틸알코올 < 아세톤 < 이황화탄소
④ 이황화탄소 < 아세톤 < 에틸알코올

해설

물 질	인화점	착화점
• 프로필렌	−107℃	497℃
• 에틸에터 • 다이에틸에터	−45℃	180℃
• 가솔린(휘발유)	−43℃	300℃
• **이황화탄소** 보기 ④	−30℃	**100℃**
• 아세틸렌	−18℃	335℃
• **아세톤** 보기 ④	−18℃	**538℃**
• 벤젠	−11℃	562℃
• 톨루엔	4.4℃	480℃
• **에틸알코올** 보기 ④	13℃	**423℃**
• 아세트산	40℃	−
• 등유	43~72℃	210℃
• 경유	50~70℃	200℃
• 적린	−	260℃

답 ④

★★★
03 분말소화약제의 열분해 반응식 중 옳은 것은?

19.03.문01
17.03.문04
16.10.문06
16.10.문10
16.05.문15
16.03.문09
16.03.문11
15.05.문08
14.05.문17
12.03.문13

① $2KHCO_3 \rightarrow K_2CO_3 + 2CO_2 + H_2O$
② $2NaHCO_3 \rightarrow Na_2CO_3 + 2CO_2 + H_2O$
③ $NH_4H_2PO_4 \rightarrow HPO_3 + NH_3 + H_2O$
④ $KHCO_3 + (NH_2)_2CO \rightarrow K_2CO_3 + NH_2 + CO_2$

해설
① $2CO_2 \rightarrow CO_2$
② $2CO_2 \rightarrow CO_2$
④ $NH_2 \rightarrow 2NH_3$, $CO_2 \rightarrow 2CO_2$

분말소화기 : 질식효과

종 별	소화약제	약제의 착색	화학반응식	적응 화재
제1종	탄산수소 나트륨 ($NaHCO_3$)	백색	$2NaHCO_3 \rightarrow Na_2CO_3+CO_2+H_2O$ 보기 ②	BC급
제2종	탄산수소 칼륨 ($KHCO_3$)	담자색 (담회색)	$2KHCO_3 \rightarrow K_2CO_3+CO_2+H_2O$ 보기 ①	BC급
제3종	인산암모늄 **($NH_4H_2PO_4$)**	담홍색	$NH_4H_2PO_4 \rightarrow$ **$HPO_3+NH_3+H_2O$** 보기 ③	**ABC급**

제4종	탄산수소칼륨+요소 ($KHCO_3$+ $(NH_2)_2CO$)	회(백)색	$2KHCO_3$+ $(NH_2)_2CO$ → K_2CO_3+ $2NH_3$+$2CO_2$ 보기 ④	BC급

- 탄산수소나트륨＝중탄산나트륨
- 탄산수소칼륨＝중탄산칼륨
- 제1인산암모늄＝인산암모늄＝인산염
- 탄산수소칼륨＋요소＝중탄산칼륨＋요소

답 ③

★★
04 제4류 위험물의 물리·화학적 특성에 대한 설명으로 틀린 것은?

23.09.문12
18.09.문07

① 증기비중은 공기보다 크다.
② 정전기에 의한 화재발생위험이 있다.
③ 인화성 액체이다.
④ 인화점이 높을수록 증기발생이 용이하다.

해설 ④ 높을수록 → 낮을수록

제4류 위험물
(1) 증기비중은 공기보다 크다. 보기 ①
(2) 정전기에 의한 화재발생위험이 있다. 보기 ②
(3) 인화성 액체이다. 보기 ③
(4) 인화점이 **낮을수록** 증기발생이 용이하다. 보기 ④
(5) 상온에서 **액체상태**이다(**가연성 액체**).
(6) 상온에서 **안정**하다.

답 ④

★★★
05 할로젠원소의 소화효과가 큰 순서대로 배열된 것은?

23.09.문16
17.09.문15
15.03.문16
12.03.문04

① I ＞ Br ＞ Cl ＞ F
② Br ＞ I ＞ F ＞ Cl
③ Cl ＞ F ＞ I ＞ Br
④ F ＞ Cl ＞ Br ＞ I

해설 **할론소화약제**

부촉매효과(소화효과) 크기	전기음성도(친화력) 크기
I ＞ Br ＞ Cl ＞ F 보기 ①	F ＞ Cl ＞ Br ＞ I

- 소화효과＝소화능력
- 전기음성도 크기＝수소와의 결합력 크기

중요

할로젠족 원소
(1) 불소 : F
(2) 염소 : Cl
(3) 브로민(취소) : Br
(4) 아이오딘(옥소) : I

기억법 FClBrI

답 ①

★★★
06 프로판가스의 연소범위〔vol%〕에 가장 가까운 것은?

19.09.문09
14.09.문16
12.03.문12
10.09.문02

① 9.8~28.4 ② 2.5~81
③ 4.0~75 ④ 2.1~9.5

해설 (1) **공기 중의 폭발한계**

가 스	하한계 (하한점, 〔vol%〕)	상한계 (상한점, 〔vol%〕)
아세틸렌(C_2H_2)	2.5	81
수소(H_2)	4	75
일산화탄소(CO)	12	75
에터($C_2H_5OC_2H_5$)	1.7	48
이황화탄소(CS_2)	1	50
에틸렌(C_2H_4)	2.7	36
암모니아(NH_3)	15	25
메탄(CH_4)	5	15
에탄(C_2H_6)	3	12.4
프로판(C_3H_8) 보기 ④ →	2.1	9.5
부탄(C_4H_{10})	1.8	8.4

(2) **폭발한계**와 **같은 의미**
㉠ 폭발범위
㉡ 연소한계
㉢ 연소범위
㉣ 가연한계
㉤ 가연범위

답 ④

★★★
07 위험물의 유별에 따른 대표적인 성질의 연결이 옳지 않은 것은?

19.04.문44
16.05.문46
16.05.문52
15.09.문03
15.09.문18
15.05.문10
15.05.문42
15.03.문51
14.09.문18
14.03.문18
11.06.문54

① 제1류 : 산화성 고체
② 제2류 : 가연성 고체
③ 제4류 : 인화성 액체
④ 제5류 : 산화성 액체

해설 ④ 산화성 액체 → 자기반응성 물질

위험물령 〔별표 1〕
위험물

유 별	성 질	품 명
제1류	산화성 고체 보기 ①	• 아염소산염류 • 염소산염류(**염소산나트륨**) • 과염소산염류 • 질산염류 • 무기과산화물 기억법 1산고염나

제2류	가연성 고체 보기 ②	• 황화인 • 적린 • 황 • 마그네슘
제3류	자연발화성 물질 및 금수성 물질	• **황**린 • **칼**륨 • **나**트륨 • **알**칼리토금속 • **트**리에틸알루미늄 기억법 **황칼나알트**
제4류	인화성 액체 보기 ③	• 특수인화물 • 석유류(벤젠) • 알코올류 • 동식물유류
제**5**류	**자**기반응성 물질 보기 ④	• 유기과산화물 • 나이트로화합물 • 나이트로소화합물 • 아조화합물 • 질산에스터류(셀룰로이드) 기억법 **5자(오자**탈자)
제6류	산화성 액체	• 과염소산 • 과산화수소 • 질산

답 ④

★★★
08 중앙코어방식으로 피난자들의 집중으로 패닉(panic) 현상이 발생할 우려가 있는 피난형태는?

21.03.문03
17.03.문09
12.03.문06
08.05.문20

① X형 ② T형
③ Z형 ④ CO형

해설 **피난형태**

형 태	피난방향	상 황
X형	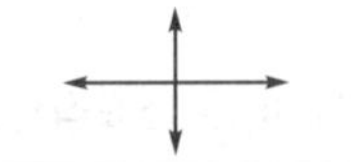	**확실한 피난통로**가 보장되어 신속한 피난이 가능하다.
Y형	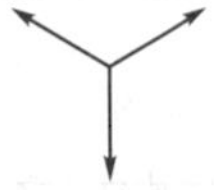	
CO형	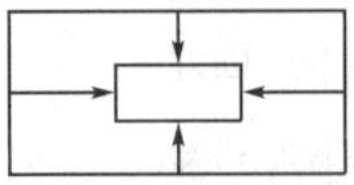	피난자들의 집중으로 **패닉**(Panic)**현상**이 일어날 수 있다. 보기 ④
H형	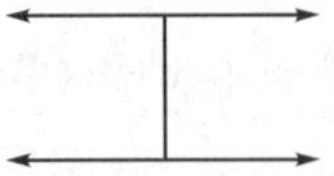	

• 보기에 H형이 있다면 H형도 정답

중요

패닉(Panic)의 **발생원인**
(1) 연기에 의한 시계제한
(2) 유독가스에 의한 호흡장애
(3) 외부와 단절되어 고립

답 ④

★★★
09 종이, 나무, 섬유류 등에 의한 화재에 해당하는 것은?

20.06.문02
19.03.문08
17.09.문07
16.05.문09
15.09.문19
13.09.문07

① A급 화재 ② B급 화재
③ C급 화재 ④ D급 화재

해설 **화재의 종류**

구 분	표시색	적응물질
일반화재(A급) 보기 ①	백색	• 일반가연물 • 종이류 화재 • 목재(나무) · 섬유화재(섬유류)
유류화재(B급)	황색	• 가연성 액체 • 가연성 가스 • 액화가스화재 • 석유화재
전기화재(C급)	청색	• 전기설비
금속화재(D급)	무색	• 가연성 금속
주방화재(K급)	–	• 식용유화재

※ 요즘은 표시색의 의무규정은 없음

답 ①

★★★
10 플래시오버(flash over)현상에 대한 설명으로 옳은 것은?

22.09.문06
20.09.문14
14.05.문18
14.03.문11
13.06.문17
11.06.문11

① 실내에서 가연성 가스가 축적되어 발생되는 폭발적인 착화현상
② 실내에서 에너지가 느리게 집적되는 현상
③ 실내에서 가연성 가스가 분해되는 현상
④ 실내에서 가연성 가스가 방출되는 현상

해설 **플래시오버**(flash over) : 순발연소
(1) **실내**에서 폭발적인 착화현상 보기 ①
(2) 폭발적인 **화재확대현상**
(3) 건물화재에서 발생한 가연성 가스가 일시에 인화하여 화염이 **충**만하는 단계
(4) 실내의 가연물이 연소됨에 따라 생성되는 가연성 가스가 실내에 누적되어 **폭**발적으로 연소하여 실 전체가 순간적으로 불길에 싸이는 현상
(5) **옥내화재**가 서서히 진행하여 열이 축적되었다가 일시에 화염이 크게 발생하는 상태
(6) **다량**의 **가연성 가스**가 동시에 연소되면서 **급**격한 온도상승을 유발하는 현상
(7) 건축물에서 한순간에 폭발적으로 화재가 확산되는 현상

기억법 **플확충 폭급**

• 플래시오버=플래쉬오버

비교

(1) **패닉(panic)현상**
인간의 비이성적인 또는 부적합한 **공포반응행동**으로서 무모하게 높은 곳에서 뛰어내리는 행위라든지, 몸이 굳어서 움직이지 못하는 행동

(2) **굴뚝효과**(stack effect)
㉠ 건물 내외의 **온도차**에 따른 공기의 흐름현상이다.
㉡ 굴뚝효과는 **고층건물**에서 주로 나타난다.
㉢ 평상시 건물 내의 기류분포를 지배하는 중요 요소이며 화재시 **연기**의 **이동**에 큰 영향을 미친다.
㉣ 건물 외부의 온도가 내부의 온도보다 높은 경우 저층부에서는 내부에서 외부로 공기의 흐름이 생긴다.

(3) **블레비(BLEVE)－블레이브(BLEVE)현상**
과열상태의 탱크에서 내부의 액화가스가 분출하여 기화되어 폭발하는 현상
㉠ 가연성 액체
㉡ 화구(fire ball)의 형성
㉢ 복사열의 대량 방출

답 ①

★★★
11 화재발생시 인간의 피난특성으로 틀린 것은?

20.09.문10
18.04.문03
16.05.문03
12.05.문15
11.10.문09
10.09.문11

① 본능적으로 평상시 사용하는 출입구를 사용한다.
② 최초로 행동을 개시한 사람을 따라서 움직인다.
③ 공포감으로 인해서 빛을 피하여 어두운 곳으로 몸을 숨긴다.
④ 무의식 중에 발화장소의 반대쪽으로 이동한다.

해설
③ 공포감으로 인해서 빛을 따라 외부로 달아나려는 경향이 있다.

화재발생시 **인간**의 **피난 특성**

구 분	설 명
귀소본능	• **친숙한 피난경로**를 선택하려는 행동 • 무의식 중에 **평상시 사용**하는 출입구나 통로를 사용하려는 행동 보기 ①
지광본능	• **밝은 쪽**을 지향하는 행동 • 화재의 공포감으로 인하여 **빛**을 따라 외부로 달아나려고 하는 행동 보기 ③
퇴피본능	• 화염, 연기에 대한 공포감으로 **발화**의 **반대방향**으로 이동하려는 행동 보기 ④
추종본능	• 많은 사람이 달아나는 방향으로 쫓아가려는 행동 • 화재시 최초로 행동을 개시한 사람을 따라 전체가 움직이려는 행동 보기 ②
좌회본능	• **좌측통행**을 하고 **시계반대방향**으로 회전하려는 행동
폐쇄공간 지향본능	• 가능한 **넓은 공간**을 찾아 **이동**하다가 위험성이 높아지면 의외의 좁은 공간을 찾는 본능
초능력 본능	• 비상시 **상상**도 **못할 힘**을 내는 본능
공격본능	• **이상심리현상**으로서 구조용 헬리콥터를 부수려고 한다든지 무차별적으로 주변사람과 구조인력 등에게 공격을 가하는 본능
패닉 (panic) 현상	• 인간의 비이성적인 또는 부적합한 **공포반응행동**으로서 무모하게 높은 곳에서 뛰어내리는 행위라든지, 몸이 굳어서 움직이지 못하는 행동

답 ③

★★★
12 화재시 이산화탄소를 방출하여 산소농도를 13vol%로 낮추어 소화하기 위한 공기 중 이산화탄소의 농도는 약 몇 vol%인가?

19.09.문10
15.05.문13
14.05.문07
13.09.문16
12.05.문14

① 9.5
② 25.8
③ 38.1
④ 61.5

해설 (1) **주어진 값**
• O_2 농도 : 13vol%
• CO_2 농도 : ?

(2) **이산화탄소**의 **농도**

$$CO_2 = \frac{21 - O_2}{21} \times 100$$

여기서, CO_2 : CO_2의 농도[vol%]
O_2 : O_2의 농도[vol%]

$$CO_2 = \frac{21 - O_2}{21} \times 100 = \frac{21 - 13}{21} \times 100 \fallingdotseq 38.1\text{vol\%}$$

중요

이산화탄소 소화설비와 **관련된 식**

$$CO_2 = \frac{방출가스량}{방호구역체적 + 방출가스량} \times 100 = \frac{21 - O_2}{21} \times 100$$

여기서, CO_2 : CO_2의 농도[vol%]
O_2 : O_2의 농도[vol%]

$$방출가스량 = \frac{21 - O_2}{O_2} \times 방호구역체적$$

여기서, O_2 : O_2의 농도[vol%]

답 ③

★

13 건축물의 피난 · 방화구조 등의 기준에 관한 규칙상 불연재료에 대한 설명이다. 다음 중 빈칸에 들어가지 않는 것은?

> (　　) · (　　) · (　　) · (　　) · (　　) · (　　) · (　　) · 시멘트모르타르 및 회, 이 경우 시멘트모르타르 또는 회 등 미장재료를 사용하는 경우에는 「건설기술 진흥법」 제44조 제1항 제2호에 따라 제정된 건축공사표준시방서에서 정한 두께 이상인 것에 한한다.

① 콘크리트　② 석재
③ 벽돌　④ 철근

해설

④ 철근 → 철강

건축령 2조, 피난 · 방화구조 5~7조
불연 · 준불연재료 · 난연재료

구분	불연재료	준불연재료	난연재료
정의	불에 타지 않는 재료	불연재료에 준하는 방화성능을 가진 재료	불에 잘 타지 아니하는 성능을 가진 재료
종류	① 콘크리트 보기 ① ② 석재 보기 ② ③ 벽돌 보기 ③ ④ 기와 ⑤ 유리(그라스울) ⑥ 철강 보기 ④ ⑦ 알루미늄 ⑧ 모르타르(시멘트 모르타르) ⑨ 회	① 석고보드 ② 목모시멘트판	① 난연 합판 ② 난연 플라스틱판

용어

철 강	철 근
철에 탄소나 다른 합금원소를 첨가해 만든 합금	철강을 특정한 형태로 가공한 것

답 ④

★★★

14 휘발유 화재시 물을 사용하여 소화할 수 없는 이유로 가장 옳은 것은?

23.05.문19
20.06.문14
16.10.문19
13.06.문19

① 인화점이 물보다 낮기 때문이다.
② 비중이 물보다 작아 연소면이 확대되기 때문이다.
③ 수용성이므로 물에 녹아 폭발이 일어나기 때문이다.
④ 물과 반응하여 수소가스를 발생하기 때문이다.

해설 **주수소화**(물소화)시 **위험**한 **물질**

구 분	현 상
• 무기과산화물	**산소** 발생
• **금**속분 • **마**그네슘 • 알루미늄 • 칼륨 • 나트륨 • 수소화리튬 • **부틸리튬**	**수소** 발생
• 가연성 액체(휘발유)의 유류화재	**연소면**(화재면) 확대 보기 ②

기억법 **금마수**

답 ②

★

15 백드래프트(back draft)에 관한 설명으로 틀린 것은?

23.09.문08

① 내화조건물의 화재 초기에 주로 발생한다.
② 새로운 공기가 공급되면 화염이 숨 쉬듯이 분출되는 현상이다.
③ 화재진압 과정에서 갑작스러운 폭발의 위험이 있다.
④ 공기가 지속적으로 원활하게 공급되는 경우에는 발생 가능성이 낮다.

해설

① 초기 → 감쇠기

백드래프트(back draft)

(1) 내화조건물의 화재 **감쇠기**에 주로 발생한다. 보기 ①

플래시오버	백드래프트
성장기~최성기	감쇠기

(2) 새로운 공기가 공급되면 **화염**이 **숨** 쉬듯이 분출되는 현상이다. 보기 ②
(3) **화재진압** 과정에서 갑작스러운 **폭발**의 위험이 있다. 보기 ③
(4) **공기**가 지속적으로 **원활**하게 공급되는 경우에는 발생 가능성이 **낮다**. 보기 ④
(5) **산소**의 **공급**이 **원활하지 못한** 화재실에 급격히 **산소**가 **공급**이 될 경우 순간적으로 연소하여 화재가 폭풍을 동반하여 **실외**로 **분출**하는 현상
(6) 소방대가 소화활동을 위하여 화재실의 문을 개방할 때 신선한 공기가 유입되어 실내에 축적되었던 가연성 가스가 **단시간**에 **폭발적**으로 **연소**함으로써 화재가 폭풍을 동반하며 **실외**로 분출되는 현상으로 **감쇠기**에 나타난다.
(7) 화재로 인하여 **산소**가 **부족**한 건물 내에 산소가 새로 유입된 때 **고열가스**의 **폭발** 또는 급속한 **연소**가 발생하는 현상
(8) **통기력**이 좋지 않은 상태에서 연소가 계속되어 산소가 심히 부족한 상태가 되었을 때 **개구부**를 통하여 산소가 공급되면 실내의 가연성 혼합기가 공급되는 **산소**의 **방향**과 **반대**로 흐르며 급격히 연소하는 현상으로서 **"역화현상"**이라고 하며 이때에는 **화염**이 산소의 공급통로로 분출되는 현상을 눈으로 확인할 수 있다.

기억법 백감

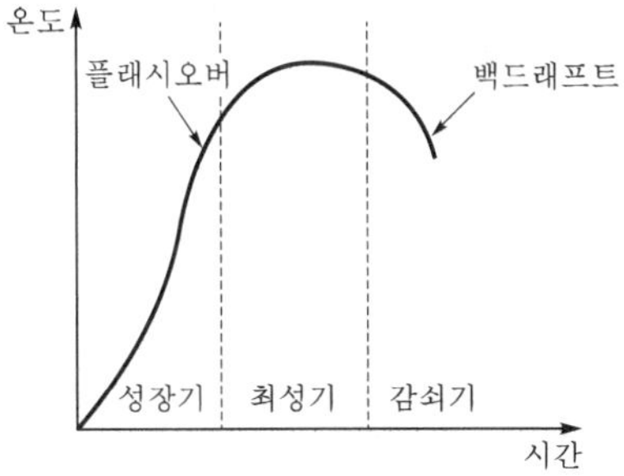

‖ 백드래프트와 플래시오버의 발생시기 ‖

답 ①

★★★
16 CO_2 소화약제의 장점으로 틀린 것은?

21.05.문03
14.09.문03

① 한냉지에서도 사용이 가능하다.
② 자체압력으로도 방사가 가능하다.
③ 전기적으로 비전도성이다.
④ 인체에 무해하고 GWP가 0이다.

해설

④ 무해 → 유해, 0 → 1

이산화탄소 소화설비

구 분	설 명
장점	• **한냉지**에서도 사용이 가능하다. 보기 ① • 자체압력으로도 방사가 가능하다. 보기 ② • 화재진화 후 깨끗하다. • **심부화재**에 적합하다. • **증거보존**이 **양호**하여 화재원인조사가 쉽다. • 전기의 **부도체**(비전도성)로서 전기절연성이 높다(**전기설비**에 사용 가능). 보기 ③ • 화학적으로 안정하다. • 불연성이다. • **전기절연성**이 **우수**하다. • **비전도성**이다. 보기 ③ • **장시간 저장**이 가능하다. • 소화약제에 의한 **오손**이 **없다**. • **무색**이고 **무취**이다.
단점	• 인체의 **질식**이 **우려**된다. 보기 ④ • 소화약제의 방출시 인체에 닿으면 **동상**이 **우려**된다. • 소화약제의 방사시 **소리**가 **요란**하다.

용어

GWP

지구온난화지수 (GWP; Glrobal Warming Potential)
• 지구온난화에 기여하는 정도를 나타내는 지표로 **CO_2**(이산화탄소)의 **GWP**를 **1**로 하여 다음과 같이 구한다. 보기 ④ $\text{GWP} = \dfrac{\text{어떤 물질 1kg이 기여하는 온난화 정도}}{CO_2\text{의 1kg이 기여하는 온난화 정도}}$ • 지구온난화지수가 **작을수록 좋은 소화약제**이다.

답 ④

★★★
17 수소의 공기 중 폭발한계는 약 몇 vol.%인가?

17.03.문03
16.03.문13
15.09.문14
13.06.문04
09.03.문02

① 1.05~6.7　　② 4~75
③ 5~15　　④ 12.5~54

해설 (1) **공기 중**의 **폭발한계**(일사천리로 나와야 한다.)

가 스	하한계 〔vol%〕	상한계 〔vol%〕
아세틸렌(C_2H_2)	2.5	81
수소(H_2) 보기 ②	4	75
일산화탄소(CO)	12	75
암모니아(NH_3)	15	25
메탄(CH_4)	5	15
에탄(C_2H_6)	3	12.4
프로판(C_3H_8)	2.1	9.5
부탄(C_4H_{10})	1.8	8.4

vol%=vol.%

기억법 수475(수사 후 치료하세요.)
부18(부자의 일반적인 팔자)

(2) **폭발한계**와 **같은 의미**
㉠ 폭발범위
㉡ 연소한계
㉢ 연소범위
㉣ 가연한계
㉤ 가연범위

답 ②

★★★
18 유류탱크의 화재시 탱크 저부의 물이 뜨거운 열류층에 의하여 수증기로 변하면서 급작스런 부피팽창을 일으켜 유류가 탱크 외부로 분출하는 현상을 무엇이라고 하는가?

23.05.문15
20.06.문10
17.05.문04

① 보일오버　　② 프로스오버
③ 블래비　　④ 플래시오버

해설 **유류탱크, 가스탱크**에서 **발생**하는 **현상**

구 분	설 명
블래비=블레비 (BLEVE)	• 과열상태의 탱크에서 내부의 액화가스가 분출하여 기화되어 폭발하는 현상
보일오버 (boil over)	• 중질유의 석유탱크에서 장시간 조용히 연소하다 탱크 내의 잔존기름이 갑자기 분출하는 현상 • 유류탱크에서 **탱크바닥**에 **물**과 기름의 **에멀션**이 섞여 있을 때 이로 인하여 화재가 발생하는 현상 • 연소유면으로부터 100℃ 이상의 열파가 **탱크 저부**에 고여 있는 물을 비등하게 하면서 연소유를 탱크 밖으로 비산시키며 연소하는 현상 보기 ①

오일오버 (oil over)	• 저장탱크에 저장된 유류저장량이 내용적의 **50%** 이하로 충전되어 있을 때 화재로 인하여 탱크가 폭발하는 현상
프로스오버 (froth over)	• 물이 점성의 뜨거운 기름표면 아래에서 끓을 때 화재를 수반하지 않고 용기가 넘치는 현상
슬롭오버 (slop over)	• **유류탱크 화재시** 기름 표면에 물을 살수하면 **기름**이 **탱크** 밖으로 **비산**하여 화재가 확대되는 현상(연소유가 비산되어 탱크 외부까지 화재가 확산) • 물이 연소유의 뜨거운 표면에 들어갈 때 기름 표면에서 화재가 발생하는 현상 • 유화제로 소화하기 위한 물이 수분의 급격한 증발에 의하여 액면이 거품을 일으키면서 열유층 밑의 냉유가 급히 열팽창하여 기름의 일부가 불이 붙은 채 탱크벽을 넘어서 일출하는 현상 • 연소면의 온도가 100℃ 이상일 때 물을 주수하면 발생 • 소화시 외부에서 방사하는 포에 의해 발생

중요

건축물 내에서 **발생**하는 **현상**

현 상	정 의
플래시오버 (flash over)	• 화재로 인하여 실내의 온도가 급격히 상승하여 화재가 순간적으로 실내 전체에 확산되어 연소되는 현상
백드래프트 (back draft)	• **통기력**이 좋지 않은 상태에서 연소가 계속되어 산소가 심히 부족한 상태가 되었을 때 **개구부**를 통하여 산소가 공급되면 실내의 가연성 혼합기가 공급되는 **산소**의 **방향**과 **반대**로 흐르며 급격히 연소하는 현상 • 소방대가 소화활동을 위하여 화재실의 문을 개방할 때 신선한 공기가 유입되어 실내에 축적되었던 가연성 가스가 **단시간**에 **폭발적**으로 **연소**함으로써 화재가 폭풍을 동반하며 **실외**로 **분출**되는 현상

답 ①

★★★
19 방화구조의 기준으로 틀린 것은?

16.05.문05
15.05.문02
14.05.문12
07.05.문19

① 심벽에 흙으로 맞벽치기한 것
② 철망모르타르로서 그 바름 두께가 2cm 이상인 것
③ 시멘트모르타르 위에 타일을 붙인 것으로서 그 두께의 합계가 1.5cm 이상인 것
④ 석고판 위에 시멘트모르타르 또는 회반죽을 바른 것으로서 그 두께의 합계가 2.5cm 이상인 것

해설 ③ 1.5cm 이상 → 2.5cm 이상

피난 · 방화구조 4조
방화구조의 기준

구조 내용	기 준
① **철망모르타르** 바르기 보기 ②	두께 **2cm** 이상
② 석고판 위에 시멘트모르타르를 바른 것 보기 ④ ③ 석고판 위에 회반죽을 바른 것 보기 ④ ④ 시멘트모르타르 위에 타일을 붙인 것 보기 ③	두께 **2.5cm** 이상
⑤ 심벽에 흙으로 맞벽치기 한 것 보기 ①	모두 해당

비교

피난 · 방화구조 3조
내화구조의 기준

내화 구분	기 준
벽 · 바닥	철골 · 철근 콘크리트조로서 두께가 **10cm** 이상인 것
기둥	철골을 두께 **5cm** 이상의 콘크리트로 덮은 것
보	두께 **5cm** 이상의 콘크리트로 덮은 것

기억법 **벽바내1**(벽을 바라보면 내일이 보인다.)

답 ③

★★★
20 연소시 암적색 불꽃의 온도는 약 몇 ℃인가?

① 700℃ ② 950℃
③ 1100℃ ④ 1300℃

해설 **연소**의 **색**과 **온도**

색	온도[℃]
암적색(진홍색)	700~750 보기 ①
적색	850
휘적색(주황색)	925~950
황적색	1100
백적색(백색)	1200~1300
휘백색	1500

답 ①

제 2 과목 소방전기일반

★★★
21 이미터전류를 1mA 증가시켰더니 컬렉터전류는 0.98mA 증가되었다. 이 트랜지스터의 증폭률 β는?

17.09.문21
10.03.문26

① 4.9 ② 9.8
③ 49.0 ④ 98.0

해설 (1) **기호**

- I_E : 1mA
- I_C : 0.98mA
- β : ?

(2) **이미터접지(트랜지스터) 전류증폭률**

$$\beta = \frac{I_C}{I_B} = \frac{I_C}{I_E - I_C}$$

여기서, β : 이미터접지 전류증폭률(이미터접지 전류증폭정수)
I_C : 컬렉터전류〔mA〕
I_B : 베이스전류〔mA〕
I_E : 이미터전류〔mA〕

이미터접지 전류증폭률 β는

$$\beta = \frac{I_C}{I_E - I_C} = \frac{0.98}{1 - 0.98} = 49$$

- 분자, 분모의 단위만 일치시켜 주면 mA → A로 환산하지 않아도 된다. 그래도 의심되면 mA → A로 환산하자. 값은 동일하게 나온다.

$$\beta = \frac{I_C}{I_E - I_C} = \frac{0.98 \times \cancel{10^{-3}}}{(1-0.98) \times \cancel{10^{-3}}} = 49$$

비교

베이스접지 전류증폭률

$$\alpha = \frac{\beta}{1+\beta}$$

여기서, α : 베이스접지 전류증폭률
β : 이미터접지 전류증폭률

- 이상적인 트랜지스터의 베이스접지 전류증폭률 α는 1이다.
- 전류증폭률=전류증폭정수
- 베이스접지=베이스접지 증폭기

답 ③

★★
22 부궤한증폭기의 장점에 해당되는 것은?

19.04.문22
13.09.문38

① 전력이 절약된다.
② 안정도가 증진된다.
③ 증폭도가 증가된다.
④ 능률이 증대된다.

해설 **부궤환증폭기**

장 점	단 점
① **안**정도 **증**진 보기 ② ② 대역폭 확장 ③ 잡음 감소 ④ 왜곡 감소	이득 감소

기억법 부안증

답 ②

★★★
23 100V, 1kW의 니크롬선을 3/4의 길이로 잘라서 사용할 때 소비전력은 약 몇 W인가?

19.03.문33
11.03.문23
10.05.문35

① 1000 ② 1333
③ 1430 ④ 2000

해설 (1) **기호**

- V : 100V
- P : 1kW=1000W
- L : $\frac{3}{4}$
- P' : ?

(2) **전력**

$$P = VI = I^2R = \frac{V^2}{R}$$

여기서 P : 전력〔W〕
V : 전압〔V〕
I : 전류〔A〕
R : 저항〔Ω〕

저항 R은

$$R = \frac{V^2}{P} = \frac{100^2}{1000} = 10\,\Omega$$

(3) **고유저항**

$$R = \rho\frac{L}{A} = \rho\frac{L}{\pi r^2}$$

여기서, R : 저항〔Ω〕
ρ : 고유저항〔Ω · m〕
A : 도체의 단면적〔m²〕
L : 도체의 길이〔m〕
r : 도체의 반지름〔m〕

$R = \rho\frac{L}{A} \propto L$이므로 니크롬선을 $\frac{3}{4}$ 길이로 자르면 저항(R')도 $\frac{3}{4}$으로 줄어든다. 이것을 식으로 나타내면 다음과 같다.

$$R' = \frac{3}{4}R$$

(4) **전력**

$$P' = \frac{V^2}{R'} = \frac{V^2}{\frac{3}{4}R} = \frac{100^2}{\frac{3}{4} \times 10} ≒ 1333\text{W}$$

답 ②

★★★
24 반지름 20cm, 권수 50회인 원형 코일에 2A의 전류를 흘려주었을 때 코일 중심에서 자계(자기장)의 세기[AT/m]는?

23.09.문25
20.06.문36
15.09.문26
09.03.문27

① 70　　② 100
③ 125　　④ 250

해설 (1) **기호**

- a : 20cm=0.2m(100cm=1m)
- N : 50
- I : 2A
- H : ?

(2) **원형 코일 중심의 자계**

$$H=\frac{NI}{2a} \text{[AT/m]}$$

여기서, H : 자계의 세기[AT/m]
N : 코일권수
I : 전류[A]
a : 반지름[m]

자계의 세기 H는

$$H=\frac{NI}{2a}=\frac{50\times 2}{2\times 0.2}=250\text{AT/m}$$

답 ④

★★★
25 다음 시퀀스회로를 논리식으로 나타내시오.

23.09.문27
22.04.문36
21.09.문22

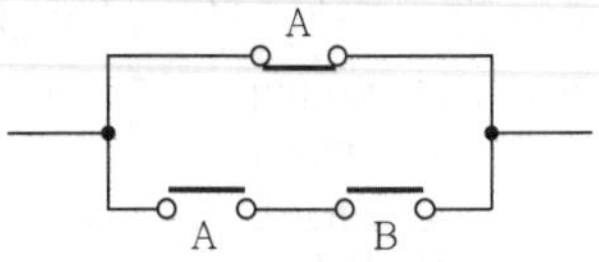

① $(A+B)\cdot\overline{A}$　　② $AB+\overline{A}$
③ $(A+B)\cdot A$　　④ $AB+A$

해설 **논리식 · 시퀀스회로**

시퀀스	논리식	시퀀스회로(스위칭회로)
직렬회로	$Z=A\cdot B$ $Z=AB$	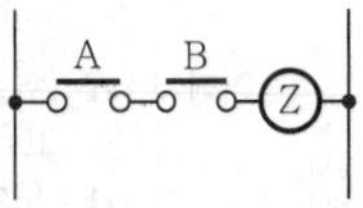
병렬회로	$Z=A+B$	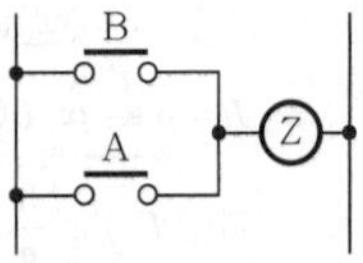
a접점	$Z=A$	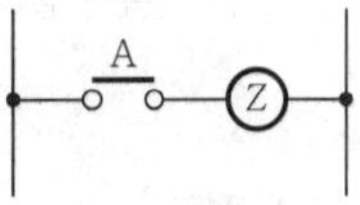
b접점	$Z=\overline{A}$	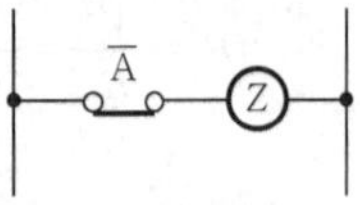

$\therefore\ \overline{A}+AB=AB+\overline{A}$

답 ②

★★★
26 3상 농형 유도전동기의 기동법이 아닌 것은?

20.08.문22
17.09.문34
17.05.문23
06.05.문22
04.09.문30

① Y－△기동법　　② 기동보상기법
③ 2차 저항기동법　　④ 리액터 기동법

해설 **3상 유도전동기의 기동법**

농 형	권선형
① 전전압기동법(직입기동법) ② Y－△기동법 보기 ① ③ 리액터법(리액터 기동법) 보기 ④ ④ 기동보상기법 보기 ② ⑤ 콘도르퍼기동법	① 2차 저항법(2차 저항 기동법) 보기 ③ ② 게르게스법

기억법 권2(권위)

답 ③

★★
27 3상 유도전동기를 기동하기 위하여 권선을 Y결선하면 △ 결선하였을 때 보다 토크는 어떻게 되는가?

15.05.문21
14.03.문37

① $\frac{1}{\sqrt{3}}$로 감소　　② $\frac{1}{3}$로 감소
③ 3배로 증가　　④ $\sqrt{3}$ 배로 증가

해설 (1) **3상 전력**

$$P=\sqrt{3}\,V_l I_l \cos\theta=9.8\omega\tau$$

여기서, P : 3상 전력[W]
V_l : 선간전압[V]
I_l : 선전류[A]
$\cos\theta$: 역률
ω : 각속도[rad/s]
τ : 토크[kg · m]

(2) **Y결선, △결선의 선전류**

$$I_l \propto \tau$$

$$I_Y=\frac{V}{\sqrt{3}R},\quad I_\triangle=\frac{\sqrt{3}V}{R}$$

여기서, I_Y : Y결선의 선전류[A]
V : 선간전압[V]
R : 저항[Ω]
$I_\triangle$: △결선의 선전류[A]

$$\frac{I_Y}{I_\triangle}=\frac{\frac{V}{\sqrt{3}R}}{\frac{\sqrt{3}V}{R}}=\frac{1}{3}$$

선전류(I_l)와 토크(τ)에 비례하므로 △결선에서 Y결선으로 바꾸면 기동토크는 $\frac{1}{3}$로 감소한다.

답 ②

★★★
28 그림의 블록선도와 같이 표현되는 제어시스템의 전달함수 $G(s)$는?

20.09.문23
19.09.문22
17.09.문27
16.03.문25
09.05.문32
08.03.문39

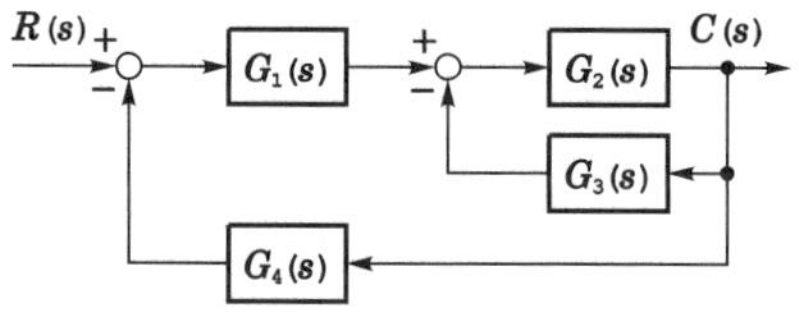

① $\dfrac{G_1(s)G_2(s)}{1+G_2(s)G_3(s)+G_1(s)G_2(s)G_4(s)}$

② $\dfrac{G_3(s)G_4(s)}{1+G_2(s)G_3(s)+G_1(s)G_2(s)G_4(s)}$

③ $\dfrac{G_1(s)G_2(s)}{1+G_1(s)G_2(s)+G_1(s)G_2(s)G_3(s)}$

④ $\dfrac{G_3(s)G_4(s)}{1+G_1(s)G_2(s)+G_1(s)G_2(s)G_3(s)}$

해설 $C=R(s)G_1(s)G_2(s)-CG_1(s)G_2(s)G_4(s)$
$-CG_2(s)G_3(s)$

계산편의를 위해 잠시 (s)를 생략하고 계산하면

$C=RG_1G_2-CG_1G_2G_4-CG_2G_3$

$C+CG_1G_2G_4+CG_2G_3=RG_1G_2$

$C(1+G_1G_2G_4+G_2G_3)=RG_1G_2$

$\dfrac{C}{R}=\dfrac{G_1G_2}{1+G_1G_2G_4+G_2G_3}$

$G=\dfrac{C}{R}=\dfrac{G_1G_2}{1+G_2G_3+G_1G_2G_4}$

$G(s)=\dfrac{C(s)}{R(s)}=\dfrac{G_1(s)G_2(s)}{1+G_2(s)G_3(s)+G_1(s)G_2(s)G_4(s)}$

용어

전달함수
모든 초기값을 0으로 하였을 때 출력신호의 라플라스 변환과 입력신호의 라플라스변환의 **비**

답 ①

★★★
29 SCR(Silicon-Controlled Rectifier)에 대한 설명으로 틀린 것은?

19.09.문24
14.05.문21
11.03.문35

① PNPN 소자이다.
② 스위칭 반도체소자이다.
③ 양방향 사이리스터이다.
④ 교류의 전력제어용으로 사용된다.

해설 ③ 양방향 → 단방향

SCR(**실**리콘제어 정류소자)의 **특징**
(1) **과전압**에 비교적 **약하다.**
(2) 게이트에 신호를 인가한 때부터 도통시까지 시간이 짧다.
(3) **순방향** 전압강하는 **작게** 발생한다.
(4) **역방향** 전압강하는 **크게** 발생한다.
(5) **열**의 발생이 **적은 편**이다.
(6) **PNPN**의 구조를 하고 있다(PNPN 소자). 보기 ①
(7) 특성곡선에 **부저항부분**이 있다.
(8) **게이트전류**에 의하여 방전개시전압을 제어할 수 있다.
(9) 단방향성 사이리스터 보기 ③
(10) 직류 및 교류의 **전력제어용** 또는 **위상제어용**으로 사용한다. 보기 ④
(11) 스위칭소자(스위칭 반도체소자) 보기 ②

기억법 **실순작**

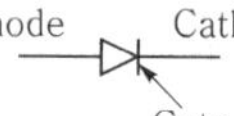

답 ③

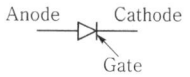

★
30 입력 $r(t)$, 출력 $c(t)$인 제어시스템에서 전달함수 $G(s)$는? (단, 초기값은 0이다.)

18.09.문30

$$\frac{d^2c(t)}{dt^2}+3\frac{dc(t)}{dt}+2c(t)=\frac{dr(t)}{dt}+3r(t)$$

① $\dfrac{3s+1}{2s^2+3s+1}$ ② $\dfrac{s^2+3s+2}{s+3}$

③ $\dfrac{s+1}{s^2+3s+2}$ ④ $\dfrac{s+3}{s^2+3s+2}$

해설
- $\dfrac{d^2}{dt^2}\to s^2$, $3\dfrac{d}{dt}\to 3s$, $2\to 2$
- $\dfrac{d}{dt}\to s$, $3\to 3$

라플라스 변환하면

$\dfrac{d^2c(t)}{dt^2}+3\dfrac{dc(t)}{dt}+2c(t)=\dfrac{dr(t)}{dt}+3r(t)$

$(s^2+3s+2)c(s)=(s+3)r(s)$

전달함수 $G(s)$는

$G(s)=\dfrac{c(s)}{r(s)}=\dfrac{s+3}{s^2+3s+2}$

용어

전달함수
모든 초기값을 0으로 하였을 때 출력신호의 라플라스 변환과 입력신호의 라플라스 변환의 비

답 ④

★★★
31

23.03.문23
22.03.문37
21.09.문35
16.10.문21
12.05.문21
03.05.문34

각 상의 임피던스가 $Z=6+j8\,\Omega$인 △ 결선의 평형 3상 부하에 선간전압이 220V인 대칭 3상 전압을 가했을 때 이 부하로 흐르는 선전류의 크기는 약 몇 A인가?

① 13
② 22
③ 38
④ 66

해설 (1) 기호

- Z : $6+j8\,\Omega$
- V_L : 220V
- I_L : ?

(2) △결선 vs Y결선

△결선	Y결선
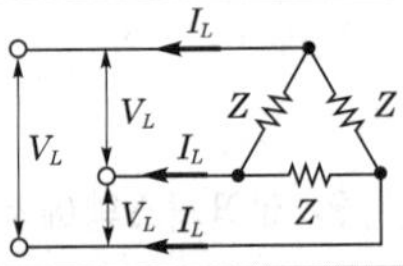	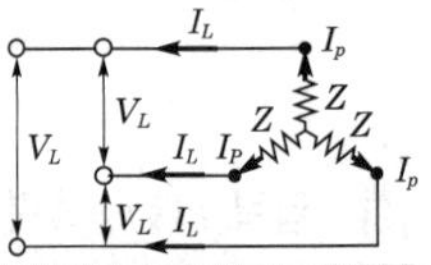
$I_L=\dfrac{\sqrt{3}\,V_L}{Z}=\dfrac{\sqrt{3}\,V_P}{Z}$ $I_L=\sqrt{3}\,I_P$	$I_L=I_P=\dfrac{V_L}{\sqrt{3}\,Z}$ $I_L=I_P$
여기서, I_L : 선전류〔A〕 V_L : 선간전압〔V〕 Z : 임피던스〔Ω〕 I_P : 상전류〔A〕 V_P : 상전압〔V〕	여기서, I_L : 선전류〔A〕 I_P : 상전류〔A〕 V_L : 선간전압〔V〕 Z : 임피던스〔Ω〕

△결선 선전류 I_L는

$$I_L=\frac{\sqrt{3}\,V_L}{Z}=\frac{\sqrt{3}\times220}{6+j8}=\frac{\sqrt{3}\times220}{\sqrt{6^2+8^2}}\fallingdotseq 38\text{A}$$

답 ③

★★★
32

23.03.문25
22.03.문34
21.05.문26
18.03.문29

유도전동기의 슬립이 5.6%이고 회전자속도가 1700rpm일 때, 이 유도전동기의 동기속도는 약 몇 rpm인가?

① 1000 ② 1200
③ 1500 ④ 1800

해설 (1) 기호

- N : 1700rpm
- s : 5.6%=0.056
- N_s : ?

(2) 동기속도 …… ㉠

$$N_s=\frac{120f}{P}$$

여기서, N_s : 동기속도〔rpm〕, f : 주파수〔Hz〕
P : 극수

(3) 회전속도 …… ㉡

$$N=\frac{120f}{P}(1-s)\text{〔rpm〕}$$

여기서, N : 회전속도〔rpm〕, P : 극수
f : 주파수〔Hz〕, s : 슬립

㉠식을 ㉡식에 대입하면

$$N=N_s(1-s)$$

동기속도 N_s는

$$N_s=\frac{N}{(1-s)}=\frac{1700}{(1-0.056)}\fallingdotseq 1800\text{rpm}$$

답 ④

★★★
33

22.03.문40
15.09.문26
09.03.문27

한 변의 길이가 L〔m〕인 정사각형 도체 회로에 전류 I〔A〕를 흘릴 때 회로의 중심점에서의 자계의 세기는 몇 AT/m인가?

① $\dfrac{2I}{\pi L}$ ② $\dfrac{I}{\sqrt{2}\,\pi L}$
③ $\dfrac{\sqrt{2}\,I}{\pi L}$ ④ $\dfrac{2\sqrt{2}\,I}{\pi L}$

해설 정사각형 중심의 자계

$$H=\frac{2\sqrt{2}\,I}{\pi L}\text{〔AT/m〕}$$

여기서, H : 자계의 세기〔AT/m〕
I : 전류〔A〕
L : 한 변의 길이〔m〕

- 정사각형=정방형

답 ④

★★
34

23.09.문30
22.04.문37

회로에서 a와 b 사이에 나타나는 전압 V_{ab}〔V〕는?

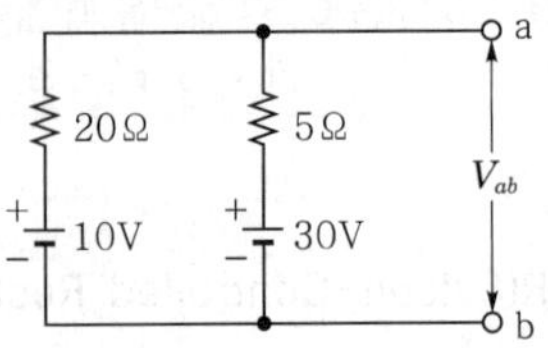

① 20 ② 23
③ 26 ④ 28

해설

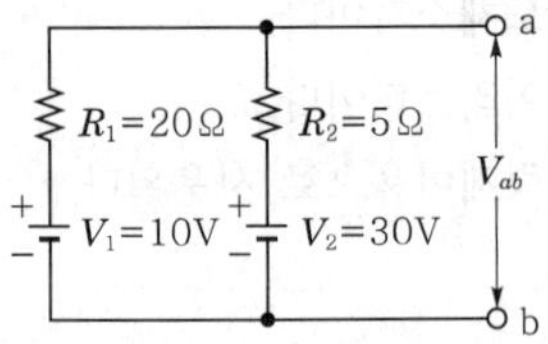

(1) **기호**

- R_1 : 20Ω
- R_2 : 5Ω
- V_1 : 10V
- V_2 : 30V
- V_{ab} : ?

(2) **밀만의 정리**

$$V_{ab}=\frac{\frac{V_1}{R_1}+\frac{V_2}{R_2}}{\frac{1}{R_1}+\frac{1}{R_2}}\text{[V]}$$

여기서, V_{ab} : 단자전압[V]

V_1, V_2 : 각각의 전압[V]

R_1, R_2 : 각각의 저항[Ω]

밀만의 정리에 의해

$$V_{ab}=\frac{\frac{V_1}{R_1}+\frac{V_2}{R_2}}{\frac{1}{R_1}+\frac{1}{R_2}}=\frac{\frac{10}{20}+\frac{30}{5}}{\frac{1}{20}+\frac{1}{5}}=26\text{V}$$

답 ③

★★★
35 0℃에서 저항이 10Ω이고, 저항의 온도계수가 0.0043인 전선이 있다. 30℃에서 이 전선의 저항은 약 몇 Ω인가?

21.05.문34
08.09.문26

① 0.013 ② 0.68
③ 1.4 ④ 11.3

해설 (1) **기호**

- t_1 : 0℃
- R_1 : 10Ω
- α_{t_1} : 0.0043
- t_2 : 30℃
- R_2 : ?

(2) **저항의 온도계수**

$$R_2=R_1\left\{1+\alpha_{t_1}(t_2-t_1)\right\}\text{[Ω]}$$

여기서, R_2 : t_2의 저항[Ω]

R_1 : t_1의 저항[Ω]

α_{t_1} : t_1의 온도계수

t_2 : 상승 후의 온도[℃]

t_1 : 상승 전의 온도[℃]

t_2의 저항 R_2는

$$R_2=R_1\left\{1+\alpha_{t_1}(t_2-t_1)\right\}$$
$$=10\{1+0.0043(30-0)\}$$
$$=11.29$$
$$\fallingdotseq 11.3\,\Omega$$

답 ④

★★★
36 그림과 같은 블록선도의 전달함수$\left(\dfrac{C(s)}{R(s)}\right)$는?

22.04.문22
21.03.문39
20.09.문23
19.09.문22
17.09.문27
16.03.문25
09.05.문32
08.03.문39

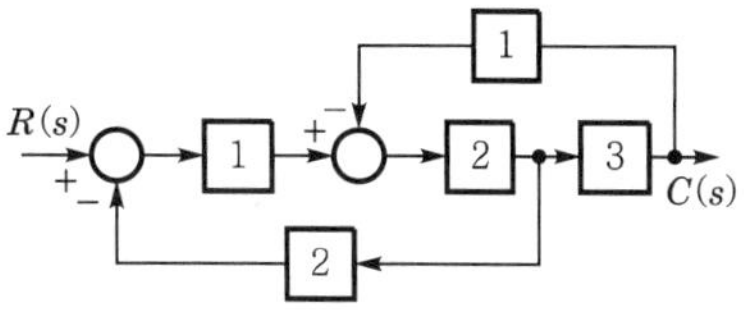

① $\dfrac{6}{23}$ ② $\dfrac{6}{17}$
③ $\dfrac{6}{15}$ ④ $\dfrac{6}{11}$

해설 **분기점 이동원리**

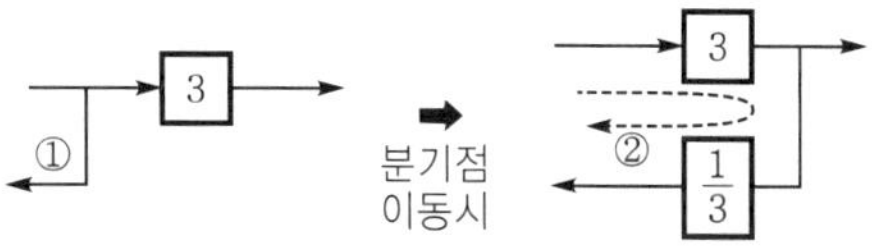

① 지점은 블록이 아무것도 없으므로 1로 가정하면 분기점 이동시 ② 지점은 ① 지점과 값이 같아야 하므로 $\boxed{3}\times\boxed{\frac{1}{3}}=1$이 되므로 $\boxed{\frac{1}{3}}$을 삽입해야 함

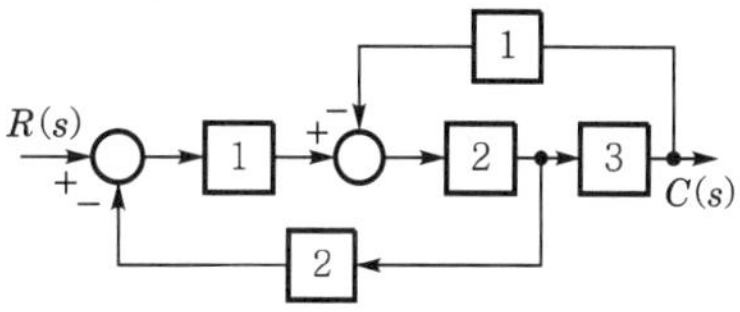

피드백되는 분기점 재배치

⬇

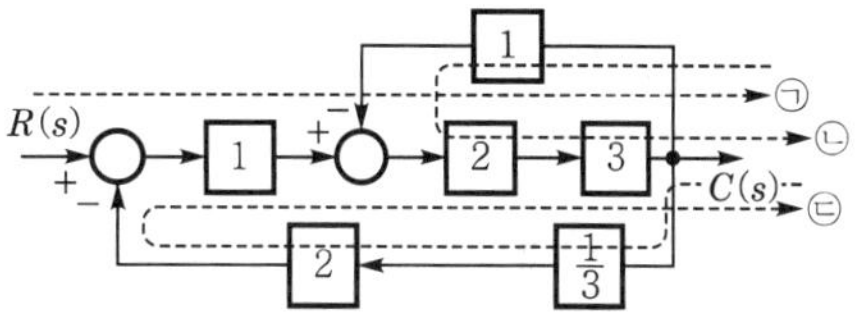

계산의 편의를 위해 (s)를 잠시 떼어놓고 계산

$$R1\times2\times3-C1\times2\times3-C\frac{1}{3}\times2\times1\times2\times3=C$$

$6R-6C-4C=C$

$6R=6C+4C+C$

$6R=11C$

$\dfrac{6}{11}=\dfrac{C}{R}$

답 ④

★★★
37 그림의 회로에서 a와 c 사이의 합성저항은?

22.03.문27
21.03.문32
15.09.문35

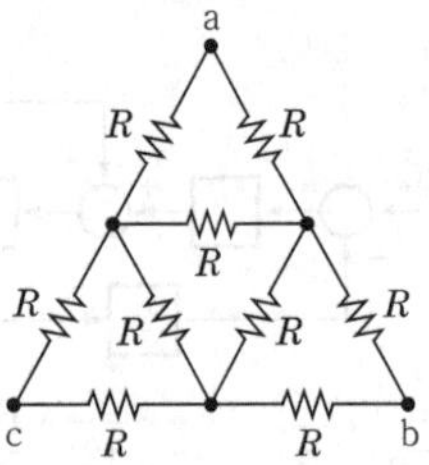

① $\frac{9}{10}R$　　② $\frac{10}{9}R$

③ $\frac{7}{10}R$　　④ $\frac{10}{7}R$

해설

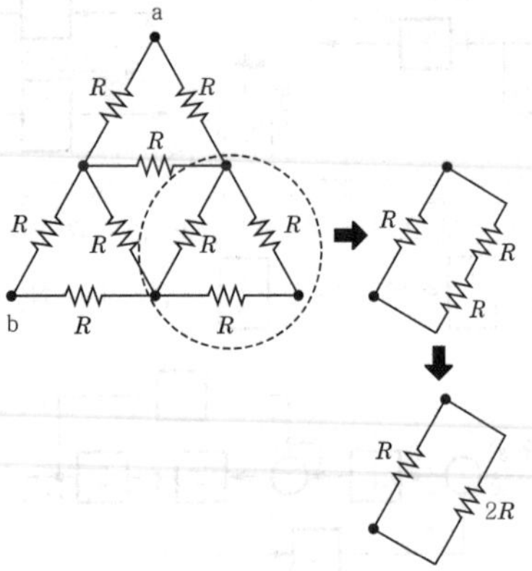

$$\frac{1}{\frac{1}{R}+\frac{1}{2R}} = \frac{1}{\frac{2}{2R}+\frac{1}{2R}} = \frac{1}{\frac{2+1}{2R}} = \frac{1}{\frac{3}{2R}} = \frac{2}{3}R$$

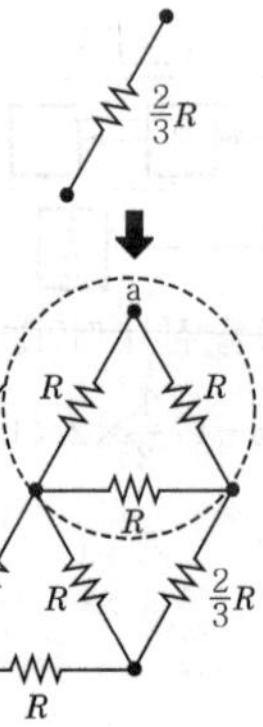

△결선 → Y결선으로 바꾸면 $\frac{1}{3}$로 되므로

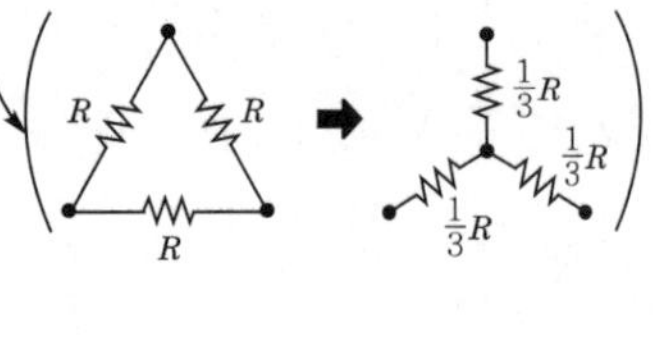

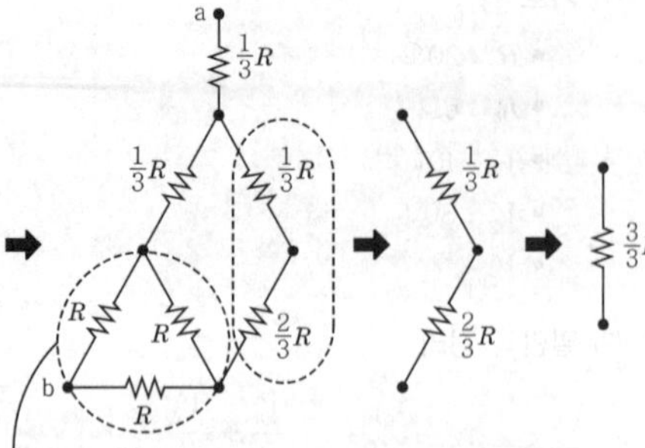

△결선 → Y결선으로 바꾸면 $\frac{1}{3}$로 되므로

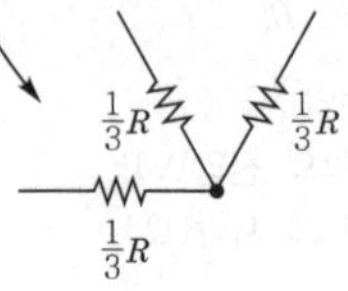

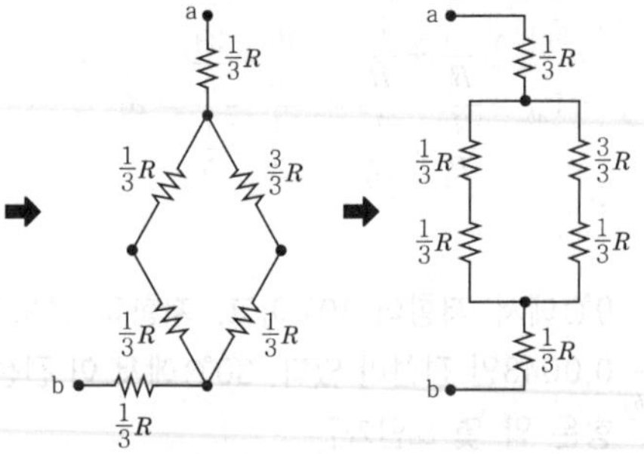

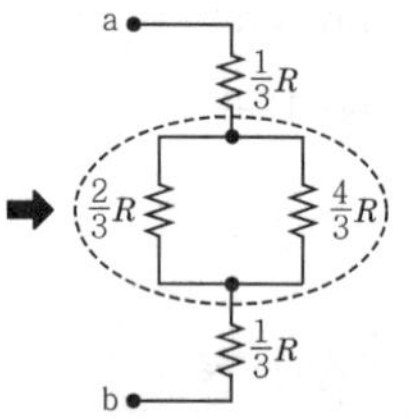

$$\frac{1}{\frac{1}{\frac{2R}{3}}+\frac{1}{\frac{4R}{3}}} = \frac{1}{\frac{3}{2R}+\frac{3}{4R}}$$

$$= \frac{1}{\frac{2\times 3}{2\times 2R}+\frac{3}{4R}}$$

$$= \frac{1}{\frac{6}{4R}+\frac{3}{4R}} = \frac{1}{\frac{9}{4R}}$$

$$= \frac{4R}{9} = \frac{4}{9}R$$

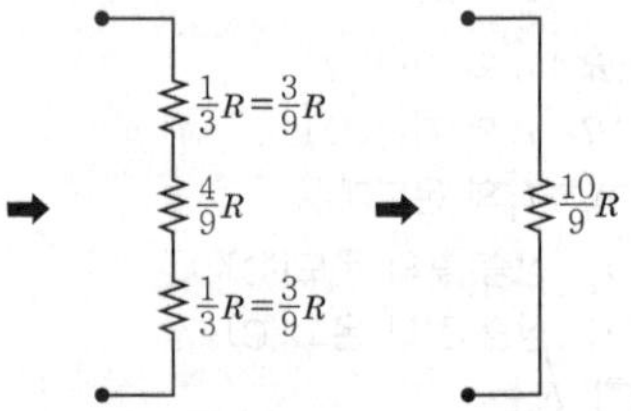

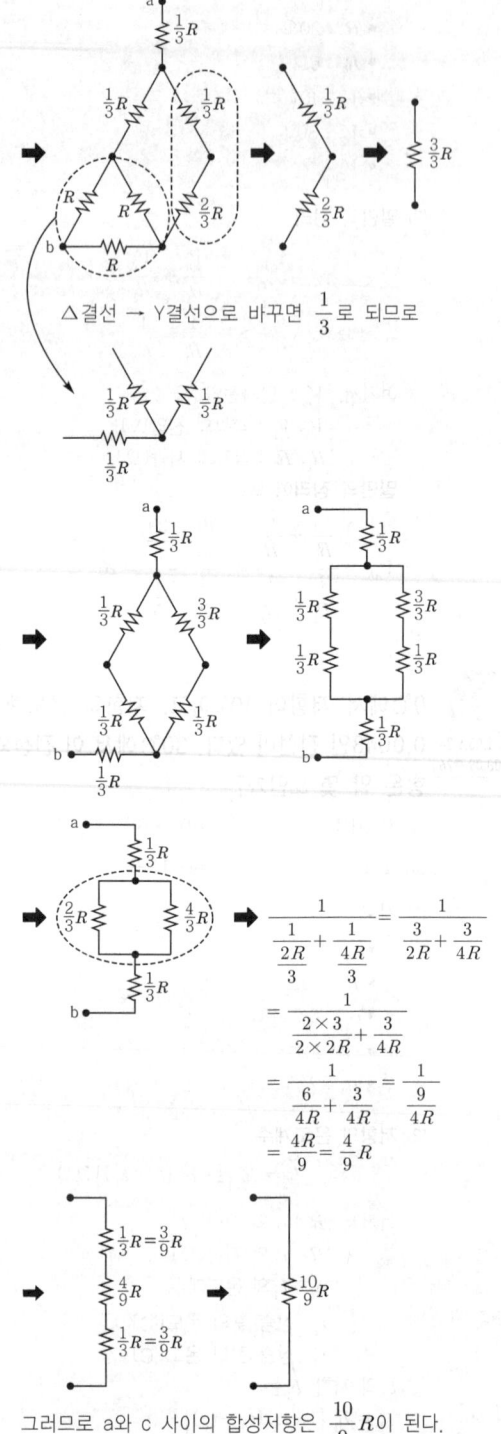

그러므로 a와 c 사이의 합성저항은 $\frac{10}{9}R$이 된다.

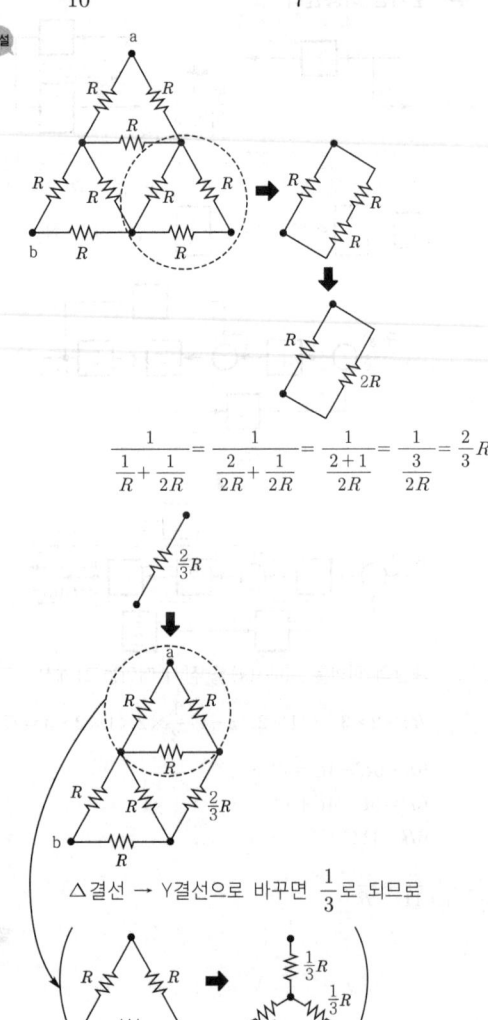

답 ②

★★★
38 5Ω의 저항과 2Ω의 유도성 리액턴스를 직렬로 접속한 회로에 5A의 전류를 흘렸을 때 이 회로의 복소전력〔VA〕은?

20.08.문34
14.09.문35
12.09.문37

① $25+j10$　　② $10+j25$
③ $125+j50$　　④ $50+j125$

해설 (1) **기호**
- R : 5Ω
- X_L : 2Ω
- I : 5A
- P : ?

문제 지문을 회로로 바꾸면

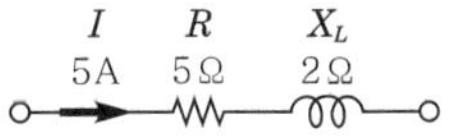

(2) **전압**

$$V=IZ=I(R+X_L)$$

여기서, V : 전압〔VA〕
I : 전류〔A〕
Z : 임피던스〔Ω〕
R : 저항〔Ω〕
X_L : 유도리액턴스〔Ω〕

전압 V는
$V=I(R+X_L)=5(5+j2)=25+10j\text{V}$

(3) **복소전력**

$$P=V\overline{I}$$

여기서, P : 복소전력〔VA〕
V : 전압〔V〕
$\overline{I}$: 허수에 반대부호를 취한 전류〔A〕

복소전력 $P=V\overline{I}$
$=(25+10j)\times 5$
$=125+50j=125+j50\text{VA}$

용어

복소전력
(1) 전압과 전류 중 어느 한 곳의 **허수**에 **반대부호**를 붙인 것
(2) **유효전력**과 **무효전력**의 조합으로 구성
(3) 전력의 **효율** 분석가능

답 ③

★★★
39 전지의 자기방전을 보충함과 동시에 상용부하에 대한 전력공급은 충전기가 부담하도록 하되, 충전기가 부담하기 어려운 일시적인 대전류부하는 축전지로 하여금 부담하게 하는 충전방식은?

19.03.문71
16.03.문29
15.03.문34
09.03.문78
05.09.문30

① 급속충전　　② 부동충전
③ 균등충전　　④ 세류충전

해설 **충전방식**

구 분	설 명
보통충전	필요할 때마다 **표준시간율**로 충전하는 방식
급속충전	보통 충전전류의 **2배**의 **전류**로 충전하는 방식
부동충전	• 전지의 자기방전을 보충함과 동시에 상용부하에 대한 전력공급은 충전기가 부담하되 부담하기 어려운 일시적인 대전류부하는 축전지가 부담하도록 하는 방식 보기 ② • 축전지와 **부하**를 **충전기**에 **병렬**로 **접속**하여 사용하는 충전방식 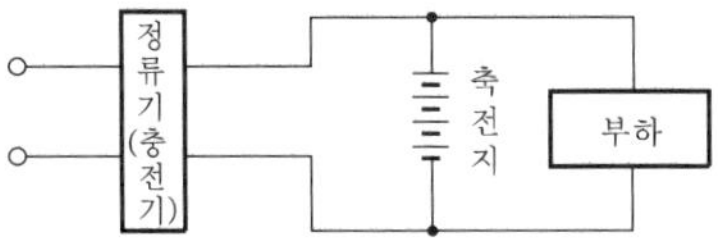 ▮ 부동충전방식 ▮
균등충전	1~3개월마다 1회 정전압으로 충전하는 방식
세류충전(트리클 충전)	자기방전량만 항상 충전하는 방식

답 ②

★★★
40 피드백제어계의 일반적인 특성으로 옳은 것은?

17.03.문35
16.05.문21
15.05.문22
11.06.문24

① 계의 정확성이 떨어진다.
② 계의 특성변화에 대한 입력 대 출력비의 감도가 감소된다.
③ 비선형과 왜형에 대한 효과가 증대된다.
④ 대역폭이 감소된다.

해설
① 정확성 **증가**
③ 비선형과 왜형에 대한 효과의 **감소**
④ 대역폭 **증가**

피드백제어(feedback control)
출력신호를 입력신호로 되돌려서 **입력**과 **출력**을 **비교**함으로써 **정확한 제어**가 가능하도록 한 제어

중요

피드백제어의 **특징**
(1) **정확도**(정확성)가 **증가**한다. 보기 ①
(2) **대역폭**이 **크다**. 보기 ④
(3) 계의 특성변화에 대한 입력 대 출력비의 감도가 감소한다. 보기 ②
(4) 구조가 **복잡**하고 설치비용이 고가이다.
(5) 폐회로로 구성되어 있다.
(6) 입력과 출력을 비교하는 장치가 있다.
(7) 오차를 **자동정정**한다.
(8) **발진**을 일으키고 **불안정한 상태**로 되어가는 경향성이 있다.
(9) 비선형과 왜형에 대한 효과가 **감소**한다. 보기 ③

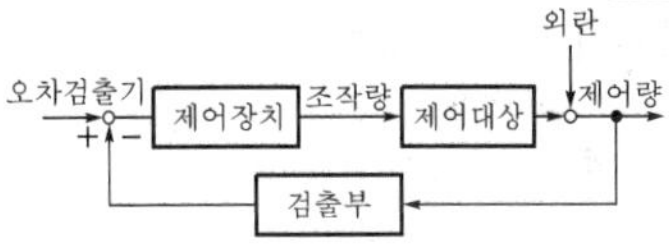

▮ 피드백제어 ▮

답 ②

제 3 과목 소방관계법규

★★★

41 소방시설의 하자가 발생한 경우 통보를 받은 공사업자는 며칠 이내에 이를 보수하거나 보수일정을 기록한 하자보수계획을 관계인에게 서면으로 알려야 하는가?

23.05.문56
20.08.문56
14.03.문44

① 3일 ② 7일
③ 14일 ④ 30일

해설 3일

(1) **하**자보수기간(공사업법 15조) 보기 ①
(2) 소방시설업 등록증 **분**실 등의 **재발급**(공사업규칙 4조)
(3) 소방시설 등의 자체점검 면제 또는 연기신청(소방시설법 시행규칙 22조)
(4) 소방안전관리자 선임연기신청서 관계인 통보(화재예방법 시행규칙 14조)

기억법 3하분재(상하이에서 분재를 가져왔다.)

답 ①

★★★

42 소방시설 설치 및 관리에 관한 법령상 자동화재탐지설비를 설치하여야 하는 특정소방대상물의 기준으로 틀린 것은?

16.05.문43
16.03.문57
14.03.문79
12.03.문74

① 공장 및 창고시설로서 「소방기본법 시행령」에서 정하는 수량의 500배 이상의 특수가연물을 저장 · 취급하는 것
② 지하상가로서 연면적 $600m^2$ 이상인 것
③ 숙박시설이 있는 수련시설로서 수용인원 100명 이상인 것
④ 장례시설 및 복합건축물로서 연면적 $600m^2$ 이상인 것

해설 ② $600m^2$ 이상 → $1000m^2$ 이상

소방시설법 시행령 〔별표 4〕
자동화재탐지설비의 설치대상

설치대상	조 건
① 정신의료기관 · 의료재활시설	• 창살설치 : 바닥면적 $300m^2$ 미만 • 기타 : 바닥면적 $300m^2$ 이상
② 노유자시설	• 연면적 $400m^2$ 이상
③ **근**린생활시설 · **위**락시설 ④ **의**료시설(정신의료기관, 요양병원 제외) ⑤ **복**합건축물 · 장례시설 보기 ④ 기억법 근위의복6	• 연면적 $600m^2$ 이상
⑥ 목욕장 · 문화 및 집회시설, 운동시설 ⑦ 종교시설 ⑧ 방송통신시설 · 관광휴게시설 ⑨ 업무시설 · 판매시설 ⑩ 항공기 및 자동차 관련시설 · 공장 · 창고시설 ⑪ 지하상가 · 운수시설 · 발전시설 · 위험물 저장 및 처리시설 보기 ② ⑫ 교정 및 군사시설 중 국방 · 군사시설	• 연면적 $1000m^2$ 이상
⑬ **교**육연구시설 · **동**식물관련시설 ⑭ 자원순환관련시설 · **교**정 및 군사시설(국방 · 군사시설 제외) ⑮ **수**련시설(숙박시설이 있는 것 제외) ⑯ 묘지관련시설 기억법 교동자교수 2	• 연면적 $2000m^2$ 이상
⑰ 터널	• 길이 1000m 이상
⑱ 지하구 ⑲ 노유자생활시설 ⑳ 아파트 등 기숙사 ㉑ 숙박시설 ㉒ 6층 이상인 건축물 ㉓ 조산원 및 산후조리원 ㉔ 전통시장 ㉕ 요양병원(정신병원, 의료재활시설 제외)	• 전부
㉖ 특수가연물 저장 · 취급 보기 ①	• 지정수량 500배 이상
㉗ 수련시설(숙박시설이 있는 것) 보기 ③	• 수용인원 100명 이상
㉘ 발전시설	• 전기저장시설

답 ②

★★★

43 소방기본법령상 소방대장은 화재, 재난 · 재해 그 밖의 위급한 상황이 발생한 현장에 소방활동구역을 정하여 소방활동에 필요한 자로서 대통령령으로 정하는 사람 외에는 그 구역에의 출입을 제한할 수 있다. 다음 중 소방활동구역에 출입할 수 없는 사람은?

23.05.문59
21.05.문60
19.04.문42
15.03.문43
11.06.문48
06.03.문44

① 소방활동구역 안에 있는 소방대상물의 소유자 · 관리자 또는 점유자
② 전기 · 가스 · 수도 · 통신 · 교통의 업무에 종사하는 사람으로서 원활한 소방활동을 위하여 필요한 사람
③ 시 · 도지사가 소방활동을 위하여 출입을 허가한 사람
④ 의사 · 간호사 그 밖에 구조 · 구급업무에 종사하는 사람

해설 ③ 시·도지사 → 소방대장

기본령 8조
소방활동구역 출입자
(1) **소방활동구역 안**에 있는 **소유자·관리자** 또는 **점유자** 보기 ①
(2) **전기·가스·수도·통신·교통**의 업무에 종사하는 자로서 원활한 **소방활동**을 위하여 필요한 자 보기 ②
(3) **의사·간호사**, 그 밖에 구조·구급업무에 종사하는 자 보기 ④
(4) **취재인력** 등 보도업무에 종사하는 자
(5) **수사업무**에 종사하는 자
(6) **소방대장**이 소방활동을 위하여 **출입**을 **허가**한 **자** 보기 ③

용어

소방활동구역
화재, 재난·재해 그 밖의 위급한 상황이 발생한 현장에 정하는 구역

답 ③

★ **44** 23.05.문45

특정소방대상물의 소방시설 등에 대한 자체점검 기술자격자의 범위에서 '행정안전부령으로 정하는 기술자격자'는?

① 소방안전관리자로 선임된 소방설비산업기사
② 소방안전관리자로 선임된 소방설비기사
③ 소방안전관리자로 선임된 전기기사
④ 소방안전관리자로 선임된 소방시설관리사 및 소방기술사

해설 **소방시설법 시행규칙 19조**
소방시설 등 자체점검 기술자격자
(1) 소방안전관리자로 선임된 **소방시설관리사** 보기 ④
(2) 소방안전관리자로 선임된 **소방기술사** 보기 ④

답 ④

★★★ **45** 19.03.문60 17.09.문55 16.03.문52 15.03.문60 13.09.문51

화재의 예방 및 안전관리에 관한 법령상 특정소방대상물 중 1급 소방안전관리대상물의 해당기준이 아닌 것은?

① 연면적이 1만 5천m^2 이상인 것(아파트 및 연립주택 제외)
② 층수가 11층 이상인 것(아파트는 제외)
③ 가연성 가스를 1천톤 이상 저장·취급하는 시설
④ 10층 이상이거나 지상으로부터 높이가 40m 이상인 아파트

해설 ④ 10층 이상이거나 지상으로부터 높이가 40m 이상인 아파트 → 30층 이상(지하층 제외) 또는 120m 이상 아파트

화재예방법 시행령 〔별표 4〕
소방안전관리자를 두어야 할 특정소방대상물
(1) 특급 소방안전관리대상물 : 동식물원, 철강 등 불연성 물품 저장·취급창고, 지하구, 위험물제조소 등 제외
㉠ **50층** 이상(지하층 제외) 또는 지상 **200m** 이상 **아파트**
㉡ **30층** 이상(지하층 포함) 또는 지상 **120m** 이상(아파트 제외)
㉢ 연면적 **10만m^2** 이상(아파트 제외)
(2) 1급 소방안전관리대상물 : 동식물원, 철강 등 불연성 물품 저장·취급창고, 지하구, 위험물제조소 등 제외
㉠ **30층** 이상(지하층 제외) 또는 지상 **120m** 이상 아파트
㉡ 연면적 **15000m^2** 이상인 것(아파트 및 연립주택 제외) 보기 ①
㉢ **11층** 이상(아파트 제외) 보기 ②
㉣ 가연성 가스를 **1000t** 이상 저장·취급하는 시설 보기 ③
(3) 2급 소방안전관리대상물
㉠ 지하구
㉡ 가스제조설비를 갖추고 도시가스사업 허가를 받아야 하는 시설 또는 가연성 가스를 **100~1000t** 미만 저장·취급하는 시설
㉢ 옥내소화전설비·스프링클러설비 설치대상물
㉣ 물분무등소화설비(호스릴방식의 물분무등소화설비만을 설치한 경우 제외) 설치대상물
㉤ **공동주택**(옥내소화전설비 또는 스프링클러설비가 설치된 공동주택 한정)
㉥ **목조건축물**(국보·보물)
(4) 3급 소방안전관리대상물
㉠ **자동화재탐지설비** 설치대상물
㉡ 간이스프링클러설비(주택전용 간이스프링클러설비 제외) 설치대상물

답 ④

★★★ **46** 23.03.문51 21.03.문47 19.09.문01 18.04.문45 14.09.문52 14.03.문53 13.06.문48

화재의 예방 및 안전관리에 관한 법령상 소방안전관리대상물의 소방안전관리자의 업무가 아닌 것은?

① 자위소방대의 구성·운영·교육
② 소방시설공사
③ 소방계획서의 작성 및 시행
④ 소방훈련 및 교육

해설 ② 소방시설공사 : 소방시설공사업체

화재예방법 24조 ⑤항
관계인 및 소방안전관리자의 업무

특정소방대상물 (관계인)	소방안전관리대상물 (소방안전관리자)
① **피난시설·방화구획** 및 방화시설의 관리 ② **소방시설**, 그 밖의 소방관련 시설의 관리 ③ **화기취급**의 감독 ④ 소방안전관리에 필요한 업무 ⑤ 화재발생시 초기대응	① **피난시설·방화구획** 및 방화시설의 관리 ② 소방시설, 그 밖의 소방관련 시설의 관리 ③ **화기취급**의 감독 ④ 소방안전관리에 필요한 업무 ⑤ **소방계획서**의 작성 및 시행(대통령령으로 정하는 사항 포함) 보기 ③ ⑥ **자위소방대** 및 **초기대응체계**의 구성·운영·교육 보기 ① ⑦ 소방훈련 및 교육 보기 ④ ⑧ 소방안전관리에 관한 업무수행에 관한 기록·유지 ⑨ 화재발생시 초기대응

용어

특정소방대상물	소방안전관리대상물
① 다수인이 출입하는 곳으로서 소방시설 설치장소 ② 건축물 등의 규모·용도 및 수용인원 등을 고려하여 소방시설을 설치하여야 하는 소방대상물로서 대통령령으로 정하는 것	① 특급, 1급, 2급 또는 3급 소방안전관리자를 배치하여야 하는 건축물 ② **대통령령**으로 정하는 특정소방대상물

답 ②

★★
47
18.03.문58
12.05.문42

화재의 예방 및 안전관리에 관한 법률상 소방안전특별관리시설물의 대상기준 중 틀린 것은?

① 수련시설
② 항만시설
③ 전력용 및 통신용 지하구
④ 지정문화유산인 시설(시설이 아닌 지정문화유산을 보호하거나 소장하고 있는 시설을 포함)

해설 ① 해당없음

화재예방법 40조
소방안전특별관리시설물의 안전관리
(1) 공항시설
(2) 철도시설
(3) 도시철도시설
(4) **항만시설** [보기 ②]
(5) **지정문화유산** 및 **천연기념물** 등인 시설(시설이 아닌 지정문화유산 및 천연기념물 등을 보호하거나 소장하고 있는 시설 포함) [보기 ④]
(6) 산업기술단지
(7) 산업단지
(8) 초고층 건축물 및 지하연계 복합건축물
(9) 영화상영관 중 수용인원 **1000명** 이상인 영화상영관
(10) **전력용 및 통신용 지하구** [보기 ③]
(11) 석유비축시설
(12) 천연가스 인수기지 및 공급망
(13) 전통시장(**대통령령**으로 정하는 전통시장)

답 ①

★
48
23.03.문42

위험물안전관리법령상 제조소 또는 일반취급소의 위험물취급탱크 노즐 또는 맨홀을 신설하는 경우, 노즐 또는 맨홀의 직경이 몇 mm를 초과하는 경우에 변경허가를 받아야 하는가?

① 250　② 300
③ 450　④ 600

해설 **위험물규칙 [별표 1의 2]**
제조소 또는 일반취급소의 변경허가
(1) **제조소** 또는 **일반취급소**의 **위치**를 **이전**하는 경우
(2) 건축물의 벽·기둥·바닥·보 또는 지붕을 **증설** 또는 **철거**하는 경우
(3) **배출설비**를 **신설**하는 경우
(4) 위험물취급탱크를 신설·교체·철거 또는 보수(탱크의 본체를 절개)하는 경우
(5) 위험물취급탱크의 **노즐** 또는 **맨홀**을 신설하는 경우(노즐 또는 맨홀의 직경이 **250mm**를 초과하는 경우) [보기 ①]

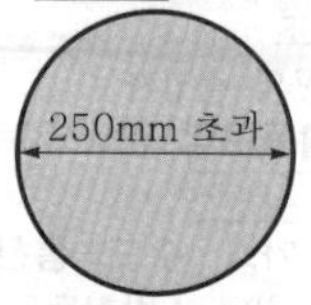

▌맨홀 변경허가▐

(6) 위험물취급탱크의 **방유제**의 **높이** 또는 방유제 내의 **면적**을 **변경**하는 경우
(7) 위험물취급탱크의 탱크전용실을 **증설** 또는 **교체**하는 경우
(8) **300m**(지상에 설치하지 아니하는 배관은 **30m**)를 초과하는 위험물배관을 신설·교체·철거 또는 보수(배관 절개)하는 경우
(9) 불활성기체의 봉입장치를 **신설**하는 경우

기억법 **노맨 250mm**

답 ①

★★★
49
22.04.문56
21.03.문44
12.03.문48

다음 중 소방기본법령에 따라 화재예방상 필요하다고 인정되거나 화재위험경보시 발령하는 소방신호의 종류로 옳은 것은?

① 경계신호　② 발화신호
③ 경보신호　④ 훈련신호

해설 **기본규칙 10조**
소방신호의 종류

소방신호	설 명
경계신호 [보기 ①]	**화재예방**상 필요하다고 인정되거나 화재위험경보시 발령
발화신호	**화재**가 발생한 때 발령
해제신호	**소화활동**이 **필요없다**고 인정되는 때 발령
훈련신호	**훈련**상 필요하다고 인정되는 때 발령

중요

기본규칙 [별표 4]
소방신호표

신호방법 / 종 별	타종신호	사이렌 신호
경계신호	**1타**와 연 **2타**를 반복	**5초** 간격을 두고 **30초**씩 **3회**
발화신호	**난타**	**5초** 간격을 두고 **5초**씩 **3회**
해제신호	상당한 간격을 두고 **1타**씩 반복	**1분**간 **1회**
훈련신호	**연 3타** 반복	**10초** 간격을 두고 **1분**씩 **3회**

기억법

	타	사
경계	1+2	5+30=3
발	난	5+5=3
해	1	1=1
훈	3	10+1=3

답 ①

★★★
50 소방기본법령상 소방안전교육사의 배치대상별 배치기준에서 소방본부의 배치기준은 몇 명 이상인가?

22.09.문56
20.09.문57
13.09.문46

① 1
② 2
③ 3
④ 4

해설 **기본령 〔별표 2의 3〕**
소방안전교육사의 배치대상별 배치기준

배치대상	배치기준
소방서	• **1명** 이상
한국소방안전원	• 시·도지부 : **1명** 이상 • 본회 : **2명** 이상
소방본부	• **2명** 이상 보기 ②
소방청	• **2명** 이상
한국소방산업기술원	• **2명** 이상

답 ②

★★★
51 소방시설공사업법령상 일반 소방시설설계업(기계분야)의 영업범위에 대한 기준 중 (   )에 알맞은 내용은? (단, 공장의 경우는 제외한다.)

22.04.문54
16.10.문58
05.05.문44

> 연면적 (   )m^2 미만의 특정소방대상물(제연설비가 설치되는 특정소방대상물은 제외한다)에 설치되는 기계분야 소방시설의 설계

① 10000
② 20000
③ 30000
④ 50000

해설 **공사업령 〔별표 1〕**
소방시설설계업

종 류	기술인력	영업범위
전문	• 주된기술인력 : **1명** 이상 • 보조기술인력 : **1명** 이상	• 모든 특정소방대상물
일반	• 주된기술인력 : **1명** 이상 • 보조기술인력 : **1명** 이상	• **아파트**(기계분야 제연설비 제외) • 연면적 **30000**m^2(공장 **10000**m^2) 미만(기계분야 제연설비 제외) 보기 ③ • **위험물제조소** 등

답 ③

★★★
52 화재의 예방 및 안전관리에 관한 법령상 옮긴 물건 등의 보관기간은 해당 소방관서의 인터넷 홈페이지에 공고하는 기간의 종료일 다음 날부터 며칠로 하는가?

21.09.문55
19.04.문48
19.04.문56
18.04.문56
16.05.문49
14.03.문58
11.06.문49

① 3　　② 4
③ 5　　④ 7

해설 7일
(1) 옮긴 물건 등의 보관기간(화재예방법 시행령 17조) 보기 ④
(2) 건축허가 등의 취소통보(소방시설법 시행규칙 3조)
(3) **소방공사 감리원**의 **배치통보일**(공사업규칙 17조)
(4) 소방공사 감리결과 통보·보고일(공사업규칙 19조)

기억법 감배7(감 배치)

7일	14일
옮긴 물건 등의 보관기간	옮긴 물건 등의 공고기간

답 ④

★
53 화재의 예방 및 안전관리에 관한 법령상 소방대상물의 개수·이전·제거, 사용의 금지 또는 제한, 사용폐쇄, 공사의 정지 또는 중지, 그 밖의 필요한 조치로 인하여 손실을 받은 자가 손실보상청구서에 첨부하여야 하는 서류로 틀린 것은?

19.09.문60

① 손실보상합의서
② 손실을 증명할 수 있는 사진
③ 손실을 증명할 수 있는 증빙자료
④ 소방대상물의 관계인임을 증명할 수 있는 서류(건축물대장은 제외)

해설 ① 해당없음

화재예방법 시행규칙 6조
손실보상 청구자가 제출하여야 하는 서류
(1) 소방대상물의 **관계인**임을 증명할 수 있는 서류(건축물대장 제외) 보기 ④
(2) 손실을 증명할 수 있는 **사진**, 그 밖의 **증빙자료** 보기 ②③

기억법 사증관손(사정관의 손)

답 ①

★★★
54 소방시설 설치 및 관리에 관한 법령상 시·도지사가 실시하는 방염성능검사 대상으로 옳은 것은?

23.09.문51
22.04.문59
15.09.문09
13.09.문52
12.09.문46
12.05.문46
12.03.문44
05.03.문48

① 설치현장에서 방염처리를 하는 합판·목재
② 제조 또는 가공공정에서 방염처리를 한 카펫
③ 제조 또는 가공공정에서 방염처리를 한 창문에 설치하는 블라인드
④ 설치현장에서 방염처리를 하는 암막·무대막

해설 소방시설법 시행령 32조
시·도지사가 실시하는 방염성능검사
설치현장에서 방염처리를 하는 **합판·목재류** 보기 ①

중요

소방시설법 시행령 31조
방염대상물품

제조 또는 가공 공정에서 방염처리를 한 물품	건축물 내부의 천장이나 벽에 부착하거나 설치하는 것
① 창문에 설치하는 **커튼류**(블라인드 포함) ② 카펫 ③ **벽지류**(두께 2mm 미만인 **종이벽지 제외**) ④ **전시용 합판·목재 또는 섬유판** ⑤ **무대용 합판·목재 또는 섬유판** ⑥ **암막·무대막**(영화상영관·가상체험 체육시설업의 **스크린** 포함) ⑦ 섬유류 또는 합성수지류 등을 원료로 하여 제작된 소파·의자(단란주점영업, 유흥주점영업 및 노래연습장업의 영업장에 설치하는 것만 해당)	① 종이류(두께 **2mm 이상**), **합성수지류** 또는 **섬유류**를 주원료로 한 물품 ② **합판**이나 **목재** ③ 공간을 구획하기 위하여 설치하는 **간이칸막이** ④ **흡음재**(흡음용 커튼 포함) 또는 **방음재**(방음용 커튼 포함) ※ 가구류(옷장, 찬장, 식탁, 식탁용 의자, 사무용 책상, 사무용 의자, 계산대)와 너비 10cm 이하인 반자돌림대, 내부 마감재료 제외

답 ①

★★★
55 복도통로유도등의 설치기준으로 틀린 것은?

19.09.문69 16.10.문64 14.09.문66 14.05.문67 14.03.문80 11.03.문68 08.05.문69

① 바닥으로부터 높이 1.5m 이하의 위치에 설치할 것
② 구부러진 모퉁이 및 입체형 또는 바닥에 설치된 통로유도등을 기점으로 보행거리 20m 마다 설치할 것
③ 지하역사, 지하상가인 경우에는 복도·통로 중앙부분의 바닥에 설치할 것
④ 바닥에 설치하는 통로유도등은 하중에 따라 파괴되지 아니하는 강도의 것으로 할 것

해설 ① 1.5m 이하 → 1m 이하

(1) **설치높이**

구 분	설치높이
• **계단통로유도등** • **복도통로유도등** 보기 ① • **통로유도표지**	바닥으로부터 높이 1m 이하
• **피난구유도등**	피난구의 바닥으로부터 높이 1.5m 이**상**
• **거실통로유도등**	바닥으로부터 높이 **1.5m** 이상 (단, 거실통로의 기둥은 1.5m 이하)
• **피난구유도표지**	출입구 상단

기억법 계복1, 피유15상

(2) **설치거리**

구 분	설치거리
복도통로유도등	구부러진 모퉁이 및 피난구유도등이 설치된 출입구의 맞은편 복도에 입체형 또는 바닥에 설치한 통로유도등을 기점으로 보행거리 20m마다 설치
거실통로유도등	구부러진 모퉁이 및 **보행거리 20m**마다 설치
계단통로유도등	각 층의 **경사로참** 또는 **계단참**마다 설치

답 ①

★★★
56 다음 위험물 중 자기반응성 물질은 어느 것인가?

23.09.문53 21.09.문11 19.04.문44 16.05.문46 15.09.문03 15.09.문18 15.05.문10 15.05.문42 15.03.문51 14.09.문18

① 황린
② 염소산염류
③ 특수인화물
④ 질산에스터류

해설 **위험물령 [별표 1]**
위험물

유 별	성 질	품 명
제1류	산화성 고체	• 아염소산염류 • 염소산염류 보기 ② • 과염소산염류 • 질산염류 • 무기과산화물
제2류	가연성 고체	• 황화인 • **적린** • **황** • **철분** • 마그네슘
제3류	자연발화성 물질 및 금수성 물질	• 황린 보기 ① • 칼륨 • 나트륨
제4류	**인화성 액체**	• 특수인화물 보기 ③ • 알코올류 • 석유류 • 동식물유류
제5류	자기반응성 물질	• 나이트로화합물 • 유기과산화물 • 나이트로소화합물 • 아조화합물 • 질산에스터류(셀룰로이드) 보기 ④
제6류	산화성 액체	• 과염소산 • 과산화수소 • 질산

답 ④

★★★
57 위험물안전관리법령상 제조소와 사용전압이 35000V를 초과하는 특고압가공전선에 있어서 안전거리는 몇 m 이상을 두어야 하는가? (단, 제6류 위험물을 취급하는 제조소는 제외한다.)

15.09.문55
11.10.문59

① 3 ② 5
③ 20 ④ 30

해설 **위험물규칙 〔별표 4〕**
위험물제조소의 안전거리

안전거리	대 상
3m 이상	**7000~35000V** 이하의 특고압가공전선
5m 이상 보기 ②	**35000V**를 초과하는 특고압가공전선
10m 이상	**주거용**으로 사용되는 것
20m 이상	• 고압가스 **제조**시설(용기에 충전하는 것 포함) • 고압가스 **사용**시설(1일 $30m^3$ 이상 용적 취급) • 고압가스 **저장**시설 • 액화산소 **소비**시설 • 액화석유가스 제조·저장시설 • 도시가스 공급시설
30m 이상	• 학교 • 병원급 의료기관 • 공연장, • 영화상영관 — **300명** 이상 수용시설 • 아동복지시설 • 노인복지시설 • 장애인복지시설 • 한부모가족복지시설 • 어린이집 • 성매매피해자 등을 위한 지원시설 • 정신건강증진시설 • 가정폭력피해자 보호시설 — (아동복지시설~가정폭력피해자 보호시설) **20명** 이상 수용시설
50m 이상	• 지정**문**화유산 • 천연기념물 등 기억법 문5(문어)

답 ②

★★★
58 다음 중 소방시설 설치 및 관리에 관한 법령상 소방시설관리업을 등록할 수 있는 자는?

23.09.문46
20.08.문57
15.09.문45
15.03.문41
12.09.문44

① 피성년후견인
② 소방시설관리업의 등록이 취소된 날부터 2년이 경과된 자
③ 금고 이상의 형의 집행유예를 선고받고 그 유예기간 중에 있는 자
④ 금고 이상의 실형을 선고받고 그 집행이 면제된 날부터 2년이 지나지 아니한 자

해설 ② 2년이 경과된 자는 등록 가능

소방시설법 30조
소방시설관리업의 등록결격사유
(1) 피성년후견인 보기 ①
(2) 금고 이상의 실형을 선고받고 그 집행이 끝나거나 집행이 면제된 날부터 **2년**이 지나지 아니한 사람 보기 ④
(3) 금고 이상의 형의 집행유예를 선고받고 그 유예기간 중에 있는 사람 보기 ③
(4) 관리업의 등록이 취소된 날부터 **2년**이 지나지 아니한 자

용어
피성년후견인
사무처리능력이 지속적으로 결여된 사람

답 ②

★★★
59 일반공사감리대상의 경우 감리현장 연면적의 총 합계가 10만m^2 이하일 때 1인의 책임감리원이 담당하는 소방공사감리현장은 몇 개 이하인가?

① 2개 ② 3개
③ 4개 ④ 5개

해설 **공사업규칙 16조**
소방공사감리원의 세부배치기준

감리대상	책임감리원
일반공사감리대상	• **주 1회** 이상 방문감리 • 담당감리현장 **5개** 이하로서 연면적 총 합계 **100000**m^2 이하 보기 ④

답 ④

★★★
60 위험물안전관리법령에 따른 정기점검의 대상인 제조소 등의 기준 중 틀린 것은?

18.09.문53
17.09.문51
16.10.문45
10.03.문52

① 암반탱크저장소
② 지하탱크저장소
③ 이동탱크저장소
④ 지정수량의 150배 이상의 위험물을 저장하는 옥외탱크저장소

해설 ④ 해당없음

위험물령 15·16조
정기점검의 대상인 제조소 등
(1) 예방규정을 정하여야 할 제조소 등
㉠ **10배** 이상의 **제조소·일반취급소**
㉡ **100배** 이상의 **옥외저장소**
㉢ **150배** 이상의 **옥내저장소**
㉣ **200배** 이상의 **옥외탱크저장소**
㉤ **이송취급소**
㉥ **암반탱크저장소** 보기 ①

기억법
0 제일
0 외
5 내
2 탱

(2) **지하탱크**저장소 보기 ②
(3) **이동탱크**저장소 보기 ③
(4) 위험물을 취급하는 탱크로서 지하에 매설된 탱크가 있는 **제조소·주유취급소** 또는 **일반취급소**

기억법 정 지이

답 ④

제 4 과목 소방전기시설의 구조 및 원리

★
61 비상조명등의 형식승인 및 제품검사의 기술기준에 따른 비상조명등의 일반구조에 대한 내용이다. 다음 ( )에 들어갈 내용으로 옳은 것은?

> 상용전원전압의 ( )% 범위 안에서는 비상조명등 내부의 온도상승이 그 기능에 지장을 주거나 위해를 발생시킬 염려가 없어야 한다.

① 90 ② 80
③ 100 ④ 110

해설 **비상조명등의 일반구조**(비상조명등의 형식승인 및 제품검사의 기술기준 3조)

(1) **전선의 굵기 및 길이**

인출선 굵기	인출선 길이
0.75mm² 이상 기억법 인75(인(사람) 치료)	150mm 이상

(2) 상용전원전압의 **110%** 범위 안에서는 비상조명등 내부의 온도상승이 그 기능에 지장을 주거나 위해를 발생시킬 염려가 없을 것 보기 ④

비교
속보기의 전압변동 기준(자동화재속보설비의 속보기의 성능인증 및 제품검사의 기술기준 7조)
80% 및 120% 전압을 인가하는 경우 정상일 것

답 ④

★★★
62 비상콘센트설비의 화재안전기준에 따라 비상콘센트설비의 전원부와 외함 사이의 절연저항은 전원부와 외함 사이를 500V 절연저항계로 측정할 때 몇 MΩ 이상이어야 하는가?

21.05.문73
18.03.문64
11.06.문73

① 10 ② 20
③ 30 ④ 50

해설 **절연저항시험**

절연 저항계	절연저항	대 상
직류 250V	0.1MΩ 이상	• 1경계구역의 절연저항
직류 500V	5MΩ 이상	• 누전경보기 • 가스누설경보기 • 수신기(10회로 미만, 절연된 충전부와 외함간) • 자동화재속보설비 • 비상경보설비 • 유도등(교류입력측과 외함 간 포함) • 비상조명등(교류입력측과 외함 간 포함)
직류 500V	20MΩ 이상	• 경종 • 발신기 • 중계기 • 비상콘센트 보기 ② • 기기의 절연된 선로 간 • 기기의 충전부와 비충전부 간 • 기기의 교류입력측과 외함 간(유도등 · 비상조명등 제외) 기억법 2콘(이크)
직류 500V	50MΩ 이상	• 감지기(정온식 감지선형 감지기 제외) • 가스누설경보기(10회로 이상) • 수신기(10회로 이상, 교류입력측과 외함간 제외)
직류 500V	1000MΩ 이상	• 정온식 감지선형 감지기

답 ②

★★★
63 비상콘센트설비의 화재안전기준에 따라 하나의 전용회로에 설치하는 비상콘센트는 최대 몇 개 이하로 하여야 하는가?

23.09.문80
21.09.문62
19.04.문63
18.04.문61
17.03.문72
16.10.문61
16.05.문76
15.09.문80
14.03.문64
11.10.문67

① 2
② 3
③ 10
④ 20

해설 **비상콘센트설비 전원회로의 설치기준**(NFPC 504 4조, NFTC 504 2.1)

구 분	전 압	용 량	플러그 접속기
단상 교류	220V	1.5kVA 이상	접지형 2극

(1) 1전용회로에 설치하는 비상콘센트는 **10**개 이하로 할 것 보기 ③
(2) 풀박스는 **1.6mm** 이상의 **철**판을 사용할 것

기억법 단2(단위), 10콘(시큰둥!), 16철콘, 접2(접이식)

(3) 전원회로는 주배전반에서 **전용**회로로 할 것
(4) 전원으로부터 각 층의 비상콘센트에 분기되는 경우 **분기배선용 차단기**를 보호함 안에 설치할 것
(5) 콘센트마다 **배선용 차단기**(KS C 8321)를 설치하여야 하며, 충전부는 노출되지 않도록 할 것

답 ③

★★★
64 비상경보설비 및 단독경보형 감지기의 화재안전기준에 따른 단독경보형 감지기의 시설기준에 대한 내용이다. 다음 ( )에 들어갈 내용으로 옳은 것은?

23.05.문69
22.09.문63
21.09.문76
21.05.문75
20.06.문66
16.10.문67
16.05.문79

> 단독경보형 감지기는 바닥면적이 (㉠)m^2를 초과하는 경우에는 (㉡)m^2마다 1개 이상을 설치하여야 한다.

① ㉠ 100, ㉡ 100 ② ㉠ 100, ㉡ 150
③ ㉠ 150, ㉡ 150 ④ ㉠ 150, ㉡ 200

해설 **단독경보형 감지기**의 **설치기준**(NFPC 201 5조, NFTC 201 2.2.1)

(1) 각 실(이웃하는 실내의 바닥면적이 각각 **30m² 미만**이고 벽체의 상부의 전부 또는 일부가 개방되어 이웃하는 실내와 공기가 상호 유통되는 경우에는 이를 1개의 실로 본다)마다 설치하되, 바닥면적이 **150m²**를 초과하는 경우에는 **150m²**마다 1개 이상 설치할 것 보기 ③

(2) 최상층의 계단실의 **천장**(외기가 상통하는 계단실의 경우 제외)에 설치할 것

(3) 건전지를 주전원으로 사용하는 단독경보형 감지기는 정상적인 작동상태를 유지할 수 있도록 건전지를 교환할 것

(4) 상용전원을 주전원으로 사용하는 단독경보형 감지기의 **2차 전지**는 제품검사에 합격한 것을 사용할 것

용어

단독경보형 감지기
화재발생 상황을 단독으로 **감지**하여 자체에 내장된 **음향장치**로 경보하는 감지기

답 ③

★

65 20.06.문78 **비상경보설비 및 단독경보형 감지기의 화재안전기준에 따라 비상벨설비 또는 자동식 사이렌설비의 전원회로 배선 중 내열배선에 사용하는 전선의 종류가 아닌 것은?**

① 버스덕트(bus duct)
② 0.6/10kV 1종 비닐절연전선
③ 0.6/1kV EP 고무절연 클로로프렌 시스 케이블
④ 450/750V 저독성 난연 가교 폴리올레핀 절연전선

해설

② 해당없음

(1) **비상벨설비** 또는 **자동식 사이렌설비**의 **배선**(NFTC 201 2.1.8.1)
전원회로의 배선은 「옥내소화전설비의 화재안전기술기준[NFTC 102 2.7.2(1)]」에 따른 내화배선에 의하고 그 밖의 배선은 「옥내소화전설비의 화재안전기술기준[NFTC 102 2.7.2(1), 2.7.2(2)]」에 따른 **내화배선** 또는 **내열배선**에 따를 것

(2) **옥내소화전설비**의 **화재안전기술기준**(NFTC 102 2.7.2)

㉠ **내화배선**

사용전선의 종류	공사방법
① 450/750V 저독성 난연 가교 폴리올레핀 절연전선 ② 0.6/1kV 가교 폴리에틸렌 절연 저독성 난연 폴리올레핀 시스 전력 케이블 ③ 6/10kV 가교 폴리에틸렌 절연 저독성 난연 폴리올레핀 시스 전력용 케이블 ④ 가교 폴리에틸렌 절연 비닐시스 트레이용 난연 전력 케이블 ⑤ 0.6/1kV EP 고무절연 클로로프렌 시스 케이블 ⑥ 300/500V 내열성 실리콘 고무절연전선(180℃) ⑦ 내열성 에틸렌-비닐 아세테이트 고무절연 케이블 ⑧ 버스덕트(bus duct)	**금속관·2종 금속제 가요전선관** 또는 **합성수지관**에 수납하여 내화구조로 된 벽 또는 바닥 등에 벽 또는 바닥의 표면으로부터 **25mm** 이상의 깊이로 매설하여야 한다. 기억법 **금2가합25** 단, 다음의 기준에 적합하게 설치하는 경우에는 그러하지 아니하다. ① 배선을 **내**화성능을 갖는 배선**전**용실 또는 배선용 **샤**프트·**피**트·**덕**트 등에 설치하는 경우 ② 배선전용실 또는 배선용 샤프트·피트·덕트 등에 **다**른 설비의 배선이 있는 경우에는 이로부터 **15cm** 이상 떨어지게 하거나 소화설비의 배선과 이웃하는 다른 설비의 배선 사이에 배선지름(배선의 지름이 다른 경우에는 가장 큰 것을 기준으로 한다)의 **1.5배** 이상의 높이의 **불연성 격벽**을 설치하는 경우 기억법 **내전샤피덕 다15**
내화전선	**케이블공사**

㉡ **내열배선**

사용전선의 종류	공사방법
① 450/750V 저독성 난연 가교 폴리올레핀 절연전선 보기 ④ ② 0.6/1kV 가교 폴리에틸렌 절연 저독성 난연 폴리올레핀 시스 전력 케이블 ③ 6/10kV 가교 폴리에틸렌 절연 저독성 난연 폴리올레핀 시스 전력용 케이블 ④ 가교 폴리에틸렌 절연 비닐시스 트레이용 난연 전력 케이블 ⑤ 0.6/1kV EP 고무절연 클로로프렌 시스 케이블 보기 ③ ⑥ 300/500V 내열성 실리콘 고무절연전선(180℃) ⑦ 내열성 에틸렌-비닐 아세테이트 고무절연 케이블 ⑧ 버스덕트(bus duct) 보기 ①	**금속관·금속제 가요전선관·금속덕트** 또는 **케이블**(불연성 덕트에 설치하는 경우에 한한다) **공사**방법에 따라야 한다. 단, 다음의 기준에 적합하게 설치하는 경우에는 그러하지 아니하다. ① 배선을 내화성능을 갖는 배선전용실 또는 배선용 샤프트·피트·덕트 등에 설치하는 경우 ② 배선전용실 또는 배선용 샤프트·피트·덕트 등에 다른 설비의 배선이 있는 경우에는 이로부터 **15cm** 이상 떨어지게 하거나 소화설비의 배선과 이웃하는 다른 설비의 배선 사이에 배선지름(배선의 지름이 다른 경우에는 지름이 가장 큰 것을 기준으로 한다)의 **1.5배** 이상의 높이의 **불연성 격벽**을 설치하는 경우
내화전선	**케이블공사**

답 ②

★
66 21.03.문70

경종의 형식승인 및 제품검사의 기술기준에 따라 경종은 전원전압이 정격전압의 ± 몇 % 범위에서 변동하는 경우 기능에 이상이 생기지 않아야 하는가?

① 5 ② 10
③ 20 ④ 30

해설 **전원전압변동시**의 **기능**(경종의 형식승인 및 제품검사의 기술기준 4조)
경종은 전원전압이 정격전압의 **±20%** 범위에서 변동하는 경우 기능에 이상이 생기지 않아야 한다. 다만, 경종에 내장된 건전지를 전원으로 하는 경종은 건전지의 전압이 건전지 교체전압 범위(제조사 설계값)의 하한값으로 낮아진 경우에도 기능에 이상이 없어야 한다. 보기 ③

답 ③

★★★
67 21.03.문67 16.05.문66 16.03.문76 14.09.문61 12.09.문63

누전경보기의 화재안전기준에 따라 누전경보기의 수신부를 설치할 수 있는 장소는? (단, 해당 누전경보기에 대하여 방폭·방식·방습·방온·방진 및 정전기 차폐 등의 방호조치를 하지 않은 경우이다.)

① 습도가 낮은 장소
② 온도의 변화가 급격한 장소
③ 화약류를 제조하거나 저장 또는 취급하는 장소
④ 부식성의 증기·가스 등이 다량으로 체류하는 장소

해설 **누전경보기**의 **수신부 설치 제외 장소**(NFPC 205 5조, NFTC 205 2.2.2)
(1) **온**도변화가 급격한 장소 보기 ②
(2) **습**도가 높은 장소 보기 ①
(3) **가**연성의 증기, 가스 등 또는 **부식성**의 증기, 가스 등의 다량 체류장소 보기 ④
(4) **대전류회로, 고주파 발생회로** 등의 영향을 받을 우려가 있는 장소
(5) **화**약류 제조, 저장, 취급 장소 보기 ③

기억법 **온습누가대화**(**온**도·**습**도가 높으면 **누가 대화**하냐?)

비교
누전경보기 수신부의 **설치장소**
옥내의 점검이 편리한 **건조**한 장소

답 ①

★★★
68 17.05.문66 16.10.문77 16.05.문62

자동화재속보설비의 속보기의 기능에 대한 설명으로 틀린 것은?

① 연동 또는 수동으로 소방관서에 화재발생 음성정보를 속보 중인 경우에도 송수화장치를 이용한 통화가 우선적으로 가능하여야 한다.
② 주전원이 정지한 경우에는 자동적으로 예비전원으로 전환되고, 주전원이 정상상태로 복귀한 경우에는 자동적으로 예비전원에서 주전원으로 전환되어야 한다.
③ 화재신호를 수신하거나 속보기를 수동으로 동작시키는 경우 자동적으로 적색 화재표시등이 점등되고 음향장치로 화재를 경보하여야 한다.
④ 자동으로 동작시키는 경우 20초 이내에 소방관서에 자동적으로 신호를 발하여 알리되, 3회 이상 속보할 수 있어야 한다.

해설 ④ 자동 → 수동

속보기의 **적합기능**(자동화재속보설비의 속보기의 성능인증 및 제품검사의 기술기준 5조)
(1) 예비전원은 **감시상태**를 **60분**간 지속한 후 **10분** 이상 **동작**이 지속될 수 있는 용량일 것
(2) 속보기는 연동 또는 수동 작동에 의한 다이얼링 후 소방관서와 전화접속이 이루어지지 않는 경우에는 최초 **다**이얼링을 포함하여 **10회** 이상 반복적으로 접속을 위한 다이얼링이 이루어져야 한다. 이 경우 매회 다이얼링 완료 후 호출은 **30초** 이상 지속될 것

기억법 다10(다 쉽다.)

(3) 예비전원을 **병렬**로 접속하는 경우 **역충전방지** 등의 조치를 할 것
(4) **연동** 또는 **수동**으로 소방관서에 화재발생 음성정보를 속보 중인 경우에도 송수화장치를 이용한 통화가 우선적으로 가능 보기 ①
(5) 속보기의 송수화장치가 정상위치가 아닌 경우에도 **연동** 또는 **수동**으로 속보가 가능할 것
(6) 주전원이 정지한 경우에는 자동적으로 예비전원으로 전환되고, 주전원이 정상상태로 복귀한 경우에는 자동적으로 예비전원에서 주전원으로 전환 보기 ②
(7) 화재신호를 수신하거나 속보기를 수동으로 동작시키는 경우 **자동**적으로 **적색 화재표시등**이 점등되고 음향장치로 화재 경보 보기 ③
(8) **수동**으로 동작시키는 경우 **20초** 이내에 **소방관서**에 자동적으로 신호를 발하여 알리되, **3회** 이상 속보 보기 ④

답 ④

★★★
69 22.03.문75 21.05.문71 11.10.문61

유도등의 형식승인 및 제품검사의 기술기준에 따라 유도등의 교류입력측과 외함 사이, 교류입력측과 충전부 사이 및 절연된 충전부와 외함 사이의 각 절연저항을 DC 500V의 절연저항계로 측정한 값이 몇 MΩ 이상이어야 하는가?

① 0.1 ② 5
③ 20 ④ 50

해설 **절연저항시험**

절연저항계	절연저항	대 상
직류 250V	0.1MΩ 이상	• 1경계구역의 절연저항
직류 500V	5MΩ 이상	• 누전경보기 • 가스누설경보기 • 수신기(10회로 미만, 절연된 충전부와 외함간) • 자동화재속보설비 • 비상경보설비 • 유도등(교류입력측과 외함 간 포함) 보기 ② • 비상조명등(교류입력측과 외함 간 포함)
	20MΩ 이상	• 경종 • 발신기 • 중계기 • 비상콘센트 • 기기의 절연된 선로 간 • 기기의 충전부와 비충전부 간 • 기기의 교류입력측과 외함 간(유도등 · 비상조명등 제외)
	50MΩ 이상	• 감지기(정온식 감지선형 감지기 제외) • 가스누설경보기(10회로 이상) • 수신기(10회로 이상, 교류입력측과 외함간 제외))
	1000MΩ 이상	• 정온식 감지선형 감지기

답 ②

★★★
70 자동화재탐지설비 및 시각경보장치의 화재안전기준에 따라 특정소방대상물 중 화재신호를 발신하고 그 신호를 수신 및 유효하게 제어할 수 있는 구역을 무엇이라 하는가?

21.03.문61 19.03.문68 14.09.문68 12.05.문71 12.03.문68 09.08.문69 07.09.문64

① 방호구역 ② 방수구역
③ 경계구역 ④ 화재구역

해설 **경계구역**

(1) **정의**(NFPC 203 3조, NFTC 203 1.7)
특정소방대상물 중 **화재신호**를 **발신**하고 그 **신호**를 **수신** 및 유효하게 **제어**할 수 있는 구역 보기 ③

(2) **경계구역의 설정기준**(NFPC 203 4조, NFTC 203 2.1)
㉠ 1경계구역이 2개 이상의 **건축물**에 미치지 않을 것
㉡ 1경계구역이 2개 이상의 **층**에 미치지 않을 것
㉢ 1경계구역의 면적은 **600m²** 이하로 하고, 1변의 길이는 **50m** 이하로 할 것(내부 전체가 보이면 **1000m²** 이하)

(3) **1경계구역의 높이**: **45m** 이하

답 ③

★
71 자동화재탐지설비 및 시각경보장치의 화재안전기준에 따라 전화기기실, 통신기기실 등과 같은 훈소화재의 우려가 있는 장소에 적응성이 없는 감지기는?

22.03.문70

① 광전식 스포트형
② 광전아날로그식 분리형
③ 광전아날로그식 스포트형
④ 이온아날로그식 스포트형

해설 **연기감지기**를 **설치**할 수 있는 **경우**(NFTC 203 2.4.6(2))
훈소화재
(1) **광**전식 스포트형 보기 ①
(2) **광**전아날로그식 스포트형 보기 ③
(3) **광**전식 분리형
(4) **광**전아날로그식 분리형 보기 ②

기억법 **광훈**

답 ④

★★★
72 객석유도등을 설치하지 아니하는 경우의 기준 중 다음 (   ) 안에 알맞은 것은?

18.04.문66 17.09.문61 17.03.문76 13.03.문73 11.06.문76

> 거실 등의 각 부분으로부터 하나의 거실 출입구에 이르는 보행거리가 (   )m 이하인 객석의 통로로서 그 통로에 통로유도등이 설치된 객석

① 15 ② 20
③ 30 ④ 50

해설 (1) **휴대용 비상조명등의 설치 제외 장소**(NFPC 304 5조, NFTC 304 2.2.2): 복도·통로·창문 등을 통해 **피**난이 용이한 경우(**지상 1층·피난층**)

기억법 **휴피**(**휴**지로 **피**닦아!)

(2) **통로유도등의 설치 제외 장소**(NFPC 303 11조, NFTC 303 2.8.2)
㉠ 길이 **30m** 미만의 복도·통로(구부러지지 않은 복도·통로)
㉡ 보행거리 **20m** 미만의 복도·통로(출입구에 **피난구유도등**이 설치된 복도·통로)

(3) **객석유도등의 설치 제외 장소**(NFPC 303 11조, NFTC 303 2.8.3)
㉠ **채광**이 충분한 객석(**주간**에만 사용)
㉡ **통**로유도등이 설치된 객석(거실 각 부분에서 거실 출입구까지의 **보행거리** **20m** 이하) 보기 ②

기억법 **채객보통**(**채**소는 **객**관적으로 **보통**이다.)

답 ②

★★★
73 누전경보기에서 감도조정장치의 조정범위는 최대 몇 mA인가?

16.03.문77 15.05.문79 10.03.문76

① 1 ② 20
③ 1000 ④ 1500

해설 **누전경보기**(누전경보기의 형식승인 및 제품검사의 기술기준 7·8조)

공칭작동전류치	감도조정장치의 조정범위
200mA 이하	1A(1000mA) 이하 보기 ③

기억법 공2

참고

검출누설전류 설정치 범위
(1) 경계전로 : **100~400mA**
(2) 제2종 접지선 : **400~700mA**

답 ③

★★★
74 **무선통신보조설비의 화재안전기준에 따라 금속제 지지금구를 사용하여 무선통신보조설비의 누설동축케이블을 벽에 고정시키고자 하는 경우 몇 m 이내마다 고정시켜야 하는가? (단, 불연재료로 구획된 반자 안에 설치하는 경우는 제외한다.)**

20.08.문65
19.03.문80
16.10.문72
15.09.문78
14.05.문78
12.05.문78
10.05.문76
08.09.문70

① 2 ② 3
③ 4 ④ 5

해설 **누설동축케이블**의 **설치기준**(NFPC 505 5조, NFTC 505 2.2.1)
(1) 소방전용 주파수대에서 전파의 **전송** 또는 **복사**에 적합한 것으로서 소방전용의 것
(2) 누설동축케이블과 이에 접속하는 **안테나** 또는 **동축케이블**과 이에 접속하는 안테나
(3) 누설동축케이블 및 동축케이블은 화재에 따라 해당 케이블의 피복이 소실된 경우에 케이블 본체가 떨어지지 아니하도록 **4m** 이내마다 금속제 또는 자기제 등의 지지금구로 벽·천장·기둥 등에 견고하게 고정시킬 것(단, **불연재료**로 구획된 반자 안에 설치하는 경우 제외) 보기 ③
(4) **누설동축케이블** 및 **안테나**는 **고**압전로로부터 **1.5m** 이상 떨어진 위치에 설치(단, 해당 전로에 **정전기 차폐장치**를 유효하게 설치한 경우에는 제외)
(5) 누설동축케이블의 끝부분에는 **무반사종단저항**을 설치

기억법 누고15

용어

무반사종단저항
전송로로 전송되는 전자파가 전송로의 종단에서 반사되어 **교신**을 **방해**하는 것을 막기 위한 저항

답 ③

★★
75 **자동화재속보설비의 설치기준에 관한 사항이다. ( ) 안의 ㉠, ㉡에 들어갈 내용으로 옳은 것은?**

24.03.문68
17.05.문66
16.10.문77
16.05.문62

> 자동화재속보설비는 (㉠)와 연동으로 작동하여 자동적으로 화재신호를 (㉡)에 전달되는 것으로 할 것

① ㉠ 자동소화설비, ㉡ 종합방재센터
② ㉠ 비상방송설비, ㉡ 소방관서
③ ㉠ 비상경보설비, ㉡ 종합방재센터
④ ㉠ 자동화재탐지설비, ㉡ 소방관서

해설 ④ 자동화재속보설비는 **자동화재탐지설비**와 연동으로 작동하여 **소방관서**에 전달되는 것으로 할 것

자동화재속보설비의 설치기준(자동화재속보설비의 속보기의 성능인증 및 제품검사의 기술기준 5조, NFPC 204 4조, NFTC 204 2.1.1.1)

구 분	설 명
연동설비	**자동화재탐지설비** 보기 ④
속보대상	**소방관서** 보기 ④
속보방법	**20초** 이내에 **3회** 이상
다이얼링	**10회** 이상

답 ④

★★★
76 **비상방송설비의 특징에 대한 설명으로 틀린 것은?**

19.09.문63
19.03.문64
16.03.문66
15.09.문67
13.06.문63
10.05.문69

① 다른 방송설비와 공용하는 경우에는 화재시 비상경보 외의 방송을 차단할 수 있는 구조로 하여야 한다.
② 비상방송설비의 축전지는 감시상태를 10분간 지속한 후 유효하게 60분 이상 경보할 수 있어야 한다.
③ 확성기의 음성입력은 실외에 설치한 경우 3W 이상이어야 한다.
④ 음량조정기의 배선은 3선식으로 한다.

해설 ② 감시상태를 10분간 → 감시상태를 60분간
60분 이상 경보 → 10분 이상 경보

비상방송설비·비상벨설비·자동식 사이렌설비(NFPC 202 6조, NFTC 202 2.3.2)

감시시간 보기 ②	경보시간 보기 ②
60분	**10분** 이상(30층 이상 : **30분**)

기억법 6감

답 ②

★★★
77 자동화재탐지설비 및 시각경보장치의 화재안전기준에 따른 열전대식 차동식 분포형 감지기의 시설기준이다. 다음 ( )에 들어갈 내용으로 옳은 것은? (단, 주요구조부가 내화구조로 된 특정소방대상물이 아닌 경우이다.)

23.03.문76
17.05.문72
12.03.문71
03.08.문70

> 열전대부는 감지구역의 바닥면적 (㉠)m^2마다 1개 이상으로 할 것. 다만, 바닥면적이 (㉡)m^2 이하인 특정소방대상물에 있어서는 (㉢)개 이상으로 하여야 한다.

① ㉠ 22, ㉡ 88, ㉢ 7
② ㉠ 18, ㉡ 80, ㉢ 5
③ ㉠ 18, ㉡ 72, ㉢ 4
④ ㉠ 22, ㉡ 88, ㉢ 20

해설 **열전대식 감지기**의 **설치기준**(NFPC 203 제7조, NFTC 203 2.4.3.8)
(1) 하나의 검출부에 접속하는 열전대부는 **4~20개** 이하로 할 것(단, **주소형 열전대식 감지기**는 제외)
(2) 바닥면적

분 류	열전대식 1개 바닥면적	바닥면적	설치개수
내화구조	$22m^2$	$88m^2$ 이하 ($22m^2$×4개=$88m^2$)	**4개** 이상
기타구조 (내화구조로 된 특정소방대상물이 아닌 경우)	$18m^2$ 보기 ㉠	$72m^2$ 이하 보기 ㉡ ($18m^2$×4개=$72m^2$)	**4개** 이상 보기 ㉢

비교

열반도체식 감지기	열전대식 감지기
2~15개 이하	4~20개 이하

답 ③

★★★
78 무창층의 도매시장에 설치하는 비상조명등용 비상전원은 해당 비상조명등을 몇 분 이상 유효하게 작동시킬 수 있는 용량으로 하여야 하는가?

19.09.문74
19.04.문64
17.03.문73
16.03.문73
14.05.문65
14.05.문73
08.03.문77

① 10
② 20
③ 40
④ 60

해설 **비상조명등**의 **설치기준**(NFPC 304 4조, NFTC 304 2.1.1)
(1) 특정소방대상물의 각 거실과 지상에 이르는 복도·계단·통로에 설치할 것
(2) 조도는 각 부분의 바닥에서 **1lx** 이상일 것
(3) **점검스위치**를 설치하고 **20분** 이상 작동시킬 수 있는 용량의 **축전지**와 **예비전원 충전장치**를 내장할 것

예외규정
비상조명등의 **60분 이상 작동용량**
(1) **11층** 이상(지하층 제외)
(2) 지하층·무창층으로서 **도매시장·소매시장·여객자동차터미널·지하역사·지하상가** 보기 ④

중요
비상전원 용량

설비의 종류	비상전원 용량
• **자**동화재탐지설비 • 비상**경**보설비 • **자**동화재속보설비	**10분** 이상
• 유도등 • 비상콘센트설비 • 제연설비 • 물분무소화설비 • 옥내소화전설비(30층 미만) • 특별피난계단의 계단실 및 부속실 제연설비(30층 미만)	**20분** 이상
• 무선통신보조설비의 **증**폭기	**30분** 이상
• 옥내소화전설비(30~49층 이하) • 특별피난계단의 계단실 및 부속실 제연설비(30~49층 이하) • 연결송수관설비(30~49층 이하) • 스프링클러설비(30~49층 이하)	**40분** 이상
• 유도등·비상조명등(지하상가 및 11층 이상) • 옥내소화전설비(50층 이상) • 특별피난계단의 계단실 및 부속실 제연설비(50층 이상) • 연결송수관설비(50층 이상) • 스프링클러설비(50층 이상)	**60분** 이상

기억법 **경자비1**(**경자**라는 이름은 **비일**비재하게 많다.)
3증(**3중**고)

답 ④

★★
79 총 길이가 2800m인 터널에 자동화재탐지설비를 설치하는 경우 최소경계구역 수는?

13.07.문06

① 26개
② 27개
③ 28개
④ 29개

해설 터널의 자동화재탐지설비 경계구역

$$=\frac{\text{터널 길이}}{100m}=\frac{2800m}{100m}=28\text{개}$$ 보기 ③

• 터널의 하나의 경계구역의 길이는 **100m** 이하로 하여야 한다. (NFPC 603 9조, NFTC 603 2.5.2)

중요

터널에 **설치**하는 **자동화재탐지설비 감지기**의 **설치기준** (NFPC 603 9조, NFTC 603 2.5.3)

(1) 감지기의 감열부와 감열부 사이의 이격거리는 **10m** 이하로, 감지기와 터널 좌우측 벽면과의 이격거리는 **6.5m** 이하로 설치할 것
(2) 터널 천장의 구조가 **아치형**의 터널에 감지기를 터널 진행방향으로 설치하고자 하는 경우에는 감열부와 감열부 사이의 이격거리를 **10m** 이하로 하여 **아치형** 천장의 **중앙 최상부**에 **1열**로 감지기를 설치하여야 하며, 감지기를 **2열** 이상으로 설치하고자 하는 경우에는 감열부와 감열부 사이의 이격거리는 **10m** 이하로, 감지기 간의 이격거리는 **6.5m** 이하로 설치할 것
(3) 감지기를 천장면(터널 안 도로 등에 면한 부분 또는 상층의 바닥 하부면)에 설치하는 경우에는 감지기가 천장면에 밀착되지 않도록 **고정금구** 등을 사용하여 설치할 것
(4) 하나의 경계구역의 길이는 **100m** 이하로 할 것
(5) 감지기의 작동에 의하여 다른 소방시설 등이 연동되는 경우로서 해당 소방시설 등의 작동을 위한 정확한 **발화위치**를 확인할 필요가 있는 경우에는 경계구역의 길이가 해당 설비의 **방호구역** 등에 포함되도록 설치하여야 한다.

답 ③

★★
80 비상조명등의 화재안전기준에 따른 비상조명등의 시설기준에 적합하지 않은 것은?
20.06.문62

① 조도는 비상조명등이 설치된 장소의 각 부분의 바닥에서 0.5 lx가 되도록 하였다.
② 특정소방대상물의 각 거실과 그로부터 지상에 이르는 복도 · 계단 및 그 밖의 통로에 설치하였다.
③ 예비전원을 내장하는 비상조명등에 평상시 점등여부를 확인할 수 있는 점검스위치를 설치하였다.
④ 예비전원을 내장하는 비상조명등에 해당 조명등을 유효하게 작동시킬 수 있는 용량의 축전지와 예비전원 충전장치를 내장하도록 하였다.

해설

① 0.5 lx → 1 lx 이상

비상조명등의 **설치기준**(NFPC 304 4조, NFTC 304 2.1.1)
(1) 특정소방대상물의 각 거실과 지상에 이르는 **복도 · 계단 · 통로**에 설치할 것
(2) 조도는 각 부분의 바닥에서 **1 lx** 이상일 것 보기 ①
(3) **점검스위치**를 설치하고 **20분** 이상 작동시킬 수 있는 용량의 **축전지**와 **예비전원 충전장치**를 내장할 것

중요

조명도(조도)

기 기	조 명
통로유도등	**1 lx** 이상
비상조명등	**1 lx** 이상
객석유도등	**0.2 lx** 이상

답 ①

2024. 5. 9 시행

▌2024년 기사 제2회 필기시험 CBT 기출복원문제▌

자격종목	종목코드	시험시간	형별	수험번호	성명
소방설비기사(전기분야)		**2시간**			

※ 각 문항은 4지택일형으로 질문에 가장 적합한 보기 항을 선택하여 체크하여야 합니다.

제 1 과목 소방원론

☆☆

01 촛불의 주된 연소 형태에 해당하는 것은?

14.09.문01
10.03.문17

① 표면연소
② 분해연소
③ 증발연소
④ 자기연소

유사문제부터 풀어보세요. 실력이 팍!팍! 올라갑니다.

연소의 형태

연소 형태	종 류	
표면연소	• **숯** • **목탄**	• **코**크스 • **금**속분
분해연소	• **석**탄 • **플**라스틱 • **고**무 • **아**스팔트	• **종**이 • **목**재 • **중**유
증발연소 보기 ③	• **황** • **파**라핀(**양**초) • **가**솔린(휘발유) • **경**유 • **아**세톤	• **왁**스 • **나**프탈렌 • **등**유 • **알**코올
자기연소	• 나이트로글리세린 • 나이트로셀룰로오스(질화면) • TNT • 피크린산	
액적연소	• 벙커C유	
확산연소	• 메탄(CH_4) • 암모니아(NH_3) • 아세틸렌(C_2H_2) • 일산화탄소(CO) • 수소(H_2)	

기억법 **표숯코 목탄금, 분석종플 목고중아, 증황왁파양 나가등경알아**

※ **파라핀** : 양초(초)의 주성분

답 ③

☆☆☆

02 다음 중 상온 · 상압에서 액체인 것은?

20.06.문05
18.03.문04
13.09.문04
12.03.문17

① 이산화탄소 ② 할론 1301
③ 할론 2402 ④ 할론 1211

해설

상온 · 상압에서 **기체**상태	상온 · 상압에서 **액체**상태
• 할론 1301 • 할론 1211 • 이산화탄소(CO_2)	• 할론 1011 • 할론 104 • **할론 2402** 보기 ③

※ **상온 · 상압** : 평상시의 온도 · 평상시의 압력

답 ③

☆

03 다음 중 건축물의 방재기능 설정요소로 틀린 것은?

① 배치계획 ② 국토계획
③ 단면계획 ④ 평면계획

해설 (1) **건축물**의 **방재기능 설정요소**(건물을 지을 때 내 · 외부 및 부지 등의 방재계획을 고려한 계획)

구 분	설 명
부지선정, 배치계획 보기 ①	소화활동에 지장이 없도록 적합한 **건물 배치**를 하는 것
평면계획 보기 ④	**방연구획**과 **제연구획**을 설정하여 화재예방 · 소화 · 피난 등을 유효하게 하기 위한 계획
단면계획 보기 ③	불이나 연기가 **다른 층**으로 이동하지 않도록 구획하는 계획
입면계획	불이나 연기가 **다른 건물**로 이동하지 않도록 구획하는 계획(입면계획의 가장 큰 요소 : 벽과 개구부)
재료계획	불연성능 · 내화성능을 가진 재료를 사용하여 화재를 예방하기 위한 계획

(2) **건축물 내부**의 **연소확대방지**를 위한 **방화계획**
㉠ 수평구획
㉡ 수직구획
㉢ 용도구획

답 ②

★★★
04 다음 원소 중 전기음성도가 가장 큰 것은?

20.08.문13
17.05.문20
15.03.문16
12.03.문04

① F ② Br
③ Cl ④ I

해설 **할론소화약제**

부촉매효과(소화능력) 크기	전기음성도(친화력, 결합력) 크기 보기 ①
I > Br > Cl > F	F > Cl > Br > I

• 전기음성도 크기=수소와의 결합력 크기

중요

할로젠족 원소
(1) 불소 : F
(2) 염소 : Cl
(3) 브로민(취소) : Br
(4) 아이오딘(옥소) : I

기억법 FClBrI

답 ①

★★★
05 프로판가스의 연소범위〔vol%〕에 가장 가까운 것은?

23.05.문16
19.09.문09
14.09.문16
12.03.문12
10.09.문02

① 9.8~28.4
② 2.5~81
③ 4.0~75
④ 2.1~9.5

해설 (1) **공기 중의 폭발한계**

가 스	하한계 (하한점, 〔vol%〕)	상한계 (상한점, 〔vol%〕)
아세틸렌(C_2H_2)	2.5	81
수소(H_2)	4	75
일산화탄소(CO)	12	75
에터($C_2H_5OC_2H_5$)	1.7	48
이황화탄소(CS_2)	1	50
에틸렌(C_2H_4)	2.7	36
암모니아(NH_3)	15	25
메탄(CH_4)	5	15
에탄(C_2H_6)	3	12.4
프로판(C_3H_8) 보기 ④ →	2.1	9.5
부탄(C_4H_{10})	1.8	8.4

(2) **폭발한계**와 **같은 의미**
㉠ 폭발범위
㉡ 연소한계
㉢ 연소범위
㉣ 가연한계
㉤ 가연범위

답 ④

★★★
06 가연물이 연소가 잘 되기 위한 구비조건으로 틀린 것은?

20.06.문04
17.05.문18
08.03.문11

① 열전도율이 클 것
② 산소와 화학적으로 친화력이 클 것
③ 표면적이 클 것
④ 활성화에너지가 작을 것

해설 ① 클 것 → 작을 것

가연물이 **연소**하기 쉬운 **조건**
(1) 산소와 **친화력**이 클 것 보기 ②
(2) **발열량**이 클 것
(3) **표면적**이 넓을 것 보기 ③
(4) **열전도율**이 **작을 것** 보기 ①
(5) **활성화에너지**가 **작을 것** 보기 ④
(6) **연쇄반응**을 일으킬 수 있을 것
(7) 산소가 포함된 **유기물**일 것

※ **활성화에너지** : 가연물이 처음 연소하는 데 필요한 열

답 ①

★★★
07 석유, 고무, 동물의 털, 가죽 등과 같이 황성분을 함유하고 있는 물질이 불완전연소될 때 발생하는 연소가스로 계란 썩는 듯한 냄새가 나는 기체는?

19.04.문10
11.03.문10
04.09.문14

① H_2S ② $COCl_2$
③ SO_2 ④ HCN

해설 **연소가스**

구 분	특 징
일산화탄소 (CO)	화재시 흡입된 일산화탄소(CO)의 화학적 작용에 의해 **헤모글로빈**(Hb)이 혈액의 산소운반작용을 저해하여 사람을 질식·사망하게 한다.
이산화탄소 (CO_2)	연소가스 중 **가장 많은 양**을 차지하고 있으며 가스 그 자체의 독성은 거의 없으나 다량이 존재할 경우 호흡속도를 증가시키고, 이로 인하여 화재가스에 혼합된 유해가스의 혼입을 증가시켜 위험을 가중시키는 가스이다.
암모니아 (NH_3)	나무, 페놀수지, 멜라민수지 등의 **질소 함유물**이 연소할 때 발생하며, 냉동시설의 **냉매**로 쓰인다.
포스겐 ($COCl_2$)	매우 독성이 강한 가스로서 소화제인 **사염화탄소**(CCl_4)를 화재시에 사용할 때도 발생한다.
황화수소 (H_2S) 보기 ①	**달걀**(계란) **썩는 냄새**가 나는 특성이 있다. 기억법 **황달**
아크롤레인 ($CH_2=CHCHO$)	독성이 매우 높은 가스로서 **석유제품, 유지** 등이 연소할 때 생성되는 가스이다.

답 ①

☆☆☆
08 화재의 분류방법 중 유류화재를 나타낸 것은?

21.09.문17 19.03.문08 17.09.문07 16.05.문09 15.09.문19 13.09.문07

① A급 화재
② B급 화재
③ C급 화재
④ D급 화재

해설 **화재**의 **종류**

구 분	표시색	적응물질
일반화재(A급)	백색	• 일반가연물 • 종이류 화재 • 목재 · 섬유화재
유류화재(B급) 보기 ②	황색	• 가연성 액체 • 가연성 가스 • 액화가스화재 • 석유화재
전기화재(C급)	청색	• 전기설비
금속화재(D급)	무색	• 가연성 금속
주방화재(K급)	–	• 식용유화재

※ 요즘은 표시색의 의무규정은 없음

답 ②

☆☆☆
09 일반적으로 공기 중 산소농도를 몇 vol% 이하로 감소시키면 연소속도의 감소 및 질식소화가 가능한가?

21.03.문06 19.09.문13 18.09.문19 17.05.문06 16.03.문08 15.03.문17 14.03.문19 11.10.문19 03.08.문11

① 15
② 21
③ 25
④ 31

해설 **소화**의 **방법**

구 분	설 명
냉각소화	다량의 물 등을 이용하여 **점화원**을 **냉각**시켜 소화하는 방법
질식소화	공기 중의 **산소농도**를 **16%** 또는 **15%**(10~15%) 이하로 희박하게 하여 소화하는 방법 보기 ①
제거소화	가연물을 제거하여 소화하는 방법
화학소화(부촉매효과)	연쇄반응을 차단하여 소화하는 방법, **억제작용**이라고도 함
희석소화	고체 · 기체 · 액체에서 나오는 **분해가스**나 **증기**의 **농도**를 낮추어 연소를 중지시키는 방법
유화소화	물을 무상으로 방사하여 유류표면에 **유화층**의 막을 형성시켜 공기의 접촉을 막아 소화하는 방법
피복소화	비중이 공기의 **1.5배** 정도로 무거운 소화약제를 방사하여 가연물의 구석구석까지 침투 · 피복하여 소화하는 방법

용어

%	vol%
수를 100의 비로 나타낸 것	어떤 공간에 차지하는 부피를 백분율로 나타낸 것
50%	공기 50vol% 50vol%
50%	50vol%

답 ①

☆☆
10 위험물 탱크에 압력이 0.3MPa이고, 온도가 0℃인 가스가 들어 있을 때 화재로 인하여 100℃까지 가열되었다면 압력은 약 몇 MPa인가? (단, 이상기체로 가정한다.)

14.05.문19 07.05.문13

① 0.41
② 0.52
③ 0.63
④ 0.74

해설 **보일-샤를**의 **법칙**(Boyle-Charl's law)

$$\frac{P_1 V_1}{T_1}=\frac{P_2 V_2}{T_2}$$

여기서, P_1, P_2 : 기압[MPa]

V_1, V_2 : 부피[m^3]

T_1, T_2 : 절대온도(273+℃)[K]

기압 P_2 **는**

$$P_2 = P_1 \times \frac{\cancel{V_1}}{\cancel{V_2}} \times \frac{T_2}{T_1}$$

$$= 0.3\text{MPa} \times \frac{(273+100)\text{K}}{(273+0)\text{K}}$$

$$\fallingdotseq 0.41\text{MPa}$$

• 이상기체이므로 **부피**는 **일정**하여 무시한다.

답 ①

☆☆☆
11 실내 화재시 발생한 연기로 인한 감광계수[m^{-1}]와 가시거리에 대한 설명 중 틀린 것은?

23.03.문03 22.04.문15 21.09.문02 20.06.문01 17.03.문10 16.10.문16 14.05.문06 13.09.문11

① 감광계수가 0.1일 때 가시거리는 20~30m이다.
② 감광계수가 0.3일 때 가시거리는 15~20m이다.
③ 감광계수가 1.0일 때 가시거리는 1~2m이다.
④ 감광계수가 10일 때 가시거리는 0.2~0.5m이다.

해설

② 15~20m → 5m

감광계수와 **가시거리**

감광계수 $[m^{-1}]$	가시거리 [m]	상 황
0.1	20~30 보기 ①	연기**감**지기가 작동할 때의 농도(연기감지기가 작동하기 직전의 농도)
0.3	5 보기 ②	건물 내부에 **익**숙한 사람이 피난에 지장을 느낄 정도의 농도
0.5	3	**어**두운 것을 느낄 정도의 농도
1	1~2 보기 ③	앞이 거의 **보**이지 않을 정도의 농도
10	0.2~0.5 보기 ④	화재 **최**성기 때의 농도
30	–	출화실에서 연기가 **분**출할 때의 농도

기억법
0123 감
035 익
053 어
112 보
100205 최
30 분

답 ②

★★★
12 위험물의 저장방법으로 틀린 것은?

22.09.문10 17.03.문11 16.05.문19 16.03.문07 10.03.문09 09.03.문16

① 금속나트륨－석유류에 저장
② 이황화탄소－수조에 저장
③ 알킬알루미늄－벤젠액에 희석하여 저장
④ 산화프로필렌－구리용기에 넣고 불연성 가스를 봉입하여 저장

해설 **물질**에 따른 **저장장소**

물 질	저장장소
황린, **이**황화탄소(CS_2)	**물**속 보기 ②
나이트로셀룰로오스	알코올 속
칼륨(K), 나트륨(Na), 리튬(Li)	석유류(등유) 속 보기 ①
알킬알루미늄	벤젠액 속 보기 ③
아세틸렌(C_2H_2)	디메틸포름아미드(DMF), 아세톤에 용해

기억법 황물이(**황**토색 **물이** 나온다.)

중요

산화프로필렌, 아세트알데하이드 보기 ④
구리, **마**그네슘, **은**, **수**은 및 그 합금과 저장 금지

기억법 구마은수

답 ④

★★★
13 메탄 80vol%, 에탄 15vol%, 프로판 5vol%인 혼합가스의 공기 중 폭발하한계는 약 몇 vol%인가? (단, 메탄, 에탄, 프로판의 공기 중 폭발하한계는 5.0vol%, 3.0vol%, 2.1vol%이다.)

23.09.문08 22.09.문15 21.05.문20 17.05.문03

① 4.28
② 3.61
③ 3.23
④ 4.02

해설 **혼합가스**의 **폭발하한계**

$$\frac{100}{L}=\frac{V_1}{L_1}+\frac{V_2}{L_2}+\frac{V_3}{L_3}$$

여기서, L : 혼합가스의 폭발하한계[vol%]
L_1, L_2, L_3 : 가연성 가스의 폭발하한계[vol%]
V_1, V_2, V_3 : 가연성 가스의 용량[vol%]

$$\frac{100}{L}=\frac{V_1}{L_1}+\frac{V_2}{L_2}+\frac{V_3}{L_3}$$

$$\frac{100}{L}=\frac{80}{5.0}+\frac{15}{3.0}+\frac{5}{2.1}$$

$$\frac{100}{\frac{80}{5.0}+\frac{15}{3.0}+\frac{5}{2.1}}=L$$

$$L=\frac{100}{\frac{80}{5.0}+\frac{15}{3.0}+\frac{5}{2.1}} \fallingdotseq 4.28\text{vol\%}$$

• 단위가 원래는 vol% 또는 v%, vol.%인데 줄여서 %로 쓰기도 한다.

답 ①

★★★
14 위험물의 유별에 따른 분류가 잘못된 것은?

22.03.문02 19.04.문44 16.05.문46 16.05.문52 15.09.문03 15.09.문18 15.05.문10 15.05.문42 15.03.문51 14.09.문18 14.03.문18 11.06.문54

① 제1류 위험물 : 산화성 고체
② 제3류 위험물 : 자연발화성 물질 및 금수성 물질
③ 제4류 위험물 : 인화성 액체
④ 제6류 위험물 : 가연성 액체

해설

④ 가연성 액체 → 산화성 액체

위험물령 [별표 1]
위험물

유 별	성 질	품 명
제**1**류	**산**화성 **고**체 보기 ①	• 아염소산염류 • 염소산염류(**염**소산**나**트륨) • 과염소산염류 • 질산염류 • 무기과산화물 기억법 1산고염나

제2류	가연성 고체	• **황화**인 • **적**린 • **황** • **마**그네슘 기억법 황화적마
제3류	자연발화성 물질 및 금수성 물질 보기 ②	• **황**린 • **칼**륨 • **나**트륨 • **알**칼리토금속 • **트**리에틸알루미늄 기억법 황칼나알트
제4류	인화성 액체 보기 ③	• 특수인화물 • 석유류(벤젠) • 알코올류 • 동식물유류
제**5**류	**자**기반응성 물질	• 유기과산화물 • 나이트로화합물 • 나이트로소화합물 • 아조화합물 • 질산에스터류(셀룰로이드) 기억법 5자(오자탈자)
제6류	산화성 액체 보기 ④	• 과염소산 • 과산화수소 • 질산

답 ④

★★★
15 인화점이 낮은 것부터 높은 순서로 옳게 나열된 것은?

21.03.문14 18.04.문05 15.09.문02 14.05.문05 14.03.문10 12.03.문01 11.06.문09 11.03.문12 10.05.문11

① 에틸알코올 < 이황화탄소 < 아세톤
② 이황화탄소 < 에틸알코올 < 아세톤
③ 에틸알코올 < 아세톤 < 이황화탄소
④ 이황화탄소 < 아세톤 < 에틸알코올

해설

물 질	인화점	착화점
• 프로필렌	−107℃	497℃
• 에틸에터 • 다이에틸에터	−45℃	180℃
• 가솔린(휘발유)	−43℃	300℃
• **이황화탄소** 보기 ④	−30℃	**100℃**
• 아세틸렌	−18℃	335℃
• **아세톤** 보기 ④	−18℃	**538℃**
• 벤젠	−11℃	562℃
• 톨루엔	4.4℃	480℃
• **에틸알코올** 보기 ④	13℃	**423℃**
• 아세트산	40℃	−
• 등유	43~72℃	210℃
• 경유	50~70℃	200℃
• 적린	−	260℃

답 ④

★★★
16 건물의 주요구조부에 해당되지 않는 것은?

17.09.문19 15.03.문18 13.09.문18

① 바닥
② 천장
③ 기둥
④ 주계단

해설 **주요구조부**
(1) 내력**벽**
(2) **보**(작은 보 제외)
(3) **지**붕틀(차양 제외)
(4) **바**닥(최하층 바닥 제외)
(5) **주**계단(옥외계단 제외)
(6) **기**둥(사잇기둥 제외)

기억법 벽보지 바주기

답 ②

★★★
17 제2종 분말소화약제의 열분해반응식으로 옳은 것은?

23.09.문10 19.03.문01 18.04.문06 17.09.문10 16.10.문06 16.10.문10 16.10.문11 16.05.문15 16.05.문17 16.03.문09 15.09.문01 15.05.문08 14.09.문10

① $2NaHCO_3 \rightarrow Na_2CO_3 + CO_2 + H_2O$
② $2KHCO_3 \rightarrow K_2CO_3 + CO_2 + H_2O$
③ $2NaHCO_3 \rightarrow Na_2CO_3 + 2CO_2 + H_2O$
④ $2KHCO_3 \rightarrow K_2CO_3 + 2CO_2 + H_2O$

해설 **분말소화기**(질식효과)

종 별	소화약제	약제의 착색	화학반응식	적응 화재
제1종	탄산수소나트륨 ($NaHCO_3$)	백색	$2NaHCO_3 \rightarrow Na_2CO_3+CO_2+H_2O$	BC급
제2종	탄산수소칼륨 ($KHCO_3$)	담자색 (담회색)	$2KHCO_3 \rightarrow K_2CO_3+CO_2+H_2O$ 보기 ②	BC급
제3종	인산암모늄 ($NH_4H_2PO_4$)	담홍색	$NH_4H_2PO_4 \rightarrow HPO_3+NH_3+H_2O$	ABC급
제4종	탄산수소칼륨+요소 ($KHCO_3+(NH_2)_2CO$)	회(백)색	$2KHCO_3+(NH_2)_2CO \rightarrow K_2CO_3+2NH_3+2CO_2$	BC급

• 탄산수소나트륨 = 중탄산나트륨
• 탄산수소칼륨 = 중탄산칼륨
• 제1인산암모늄 = 인산암모늄 = 인산염
• 탄산수소칼륨 + 요소 = 중탄산칼륨 + 요소

답 ②

★★
18 표준상태에서 메탄가스의 밀도는 몇 g/L인가?

15.05.문07 10.09.문16

① 0.21 ② 0.41
③ 0.71 ④ 0.91

해설 (1) **원자량**

원 소	원자량
H →	1
C →	12
N	14
O	16

메탄(CH_4)분자량$=12+1\times4=16$

(2) **증기밀도**

$$\text{증기밀도[g/L]}=\frac{\text{분자량}}{22.4}$$

여기서, 22.4 : 공기의 부피[L]

$$\text{증기밀도[g/L]}=\frac{\text{분자량}}{22.4}=\frac{16}{22.4}\fallingdotseq0.71$$

• 단위를 보고 계산하면 쉽다.

비교

증기비중

$$\text{증기비중}=\frac{\text{분자량}}{29}$$

여기서, 29 : 공기의 평균 분자량[g/mol]

답 ③

★★★
19 화재하중의 단위로 옳은 것은?

20.08.문14
19.03.문20
16.10.문18
15.09.문17
01.06.문06
97.03.문19

① kg/m^2
② $℃/m^2$
③ $kg \cdot L/m^3$
④ $℃ \cdot L/m^3$

해설 **화재하중**

(1) 가연물 등의 **연소시 건축물**의 **붕괴** 등을 고려하여 설계하는 하중
(2) 화재실 또는 화재구획의 **단위면적당 가연물**의 **양**
(3) 일반건축물에서 가연성의 건축구조재와 **가연성 수용물**의 **양**으로서 건물화재시 발열량 및 화재위험성을 나타내는 용어
(4) 화재하중이 크면 단위면적당의 발열량이 크다.
(5) 화재하중이 같더라도 물질의 상태에 따라 가혹도는 달라진다.
(6) 화재하중은 화재구획실 내의 가연물 총량을 목재 중량당비로 환산하여 면적으로 나눈 수치이다.
(7) 건물화재에서 가열온도의 정도를 의미한다.
(8) 건물의 내화설계시 고려되어야 할 사항이다.
(9)

$$q=\frac{\Sigma G_t H_t}{HA}=\frac{\Sigma Q}{4500A}$$

여기서, q : 화재하중[kg/m²] 또는 [N/m²]
G_t : 가연물의 양[kg]
H_t : 가연물의 단위발열량[kcal/kg]
H : 목재의 단위발열량[kcal/kg] (4500kcal/kg)
A : 바닥면적[m²]
ΣQ : 가연물의 전체 발열량[kcal]

비교

화재가혹도
화재로 인하여 건물 내에 수납되어 있는 재산 및 건물 자체에 손상을 주는 능력의 정도

답 ①

★★★
20 물체의 표면온도가 250℃에서 650℃로 상승하면 열복사량은 약 몇 배 정도 상승하는가?

18.04.문15
17.05.문11
14.09.문14
13.06.문08

① 2.5　　② 5.7
③ 7.5　　④ 9.7

해설 (1) **기호**

• t_1 : 250℃
• t_2 : 650℃
• Q : ?

(2) **스테판-볼츠만**의 **법칙**(Stefan-Boltzman's law)

$$\frac{Q_2}{Q_1}=\frac{(273+t_2)^4}{(273+t_1)^4}=\frac{(273+650)^4}{(273+250)^4}\fallingdotseq9.7$$

• 열복사량은 복사체의 **절대온도**의 **4제곱**에 **비례**하고, **단면적**에 **비례**한다.

참고

스테판-볼츠만의 법칙(Stefan-Boltzman's law)

$$Q=aAF(T_1^{\ 4}-T_2^{\ 4})$$

여기서, Q : 복사열[W]
a : 스테판-볼츠만 상수[W/m²·K⁴]
A : 단면적[m²]
F : 기하학적 Factor
T_1 : 고온$(273+t_1)$[K]
T_2 : 저온$(273+t_2)$[K]
t_1 : 저온[℃]
t_2 : 고온[℃]

답 ④

제 2 과목 소방전기일반

★★★
21 논리식 $\overline{X}+XY$를 간략화한 것은?

19.03.문24
18.04.문38
17.09.문33
17.03.문23
16.05.문36
16.03.문39
15.09.문23
13.09.문30
13.06.문35

① $\overline{X}+Y$
② $X+\overline{Y}$
③ $\overline{X}Y$
④ $X\overline{Y}$

해설 **불대수의 정리**

논리합	논리곱	비 고
$X+0=X$	$X\cdot 0=0$	–
$X+1=1$	$X\cdot 1=X$	–
$X+X=X$	$X\cdot X=X$	–
$X+\overline{X}=1$	$X\cdot\overline{X}=0$	–
$X+Y=Y+X$	$X\cdot Y=Y\cdot X$	교환법칙
$X+(Y+Z)$ $=(X+Y)+Z$	$X(YZ)=(XY)Z$	결합법칙
$X(Y+Z)$ $=XY+XZ$	$(X+Y)(Z+W)$ $=XZ+XW+YZ+YW$	분배법칙
$X+XY=X$	$\overline{X}+XY=\overline{X}+Y$ 보기 ① $\overline{X}+X\overline{Y}=\overline{X}+\overline{Y}$ $X+\overline{X}Y=X+Y$ $X+\overline{X}\,\overline{Y}=X+\overline{Y}$	흡수법칙
$\overline{(X+Y)}$ $=\overline{X}\cdot\overline{Y}$	$\overline{(X\cdot Y)}=\overline{X}+\overline{Y}$	드모르간의 정리

답 ①

★★★
22 제어량이 압력, 온도 및 유량 등과 같은 공업량일 경우의 제어는?

19.04.문28 16.10.문35 16.05.문22 16.03.문32 15.05.문23 15.03.문22 14.09.문23 13.09.문27 11.03.문30

① 시퀀스제어
② 프로세스제어
③ 추종제어
④ 프로그램제어

해설 **제어량**에 의한 **분류**

분류방법	제어량
프로세스제어 (공정제어) 보기 ②	• **온**도 • **압**력 • **유**량 • **액**면 기억법 **프온압유액**
서보기구	• **위**치 • **방**위 • **자**세 기억법 **서위방자**
자동조정	• **전**압 • **전**류 • **주**파수 • **회**전속도(발전기의 속도조절기) • **장**력 기억법 **전전주회장**

용어

프로세스제어(공정제어)
공업공정의 상태량을 제어량으로 하는 제어

답 ②

★★★
23 반파정류회로를 통해 정현파를 정류하여 얻은 반파정류파의 최대값이 1일 때, 실효값과 평균값은?

23.03.문37 19.09.문37 15.05.문28 10.09.문39 98.10.문38

① $\dfrac{1}{\sqrt{2}},\ \dfrac{2}{\pi}$　② $\dfrac{1}{2},\ \dfrac{\pi}{2}$

③ $\dfrac{1}{\sqrt{2}},\ \dfrac{\pi}{2\sqrt{2}}$　④ $\dfrac{1}{2},\ \dfrac{1}{\pi}$

해설 **최대값 · 실효값 · 평균값**

파 형	최대값	실효값	평균값
① 정현파 ② 전파정류파	1	$\dfrac{1}{\sqrt{2}}$	$\dfrac{2}{\pi}$
③ 반구형파	1	$\dfrac{1}{\sqrt{2}}$	$\dfrac{1}{2}$
④ 삼각파(3각파) ⑤ 톱니파	1	$\dfrac{1}{\sqrt{3}}$	$\dfrac{1}{2}$
⑥ 구형파	1	1	1
⑦ 반파정류파 보기 ④	1	$\dfrac{1}{2}$	$\dfrac{1}{\pi}$

답 ④

★★
24 어떤 계를 표시하는 미분방정식이 $5\dfrac{d^2}{dt^2}y(t)+3\dfrac{d}{dt}y(t)-2y(t)=x(t)$라고 한다. $x(t)$는 입력신호, $y(t)$는 출력신호라고 하면 이 계의 전달함수는?

18.04.문36

① $\dfrac{1}{(s+1)(s-5)}$　② $\dfrac{1}{(s-1)(s+5)}$

③ $\dfrac{1}{(5s-1)(s+2)}$　④ $\dfrac{1}{(5s-2)(s+1)}$

해설 **전달함수**

$$G(s)=\frac{Y(s)}{X(s)}$$

여기서, $G(s)$: 전달함수
$Y(s)$: 출력신호
$X(s)$: 입력신호

• $5\dfrac{d^2}{dt^2}\to 5s^2$, $3\dfrac{d}{dt}\to 3s$, $2\to 2$

라플라스 변환하면

$(5s^2+3s-2)\,Y(s)=X(s)$

전달함수

$$G(s)=\frac{Y(s)}{X(s)}=\frac{1}{(5s^2+3s-2)}=\frac{1}{(5s-2)(s+1)}$$

답 ④

용어

전달함수
모든 초기값을 0으로 하였을 때 출력신호의 라플라스 변환과 입력신호의 라플라스 변환의 비

답 ④

★
25 회로에서 a와 b 사이에 나타나는 전압 V_{ab}[V]는?

21.05.문38

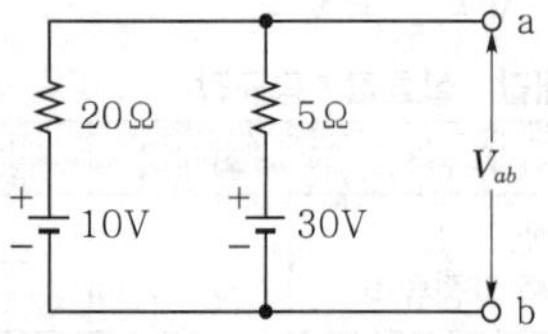

① 20 ② 23
③ 26 ④ 28

해설

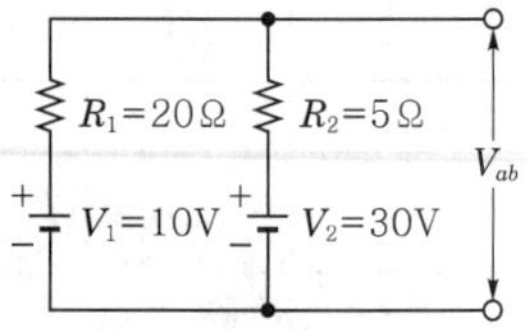

(1) **기호**

- R_1 : 20Ω
- V_1 : 10V
- R_2 : 5Ω
- V_2 : 30V
- V_{ab} : ?

(2) **밀만의 정리**

$$V_{ab}=\frac{\dfrac{V_1}{R_1}+\dfrac{V_2}{R_2}}{\dfrac{1}{R_1}+\dfrac{1}{R_2}}\text{[V]}$$

여기서, V_{ab} : 단자전압[V]
V_1, V_2 : 각각의 전압[V]
R_1, R_2 : 각각의 저항[Ω]

밀만의 정리에 의해

$$V_{ab}=\frac{\dfrac{V_1}{R_1}+\dfrac{V_2}{R_2}}{\dfrac{1}{R_1}+\dfrac{1}{R_2}}=\frac{\dfrac{10}{20}+\dfrac{30}{5}}{\dfrac{1}{20}+\dfrac{1}{5}}=26\text{V}$$

답 ③

★
26 저항이 R, 유도리액턴스가 X_L, 용량리액턴스가 X_C인 RLC 직렬회로에서의 $\dot{Z}$와 Z값으로 옳은 것은?

17.09.문31

① $\dot{Z}=R+j(X_L-X_C)$
$Z=\sqrt{R^2+(X_L-X_C)^2}$

② $\dot{Z}=R+j(X_L+X_C)$
$Z=\sqrt{R+(X_L+X_C)^2}$

③ $\dot{Z}=R+j(X_C-X_L)$
$Z=\sqrt{R^2+(X_C-X_L)^2}$

④ $\dot{Z}=R+j(X_C+X_L)$
$Z=\sqrt{R^2+(X_C+X_L)^2}$

해설 **임피던스**

RLC 직렬회로	RLC 병렬회로
$\dot{Z}=R+j(X_L-X_C)$ $Z=\sqrt{R^2+(X_L-X_C)^2}$ 보기 ①	$\dot{Z}=\frac{1}{R}+j\left(\frac{1}{X_C}-\frac{1}{X_L}\right)$ $Z=\sqrt{\left(\frac{1}{R}\right)^2+\left(\frac{1}{X_C}-\frac{1}{X_L}\right)^2}$

여기서, $\dot{Z}$: 임피던스(벡터)[Ω]
Z : 임피던스[Ω]
R : 저항[Ω]
j : 허수$(=\sqrt{-1})$
X_L : 유도리액턴스[Ω]
X_C : 용량리액턴스[Ω]

답 ①

★★★
27 $R=4\Omega$, $\frac{1}{\omega C}=9\Omega$인 RC 직렬회로에 전압 $e(t)$를 인가할 때, 제3고조파 전류의 실효값 크기는 몇 A인가? (단, $e(t)=50+10\sqrt{2}\sin\omega t+120\sqrt{2}\sin3\omega t$[V])

23.09.문28
20.09.문29
13.03.문28
12.03.문31

① 4.4
② 12.2
③ 24
④ 34

해설 (1) **기호**

- R : 4Ω
- $\frac{1}{\omega C}$: 9Ω
- I_3 : ?
- $e(t)=\underset{\text{직류분}}{\underline{50}}+\underset{\text{기본파}}{\underline{10\sqrt{2}\sin\omega t}}+\underset{\text{3고조파}}{\underline{120\sqrt{2}\sin3\omega t}}$

제3고조파 성분만 계산하면 되므로 리액턴스$\left(\frac{1}{\omega C}\right)$의 주파수 부분에 ω대신 3ω 대입

$$\frac{1}{\omega C}:9=\frac{1}{3\omega C}:X$$

$$X=\frac{9}{3}=3\left(\therefore\ \frac{1}{3\omega C}=3\,\Omega\right)$$

(2) **임피던스**

$$Z = R + jX$$

여기서, Z: 임피던스〔Ω〕
R: 저항〔Ω〕
X: 리액턴스〔Ω〕

제3고조파 임피던스 Z는

$Z = R + jX$
$= R + j\dfrac{1}{3\omega C}$
$= 4 + j3$

(3) **순시값**

$$v = V_m \sin\omega t$$

여기서, v : 전압의 순시값〔V〕
V_m : 전압의 최대값〔V〕
ω : 각주파수〔rad/s〕
t : 주기〔s〕

제3고조파만 고려하면

$v = V_m \sin\omega t$
$= 120\sqrt{2}\sin 3\omega t \left(\therefore V_m = 120\sqrt{2}\right)$

(4) **전압**의 **최대값**

$$V_m = \sqrt{2}\, V$$

여기서, V_m : 전압의 최대값〔V〕
V: 전압의 실효값〔V〕

전압의 실효값 V는

$V = \dfrac{V_m}{\sqrt{2}} = \dfrac{120\sqrt{2}}{\sqrt{2}} = 120\text{V}$

(5) **전류**

$$I = \frac{V}{Z} = \frac{V}{R+jX} = \frac{V}{\sqrt{R^2+X^2}}$$

여기서, I: 전류〔A〕
V: 전압〔V〕
Z: 임피던스〔Ω〕
R: 저항〔Ω〕
X: 리액턴스〔Ω〕

전류 I는

$I = \dfrac{V}{\sqrt{R^2+X^2}} = \dfrac{120}{\sqrt{4^2+3^2}} = 24\text{A}$ 보기 ③

답 ③

★★★
28 그림과 같은 회로에서 각 계기의 지시값이 Ⓥ는 180V, Ⓐ는 5A, W는 720W라면 이 회로의 무효전력〔Var〕은?

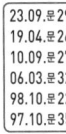

23.09.문29
19.04.문26
10.09.문27
06.03.문32
98.10.문22
97.10.문35

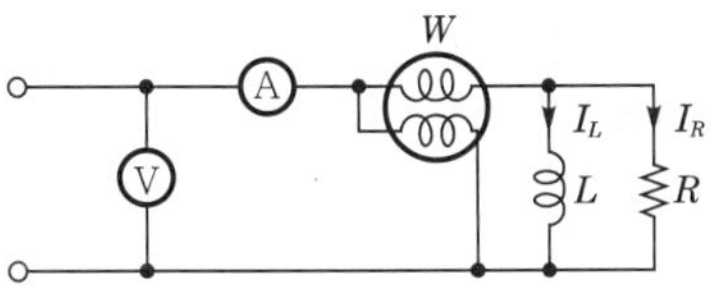

① 480　　② 540
③ 960　　④ 1200

해설 (1) **기호**

- V : 180V
- I : 5A
- P : 720W
- P_r : ?

(2) **피상전력**

$$P_a = VI = \sqrt{P^2 + P_r^{\,2}} = I^2 Z$$

여기서, P_a : 피상전력〔VA〕
V: 전압〔V〕
I: 전류〔A〕
P: 유효전력〔W〕
P_r : 무효전력〔Var〕
Z: 임피던스〔Ω〕

피상전력 P_a는

$P_a = VI = 180 \times 5 = 900\text{VA}$

$P_a = \sqrt{P^2 + P_r^{\,2}}$ 에서

$P_a^{\,2} = (\sqrt{P^2 + P_r^{\,2}})^2$

$P_a^{\,2} = P^2 + P_r^{\,2}$

$P_a^{\,2} - P^2 = P_r^{\,2}$

$P_r^{\,2} = P_a^{\,2} - P^2$

$\sqrt{P_r^{\,2}} = \sqrt{P_a^{\,2} - P^2}$

$P_r = \sqrt{P_a^{\,2} - P^2}$

무효전력 P_r은

$P_r = \sqrt{P_a^{\,2} - P^2}$
$= \sqrt{900^2 - 720^2} = 540\text{Var}$ 보기 ②

답 ②

★★★
29 다음의 단상 유도전동기 중 기동토크가 가장 큰 것은?

23.09.문34
21.09.문38
18.09.문35
14.05.문26
05.03.문25
03.08.문33

① 셰이딩 코일형
② 콘덴서 기동형
③ 분상 기동형
④ 반발 기동형

해설 **기동토크**가 **큰 순서**

반발 기동형 > 반발 유도형 > 콘덴서 기동형 > 분상 기동형 > **셰이딩 코일형**

기억법 **반기큰**

- 세이딩 코일형=셰이딩 코일형

답 ④

★★★
30 반도체를 이용한 화재감지기 중 서미스터(Thermistor)는 무엇을 측정하기 위한 반도체소자인가?

23.09.문35 21.09.문24 19.03.문35 18.09.문31 16.10.문30 15.05.문38 14.09.문40 14.05.문24 14.03.문27 12.03.문34 11.06.문37 00.10.문25

① 온도
② 연기농도
③ 가스농도
④ 불꽃의 스펙트럼 강도

해설 **반도체소자**

명 칭	심 벌
① **제너다이오드**(Zener diode) : 주로 **정**전압 전원회로에 사용된다. 기억법 제정(재정이 풍부)	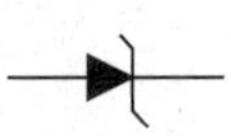
② **서미스터**(Thermistor) : 부온도특성을 가진 저항기의 일종으로서 주로 **온**도보정용으로 쓰인다. 보기 ① 기억법 서온(서운해)	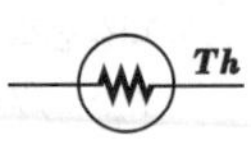
③ **SCR**(Silicon Controlled Rectifier) : 단방향 대전류 스위칭소자로서 제어를 할 수 있는 정류 소자이다.	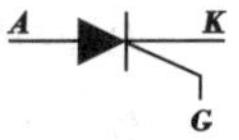
④ **바리스터**(Varistor) • 주로 **서**지전압에 대한 회로보호용(과도전압에 대한 회로보호) • **계**전기 접점의 불꽃제거 기억법 바리서계	
⑤ **UJT**(UniJunction Transistor) =**단일접합 트랜지스터** : 증폭기로는 사용이 불가능하고 톱니파나 펄스발생기로 작용하며 SCR의 트리거소자로 쓰인다.	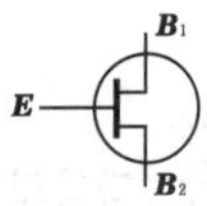
⑥ **바랙터**(Varactor) : 제너현상을 이용한 다이오드	–

답 ①

★★★
31 교류전압계의 지침이 지시하는 전압은 다음 중 어느 것인가?

23.09.문36 19.09.문29 12.09.문30

① 실효값
② 평균값
③ 최대값
④ 순시값

해설 ① 문제에서 교류이므로 실효값

교류 표시	설 명
실효값 ←	① 일반적으로 사용되는 값으로 교류의 각 순시값의 제곱에 대한 **1주기**의 **평균**의 **제곱근**을 말함 ② **교류전압계**의 지침이 지시하는 값 보기 ①
최대값	교류의 순시값 중에서 가장 큰 값
순시값	교류의 임의의 시간에 있어서 전압 또는 전류의 값
평균값	순시값의 반주기에 대하여 평균한 값

중요

실효값	평균값
교류	직류

답 ①

★★★
32 블록선도에서 외란 $D(s)$의 압력에 대한 출력 $C(s)$의 전달함수$\left(\frac{C(s)}{D(s)}\right)$는?

23.09.문38 21.09.문32 20.06.문23 14.09.문34 10.03.문28

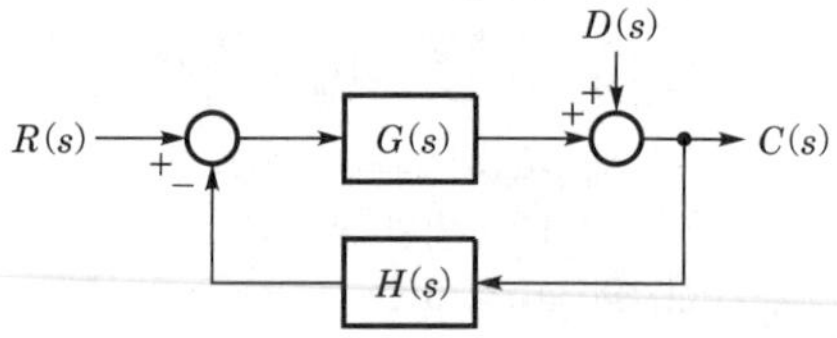

① $\frac{G(s)}{H(s)}$
② $\frac{1}{1+G(s)H(s)}$
③ $\frac{H(s)}{G(s)}$
④ $\frac{G(s)}{1+G(s)H(s)}$

해설

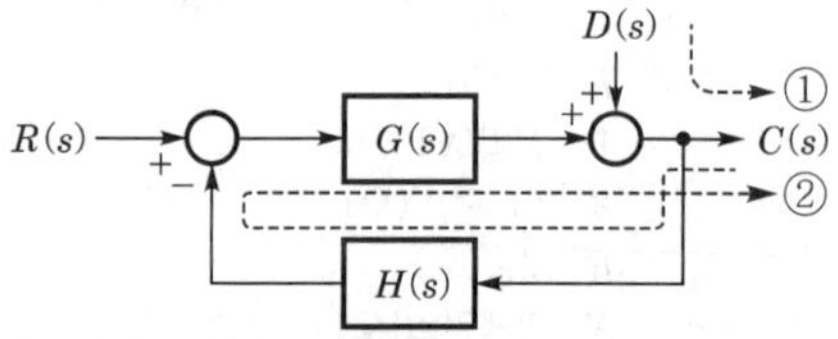

계산편의를 위해 (s)를 삭제하고 계산하면

$D-CGH=C$

$D=C+CGH$

$D=C(1+GH)$

$\frac{1}{1+GH}=\frac{C}{D}$

$\frac{C}{D}=\frac{1}{1+GH}$ ← 좌우 위치 바꿈

$\frac{C(s)}{D(s)}=\frac{1}{1+G(s)H(s)}$ ← 삭제한 (s)를 다시 붙임

용어

블록선도(Block diagram)
제어계에서 신호가 전달되는 모양을 표시하는 선도

답 ②

★★★

33 다음의 내용이 설명하는 법칙은 무엇인가?

23.09.문39 20.09.문31 17.03.문22 16.05.문32 15.05.문35 14.03.문22 12.05.문24 03.05.문33

> 두 자극 사이에 작용하는 자기력의 크기는 두 자극의 세기의 곱에 비례하고 두 자극 사이 거리의 제곱에 반비례한다.

① 비오사바르의 법칙
② 쿨롱의 법칙
③ 렌츠의 법칙
④ 줄의 법칙

해설 **여러 가지 법칙**

법칙	설명
플레밍의 오른손 법칙	• **도**체운동에 의한 **유**기기전력의 **방**향 결정 **기억법** **방유도오**(**방**에 우**유**를 **도로** 갔다 놓게!)
플레밍의 왼손 법칙	• **전**자력의 방향 결정 **기억법** **왼전**(**왼** **전**쟁이냐?)
렌츠의 법칙 보기 ③	• 자속변화에 의한 **유**도기전력의 **방**향 결정 **기억법** **렌유방**(오**렌**지가 **유**일한 **방**법이다.)
패러데이의 전자유도 법칙	• 자속변화에 의한 **유**기기전력의 **크**기 결정 **기억법** **패유크**(**패유**를 버리면 **크**일난다.)
앙페르(암페어)**의 오른나사 법칙**	• **전**류에 의한 **자**기장의 방향을 결정하는 법칙 **기억법** **앙전자**(**양전자**)
비오-사바르의 법칙 보기 ①	• **전**류에 의해 발생되는 **자**기장의 크기(전류에 의한 자계의 세기) **기억법** **비전자**(**비전**공**자**)
키르히호프의 법칙	• 옴의 법칙을 응용한 것으로 복잡한 회로의 전류와 전압계산에 사용 • 회로망의 임의의 접속점에 유입하는 여러 전류의 **총**합은 0이라고 하는 법칙 **기억법** **키총** • 회로망 내 임의의 폐회로(closed circuit)에서, 그 폐회로를 따라 한 방향으로 일주하면서 생기는 전압강하의 합은 그 폐회로 내에 포함되어 있는 기전력의 합과 같음
줄의 법칙 보기 ④	• 어떤 도체에 일정시간 동안 전류를 흘리면 도체에는 열이 발생되는데 이에 관한 법칙 • 전류의 **열**작용과 관계있는 법칙 **기억법** **줄열**
쿨롱의 법칙 보기 ②	• 두 자극 사이에 작용하는 힘은 두 **자극**의 **세기**의 **곱**에 **비례**하고, 두 자극 사이의 **거리**의 **제곱**에 **반비례**한다는 법칙 $F=\frac{m_1 m_2}{4\pi\mu r^2}=\mathrm{mH}$ [N] 여기서, F : 자기력[N] m_1, m_2 : 자하(자극)[Wb] μ : 투자율[H/m]($\mu=\mu_0$, μ_s) r : 거리[m] H : 자계의 세기[A/m]

답 ②

★★★

34 직류전원이 연결된 코일에 10A의 전류가 흐르고 있다. 이 코일에 연결된 전원을 제거하는 즉시 저항을 연결하여 폐회로를 구성하였을 때 저항에서 소비된 열량이 24cal이었다. 이 코일의 인덕턴스는 약 몇 H인가?

23.09.문40 21.05.문36 14.03.문28

① 0.1 ② 0.5
③ 2.0 ④ 24

해설 (1) **기호**

- I : 10A
- W : 24cal$=\frac{24\text{cal}}{0.24}$=100J(1J=0.24cal)
- L : ?

(2) **코일**에 **축적**되는 **에너지**

$$W=\frac{1}{2}LI^2=\frac{1}{2}IN\phi\,[\mathrm{J}]$$

여기서, W : 코일의 축적에너지[J]
L : 자기인덕턴스[H]
N : 코일권수
ϕ : 자속[Wb]
I : 전류[A]

자기인덕턴스 L은

$$L=\frac{2W}{I^2}=\frac{2\times100}{10^2}=2\mathrm{H}$$ 보기 ③

답 ③

★★★

35 적분시간이 3s이고, 비례감도가 5인 PI(비례적분)제어요소가 있다. 이 제어요소의 전달함수는?

22.09.문25

① $\frac{5s+5}{3s}$ ② $\frac{15s+3}{5s}$
③ $\frac{15s+5}{3s}$ ④ $\frac{3s+3}{5s}$

해설 (1) 기호

- T : 3
- k : 5
- $G(s)$: ?

(2) **비례적분(PI)제어 전달함수**

$$G(s) = k\left(1 + \frac{1}{Ts}\right)$$

여기서, $G(s)$: 비례적분(PI)제어 전달함수
k : 비례감도
Ts : 적분시간[s]

PI제어 전달함수 $G(s)$는

$$G(s) = k\left(1 + \frac{1}{Ts}\right) = 5\left(1 + \frac{1}{3s}\right) = 5\left(\frac{3s}{3s} + \frac{1}{3s}\right)$$
$$= 5\left(\frac{3s+1}{3s}\right) = \frac{15s+5}{3s}$$ 보기 ③

답 ③

★★★
36 다음 그림의 단상 반파정류회로에서 R에 흐르는 전류의 평균값은 약 몇 A인가? (단, $v(t) = 220\sqrt{2}\sin\omega t$[V], $R = 16\sqrt{2}\,\Omega$, 다이오드의 전압강하는 무시한다.)

22.04.문23
20.09.문29
19.09.문34
13.03.문28
12.03.문31

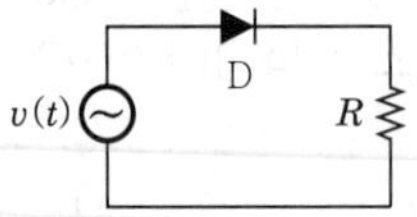

① 3.2 ② 3.8
③ 4.4 ④ 5.2

해설 (1) 기호

- I_{av} : ?
- V_m : $220\sqrt{2}$ V
- R : $16\sqrt{2}$ Ω

(2) **순시값**

$$v = V_m \sin\omega t$$

여기서, v : 전압의 순시값[V]
V_m : 전압의 최대값[V]
ω : 각주파수[rad/s]
t : 주기[s]

$$v(t) = V_m \sin\omega t = 220\sqrt{2}\sin\omega t$$

(3) **전압의 최대값**

$$V_m = \sqrt{2}\,V$$

여기서, V_m : 전압의 최대값[V]
V : 전압의 실효값[V]

전압의 실효값 V는

$$V = \frac{V_m}{\sqrt{2}} = \frac{220\sqrt{2}}{\sqrt{2}} = 220\text{V}$$

(4) **직류 평균전압**

단상 반파정류회로	단상 전파정류회로
$V_{av} = 0.45V$	$V_{av} = 0.9V$
여기서, V_{av} : 직류 평균전압[V] V : 교류 실효값(교류전압)[V]	여기서, V_{av} : 직류 평균전압[V] V : 교류 실효값(교류전압)[V]

단상 반파정류회로 직류 평균전압 V_{av}는

$$V_{av} = 0.45V = 0.45 \times 220 = 99\text{V}$$

(5) **전류의 평균값**

전류의 평균값 I_{av}는

$$I_{av} = \frac{V_{av}}{R} = \frac{99}{16\sqrt{2}} ≒ 4.4\text{A}$$ 보기 ③

답 ③

★★★
37 변압기의 내부고장 보호에 사용되는 계전기는 다음 중 어느 것인가?

19.09.문25
16.05.문26
16.03.문36
13.09.문28
12.09.문21

① 비율차동계전기
② 저전압계전기
③ 고전압계전기
④ 압력계전기

해설 **계전기**

구 분	역 할
• **비**율차동계전기(차동계전기) 보기 ① • 브흐홀츠계전기	**발**전기나 **변**압기의 내부고장 보호용
• **역**상**과**전류계전기	발전기의 부하 **불**평형 방지
• 접지계전기	지락전류 검출

기억법 **비발변, 역과불**

답 ①

★★★
38 0℃에서 저항이 10Ω이고, 저항의 온도계수가 0.0043인 전선이 있다. 30℃에서 이 전선의 저항은 약 몇 Ω인가?

21.05.문34
17.05.문39
08.09.문26

① 0.013 ② 0.68
③ 1.4 ④ 11.3

해설 (1) 기호

- t_1 : 0℃
- R_1 : 10Ω
- α_{t_1} : 0.0043
- t_2 : 30℃
- R_2 : ?

(2) **저항의 온도계수**

$$R_2 = R_1\{1 + \alpha_{t_1}(t_2 - t_1)\}\,[\Omega]$$

여기서, R_2 : t_2의 저항〔Ω〕
R_1 : t_1의 저항〔Ω〕
α_{t_1} : t_1의 온도계수
t_2 : 상승 후의 온도〔℃〕
t_1 : 상승 전의 온도〔℃〕

t_2의 저항 R_2는

$$R_2 = R_1\{1+\alpha_{t_1}(t_2-t_1)\}$$
$$=10\{1+0.0043(30-0)\}$$
$$=11.29$$
$$\fallingdotseq 11.3\Omega$$ 보기 ④

답 ④

★★ 39 (23.09.문22, 20.08.문30)

대칭 n상의 환상결선에서 선전류와 상전류(환상전류) 사이의 위상차는?

① $\frac{n}{2}\left(1-\frac{2}{\pi}\right)$ ② $\frac{n}{2}\left(1-\frac{\pi}{2}\right)$
③ $\frac{\pi}{2}\left(1-\frac{2}{n}\right)$ ④ $\frac{\pi}{2}\left(1-\frac{n}{2}\right)$

해설 **환상결선 n상의 위상차**

$$\theta = \frac{\pi}{2} - \frac{\pi}{n}$$

여기서, θ : 위상차
n : 상

• 환상결선 = △결선

n상의 위상차 θ는

$$\theta = \frac{\pi}{2} - \frac{\pi}{n} = \frac{\pi}{2}\left(1-\frac{2}{n}\right)$$ 보기 ③

비교

환상결선 n상의 선전류

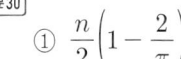

$$I_l = \left(2\times\sin\frac{\pi}{n}\right)\times I_p$$

여기서, I_l : 선전류〔A〕
n : 상
I_p : 상전류〔A〕

답 ③

★★ 40 (23.09.문31, 18.04.문27)

두 개의 코일 a, b가 있다. 두 개를 직렬로 접속하였더니 합성인덕턴스가 120mH이었고, 극성을 반대로 접속하였더니 합성인덕턴스가 20mH이었다. 코일 a의 자기인덕턴스가 20mH라면 결합계수 K는 얼마인가?

① 0.6 ② 0.7
③ 0.8 ④ 0.9

해설 (1) **기호**

• L : 120mH(동일방향)
• L : 20mH(반대방향)
• L_1 : 20mH
• K : ?

(2) **가극성**(코일이 동일방향)

$$L = L_1 + L_2 + 2M$$

여기서, L : 합성인덕턴스〔H〕
L_1, L_2 : 자기인덕턴스〔H〕
M : 상호인덕턴스〔H〕

(3) **감극성**(코일이 반대방향)

$$L = L_1 + L_2 - 2M$$

여기서, L : 합성인덕턴스〔H〕
L_1, L_2 : 자기인덕턴스〔H〕
M : 상호인덕턴스〔H〕

동일방향 합성인덕턴스 **120mH**
반대방향 합성인덕턴스 **20mH**이므로

$$120 = L_1 + L_2 + 2M$$
$$-\ \ 20 = L_1 + L_2 - 2M$$
$$100 = 4M$$
$$\frac{100}{4} = M$$
$$25\text{mH} = M$$
$$\therefore\ M = 25\text{mH}$$

(4) **가극성**(코일이 동일방향) 식에서

$$L = L_1 + L_2 + 2M$$

$$120 = 20 + L_2 + (2\times 25)$$
$$120 - 20 - (2\times 25) = L_2$$
$$50 = L_2$$
$$\therefore\ L_2 = 50\text{mH}$$

• L_1 : 20mH(문제에서 주어짐)

(5) **상호인덕턴스**(mutual inductance)

$$M = K\sqrt{L_1 L_2}\ \text{〔H〕}$$

여기서, M : 상호인덕턴스〔H〕
K : 결합계수
L_1, L_2 : 자기인덕턴스〔H〕

결합계수 K는

$$K = \frac{M}{\sqrt{L_1 L_2}} = \frac{25}{\sqrt{20\times 50}} = 0.79 \fallingdotseq 0.8$$ 보기 ③

답 ③

제 3 과목 소방관계법규

★★★
41 22.03.문58 19.09.문46 18.09.문55 16.03.문55 13.09.문47 11.03.문56

위험물안전관리법령상 제조소 등의 관계인은 위험물의 안전관리에 관한 직무를 수행하게 하기 위하여 제조소 등마다 위험물의 취급에 관한 자격이 있는 자를 위험물안전관리자로 선임하여야 한다. 이 경우 제조소 등의 관계인이 지켜야 할 기준으로 틀린 것은?

① 제조소 등의 관계인은 안전관리자를 해임하거나 안전관리자가 퇴직한 때에는 해임하거나 퇴직한 날부터 15일 이내에 다시 안전관리자를 선임하여야 한다.
② 제조소 등의 관계인이 안전관리자를 선임한 경우에는 선임한 날부터 14일 이내에 소방본부장 또는 소방서장에게 신고하여야 한다.
③ 제조소 등의 관계인은 안전관리자가 여행·질병 그 밖의 사유로 인하여 일시적으로 직무를 수행할 수 없는 경우에는 국가기술자격법에 따른 위험물의 취급에 관한 자격취득자 또는 위험물안전에 관한 기본지식과 경험이 있는 자를 대리자로 지정하여 그 직무를 대행하게 하여야 한다. 이 경우 대행하는 기간은 30일을 초과할 수 없다.
④ 안전관리자는 위험물을 취급하는 작업을 하는 때에는 작업자에게 안전관리에 관한 필요한 지시를 하는 등 위험물의 취급에 관한 안전관리와 감독을 하여야 하고, 제조소 등의 관계인은 안전관리자의 위험물안전관리에 관한 의견을 존중하고 그 권고에 따라야 한다.

해설 ① 15일 이내 → 30일 이내

위험물안전관리법 15조
위험물안전관리자의 재선임
30일 이내 보기 ①

중요

30일
(1) 소방시설업 등록사항 변경신고(공사업규칙 6조)
(2) **위험물안전관리자**의 **재선임**(위험물안전관리법 15조) 보기 ①
(3) **소방안전관리자**의 **재선임**(화재예방법 시행규칙 14조)
(4) 도급계약 해지(공사업법 23조)
(5) 소방시설공사 중요사항 변경시의 신고일(공사업규칙 12조)
(6) 소방기술자 실무교육기관 지정서 발급(공사업규칙 32조)
(7) 소방공사감리자 변경서류 제출(공사업규칙 15조)
(8) **승계**(위험물법 10조)
(9) 위험물안전관리자의 직무대행(위험물법 15조)
(10) 탱크시험자의 변경신고일(위험물법 16조)

답 ①

★★★
42 23.03.문51 21.03.문47 19.09.문01 18.04.문45 14.09.문52 14.03.문53 13.06.문48

화재의 예방 및 안전관리에 관한 법령상 소방안전관리대상물의 소방안전관리자의 업무가 아닌 것은?

① 자위소방대의 구성·운영·교육
② 소방시설공사
③ 소방계획서의 작성 및 시행
④ 소방훈련 및 교육

해설 ② 소방시설공사 : 소방시설공사업체

화재예방법 24조 ⑤항
관계인 및 소방안전관리자의 업무

특정소방대상물 (관계인)	소방안전관리대상물 (소방안전관리자)
① **피난시설·방화구획** 및 방화시설의 관리 ② **소방시설**, 그 밖의 소방관련 시설의 관리 ③ **화기취급**의 감독 ④ 소방안전관리에 필요한 업무 ⑤ 화재발생시 초기대응	① **피난시설·방화구획** 및 방화시설의 관리 ② 소방시설, 그 밖의 소방관련 시설의 관리 ③ **화기취급**의 감독 ④ 소방안전관리에 필요한 업무 ⑤ **소방계획서**의 작성 및 시행(대통령령으로 정하는 사항 포함) 보기 ③ ⑥ **자위소방대** 및 **초기대응체계**의 구성·운영·교육 보기 ① ⑦ 소방훈련 및 교육 보기 ④ ⑧ 소방안전관리에 관한 업무수행에 관한 기록·유지 ⑨ 화재발생시 초기대응

용어

특정소방대상물	소방안전관리대상물
① 다수인이 출입하는 곳으로서 소방시설 설치장소 ② 건축물 등의 규모·용도 및 수용인원 등을 고려하여 소방시설을 설치하여야 하는 소방대상물로서 대통령령으로 정하는 것	① 특급, 1급, 2급 또는 3급 소방안전관리자를 배치하여야 하는 건축물 ② **대통령령**으로 정하는 특정소방대상물

답 ②

★★★
43 화재의 예방 및 안전관리에 관한 법령상 1급 소방안전관리대상물에 해당되지 않는 건축물은?

20.08.문44
19.03.문60
17.09.문55
16.03.문52
15.03.문60
13.09.문51

① 지하구
② 가연성 가스를 2000톤 저장 · 취급하는 시설
③ 연면적 15000m^2 이상인 금융업소
④ 30층 이상 또는 지상으로부터 높이가 120m 이상 아파트

해설
① 2급 소방안전관리대상물
② 1000톤 이상이므로 2000톤은 1급 소방안전관리 대상물

화재예방법 시행령 〔별표 4〕
소방안전관리자를 두어야 할 특정소방대상물

(1) 특급 소방안전관리대상물 : 동식물원, 철강 등 불연성 물품 저장 · 취급창고, 지하구, 위험물제조소 등 제외
㉠ **50층** 이상(지하층 제외) 또는 지상 **200m** 이상 **아파트**
㉡ **30층** 이상(지하층 포함) 또는 지상 **120m** 이상(아파트 제외)
㉢ 연면적 **10만m^2** 이상(아파트 제외)

(2) 1급 소방안전관리대상물 : 동식물원, 철강 등 불연성 물품 저장 · 취급창고, 지하구, 위험물제조소 등 제외
㉠ **30층** 이상(지하층 제외) 또는 지상 **120m** 이상 아파트 보기 ④
㉡ 연면적 **15000m^2** 이상인 것(아파트 및 연립주택 제외) 보기 ③
㉢ **11층** 이상(아파트 제외)
㉣ 가연성 가스를 **1000t** 이상 저장 · 취급하는 시설 보기 ②

(3) 2급 소방안전관리대상물
㉠ 지하구 보기 ①
㉡ 가스제조설비를 갖추고 도시가스사업 허가를 받아야 하는 시설 또는 가연성 가스를 **100~1000t** 미만 저장 · 취급하는 시설
㉢ **옥내소화전설비 · 스프링클러설비** 설치대상물
㉣ **물분무등소화설비**(호스릴방식의 물분무등소화설비만을 설치한 경우 제외) 설치대상물
㉤ 공동주택(옥내소화전설비 또는 스프링클러설비가 설치된 공동주택 한정)
㉥ 목조건축물(국보 · 보물)

(4) 3급 소방안전관리대상물
㉠ **자동화재탐지설비** 설치대상물
㉡ 간이스프링클러설비(주택전용 간이스프링클러설비 제외) 설치대상물

답 ①

★★★
44 소방시설 설치 및 관리에 관한 법령상 특정소방대상물의 소방시설 설치의 면제기준에 따라 연결살수설비를 설치 면제받을 수 있는 경우는?

22.03.문52
21.05.문50
17.09.문48
14.09.문78
14.03.문53

① 송수구를 부설한 간이스프링클러설비를 설치하였을 때
② 송수구를 부설한 옥내소화전설비를 설치하였을 때
③ 송수구를 부설한 옥외소화전설비를 설치하였을 때
④ 송수구를 부설한 연결송수관설비를 설치하였을 때

해설 **소방시설법 시행령 〔별표 5〕**
소방시설 면제기준

면제대상	대체설비
스프링클러설비	• **물분무등소화설비**
물분무등소화설비	• **스프링클러설비**
간이스프링클러설비	• 스프링클러설비 • **물분무소화설비** • **미분무소화설비**
비상경보설비 또는 단독경보형 감지기	• **자동화재탐지설비** 기억법 **탐경단**
비상경보설비	• **2개 이상 단독경보형 감지기 연동** 기억법 경단2
비상방송설비	• 자동화재탐지설비 • 비상경보설비
연결살수설비 ←	• 스프링클러설비 • 간이스프링클러설비 보기 ① • 물분무소화설비 • 미분무소화설비
제연설비	• **공기조화설비**
연소방지설비	• 스프링클러설비 • 물분무소화설비 • 미분무소화설비
연결송수관설비	• 옥내소화전설비 • 스프링클러설비 • 간이스프링클러설비 • 연결살수설비
자동화재탐지설비	• 자동화재탐지설비의 기능을 가진 스프링클러설비 • 물분무등소화설비
옥내소화전설비	• 옥외소화전설비 • 미분무소화설비(호스릴방식)

중요

물분무등소화설비
(1) **분**말소화설비
(2) **포**소화설비
(3) **할**론소화설비
(4) **이**산화탄소 소화설비
(5) **할**로겐화합물 및 불활성기체 소화설비
(6) **강**화액소화설비
(7) **미**분무소화설비
(8) 물분무소화설비
(9) **고**체에어로졸 소화설비

기억법 **분포할이 할강미고**

답 ①

★★
45 소방시설 설치 및 관리에 관한 법령상 대통령령 또는 화재안전기준이 변경되어 그 기준이 강화되는 경우 기존 특정소방대상물의 소방시설 중 강화된 기준을 적용하여야 하는 소방시설은?

21.03.문45
17.03.문48

① 비상경보설비 ② 비상방송설비
③ 비상콘센트설비 ④ 옥내소화전설비

해설 **소방시설법 13조**
변경강화기준 적용설비
(1) 소화기구
(2) **비**상**경**보설비 보기 ①
(3) 자동화재탐지설비
(4) **자**동화재**속**보설비
(5) **피**난구조설비
(6) 소방시설(공동구 설치용, 전력 및 통신사업용 지하구)
(7) **노**유자시설
(8) 의료시설

기억법 **강비경 자속피노**

중요

소방시설법 시행령 13조
변경강화기준 적용설비

공동구, 전력 및 통신사업용 지하구	노유자시설에 설치하여야 하는 소방시설	의료시설에 설치하여야 하는 소방시설
• 소화기 • 자동소화장치 • 자동화재탐지설비 • 통합감시시설 • 유도등 및 연소방지설비	• 간이스프링클러설비 • 자동화재탐지설비 • 단독경보형 감지기	• 간이스프링클러설비 • 스프링클러설비 • 자동화재탐지설비 • 자동화재속보설비

답 ①

★★★
46 다음 중 소방신호의 종류가 아닌 것은?

22.04.문56
21.03.문44
12.03.문48

① 경계신호 ② 발화신호
③ 경보신호 ④ 훈련신호

해설 **기본규칙 10조**
소방신호의 종류

소방신호	설 명
경계신호 보기 ①	화재예방상 필요하다고 인정되거나 화재위험경보시 발령
발화신호 보기 ②	화재가 발생한 때 발령
해제신호	소화활동이 필요없다고 인정되는 때 발령
훈련신호 보기 ③	훈련상 필요하다고 인정되는 때 발령

중요

기본규칙 〔별표 4〕
소방신호표

종 별 \ 신호방법	**타**종신호	**사**이렌 신호
경계신호	**1**타와 연 **2**타를 반복	**5**초 간격을 두고 **30**초씩 **3**회
발화신호	**난**타	**5**초 간격을 두고 **5**초씩 **3**회
해제신호	상당한 간격을 두고 **1**타씩 반복	**1**분간 **1**회
훈련신호	연 **3**타 반복	**10**초 간격을 두고 **1**분씩 **3**회

기억법

	타	사
경계	1+2	5+30=3
발	난	5+5=3
해	1	1=1
훈	3	10+1=3

답 ③

★★★
47 화재안전조사 결과 화재예방을 위하여 필요한 때 관계인에게 소방대상물의 개수 · 이전 · 제거, 사용의 금지 또는 제한 등의 필요한 조치를 명할 수 있는 사람이 아닌 것은?

19.04.문54
19.03.문57
15.05.문56
15.03.문57
13.06.문42
05.05.문46

① 소방서장
② 소방본부장
③ 소방청장
④ 시 · 도지사

해설 **화재예방법 14조**
화재안전조사 결과에 따른 조치명령
(1) **명령권자** : 소방청장 · 소방본부장 · 소방서장－소방관서장
(2) **명령사항**
㉠ 화재안전조사 조치명령
㉡ **개수**명령
㉢ **이전**명령
㉣ **제거**명령
㉤ **사용**의 **금지** 또는 제한명령, 사용폐쇄
㉥ **공사**의 **정지** 또는 중지명령

답 ④

48 소방기본법에서 정의하는 용어에 대한 설명으로 틀린 것은?

14.09.문44

① "소방대상물"이란 건축물, 차량, 항해 중인 모든 선박과 산림 그 밖의 인공구조물 또는 물건을 말한다.
② "관계지역"이란 소방대상물이 있는 장소 및 그 이웃지역으로서 화재의 예방·경계·진압, 구조·구급 등의 활동에 필요한 지역을 말한다.
③ "소방본부장"이란 특별시·광역시·도 또는 특별자치도에서 화재의 예방·경계·진압·조사 및 구조·구급 등의 업무를 담당하는 부서의 장을 말한다.
④ "소방대장"이란 소방본부장 또는 소방서장 등 화재, 재난·재해 그 밖의 위급한 상황이 발생한 현장에서 소방대를 지휘하는 사람을 말한다.

해설

① 항해 중인 모든 선박 → 항해 중인 선박 제외

기본법 2조
소방대상물 : 소방차가 출동해서 불을 끌 수 있는 범위
(1) **건**축물
(2) **차**량
(3) **선**박(항구에 매어둔 것) 보기 ①
(4) **선**박건조구조물
(5) **산**림
(6) **인**공구조물
(7) **물**건

기억법 **건차선 산인물**

답 ①

49 화재의 예방 및 안전관리에 관한 법령상 시·도지사는 화재가 발생할 우려가 높거나 화재가 발생하는 경우 그로 인하여 피해가 클 것으로 예상되는 지역을 화재예방강화지구로 지정할 수 있는데 다음 중 지정대상지역에 대한 기준으로 틀린 것은? (단, 소방청장·소방본부장 또는 소방서장이 화재예방강화지구로 지정할 필요가 있다고 별도로 인정하는 지역은 제외한다.)

23.03.문47
22.03.문44
20.09.문55
19.09.문50
17.09.문49
16.05.문53
13.09.문56

① 소방용수시설이 없는 지역
② 시장지역
③ 목조건물이 밀집한 지역
④ 섬유공장이 분산되어 있는 지역

해설

④ 분산되어 있는 → 밀집한

화재예방법 18조
화재예방강화지구의 지정
(1) **지정권자** : 시·도지사
(2) **지정지역**
㉠ **시장**지역 보기 ②
㉡ **공장·창고** 등이 밀집한 지역 보기 ④
㉢ **목조건물**이 밀집한 지역 보기 ③
㉣ **노후·불량** 건축물이 밀집한 지역
㉤ **위험물**의 **저장** 및 **처리시설**이 **밀집**한 지역
㉥ **석유화학제품**을 생산하는 공장이 있는 지역
㉦ **소방시설·소방용수시설** 또는 **소방출동로**가 **없는** 지역 보기 ①
㉧ 「**산업입지 및 개발에 관한 법률**」에 따른 산업단지
㉨ 「물류시설의 개발 및 운영에 관한 법률」에 따른 **물류단지**
㉩ **소방청장·소방본부장·소방서장**(소방관서장)이 화재예방강화지구로 지정할 필요가 있다고 인정하는 지역

※ **화재예방강화지구** : 화재발생 우려가 크거나 화재가 발생할 경우 피해가 클 것으로 예상되는 지역에 대하여 화재의 예방 및 안전관리를 강화하기 위해 지정·관리하는 지역

비교

기본법 19조
화재로 오인할 만한 불을 피우거나 연막소독시 신고지역
(1) **시장**지역
(2) **공장·창고**가 밀집한 지역
(3) **목조건물**이 밀집한 지역
(4) **위험물**의 **저장** 및 **처리시설**이 **밀집**한 지역
(5) **석유화학제품**을 생산하는 공장이 있는 지역
(6) 그 밖에 **시·도**의 **조례**로 정하는 지역 또는 장소

답 ④

50 소방시설 설치 및 관리에 관한 법령상 제조 또는 가공공정에서 방염처리를 한 물품 중 방염대상물품이 아닌 것은?

23.03.문56
22.04.문59
15.09.문09
13.09.문52
13.06.문53
12.09.문46
12.05.문46
12.03.문44

① 카펫
② 전시용 합판
③ 창문에 설치하는 커튼류
④ 두께 2mm 미만인 종이벽지

해설

④ 종이벽지 → 종이벽지 제외

소방시설법 시행령 31조
방염대상물품

제조 또는 가공 공정에서 방염처리를 한 물품	건축물 내부의 천장이나 벽에 부착하거나 설치하는 것
① 창문에 설치하는 **커튼류**(블라인드 포함) 보기 ③ ② 카펫 보기 ① ③ **벽지류**(두께 2mm 미만인 **종이벽지 제외**) 보기 ④ ④ **전시용 합판·목재 또는 섬유판** 보기 ② ⑤ **무대용 합판·목재 또는 섬유판** ⑥ **암막·무대막**(영화상영관·가상체험 체육시설업의 **스크린** 포함) ⑦ 섬유류 또는 합성수지류 등을 원료로 하여 제작된 소파·의자(단란주점영업, 유흥주점영업 및 노래연습장업의 영업장에 설치하는 것만 해당)	① 종이류(두께 2mm 이상), **합성수지류** 또는 **섬유류**를 주원료로 한 물품 ② **합판**이나 **목재** ③ 공간을 구획하기 위하여 설치하는 **간이칸막이** ④ **흡음재**(흡음용 커튼 포함) 또는 **방음재**(방음용 커튼 포함) ※ 가구류(옷장, 찬장, 식탁, 식탁용 의자, 사무용 책상, 사무용 의자, 계산대)와 너비 10cm 이하인 반자돌림대, 내부 마감재료 제외

답 ④

★
51 위험물안전관리법령상 위험물 및 지정수량에 대한 기준 중 다음 (   ) 안에 알맞은 것은?

22.03.문57

> 금속분이라 함은 알칼리금속·알칼리토류금속·철 및 마그네슘 외의 금속의 분말을 말하고, 구리분·니켈분 및 (㉠)마이크로미터의 체를 통과하는 것이 (㉡)중량퍼센트 미만인 것은 제외한다.

① ㉠ 150, ㉡ 50
② ㉠ 53, ㉡ 50
③ ㉠ 50, ㉡ 150
④ ㉠ 50, ㉡ 53

해설 **위험물령 [별표 1]**
금속분
알칼리금속·알칼리토류 금속·철 및 마그네슘 외의 금속의 분말을 말하고, **구리분·니켈분** 및 150μm의 체를 통과하는 것이 **50wt%** 미만인 것은 제외한다. 보기 ①

- μm=마이크로 미터
- wt%=중량퍼센트

답 ①

★★★
52 화재의 예방 및 안전관리에 관한 법령상 옮긴 물건 등의 보관기간은 해당 소방관서의 인터넷 홈페이지에 공고하는 기간의 종료일 다음 날부터 며칠로 하는가?

21.09.문55 19.04.문48 19.04.문56 18.04.문56 16.05.문49 14.03.문58 11.06.문49

① 3 ② 4
③ 5 ④ 7

해설 7일
(1) 옮긴 물건 등의 보관기간(화재예방법 시행령 17조) 보기 ④
(2) 건축허가 등의 취소통보(소방시설법 시행규칙 5조)
(3) **소방공사 감리원**의 **배치통보일**(공사업규칙 17조)
(4) 소방공사 감리결과 통보·보고일(공사업규칙 19조)

기억법 감배7(감 배치)

중요

7일	14일
옮긴 물건 등의 보관기간	옮긴 물건 등의 공고기간

답 ④

★★★
53 소방시설 설치 및 관리에 관한 법령상 음료수 공장의 충전을 하는 작업장 등과 같이 화재안전기준을 적용하기 어려운 특정소방대상물에 설치하지 않을 수 있는 소방시설의 종류가 아닌 것은?

21.05.문55 18.03.문50 17.03.문53 16.03.문43

① 상수도소화용수설비 ② 스프링클러설비
③ 연결송수관설비 ④ 연결살수설비

해설 **소방시설법 시행령 [별표 6]**
소방시설을 설치하지 않을 수 있는 특정소방대상물 및 소방시설의 범위

구 분	특정소방대상물	소방시설
화재위험도가 낮은 특정소방대상물	**석재, 불연성 금속, 불연성 건축재료** 등의 가공공장·기계조립공장 또는 불연성 물품을 저장하는 창고	① **옥외소화전설비** ② **연결살수설비** 기억법 석불금외
화재안전기준을 적용하기 어려운 특정소방대상물	**펄프공장의 작업장, 음료수 공장**의 세정 또는 충전을 하는 작업장, 그 밖에 이와 비슷한 용도로 사용하는 것	① **스프링클러설비** 보기 ② ② **상수도소화용수설비** 보기 ① ③ **연결살수설비** 보기 ④
	정수장, 수영장, 목욕장, 어류양식용 시설, 그 밖에 이와 비슷한 용도로 사용되는 것	① **자동화재탐지설비** ② **상수도소화용수설비** ③ **연결살수설비**

화재안전기준을 달리 적용해야 하는 특수한 용도 또는 구조를 가진 특정소방대상물	원자력발전소, 중·저준위 방사성 폐기물의 저장시설	① 연결송수관설비 ② 연결살수설비
자체소방대가 설치된 특정소방대상물	자체소방대가 설치된 위험물제조소 등에 부속된 사무실	① 옥내소화전설비 ② 소화용수설비 ③ 연결살수설비 ④ 연결송수관설비

중요

소방시설법 시행령 〔별표 6〕
소방시설을 설치하지 않을 수 있는 소방시설의 범위
(1) **화재위험도**가 낮은 특정소방대상물
(2) 화재안전기준을 적용하기가 어려운 특정소방대상물
(3) 화재안전기준을 달리 적용하여야 하는 특수한 **용도·구조**를 가진 특정소방대상물
(4) **자체소방대**가 설치된 특정소방대상물

답 ③

54 (23.05.문41, 19.03.문53)
소방서장은 소방대상물에 대한 위치·구조·설비 등에 관하여 화재가 발생하는 경우 인명피해가 클 것으로 예상되는 때에는 소방대상물의 개수·사용의 금지 등의 필요한 조치를 명할 수 있는데 이때 그 손실에 따른 보상을 하여야 하는 바, 해당되지 않은 사람은?

① 특별시장　　② 도지사
③ 행정안전부장관　　④ 광역시장

해설 **소방기본법 49조의 2**
소방대상물의 개수명령 손실보상
소방청장, 시·도지사

중요

시·도지사
(1) 특별시장 보기 ①
(2) 광역시장 보기 ④
(3) 도지사 보기 ②
(4) 특별자치도지사
(5) 특별자치시장

답 ③

55 (16.10.문58, 05.05.문44)
일반 소방시설설계업(기계분야)의 영업범위는 공장의 경우 연면적 몇 m^2 미만의 특정소방대상물에 설치되는 기계분야 소방시설의 설계에 한하는가? (단, 제연설비가 설치되는 특정소방대상물은 제외한다.)

① $10000m^2$　　② $20000m^2$
③ $30000m^2$　　④ $40000m^2$

해설 **공사업령 〔별표 1〕**
소방시설설계업

종류	기술인력	영업범위
전문	• 주된기술인력 : **1명** 이상 • 보조기술인력 : **1명** 이상	• 모든 특정소방대상물
일반	• 주된기술인력 : **1명** 이상 • 보조기술인력 : **1명** 이상	• **아파트**(기계분야 제연설비 제외) • 연면적 **30000**m^2(공장 **10000**m^2) 미만(기계분야 제연설비 제외) 보기 ① • **위험물제조소** 등

답 ①

56 (23.05.문51, 16.03.문57, 16.05.문43, 14.03.문79, 12.03.문74)
소방시설 설치 및 관리에 관한 법령상 자동화재탐지설비를 설치하여야 하는 특정소방대상물 기준으로 틀린 것은?

① 연면적 $2000m^2$ 이상인 수련시설
② 특수가연물을 저장·취급하는 곳으로서 지정수량 500배 이상
③ 연면적 $500m^2$ 이상인 판매시설
④ 연면적 $1000m^2$ 이상인 군사시설

해설 ③ $500m^2$ 이상 → $1000m^2$ 이상

소방시설법 시행령 〔별표 4〕
자동화재탐지설비의 설치대상

설치대상	조 건
① 정신의료기관·의료재활시설	• 창살설치 : 바닥면적 $300m^2$ 미만 • 기타 : 바닥면적 $300m^2$ 이상
② 노유자시설	• 연면적 **400**m^2 이상
③ <u>근</u>린생활시설·<u>위</u>락시설 ④ <u>의</u>료시설(정신의료기관, 요양병원 제외), 숙박시설 ⑤ <u>복</u>합건축물·장례시설	• 연면적 **<u>6</u>00**m^2 이상
⑥ 목욕장·문화 및 집회시설, 운동시설 ⑦ 종교시설 ⑧ 방송통신시설·관광휴게시설 ⑨ 업무시설·판매시설 보기 ③ ⑩ 항공기 및 자동차 관련시설·공장·창고시설 ⑪ 지하상가·운수시설·발전시설·위험물 저장 및 처리 시설 ⑫ 교정 및 군사시설 중 국방·군사시설 보기 ④	• 연면적 **1000**m^2 이상

⑬ **교**육연구시설 · **동**식물관련시설 ⑭ **자**원순환관련시설 · **교**정 및 군사시설(국방 · 군사시설 제외) ⑮ **수**련시설(숙박시설이 있는 것 제외) 보기 ① ⑯ 묘지관련시설	• 연면적 **2000m²** 이상
⑰ 터널	• 길이 **1000m** 이상
⑱ 지하구 ⑲ 노유자생활시설 ⑳ 아파트 등 기숙사 ㉑ 숙박시설 ㉒ **6층** 이상인 건축물 ㉓ 조산원 및 산후조리원 ㉔ 전통시장 ㉕ 요양병원(정신병원, 의료재활시설 제외)	• 전부
㉖ 특수가연물 저장 · 취급 보기 ②	• 지정수량 **500배** 이상
㉗ 수련시설(숙박시설이 있는 것)	• 수용인원 **100명** 이상
㉘ 발전시설	• 전기저장시설

기억법 근위의복6, 교동자교수2

답 ③

★★
57 제조소 등의 위치 · 구조 및 설비의 기준 중 위험물을 취급하는 건축물의 환기설비 설치기준으로 다음 ( ) 안에 알맞은 것은?

17.05.문45
06.05.문56

> 급기구는 당해 급기구가 설치된 실의 바닥면적 (㉠)m^2마다 1개 이상으로 하되, 급기구의 크기는 (㉡)cm^2 이상으로 할 것

① ㉠ 100, ㉡ 800 ② ㉠ 150, ㉡ 800
③ ㉠ 100, ㉡ 1000 ④ ㉠ 150, ㉡ 1000

해설 **위험물규칙 〔별표 4〕**
위험물제조소의 환기설비
(1) 환기는 **자연배기방식**으로 할 것
(2) 급기구는 바닥면적 **150m²**마다 1개 이상으로 하되, 그 크기는 **800cm²** 이상일 것 보기 ㉠㉡

바닥면적	급기구의 면적
60m² 미만	150cm² 이상
60~90m² 미만	300cm² 이상
90~120m² 미만	450cm² 이상
120~150m² 미만	600cm² 이상

(3) 급기구는 **낮은 곳**에 설치하고, **인화방지망**을 설치할 것
(4) 환기구는 지붕 위 또는 지상 **2m** 이상의 높이에 **회전식 고정 벤틸레이터** 또는 **루프팬방식**으로 설치할 것

답 ②

★★★
58 소방기본법령상 소방안전교육사의 배치대상별 배치기준으로 틀린 것은?

23.03.문44
22.09.문56
20.09.문57
13.09.문46

① 소방청 : 2명 이상 배치
② 소방본부 : 2명 이상 배치
③ 소방서 : 1명 이상 배치
④ 한국소방안전원(본회) : 1명 이상 배치

해설 ④ 1명 이상 → 2명 이상

기본령 〔별표 2의 3〕
소방안전교육사의 배치대상별 배치기준

배치대상	배치기준
소방서	• **1명** 이상 보기 ③
한국소방안전원	• 시 · 도지부 : **1명** 이상 • 본회 : **2명** 이상 보기 ④
소방본부	• **2명** 이상 보기 ②
소방청	• **2명** 이상 보기 ①
한국소방산업기술원	• **2명** 이상

답 ④

★★★
59 소방기본법령상 소방대장은 화재, 재난 · 재해 그 밖의 위급한 상황이 발생한 현장에 소방활동구역을 정하여 소방활동에 필요한 자로서 대통령령으로 정하는 사람 외에는 그 구역에의 출입을 제한할 수 있다. 다음 중 소방활동구역에 출입할 수 없는 사람은?

23.05.문59
21.05.문60
19.04.문42
15.03.문43
11.06.문48
06.03.문44

① 소방활동구역 안에 있는 소방대상물의 소유자 · 관리자 또는 점유자
② 전기 · 가스 · 수도 · 통신 · 교통의 업무에 종사하는 사람으로서 원활한 소방활동을 위하여 필요한 사람
③ 시 · 도지사가 소방활동을 위하여 출입을 허가한 사람
④ 의사 · 간호사 그 밖에 구조 · 구급업무에 종사하는 사람

해설 ③ 시 · 도지사 → 소방대장

기본령 8조
소방활동구역 출입자
(1) **소방활동구역** 안에 있는 **소유자 · 관리자** 또는 **점유자** 보기 ①

(2) **전기 · 가스 · 수도 · 통신 · 교통**의 업무에 종사하는 자로서 원활한 **소방활동**을 위하여 필요한 자 보기 ②
(3) **의사 · 간호사**, 그 밖에 구조 · 구급업무에 종사하는 자 보기 ④
(4) **취재인력** 등 보도업무에 종사하는 자
(5) **수사업무**에 종사하는 자
(6) **소방대장**이 소방활동을 위하여 **출입**을 **허가**한 **자** 보기 ③

용어

소방활동구역
화재, 재난 · 재해 그 밖의 위급한 상황이 발생한 현장에 정하는 구역

답 ③

★★★
60 소방시설 설치 및 관리에 관한 법령상 소방청장 또는 시 · 도지사가 청문을 하여야 하는 처분이 아닌 것은?

22.04.문58
19.04.문60
16.10.문41
15.05.문46

① 소방시설관리사 자격의 정지
② 소방안전관리자 자격의 취소
③ 소방시설관리업의 등록취소
④ 소방용품의 형식승인취소

해설 **소방시설법 49조**
청문실시 대상
(1) 소방시설**관리사** **자격**의 **취소** 및 **정지** 보기 ①
(2) 소방시설**관리업**의 **등록취소** 및 영업정지 보기 ③
(3) **소방용품**의 **형식승인취소** 및 제품검사중지 보기 ④
(4) 소방용품의 **제품검사 전문기관**의 **지정취소** 및 업무정지
(5) 우수품질인증의 취소
(6) 소방용품의 성능인증 취소

기억법 **청사 용업(청사 용역)**

답 ②

제 4 과목 소방전기시설의 구조 및 원리

★★★
61 누전경보기의 형식승인 및 제품검사의 기술기준에서 정하는 누전경보기의 공칭작동전류치(누전경보기를 작동시키기 위하여 필요한 누설전류의 값으로서 제조자에 의하여 표시된 값을 말한다.)는 몇 mA 이하이어야 하는가?

23.03.문61
22.04.문74
21.05.문78
16.03.문77
15.05.문79
10.03.문76

① 50 ② 100
③ 150 ④ 200

해설 **누전경보기**(누전경보기의 형식승인 및 제품검사의 기술기준 7 · 8조)

공칭작동전류치	감도조정장치의 조정범위
200mA 이하 보기 ④	1A(1000mA) 이하

기억법 **공2**

참고

검출누설전류 설정치 범위

경계전로	중성점 접지선
100~400mA	400~700mA

답 ④

★★★
62 자동화재탐지설비 및 시각경보장치의 화재안전기준에 따라 지하층 · 무창층 등으로서 환기가 잘 되지 아니하거나 실내면적이 $40m^2$ 미만인 장소에 설치하여야 하는 적응성이 있는 감지기가 아닌 것은?

20.08.문62
17.09.문66
17.03.문79
09.03.문69

① 불꽃감지기
② 광전식 분리형 감지기
③ 정온식 스포트형 감지기
④ 아날로그방식의 감지기

해설 ③ 정온식 스포트형 → 정온식 감지선형

지하층 · 무창층 등으로서 환기가 잘 되지 아니하거나 실내면적이 **$40m^2$ 미만**인 장소, 감지기의 부착면과 실내 바닥과의 거리가 **2.3m 이하**인 곳으로서 일시적으로 발생한 열 · 연기 또는 먼지 등으로 인하여 화재신호를 발신할 우려가 있는 장소의 적응감지기(NFPC 203 7조, NFTC 203 2.2.2)
(1) **불꽃**감지기 보기 ①
(2) **정온식 감지선형** 감지기 보기 ③
(3) **분포형** 감지기
(4) **복합형** 감지기
(5) **광전식 분리형** 감지기 보기 ②
(6) **아날로그방식**의 감지기 보기 ④
(7) **다신호방식**의 감지기
(8) **축적방식**의 감지기

기억법 **불정감 복분 광아다축**

답 ③

★★
63 수신기를 나타내는 소방시설 도시기호로 옳은 것은?

20.06.문76
15.05.문75

①  ② 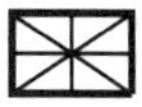
③ 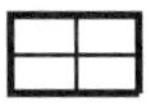 ④ 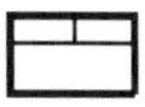

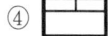

해설 ① 소방시설 도시기호가 아님

도시기호

명 칭	그림기호	적 요
수신기	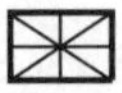 보기 ②	• 가스누설경보설비와 일체인 것 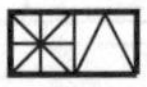 • 가스누설경보설비 및 방배연 연동과 일체인 것 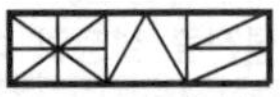
부수신기 (표시기)	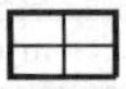	–
중계기		–
제어반		–
표시반	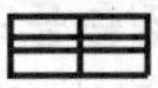	• 창이 3개인 표시반 : 

답 ②

★★

64

19.09.문77
17.03.문66

유도등 및 유도표지의 화재안전기준에 따라 광원점등방식 피난유도선의 설치기준으로 틀린 것은?

① 구획된 각 실로부터 주출입구 또는 비상구까지 설치할 것

② 피난유도표시부는 바닥으로부터 높이 1m 이하의 위치 또는 바닥면에 설치할 것

③ 피난유도제어부는 조작 및 관리가 용이하도록 바닥으로부터 0.8m 이상 1.5m 이하의 높이에 설치할 것

④ 피난유도표시부는 50cm 이내의 간격으로 연속되도록 설치하되 실내장식물 등으로 설치가 곤란할 경우 2m 이내로 설치할 것

해설

④ 2m 이내 → 1m 이내

광원점등방식의 **피난유도선 설치기준**(NFPC 303 9조, NFTC 303 2.6.2)

(1) 구획된 각 실로부터 **주출입구** 또는 **비상구**까지 설치 보기 ①

(2) 피난유도표시부는 바닥으로부터 높이 **1m 이하**의 위치 또는 바닥면에 설치 보기 ②

(3) 피난유도표시부는 **50cm 이내**의 간격으로 연속되도록 설치하되 실내장식물 등으로 설치가 곤란할 경우 **1m 이내**로 설치 보기 ④

(4) 수신기로부터의 **화재신호** 및 **수동조작**에 의하여 광원이 점등되도록 설치

(5) 비상전원이 **상시 충전상태**를 유지하도록 설치

(6) 바닥에 설치되는 피난유도표시부는 **매립**하는 방식을 사용

(7) 피난유도제어부는 조작 및 관리가 용이하도록 바닥으로부터 **0.8~1.5m** 이하의 높이에 설치 보기 ③

비교

축광방식의 **피난유도선 설치기준**(NFPC 303 9조, NFTC 303 2.6.1)

(1) 구획된 각 실로부터 **주출입구** 또는 **비상구**까지 설치

(2) 바닥으로부터 높이 **50cm 이하**의 위치 또는 바닥면에 설치

(3) 피난유도표시부는 **50cm 이내**의 간격으로 연속되도록 설치

(4) 부착대에 의하여 견고하게 설치

(5) **외부의 빛** 또는 **조명장치**에 의하여 상시 조명이 제공되거나 비상조명등에 따른 조명이 제공되도록 설치

답 ④

★★

65

23.03.문64
20.06.문78

비상경보설비 및 단독경보형 감지기의 화재안전기준에 따라 비상벨설비 또는 자동식 사이렌설비의 전원회로 배선 중 내열배선에 사용하는 전선의 종류가 아닌 것은?

① 버스덕트(bus duct)

② 600V 1종 비닐절연전선

③ 0.6/1kV EP 고무절연 클로로프렌 시스 케이블

④ 450/750V 저독성 난연 가교 폴리올레핀 절연전선

해설

② 해당 없음

(1) **비상벨설비** 또는 **자동식 사이렌설비**의 **배선**(NFTC 201 2.1.8.1)

전원회로의 배선은 「옥내소화전설비의 화재안전기술기준[NFTC 102 2.7.2(1)]」에 따른 내화배선에 의하고 그 밖의 배선은 「옥내소화전설비의 화재안전기술기준[NFTC 102 2.7.2(1), 2.7.2(2)]」에 따른 **내화배선** 또는 **내열배선**에 따를 것

(2) **옥내소화전설비**의 **화재안전기술기준**(NFTC 102 2.7.2)

‖ **내열배선** ‖

사용전선의 종류	공사방법
① 450/750V 저독성 난연 가교 폴리올레핀 절연전선 보기 ④ ② 0.6/1kV 가교 폴리에틸렌 절연 저독성 난연 폴리올레핀 시스 전력 케이블 ③ 6/10kV 가교 폴리에틸렌 절연 저독성 난연 폴리올레핀 시스 전력용 케이블 ④ 가교 폴리에틸렌 절연 비닐시스 트레이용 난연 전력 케이블	**금속관 · 금속제 가요전선관 · 금속덕트** 또는 **케이블**(불연성 덕트에 설치하는 경우에 한한다) **공사**방법에 따라야 한다. 단, 다음의 기준에 적합하게 설치하는 경우에는 그러하지 아니하다. ① 배선을 내화성능을 갖는 배선전용실 또는 배선용 샤프트 · 피트 · 덕트 등에 설치하는 경우

⑤ 0.6/1kV EP 고무절연 클로로프렌 시스 케이블 보기 ③ ⑥ 300/500V 내열성 실리콘 고무절연전선(180℃) ⑦ 내열성 에틸렌-비닐 아세테이트 고무절연 케이블 ⑧ 버스덕트(bus duct) 보기 ①	② 배선전용실 또는 배선용 샤프트 · 피트 · 덕트 등에 다른 설비의 배선이 있는 경우에는 이로부터 **15cm** 이상 떨어지게 하거나 소화설비의 배선과 이웃하는 다른 설비의 배선 사이에 배선지름(배선의 지름이 다른 경우에는 지름이 가장 큰 것을 기준으로 한다)의 **1.5배** 이상의 높이의 **불연성 격벽**을 설치하는 경우
내화전선	**케이블공사**

비교

내화배선

사용전선의 종류	공사방법
① 450/750V 저독성 난연 가교 폴리올레핀 절연전선 ② 0.6/1kV 가교 폴리에틸렌 절연 저독성 난연 폴리올레핀 시스 전력 케이블 ③ 6/10kV 가교 폴리에틸렌 절연 저독성 난연 폴리올레핀 시스 전력용 케이블 ④ 가교 폴리에틸렌 절연 비닐시스 트레이용 난연 전력 케이블 ⑤ 0.6/1kV EP 고무절연 클로로프렌 시스 케이블 ⑥ 300/500V 내열성 실리콘 고무절연전선(180℃) ⑦ 내열성 에틸렌-비닐 아세테이트 고무절연 케이블 ⑧ 버스덕트(bus duct)	**금속관** · **2종 금속제 가요전선관** 또는 **합성수지관**에 수납하여 내화구조로 된 벽 또는 바닥 등에 벽 또는 바닥의 표면으로부터 **25mm** 이상의 깊이로 매설하여야 한다. 기억법 **금2가합25** 단, 다음의 기준에 적합하게 설치하는 경우에는 그러하지 아니하다. ① 배선을 **내**화성능을 갖는 배선**전**용실 또는 배선용 **샤**프트 · **피**트 · **덕**트 등에 설치하는 경우 ② 배선전용실 또는 배선용 샤프트 · 피트 · 덕트 등에 **다**른 설비의 배선이 있는 경우에는 이로부터 **15cm** 이상 떨어지게 하거나 소화설비의 배선과 이웃하는 다른 설비의 배선 사이에 배선지름(배선의 지름이 다른 경우에는 가장 큰 것을 기준으로 한다)의 **1.5배** 이상의 높이의 **불연성 격벽**을 설치하는 경우 기억법 **내전샤피덕 다15**
내화전선	**케이블공사**

답 ②

★★★
66 자동화재탐지설비 및 시각경보장치의 화재안전기준에 따른 배선의 시설기준으로 틀린 것은?

23.05.문63 21.05.문64 20.08.문76 18.03.문65 17.09.문71 16.10.문74

① 감지기 사이의 회로의 배선은 송배선식으로 할 것
② 자동화재탐지설비의 감지기 회로의 전로저항은 50Ω 이하가 되도록 할 것
③ 수신기의 각 회로별 종단에 설치되는 감지기에 접속되는 배선의 전압은 감지기의 정격전압의 80% 이상이어야 할 것
④ P형 수신기 및 GP형 수신기의 감지기 회로의 배선에 있어서 하나의 공통선에 접속할 수 있는 경계구역은 10개 이하로 할 것

해설 ④ 10개 → 7개

자동화재탐지설비 배선의 **설치기준**(NFPC 203 11조, NFTC 203 2.8)

(1) 감지기 사이의 회로배선 : **송배선식** 보기 ①
(2) P형 수신기 및 GP형 수신기의 감지기 회로의 배선에 있어서 하나의 공통선에 접속할 수 있는 경계구역은 **7개** 이하 보기 ④
(3) ㉠ 감지기 회로의 전로저항 : **50Ω 이하** 보기 ②
  ㉡ 감지기에 접속하는 배선전압 : 정격전압의 **80% 이상** 보기 ③
(4) 자동화재탐지설비의 배선은 다른 전선과 **별도**의 관 · 덕트 · 몰드 또는 풀박스 등에 설치할 것(단, **60V** 미만의 약전류회로에 사용하는 전선으로서 각각의 전압이 같을 때는 제외)
(5) 감지기 회로의 도통시험을 위한 종단저항은 감지기 회로의 끝부분에 설치할 것

답 ④

★★★
67 무선통신보조설비의 화재안전기준에 따라 무선통신보조설비의 누설동축케이블 또는 동축케이블의 임피던스는 몇 Ω으로 하여야 하는가?

23.05.문78 21.09.문75 16.03.문61 11.10.문74

① 5 ② 10
③ 30 ④ 50

해설 **누설동축케이블** · **동축케이블**의 **임피던스** : **50**Ω(NFPC 505 5조, NFTC 505 2.2.2) 보기 ④

참고

무선통신보조설비의 **분배기** · **분파기** · **혼합기 설치기준**(NFPC 505 7조, NFTC 505 2.4)
(1) 먼지 · 습기 · 부식 등에 이상이 없을 것
(2) 임피던스 **50**Ω의 것
(3) 점검이 편리하고 화재 등의 피해 우려가 없는 장소

답 ④

★★★
68
비상조명등의 화재안전기준에 따른 휴대용 비상조명등의 설치기준이다. 다음 ( )에 들어갈 내용으로 옳은 것은?

23.03.문77 20.09.문65 19.03.문74 17.05.문67 15.09.문64 15.05.문61 14.09.문75 13.03.문68 12.03.문61 09.05.문76

> 지하상가 및 지하역사에는 보행거리 (㉠)m 이내마다 (㉡)개 이상 설치할 것

① ㉠ 25, ㉡ 1　　② ㉠ 25, ㉡ 3
③ ㉠ 50, ㉡ 1　　④ ㉠ 50, ㉡ 3

해설 **휴대용 비상조명등**의 **설치기준**(NFPC 304 4조, NFTC 304 2.1.2)

설치개수	설치장소
1개 이상	• **숙박시설** 또는 **다중이용업소**에는 객실 또는 영업장 안의 구획된 실마다 잘 보이는 곳(외부에 설치시 출입문 손잡이로부터 **1m 이내** 부분)
3개 이상 보기 ②	• **지하상가** 및 **지하역사**의 **보행거리 25m** 이내마다 보기 ② • **대규모점포(백화점 · 대형점 · 쇼핑센터)** 및 **영화상영관**의 **보행거리 50m** 이내마다

(1) 바닥으로부터 **0.8~1.5m** 이하의 높이에 설치할 것
(2) 어둠 속에서 **위치**를 **확인**할 수 있도록 할 것
(3) 사용시 **자동**으로 **점등**되는 구조일 것
(4) 외함은 **난연성능**이 있을 것
(5) 건전지를 사용하는 경우에는 **방전방지조치**를 하여야 하고, **충전식 배터리**의 경우에는 **상시 충전**되도록 할 것
(6) 건전지 및 충전식 배터리의 용량은 **20분** 이상 유효하게 사용할 수 있는 것으로 할 것

답 ②

★★★
69
비상콘센트설비의 화재안전기준에 따른 용어의 정의 중 옳은 것은?

23.03.문80 19.09.문68 17.05.문65 16.05.문64 14.05.문23 13.09.문80 12.09.문77 05.03.문76

① "저압"이란 직류는 1.5kV 이하, 교류는 1kV 이하인 것을 말한다.
② "저압"이란 직류는 700V 이하, 교류는 600V 이하인 것을 말한다.
③ "고압"이란 직류는 700V를, 교류는 600V를 초과하는 것을 말한다.
④ "고압"이란 직류는 750V를, 교류는 600V를 초과하는 것을 말한다.

해설 **전압**(NFTC 504 1.7)

구 분	설 명
저압 보기 ①	**직류 1.5kV** 이하, **교류 1kV** 이하
고압	저압의 범위를 초과하고 **7kV** 이하
특고압	**7kV**를 초과하는 것

답 ①

★★★
70
비상방송설비의 화재안전기준에 따라 음량조정기를 설치하는 경우 음량조정기의 배선은 3선식으로 하여야 한다. 음량조정기의 각 배선의 용도를 나타낸 것으로 옳은 것은?

22.09.문67 19.04.문68 18.09.문77 18.03.문73 16.10.문69 16.05.문67 16.03.문68 15.09.문66 15.05.문76 15.03.문62 14.05.문63 14.05.문75 14.03.문61 13.09.문70 13.06.문62 13.06.문80 11.06.문79

① 전원선, 음량조정용, 접지선
② 전원선, 통신선, 예비용
③ 공통선, 업무용, 긴급용
④ 업무용, 긴급용, 접지선

해설

비상방송설비 3선식 배선 보기 ③	유도등 3선식 배선
• 공통선 • 업무용 배선 • 긴급용 배선(비상용 배선)	• 공통선 • 상용선 • 충전선

중요

비상방송설비의 **설치기준**(NFPC 202 4조, NFTC 202 2.1)
(1) 확성기의 음성입력은 실내 **1W 이상**, 실외 **3W** 이상일 것

실 내	실 외
1W 이상	3W 이상

(2) 확성기는 **각 층**마다 설치하되, 각 부분으로부터의 수평거리는 **25m** 이하일 것
(3) 음량조정기는 **3선식** 배선일 것

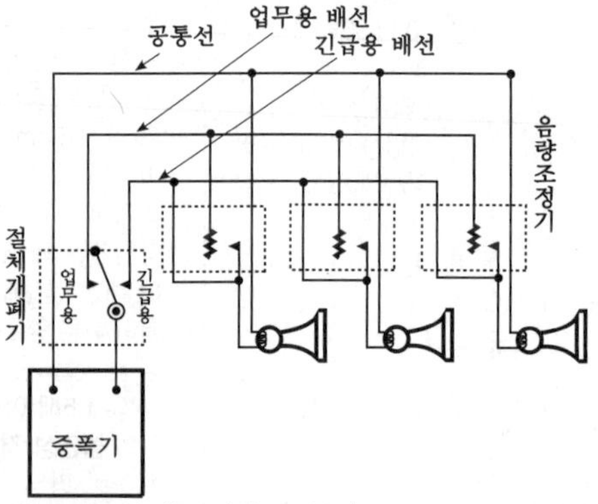

(4) 조작스위치는 바닥으로부터 **0.8~1.5m** 이하의 높이에 설치할 것
(5) 다른 전기회로에 의하여 **유도장애**가 생기지 않을 것
(6) 비상방송 개시시간은 **10초** 이하일 것

답 ③

★★★
71 비상경보설비 및 단독경보형 감지기의 화재안전기준에 따른 비상벨설비 또는 자동식 사이렌설비에 대한 설명이다. 다음 ( )의 ㉠, ㉡에 들어갈 내용으로 옳은 것은?

20.06.문77 19.03.문64 16.03.문66 15.09.문67 13.06.문63 10.05.문69

> 비상벨설비 또는 자동식 사이렌설비에는 그 설비에 대한 감시상태를 (㉠)분간 지속한 후 유효하게 (㉡)분 이상 경보할 수 있는 축전지설비(수신기에 내장하는 경우를 포함한다) 또는 전기저장장치(외부 전기에너지를 저장해 두었다가 필요한 때 전기를 공급하는 장치)를 설치하여야 한다.

① ㉠ 30, ㉡ 10　② ㉠ 60, ㉡ 10
③ ㉠ 30, ㉡ 20　④ ㉠ 60, ㉡ 20

해설 **축전지설비 · 자동식 사이렌설비 · 자동화재탐지설비 · 비상방송설비 · 비상벨설비**(NFPC 201 4조, NFTC 201 2.1.7)

감시시간	경보시간
60분(1시간) 이상 보기 ㉠	**10분** 이상 보기 ㉡ (30층 이상 : **30분**)

기억법 6감(육감)

답 ②

★★★
72 누전경보기의 전원은 분전반으로부터 전용 회로로 하고 각 극에 개폐기와 몇 A 이하의 과전류차단기를 설치하여야 하는가?

23.05.문68 19.04.문75 18.09.문62 17.09.문67 15.09.문76 14.05.문71 14.03.문75 13.06.문67 12.05.문74

① 5　② 15
③ 25　④ 35

해설 **누전경보기**의 **설치기준**(NFPC 205 6조, NFTC 205 2.3.1)

과전류차단기	배선용 차단기
15A 이하 보기 ②	20A 이하 기억법 2배(이 배에 탈 사람!)

(1) 각 극에 개폐기 및 **15A** 이하의 **과전류차단기**를 설치할 것(**배선용 차단기**는 20A 이하) 보기 ②
(2) 분전반으로부터 **전용 회로**로 할 것
(3) 개폐기에는 누전경보기임을 표시할 것

중요

누전경보기(NFPC 205 4조, NFTC 205 2.1.1.1)

60A 이하	60A 초과
• **1급** 누전경보기 • **2급** 누전경보기	• **1급** 누전경보기

답 ②

★★★
73 비상벨설비 음향장치의 음량은 부착된 음향장치의 중심으로부터 1m 떨어진 위치에서 몇 dB 이상이 되는 것으로 하여야 하는가?

23.09.문63 18.03.문78 16.05.문63 14.03.문71 12.03.문73 11.06.문67 07.03.문78 06.09.문72

① 90
② 80
③ 70
④ 60

해설 **비상경보설비**(비상벨 또는 자동식 사이렌설비)의 **설치기준**(NFPC 201 4조, NFTC 201 2.1)

(1) 음향장치의 음량은 부착된 음향장치의 중심으로부터 **1m** 떨어진 위치에서 **90dB** 이상이 되는 것으로 할 것 보기 ①

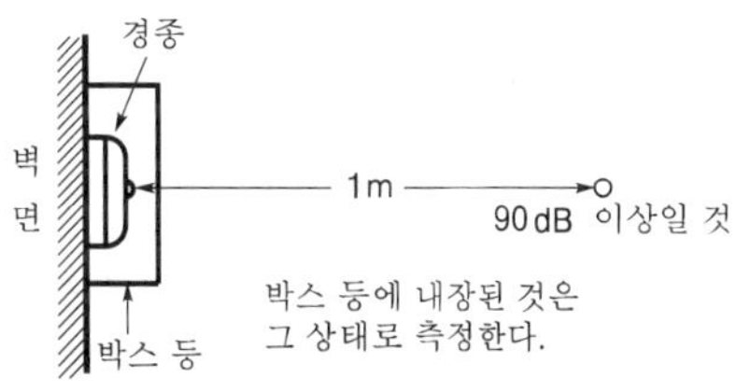

▮음향장치의 음량측정▮

(2) 발신기의 위치표시등은 바닥으로부터 **0.8m 이상 1.5m 이하**의 높이에 설치할 것
(3) 발신기는 각 소방대상물의 각 부분으로부터 **수평거리 25m 이하**가 되도록 할 것
(4) 지구음향장치는 **수평거리 25m** 이하가 되도록 할 것

중요

대상에 따른 **음압**

음 압	대 상
40dB 이하	① 유도등 · 비상조명등의 소음
60dB 이상	① 고장표시장치용 ② 전화용 부저 ③ 단독경보형 감지기(건전지 교체 음성안내)
70dB 이상	① 가스누설경보기(단독형 · 영업용) ② 누전경보기 ③ 단독경보형 감지기(건전지 교체 음향경보)
85dB 이상	① 단독경보형 감지기(화재경보음)
90dB 이상	① 가스누설경보기(공업용) ② 자동화재탐지설비의 음향장치 ③ 비상경보설비

기억법 유비음4(유비는 음식 중 사발면을 좋아한다.)
고전음6(고전음악을 유창하게 해)
9공자

답 ①

★★★
74 무선통신보조설비의 누설동축케이블의 설치기준으로 틀린 것은?

19.03.문80
17.05.문68
16.10.문72
15.09.문78
14.05.문78
12.05.문78
10.05.문76
08.09.문70

① 끝부분에는 반사종단저항을 견고하게 설치할 것
② 고압의 전로로부터 1.5m 이상 떨어진 위치에 설치할 것
③ 금속판 등에 따라 전파의 복사 또는 특성이 현저하게 저하되지 아니하는 위치에 설치할 것
④ 누설동축케이블 및 동축케이블은 불연 또는 난연성의 것으로서 습기 등의 환경조건에 따라 전기의 특성이 변질되지 아니하는 것으로 하고, 노출하여 설치한 경우에는 피난 및 통행에 장애가 없도록 할 것

해설

① 반사 → 무반사

누설동축케이블의 **설치기준**(NFPC 505 5조, NFTC 505 2.2.1)

(1) 소방전용 주파수대에서 전파의 **전송** 또는 **복사**에 적합한 것으로서 소방전용의 것일 것
(2) 누설동축케이블과 이에 접속하는 안테나 또는 동축케이블과 이에 접속하는 안테나일 것
(3) 누설동축케이블 및 동축케이블은 불연 또는 난연성의 것으로서 **습기** 등의 환경조건에 따라 전기의 특성이 변질되지 아니하는 것으로 하고, 노출하여 설치한 경우에는 피난 및 통행에 장애가 없도록 할 것 보기 ④
(4) 누설동축케이블 및 동축케이블은 화재에 따라 해당 케이블의 피복이 소실된 경우에 케이블 본체가 떨어지지 아니하도록 **4m** 이내마다 금속제 또는 자기제 등의 지지금구로 벽·천장·기둥 등에 견고하게 고정시킬 것(단, **불연재료**로 구획된 반자 안에 설치하는 경우 제외)
(5) 누설동축케이블 및 안테나는 **금속판** 등에 따라 전파의 **복사** 또는 **특성**이 현저하게 저하되지 않는 위치에 설치할 것 보기 ③
(6) 누설동축케이블 및 안테나는 **고**압전로로부터 **1.5m** 이상 떨어진 위치에 설치할 것(해당 전로에 **정전기 차폐장치**를 유효하게 설치한 경우에는 제외) 보기 ②

기억법 누고15

(7) 누설동축케이블의 끝부분에는 **무반사종단저항**을 설치할 것 보기 ①
(8) 누설동축케이블 및 동축케이블의 임피던스는 **50**Ω으로 하고, 이에 접속하는 **안테나**, **분배기** 기타의 장치는 해당 임피던스에 적합한 것으로 해야 한다.

용어

무반사종단저항
전송로로 전송되는 전자파가 전송로의 종단에서 반사되어 교신을 방해하는 것을 막기 위한 저항

답 ①

★★★
75 객석통로의 직선부분의 길이가 25m인 영화관의 통로에 객석유도등을 설치하는 경우 최소설치개수는?

19.04.문69
17.05.문74
14.09.문62
14.03.문62
13.03.문76
12.03.문63

① 5 ② 6
③ 7 ④ 8

해설 **설치개수**(NFPC 303 7조, NFTC 303 2.4.2)

(1) 복도·거실 통로유도등

$$개수 \geq \frac{보행거리}{20} - 1$$

(2) 유도표지

$$개수 \geq \frac{보행거리}{15} - 1$$

(3) 객석유도등

$$개수 \geq \frac{직선부분\ 길이}{4} - 1$$

$$= \frac{25m}{4} - 1 = 5.25 \fallingdotseq 6개(절상)$$

보기 ②

용어

절상
'소수점 이하는 무조건 올린다.'는 뜻

답 ②

★★★
76 비상방송설비 음향장치 설치기준 중 층수가 11층 이상으로서 연면적 3000m²를 초과하는 특정소방대상물의 1층에서 발화한 때의 경보기준으로 옳은 것은?

18.04.문73
17.03.문80
15.03.문61
14.03.문73
13.03.문72

① 발화층에 경보를 발할 것
② 발화층 및 그 직상층에 경보를 발할 것
③ 발화층·그 직상층 및 기타의 지하층에 경보를 발할 것
④ 발화층·그 직상 4개층 및 지하층에 경보를 발할 것

해설 **비상방송설비·자동화재탐지설비**의 **우선경보방식**(NFPC 202 4조, NFTC 202 2.1.1.7)

11층(공동주택 16층) 이상의 특정소방대상물의 경보

음향장치의 경보

발화층	경보층	
	11층 (공동주택 16층) 미만	11층 (공동주택 16층) 이상
2층 이상 발화	전층 일제경보	• 발화층 • 직상 **4개층**
1층 발화	전층 일제경보	• 발화층 • 직상 **4개층** • 지하층 보기 ④
지하층 발화	전층 일제경보	• 발화층 • 직상층 • 기타의 지하층

기억법 21 14개층

답 ④

★★★
77 일반전기사업자로부터 특고압 또는 고압으로 수전하는 비상전원수전설비의 형식 중 틀린 것은?

17.03.문64
15.05.문78
10.09.문73

① 큐비클(Cubicle)형
② 옥내개방형
③ 옥외개방형
④ 방화구획형

해설 ② 옥내개방형 → 옥외개방형

비상전원수전설비(NFPC 602 5·6조/NFTC 602 2.2.1, 2.3.1)

저압수전	특·고압수전
① 전용배전반(1·2종) ② 전용분전반(1·2종) ③ 공용분전반(1·2종)	① 방화구획형 보기 ④ ② 옥외개방형 보기 ③ ③ 큐비클형 보기 ①

답 ②

★★★
78 노유자시설 1층에 적응성을 가진 피난기구가 아닌 것은?

18.04.문77
17.05.문77
16.10.문68
16.05.문74
06.03.문65
05.03.문73

① 미끄럼대 ② 다수인 피난장비
③ 피난교 ④ 피난용 트랩

해설 **피난기구**의 **적응성**(NFTC 301 2.1.1)

층별 / 설치 장소별 구분	1층	2층	3층	4층 이상 10층 이하
노유자시설	• 미끄럼대 보기 ① • 구조대 • 피난교 보기 ③ • 다수인 피난장비 보기 ② • 승강식 피난기	• 미끄럼대 • 구조대 • 피난교 • 다수인 피난장비 • 승강식 피난기	• 미끄럼대 • 구조대 • 피난교 • 다수인 피난장비 • 승강식 피난기	• 구조대[1] • 피난교 • 다수인 피난장비 • 승강식 피난기
의료시설·입원실이 있는 의원·접골원·조산원	–	–	• 미끄럼대 • 구조대 • 피난교 • 피난용 트랩 • 다수인 피난장비 • 승강식 피난기	• 구조대 • 피난교 • 피난용 트랩 • 다수인 피난장비 • 승강식 피난기
영업장의 위치가 4층 이하인 다중 이용업소	–	• 미끄럼대 • 피난사다리 • 구조대 • 완강기 • 다수인 피난장비 • 승강식 피난기	• 미끄럼대 • 피난사다리 • 구조대 • 완강기 • 다수인 피난장비 • 승강식 피난기	• 미끄럼대 • 피난사다리 • 구조대 • 완강기 • 다수인 피난장비 • 승강식 피난기
그 밖의 것	–	–	• 미끄럼대 • 피난사다리 • 구조대 • 완강기 • 피난교 • 피난용 트랩 • 간이완강기[2] • 공기안전매트 • 다수인 피난장비 • 승강식 피난기	• 피난사다리 • 구조대 • 완강기 • 피난교 • 간이완강기[2] • 공기안전매트 • 다수인 피난장비 • 승강식 피난기

[비고] 1) **구조대**의 적응성은 **장애인관련시설**로서 주된 사용자 중 **스스로 피난**이 **불가**한 자가 있는 경우 추가로 설치하는 경우에 한한다.
2) 간이완강기의 적응성은 **숙박시설**의 **3층 이상**에 있는 객실에 추가로 설치하는 경우에 한한다.

중요

의무관리대상 공동주택(NFPC 608 13조, NFTC 608 2.9.1.3)
공동주택 구역마다 공기안전매트 1개 이상을 추가로 설치할 것

비교

피난기구 적응성

간이완강기	공기안전매트	구조대
숙박시설의 **3층 이상**에 있는 객실	공동주택	장애인관련시설

답 ④

★★★
79 누전경보기의 기능검사 항목이 아닌 것은?

23.09.문65
16.10.문71
15.09.문72

① 단락전압시험
② 절연저항시험
③ 온도특성시험
④ 단락전류 강도시험

해설 **시험항목**

중계기	속보기의 예비전원	누전경보기
• 주위온도시험 • 반복시험 • 방수시험 • 절연저항시험 • 절연내력시험 • 충격전압시험 • 충격시험 • 진동시험 • 습도시험 • 전자파 내성시험	• 충·방전시험 • 안전장치시험	• 전원전압 변동시험 • 온도특성시험 보기 ③ • 과입력 전압시험 • 개폐기의 조작시험 • 반복시험 • 진동시험 • **충**격시험 • 방**수**시험 • **절**연저항시험 보기 ② • **절**연내력시험 • **충**격파 내전압시험 • 단락전류 **강**도시험 보기 ④ 기억법 누수 충수 절충 강

답 ①

★★★
80 유도등 및 유도표지의 화재안전기준에 따라 운동시설에 설치하지 아니할 수 있는 유도등은?

19.09.문69
16.05.문75
15.03.문77
14.03.문68
12.05.문62
11.03.문64

① 통로유도등
② 객석유도등
③ 대형 피난구유도등
④ 중형 피난구유도등

해설 **유도등** 및 **유도표지**의 **종류**(NFPC 303 4조, NFTC 303 2.1.1)

설치장소	유도등 및 유도표지의 종류
• **공**연장·**집**회장·**관**람장·**운**동시설 • 유흥주점 영업시설(카바레, 나이트클럽)	• **대**형 피난구유도등 보기 ③ • **통**로유도등 보기 ① • **객**석유도등 보기 ②
• 위락시설·판매시설 • 관광숙박업·의료시설·방송통신시설 • 전시장·지하상가·지하철역사 • 운수시설·장례식장	• 대형 피난구유도등 • 통로유도등
• 숙박시설·오피스텔 • 지하층·무창층 및 11층 이상의 부분	• 중형 피난구유도등 보기 ④ • 통로유도등

기억법 공집관운 대통객

답 ④

2024. 7. 5 시행

▌2024년 기사 제3회 필기시험 CBT 기출복원문제▐

자격종목	종목코드	시험시간	형별	수험번호	성명
소방설비기사(전기분야)		2시간			

※ 각 문항은 4지택일형으로 질문에 가장 적합한 보기 항을 선택하여 체크하여야 합니다.

제 1 과목 소방원론

01 화재시 이산화탄소를 방출하여 산소농도를 13vol%로 낮추어 소화하기 위한 공기 중 이산화탄소의 농도는 약 몇 vol%인가?

19.09.문10 15.05.문13 14.05.문07 13.09.문16 12.05.문14

① 9.5 ② 25.8
③ 38.1 ④ 61.5

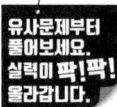

유사문제부터 풀어보세요. 실력이 팍!팍! 올라갑니다.

해설 **이산화탄소**의 **농도**

$$CO_2 = \frac{21 - O_2}{21} \times 100$$

여기서, CO_2 : CO_2의 농도〔vol%〕
O_2 : O_2의 농도〔vol%〕

$$CO_2 = \frac{21 - O_2}{21} \times 100 = \frac{21 - 13}{21} \times 100 \fallingdotseq 38.1\text{vol\%}$$

중요

이산화탄소 소화설비와 **관련된 식**

$$CO_2 = \frac{\text{방출가스량}}{\text{방호구역체적} + \text{방출가스량}} \times 100 = \frac{21 - O_2}{21} \times 100$$

여기서, CO_2 : CO_2의 농도〔vol%〕
O_2 : O_2의 농도〔vol%〕

$$\text{방출가스량} = \frac{21 - O_2}{O_2} \times \text{방호구역체적}$$

여기서, O_2 : O_2의 농도〔vol%〕

답 ③

02 할론(Halon) 1301의 분자식은?

23.05.문09 19.09.문07 17.03.문05 16.10.문08 15.03.문04 14.09.문04 14.03.문02

① CH_3Cl
② CH_3Br
③ CF_3Cl
④ CF_3Br

해설 **할론소화약제**의 **약칭** 및 **분자식**

종 류	약 칭	분자식
할론 1011	CB	CH_2ClBr
할론 104	CTC	CCl_4
할론 1211	BCF	CF_2ClBr
할론 1301	BTM	CF_3Br 보기 ④
할론 2402	FB	$C_2F_4Br_2$

답 ④

03 같은 원액으로 만들어진 포의 특성에 관한 설명으로 옳지 않은 것은?

15.09.문16

① 발포배율이 커지면 환원시간은 짧아진다.
② 환원시간이 길면 내열성이 떨어진다.
③ 유동성이 좋으면 내열성이 떨어진다.
④ 발포배율이 작으면 유동성이 떨어진다.

해설 ② 떨어진다 → 좋아진다

포의 **특성**
(1) 발포배율이 커지면 환원시간은 짧아진다. 보기 ①
(2) 환원시간이 길면 내열성이 **좋아진다.** 보기 ②
(3) 유동성이 좋으면 내열성이 떨어진다. 보기 ③
(4) 발포배율이 작으면 유동성이 떨어진다. 보기 ④

• 발포배율=팽창비

용어

용 어	설 명
발포배율	수용액의 포가 팽창하는 비율
환원시간	발포된 포가 원래의 포수용액으로 되돌아가는 데 걸리는 시간
유동성	포가 잘 움직이는 성질

답 ②

04 건축물의 피난·방화구조 등의 기준에 관한 규칙상 방화구획의 설치기준 중 스프링클러를 설치한 10층 이하의 층은 바닥면적 몇 m^2 이내마다 방화구획을 구획하여야 하는가?

23.05.문03 22.03.문11 19.03.문15 18.04.문04

① 1000 ② 1500
③ 2000 ④ 3000

해설

④ 스프링클러소화설비를 설치했으므로 $1000m^2 \times$ 3배$=3000m^2$

건축령 46조, 피난 · 방화구조 14조
방화구획의 기준

<table>
<tr><th>대상 건축물</th><th>대상 규모</th><th colspan="2">층 및 구획방법</th><th>구획부분의 구조</th></tr>
<tr><td rowspan="3">주요 구조부가 내화구조 또는 불연재료로 된 건축물</td><td rowspan="3">연면적 1000m² 넘는 것</td><td>10층 이하 →</td><td>• 바닥면적 1000m² 이내마다</td><td rowspan="3">• 내화구조로 된 바닥 · 벽
• 60분+방화문, 60분 방화문
• 자동방화셔터</td></tr>
<tr><td>매 층마다</td><td>• 지하 1층에서 지상으로 직접 연결하는 경사로 부위는 제외</td></tr>
<tr><td>11층 이상</td><td>• 바닥면적 200m² 이내마다(실내마감을 불연재료로 한 경우 500m² 이내마다)</td></tr>
</table>

- **스프링클러**, 기타 이와 유사한 **자동식 소화설비**를 설치한 경우 바닥면적은 위의 **3배** 면적으로 산정한다.
- **필로티**나 그 밖의 비슷한 구조의 부분을 주차장으로 사용하는 경우 그 부분은 건축물의 다른 부분과 구획할 것

답 ④

★★★
05 건축물의 내화구조에서 바닥의 경우에는 철근콘크리트의 두께가 몇 cm 이상이어야 하는가?

20.08.문04
16.05.문05
14.05.문12

① 7
② 10
③ 12
④ 15

해설 **피난 · 방화구조 3조**
내화구조의 기준

구 분	기 준
벽 · 바닥	철골 · 철근콘크리트조로서 두께가 **10cm** 이상인 것 보기 ②
기둥	철골을 두께 **5cm** 이상의 콘크리트로 덮은 것
보	두께 **5cm** 이상의 콘크리트로 덮은 것

기억법 **벽바내1**(**벽**을 **바**라보면 **내일**이 보인다.)

비교

피난 · 방화구조 4조
방화구조의 기준

구조 내용	기 준
• **철망모르타르** 바르기	두께 **2cm** 이상
• 석고판 위에 시멘트모르타르를 바른 것 • 석고판 위에 회반죽을 바른 것 • 시멘트모르타르 위에 타일을 붙인 것	두께 **2.5cm** 이상
• 심벽에 흙으로 맞벽치기 한 것	모두 해당

답 ②

★★★
06 할로젠원소의 소화효과가 큰 순서대로 배열된 것은?

23.09.문16
17.09.문15
15.03.문16
12.03.문04

① I > Br > Cl > F
② Br > I > F > Cl
③ Cl > F > I > Br
④ F > Cl > Br > I

해설 **할론소화약제**

부촉매효과(소화효과) 크기	전기음성도(친화력) 크기
I > Br > Cl > F 보기 ①	F > Cl > Br > I

- 소화효과=소화능력
- 전기음성도 크기=수소와의 결합력 크기

중요

할로젠족 원소
(1) 불소 : F
(2) 염소 : Cl
(3) 브로민(취소) : Br
(4) 아이오딘(옥소) : I

기억법 FClBrI

답 ①

★★★
07 경유화재가 발생했을 때 주수소화가 오히려 위험할 수 있는 이유는?

18.09.문17
15.09.문13
15.09.문06
14.03.문06
12.09.문16
04.05.문06
03.03.문15

① 경유는 물과 반응하여 유독가스를 발생하므로
② 경유의 연소열로 인하여 산소가 방출되어 연소를 돕기 때문에
③ 경유는 물보다 비중이 가벼워 화재면의 확대 우려가 있으므로
④ 경유가 연소할 때 수소가스를 발생하여 연소를 돕기 때문에

해설 **경유화재시 주수소화가 부적당한 이유**

물보다 비중이 가벼워 물 위에 떠서 **화재 확대**의 우려가 있기 때문이다. 보기 ③

중요

주수소화(물소화)시 위험한 물질

위험물	발생물질
• 무기과산화물	**산소**(O_2) 발생
• 금속분 • 마그네슘 • 알루미늄 • 칼륨 • 나트륨 • 수소화리튬	**수소**(H_2) 발생
• 가연성 액체의 유류화재(경유)	**연소면**(화재면) 확대

답 ③

★★★
08 Fourier법칙(전도)에 대한 설명으로 틀린 것은?

23.09.문18
18.03.문13

① 이동열량은 전열체의 단면적에 비례한다.
② 이동열량은 전열체의 두께에 비례한다.
③ 이동열량은 전열체의 열전도도에 비례한다.
④ 이동열량은 전열체 내·외부의 온도차에 비례한다.

해설 ② 비례 → 반비례

공식

(1) **전도**

$$Q=\frac{kA(T_2-T_1)}{l}$$ ← 비례 (분자) / ← 반비례 (분모)

여기서, Q : 전도열[W]
k : 열전도율[W/m·K]
A : 단면적[m^2]
(T_2-T_1) : 온도차[K]
l : 벽체 두께[m]

(2) **대류**

$$Q=h(T_2-T_1)$$

여기서, Q : 대류열[W/m^2]
h : 열전달률[W/m^2·℃]
(T_2-T_1) : 온도차[℃]

(3) **복사**

$$Q=aAF(T_1^{\,4}-T_2^{\,4})$$

여기서, Q : 복사열[W]
a : 스테판-볼츠만 상수[W/m^2·K^4]
A : 단면적[m^2]
F : 기하학적 Factor
T_1 : 고온[K]
T_2 : 저온[K]

중요

열전달의 **종류**

종 류	설 명	관련 법칙
전도 (conduction)	하나의 물체가 다른 물체와 직접 **접촉**하여 열이 이동하는 현상	**푸리에**(Fourier)의 법칙
대류 (convection)	**유체**의 흐름에 의하여 열이 이동하는 현상	**뉴턴**의 법칙
복사 (radiation)	① 화재시 화원과 **격리**된 인접 가연물에 불이 옮겨 붙는 현상 ② 열전달 **매질**이 **없이** 열이 전달되는 형태 ③ 열에너지가 **전자파**의 형태로 옮겨지는 현상으로, **가장 크게 작용**한다.	**스테판-볼츠만**의 법칙

답 ②

★★★
09 폭굉(detonation)에 관한 설명으로 틀린 것은?

23.09.문13
16.05.문14
03.05.문10

① 연소속도가 음속보다 느릴 때 나타난다.
② 온도의 상승은 충격파의 압력에 기인한다.
③ 압력상승은 폭연의 경우보다 크다.
④ 폭굉의 유도거리는 배관의 지름과 관계가 있다.

해설 ① 느릴 때 → 빠를 때

연소반응(전파형태에 따른 분류)

폭연(deflagration)	폭굉(detonation)
연소속도가 음속보다 느릴 때 발생	① 연소속도가 음속보다 **빠를 때** 발생 보기 ① ② 온도의 상승은 **충격파**의 압력에 기인한다. 보기 ② ③ 압력상승은 **폭연**의 경우보다 **크다**. 보기 ③ ④ 폭굉의 **유도거리**는 배관의 **지름**과 **관계**가 있다. 보기 ④

※ **음속** : 소리의 속도로서 약 **340m/s**이다.

답 ①

★
10 대체 소화약제의 물리적 특성을 나타내는 용어 중 지구온난화지수를 나타내는 약어는?

23.03.문03
17.09.문06
16.10.문12
15.03.문20
14.03.문15

① ODP
② GWP
③ LOAEL
④ NOAEL

해설

용 어	설 명
오존파괴지수 (**O**DP ; Ozone Depletion Potential)	오존파괴지수는 어떤 물질의 **오존파괴능력**을 상대적으로 나타내는 지표
지구**온**난화지수 보기 ② (**G**WP ; Global Warming Potential)	지구온난화지수는 **지구 온난화**에 기여하는 정도를 나타내는 지표
LOAEL (Least Observable Adverse Effect Level)	인체에 **독성**을 주는 **최소 농도**
NOAEL (No Observable Adverse Effect Level)	인체에 **독성**을 주지 않는 **최대농도**

기억법 G온O오(지온!오온!)

중요

공식

오존파괴지수(ODP)	지구온난화지수(GWP)
$ODP = \frac{\text{어떤 물질 1kg이 파괴하는 오존량}}{\text{CFC 11의 1kg이 파괴하는 오존량}}$	$GWP = \frac{\text{어떤 물질 1kg이 기여하는 온난화 정도}}{CO_2\text{ 1kg이 기여하는 온난화 정도}}$

답 ②

★★★

11 화재의 종류에 따른 분류가 틀린 것은?

20.08.문03
19.03.문08
17.09.문07
16.05.문09
15.09.문19
13.09.문07

① A급 : 일반화재
② B급 : 유류화재
③ C급 : 가스화재
④ D급 : 금속화재

해설 ③ 가스화재 → 전기화재

화재의 종류

구 분	표시색	적응물질
일반화재(A급)	백색	• 일반가연물 • 종이류 화재 • 목재 · 섬유화재
유류화재(B급)	황색	• 가연성 액체 • 가연성 가스 • 액화가스화재 • 석유화재
전기화재(C급)	청색	• 전기설비
금속화재(D급)	무색	• 가연성 금속
주방화재(K급)	–	• 식용유화재

• 요즘은 표시색의 의무규정은 없음

답 ③

★★★

12 방호공간 안에서 화재의 세기를 나타내고 화재가 진행되는 과정에서 온도에 따라 변하는 것으로 온도-시간 곡선으로 표시할 수 있는 것은?

23.09.문01
19.04.문16
02.03.문19

① 화재저항
② 화재가혹도
③ 화재하중
④ 화재플럼

해설

구 분	화재하중 (fire load)	화재가혹도 (fire severity)
정의	화재실 또는 화재구획의 단위바닥면적에 대한 등가 가연물량값	① 화재의 양과 질을 반영한 화재의 강도 ② 방호공간 안에서 화재의 세기를 나타냄 보기 ②
계산식	화재하중 $q = \frac{\Sigma G_t H_t}{HA} = \frac{\Sigma Q}{4500A}$ 여기서, q : 화재하중[kg/m²] G_t : 가연물의 양[kg] H_t : 가연물의 단위발열량[kcal/kg] H : 목재의 단위발열량[kcal/kg] A : 바닥면적[m²] ΣQ : 가연물의 전체 발열량[kcal]	화재가혹도 =지속시간×최고온도 보기 ② 화재시 지속시간이 긴 것은 가연물량이 많은 양적 개념이며, 연소시 최고온도는 최성기 때의 온도로서 화재의 질적 개념이다.
비교	① 화재의 **규모**를 판단하는 척도 ② **주수시간**을 결정하는 인자	① 화재의 **강도**를 판단하는 척도 ② **주수율**을 결정하는 인자

용어

화재플럼	화재저항
상승력이 커진 부력에 의해 연소가스와 유입공기가 상승하면서 화염이 섞인 연기기둥형태를 나타내는 현상	화재시 최고온도의 지속시간을 견디는 내력

답 ②

★★

13 다음은 위험물의 정의이다. 다음 ( ) 안에 알맞은 것은?

23.05.문04
13.03.문47

"위험물"이라 함은 (㉠) 또는 발화성 등의 성질을 가지는 것으로서 (㉡)이 정하는 물품을 말한다.

① ㉠ 인화성, ㉡ 국무총리령
② ㉠ 휘발성, ㉡ 국무총리령
③ ㉠ 휘발성, ㉡ 대통령령
④ ㉠ 인화성, ㉡ 대통령령

해설 **위험물법 2조**

"위험물" 이라 함은 인화성 또는 **발화성** 등의 성질을 가지는 것으로서 **대통령령**이 정하는 물품

답 ④

★★
14 가스 A가 40vol%, 가스 B가 60vol%로 혼합된 가스의 연소하한계는 몇 vol%인가? (단, 가스 A의 연소하한계는 4.9vol%이며, 가스 B의 연소하한계는 4.15vol%이다.)

23.09.문08
13.09.문05

① 1.82 ② 2.02
③ 3.22 ④ 4.42

해설 **폭발하한계**

$$\frac{100}{L}=\frac{V_1}{L_1}+\frac{V_2}{L_2}+\cdots\cdots+\frac{V_n}{L_n}$$

여기서, L : 혼합가스의 폭발하한계[vol%]
L_1, L_2, L_n : 가연성 가스의 폭발하한계[vol%]
V_1, V_2, V_n : 가연성 가스의 용량[vol%]

폭발하한계 L 은

$$L=\frac{100}{\dfrac{V_1}{L_1}+\dfrac{V_2}{L_2}+\cdots\cdots+\dfrac{V_n}{L_n}}$$
$$=\frac{100}{\dfrac{40}{4.9}+\dfrac{60}{4.15}}$$
$$\fallingdotseq 4.42\text{vol\%}$$

연소하한계 = 폭발하한계

답 ④

★★★
15 인화알루미늄의 화재시 주수소화하면 발생하는 물질은?

23.09.문17
20.06.문12
18.04.문18

① 수소 ② 메탄
③ 포스핀 ④ 아세틸렌

해설 **인화알루미늄**과 **물**과의 반응식 보기 ③

$AlP + 3H_2O \rightarrow Al(OH)_3 + PH_3$
인화알루미늄 물 수산화알루미늄 포스핀=인화수소

비교

(1) 인화칼슘과 물의 반응식
$Ca_3P_2 + 6H_2O \rightarrow 3Ca(OH)_2 + 2PH_3\uparrow$
인화칼슘 물 수산화칼슘 포스핀
(2) 탄화알루미늄과 물의 반응식
$Al_4C_3 + 12H_2O \rightarrow 4Al(OH)_3 + 3CH_4\uparrow$
탄화알루미늄 물 수산화알루미늄 메탄

답 ③

★★
16 고비점 유류의 탱크화재시 열류층에 의해 탱크 아래의 물이 비등·팽창하여 유류를 탱크 외부로 분출시켜 화재를 확대시키는 현상은?

17.09.문08
97.03.문04

① 보일오버(Boil over)
② 롤오버(Roll over)
③ 백드래프트(Back draft)
④ 플래시오버(Flash over)

해설 **보일오버**(Boil over)
(1) **중**질유의 탱크에서 장시간 조용히 연소하다 탱크 내의 잔존기름이 갑자기 분출하는 현상
(2) 유류탱크에서 탱크바닥에 물과 기름의 **에멀션**이 섞여 있을 때 이로 인하여 화재가 발생하는 현상
(3) 연소유면으로부터 100℃ 이상의 **열**파가 탱크 저부에 고여 있는 물을 비등하게 하면서 연소유를 탱크 밖으로 비산시키며 연소하는 현상
(4) **고비점 유류**의 탱크화재시 열류층에 의해 **탱크 아래**의 **물**이 비등·팽창하여 유류를 탱크 외부로 분출시켜 화재를 확대시키는 현상

※ **에멀션** : 물의 미립자가 기름과 섞여서 기름의 증발능력을 떨어뜨려 연소를 억제하는 것

기억법 **보중에열**

중요

유류탱크, **가스탱크**에서 **발생**하는 현상

여러 가지 현상	정 의
블래비 (BLEVE)	• 과열상태의 탱크에서 내부의 액화가스가 분출하여 기화되어 폭발하는 현상
보일오버 (Boil over)	• 중질유의 탱크에서 장시간 조용히 연소하다 탱크 내의 잔존기름이 갑자기 분출하는 현상 • 유류탱크에서 탱크바닥에 물과 기름의 **에멀션**이 섞여 있을 때 이로 인하여 화재가 발생하는 현상 • 연소유면으로부터 100℃ 이상의 열파가 탱크 저부에 고여 있는 물을 비등하게 하면서 연소유를 탱크 밖으로 비산시키며 연소하는 현상 • 탱크 **저부**의 물이 급격히 증발하여 기름이 탱크 밖으로 화재를 동반하여 방출하는 현상 기억법 **보저(보자기)**
오일오버 (Oil over)	• 저장탱크에 저장된 유류저장량이 내용적의 **50%** 이하로 충전되어 있을 때 화재로 인하여 탱크가 폭발하는 현상
프로스오버 (Froth over)	• **물**이 점성의 뜨거운 **기름표면 아래에서 끓을 때** 화재를 수반하지 않고 용기가 넘치는 현상
슬롭오버 (Slop over)	• **물**이 연소유의 **뜨거운 표면**에 **들어갈 때** 기름표면에서 화재가 발생하는 현상 • 유화제로 소화하기 위한 **물**이 수분의 급격한 증발에 의하여 액면이 거품을 일으키면서 **열유층 밑**의 **냉유**가 급히 열팽창하여 **기름**의 **일부**가 불이 붙은 채 탱크벽을 넘어서 일출하는 현상

답 ①

★★★
17 **화재의 지속시간 및 온도에 따라 목재건물과 내화건물을 비교했을 때, 목재건물의 화재성상으로 가장 적합한 것은?**

19.09.문11 18.03.문05 16.10.문04 14.05.문01 10.09.문08

① 저온장기형이다. ② 저온단기형이다.
③ 고온장기형이다. ④ 고온단기형이다.

해설 (1) **목조건물**(목재건물)
㉠ 화재성상 : **고온단**기형
㉡ 최고온도(최성기온도) : **13**00℃

기억법 목고단 13

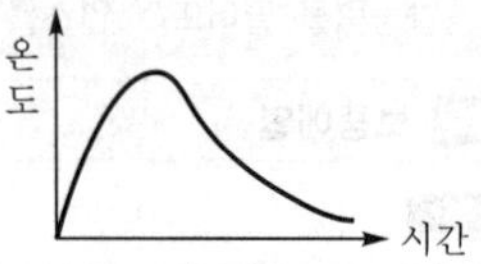

| 목조건물의 표준 화재온도－시간곡선 |

(2) **내화건물**
㉠ 화재성상 : 저온장기형
㉡ 최고온도(최성기온도) : **900～1000℃**

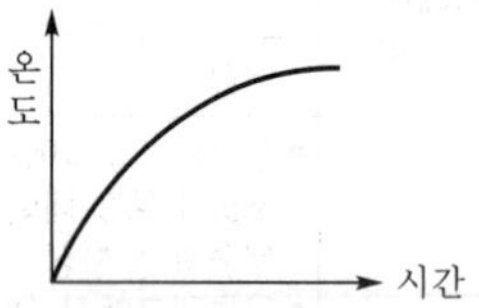

| 내화건물의 표준 화재온도－시간곡선 |

답 ④

★★★
18 **물체의 표면온도가 250℃에서 650℃로 상승하면 열복사량은 약 몇 배 정도 상승하는가?**

18.04.문15 17.05.문11 14.09.문14 13.06.문08

① 2.5 ② 5.7
③ 7.5 ④ 9.7

해설 **스테판－볼츠만**의 **법칙**(Stefan－Boltzman's law)

$$\frac{Q_2}{Q_1}=\frac{(273+t_2)^4}{(273+t_1)^4}=\frac{(273+650)^4}{(273+250)^4}\fallingdotseq 9.7$$

• 열복사량은 복사체의 **절대온도**의 **4제곱**에 **비례**하고, **단면적**에 **비례**한다.

참고

스테판－볼츠만의 법칙(Stefan－Boltzman's law)

$$Q=aAF(T_1^{\ 4}-T_2^{\ 4})$$

여기서, Q : 복사열[W]
a : 스테판－볼츠만 상수[W/m² · K⁴]
A : 단면적[m²]
F : 기하학적 Factor
T_1 : 고온($273+t_1$)[K]
T_2 : 저온($273+t_2$)[K]
t_1 : 저온[℃]
t_2 : 고온[℃]

답 ④

★★
19 **유류탱크 화재시 기름 표면에 물을 살수하면 기름이 탱크 밖으로 비산하여 화재가 확대되는 현상은?**

20.06.문10 17.05.문04

① 슬롭오버(Slop over)
② 플래시오버(Flash over)
③ 프로스오버(Froth over)
④ 블레비(BLEVE)

해설 **유류탱크**, **가스탱크**에서 **발생**하는 **현상**

구 분	설 명
블래비＝블레비 (BLEVE)	• 과열상태의 탱크에서 내부의 액화가스가 분출하여 기화되어 폭발하는 현상
보일오버 (Boil over)	• 중질유의 석유탱크에서 장시간 조용히 연소하다 탱크 내의 잔존기름이 갑자기 분출하는 현상 • 유류탱크에서 **탱크바닥**에 **물**과 기름의 **에멀션**이 섞여 있을 때 이로 인하여 화재가 발생하는 현상 • 연소유면으로부터 100℃ 이상의 열파가 탱크 저부에 고여 있는 물을 비등하게 하면서 연소유를 탱크 밖으로 비산시키며 연소하는 현상
오일오버 (Oil over)	• 저장탱크에 저장된 유류저장량이 내용적의 **50%** 이하로 충전되어 있을 때 화재로 인하여 탱크가 폭발하는 현상
프로스오버 (Froth over)	• 물이 점성의 뜨거운 기름표면 아래에서 끓을 때 화재를 수반하지 않고 용기가 넘치는 현상
슬롭오버 (Slop over)	• **유류탱크 화재시** 기름 표면에 물을 살수하면 **기름**이 **탱크** 밖으로 **비산**하여 화재가 확대되는 현상(연소유가 비산되어 탱크 외부까지 화재가 확산) 보기 ① • 물이 연소유의 뜨거운 표면에 들어갈 때 기름 표면에서 화재가 발생하는 현상 • 유화제로 소화하기 위한 물이 수분의 급격한 증발에 의하여 액면이 거품을 일으키면서 열유층 밑의 냉유가 급히 열팽창하여 기름의 일부가 불이 붙은 채 탱크벽을 넘어서 일출하는 현상 • 연소면의 온도가 100℃ 이상일 때 물을 주수하면 발생 • 소화시 외부에서 방사하는 포에 의해 발생

답 ①

20 다음 중 할론소화약제의 가장 주된 소화효과에 해당하는 것은?

15.05.문12
14.03.문04

① 냉각효과 ② 제거효과
③ 부촉매효과 ④ 분해효과

해설 **소화약제**의 **소화작용**

소화약제	소화효과	주된 소화효과
• 물(스프링클러)	• 냉각효과 • 희석효과	• 냉각효과 (냉각소화)
• 물(무상)	• 냉각효과 • 질식효과 • 유화효과 • 희석효과	• 질식효과 (질식소화)
• 포	• 냉각효과 • 질식효과	
• 분말	• 질식효과 • 부촉매효과 (억제효과) • 방사열 차단 효과	
• 이산화탄소	• 냉각효과 • 질식효과 • 피복효과	
• **할**론	• 질식효과 • 부촉매효과 (억제효과)	• **부**촉매효과 (연쇄반응차단 소화)

기억법 **할부(할아버지)**

답 ③

제 2 과목 소방전기일반

21 그림과 같은 회로의 A, B 양단에 전압을 인가하여 서서히 상승시킬 때 제일 먼저 파괴되는 콘덴서는? (단, 유전체의 재질 및 두께는 동일한 것으로 한다.)

17.05.문31
02.09.문25

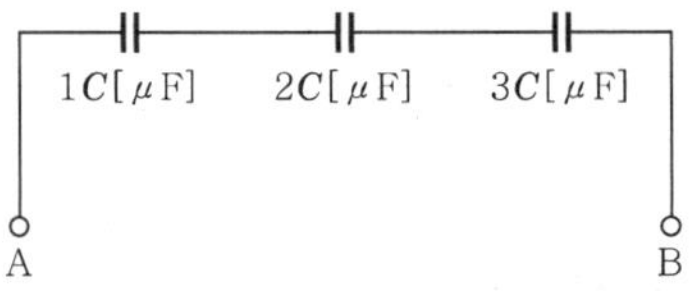

① $1C$ ② $2C$
③ $3C$ ④ 모두

해설

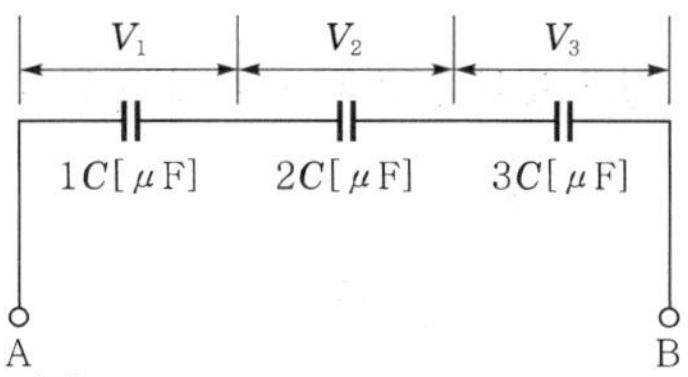

전압

$$V = IX_C = I\frac{1}{2\pi fC} \propto \frac{1}{C}$$

여기서, V : 전압[V]
I : 전류[A]
X_C : 용량리액턴스[Ω]
f : 주파수[Hz]
C : 정전용량[F]

전압(V)과 **정전용량**(C)은 **반비례**하므로 각 콘덴서에 걸리는 전압을 V_1, V_2, V_3[V]라 하면

$V_1 : V_2 : V_3 = \frac{1}{1} : \frac{1}{2} : \frac{1}{3} = 6 : 3 : 2$

양단에 가한 전압을 1000V라 하면

$V_1 = \frac{6}{6+3+2}V = \frac{6}{11} \times 1000 ≒ 545.4\text{V}$

$V_2 = \frac{3}{6+3+2}V = \frac{3}{11} \times 1000 ≒ 272.7\text{V}$

$V_3 = \frac{2}{6+3+2}V = \frac{2}{11} \times 1000 ≒ 181.8\text{V}$

• 용량이 제일 작은 $1C$[μF]이 제일 먼저 파괴된다.

답 ①

22 $i = I_m \sin\omega t$의 정현파에서 순시값과 실효값이 같아지는 위상은 몇 도인가?

15.09.문22
06.05.문34

① 30° ② 45°
③ 50° ④ 60°

해설 (1) **기호**

• i : 전류의 순시값[A]
• I_m : 전류의 최대값[A]

$$I_m = \sqrt{2}\,I$$

여기서, I_m : 전류의 최대값[A]
I : 전류의 실효값[A]

(2) **순시값**과 **실효값**이 **같은 경우**

$$I_m \sin\omega t = I$$

$\sin\omega t = \frac{I}{I_m}$

$\sin\omega t = \frac{\cancel{I}}{\sqrt{2}\cancel{I}}$

$\sin\omega t = \frac{1}{\sqrt{2}}$

$\omega t = \sin^{-1}\left(\frac{1}{\sqrt{2}}\right) = 45°$

답 ②

23 다음 그림과 같은 브리지 회로의 평형조건은?

18.04.문21
17.05.문21
(산업)
99.10.문21

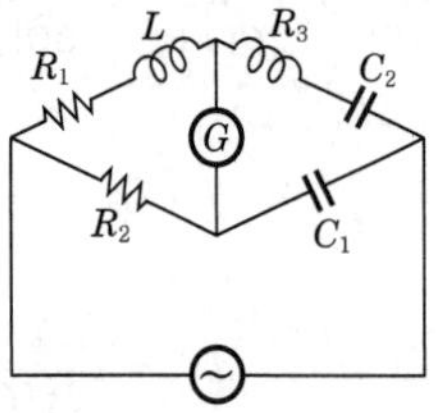

① $R_1C_1 = R_2C_2$, $R_2R_3 = C_1L$
② $R_1C_1 = R_2C_2$, $R_2R_3C_1 = L$
③ $R_1C_2 = R_2C_1$, $R_2R_3 = C_1L$
④ $R_1C_2 = R_2C_1$, $L = R_2R_3C_1$

해설 **교류브리지 평형조건**

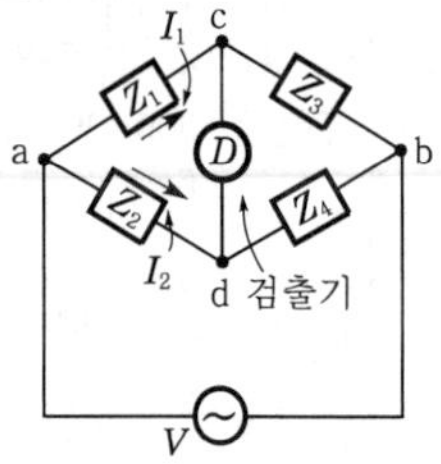

$I_1Z_1 = I_2Z_2$
$I_1Z_3 = I_2Z_4$
$\therefore\ Z_1Z_4 = Z_2Z_3$

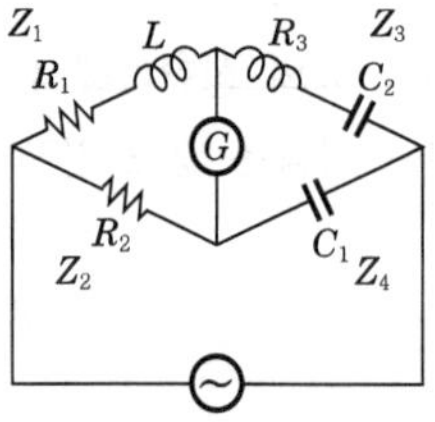

계산의 편의를 위해 분모, 분자에 $j\omega C_2$ 곱해 줌

$Z_1 = R_1 + j\omega L$

$Z_2 = R_2$

$$Z_3 = R_3 + \frac{1}{j\omega C_2} = \frac{j\omega C_2 R_3}{j\omega C_2} + \frac{1}{j\omega C_2} = \frac{1+j\omega C_2R_3}{j\omega C_2}$$

$$Z_4 = \frac{1}{j\omega C_1}$$

$Z_1Z_4 = Z_2Z_3$이므로

$$(R_1 + j\omega L)\times\frac{1}{j\omega C_1} = R_2 \times \frac{1+j\omega C_2R_3}{j\omega C_2}$$

$$\frac{R_1+j\omega L}{j\omega C_1} = \frac{R_2 + j\omega C_2R_2R_3}{j\omega C_2}$$

계산 편의를 위해 분모, 분자에 각각 $\frac{1}{R_1}$, $\frac{1}{R_2}$을 곱해 줌

$$\frac{\frac{1}{R_1}(R_1+j\omega L)}{j\omega C_1 \times \frac{1}{R_1}} = \frac{\frac{1}{R_2}(R_2 + j\omega C_2R_2R_3)}{j\omega C_2 \times \frac{1}{R_2}}$$

분자에 있는 $\frac{1}{R_1}$, $\frac{1}{R_2}$을 각각 곱해 주고,

분모에 있는 $\frac{1}{R_1}$, $\frac{1}{R_2}$을 서로 이항하면

$$\frac{1+j\omega L\frac{1}{R_1}}{j\omega C_1R_2} = \frac{1+j\omega C_2R_3}{j\omega C_2R_1}$$

$C_1R_2 = C_2R_1$ $\qquad L\frac{1}{R_1} = C_2R_3$

⬇

$\boxed{R_1C_2 = R_2C_1}$ $\qquad L = C_2R_3R_1$

$$C_2 = \frac{R_2C_1}{R_1} \qquad L = \left(\frac{R_2C_1}{R_1}\right)R_3R_1 = R_2R_3C_1$$

$\therefore\ \boxed{L = R_2R_3C_1}$

답 ④

24 그림과 같이 전압계 V_1, V_2, V_3와 5Ω의 저항 R을 접속하였다. 전압계의 지시가 V_1 =20V, V_2 =40V, V_3 =50V라면 부하전력은 몇 W인가?

18.03.문27
15.09.문32
08.09.문39
07.05.문39

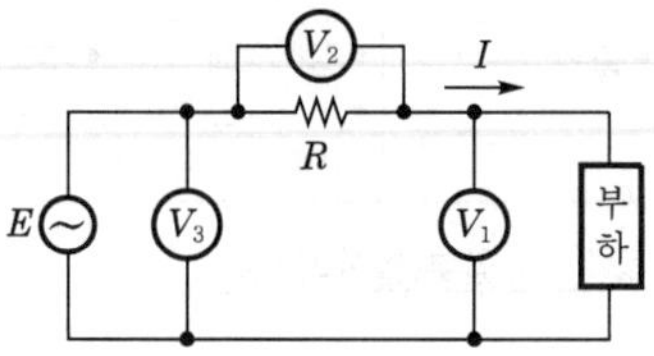

① 50 ② 100
③ 150 ④ 200

해설 (1) **기호**

- V_1 : 20V
- V_2 : 40V
- V_3 : 50V
- R : 5Ω
- P : ?

(2) **3전압계법**

$$P = \frac{1}{2R}({V_3}^2 - {V_1}^2 - {V_2}^2)$$

여기서, P : 유효전력(소비전력)[W]
R : 저항[Ω]
V_1, V_2, V_3 : 전압계의 지시값[V]

유효전력 P는

$$P = \frac{1}{2R}({V_3}^2 - {V_1}^2 - {V_2}^2)$$
$$= \frac{1}{2\times5}\times(50^2 - 20^2 - 40^2)$$
$$= 50\text{W}$$

비교

3전류계법

$$P = \frac{R}{2}(I_3^{\,2} - I_1^{\,2} - I_2^{\,2})\,[\mathrm{W}]$$

여기서, P : 유효전력〔W〕

R : 저항〔Ω〕

I_1, I_2, I_3 : 전류계의 지시값〔A〕

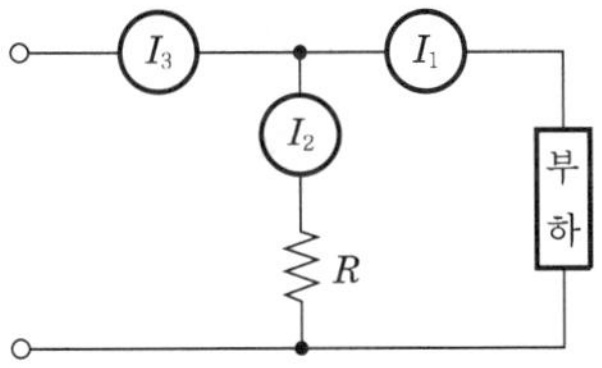

답 ①

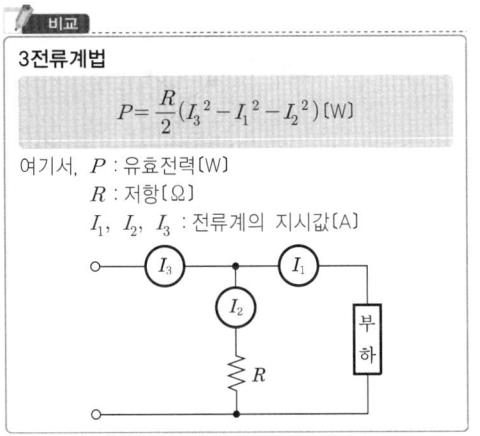

★★★
25 제어량을 어떤 일정한 목표값으로 유지하는 것을 목적으로 하는 제어법은?

19.03.문32
19.04.문28
17.09.문22
17.09.문39
17.05.문29
16.10.문35
16.05.문22
16.03.문32
15.05.문23
15.05.문37
14.09.문23
13.09.문27
11.03.문30

① 추종제어
② 비례제어
③ 정치제어
④ 프로그래밍제어

해설 **제어**의 **종류**

종 류	설 명
정치제어 (fixed value control)	• 일정한 **목**표값을 **유**지하는 것으로 **프로세스제어, 자동조정**이 이에 해당된다. 예 **연속식 압연기** 보기 ③ • **목표값**이 시간에 관계없이 항상 일정한 값을 가지는 제어이다. 기억법 **유목정**
추종제어 (follow-up control)	미지의 시간적 변화를 하는 목표값에 제어량을 추종시키기 위한 제어로 **서보기구**가 이에 해당된다. 예 **대공포의 포신**
비율제어 (ratio control)	둘 이상의 제어량을 소정의 비율로 제어하는 것이다.
프로그램제어 (program control)	목표값이 **미리 정해진 시간적 변화**를 하는 경우 제어량을 그것에 추종시키기 위한 제어이다. 예 **열차·산업로봇의 무인운전**

중요

제어량에 의한 **분류**

분 류	종 류
프로세스제어	• **온**도 • **압**력 • **유**량 • **액**면 기억법 **프온압유액**
서보기구 (서보제어, 추종제어)	• **위**치 • **방**위 • **자**세 기억법 **서위방자**
자동조정	• 전압 • 전류 • 주파수 • 회전속도(**발**전기의 **속**도조절기) • 장력 기억법 **자발속**

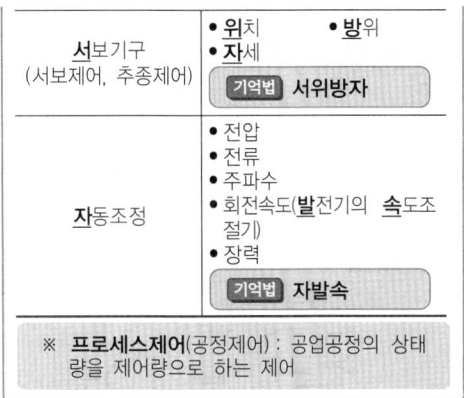

※ **프로세스제어**(공정제어) : 공업공정의 상태량을 제어량으로 하는 제어

답 ③

★★★
26 논리식 $(X+Y)(X+\overline{Y})$을 간단히 하면?

21.09.문40
21.03.문21
20.09.문28
19.03.문24
18.04.문38
17.09.문33
17.03.문23
16.05.문36
16.03.문39
15.09.문23
13.09.문30
13.06.문35

① 1
② XY
③ X
④ Y

해설

$$(X+Y)(X+\overline{Y}) = \underbrace{XX}_{X\cdot X=X} + X\overline{Y} + XY + \underbrace{Y\overline{Y}}_{X\cdot\overline{X}=0}$$
$$= X + X\overline{Y} + XY$$
$$= X\underbrace{(1+\overline{Y}+Y)}_{X+1=1}$$
$$= \underbrace{X\cdot 1}_{X\cdot 1=X} = X$$

중요

불대수의 **정리**

논리합	논리곱	비 고
$X+0=X$	$X\cdot 0=0$	-
$X+1=1$	$X\cdot 1=X$	-
$X+X=X$	$X\cdot X=X$	-
$X+\overline{X}=1$	$X\cdot\overline{X}=0$	-
$X+Y=Y+X$	$X\cdot Y=Y\cdot X$	교환법칙
$X+(Y+Z)$ $=(X+Y)+Z$	$X(YZ)=(XY)Z$	결합법칙
$X(Y+Z)$ $=XY+XZ$	$(X+Y)(Z+W)$ $=XZ+XW+YZ+YW$	분배법칙
$X+XY=X$	$\overline{X}+XY=\overline{X}+Y$ $X+\overline{X}Y=X+Y$ $X+\overline{X}\,\overline{Y}=X+\overline{Y}$	흡수법칙
$\overline{(X+Y)}$ $=\overline{X}\cdot\overline{Y}$	$\overline{(X\cdot Y)}=\overline{X}+\overline{Y}$	드모르간의 정리

답 ③

★★★
27 그림의 논리회로와 등가인 논리게이트는?

22.09.문24
21.05.문25
21.03.문31

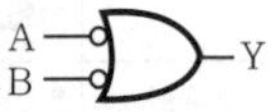

① NOR ② NOT
③ NAND ④ OR

해설 **치환법**

논리회로	치 환	명 칭
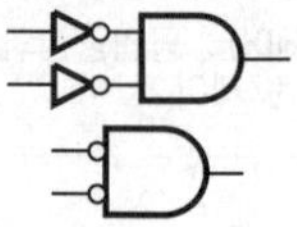	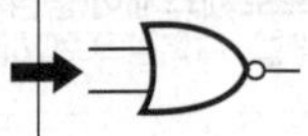	NOR 회로
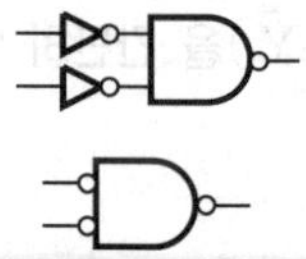		OR 회로
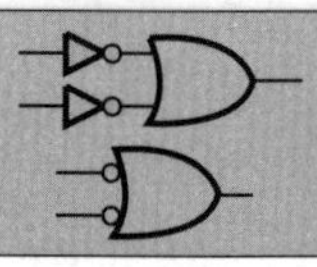	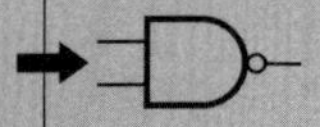	NAND 회로 보기 ③
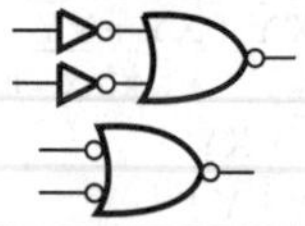	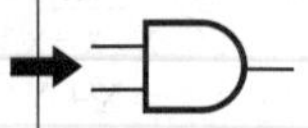	AND 회로

- AND 회로 → OR 회로, OR 회로 → AND 회로로 바꾼다.
- 버블(bubble)이 있는 것은 버블을 없애고, 버블이 없는 것은 버블을 붙인다[버블(bubble)이란 작은 동그라미를 말함].

답 ③

★★
28 다이오드를 사용한 정류회로에서 과전압 방지를 위한 대책으로 가장 알맞은 것은?

19.04.문38
08.05.문33

① 다이오드를 직렬로 추가한다.
② 다이오드를 병렬로 추가한다.
③ 다이오드의 양단에 적당한 값의 저항을 추가한다.
④ 다이오드의 양단에 적당한 값의 콘덴서를 추가한다.

해설 ① **과전압 방지** : **다이오드**를 **직렬**로 **추가**한다.

다이오드 접속

(1) **직렬접속** : **과전압**으로부터 보호 보기 ①

기억법 직압(지갑)

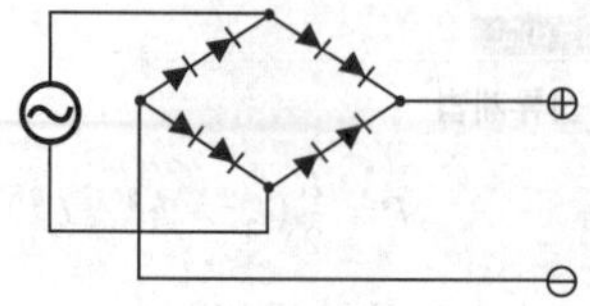

(2) **병렬접속** : **과전류**로부터 보호

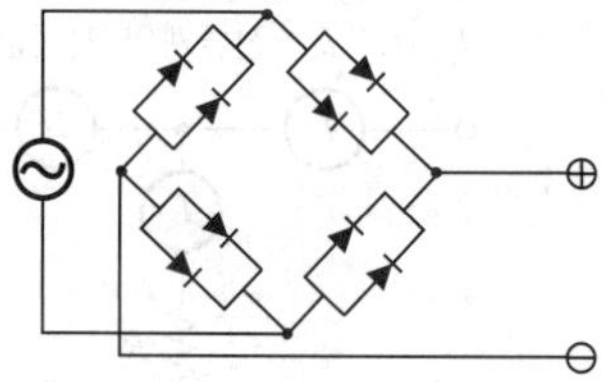

답 ①

★★★
29 그림과 같은 트랜지스터를 사용한 정전압회로에서 Q_1의 역할로서 옳은 것은?

23.05.문34
16.10.문31
13.06.문22

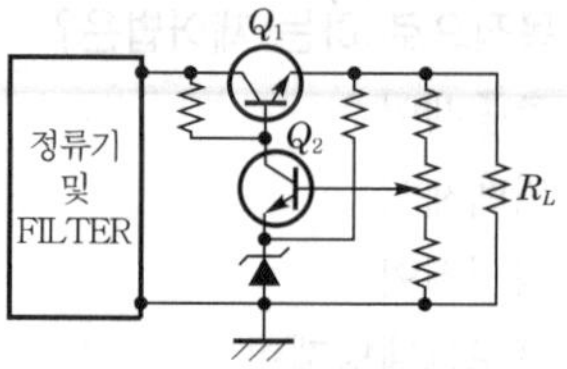

① 증폭용 ② 비교부용
③ 제어용 ④ 기준부용

해설
- Q_1 : 제어용
- Q_2 : 증폭용
- R_L : 부하(load)

답 ③

★★
30 열팽창식 온도계가 아닌 것은?

20.08.문26
17.03.문39

① 열전대 온도계
② 유리 온도계
③ 바이메탈 온도계
④ 압력식 온도계

해설 **온도계**의 **종류**

열팽창식 온도계	열전 온도계
• **유**리 온도계 보기 ② • **압**력식 온도계 보기 ④ • **바**이메탈 온도계 보기 ③ • 알코올 온도계 • 수은 온도계 기억법 유압바	• 열전대 온도계 보기 ①

답 ①

★★★
31 어떤 측정계기의 지시값을 M, 참값을 T라 할 때 보정률〔%〕은?

21.03.문40
16.10.문29
16.03.문31
15.09.문36
14.09.문24
13.06.문38
11.06.문21
07.03.문36

① $\dfrac{T-M}{M}\times 100\%$

② $\dfrac{M}{M-T}\times 100\%$

③ $\dfrac{T-M}{T}\times 100\%$

④ $\dfrac{T}{M-T}\times 100\%$

해설 **전기계기**의 **오차**

오차율	보정률
$\dfrac{M-T}{T}\times 100\%$	$\dfrac{T-M}{M}\times 100\%$

여기서, T : 참값
M : 측정값(지시값)

- 오차율＝백분율 오차
- 보정률＝백분율 보정

답 ①

★★★
32 회로에서 전류 I는 약 몇 A인가?

14.05.문31
14.03.문34
11.10.문35

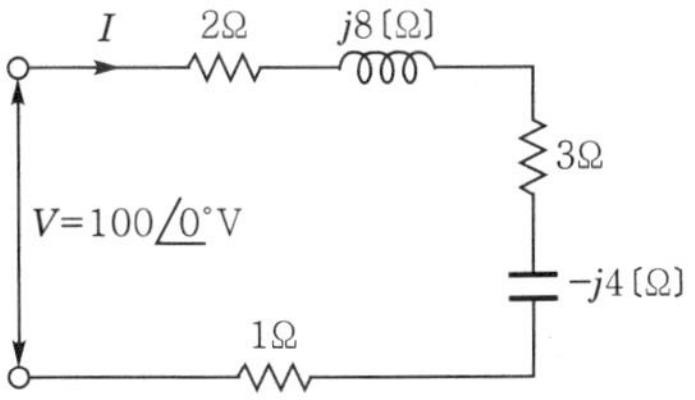

① $7.69+j11.5$　② $7.69-j11.5$

③ $11.5+j7.69$　④ $11.5-j7.69$

해설 (1) **기호**

- V : $100\underline{/0°}$V
- $R+jX$: $2\Omega+3\Omega+1\Omega+j8\Omega+(-j4\Omega)$ $=6+j4\Omega$
- I : ?

(2) **벡터**로 **복소수 표시**하는 방법

$v=V(\text{실효값})\underline{/\theta}$
$\quad=V(\text{실효값})(\cos\theta+j\sin\theta)$

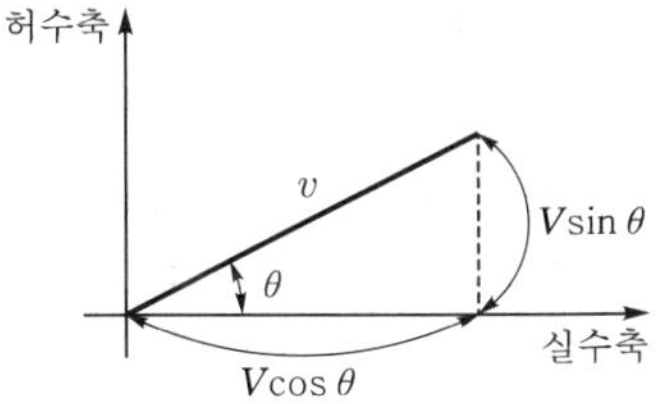

$v=100\underline{/0°}$
$\quad=100(\cos 0°+j\sin 0°)=100\text{V}$

(3) **전류**

$$I=\frac{V}{Z}=\frac{V}{R+jX}$$

여기서, I : 전류〔A〕, V : 전압〔V〕
Z : 임피던스〔Ω〕, X : 리액턴스〔Ω〕

전류 I는

$$I=\frac{V}{R+jX}$$
$$=\frac{100}{6+j4}$$
$$=\frac{100(6-j4)}{(6+j4)(6-j4)}$$ ← 분모의 허수를 없애기 위해 분자, 분모에 허수부호를 반대로 하여 $(6-j4)$ 곱함
$$=\frac{600-j400}{36-\cancel{j24}+\cancel{j24}-(j\times j)16}$$ ← $-j\times j=-1$ ($\because$ $j=-1$이기 때문)
$$=\frac{600-j400}{36-(-1)16}$$
$$=\frac{600-j400}{36+16}$$
$$=\frac{600-j400}{52}\fallingdotseq 11.5-j7.69\text{A}$$

답 ④

★★
33 60Hz, 4극의 3상 유도전동기가 정격출력일 때 슬립이 2%이다. 이 전동기의 동기속도〔rpm〕는?

21.05.문26
18.03.문29

① 1200　② 1764

③ 1800　④ 1836

해설 (1) **기호**

- f : 60Hz
- P : 4
- s : 2%＝0.02
- N_s : ?

(2) **동기속도**

$$N_s=\frac{120f}{P}$$

여기서, N_s : 동기속도〔rpm〕
f : 주파수〔Hz〕
P : 극수

동기속도 N_s는

$$N_s=\frac{120f}{P}=\frac{120\times 60}{4}=1800\text{rpm}$$

- 동기속도이므로 슬립은 적용할 필요 없음

비교

회전속도

$$N=\frac{120f}{P}(1-s)\text{〔rpm〕}$$

여기서, N : 회전속도〔rpm〕
P : 극수
f : 주파수〔Hz〕
s : 슬립

용어

슬립(slip)
유도전동기의 **회전자속도**에 대한 **고정자**가 만든 **회전자계**의 **늦음**의 **정도**를 말하며, 평상운전에서 슬립은 **4~8%** 정도 되며, 슬립이 클수록 회전속도는 느려진다.

답 ③

34 ★★ 대칭 n상의 환상결선에서 선전류와 상전류(환상전류) 사이의 위상차는?

23.09.문22 20.08.문30

① $\frac{n}{2}\left(1-\frac{2}{\pi}\right)$ ② $\frac{n}{2}\left(1-\frac{\pi}{2}\right)$

③ $\frac{\pi}{2}\left(1-\frac{2}{n}\right)$ ④ $\frac{\pi}{2}\left(1-\frac{n}{2}\right)$

해설 **환상결선 n상의 위상차**

$$\theta=\frac{\pi}{2}-\frac{\pi}{n}$$

여기서, θ : 위상차
n : 상

• 환상결선＝△결선

n상의 위상차 θ는

$\theta=\frac{\pi}{2}-\frac{\pi}{n}=\frac{\pi}{2}\left(1-\frac{2}{n}\right)$ 보기 ③

비교

환상결선 n상의 선전류

$$I_l=\left(2\times\sin\frac{\pi}{n}\right)\times I_p$$

여기서, I_l : 선전류〔A〕
n : 상
I_p : 상전류〔A〕

답 ③

35 ★ 50kW의 전력이 안테나에서 사방으로 균일하게 방사될 때, 안테나에서 1km 거리에 있는 점에서의 전계의 실효값은 약 몇 V/m인가?

17.03.문30

① 0.87 ② 1.22
③ 1.73 ④ 3.98

해설 (1) **기호**

• P : 50kW
• E : ?
• r : 1km＝1×10^3m＝1000m

(2) **구의 단위면적당 전력**

$$W=\frac{E^2}{377}=\frac{P}{4\pi r^2}$$

여기서, W : 구의 단위면적당 전력〔W/m^2〕
E : 전계의 실효값〔V/m〕
P : 전력〔W〕
r : 거리〔m〕

$\frac{E^2}{377}=\frac{P}{4\pi r^2}$

$E^2=\frac{P}{4\pi r^2}\times377$

$E=\sqrt{\frac{P}{4\pi r^2}\times377}=\sqrt{\frac{50\times10^3}{4\pi\times(1\times10^3)^2}\times377}\fallingdotseq1.22$

• P(50kW) : $\mathrm{k}=10^3$이므로 $50\mathrm{kW}=50\times10^3\mathrm{W}$
• r(1km) : $\mathrm{k}=10^3$이므로 $1\mathrm{km}=1\times10^3\mathrm{m}$

답 ②

36 ★★★ 입력이 $r(t)$이고, 출력이 $c(t)$인 제어시스템이 다음의 식과 같이 표현될 때 이 제어시스템의 전달함수$\left(G(s)=\frac{C(s)}{R(s)}\right)$는? (단, 초기값은 0이다.)

23.09.문24 21.05.문22 18.04.문36

$$2\frac{d^2c(t)}{dt^2}+3\frac{dc(t)}{dt}+c(t)=3\frac{dr(t)}{dt}+r(t)$$

① $\frac{3s+1}{2s^2+3s+1}$ ② $\frac{2s^2+3s+1}{s+3}$

③ $\frac{3s+1}{s^2+3s+2}$ ④ $\frac{s+3}{s^2+3s+2}$

해설 **미분방정식**

$2\frac{d^2c(t)}{dt^2}+3\frac{dc(t)}{dt}+c(t)=3\frac{dr(t)}{dt}+r(t)$

라플라스 변환하면

$(2s^2+3s+1)C(s)=(3s+1)R(s)$

전달함수 $G(s)$는

$G(s)=\frac{C(s)}{R(s)}=\frac{3s+1}{2s^2+3s+1}$

용어

전달함수
모든 초기값을 **0**으로 하였을 때 출력신호의 라플라스 변환과 입력신호의 라플라스 변환의 비

답 ①

37 ★★★ 다음 시퀀스회로를 논리식으로 나타내시오.

23.09.문27 22.04.문36 21.09.문22

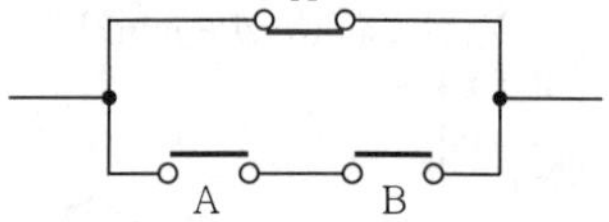

① $(\mathrm{A}+\mathrm{B})\cdot\overline{\mathrm{A}}$ ② $\mathrm{AB}+\overline{\mathrm{A}}$
③ $(\mathrm{A}+\mathrm{B})\cdot\mathrm{A}$ ④ $\mathrm{AB}+\mathrm{A}$

해설 **논리식 · 시퀀스회로**

시퀀스	논리식	시퀀스회로(스위칭회로)
직렬회로	Z = A · B Z = AB	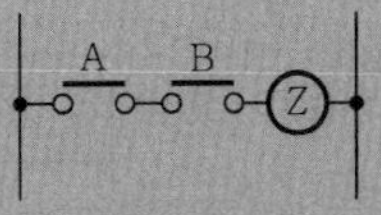
병렬회로	Z = A + B	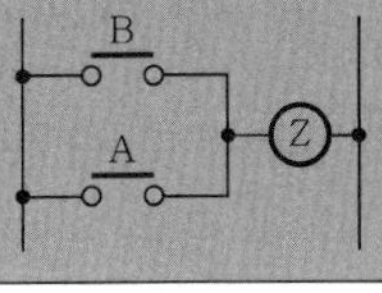
a접점	Z = A	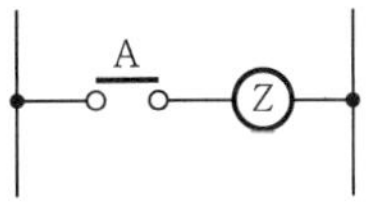
b접점	$Z = \overline{A}$	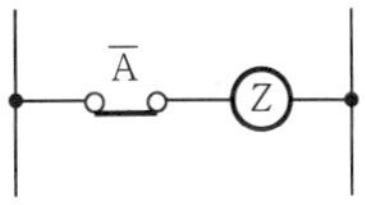

$\therefore\ \overline{A} + AB = AB + \overline{A}$

답 ②

38 다음의 회로에서 V_1, V_2는 몇 V인가?

[23.09.문33]

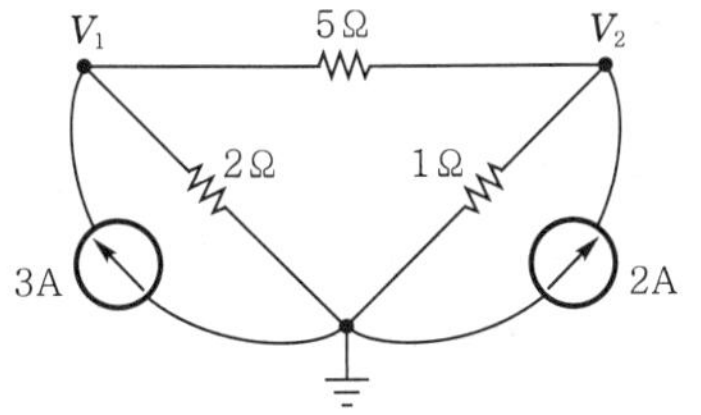

① $V_1 = 4.5\text{V}$, $V_2 = 2.5\text{V}$
② $V_1 = 5\text{V}$, $V_2 = 2\text{V}$
③ $V_1 = 4.5\text{V}$, $V_2 = 2\text{V}$
④ $V_1 = 5\text{V}$, $V_2 = 2.5\text{V}$

해설 그림을 변형하면

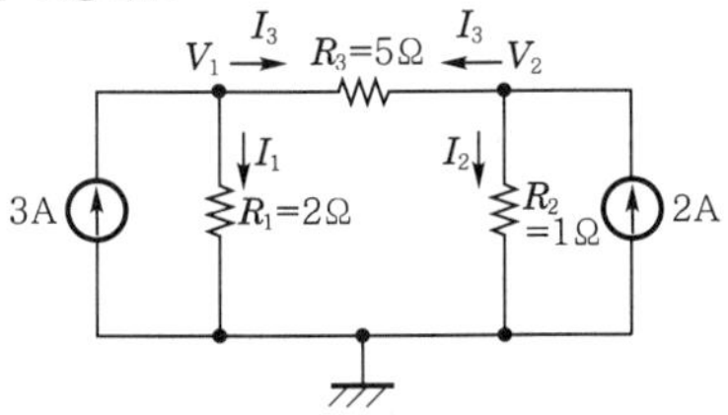

(1) 점 V_1

$$I_1 = \frac{V_1}{R_1} = \frac{V_1}{2}$$
$$I_3 = \frac{V_1 - V_2}{R_3} = \frac{V_1 - V_2}{5}$$
(V_1을 기준으로 보면 V_2의 방향이 반대이므로 V_2에 −를 붙임)

점 $V_1 = I_1 + I_3 = 3\text{A}$

$$= \frac{V_1}{2} + \frac{V_1 - V_2}{5} = 3\text{A}$$
$$= \frac{5V_1}{5\times 2} + \frac{2(V_1 - V_2)}{2\times 5} = 3\text{A}$$
(공통분모 10을 만들기 위해 한 쪽 분자, 분모에 5 또는 2를 곱함)
$$= \frac{5V_1}{10} + \frac{2V_1 - 2V_2}{10} = 3\text{A}$$
$$= \frac{5V_1 + 2V_1 - 2V_2}{10} = 3\text{A}$$
$$= \frac{7V_1 - 2V_2}{10} = 3\text{A}$$
$$= 7V_1 - 2V_2 = 3\times 10\text{A}$$
$$= 7V_1 - 2V_2 = 30\text{A} \cdots ①$$

(2) 점 V_2

$$I_2 = \frac{V_2}{R_2} = \frac{V_2}{1}$$
$$I_3 = \frac{-V_1 + V_2}{R_3} = \frac{-V_1 + V_2}{5}$$
(V_2를 기준으로 보면 V_1의 방향이 반대이므로 V_1에 −를 붙임)

점 $V_2 = I_2 + I_3 = 2\text{A}$

$$= \frac{V_2}{1} + \left(\frac{-V_1 + V_2}{5}\right) = 2\text{A}$$
$$= \frac{5V_2}{5\times 1} + \left(\frac{-V_1 + V_2}{5}\right) = 2\text{A}$$
(공통분모 5를 만들기 위해 한 쪽 분자, 분모에 5를 곱함)
$$= \frac{5V_2}{5} + \left(\frac{-V_1 + V_2}{5}\right) = 2\text{A}$$
$$= \frac{5V_2 - V_1 + V_2}{5} = 2\text{A}$$
$$= \frac{6V_2 - V_1}{5} = 2\text{A}$$
$$= 6V_2 - V_1 = 2\times 5\text{A}$$
$$= 6V_2 - V_1 = 10\text{A}$$
$$= -V_1 + 6V_2 = 10\text{A} \cdots ② \leftarrow V_1,\ V_2 \text{ 위치 바꿈}$$

(3) ①식 ②식 적용(계산편의를 위해 단위 생략)

$$7V_1 - 2V_2 = 30 \quad \cdots ①'$$
$$+\ \ -V_1 + 6V_2 = 10 \quad \cdots ②'$$

①′식 V_2값을 ②′식과 일치시켜서 생략하기 위해 ①′식에 3을 곱함

$$(3\times 7)V_1 - (3\times 2)V_2 = 3\times 30 \quad \cdots ①'$$
$$+\ \ -V_1 + 6V_2 = 10 \quad \cdots ②'$$

$$21V_1 - 6V_2 = 90 \quad \cdots ①'$$
$$+\ \ -V_1 + 6V_2 = 10 \quad \cdots ②'$$
$$20V_1 = 100$$

$$V_1 = \frac{100}{20} = 5\text{V}$$

$-V_1 + 6V_2 = 10 \cdots ②'$ ($V_1 = 5$ 대입)

$$-5+6V_2=10$$
$$6V_2=10+5$$

$$V_2=\frac{10+5}{6}=2.5\text{V}$$

답 ④

★★
39 17.05.문39 08.09.문26

동선의 저항이 20℃일 때 0.8Ω이라 하면 60℃일 때의 저항은 약 몇 Ω인가? (단, 동선의 20℃의 온도계수는 0.0039이다.)

① 0.034 ② 0.925
③ 0.644 ④ 2.4

해설 (1) **기호**
- R_1 : 0.8Ω
- R_2 : ?
- α_{t_1} : 0.0039
- t_1 : 20℃
- t_2 : 60℃

(2) **저항**의 **온도계수**

$$R_2=R_1[1+\alpha_{t_1}(t_2-t_1)][\Omega]$$

여기서, R_2 : t_2의 저항[Ω]
R_1 : t_1의 저항[Ω]
α_{t_1} : t_1의 온도계수
t_2 : 상승 후의 온도[℃]
t_1 : 상승 전의 온도[℃]

t_2의 저항 R_2는

$$R_2=R_1[1+\alpha_{t_1}(t_2-t_1)]$$
$$=0.8[1+0.0039(60-20)]$$
$$\fallingdotseq 0.925\,\Omega$$

답 ②

★★★
40 22.03.문39 21.03.문39 20.09.문23 19.09.문22 17.09.문27 16.03.문25 09.05.문32 08.03.문39

그림의 블록선도에서 $\dfrac{C(s)}{R(s)}$을 구하면?

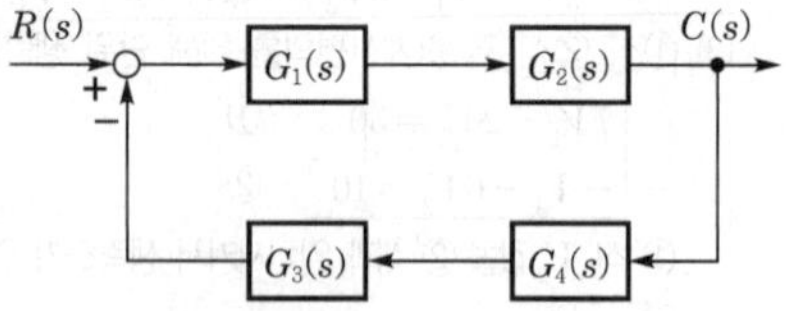

① $\dfrac{G_1(s)+G_2(s)}{1+G_1(s)G_2(s)+G_3(s)G_4(s)}$

② $\dfrac{G_1(s)G_2(s)}{1+G_1(s)G_2(s)G_3(s)G_4(s)}$

③ $\dfrac{G_3(s)G_4(s)}{1+G_1(s)G_2(s)G_3(s)G_4(s)}$

④ $\dfrac{G_1(s)G_2(s)}{1+G_1(s)G_2(s)+G_3(s)G_4(s)}$

해설

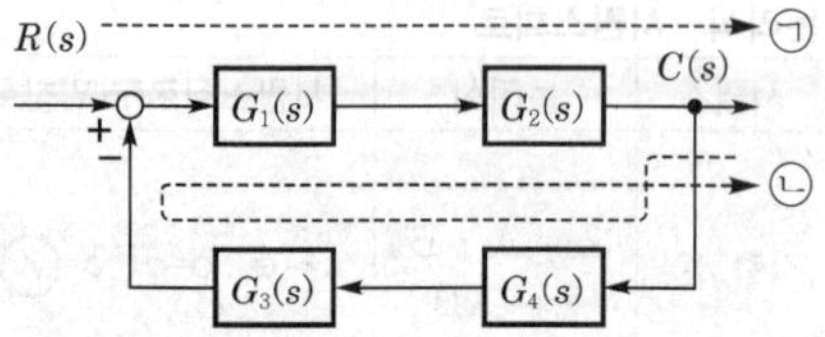

계산 편의를 위해 잠시 (s)를 생략하고 계산하면

$$RG_1G_2-CG_1G_2G_3G_4=C$$
$$RG_1G_2=C+CG_1G_2G_3G_4$$
$$RG_1G_2=C(1+G_1G_2G_3G_4)$$
$$\frac{G_1G_2}{1+G_1G_2G_3G_4}=\frac{C}{R}$$
$$\frac{C}{R}=\frac{G_1G_2}{1+G_1G_2G_3G_4}$$ ⬅ (s)를 다시 붙이면
$$\frac{C(s)}{R(s)}=\frac{G_1(s)G_2(s)}{1+G_1(s)G_2(s)G_3(s)G_4(s)}$$

용어

블록선도(block diagram)
제어계에서 신호가 전달되는 모양을 표시하는 선도

답 ②

제 3 과목 소방관계법규

★★★
41 21.05.문47 18.09.문42 17.03.문49 16.05.문57 15.09.문43 15.05.문58 11.10.문51 10.09.문54

소방기본법에 따른 출동한 소방대의 소방장비를 파손하거나 그 효용을 해하여 화재진압·인명구조 또는 구급활동을 방해하는 행위를 한 사람에 대한 벌칙기준은?

① 5년 이하의 징역 또는 5000만원 이하의 벌금
② 5년 이하의 징역 또는 3000만원 이하의 벌금
③ 3년 이하의 징역 또는 3000만원 이하의 벌금
④ 3년 이하의 징역 또는 1500만원 이하의 벌금

해설 **기본법 50조**
5년 이하의 징역 또는 **5000만원** 이하의 벌금
(1) 소방자동차의 **출**동 방해 보기 ①
(2) 사람**구**출 방해(화재진압, 구급활동 방해)
(3) **소방용수시설** 또는 **비상소화장치**의 효용 방해

기억법 **출구용5**

답 ①

★★★
42 소방기본법령상 인접하고 있는 시 · 도 간 소방업무의 상호응원협정을 체결하고자 할 때, 포함되어야 하는 사항으로 틀린 것은?

19.04.문47
15.05.문55
11.03.문54

① 소방교육 · 훈련의 종류에 관한 사항
② 화재의 경계 · 진압활동에 관한 사항
③ 출동대원의 수당 · 식사 및 의복의 수선의 소요경비의 부담에 관한 사항
④ 화재조사활동에 관한 사항

해설 ① 소방교육 · 훈련의 종류는 해당없음

기본규칙 8조
소방업무의 상호응원협정
(1) 다음의 **소방활동**에 관한 사항
  ㉠ 화재의 경계 · 진압활동 [보기 ②]
  ㉡ 구조 · 구급업무의 지원
  ㉢ 화재조사활동 [보기 ④]
(2) **응원출동 대상지역** 및 **규모**
(3) **소요경비**의 **부담**에 관한 사항
  ㉠ 출동대원의 수당 · 식사 및 의복의 수선 [보기 ③]
  ㉡ 소방장비 및 기구의 정비와 연료의 보급
(4) **응원출동**의 **요청방법**
(5) **응원출동 훈련** 및 **평가**

답 ①

★★★
43 소방용수시설 중 소화전과 급수탑의 설치기준으로 틀린 것은?

19.03.문58
17.03.문54
16.10.문55
09.08.문43

① 소화전은 상수도와 연결하여 지하식 또는 지상식의 구조로 할 것
② 소방용 호스와 연결하는 소화전의 연결금속구의 구경은 65mm로 할 것
③ 급수탑 급수배관의 구경은 100mm 이상으로 할 것
④ 급수탑의 개폐밸브는 지상에서 1.5m 이상 1.8m 이하의 위치에 설치할 것

해설 ④ 1.5m 이상 1.8m 이하 → 1.5m 이상 1.7m 이하

기본규칙 [별표 3]
소방용수시설별 설치기준

소화전	급수탑
• **65mm** : 연결금속구의 구경	• **100mm** : 급수배관의 구경 • **1.5~1.7m** 이하 : 개폐밸브 높이 [보기 ④]

답 ④

★★
44 소방시설공사업법령상 소방공사감리를 실시함에 있어 용도와 구조에서 특별히 안전성과 보안성이 요구되는 소방대상물로서 소방시설물에 대한 감리를 감리업자가 아닌 자가 감리할 수 있는 장소는?

23.03.문46
20.06.문54

① 정보기관의 청사
② 교도소 등 교정관련시설
③ 국방 관계시설 설치장소
④ 원자력안전법상 관계시설이 설치되는 장소

해설 (1) **공사업법 시행령 8조**
감리업자가 아닌 자가 감리할 수 있는 보안성 등이 요구되는 소방대상물의 시공장소 「**원자력안전법**」 제2조 제10호에 따른 **관계시설**이 설치되는 장소 [보기 ④]
(2) **원자력안전법 2조 10호**
"**관계시설**"이란 **원자로**의 **안전**에 **관계**되는 **시설**로서 **대통령령**으로 정하는 것을 말한다.

답 ④

★★★
45 다음 중 소방시설 설치 및 관리에 관한 법령상 소방시설관리업을 등록할 수 있는 자는?

23.09.문46
20.08.문57
15.09.문45
15.03.문41
12.09.문44

① 피성년후견인
② 소방시설관리업의 등록이 취소된 날부터 2년이 경과된 자
③ 금고 이상의 형의 집행유예를 선고받고 그 유예기간 중에 있는 자
④ 금고 이상의 실형을 선고받고 그 집행이 면제된 날부터 2년이 지나지 아니한 자

해설 **소방시설법 30조**
소방시설관리업의 등록결격사유
(1) 피성년후견인 [보기 ①]
(2) 금고 이상의 실형을 선고받고 그 집행이 끝나거나 집행이 면제된 날부터 **2년**이 지나지 아니한 사람 [보기 ④]
(3) 금고 이상의 형의 집행유예를 선고받고 그 유예기간 중에 있는 사람 [보기 ③]
(4) 관리업의 등록이 취소된 날부터 **2년**이 지나지 아니한 자

답 ②

★★★
46 화재의 예방 및 안전관리에 관한 법령상 특수가연물의 저장 및 취급의 기준 중 ( )에 들어갈 내용으로 옳은 것은? (단, 석탄 · 목탄류의 경우는 제외한다.)

22.04.문49 21.05.문45 19.03.문55 18.03.문60 14.05.문46 14.03.문46 13.03.문60

> 쌓는 높이는 (㉠)m 이하가 되도록 하고, 쌓는 부분의 바닥면적은 (㉡)m^2 이하가 되도록 할 것

① ㉠ 15, ㉡ 200　　② ㉠ 15, ㉡ 300
③ ㉠ 10, ㉡ 30　　④ ㉠ 10, ㉡ 50

해설 **화재예방법 시행령 〔별표 3〕**
특수가연물의 저장 · 취급기준
(1) **품명별**로 구분하여 쌓을 것
(2) 쌓는 높이는 **10m** 이하가 되도록 할 것 보기 ④
(3) 쌓는 부분의 바닥면적은 **50**m^2(석탄 · 목탄류는 **200**m^2) 이하가 되도록 할 것(단, 살수설비를 설치하거나 대형 수동식 소화기를 설치하는 경우에는 높이 **15m** 이하, 바닥면적 **200**m^2(석탄 · 목탄류는 **300**m^2) 이하) 보기 ④
(4) 쌓는 부분의 바닥면적 사이는 실내의 경우 **1.2m** 또는 **쌓는 높이**의 $\frac{1}{2}$ 중 **큰 값**(실외 **3m** 또는 **쌓는 높이** 중 **큰 값**) 이상으로 간격을 둘 것
(5) 취급장소에는 **품명, 최대저장수량, 단위부피당 질량 또는 단위체적당 질량, 관리책임자 성명 · 직책 · 연락처** 및 **화기취급**의 **금지표지** 설치

답 ④

★★★
47 소방기본법령에 따른 소방용수시설의 설치기준상 소방용수시설을 주거지역 · 상업지역 및 공업지역에 설치하는 경우 소방대상물과의 수평거리를 몇 m 이하가 되도록 해야 하는가?

22.09.문45 20.06.문46 17.09.문56 10.05.문41

① 280　　② 100
③ 140　　④ 200

해설 **기본규칙 〔별표 3〕**
소방용수시설의 설치기준

거리기준	지 역
수평거리 **100m** 이하 보기 ②	• **공**업지역 • **상**업지역 • **주**거지역 기억법 주상공100(주상공 백지에 사인을 하시오.)
수평거리 **140m** 이하	• 기타지역

답 ②

★★★
48 위험물안전관리법령상 정기점검의 대상인 제조소 등의 기준으로 틀린 것은?

23.09.문56 21.09.문46 20.09.문48 17.09.문51 16.10.문45

① 지하탱크저장소
② 이동탱크저장소
③ 지정수량의 10배 이상의 위험물을 취급하는 제조소
④ 지정수량의 20배 이상의 위험물을 저장하는 옥외탱크저장소

해설 ④ 20배 이상 → 200배 이상

위험물령 15 · 16조
정기점검의 대상인 제조소 등
(1) **제조소** 등(**이**송취급소 · **암**반탱크저장소)
(2) **지하탱크**저장소 보기 ①
(3) **이동탱크**저장소 보기 ②
(4) 위험물을 취급하는 탱크로서 지하에 매설된 탱크가 있는 **제조소 · 주유취급소** 또는 **일반취급소**

기억법 정이암 지이

(5) **예방규정**을 **정하여야 할 제조소 등**

배 수	제조소 등
10배 이상	• **제**조소 보기 ③ • **일**반취급소
100배 이상	• 옥**외**저장소
150배 이상	• 옥**내**저장소
200배 이상	• 옥외**탱**크저장소 보기 ④
모두 해당	• 이송취급소 • 암반탱크저장소

기억법 1 제일
0 외
5 내
2 탱

※ **예방규정** : 제조소 등의 화재예방과 화재 등 재해발생시의 비상조치를 위한 규정

답 ④

★★
49 제4류 위험물제조소의 경우 사용전압이 22kV인 특고압가공전선이 지나갈 때 제조소의 외벽과 가공전선 사이의 수평거리(안전거리)는 몇 m 이상이어야 하는가?

15.09.문55 11.10.문59

① 2　　② 3
③ 5　　④ 10

해설 **위험물규칙 〔별표 4〕**
위험물제조소의 안전거리

안전거리	대 상
3m 이상	• **7~35kV** 이하의 특고압가공전선 보기 ②
5m 이상	• **35kV**를 초과하는 특고압가공전선
10m 이상	• **주거용**으로 사용되는 것
20m 이상	• 고압가스 **제조**시설(용기에 충전하는 것 포함) • 고압가스 **사용**시설(1일 **30m³** 이상 용적 취급) • 고압가스 **저장**시설 • 액화산소 **소비**시설 • 액화석유가스 제조 · 저장시설 • 도시가스 공급시설
30m 이상	• 학교 • 병원급 의료기관 • 공연장, • 영화상영관 — **300명** 이상 수용시설 • 아동복지시설, • 노인복지시설, • 장애인복지시설, • 한부모가족 복지시설, • 어린이집, • 성매매 피해자 등을 위한 지원시설, • 정신건강증진시설, • 가정폭력 피해자 보호시설 — **20명** 이상 수용시설
50m 이상	• 지정문화유산 • 천연기념물 등

답 ②

★★★
50 화재의 예방 및 안전관리에 관한 법률상 소방안전관리대상물의 소방안전관리자 업무가 아닌 것은?

23.09.문50 19.03.문51 15.03.문12 14.09.문52 14.09.문53 13.06.문48 08.05.문53

① 소방훈련 및 교육
② 피난시설, 방화구획 및 방화시설의 관리
③ 자위소방대 및 본격대응체계의 구성 · 운영 · 교육
④ 피난계획에 관한 사항과 대통령령으로 정하는 사항이 포함된 소방계획서의 작성 및 시행

해설 ③ 본격대응체계 → 초기대응체계

화재예방법 24조 ⑤항
관계인 및 소방안전관리자의 업무

특정소방대상물(관계인)	소방안전관리대상물(소방안전관리자)
• 피난시설 · 방화구획 및 방화시설의 관리 • 소방시설, 그 밖의 소방관련 시설의 관리 • **화기취급**의 감독 • 소방안전관리에 필요한 업무 • 화재발생시 초기대응	• 피난시설 · 방화구획 및 방화시설의 관리 보기 ② • 소방시설, 그 밖의 소방관련 시설의 관리 • **화기취급**의 감독 • 소방안전관리에 필요한 업무 • **소방계획서**의 작성 및 시행(대통령령으로 정하는 사항 포함) 보기 ④ • **자위소방대** 및 **초기대응체계**의 구성 · 운영 · 교육 보기 ③ • 소방훈련 및 교육 보기 ① • 소방안전관리에 관한 업무수행에 관한 기록 · 유지 • 화재발생시 초기대응

용어

특정소방대상물	소방안전관리대상물
건축물 등의 규모 · 용도 및 수용인원 등을 고려하여 소방시설을 설치하여야 하는 소방대상물로서 대통령령으로 정하는 것	대통령령으로 정하는 특정소방대상물

답 ③

★★★
51 소방시설공사업법령상 일반 소방시설설계업(기계분야)의 영업범위에 대한 기준 중 ( )에 알맞은 내용은? (단, 공장의 경우는 제외한다.)

22.04.문54 16.10.문58 05.05.문44

> 연면적 ( )m^2 미만의 특정소방대상물(제연설비가 설치되는 특정소방대상물은 제외한다)에 설치되는 기계분야 소방시설의 설계

① 10000
② 20000
③ 30000
④ 50000

해설 **공사업령 〔별표 1〕**
소방시설설계업

종 류	기술인력	영업범위
전문	• 주된기술인력 : **1명** 이상 • 보조기술인력 : **1명** 이상	• 모든 특정소방대상물
일반	• 주된기술인력 : **1명** 이상 • 보조기술인력 : **1명** 이상	• **아파트**(기계분야 제연설비 제외) • 연면적 **30000m²**(공장 **10000m²**) 미만(기계분야 제연설비 제외) 보기 ③ • **위험물제조소** 등

답 ③

★★★
52 화재의 예방 및 안전관리에 관한 법령상 시·도지사는 화재가 발생할 우려가 높거나 화재가 발생하는 경우 그로 인하여 피해가 클 것으로 예상되는 지역을 화재예방강화지구로 지정할 수 있는데 다음 중 지정대상지역에 대한 기준으로 틀린 것은? (단, 소방청장·소방본부장 또는 소방서장이 화재예방강화지구로 지정할 필요가 있다고 별도로 인정하는 지역은 제외한다.)

23.03.문47 22.03.문44 20.09.문55 19.09.문50 17.09.문49 16.05.문53 13.09.문56

① 소방출동로가 없는 지역
② 석유화학제품을 생산하는 공장이 있는 지역
③ 석조건물이 2채 이상 밀집한 지역
④ 공장이 밀집한 지역

해설

③ 해당 없음

화재예방법 18조
화재예방강화지구의 지정
(1) **지정권자** : 시·도지사
(2) **지정지역**
㉠ **시장**지역
㉡ **공장**·**창고** 등이 밀집한 지역 [보기 ④]
㉢ **목조건물**이 밀집한 지역
㉣ **노후**·**불량** 건축물이 밀집한 지역
㉤ **위험물**의 **저장** 및 **처리시설**이 **밀집**한 지역
㉥ **석유화학제품**을 생산하는 공장이 있는 지역 [보기 ②]
㉦ **소방시설**·**소방용수시설** 또는 **소방출동로**가 없는 지역 [보기 ①]
㉧ 「**산업입지 및 개발에 관한 법률**」에 따른 산업단지
㉨ 「물류시설의 개발 및 운영에 관한 법률」에 따른 **물류단지**
㉩ **소방청장**·**소방본부장**·**소방서장**(소방관서장)이 화재예방강화지구로 지정할 필요가 있다고 인정하는 지역

※ **화재예방강화지구** : 화재발생 우려가 크거나 화재가 발생할 경우 피해가 클 것으로 예상되는 지역에 대하여 화재의 예방 및 안전관리를 강화하기 위해 지정·관리하는 지역

비교

기본법 19조
화재로 오인할 만한 불을 피우거나 연막소독시 신고지역
(1) **시장**지역
(2) **공장**·**창고**가 밀집한 지역
(3) **목조건물**이 밀집한 지역
(4) **위험물**의 **저장** 및 **처리시설**이 **밀집**한 지역
(5) **석유화학제품**을 생산하는 공장이 있는 지역
(6) 그 밖에 **시**·**도**의 **조례**로 정하는 지역 또는 장소

답 ③

★★★
53 위험물안전관리법령상 제조소 또는 일반 취급소의 위험물취급탱크 노즐 또는 맨홀을 신설하는 경우, 노즐 또는 맨홀의 직경이 몇 mm를 초과하는 경우에 변경허가를 받아야 하는가?

23.05.문50 21.05.문48 19.06.문57 18.04.문58

① 500 ② 450
③ 250 ④ 600

해설 위험물규칙 〔별표 1의 2〕
제조소 등의 변경허가를 받아야 하는 경우
(1) 제조소 또는 일반취급소의 위치를 이전
(2) 건축물의 벽·기둥·바닥·보 또는 지붕을 증설 또는 철거
(3) 배출설비를 신설
(4) 위험물취급탱크를 신설·교체·철거 또는 보수
(5) 위험물취급탱크의 노즐 또는 맨홀의 직경이 **250mm**를 초과하는 경우에 신설 [보기 ③]
(6) 위험물취급탱크의 방유제의 높이 또는 방유제 내의 면적을 변경
(7) 위험물취급탱크의 탱크전용실을 증설 또는 교체
(8) **300m**(지상에 설치하지 아니하는 배관의 경우에는 **30m**)를 초과하는 위험물배관을 신설·교체·철거 또는 보수(배관을 절개하는 경우에 한한다)하는 경우

답 ③

★★★
54 소방시설 설치 및 관리에 관한 법령상 스프링클러설비를 설치하여야 하는 특정소방대상물의 기준으로 틀린 것은? (단, 위험물 저장 및 처리 시설 중 가스시설 또는 지하구는 제외한다.)

23.09.문41 20.08.문47 19.03.문48 15.03.문56 12.05.문51

① 복합건축물로서 연면적 3500m^2 이상인 경우에는 모든 층
② 창고시설(물류터미널은 제외)로서 바닥면적 합계가 5000m^2 이상인 경우에는 모든 층
③ 숙박이 가능한 수련시설 용도로 사용되는 시설의 바닥면적의 합계가 600m^2 이상인 것은 모든 층
④ 판매시설, 운수시설 및 창고시설(물류터미널에 한정)로서 바닥면적의 합계가 5000m^2 이상이거나 수용인원이 500명 이상인 경우에는 모든 층

해설

① 3500m^2 → 5000m^2

소방시설법 시행령 〔별표 4〕
스프링클러설비의 설치대상

설치대상	조 건
① 문화 및 집회시설, 운동시설 ② 종교시설	• 수용인원 : **100명** 이상 • 영화상영관 : 지하층 · 무창층 500m^2(기타 1000m^2) 이상 • 무대부 – 지하층 · 무창층 · **4층** 이상 300m^2 이상 – 1~3층 500m^2 이상
③ 판매시설 ④ 운수시설 ⑤ 물류터미널	• 수용인원 : **500명** 이상 • 바닥면적 합계 : 5000m^2 이상 보기 ④
⑥ 노유자시설 ⑦ 정신의료기관 ⑧ 수련시설(숙박 가능한 것) ⑨ 종합병원, 병원, 치과병원, 한방병원 및 요양병원(정신병원 제외) ⑩ 숙박시설	• 바닥면적 합계 600m^2 이상 보기 ③
⑪ 지하층 · 무창층 · **4층** 이상	• 바닥면적 1000m^2 이상
⑫ 창고시설(물류터미널 제외)	• 바닥면적 합계 : 5000m^2 이상 : 전층 보기 ②
⑬ **지하상가**	• 연면적 1000m^2 이상
⑭ **10m** 넘는 랙식 창고	• 연면적 1500m^2 이상
⑮ 복합건축물 ⑯ 기숙사	• 연면적 5000m^2 이상 : 전층 보기 ①
⑰ **6층** 이상	• 전층
⑱ 보일러실 · 연결통로	• 전부
⑲ 특수가연물 저장 · 취급	• 지정수량 **1000배** 이상
⑳ 발전시설	• 전기저장시설 : 전부

답 ①

★★★
55 소방기본법령상 소방안전교육사의 배치대상별 배치기준에서 소방본부의 배치기준은 몇 명 이상인가?

23.03.문44
22.09.문56
20.09.문57
13.09.문46

① 1 ② 2
③ 3 ④ 4

해설 **기본령 〔별표 2의 3〕**
소방안전교육사의 배치대상별 배치기준

배치대상	배치기준
소방서	• **1명** 이상
한국소방안전원	• 시 · 도지부 : **1명** 이상 • 본회 : **2명** 이상
소방본부	• **2명** 이상 보기 ②
소방청	• **2명** 이상
한국소방산업기술원	• **2명** 이상

답 ②

★★★
56 소방기본법령상 소방대상물에 해당하지 않는 것은?

23.09.문60
21.03.문58
15.05.문54
12.05.문48

① 차량 ② 운항 중인 선박
③ 선박건조구조물 ④ 건축물

해설 ② 운항 중인 → 매어둔

기본법 2조 1호
소방대상물 : 소방차가 출동해서 불을 끌 수 있는 범위
(1) **건**축물 보기 ④
(2) **차**량 보기 ①
(3) **선**박(매어둔 것) 보기 ②
(4) **선**박건조구조물 보기 ③
(5) **인**공구조물
(6) **물**건
(7) **산**림

기억법 **건차선 인물산**

비교

위험물법 3조
위험물의 저장 · 운반 · 취급에 대한 적용 제외
(1) 항공기 (2) 선박
(3) 철도(기차) (4) 궤도

답 ②

★★★
57 하자보수대상 소방시설 중 하자보수 보증기간이 3년인 것은?

22.09.문60
21.09.문49
21.05.문59
17.05.문51
16.10.문56
15.05.문59
15.03.문52
12.05.문59

① 유도등
② 피난기구
③ 비상방송설비
④ 스프링클러설비

해설 ①, ②, ③ 2년
④ 3년

공사업령 6조
소방시설공사의 하자보수 보증기간

보증기간	소방시설
2년	① **유**도등 · **피**난기구 보기 ①② ② **비**상**조**명등 · 비상**경**보설비 · 비상**방**송설비 보기 ③ ③ **무**선통신보조설비 기억법 **유비조경방무피2**
3년	① 자동소화장치 ② 옥내 · 외소화전설비 ③ 스프링클러설비 보기 ④ ④ 물분무등소화설비 · 소화용수설비 ⑤ 자동화재탐지설비 · 소화활동설비(무선통신보조설비 제외) ⑥ 화재알림설비

답 ④

★★★
58 **소방기본법령상 소방서 종합상황실의 실장이 서면·모사전송 또는 컴퓨터통신 등으로 소방본부의 종합상황실에 지체 없이 보고하여야 하는 화재의 기준으로 틀린 것은?**

22.09.문57
21.09.문51
20.08.문52
18.04.문41
17.05.문53
16.03.문46
05.09.문55

① 이재민이 50인 이상 발생한 화재
② 재산피해액이 50억원 이상 발생한 화재
③ 층수가 11층 이상인 건축물에서 발생한 화재
④ 사망자가 5인 이상 발생하거나 사상자가 10인 이상 발생한 화재

해설

① 50인 → 100인

기본규칙 3조
종합상황실 실장의 보고화재
(1) 사망자 **5인** 이상 화재 보기 ④
(2) 사상자 **10인** 이상 화재 보기 ④
(3) 이재민 **100인** 이상 화재 보기 ①
(4) 재산피해액 **50억원** 이상 화재 보기 ②
(5) 관광호텔, 층수가 11층 이상인 건축물, 지하상가, 시장, 백화점 보기 ③
(6) **5층** 이상 또는 객실 **30실** 이상인 **숙박시설**
(7) **5층** 이상 또는 병상 **30개** 이상인 **종합병원·정신병원·한방병원·요양소**
(8) **1000t** 이상인 선박(항구에 매어둔 것), 철도차량, 항공기, 발전소 또는 변전소
(9) 지정수량 **3000배** 이상의 위험물 제조소·저장소·취급소
(10) 연면적 **15000m²** 이상인 **공장** 또는 **화재예방강화지구**에서 발생한 화재
(11) **가스** 및 **화약류**의 폭발에 의한 화재
(12) **관공서·학교·정부미 도정공장·문화재·지하철** 또는 지하구의 **화재**
(13) 다중이용업소의 화재

※ **종합상황실**: 화재·재난·재해·구조·구급 등이 필요한 때에 신속한 소방활동을 위한 정보를 수집·전파하는 소방서 또는 소방본부의 지령관제실

답 ①

★★★
59 **관리의 권원이 분리된 특정소방대상물의 기준이 아닌 것은?**

22.04.문48
18.09.문58
18.03.문53
16.03.문42

① 판매시설 중 도매시장 및 소매시장
② 복합건축물로서 층수가 11층 이상인 것(단, 지하층 제외)
③ 지하층을 제외한 층수가 7층 이상인 고층건축물
④ 복합건축물로서 연면적이 30000m² 이상인 것

해설

③ 7층 이상 고층건축물 → 11층 이상 복합건축물

화재예방법 35조, 화재예방법 시행령 35조
관리의 권원이 분리된 특정소방대상물의 소방안전관리
(1) **복합건축물**(**지하층**을 **제외**한 **11층** 이상, 또는 연면적 **30000m²** 이상인 건축물) 보기 ②③④
(2) 지하가
(3) **도매시장, 소매시장, 전통시장** 보기 ①

답 ③

★★
60 **소방시설 설치 및 관리에 관한 법률상 지방소방기술심의위원회의 심의사항은?**

19.04.문50
18.03.문47

① 화재안전기준에 관한 사항
② 소방시설의 성능위주설계에 관한 사항
③ 소방시설에 하자가 있는지의 판단에 관한 사항
④ 소방시설의 설계 및 공사감리의 방법에 관한 사항

해설

③ 지방소방기술심의위원회의 심의사항

소방시설법 18조
소방기술심의위원회의 심의사항

중앙소방기술심의위원회	지방소방기술심의위원회
① 화재안전기준에 관한 사항 보기 ① ② 소방시설의 구조 및 원리 등에서 공법이 특수한 설계 및 시공에 관한 사항 보기 ② ③ 소방시설의 설계 및 공사감리의 방법에 관한 사항 보기 ④ ④ **소방시설공사**의 하자를 판단하는 기준에 관한 사항 ⑤ 신기술·신공법 등 검토 평가에 고도의 기술이 필요한 경우로서 중앙위원회에 심의를 요청한 상태	**소방시설**에 하자가 있는지의 판단에 관한 사항 보기 ③

답 ③

제 4 과목 소방전기시설의 구조 및 원리

★★★
61 **비상콘센트설비의 외함(수납형 부품지지판) 전면에 표시해야 할 사항으로 틀린 것은?**

① 종별(함표면에 "비상콘센트" 표기 별도) 및 성능인증번호
② 제조년월일, 제조번호 및 로트번호
③ 제조업체명
④ 정격전력

해설

④ 정격전력 → 전력전압 및 정격전류

비상콘센트설비 외함의 표시사항(비상콘센트설비의 성능인증 및 제품검사의 기술기준 9조)
비상콘센트설비의 외함(수납형은 부품지지판) 전면에 쉽게 지워지지 아니하도록 표시하여야 한다.

(1) 종별(함표면에 "비상콘센트"표기 별도) 및 성능인증번호 보기 ①
(2) 제조년월일, 제조번호 및 로트번호 보기 ②
(3) 제조업체명 보기 ③
(4) 정격전압 및 정격전류 보기 ④

답 ④

★★
62 비상방송설비의 화재안전기준에 따라 기동장치에 따른 화재신고를 수신한 후 필요한 음량으로 화재발생 상황 및 피난에 유효한 방송이 자동으로 개시될 때까지의 소요시간은 몇 초 이하로 하여야 하는가?

23.03.문67 / 20.09.문64 / 12.03.문64

① 3 ② 5
③ 7 ④ 10

해설 **소요시간**

기 기	시 간
• P형·P형 복합식·R형·R형 복합식·GP형·GP형 복합식·GR형·GR형 복합식 수신기 • **중**계기	**5**초 이내
비상방송설비	10초 이하 보기 ④
가스누설경보기	**6**0초 이내

기억법 시중5(시중을 드시오!)
6가(육체미가 뛰어나다.)

중요

축적형 수신기

전원차단시간	축적시간	화재표시감지시간
1~3초 이하	30~60초 이하	60초(1회 이상 반복)

답 ④

★★★
63 자동화재탐지설비 및 시각경보장치의 화재안전기준에 따라 부착높이가 20m 이상에 설치되는 광전식 중 아날로그방식의 감지기는 공칭감지농도 하한값이 감광률 몇 %/m 미만인 것으로 하는가?

23.05.문73 / 21.09.문70 / 16.10.문66 / 15.05.문74 / 08.03.문75

① 5 ② 10
③ 15 ④ 20

해설 ① 부착높이가 **20m** 이상에 설치되는 광전식 중 아날로그방식의 감지기는 공칭감지농도 하한값이 감광률 **5%/m** 미만인 것으로 한다. 보기 ①

감지기의 **부착높이**(NFPC 203 7조, NFTC 203 2.4.1)

부착높이	감지기의 종류
8~15m 미만	• 차동식 분포형 • 이온화식 1종 또는 2종 • 광전식(스포트형, 분리형, 공기흡입형) 1종 또는 2종 • 연기복합형 • 불꽃감지기
15~20m 미만	• 이온화식 1종 • 광전식(스포트형, 분리형, 공기흡입형) 1종 • 연기복합형 • 불꽃감지기
20m 이상	• 불꽃감지기 • 광전식(분리형, 공기흡입형) 중 아날로그방식

답 ①

★★★
64 누전경보기의 정격전압이 몇 V를 넘는 기구의 금속제 외함에는 접지단자를 설치해야 하는가?

16.05.문80 / 12.03.문76

① 30V ② 60V
③ 70V ④ 100V

해설 ② 정격전압이 **60V**를 넘는 기구의 금속제 외함에는 **접지단자**를 설치하여야 한다.

대상에 따른 **전압**

전 압	대 상
0.5V 이하	• 누전경보기의 **경**계전로 **전**압강하
0.6V 이하	• 완전방전
60V 이하	• 약전류회로
60V 초과	• 접지단자 설치
300V 이하	• 전원**변**압기의 1차전압 • 유도등·비상조명등의 사용전압
600V 이하	• **누**전경보기의 경계전로전압

기억법 05경전(공오경전), 변3(변상해), 누6(누룩)

답 ②

★
65 비상방송설비의 화재안전기준에 따라 전원회로의 배선으로 사용할 수 없는 것은?

22.03.문65 / 20.06.문78

① 450/750V 비닐절연전선
② 0.6/1kV EP 고무절연 클로로프렌 시스 케이블
③ 450/750V 저독성 난연 가교 폴리올레핀 절연전선
④ 내열성 에틸렌-비닐 아세테이트 고무절연 케이블

해설 ① 해당없음

(1) **비상방송설비**의 **배선**(NFPC 202 5조, NFTC 202 2.2.1.2)
전원회로의 배선은 「옥내소화전설비의 화재안전기술기준[NFTC 102 2.7.2(1)]에 따른 **내화배선**에 따르고, 그 밖의 배선은 「옥내소화전설비의 화재안전기술기준[NFTC 102 2.7.2(1), 2.7.2(2)]에 따른 **내화배선** 또는 **내열배선**에 따라 설치할 것

(2) **옥내소화전설비**의 **화재안전기술기준**(NFTC 102 2.7.2)

㉠ **내화배선**

사용전선의 종류	공사방법
① 450/750V 저독성 난연 가교 폴리올레핀 절연전선 보기 ③ ② 0.6/1kV 가교 폴리에틸렌 절연 저독성 난연 폴리올레핀 시스 전력 케이블 ③ 6/10kV 가교 폴리에틸렌 절연 저독성 난연 폴리올레핀 시스 전력용 케이블 ④ 가교 폴리에틸렌 절연 비닐시스 트레이용 난연 전력 케이블 ⑤ 0.6/1kV EP 고무절연 클로로프렌 시스 케이블 보기 ② ⑥ 300/500V 내열성 실리콘 고무절연전선(180℃) ⑦ 내열성 에틸렌-비닐아세테이트 고무절연케이블 보기 ④ ⑧ 버스덕트(bus duct)	**금속관 · 2종 금속제 가요전선관** 또는 **합성수지관**에 수납하여 내화구조로 된 벽 또는 바닥 등에 벽 또는 바닥의 표면으로부터 **25mm** 이상의 깊이로 매설하여야 한다. 기억법 **금2가합25** 단, 다음의 기준에 적합하게 설치하는 경우에는 그러하지 아니하다. ① 배선을 **내**화성능을 갖는 배선**전**용실 또는 배선용 **샤**프트 · **피**트 · **덕**트 등에 설치하는 경우 ② 배선전용실 또는 배선용 샤프트 · 피트 · 덕트 등에 **다**른 설비의 배선이 있는 경우에는 이로부터 **15cm** 이상 떨어지게 하거나 소화설비의 배선과 이웃하는 다른 설비의 배선 사이에 배선지름(배선의 지름이 다른 경우에는 가장 큰 것을 기준으로 한다)의 **1.5배** 이상의 높이의 **불연성 격벽**을 설치하는 경우 기억법 **내전샤피덕 다15**
내화전선	**케이블공사**

㉡ **내열배선**

사용전선의 종류	공사방법
① 450/750V 저독성 난연 가교 폴리올레핀 절연전선 ② 0.6/1kV 가교 폴리에틸렌 절연 저독성 난연 폴리올레핀 시스 전력 케이블 ③ 6/10kV 가교 폴리에틸렌 절연 저독성 난연 폴리올레핀 시스 전력용 케이블 ④ 가교 폴리에틸렌 절연 비닐시스 트레이용 난연 전력 케이블 ⑤ 0.6/1kV EP 고무절연 클로로프렌 시스 케이블 ⑥ 300/500V 내열성 실리콘 고무절연전선(180℃) ⑦ 내열성 에틸렌-비닐아세테이트 고무절연케이블 ⑧ 버스덕트(bus duct)	**금속관 · 금속제 가요전선관 · 금속덕트** 또는 **케이블**(불연성 덕트에 설치하는 경우에 한한다) **공사**방법에 따라야 한다. 단, 다음의 기준에 적합하게 설치하는 경우에는 그러하지 아니하다. ① 배선을 내화성능을 갖는 배선전용실 또는 배선용 샤프트 · 피트 · 덕트 등에 설치하는 경우 ② 배선전용실 또는 배선용 샤프트 · 피트 · 덕트 등에 다른 설비의 배선이 있는 경우에는 이로부터 **15cm** 이상 떨어지게 하거나 소화설비의 배선과 이웃하는 다른 설비의 배선 사이에 배선지름(배선의 지름이 다른 경우에는 지름이 가장 큰 것을 기준으로 한다)의 **1.5배** 이상의 높이의 **불연성 격벽**을 설치하는 경우
내화전선	**케이블공사**

답 ①

★★

66 22.04.문73 21.05.문71 11.10.문61

시각경보장치의 성능인증 및 제품검사의 기술기준에 따라 시각경보장치의 전원부 양단자 또는 양선을 단락시킨 부분과 비충전부를 DC 500V의 절연저항계로 측정하는 경우 절연저항이 몇 MΩ 이상이어야 하는가?

① 0.1 ② 5

③ 10 ④ 20

해설 **절연저항시험**

절연저항계	절연저항	대 상
직류 250V	0.1MΩ 이상	• 1경계구역의 절연저항
직류 500V	5MΩ 이상	• 누전경보기 • 가스누설경보기 • 수신기(10회로 미만, 절연된 충전부와 외함간) • 자동화재속보설비 • 비상경보설비 • 유도등(교류입력측과 외함 간 포함) • 비상조명등(교류입력측과 외함 간 포함) • 시각경보장치 보기 ②
	20MΩ 이상	• 경종 • 발신기 • 중계기 • 비상콘센트 • 기기의 절연된 선로 간 • 기기의 충전부와 비충전부 간 • 기기의 교류입력측과 외함 간(유도등 · 비상조명등 제외)

직류 500V	50MΩ 이상	• 감지기(정온식 감지선형 감지기 제외) • 가스누설경보기(10회로 이상) • 수신기(10회로 이상, 교류 입력측과 외함간 제외)
	1000MΩ 이상	• 정온식 감지선형 감지기

답 ②

★
67

21.03.문70

경종의 형식승인 및 제품검사의 기술기준에 따라 경종은 전원전압이 정격전압의 ± 몇 % 범위에서 변동하는 경우 기능에 이상이 생기지 않아야 하는가?

① 5　② 10
③ 20　④ 30

해설 **전원전압변동시의 기능**(경종의 형식승인 및 제품검사의 기술기준 4조)
경종은 전원전압이 정격전압의 **±20%** 범위에서 변동하는 경우 기능에 이상이 생기지 않아야 한다. 다만, 경종에 내장된 건전지를 전원으로 하는 경종은 건전지의 전압이 건전지 교체전압 범위(제조사 설계값)의 하한값으로 낮아진 경우에도 기능에 이상이 없어야 한다. 보기 ③

답 ③

★★★
68

19.09.문80
18.03.문70
17.03.문68
16.03.문80
14.09.문64
08.03.문62
06.05.문79

무선통신보조설비의 화재안전기준에 따라 지하층으로서 특정소방대상물의 바닥부분 2면 이상이 지표면과 동일하거나 지표면으로부터의 깊이가 몇 m 이하인 경우에는 해당층에 한하여 무선통신보조설비를 설치하지 않을 수 있는가?

① 0.5　② 1.0
③ 1.5　④ 2.0

해설 **무선통신보조설비의 설치 제외**(NFPC 505 4조, NFTC 505 2.1)
(1) **지하층**으로서 특정소방대상물의 바닥부분 **2면** 이상이 지표면과 동일한 경우의 해당층
(2) 지하층으로서 지표면으로부터의 깊이가 **1m 이하**인 경우의 해당층 보기 ②

기억법 2면무지(이면 계약의 무지)

답 ②

★★★
69

19.09.문79
17.05.문63
14.03.문71
12.03.문73
09.05.문79

비상벨설비 또는 자동식 사이렌설비의 지구음향장치는 특정소방대상물의 층마다 설치하되, 해당 특정소방대상물의 각 부분으로부터 하나의 음향장치까지의 수평거리가 몇 m 이하가 되도록 하여야 하는가?

① 15　② 25
③ 40　④ 50

해설 (1) **수평거리**

구 분	기 기
25m 이하	• 발신기 • **음**향장치(확성기) : 비상벨설비, 자동식 사이렌설비 등 보기 ② • 비상콘센트(지하상가 · 지하층 바닥면적 **3000m²** 이상)
50m 이하	• 비상콘센트(기타)

(2) **보행거리**

구 분	기 기
15m 이하	• 유도표지
20m 이하	• 복도통로유도등 • 거실통로유도등 • 3종 연기감지기
30m 이하	• 1 · 2종 연기감지기

(3) **수직거리**

구 분	기 기
15m 이하	• 1 · 2종 연기감지기
10m 이하	• 3종 연기감지기

기억법 음25(음이온)

답 ②

★★
70

19.09.문74
19.04.문64
17.03.문73
16.03.문73
14.05.문65
14.05.문73
08.03.문77

특정소방대상물의 그 부분에서 피난층에 이르는 부분의 비상조명등을 60분 이상 유효하게 작동시킬 수 있는 용량으로 하여야 하는 경우가 아닌 것은?

① 지하층을 제외한 층수가 11층 이상의 층
② 지하층 또는 무창층으로서 용도가 도매시장 · 소매시장
③ 지하층 또는 무창층으로서 용도가 여객자동차터미널 · 지하역사 또는 지하상가
④ 터널로서 길이 500m 이상

해설 ④ 해당없음

비상조명등의 60분 이상 작동용량(NFPC 304 4조, NFTC 304 2.1.1.5)
(1) **11층** 이상(지하층 제외) 보기 ①
(2) 지하층 · 무창층으로서 **도매시장 · 소매시장 · 여객자동차터미널 · 지하역사 · 지하상가** 보기 ②③

중요

비상전원 용량

설비의 종류	비상전원 용량
• **자**동화재탐지설비 • 비상**경**보설비 • **자**동화재속보설비	**10분** 이상
• 유도등 • 비상콘센트설비 • 제연설비 • 물분무소화설비 • 옥내소화전설비(**30층** 미만) • 특별피난계단의 계단실 및 부속실 제연설비(**30층** 미만)	**20분** 이상

• 무선통신보조설비의 **증**폭기	30분 이상
• 옥내소화전설비(30~**49층** 이하) • 특별피난계단의 계단실 및 부속실 제연설비(30~**49층** 이하) • 연결송수관설비(30~**49층** 이하) • 스프링클러설비(30~**49층** 이하)	**40분** 이상
• 유도등·비상조명등(지하상가 및 11층 이상) • 옥내소화전설비(**50층** 이상) • 특별피난계단의 계단실 및 부속실 제연설비(**50층** 이상) • 연결송수관설비(**50층** 이상) • 스프링클러설비(**50층** 이상)	**60분** 이상

기억법 **경자비1(경자**라는 이름은 **비일**비재하게 많다.) **3증(3중고)**

답 ④

71 비상조명등의 설치 제외 장소가 아닌 것은?

16.05.문77
13.03.문73

① 의원의 거실 ② 경기장의 거실
③ 의료시설의 거실 ④ 종교시설의 거실

해설 **비상조명등**의 **설치 제외 장소**(NFPC 304 5조, NFTC 304 2.2.1)
(1) 거실 각 부분에서 출입구까지의 **보행거리 15m** 이내
(2) **공동주택**·**경기장**·**의원**·**의료시설**·**학교**·**거실**

기억법 조공 경의학

비교

(1) **휴대용 비상조명등**의 **설치 제외 장소**(NFPC 304 5조, NFTC 304 2.2.2)
㉠ 복도·통로·창문 등을 통해 **피**난이 용이한 경우(**지상 1층**·**피난층**)
㉡ **숙박시설**로서 복도에 비상조명등을 설치할 경우

기억법 **휴피(휴**지로 **피**닦아.)

(2) **통로유도등**의 **설치 제외 장소**(NFPC 303 11조, NFTC 303 2.8.2)
㉠ 길이 **30m** 미만의 복도·통로(구부러지지 않은 복도·통로)
㉡ 보행거리 **20m** 미만의 복도·통로(출입구에 **피난구유도등**이 설치된 복도·통로)

(3) **객석유도등**의 **설치 제외 장소**(NFPC 303 11조, NFTC 303 2.8.3)
㉠ **채광**이 충분한 객석(**주간**에만 사용)
㉡ **통**로유도등이 설치된 객석(거실 각 부분에서 거실 출입구까지의 **보행거리 20m** 이하)

기억법 **채객보통(채**소는 **객**관적으로 **보통**이다.)

답 ④

72 비상경보설비 및 단독경보형 감지기의 화재안전기준에 따른 비상벨설비에 대한 설명으로 옳은 것은?

21.05.문68
20.09.문74
18.03.문77
18.03.문78
16.05.문63
14.03.문71
12.03.문77
10.03.문68

① 비상벨설비는 화재발생 상황을 사이렌으로 경보하는 설비를 말한다.
② 비상벨설비는 부식성 가스 또는 습기 등으로 인하여 부식의 우려가 없는 장소에 설치하여야 한다.
③ 음향장치의 음량은 부착된 음향장치의 중심으로부터 1m 떨어진 위치에서 60dB 이상이 되는 것으로 하여야 한다.
④ 특정소방대상물의 층마다 설치하되, 해당 특정소방대상물의 각 부분으로부터 하나의 발신기까지의 수평거리가 30m 이하가 되도록 하여야 한다.

해설
① 사이렌 → 경종
③ 60dB 이상 → 90dB 이상
④ 30m 이하 → 25m 이하

비상경보설비의 **발신기 설치기준**(NFPC 201 4조, NFTC 201 2.1.5)
(1) 전원 : **축전지설비**, **전기저장장치**, **교류전압**의 **옥내간선**으로 하고 배선은 **전용**
(2) 감시상태 : **60분**, 경보시간 : **10분**
(3) 조작이 **쉬운 장소**에 설치하고, 조작스위치는 바닥으로부터 **0.8~1.5m** 이하의 높이에 설치할 것
(4) 특정소방대상물의 **층**마다 설치하되, 해당 소방대상물의 각 부분으로부터 하나의 발신기까지의 **수평거리**가 **25m** 이하가 되도록 할 것(단, 복도 또는 별도로 구획된 실로서 **보행거리**가 **40m** 이상일 경우에는 추가로 설치할 것) 보기 ④
(5) 발신기의 **위치표시등**은 **함**의 **상부**에 설치하되, 그 불빛은 부착면으로부터 **15°** 이상의 범위 안에서 부착지점으로부터 **10m** 이내의 어느 곳에서도 쉽게 식별할 수 있는 **적색등**으로 할 것

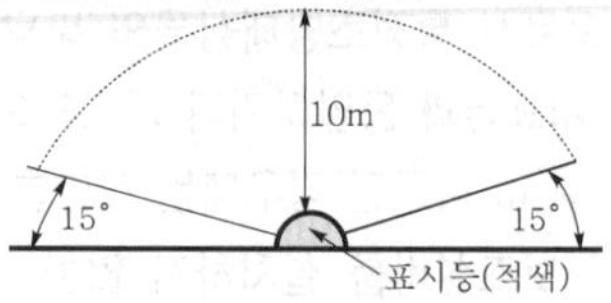

| 위치표시등의 식별 |

(6) 음향장치의 음량은 부착된 음향장치의 중심으로부터 **1m** 떨어진 위치에서 **90dB** 이상이 되는 것으로 할 것 보기 ③

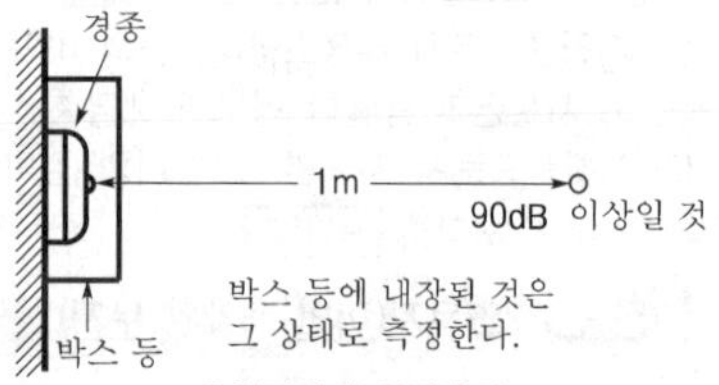

| 음향장치의 음량측정 |

(7) 비상벨설비는 **부식성 가스** 또는 **습기** 등으로 인하여 **부식**의 우려가 없는 장소에 설치 보기 ②

용어

(1) **전기저장장치**
외부 전기에너지를 저장해 두었다가 필요한 때 전기를 공급하는 장치
(2) **비상벨설비 vs 자동식 사이렌설비**

비상벨설비	자동식 사이렌설비
화재발생 상황을 **경종**으로 경보하는 설비 보기 ①	화재발생 상황을 **사이렌**으로 경보하는 설비

답 ②

★
73 경종의 우수품질인증 기술기준에 따른 기능시험에 대한 내용이다. 다음 ( )에 들어갈 내용으로 옳은 것은?

22.03.문68

> 경종은 정격전압을 인가하여 경종의 중심으로부터 1m 떨어진 위치에서 (㉠)dB 이상이어야 하며, 최소청취거리에서 (㉡)dB을 초과하지 아니하여야 한다.

① ㉠ 90, ㉡ 110　② ㉠ 90, ㉡ 130
③ ㉠ 110, ㉡ 90　④ ㉠ 110, ㉡ 130

해설 **경종**의 **기능시험**(경종의 우수품질인증 기술기준 4조)

구 분	설 명
적합기능 보기 ①	① 중심으로부터 1m 떨어진 위치에서 **90dB** 이상 ② 최소청취거리에서 **110dB**을 초과하지 아니할 것
소비전류	**50mA** 이하

답 ①

★★★
74 비상방송설비의 화재안전기준에 따라 음량조정기를 설치하는 경우 음량조정기의 배선은 3선식으로 하여야 한다. 음량조정기의 각 배선의 용도를 나타낸 것으로 옳은 것은?

22.09.문67 19.04.문68 18.09.문77 18.03.문73 16.10.문69 16.05.문67 16.03.문68 15.09.문66 15.05.문76 15.03.문62 14.05.문63 14.05.문75 14.03.문61 13.09.문70 13.06.문62 13.06.문80 11.06.문79

① 전원선, 음량조정용, 접지선
② 전원선, 통신선, 예비용
③ 공통선, 업무용, 긴급용
④ 업무용, 긴급용, 접지선

해설

비상방송설비 3선식 배선 보기 ③	유도등 3선식 배선
• 공통선 • 업무용 배선 • 긴급용 배선	• 공통선 • 상용선 • 충전선

중요

비상방송설비의 **설치기준**(NFPC 202 4조, NFTC 202 2.1)

(1) 확성기의 음성입력은 실내 **1W 이상**, 실외 **3W** 이상일 것

실 내	실 외
1W 이상	3W 이상

(2) 확성기는 **각 층**마다 설치하되, 각 부분으로부터의 수평거리는 **25m** 이하일 것
(3) 음량조정기는 **3선식** 배선일 것
(4) 조작스위치는 바닥으로부터 **0.8~1.5m** 이하의 높이에 설치할 것
(5) 다른 전기회로에 의하여 **유도장애**가 생기지 않을 것
(6) 비상방송 개시시간은 **10초** 이하일 것

답 ③

★★★
75 비상콘센트용의 풀박스 등은 방청도장을 한 것으로서 두께는 최소 몇 mm 이상의 철판으로 하여야 하는가?

18.09.문70 17.03.문72 15.09.문80 12.09.문74 11.10.문67

① 1.0　② 1.2
③ 1.5　④ 1.6

해설 **비상콘센트설비**(NFPC 504 4조, NFTC 504 2.1)

구 분	전 압	용 량	플러그접속기
단상 교류	220V	1.5kVA 이상	접지형 2극

(1) 1전용회로에 설치하는 비상콘센트는 **10개** 이하로 할 것(전선의 용량은 최대 **3개**)
(2) 풀박스는 **1.6mm** 이상의 철판을 사용할 것 보기 ④

답 ④

★★★
76 자동화재탐지설비 및 시각경보장치의 화재안전기준에 따라 부착높이 8m 이상 15m 미만에 설치되는 감지기의 종류로 틀린 것은?

22.03.문80 21.05.문76 14.03.문79 12.03.문66

① 불꽃감지기
② 이온화식 2종
③ 차동식 분포형
④ 보상식 스포트형

해설 ④ 4m 이상 8m 미만

감지기의 **부착높이**(NFPC 203 7조, NFTC 203 2.4.1)

부착높이	감지기의 종류
4m 미만	• 차동식(스포트형, 분포형) • 보상식 스포트형 • 정온식(스포트형, 감지선형) ─ **열**감지기 • 이온화식 또는 광전식(스포트형, 분리형, 공기흡입형) : **연**기감지기 • 열복합형 • 연기복합형 • 열연기복합형 ─ **복**합형 감지기 • **불**꽃감지기 기억법 **열연불복 4미**
4~8m 미만	• 차동식(스포트형, 분포형) • **보상식 스포트형** 보기 ④ • **정**온식(스포트형, 감지선형) **특**종 또는 **1**종 ─ **열**감지기 • **이**온화식 **1**종 또는 **2**종 • **광**전식(스포트형, 분리형, 공기흡입형) 1종 또는 2종 ─ 연기감지기 • 열복합형 • 연기복합형 • 열연기복합형 ─ **복**합형 감지기 • **불**꽃감지기 기억법 **8미열 정특1 이광12 복불**

8~15m 미만	• 차동식 분포형 보기 ③ • 이온화식 1종 또는 2종 보기 ② • 광전식(스포트형, 분리형, 공기흡입형) 1종 또는 2종 • 연기복합형 • 불꽃감지기 보기 ① 기억법 15분 이광12 연복불
15~20m 미만	• 이온화식 1종 • 광전식(스포트형, 분리형, 공기흡입형) 1종 • 연기복합형 • 불꽃감지기 기억법 이광불연복2
20m 이상	• 불꽃감지기 • 광전식(분리형, 공기흡입형) 중 아날로그방식 기억법 불광아

답 ④

★★

77 자동화재탐지설비의 음향장치 설치기준 중 옳은 것은?

19.09.문64 19.03.문77 18.09.문68 18.04.문74 16.05.문63 15.03.문67 14.09.문65 11.03.문72 10.09.문70 09.05.문75

① 지구음향장치는 해당 소방대상물의 각 부분으로부터 하나의 음향장치까지의 수평거리가 30m 이하가 되도록 한다.
② 정격전압의 80% 전압에서 음향을 발할 수 있어야 한다.
③ 음량은 부착된 음향장치의 중심으로부터 1m 떨어진 위치에서 80dB 이상이 되도록 하여야 한다.
④ 8층으로서 연면적이 3000m^{2}를 초과하는 소방대상물에 있어서는 2층 이상의 층에서 발화시 발화층 및 직하층에 경보를 발하여야 한다.

해설

① 수평거리 30m 이하 → 수평거리 25m 이하
③ 80dB 이상 → 90dB 이상
④ 발화층 및 직하층 → 전층에 일제히

자동화재탐지설비의 음향장치의 구조 및 성능기준
(NFPC 203 8조, NFTC 203 2.5)

(1) 정격전압의 **80%** 전압에서 음향을 발할 것(단, **건전지**를 **주전원**으로 사용한 음향장치는 제외) 보기 ②
(2) 음량은 **1m** 떨어진 곳에서 **90dB** 이상일 것 보기 ③
(3) **감지기**·**발신기**의 작동과 **연동**하여 작동할 것
(4) **자동화재탐지설비의 직상 4개층 우선경보방식 소방대상물** : **11층**(공동주택 16층) **이상**의 특정소방대상물의 경보

‖ 자동화재탐지설비 직상 4개층 우선경보방식 ‖

발화층	경보층	
	11층(공동주택 16층) 미만 보기 ④	11층(공동주택 16층) 이상
2층 이상 발화	전층 일제경보	• 발화층 • 직상 4개층
1층 발화	전층 일제경보	• 발화층 • 직상 4개층 • 지하층
지하층 발화	전층 일제경보	• 발화층 • 직상층 • 기타의 지하층

(5) 지구음향장치는 수평거리 25m 이하가 되도록 설치 보기 ①

답 ②

★★★

78 누전경보기의 구성요소에 해당하지 않는 것은?

23.05.문79 22.03.문38 19.03.문37 17.09.문69 15.09.문21 14.09.문69 13.03.문62

① 차단기
② 영상변류기(ZCT)
③ 음향장치
④ 발신기

해설 **누전경보기의 구성요소**

구성요소	설 명
영상변류기(ZCT)	**누설전류**를 **검출**한다. 보기 ② 기억법 변검(변검술)
수신기	**누설전류**를 **증폭**한다.
음향장치	경보를 발한다. 보기 ③
차단기	차단릴레이를 포함한다. 보기 ①

기억법 **변수음차**

• 소방에서는 변류기(CT)와 영상변류기(ZCT)를 혼용하여 사용한다.

답 ④

★★

79 누전경보기의 형식승인 및 제품검사의 기술기준에 따른 누전경보기 수신부의 기능검사항목이 아닌 것은?

20.08.문71 16.10.문71 15.09.문72

① 충격시험
② 진공가압시험
③ 과입력 전압시험
④ 전원전압 변동시험

해설 **시험항목**

중계기	속보기의 예비전원	누전경보기
• 주위온도시험 • 반복시험 • 방수시험 • 절연저항시험 • 절연내력시험 • 충격전압시험 • 충격시험 • 진동시험 • 습도시험 • 전자파 내성시험	• 충·방전시험 • 안전장치시험	• 전원전압 변동시험 보기 ④ • 온도특성시험 • 과입력 전압시험 보기 ③ • 개폐기의 조작시험 • 반복시험 • 진동시험 • 충격시험 보기 ① • 방수시험 • 절연저항시험 • 절연내력시험 • 충격파 내전압시험 • 단락전류 강도시험 기억법 누수 충수 절충 강전 과압

답 ②

★★★
80 경계전로의 누설전류를 자동적으로 검출하여 이를 누전경보기의 수신부에 송신하는 것을 무엇이라고 하는가?

19.03.문78
15.03.문66
10.09.문67

① 수신부 ② 확성기
③ 변류기 ④ 증폭기

해설 **누전경보기**(NFPC 205 3조, NFTC 205 1.7)

용 어	설 명
수신부	변류기로부터 검출된 **신호**를 **수신**하여 누전의 발생을 해당 소방대상물의 **관계인**에게 **경보**하여 주는 것(**차단기구**를 갖는 것 포함)
변류기	경계전로의 **누설전류**를 자동적으로 **검출**하여 이를 누전경보기의 수신부에 송신하는 것 보기 ③

기억법 **수수변누**

비교

누전경보기의 **구성요소**(세부적인 구분)

구성요소	설 명
변류기	**누설전류**를 **검출**한다.
수신기	**누설전류**를 **증폭**한다.
음향장치	**경보**한다.
차단기	차단릴레이 포함

답 ③

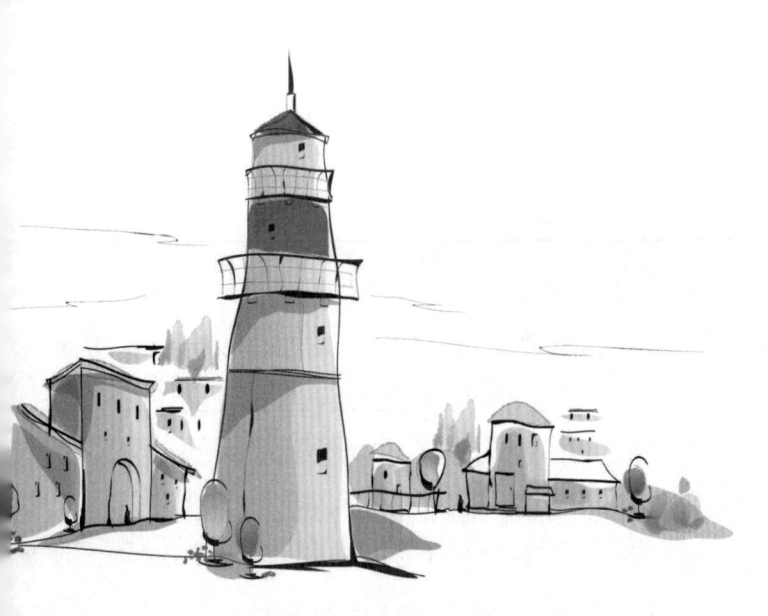

좋은 습관 3가지

1. 남보다 먼저 하루를 계획하라.
2. 메모를 생활화하라.
3. 항상 웃고 남을 칭찬하라.

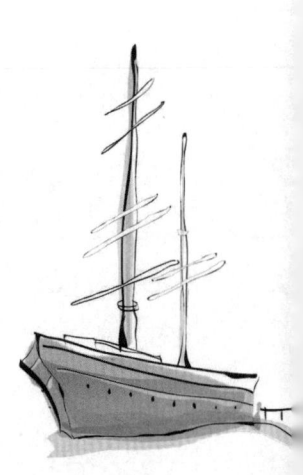

CBT 기출복원문제

2023년

소방설비기사 필기(전기분야)

**** 수험자 유의사항 ****

1. 문제지를 받는 즉시 **본인**이 **응시한 종목**이 맞는지 확인하시기 바랍니다.
2. 문제지 표지에 본인의 **수험번호**와 **성명**을 기재하여야 합니다.
3. 문제지의 **총면수, 문제번호 일련순서, 인쇄상태, 중복 및 누락 페이지 유무**를 확인하시기 바랍니다.
4. 답안은 각 문제마다 요구하는 가장 적합하거나 가까운 답 1개만을 선택하여야 합니다.
5. 답안카드는 뒷면의 「수험자 유의사항」에 따라 작성하시고, 답안카드 작성 시 형별누락, 마킹착오로 인한 불이익은 전적으로 수험자에게 책임이 있음을 알려드립니다.
6. 문제지는 시험 종료 후 본인이 가져갈 수 있습니다.

**** 안내사항 ****

- 가답안/최종정답은 큐넷(www.q-net.or.kr)에서 확인하실 수 있습니다. 가답안에 대한 의견은 큐넷의 [가답안 의견 제시]를 통해 제시할 수 있으며, 확정된 답안은 최종정답으로 갈음합니다.
- 공단에서 제공하는 자격검정서비스에 대해 개선할 점이 있으시면 고객참여(http://hrdkorea.or.kr/7/1/1)를 통해 건의하여 주시기 바랍니다.

2023년 기사 제1회 필기시험 CBT 기출복원문제

자격종목	종목코드	시험시간	형별	수험번호	성명
소방설비기사(전기분야)		2시간			

※ 각 문항은 4지택일형으로 질문에 가장 적합한 보기 항을 선택하여 체크하여야 합니다.

제 1 과목 소방원론

★★★

01 다음 중 폭굉(detonation)의 화염전파속도는?

22.04.문20
16.05.문14
03.05.문10

① 0.1~10m/s
② 10~100m/s
③ 1000~3500m/s
④ 5000~10000m/s

유사문제부터 풀어보세요. 실력이 팍!팍! 올라갑니다.

해설 **연소반응**(전파형태에 따른 분류)

폭연(deflagration)	**폭굉**(detonation)
0.1~10m/s	1000~3500m/s 보기 ③
연소속도가 음속보다 느릴 때 발생	① 연소속도가 음속보다 빠를 때 발생 ② 온도의 상승은 **충격파**의 압력에 기인한다. ③ 압력상승은 **폭연**의 경우보다 **크다**. ④ 폭굉의 **유도거리**는 배관의 **지름**과 **관계**가 있다.

※ **음속** : 소리의 속도로서 약 **340m/s**이다.

답 ③

★★★

02 다음 중 휘발유의 인화점은?

21.03.문14
18.04.문05
15.09.문02
14.05.문05
14.03.문10
12.03.문01
11.06.문09
11.03.문12
10.05.문11

① −18℃
② −43℃
③ 11℃
④ 70℃

해설

물 질	인화점	착화점
• 프로필렌	−107℃	497℃
• 에틸에터 • 다이에틸에터	−45℃	180℃
• **가솔린(휘발유)**	−43℃ 보기 ②	300℃
• 이황화탄소	−30℃	**100℃**
• 아세틸렌	−18℃	335℃
• 아세톤	−18℃	**538℃**
• 벤젠	−11℃	562℃
• 톨루엔	4.4℃	480℃
• 에틸알코올	13℃	**423℃**
• 아세트산	40℃	−
• 등유	43~72℃	210℃
• 경유	50~70℃	200℃
• 적린	−	260℃

• 인화점=인화온도
• 착화점=발화점=착화온도=발화온도

답 ②

★★★

03 다음 중 연기에 의한 감광계수가 $0.1m^{-1}$, 가시거리가 20~30m일 때의 상황으로 옳은 것은?

22.04.문15
21.09.문02
20.06.문01
17.03.문10
16.10.문16
16.03.문03
14.05.문06
13.09.문11

① 건물 내부에 익숙한 사람이 피난에 지장을 느낄 정도
② 연기감지기가 작동할 정도
③ 어두운 것을 느낄 정도
④ 앞이 거의 보이지 않을 정도

해설 **감광계수**와 **가시거리**

감광계수 $[m^{-1}]$	가시거리 [m]	상 황
0.1	20~30	연기**감**지기가 작동할 때의 농도(연기감지기가 작동하기 직전의 농도) 보기 ②
0.3	5	건물 내부에 **익**숙한 사람이 피난에 지장을 느낄 정도의 농도 보기 ①
0.5	3	**어**두운 것을 느낄 정도의 농도 보기 ③
1	1~2	앞이 거의 **보**이지 않을 정도의 농도 보기 ④
10	0.2~0.5	화재 **최**성기 때의 농도
30	−	출화실에서 연기가 **분**출할 때의 농도

기억법	
0123	감
035	익
053	어
112	보
100205	최
30	분

답 ②

★★★
04 분진폭발의 위험성이 가장 낮은 것은?

22.03.문12 18.03.문01 15.05.문03 13.03.문03 12.09.문17 11.10.문01 10.05.문16 03.05.문08 01.03.문20

① 알루미늄분
② 황
③ 팽창질석
④ 소맥분

해설 ③ 팽창질석 : 소화약제

분진폭발의 **위험성**이 있는 것
(1) 알루미늄분 보기 ①
(2) 황 보기 ②
(3) 소맥분(밀가루) 보기 ④
(4) 석탄분말

중요

분진폭발을 일으키지 않는 물질
(1) **시**멘트(시멘트가루)
(2) **석**회석
(3) **탄**산칼슘($CaCO_3$)
(4) **생**석회(CaO)=산화칼슘

기억법 **분시석탄생**

답 ③

★★★
05 다음 중 가연물의 제거를 통한 소화방법과 무관한 것은?

22.04.문12 19.09.문05 19.04.문18 17.03.문16 16.10.문07 16.03.문12 14.05.문11 13.03.문01 11.03.문04 08.09.문17

① 산불의 확산방지를 위하여 산림의 일부를 벌채한다.
② 화학반응기의 화재시 원료공급관의 밸브를 잠근다.
③ 전기실 화재시 IG－541 약제를 방출한다.
④ 유류탱크 화재시 주변에 있는 유류탱크의 유류를 다른 곳으로 이동시킨다.

해설 ③ **질식소화** : IG－541(불활성기체 소화약제)

제거소화의 **예**
(1) **가연성 기체** 화재시 **주밸브**를 **차단**한다(화학반응기의 화재시 원료공급관의 **밸브**를 **잠금**). 보기 ②
(2) **가연성 액체** 화재시 펌프를 이용하여 **연료**를 제거한다.
(3) **연료탱크**를 **냉각**하여 가연성 가스의 발생속도를 작게 하여 연소를 억제한다.
(4) 금속화재시 **불활성 물질**로 가연물을 덮는다.
(5) **목재**를 **방염처리**한다.
(6) 전기화재시 **전원**을 **차단**한다.
(7) 산불이 발생하면 화재의 진행방향을 앞질러 **벌목**한다(산불의 확산방지를 위하여 **산림**의 **일부**를 **벌채**). 보기 ①
(8) 가스화재시 **밸브**를 **잠궈** 가스흐름을 차단한다(가스화재시 중간밸브를 잠금).
(9) 불타고 있는 장작더미 속에서 아직 타지 않은 것을 안전한 곳으로 **운반**한다.
(10) 유류탱크 화재시 주변에 있는 유류탱크의 유류를 다른 곳으로 이동시킨다. 보기 ④
(11) 양초를 입으로 불어서 끈다.

용어

제거효과
가연물을 반응계에서 제거하든지 또는 반응계로의 공급을 정지시켜 소화하는 효과

답 ③

★★★
06 분말소화약제로서 ABC급 화재에 적용성이 있는 소화약제의 종류는?

22.04.문18 21.05.문07 20.09.문07 19.03.문01 18.04.문06 17.09.문10 17.03.문18 16.10.문06 16.10.문10 16.05.문15

① $NH_4H_2PO_4$
② $NaHCO_3$
③ Na_2CO_3
④ $KHCO_3$

해설 **분말소화약제**

종 별	분자식	착 색	적응 화재	비 고
제**1**종	탄산수소나트륨 ($NaHCO_3$)	백색	BC급	**식**용유 및 **지방질유**의 화재에 적합 / 기억법 **1식분(일식 분식)**
제2종	탄산수소칼륨 ($KHCO_3$)	담자색 (담회색)	BC급	－
제**3**종	제1인산암모늄 ($NH_4H_2PO_4$) 보기 ①	담홍색	**ABC급**	**차고**·**주차장**에 적합 / 기억법 **3분 차주 (삼보 컴퓨터 차주)**
제4종	**탄산수소칼륨 ＋요소** ($KHCO_3$＋$(NH_2)_2CO$)	회(백)색	BC급	－

답 ①

★★★
07 액화가스 저장탱크의 누설로 부유 또는 확산된 액화가스가 착화원과 접촉하여 액화가스가 공기 중으로 확산, 폭발하는 현상은?

19.09.문15
18.09.문08
17.03.문17
16.05.문02
15.03.문01
14.09.문12
14.03.문01
09.05.문10
05.09.문07
05.05.문07
03.03.문11
02.03.문20

① 블래비(BLEVE)
② 보일오버(boill over)
③ 슬롭오버(slop over)
④ 프로스오버(forth over)

해설 **가스탱크 · 건축물 내**에서 발생하는 현상

(1) **가스탱크** 보기 ①

현 상	정 의
블래비 (BLEVE)	• 과열상태의 탱크에서 내부의 액화가스가 분출하여 기화되어 폭발하는 현상 • 탱크 주위 화재로 탱크 내 인화성 액체가 비등하고 가스부분의 압력이 상승하여 탱크가 파괴되고 폭발을 일으키는 현상

(2) **건축물 내**

현 상	정 의
플래시오버 (flash over)	• 화재로 인하여 실내의 온도가 급격히 상승하여 화재가 순간적으로 실내 전체에 확산되어 연소되는 현상
백드래프트 (back draft)	• **통기력**이 좋지 않은 상태에서 연소가 계속되어 산소가 심히 부족한 상태가 되었을 때 **개구부**를 통하여 산소가 공급되면 실내의 가연성 혼합기가 공급되는 **산소**의 **방향**과 **반대**로 흐르며 급격히 연소하는 현상 • 소방대가 소화활동을 위하여 화재실의 문을 개방할 때 신선한 공기가 유입되어 실내에 축적되었던 가연성 가스가 **단시간**에 **폭발적**으로 **연소**함으로써 화재가 폭풍을 동반하며 **실외**로 **분출**되는 현상

중요

유류탱크에서 **발생**하는 **현상**

현 상	정 의
보일오버 (boil over) 보기 ②	• 중질유의 석유탱크에서 장시간 조용히 연소하다 탱크 내의 잔존기름이 갑자기 분출하는 현상 • 유류탱크에서 탱크바닥에 물과 기름의 **에멀션**이 섞여 있을 때 이로 인하여 화재가 발생하는 현상 • 연소유면으로부터 100℃ 이상의 열파가 탱크 **저부**에 고여 있는 물을 비등하게 하면서 연소유를 탱크 밖으로 비산시키며 연소하는 현상 기억법 보저(보자기)
오일오버 (oil over)	• 저장탱크에 저장된 유류저장량이 내용적의 50% 이하로 충전되어 있을 때 화재로 인하여 탱크가 폭발하는 현상
프로스오버 (froth over) 보기 ④	• 물이 점성의 뜨거운 기름 표면 아래에서 끓을 때 화재를 수반하지 않고 용기가 넘치는 현상
슬롭오버 (slop over) 보기 ③	• 물이 연소유의 뜨거운 표면에 들어갈 때 기름 표면에서 화재가 발생하는 현상 • 유화제로 소화하기 위한 물이 수분의 급격한 증발에 의하여 액면이 거품을 일으키면서 열유층 밑의 냉유가 급히 열팽창하여 기름의 일부가 불이 붙은 채 탱크벽을 넘어서 일출하는 현상

답 ①

★★★
08 방화벽의 구조 기준 중 다음 (   ) 안에 알맞은 것은?

19.09.문14
17.09.문16
13.03.문16
12.03.문10

• 방화벽의 양쪽 끝과 위쪽 끝을 건축물의 외벽면 및 지붕면으로부터 (㉠)m 이상 튀어 나오게 할 것
• 방화벽에 설치하는 출입문의 너비 및 높이는 각각 (㉡)m 이하로 하고, 해당 출입문에는 60분+방화문 또는 60분 방화문을 설치할 것

① ㉠ 0.3, ㉡ 2.5 ② ㉠ 0.3, ㉡ 3.0
③ ㉠ 0.5, ㉡ 2.5 ④ ㉠ 0.5, ㉡ 3.0

해설 **건축령 57조, 피난 · 방화구조 21조**
방화벽의 구조

구 분	설 명
대상 건축물	• 주요 구조부가 내화구조 또는 불연재료가 아닌 연면적 $1000m^2$ 이상인 건축물
구획단지	• 연면적 **$1000m^2$** 미만마다 구획
방화벽의 구조	• **내화구조**로서 홀로 설 수 있는 구조일 것 • 방화벽의 양쪽 끝과 위쪽 끝을 건축물의 외벽면 및 지붕면으로부터 **0.5m** 이상 튀어나오게 할 것 보기 ㉠ • 방화벽에 설치하는 **출입문**의 **너비** 및 높이는 각각 **2.5m** 이하로 하고 해당 출입문에는 60분+방화문 또는 60분 방화문을 설치할 것 보기 ㉡

답 ③

★★★
09 다음 물질 중 연소범위를 통해 산출한 위험도값이 가장 높은 것은?

22.09.문18 20.06.문19 19.03.문03 18.03.문18

① 수소　　② 에틸렌
③ 메탄　　④ 이황화탄소

해설 **위험도**

$$H=\frac{U-L}{L}$$

여기서, H : 위험도
U : 연소상한계
L : 연소하한계

① **수소** $=\frac{75-4}{4}=17.75$ 보기 ①

② **에틸렌** $=\frac{36-2.7}{2.7}=12.33$ 보기 ②

③ **메탄** $=\frac{15-5}{5}=2$ 보기 ③

④ **이황화탄소** $=\frac{50-1}{1}=49$(가장 높음) 보기 ④

중요

공기 중의 **폭발한계**(상온, 1atm)

가 스	하한계 〔vol%〕	상한계 〔vol%〕
아세틸렌(C_2H_2)	2.5	81
수소(H_2) 보기 ①	4	75
일산화탄소(CO)	12	75
에터($(C_2H_5)_2O$)	1.7	48
이황화탄소(CS_2) 보기 ④	1	50
에틸렌(C_2H_4) 보기 ②	2.7	36
암모니아(NH_3)	15	25
메탄(CH_4) 보기 ③	5	15
에탄(C_2H_6)	3	12.4
프로판(C_3H_8)	2.1	9.5
부탄(C_4H_{10})	1.8	8.4

기억법
아 2581
수 475
일 1275
터 1748
황 150
틸 2736
암 1525
메 515
에 3124
프 2195
부 1884

- 연소한계=연소범위=가연한계=가연범위=폭발한계=폭발범위

답 ④

★★★
10 알킬알루미늄 화재시 사용할 수 있는 소화약제로 가장 적당한 것은?

22.09.문19 21.05.문13 16.05.문20 07.09.문03

① 이산화탄소
② 물
③ 할로젠화합물
④ 마른모래

해설 **위험물**의 **소화약제**

위험물	소화약제
• 알킬알루미늄 • 알킬리튬	• 마른모래 보기 ④ • 팽창질석 • 팽창진주암

답 ④

★★
11 인화성 액체의 연소점, 인화점, 발화점을 온도가 높은 것부터 옳게 나열한 것은?

17.03.문20 06.03.문05

① 발화점 > 연소점 > 인화점
② 연소점 > 인화점 > 발화점
③ 인화점 > 발화점 > 연소점
④ 인화점 > 연소점 > 발화점

해설 **인화성 액체**의 **온도**가 **높은 순서**
발화점>연소점>인화점 보기 ①

용어

연소와 **관계**되는 **용어**

용 어	설 명
발화점	가연성 물질에 불꽃을 접하지 아니하였을 때 연소가 가능한 **최저온도**
인화점	휘발성 물질에 불꽃을 접하여 연소가 가능한 **최저온도**
연소점	① 인화점보다 **10℃** 높으며 연소를 **5초** 이상 지속할 수 있는 온도 ② 어떤 인화성 액체가 공기 중에서 열을 받아 점화원의 존재하에 **지속**적인 연소를 일으킬 수 있는 온도 ③ 가연성 액체에 점화원을 가져가서 인화된 후에 점화원을 제거하여도 가연물이 **계속** 연소되는 **최저온도**

답 ①

★★★
12 다음 물질의 저장창고에서 화재가 발생하였을 때 주수소화를 할 수 없는 물질은?

20.06.문14 16.10.문19 13.06.문19

① 부틸리튬
② 질산에틸
③ 나이트로셀룰로오스
④ 적린

해설 **주수소화**(물소화)시 **위험**한 **물질**

구 분	현 상
• 무기과산화물	**산소**(O_2) 발생
• **금**속분 • **마**그네슘 • 알루미늄 • 칼륨 • 나트륨 • 수소화리튬 • **부틸리튬** 보기 ①	**수소**(H_2) 발생
• 가연성 액체의 유류화재	**연소면**(화재면) 확대

기억법 **금마수**

※ **주수소화** : 물을 뿌려 소화하는 방법

답 ①

★★★
13
20.09.문01 16.10.문14 14.03.문07

피난계획의 일반원칙 중 페일 세이프(fail safe)에 대한 설명으로 옳은 것은?

① 본능적 상태에서도 쉽게 식별이 가능하도록 그림이나 색채를 이용하는 것
② 피난구조설비를 반드시 이동식으로 하는 것
③ 피난수단을 조작이 간편한 원시적 방법으로 설계하는 것
④ 한 가지 피난기구가 고장이 나도 다른 수단을 이용할 수 있도록 고려하는 것

해설
① Fool proof
② Fool proof : 이동식 → 고정식
③ Fool proof
④ Fail safe

페일 세이프(fail safe)와 **풀 프루프**(fool proof)

용 어	설 명
페일 세이프 (fail safe)	• 한 가지 피난기구가 고장이 나도 다른 수단을 이용할 수 있도록 고려하는 것 보기 ④ • 한 가지가 고장이 나도 다른 수단을 이용하는 원칙 • **두 방향**의 피난동선을 항상 확보하는 원칙
풀 프루프 (fool proof)	• 피난경로는 **간단명료**하게 한다. • 피난구조설비는 **고정식 설비**를 위주로 설치한다. 보기 ② • 피난수단은 **원시적 방법**에 의한 것을 원칙으로 한다. 보기 ③ • 피난통로를 **완전불연화**한다. • 막다른 복도가 없도록 계획한다. • 간단한 **그림**이나 **색채**를 이용하여 표시한다. 보기 ①

기억법 **풀그색 간고원**

답 ④

★★
14
17.05.문14 09.05.문15

다음 중 열전도율이 가장 작은 것은?

① 알루미늄
② 철재
③ 은
④ 암면(광물섬유)

해설 27℃에서 **물질**의 **열전도율**

물 질	열전도율
암면(광물섬유) 보기 ④	0.046W/m · ℃
철재 보기 ②	80.3W/m · ℃
알루미늄 보기 ①	237W/m · ℃
은 보기 ③	427W/m · ℃

중요

열전도와 **관계있는 것**
(1) 열전도율[kcal/m · h · ℃, W/m · deg]
(2) 비열[cal/g · ℃]
(3) 밀도[kg/m^3]
(4) 온도[℃]

답 ④

★★
15
21.05.문04 16.10.문11

정전기에 의한 발화과정으로 옳은 것은?

① 방전 → 전하의 축적 → 전하의 발생 → 발화
② 전하의 발생 → 전하의 축적 → 방전 → 발화
③ 전하의 발생 → 방전 → 전하의 축적 → 발화
④ 전하의 축적 → 방전 → 전하의 발생 → 발화

해설 **정전기**의 **발화과정**

전하의 **발**생 → 전하의 **축**적 → **방**전 → 발화

기억법 **발축방**

답 ②

★★
16
14.09.문19 07.09.문10

0℃, 1atm 상태에서 부탄(C_4H_{10}) 1mol을 완전연소시키기 위해 필요한 산소의 mol수는?

① 2
② 4
③ 5.5
④ 6.5

해설 **연소**시키기 위해서는 O_2가 필요하므로

$aC_4H_{10} + bO_2 \rightarrow cCO_2 + dH_2O$

C : $4\overset{2}{a} = \overset{8}{c}$

H : $10\overset{2}{a} = 2\overset{10}{d}$

O : $2\overset{13}{b} = 2\overset{8}{c} + \overset{10}{d}$

$2C_4H_{10}+13O_2 \rightarrow 8CO_2+10H_2O$

↑ ↑

2몰 ✕ 13몰

1몰 　 x

$2x=13$

$x=\frac{13}{2}=6.5$몰

중요

발생물질

완전연소	불완전연소
CO_2+H_2O	$CO+H_2O$

답 ④

★★

17 다음 중 연소시 아황산가스를 발생시키는 것은?

17.05.문08
07.09.문11

① 적린
② 황
③ 트리에틸알루미늄
④ 황린

해설 $S+O_2 \rightarrow SO_2$

↑ ↑ ↑

황 산소 아황산가스

답 ②

★★★

18 pH 9 정도의 물을 보호액으로 하여 보호액 속에 저장하는 물질은?

18.03.문07
14.05.문20
07.09.문12

① 나트륨 ② 탄화칼슘
③ 칼륨 ④ 황린

해설 **저장물질**

물질의 종류	보관장소
• **황**린 보기 ④ • **이**황화탄소(CS_2)	• **물**속 기억법 **황이물**
• 나이트로셀룰로오스	• 알코올 속
• 칼륨(K) 보기 ③ • 나트륨(Na) 보기 ① • 리튬(Li)	• 석유류(등유) 속
• 탄화칼슘(CaC_2) 보기 ②	• 습기가 없는 밀폐용기
• 아세틸렌(C_2H_2)	• 디메틸포름아미드(DMF) • 아세톤 문제 19

참고

물질의 발화점

물질의 종류	발화점
• 황린	30~50℃
• 황화인 • 이황화탄소	100℃
• 나이트로셀룰로오스	180℃

답 ④

★★★

19 아세틸렌 가스를 저장할 때 사용되는 물질은?

18.03.문07
14.05.문20
07.09.문12

① 벤젠
② 톨루엔
③ 아세톤
④ 에틸알코올

해설 문제 18 참조

답 ③

★

20 연소의 4대 요소로 옳은 것은?

① 가연물－열－산소－발열량
② 가연물－열－산소－순조로운 연쇄반응
③ 가연물－발화온도－산소－반응속도
④ 가연물－산화반응－발열량－반응속도

해설 **연소의 3요소와 4요소**

연소의 3요소	연소의 4요소
• 가연물(연료) • 산소공급원(산소, 공기) • 점화원(점화에너지, 열)	• **가연물**(연료) • 산소공급원(**산소**, 공기) • 점화원(점화에너지, **열**) • **연쇄반응**(순조로운 연쇄반응)

기억법 연4(연사)

답 ②

제 2 과목 소방전기일반

★

21 220V용 100W 전구와 200W 전구를 직렬로 연결하여 220V의 전원에 연결하면? (단, 각 전구의 밝기 효율[lm/W]은 같다.)

① 두 전구 모두 안 켜진다.
② 두 전구의 밝기가 같다.
③ 100W의 전구가 더 밝다.
④ 200W의 전구가 더 밝다.

해설 (1) **기호**

- V : 220V
- P_{100} : 100W
- P_{200} : 200W

(2) **전력**

$$P=VI=I^2R=\frac{V^2}{R}\,[\text{W}]$$

여기서, P : 전력[W], V : 전압[V]
I : 전류[A], R : 저항[Ω]

- 저항이 변하지 않으므로 $P=I^2R=\frac{V^2}{R}$식을 적용해야 함. 저항이 변하지 않을 때는 $P=VI$식을 적용할 수 없음

$P=\frac{V^2}{R}$에서

전력을 저항으로 환산하면 다음 그림과 같다.

㉠ 100W

$$R_{100}=\frac{V^2}{P_{100}}=\frac{220^2}{100}=484\,\Omega$$

㉡ 200W

$$R_{200}=\frac{V^2}{P_{200}}=\frac{220^2}{200}=242\,\Omega$$

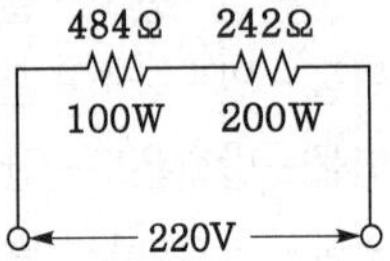

전력을 저항으로 환산한 등가회로에서 **전류**가 **일정**하므로 $P=I^2R\propto R$이 된다.

그러므로 **100W 전구**가 200W 전구보다 더 **밝다.**

답 ③

★
22 회전자 입력 100kW, 슬립 4%인 3상 유도전동기의 2차 동손〔kW〕은?

① 0.004
② 0.04
③ 0.4
④ 4

해설 (1) **기호**

- P_2 : 100kW
- s : 4%=0.04
- P_{c2} : ?

(2) **2차 동손**

$$P_{c2}=sP_2$$

여기서, P_{c2} : 2차 동손〔kW〕
s : 슬립
P_2 : 회전자 입력〔kW〕

2차 동손 P_{c2}는

$P_{c2}=sP_2=0.04\times100=4\text{kW}$

비교

전동기 출력

$$P_0=(1-s)P_2$$

여기서, P_0 : 전동기 출력〔kW〕
s : 슬립
P_2 : 회전자 입력〔kW〕

답 ④

★★★
23 각 상의 임피던스가 $Z=6+j8\,\Omega$인 △결선의 평형 3상 부하에 선간전압이 220V인 대칭 3상 전압을 가했을 때 이 부하로 흐르는 선전류의 크기는 약 몇 A인가?

22.03.문37
21.09.문35
16.10.문21
12.05.문21
03.05.문34

① 13
② 22
③ 38
④ 66

해설 (1) **기호**

- Z : $6+j8\,\Omega$
- V_L : 220V
- I_L : ?

(2) **△결선 vs Y결선**

△결선	Y결선
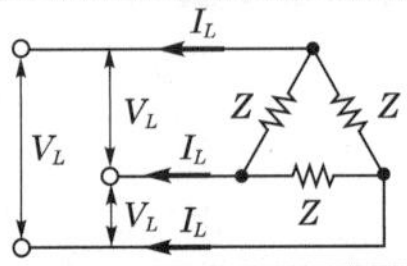	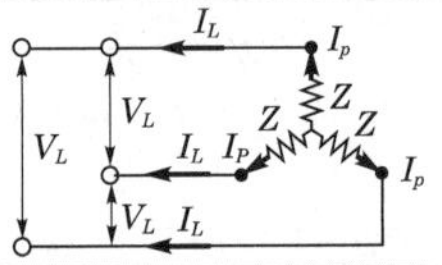
$I_L=\frac{\sqrt{3}\,V_L}{Z}=\frac{\sqrt{3}\,V_P}{Z}$ $I_L=\sqrt{3}\,I_P$	$I_L=I_P=\frac{V_L}{\sqrt{3}\,Z}$ $I_L=I_P$
여기서, I_L : 선전류〔A〕 V_L : 선간전압〔V〕 Z : 임피던스〔Ω〕 I_P : 상전류〔A〕 V_P : 상전압〔V〕	여기서, I_L : 선전류〔A〕 I_P : 상전류〔A〕 V_L : 선간전압〔V〕 Z : 임피던스〔Ω〕

△결선 선전류 I_L는

$$I_L=\frac{\sqrt{3}\,V_L}{Z}=\frac{\sqrt{3}\times220}{6+j8}=\frac{\sqrt{3}\times220}{\sqrt{6^2+8^2}}\fallingdotseq38\text{A}$$

답 ③

★★★
24 0.5kVA의 수신기용 변압기가 있다. 이 변압기의 철손은 7.5W이고, 전부하동손은 16W이다. 화재가 발생하여 처음 2시간은 전부하로 운전되고, 다음 2시간은 $\frac{1}{2}$의 부하로 운전되었다고 한다. 4시간에 걸친 이 변압기의 전손실전력량은 몇 Wh인가?

21.09.문30
17.09.문30
11.03.문29

① 62
② 70
③ 78
④ 94

해설 (1) 기호
- P_i : 7.5W
- P_c : 16W
- t : 2h
- $\frac{1}{2}$ 부하가 걸렸으므로 $\frac{1}{n}=\frac{1}{2}$
- W : ?

(2) 전손실전력량

$$W=[P_i+P_c]t+\left[P_i+\left(\frac{1}{n}\right)^2P_c\right]t$$

여기서, W : 전손실전력량〔Wh〕
P_i : 철손〔W〕
P_c : 동손〔W〕
t : 시간〔h〕
n : 부하가 걸리는 비율

$W=[7.5+16]\times2+\left[7.5+\left(\frac{1}{2}\right)^2\times16\right]\times2=$70Wh

답 ②

★★★
25 유도전동기의 슬립이 5.6%이고 회전자속도가 1700rpm일 때, 이 유도전동기의 동기속도는 약 몇 rpm인가?

22.03.문34
21.05.문26
18.03.문29

① 1000 ② 1200
③ 1500 ④ 1800

해설 (1) 기호
- N : 1700rpm
- s : 5.6%=0.056
- N_s : ?

(2) 동기속도 …… ㉠

$$N_s=\frac{120f}{P}$$

여기서, N_s : 동기속도〔rpm〕, f : 주파수〔Hz〕
P : 극수

(3) 회전속도 …… ㉡

$$N=\frac{120f}{P}(1-s)\text{〔rpm〕}$$

여기서, N : 회전속도〔rpm〕, P : 극수
f : 주파수〔Hz〕, s : 슬립

㉠식을 ㉡식에 대입하면

$$N=N_s(1-s)$$

동기속도 N_s는

$N_s=\frac{N}{(1-s)}=\frac{1700}{(1-0.056)}\fallingdotseq$1800rpm

답 ④

★
26 그림에서 전압계의 지시값이 100V이고 전류계의 지시값이 5A일 때 부하전력은 몇 W인가? (단, 전류계의 내부저항은 0.4Ω이다.)

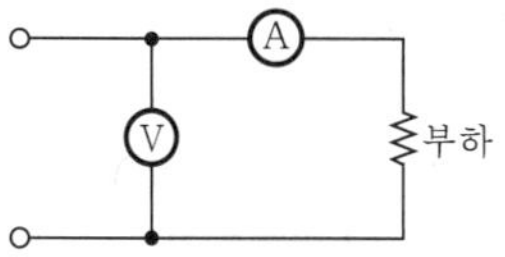

① 490 ② 500
③ 520 ④ 540

해설 (1) 회로 재구성
전류계의 **내부저항**까지 고려하여 회로를 다시 그리면

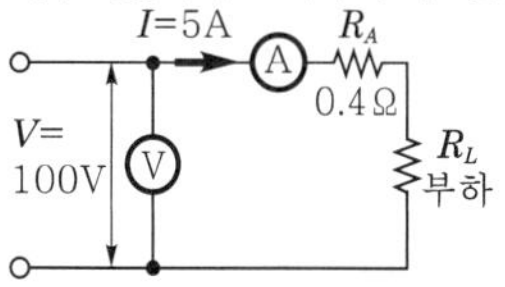

(2) 전압

$$V=IR$$

여기서, V : 전압〔V〕
I : 전류〔A〕
R : 저항〔Ω〕

전압 V는
$V=I(R_A+R_L)$
$100=5(0.4+R_L)$
$\frac{100}{5}=0.4+R_L$ ← 좌우 이항
$0.4+R_L=\frac{100}{5}$
$R_L=\frac{100}{5}-0.4=19.6\,\Omega$

(3) 부하전력

$$P_L=VI=I^2R_L=\frac{V^2}{R_L}$$

여기서, P_L : 부하전력〔W〕
V : 전압〔V〕
I : 전류〔A〕
R_L : 부하저항〔Ω〕

부하전력 $P_L=I^2R_L=5^2\times19.6=490\text{W}$

- 부하전력=소비전력=유효전력

답 ①

★★★
27 어떤 회로에 $v(t)=150\sin\omega t$〔V〕의 전압을 가하니 $i(t)=12\sin(\omega t-30°)$〔A〕의 전류가 흘렀다. 이 회로의 소비전력(유효전력)은 약 몇 W인가?

21.03.문34
19.09.문34
12.03.문31

① 390 ② 450
③ 780 ④ 900

해설 중요

cos → sin 변경	sin → cos 변경
+90° 붙임	−90° 붙임

$v(t)=V_m\sin\omega t=150\sin\omega t=150\cos(\omega t-90°)$〔V〕
$i(t)=I_m\sin\omega t=12\sin(\omega t-30°)$
$=12\cos(\omega t-30°-90°)=12\cos(\omega t-120°)$〔A〕

(1) **전압**의 **최대값**

$$V_m = \sqrt{2}\,V$$

여기서, V_m : 전압의 최대값[V]
V : 전압의 실효값[V]

전압의 **실효값** V는

$$V = \frac{V_m}{\sqrt{2}} = \frac{150}{\sqrt{2}}\,\text{V}$$

(2) **전류**의 **최대값**

$$I_m = \sqrt{2}\,I$$

여기서, I_m : 전류의 최대값[A]
I : 전류의 실효값[A]

전류의 **실효값** I는

$$I = \frac{I_m}{\sqrt{2}} = \frac{12}{\sqrt{2}}\,\text{A}$$

(3) **소비전력**

$$P = VI\cos\theta$$

여기서, P : 소비전력[W]
V : 전압의 실효값[V]
I : 전류의 실효값[A]
θ : 위상차[rad]

소비전력 P는

$$P = VI\cos\theta$$
$$= \frac{150}{\sqrt{2}} \times \frac{12}{\sqrt{2}} \times \cos(-90-(-120))^\circ$$
$$= \frac{150}{\sqrt{2}} \times \frac{12}{\sqrt{2}} \times \cos 30^\circ \fallingdotseq 780\text{W}$$

• 소비전력=유효전력=부하전력

답 ③

28 다음 중 강자성체에 속하지 않는 것은?

[20.08.문23]

① 니켈 ② 알루미늄
③ 코발트 ④ 철

해설

② 알루미늄 : 상자성체

자성체의 **종류**

자성체	종 류
상자성체 (paramagnetic material)	① **알**루미늄(Al) 보기 ② ② **백**금(Pt) 기억법 **상알백**
반자성체 (diamagnetic material)	① 금(Au) ② 은(Ag) ③ 구리(동)(Cu) ④ 아연(Zn) ⑤ 탄소(C)
강자성체 (ferromagnetic material)	① **니**켈(Ni) 보기 ① ② **코**발트(Co) 보기 ③ ③ **망**가니즈(Mn) ④ **철**(Fe) 보기 ④ 기억법 **강니코망철** • **자기차폐**와 관계 깊음

답 ②

29 그림과 같은 다이오드 게이트 회로에서 출력전압은? (단, 다이오드 내의 전압강하는 무시한다.)

[18.09.문27] [11.06.문22] [09.08.문34] [08.03.문24]

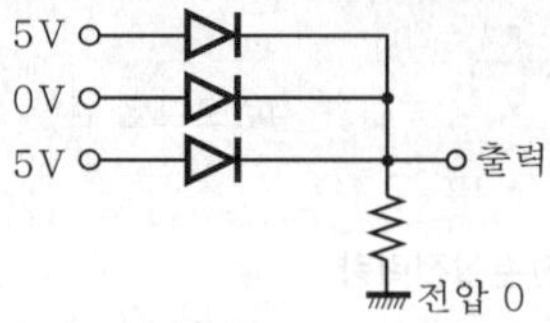

① 10V ② 5V
③ 1V ④ 0V

해설 OR 게이트이므로 입력신호 중 5V, 0V, 5V 중 **어느 하나**라도 **5V**이면 출력신호 X가 **5**가 된다.

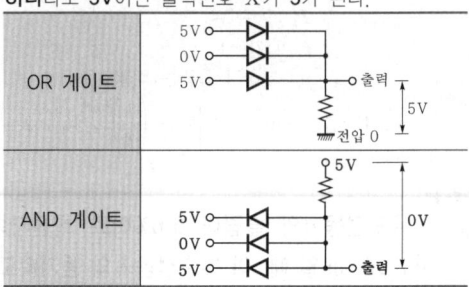

OR 게이트	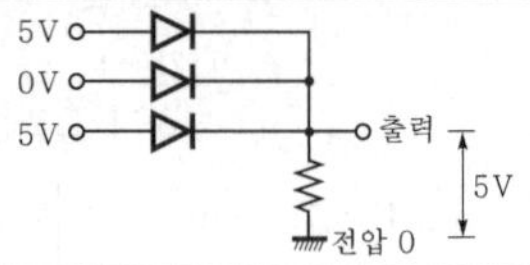
AND 게이트	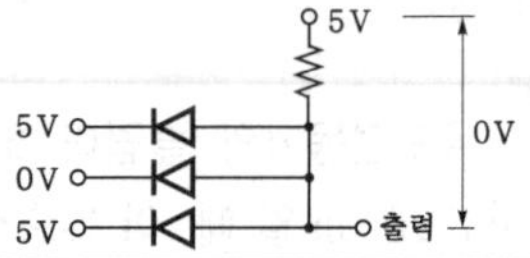

중요

논리회로

명 칭	회 로
AND 게이트	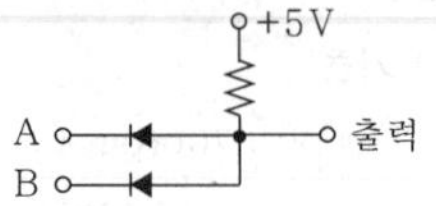
	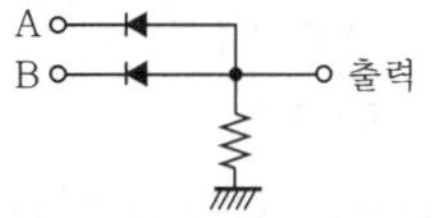
OR 게이트	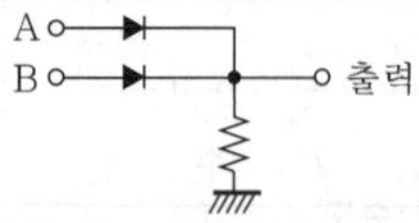 보기 ②
	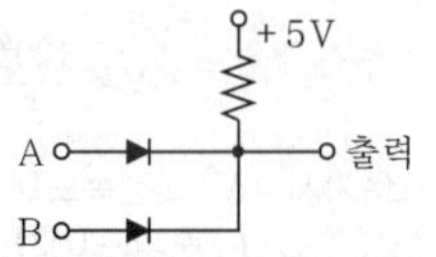
NOR 게이트	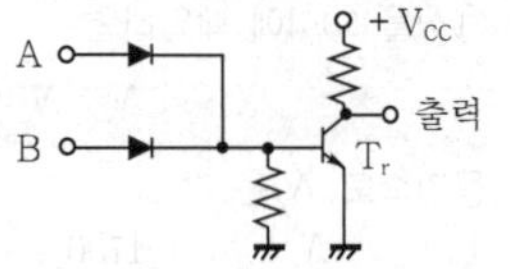
NAND 게이트	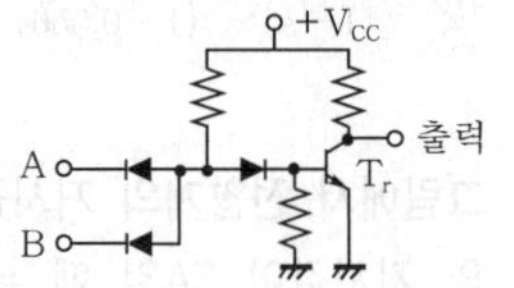

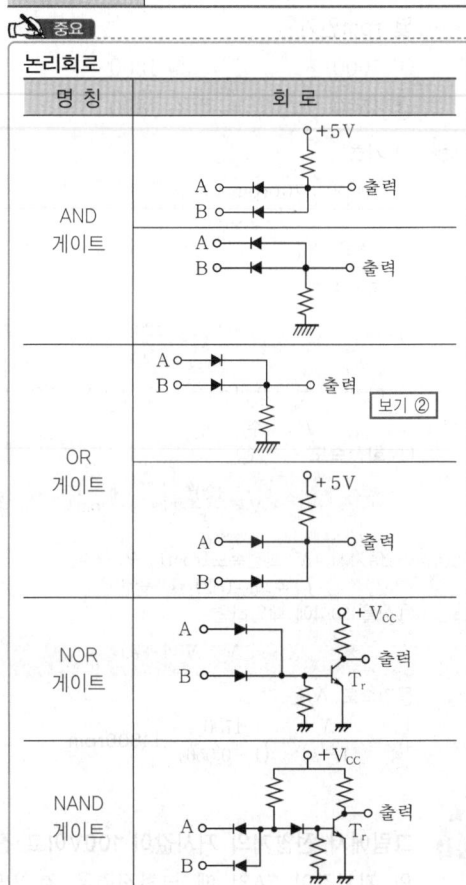

답 ②

30 ★★

22.04.문33
21.03.문25

테브난의 정리를 이용하여 그림 (a)의 회로를 그림 (b)와 같은 등가회로로 만들고자 할 때 V_{th}[V]와 R_{th}[Ω]은?

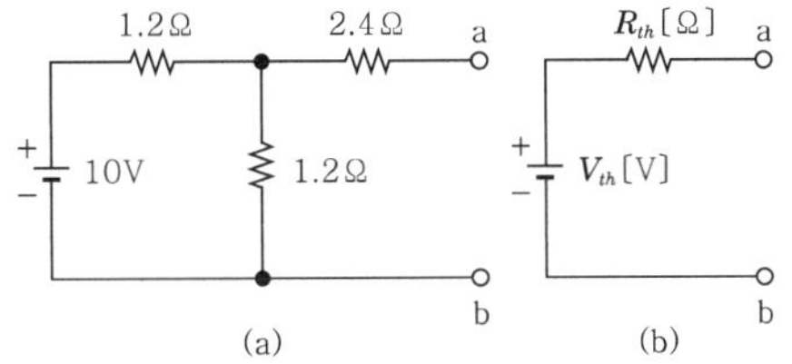

① 5V, 2Ω ② 5V, 3Ω
③ 6V, 2Ω ④ 6V, 3Ω

해설 **테브난**의 **정리**에 의해 2.4Ω에는 선압이 가해지지 않으므로

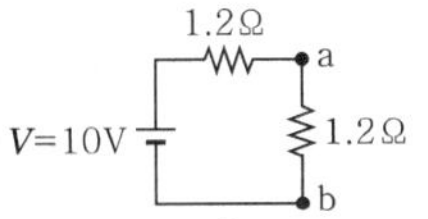

이해하기 쉽게 회로를 변형하면

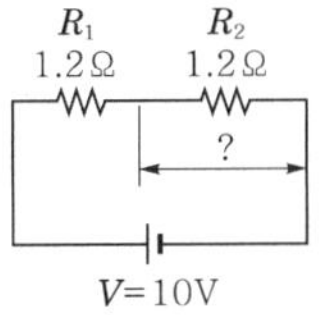

$$V_{th}=\frac{R_2}{R_1+R_2}V=\frac{1.2}{1.2+1.2}\times 10=5\text{V}$$

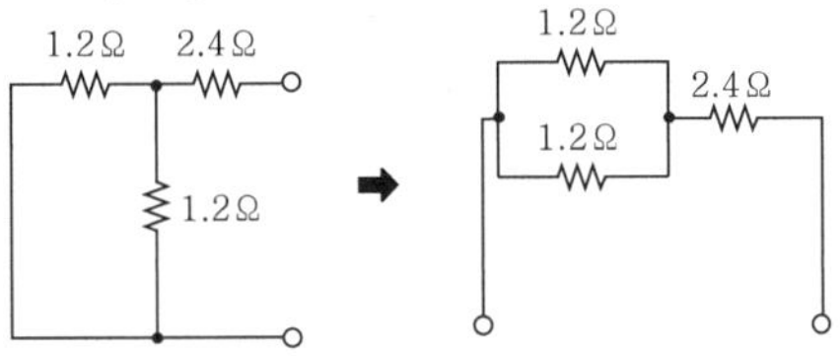

전압원을 **단락**하고 회로망에서 본 저항 R_{th}은

$$R_{th}=\frac{1.2\times1.2}{1.2+1.2}+2.4=3\Omega$$

용어

테브난의 **정리**(테브낭의 정리)
2개의 독립된 회로망을 접속하였을 때의 전압 · 전류 및 임피던스의 관계를 나타내는 정리

답 ②

31 ★★★

17.09.문32
16.05.문33
07.09.문22

공기 중에 1×10^{-7}C의 (+)전하가 있을 때, 이 전하로부터 15cm의 거리에 있는 점의 전장의 세기는 몇 V/m인가?

① 1×10^4
② 2×10^4
③ 3×10^4
④ 4×10^4

해설 (1) **기호**

- ε_s : 1(공기 중이므로 1)
- Q : 1×10^{-7}C
- r : 15cm=0.15m(100cm=1m)
- E : ?

(2) **전계**의 **세기**(intensity of electric field)

$$E=\frac{Q}{4\pi\varepsilon r^2}$$

여기서, E : 전계의 세기[V/m]
Q : 전하[C]
ε : 유전율[F/m]($\varepsilon=\varepsilon_0\cdot\varepsilon_s$)
r : 거리[m]

전계의 세기(전장의 세기) E는

$$E=\frac{Q}{4\pi\varepsilon r^2}=\frac{Q}{4\pi\varepsilon_0\varepsilon_s r^2}$$
$$=\frac{Q}{4\pi\varepsilon_0 r^2}$$
$$=\frac{(1\times10^{-7})}{4\pi\times(8.855\times10^{-12})\times0.15^2}$$
$$\fallingdotseq 40000$$
$$=4\times10^4\text{V/m}$$

- **진공**의 **유전율** : $\varepsilon_0=8.855\times10^{-12}$F/m
- **ε_s(비유전율) : 진공 중 또는 공기 중 $\varepsilon_s\fallingdotseq1$ 이므로** 생략

답 ④

32 ★★★

19.09.문30
13.09.문31
11.06.문34

내부저항이 200Ω이며 직류 120mA인 전류계를 6A까지 측정할 수 있는 전류계로 사용하고자 한다. 어떻게 하면 되겠는가?

① 24Ω의 저항을 전류계와 직렬로 연결한다.
② 12Ω의 저항을 전류계와 병렬로 연결한다.
③ 약 6.24Ω의 저항을 전류계와 직렬로 연결한다.
④ 약 4.08Ω의 저항을 전류계와 병렬로 연결한다.

해설 (1) **기호**

- R_A : 200Ω
- I : 120mA=120×10^{-3}A
- I_0 : 6A
- R_S : ?

(2) **분류기**

$$I_0=I\left(1+\frac{R_A}{R_S}\right)$$

여기서, I_0 : 측정하고자 하는 전류[A]
I : 전류계의 최대눈금[A]
R_A : 전류계 내부저항[Ω]
R_S : 분류기저항[Ω]

$$I_0 = I\left(1+\frac{R_A}{R_S}\right)$$

$$\frac{I_0}{I} = 1+\frac{R_A}{R_S}$$

$$\frac{I_0}{I} - 1 = \frac{R_A}{R_S}$$

$$R_S = \frac{R_A}{\frac{I_0}{I}-1} = \frac{200}{\frac{6}{(120\times10^{-3})}-1} = 4.08\,\Omega$$

• **분류기** : 전류계와 **병렬**접속

비교

배율기

$$V_0 = V\left(1+\frac{R_m}{R_v}\right)$$

여기서, V_0 : 측정하고자 하는 전압〔V〕
V : 전압계의 최대눈금〔V〕
R_v : 전압계의 내부저항〔Ω〕
R_m : 배율기저항〔Ω〕

• **배율기** : 전압계와 **직렬**접속

중요

전압계와 **전류계**의 **결선**

전압계	전류계
부하와 **병렬**연결	부하와 **직렬**연결

기억법 **압병(압병!합병!)**

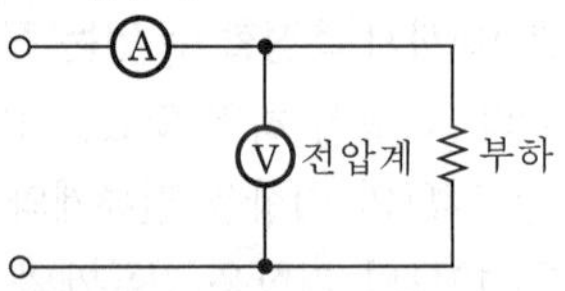

▌회로의 전압·전류 측정▌

답 ④

33

직류전압계와 직류계를 사용하여 부하전압과 전류를 측정하고자 할 때 연결방법으로 옳은 것은?

① 전압계는 부하와 병렬, 전류계는 부하와 직렬
② 전압계, 전류계 모두 부하와 병렬
③ 전압계는 부하와 직렬, 전류계는 부하와 병렬
④ 전압계, 전류계 모두 부하와 직렬

해설 **문제 32 참조**

비교

배율기 vs 분류기

배율기	분류기
전압계에 **직렬**연결	**전류계**에 **병렬**연결

답 ①

34

3상 교류 전원과 부하가 모두 △결선된 3상 평형 회로에서 전원전압이 200V, 부하 임피던스가 $6+j8\,\Omega$인 경우 선전류〔A〕의 크기는?

① 10 ② $\frac{20}{\sqrt{3}}$
③ 20 ④ $20\sqrt{3}$

해설 (1) **기호**

• V_l : 200V
• Z : $6+j8\,\Omega$
• I_l : ?

(2) **△결선**

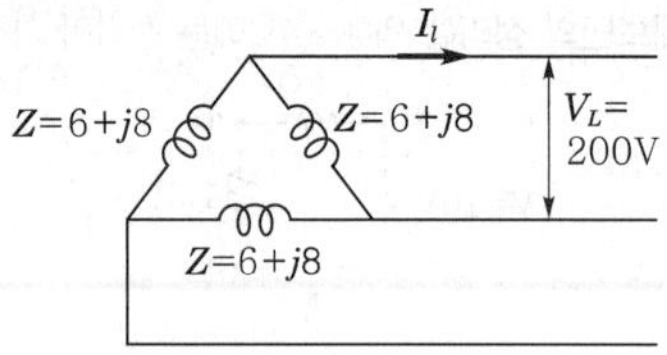

Y결선 : 선전류 $I_Y = \frac{V_l}{\sqrt{3}\,Z}$〔A〕

△결선 : 선전류 $I_\triangle = \frac{\sqrt{3}\,V_l}{Z}$〔A〕

여기서, V_l : 선간전압〔V〕, Z : 임피던스〔Ω〕

△결선이므로

$$선전류\ I_\triangle = \frac{\sqrt{3}\,V_l}{Z} = \frac{\sqrt{3}\times200}{6+j8} = \frac{\sqrt{3}\times200}{\sqrt{6^2+8^2}} = 20\sqrt{3}\,\text{A}$$

답 ④

35

소화펌프에 연결하는 전동기의 용량은 약 몇 kW 인가? (단, 전동기 효율은 0.9, 토출량은 2.4m³/min, 전양정은 90m, 전달계수는 1.1이다.)

09.03.문34

① 36 ② 43
③ 52 ④ 63

해설 (1) **기호**

• P : ?
• η : 0.9
• Q : 2.4m³
• t : 1min=60s(2.4m³/**min**에서 t=1min)
• H : 90m
• K : 1.1

(2) **전동기 용량**

$$P\eta t = 9.8KHQ$$

여기서, P : 전동기 용량〔kW〕, η : 효율
t : 시간〔s〕, K : 여유계수
H : 전양정〔m〕, Q : 양수량〔m³〕

전동기 용량 P는

$$P=\frac{9.8KHQ}{\eta t}$$

$$=\frac{9.8\times1.1\times90\times2.4}{0.9\times60}=43.12 \fallingdotseq 43\text{kW}$$

답 ②

★★★
36

14.05.문20
07.09.문12

회로에서 스위치 S를 닫았을 때 전류계는 24A를 지시하였다. 스위치 S를 열었을 때 전류계의 지시는 약 몇 A인가?

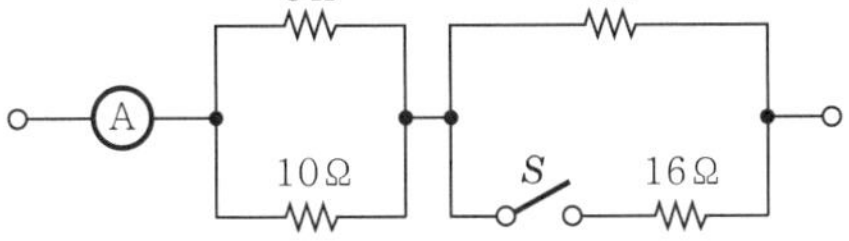

① 16 ② 18
③ 24 ④ 30

해설 (1) **기호**

- I_1 : 24A
- I_2 : ?

(2) 스위치를 닫았을 때 저항 R_T

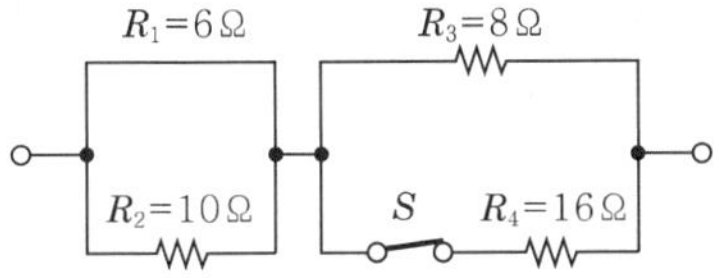

$$R_T=\frac{R_1\times R_2}{R_1+R_2}+\frac{R_3\times R_4}{R_3+R_4}=\frac{6\times8}{6+10}+\frac{8\times16}{8+16}$$

$$\fallingdotseq 9.08\,\Omega$$

(3) 스위치를 열었을 때 저항 R_{T2}

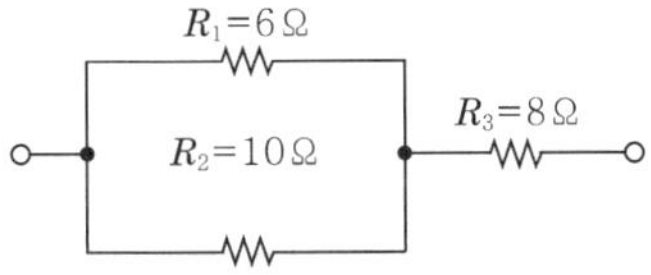

$$R_{T2}=\frac{R_1\times R_2}{R_1+R_2}+R_3=\frac{6\times10}{6+10}+8=11.75\,\Omega$$

(4) 옴의 **법칙**

$$I=\frac{V(\text{비례})}{R(\text{반비례})}\propto\frac{1}{R}$$

여기서, I : 전류[A]
V : 전압[V]
R : 저항[Ω]

(5) $I_1 : \dfrac{1}{R_{T_1}}=I_2 : \dfrac{1}{R_{T_2}}$

$24 : \dfrac{1}{9.08}=I_2 : \dfrac{1}{11.75}$

$\dfrac{1}{9.08}I_2=\dfrac{24}{11.75}$

$I_2=\dfrac{24}{11.75}\times9.08 \fallingdotseq 18.5\text{A}$ (∴ 가장 가까운 18A 선택)

답 ②

★★★
37

19.09.문37
15.05.문28
10.09.문39
98.10.문38

반파정류회로를 통해 정현파를 정류하여 얻은 반파정류파의 최대값이 1일 때, 실효값과 평균값은?

① $\dfrac{1}{\sqrt{2}}$, $\dfrac{2}{\pi}$ ② $\dfrac{1}{2}$, $\dfrac{\pi}{2}$
③ $\dfrac{1}{\sqrt{2}}$, $\dfrac{\pi}{2\sqrt{2}}$ ④ $\dfrac{1}{2}$, $\dfrac{1}{\pi}$

해설 **최대값 · 실효값 · 평균값**

파 형	최대값	실효값	평균값
① 정현파 ② 전파정류파	1	$\frac{1}{\sqrt{2}}$	$\frac{2}{\pi}$
③ 반구형파	1	$\frac{1}{\sqrt{2}}$	$\frac{1}{2}$
④ 삼각파(3각파) ⑤ 톱니파	1	$\frac{1}{\sqrt{3}}$	$\frac{1}{2}$
⑥ 구형파	1	1	1
⑦ 반파정류파 보기 ④	1 →	$\frac{1}{2}$	$\frac{1}{\pi}$

답 ④

★
38

다음 회로에서 전류 I는 몇 A인가?

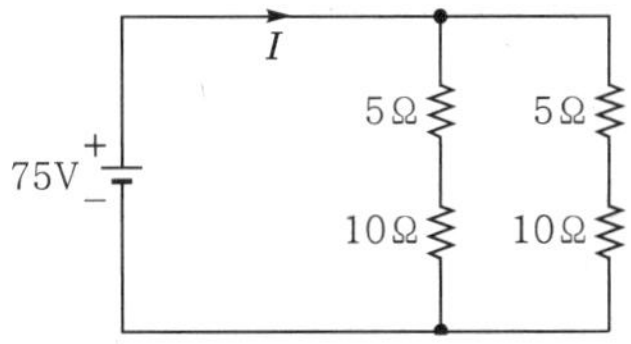

① 6 ② 8
③ 10 ④ 14

해설 회로를 이해하기 쉽도록 하기 위해 왼쪽으로 90도 돌려보면서 그림을 다시 그리면

(1) **병렬합성저항**

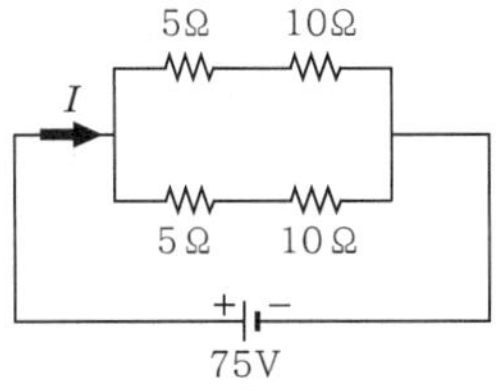

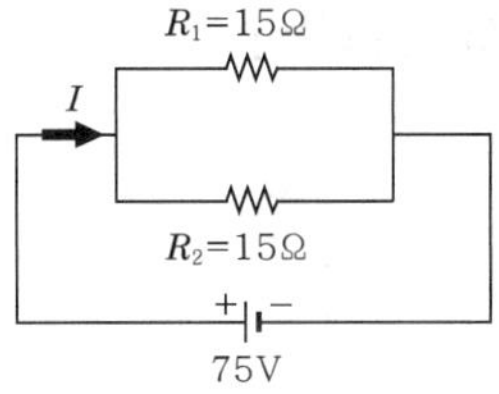

병렬합성저항 R은

$$R=\frac{R_1\times R_2}{R_1+R_2}=\frac{15\times15}{15+15}\fallingdotseq7.5$$

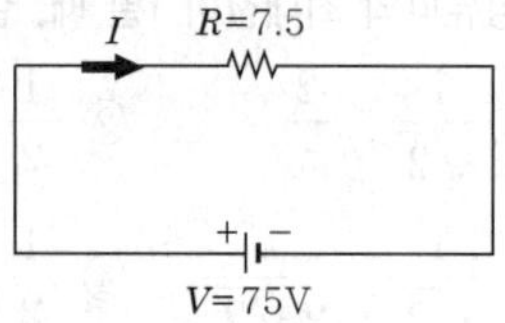

(2) **전류**

$$I=\frac{V}{R}$$

여기서, I : 전류[A]
V : 전압[V]
R : 저항[Ω]

전류 I는

$$I=\frac{V}{R}=\frac{75}{7.5}=10\text{A}$$

답 ③

★★★
39 제어량이 온도, 압력, 유량 및 액면 등과 같은 일반 공업량일 때의 제어방식은?

19.04.문28 / 16.10.문35 / 16.05.문22 / 16.03.문32 / 15.05.문23 / 15.03.문22 / 14.09.문23 / 13.09.문27 / 11.03.문30

① 추종제어
② 프로세스제어
③ 프로그램제어
④ 시퀀스제어

해설 **제어량**에 의한 **분류**

분류방법	제어량
프로세스제어 (공정제어) 보기 ②	• **온**도 • **압**력 • **유**량 • **액**면 **기억법** 프온압유액
서보기구	• **위**치 • **방**위 • **자**세 **기억법** 서위방자
자동조정	• **전**압 • **전**류 • **주**파수 • **회**전속도(발전기의 속도조절기) • **장**력 **기억법** 전전주회장

답 ②

★★★
40 그림과 같은 오디오 회로에서 스피커 저항이 8Ω이고, 증폭기 회로의 저항이 288Ω이다. 이 변압기의 권수비는?

16.05.문31 / 13.06.문33 / 12.03.문35 / 07.05.문34

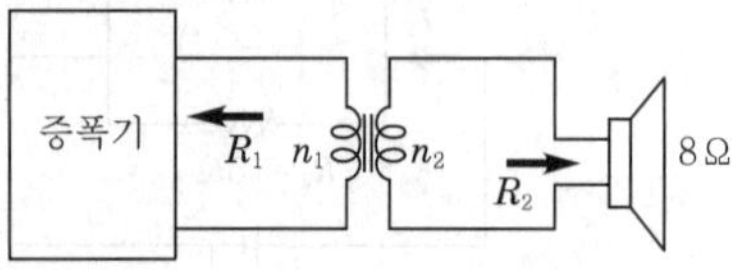

① 6 ② 7
③ 36 ④ 42

해설 (1) **기호**

- R_2 : 8Ω
- R_1 : 288Ω
- a : ?

(2) **권수비**

$$a=\frac{N_1}{N_2}=\frac{V_1}{V_2}=\frac{I_2}{I_1}=\sqrt{\frac{R_1}{R_2}}$$

여기서, a : 권수비
N_1 : 1차 코일권수
N_2 : 2차 코일권수
V_1 : 1차 교류전압[V]
V_2 : 2차 교류전압[V]
I_1 : 1차 전류[A]
I_2 : 2차 전류[A]
R_1 : 1차 저항[Ω]
R_2 : 2차 저항[Ω]

권수비 a는

$$a=\sqrt{\frac{R_1}{R_2}}=\sqrt{\frac{288}{8}}=6$$

답 ①

제 3 과목 소방관계법규

★★★
41 위험물안전관리법령에 따라 위험물안전관리자를 해임하거나 퇴직한 때에는 해임하거나 퇴직한 날부터 며칠 이내에 다시 안전관리자를 선임하여야 하는가?

19.03.문59 / 18.03.문56 / 16.10.문54 / 16.03.문55 / 11.03.문56

① 30일 ② 35일
③ 40일 ④ 55일

해설 **30일**

(1) 소방시설업 등록사항 변경신고(공사업규칙 6조)
(2) **위험물안전관리자의 재선임**(위험물안전관리법 15조) 보기 ①
(3) 소방안전관리자의 재선임(화재예방법 시행규칙 14조)
(4) **도급계약 해지**(공사업법 23조)
(5) 소방시설공사 중요사항 변경시의 신고일(공사업규칙 12조)
(6) 소방기술자 실무교육기관 지정서 발급(공사업규칙 32조)
(7) 소방공사감리자 변경서류 제출(공사업규칙 15조)
(8) **승계**(위험물법 10조)
(9) 위험물안전관리자의 직무대행(위험물법 15조)
(10) 탱크시험자의 변경신고일(위험물법 16조)

답 ①

★
42 위험물안전관리법령상 제조소 또는 일반취급소의 위험물취급탱크 노즐 또는 맨홀을 신설하는 경우, 노즐 또는 맨홀의 직경이 몇 mm를 초과하는 경우에 변경허가를 받아야 하는가?

① 250 ② 300
③ 450 ④ 600

해설 **위험물규칙 〔별표 1의 2〕**
제조소 또는 일반취급소의 변경허가

(1) **제조소** 또는 **일반취급소**의 **위치**를 **이전**하는 경우
(2) 건축물의 벽·기둥·바닥·보 또는 지붕을 **증설** 또는 **철거**하는 경우
(3) **배출설비**를 **신설**하는 경우
(4) 위험물취급탱크를 신설·교체·철거 또는 보수(탱크의 본체를 절개)하는 경우
(5) 위험물취급탱크의 **노즐** 또는 **맨홀**을 신설하는 경우(노즐 또는 맨홀의 직경이 **250mm**를 초과하는 경우) 보기 ①
(6) 위험물취급탱크의 **방유제**의 **높이** 또는 방유제 내의 **면적**을 **변경**하는 경우
(7) 위험물취급탱크의 탱크전용실을 **증설** 또는 **교체**하는 경우
(8) **300m**(지상에 설치하지 아니하는 배관은 **30m**)를 초과하는 위험물배관을 신설·교체·철거 또는 보수(배관 절개)하는 경우
(9) 불활성기체의 봉입장치를 **신설**하는 경우

기억법 노맨 250mm

답 ①

★★★
43

19.04.문49
15.09.문57
10.03.문57

화재의 예방 및 안전관리에 관한 법령에 따라 소방안전관리대상물의 관계인이 소방안전관리업무에서 소방안전관리자를 선임하지 아니하였을 때 벌금기준은?

① 100만원 이하　② 1000만원 이하
③ 200만원 이하　④ 300만원 이하

해설 **300만원 이하**의 **벌금**

(1) 화재안전조사를 정당한 사유없이 거부·방해·기피(화재예방법 50조)
(2) **소방안전관리자**, **총괄소방안전관리자** 또는 **소방안전관리보조자 미선임**(화재예방법 50조) 보기 ④
(3) 위탁받은 업무종사자의 **비밀누설**(소방시설법 59조)
(4) 성능위주설계평가단 비밀누설(소방시설법 59조)
(5) 방염성능검사 합격표시 위조(소방시설법 59조)
(6) 다른 자에게 자기의 성명이나 상호를 사용하여 소방시설공사 등을 수급 또는 시공하게 하거나 소방시설업의 등록증·**등록수첩을 빌려준 자**(공사업법 37조)
(7) **감리원 미배치자**(공사업법 37조)
(8) 소방기술인정 자격수첩을 빌려준 자(공사업법 37조)
(9) **2 이상의 업체에 취업**한 자(공사업법 37조)
(10) 소방시설업자나 관계인 감독시 관계인의 업무를 방해하거나 비밀누설(공사업법 37조)

기억법 비3(비상)

답 ④

★★★
44

22.09.문56
20.09.문57
13.09.문46

소방기본법령상 소방안전교육사의 배치대상별 배치기준으로 틀린 것은?

① 소방청 : 2명 이상 배치
② 소방본부 : 2명 이상 배치
③ 소방서 : 1명 이상 배치
④ 한국소방안전원(본회) : 1명 이상 배치

해설 ④ 1명 이상 → 2명 이상

기본령 〔별표 2의 3〕
소방안전교육사의 배치대상별 배치기준

배치대상	배치기준
소방서	• **1명** 이상 보기 ③
한국소방안전원	• 시·도지부 : **1명** 이상 • 본회 : **2명** 이상 보기 ④
소방본부	• **2명** 이상 보기 ②
소방청	• **2명** 이상 보기 ①
한국소방산업기술원	• **2명** 이상

답 ④

★★★
45

21.09.문52
19.04.문49
18.04.문58
15.09.문57
10.03.문57

피난시설, 방화구획 및 방화시설을 폐쇄·훼손·변경 등의 행위를 3차 이상 위반한 자에 대한 과태료는?

① 200만원　② 300만원
③ 500만원　④ 1000만원

해설 **소방시설법 61조**
300만원 이하의 과태료

(1) 소방시설을 **화재안전기준**에 따라 설치·관리하지 아니한 자
(2) 피난시설, 방화구획 또는 방화시설의 **폐쇄·훼손·변경** 등의 행위를 한 자 보기 ②
(3) **임시소방시설**을 설치·관리하지 아니한 자
(4) **점검기록표**를 기록하지 아니하거나 특정소방대상물의 출입자가 쉽게 볼 수 있는 장소에 게시하지 아니한 관계인

비교

소방시설법 시행령 〔별표 10〕
피난시설, 방화구획 또는 방화시설을 폐쇄·훼손·변경 등의 행위

1차 위반	2차 위반	3차 이상 위반
100만원	200만원	300만원

답 ②

★
46

20.06.문54

소방시설공사업법령상 소방공사감리를 실시함에 있어 용도와 구조에서 특별히 안전성과 보안성이 요구되는 소방대상물로서 소방시설물에 대한 감리를 감리업자가 아닌 자가 감리할 수 있는 장소는?

① 정보기관의 청사
② 교도소 등 교정관련시설
③ 국방 관계시설 설치장소
④ 원자력안전법상 관계시설이 설치되는 장소

해설 (1) **공사업법 시행령 8조**
감리업자가 아닌 자가 감리할 수 있는 보안성 등이 요구되는 소방대상물의 시공장소 「**원자력안전법**」 제2조 제10호에 따른 **관계시설**이 설치되는 장소 [보기 ④]

(2) **원자력안전법 2조 10호**
"**관계시설**"이란 **원자로**의 **안전**에 **관계**되는 **시설**로서 **대통령령**으로 정하는 것을 말한다.

답 ④

★★★
47
22.03.문44
20.09.문55
19.09.문50
17.09.문49
16.05.문53
13.09.문56

화재의 예방 및 안전관리에 관한 법령상 시·도지사는 화재가 발생할 우려가 높거나 화재가 발생하는 경우 그로 인하여 피해가 클 것으로 예상되는 지역을 화재예방강화지구로 지정할 수 있는데 다음 중 지정대상지역에 대한 기준으로 틀린 것은? (단, 소방청장·소방본부장 또는 소방서장이 화재예방강화지구로 지정할 필요가 있다고 별도로 인정하는 지역은 제외한다.)

① 소방출동로가 없는 지역
② 석유화학제품을 생산하는 공장이 있는 지역
③ 석조건물이 2채 이상 밀집한 지역
④ 공장이 밀집한 지역

해설 ③ 해당 없음

화재예방법 18조
화재예방강화지구의 지정
(1) **지정권자** : 시·도지사
(2) **지정지역**
㉠ **시장**지역
㉡ **공장·창고** 등이 밀집한 지역 [보기 ④]
㉢ **목조건물**이 밀집한 지역
㉣ **노후·불량** 건축물이 밀집한 지역
㉤ **위험물**의 **저장** 및 **처리시설**이 **밀집**한 지역
㉥ **석유화학제품**을 생산하는 공장이 있는 지역 [보기 ②]
㉦ **소방시설·소방용수시설** 또는 **소방출동로**가 **없는** 지역 [보기 ①]
㉧ 「**산업입지 및 개발에 관한 법률**」에 따른 산업단지
㉨ 「물류시설의 개발 및 운영에 관한 법률」에 따른 **물류단지**
㉩ **소방청장·소방본부장·소방서장**(소방관서장)이 화재예방강화지구로 지정할 필요가 있다고 인정하는 지역

※ **화재예방강화지구** : 화재발생 우려가 크거나 화재가 발생할 경우 피해가 클 것으로 예상되는 지역에 대하여 화재의 예방 및 안전관리를 강화하기 위해 지정·관리하는 지역

비교

기본법 19조
화재로 오인할 만한 불을 피우거나 연막소독시 신고지역
(1) **시장**지역
(2) **공장·창고**가 밀집한 지역
(3) **목조건물**이 밀집한 지역
(4) **위험물**의 **저장** 및 **처리시설**이 **밀집**한 지역
(5) **석유화학제품**을 생산하는 공장이 있는 지역
(6) 그 밖에 **시·도**의 **조례**로 정하는 지역 또는 장소

답 ③

★★★
48
22.09.문54
21.09.문54
17.09.문43

소방기본법령상 최대 200만원 이하의 과태료 처분 대상이 아닌 것은?

① 한국소방안전원 또는 이와 유사한 명칭을 사용한 자
② 소방활동구역을 대통령령으로 정하는 사람 외에 출입한 사람
③ 화재진압 구조·구급 활동을 위해 사이렌을 사용하여 출동하는 소방자동차에 진로를 양보하지 아니하여 출동에 지장을 준 자
④ 화재, 재난·재해, 그 밖의 위급한 상황이 발생한 구역에 소방본부장의 피난명령을 위반한 사람

해설 ④ 100만원 이하의 벌금

200만원 이하의 **과태료**
(1) 소방용수시설·소화기구 및 설비 등의 설치명령 위반(화재예방법 52조)
(2) 특수가연물의 저장·취급 기준 위반(화재예방법 52조)
(3) 한국119청소년단 또는 이와 유사한 명칭을 사용한 자(기본법 56조)
(4) 소방활동구역 출입(기본법 56조) [보기 ②]
(5) 소방자동차의 출동에 지장을 준 자(기본법 56조) [보기 ③]
(6) 한국소방안전원 또는 이와 유사한 명칭을 사용한 자(기본법 56조) [보기 ①]
(7) 관계서류 미보관자(공사업법 40조)
(8) **소방기술자 미배치자**(공사업법 40조)
(9) 완공검사를 받지 아니한 자(공사업법 40조)
(10) 방염성능기준 미만으로 방염한 자(공사업법 40조)
(11) 하도급 미통지자(공사업법 40조)
(12) 관계인에게 지위승계·행정처분·휴업·폐업 사실을 거짓으로 알린 자(공사업법 40조)

비교

100만원 이하의 벌금
(1) 관계인의 소방활동 미수행(기본법 20조)
(2) **피난명령** 위반(기본법 54조) [보기 ④]
(3) 위험시설 등에 대한 긴급조치 방해(기본법 54조)
(4) 거짓보고 또는 자료 미제출자(공사업법 38조)
(5) 관계공무원의 출입·조사·검사 방해(공사업법 38조)

기억법 **피1**(차일**피일**)

답 ④

★★
49 위험물안전관리법령상 제조소 또는 일반취급소에서 취급하는 제4류 위험물의 최대수량의 합이 지정수량의 24만배 이상 48만배 미만인 사업소의 관계인이 두어야 하는 화학소방자동차와 자체소방대원의 수의 기준으로 옳은 것은? (단, 화재, 그 밖의 재난발생시 다른 사업소 등과 상호응원에 관한 협정을 체결하고 있는 사업소는 제외한다.)

17.05.문52
11.10.문56

① 화학소방자동차-2대, 자체소방대원의 수-10인
② 화학소방자동차-3대, 자체소방대원의 수-10인
③ 화학소방자동차-3대, 자체소방대원의 수-15인
④ 화학소방자동차-4대, 자체소방대원의 수-20인

해설 위험물령 〔별표 8〕
자체소방대에 두는 화학소방자동차 및 인원

구 분	화학소방자동차	자체소방대원의 수
지정수량 3천~12만배 미만	1대	5인
지정수량 12~24만배 미만	2대	10인
지정수량 24~48만배 미만 보기 ③	**3대**	**15인**
지정수량 48만배 이상	4대	20인
옥외탱크저장소에 저장하는 제4류 위험물의 최대수량이 지정수량의 50만배 이상	2대	10인

답 ③

★
50 소방기본법령상 화재, 재난·재해 그 밖의 위급한 사항이 발생한 경우 소방대가 현장에 도착할 때까지 관계인의 소방활동에 포함되지 않는 것은?

① 불을 끄거나 불이 번지지 아니하도록 필요한 조치
② 소방활동에 필요한 보호장구 지급 등 안전을 위한 조치
③ 경보를 울리는 방법으로 사람을 구출하는 조치
④ 대피를 유도하는 방법으로 사람을 구출하는 조치

해설 ② 소방본부장·소방서장·소방대장의 업무(기본법 24조)

기본법 20조
관계인의 소방활동
(1) 불을 끔 보기 ①
(2) 불이 번지지 않도록 조치 보기 ①
(3) 사람구출(경보를 울리는 방법) 보기 ③
(4) 사람구출(대피유도 방법) 보기 ④

답 ②

★★★
51 화재의 예방 및 안전관리에 관한 법령상 소방안전관리대상물의 소방안전관리자의 업무가 아닌 것은?

21.03.문47
19.09.문01
18.04.문45
14.09.문52
14.03.문53
13.06.문48

① 자위소방대의 구성·운영·교육
② 소방시설공사
③ 소방계획서의 작성 및 시행
④ 소방훈련 및 교육

해설 ② 소방시설공사 : 소방시설공사업체

화재예방법 24조 ⑤항
관계인 및 소방안전관리자의 업무

특정소방대상물 (관계인)	소방안전관리대상물 (소방안전관리자)
① **피난시설**·**방화구획** 및 방화시설의 관리 ② **소방시설**, 그 밖의 소방 관련 시설의 관리 ③ **화기취급**의 감독 ④ 소방안전관리에 필요한 업무 ⑤ 화재발생시 초기대응	① **피난시설**·**방화구획** 및 방화시설의 관리 ② 소방시설, 그 밖의 소방 관련 시설의 관리 ③ **화기취급**의 감독 ④ 소방안전관리에 필요한 업무 ⑤ **소방계획서**의 작성 및 시행(대통령령으로 정하는 사항 포함) 보기 ③ ⑥ **자위소방대** 및 **초기대응체계**의 구성·운영·교육 보기 ① ⑦ 소방훈련 및 교육 보기 ④ ⑧ 소방안전관리에 관한 업무수행에 관한 기록·유지 ⑨ 화재발생시 초기대응

용어

특정소방대상물	소방안전관리대상물
① 다수인이 출입하는 곳으로서 소방시설 설치장소 ② 건축물 등의 규모·용도 및 수용인원 등을 고려하여 소방시설을 설치하여야 하는 소방대상물로서 대통령령으로 정하는 것	① 특급, 1급, 2급 또는 3급 소방안전관리자를 배치하여야 하는 건축물 ② **대통령령**으로 정하는 특정소방대상물

답 ②

★★★
52 위험물안전관리법령상 관계인이 예방규정을 정하여야 하는 제조소 등의 기준이 아닌 것은?

22.09.문53 20.09.문48 19.04.문53 17.03.문41 17.03.문55 15.09.문48 15.03.문58 14.05.문41 12.09.문52

① 지정수량의 10배 이상의 위험물을 취급하는 제조소
② 지정수량의 200배 이상의 위험물을 저장하는 옥외탱크저장소
③ 지정수량의 50배 이상의 위험물을 저장하는 옥외저장소
④ 지정수량의 150배 이상의 위험물을 저장하는 옥내저장소

해설

③ 50배 이상 → 100배 이상

위험물령 15조
예방규정을 정하여야 할 제조소 등

배 수	제조소 등
10배 이상	• 제조소 보기 ① • 일반취급소
100배 이상	• 옥외저장소 보기 ③
150배 이상	• 옥내저장소 보기 ④
200배 이상	• 옥외탱크저장소 보기 ②
모두 해당	• 이송취급소 • 암반탱크저장소

기억법 1 제일
0 외
5 내
2 탱

※ **예방규정**: 제조소 등의 화재예방과 화재 등 재해발생시의 비상조치를 위한 규정

답 ③

★★
53 소방기본법령상 소방기관이 소방업무를 수행하는 데에 필요한 인력과 장비 등에 관한 기준은 어느 영으로 정하는가?

16.10.문50 06.03.문59

① 대통령령
② 행정안전부령
③ 시·도의 조례
④ 국토교통부장관령

해설 **기본법 8·9조**
(1) 소방력의 기준: **행정안전부령**
(2) 소방장비 등에 대한 국고보조 기준: **대통령령**

※ **소방력**: 소방기관이 소방업무를 수행하는 데 필요한 **인력**과 **장비**

답 ②

★★★
54 소방시설 설치 및 관리에 관한 법령에 따른 방염성능기준 이상의 실내장식물 등을 설치하여야 하는 특정소방대상물의 기준 중 틀린 것은?

22.04.문52 17.09.문41 15.09.문42 11.10.문60

① 체력단련장 ② 11층 이상인 아파트
③ 종합병원 ④ 노유자시설

해설

② 아파트 제외

소방시설법 시행령 30조
방염성능기준 이상 적용 특정소방대상물
(1) 층수가 **11층 이상**인 것(아파트 제외: 2026. 12. 1. 삭제) 보기 ②
(2) 체력단련장, 공연장 및 종교집회장 보기 ①
(3) 문화 및 집회시설
(4) 종교시설
(5) 운동시설(수영장은 제외)
(6) 의료시설(종합병원, 정신의료기관) 보기 ③
(7) 의원, 치과의원, 한의원, 조산원, 산후조리원
(8) 교육연구시설 중 합숙소
(9) 노유자시설 보기 ④
(10) 숙박이 가능한 수련시설
(11) 숙박시설
(12) 방송국 및 촬영소
(13) 다중이용업소(단란주점영업, 유흥주점영업, 노래연습장의 영업장 등)

답 ②

★★★
55 위험물안전관리법령상 점포에서 위험물을 용기에 담아 판매하기 위하여 지정수량의 40배 이하의 위험물을 취급하는 장소의 취급소 구분으로 옳은 것은? (단, 위험물을 제조 외의 목적으로 취급하기 위한 장소이다.)

22.09.문55 20.08.문42 15.09.문44 08.09.문45

① 판매취급소 ② 주유취급소
③ 일반취급소 ④ 이송취급소

해설 **위험물령 [별표 3]**
위험물취급소의 구분

구 분	설 명
주유취급소	고정된 주유설비에 의하여 **자동차·항공기** 또는 **선박** 등의 연료탱크에 직접 주유하기 위하여 위험물을 취급하는 장소
판매취급소 보기 ①	**점포**에서 위험물을 용기에 담아 판매하기 위하여 지정수량의 **40배** 이하의 위험물을 취급하는 장소 기억법 **판4(판사 검사)**
이송취급소	배관 및 이에 부속된 설비에 의하여 위험물을 **이송**하는 장소
일반취급소	주유취급소·판매취급소·이송취급소 이외의 장소

답 ①

★★★
56 소방시설 설치 및 관리에 관한 법령상 제조 또는 가공공정에서 방염처리를 한 물품 중 방염대상물품이 아닌 것은?

22.04.문59
15.09.문09
13.09.문52
13.06.문53
12.09.문46
12.05.문46
12.03.문44

① 카펫
② 전시용 합판
③ 창문에 설치하는 커튼류
④ 두께 2mm 미만인 종이벽지

해설

④ 두께 2mm 미만인 종이벽지 → 두께 2mm 미만인 종이벽지 제외

소방시설법 시행령 31조
방염대상물품

제조 또는 가공 공정에서 방염처리를 한 물품	건축물 내부의 천장이나 벽에 부착하거나 설치하는 것
① 창문에 설치하는 커튼류(블라인드 포함) 보기 ③ ② 카펫 보기 ① ③ 벽지류(두께 2mm 미만인 종이벽지 제외) 보기 ④ ④ 전시용 합판 · 목재 또는 섬유판 보기 ② ⑤ 무대용 합판 · 목재 또는 섬유판 ⑥ 암막 · 무대막(영화상영관 · 가상체험 체육시설업의 스크린 포함) ⑦ 섬유류 또는 합성수지류 등을 원료로 하여 제작된 소파 · 의자(단란주점영업, 유흥주점영업 및 노래연습장업의 영업장에 설치하는 것만 해당)	① 종이류(두께 2mm 이상), 합성수지류 또는 섬유류를 주원료로 한 물품 ② 합판이나 목재 ③ 공간을 구획하기 위하여 설치하는 간이칸막이 ④ 흡음재(흡음용 커튼 포함) 또는 방음재(방음용 커튼 포함) ※ 가구류(옷장, 찬장, 식탁, 식탁용 의자, 사무용 책상, 사무용 의자, 계산대)와 너비 10cm 이하인 반자돌림대, 내부 마감재료 제외

답 ④

★★★
57 소방시설공사업법령상 지하층을 포함한 층수가 16층 이상 40층 미만인 특정소방대상물의 소방시설 공사현장에 배치하여야 할 소방공사 책임감리원의 배치기준에서 ( ) 안에 들어갈 등급으로 옳은 것은?

17.05.문54
17.03.문60
13.06.문55

> 행정안전부령으로 정하는 ( )감리원 이상의 소방공사감리원(기계분야 및 전기분야)

① 특급　　② 중급
③ 고급　　④ 초급

해설 **공사업령 〔별표 4〕**
소방공사감리원의 배치기준

공사현장	배치기준	
	책임감리원	보조감리원
• 연면적 5천m² 미만 • 지하구	초급감리원 이상 (기계 및 전기)	
• 연면적 5천~3만m² 미만	중급감리원 이상 (기계 및 전기)	
• 물분무등소화설비(호스릴 제외) 설치 • 제연설비 설치 • 연면적 3만~20만m² 미만(아파트)	고급감리원 이상 (기계 및 전기)	초급감리원 이상 (기계 및 전기)
• 연면적 3만~20만m² 미만(아파트 제외) • 16~40층 미만(지하층 포함) 보기 ①	특급감리원 이상 (기계 및 전기)	초급감리원 이상 (기계 및 전기)
• 연면적 20만m² 이상 • 40층 이상(지하층 포함)	특급감리원 중 소방기술사	초급감리원 이상 (기계 및 전기)

비교

공사업령 〔별표 2〕
소방기술자의 배치기준

공사현장	배치기준
• 연면적 1천m² 미만	소방기술인정자격수첩 발급자
• 연면적 1천~5천m² 미만(아파트 제외) • 연면적 1천~1만m² 미만(아파트) • 지하구	초급기술자 이상 (기계 및 전기분야)
• 물분무등소화설비(호스릴 제외) 또는 제연설비 설치 • 연면적 5천~3만m² 미만(아파트 제외) • 연면적 1만~20만m² 미만(아파트)	중급기술자 이상 (기계 및 전기분야)
• 연면적 3만~20만m² 미만(아파트 제외) • 16~40층 미만(지하층 포함)	고급기술자 이상 (기계 및 전기분야)
• 연면적 20만m² 이상 • 40층 이상(지하층 포함)	특급기술자 이상 (기계 및 전기분야)

답 ①

★★
58 소방시설 설치 및 관리에 관한 법률상 시 · 도지사는 소방시설관리업자에게 영업정지를 명하는 경우로서 그 영업정지가 국민에게 심한 불편을 주거나 그 밖에 공익을 해칠 우려가 있을 때에는 영업정지처분을 갈음하여 얼마 이하의 과징금을 부과할 수 있는가?

17.09.문52
17.05.문57

① 1000만원
② 2000만원
③ 3000만원
④ 5000만원

해설 소방시설법 36조, 위험물법 13조, 공사업법 10조
과징금

3000만원 이하 보기 ③	2억원 이하
• **소방시설관리업** 영업정지처분 갈음	• **제조소** 사용정지처분 갈음 • **소방시설업** 영업정지처분 갈음

중요

소방시설업
(1) 소방시설설계업
(2) 소방시설공사업
(3) 소방공사감리업
(4) 방염처리업

답 ③

★★★
59 소방기본법 제1장 총칙에서 정하는 목적의 내용으로 거리가 먼 것은?
21.09.문50 15.05.문50 13.06.문60

① 구조, 구급 활동 등을 통하여 공공의 안녕 및 질서 유지
② 풍수해의 예방, 경계, 진압에 관한 계획, 예산지원 활동
③ 구조, 구급 활동 등을 통하여 국민의 생명, 신체, 재산 보호
④ 화재, 재난, 재해 그 밖의 위급한 상황에서의 구조, 구급 활동

해설 기본법 1조
소방기본법의 목적
(1) 화재의 **예방**·**경계**·**진압**
(2) 국민의 **생명**·**신체** 및 **재산보호** 보기 ③
(3) 공공의 안녕 및 질서 유지와 **복리증진** 보기 ①
(4) **구조**·**구급**활동 보기 ④

기억법 예경진(경진이한테 예를 갖춰라!)

답 ②

★★★
60 소방용수시설 중 소화전과 급수탑의 설치기준으로 틀린 것은?
19.03.문58 17.03.문54 16.10.문55 09.08.문43

① 급수탑 급수배관의 구경은 100mm 이상으로 할 것
② 소화전은 상수도와 연결하여 지하식 또는 지상식의 구조로 할 것
③ 소방용 호스와 연결하는 소화전의 연결금속구의 구경은 65mm로 할 것
④ 급수탑의 개폐밸브는 지상에서 1.5m 이상 1.8m 이하의 위치에 설치할 것

해설 ④ 1.8m 이하 → 1.7m 이하

기본규칙 〔별표 3〕
소방용수시설별 설치기준

소화전	급수탑
• **65mm** : 연결금속구의 구경	• **100mm** : 급수배관의 구경 • **1.5~1.7m** 이하 : 개폐밸브 높이 기억법 57탑(57층 탑)

답 ④

제 4 과목 소방전기시설의 구조 및 원리

★★★
61 누전경보기의 형식승인 및 제품검사의 기술기준에서 정하는 누전경보기의 공칭작동전류치(누전경보기를 작동시키기 위하여 필요한 누설전류의 값으로서 제조자에 의하여 표시된 값을 말한다.)는 몇 mA 이하이어야 하는가?
22.04.문74 21.05.문78 16.03.문77 15.05.문79 10.03.문76

① 50 ② 100
③ 150 ④ 200

해설 **누전경보기**(누전경보기의 형식승인 및 제품검사의 기술기준 7·8조)

공칭작동전류치	감도조정장치의 조정범위
200mA 이하 보기 ④	1A(1000mA) 이하

기억법 공2

참고

검출누설전류 설정치 범위

경계전로	중성점 접지선
100~400mA	400~700mA

답 ④

★★
62 누전경보기의 화재안전기준 중 누전경보기의 설치방법 및 전원기준으로 틀린 것은?
18.03.문62 16.03.문74 11.03.문65

① 경계전로의 정격전류가 60A를 초과하는 전로에 있어서는 1급 누전경보기를 설치할 것
② 경계전로의 정격전류가 60A 이하의 전로에 있어서는 1급 또는 2급 누전경보기를 설치할 것
③ 전원은 분전반으로부터 전용회로로 하고, 각 극에 개폐기 및 20A 이하의 과전류차단기를 설치할 것
④ 전원을 분기할 때에는 다른 차단기에 따라 전원이 차단되지 아니하도록 할 것

해설 ③ 20A 이하 → 15A 이하

누전경보기의 **설치방법**(NFPC 205 4·6조, NFTC 205 2.1, 2.3.1.1)

60A 초과	60A 이하
1급 누전경보기 설치 보기 ①	**1급** 또는 **2급** 누전경보기 설치 보기 ②

(1) 변류기는 옥외인입선의 **제1지점**의 **부하측** 또는 제2종 **접지선측**의 점검이 쉬운 위치에 설치할 것
(2) 옥외전로에 설치하는 변류기는 **옥외형**으로 설치할 것
(3) 각 극에 **개폐기** 및 **15A** 이하의 **과전류차단기**를 설치할 것(**배선용 차단기**는 **20A** 이하) 보기 ③

과전류차단기	배선용 차단기
개폐기 및 15A 이하	20A 이하

답 ③

★★
63 19.09.문65 17.05.문80

발신기의 외함을 합성수지를 사용하는 경우 외함의 최소두께는 몇 mm 이상이어야 하는가?

① 5　　② 3
③ 1.6　　④ 1.2

해설 ② 합성수지를 사용하므로 외함두께는 **3mm** 이상

발신기의 **구조** 및 **일반기능**(발신기의 형식승인 및 제품검사의 기술기준 4조)
발신기의 외함에 강판을 사용하는 경우에는 다음에 기재된 두께 이상의 강판을 사용하여야 한다(단, 합성수지를 사용하는 경우에는 강판의 **2.5배** 이상의 두께일 것).
(1) 외함 **1.2mm** 이상
(2) 직접 벽면에 접하여 벽 속에 매립되는 외함의 부분은 **1.6mm** 이상

중요

발신기의 **외함두께**

강 판		합성수지	
외 함	외함 (벽 속 매립)	외 함	외함 (벽 속 매립)
1.2mm 이상	1.6mm 이상	3mm 이상 보기 ②	4mm 이상

답 ②

★
64 20.06.문78

비상경보설비 및 단독경보형 감지기의 화재안전기준에 따라 비상벨설비 또는 자동식 사이렌설비의 전원회로 배선 중 내열배선에 사용하는 전선의 종류가 아닌 것은?

① 버스덕트(bus duct)
② 600V 1종 비닐절연전선
③ 0.6/1kV EP 고무절연 클로로프렌 시스 케이블
④ 450/750V 저독성 난연 가교 폴리올레핀 절연전선

해설 ② 해당 없음

(1) **비상벨설비** 또는 **자동식 사이렌설비**의 **배선**(NFTC 201 2.1.8.1)
전원회로의 배선은 「옥내소화전설비의 화재안전기술기준(NFTC 102 2.7.2(1))」에 따른 내화배선에 의하고 그 밖의 배선은 「옥내소화전설비의 화재안전기술기준(NFTC 102 2.7.2(1), 2.7.2(2))」에 따른 **내화배선** 또는 **내열배선**에 따를 것
(2) **옥내소화전설비**의 **화재안전기술기준**(NFTC 102 2.7.2)

내열배선

사용전선의 종류	공사방법
① 450/750V 저독성 난연 가교 폴리올레핀 절연전선 보기 ④ ② 0.6/1kV 가교 폴리에틸렌 절연 저독성 난연 폴리올레핀 시스 전력 케이블 ③ 6/10kV 가교 폴리에틸렌 절연 저독성 난연 폴리올레핀 시스 전력용 케이블 ④ 가교 폴리에틸렌 절연 비닐시스 트레이용 난연 전력 케이블 ⑤ 0.6/1kV EP 고무절연 클로로프렌 시스 케이블 보기 ③ ⑥ 300/500V 내열성 실리콘 고무절연전선(180℃) ⑦ 내열성 에틸렌-비닐 아세테이트 고무절연 케이블 ⑧ 버스덕트(bus duct) 보기 ①	**금속관**·**금속제 가요전선관**·**금속덕트** 또는 **케이블**(불연성 덕트에 설치하는 경우에 한한다) **공사**방법에 따라야 한다. 단, 다음의 기준에 적합하게 설치하는 경우에는 그러하지 아니하다. ① 배선을 내화성능을 갖는 배선전용실 또는 배선용 샤프트·피트·덕트 등에 설치하는 경우 ② 배선전용실 또는 배선용 샤프트·피트·덕트 등에 다른 설비의 배선이 있는 경우에는 이로부터 **15cm** 이상 떨어지게 하거나 소화설비의 배선과 이웃하는 다른 설비의 배선 사이에 배선지름(배선의 지름이 다른 경우에는 지름이 가장 큰 것을 기준으로 한다)의 **1.5배** 이상의 높이의 **불연성 격벽**을 설치하는 경우
내화전선	**케이블공사**

비교

내화배선

사용전선의 종류	공사방법
① 450/750V 저독성 난연 가교 폴리올레핀 절연전선 ② 0.6/1kV 가교 폴리에틸렌 절연 저독성 난연 폴리올레핀 시스 전력 케이블 ③ 6/10kV 가교 폴리에틸렌 절연 저독성 난연 폴리올레핀 시스 전력용 케이블 ④ 가교 폴리에틸렌 절연 비닐시스 트레이용 난연 전력 케이블 ⑤ 0.6/1kV EP 고무절연 클로로프렌 시스 케이블 ⑥ 300/500V 내열성 실리콘 고무절연전선(180℃) ⑦ 내열성 에틸렌-비닐 아세테이트 고무절연 케이블 ⑧ 버스덕트(bus duct)	**금속관·2종 금속제 가요전선관** 또는 **합성수지관**에 수납하여 내화구조로 된 벽 또는 바닥 등에 벽 또는 바닥의 표면으로부터 **25mm** 이상의 깊이로 매설하여야 한다. 기억법 **금2가합25** 단, 다음의 기준에 적합하게 설치하는 경우에는 그러하지 아니하다. ① 배선을 **내**화성능을 갖는 배선**전**용실 또는 배선용 **샤**프트·**피**트·**덕**트 등에 설치하는 경우 ② 배선전용실 또는 배선용 샤프트·피트·덕트 등에 **다**른 설비의 배선이 있는 경우에는 이로부터 **15cm** 이상 떨어지게 하거나 소화설비의 배선과 이웃하는 다른 설비의 배선 사이에 배선지름(배선의 지름이 다른 경우에는 가장 큰 것을 기준으로 한다)의 **1.5배** 이상의 높이의 **불연성 격벽**을 설치하는 경우 기억법 **내전샤피덕 다15**
내화전선	**케이블공사**

답 ②

★★★

65 자동화재탐지설비 및 시각경보장치의 화재안전기준에 따른 공기관식 차동식 분포형 감지기의 설치기준으로 틀린 것은?

20.06.문63 19.03.문72 17.03.문61 15.05.문69 12.05.문66 11.03.문78 01.03.문63 98.07.문75 97.03.문68

① 검출부는 3° 이상 경사되지 아니하도록 부착할 것
② 공기관의 노출부분은 감지구역마다 20m 이상이 되도록 할 것
③ 하나의 검출부분에 접속하는 공기관의 길이는 100m 이하로 할 것
④ 공기관과 감지구역의 각 변과의 수평거리는 1.5m 이하가 되도록 할 것

해설

① 3° 이상 → 5° 이상

감지기 설치기준(NFPC 203 7조, NFTC 203 2.4.3.3~2.4.3.7)

(1) 공기관의 노출부분은 감지구역마다 20m 이상이 되도록 할 것 보기 ②
(2) 하나의 검출부분에 접속하는 공기관의 길이는 100m 이하로 할 것 보기 ③
(3) 공기관과 감지구역의 각 변과의 수평거리는 1.5m 이하가 되도록 할 것 보기 ④
(4) 감지기(**차동식 분포형** 및 **특수한 것** 제외)는 실내로의 공기유입구로부터 **1.5m** 이상 떨어진 위치에 설치
(5) 감지기는 천장 또는 반자의 옥내의 면하는 부분에 설치
(6) **보상식 스포트형 감지기**는 정온점이 감지기 주위의 평상시 최고온도보다 **20℃** 이상 높은 것으로 설치
(7) **정온식 감지기는 주방·보일러실** 등으로 다량의 화기를 단속적으로 취급하는 장소에 설치하되, 공칭작동온도가 최고주위온도보다 **20℃** 이상 높은 것으로 설치
(8) 스포트형 감지기는 **45°** 이상 경사지지 않도록 부착
(9) **공기관식** 차동식 분포형 감지기 설치시 공기관은 **도중**에서 **분기**하지 않도록 부착
(10) **공기관식** 차동식 분포형 감지기의 검출부는 **5°** 이상 경사되지 않도록 설치 보기 ①

중요

경사제한각도

공기관식 감지기의 검출부	스포트형 감지기
5° 이상	**45°** 이상

답 ①

★★★

66 노유자시설로서 바닥면적이 몇 m^2 이상인 층이 있는 경우에 자동화재속보설비를 설치하는가?

16.03.문63 14.05.문58 12.05.문79

① 200 ② 300
③ 500 ④ 600

해설 **자동화재속보설비의 설치대상**(소방시설법 시행령 [별표 4])

설치대상	조 건
① **수**련시설(숙박시설이 있는 것) ② **노**유자시설(노유자생활시설 제외) 보기 ③ ③ 정신병원 및 의료재활시설	바닥면적 **500**m^2 이상
④ 목조건축물	국보·보물
⑤ 노유자생활시설 ⑥ 종합병원, 병원, 치과병원, 한방병원 및 요양병원(의료재활시설 제외) ⑦ 의원, 치과의원 및 한의원(입원실이 있는 시설) ⑧ 조산원 및 산후조리원 ⑨ 전통시장	전부

기억법 **5수노속**

답 ③

★★

67 비상방송설비의 화재안전기준에 따라 기동장치에 따른 화재신고를 수신한 후 필요한 음량으로 화재발생 상황 및 피난에 유효한 방송이 자동으로 개시될 때까지의 소요시간은 몇 초 이하로 하여야 하는가?

20.09.문64 12.03.문64

① 3 ② 5
③ 7 ④ 10

해설 소요**시**간

기 기	시 간
• P형 · P형 복합식 · R형 · R형 복합식 · GP형 · GP형 복합식 · GR형 · GR형 복합식 수신기 • **중**계기	**5**초 이내
비상방송설비	10초 이하 보기 ④
가스누설경보기	**6**0초 이내

기억법 **시중5(시중을 드시오!)**
6가(육체미가 뛰어나다.)

중요

축적형 수신기

전원차단시간	축적시간	화재표시감지시간
1~3초 이하	30~60초 이하	60초(1회 이상 반복)

답 ④

★★★
68 16.10.문61 15.09.문65 15.03.문73 13.06.문77

비상콘센트의 플러그접속기는 단상교류 220V의 것에 있어서 접지형 몇 극 플러그접속기를 사용하여야 하는가?

① 1극 ② 2극
③ 3극 ④ 4극

해설 **비상콘센트**의 **규격**(NFPC 504 4조, NFTC 504 2.1)

구 분	전 압	용 량	플러그접속기
단상교류	220V	1.5kVA 이상	접지형 2극 보기 ②

(1) 하나의 전용회로에 설치하는 비상콘센트는 **10개** 이하로 할 것
(2) 풀박스는 **1.6mm** 이상의 철판을 사용할 것
(3) 전원회로는 각 층에 있어서 **2** 이상이 되도록 설치할 것
(4) 콘센트마다 배선용 차단기를 설치하며, 충전부가 **노출되지 않도록** 할 것

답 ②

★★★
69 20.08.문73 17.03.문76 11.06.문76

피난구유도등의 설치 제외기준 중 틀린 것은?

① 거실 각 부분으로부터 하나의 출입구에 이르는 보행거리가 20m 이하이고 비상조명등과 유도표지가 설치된 거실의 출입구
② 바닥면적이 $1000m^2$ 미만인 층으로서 옥내로부터 직접 지상으로 통하는 출입구(외부의 식별이 용이한 경우에 한함)
③ 출입구가 2 이상 있는 거실로서 그 거실 각 부분으로부터 하나의 출입구에 이르는 보행거리가 10m 이하인 경우에는 주된 출입구 2개소 외의 출입구(유도표지가 부착된 출입구)
④ 대각선 길이가 15m 이내인 구획된 실의 출입구

해설 ③ 2 이상 → 3 이상, 10m 이하 → 30m 이하

피난구유도등의 설치 제외 장소(NFTC 303 2.8.1)
(1) 옥내에서 직접 지상으로 통하는 출입구(바닥면적 **$1000m^2$** 미만 층) 보기 ②
(2) **대각선** 길이가 **15m 이내**인 구획된 실의 출입구 보기 ④
(3) 비상조명등 · 유도표지가 설치된 거실 출입구(거실 각 부분에서 출입구까지의 **보행거리 20m** 이하) 보기 ①
(4) 출입구가 **3 이상**인 거실(거실 각 부분에서 출입구까지의 **보행거리 30m** 이하는 주된 출입구 **2개소** 외의 출입구) 보기 ③

비교

(1) **휴대용 비상조명등**의 **설치 제외 장소**(NFPC 304 5조, NFTC 304 2.2.2) : 복도 · 통로 · 창문 등을 통해 **피**난이 용이한 경우(**지상 1층 · 피난층**)

기억법 **휴피(휴지로 피닦아!)**

(2) **통로유도등**의 **설치 제외 장소**(NFTC 303 2.8.2)
㉠ 길이 **30m** 미만의 복도 · 통로(구부러지지 않은 복도 · 통로)
㉡ 보행거리 **20m** 미만의 복도 · 통로(출입구에 **피난구유도등**이 설치된 복도 · 통로)

(3) **객석유도등**의 **설치 제외 장소**(NFTC 303 2.8.3)
㉠ **채광**이 충분한 객석(**주간**에만 사용)
㉡ **통**로유도등이 설치된 객석(거실 각 부분에서 거실 출입구까지의 **보행거리 20m** 이하)

기억법 **채객보통(채소는 객관적으로 보통이다.)**

(4) **피난구유도등**의 **설치장소**(NFPC 303 5조, NFTC 303 2.2.1)

설치장소	도 해
옥내로부터 직접 지상으로 통하는 출입구 및 그 부속실의 출입구	
직통계단 · 직통계단의 **계단실** 및 그 부속실의 출입구	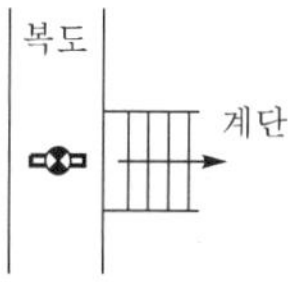
출입구에 이르는 **복도** 또는 **통로**로 통하는 출입구	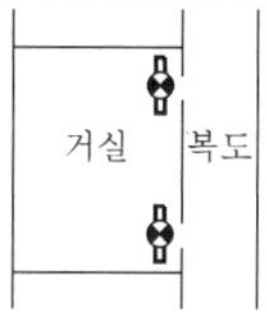
안전구획된 거실로 통하는 출입구	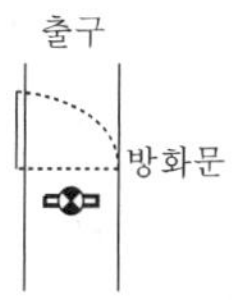

기억법 **피옥직안출**

답 ③

★★★
70 누전경보기의 형식승인 및 제품검사의 기술기준에 따라 누전경보기의 변류기(단, 경계전로의 전선을 그 변류기에 관통시키는 것은 제외한다)는 경계전로에 정격전류를 흘리는 경우, 그 경계전로의 전압강하는 몇 V 이하이어야 하는가?

20.08.문79 16.05.문80 12.03.문76

① 0.3 ② 0.5
③ 1.0 ④ 3.0

해설 **대상**에 따른 **전압**

전 압	대 상
0.5V 이하	• 누전경보기의 **경**계전로 **전**압강하 보기 ②
0.6V 이하	• 완전방전
60V 이하	• 약전류회로
60V 초과	• 접지단자 설치
300V 이하	• 전원**변**압기의 1차 전압 • 유도등 · 비상조명등의 사용전압
600V 이하	• **누**전경보기의 경계전로전압

기억법 05경전(공오경전), 변3(변상해), 누6(누룩)

답 ②

★★★
71 자동화재탐지설비의 화재안전기준에서 사용하는 용어의 정의를 설명한 것이다. 다음 중 옳지 않은 것은?

19.03.문68 14.09.문68 09.08.문69 07.09.문64

① "경계구역"이란 특정소방대상물 중 화재신호를 발신하고 그 신호를 수신 및 유효하게 제어할 수 있는 구역을 말한다.
② "중계기"란 감지기·발신기 또는 전기적 접점 등의 작동에 따른 신호를 받아 이를 수신기의 제어반에 전송하는 장치를 말한다.
③ "감지기"란 화재시 발생하는 열, 연기, 불꽃 또는 연소생성물을 자동적으로 감지하여 수신기에 발신하는 장치를 말한다.
④ "시각경보장치"란 자동화재탐지설비에서 발하는 화재신호를 시각경보기에 전달하여 시각장애인에게 경보를 하는 것을 말한다.

해설 ④ 시각장애인 → 청각장애인

시각경보장치(NFPC 203 3조, NFTC 203 1.7)
자동화재탐지설비에서 발하는 화재신호를 시각경보기에 전달하여 **청각장애인**에게 점멸형태의 시각경보를 하는 것

기억법 시청

답 ④

★
72 무선통신보조설비의 화재안전기준에 따른 옥외안테나의 설치기준으로 옳지 않은 것은?

20.08.문63

① 건축물, 지하가, 터널 또는 공동구의 출입구 및 출입구 인근에서 통신이 가능한 장소에 설치할 것
② 다른 용도로 사용되는 안테나로 인한 통신장애가 발생하지 않도록 설치할 것
③ 옥외안테나는 견고하게 설치하며 파손의 우려가 없는 곳에 설치하고 그 가까운 곳의 보기 쉬운 곳에 "옥외안테나"라는 표시와 함께 통신가능거리를 표시한 표지를 설치할 것
④ 수신기가 설치된 장소 등 사람이 상시 근무하는 장소에는 옥외안테나의 위치가 모두 표시된 옥외안테나 위치표시도를 비치할 것

해설 ③ "옥외안테나" → "무선통신보조설비 안테나"

무선통신보조설비 옥외안테나 설치기준(NFPC 505 6조, NFTC 505 2.3.1)
(1) **건축물**, **지하가**, **터널** 또는 공동구의 출입구 및 출입구 인근에서 통신이 가능한 장소에 설치할 것 보기 ①
(2) 다른 용도로 사용되는 안테나로 인한 **통신장애**가 발생하지 않도록 설치할 것 보기 ②
(3) 옥외안테나는 견고하게 설치하며 파손의 우려가 없는 곳에 설치하고 그 가까운 곳의 보기 쉬운 곳에 **"무선통신보조설비 안테나"**라는 표시와 함께 통신가능거리를 표시한 표지를 설치할 것 보기 ③
(4) 수신기가 설치된 장소 등 사람이 상시 근무하는 장소에는 옥외안테나의 위치가 모두 표시된 옥외안테나 **위치표시도**를 비치할 것 보기 ④

답 ③

★★★
73 통로유도등은 소방대상물의 각 거실과 그로부터 지상에 이르는 복도 또는 계단의 통로에 설치하여야 한다. 다음 중 설치기준으로 옳지 않은 것은?

19.09.문70 16.10.문64 14.09.문66 14.05.문67 14.03.문80 11.03.문68 08.05.문69

① 계단통로유도등은 바닥으로부터 1m 이하의 위치에 설치할 것
② 거실통로유도등은 바닥으로부터 높이 1m 이하의 위치에 설치할 것
③ 복도통로유도등은 구부러진 모퉁이 및 보행거리 20m마다 설치할 것
④ 거실통로유도등은 구부러진 모퉁이 및 보행거리 20m마다 설치할 것

해설 ② 1m 이하 → 1.5m 이상

거실통로유도등의 **설치기준**(NFPC 303 6조, NFTC 303 2.3.1.2)

(1) **거실**의 **통로**에 설치할 것(단, 거실의 통로가 **벽체** 등으로 **구획**된 경우에는 **복도통로유도등** 설치)
(2) 구부러진 **모**퉁이 및 **보행거**리 **20m**마다 설치할 것
(3) 바닥으로부터 **높**이 **1.5m** 이상의 위치에 설치할 것 (단, **거실통로**에 **기둥**이 설치된 경우에는 기둥부분의 바닥으로부터 높이 **1.5m 이하**의 위치에 설치 가능) 보기 ②

기억법 거통복 모거높

중요

(1) **설치높이**

구 분	설치높이
계단통로유도등 · 복도통로유도등 · 통로유도표지	바닥으로부터 높이 **1m** 이하 보기 ①
피난구유도등	피난구의 바닥으로부터 높이 **1.5m** 이**상**
거실통로유도등	바닥으로부터 높이 **1.5m** 이상 (단, 거실통로의 기둥은 1.5m 이하)
피난구유도표지	출입구 상단

기억법 계복1, 피유15상

(2) **설치거리**

구 분	설치거리
복도통로유도등	구부러진 모퉁이 및 피난구유도등이 설치된 출입구의 맞은편 복도에 입체형 또는 바닥에 설치한 통로유도등을 기점으로 **보행거리 20m**마다 설치 보기 ③
거실통로유도등	구부러진 모퉁이 및 **보행거리 20m**마다 설치 보기 ④
계단통로유도등	각 층의 **경사로참** 또는 **계단참**마다 설치

답 ②

★★★
74 16.05.문66 16.03.문76 14.09.문61 12.09.문63

누전경보기의 화재안전기준에 따라 누전경보기의 수신부를 설치할 수 있는 장소는? (단, 해당 누전경보기에 대하여 방폭·방식·방습·방온·방진 및 정전기 차폐 등의 방호조치를 하지 않은 경우이다.)

① 옥내의 건조한 장소
② 화약류를 제조하거나 저장 또는 취급하는 장소
③ 부식성의 증기·가스 등이 다량으로 체류하는 장소
④ 온도의 변화가 급격한 장소

해설 **누전경보기 수신부**의 **설치장소**(NFPC 205 5조, NFTC 205 2.2.1)

옥내의 점검이 편리한 **건조**한 장소(옥내의 건조한 장소) 보기 ①

비교

누전경보기의 **수신부 설치 제외 장소**(NFPC 205 5조, NFTC 205 2.2.2)

(1) **온**도변화가 급격한 장소
(2) **습**도가 높은 장소
(3) **가**연성의 증기, 가스 등 또는 부식성의 증기, 가스 등의 다량 체류장소
(4) **대전류회로, 고주파 발생회로** 등의 영향을 받을 우려가 있는 장소
(5) **화**약류 제조, 저장, 취급 장소

기억법 온습누가대화(**온**도 · **습**도가 높으면 **누가 대화**하나?)

답 ①

★★
75 21.03.문79 20.08.문80

비상콘센트설비의 성능인증 및 제품검사의 기술기준에 따른 비상콘센트설비의 구조 및 기능에 대한 설명으로 틀린 것은?

① 보수 및 부속품의 교체가 쉬워야 한다.
② 기기 내의 비상전원 공급용 배선은 내열배선으로 하여야 한다.
③ 부품의 부착은 기능에 이상을 일으키지 아니하고 쉽게 풀리지 아니하도록 하여야 한다.
④ 충전부는 노출되지 아니하도록 하여야 한다.

해설 ② 내열배선 → 내화배선

비상콘센트설비의 **구조 및 기능**(비상콘센트설비의 성능인증 및 제품검사의 기술기준 3조)

(1) 작동이 확실하고 취급 점검이 쉬워야 하며 현저한 잡음이나 장해전파를 발하지 아니하여야 한다.
(2) 보수 및 부속품의 교체가 쉬워야 한다. 보기 ①
(3) 부식에 의하여 기계적 기능에 영향을 초래할 우려가 있는 부분은 칠, 도금 등으로 유효하게 내식가공을 하거나 방청가공을 하여야 하며 전기적 기능에 영향이 있는 단자, 나사 및 와셔 등은 **동합금**이나 이와 동등 이상의 **내식성능**이 있는 재질 사용
(4) 기기 내의 비상전원 공급용 배선은 **내화배선**으로, 그 밖의 배선은 **내화배선** 또는 **내열배선**으로 하여야 하며, 배선의 접속이 정확하고 확실하여야 한다. 보기 ②
(5) 부품의 부착은 기능에 이상을 일으키지 아니하고 쉽게 풀리지 아니하도록 하여야 한다. 보기 ③
(6) 전선 이외의 전류가 흐르는 부분과 가동축 부분의 접촉력이 충분하지 아니한 곳에는 접촉부의 접촉불량을 방지하기 위한 적당한 조치를 하여야 한다.
(7) 충전부는 노출되지 아니하도록 하여야 한다. 보기 ④
(8) 비상콘센트설비의 각 접속기(콘센트를 말함)마다 **배선용 차단기**를 설치하여야 한다.
(9) 수납형이 아닌 비상콘센트설비는 외함에 쉽게 개폐할 수 있도록 **문**을 설치하여야 한다.
(10) 외함(수납형의 부품 지지판 포함)은 방청가공을 한 두께 **1.6mm** 이상의 **강판**, 두께 **1.2mm** 이상의 **스테인리스판** 또는 두께 **3mm** 이상의 자기소화성이 있는 **합성수지** 사용

‖ 외함두께 ‖

스테인리스판	강판	합성수지
1.2mm 이상	1.6mm 이상	3mm 이상

(11) 외함의 전면 상단에 주전원을 감시하는 **적색**의 표시등 설치(단, **수납형**의 경우에는 주전원을 감시하는 표시등을 접속할 수 있는 단자만을 설치할 수 있음)
(12) 외함의 재질이 강판 등 금속재인 경우에는 **접지단자**를 설치하여야 한다.
(13) 외함에는 **"비상콘센트설비"**(수납형은 **"비상콘센트설비(수납형)"**)라고 표시한 표지를 하여야 한다.

답 ②

★★★
76 17.05.문72 12.03.문71 03.08.문70

자동화재탐지설비 및 시각경보장치의 화재안전기준에 따른 열전대식 차동식 분포형 감지기의 시설기준이다. 다음 ( )에 들어갈 내용으로 옳은 것은? (단, 주요구조부가 내화구조로 된 특정소방대상물이 아닌 경우이다.)

> 열전대부는 감지구역의 바닥면적 (㉠)m^2 마다 1개 이상으로 할 것. 다만, 바닥면적이 (㉡)m^2 이하인 특정소방대상물에 있어서는 (㉢)개 이상으로 하여야 한다.

① ㉠ 22, ㉡ 88, ㉢ 7
② ㉠ 18, ㉡ 80, ㉢ 5
③ ㉠ 18, ㉡ 72, ㉢ 4
④ ㉠ 22, ㉡ 88, ㉢ 20

해설 **열전대식 감지기**의 **설치기준**(NFPC 203 제7조, NFTC 203 2.4.3.8)
(1) 하나의 검출부에 접속하는 열전대부는 **4~20개** 이하로 할 것(단, **주소형 열전대식 감지기**는 제외)
(2) 바닥면적

분 류	열전대식 1개 바닥면적	바닥면적	설치개수
내화구조	$22m^2$	$88m^2$ 이하 ($22m^2 \times 4$개$=88m^2$)	**4개** 이상
기타구조 (내화구조로 된 특정소방대상물이 아닌 경우) →	$18m^2$	$72m^2$ 이하 ($18m^2 \times 4$개$=72m^2$)	**4개** 이상

비교

열반도체식 감지기	열전대식 감지기
2~15개 이하	4~20개 이하

답 ③

★★★
77 20.09.문65 19.03.문74 17.05.문67 15.09.문64 15.05.문61 14.09.문75 13.03.문68 12.03.문61 09.05.문76

비상조명등의 화재안전기준에 따른 휴대용 비상조명등의 설치기준이다. 다음 ( )에 들어갈 내용으로 옳은 것은?

> 지하상가 및 지하역사에는 보행거리 (㉠)m 이내마다 (㉡)개 이상 설치할 것

① ㉠ 25, ㉡ 1　　② ㉠ 25, ㉡ 3
③ ㉠ 50, ㉡ 1　　④ ㉠ 50, ㉡ 3

해설 **휴대용 비상조명등**의 **설치기준**(NFPC 304 4조, NFTC 304 2.1.2)

설치개수	설치장소
1개 이상	• **숙박시설** 또는 **다중이용업소**에는 객실 또는 영업장 안의 구획된 실마다 잘 보이는 곳(외부에 설치시 출입문 손잡이로부터 **1m 이내** 부분)
3개 이상	• **지하상가** 및 **지하역사**의 보행거리 25m 이내마다 보기 ② • **대규모점포(백화점 · 대형점 · 쇼핑센터)** 및 **영화상영관**의 보행거리 **50m** 이내마다

(1) 바닥으로부터 **0.8~1.5m** 이하의 높이에 설치할 것
(2) 어둠 속에서 **위치**를 **확인**할 수 있도록 할 것
(3) 사용시 **자동**으로 **점등**되는 구조일 것
(4) 외함은 **난연성능**이 있을 것
(5) 건전지를 사용하는 경우에는 **방전방지조치**를 하여야 하고, **충전식 배터리**의 경우에는 **상시 충전**되도록 할 것
(6) 건전지 및 충전식 배터리의 용량은 **20분** 이상 유효하게 사용할 수 있는 것으로 할 것

답 ②

★★★
78 19.04.문73 14.09.문77 13.09.문71 05.03.문79

부착높이 3m, 바닥면적 $50m^2$인 주요구조부를 내화구조로 한 소방대상물에 1종 열반도체식 차동식 분포형 감지기를 설치하고자 할 때 감지부의 최소 설치개수는?

① 1개　　② 2개
③ 3개　　④ 4개

해설 **열반도체식 감지기**(NFPC 203 7조, NFTC 203 2.4.3.9.1)

(단위 : m^2)

부착높이 및 소방대상물의 구분		감지기의 종류 1종	감지기의 종류 2종
8m 미만	내화구조 →	65	36
	기타구조	40	23
8~15m 미만	내화구조	50	36
	기타구조	30	23

1종 감지기 1개가 담당하는 바닥면적은 $65m^2$이므로

$\frac{50}{65} = 0.77 \fallingdotseq 1$개

• 하나의 검출기에 접속하는 감지부는 **2~15개** 이하이지만 부착높이가 **8m** 미만이고 바닥면적이 **기준면적 이하**인 경우 1개로 할 수 있다. 그러므로 최소개수는 2개가 아닌 **1개**가 되는 것이다. **주의!**

답 ①

★

79 감지기의 형식승인 및 제품검사의 기술기준에 따라 단독경보형 감지기가 작동할 때 화재를 경보하여 유·무선으로 주위의 다른 감지기에 신호를 발신하고 신호를 수신한 감지기도 화재를 경보하며 다른 감지기에 신호를 발신하는 방식은?

① 아날로그식　　② 무선식
③ 연동식　　④ 다신호식

해설 **감지기의 형식**(감지기의 형식승인 및 제품검사의 기술기준 4조)

형 식	특 성
다신호식	• 각 서로 다른 종별 또는 감도 등의 기능을 갖춘 것으로서 일정시간 간격을 두고 각각 다른 2개 이상의 화재신호를 발하는 감지기 • 동일 종별 또는 감도를 갖는 2개 이상의 센서를 통해 감지하여 화재신호를 각각 발신하는 감지기
방폭형	**폭발성** 가스가 용기 내부에서 폭발하였을 때 용기가 그 압력에 견디거나 또는 외부의 폭발성 가스에 인화될 우려가 없도록 만들어진 형태의 감지기
방수형	그 구조가 **방수구조**로 되어 있는 감지기
재용형	**다시 사용**할 수 있는 성능을 가진 감지기
축적형	일정 농도·온도 이상의 연기 또는 온도가 **일정 시간**(공칭축적시간) **연속**하는 것을 전기적으로 **검출**함으로써 작동하는 감지기(단, 단순히 작동시간만을 지연시키는 것 제외)
아날로그식	주위의 **온도** 또는 **연기**의 양의 변화에 따른 화재정보신호값을 출력하는 방식의 감지기
연동식 보기 ③	단독경보형 감지기가 작동할 때 화재를 경보하며 **유·무선**으로 주위의 다른 감지기에 신호를 발신하고 신호를 수신한 감지기도 화재를 경보하며 다른 감지기에 신호를 발신하는 방식
무선식	**전파**에 의해 신호를 송·수신하는 방식
보정식	일정농도 이상의 연기가 일정시간 이상 연속하는 것을 전기적으로 검출하여 작동감도를 자동적으로 보정하는 방식의 감지기
주소형	감지기의 식별정보가 있어 감지기의 작동 시 설치지점의 감지기 식별신호를 발신하는 것

답 ③

★★★

80 비상콘센트설비의 화재안전기준에 따른 용어의 정의 중 옳은 것은?

19.09.문68
17.05.문65
16.05.문64
14.05.문23
13.09.문80
12.09.문77
05.03.문76

① "저압"이란 직류는 1.5kV 이하, 교류는 1kV 이하인 것을 말한다.
② "저압"이란 직류는 700V 이하, 교류는 600V 이하인 것을 말한다.
③ "고압"이란 직류는 700V를, 교류는 600V를 초과하는 것을 말한다.
④ "고압"이란 직류는 750V를, 교류는 600V를 초과하는 것을 말한다.

해설 **전압**(NFTC 504 1.7)

구 분	설 명
저압 보기 ①	**직류 1.5kV** 이하, **교류 1kV** 이하
고압	저압의 범위를 초과하고 **7kV** 이하
특고압	**7kV**를 초과하는 것

답 ①

23년 2023. 5. 13 시행

▌2023년 기사 제2회 필기시험 CBT 기출복원문제▐

자격종목	종목코드	시험시간	형별	수험번호	성명
소방설비기사(전기분야)		**2시간**			

※ 각 문항은 4지택일형으로 질문에 가장 적합한 보기 항을 선택하여 체크하여야 합니다.

제 1 과목 소방원론

01 자연발화가 일어나기 쉬운 조건이 아닌 것은?

12.05.문03

① 열전도율이 클 것
② 적당량의 수분이 존재할 것
③ 주위의 온도가 높을 것
④ 표면적이 넓을 것

유사문제부터 풀어보세요. 실력이 팍!팍! 올라갑니다.

해설

① 클 것 → 작을 것

자연발화 조건
(1) 열전도율이 작을 것 보기 ①
(2) 발열량이 클 것
(3) 주위의 온도가 높을 것 보기 ③
(4) 표면적이 넓을 것 보기 ④
(5) 적당량의 수분이 존재할 것 보기 ②

비교

자연발화의 **방지법**
(1) 습도가 높은 곳을 피할 것(건조하게 유지할 것)
(2) 저장실의 온도를 낮출 것
(3) 통풍이 잘 되게 할 것
(4) 퇴적 및 수납시 열이 쌓이지 않게 할 것 (**열 축적 방지**)
(5) 산소와의 접촉을 차단할 것
(6) **열전도성**을 좋게 할 것

답 ①

02 정전기로 인한 화재를 줄이고 방지하기 위한 대책 중 틀린 것은?

22.04.문03
21.09.문58
13.06.문44
12.09.문53

① 공기 중 습도를 일정값 이상으로 유지한다.
② 기기의 전기절연성을 높이기 위하여 부도체로 차단공사를 한다.
③ 공기 이온화 장치를 설치하여 가동시킨다.
④ 정전기 축적을 막기 위해 접지선을 이용하여 대지로 연결작업을 한다.

해설

② 도체 사용으로 전류가 잘 흘러가도록 해야 함

위험물규칙 〔별표 4〕
정전기 제거방법
(1) **접지**에 의한 방법 보기 ④
(2) 공기 중의 상대습도를 **70%** 이상으로 하는 방법 보기 ①
(3) **공기**를 **이온화**하는 방법 보기 ③

비교

위험물규칙 〔별표 4〕
위험물을 가압하는 설비 또는 그 취급하는 위험물의 압력이 상승할 우려가 있는 설비에 설치하는 안전장치
(1) 자동적으로 **압력**의 **상승**을 **정지**시키는 장치
(2) 감압측에 **안전밸브**를 부착한 **감압밸브**
(3) **안전밸브**를 겸하는 **경보장치**
(4) **파괴판**

답 ②

03 건축물의 피난·방화구조 등의 기준에 관한 규칙상 방화구획의 설치기준 중 스프링클러를 설치한 10층 이하의 층은 바닥면적 몇 m^2 이내마다 방화구획을 구획하여야 하는가?

22.03.문11
19.03.문15
18.04.문04

① 1000 ② 1500
③ 2000 ④ 3000

해설

④ 스프링클러소화설비를 설치했으므로 $1000m^2 \times 3$배$=$**$3000m^2$**

건축령 46조, 피난·방화구조 14조
방화구획의 기준

대상 건축물	대상 규모	층 및 구획방법		구획부분의 구조
주요 구조부가 내화구조 또는 불연재료로 된 건축물	연면적 $1000m^2$ 넘는 것	10층 이하 →	• 바닥면적 **$1000m^2$** 이내마다	• 내화구조로 된 바닥·벽 • 60분+방화문, 60분 방화문 • 자동방화셔터
		매 층마다	• 지하 1층에서 지상으로 직접 연결하는 경사로 부위는 제외	
		11층 이상	• 바닥면적 **$200m^2$** 이내마다(실내 마감을 불연재료로 한 경우 **$500m^2$** 이내마다)	

- **스프링클러**, 기타 이와 유사한 **자동식 소화설비**를 설치한 경우 바닥면적은 위의 **3배** 면적으로 산정한다. 문제 7
- **필로티**나 그 밖의 비슷한 구조의 부분을 주차장으로 사용하는 경우 그 부분은 건축물의 다른 부분과 구획할 것

답 ④

★
04 13.03.문47
다음은 위험물의 정의이다. 다음 ( ) 안에 알맞은 것은?

> "위험물"이라 함은 (㉠) 또는 발화성 등의 성질을 가지는 것으로서 (㉡)이 정하는 물품을 말한다.

① ㉠ 인화성, ㉡ 국무총리령
② ㉠ 휘발성, ㉡ 국무총리령
③ ㉠ 휘발성, ㉡ 대통령령
④ ㉠ 인화성, ㉡ 대통령령

해설 **위험물법 2조**
"**위험물**"이라 함은 **인화성** 또는 **발화성** 등의 성질을 가지는 것으로서 **대통령령**이 정하는 물품

답 ④

★★
05 19.09.문19 15.05.문01
화재강도(fire intensity)와 관계가 없는 것은?

① 가연물의 비표면적
② 발화원의 온도
③ 화재실의 구조
④ 가연물의 발열량

해설 **화재강도**(fire intensity)에 영향을 미치는 인자
(1) 가연물의 비표면적
(2) 화재실의 구조
(3) 가연물의 배열상태(발열량)

용어

화재강도
열의 집중 및 방출량을 상대적으로 나타낸 것. 즉, **화재**의 **온도**가 높으면 화재강도는 커진다(발화원의 온도가 아님).

답 ②

★★★
06 18.03.문19 15.05.문04 99.08.문06
소화약제로 물을 사용하는 주된 이유는?

① 촉매역할을 하기 때문에
② 증발잠열이 크기 때문에
③ 연소작용을 하기 때문에
④ 제거작용을 하기 때문에

해설 물의 **소화능력**
(1) **비열**이 크다.
(2) **증발잠열**(기화잠열)이 크다.
(3) 밀폐된 장소에서 증발가열하면 수증기에 의해서 **산소희석작용** 또는 **질식소화작용**을 한다.
(4) **무상**으로 주수하면 **중질유 화재**에도 사용할 수 있다.

참고

물이 **소화약제**로 많이 쓰이는 이유

장 점	단 점
① 쉽게 구할 수 있다. ② 증발잠열(기화잠열)이 크다. ③ 취급이 간편하다.	① 가스계 소화약제에 비해 사용 후 **오염**이 **크다.** ② 일반적으로 **전기화재**에는 **사용**이 **불가**하다.

답 ②

★★
07 19.03.문15 18.04.문04
건축물에 설치하는 방화구획의 설치기준 중 스프링클러설비를 설치한 11층 이상의 층은 바닥면적 몇 m^2 이내마다 방화구획을 하여야 하는가? (단, 벽 및 반자의 실내에 접하는 부분의 마감은 불연재료가 아닌 경우이다.)

① 200
② 600
③ 1000
④ 3000

해설 ② 스프링클러설비를 설치했으므로 $200m^2 \times 3$배$=$ $600m^2$

답 ②

★★
08 14.03.문16 10.09.문14
탄산가스에 대한 일반적인 설명으로 옳은 것은?

① 산소와 반응시 흡열반응을 일으킨다.
② 산소와 반응하여 불연성 물질을 발생시킨다.
③ 산화하지 않으나 산소와는 반응한다.
④ 산소와 반응하지 않는다.

해설 **가연물**이 **될 수 없는 물질**(불연성 물질)

특 징	불연성 물질
주기율표의 0족 원소	• 헬륨(He) • 네온(Ne) • 아르곤(Ar) • 크립톤(Kr) • 크세논(Xe) • 라돈(Rn)
산소와 더 이상 반응하지 않는 물질	• 물(H_2O) • **이산화탄소(CO_2)** • 산화알루미늄(Al_2O_3) • 오산화인(P_2O_5)
흡열반응 물질	질소(N_2)

- 탄산가스$=$이산화탄소(CO_2)

답 ④

★★★

09 할론(Halon) 1301의 분자식은?

19.09.문07 17.03.문05 16.10.문08 15.03.문04 14.09.문04 14.03.문02

① CH_3Cl
② CH_3Br
③ CF_3Cl
④ CF_3Br

해설 **할론소화약제**의 **약칭** 및 **분자식**

종 류	약 칭	분자식
할론 1011	CB	CH_2ClBr
할론 104	CTC	CCl_4
할론 1211	BCF	CF_2ClBr
할론 1301	BTM	CF_3Br 보기 ④
할론 2402	FB	$C_2F_4Br_2$

답 ④

★

10 소화약제로서 물 1g이 1기압, 100℃에서 모두 증기로 변할 때 열의 흡수량은 몇 cal인가?

21.03.문20 18.03.문06 17.03.문08 14.09.문20 13.09.문09 13.06.문18 10.09.문20

① 429
② 499
③ 539
④ 639

해설 ③ 물의 기화잠열 539cal : 1기압 100℃의 물 1g이 모두 기체로 변화하는 데 539cal의 열량이 필요

물(H_2O)

기화잠열(증발잠열)	**융**해잠열
539cal/g 보기 ③	**8**0cal/g
① **100℃**의 **물 1g**이 **수증기**로 변화하는 데 필요한 열량 ② 물 1g이 1기압, 100℃에서 모두 증기로 변할 때 열의 흡수량	**0℃**의 **얼음 1g**이 **물**로 변화하는 데 필요한 열량

기억법 기53, 융8

답 ③

★★

11 소화약제인 IG-541의 성분이 아닌 것은?

19.09.문06

① 질소 ② 아르곤
③ 헬륨 ④ 이산화탄소

해설 ③ 해당 없음

불활성기체 소화약제

구 분	화학식
IG-01	• Ar(아르곤)
IG-100	• N_2(질소)
IG-541	• **N**$_2$(질소) : **52**% 보기 ① • **A**r(아르곤) : **40**% 보기 ② • **CO**$_2$(이산화탄소) : 8% 보기 ④ 기억법 NACO(내코) 5240
IG-55	• N_2(질소) : 50% • Ar(아르곤) : 50%

답 ③

★★★

12 이산화탄소의 증기비중은 약 얼마인가? (단, 공기의 분자량은 29이다.)

20.06.문13 19.03.문18 16.03.문01 15.03.문05 14.09.문15 12.09.문18 07.05.문17

① 0.81 ② 1.52
③ 2.02 ④ 2.51

해설 (1) **증기비중**

$$증기비중 = \frac{분자량}{29}$$

여기서, 29 : 공기의 평균 분자량

(2) **분자량**

원 소	원자량
H	1
C	12
N	14
O	16

이산화탄소(CO_2) 분자량$=12+16\times2=44$

$증기비중 = \frac{44}{29} ≒ 1.52$

• 증기비중 = 가스비중

중요

이산화탄소의 **물성**

구 분	물 성
임계압력	72.75atm
임계온도	31.35℃(약 31.1℃)
3중점	-**56**.3℃(약 -56℃)
승화점(**비**점)	-**78**.5℃
허용농도	0.5%
증기비중	**1.5**29
수분	0.05% 이하(함량 99.5% 이상)

기억법 이356, 이비78, 이증15

답 ②

★

13 다음 중 가연성 물질에 해당하는 것은?

14.03.문08

① 질소
② 이산화탄소
③ 아황산가스
④ 일산화탄소

해설 **가연성 물질**과 **지연성 물질**

가연성 물질	지연성 물질(조연성 물질)
• **수**소 • **메**탄 • **일**산화탄소 [보기 ④] • **천**연가스 • **부**탄 • **에**탄	• 산소 • 공기 • 염소 • 오존 • 불소

기억법 **가수메 일천부에**

용어

가연성 물질과 **지연성 물질**

가연성 물질	지연성 물질(조연성 물질)
물질 자체가 연소하는 것	자기 자신은 연소하지 않지만 연소를 도와주는 것

답 ④

★★★
14 가연성 액체로부터 발생한 증기가 액체표면에서 연소범위의 하한계에 도달할 수 있는 최저온도를 의미하는 것은?

14.09.문05 14.05.문15 11.06.문05

① 비점
② 연소점
③ 발화점
④ 인화점

해설 **발화점, 인화점, 연소점**

구 분	설 명
발화점 (ignition point)	• 가연성 물질에 불꽃을 접하지 아니하였을 때 연소가 가능한 **최저온도** • **점화원 없이** 스스로 불이 붙는 **최저온도**
인화점 (flash point)	• 휘발성 물질에 **불**꽃을 접하여 연소가 가능한 **최저온도** • 가연성 증기를 발생하는 액체가 공기와 혼합하여 기상부에 다른 불꽃이 닿았을 때 연소가 일어나는 **최저온도** • **점화원**에 의해 불이 붙는 **최저온도** • 연소범위의 **하**한계 [보기 ④] 기억법 **불인하**(**불임하**면 안돼!)
연소점 (fire point)	• 인화점보다 **10**℃ 높으며 연소를 **5초** 이상 지속할 수 있는 온도 • 어떤 인화성 액체가 공기 중에서 열을 받아 점화원의 존재하에 **지**속적인 연소를 일으킬 수 있는 온도 • 가연성 액체에 점화원을 가져가서 인화된 후에 점화원을 제거하여도 가연물이 **계속** 연소되는 **최저온도** 기억법 **연105초지계**

답 ④

★★★
15 유류탱크의 화재시 탱크 저부의 물이 뜨거운 열류층에 의하여 수증기로 변하면서 급작스런 부피팽창을 일으켜 유류가 탱크 외부로 분출하는 현상을 무엇이라고 하는가?

20.06.문10 17.05.문04

① 보일오버 ② 슬롭오버
③ 브레이브 ④ 파이어볼

해설 **유류탱크, 가스탱크**에서 **발생**하는 **현상**

구 분	설 명
블래비=블레비 (BLEVE)	• 과열상태의 탱크에서 내부의 액화가스가 분출하여 기화되어 폭발하는 현상
보일오버 (boil over)	• 중질유의 석유탱크에서 장시간 조용히 연소하다 탱크 내의 잔존기름이 갑자기 분출하는 현상 • 유류탱크에서 **탱크바닥**에 **물**과 기름의 **에멀션**이 섞여 있을 때 이로 인하여 화재가 발생하는 현상 • 연소유면으로부터 100℃ 이상의 열파가 **탱크 저부**에 고여 있는 물을 비등하게 하면서 연소유를 탱크 밖으로 비산시키며 연소하는 현상 [보기 ①]
오일오버 (oil over)	• 저장탱크에 저장된 유류저장량이 내용적의 **50%** 이하로 충전되어 있을 때 화재로 인하여 탱크가 폭발하는 현상
프로스오버 (froth over)	• 물이 점성의 뜨거운 기름표면 아래에서 끓을 때 화재를 수반하지 않고 용기가 넘치는 현상
슬롭오버 (slop over)	• **유류탱크 화재시** 기름 표면에 물을 살수하면 **기름**이 **탱크** 밖으로 **비산**하여 화재가 확대되는 현상(연소유가 비산되어 탱크 외부까지 화재가 확산) • 물이 연소유의 뜨거운 표면에 들어갈 때 기름 표면에서 화재가 발생하는 현상 • 유화제로 소화하기 위한 물이 수분의 급격한 증발에 의하여 액면이 거품을 일으키면서 열유층 밑의 냉유가 급히 열팽창하여 기름의 일부가 불이 붙은 채 탱크벽을 넘어서 일출하는 현상 • 연소면의 온도가 100℃ 이상일 때 물을 주수하면 발생 • 소화시 외부에서 방사하는 포에 의해 발생

답 ①

★★★
16 프로판가스의 연소범위[vol%]에 가장 가까운 것은?

19.09.문09 14.09.문16 12.03.문12 10.09.문02

① 9.8~28.4 ② 2.5~81
③ 4.0~75 ④ 2.1~9.5

해설 (1) **공기 중의 폭발한계**

가 스	하한계 (하한점, [vol%])	상한계 (상한점, [vol%])
아세틸렌(C_2H_2)	2.5	81
수소(H_2)	4	75
일산화탄소(CO)	12	75
에터($C_2H_5OC_2H_5$)	1.7	48
이황화탄소(CS_2)	1	50
에틸렌(C_2H_4)	2.7	36
암모니아(NH_3)	15	25
메탄(CH_4)	5	15
에탄(C_2H_6)	3	12.4
프로판(C_3H_8) 보기 ④ →	2.1	9.5
부탄(C_4H_{10})	1.8	8.4

(2) **폭발한계와 같은 의미**
㉠ 폭발범위
㉡ 연소한계
㉢ 연소범위
㉣ 가연한계
㉤ 가연범위

답 ④

★★★
17 다음 중 제거소화 방법과 무관한 것은?

22.04.문12 19.09.문05 19.04.문18 17.03.문16 16.10.문07 16.03.문12 14.05.문11 13.03.문01 11.03.문04 08.09.문17

① 산불의 확산방지를 위하여 산림의 일부를 벌채한다.
② 화학반응기의 화재시 원료 공급관의 밸브를 잠근다.
③ 유류화재시 가연물을 포(泡)로 덮는다.
④ 유류탱크 화재시 주변에 있는 유류탱크의 유류를 다른 곳으로 이동시킨다.

해설 ③ **질식소화** : 포 사용

제거소화의 예
(1) **가연성 기체** 화재시 **주밸브**를 **차단**한다(화학반응기의 화재시 원료공급관의 **밸브**를 **잠금**). 보기 ②
(2) **가연성 액체** 화재시 펌프를 이용하여 **연료**를 제거한다.
(3) **연료탱크**를 **냉각**하여 가연성 가스의 발생속도를 작게 하여 연소를 억제한다.
(4) 금속화재시 **불활성 물질**로 가연물을 덮는다.
(5) **목재**를 **방염처리**한다.
(6) 전기화재시 **전원**을 **차단**한다.
(7) 산불이 발생하면 화재의 진행방향을 앞질러 **벌목**한다(산불의 확산방지를 위하여 **산림**의 **일부**를 **벌채**). 보기 ①
(8) 가스화재시 **밸브**를 **잠가** 가스흐름을 차단한다(가스화재시 중간밸브를 잠금).
(9) 불타고 있는 장작더미 속에서 아직 타지 않은 것을 안전한 곳으로 **운반**한다.
(10) 유류탱크 화재시 주변에 있는 유류탱크의 유류를 다른 곳으로 이동시킨다. 보기 ④
(11) 양초를 입으로 불어서 끈다.

용어
제거효과
가연물을 반응계에서 제거하든지 또는 반응계로의 공급을 정지시켜 소화하는 효과

답 ③

★★★
18 분말소화약제 중 A급, B급, C급에 모두 사용할 수 있는 것은?

19.03.문01 18.04.문06 17.03.문04 16.10.문06 16.10.문10 16.05.문15 16.03.문09 16.03.문11 15.05.문08 14.05.문17 12.03.문13

① 제1종 분말
② 제2종 분말
③ 제3종 분말
④ 제4종 분말

해설 **분말소화기(질식효과)**

종 별	소화약제	약제의 착색	화학반응식	적응 화재
제1종	탄산수소 나트륨 ($NaHCO_3$)	백색	$2NaHCO_3 \rightarrow Na_2CO_3+\mathbf{CO_2}+H_2O$	BC급
제2종	탄산수소 칼륨 ($KHCO_3$)	담자색 (담회색)	$2KHCO_3 \rightarrow K_2CO_3+CO_2+H_2O$	BC급
제3종 보기 ③	**인산암모늄 ($NH_4H_2PO_4$)**	담홍색	$NH_4H_2PO_4 \rightarrow$ **$HPO_3+NH_3+H_2O$**	**AB C급**
제4종	탄산수소 칼륨+요소 ($KHCO_3$+ $(NH_2)_2CO$)	회(백)색	$2KHCO_3+(NH_2)_2CO \rightarrow K_2CO_3+2NH_3+2CO_2$	BC급

- 탄산수소나트륨 = 중탄산나트륨
- 탄산수소칼륨 = 중탄산칼륨
- 제1인산암모늄 = 인산암모늄 = 인산염
- 탄산수소칼륨 + 요소 = 중탄산칼륨 + 요소

답 ③

★★★
19 휘발유 화재시 물을 사용하여 소화할 수 없는 이유로 가장 옳은 것은?

20.06.문14 16.10.문19 13.06.문19

① 인화점이 물보다 낮기 때문이다.
② 비중이 물보다 작아 연소면이 확대되기 때문이다.
③ 수용성이므로 물에 녹아 폭발이 일어나기 때문이다.
④ 물과 반응하여 수소가스를 발생하기 때문이다.

해설 **주수소화**(물소화)시 **위험**한 **물질**

구 분	현 상
• 무기과산화물	**산소** 발생
• **금**속분 • **마**그네슘 • 알루미늄 • 칼륨 • 나트륨 • 수소화리튬 • **부틸리튬**	**수소** 발생
• 가연성 액체(휘발유)의 유류화재	**연소면**(화재면) 확대 보기 ②

기억법 **금마수**

답 ②

★★★
20 다음 중 가연성 가스가 아닌 것은?

22.09.문20 21.03.문08 20.09.문20 17.03.문07 16.10.문03 16.03.문04 14.05.문10 12.09.문08 11.10.문02

① 메탄
② 수소
③ 산소
④ 암모니아

해설 ③ 산소 : 지연성 가스

가연성 가스와 **지연성 가스**

가연성 가스	지연성 가스(**조**연성 가스)
• **수**소 보기 ② • **메**탄 보기 ① • **일**산화탄소 • **천**연가스 • **부**탄 • **에**탄 • **암**모니아 보기 ④ • **프**로판 기억법 **가수일천 암부 메에프**	• **산**소 • **공**기 • **염**소 • **오**존 • **불**소 기억법 **조산공 염불오**

용어

가연성 가스와 **지연성 가스**

가연성 가스	지연성 가스(조연성 가스)
물질 자체가 연소하는 것	자기 자신은 연소하지 않지만 연소를 도와주는 가스

답 ③

제 2 과목 소방전기일반

★
21 인덕턴스가 0.5H인 코일의 리액턴스가 753.6Ω일 때 주파수는 약 몇 Hz인가?

20.06.문21

① 120 ② 240
③ 360 ④ 480

해설 (1) **기호**

- L : 0.5H
- X_L : 753.6Ω
- f : ?

(2) **유도리액턴스**

$$X_L = 2\pi f L$$

여기서, X_L : 유도리액턴스[Ω]
f : 주파수[Hz]
L : 인덕턴스[H]

주파수 f는

$$f = \frac{X_L}{2\pi L} = \frac{753.6}{2\pi \times 0.5} \fallingdotseq 240\text{Hz}$$

답 ②

★★
22 그림은 비상시에 대비한 예비전원의 공급회로이다. 직류전압을 일정하게 유지하기 위하여 콘덴서를 설치한다면 그 위치로 적당한 곳은?

13.09.문62

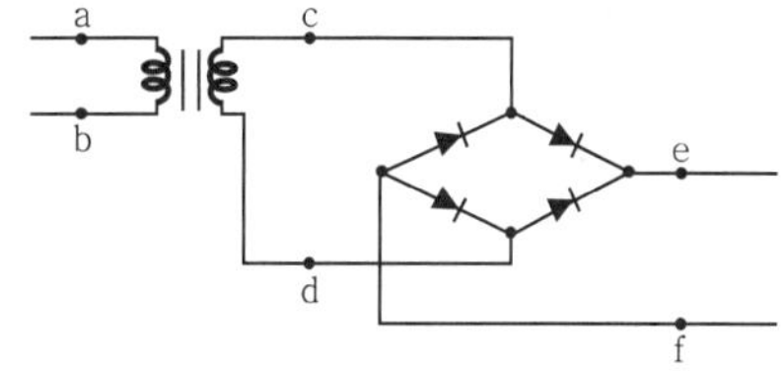

① a와 b 사이 ② c와 d 사이
③ e와 f 사이 ④ c와 e 사이

해설 **콘덴서**(condenser)
직류전압을 **평활**(일정하게 유지)하게 하기 위하여 정류회로의 **출력단**에 설치하여야 한다. 보기 ③

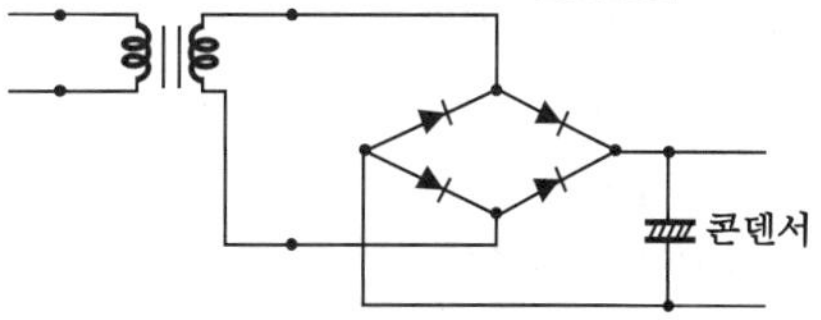

| 누전경보기의 공급회로 |

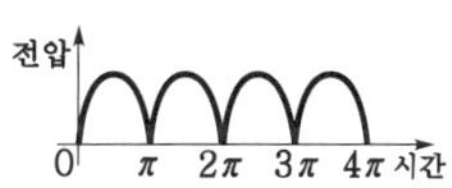

| 콘덴서 설치 전 |

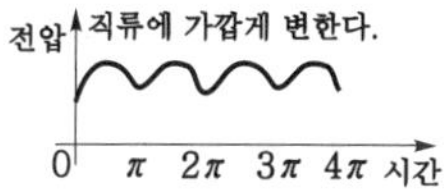

| 콘덴서 설치 후 |

답 ③

★★ 23 그림과 같은 브리지회로의 평형 조건은?

16.03.문24
13.06.문23

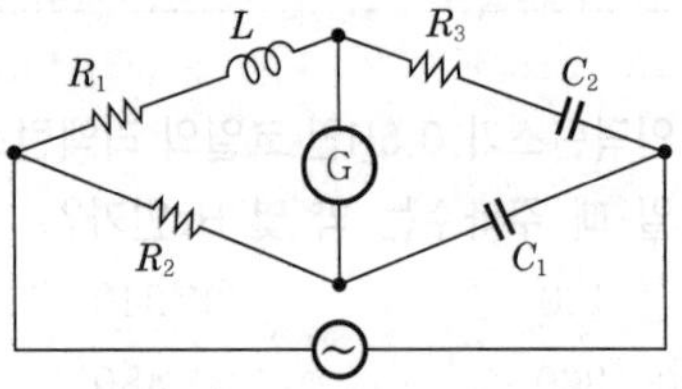

① $R_1C_1 = R_2C_2$, $R_2R_3 = C_1L$

② $R_1C_1 = R_2C_2$, $R_2R_3C_1 = L$

③ $R_1C_2 = R_2C_1$, $R_2R_3 = C_1L$

④ $R_1C_2 = R_2C_1$, $L = R_2R_3C_1$

해설 **교류브리지 평형 조건**

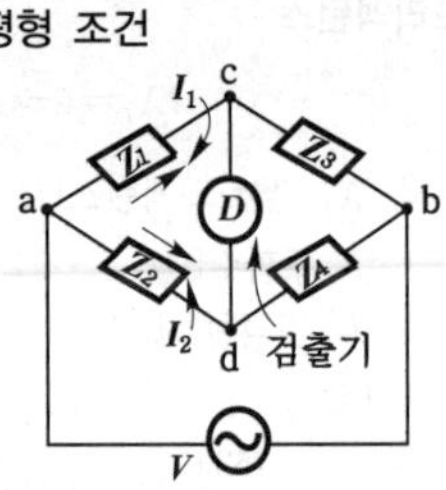

$I_1Z_1 = I_2Z_2$, $I_1Z_3 = I_2Z_4$ $\therefore Z_1Z_4 = Z_2Z_3$

$Z_1 = R_1 + j\omega L$

$Z_2 = R_2$

$Z_3 = R_3 + \dfrac{1}{j\omega C_2} = \dfrac{j\omega C_2R_3}{j\omega C_2} + \dfrac{1}{j\omega C_2} = \dfrac{j\omega C_2R_3 + 1}{j\omega C_2}$

$Z_4 = \dfrac{1}{j\omega C_1}$

$Z_1Z_4 = Z_2Z_3$

$(R_1 + j\omega L) \times \dfrac{1}{j\omega C_1} = R_2 \times \left(R_3 + \dfrac{1}{j\omega C_2}\right)$

$\dfrac{R_1 + j\omega L}{j\omega C_1} = R_2 \times \dfrac{j\omega C_2R_3 + 1}{j\omega C_2}$

$\dfrac{R_1 + j\omega L}{j\omega C_1} = \dfrac{j\omega C_2R_2R_3 + R_2}{j\omega C_2}$

$\dfrac{R_1 + j\omega L}{j\omega C_1} = \dfrac{R_2 + j\omega C_2R_2R_3}{j\omega C_2}$

$L = C_2R_2R_3$, $C_1 = C_2$, $R_1 = R_2$

$L = C_2R_2R_3 = R_2R_3C_2$

$C_1 = C_2$ 이므로

$L = R_2R_3C_1$

$R_2R_3C_2 = R_2R_3C_1$

$R_1 = R_2$ 이므로

$R_1\cancel{R_3}C_2 = R_2\cancel{R_3}C_1$

$R_1C_2 = R_2C_1$

답 ④

★★★ 24 전자유도현상에서 코일에 생기는 유도기전력의 방향을 정의한 법칙은?

18.09.문29
12.03.문29
11.10.문29
00.07.문28

① 플레밍의 오른손법칙

② 플레밍의 왼손법칙

③ 렌츠의 법칙

④ 패러데이의 법칙

해설 **여러 가지 법칙**

법 칙	설 명
플레밍의 **오**른손법칙	**도**체운동에 의한 **유**도기전력의 **방**향 결정 기억법 **방유도오**(**방**에 우**유**를 **도로** 갖다 놓게!)
플레밍의 **왼**손법칙	**전**자력의 방향 결정 기억법 **왼전**(**왼** **전**쟁이냐?)
렌츠의 법칙 (렌쯔의 법칙) 보기 ③	자속변화에 의한 **유**도기전력의 **방**향 결정 기억법 **렌유방**(오**렌**지가 **유**일한 **방**법이다.)
패러데이의 전자유도법칙 (페러데이의 법칙)	① 자속변화에 의한 **유**기기전력의 **크**기 결정 ② 전자유도현상에 의하여 생기는 **유도기전력**의 **크기**를 정의하는 법칙 기억법 **패유크**(**폐유**를 버리면 **큰**일난다.)
앙페르의 오른나사법칙 (앙페에르의 법칙)	**전**류에 의한 **자**기장의 방향 결정 기억법 **앙전자**(**양전자**)
비오-사바르의 법칙	**전**류에 의해 발생되는 **자**기장의 크기 결정 기억법 **비전자**(**비전**공**자**)

• 유도기전력 = 유기기전력

답 ③

★★★ 25 서보전동기는 제어기기의 어디에 속하는가?

19.03.문31
14.03.문24
11.03.문24

① 검출부 ② 조절부

③ 증폭부 ④ 조작부

해설 **서보전동기**(servo motor)

(1) 제어기기의 **조작부**에 속한다. 보기 ④

(2) 서보기구의 최종단에 설치되는 **조작기기**(조작부)로서, **직선운동** 또는 **회전운동**을 하며 **정확한 제어**가 가능하다.

기억법 **작서**(**작심**)

참고

서보전동기의 특징
(1) **직류전동기**와 **교류전동기**가 있다.
(2) **정ㆍ역회전**이 가능하다.
(3) **급가속, 급감속**이 가능하다.
(4) **저속운전**이 용이하다.

답 ④

★
26 직류발전기의 자극수 4, 전기자 도체수 500, 각 자극의 유효자속수 0.01Wb, 회전수 1800rpm인 경우 유기기전력은 얼마인가? (단, 전기자 권선은 파권이다.)

13.03.문26

① 100V ② 150V
③ 200V ④ 300V

해설 (1) 기호
- P : 4
- Z : 500W
- ϕ : 0.01Wb
- N : 1800rpm
- V : ?
- a : 2(파권이므로)

(2) 유기기전력

$$V=\frac{P\phi NZ}{60a}$$

여기서, V : 유기기전력[V]
P : 극수
ϕ : 자속[Wb]
N : 회전수[rpm]
Z : 전기자 도체수
a : 병렬회로수(**파권 : 2**)

유기기전력 V는

$$V=\frac{P\phi NZ}{60a}=\frac{4\times0.01\times1800\times500}{60\times2}=300\text{V}$$

※ 유기기전력=유도기전력

답 ④

★★★
27 불대수의 기본정리에 관한 설명으로 틀린 것은?

19.09.문21 18.03.문31 17.09.문33 17.03.문23 16.05.문36 16.03.문39 15.09.문23 13.09.문30 13.06.문35 11.03.문32

① A＋A＝A
② A＋1＝1
③ A・0＝1
④ A＋0＝A

해설
① X＋X＝X이므로 A＋A＝A
② X＋1＝1이므로 A＋1＝1
③ X・0＝0이므로 A・0＝0
④ X＋0＝X이므로 A＋0＝A

불대수의 **정리**

논리합	논리곱	비 고
④ X＋0＝X 보기 ④	③ X・0＝0 보기 ③	－
② X＋1＝1 보기 ②	X・1＝X	－
① X＋X＝X 보기 ①	X・X＝X	－
$X+\overline{X}=1$	$X\cdot\overline{X}=0$	－
X＋Y＝Y＋X	X・Y＝Y・X	교환법칙
X＋(Y＋Z)＝(X＋Y)＋Z	X(YZ)＝(XY)Z	결합법칙
X(Y＋Z)＝XY＋XZ	(X＋Y)(Z＋W)＝XZ＋XW＋YZ＋YW	분배법칙
X＋XY＝X	$\overline{X}+XY=\overline{X}+Y$ $X+\overline{X}Y=X+Y$ $X+\overline{X}\,\overline{Y}=X+\overline{Y}$	흡수법칙
$(\overline{X+Y})=\overline{X}\cdot\overline{Y}$	$(\overline{X\cdot Y})=\overline{X}+\overline{Y}$	드모르간의 정리

답 ③

★★★
28 전기기기에서 생기는 손실 중 권선의 저항에 의하여 생기는 손실은?

19.04.문23 16.10.문36 14.09.문22 11.10.문24

① 철손 ② 동손
③ 표유부하손 ④ 히스테리시스손

해설

동 손 보기 ②	철 손
권선의 **저항**에 의하여 생기는 손실	**철심 속**에서 생기는 손실

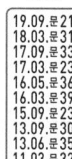

기억법 **권동철철**

중요

무부하손
(1) 철손
(2) 저항손
(3) 유전체손

답 ②

★★★
29 $e_1=10\sqrt{2}\sin\left(\omega t+\frac{\pi}{3}\right)$[V]와 $e_2=20\sqrt{2}\sin\left(\omega t+\frac{\pi}{6}\right)$[V]의 두 정현파의 합성전압 e는 약 몇 V인가?

14.05.문31 14.03.문34 11.10.문35

① $29.1\sin(\omega t+60°)$
② $29.1\sin(\omega t-60°)$
③ $29.1\sin(\omega t+40°)$
④ $29.1\sin(\omega t-40°)$

해설

$$\pi=180°\text{이므로 }\frac{\pi}{3}=60°,\ \frac{\pi}{6}=30°$$

(1) **순시값 → 극형식** 변환

$$e_1=10\sqrt{2}\sin\left(\omega t+\frac{\pi}{3}\right)=10\underline{/60°}$$

$$e_2=20\sqrt{2}\sin\left(\omega t+\frac{\pi}{6}\right)=20\underline{/30°}$$

(2) **극형식 → 복소수** 변환

$$e_1=10\underline{/60°}=10(\cos 60°+j\sin 60°)=5+j8.66$$

$$e_2=20\underline{/30°}=10(\cos 30°+j\sin 30°)=17.32+j10$$

(3) **합산크기 계산**

$$e=e_1+e_2=5+j8.66+17.32+j10$$

$$=5+17.32+j8.66+j10=\underbrace{22.32}_{\text{실수}}+\underbrace{j18.66}_{\text{허수}}$$

∴ **최대값** $V_m=\sqrt{\text{실수}^2+\text{허수}^2}$

$$=\sqrt{22.32^2+18.66^2}\doteqdot 29.1$$

위상차 $\theta=\tan^{-1}\frac{\text{허수}}{\text{실수}}=\tan^{-1}\frac{18.66}{22.32}\doteqdot 40°$

$$e=29.1\sin(\omega t+40°)$$

중요

(1) **순시값**

$$e=V_m\sin\omega t$$

여기서, e : 전압의 순시값〔V〕
V_m : 전압의 최대값〔V〕
ω : 각주파수〔rad/s〕
t : 주기〔s〕

(2) **최대값**

$$V_m=\sqrt{2}\,V$$

여기서, V_m : 전압의 최대값〔V〕
V : 전압의 실효값〔V〕

(3) **극형식**

$$V\underline{/\theta}$$

여기서, V : 전압의 실효값〔V〕
θ : 위상차〔rad〕

답 ③

★★★
30 직류 전압계의 내부저항이 500Ω, 최대 눈금이 50V라면 이 전압계에 3kΩ의 배율기를 접속하여 전압을 측정할 때 최대측정치는 몇 V인가?

20.06.문22 19.09.문30 17.03.문21 13.09.문31 11.06.문34

① 250
② 303
③ 350
④ 500

해설 (1) **기호**

- V : 50V
- R_v : 500Ω
- R_m : 3kΩ=3×10³Ω(1kΩ=10³Ω)
- V_0 : ?

(2) **배율기**

$$V_0=V\left(1+\frac{R_m}{R_v}\right)\text{〔V〕}$$

여기서, V_0 : 측정하고자 하는 전압〔V〕
V : 전압계의 최대눈금〔V〕
R_v : 전압계의 내부저항〔Ω〕
R_m : 배율기저항〔Ω〕

$$V_0=V\left(1+\frac{R_m}{R_v}\right)$$

$$=50\times\left(1+\frac{3\times10^3}{500}\right)\doteqdot 350\text{V}$$

비교

분류기

$$I_0=I\left(1+\frac{R_A}{R_S}\right)\text{〔A〕}$$

여기서, I_0 : 측정하고자 하는 전류〔A〕
I : 전류계의 최대눈금〔A〕
R_A : 전류계 내부저항〔Ω〕
R_S : 분류기저항〔Ω〕

답 ③

★★★
31 전원전압을 일정하게 유지하기 위하여 사용하는 다이오드는?

20.06.문38 19.03.문35 18.09.문31 16.10.문30 15.05.문38 14.09.문40 14.05.문24 14.03.문27 12.03.문34 11.06.문37 00.10.문25

① 쇼트키다이오드
② 터널다이오드
③ 제너다이오드
④ 버랙터다이오드

해설 **반도체소자**

명 칭	심 벌
제너다이오드(zener diode) 보기 ③ ① 주로 정전압 전원회로에 사용된다. ② **전원전압**을 **일정**하게 **유지**한다.	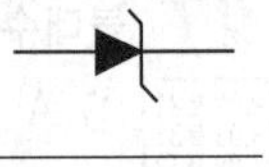
서미스터(thermistor) : 부온도특성을 가진 저항기의 일종으로서 주로 **온**도보정용(온도보상용)으로 쓰인다. 기억법 서온(서운해)	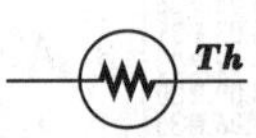
SCR(Silicon Controlled Rectifier) : 단방향 대전류 스위칭소자로서 제어를 할 수 있는 정류소자이다.	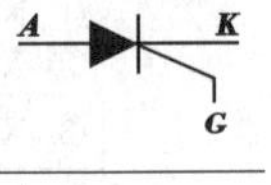

바리스터(varistor) ① 주로 **서**지전압에 대한 회로보호용(과도전압에 대한 회로보호) ② **계**전기접점의 불꽃제거 기억법 **바리서계**	
UJT(Unijunction Transistor, **단일접합 트랜지스터**) : 증폭기로는 사용이 불가능하며 톱니파나 펄스발생기로 작용하며 SCR의 트리거소자로 쓰인다.	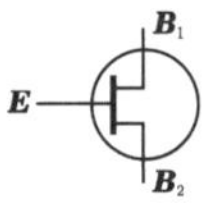
가변용량 다이오드(버랙터다이오드) ① **가변용량** 특성을 FM 변조 AFC 동조에 이용 ② 제너현상을 이용한 다이오드	
터널다이오드 : 음저항 특성을 **마이크로파 발진**에 이용	
쇼트키다이오드 : N형 반도체와 금속을 접합하여 금속부분이 반도체와 같은 기능을 하도록 만들어진 다이오드	

답 ③

★★★
32 직류회로에서 도체를 균일한 체적으로 길이를 10배 늘리면 도체의 저항은 몇 배가 되는가? (단, 도체의 전체 체적은 변함이 없다.)

19.09.문26 10.05.문35 10.03.문38

① 10
② 20
③ 100
④ 1000

해설 (1) **기호**

- l' : 10L
- R' : ?

(2) **고유저항**

$$R = \rho\frac{l}{A} = \rho\frac{l}{\pi r^2}$$

여기서, R : 저항[Ω]
ρ : 고유저항[Ω · m]
A : 도체의 단면적[m²]
l : 도체의 길이[m]
r : 도체의 반지름[m]

$R = \rho\frac{l}{\pi r^2}$ 에서 체적이 균일하면 **길이**를 **10배**로 늘리면 **반경**은 $\frac{1}{10}$ **배**로 줄어들므로 $R = \rho\frac{l}{\pi r^2}$ 에서

$$R' = \rho\frac{l'}{\pi r'^2} = \rho\frac{10l}{\pi\frac{1}{10}r^2} = \rho\frac{100l}{\pi r^2} = 100\text{배}$$

답 ③

★★★
33 제어요소의 구성으로 옳은 것은?

19.09.문39 15.09.문28 14.03.문30 13.03.문21

① 조절부와 조작부
② 비교부와 검출부
③ 설정부와 검출부
④ 설정부와 비교부

해설 **제어요소**(control element)
동작신호를 조작량으로 변환하는 요소이고, **조절부**와 **조작부**로 이루어진다.

참고

구성요소

제어요소 보기 ①	제어장치	조절기
• 조**절**부 • 조**작**부 기억법 **요절작**	• 조**절**부 • **설**정부 • **검**출부 기억법 **제장검설절** (**대장검 설정**)	• 조절부 • 설정부 • 비교부

답 ①

★★
34 그림과 같은 트랜지스터를 사용한 정전압회로에서 Q_1의 역할로서 옳은 것은?

16.10.문31 13.06.문22

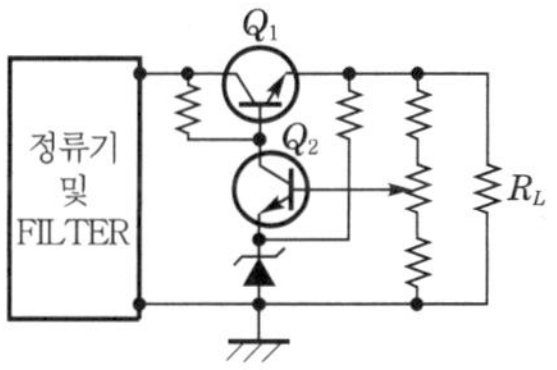

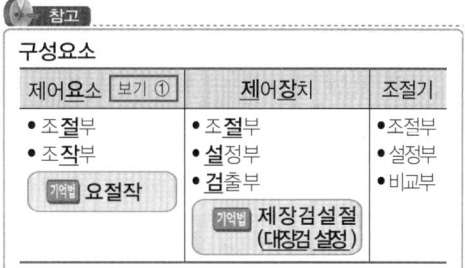

① 증폭용 ② 비교부용
③ 제어용 ④ 기준부용

해설

- Q_1 : 제어용
- Q_2 : 증폭용
- R_L : 부하(load)

답 ③

★★
35 그림과 같은 시퀀스 제어회로에서 자기유지접점은?

14.05.문38 07.05.문37

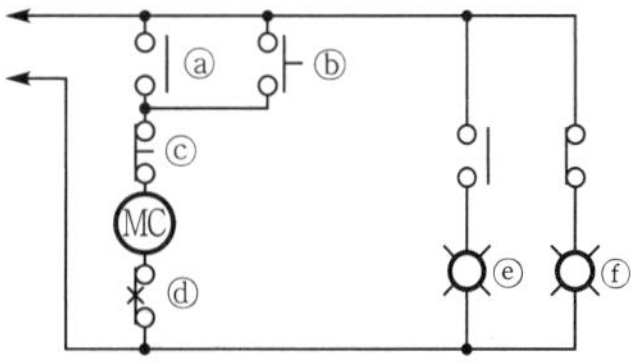

① ⓐ ② ⓑ
③ ⓒ ④ ⓓ

해설 ⓐ 자기유지접점
ⓑ 기동용 스위치
ⓒ 정지용 스위치
ⓓ 열동계전기접점
ⓔ 기동표시등
ⓕ 정지표시등

답 ①

★★
36 자유공간에서 무한히 넓은 평면에 면전하밀도 σ [C/m^2]가 균일하게 분포되어 있는 경우 전계의 세기(E)는 몇 V/m인가? (단, ε_0는 진공의 유전율이다.)

21.09.문36
20.09.문39

① $E=\dfrac{\sigma}{\varepsilon_0}$

② $E=\dfrac{\sigma}{2\varepsilon_0}$

③ $E=\dfrac{\sigma}{2\pi\varepsilon_0}$

④ $E=\dfrac{\sigma}{4\pi\varepsilon_0}$

해설 **가우스의 법칙**

무한히 **넓은 평면**에서 대전된 물체에 대한 **전계**의 **세기**(Intensity of electric field)를 구할 때 사용한다. 무한히 넓은 평면에서 대전된 물체는 원천 전하로부터 전기장이 발생해 이 전기장이 다른 전하에 힘을 주게 되어 **대칭**의 **자기장**이 존재하게 된다. 즉 **자기장**이 **2개**가 존재하므로 다음과 같이 구할 수 있다.

기본식 $E=\dfrac{Q}{4\pi\varepsilon r^2}=\dfrac{\sigma}{\varepsilon}$ 에서

$$2E=\frac{Q}{4\pi\varepsilon r^2}=\frac{\sigma}{\varepsilon}$$

$$E=\frac{Q}{2(4\pi\varepsilon r^2)}=\frac{\sigma}{2\varepsilon}$$

여기서, E : 전계의 세기[V/m]
Q : 전하[C]
ε : 유전율[F/m]$(\varepsilon=\varepsilon_0\cdot\varepsilon_s)$
(ε_0 : 진공의 유전율[F/m]
ε_s : 비유전율)
σ : 면전하밀도[C/m^2]
r : 거리[m]

전계의 세기(전장의 세기) E는

$$E=\frac{\sigma}{2\varepsilon}=\frac{\sigma}{2(\varepsilon_0\varepsilon_s)}=\frac{\sigma}{2\varepsilon_0}$$

• 자유공간에서 $\varepsilon_s \fallingdotseq 1$이므로 $\varepsilon=\varepsilon_0\varepsilon_s=\varepsilon_0$

답 ②

★
37 220V의 전원에 접속하였을 때 2kW의 전력을 소비하는 저항이 있다. 이 저항을 100V의 전원에 접속하면 저항에서 소비되는 전력은 약 몇 W인가?

22.04.문28

① 206 ② 413
③ 826 ④ 1652

해설 (1) **기호**

• V : 220V
• P : 2kW=2×10^{3}W(1kW=10^{3}kW)
• V' : 100V
• P' : ?

(2) **전력**

$$P=VI=I^2R=\frac{V^2}{R}$$

여기서, P : 전력[W], V : 전압[V]
I : 전류[A], R : 저항[Ω]

저항 R은

$$R=\frac{V^2}{P}=\frac{220^2}{2\times10^3}=24.2\,\Omega$$

100V의 전압사용시 **소비전력** P'는

$$P'=\frac{V'^2}{R}=\frac{100^2}{24.2}\fallingdotseq 413\text{W}$$

• 저항이 같으므로 R이 있는 $P=I^2R=\dfrac{V^2}{R}$ 식을 사용해야 함

답 ②

★★★
38 계전기 접점의 불꽃을 소거할 목적으로 사용하는 것은?

21.05.문35
20.06.문38
19.03.문35
18.09.문31
16.10.문30
15.05.문38
14.09.문40
14.05.문24
14.03.문27
12.03.문34
11.06.문37
00.10.문25

① 터널다이오드
② 바랙터다이오드
③ 바리스터
④ 서미스터

해설 **반도체소자**

명 칭	심 벌
제너다이오드(zener diode) ① 주로 정전압 전원회로에 사용된다. ② **전원전압**을 **일정**하게 **유지**한다.	
서미스터(thermistor) : 부온도특성을 가진 저항기의 일종으로서 주로 **온**도보정용(온도보상용)으로 쓰인다. 보기 ④ 기억법 서온(서운해)	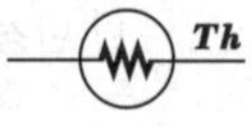

SCR(Silicon Controlled Rectifier) : 단방향 대전류 스위칭소자로서 제어를 할 수 있는 정류소자이다.	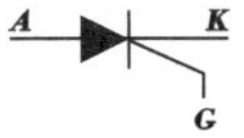
바리스터(varistor) 보기 ③ ① 주로 **서**지전압에 대한 회로보호용(과도전압에 대한 회로보호) ② **계**전기접점의 불꽃제거 **기억법** **바리서계**	
UJT(Unijunction Transistor, **단일접합 트랜지스터**) : 증폭기로는 사용이 불가능하며 톱니파나 펄스발생기로 작용하며 SCR의 트리거소자로 쓰인다.	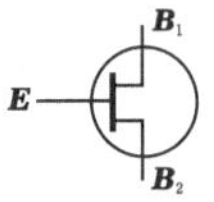
가변용량 다이오드(버랙터다이오드) 보기 ② ① **가변용량** 특성을 FM 변조 AFC 동조에 이용 ② 제너현상을 이용한 다이오드	
터널다이오드 : 음저항 특성을 **마이크로파 발진**에 이용 보기 ①	
쇼트키다이오드 : N형 반도체와 금속을 접합하여 금속부분이 반도체와 같은 기능을 하도록 만들어진 다이오드	

답 ③

★★★
39 단방향 대전류의 전력용 스위칭 소자로서 교류의 위상 제어용으로 사용되는 정류소자는?

21.05.문35 19.04.문25 19.03.문35 17.05.문35 16.10.문30 15.05.문38 14.09.문40 14.05.문24 14.03.문27 12.03.문34 11.06.문37 00.10.문25

① 서미스터
② SCR
③ 제너다이오드
④ UJT

해설 **문제 38 참조**

SCR(Silicon Controlled Rectifier) : **단방향 대전류** 스위칭 소자로서 제어를 할 수 있는 정류소자이다. 보기 ②

답 ②

★
40 50Hz의 주파수에서 유도성 리액턴스가 4Ω인 인덕터와 용량성 리액턴스가 1Ω인 커패시터와 4Ω의 저항이 모두 직렬로 연결되어 있다. 이 회로에 100V, 50Hz의 교류전압을 인가했을 때 무효전력〔Var〕은?

21.09.문37

① 1000
② 1200
③ 1400
④ 1600

해설 (1) **기호**

- f : 50Hz
- X_L : 4Ω
- X_C : 1Ω
- R : 4Ω
- V : 100V
- P_r : ?

(2) **그림**

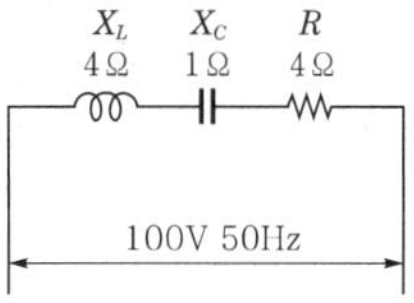

(3) **리액턴스**

$$X=\sqrt{(X_L-X_C)^2}$$

여기서, X : 리액턴스〔Ω〕
X_L : 유도리액턴스〔Ω〕
X_C : 용량리액턴스〔Ω〕

리액턴스 X는

$X=\sqrt{(X_L-X_C)^2}=\sqrt{(4-1)^2}=3\,\Omega$

(4) **전류**

$$I=\frac{V}{Z}=\frac{V}{\sqrt{R^2+X^2}}$$

여기서, I : 전류〔A〕
V : 전압〔V〕
Z : 임피던스〔Ω〕
R : 저항〔Ω〕
X : 리액턴스〔Ω〕

전류 I는

$I=\frac{V}{\sqrt{R^2+X^2}}=\frac{100}{\sqrt{4^2+3^2}}=20\text{A}$

(5) **무효전력**

$$P_r=VI\sin\theta=I^2X\text{〔Var〕}$$

여기서, P_r : 무효전력〔Var〕
V : 전압〔V〕
I : 전류〔A〕
$\sin\theta$: 무효율
X : 리액턴스〔Ω〕

- **무효전력** : **교류전압**(V)과 **전류**(I) 그리고 **무효율**($\sin\theta$)의 곱 형태

무효전력 P_r는

$P_r=I^2X=20^2\times3=1200\text{Var}$

답 ②

제 3 과목 소방관계법규

☆☆
41 19.03.문53

소방서장은 소방대상물에 대한 위치·구조·설비 등에 관하여 화재가 발생하는 경우 인명피해가 클 것으로 예상되는 때에는 소방대상물의 개수·사용의 금지 등의 필요한 조치를 명할 수 있는데 이때 그 손실에 따른 보상을 하여야 하는 바, 해당되지 않은 사람은?

① 특별시장
② 도지사
③ 행정안전부장관
④ 광역시장

해설 **소방기본법 49조의 2**
소방대상물의 개수명령 손실보상
소방청장, 시·도지사

중요

시·도지사
(1) 특별시장 [보기 ①]
(2) 광역시장 [보기 ④]
(3) 도지사 [보기 ②]
(4) 특별자치도지사
(5) 특별자치시장

답 ③

☆☆☆
42 21.05.문49 18.03.문51 17.03.문43 15.03.문59 14.05.문54

소방본부장이나 소방서장이 소방시설공사가 공사감리 결과보고서대로 완공되었는지 완공검사를 위한 현장을 확인할 수 있는 대통령령으로 정하는 특정소방대상물이 아닌 것은?

① 노유자시설
② 문화 및 집회시설, 운동시설
③ 1000m² 미만의 공동주택
④ 지하상가

해설 ③ 공동주택, 아파트는 해당 없음

공사업령 5조
완공검사를 위한 현장확인 대상 특정소방대상물의 범위
(1) **문**화 및 집회시설, **종**교시설, **판**매시설, **노**유자시설, **수**련시설, **운**동시설, **숙**박시설, **창**고시설, 지하**상**가 및 다중이용업소 [보기 ①②④]
(2) 다음의 어느 하나에 해당하는 설비가 설치되는 특정소방대상물
㉠ 스프링클러설비 등
㉡ 물분무등소화설비(호스릴방식의 소화설비 제외)
(3) 연면적 **10000m²** 이상이거나 **11층** 이상인 특정소방대상물(아파트 제외) [보기 ③]
(4) 가연성 가스를 제조·저장 또는 취급하는 시설 중 지상에 노출된 가연성 가스탱크의 저장용량 합계가 **1000t** 이상인 시설

기억법 **문종판 노수운 숙창상현**

답 ③

☆☆
43 21.05.문46 15.03.문49 14.09.문42

소방시설 설치 및 관리에 관한 법령상 소방용품 중 피난구조설비를 구성하는 제품 또는 기기에 속하지 않는 것은?

① 통로유도등 ② 소화기구
③ 공기호흡기 ④ 피난사다리

해설 ② 소화설비

소방시설법 시행령 〔별표 3〕
소방용품

소방시설	제품 또는 기기
소화용	① 소화**약**제 ② **방**염제(방염액·**방염도료**·**방염성 물질**) 기억법 **소약방**
피난구조설비	① **피난사다리**, 구조대, 완강기(간이완강기 및 지지대 포함) [보기 ④] ② **공기호흡기**(충전기를 포함) [보기 ③] ③ 피난구유도등, **통로유도등**, 객석유도등 및 예비전원이 내장된 비상조명등 [보기 ①]
소화설비	① **소화기** [보기 ②] ② 자동소화장치 ③ 간이소화용구(소화약제 외의 것을 이용한 간이소화용구 제외) ④ 소화전 ⑤ 송수구 ⑥ 관창 ⑦ 소방호스 ⑧ 스프링클러헤드 ⑨ 기동용 수압개폐장치 ⑩ 유수제어밸브 ⑪ 가스관 선택밸브

답 ②

☆☆☆
44 20.06.문56 19.03.문56 18.04.문43 17.05.문48

소방상 필요할 때 소방본부장, 소방서장 또는 소방대장이 할 수 있는 명령에 해당되는 것은?

① 화재현장에 이웃한 소방서에 소방응원을 하는 명령
② 그 관할구역 안에 사는 사람 또는 화재 현장에 있는 사람으로 하여금 소화에 종사하도록 하는 명령
③ 관계 보험회사로 하여금 화재의 피해조사에 협력하도록 하는 명령
④ 소방대상물의 관계인에게 화재에 따른 손실을 보상하게 하는 명령

해설 **소방본부장 · 소방서장 · 소방대장**

(1) 소방활동 **종**사명령(기본법 24조) 보기 ②
(2) **강**제처분 · 제거(기본법 25조)
(3) **피**난명령(기본법 26조)
(4) 댐 · 저수지 사용 등 위험시설 등에 대한 긴급조치(기본법 27조)

기억법 **소대종강피(소방대의 종강파티)**

용어

소방활동 종사명령
화재, 재난 · 재해, 그 밖의 위급한 상황이 발생한 현장에서 소방활동을 위하여 필요할 때에는 그 관할구역에 사는 사람 또는 그 현장에 있는 사람으로 하여금 사람을 구출하는 일 또는 불을 끄거나 불이 번지지 아니하도록 하는 일을 하게 할 수 있는 것

답 ②

★
45 특정소방대상물의 소방시설 등에 대한 자체점검 기술자격자의 범위에서 '행정안전부령으로 정하는 기술자격자'는?

① 소방안전관리자로 선임된 소방설비산업기사
② 소방안전관리자로 선임된 소방설비기사
③ 소방안전관리자로 선임된 전기기사
④ 소방안전관리자로 선임된 소방시설관리사 및 소방기술사

해설 **소방시설법 시행규칙 19조**
소방시설 등 자체점검 기술자격자
(1) 소방안전관리자로 선임된 **소방시설관리사** 보기 ④
(2) 소방안전관리자로 선임된 **소방기술사** 보기 ④

답 ④

★
46 명예직 소방대원으로 위촉할 수 있는 권한이 있는 사람은?

① 도지사
② 소방청장
③ 소방대장
④ 소방서장

해설 **기본법 7조**
명예직 소방대원 위촉 : 소방청장
소방행정 발전에 공로가 있다고 인정되는 사람

답 ②

★★★
47 화재의 예방 및 안전관리에 관한 법률상 소방안전관리대상물의 소방안전관리자의 업무가 아닌 것은?

21.03.문47
19.09.문01
18.04.문45
14.09.문52
14.09.문53
13.06.문48

① 소방시설공사
② 소방훈련 및 교육
③ 소방계획서의 작성 및 시행
④ 자위소방대의 구성 · 운영 · 교육

해설 ① 소방시설공사 : 소방시설공사업자

화재예방법 24조 ⑤항
관계인 및 소방안전관리자의 업무

특정소방대상물 (관계인)	소방안전관리대상물 (소방안전관리자)
① **피난시설 · 방화구획** 및 방화시설의 관리 ② **소방시설**, 그 밖의 소방관련 시설의 관리 ③ **화기취급**의 감독 ④ 소방안전관리에 필요한 업무 ⑤ 화재발생시 초기대응	① **피난시설 · 방화구획** 및 방화시설의 관리 ② 소방시설, 그 밖의 소방관련 시설의 관리 ③ **화기취급**의 감독 ④ 소방안전관리에 필요한 업무 ⑤ **소방계획서**의 작성 및 시행(**대통령령**으로 정하는 사항 포함) 보기 ③ ⑥ **자위소방대** 및 **초기대응체계**의 구성 · 운영 · 교육 보기 ④ ⑦ 소방훈련 및 교육 보기 ② ⑧ 소방안전관리에 관한 업무수행에 관한 기록 · 유지 ⑨ 화재발생시 초기대응

용어

특정소방대상물	소방안전관리대상물
건축물 등의 규모 · 용도 및 수용인원 등을 고려하여 소방시설을 설치하여야 하는 소방대상물로서 대통령령으로 정하는 것	**대통령령**으로 정하는 특정소방대상물

답 ①

★★★
48 소방시설을 구분하는 경우 소화설비에 해당되지 않는 것은?

19.04.문59
12.09.문60
08.09.문55
08.03.문53

① 스프링클러설비
② 제연설비
③ 자동확산소화기
④ 옥외소화전설비

해설 ② 소화활동설비

소방시설법 시행령 〔별표 1〕
소화설비
(1) 소화기구 · 자동확산소화기 · 자동소화장치(주거용 주방자동소화장치)
(2) 옥내소화전설비 · 옥외소화전설비
(3) 스프링클러설비 · 간이스프링클러설비 · 화재조기진압용 스프링클러설비
(4) 물분무소화설비 · 강화액소화설비

비교

소방시설법 시행령 〔별표 1〕
소화활동설비
화재를 진압하거나 인명구조활동을 위하여 사용하는 설비
(1) **연**결송수관설비
(2) **연**결살수설비
(3) **연**소방지설비
(4) **무**선통신보조설비
(5) **제**연설비
(6) **비**상**콘**센트설비

기억법 3연무제비콘

답 ②

★★★
49 **위험물안전관리법령상 산화성 고체인 제1류 위험물에 해당되는 것은?**

22.03.문02 19.04.문44 16.05.문46 16.05.문52 15.09.문03 15.09.문18 15.05.문10 15.05.문42 15.03.문51 14.09.문18 14.03.문18 11.06.문54

① 질산염류
② 과염소산
③ 특수인화물
④ 유기과산화물

해설 **위험물령 〔별표 1〕**
위험물

유별	성질	품명
제1류	**산**화성 **고**체	• 아염소산염류 • 염소산염류(**염소산나트륨**) • 과염소산염류 • 질산염류 보기 ① • 무기과산화물 기억법 1산고염나
제2류	가연성 고체	• **황화**인 • **적**린 • **황** • **마**그네슘 기억법 황화적황마
제3류	자연발화성 물질 및 금수성 물질	• **황**린 • **칼**륨 • **나**트륨 • **알**칼리토금속 • **트**리에틸알루미늄 기억법 황칼나알트
제4류	인화성 액체	• 특수인화물 보기 ③ • 석유류(벤젠) • 알코올류 • 동식물유류
제5류	**자**기반응성 물질	• 유기과산화물 보기 ④ • 나이트로화합물 • 나이트로소화합물 • 아조화합물 • 질산에스터류(셀룰로이드) 기억법 5자(오자탈자)
제6류	산화성 액체	• 과염소산 보기 ② • 과산화수소 • 질산

답 ①

★★★
50 **위험물안전관리법령상 제조소 또는 일반 취급소의 위험물취급탱크 노즐 또는 맨홀을 신설하는 경우, 노즐 또는 맨홀의 직경이 몇 mm를 초과하는 경우에 변경허가를 받아야 하는가?**

① 500
② 450
③ 250
④ 600

해설 **위험물규칙 〔별표 1의 2〕**
제조소 등의 변경허가를 받아야 하는 경우
(1) 제조소 또는 일반취급소의 위치를 이전
(2) 건축물의 벽·기둥·바닥·보 또는 지붕을 증설 또는 철거
(3) 배출설비를 신설
(4) 위험물취급탱크를 신설·교체·철거 또는 보수
(5) 위험물취급탱크의 노즐 또는 맨홀의 직경이 **250mm**를 초과하는 경우에 신설 보기 ③
(6) 위험물취급탱크의 방유제의 높이 또는 방유제 내의 면적을 변경
(7) 위험물취급탱크의 탱크전용실을 증설 또는 교체
(8) **300m**(지상에 설치하지 아니하는 배관의 경우에는 **30m**)를 초과하는 위험물배관을 신설·교체·철거 또는 보수(배관을 절개하는 경우에 한한다)하는 경우

답 ③

★★★
51 **소방시설 설치 및 관리에 관한 법령상 자동화재탐지설비를 설치하여야 하는 특정소방대상물 기준으로 틀린 것은?**

16.03.문57 16.05.문43 14.03.문79 12.03.문74

① 길이 500m 이상의 터널
② 숙박시설로서 연면적 600m² 이상인 것
③ 의료시설(정신의료기관·요양병원 제외)로서 연면적 600m² 이상인 것
④ 지하구

해설

① 500m 이상 → 1000m 이상

소방시설법 시행령 〔별표 4〕
자동화재탐지설비의 설치대상

설치대상	조 건
① 정신의료기관 · 의료재활시설	• 창살설치 : 바닥면적 $300m^2$ 미만 • 기타 : 바닥면적 $300m^2$ 이상
② 노유자시설	• 연면적 **$400m^2$** 이상
③ **근**린생활시설 · **위**락시설 ④ **의**료시설(정신의료기관, 요양병원 제외) 보기 ③, 숙박시설 보기 ② ⑤ **복**합건축물 · 장례시설	• 연면적 **$600m^2$** 이상
⑥ 목욕장 · 문화 및 집회시설, 운동시설 ⑦ 종교시설 ⑧ 방송통신시설 · 관광휴게시설 ⑨ 업무시설 · 판매시설 ⑩ 항공기 및 자동차 관련시설 · 공장 · 창고시설 ⑪ 지하상가 · 운수시설 · 발전시설 · 위험물 저장 및 처리시설 ⑫ 교정 및 군사시설 중 국방 · 군사시설	• 연면적 **$1000m^2$** 이상
⑬ **교**육연구시설 · **동**식물관련시설 ⑭ **자**원순환관련시설 · **교**정 및 군사시설(국방 · 군사시설 제외) ⑮ **수**련시설(숙박시설이 있는 것 제외) ⑯ 묘지관련시설	• 연면적 **$2000m^2$** 이상
⑰ 터널	• 길이 **1000m** 이상 보기 ①
⑱ 지하구 보기 ④ ⑲ 노유자생활시설 ⑳ 아파트 등 기숙사 ㉑ 숙박시설 ㉒ **6층** 이상인 건축물 ㉓ 조산원 및 산후조리원 ㉔ 전통시장 ㉕ 요양병원(정신병원, 의료재활시설 제외)	• 전부
㉖ 특수가연물 저장 · 취급	• 지정수량 **500배** 이상
㉗ 수련시설(숙박시설이 있는 것)	• 수용인원 **100명** 이상
㉘ 발전시설	• 전기저장시설

기억법 **근위의복6, 교동자교수2**

답 ①

★★★
52 21.03.문48 16.10.문52 16.05.문44 16.03.문41 13.03.문49

소방기본법령상 소방용수시설에서 저수조의 설치 기준으로 틀린 것은?

① 흡수에 지장이 없도록 토사 및 쓰레기 등을 제거할 수 있는 설비를 갖출 것
② 소방펌프자동차가 쉽게 접근할 수 있도록 할 것
③ 흡수부분의 수심이 0.5m 이상일 것
④ 지면으로부터의 낙차가 6m 이하일 것

해설

④ 6m 이하 → 4.5m 이하

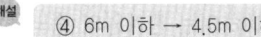

기본규칙 〔별표 3〕
소방용수시설의 저수조에 대한 설치기준

(1) 낙차 : **4.5m** 이하 보기 ④
(2) **수**심 : **0.5m** 이상 보기 ③
(3) 투입구의 길이 또는 지름 : **60cm** 이상

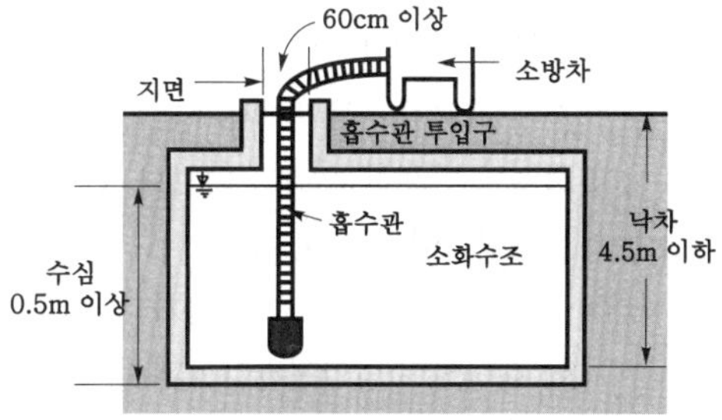

| 저수조의 깊이 |

(4) 소방펌프자동차가 **쉽게 접근**할 수 있도록 할 것 보기 ②
(5) 흡수에 지장이 없도록 **토사** 및 **쓰레기** 등을 제거할 수 있는 설비를 갖출 것 보기 ①
(6) 저수조에 물을 공급하는 방법은 **상수도**에 연결하여 **자동**으로 **급수**되는 구조일 것

기억법 **수5(수호천사)**

답 ④

★
53

화재의 예방 및 안전관리에 관한 법령상 화재예방을 위하여 불의 사용에 있어서 지켜야 하는 사항에 따라 이동식 난로를 사용하여서는 안 되는 장소로 틀린 것은? (단, 난로를 받침대로 고정시키거나 즉시 소화되고 연료 누출 차단이 가능한 경우는 제외한다.)

① 역 · 터미널
② 슈퍼마켓
③ 가설건축물
④ 한의원

해설

② 해당 없음

화재예방법 시행령 〔별표 1〕
이동식 난로를 설치할 수 없는 장소

(1) 학원
(2) 종합병원
(3) 역 · 터미널 보기 ①
(4) 가설건축물 보기 ③
(5) 한의원 보기 ④

답 ②

★★★
54 화재의 예방 및 안전관리에 관한 법령상 소방청장, 소방본부장 또는 소방서장은 관할구역에 있는 소방대상물에 대하여 화재안전조사를 실시할 수 있다. 화재안전조사 대상과 거리가 먼 것은? (단, 개인 주거에 대하여는 관계인의 승낙을 득한 경우이다.)

19.09.문56 14.09.문60 14.03.문41 13.06.문54

① 화재예방강화지구 등 법령에서 화재안전조사를 하도록 규정되어 있는 경우
② 관계인이 법령에 따라 실시하는 소방시설 등, 방화시설, 피난시설 등에 대한 자체점검 등이 불성실하거나 불완전하다고 인정되는 경우
③ 화재가 발생할 우려는 없으나 소방대상물의 정기점검이 필요한 경우
④ 국가적 행사 등 주요 행사가 개최되는 장소에 대하여 소방안전관리 실태를 조사할 필요가 있는 경우

해설 ③ 해당 없음

화재예방법 7조
화재안전조사 실시대상
(1) **관계인**이 이 법 또는 다른 법령에 따라 실시하는 소방시설 등, 방화시설, 피난시설 등에 대한 자체점검이 불성실하거나 불완전하다고 인정되는 경우 보기 ②
(2) **화재예방강화지구** 등 법령에서 화재안전조사를 하도록 규정되어 있는 경우 보기 ①
(3) 화재예방안전진단이 불성실하거나 불완전하다고 인정되는 경우
(4) **국가적 행사** 등 주요 행사가 개최되는 장소 및 그 주변의 관계지역에 대하여 소방안전관리 실태를 조사할 필요가 있는 경우 보기 ④
(5) 화재가 **자주 발생**하였거나 발생할 우려가 뚜렷한 곳에 대한 조사가 필요한 경우
(6) **재난예측정보, 기상예보** 등을 분석한 결과 소방대상물에 화재의 발생 위험이 크다고 판단되는 경우
(7) 화재, 그 밖의 긴급한 상황이 발생할 경우 인명 또는 재산피해의 우려가 현저하다고 판단되는 경우

기억법 **화관국안**

중요

화재예방법 7 · 8조
화재안전조사
소방대상물에 대한 화재예방을 위하여 관계인에게 필요한 자료제출을 명하거나 위치 · 구조 · 설비 또는 관리의 상황을 조사하는 것
(1) 실시자 : 소방청장 · 소방본부장 · 소방서장
(2) 관계인의 승낙이 필요한 곳 : **주거**(주택)

답 ③

★★★
55 성능위주설계를 실시하여야 하는 특정소방대상물의 범위 기준으로 틀린 것은?

18.09.문50 17.03.문58 14.09.문48 12.09.문41

① 연면적 200000m^2 이상인 특정소방대상물(아파트 등은 제외)
② 지하층을 포함한 층수가 30층 이상인 특정소방대상물(아파트 등은 제외)
③ 건축물의 높이가 120m 이상인 특정소방대상물(아파트 등은 제외)
④ 하나의 건출물에 영화상영관이 5개 이상인 특정소방대상물

해설 ④ 5개 이상 → 10개 이상

소방시설법 시행령 9조
성능위주설계를 해야 할 특정소방대상물의 범위
(1) 연면적 **20만m^2** 이상인 특정소방대상물(아파트 등 제외) 보기 ①
(2) **50층** 이상(지하층 제외)이거나 지상으로부터 높이가 **200m** 이상인 아파트
(3) **30층** 이상(지하층 포함)이거나 지상으로부터 높이가 **120m** 이상인 특정소방대상물(아파트 등 제외) 보기 ②③
(4) 연면적 **3만m^2** 이상인 철도 및 도시철도 시설, **공항시설**
(5) 하나의 건축물에 관련법에 따른 **영화상영관**이 **10개** 이상인 특정소방대상물 보기 ④
(6) 연면적 **10만m^2** 이상이거나 **지하 2층** 이하이고 지하층의 바닥면적의 합이 **3만m^2** 이상인 창고시설
(7) 지하연계 복합건축물에 해당하는 특정소방대상물
(8) 터널 중 수저터널 또는 길이가 **5000m** 이상인 것

답 ④

★★★
56 소방시설의 하자가 발생한 경우 통보를 받은 공사업자는 며칠 이내에 이를 보수하거나 보수 일정을 기록한 하자보수 계획을 관계인에게 서면으로 알려야 하는가?

20.08.문56 14.05.문47 11.06.문59

① 3일 ② 7일
③ 14일 ④ 30일

해설 **공사업법 15조**
소방시설공사의 하자보수기간 : 3일 이내 보기 ①

중요

3일
(1) **하**자보수기간(공사업법 15조)
(2) 소방시설업 **등**록증 **분**실 등의 **재발급**(공사업규칙 4조)
(3) 소방시설 등의 자체점검 면제 또는 연기신청(소방시설법 시행규칙 22조)
(4) 소방안전관리자 선임연기신청서 관계인 통보(화재예방법 시행규칙 14조)

기억법 **3하등분재**(**상하**이에서 **동**생이 **분재**를 가져왔다.)

답 ①

★★★
57 위험물안전관리법령상 인화성 액체 위험물(이황화탄소를 제외)의 옥외탱크저장소의 탱크 주위에 설치하여야 하는 방유제의 기준 중 틀린 것은?

21.03.문42 18.09.문47 18.03.문54 15.03.문07 14.05.문45 08.09.문58

① 방유제의 용량은 방유제 안에 설치된 탱크가 하나인 때에는 그 탱크용량의 110% 이상으로 할 것
② 방유제의 용량은 방유제 안에 설치된 탱크가 2기 이상인 때에는 그 탱크 중 용량이 최대인 것의 용량의 110% 이상으로 할 것
③ 방유제는 높이 1m 이상 2m 이하, 두께 0.2m 이상, 지하매설깊이 0.5m 이상으로 할 것
④ 방유제 내의 면적은 80000m² 이하로 할 것

해설 ③ 1m 이상 2m 이하 → 0.5m 이상 3m 이하, 0.5m → 1m

위험물규칙 〔별표 6〕
(1) **옥외탱크저장소의 방유제**

구 분	설 명
높이	**0.5~3m** 이하(두께 **0.2m** 이상, 지하매설깊이 **1m** 이상) 보기 ③
탱크	**10기**(모든 탱크용량이 **20만L** 이하, 인화점이 70~200℃ 미만은 **20**기) 이하
면적	**80000m²** 이하 보기 ④
용량	① 1기 이상: **탱크용량**×110% 이상 보기 ① ② 2기 이상: **최대탱크용량**×110% 이상 보기 ②

(2) 높이가 **1m**를 넘는 방유제 및 간막이 둑의 안팎에는 방유제 내에 출입하기 위한 계단 또는 경사로를 약 **50m**마다 설치할 것

답 ③

★★
58 소방시설 설치 및 관리에 관한 법령상 자동화재탐지설비를 설치하여야 하는 특정소방대상물의 기준으로 틀린 것은?

16.05.문43 16.03.문57 14.03.문79 12.03.문74

① 공장 및 창고시설로서 「소방기본법 시행령」에서 정하는 수량의 500배 이상의 특수가연물을 저장·취급하는 것
② 지하상가로서 연면적 600m² 이상인 것
③ 숙박시설이 있는 수련시설로서 수용인원 100명 이상인 것
④ 장례시설 및 복합건축물로서 연면적 600m² 이상인 것

해설 ② 600mm² 이상 → 1000m² 이상

소방시설법 시행령 〔별표 4〕
자동화재탐지설비의 설치대상

설치대상	조 건
① 정신의료기관 · 의료재활시설	• 창살설치 : 바닥면적 **300m²** 미만 • 기타 : 바닥면적 **300m²** 이상
② 노유자시설	• 연면적 **400m²** 이상
③ **근**린생활시설 · **위**락시설 ④ **의**료시설(정신의료기관, 요양병원 제외) ⑤ **복**합건축물 · 장례시설 보기 ④	• 연면적 **600m²** 이상
⑥ 목욕장 · 문화 및 집회시설, 운동시설 ⑦ 종교시설 ⑧ 방송통신시설 · 관광휴게시설 ⑨ 업무시설 · 판매시설 ⑩ 항공기 및 자동차 관련시설 · 공장 · 창고시설 ⑪ 지하상가 보기 ② · 운수시설 · 발전시설 · 위험물 저장 및 처리시설 ⑫ 국방 · 군사시설	• 연면적 **1000m²** 이상
⑬ **교**육연구시설 · **동**식물관련시설 ⑭ **자**원순환관련시설 · **교**정 및 군사시설(국방 · 군사시설 제외) ⑮ **수**련시설(숙박시설이 있는 것 제외) ⑯ 묘지관련시설	• 연면적 **2000m²** 이상
⑰ 터널	• 길이 **1000m** 이상
⑱ 지하구 ⑲ 노유자생활시설 ⑳ 아파트 등 기숙사 ㉑ 숙박시설 ㉒ **6층** 이상인 건축물 ㉓ 조산원 및 산후조리원 ㉔ 전통시장 ㉕ 요양병원(정신병원, 의료재활시설 제외)	• 전부
㉖ 특수가연물 저장 · 취급	• 지정수량 **500배** 이상 보기 ①
㉗ 수련시설(숙박시설이 있는 것)	• 수용인원 **100명** 이상 보기 ③
㉘ 발전시설	• 전기저장시설

기억법 **근위의복6, 교동자교수2**

답 ②

★★★

59 **소방기본법령상 소방대장은 화재, 재난·재해 그 밖의 위급한 상황이 발생한 현장에 소방활동구역을 정하여 소방활동에 필요한 자로서 대통령령으로 정하는 사람 외에는 그 구역에의 출입을 제한할 수 있다. 다음 중 소방활동구역에 출입할 수 없는 사람은?**

21.05.문60 19.04.문42 15.03.문43 11.06.문48 06.03.문44

① 소방활동구역 안에 있는 소방대상물의 소유자·관리자 또는 점유자
② 전기·가스·수도·통신·교통의 업무에 종사하는 사람으로서 원활한 소방활동을 위하여 필요한 사람
③ 시·도지사가 소방활동을 위하여 출입을 허가한 사람
④ 의사·간호사 그 밖에 구조·구급업무에 종사하는 사람

해설

③ 시·도지사 → 소방대장

기본령 8조
소방활동구역 출입자
(1) **소방활동구역 안**에 있는 **소유자·관리자** 또는 **점유자** 보기 ①
(2) **전기·가스·수도·통신·교통**의 업무에 종사하는 자로서 원활한 **소방활동**을 위하여 필요한 자 보기 ②
(3) **의사·간호사**, 그 밖에 구조·구급업무에 종사하는 자 보기 ④
(4) **취재인력** 등 보도업무에 종사하는 자
(5) **수사업무**에 종사하는 자
(6) **소방대장**이 소방활동을 위하여 **출입**을 **허가**한 **자** 보기 ③

용어

소방활동구역
화재, 재난·재해 그 밖의 위급한 상황이 발생한 현장에 정하는 구역

답 ③

★★★

60 **소방기본법령상 소방업무의 응원에 관한 설명으로 옳은 것은?**

22.03.문54 18.03.문44 15.05.문55 11.03.문54

① 소방청장은 소방활동을 할 때에 필요한 경우에는 시·도지사에게 소방업무의 응원을 요청해야 한다.
② 소방업무의 응원을 위하여 파견된 소방대원은 응원을 요청한 소방본부장 또는 소방서장의 지휘에 따라야 한다.
③ 소방업무의 응원요청을 받은 소방서장은 정당한 사유가 있어도 그 요청을 거절할 수 없다.
④ 소방서장은 소방업무의 응원을 요청하는 경우를 대비하여 출동 대상지역 및 규모와 소요경비의 부담 등에 관하여 필요한 사항을 대통령령으로 정하는 바에 따라 이웃하는 소방서장과 협의하여 미리 규약으로 정하여야 한다.

해설 **기본법 제11조**
소방업무의 응원
(1) **소방본부장**이나 **소방서장**은 소방활동을 할 때에 긴급한 경우에는 이웃한 소방본부장 또는 소방서장에게 소방업무의 응원을 요청할 수 있다. 보기 ①
(2) 소방업무의 응원요청을 받은 **소방본부장** 또는 **소방서장**은 정당한 사유 없이 그 요청을 거절하여서는 아니 된다. 보기 ③
(3) 소방업무의 응원을 위하여 파견된 소방대원은 응원을 **요청한 소방본부장** 또는 **소방서장**의 지휘에 따라야 한다. 보기 ②
(4) **시·도지사**는 소방업무의 응원을 요청하는 경우를 대비하여 출동 대상지역 및 규모와 소요경비의 부담 등에 관하여 필요한 사항을 **행정안전부령**으로 정하는 바에 따라 이웃하는 **시·도지사**와 협의하여 미리 규약으로 정하여야 한다. 보기 ④

① 소방청장 → 소방본부장이나 소방서장
③ 정당한 사유가 있어도 → 정당한 사유 없이
④ 소방서장 → 시·도지사, 대통령령 → 행정안전부령

답 ②

제 4 과목 소방전기시설의 구조 및 원리

★★★

61 **누전경보기의 형식승인 및 제품검사의 기술기준에 따라 누전경보기의 경보기구에 내장하는 음향장치는 사용전압이 220V일 때 몇 V에서 소리를 내어야 하는가?**

19.09.문64 18.04.문74 16.05.문63 15.03.문67 14.09.문65 10.09.문70

① 110 ② 220
③ 176 ④ 330

해설 **누전경보기**의 **음향장치**(누전경보기의 형식승인 및 제품검사의 기술기준 4조)
80% 전압에서 소리를 낼 것
음향장치의 사용전압이 220V이므로 이 전압의 80%인 전압은 $220 \times 0.8 = 176$V이다.

비교

음향장치
(1) **비상경보설비 음향장치**의 **설치기준**(NFPC 201 4조, NFTC 201 2.1)

구 분	설 명
전원	교류전압 옥내간선, **전용**
정격전압	**80%** 전압에서 음향 발할 것
음량	**1m** 위치에서 **90dB** 이상
지구음향장치	**층**마다 설치, 수평거리 **25m** 이하

(2) **비상방송설비 음향장치**의 **구조** 및 **성능기준** (NFPC 202 4조, NFTC 202 2.1.1.12)
㉠ 정격전압의 **80%** 전압에서 음향을 발할 것
㉡ **자동화재탐지설비**의 작동과 연동하여 작동할 것
(3) **자동화재탐지설비 음향장치**의 **구조** 및 **성능기준** (NFPC 203 8조, NFTC 203 2.5.1.4)
㉠ 정격전압의 **80%** 전압에서 음향을 발할 것
㉡ 음량은 **1m 떨어진 곳**에서 **90dB** 이상일 것
㉢ **감지기·발신기**의 작동과 **연동**하여 작동할 것

답 ③

★★★
62
22.03.문80 21.05.문76 20.06.문61 19.09.문71 14.03.문79 12.03.문66

자동화재탐지설비 및 시각경보장치의 화재안전기준에 따라 자동화재탐지설비의 감지기 설치에 있어서 부착높이가 20m 이상일 때 적합한 감지기 종류는?

① 불꽃감지기
② 연기복합형
③ 차동식 분포형
④ 이온화식 1종

해설 **감지기**의 **부착높이**(NFPC 203 7조, NFTC 203 2.4.1)

부착높이	감지기의 종류
4m **미**만	• 차동식(스포트형, 분포형) • 보상식 스포트형 • 정온식(스포트형, 감지선형) — **열**감지기 • 이온화식 또는 광전식(스포트형, 분리형, 공기흡입형) : **연**기감지기 • 열복합형 • 연기복합형 • 열연기복합형 — **복**합형 감지기 • **불**꽃감지기 기억법 **열연불복 4미**
4~**8**m **미**만	• 차동식(스포트형, 분포형) • **보상식 스포트형** • **정**온식(스포트형, 감지선형) **특**종 또는 **1**종 — **열**감지기 • **이**온화식 **1**종 또는 **2**종 • **광**전식(스포트형, 분리형, 공기흡입형) 1종 또는 2종 — 연기감지기 • 열복합형 • 연기복합형 • 열연기복합형 — **복**합형 감지기 • **불**꽃감지기 기억법 **8미열 정특1 이광12 복불**
8~**15**m 미만	• 차동식 **분**포형 • **이**온화식 **1**종 또는 **2**종 • **광**전식(스포트형, 분리형, 공기흡입형) 1종 또는 2종 • **연**기**복**합형 • **불**꽃감지기 기억법 **15분 이광12 연복불**
15~**20**m 미만	• **이**온화식 1종 • **광**전식(스포트형, 분리형, 공기흡입형) 1종 • **연**기**복**합형 • **불**꽃감지기 기억법 **이광불연복2**
20m 이상	• **불**꽃감지기 보기 ① • **광**전식(분리형, 공기흡입형) 중 **아**날로그방식 기억법 **불광아**

답 ①

★★★
63
21.05.문64 20.08.문76 18.03.문65 17.09.문71 16.10.문74

자동화재탐지설비 및 시각경보장치의 화재안전기준에 따른 배선의 시설기준으로 틀린 것은?

① 감지기 사이의 회로의 배선은 송배선식으로 할 것
② 자동화재탐지설비의 감지기 회로의 전로저항은 50Ω 이하가 되도록 할 것
③ 수신기의 각 회로별 종단에 설치되는 감지기에 접속되는 배선의 전압은 감지기의 정격전압의 80% 이상이어야 할 것
④ P형 수신기 및 GP형 수신기의 감지기 회로의 배선에 있어서 하나의 공통선에 접속할 수 있는 경계구역은 10개 이하로 할 것

해설 ④ 10개 → 7개

자동화재탐지설비 배선의 **설치기준**(NFPC 203 11조, NFTC 203 2.8)

(1) 감지기 사이의 회로배선 : **송배선식** 보기 ①
(2) P형 수신기 및 GP형 수신기의 감지기 회로의 배선에 있어서 하나의 공통선에 접속할 수 있는 경계구역은 **7개** 이하 보기 ④
(3) ㉠ 감지기 회로의 전로저항 : **50Ω 이하** 보기 ②
㉡ 감지기에 접속하는 배선전압 : 정격전압의 **80% 이상** 보기 ③
(4) 자동화재탐지설비의 배선은 다른 전선과 **별도**의 관·덕트·몰드 또는 풀박스 등에 설치할 것(단, **60V** 미만의 약전류회로에 사용하는 전선으로서 각각의 전압이 같을 때는 제외)
(5) 감지기 회로의 도통시험을 위한 종단저항은 감지기 회로의 끝부분에 설치할 것

답 ④

★★★
64
22.03.문75 22.04.문73 21.05.문71 11.10.문61

시각경보장치의 성능인증 및 제품검사의 기술기준에 따라 시각경보장치의 전원부 양단자 또는 양선을 단락시킨 부분과 비충전부를 DC 500V의 절연저항계로 측정하는 경우 절연저항이 몇 MΩ 이상이어야 하는가?

① 0.1 ② 5
③ 10 ④ 20

해설 **절연저항시험**

절연저항계	절연저항	대 상
직류 250V	0.1MΩ 이상	• 1경계구역의 절연저항
직류 500V	5MΩ 이상	• 누전경보기 • 가스누설경보기 • 수신기(10회로 미만, 절연된 충전부와 외함간) • 자동화재속보설비 • 비상경보설비 • 유도등(교류입력측과 외함 간 포함) • 비상조명등(교류입력측과 외함 간 포함) • 시각경보장치 보기 ②

직류 500V	20MΩ 이상	• 경종 • 발신기 • 중계기 • 비상콘센트 • 기기의 절연된 선로 간 • 기기의 충전부와 비충전부 간 • 기기의 교류입력측과 외함간(유도등 · 비상조명등 제외)
	50MΩ 이상	• 감지기(정온식 감지선형 감지기 제외) • 가스누설경보기(10회로 이상) • 수신기(10회로 이상, 교류입력측과 외함간 제외)
	1000MΩ 이상	• 정온식 감지선형 감지기

답 ②

★★★

65 유도등 및 유도표지의 화재안전기준에 따라 객석 내 통로의 직선부분 길이가 85m인 경우 객석유도등을 몇 개 설치하여야 하는가?

22.03.문77 19.04.문69 17.05.문74 14.09.문62 14.03.문62 13.03.문76 12.03.문63

① 17개 ② 19개
③ 21개 ④ 22개

해설 **최소 설치개수 산정식**(NFPC 303 7조, NFTC 303 2.4.2)
설치개수 산정시 소수가 발생하면 반드시 **절상**한다.

(1) **객석유도등**

$$설치개수 = \frac{객석통로의\ 직선부분의\ 길이[m]}{4} - 1$$

$$= \frac{85}{4} - 1 = 20.25 ≒ 21개$$

기억법 객4

(2) **유도표지**

$$설치개수 = \frac{구부러진\ 곳이\ 없는\ 부분의\ 보행거리[m]}{15} - 1$$

기억법 유15

(3) **복도통로유도등, 거실통로유도등**

$$설치개수 = \frac{구부러진\ 곳이\ 없는\ 부분의\ 보행거리[m]}{20} - 1$$

기억법 통2

용어

절상
'소수점 이하는 무조건 올린다.'는 뜻

답 ③

★★★

66 비상콘센트설비의 성능인증 및 제품검사의 기술기준에 따라 비상콘센트설비의 절연된 충전부와 외함 간의 절연내력은 정격전압 150V 이하의 경우 60Hz의 정현파에 가까운 실효전압 1000V를 가하는 시험에서 몇 분간 견디어야 하는가?

22.03.문61 18.09.문61 18.03.문64 13.09.문73 11.06.문73

① 1 ② 5
③ 10 ④ 30

해설 **비상콘센트설비**의 **절연내력시험**(비상콘센트설비의 성능인증 및 제품검사의 기술기준 8조)
절연내력은 전원부와 외함 사이에 정격전압이 **150V 이하**인 경우에는 **1000V**의 실효전압을, 정격전압이 **150V 초과**인 경우에는 그 **정격전압**에 **2**를 곱하여 **1000**을 더한 실효전압을 가하는 시험에서 **1분** 이상 견디는 것으로 할 것

중요

절연내력시험(NFPC 504 4조, NFTC 504 2.1.6.2)

구 분	150V 이하	150V 초과
실효전압	**1000V**	**(정격전압×2)+1000V** 예 220V인 경우 (220×2)+1000=1440V
견디는 시간	**1분** 이상 보기 ①	**1분** 이상

비교

절연저항시험

절연저항계	절연저항	대 상
직류 250V	0.1MΩ 이상	• 1경계구역의 절연저항
직류 500V	5MΩ 이상	• 누전경보기 • 가스누설경보기 • 수신기(10회로 미만, 절연된 충전부와 외함간) • 자동화재속보설비 • 비상경보설비 • 유도등(교류입력측과 외함간 포함) • 비상조명등(교류입력측과 외함간 포함)
	20MΩ 이상	• 경종 • 발신기 • 중계기 • 비상콘센트 • 기기의 절연된 선로간 • 기기의 충전부와 비충전부간 • 기기의 교류입력측과 외함간(유도등 · 비상조명등 제외) 기억법 2콘(이크)
	50MΩ 이상	• 감지기(정온식 감지선형 감지기 제외) • 가스누설경보기(10회로 이상) • 수신기(10회로 이상, 교류입력측과 외함간 제외)
	1000MΩ 이상	• 정온식 감지선형 감지기

답 ①

★★★
67 자동화재탐지설비의 발신기는 건축물의 각 부분으로부터 하나의 발신기까지 수평거리는 최대 몇 m 이하인가?

21.05.문65
20.09.문74
16.05.문70
15.09.문74
15.05.문76
14.05.문70
11.03.문76

① 25m ② 50m
③ 100m ④ 150m

해설 **수평거리**와 **보행거리**

(1) **수평거리**

수평거리	적용대상
수평거리 **25m** 이하	• 발신기 보기 ① • 음향장치(확성기) • 비상콘센트(지하상가 · 바닥면적 $3000m^2$ 이상)
수평거리 **50m** 이하	• 비상콘센트(기타)

(2) **보행거리**

보행거리	적용대상
보행거리 **15m** 이하	• **유도표지**
보행거리 **20m** 이하	• 복도통로유도등 • 거실통로유도등 • 3종 연기감지기
보행거리 **30m** 이하	• 1 · 2종 연기감지기
보행거리 **40m** 이상	• 복도 또는 별도로 구획된 실

(3) **수직거리**

수직거리	적용대상
10m 이하	• 3종 연기감지기
15m 이하	• 1 · 2종 연기감지기

중요

자동화재탐지설비의 **발신기 설치기준**(NFPC 203 9조, NFTC 203 2.6)

(1) 조작이 **쉬운 장소**에 설치하고, 조작스위치는 바닥으로부터 **0.8~1.5m** 이하의 높이에 설치할 것
(2) 특정소방대상물의 **층**마다 설치하되, 해당 특정소방대상물의 각 부분으로부터 하나의 발신기까지의 **수평거리**가 **25m** 이하가 되도록 할 것. 다만, 복도 또는 별도로 구획된 실로서 **보행거리**가 **40m** 이상일 경우에는 추가로 설치할 것
(3) (2)의 기준을 초과하는 경우로서 기둥 또는 벽이 설치되지 아니한 대형공간의 경우 발신기는 설치대상 장소의 가장 가까운 장소의 벽 또는 기둥 등에 설치할 것
(4) 발신기의 **위치표시등**은 **함**의 **상부**에 설치하되, 그 불빛은 부착면으로부터 **15°** 이상의 범위 안에서 부착지점으로부터 **10m** 이내의 어느 곳에서도 쉽게 식별할 수 있는 **적색등**으로 할 것

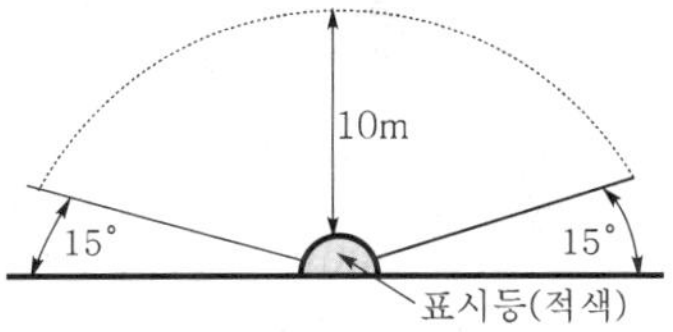

| 위치표시등의 식별 |

답 ①

★★★
68 누전경보기의 전원은 분전반으로부터 전용 회로로 하고 각 극에 개폐기와 몇 A 이하의 과전류차단기를 설치하여야 하는가?

19.04.문75
18.09.문62
17.09.문67
15.09.문76
14.05.문71
14.03.문75
13.06.문67
12.05.문74

① 5 ② 15
③ 25 ④ 35

해설 **누전경보기**의 **설치기준**(NFPC 205 6조, NFTC 205 2.3.1)

과전류차단기	배선용 차단기
15A 이하	20A 이하 기억법 2배(이 배에 탈 사람!)

(1) 각 극에 개폐기 및 **15A** 이하의 **과전류차단기**를 설치할 것(**배선용 차단기**는 **20A** 이하) 보기 ②
(2) 분전반으로부터 **전용 회로**로 할 것
(3) 개폐기에는 누전경보기임을 표시할 것

중요

누전경보기(NFPC 205 4조, NFTC 205 2.1.1.1)

60A 이하	60A 초과
• **1급** 누전경보기 • **2급** 누전경보기	• **1급** 누전경보기

답 ②

★★★
69 비상경보설비 및 단독경보형 감지기의 화재안전기준에 따른 단독경보형 감지기의 시설기준에 대한 내용이다. 다음 ( )에 들어갈 내용으로 옳은 것은?

22.09.문63
21.05.문75
17.09.문64
03.08.문62

> 단독경보형 감지기는 바닥면적이 (㉠)m^2를 초과하는 경우에는 (㉡)m^2마다 1개 이상을 설치하여야 한다.

① ㉠ 100, ㉡ 100 ② ㉠ 100, ㉡ 150
③ ㉠ 150, ㉡ 150 ④ ㉠ 150, ㉡ 200

해설 **단독경보형 감지기**의 **설치기준**(NFPC 201 5조, NFTC 201 2.2.1)

(1) 각 실(이웃하는 실내의 바닥면적이 각각 **$30m^2$ 미만**이고 벽체의 상부의 전부 또는 일부가 개방되어 이웃하는 실내와 공기가 상호 유통되는 경우에는 이를 1개의 실로 본다)마다 설치하되, 바닥면적이 **$150m^2$**를 초과하는 경우에는 **$150m^2$**마다 1개 이상 설치할 것 보기 ③
(2) 최상층의 계단실의 **천장**(외기가 상통하는 계단실의 경우 제외)에 설치할 것
(3) 건전지를 주전원으로 사용하는 단독경보형 감지기는 정상적인 작동상태를 유지할 수 있도록 건전지를 교환할 것
(4) 상용전원을 주전원으로 사용하는 단독경보형 감지기의 **2차 전지**는 제품검사에 합격한 것을 사용할 것

용어

단독경보형 감지기
화재발생 상황을 단독으로 감지하여 자체에 내장된 음향장치로 경보하는 감지기

답 ③

★★
70 17.05.문80
자동화재속보설비의 속보기의 성능인증 및 제품검사의 기술기준에 따라 자동화재속보설비의 속보기의 외함에 강판 외함을 사용할 경우 외함의 최소두께[mm]는?

① 1.8 ② 3
③ 0.8 ④ 1.2

해설 **축전지 외함 · 속보기의 외함두께**

강 판	합성수지
1.2mm 이상 보기 ④	3mm 이상

비교

발신기의 외함두께(발신기의 형식승인 및 제품검사의 기술기준 4조)

강 판		합성수지	
외함	외함 (벽 속 매립)	외함	외함 (벽 속 매립)
1.2mm 이상	1.6mm 이상	3mm 이상	4mm 이상

답 ④

★★★
71 19.03.문74 17.05.문67 17.03.문62 15.09.문64 15.05.문61 14.09.문75 14.03.문77 13.03.문68 12.03.문61 09.05.문76
비상조명등의 화재안전기준에 따른 휴대용 비상조명등의 설치기준 중 틀린 것은?

① 어둠 속에서 위치를 확인할 수 있도록 할 것
② 사용시 자동으로 점등되는 구조일 것
③ 건전지를 사용하는 경우에는 상시 충전되도록 할 것
④ 외함은 난연성능이 있을 것

해설 ③ 상시 충전되도록 할 것 → 방전방지조치를 할 것

휴대용 비상조명등의 **설치기준**(NFPC 304 4조, NFTC 304 2.1.2)

설치개수	설치장소
1개 이상	• **숙박시설** 또는 **다중이용업소**에는 객실 또는 영업장 안의 구획된 실마다 잘 보이는 곳(외부에 설치시 출입문 손잡이로부터 **1m 이내** 부분)
3개 이상	• **지하상가** 및 **지하역사**의 **보행거리** 25m 이내마다 • **대규모점포(백화점 · 대형점 · 쇼핑센터)** 및 **영화상영관**의 **보행거리 50m** 이내마다

(1) 바닥으로부터 **0.8~1.5m** 이하의 높이에 설치할 것
(2) 어둠 속에서 **위치**를 **확인**할 수 있도록 할 것 보기 ①
(3) 사용시 **자동**으로 **점등**되는 구조일 것 보기 ②
(4) 외함은 **난연성능**이 있을 것 보기 ④
(5) 건전지를 사용하는 경우에는 **방전방지조치**를 하여야 하고, **충전식 배터리**의 경우에는 **상시 충전**되도록 할 것 보기 ③
(6) 건전지 및 충전식 배터리의 용량은 **20분** 이상 유효하게 사용할 수 있는 것으로 할 것

답 ③

★★
72 17.03.문76 11.06.문76
피난구유도등의 설치 제외기준 중 틀린 것은?

① 거실 각 부분으로부터 하나의 출입구에 이르는 보행거리가 20m 이하이고 비상조명등과 유도표지가 설치된 거실의 출입구
② 바닥면적이 $1000m^2$ 미만인 층으로서 옥내로부터 직접 지상으로 통하는 출입구(외부의 식별이 용이한 경우에 한한다.)
③ 출입구가 2 이상 있는 거실로서 그 거실 각 부분으로부터 하나의 출입구에 이르는 보행거리가 10m 이하인 경우에는 주된 출입구 2개소 외의 출입구
④ 대각선 길이가 15m 이내인 구획된 실의 출입구

해설 ③ 2 이상 → 3 이상, 10m → 30m

피난구유도등의 **설치 제외 장소**(NFTC 303 2.8)
(1) 옥내에서 직접 지상으로 통하는 출입구(바닥면적 **$1000m^2$** 미만 층) 보기 ②
(2) **대각선** 길이가 **15m 이내**인 구획된 실의 출입구 보기 ④
(3) 비상조명등 · 유도표지가 설치된 거실 출입구(거실 각 부분에서 출입구까지의 **보행거리 20m** 이하) 보기 ①
(4) 출입구가 **3 이상**인 거실(거실 각 부분에서 출입구까지의 **보행거리 30m** 이하는 주된 출입구 **2개소 외**의 출입구) 보기 ③

비교

(1) **휴대용 비상조명등의 설치 제외 장소**(NFPC 304 5조, NFTC 304 2.2.2) : 복도 · 통로 · 창문 등을 통해 **피**난이 용이한 경우(**지상 1층 · 피난층**)

기억법 **휴피(휴지로 피닦아!)**

(2) **통로유도등의 설치 제외 장소**(NFPC 303 11조, NFTC 303 2.8.2)
㉠ 길이 **30m** 미만의 복도 · 통로(구부러지지 않은 복도 · 통로)
㉡ 보행거리 **20m** 미만의 복도 · 통로(출입구에 **피난구유도등**이 설치된 복도 · 통로)
(3) **객석유도등의 설치 제외 장소**(NFPC 303 11조, NFTC 303 2.8.3)
㉠ **채광**이 충분한 객석(**주간**에만 사용)
㉡ **통**로유도등이 설치된 객석(거실 각 부분에서 거실 출입구까지의 **보행거리 20m** 이하)

기억법 **채객보통(채소는 객관적으로 보통이다.)**

답 ③

★★★
73 자동화재탐지설비 및 시각경보장치의 화재안전기준에 따라 부착높이 20m 이상에 설치되는 광전식 중 아날로그방식의 감지기는 공칭감지농도 하한값이 감광률 몇 %/m 미만인 것으로 하는가?

21.09.문70
16.10.문66
15.05.문74
08.03.문75

① 5　　② 10
③ 15　　④ 20

해설
① 부착높이 **20m** 이상에 설치되는 광전식 중 아날로그방식의 감지기는 공칭감지농도 하한값이 감광률 **5%/m** 미만인 것으로 한다. 보기 ①

감지기의 **부착높이**(NFPC 203 7조, NFTC 203 2.4.1)

부착높이	감지기의 종류
8~15m 미만	• 차동식 분포형 • 이온화식 1종 또는 2종 • 광전식(스포트형, 분리형, 공기흡입형) 1종 또는 2종 • 연기복합형 • 불꽃감지기
15~20m 미만	• 이온화식 1종 • 광전식(스포트형, 분리형, 공기흡입형) 1종 • 연기복합형 • 불꽃감지기
20m 이상	• 불꽃감지기 • 광전식(분리형, 공기흡입형) 중 아날로그방식

답 ①

★★★
74 소방시설용 비상전원수전설비에서 전력수급용 계기용 변성기·주차단장치 및 그 부속기기로 정의되는 것은?

18.04.문70
15.09.문61
15.03.문70
12.09.문78
11.06.문72
09.05.문69

① 큐비클설비　　② 배전반설비
③ 수전설비　　④ 변전설비

해설
③ 수전설비 : 전력수급용 **계기용 변성기·주차단장치** 및 그 **부속기기**

소방시설용 비상전원수전설비(NFPC 602 3조, NFTC 602 1.7)

용 어	설 명
수전설비	전력수급용 **계기용 변성기·주차단장치** 및 그 **부속기기** 보기 ③ 기억법 수변주
변전설비	**전력용 변압기** 및 그 **부속장치**
전용 큐비클식	**소방회로용**의 것으로 수전설비, 변전설비, 그 밖의 기기 및 배선을 금속제 외함에 수납한 것
공용 큐비클식	**소방회로** 및 **일반회로 겸용**의 것으로서 수전설비, 변전설비, 그 밖의 기기 및 배선을 금속제 외함에 수납한 것
소방회로	소방부하에 전원을 공급하는 전기회로
일반회로	소방회로 이외의 전기회로
전용 배전반	**소방회로 전용**의 것으로서 **개폐기, 과전류차단기, 계기**, 그 밖의 배선용 기기 및 배선을 금속제 외함에 수납한 것
공용 배전반	**소방회로** 및 **일반회로 겸용**의 것으로서 개폐기, 과전류차단기, 계기, 그 밖의 배선용 기기 및 배선을 금속제 외함에 수납한 것
전용 분전반	**소방회로 전용**의 것으로서 **분기개폐기, 분기과전류차단기**, 그 밖의 배선용 기기 및 배선을 금속제 외함에 수납한 것
공용 분전반	**소방회로** 및 **일반회로 겸용**의 것으로서 분기개폐기, 분기과전류차단기, 그 밖의 배선용 기기 및 배선을 금속제 외함에 수납한 것

답 ③

★★★
75 무선통신보조설비의 화재안전기준에 따라 무선통신보조설비의 누설동축케이블 및 동축케이블은 화재에 따라 해당 케이블의 피복이 소실된 경우에 케이블 본체가 떨어지지 아니하도록 몇 m 이내마다 금속제 또는 자기제 등의 지지금구로 벽·천장·기둥 등에 견고하게 고정시켜야 하는가? (단, 불연재료로 구획된 반자 안에 설치하지 않은 경우이다.)

22.04.문65
20.08.문65
19.03.문80
17.05.문68
16.10.문72
15.09.문78
14.05.문78
12.05.문78
10.05.문76
08.09.문70

① 1　　② 1.5
③ 2.5　　④ 4

해설 **누설동축케이블**의 **설치기준**(NFPC 505 5조, NFTC 505 2.2)

(1) 소방전용 주파수대에서 전파의 **전송** 또는 **복사**에 적합한 것으로서 소방전용의 것
(2) 누설동축케이블과 이에 접속하는 안테나 또는 동축케이블과 이에 접속하는 안테나
(3) 누설동축케이블 및 동축케이블은 화재에 따라 해당 케이블의 피복이 소실된 경우에 케이블 본체가 떨어지지 아니하도록 **4m** 이내마다 금속제 또는 자기제 등의 지지금구로 벽·천장·기둥 등에 견고하게 고정시킬 것(단, 불연재료로 구획된 반자 안에 설치하는 경우 제외) 보기 ④

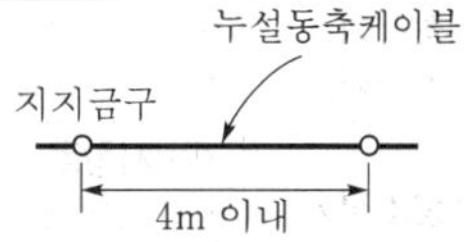

(4) **누설동축케이블** 및 **안테나**는 **고**압전로로부터 **1.5m** 이상 떨어진 위치에 설치(단, 해당 전로에 **정전기 차폐장치**를 유효하게 설치한 경우에는 제외)
(5) 누설동축케이블의 끝부분에는 **무반사종단저항**을 설치

기억법 누고15

용어

무반사종단저항
전송로로 전송되는 전자파가 전송로의 종단에서 반사되어 **교신**을 **방해**하는 것을 막기 위한 저항

답 ④

★★★
76 비상경보설비 및 단독경보형감지기의 화재안전기준에 따른 용어에 대한 정의로 틀린 것은?

22.03.문78 19.04.문77 14.09.문67 13.03.문75

① 비상벨설비라 함은 화재발생상황을 경종으로 경보하는 설비를 말한다.
② 자동식 사이렌설비라 함은 화재발생상황을 사이렌으로 경보하는 설비를 말한다.
③ 수신기라 함은 발신기에서 발하는 화재신호를 간접 수신하여 화재의 발생을 표시 및 경보하여 주는 장치를 말한다.
④ 단독경보형 감지기라 함은 화재발생상황을 단독으로 감지하여 자체에 내장된 음향장치로 경보하는 감지기를 말한다.

해설 ③ 간접 → 직접

비상경보설비에 **사용**되는 **용어**(NFPC 201 3조, NFTC 201 1.7)

용 어	설 명
비상벨설비 보기 ①	화재발생상황을 **경종**으로 경보하는 설비
자동식 사이렌설비 보기 ②	화재발생상황을 **사이렌**으로 경보하는 설비
발신기	화재발생신호를 수신기에 **수동**으로 **발신**하는 장치
수신기 보기 ③	발신기에서 발하는 **화재신호**를 **직접 수신**하여 화재의 발생을 **표시** 및 **경보**하여 주는 장치
단독경보형 감지기 보기 ④	화재발생상황을 **단독**으로 **감지**하여 **자체**에 **내장**된 **음향장치**로 경보하는 감지기

비교

비상방송설비에 **사용**되는 **용어**(NFPC 202 3조, NFTC 202 1.7)

용 어	설 명
확성기 (스피커)	소리를 크게 하여 멀리까지 전달될 수 있도록 하는 장치
음량조절기	**가변저항**을 이용하여 **전류**를 **변화**시켜 음량을 크게 하거나 작게 조절할 수 있는 장치
증폭기	전압전류의 **진폭**을 늘려 감도를 좋게 하고 미약한 **음성전류**를 커다란 음성전류로 변화시켜 **소리**를 **크게** 하는 장치

답 ③

★★★
77 부착높이 3m, 바닥면적 $50m^2$인 주요구조부를 내화구조로 한 소방대상물에 1종 열반도체식 차동식 분포형 감지기를 설치하고자 할 때 감지부의 최소 설치개수는?

19.04.문73 14.09.문77 13.09.문71 05.03.문79

① 1개
② 2개
③ 3개
④ 4개

해설 **열반도체식 감지기**(NFPC 203 7조, NFTC 203 2.4.3.9.1)

(단위 : m^2)

부착높이 및 소방대상물의 구분		감지기의 종류	
		1종	2종
8m 미만	내화구조 →	65	36
	기타구조	40	23
8~15m 미만	내화구조	50	36
	기타구조	30	23

1종 감지기 1개가 담당하는 바닥면적은 **$65m^2$**이므로

$$\frac{50}{65} = 0.77 ≒ 1개$$

• 하나의 검출기에 접속하는 감지부는 **2~15개** 이하이지만 부착높이가 **8m** 미만이고 바닥면적이 **기준면적 이하**인 경우 1개로 할 수 있다. 그러므로 최소 개수는 2개가 아닌 **1개**가 되는 것이다. **주의!**

답 ①

★★
78 무선통신보조설비의 화재안전기준에 따라 무선통신보조설비의 누설동축케이블 또는 동축케이블의 임피던스는 몇 Ω으로 하여야 하는가?

21.09.문75 16.03.문61 11.10.문74

① 5
② 10
③ 30
④ 50

해설 **누설동축케이블·동축케이블**의 **임피던스**(NFPC 505 5조, NFTC 505 2.2.2) : **50Ω** 보기 ④

참고

무선통신보조설비의 **분배기·분파기·혼합기 설치기준**(NFPC 505 7조, NFTC 505 2.4)
(1) 먼지·습기·부식 등에 이상이 없을 것
(2) 임피던스 **50Ω**의 것
(3) 점검이 편리하고 화재 등의 피해 우려가 없는 장소

답 ④

★★★
79 누전경보기의 구성요소에 해당하지 않는 것은?

22.03.문38
19.03.문37
17.09.문69
15.09.문21
14.09.문69
13.03.문62

① 차단기
② 영상변류기(ZCT)
③ 음향장치
④ 발신기

해설 **누전경보기**의 **구성요소**

구성요소	설 명
영상**변**류기(ZCT)	**누설전류**를 **검출**한다. 보기 ② 기억법 **변검(변검술)**
수신기	**누설전류**를 **증폭**한다.
음향장치	경보를 발한다. 보기 ③
차단기	차단릴레이를 포함한다. 보기 ①

기억법 **변수음차**

- 소방에서는 변류기(CT)와 영상변류기(ZCT)를 혼용하여 사용한다.

답 ④

★★★
80 유도등의 전선의 굵기는 인출선인 경우 단면적이 몇 mm^2 이상이어야 하는가?

22.04.문71
21.09.문71
20.09.문78
13.09.문67

① $0.25mm^2$
② $0.5mm^2$
③ $0.75mm^2$
④ $1.25mm^2$

해설 **비상조명등 · 유도등**의 **일반구조**(유도등의 우수품질인증 기술기준 2조)

‖ 전선의 굵기 및 길이 ‖

인출선 굵기 보기 ③	인출선 길이
$0.75mm^2$ 이상	150mm 이상

기억법 **인75(인(사람) 치료)**

답 ③

▌2023년 기사 제4회 필기시험 CBT 기출복원문제▐

자격종목	종목코드	시험시간	형별	수험번호	성명
소방설비기사(전기분야)		2시간			

※ 각 문항은 4지택일형으로 질문에 가장 적합한 보기 항을 선택하여 체크하여야 합니다.

제 1 과목 소방원론

01 방호공간 안에서 화재의 세기를 나타내고 화재가 진행되는 과정에서 온도에 따라 변하는 것으로 온도-시간 곡선으로 표시할 수 있는 것은?

19.04.문16
02.03.문19

① 화재저항
② 화재가혹도
③ 화재하중
④ 화재플럼

유사문제부터 풀어보세요. 실력이 팍!팍! 올라갑니다.

해설

구 분	화재하중(fire load)	화재가혹도(fire severity)
정의	화재실 또는 화재구획의 단위바닥면적에 대한 등가 가연물량값	① 화재의 양과 질을 반영한 화재의 강도 ② 방호공간 안에서 화재의 세기를 나타냄 보기 ②
계산식	화재하중 $q=\frac{\Sigma G_t H_t}{HA}=\frac{\Sigma Q}{4500A}$ 여기서, q : 화재하중[kg/m²] G_t : 가연물의 양[kg] H_t : 가연물의 단위발열량[kcal/kg] H : 목재의 단위발열량[kcal/kg] A : 바닥면적[m²] ΣQ : 가연물의 전체 발열량[kcal]	화재가혹도 =지속시간×최고온도 보기 ② 화재시 지속시간이 긴 것은 가연물량이 많은 양적 개념이며, 연소시 최고온도는 최성기 때의 온도로서 화재의 질적 개념이다.
비교	① 화재의 **규모**를 판단하는 척도 ② **주수시간**을 결정하는 인자	① 화재의 **강도**를 판단하는 척도 ② **주수율**을 결정하는 인자

용어

화재플럼	화재저항
상승력이 커진 부력에 의해 연소가스와 유입공기가 상승하면서 화염이 섞인 연기기둥형태를 나타내는 현상	화재시 최고온도의 지속시간을 견디는 내력

답 ②

02 소화원리에 대한 일반적인 소화효과의 종류가 아닌 것은?

22.04.문05
17.09.문03
12.09.문09

① 질식소화 ② 기압소화
③ 제거소화 ④ 냉각소화

해설 **소화의 형태**

구 분	설 명
냉각소화 보기 ④	① **점화원**을 냉각하여 소화하는 방법 ② **증**발잠열을 이용하여 열을 빼앗아 가연물의 온도를 떨어뜨려 화재를 진압하는 소화방법 ③ **다량**의 **물**을 뿌려 소화하는 방법 ④ 가연성 물질을 **발화점 이하**로 **냉각**하여 소화하는 방법 ⑤ **식용유화재**에 신선한 **야채**를 넣어 소화하는 방법 ⑥ 용융잠열에 의한 **냉각효과**를 이용하여 소화하는 방법 기억법 **냉점증발**
질식소화 보기 ①	① 공기 중의 **산소농도**를 **16%**(10~15%) 이하로 희박하게 하여 소화하는 방법 ② 산화제의 농도를 낮추어 연소가 지속될 수 없도록 소화하는 방법 ③ 산소공급을 차단하여 소화하는 방법 ④ 산소의 농도를 낮추어 소화하는 방법 ⑤ 화학반응으로 발생한 **탄산가스**에 의한 소화방법 기억법 **질산**
제거소화 보기 ③	**가연물**을 **제거**하여 소화하는 방법

부촉매 소화 (=화학 소화)	① **연쇄반응**을 **차단**하여 소화하는 방법 ② 화학적인 방법으로 화재를 억제하여 소화하는 방법 ③ **활성기**(free radical, 자유라디칼)의 **생성**을 **억제**하여 소화하는 방법 ④ 할론계 소화약제 기억법 부억(부엌)
희석소화	① 기체 · 고체 · 액체에서 나오는 분해가스나 증기의 농도를 낮춰 소화하는 방법 ② 불연성 가스의 **공기** 중 **농도**를 높여 소화하는 방법

답 ②

03 위험물안전관리법상 위험물의 정의 중 다음 (   ) 안에 알맞은 것은?
17.03.문52

> 위험물이라 함은 (㉠) 또는 발화성 등의 성질을 가지는 것으로서 (㉡)이/가 정하는 물품을 말한다.

① ㉠ 인화성, ㉡ 대통령령
② ㉠ 휘발성, ㉡ 국무총리령
③ ㉠ 인화성, ㉡ 국무총리령
④ ㉠ 휘발성, ㉡ 대통령령

해설 **위험물법 2조**
용어의 정의

용 어	뜻
위험물	**인화성** 또는 **발화성** 등의 성질을 가지는 것으로서 **대통령령**이 정하는 물품 보기 ①
지정수량	위험물의 종류별로 위험성을 고려하여 대통령령이 정하는 수량으로서 제조소 등의 설치허가 등에 있어서 **최저**의 기준이 되는 **수량**
제조소	위험물을 제조할 목적으로 **지정수량 이상**의 위험물을 취급하기 위하여 허가를 받은 장소
저장소	지정수량 이상의 위험물을 저장하기 위한 **대통령령**이 정하는 장소
취급소	지정수량 이상의 위험물을 제조 외의 목적으로 취급하기 위한 대통령령이 정하는 장소
제조소 등	제조소 · 저장소 · 취급소

답 ①

04 인화점이 낮은 것부터 높은 순서로 옳게 나열된 것은?
21.03.문14
18.04.문05
15.09.문02
14.05.문05
14.03.문10
12.03.문01
11.06.문09
11.03.문12
10.05.문11

① 에틸알코올 < 이황화탄소 < 아세톤
② 이황화탄소 < 에틸알코올 < 아세톤
③ 에틸알코올 < 아세톤 < 이황화탄소
④ 이황화탄소 < 아세톤 < 에틸알코올

해설

물 질	인화점	착화점
• 프로필렌	−107℃	497℃
• 에틸에터 • 다이에틸에터	−45℃	180℃
• 가솔린(휘발유)	−43℃	300℃
• 이황화탄소	−30℃	**100℃**
• 아세틸렌	−18℃	335℃
• 아세톤	−18℃	**538℃**
• 벤젠	−11℃	562℃
• 톨루엔	4.4℃	480℃
• 에틸알코올	13℃	**423℃**
• 아세트산	40℃	−
• 등유	43~72℃	210℃
• 경유	50~70℃	200℃
• 적린	−	260℃

답 ④

05 상온 · 상압의 공기 중에서 탄화수소류의 가연물을 소화하기 위한 이산화탄소 소화약제의 농도는 약 몇 %인가? (단, 탄화수소류는 산소농도가 10%일 때 소화된다고 가정한다.)
22.03.문09
21.09.문03
19.04.문13
15.03.문14
14.05.문07
12.05.문14

① 28.57
② 35.48
③ 49.56
④ 52.38

해설 (1) **기호**
- O_2 : 10%

(2) **CO_2의 농도**(이론소화농도)

$$CO_2 = \frac{21 - O_2}{21} \times 100$$

여기서, CO_2 : CO_2의 이론소화농도[vol%] 또는 약식으로 [%]
O_2 : 한계산소농도[vol%] 또는 약식으로 [%]

$$CO_2 = \frac{21 - O_2}{21} \times 100 = \frac{21 - 10}{21} \times 100 \fallingdotseq 52.38\%$$

답 ④

06 건축물에 설치하는 방화벽의 구조에 대한 기준 중 틀린 것은?
19.09.문14
19.04.문02
18.03.문14
17.09.문16
13.03.문16
12.03.문10
08.09.문05

① 내화구조로서 홀로 설 수 있는 구조이어야 한다.
② 방화벽의 양쪽 끝은 지붕면으로부터 0.2m 이상 튀어나오게 하여야 한다.
③ 방화벽의 위쪽 끝은 지붕면으로부터 0.5m 이상 튀어나오게 하여야 한다.
④ 방화벽에 설치하는 출입문은 너비 및 높이가 각각 2.5m 이하로 해당 출입문에는 60분+ 방화문 또는 60분 방화문을 설치하여야 한다.

해설 ② 0.2m → 0.5m

건축령 제57조
방화벽의 구조

대상 건축물	• 주요구조부가 내화구조 또는 불연재료가 아닌 연면적 $1000m^2$ 이상인 건축물
구획단지	• 연면적 $1000m^2$ 미만마다 구획
방화벽의 구조	• **내화구조**로서 홀로 설 수 있는 구조일 것 보기 ① • 방화벽의 양쪽 끝과 위쪽 끝을 건축물의 외벽면 및 지붕면으로부터 **0.5m** 이상 튀어나오게 할 것 보기 ②③ • 방화벽에 설치하는 **출입문**의 **너비** 및 높이는 각각 **2.5m** 이하로 하고 해당 출입문에는 60분+방화문 또는 60분 방화문을 설치할 것 보기 ④

답 ②

★★★
07 분말소화약제 중 탄산수소칼륨($KHCO_3$)과 요소($(NH_2)_2CO$)와의 반응물을 주성분으로 하는 소화약제는?

22.04.문18 20.09.문07 19.03.문01 18.04.문06 17.09.문10 17.03.문18 16.10.문06 16.10.문10 16.05.문15 16.03.문09 16.03.문11 15.05.문08 12.09.문15 09.03.문01

① 제1종 분말
② 제2종 분말
③ 제3종 분말
④ 제4종 분말

해설 **분말소화약제**

종 별	분자식	착 색	적응 화재	비 고
제**1**종	탄산수소나트륨 ($NaHCO_3$)	백색	BC급	**식용유** 및 **지방질유**의 화재에 적합 기억법 **1식분(일식 분식)**
제2종	탄산수소칼륨 ($KHCO_3$)	담자색 (담회색)	BC급	–
제**3**종	제1인산암모늄 ($NH_4H_2PO_4$)	담홍색	ABC급	**차고**·**주차장**에 적합 기억법 **3분 차주 (삼보 컴퓨터 차주)**
제4종 보기 ④	**탄산수소칼륨 + 요소** ($KHCO_3$ + $(NH_2)_2CO$)	회(백)색	BC급	–

답 ④

★
08 가스 A가 40vol%, 가스 B가 60vol%로 혼합된 가스의 연소하한계는 몇 vol%인가? (단, 가스 A의 연소하한계는 4.9vol%이며, 가스 B의 연소하한계는 4.15vol%이다.)

22.09.문15 21.05.문20 17.05.문03 13.09.문05

① 1.82 ② 2.02
③ 3.22 ④ 4.42

해설 **폭발하한계**

$$\frac{100}{L}=\frac{V_1}{L_1}+\frac{V_2}{L_2}+\cdots\cdots+\frac{V_n}{L_n}$$

여기서, L : 혼합가스의 폭발하한계[vol%]
L_1, L_2, L_n : 가연성 가스의 폭발하한계[vol%]
V_1, V_2, V_n : 가연성 가스의 용량[vol%]

폭발하한계 L은

$$L=\frac{100}{\frac{V_1}{L_1}+\frac{V_2}{L_2}+\cdots\cdots+\frac{V_n}{L_n}}$$

$$=\frac{100}{\frac{40}{4.9}+\frac{60}{4.15}}$$

$\fallingdotseq 4.42$vol%

연소하한계 = 폭발하한계

답 ④

★★★
09 BLEVE 현상을 설명한 것으로 가장 옳은 것은?

19.09.문15 18.09.문08 17.03.문17 16.05.문02 15.03.문01 14.09.문12 14.03.문01 09.05.문10 05.09.문07 05.05.문07 03.03.문11 02.03.문20

① 물이 뜨거운 기름 표면 아래에서 끓을 때 화재를 수반하지 않고 Over flow되는 현상
② 물이 연소유의 뜨거운 표면에 들어갈 때 발생되는 Over flow 현상
③ 탱크바닥에 물과 기름의 에멀션이 섞여 있을 때 물의 비등으로 인하여 급격하게 Over flow되는 현상
④ 탱크 주위 화재로 탱크 내 인화성 액체가 비등하고 가스부분의 압력이 상승하여 탱크가 파괴되고 폭발을 일으키는 현상

해설 **가스탱크**·**건축물 내**에서 **발생**하는 **현상**
(1) **가스탱크**

현 상	정 의
블래비 (BLEVE)	• 과열상태의 탱크에서 내부의 액화가스가 분출하여 기화되어 폭발하는 현상 • 탱크 주위 화재로 탱크 내 인화성 액체가 비등하고 가스부분의 압력이 상승하여 탱크가 파괴되고 폭발을 일으키는 현상 보기 ④

(2) 건축물 내

현 상	정 의
플래시오버 (flash over)	• 화재로 인하여 실내의 온도가 급격히 상승하여 화재가 순간적으로 실내 전체에 확산되어 연소되는 현상
백드래프트 (back draft)	• **통기력**이 좋지 않은 상태에서 연소가 계속되어 산소가 심히 부족한 상태가 되었을 때 **개구부**를 통하여 산소가 공급되면 실내의 가연성 혼합기가 공급되는 **산소**의 **방향**과 **반대**로 흐르며 급격히 연소하는 현상 • 소방대가 소화활동을 위하여 화재실의 문을 개방할 때 신선한 공기가 유입되어 실내에 축적되었던 가연성 가스가 **단시간**에 **폭발적**으로 **연소**함으로써 화재가 폭풍을 동반하며 **실외**로 **분출**되는 현상

중요

유류탱크에서 **발생**하는 **현상**

현 상	정 의
보일오버 (boil over)	• 중질유의 석유탱크에서 장시간 조용히 연소하다 탱크 내의 잔존기름이 갑자기 분출하는 현상 • 유류탱크에서 탱크바닥에 물과 기름의 **에멀션**이 섞여 있을 때 이로 인하여 화재가 발생하는 현상 • 연소유면으로부터 100℃ 이상의 열파가 탱크 **저부**에 고여 있는 물을 비등하게 하면서 연소유를 탱크 밖으로 비산시키며 연소하는 현상 기억법 **보저(보자기)**
오일오버 (oil over)	• 저장탱크에 저장된 유류저장량이 내용적의 50% 이하로 충전되어 있을 때 화재로 인하여 탱크가 폭발하는 현상
프로스오버 (froth over)	• 물이 점성의 뜨거운 기름 표면 아래에서 끓을 때 화재를 수반하지 않고 용기가 넘치는 현상
슬롭오버 (slop over)	• 물이 연소유의 뜨거운 표면에 들어갈 때 기름 표면에서 화재가 발생하는 현상 • 유화제로 소화하기 위한 물이 수분의 급격한 증발에 의하여 액면이 거품을 일으키면서 열유층 밑의 냉유가 급히 열팽창하여 기름의 일부가 불이 붙은 채 탱크벽을 넘어서 일출하는 현상

답 ④

★★★
10 제1종 분말소화약제의 열분해반응식으로 옳은 것은?

19.03.문01 18.04.문06 17.09.문10 16.10.문06 16.10.문10 16.10.문11 16.05.문15 16.05.문17 16.03.문09 15.09.문01 15.05.문08 14.09.문10

① $2NaHCO_3 \rightarrow Na_2CO_3 + CO_2 + H_2O$
② $2KHCO_3 \rightarrow K_2CO_3 + CO_2 + H_2O$
③ $2NaHCO_3 \rightarrow Na_2CO_3 + 2CO_2 + H_2O$
④ $2KHCO_3 \rightarrow K_2CO_3 + 2CO_2 + H_2O$

해설 **분말소화기(질식효과)**

종 별	소화약제	약제의 착색	화학반응식	적응 화재
제1종	탄산수소나트륨 ($NaHCO_3$)	백색	$2NaHCO_3 \rightarrow Na_2CO_3+CO_2+H_2O$ 보기 ①	BC급
제2종	탄산수소칼륨 ($KHCO_3$)	담자색 (담회색)	$2KHCO_3 \rightarrow K_2CO_3+CO_2+H_2O$	BC급
제3종	인산암모늄 ($NH_4H_2PO_4$)	담홍색	$NH_4H_2PO_4 \rightarrow HPO_3+NH_3+H_2O$	ABC급
제4종	탄산수소칼륨+요소 ($KHCO_3+(NH_2)_2CO$)	회(백)색	$2KHCO_3+(NH_2)_2CO \rightarrow K_2CO_3+2NH_3+2CO_2$	BC급

• 탄산수소나트륨＝중탄산나트륨
• 탄산수소칼륨＝중탄산칼륨
• 제1인산암모늄＝인산암모늄＝인산염
• 탄산수소칼륨＋요소＝중탄산칼륨＋요소

답 ①

★★★
11 열경화성 플라스틱에 해당하는 것은?

20.09.문04 18.03.문03 13.06.문15 10.09.문07 06.05.문20

① 폴리에틸렌
② 염화비닐수지
③ 페놀수지
④ 폴리스티렌

해설 **합성수지**의 **화재성상**

열가소성 수지	열경화성 수지
• PVC수지 • 폴리에틸렌수지 • 폴리스티렌수지	• 페놀수지 보기 ③ • 요소수지 • 멜라민수지

• 수지＝플라스틱

용어

열가소성 수지	열경화성 수지
열에 의해 변형되는 수지	열에 의해 변형되지 않는 수지

기억법 **열가P폴**

답 ③

★
12 제4류 위험물의 물리 · 화학적 특성에 대한 설명으로 틀린 것은?

18.09.문07

① 증기비중은 공기보다 크다.
② 정전기에 의한 화재발생위험이 있다.
③ 인화성 액체이다.
④ 인화점이 높을수록 증기발생이 용이하다.

해설

④ 인화점이 높을수록 → 인화점이 낮을수록

제4류 위험물

(1) 증기비중은 공기보다 크다. 보기 ①
(2) 정전기에 의한 화재발생위험이 있다. 보기 ②
(3) 인화성 액체이다. 보기 ③
(4) 인화점이 낮을수록 증기발생이 용이하다. 보기 ④
(5) 상온에서 **액체상태**이다(**가연성 액체**).
(6) 상온에서 **안정**하다.

답 ④

★★★
13 폭굉(detonation)에 관한 설명으로 틀린 것은?

22.04.문13
16.05.문14
03.05.문10

① 연소속도가 음속보다 느릴 때 나타난다.
② 온도의 상승은 충격파의 압력에 기인한다.
③ 압력상승은 폭연의 경우보다 크다.
④ 폭굉의 유도거리는 배관의 지름과 관계가 있다.

해설

① 느릴 때 → 빠를 때

연소반응(전파형태에 따른 분류)

폭연(deflagration)	폭굉(detonation)
연소속도가 음속보다 느릴 때 발생	① 연소속도가 음속보다 빠를 때 발생 보기 ① ② 온도의 상승은 **충격파**의 압력에 기인한다. 보기 ② ③ 압력상승은 **폭연**의 경우보다 **크다**. 보기 ③ ④ 폭굉의 **유도거리**는 배관의 **지름**과 **관계**가 있다. 보기 ④

※ **음속** : 소리의 속도로서 약 **340m/s**이다.

답 ①

★★★
14 비수용성 유류의 화재시 물로 소화할 수 없는 이유는?

19.03.문04
15.09.문06
15.09.문13
14.03.문06
12.09.문16
12.05.문05

① 인화점이 변하기 때문
② 발화점이 변하기 때문
③ 연소면이 확대되기 때문
④ 수용성으로 변하여 인화점이 상승하기 때문

해설 **경유화재시 주수소화가 부적당한 이유**

물보다 비중이 가벼워 물 위에 떠서 **화재면 확대**의 우려가 있기 때문이다.(연소면 확대)

중요

주수소화(물소화)시 위험한 물질

위험물	발생물질
• 무기과산화물	**산소**(O_2) 발생
• 금속분 • 마그네슘 • 알루미늄 • 칼륨 • 나트륨 • 수소화리튬	**수소**(H_2) 발생
• 가연성 액체의 유류화재(경유)	**연소면**(화재면) 확대

답 ③

★★★
15 포소화약제 중 고팽창포로 사용할 수 있는 것은?

17.09.문05
15.05.문09
15.05.문20
13.06.문03

① 단백포
② 불화단백포
③ 내알코올포
④ 합성계면활성제포

해설 **포소화약제**

저팽창포	고팽창포
• 단백포소화약제 • 수성막포소화약제 • 내알코올형포소화약제 • 불화단백포소화약제 • 합성계면활성제포소화약제	• **합**성계면활성제포소화약제 보기 ④ 기억법 **고합**(**고합**그룹)

• 저팽창포=저발포
• 고팽창포=고발포

중요

포소화약제의 **특징**

약제의 종류	특 징
단백포	• 흑갈색이다. • 냄새가 지독하다. • 포안정제로서 **제1철염**을 첨가한다. • 다른 포약제에 비해 **부식성**이 **크다**.
수성막포	• 안전성이 좋아 장기보관이 가능하다. • 내약품성이 좋아 **분말소화약제**와 **겸용** 사용이 가능하다. • 석유류 표면에 신속히 피막을 형성하여 유류증발을 억제한다. • 일명 AFFF(Aqueous Film Forming Foam)라고 한다. • 점성이 작기 때문에 가연성 기름의 표면에서 쉽게 피막을 형성한다. • 단백포 소화약제와도 병용이 가능하다. 기억법 **분수**

내알코올형포 (내알코올포)	• 알코올류 위험물(**메탄올**)의 소화에 사용한다. • 수용성 유류화재(**아세트알데하이드, 에스터류**)에 사용한다. • 가연성 액체에 사용한다.
불화단백포	• 소화성능이 가장 우수하다. • 단백포와 수성막포의 결점인 열안정성을 보완시킨다. • **표면하 주입방식**에도 적합하다.
합성계면 활성제포	• **저**팽창포와 **고**팽창포 모두 사용 가능하다. • 유동성이 좋다. • 카바이트 저장소에는 부적합하다. 기억법 **합저고**

답 ④

★★★
16 할로젠원소의 소화효과가 큰 순서대로 배열된 것은?

17.09.문15 / 15.03.문16 / 12.03.문04

① I > Br > Cl > F ② Br > I > F > Cl
③ Cl > F > I > Br ④ F > Cl > Br > I

해설 **할론소화약제**

부촉매효과(소화효과) 크기	전기음성도(친화력) 크기
I > Br > Cl > F	F > Cl > Br > I

• 소화효과=소화능력
• 전기음성도 크기=수소와의 결합력 크기

중요

할로젠족 원소
(1) 불소 : F
(2) 염소 : Cl
(3) 브로민(취소) : Br
(4) 아이오딘(옥소) : I

기억법 FClBrI

답 ①

★★
17 인화알루미늄의 화재시 주수소화하면 발생하는 물질은?

20.06.문12 / 18.04.문18

① 수소 ② 메탄
③ 포스핀 ④ 아세틸렌

해설 **인화알루미늄**과 **물**과의 반응식 보기 ③

$AlP + 3H_2O \rightarrow Al(OH)_3 + PH_3$
인화알루미늄 물 수산화알루미늄 포스핀=인화수소

비교

(1) 인화칼슘과 물의 반응식
$Ca_3P_2 + 6H_2O \rightarrow 3Ca(OH)_2 + 2PH_3 \uparrow$
인화칼슘 물 수산화칼슘 포스핀
(2) 탄화알루미늄과 물의 반응식
$Al_4C_3 + 12H_2O \rightarrow 4Al(OH)_3 + 3CH_4 \uparrow$
탄화알루미늄 물 수산화알루미늄 메탄

답 ③

★★★
18 Fourier법칙(전도)에 대한 설명으로 틀린 것은?

18.03.문13 / 17.09.문35 / 17.05.문33 / 16.10.문40

① 이동열량은 전열체의 단면적에 비례한다.
② 이동열량은 전열체의 두께에 비례한다.
③ 이동열량은 전열체의 열전도도에 비례한다.
④ 이동열량은 전열체 내·외부의 온도차에 비례한다.

해설 ② 비례 → 반비례

공식
(1) **전도**

$$Q = \frac{kA(T_2 - T_1)}{l} \quad \begin{array}{l}\leftarrow \text{비례} \\ \leftarrow \text{반비례}\end{array}$$

여기서, Q : 전도열[W]
k : 열전도율[W/m·K]
A : 단면적[m²]
$(T_2 - T_1)$: 온도차[K]
l : 벽체 두께[m]

(2) **대류**

$$Q = h(T_2 - T_1)$$

여기서, Q : 대류열[W/m²]
h : 열전달률[W/m²·℃]
$(T_2 - T_1)$: 온도차[℃]

(3) **복사**

$$Q = aAF(T_1^{\,4} - T_2^{\,4})$$

여기서, Q : 복사열[W]
a : 스테판-볼츠만 상수[W/m²·K⁴]
A : 단면적[m²]
F : 기하학적 Factor
T_1 : 고온[K]
T_2 : 저온[K]

중요

열전달의 **종류**

종 류	설 명	관련 법칙
전도 (conduction)	하나의 물체가 다른 물체와 직접 **접촉**하여 열이 이동하는 현상	**푸리에**(Fourier)의 법칙
대류 (convection)	**유체**의 흐름에 의하여 열이 이동하는 현상	**뉴턴**의 법칙
복사 (radiation)	① 화재시 화원과 **격리**된 인접 가연물에 불이 옮겨 붙는 현상 ② 열전달 **매질**이 **없이** 열이 전달되는 형태 ③ 열에너지가 **전자파**의 형태로 옮겨지는 현상으로, **가장 크게 작용**한다.	**스테판-볼츠만**의 법칙

답 ②

★★★
19 위험물의 유별 성질이 자연발화성 및 금수성 물질은 제 몇류 위험물인가?

17.05.문13 / 14.03.문51 / 13.03.문19

① 제1류 위험물
② 제2류 위험물
③ 제3류 위험물
④ 제4류 위험물

해설 **위험물령 〔별표 1〕**
위험물

유 별	성 질	품 명
제1류	산화성 고체	• 아염소산염류 • 염소산염류 • 과염소산염류 • 질산염류 • 무기과산화물
제2류	가연성 고체	• 황화인 • **적린** • **황** • **철분** • 마그네슘
제3류	**자연발화성 물질** 및 **금수성 물질** 보기 ③	• 황린 • 칼륨 • 나트륨
제4류	인화성 액체	• 특수인화물 • 알코올류 • 석유류 • 동식물유류
제5류	자기반응성 물질	• 나이트로화합물 • 유기과산화물 • 나이트로소화합물 • 아조화합물 • 질산에스터류(셀룰로이드)
제6류	산화성 액체	• 과염소산 • 과산화수소 • 질산

답 ③

★
20 물소화약제를 어떠한 상태로 주수할 경우 전기화재의 진압에서도 소화능력을 발휘할 수 있는가?

19.04.문14

① 물에 의한 봉상주수
② 물에 의한 적상주수
③ 물에 의한 무상주수
④ 어떤 상태의 주수에 의해서도 효과가 없다.

해설 **전기화재(변전실화재) 적응방법**
(1) 무상주수 보기 ③
(2) 할론소화약제 방사
(3) 분말소화설비
(4) 이산화탄소 소화설비
(5) 할로겐화합물 및 불활성기체 소화설비

참고

물을 주수하는 방법

주수방법	설 명
봉상주수	화점이 멀리 있을 때 또는 고체가연물의 대규모 화재시 사용 예 **옥내소화전**
적상주수	일반 고체가연물의 화재시 사용 예 **스프링클러헤드**
무상주수	화점이 가까이 있을 때 또는 질식효과, 에멀션효과를 필요로 할 때 사용 예 **물분무헤드**

답 ③

제 2 과목 소방전기일반

★★★
21 실리콘정류기(SCR)의 애노드전류가 10A일 때 게이트전류를 2배로 증가시키면 애노드전류〔A〕는?

19.03.문23 / 16.10.문27 / 15.05.문30

① 2.5
② 5
③ 10
④ 20

해설 **SCR**(Silicon Controlled Rectifier) : 처음에는 게이트전류에 의해 양극전류가 변화되다가 일단 완전도통상태가 되면 게이트전류에 관계없이 양극전류는 더 이상 변화하지 않는다. 그러므로 게이트전류를 2배로 늘려도 양극전류는 그대로 **10A**가 되는 것이다. (이것을 알라!!)

답 ③

★
22 대칭 n상의 환상결선에서 선전류와 상전류(환상전류) 사이의 위상차는?

20.08.문30

① $\dfrac{n}{2}\left(1-\dfrac{2}{\pi}\right)$　② $\dfrac{n}{2}\left(1-\dfrac{\pi}{2}\right)$

③ $\dfrac{\pi}{2}\left(1-\dfrac{2}{n}\right)$　④ $\dfrac{\pi}{2}\left(1-\dfrac{n}{2}\right)$

해설 **환상결선 n상의 위상차**

$$\theta=\frac{\pi}{2}-\frac{\pi}{n}$$

여기서, θ : 위상차
n : 상

• 환상결선 = △결선

n상의 위상차 θ는

$$\theta=\frac{\pi}{2}-\frac{\pi}{n}=\frac{\pi}{2}\left(1-\frac{2}{n}\right)$$

비교

환상결선 n상의 선전류

$$I_l = \left(2 \times \sin\frac{\pi}{n}\right) \times I_p$$

여기서, I_l : 선전류[A]
n : 상
I_p : 상전류[A]

답 ③

23 ★ (20.08.문29)

공기 중에서 50kW 방사전력이 안테나에서 사방으로 균일하게 방사될 때, 안테나에서 1km 거리에 있는 점에서의 전계의 실효값은 약 몇 V/m인가?

① 0.87 ② 1.22
③ 1.73 ④ 3.98

해설 (1) 기호

- P : 50kW=50000W(1kW=1000W)
- r : 1km=1000m(1km=1000m)
- E : ?

(2) 구의 단위면적당 전력

$$W = \frac{E^2}{377} = \frac{P}{4\pi r^2}$$

여기서, W : 구의 단위면적당 전력[W/m²]
E : 전계의 실효값[V/m]
P : 전력[W]
r : 거리[m]

$$\frac{E^2}{377} = \frac{P}{4\pi r^2}$$

$$E^2 = \frac{P}{4\pi r^2} \times 377$$

$$E = \sqrt{\frac{P}{4\pi r^2} \times 377} = \sqrt{\frac{50000}{4\pi \times 1000^2} \times 377} \fallingdotseq 1.22\text{V/m}$$

답 ②

24 ★★ (21.05.문22, 18.04.문36)

입력이 $r(t)$이고, 출력이 $c(t)$인 제어시스템이 다음의 식과 같이 표현될 때 이 제어시스템의 전달함수$\left(G(s) = \dfrac{C(s)}{R(s)}\right)$는? (단, 초기값은 0이다.)

$$2\frac{d^2c(t)}{dt^2} + 3\frac{dc(t)}{dt} + c(t) = 3\frac{dr(t)}{dt} + r(t)$$

① $\dfrac{3s+1}{2s^2+3s+1}$ ② $\dfrac{2s^2+3s+1}{s+3}$

③ $\dfrac{3s+1}{s^2+3s+2}$ ④ $\dfrac{s+3}{s^2+3s+2}$

해설 **미분방정식**

$$2\frac{d^2c(t)}{dt^2} + 3\frac{dc(t)}{dt} + c(t) = 3\frac{dr(t)}{dt} + r(t)$$

라플라스 변환하면

$(2s^2+3s+1)C(s) = (3s+1)R(s)$

전달함수 $G(s)$는

$$G(s) = \frac{C(s)}{R(s)} = \frac{3s+1}{2s^2+3s+1}$$

용어

전달함수
모든 초기값을 0으로 하였을 때 출력신호의 라플라스 변환과 입력신호의 라플라스 변환의 비

답 ①

25 ★★★ (20.06.문36, 15.09.문26, 09.03.문27)

반지름 20cm, 권수 50회인 원형 코일에 2A의 전류를 흘려주었을 때 코일 중심에서 자계(자기장)의 세기[AT/m]는?

① 70 ② 100
③ 125 ④ 250

해설 (1) 기호

- a : 20cm=0.2m(100cm=1m)
- N : 50
- I : 2A
- H : ?

(2) 원형 코일 중심의 자계

$$H = \frac{NI}{2a} \text{[AT/m]}$$

여기서, H : 자계의 세기[AT/m]
N : 코일권수
I : 전류[A]
a : 반지름[m]

자계의 세기 H는

$$H = \frac{NI}{2a} = \frac{50 \times 2}{2 \times 0.2} = 250\text{AT/m}$$

답 ④

26 ★★★ (22.04.문40, 19.03.문24, 18.04.문38, 17.09.문33, 17.03.문23, 16.05.문36, 16.03.문39, 15.09.문23, 15.05.문27, 13.09.문30, 13.06.문35)

논리식 $Y = \overline{A}\,\overline{B}C + A\overline{B}\,\overline{C} + A\overline{B}C$를 간단히 표현한 것은?

① $\overline{A} \cdot (B+C)$
② $\overline{B} \cdot (A+C)$
③ $\overline{C} \cdot (A+B)$
④ $C \cdot (A+\overline{B})$

해설 **논리식**

$Y=\bar{A}\bar{B}C+A\bar{B}\bar{C}+A\bar{B}C$

위치 바꿈

$=\bar{B}(\bar{A}C+A\bar{C}+AC)$

$=\bar{B}(\bar{A}C+AC+A\bar{C})$

$=\bar{B}\{C(\underbrace{\bar{A}+A}_{X+\bar{X}=1})+A\bar{C}\}$

$=\bar{B}(\underbrace{C\cdot 1}_{X\cdot 1=X}+A\bar{C})$

$=\bar{B}(\underbrace{C+A\bar{C}}_{X+\bar{X}Y=X+Y})$

$=\bar{B}(C+A)$

$=\bar{B}(A+C)$ ← A, C 위치 바꿈

중요

불대수의 정리

논리합	논리곱	비 고
$X+0=X$	$X\cdot 0=0$	-
$X+1=1$	$X\cdot 1=X$	-
$X+X=X$	$X\cdot X=X$	-
$X+\bar{X}=1$	$X\cdot\bar{X}=0$	-
$X+Y=Y+X$	$X\cdot Y=Y\cdot X$	교환법칙
$X+(Y+Z)$ $=(X+Y)+Z$	$X(YZ)=(XY)Z$	결합법칙
$X(Y+Z)$ $=XY+XZ$	$(X+Y)(Z+W)$ $=XZ+XW+YZ+YW$	분배법칙
$X+XY=X$	$\bar{X}+XY=\bar{X}+Y$ $\bar{X}+X\bar{Y}=\bar{X}+\bar{Y}$ $X+\bar{X}Y=X+Y$ $X+\bar{X}\bar{Y}=X+\bar{Y}$	흡수법칙
$\overline{(X+Y)}$ $=\bar{X}\cdot\bar{Y}$	$\overline{(X\cdot Y)}=\bar{X}+\bar{Y}$	드모르간의 정리

답 ②

27 다음 시퀀스회로를 논리식으로 나타내시오.

22.04.문36
21.09.문22

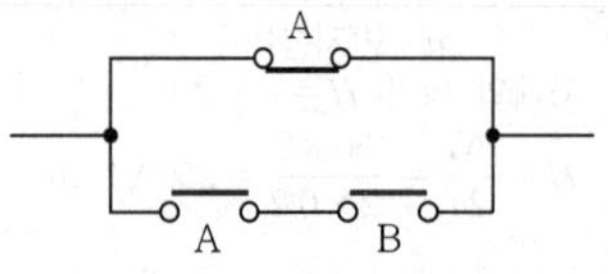

① $(A+B)\cdot\bar{A}$ ② $AB+\bar{A}$
③ $(A+B)\cdot A$ ④ $AB+A$

해설 **논리식 · 시퀀스회로**

시퀀스	논리식	시퀀스회로(스위칭회로)
직렬회로	$Z=A\cdot B$ $Z=AB$	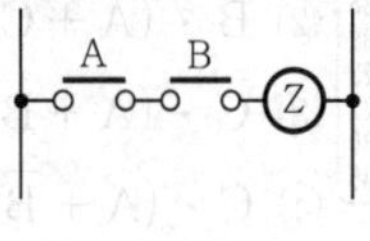
병렬회로	$Z=A+B$	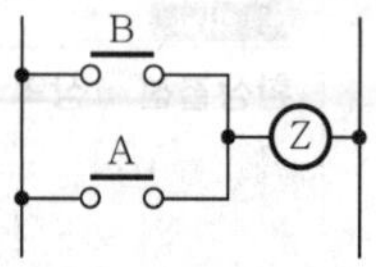
a접점	$Z=A$	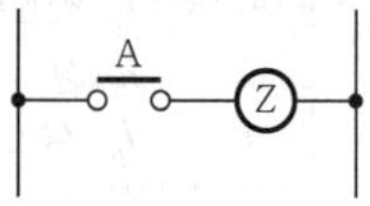
b접점	$Z=\bar{A}$	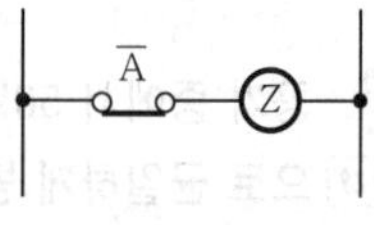

$\therefore\ \bar{A}+AB=AB+\bar{A}$

답 ②

28 $R=4\Omega$, $\dfrac{1}{\omega C}=9\Omega$인 RC 직렬회로에 전압 $e(t)$를 인가할 때, 제3고조파 전류의 실효값 크기는 몇 A인가? (단, $e(t)=50+10\sqrt{2}\sin\omega t+120\sqrt{2}\sin 3\omega t$[V])

20.09.문29
19.09.문34
13.03.문28
12.03.문31

① 4.4
② 12.2
③ 24
④ 34

해설 (1) **기호**

- R : 4Ω
- $\dfrac{1}{\omega C}$: 9Ω
- I_3 : ?
- $e(t)=\underbrace{50}_{\text{직류분}}+\underbrace{10\sqrt{2}\sin\omega t}_{\text{기본파}}+\underbrace{120\sqrt{2}\sin 3\omega t}_{\text{3고조파}}$

제3고조파 성분만 계산하면 되므로 리액턴스$\left(\dfrac{1}{\omega C}\right)$의 주파수 부분에 ω대신 3ω 대입

$\dfrac{1}{\omega C} : 9 = \dfrac{1}{3\omega C} : X$

$X=\dfrac{9}{3}=3\left(\therefore\ \dfrac{1}{3\omega C}=3\,\Omega\right)$

(2) **임피던스**

$$Z=R+jX$$

여기서, Z : 임피던스[Ω]
R : 저항[Ω]
X : 리액턴스[Ω]

제3고조파 임피던스 Z는

$$Z=R+jX$$
$$=R+j\frac{1}{3\omega C}$$
$$=4+j3$$

(3) **순시값**

$$v=V_m\sin\omega t$$

여기서, v : 전압의 순시값〔V〕
V_m : 전압의 최대값〔V〕
ω : 각주파수〔rad/s〕
t : 주기〔s〕

제3고조파만 고려하면

$$v=V_m\sin\omega t$$
$$=120\sqrt{2}\sin 3\omega t\left(\therefore\ V_m=120\sqrt{2}\right)$$

(4) **전압**의 **최대값**

$$V_m=\sqrt{2}\,V$$

여기서, V_m : 전압의 최대값〔V〕
V : 전압의 실효값〔V〕

전압의 실효값 V는

$$V=\frac{V_m}{\sqrt{2}}=\frac{120\sqrt{2}}{\sqrt{2}}=120\text{V}$$

(5) **전류**

$$I=\frac{V}{Z}=\frac{V}{R+jX}=\frac{V}{\sqrt{R^2+X^2}}$$

여기서, I : 전류〔A〕
V : 전압〔V〕
Z : 임피던스〔Ω〕
R : 저항〔Ω〕
X : 리액턴스〔Ω〕

전류 I는

$$I=\frac{V}{\sqrt{R^2+X^2}}=\frac{120}{\sqrt{4^2+3^2}}=24\text{A}$$

답 ③

★★★
29 그림과 같은 회로에서 각 계기의 지시값이 Ⓥ는 180V, Ⓐ는 5A, W는 720W라면 이 회로의 무효전력〔Var〕은?

19.04.문26
10.09.문27
06.03.문32
98.10.문22
97.10.문35

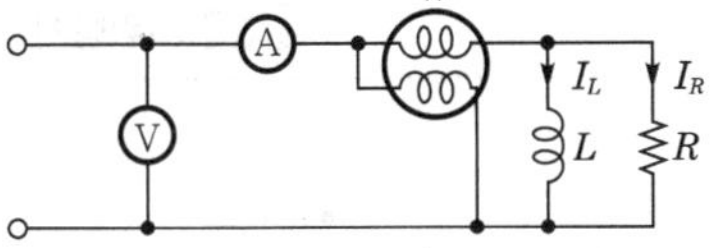

① 480 ② 540
③ 960 ④ 1200

해설 **피상전력**

$$P_a=VI=\sqrt{P^2+P_r^{\ 2}}=I^2Z$$

여기서, P_a : 피상전력〔VA〕
V : 전압〔V〕
I : 전류〔A〕
P : 유효전력〔W〕
P_r : 무효전력〔Var〕
Z : 임피던스〔Ω〕

피상전력 P_a는

$$P_a=VI=180\times 5=900\text{VA}$$
$P_a=\sqrt{P^2+P_r^{\ 2}}$ 에서
$$P_a^{\ 2}=\left(\sqrt{P^2+P_r^{\ 2}}\right)^2$$
$$P_a^{\ 2}=P^2+P_r^{\ 2}$$
$$P_a^{\ 2}-P^2=P_r^{\ 2}$$
$$P_r^{\ 2}=P_a^{\ 2}-P^2$$
$$\sqrt{P_r^{\ 2}}=\sqrt{P_a^{\ 2}-P^2}$$
$$P_r=\sqrt{P_a^{\ 2}-P^2}$$

무효전력 P_r은

$$P_r=\sqrt{P_a^{\ 2}-P^2}$$
$$=\sqrt{900^2-720^2}=540\text{Var}$$

답 ②

★
30 그림의 회로에서 a-b 간에 V_{ab}〔V〕를 인가했을 때 c-d 간의 전압이 100V이었다. 이때 a-b 간에 인가한 전압(V_{ab})은 몇 V인가?

22.04.문37

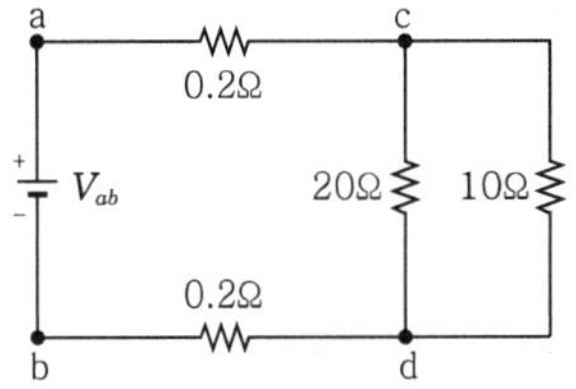

① 104 ② 106
③ 108 ④ 110

해설 회로를 이해하기 쉽게 변형하면

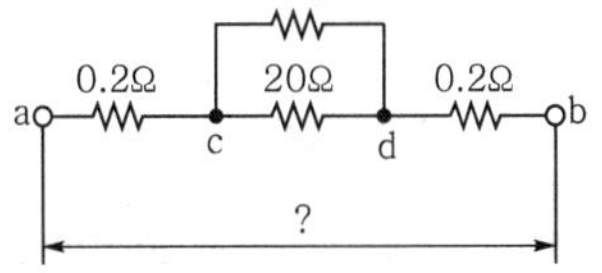

전류

$$I=\frac{V}{R}$$

여기서, I : 전류〔A〕
V : 전압〔V〕
R : 저항〔Ω〕

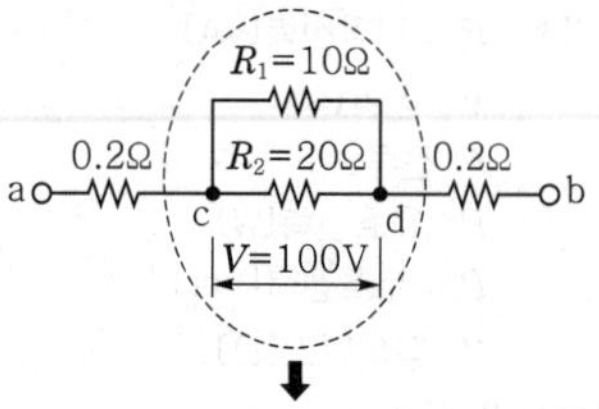

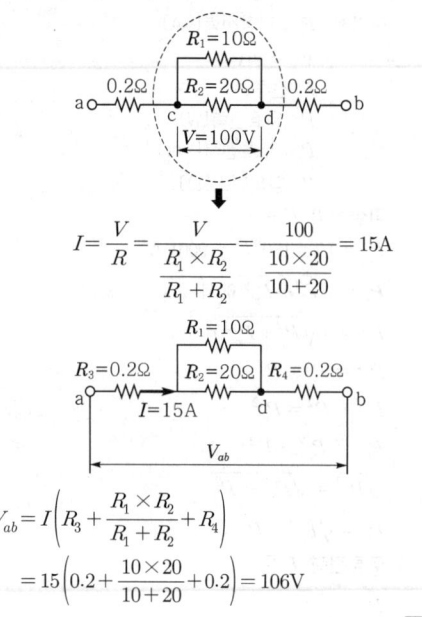

$$I=\frac{V}{R}=\frac{V}{\dfrac{R_1\times R_2}{R_1+R_2}}=\frac{100}{\dfrac{10\times 20}{10+20}}=15\text{A}$$

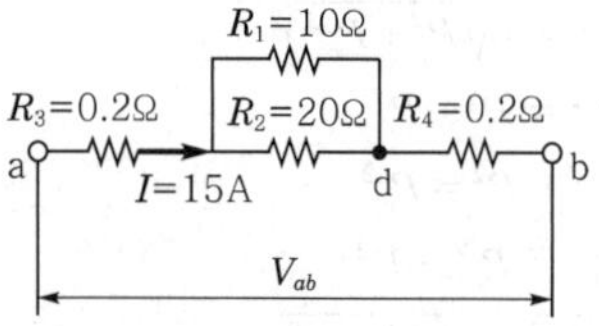

$$V_{ab}=I\left(R_3+\frac{R_1\times R_2}{R_1+R_2}+R_4\right)$$
$$=15\left(0.2+\frac{10\times 20}{10+20}+0.2\right)=106\text{V}$$

답 ②

★
31

18.04.문27

두 개의 코일 a, b가 있다. 두 개를 직렬로 접속하였더니 합성인덕턴스가 120mH이었고, 극성을 반대로 접속하였더니 합성인덕턴스가 20mH이었다. 코일 a의 자기인덕턴스가 20mH라면 결합계수 K는 얼마인가?

① 0.6　　② 0.7

③ 0.8　　④ 0.9

해설 (1) **가극성**(코일이 동일방향)

$$L=L_1+L_2+2M$$

여기서, L : 합성인덕턴스[H]

L_1, L_2 : 자기인덕턴스[H]

M : 상호인덕턴스[H]

(2) **감극성**(코일이 반대방향)

$$L=L_1+L_2-2M$$

여기서, L : 합성인덕턴스[H]

L_1, L_2 : 자기인덕턴스[H]

M : 상호인덕턴스[H]

동일방향 합성인덕턴스 **120mH**

반대방향 합성인덕턴스 **20mH**이므로

$$120=L_1+L_2+2M$$
$$-\ \ 20=L_1+L_2-2M$$
$$100=4M$$
$$\frac{100}{4}=M$$
$$25\text{mH}=M$$
$$\therefore\ M=25\text{mH}$$

(3) **가극성**(코일이 동일방향) 식에서

$$L=L_1+L_2+2M$$
$$120=20+L_2+(2\times 25)$$
$$120-20-(2\times 25)=L_2$$
$$50=L_2$$
$$\therefore\ L_2=50\text{mH}$$

• L_1 : 20mH(문제에서 주어짐)

(4) **상호인덕턴스**(mutual inductance)

$$M=K\sqrt{L_1L_2}\ \text{[H]}$$

여기서, M : 상호인덕턴스[H]

K : 결합계수

L_1, L_2 : 자기인덕턴스[H]

결합계수 K는

$$K=\frac{M}{\sqrt{L_1L_2}}=\frac{25}{\sqrt{20\times 50}}=0.79\fallingdotseq 0.8$$

답 ③

★★★
32

21.09.문23
19.03.문32
17.09.문22
17.09.문39
16.10.문35
16.05.문22
16.03.문32
15.05.문23
14.09.문23
13.09.문27

제어량에 따른 제어방식의 분류 중 온도, 유량, 압력 등의 공업 프로세스의 상태량을 제어량으로 하는 제어계로서 외란의 억제를 주목적으로 하는 제어방식은?

① 서보기구

② 자동조정

③ 추종제어

④ 프로세스제어

해설 **제어량**에 의한 **분류**

분 류	종 류
프로세스제어 (공정제어) 보기 ④	• **온**도 • **압**력 • **유**량 • **액**면 기억법 **프온압유액**
서보기구 (서보제어, 추종제어)	• **위**치 • **방**위 • **자**세 기억법 **서위방자**
자동조정	• 전압 • 전류 • 주파수 • 회전속도(**발**전기의 **속**도조절기) • 장력 기억법 **자발속**

※ **프로세스제어** : 공업공정의 상태량을 제어량으로 하는 제어

중요

제어의 종류

종 류	설 명
정치제어 (Fixed value control)	• 일정한 목표값을 유지하는 것으로 **프로세스제어, 자동조정**이 이에 해당된다. 예 **연속식 압연기** • **목표값**이 시간에 관계없이 항상 일정한 값을 가지는 제어
추종제어 (Follow-up control)	미지의 시간적 변화를 하는 목표값에 제어량을 추종시키기 위한 제어로 **서보기구**가 이에 해당된다. 예 **대공포의 포신**
비율제어 (Ratio control)	둘 이상의 제어량을 소정의 비율로 제어하는 것
프로그램제어 (Program control)	목표값이 **미리 정해진 시간적 변화**를 하는 경우 제어량을 그것에 추종시키기 위한 제어 예 **열차 · 산업로봇의 무인운전**

답 ④

33 다음의 회로에서 V_1, V_2는 몇 V인가?

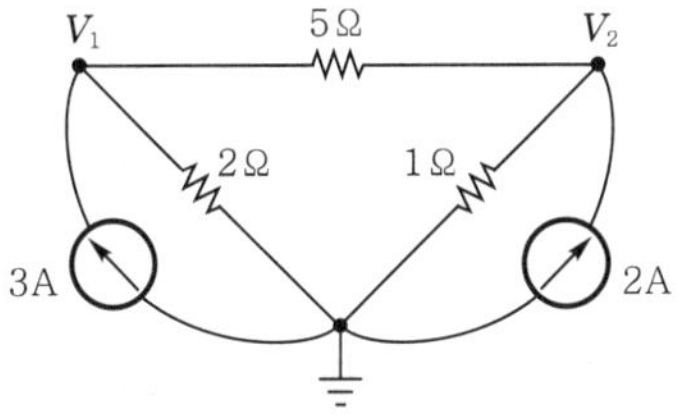

① $V_1 = 4.5\text{V}$, $V_2 = 2.5\text{V}$

② $V_1 = 5\text{V}$, $V_2 = 2\text{V}$

③ $V_1 = 4.5\text{V}$, $V_2 = 2\text{V}$

④ $V_1 = 5\text{V}$, $V_2 = 2.5\text{V}$

해설 그림을 변형하면

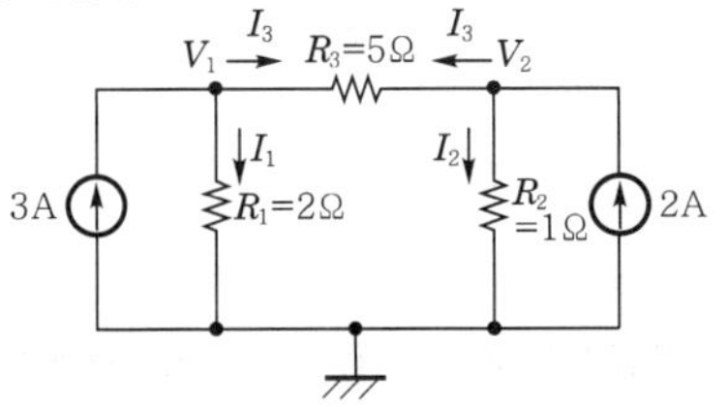

(1) 점 V_1

$I_1 = \dfrac{V_1}{R_1} = \dfrac{V_1}{2}$

$I_3 = \dfrac{V_1 - V_2}{R_3} = \dfrac{V_1 - V_2}{5}$

(V_1을 기준으로 보면 V_2의 방향이 반대이므로 V_2에 −를 붙임)

점 $V_1 = I_1 + I_3 = 3\text{A}$

$= \dfrac{V_1}{2} + \dfrac{V_1 - V_2}{5} = 3\text{A}$

$= \dfrac{5V_1}{5\times2} + \dfrac{2(V_1 - V_2)}{2\times5} = 3\text{A}$

(공통분모 10을 만들기 위해 한 쪽 분자, 분모에 5 또는 2를 곱함)

$= \dfrac{5V_1}{10} + \dfrac{2V_1 - 2V_2}{10} = 3\text{A}$

$= \dfrac{5V_1 + 2V_1 - 2V_2}{10} = 3\text{A}$

$= \dfrac{7V_1 - 2V_2}{10} = 3\text{A}$

$= 7V_1 - 2V_2 = 3\times10\text{A}$

$= 7V_1 - 2V_2 = 30\text{A} \cdots$ ①

(2) 점 V_2

$I_2 = \dfrac{V_2}{R_2} = \dfrac{V_2}{1}$

$I_3 = \dfrac{-V_1 + V_2}{R_3} = \dfrac{-V_1 + V_2}{5}$

(V_2를 기준으로 보면 V_1의 방향이 반대이므로 V_1에 −를 붙임)

점 $V_2 = I_2 + I_3 = 2\text{A}$

$= \dfrac{V_2}{1} + \left(\dfrac{-V_1 + V_2}{5}\right) = 2\text{A}$

$= \dfrac{5V_2}{5\times1} + \left(\dfrac{-V_1 + V_2}{5}\right) = 2\text{A}$

(공통분모 5를 만들기 위해 한 쪽 분자, 분모에 5를 곱함)

$= \dfrac{5V_2}{5} + \left(\dfrac{-V_1 + V_2}{5}\right) = 2\text{A}$

$= \dfrac{5V_2 - V_1 + V_2}{5} = 2\text{A}$

$= \dfrac{6V_2 - V_1}{5} = 2\text{A}$

$= 6V_2 - V_1 = 2\times5\text{A}$

$= 6V_2 - V_1 = 10\text{A}$

$= -V_1 + 6V_2 = 10\text{A} \cdots$ ② ← V_1, V_2 위치 바꿈

(3) ①식 ②식 적용(계산편의를 위해 단위 생략)

$7V_1 - 2V_2 = 30 \cdots$ ①′

$+\ -V_1 + 6V_2 = 10 \cdots$ ②′

①′식 V_2값을 ②′식과 일치시켜서 생략하기 위해 ①′식에 3을 곱함

$(3\times7)V_1 - (3\times2)V_2 = 3\times30 \cdots$ ①′

$+\ -V_1 + 6V_2 = 10 \cdots$ ②′

$21V_1 - 6V_2 = 90 \cdots$ ①′

$+\ -V_1 + 6V_2 = 10 \cdots$ ②′

$20V_1 = 100$

$V_1 = \dfrac{100}{20} = 5\text{V}$

$-V_1 + 6V_2 = 10 \cdots$ ②′($V_1 = 5$ 대입)

$-5 + 6V_2 = 10$

$6V_2 = 10 + 5$

$V_2 = \dfrac{10+5}{6} = 2.5\text{V}$

답 ④

★★
34 다음의 단상 유도전동기 중 기동토크가 가장 큰 것은?

21.09.문38
18.09.문35
14.05.문26
05.03.문25
03.08.문33

① 셰이딩 코일형
② 콘덴서 기동형
③ 분상 기동형
④ 반발 기동형

해설 **기동토크**가 **큰 순서**
반발 기동형 > 반발 유도형 > 콘덴서 기동형 > 분상 기동형 > **셰이딩 코일형**

기억법 **반기큰**

• 셰이딩 코일형=세이딩 코일형

답 ④

★★★
35 반도체를 이용한 화재감지기 중 서미스터(Thermistor)는 무엇을 측정하기 위한 반도체소자인가?

21.09.문24
19.03.문35
18.09.문31
16.10.문30
15.05.문38
14.09.문40
14.05.문24
14.03.문27
12.03.문34
11.06.문37
00.10.문25

① 온도
② 연기농도
③ 가스농도
④ 불꽃의 스펙트럼 강도

해설 **반도체소자**

명 칭	심 벌
① **제너다이오드**(Zener diode) : 주로 **정**전압 전원회로에 사용된다. 기억법 **제정(재정이 풍부)**	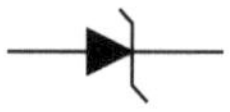
② **서미스터**(Thermistor) : 부온도특성을 가진 저항기의 일종으로서 주로 **온**도보정용으로 쓰인다. 보기 ① 기억법 **서온(서운해)**	
③ **SCR**(Silicon Controlled Rectifier) : 단방향 대전류 스위칭소자로서 제어를 할 수 있는 정류소자이다.	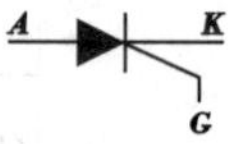
④ **바리스터**(Varistor) • 주로 **서**지전압에 대한 회로보호용(과도전압에 대한 회로보호) • **계**전기 접점의 불꽃제거 기억법 **바리서계**	
⑤ **UJT**(UniJunction Transistor) = **단일접합 트랜지스터** : 증폭기로는 사용이 불가능하고 톱니파나 펄스발생기로 작용하며 SCR의 트리거소자로 쓰인다.	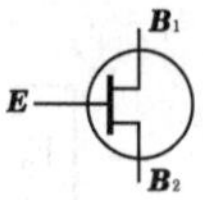
⑥ **바랙터**(Varactor) : 제너현상을 이용한 다이오드	

답 ①

★★
36 교류전압계의 지침이 지시하는 전압은 다음 중 어느 것인가?

19.09.문29
12.09.문30

① 실효값
② 평균값
③ 최대값
④ 순시값

해설

교류 표시	설 명
실효값 ←	① 일반적으로 사용되는 값으로 교류의 각 순시값의 제곱에 대한 **1주기**의 **평균**의 **제곱근**을 말함 ② **교류전압계**의 지침이 지시하는 값 보기 ①
최대값	교류의 순시값 중에서 가장 큰 값
순시값	교류의 임의의 시간에 있어서 전압 또는 전류의 값
평균값	순시값의 반주기에 대하여 평균한 값

답 ①

★
37 아날로그와 디지털 통신에서 데시벨의 단위로 나타내는 SN비를 올바르게 풀어쓴 것은?

16.03.문34

① SIGN TO NUMBER RATING
② SIGNAL TO NOISE RATIO
③ SOURCE NULL RESISTANCE
④ SOURCE NETWORK RANGE

해설 **SN비** 또는 **SNR비(Signal-to-Noise Ratio, 신호 대 잡음비)**
아날로그와 디지털 통신에서, 즉 신호 대 잡음의 상대적인 크기를 나타내는 것으로서, 단위는 **데시벨**(dB)이다.

답 ②

★★★
38 블록선도에서 외란 $D(s)$의 압력에 대한 출력 $C(s)$의 전달함수$\left(\dfrac{C(s)}{D(s)}\right)$는?

21.09.문32
20.06.문23
14.09.문34
10.03.문28

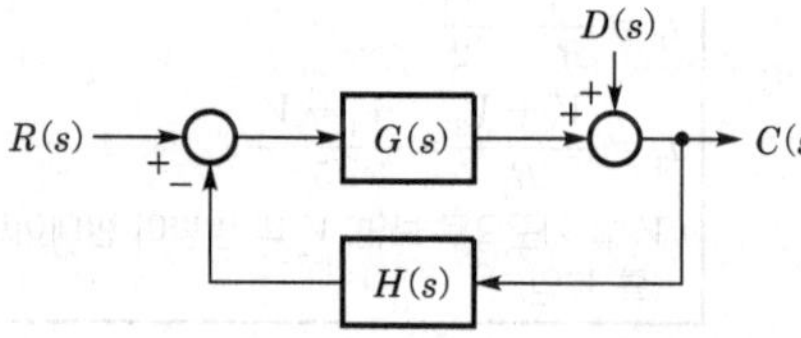

① $\dfrac{G(s)}{H(s)}$
② $\dfrac{1}{1+G(s)H(s)}$
③ $\dfrac{H(s)}{G(s)}$
④ $\dfrac{G(s)}{1+G(s)H(s)}$

해설

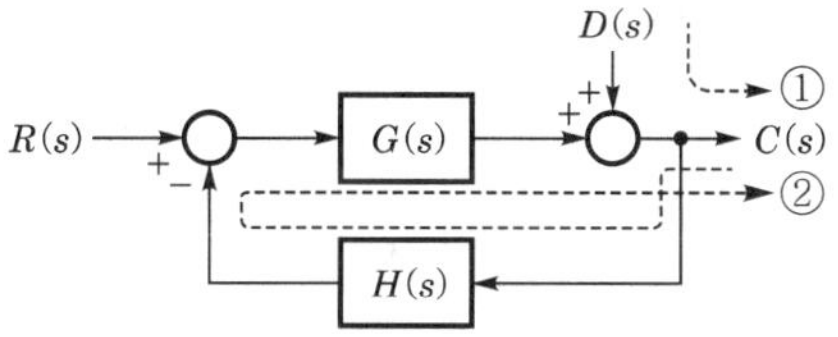

계산편의를 위해 (s)를 삭제하고 계산하면

$D-CGH=C$

$D=C+CGH$

$D=C(1+GH)$

$\frac{1}{1+GH}=\frac{C}{D}$

$\frac{C}{D}=\frac{1}{1+GH}$ ← 좌우 위치 바꿈

$\frac{C(s)}{D(s)}=\frac{1}{1+G(s)H(s)}$ ← 삭제한 (s)를 다시 붙임

용어

블록선도(Block diagram)
제어계에서 신호가 전달되는 모양을 표시하는 선도

답 ②

★★★
39 다음의 내용이 설명하는 법칙은 무엇인가?

20.09.문31 17.03.문22 16.05.문32 15.05.문35 14.03.문22 12.05.문24 03.05.문33

> 두 자극 사이에 작용하는 자기력의 크기는 두 자극의 세기의 곱에 비례하고 두 자극 사이 거리의 제곱에 반비례한다.

① 비오사바르 법칙
② 쿨롱의 법칙
③ 렌츠의 법칙
④ 줄의 법칙

해설 **여러 가지 법칙**

법 칙	설 명
플레밍의 오른손 법칙	• 도체운동에 의한 유기기전력의 방향 결정 기억법 **방유도오**(방에 우유를 도로 갔다 놓게!)
플레밍의 왼손 법칙	• 전자력의 방향 결정 기억법 **왼전**(왠 전쟁이냐?)
렌츠의 법칙	• 자속변화에 의한 유도기전력의 방향 결정 기억법 **렌유방**(오렌지가 유일한 방법이다.)
패러데이의 전자유도 법칙	• 자속변화에 의한 유기기전력의 크기 결정 기억법 **패유크**(패유를 버리면 큰일난다.)
앙페르(암페어)의 오른나사 법칙	• 전류에 의한 자기장의 방향을 결정하는 법칙 기억법 **앙전자**(양전자)
비오-사바르의 법칙	• 전류에 의해 발생되는 자기장의 크기(전류에 의한 자계의 세기) 기억법 **비전자**(비전공자)
키르히호프의 법칙	• 옴의 법칙을 응용한 것으로 복잡한 회로의 전류와 전압계산에 사용 • 회로망의 임의의 접속점에 유입하는 여러 전류의 총합은 0이라고 하는 법칙 기억법 **키총** • 회로망 내 임의의 폐회로(closed circuit)에서, 그 폐회로를 따라 한 방향으로 일주하면서 생기는 전압강하의 합은 그 폐회로 내에 포함되어 있는 기전력의 합과 같음
줄의 법칙	• 어떤 도체에 일정시간 동안 전류를 흘리면 도체에는 열이 발생되는데 이에 관한 법칙 • 전류의 열작용과 관계있는 법칙 기억법 **줄열**
쿨롱의 법칙	• 두 자극 사이에 작용하는 힘은 두 **자극**의 **세기**의 **곱**에 **비례**하고, 두 자극 사이의 **거리**의 **제곱**에 **반비례**한다는 법칙 보기 ②

답 ②

★★
40 직류전원이 연결된 코일에 10A의 전류가 흐르고 있다. 이 코일에 연결된 전원을 제거하는 즉시 저항을 연결하여 폐회로를 구성하였을 때 저항에서 소비된 열량이 24cal이었다. 이 코일의 인덕턴스는 약 몇 H인가?

21.05.문36 14.03.문28

① 0.1
② 0.5
③ 2.0
④ 24

해설 (1) **기호**

• I : 10A
• W : 24cal $=\frac{24\text{cal}}{0.24}=$100J(1J=0.24cal)
• L : ?

(2) **코일**에 **축적**되는 **에너지**

$$W=\frac{1}{2}LI^2=\frac{1}{2}IN\phi\,[\text{J}]$$

여기서, W : 코일의 축적에너지〔J〕
L : 자기인덕턴스〔H〕
N : 코일권수
ϕ : 자속〔Wb〕
I : 전류〔A〕

자기인덕턴스 L은

$$L=\frac{2W}{I^2}=\frac{2\times 100}{10^2}=2\text{H}$$

답 ③

제 3 과목 소방관계법규

41 ★★★ 20.08.문47 19.03.문48 15.03.문56 12.05.문51

소방시설 설치 및 관리에 관한 법령상 스프링클러설비를 설치하여야 하는 특정소방대상물의 기준으로 틀린 것은? (단, 위험물 저장 및 처리 시설 중 가스시설 또는 지하구는 제외한다.)

① 복합건축물로서 연면적 3500m^2 이상인 경우에는 모든 층
② 창고시설(물류터미널은 제외)로서 바닥면적 합계가 5000m^2 이상인 경우에는 모든 층
③ 숙박이 가능한 수련시설 용도로 사용되는 시설의 바닥면적의 합계가 600m^2 이상인 것은 모든 층
④ 판매시설, 운수시설 및 창고시설(물류터미널에 한정)로서 바닥면적의 합계가 5000m^2 이상이거나 수용인원이 500명 이상인 경우에는 모든 층

해설 ① 3500m^2 → 5000m^2

소방시설법 시행령 〔별표 4〕
스프링클러설비의 설치대상

설치대상	조 건
① 문화 및 집회시설, 운동시설 ② 종교시설	• 수용인원 : **100명** 이상 • 영화상영관 : 지하층 · 무창층 **500m²**(기타 **1000m²**) 이상 • 무대부 – 지하층 · 무창층 · **4층** 이상 **300m²** 이상 – 1~3층 **500m²** 이상
③ 판매시설 ④ 운수시설 ⑤ 물류터미널	• 수용인원 : **500명** 이상 • 바닥면적 합계 : **5000m²** 이상 보기 ④
⑥ 노유자시설 ⑦ 정신의료기관 ⑧ 수련시설(숙박 가능한 것) ⑨ 종합병원, 병원, 치과병원, 한방병원 및 요양병원(정신병원 제외) ⑩ 숙박시설	• 바닥면적 합계 **600m²** 이상 보기 ③
⑪ 지하층 · 무창층 · **4층** 이상	• 바닥면적 **1000m²** 이상
⑫ 창고시설(물류터미널 제외)	• 바닥면적 합계 : **5000m²** 이상 : 전층 보기 ②
⑬ **지하상가**	• 연면적 **1000m²** 이상
⑭ **10m** 넘는 랙식 창고	• 연면적 **1500m²** 이상
⑮ 복합건축물 ⑯ 기숙사	• 연면적 **5000m²** 이상 : 전층 보기 ①
⑰ **6층** 이상	• 전층
⑱ 보일러실 · 연결통로	• 전부
⑲ 특수가연물 저장 · 취급	• 지정수량 **1000배** 이상
⑳ 발전시설	• 전기저장시설 : 전부

답 ①

42 ★ 20.06.문54

소방시설공사업법령상 소방공사감리를 실시함에 있어 용도와 구조에서 특별히 안전성과 보안성이 요구되는 소방대상물로서 소방시설물에 대한 감리를 감리업자가 아닌 자가 감리할 수 있는 장소는?

① 정보기관의 청사
② 교도소 등 교정관련시설
③ 국방 관계시설 설치장소
④ 원자력안전법상 관계시설이 설치되는 장소

해설 (1) **공사업법 시행령 8조**
감리업자가 아닌 자가 감리할 수 있는 보안성 등이 요구되는 소방대상물의 시공장소 「원자력안전법」 2조 10호에 따른 관계시설이 설치되는 장소

(2) **원자력안전법 2조 10호**
"**관계시설**"이란 **원자로**의 **안전**에 **관계**되는 **시설**로서 **대통령령**으로 정하는 것을 말한다.

답 ④

43 ★★★ 20.06.문46 17.09.문56 10.05.문41

소방기본법령에 따라 주거지역 · 상업지역 및 공업지역에 소방용수시설을 설치하는 경우 소방대상물과의 수평거리를 몇 m 이하가 되도록 해야 하는가?

① 50 ② 100
③ 150 ④ 200

해설 **기본규칙 〔별표 3〕**
소방용수시설의 설치기준

거리기준	지 역
수평거리 **100m** 이하 보기 ②	• **공**업지역 • **상**업지역 • **주**거지역 기억법 **주상공100**(주상공 백지에 사인을 하시오.)
수평거리 **140m** 이하	• 기타지역

답 ②

★★★

44 소방시설 설치 및 관리에 관한 법령상 관리업자가 소방시설 등의 점검을 마친 후 점검기록표에 기록하고 이를 해당 특정소방대상물에 부착하여야 하나 이를 위반하고 점검기록표를 기록하지 아니하거나 특정소방대상물의 출입자가 쉽게 볼 수 있는 장소에 게시하지 아니하였을 때 벌칙기준은?

21.09.문52 19.04.문49 15.09.문57 10.03.문57

① 100만원 이하의 과태료
② 200만원 이하의 과태료
③ 300만원 이하의 과태료
④ 500만원 이하의 과태료

해설 소방시설법 61조
300만원 이하의 과태료
(1) 소방시설을 화재안전기준에 따라 설치·관리하지 아니한 자
(2) 피난시설, 방화구획 또는 방화시설의 **폐쇄·훼손·변경** 등의 행위를 한 자
(3) 임시소방시설을 설치·관리하지 아니한 자
(4) 점검기록표를 기록하지 아니하거나 특정소방대상물의 출입자가 쉽게 볼 수 있는 장소에 게시하지 아니한 관계인 [보기 ③]

답 ③

★★★

45 소방대라 함은 화재를 진압하고 화재, 재난·재해, 그 밖의 위급한 상황에서 구조·구급 활동 등을 하기 위하여 구성된 조직체를 말한다. 소방대의 구성원으로 틀린 것은?

19.04.문46 13.03.문42 10.03.문45

① 소방공무원 ② 소방안전관리원
③ 의무소방원 ④ 의용소방대원

해설 기본법 2조
소방대
(1) 소방공무원 [보기 ①]
(2) 의무소방원 [보기 ③]
(3) 의용소방대원 [보기 ④]

답 ②

★★★

46 다음 중 소방시설 설치 및 관리에 관한 법령상 소방시설관리업을 등록할 수 있는 자는?

20.08.문57 15.09.문45 15.03.문41 12.09.문44

① 피성년후견인
② 소방시설관리업의 등록이 취소된 날부터 2년이 경과된 자
③ 금고 이상의 형의 집행유예를 선고받고 그 유예기간 중에 있는 자
④ 금고 이상의 실형을 선고받고 그 집행이 면제된 날부터 2년이 지나지 아니한 자

해설 소방시설법 30조
소방시설관리업의 등록결격사유
(1) 피성년후견인 [보기 ①]
(2) 금고 이상의 실형을 선고받고 그 집행이 끝나거나 집행이 면제된 날부터 **2년**이 지나지 아니한 사람 [보기 ④]
(3) 금고 이상의 형의 집행유예를 선고받고 그 유예기간 중에 있는 사람 [보기 ③]
(4) 관리업의 등록이 취소된 날부터 **2년**이 지나지 아니한 자

답 ②

★

47 화재의 예방 및 안전관리에 관한 법령상 소방대상물의 개수·이전·제거, 사용의 금지 또는 제한, 사용폐쇄, 공사의 정지 또는 중지, 그 밖의 필요한 조치로 인하여 손실을 받은 자가 손실보상청구서에 첨부하여야 하는 서류로 틀린 것은?

19.09.문60

① 손실보상합의서
② 손실을 증명할 수 있는 사진
③ 손실을 증명할 수 있는 증빙자료
④ 소방대상물의 관계인임을 증명할 수 있는 서류(건축물대장은 제외)

해설 화재예방법 시행규칙 6조
손실보상 청구자가 제출하여야 하는 서류
(1) 소방대상물의 **관계인**임을 증명할 수 있는 서류(건축물대장 제외) [보기 ④]
(2) 손실을 증명할 수 있는 **사진**, 그 밖의 **증빙자료** [보기 ②③]

기억법 사증관손(사정관의 손)

답 ①

★★★

48 소방시설 설치 및 관리에 관한 법률상 특정소방대상물의 피난시설, 방화구획 또는 방화시설의 폐쇄·훼손·변경 등의 행위를 한 자에 대한 과태료 기준으로 옳은 것은?

18.09.문49 18.04.문58 15.03.문47

① 200만원 이하의 과태료
② 300만원 이하의 과태료
③ 500만원 이하의 과태료
④ 600만원 이하의 과태료

해설 소방시설법 61조
300만원 이하의 과태료
(1) 소방시설을 화재안전기준에 따라 설치·관리하지 아니한 자
(2) **피난시설·방화구획** 또는 **방화시설**의 **폐쇄·훼손·변경** 등의 행위를 한 자 [보기 ②]
(3) 임시소방시설을 설치·관리하지 아니한 자

비교

(1) **300만원 이하의 벌금**
- ㉠ 화재안전조사를 정당한 사유없이 거부·방해·기피(화재예방법 50조)
- ㉡ 소방안전관리자, 총괄소방안전관리자 또는 소방안전관리보조자 미선임(화재예방법 50조)
- ㉢ 성능위주설계평가단 비밀누설(소방시설법 59조)
- ㉣ 방염성능검사 합격표시 위조(소방시설법 59조)
- ㉤ 위탁받은 업무종사자의 비밀누설(소방시설법 59조)
- ㉥ 다른 자에게 자기의 성명이나 상호를 사용하여 소방시설공사 등을 수급 또는 시공하게 하거나 소방시설업의 등록증·등록수첩을 빌려준 자(공사업법 37조)
- ㉦ 감리원 미배치자(공사업법 37조)
- ㉧ 소방기술인정 자격수첩을 빌려준 자(공사업법 37조)
- ㉨ 2 이상의 업체에 취업한 자(공사업법 37조)
- ㉩ 소방시설업자나 관계인 감독시 관계인의 업무를 방해하거나 비밀누설(공사업법 37조)

(2) **200만원 이하의 과태료**
- ㉠ 소방용수시설·소화기구 및 설비 등의 설치명령 위반(화재예방법 52조)
- ㉡ **특수가연물의 저장·취급 기준 위반**(화재예방법 52조)
- ㉢ 한국119청소년단 또는 이와 유사한 명칭을 사용한 자(기본법 56조)
- ㉣ **소방활동구역 출입**(기본법 56조)
- ㉤ 소방자동차의 출동에 지장을 준 자(기본법 56조)
- ㉥ 한국소방안전원 또는 이와 유사한 명칭을 사용한 자(기본법 56조)
- ㉦ 관계서류 미보관자(공사업법 40조)
- ㉧ 소방기술자 미배치자(공사업법 40조)
- ㉨ 하도급 미통지자(공사업법 40조)

답 ②

★

49 위험물안전관리법령상 위험물의 안전관리와 관련된 업무를 수행하는 자로서 소방청장이 실시하는 안전교육대상자가 아닌 것은?

18.04.문44

① 안전관리자로 선임된 자
② 탱크시험자의 기술인력으로 종사하는 자
③ 위험물운송자로 종사하는 자
④ 제조소 등의 관계인

해설 **위험물령 20조**
안전교육대상자
(1) **안전관리자**로 선임된 자 [보기 ①]
(2) 탱크시험자의 **기술인력**으로 종사하는 자 [보기 ②]
(3) **위험물운반자**로 종사하는 자
(4) **위험물운송자**로 종사하는 자 [보기 ③]

답 ④

★★★

50 화재의 예방 및 안전관리에 관한 법률상 소방안전관리대상물의 소방안전관리자 업무가 아닌 것은?

19.03.문51
15.03.문12
14.09.문52
14.09.문53
13.06.문48
08.05.문53

① 소방훈련 및 교육
② 피난시설, 방화구획 및 방화시설의 관리
③ 자위소방대 및 본격대응체계의 구성·운영·교육
④ 피난계획에 관한 사항과 대통령령으로 정하는 사항이 포함된 소방계획서의 작성 및 시행

해설 ③ 본격대응체계 → 초기대응체계

화재예방법 24조 ⑤항
관계인 및 소방안전관리자의 업무

특정소방대상물 (관계인)	소방안전관리대상물 (소방안전관리자)
• 피난시설·방화구획 및 방화시설의 관리 • 소방시설, 그 밖의 소방관련 시설의 관리 • **화기취급**의 감독 • 소방안전관리에 필요한 업무 • 화재발생시 초기대응	• 피난시설·방화구획 및 방화시설의 관리 [보기 ②] • 소방시설, 그 밖의 소방관련 시설의 관리 • **화기취급**의 감독 • 소방안전관리에 필요한 업무 • **소방계획서**의 작성 및 시행(대통령령으로 정하는 사항 포함) [보기 ④] • **자위소방대** 및 **초기대응체계**의 구성·운영·교육 [보기 ③] • 소방훈련 및 교육 [보기 ①] • 소방안전관리에 관한 업무수행에 관한 기록·유지 • 화재발생시 초기대응

용어

특정소방대상물	소방안전관리대상물
건축물 등의 규모·용도 및 수용인원 등을 고려하여 소방시설을 설치하여야 하는 소방대상물로서 대통령령으로 정하는 것	대통령령으로 정하는 특정소방대상물

답 ③

★★★

51 소방시설 설치 및 관리에 관한 법령상 시·도지사가 실시하는 방염성능검사 대상으로 옳은 것은?

22.04.문59
15.09.문09
13.09.문52
12.09.문46
12.05.문46
12.03.문44
05.03.문48

① 설치현장에서 방염처리를 하는 합판·목재
② 제조 또는 가공공정에서 방염처리를 한 카펫
③ 제조 또는 가공공정에서 방염처리를 한 창문에 설치하는 블라인드
④ 설치현장에서 방염처리를 하는 암막·무대막

해설 소방시설법 시행령 32조
시·도지사가 실시하는 방염성능검사
설치현장에서 방염처리를 하는 **합판·목재류**

중요

소방시설법 시행령 31조
방염대상물품

제조 또는 가공 공정에서 방염처리를 한 물품	건축물 내부의 천장이나 벽에 부착하거나 설치하는 것
① 창문에 설치하는 **커튼류**(블라인드 포함) ② 카펫 ③ **벽지류**(두께 2mm 미만인 **종이벽지 제외**) ④ **전시용 합판·목재** 또는 **섬유판** ⑤ **무대용 합판·목재** 또는 **섬유판** ⑥ **암막·무대막**(영화상영관·가상체험 체육시설업의 **스크린** 포함) ⑦ 섬유류 또는 합성수지류 등을 원료로 하여 제작된 소파·의자(단란주점영업, 유흥주점영업 및 노래연습장업의 영업장에 설치하는 것만 해당)	① 종이류(두께 **2mm 이상**), **합성수지류** 또는 **섬유류**를 주원료로 한 물품 ② **합판**이나 **목재** ③ 공간을 구획하기 위하여 설치하는 **간이칸막이** ④ **흡음재**(흡음용 커튼 포함) 또는 **방음재**(방음용 커튼 포함) ※ 가구류(옷장, 찬장, 식탁, 식탁용 의자, 사무용 책상, 사무용 의자, 계산대)와 너비 10cm 이하인 반자돌림대, 내부 마감재료 제외

답 ①

★★★
52 지하층으로서 특정소방대상물의 바닥부분 중 최소 몇 면이 지표면과 동일한 경우에 무선통신보조설비의 설치를 제외할 수 있는가?

19.09.문80
18.03.문70
17.03.문68
16.03.문80
14.09.문64
08.03.문62
06.05.문79

① 1면 이상 ② 2면 이상
③ 3면 이상 ④ 4면 이상

해설 **무선통신보조설비**의 **설치 제외**(NFPC 505 4조, NFTC 505 2.1)
(1) **지**하층으로서 특정소방대상물의 바닥부분 **2면 이상**이 지표면과 동일한 경우의 해당층 보기 ②
(2) 지하층으로서 지표면으로부터의 깊이가 **1m 이하**인 경우의 해당층

기억법 **2면무지(이면** 계약의 **무지)**

답 ②

★★★
53 다음 위험물 중 자기반응성 물질은 어느 것인가?

21.09.문11
19.04.문44
16.05.문46
15.09.문03
15.09.문18
15.05.문10
15.05.문42
15.03.문51
14.09.문18

① 황린
② 염소산염류
③ 알칼리토금속
④ 질산에스터류

해설 위험물령 [별표 1]
위험물

유 별	성 질	품 명
제1류	산화성 고체	• 아염소산염류 • 염소산염류 보기 ② • 과염소산염류 • 질산염류 • 무기과산화물
제2류	가연성 고체	• 황화인 • 적린 • 황 • 철분 • 마그네슘
제3류	자연발화성 물질 및 금수성 물질	• 황린 보기 ① • 칼륨 • 나트륨
제4류	인화성 액체	• 특수인화물 • 알코올류 • 석유류 • 동식물유류
제5류	자기반응성 물질	• 나이트로화합물 • 유기과산화물 • 나이트로소화합물 • 아조화합물 • 질산에스터류(셀룰로이드) 보기 ④
제6류	산화성 액체	• 과염소산 • 과산화수소 • 질산

답 ④

★★★
54 화재의 예방 및 안전관리에 관한 법률상 화재예방강화지구의 지정대상이 아닌 것은? (단, 소방청장·소방본부장 또는 소방서장이 화재예방강화지구로 지정할 필요가 있다고 인정하는 지역은 제외한다.)

20.09.문55
19.09.문50
17.09.문49
16.05.문53
13.09.문56

① 시장지역
② 농촌지역
③ 목조건물이 밀집한 지역
④ 공장·창고가 밀집한 지역

해설 ② 해당 없음

화재예방법 18조
화재예방강화지구의 지정
(1) **지정권자**: 시·도지사
(2) **지정지역**
㉠ **시장**지역 보기 ①
㉡ **공장·창고** 등이 밀집한 지역 보기 ④
㉢ **목조건물**이 밀집한 지역 보기 ③
㉣ 노후·불량 건축물이 밀집한 지역

ⓜ **위험물**의 **저장** 및 **처리시설**이 **밀집**한 지역
ⓑ **석유화학제품**을 생산하는 공장이 있는 지역
ⓢ **소방시설 · 소방용수시설** 또는 **소방출동로**가 **없는** 지역
ⓞ 「**산업입지 및 개발에 관한 법률**」에 따른 산업단지
ⓙ 「물류시설의 개발 및 운영에 관한 법률」에 따른 **물류단지**
ⓒ **소방청장 · 소방본부장 · 소방서장**(소방관서장)이 화재예방강화지구로 지정할 필요가 있다고 인정하는 지역

※ **화재예방강화지구** : 화재발생 우려가 크거나 화재가 발생할 경우 피해가 클 것으로 예상되는 지역에 대하여 화재의 예방 및 안전관리를 강화하기 위해 지정 · 관리하는 지역

답 ②

★★★
55

22.03.문47
15.05.문48
10.09.문53

소방시설공사업법령상 소방시설업자가 소방시설공사 등을 맡긴 특정소방대상물의 관계인에게 지체 없이 그 사실을 알려야 하는 경우가 아닌 것은?

① 소방시설업자의 지위를 승계한 경우
② 소방시설업의 등록취소처분 또는 영업정지 처분을 받은 경우
③ 휴업하거나 폐업한 경우
④ 소방시설업의 주소지가 변경된 경우

해설 **공사업법 8조**
소방시설업자의 관계인 통지사항
(1) **소방시설업자**의 **지위**를 **승계**한 때 보기 ①
(2) 소방시설업의 **등록취소** 또는 **영업정지**의 처분을 받은 때 보기 ②
(3) **휴업** 또는 **폐업**을 한 때 보기 ③

답 ④

★★★
56

21.09.문46
20.09.문48
17.09.문51
16.10.문45

위험물안전관리법령상 정기점검의 대상인 제조소 등의 기준으로 틀린 것은?

① 지하탱크저장소
② 이동탱크저장소
③ 지정수량의 10배 이상의 위험물을 취급하는 제조소
④ 지정수량의 20배 이상의 위험물을 저장하는 옥외탱크저장소

해설 ④ 20배 이상 → 200배 이상

위험물령 15 · 16조
정기점검의 대상인 제조소 등
(1) **제조소** 등(**이**송취급소 · **암**반탱크저장소)
(2) **지하탱크**저장소 보기 ①
(3) **이동탱크**저장소 보기 ②
(4) 위험물을 취급하는 탱크로서 지하에 매설된 탱크가 있는 **제조소 · 주유취급소** 또는 **일반취급소**

기억법 정이암 지이

(5) **예방규정**을 **정하여야 할 제조소 등**

배 수	제조소 등
10배 이상	• **제**조소 보기 ③ • **일**반취급소
100배 이상	• 옥**외**저장소
150배 이상	• 옥**내**저장소
200배 이상	• 옥외**탱**크저장소 보기 ④
모두 해당	• 이송취급소 • 암반탱크저장소

기억법 1 제일
0 외
5 내
2 탱

※ **예방규정** : 제조소 등의 화재예방과 화재 등 재해발생시의 비상조치를 위한 규정

답 ④

★★★
57

19.03.문59
16.10.문54
16.03.문55
11.03.문56

특정소방대상물의 관계인이 소방안전관리자를 해임한 경우 재선임을 해야 하는 기준은? (단, 해임한 날부터를 기준일로 한다.)

① 10일 이내
② 20일 이내
③ 30일 이내
④ 40일 이내

해설 **화재예방법 시행규칙 14조**
소방안전관리자의 재선임
30일 이내

답 ③

★★★
58

19.04.문44
16.05.문46
15.09.문03
15.09.문18
15.05.문10
15.05.문42
15.03.문51
14.09.문18

산화성 고체인 제1류 위험물에 해당되는 것은?

① 질산염류
② 특수인화물
③ 과염소산
④ 유기과산화물

해설
② 제4류 위험물
③ 제6류 위험물
④ 제5류 위험물

위험물령 〔별표 1〕
위험물

유 별	성 질	품 명
제1류	산화성 고체	• 아염소산염류 • 염소산염류 • 과염소산염류 • 질산염류 보기 ① • 무기과산화물 기억법 1산고(일산GO), ~염류, 무기과산화물
제2류	가연성 고체	• 황화인 • 적린 • 황 • 마그네슘 • 금속분 기억법 2황화적황마
제3류	자연발화성 물질 및 금수성 물질	• 황린 • 칼륨 • 나트륨 • 트리에틸알루미늄 • 금속의 수소화물 기억법 황칼나트알
제4류	인화성 액체	• 특수인화물 보기 ② • 석유류(벤젠) • 알코올류 • 동식물유류
제5류	자기반응성 물질	• 유기과산화물 보기 ④ • 나이트로화합물 • 나이트로소화합물 • 아조화합물 • 질산에스터류(셀룰로이드)
제6류	산화성 액체	• 과염소산 보기 ③ • 과산화수소 • 질산

답 ①

59 다음 소방시설 중 경보설비가 아닌 것은?

20.06.문50
12.03.문47

① 통합감시시설
② 가스누설경보기
③ 비상콘센트설비
④ 자동화재속보설비

해설

③ 비상콘센트설비 : 소화활동설비

소방시설법 시행령 〔별표 1〕
경보설비
(1) 비상경보설비 ┬ 비상벨설비
└ 자동식 사이렌설비
(2) 단독경보형 감지기
(3) 비상방송설비
(4) 누전경보기
(5) 자동화재탐지설비 및 시각경보기
(6) 자동화재속보설비 보기 ④
(7) 가스누설경보기 보기 ②
(8) 통합감시시설 보기 ①
(9) 화재알림설비

※ **경보설비** : 화재발생 사실을 통보하는 기계·기구 또는 설비

비교

소방시설법 시행령 〔별표 1〕
소화활동설비
화재를 진압하거나 인명구조활동을 위하여 사용하는 설비
(1) 연결송수관설비
(2) 연결살수설비
(3) 연소방지설비
(4) 무선통신보조설비
(5) 제연설비
(6) 비상콘센트설비 보기 ③

기억법 3연무제비콘

답 ③

60 소방기본법에서 정의하는 소방대상물에 해당되지 않는 것은?

21.03.문58
15.05.문54
12.05.문48

① 산림
② 차량
③ 건축물
④ 항해 중인 선박

해설

기본법 2조 1호
소방대상물
(1) 건축물 보기 ③
(2) 차량 보기 ②
(3) 선박(매어둔 것) 보기 ④
(4) 선박건조구조물
(5) 산림 보기 ①
(6) 인공구조물
(7) 물건

기억법 건차선 산인물

비교

위험물법 3조
위험물의 저장·운반·취급에 대한 적용 제외
(1) 항공기
(2) 선박
(3) 철도
(4) 궤도

답 ④

제 4 과목 소방전기시설의 구조 및 원리

★★★
61 부착높이가 6m이고 주요구조부를 내화구조로 한 특정소방대상물 또는 그 부분에 정온식 스포트형 감지기 특종을 설치하고자 하는 경우 바닥면적 몇 m^2마다 1개 이상 설치해야 하는가?

22.09.문78 17.03.문74 16.05.문65 07.09.문70

① 15
② 25
③ 35
④ 45

해설 **바닥면적**(NFPC 203 7조, NFTC 203 2.4.3.5)

(단위 : m^2)

부착높이 및 특정소방대상물의 구분		감지기의 종류				
		차동식·보상식 스포트형		정온식 스포트형		
		1종	2종	특종	1종	2종
4m 미만	내화구조	90	70	70	60	20
	기타구조	50	40	40	30	15
4m 이상 8m 미만	내화구조	45	35	35	30	–
	기타구조	30	25	25	15	–

답 ③

★★★
62 다음 중 누전경보기의 주요구성요소로 옳은 것은 어느 것인가?

19.03.문37 15.09.문21 14.09.문69 13.03.문62

① 변류기, 감지기, 수신기, 차단기
② 수신기, 음향장치, 변류기, 차단기
③ 발신기, 변류기, 수신기, 음향장치
④ 수신기, 감지기, 증폭기, 음향장치

해설 **누전경보기**의 **구성요소**

구성요소	설 명
영상**변**류기(ZCT)	**누설전류**를 **검출**한다.
수신기	**누설전류**를 **증폭**한다.
음향장치	경보를 발한다.
차단기	차단릴레이 포함

기억법 **변수음차**

※ 소방에서는 변류기(CT)와 영상변류기(ZCT)를 혼용하여 사용한다.

답 ②

★★★
63 비상벨설비 음향장치의 음량은 부착된 음향장치의 중심으로부터 1m 떨어진 위치에서 몇 dB 이상이 되는 것으로 하여야 하는가?

18.03.문78 16.05.문63 14.03.문71 12.03.문73 11.06.문67 07.03.문78 06.09.문72

① 90
② 80
③ 70
④ 60

해설 **비상경보설비**(비상벨 또는 자동식 사이렌설비)의 **설치기준**(NFPC 201 4조, NFTC 201 2.1)

(1) 음향장치의 음량은 부착된 음향장치의 중심으로부터 **1m** 떨어진 위치에서 **90dB** 이상이 되는 것으로 할 것 보기 ①

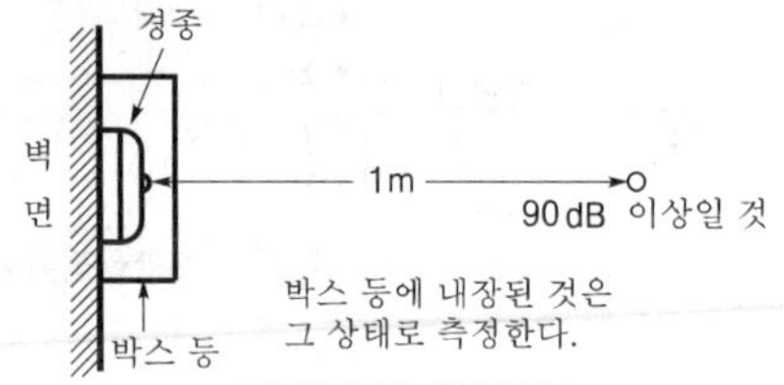

| 음향장치의 음량측정 |

(2) 발신기의 위치표시등은 바닥으로부터 **0.8m 이상 1.5m 이하**의 높이에 설치할 것
(3) 발신기는 각 소방대상물의 각 부분으로부터 **수평거리 25m 이하**가 되도록 할 것
(4) 지구음향장치는 **수평거리 25m** 이하가 되도록 할 것

답 ①

★★★
64 특정소방대상물의 비상방송설비 설치의 면제기준 중 다음 (   ) 안에 알맞은 것은?

18.03.문80 17.09.문48 14.09.문78 14.03.문53

> 비상방송설비를 설치하여야 하는 특정소방대상물에 (   ) 또는 비상경보설비와 같은 수준 이상의 음향을 발하는 장치를 부설한 방송설비를 화재안전기준에 적합하게 설치한 경우에는 그 설비의 유효범위에서 설치가 면제된다.

① 자동화재속보설비
② 시각경보기
③ 단독경보형 감지기
④ 자동화재탐지설비

해설 **소방시설 면제기준**(소방시설법 시행령 [별표 5])

면제대상	대체설비
스프링클러설비	• **물분무등소화설비**
물분무등소화설비	• **스프링클러설비**
간이스프링클러설비	• 스프링클러설비 • **물분무소화설비** • **미분무소화설비**
비상**경**보설비 또는 **단**독경보형 감지기	• **자동화재탐지설비** 기억법 **탐경단**

비상**경**보설비	• 2개 이상 단독경보형 감지기 연동 기억법 경단2
비상방송설비	• 자동화재탐지설비 보기 ④ • 비상경보설비
연결살수설비	• 스프링클러설비 • 간이스프링클러설비 • 물분무소화설비 • 미분무소화설비
제연설비	• **공기조화설비**
연소방지설비	• 스프링클러설비 • 물분무소화설비 • 미분무소화설비
연결송수관설비	• 옥내소화전설비 • 스프링클러설비 • 간이스프링클러설비 • 연결살수설비
자동화재탐지설비	• 자동화재탐지설비의 기능을 가진 스프링클러설비 • 물분무등소화설비
옥내소화전설비	• 옥외소화전설비 • 미분무소화설비(호스릴방식)

답 ④

★★
65 누전경보기의 기능검사 항목이 아닌 것은?

16.10.문71
15.09.문72

① 단락전압시험
② 절연저항시험
③ 온도특성시험
④ 단락전류 강도시험

해설 **시험항목**

중계기	속보기의 예비전원	누전경보기
• 주위온도시험 • 반복시험 • 방수시험 • 절연저항시험 • 절연내력시험 • 충격전압시험 • 충격시험 • 진동시험 • 습도시험 • 전자파 내성시험	• 충·방전시험 • 안전장치시험	• 전원전압 변동시험 • 온도특성시험 보기 ③ • 과입력 전압시험 • 개폐기의 조작시험 • 반복시험 • 진동시험 • **충**격시험 • 방**수**시험 • **절**연저항시험 보기 ② • **절**연내력시험 • **충**격파 내전압시험 • 단락전류 **강**도시험 보기 ④ 기억법 누수 충수 절충 강

답 ①

★★★
66 무선통신보조설비의 증폭기에는 비상전원이 부착된 것으로 한다면 비상전원의 용량은 무선통신보조설비를 유효하게 몇 분 이상 작동시킬 수 있는 것이어야 하는가?

19.04.문61
17.03.문77
13.06.문72
07.09.문80

① 10분　　② 20분
③ 30분　　④ 40분

해설 **비상전원 용량**

설비의 종류	비상전원 용량
• **자**동화재탐지설비 • 비상**경**보설비 • **자**동화재속보설비	**1**0분 이상
• 유도등 • 비상콘센트설비 • 제연설비 • 물분무소화설비 • 옥내소화전설비(**30층** 미만) • 특별피난계단의 계단실 및 부속실 제연설비(**30층** 미만)	**20분** 이상
• 무선통신보조설비의 **증**폭기	**3**0분 이상 보기 ③
• 옥내소화전설비(30~**49층** 이하) • 특별피난계단의 계단실 및 부속실 제연설비(30~**49층** 이하) • 연결송수관설비(30~**49층** 이하) • 스프링클러설비(30~**49층** 이하)	**40분** 이상
• 유도등·비상조명등(지하상가 및 11층 이상) • 옥내소화전설비(**50층** 이상) • 특별피난계단의 계단실 및 부속실 제연설비(**50층** 이상) • 연결송수관설비(**50층** 이상) • 스프링클러설비(**50층** 이상)	**60분** 이상

기억법 경자비1(경자라는 이름은 비일비재하다.)
3증(3중고)

중요

비상전원의 종류

소방시설	비상전원
유도등	축전지
비상콘센트설비	① 자가발전설비 ② 축전지설비 ③ 비상전원수전설비 ④ 전기저장장치
옥내소화전설비, 물분무소화설비	① 자가발전설비 ② 축전지설비 ③ 전기저장장치

답 ③

★★★
67 자동화재탐지설비 배선의 설치기준 중 틀린 것은?

21.05.문64
20.08.문76
18.03.문65
17.09.문71
16.10.문74

① 감지기 사이의 회로의 배선은 송배선식으로 할 것
② 감지기회로의 도통시험을 위한 종단저항은 전용함을 설치하는 경우 그 설치높이는 바닥으로부터 1.5m 이내로 할 것
③ 감지기회로 및 부속회로의 전로와 대지 사이 및 배선 상호간의 절연저항은 1경계구역마다 직류 250V의 절연저항측정기를 사용하여 측정한 절연저항이 0.1MΩ 이상이 되도록 할 것
④ 피(P)형 수신기 및 지피(GP)형 수신기의 감지기회로의 배선에 있어서 하나의 공통선에 접속할 수 있는 경계구역은 9개 이하로 할 것

해설

④ 9개 → 7개

P형 수신기 및 GP형 수신기의 감지기회로의 배선에 있어서 하나의 공통선에 접속할 수 있는 경계구역은 **7개** 이하로 할 것

다른문제

경계구역수가 15개라면 공통선수는?

해설 하나의 공통선에 접속할 수 있는 경계구역은 **7개** 이하이므로

$$공통선수 = \frac{경계구역}{7개}$$

$$공통선수 = \frac{15개}{7개} = 2.1 \fallingdotseq 3개(절상한다.)$$

용어

절상
"소수점을 올린다."는 의미이다.

(1) **자동화재탐지설비 배선**의 **설치기준**(NFPC 203 11조, NFTC 203 2.8)
㉠ 감지기 사이의 회로배선 : **송배선식** 보기 ①
㉡ P형 수신기 및 GP형 수신기의 감지기 회로의 배선에 있어서 하나의 공통선에 접속할 수 있는 경계구역은 **7개** 이하 보기 ④
㉢ • 감지기 회로의 전로저항 : **50Ω 이하**
• 감지기에 접속하는 배선전압 : 정격전압의 **80% 이상**
㉣ 자동화재탐지설비의 배선은 다른 전선과 **별도**의 관·덕트·몰드 또는 풀박스 등에 설치할 것(단, **60V** 미만의 약전류회로에 사용하는 전선으로서 각각의 전압이 같을 때는 제외)
㉤ 감지기 회로의 도통시험을 위한 종단저항은 감지기 회로의 끝부분에 설치할 것 보기 ②

(2) **감지기회로**의 **도통시험**을 위한 **종단저항**의 **기준**(NFPC 203 11조, NFTC 203 2.8.1.3)
㉠ **점검** 및 **관리**가 쉬운 장소에 설치할 것
㉡ 전용함 설치시 **바닥**에서 **1.5m** 이내의 높이에 설치할 것 보기 ②
㉢ 감지기회로의 **끝부분**에 설치하며, 종단감지기에 설치할 경우 구별이 쉽도록 해당 감지기의 기판 및 감지기 외부 등에 별도의 표시를 할 것

용어

도통시험
감지기회로의 단선 유무 확인

(3) **절연저항시험**

절연저항계	절연저항	대 상
직류 250V	0.1MΩ 이상	• 1경계구역의 절연저항 보기 ③
직류 500V	5MΩ 이상	• 누전경보기 • 가스누설경보기 • 수신기(10회로 미만, 절연된 충전부와 외함간) • 자동화재속보설비 • 비상경보설비 • 유도등(교류입력측과 외함 간 포함) • 비상조명등(교류입력측과 외함 간 포함)
	20MΩ 이상	• 경종 • 발신기 • 중계기 • 비상콘센트 • 기기의 절연된 선로 간 • 기기의 충전부와 비충전부 간 • 기기의 교류입력측과 외함 간(유도등·비상조명등 제외)
	50MΩ 이상	• 감지기(정온식 감지선형 감지기 제외) • 가스누설경보기(10회로 이상) • 수신기(10회로 이상, 교류입력측과 외함간 제외)
	1000MΩ 이상	• 정온식 감지선형 감지기

답 ④

★★★
68 비상전원이 비상조명등을 60분 이상 유효하게 작동시킬 수 있는 용량으로 하지 않아도 되는 특정소방대상물은?

19.04.문64
17.03.문73
16.03.문73
14.05.문65
14.05.문73
08.03.문77

① 지하상가
② 숙박시설
③ 무창층으로서 용도가 소매시장
④ 지하층을 제외한 층수가 11층 이상의 층

해설

② 해당 없음

비상조명등의 **60분 이상 작동용량**(NFPC 304 4조, NFTC 304 2.1.1.5)
(1) **11층** 이상(지하층 제외) 보기 ④
(2) 지하층·무창층으로서 **도매시장·소매시장·여객자동차터미널·지하역사·지하상가** 보기 ①③

기억법 **도소여지**

답 ②

★★
69 무선통신보조설비를 설치하여야 할 특정소방대상물의 기준 중 다음 ( ) 안에 알맞은 것은?

18.04.문75
17.09.문79

층수가 30층 이상인 것으로서 ( )층 이상 부분의 모든 층

① 11 ② 15
③ 16 ④ 20

해설 **무선통신보조설비의 설치대상**(소방시설법 시행령 [별표 4])

설치대상	조 건
지하상가	• 연면적 **1000m²** 이상
지하층의 모든 층	• 지하층 바닥면적합계 **3000m²** 이상 • 지하 **3층** 이상이고 지하층 바닥면적합계 **1000m²** 이상
터널길이	• 길이 **500m** 이상
모든 층	• **30층** 이상으로서 **16층** 이상의 부분 보기 ③

답 ③

★★★
70 비상벨설비 또는 자동식 사이렌설비에는 그 설비에 대한 감시상태를 몇 시간 지속한 후 유효하게 10분 이상 경보할 수 있는 축전지설비(수신기에 내장하는 경우를 포함)를 설치하여야 하는가?

19.03.문64
16.03.문66
15.09.문67
13.06.문63
10.05.문69

① 1시간 ② 2시간
③ 4시간 ④ 6시간

해설 **축전지설비 · 자동식 사이렌설비 · 자동화재탐지설비 · 비상방송설비 · 비상벨설비**(NFPC 201 4조, NFTC 201 2.1.7)

감시시간	경보시간
60분(1시간) 이상 보기 ①	**10분** 이상(30층 이상 : **30분**)

기억법 **6감**

답 ①

★★★
71 소방시설용 비상전원수전설비의 화재안전기준에 따라 큐비클형의 시설기준으로 틀린 것은?

21.03.문72
20.09.문73
11.03.문79

① 전용큐비클 또는 공용큐비클식으로 설치할 것
② 외함은 건축물의 바닥 등에 견고하게 고정할 것
③ 자연환기구에 따라 충분히 환기할 수 없는 경우에는 환기설비를 설치할 것
④ 공용큐비클식의 소방회로와 일반회로에 사용되는 배선 및 배선용 기기는 난연재료로 구획할 것

해설 ④ 난연재료 → 불연재료

큐비클형의 설치기준(NFPC 602 5조, NFTC 602 2.2.3)

(1) **전용큐비클** 또는 **공용큐비클식**으로 설치 보기 ①
(2) 외함은 두께 **2.3mm** 이상의 **강판**과 이와 동등 이상의 강도와 내화성능이 있는 것으로 제작
(3) 개구부에는 60분+방화문, 60분 방화문 또는 30분 방화문 설치
(4) 외함은 **건축물**의 **바닥** 등에 견고하게 고정할 것 보기 ②
(5) **환**기장치는 다음에 적합하게 설치할 것
 ㉠ 내부의 **온**도가 상승하지 않도록 **환기장치**를 할 것
 ㉡ 자연환기구의 **개**구부 면적의 합계는 외함의 한 면에 대하여 해당 면적의 $\frac{1}{3}$ 이하로 할 것. 이 경우 하나의 통기구의 크기는 직경 **10mm** 이상의 **둥근 막대**가 들어가서는 아니 된다.
 ㉢ 자연환기구에 따라 충분히 환기할 수 없는 경우에는 **환기설비**를 설치할 것 보기 ③
 ㉣ 환기구에는 **금속망, 방화댐퍼** 등으로 방화조치를 하고, 옥외에 설치하는 것은 **빗물** 등이 들어가지 않도록 할 것

기억법 **큐환 온개설 망댐빗**

(6) 공용큐비클식의 소방회로와 일반회로에 사용되는 배선 및 배선용 기기는 **불연재료**로 구획할 것 보기 ④

답 ④

★★★
72 비상콘센트설비의 화재안전기준에 따라 비상콘센트설비의 전원부와 외함 사이의 절연저항은 전원부와 외함 사이를 500V 절연저항계로 측정할 때 몇 MΩ 이상이어야 하는가?

20.06.문74
19.04.문62
18.09.문72
12.05.문80

① 20 ② 30
③ 40 ④ 50

해설 **절연저항시험**

절연 저항계	절연 저항	대 상
직류 250V	0.1MΩ 이상	1경계구역의 절연저항
직류 500V	5MΩ 이상	① **누전경보기** ② 가스누설경보기 ③ 수신기(10회로 미만, 절연된 충전부와 외함간) ④ 자동화재속보설비 ⑤ 비상경보설비 ⑥ 유도등(교류입력측과 외함 간 포함) ⑦ 비상조명등(교류입력측과 외함 간 포함)
	20MΩ 이상	① 경종 ② 발신기 ③ 중계기 ④ **비상콘센트** 보기 ① ⑤ 기기의 절연된 선로 간 ⑥ 기기의 충전부와 비충전부 간 ⑦ 기기의 교류입력측과 외함 간(유도등 · 비상조명등 제외)
	50MΩ 이상	① 감지기(정온식 감지선형 감지기 제외) ② 가스누설경보기(10회로 이상) ③ 수신기(10회로 이상, 교류입력측과 외함간 제외)
	1000MΩ 이상	정온식 감지선형 감지기

답 ①

기억법 5누(오누이)

답 ①

★
73 **수신기의 형식승인 및 제품검사의 기술기준에 따른 수신기의 종별에 해당하지 않는 것은?**

① R형　② M형
③ P형　④ GP형

해설 **수신기**의 **종류**(수신기의 형식승인 및 제품검사의 기술기준 2조)

구 분	설 명
P형 수신기 보기 ②	감지기 또는 발신기로부터 발하여지는 신호를 직접 또는 중계기를 통하여 **공통신호**로서 수신하여 화재의 발생을 당해 소방대상물의 관계자에게 경보하여 주는 것
R형 수신기 보기 ①	• 감지기 또는 발신기로부터 발하여진 신호를 직접 또는 중계기를 통하여 **고유신호**로써 수신하여 관계인에게 경보하여 주는 것 • 각종 계기에 이르는 **외부신호선**의 **단선** 및 **단락시험**을 할 수 있는 장치가 있다.
GP형 수신기 보기 ④	**P형** 수신기의 기능과 **가스누설경보기**의 수신부 기능을 겸한 것
GR형 수신기	**R형** 수신기의 기능과 **가스누설경보기**의 수신부 기능을 겸한 것

기억법 R고신

답 ②

★★
74 **비상콘센트설비의 성능인증 및 제품검사의 기술기준에 따른 표시등의 구조 및 기능에 대한 내용이다. 다음 (　)에 들어갈 내용으로 옳은 것은?**

21.03.문79
20.08.문80

적색으로 표시되어야 하며 주위의 밝기가 (㉠)lx 이상인 장소에서 측정하여 앞면으로부터 (㉡)m 떨어진 곳에서 켜진 등이 확실히 식별되어야 한다.

① ㉠ 100, ㉡ 1　② ㉠ 300, ㉡ 3
③ ㉠ 500, ㉡ 5　④ ㉠ 1000, ㉡ 10

해설 **비상콘센트설비 부품**의 **구조** 및 **기능**(비상콘센트설비의 성능인증 및 제품검사의 기술기준 4조)

(1) 배선용 차단기는 KS C 8321(**배선용 차단기**)에 적합할 것
(2) 접속기는 KS C 8305(**배선용 꽂음 접속기**)에 적합할 것
(3) **표시등**의 **구조** 및 **기능**
㉠ 전구는 사용전압의 **130%**인 교류전압을 **20시간** 연속하여 가하는 경우 **단선**, **현저한 광속변화**, **흑화**, **전류**의 **저하** 등이 발생하지 아니할 것
㉡ 소켓은 접속이 확실하여야 하며 쉽게 전구를 교체할 수 있도록 부착할 것
㉢ 전구에는 적당한 **보호커버**를 설치할 것(단, **발광다이오드** 제외)
㉣ 적색으로 표시되어야 하며 주위의 밝기가 300 lx 이상인 장소에서 측정하여 앞면으로부터 3m 떨어진 곳에서 켜진 등이 확실히 식별될 것 보기 ②

(4) 단자는 충분한 **전류용량**을 갖는 것으로 하여야 하며 단자의 접속이 정확하고 확실할 것

답 ②

★★
75 **유도등 및 유도표지의 화재안전기준에 따라 피난구유도등을 설치하지 않아도 되는 경우로 틀린 것은?**

17.03.문76
11.06.문76

① 거실 각 부분으로부터 하나의 출입구에 이르는 보행거리가 20m 이하이고 비상조명등과 유도표지가 설치된 거실의 출입구
② 출입구가 2 이상 있는 거실로서 그 거실 각 부분으로부터 하나의 출입구에 이르는 보행거리가 10m 이하인 경우에는 주된 출입구 2개소 외의 출입구
③ 대각선 길이가 15m 이내인 구획된 실의 출입구
④ 바닥면적이 $1000m^2$ 미만인 층으로서 옥내로부터 직접 지상으로 통하는 출입구(외부 식별이 용이한 경우에 한함)

해설 ② 2 이상 → 3 이상, 10m → 30m

피난구유도등의 **설치 제외 장소**(NFTC 303 2.8.1)
(1) 옥내에서 직접 지상으로 통하는 출입구(바닥면적 $1000m^2$ 미만 층) 보기 ④
(2) **대각선** 길이가 **15m 이내**인 구획된 실의 출입구 보기 ③
(3) 비상조명등・유도표지가 설치된 거실 출입구(거실 각 부분에서 출입구까지의 **보행거리 20m** 이하) 보기 ①
(4) 출입구가 **3 이상**인 거실(거실 각 부분에서 출입구까지의 **보행거리 30m** 이하는 주된 출입구 **2개소 외**의 출입구) 보기 ②

비교

(1) **휴대용 비상조명등**의 **설치 제외 장소**(NFPC 304 5조, NFTC 304 2.2.2) : 복도・통로・창문 등을 통해 **피**난이 용이한 경우(**지상 1층・피난층**)

기억법 휴피(휴지로 피닦아!)

(2) **통로유도등**의 **설치 제외 장소**(NFPC 303 11조, NFTC 303 2.8.2)
㉠ 길이 **30m** 미만의 복도・통로(구부러지지 않은 복도・통로)
㉡ 보행거리 **20m** 미만의 복도・통로(출입구에 **피난구유도등**이 설치된 복도・통로)

(3) **객석유도등**의 **설치 제외 장소**(NFPC 303 11조, NFTC 303 2.8.3)
㉠ **채광**이 충분한 객석(**주간**에만 사용)
㉡ **통**로유도등이 설치된 객석(거실 각 부분에서 거실 출입구까지의 **보행거리 20m** 이하)

기억법 채객보통(채소는 객관적으로 보통이다.)

답 ②

★★★
76 비상콘센트설비의 화재안전기준에 따라 비상콘센트의 플러그접속기로 사용하여야 하는 것은?

22.09.문79
21.09.문62
19.04.문63
18.04.문61
17.03.문72
16.10.문61
16.05.문76
15.09.문80
14.03.문64
11.10.문67

① 접지형 2극 플러그접속기
② 플랫형 2종 절연 플러그접속기
③ 플랫형 3종 절연 플러그접속기
④ 접지형 3극 플러그접속기

해설 **비상콘센트설비 전원회로의 설치기준**(NFPC 504 4조, NFTC 504 2.1)

구 분	전 압	용 량	플러그접속기
단상 교류	**2**20V	1.5kVA 이상	**접**지형 **2**극 보기 ①

(1) 1전용회로에 설치하는 비상콘센트는 **10**개 이하로 할 것
(2) 풀박스는 **1.6mm** 이상의 **철**판을 사용할 것

기억법 단2(단위), 10콘(시큰둥!), 16철콘, 접2(접이식)

(3) 전원회로는 주배전반에서 **전용**회로로 할 것
(4) 전원으로부터 각 층의 비상콘센트에 분기되는 경우 **분기배선용 차단기**를 보호함 안에 설치할 것
(5) 콘센트마다 **배선용 차단기**(KS C 8321)를 설치하여야 하며, 충전부는 노출되지 않도록 할 것

답 ①

★★★
77 부착높이가 11m인 장소에 적응성 있는 감지기는?

19.04.문78
16.05.문69
15.09.문69
14.05.문66
14.03.문78
12.09.문61

① 차동식 분포형
② 정온식 스포트형
③ 차동식 스포트형
④ 정온식 감지선형

해설 ②, ③, ④ 4m 미만, 4~8m 미만

감지기의 부착높이(NFPC 203 7조, NFTC 203 2.4.1)

부착높이	감지기의 종류
4m **미**만	• **차동식**(**스포트형**, 분포형) • 보상식 스포트형 • **정온식**(**스포트형**, **감지선형**) • 이온화식 또는 광전식(스포트형, 분리형, 공기흡입형) : **연**기감지기 • 열복합형 • 연기복합형 ─ **열**감지기 • 열연기복합형 • **불**꽃감지기 기억법 열연불복 4미
4~**8**m **미**만	• **차동식**(**스포트형**, 분포형) 보기 ③ • 보상식 스포트형 • **정온식**(**스포트형**, **감지선형**) 보기 ②④ **특**종 또는 **1**종 ─ **열**감지기 • **이**온화식 **1**종 또는 **2**종 • **광**전식(스포트형, 분리형, 공기흡입형) 1종 또는 2종 ─ 연기감지기 • 열복합형 • 연기복합형 ─ **복**합형 감지기 • 열연기복합형 • **불**꽃감지기 기억법 8미열 정특1 이광12 복불
8~**15**m 미만	• 차동식 **분**포형 보기 ① • **이**온화식 **1**종 또는 **2**종 • **광**전식(스포트형, 분리형, 공기흡입형) 1종 또는 2종 • **연**기**복**합형 • **불**꽃감지기 기억법 15분 이광12 연복불
15~**20**m 미만	• **이**온화식 1종 • **광**전식(스포트형, 분리형, 공기흡입형) 1종 • **연**기**복**합형 • **불**꽃감지기 기억법 이광불연복2
20m 이상	• **불**꽃감지기 • **광**전식(분리형, 공기흡입형) 중 **아**날로그방식 기억법 불광아

답 ①

★★★
78 비상방송설비의 화재안전기준에 따라 비상방송설비가 기동장치에 따른 화재신고를 수신한 후 필요한 음량으로 화재발생 상황 및 피난에 유효한 방송이 자동으로 개시될 때까지의 소요시간은 몇 초 이하로 하여야 하는가?

21.05.문66
17.09.문68
17.05.문61

① 5 ② 10
③ 20 ④ 30

해설 **소요시간**

기 기	시 간
• P형 · P형 복합식 · R형 · R형 복합식 · GP형 · GP형 복합식 · GR형 · GR형 복합식 수신기 • **중**계기	**5**초 이내
비상**방**송설비 ⟶	**10초** 이하 보기 ②
가스누설경보기	**6**0초 이내

답 ②

> **기억법** 시중5(시중을 드시오!)
> 1방(일본을 방문하다.)
> 6가(육체미가 아름답다.)

중요

축적형 수신기

전원차단시간	축적시간	화재표시감지시간
1~3초 이하	30~60초 이하	60초(1회 이상 반복)

비교

비상방송설비의 **설치기준**(NFPC 202 4조, NFTC 202 2.1)

(1) 음량조정기를 설치하는 경우 배선은 **3선식**으로 할 것
(2) 확성기의 음성입력은 **실외 3W, 실내 1W** 이상일 것
(3) 조작부의 조작스위치는 **0.8~1.5m** 이하의 높이에 설치할 것
(4) 기동장치에 의한 화재신고를 수신한 후 필요한 음량으로 방송이 개시될 때까지의 소요시간은 **10초** 이하로 할 것

답 ②

★★★
79 유도등 및 유도표지의 화재안전기준에 따라 지하층을 제외한 층수가 11층 이상인 특정소방대상물의 유도등의 비상전원을 축전지로 설치한다면 피난층에 이르는 부분의 유도등을 몇 분 이상 유효하게 작동시킬 수 있는 용량으로 하여야 하는가?

20.06.문65
19.04.문61
17.03.문77
13.06.문72
07.09.문80

① 10 ② 20
③ 50 ④ 60

해설 **비상전원 용량**

설비의 종류	비상전원 용량
• 자동화재탐지설비 • 비상경보설비 • 자동화재속보설비	10분 이상
• 유도등 • 비상콘센트설비 • 제연설비 • 물분무소화설비 • 옥내소화전설비(**30층** 미만) • 특별피난계단의 계단실 및 부속실 제연설비(**30층** 미만)	20분 이상
• 무선통신보조설비의 증폭기	30분 이상
• 옥내소화전설비(30~**49층** 이하) • 특별피난계단의 계단실 및 부속실 제연설비(30~**49층** 이하) • 연결송수관설비(30~**49층** 이하) • 스프링클러설비(30~**49층** 이하)	40분 이상
• 유도등 · 비상조명등(지하상가 및 **11층** 이상) 보기 ④ • 옥내소화전설비(**50층** 이상) • 특별피난계단의 계단실 및 부속실 제연설비(**50층** 이상) • 연결송수관설비(**50층** 이상) • 스프링클러설비(**50층** 이상)	**60분** 이상

> **기억법** 경자비1(경자라는 이름은 비일비재하다.)
> 3증(3중고)

중요

비상전원의 **종류**

소방시설	비상전원
유도등	축전지
비상콘센트설비	① 자가발전설비 ② 축전지설비 ③ 비상전원수전설비 ④ 전기저장장치
옥내소화전설비, 물분무소화설비	① 자가발전설비 ② 축전지설비 ③ 전기저장장치

답 ④

★★★
80 비상콘센트설비의 화재안전기준에 따라 하나의 전용회로에 설치하는 비상콘센트는 몇 개 이하로 하여야 하는가?

21.09.문62
19.04.문63
18.04.문61
17.03.문72
16.10.문61
16.05.문76
15.09.문80
14.03.문64
11.10.문67

① 2
② 3
③ 10
④ 20

해설 **비상콘센트설비 전원회로**의 **설치기준**(NFPC 504 4조, NFTC 504 2.1)

구 분	전 압	용 량	플러그 접속기
단상 교류	220V	1.5kVA 이상	접지형 2극

(1) 1전용회로에 설치하는 비상콘센트는 10개 이하로 할 것 보기 ③
(2) 풀박스는 **1.6mm** 이상의 **철**판을 사용할 것

> **기억법** 단2(단위), 10콘(시큰둥!), 16철콘, 접2(접이식)

(3) 전원회로는 주배전반에서 **전용**회로로 할 것
(4) 전원으로부터 각 층의 비상콘센트에 분기되는 경우 **분기배선용 차단기**를 보호함 안에 설치할 것
(5) 콘센트마다 **배선용 차단기**(KS C 8321)를 설치하여야 하며, 충전부는 노출되지 않도록 할 것

답 ③

과년도 기출문제

2022년

소방설비기사 필기(전기분야)

** 수험자 유의사항 **

1. 문제지를 받는 즉시 **본인**이 **응시한 종목**이 맞는지 확인하시기 바랍니다.
2. 문제지 표지에 본인의 **수험번호**와 **성명**을 기재하여야 합니다.
3. 문제지의 **총면수**, **문제번호 일련순서**, **인쇄상태**, **중복 및 누락 페이지 유무**를 확인하시기 바랍니다.
4. 답안은 각 문제마다 요구하는 가장 적합하거나 가까운 답 1개만을 선택하여야 합니다.
5. 답안카드는 뒷면의 「수험자 유의사항」에 따라 작성하시고, 답안카드 작성 시 형별누락, 마킹착오로 인한 불이익은 전적으로 수험자에게 책임이 있음을 알려드립니다.
6. 문제지는 시험 종료 후 본인이 가져갈 수 있습니다.

** 안내사항 **

• 가답안/최종정답은 큐넷(www.q-net.or.kr)에서 확인하실 수 있습니다. 가답안에 대한 의견은 큐넷의 [가답안 의견 제시]를 통해 제시할 수 있으며, 확정된 답안은 최종정답으로 갈음합니다.

• 공단에서 제공하는 자격검정서비스에 대해 개선할 점이 있으시면 고객참여(http://hrdkorea.or.kr/7/1/1)를 통해 건의하여 주시기 바랍니다.

▌2022년 기사 제1회 필기시험▌

자격종목	종목코드	시험시간	형별	수험번호	성명
소방설비기사(전기분야)		2시간			

※ 각 문항은 4지택일형으로 질문에 가장 적합한 보기 항을 선택하여 체크하여야 합니다.

제 1 과목 소방원론

01 소화원리에 대한 설명으로 틀린 것은?

19.09.문13 18.09.문19 17.05.문06 16.03.문08 15.03.문17 14.03.문19 11.10.문19 03.08.문11

유사문제부터 풀어보세요. 실력이 팍!팍! 올라갑니다.

① 억제소화 : 불활성기체를 방출하여 연소범위 이하로 낮추어 소화하는 방법
② 냉각소화 : 물의 증발잠열을 이용하여 가연물의 온도를 낮추는 소화방법
③ 제거소화 : 가연성 가스의 분출화재시 연료공급을 차단시키는 소화방법
④ 질식소화 : 포소화약제 또는 불연성기체를 이용해서 공기 중의 산소공급을 차단하여 소화하는 방법

해설
① 억제소화 → 희석소화

소화의 형태

구 분	설 명
냉각소화	① **점화원**을 냉각하여 소화하는 방법 ② **증**발잠열을 이용하여 열을 빼앗아 가연물의 온도를 떨어뜨려 화재를 진압하는 소화방법 ③ **다량**의 **물**을 뿌려 소화하는 방법 ④ 가연성 물질을 **발화점 이하**로 **냉각**하여 소화하는 방법 ⑤ **식용유화재**에 신선한 **야채**를 넣어 소화하는 방법 ⑥ 용융잠열에 의한 **냉각효과**를 이용하여 소화하는 방법 기억법 **냉점증발**
질식소화	① 공기 중의 **산소농도**를 **16%**(10~15%) 이하로 희박하게 하여 소화하는 방법 ② 산화제의 농도를 낮추어 연소가 지속될 수 없도록 소화하는 방법 ③ 산소공급을 차단하여 소화하는 방법 ④ 산소의 농도를 낮추어 소화하는 방법 ⑤ 화학반응으로 발생한 **탄산가스**에 의한 소화방법 기억법 **질산**
제거소화	**가연물**을 **제거**하여 소화하는 방법
부촉매 소화 (억제소화, 화학소화)	① **연쇄반응**을 **차단**하여 소화하는 방법 ② 화학적인 방법으로 화재를 억제하여 소화하는 방법 ③ **활성기**(free radical, 자유라디칼)의 **생성**을 **억제**하여 소화하는 방법 ④ 할론계 소화약제 기억법 **부억(부얼)**
희석소화	① 기체·고체·액체에서 나오는 분해가스나 증기의 농도를 낮춰 소화하는 방법 ② 불연성 가스의 **공기** 중 **농도**를 높여 소화하는 방법 ③ 불활성기체를 방출하여 연소범위 이하로 낮추어 소화하는 방법 보기 ①

중요

화재의 **소화원리**에 따른 **소화방법**

소화원리	소화설비
냉각소화	① 스프링클러설비 ② 옥내·외소화전설비
질식소화	① 이산화탄소 소화설비 ② 포소화설비 ③ 분말소화설비 ④ 불활성기체 소화약제
억제소화 (부촉매효과)	① 할론소화약제 ② 할로겐화합물 소화약제

답 ①

02 위험물의 유별에 따른 분류가 잘못된 것은?

19.04.문44 16.05.문46 16.05.문52 15.09.문03 15.09.문18 15.05.문10 15.05.문42 15.03.문51 14.09.문18 14.03.문18 11.06.문54

① 제1류 위험물 : 산화성 고체
② 제3류 위험물 : 자연발화성 물질 및 금수성 물질
③ 제4류 위험물 : 인화성 액체
④ 제6류 위험물 : 가연성 액체

해설
④ 가연성 액체 → 산화성 액체

위험물령 〔별표 1〕
위험물

유 별	성 질	품 명
제1류	산화성 고체	• 아염소산염류 • 염소산염류(**염소산나트륨**) • 과염소산염류 • 질산염류 • 무기과산화물 기억법 1산고염나
제2류	가연성 고체	• **황화**인 • **적**린 • **황** • **마**그네슘 기억법 황화적황마
제3류	자연발화성 물질 및 금수성 물질	• **황**린 • **칼**륨 • **나**트륨 • **알**칼리토금속 • **트**리에틸알루미늄 기억법 황칼나알트
제4류	인화성 액체	• 특수인화물 • 석유류(벤젠) • 알코올류 • 동식물유류
제5류	자기반응성 물질	• 유기과산화물 • 나이트로화합물 • 나이트로소화합물 • 아조화합물 • 질산에스터류(셀룰로이드) 기억법 5자(오자탈자)
제6류	산화성 액체	• 과염소산 • 과산화수소 • 질산

답 ④

★★
03 고층건축물 내 연기거동 중 굴뚝효과에 영향을 미치는 요소가 아닌 것은?

17.03.문01
16.05.문16
04.03.문19
01.06.문11

① 건물 내외의 온도차
② 화재실의 온도
③ 건물의 높이
④ 층의 면적

해설

④ 해당없음

연기거동 중 **굴뚝효과**(연돌효과)와 관계있는 것
(1) 건물 내외의 온도차
(2) 화재실의 온도
(3) 건물의 높이

용어

굴뚝효과와 같은 의미
(1) 연돌효과
(2) Stack effect

중요

굴뚝효과(stack effect)
(1) 건물 내외의 **온도차**에 따른 공기의 흐름현상이다.
(2) 굴뚝효과는 **고층건물**에서 주로 나타난다.
(3) 평상시 건물 내의 기류분포를 지배하는 중요 요소이며 화재시 **연기**의 **이동**에 큰 영향을 미친다.
(4) 건물 외부의 온도가 내부의 온도보다 높은 경우 저층부에서는 내부에서 외부로 공기의 흐름이 생긴다.

답 ④

★
04 화재에 관련된 국제적인 규정을 제정하는 단체는?

19.03.문19

① IMO(International Maritime Organization)
② SFPE(Society of Fire Protection Engineers)
③ NFPA(Nation Fire Protection Association)
④ ISO(International Organization for Standardization) TC 92

해설

단체명	설 명
IMO(International Maritime Organization)	• 국제해사기구 • 선박의 항로, 교통규칙, 항만시설 등을 국제적으로 통일하기 위하여 설치된 유엔전문기구
SFPE(Society of Fire Protection Engineers)	• 미국소방기술사회
NFPA(National Fire Protection Association)	• 미국방화협회 • 방화·안전설비 및 산업안전 방지장치 등에 대해 약 270규격을 제정
ISO(International Organization for Standardization)	• 국제표준화기구 • 지적 활동이나 과학·기술·경제활동 분야에서 세계 상호간의 협력을 위해 1946년에 설립한 국제기구 ※ TC 92 : Fire Safety, ISO의 237개 전문기술위원회(TC)의 하나로서, 화재로부터 인명 안전 및 건물 보호, 환경을 보전하기 위하여 건축자재 및 구조물의 **화재**시험 및 시뮬레이션 개발에 필요한 세부지침을 **국제규격**으로 **제·개정**하는 것 보기 ④

답 ④

★★★
05 제연설비의 화재안전기준상 예상제연구역에 공기가 유입되는 순간의 풍속은 몇 m/s 이하가 되도록 하여야 하는가?

10.05.문76

① 2 ② 3
③ 4 ④ 5

해설 **제연설비의 풍속**(NFPC 501 8~10조/NFTC 501 2.5.5, 2.6.2.2, 2.7.1)

조 건	풍 속
• 유입구가 바닥에 설치시 상향분출가능	1m/s 이하
• 예상제연구역의 공기유입 풍속	→ 5m/s 이하 보기 ④
• 배출기의 흡입측 풍속	15m/s 이하
• 배출기의 배출측 풍속 • 유입풍도 안의 풍속	20m/s 이하

용어

풍도
공기가 유동하는 덕트

답 ④

★★★
06 물에 황산을 넣어 묽은 황산을 만들 때 발생되는 열은?

① 연소열　② 분해열
③ 용해열　④ 자연발열

해설 **화학열**

종 류	설 명
연소열	어떤 물질이 완전히 **산**화되는 과정에서 발생하는 열
용해열	어떤 물질이 액체에 **용해**될 때 발생하는 열(농**황**산, **묽은 황산**) 보기 ③
분해열	화합물이 **분해**할 때 발생하는 열
생성열	발열반응에 의한 화합물이 **생성**할 때의 열
자연발열 (자연발화)	어떤 물질이 **외**부로부터 열의 공급을 받지 아니하고 온도가 상승하는 현상

기억법 **연산, 용황, 자외**

답 ③

★★★
07 화재의 정의로 옳은 것은?

14.05.문04
11.06.문18

① 가연성 물질과 산소와의 격렬한 산화반응이다.
② 사람의 과실로 인한 실화나 고의에 의한 방화로 발생하는 연소현상으로서 소화할 필요성이 있는 연소현상이다.
③ 가연물과 공기와의 혼합물이 어떤 점화원에 의하여 활성화되어 열과 빛을 발하면서 일으키는 격렬한 발열반응이다.
④ 인류의 문화와 문명의 발달을 가져오게 한 근본 존재로서 인간의 제어수단에 의하여 컨트롤할 수 있는 연소현상이다.

해설 ①③④ 연소의 정의

화재의 정의	연소의 정의
① 자연 또는 인위적인 원인에 의하여 불이 물체를 연소시키고, **인명**과 **재산**에 손해를 주는 현상 ② 불이 그 사용목적을 넘어 다른 곳으로 연소하여 사람들에게 예기치 않은 경제상의 손해를 발생시키는 현상 ③ 사람의 의도에 **반**(反)하여 출화 또는 방화에 의해 불이 발생하고 확대하는 현상 ④ 불을 사용하는 사람의 부주의와 불안정한 상태에서 발생되는 것 ⑤ 실화, 방화로 발생하는 연소현상을 말하며 사람에게 유익하지 못한 **해로운 불** ⑥ 사람의 의사에 반한, 즉 대부분의 사람이 원치 않는 상태의 불 ⑦ 소화의 필요성이 있는 불 보기 ② ⑧ 소화에 효과가 있는 어떤 물건(소화시설)을 사용할 필요가 있다고 판단되는 불 기억법 **화인 재반해**	① **가연성 물질**과 **산소**와의 격렬한 **산화반응**이다. ② 가연물과 공기와의 혼합물이 어떤 점화원에 의하여 활성화되어 **열**과 **빛**을 발하면서 일으키는 격렬한 **발열반응**이다. ③ 인류의 문화와 문명의 발달을 가져오게 한 근본 존재로서 인간의 제어수단에 의하여 **컨트롤**할 수 있는 연소현상이다.

답 ②

★★★
08 이산화탄소 소화약제의 임계온도는 약 몇 ℃인가?

19.03.문11
16.03.문15
14.05.문08
13.06.문20
11.03.문06

① 24.4
② 31.4
③ 56.4
④ 78.4

해설 **이산화탄소**의 **물성**

구 분	물 성
임계압력	72.75atm
임계온도 →	31.35℃(약 31.4℃) 보기 ②
3중점	−**56**.3℃(약 −56℃)
승화점(**비**점)	−**78**.5℃
허용농도	0.5%
증기비중	**1.5**29
수분	0.05% 이하(함량 99.5% 이상)

기억법 **이356, 이비78, 이증15**

답 ②

★★★
09
21.09.문03 19.04.문13 15.03.문14 14.05.문07 12.05.문14

상온 · 상압의 공기 중에서 탄화수소류의 가연물을 소화하기 위한 이산화탄소 소화약제의 농도는 약 몇 %인가? (단, 탄화수소류는 산소농도가 10%일 때 소화된다고 가정한다.)

① 28.57 ② 35.48
③ 49.56 ④ 52.38

해설 (1) **기호**

- O_2 : 10%

(2) **CO_2의 농도**(이론소화농도)

$$CO_2 = \frac{21 - O_2}{21} \times 100$$

여기서, CO_2 : CO_2의 이론소화농도〔vol%〕 또는 약식으로 〔%〕
O_2 : 한계산소농도〔vol%〕 또는 약식으로 〔%〕

$$CO_2 = \frac{21 - O_2}{21} \times 100$$
$$= \frac{21 - 10}{21} \times 100 ≒ 52.38\%$$

답 ④

★
10

과산화수소 위험물의 특성이 아닌 것은?

① 비수용성이다.
② 무기화합물이다.
③ 불연성 물질이다.
④ 비중은 물보다 무겁다.

해설 ① 비수용성 → 수용성

과산화수소(H_2O_2)의 **성질**
(1) 비중이 1보다 **크며**(물보다 무겁다), 물에 잘 녹는다. 보기 ④
(2) **산화성 물질**로 다른 물질을 산화시킨다.
(3) **불연성 물질**이다. 보기 ③
(4) 상온에서 **액체**이다.
(5) **무기화합물**이다. 보기 ②
(6) **수용성**이다. 보기 ①

답 ①

★★
11
19.03.문15 18.04.문04

건축물의 피난 · 방화구조 등의 기준에 관한 규칙상 방화구획의 설치기준 중 스프링클러를 설치한 10층 이하의 층은 바닥면적 몇 m^2 이내마다 방화구획을 구획하여야 하는가?

① 1000 ② 1500
③ 2000 ④ 3000

해설 ④ 스프링클러소화설비를 설치했으므로 $1000m^2 \times 3배 = 3000m^2$

건축령 46조, 피난 · 방화구조 14조
방화구획의 기준

대상 건축물	대상 규모	층 및 구획방법		구획부분의 구조
주요 구조부가 내화구조 또는 불연재료로 된 건축물	연면적 $1000m^2$ 넘는 것	10층 이하 →	• 바닥면적 $1000m^2$ 이내마다	• 내화구조로 된 바닥 · 벽 • 60분+방화문, 60분 방화문 • 자동방화셔터
		매 층마다	• 지하 1층에서 지상으로 직접 연결하는 경사로 부위는 제외	
		11층 이상	• 바닥면적 $200m^2$ 이내마다(실내마감을 불연재료로 한 경우 $500m^2$ 이내마다)	

- **스프링클러**, 기타 이와 유사한 **자동식 소화설비**를 설치한 경우 바닥면적은 위의 **3배** 면적으로 산정한다.
- **필로티**나 그 밖의 비슷한 구조의 부분을 주차장으로 사용하는 경우 그 부분은 건축물의 다른 부분과 구획할 것

답 ④

★★★
12
18.03.문01 15.05.문03 13.03.문03 12.09.문17 11.10.문01 10.05.문16 03.05.문08 01.03.문20 00.10.문02 00.07.문15

다음 중 분진폭발의 위험성이 가장 낮은 것은 어느 것인가?

① 시멘트가루
② 알루미늄분
③ 석탄분말
④ 밀가루

해설 **분진폭발**을 **일으키지 않는 물질**(=물과 반응하여 가연성 기체를 발생하지 않는 것)
(1) **시**멘트(시멘트가루) 보기 ①
(2) **석**회석
(3) **탄**산칼슘($CaCO_3$)
(4) **생**석회(CaO)=산화칼슘

기억법 **분시석탄생**

중요

분진폭발의 **위험성**이 있는 것
(1) 알루미늄분
(2) 황
(3) 소맥분(밀가루)
(4) 석탄분말

답 ①

★★
13

백열전구가 발열하는 원인이 되는 열은?

① 아크열 ② 유도열
③ 저항열 ④ 정전기열

해설 **전기열**

종 류	설 명
유도열	도체 주위에 **자장**이 존재할 때 전류가 흘러 발생하는 열
유전열	전기**절**연불량에 의한 발열
저항열	도체에 전류가 흘렀을 때 전기저항 때문에 발생하는 열(예 **백**열전구)

기억법 유도자
유전절
저백

중요

열에너지원의 종류

기계열 (기계적 에너지)	전기열 (전기적 에너지)	**화**학열 (화학적 에너지)
압축열, **마**찰열, 마찰 스파크 (기억법 기압마)	유도열, 유전열, 저항열, 아크열, 정전기열, 낙뢰에 의한 열	**연**소열, **용**해열, **분**해열, **생**성열, **자**연발화열 (기억법 화연용분생자)

- 기계열=기계적 에너지=기계에너지
- 전기열=전기적 에너지=전기에너지
- 화학열=화학적 에너지=화학에너지
- 유도열=유도가열
- 유전열=유전가열

답 ③

★★★
14 동식물유류에서 "아이오딘값이 크다."라는 의미를 옳게 설명한 것은?

17.05.문07
14.05.문16
11.06.문16

① 불포화도가 높다.
② 불건성유이다.
③ 자연발화성이 낮다.
④ 산소와의 결합이 어렵다.

해설
② 불건성유 → 건성유
③ 낮다. → 높다.
④ 어렵다. → 쉽다.

"**아**이오딘값이 크다."라는 **의미**
(1) **불포**화도가 높다. 보기 ①
(2) **건성유**이다.
(3) **자연발화성**이 높다.
(4) 산소와 결합이 쉽다.

기억법 아불포

용어

아이오딘값
(1) 기름 100g에 첨가되는 아이오딘의 g수
(2) 기름에 염화아이오딘을 작용시킬 때 기름 100g에 흡수되는 염화아이오딘의 양에서 아이오딘의 양을 환산하여 그램수로 나타낸 값

답 ①

★★
15 단백포 소화약제의 특징이 아닌 것은?

18.03.문17
15.05.문09

① 내열성이 우수하다.
② 유류에 대한 유동성이 나쁘다.
③ 유류를 오염시킬 수 있다.
④ 변질의 우려가 없어 저장 유효기간의 제한이 없다.

해설
④ 변질의 우려가 없어 저장 유효기간의 제한이 없다. → 변질에 의한 저장성이 불량하고 유효기간이 존재한다.

(1) **단백포**의 장단점

장 점	단 점
① **내열성** 우수 보기 ① ② **유면봉쇄성** 우수 ③ 내화성 향상(우수) ④ 내유성 향상(우수)	① 소화기간이 길다. ② 유동성이 좋지 않다. 보기 ② ③ 변질에 의한 저장성 불량 보기 ④ ④ 유류오염 보기 ③

(2) **수성막포**의 장단점

장 점	단 점
① 석유류 표면에 신속히 **피막**을 **형성**하여 유류증발을 억제한다. ② **안전성**이 좋아 장기보존이 가능하다. ③ **내약품성**이 좋아 타약제와 겸용사용도 가능하다. ④ **내유염성**이 우수하다(기름에 의한 오염이 적다). ⑤ **불소계 계면활성제**가 주성분이다.	① 가격이 비싸다. ② 내열성이 좋지 않다. ③ 부식방지용 저장설비가 요구된다.

(3) **합성계면활성제포**의 장단점

장 점	단 점
① **유동성**이 우수하다. ② **저장성**이 우수하다.	① 적열된 기름탱크 주위에는 효과가 적다. ② 가연물에 양이온이 있을 경우 발포성능이 저하된다. ③ 타약제와 겸용시 소화효과가 좋지 않을 수 있다.

답 ④

★★
16 이산화탄소 소화약제의 주된 소화효과는?

15.05.문12
14.03.문04

① 제거소화 ② 억제소화
③ 질식소화 ④ 냉각소화

해설 **소화약제의 소화작용**

소화약제	소화효과	주된 소화효과
① 물(스프링클러)	• 냉각효과 • 희석효과	• 냉각효과 (냉각소화)
② 물(무상)	• 냉각효과 • 질식효과 • 유화효과 • 희석효과	• **질**식효과 보기 ③ (질식소화)
③ 포	• 냉각효과 • 질식효과	
④ 분말	• 질식효과 • 부촉매효과 (억제효과) • 방사열 차단효과	
⑤ **이**산화탄소	• 냉각효과 • 질식효과 • 피복효과	
⑥ **할**론	• 질식효과 • 부촉매효과 (억제효과)	• **부**촉매효과 (연쇄반응차단 소화)

기억법 **할부(할아버지)**
이질(이질적이다)

답 ③

★★★
17 전기불꽃, 아크 등이 발생하는 부분을 기름 속에 넣어 폭발을 방지하는 방폭구조는?

19.03.문12
17.09.문17
12.03.문02
97.07.문15

① 내압방폭구조
② 유입방폭구조
③ 안전증방폭구조
④ 특수방폭구조

해설 **방폭구조의 종류**

(1) **내압(內壓)방폭구조(압력방폭구조)** : p
용기 내부에 **질소** 등의 보호용 가스를 충전하여 외부에서 폭발성 가스가 침입하지 못하도록 한 구조

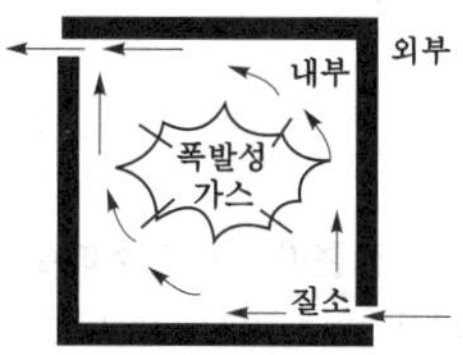

| 내압(內壓)방폭구조(압력방폭구조) |

(2) **내압(耐壓)방폭구조** : d 보기 ①
폭발성 가스가 용기 내부에서 폭발하였을 때 용기가 그 압력에 견디거나 또는 **외부**의 **폭발성 가스**에 인화될 우려가 없도록 한 구조

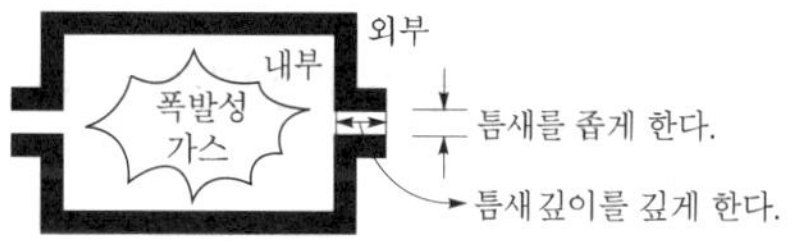

| 내압(耐壓)방폭구조 |

(3) **유입방폭구조** : o 보기 ②
전기불꽃, **아크** 또는 고온이 발생하는 부분을 **기름** 속에 넣어 폭발성 가스에 의해 인화가 되지 않도록 한 구조

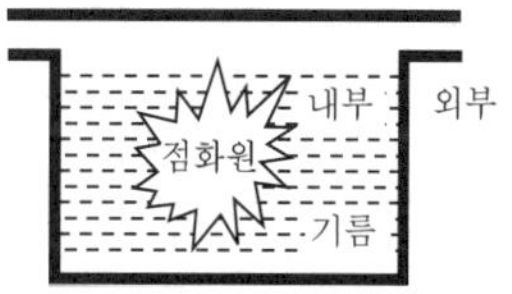

| 유입방폭구조 |

기억법 **유기(유기 그릇)**

(4) **안전증방폭구조** : e 보기 ③
기기의 정상운전 중에 폭발성 가스에 의해 **점화원**이 될 수 있는 전기불꽃 또는 고온이 되어서는 안될 부분에 기계적, 전기적으로 특히 **안전도**를 **증가**시킨 구조

| 안전증방폭구조 |

(5) **본질안전방폭구조** : i
폭발성 가스가 **단선**, **단락**, **지락** 등에 의해 발생하는 전기불꽃, 아크 또는 고온에 의하여 점화되지 않는 것이 확인된 구조

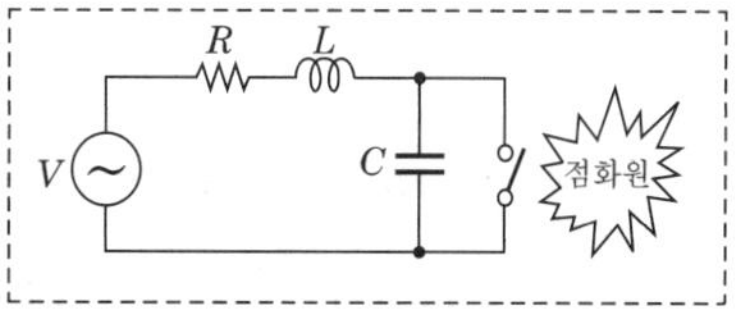

| 본질안전방폭구조 |

(6) **특수방폭구조** : s 보기 ④
위에서 설명한 구조 이외의 방폭구조로서 폭발성 가스에 의해 점화되지 않는 것이 시험 등에 의하여 확인된 구조

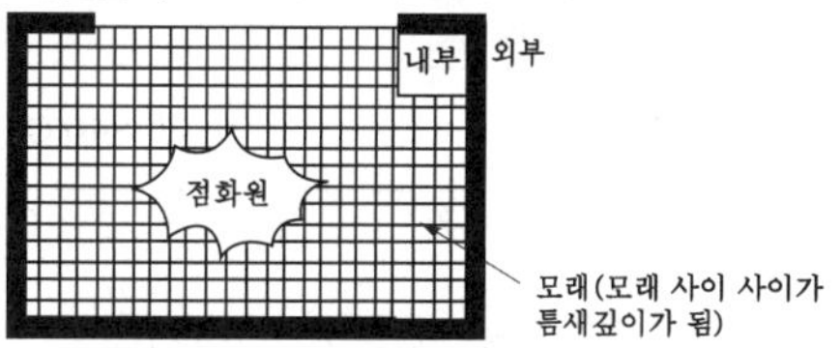

| 특수방폭구조 |

답 ②

★★★
18 다음 중 자연발화의 방지방법이 아닌 것은 어느 것인가?

20.09.문05 18.04.문02 16.10.문05 16.03.문14 15.05.문19 15.03.문09 14.09.문09 14.09.문17 12.03.문09 10.03.문13

① 통풍이 잘 되도록 한다.
② 퇴적 및 수납시 열이 쌓이지 않게 한다.
③ 높은 습도를 유지한다.
④ 저장실의 온도를 낮게 한다.

해설 ③ 높은 습도를 → 건조하게(낮은 습도를)

(1) **자연발화**의 **방지법**
㉠ **습**도가 높은 곳을 **피**할 것(건조하게 유지할 것) 보기 ③
㉡ 저장실의 온도를 낮출 것 보기 ④
㉢ 통풍이 잘 되게 할 것(**환기**를 원활히 시킨다) 보기 ①
㉣ 퇴적 및 수납시 열이 쌓이지 않게 할 것(**열축적 방지**) 보기 ②
㉤ 산소와의 접촉을 차단할 것(**촉매물질**과의 접촉을 피한다)
㉥ **열전도성**을 좋게 할 것

기억법 **자습피**

(2) **자연발화 조건**
㉠ 열전도율이 작을 것
㉡ 발열량이 클 것
㉢ 주위의 온도가 높을 것
㉣ 표면적이 넓을 것

답 ③

★
19 소화약제의 형식승인 및 제품검사의 기술기준상 강화액소화약제의 응고점은 몇 ℃ 이하이어야 하는가?

① 0 ② −20
③ −25 ④ −30

해설 **소화약제**의 **형식승인** 및 **제품검사**의 **기술기준 6조**
강화액소화약제
(1) 알칼리 금속염류의 수용액 : **알칼리성 반응**을 나타낼 것
(2) 응고점 : **−20℃** 이하

중요

소화약제의 **형식승인** 및 **제품검사**의 **기술기준 36조**
소화기의 사용온도

종 류	사용온도
• **분**말 • **강**화액	**−20~40℃** 이하
• 그 밖의 소화기	0~40℃ 이하

기억법 **강분24온**(**강변**에서 **이사온** 나)

답 ②

★
20 상온에서 무색의 기체로서 암모니아와 유사한 냄새를 가지는 물질은?

① 에틸벤젠 ② 에틸아민
③ 산화프로필렌 ④ 사이클로프로판

해설

물 질	특 징
에틸아민 ($C_2H_5NH_2$) 보기 ②	상온에서 **무색**의 **기체**로서 **암모니아**와 유사한 냄새를 가지는 물질
에틸벤젠 ($C_6H_5CH_2CH_3$) 보기 ①	**유기화합물로**, **휘발유**와 비슷한 냄새가 나는 가연성 무색액체
산화프로필렌 (CH_3CHCH_2O) 보기 ③	**급성 독성** 및 **발암성** 유기화합물
사이클로프로판 (C_3H_6) 보기 ④	결합각이 60도여서 **불안정**하므로 **첨가반응**을 잘하지만 브로민수 탈색반응은 잘 하지 못한다.

답 ②

제 2 과목 소방전기일반

★★★
21 그림과 같은 회로에서 단자 a, b 사이에 주파수 f[Hz]의 정현파 전압을 가했을 때 전류계 A_1, A_2의 값이 같았다. 이 경우 f, L, C 사이의 관계로 옳은 것은?

17.09.문26 14.09.문30 13.03.문32

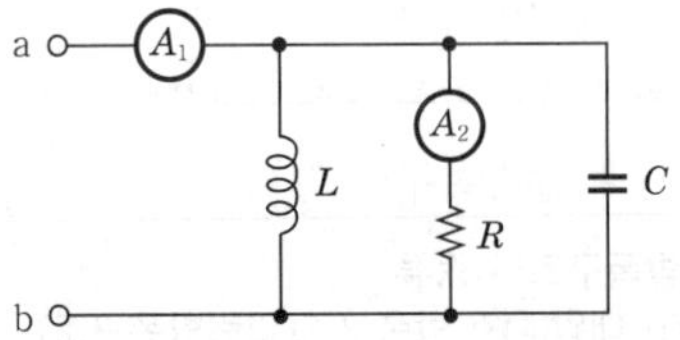

① $f=\dfrac{1}{LC}$ ② $f=\dfrac{1}{2\pi\sqrt{LC}}$

③ $f=\dfrac{1}{4\pi\sqrt{LC}}$ ④ $f=\dfrac{1}{\sqrt{2\pi^2 LC}}$

해설 **일반적인 정현파**의 **공진주파수**
전류계 $A_1 = A_2$ 이면 공진되었다는 뜻이므로

$$f_0=\frac{1}{2\pi\sqrt{LC}}$$

여기서, f_0 : 공진주파수[Hz]
L : 인덕턴스[H]
C : 정전용량[F]

비교

제n고조파의 공진주파수

$$f_n = \frac{1}{2\pi n\sqrt{LC}}$$

여기서, f_n : 제n고조파의 공진주파수〔Hz〕
n : 제n고조파
L : 인덕턴스〔H〕
C : 정전용량〔F〕

답 ②

★★★
22 논리식 $Y=\overline{A}\,\overline{B}C+A\overline{B}\,\overline{C}+A\overline{B}C$를 간단히 표현한 것은?

19.03.문24
18.04.문38
17.09.문33
17.03.문23
16.05.문36
16.03.문39
15.09.문23
13.09.문30
13.06.문35

① $\overline{A}\cdot(B+C)$ ② $\overline{B}\cdot(A+C)$
③ $\overline{C}\cdot(A+B)$ ④ $C\cdot(A+\overline{B})$

해설 **논리식**

$$\begin{aligned}Y&=\overline{A}\,\overline{B}C+A\overline{B}\,\overline{C}+A\overline{B}C\\&=\overline{A}\,\overline{B}C+A\overline{B}\underbrace{(\overline{C}+C)}_{X+\overline{X}=1}\\&=\overline{A}\,\overline{B}C+\underbrace{A\overline{B}\cdot 1}_{X\cdot 1=X}\\&=\overline{A}\,\overline{B}C+A\overline{B}\\&=\overline{B}\underbrace{(\overline{A}C+A)}_{X+\overline{X}Y=X+Y}\\&=\overline{B}(C+A)\\&=\overline{B}(A+C)\end{aligned}$$

중요

불대수의 정리

논리합	논리곱	비 고
$X+0=X$	$X\cdot 0=0$	-
$X+1=1$	$X\cdot 1=X$	-
$X+X=X$	$X\cdot X=X$	-
$X+\overline{X}=1$	$X\cdot\overline{X}=0$	-
$X+Y=Y+X$	$X\cdot Y=Y\cdot X$	교환법칙
$X+(Y+Z)$ $=(X+Y)+Z$	$X(YZ)=(XY)Z$	결합법칙
$X(Y+Z)$ $=XY+XZ$	$(X+Y)(Z+W)$ $=XZ+XW+YZ+YW$	분배법칙
$X+XY=X$	$\overline{X}+XY=\overline{X}+Y$ $\overline{X}+X\overline{Y}=\overline{X}+\overline{Y}$ $X+\overline{X}Y=X+Y$ $X+\overline{X}\,\overline{Y}=X+\overline{Y}$	흡수법칙
$(\overline{X+Y})$ $=\overline{X}\cdot\overline{Y}$	$(\overline{X\cdot Y})=\overline{X}+\overline{Y}$	드모르간의 정리

답 ②

★★
23 회로에서 전류 I는 약 몇 A인가?

21.05.문38

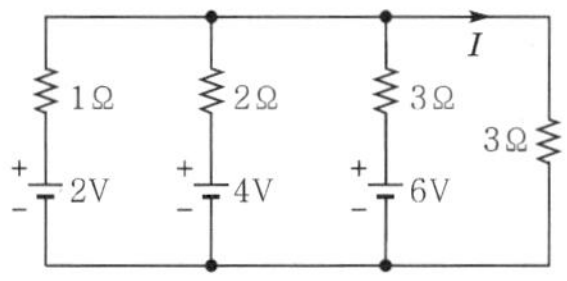

① 0.92 ② 1.125
③ 1.29 ④ 1.38

해설
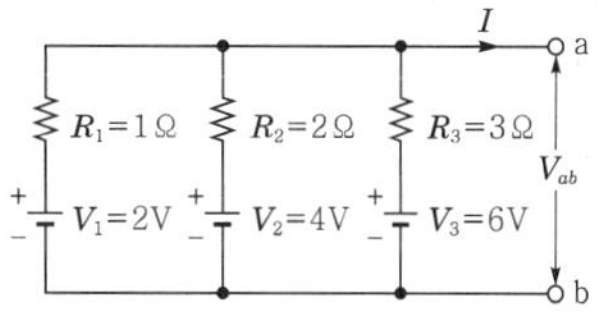

(1) **기호**

- R_1 : 1Ω
- V_1 : 2V
- R_2 : 2Ω
- V_2 : 4V
- R_3 : 3Ω
- V_3 : 6V
- V_{ab} : ?

(2) **밀만의 정리**

$$V_{ab}=\frac{\dfrac{V_1}{R_1}+\dfrac{V_2}{R_2}+\dfrac{V_3}{R_3}}{\dfrac{1}{R_1}+\dfrac{1}{R_2}+\dfrac{1}{R_3}}\text{〔V〕}$$

여기서, V_{ab} : 단자전압〔V〕
$V_1,\ V_2,\ V_3$: 각각의 전압〔V〕
$R_1,\ R_2,\ R_3$: 각각의 저항〔Ω〕

밀만의 정리에 의해

$$V_{ab}=\frac{\dfrac{V_1}{R_1}+\dfrac{V_2}{R_2}+\dfrac{V_3}{R_3}}{\dfrac{1}{R_1}+\dfrac{1}{R_2}+\dfrac{1}{R_3}}=\frac{\dfrac{2}{1}+\dfrac{4}{2}+\dfrac{6}{3}}{\dfrac{1}{1}+\dfrac{1}{2}+\dfrac{1}{3}}\fallingdotseq 3.27\text{V}$$

(3) **옴의 법칙**

$$I=\frac{V}{R}$$

여기서, I : 전류〔A〕
V : 전압〔V〕
R : 저항〔Ω〕

회로를 변환하면

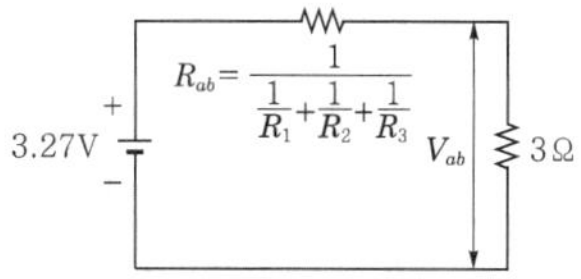

$$R_{ab}=\frac{1}{\dfrac{1}{R_1}+\dfrac{1}{R_2}+\dfrac{1}{R_3}}=\frac{1}{\dfrac{1}{1}+\dfrac{1}{2}+\dfrac{1}{3}}=0.545\,\Omega$$

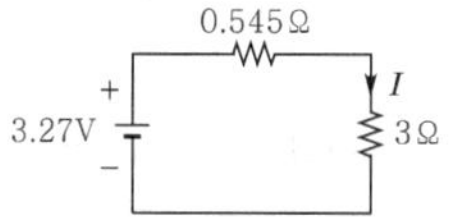

$$I=\frac{V}{R}=\frac{3.27}{0.545+3}\fallingdotseq 0.92\text{A}$$

답 ①

★★★
24 **절연저항시험에서 "전로의 사용전압이 500V 이하인 경우 1.0MΩ 이상"이란 뜻으로 가장 알맞은 것은?**

20.09.문31
16.05.문32
15.05.문35
14.03.문22
03.05.문33

① 누설전류가 0.5mA 이하이다.
② 누설전류가 5mA 이하이다.
③ 누설전류가 15mA 이하이다.
④ 누설전류가 30mA 이하이다.

해설 (1) **기호**

- V : 500V
- R : 1.0MΩ=1×10⁶Ω(1MΩ=10⁶Ω)
- I : ?

(2) **옴의 법칙**(Ohm's law)

$$I=\frac{V(\text{비례})}{R(\text{반비례})}\ \text{[A]}$$

여기서, I : 전류[A]
V : 전압[V]
R : 저항[Ω]

$$I=\frac{V}{R}=\frac{500\text{V}}{1\times10^{6}\Omega}=5\times10^{-4}\text{A}=0.5\times10^{-3}\text{A}$$
$$=0.5\text{mA}(10^{-3}\text{A}=1\text{mA})$$

답 ①

★★
25 **권선수가 100회인 코일에 유도되는 기전력의 크기가 e_1이다. 이 코일의 권선수를 200회로 늘렸을 때 유도되는 기전력의 크기(e_2)는?**

18.03.문33
14.03.문32

① $e_2=\frac{1}{4}e_1$　② $e_2=\frac{1}{2}e_1$
③ $e_2=2e_1$　④ $e_2=4e_1$

해설 (1) **유도기전력**(induced electromitive force)

$$e=-N\frac{d\phi}{dt}=-L\frac{di}{dt}=Bl\,v\sin\theta\ \text{[V]}\propto L$$

여기서, e : 유기기전력[V]
N : 코일권수
$d\phi$: 자속의 변화량[Wb]
dt : 시간의 변화량[s]
L : 자기인덕턴스[H]
di : 전류의 변화량[A]
B : 자속밀도[Wb/m²]
l : 도체의 길이[m]
v : 도체의 이동속도[m/s]
θ : 이루는 각[rad]

(2) **자기인덕턴스**(self inductance)

$$L=\frac{\mu AN^2}{l}\ \text{[H]}$$

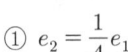

여기서, L : 자기인덕턴스[H]
μ : 투자율[H/m]
A : 단면적[m²]
N : 코일권수
l : 평균자로의 길이[m]

자기인덕턴스 $L=\frac{\mu AN^2}{l}\propto N^2=\left(\frac{200}{100}\right)^2=4$배

∴ $e\propto L$이므로 자기인덕턴스 L이 4배이면 유도기전력 e도 4배가 된다.

- $e_2=4e_1$

답 ④

★★★
26 **동일한 전류가 흐르는 두 평행도선 사이에 작용하는 힘이 F_1이다. 두 도선 사이의 거리를 2.5배로 늘였을 때 두 도선 사이 작용하는 힘 F_2는?**

21.03.문26
20.06.문33
97.10.문27

① $F_2=\frac{1}{2.5}F_1$　② $F_2=\frac{1}{2.5^2}F_1$
③ $F_2=2.5F_1$　④ $F_2=6.25F_1$

해설 (1) **기호**

- r_1 : r
- F_1 : F_1
- r_2 : $2.5r$
- F_2 : ?

(2) 두 **평행도선**에 작용하는 **힘** F는

$$F=\frac{\mu_0I_1I_2}{2\pi r}=\frac{2I_1I_2}{r}\times10^{-7}\propto\frac{1}{r}$$

여기서, F : 평행전류의 힘[N/m]
μ_0 : 진공의 투자율[H/m]
r : 두 평행도선의 거리[m]

$$\frac{F_2}{F_1}=\frac{\frac{1}{2.5\cancel{r}}}{\frac{1}{\cancel{r}}}=\frac{1}{2.5}$$

$$\frac{F_2}{F_1}=\frac{1}{2.5}$$

$$F_2=\frac{1}{2.5}F_1$$

답 ①

★
27 **그림의 회로에서 a와 c 사이의 합성저항은?**

21.03.문32

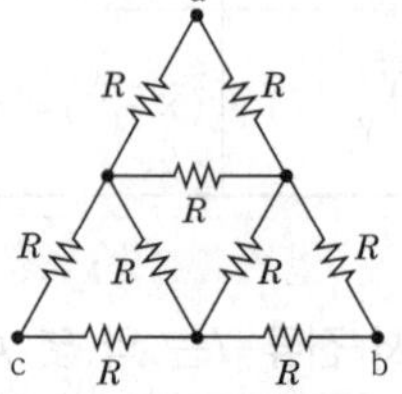

① $\frac{9}{10}R$　② $\frac{10}{9}R$
③ $\frac{7}{10}R$　④ $\frac{10}{7}R$

해설

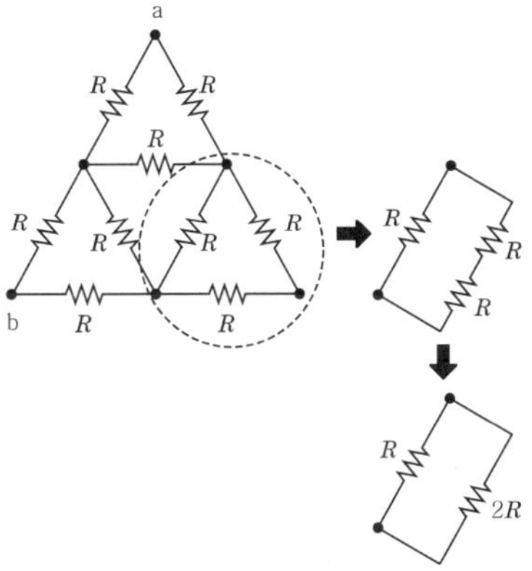

$$\frac{1}{\frac{1}{R}+\frac{1}{2R}}=\frac{1}{\frac{2}{2R}+\frac{1}{2R}}=\frac{1}{\frac{2+1}{2R}}=\frac{1}{\frac{3}{2R}}=\frac{2}{3}R$$

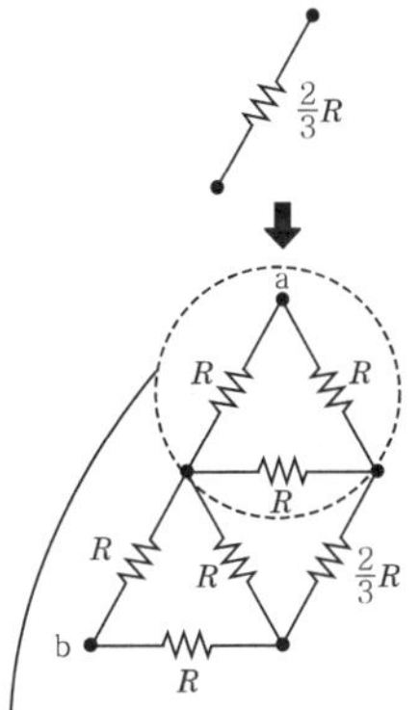

△결선 → Y결선으로 바꾸면 $\frac{1}{3}$로 되므로

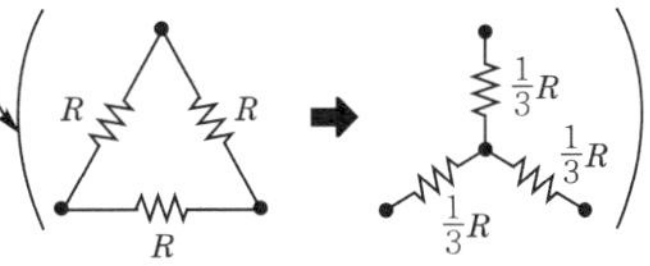

이므로

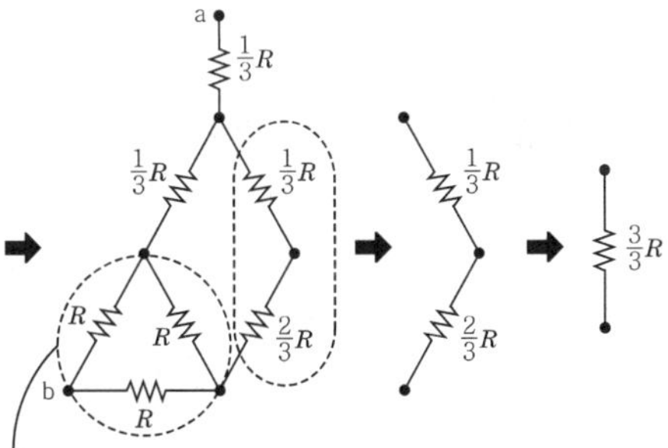

△결선 → Y결선으로 바꾸면 $\frac{1}{3}$로 되므로

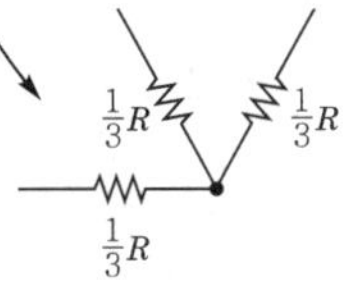

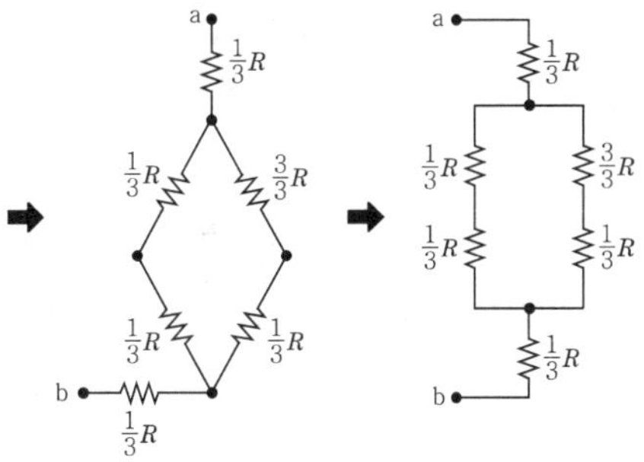

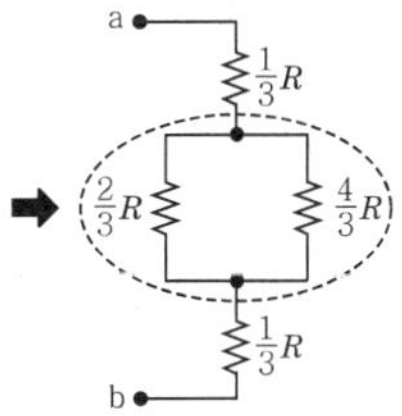

$$\frac{1}{\frac{1}{\frac{2R}{3}}+\frac{1}{\frac{4R}{3}}}=\frac{1}{\frac{3}{2R}+\frac{3}{4R}}$$

$$=\frac{1}{\frac{2\times 3}{2\times 2R}+\frac{3}{4R}}$$

$$=\frac{1}{\frac{6}{4R}+\frac{3}{4R}}=\frac{1}{\frac{9}{4R}}$$

$$=\frac{4R}{9}=\frac{4}{9}R$$

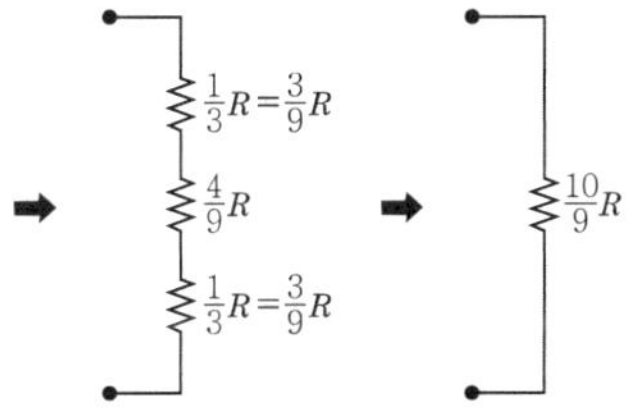

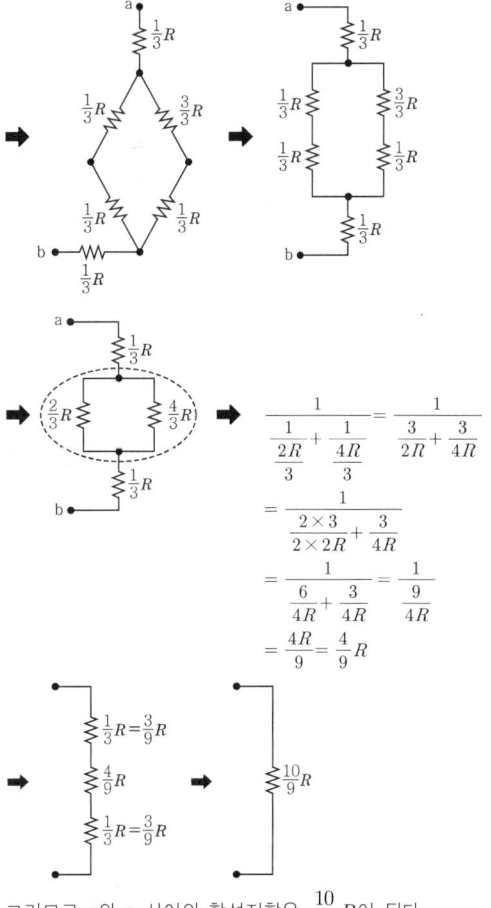

그러므로 a와 c 사이의 합성저항은 $\frac{10}{9}R$이 된다.

답 ②

★★★

28 잔류편차가 있는 제어동작은?

21.09.문27
18.03.문23
17.03.문37
16.10.문40
15.03.문37
14.09.문25
14.05.문28
11.06.문22
08.09.문22

① 비례제어
② 적분제어
③ 비례적분제어
④ 비례적분미분제어

해설 **연속제어**

제어 종류	설 명
비례제어(**P동작**)	**잔류편차**(off-set)가 있는 제어 보기 ①
미분제어(**D동작**)	오차가 커지는 것을 **미연에 방지**하고 **진동**을 **억제**하는 제어(=**rate동작**)
적분제어(**I동작**)	**잔류편차**를 **제거**하기 위한 제어
비례**적**분제어 (**PI동작**)	**간헐현상**이 있는 제어, 잔류편차가 없는 제어 기억법 **간비적**
비례미분제어 (**PD동작**)	**응답 속응성**을 개선하는 제어 기억법 **PD응(PD 좋아? 응!)**

비례적분미분제어 (PID동작)	적분제어로 **잔류편차**를 **제거**하고, 미분제어로 **응답**을 **빠르게** 하는 제어

용어

용 어	설 명
간헐현상	제어계에서 동작신호가 연속적으로 변하여도 조작량이 **일정**한 **시간**을 두고 **간헐**적으로 변하는 현상
잔류편차	비례제어에서 급격한 목표값의 변화 또는 외란이 있는 경우 제어계가 정상상태로 된 후에도 **제어량**이 **목표값**과 **차이**가 난 채로 있는 것

답 ①

★★★
29 **그림과 같은 정류회로에서 R에 걸리는 전압의 최대값은 몇 V인가? (단, $v_2(t) = 20\sqrt{2}\sin\omega t$ 이다.)**

20.09.문29
19.09.문34
16.10.문37
13.03.문28
12.03.문31
11.03.문31

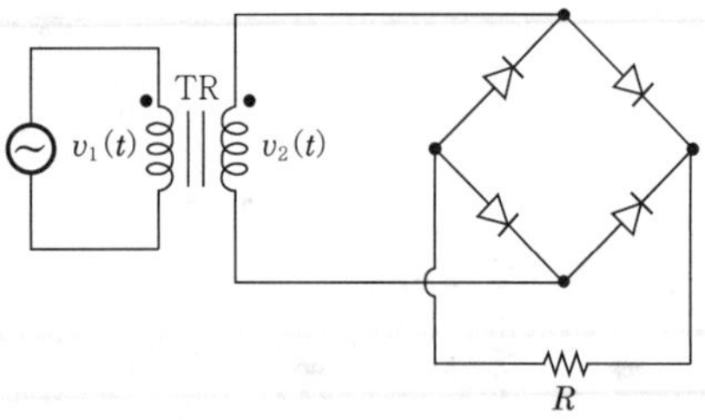

① 20 ② $20\sqrt{2}$
③ 40 ④ $40\sqrt{2}$

해설 **순시값**

$$v = V_m \sin\omega t$$

여기서, v : 전압의 순시값[V]
V_m : 전압의 최대값[V]
ω : 각주파수[rad/s]
t : 주기[s]

$v_2(t) = V_m \sin\omega t$
$= 20\sqrt{2}\sin\omega t$ [V] $(\therefore V_m = 20\sqrt{2}$ V$)$

- 다이오드(→|—)에 손실이 없다면 R에 걸리는 전압의 최대값도 $20\sqrt{2}$ 가 된다.

답 ②

★★★
30 **다음의 내용이 설명하는 것으로 가장 알맞은 것은 어느 것인가?**

20.09.문31
17.03.문22
16.05.문32
15.05.문35
14.03.문22
12.05.문24
03.05.문33

> 회로망 내 임의의 폐회로(closed circuit)에서, 그 폐회로를 따라 한 방향으로 일주하면서 생기는 전압강하의 합은 그 폐회로 내에 포함되어 있는 기전력의 합과 같다.

① 노튼의 정리
② 중첩의 정리
③ 키르히호프의 전압법칙
④ 패러데이의 법칙

해설 **여러 가지 법칙**

법 칙	설 명
플레밍의 오른손법칙	• **도**체운동에 의한 **유**기기전력의 **방**향 결정 기억법 **방유도오(방에 우유를 도로 갖다 놓게!)**
플레밍의 왼손법칙	• **전**자력의 방향 결정 기억법 **왼전(왠 전쟁이냐?)**
렌츠의 법칙	• 자속변화에 의한 **유**도기전력의 **방**향 결정 기억법 **렌유방(오렌지가 유일한 방법이다.)**
패러데이의 전자유도법칙	• 자속변화에 의한 **유**기기전력의 **크**기 결정 기억법 **패유크(패유를 버리면 큰일난다.)**
앙페르의 오른나사법칙	• **전**류에 의한 **자**기장의 방향을 결정하는 법칙 기억법 **앙전자(앙전자)**
비오-사바르의 법칙	• **전**류에 의해 발생되는 **자**기장의 크기(전류에 의한 자계의 세기) 기억법 **비전자(비전공자)**
키르히호프의 법칙	• 옴의 법칙을 응용한 것으로 복잡한 회로의 전류와 전압계산에 사용 • 회로망의 임의의 접속점에 유입하는 여러 전류의 **총**합은 0이라고 하는 법칙 기억법 **키총** • 회로망 내 임의의 폐회로(closed circuit)에서, 그 폐회로를 따라 한 방향으로 일주하면서 생기는 전압강하의 합은 그 폐회로 내에 포함되어 있는 기전력의 합과 같음 보기 ③
줄의 법칙	• 어떤 도체에 일정 시간 동안 전류를 흘리면 도체에는 **열**이 발생되는데 이에 관한 법칙 • 전류의 **열작용**과 관계있는 법칙 기억법 **줄열**
쿨롱의 법칙	• 두 자극 사이에 작용하는 힘은 두 **자극**의 **세기**의 **곱**에 **비례**하고, 두 자극 사이의 **거리**의 **제곱**에 **반비례**한다는 법칙

답 ③

★★★
31 **회로에서 저항 20Ω에 흐르는 전류〔A〕는?**

21.09.문28
14.09.문39
08.03.문21

① 0.8
② 1.0
③ 1.8
④ 2.8

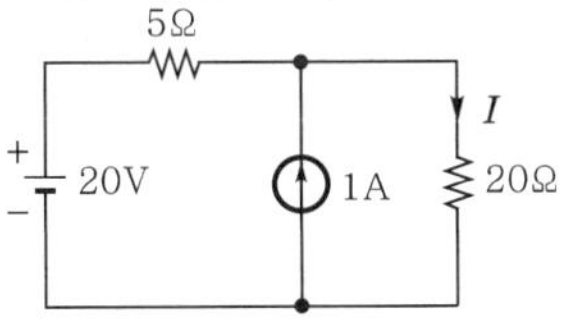

해설 **중첩의 원리**

(1) **전압원 단락시**

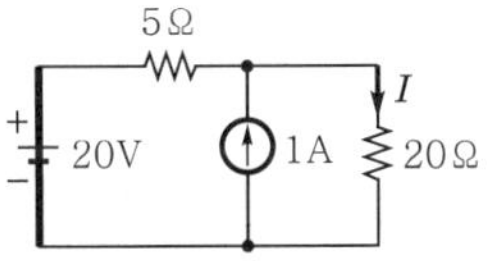

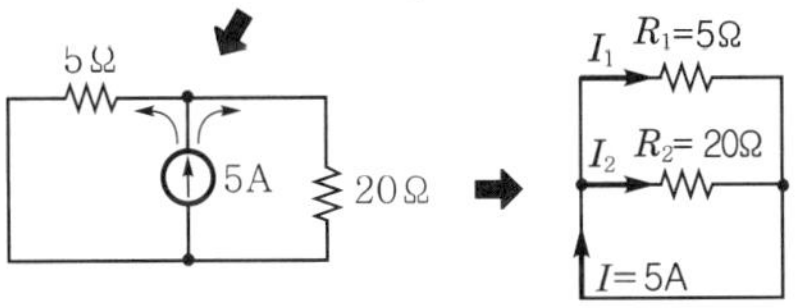

$$I_2 = \frac{R_1}{R_1+R_2} I = \frac{5}{5+20} \times 1 = 0.2\text{A}$$

(2) **전류원 개방시**

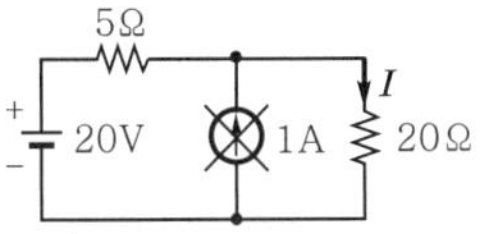

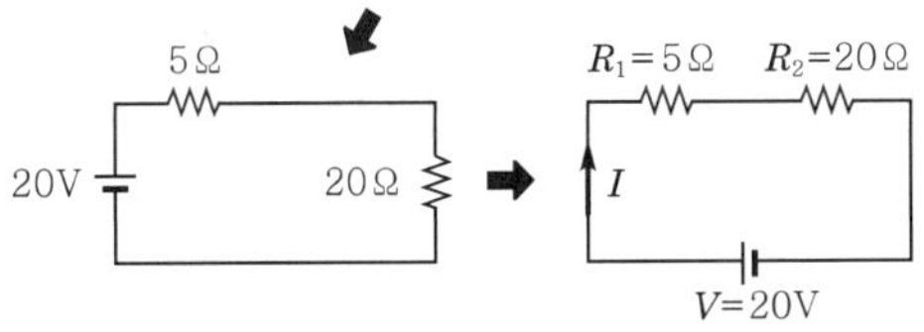

$$I = \frac{V}{R_1+R_2} = \frac{20}{5+20} = 0.8\text{A}$$

∴ 20Ω에 흐르는 전류$= I_2 + I = 0.2+0.8 = 1\text{A}$

- 중첩의 원리=전압원 단락시 값+전류원 개방시 값

용어

중첩의 원리
여러 개의 기전력을 포함하는 선형회로망 내의 전류 분포는 각 기전력이 단독으로 그 위치에 있을 때 흐르는 **전류분포**의 **합**과 같다.

답 ②

★★★
32 **그림과 같은 논리회로의 출력 Y는?**

20.08.문39
18.09.문33
16.05.문40
15.03.문29
15.03.문40
14.03.문39
13.03.문24
10.05.문21
00.07.문36

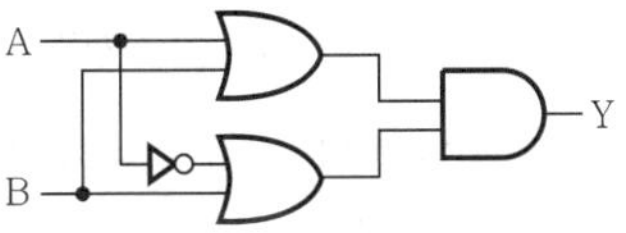

① AB
② A+B
③ A
④ B

해설

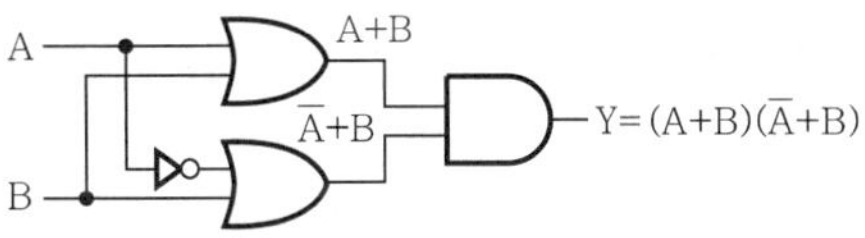

$Y = (A+B)(\overline{A}+B)$
$= \underline{A\overline{A}} + AB + \overline{A}B + \underline{BB}$
$X \cdot \overline{X} = 0$ 　　 $X \cdot X = X$이므로 $BB = B$
$= AB + \overline{A}B + B$
$= B(\underline{A+\overline{A}+1})$
$X+\overline{X}=1$
$= B(\underline{1+1})$
$1+1=1$
$= \underline{B \cdot 1}$
$X \cdot 1 = X$이므로 $B \cdot 1 = B$
$= B$

중요

(1) **무접점 논리회로**

시퀀스	논리식	논리회로
직렬 회로	Z=A·B Z=AB	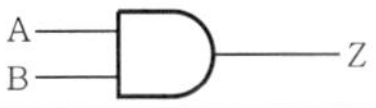
병렬 회로	Z=A+B	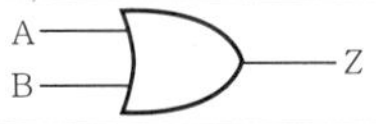
a접점	Z=A	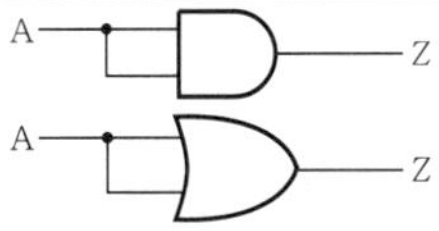
b접점	$Z=\overline{A}$	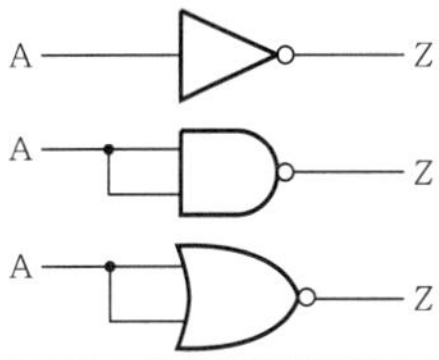

(2) **불대수**의 **정리**

논리합	논리곱	비 고
X+0=X	X·0=0	−
X+1=1	X·1=X	−
X+X=X	X·X=X	−
$X+\overline{X}=1$	$X\cdot\overline{X}=0$	−
X+Y=Y+X	X·Y=Y·X	교환법칙
X+(Y+Z) =(X+Y)+Z	X(YZ)=(XY)Z	결합법칙
X(Y+Z) =XY+XZ	(X+Y)(Z+W) =XZ+XW+YZ+YW	분배법칙
X+XY=X	$\overline{X}+XY=\overline{X}+Y$ $\overline{X}+X\overline{Y}=\overline{X}+\overline{Y}$ $X+\overline{X}Y=X+Y$ $X+\overline{X}\,\overline{Y}=X+\overline{Y}$	흡수법칙
$\overline{(X+Y)}$ $=\overline{X}\cdot\overline{Y}$	$\overline{(X\cdot Y)}=\overline{X}+\overline{Y}$	드모르간의 정리

답 ④

★★★
33

17.05.문36 15.05.문40 04.03.문36

3상 농형 유도전동기를 Y-△ 기동방식으로 기동할 때 전류 I_1[A]와 △결선으로 직입(전전압) 기동할 때 전류 I_2[A]의 관계는?

① $I_1 = \frac{1}{\sqrt{3}} I_2$　② $I_1 = \frac{1}{3} I_2$

③ $I_1 = \sqrt{3} I_2$　④ $I_1 = 3I_2$

해설 **Y－△기동방식**의 **기동전류**

$$I_1 = \frac{1}{3} I_2$$

여기서, I_1 : Y결선시 전류[A], I_2 : △결선시 전류[A]

중요

기동전류	소비전력	기동토크
$\frac{\text{Y}-\triangle\text{기동방식}}{\text{직입기동방식}} = \frac{1}{3}$		

※ 3상 유도전동기의 기동시 직입기동방식을 Y－△ 기동방식으로 변경하면 **기동전류**, **소비전력**, **기동토크**가 모두 $\frac{1}{3}$로 감소한다.

답 ②

★★
34

21.05.문26 18.03.문29

유도전동기의 슬립이 5.6%이고 회전자속도가 1700rpm일 때, 이 유도전동기의 동기속도는 약 몇 rpm인가?

① 1000　② 1200

③ 1500　④ 1800

해설 (1) **기호**
- N : 1700rpm
- s : 5.6%=0.056
- N_s : ?

(2) **동기속도** …… ㉠

$$N_s = \frac{120f}{P}$$

여기서, N_s : 동기속도[rpm], f : 주파수[Hz]
P : 극수

(3) **회전속도** …… ㉡

$$N = \frac{120f}{P}(1-s)\text{[rpm]}$$

여기서, N : 회전속도[rpm], P : 극수
f : 주파수[Hz], s : 슬립

㉠식을 ㉡식에 대입하면

$$N = N_s(1-s)$$

동기속도 N_s는

$$N_s = \frac{N}{(1-s)} = \frac{1700}{(1-0.056)} \fallingdotseq 1800\text{rpm}$$

- 동기속도>회전속도(회전자속도)이기 때문에 계산을 안 해도 답은 금방 찾을 수 있다.

답 ④

★★★
35

21.09.문23 19.03.문32 17.09.문22 17.09.문39 16.10.문35 16.05.문22 16.03.문32 15.05.문23 14.09.문23 13.09.문27

목표값이 다른 양과 일정한 비율 관계를 가지고 변화하는 제어방식은?

① 정치제어

② 추종제어

③ 프로그램제어

④ 비율제어

해설 **제어**의 **종류**

종 류	설 명
정치제어 (fixed value control)	① 일정한 목표값을 유지하는 것으로 **프로세스제어**, **자동조정**이 이에 해당된다. 예 **연속식 압연기** ② **목표값**이 시간에 관계없이 항상 일정한 값을 가지는 제어
추종제어 (follow-up control)	미지의 시간적 변화를 하는 목표값에 제어량을 추종시키기 위한 제어로 **서보기구**가 이에 해당된다. 예 **대공포의 포신**
비율제어 (ratio control)	① 둘 이상의 제어량을 소정의 비율로 제어하는 것 ② 목표값이 다른 양과 일정한 비율 관계를 가지고 변화하는 제어방식 보기 ④ ③ 연료의 유량과 공기의 유량과의 사이의 비율을 연소에 적합한 것으로 유지하고자 하는 제어방식
프로그램제어 (program control)	목표값이 **미리 정해진 시간적 변화**를 하는 경우 제어량을 그것에 추종시키기 위한 제어 예 **열차 · 산업로봇의 무인운전**

중요

제어량에 의한 **분류**

분 류	종 류
프로세스제어 (공정제어)	• **온**도 • **압**력 • **유**량 • **액**면 기억법 **프온압유액**
서보기구 (서보제어, 추종제어)	• **위**치 • **방**위 • **자**세 기억법 **서위방자**
자동조정	• 전압 • 전류 • 주파수 • 회전속도(**발**전기의 **속**도조절기) • 장력 기억법 **자발속**

- **프로세스제어** : 공업공정의 상태량을 제어량으로 하는 제어

답 ④

★★★
36 축전지의 자기방전을 보충함과 동시에 일반 부하로 공급하는 전력은 충전기가 부담하고, 충전기가 부담하기 어려운 일시적인 대전류는 축전지가 부담하는 충전방식은?

19.03.문71
16.03.문29
15.03.문34
09.03.문78
05.09.문30

① 급속충전
② 부동충전
③ 균등충전
④ 세류충전

해설 **충전방식**

구 분	설 명
보통충전	• 필요할 때마다 **표준시간율**로 충전하는 방식
급속충전	• 보통 충전전류의 **2배**의 **전류**로 충전하는 방식
부동충전	• 축전지의 자기방전을 보충함과 동시에 **상용부하**에 대한 전력공급은 **충전기**가 부담하되 부담하기 어려운 일시적인 **대전류부하**는 **축전지**가 부담하도록 하는 방식 보기 ② • 축전지와 **부하**를 **충전기**에 **병렬**로 **접속**하여 사용하는 충전방식 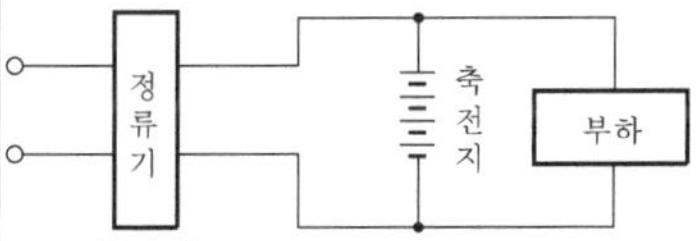 부동충전방식
균등충전	• 1~3개월마다 1회 정전압으로 충전하는 방식
세류충전 (트리클충전)	• 자기방전량만 항상 충전하는 방식

답 ②

★★★
37 각 상의 임피던스가 $Z=6+j8\,\Omega$인 △ 결선의 평형 3상 부하에 선간전압이 220V인 대칭 3상 전압을 가했을 때 이 부하로 흐르는 선전류의 크기는 약 몇 A인가?

21.09.문35
16.10.문21
12.05.문21
03.05.문34

① 13
② 22
③ 38
④ 66

해설 (1) 기호

- Z : $6+j8\,\Omega$
- V_L : 220V
- I_L : ?

(2) △결선 vs Y결선

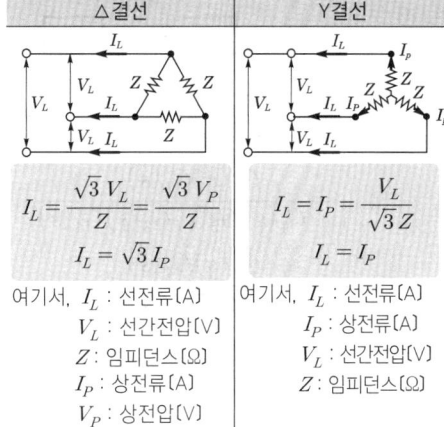

△결선	Y결선
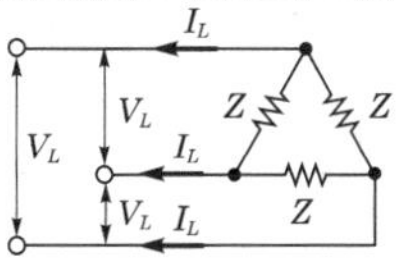	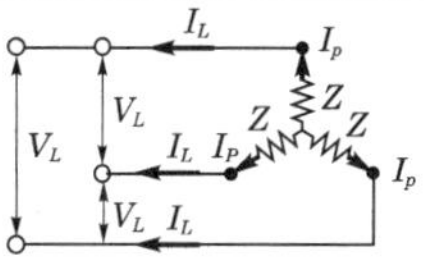
$I_L=\dfrac{\sqrt{3}\,V_L}{Z}=\dfrac{\sqrt{3}\,V_P}{Z}$ $I_L=\sqrt{3}\,I_P$	$I_L=I_P=\dfrac{V_L}{\sqrt{3}\,Z}$ $I_L=I_P$
여기서, I_L : 선전류[A] V_L : 선간전압[V] Z : 임피던스[Ω] I_P : 상전류[A] V_P : 상전압[V]	여기서, I_L : 선전류[A] I_P : 상전류[A] V_L : 선간전압[V] Z : 임피던스[Ω]

△결선 선전류 I_L는

$$I_L=\frac{\sqrt{3}\,V_L}{Z}=\frac{\sqrt{3}\times 220}{6+j8}=\frac{\sqrt{3}\times 220}{\sqrt{6^2+8^2}}\fallingdotseq 38\text{A}$$

답 ③

★★★
38 전기화재의 원인 중 하나인 누설전류를 검출하기 위해 사용되는 것은?

19.03.문37
15.09.문21
14.09.문69
13.03.문62

① 부족전압계전기
② 영상변류기
③ 계기용 변압기
④ 과전류계전기

해설 **누전경보기**의 **구성요소**

구성요소	설 명
영상**변**류기(ZCT)	**누설전류**를 **검출**한다. 보기 ② 기억법 **변검(변검술)**
수신기	**누설전류**를 **증폭**한다.
음향장치	경보를 발한다.
차단기	차단릴레이를 포함한다.

기억법 **변수음차**

- 소방에서는 변류기(CT)와 영상변류기(ZCT)를 혼용하여 사용한다.

답 ②

★★★
39 그림의 블록선도에서 $\frac{C(s)}{R(s)}$을 구하면?

21.03.문39
20.09.문23
19.09.문22
17.09.문27
16.03.문25
09.05.문32
08.03.문39

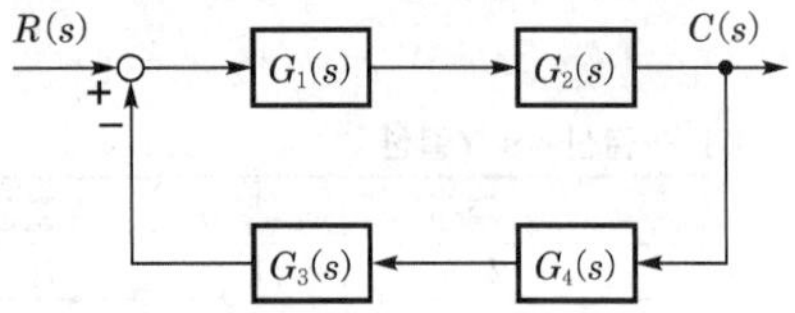

① $\frac{G_1(s)+G_2(s)}{1+G_1(s)G_2(s)+G_3(s)G_4(s)}$

② $\frac{G_1(s)G_2(s)}{1+G_1(s)G_2(s)G_3(s)G_4(s)}$

③ $\frac{G_3(s)G_4(s)}{1+G_1(s)G_2(s)G_3(s)G_4(s)}$

④ $\frac{G_1(s)G_2(s)}{1+G_1(s)G_2(s)+G_3(s)G_4(s)}$

해설

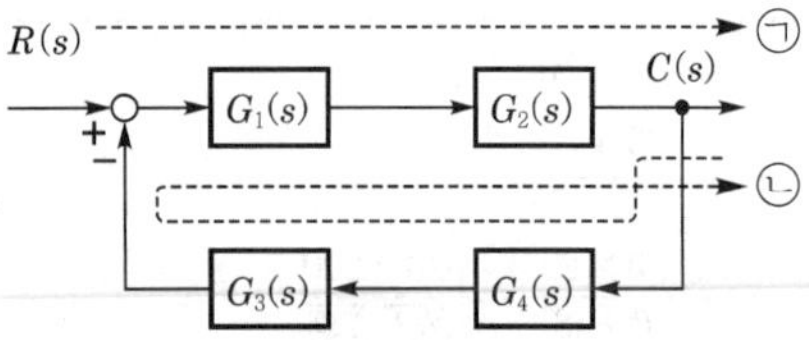

계산 편의를 위해 잠시 (s)를 생략하고 계산하면

$RG_1G_2 - CG_1G_2G_3G_4 = C$

$RG_1G_2 = C + CG_1G_2G_3G_4$

$RG_1G_2 = C(1+G_1G_2G_3G_4)$

$\frac{G_1G_2}{1+G_1G_2G_3G_4} = \frac{C}{R}$

$\frac{C}{R} = \frac{G_1G_2}{1+G_1G_2G_3G_4}$ ⬅ (s)를 다시 붙이면

$\frac{C(s)}{R(s)} = \frac{G_1(s)G_2(s)}{1+G_1(s)G_2(s)G_3(s)G_4(s)}$

용어

블록선도(block diagram)
제어계에서 신호가 전달되는 모양을 표시하는 선도

답 ②

★★★
40 한 변의 길이가 150mm인 정방형 회로에 1A의 전류가 흐를 때 회로 중심에서의 자계의 세기는 약 몇 AT/m인가?

15.09.문26
09.03.문27

① 5 ② 6
③ 9 ④ 21

해설 (1) **기호**

- L : 150mm=0.15m(1000mm=1m)
- I : 1A

(2) **정방형 중심**의 **자계**

$$H=\frac{2\sqrt{2}\,I}{\pi L}\text{[AT/m]}$$

여기서, H : 자계의 세기[AT/m]
I : 전류[A]
L : 한 변의 길이[m]

자계의 **세기** H는 $H=\frac{2\sqrt{2}\,I}{\pi L}=\frac{2\sqrt{2}\times 1}{\pi \times 0.15} \fallingdotseq 6\text{AT/m}$

- 정방형=정사각형

답 ②

제 3 과목 소방관계법규

★★★
41 소방시설 설치 및 관리에 관한 법령상 건축허가 등을 할 때 미리 소방본부장 또는 소방서장의 동의를 받아야 하는 건축물 등의 범위가 아닌 것은?

17.09.문53

① 연면적 200m² 이상인 노유자시설 및 수련시설
② 항공기격납고, 관망탑
③ 차고·주차장으로 사용되는 바닥면적이 100m² 이상인 층이 있는 건축물
④ 지하층 또는 무창층이 있는 건축물로서 바닥면적이 150m² 이상인 층이 있는 것

해설

③ 100m² → 200m²

소방시설법 시행령 7조
건축허가 등의 동의대상물

(1) 연면적 **400m²**(학교시설 : **100m²**, 수련시설·노유자시설 : **200m²**, 정신의료기관·장애인 의료재활시설 : **300m²**) 이상 보기 ①
(2) **6층** 이상인 건축물
(3) 차고·주차장으로서 바닥면적 **200m²** 이상(**자**동차 **20대** 이상) 보기 ③
(4) **항공기격납고, 관망탑, 항공관제탑, 방송용 송수신탑** 보기 ②
(5) 지하층 또는 무창층의 바닥면적 **150m²**(공연장은 **100m²**) 이상 보기 ④
(6) **위험물저장** 및 **처리시설, 지하구**
(7) **결핵환자**나 **한센인**이 24시간 생활하는 **노유자시설**
(8) 전기저장시설, 풍력발전소
(9) 공동주택·숙박시설
(10) 노인주거복지시설·노인의료복지시설 및 재가노인복지시설·학대피해노인 전용쉼터·아동복지시설·장애인거주시설
(11) 정신질환자 관련시설(공동생활가정을 제외한 재활훈련시설과 종합시설 중 24시간 주거를 제공하지 않는 시설 제외)
(12) 조산원, 산후조리원, 의원(입원실 또는 인공신장실이 있는 것)
(13) 노숙인자활시설, 노숙인재활시설 및 노숙인요양시설

⒁ 요양병원(의료재활시설 제외)
⒂ 공장 또는 창고시설로서 지정하는 수량의 **750배** 이상의 특수가연물을 저장·취급하는 것
⒃ 가스시설로서 지상에 노출된 탱크의 저장용량의 합계가 **100t** 이상인 것

> **기억법** 2자(이자)

답 ③

★★★
42 18.03.문42 15.09.문53

화재의 예방 및 안전관리에 관한 법령상 일반음식점에서 음식조리를 위해 불을 사용하는 설비를 설치하는 경우 지켜야 하는 사항으로 틀린 것은?

① 주방시설에는 동물 또는 식물의 기름을 제거할 수 있는 필터 등을 설치할 것
② 열을 발생하는 조리기구는 반자 또는 선반으로부터 0.6미터 이상 떨어지게 할 것
③ 주방설비에 부속된 배출덕트는 0.2밀리미터 이상의 아연도금강판으로 설치할 것
④ 열을 발생하는 조리기구로부터 0.15미터 이내의 거리에 있는 가연성 주요구조부는 단열성이 있는 불연재료로 덮어 씌울 것

해설 ③ 0.2밀리미터 → 0.5밀리미터

화재예방법 시행령 〔별표 1〕
음식조리를 위하여 설치하는 설비
(1) 주방설비에 부속된 배출덕트(공기 배출통로)는 **0.5mm** 이상의 **아연도금강판** 또는 이와 같거나 그 이상의 내식성 **불연재료**로 설치 [보기 ③]
(2) 열을 발생하는 조리기구로부터 **0.15m** 이내의 거리에 있는 가연성 주요구조부는 **단열성**이 있는 불연재료로 덮어 씌울 것 [보기 ④]
(3) 주방시설에는 동물 또는 식물의 기름을 제거할 수 있는 **필터** 등을 설치 [보기 ①]
(4) 열을 발생하는 조리기구는 반자 또는 선반으로부터 **0.6m** 이상 떨어지게 할 것 [보기 ②]

답 ③

★★★
43

소방시설공사업법령상 소방시설업의 감독을 위하여 필요할 때에 소방시설업자나 관계인에게 필요한 보고나 자료제출을 명할 수 있는 사람이 아닌 것은?

① 시·도지사 ② 119안전센터장
③ 소방서장 ④ 소방본부장

해설 **시·도지사·소방본부장·소방서장**
(1) 소방시설업의 감독(공사업법 31조) [보기 ①③④]
(2) 탱크시험자에 대한 명령(위험물법 23조)
(3) 무허가장소의 위험물 조치명령(위험물법 24조)
(4) 소방기본법령상 과태료부과(기본법 56조)
(5) 제조소 등의 수리·개조·이전명령(위험물법 14조)

> **기억법** 감무시소과(감나무 아래에 있는 시소에서 과일 먹기)

답 ②

★★★
44 19.09.문50 17.09.문49 16.05.문53 13.09.문56

화재의 예방 및 안전관리에 관한 법령상 화재가 발생할 우려가 높거나 화재가 발생하는 경우 그로 인하여 피해가 클 것으로 예상되는 지역을 화재예방강화지구로 지정할 수 있는 자는?

① 한국소방안전협회장 ② 소방시설관리사
③ 소방본부장 ④ 시·도지사

해설 **화재예방법 18조**
화재예방강화지구의 지정
(1) **지정권자** : 시·도지사
(2) **지정지역**
㉠ **시장**지역
㉡ **공장·창고** 등이 밀집한 지역
㉢ **목조건물**이 밀집한 지역
㉣ **노후·불량 건축물**이 밀집한 지역
㉤ **위험물**의 **저장** 및 **처리시설**이 **밀집**한 지역
㉥ **석유화학제품**을 생산하는 공장이 있는 지역
㉦ **소방시설·소방용수시설** 또는 **소방출동로**가 **없는** 지역
㉧ 「**산업입지 및 개발에 관한 법률**」에 따른 산업단지
㉨ 「물류시설의 개발 및 운영에 관한 법률」에 따른 물류단지
㉩ **소방청장·소방본부장·소방서장**(소방관서장)이 화재예방강화지구로 지정할 필요가 있다고 인정하는 지역

> **용어**
> **소방관서장**
> 소방청장·소방본부장·소방서장

답 ④

★★
45 14.03.문50 13.03.문58

소방시설공사업법령상 소방시설업에 대한 행정처분기준에서 1차 행정처분 사항으로 등록취소에 해당하는 것은?

① 거짓이나 그 밖의 부정한 방법으로 등록한 경우
② 소방시설업자의 지위를 승계한 사실을 소방시설공사 등을 맡긴 특정소방대상물의 관계인에게 통지를 하지 아니한 경우
③ 화재안전기준 등에 적합하게 설계·시공을 하지 아니하거나, 법에 따라 적합하게 감리를 하지 아니한 경우
④ 등록을 한 후 정당한 사유 없이 1년이 지날 때까지 영업을 시작하지 아니하거나 계속하여 1년 이상 휴업한 때

해설 **공사업규칙 [별표 1]**

소방시설업에 대한 행정처분기준

행정처분	위반사항
1차 등록취소	• 영업정지기간 중에 소방시설공사 등을 한 경우 • **거짓** 또는 **부정한 방법**으로 등록한 경우 보기 ① • **등록결격사유**에 해당된 경우

답 ①

★★★
46 화재의 예방 및 안전관리에 관한 법령에 따라 2급 소방안전관리대상물의 소방안전관리자 선임기준으로 틀린 것은?

21.09.문48 17.09.문47

① 위험물기능사 자격을 가진 사람으로 2급 소방안전관리자 자격증을 받은 사람
② 소방공무원으로 3년 이상 근무한 경력이 있는 사람으로 2급 소방안전관리자 자격증을 받은 사람
③ 의용소방대원으로 5년 이상 근무한 경력이 있는 사람으로 2급 소방안전관리자 자격증을 받은 사람
④ 위험물산업기사 자격을 가진 사람으로 2급 소방안전관리자 자격증을 받은 사람

해설 ③ 해당없음

화재예방법 시행령 [별표 4]

2급 소방안전관리대상물의 소방안전관리자 선임조건

자 격	경 력	비 고
• 위험물기능장 · 위험물산업기사 · 위험물기능사	경력 필요 없음	2급 소방안전관리자 자격증을 받은 사람
• 소방공무원	3년	
• 소방청장이 실시하는 2급 소방안전관리대상물의 소방안전관리에 관한 시험에 합격한 사람	경력 필요 없음	
• 「기업활동 규제완화에 관한 특별조치법」에 따라 소방안전관리자로 선임된 사람(소방안전관리자로 선임된 기간으로 한정)		
• 특급 또는 1급 소방안전관리대상물의 소방안전관리자 자격이 인정되는 사람		

중요

2급 소방안전관리대상물
(1) 지하구
(2) 가연성 가스를 100~1000t 미만 저장 · 취급하는 시설
(3) 옥내소화전설비 · 스프링클러설비 설치대상물
(4) 물분무등소화설비(호스릴방식의 물분무등소화설비만을 설치한 경우 제외) 설치대상물
(5) **공동주택**(옥내소화전설비 또는 스프링클러설비가 설치된 공동주택 한정)
(6) **목조건축물**(국보 · 보물)

답 ③

★★
47 소방시설공사업법령상 소방시설업자가 소방시설공사 등을 맡긴 특정소방대상물의 관계인에게 지체 없이 그 사실을 알려야 하는 경우가 아닌 것은?

15.05.문48 10.09.문53

① 소방시설업자의 지위를 승계한 경우
② 소방시설업의 등록취소처분 또는 영업정지처분을 받은 경우
③ 휴업하거나 폐업한 경우
④ 소방시설업의 주소지가 변경된 경우

해설 **공사업법 8조**

소방시설업자의 관계인 통지사항
(1) **소방시설업자**의 **지위**를 **승계**한 때 보기 ①
(2) 소방시설업의 **등록취소** 또는 **영업정지**의 처분을 받은 때 보기 ②
(3) **휴업** 또는 **폐업**을 한 때 보기 ③

답 ④

★
48 소방시설공사업법령상 감리업자는 소방시설공사가 설계도서 또는 화재안전기준에 적합하지 아니한 때에는 가장 먼저 누구에게 알려야 하는가?

14.03.문43

① 감리업체 대표자
② 시공자
③ 관계인
④ 소방서장

해설 **공사업법 19조**

위반사항에 대한 조치 : 관계인에게 먼저 알림
(1) 감리업자는 공사업자에게 **공사**의 **시정** 또는 **보완 요구**
(2) 공사업자가 요구불이행시 행정안전부령이 정하는 바에 따라 **소방본부장**이나 **소방서장**에게 보고

답 ③

★★★
49 소방시설 설치 및 관리에 관한 법령상 특정소방대상물의 수용인원 산정방법으로 옳은 것은?

20.08.문58
19.04.문51
18.09.문43
17.03.문57

① 침대가 없는 숙박시설은 해당 특정소방대상물의 종사자의 수에 숙박시설의 바닥면적의 합계를 $4.6m^2$로 나누어 얻은 수를 합한 수로 한다.
② 강의실로 쓰이는 특정소방대상물은 해당 용도로 사용하는 바닥면적의 합계를 $4.6m^2$로 나누어 얻은 수로 한다.
③ 관람석이 없을 경우 강당, 문화 및 집회시설, 운동시설, 종교시설은 해당 용도로 사용하는 바닥면적의 합계를 $4.6m^2$로 나누어 얻은 수로 한다.
④ 백화점은 해당 용도로 사용하는 바닥면적의 합계를 $4.6m^2$로 나누어 얻은 수로 한다.

해설
① $4.6m^2$ → $3m^2$
② $4.6m^2$ → $1.9m^2$
④ $4.6m^2$ → $3m^2$

소방시설법 시행령 〔별표 7〕
수용인원의 산정방법

특정소방대상물		산정방법
• 강의실 • 교무실 • 상담실 • 실습실 • 휴게실		$\frac{\text{바닥면적 합계}}{1.9m^2}$ 보기 ②
• 숙박시설	침대가 있는 경우	종사자수 + 침대수
	침대가 없는 경우	종사자수 + $\frac{\text{바닥면적 합계}}{3m^2}$ 보기 ①
• 기타(백화점 등)		$\frac{\text{바닥면적 합계}}{3m^2}$ 보기 ④
• 강당(관람석 ×) • 문화 및 집회시설, 운동시설(관람석 ×) • 종교시설(관람석 ×)		$\frac{\text{바닥면적 합계}}{4.6m^2}$

• **소수점 이하**는 **반올림**한다.

기억법 **수반(수반! 동반!)**

답 ③

★★★
50 위험물안전관리법령상 제조소 등이 아닌 장소에서 지정수량 이상의 위험물 취급에 대한 설명으로 틀린 것은?

20.09.문45
19.09.문43
16.03.문47
07.09.문41

① 임시로 저장 또는 취급하는 장소에서의 저장 또는 취급의 기준은 시·도의 조례로 정한다.
② 필요한 승인을 받아 지정수량 이상의 위험물을 120일 이내의 기간 동안 임시로 저장 또는 취급하는 경우 제조소 등이 아닌 장소에서 지정수량 이상의 위험물을 취급할 수 있다.
③ 제조소 등이 아닌 장소에서 지정수량 이상의 위험물을 취급할 경우 관할소방서장의 승인을 받아야 한다.
④ 군부대가 지정수량 이상의 위험물을 군사목적으로 임시로 저장 또는 취급하는 경우 제조소 등이 아닌 장소에서 지정수량 이상의 위험물을 취급할 수 있다.

해설
② 120일 → 90일

90일
(1) 소방시설업 **등**록신청 자산평가액·기업진단보고서 **유**효기간(공사업규칙 2조)
(2) 위험물 임시저장·취급 기준(위험물법 5조) 보기 ②

기억법 **등유9(등유 구해와!)**

중요

위험물법 5조
임시저장 승인 : 관할**소방서장**

답 ②

★★★
51 소방시설공사업법령상 소방시설업 등록의 결격사유에 해당되지 않는 법인은?

15.09.문45
15.03.문41
12.09.문44

① 법인의 대표자가 피성년후견인인 경우
② 법인의 임원이 피성년후견인인 경우
③ 법인의 대표자가 소방시설공사업법에 따라 소방시설업 등록이 취소된 지 2년이 지나지 아니한 자인 경우
④ 법인의 임원이 소방시설공사업법에 따라 소방시설업 등록이 취소된 지 2년이 지나지 아니한 자인 경우

해설 **공사업법 5조**
소방시설업의 등록결격사유
(1) 피성년후견인
(2) 금고 이상의 실형을 선고받고 그 집행이 끝나거나 집행이 면제된 날부터 **2년**이 지나지 아니한 사람
(3) 금고 이상의 형의 집행유예를 선고받고 그 유예기간 중에 있는 사람
(4) 시설업의 등록이 취소된 날부터 **2년**이 지나지 아니한 자
(5) **법인**의 **대표자**가 위 (1)~(4)에 해당되는 경우 보기 ①③
(6) **법인**의 **임원**이 위 (2)~(4)에 해당되는 경우 보기 ②④

용어

피성년후견인
질병, 장애, 노령, 그 밖의 사유로 인한 정신적 제약으로 사무를 처리할 능력이 없어서 가정법원에서 판정을 받은 사람

답 ②

★★★
52 소방시설 설치 및 관리에 관한 법령상 특정소방대상물의 소방시설 설치의 면제기준에 따라 연결살수설비를 설치 면제받을 수 있는 경우는?

21.05.문50 17.09.문48 14.09.문78 14.03.문53

① 송수구를 부설한 간이스프링클러설비를 설치하였을 때
② 송수구를 부설한 옥내소화전설비를 설치하였을 때
③ 송수구를 부설한 옥외소화전설비를 설치하였을 때
④ 송수구를 부설한 연결송수관설비를 설치하였을 때

해설 **소방시설법 시행령 〔별표 5〕**
소방시설 면제기준

면제대상	대체설비
스프링클러설비	• **물분무등소화설비**
물분무등소화설비	• **스프링클러설비**
간이스프링클러설비	• 스프링클러설비 • **물분무소화설비** • **미분무소화설비**
비상**경**보설비 또는 **단**독경보형 감지기	• **자동화재탐지설비** 기억법 탐경단
비상**경**보설비	• **2개 이상 단독경보형 감지기 연동** 기억법 경단2
비상방송설비	• 자동화재탐지설비 • 비상경보설비
연결살수설비 ←	• 스프링클러설비 • 간이스프링클러설비 보기 ① • 물분무소화설비 • 미분무소화설비
제연설비	• **공기조화설비**
연소방지설비	• 스프링클러설비 • 물분무소화설비 • 미분무소화설비
연결송수관설비	• 옥내소화전설비 • 스프링클러설비 • 간이스프링클러설비 • 연결살수설비
자동화재탐지설비	• 자동화재탐지설비의 기능을 가진 스프링클러설비 • 물분무등소화설비
옥내소화전설비	• 옥외소화전설비 • 미분무소화설비(호스릴방식)

중요

물분무등소화설비
(1) **분**말소화설비
(2) **포**소화설비
(3) **할**론소화설비
(4) **이**산화탄소 소화설비
(5) **할**로겐화합물 및 불활성기체 소화설비
(6) **강**화액소화설비
(7) **미**분무소화설비
(8) 물분무소화설비
(9) **고**체에어로졸 소화설비

기억법 **분포할이 할강미고**

답 ①

★
53 소방시설공사업법령상 소방공사감리업을 등록한 자가 수행하여야 할 업무가 아닌 것은?

16.05.문48

① 완공된 소방시설 등의 성능시험
② 소방시설 등 설계변경사항의 적합성 검토
③ 소방시설 등의 설치계획표의 적법성 검토
④ 소방용품 형식승인 및 제품검사의 기술기준에 대한 적합성 검토

해설
④ 형식승인 및 제품검사의 기술기준에 대한 → 위치·규격 및 사용자재에 대한

공사업법 16조
소방공사감리업(자)의 업무수행
(1) 소방시설 등의 설치계획표의 적법성 검토 보기 ③
(2) 소방시설 등 설계도서의 적합성 검토
(3) 소방시설 등 설계변경사항의 적합성 검토 보기 ②
(4) 소방용품 등의 위치·규격 및 사용자재에 대한 적합성 검토 보기 ④
(5) 공사업자의 소방시설 등의 시공이 설계도서 및 화재안전기준에 적합한지에 대한 지도·감독
(6) **완공**된 **소방시설** 등의 **성능시험** 보기 ①
(7) 공사업자가 작성한 시공상세도면의 적합성 검토
(8) 피난·방화시설의 적법성 검토
(9) 실내장식물의 불연화 및 방염물품의 적법성 검토

기억법 **감성**

답 ④

★★★
54 소방기본법령상 소방업무의 응원에 대한 설명 중 틀린 것은?

18.03.문44
15.05.문55
11.03.문54

① 소방본부장이나 소방서장은 소방활동을 할 때에 긴급한 경우에는 이웃한 소방본부장 또는 소방서장에게 소방업무의 응원을 요청할 수 있다.

② 소방업무의 응원 요청을 받은 소방본부장 또는 소방서장은 정당한 사유 없이 그 요청을 거절하여서는 아니 된다.

③ 소방업무의 응원을 위하여 파견된 소방대원은 응원을 요청한 소방본부장 또는 소방서장의 지휘에 따라야 한다.

④ 시·도지사는 소방업무의 응원을 요청하는 경우를 대비하여 출동 대상지역 및 규모와 필요한 경비의 부담 등에 관하여 필요한 사항을 대통령령으로 정하는 바에 따라 이웃하는 시·도지사와 협의하여 미리 규약으로 정하여야 한다.

해설 ④ 대통령령 → 행정안전부령

기본법 11조
소방업무의 응원
시·도지사는 소방업무의 응원을 요청하는 경우를 대비하여 출동 대상지역 및 규모와 필요한 경비의 부담 등에 관하여 필요한 사항을 **행정안전부령**으로 정하는 바에 따라 이웃하는 **시·도지사**와 **협의**하여 미리 규약으로 정하여야 한다.

답 ④

★★★
55 소방기본법령상 이웃하는 다른 시·도지사와 소방업무에 관하여 시·도지사가 체결할 상호응원 협정 사항이 아닌 것은?

19.04.문47
15.05.문55
11.03.문54

① 화재조사활동
② 응원출동의 요청방법
③ 소방교육 및 응원출동훈련
④ 응원출동 대상지역 및 규모

해설 ③ 소방교육은 해당없음

기본규칙 8조
소방업무의 상호응원협정
(1) 다음의 **소방활동**에 관한 사항
 ㉠ 화재의 경계·진압활동
 ㉡ 구조·구급업무의 지원
 ㉢ 화재**조**사활동
(2) **응원출동 대상지역** 및 **규모**
(3) **소요경비**의 **부담**에 관한 사항
 ㉠ 출동대원의 수당·식사 및 의복의 수선
 ㉡ 소방장비 및 기구의 정비와 연료의 보급
(4) **응원출동**의 **요청방법**
(5) **응원출동 훈련** 및 **평가**

기억법 조응(조아?)

답 ③

★★
56 위험물안전관리법령상 옥내주유취급소에 있어서 당해 사무소 등의 출입구 및 피난구와 당해 피난구로 통하는 통로·계단 및 출입구에 설치해야 하는 피난설비는?

16.05.문47
12.03.문50

① 유도등
② 구조대
③ 피난사다리
④ 완강기

해설 **위험물규칙 〔별표 17〕**
피난구조설비
(1) 옥내주유취급소에 있어서는 해당 사무소 등의 출입구 및 피난구와 해당 피난구로 통하는 통로·계단 및 출입구에 **유도등** 설치 보기 ①
(2) 유도등에는 **비상전원 설치**

답 ①

★
57 위험물안전관리법령상 위험물 및 지정수량에 대한 기준 중 다음 ( ) 안에 알맞은 것은?

> 금속분이라 함은 알칼리금속·알칼리토류금속·철 및 마그네슘 외의 금속의 분말을 말하고, 구리분·니켈분 및 (㉠)마이크로미터의 체를 통과하는 것이 (㉡)중량퍼센트 미만인 것은 제외한다.

① ㉠ 150, ㉡ 50
② ㉠ 53, ㉡ 50
③ ㉠ 50, ㉡ 150
④ ㉠ 50, ㉡ 53

해설 **위험물령 〔별표 1〕**
금속분
알칼리금속·알칼리토류 금속·철 및 마그네슘 외의 금속의 분말을 말하고, **구리분·니켈분** 및 **150**μm의 체를 통과하는 것이 **50wt%** 미만인 것은 제외한다. 보기 ①

답 ①

★★★
58 19.09.문46 16.03.문55 13.09.문47 11.03.문56

위험물안전관리법령상 제조소 등의 관계인은 위험물의 안전관리에 관한 직무를 수행하게 하기 위하여 제조소 등마다 위험물의 취급에 관한 자격이 있는 자를 위험물안전관리자로 선임하여야 한다. 이 경우 제조소 등의 관계인이 지켜야 할 기준으로 틀린 것은?

① 제조소 등의 관계인은 안전관리자를 해임하거나 안전관리자가 퇴직한 때에는 해임하거나 퇴직한 날부터 15일 이내에 다시 안전관리자를 선임하여야 한다.
② 제조소 등의 관계인이 안전관리자를 선임한 경우에는 선임한 날부터 14일 이내에 소방본부장 또는 소방서장에게 신고하여야 한다.
③ 제조소 등의 관계인은 안전관리자가 여행·질병 그 밖의 사유로 인하여 일시적으로 직무를 수행할 수 없는 경우에는 국가기술자격법에 따른 위험물의 취급에 관한 자격취득자 또는 위험물안전에 관한 기본지식과 경험이 있는 자를 대리자로 지정하여 그 직무를 대행하게 하여야 한다. 이 경우 대행하는 기간은 30일을 초과할 수 없다.
④ 안전관리자는 위험물을 취급하는 작업을 하는 때에는 작업자에게 안전관리에 관한 필요한 지시를 하는 등 위험물의 취급에 관한 안전관리와 감독을 하여야 하고, 제조소 등의 관계인은 안전관리자의 위험물안전관리에 관한 의견을 존중하고 그 권고에 따라야 한다.

해설

① 15일 이내 → 30일 이내

위험물안전관리법 15조
위험물안전관리자의 재선임
30일 이내 보기 ①

중요

30일
(1) 소방시설업 등록사항 변경신고(공사업규칙 6조)
(2) **위험물안전관리자**의 **재선임**(위험물안전관리법 15조)
(3) **소방안전관리자**의 **재선임**(화재예방법 시행규칙 14조)
(4) 도급계약 해지(공사업법 23조)
(5) 소방시설공사 중요사항 변경시의 신고일(공사업규칙 12조)
(6) 소방기술자 실무교육기관 지정서 발급(공사업규칙 32조)
(7) 소방공사감리자 변경서류 제출(공사업규칙 15조)
(8) **승계**(위험물법 10조)
(9) 위험물안전관리자의 직무대행(위험물법 15조)
(10) 탱크시험자의 변경신고일(위험물법 16조)

답 ①

★★
59 19.09.문53 13.03.문41

다음 중 소방기본법령상 한국소방안전원의 업무가 아닌 것은?

① 소방기술과 안전관리에 관한 교육 및 조사·연구
② 위험물탱크 성능시험
③ 소방기술과 안전관리에 관한 각종 간행물 발간
④ 화재예방과 안전관리의식 고취를 위한 대국민 홍보

해설

② 한국소방산업기술원의 업무

기본법 41조
한국소방안전원의 업무
(1) 소방기술과 안전관리에 관한 **교육** 및 **조사**·**연구** 보기 ①
(2) 소방기술과 안전관리에 관한 각종 **간행물**의 **발간** 보기 ③
(3) 화재예방과 안전관리의식의 고취를 위한 **대국민 홍보** 보기 ④
(4) 소방업무에 관하여 **행정기관**이 위탁하는 **사업**
(5) 소방안전에 관한 **국제협력**
(6) **회원**에 대한 **기술지원** 등 정관이 정하는 사항

답 ②

★★★
60 19.04.문59 12.09.문60 12.03.문47 08.09.문55 08.03.문53

소방시설 설치 및 관리에 관한 법령상 소방시설의 종류에 대한 설명으로 옳은 것은?

① 소화기구, 옥외소화전설비는 소화설비에 해당된다.
② 유도등, 비상조명등은 경보설비에 해당된다.
③ 소화수조, 저수조는 소화활동설비에 해당된다.
④ 연결송수관설비는 소화용수설비에 해당된다.

해설

② 경보설비 → 피난구조설비
③ 소화활동설비 → 소화용수설비
④ 소화용수설비 → 소화활동설비

소화설비	피난구조설비	소화용수설비	소화활동설비
① 소화기구 ② 옥외소화전설비	① 유도등 ② 비상조명등	① 소화수조 ② 저수조	① 연결송수관설비

소방시설법 시행령 〔별표 1〕
(1) 소화설비
㉠ 소화기구·자동확산소화기·자동소화장치(주거용 주방자동소화장치)
㉡ 옥내소화전설비·옥외소화전설비
㉢ 스프링클러설비·간이스프링클러설비·화재조기진압용 스프링클러설비
㉣ 물분무소화설비·강화액소화설비

(2) 소화활동설비
화재를 진압하거나 인명구조활동을 위하여 사용하는 설비
㉠ **연**결송수관설비
㉡ **연**결살수설비
㉢ **연**소방지설비
㉣ **무**선통신보조설비
㉤ **제**연설비
㉥ **비**상**콘**센트설비

기억법 **3연무제비콘**

답 ①

제 4 과목 소방전기시설의 구조 및 원리

★★★
61 비상콘센트설비의 성능인증 및 제품검사의 기술기준에 따라 비상콘센트설비의 절연된 충전부와 외함 간의 절연내력은 정격전압 150V 이하의 경우 60Hz의 정현파에 가까운 실효전압 1000V 교류전압을 가하는 시험에서 몇 분간 견디어야 하는가?

18.09.문61
18.03.문64
13.09.문73
11.06.문73

① 1 ② 5
③ 10 ④ 30

해설 **비상콘센트설비**의 **절연내력시험**(비상콘센트설비의 성능인증 및 제품검사의 기술기준 8조)
절연내력은 전원부와 외함 사이에 정격전압이 **150V 이하**인 경우에는 **1000V**의 실효전압을, 정격전압이 **150V 초과**인 경우에는 그 **정격전압**에 **2**를 곱하여 **1000**을 더한 실효전압을 가하는 시험에서 **1분** 이상 견디는 것으로 할 것

중요

절연내력시험(NFPC 504 4조, NFTC 504 2.1.6.2)

구 분	150V 이하	150V 초과
실효전압	**1000V**	**(정격전압×2)+1000V** 예 220V인 경우 (220×2)+1000=1440V
견디는 시간	**1분** 이상 보기 ①	**1분** 이상

비교

절연저항시험

절연 저항계	절연저항	대 상
직류 250V	0.1MΩ 이상	• 1경계구역의 절연저항
직류 500V	5MΩ 이상	• 누전경보기 • 가스누설경보기 • 수신기(10회로 미만, 절연된 충전부와 외함간) • 자동화재속보설비 • 비상경보설비 • 유도등(교류입력측과 외함간 포함) • 비상조명등(교류입력측과 외함간 포함)
	20MΩ 이상	• 경종 • 발신기 • 중계기 • 비상**콘**센트 • 기기의 절연된 선로간 • 기기의 충전부와 비충전부간 • 기기의 교류입력측과 외함간(유노등·비상조명등 제외) 기억법 **2콘(이크)**
	50MΩ 이상	• 감지기(정온식 감지선형 감지기 제외) • 가스누설경보기(10회로 이상) • 수신기(10회로 이상, 교류입력측과 외함간 제외)
	1000MΩ 이상	• 정온식 감지선형 감지기

답 ①

★
62 누전경보기의 형식승인 및 제품검사의 기술기준에 따라 비호환형 수신부는 신호입력회로에 공칭작동전류치의 42%에 대응하는 변류기의 설계출력전압을 가하는 경우 몇 초 이내에 작동하지 아니하여야 하는가?

① 10초 ② 20초
③ 30초 ④ 60초

해설 **수신부**의 **기능**(누전경보기의 형식승인 및 제품검사의 기술기준 26조)

구 분	호환형 수신부	비호환형 수신부
부작동시험	신호입력회로에 공칭작동전류치에 대응하는 변류기의 설계출력전압의 **52%**인 전압을 가하는 경우 **30초** 이내에 작동하지 아니할 것	신호입력회로에 공칭작동전류치의 **42%**에 대응하는 변류기의 설계출력전압을 가하는 경우 **30초** 이내에 작동하지 아니할 것 보기 ③
작동시험	공칭작동전류치에 대응하는 변류기의 설계출력전압의 **75%**인 전압을 가하는 경우 **1초**(차단기구가 있는 것은 **0.2초**) 이내에 작동할 것	공칭작동전류치에 대응하는 변류기의 설계출력전압을 가하는 경우 **1초**(차단기구가 있는 것은 **0.2초**) 이내에 작동할 것

답 ③

★★★

63 자동화재탐지설비 및 시각경보장치의 화재안전기준에 따른 감지기의 시설기준으로 옳은 것은?

20.06.문63 19.03.문72 17.03.문61 15.05.문69 12.05.문66 11.03.문78 01.03.문63 98.07.문75 97.03.문68

① 스포트형 감지기는 15° 이상 경사되지 아니하도록 부착할 것
② 공기관식 차동식 분포형 감지기의 검출부는 45° 이상 경사되지 아니하도록 부착할 것
③ 보상식 스포트형 감지기는 정온점이 감지기 주위의 평상시 최고온도보다 20℃ 이상 높은 것으로 설치할 것
④ 정온식 감지기는 주방·보일러실 등으로서 다량의 화기를 취급하는 장소에 설치하되, 공칭작동온도가 최고주위온도보다 30℃ 이상 높은 것으로 설치할 것

해설

① 15° → 45°
② 45° → 5°
④ 30℃ → 20℃

감지기 설치기준(NFPC 203 7조, NFTC 203 2.4.3.3~2.4.3.7)
(1) 공기관의 노출부분은 감지구역마다 20m 이상이 되도록 할 것
(2) 하나의 검출부분에 접속하는 공기관의 길이는 100m 이하로 할 것
(3) 공기관과 감지구역의 각 변과의 수평거리는 1.5m 이하가 되도록 할 것
(4) 감지기(**차동식 분포형** 및 **특수한 것** 제외)는 실내로의 공기유입구로부터 **1.5m** 이상 떨어진 위치에 설치
(5) 감지기는 천장 또는 반자의 옥내에 면하는 부분에 설치
(6) **보상식 스포트형 감지기**는 정온점이 감지기 주위의 평상시 최고온도보다 **20℃** 이상 높은 것으로 설치 [보기 ③]
(7) **정온식 감지기는 주방·보일러실** 등으로 다량의 화기를 단속적으로 취급하는 장소에 설치하되, 공칭작동온도가 최고주위온도보다 **20℃** 이상 높은 것으로 설치 [보기 ④]
(8) 스포트형 감지기는 **45°** 이상 경사지지 않도록 부착 [보기 ①]
(9) **공기관식** 차동식 분포형 감지기 설치시 공기관은 **도중**에서 **분기**하지 않도록 부착
(10) **공기관식** 차동식 분포형 감지기의 검출부는 5° 이상 경사되지 않도록 설치 [보기 ②]

중요

경사제한각도

공기관식 감지기의 검출부	스포트형 감지기
5° 이상	**45°** 이상

답 ③

★★★

64 누전경보기의 화재안전기준에 따라 경계전로의 누설전류를 자동적으로 검출하여 이를 누전경보기의 수신부에 송신하는 것은 어느 것인가?

19.03.문78 15.03.문66 10.09.문67

① 변류기
② 변압기
③ 음향장치
④ 과전류차단기

해설 **누전경보기**(NFPC 205 3조, NFTC 205 1.7)

용 어	설 명
수신부	변류기로부터 검출된 **신호**를 **수신**하여 누전의 발생을 해당 소방대상물의 **관계인**에게 **경보**하여 주는 것(**차단기구**를 갖는 것 포함)
변류기	경계전로의 **누설전류**를 자동적으로 **검출**하여 이를 누전경보기의 수신부에 송신하는 것 [보기 ①]

기억법 수수변누

비교

누전경보기의 **구성요소**(세부적인 구분)

구성요소	설 명
변류기	**누설전류**를 **검출**한다.
수신기	**누설전류**를 **증폭**한다.
음향장치	**경보**한다.
차단기	차단릴레이 포함

답 ①

★

65 비상방송설비의 화재안전기준에 따라 전원회로의 배선으로 사용할 수 없는 것은?

20.06.문78

① 450/750V 비닐절연전선
② 0.6/1kV EP 고무절연 클로로프렌 시스 케이블
③ 450/750V 저독성 난연 가교 폴리올레핀 절연전선
④ 내열성 에틸렌-비닐 아세테이트 고무절연 케이블

해설

① 해당없음

(1) **비상방송설비**의 **배선**(NFPC 202 5조, NFTC 202 2.2.1.2)
전원회로의 배선은 「옥내소화전설비의 화재안전기술기준[NFTC 102 2.7.2(1)]에 따른 **내화배선**에 따르고, 그 밖의 배선은 「옥내소화전설비의 화재안전기술기준[NFTC 102 2.7.2(1), 2.7.2(2)]에 따른 **내화배선** 또는 **내열배선**에 따라 설치할 것

(2) **옥내소화전설비**의 **화재안전기술기준**(NFTC 102 2.7.2)

㉠ **내화배선**

사용전선의 종류	공사방법
① 450/750V 저독성 난연 가교 폴리올레핀 절연전선 보기 ③ ② 0.6/1kV 가교 폴리에틸렌 절연 저독성 난연 폴리올레핀 시스 전력 케이블 ③ 6/10kV 가교 폴리에틸렌 절연 저독성 난연 폴리올레핀 시스 전력용 케이블 ④ 가교 폴리에틸렌 절연 비닐시스 트레이용 난연 전력 케이블 ⑤ 0.6/1kV EP 고무절연 클로로프렌 시스 케이블 보기 ② ⑥ 300/500V 내열성 실리콘 고무절연전선(180℃) ⑦ 내열성 에틸렌-비닐 아세테이트 고무절연 케이블 보기 ④ ⑧ 버스덕트(bus duct)	**금속관** · **2종 금속제 가요전선관** 또는 **합성수지관**에 수납하여 내화구조로 된 벽 또는 바닥 등에 벽 또는 바닥의 표면으로부터 **25mm** 이상의 깊이로 매설하여야 한다. 기억법 **금2가합25** 단, 다음의 기준에 적합하게 설치하는 경우에는 그러하지 아니하다. ① 배선을 **내**화성능을 갖는 배선**전**용실 또는 배선용 **샤**프트 · **피**트 · **덕**트 등에 설치하는 경우 ② 배선전용실 또는 배선용 샤프트 · 피트 · 덕트 등에 **다**른 설비의 배선이 있는 경우에는 이로부터 **15cm** 이상 떨어지게 하거나 소화설비의 배선과 이웃하는 다른 설비의 배선 사이에 배선지름(배선의 지름이 다른 경우에는 가장 큰 것을 기준으로 한다)의 **1.5배** 이상의 높이의 **불연성 격벽**을 설치하는 경우 기억법 **내전샤피덕 다15**
내화전선	**케이블공사**

㉡ **내열배선**

사용전선의 종류	공사방법
① 450/750V 저독성 난연 가교 폴리올레핀 절연전선 ② 0.6/1kV 가교 폴리에틸렌 절연 저독성 난연 폴리올레핀 시스 전력 케이블 ③ 6/10kV 가교 폴리에틸렌 절연 저독성 난연 폴리올레핀 시스 전력용 케이블 ④ 가교 폴리에틸렌 절연 비닐시스 트레이용 난연 전력 케이블 ⑤ 0.6/1kV EP 고무절연 클로로프렌 시스 케이블 ⑥ 300/500V 내열성 실리콘 고무절연전선(180℃) ⑦ 내열성 에틸렌-비닐 아세테이트 고무절연 케이블 ⑧ 버스덕트(bus duct)	**금속관** · **금속제 가요전선관** · **금속덕트** 또는 **케이블**(불연성 덕트에 설치하는 경우에 한한다) **공사**방법에 따라야 한다. 단, 다음의 기준에 적합하게 설치하는 경우에는 그러하지 아니하다. ① 배선을 내화성능을 갖는 배선전용실 또는 배선용 샤프트 · 피트 · 덕트 등에 설치하는 경우 ② 배선전용실 또는 배선용 샤프트 · 피트 · 덕트 등에 다른 설비의 배선이 있는 경우에는 이로부터 **15cm** 이상 떨어지게 하거나 소화설비의 배선과 이웃하는 다른 설비의 배선 사이에 배선지름(배선의 지름이 다른 경우에는 지름이 가장 큰 것을 기준으로 한다)의 **1.5배** 이상의 높이의 **불연성 격벽**을 설치하는 경우
내화전선	**케이블공사**

답 ①

★★★ **66**

18.04.문73 17.03.문80 15.03.문61 14.09.문73 14.03.문73 13.03.문72 12.09.문69

층수가 11층 이상으로서 연면적 3000m²를 초과하는 특정소방대상물의 2층에서 발화한 때의 경보기준으로 옳은 것은? (단, 비상방송설비의 화재안전기준에 따른다.)

① 발화층에만 경보를 발할 것
② 발화층 및 그 직상 4개층에만 경보를 발할 것
③ 발화층 · 그 직상 4개층 및 지하층에 경보를 발할 것
④ 발화층 · 그 직상층 및 기타의 지하층에 경보를 발할 것

해설 **비상방송설비 우선경보방식**(NFPC 202 4조, NFTC 202 2.1.1.7)

11층(공동주택 16층) 이상의 특정소방대상물의 경보

발화층	경보층	
	11층(공동주택 16층) 미만	11층(공동주택 16층) 이상
2층 이상 발화	전층 일제경보	• 발화층 • 직상 4개층
1층 발화		• 발화층 • 직상 4개층 • 지하층
지하층 발화		• 발화층 • 직상층 • 기타의 지하층

답 ②

★★★

67 자동화재탐지설비 및 시각경보장치의 화재안전기준에 따라 감지기회로의 도통시험을 위한 종단저항의 설치기준으로 틀린 것은?

20.06.문79
19.04.문70
13.03.문78
12.09.문64
11.06.문78
08.09.문71

① 감지기회로의 끝부분에 설치할 것
② 점검 및 관리가 쉬운 장소에 설치할 것
③ 전용함을 설치하는 경우 그 설치 높이는 바닥으로부터 2.0m 이내로 할 것
④ 종단감지기에 설치할 경우에는 구별이 쉽도록 해당 감지기의 기판 등에 별도의 표시를 할 것

해설

③ 2.0m → 1.5m

감지기회로의 **도통시험**을 위한 **종단저항**의 **기준**(NFPC 203 11조, NFTC 203 2.8.1.3)

(1) **점검** 및 **관리**가 쉬운 장소에 설치할 것
(2) 전용함 설치시 **바닥**에서 **1.5m** 이내의 높이에 설치할 것 보기 ③
(3) 감지기회로의 **끝부분**에 설치하며, 종단감지기에 설치할 경우 구별이 쉽도록 해당 감지기의 기판 및 감지기 외부 등에 별도의 표시를 할 것

용어

도통시험
감지기회로의 단선 유무 확인

답 ③

★

68 경종의 우수품질인증 기술기준에 따른 기능시험에 대한 내용이다. 다음 ( )에 들어갈 내용으로 옳은 것은?

> 경종은 정격전압을 인가하여 경종의 중심으로부터 1m 떨어진 위치에서 (㉠)dB 이상이어야 하며, 최소청취거리에서 (㉡)dB을 초과하지 아니하여야 한다.

① ㉠ 90, ㉡ 110　② ㉠ 90, ㉡ 130
③ ㉠ 110, ㉡ 90　④ ㉠ 110, ㉡ 130

해설 **경종**의 **기능시험**(경종의 우수품질인증 기술기준 4조)

구 분	설 명
적합기능 보기 ①	① 중심으로부터 1m 떨어진 위치에서 **90dB** 이상 ② 최소청취거리에서 **110dB**을 초과하지 아니할 것
소비전류	**50mA** 이하

답 ①

★★★

69 「유통산업발전법」 제2조 제3호에 따른 대규모점포(지하상가 및 지하역사는 제외한다)와 영화상영관에는 보행거리 몇 m 이내마다 휴대용 비상조명등을 3개 이상 설치하여야 하는가? (단, 비상조명등의 화재안전기준에 따른다.)

20.09.문65
19.03.문74
17.05.문67
15.09.문64
15.05.문61
14.09.문75
13.03.문68
12.03.문61
09.05.문76

① 50　② 60
③ 70　④ 80

해설 **휴대용 비상조명등**의 **설치기준**(NFPC 304 4조, NFTC 304 2.1.2)

설치개수	설치장소
1개 이상	• **숙박시설** 또는 **다중이용업소**에는 객실 또는 영업장 안의 구획된 실마다 잘 보이는 곳(외부에 설치시 출입문 손잡이로부터 **1m 이내** 부분)
3개 이상	• **지하상가** 및 **지하역사**의 **보행거리 25m** 이내마다 • **대규모점포(백화점 · 대형점 · 쇼핑센터)** 및 **영화상영관**의 **보행거리 50m** 이내마다 보기 ①

(1) 바닥으로부터 **0.8~1.5m** 이하의 높이에 설치할 것
(2) 어둠 속에서 **위치**를 **확인**할 수 있도록 할 것
(3) 사용시 **자동**으로 **점등**되는 구조일 것
(4) 외함은 **난연성능**이 있을 것
(5) 건전지를 사용하는 경우에는 **방전방지조치**를 하여야 하고, **충전식 배터리**의 경우에는 **상시 충전**되도록 할 것
(6) 건전지 및 충전식 배터리의 용량은 **20분** 이상 유효하게 사용할 수 있는 것으로 할 것

답 ①

★

70 자동화재탐지설비 및 시각경보장치의 화재안전기준에 따라 전화기기실, 통신기기실 등과 같은 훈소화재의 우려가 있는 장소에 적응성이 없는 감지기는?

① 광전식 스포트형
② 광전아날로그식 분리형
③ 광전아날로그식 스포트형
④ 이온아날로그식 스포트형

해설 **연기감지기**를 **설치**할 수 있는 **경우**(NFTC 203 2.4.6(2))
훈소화재

(1) **광**전식 스포트형
(2) **광**전아날로그식 스포트형
(3) **광**전식 분리형
(4) **광**전아날로그식 분리형

기억법 **광훈**

답 ④

★★★

71

17.03.문67
14.05.문68
13.06.문61
11.03.문77

자동화재속보설비의 속보기의 성능인증 및 제품검사의 기술기준에 따른 속보기의 기능에 대한 내용이다. 다음 (　)에 들어갈 내용으로 옳은 것은?

> 작동신호를 수신하거나 수동으로 동작시키는 경우 (㉠)초 이내에 소방관서에 자동적으로 신호를 발하여 통보하되, (㉡)회 이상 속보할 수 있어야 한다.

① ㉠ 10, ㉡ 3
② ㉠ 10, ㉡ 5
③ ㉠ 20, ㉡ 3
④ ㉠ 20, ㉡ 5

해설 **속보기**의 **기준**(자동화재속보설비의 속보기의 성능인증 및 제품검사의 기술기준 3·5조)

(1) **수동통화**용 송수화기를 설치
(2) **20초** 이내에 **3회** 이상 **소방관서**에 자동속보 보기 ③
(3) 예비전원은 감시상태를 **60분**간 지속한 후 **10분** 이상 동작이 지속될 수 있는 용량일 것
(4) 다이얼링 : **10회** 이상

기억법 속203

답 ③

★★★

72

21.09.문62
20.08.문64
19.04.문63
18.04.문61
17.03.문72
16.10.문61
16.05.문76
15.09.문80
14.03.문64
11.10.문67

비상콘센트설비의 화재안전기준에 따른 비상콘센트설비의 전원회로(비상콘센트에 전력을 공급하는 회로를 말한다)의 설치기준으로 틀린 것은?

① 전원회로는 주배전반에서 전용 회로로 할 것
② 전원회로는 각 층에 1 이상이 되도록 설치할 것
③ 콘센트마다 배선용 차단기(KS C 8321)를 설치하여야 하며, 충전부가 노출되지 아니하도록 할 것
④ 비상콘센트설비의 전원회로는 단상 교류 220V인 것으로서, 그 공급용량은 1.5kVA 이상인 것으로 할 것

해설 ② 1 이상 → 2 이상

비상콘센트설비(NFPC 504 4조, NFTC 504 2.1)

구 분	전 압	용 량	플러그접속기
단상 교류	220V 보기 ④	1.5kVA 이상 보기 ④	접지형 2극

(1) 하나의 전용 회로에 설치하는 비상콘센트는 **10개** 이하로 할 것(전선의 용량은 최대 **3개**)

설치하는 비상콘센트 수량	전선의 용량산정시 적용하는 비상콘센트 수량	단상 전선의 용량
1개	1개 이상	1.5kVA 이상
2개	2개 이상	3.0kVA 이상
3~10개	3개 이상	4.5kVA 이상

(2) 전원회로는 각 층에 있어서 **2 이상**이 되도록 설치할 것(단, 설치하여야 할 층의 콘센트가 **1개**인 때에는 하나의 회로로 할 수 있다.) 보기 ②
(3) 플러그접속기의 칼받이 접지극에는 **접지공사**를 하여야 한다.
(4) 풀박스는 **1.6mm** 이상의 철판을 사용할 것
(5) 절연저항은 **전원부**와 **외함** 사이를 **직류 500V 절연저항계**로 측정하여 **20MΩ** 이상일 것
(6) 전원으로부터 각 층의 비상콘센트에 분기되는 경우에는 **분기배선용 차단기**를 보호함 안에 설치할 것
(7) 바닥으로부터 **0.8~1.5m** 이하의 높이에 설치할 것
(8) 전원회로는 주배전반에서 **전용 회로**로 하며, 배선의 종류는 **내화배선**이어야 한다. 보기 ①
(9) 콘센트마다 **배선용 차단기**(KS C 8321)를 설치하여야 하며, 충전부는 노출되지 아니할 것 보기 ③

답 ②

★★★

73

18.09.문67
17.05.문69
16.03.문61
14.05.문62
13.06.문75
11.10.문74
07.05.문79

무선통신보조설비의 화재안전기준에 따라 분배기·분파기 및 혼합기 등의 임피던스는 몇 Ω의 것으로 하여야 하는가?

① 10
② 20
③ 50
④ 75

해설 **무선통신보조설비**의 **분배기·분파기·혼합기 설치기준**(NFPC 505 7조, NFTC 505 2.4)

(1) 먼지·습기·부식 등에 이상이 없을 것
(2) 임피던스 **50Ω**의 것 보기 ③
(3) 점검이 편리하고 화재 등의 피해 우려가 없는 장소

비교

증폭기 및 **무선중계기**의 **설치기준**(NFPC 505 8조, NFTC 505 2.5.1)

(1) 전원은 **축전지설비**, **전기저장장치** 또는 **교류전압 옥내간선**으로 하고, 전원까지의 배선은 **전용**으로 할 것
(2) 증폭기의 전면에는 전원확인 **표시등** 및 **전압계**를 설치할 것
(3) 증폭기의 비상전원 용량은 **30분** 이상일 것
(4) **증폭기** 및 **무선중계기**를 설치하는 경우 전파법에 따른 적합성 평가를 받은 제품으로 설치하고 임의로 변경하지 않도록 할 것
(5) 디지털방식의 무전기를 사용하는 데 지장이 없도록 설치할 것

용어

전기저장장치
외부 전기에너지를 저장해 두었다가 필요한 때 전기를 공급하는 장치

답 ③

★★★
74 자동화재탐지설비 및 시각경보장치의 화재안전기준에 따라 광전식 분리형 감지기의 설치기준에 대한 설명으로 틀린 것은?

18.04.문80
18.03.문66
17.05.문76
16.10.문65
13.03.문65
06.03.문68

① 감지기의 수광면은 햇빛을 직접 받지 않도록 설치할 것
② 감지기의 송광부와 수광부는 설치된 뒷벽으로부터 1m 이내 위치에 설치할 것
③ 광축(송광면과 수광면의 중심을 연결한 선)은 나란한 벽으로부터 0.6m 이상 이격하여 설치할 것
④ 광축의 높이는 천장 등(천장의 실내에 면한 부분 또는 상층의 바닥하부면을 말한다) 높이의 70% 이상일 것

해설 ④ 70% → 80%

광전식 분리형 감지기의 설치기준(NFPC 203 7조, NFTC 203 2.4.3.15)
(1) 감지기의 광축의 길이는 공칭감시거리 범위 이내이어야 한다.
(2) 감지기의 송광부와 수광부는 설치된 뒷벽으로부터 **1m 이내**의 위치에 설치해야 한다. 보기 ②
(3) 감지기의 수광면은 햇빛을 직접 받지 않도록 설치해야 한다. 보기 ①
(4) 광축은 나란한 벽으로부터 **0.6m 이상** 이격하여야 한다. 보기 ③
(5) 광축의 높이는 천장 등 높이의 **80%** 이상일 것 보기 ④

기억법 광분8(광 분할해서 팔아요.)

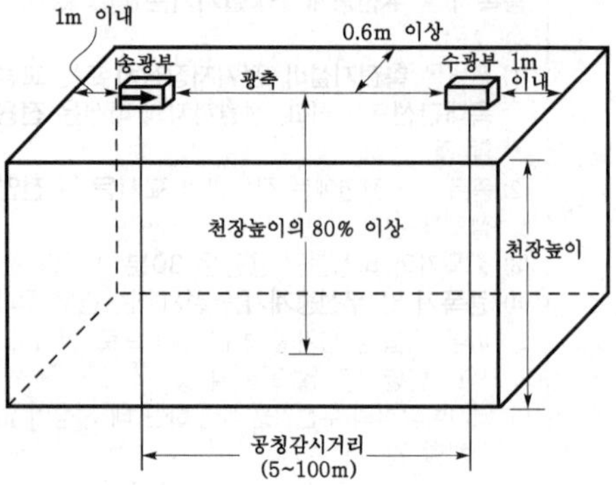

‖ 광전식 분리형 감지기의 설치 ‖

중요

광전식 분리형 감지기의 동작원리

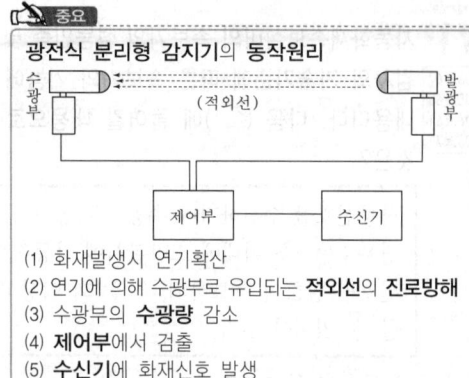

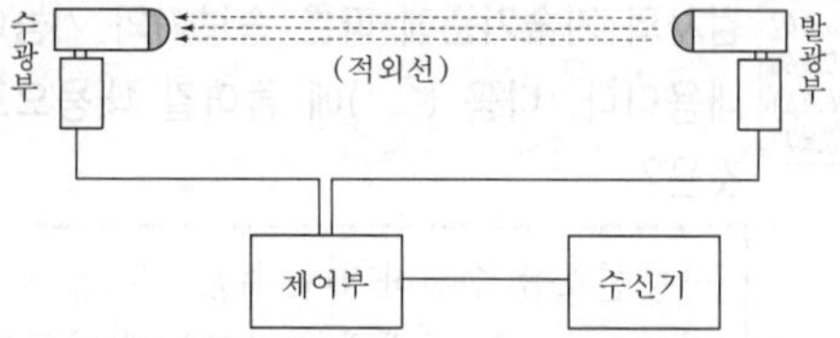

(1) 화재발생시 연기확산
(2) 연기에 의해 수광부로 유입되는 **적외선**의 **진로방해**
(3) 수광부의 **수광량** 감소
(4) **제어부**에서 검출
(5) **수신기**에 화재신호 발생

답 ④

★★
75 유도등의 형식승인 및 제품검사의 기술기준에 따라 유도등의 교류입력측과 외함 사이, 교류입력측과 충전부 사이 및 절연된 충전부와 외함 사이의 각 절연저항을 DC 500V의 절연저항계로 측정한 값이 몇 MΩ 이상이어야 하는가?

21.05.문71
11.10.문61

① 0.1 ② 5
③ 20 ④ 50

해설 **절연저항시험**

절연저항계	절연저항	대 상
직류 250V	0.1MΩ 이상	• 1경계구역의 절연저항
직류 500V	5MΩ 이상	• 누전경보기 • 가스누설경보기 • 수신기(10회로 미만, 절연된 충전부와 외함간) • 자동화재속보설비 • 비상경보설비 • 유도등(교류입력측과 외함 간 포함) 보기 ② • 비상조명등(교류입력측과 외함 간 포함)
	20MΩ 이상	• 경종 • 발신기 • 중계기 • 비상콘센트 • 기기의 절연된 선로 간 • 기기의 충전부와 비충전부 간 • 기기의 교류입력측과 외함 간(유도등 · 비상조명등 제외)
	50MΩ 이상	• 감지기(정온식 감지선형 감지기 제외) • 가스누설경보기(10회로 이상) • 수신기(10회로 이상, 교류입력측과 외함간 제외)
	1000MΩ 이상	• 정온식 감지선형 감지기

답 ②

★
76 **비상경보설비의 축전지의 성능인증 및 제품검사의 기술기준에 따른 축전지설비의 외함 두께는 강판인 경우 몇 mm 이상이어야 하는가?**

① 0.7
② 1.2
③ 2.3
④ 3

해설 **축전지 외함 · 속보기**의 **외함두께**(비상경보설비의 축전지의 성능인증 및 제품검사의 기술기준 4조)

강 판	합성수지
1.2mm 이상 보기 ②	3mm 이상

답 ②

★★★
77 **유도등 및 유도표지의 화재안전기준에 따라 객석 내 통로의 직선부분 길이가 85m인 경우 객석유도등을 몇 개 설치하여야 하는가?**

19.04.문69
17.05.문74
14.09.문62
14.03.문62
13.03.문76
12.03.문63

① 17개
② 19개
③ 21개
④ 22개

해설 **최소 설치개수 산정식**(NFPC 303 7조, NFTC 303 2.4.2)
설치개수 산정시 소수가 발생하면 반드시 **절상**한다.

(1) **객석유도등**

$$설치개수 = \frac{객석통로의\ 직선부분의\ 길이[m]}{4} - 1$$

$$= \frac{85}{4} - 1 = 20.25 \fallingdotseq 21개$$

기억법 객4

(2) **유도표지**

$$설치개수 = \frac{구부러진\ 곳이\ 없는\ 부분의\ 보행거리[m]}{15} - 1$$

기억법 유15

(3) **복도통로유도등, 거실통로유도등**

$$설치개수 = \frac{구부러진\ 곳이\ 없는\ 부분의\ 보행거리[m]}{20} - 1$$

기억법 통2

용어

절상
'소수점 이하는 무조건 올린다.'는 뜻

답 ③

★★★
78 **비상경보설비 및 단독경보형 감지기의 화재안전기준에 따른 용어에 대한 정의로 틀린 것은?**

19.04.문77
14.09.문67
13.03.문75

① 비상벨설비라 함은 화재발생상황을 경종으로 경보하는 설비를 말한다.
② 자동식 사이렌설비라 함은 화재발생상황을 사이렌으로 경보하는 설비를 말한다.
③ 수신기라 함은 발신기에서 발하는 화재신호를 간접 수신하여 화재의 발생을 표시 및 경보하여 주는 장치를 말한다.
④ 단독경보형 감지기라 함은 화재발생상황을 단독으로 감지하여 자체에 내장된 음향장치로 경보하는 감지기를 말한다.

해설 ③ 간접 → 직접

비상경보설비에 **사용**되는 **용어**(NFPC 201 3조, NFTC 201 1.7)

용 어	설 명
비상벨설비 보기 ①	화재발생상황을 **경종**으로 경보하는 설비
자동식 사이렌설비 보기 ②	화재발생상황을 **사이렌**으로 경보하는 설비
발신기	화재발생신호를 수신기에 **수동**으로 **발신**하는 장치
수신기 보기 ③	발신기에서 발하는 **화재신호**를 **직접 수신**하여 화재의 발생을 **표시** 및 **경보**하여 주는 장치
단독경보형 감지기 보기 ④	화재발생상황을 **단독**으로 **감지**하여 **자체**에 **내장**된 **음향장치**로 경보하는 감지기

답 ③

★★★
79 **다음의 무선통신보조설비 그림에서 ㉠에 해당하는 것은?**

20.08.문65
19.03.문80
17.05.문68
16.10.문72
15.09.문78
14.05.문78
12.05.문78
10.05.문76
08.09.문70

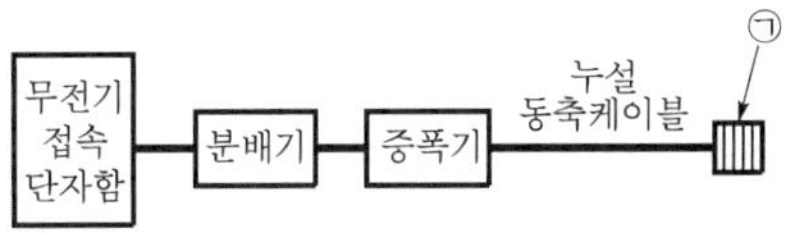

① 혼합기　　② 옥외안테나
③ 무선중계기　　④ 무반사종단저항

해설

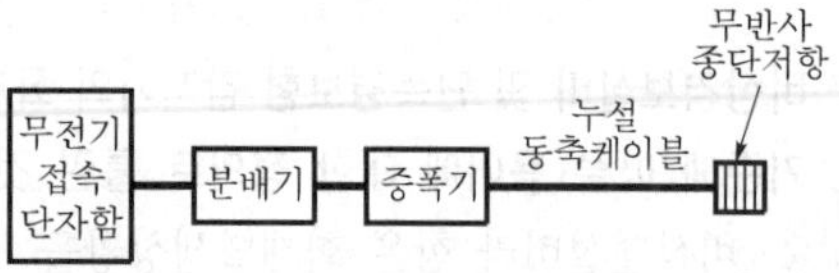

용어

무선통신보조설비의 **정의**(NFPC 505 3조, NFTC 505 1.7)

용 어	정 의
분배기	신호의 전송로가 분기되는 장소에 설치하는 것으로 **임피던스 매칭**(matching)과 **신호 균등분배**를 위해 사용하는 장치
분파기	서로 다른 주파수의 합성된 **신호**를 **분리**하기 위해서 사용하는 장치
혼합기	**두 개 이상**의 **입력신호**를 원하는 비율로 조합한 출력이 발생하도록 하는 장치
증폭기	신호 전송시 신호가 약해져 **수신**이 **불가능**해지는 것을 **방지**하기 위해서 증폭하는 장치
무선중계기	안테나를 통하여 수신된 **무전기 신호**를 **증폭**한 후 **음영지역**에 재방사하여 무전기 상호간 송수신이 가능하도록 하는 장치
옥외안테나	감시제어반 등에 설치된 **무선중계기**의 **입력**과 출력포트에 연결되어 송수신 신호를 원활하게 방사·수신하기 위해 **옥외**에 설치하는 장치
무반사 종단저항	전송로로 전송되는 전자파가 전송로의 종단에서 반사되어 **교신**을 **방해**하는 것을 막기 위한 저항

• 무전기접속단자함 : 현재는 사용하지 않음

답 ④

★★★

80 자동화재탐지설비 및 시각경보장치의 화재안전기준에 따라 부착높이 8m 이상 15m 미만에 설치되는 감지기의 종류로 틀린 것은?

21.05.문76
14.03.문79
12.03.문66

① 불꽃감지기
② 이온화식 2종
③ 차동식 분포형
④ 보상식 스포트형

해설

④ 4m 이상 8m 미만

감지기의 **부착높이**(NFPC 203 7조, NFTC 203 2.4.1)

부착높이	감지기의 종류
4m 미만	• 차동식(스포트형, 분포형) • 보상식 스포트형 • 정온식(스포트형, 감지선형) ─ **열**감지기 • 이온화식 또는 광전식(스포트형, 분리형, 공기흡입형) : **연**기감지기 • 열복합형 • 연기복합형 • 열연기복합형 ─ **복**합형 감지기 • **불**꽃감지기 기억법 **열연불복 4미**
4~8m 미만	• 차동식(스포트형, 분포형) • **보상식 스포트형** 보기 ④ • **정**온식(스포트형, 감지선형) **특**종 또는 **1**종 ─ **열**감지기 • **이**온화식 **1**종 또는 **2**종 • **광**전식(스포트형, 분리형, 공기흡입형) 1종 또는 2종 ─ 연기감지기 • 열복합형 • 연기복합형 • 열연기복합형 ─ **복**합형 감지기 • **불**꽃감지기 기억법 **8미열 정특1 이광12 복불**
8~15m 미만	• 차동식 **분**포형 보기 ③ • **이**온화식 **1**종 또는 **2**종 보기 ② • **광**전식(스포트형, 분리형, 공기흡입형) 1종 또는 2종 • **연**기**복**합형 • **불**꽃감지기 보기 ① 기억법 **15분 이광12 연복불**
15~20m 미만	• **이**온화식 1종 • **광**전식(스포트형, 분리형, 공기흡입형) 1종 • **연**기**복**합형 • **불**꽃감지기 기억법 **이광불연복2**
20m 이상	• **불**꽃감지기 • **광**전식(분리형, 공기흡입형) 중 **아**날로그방식 기억법 **불광아**

답 ④

2022. 4. 24 시행

▮2022년 기사 제2회 필기시험▮

자격종목	종목코드	시험시간	형별	수험번호	성명
소방설비기사(전기분야)		2시간			

※ 각 문항은 4지택일형으로 질문에 가장 적합한 보기 항을 선택하여 체크하여야 합니다.

제 1 과목 소방원론

★★★
01 목조건축물의 화재특성으로 틀린 것은?

21.05.문01 19.09.문11 18.03.문05 16.10.문04 14.05.문01 10.09.문08

① 습도가 낮을수록 연소확대가 빠르다.
② 화재진행속도는 내화건축물보다 빠르다.
③ 화재 최성기의 온도는 내화건축물보다 낮다.
④ 화재성장속도는 횡방향보다 종방향이 빠르다.

유사문제부터 풀어보세요. 실력이 팍!팍! 올라갑니다.

해설 ③ 낮다. → 높다.

목조건물	내화건물
① 화재성상 : **고**온**단**기형 ② 최고온도(최성기 온도) : **13**00℃ 보기 ③ 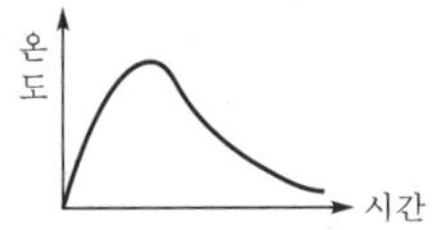 기억법 목고단 13	① 화재성상 : 저온장기형 ② 최고온도(최성기 온도) : 900~1000℃ 보기 ③ 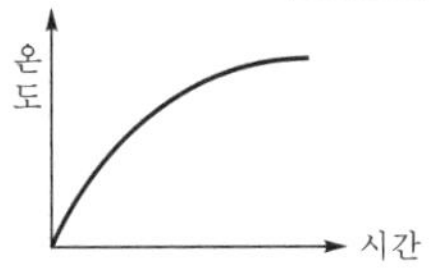

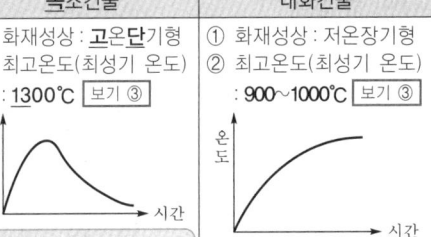

• 목조건물=목재건물

답 ③

★
02 물이 소화약제로서 사용되는 장점이 아닌 것은?

13.03.문08

① 가격이 저렴하다.
② 많은 양을 구할 수 있다.
③ 증발잠열이 크다.
④ 가연물과 화학반응이 일어나지 않는다.

해설 **물**이 **소화작업**에 **사용**되는 **이유**
(1) 가격이 싸다. 보기 ①
(2) 쉽게 구할 수 있다(많은 양을 구할 수 있다). 보기 ②
(3) 열흡수가 매우 크다(증발잠열이 크다). 보기 ③
(4) 사용방법이 비교적 간단하다.

• 물은 **증발잠열**(기화잠열)이 커서 **냉각소화** 및 무상주수시 **질식소화**가 가능하다.

답 ④

★★★
03 정전기로 인한 화재를 줄이고 방지하기 위한 대책 중 틀린 것은?

21.09.문58 13.06.문44 12.09.문53

① 공기 중 습도를 일정값 이상으로 유지한다.
② 기기의 전기절연성을 높이기 위하여 부도체로 차단공사를 한다.
③ 공기 이온화 장치를 설치하여 가동시킨다.
④ 정전기 축적을 막기 위해 접지선을 이용하여 대지로 연결작업을 한다.

해설 ② 도체 사용으로 전류가 잘 흘러가도록 해야 함

위험물규칙 〔별표 4〕
정전기 제거방법
(1) **접지**에 의한 방법 보기 ④
(2) 공기 중의 상대습도를 **70%** 이상으로 하는 방법 보기 ①
(3) **공기**를 **이온화**하는 방법 보기 ③

비교

위험물규칙 〔별표 4〕
위험물을 가압하는 설비 또는 그 취급하는 위험물의 압력이 상승할 우려가 있는 설비에 설치하는 안전장치
(1) 자동적으로 **압력**의 **상승**을 **정지**시키는 장치
(2) 감압측에 **안전밸브**를 부착한 **감압밸브**
(3) **안전밸브**를 겸하는 **경보장치**
(4) **파괴판**

답 ②

★
04 프로판가스의 최소점화에너지는 일반적으로 약 몇 mJ 정도되는가?

① 0.25 ② 2.5
③ 25 ④ 250

해설

물 질	최소점화에너지
수소(H_2)	0.011mJ
벤젠(C_6H_6)	0.2mJ
에탄(C_2H_6)	0.24mJ
프로판(C_3H_8)	0.25mJ 보기 ①
부탄(C_4H_{10})	0.25mJ
메탄(CH_4)	0.28mJ

용어

최소점화에너지
가연성 가스 및 공기의 혼합가스, 즉 **가연성 혼합기**에 착화원으로 점화를 시킬 때 발화하기 위하여 필요한 착화원이 갖는 **최저**의 **에너지**

$$E=\frac{1}{2}CV^2$$

여기서, E : 최소점화에너지〔J 또는 mJ〕
C : 정전용량〔F〕
V : 전압〔V〕

• 최소점화에너지=최소착화에너지=최소발화에너지=최소정전기점화에너지

답 ①

★★
05 목재화재시 다량의 물을 뿌려 소화할 경우 기대되는 주된 소화효과는?
17.09.문03 12.09.문09
① 제거효과 ② 냉각효과
③ 부촉매효과 ④ 희석효과

해설 **소화**의 **형태**

구 분	설 명
냉각소화	• **점화원**을 냉각하여 소화하는 방법 • **증**발잠열을 이용하여 열을 빼앗아 가연물의 온도를 떨어뜨려 화재를 진압하는 소화방법 • **다량의 물을 뿌려 소화하는 방법** 보기 ② • 가연성 물질을 **발화점 이하**로 **냉각**하여 소화하는 방법 • **식용유화재**에 신선한 **야채**를 넣어 소화하는 방법 • 용융잠열에 의한 **냉각효과**를 이용하여 소화하는 방법 기억법 냉점증발
질식소화	• 공기 중의 **산소농도**를 **16%(10~15%)** 이하로 희박하게 하여 소화하는 방법 • 산화제의 농도를 낮추어 연소가 지속될 수 없도록 소화하는 방법 • 산소공급을 차단하여 소화하는 방법 • 산소의 농도를 낮추어 소화하는 방법 • 화학반응으로 발생한 **탄산가스**에 의한 소화방법 기억법 질산
제거소화	• **가연물**을 **제거**하여 소화하는 방법
부촉매소화(=화학소화)	• **연쇄반응**을 **차단**하여 소화하는 방법 • 화학적인 방법으로 화재를 억제하여 소화하는 방법 • **활성기**(free radical)의 **생성**을 **억제**하여 소화하는 방법 기억법 부억(부엌)
희석소화	• 기체·고체·액체에서 나오는 분해가스나 증기의 농도를 낮춰 소화하는 방법 • 불연성 가스의 **공기** 중 **농도**를 높여 소화하는 방법

답 ②

★
06 물질의 연소시 산소공급원이 될 수 없는 것은?
13.06.문09
① 탄화칼슘 ② 과산화나트륨
③ 질산나트륨 ④ 압축공기

해설 ① 탄화칼슘(CaC_2) : 제3류 위험물

산소공급원
(1) 제1류 위험물 : 과산화나트륨, 질산나트륨 보기 ②③
(2) 제5류 위험물
(3) 제6류 위험물
(4) 공기(압축공기) 보기 ④

답 ①

★★★
07 다음 물질 중 공기 중에서의 연소범위가 가장 넓은 것은?
20.09.문06 17.09.문20 17.03.문03 16.03.문13 15.09.문14 13.06.문04 09.03.문02
① 부탄
② 프로판
③ 메탄
④ 수소

해설 (1) **공기 중**의 **폭발한계**(익사천러로 나와야 한다.)

가 스	하한계〔vol%〕	상한계〔vol%〕
아세틸렌(C_2H_2)	2.5	81
수소(H_2) 보기 ④	4	75
일산화탄소(CO)	12	75
암모니아(NH_3)	15	25
메탄(CH_4) 보기 ③	5	15
에탄(C_2H_6)	3	12.4
프로판(C_3H_8) 보기 ②	2.1	9.5
부탄(C_4H_{10}) 보기 ①	1.8	8.4

기억법
아 2581
수 475
일 1275
암 1525
메 515
에 3124
프 2195
부 1884

(2) **폭발한계**와 **같은 의미**
㉠ 폭발범위
㉡ 연소한계
㉢ 연소범위
㉣ 가연한계
㉤ 가연범위

답 ④

★
08 이산화탄소 20g은 약 몇 mol인가?

17.09.문14
① 0.23 ② 0.45
③ 2.2 ④ 4.4

해설 **원자량**

원 소	원자량
H	1
C ⟶	12
N	14
O ⟶	16

이산화탄소 CO_2=12+16×2=44g/mol

그러므로 이산화탄소는 44g=1mol 이다.

비례식으로 풀면 44g : 1mol=20g : x

44g×x=20g×1mol

$$x = \frac{20\text{g} \times 1\text{mol}}{44\text{g}} \fallingdotseq 0.45\text{mol}$$

답 ②

★★★
09 플래시오버(flash over)에 대한 설명으로 옳은 것은?

20.09.문14
14.05.문18
14.03.문11
13.06.문17
11.06.문11

① 도시가스의 폭발적 연소를 말한다.
② 휘발유 등 가연성 액체가 넓게 흘러서 발화한 상태를 말한다.
③ 옥내화재가 서서히 진행하여 열 및 가연성 기체가 축적되었다가 일시에 연소하여 화염이 크게 발생하는 상태를 말한다.
④ 화재층의 불이 상부층으로 올라가는 현상을 말한다.

해설 **플래시오버**(flash over) : 순발연소

(1) 폭발적인 착화현상
(2) 폭발적인 **화재확대현상**
(3) 건물화재에서 발생한 가연성 가스가 일시에 인화하여 화염이 **충**만하는 단계
(4) 실내의 가연물이 연소됨에 따라 생성되는 가연성 가스가 실내에 누적되어 **폭**발적으로 연소하여 실 전체가 순간적으로 불길에 싸이는 현상
(5) **옥내화재**가 서서히 진행하여 열이 축적되었다가 일시에 화염이 크게 발생하는 상태 보기 ③
(6) **다량**의 **가연성 가스**가 동시에 연소되면서 **급**격한 온도상승을 유발하는 현상
(7) 건축물에서 한순간에 폭발적으로 화재가 확산되는 현상

기억법 **플확충 폭급**

• 플래시오버=플래쉬오버

중요

플래시오버(flash over)

구 분	설 명
발생시간	화재발생 후 **5~6분경**
발생시점	**성장기~최성기**(성장기에서 최성기로 넘어가는 분기점) 기억법 **플성최**
실내온도	약 **800~900℃**

답 ③

★★★
10 제4류 위험물의 성질로 옳은 것은?

17.05.문13
14.03.문51
13.03.문19

① 가연성 고체
② 산화성 고체
③ 인화성 액체
④ 자기반응성 물질

해설 **위험물령 〔별표 1〕**

위험물

유 별	성 질	품 명
제1류	산화성 고체	• 아염소산염류 • 염소산염류 • 과염소산염류 • 질산염류 • 무기과산화물
제2류	가연성 고체	• **황화**인 • **적린** • **황** • **철분** • **마**그네슘 기억법 **황화적황철마**
제3류	자연발화성 물질 및 금수성 물질	• **황**린 • **칼**륨 • **나**트륨 • **알**루미늄 기억법 **황칼나알**
제4류	**인화성 액체**	• 특수인화물 • 알코올류 • 석유류 • 동식물유류
제5류	자기반응성 물질	• 나이트로화합물 • 유기과산화물 • 나이트로소화합물 • 아조화합물 • 질산에스터류(셀룰로이드)
제6류	산화성 액체	• 과염소산 • 과산화수소 • 질산

답 ③

★★★
11 할론소화설비에서 Halon 1211 약제의 분자식은 어느 것인가?

21.09.문08
21.03.문02
19.09.문07
17.03.문05
16.10.문08
15.03.문04
14.09.문04
14.03.문02
13.09.문14
12.05.문04

① CBr_2ClF
② CF_2BrCl
③ CCl_2BrF
④ BrC_2ClF

해설 **할론소화약제**의 **약칭** 및 **분자식**

종 류	약 칭	분자식
할론 1011	CB	CH_2ClBr
할론 104	CTC	CCl_4
할론 1211	BCF	$CF_2ClBr(CF_2BrCl)$ 보기 ②
할론 1301	BTM	CF_3Br
할론 2402	FB	$C_2F_4Br_2$

답 ②

★★★
12 다음 중 가연물의 제거를 통한 소화방법과 무관한 것은?

19.09.문05
19.04.문18
17.03.문16
16.10.문07
16.03.문12
14.05.문11
13.03.문01
11.03.문04
08.09.문17

① 산불의 확산방지를 위하여 산림의 일부를 벌채한다.
② 화학반응기의 화재시 원료공급관의 밸브를 잠근다.
③ 전기실 화재시 IG-541 약제를 방출한다.
④ 유류탱크 화재시 주변에 있는 유류탱크의 유류를 다른 곳으로 이동시킨다.

해설 ③ **질식소화** : IG-541(불활성기체 소화약제)

제거소화의 **예**

(1) **가연성 기체** 화재시 **주밸브**를 **차단**한다(화학반응기의 화재시 원료공급관의 **밸브**를 **잠금**). 보기 ②
(2) **가연성 액체** 화재시 펌프를 이용하여 **연료**를 제거한다.
(3) **연료탱크**를 **냉각**하여 가연성 가스의 발생속도를 작게 하여 연소를 억제한다.
(4) 금속화재시 **불활성 물질**로 가연물을 덮는다.
(5) **목재**를 **방염처리**한다.
(6) 전기화재시 **전원**을 **차단**한다.
(7) 산불이 발생하면 화재의 진행방향을 앞질러 **벌목**한다(산불의 확산방지를 위하여 **산림**의 **일부**를 **벌채**). 보기 ①
(8) 가스화재시 **밸브**를 **잠궈** 가스흐름을 차단한다(가스화재시 중간밸브를 잠금).
(9) 불타고 있는 장작더미 속에서 아직 타지 않은 것을 안전한 곳으로 **운반**한다.
(10) 유류탱크 화재시 주변에 있는 유류탱크의 유류를 다른 곳으로 이동시킨다. 보기 ④
(11) 양초를 입으로 불어서 끈다.

용어
제거효과
가연물을 반응계에서 제거하든지 또는 반응계로의 공급을 정지시켜 소화하는 효과

답 ③

★
13 건물화재의 표준시간-온도곡선에서 화재발생 후 1시간이 경과할 경우 내부온도는 약 몇 ℃ 정도 되는가?

17.05.문02

① 125
② 325
③ 640
④ 925

해설 **시간경과시**의 **온도**

경과시간	온 도
30분 후	840℃
1시간 후	925~**95**0℃ 보기 ④
2시간 후	1010℃

기억법 **1시 95**

답 ④

★★★
14 위험물안전관리법령상 위험물로 분류되는 것은?

20.09.문15
19.09.문44
16.03.문05
15.05.문05
11.10.문03
07.09.문18

① 과산화수소
② 압축산소
③ 프로판가스
④ 포스겐

해설 **위험물령 [별표 1]**
위험물

유 별	성 질	품 명
제**1**류	**산**화성 **고**체	• 아염소산염류 • 염소산염류(**염소산나트륨**) • 과염소산염류 • 질산염류 • 무기과산화물 기억법 **1산고염나**
제2류	가연성 고체	• **황화**인 • **적**린 • **황** • **철**분 • **마**그네슘 기억법 **황화적황철마**
제3류	자연발화성 물질 및 금수성 물질	• **황**린 • **칼**륨 • **나**트륨 • **알**칼리토금속 • **트**리에틸알루미늄 기억법 **황칼나알트**

제4류	인화성 액체	• 특수인화물 • 석유류(벤젠) • 알코올류 • 동식물유류
제5류	자기반응성 물질	• 유기과산화물 • 나이트로화합물 • 나이트로소화합물 • 아조화합물 • 질산에스터류(셀룰로이드)
제6류	산화성 액체	• **과염소산** • **과산화수소** 보기 ① • 질산

답 ①

★★★
15 **다음 중 연기에 의한 감광계수가 0.1m^{-1}, 가시거리가 20~30m일 때의 상황으로 옳은 것은?**

21.09.문02 20.06.문01 17.03.문10 16.10.문16 16.03.문03 14.05.문06 13.09.문11

① 건물 내부에 익숙한 사람이 피난에 지장을 느낄 정도
② 연기감지기가 작동할 정도
③ 어두운 것을 느낄 정도
④ 앞이 거의 보이지 않을 정도

해설 **감광계수**와 **가시거리**

감광계수 (m^{-1})	가시거리 (m)	상 황
0.1	20~30	연기**감**지기가 작동할 때의 농도(연기감지기가 작동하기 직전의 농도) 보기 ②
0.3	5	건물 내부에 **익**숙한 사람이 피난에 지장을 느낄 정도의 농도 보기 ①
0.5	3	**어**두운 것을 느낄 정도의 농도 보기 ③
1	1~2	앞이 거의 **보**이지 않을 정도의 농도 보기 ④
10	0.2~0.5	화재 **최**성기 때의 농도
30	–	출화실에서 연기가 **분**출할 때의 농도

기억법
0123 감
035 익
053 어
112 보
100205 최
30 분

답 ②

★★★
16 **Fourier 법칙(전도)에 대한 설명으로 틀린 것은?**

18.03.문13 17.09.문35 17.05.문33 16.10.문40

① 이동열량은 전열체의 단면적에 비례한다.
② 이동열량은 전열체의 두께에 비례한다.
③ 이동열량은 전열체의 열전도도에 비례한다.
④ 이동열량은 전열체 내 · 외부의 온도차에 비례한다.

해설 ② 비례 → 반비례

열전달의 **종류**

종 류	설 명	관련 법칙
전도 (conduction)	하나의 물체가 다른 물체와 직접 **접촉**하여 열이 이동하는 현상	**푸리에**(Fourier)의 법칙
대류 (convection)	**유체**의 흐름에 의하여 열이 이동하는 현상	**뉴턴**의 법칙
복사 (radiation)	① 화재시 화원과 **격리**된 인접 가연물에 불이 옮겨 붙는 현상 ② 열전달 **매질**이 **없이** 열이 전달되는 형태 ③ 열에너지가 **전자파**의 형태로 옮겨지는 현상으로, **가장 크게 작용**한다.	**스테판-볼츠만**의 법칙

중요

공식

(1) **전도**

$$Q=\frac{kA(T_2-T_1)}{l}$$

… 비례 보기 ①③④ (분자), … 반비례 보기 ② (분모)

여기서, Q : 전도열[W]
k : 열전도율[W/m·K]
A : 단면적[m^2]
(T_2-T_1) : 온도차[K]
l : 벽체 두께[m]

(2) **대류**

$$Q=h(T_2-T_1) \cdots \text{비례}$$

여기서, Q : 대류열[W/m^2]
h : 열전달률[W/m^2·℃]
(T_2-T_1) : 온도차[℃]

(3) **복사**

$$Q=aAF(T_1^{\,4}-T_2^{\,4}) \cdots \text{비례}$$

여기서, Q : 복사열[W]
a : 스테판-볼츠만 상수[W/m^2·K^4]
A : 단면적[m^2]
F : 기하학적 Factor
T_1 : 고온[K]
T_2 : 저온[K]

답 ②

★★★
17 물질의 취급 또는 위험성에 대한 설명 중 틀린 것은?

19.03.문13
14.03.문12
07.05.문03

① 융해열은 점화원이다.
② 질산은 물과 반응시 발열반응하므로 주의를 해야 한다.
③ 네온, 이산화탄소, 질소는 불연성 물질로 취급한다.
④ 암모니아를 충전하는 공업용 용기의 색상은 백색이다.

해설 **점화원**이 될 수 없는 것
(1) **기**화열(증발열)
(2) **융**해열 보기 ①
(3) **흡**착열

기억법 **점기융흡**

답 ①

★★★
18 분말소화약제 중 탄산수소칼륨($KHCO_3$)과 요소($(NH_2)_2CO$)와의 반응물을 주성분으로 하는 소화약제는?

20.09.문07
19.03.문01
18.04.문06
17.09.문10
17.03.문18
16.10.문06
16.10.문10
16.05.문15
16.03.문09
16.03.문11
15.05.문08
12.09.문15
09.03.문01

① 제1종 분말
② 제2종 분말
③ 제3종 분말
④ 제4종 분말

해설 **분말소화약제**

종 별	분자식	착 색	적응 화재	비 고
제**1**종	탄산수소나트륨 ($NaHCO_3$)	백색	BC급	**식용유** 및 **지방질유**의 화재에 적합 기억법 **1식분(일식 분식)**
제2종	탄산수소칼륨 ($KHCO_3$)	담자색 (담회색)	BC급	-
제**3**종	제1인산암모늄 ($NH_4H_2PO_4$)	담홍색	ABC급	**차고** · **주차장**에 적합 기억법 **3분 차주 (삼보 컴퓨터 차주)**
제4종 보기 ④	**탄산수소칼륨 +요소** ($KHCO_3$ + $(NH_2)_2CO$)	회(백)색	BC급	-

답 ④

★★
19 자연발화가 일어나기 쉬운 조건이 아닌 것은?

12.05.문03

① 열전도율이 클 것
② 적당량의 수분이 존재할 것
③ 주위의 온도가 높을 것
④ 표면적이 넓을 것

해설 ① 클 것 → 작을 것

자연발화 조건
(1) 열전도율이 작을 것 보기 ①
(2) 발열량이 클 것
(3) 주위의 온도가 높을 것 보기 ③
(4) 표면적이 넓을 것 보기 ④
(5) 적당량의 수분이 존재할 것 보기 ②

비교

자연발화의 **방지법**
(1) 습도가 높은 곳을 피할 것(건조하게 유지할 것)
(2) 저장실의 온도를 낮출 것
(3) 통풍이 잘 되게 할 것
(4) 퇴적 및 수납시 열이 쌓이지 않게 할 것 (**열 축적 방지**)
(5) 산소와의 접촉을 차단할 것
(6) **열전도성**을 좋게 할 것

답 ①

★★
20 폭굉(detonation)에 관한 설명으로 틀린 것은?

16.05.문14
03.05.문10

① 연소속도가 음속보다 느릴 때 나타난다.
② 온도의 상승은 충격파의 압력에 기인한다.
③ 압력상승은 폭연의 경우보다 크다.
④ 폭굉의 유도거리는 배관의 지름과 관계가 있다.

해설 ① 느릴 때 → 빠를 때

연소반응(전파형태에 따른 분류)

폭연(deflagration)	**폭굉**(detonation)
연소속도가 음속보다 느릴 때 발생	① 연소속도가 음속보다 빠를 때 발생 보기 ① ② 온도의 상승은 **충격파**의 압력에 기인한다. 보기 ② ③ 압력상승은 **폭연**의 경우보다 **크다**. 보기 ③ ④ 폭굉의 **유도거리**는 배관의 **지름**과 **관계**가 있다. 보기 ④

※ **음속** : 소리의 속도로서 약 **340m/s**이다.

답 ①

제 2 과목 소방전기일반

21 ★★
21.05.문24

정전용량이 각각 1μF, 2μF, 3μF이고, 내압이 모두 동일한 3개의 커패시터가 있다. 이 커패시터들을 직렬로 연결하여 양단에 전압을 인가한 후 전압을 상승시키면 가장 먼저 절연이 파괴되는 커패시터는? (단, 커패시터의 재질이나 형태는 동일하다.)

① 1μF ② 2μF
③ 3μF ④ 3개 모두

해설 ① 전기량이 **작은 콘덴서**가 가장 먼저 **파괴**됨

(1) **기호**

- C_1 : 1μF=1×10^{-6}F(1μF=10^{-6}F)
- C_2 : 2μF=2×10^{-6}F(1μF=10^{-6}F)
- C_3 : 3μF=3×10^{-6}F(1μF=10^{-6}F)
- $V_1 = V_2 = V_3$(내압이 모두 동일)

내압을 1000V로 가정하면

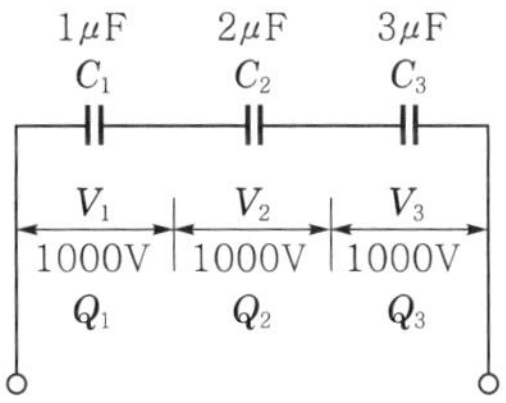

(2) **전기량**

$$Q = CV$$

여기서, Q : 전기량(전하)〔C〕
C : 정전용량〔F〕
V : 전압〔V〕

$Q_1 = C_1 V_1 = (1\times10^{-6})\times1000 = 1\times10^{-3}$C
$Q_2 = C_2 V_2 = (2\times10^{-6})\times1000 = 2\times10^{-3}$C
$Q_3 = C_3 V_3 = (3\times10^{-6})\times1000 = 3\times10^{-3}$C

Q_1(1μF)이 전기량이 가장 작으므로 **가장 먼저 파괴**된다.

답 ①

22 ★★★
21.03.문39
20.09.문23
19.09.문22
17.09.문27
16.03.문25
09.05.문32
08.03.문39

그림과 같은 블록선도의 전달함수 $\left(\dfrac{C(s)}{R(s)}\right)$는?

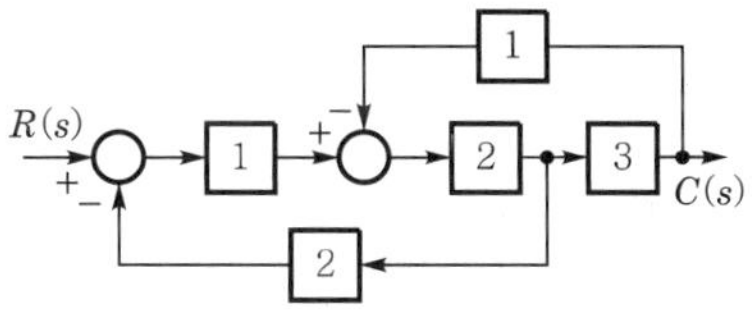

① $\dfrac{6}{23}$ ② $\dfrac{6}{17}$
③ $\dfrac{6}{15}$ ④ $\dfrac{6}{11}$

해설

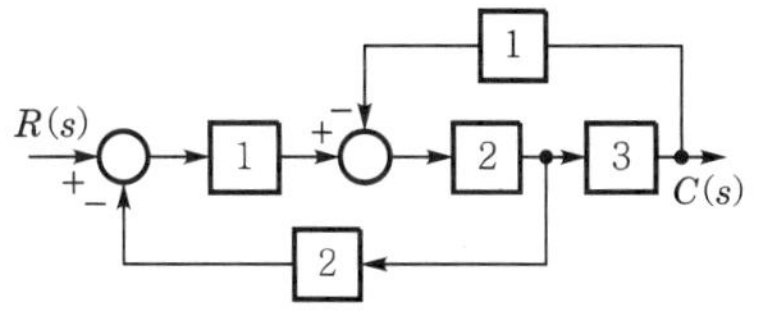

피드백되는 분기점 재배치

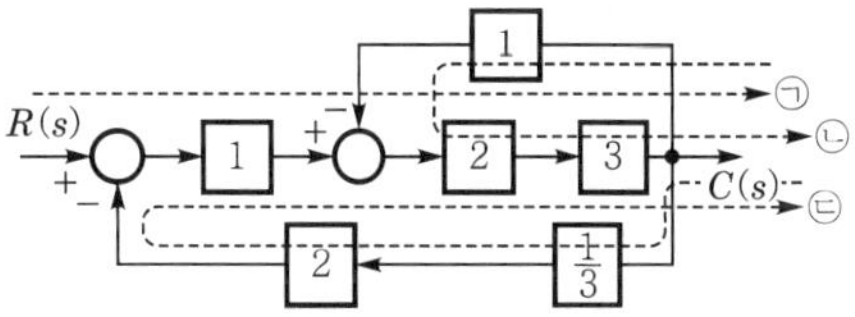

계산의 편의를 위해 (s)를 잠시 떼어놓고 계산

$R1\times2\times3 - C1\times2\times3 - C\dfrac{1}{3}\times2\times1\times2\times3 = C$

$6R - 6C - 4C = C$
$6R = 6C + 4C + C$
$6R = 11C$
$\dfrac{6}{11} = \dfrac{C}{R}$

답 ④

23 ★★★
20.09.문29
19.09.문34
13.03.문28
12.03.문31

다음 그림의 단상 반파정류회로에서 R에 흐르는 전류의 평균값은 약 몇 A인가? (단, $v(t) = 220\sqrt{2}\sin\omega t$〔V〕, $R = 16\sqrt{2}\,\Omega$, 다이오드의 전압강하는 무시한다.)

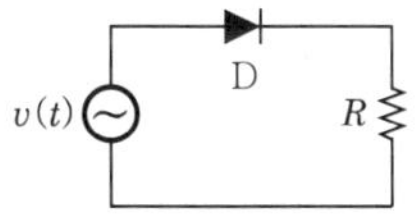

① 3.2 ② 3.8
③ 4.4 ④ 5.2

해설 (1) **순시값**

$$v = V_m \sin\omega t$$

여기서, v : 전압의 순시값〔V〕
V_m : 전압의 최대값〔V〕
ω : 각주파수〔rad/s〕
t : 주기〔s〕

$v(t) = V_m \sin\omega t = 220\sqrt{2}\sin\omega t$

(2) **전압**의 **최대값**

$$V_m = \sqrt{2}\,V$$

여기서, V_m : 전압의 최대값〔V〕

V : 전압의 실효값〔V〕

전압의 실효값 V는

$$V = \frac{V_m}{\sqrt{2}} = \frac{220\sqrt{2}}{\sqrt{2}} = 220\text{V}$$

(3) **직류 평균전압**

단상 반파정류회로	단상 전파정류회로
$V_{av} = 0.45V$ 여기서, V_{av} : 직류 평균전압〔V〕 V : 교류 실효값(교류전압)〔V〕	$V_{av} = 0.9V$ 여기서, V_{av} : 직류 평균전압〔V〕 V : 교류 실효값(교류전압)〔V〕

단상 반파정류회로 직류 평균전압 V_{av}는

$V_{av} = 0.45V = 0.45 \times 220 = 99\text{V}$

(4) **전류**의 **평균값**

전류의 평균값 I_{av}는

$$I_{av} = \frac{V_{av}}{R} = \frac{99}{16\sqrt{2}} \fallingdotseq 4.4\text{A}$$

답 ③

★★★
24

20.08.문35
17.05.문36
15.05.문40
04.03.문36

3상 유도전동기를 Y 결선으로 운전했을 때 토크가 T_Y이었다. 이 전동기를 동일한 전원에서 △ 결선으로 운전했을 때 토크($T_\triangle$)는?

① $T_\triangle = 3T_Y$　② $T_\triangle = \sqrt{3}\,T_Y$

③ $T_\triangle = \frac{1}{3}T_Y$　④ $T_\triangle = \frac{1}{\sqrt{3}}T_Y$

해설

기동전류	소비전력	기동토크
$\frac{\text{Y결선}}{\triangle\text{결선}} = \frac{1}{3}$	$\frac{\text{Y결선}}{\triangle\text{결선}} = \frac{1}{3}$	$\frac{\text{Y결선}}{\triangle\text{결선}} = \frac{1}{3}$

기동토크는 $\frac{\text{Y결선}(T_Y)}{\triangle\text{결선}(T_\triangle)} = \frac{1}{3}$ 이므로

$T_\triangle = 3T_Y$

비교

기동전류	소비전력	기동토크
$\frac{\text{Y}-\triangle\text{기동방식}}{\text{직입기동방식}} = \frac{1}{3}$	$\frac{\text{Y}-\triangle\text{기동방식}}{\text{직입기동방식}} = \frac{1}{3}$	$\frac{\text{Y}-\triangle\text{기동방식}}{\text{직입기동방식}} = \frac{1}{3}$

중요

출력

$$P = 9.8\omega\tau = 9.8 \times 2\pi\frac{N}{60} \times \tau〔\text{W}〕 \propto \tau$$

여기서, P : 출력〔W〕

ω : 각속도〔rad/s〕

N : 회전수 또는 동기속도〔rpm〕

τ : 토크〔kg · m〕

답 ①

★★★
25

21.05.문28
16.05.문25
16.03.문38
15.09.문24
12.03.문38

제어요소가 제어대상에 가하는 제어신호로 제어장치의 출력인 동시에 제어대상의 입력이 되는 것은?

① 조작량　② 제어량

③ 기준입력　④ 동작신호

해설 **피드백제어**의 **용어**

용 어	설 명
제어요소 (control element)	**동작신호**를 **조작량**으로 변환하는 요소이고, **조절부**와 **조작부**로 이루어진다.
제어량 (controlled value)	제어대상에 속하는 양으로, 제어대상을 제어하는 것을 목적으로 하는 물리적인 양이다.
조작량 (manipulated value)	• **제어장치**의 **출력**인 동시에 **제어대상**의 **입력**으로 제어장치가 제어대상에 가해지는 제어신호 보기 ① • **제어요소**에서 **제어대상**에 인가되는 양이다. 기억법 **조제대상**
제어장치 (control device)	제어하기 위해 제어대상에 부착되는 장치이고, **조절부**, **설정부**, **검출부** 등이 이에 해당된다.
오차검출기	제어량을 설정값과 비교하여 오차를 계산하는 장치이다.

답 ①

★★★
26

18.04.문31
98.07.문33
97.03.문25

어떤 코일의 임피던스를 측정하고자 한다. 이 코일에 30V의 직류전압을 가했을 때 300W가 소비되었고, 100V의 실효치 교류전압을 가했을 때 1200W가 소비되었다. 이 코일의 리액턴스〔Ω〕는?

① 2　② 4

③ 6　④ 8

해설 (1) **기호**

- $V_{직}$: 30V
- $P_{직}$: 300W
- $V_{교}$: 100V
- $P_{교}$: 1200W
- X_L : ?

(2) **직류전력**

$$P = VI = \frac{V^2}{R} = I^2R$$

여기서, P : 직류전력〔W〕

V : 전압〔V〕

I : 전류〔A〕

직류전압시 **저항** R는

$R = \frac{V^2}{P} = \frac{30^2}{300} = 3\,\Omega$

(3) **단상 교류전력**

$$P = VI\cos\theta = I^2 R$$

여기서, P : 단상 교류전력〔W〕
V : 전압〔V〕
I : 전류〔A〕
$\cos\theta$: 역률
R : 저항〔Ω〕

교류전압시 **전력** P는

$P = I^2 R = \left(\frac{V}{\sqrt{R^2 + {X_L}^2}}\right)^2 R$〔W〕에서

$P = \left(\frac{V}{\sqrt{R^2 + {X_L}^2}}\right)^2 R$

$P = \left(\frac{V^2}{(\sqrt{R^2 + {X_L}^2})^2}\right) R$

$P = \frac{V^2}{R^2 + {X_L}^2} R$

$P(R^2 + {X_L}^2) = V^2 R$

$R^2 + {X_L}^2 = \frac{V^2 R}{P}$

${X_L}^2 = \frac{V^2 R}{P} - R^2$

$\sqrt{{X_L}^2} = \sqrt{\frac{V^2 R}{P} - R^2}$

$X_L = \sqrt{\frac{V^2 R}{P} - R^2}$

코일의 **리액턴스** X_L은

$X_L = \sqrt{\frac{V^2 R}{P} - R^2} = \sqrt{\frac{100^2 \times 3}{1200} - 3^2} = 4\,\Omega$

답 ②

★

27 적분시간이 3s이고, 비례감도가 5인 PI(비례적분) 제어요소가 있다. 이 제어요소의 전달함수는?

① $\frac{5s+5}{3s}$　② $\frac{15s+5}{3s}$

③ $\frac{3s+3}{5s}$　④ $\frac{15s+3}{5s}$

해설 (1) **기호**

- T : 3s
- k : 5
- $G(s)$: ?

(2) **비례적분(PI)제어 전달함수**

$$G(s) = k\left(1 + \frac{1}{Ts}\right)$$

여기서, $G(s)$: 비례적분(PI)제어 전달함수
k : 비례감도
Ts : 적분시간〔s〕

PI제어 전달함수 $G(s)$는

$G(s) = k\left(1 + \frac{1}{Ts}\right) = 5\left(1 + \frac{1}{3s}\right)$

$= 5\left(\frac{3s}{3s} + \frac{1}{3s}\right) = 5\left(\frac{3s+1}{3s}\right)$

$= \frac{15s+5}{3s}$

답 ②

★★★

28 100V에서 500W를 소비하는 전열기가 있다. 이 전열기에 90V의 전압을 인가했을 때 소비되는 전력〔W〕은?

① 81　② 90

③ 405　④ 450

해설 (1) **기호**

- V : 100V
- P : 500W
- V' : 90V
- P' : ?

(2) **전력**

$$P = VI = I^2 R = \frac{V^2}{R}$$

여기서, P : 전력〔W〕, V : 전압〔V〕
I : 전류〔A〕, R : 저항〔Ω〕

저항 R은

$R = \frac{V^2}{P} = \frac{100^2}{500} = 20\,\Omega$

90V의 전압사용시 **소비전력** P'는

$P' = \frac{V'^2}{R} = \frac{90^2}{20} = 405\text{W}$

- 이 문제에서 저항(R)이 일정하므로 위 식에서 $P = VI$ 공식을 사용할 수 없고, $P = I^2 R = \frac{V^2}{R}$ 공식을 사용해야 한다.

답 ③

★★★

29 4극 직류발전기의 전기자 도체수가 500개, 각 자극의 자속이 0.01Wb, 회전수가 1800rpm일 때 이 발전기의 유도기전력〔V〕은? (단, 전기자 권선법은 파권이다.)

13.03.문26

① 100　② 200

③ 300　④ 400

해설 (1) **기호**

- P : 4
- Z : 500
- ϕ : 0.01Wb
- N : 1800rpm
- V : ?
- a : 2(파권이므로)

(2) **유기기전력**

$$V=\frac{P\phi NZ}{60a}$$

여기서, V : 유기기전력(유도기전력)〔V〕
P : 극수
ϕ : 자속〔Wb〕
N : 회전수〔rpm〕
Z : 전기자 도체수
a : 병렬회로수(파권 : 2)

유기기전력 V는

$$V=\frac{P\phi NZ}{60a}=\frac{4\times0.01\times1800\times500}{60\times2}=300\text{V}$$

• 유기기전력=유도기전력

답 ③

★★★
30 진공 중에서 원점에 10^{-8}C의 전하가 있을 때 점 (1, 2, 2)m에서의 전계의 세기는 약 몇 V/m인가?

20.08.문37
17.09.문32
16.05.문33
07.09.문22

① 0.1 ② 1
③ 10 ④ 100

해설 (1) **기호**

• Q : 10^{-8}C
• r : $\sqrt{1^2+2^2+2^2}=3$m[점 (1, 2, 2)m]
• E : ?

(2) **전계**의 **세기**(intensity of electric field)

$$E=\frac{Q}{4\pi\varepsilon r^2}$$

여기서, E : 전계의 세기〔V/m〕
Q : 전하〔C〕
ε : 유전율〔F/m〕($\varepsilon=\varepsilon_0\cdot\varepsilon_s$)
(ε_0 : 진공의 유전율〔F/m〕, ε_s : 비유전율)
r : 거리〔m〕

전계의 세기(전장의 세기) E는

$$E=\frac{Q}{4\pi\varepsilon r^2}=\frac{Q}{4\pi\varepsilon_0\varepsilon_s r^2}=\frac{Q}{4\pi\varepsilon_0 r^2}$$
$$=\frac{10^{-8}}{4\pi\times(8.855\times10^{-12})\times3^2}$$
$$\fallingdotseq 10\text{V/m}$$

• **진공**의 **유전율** : $\varepsilon_0=8.855\times10^{-12}$F/m
• ε_s(비유전율) : 진공 중 또는 공기 중 $\varepsilon_s\fallingdotseq1$이므로 생략

답 ③

★★★
31 정현파 교류전압 $e_1(t)$과 $e_2(t)$의 합[$e_1(t)+e_2(t)$]은 몇 V인가?

14.05.문31
14.03.문34
11.10.문35

$$e_1(t)=10\sqrt{2}\sin\left(\omega t+\frac{\pi}{3}\right)\text{〔V〕}$$
$$e_2(t)=20\sqrt{2}\cos\left(\omega t-\frac{\pi}{6}\right)\text{〔V〕}$$

① $30\sqrt{2}\sin\left(\omega t+\frac{\pi}{3}\right)$
② $30\sqrt{2}\sin\left(\omega t-\frac{\pi}{3}\right)$
③ $10\sqrt{2}\sin\left(\omega t+\frac{2\pi}{3}\right)$
④ $10\sqrt{2}\sin\left(\omega t-\frac{2\pi}{3}\right)$

해설

$$e_1(t)=10\sqrt{2}\sin\left(\omega t+\frac{\pi}{3}\right)$$
$$e_2(t)=20\sqrt{2}\cos\left(\omega t-\frac{\pi}{6}\right)$$
$$=20\sqrt{2}\sin\left(\omega t-\frac{\pi}{6}+\frac{\pi}{2}\right)$$

$\pi=180°$

$\pi : 180°=\frac{\pi}{6} : x$
$\pi x=\frac{\pi}{6}\times180°$
$x=\frac{1}{\pi}\times\frac{\pi}{6}\times180°=30°$

$\pi : 180°=\frac{\pi}{2} : x$
$\pi x=\frac{\pi}{2}\times180°$
$x=\frac{1}{\pi}\times\frac{\pi}{2}\times180°=90°$

$$=20\sqrt{2}\sin(\omega t-30°+90°)$$
$$=20\sqrt{2}\sin(\omega t+60°)$$

$\pi : 180°=x : 60°$
$180°x=60°\pi$
$x=\frac{60°\pi}{180°}=\frac{\pi}{3}$

$$=20\sqrt{2}\sin\left(\omega t+\frac{\pi}{3}\right)$$

$e_1(t)+e_2(t)$
$$=10\sqrt{2}\sin\left(\omega t+\frac{\pi}{3}\right)+20\sqrt{2}\sin\left(\omega t+\frac{\pi}{3}\right)$$
$$=30\sqrt{2}\sin\left(\omega t+\frac{\pi}{3}\right)$$

답 ①

★★★
32 60Hz의 3상 전압을 반파정류하였을 때 리플(맥동)주파수〔Hz〕는?

20.08.문33
15.09.문27
09.03.문32

① 60 ② 120
③ 180 ④ 360

해설 **맥동주파수**

구 분	맥동주파수(60Hz)	맥동주파수(50Hz)
단상 반파	60Hz	50Hz
단상 전파	120Hz	100Hz
3상 반파	→ 180Hz 보기 ③	150Hz
3상 전파	360Hz	300Hz

• 맥동주파수＝리플주파수

답 ③

★
33

21.03.문25

테브난의 정리를 이용하여 그림 (a)의 회로를 그림 (b)와 같은 등가회로로 만들고자 할 때 V_{th}[V]와 R_{th}[Ω]은?

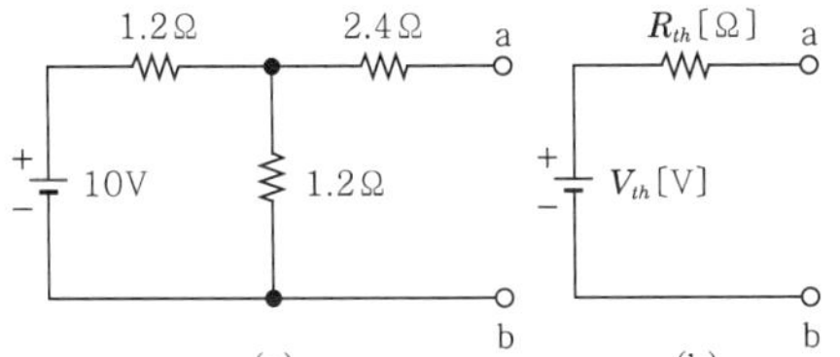

(a) (b)

① 5V, 2Ω ② 5V, 3Ω
③ 6V, 2Ω ④ 6V, 3Ω

해설 **테브난**의 **정리**에 의해 2.4Ω에는 전압이 가해지지 않으므로

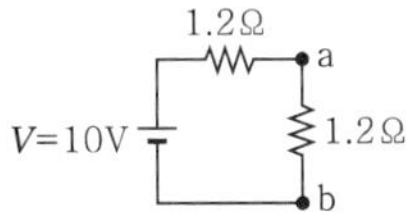

이해하기 쉽게
회로를 변형하면

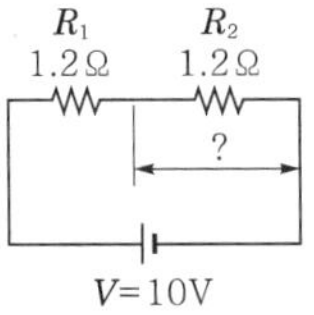

$$V_{th}=\frac{R_2}{R_1+R_2}V=\frac{1.2}{1.2+1.2}\times 10=5\text{V}$$

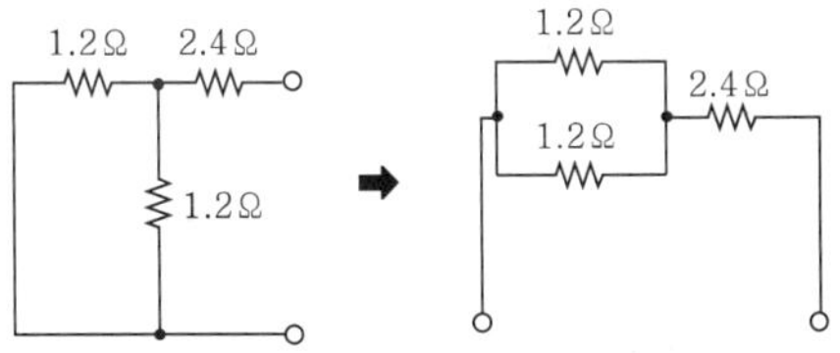

전압원을 **단락**하고 회로망에서 본 저항 R_{th}은

$$R_{th}=\frac{1.2\times 1.2}{1.2+1.2}+2.4=3\Omega$$

용어

테브난의 **정리**(테브낭의 정리)
2개의 독립된 회로망을 접속하였을 때의 전압 · 전류 및 임피던스의 관계를 나타내는 정리

답 ②

★★
34

21.05.문27
17.03.문21

어떤 전압계의 측정범위를 12배로 하려고 할 때 배율기의 저항은 전압계 내부저항의 몇 배로 해야 하는가?

① 9 ② 10
③ 11 ④ 12

해설 (1) **기호**

• M: 12
• R_m : ?

(2) **배율기**

$$M=\frac{V_0}{V}=1+\frac{R_m}{R_v}$$

여기서, M: 전압계의 측정범위
V_0 : 측정하고자 하는 전압[V]
V: 전압계의 최대눈금[V]
R_m : 배율기 저항[Ω]
R_v : 전압계의 내부저항[Ω]

$$M=1+\frac{R_m}{R_v}$$

$$12=1+\frac{R_m}{R_v}$$

$$12-1=\frac{R_m}{R_v}$$

$$11=\frac{R_m}{R_v}$$

• 일반적으로 **먼저 나온 말**이 **분자**, **나중**에 **나온 말**이 **분모**이다.

비교

(1) **배율기**

$$V_0=V\left(1+\frac{R_m}{R_v}\right)[\text{V}]$$

여기서, V_0 : 측정하고자 하는 전압[V]
V: 전압계의 최대눈금[V]
R_v : 전압계의 내부저항[Ω]
R_m : 배율기 저항[Ω]

(2) **분류기**

$$I_0=I\left(1+\frac{R_A}{R_S}\right)$$

여기서, I_0 : 측정하고자 하는 전류[A]
I: 전류계 최대눈금[A]
R_A : 전류계 내부저항[Ω]
R_S : 분류기 저항[Ω]

답 ③

★★★
35 각 상의 임피던스가 $Z=4+j3$[Ω]인 △결선의 평형 3상 부하에 선간전압이 200V인 대칭 3상 전압을 가했을 때 이 부하로 흐르는 선전류의 크기는 몇 A인가?

① $\dfrac{40}{3}$　② $\dfrac{40}{\sqrt{3}}$
③ 40　④ $40\sqrt{3}$

해설 (1) 기호

- Z : $4+j3$Ω
- V_L : 200V
- I_L : ?

(2) △결선

$$I_\triangle=\frac{\sqrt{3}\,V_L}{Z}\,[\text{A}]$$

여기서, $I_\triangle$: 선전류[A]
V_L : 선간전압[V]
Z : 임피던스[Ω]

△결선 선전류 $I_\triangle$는

$$I_\triangle=\frac{\sqrt{3}\,V_L}{Z}=\frac{\sqrt{3}\times200}{4+j3}=\frac{\sqrt{3}\times200}{\sqrt{4^2+3^2}}=\frac{\sqrt{3}\times200}{5}=40\sqrt{3}\,\text{A}$$

중요

Y결선	△결선
$I_Y=\dfrac{V_L}{\sqrt{3}\,Z}$	$I_\triangle=\dfrac{\sqrt{3}\,V_L}{Z}$
여기서, I_Y : 선전류[A] V_L : 선간전압[V] Z : 임피던스[Ω]	여기서, $I_\triangle$: 선전류[A] V_L : 선간전압[V] Z : 임피던스[Ω]

답 ④

★★★
36 시퀀스회로를 논리식으로 표현하면?

21.09.문22
16.03.문30

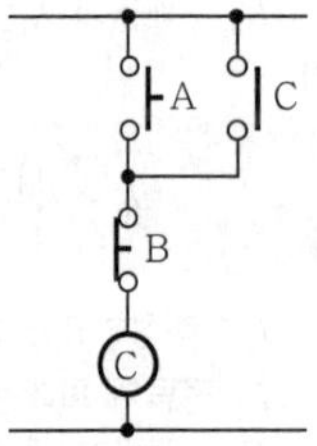

① $C=A+\overline{B}\cdot C$　② $C=A\cdot\overline{B}+C$
③ $C=A\cdot C+\overline{B}$　④ $C=(A+C)\cdot\overline{B}$

해설 논리식 · 시퀀스회로

시퀀스	논리식	시퀀스회로(스위칭회로)
직렬회로	$Z=A\cdot B$ $Z=AB$	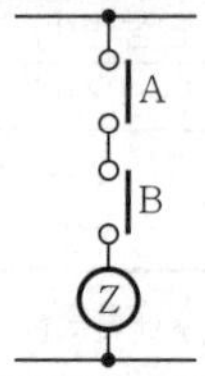
병렬회로	$Z=A+B$	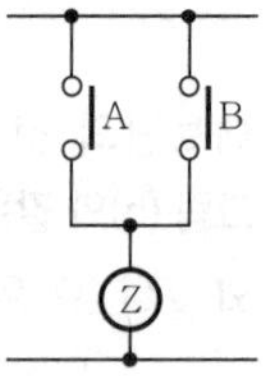
a접점	$Z=A$	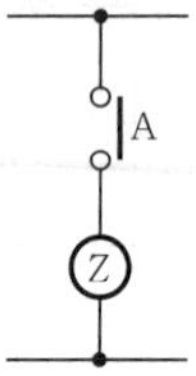
b접점	$Z=\overline{A}$	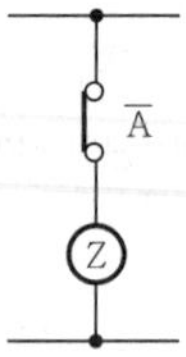

$\therefore\ C=(A+C)\cdot\overline{B}$

답 ④

★★★
37 그림의 회로에서 a-b 간에 V_{ab}[V]를 인가했을 때 c-d 간의 전압이 100V이었다. 이때 a-b 간에 인가한 전압(V_{ab})은 몇 V인가?

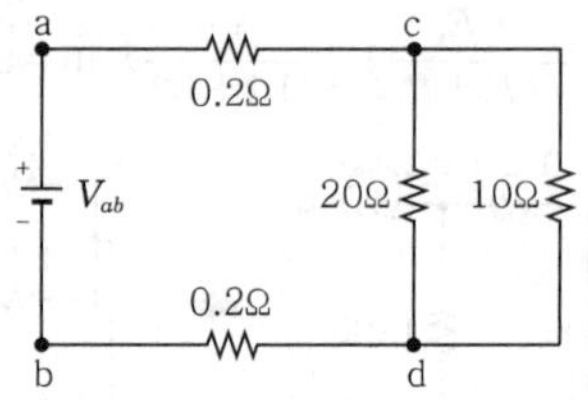

① 104　② 106
③ 108　④ 110

해설 회로를 이해하기 쉽게 변형하면

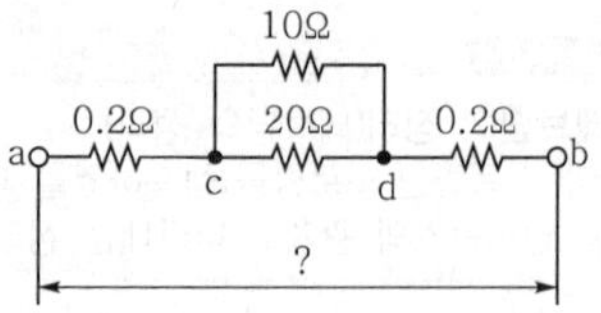

전류

$$I=\frac{V}{R}$$

여기서, I : 전류〔A〕
V : 전압〔V〕
R : 저항〔Ω〕

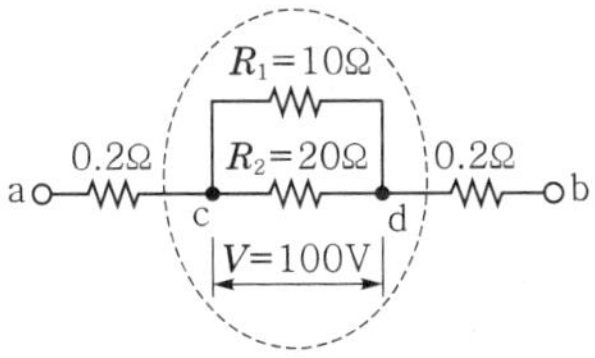

⬇

$$I=\frac{V}{R}=\frac{V}{\frac{R_1\times R_2}{R_1+R_2}}=\frac{100}{\frac{10\times 20}{10+20}}=15A$$

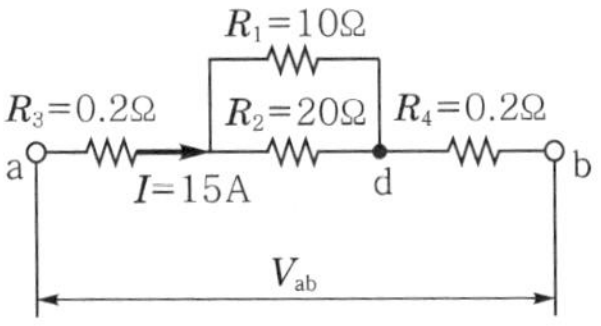

$$V_{ab}=I\left(R_3+\frac{R_1\times R_2}{R_1+R_2}+R_4\right)$$
$$=15\left(0.2+\frac{10\times 20}{10+20}+0.2\right)=106V$$

답 ②

★★★
38 균일한 자기장 내에서 운동하는 도체에 유도된 기전력의 방향을 나타내는 법칙은?

20.09.문31
17.03.문22
16.05.문32
15.05.문35
14.03.문22
03.05.문33

① 플레밍의 왼손 법칙
② 플레밍의 오른손 법칙
③ 암페어의 오른나사 법칙
④ 패러데이의 전자유도 법칙

해설

법 칙	설 명
옴의 **법칙**	저항은 전류에 반비례하고, 전압에 비례한다는 법칙
플레밍의 **오른손 법칙** 보기 ②	**도**체운동에 의한 **유**기기전력의 **방**향 결정 **기억법** 방유도오(**방**에 우**유**를 **도로** 갔다 놓게!)
플레밍의 **왼손 법칙** 보기 ①	**전**자력의 방향 결정 **기억법** 왼전(**왼** **전**쟁이냐?)
렌츠의 **법칙**	자속변화에 의한 **유**도기전력의 **방**향 결정 **기억법** 렌유방(오**렌**지가 **유**일한 **방**법이다.)
패러데이의 **전자유도 법칙** 보기 ④	자속변화에 의한 **유**기기전력의 **크**기 결정 **기억법** 패유크(**패유**를 버리면 **큰**일난다.)
앙페르(암페어)의 **오른나사 법칙** 보기 ③	**전**류에 의한 **자**기장의 방향을 결정하는 법칙 **기억법** 앙전자(**양전자**)
비오-사바르의 **법칙**	**전**류에 의해 발생되는 **자**기장의 크기(전류에 의한 자계의 세기) **기억법** 비전자(**비전**공**자**)
키르히호프의 **법칙**	옴의 법칙을 응용한 것으로 복잡한 회로의 전류와 전압계산에 사용
줄의 **법칙**	• 어떤 도체에 일정시간 동안 전류를 흘리면 도체에는 열이 발생되는데 이에 관한 법칙 • 저항이 있는 도체에 전류를 흘리면 **열**이 발생되는 법칙 **기억법** 줄열
쿨롱의 **법칙**	두 자극 사이에 작용하는 힘은 두 **자극**의 **세기**의 **곱**에 **비례**하고, 두 자극 사이의 **거리**의 **제곱**에 **반비례**한다는 법칙

답 ②

★★★
39 회로에서 저항 5Ω의 양단전압 V_R〔V〕은?

21.09.문28
21.05.문40
14.09.문39
08.03.문21

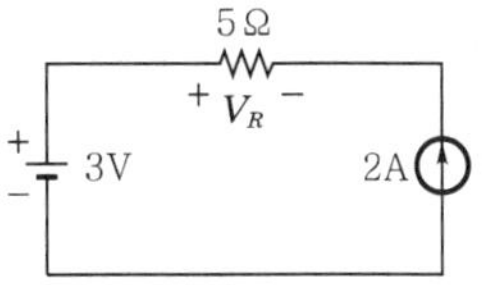

① −10　　② −7
③ 7　　④ 10

해설 **중첩**의 **원리**
(1) **전압원 단락**시

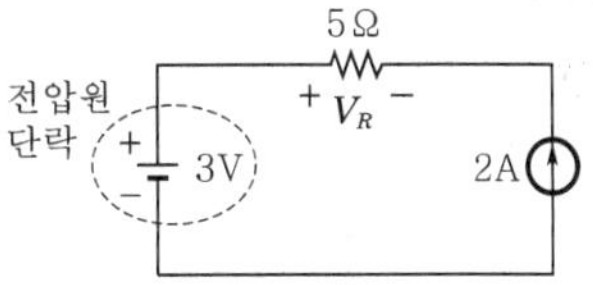

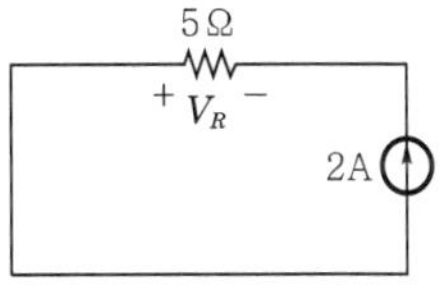

$V=IR=2\times 5=10V$(전류와 전압 V_R의 방향의 반대이므로 **−10V**)

(2) **전류원 개방시**

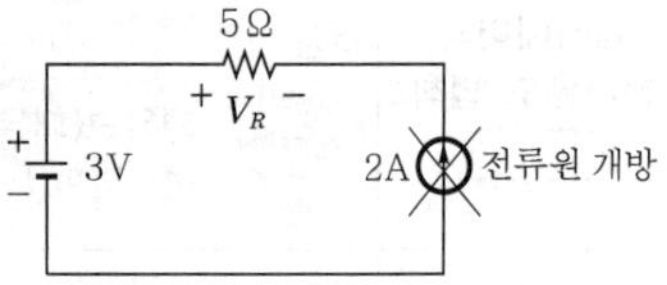

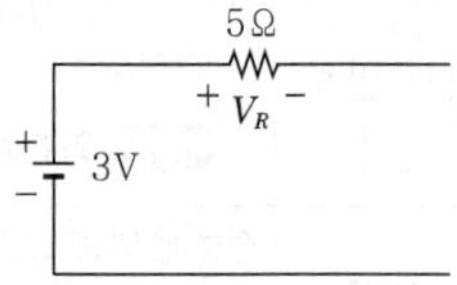

회로가 **개방**되어 있으므로 **5Ω**에는 전압이 인가되지 않음

∴ 5Ω 양단전압은 **−10V**

• 중첩의 원리=전압원 단락시 값+전류원 개방시 값

답 ①

★★★
40 다음의 논리식을 간단히 표현한 것은?

21.03.문21
20.09.문28
19.03.문24
18.04.문38
17.09.문33
17.03.문23
16.05.문36
16.03.문39
15.09.문23
13.09.문30
13.06.문35

$$Y = \bar{A}\bar{B}C + \bar{A}B\bar{C} + \bar{A}BC$$

① $\bar{A} \cdot (B+C)$
② $\bar{B} \cdot (A+C)$
③ $\bar{C} \cdot (A+B)$
④ $C \cdot (A+\bar{B})$

해설 **논리식**

$Y = \bar{A}\bar{B}C + \bar{A}B\bar{C} + \bar{A}BC$

위치 바꿈

$= \bar{A}(\bar{B}C + B\bar{C} + BC)$

$= \bar{A}(\bar{B}C + BC + B\bar{C})$

$= \bar{A}(C(\bar{B}+B) + B\bar{C})$

$X+\bar{X}=1$

$= \bar{A}(C \cdot 1 + B\bar{C})$

$X \cdot 1 = X$

$= \bar{A}(C + B\bar{C})$

$X+\bar{X}Y = X+Y$

$= \bar{A}(C+B)$

$= \bar{A}(B+C)$ ⬅ B, C 위치 바꿈

중요

불대수의 **정리**

논리합	논리곱	비고
$X+0=X$	$X \cdot 0=0$	−
$X+1=1$	$X \cdot 1=X$	−
$X+X=X$	$X \cdot X=X$	−
$X+\bar{X}=1$	$X \cdot \bar{X}=0$	−
$X+Y=Y+X$	$X \cdot Y=Y \cdot X$	교환법칙
$X+(Y+Z)$ $=(X+Y)+Z$	$X(YZ)=(XY)Z$	결합법칙
$X(Y+Z)$ $=XY+XZ$	$(X+Y)(Z+W)$ $=XZ+XW+YZ+YW$	분배법칙
$X+XY=X$	$\bar{X}+XY=\bar{X}+Y$ $\bar{X}+X\bar{Y}=\bar{X}+\bar{Y}$ $X+\bar{X}Y=X+Y$ $X+\bar{X}\bar{Y}=X+\bar{Y}$	흡수법칙
$\overline{(X+Y)}$ $=\bar{X} \cdot \bar{Y}$	$\overline{(X \cdot Y)}=\bar{X}+\bar{Y}$	드모르간의 정리

답 ①

제 3 과목 소방관계법규

★
41 다음은 소방기본법령상 소방본부에 대한 설명이다. ( )에 알맞은 내용은?

소방업무를 수행하기 위하여 (   ) 직속으로 소방본부를 둔다.

① 경찰서장 ② 시 · 도지사
③ 행정안전부장관 ④ 소방청장

해설 **기본법 3조**

소방기관의 설치

시 · 도에서 소방업무를 수행하기 위하여 **시 · 도지사** 직속으로 **소방본부**를 둔다.

답 ②

★★★
42 위험물안전관리법령상 제4류 위험물을 저장 · 취급하는 제조소에 "화기엄금"이란 주의사항을 표시하는 게시판을 설치할 경우 게시판의 색상은?

19.04.문58
16.10.문53
16.05.문42
15.03.문44
11.10.문45

① 청색바탕에 백색문자
② 적색바탕에 백색문자
③ 백색바탕에 적색문자
④ 백색바탕에 흑색문자

해설 **위험물규칙 〔별표 4〕**

위험물제조소의 게시판 설치기준

위험물	주의사항	비 고
• 제1류 위험물(알칼리금속의 과산화물) • 제3류 위험물(금수성 물질)	물기엄금	**청색**바탕에 **백색**문자
• 제2류 위험물(인화성 고체 제외)	화기주의	**적색**바탕에 **백색**문자 보기 ②
• 제2류 위험물(인화성 고체) • 제3류 위험물(자연발화성 물질) • **제4류 위험물** → • 제5류 위험물	**화기엄금**	
• 제6류 위험물	별도의 표시를 하지 않는다.	

비교

위험물규칙 〔별표 19〕
위험물 운반용기의 주의사항

위험물		주의사항
제1류 위험물	알칼리금속의 과산화물	• 화기 · 충격주의 • 물기엄금 • 가연물 접촉주의
	기타	• 화기 · 충격주의 • 가연물 접촉주의
제2류 위험물	철분 · 금속분 · 마그네슘	• 화기주의 • 물기엄금
	인화성 고체	• 화기엄금
	기타	• 화기주의
제3류 위험물	자연발화성 물질	• 화기엄금 • 공기접촉엄금
	금수성 물질	• 물기엄금
제4류 위험물		• 화기엄금
제5류 위험물		• 화기엄금 • 충격주의
제6류 위험물		• 가연물 접촉주의

답 ②

★★★

43 소방시설공사업법령상 소방시설업의 등록을 하지 아니하고 영업을 한 자에 대한 벌칙기준으로 옳은 것은?

21.03.문54 20.06.문47 19.09.문47 14.09.문58 07.09.문58

① 1년 이하의 징역 또는 1천만원 이하의 벌금
② 2년 이하의 징역 또는 2천만원 이하의 벌금
③ 3년 이하의 징역 또는 3천만원 이하의 벌금
④ 5년 이하의 징역 또는 5천만원 이하의 벌금

해설 **3년 이하의 징역 또는 3000만원 이하의 벌금**
(1) **화재안전조사** 결과에 따른 조치명령 위반(화재예방법 50조)
(2) **소방시설관리업** 무등록자(소방시설법 57조)
(3) **소방시설업** 무등록자(공사업법 35조) 보기 ③
(4) 부정한 청탁을 받고 재물 또는 재산상의 이익을 취득하거나 부정한 청탁을 하면서 재물 또는 재산상의 이익을 제공한 자(공사업법 35조)
(5) 형식승인을 받지 않은 **소방용품** 제조 · 수입자(소방시설법 57조)
(6) **제품검사**를 받지 않은 자(소방시설법 57조)
(7) **거짓**이나 그 밖의 **부정한 방법**으로 **제품검사 전문기관**의 지정을 받은 자(소방시설법 57조)

중요

3년 이하의 징역 또는 3000만원 이하의 벌금	5년 이하의 징역 또는 1억원 이하의 벌금
① 소방시설업 무등록 ② 소방시설관리업 무등록	제조소 무허가(위험물법 34조 2)

답 ③

★★

44 위험물안전관리법령상 유별을 달리하는 위험물을 혼재하여 저장할 수 있는 것으로 짝지어진 것은?

16.10.문09 13.06.문01

① 제1류－제2류　② 제2류－제3류
③ 제3류－제4류　④ 제5류－제6류

해설 **위험물규칙 〔별표 19〕**
위험물의 혼재기준
(1) 제**1**류＋제**6**류
(2) 제**2**류＋제**4**류
(3) 제2류＋제**5**류
(4) 제**3**류＋제**4**류 보기 ③
(5) 제**4**류＋제**5**류

기억법 1－6
2－4, 5
3－4
4－5

답 ③

★★★

45 소방기본법령상 상업지역에 소방용수시설 설치 시 소방대상물과의 수평거리 기준은 몇 m 이하인가?

20.06.문46 17.09.문56 10.05.문41

① 100　② 120
③ 140　④ 160

해설 **기본규칙 〔별표 3〕**
소방용수시설의 설치기준

거리기준	지 역
수평거리 <u>100</u>m 이하	• <u>공</u>업지역 • <u>상</u>업지역 보기 ① • <u>주</u>거지역 기억법 주상공100(<u>주상공</u> <u>백</u>지에 사인을 하시오.)
수평거리 140m 이하	• 기타지역

답 ①

★★

46 소방시설 설치 및 관리에 관한 법령상 종합점검 실시대상이 되는 특정소방대상물의 기준 중 다음 (　) 안에 알맞은 것은?

20.06.문55 18.03.문41

> 물분무등소화설비[호스릴(Hose Reel)방식의 물분무등소화설비만을 설치한 경우는 제외한다]가 설치된 연면적 (　)m^2 이상인 특정소방대상물(위험물제조소 등은 제외한다)

① 2000　② 3000
③ 4000　④ 5000

해설 **소방시설법 시행규칙 〔별표 3〕**
소방시설 등 자체점검의 점검대상, 점검자의 자격, 점검횟수 및 시기

점검구분	정 의	점검대상	점검자의 자격(주된 인력)	점검횟수 및 점검시기
작동점검	소방시설 등을 인위적으로 조작하여 정상적으로 작동하는지를 점검하는 것	① 간이스프링클러설비·자동화재탐지설비	• 관계인 • 소방안전관리자로 선임된 소방시설관리사 또는 소방기술사 • 소방시설관리업에 등록된 기술인력 중 소방시설관리사 또는 「소방시설공사업법 시행규칙」에 따른 특급 점검자	• 작동점검은 **연 1회** 이상 실시하며, 종합점검대상은 종합점검(최초점검 제외)을 받은 달부터 **6개월**이 되는 달에 실시 • 종합점검대상 외의 특정소방대상물은 사용승인일이 속하는 달의 말일까지 실시
		② ①에 해당하지 아니하는 특정소방대상물	• 소방시설관리업에 등록된 기술인력 중 소방시설관리사 • 소방안전관리자로 선임된 소방시설관리사 또는 소방기술사	
		③ 작동점검 제외대상 • 특정소방대상물 중 소방안전관리자를 선임하지 않는 대상 • 위험물제조소 등 • 특급 소방안전관리대상물		
종합점검	소방시설 등의 작동점검을 포함하여 소방시설 등의 설비별 주요 구성 부품의 구조기준이 화재안전기준과 「건축법」 등 관련 법령에서 정하는 기준에 적합한지 여부를 점검하는 것 (1) 최초점검 : 특정소방대상물의 소방시설이 신설된 경우 건축물을 사용할 수 있게 된 날부터 **60일** 이내에 점검하는 것 (2) 그 밖의 종합점검 : 최초점검을 제외한 종합점검	④ 소방시설 등이 신설된 경우에 해당하는 특정소방대상물 ⑤ **스프링클러설비**가 설치된 특정소방대상물 ⑥ **물분무등소화설비**(호스릴방식의 물분무등소화설비만을 설치한 경우는 제외)가 설치된 연면적 **5000m²** 이상인 특정소방대상물(위험물제조소 등 제외) ⑦ 다중이용업의 영업장이 설치된 특정소방대상물로서 연면적이 **2000m²** 이상인 것 ⑧ **제연설비**가 설치된 터널 ⑨ **공공기관** 중 연면적(터널·지하구의 경우 그 길이와 평균 폭을 곱하여 계산된 값)이 **1000m²** 이상인 것으로서 옥내소화전설비 또는 자동화재탐지설비가 설치된 것(단, 소방대가 근무하는 공공기관 제외) 중요 **종합점검** ① 공공기관 : 1000m² ② 다중이용업 : 2000m² ③ 물분무등(호스릴 ×) : 5000m²	• 소방시설관리업에 등록된 기술인력 중 **소방시설관리사** • 소방안전관리자로 선임된 **소방시설관리사** 또는 **소방기술사**	〈점검횟수〉 ㉠ 연 1회 이상(특급 소방안전관리대상물은 반기에 1회 이상) 실시 ㉡ ㉠에도 불구하고 소방본부장 또는 소방서장은 소방청장이 소방안전관리가 우수하다고 인정한 특정소방대상물에 대해서는 3년의 범위에서 소방청장이 고시하거나 정한 기간 동안 종합점검을 면제할 수 있다(단, 면제기간 중 화재가 발생한 경우는 제외). 〈점검시기〉 ㉠ ④에 해당하는 특정소방대상물은 건축물을 사용할 수 있게 된 날부터 60일 이내 실시 ㉡ ㉠을 제외한 특정소방대상물은 건축물의 사용승인일이 속하는 달에 실시(단, 학교의 경우 해당 건축물의 사용승인일이 1월에서 6월 사이에 있는 경우에는 6월 30일까지 실시할 수 있다.) ㉢ 건축물 사용승인일 이후 ⑦에 따라 종합점검대상에 해당하게 된 경우에는 그 다음 해부터 실시 ㉣ 하나의 대지경계선 안에 2개 이상의 자체점검대상 건축물 등이 있는 경우 그 건축물 중 사용승인일이 가장 빠른 연도의 건축물의 사용승인일을 기준으로 점검할 수 있다.

[비고] 작동점검 및 종합점검(최초점검 제외)은 건축물 사용승인 후 그 다음 해부터 실시한다.

답 ④

★★★

47 다음 소방기본법령상 용어 정의에 대한 설명으로 옳은 것은?

21.03.문58
19.04.문46
14.09.문44

① 소방대상물이란 건축물, 차량, 선박(항구에 매어둔 선박은 제외) 등을 말한다.

② 관계인이란 소방대상물의 점유예정자를 포함한다.

③ 소방대란 소방공무원, 의무소방원, 의용소방대원으로 구성된 조직체이다.

④ 소방대장이란 화재, 재난 · 재해, 그 밖의 위급한 상황이 발생한 현장에서 소방대를 지휘하는 사람(소방서장은 제외)이다.

해설

① 매어둔 선박은 제외 → 매어둔 선박
② 포함한다. → 포함하지 않는다.
④ 소방서장은 제외 → 소방서장 포함

(1) **기본법 2조 1호** 보기 ①
소방대상물
㉠ **건**축물
㉡ **차**량
㉢ **선**박(매어둔 것)
㉣ 선박건조구조물
㉤ **산**림
㉥ **인**공구조물
㉦ **물**건

기억법 **건차선 산인물**

(2) **기본법 2조** 보기 ②
관계인
㉠ **소**유자
㉡ **관**리자
㉢ **점**유자

기억법 **소관점**

(3) **기본법 2조** 보기 ③
소방대
㉠ 소방공무원
㉡ 의무소방원
㉢ 의용소방대원

(4) **기본법 2조** 보기 ④
소방대장
소방본부장 또는 **소방서장** 등 화재, 재난 · 재해, 그 밖의 위급한 상황이 발생한 현장에서 소방대를 지휘하는 사람

답 ③

★★

48 화재의 예방 및 안전관리에 관한 법령상 관리의 권원이 분리된 특정소방대상물에 소방안전관리자를 선임하여야 하는 특정소방대상물 중 복합건축물은 지하층을 제외한 층수가 최소 몇 층 이상인 건축물만 해당되는가?

18.09.문58
16.03.문42

① 6층　　② 11층
③ 20층　　④ 30층

해설 **화재예방법 35조, 화재예방법 시행령 35조**
관리의 권원이 분리된 특정소방대상물의 소방안전관리
(1) 복합건축물(**지하층**을 **제외**한 **11층** 이상, 또는 연면적 **30000m²** 이상인 건축물) 보기 ②
(2) 지하가
(3) **도매시장, 소매시장, 전통시장**

답 ②

★★★

49 화재의 예방 및 안전관리에 관한 법령상 특수가연물의 저장 및 취급의 기준 중 (　)에 들어갈 내용으로 옳은 것은? (단, 석탄 · 목탄류의 경우는 제외한다.)

21.05.문45
19.03.문55
18.03.문60
14.05.문46
14.03.문46
13.03.문60

> 쌓는 높이는 (㉠)m 이하가 되도록 하고, 쌓는 부분의 바닥면적은 (㉡)m² 이하가 되도록 할 것

① ㉠ 15, ㉡ 200　　② ㉠ 15, ㉡ 300
③ ㉠ 10, ㉡ 30　　④ ㉠ 10, ㉡ 50

해설 **화재예방법 시행령 [별표 3]**
특수가연물의 저장 · 취급기준
(1) **품명별**로 구분하여 쌓을 것
(2) 쌓는 높이는 **10m** 이하가 되도록 할 것 보기 ④
(3) 쌓는 부분의 바닥면적은 **50m²**(석탄 · 목탄류는 **200m²**) 이하가 되도록 할 것(단, 살수설비를 설치하거나 대형수동식 소화기를 설치하는 경우에는 높이 **15m** 이하, 바닥면적 **200m²**(석탄 · 목탄류는 **300m²**) 이하) 보기 ④
(4) 쌓는 부분의 바닥면적 사이는 실내의 경우 **1.2m** 또는 **쌓는 높이**의 $\frac{1}{2}$ 중 **큰 값**(실외 **3m** 또는 **쌓는 높이** 중 **큰 값**) 이상으로 간격을 둘 것
(5) 취급장소에는 **품명, 최대저장수량, 단위부피당 질량 또는 단위체적당 질량, 관리책임자 성명 · 직책 · 연락처** 및 **화기취급**의 **금지표지** 설치

답 ④

★★★

50 소방시설 설치 및 관리에 관한 법령상 자동화재탐지설비를 설치하여야 하는 특정소방대상물의 기준으로 틀린 것은?

21.03.문57
16.05.문43
16.03.문57
14.03.문79
12.03.문74

① 공장 및 창고시설로서 「화재의 예방 및 안전관리에 관한 법률」에서 정하는 수량의 500배 이상의 특수가연물을 저장 · 취급하는 것

② 지하상가로서 연면적 600m² 이상인 것

③ 숙박시설이 있는 수련시설로서 수용인원 100명 이상인 것

④ 장례시설 및 복합건축물로서 연면적 600m² 이상인 것

해설

② 600m² 이상 → 1000m² 이상

소방시설법 시행령 〔별표 4〕
자동화재탐지설비의 설치대상

설치대상	조 건
① 정신의료기관 · 의료재활시설	• 창살설치 : 바닥면적 300m² 미만 • 기타 : 바닥면적 300m² 이상
② 노유자시설	• 연면적 400m² 이상
③ 근린생활시설 · 위락시설 ④ 의료시설(정신의료기관, 요양병원 제외) → ⑤ 복합건축물 · 장례시설 기억법 근위의복 6	• 연면적 600m² 이상 보기 ④
⑥ 목욕장 · 문화 및 집회시설, 운동시설 ⑦ 종교시설 ⑧ 방송통신시설 · 관광휴게시설 ⑨ 업무시설 · 판매시설 ⑩ 항공기 및 자동차관련시설 · 공장 · 창고시설 ⑪ 지하상가 · 운수시설 · 발전시설 · 위험물 저장 및 처리시설 ⑫ 교정 및 군사시설 중 국방 · 군사시설	• 연면적 1000m² 이상 보기 ②
⑬ 교육연구시설 · 동식물관련시설 ⑭ 자원순환관련시설 · 교정 및 군사시설(국방 · 군사시설 제외) ⑮ 수련시설(숙박시설이 있는 것 제외) ⑯ 묘지관련시설 기억법 교동자교수 2	• 연면적 2000m² 이상
⑰ 터널	• 길이 1000m 이상
⑱ 지하구 ⑲ 노유자생활시설 ⑳ 아파트 등 기숙사 ㉑ 숙박시설 ㉒ 6층 이상인 건축물 ㉓ 조산원 및 산후조리원 ㉔ 전통시장 ㉕ 요양병원(정신병원, 의료재활시설 제외)	• 전부
㉖ 특수가연물 저장 · 취급	• 지정수량 500배 이상 보기 ①
㉗ 수련시설(숙박시설이 있는 것)	• 수용인원 100명 이상 보기 ③
㉘ 발전시설	• 전기저장시설

답 ②

★★★
51 위험물안전관리법령에서 정하는 제3류 위험물에 해당하는 것은?

19.04.문44
17.09.문02
16.05.문52
16.05.문46
15.09.문03
15.09.문18
15.05.문10
15.05.문42
15.03.문51
14.09.문18
14.03.문18
11.06.문54

① 나트륨
② 염소산염류
③ 무기과산화물
④ 유기과산화물

해설

② 제1류
③ 제1류
④ 제5류

위험물령 〔별표 1〕
위험물

유 별	성 질	품 명
제1류	산화성 고체	• 아염소산염류 • 염소산염류(염소산나트륨) 보기 ② • 과염소산염류 • 질산염류 • 무기과산화물 보기 ③ 기억법 1산고염나
제2류	가연성 고체	• 황화인 • 적린 • 황 • 마그네슘 기억법 황화적황마
제3류	자연발화성 물질 및 금수성 물질	• 황린 • 칼륨 • 나트륨 보기 ① • 알칼리토금속 • 트리에틸알루미늄 기억법 황칼나알트
제4류	인화성 액체	• 특수인화물 • 석유류(벤젠) • 알코올류 • 동식물유류
제5류	자기반응성 물질	• 유기과산화물 보기 ④ • 나이트로화합물 • 나이트로소화합물 • 아조화합물 • 질산에스터류(셀룰로이드)
제6류	산화성 액체	• 과염소산 • 과산화수소 • 질산

답 ①

★★★
52 **소방시설 설치 및 관리에 관한 법령상 방염성능기준 이상의 실내장식물 등을 설치하여야 하는 특정소방대상물이 아닌 것은?**

17.09.문41
15.09.문42
11.10.문60

① 방송국
② 종합병원
③ 11층 이상의 아파트
④ 숙박이 가능한 수련시설

해설

③ 아파트 제외

소방시설법 시행령 30조
방염성능기준 이상 적용 특정소방대상물
(1) 층수가 **11층 이상**인 것(아파트 제외 : 2026. 12. 1. 삭제) 보기 ③
(2) 체력단련장, 공연장 및 종교집회장
(3) 문화 및 집회시설
(4) 종교시설
(5) 운동시설(수영장은 제외)
(6) 의료시설(종합병원, 정신의료기관) 보기 ②
(7) 의원, 치과의원, 한의원, 조산원, 산후조리원
(8) 교육연구시설 중 합숙소
(9) 노유자시설
(10) 숙박이 가능한 수련시설 보기 ④
(11) 숙박시설
(12) 방송국 및 촬영소 보기 ①
(13) 다중이용업소(단란주점영업, 유흥주점영업, 노래연습장의 영업장 등)

답 ③

★★★
53 **소방시설 설치 및 관리에 관한 법령상 무창층으로 판정하기 위한 개구부가 갖추어야 할 요건으로 틀린 것은?**

18.09.문09
10.05.문52
06.09.문57
05.03.문49

① 크기는 반지름 30cm 이상의 원이 통과할 수 있을 것
② 해당 층의 바닥면으로부터 개구부 밑부분까지 높이가 1.2m 이내일 것
③ 도로 또는 차량이 진입할 수 있는 빈터를 향할 것
④ 화재시 건축물로부터 쉽게 피난할 수 있도록 창살이나 그 밖의 장애물이 설치되지 않을 것

해설

① 반지름 → 지름, 30cm 이상 → 50cm 이상

소방시설법 시행령 2조
무창층의 개구부의 기준
(1) 개구부의 크기는 지름 **50cm 이상**의 원이 통과할 수 있을 것 보기 ①
(2) 해당 층의 바닥면으로부터 개구부 밑부분까지의 높이가 **1.2m 이내**일 것 보기 ②
(3) 개구부는 **도로** 또는 **차량**이 진입할 수 있는 **빈터**를 향할 것 보기 ③
(4) 화재시 건축물로부터 **쉽게 피난**할 수 있도록 개구부에 창살, 그 밖의 장애물이 설치되지 않을 것 보기 ④
(5) 내부 또는 외부에서 **쉽게 부수거나 열 수** 있을 것

용어

소방시설법 시행령 2조
무창층
지상층 중 기준에 의해 개구부의 면적의 합계가 해당 층의 바닥면적의 $\frac{1}{30}$ **이하**가 되는 층

답 ①

★★
54 **소방시설공사업법령상 일반 소방시설설계업(기계분야)의 영업범위에 대한 기준 중 (　)에 알맞은 내용은? (단, 공장의 경우는 제외한다.)**

16.10.문58
05.05.문44

연면적 (　)m^2 미만의 특정소방대상물(제연설비가 설치되는 특정소방대상물은 제외한다)에 설치되는 기계분야 소방시설의 설계

① 10000　② 20000
③ 30000　④ 50000

해설

공사업령 [별표 1]
소방시설설계업

종 류	기술인력	영업범위
전문	• 주된기술인력 : **1명** 이상 • 보조기술인력 : **1명** 이상	• 모든 특정소방대상물
일반	• 주된기술인력 : **1명** 이상 • 보조기술인력 : **1명** 이상	• **아파트**(기계분야 제연설비 제외) • 연면적 **30000m²**(공장 **10000m²**) 미만(기계분야 제연설비 제외) 보기 ③ • **위험물제조소** 등

답 ③

★
55 **소방시설 설치 및 관리에 관한 법령상 건축허가 등을 할 때 미리 소방본부장 또는 소방서장의 동의를 받아야 하는 건축물 등의 범위기준이 아닌 것은?**

17.09.문53

① 노유자시설 및 수련시설로서 연면적 100m^2 이상인 건축물
② 지하층 또는 무창층이 있는 건축물로서 바닥면적이 150m^2 이상인 층이 있는 것
③ 차고·주차장으로 사용되는 바닥면적이 200m^2 이상인 층이 있는 건축물이나 주차시설
④ 장애인 의료재활시설로서 연면적 300m^2 이상인 건축물

해설 ① 100m^2 이상 → 200m^2 이상

소방시설법 시행령 7조
건축허가 등의 동의대상물

(1) 연면적 **400m^2**(학교시설 : **100m^2**, 수련시설 · 노유자시설 : **200m^2**, 정신의료기관 · 장애인 의료재활시설 : **300m^2**) 이상
(2) **6층** 이상인 건축물
(3) 차고 · 주차장으로서 바닥면적 **200m^2** 이상(**자**동차 **20대** 이상)
(4) **항공기격납고, 관망탑, 항공관제탑, 방송용 송수신탑**
(5) 지하층 또는 무창층의 바닥면적 **150m^2**(공연장은 **100m^2**) 이상
(6) **위험물저장** 및 **처리시설, 지하구**
(7) **결핵환자**나 **한센인**이 24시간 생활하는 **노유자시설**
(8) 전기저장시설, 풍력발전소
(9) 공동주택 · 숙박시설
(10) 노인주거복지시설 · 노인의료복지시설 및 재가노인복지시설 · 학대피해노인 전용쉼터 · 아동복지시설 · 장애인거주시설
(11) 정신질환자 관련시설(공동생활가정을 제외한 재활훈련시설과 종합시설 중 24시간 주거를 제공하지 않는 시설 제외)
(12) 조산원, 산후조리원, 의원(입원실 또는 인공신장실이 있는 것)
(13) 노숙인자활시설, 노숙인재활시설 및 노숙인요양시설
(14) 요양병원(의료재활시설 제외)
(15) 공장 또는 창고시설로서 지정하는 수량의 **750배** 이상의 특수가연물을 저장 · 취급하는 것
(16) 가스시설로서 지상에 노출된 탱크의 저장용량의 합계가 **100t** 이상인 것

기억법 **2자(이자)**

답 ①

56 다음 중 소방기본법령에 따라 화재예방상 필요하다고 인정되거나 화재위험경보시 발령하는 소방신호의 종류로 옳은 것은?

21.03.문44
12.03.문48

① 경계신호
② 발화신호
③ 경보신호
④ 훈련신호

해설 **기본규칙 10조**
소방신호의 종류

소방신호	설 명
경계신호 보기 ①	화재예방상 필요하다고 인정되거나 화재위험경보시 발령
발화신호	화재가 발생한 때 발령
해제신호	소화활동이 필요없다고 인정되는 때 발령
훈련신호	훈련상 필요하다고 인정되는 때 발령

중요

기본규칙 〔별표 4〕
소방신호표

신호방법 / 종 별	타종신호	사이렌 신호
경계신호	**1타**와 연 **2타**를 반복	**5초** 간격을 두고 **30초**씩 **3회**
발화신호	**난타**	**5초** 간격을 두고 **5초**씩 **3회**
해제신호	상당한 간격을 두고 **1타**씩 반복	**1분**간 **1회**
훈련신호	**연 3타** 반복	**10초** 간격을 두고 **1분**씩 **3회**

기억법

	타	사
경계	1+2	5+30=3
발	난	5+5=3
해	1	1=1
훈	3	10+1=3

답 ①

57 화재의 예방 및 안전관리에 관한 법령상 보일러 등의 위치 · 구조 및 관리와 화재예방을 위하여 불의 사용에 있어서 지켜야 하는 사항 중 보일러에 경유 · 등유 등 액체연료를 사용하는 경우에 연료탱크는 보일러 본체로부터 수평거리 최소 몇 m 이상의 간격을 두어 설치해야 하는가?

16.05.문56
12.03.문57

① 0.5 ② 0.6
③ 1 ④ 2

해설 **화재예방법 시행령 〔별표 1〕**
경유 · 등유 등 액체연료를 사용하는 경우

(1) 연료탱크는 보일러 본체로부터 수평거리 **1m** 이상의 간격을 두어 설치할 것 보기 ③
(2) 연료탱크에는 화재 등 긴급상황이 발생할 때 연료를 차단할 수 있는 개폐밸브를 연료탱크로부터 **0.5m** 이내에 설치할 것

비교

화재예방법 시행령 〔별표 1〕
벽 · 천장 사이의 거리

종 류	벽 · 천장 사이의 거리
건조설비	**0.5m** 이상
보일러	**0.6m** 이상
보일러(경유 · 등유)	수평거리 **1m** 이상

답 ③

★★
58 소방시설 설치 및 관리에 관한 법령상 소방청장 또는 시·도지사가 청문을 하여야 하는 처분이 아닌 것은?

① 소방시설관리사 자격의 정지
② 소방안전관리자 자격의 취소
③ 소방시설관리업의 등록취소
④ 소방용품의 형식승인취소

해설 **소방시설법 49조**
청문실시 대상

(1) 소방시설**관리사 자격**의 **취소** 및 **정지** 보기 ①
(2) 소방시설**관리업**의 **등록취소** 및 영업정지 보기 ③
(3) **소방용품**의 **형식승인취소** 및 제품검사중지 보기 ④
(4) 소방용품의 **제품검사 전문기관**의 **지정취소** 및 업무정지
(5) 우수품질인증의 취소
(6) 소방용품의 성능인증 취소

기억법 **청사 용업(청사 용역)**

답 ②

★★★
59 소방시설 설치 및 관리에 관한 법령상 제조 또는 가공공정에서 방염처리를 한 물품 중 방염대상물품이 아닌 것은?

15.09.문09
13.09.문52
13.06.문53
12.09.문46
12.05.문46
12.03.문44

① 카펫
② 전시용 합판
③ 창문에 설치하는 커튼류
④ 두께가 2mm 미만인 종이벽지

해설 ④ 제외 대상

소방시설법 시행령 31조
방염대상물품

제조 또는 **가공** 공정에서 방염처리를 한 물품	건축물 내부의 천장이나 벽에 부착하거나 설치하는 것
① 창문에 설치하는 **커튼류**(블라인드 포함) 보기 ③ ② 카펫 보기 ① ③ **벽지류**(두께 **2mm 미만**인 **종이벽지 제외**) 보기 ④ ④ **전시용 합판·목재** 또는 **섬유판** 보기 ② ⑤ **무대용 합판·목재** 또는 **섬유판** ⑥ **암막·무대막**(영화상영관·가상체험 체육시설업의 **스크린** 포함) ⑦ 섬유류 또는 합성수지류 등을 원료로 하여 제작된 소파·의자(단란주점영업, 유흥주점영업 및 노래연습장업의 영업장에 설치하는 것만 해당)	① 종이류(두께 **2mm 이상**), **합성수지류** 또는 **섬유류**를 주원료로 한 물품 ② **합판**이나 **목재** ③ 공간을 구획하기 위하여 설치하는 **간이칸막이** ④ **흡음재**(흡음용 커튼 포함) 또는 **방음재**(방음용 커튼 포함) ※ 가구류(옷장, 찬장, 식탁, 식탁용 의자, 사무용 책상, 사무용 의자, 계산대)와 너비 10cm 이하인 반자돌림대, 내부 마감재료 제외

답 ④

★★★
60 위험물안전관리법령상 관계인이 예방규정을 정하여야 하는 위험물제조소 등에 해당하지 않는 것은?

20.09.문48
19.04.문53
17.03.문41
17.03.문55
15.09.문48
15.03.문58
14.05.문41
12.09.문52

① 지정수량 10배의 특수인화물을 취급하는 일반취급소
② 지정수량 20배의 휘발유를 고정된 탱크에 주입하는 일반취급소
③ 지정수량 40배의 제3석유류를 용기에 옮겨 담는 일반취급소
④ 지정수량 15배의 알코올을 버너에 소비하는 장치로 이루어진 일반취급소

해설
① 특수인화물 예방규정대상
② 10배 초과 휘발유 예방규정대상
③ 제3석유류는 해당없음
④ 10배 초과한 알코올류 예방규정대상

위험물령 15조
예방규정을 정하여야 할 제조소 등

배 수	제조소 등
10배 이상	• **제**조소 • **일**반취급소[단, 제4류 위험물(**특수인화물** 제외)만을 지정수량의 **50배 이하**로 취급하는 일반취급소(**휘발유 등 제 1석유류·알코올류**의 취급량이 지정수량의 **10배 이하**인 경우)로 다음에 해당하는 것 제외] 보기 ①②④ – **보일러·버너** 또는 이와 비슷한 것으로서 위험물을 소비하는 장치로 이루어진 **일반취급소** – 위험물을 용기에 옮겨 담거나 **차량**에 **고정**된 **탱크**에 **주입**하는 **일반취급소**
1**0**0배 이상	• 옥**외**저장소
1**5**0배 이상	• 옥**내**저장소
200배 이상	• 옥외**탱**크저장소
모두 해당	• 이송취급소 • 암반탱크저장소

기억법
1 제일
0 외
5 내
2 탱

※ **예방규정**: 제조소 등의 화재예방과 화재 등 재해발생시의 비상조치를 위한 규정

답 ③

제 4 과목 소방전기시설의 구조 및 원리

★
61 소방시설용 비상전원수전설비의 화재안전기준에 따라 저압으로 수전하는 제1종 배전반 및 분전반의 외함 두께와 전면판(또는 문) 두께에 대한 설치기준으로 옳은 것은?
20.08.문75

① 외함 : 1.0mm 이상, 전면판(또는 문) : 1.2mm 이상
② 외함 : 1.2mm 이상, 전면판(또는 문) : 1.5mm 이상
③ 외함 : 1.5mm 이상, 전면판(또는 문) : 2.0mm 이상
④ 외함 : 1.6mm 이상, 전면판(또는 문) : 2.3mm 이상

해설 **제1종 배전반** 및 **제1종 분전반**의 **시설기준**(NFPC 602 6조, NFTC 602 2.3.1.1)
(1) 외함은 두께 **1.6mm**(전면판 및 문은 **2.3mm**) 이상의 강판과 이와 동등 이상의 강도와 내화성능이 있는 것으로 제작할 것 보기 ④

| 제1종 배전반 · 분전반 |

외함두께	전면판 및 문 두께
1.6mm 이상	2.3mm 이상

(2) 외함의 내부는 외부의 열에 의해 영향을 받지 않도록 **내열성** 및 **단열성**이 있는 재료를 사용하여 단열할 것. 이 경우 단열부분은 열 또는 진동에 따라 쉽게 변형되지 않을 것
(3) 다음에 해당하는 것은 외함에 노출하여 설치
㉠ **표시등**(불연성 또는 난연성 재료로 덮개를 설치한 것에 한함)
㉡ 전선의 **인입구** 및 **입출구**
(4) 외함은 **금속관** 또는 **금속제 가요전선관**을 쉽게 접속할 수 있도록 하고, 당해 접속부분에는 **단열조치**를 할 것
(5) 공용 배전반 및 공용 분전반의 경우 소방회로와 일반회로에 사용하는 배선 및 배선용 기기는 **불연재료**로 구획되어야 할 것

비교

제2종 배전반 및 **제2종 분전반**의 **시설기준**(NFPC 602 6조, NFTC 602 2.3.1.2)
(1) 외함은 두께 **1mm**(함 전면의 면적이 $1000cm^2$를 초과하고 $2000cm^2$ 이하인 경우에는 **1.2mm**, $2000cm^2$를 초과하는 경우에는 **1.6mm**) 이상의 강판과 이와 동등 이상의 강도와 내화성능이 있는 것으로 제작
(2) **120℃**의 온도를 가했을 때 이상이 없는 **전압계** 및 **전류계**는 외함에 노출하여 설치
(3) 단열을 위해 배선용 **불연전용실 내**에 설치

답 ④

★★★
62 무선통신보조설비의 화재안전기준에서 정하는 분배기 · 분파기 및 혼합기 등의 임피던스는 몇 Ω의 것으로 하여야 하는가?
18.09.문67 17.05.문69 16.03.문61 14.05.문62 13.06.문75 11.10.문74 07.05.문79

① 10 ② 30
③ 50 ④ 100

해설 **무선통신보조설비**의 **분배기 · 분파기 · 혼합기 설치기준**(NFPC 505 7조, NFTC 505 2.4)
(1) 먼지 · 습기 · 부식 등에 이상이 없을 것
(2) 임피던스 **50Ω**의 것 보기 ③
(3) 점검이 편리하고 화재 등의 피해 우려가 없는 장소

답 ③

★★★
63 비상콘센트설비의 성능인증 및 제품검사의 기술기준에 따라 절연저항 시험부위의 절연내력은 정격전압 150V 이하의 경우 60Hz의 정현파에 가까운 실효전압 1000V 교류전압을 가하는 시험에서 몇 분간 견디는 것이어야 하는가?
18.03.문64 11.06.문73

① 1 ② 10
③ 30 ④ 60

해설 **비상콘센트설비**의 **절연내력시험**(비상콘센트설비의 성능인증 및 제품검사의 기술기준 8조)

구 분	150V 이하	150V 초과
실효전압	**1000V**	**(정격전압×2)+1000V** 예 220V인 경우 (220×2)+1000=1440V
견디는 시간	**1분** 이상 보기 ①	**1분** 이상

답 ①

★★★
64 다음은 누전경보기의 형식승인 및 제품검사의 기술기준에 따른 표시등에 대한 내용이다. ( ) 에 들어갈 내용으로 옳은 것은?
21.03.문71 20.09.문69

> 주위의 밝기가 (㉠)lx인 장소에서 측정하여 앞면으로부터 (㉡)m 떨어진 곳에서 켜진 등이 확실히 식별되어야 한다.

① ㉠ 150, ㉡ 3 ② ㉠ 300, ㉡ 3
③ ㉠ 150, ㉡ 5 ④ ㉠ 300, ㉡ 5

해설 **부품**의 **구조** 및 **기능**(누전경보기의 형식승인 및 제품검사의 기술기준 4조)
(1) 전구는 **2개** 이상을 **병렬**로 접속하여야 한다(단, **방전등** 또는 **발광다이오드**는 제외).
(2) 전구에는 적당한 **보호덮개**를 설치하여야 한다(단, **발광다이오드**는 제외).

(3) 주위의 밝기가 300 lx인 장소에서 측정하여 앞면으로부터 3m 떨어진 곳에서 켜진 등이 확실히 식별될 것 보기 ②
(4) 누전화재의 발생을 표시하는 표시등(누전등)이 설치된 것은 등이 켜질 때 **적색**으로 표시되어야 하며, 누전화재가 발생한 경계전로의 위치를 표시하는 표시등(지구등)과 기타의 표시등은 다음과 같아야 한다.

• 누전등 • 누전등 및 지구등과 쉽게 구별할 수 있도록 부착된 기타의 표시등	• 누전등이 설치된 수신부의 지구등 • 기타의 표시등
적색	적색 외의 색

답 ②

★★★
65 무선통신보조설비의 화재안전기준에 따라 무선통신보조설비의 누설동축케이블 및 동축케이블은 화재에 따라 해당 케이블의 피복이 소실된 경우에 케이블 본체가 떨어지지 아니하도록 몇 m 이내마다 금속제 또는 자기제 등의 지지금구로 벽·천장·기둥 등에 견고하게 고정시켜야 하는가? (단, 불연재료로 구획된 반자 안에 설치하지 않은 경우이다.)

20.08.문65 19.03.문80 17.05.문68 16.10.문72 15.09.문78 14.05.문78 12.05.문78 10.05.문76 08.09.문70

① 1
② 1.5
③ 2.5
④ 4

해설 **누설동축케이블**의 **설치기준**(NFPC 505 5조, NFTC 505 2.2.1)
(1) 소방전용 주파수대에서 전파의 **전송** 또는 **복사**에 적합한 것으로서 소방전용의 것
(2) 누설동축케이블과 이에 접속하는 안테나 또는 동축케이블과 이에 접속하는 안테나
(3) 누설동축케이블 및 동축케이블은 화재에 따라 해당 케이블의 피복이 소실된 경우에 케이블 본체가 떨어지지 아니하도록 **4m** 이내마다 금속제 또는 자기제 등의 지지금구로 벽·천장·기둥 등에 견고하게 고정시킬 것(단, 불연재료로 구획된 반자 안에 설치하는 경우 제외) 보기 ④
(4) **누설동축케이블** 및 **안테나**는 **고**압전로로부터 **1.5m** 이상 떨어진 위치에 설치(단, 해당 전로에 **정전기 차폐장치**를 유효하게 설치한 경우에는 제외)
(5) 누설동축케이블의 끝부분에는 **무반사종단저항**을 설치

기억법 누고15

용어
무반사종단저항
전송로로 전송되는 전자파가 전송로의 종단에서 반사되어 **교신**을 **방해**하는 것을 막기 위한 저항

답 ④

★★★
66 비상콘센트설비의 화재안전기준에 따라 비상콘센트용의 풀박스 등은 방청도장을 한 것으로서, 두께 몇 mm 이상의 철판으로 하여야 하는가?

20.08.문64 19.04.문63 18.04.문61 17.03.문72 16.10.문61 16.05.문76 15.09.문80 14.03.문64 11.10.문67

① 1.0 ② 1.2
③ 1.5 ④ 1.6

해설 **비상콘센트설비**(NFPC 504 4조, NFTC 504 2.1)

구 분	전 압	용 량	플러그접속기
단상 교류	220V	1.5kVA 이상	접지형 2극

(1) 하나의 전용 회로에 설치하는 비상콘센트는 **10개** 이하로 할 것(전선의 용량은 최대 **3개**)

설치하는 비상콘센트 수량	전선의 용량산정시 적용하는 비상콘센트 수량	단상 전선의 용량
1개	1개 이상	1.5kVA 이상
2개	2개 이상	3.0kVA 이상
3~10개	3개 이상	4.5kVA 이상

(2) 전원회로는 각 층에 있어서 **2 이상**이 되도록 설치할 것(단, 설치하여야 할 층의 콘센트가 **1개**인 때에는 하나의 회로로 할 수 있다.)
(3) 플러그접속기의 칼받이 접지극에는 **접지공사**를 하여야 한다.
(4) 풀박스는 1.6mm 이상의 철판을 사용할 것 보기 ④
(5) 절연저항은 **전원부**와 **외함** 사이를 **직류 500V 절연저항계**로 측정하여 20MΩ 이상일 것
(6) 전원으로부터 각 층의 비상콘센트에 분기되는 경우에는 **분기배선용 차단기**를 보호함 안에 설치할 것
(7) 바닥으로부터 0.8~1.5m 이하의 높이에 설치할 것
(8) 전원회로는 주배전반에서 **전용 회로**로 하며, 배선의 종류는 **내화배선**이어야 한다.

답 ④

★
67 자동화재탐지설비 및 시각경보장치의 화재안전기준에서 정하는 불꽃감지기의 시설기준으로 틀린 것은?

19.03.문66

① 폭발의 우려가 있는 장소에는 방폭형으로 설치할 것
② 공칭감시거리 및 공칭시야각은 형식승인 내용에 따를 것
③ 감지기를 천장에 설치하는 경우에는 감지기는 바닥을 향하여 설치할 것
④ 감지기는 화재감지를 유효하게 감지할 수 있는 모서리 또는 벽 등에 설치할 것

해설 ① 해당없음

불꽃감지기의 **설치기준**(NFPC 203 7조, NFTC 203 2.4.3.13)

(1) 감지기는 **공칭감시거리**와 **공칭시야각**을 기준으로 감시구역이 모두 포용될 수 있도록 설치할 것
(2) 감지기는 화재감지를 유효하게 감지할 수 있는 **모서리** 또는 **벽** 등에 설치할 것 보기 ④
(3) 감지기를 **천장**에 설치하는 경우에는 감지기는 **바닥**을 향하여 설치할 것 보기 ③
(4) 수분이 많이 발생할 우려가 있는 장소에는 **방수형**으로 설치할 것
(5) **공칭감시거리** 및 **공칭시야각**은 **형식승인** 내용에 따를 것 보기 ②

중요

불꽃감지기의 **공칭감시거리 · 공칭시야각**(감지기의 형식승인 및 제품검사 기술기준 19-2)

조 건	공칭감시거리	공칭시야각
20m 미만의 장소에 적합한 것	1m 간격	5° 간격
20m 이상의 장소에 적합한 것	5m 간격	

답 ①

68

다음은 비상조명등의 우수품질인증 기술기준에서 정하는 비상조명등의 상태를 자동적으로 점검하는 기능에 대한 내용이다. ( )에 들어갈 내용으로 옳은 것은?

자가점검시간은 (㉠)초 이상 (㉡)분 이하로 (㉢)일 마다 최소 한 번 이상 자동으로 수행하여야 한다.

① ㉠ 15, ㉡ 15, ㉢ 15
② ㉠ 15, ㉡ 20, ㉢ 30
③ ㉠ 30, ㉡ 30, ㉢ 30
④ ㉠ 30, ㉡ 45, ㉢ 60

해설 **자가점검** 및 **무선점검시험 적합 기능**(비상조명등의 우수품질인증 기술기준 15조)

(1) 자가점검시간은 **30초** 이상 **30분** 이하로 **30일** 마다 최소 한 번 이상 자동으로 수행 보기 ③
(2) 자가점검결과 이상상태를 확인할 수 있는 **표시** 또는 **점등**(점열, 음향 포함) 장치를 설치
(3) 자가점검기능은 **비상전원 충전회로 고장**, **예비전원 충전용량 미달** 등에 대하여 표시하여야 하며, 기타 제조사가 제시하는 기능 표시
(4) 상용전원 및 비상전원의 상태를 **무선**으로 **점검**할 수 있는 장치를 설치할 수 있다. 이 경우 **최대점검거리** 및 **시야각** 등 제시

답 ③

69

14.05.문64

자동화재탐지설비 및 시각경보장치의 화재안전기준에 따라 부착높이가 4m 미만으로 연기감지기 3종을 설치할 때, 바닥면적 몇 m^2 마다 1개 이상 설치하여야 하는가?

① 50 ② 75
③ 100 ④ 150

해설 **연기감지기**의 **바닥면적**(NFPC 203 7조, NFTC 203 2.4.3.10.1)

부착높이	감지기의 종류	
	1종 및 2종	3종
4m 미만	$150m^2$	$50m^2$ 보기 ①
4~20m 미만	$75m^2$	설치할 수 없다.

기억법 123
155
75

답 ①

70

비상방송설비와 자동화재탐지설비의 연동시 동작순서로 옳은 것은?

① 기동장치 → 증폭기 → 수신기 → 조작부 → 확성기
② 기동장치 → 조작부 → 증폭기 → 수신기 → 확성기
③ 기동장치 → 수신기 → 증폭기 → 조작부 → 확성기
④ 기동장치 → 증폭기 → 조작부 → 수신기 → 확성기

해설 **비상방송설비**의 **계통도**

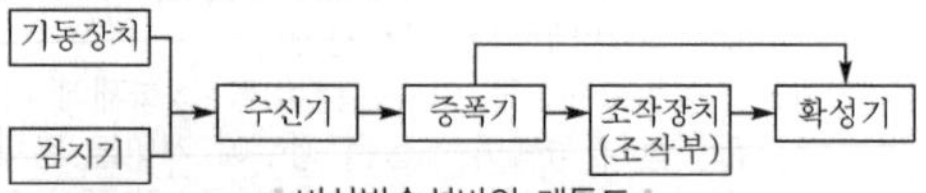

| 비상방송설비의 계통도 |

- 확성기=스피커
- 조작부=조작장치

답 ③

71

21.09.문71
20.09.문78
20.08.문77
13.09.문67

유도등의 우수품질인증 기술기준에서 정하는 유도등의 일반구조에 적합하지 않은 것은?

① 축전지에 배선 등은 직접 납땜하여야 한다.
② 충전부가 노출되지 아니한 것은 사용전압이 300V를 초과할 수 있다.
③ 외함은 기기 내의 온도상승에 의하여 변형, 변색 또는 변질되지 아니하여야 한다.
④ 전선의 굵기는 인출선인 경우에는 단면적이 $0.75mm^2$ 이상이어야 한다.

해설 ① 납땜하여야 한다. → 납땜하지 아니하여야 한다.

비상조명등 · 유도등의 **일반구조**(유도등의 우수품질인증 기술기준 2조)

(1) 전선의 굵기 및 길이 보기 ④

인출선 굵기	인출선 길이
0.75mm² 이상	150mm 이상

기억법 인75(인(사람) 치료)

(2) 축전지에 배선 등을 직접 납땜하지 아니할 것 보기 ①

- 직접 납땜하지 않는 이유 : 납땜시 **축전지**의 **교체**가 **어려움**

(3) 사용전압은 **300V 이하**이어야 한다(단, 충전부가 노출되지 아니한 것은 300V 초과 가능). 보기 ②

(4) 예비전원을 **병렬**로 접속하는 경우는 **역충전방지 등**의 조치를 강구할 것

(5) 유도등에는 **점멸**, **음성** 또는 이와 유사한 방식 등에 의한 **유도장치** 설치 가능

(6) 외함은 **기기 내**의 **온도 상승**에 의하여 **변형**, **변색** 또는 **변질**되지 아니하여야 한다. 보기 ③

답 ①

★ **72** 축광표지의 성능인증 및 제품검사의 기술기준에 따라 피난방향 또는 소방용품 등의 위치를 추가적으로 알려주는 보조역할을 하는 축광보조표지의 설치위치로 틀린 것은?

① 바닥 ② 천장
③ 계단 ④ 벽면

해설 ② 천장은 해당없음

축광표지의 **설치위치**(축광표지의 성능인증 및 제품검사의 기술기준 2조)

축광유도표지	축광위치표지	축광보조표지
화재발생시 **피난방향**을 **안내**하기 위하여 사용되는 축광표지로서 **피난구축광유도표지**, **통로축광유도표지**로 구분	**옥내소화전설비**의 **함**, **발신기**, **피난기구**(완강기, 간이완강기, 구조대, 금속제피난사다리), **소화기**, **투척용 소화용구** 및 **연결송수관설비**의 **방수구** 등 소방용품의 위치를 표시하기 위한 축광표지	피난로 등의 **바닥·계단·벽면** 등에 설치함으로써 **피난방향** 또는 **소방용품** 등의 **위치**를 추가적으로 알려주는 **보조**역할을 하는 표지 보기 ②

답 ②

★★ **73** 시각경보장치의 성능인증 및 제품검사의 기술기준에 따라 시각경보장치의 전원부 양단자 또는 양선을 단락시킨 부분과 비충전부를 DC 500V의 절연저항계로 측정하는 경우 절연저항이 몇 MΩ 이상이어야 하는가?

21.05.문71
11.10.문61

① 0.1 ② 5
③ 10 ④ 20

해설 **절연저항시험**

절연저항계	절연저항	대 상
직류 250V	0.1MΩ 이상	• 1경계구역의 절연저항
직류 500V	5MΩ 이상	• 누전경보기 • 가스누설경보기 • 수신기(10회로 미만, 절연된 충전부와 외함간) • 자동화재속보설비 • 비상경보설비 • 유도등(교류입력측과 외함 간 포함) • 비상조명등(교류입력측과 외함 간 포함) • 시각경보장치 보기 ②
	20MΩ 이상	• 경종 • 발신기 • 중계기 • 비상콘센트 • 기기의 절연된 선로 간 • 기기의 충전부와 비충전부 간 • 기기의 교류입력측과 외함 간(유도등 · 비상조명등 제외)
	50MΩ 이상	• 감지기(정온식 감지선형 감지기 제외) • 가스누설경보기(10회로 이상) • 수신기(10회로 이상, 교류입력측과 외함간 제외)
	1000MΩ 이상	• 정온식 감지선형 감지기

답 ②

★★★ **74** 누전경보기의 형식승인 및 제품검사의 기술기준에서 정하는 누전경보기의 공칭작동전류치(누전경보기를 작동시키기 위하여 필요한 누설전류의 값으로서 제조자에 의하여 표시된 값을 말한다.)는 몇 mA 이하이어야 하는가?

21.05.문78
16.03.문77
15.05.문79
10.03.문76

① 50 ② 100
③ 150 ④ 200

해설 **누전경보기**(누전경보기의 형식승인 및 제품검사의 기술기준 7·8조)

공칭작동전류치	감도조정장치의 조정범위
200mA 이하 보기 ④	1A(1000mA) 이하

기억법 공2

참고

검출누설전류 설정치 범위

경계전로	제2종 접지선(중성점 접지선)
100~400mA	400~700mA

답 ④

★★★
75 다음은 자동화재속보설비의 속보기의 성능인증 및 제품검사의 기술기준에 따른 속보기에 대한 내용이다. ( )에 들어갈 내용으로 옳은 것은?

21.03.문78
20.06.문80
18.03.문76
17.03.문67
16.10.문77
14.05.문68
11.03.문77

속보기는 연동 또는 수동 작동에 의한 다이얼링 후 소방관서와 전화접속이 이루어지지 않는 경우에는 최초 다이얼링을 포함하며 (ⓐ)회 이상 반복적으로 접속을 위한 다이얼링이 이루어져야 한다. 이 경우 매회 다이얼링 완료 후 호출은 (ⓑ)초 이상 지속되어야 한다.

① ⓐ 10, ⓑ 30 ② ⓐ 15, ⓑ 30
③ ⓐ 10, ⓑ 60 ④ ⓐ 15, ⓑ 60

해설 **속보기**의 **기준**(자동화재속보설비의 속보기의 성능인증 및 제품검사의 기술기준 3·5조)
(1) **수동통화**용 송수화기를 설치
(2) **20초** 이내에 **3회** 이상 **소방관서**에 자동속보
(3) 예비전원은 감시상태를 **60분**간 지속한 후 **10분** 이상 동작이 지속될 수 있는 용량일 것
(4) **다**이얼링 : **10회** 이상(다이얼링 호출 **30초** 이상) 보기 ①

기억법 다10 30(산삼먹기 다 쉽다)

(5) 작동시 그 **작동시간**과 **작동횟수**를 표시할 수 있는 장치를 하여야 한다.
(6) **예비전원회로**에는 **단락사고** 등을 방지하기 위한 **퓨즈**, **차단기** 등과 같은 **보호장치**를 하여야 한다.
(7) **국가유산용** 속보기는 자동적으로 무선식 감지기에 **24시간** 이내의 주기마다 통신점검 신호를 발신할 수 있는 장치를 설치하여야 한다.

기억법 속203

비교

자동화재속보설비의 **속보기**에 **적용할 수 없는 회로방식**(자동화재속보설비의 속보기의 성능인증 및 제품검사 기술기준 3조)
(1) **접지전극**에 **직류전류**를 통하는 회로방식
(2) 수신기에 접속되는 외부배선과 다른 설비(화재신호의 전달에 영향을 미치지 않는 것 제외)의 외부배선을 **공용**으로 하는 회로방식

답 ①

★
76 단독경보형 감지기에 대한 설명으로 틀린 것은?
① 단독경보형 감지기는 감지부, 경보장치, 전원이 개별로 구성되어 있다.
② 화재경보음은 감지기로부터 1m 떨어진 위치에서 85dB 이상으로 10분 이상 계속하여 경보할 수 있어야 한다.
③ 단독경보형 감지기는 수동으로 작동시험을 하고 자동복귀형 스위치에 의하여 자동으로 정위치에 복귀하여야 한다.
④ 작동되는 감지기는 작동표시등에 의하여 화재의 발생을 표시하고, 내장된 음향장치의 명동에 의하여 화재경보음을 발하여야 한다.

해설 ① 개별로 → 통합으로

단독경보형 감지기의 **일반기능**(감지기의 형식승인 및 제품검사의 기술기준 5조 2)
(1) 자동복귀형 스위치(자동적으로 정위치에 복귀될 수 있는 스위치)에 의하여 **수동**으로 작동시험을 할 수 있는 기능이 있을 것 보기 ③
(2) 작동되는 경우 **작동표시등**에 의하여 화재의 발생을 표시하고, 내장된 **음향장치**의 명동에 의하여 **화재경보음**을 발할 수 있는 기능이 있을 것 보기 ④
(3) 주기적으로 섬광하는 **전원표시등**에 의하여 전원의 정상여부를 감시할 수 있는 기능이 있어야 하며, 전원의 정상상태를 표시하는 전원표시등의 섬광주기는 **1초 이내**의 **점등**과 **30초**에서 **60초** 이내의 **소등**으로 이루어질 것
(4) 화재경보음은 감지기로부터 **1m** 떨어진 위치에서 **85dB 이상**으로 **10분** 이상 계속하여 경보할 수 있을 것 보기 ②
(5) 단독경보형 감지기는 **감지부**, **경보장치**, **전원**이 **통합**으로 구성되어 있을 것 보기 ①

답 ①

★★★
77 비상방송설비의 음향장치는 정격전압의 몇 % 전압에서 음향을 발할 수 있는 것으로 하여야 하는가?

20.08.문66
19.03.문77
18.09.문68
18.04.문74
16.05.문63
15.03.문67
14.09.문65
11.03.문72
10.09.문70
09.05.문75

① 80
② 90
③ 100
④ 110

해설 **비상방송설비 음향장치**의 **구조** 및 **성능기준**(NFPC 202 4조, NFTC 202 2.1.1.12)
(1) 정격전압의 **80%** 전압에서 음향을 발할 것 보기 ①
(2) **자동화재탐지설비**의 작동과 연동하여 작동할 것

비교

자동화재탐지설비 음향장치의 **구조** 및 **성능 기준**
(1) 정격전압의 **80%** 전압에서 음향을 발할 것
(2) 음량은 **1m** 떨어진 곳에서 **90dB** 이상일 것
(3) **감지기**·**발신기**의 작동과 **연동**하여 작동할 것

답 ①

★★★
78 소방시설용 비상전원수전설비의 화재안전기준에 따라 소방회로배선은 일반회로배선과 불연성 벽으로 구획하여야 하나, 소방회로배선과 일반회로배선을 몇 cm 이상 떨어져 설치한 경우에는 그러하지 아니하는가?

19.09.문66
14.05.문74
13.06.문69
09.08.문62

① 5 ② 10
③ 15 ④ 20

해설 **특별고압** 또는 **고압**으로 **수전**하는 **경우**(NFPC 602 5조, NFTC 602 2.2.1)

(1) 전용의 **방화구획 내**에 설치할 것

(2) 소방회로배선은 일반회로배선과 **불연성 벽**으로 구획할 것(단, 소방회로배선과 일반회로배선을 **15cm** 이상 떨어져 설치한 경우는 제외) 보기 ③

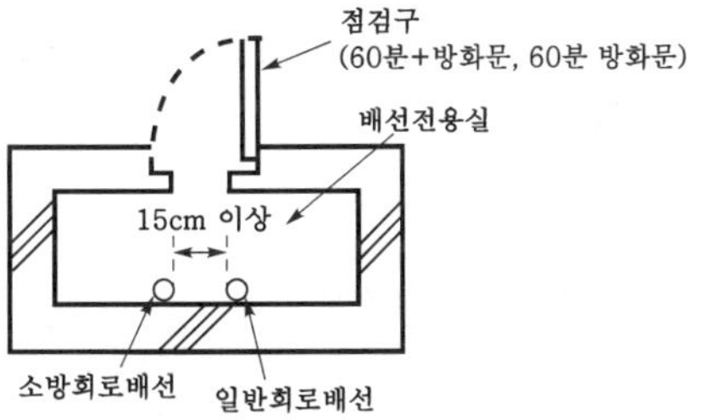

| 불연성 벽으로 구획하지 않아도 되는 경우 |

(3) 일반회로에서 **과부하, 지락사고** 또는 **단락사고**가 발생한 경우에도 이에 영향을 받지 아니하고 계속하여 소방회로에 전원을 공급시켜 줄 수 있어야 할 것

(4) 소방회로용 **개폐기** 및 **과전류차단기**에는 "**소방시설용**"이라 표시할 것

답 ③

79

경종의 우수품질인증 기술기준에 따라 경종에 정격전압을 인가한 경우 경종의 소비전류는 몇 mA 이하이어야 하는가?

① 10
② 30
③ 50
④ 100

해설 **경종**의 **기능시험**(경종의 우수품질인증 기술기준 4조)

(1) 경종의 중심으로부터 **1m** 떨어진 위치에서 **90dB** 이상이어야 하며, 최소청취거리에서 **110dB**을 초과하지 아니할 것

(2) 경종의 소비전류 : **50mA** 이하 보기 ③

답 ③

80

14.03.문66
06.09.문79

자동화재탐지설비 및 시각경보장치의 화재안전기준에 따라 감지기 상호간 또는 감지기로부터 수신기에 이르는 감지기회로의 배선 중 전자파 방해를 받지 아니하는 쉴드선 등을 사용하지 않아도 되는 것은?

① R형 수신기용으로 사용되는 것
② 차동식 감지기
③ 다신호식 감지기
④ 아날로그식 감지기

해설 **쉴드선**을 **사용**해야 하는 **감지기**(NFTC 203 2.8.1.2.1)

(1) 아날로그식 감지기 보기 ④

(2) 다신호식 감지기 보기 ③

(3) R형 수신기용으로 사용되는 감지기 보기 ①

기억법 쉴아다R

중요

쉴드선의 **단면** 및 **외형**

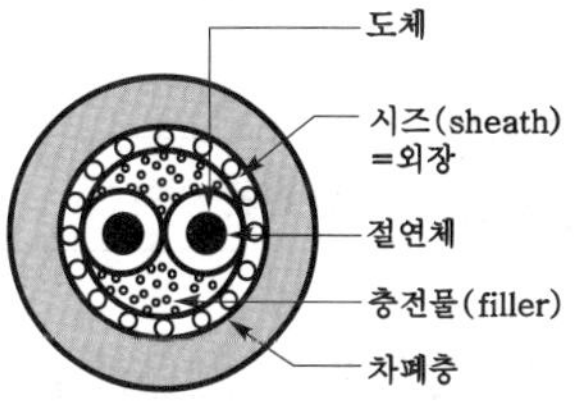

(a) 단면

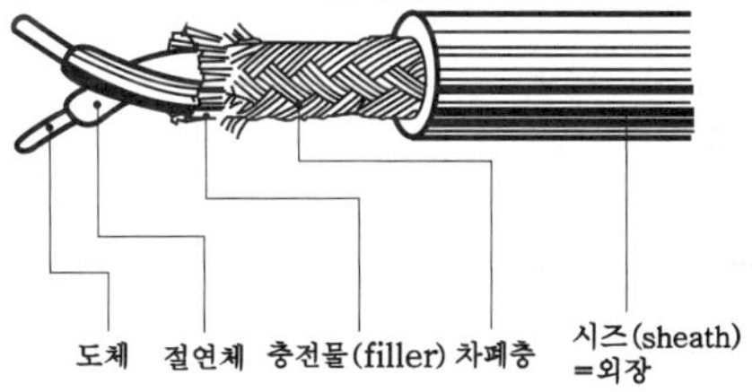

(b) 외형

| 쉴드선 |

답 ②

2022. 9. 14 시행

2022년 기사 제4회 필기시험 CBT 기출복원문제

자격종목	종목코드	시험시간	형별	수험번호	성명
소방설비기사(전기분야)		2시간			

※ 각 문항은 4지택일형으로 질문에 가장 적합한 보기 항을 선택하여 체크하여야 합니다.

제 1 과목 소방원론

★★★
01 **제5류 위험물인 자기반응성 물질의 성질 및 소화에 관한 사항으로 가장 거리가 먼 것은?**

16.05.문10 15.09.문58 14.09.문13

유사문제부터 풀어보세요. 실력이 팍!팍! 올라갑니다.

① 연소속도가 빨라 폭발적인 경우가 많다.
② 질식소화가 효과적이며, 냉각소화는 불가능하다.
③ 대부분 산소를 함유하고 있어 자기연소 또는 내부연소를 한다.
④ 가열, 충격, 마찰에 의해 폭발의 위험이 있는 것이 있다.

해설

② 냉각소화가 효과적이며, 질식소화는 불가능하다.

제5류 위험물 : 자기반응성 물질(자기연소성 물질)

구 분	설 명
특징	① 연소속도가 빨라 **폭발**적인 경우가 많다. 보기 ① ② 대부분 **산소**를 **함유**하고 있어 자기연소 또는 **내부연소**를 한다. 보기 ③ ③ 가열, 충격, 마찰에 의해 **폭발**의 **위험**이 있는 것이 있다. 보기 ④
소화방법	대량의 물에 의한 **냉각소화**가 효과적이다. 보기 ②
종류	① 유기과산화물 · 나이트로화합물 · 나이트로소화합물 ② 질산에스터류(**셀**룰로이드) · 하이드라진유도체 ③ 아조화합물 · 다이아조화합물 기억법 5자셀

중요

위험물의 소화방법

종 류	소화방법
제1류	물에 의한 **냉각소화**(단, **무기과산화물**은 **마른모래** 등에 의한 질식소화)
제2류	물에 의한 **냉각소화**(단, **금속분**은 **마른모래** 등에 의한 질식소화)
제3류	마른모래, 팽창질석, 팽창진주암에 의한 소화(마른모래보다 **팽창질석** 또는 **팽창진주암**이 더 효과적)
제4류	포 · 분말 · CO_2 · 할론소화약제에 의한 **질식소화**
제5류	화재 초기에만 대량의 물에 의한 **냉각소화**(단, 화재가 진행되면 자연진화되도록 기다릴 것)
제6류	마른모래 등에 의한 **질식소화**

답 ②

★★★
02 **0℃, 1기압에서 44.8m³의 용적을 가진 이산화탄소를 액화하여 얻을 수 있는 액화탄산가스의 무게는 약 몇 kg인가?**

20.06.문17 18.09.문11 14.09.문07 12.03.문19 06.09.문13 97.03.문03

① 44 ② 22
③ 11 ④ 88

해설 (1) **기호**

- T : 0℃=(273+0℃)K
- P : 1기압=1atm
- V : 44.8m³
- m : ?

(2) **이상기체상태 방정식**

$$PV=nRT$$

여기서, P : 기압[atm]

V : 부피[m^3]

n : 몰수$\left(n=\dfrac{m(\text{질량})[\text{kg}]}{M(\text{분자량})[\text{kg/kmol}]}\right)$

R : 기체상수(0.082atm · m^3/kmol · K)

T : 절대온도(273+℃)[K]

$PV=\dfrac{m}{M}RT$에서

$$m=\frac{PVM}{RT}$$

$$=\frac{1\text{atm}\times 44.8\text{m}^3\times 44\text{kg/kmol}}{0.082\text{atm}\cdot\text{m}^3/\text{kmol}\cdot\text{K}\times(273+0℃)\text{K}}$$

$≒ 88\text{kg}$

• 이산화탄소 분자량(M)=44kg/kmol

답 ④

★★★
03 부촉매효과에 의한 소화방법으로 옳은 것은?

19.09.문13 18.09.문19 17.05.문06 16.03.문08 15.03.문17 14.03.문19 11.10.문19 03.08.문11

① 산소의 농도를 낮추어 소화하는 방법이다.
② 용융잠열에 의한 냉각효과를 이용하여 소화하는 방법이다.
③ 화학반응으로 발생한 이산화탄소에 의한 소화방법이다.
④ 활성기(free radical)에 의한 연쇄반응을 억제하는 소화방법이다.

해설

① 질식소화
② 냉각소화
③ 질식소화

소화의 형태

소화형태	설 명
냉각소화	• **점화원**을 냉각하여 소화하는 방법 • **증**발잠열을 이용하여 열을 빼앗아 가연물의 온도를 떨어뜨려 화재를 진압하는 소화 방법 • **다량**의 **물**을 뿌려 소화하는 방법 • 가연성 물질을 **발화점 이하**로 **냉각** • **식용유화재**에 신선한 **야채**를 넣어 소화 • 용융잠열에 의한 **냉각효과**를 이용하여 소화하는 방법 보기 ② 기억법 **냉점증발**
질식소화	• 공기 중의 **산소농도**를 **16%(10~15%)** 이하로 희박하게 하여 소화하는 방법 • 산화제의 농도를 낮추어 연소가 지속될 수 없도록 하는 방법 • 산소공급을 차단하는 소화방법 • 산소의 농도를 낮추어 소화하는 방법 보기 ① • 화학반응으로 발생한 **탄산가스**(이산화탄소)에 의한 소화방법 보기 ③ 기억법 **질산**
제거소화	• **가연물**을 **제거**하여 소화하는 방법
부촉매소화 (화학소화, 부촉매효과)	• **연쇄반응**을 **차단**하여 소화하는 방법 • 화학적인 방법으로 화재억제 • **활성기**(free radical)의 **생성**을 **억제**하는 소화방법 보기 ④ 기억법 **부억(부엌)**
희석소화	• 기체 · 고체 · 액체에서 나오는 분해가스나 증기의 농도를 낮춰 소화하는 방법

답 ④

★★
04 제1종 분말소화약제가 요리용 기름이나 지방질 기름의 화재시 소화효과가 탁월한 이유에 대한 설명으로 가장 옳은 것은?

16.05.문04 11.03.문14

① 아이오딘화반응을 일으키기 때문이다.
② 비누화반응을 일으키기 때문이다.
③ 브로민화반응을 일으키기 때문이다.
④ 질화반응을 일으키기 때문이다.

해설 **비누화현상**(saponification phenomenon)

구 분	설 명
정의	**소화약제**가 식용유에서 분리된 **지방산**과 **결합**해 **비누거품**처럼 부풀어 오르는 현상
적응소화약제	제1종 분말소화약제
적응성	• 요리용 기름 보기 ② • 지방질 기름 보기 ②
발생원리	에스터가 알칼리에 의해 가수분해되어 알코올과 산의 알칼리염이 됨
화재에 미치는 효과	주방의 식용유화재시에 나트륨이 기름을 둘러싸 외부와 분리시켜 **질식소화** 및 **재발화 억제효과** 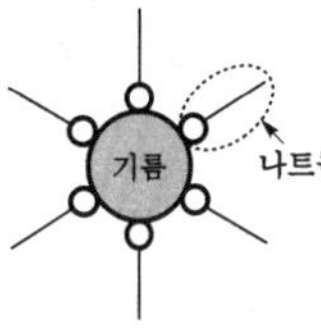 ∥ 비누화현상 ∥
화학식	RCOOR′+NaOH → RCOONa+R′OH

• 비누화반응=비누화현상

답 ②

★
05 위험물안전관리법령상 제4류 위험물인 알코올류에 속하지 않는 것은?

15.03.문08

① C_4H_9OH ② CH_3OH
③ C_2H_5OH ④ C_3H_7OH

해설

① 부틸알코올(C_4H_9OH)은 해당없음

위험물령 [별표 1]
위험물안전관리법령상 알코올류

(1) 메틸알코올(CH_3OH) 보기 ②
(2) 에틸알코올(C_2H_5OH) 보기 ③
(3) 프로필알코올(C_3H_7OH) 보기 ④

(4) 변성알코올
(5) 퓨젤유

답 ①

★★★
06 플래시오버(flash over)현상에 대한 설명으로 옳은 것은?

20.09.문14
14.05.문18
14.03.문11
13.06.문17
11.06.문11

① 실내에서 가연성 가스가 축적되어 발생되는 폭발적인 착화현상
② 실내에서 에너지가 느리게 집적되는 현상
③ 실내에서 가연성 가스가 분해되는 현상
④ 실내에서 가연성 가스가 방출되는 현상

해설 **플래시오버**(flash over) : 순발연소
(1) **실내**에서 폭발적인 착화현상 보기 ①
(2) 폭발적인 **화재확대현상**
(3) 건물화재에서 발생한 가연성 가스가 일시에 인화하여 화염이 **충**만하는 단계
(4) 실내의 가연물이 연소됨에 따라 생성되는 가연성 가스가 실내에 누적되어 **폭**발적으로 연소하여 실 전체가 순간적으로 불길에 싸이는 현상
(5) **옥내화재**가 서서히 진행하여 열이 축적되었다가 일시에 화염이 크게 발생하는 상태
(6) **다량**의 **가연성 가스**가 동시에 연소되면서 **급**격한 온도상승을 유발하는 현상
(7) 건축물에서 한순간에 폭발적으로 화재가 확산되는 현상

기억법 **플확충 폭급**

• 플래시오버=플래쉬오버

비교

(1) **패닉(panic)현상**
인간의 비이성적인 또는 부적합한 **공포반응행동**으로서 무모하게 높은 곳에서 뛰어내리는 행위라든지, 몸이 굳어서 움직이지 못하는 행동
(2) **굴뚝효과**(stack effect)
㉠ 건물 내외의 **온도차**에 따른 공기의 흐름현상이다.
㉡ 굴뚝효과는 **고층건물**에서 주로 나타난다.
㉢ 평상시 건물 내의 기류분포를 지배하는 중요 요소이며 화재시 **연기**의 **이동**에 큰 영향을 미친다.
㉣ 건물 외부의 온도가 내부의 온도보다 높은 경우 저층부에서는 내부에서 외부로 공기의 흐름이 생긴다.
(3) **블레비(BLEVE)=블레이브(BLEVE)현상**
과열상태의 탱크에서 내부의 액화가스가 분출하여 기화되어 폭발하는 현상
㉠ 가연성 액체
㉡ 화구(fire ball)의 형성
㉢ 복사열의 대량 방출

답 ①

★
07 다음 중 건물의 화재하중을 감소시키는 방법으로서 가장 적합한 것은?

① 건물 높이의 제한
② 내장재의 불연화
③ 소방시설증강
④ 방화구획의 세분화

해설 **화재하중**을 **감소시키는 방법**
(1) **내장재**의 **불연화** 보기 ②
(2) **가연물**의 **수납** : 불연화가 불가능한 서류 등의 가연물은 불연성 밀폐용기에 보관
(3) **가연물**의 **제한** : 가연물을 필요 최소단위로 보관하여 가연물의 양을 줄임

용어

화재하중

화재하중	화재가혹도
① 가연물 등의 **연소시 건축물**의 **붕괴** 등을 고려하여 설계하는 하중 ② 화재실 또는 화재구획의 **단위면적당 가연물**의 **양** ③ 일반건축물에서 가연성의 건축구조재와 **가연성 수용물**의 **양**으로서 건물화재시 발열량 및 화재위험성을 나타내는 용어 ④ 화재하중이 크면 단위면적당의 발열량이 크다. ⑤ 화재하중이 같더라도 물질의 상태에 따라 가혹도는 달라진다. ⑥ 화재하중은 화재구획실 내의 가연물 총량을 목재중량당비로 환산하여 면적으로 나눈 수치이다. ⑦ 건물화재에서 가열온도의 정도를 의미한다. ⑧ 건물의 내화설계시 고려되어야 할 사항이다. $q=\frac{\Sigma G_t H_t}{HA}=\frac{\Sigma Q}{4500A}$ 여기서, q : 화재하중[kg/m²] 또는 [N/m²] G_t : 가연물의 양[kg] H_t : 가연물의 단위발열량[kcal/kg] H : 목재의 단위발열량[kcal/kg]**(4500kcal/kg)** A : 바닥면적[m²] ΣQ : 가연물의 전체 발열량[kcal]	화재로 인하여 건물 내에 수납되어 있는 재산 및 건물 자체에 손상을 주는 능력의 정도

답 ②

★★★
08 자연발화가 일어나기 쉬운 조건이 아닌 것은?

20.09.문05
18.04.문02
16.10.문05
16.03.문14
15.05.문19
15.03.문09
14.09.문09
14.09.문17
12.03.문09
10.03.문13

① 적당량의 수분이 존재할 것
② 열전도율이 클 것
③ 주위의 온도가 높을 것
④ 표면적이 넓을 것

해설 ② 클 것 → 작을 것

자연발화의 방지법	자연발화 조건
① 습도가 높은 곳을 피할 것(**건조하게 유지**할 것) ② 저상실의 온도를 낮출 것 ③ 통풍이 잘 되게 할 것 ④ 퇴적 및 수납시 열이 쌓이지 않게 할 것(**열축적 방지**) ⑤ 산소와의 접촉을 차단할 것 ⑥ **열전도성**을 좋게 할 것	① 열전도율이 작을 것 보기 ② ② 발열량이 클 것 ③ 주위의 온도가 높을 것 보기 ③ ④ 표면적이 넓을 것 보기 ④ ⑤ 적당량의 수분이 존재할 것 보기 ①

답 ②

★★★
09 건축물 화재에서 플래시오버(flash over) 현상이 일어나는 시기는?

21.09.문09
15.09.문07
11.06.문11

① 초기에서 성장기로 넘어가는 시기
② 성장기에서 최성기로 넘어가는 시기
③ 최성기에서 감쇠(퇴)기로 넘어가는 시기
④ 감쇠(퇴)기에서 종기로 넘어가는 시기

해설 **플래시오버**(flash over)

구 분	설 명
발생시간	화재발생 후 **5~6분경**
발생시점	**성장기~최성기**(성장기에서 최성기로 넘어가는 분기점) 보기 ② 기억법 **플성최**
실내온도	약 **800~900℃**

답 ②

★★★
10 물속에 저장할 때 안전한 물질은?

21.03.문15
17.03.문11
16.05.문19
16.03.문07
10.03.문09
09.03.문16

① 나트륨
② 수소화칼슘
③ 탄화칼슘
④ 이황화탄소

해설 **물질**에 따른 **저장장소**

물 질	저장장소
황린, **이**황화탄소(CS_2) 보기 ④	**물**속
나이트로셀룰로오스	알코올 속
칼륨(K), 나트륨(Na), 리튬(Li)	석유류(등유) 속
알킬알루미늄	벤젠액 속
아세틸렌(C_2H_2)	디메틸포름아미드(DMF), 아세톤에 용해
수소화칼슘	**환기**가 잘 되는 내화성 **냉암소**에 보관
탄화칼슘(칼슘카바이드)	습기가 없는 **밀폐용기**에 저장하는 곳

기억법 **황물이**(**황**토색 **물이** 나온다.)

중요

산화프로필렌, 아세트알데하이드
구리, **마**그네슘, **은**, **수**은 및 그 합금과 저장 금지

기억법 **구마은수**

답 ④

★
11 화재에 관한 설명으로 옳은 것은?

① PVC 저장창고에서 발생한 화재는 D급 화재이다.
② 연소의 색상과 온도와의 관계를 고려할 때 일반적으로 휘백색보다는 휘적색의 온도가 높다.
③ PVC 저장창고에서 발생한 화재는 B급 화재이다.
④ 연소의 색상과 온도와의 관계를 고려할 때 일반적으로 암적색보다는 휘적색의 온도가 높다.

해설 ① D급 화재 → A급 화재
② 높다 → 낮다
③ B급 화재 → A급 화재

(1) PVC나 폴리에틸렌의 저장창고에서 발생한 화재는 **A급 화재**이다.

(2) **연소**의 **색**과 **온도**

색	온 도[℃]
암적색(진홍색)	700~750
적색	850
휘적색(주황색)	925~950
황적색	1100
백적색(백색)	1200~1300
휘백색	1500

답 ④

★★
12 표준상태에서 44g의 프로판 1몰이 완전연소할 경우 발생한 이산화탄소의 부피는 약 몇 L인가?

15.05.문07
10.09.문16

① 22.4
② 44.8
③ 89.6
④ 67.2

해설 **프로판 연소반응식**

프로판(C_3H_8)이 **연소**되므로 **산소**(O_2)가 필요함

$aC_3H_8+bO_2 \rightarrow cCO_2+dH_2O$

C : $\overset{1}{3a}=\overset{3}{c}$

H : $\overset{1}{8a}=\overset{4}{2d}$

O : $\overset{5}{2b}=\overset{3}{2c}+\overset{4}{d}$

① C_3H_8 + ⑤ O_2 → ③ CO_2 + ④ H_2O

1mol ↔ 3mol
22.4L ↔ x

- **22.4L** : 표준상태에서 1mol의 기체는 0℃ 기압에서 22.4L를 가짐

$1\text{mol} \times x = 3\text{mol} \times 22.4\text{L}$

$x = \frac{3\text{mol} \times 22.4\text{L}}{1\text{mol}} = 67.2\text{L}$

답 ④

★★★
13 표면온도가 350℃인 전기히터의 표면온도를 750℃로 상승시킬 경우, 복사에너지는 처음보다 약 몇 배로 상승되는가?

19.04.문19
14.09.문14
13.09.문01
13.06.문08

① 1.64
② 2.14
③ 7.27
④ 21.08

해설 (1) **기호**

- T_1 : 350℃=(273+350)K
- T_2 : 750℃=(273+750)K
- $\frac{Q_2}{Q_1}$: ?

(2) **스테판-볼츠만**의 **법칙**(Stefan-Boltzman's law)

$Q=aAF(T_1^4-T_2^4) \propto T^4$이므로

$\frac{Q_2}{Q_1}=\frac{T_2^4}{T_1^4}=\frac{(273+t_2)^4}{(273+t_1)^4}=\frac{(273+750)^4}{(273+350)^4} \fallingdotseq 7.27$

- 열복사량은 복사체의 **절대온도**의 **4제곱**에 **비례**하고, **단면적**에 **비례**한다.

참고

스테판-볼츠만의 **법칙**(Stefan-Boltzman's law)

$$Q=aAF(T_1^4-T_2^4)$$

여기서, Q : 복사열[W]
a : 스테판-볼츠만 상수[W/m²·K⁴]
A : 단면적[m²]
F : 기하학적 Factor
T_1 : 고온[K]
T_2 : 저온[K]

답 ③

★★
14 화재를 발생시키는 에너지인 열원의 물리적 원인으로만 나열한 것은?

15.05.문15
13.03.문10

① 압축, 분해, 단열
② 마찰, 충격, 단열
③ 압축, 단열, 용해
④ 마찰, 충격, 분해

해설 **물리적 원인 vs 화학적 원인**

물리적 원인	화학적 원인
① 마찰 ② 충격 ③ 단열 ④ 압축 기억법 마충단압	① 분해 ② 중합 ③ 흡착 ④ 용해

답 ②

★★
15 메탄 80vol%, 에탄 15vol%, 프로판 5vol%인 혼합가스의 공기 중 폭발하한계는 약 몇 vol%인가? (단, 메탄, 에탄, 프로판의 공기 중 폭발하한계는 5.0vol%, 3.0vol%, 2.1vol%이다.)

21.05.문20
17.05.문03

① 4.28 ② 3.61
③ 3.23 ④ 4.02

해설 **혼합가스**의 **폭발하한계**

$$\frac{100}{L}=\frac{V_1}{L_1}+\frac{V_2}{L_2}+\frac{V_3}{L_3}$$

여기서, L : 혼합가스의 폭발하한계[vol%]
L_1, L_2, L_3 : 가연성 가스의 폭발하한계[vol%]
V_1, V_2, V_3 : 가연성 가스의 용량[vol%]

$\frac{100}{L}=\frac{V_1}{L_1}+\frac{V_2}{L_2}+\frac{V_3}{L_3}$

$\frac{100}{L}=\frac{80}{5.0}+\frac{15}{3.0}+\frac{5}{2.1}$

$$\frac{100}{\frac{80}{5.0}+\frac{15}{3.0}+\frac{5}{2.1}}=L$$

$$L=\frac{100}{\frac{80}{5.0}+\frac{15}{3.0}+\frac{5}{2.1}} \fallingdotseq 4.28\text{vol\%}$$

• 단위가 원래는 〔vol%〕 또는 〔v%〕, 〔vol.%〕인데 줄여서 〔%〕로 쓰기도 한다.

답 ①

★★★
16 Halon 1301의 증기비중은 약 얼마인가? (단, 원자량은 C : 12, F : 19, Br : 80, Cl : 35.5이고, 공기의 평균 분자량은 29이다.)

20.06.문13 19.03.문18 16.03.문01 15.03.문05 14.09.문15 12.09.문18 07.05.문17

① 6.14
② 7.14
③ 4.14
④ 5.14

해설 (1) **증기비중**

$$\text{증기비중}=\frac{\text{분자량}}{29}$$

여기서, 29 : 공기의 평균 분자량

(2) **분자량**

원 소	원자량
H	1
C →	12
N	14
O	16
F →	19
Cl	35.5
Br →	80

Halon 1301(CF_3Br) 분자량 $=12+19\times3+80=149$

증기비중 $=\frac{149}{29}\fallingdotseq 5.14$

• 증기비중 = 가스비중

중요

할론소화약제의 **약칭** 및 **분자식**

종 류	약 칭	분자식
할론 1011	CB	CH_2ClBr
할론 104	CTC	CCl_4
할론 1211	BCF	$CF_2ClBr(CClF_2Br)$
할론 1301	BTM →	CF_3Br
할론 2402	FB	$C_2F_4Br_2$

답 ④

★★★
17 조연성 가스로만 나열한 것은?

21.03.문08 20.09.문20 17.03.문07 16.10.문03 16.03.문04 14.05.문10 12.09.문08 11.10.문02

① 산소, 이산화탄소, 오존
② 산소, 불소, 염소
③ 질소, 불소, 수증기
④ 질소, 이산화탄소, 염소

해설 **가연성 가스**와 **지연성 가스**

가연성 가스	지연성 가스(조연성 가스)
• **수**소 • **메**탄 • **일**산화탄소 • **천**연가스 • **부**탄 • **에**탄 • **암**모니아 • **프**로판 기억법 가수일천 암부 메에프	• **산**소 보기 ② • **공**기 • **염**소 보기 ② • **오**존 • **불**소 보기 ② 기억법 조산공 염불오

용어

가연성 가스와 **지연성 가스**

가연성 가스	지연성 가스(조연성 가스)
물질 자체가 연소하는 것	자기 자신은 연소하지 않지만 연소를 도와주는 가스

답 ②

★★★
18 다음 중 연소범위에 따른 위험도값이 가장 큰 물질은?

21.03.문11 20.06.문19 19.03.문03 18.03.문18

① 이황화탄소 ② 수소
③ 일산화탄소 ④ 메탄

해설 **위험도**

$$H=\frac{U-L}{L}$$

여기서, H : 위험도(degree of Hazards)
U : 연소상한계(Upper limit)
L : 연소하한계(Lower limit)

(1) **이황화탄소** $=\frac{50-1}{1}=49$

(2) **수소** $=\frac{75-4}{4}=17.75$

(3) **일산화탄소** $=\frac{75-12}{12}=5.25$

(4) **메탄** $=\frac{15-5}{5}=2$

중요

공기 중의 폭발한계(상온, 1atm)

가 스	하한계 〔vol%〕	상한계 〔vol%〕
아세틸렌(C_2H_2)	2.5	81
수소(H_2) 보기 ②	4	75
일산화탄소(CO) 보기 ③	12	75
에터($(C_2H_5)_2O$)	1.7	48
이황화탄소(CS_2) 보기 ①	1	50
에틸렌(C_2H_4)	2.7	36
암모니아(NH_3)	15	25
메탄(CH_4) 보기 ④	5	15
에탄(C_2H_6)	3	12.4
프로판(C_3H_8)	2.1	9.5
부탄(C_4H_{10})	1.8	8.4

• 연소한계＝연소범위＝가연한계＝가연범위＝폭발한계＝폭발범위

답 ①

★★★
19 알킬알루미늄 화재시 사용할 수 있는 소화약제로 가장 적당한 것은?

21.05.문13
16.05.문20
07.09.문03

① 팽창진주암
② 물
③ Halon 1301
④ 이산화탄소

해설 **위험물**의 **소화약제**

위험물	소화약제
• 알킬알루미늄 • 알킬리튬	• 마른모래 • 팽창질석 • 팽창진주암 보기 ①

답 ①

★★★
20 다음 중 가연성 가스가 아닌 것은?

21.03.문08
20.09.문20
17.03.문07
16.10.문03
16.03.문04
14.05.문10
12.09.문08
11.10.문02

① 아르곤
② 메탄
③ 프로판
④ 일산화탄소

해설 ① 아르곤 : 불연성 가스(불활성 가스)

가연성 가스와 지연성 가스

가연성 가스	지연성 가스(조연성 가스)
• 수소 • 메탄 보기 ② • 일산화탄소 보기 ④ • 천연가스 • 부탄 • 에탄 • 암모니아 • 프로판 보기 ③ 기억법 가수일천 암부 메에프	• 산소 • 공기 • 염소 • 오존 • 불소 기억법 조산공 염불오

용어

가연성 가스와 지연성 가스

가연성 가스	지연성 가스(조연성 가스)
물질 자체가 연소하는 것	자기 자신은 연소하지 않지만 연소를 도와주는 가스

답 ①

제 2 과목 소방전기일반

★★★
21 잔류편차가 있는 제어동작은?

18.03.문23
16.10.문40
15.03.문37
14.05.문28
11.06.문22

① 비례제어
② 적분제어
③ 비례적분미분제어
④ 비례적분제어

해설

구 분	설 명
비례제어 (P동작)	① **잔류편차**가 있는 제어 보기 ① ② 제어동작신호에 비례한 **조작신호**를 내는 제어동작
적분제어 (I동작)	**잔류편차**를 **제거**하기 위한 제어
미분제어 (D동작)	① **지연특성**이 제어에 주는 악영향을 **감소**한다. ② **진**동을 억제시키는 데 가장 효과적인 제어동작 기억법 진미(맛의 진미) ③ 동작신호의 **기울기**에 비례한 **조작신호**를 만든다.
비례적분제어 (PI동작)	① **간헐현상**이 있는 제어 ② 이득교점 주파수가 낮아지며, 대역폭은 감소한다. 기억법 비적간
비례적분미분제어 (PID동작)	① **간헐현상**을 **제거**하기 위한 제어 ② 사이클링과 오프셋이 제거되는 제어 ③ 정상특성과 응답의 속응성을 동시에 개선시키기 위한 제어

- 미분동작=미분제어
- 비례동작=비례제어

답 ①

★★★
22 다음 중 계측방법이 잘못된 것은?

20.06.문40 19.09.문35 12.05.문34 05.05.문35

① 클램프미터(clamp meter)에 의한 전류 측정
② 메거(megger)에 의한 접지저항 측정
③ 전류계, 전압계, 전력계에 의한 역률 측정
④ 회로시험기에 의한 저항 측정

해설

② 접지저항 → 절연저항

계측기

구 분	용 도
메거 (megger) =**절연저항계** 보기 ②	**절연저항** 측정  메거
어스테스터 (earth tester)	접지저항 측정 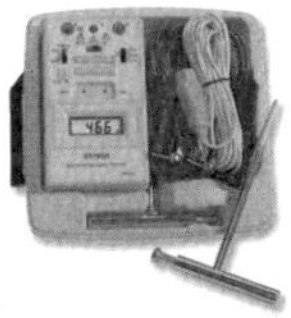 어스테스터
클램프미터 (clamp meter) 보기 ①	전류 측정  클램프미터
• **전류계** • **전압계** • **전력계** 보기 ③	역률 측정  전류계  전압계  전력계
회로시험기 (tester) 보기 ④	• 전압측정 • 전류측정 • 저항측청 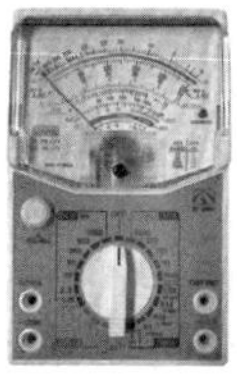 회로시험기
코올라우시 브리지 (Kohlrausch bridge)	전지(축전지)의 내부저항 측정  코올라우시 브리지
C.R.O (Cathode Ray Oscilloscope)	음극선을 사용한 오실로스코프
휘트스톤 브리지 (Wheatstone bridge)	0.5~10^5Ω의 중저항 측정

비교

코올라우시 브리지
(1) 축전지의 내부저항 측정
(2) 전해액의 저항 측정
(3) 접지저항 측정

답 ②

★★★
23 그림과 같은 블록선도에서 출력 $C(s)$는?

20.06.문23 14.09.문34 10.03.문28

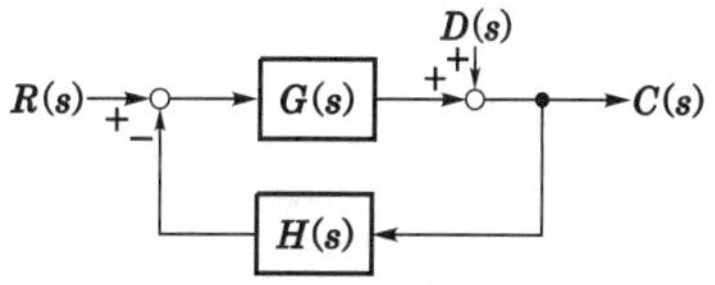

① $\dfrac{1}{1+G(s)H(s)}R(s)+\dfrac{1}{1+G(s)H(s)}D(s)$

② $\dfrac{G(s)}{1+G(s)H(s)}R(s)+\dfrac{G(s)}{1+G(s)H(s)}D(s)$

③ $\dfrac{G(s)}{1+G(s)H(s)}R(s)+\dfrac{1}{1+G(s)H(s)}D(s)$

④ $\dfrac{1}{1+G(s)H(s)}R(s)+\dfrac{G(s)}{1+G(s)H(s)}D(s)$

해설

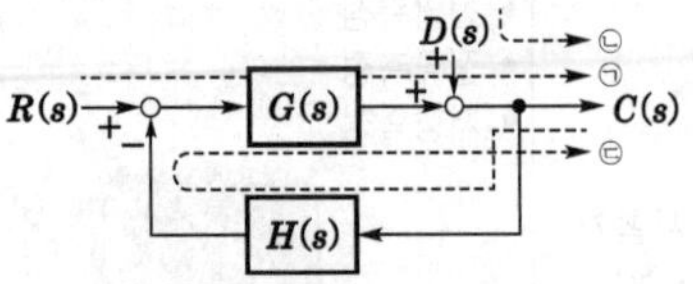

계산편의를 위해 (s)를 삭제하고 계산하면

$RG+D-CHG=C$

$RG+D=C+CHG$

$C+CHG=RG+D$

$C(1+HG)=RG+D$

$$C=\frac{RG+D}{1+HG}$$

$$=\frac{RG}{1+HG}+\frac{D}{1+HG}$$

$$=\frac{G}{1+HG}R+\frac{1}{1+HG}D$$

$$=\frac{G}{1+GH}R+\frac{1}{1+GH}D$$ ⬅ 삭제한 (s)를 다시 붙이면

$$=\frac{G(s)}{1+G(s)H(s)}R(s)+\frac{1}{1+G(s)H(s)}D(s)$$

용어

블록선도(block diagram)
제어계에서 신호가 전달되는 모양을 표시하는 선도

답 ③

★★
24 그림의 논리회로와 등가인 논리게이트는?

21.05.문25
21.03.문31

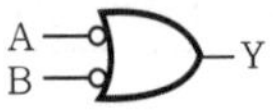

① NOR ② NOT
③ NAND ④ OR

해설 **치환법**

논리회로	치 환	명 칭
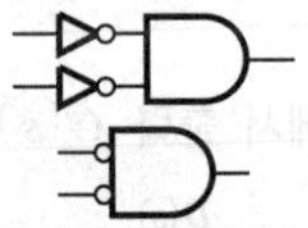	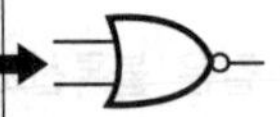	NOR 회로
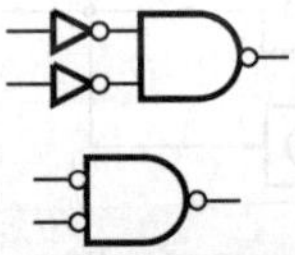	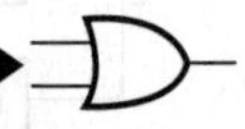	OR 회로
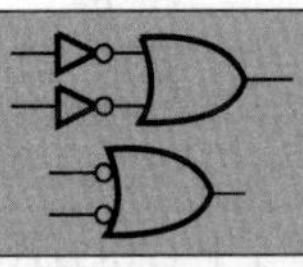	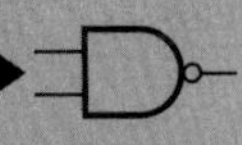	NAND 회로 보기 ③
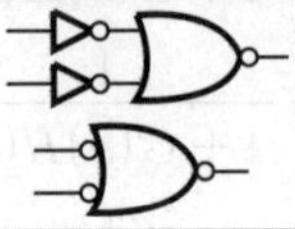	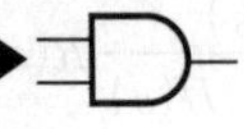	AND 회로

- AND 회로 → OR 회로, OR 회로 → AND 회로로 바꾼다.
- 버블(bubble)이 있는 것은 버블을 없애고, 버블이 없는 것은 버블을 붙인다[버블(bubble)이란 작은 동그라미를 말함].

답 ③

★★★
25 적분시간이 3s이고, 비례감도가 5인 PI(비례적분)제어요소가 있다. 이 제어요소의 전달함수는?

24.05.문35

① $\dfrac{5s+5}{3s}$ ② $\dfrac{15s+3}{5s}$

③ $\dfrac{15s+5}{3s}$ ④ $\dfrac{3s+3}{5s}$

해설 (1) **기호**

- T : 3
- K : 5
- $G(s)$: ?

(2) **비례적분(PI)제어 전달함수**

$$G(s)=k\left(1+\frac{1}{Ts}\right)$$

여기서, $G(s)$: 비례적분(PI)제어 전달함수
k : 비례감도
T : 적분시간[s]

PI제어 전달함수 $G(s)$는

$$G(s)=k\left(1+\frac{1}{Ts}\right)=5\left(1+\frac{1}{3s}\right)=5\left(\frac{3s}{3s}+\frac{1}{3s}\right)$$

$$=5\left(\frac{3s+1}{3s}\right)=\frac{15s+5}{3s}$$

답 ③

★★
26 회로에서 a, b 간의 합성저항[Ω]은? (단, $R_1=3Ω$, $R_2=9Ω$이다.)

21.03.문32
15.09.문35

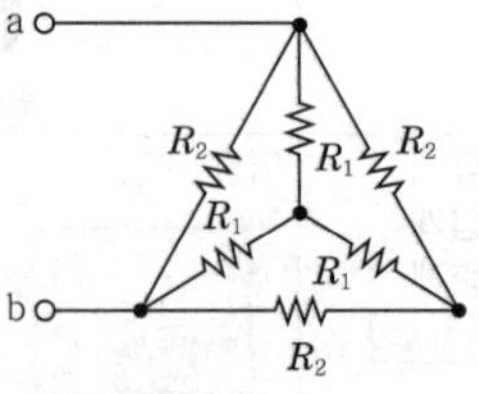

① 6 ② 3
③ 4 ④ 5

해설 (1) **기호**

- R_1 : 3Ω
- R_2 : 9Ω
- R_{ab} : ?

(2) **Y · △ 결선**

- △결선 → Y결선 : 저항 $\frac{1}{3}$**배**로 됨
- Y결선 → △결선 : 저항 **3배**로 됨

△결선 → Y결선으로 변환하면 다음과 같다.

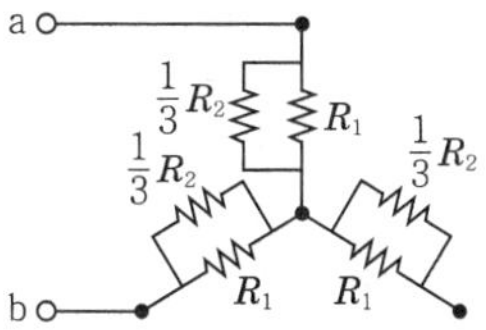

$$\frac{1}{3}R_2=\frac{1}{3}\times 9=3\,\Omega$$

⬇

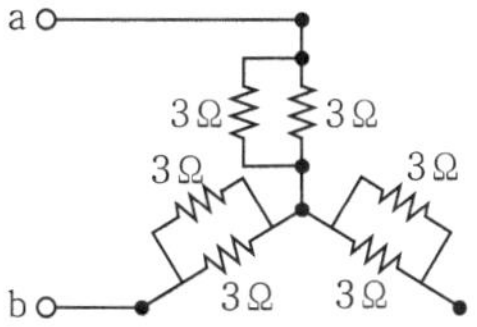

⬇

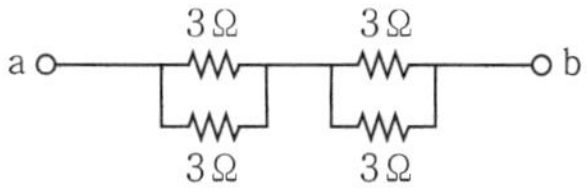

$$R_{ab}=\frac{3\times 3}{3+3}+\frac{3\times 3}{3+3}=3\,\Omega$$

별해

Y결선 → △결선으로 변환하면 다음과 같다.

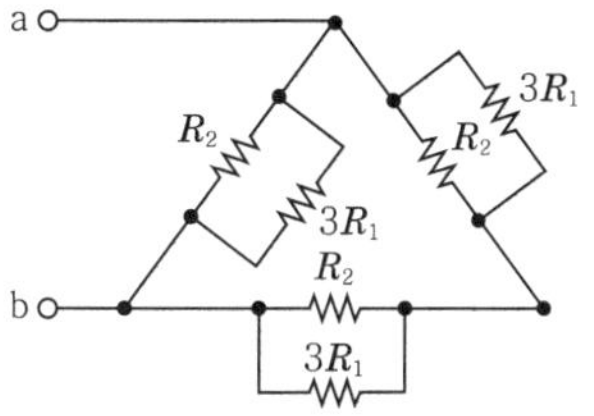

$$3R_1=3\times 3=9\,\Omega$$

⬇

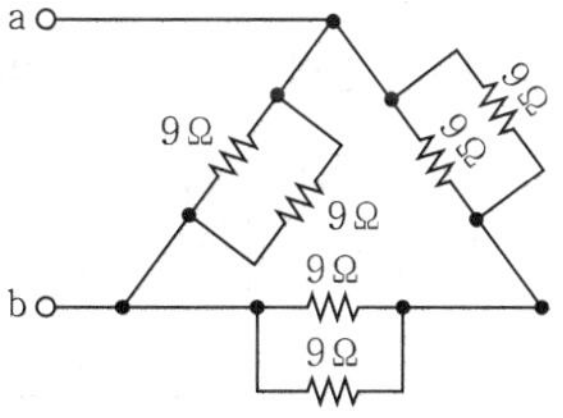

⬇

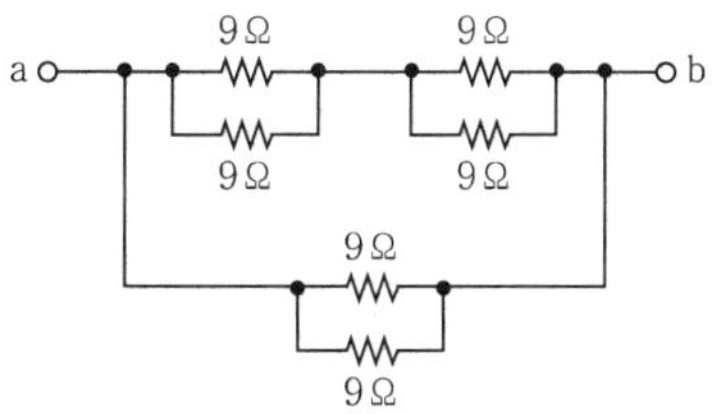

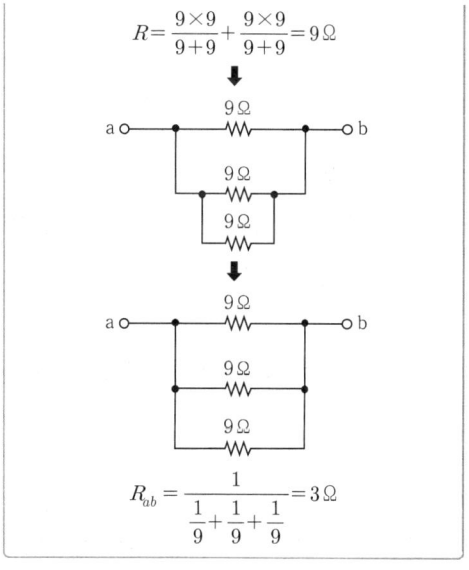

$$R=\frac{9\times 9}{9+9}+\frac{9\times 9}{9+9}=9\,\Omega$$

⬇

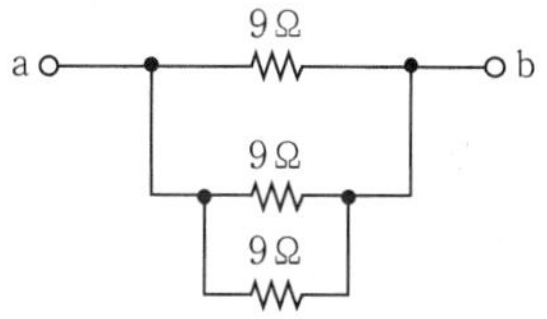

⬇

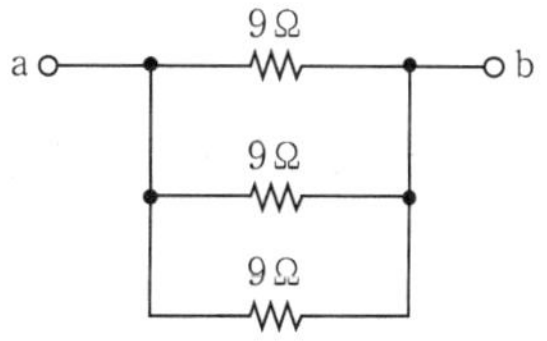

$$R_{ab}=\frac{1}{\frac{1}{9}+\frac{1}{9}+\frac{1}{9}}=3\,\Omega$$

답 ②

27 어떤 회로의 전압 $v(t)$와 전류 $i(t)$가 다음과 같을 때 이 회로의 무효전력은 몇 Var인가?

$$v(t)=50\cos(\omega t+\theta)\,[\text{V}]$$
$$i(t)=4\sin(\omega t+\theta+30°)\,[\text{A}]$$

① 50 ② $100\sqrt{3}$

③ $50\sqrt{3}$ ④ 100

해설 (1) **순시값**

$$v=V_m\sin\omega t$$
$$i=I_m\sin\omega t$$

여기서, v : 전압의 순시값[V]

V_m : 전압의 최대값[V]

ω : 각주파수[rad/s]

t : 주기[s]

i : 전류의 순시값[A]

I_m : 전류의 최대값[A]

$$v(t)=V_m\sin\omega t=50\cos(\omega t+\theta)$$
$$=50\sin(\omega t+\theta+90°)$$
$$i(t)=I_m\sin\omega t=4\sin(\omega t+\theta+30°)$$

(2) **무효전력**

$$P_r=\frac{V_m}{\sqrt{2}}\cdot\frac{I_m}{\sqrt{2}}\sin\theta$$

여기서, P_r : 무효전력[Var]

V_m : 전압의 최대값[V]

I_m : 전류의 최대값[A]

θ : 각도[°]

$$P_r = \frac{V_m}{\sqrt{2}} \cdot \frac{I_m}{\sqrt{2}} \sin\theta$$
$$= \frac{50}{\sqrt{2}} \cdot \frac{4}{\sqrt{2}} \times \sin[90-(+30)]°$$
$$= 50\sqrt{3}$$

중요

cos → sin 변경	sin → cos 변경
+90° 붙임	−90° 붙임

답 ③

★★★
28 그림의 시퀀스회로와 등가인 논리게이트는?

20.08.문36 17.09.문25 16.05.문36 16.03.문39 15.09.문23 13.09.문30 13.06.문35

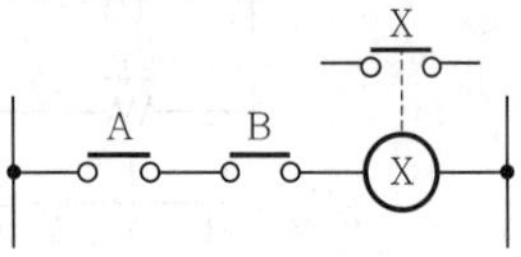

① OR 게이트 ② AND 게이트
③ NOT 게이트 ④ NOR 게이트

해설 **시퀀스회로**와 **논리회로**

명 칭	시퀀스회로	논리회로
AND 회로 **(직렬 회로)** 보기 ②	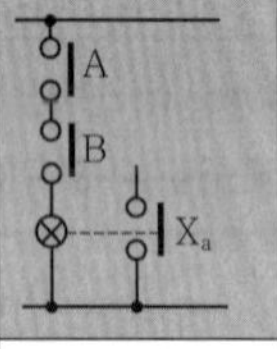	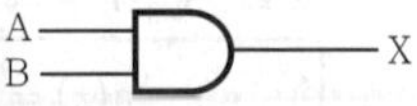 $X = A \cdot B$ 입력신호 A, B가 동시에 1일 때만 출력신호 X가 1이 된다.
OR 회로 **(병렬 회로)**	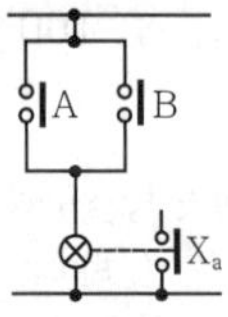	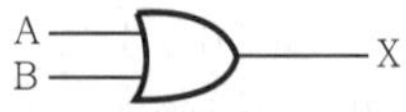 $X = A + B$ 입력신호 A, B 중 어느 하나라도 1이면 출력신호 X가 1이 된다.
NOT 회로 **(b접점)**	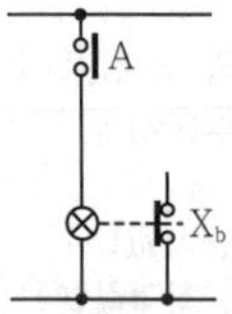	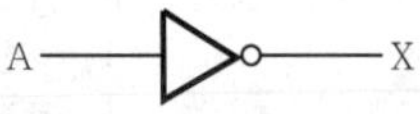 $X = \overline{A}$ 입력신호 A가 0일 때만 출력신호 X가 1이 된다.
NAND 회로	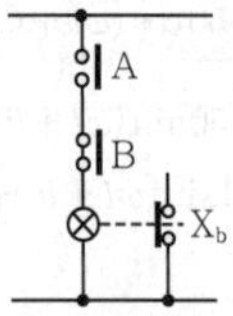	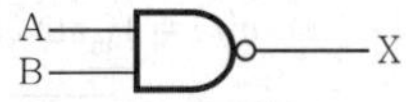 $X = \overline{A \cdot B}$ 입력신호 A, B가 동시에 1일 때만 출력신호 X가 0이 된다(AND회로의 부정).
NOR 회로	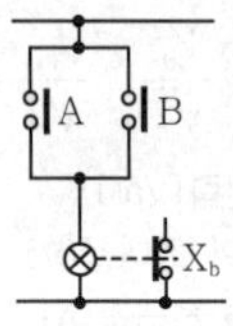	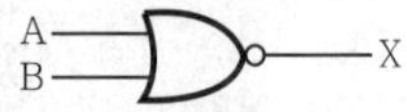 $X = \overline{A + B}$ 입력신호 A, B가 동시에 0일 때만 출력신호 X가 1이 된다(OR회로의 부정).
EXCL-USIVE OR 회로	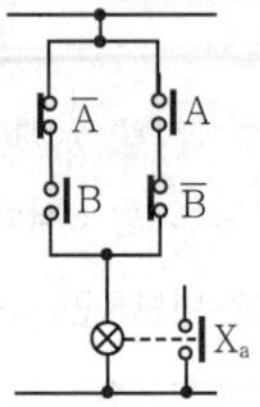	 $X = A \oplus B = \overline{A}B + A\overline{B}$ 입력신호 A, B 중 어느 한쪽만이 1이면 출력신호 X가 1이 된다.
EXCL-USIVE NOR 회로	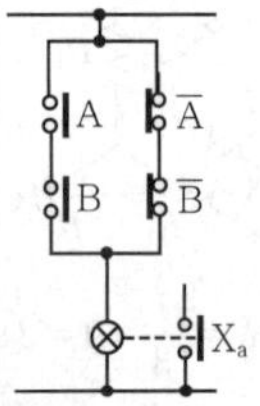	 $X = \overline{A \oplus B} = AB + \overline{A}\,\overline{B}$ 입력신호 A, B가 동시에 0이거나 1일 때만 출력신호 X가 1이 된다.

- 회로 = 게이트
- 시퀀스회로는 해설과 같이 세로로 그려도 된다.

답 ②

★★★
29 3상 농형 유도전동기의 기동법이 아닌 것은?

20.08.문22 17.09.문34 17.05.문23 06.05.문22 04.09.문30

① 리액터기동법
② Y−△기동법
③ 2차 저항기동법
④ 기동보상기법

해설 **3상 유도전동기**의 **기동법**

농 형	권선형
① 전전압기동법(직입기동법) ② Y−△기동법 보기 ② ③ 리액터기동법 보기 ① ④ 기동보상기법 보기 ④ ⑤ 콘도르퍼기동법	① 2차 저항법(2차 저항기동법) 보기 ③ ② 게르게스법 기억법 권2(권위)

답 ③

★
30 그림과 같은 정류회로에서 R에 걸리는 전압의 최대값은 몇 V인가? (단, $v_2(t) = 20\sqrt{2}\sin\omega t$이고, 다이오드의 순방향 전압은 무시한다.)

16.10.문22

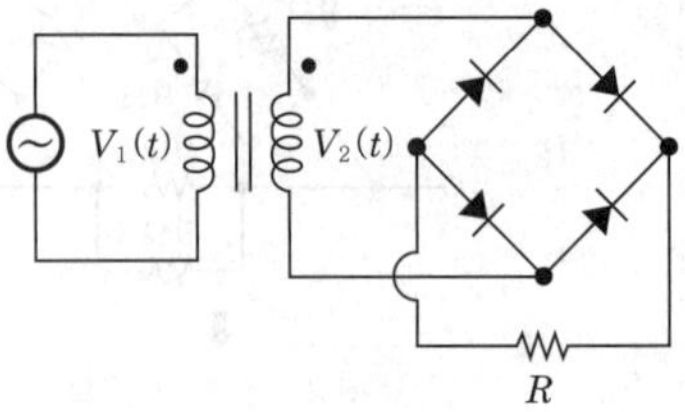

① 20 ② $\frac{40\sqrt{2}}{\pi}$
③ $20\sqrt{2}$ ④ $\frac{40}{\pi}$

해설 **순시값**(instantaneous value)

$$v = V_m \sin\omega t$$

여기서, v : 전압의 순시값〔V〕
V_m : 전압의 최대값〔V〕
ω : 각주파수〔rad/s〕($\omega = 2\pi f$)
t : 주기〔s〕
f : 주파수〔Hz〕

순시값 v는

$v = V_m \sin\omega t = 20\sqrt{2} \sin\omega t$

답 ③

★★★
31

19.04.문34 18.09.문23 15.09.문32 15.05.문34 08.09.문39 97.10.문23

단상교류전력을 간접적으로 측정하기 위해 3전압계법을 사용하는 경우 단상교류전력 P〔W〕를 나타낸 것으로 옳은 것은?

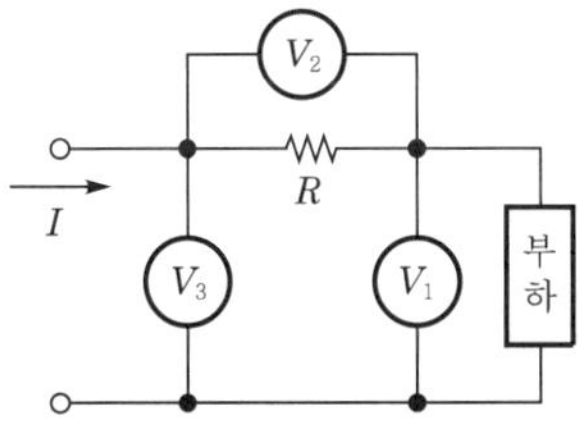

① $P = \frac{1}{2R}(V_3 - V_2 - V_1)^2$

② $P = V_3 I \cos\theta$

③ $P = \frac{1}{2R}({V_3}^2 - {V_1}^2 - {V_2}^2)$

④ $P = \frac{1}{R}({V_3}^2 - {V_1}^2 - {V_2}^2)$

해설 **3전압계법 vs 3전류계법**

3전압계법 보기 ③	3전류계법
$P = \frac{1}{2R}({V_3}^2 - {V_1}^2 - {V_2}^2)$	$P = \frac{R}{2}({I_3}^2 - {I_1}^2 - {I_2}^2)$
여기서, P : 교류전력(소비전력)〔kW〕 R : 저항〔Ω〕 V_1, V_2, V_3 : 전압계의 지시값〔V〕	여기서, P : 교류전력(소비전력)〔kW〕 R : 저항〔Ω〕 I_1, I_2, I_3 : 전류계의 지시값〔A〕
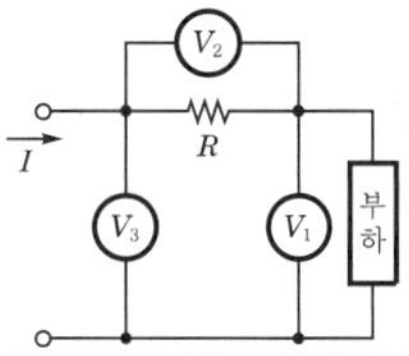	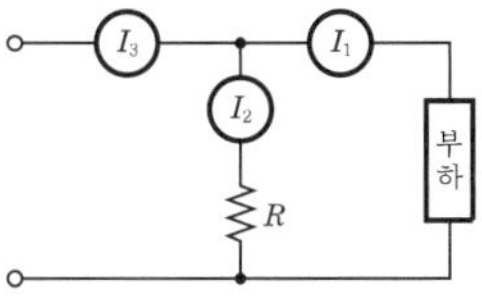

답 ③

★
32

21.03.문25

테브난의 정리를 이용하여 그림 (a)의 회로를 그림 (b)와 같은 등가회로로 만들고자 할 때, V_{th}〔V〕와 R_{th}〔Ω〕은?

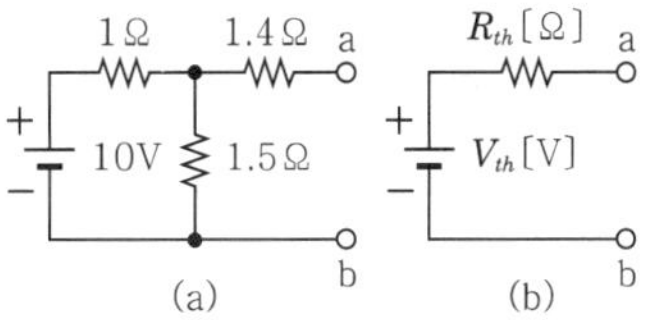

① 6V, 3Ω　　② 5V, 2Ω
③ 6V, 2Ω　　④ 5V, 3Ω

해설 **테브난의 정리**에 의해 1.4Ω에는 전압이 가해지지 않으므로

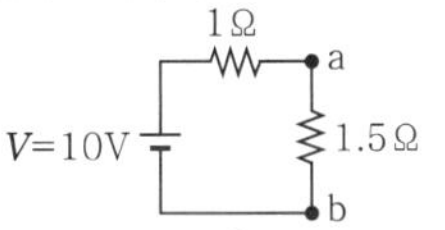

이해하기 쉽게 회로를 변형하면

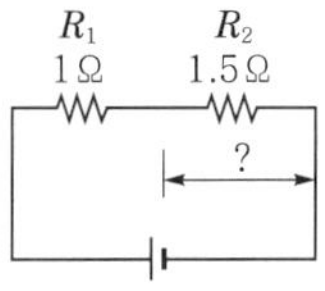

$$V_{th} = \frac{R_2}{R_1 + R_2} V = \frac{1.5}{1 + 1.5} \times 10 = 6\text{V}$$

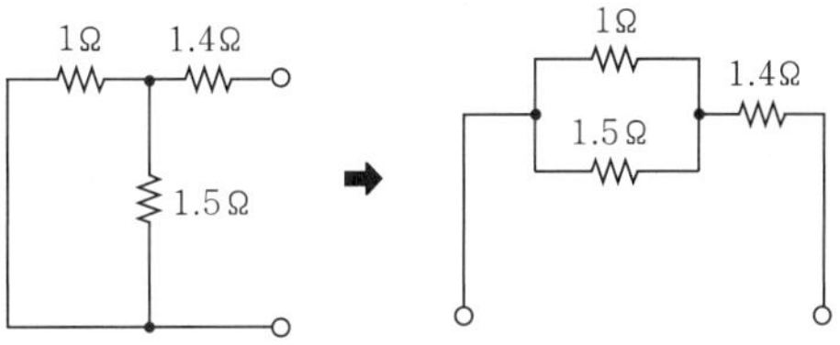

전압원을 **단락**하고 회로망에서 본 저항 R_{th}은

$$R_{th} = \frac{1 \times 1.5}{1 + 1.5} + 1.4 = 2\Omega$$

용어

테브난의 정리(테브낭의 정리)
2개의 독립된 회로망을 접속하였을 때의 전압 · 전류 및 임피던스의 관계를 나타내는 정리

답 ③

★★★
33

21.05.문30 18.09.문32 16.10.문21 12.05.문21 07.09.문27 03.05.문34

선간전압의 크기가 $100\sqrt{3}$ V인 대칭 3상 전원에 각 상의 임피던스가 $Z = 30 + j40$〔Ω〕인 Y결선의 부하가 연결되었을 때 이 부하로 흐르는 선전류〔A〕의 크기는?

① $2\sqrt{3}$　　② 2
③ 5　　④ $5\sqrt{3}$

해설 (1) 기호

- V_L : $100\sqrt{3}$ V
- Z : $30+j40$〔Ω〕$=\sqrt{30^2+40^2}$ Ω
- I_L : ?

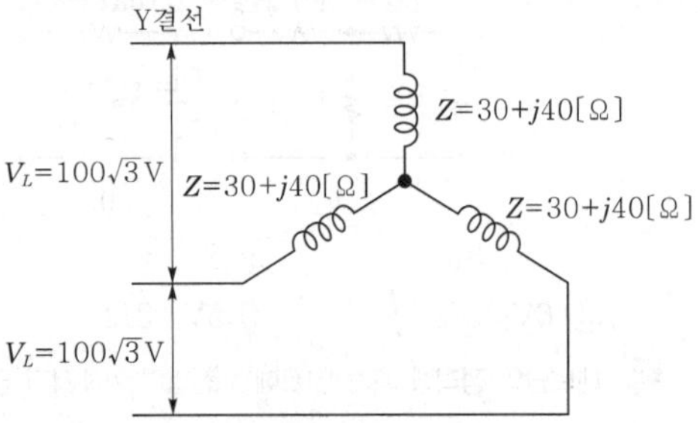

(2) Y결선

$$I_L = I_P = \frac{V_L}{\sqrt{3}\,Z}$$

여기서, I_L : 선전류〔A〕
I_P : 상전류〔A〕
V_L : 선간전압〔V〕
Z : 임피던스〔Ω〕

Y결선 선전류 I_L 는

$$I_L = \frac{V_L}{\sqrt{3}\,Z}$$

$$= \frac{100\sqrt{3}}{\sqrt{3}\times(30+j40)} = \frac{100\sqrt{3}}{\sqrt{3}\times(\sqrt{30^2+40^2})} = 2\text{A}$$

중요

△결선 선전류

△결선	Y결선
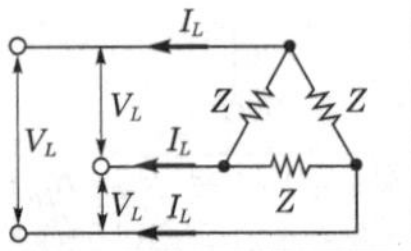	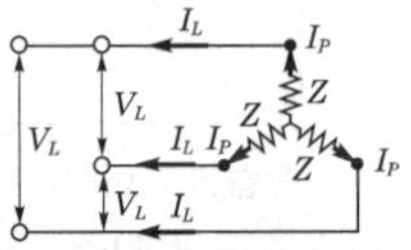
$I_L = \frac{\sqrt{3}\,V_L}{Z} = \frac{\sqrt{3}\,V_P}{Z}$	$I_L = I_P = \frac{V_L}{\sqrt{3}\,Z}$
여기서, I_L : 선전류〔A〕 V_L : 선간전압〔V〕 V_P : 상전압〔V〕 Z : 임피던스〔Ω〕	여기서, I_L : 선전류〔A〕 I_P : 상전류〔A〕 V_L : 선간전압〔V〕 Z : 임피던스〔Ω〕

답 ②

★★★
34 동기발전기의 병렬운전조건으로 틀린 것은?

20.06.문39
17.03.문40
13.09.문33

① 기전력의 크기가 같을 것
② 극수가 같을 것
③ 기전력의 위상이 같을 것
④ 기전력의 주파수가 같을 것

해설 **병렬운전조건**

동기발전기의 병렬운전조건	변압기의 병렬운전조건
① 기전력의 **크기**가 같을 것 보기 ① ② 기전력의 **위상**이 같을 것 보기 ③ ③ 기전력의 **주파수**가 같을 것 보기 ④ ④ 기전력의 **파형**이 같을 것 ⑤ 상회전 **방향**이 같을 것 기억법 **주파위크방**	① **권**수비가 같을 것 ② **극**성이 같을 것 ③ 1·2차 정격전**압**이 같을 것 ④ %**임**피던스 강하가 같을 것 기억법 **압임권극**

답 ②

★★★
35 제어요소가 제어대상에 가하는 제어신호로 제어장치의 출력인 동시에 제어대상의 입력이 되는 것은?

21.05.문28
16.05.문25
16.03.문38
15.09.문24
12.03.문38

① 조작량　② 동작신호
③ 기준입력　④ 제어량

해설 **피드백제어**의 **용어**

용 어	설 명
제어요소 (control element)	**동작신호**를 **조작량**으로 변환하는 요소이고, **조절부**와 **조작부**로 이루어진다.
제어량 (controlled value)	제어대상에 속하는 양으로, 제어대상을 제어하는 것을 목적으로 하는 물리적인 양이다.
조작량 (manipulated value)	• **제어장치**의 **출력**인 동시에 **제어대상**의 **입력**으로 제어장치가 제어대상에 가해지는 제어신호이다. 보기 ① • **제어요소**에서 **제어대상**에 인가되는 양이다. 기억법 **조제대상**
제어장치 (control device)	제어하기 위해 제어대상에 부착되는 장치이고, **조절부, 설정부, 검출부** 등이 이에 해당된다.
오차검출기	제어량을 설정값과 비교하여 오차를 계산하는 장치이다.

답 ①

★★★
36 동일한 전류가 흐르는 두 평행도선 사이에 작용하는 힘이 F_1 이다. 두 도선 사이의 거리가 2.5배로 늘었을 때 두 도선 사이에 작용하는 힘 F_2 는?

21.03.문26
20.06.문33
97.10.문27

① $F_2 = \frac{1}{2.5^2}F_1$　② $F_2 = 2.5F_1$

③ $F_2 = \frac{1}{2.5}F_1$　④ $F_2 = 6.25F_1$

해설 (1) 기호

- F_1 : ?
- r_1 : r
- r_2 : $2.5r$
- F_2 : ?

(2) 두 **평행도선**에 작용하는 **힘** F는

$$F=\frac{\mu_0 I_1 I_2}{2\pi r}=\frac{2I_1 I_2}{r}\times 10^{-7}\propto\frac{1}{r}$$

여기서, F : 평행전류의 힘[N/m]
μ_0 : 진공의 투자율[H/m]
r : 두 평행도선의 거리[m]

$$\frac{F_2}{F_1}=\frac{\frac{1}{r_2}}{\frac{1}{r_1}}=\frac{\frac{1}{2.5\cancel{r}}}{\frac{1}{\cancel{r}}}=\frac{1}{2.5}$$

$$\frac{F_2}{F_1}=\frac{1}{2.5}$$

$$F_2=\frac{1}{2.5}F_1$$

답 ③

★★★
37 자동화재탐지설비의 감지기회로의 길이가 500m 이고, 종단에 8kΩ의 저항이 연결되어 있는 회로에 24V의 전압이 가해졌을 경우 도통시험시 전류는 약 몇 mA인가? (단, 동선의 저항률은 1.69×10^{-8}Ω·m이며, 동선의 단면적은 $2.5mm^2$이고, 접촉저항 등은 없다고 본다.)

20.06.문31 17.05.문30 97.07.문39

① 2.4 ② 4.8
③ 6.0 ④ 3.0

해설 (1) 기호

- l : 500m
- R_2 : 8kΩ=8×10^3Ω(1kΩ=10^3Ω)
- V : 24V
- I : ?
- ρ : 1.69×10^{-8}Ω·m
- A : $2.5mm^2=2.5\times10^{-6}m^2$
- $1m=1000mm=10^3mm$이고
$1mm=10^{-3}m$
$2.5mm^2=2.5\times(10^{-3}m)^2=2.5\times10^{-6}m^2$

(2) 저항

$$R=\rho\frac{l}{A}$$

여기서, R : 저항[Ω]
ρ : 고유저항[Ω·m]
A : 전선의 단면적[m^2]
l : 전선의 길이[m]

배선의 **저항** R_1은

$$R_1=\rho\frac{l}{A}=1.69\times10^{-8}\times\frac{500}{2.5\times10^{-6}}=3.38\Omega$$

(3) 도통시험전류 I는

$$I=\frac{V}{R_1+R_2}=\frac{24}{3.38+(8\times10^3)}$$
$$\fallingdotseq 3\times10^{-3}A=3mA$$

- $1\times10^{-3}A=1mA$이므로 $3\times10^{-3}A=3mA$

※ **도통시험** : 감지기회로의 단선 유무확인

답 ④

★★★
38 길이 1cm마다 감은 권선수가 50회인 무한장 솔레노이드에 500mA의 전류를 흘릴 때 솔레노이드 내부에서의 자계의 세기는 몇 AT/m인가?

21.05.문39 18.04.문40 16.03.문22

① 2500 ② 1250
③ 12500 ④ 25000

해설 (1) 기호

- n : 1cm당 50회
1cm당 권수 50회이므로
1m=100cm당 권수는
1cm : 100cm=50회 : n
$n=100\times50$
- I : 500mA=0.5A(1000mA=1A)
- H_i : ?

(2) 무한장 솔레노이드
㉠ 내부자계

$$H_i=nI\text{[AT/m]}$$

여기서, H_i : 내부자계의 세기[AT/m]
n : 단위길이당 권수(1m당 권수)
I : 전류[A]

㉡ 외부자계

$$H_e=0$$

여기서, H_e : 외부자계의 세기[AT/m]

내부자계이므로
무한장 솔레노이드 내부의 **자계**
$H_i=nI=(100\times50)\times0.5=2500AT/m$

답 ①

★★
39 어떤 막대꼴 철심의 단면적이 $0.5m^2$, 길이가 0.4m, 비투자율이 10이다. 이 철심의 자기저항은 약 몇 AT/Wb인가?

18.04.문23 17.03.문24

① 6.37×10^4 ② 3.18×10^4
③ 1.92×10^4 ④ 12.73×10^4

해설 (1) 기호

- S : $0.5m^2$
- l : 0.4m
- μ_s : 10
- R_m : ?

(2) **자기저항**

$$R_m = \frac{l}{\mu S} = \frac{F}{\phi} \text{〔AT/Wb〕}$$

여기서, R_m : 자기저항〔AT/Wb〕
l : 자로의 길이〔m〕
μ : 투자율〔H/m〕($\mu = \mu_0 \mu_s$)
μ_0 : 진공의 투자율($4\pi \times 10^{-7}$〔H/m〕)
μ_s : 비투자율
S : 단면적〔m²〕
F : 기자력〔AT〕
ϕ : 자속〔Wb〕

자기저항 R_m은

$$R_m = \frac{l}{\mu S} = \frac{l}{(\mu_0 \mu_s)S}$$

$$= \frac{0.4}{(4\pi \times 10^{-7} \times 10) \times 0.5} \fallingdotseq 6.37 \times 10^4 \text{AT/Wb}$$

비교

자기저항 배수

$$m = 1 + \frac{l_0}{l} \times \frac{\mu_0 \mu_s}{\mu_0}$$

여기서, m : 자기저항 배수
l_0 : 공극〔m〕
l : 길이〔m〕
μ_0 : 진공의 투자율($4\pi \times 10^{-7}$)〔H/m〕
μ_s : 비투자율

답 ①

★★★

40 주로 정전압 회로용으로 사용되는 소자는?

21.05.문21 / 17.05.문24 / 15.05.문39 / 14.05.문29 / 11.06.문32 / 00.07.문33

① 터널다이오드
② 제너다이오드
③ 포트다이오드
④ 매트릭스다이오드

해설 **다이오드의 종류**

(1) **제너다이오드**(zener diode) : **정전압 회로용**으로 사용되는 소자로서, **"정전압다이오드"**라고도 한다. 보기 ②

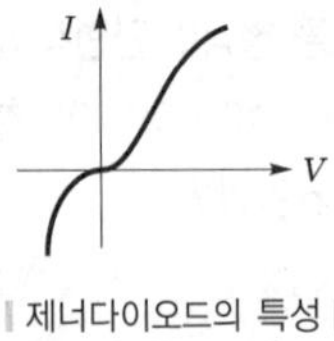

| 제너다이오드의 특성 |

기억법 **정제**

(2) **터널다이오드**(tunnel diode) : **부성저항 특성**을 나타내며, **증폭 · 발진 · 개폐작용**에 응용한다. 보기 ①

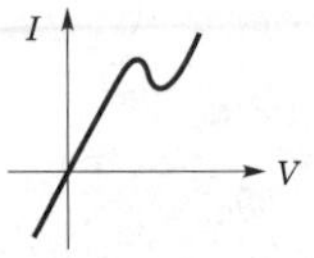

| 터널다이오드의 특성 |

기억법 **터부**

(3) **발광다이오드**(LED ; Light Emitting Diode) : **전류**가 통과하면 **빛**을 **발산**하는 다이오드이다.

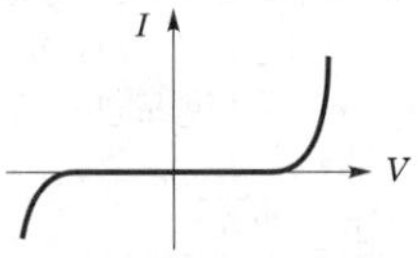

| 발광다이오드의 특성 |

기억법 **발전빛**

(4) **포토다이오드**(photo diode) : **빛**이 닿으면 **전류**가 흐르는 다이오드로서 광량의 변화를 전류값으로 대치하므로 광센서에 주로 사용하는 다이오드이다. 보기 ③

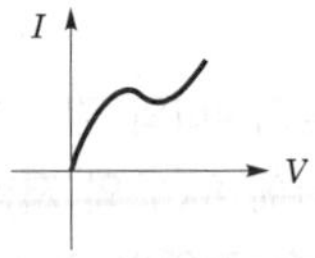

| 포토다이오드의 특성 |

기억법 **포빛전**

- 포토다이오드와 발광다이오드는 서로 반대 개념
- '**매트릭스 다이오드**'라는 것은 없다. '**다이오드 매트릭스 회로**'라는 말이 있을 뿐 …

답 ②

제 3 과목 소방관계법규

★

41 화재의 예방 및 안전관리에 관한 법령상 화재안전조사위원회의 구성에 대한 설명 중 틀린 것은?

① 위촉위원의 임기는 2년으로 하고 연임할 수 없다.
② 소방시설관리사는 위원이 될 수 있다.
③ 소방 관련 분야의 석사학위 이상을 취득한 사람은 위원이 될 수 있다.
④ 위원장 1명을 포함한 7명 이내의 위원으로 성별을 고려하여 구성하고, 위원장은 소방관서장이 된다.

해설

① 연임할 수 없다. → 한 차례만 연임할 수 있다.

화재예방법 시행령 11조
화재안전조사위원회

구 분	설 명
위원	① **과장급** 직위 이상의 **소방공무원** ② **소방기술사** ③ **소방시설관리사** 보기 ② ④ 소방 관련 분야의 **석사학위** 이상을 취득한 사람 보기 ③ ⑤ 소방 관련 법인 또는 단체에서 소방 관련 업무에 **5년** 이상 종사한 사람 ⑥ 소방공무원 교육훈련기관, 학교 또는 연구소에서 소방과 관련한 교육 또는 연구에 **5년** 이상 종사한 사람
위원장	소방관서장 보기 ④
구성	**위원장 1명**을 **포함**한 **7명** 이내의 위원으로 성별을 고려하여 구성 보기 ④
임기	**2년**으로 하고, **한 차례**만 **연임**할 수 있다. 보기 ①

답 ①

★★★
42 소방기본법령상 용어의 정의로 옳은 것은?

21.03.문41
19.09.문52
19.04.문46
13.03.문42
10.03.문45
05.09.문44
05.03.문57

① 소방서장이란 시·도에서 화재의 예방·진압·조사 및 구조·구급 등의 업무를 담당하는 부서의 장을 말한다.
② 관계인이란 소방대상물의 소유자·관리자 또는 점유자를 말한다.
③ 소방대란 화재를 진압하고 화재, 재난·재해, 그 밖의 위급한 상황에서 구조·구급 활동 등을 하기 위하여 소방공무원으로만 구성된 조직체를 말한다.
④ 소방대상물이란 건축물과 공작물만을 말한다.

해설

① 소방서장 → 소방본부장
③ 소방공무원으로만 → 소방공무원, 의무소방원, 의용소방대원
④ 건축물과 공작물만을 → 건축물, 차량, 선박(매어둔 것), 선박건조구조물, 산림, 인공구조물, 물건을

(1) **기본법 2조 6호** 보기 ①
소방본부장
시·도에서 화재의 예방·진압·조사 및 구조·구급 등의 업무를 담당하는 **부서**의 **장**

(2) **기본법 2조** 보기 ②
관계인
㉠ **소**유자
㉡ **관**리자
㉢ **점**유자

기억법 **소관점**

(3) **기본법 2조** 보기 ③
소방대
㉠ 소방**공**무원
㉡ **의**무소방원
㉢ **의**용소방대원

기억법 **소공의**

(4) **기본법 2조 1호** 보기 ④
소방대상물
㉠ **건**축물
㉡ **차**량
㉢ **선**박(매어둔 것)
㉣ 선박건조구조물
㉤ **산**림
㉥ **인**공구조물
㉦ **물**건

기억법 **건차선 산인물**

답 ②

★★★
43 위험물안전관리법령상 업무상 과실로 제조소 등에서 위험물을 유출·방출 또는 확산시켜 사람의 생명·신체 또는 재산에 대하여 위험을 발생시킨 자에 대한 벌칙기준은?

21.03.문53
18.04.문53
18.03.문57
17.05.문41

① 7년 이하의 금고 또는 7000만원 이하의 벌금
② 5년 이하의 금고 또는 2000만원 이하의 벌금
③ 5년 이하의 금고 또는 7000만원 이하의 벌금
④ 7년 이하의 금고 또는 2000만원 이하의 벌금

해설 **위험물법 34조**

벌 칙	행 위
7년 이하의 금고 또는 **7천만원** 이하의 벌금 보기 ①	업무상 과실로 제조소 등에서 **위험물**을 유출·방출 또는 확산시켜 사람의 생명·신체 또는 재산에 대하여 **위험**을 발생시킨 자 기억법 **77천위(위험한 칠천량 해전)**
10년 이하의 징역 또는 금고나 **1억원** 이하의 벌금	업무상 과실로 제조소 등에서 위험물을 유출·방출 또는 확산시켜 사람을 **사상**에 이르게 한 자

비교

소방시설법 56조

벌 칙	행 위
5년 이하의 징역 또는 **5천만원 이하**의 벌금	소방시설에 폐쇄 · 차단 등의 **행위**를 한 자
7년 이하의 징역 또는 **7천만원** 이하의 벌금	소방시설에 폐쇄 · 차단 등의 행위를 하여 사람을 **상해**에 이르게 한 때
10년 이하의 징역 또는 **1억원 이하**의 벌금	소방시설에 폐쇄 · 차단 등의 행위를 하여 사람을 **사망**에 이르게 한 때

답 ①

44 ★★ 18.03.문42 15.09.문53

화재의 예방 및 안전관리에 관한 법령상 일반음식점에서 음식조리를 위해 불을 사용하는 설비를 설치하는 경우 지켜야 하는 상황으로 틀린 것은?

① 열을 발생하는 조리기구는 반자 또는 선반으로부터 0.6m 이상 떨어지게 할 것
② 주방설비에 부속된 배출덕트는 0.5mm 이상의 아연도금강판으로 설치할 것
③ 주방시설에는 동물 또는 식물의 기름을 제거할 수 있는 필터 등을 설치할 것
④ 열을 발생하는 조리기구로부터 0.5m 이내의 거리에 있는 가연성 주요구조부는 단열성이 있는 불연재료로 덮어 씌울 것

해설 ④ 0.5m 이내 → 0.15m 이내

화재예방법 시행령 〔별표 1〕
음식조리를 위하여 설치하는 설비

(1) 주방설비에 부속된 배출덕트(공기 배출통로)는 0.5mm 이상의 **아연도금강판** 또는 이와 같거나 그 이상의 내식성 **불연재료**로 설치 보기 ②
(2) 열을 발생하는 조리기구로부터 0.15m 이내의 거리에 있는 가연성 주요구조부는 **단열성**이 있는 불연재료로 덮어 씌울 것 보기 ④
(3) 주방시설에는 동물 또는 식물의 기름을 제거할 수 있는 **필터** 등을 설치 보기 ③
(4) 열을 발생하는 조리기구는 반자 또는 선반으로부터 0.6m 이상 떨어지게 할 것 보기 ①

답 ④

45 ★★★ 20.06.문46 17.09.문56 10.05.문41

소방기본법령에 따른 소방용수시설의 설치기준 상 소방용수시설을 주거지역 · 상업지역 및 공업지역에 설치하는 경우 소방대상물과의 수평거리를 몇 m 이하가 되도록 해야 하는가?

① 280 ② 100
③ 140 ④ 200

해설 **기본규칙 〔별표 3〕**
소방용수시설의 설치기준

거리기준	지 역
수평거리 100m 이하 보기 ②	• **공**업지역 • **상**업지역 • **주**거지역 기억법 주상공100(주상공 백지에 사인을 하시오.)
수평거리 140m 이하	• 기타지역

답 ②

46 ★★★ 20.08.문44 19.03.문60 17.09.문55 16.03.문52 15.03.문60 13.09.문51

화재의 예방 및 안전관리에 관한 법령상 2급 소방안전관리대상물이 아닌 것은?

① 층수가 10층, 연면적이 6000m²인 복합건축물
② 지하구
③ 25층의 아파트(높이 75m)
④ 11층의 업무시설

해설 ④ 1급 소방안전관리대상물

화재예방법 시행령 〔별표 4〕
소방안전관리자를 두어야 할 특정소방대상물

(1) 특급 소방안전관리대상물 : 동식물원, 철강 등 불연성 물품 저장 · 취급창고, 지하구, 위험물제조소 등 제외
㉠ **50층** 이상(지하층 제외) 또는 지상 **200m** 이상 **아파트**
㉡ **30층** 이상(지하층 포함) 또는 지상 **120m** 이상(아파트 제외)
㉢ 연면적 **10만m²** 이상(아파트 제외)

(2) 1급 소방안전관리대상물 : 동식물원, 철강 등 불연성 물품 저장 · 취급창고, 지하구, 위험물제조소 등 제외
㉠ **30층** 이상(지하층 제외) 또는 지상 **120m** 이상 아파트
㉡ 연면적 **15000m²** 이상인 것(아파트 및 연립주택 제외)
㉢ **11층** 이상(아파트 제외)
㉣ 가연성 가스를 **1000t** 이상 저장 · 취급하는 시설

(3) 2급 소방안전관리대상물
㉠ 지하구 보기 ②
㉡ 가스제조설비를 갖추고 도시가스사업 허가를 받아야 하는 시설 또는 가연성 가스를 **100~1000t** 미만 저장 · 취급하는 시설
㉢ **옥내소화전설비 · 스프링클러설비** 설치대상물
㉣ **물분무등소화설비**(호스릴방식의 물분무등소화설비만을 설치한 경우 제외) 설치대상물
㉤ **공동주택**(옥내소화전설비 또는 스프링클러설비가 설치된 공동주택 한정) 보기 ③
㉥ **목조건축물**(국보 · 보물)
㉦ 11층 미만 보기 ①

(4) 3급 소방안전관리대상물
㉠ **자동화재탐지설비** 설치대상물
㉡ 간이스프링클러설비(주택전용 간이스프링클러설비 제외) 설치대상물

답 ④

★★★
47 소방시설공사업법령상 소방시설업에 속하지 않는 것은?

20.09.문50
15.09.문51
10.09.문48

① 소방시설공사업
② 소방시설관리업
③ 소방시설설계업
④ 소방공사감리업

해설 **공사업법 2조**
소방시설업의 종류

소방시설 설계업 [보기 ③]	소방시설 공사업 [보기 ①]	소방공사 감리업 [보기 ④]	방염처리업
소방시설공사에 기본이 되는 **공사계획 · 설계도면 · 설계설명서 · 기술계산서** 등을 작성하는 영업	설계도서에 따라 소방시설을 **신설 · 증설 · 개설 · 이전 · 정비**하는 영업	소방시설공사에 관한 발주자의 권한을 대행하여 소방시설공사가 **설계도서**와 관계법령에 따라 **적법**하게 **시공**되는지를 확인하고, 품질 · 시공 관리에 대한 **기술지도**를 하는 영업	방염대상물품에 대하여 **방염처리**하는 영업

답 ②

★★★
48 다음 중 위험물안전관리법령에 따른 제3류 자연발화성 및 금수성 위험물이 아닌 것은?

21.05.문53
17.09.문02
16.05.문46
16.05.문52
15.09.문03
15.05.문10
15.03.문51
14.09.문18
11.06.문54

① 적린
② 황린
③ 칼륨
④ 금속의 수소화물

해설 ① 적린 : 제2류 가연성 고체

위험물령 [별표 1]
위험물

유 별	성 질	품 명
제<u>1</u>류	<u>산</u>화성 <u>고</u>체	• 아염소산염류 • 염소산염류(**<u>염</u>소산<u>나</u>트륨**) • 과염소산염류 • 질산염류 • 무기과산화물 기억법 **1산고염나**
제2류	가연성 고체	• **<u>황화</u>**인 • **<u>적</u>**린 [보기 ①] • **<u>황</u>** • **<u>마</u>**그네슘 기억법 **황화적황마**
제3류	자연발화성 물질 및 금수성 물질	• **<u>황</u>**린 [보기 ②] • **<u>칼</u>**륨 [보기 ③] • **<u>나</u>**트륨 • **<u>알</u>**칼리토금속 • **<u>트</u>**리에틸알루미늄 • 금속의 수소화물 [보기 ④] 기억법 **황칼나알트**
제4류	인화성 액체	• 특수인화물 • 석유류(벤젠) • 알코올류 • 동식물유류
제5류	자기반응성 물질	• 유기과산화물 • 나이트로화합물 • 나이트로소화합물 • 아조화합물 • 질산에스터류(셀룰로이드)
제6류	산화성 액체	• **과염소산** • 과산화수소 • 질산

답 ①

★
49 소방시설공사업법령상 소방시설업에서 보조기술인력에 해당되는 기준이 아닌 것은?

① 소방설비기사 자격을 취득한 사람
② 소방공무원으로 재직한 경력이 2년 이상인 사람
③ 소방설비산업기사 자격을 취득한 사람
④ 소방기술과 관련된 자격 · 경력 및 학력을 갖춘 사람으로서 자격수첩을 발급받은 사람

해설 ② 2년 이상 → 3년 이상

공사업령 [별표 1]
보조기술인력

(1) **소방기술사**, **소방설비기사** 또는 **소방설비산업기사** 자격을 취득하는 사람
(2) **소방공무원**으로 재직한 경력이 **3년** 이상인 사람으로서 자격수첩을 발급받은 사람
(3) **소방기술**과 관련된 자격 · 경력 및 학력을 갖춘 사람으로서 **자격수첩**을 발급받은 사람

답 ②

★★★
50 위험물안전관리법령상 자체소방대에 대한 기준으로 틀린 것은?

21.09.문41
16.03.문50
08.03.문54

① 시·도지사에게 제조소 등 설치허가를 받았으나 자체소방대를 설치하여야 하는 제조소 등에 자체소방대를 두지 아니한 관계인에 대한 벌칙은 1년 이하의 징역 또는 1천만원 이하의 벌금이다.
② 자체소방대를 설치하여야 하는 사업소로 제4류 위험물을 취급하는 제조소 또는 일반취급소가 있다.
③ 제조소 또는 일반취급소의 경우 자체소방대를 설치하여야 하는 위험물 최대수량의 합 기준은 지정수량의 3만배 이상이다.
④ 자체소방대를 설치하는 사업소의 관계인은 규정에 의하여 자체소방대에 화학소방자동차 및 자체소방대원을 두어야 한다.

해설
③ 3만배 이상 → 3천배 이상

위험물령 18조
자체소방대를 설치하여야 하는 사업소 : 대통령령

(1) **제4류** 위험물을 취급하는 **제조소** 또는 **일반취급소** (대통령령이 정하는 제조소 등)

제조소 또는 **일반취급소**에서 취급하는 제4류 위험물의 최대수량의 합이 지정수량의 **3천배** 이상 보기 ②③

(2) **제4류 위험물**을 저장하는 **옥외탱크저장소**

옥외탱크저장소에 저장하는 제4류 위험물의 최대수량이 지정수량의 **50만배** 이상

중요
(1) **1년 이하**의 **징역** 또는 **1000만원 이하**의 **벌금**
㉠ 소방시설의 **자체점검** 미실시자(소방시설법 58조)
㉡ **소방시설관리사증** 대여(소방시설법 58조)
㉢ **소방시설관리업**의 등록증 또는 등록수첩 대여(소방시설법 58조)
㉣ 제조소 등의 정기점검기록 허위작성(위험물법 35조)
㉤ **자체소방대**를 두지 않고 제조소 등의 허가를 받은 자(위험물법 35조) 보기 ①
㉥ **위험물 운반용기**의 검사를 받지 않고 유통시킨 자(위험물법 35조)
㉦ 소방용품 형상 일부 변경 후 변경 미승인(소방시설법 58조)

(2) **위험물령 [별표 8]**
자체소방대에 두는 화학소방자동차 및 인원 보기 ④

구 분	화학소방자동차	자체소방대원의 수
지정수량 **3천~12만배** 미만	1대	5인
지정수량 **12~24만배** 미만	2대	10인
지정수량 **24~48만배** 미만	3대	15인
지정수량 **48만배** 이상	4대	20인
옥외탱크저장소에 저장하는 제4류 위험물의 최대수량이 지정수량의 **50만배** 이상	2대	10인

답 ③

★★★
51 소방시설 설치 및 관리에 관한 법령상 특정소방대상물의 관계인이 소방시설에 폐쇄(잠금을 포함)·차단 등의 행위를 하여서 사람을 상해에 이르게 한 때에 대한 벌칙기준은?

21.03.문53
18.04.문53
18.03.문57
17.05.문41

① 3년 이하의 징역 또는 3천만원 이하의 벌금
② 7년 이하의 징역 또는 7천만원 이하의 벌금
③ 5년 이하의 징역 또는 5천만원 이하의 벌금
④ 10년 이하의 징역 또는 1억원 이하의 벌금

해설 **소방시설법 56조**

벌 칙	행 위
5년 이하의 징역 또는 **5천만원 이하**의 벌금	소방시설에 폐쇄·차단 등의 **행위**를 한 자
7년 이하의 징역 또는 **7천만원** 이하의 벌금 보기 ②	소방시설에 폐쇄·차단 등의 행위를 하여 사람을 **상해**에 이르게 한 때
10년 이하의 징역 또는 **1억원 이하**의 벌금	소방시설에 폐쇄·차단 등의 행위를 하여 사람을 **사망**에 이르게 한 때

비교
위험물법 34조

벌 칙	행 위
7년 이하의 금고 또는 **7천만원** 이하의 벌금	업무상 과실로 제조소 등에서 **위험물**을 유출·방출 또는 확산시켜 사람의 생명·신체 또는 재산에 대하여 **위험**을 발생시킨 자 기억법 77천위(**위**험한 **칠천**량 해전)
10년 이하의 징역 또는 금고나 **1억원** 이하의 벌금	업무상 과실로 제조소 등에서 위험물을 유출·방출 또는 확산시켜 사람을 **사상**에 이르게 한 자

답 ②

★★
52 소방시설 설치 및 관리에 관한 법령상 건축허가 등의 동의대상물 범위기준으로 옳은 것은?

20.06.문59
17.09.문53

① 항공기격납고, 관망탑, 항공관제탑, 방송용 송수신탑
② 차고·주차장 또는 주차용도로 사용되는 시설로서 차고·주차장으로 사용되는 층 중 바닥면적이 100제곱미터 이상인 층이 있는 시설
③ 연면적이 300제곱미터 이상인 건축물
④ 지하층 또는 무창층에 공연장이 있는 건축물로서 바닥면적이 150제곱미터의 이상인 층이 있는 것

해설

② 100제곱미터 이상→ 200제곱미터 이상
③ 300제곱미터 이상→ 400제곱미터 이상
④ 150제곱미터 이상→ 100제곱미터 이상

소방시설법 시행령 7조
건축허가 등의 동의대상물

(1) 연면적 **400m²**(학교시설 : **100m²**, 수련시설 · 노유자시설 : **200m²**, 정신의료기관 · 장애인 의료재활시설 : **300m²**) 이상 보기 ③
(2) **6층** 이상인 건축물
(3) 차고 · 주차장으로서 바닥면적 **200m²** 이상(**자**동차 **20대** 이상) 보기 ②
(4) **항공기격납고, 관망탑, 항공관제탑, 방송용 송수신탑**
(5) 지하층 또는 무창층의 바닥면적 **150m²**(공연장은 **100m²**) 이상 보기 ④
(6) **위험물저장** 및 **처리시설**, **지하구**
(7) **결핵환자**나 **한센인**이 24시간 생활하는 **노유자시설**
(8) 전기저장시설, 풍력발전소
(9) 공동주택 · 숙박시설
(10) 노인주거복지시설 · 노인의료복지시설 및 재가노인복지시설 · 학대피해노인 전용쉼터 · 아동복지시설 · 장애인거주시설
(11) 정신질환자 관련시설(공동생활가정을 제외한 재활훈련시설과 종합시설 중 24시간 주거를 제공하지 않는 시설 제외)
(12) 조산원, 산후조리원, 의원(입원실 또는 인공신장실이 있는 것)
(13) 노숙인자활시설, 노숙인재활시설 및 노숙인요양시설
(14) 요양병원(의료재활시설 제외)
(15) 공장 또는 창고시설로서 지정하는 수량의 **750배** 이상의 특수가연물을 저장 · 취급하는 것
(16) 가스시설로서 지상에 노출된 탱크의 저장용량의 합계가 **100t** 이상인 것

기억법 **2자(이자)**

답 ①

★★★
53 위험물안전관리법령상 관계인이 예방규정을 정하여야 하는 제조소 등의 기준이 아닌 것은?

20.09.문48
19.04.문53
17.03.문41
17.03.문55
15.09.문48
15.03.문58
14.05.문41
12.09.문52

① 지정수량의 10배 이상의 위험물을 취급하는 제조소
② 지정수량의 200배 이상의 위험물을 저장하는 옥외탱크저장소
③ 지정수량의 50배 이상의 위험물을 저장하는 옥외저장소
④ 지정수량의 150배 이상의 위험물을 저장하는 옥내저장소

해설

③ 50배 이상 → 100배 이상

위험물령 15조
예방규정을 정하여야 할 제조소 등

배 수	제조소 등
10배 이상	• **제**조소 보기 ① • **일**반취급소
1**0**0배 이상	• 옥**외**저장소 보기 ③
1**5**0배 이상	• 옥**내**저장소 보기 ④
200배 이상	• 옥외**탱**크저장소 보기 ②
모두 해당	• 이송취급소 • 암반탱크저장소

기억법
1 제일
0 외
5 내
2 탱

※ **예방규정** : 제조소 등의 화재예방과 화재 등 재해발생시의 비상조치를 위한 규정

답 ③

★★
54 소방시설공사업법령상 소방시설공사업자가 소속 소방기술자를 소방시설공사 현장에 배치하지 않았을 경우의 과태료 기준은?

21.09.문54
17.09.문43

① 100만원 이하
② 200만원 이하
③ 300만원 이하
④ 400만원 이하

해설 **200만원 이하**의 **과태료**

(1) 소방용수시설 · 소화기구 및 설비 등의 설치명령 위반 (화재예방법 52조)
(2) 특수가연물의 저장 · 취급 기준 위반(화재예방법 52조)
(3) 한국119청소년단 또는 이와 유사한 명칭을 사용한 자 (기본법 56조)

(4) 소방활동구역 출입(기본법 56조)
(5) 소방자동차의 출동에 지장을 준 자(기본법 56조)
(6) 한국소방안전원 또는 이와 유사한 명칭을 사용한 자(기본법 56조)
(7) 관계서류 미보관자(공사업법 40조)
(8) **소방기술자 미배치자**(공사업법 40조) 보기 ②
(9) 완공검사를 받지 아니한 자(공사업법 40조)
(10) 방염성능기준 미만으로 방염한 자(공사업법 40조)
(11) 하도급 미통지자(공사업법 40조)
(12) 관계인에게 지위승계 · 행정처분 · 휴업 · 폐업 사실을 거짓으로 알린 자(공사업법 40조)

답 ②

★★★
55 20.08.문42 15.09.문44 08.09.문45

위험물안전관리법령상 점포에서 위험물을 용기에 담아 판매하기 위하여 지정수량의 40배 이하의 위험물을 취급하는 장소의 취급소 구분으로 옳은 것은? (단, 위험물을 제조 외의 목적으로 취급하기 위한 장소이다.)

① 판매취급소
② 주유취급소
③ 일반취급소
④ 이송취급소

해설 **위험물령 〔별표 3〕**
위험물취급소의 구분

구 분	설 명
주유 취급소	고정된 주유설비에 의하여 **자동차 · 항공기** 또는 **선박** 등의 연료탱크에 직접 주유하기 위하여 위험물을 취급하는 장소
판매 취급소 보기 ①	**점포**에서 위험물을 용기에 담아 판매하기 위하여 지정수량의 **40배** 이하의 위험물을 취급하는 장소 기억법 **판4(판사 검사)**
이송 취급소	배관 및 이에 부속된 설비에 의하여 위험물을 **이송**하는 장소
일반 취급소	주유취급소 · 판매취급소 · 이송취급소 이외의 장소

답 ①

★★
56 20.09.문57 13.09.문46

소방기본법령상 소방안전교육사의 배치대상별 배치기준에서 소방본부의 배치기준은 몇 명 이상인가?

① 3　② 4
③ 2　④ 1

해설 **기본령 〔별표 2의 3〕**
소방안전교육사의 배치대상별 배치기준

배치대상	배치기준
소방서	• **1명** 이상
한국소방안전원	• 시 · 도지부 : **1명** 이상 • 본회 : **2명** 이상
소방본부	• **2명** 이상 보기 ③
소방청	• **2명** 이상
한국소방산업기술원	• **2명** 이상

답 ③

★★★
57 21.09.문51 18.04.문41 17.05.문53 16.03.문46 05.09.문55

소방기본법령상 소방본부 종합상황실의 실장이 소방청의 종합상황실에 지체없이 서면 · 팩스 또는 컴퓨터 통신 등으로 보고해야 할 상황이 아닌 것은?

① 위험물안전관리법에 의한 지정수량의 3천배 이상의 위험물의 제조소에서 발생한 화재
② 사망자가 3인 이상 발생한 화재
③ 재산피해액이 50억원 이상 발생한 화재
④ 연면적 1만 5천제곱미터 이상인 공장 또는 화재예방강화지구에서 발생한 화재

해설 ② 사망자가 3인 이상 → 사망자가 5인 이상

기본규칙 3조
종합상황실 실장의 보고화재
(1) 사망자 **5인** 이상 화재 보기 ②
(2) 사상자 **10인** 이상 화재
(3) 이재민 **100인** 이상 화재
(4) 재산피해액 **50억원** 이상 화재 보기 ③
(5) 관광호텔, 층수가 11층 이상인 건축물, 지하상가, 시장, 백화점
(6) **5층** 이상 또는 객실 **30실** 이상인 **숙박시설**
(7) **5층** 이상 또는 병상 **30개** 이상인 **종합병원 · 정신병원 · 한방병원 · 요양소**
(8) **1000t** 이상인 선박(항구에 매어둔 것)
(9) 지정수량 **3000배** 이상의 위험물 제조소 · 저장소 · 취급소 보기 ①
(10) 연면적 **15000m²** 이상인 **공장** 또는 **화재예방강화지구**에서 발생한 화재 보기 ④
(11) **가스** 및 **화약류**의 폭발에 의한 화재
(12) **관공서 · 학교 · 정부미도정공장 · 문화재 · 지하철** 또는 지하구의 **화재**
(13) 철도차량, 항공기, 발전소 또는 변전소에서 발생한 화재
(14) 다중이용업소의 화재

용어

종합상황실
화재·재난·재해·구조·구급 등이 필요한 때에 신속한 소방활동을 위한 정보를 수집·전파하는 소방서 또는 소방본부의 지령관제실

답 ②

★★
58 소방시설 설치 및 관리에 관한 법령상 방염성능 기준으로 틀린 것은?
15.05.문11
11.06.문12

① 탄화한 면적은 50cm^2 이내, 탄화한 길이는 20cm 이내
② 버너의 불꽃을 제거한 때부터 불꽃을 올리지 않고 연소하는 상태가 그칠 때까지 시간은 30초 이내
③ 버너의 불꽃을 제거한 때부터 불꽃을 올리며 연소하는 상태가 그칠 때까지 시간은 20초 이내
④ 불꽃에 의하여 완전히 녹을 때까지 불꽃의 접촉횟수는 2회 이상

해설
④ 2회 이상 → 3회 이상

소방시설법 시행령 31조
방염성능기준
(1) 잔염시간 : **20초** 이내 [보기 ③]
(2) 잔신시간(잔**진**시간) : **30초** 이내 [보기 ②]
(3) 탄화길이 : **20cm** 이내 [보기 ①]
(4) 탄화면적 : **50cm^2** 이내 [보기 ①]
(5) 불꽃 접촉횟수 : **3회** 이상 [보기 ④]
(6) 최대연기밀도 : **400** 이하

잔신시간(잔진시간) vs 잔염시간

구 분	잔신시간(잔진시간)	잔염시간
정의	버너의 **불꽃**을 제거한 때부터 **불꽃을 올리지 않고** 연소하는 상태가 그칠 때까지의 경과시간	버너의 **불꽃**을 제거한 때부터 **불꽃을 올리며** 연소하는 상태가 그칠 때까지의 경과시간
시간	**30초** 이내	**20초** 이내

• 잔신시간=잔진시간

기억법 3진(삼진아웃), 3신(삼신 할머니)

답 ④

★
59 소방시설 설치 및 관리에 관한 법령에 따른 비상방송설비를 설치하여야 하는 특정소방대상물의 기준 중 틀린 것은? (단, 위험물 저장 및 처리 시설 중 가스시설, 사람이 거주하지 않는 동물 및 식물 관련시설, 터널, 축사 및 지하구는 제외한다.)
17.09.문77

① 지하층을 제외한 층수가 11층 이상인 것
② 연면적 3500m^2 이상인 것
③ 연면적 1000m^2 미만의 기숙사
④ 지하층의 층수가 3층 이상인 것

해설
③ 해당없음

소방시설법 시행령 [별표 4]
비상방송설비의 설치대상
(1) 연면적 **3500m^2** 이상 [보기 ②]
(2) **11층** 이상(지하층 제외) [보기 ①]
(3) **지하 3층** 이상 [보기 ④]

답 ③

★★★
60 소방시설공사업법령상 소방시설공사의 하자보수 보증기간이 3년이 아닌 것은?
21.05.문59
17.05.문51
16.10.문56
15.05.문59
15.03.문52
12.05.문59

① 자동화재탐지설비
② 자동소화장치
③ 스프링클러설비
④ 무선통신보조설비

해설
④ 무선통신보조설비 : 2년

공사업령 6조
소방시설공사의 하자보수 보증기간

보증기간	소방시설
2년	① **유**도등 · **피**난기구 ② **비**상**조**명등 · 비상**경**보설비 · 비상**방**송설비 ③ **무**선통신보조설비 [보기 ④] 기억법 유비 조경방무피2
3년	① 자동소화장치 [보기 ②] ② 옥내 · 외소화전설비 ③ 스프링클러설비 [보기 ③] ④ 물분무등소화설비 · 소화용수설비 ⑤ 자동화재탐지설비 · 소화활동설비(무선통신보조설비 제외) [보기 ①] ⑥ 화재알림설비

답 ④

제 4 과목 소방전기시설의 구조 및 원리

★★★
61 자동화재속보설비의 속보기의 성능인증 및 제품검사의 기술기준에 따른 속보기의 구조에 대한 설명으로 틀린 것은?

21.03.문78 20.06.문80 17.03.문67 16.10.문77 14.05.문68 11.03.문77

① 예비전원회로에는 단락사고 등을 방지하기 위한 단로기와 같은 보호장치를 하여야 한다.
② 수동통화용 송수화장치를 설치하여야 한다.
③ 화재표시 복구스위치 및 음향장치의 울림을 정지시킬 수 있는 스위치를 설치하여야 한다.
④ 작동시 그 작동시간과 작동횟수를 표시할 수 있는 장치를 하여야 한다.

해설

① 단로기 → 퓨즈, 차단기

속보기의 **기준**(자동화재속보설비의 속보기의 성능인증 및 제품검사의 기술기준 3·5조)

(1) **수동통화**용 송수화기를 설치 보기 ②
(2) **20초** 이내에 **3회** 이상 **소방관서**에 자동속보
(3) 예비전원은 감시상태를 **60분**간 지속한 후 **10분** 이상 동작이 지속될 수 있는 용량일 것
(4) 다이얼링 : **10회** 이상
(5) 작동시 그 **작동시간**과 **작동횟수**를 표시할 수 있는 장치를 하여야 한다. 보기 ④
(6) **예비전원회로**에는 **단락사고** 등을 방지하기 위한 **퓨즈, 차단기** 등과 같은 **보호장치**를 하여야 한다. 보기 ①
(7) **화재표시 복구스위치** 및 **음향장치**의 울림을 정지시킬 수 있는 스위치 설치 보기 ③
(8) **국가유산용** 속보기는 자동적으로 무선식 감지기에 **24시간** 이내의 주기마다 통신점검 신호를 발신할 수 있는 장치를 설치하여야 한다.

기억법 속203

비교

자동화재속보설비의 속보기에 적용할 수 없는 회로방식(자동화재속보설비의 속보기의 성능인증 및 제품검사의 기술기준 3조)
(1) **접지전극**에 **직류전류**를 통하는 회로방식
(2) 수신기에 접속되는 외부배선과 다른 설비(화재신호의 전달에 영향을 미치지 않는 것 제외)의 외부배선을 **공용**으로 하는 회로방식

답 ①

★★★
62 유도등의 형식승인 및 제품검사의 기술기준에 따라 복도통로유도등에 있어서 사용전원으로 등을 켜는 경우에는 직선거리 몇 m의 위치에서 보통시력에 의하여 표시면의 화살표가 쉽게 식별되어야 하는가?

18.03.문61 16.10.문64 14.09.문66 14.05.문67 14.03.문80 04.09.문69

① 20　② 15
③ 25　④ 30

해설 **식별도 시험**(유도등의 형식승인 및 제품검사의 기술기준 16조)

유도등의 종류	시험방법
• 피난구유도등 • 거실통로유도등	① **상용전원** : 10~30 lx의 주위조도로 30m에서 식별 ② **비상전원** : 0~1 lx의 주위조도로 20m에서 식별
• 복도통로유도등	① **상용전원**(사용전원) : 직선거리 20m에서 식별 보기 ① ② **비상전원** : 직선거리 15m에서 식별

비교

(1) **설치높이**

구 분	설치높이
계단통로유도등 · 복도통로유도등 · 통로유도표지	바닥으로부터 높이 1m 이하
피난구유도등	피난구의 바닥으로부터 높이 1.5m 이**상**
거실통로유도등	바닥으로부터 높이 1.5m 이상(단, 거실통로의 기둥은 1.5m 이하)
피난구유도표지	출입구 상단

기억법 계복1, 피유15상

(2) **설치거리**

구 분	설치거리
복도통로유도등	구부러진 모퉁이 및 피난구유도등이 설치된 출입구의 맞은편 복도에 입체형 또는 바닥에 설치한 통로유도등을 기점으로 보행거리 20m마다 설치
거실통로유도등	구부러진 모퉁이 및 **보행거리 20m**마다 설치
계단통로유도등	각 층의 **경사로참** 또는 **계단참**마다 설치

기억법 복거2

답 ①

★★★
63 비상경보설비 및 단독경보형 감지기의 화재안전기준에 따른 단독경보형 감지기에 대한 내용이다. 다음 (　)에 들어갈 내용으로 옳은 것은?

21.05.문75 17.09.문64 03.08.문62

> 이웃하는 실내의 바닥면적이 각각 (　)m^2 미만이고 벽체의 상부의 전부 또는 일부가 개방되어 이웃하는 실내와 공기가 상호 유통되는 경우에는 이를 1개의 실로 본다.

① 50　② 150
③ 30　④ 100

해설 **단독경보형 감지기**의 **설치기준**(NFPC 201 5조, NFTC 201 2.2.1)

(1) 각 실(이웃하는 실내의 바닥면적이 각각 $30m^2$ **미만**이고 벽체의 상부의 전부 또는 일부가 개방되어 이웃하는 실내와 공기가 상호 유통되는 경우에는 이를 1개의 실로 본다)마다 설치하되, 바닥면적이 $150m^2$를 초과하는 경우에는 $150m^2$마다 1개 이상 설치할 것 보기 ③

(2) 최상층의 계단실의 **천장**(외기가 상통하는 계단실의 경우 제외)에 설치할 것

(3) 건전지를 주전원으로 사용하는 단독경보형 감지기는 정상적인 작동상태를 유지할 수 있도록 건전지를 교환할 것

(4) 상용전원을 주전원으로 사용하는 단독경보형 감지기의 **2차 전지**는 제품검사에 합격한 것을 사용할 것

용어

단독경보형 감지기
화재발생 상황을 단독으로 감지하여 자체에 내장된 음향장치로 경보하는 감지기

답 ③

★★★
64

19.04.문75 18.09.문62 17.09.문67 15.09.문76 14.05.문71 14.03.문75 13.06.문67 12.05.문74

누전경보기의 화재안전기준에 따라 누전경보기 설치시 경계전로의 정격전류가 60A를 초과하는 전로에 있어서는 몇 급 누전경보기를 설치하는가? (단, 경계전로는 분기되어 있지 않은 경우이다.)

① 4급 누전경보기
② 1급 누전경보기
③ 2급 누전경보기
④ 3급 누전경보기

해설 **누전경보기**(NFPC 205 4조, NFTC 205 2.1.1.1)

60A 이하	60A 초과
• **1급** 누전경보기 • **2급** 누전경보기	• **1급** 누전경보기 보기 ②

중요

누전경보기의 **설치기준**(NFPC 205 6조, NFTC 205 2.3.1)

과전류차단기	배선용 차단기
15A 이하	20A 이하 기억법 2배(이 배에 탈 사람!)

(1) 각 극에 개폐기 및 **15A** 이하의 **과전류차단기**를 설치할 것(**배선용 차단기**는 **20A** 이하)
(2) 분전반으로부터 **전용 회로**로 할 것
(3) 개폐기에는 누전경보기임을 표시할 것

답 ②

★
65

무선통신보조설비 구성방식 중 안테나 방식의 특징에 대한 설명으로 틀린 것은?

① 누설동축케이블 방식보다 경제적이다.
② 케이블을 반자 내에 은폐할 수 있으므로 화재시 영향이 적고 미관을 해치지 않는다.
③ 전파를 균일하고 광범위하게 방사할 수 있다.
④ 장애물이 적은 대강당, 극장 등에 적합하다.

해설 **무선통신보조설비 구성방식**

누설동축케이블 방식	안테나 방식
• 터널, 지하철역 등 **폭**이 **좁고 긴 지하가**나 **건축물** 내부에 적합 • **전파**를 **균일**하고 **광범위**하게 방사 보기 ③ • **케이블**이 **외부**에 **노출**되므로 **유지보수**가 **용이**	• 누설동축케이블 방식보다 **경제적** 보기 ① • 케이블을 반자 내 은폐할 수 있으므로 화재시 영향이 적고 **미관**을 해치지 않는다. 보기 ② • 말단에서는 전파의 강도가 떨어져서 **통화 어려움** • 장애물이 적은 **대강당**, **극장** 등에 적합 보기 ④

답 ③

★★★
66

18.03.문66 16.10.문65 13.03.문65

자동화재탐지설비 및 사각경보장치 화재안전기준에 따라 광전식 분리형 감지기의 설치기준에 대한 설명으로 틀린 것은?

① 광축(송광면과 수광면의 중심을 연결한 선)은 나란한 벽으로부터 0.6m 이상 이격하여 설치할 것
② 감지기의 수광면은 햇빛을 직접 받지 않도록 설치할 것
③ 광축의 높이는 천장 등(천장의 실내에 면한 부분 또는 상층의 바닥하부면을 말한다) 높이의 70% 이상일 것
④ 감지기의 송광부와 수광부는 설치된 뒷벽으로부터 1m 이내 위치에 설치할 것

해설 ③ 70% 이상 → 80% 이상

광전식 분리형 감지기의 **설치기준**(NFPC 203 7조, NFTC 203 2.4.3.15)

(1) 감지기의 광축의 길이는 공칭감시거리 범위 이내이어야 한다.
(2) 감지기의 송광부와 수광부는 설치된 뒷벽으로부터 **1m 이내**의 위치에 설치해야 한다.
(3) 감지기의 수광면은 햇빛을 직접 받지 않도록 설치해야 한다.

(4) 광축은 나란한 벽으로부터 **0.6m 이상** 이격하여야 한다.
(5) 광축의 높이는 천장 등 높이의 **80%** 이상일 것

기억법 **광분8**(**광** **분**할해서 **팔**아요.)

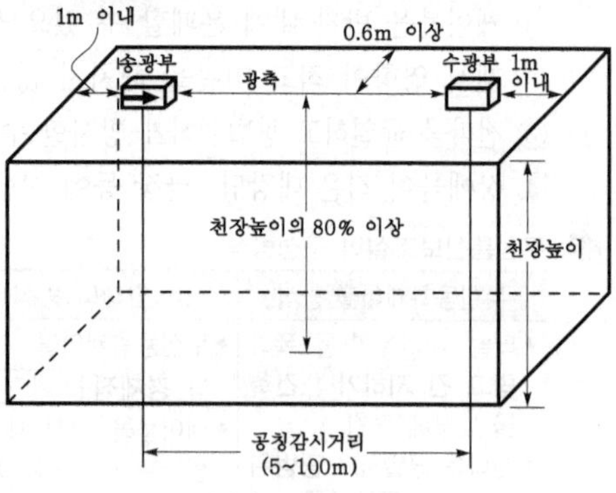

| 광전식 분리형 감지기의 설치 |

중요

광전식 분리형 감지기의 **동작원리**

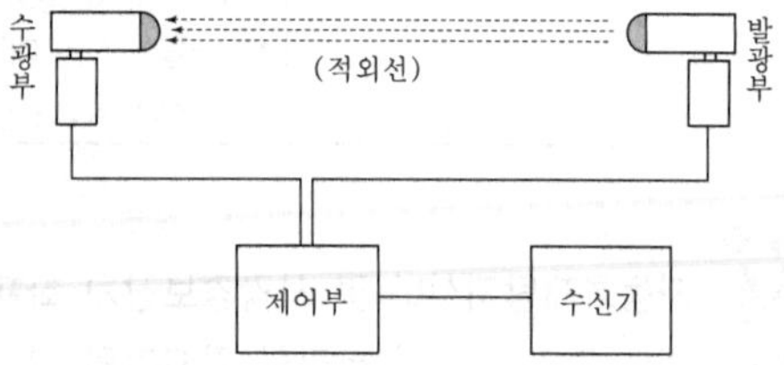

(1) 화재발생시 연기확산
(2) 연기에 의해 수광부로 유입되는 **적외선**의 **진로 방해**
(3) 수광부의 **수광량** 감소
(4) **제어부**에서 검출
(5) **수신기**에 화재신호 발생

답 ③

★★★
67 비상방송설비의 화재안전기준에 따라 음량조정기를 설치하는 경우 음량조정기의 배선은 3선식으로 하여야 한다. 음량조정기의 각 배선의 용도를 나타낸 것으로 옳은 것은?

19.04.문68
18.09.문77
18.03.문73
16.10.문69
16.05.문67
16.03.문68
15.09.문66
15.05.문76
15.03.문62
14.05.문63
14.05.문75
14.03.문61
13.09.문70
13.06.문62
13.06.문80
11.06.문79

① 전원선, 음량조정용, 접지선
② 전원선, 통신선, 예비용
③ 공통선, 업무용, 긴급용
④ 업무용, 긴급용, 접지선

해설

비상방송설비 3선식 배선 보기 ③	유도등 3선식 배선
• 공통선 • 업무용 배선 • 긴급용 배선	• 공통선 • 상용선 • 충전선

중요

비상방송설비의 **설치기준**(NFPC 202 4조, NFTC 202 2.1)
(1) 확성기의 음성입력은 실내 **1W 이상**, 실외 **3W** 이상일 것

실 내	실 외
1W 이상	3W 이상

(2) 확성기는 **각 층**마다 설치하되, 각 부분으로부터의 수평거리는 **25m** 이하일 것
(3) 음량조정기는 **3선식** 배선일 것
(4) 조작스위치는 바닥으로부터 **0.8~1.5m** 이하의 높이에 설치할 것
(5) 다른 전기회로에 의하여 **유도장애**가 생기지 않을 것
(6) 비상방송 개시시간은 **10초** 이하일 것

답 ③

★
68 소방시설용 비상전원수전설비의 화재안전기준에 따라 전기사업자로부터 저압으로 수전하는 비상전원설비를 제1종 배전반 및 제1종 분전반으로 하는 경우 외함에 노출하여 설치할 수 없는 것은?

20.08.문75

① 차단기
② 표시등(불연성 재료로 덮개를 설치한 것)
③ 표시등(난연성 재료로 덮개를 설치한 것)
④ 전선의 인입구

해설 **제1종 배전반** 및 **제1종 분전반**의 **시설기준**(NFPC 602 6조, NFTC 602 2.3.1.1)
(1) 외함은 두께 **1.6mm**(전면판 및 문은 **2.3mm**) 이상의 강판과 이와 동등 이상의 강도와 내화성능이 있는 것으로 제작할 것
(2) 외함의 내부는 외부의 열에 의해 영향을 받지 않도록 **내열성** 및 **단열성**이 있는 재료를 사용하여 단열할 것. 이 경우 단열부분은 열 또는 진동에 따라 쉽게 변형되지 않을 것
(3) 다음에 해당하는 것은 외함에 노출하여 설치
㉠ **표시등**(불연성 또는 난연성 재료로 덮개를 설치한 것에 한함) 보기 ②③
㉡ 전선의 **인입구** 및 **입출구** 보기 ④
(4) 외함은 **금속관** 또는 **금속제 가요전선관**을 쉽게 접속할 수 있도록 하고, 당해 접속부분에는 **단열조치**를 할 것
(5) 공용 배전반 및 공용 분전반의 경우 소방회로와 일반회로에 사용하는 배선 및 배선용 기기는 **불연재료**로 구획되어야 할 것

비교

제2종 배전반 및 **제2종 분전반**의 **시설기준**(NFPC 602 6조, NFTC 602 2.3.1.2)
(1) 외함은 두께 **1mm**(함 전면의 면적이 1000cm²를 초과하고 2000cm² 이하인 경우에는 **1.2mm**, 2000cm²를 초과하는 경우에는 **1.6mm**) 이상의 강판과 이와 동등 이상의 강도와 내화성능이 있는 것으로 제작
(2) **120℃**의 온도를 가했을 때 이상이 없는 **전압계** 및 **전류계**는 외함에 노출하여 설치
(3) 단열을 위해 배선용 **불연전용실 내**에 설치

답 ①

★★
69 예비전원의 성능인증 및 제품검사의 기술기준에 따른 예비전원에 해당하지 않는 것은?
20.09.문68
12.09.문72

① 망가니즈 1차 축전지
② 리튬계 2차 축전지
③ 무보수 밀폐형 연축전지
④ 알칼리계 2차 축전지

해설 **예비전원**(예비전원의 성능인증 및 제품검사의 기술기준 2조)

기 기	예비전원
• 수신기 • 중계기 • 자동화재속보기	• **원통 밀폐형 니켈카드뮴 축전지** • **무보수 밀폐형 연축전지**
• 간이형 수신기	• **원통 밀폐형 니켈카드뮴 축전지** 또는 이와 동등 이상의 **밀폐형 축전지**
• 유도등	• **알칼리계 2차 축전지** • **리튬계 2차 축전지**
• 비상조명등 • 가스누설경보기	• **알칼리계 2차 축전지** 보기 ④ • **리튬계 2차 축전지** 보기 ② • **무보수 밀폐형 연축전지** 보기 ③

답 ①

★
70 정격출력 5~15W 정도의 소형으로서, 소화활동 시 안내방송 등에 사용하는 증폭기의 종류로 옳은 것은?
19.03.문76

① 휴대형 ② Rack형
③ Desk형 ④ 탁상형

해설 **증폭기**의 **종류**

종 류		용 량	특 징
이동형	휴대형 보기 ①	5~15W	① 소화활동시 안내방송에 사용 ② 마이크, 증폭기, 확성기를 일체화하여 소형 경량
	탁상형	10~60W	① 소규모 방송설비에 사용 ② 입력장치 : 마이크, 라디오, 사이렌, 카세트테이프
고정형	Desk형	30~180W	① 책상식의 형태 ② 입력장치 : Rack형과 유사
	Rack형	200W 이상	① 유닛(unit)화되어 교체, 철거, 신설 용이 ② 용량 무제한

답 ①

★★★
71 자동화재탐지설비 및 시각경보장치의 화재안전기준에 따라 시각경보장치는 천장의 높이가 2m 이하인 경우 천장으로부터 몇 m 이내의 장소에 설치하여야 하는가?
18.09.문75
16.03.문79
14.09.문72
12.09.문73
10.09.문77

① 0.1 ② 0.15
③ 0.2 ④ 0.25

해설 **설치높이**(NFPC 203 8조, NFTC 203 2.5.2.3)

기타 모두	시각경보장치
0.8~1.5m 이하	**2~2.5m** 이하 (천장높이 **2m 이하**는 천장에서 **0.15m** 이내) 보기 ②

답 ②

★★★
72 비상조명등의 화재안전기준에 따라 비상조명등의 조도는 비상조명등이 설치된 장소의 각 부분의 바닥에서 몇 lx 이상이 되도록 하여야 하는가?
21.05.문61
20.06.문62
13.09.문76

① 3 ② 10
③ 1 ④ 5

해설 (1) **조명도**(조도)

기 기	조명도(조도)
• 객석유도등	**0.2 lx** 이상
• 계단통로유도등	**0.5 lx** 이상
• 복도통로유도등 • 거실통로유도등 • 비상조명등 보기 ③	**1 lx** 이상

(2) **조도시험**

유도등의 종류	시험방법
계단통로 유도등	바닥면에서 **2.5m** 높이에 유도등을 설치하고 수평거리 **10m** 위치에서 법선 조도 **0.5 lx** 이상 기억법 **계2505**
복도통로 유도등	바닥면에서 **1m** 높이에 유도등을 설치하고 중앙으로부터 **0.5m** 위치에서 조도 **1 lx** 이상 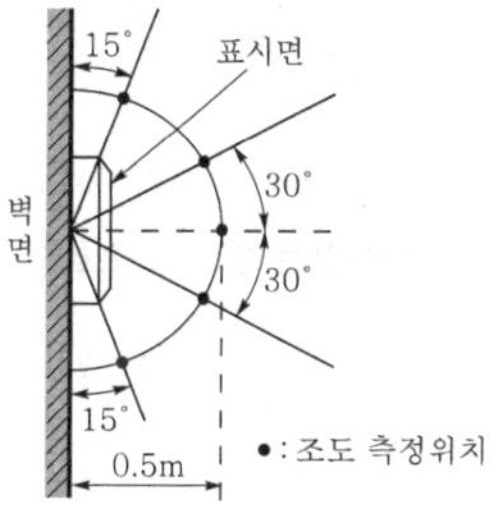 ▌복도통로유도등▐

거실통로 유도등	바닥면에서 **2m** 높이에 유도등을 설치하고 중앙으로부터 **0.5m** 위치에서 조도 **1lx** 이상 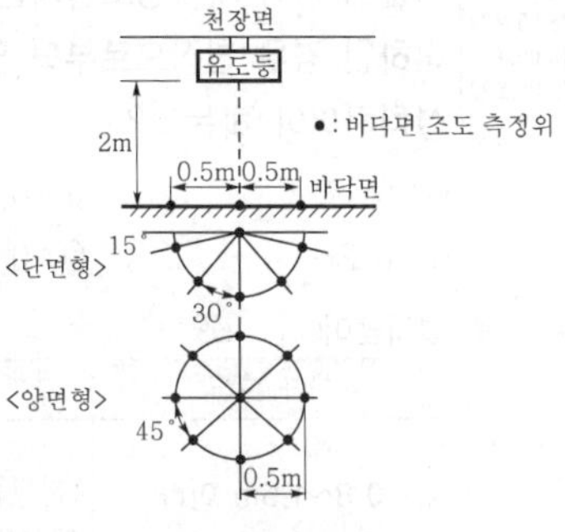 ‖ 거실통로유도등 ‖
객석 유도등	바닥면에서 **0.5m** 높이에 유도등을 설치하고 바로 밑에서 **0.3m** 위치에서 수평조도 **0.2lx** 이상 기억법 객532

중요

비상조명등의 **설치기준**(NFPC 304 4조, NFTC 304 2.1.1)
(1) 특정소방대상물의 각 거실과 지상에 이르는 복도·계단·통로에 설치할 것
(2) 조도는 각 부분의 바닥에서 1lx 이상일 것 보기 ③
(3) **점검스위치**를 설치하고 **20분** 이상 작동시킬 수 있는 용량의 **축전지**와 **예비전원 충전장치**를 내장할 것

답 ③

★★
73

19.04.문66
10.09.문76

비상콘센트설비의 화재안전기준에 따른 비상콘센트를 보호하기 위한 비상콘센트 보호함의 설치기준으로 틀린 것은?

① 비상콘센트의 보호함을 옥내소화전함 등과 접속하여 설치하는 경우에는 옥내소화전함 등의 표시등과 겸용할 수 있다.
② 보호함 상부에 적색의 표시등을 설치할 것
③ 보호함에는 문을 쉽게 개폐할 수 없도록 잠금장치를 설치할 것
④ 보호함 표면에 "비상콘센트"라고 표시한 표지를 할 것

해설 ③ 없도록 잠금장치를 → 있는 문을

비상콘센트설비의 **보호함 설치기준**(NFPC 504 5조, NFTC 504 2.2.1)
(1) 보호함에는 **쉽게 개폐**할 수 있는 **문**을 설치할 것 보기 ③
(2) 보호함 표면에 "**비상콘센트**"라고 표시한 표지를 할 것 보기 ④
(3) 보호함 상부에 **적색**의 **표시등**을 설치할 것 보기 ②
(4) 보호함을 옥내소화전함 등과 접속하여 설치시 옥내소화전함 등과 표시등 **겸용 가능** 보기 ①

답 ③

★★★
74

21.05.문68
20.09.문74
18.03.문77
18.03.문78
17.05.문77
16.05.문63
14.03.문71
12.03.문77
10.03.문68

비상경보설비 및 단독경보형 감지기의 화재안전기준에 따른 발신기의 설치기준에 대한 내용이다. 다음 ( )에 들어갈 내용으로 옳은 것은?

> 조작이 쉬운 장소에 설치하고, 조작스위치는 바닥으로부터 (㉠)m 이상 (㉡)m 이하의 높이에 설치할 것

① ㉠ 1.2, ㉡ 2.0
② ㉠ 1.0, ㉡ 1.8
③ ㉠ 0.6, ㉡ 1.2
④ ㉠ 0.8, ㉡ 1.5

해설 **비상경보설비**의 **발신기 설치기준**(NFPC 201 4조, NFTC 201 2.1.5)
(1) 전원 : **축전지설비**, **전기저장장치**, **교류전압**의 **옥내간선**으로 하고 배선은 **전용**
(2) 감시상태 : **60분**, 경보시간 : **10분**
(3) 조작이 **쉬운 장소**에 설치하고, 조작스위치는 바닥으로부터 **0.8~1.5m** 이하의 높이에 설치할 것 보기 ④
(4) 특정소방대상물의 **층**마다 설치하되, 해당 소방대상물의 각 부분으로부터 하나의 발신기까지의 **수평거리**가 **25m** 이하가 되도록 할 것(단, 복도 또는 별도로 구획된 실로서 **보행거리**가 **40m** 이상일 경우에는 추가로 설치할 것)
(5) 발신기의 **위치표시등**은 **함**의 **상부**에 설치하되, 그 불빛은 부착면으로부터 **15°** 이상의 범위 안에서 부착지점으로부터 **10m** 이내의 어느 곳에서도 쉽게 식별할 수 있는 **적색등**으로 할 것

‖ 설치높이 ‖

기타 모두	시각경보장치
0.8~1.5m 이하 보기 ④	**2~2.5m** 이하 (천장높이 **2m 이하**는 천장에서 **0.15m** 이내)

답 ④

★★★
75

21.03.문61
19.03.문68
14.09.문68
12.05.문71
12.03.문68
09.08.문69
07.09.문64

자동화재탐지설비 및 시각경보장치의 화재안전기준에 따라 자동화재탐지설비의 경계구역은 $500m^2$ 이하의 범위 안에서 몇 개의 층을 하나의 경계구역으로 할 수 있는가?

① 5 ② 2
③ 3 ④ 7

해설 **경계구역**

(1) **정의**(NFPC 203 3조, NFTC 203 1.7)
특정소방대상물 중 **화재신호**를 **발신**하고 그 **신호**를 **수신** 및 유효하게 **제어**할 수 있는 구역

(2) **경계구역**의 **설정기준**(NFPC 203 4조, NFTC 203 2.1)
㉠ 1경계구역이 **2개** 이상의 **건축물**에 미치지 않을 것
㉡ 1경계구역이 **2개** 이상의 **층**에 미치지 않을 것 (단, **500m²** 이하는 **2개**층을 1경계구역으로 하는 것이 가능) 보기 ②
㉢ 1경계구역의 면적은 **600m²** 이하로 하고, 1변의 길이는 **50m** 이하로 할 것(내부 전체가 보이면 **1000m²** 이하)

(3) **1경계구역의 높이** : **45m** 이하

답 ②

★
76 무선통신보조설비에서 송신기와 송신 안테나 또는 수신안테나에서 수신기 사이를 연결하여 고주파전력을 전송하기 위하여 사용되는 전송선로를 말하며, 전파를 누설동축케이블이나 무선접속단자까지 이송하는 역할을 수행하는 것은?

① 무선중계기 ② 종단저항기
③ 증폭기 ④ 급전선

해설 **무선통신보조설비 용어**

용 어	설 명
무선중계기	안테나를 통하여 수신된 무전기 **신호**를 **증폭**한 후 음영지역에 재방사하여 무전기 상호간 **송수신**이 가능하도록 하는 장치
무반사종단저항(종단저항기)	전송로로 전송되는 전자파가 전송로의 **종단**에서 **반사**되어 **교신**을 **방해**하는 것을 막기 위한 저항
증폭기	전압전류의 **진폭**을 늘려 감도를 좋게 하고 미약한 **음성전류**를 커다란 음성전류로 변화시켜 **소리**를 **크게** 하는 장치
급전선	송신기에서 송신 안테나까지 또는 수신안테나에서 수신기까지 연결된 **고주파 전송선로**

답 ④

★★★
77 유도등 및 유도표지의 화재안전기준에 따른 통로유도등의 종류로 틀린 것은?

16.05.문78
15.05.문80
08.05.문68

① 거실통로유도등
② 복도통로유도등
③ 비상통로유도등
④ 계단통로유도등

해설 **통로유도등**의 **종류**(NFPC 303 3조, NFTC 303 1.7)

종 류	정 의
복도통로유도등 보기 ②	피난통로가 되는 복도에 설치하는 통로유도등으로서 피난구의 방향을 명시하는 것
거실통로유도등 보기 ①	**거주, 집무, 작업, 집회, 오락** 그 밖에 이와 유사한 목적을 위하여 계속적으로 사용하는 **거실, 주차장** 등 **개방**된 **통로**에 설치하는 유도등으로 피난의 방향을 명시하는 것
계단통로유도등 보기 ④	피난통로가 되는 **계단**이나 **경사로**에 설치하는 통로유도등으로 **바닥면** 및 **디딤바닥면**을 비추는 것

답 ③

★★★
78 자동화재탐지설비 및 시각경보장치의 화재안전기준에 따라 주요구조부를 내화구조로 한 특정소방대상물의 바닥면적이 370m²인 부분에 설치해야 하는 감지기의 최소수량은? (단, 감지기의 부착높이는 바닥으로부터 4.5m이고, 보상식 스포트형 1종을 설치한다.)

17.03.문74
16.05.문65
07.09.문70

① 7개 ② 6개
③ 9개 ④ 8개

해설 **감지기**의 **바닥면적**[m²](NFPC 203 7조, NFTC 203 2.4.3.5)

부착높이 및 소방대상물의 구분		감지기의 종류				
		차동식·보상식 스포트형		정온식 스포트형		
		1종	2종	특종	1종	2종
4m 미만	내화구조	90	70	70	60	20
	기타구조	50	40	40	30	15
4m 이상 8m 미만	내화구조	45	35	35	30	-
	기타구조	30	25	25	15	-

기억법
9 7 7 6 2
5 4 4 3 ①
④ ③ ③ 3
3 ② ② ①
※ 동그라미(○) 친 부분은 뒤에 5가 붙음

4m 이상의 **내화구조**이고 보상식 스포트형 감지기 1종이므로 기준면적 **45m²**

$$설치개수 = \frac{바닥면적}{기준면적} = \frac{370\text{m}^2}{45\text{m}^2} = 8.2 \fallingdotseq 9개(절상)$$

답 ③

용어

절상
'소수점 이하는 무조건 올린다'는 뜻

중요

감지기 · 유도등 개수	수용인원 산정
소수점 이하는 **절상**	소수점 이하는 **반올림** 기억법 수반(수반! 동반)

답 ③

★★★
79 비상콘센트설비의 화재안전기준에 따라 비상콘센트의 플러그접속기로 사용하여야 하는 것은?

21.09.문62 19.04.문63 18.04.문61 17.03.문72 16.10.문61 16.05.문76 15.09.문80 14.03.문64 11.10.문67

① 접지형 2극 플러그접속기
② 플랫형 2종 절연 플러그접속기
③ 플랫형 3종 절연 플러그접속기
④ 접지형 3극 플러그접속기

해설 **비상콘센트설비**(NFPC 504 4조, NFTC 504 2.1)

구 분	전 압	용 량	플러그접속기
단상 교류	220V	1.5kVA 이상	접지형 2극 보기 ①

(1) 하나의 전용 회로에 설치하는 비상콘센트는 **10개** 이하로 할 것(전선의 용량은 최대 **3개**)

설치하는 비상콘센트 수량	전선의 용량산정시 적용하는 비상콘센트 수량	단상 전선의 용량
1개	1개 이상	1.5kVA 이상
2개	2개 이상	3.0kVA 이상
3~10개	3개 이상	4.5kVA 이상

(2) 전원회로는 각 층에 있어서 **2 이상**이 되도록 설치할 것(단, 설치하여야 할 층의 콘센트가 **1개**인 때에는 하나의 회로로 할 수 있다.)
(3) 플러그접속기의 칼받이 접지극에는 **접지공사**를 하여야 한다.
(4) 풀박스는 **1.6mm** 이상의 철판을 사용할 것
(5) 절연저항은 **전원부**와 **외함** 사이를 **직류 500V 절연저항계**로 측정하여 **20MΩ** 이상일 것
(6) 전원으로부터 각 층의 비상콘센트에 분기되는 경우에는 **분기배선용 차단기**를 보호함 안에 설치할 것
(7) 바닥으로부터 **0.8~1.5m** 이하의 높이에 설치할 것
(8) 전원회로는 주배전반에서 **전용 회로**로 하며, 배선의 종류는 **내화배선**이어야 한다.

답 ①

★★★
80 누전경보기의 형식승인 및 제품검사의 기술기준에 따라 감도조정장치를 갖는 누전경보기에 있어서 감도조정장치의 조정범위는 최대치가 몇 A 이어야 하는가?

21.05.문78 16.03.문77 15.05.문79 10.03.문76

① 5　② 1
③ 10　④ 3

해설 **누전경보기**(누전경보기의 형식승인 및 제품검사의 기술기준 7·8조)

공칭작동전류치	감도조정장치의 조정범위
200mA 이하	1A(1000mA) 이하 보기 ②

기억법 공2

참고

검출누설전류 설정치 범위

경계전로	제2종 접지선 (중성점 접지선)
100~400mA	400~700mA

답 ②

과년도 기출문제

2021년

소방설비기사 필기(전기분야)

**** 수험자 유의사항 ****

1. 문제지를 받는 즉시 **본인**이 **응시한 종목**이 맞는지 확인하시기 바랍니다.
2. 문제지 표지에 본인의 **수험번호**와 **성명**을 기재하여야 합니다.
3. 문제지의 **총면수, 문제번호 일련순서, 인쇄상태, 중복 및 누락 페이지 유무**를 확인하시기 바랍니다.
4. 답안은 각 문제마다 요구하는 가장 적합하거나 가까운 답 1개만을 선택하여야 합니다.
5. 답안카드는 뒷면의 「수험자 유의사항」에 따라 작성하시고, 답안카드 작성 시 형별누락, 마킹착오로 인한 불이익은 전적으로 수험자에게 책임이 있음을 알려드립니다.
6. 문제지는 시험 종료 후 본인이 가져갈 수 있습니다.

**** 안내사항 ****

- 가답안/최종정답은 큐넷(www.q-net.or.kr)에서 확인하실 수 있습니다. 가답안에 대한 의견은 큐넷의 [가답안 의견 제시]를 통해 제시할 수 있으며, 확정된 답안은 최종정답으로 갈음합니다.
- 공단에서 제공하는 자격검정서비스에 대해 개선할 점이 있으시면 고객참여(http://hrdkorea.or.kr/7/1/1)를 통해 건의하여 주시기 바랍니다.

2021. 3. 7 시행

▌2021년 기사 제1회 필기시험▐

자격종목	종목코드	시험시간	형별	수험번호	성명
소방설비기사(전기분야)		**2시간**			

※ 각 문항은 4지택일형으로 질문에 가장 적합한 보기 항을 선택하여 체크하여야 합니다.

제 1 과목 소방원론

☆☆
01 위험물별 저장방법에 대한 설명 중 틀린 것은?

16.03.문20
07.09.문05

유사문제부터 풀어보세요. 실력이 팍!팍! 올라갑니다.

① 황은 정전기가 축적되지 않도록 하여 저장한다.
② 적린은 화기로부터 격리하여 저장한다.
③ 마그네슘은 건조하면 부유하여 분진폭발의 위험이 있으므로 물에 적시어 보관한다.
④ 황화인은 산화제와 격리하여 저장한다.

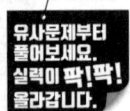

해설
① 황 : **정전기**가 축적되지 않도록 하여 저장
② 적린 : **화기**로부터 격리하여 저장
③ 마그네슘 : **물**에 적시어 보관하면 **수소**(H_2) 발생
④ 황화인 : **산화제**와 격리하여 저장

중요

주수소화(물소화)시 **위험**한 **물질**

구 분	현 상
• 무기과산화물	**산소**(O_2) 발생
• **금**속분 • **마**그네슘 • 알루미늄 • 칼륨 • 나트륨 • 수소화리튬	**수소**(H_2) 발생
• 가연성 액체의 유류화재	**연소면**(화재면) 확대

기억법 **금마수**

※ **주수소화** : 물을 뿌려 소화하는 방법

답 ③

☆☆☆
02 분자식이 CF_2BrCl인 할로겐화합물 소화약제는?

19.09.문07
17.03.문05
16.10.문08
15.03.문04
14.09.문04
14.03.문02

① Halon 1301
② Halon 1211
③ Halon 2402
④ Halon 2021

해설 **할론소화약제**의 **약칭** 및 **분자식**

종 류	약 칭	분자식
할론 1011	CB	CH_2ClBr
할론 104	CTC	CCl_4
할론 1211	BCF	$CF_2ClBr(CClF_2Br)$
할론 1301	BTM	CF_3Br
할론 2402	FB	$C_2F_4Br_2$

답 ②

☆☆☆
03 건축물의 화재시 피난자들의 집중으로 패닉(Panic) 현상이 일어날 수 있는 피난방향은?

17.03.문09
12.03.문06
08.05.문20

① 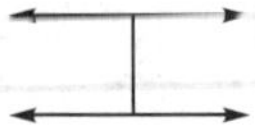
② 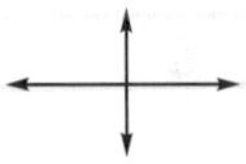
③ 
④ 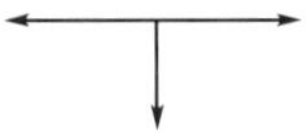

해설 **피난형태**

형 태	피난방향	상 황
X형		**확실한 피난통로**가 보장되어 신속한 피난이 가능하다.
Y형	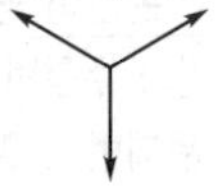	
CO형	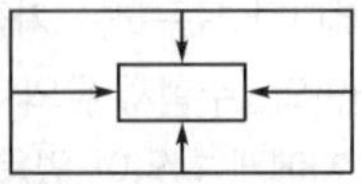	피난자들의 집중으로 **패닉**(Panic)**현상**이 일어날 수 있다. 보기 ①
H형	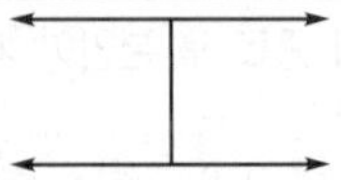	

중요

패닉(Panic)의 **발생원인**
(1) 연기에 의한 시계제한
(2) 유독가스에 의한 호흡장애
(3) 외부와 단절되어 고립

답 ①

★★★
04 할로겐화합물 소화약제에 관한 설명으로 옳지 않은 것은?

20.06.문09 19.09.문13 18.09.문19 17.05.문06 16.03.문08 15.03.문17 14.03.문19 11.10.문19 03.08.문11

① 연쇄반응을 차단하여 소화한다.
② 할로겐족(할로젠족) 원소가 사용된다.
③ 전기에 도체이므로 전기화재에 효과가 있다.
④ 소화약제의 변질분해 위험성이 낮다.

해설 **할론소화설비**(할로겐화합물 소화약제)의 **특징**

(1) **연쇄반응**을 **차단**하여 소화한다. 보기 ①
(2) **할로겐족(할로젠족)** 원소가 사용된다. 보기 ②
(3) 전기에 **부도체**이므로 전기화재에 효과가 있다. 보기 ③
(4) 소화약제의 **변질분해** 위험성이 **낮다**. 보기 ④
(5) **오존층**을 **파괴**한다.
(6) 연소 **억제작용**이 크다(가연물과 산소의 화학반응을 억제한다).
(7) **소화능력**이 **크다**(소화속도가 빠르다).
(8) **금속**에 대한 **부식성**이 **작다**.

③ 도체 → 부도체(불량도체)

답 ③

★★
05 스테판-볼츠만의 법칙에 의해 복사열과 절대온도와의 관계를 옳게 설명한 것은?

16.05.문06 14.03.문20

① 복사열은 절대온도의 제곱에 비례한다.
② 복사열은 절대온도의 4제곱에 비례한다.
③ 복사열은 절대온도의 제곱에 반비례한다.
④ 복사열은 절대온도의 4제곱에 반비례한다.

해설 **스테판-볼츠만**의 **법칙**(Stefan-Boltzman's law)

$$Q = aAF(T_1^{\ 4} - T_2^{\ 4}) \propto T^4$$

여기서, Q : 복사열[W]
a : 스테판-볼츠만 상수[W/m^2·K^4]
A : 단면적[m^2]
F : 기하학적 Factor
T_1 : 고온[K]
T_2 : 저온[K]

② 복사열(열복사량)은 **복**사체의 **절대온도**의 **4제곱**에 **비례**하고, **단면적**에 **비례**한다.

기억법 **복스(복수)**

• 스테판-볼츠만의 법칙=스테판-볼쯔만의 법칙

답 ②

★★★
06 일반적으로 공기 중 산소농도를 몇 vol% 이하로 감소시키면 연소속도의 감소 및 질식소화가 가능한가?

19.09.문13 18.09.문19 17.05.문06 16.03.문08 15.03.문17 14.03.문19 11.10.문19 03.08.문11

① 15 ② 21
③ 25 ④ 31

해설 **소화**의 **방법**

구 분	설 명
냉각소화	다량의 물 등을 이용하여 **점화원**을 **냉각**시켜 소화하는 방법
질식소화 →	공기 중의 **산소농도**를 **16%** 또는 **15%**(10~15%) 이하로 희박하게 하여 소화하는 방법 보기 ①
제거소화	가연물을 제거하여 소화하는 방법
화학소화(부촉매효과)	연쇄반응을 차단하여 소화하는 방법, **억제작용**이라고도 함
희석소화	고체·기체·액체에서 나오는 **분해가스**나 **증기**의 **농도**를 낮추어 연소를 중지시키는 방법
유화소화	물을 무상으로 방사하여 유류표면에 **유화층**의 막을 형성시켜 공기의 접촉을 막아 소화하는 방법
피복소화	비중이 공기의 **1.5배** 정도로 무거운 소화약제를 방사하여 가연물의 구석구석까지 침투·피복하여 소화하는 방법

용어

%	vol%
수를 100의 비로 나타낸 것	어떤 공간에 차지하는 부피를 백분율로 나타낸 것
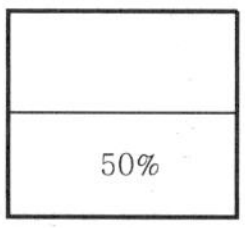	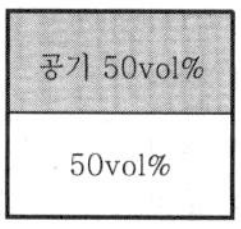
50%	50vol%

답 ①

★★★
07 이산화탄소의 물성으로 옳은 것은?

19.03.문11 16.03.문15 14.05.문08 13.06.문20 11.03.문06

① 임계온도 : 31.35℃, 증기비중 : 0.529
② 임계온도 : 31.35℃, 증기비중 : 1.529
③ 임계온도 : 0.35℃, 증기비중 : 1.529
④ 임계온도 : 0.35℃, 증기비중 : 0.529

해설 **이산화탄소의 물성**

구 분	물 성
임계압력	72.75atm
임계온도 →	31.35℃
3중점	−56.3℃(약 −57℃)
승화점(비점)	−78.5℃
허용농도	0.5%
증기비중 →	1.529
수분	0.05% 이하(함량 99.5% 이상)

기억법 이356, 이비78, 이증15

용어

임계온도와 임계압력

임계온도	임계압력
아무리 큰 압력을 가해도 액화하지 않는 최저온도	임계온도에서 액화하는 데 필요한 압력

답 ②

★★★
08 조연성 가스에 해당하는 것은?

20.09.문20 17.03.문07 16.10.문03 16.03.문04 14.05.문10 12.09.문08 11.10.문02

① 일산화탄소
② 산소
③ 수소
④ 부탄

해설 **가연성 가스와 지연성 가스**

가연성 가스	지연성 가스(조연성 가스)
• 수소 보기 ③ • 메탄 • 일산화탄소 보기 ① • 천연가스 • 부탄 보기 ④ • 에탄 • 암모니아 • 프로판 기억법 가수일천 암부 메에프	• 산소 보기 ② • 공기 • 염소 • 오존 • 불소 기억법 조산공 염오불

①③④ 가연성 가스

용어

가연성 가스와 지연성 가스

가연성 가스	지연성 가스(조연성 가스)
물질 자체가 연소하는 것	자기 자신은 연소하지 않지만 연소를 도와주는 가스

답 ②

★★★
09 가연물질의 구비조건으로 옳지 않은 것은?

19.09.문08 18.03.문10 17.05.문18 16.10.문05 16.03.문14 15.05.문19 15.03.문09 14.09.문09 14.09.문17 12.03.문09

① 화학적 활성이 클 것
② 열의 축적이 용이할 것
③ 활성화에너지가 작을 것
④ 산소와 결합할 때 발열량이 작을 것

해설 **가연물이 연소하기 쉬운 조건(가연물질의 구비조건)**

(1) 산소와 **친화력**이 클 것(좋을 것)
(2) **발열량**이 클 것 보기 ④
(3) **표면적**이 넓을 것
(4) **열**전도율이 **작**을 것
(5) **활**성화에너지가 **작**을 것 보기 ③
(6) **연쇄반응**을 일으킬 수 있을 것
(7) 산소가 포함된 **유기물**일 것
(8) 연소시 **발열반응**을 할 것
(9) 화학적 활성이 클 것 보기 ①
(10) 열의 축적이 용이할 것 보기 ②

기억법 가열작 활작(가열작품)

용어

활성화에너지
가연물이 처음 연소하는 데 필요한 열

비교

자연발화의 방지법	자연발화 조건
① 습도가 높은 곳을 피할 것(건조하게 유지할 것) ② 저장실의 온도를 낮출 것 ③ 통풍이 잘 되게 할 것 ④ 퇴적 및 수납시 열이 쌓이지 않게 할 것(**열축적 방지**) ⑤ 산소와의 접촉을 차단할 것 ⑥ **열전도성**을 좋게 할 것	① 열전도율이 작을 것 ② 발열량이 클 것 ③ 주위의 온도가 높을 것 ④ 표면적이 넓을 것

④ 작을 것 → 클 것

답 ④

★★★
10 가연성 가스이면서도 독성 가스인 것은?

19.04.문10 11.03.문10 09.08.문11 04.09.문14

① 질소
② 수소
③ 염소
④ 황화수소

해설 **가연성 가스 + 독성 가스**

(1) **황**화수소(H_2S) 보기 ④
(2) **암**모니아(NH_3)

기억법 가독황암

용어

가연성 가스	독성 가스
물질 자체가 연소하는 것	독한 성질을 가진 가스

중요

연소가스

구 분	특 징
일산화탄소 (CO)	화재시 흡입된 일산화탄소(CO)의 화학적 작용에 의해 **헤모글로빈**(Hb)이 혈액의 산소운반작용을 저해하여 사람을 질식·사망하게 한다.
이산화탄소 (CO_2)	연소가스 중 **가장 많은 양**을 차지하고 있으며 가스 그 자체의 독성은 거의 없으나 다량이 존재할 경우 호흡속도를 증가시키고, 이로 인하여 화재가스에 혼합된 유해가스의 혼입을 증가시켜 위험을 가중시키는 가스이다.
암모니아 (NH_3)	나무, 페놀수지, 멜라민수지 등의 **질소 함유물**이 연소할 때 발생하며, 냉동시설의 **냉매**로 쓰인다.
포스겐 ($COCl_2$)	매우 독성이 강한 가스로서 소화제인 **사염화탄소**(CCl_4)를 화재시에 사용할 때도 발생한다.
황화수소 (H_2S)	**달걀**(계란) **썩는 냄새**가 나는 특성이 있다. 기억법 황달
아크롤레인 ($CH_2=CHCHO$)	독성이 매우 높은 가스로서 **석유제품, 유지** 등이 연소할 때 생성되는 가스이다.

답 ④

★★★
11

20.06.문19
19.03.문03
18.03.문18

다음 물질 중 연소범위를 통해 산출한 위험도 값이 가장 높은 것은?

① 수소
② 에틸렌
③ 메탄
④ 이황화탄소

해설 **위험도**

$$H=\frac{U-L}{L}$$

여기서, H : 위험도
U : 연소상한계
L : 연소하한계

① **수소** $=\frac{75-4}{4}=17.75$

② **에틸렌** $=\frac{36-2.7}{2.7}=12.33$

③ **메탄** $=\frac{15-5}{5}=2$

④ **이황화탄소** $=\frac{50-1}{1}=49$ 보기 ④

중요

공기 중의 폭발한계(상온, 1atm)

가 스	하한계 〔vol%〕	상한계 〔vol%〕
아세틸렌(C_2H_2)	2.5	81
수소(H_2) 보기 ①	4	75
일산화탄소(CO)	12	75
에터($(C_2H_5)_2O$)	1.7	48
이황화탄소(CS_2) 보기 ④	1	50
에틸렌(C_2H_4) 보기 ②	2.7	36
암모니아(NH_3)	15	25
메탄(CH_4) 보기 ③	5	15
에탄(C_2H_6)	3	12.4
프로판(C_3H_8)	2.1	9.5
부탄(C_4H_{10})	1.8	8.4

• 연소한계=연소범위=가연한계=가연범위=폭발한계=폭발범위

답 ④

★★★
12

18.04.문18
11.10.문05
10.09.문12

다음 각 물질과 물이 반응하였을 때 발생하는 가스의 연결이 틀린 것은?

① 탄화칼슘 – 아세틸렌
② 탄화알루미늄 – 이산화황
③ 인화칼슘 – 포스핀
④ 수소화리튬 – 수소

해설 ① **탄화칼슘**과 **물**의 **반응식**

$CaC_2 + 2H_2O \rightarrow Ca(OH)_2 + C_2H_2 \uparrow$
탄화칼슘 물 수산화칼슘 **아세틸렌**

② **탄화알루미늄**과 **물**의 **반응식** 보기 ②

$Al_4C_3 + 12H_2O \rightarrow 4Al(OH)_3 + 3CH_4 \uparrow$
탄화알루미늄 물 수산화알루미늄 **메탄**

③ **인화칼슘**과 **물**의 **반응식**

$Ca_3P_2 + 6H_2O \rightarrow 3Ca(OH)_2 + 2PH_3 \uparrow$
인화칼슘 물 수산화칼슘 **포스핀**

④ **수소화리튬**과 **물**의 **반응식**

$LiH + H_2O \rightarrow LiOH + H_2$
수소화리튬 물 수산화리튬 **수소**

② 이산화황 → 메탄

비교

주수소화(물소화)시 **위험**한 **물질**

구 분	현 상
• 무기과산화물	**산소**(O_2) 발생
• **금**속분 • **마**그네슘 • 알루미늄 • 칼륨 • 나트륨 • 수소화리튬	**수소**(H_2) 발생
• 가연성 액체의 유류화재	**연소면**(화재면) 확대

기억법 **금마수**

※ **주수소화** : 물을 뿌려 소화하는 방법

답 ②

13 블레비(BLEVE)현상과 관계가 없는 것은?

19.09.문15 18.09.문08 17.03.문17 16.10.문15 16.05.문02 15.05.문18 15.03.문01 14.09.문12 14.03.문01 09.05.문10

① 핵분열
② 가연성 액체
③ 화구(Fire ball)의 형성
④ 복사열의 대량 방출

해설 **블레비(BLEVE)현상**

(1) 가연성 액체 보기 ②
(2) 화구(Fire ball)의 형성 보기 ③
(3) 복사열의 대량 방출 보기 ④

용어

블레비=블레이브(BLEVE)
과열상태의 탱크에서 내부의 액화가스가 분출하여 기화되어 폭발하는 현상

답 ①

14 인화점이 낮은 것부터 높은 순서로 옳게 나열된 것은?

18.04.문05 15.09.문02 14.05.문05 14.03.문10 12.03.문01 11.06.문09 11.03.문12 10.05.문11

① 에틸알코올 < 이황화탄소 < 아세톤
② 이황화탄소 < 에틸알코올 < 아세톤
③ 에틸알코올 < 아세톤 < 이황화탄소
④ 이황화탄소 < 아세톤 < 에틸알코올

해설

물 질	인화점	착화점
• 프로필렌	-107℃	497℃
• 에틸에터 • 다이에틸에터	-45℃	180℃
• 가솔린(휘발유)	-43℃	300℃
• **이황화탄소**	-30℃	**100℃**
• 아세틸렌	-18℃	335℃
• **아세톤**	-18℃	**538℃**
• 벤젠	-11℃	562℃
• 톨루엔	4.4℃	480℃
• **에틸알코올**	13℃	**423℃**
• 아세트산	40℃	-
• 등유	43~72℃	210℃
• 경유	50~70℃	200℃
• 적린	-	260℃

답 ④

15 물에 저장하는 것이 안전한 물질은?

17.03.문11 16.05.문19 16.03.문07 10.03.문09 09.03.문16

① 나트륨
② 수소화칼슘
③ 이황화탄소
④ 탄화칼슘

해설 **물질**에 따른 **저장장소**

물 질	저장장소
황린, **이**황화탄소(CS_2) 보기 ③	**물**속
나이트로셀룰로오스	알코올 속
칼륨(K), 나트륨(Na), 리튬(Li)	석유류(등유) 속
알킬알루미늄	벤젠액 속
아세틸렌(C_2H_2)	디메틸포름아미드(DMF), 아세톤에 용해
수소화칼슘	**환기**가 잘 되는 내화성 **냉암소**에 보관
탄화칼슘(칼슘카바이드)	습기가 없는 **밀폐용기**에 저장하는 곳

기억법 **황물이(황**토색 **물이** 나온다.)

중요

산화프로필렌, 아세트알데하이드
구리, **마**그네슘, **은**, **수**은 및 그 합금과 저장 금지

기억법 **구마은수**

답 ③

16 대두유가 침적된 기름걸레를 쓰레기통에 장시간 방치한 결과 자연발화에 의하여 화재가 발생한 경우 그 이유로 옳은 것은?

19.09.문08 18.03.문10 16.10.문05 16.03.문14 15.05.문19 15.03.문09 14.09.문09 14.09.문17 12.03.문09 09.05.문08 03.03.문13 02.09.문01

① 융해열 축적
② 산화열 축적
③ 증발열 축적
④ 발효열 축적

해설 **자연발화**

구 분	설 명
정의	가연물이 공기 중에서 산화되어 **산화열**의 **축적**으로 발화
일어나는 경우	기름걸레를 쓰레기통에 장기간 방치하면 **산화열**이 **축적**되어 자연발화가 일어남 보기 ②
일어나지 않는 경우	기름걸레를 빨랫줄에 걸어 놓으면 **산화열**이 **축적**되지 않아 **자**연발화는 일어나지 않음 기억법 **자산축**

용어

산화열
물질이 산소와 화합하여 반응하는 과정에서 생기는 열

답 ②

★★★
17 **건축법령상 내력벽, 기둥, 바닥, 보, 지붕틀 및 주계단을 무엇이라 하는가?**

17.09.문19
15.03.문18
13.09.문18

① 내진구조부 ② 건축설비부
③ 보조구조부 ④ 주요구조부

해설 **주요구조부** 보기 ④
(1) 내력**벽**
(2) **보**(작은 보 제외)
(3) **지**붕틀(차양 제외)
(4) **바**닥(최하층 바닥 제외)
(5) **주**계단(옥외계단 제외)
(6) **기**둥(사잇기둥 제외)

기억법 **벽보지 바주기**

용어

주요구조부
건물의 구조 내력상 주요한 부분

답 ④

★
18 **전기화재의 원인으로 거리가 먼 것은?**

08.03.문07

① 단락 ② 과전류
③ 누전 ④ 절연 과다

해설 **전기화재**의 **발생원인**
(1) **단락**(합선)에 의한 발화 보기 ①
(2) **과부하**(과전류)에 의한 발화 보기 ②
(3) **절연저항 감소**(누전)로 인한 발화 보기 ③
(4) 전열기기 과열에 의한 발화
(5) 전기불꽃에 의한 발화
(6) 용접불꽃에 의한 발화
(7) **낙뢰**에 의한 발화

④ 절연 과다 → 절연저항 감소

답 ④

★★★
19 **소화약제로 사용하는 물의 증발잠열로 기대할 수 있는 소화효과는?**

19.09.문13
18.09.문19
17.05.문06
16.03.문08
15.03.문17
14.03.문19
11.10.문19
03.08.문11

① 냉각소화
② 질식소화
③ 제거소화
④ 촉매소화

해설 **소화**의 **형태**

구 분	설 명
냉각소화	① **점화원**을 냉각하여 소화하는 방법 ② **증**발잠열을 이용하여 열을 빼앗아 가연물의 온도를 떨어뜨려 화재를 진압하는 소화방법 보기 ① ③ **다량**의 **물**을 뿌려 소화하는 방법 ④ 가연성 물질을 **발화점 이하**로 **냉각**하여 소화하는 방법 ⑤ **식용유화재**에 신선한 **야채**를 넣어 소화하는 방법 ⑥ 용융잠열에 의한 **냉각효과**를 이용하여 소화하는 방법 기억법 **냉점증발**
질식소화	① 공기 중의 **산소농도**를 **16%**(10~15%) 이하로 희박하게 하여 소화하는 방법 ② 산화제의 농도를 낮추어 연소가 지속될 수 없도록 소화하는 방법 ③ 산소 공급을 차단하여 소화하는 방법 ④ 산소의 농도를 낮추어 소화하는 방법 ⑤ 화학반응으로 발생한 **탄산가스**에 의한 소화방법 기억법 **질산**
제거소화	**가연물**을 **제거**하여 소화하는 방법
부촉매소화 (억제소화, 화학소화)	① **연쇄반응**을 **차단**하여 소화하는 방법 ② 화학적인 방법으로 화재를 억제하여 소화하는 방법 ③ **활성기**(Free radical, 자유라디칼)의 **생성**을 **억제**하여 소화하는 방법 ④ 할론계 소화약제 기억법 **부억(부엌)**
희석소화	① 기체·고체·액체에서 나오는 분해가스나 증기의 농도를 낮춰 소화하는 방법 ② 불연성 가스의 **공기** 중 **농도**를 높여 소화하는 방법 ③ 불활성기체를 방출하여 연소범위 이하로 낮추어 소화하는 방법

중요

화재의 소화원리에 따른 소화방법

소화원리	소화설비
냉각소화	① 스프링클러설비 ② 옥내·외소화전설비
질식소화	① 이산화탄소 소화설비 ② 포소화설비 ③ 분말소화설비 ④ 불활성기체 소화약제
억제소화 (부촉매효과)	① 할론소화약제 ② 할로겐화합물 소화약제

답 ①

20 1기압 상태에서 100℃ 물 1g이 모두 기체로 변할 때 필요한 열량은 몇 cal인가?

18.03.문06 17.03.문08 14.09.문20 13.09.문09 13.06.문18 10.09.문20

① 429
② 499
③ 539
④ 639

해설 물(H_2O)

기화잠열(증발잠열)	융해잠열
539cal/g 보기 ③	80cal/g
100℃의 물 1g이 수증기로 변화하는 데 필요한 열량	0℃의 얼음 1g이 물로 변화하는 데 필요한 열량

기억법 기53, 융8

③ 물의 기화잠열 539cal : 1기압 100℃의 물 1g이 모두 기체로 변화하는 데 539cal의 열량이 필요

답 ③

제 2 과목 소방전기일반

21 논리식 $(X+Y)(X+\overline{Y})$을 간단히 하면?

20.09.문28 19.03.문24 18.04.문38 17.09.문33 17.03.문23 16.05.문36 16.03.문39 15.09.문23 13.09.문30 13.06.문35

① 1
② XY
③ X
④ Y

해설

$$(X+Y)(X+\overline{Y}) = \underbrace{XX}_{X\cdot X=X} + X\overline{Y} + XY + \underbrace{Y\overline{Y}}_{X\cdot\overline{X}=0}$$
$$= X + X\overline{Y} + XY$$
$$= X\underbrace{(1+\overline{Y}+Y)}_{X+1=1}$$
$$= \underbrace{X\cdot 1}_{X\cdot 1=X}$$
$$= X$$

중요

불대수의 정리

논리합	논리곱	비 고
$X+0=X$	$X\cdot 0=0$	-
$X+1=1$	$X\cdot 1=X$	-
$X+X=X$	$X\cdot X=X$	-
$X+\overline{X}=1$	$X\cdot\overline{X}=0$	-
$X+Y=Y+X$	$X\cdot Y=Y\cdot X$	교환법칙
$X+(Y+Z)$ $=(X+Y)+Z$	$X(YZ)=(XY)Z$	결합법칙
$X(Y+Z)$ $=XY+XZ$	$(X+Y)(Z+W)$ $=XZ+XW+YZ+YW$	분배법칙
$X+XY=X$	$\overline{X}+XY=\overline{X}+Y$ $X+\overline{X}Y=X+Y$ $X+\overline{X}\,\overline{Y}=X+\overline{Y}$	흡수법칙
$(\overline{X+Y})$ $=\overline{X}\cdot\overline{Y}$	$(\overline{X\cdot Y})=\overline{X}+\overline{Y}$	드모르간의 정리

답 ③

22 분류기를 사용하여 내부저항이 R_A인 전류계의 배율을 9로 하기 위한 분류기의 저항 R_S[Ω]은?

19.03.문22 18.04.문25 18.03.문36 17.09.문24 16.03.문26 14.09.문36 08.03.문30 04.09.문28 03.03.문37

① $R_S=\frac{1}{8}R_A$
② $R_S=\frac{1}{9}R_A$
③ $R_S=8R_A$
④ $R_S=9R_A$

해설 (1) 기호

- M : 9
- R_S : ?

(2) **분류기 배율**

$$M=\frac{I_0}{I}=1+\frac{R_A}{R_S}$$

여기서, M : 분류기 배율
I_0 : 측정하고자 하는 전류[A]
I : 전류계 최대눈금[A]
R_A : 전류계 내부저항[Ω]
R_S : 분류기 저항[Ω]

$$M = 1 + \frac{R_A}{R_S}$$

$$M - 1 = \frac{R_A}{R_S}$$

$$R_S = \frac{R_A}{M-1} = \frac{R_A}{9-1} = \frac{R_A}{8} = \frac{1}{8}R_A$$

비교

배율기 배율

$$M = \frac{V_0}{V} = 1 + \frac{R_m}{R_v}$$

여기서, M : 배율기 배율
V_0 : 측정하고자 하는 전압〔V〕
V : 전압계의 최대눈금〔A〕
R_m : 배율기 저항〔Ω〕
R_v : 전압계 내부저항〔Ω〕

답 ①

★★
23 저항 R_1〔Ω〕, 저항 R_2〔Ω〕, 인덕턴스 L〔H〕의 직렬회로가 있다. 이 회로의 시정수〔s〕는?

16.03.문33
12.09.문31

① $-\dfrac{R_1+R_2}{L}$　② $\dfrac{R_1+R_2}{L}$

③ $-\dfrac{L}{R_1+R_2}$　④ $\dfrac{L}{R_1+R_2}$

해설 **시정수**

(1)  : $\tau = \frac{L}{R}$〔s〕

(2) 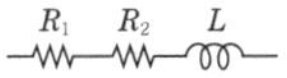 : $\tau = \frac{L}{R_1+R_2}$〔s〕 보기 ④

비교

RC 직렬회로

$$\tau = RC$$

여기서, τ : 시정수〔s〕
R : 저항〔Ω〕
C : 정전용량〔F〕

용어

시정수(Time constant)
과도상태에 대한 변화의 속도를 나타내는 척도가 되는 상수

답 ④

★★★
24 자기인덕턴스 L_1, L_2가 각각 4mH, 9mH인 두 코일이 이상적인 결합이 되었다면 상호인덕턴스는 몇 mH인가? (단, 결합계수는 1이다.)

16.10.문25
14.05.문36
13.03.문40

① 6　② 12
③ 24　④ 36

해설 **상호인덕턴스**(Mutual inductance)

$$M = K\sqrt{L_1 L_2}$$

여기서, M : 상호인덕턴스〔H〕
K : 결합계수
L_1, L_2 : 자기인덕턴스〔H〕

상호인덕턴스 M은

$M = K\sqrt{L_1 L_2} = 1\sqrt{4\times 9} = 6\text{mH}$

중요

결합계수

$K=0$	$K=1$
두 코일 직교시	이상결합 · 완전결합시

답 ①

★
25 테브난의 정리를 이용하여 그림 (a)의 회로를 그림 (b)와 같은 등가회로로 만들고자 할 때 V_{th}〔V〕와 R_{th}〔Ω〕은?

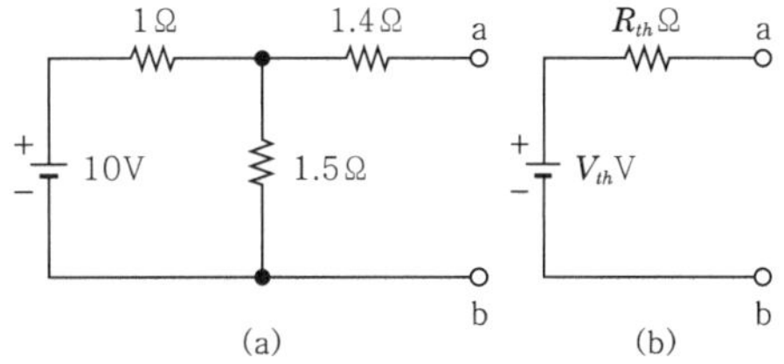

① 5V, 2Ω　② 5V, 3Ω
③ 6V, 2Ω　④ 6V, 3Ω

해설 **테브난**의 **정리**에 의해 1.4Ω에는 전압이 가해지지 않으므로

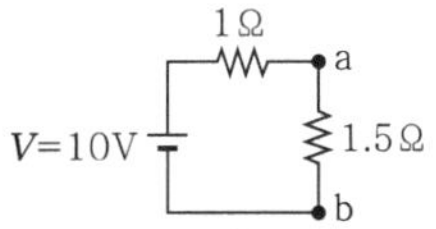

↓ 이해하기 쉽게 회로를 변형하면

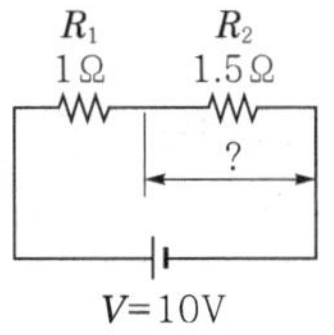

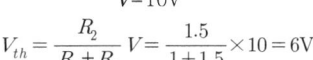

$$V_{th} = \frac{R_2}{R_1+R_2}V = \frac{1.5}{1+1.5}\times 10 = 6\text{V}$$

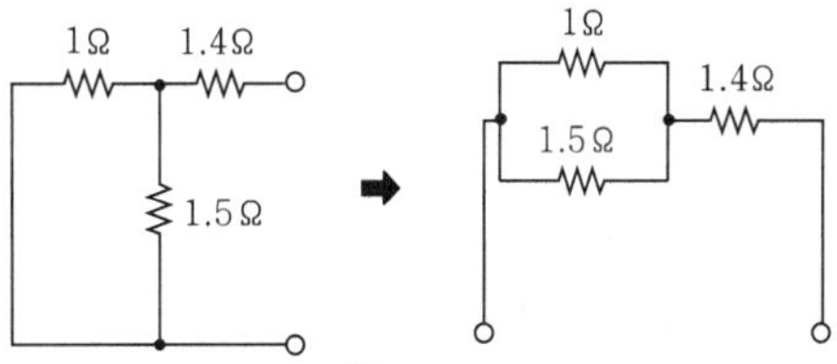

전압원을 **단락**하고 회로망에서 본 저항 R_{th}은

$$R_{th}=\frac{1\times1.5}{1+1.5}+1.4=2\Omega$$

용어

테브난의 **정리**(테브낭의 정리)
2개의 독립된 회로망을 접속하였을 때의 전압 · 전류 및 임피던스의 관계를 나타내는 정리

답 ③

26

20.06.문33
97.10.문27

평행한 두 도선 사이의 거리가 r이고, 각 도선에 흐르는 전류에 의해 두 도선 간의 작용력이 F_1일 때, 두 도선 사이의 거리를 $2r$로 하면 두 도선 간의 작용력 F_2는?

① $F_2=\frac{1}{4}F_1$　② $F_2=\frac{1}{2}F_1$
③ $F_2=2F_1$　④ $F_2=4F_1$

해설 (1) **기호**

- r_1 : r
- F_1 : F_1
- r_2 : $2r$
- F_2 : ?

(2) 두 **평행도선**에 작용하는 **힘** F는

$$F=\frac{\mu_0 I_1 I_2}{2\pi r}=\frac{2I_1 I_2}{r}\times10^{-7}\propto\frac{1}{r}$$

여기서, F : 평행전류의 힘〔N/m〕
μ_0 : 진공의 투자율〔H/m〕
r : 두 평행도선의 거리〔m〕

$$\frac{F_2}{F_1}=\frac{\frac{1}{2\not{r}}}{\frac{1}{\not{r}}}=\frac{1}{2}$$

$$\frac{F_2}{F_1}=\frac{1}{2}$$

$$F_2=\frac{1}{2}F_1$$

답 ②

27

18.04.문34

LC 직렬회로에 직류전압 E를 $t=0(s)$에 인가했을 때 흐르는 전류 $i(t)$는?

① $\frac{E}{\sqrt{L/C}}\cos\frac{1}{\sqrt{LC}}t$

② $\frac{E}{\sqrt{L/C}}\sin\frac{1}{\sqrt{LC}}t$

③ $\frac{E}{\sqrt{C/L}}\cos\frac{1}{\sqrt{LC}}t$

④ $\frac{E}{\sqrt{C/L}}\sin\frac{1}{\sqrt{LC}}t$

해설 $L-C$ **직렬회로 과도현상**

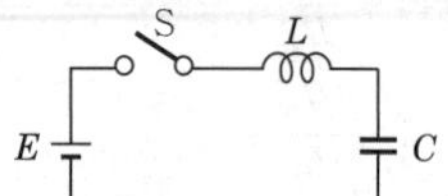

스위치(S)를 **ON**하고 t**초 후**에 **전류**는

$$i(t)=\frac{E}{\sqrt{\frac{L}{C}}}\sin\frac{1}{\sqrt{LC}}t\text{〔A〕 : 불변진동 전류}$$

여기서, $i(t)$: 과도전류〔A〕
E : 직류전압〔V〕
L : 인덕턴스〔H〕
C : 커패시턴스〔F〕

답 ②

28

18.03.문34
15.03.문33

정전용량이 0.02μF인 커패시터 2개와 정전용량이 0.01μF인 커패시터 1개를 모두 병렬로 접속하여 24V의 전압을 가하였다. 이 병렬회로의 합성정전용량〔μF〕과 0.01μF의 커패시터에 축적되는 전하량〔C〕은?

① 0.05, 0.12×10^{-6}
② 0.05, 0.24×10^{-6}
③ 0.03, 0.12×10^{-6}
④ 0.03, 0.24×10^{-6}

해설 (1) **기호**

- $C_1=C_2$: 0.02μF
- C_3 : $0.01\mu\text{F}=0.01\times10^{-6}\text{F}$
  ($1\mu\text{F}=1\times10^{-6}\text{F}$)
- V : 24V
- Q : ?

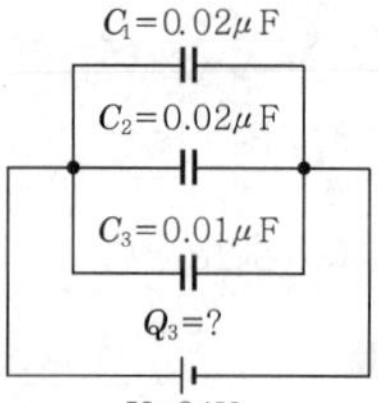

(2) **콘덴서**의 **병렬접속**

$C=C_1+C_2+C_3=0.02+0.02+0.01=$**0.05$\mu$F**

(2) **전하량**

$$Q=CV$$

여기서, Q : 전하량〔C〕
C : 정전용량〔F〕
V : 전압〔V〕

C_3의 **전하량** Q_3는

$Q_3=C_3V=(0.01\times10^{-6})\times24$
$=2.4\times10^{-7}=$**0.24×10^{-6}C**

중요

콘덴서

직렬접속	병렬접속
$C=\dfrac{1}{\dfrac{1}{C_1}+\dfrac{1}{C_2}+\dfrac{1}{C_3}}$ 여기서, C : 합성정전용량[F] C_1, C_2, C_3 : 각각의 정전용량[F]	$C=C_1+C_2+C_3$ 여기서, C : 합성정전용량[F] C_1, C_2, C_3 : 각각의 정전용량[F]

답 ②

☆☆
29 3상 유도전동기의 특성에서 토크, 2차 입력, 동기속도의 관계로 옳은 것은?

15.05.문21
14.03.문37

① 토크는 2차 입력과 동기속도에 비례한다.
② 토크는 2차 입력에 비례하고, 동기속도에 반비례한다.
③ 토크는 2차 입력에 반비례하고, 동기속도에 비례한다.
④ 토크는 2차 입력의 제곱에 비례하고, 동기속도의 제곱에 반비례한다.

해설 **출력**

$$P=9.8\omega\tau=9.8\times 2\pi\frac{N}{60}\times\tau\text{[W]}\propto\tau$$

여기서, P : 출력[W]
ω : 각속도[rad/s]
N : 회전수 또는 동기속도[rpm]
τ : 토크[kg·m]

- $P\propto\tau$이므로 **토크**는 **출력**에 **비례**하므로 2차 입력에도 비례(출력은 입력에 당연히 비례. 이건 상식!)

$$P=9.8\times 2\pi\frac{N}{60}\times\tau$$

$$\frac{60P}{9.8\times 2\pi N}=\tau$$

$$\tau=\frac{60P}{9.8\times 2\pi N}\propto\frac{1}{N}\text{(반비례)}$$

- $\tau\propto\dfrac{1}{N}$이므로 **토크**는 **동기속도**에 **반비례**
- τ : 타우(Tau)라고 읽는다.

비교

토크

$$\tau=K_0\frac{sE_2^{\ 2}r_2}{r_2+(sx_2)^2}$$

여기서, τ : 토크(회전력)[N·m]
K_0 : 비례상수
s : 슬립
E_2 : 단자전압(2차 유기기전력)[V]
r_2 : 2차 1상의 저항[Ω]
x_2 : 2차 1상의 리액턴스[Ω]

- 유도전동기의 회전력은 단자전압의 **제곱**(2승)에 **비례**한다.

답 ②

☆☆
30 2차 제어시스템에서 무제동으로 무한 진동이 일어나는 감쇠율(Damping ratio) δ는?

17.05.문25
14.03.문25

① $\delta=0$　② $\delta>1$
③ $\delta=1$　④ $0<\delta<1$

해설 **2차계**에서의 **감쇠율**

감쇠율	특 성
$\delta=0$	무제동
$\delta>1$	과제동
$\delta=1$	임계제동
$0<\delta<1$	감쇠제동

- δ : 델타(Delta)라고 읽는다.

답 ①

☆
31 그림의 논리회로와 등가인 논리게이트는?

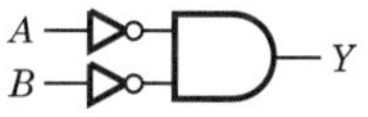

① NOR　② NAND
③ NOT　④ OR

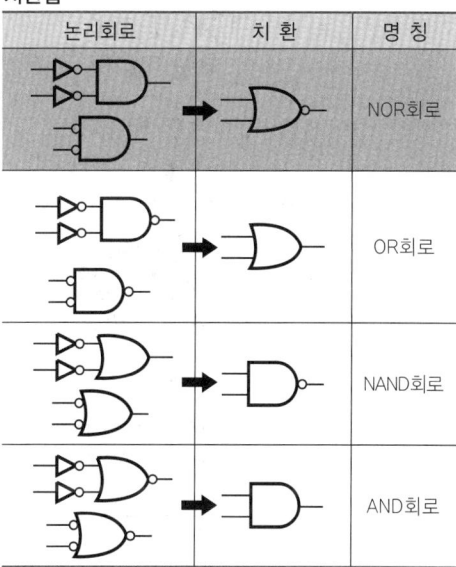

해설 **치환법**

논리회로	치 환	명 칭
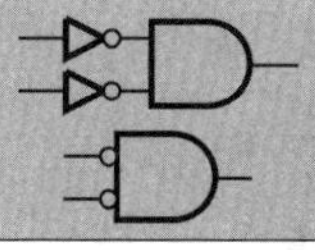	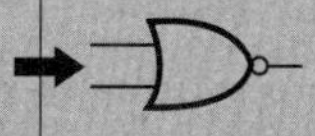	NOR회로
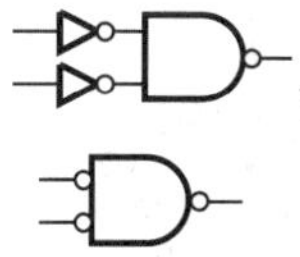		OR회로
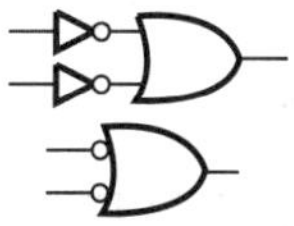	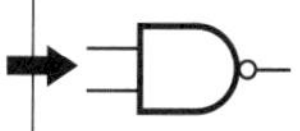	NAND회로
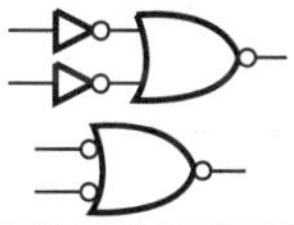	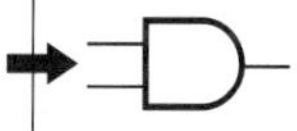	AND회로

- AND회로 → OR회로, OR회로 → AND회로로 바꾼다.
- 버블(Bubble)이 있는 것은 버블을 없애고, 버블이 없는 것은 버블을 붙인다[버블(Bubble)이란 작은 동그라미를 말함].

답 ①

★ 32 회로에서 a, b간의 합성저항[Ω]은? (단, $R_1 = 3\Omega$, $R_2 = 9\Omega$이다.)

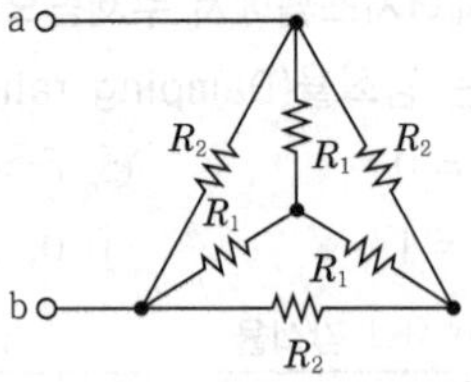

① 3　　② 4
③ 5　　④ 6

해설 (1) **기호**

- R_1 : 3Ω
- R_2 : 9Ω
- R_{ab} : ?

(2) **Y · Δ 결선**

- Δ결선 → Y결선 : 저항 $\frac{1}{3}$**배**로 됨
- Y결선 → Δ결선 : 저항 **3배**로 됨

Δ결선 → Y결선으로 변환하면 다음과 같다.

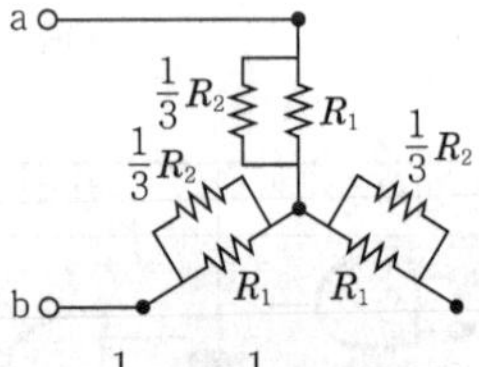

$$\frac{1}{3}R_2 = \frac{1}{3} \times 9 = 3\Omega$$

⬇

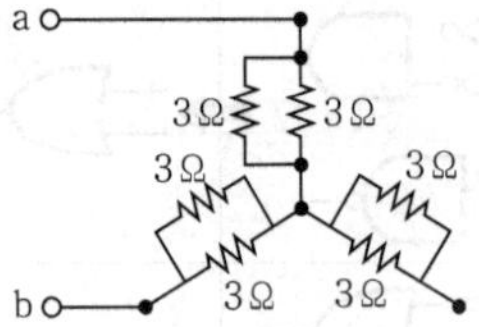

⬇

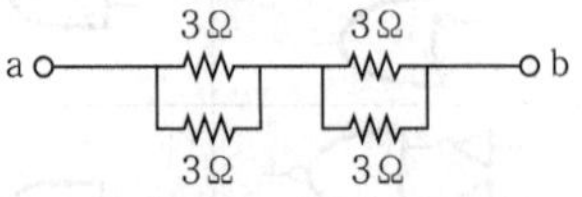

$$R_{ab} = \frac{3 \times 3}{3+3} + \frac{3 \times 3}{3+3} = 3\Omega$$

별해

Y결선 → Δ결선으로 변환하면 다음과 같다.

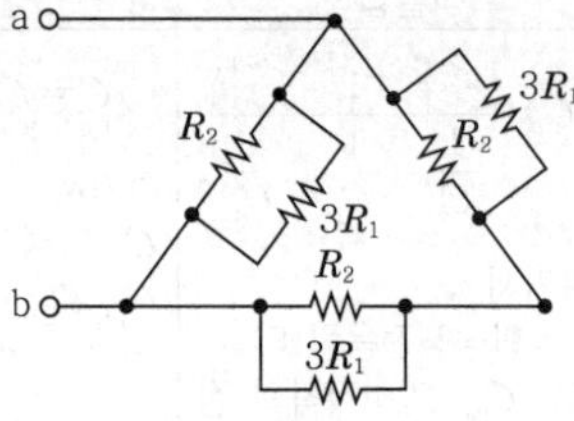

$$3R_1 = 3 \times 3 = 9\Omega$$

⬇

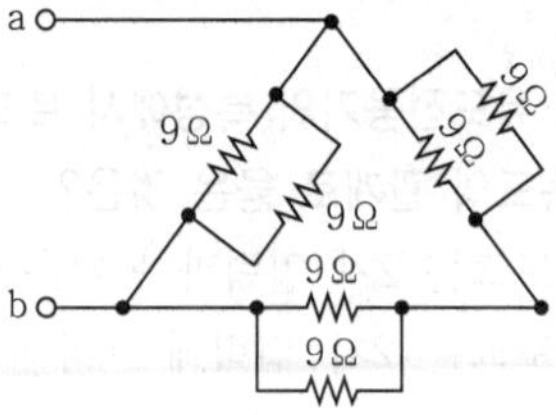

⬇

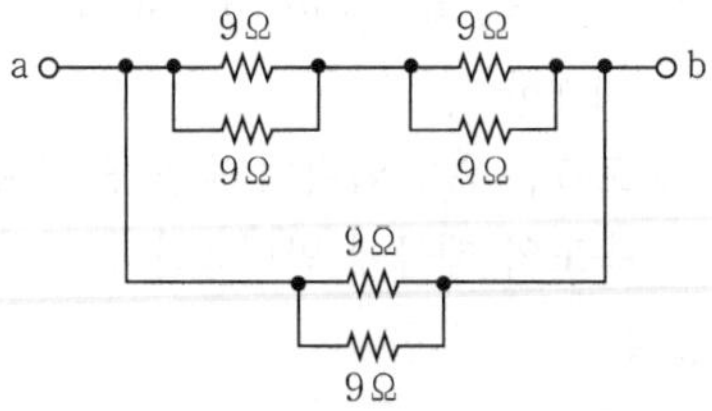

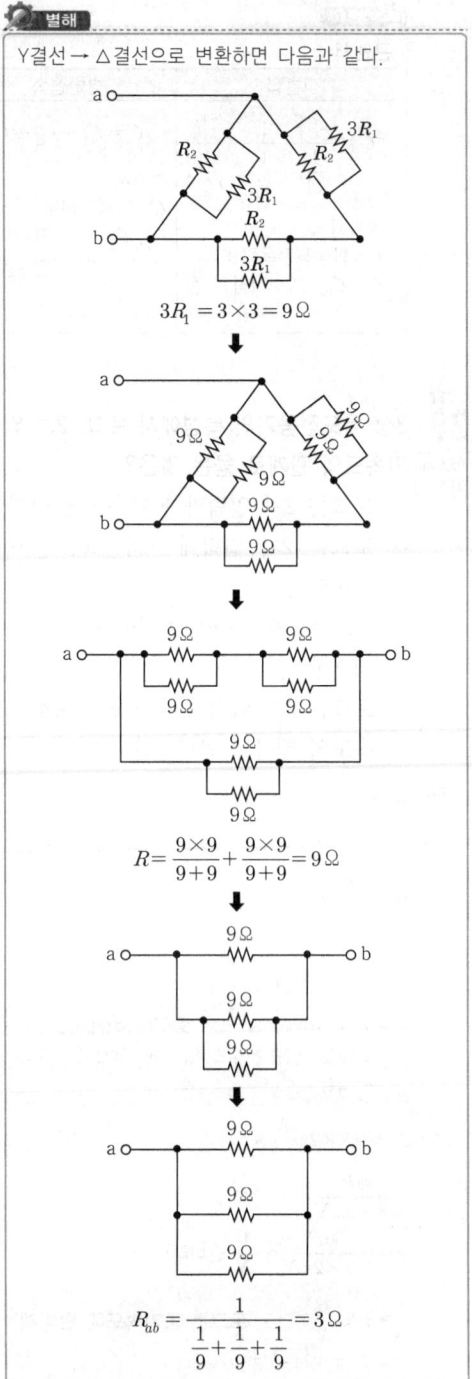

$$R = \frac{9 \times 9}{9+9} + \frac{9 \times 9}{9+9} = 9\Omega$$

⬇

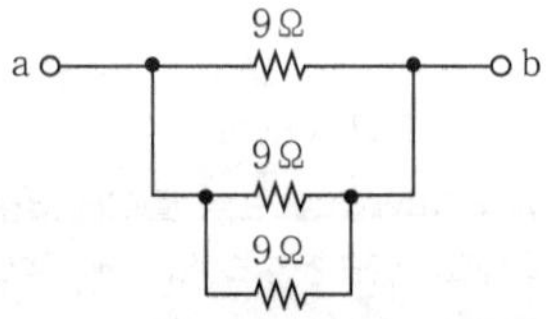

⬇

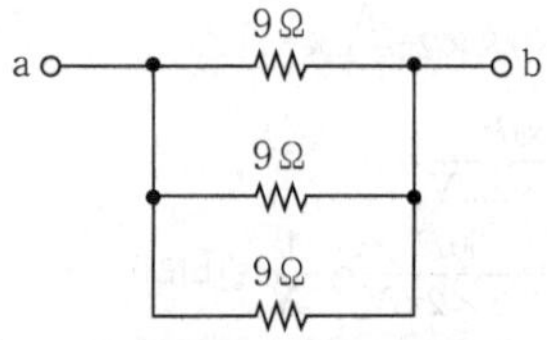

$$R_{ab} = \frac{1}{\frac{1}{9} + \frac{1}{9} + \frac{1}{9}} = 3\Omega$$

답 ①

33 그림과 같이 반지름 r〔m〕인 원의 원주상 임의의 2점 a, b 사이에 전류 I〔A〕가 흐른다. 원의 중심에서의 자계의 세기는 몇 A/m인가?

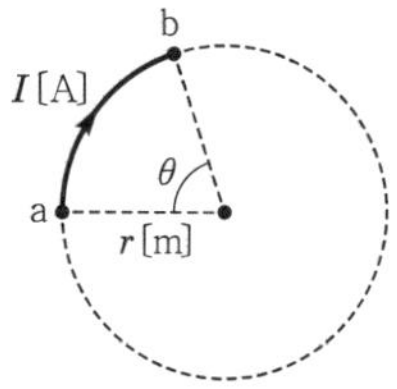

① $\dfrac{I\theta}{4\pi r}$ ② $\dfrac{I\theta}{4\pi r^2}$
③ $\dfrac{I\theta}{2\pi r}$ ④ $\dfrac{I\theta}{2\pi r^2}$

해설 **유한장 직선전류**의 **자계**

$$H=\frac{I}{4\pi a}(\sin\beta_1+\sin\beta_2)$$
$$=\frac{I}{4\pi a}(\cos\theta_1+\cos\theta_2)\text{〔AT/Wb〕}$$

여기서, H : 자계의 세기〔AT/m〕
I : 전류〔A〕
a : 도체의 수직거리〔m〕

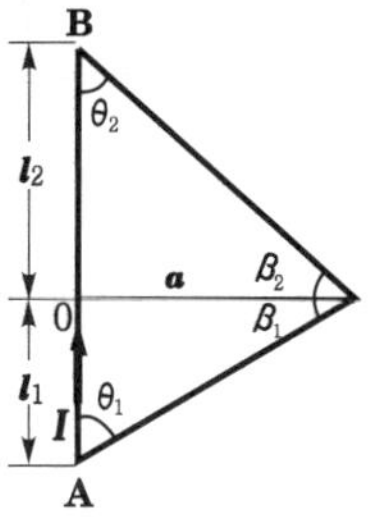

변형식

$$H=\frac{I\theta}{4\pi r}$$

여기서, H : 자계의 세기〔AT/m〕
I : 전류〔A〕
θ : 각도
r : 도체의 반지름〔m〕

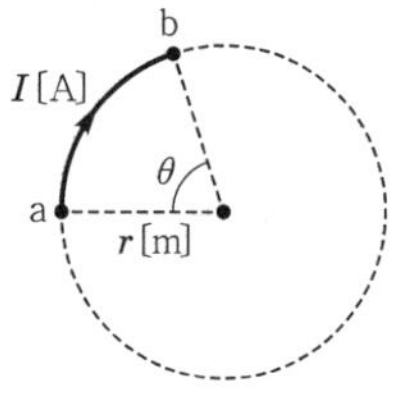

답 ①

34 어떤 회로에 $v(t)=150\sin\omega t$〔V〕의 전압을 가하니 $i(t)=12\sin(\omega t-30°)$〔A〕의 전류가 흘렀다. 이 회로의 소비전력(유효전력)은 약 몇 W인가?

19.09.문34
12.03.문31

① 390 ② 450
③ 780 ④ 900

해설 중요

cos → sin 변경	sin → cos 변경
+90° 붙임	-90° 붙임

$v(t)=V_m\sin\omega t=150\sin\omega t=150\cos(\omega t-90°)$〔V〕
$i(t)=I_m\sin\omega t=12\sin(\omega t-30°)$
$=12\cos(\omega t-30°-90°)=12\cos(\omega t-120°)$〔A〕

(1) **전압**의 **최대값**

$$V_m=\sqrt{2}\,V$$

여기서, V_m : 전압의 최대값〔V〕
V : 전압의 실효값〔V〕

전압의 **실효값** V는

$V=\dfrac{V_m}{\sqrt{2}}=\dfrac{150}{\sqrt{2}}\text{V}$

(2) **전류**의 **최대값**

$$I_m=\sqrt{2}\,I$$

여기서, I_m : 전류의 최대값〔A〕
I : 전류의 실효값〔A〕

전류의 **실효값** I는

$I=\dfrac{I_m}{\sqrt{2}}=\dfrac{12}{\sqrt{2}}\text{A}$

(3) **소비전력**

$$P=VI\cos\theta$$

여기서, P : 소비전력〔W〕
V : 전압의 실효값〔V〕
I : 전류의 실효값〔A〕
θ : 위상차〔rad〕

소비전력 P는

$P=VI\cos\theta$
$=\dfrac{150}{\sqrt{2}}\times\dfrac{12}{\sqrt{2}}\times\cos[-90°-(-120°)]$
$=\dfrac{150}{\sqrt{2}}\times\dfrac{12}{\sqrt{2}}\times\cos[-90°+120°]$
$=\dfrac{150}{\sqrt{12}}\times\dfrac{12}{\sqrt{2}}\times\cos 30°$
$\fallingdotseq 780\text{W}$

답 ③

35 변위를 압력으로 변환하는 장치로 옳은 것은?

18.09.문40
13.06.문21
12.09.문24
03.08.문22

① 다이어프램
② 가변저항기
③ 벨로우즈
④ 노즐 플래퍼

해설 **변환요소**

구 분	변 환
• 측온저항 • 정온식 감지선형 감지기	온도 → 임피던스
• 광전다이오드 • 열전대식 감지기 • 열반도체식 감지기	온도 → 전압
• 광전지	빛 → 전압
• 전자	전압(전류) → 변위
• 유압분사관 • 노즐 플래퍼 보기 ④	변위 → 압력
• 포텐셔미터 • 차동변압기 • 전위차계	변위 → 전압
• 가변저항기	변위 → 임피던스

답 ④

★★★
36 그림과 같은 다이오드 회로에서 출력전압 V_o는? (단, 다이오드의 전압강하는 무시한다.)

20.06.문32
18.09.문27
11.06.문22
09.08.문34
08.03.문24

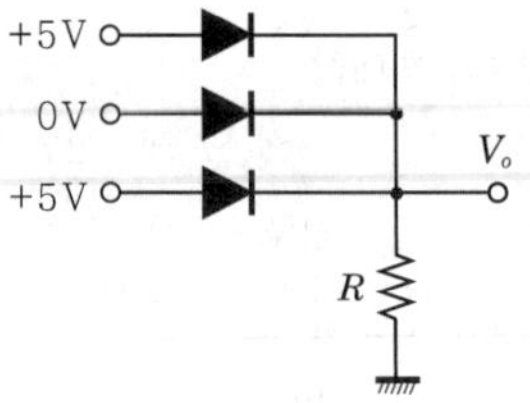

① 10V　　② 5V
③ 1V　　④ 0V

해설 OR 게이트이므로 입력신호 중 5V, 0V, 5V 중 **어느 하나**라도 1이면 출력신호 X가 5가 된다.

게이트	다이오드 회로
OR 게이트	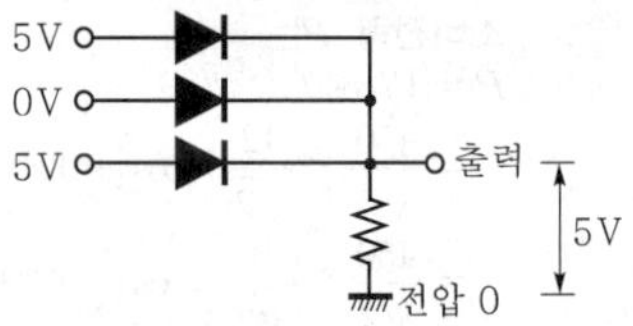
AND 게이트	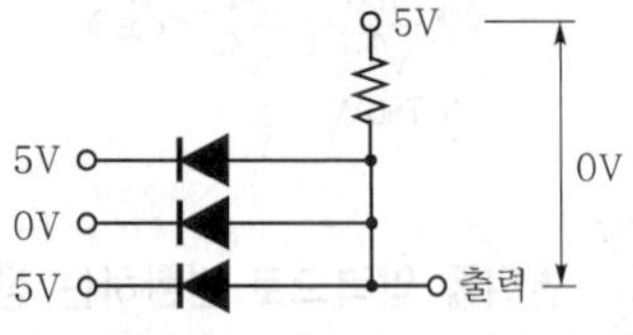

중요

논리회로

게이트	다이오드 회로
AND 게이트	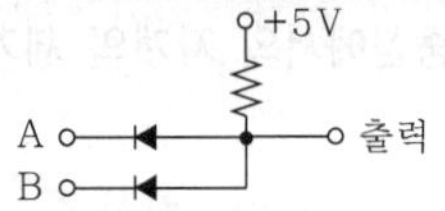
	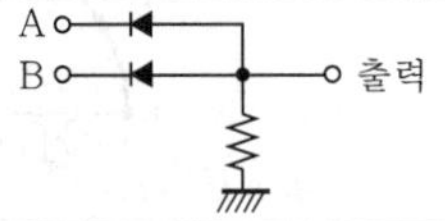
OR 게이트	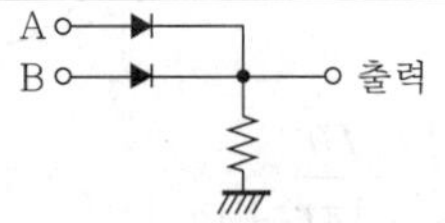
	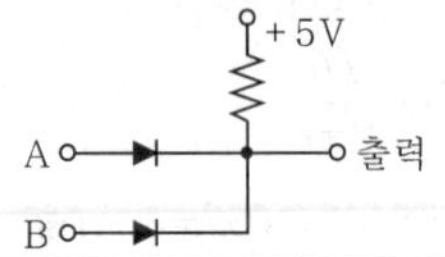
NOR 게이트	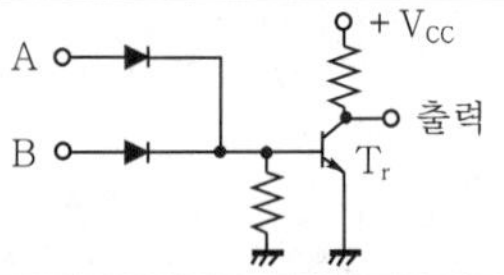
NAND 게이트	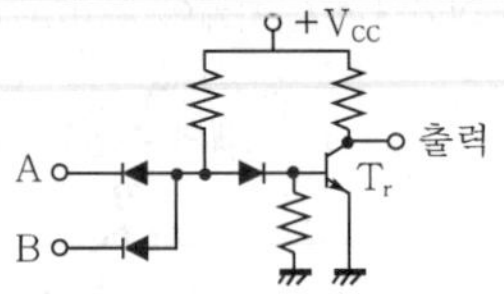

답 ②

★★★
37 다음 소자 중에서 온도보상용으로 쓰이는 것은?

19.03.문35
18.09.문31
16.10.문30
15.05.문38
14.09.문40
14.05.문24
14.03.문27
12.03.문34
11.06.문37
00.10.문25

① 서미스터
② 바리스터
③ 제너다이오드
④ 터널다이오드

해설 **반도체소자**

명 칭	심 벌
제너다이오드(Zener diode) : 주로 정전압 전원회로에 사용된다.	
서미스터(Thermistor) : 부온도특성을 가진 저항기의 일종으로서 주로 온도보정용(온도보상용)으로 쓰인다. 보기 ① 기억법 서온(서운해)	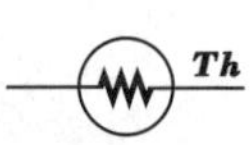
SCR(Silicon Controlled Rectifier) : 단방향 대전류 스위칭소자로서 제어를 할 수 있는 정류소자이다.	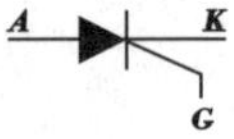

바리스터(varistor) • 주로 **서**지전압에 대한 회로보호용(과도전압에 대한 회로보호) • **계**전기접점의 불꽃제거 기억법 **바리서계**	
UJT(UniJunction Transistor, **단일접합 트랜지스터**) : 증폭기로는 사용이 불가능하며 톱니파나 펄스발생기로 작용하며 SCR의 트리거소자로 쓰인다.	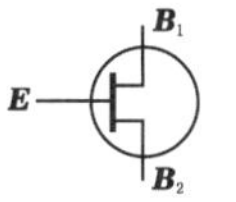
버랙터(Varactor) : 제너현상을 이용한 다이오드이다.	–

답 ①

38 ★
14.05.문35

200V의 교류전압에서 30A의 전류가 흐르는 부하가 4.8kW의 유효전력을 소비하고 있을 때 이 부하의 리액턴스〔Ω〕는?

① 6.6
② 5.3
③ 4.0
④ 3.3

해설 (1) **기호**

- V : 200V
- I : 30A
- P : 4.8kW=4.8×10³W(1kW=1×10³W)
- X : ?

(2) **피상전력**

$$P_a = VI = \sqrt{P^2 + P_r^{\,2}} = I^2 Z\text{〔VA〕}$$

여기서, P_a : 피상전력〔VA〕
V : 전압〔V〕
I : 전류〔A〕
P : 유효전력〔W〕
P_r : 무효전력〔Var〕
Z : 임피던스〔Ω〕

피상전력 $P_a = VI = 200 \times 30 = 6000\text{VA}$

$P_a = \sqrt{P^2 + P_r^{\,2}}$

$P_a^{\,2} = (\sqrt{P^2 + P_r^{\,2}})^2$

$P_a^{\,2} = P^2 + P_r^{\,2}$

$P_a^{\,2} - P^2 = P_r^{\,2}$

$P_r^{\,2} = P_a^{\,2} - P^2$ ← 좌우항 위치 바꿈

$\sqrt{P_r^{\,2}} = \sqrt{P_a^{\,2} - P^2}$

$P_r = \sqrt{P_a^{\,2} - P^2}$

$= \sqrt{6000^2 - (4.8 \times 10^3)^2} = 3600\text{Var}$

(3) **무효전력**

$$P_r = VI\sin\theta = I^2 X\text{〔Var〕}$$

여기서, P_r : 무효전력〔Var〕
V : 전압〔V〕
I : 전류〔A〕
$\sin\theta$: 무효율
X : 리액턴스〔Ω〕

$P_r = I^2 X$

$\dfrac{P_r}{I^2} = X$

$X = \dfrac{P_r}{I^2} = \dfrac{3600}{30^2} = 4\Omega$

답 ③

39 ★★★
20.09.문23
19.09.문22
17.09.문27
16.03.문25
09.05.문32
08.03.문39

블록선도의 전달함수 $\dfrac{C(s)}{R(s)}$는?

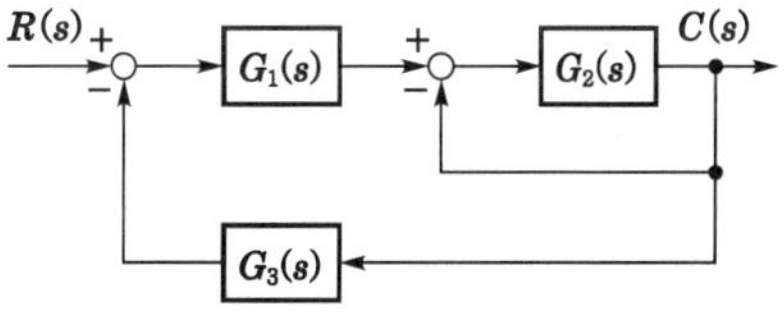

① $\dfrac{G_1(s)G_2(s)}{1+G_1(s)G_2(s)G_3(s)}$

② $\dfrac{G_1(s)G_2(s)}{1+G_1(s)+G_1(s)G_2(s)G_3(s)}$

③ $\dfrac{G_1(s)G_2(s)}{1+G_2(s)+G_1(s)G_2(s)G_3(s)}$

④ $\dfrac{G_1(s)G_2(s)}{1+G_3(s)+G_1(s)G_2(s)G_3(s)}$

해설 $C = R(s)G_1(s)G_2(s) - CG_1(s)G_2(s)G_3(s) - CG_2(s)$

계산 편의를 위해 잠시 (s)를 생략하고 계산하면

$C = RG_1G_2 - CG_1G_2G_3 - CG_2$

$C + CG_1G_2G_3 + CG_2 = RG_1G_2$

$C(1 + G_1G_2G_3 + G_2) = RG_1G_2$

$\dfrac{C}{R} = \dfrac{G_1G_2}{1+G_1G_2G_3+G_2}$

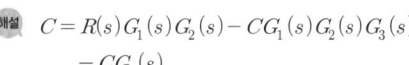

$\dfrac{C(s)}{R(s)} = \dfrac{G_1(s)G_2(s)}{1+G_2(s)+G_1(s)G_2(s)G_3(s)}$

용어

전달함수
모든 초기값을 **0**으로 하였을 때 출력신호의 라플라스 변환과 입력신호의 라플라스 변환의 **비**

답 ③

★★★
40 어떤 측정계기의 지시값을 M, 참값을 T라 할 때 보정률[%]은?

16.10.문29 16.03.문31 15.09.문36 14.09.문24 13.06.문38 11.06.문21 07.03.문36

① $\frac{T-M}{M}\times 100\%$

② $\frac{M}{M-T}\times 100\%$

③ $\frac{T-M}{T}\times 100\%$

④ $\frac{T}{M-T}\times 100\%$

해설 **전기계기**의 **오차**

오차율	보정률
$\frac{M-T}{T}\times 100\%$	$\frac{T-M}{M}\times 100\%$

여기서, T: 참값
M: 측정값(지시값)

- 오차율 = 백분율 오차
- 보정률 = 백분율 보정

답 ①

제 3 과목 소방관계법규

★★★
41 소방기본법에서 정의하는 소방대의 조직구성원이 아닌 것은?

19.09.문52 19.04.문46 13.03.문42 10.03.문45 05.09.문44 05.03.문57

① 의무소방원
② 소방공무원
③ 의용소방대원
④ 공항소방대원

해설 **기본법 2조**
소방대
(1) 소방**공**무원
(2) **의**무소방원
(3) **의**용소방대원

기억법 **소공의**

답 ④

★★★
42 위험물안전관리법령상 인화성 액체 위험물(이황화탄소를 제외)의 옥외탱크저장소의 탱크 주위에 설치하여야 하는 방유제의 기준 중 틀린 것은?

18.09.문47 15.03.문07 14.05.문45 08.09.문58

① 방유제의 용량은 방유제 안에 설치된 탱크가 하나인 때에는 그 탱크용량의 110% 이상으로 할 것
② 방유제의 용량은 방유제 안에 설치된 탱크가 2기 이상인 때에는 그 탱크 중 용량이 최대인 것의 용량의 110% 이상으로 할 것
③ 방유제는 높이 1m 이상 2m 이하, 두께 0.2m 이상, 지하매설깊이 0.5m 이상으로 할 것
④ 방유제 내의 면적은 80000m^2 이하로 할 것

해설 **위험물규칙 [별표 6]**
(1) **옥외탱크저장소의 방유제**

구 분	설 명
높이	**0.5~3m** 이하(두께 **0.2m** 이상, 지하매설깊이 **1m** 이상) 보기 ③
탱크	**10기**(모든 탱크용량이 **20만L** 이하, 인화점이 70~200℃ 미만은 **20**기) 이하
면적	**80000m^2** 이하 보기 ④
용량	① 1기 이상 : **탱크용량**×110% 이상 보기 ① ② 2기 이상: **최대탱크용량**×110% 이상 보기 ②

(2) 높이가 **1m**를 넘는 방유제 및 간막이 둑의 안팎에는 방유제 내에 출입하기 위한 계단 또는 경사로를 약 **50m**마다 설치할 것

③ 1m 이상 2m 이하 → 0.5m 이상 3m 이하, 0.5m → 1m

답 ③

★★★
43 소방시설공사업법령상 공사감리자 지정대상 특정소방대상물의 범위가 아닌 것은?

20.08.문52 18.04.문51 14.09.문50

① 물분무등소화설비(호스릴방식의 소화설비는 제외)를 신설·개설하거나 방호·방수구역을 증설할 때
② 제연설비를 신설·개설하거나 제연구역을 증설할 때
③ 연소방지설비를 신설·개설하거나 살수구역을 증설할 때
④ 캐비닛형 간이스프링클러설비를 신설·개설하거나 방호·방수구역을 증설할 때

해설 공사업령 10조
소방공사감리자 지정대상 특정소방대상물의 범위
(1) **옥내소화전설비**를 신설 · 개설 또는 **증설**할 때
(2) **스프링클러설비** 등(캐비닛형 간이스프링클러설비 제외)을 신설 · 개설하거나 방호 · **방수구역**을 **증설**할 때 보기 ④
(3) **물분무등소화설비**(호스릴방식의 소화설비 제외)를 신설 · 개설하거나 방호 · 방수구역을 **증설**할 때 보기 ①
(4) **옥외소화전설비**를 신설 · 개설 또는 **증설**할 때
(5) **자동화재탐지설비**를 신설 또는 개설할 때
(6) **화재알림설비**를 신설 또는 개설할 때
(7) **비상방송설비**를 신설 또는 개설할 때
(8) **통합감시시설**을 신설 또는 **개설**할 때
(9) **소화용수설비**를 신설 또는 **개설**할 때
(10) 다음의 **소화활동설비**에 대하여 시공할 때
㉠ **제연설비**를 신설 · 개설하거나 제연구역을 증설할 때 보기 ②
㉡ 연결송수관설비를 신설 또는 개설할 때
㉢ 연결살수설비를 신설 · 개설하거나 송수구역을 증설할 때
㉣ 비상콘센트설비를 신설 · 개설하거나 전용회로를 증설할 때
㉤ 무선통신보조설비를 신설 또는 개설할 때
㉥ **연소방지설비**를 신설 · 개설하거나 살수구역을 증설할 때 보기 ③

④ 캐비닛형 간이스프링클러설비를 → 스프링클러설비(캐비닛형 간이스프링클러설비 제외)를

답 ④

44
12.03.문48

소방기본법령상 소방신호의 방법으로 틀린 것은?

① 타종에 의한 훈련신호는 연 3타 반복
② 사이렌에 의한 발화신호는 5초 간격을 두고 10초씩 3회
③ 타종에 의한 해제신호는 상당한 간격을 두고 1타씩 반복
④ 사이렌에 의한 경계신호는 5초 간격을 두고 30초씩 3회

해설 **기본규칙 〔별표 4〕**
소방신호표

종별 \ 신호방법	타종 신호	사이렌 신호
경계신호	**1타**와 연 **2타**를 반복	**5초** 간격을 두고 **30초**씩 **3회** 보기 ④
발화신호	**난타**	**5초** 간격을 두고 **5초**씩 **3회** 보기 ②
해제신호	상당한 간격을 두고 **1타**씩 반복 보기 ③	**1분**간 **1회**
훈련신호	**연 3타** 반복 보기 ①	**10초** 간격을 두고 **1분**씩 **3회**

기억법	타	사
경	1+2	5+30=3
발	난	5+5=3
해	1	1=1
훈	3	10+1=3

② 10초 → 5초

답 ②

45
17.03.문48

소방시설 설치 및 관리에 관한 법령상 대통령령 또는 화재안전기준이 변경되어 그 기준이 강화되는 경우 기존 특정소방대상물의 소방시설 중 강화된 기준을 적용하여야 하는 소방시설은?

① 비상경보설비 ② 비상방송설비
③ 비상콘센트설비 ④ 옥내소화전설비

해설 **소방시설법 13조**
변경강화기준 적용설비
(1) 소화기구
(2) **비**상**경**보설비 보기 ①
(3) 자동화재탐지설비
(4) **자**동화재**속**보설비
(5) **피**난구조설비
(6) 소방시설(공동구 설치용, 전력 및 통신사업용 지하구)
(7) **노**유자시설
(8) 의료시설

기억법 강비경 자속피노

중요

소방시설법 시행령 13조
변경강화기준 적용설비

공동구, 전력 및 통신사업용 지하구	노유자시설에 설치하여야 하는 소방시설	의료시설에 설치하여야 하는 소방시설
• 소화기 • 자동소화장치 • 자동화재탐지설비 • 통합감시시설 • 유도등 및 연소방지설비	• 간이스프링클러설비 • 자동화재탐지설비 • 단독경보형 감지기	• 간이스프링클러설비 • 스프링클러설비 • 자동화재탐지설비 • 자동화재속보설비

답 ①

46
18.04.문47
15.05.문53
15.03.문56
14.03.문55
13.06.문43
12.05.문51

소방시설 설치 및 관리에 관한 법령상 지하상가는 연면적이 최소 몇 m^2 이상이어야 스프링클러설비를 설치하여야 하는 특정소방대상물에 해당하는가?

① 100 ② 200
③ 1000 ④ 2000

해설 소방시설법 시행령 [별표 4]
스프링클러설비의 설치대상

설치대상	조 건
① 문화 및 집회시설, 운동시설 ② 종교시설	• 수용인원 : **100명** 이상 • 영화상영관 : 지하층 · 무창층 **500m²**(기타 **1000m²**) 이상 • 무대부 – 지하층 · 무창층 · **4층** 이상 **300m²** 이상 – 1~3층 **500m²** 이상
③ 판매시설 ④ 운수시설 ⑤ 물류터미널	• 수용인원 : **500명** 이상 • 바닥면적 합계 **5000m²** 이상
⑥ 노유자시설 ⑦ 정신의료기관 ⑧ 수련시설(숙박 가능한 것) ⑨ 종합병원, 병원, 치과병원, 한방병원 및 요양병원(정신병원 제외) ⑩ 숙박시설	• 바닥면적 합계 **600m²** 이상
⑪ 지하층 · 무창층 · 4층 이상	• 바닥면적 **1000m²** 이상
⑫ 창고시설(물류터미널 제외)	• 바닥면적 합계 **5000m²** 이상 : 전층
⑬ 지하상가 →	• 연면적 **1000m²** 이상 보기 ③
⑭ 10m 넘는 랙식 창고	• 연면적 **1500m²** 이상
⑮ 복합건축물 ⑯ 기숙사	• 연면적 **5000m²** 이상 : 전층
⑰ 6층 이상	• 전층
⑱ 보일러실 · 연결통로	• 전부
⑲ 특수가연물 저장 · 취급	• 지정수량 **1000배** 이상
⑳ 발전시설	• 전기저장시설 : 전부

답 ③

★★★
47 화재의 예방 및 안전관리에 관한 법령상 특정소방대상물의 관계인이 수행하여야 하는 소방안전관리 업무가 아닌 것은?

19.09.문01
18.04.문45
14.09.문52
14.09.문53
13.06.문48

① 소방훈련의 지도 · 감독
② 화기(火氣)취급의 감독
③ 피난시설, 방화구획 및 방화시설의 관리
④ 소방시설이나 그 밖의 소방 관련 시설의 관리

해설 **화재예방법 24조 ⑤항**
관계인 및 소방안전관리자의 업무

특정소방대상물 (관계인)	소방안전관리대상물 (소방안전관리자)
① **피난시설 · 방화구획** 및 방화시설의 관리 보기 ③ ② **소방시설**, 그 밖의 소방 관련 시설의 관리 보기 ④ ③ **화기취급**의 감독 보기 ② ④ 소방안전관리에 필요한 업무 ⑤ 화재발생시 초기대응	① **피난시설 · 방화구획** 및 방화시설의 관리 ② 소방시설, 그 밖의 소방 관련 시설의 관리 ③ **화기취급**의 감독 ④ 소방안전관리에 필요한 업무 ⑤ **소방계획서**의 작성 및 시행(대통령령으로 정하는 사항 포함) ⑥ **자위소방대** 및 **초기대응체계**의 구성 · 운영 · 교육 ⑦ 소방훈련 및 교육 ⑧ 소방안전관리에 관한 업무수행에 관한 기록 · 유지 ⑨ 화재발생시 초기대응

① 소방훈련의 지도 · 감독 : 소방본부장 · 소방서장(화재예방법 37조)

용어

특정소방대상물	소방안전관리대상물
건축물 등의 규모 · 용도 및 수용인원 등을 고려하여 소방시설을 설치하여야 하는 소방대상물로서 대통령령으로 정하는 것	**대통령령**으로 정하는 특정소방대상물

답 ①

★★★
48 소방기본법령상 저수조의 설치기준으로 틀린 것은?

16.10.문52
16.05.문44
16.03.문41
13.03.문49

① 지면으로부터의 낙차가 4.5m 이상일 것
② 흡수부분의 수심이 0.5m 이상일 것
③ 흡수에 지장이 없도록 토사 및 쓰레기 등을 제거할 수 있는 설비를 갖출 것
④ 흡수관의 투입구가 사각형의 경우에는 한 변의 길이가 60cm 이상, 원형의 경우에는 지름이 60cm 이상일 것

해설 **기본규칙 [별표 3]**
소방용수시설의 저수조에 대한 설치기준
(1) 낙차 : **4.5m** 이하 보기 ①
(2) **수**심 : **0.5m** 이상 보기 ②
(3) 투입구의 길이 또는 지름 : **60cm** 이상 보기 ④
(4) 소방펌프자동차가 **쉽게 접근**할 수 있도록 할 것
(5) 흡수에 지장이 없도록 **토사** 및 **쓰레기** 등을 제거할 수 있는 설비를 갖출 것 보기 ③
(6) 저수조에 물을 공급하는 방법은 **상수도**에 연결하여 **자동**으로 **급수**되는 구조일 것

기억법 수5(수호천사)

① 4.5m 이상 → 4.5m 이하

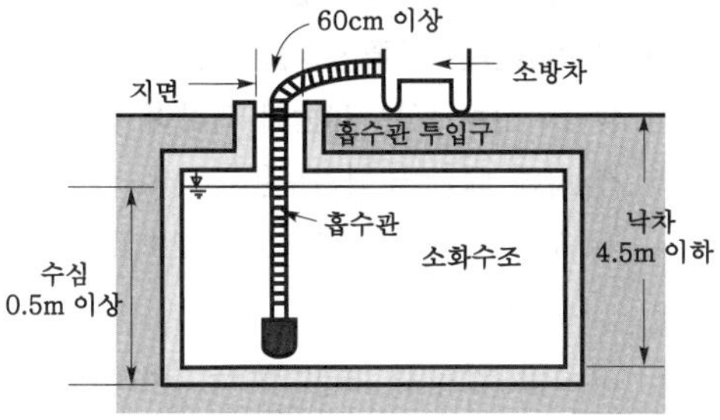

| 저수조의 깊이 |

답 ①

★★★
49

18.03.문43 17.05.문46 14.05.문44 13.09.문60 06.03.문58

위험물안전관리법상 시 · 도지사의 허가를 받지 아니하고 당해 제조소 등을 설치할 수 있는 기준 중 다음 ( ) 안에 알맞은 것은?

> 농예용 · 축산용 또는 수산용으로 필요한 난방시설 또는 건조시설을 위한 지정수량 ( )배 이하의 저장소

① 20　　② 30

③ 40　　④ 50

해설 **위험물법 6조**

제조소 등의 설치허가

(1) **설치허가자** : **시** · **도지사**

(2) **설치허가 제외장소**

㉠ 주택의 난방시설(공동주택의 중앙난방시설은 제외)을 위한 **저장소** 또는 **취급소**

㉡ 지정수량 **20배** 이하의 **농예용** · **축산용** · **수산용** 난방시설 또는 건조시설의 **저장소** 보기 ①

(3) **제조소 등의 변경신고** : 변경하고자 하는 날의 **1일** 전까지

기억법 농축수2

참고

시 · 도지사

(1) 특별시장

(2) 광역시장

(3) 특별자치시장

(4) 도지사

(5) 특별자치도지사

답 ①

★
50

13.09.문42

소방안전교육사가 수행하는 소방안전교육의 업무에 직접적으로 해당되지 않는 것은?

① 소방안전교육의 분석

② 소방안전교육의 기획

③ 소방안전관리자 양성교육

④ 소방안전교육의 평가

해설 **기본법 17조 2**

소방안전교육사의 수행업무

(1) 소방안전교육의 **기**획 보기 ②

(2) 소방안전교육의 **진**행

(3) 소방안전교육의 **분**석 보기 ①

(4) 소방안전교육의 **평**가 보기 ④

(5) 소방안전교육의 **교**수업무

기억법 기진분평교

답 ③

★★★
51

18.03.문80 17.09.문48 14.09.문78 14.03.문53

소방시설 설치 및 관리에 관한 법령상 특정소방대상물의 소방시설 설치의 면제기준 중 다음 ( ) 안에 알맞은 것은?

> 물분무등소화설비를 설치하여야 하는 차고 · 주차장에 ( )를 화재안전기준에 적합하게 설치한 경우에는 그 설비의 유효범위에서 설치가 면제된다.

① 옥내소화전설비

② 스프링클러설비

③ 간이스프링클러설비

④ 청정소화약제소화설비

해설 **소방시설법 시행령 [별표 5]**

소방시설 면제기준

면제대상(설치대상)	대체설비
스프링클러설비	• **물분무등소화설비**
물분무등소화설비 →	• **스프링클러설비** 보기 ②
간이스프링클러설비	• 스프링클러설비 • **물분무소화설비** • **미분무소화설비**
비상**경**보설비 또는 **단**독경보형 감지기	• **자동화재탐지설비** 기억법 탐경단
비상**경**보설비	• **2개 이상 단독경보형 감지기 연동** 기억법 경단2
비상방송설비	• 자동화재탐지설비 • 비상경보설비
연결살수설비	• 스프링클러설비 • 간이스프링클러설비 • 물분무소화설비 • 미분무소화설비
제연설비	• **공기조화설비**
연소방지설비	• 스프링클러설비 • 물분무소화설비 • 미분무소화설비

연결송수관설비	• 옥내소화전설비 • 스프링클러설비 • 간이스프링클러설비 • 연결살수설비
자동화재탐지설비	• 자동화재탐지설비의 기능을 가진 스프링클러설비 • 물분무등소화설비
옥내소화전설비	• 옥외소화전설비 • 미분무소화설비(호스릴방식)

답 ②

★
52 13.09.문57 **화재의 예방 및 안전관리에 관한 법령상 소방안전관리대상물의 소방계획서에 포함되어야 하는 사항이 아닌 것은?**

① 소방시설 · 피난시설 및 방화시설의 점검 · 정비계획
② 위험물안전관리법에 따라 예방규정을 정하는 제조소 등의 위험물 저장 · 취급에 관한 사항
③ 특정소방대상물의 근무자 및 거주자의 자위소방대 조직과 대원의 임무에 관한 사항
④ 방화구획, 제연구획, 건축물의 내부 마감재료(불연재료 · 준불연재료 또는 난연재료로 사용된 것) 및 방염대상물품의 사용현황과 그 밖의 방화구조 및 설비의 유지 · 관리계획

해설 **화재예방법 시행령 27조**
소방안전관리대상물의 소방계획서 작성
(1) 소방안전관리대상물의 위치 · 구조 · 연면적 · 용도 및 수용인원 등의 **일반현황**
(2) 화재예방을 위한 **자체점검계획** 및 **대응대책**
(3) 특정소방대상물의 **근무자** 및 거주자의 **자위소방대** 조직과 대원의 임무에 관한 사항 보기 ③
(4) **소방시설 · 피난시설** 및 **방화시설**의 점검 · 정비계획 보기 ①
(5) **방화구획**, **제연구획**, 건축물의 **내부 마감재료**(불연재료 · 준불연재료 또는 난연재료로 사용된 것) 및 방염대상물품의 사용현황과 그 밖의 방화구조 및 설비의 유지 · 관리계획 보기 ④

② 위험물 관련은 해당 없음

답 ②

★★★
53 18.04.문53 18.03.문57 17.05.문41 **위험물안전관리법상 업무상 과실로 제조소 등에서 위험물을 유출 · 방출 또는 확산시켜 사람의 생명 · 신체 또는 재산에 대하여 위험을 발생시킨 자에 대한 벌칙기준은?**

① 5년 이하의 금고 또는 2000만원 이하의 벌금
② 5년 이하의 금고 또는 7000만원 이하의 벌금
③ 7년 이하의 금고 또는 2000만원 이하의 벌금
④ 7년 이하의 금고 또는 7000만원 이하의 벌금

해설 **위험물법 34조**

벌 칙	행 위
7년 이하의 금고 또는 **7천만원** 이하의 벌금 보기 ④	업무상 과실로 제조소 등에서 **위험물**을 유출 · 방출 또는 확산시켜 사람의 생명 · 신체 또는 재산에 대하여 **위험**을 발생시킨 자 기억법 **77천위**(**위**험한 **칠천**량 해전)
10년 이하의 징역 또는 금고나 **1억원** 이하의 벌금	업무상 과실로 제조소 등에서 위험물을 유출 · 방출 또는 확산시켜 사람을 **사상**에 이르게 한 자

비교

소방시설법 56조

벌 칙	행 위
5년 이하의 징역 또는 **5천만원 이하**의 벌금	소방시설에 폐쇄 · 차단 등의 **행위**를 한 자
7년 이하의 징역 또는 **7천만원** 이하의 벌금	소방시설에 폐쇄 · 차단 등의 행위를 하여 사람을 **상해**에 이르게 한 때
10년 이하의 징역 또는 **1억원 이하**의 벌금	소방시설에 폐쇄 · 차단 등의 행위를 하여 사람을 **사망**에 이르게 한 때

답 ④

★★★
54 소방시설공사업법령상 소방시설업 등록을 하지 아니하고 영업을 한 자에 대한 벌칙은?

20.06.문47
19.09.문47
14.09.문58
07.09.문58

① 500만원 이하의 벌금
② 1년 이하의 징역 또는 1000만원 이하의 벌금
③ 3년 이하의 징역 또는 3000만원 이하의 벌금
④ 5년 이하의 징역

해설 **3년 이하의 징역 또는 3000만원 이하의 벌금**
(1) **화재안전조사** 결과에 따른 조치명령 위반(화재예방법 50조)
(2) **소방시설관리업** 무등록자(소방시설법 57조)
(3) **소방시설업** 무등록자(공사업법 35조) 보기 ③
(4) 부정한 청탁을 받고 재물 또는 재산상의 이익을 취득하거나 부정한 청탁을 하면서 재물 또는 재산상의 이익을 제공한 자(공사업법 35조)
(5) 형식승인을 받지 않은 **소방용품** 제조·수입자(소방시설법 57조)
(6) **제품검사**를 받지 않은 자(소방시설법 57조)
(7) **거짓**이나 그 밖의 **부정한 방법**으로 **제품검사 전문기관**의 지정을 받은 자(소방시설법 57조)

중요

3년 이하의 징역 또는 3000만원 이하의 벌금	5년 이하의 징역 또는 1억원 이하의 벌금
① 소방시설업 무등록 ② 소방시설관리업 무등록	제조소 무허가(위험물법 34조 2)

답 ③

★
55 위험물안전관리법령상 위험물의 유별 저장·취급의 공통기준 중 다음 ( ) 안에 알맞은 것은?

> ( ) 위험물은 산화제와의 접촉·혼합이나 불티·불꽃·고온체와의 접근 또는 과열을 피하는 한편, 철분·금속분·마그네슘 및 이를 함유한 것에 있어서는 물이나 산과의 접촉을 피하고 인화성 고체에 있어서는 함부로 증기를 발생시키지 아니하여야 한다.

① 제1류 ② 제2류
③ 제3류 ④ 제4류

해설 **위험물규칙 〔별표 18〕 Ⅱ**
위험물의 유별 저장·취급의 공통기준(중요 기준)

위험물	공통기준
제1류 위험물	**가연물**과의 접촉·혼합이나 분해를 촉진하는 물품과의 접근 또는 과열·충격·마찰 등을 피하는 한편, 알칼리금속의 과산화물 및 이를 함유한 것에 있어서는 물과의 접촉을 피할 것
제2류 위험물 ←	**산화제**와의 접촉·혼합이나 불티·불꽃·고온체와의 접근 또는 과열을 피하는 한편, 철분·금속분·마그네슘 및 이를 함유한 것에 있어서는 물이나 산과의 접촉을 피하고 인화성 고체에 있어서는 함부로 증기를 발생시키지 않을 것 보기 ②
제3류 위험물	**자연발화성** 물질에 있어서는 불티·불꽃 또는 고온체와의 접근·과열 또는 공기와의 접촉을 피하고, 금수성 물질에 있어서는 물과의 접촉을 피할 것
제4류 위험물	**불티·불꽃·고온체**와의 접근 또는 과열을 피하고, 함부로 **증기**를 발생시키지 않을 것
제5류 위험물	**불티·불꽃·고온체**와의 접근이나 과열·충격 또는 **마찰**을 피할 것
제6류 위험물	가연물과의 접촉·혼합이나 분해를 촉진하는 물품과의 접근 또는 과열을 피할 것

답 ②

★★
56 소방기본법령상 소방용수시설의 설치기준 중 급수탑의 급수배관의 구경은 최소 몇 mm 이상이어야 하는가?

20.06.문45
19.03.문58

① 100 ② 150
③ 200 ④ 250

해설 **기본규칙 〔별표 3〕**
소방용수시설별 설치기준

소화전	급수탑
• **65mm** : 연결금속구의 구경	• **100mm** : 급수배관의 구경 보기 ① • **1.5~1.7m** 이하 : 개폐밸브 높이 기억법 57탑(57층 탑)

답 ①

★★★
57 소방시설 설치 및 관리에 관한 법령상 자동화재탐지설비를 설치하여야 하는 특정소방대상물에 대한 기준 중 ( )에 알맞은 것은?

16.05.문43
16.03.문57
14.03.문79
12.03.문74

> 근린생활시설(목욕장 제외), 의료시설(정신의료기관 또는 요양병원 제외), 위락시설, 장례시설 및 복합건축물로서 연면적 ( )m^2 이상인 것

① 400 ② 600
③ 1000 ④ 3500

해설 **소방시설법 시행령 [별표 4]**
자동화재탐지설비의 설치대상

설치대상	조 건
① 정신의료기관 · 의료재활시설	• 창살설치 : 바닥면적 300m² 미만 • 기타 : 바닥면적 300m² 이상
② 노유자시설	• 연면적 400m² 이상
③ 근린생활시설 · 위락시설 ④ 의료시설(정신의료기관, 요양병원 제외) ⑤ 복합건축물 · 장례시설 기억법 근위의복 6	• 연면적 600m² 이상 보기 ②
⑥ 목욕장 · 문화 및 집회시설, 운동시설 ⑦ 종교시설 ⑧ 방송통신시설 · 관광휴게시설 ⑨ 업무시설 · 판매시설 ⑩ 항공기 및 자동차관련시설 · 공장 · 창고시설 ⑪ 지하상가 · 운수시설 · 발전시설 · 위험물 저장 및 처리시설 ⑫ 교정 및 군사시설 중 국방 · 군사시설	• 연면적 1000m² 이상
⑬ 교육연구시설 · 동식물관련시설 ⑭ 자원순환관련시설 · 교정 및 군사시설(국방 · 군사시설 제외) ⑮ 수련시설(숙박시설이 있는 것 제외) ⑯ 묘지관련시설 기억법 교동자교수 2	• 연면적 2000m² 이상
⑰ 터널	• 길이 1000m 이상
⑱ 지하구 ⑲ 노유자생활시설 ⑳ 아파트 등 기숙사 ㉑ 숙박시설 ㉒ 6층 이상인 건축물 ㉓ 조산원 및 산후조리원 ㉔ 전통시장 ㉕ 요양병원(정신병원, 의료재활시설 제외)	• 전부
㉖ 특수가연물 저장 · 취급	• 지정수량 500배 이상
㉗ 수련시설(숙박시설이 있는 것)	• 수용인원 100명 이상
㉘ 발전시설	• 전기저장시설

답 ②

★★
58 소방기본법에서 정의하는 소방대상물에 해당되지 않는 것은?

15.05.문54
12.05.문48

① 산림　　② 차량
③ 건축물　　④ 항해 중인 선박

해설 **기본법 2조 1호**
소방대상물 : 소방차가 출동해서 불을 끌 수 있는 범위
(1) 건축물 보기 ③
(2) 차량 보기 ②
(3) 선박(매어둔 것) 보기 ④
(4) 선박건조구조물
(5) 산림 보기 ①
(6) 인공구조물
(7) 물건

기억법 건차선 산인물

비교

위험물법 3조
위험물의 저장 · 운반 · 취급에 대한 적용 제외
(1) 항공기
(2) 선박
(3) 철도
(4) 궤도

답 ④

★★★
59 소방시설 설치 및 관리에 관한 법령상 건축허가 등의 동의대상물의 범위 기준 중 틀린 것은?

20.06.문59
17.09.문53
12.09.문48

① 건축 등을 하려는 학교시설 : 연면적 200m² 이상
② 노유자시설 : 연면적 200m² 이상
③ 정신의료기관(입원실이 없는 정신건강의학과 의원은 제외) : 연면적 300m² 이상
④ 장애인 의료재활시설 : 연면적 300m² 이상

해설 **소방시설법 시행령 7조**
건축허가 등의 동의대상물
(1) 연면적 **400m²**(학교시설 : **100m²**, 수련시설 · 노유자시설 : **200m²**, 정신의료기관 · 장애인 의료재활시설 : **300m²**) 이상
(2) **6층** 이상인 건축물
(3) 차고 · 주차장으로서 바닥면적 **200m²** 이상(자동차 20대 이상)
(4) **항공기격납고, 관망탑, 항공관제탑, 방송용 송수신탑**
(5) 지하층 또는 무창층의 바닥면적 **150m²**(공연장은 **100m²**) 이상
(6) **위험물저장** 및 **처리시설, 지하구**
(7) **결핵환자**나 **한센인**이 24시간 생활하는 **노유자시설**
(8) 전기저장시설, 풍력발전소
(9) 공동주택 · 숙박시설
(10) 노인주거복지시설 · 노인의료복지시설 및 재가노인복지시설 · 학대피해노인 전용쉼터 · 아동복지시설 · 장애인거주시설
(11) 정신질환자 관련시설(공동생활가정을 제외한 재활훈련시설과 종합시설 중 24시간 주거를 제공하지 않는 시설 제외)
(12) 조산원, 산후조리원, 의원(입원실 또는 인공신장실이 있는 것)
(13) 노숙인자활시설, 노숙인재활시설 및 노숙인요양시설
(14) 요양병원(의료재활시설 제외)
(15) 공장 또는 창고시설로서 지정수량의 **750배** 이상의 특수가연물을 저장 · 취급하는 것
(16) 가스시설로서 지상에 노출된 탱크의 저장용량의 합계가 **100t** 이상인 것

기억법 2자(이자)

① 200m² 이상 → 100m² 이상

답 ①

★★★
60 소방시설 설치 및 관리에 관한 법령상 형식승인을 받지 아니한 소방용품을 판매하거나 판매 목적으로 진열하거나 소방시설공사에 사용한 자에 대한 벌칙기준은?

19.09.문47
14.09.문58
07.09.문58

① 3년 이하의 징역 또는 3000만원 이하의 벌금
② 2년 이하의 징역 또는 1500만원 이하의 벌금
③ 1년 이하의 징역 또는 1000만원 이하의 벌금
④ 1년 이하의 징역 또는 500만원 이하의 벌금

해설 **소방시설법 57조**
3년 이하의 징역 또는 3000만원 이하의 벌금
(1) 소방시설관리업 무등록자
(2) 형식승인을 받지 않은 **소방용품 제조 · 수입자**
(3) 제품검사를 받지 않은 자
(4) **제품검사**를 받지 아니하거나 **합격표시**를 하지 아니한 소방용품을 판매 · 진열하거나 소방시설공사에 사용한 자
(5) **거짓**이나 그 밖의 **부정한 방법**으로 **제품검사 전문기관**의 지정을 받은 자
(6) 소방용품 판매 · 진열 · 소방시설공사에 사용한 자 보기 ①

답 ①

제 4 과목 소방전기시설의 구조 및 원리

★★★
61 자동화재탐지설비 및 시각경보장치의 화재안전기준에 따라 특정소방대상물 중 화재신호를 발신하고 그 신호를 수신 및 유효하게 제어할 수 있는 구역을 무엇이라 하는가?

19.03.문68
14.09.문68
12.05.문71
12.03.문68
09.08.문69
07.09.문64

① 방호구역 ② 방수구역
③ 경계구역 ④ 화재구역

해설 **경계구역**
(1) **정의**(NFPC 203 3조, NFTC 203 1.7)
특정소방대상물 중 **화재신호**를 **발신**하고 그 **신호**를 **수신** 및 유효하게 **제어**할 수 있는 구역 보기 ③
(2) **경계구역의 설정기준**(NFPC 203 4조, NFTC 203 2.1)
㉠ 1경계구역이 2개 이상의 **건축물**에 미치지 않을 것
㉡ 1경계구역이 2개 이상의 **층**에 미치지 않을 것
㉢ 1경계구역의 면적은 **600m²** 이하로 하고, 1변의 길이는 **50m** 이하로 할 것(내부 전체가 보이면 **1000m²** 이하)
(3) **1경계구역의 높이** : 45m 이하

답 ③

★
62 유도등의 형식승인 및 제품검사의 기술기준에 따라 영상표시소자(LED, LCD 및 PDP 등)를 이용하여 피난유도표시 형상을 영상으로 구현하는 방식은?

① 투광식 ② 패널식
③ 방폭형 ④ 방수형

해설 **용어**(유도등의 형식승인 및 제품검사의 기술기준 2조)

용 어	설 명
투광식	광원의 빛이 통과하는 **투과면**에 피난유도표시 형상을 인쇄하는 방식
패널식 보기 ②	**영상표시소자**(LED, LCD 및 PDP 등)를 이용하여 피난유도표시 형상을 영상으로 구현하는 방식
방폭형	**폭발성 가스**가 용기 내부에서 폭발하였을 때 용기가 그 압력에 견디거나 또는 외부의 폭발성 가스에 인화될 우려가 없도록 만들어진 형태의 제품
방수형	그 구조가 **방수구조**로 되어 있는 것

답 ②

★
63 감지기의 형식승인 및 제품검사의 기술기준에 따라 단독경보형 감지기의 일반기능에 대한 내용이다. 다음 ( )에 들어갈 내용으로 옳은 것은?

20.09.문76

> 주기적으로 섬광하는 전원표시등에 의하여 전원의 정상 여부를 감시할 수 있는 기능이 있어야 하며, 전원의 정상상태를 표시하는 전원표시등의 섬광주기는 (㉠)초 이내의 점등과 (㉡)초에서 (㉢)초 이내의 소등으로 이루어져야 한다.

① ㉠ 1, ㉡ 15, ㉢ 60
② ㉠ 1, ㉡ 30, ㉢ 60
③ ㉠ 2, ㉡ 15, ㉢ 60
④ ㉠ 2, ㉡ 30, ㉢ 60

해설 **단독경보형**의 **감지기(주전원이 교류전원 또는 건전지인 것 포함)의 적합 기준**(감지기의 형식승인 및 제품검사의 기술기준 5조 2)
(1) **자동복귀형 스위치**(자동적으로 정위치에 복귀될 수 있는 스위치)에 의하여 **수동**으로 작동시험을 할 수 있는 기능이 있을 것
(2) 작동되는 경우 **작동표시등**에 의하여 화재의 발생을 표시하고, 내장된 **음향장치**의 명동에 의하여 **화재경보음**을 발할 수 있는 기능이 있을 것
(3) 주기적으로 **섬광**하는 **전원표시등**에 의하여 전원의 **정상 여부**를 **감시**할 수 있는 기능이 있어야 하며, 전원의 정상상태를 표시하는 전원표시등의 섬광주기는 **1초 이내**의 점등과 **30초**에서 **60초** 이내의 소등으로 이루어질 것 보기 ②

답 ②

★

64 자동화재탐지설비 및 시각경보장치의 화재안전기준에 따라 자동화재탐지설비의 주음향장치의 설치장소로 옳은 것은?

① 발신기의 내부
② 수신기의 내부
③ 누전경보기의 내부
④ 자동화재속보설비의 내부

해설 **자동화재탐지설비**의 **음향장치**(NFPC 203 8조, NFTC 203 2.5.1.1)

주음향장치	지구음향장치
수신기의 내부 또는 그 **직근**에 설치 보기 ②	특정소방대상물의 **층**마다 설치

답 ②

★★

65 무선통신보조설비의 화재안전기준에 따라 무선통신보조설비의 주요구성요소가 아닌 것은?

15.03.문78
12.09.문68

① 증폭기
② 분배기
③ 음향장치
④ 누설동축케이블

해설 **무선통신보조설비**의 **구성요소**

(1) 누설동축케이블, 동축케이블 보기 ④
(2) 분배기 보기 ②
(3) 증폭기 보기 ①
(4) 옥외안테나
(5) 혼합기
(6) 분파기
(7) 무선중계기

③ 음향장치 : **자동화재탐지설비** 등의 주요구성요소

답 ③

★★★

66 무선통신보조설비의 화재안전기준에 따라 지표면으로부터의 깊이가 몇 m 이하인 경우에는 해당 층에 한하여 무선통신보조설비를 설치하지 아니할 수 있는가?

20.09.문71
19.09.문80
18.03.문70
17.03.문68
16.03.문80
14.09.문64
08.03.문62
06.05.문79

① 0.5 ② 1
③ 1.5 ④ 2

해설 **무선통신보조설비**의 **설치 제외**(NFPC 505 4조, NFTC 505 2.1)

(1) **지하층**으로서 특정소방대상물의 바닥부분 **2면 이상**이 지표면과 동일한 경우의 해당 층
(2) 지하층으로서 지표면으로부터의 깊이가 **1m 이하**인 경우의 해당 층 보기 ②

기억법 **2면무지**(**이면** 계약의 **무지**)

답 ②

★★★

67 누전경보기의 화재안전기준에 따라 누전경보기의 수신부를 설치할 수 있는 장소는? (단, 해당 누전경보기에 대하여 방폭 · 방식 · 방습 · 방온 · 방진 및 정전기 차폐 등의 방호조치를 하지 않은 경우이다.)

16.05.문66
16.03.문76
14.09.문61
12.09.문63

① 습도가 낮은 장소
② 온도의 변화가 급격한 장소
③ 화약류를 제조하거나 저장 또는 취급하는 장소
④ 부식성의 증기 · 가스 등이 다량으로 체류하는 장소

해설 **누전경보기**의 **수신부 설치 제외 장소**(NFPC 205 5조, NFTC 205 2.2.2)

(1) **온**도변화가 급격한 장소 보기 ②
(2) **습**도가 높은 장소 보기 ①
(3) **가**연성의 증기, 가스 등 또는 **부식성**의 증기, 가스 등의 다량 체류장소 보기 ④
(4) **대전류회로, 고주파 발생회로** 등의 영향을 받을 우려가 있는 장소
(5) **화**약류 제조, 저장, 취급 장소 보기 ③

기억법 **온습누가대화**(**온**도 · **습**도가 높으면 **누가 대화**하나?)

비교

누전경보기 수신부의 **설치장소**(NFPC 205 5조, NFTC 205 2.2.2)
옥내의 점검이 편리한 **건조**한 장소

답 ①

★

68 유도등의 형식승인 및 제품검사의 기술기준에 따라 객석유도등은 바닥면 또는 디딤바닥면에서 높이 0.5m의 위치에 설치하고 그 유도등의 바로 밑에서 0.3m 떨어진 위치에서의 수평조도가 몇 lx 이상이어야 하는가?

① 0.1
② 0.2
③ 0.5
④ 1

해설 **조도시험**(유도등의 형식승인 및 제품검사의 기술기준 23조)

유도등의 종류	시험방법
계단통로 유도등	바닥면에서 2.5m 높이에 유도등을 설치하고 수평거리 10m 위치에서 법선조도 0.5lx 이상 기억법 **계2505**
복도통로 유도등	바닥면에서 1m 높이에 유도등을 설치하고 중앙으로부터 0.5m 위치에서 조도 1lx 이상 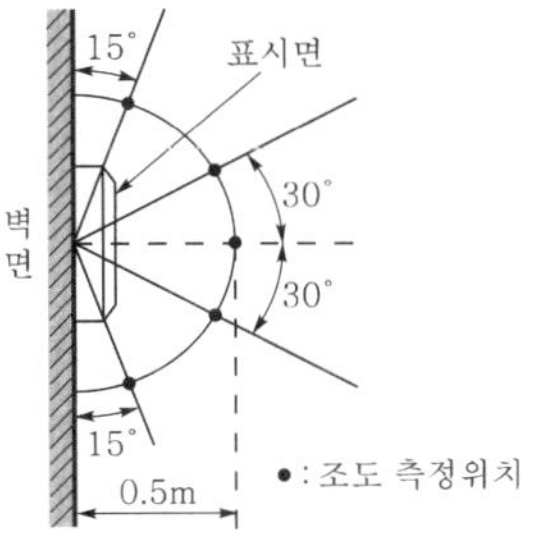 ‖ 복도통로유도등 ‖
거실통로 유도등	바닥면에서 2m 높이에 유도등을 설치하고 중앙으로부터 0.5m 위치에서 조도 1lx 이상 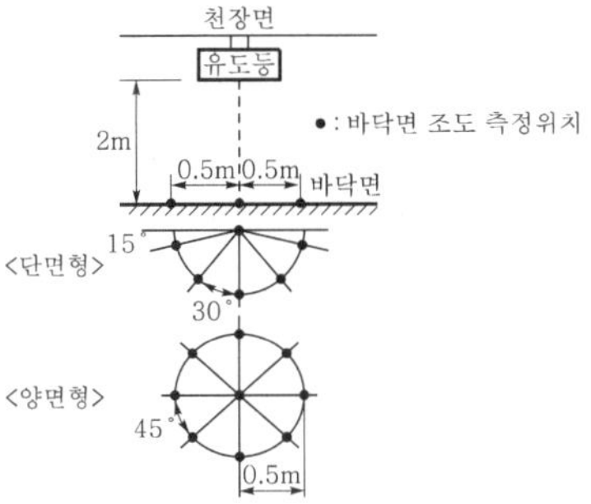 ‖ 거실통로유도등 ‖
객석 유도등	바닥면에서 0.5m 높이에 유도등을 설치하고 바로 밑에서 0.3m 위치에서 수평조도 0.2lx 이상 보기 ② 기억법 **객532**

비교

식별도시험(유도등의 형식승인 및 제품검사의 기술기준 16조)

유도등의 종류	상용전원	비상전원
피난구유도등, 거실통로유도등	10~30lx의 주위조도로 30m에서 식별	0~1lx의 주위조도로 20m에서 식별
복도통로유도등	직선거리 20m에서 식별	직선거리 15m에서 식별

답 ②

★★★

69 **비상방송설비의 화재안전기준에 따른 비상방송설비의 음향장치에 대한 내용이다. 다음 ( )에 들어갈 내용으로 옳은 것은?**

19.04.문68
18.09.문77
18.03.문73
16.10.문69
16.10.문73
16.05.문67
16.03.문68
15.05.문76
15.03.문62
14.05.문63
14.05.문75
14.03.문61
13.09.문70
13.06.문62
13.06.문80

> 확성기는 각 층마다 설치하되, 그 층의 각 부분으로부터 하나의 확성기까지의 수평거리가 ( )m 이하가 되도록 하고, 해당 층의 각 부분에 유효하게 경보를 발할 수 있도록 설치할 것

① 10 ② 15
③ 20 ④ 25

해설 **비상방송설비**의 **설치기준**(NFPC 202 4조, NFTC 202 2.1.1)

(1) 확성기의 음성입력은 3W(**실**내 1W) 이상일 것
(2) 확성기는 **각 층**마다 설치하되, 각 부분으로부터의 수평거리는 25m 이하일 것 보기 ④
(3) **음**량조정기는 **3선식** 배선일 것
(4) 조작스위치는 바닥으로부터 0.8~1.5m 이하의 높이에 설치할 것
(5) 다른 전기회로에 의하여 **유도장애**가 생기지 아니하도록 할 것
(6) 비상방송 **개**시시간은 **10초** 이하일 것
(7) 다른 방송설비와 공용할 경우 화재시 비상경보 외의 방송을 차단할 수 있을 것
(8) 음향장치 : **자동화재탐지설비**의 작동과 연동
(9) 음향장치의 정격전압 : 80%

기억법 **방3실1, 3음방(삼엄한 방송실), 개10방**

중요

수평거리와 **보행거리**

(1) **수평거리**

수평거리	적용대상
수평거리 25m 이하	• 발신기 • 음향장치(**확성기**) • 비상콘센트(지하상가 · 바닥면적 3000m² 이상)
수평거리 50m 이하	• 비상콘센트(기타)

(2) **보행거리**

보행거리	적용대상
보행거리 15m 이하	• **유도표지**
보행거리 20m 이하	• 복도통로유도등 • 거실통로유도등 • 3종 연기감지기
보행거리 30m 이하	• 1 · 2종 연기감지기
보행거리 40m 이상	• 복도 또는 별도로 구획된 실

(3) **수직거리**

수직거리	적용대상
10m 이하	• 3종 연기감지기
15m 이하	• 1 · 2종 연기감지기

답 ④

★
70 **경종의 형식승인 및 제품검사의 기술기준에 따라 경종은 전원전압이 정격전압의 ± 몇 % 범위에서 변동하는 경우 기능에 이상이 생기지 않아야 하는가?**

① 5　② 10
③ 20　④ 30

해설 **전원전압변동시**의 **기능**(경종의 형식승인 및 제품검사의 기술기준 4조)
경종은 전원전압이 정격전압의 **±20%** 범위에서 변동하는 경우 기능에 이상이 생기지 않아야 한다. 다만, 경종에 내장된 건전지를 전원으로 하는 경종은 건전지의 전압이 건전지 교체전압 범위(제조사 설계값)의 하한값으로 낮아진 경우에도 기능에 이상이 없어야 한다. 보기 ③

답 ③

★★★
71 20.09.문69 **누전경보기의 형식승인 및 제품검사의 기술기준에 따라 누전경보기에 사용되는 표시등의 구조 및 기능에 대한 설명으로 틀린 것은?**

① 누전등이 설치된 수신부의 지구등은 적색 외의 색으로도 표시할 수 있다.
② 방전등 또는 발광다이오드의 경우 전구는 2개 이상을 병렬로 접속하여야 한다.
③ 주위의 밝기가 300 lx인 장소에서 측정하여 앞면으로부터 3m 떨어진 곳에서 켜진 등이 확실히 식별될 것
④ 누전등 및 지구등과 쉽게 구별할 수 있도록 부착된 기타의 표시등은 적색으로도 표시할 수 있다.

해설 **부품**의 **구조** 및 **기능**(누전경보기의 형식승인 및 제품검사의 기술기준 4조)
(1) 전구는 **2개** 이상을 **병렬**로 접속하여야 한다(단, **방전등** 또는 **발광다이오드**는 제외). 보기 ②
(2) 전구에는 적당한 **보호덮개**를 설치하여야 한다(단, **발광다이오드**는 제외).
(3) 주위의 밝기가 **300 lx**인 장소에서 측정하여 앞면으로부터 **3m** 떨어진 곳에서 켜진 등이 확실히 식별될 것 보기 ③
(4) 누전화재의 발생을 표시하는 표시등(누전등)이 설치된 것은 등이 켜질 때 **적색**으로 표시되어야 하며, 누전화재가 발생한 경계전로의 위치를 표시하는 표시등(지구등)과 기타의 표시등은 다음과 같아야 한다.

• 누전등 • 누전등 및 지구등과 쉽게 구별할 수 있도록 부착된 기타의 표시등	• 누전등이 설치된 수신부의 지구등 • 기타의 표시등
적색 보기 ④	적색 외의 색 보기 ①

② **방전등** 또는 **발광다이오드** 제외

답 ②

★★
72 20.09.문73 11.03.문79 **소방시설용 비상전원수전설비의 화재안전기준에 따라 일반전기사업자로부터 특고압 또는 고압으로 수전하는 비상전원수전설비로 큐비클형을 사용하는 경우의 시설기준으로 틀린 것은? (단, 옥내에 설치하는 경우이다.)**

① 외함은 내화성능이 있는 것으로 제작할 것
② 전용큐비클 또는 공용큐비클식으로 설치할 것
③ 개구부에는 60분+방화문, 60분 방화문 또는 10분 방화문을 설치할 것
④ 외함은 두께 2.3mm 이상의 강판과 이와 동등 이상의 강도를 가질 것

해설 **큐**비클**형**의 **설치기준**(NFPC 602 5조, NFTC 602 2.2.3)
(1) **전용큐비클** 또는 **공용큐비클식**으로 설치 보기 ②
(2) 외함은 두께 **2.3mm** 이상의 **강판**과 이와 동등 이상의 강도와 내화성능이 있는 것으로 제작 보기 ①④
(3) 개구부에는 60분+방화문, 60분 방화문 또는 30분 방화문 설치 보기 ③
(4) 외함은 **건축물**의 **바닥** 등에 견고하게 고정할 것
(5) **환**기장치는 다음에 적합하게 설치할 것
㉠ 내부의 **온**도가 상승하지 않도록 **환기장치**를 할 것
㉡ 자연환기구의 **개**구부 면적의 합계는 외함의 한 면에 대하여 해당 면적의 $\frac{1}{3}$ 이하로 할 것. 이 경우 하나의 통기구의 크기는 직경 **10mm** 이상의 **둥근 막대**가 들어가서는 아니 된다.
㉢ 자연환기구에 따라 충분히 환기할 수 없는 경우에는 **환기설비**를 설치할 것
㉣ 환기구에는 **금속망**, **방화댐퍼** 등으로 방화조치를 하고, 옥외에 설치하는 것은 **빗물** 등이 들어가지 않도록 할 것

기억법 **큐환 온개설 망댐빗**

(6) 공용큐비클식의 소방회로와 일반회로에 사용되는 배선 및 배선용 기기는 **불연재료**로 구획할 것

③ 10분 방화문 → 30분 방화문

답 ③

★
73 **공기관식 차동식 분포형 감지기의 기능시험을 하였더니 검출기의 접점수고치가 규정 이상으로 되어 있었다. 이때 발생되는 장애로 볼 수 있는 것은?**

① 작동이 늦어진다.
② 장애는 발생되지 않는다.
③ 동작이 전혀 되지 않는다.
④ 화재도 아닌데 작동하는 일이 있다.

해설 **접점수고시험**
감지기의 접점수고치가 적정치를 보유하고 있는지를 확인하기 위한 시험

‖ 수고치 ‖

정상적인 경우	비정상적인 경우	낮은 경우 (규정치 이하)	높은 경우 (규정치 이상)
장애는 발생되지 않는다. 보기 ②	감지기가 작동되지 않는다. 보기 ③	① 감지기가 예민하게 되어 **비화재보**의 원인이 된다. ② 화재도 아닌데 작동하는 일이 있다. 보기 ④	① 감지기의 감도가 저하되어 지연동작의 원인이 된다. ② 작동이 늦어짐 보기 ①

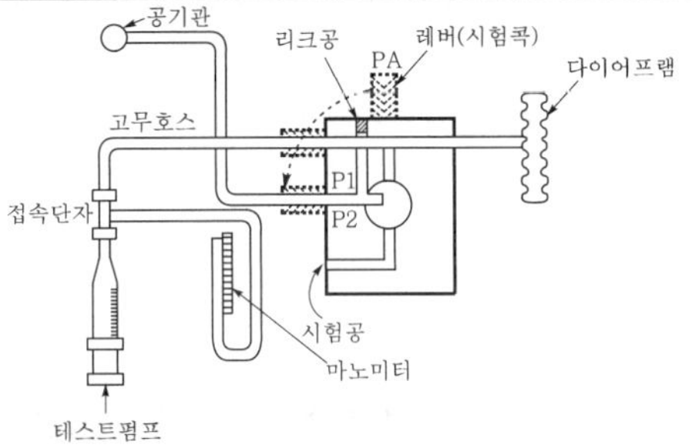

‖ 접점수고시험 ‖

중요

3정수시험
차동식 분포형 공기관식 감지기는 감도기준 설정이 가열시험으로는 어렵기 때문에 온도시험에 의하지 않고 이론시험으로 대신하는 것으로 **리크저항시험**, **등가용량시험**, **접점수고시험**이 있다.

‖ 3정수시험 ‖

리크저항시험	등가용량시험	접점수고시험
리크저항 측정	다이어프램의 기능 측정	접점의 간격 측정

답 ①

★★★
74
19.04.문63 18.04.문61 17.03.문72 16.10.문61 16.05.문76 15.09.문80 14.03.문64 11.10.문67

비상콘센트설비의 화재안전기준에 따라 하나의 전용회로에 단상 교류 비상콘센트 6개를 연결하는 경우, 전선의 용량은 몇 kVA 이상이어야 하는가?

① 1.5 ② 3
③ 4.5 ④ 9

해설 **비상콘센트설비**(NFPC 504 4조, NFTC 504 2.1)
(1) 하나의 전용회로에 설치하는 비상콘센트는 **10개** 이하로 할 것(전선의 용량은 최대 **3개**)

설치하는 비상콘센트 수량	전선의 용량산정 시 적용하는 비상콘센트 수량	단상전선의 용량
1	1개 이상	1.5kVA 이상
2	2개 이상	3.0kVA 이상
3~10	3개 이상	**4.5kVA** 이상 보기 ③

(2) 전원회로는 각 층에 있어서 **2 이상**이 되도록 설치할 것(단, 설치하여야 할 층의 콘센트가 **1개**인 때에는 하나의 회로로 할 수 있다)
(3) 플러그접속기의 칼받이 접지극에는 **접지공사**를 하여야 한다.
(4) 풀박스는 **1.6mm** 이상의 철판을 사용할 것
(5) 절연저항은 **전원부**와 **외함** 사이를 **직류 500V 절연저항계**로 측정하여 **20MΩ** 이상일 것
(6) 전원으로부터 각 층의 비상콘센트에 분기되는 경우에는 **분기배선용 차단기**를 보호함 안에 설치할 것
(7) 바닥으로부터 **0.8~1.5m** 이하의 높이에 설치할 것
(8) 전원회로는 주배전반에서 **전용회로**로 하며, 배선의 종류는 **내화배선**이어야 한다.

답 ③

★
75

일반적인 비상방송설비의 계통도이다. 다음의 ( ) 에 들어갈 내용으로 옳은 것은?

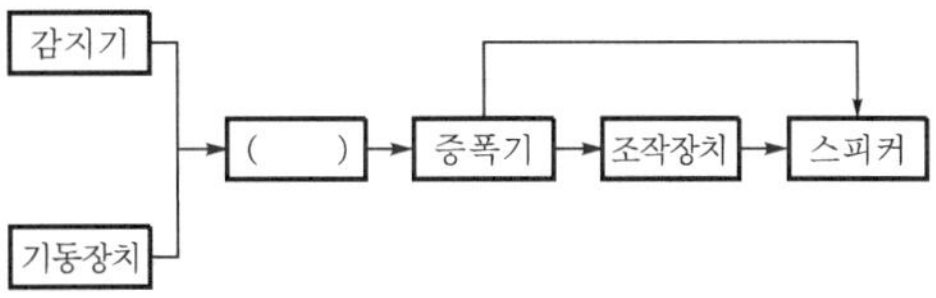

① 변류기 ② 발신기
③ 수신기 ④ 음향장치

해설 **비상방송설비**의 **계통도**

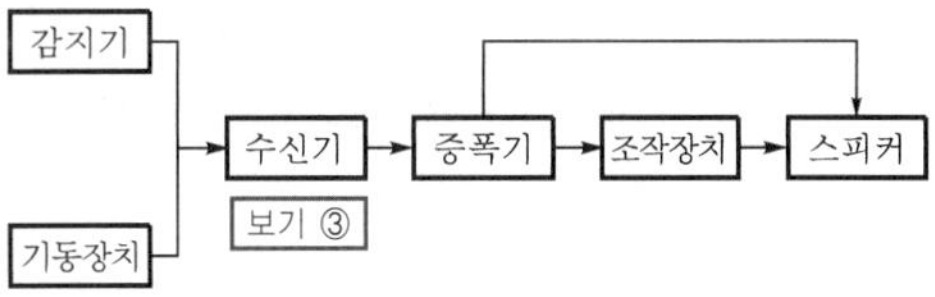

답 ③

★★
76
17.05.문73 10.09.문72

발신기의 형식승인 및 제품검사의 기술기준에 따른 발신기의 작동기능에 대한 내용이다. 다음 ( )에 들어갈 내용으로 옳은 것은?

> 발신기의 조작부는 작동스위치의 동작방향으로 가하는 힘이 (㉠)kg을 초과하고 (㉡)kg 이하인 범위에서 확실하게 동작되어야 하며, (㉠)kg의 힘을 가하는 경우 동작되지 아니하여야 한다. 이 경우 누름판이 있는 구조로서 손끝으로 눌러 작동하는 작동스위치는 누름판을 포함한다.

① ㉠ 2, ㉡ 8
② ㉠ 3, ㉡ 7
③ ㉠ 2, ㉡ 7
④ ㉠ 3, ㉡ 8

해설 **발신기**의 **작동기능**(발신기의 형식승인 및 제품검사의 기술기준 4조 2)

> ① 작동스위치의 동작방향으로 가하는 힘이 2kg을 초과하고 8kg 이하인 범위에서 확실하게 동작(단, 2kg의 힘을 가하는 경우 동작하지 않을 것)

답 ①

★
77 **비상조명등의 형식승인 및 제품검사의 기술기준에 따라 비상조명등의 일반구조로 광원과 전원부를 별도로 수납하는 구조에 대한 설명으로 틀린 것은?**

① 전원함은 방폭구조로 할 것
② 배선은 충분히 견고한 것을 사용할 것
③ 광원과 전원부 사이의 배선길이는 1m 이하로 할 것
④ 전원함은 불연재료 또는 난연재료의 재질을 사용할 것

해설 **광원**과 **전원부**를 **별도**로 **수납**하는 **구조**의 **기준**(비상조명등의 형식승인 및 제품검사의 기술기준 3조)

(1) 전원함은 **불연재료** 또는 **난연재료**의 재질을 사용할 것 보기 ④
(2) 광원과 전원부 사이의 배선길이는 **1m 이하**로 할 것 보기 ③
(3) 배선은 충분히 견고한 것을 사용할 것 보기 ②

> ① 방폭구조로 → 불연재료 또는 난연재료의 재질을 사용

답 ①

★★★
78 **자동화재속보설비의 속보기의 성능인증 및 제품검사의 기술기준에 따른 속보기의 구조에 대한 설명으로 틀린 것은?**

20.06.문80
17.03.문67
16.10.문77
14.05.문68
11.03.문77

① 수동통화용 송수화장치를 설치하여야 한다.
② 접지전극에 직류전류를 통하는 회로방식을 사용하여야 한다.
③ 작동시 그 작동시간과 작동횟수를 표시할 수 있는 장치를 하여야 한다.
④ 예비전원회로에는 단락사고 등을 방지하기 위한 퓨즈, 차단기 등과 같은 보호장치를 하여야 한다.

해설 **속보기**의 **기준**(자동화재속보설비의 속보기의 성능인증 및 제품검사의 기술기준 3·5조)

(1) **수동통화**용 송수화기를 설치 보기 ①
(2) **20초** 이내에 **3회** 이상 **소방관서**에 자동속보
(3) 예비전원은 감시상태를 **60분**간 지속한 후 **10분** 이상 동작이 지속될 수 있는 용량일 것
(4) 다이얼링 : **10회** 이상
(5) 작동시 그 **작동시간**과 **작동횟수**를 표시할 수 있는 장치를 하여야 한다. 보기 ③
(6) **예비전원회로**에는 **단락사고** 등을 방지하기 위한 **퓨즈**, **차단기** 등과 같은 **보호장치**를 하여야 한다. 보기 ④
(7) **국가유산용** 속보기는 자동적으로 무선식 감지기에 **24시간** 이내의 주기마다 통신점검 신호를 발신할 수 있는 장치를 설치하여야 한다.

기억법 속203

비교

자동화재속보설비의 **속보기**에 **적용할 수 없는 회로방식**(자동화재속보설비의 속보기의 성능인증 및 제품검사의 기술기준 3조)

(1) **접지전극**에 **직류전류**를 통하는 회로방식 보기 ②
(2) 수신기에 접속되는 외부배선과 다른 설비(화재신호의 전달에 영향을 미치지 않는 것 제외)의 외부배선을 **공용**으로 하는 회로방식

답 ②

★
79 **비상콘센트설비의 성능인증 및 제품검사의 기술기준에 따른 표시등의 구조 및 기능에 대한 내용이다. 다음 ( )에 들어갈 내용으로 옳은 것은?**

20.08.문80

> 적색으로 표시되어야 하며 주위의 밝기가 (㉠)lx 이상인 장소에서 측정하여 앞면으로부터 (㉡)m 떨어진 곳에서 켜진 등이 확실히 식별되어야 한다.

① ㉠ 100, ㉡ 1 ② ㉠ 300, ㉡ 3
③ ㉠ 500, ㉡ 5 ④ ㉠ 1000, ㉡ 10

해설 **비상콘센트설비 부품**의 **구조** 및 **기능**(비상콘센트설비의 성능인증 및 제품검사의 기술기준 4조)

(1) 배선용 차단기는 KS C 8321(**배선용 차단기**)에 적합할 것
(2) 접속기는 KS C 8305(**배선용 꽂음 접속기**)에 적합할 것
(3) **표시등**의 **구조** 및 **기능**
  ㉠ 전구는 사용전압의 **130%**인 교류전압을 **20시간** 연속하여 가하는 경우 **단선**, **현저한 광속변화**, **흑화**, **전류**의 **저하** 등이 발생하지 아니할 것
  ㉡ 소켓은 접속이 확실하여야 하며 쉽게 전구를 교체할 수 있도록 부착할 것
  ㉢ 전구에는 적당한 **보호커버**를 설치할 것(단, **발광다이오드** 제외)
  ㉣ 적색으로 표시되어야 하며 주위의 밝기가 **300 lx** 이상인 장소에서 측정하여 앞면으로부터 **3m** 떨어진 곳에서 켜진 등이 확실히 식별될 것 보기 ②
(4) 단자는 충분한 **전류용량**을 갖는 것으로 하여야 하며 단자의 접속이 정확하고 확실할 것

답 ②

80 **소방시설용 비상전원수전설비의 화재안전기준 용어의 정의에 따라 수용장소의 조영물(토지에 정착한 시설물 중 지붕 및 기둥 또는 벽이 있는 시설물을 말한다)의 옆면 등에 시설하는 전선으로서 그 수용장소의 인입구에 이르는 부분의 전선은 무엇인가?**

① 인입선 ② 내화배선
③ 열화배선 ④ 인입구배선

해설 **소방시설용 비상전원수전설비**의 **화재안전기준**(NFPC 602 3조, NFTC 602 1.7, 전기설비기술기준 3조)

정 의	설 명
인입선	수용장소의 **조영물**(토지에 정착한 시설물 중 지붕 및 기둥 또는 벽이 있는 시설물을 말함)의 옆면 등에 시설하는 전선으로서 그 수용장소의 **인입구**에 이르는 부분의 전선 보기 ①
인입구배선	**인입선** 연결점으로부터 특정소방대상물 내에 시설하는 **인입개폐기**에 이르는 배선
연접 인입선	**한 수용장소**의 인입선에서 분기하여 **지지물**을 거치지 아니하고 다른수용 장소의 인입구에 이르는 부분의 전선

답 ①

21년 2021. 5. 15 시행

▌2021년 기사 제2회 필기시험▌

자격종목	종목코드	시험시간	형별	수험번호	성명
소방설비기사(전기분야)		2시간			

※ 각 문항은 4지택일형으로 질문에 가장 적합한 보기 항을 선택하여 체크하여야 합니다.

제 1 과목 소방원론

★★★
01 내화건축물과 비교한 목조건축물 화재의 일반적인 특징을 옳게 나타낸 것은?

19.09.문11 18.03.문05 16.10.문04 14.05.문01 10.09.문08

① 고온, 단시간형
② 저온, 단시간형
③ 고온, 장시간형
④ 저온, 장시간형

유사문제부터 풀어보세요. 실력이 팍!팍! 올라갑니다.

해설 (1) **목조건물**의 화재온도 표준곡선
㉠ 화재성상 : **고**온 **단**기형 보기 ①
㉡ 최고온도(최성기 온도) : 1300℃

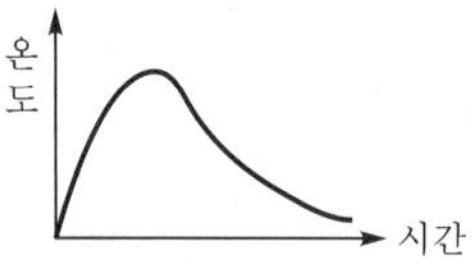

(2) **내화건물**의 화재온도 표준곡선
㉠ 화재성상 : 저온 장기형
㉡ 최고온도(최성기 온도) : 900~1000℃

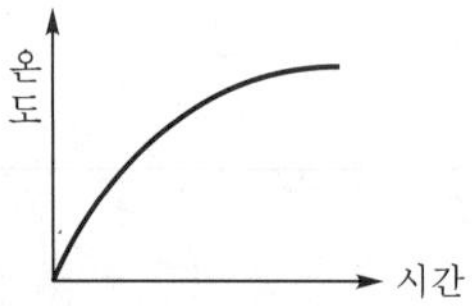

• 목조건물=목재건물

기억법 목고단 13

답 ①

★★★
02 다음 중 증기비중이 가장 큰 것은?

16.10.문20 11.06.문06

① Halon 1301
② Halon 2402
③ Halon 1211
④ Halon 104

해설 **증기비중**이 **큰 순서**
Halon 2402 > Halon 1211 > Halon 104 > Halon 1301

중요

증기비중

$$\text{증기비중} = \frac{\text{분자량}}{29}$$

여기서, 29 : 공기의 평균분자량

답 ②

★
03 화재발생시 피난기구로 직접 활용할 수 없는 것은?

11.03.문18

① 완강기
② 무선통신보조설비
③ 피난사다리
④ 구조대

해설 **피난기구**
(1) **완강기** 보기 ①
(2) **피난사다리** 보기 ③
(3) **구조대**(수직구조대 포함) 보기 ④
(4) 소방청장이 정하여 고시하는 화재안전기준으로 정하는 것(미끄럼대, 피난교, 공기안전매트, 피난용 트랩, 다수인 피난장비, 승강식 피난기, 간이완강기, 하향식 피난구용 내림식 사다리)

② 무선통신보조설비 : **소화활동설비**

답 ②

★★
04 정전기에 의한 발화과정으로 옳은 것은?

16.10.문11

① 방전 → 전하의 축적 → 전하의 발생 → 발화
② 전하의 발생 → 전하의 축적 → 방전 → 발화
③ 전하의 발생 → 방전 → 전하의 축적 → 발화
④ 전하의 축적 → 방전 → 전하의 발생 → 발화

해설 **정전기**의 **발화과정**

전하의 **발**생 → 전하의 **축**적 → **방**전 → 발화

기억법 발축방

답 ②

05 물리적 소화방법이 아닌 것은?

15.09.문05
14.05.문13
13.03.문12
11.03.문16

① 산소공급원 차단
② 연쇄반응 차단
③ 온도냉각
④ 가연물 제거

해설

물리적 소화방법	화학적 소화방법
• 질식소화(산소공급원 차단) • 냉각소화(온도냉각) • 제거소화(가연물 제거)	• 억제소화(연쇄반응의 억제) 기억법 억화(억화감정)

② 화학적 소화방법

중요

소화의 방법

소화방법	설 명
냉각소화	• 다량의 물 등을 이용하여 **점화원**을 **냉각**시켜 소화하는 방법 • 다량의 물을 뿌려 소화하는 방법
질식소화	• 공기 중의 **산소농도**를 16%(10~15%) 이하로 희박하게 하여 소화하는 방법
제거소화	• 가연물을 제거하여 소화하는 방법
억제소화 **(부촉매효과)**	• 연쇄반응을 차단하여 소화하는 방법으로 '**화학소화**'라고도 함

답 ②

06 탄화칼슘이 물과 반응할 때 발생되는 기체는?

19.03.문17
18.04.문18
17.05.문09
11.10.문05
10.09.문12

① 일산화탄소
② 아세틸렌
③ 황화수소
④ 수소

해설 (1) **탄화칼슘**과 **물**의 **반응식** 보기 ②

$$CaC_2 + 2H_2O \rightarrow Ca(OH)_2 + C_2H_2\uparrow$$

탄화칼슘 물 수산화칼슘 **아세틸렌**

(2) **탄화알루미늄**과 **물**의 **반응식**

$$Al_4C_3 + 12H_2O \rightarrow 4Al(OH)_3 + 3CH_4\uparrow$$

탄화알루미늄 물 수산화알루미늄 메탄

(3) **인화칼슘**과 **물**의 **반응식**

$$Ca_3P_2 + 6H_2O \rightarrow 3Ca(OH)_2 + 2PH_3\uparrow$$

인화칼슘 물 수산화칼슘 포스핀

(4) **수소화리튬**과 **물**의 **반응식**

$$LiH + H_2O \rightarrow LiOH + H_2$$

수소화리튬 물 수산화리튬 수소

답 ②

07 분말소화약제 중 A급, B급, C급 화재에 모두 사용할 수 있는 것은?

12.03.문16

① 제1종 분말
② 제2종 분말
③ 제3종 분말
④ 제4종 분말

해설 **분말소화약제**

종 별	분자식	착 색	적응 화재	비 고
제1종	중탄산나트륨 ($NaHCO_3$)	백색	BC급	**식용유** 및 **지방질유**의 화재에 적합
제2종	중탄산칼륨 ($KHCO_3$)	담자색 (담회색)	BC급	–
제3종 보기 ③	제1인산암모늄 ($NH_4H_2PO_4$)	담홍색	ABC급	**차고 · 주차장**에 적합
제4종	중탄산칼륨 + 요소 ($KHCO_3$ + $(NH_2)_2CO$)	회(백)색	BC급	–

기억법 1식분(일식 분식)
3분 차주(삼보컴퓨터 차주)

답 ③

08 조연성 가스에 해당하는 것은?

16.10.문03
14.05.문10
12.09.문08

① 수소 ② 일산화탄소
③ 산소 ④ 에탄

해설 **가연성 가스**와 **지연성 가스**

가연성 가스	지연성 가스(조연성 가스)
• 수소 보기 ① • 메탄 • 일산화탄소 보기 ② • 천연가스 • 부탄 • 에탄 보기 ④	• **산**소 보기 ③ • **공**기 • **염**소 • **오**존 • **불**소

기억법 조산공 염오불

용어

가연성 가스와 **지연성 가스**

가연성 가스	지연성 가스(조연성 가스)
물질 자체가 연소하는 것	자기 자신은 연소하지 않지만 연소를 도와주는 가스

답 ③

★★★
09 분자 내부에 나이트로기를 갖고 있는 TNT, 나이트로셀룰로오스 등과 같은 제5류 위험물의 연소 형태는?

15.03.문19
14.03.문13

① 분해연소 ② 자기연소
③ 증발연소 ④ 표면연소

해설 **연소의 형태**

연소 형태	종 류
표면연소	• **숯**, **코**크스 • **목탄**, **금**속분
분해연소	• 석탄, 종이 • 플라스틱, 목재 • 고무, 중유, 아스팔트
증발연소	• 황, 왁스 • 파라핀, 나프탈렌 • 가솔린, 등유 • 경유, 알코올, 아세톤
자기연소 (제5류 위험물) 보기 ②	• 나이트로글리세린, 나이트로셀룰로오스(질화면) • TNT, 피크린산(TNP)
액적연소	• 벙커C유
확산연소	• 메탄(CH_4), 암모니아(NH_3) • 아세틸렌(C_2H_2), 일산화탄소(CO) • 수소(H_2)

기억법 **표숯코목탄금**

중요

연소 형태	설 명
증발연소	• 가열하면 **고체**에서 **액체**로, **액체**에서 **기체**로 상태가 변하여 그 기체가 연소하는 현상
자기연소 (제5류 위험물)	• 열분해에 의해 **산소**를 발생하면서 연소하는 현상 • 분자 자체 내에 포함하고 있는 **산소**를 이용하여 연소하는 형태
분해연소	• 연소시 **열분해**에 의하여 발생된 가스와 산소가 혼합하여 연소하는 현상
표면연소	• 열분해에 의하여 가연성 가스를 발생하지 않고 그 **물질 자체**가 **연소**하는 현상

기억법 **자산**

답 ②

★★★
10 가연물질의 종류에 따라 화재를 분류하였을 때 섬유류 화재가 속하는 것은?

13.03.문05

① A급 화재 ② B급 화재
③ C급 화재 ④ D급 화재

해설

화재의 종류	표시색	적응물질
일반화재(A급)	백색	• 일반가연물 • 종이류 화재 • 목재, **섬유화재**(섬유류 화재) 보기 ①
유류화재(B급)	황색	• 가연성 액체 • 가연성 가스 • 액화가스화재 • 석유화재
전기화재(C급)	청색	• 전기설비
금속화재(D급)	무색	• 가연성 금속
주방화재(K급)	–	• 식용유화재

• 요즘은 표시색의 의무규정은 없음

답 ①

★★
11 위험물안전관리법령상 제6류 위험물을 수납하는 운반용기의 외부에 주의사항을 표시하여야 할 경우, 어떤 내용을 표시하여야 하는가?

19.04.문58
16.10.문53
15.03.문44
11.10.문45

① 물기엄금
② 화기엄금
③ 화기주의 · 충격주의
④ 가연물접촉주의

해설 **위험물규칙 〔별표 19〕**
위험물 운반용기의 주의사항

위험물		주의사항
제1류 위험물	알칼리금속의 과산화물	• 화기 · 충격주의 • 물기엄금 • 가연물접촉주의
	기타	• 화기 · 충격주의 • 가연물접촉주의
제2류 위험물	철분 · 금속분 · 마그네슘	• 화기주의 • 물기엄금
	인화성 고체	• 화기엄금
	기타	• 화기주의
제3류 위험물	자연발화성 물질	• 화기엄금 • 공기접촉엄금
	금수성 물질	• 물기엄금
제4류 위험물		• 화기엄금
제5류 위험물		• 화기엄금 • 충격주의
제6류 위험물 ⟶		• 가연물접촉주의 보기 ④

비교

위험물규칙 〔별표 4〕
위험물제조소의 게시판 설치기준

위험물	주의사항	비 고
• 제1류 위험물(알칼리금속의 과산화물) • 제3류 위험물(금수성 물질)	물기엄금	**청색**바탕에 **백색**문자
• 제2류 위험물(인화성 고체 제외)	화기주의	**적색**바탕에 **백색**문자
• 제2류 위험물(인화성 고체) • 제3류 위험물(자연발화성 물질) • 제4류 위험물 • 제5류 위험물	화기엄금	
• 제6류 위험물	별도의 표시를 하지 않는다.	

답 ④

★★★
12 다음 연소생성물 중 인체에 독성이 가장 높은 것은?

19.04.문10
11.03.문10
04.09.문14

① 이산화탄소
② 일산화탄소
③ 수증기
④ 포스겐

해설 **연소가스**

연소가스	설 명
일산화탄소(CO)	화재시 흡입된 일산화탄소(CO)의 화학적 작용에 의해 **헤모글로빈**(Hb)이 혈액의 산소운반작용을 저해하여 사람을 질식·사망하게 한다.
이산화탄소(CO_2)	연소가스 중 **가장 많은 양**을 차지하고 있으며 가스 그 자체의 독성은 거의 없으나 다량이 존재할 경우 호흡속도를 증가시키고, 이로 인하여 화재가스에 혼합된 유해가스의 혼입을 증가시켜 위험을 가중시키는 가스이다.
암모니아(NH_3)	나무, 페놀수지, 멜라민수지 등의 **질소함유물**이 연소할 때 발생하며, 냉동시설의 **냉매**로 쓰인다.
포스겐($COCl_2$) 보기 ④ →	**매우 독성이 강한 가스**로서 소화제인 **사염화탄소**(CCl_4)를 화재시에 사용할 때도 발생한다.
황화수소(H_2S)	**달걀 썩는 냄새**가 나는 특성이 있다.
아크롤레인 ($CH_2=CHCHO$)	독성이 매우 높은 가스로서 **석유제품, 유지** 등이 연소할 때 생성되는 가스이다.

답 ④

★★★
13 알킬알루미늄 화재에 적합한 소화약제는?

16.05.문20
07.09.문03

① 물 ② 이산화탄소
③ 팽창질석 ④ 할로젠화합물

해설 **알킬알루미늄 소화약제**

위험물	소화약제
• 알킬알루미늄	• 마른모래 • 팽창질석 보기 ③ • 팽창진주암

답 ③

★
14 열전도도(Thermal conductivity)를 표시하는 단위에 해당하는 것은?

18.03.문13
06.05.문34

① $J/m^2 \cdot h$
② $kcal/h \cdot ℃^2$
③ $W/m \cdot K$
④ $J \cdot K/m^3$

해설 **전도**

$$\mathring{q}'' = \frac{K(T_2 - T_1)}{l}$$

여기서, $\mathring{q}''$: 단위면적당 열량(열손실)〔W/m^2〕
K : **열전도율(열전도도)**〔W/m·K〕
$T_2 - T_1$: 온도차〔℃〕 또는 〔K〕
l : 두께〔m〕

답 ③

★★
15 위험물안전관리법령상 위험물에 대한 설명으로 옳은 것은?

20.08.문20
19.03.문06
16.05.문01
15.03.문51
09.05.문57

① 과염소산은 위험물이 아니다.
② 황린은 제2류 위험물이다.
③ 황화인의 지정수량은 100kg이다.
④ 산화성 고체는 제6류 위험물의 성질이다.

해설 **위험물의 지정수량**

위험물	지정수량
• 질산에스터류	제1종 : 10kg, 제2종 : 100kg
• 황린	20kg
• 무기과산화물 • 과산화나트륨	50kg
• 황화인 • 적린 →	100kg 보기 ③
• 트리나이트로톨루엔	제1종 : 10kg, 제2종 : 100kg
• 탄화알루미늄	300kg

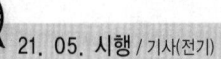

① 위험물이 아니다. → 위험물이다.
② 제2류 → 제3류
④ 제6류 → 제1류

중요

위험물령 [별표 1]
위험물

유 별	성 질	품 명
제1류	산화성 고체	• 아염소산염류 • 염소산염류(**염소산나트륨**) • 과염소산염류 • 질산염류 • 무기과산화물 기억법 1산고염나
제2류	가연성 고체	• **황화**인 • **적**린 • **황** • **마**그네슘 기억법 황화적황마
제3류	자연발화성 물질 및 금수성 물질	• **황**린 • **칼**륨 • **나**트륨 • **알**칼리토금속 • **트**리에틸알루미늄 기억법 황칼나알트
제4류	인화성 액체	• 특수인화물 • 석유류(벤젠) • 알코올류 • 동식물유류
제5류	자기반응성 물질	• 유기과산화물 • 나이트로화합물 • 나이트로소화합물 • 아조화합물 • 질산에스터류(셀룰로이드)
제6류	산화성 액체	• **과염소산** • 과산화수소 • 질산

답 ③

★★★
16 제3종 분말소화약제의 주성분은?

17.09.문10 16.10.문06 16.10.문10 16.05.문15 16.05.문17 16.03.문09 16.03.문11 15.09.문01

① 인산암모늄
② 탄산수소칼륨
③ 탄산수소나트륨
④ 탄산수소칼륨과 요소

해설 (1) **분말소화약제**

종 별	주성분	착 색	적응화재	비 고
제1종	중탄산나트륨 ($NaHCO_3$)	백색	BC급	**식용유** 및 **지방질유**의 화재에 적합
제2종	중탄산칼륨 ($KHCO_3$)	담자색 (담회색)	BC급	−
제3종	제1인산암모늄 ($NH_4H_2PO_4$)	담홍색 (황색)	ABC급	**차고·주차장**에 적합
제4종	중탄산칼륨 + 요소 ($KHCO_3$ + $(NH_2)_2CO$)	회(백)색	BC급	−

기억법 1식분(**일식 분**식)
3분 차주(**삼보**컴퓨터 **차주**)

• 제1인산암모늄 = 인산암모늄 = 인산염

(2) **이산화탄소 소화약제**

주성분	적응화재
이산화탄소(CO_2)	BC급

답 ①

★★★
17 이산화탄소 소화기의 일반적인 성질에서 단점이 아닌 것은?

14.09.문03 03.03.문08

① 밀폐된 공간에서 사용시 질식의 위험성이 있다.
② 인체에 직접 방출시 동상의 위험성이 있다.
③ 소화약제의 방사시 소음이 크다.
④ 전기가 잘 통하기 때문에 전기설비에 사용할 수 없다.

해설 **이산화탄소 소화설비**

구 분	설 명
장점	• 화재진화 후 깨끗하다. • **심부화재**에 적합하다. • **증거보존**이 **양호**하여 화재원인조사가 쉽다. • 전기의 **부도체**로서 전기절연성이 높다(**전기설비**에 사용 가능).
단점	• 인체의 **질식**이 **우려**된다. 보기 ① • 소화약제의 방출시 인체에 닿으면 **동상**이 **우려**된다. 보기 ② • 소화약제의 방사시 **소리**가 **요란**하다. 보기 ③

④ 잘 통하기 때문에 → 통하지 않기 때문에,
없다. → 있다.

답 ④

★
18 IG-541이 15℃에서 내용적 50리터 압력용기에 155kgf/cm²으로 충전되어 있다. 온도가 30℃가 되었다면 IG-541 압력은 약 몇 kgf/cm²가 되겠는가? (단, 용기의 팽창은 없다고 가정한다.)

① 78
② 155
③ 163
④ 310

해설 (1) **기호**

- T_1 : 15℃=(273+15)K=288K
- $V_1 = V_2$: 50L(용기의 팽창이 없으므로)
- P_1 : 155kgf/cm²
- T_2 : 30℃=(273+30)K=303K
- P_2 : ?

(2) **보일-샤를**의 **법칙**

$$\frac{P_1V_1}{T_1}=\frac{P_2V_2}{T_2}$$

여기서, P_1, P_2 : 기압〔atm〕
V_1, V_2 : 부피〔m³〕
T_1, T_2 : 절대온도〔K〕(273+℃)

$V_1 = V_2$이므로

$$\frac{P_1\cancel{V_1}}{T_1}=\frac{P_2\cancel{V_2}}{T_2}$$

$$\frac{P_1}{T_1}=\frac{P_2}{T_2}$$

$$\frac{155\text{kgf/cm}^2}{288\text{K}}=\frac{x\text{〔kgf/cm}^2\text{〕}}{303\text{K}}$$

$$x\text{〔kgf/cm}^2\text{〕}=\frac{155\text{kgf/cm}^2}{288\text{K}}\times 303\text{K}$$

$$\fallingdotseq 163\text{kgf/cm}^2$$

용어

보일-샤를의 **법칙**(Boyle-Charl's law)
기체가 차지하는 **부피**는 **압력**에 **반비례**하며, **절대온도**에 **비례**한다.

답 ③

★★
19 소화약제 중 HFC-125의 화학식으로 옳은 것은?

17.09.문06
16.10.문12
15.03.문20
14.03.문15

① CHF_2CF_3
② CHF_3
③ CF_3CHFCF_3
④ CF_3I

해설 **할로겐화합물** 및 **불활성기체 소화약제**

구 분	소화약제	화학식
할로겐화합물 소화약제	FC-3-1-10 기억법 FC31(FC 서울의 3.1절)	C_4F_{10}
	HCFC BLEND A	HCFC-123($CHCl_2CF_3$) : 4.75% HCFC-22($CHClF_2$) : 82% HCFC-124($CHClFCF_3$) : 9.5% $C_{10}H_{16}$: 3.75% 기억법 475 82 95 375(사시오 빨리 그래서 구어 삼키시오!)
	HCFC-124	$CHClFCF_3$
	HFC-125 → 기억법 125(이리온)	CHF_2CF_3 보기 ①
	HFC-227ea 기억법 227e(둘둘치킨이 맛있다)	CF_3CHFCF_3
	HFC-23	CHF_3
	HFC-236fa	$CF_3CH_2CF_3$
	FIC-13I1	CF_3I
불활성 기체 소화약제	IG-01	Ar
	IG-100	N_2
	IG-541	• N_2(질소) : 52% • Ar(아르곤) : 40% • CO_2(이산화탄소) : 8% 기억법 NACO(내코) 52408
	IG-55	N_2 : 50%, Ar : 50%
	FK-5-1-12	$CF_3CF_2C(O)CF(CF_3)_2$

답 ①

★★
20 프로판 50vol%, 부탄 40vol%, 프로필렌 10vol%로 된 혼합가스의 폭발하한계는 약 몇 vol%인가? (단, 각 가스의 폭발하한계는 프로판은 2.2vol%, 부탄은 1.9vol%, 프로필렌은 2.4vol%이다.)

17.05.문03

① 0.83　② 2.09
③ 5.05　④ 9.44

해설 **혼합가스**의 **폭발하한계**

$$\frac{100}{L}=\frac{V_1}{L_1}+\frac{V_2}{L_2}+\frac{V_3}{L_3}$$

여기서, L : 혼합가스의 폭발하한계〔vol%〕

L_1, L_2, L_3 : 가연성 가스의 폭발하한계〔vol%〕

V_1, V_2, V_3 : 가연성 가스의 용량〔vol%〕

$$\frac{100}{L}=\frac{V_1}{L_1}+\frac{V_2}{L_2}+\frac{V_3}{L_3}$$

$$\frac{100}{L}=\frac{50}{2.2}+\frac{40}{1.9}+\frac{10}{2.4}$$

$$\frac{100}{\frac{50}{2.2}+\frac{40}{1.9}+\frac{10}{2.4}}=L$$

$$L=\frac{100}{\frac{50}{2.2}+\frac{40}{1.9}+\frac{10}{2.4}}\fallingdotseq 2.09\%$$

- 단위가 원래는 〔vol%〕 또는 〔v%〕, 〔vol.%〕인데 줄여서 〔%〕로 쓰기도 한다.

답 ②

제 2 과목 소방전기일반

★★★

21 빛이 닿으면 전류가 흐르는 다이오드로서 들어온 빛에 대해 직선적으로 전류가 증가하는 다이오드는?

17.05.문24 15.05.문39 14.05.문29 11.06.문32 00.07.문33

① 제너다이오드 ② 터널다이오드

③ 발광다이오드 ④ 포토다이오드

해설 **다이오드**의 **종류**

(1) **제너다이오드**(Zener diode) : **정전압 회로용**으로 사용되는 소자로서, **"정전압다이오드"**라고도 한다. 보기 ①

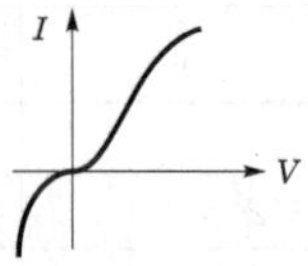

| 제너다이오드의 특성 |

기억법 정제

(2) **터널다이오드**(Tunnel diode) : **부성저항 특성**을 나타내며, **증폭 · 발진 · 개폐작용**에 응용한다. 보기 ②

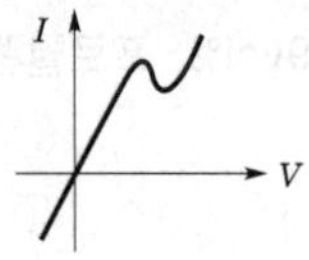

| 터널다이오드의 특성 |

기억법 터부

(3) **발광다이오드**(LED ; Light Emitting Diode) : **전류**가 통과하면 **빛**을 **발산**하는 다이오드이다. 보기 ③

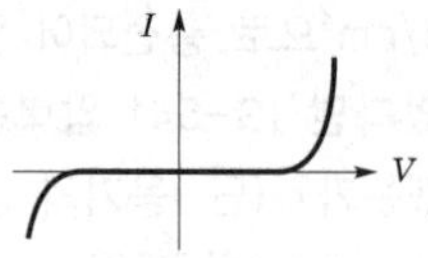

| 발광다이오드의 특성 |

기억법 발전빛

- 포토 다이오드와 발광 다이오드는 서로 반대 개념

(4) **포토다이오드**(Photo diode) : **빛**이 닿으면 **전류**가 흐르는 다이오드로서 광량의 변화를 전류값으로 대치하므로 광센서에 주로 사용하는 다이오드이다. 보기 ④

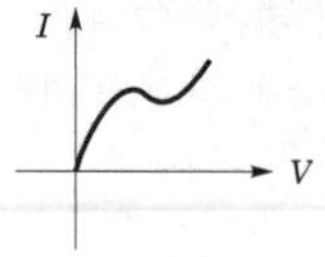

| 포토다이오드의 특성 |

기억법 포빛전

답 ④

★

22 입력이 $r(t)$이고, 출력이 $c(t)$인 제어시스템이 다음의 식과 같이 표현될 때 이 제어시스템의 전달함수$\left(G(s)=\dfrac{C(s)}{R(s)}\right)$는? (단, 초기값은 0이다.)

18.04.문36 17.09.문22 (산업)

$$2\frac{d^2c(t)}{dt^2}+3\frac{dc(t)}{dt}+c(t)=3\frac{dr(t)}{dt}+r(t)$$

① $\dfrac{3s+1}{2s^2+3s+1}$ ② $\dfrac{2s^2+3s+1}{s+3}$

③ $\dfrac{3s+1}{s^2+3s+2}$ ④ $\dfrac{s+3}{s^2+3s+2}$

해설 **미분방정식**

$$2\frac{d^2c(t)}{dt^2}+3\frac{dc(t)}{dt}+c(t)=3\frac{dr(t)}{dt}+r(t)$$

라플라스 변환하면

$(2s^2+3s+1)C(s)=(3s+1)R(s)$

전달함수 $G(s)$는

$$G(s)=\frac{C(s)}{R(s)}=\frac{3s+1}{2s^2+3s+1}$$

용어

전달함수

모든 초기값을 0으로 하였을 때 출력신호의 라플라스 변환과 입력신호의 라플라스 변환의 비

답 ①

23

그림 (a)와 그림 (b)의 각 블록선도가 등가인 경우 전달함수 $G(s)$는?

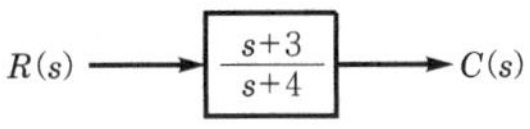

(a)

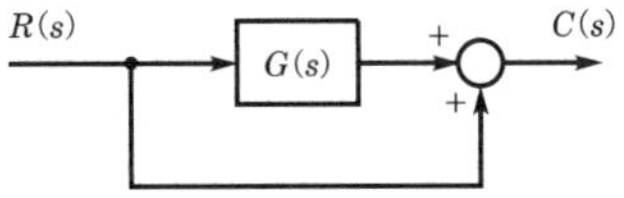

(b)

① $\dfrac{1}{s+4}$　　② $\dfrac{2}{s+4}$

③ $\dfrac{-1}{s+4}$　　④ $\dfrac{-2}{s+4}$

해설

$R(s)\cdot\dfrac{s+3}{s+4}=C(s)$

$\dfrac{s+3}{s+4}=\dfrac{C(s)}{R(s)}$ ……………………………… ㉠

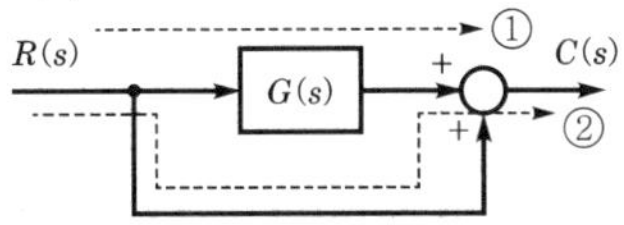

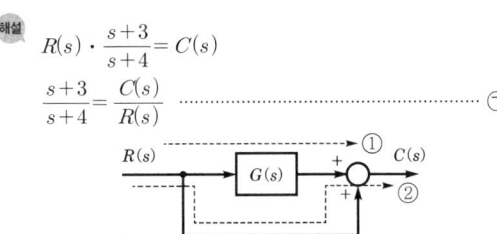

$R(s)\cdot G(s)+R(s)=C(s)$

$R(s)(G(s)+1)=C(s)$

$G(s)+1=\dfrac{C(s)}{R(s)}$ ……………………………… ㉡

㉡식에 ㉠식을 대입하면

$G(s)+1=\dfrac{s+3}{s+4}$

$G(s)=\dfrac{s+3}{s+4}-1$

$=\dfrac{s+3}{s+4}-\dfrac{s+4}{s+4}$

$=\dfrac{\cancel{s}+3-\cancel{s}-4}{s+4}$

$=\dfrac{-1}{s+4}$

답 ③

24

내압이 1.0kV이고 정전용량이 각각 0.01μF, 0.02μF, 0.04μF인 3개의 커패시터를 직렬로 연결했을 때 전체 내압은 몇 V인가?

① 1500　　② 1750

③ 2000　　④ 2200

해설 (1) **기호**

- $V_1=V_2=V_3$: 1kV=1000V
- C_1 : 0.01μF=0.01×10^{-6}F(1μF=10^{-6}F)
- C_2 : 0.02μF=0.02×10^{-6}F(1μF=10^{-6}F)
- C_3 : 0.04μF=0.04×10^{-6}F(1μF=10^{-6}F)
- V : ?

(2) **전기량**

$$Q=CV$$

여기서, Q : 전기량(전하)[C]
C : 정전용량[F]
V : 전압[V]

$Q_1=C_1V_1=(0.01\times10^{-6})\times1000=1\times10^{-5}\text{C}$

$Q_2=C_2V_2=(0.02\times10^{-6})\times1000=2\times10^{-5}\text{C}$

$Q_3=C_3V_3=(0.04\times10^{-6})\times1000=4\times10^{-5}\text{C}$

Q_1이 제일 작으므로 C_1 콘덴서가 제일 먼저 파괴된다. 전압이 **1000V**이므로 이때의 전체 내압을 구하면 된다.

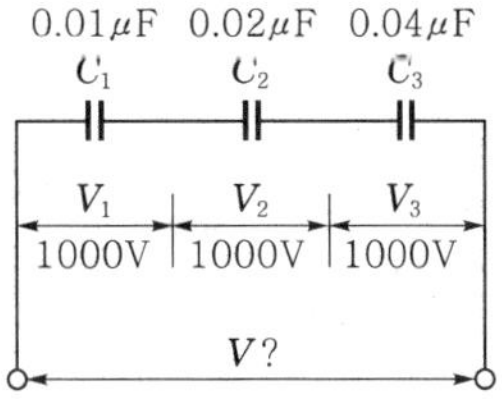

- $V_1=\dfrac{\dfrac{1}{C_1}}{\dfrac{1}{C_1}+\dfrac{1}{C_2}+\dfrac{1}{C_3}}\times V$
- $V_2=\dfrac{\dfrac{1}{C_2}}{\dfrac{1}{C_1}+\dfrac{1}{C_2}+\dfrac{1}{C_3}}\times V$
- $V_3=\dfrac{\dfrac{1}{C_3}}{\dfrac{1}{C_1}+\dfrac{1}{C_2}+\dfrac{1}{C_3}}\times V$

$V_1=\dfrac{\dfrac{1}{C_1}}{\dfrac{1}{C_1}+\dfrac{1}{C_2}+\dfrac{1}{C_3}}\times V_T$

$1000=\dfrac{\dfrac{1}{0.01}}{\dfrac{1}{0.01}+\dfrac{1}{0.02}+\dfrac{1}{0.04}}\times V_T$

$V_T=\dfrac{1000}{\dfrac{\dfrac{1}{0.01}}{\dfrac{1}{0.01}+\dfrac{1}{0.02}+\dfrac{1}{0.04}}}$

$=\dfrac{1000\times\left(\dfrac{1}{0.01}+\dfrac{1}{0.02}+\dfrac{1}{0.04}\right)}{\dfrac{1}{0.01}}=1750\text{V}$

- 정전용량의 단위가 모두 μF이므로 $\mu=10^{-6}$은 모두 생략되어 따로 적용할 필요는 없다.

답 ②

★★★
25 그림의 논리회로와 등가인 논리게이트는?

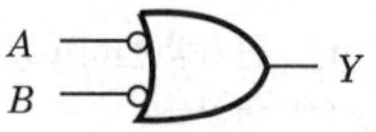

① NOR ② NAND
③ NOT ④ OR

해설 **치환법**

논리회로	치 환	명 칭
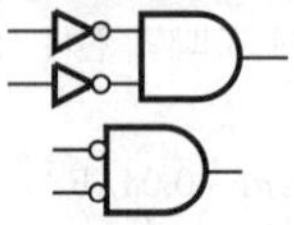	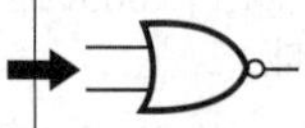	NOR회로
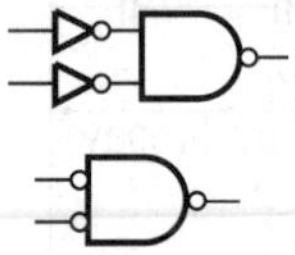	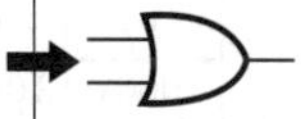	OR회로
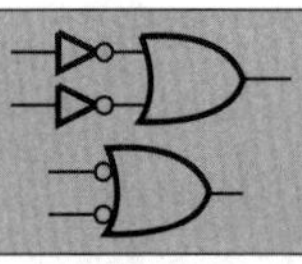	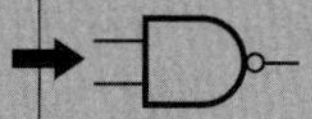	NAND회로 보기 ②
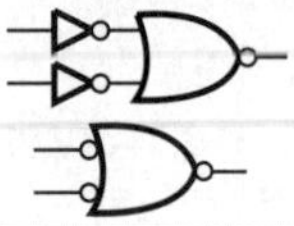	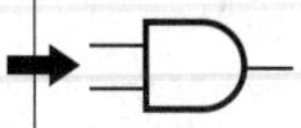	AND회로

• **AND회로 → OR회로, OR회로 → AND회로**로 바꾼다.
• **버블**(Bubble)이 **있는 것**은 **버블**을 **없애고, 버블**이 **없는 것**은 **버블**을 **붙인다**[버블(Bubble)이란 작은 동그라미를 말한다].

답 ②

★★★
26 60Hz, 4극의 3상 유도전동기가 정격출력일 때 슬립이 2%이다. 이 전동기의 동기속도[rpm]는?
[18.03.문29]

① 1200 ② 1764
③ 1800 ④ 1836

해설 (1) **기호**

• f : 60Hz
• P : 4
• s : 2%=0.02
• N_s : ?

(2) **동기속도**

$$N_s = \frac{120f}{P}$$

여기서, N_s : 동기속도[rpm]
f : 주파수[Hz]
P : 극수

동기속도 N_s는

$$N_s = \frac{120f}{P} = \frac{120\times 60}{4} = 1800\text{rpm}$$

• 동기속도이므로 슬립은 적용할 필요 없음

비교

회전속도

$$N = \frac{120f}{P}(1-s)\,[\text{rpm}]$$

여기서, N : 회전속도[rpm]
P : 극수
f : 주파수[Hz]
s : 슬립

용어

슬립(Slip)

유도전동기의 **회전자속도**에 대한 **고정자**가 만든 **회전자계**의 **늦음**의 **정도**를 말하며, 평상운전에서 슬립은 **4~8%** 정도 되며, 슬립이 클수록 회전속도는 느려진다.

답 ③

★★
27 최대눈금이 150V이고, 내부저항이 30kΩ인 전압계가 있다. 이 전압계로 750V까지 측정하기 위해 필요한 배율기의 저항[kΩ]은?
[17.03.문21]

① 120 ② 150
③ 300 ④ 800

해설 (1) **기호**

• V : 150V
• R_v : 30kΩ=30×10³Ω=30000Ω
• V_0 : 750V
• R_m : ?

(2) **배율기**

$$V_0 = V\left(1+\frac{R_m}{R_v}\right)[\text{V}]$$

여기서, V_0 : 측정하고자 하는 전압[V]
V : 전압계의 최대눈금[V]
R_v : 전압계의 내부저항[Ω]
R_m : 배율기 저항[Ω]

$$V_0 = V\left(1+\frac{R_m}{R_v}\right)$$

$$\frac{V_0}{V} = 1+\frac{R_m}{R_v}$$

$$\frac{V_0}{V} - 1 = \frac{R_m}{R_v}$$

$$\left(\frac{V_0}{V} - 1\right)R_v = R_m$$

배율기의 저항 R_m은

$$R_m = \left(\frac{V_0}{V} - 1\right)R_v$$

$$= \left(\frac{750}{150} - 1\right) \times 30000 = 120000\,\Omega = 120\text{k}\Omega$$

• $1000\,\Omega = 1\text{k}\Omega$

비교

분류기

$$I_0 = I\left(1 + \frac{R_A}{R_S}\right)$$

여기서, I_0 : 측정하고자 하는 전류〔A〕
I : 전류계 최대눈금〔A〕
R_A : 전류계 내부저항〔Ω〕
R_S : 분류기 저항〔Ω〕

답 ①

★★★
28 **제어요소는 동작신호를 무엇으로 변환하는 요소인가?**

16.05.문25
16.03.문38
15.09.문24
12.03.문38

① 제어량
② 비교량
③ 검출량
④ 조작량

해설 **피드백제어**의 **용어**

용 어	설 명
제어요소 (Control element)	**동작신호**를 **조작량**으로 변환하는 요소이고, **조절부**와 **조작부**로 이루어진다. 보기 ④
제어량 (Controlled value)	제어대상에 속하는 양으로, 제어대상을 제어하는 것을 목적으로 하는 물리적인 양이다.
조작량 (Manipulated value)	• **제어장치**의 **출력**인 동시에 **제어대상**의 **입력**으로 제어장치가 제어대상에 가해지는 제어신호이다. • **제어요소**에서 **제어대상**에 인가되는 양이다. 기억법 **조제대상**
제어장치 (Control device)	제어하기 위해 제어대상에 부착되는 장치이고, **조절부, 설정부, 검출부** 등이 이에 해당된다.
오차검출기	제어량을 설정값과 비교하여 오차를 계산하는 장치이다.

답 ④

★★★
29 **회로의 전압과 전류를 측정하기 위한 계측기의 연결방법으로 옳은 것은?**

19.03.문22
18.03.문36
17.09.문24
16.03.문26
14.09.문36
08.03.문30
04.09.문98
03.03.문37

① 전압계 : 부하와 직렬, 전류계 : 부하와 직렬
② 전압계 : 부하와 직렬, 전류계 : 부하와 병렬
③ 전압계 : 부하와 병렬, 전류계 : 부하와 직렬
④ 전압계 : 부하와 병렬, 전류계 : 부하와 병렬

해설 **전압계**와 **전류계**의 **연결** 보기 ③

전압계	전류계
부하와 **병렬**연결	부하와 **직렬**연결

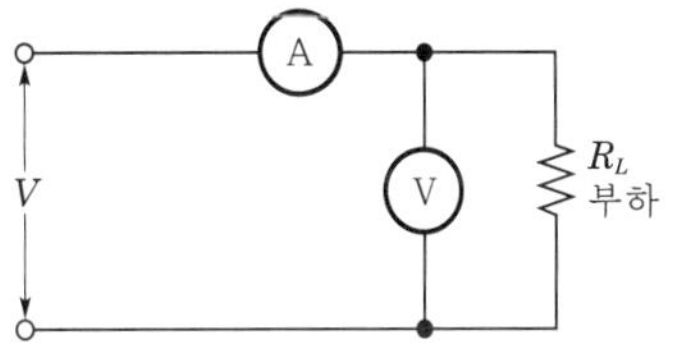

비교

배율기와 **분류기**

배율기	**전압계**와 **직렬**연결 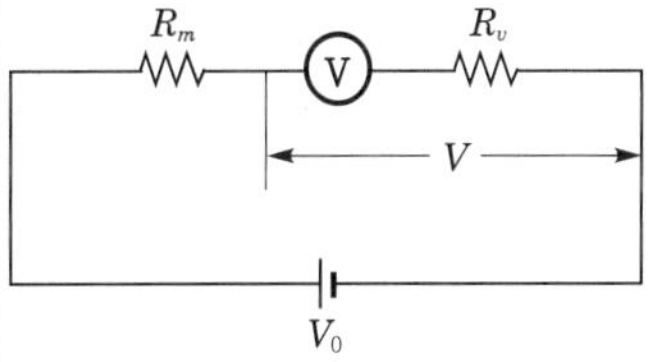 여기서, V_0 : 측정하고자 하는 전압〔V〕 V : 전압계의 최대눈금〔A〕 R_v : 전압계 내부저항〔Ω〕 R_m : 배율기〔Ω〕
분류기	**전류계**와 **병렬**연결 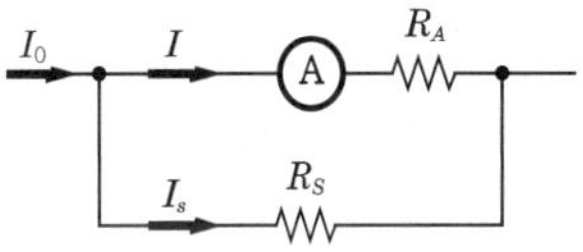 여기서, I_0 : 측정하고자 하는 전류〔A〕 I : 전류계의 최대눈금〔A〕 I_s : 분류기에 흐르는 전류〔A〕 R_A : 전류계 내부저항〔Ω〕 R_S : 분류기〔Ω〕

답 ③

★★★
30 그림과 같은 회로에 평형 3상 전압 200V를 인가한 경우 소비된 유효전력[kW]은? (단, $R=20\Omega$, $X=10\Omega$)

18.09.문32
16.10.문21
12.05.문21
07.09.문27
03.05.문34

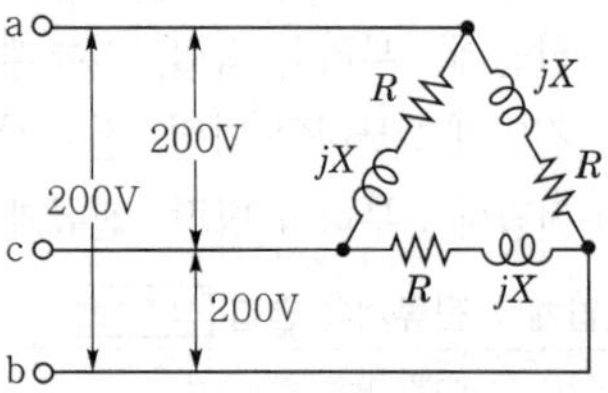

① 1.6 ② 2.4
③ 2.8 ④ 4.8

해설 (1) **기호**

- V_L : 200V
- R : 20Ω
- X : 10Ω
- Q : ?

(2) **△결선 선전류**

△결선	Y결선
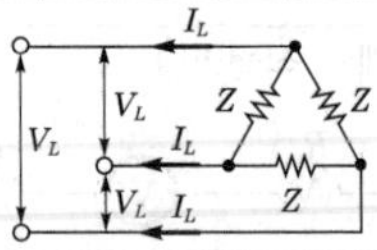	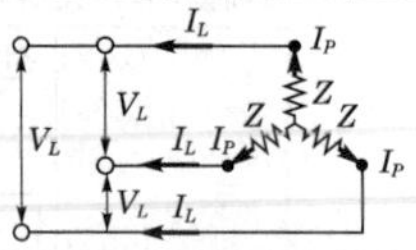
$I_L = \dfrac{\sqrt{3}\,V_L}{Z}$ $I_L = \sqrt{3}\,I_P$ 여기서, I_L : 선전류[A] V_L : 선간전압[V] Z : 임피던스[Ω] I_P : 상전류[A]	$I_L = I_P = \dfrac{V_L}{\sqrt{3}\,Z}$ 여기서, I_L : 선전류[A] I_P : 상전류[A] V_L : 선간전압[V] Z : 임피던스[Ω]

△결선 선전류 I_L는

$$I_L = \frac{\sqrt{3}\,V_L}{Z} = \frac{\sqrt{3}\times 200}{20+j10} = \frac{\sqrt{3}\times 200}{\sqrt{20^2+10^2}} = 15.491\text{A}$$

(3) **△결선 상전류**

$$I_P = \frac{I_L}{\sqrt{3}},\ I_L = \sqrt{3}\,I_P$$

여기서, I_P : 상전류[A]
I_L : 선전류[A]

△결선 상전류 I_P는

$$I_P = \frac{I_L}{\sqrt{3}} = \frac{15.491}{\sqrt{3}} = 8.943\text{A}$$

(4) **3상 유효전력**

$$P = 3V_P I_P \cos\theta = \sqrt{3}\,V_L I_L \cos\theta = 3I_P^{\,2}R\ \text{[W]}$$

여기서, P : 3상 유효전력[W]
V_P, I_P : 상전압[V], 상전류[A]
V_L, I_L : 선간전압[V], 선전류[A]
R : 저항[Ω]

3상 유효전력 P는

$$P = 3I_P^{\,2}R$$
$$= 3\times 8.943^2\times 20 = 4798 ≒ 4800\text{W} = 4.8\text{kW}$$

- 1000W=1kW

답 ④

★★★
31 논리식 $A\cdot(A+B)$를 간단히 표현하면?

19.09.문21
19.09.문40
18.03.문31
17.09.문33
17.03.문23
16.05.문36
16.03.문39
15.09.문23
15.03.문39

① A
② B
③ $A\cdot B$
④ $A+B$

해설
$A\cdot(A+B) = \underline{AA} + AB$(분배법칙) ($X\cdot X = X$)
$= A + AB$(흡수법칙)
$= A\underline{(1+B)}$ ($X+1=1$)
$= \underline{A\cdot 1}$ ($X\cdot 1 = X$)
$= A$

중요

불대수

논리합	논리곱	비 고
$X+0=X$	$X\cdot 0=0$	–
$X+1=1$	$X\cdot 1=X$	–
$X+X=X$	$X\cdot X=X$	–
$X+\overline{X}=1$	$X\cdot\overline{X}=0$	–
$X+Y=Y+X$	$X\cdot Y=Y\cdot X$	교환법칙
$X+(Y+Z)$ $=(X+Y)+Z$	$X(YZ)=(XY)Z$	결합법칙
$X(Y+Z)$ $=XY+XZ$	$(X+Y)(Z+W)$ $=XZ+XW+YZ+YW$	분배법칙
$X+XY=X$	$\overline{X}+XY=\overline{X}+Y$ $X+\overline{X}Y=X+Y$ $X+\overline{X}\,\overline{Y}=X+\overline{Y}$	흡수법칙
$(\overline{X+Y})$ $=\overline{X}\cdot\overline{Y}$	$(\overline{X\cdot Y})=\overline{X}+\overline{Y}$	드모르간의 정리

답 ①

★★★
32 정현파 교류전압의 최대값이 V_m[V]이고, 평균값이 V_{av}[V]일 때 이 전압의 실효값 V_{rms}[V]는?

19.09.문37
15.05.문28
10.09.문39
98.10.문38

① $V_{rms} = \dfrac{\pi}{\sqrt{2}}V_m$

② $V_{rms} = \dfrac{\pi}{2\sqrt{2}}V_{av}$

③ $V_{rms} = \dfrac{\pi}{2\sqrt{2}}V_m$

④ $V_{rms} = \dfrac{1}{\pi}V_m$

해설 (1) **최대값 · 실효값 · 평균값**

파 형	최대값	실효값	평균값
① **정현파** ② 전파정류파	V_m	$\frac{1}{\sqrt{2}}V_m$	$\frac{2}{\pi}V_m$
③ 반구형파	V_m	$\frac{1}{\sqrt{2}}V_m$	$\frac{1}{2}V_m$
④ 삼각파(3각파) ⑤ 톱니파	V_m	$\frac{1}{\sqrt{3}}V_m$	$\frac{1}{2}V_m$
⑥ 구형파	V_m	V_m	V_m
⑦ 반파정류파	V_m	$\frac{1}{2}V_m$	$\frac{1}{\pi}V_m$

(2) **평균값**

$$V_{av}=\frac{2}{\pi}V_m$$

여기서, V_{av} : 전압의 평균값〔V〕

V_m : 전압의 최대값〔V〕

전압의 최대값 V_m은

$$V_m=\frac{\pi}{2}V_{av} \quad \cdots\cdots ㉠$$

(3) **실효값**

$$V_{\mathrm{rms}}=\frac{1}{\sqrt{2}}V_m$$

여기서, V_{rms} : 전압의 실효값〔V〕

V_m : 전압의 최대값〔V〕

실효값 V_{rms}는

$$V_{\mathrm{rms}}=\frac{1}{\sqrt{2}}V_m \quad \cdots\cdots ㉡$$

$$=\frac{1}{\sqrt{2}}\times\frac{\pi}{2}V_{av} \leftarrow \text{㉠식을 ㉡식에 대입}$$

$$=\frac{\pi}{2\sqrt{2}}V_{av}$$

답 ②

★

33 자기용량이 10kVA인 단권변압기를 그림과 같이 접속하였을 때 역률 80%의 부하에 몇 kW의 전력을 공급할 수 있는가?

18.09.문28

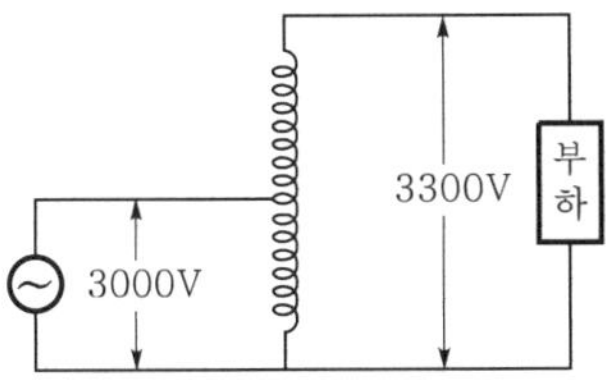

① 8　② 54

③ 80　④ 88

해설 (1) **기호**

- V_1 : 3000V
- V_2 : 3300V
- P : 10kVA=10000VA
- $\cos\theta$: 80%=0.8
- P_L : ?

(2) **부하전류**

$$I_2=\frac{P}{V_2-V_1}$$

여기서, I_2 : 부하전류〔A〕

P : 자기용량〔VA〕

V_2 : 부하전압〔V〕

V_1 : 입력전압〔V〕

부하전류 I_2는

$$I_2=\frac{P}{V_2-V_1}=\frac{10000}{(3300-3000)}\fallingdotseq 33.33\text{A}$$

(3) **부하측 소비전력**(공급전력)

$$P_L=V_2I_2\cos\theta$$

여기서, P_L : 부하측 소비전력〔VA〕

V_2 : 부하전압〔V〕

I_2 : 부하전류〔A〕

$\cos\theta$: 역률

부하측 소비전력 P_L는

$$P_L=V_2I_2\cos\theta$$
$$=3300\times33.33\times0.8$$
$$\fallingdotseq 87991\text{W}\fallingdotseq 88000\text{W}=88\text{kW}$$

답 ④

★★

34 0℃에서 저항이 10Ω이고, 저항의 온도계수가 0.0043인 전선이 있다. 30℃에서 이 전선의 저항은 약 몇 Ω인가?

17.05.문39
08.09.문26

① 0.013　② 0.68

③ 1.4　④ 11.3

해설 (1) **기호**

- t_1 : 0℃
- R_1 : 10Ω
- α_{t_1} : 0.0043
- t_2 : 30℃
- R_2 : ?

(2) **저항의 온도계수**

$$R_2=R_1\{1+\alpha_{t_1}(t_2-t_1)\}\text{〔Ω〕}$$

여기서, R_2 : t_2의 저항〔Ω〕

R_1 : t_1의 저항〔Ω〕

α_{t_1} : t_1의 온도계수

t_2 : 상승 후의 온도〔℃〕

t_1 : 상승 전의 온도〔℃〕

t_2의 저항 R_2는

$$R_2 = R_1\{1+\alpha_{t_1}(t_2-t_1)\}$$
$$=10\{1+0.0043(30-0)\}$$
$$=11.29$$
$$≒11.3\,\Omega$$

답 ④

★★★
35 단방향 대전류의 전력용 스위칭 소자로서 교류의 위상 제어용으로 사용되는 정류소자는?

19.04.문25
19.03.문35
17.05.문35
16.10.문30
15.05.문38
14.09.문40
14.05.문24
14.03.문27
12.03.문34
11.06.문37
00.10.문25

① 서미스터
② SCR
③ 제너 다이오드
④ UJT

해설 **반도체소자**

명 칭	심 벌
• **제너다이오드**(Zener diode) : 주로 정전압 전원회로에 사용된다.	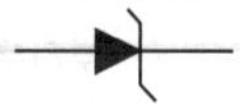
• **서미스터**(Thermistor) : 부온도특성을 가진 저항기의 일종으로서 주로 온도보정용으로 쓰인다.	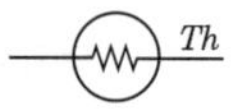
• **SCR**(Silicon Controlled Rectifier) : **단방향 대전류** 스위칭 소자로서 제어를 할 수 있는 정류소자이다. 보기 ②	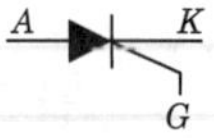
• **바리스터**(Varistor) – 주로 서지전압에 대한 회로보호용(과도전압에 대한 회로보호) – 계전기 접점의 불꽃 제거	
• **UJT**(UniJunction Transistor) = **단일접합 트랜지스터** : 증폭기로는 사용이 불가능하며 톱니파나 펄스발생기로 작용하며 SCR의 트리거 소자로 쓰인다.	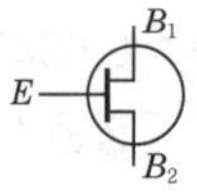
• **바랙터**(Varactor) : 제너현상을 이용한 다이오드이다.	–

기억법 서온(서운해), 바리서계

답 ②

★★
36 직류전원이 연결된 코일에 10A의 전류가 흐르고 있다. 이 코일에 연결된 전원을 제거하는 즉시 저항을 연결하여 폐회로를 구성하였을 때 저항에서 소비된 열량이 24cal이었다. 이 코일의 인덕턴스는 약 몇 H인가?

14.03.문28

① 0.1　　② 0.5
③ 2.0　　④ 24

해설 (1) **기호**

- I : 10A
- W : 24cal$=\frac{24\text{cal}}{0.24}$=100J(1J=0.24cal)
- L : ?

(2) **코일**에 **축적**되는 **에너지**

$$W=\frac{1}{2}LI^2=\frac{1}{2}IN\phi\,[\text{J}]$$

여기서, W : 코일의 축적에너지[J]
L : 자기인덕턴스[H]
N : 코일권수
ϕ : 자속[Wb]
I : 전류[A]

자기인덕턴스 L은

$$L=\frac{2W}{I^2}=\frac{2\times100}{10^2}=2\text{H}$$

답 ③

★★★
37 그림과 같이 접속된 회로에서 a, b 사이의 합성저항은 몇 Ω인가?

14.09.문31
11.06.문27

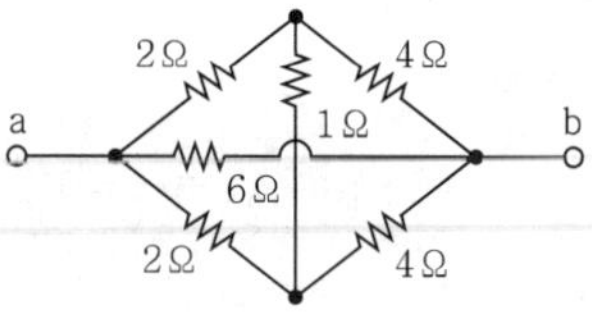

① 1　　② 2
③ 3　　④ 4

해설 **휘트스톤브리지**이고 1Ω에는 전류가 흐르지 아니하므로 a, b 사이의 합성저항 R_{ab}는

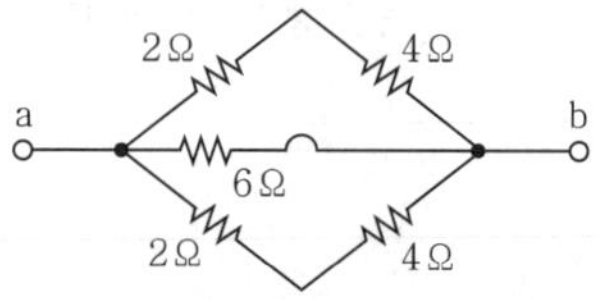

↓

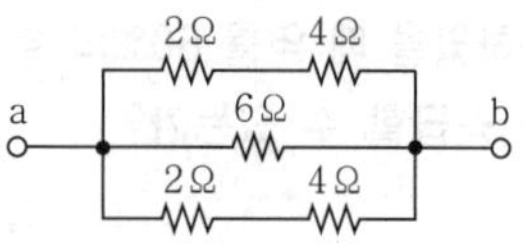

↓

2+4=6Ω

↓

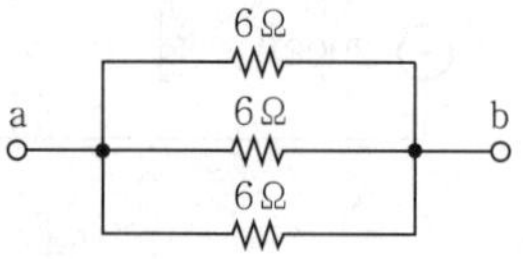

$$R_{ab}=\frac{1}{\frac{1}{6}+\frac{1}{6}+\frac{1}{6}}=2\,\Omega$$

중요

휘트스톤브리지(Wheatstone bridge)
검류계 G**의 지시치**가 0이면 브리지가 평형되었다고 하며 c, d점 사이의 전위차가 0이다.
∴ $\boxed{PR = QX}$ (마주보는 변의 곱은 서로 같다)

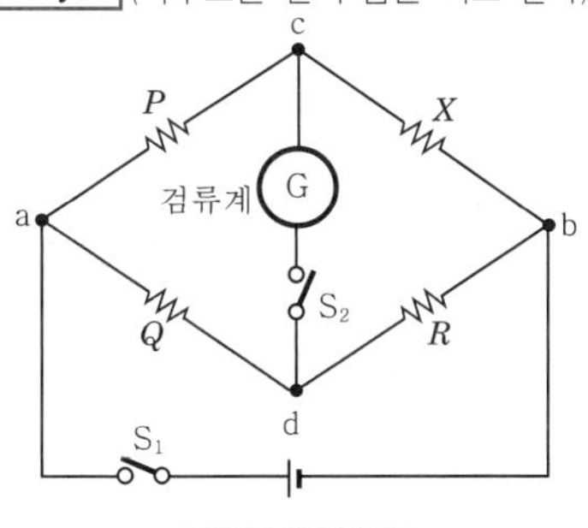

| 휘트스톤브리지 |

답 ②

38 회로에서 a와 b 사이에 나타나는 전압 V_{ab}[V]는?

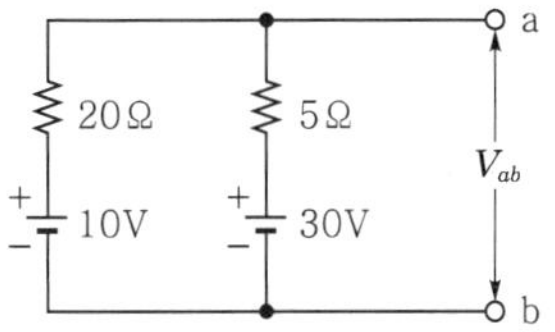

① 20　② 23
③ 26　④ 28

해설

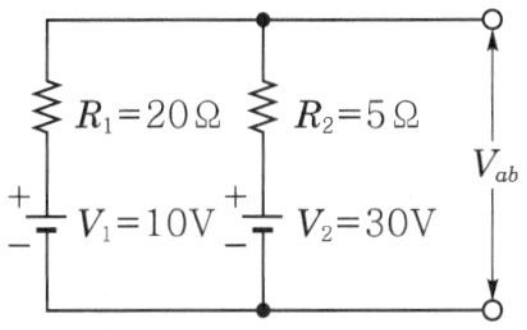

(1) **기호**
- R_1 : 20Ω
- V_1 : 10V
- R_2 : 5Ω
- V_2 : 30V
- V_{ab} : ?

(2) **밀만**의 **정리**

$$V_{ab} = \frac{\frac{V_1}{R_1} + \frac{V_2}{R_2}}{\frac{1}{R_1} + \frac{1}{R_2}} \text{[V]}$$

여기서, V_{ab} : 단자전압[V]
V_1, V_2 : 각각의 전압[V]
R_1, R_2 : 각각의 저항[Ω]

밀만의 **정리**에 의해

$$V_{ab} = \frac{\frac{V_1}{R_1} + \frac{V_2}{R_2}}{\frac{1}{R_1} + \frac{1}{R_2}} = \frac{\frac{10}{20} + \frac{30}{5}}{\frac{1}{20} + \frac{1}{5}} = 26\text{V}$$

답 ③

39 길이 1cm마다 감은 권선수가 50회인 무한장 솔레노이드에 500mA의 전류를 흘릴 때 솔레노이드 내부에서의 자계의 세기는 몇 AT/m인가?

18.04.문40
16.03.문22

① 1250
② 2500
③ 12500
④ 25000

해설 (1) **기호**
- n : 1cm당 50회
  1cm당 권수 50회이므로
  1m=100cm당 권수는
  1cm : 100cm=50회 : □
  100×50=□
  □=100×50
- I : 500mA=0.5A(1000mA=1A)
- H_i : ?

(2) **무한장 솔레노이드**
㉠ **내부자계**

$$H_i = nI \text{[AT/m]}$$

여기서, H_i : 내부자계의 세기[AT/m]
n : 단위길이당 권수(1m당 권수)
I : 전류[A]

㉡ **외부자계**

$$H_e = 0$$

여기서, H_e : 외부자계의 세기[AT/m]

내부자계이므로
무한장 솔레노이드 내부의 **자계**
$H_i = nI = (100 \times 50) \times 0.5 = 2500\text{AT/m}$

답 ②

40 회로에서 저항 5Ω의 양단 전압 V_R[V]은?

14.09.문39

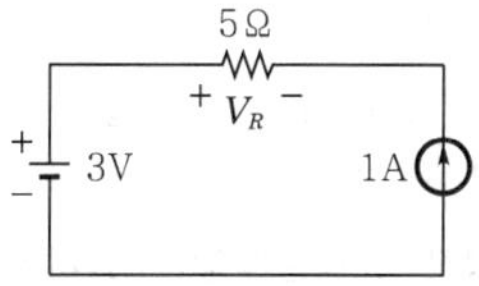

① −5　② −2
③ 3　④ 8

해설 **중첩의 원리**

(1) **전압원 단락시**

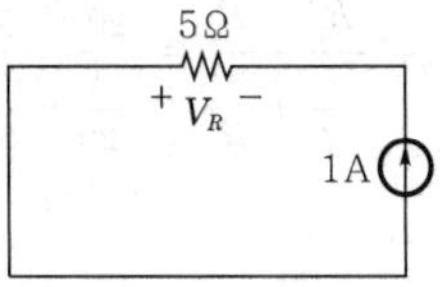

$V=IR=1\times5=5V$(전류와 전압 V_R의 방향의 반대이므로 **−5V**)

(2) **전류원 개방시**

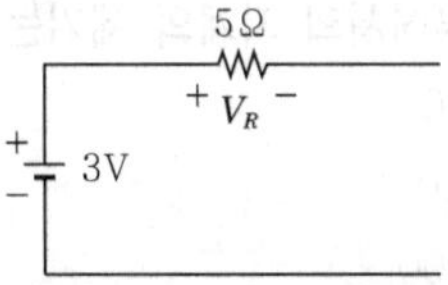

회로가 **개방**되어 있으므로 **5Ω**에는 전압이 인가되지 않음

∴ 5Ω 양단 전압은 **−5V**

• 중첩의 원리=전압원 단락시 값+전류원 개방시 값

답 ①

제 3 과목 소방관계법규

41 소방기본법의 정의상 소방대상물의 관계인이 아닌 자는?

14.05.문48 10.03.문60

① 감리자　② 관리자

③ 점유자　④ 소유자

해설 **기본법 2조**

관계인

(1) **소**유자 보기 ④

(2) **관**리자 보기 ②

(3) **점**유자 보기 ③

기억법 **소관점**

답 ①

42 화재의 예방 및 안전관리에 관한 법령상 화재의 예방상 위험하다고 인정되는 행위를 하는 사람에게 행위의 금지 또는 제한명령을 할 수 있는 사람은?

17.09.문45

① 소방본부장　② 시 · 도지사

③ 의용소방대원　④ 소방대상물의 관리자

해설 **소방청장 · 소방본부장 · 소방서장** : 소방관서장

(1) **화재의 예방조치**(화재예방법 17조) 보기 ①

(2) 옮긴 물건 등의 보관(화재예방법 17조)

(3) 화재예방강화지구의 화재안전조사 · 소방훈련 및 교육(화재예방법 18조)

(4) 화재위험경보발령(화재예방법 20조)

답 ①

43 위험물안전관리법령상 위험물제조소에서 취급하는 위험물의 최대수량이 지정수량의 10배 이하인 경우 공지의 너비기준은?

18.03.문53 08.09.문51

① 2m 이하　② 2m 이상

③ 3m 이하　④ 3m 이상

해설 **위험물규칙 〔별표 4〕**

위험물제조소의 보유공지

지정수량의 10배 이하	지정수량의 10배 초과
3m 이상	**5m** 이상

비교

보유공지

(1) **옥외탱크저장소**의 **보유공지**(위험물규칙 〔별표 6〕)

위험물의 최대수량	공지의 너비
지정수량의 500배 이하	3m 이상
지정수량의 501~1000배 이하	5m 이상
지정수량의 1001~2000배 이하	9m 이상
지정수량의 2001~3000배 이하	12m 이상
지정수량의 3001~4000배 이하	15m 이상
지정수량의 4000배 초과	당해 탱크의 수평단면의 **최대지름**(가로형인 경우에는 긴 변)과 **높이** 중 **큰 것**과 같은 거리 이상(단, 30m 초과의 경우에는 **30m 이상**으로 할 수 있고, 15m 미만의 경우에는 **15m 이상**)

(2) **옥내저장소**의 **보유공지**(위험물규칙 〔별표 5〕)

위험물의 최대수량	공지의 너비	
	내화구조	기타구조
지정수량의 5배 이하	−	0.5m 이상
지정수량의 5배 초과 10배 이하	1m 이상	1.5m 이상
지정수량의 10배 초과 20배 이하	2m 이상	3m 이상
지정수량의 20배 초과 50배 이하	3m 이상	5m 이상
지정수량의 50배 초과 200배 이하	5m 이상	10m 이상
지정수량의 200배 초과	10m 이상	15m 이상

(3) **옥외저장소**의 **보유공지**(위험물규칙 〔별표 11〕)

위험물의 최대수량	공지의 너비
지정수량의 10배 이하	3m 이상
지정수량의 11~20배 이하	5m 이상
지정수량의 21~50배 이하	9m 이상
지정수량의 51~200배 이하	12m 이상
지정수량의 200배 초과	15m 이상

답 ④

★★★
44 위험물안전관리법령상 제조소 또는 일반취급소에서 취급하는 제4류 위험물의 최대수량의 합이 지정수량의 48만배 이상인 사업소의 자체소방대에 두는 화학소방자동차 및 인원기준으로 다음 ( ) 안에 알맞은 것은?

17.05.문52
11.10.문56

화학소방자동차	자체소방대원의 수
(㉠)	(㉡)

① ㉠ 1대, ㉡ 5인　② ㉠ 2대, ㉡ 10인
③ ㉠ 3대, ㉡ 15인　④ ㉠ 4대, ㉡ 20인

해설 **위험물령 〔별표 8〕**
자체소방대에 두는 화학소방자동차 및 인원

구 분	화학소방자동차	자체소방대원의 수
지정수량 **3천~12만배** 미만	1대	5인
지정수량 **12~24만배** 미만	2대	10인
지정수량 **24~48만배** 미만	3대	15인
지정수량 **48만배** 이상 →	4대	20인
옥외탱크저장소에 저장하는 제4류 위험물의 최대수량이 지정수량의 **50만배** 이상	2대	10인

답 ④

★★
45 화재의 예방 및 안전관리에 관한 법령상 특수가연물의 저장 및 취급기준이 아닌 것은? (단, 석탄·목탄류를 발전용으로 저장하는 경우는 제외)

19.03.문55
18.03.문60
14.05.문46
14.03.문46
13.03.문60

① 품명별로 구분하여 쌓는다.
② 쌓는 높이는 20m 이하가 되도록 한다.
③ 쌓는 부분의 바닥면적 사이는 실내의 경우 1.2m 또는 쌓는 높이의 $\frac{1}{2}$ 중 큰 값 이상이 되도록 한다.
④ 특수가연물을 저장 또는 취급하는 장소에는 품명·최대저장수량, 단위부피당 질량 또는 단위체적당 질량, 관리책임자 성명, 직책, 연락처 및 화기취급의 금지표지를 설치해야 한다.

해설 **화재예방법 시행령 〔별표 3〕**
특수가연물의 저장·취급기준
(1) **품명별**로 구분하여 쌓을 것 보기 ①
(2) 쌓는 높이는 **10m** 이하가 되도록 할 것 보기 ②
(3) 쌓는 부분의 바닥면적은 **50m²**(석탄·목탄류는 **200m²**) 이하가 되도록 할 것(단, 살수설비를 설치하거나 대형수동식 소화기를 설치하는 경우에는 높이 **15m** 이하, 바닥면적 **200m²**(석탄·목탄류는 **300m²**) 이하)
(4) 쌓는 부분의 바닥면적 사이는 실내의 경우 **1.2m** 또는 **쌓는 높이**의 $\frac{1}{2}$ 중 **큰 값**(실외 **3m** 또는 **쌓는 높이** 중 **큰 값**) 이상으로 간격을 둘 것 보기 ③

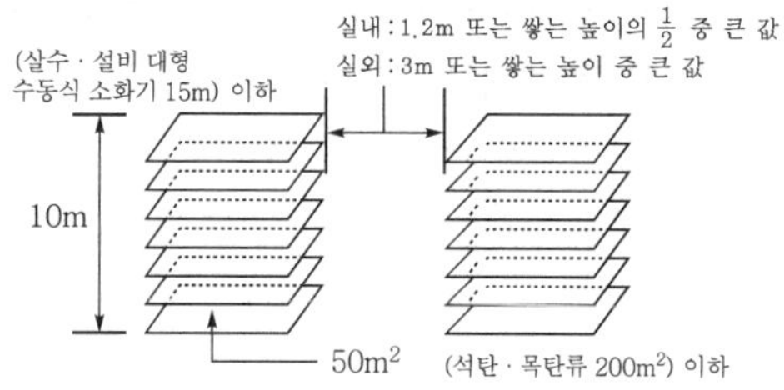

▎살수·설비 대형 수동식 소화기 200m² (석탄·목탄류 300m²) 이하▎

(5) 취급장소에는 **품명, 최대저장수량, 단위부피당 질량** 또는 **단위체적당 질량, 관리책임자 성명·직책·연락처** 및 **화기취급**의 **금지표지** 설치 보기 ④

② 20m 이하 → 10m 이하

답 ②

★
46 소방시설 설치 및 관리에 관한 법령상 소화설비를 구성하는 제품 또는 기기에 해당하지 않는 것은?

15.03.문49
14.09.문42

① 가스누설경보기　② 소방호스
③ 스프링클러헤드　④ 분말자동소화장치

해설 **소방시설법 시행령 〔별표 3〕**
소방용품

구 분	설 명
소화설비를 구성하는 제품 또는 기기	• 소화기구(소화약제 외의 것을 이용한 간이소화용구 제외) 보기 ④ • 소화전 • 자동소화장치 • 관창(菅槍) • 소방호스 보기 ② • 스프링클러헤드 보기 ③ • 기동용 수압개폐장치 • 유수제어밸브 • 가스관선택밸브
경보설비를 구성하는 제품 또는 기기	• 누전경보기 • 가스누설경보기 • 발신기 • 수신기 • 중계기 • 감지기 및 음향장치(경종만 해당)
피난구조설비를 구성하는 제품 또는 기기	• 피난사다리 • 구조대 • 완강기(간이완강기 및 지지대 포함) • 공기호흡기(충전기 포함) • 유도등 • 예비전원이 내장된 비상조명등

소화용으로 사용하는 제품 또는 기기	• 소화약제 • 방염제

① 가스누설경보기는 소화설비가 아니고 **경보설비**

답 ①

★★★
47 소방기본법령상 출동한 소방대원에게 폭행 또는 협박을 행사하여 화재진압·인명구조 또는 구급활동을 방해한 사람에 대한 벌칙기준은?

18.09.문42 17.03.문49 16.10.문42 16.05.문57 15.09.문43 15.05.문58 11.10.문51 10.09.문54

① 500만원 이하의 과태료
② 1년 이하의 징역 또는 1000만원 이하의 벌금
③ 3년 이하의 징역 또는 3000만원 이하의 벌금
④ 5년 이하의 징역 또는 5000만원 이하의 벌금

해설 **기본법 50조**
5년 이하의 징역 또는 5000만원 이하의 벌금
(1) 소방자동차의 **출동 방해**
(2) **사람구출** 방해
(3) **소방용수시설** 또는 **비상소화장치**의 효용 방해
(4) 출동한 소방대의 화재진압·인명구조 또는 구급활동 **방해**
(5) 소방대의 현장출동 **방해**
(6) 출동한 소방대원에게 **폭행·협박** 행사 보기 ④

답 ④

★★★
48 소방시설 설치 및 관리에 관한 법령상 건축허가 등의 동의대상물의 범위로 틀린 것은?

14.05.문51 13.09.문53

① 항공기 격납고
② 방송용 송·수신탑
③ 연면적이 400제곱미터 이상인 건축물
④ 지하층 또는 무창층이 있는 건축물로서 바닥면적이 50제곱미터 이상인 층이 있는 것

해설 **소방시설법 시행령 7조**
건축허가 등의 동의대상물
(1) 연면적 **400m²**(학교시설 : **100m²**, 수련시설·노유자시설 : **200m²**, 정신의료기관·장애인 의료재활시설 : **300m²**) 이상 보기 ③
(2) **6층** 이상인 건축물
(3) 차고·주차장으로서 바닥면적 **200m²** 이상(**자**동차 **20대** 이상)
(4) **항공기격납고, 관망탑, 항공관제탑, 방송용 송수신탑** 보기 ①②
(5) 지하층 또는 무창층의 바닥면적 **150m²**(공연장은 **100m²**) 이상 보기 ④
(6) **위험물저장** 및 **처리시설, 지하구**
(7) **결핵환자**나 **한센인**이 24시간 생활하는 **노유자시설**
(8) 전기저장시설, 풍력발전소
(9) 공동주택·숙박시설
(10) 노인주거복지시설·노인의료복지시설 및 재가노인복지시설·학대피해노인 전용쉼터·아동복지시설·장애인거주시설
(11) 정신질환자 관련시설(공동생활가정을 제외한 재활훈련시설과 종합시설 중 24시간 주거를 제공하지 않는 시설 제외)
(12) 조산원, 산후조리원, 의원(입원실 또는 인공신장실이 있는 것)
(13) 노숙인자활시설, 노숙인재활시설 및 노숙인요양시설
(14) 요양병원(의료재활시설 제외)
(15) 공장 또는 창고시설로서 지정수량의 **750배** 이상의 특수가연물을 저장·취급하는 것
(16) 가스시설로서 지상에 노출된 탱크의 저장용량의 합계가 **100t** 이상인 것

기억법 **2자(이자)**

④ 50제곱미터 → 150제곱미터

답 ④

★★★
49 소방시설공사업법령에 따른 완공검사를 위한 현장확인 대상 특정소방대상물의 범위기준으로 틀린 것은?

18.03.문51 17.03.문43 15.03.문59 14.05.문54

① 연면적 1만제곱미터 이상이거나 11층 이상인 특정소방대상물(아파트는 제외)
② 가연성 가스를 제조·저장 또는 취급하는 시설 중 지상에 노출된 가연성 가스탱크의 저장용량 합계가 1천톤 이상인 시설
③ 호스릴방식의 소화설비가 설치되는 특정소방대상물
④ 문화 및 집회시설, 종교시설, 판매시설, 노유자시설, 수련시설, 운동시설, 숙박시설, 창고시설, 지하상가

해설 **공사업령 5조**
완공검사를 위한 현장확인 대상 특정소방대상물의 범위
(1) **문**화 및 집회시설, **종**교시설, **판**매시설, **노**유자시설, **수**련시설, **운**동시설, **숙**박시설, **창**고시설, 지하**상**가 및 다중이용업소 보기 ④
(2) 다음의 어느 하나에 해당하는 설비가 설치되는 특정소방대상물
㉠ 스프링클러설비 등
㉡ 물분무등소화설비(호스릴방식의 소화설비 제외) 보기 ③
(3) 연면적 **10000m²** 이상이거나 **11층** 이상인 특정소방대상물(아파트 제외) 보기 ①
(4) 가연성 가스를 제조·저장 또는 취급하는 시설 중 지상에 노출된 가연성 가스탱크의 저장용량 합계가 **1000t** 이상인 시설 보기 ②

기억법 **문종판 노수운 숙창상현**

③ 호스릴방식 제외

답 ③

★★★
50 소방시설 설치 및 관리에 관한 법령상 스프링클러설비를 설치하여야 할 특정소방대상물에 다음 중 어떤 소방시설을 화재안전기준에 적합하게 설치할 때 면제받을 수 없는 소화설비는?

17.09.문48
14.09.문78
14.03.문53

① 포소화설비
② 물분무소화설비
③ 간이스프링클러설비
④ 이산화탄소 소화설비

해설 **소방시설법 시행령 〔별표 5〕**
소방시설 면제기준

면제대상	대체설비
스프링클러설비	• **물분무등소화설비**
물분무등소화설비 ←	• **스프링클러설비**
간이스프링클러설비	• 스프링클러설비 • **물분무소화설비** • **미분무소화설비**
비상**경**보설비 또는 **단**독경보형 감지기	• **자동화재탐지설비** 기억법 **탐경단**
비상**경**보설비	• **2개 이상 단독경보형 감지기 연동** 기억법 **경단2**
비상방송설비	• 자동화재탐지설비 • 비상경보설비
연결살수설비	• 스프링클러설비 • 간이스프링클러설비 • 물분무소화설비 • 미분무소화설비
제연설비	• **공기조화설비**
연소방지설비	• 스프링클러설비 • 물분무소화설비 • 미분무소화설비
연결송수관설비	• 옥내소화전설비 • 스프링클러설비 • 간이스프링클러설비 • 연결살수설비
자동화재탐지설비	• 자동화재탐지설비의 기능을 가진 스프링클러설비 • 물분무등소화설비
옥내소화전설비	• 옥외소화전설비 • 미분무소화설비(호스릴방식)

중요

물분무등소화설비
(1) **분**말소화설비
(2) **포**소화설비 보기 ①
(3) **할**론소화설비
(4) **이**산화탄소 소화설비 보기 ④
(5) **할**로겐화합물 및 불활성기체 소화설비
(6) **강**화액소화설비
(7) **미**분무소화설비
(8) 물분무소화설비 보기 ②
(9) **고**체에어로졸 소화설비

기억법 **분포할이 할강미고**

답 ③

★★★
51 소방시설 설치 및 관리에 관한 법령상 대통령령 또는 화재안전기준이 변경되어 그 기준이 강화되는 경우 기존 특정소방대상물의 소방시설 중 강화된 기준을 설치장소와 관계없이 항상 적용하여야 하는 것은? (단, 건축물의 신축·개축·재축·이전 및 대수선 중인 특정소방대상물을 포함한다.)

17.03.문48
14.09.문41
12.03.문53

① 제연설비
② 비상경보설비
③ 옥내소화전설비
④ 화재조기진압용 스프링클러설비

해설 **소방시설법 13조**
변경강화기준 적용설비
(1) 소화기구
(2) **비**상**경**보설비 보기 ②
(3) 자동화재탐지설비
(3) **자**동화재**속**보설비
(4) **피**난구조설비
(5) 소방시설(공동구 설치용, 전력 및 통신사업용 지하구)
(6) **노**유자시설
(7) **의료시설**

기억법 **강비경 자속피노**

중요

소방시설법 시행령 13조
변경강화기준 적용설비

공동구, 전력 및 통신사업용 지하구	노유자시설에 설치하여야 하는 소방시설	의료시설에 설치하여야 하는 소방시설
• 소화기 • 자동소화장치 • 자동화재탐지설비 • 통합감시시설 • 유도등 및 연소방지설비	• 간이스프링클러설비 • 자동화재탐지설비 • 단독경보형 감지기	• 간이스프링클러설비 • 스프링클러설비 • 자동화재탐지설비 • 자동화재속보설비

답 ②

★★★
52 소방시설 설치 및 관리에 관한 법령상 시·도지사가 소방시설 등의 자체점검을 하지 아니한 관리업자에게 영업정지를 명할 수 있으나, 이로 인해 국민에게 심한 불편을 줄 때에는 영업정지 처분을 갈음하여 과징금 처분을 한다. 과징금의 기준은?

17.09.문52
17.05.문57

① 1000만원 이하
② 2000만원 이하
③ 3000만원 이하
④ 5000만원 이하

해설 **소방시설법 36조, 위험물법 13조, 소방공사업법 10조**
과징금

3000만원 이하	2억원 이하
• **소방시설관리업** 영업정지처분 갈음	• **제조소** 사용정지처분 갈음 • **소방시설업** 영업정지처분 갈음

중요

소방시설업
(1) 소방시설설계업
(2) 소방시설공사업
(3) 소방공사감리업
(4) 방염처리업

답 ③

★★★
53 위험물안전관리법령상 위험물별 성질로서 틀린 것은?

17.09.문02
16.05.문46
16.05.문52
15.09.문03
15.05.문10
15.03.문51
14.09.문18
11.06.문54

① 제1류 : 산화성 고체
② 제2류 : 가연성 고체
③ 제4류 : 인화성 액체
④ 제6류 : 인화성 고체

해설 ④ 인화성 고체 → 산화성 액체

위험물령 [별표 1]
위험물

유 별	성 질	품 명
제**1**류	**산**화성 **고**체	• 아염소산염류 • 염소산염류(**염**소산**나**트륨) • 과염소산염류 • 질산염류 • 무기과산화물 기억법 1산고염나
제2류	가연성 고체	• **황화**인 • **적**린 • **황** • **마**그네슘 기억법 황화적황마
제3류	자연발화성 물질 및 금수성 물질	• **황**린 • **칼**륨 • **나**트륨 • **알**칼리토금속 • **트**리에틸알루미늄 기억법 황칼나알트
제4류	인화성 액체	• 특수인화물 • 석유류(벤젠) • 알코올류 • 동식물유류
제5류	자기반응성 물질	• 유기과산화물 • 나이트로화합물 • 나이트로소화합물 • 아조화합물 • 질산에스터류(셀룰로이드)
제6류	산화성 액체	• **과염소산** • 과산화수소 • 질산

답 ④

★★★
54 소방시설 설치 및 관리에 관한 법령상 소방시설 등의 종합점검 대상 기준에 맞게 ( )에 들어갈 내용으로 옳은 것은?

17.09.문57
16.05.문55
12.05.문45

> 물분무등소화설비(호스릴방식의 물분무등소화설비만을 설치한 경우는 제외)가 설치된 연면적 ( )m^2 이상인 특정소방대상물(위험물 제조소 등은 제외)

① 2000 ② 3000
③ 4000 ④ 5000

해설 **소방시설법 시행규칙 〔별표 3〕**
소방시설 등 자체점검의 점검대상, 점검자의 자격, 점검횟수 및 시기

점검구분	정 의	점검대상	점검자의 자격(주된 인력)	점검횟수 및 점검시기
작동점검	소방시설 등을 인위적으로 조작하여 정상적으로 작동하는지를 점검하는 것	① 간이스프링클러설비·자동화재탐지설비	• 관계인 • 소방안전관리자로 선임된 소방시설관리사 또는 소방기술사 • 소방시설관리업에 등록된 기술인력 중 소방시설관리사 또는 「소방시설공사업법 시행규칙」에 따른 특급 점검자	• 작동점검은 **연 1회** 이상 실시하며, 종합점검대상은 종합점검(최초점검 제외)을 받은 달부터 **6개월**이 되는 달에 실시 • 종합점검대상 외의 특정소방대상물은 사용승인일이 속하는 달의 말일까지 실시
		② ①에 해당하지 아니하는 특정소방대상물	• 소방시설관리업에 등록된 기술인력 중 소방시설관리사 • 소방안전관리자로 선임된 소방시설관리사 또는 소방기술사	
		③ 작동점검 제외대상 • 특정소방대상물 중 소방안전관리자를 선임하지 않는 대상 • 위험물제조소 등 • 특급 소방안전관리대상물		
종합점검	소방시설 등의 작동점검을 포함하여 소방시설 등의 설비별 주요 구성 부품의 구조기준이 화재안전기준과 「건축법」 등 관련 법령에서 정하는 기준에 적합한지 여부를 점검하는 것 (1) 최초점검 : 특정소방대상물의 소방시설이 신설된 경우 건축물을 사용할 수 있게 된 날부터 60일 이내에 점검하는 것 (2) 그 밖의 종합점검 : 최초점검을 제외한 종합점검	④ 소방시설 등이 신설된 경우에 해당하는 특정소방대상물 ⑤ **스프링클러설비**가 설치된 특정소방대상물 ⑥ **물분무등소화설비**(호스릴방식의 물분무등소화설비만을 설치한 경우는 제외)가 설치된 연면적 **5000m²** 이상인 특정소방대상물(위험물제조소 등 제외) ⑦ 다중이용업의 영업장이 설치된 특정소방대상물로서 연면적이 **2000m²** 이상인 것 ⑧ **제연설비**가 설치된 터널 ⑨ **공공기관** 중 연면적(터널·지하구의 경우 그 길이와 평균폭을 곱하여 계산된 값)이 **1000m²** 이상인 것으로서 옥내소화전설비 또는 자동화재탐지설비가 설치된 것(단, 소방대가 근무하는 공공기관 제외) 중요 **종합점검** ① 공공기관 : 1000m² ② 다중이용업 : 2000m² ③ 물분무등(호스릴 ×) : 5000m²	• 소방시설관리업에 등록된 기술인력 중 **소방시설관리사** • 소방안전관리자로 선임된 **소방시설관리사** 또는 **소방기술사**	〈점검횟수〉 ㉠ 연 1회 이상(특급 소방안전관리대상물은 반기에 1회 이상) 실시 ㉡ ㉠에도 불구하고 소방본부장 또는 소방서장은 소방청장이 소방안전관리가 우수하다고 인정한 특정소방대상물에 대해서는 3년의 범위에서 소방청장이 고시하거나 정한 기간 동안 종합점검을 면제할 수 있다(단, 면제기간 중 화재가 발생한 경우는 제외). 〈점검시기〉 ㉠ ④에 해당하는 특정소방대상물은 건축물을 사용할 수 있게 된 날부터 60일 이내 실시 ㉡ ㉠을 제외한 특정소방대상물은 건축물의 사용승인일이 속하는 달에 실시(단, 학교의 경우 해당 건축물의 사용승인일이 1월에서 6월 사이에 있는 경우에는 6월 30일까지 실시할 수 있다.) ㉢ 건축물 사용승인일 이후 ⑦에 따라 종합점검대상에 해당하게 된 경우에는 그 다음 해부터 실시 ㉣ 하나의 대지경계선 안에 2개 이상의 자체점검대상 건축물 등이 있는 경우 그 건축물 중 사용승인일이 가장 빠른 연도의 건축물의 사용승인일을 기준으로 점검할 수 있다.

[비고] 작동점검 및 종합점검(최초점검 제외)은 건축물 사용승인 후 그 다음 해부터 실시한다.

답 ④

★★
55

18.03.문50
17.03.문53
16.03.문43

소방시설 설치 및 관리에 관한 법령상 음료수 공장의 충전을 하는 작업장 등과 같이 화재안전기준을 적용하기 어려운 특정소방대상물에 설치하지 않을 수 있는 소방시설의 종류가 아닌 것은?

① 상수도소화용수설비
② 스프링클러설비
③ 연결송수관설비
④ 연결살수설비

해설 **소방시설법 시행령 〔별표 6〕**
소방시설을 설치하지 않을 수 있는 특정소방대상물 및 소방시설의 범위

구 분	특정소방대상물	소방시설
화재위험도가 낮은 특정소방대상물	**석재, 불연성 금속, 불연성 건축재료** 등의 가공공장·기계조립공장 또는 불연성 물품을 저장하는 창고	① **옥외소화전설비** ② **연결살수설비** 기억법 석불금외
화재안전기준을 적용하기 어려운 특정소방대상물	**펄프공장의 작업장, 음료수 공장**의 세정 또는 충전을 하는 작업장, 그 밖에 이와 비슷한 용도로 사용하는 것	① **스프링클러설비** ② **상수도소화용수설비** ③ **연결살수설비** 보기 ③
	정수장, 수영장, 목욕장, 어류양식용 시설, 그 밖에 이와 비슷한 용도로 사용되는 것	① **자동화재탐지설비** ② **상수도소화용수설비** ③ **연결살수설비**
화재안전기준을 달리 적용해야 하는 특수한 용도 또는 구조를 가진 특정소방대상물	원자력발전소, 중·저준위 방사성 폐기물의 저장시설	① 연결송수관설비 ② 연결살수설비
자체소방대가 설치된 특정소방대상물	자체소방대가 설치된 위험물제조소 등에 부속된 사무실	① 옥내소화전설비 ② 소화용수설비 ③ 연결살수설비 ④ 연결송수관설비

중요

소방시설법 시행령 〔별표 6〕
소방시설을 설치하지 않을 수 있는 소방시설의 범위
(1) **화재위험도**가 낮은 특정소방대상물
(2) 화재안전기준을 적용하기가 어려운 특정소방대상물
(3) 화재안전기준을 달리 적용하여야 하는 특수한 **용도·구조**를 가진 특정소방대상물
(4) **자체소방대**가 설치된 특정소방대상물

답 ③

★★★
56

15.09.문47
15.05.문49
14.03.문52
12.05.문60

화재의 예방 및 안전관리에 관한 법령에 따른 특수가연물의 기준 중 다음 (　) 안에 알맞은 것은?

품 명	수 량
나무껍질 및 대팻밥	(㉠)kg 이상
면화류	(㉡)kg 이상

① ㉠ 200, ㉡ 400　② ㉠ 200, ㉡ 1000
③ ㉠ 400, ㉡ 200　④ ㉠ 400, ㉡ 1000

해설 **화재예방법 시행령 〔별표 2〕**
특수가연물

품 명		수 량
가연성 **액**체류		**2**m^3 이상
목재가공품 및 나무부스러기		**1**0m^3 이상
면화류 기억법 면2(면이 맛있다.)		**2**00kg 이상
나무껍질 및 대팻밥		**4**00kg 이상
넝마 및 종이부스러기		**1**000kg 이상
사류(絲類)		**1**000kg 이상
볏짚류		**1**000kg 이상
가연성 **고**체류		**3**000kg 이상
고무류·플라스틱류	발포시킨 것	20m^3 이상
	그 밖의 것	**3**000kg 이상
석탄·목탄류		**1**0000kg 이상

용어

특수가연물
화재가 발생하면 그 확대가 빠른 물품

기억법
가액목면나 넝사볏가고 고석
2 124 1 3 31

답 ③

★

57 화재의 예방 및 안전관리에 관한 법령상 화재안전조사위원회의 위원에 해당하지 아니하는 사람은?

19.03.문43
16.10.문60

① 소방기술사
② 소방시설관리사
③ 소방 관련 분야의 석사학위 이상을 취득한 사람
④ 소방 관련 법인 또는 단체에서 소방 관련 업무에 3년 이상 종사한 사람

해설 **화재예방법 시행령 11조**
화재안전조사위원회의 구성
(1) **과장급** 직위 이상의 소방공무원
(2) 소방기술사 보기 ①
(3) 소방시설관리사 보기 ②
(4) 소방 관련 분야의 **석사**학위 이상을 취득한 사람 보기 ③
(5) 소방 관련 법인 또는 단체에서 소방 관련 업무에 **5년** 이상 종사한 사람 보기 ④
(6) 소방공무원 교육훈련기관, 학교 또는 연구소에서 소방과 관련한 교육 또는 연구에 **5년** 이상 종사한 사람

④ 3년 → 5년

답 ④

★★

58 위험물안전관리법령상 소화난이도 등급 Ⅰ의 옥내 탱크저장소에서 황만을 저장·취급할 경우 설치하여야 하는 소화설비로 옳은 것은?

18.09.문60
16.10.문44

① 물분무소화설비 ② 스프링클러설비
③ 포소화설비 ④ 옥내소화전설비

해설 **위험물규칙 〔별표 17〕**
황만을 저장·취급하는 옥내·외탱크저장소·암반탱크저장소에 설치해야 하는 소화설비
물분무소화설비 보기 ①

기억법 **황물**

답 ①

★★★

59 소방시설공사업법령상 하자보수를 하여야 하는 소방시설 중 하자보수 보증기간이 3년이 아닌 것은?

17.05.문51
16.10.문56
15.05.문59
15.03.문52
12.05.문59

① 자동소화장치
② 비상방송설비
③ 스프링클러설비
④ 소화용수설비

해설 **공사업령 6조**
소방시설공사의 하자보수 보증기간

보증기간	소방시설
2년	① **유**도등 · **피**난기구 ② **비**상**조**명등 · 비상**경**보설비 · 비상**방**송설비 보기 ② ③ **무**선통신보조설비 기억법 **유비 조경방무피2**
3년	① 자동소화장치 ② 옥내 · 외소화전설비 ③ 스프링클러설비 ④ 물분무등소화설비 · 소화용수설비 ⑤ 자동화재탐지설비 · 소화활동설비(무선통신보조설비 제외) ⑥ 화재알림설비

② 2년

답 ②

★★★

60 소방기본법령상 소방대장은 화재, 재난·재해 그 밖의 위급한 상황이 발생한 현장에 소방활동구역을 정하여 소방활동에 필요한 자로서 대통령령으로 정하는 사람 외에는 그 구역에의 출입을 제한할 수 있다. 다음 중 소방활동구역에 출입할 수 없는 사람은?

19.04.문42
15.03.문43
11.06.문48
06.03.문44

① 소방활동구역 안에 있는 소방대상물의 소유자·관리자 또는 점유자
② 전기·가스·수도·통신·교통의 업무에 종사하는 사람으로서 원활한 소방활동을 위하여 필요한 사람
③ 시·도지사가 소방활동을 위하여 출입을 허가한 사람
④ 의사·간호사 그 밖에 구조·구급업무에 종사하는 사람

해설 **기본령 8조**
소방활동구역 출입자
(1) **소방활동구역 안**에 있는 **소유자·관리자** 또는 **점유자** 보기 ①
(2) **전기·가스·수도·통신·교통**의 업무에 종사하는 자로서 원활한 **소방활동**을 위하여 필요한 자 보기 ②
(3) **의사·간호사**, 그 밖에 구조·구급업무에 종사하는 자 보기 ④
(4) **취재인력** 등 보도업무에 종사하는 자
(5) **수사업무**에 종사하는 자
(6) **소방대장**이 소방활동을 위하여 **출입**을 **허가**한 **자** 보기 ③

용어

소방활동구역
화재, 재난 · 재해 그 밖의 위급한 상황이 발생한 현장에 정하는 구역

③ 시 · 도지사가 → 소방대장이

답 ③

제 4 과목 소방전기시설의 구조 및 원리

★
61 비상조명등의 화재안전기준에 따라 비상조명등의 조도는 비상조명등이 설치된 장소의 각 부분의 바닥에서 몇 lx 이상이 되도록 하여야 하는가?

20.06.문62
13.09.문76

① 1 ② 3
③ 5 ④ 10

해설 **비상조명등**의 **설치기준**(NFPC 304 4조, NFTC 304 2.1.1)
(1) 특정소방대상물의 각 거실과 지상에 이르는 복도 · 계단 · 통로에 설치할 것
(2) 조도는 각 부분의 바닥에서 **1 lx** 이상일 것 보기 ①
(3) **점검스위치**를 설치하고 **20분** 이상 작동시킬 수 있는 용량의 **축전지**와 **예비전원 충전장치**를 내장할 것

중요

조명도(조도)

기 기	조 명
통로유도등	1 lx 이상
비상조명등	1 lx 이상
객석유도등	0.2 lx 이상

답 ①

★★★
62 화재안전기준에 따른 비상전원 및 건전지의 유효 사용시간에 대한 최소기준이 가장 긴 것은?

20.06.문65
19.04.문61
17.03.문77
13.06.문72
07.09.문80

① 휴대용 비상조명등의 건전지 용량
② 무선통신보조설비 증폭기의 비상전원
③ 지하층을 제외한 층수가 11층 미만의 층인 특정소방대상물에 설치되는 유도등의 비상전원
④ 지하층을 제외한 층수가 11층 미만의 층인 특정소방대상물에 설치되는 비상조명등의 비상전원

해설 **비상전원 용량**

설비의 종류	비상전원 용량
• **자**동화재탐지설비 • 비상**경**보설비 • **자**동화재속보설비	**10분** 이상
• 유도등 보기 ③ • 비상조명등 보기 ④ • 휴대용 비상조명등 보기 ① • 비상콘센트설비 • 제연설비 • 물분무소화설비 • 옥내소화전설비(**30층** 미만) • 특별피난계단의 계단실 및 부속실 제연설비(**30층** 미만)	**20분** 이상
• 무선통신보조설비의 **증**폭기 보기 ② →	**30분** 이상
• 옥내소화전설비(30~**49층** 이하) • 특별피난계단의 계단실 및 부속실 제연설비(30~**49층** 이하) • 연결송수관설비(30~**49층** 이하) • 스프링클러설비(30~**49층** 이하)	**40분** 이상
• 유도등 · 비상조명등(지하상가 및 **11층** 이상) • 옥내소화전설비(**50층** 이상) • 특별피난계단의 계단실 및 부속실 제연설비(**50층** 이상) • 연결송수관설비(**50층** 이상) • 스프링클러설비(**50층** 이상)	**60분** 이상

기억법 **경자비1**(**경자**라는 이름은 **비일**비재하게 많다.)
3증(**3중**고)

답 ②

★★★
63 소방시설용 비상전원수전설비의 화재안전기준에 따라 일반전기사업자로부터 특고압 또는 고압으로 수전하는 비상전원수전설비의 종류에 해당하지 않는 것은?

17.03.문64
15.05.문78
10.09.문73

① 큐비클형
② 축전지형
③ 방화구획형
④ 옥외개방형

해설 **비상전원수전설비**(NFPC 602 5 · 6조, NFTC 602 2.2.1, 2.3.1)

저압수전	특고압수전
① 전용배전반(1 · 2종) ② 전용분전반(1 · 2종) ③ 공용분전반(1 · 2종)	① 방화구획형 보기 ③ ② 옥외개방형 보기 ④ ③ 큐비클형 보기 ①

• 특별고압=특고압

답 ②

★★
64 자동화재탐지설비 및 시각경보장치의 화재안전기준에 따른 배선의 시설기준으로 **틀린** 것은?

20.08.문76
18.03.문65
17.09.문71
16.10.문74

① 감지기 사이의 회로의 배선은 송배선식으로 할 것
② 감지기 회로의 도통시험을 위한 종단저항은 감지기 회로의 끝부분에 설치할 것
③ 피(P)형 수신기의 감지기 회로의 배선에 있어서 하나의 공통선에 접속할 수 있는 경계구역은 5개 이하로 할 것
④ 수신기의 각 회로별 종단에 설치되는 감지기에 접속되는 배선의 전압은 감지기 정격전압의 80% 이상이어야 할 것

해설 **자동화재탐지설비 배선**의 **설치기준**(NFPC 203 11조, NFTC 203 2.8)
(1) 감지기 사이의 회로배선 : **송배선식** 보기 ①
(2) P형 수신기 및 GP형 수신기의 감지기 회로의 배선에 있어서 하나의 공통선에 접속할 수 있는 경계구역은 **7개** 이하 보기 ③
(3) ㉠ 감지기 회로의 전로저항 : **50Ω 이하**
㉡ 감지기에 접속하는 배선전압 : 정격전압의 **80% 이상**
(4) 자동화재탐지설비의 배선은 다른 전선과 **별도**의 관·덕트·몰드 또는 풀박스 등에 설치할 것(단, **60V** 미만의 약전류회로에 사용하는 전선으로서 각각의 전압이 같을 때는 제외)
(5) 감지기 회로의 도통시험을 위한 종단저항은 감지기 회로의 끝부분에 설치할 것 보기 ②

③ 5개 → 7개

답 ③

★★★
65 자동화재탐지설비 및 시각경보장치의 화재안전기준에 따른 발신기의 시설기준에 대한 내용이다. 다음 ( )에 들어갈 내용으로 옳은 것은?

20.09.문74

> 발신기의 위치를 표시하는 표시등은 함의 상부에 설치하되, 그 불빛은 부착면으로부터 (㉠)° 이상의 범위 안에서 부착지점으로부터 (㉡)m 이내의 어느 곳에서도 쉽게 식별할 수 있는 적색등으로 하여야 한다.

① ㉠ 10, ㉡ 10 ② ㉠ 15, ㉡ 10
③ ㉠ 25, ㉡ 15 ④ ㉠ 25, ㉡ 20

해설 **자동화재탐지설비**의 **발신기 설치기준**(NFPC 203 9조, NFTC 203 2.6)
(1) 조작이 **쉬운 장소**에 설치하고, 조작스위치는 바닥으로부터 **0.8~1.5m** 이하의 높이에 설치할 것
(2) 특정소방대상물의 **층**마다 설치하되, 해당 특정소방대상물의 각 부분으로부터 하나의 발신기까지의 **수평거리**가 **25m** 이하가 되도록 할 것. 다만, 복도 또는 별도로 구획된 실로서 **보행거리**가 **40m** 이상일 경우에는 추가로 설치할 것
(3) (2)의 기준을 초과하는 경우로서 기둥 또는 벽이 설치되지 아니한 대형공간의 경우 발신기는 설치대상장소의 가장 가까운 장소의 벽 또는 기둥 등에 설치할 것
(4) 발신기의 **위치표시등**은 **함**의 **상부**에 설치하되, 그 불빛은 부착면으로부터 **15°** 이상의 범위 안에서 부착지점으로부터 **10m** 이내의 어느 곳에서도 쉽게 식별할 수 있는 **적색등**으로 할 것 보기 ②

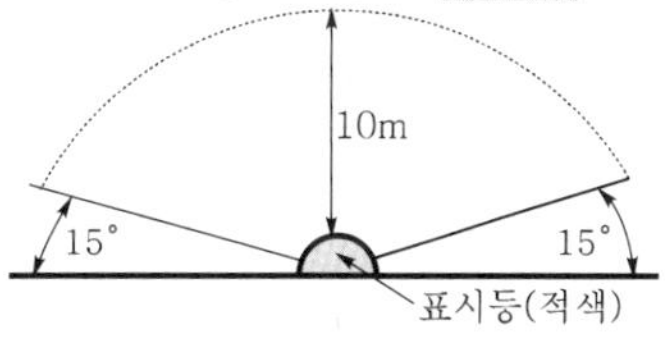

위치표시등의 식별

답 ②

★★★
66 비상방송설비의 화재안전기준에 따라 비상방송설비가 기동장치에 따른 화재신고를 수신한 후 필요한 음량으로 화재발생 상황 및 피난에 유효한 방송이 자동으로 개시될 때까지의 소요시간은 몇 초 이하로 하여야 하는가?

17.09.문68
17.05.문61

① 5 ② 10
③ 20 ④ 30

해설 소요시간

기 기	시 간
• P형·P형 복합식·R형·R형 복합식·GP형·GP형 복합식·GR형·GR형 복합식 수신기 • 중계기	5초 이내
비상방송설비 →	**10초** 이하 보기 ②
가스누설경보기	60초 이내

기억법 **시중5(시중**을 드시**오**!)
1방(일본을 **방**문하다.)
6가(육체미**가** 아름답다.)

중요

축적형 수신기

전원차단시간	축적시간	화재표시감지시간
1~3초 이하	30~60초 이하	60초(1회 이상 반복)

비교

비상방송설비의 **설치기준**(NFPC 202 4조, NFTC 202 2.1)
(1) 음량조정기를 설치하는 경우 배선은 **3선식**으로 할 것
(2) 확성기의 음성입력은 **실외 3W**, **실내 1W** 이상일 것
(3) 조작부의 조작스위치는 **0.8~1.5m** 이하의 높이에 설치할 것
(4) 기동장치에 의한 화재신고를 수신한 후 필요한 음량으로 방송이 개시될 때까지의 소요시간은 **10초** 이하로 할 것

답 ②

★★
67 무선통신보조설비의 화재안전기준에 따른 용어의 정의로 옳은 것은?

19.04.문72
16.05.문61
16.03.문65
15.09.문62
11.03.문80

① "혼합기"는 신호의 전송로가 분기되는 장소에 설치하는 장치를 말한다.
② "분배기"는 서로 다른 주파수의 합성된 신호를 분리하기 위해서 사용하는 장치를 말한다.
③ "증폭기"는 두 개 이상의 입력신호를 원하는 비율로 조합한 출력이 발생되도록 하는 장치를 말한다.
④ "누설동축케이블"은 동축케이블의 외부도체에 가느다란 홈을 만들어서 전파가 외부로 새어나갈 수 있도록 한 케이블을 말한다.

해설 **무선통신보조설비**(NFTC 505 3조, NFTC 505 1.7)

용 어	설 명
누설동축케이블	동축케이블의 외부도체에 가느다란 홈을 만들어서 **전파**가 **외부**로 **새어나갈 수 있도록** 한 케이블 보기 ④
분배기	신호의 전송로가 분기되는 장소에 설치하는 것으로 **임피던스 매칭**(Matching)과 **신호균등분배**를 위해 사용하는 장치 보기 ② 기억법 배임(배임죄)
분파기	서로 다른 **주**파수의 합성된 **신호**를 **분리**하기 위해서 사용하는 장치 기억법 파주
혼합기	**두 개 이상**의 **입력신호**를 원하는 비율로 **조합**한 **출력**이 발생하도록 하는 장치 보기 ①
증폭기	신호전송시 신호가 약해져 수신이 불가능해지는 것을 방지하기 위해서 **증폭**하는 장치 보기 ③
무선중계기	안테나를 통하여 수신된 무전기 신호를 증폭한 후 음영지역에 재방사하여 무전기 상호간 송수신이 가능하도록 하는 장치
옥외안테나	감시제어반 등에 설치된 무선중계기의 입력과 출력포트에 연결되어 송수신 신호를 원활하게 방사·수신하기 위해 옥외에 설치하는 장치

① 혼합기 → 분배기
② 분배기 → 분파기
③ 증폭기 → 혼합기

답 ④

★★
68 비상경보설비 및 단독경보형 감지기의 화재안전기준에 따른 비상벨설비에 대한 설명으로 옳은 것은?

20.09.문74
18.03.문77
18.03.문78
17.05.문77
16.05.문63
14.03.문71
12.03.문77
10.03.문68

① 비상벨설비는 화재발생 상황을 사이렌으로 경보하는 설비를 말한다.
② 비상벨설비는 부식성 가스 또는 습기 등으로 인하여 부식의 우려가 없는 장소에 설치하여야 한다.
③ 음향장치의 음량은 부착된 음향장치의 중심으로부터 1m 떨어진 위치에서 60dB 이상이 되는 것으로 하여야 한다.
④ 특정소방대상물의 층마다 설치하되, 해당 특정소방대상물의 각 부분으로부터 하나의 발신기까지의 수평거리가 30m 이하가 되도록 하여야 한다.

해설 **비상경보설비**의 **발신기 설치기준**(NFPC 201 4조, NFTC 201 2.1.5)
(1) 전원 : **축전지설비**, **전기저장장치**, **교류전압**의 **옥내간선**으로 하고 배선은 **전용**
(2) 감시상태 : **60분**, 경보시간 : **10분**
(3) 조작이 **쉬운 장소**에 설치하고, 조작스위치는 바닥으로부터 **0.8~1.5m** 이하의 높이에 설치할 것
(4) 특정소방대상물의 **층**마다 설치하되, 해당 소방대상물의 각 부분으로부터 하나의 발신기까지의 **수평거리**가 **25m** 이하가 되도록 할 것(단, 복도 또는 별도로 구획된 실로서 **보행거리**가 **40m** 이상일 경우에는 추가로 설치할 것) 보기 ④
(5) 발신기의 **위치표시등**은 **함**의 **상부**에 설치하되, 그 불빛은 부착면으로부터 **15°** 이상의 범위 안에서 부착지점으로부터 **10m** 이내의 어느 곳에서도 쉽게 식별할 수 있는 **적색등**으로 할 것

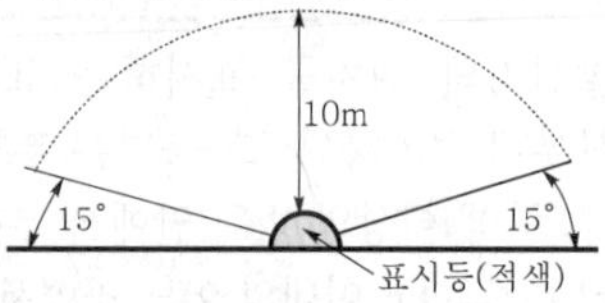

| 위치표시등의 식별 |

(6) 음향장치의 음량은 부착된 음향장치의 중심으로부터 **1m** 떨어진 위치에서 **90dB** 이상이 되는 것으로 할 것 보기 ③

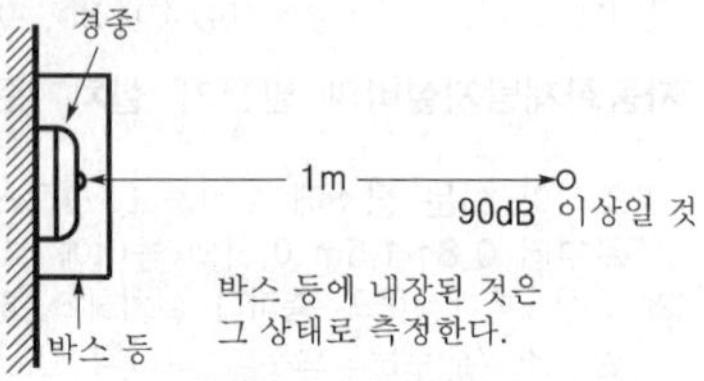

| 음향장치의 음량측정 |

(7) 비상벨설비는 **부식성 가스** 또는 **습기** 등으로 인하여 **부식**의 우려가 없는 장소에 설치 보기 ②

① 사이렌 → 경종
③ 60dB 이상 → 90dB 이상
④ 30m 이하 → 25m 이하

용어

(1) **전기저장장치**
외부 전기에너지를 저장해 두었다가 필요한 때 전기를 공급하는 장치

(2) **비상벨설비 vs 자동식 사이렌설비**

비상벨설비	자동식 사이렌설비
화재발생 상황을 **경종**으로 경보하는 설비 보기 ①	화재발생 상황을 **사이렌**으로 경보하는 설비

답 ②

69 (20.09.문79) 유도등 및 유도표지의 화재안전기준에 따른 객석유도등의 설치기준이다. 다음 (   )에 들어갈 내용으로 옳은 것은?

> 객석유도등은 객석의 (㉠), (㉡) 또는 (㉢)에 설치하여야 한다.

① ㉠ 통로, ㉡ 바닥, ㉢ 벽
② ㉠ 바닥, ㉡ 천장, ㉢ 벽
③ ㉠ 통로, ㉡ 바닥, ㉢ 천장
④ ㉠ 바닥, ㉡ 통로, ㉢ 출입구

해설 **객석유도등**의 **설치위치**(NFPC 303 7조, NFTC 303 2.4.1)
(1) 객석의 **통로** 보기 ㉠
(2) 객석의 **바닥** 보기 ㉡
(3) 객석의 **벽** 보기 ㉢

기억법 **통바벽**

답 ①

70 (24.03.문68, 17.05.문66, 16.10.문77, 16.05.문62) 자동화재속보설비의 설치기준에 관한 사항이다. (   ) 안의 ㉠, ㉡에 들어갈 내용으로 옳은 것은?

> 자동화재속보설비는 (㉠)와 연동으로 작동하여 자동적으로 화재신호를 (㉡)에 전달되는 것으로 할 것

① ㉠ 자동소화설비, ㉡ 종합방재센터
② ㉠ 비상방송설비, ㉡ 소방관서
③ ㉠ 비상경보설비, ㉡ 종합방재센터
④ ㉠ 자동화재탐지설비, ㉡ 소방관서

해설 **자동화재속보설비**의 **설치기준**(자동화재속보설비의 속보기의 성능인증 및 제품검사의 기술기준 5조, NFPC 204 4조, NFTC 204 2.1.1.1)

구 분	설 명
연동설비	**자동화재탐지설비** 보기 ④
속보대상	**소방관서** 보기 ④
속보방법	**20초** 이내에 **3회** 이상
다이얼링	**10회** 이상

④ 자동화재속보설비는 **자동화재탐지설비**와 연동으로 작동하여 **소방관서**에 전달되는 것으로 할 것

답 ④

71 (11.10.문61) 비상방송설비의 화재안전기준에 따라 부속회로의 전로와 대지 사이 및 배선 상호간의 절연저항은 1경계구역마다 직류 250V의 절연저항측정기를 사용하여 측정한 절연저항이 몇 MΩ 이상이 되도록 하여야 하는가?

① 0.1 ② 0.2
③ 10 ④ 20

해설 **절연저항시험**

절연저항계	절연저항	대 상
직류 250V	**0.1MΩ 이상**	• 1경계구역의 절연저항 보기 ①
직류 500V	5MΩ 이상	• 누전경보기 • 가스누설경보기 • 수신기(10회로 미만, 절연된 충전부와 외함간) • 자동화재속보설비 • 비상경보설비 • 유도등(교류입력측과 외함 간 포함) • 비상조명등(교류입력측과 외함 간 포함)
	20MΩ 이상	• 경종 • 발신기 • 중계기 • 비상콘센트 • 기기의 절연된 선로 간 • 기기의 충전부와 비충전부 간 • 기기의 교류입력측과 외함 간(유도등 · 비상조명등 제외)
	50MΩ 이상	• 감지기(정온식 감지선형 감지기 제외) • 가스누설경보기(10회로 이상) • 수신기(10회로 이상, 교류입력측과 외함간 제외)
	1000MΩ 이상	• 정온식 감지선형 감지기

답 ①

72 ★

비상콘센트설비의 성능인증 및 제품검사의 기술기준에 따른 비상콘센트설비 표시등의 구조 및 기능에 대한 설명으로 틀린 것은?

① 발광다이오드에는 적당한 보호커버를 설치하여야 한다.

② 소켓은 접속이 확실하여야 하며 쉽게 전구를 교체할 수 있도록 부착하여야 한다.

③ 적색으로 표시되어야 하며 주위의 밝기가 300lx 이상인 장소에서 측정하여 앞면으로부터 3m 떨어진 곳에서 켜진 등이 확실히 식별되어야 한다.

④ 전구는 사용전압의 130%인 교류전압을 20시간 연속하여 가하는 경우 단선, 현저한 광속변화, 흑화, 전류의 저하 등이 발생하지 아니하여야 한다.

해설 **표시등**의 **구조** 및 **기능**(비상콘센트설비의 성능인증 및 제품검사의 기술기준 4조)

(1) 전구는 사용전압의 **130%**인 교류전압을 **20시간** 연속하여 가하는 경우 **단선**, **현저**한 **광속변화**, **흑화**, **전류**의 **저하** 등이 발생하지 아니하여야 한다. 보기 ④

(2) 소켓은 접속이 확실하여야 하며 쉽게 전구를 교체할 수 있도록 부착하여야 한다. 보기 ②

(3) **전구**에는 적당한 **보호커버**를 설치하여야 한다(단, 발광다이오드 제외). 보기 ①

(4) **적색**으로 표시되어야 하며 주위의 밝기가 **300lx 이상**인 장소에서 측정하여 앞면으로부터 **3m** 떨어진 곳에서 켜진 등이 확실히 식별되어야 한다. 보기 ③

① 발광다이오드는 제외

답 ①

73 ★★★ (18.03.문64, 11.06.문73)

비상콘센트설비의 화재안전기준에 따라 비상콘센트설비의 전원부와 외함 사이의 절연저항은 전원부와 외함 사이를 500V 절연저항계로 측정할 때 몇 MΩ 이상이어야 하는가?

① 10　② 20

③ 30　④ 50

해설 **절연저항시험**

절연저항계	절연저항	대 상
직류 250V	0.1MΩ 이상	• 1경계구역의 절연저항
직류 500V	5MΩ 이상	• 누전경보기 • 가스누설경보기 • 수신기(10회로 미만, 절연된 충전부와 외함간) • 자동화재속보설비 • 비상경보설비 • 유도등(교류입력측과 외함 간 포함) • 비상조명등(교류입력측과 외함 간 포함)
	20MΩ 이상	• 경종 • 발신기 • 중계기 • 비상**콘**센트 보기 ② • 기기의 절연된 선로 간 • 기기의 충전부와 비충전부 간 • 기기의 교류입력측과 외함 간(유도등 · 비상조명등 제외) 기억법 **2콘(이크)**
	50MΩ 이상	• 감지기(정온식 감지선형 감지기 제외) • 가스누설경보기(10회로 이상) • 수신기(10회로 이상, 교류입력측과 외함간 제외)
	1000MΩ 이상	• 정온식 감지선형 감지기

답 ②

74 ★

누전경보기의 형식승인 및 제품검사의 기술기준에 따라 외함은 불연성 또는 난연성 재질로 만들어져야 하며, 누전경보기 외함의 두께는 몇 mm 이상이어야 하는가? (단, 직접 벽면에 접하여 벽 속에 매립되는 외함의 부분은 제외한다.)

① 1　② 1.2

③ 2.5　④ 3

해설 **누전경보기**의 **외함두께**(누전경보기의 형식승인 및 제품검사의 기술기준 3조)

일반적인 경우	직접 벽면에 접하여 벽 속에 매립되는 외함부분
1mm 이상 보기 ①	1.6mm 이상

답 ①

75 ★★★ (17.09.문64, 03.08.문62)

비상경보설비 및 단독경보형 감지기의 화재안전기준에 따른 단독경보형 감지기의 시설기준에 대한 내용이다. 다음 ( )에 들어갈 내용으로 옳은 것은?

> 단독경보형 감지기는 바닥면적이 (㉠)m^2를 초과하는 경우에는 (㉡)m^2마다 1개 이상을 설치하여야 한다.

① ㉠ 100, ㉡ 100　② ㉠ 100, ㉡ 150

③ ㉠ 150, ㉡ 150　④ ㉠ 150, ㉡ 200

해설 **단독경보형 감지기**의 **설치기준**(NFPC 201 5조, NFTC 201 2.2.1)

(1) 각 실(이웃하는 실내의 바닥면적이 각각 **30m² 미만**이고 벽체의 상부의 전부 또는 일부가 개방되어 이웃하는 실내와 공기가 상호 유통되는 경우에는 이를 1개의 실로 본다)마다 설치하되, 바닥면적이 **150m²**를 초과하는 경우에는 **150m²**마다 1개 이상 설치할 것 보기 ③

(2) 최상층의 계단실의 **천장**(외기가 상통하는 계단실의 경우 제외)에 설치할 것

(3) 건전지를 주전원으로 사용하는 단독경보형 감지기는 정상적인 작동상태를 유지할 수 있도록 건전지를 교환할 것

(4) 상용전원을 주전원으로 사용하는 단독경보형 감지기의 **2차 전지**는 제품검사에 합격한 것을 사용할 것

용어

단독경보형 감지기
화재발생 상황을 단독으로 감지하여 자체에 내장된 음향장치로 경보하는 감지기

답 ③

★★★
76
20.09.문67
19.04.문78
16.05.문69
15.09.문69
14.05.문66
14.03.문78
12.09.문61

자동화재탐지설비 및 시각경보장치의 화재안전기준에 따라 자동화재탐지설비의 감지기 설치에 있어서 부착높이가 20m 이상일 때 적합한 감지기 종류는?

① 불꽃감지기 ② 연기복합형
③ 차동식 분포형 ④ 이온화식 1종

해설 **감지기**의 **부착높이**(NFPC 203 7조, NFTC 203 2.4.1)

부착높이	감지기의 종류
4m **미**만	• 차동식(스포트형, 분포형) • 보상식 스포트형 • 정온식(스포트형, 감지선형) ─ **열**감지기 • 이온화식 또는 광전식(스포트형, 분리형, 공기흡입형) : **연**기감지기 • 열복합형 • 연기복합형 • 열연기복합형 ─ **복**합형 감지기 • **불**꽃감지기 기억법 열연불복 4미
4~**8**m **미**만	• 차동식(스포트형, 분포형) • 보상식 스포트형 • **정**온식(스포트형, 감지선형) **특**종 또는 **1**종 ─ **열**감지기 • **이**온화식 **1**종 또는 **2**종 • **광**전식(스포트형, 분리형, 공기흡입형) 1종 또는 2종 ─ 연기감지기 • 열복합형 • 연기복합형 • 열연기복합형 ─ **복**합형 감지기 • **불**꽃감지기 기억법 8미열 정특1 이광12 복불
8~**15**m 미만	• 차동식 **분**포형 • **이**온화식 **1**종 또는 **2**종 • **광**전식(스포트형, 분리형, 공기흡입형) 1종 또는 2종 • **연**기**복**합형 • **불**꽃감지기 기억법 15분 이광12 연복불
15~**20**m 미만	• **이**온화식 1종 • **광**전식(스포트형, 분리형, 공기흡입형) 1종 • **연**기**복**합형 • **불**꽃감지기 기억법 이광불연복2
20m 이상	• **불**꽃감지기 보기 ① • **광**전식(분리형, 공기흡입형) 중 **아**날로그방식 기억법 불광아

답 ①

★★
77
16.03.문64
08.05.문74

자동화재탐지설비 및 시각경보장치의 화재안전기준에 따라 환경상태가 현저하게 고온으로 되어 연기감지기를 설치할 수 없는 건조실 또는 살균실 등에 적응성 있는 열감지기가 아닌 것은?

① 정온식 1종
② 정온식 특종
③ 열아날로그식
④ 보상식 스포트형 1종

해설 **감지기 설치장소**(NFTC 203 2.4.6(1))

구 분		정온식		열아날로그식	불꽃감지기
환경상태	적응장소	특 종	1종		
주방, 기타 평상시에 연기가 체류하는 장소	• 주방 • 조리실 • 용접작업장	○	○	○	○
현저하게 고온으로 되는 장소	• 건조실 • 살균실 • 보일러실 • 주조실 • 영사실 • 스튜디오	○ 보기 ②	○ 보기 ①	○ 보기 ③	×

• **주방, 조리실** 등 습도가 많은 장소에는 **방수형** 감지기를 설치할 것
• **불꽃감지기**는 UV/IR형을 설치할 것

④ 요즘 사용하지 않음

답 ④

★★★
78 누전경보기의 형식승인 및 제품검사의 기술기준에 따라 감도조정장치를 갖는 누전경보기에 있어서 감도조정장치의 조정범위는 최대치가 몇 A 이어야 하는가?

16.03.문77
15.05.문79
10.03.문76

① 0.2 ② 1.0
③ 1.5 ④ 2.0

해설 **누전경보기**(누전경보기의 형식승인 및 제품검사의 기술기준 7·8조)

공칭작동전류치	감도조정장치의 조정범위
200mA 이하	1A(1000mA) 이하 보기 ②

기억법 공2

참고

검출누설전류 설정치 범위

경계전로	제2종 접지선 (중성점 접지선)
100~400mA	400~700mA

답 ②

★★
79 무선통신보조설비의 화재안전기준에 따라 무선통신보조설비의 누설동축케이블 및 안테나는 고압의 전로로부터 1.5m 이상 떨어진 위치에 설치해야 하나 그렇게 하지 않아도 되는 경우는?

16.05.문72

① 끝부분에 무반사 종단저항을 설치한 경우
② 불연재료로 구획된 반자 안에 설치한 경우
③ 해당 전로에 정전기 차폐장치를 유효하게 설치한 경우
④ 금속제 등의 지지금구로 일정한 간격으로 고정한 경우

해설 **무선통신보조설비**의 **설치기준**(NFPC 505 5~8조, NFTC 505 2.2~2.5)

(1) 소방전용 주파수대에서 전파의 **전송** 또는 **복사**에 적합한 것으로서 소방전용의 것일 것
(2) 누설동축케이블과 이에 접속하는 안테나 또는 동축케이블과 이에 접속하는 안테나일 것
(3) 누설동축케이블 및 동축케이블은 화재에 따라 해당 케이블의 피복이 소실된 경우에 케이블 본체가 떨어지지 아니하도록 **4m** 이내마다 금속제 또는 자기제 등의 지지금구로 벽·천장·기둥 등에 견고하게 고정시킬 것(**불연재료**로 구획된 반자 안에 설치하는 경우는 제외)
(4) 누설동축케이블 및 안테나는 고압전로로부터 1.5m 이상 떨어진 위치에 설치할 것(해당 전로에 **정전기 차폐장치**를 유효하게 설치한 경우에는 제외) 보기 ③
(5) 누설동축케이블의 끝부분에는 **무반사 종단저항**을 견고하게 설치할 것
(6) 임피던스 : **50**Ω

기억법 누고15

용어

무반사 종단저항
전송로로 전송되는 전자파가 전송로의 종단에서 반사되어 교신을 방해하는 것을 막기 위한 저항

답 ③

★★★
80 유도등 및 유도표지의 화재안전기준에 따라 유도표지는 각 층마다 복도 및 통로의 각 부분으로부터 하나의 유도표지까지의 보행거리가 몇 m 이하가 되는 곳과 구부러진 모퉁이의 벽에 설치하여야 하는가? (단, 계단에 설치하는 것은 제외한다.)

15.05.문67
10.05.문64

① 5 ② 10
③ 15 ④ 25

해설 **유도표지**의 **설치기준**(NFPC 303 8조, NFTC 303 2.5.1)

(1) 각 층 복도의 각 부분에서 유도표지까지의 보행거리 **15m** 이하(계단에 설치하는 것 제외) 보기 ③
(2) 구부러진 모퉁이의 벽에 설치
(3) 통로유도표지는 높이 **1m** 이하에 설치
(4) 주위에 등화, 광고물, 게시물 등을 설치하지 않을 것

중요

설치높이

통로유도표지	피난구유도표지
1m 이하	출입구 상단에 설치

답 ③

▌2021년 기사 제4회 필기시험▐

자격종목	종목코드	시험시간	형별	수험번호	성명
소방설비기사(전기분야)		2시간			

※ 각 문항은 4지택일형으로 질문에 가장 적합한 보기 항을 선택하여 체크하여야 합니다.

제 1 과목 소방원론

01 다음 중 피난자의 집중으로 패닉현상이 일어날 우려가 가장 큰 형태는?

17.03.문09
12.03.문06
08.05.문20

① T형 ② X형
③ Z형 ④ H형

유사문제부터 풀어보세요. 실력이 팍!팍! 올라갑니다.

해설 **피난형태**

형 태	피난방향	상 황
X형	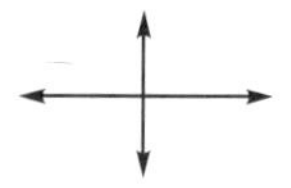	**확실한 피난통로**가 보장되어 신속한 피난이 가능하다.
Y형	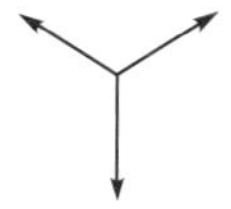	
CO형	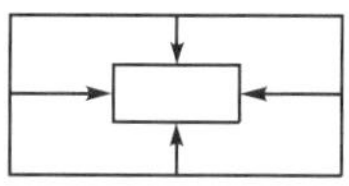	피난자들의 집중으로 **패닉**(Panic)**현상**이 일어날 수가 있다.
H형	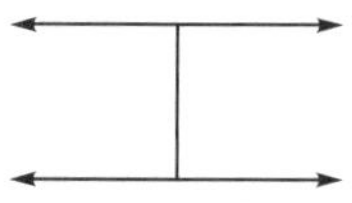	

답 ④

02 연기감지기가 작동할 정도이고 가시거리가 20~30m에 해당하는 감광계수는 얼마인가?

17.03.문10
16.10.문16
16.03.문03
14.05.문06
13.09.문11

① $0.1m^{-1}$
② $1.0m^{-1}$
③ $2.0m^{-1}$
④ $10m^{-1}$

해설 **감광계수**와 **가시거리**

감광계수 $[m^{-1}]$	가시거리 [m]	상 황
0.1	20~30	연기**감**지기가 작동할 때의 농도(연기감지기가 작동하기 직전의 농도)
0.3	5	건물 내부에 **익**숙한 사람이 피난에 지장을 느낄 정도의 농도
0.5	3	**어**두운 것을 느낄 정도의 농도
1	1~2	앞이 거의 **보**이지 않을 정도의 농도
10	0.2~0.5	화재 **최**성기 때의 농도
30	-	출화실에서 연기가 **분**출할 때의 농도

기억법
0123 감
035 익
053 어
112 보
100205 최
30 분

답 ①

03 소화에 필요한 CO_2의 이론소화농도가 공기 중에서 37vol%일 때 한계산소농도는 약 몇 vol%인가?

19.04.문13
17.03.문14
15.03.문14
14.05.문07
12.05.문14

① 13.2 ② 14.5
③ 15.5 ④ 16.5

해설 CO_2의 **농도**(이론소화농도)

$$CO_2 = \frac{21 - O_2}{21} \times 100$$

여기서, CO_2 : CO_2의 이론소화농도[vol%]
O_2 : 한계산소농도[vol%]

$$CO_2 = \frac{21 - O_2}{21} \times 100$$

$$37 = \frac{21 - O_2}{21} \times 100, \quad \frac{37}{100} = \frac{21 - O_2}{21}$$

$$0.37 = \frac{21 - O_2}{21}, \quad 0.37 \times 21 = 21 - O_2$$

$$O_2 + (0.37 \times 21) = 21$$

$$O_2 = 21 - (0.37 \times 21) \fallingdotseq 13.2\text{vol\%}$$

용어

vol%
어떤 공간에 차지하는 부피를 백분율로 나타낸 것

답 ①

★★
04 건물화재시 패닉(Panic)의 발생원인과 직접적인 관계가 없는 것은?

16.03.문16
11.03.문19

① 연기에 의한 시계제한
② 유독가스에 의한 호흡장애
③ 외부와 단절되어 고립
④ 불연내장재의 사용

해설 **패닉**(Panic)의 **발생원인**
(1) 연기에 의한 시계제한 보기 ①
(2) 유독가스에 의한 호흡장애 보기 ②
(3) 외부와 단절되어 고립 보기 ③

용어

패닉(Panic)
인간이 극도로 긴장되어 돌출행동을 하는 것

답 ④

★★★
05 소화기구 및 자동소화장치의 화재안전기준에 따르면 소화기구(자동확산소화기는 제외)는 거주자 등이 손쉽게 사용할 수 있는 장소에 바닥으로부터 높이 몇 m 이하의 곳에 비치하여야 하는가?

16.05.문12
11.03.문01

① 0.5　　② 1.0
③ 1.5　　④ 2.0

해설 **설치높이**

0.5~1m 이하	0.8~1.5m 이하	1.5m 이하
① **연**결송수관설비의 송수구 ② **연**결살수설비의 송수구 ③ **물분무소화설비의 송수구** ④ **소**화**용**수설비의 채수구 기억법 연소용51(연소용 오일은 잘 탄다.)	① **수**동식 **기**동장치 조작부 ② **제**어밸브(수동식 개방밸브) ③ **유**수검지장치 ④ **일**제개방밸브 기억법 수기8(수기 팔아요.) 제유일 85(제가 유일하게 팔았어요.)	① **옥내**소화전설비의 방수구 ② **호**스릴함 ③ **소**화기(투척용 소화기) 보기 ③ 기억법 옥내호소5(옥내에서 호소하시오.)

답 ③

★★
06 물리적 폭발에 해당하는 것은?

18.04.문11
17.09.문04

① 분해폭발
② 분진폭발
③ 중합폭발
④ 수증기폭발

해설 **폭발**의 **종류**

화학적 폭발	물리적 폭발
• 가스폭발 • 유증기폭발 • 분진폭발 • 화약류의 폭발 • 산화폭발 • 분해폭발 • 중합폭발 • 증기운폭발	• 증기폭발(수증기폭발) 보기 ④ • 전선폭발 • 상전이폭발 • 압력방출에 의한 폭발

답 ④

★★★
07 소화약제로 사용되는 이산화탄소에 대한 설명으로 옳은 것은?

19.03.문05
14.03.문16
10.09.문14

① 산소와 반응시 흡열반응을 일으킨다.
② 산소와 반응하여 불연성 물질을 발생시킨다.
③ 산화하지 않으나 산소와는 반응한다.
④ 산소와 반응하지 않는다.

해설 **가연물**이 **될 수 없는 물질**(불연성 물질)

특 징	불연성 물질
주기율표의 0족 원소	• 헬륨(He) • 네온(Ne) • 아르곤(Ar) • 크립톤(Kr) • 크세논(Xe) • 라돈(Rn)
산소와 더 이상 반응하지 않는 물질 보기 ④	• 물(H_2O) • **이산화탄소(CO_2)** • 산화알루미늄(Al_2O_3) • 오산화인(P_2O_5)
흡열반응 물질	질소(N_2)

• 탄산가스=이산화탄소(CO_2)

답 ④

★★★
08 Halon 1211의 화학식에 해당하는 것은?

13.09.문14
12.05.문04

① CH_2BrCl
② CF_2ClBr
③ CH_2BrF
④ CF_2HBr

해설 **할론소화약제**의 **약칭** 및 **분자식**

종 류	약 칭	분자식
할론 1011	CB	CH_2ClBr
할론 104	CTC	CCl_4
할론 1211	BCF	CF_2ClBr [보기 ②]
할론 1301	BTM	CF_3Br
할론 2402	FB	$C_2F_4Br_2$

답 ②

★★★
09 **건축물 화재에서 플래시오버(Flash over) 현상이 일어나는 시기는?**

15.09.문07
11.06.문11

① 초기에서 성장기로 넘어가는 시기
② 성장기에서 최성기로 넘어가는 시기
③ 최성기에서 감쇠기로 넘어가는 시기
④ 감쇠기에서 종기로 넘어가는 시기

해설 **플래시오버**(Flash over)

구 분	설 명
발생시간	화재발생 후 **5~6분경**
발생시점	**성장기~최성기**(성장기에서 최성기로 넘어가는 분기점) [보기 ②] 기억법 **플성최**
실내온도	약 **800~900℃**

답 ②

★★★
10 **인화칼슘과 물이 반응할 때 생성되는 가스는?**

20.06.문12
18.04.문18
14.09.문08
11.10.문05
10.09.문12
04.03.문02

① 아세틸렌
② 황화수소
③ 황산
④ 포스핀

해설 (1) **탄화칼슘**과 **물**의 **반응식**

$$CaC_2 + 2H_2O \rightarrow Ca(OH)_2 + C_2H_2 \uparrow$$
탄화칼슘 물 수산화칼슘 아세틸렌

(2) **탄화알루미늄**과 **물**의 **반응식**

$$Al_4C_3 + 12H_2O \rightarrow 4Al(OH)_3 + 3CH_4 \uparrow$$
탄화알루미늄 물 수산화알루미늄 메탄

(3) **인화칼슘**과 **물**의 **반응식** [보기 ④]

$$Ca_3P_2 + 6H_2O \rightarrow 3Ca(OH)_2 + 2PH_3 \uparrow$$
인화칼슘 물 수산화칼슘 포스핀

(4) **수소화리튬**과 **물**의 **반응식**

$$LiH + H_2O \rightarrow LiOH + H_2$$
수소화리튬 물 수산화리튬 수소

답 ④

★★★
11 **위험물안전관리법령상 자기반응성 물질의 품명에 해당하지 않는 것은?**

19.04.문44
16.05.문46
15.09.문03
15.09.문18
15.05.문10
15.05.문42
15.03.문51
14.09.문18
14.03.문18
11.06.문54

① 나이트로화합물
② 할로젠간화합물
③ 질산에스터류
④ 하이드록실아민염류

해설 **위험물규칙 3조, 위험물령 [별표 1]**
위험물

유 별	성 질	품 명
제**1**류	**산**화성 **고**체	• 아염소산**염류** • 염소산**염류** • 과염소산**염류** • 질산**염류** • **무기과산화물** • 과아이오딘산염류 • 과아이오딘산 • 크로뮴, 납 또는 아이오딘의 산화물 • 아질산염류 • 차아염소산염류 • 염소화아이소사이아누르산 • 퍼옥소이황산염류 • 퍼옥소붕산염류 기억법 **1산고(일산GO), ~염류, 무기과산화물**
제**2**류	가연성 고체	• **황화**인 • **적**린 • **황** • **마**그네슘 • 금속분 기억법 **2황화적황마**
제3류	자연발화성 물질 및 금수성 물질	• **황**린 • **칼**륨 • **나**트륨 • **트**리에틸**알**루미늄 • 금속의 수소화물 • 염소화규소화합물 기억법 **황칼나트알**
제4류	인화성 액체	• 특수인화물 • 석유류(벤젠) • 알코올류 • 동식물유류
제5류	자기반응성 물질	• 유기과산화물 • 나이트로화합물 [보기 ①] • 나이트로소화합물 • 아조화합물 • 질산에스터류(셀룰로이드) [보기 ③] • 하이드록실아민염류 [보기 ④] • 금속의 아지화합물 • 질산구아니딘

제6류	산화성 액체	• 과염소산 • 과산화수소 • 질산 • 할로젠간화합물 보기 ②

② 산화성 액체

답 ②

12 마그네슘의 화재에 주수하였을 때 물과 마그네슘의 반응으로 인하여 생성되는 가스는?

19.03.문04 15.09.문06 15.09.문13 14.03.문06 12.09.문16 12.05.문05

① 산소
② 수소
③ 일산화탄소
④ 이산화탄소

해설 **주수소화**(물소화)시 위험한 물질

위험물	발생물질
• **무**기과산화물	**산소**(O_2) 발생 기억법 **무산**(**무산**되다.)
• 금속분 • **마**그네슘 • 알루미늄 • 칼륨 문제 14 • 나트륨 • 수소화리튬	**수소**(H_2) 발생 기억법 **마수**
• 가연성 액체의 유류화재(경유)	**연소면**(화재면) 확대

답 ②

13 제2종 분말소화약제의 주성분으로 옳은 것은?

20.08.문15 19.03.문01 18.04.문06 17.09.문10 16.10.문06 16.05.문15 16.03.문09 15.09.문01

① NaH_2PO_4
② KH_2PO_4
③ $NaHCO_3$
④ $KHCO_3$

해설 (1) **분말소화약제**

종 별	주성분	착 색	적응 화재	비 고
제**1**종	중탄산나트륨 ($NaHCO_3$)	백색	BC급	**식용유** 및 **지방질유**의 화재에 적합
제2종	중탄산칼륨 ($KHCO_3$)	담자색 (담회색)	BC급	–
제**3**종	제1인산암모늄 ($NH_4H_2PO_4$)	담홍색	ABC급	**차고** · **주차장**에 적합
제4종	중탄산칼륨 + 요소 ($KHCO_3$ + $(NH_2)_2CO$)	회(백)색	BC급	–

기억법 **1**식분(**일**식 **분**식)
3분 차주(**삼보**컴퓨터 **차주**)

(2) **이산화탄소 소화약제**

주성분	적응화재
이산화탄소(CO_2)	BC급

답 ④

14 물과 반응하였을 때 가연성 가스를 발생하여 화재의 위험성이 증가하는 것은?

15.03.문09 13.06.문15 10.05.문07

① 과산화칼슘
② 메탄올
③ 칼륨
④ 과산화수소

해설 **문제 12 참조**

중요

경유화재시 **주수소화**가 **부적당**한 **이유**
물보다 비중이 가벼워 물 위에 떠서 **화재확대**의 우려가 있기 때문이다.

답 ③

15 물리적 소화방법이 아닌 것은?

16.03.문17 15.09.문05 14.05.문13 11.03.문16

① 연쇄반응의 억제에 의한 방법
② 냉각에 의한 방법
③ 공기와의 접촉 차단에 의한 방법
④ 가연물 제거에 의한 방법

해설

구 분	물리적 소화방법	**화**학적 소화방법
소화 형태	• 질식소화(공기와의 접속 차단) • 냉각소화(냉각) • 제거소화(가연물 제거)	• **억**제소화(연쇄반응의 억제) 보기 ① 기억법 **억화**(**억화**감정)
소화 약제	• 물소화약제 • 이산화탄소소화약제 • 포소화약제 • 불활성기체소화약제 • 마른모래	• 할론소화약제 • 할로겐화합물소화약제

① 화학적 소화방법

중요

소화의 방법

소화방법	설 명
냉각소화	• 다량의 물 등을 이용하여 **점화원**을 **냉각**시켜 소화하는 방법 • 다량의 물을 뿌려 소화하는 방법
질식소화	• 공기 중의 **산소농도**를 16%(10~15%) 이하로 희박하게 하여 소화하는 방법
제거소화	• 가연물을 제거하여 소화하는 방법
억제소화 (부촉매효과)	• 연쇄반응을 차단하여 소화하는 방법으로 '**화학소화**'라고도 함

답 ①

★★★
16 다음 중 착화온도가 가장 낮은 것은?

19.09.문02 17.03.문14 15.09.문02 14.05.문05 12.09.문04

① 아세톤
② 휘발유
③ 이황화탄소
④ 벤젠

해설

물 질	인화점	착화점
• 프로필렌	−107℃	497℃
• 에틸에터 • 다이에틸에터	−45℃	180℃
• **가솔린(휘발유)** 보기 ②	−43℃	**300℃**
• **이황화탄소** 보기 ③	−30℃	**100℃**
• 아세틸렌	−18℃	335℃
• **아세톤** 보기 ①	−18℃	**538℃**
• **벤젠** 보기 ④	−11℃	**562℃**
• 톨루엔	4.4℃	480℃
• 에틸알코올	13℃	423℃
• 아세트산	40℃	−
• 등유	43~72℃	210℃
• 경유	50~70℃	200℃
• 적린	−	260℃

• 착화점=발화점=착화온도=발화온도

답 ③

★★★
17 화재의 분류방법 중 유류화재를 나타낸 것은?

19.03.문08 17.09.문07 16.05.문09 15.09.문19 13.09.문07

① A급 화재
② B급 화재
③ C급 화재
④ D급 화재

해설 화재의 **종류**

구 분	표시색	적응물질
일반화재(A급)	백색	• 일반가연물 • 종이류 화재 • 목재 · 섬유화재
유류화재(B급) 보기 ②	황색	• 가연성 액체 • 가연성 가스 • 액화가스화재 • 석유화재
전기화재(C급)	청색	• 전기설비
금속화재(D급)	무색	• 가연성 금속
주방화재(K급)	−	• 식용유화재

※ 요즘은 표시색의 의무규정은 없음

답 ②

★★
18 소화약제로 사용되는 물에 관한 소화성능 및 물성에 대한 설명으로 틀린 것은?

19.04.문06 18.03.문19 15.05.문04 99.08.문06

① 비열과 증발잠열이 커서 냉각소화 효과가 우수하다.
② 물(15℃)의 비열은 약 1cal/g · ℃이다.
③ 물(100℃)의 증발잠열은 439.6cal/g이다.
④ 물의 기화에 의한 팽창된 수증기는 질식소화 작용을 할 수 있다.

해설 물의 **소화능력**

(1) **비열**이 크다. 보기 ①
(2) **증발잠열**(기화잠열)이 크다. 보기 ①
(3) 밀폐된 장소에서 증발가열하면 수증기에 의해서 **산소희석작용** 또는 **질식소화작용**을 한다. 보기 ④
(4) **무상**으로 주수하면 **중질유 화재**에도 사용할 수 있다.

융해잠열	증발잠열(기화잠열)
80cal/g	539cal/g 보기 ③

③ 439.6cal/g → 539cal/g

참고

물이 **소화약제**로 많이 쓰이는 이유

장 점	단 점
① 쉽게 구할 수 있다. ② 증발잠열(기화잠열)이 크다. ③ 취급이 간편하다.	① 가스계 소화약제에 비해 사용 후 **오염**이 **크다**. ② 일반적으로 **전기화재**에는 **사용**이 **불가**하다.

답 ③

★★★
19 다음 중 공기에서의 연소범위를 기준으로 했을 때 위험도(H) 값이 가장 큰 것은?

20.06.문19
19.03.문03
15.09.문08
10.03.문14

① 다이에틸에터 ② 수소
③ 에틸렌 ④ 부탄

해설 **위험도**

$$H = \frac{U-L}{L}$$

여기서, H : 위험도
U : 연소상한계
L : 연소하한계

① **다이에틸에터** $= \frac{48-1.7}{1.7} = 27.23$

② **수소** $= \frac{75-4}{4} = 17.75$

③ **에틸렌** $= \frac{36-2.7}{2.7} = 12.33$

④ **부탄** $= \frac{8.4-1.8}{1.8} = 3.67$

중요

공기 중의 **폭발한계**(상온, 1atm)

가 스	하한계 〔vol%〕	상한계 〔vol%〕
보기 ① 다이에틸에터($(C_2H_5)_2O$) →	1.7	48
보기 ② 수소(H_2) →	4	75
보기 ③ 에틸렌(C_2H_4) →	2.7	36
보기 ④ 부탄(C_4H_{10}) →	1.8	8.4
아세틸렌(C_2H_2)	2.5	81
일산화탄소(CO)	12	75
이황화탄소(CS_2)	1	50
암모니아(NH_3)	15	25
메탄(CH_4)	5	15
에탄(C_2H_6)	3	12.4
프로판(C_3H_8)	2.1	9.5

- 연소한계=연소범위=가연한계=가연범위=폭발한계=폭발범위
- 다이에틸에터=에터

답 ①

★★★
20 조연성 가스로만 나열되어 있는 것은?

18.04.문07
17.03.문07
16.10.문03
16.03.문04
14.05.문10
12.09.문08
10.05.문18

① 질소, 불소, 수증기
② 산소, 불소, 염소
③ 산소, 이산화탄소, 오존
④ 질소, 이산화탄소, 염소

해설 **가연성 가스**와 **지연성 가스**(조연성 가스)

가연성 가스	지연성 가스(조연성 가스)
• **수**소 • **메**탄 • **일**산화탄소 • **천**연가스 • **부**탄 • **에**탄 • **암**모니아 • **프**로판 기억법 가수일천 암부 메에프	• **산**소 보기 ② • **공**기 • **염**소 보기 ② • **오**존 • **불**소 보기 ② 기억법 조산공 염오불

용어

가연성 가스와 **지연성 가스**

가연성 가스	지연성 가스(조연성 가스)
물질 자체가 연소하는 것	자기 자신은 연소하지 않지만 연소를 도와주는 가스

답 ②

제 2 과목 소방전기일반

★★
21 단상 반파정류회로를 통해 평균 26V의 직류전압을 출력하는 경우, 정류 다이오드에 인가되는 역방향 최대전압은 약 몇 V인가? (단, 직류측에 평활회로(필터)가 없는 정류회로이고, 다이오드의 순방향 전압은 무시한다.)

20.06.문25
19.04.문31
16.05.문27
16.05.문31
13.06.문33
12.03.문35
07.05.문34

① 26 ② 37
③ 58 ④ 82

해설 (1) **기호**

- V_{av} : 26V
- PIV : ?

(2) **직류 평균전압**

단상 반파정류회로	단상 전파정류회로
$V_{av} = 0.45V$	$V_{av} = 0.9V$
여기서, V_{av} : 직류 평균전압〔V〕 V : 교류 실효값(교류전압)〔V〕	여기서, V_{av} : 직류 평균전압〔V〕 V : 교류 실효값(교류전압)〔V〕

교류전압 V는

$$V = \frac{V_{av}}{0.45} = \frac{26}{0.45} \fallingdotseq 57.7\text{V}$$

(3) **첨두역전압**(역방향 최대전압)

$$PIV = \sqrt{2}\,V$$

여기서, PIV : 첨두역전압[V]

V : 교류전압[V]

첨두역전압 PIV는

$PIV = \sqrt{2}\,V = \sqrt{2} \times 57.7 \fallingdotseq 82$V

용어

첨두역전압(PIV ; Peak Inverse Voltage)
정류회로에서 다이오드가 동작하지 않을 때, 역방향 전압을 견딜 수 있는 최대전압

답 ④

★★★
22 시퀀스회로를 논리식으로 표현하면?

16.03.문30

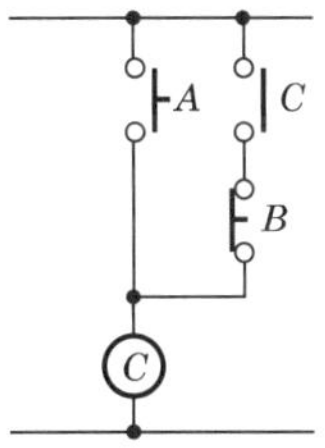

① $C = A + \overline{B} \cdot C$

② $C = A \cdot \overline{B} + C$

③ $C = A \cdot C + \overline{B}$

④ $C = A \cdot C + \overline{B} \cdot C$

해설 **논리식 · 시퀀스회로**

시퀀스	논리식	시퀀스회로(스위칭회로)
직렬회로	$Z = A \cdot B$ $Z = AB$	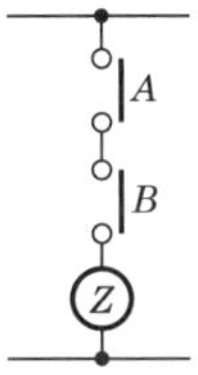
병렬회로	$Z = A + B$	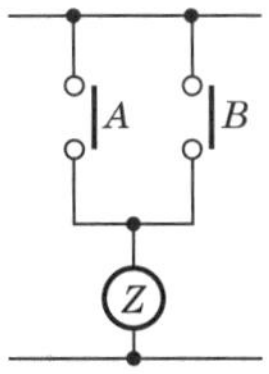
a접점	$Z = A$	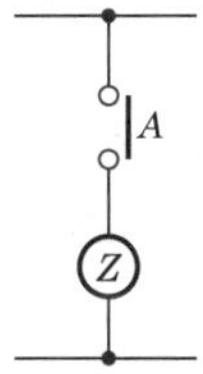
b접점	$Z = \overline{A}$	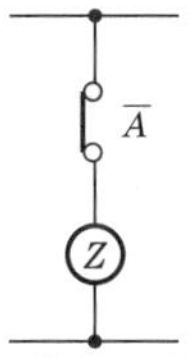

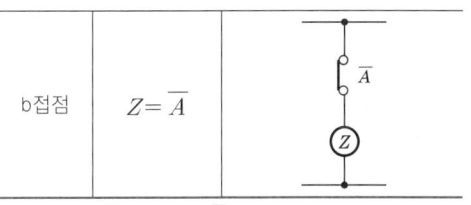

$\therefore C = A + \overline{B} \cdot C = A + \overline{B}C$

답 ①

★★★
23 제어량에 따른 제어방식의 분류 중 온도, 유량, 압력 등의 공업 프로세스의 상태량을 제어량으로 하는 제어계로서 외란의 억제를 주목적으로 하는 제어방식은?

19.03.문32
17.09.문22
17.09.문39
16.10.문35
16.05.문22
16.03.문32
15.05.문23
14.09.문23
13.09.문27

① 서보기구 ② 자동조정
③ 추종제어 ④ 프로세스제어

해설 **제어량**에 의한 **분류**

분 류	종 류
프로세스제어 (공정제어) 보기 ④	• **온**도 • **압**력 • **유**량 • **액**면 기억법 **프온압유액**
서보기구 (서보제어, 추종제어)	• **위**치 • **방**위 • **자**세 기억법 **서위방자**
자동조정	• 전압 • 전류 • 주파수 • 회전속도(**발**전기의 **속**도조절기) • 장력 기억법 **자발속**

※ **프로세스제어** : 공업공정의 상태량을 제어량으로 하는 제어

중요

제어의 **종류**

종 류	설 명
정치제어 (Fixed value control)	• 일정한 목표값을 유지하는 것으로 **프로세스제어, 자동조정**이 이에 해당된다. 예 **연속식 압연기** • **목표값**이 시간에 관계없이 항상 일정한 값을 가지는 제어
추종제어 (Follow-up control)	미지의 시간적 변화를 하는 목표값에 제어량을 추종시키기 위한 제어로 **서보기구**가 이에 해당된다. 예 **대공포의 포신**
비율제어 (Ratio control)	둘 이상의 제어량을 소정의 비율로 제어하는 것
프로그램제어 (Program control)	목표값이 **미리 정해진 시간적 변화**를 하는 경우 제어량을 그것에 추종시키기 위한 제어 예 **열차 · 산업로봇의 무인운전**

답 ④

★★★
24 반도체를 이용한 화재감지기 중 서미스터(Thermistor)는 무엇을 측정하기 위한 반도체소자인가?

① 온도
② 연기농도
③ 가스농도
④ 불꽃의 스펙트럼 강도

해설 **반도체소자**

명 칭	심 벌
① **제너다이오드**(Zener diode) : 주로 **정**전압 전원회로에 사용된다. 기억법 **제정(재정이 풍부)**	
② **서미스터**(Thermistor) : 부온도특성을 가진 저항기의 일종으로서 주로 **온**도보정용으로 쓰인다. 보기 ① 기억법 **서온(서운해)**	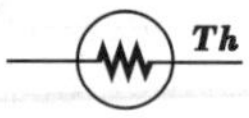
③ **SCR**(Silicon Controlled Rectifier) : 단방향 대전류 스위칭소자로서 제어를 할 수 있는 정류소자이다	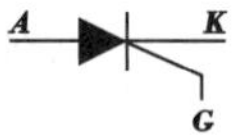
④ **바리스터**(Varistor) • 주로 **서**지전압에 대한 회로보호용(과도전압에 대한 회로보호) • **계**전기 접점의 불꽃제거 기억법 **바리서계**	
⑤ **UJT**(UniJunction Transistor) = **단일접합 트랜지스터** : 증폭기로는 사용이 불가능하고 톱니파나 펄스발생기로 작용하며 SCR의 트리거소자로 쓰인다.	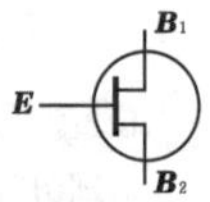
⑥ **바랙터**(Varactor) : 제너현상을 이용한 다이오드	–

답 ①

★★★
25 회로에서 a와 b 사이의 합성저항[Ω]은?
11.06.문27

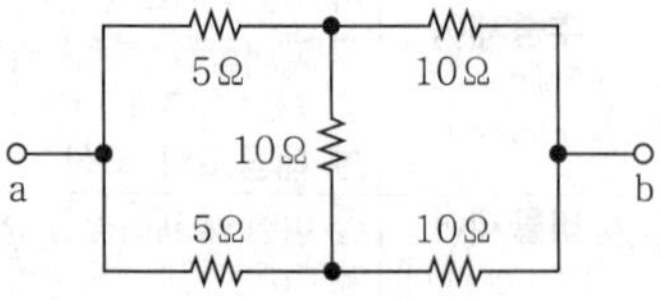

① 5　② 7.5
③ 15　④ 30

해설 **휘트스톤브리지**이므로 회로를 변형하면 다음과 같다.

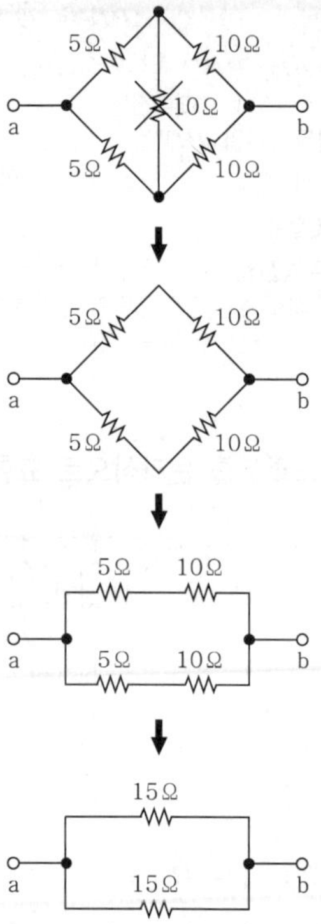

$$\therefore R_{ab} = \frac{15 \times 15}{15 + 15} = 7.5\,\Omega$$

중요

휘트스톤브리지(Wheatstone bridge)
$PR = QX$이면 검류계 G에는 전류가 흐르지 않으므로 생략 가능

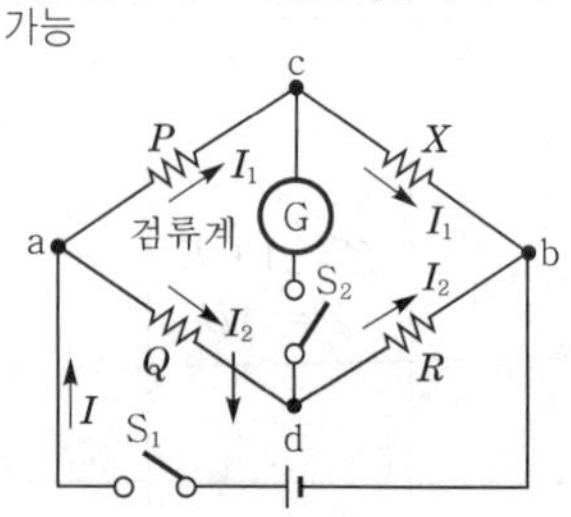

| 휘트스톤브리지 |

※ **휘트스톤브리지** : 0.5~10^5Ω의 중저항 측정

답 ②

★★
26 1개의 용량이 25W인 객석유도등 10개가 설치되어 있다. 이 회로에 흐르는 전류는 약 몇 A인가? (단, 전원전압은 220V이고, 기타 선로손실 등은 무시한다.)
14.03.문33

① 0.88　② 1.14
③ 1.25　④ 1.36

해설

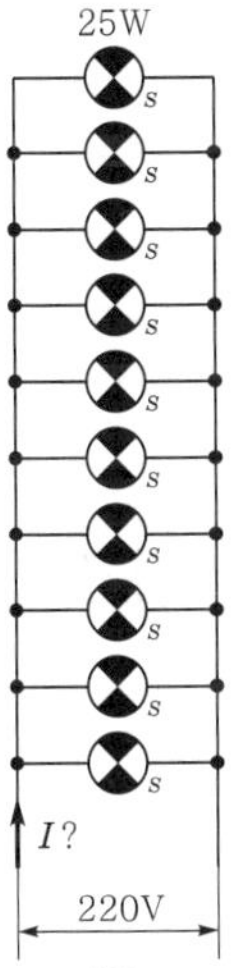

여기서,
 : 객석유도등

(1) **기호**

- P : 25W×10개
- I : ?
- V : 220V

(2) **전력**

$$P=VI=I^2R=\frac{V^2}{R}$$

여기서, P : 전력[W]
V : 전압[V]
I : 전류[A]
R : 저항[Ω]

전류 $I=\frac{P}{V}=\frac{25\text{W}\times 10\text{개}}{220\text{V}}\fallingdotseq 1.14\text{A}$

답 ②

★★
27 PD(비례미분)제어동작의 특징으로 옳은 것은?

17.03.문37
16.10.문40
14.09.문25
08.09.문22

① 잔류편차 제거
② 간헐현상 제거
③ 불연속제어
④ 속응성 개선

해설 **연속제어**

제어 종류	설 명
비례제어(**P동작**)	**잔류편차**(off-set)가 있는 제어
미분제어(**D동작**)	오차가 커지는 것을 **미연에 방지**하고 **진동**을 **억제**하는 제어(=**Rate동작**)
적분제어(**I동작**)	**잔류편차**를 **제거**하기 위한 제어
비례**적**분제어 (**PI동작**)	**간헐현상**이 있는 제어, 잔류편차가 없는 제어 기억법 **간비적**
비례미분제어 (**PD동작**)	**응답 속응성**을 개선하는 제어 보기 ④ 기억법 **PD응(PD 좋아? 응!)**
비례적분미분제어 (**PID동작**)	적분제어로 **잔류편차**를 **제거**하고, 미분제어로 **응답**을 **빠르게** 하는 제어

용어

용 어	설 명
간헐현상	제어계에서 동작신호가 연속적으로 변하여도 조작량이 **일정**한 **시간**을 두고 **간헐**적으로 변하는 현상
잔류편차	비례제어에서 급격한 목표값의 변화 또는 외란이 있는 경우 제어계가 정상상태로 된 후에도 **제어량**이 **목표값**과 **차이**가 난 채로 있는 것

답 ④

★★★
28 회로에서 저항 20Ω에 흐르는 전류[A]는?

14.09.문39
08.03.문21

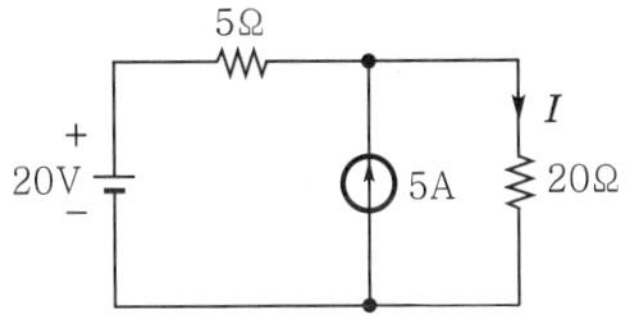

① 0.8 ② 1.0
③ 1.8 ④ 2.8

해설 **중첩**의 **원리**

(1) **전압원 단락시**

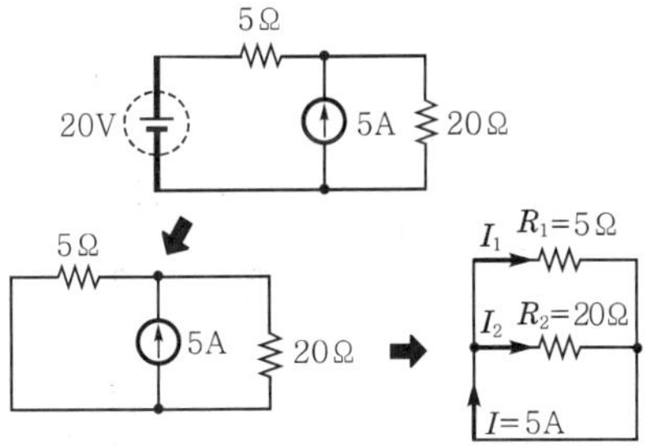

$$I_2=\frac{R_1}{R_1+R_2}I=\frac{5}{5+20}\times 5=1\text{A}$$

(2) **전류원 개방시 5Ω**

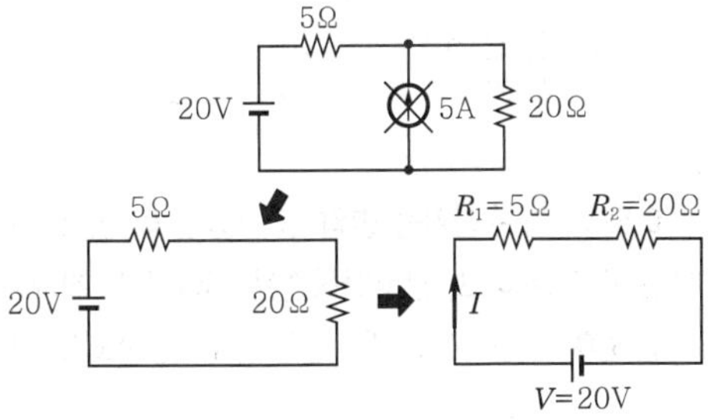

$$I=\frac{V}{R_1+R_2}=\frac{20}{5+20}=0.8\text{A}$$

∴ 20Ω에 흐르는 전류 $=I_2+I=1+0.8=1.8\text{A}$

- 중첩의 원리=전압원 단락시 값+전류원 개방시 값

답 ③

29 1cm의 간격을 둔 평행 왕복전선에 25A의 전류가 흐른다면 전선 사이에 작용하는 단위길이당 힘〔N/m〕은?

20.06.문33
18.09.문34
14.09.문37

① 2.5×10^{-2}N/m(반발력)
② 1.25×10^{-2}N/m(반발력)
③ 2.5×10^{-2}N/m(흡인력)
④ 1.25×10^{-2}N/m(흡인력)

해설 (1) **기호**

- r : 0.1cm=0.01m(100cm=1m)
- I_1, I_2 : 25A
- F : ?

(2) **평행도체 사이에 작용하는 힘**

$$F=\frac{\mu_0 I_1 I_2}{2\pi r} \text{〔N/m〕}$$

여기서, F : 평행전류의 힘〔N/m〕
μ_0 : 진공의 투자율($4\pi\times10^{-7}$)〔H/m〕
I_1, I_2 : 전류〔A〕
r : 거리〔m〕

평행도체 사이에 작용하는 힘 F는

$$F=\frac{\mu_0 I_1 I_2}{2\pi r}=\frac{(4\pi\times10^{-7})\times25\times25}{2\pi\times0.01}=0.0125$$
$=$**1.25×10^{-2}N/m**

힘의 방향은 전류가 **같은 방향**이면 **흡인력**, **다른 방향**이면 **반발력**이 작용한다.

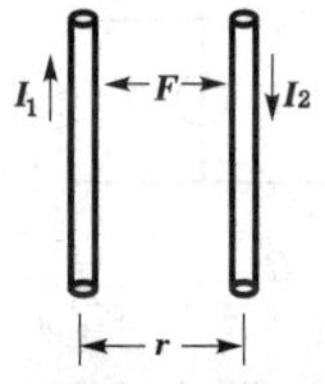

▌평행전류의 힘▐

평행 왕복전선은 전류가 갔다가 다시 돌아오므로 두 전선의 전류방향이 다른 방향이 되어 **반발력**이 작용한다.

답 ②

30 0.5kVA의 수신기용 변압기가 있다. 이 변압기의 철손은 7.5W이고, 전부하동손은 16W이다. 화재가 발생하여 처음 2시간은 전부하로 운전되고, 다음 2시간은 $\frac{1}{2}$의 부하로 운전되었다고 한다. 4시간에 걸친 이 변압기의 전손실전력량은 몇 Wh인가?

17.09.문30
11.03.문29

① 62 ② 70
③ 78 ④ 94

해설 (1) **기호**

- P_i : 7.5W
- P_c : 16W
- t : 2h
- $\frac{1}{2}$ 부하가 걸렸으므로 $\frac{1}{n}=\frac{1}{2}$
- W : ?

(2) **전손실전력량**

$$W=[P_i+P_c]t+\left[P_i+\left(\frac{1}{n}\right)^2P_c\right]t$$

여기서, W : 전손실전력량〔Wh〕
P_i : 철손〔W〕
P_c : 동손〔W〕
t : 시간〔h〕
n : 부하가 걸리는 비율

$$W=[7.5+16]\times2+\left[7.5+\left(\frac{1}{2}\right)^2\times16\right]\times2=\mathbf{70Wh}$$

답 ②

31 테브난의 정리를 이용하여 그림 (a)의 회로를 그림 (b)와 같은 등가회로로 만들고자 할 때 V_{ab}〔V〕와 R_{ab}〔Ω〕은?

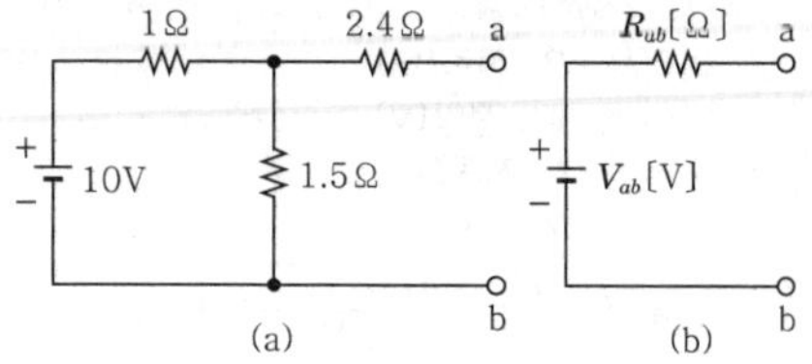

① 5V, 2Ω ② 5V, 3Ω
③ 6V, 2Ω ④ 6V, 3Ω

해설 **테브난**의 **정리**에 의해
2.4Ω에는 전압이 가해지지 않으므로

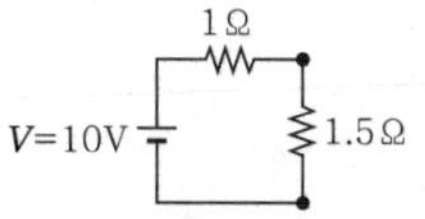

이해하기 쉽게 회로를 변형하면

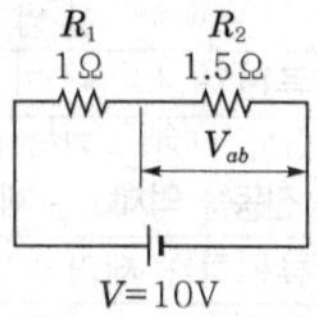

$$V_{ab}=\frac{R_2}{R_1+R_2}V=\frac{1.5}{1+1.5}\times10=\mathbf{6V}$$

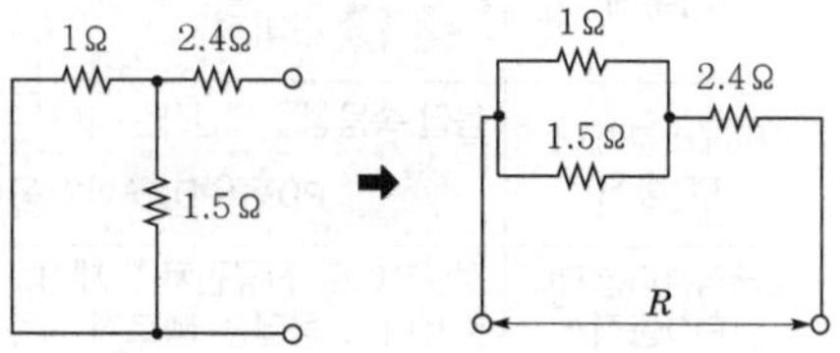

전압원을 **단락**하고 회로망에서 본 저항 R은

$R=\frac{1\times1.5}{1+1.5}+2.4=3\Omega$

용어

테브난의 **정리**(테브낭의 정리)
2개의 독립된 회로망을 접속하였을 때의 전압·전류 및 임피던스의 관계를 나타내는 정리

답 ④

32 블록선도에서 외란 $D(s)$의 압력에 대한 출력 $C(s)$의 전달함수$\left(\frac{C(s)}{D(s)}\right)$는?

20.06.문23
14.09.문34
10.03.문28

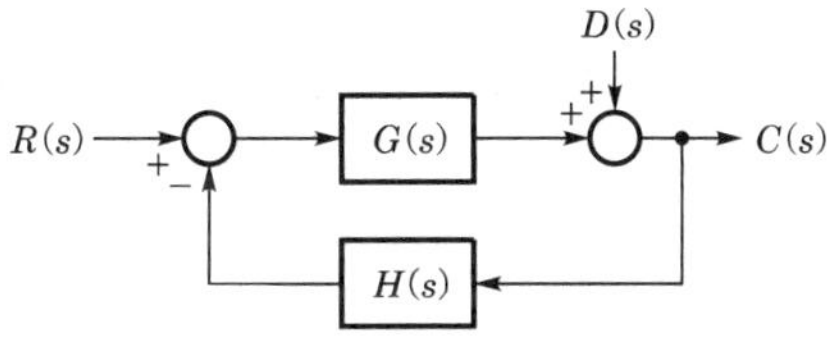

① $\frac{G(s)}{H(s)}$ ② $\frac{1}{1+G(s)H(s)}$

③ $\frac{H(s)}{G(s)}$ ④ $\frac{G(s)}{1+G(s)H(s)}$

해설

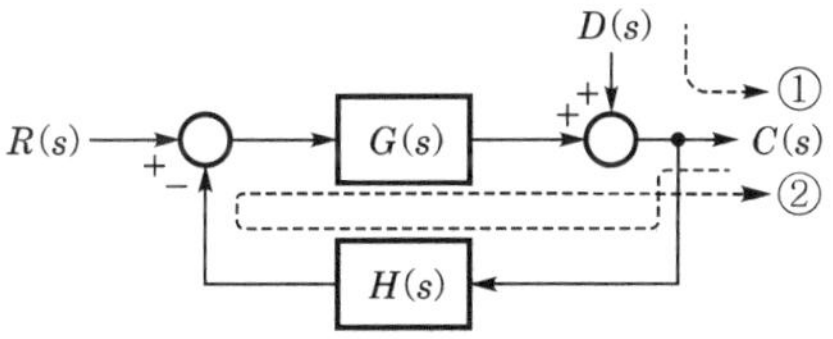

계산편의를 위해 (s)를 삭제하고 계산하면

$D-CGH=C$

$D=C+CGH$

$D=C(1+GH)$

$\frac{1}{1+GH}=\frac{C}{D}$

$\frac{C}{D}=\frac{1}{1+GH}$ ← 좌우 위치 바꿈

$\frac{C(s)}{D(s)}=\frac{1}{1+G(s)H(s)}$ ← 삭제한 (s)를 다시 붙임

용어

블록선도(Block diagram)
제어계에서 신호가 전달되는 모양을 표시하는 선도

답 ②

33 회로에서 전압계 ⓥ가 지시하는 전압의 크기는 몇 V인가?

20.08.문27
12.03.문37

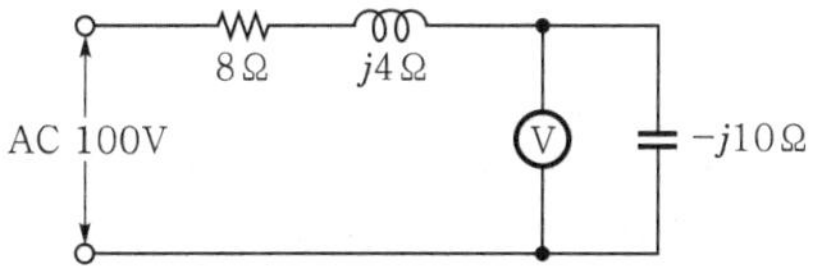

① 10 ② 50
③ 80 ④ 100

해설 (1) **기호**

- V : 100V
- R : 8Ω
- X_L : 4Ω
- X_C : −10Ω
- ⓥ 전압 : ?

(2) **임피던스**

$$Z=R+jX_L-jX_C$$

여기서, Z : 임피던스[Ω]
X_L : 유도리액턴스[Ω]
X_C : 용량리액턴스[Ω]

임피던스 Z는

$Z=R+jX_L-jX_C$

$=8+j4-j10=8-j6=\sqrt{8^2+(-6)^2}=10\Omega$

(3) **전류**

$$I=\frac{V}{Z}$$

여기서, I : 전류[A]
V : 전압[V]
Z : 임피던스[Ω]

전류 I는

$I=\frac{V}{Z}=\frac{100}{10}=10\text{A}$

(4) **전압**

$$V_C=IX_C$$

여기서, V_C : 콘덴서에 걸리는 전압[V]
I : 전류[A]
X_C : 용량리액턴스[Ω]

전압계 ⓥ의 지시값은 콘덴서에 걸리는 전압과 동일하므로 콘덴서에 걸리는 전압 V_C는

$V_C=IX_C=10\times10=100\text{V}$

답 ④

34 지시계기에 대한 동작원리가 아닌 것은?

16.10.문39
14.03.문31
11.03.문40

① 열전형 계기 : 대전된 도체 사이에 작용하는 정전력을 이용
② 가동철편형 계기 : 전류에 의한 자기장에서 고정철편과 가동철편 사이에 작용하는 힘을 이용
③ 전류력계형 계기 : 고정코일에 흐르는 전류에 의한 자기장과 가동코일에 흐르는 전류 사이에 작용하는 힘을 이용
④ 유도형 계기 : 회전자기장 또는 이동자기장과 이것에 의한 유도전류와의 상호작용을 이용

해설 **지시계기의 동작원리**

계기명	동작원리
열전대형 계기(열전형 계기) 보기 ①	금속선의 팽창
유도형 계기 보기 ④	회전자기장 및 이동자기장
전류력계형 계기 보기 ③	코일의 자기장(전류 상호간에 작용하는 힘)
열선형 계기	열선의 팽창
가동철편형 계기 보기 ②	연철편의 작용(고정철편과 가동철편 사이에 작용하는 힘)
정전형 계기	정전력 이용

기억법 **금전**

중요

지시전기계기의 종류

계기의 종류	기 호	사용회로
가동코일형		직류
가동철편형		교류
정류형		교류
유도형		교류
전류력계형		교직양용
열선형		교직양용
정전형		교직양용

- 정류기형 계기=정류형 계기

답 ①

35 선간전압의 크기가 $100\sqrt{3}$ V인 대칭 3상 전원에 각 상의 임피던스가 $Z=30+j40\Omega$인 Y 결선의 부하가 연결되었을 때 이 부하로 흐르는 선전류〔A〕의 크기는?

12.05.문21

① 2　② $2\sqrt{3}$

③ 5　④ $5\sqrt{3}$

해설 (1) **기호**

- V_L : $100\sqrt{3}$ V
- Z : $30+j40\,\Omega$
- I_L : ?

(2) **그림**

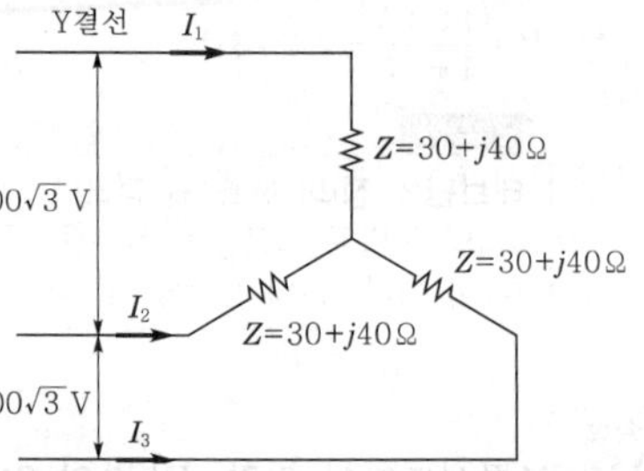

(3) **△결선 vs Y결선**

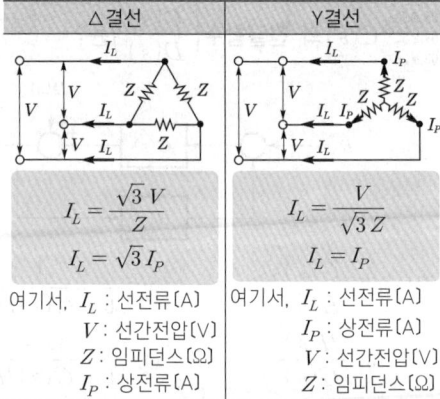

△결선	Y결선
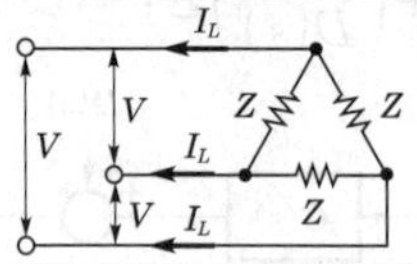	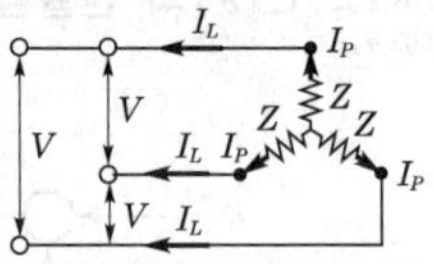
$I_L=\dfrac{\sqrt{3}V}{Z}$ $I_L=\sqrt{3}I_P$	$I_L=\dfrac{V}{\sqrt{3}Z}$ $I_L=I_P$
여기서, I_L : 선전류〔A〕 V : 선간전압〔V〕 Z : 임피던스〔Ω〕 I_P : 상전류〔A〕	여기서, I_L : 선전류〔A〕 I_P : 상전류〔A〕 V : 선간전압〔V〕 Z : 임피던스〔Ω〕

(4) **임피던스**

$$Z=R+jX=\sqrt{R^2+X^2}$$

여기서, Z : 임피던스〔Ω〕
R : 저항〔Ω〕
X : 리액턴스〔Ω〕

(5) **선전류 Y결선**

선전류 I_L는

$$I_L=\frac{V_L}{\sqrt{3}Z}=\frac{V_L}{\sqrt{3}(\sqrt{R^2+X^2})}$$
$$=\frac{100\sqrt{3}}{\sqrt{3}(\sqrt{30^2+40^2})}=2\text{A}$$

답 ①

36 자유공간에서 무한히 넓은 평면에 면전하밀도 σ〔C/m²〕가 균일하게 분포되어 있는 경우 전계의 세기(E)는 몇 V/m인가? (단, ε_0는 진공의 유전율이다.)

20.09.문39

① $E=\dfrac{\sigma}{\varepsilon_0}$　② $E=\dfrac{\sigma}{2\varepsilon_0}$

③ $E=\dfrac{\sigma}{2\pi\varepsilon_0}$　④ $E=\dfrac{\sigma}{4\pi\varepsilon_0}$

해설 **가우스의 법칙**

무한히 넓은 **평면**에서 대전된 물체에 대한 **전계**의 **세기**(Intensity of electric field)를 구할 때 사용한다. 무한히 넓은 평면에서 대전된 물체는 원천 전하로부터 전기장이 발생해 이 전기장이 다른 전하에 힘을 주게 되어 **대칭**의 **자기장**이 존재하게 된다. 즉 **자기장**이 **2개**가 존재하므로 다음과 같이 구할 수 있다.

기본식 $E=\frac{Q}{4\pi\varepsilon r^2}=\frac{\sigma}{\varepsilon}$에서

$$2E=\frac{Q}{4\pi\varepsilon r^2}=\frac{\sigma}{\varepsilon}$$

$$E=\frac{Q}{2(4\pi\varepsilon r^2)}=\frac{\sigma}{2\varepsilon}$$

여기서, E : 전계의 세기〔V/m〕
Q : 전하〔C〕
ε : 유전율〔F/m〕($\varepsilon=\varepsilon_0 \cdot \varepsilon_s$)
(ε_0 : 진공의 유전율〔F/m〕, ε_s : 비유전율)
σ : 면전하밀도〔C/m²〕
r : 거리〔m〕

전계의 세기(전장의 세기) E는

$$E=\frac{\sigma}{2\varepsilon}=\frac{\sigma}{2(\varepsilon_0\varepsilon_s)}=\frac{\sigma}{2\varepsilon_0}$$

- 자유공간에서 $\varepsilon_s ≒ 1$이므로 $\varepsilon=\varepsilon_0\varepsilon_s=\varepsilon_0$

답 ②

★★
37 50Hz의 주파수에서 유도성 리액턴스가 4Ω인 인덕터와 용량성 리액턴스가 1Ω인 커패시터와 4Ω의 저항이 모두 직렬로 연결되어 있다. 이 회로에 100V, 50Hz의 교류전압을 인가했을 때 무효전력〔Var〕은?

① 1000 ② 1200
③ 1400 ④ 1600

해설 (1) **기호**

- f : 50Hz
- X_L : 4Ω
- X_C : 1Ω
- R : 4Ω
- V : 100V
- P_r : ?

(2) **그림**

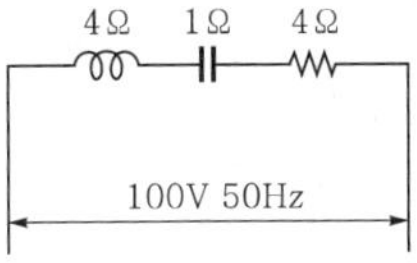

(3) **리액턴스**

$$X=\sqrt{(X_L-X_C)^2}$$

여기서, X : 리액턴스〔Ω〕
X_L : 유도리액턴스〔Ω〕
X_C : 용량리액턴스〔Ω〕

리액턴스 X는

$X=\sqrt{(X_L-X_C)^2}=\sqrt{(4-1)^2}=3\Omega$

(4) **전류**

$$I=\frac{V}{Z}=\frac{V}{\sqrt{R^2+X^2}}$$

여기서, I : 전류〔A〕
V : 전압〔V〕
Z : 임피던스〔Ω〕
R : 저항〔Ω〕
X : 리액턴스〔Ω〕

전류 I는

$I=\frac{V}{\sqrt{R^2+X^2}}=\frac{100}{\sqrt{4^2+3^2}}=20\text{A}$

(5) **무효전력**

$$P_r=VI\sin\theta=I^2X \text{〔Var〕}$$

여기서, P_r : 무효전력〔Var〕
V : 전압〔V〕
I : 전류〔A〕
$\sin\theta$: 무효율
X : 리액턴스〔Ω〕

- **무효전력** : **교류전압**(V)과 **전류**(I) 그리고 **무효율**($\sin\theta$)의 곱 형태

무효전력 P_r는

$P_r=I^2X=20^2\times 3=1200\text{Var}$

답 ②

★★
38 다음의 단상 유도전동기 중 기동토크가 가장 큰 것은?

18.09.문35
14.05.문26
05.03.문25
03.08.문33

① 셰이딩 코일형 ② 콘덴서 기동형
③ 분상 기동형 ④ 반발 기동형

해설 **기동토크**가 **큰 순서**

반발 기동형 > 반발 유도형 > 콘덴서 기동형 > 분상 기동형 > **셰이딩 코일형**

기억법 **반기큰**

- 셰이딩 코일형=셰이딩 코일형

답 ④

★★
39 무한장 솔레노이드에서 자계의 세기에 대한 설명으로 틀린 것은?

16.03.문22

① 솔레노이드 내부에서의 자계의 세기는 전류의 세기에 비례한다.
② 솔레노이드 내부에서의 자계의 세기는 코일의 권수에 비례한다.
③ 솔레노이드 내부에서의 자계의 세기는 위치에 관계없이 일정한 평등자계이다.
④ 자계의 방향과 암페어 적분 경로가 서로 수직인 경우 자계의 세기가 최대이다.

해설 **무한장 솔레노이드**

(1) **내부자계**

$$H_i = nI$$ 보기 ①~③

여기서, H_i : 내부자계의 세기[AT/m]

n : 단위길이당 권수(1m당 권수)

I : 전류[A]

(2) **외부자계**

$$H_e = 0$$

여기서, H_e : 외부자계의 세기[AT/m]

④ 자계의 방향과는 무관

답 ④

★★★
40 다음의 논리식을 간소화하면?

18.09.문39 17.09.문33 17.03.문23 16.05.문36 16.03.문39 15.09.문23 13.09.문30 13.06.문35

$$Y = \overline{(\overline{A}+B)\cdot\overline{B}}$$

① $Y = A + B$　② $Y = \overline{A} + B$
③ $Y = A + \overline{B}$　④ $Y = \overline{A} + \overline{B}$

해설 **불대수의 정리**

논리합	논리곱	비 고
$X+0=X$	$X\cdot 0=0$	-
$X+1=1$	$X\cdot 1=X$	-
$X+X=X$	$X\cdot X=X$	-
$X+\overline{X}=1$	$X\cdot\overline{X}=0$	-
$X+Y=Y+X$	$X\cdot Y=Y\cdot X$	교환법칙
$X+(Y+Z)=(X+Y)+Z$	$X(YZ)=(XY)Z$	결합법칙
$X(Y+Z)=XY+XZ$	$(X+Y)(Z+W)=XZ+XW+YZ+YW$	분배법칙
$X+XY=X$	$\overline{X}+XY=\overline{X}+Y$ $X+\overline{X}Y=X+Y$ $X+\overline{X}\,\overline{Y}=X+\overline{Y}$	흡수법칙
$\overline{(X+Y)}=\overline{X}\cdot\overline{Y}$	$\overline{(X\cdot Y)}=\overline{X}+\overline{Y}$	드모르간의 정리

$Y = \overline{(\overline{A}+B)\cdot\overline{B}}$

$= \overline{(\overline{A}+B)}+\overline{\overline{B}}$

$= \underline{(\overline{\overline{A}}\cdot\overline{B})+B}$ ← 바(Bar)의 개수가 짝수는 생략

$= (A\cdot\overline{B})+B$　$X+\overline{X}Y=X+Y$

$= A+B$

답 ①

제 3 과목 소방관계법규

★
41 다음 위험물안전관리법령의 자체소방대 기준에 대한 설명으로 틀린 것은?

16.03.문50 08.03.문54

> 다량의 위험물을 저장 · 취급하는 제조소 등으로서 대통령령이 정하는 제조소 등이 있는 동일한 사업소에서 대통령령이 정하는 수량 이상의 위험물을 저장 또는 취급하는 경우 당해 사업소의 관계인은 대통령령이 정하는 바에 따라 당해 사업소에 자체소방대를 설치하여야 한다.

① "대통령령이 정하는 제조소 등"은 제4류 위험물을 취급하는 제조소를 포함한다.
② "대통령령이 정하는 제조소 등"은 제4류 위험물을 취급하는 일반취급소를 포함한다.
③ "대통령령이 정하는 수량 이상의 위험물"은 제4류 위험물의 최대수량의 합이 지정수량의 3천배 이상인 것을 포함한다.
④ "대통령령이 정하는 제조소 등"은 보일러로 위험물을 소비하는 일반취급소를 포함한다.

해설 **위험물령 18조**

자체소방대를 설치하여야 하는 사업소 : 대통령령

(1) **제4류** 위험물을 취급하는 **제조소** 또는 **일반취급소**(대통령령이 정하는 제조소 등) 보기 ①②

제조소 또는 **일반취급소**에서 취급하는 제4류 위험물의 최대수량의 합이 지정수량의 **3천배** 이상 보기 ③

(2) **제4류 위험물**을 저장하는 **옥외탱크저장소**

옥외탱크저장소에 저장하는 제4류 위험물의 최대수량이 지정수량의 **50만배** 이상

답 ④

★
42 위험물안전관리법령상 제조소등에 설치하여야 할 자동화재탐지설비의 설치기준 중 (　) 안에 알맞은 내용은? (단, 광전식 분리형 감지기 설치는 제외한다.)

13.06.문59

> 하나의 경계구역의 면적은 (㉠)m^2 이하로 하고 그 한 변의 길이는 (㉡)m 이하로 할 것. 다만, 당해 건축물 그 밖의 공작물의 주요한 출입구에서 그 내부의 전체를 볼 수 있는 경우에 있어서는 그 면적을 1000m^2 이하로 할 수 있다.

① ㉠ 300, ㉡ 20　② ㉠ 400, ㉡ 30
③ ㉠ 500, ㉡ 40　④ ㉠ 600, ㉡ 50

해설 **위험물규칙 [별표 17]**

제조소 등의 자동화재탐지설비 설치기준

(1) 하나의 경계구역의 면적은 **600m^2** 이하로 하고 그 한 변의 길이는 **50m** 이하로 한다. 보기 ④
(2) 경계구역은 건축물 그 밖의 공작물의 **2** 이상의 층에 걸치지 아니하도록 한다.
(3) 건축물의 그 밖의 공작물의 주요한 출입구에서 그 내부의 전체를 볼 수 있는 경우에 경계구역의 면적을 **1000m^2** 이하로 할 수 있다.

답 ④

★★★
43 소방시설공사업법령상 전문 소방시설공사업의 등록기준 및 영업범위의 기준에 대한 설명으로 틀린 것은?

13.09.문43

① 법인인 경우 자본금은 최소 1억원 이상이다.
② 개인인 경우 자산평가액은 최소 1억원 이상이다.
③ 주된 기술인력 최소 1명 이상, 보조기술인력 최소 3명 이상을 둔다.
④ 영업범위는 특정소방대상물에 설치되는 기계분야 및 전기분야 소방시설의 공사·개설·이전 및 정비이다.

해설 **공사업령 〔별표 1〕**
소방시설공사업

종 류	기술인력	자본금	영업범위
전문	• 주된 기술인력 : **1명** 이상 • 보조기술인력 : **2명** 이상 보기 ③	• 법인 : **1억원** 이상 • 개인 : **1억원** 이상	• 특정소방대상물
일반	• 주된 기술인력 : **1명** 이상 • 보조기술인력 : **1명** 이상	• 법인 : **1억원** 이상 • 개인 : **1억원** 이상	• 연면적 $10000m^2$ 미만 • **위험물 제조소** 등

③ 3명 이상 → 2명 이상

답 ③

★★
44 소방시설 설치 및 관리에 관한 법령상 특정소방대상물의 관계인의 특정소방대상물의 규모·용도 및 수용인원 등을 고려하여 갖추어야 하는 소방시설의 종류에 대한 기준 중 다음 ( ) 안에 알맞은 것은?

> 화재안전기준에 따라 소화기구를 설치하여야 하는 특정소방대상물은 연면적 (㉠)m^2 이상인 것. 다만, 노유자시설의 경우에는 투척용 소화용구 등을 화재안전기준에 따라 산정된 소화기 수량의 (㉡) 이상으로 설치할 수 있다.

① ㉠ 33, ㉡ $\frac{1}{2}$ ② ㉠ 33, ㉡ $\frac{1}{5}$
③ ㉠ 50, ㉡ $\frac{1}{2}$ ④ ㉠ 50, ㉡ $\frac{1}{5}$

해설 **소방시설법 시행령 〔별표 4〕**
소화설비의 설치대상

종 류	설치대상
소화기구	① 연면적 $33m^2$ 이상(단, **노유자시설**은 **투척용 소화용구** 등을 산정된 소화기 수량의 $\frac{1}{2}$ 이상으로 설치 가능) 보기 ① ② 국가유산 ③ 가스시설, 전기저장시설 ④ 터널 ⑤ 지하구
주거용 주방자동소화장치	① 아파트 등(모든층) ② **오피스텔**(모든층)

답 ①

★★★
45 화재의 예방 및 안전관리에 관한 법령상 천재지변 및 그 밖에 대통령령으로 정하는 사유로 화재안전조사를 받기 곤란하여 화재안전조사의 연기를 신청하려는 자는 화재안전조사 시작 최대 며칠 전까지 연기신청서 및 증명서류를 제출해야 하는가?

17.03.문45

① 3   ② 5
③ 7   ④ 10

해설 **화재예방법 7·8조, 화재예방법 시행규칙 4조**
화재안전조사
(1) 실시자 : **소방청장·소방본부장·소방서장**
(2) 관계인의 승낙이 필요한 곳 : **주거**(주택)
(3) 화재안전조사 연기신청 : **3일 전** 보기 ①

용어

화재안전조사
소방대상물, 관계지역 또는 관계인에 대하여 소방시설 등이 소방관계법령에 적합하게 설치·관리되고 있는지, 소방대상물에 화재의 발생위험이 있는지 등을 확인하기 위하여 실시하는 현장조사·문서열람·보고요구 등을 하는 활동

답 ①

★★★
46 위험물안전관리법령상 정기점검의 대상인 제조소 등의 기준으로 틀린 것은?

20.09.문48
17.09.문51
16.10.문45

① 지하탱크저장소
② 이동탱크저장소
③ 지정수량의 10배 이상의 위험물을 취급하는 제조소
④ 지정수량의 20배 이상의 위험물을 저장하는 옥외탱크저장소

해설 **위험물령 15·16조**
정기점검의 대상인 제조소 등
(1) **제조소** 등(**이**송취급소·**암**반탱크저장소)
(2) **지하탱크**저장소 보기 ①

(3) **이동탱크**저장소 [보기 ②]
(4) 위험물을 취급하는 탱크로서 지하에 매설된 탱크가 있는 **제조소 · 주유취급소** 또는 **일반취급소**

기억법 정이암 지이

(5) **예방규정**을 **정하여야 할 제조소 등**

배 수	제조소 등
10배 이상	• 제조소 [보기 ③] • 일반취급소
100배 이상	• 옥외저장소
150배 이상	• 옥내저장소
200배 이상	• 옥외탱크저장소 [보기 ④]
모두 해당	• 이송취급소 • 암반탱크저장소

기억법
1 제일
0 외
5 내
2 탱

④ 20배 이상 → 200배 이상

※ **예방규정**: 제조소 등의 화재예방과 화재 등 재해발생시의 비상조치를 위한 규정

답 ④

47

위험물안전관리법령상 제4류 위험물 중 경유의 지정수량은 몇 리터인가?

20.09.문46
17.09.문42
15.05.문41
13.09.문54

① 500　② 1000
③ 1500　④ 2000

해설 **위험물령 [별표 1]**
제4류 위험물

성 질	품 명		지정수량	대표물질
인화성 액체	특수인화물		50L	• 다이에틸에터 • 이황화탄소
	제1석유류	비수용성	200L	• 휘발유 • 콜로디온
		수용성	400L	• 아세톤 기억법 수4
	알코올류		400L	• 변성알코올
	제2석유류	비수용성	1000L	• 등유 • **경유** [보기 ②]
		수용성	2000L	• 아세트산
	제3석유류	비수용성	2000L	• 중유 • 크레오소트유
		수용성	4000L	• 글리세린
	제4석유류		6000L	• 기어유 • 실린더유
	동식물유류		10000L	• 아마인유

답 ②

48

화재의 예방 및 안전관리에 관한 법령상 1급 소방안전관리대상물의 소방안전관리자 선임대상기준 중 (　　) 안에 알맞은 내용은?

> 소방공무원으로 (　　) 근무한 경력이 있는 사람으로서 1급 소방안전관리자 자격증을 받은 사람

① 1년 이상　② 3년 이상
③ 5년 이상　④ 7년 이상

해설 **화재예방법 시행령 [별표 4]**

(1) **특급 소방안전관리대상물**의 **소방안전관리자 선임조건**

자 격	경 력	비 고
• 소방기술사 • 소방시설관리사	경력 필요 없음	
• 1급 소방안전관리자(소방설비기사)	5년	특급 소방안전관리자 자격증을 받은 사람
• 1급 소방안전관리자(소방설비산업기사)	7년	
• 소방공무원	20년	
• 소방청장이 실시하는 특급 소방안전관리대상물의 소방안전관리에 관한 시험에 합격한 사람	경력 필요 없음	

(2) **1급 소방안전관리대상물**의 **소방안전관리자 선임조건**

자 격	경 력	비 고
• 소방설비기사 · 소방설비산업기사	경력 필요 없음	1급 소방안전관리자 자격증을 받은 사람
• 소방공무원 [보기 ④]	7년	
• 소방청장이 실시하는 1급 소방안전관리대상물의 소방안전관리에 관한 시험에 합격한 사람	경력 필요 없음	
• 특급 소방안전관리대상물의 소방안전관리자 자격이 인정되는 사람		

(3) **2급 소방안전관리대상물**의 **소방안전관리자 선임조건**

자 격	경 력	비 고
• 위험물기능장 · 위험물산업기사 · 위험물기능사	경력 필요 없음	2급 소방안전관리자 자격증을 받은 사람
• 소방공무원	3년	
• 소방청장이 실시하는 2급 소방안전관리대상물의 소방안전관리에 관한 시험에 합격한 사람	경력 필요 없음	
• 「기업활동 규제완화에 관한 특별조치법」에 따라 소방안전관리자로 선임된 사람(소방안전관리자로 선임된 기간으로 한정)		

• 특급 또는 1급 소방안전관리대상물의 소방안전관리자 자격이 인정되는 사람	경력 필요 없음	2급 소방안전관리자 자격증을 받은 사람

(4) **3급 소방안전관리대상물**의 **소방안전관리자 선임조건**

자 격	경 력	비 고
• 소방공무원	1년	3급 소방안전관리자 자격증을 받은 사람
• 소방청장이 실시하는 3급 소방안전관리대상물의 소방안전관리에 관한 시험에 합격한 사람	경력 필요 없음	
• 「기업활동 규제완화에 관한 특별조치법」에 따라 소방안전관리자로 선임된 사람(소방안전관리자로 선임된 기간으로 한정)		
• 특급 소방안전관리대상물, 1급 소방안전관리대상물 또는 2급 소방안전관리대상물의 소방안전관리자 자격이 인정되는 사람		

답 ④

★
49 18.03.문55

소방시설 설치 및 관리에 관한 법령상 용어의 정의 중 (　　) 안에 알맞은 것은?

> 특정소방대상물이란 건축물 등의 규모·용도 및 수용인원 등을 고려하여 소방시설을 설치하여야 하는 소방대상물로서 (　　)으로 정하는 것을 말한다.

① 대통령령　② 국토교통부령
③ 행정안전부령　④ 고용노동부령

해설 **소방시설법 2조**
정의

용 어	뜻
소방시설	**소화설비**, **경보설비**, **피난구조설비**, **소화용수설비**, 그 밖에 **소화활동설비**로서 **대통령령**으로 정하는 것
소방시설 등	**소방시설**과 **비상구**, 그 밖에 소방관련시설로서 **대통령령**으로 정하는 것
특정소방대상물	건축물 등의 규모·용도 및 수용인원 등을 고려하여 **소방시설**을 **설치**하여야 하는 소방대상물로서 **대통령령**으로 정하는 것 보기 ①
소방용품	소방시설 등을 구성하거나 소방용으로 사용되는 **제품** 또는 **기기**로서 **대통령령**으로 정하는 것

답 ①

★★★
50 15.05.문50 13.06.문60

소방기본법 제1장 총칙에서 정하는 목적의 내용으로 거리가 먼 것은?

① 구조, 구급 활동 등을 통하여 공공의 안녕 및 질서 유지
② 풍수해의 예방, 경계, 진압에 관한 계획, 예산지원 활동
③ 구조, 구급 활동 등을 통하여 국민의 생명, 신체, 재산 보호
④ 화재, 재난, 재해 그 밖의 위급한 상황에서의 구조, 구급 활동

해설 **기본법 1조**
소방기본법의 목적
(1) 화재의 **예방**·**경계**·**진압**
(2) 국민의 **생명**·**신체** 및 **재산보호** 보기 ③
(3) 공공의 안녕 및 질서 유지와 **복리증진** 보기 ①
(4) **구조**·**구급**활동 보기 ④

기억법 **예경진**(**경진**이한테 **예**를 갖춰라!)

답 ②

★★★
51 18.04.문41 17.05.문53 16.03.문46 05.09.문55

소방기본법령상 소방본부 종합상황실의 실장이 서면·팩스 또는 컴퓨터 통신 등으로 소방청 종합상황실에 보고하여야 하는 화재의 기준이 아닌 것은?

① 이재민이 100인 이상 발생한 화재
② 재산피해액이 50억원 이상 발생한 화재
③ 사망자가 3인 이상 발생하거나 사상자가 5인 이상 발생한 화재
④ 층수가 5층 이상이거나 병상이 30개 이상인 종합병원에서 발생한 화재

해설 **기본규칙 3조**
종합상황실 실장의 보고화재
(1) 사망자 **5인** 이상 화재 보기 ③
(2) 사상자 **10인** 이상 화재 보기 ③
(3) 이재민 **100인** 이상 화재 보기 ①
(4) 재산피해액 **50억원** 이상 화재 보기 ②
(5) 관광호텔, 층수가 11층 이상인 건축물, 지하상가, 시장, 백화점
(6) **5층** 이상 또는 객실 **30실** 이상인 **숙박시설**
(7) **5층** 이상 또는 병상 **30개** 이상인 **종합병원**·**정신병원**·**한방병원**·**요양소** 보기 ④
(8) **1000t** 이상인 선박(항구에 매어둔 것)
(9) 지정수량 **3000배** 이상의 위험물 제조소·저장소·취급소
(10) 연면적 **15000m^2** 이상인 **공장** 또는 **화재예방강화지구**에서 발생한 화재
(11) **가스** 및 **화약류**의 폭발에 의한 화재
(12) **관공서**·**학교**·**정부미도정공장**·**문화재**·**지하철** 또는 지하구의 **화재**

⒀ 철도차량, 항공기, 발전소 또는 변전소
⒁ 다중이용업소의 화재

③ 3인 이상 → 5인 이상, 5인 이상 → 10인 이상

용어

종합상황실
화재·재난·재해·구조·구급 등이 필요한 때에 신속한 소방활동을 위한 정보를 수집·전파하는 소방서 또는 소방본부의 지령관제실

답 ③

★★★
52 19.04.문49 15.09.문57 10.03.문57

소방시설 설치 및 관리에 관한 법령상 관리업자가 소방시설 등의 점검을 마친 후 점검기록표에 기록하고 이를 해당 특정소방대상물에 부착하여야 하나 이를 위반하고 점검기록표를 기록하지 아니하거나 특정소방대상물의 출입자가 쉽게 볼 수 있는 장소에 게시하지 아니하였을 때 벌칙기준은?

① 100만원 이하의 과태료
② 200만원 이하의 과태료
③ 300만원 이하의 과태료
④ 500만원 이하의 과태료

해설 **소방시설법 61조**
300만원 이하의 과태료
(1) 소방시설을 화재안전기준에 따라 설치·관리하지 아니한 자
(2) 피난시설, 방화구획 또는 방화시설의 **폐쇄·훼손·변경** 등의 행위를 한 자
(3) 임시소방시설을 설치·관리하지 아니한 자
(4) 점검기록표를 기록하지 아니하거나 특정소방대상물의 출입자가 쉽게 볼 수 있는 장소에 게시하지 아니한 관계인

답 ③

★
53

소방시설 설치 및 관리에 관한 법령상 분말형태의 소화약제를 사용하는 소화기의 내용연수로 옳은 것은? (단, 소방용품의 성능을 확인받아 그 사용기한을 연장하는 경우는 제외한다.)

① 3년 ② 5년
③ 7년 ④ 10년

해설 **소방시설법 시행령 19조**
분말형태의 **소화약제**를 사용하는 소화기 : 내용연수 **10년**

답 ④

★★★
54 17.09.문43

소방시설공사업법령상 소방시설공사업자가 소속 소방기술자를 소방시설공사 현장에 배치하지 않았을 경우에 과태료 기준은?

① 100만원 이하 ② 200만원 이하
③ 300만원 이하 ④ 400만원 이하

해설 **200만원 이하의 과태료**
(1) 소방용수시설·소화기구 및 설비 등의 설치명령 위반(화재예방법 52조)
(2) 특수가연물의 저장·취급 기준 위반(화재예방법 52조)
(3) 한국119청소년단 또는 이와 유사한 명칭을 사용한 자(기본법 56조)
(4) 소방활동구역 출입(기본법 56조)
(5) 소방자동차의 출동에 지장을 준 자(기본법 56조)
(6) 한국소방안전원 또는 이와 유사한 명칭을 사용한 자(기본법 56조)
(7) 관계서류 미보관자(공사업법 40조)
(8) **소방기술자 미배치자**(공사업법 40조) 보기 ②
(9) 완공검사를 받지 아니한 자(공사업법 40조)
(10) 방염성능기준 미만으로 방염한 자(공사업법 40조)
(11) 하도급 미통지자(공사업법 40조)
(12) 관계인에게 지위승계·행정처분·휴업·폐업 사실을 거짓으로 알린 자(공사업법 40조)

답 ②

★★★
55 19.04.문48 19.04.문56 18.04.문56 16.05.문49 14.03.문58 11.06.문49

화재의 예방 및 안전관리에 관한 법령상 옮긴 물건 등의 보관기간은 해당 소방관서의 인터넷 홈페이지에 공고하는 기간의 종료일 다음 날부터 며칠로 하는가?

① 3 ② 4
③ 5 ④ 7

해설 **7일**
(1) 옮긴 물건 등의 보관기간(화재예방법 시행령 17조) 보기 ④
(2) 건축허가 등의 취소통보(소방시설법 시행규칙 3조)
(3) **소방공사 감리원**의 **배치통보일**(공사업규칙 17조)
(4) 소방공사 감리결과 통보·보고일(공사업규칙 19조)

기억법 감배7(감 배치)

답 ④

★★★
56 19.09.문54 14.09.문46 14.05.문52 14.03.문59 06.05.문60

소방기본법령상 소방활동장비와 설비의 구입 및 설치시 국고보조의 대상이 아닌 것은?

① 소방자동차
② 사무용 집기
③ 소방헬리콥터 및 소방정
④ 소방전용통신설비 및 전산설비

해설 **기본령 2조**
(1) **국고보조**의 **대상**
㉠ 소방활동장비와 설비의 구입 및 설치
• 소방**자**동차 보기 ①
• 소방**헬**리콥터·소방**정** 보기 ③
• 소방**전**용통신설비·전산설비 보기 ④
• 방**화**복
㉡ 소방관서용 **청**사

(2) **소방활동장비** 및 **설비**의 **종류**와 **규격** : **행정안전부령**
(3) **대상사업**의 **기준보조율** : 「보조금관리에 관한 법률 시행령」에 따름

기억법 **자헬 정전화 청국**

답 ②

★
57 **화재의 예방 및 안전관리에 관한 법령상 특정소방대상물의 관계인은 소방안전관리자를 기준일로부터 30일 이내에 선임하여야 한다. 다음 중 기준일로 틀린 것은?**

① 소방안전관리자를 해임한 경우 : 소방안전관리자를 해임한 날
② 특정소방대상물을 양수하여 관계인의 권리를 취득한 경우 : 해당 권리를 취득한 날
③ 신축으로 해당 특정소방대상물의 소방안전관리자를 신규로 선임하여야 하는 경우 : 해당 특정소방대상물의 완공일
④ 증축으로 인하여 특정소방대상물이 소방안전관리대상물로 된 경우 : 증축공사의 개시일

해설 **화재예방법 시행규칙 14조**
소방안전관리자 30일 이내 선임조건

구 분	설 명
소방안전관리자를 해임한 경우 보기 ①	소방안전관리자를 해임한 날
특정소방대상물을 양수하여 관계인의 권리를 취득한 경우 보기 ②	해당 권리를 취득한 날
신축으로 해당 특정소방대상물의 소방안전관리자를 신규로 선임하여야 하는 경우 보기 ③	해당 특정소방대상물의 완공일
증축으로 인하여 특정소방대상물이 소방안전관리대상물로 된 경우 보기 ④	증축공사의 완공일

④ 개시일 → 완공일

답 ④

★★
58 13.06.문44 12.09.문53 **위험물안전관리법령상 위험물을 취급함에 있어서 정전기가 발생할 우려가 있는 설비에 설치할 수 있는 정전기 제거설비 방법이 아닌 것은?**

① 접지에 의한 방법
② 공기를 이온화하는 방법
③ 자동적으로 압력의 상승을 정지시키는 방법
④ 공기 중의 상대습도를 70% 이상으로 하는 방법

해설 **위험물규칙 〔별표 4〕**
정전기 제거방법
(1) **접지**에 의한 방법 보기 ①
(2) 공기 중의 상대습도를 **70%** 이상으로 하는 방법 보기 ④
(3) **공기**를 **이온화**하는 방법 보기 ②

비교

위험물규칙 〔별표 4〕
위험물을 가압하는 설비 또는 그 취급하는 위험물의 압력이 상승할 우려가 있는 설비에 설치하는 안전장치
(1) 자동적으로 **압력**의 **상승**을 **정지**시키는 장치 보기 ③
(2) 감압측에 **안전밸브**를 부착한 **감압밸브**
(3) **안전밸브**를 겸하는 **경보장치**
(4) **파괴판**

답 ③

★★★
59 20.08.문55 15.09.문47 15.05.문49 14.03.문52 12.05.문60 **화재의 예방 및 안전관리에 관한 법령상 특수가연물의 수량 기준으로 옳은 것은?**

① 면화류 : 200kg 이상
② 가연성 고체류 : 500kg 이상
③ 나무껍질 및 대팻밥 : 300kg 이상
④ 넝마 및 종이부스러기 : 400kg 이상

해설 **화재예방법 시행령 〔별표 2〕**
특수가연물

품 명		수 량
가연성 액체류		2m^3 이상
목재가공품 및 나무부스러기		10m^3 이상
면화류 →		200kg 이상 보기 ①
나무껍질 및 대팻밥 →		400kg 이상 보기 ③
넝마 및 종이부스러기 →		1000kg 이상 보기 ④
사류(絲類)		1000kg 이상
볏짚류		1000kg 이상
가연성 고체류 →		3000kg 이상 보기 ②
고무류 · 플라스틱류	발포시킨 것	20m^3 이상
고무류 · 플라스틱류	그 밖의 것	3000kg 이상
석탄 · 목탄류		10000kg 이상

② 500kg → 3000kg
③ 300kg → 400kg
④ 400kg → 1000kg

※ **특수가연물** : 화재가 발생하면 그 확대가 빠른 물품

기억법 **가액목면나 넝사볏가고 고석**
2 1 2 4 1 3 3 1

답 ①

★★
60 **비상경보설비를 설치하여야 할 특정소방대상물이 아닌 것은?**

18.04.문57 17.09.문74 15.05.문52 12.05.문56

① 연면적 400m^2 이상이거나 지하층 또는 무창층의 바닥면적이 150m^2 이상인 것
② 지하층에 위치한 바닥면적 100m^{2}인 공연장
③ 터널로서 길이가 500m 이상인 것
④ 30명 이상의 근로자가 작업하는 옥내작업장

해설 **소방시설법 시행령 [별표 4]**
비상경보설비의 설치대상

설치대상	조 건
지하층·무창층	• 바닥면적 **150m^2**(공연장 **100m^2**) 이상 보기 ① ②
전부	• 연면적 **400m^2** 이상 보기 ①
터널	• 길이 **500m** 이상 보기 ③
옥내작업장	• **50명** 이상 작업 보기 ④

④ 30명 이상 → 50명 이상

답 ④

제 4 과목 소방전기시설의 구조 및 원리

★
61 **감지기의 형식승인 및 제품검사의 기술기준에 따라 단독경보형 감지기를 스위치 조작에 의하여 화재경보를 정지시킬 경우 화재경보 정지 후 몇 분 이내에 화재경보정지기능이 자동적으로 해제되어 정상상태로 복귀되어야 하는가?**

① 3 ② 5
③ 10 ④ 15

해설 **단독경보형 감지기**의 **일반기능**(감지기의 형식승인 및 제품검사의 기술기준 5조 2)
(1) 화재경보 정지 후 **15분** 이내에 화재경보 정지기능이 자동적으로 해제되어 단독경보형 감지기가 정상상태로 복귀될 것 보기 ④
(2) 화재경보 정지표시등에 의하여 **화재경보**가 **정지상태**임을 **경고**할 수 있어야 하며, 화재경보 정지기능이 해제된 경우에는 표시등의 경고도 함께 해제될 것
(3) **표시등**을 **작동표시등**과 겸용하고자 하는 경우에는 작동표시와 화재경보음 정지표시가 표시등 색상에 의하여 구분될 수 있도록 하고 표시등 부근에 작동표시와 화재경보음 정지표시를 구분할 수 있는 안내표시를 할 것
(4) **화재경보 정지스위치**는 **전용**으로 하거나 **작동시험 스위치**와 **겸용**하여 사용할 수 있다. 이 경우 **스위치 부근**에 스위치의 용도를 표시할 것

답 ④

★★★
62 **비상콘센트설비의 화재안전기준에 따라 하나의 전용회로에 설치하는 비상콘센트는 몇 개 이하로 하여야 하는가?**

19.04.문63 18.04.문61 17.03.문72 16.10.문61 16.05.문76 15.09.문80 14.03.문64 11.10.문67

① 2 ② 3
③ 10 ④ 20

해설 **비상콘센트설비 전원회로**의 **설치기준**(NFPC 504 4조, NFTC 504 2.1)

구 분	전 압	용 량	플러그 접속기
단상 교류	220V	1.5kVA 이상	접지형 2극

(1) 1전용회로에 설치하는 비상콘센트는 10개 이하로 할 것 보기 ③
(2) 풀박스는 1.6mm 이상의 철판을 사용할 것

기억법 단2(단위), 10콘(시큰둥!), 16철콘, 접2(접이식)

(3) 전원회로는 주배전반에서 **전용**회로로 할 것
(4) 전원으로부터 각 층의 비상콘센트에 분기되는 경우 **분기배선용 차단기**를 보호함 안에 설치할 것
(5) 콘센트마다 **배선용 차단기**(KS C 8321)를 설치하여야 하며, 충전부는 노출되지 않도록 할 것

답 ③

★★
63 **자동화재속보설비의 속보기의 성능인증 및 제품검사의 기술기준에 따라 속보기는 작동신호를 수신하거나 수동으로 동작시키는 경우 20초 이내에 소방관서에 자동적으로 신호를 발하여 통보하되, 몇 회 이상 속보할 수 있어야 하는가?**

17.05.문66 16.05.문62

① 1 ② 2
③ 3 ④ 4

해설 **자동화재속보설비**의 **속보기**(자동화재속보설비의 속보기의 성능인증 및 제품검사의 기술기준 2·3·5조)
(1) **자동화재속보설비**의 **기능**

구 분	설 명
연동설비	**자동화재탐지설비**
속보대상	**소방관서**
속보방법 →	**20초** 이내에 **3회** 이상 보기 ③
다이얼링	**10회** 이상, **30초** 이상 지속

(2) 예비전원을 **병렬**로 접속하는 경우에는 **역충전 방지** 등의 조치
(3) 속보기의 송수화장치가 정상위치가 아닌 경우에도 **연동** 또는 **수동**으로 속보가 가능할 것
(4) 예비전원은 자동적으로 충전되어야 하며 **자동과충전 방지장치**가 있어야 한다.

(5) 화재신호를 수신하거나 속보기를 **수동**으로 동작시키는 경우 자동적으로 **적색 화재표시등**이 점등되고 음향장치로 화재를 경보하여야 하며 화재표시 및 경보는 **수동**으로 **복구** 및 **정지**시키지 않는 한 **지속**되어야 한다.
(6) **연동** 또는 **수동**으로 **소방관서**에 화재발생 음성정보를 속보 중인 경우에도 **송수화장치**를 이용한 **통화**가 **우선**적으로 **가능**하여야 한다.

답 ③

★★
64 13.09.문75

자동화재탐지설비 및 시각경보장치의 화재안전기준에 따른 감지기의 설치 제외 장소가 아닌 것은?

① 실내의 용적이 $20m^3$ 이하인 장소
② 부식성 가스가 체류하고 있는 장소
③ 목욕실 · 욕조나 샤워시설이 있는 화장실 · 기타 이와 유사한 장소
④ 고온도 및 저온도로서 감지기의 기능이 정지되기 쉽거나 감지기의 유지관리가 어려운 장소

해설 **감지기**의 **설치 제외 장소**(NFPC 203 7조, NFTC 203 2.4.5)
(1) 천장 또는 반자의 높이가 **20m 이상**인 장소
(2) **부식성** 가스가 체류하고 있는 장소 보기 ②
(3) **목욕실** · 욕조나 샤워시설이 있는 **화장실**, 기타 이와 유사한 장소 보기 ③
(4) 파이프덕트 등 **2개층**마다 방화구획된 것이나 수평단면적이 $5m^2$ 이하인 것
(5) 먼지 · 가루 또는 **수증기**가 다량으로 체류하는 장소
(6) **고온도** 및 **저온도**로서 감지기의 기능이 정지되기 쉽거나 감지기의 유지관리가 어려운 장소 보기 ④

답 ①

★★★
65 19.04.문63 18.04.문61 17.03.문72 16.10.문61 16.05.문76 15.09.문80 14.03.문64 11.10.문67

비상콘센트의 배치와 설치에 대한 현장 사항이 비상콘센트설비의 화재안전기준에 적합하지 않은 것은?

① 전원회로의 배선은 내화배선으로 되어 있다.
② 보호함에는 쉽게 개폐할 수 있는 문을 설치하였다.
③ 보호함 표면에 "비상콘센트"라고 표시한 표지를 붙였다.
④ 3상 교류 200볼트 전원회로에 대한 비접지형 3극 플러그접속기를 사용하였다.

해설 **비상콘센트설비**(NFPC 504 4조, NFTC 504 2.1)

구 분	전 압	용 량	플러그접속기
단상 교류	220V	1.5kVA 이상	접지형 2극 보기 ④

(1) 하나의 전용회로에 설치하는 비상콘센트는 **10개** 이하로 할 것(전선의 용량은 최대 **3개**)

설치하는 비상콘센트 수량	전선의 용량산정시 적용하는 비상콘센트 수량	단상전선의 용량
1개	1개 이상	1.5kVA 이상
2개	2개 이상	3.0kVA 이상
3~10개	3개 이상	4.5kVA 이상

(2) 전원회로는 각 층에 있어서 **2 이상**이 되도록 설치할 것(단, 설치하여야 할 층의 콘센트가 **1개**인 때에는 하나의 회로로 할 수 있다)
(3) 플러그접속기의 칼받이 접지극에는 **접지공사**를 하여야 한다.
(4) 풀박스는 **1.6mm** 이상의 철판을 사용할 것
(5) 절연저항은 **전원부**와 **외함** 사이를 **직류 500V 절연저항계**로 측정하여 **20MΩ** 이상일 것
(6) 전원으로부터 각 층의 비상콘센트에 분기되는 경우에는 **분기배선용 차단기**를 보호함 안에 설치할 것
(7) 바닥으로부터 **0.8~1.5m** 이하의 높이에 설치할 것
(8) 전원회로는 주배전반에서 **전용회로**로 하며, 배선의 종류는 **내화배선**이어야 한다. 보기 ①
(9) 보호함에는 쉽게 개폐할 수 있는 문을 설치한다. 보기 ②
(10) 보호함 표면에 **"비상콘센트"**라고 표시한 표지를 부착한다. 보기 ③

④ 3상 교류 200볼트 → 단상 교류 220볼트,
비접지형 3극 → 접지형 2극

답 ④

★★★
66 18.09.문78 16.10.문62 13.03.문79 00.10.문79

자동화재탐지설비 및 시각경보장치의 화재안전기준에 따라 제2종 연기감지기를 부착높이가 4m 미만인 장소에 설치시 기준 바닥면적은?

① $30m^2$
② $50m^2$
③ $75m^2$
④ $150m^2$

해설 **연기감지기**의 **설치기준**(NFPC 203 7조, NFTC 203 2.4.3.10)
(1) 연기감지기 1개의 유효바닥면적

(단위 : m^2)

부착높이	감지기의 종류	
	1종 및 2종	3종
4m 미만	→150 보기 ④	50
4~20m 미만	75	설치할 수 없다.

(2) 복도 및 통로는 보행거리 **30m**(3종은 **20m**)마다 1개 이상으로 할 것
(3) 계단 및 경사로는 수직거리 **15m**(3종은 **10m**)마다 1개 이상으로 할 것
(4) 천장 또는 반자가 **낮은 실내** 또는 **좁은 실내**는 **출입구**의 가까운 부분에 설치할 것

(5) 천장 또는 반자 부근에 **배기구**가 있는 경우에는 그 부근에 설치할 것

(6) 감지기는 벽 또는 보로부터 **0.6m** 이상 떨어진 곳에 설치할 것

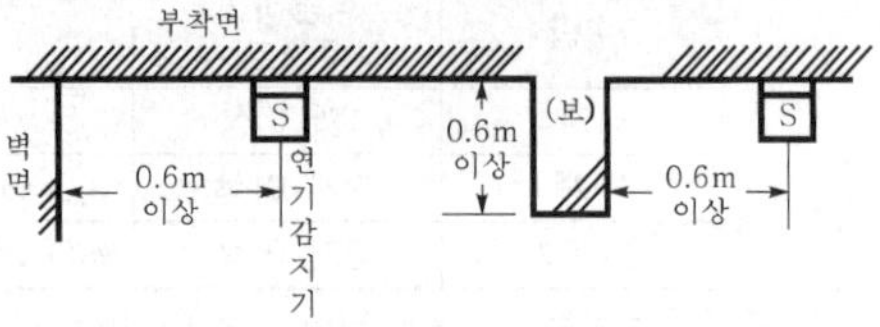

답 ④

★

67

18.03.문65

아래 그림은 자동화재탐지설비의 배선도이다. 추가로 구획된 공간이 생겨 ㉮, ㉯, ㉰, ㉱ 감지기를 증설했을 경우, 자동화재탐지설비 및 시각경보장치의 화재안전기준에 적합하게 설치한 것은?

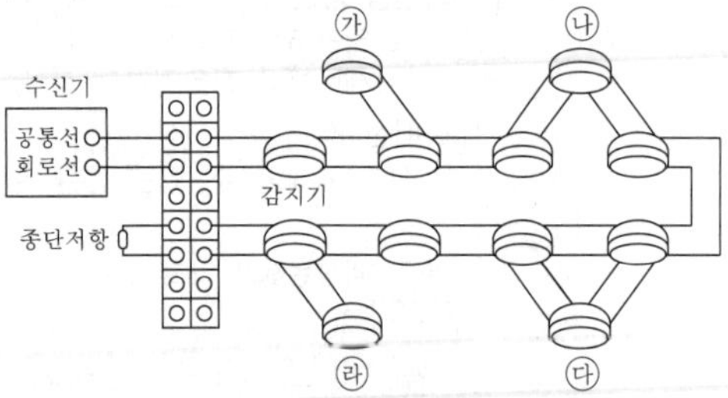

① ㉮ ② ㉯
③ ㉰ ④ ㉱

해설 **자동화재탐지설비 배선**의 **설치기준**(NFPC 203 11조, NFTC 203 2.8)

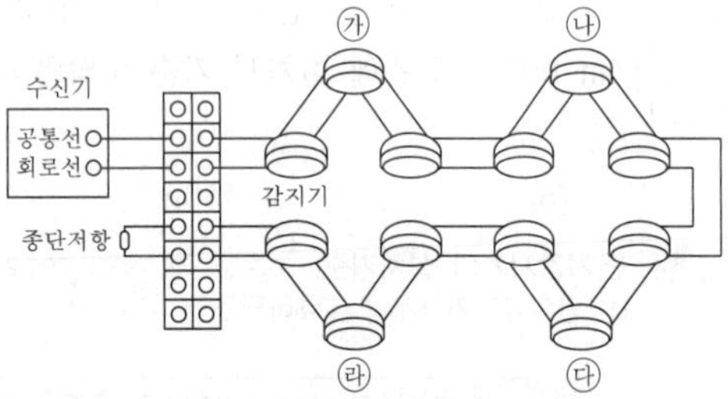

| 올바른 배선 |

(1) 감지기 사이의 회로배선 : **송배선식**

(2) P형 수신기 및 GP형 수신기의 감지기 회로의 배선에 있어서 하나의 공통선에 접속할 수 있는 경계구역은 **7개** 이하

(3) 감지기 회로의 전로저항 : **50Ω 이하**
감지기에 접속하는 배선전압 : 정격전압의 **80% 이상**

(4) 자동화재탐지설비의 배선은 다른 전선과 **별도**의 관·덕트·몰드 또는 풀박스 등에 설치할 것(단, **60V** 미만의 약전류회로에 사용하는 전선으로서 각각의 전압이 같을 때는 제외)

중요

송배선식

구 분	송배선식
목적	• **감지기회로**의 **도통시험**을 용이하게 하기 위하여
원리	• 배선의 도중에서 분기하지 않는 방식
적용설비	• 자동화재탐지설비 • 제연설비
가닥수 산정	• 종단저항을 수동발신기함 내에 설치하는 경우 **루프(loop)**된 곳은 **2가닥**, 기타 **4가닥**이 된다. 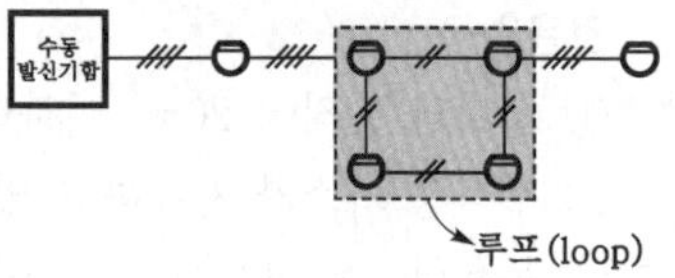 | 송배선식 |

답 ②

★★★

68

17.03.문80
15.03.문61
14.03.문73
13.03.문72

비상방송설비의 화재안전기준에 따라 비상방송설비 음향장치의 설치기준 중 다음 ( )에 들어갈 내용으로 옳은 것은?

> 층수가 (㉠)층(공동주택 (㉡)층) 이상 특정소방대상물의 1층에서 발화한 때에는 발화층·그 직상 4개층 및 지하층에 경보를 발할 수 있도록 해야 한다.

① ㉠ 3, ㉡ 5
② ㉠ 5, ㉡ 7
③ ㉠ 11, ㉡ 16
④ ㉠ 13, ㉡ 15

해설 **비상방송설비**의 **우선경보방식**(NFPC 202 4조, NFTC 202 2.1.1.7)

| 11층(공동주택 16층) 이상의 특정소방대상물의 경보 |

발화층	경보층	
	11층(공동주택 16층) 미만	11층(공동주택 16층) 이상
2층 이상 발화	전층 일제경보	• 발화층 • 직상 4개층
1층 발화	전층 일제경보	• 발화층 • 직상 4개층 • 지하층
지하층 발화	전층 일제경보	• 발화층 • 직상층 • 기타의 지하층

답 ③

69 유도등의 형식승인 및 제품검사의 기술기준에 따른 용어의 정의에서 "유도등에 있어서 표시면 외 조명에 사용되는 면"을 말하는 것은?

① 조사면　② 피난면
③ 조도면　④ 광속면

해설 **용어**(유도등의 형식승인 및 제품검사의 기술기준 2조)

구 분	설 명
표시면	유도등에 있어서 **피난구**나 **피난방향**을 안내하기 위한 **문자** 또는 **부호등**이 표시된 면
조사면	유도등에 있어서 **표시면** 외 **조명**에 사용되는 면 보기 ①
투광식	광원의 빛이 통과하는 **투과면**에 피난유도표시 형상을 인쇄하는 방식
패널식	**영상표시소자**(LED, LCD 및 PDP 등)를 이용하여 피난유도표시 형상을 **영상**으로 구현하는 방식

답 ①

70 16.10.문66 15.05.문74 08.03.문75
자동화재탐지설비 및 시각경보장치의 화재안전기준에 따라 부착높이 20m 이상에 설치되는 광전식 중 아날로그방식의 감지기는 공칭감지농도 하한값이 감광률 몇 %/m 미만인 것으로 하는가?

① 3　② 5
③ 7　④ 10

해설 **감지기**의 **부착높이**(NFPC 203 7조, NFTC 203 2.4.1)

부착높이	감지기의 종류
8~15m 미만	• 차동식 분포형 • 이온화식 1종 또는 2종 • 광전식(스포트형, 분리형, 공기흡입형) 1종 또는 2종 • 연기복합형 • 불꽃감지기
15~20m 미만	• 이온화식 1종 • 광전식(스포트형, 분리형, 공기흡입형) 1종 • 연기복합형 • 불꽃감지기
20m 이상	• 불꽃감지기 • 광전식(분리형, 공기흡입형) 중 아날로그 방식

• 부착높이 **20m** 이상에 설치되는 광전식 중 아날로그방식의 감지기는 공칭감지농도 하한값이 감광률 **5%/m** 미만인 것으로 한다. 보기 ②

답 ②

71 20.09.문78 13.09.문67
비상조명등의 우수품질인증 기술기준에 따라 인출선인 경우 전선의 굵기는 몇 mm^2 이상이어야 하는가?

① 0.5　② 0.75
③ 1.5　④ 2.5

해설 **비상조명등 · 유도등**의 **전선굵기** 및 **길이**(비상조명등의 우수품질인증 기술기준 2조)

인출선 굵기	인출선 길이
0.75mm^2 이상 보기 ②	150mm 이상

기억법 인75(인(사람) 치료)

답 ②

72 누전경보기의 형식승인 및 제품검사의 기술기준에 따른 과누전시험에 대한 내용이다. 다음 ( )에 들어갈 내용으로 옳은 것은?

> 변류기는 1개의 전선을 변류기에 부착시킨 회로를 설치하고 출력단자에 부하저항을 접속한 상태로 당해 1개의 전선에 변류기의 정격전압의 (㉠)%에 해당하는 수치의 전류를 (㉡)분간 흘리는 경우 그 구조 또는 기능에 이상이 생기지 아니하여야 한다.

① ㉠ 20, ㉡ 5
② ㉠ 30, ㉡ 10
③ ㉠ 50, ㉡ 15
④ ㉠ 80, ㉡ 20

해설 **과누전시험** vs **단락전류강도시험**(누전경보기의 형식승인 및 제품검사의 기술기준 13 · 14조)

과누전시험	단락전류강도시험
변류기는 **1개**의 전선을 변류기에 부착시킨 회로를 설치하고 출력단자에 부하저항을 접속한 상태로 당해 1개의 전선에 변류기의 정격전압의 20%에 해당하는 수치의 전류를 5분간 흘리는 경우 그 구조 또는 기능에 이상이 생기지 아니할 것 보기 ①	변류기는 출력단자에 부하저항을 접속한 다음 경계전로의 전원측에 과전류차단기를 설치하여, 경계전로에 당해 변류기의 정격전압에서 단락역률이 **0.3**에서 **0.4**까지인 **2500A**의 전류를 2분 간격으로 약 **0.02초**간 **2회** 흘리는 경우 그 구조 및 기능에 이상이 생기지 아니할 것

답 ①

★★★
73 **비상방송설비의 화재안전기준에 따른 비상방송설비의 음향장치에 대한 설치기준으로 틀린 것은?**

19.04.문68 18.09.문77 18.03.문73 16.10.문69 16.10.문73 16.05.문67 16.03.문68 15.05.문76 15.03.문62 14.05.문63 14.05.문75 14.03.문61 13.09.문70 13.06.문62 13.06.문80

① 다른 전기회로에 따라 유도장애가 생기지 아니하도록 할 것
② 음향장치는 자동화재속보설비의 작동과 연동하여 작동할 수 있는 것으로 할 것
③ 다른 방송설비와 공용하는 것에 있어서는 화재시 비상경보 외의 방송을 차단할 수 있는 구조로 할 것
④ 증폭기 및 조작부는 수위실 등 상시 사람이 근무하는 장소로서 점검이 편리하고 방화상 유효한 곳에 설치할 것

해설 **비상방송설비**의 **설치기준**(NFPC 202 4조, NFTC 202 2.1)
(1) 확성기의 음성입력은 **3**W(**실**내 **1**W) 이상일 것
(2) 확성기는 **각 층**마다 설치하되, 각 부분으로부터의 수평거리는 **25m** 이하일 것
(3) **음**량조정기는 **3선식** 배선일 것
(4) 조작스위치는 바닥으로부터 **0.8~1.5m** 이하의 높이에 설치할 것
(5) 다른 전기회로에 의하여 **유도장애**가 생기지 아니하도록 할 것 보기 ①
(6) 비상방송 **개**시시간은 **10초** 이하일 것
(7) 다른 방송설비와 공용할 경우 화재시 비상경보 외의 방송을 차단할 수 있을 것 보기 ③
(8) 음향장치 : **자동화재탐지설비**의 작동과 연동 보기 ②
(9) 음향장치의 정격전압 : **80%**
(10) **증폭기** 및 **조작부**는 수위실 등 상시 사람이 근무하는 장소로서 점검이 편리하고 방화상 유효한 곳에 설치할 것 보기 ④

기억법 **방3실1, 3음방(삼엄한 방송실), 개10방**

② 자동화재속보설비 → 자동화재탐지설비

답 ②

★
74 **무선통신보조설비의 화재안전기준에 따른 용어의 정의 중 감시제어반 등에 설치된 무선중계기의 입력과 출력포트에 연결되어 송수신 신호를 원활하게 방사·수신하기 위해 옥외에 설치하는 장치를 말하는 것은?**

① 혼합기 ② 분파기
③ 증폭기 ④ 옥외안테나

해설 **무선통신보조설비 용어**(NFPC 505 3조, NFTC 505 1.7)

용 어	정 의
누설동축케이블	동축케이블의 외부도체에 가느다란 홈을 만들어서 전파가 **외부**로 **새어나갈 수 있도록** 한 케이블
분배기	신호의 전송로가 분기되는 장소에 설치하는 것으로 **임피던스 매칭**(Matching)과 **신호균등분배**를 위해 사용하는 장치
분파기	서로 다른 주파수의 합성된 **신호**를 **분리**하기 위해서 사용하는 장치 보기 ②
혼합기	**두 개 이상**의 **입력신호**를 원하는 비율로 조합한 출력이 발생하도록 하는 장치 보기 ①
증폭기	신호전송시 신호가 약해져 **수신**이 **불가능**해지는 것을 **방지**하기 위해서 증폭하는 장치 보기 ③
무선중계기	안테나를 통하여 수신된 무전기 신호를 증폭한 후 음영지역에 재방사하여 무전기 상호간 **송수신**이 가능하도록 하는 장치
옥외안테나	**감시제어반** 등에 설치된 **무선중계기**의 입력과 출력포트에 연결되어 **송수신 신호**를 원활하게 **방사·수신**하기 위해 **옥외**에 설치하는 장치 보기 ④

답 ④

★★
75 **무선통신보조설비의 화재안전기준에 따라 무선통신보조설비의 누설동축케이블 또는 동축케이블의 임피던스는 몇 Ω으로 하여야 하는가?**

16.03.문61 11.10.문74

① 5
② 10
③ 50
④ 100

해설 **누설동축케이블·동축케이블**의 **임피던스**(NFPC 505 5조, NFTC 505 2.2.2) : **50Ω** 보기 ③

참고

무선통신보조설비의 **분배기·분파기·혼합기 설치기준**(NFPC 505 7조, NFTC 505 2.4)
(1) 먼지·습기·부식 등에 이상이 없을 것
(2) 임피던스 **50Ω**의 것
(3) 점검이 편리하고 화재 등의 피해 우려가 없는 장소

답 ③

★★
76 비상경보설비 및 단독경보형 감지기의 화재안전기준에 따른 단독경보형 감지기에 대한 내용이다. 다음 ( )에 들어갈 내용으로 옳은 것은?

17.09.문64
03.08.문62

> 이웃하는 실내의 바닥면적이 각각 ( )m^2 미만이고 벽체의 상부의 전부 또는 일부가 개방되어 이웃하는 실내와 공기가 상호 유통되는 경우에는 이를 1개의 실로 본다.

① 30 ② 50
③ 100 ④ 150

해설 **단독경보형 감지기의 각 실을 1개로 보는 경우**
이웃하는 실내의 바닥면적이 각각 **30m²** 미만이고 **벽**체의 상부의 전부 또는 일부가 개방되어 이웃하는 실내와 공기가 상호 유통되는 경우 보기 ①

기억법 **단3벽(단상의 벽)**

※ **단독경보형 감지기**: 화재발생상황을 단독으로 감지하여 자체에 내장된 음향장치로 경보하는 감지기

중요

단독경보형 감지기의 설치기준(NFPC 201 5조, NFTC 201 2.2.1)
(1) 각 실(이웃하는 실내의 바닥면적이 각각 30m² **미만**이고 벽체의 상부의 전부 또는 일부가 개방되어 이웃하는 실내와 공기가 상호 유통되는 경우에는 이를 1개의 실로 본다)마다 설치하되, 바닥면적이 150m²를 초과하는 경우에는 150m²마다 1개 이상 설치할 것
(2) 최상층의 계단실의 **천장**(외기가 상통하는 계단실의 경우 제외)에 설치할 것
(3) 건전지를 주전원으로 사용하는 단독경보형 감지기는 정상적인 작동상태를 유지할 수 있도록 건전지를 교환할 것
(4) 상용전원을 주전원으로 사용하는 단독경보형 감지기의 **2차 전지**는 제품검사에 합격한 것을 사용할 것

답 ①

★★
77 소방시설용 비상전원수전설비의 화재안전기준에 따른 용어의 정의에서 소방부하에 전원을 공급하는 전기회로를 말하는 것은?

19.04.문67
15.09.문61
15.03.문70
12.09.문78
09.05.문69
08.03.문72

① 수전설비
② 일반회로
③ 소방회로
④ 변전설비

해설 **소방시설용 비상전원수전설비**(NFPC 602 3조, NFTC 602 1.7)

용 어	설 명
소방회로	**소방부하**에 전원을 공급하는 전기회로 보기 ③
일반회로	소방회로 이외의 전기회로
수전설비	전력수급용 **계기용 변성기 · 주차단장치** 및 그 **부속기기**
변전설비	**전력용 변압기** 및 그 **부속장치**
전용 **큐**비클식	**소방회로용**의 것으로 **수**전설비, **변**전설비 그 밖의 기기 및 배선을 금속제 외함에 수납한 것 기억법 **전큐회수변**
공용 큐비클식	**소방회로** 및 **일반회로 겸용**의 것으로서 수전설비, 변전설비 그 밖의 기기 및 배선을 금속제 외함에 수납한 것
전용**배**전반	**소방회로 전용**의 것으로서 **개**폐기, 과전류차단기, 계기 그 밖의 배선용 기기 및 배선을 금속제 외함에 수납한 것 기억법 **전배전개**
공용배전반	**소방회로** 및 **일반회로 겸용**의 것으로서 개폐기, 과전류차단기, 계기 그 밖의 배선용 기기 및 배선을 금속제 외함에 수납한 것
전용분전반	**소방회로 전용**의 것으로서 분기개폐기, 분기과전류차단기 그 밖의 배선용 기기 및 배선을 금속제 외함에 수납한 것
공용분전반	**소방회로** 및 **일반회로 겸용**의 것으로서 분기개폐기, 분기과전류차단기 그 밖의 배선용 기기 및 배선을 금속제 외함에 수납한 것

답 ③

★★★
78 누전경보기의 형식승인 및 제품검사의 기술기준에 따라 누전경보기의 변류기는 직류 500V의 절연저항계로 절연된 1차 권선과 2차 권선 간의 절연저항시험을 할 때 몇 MΩ 이상이어야 하는가?

13.06.문71

① 0.1
② 5
③ 10
④ 20

해설 **누전경보기의 절연저항시험**(누전경보기의 형식승인 및 제품검사의 기술기준 35조)
직류 **500V** 절연저항계, **5MΩ** 이상 보기 ②

중요

절연저항시험

절연저항계	절연저항	대 상
직류 250V	0.1MΩ 이상	• 1경계구역의 절연저항
직류 500V	5MΩ 이상	• 누전경보기 보기 ② • 가스누설경보기 • 수신기(10회로 미만, 절연된 충전부와 외함간) • 자동화재속보설비 • 비상경보설비 • 유도등(교류입력측과 외함 간 포함) • 비상조명등(교류입력측과 외함 간 포함)
	20MΩ 이상	• 경종 • 발신기 • 중계기 • 비상**콘**센트 • 기기의 절연된 선로 간 • 기기의 충전부와 비충전부 간 • 기기의 교류입력측과 외함 간(유도등 · 비상조명등 제외) 기억법 2콘(이그)
	50MΩ 이상	• 감지기(정온식 감지선형 감지기 제외) • 가스누설경보기(10회로 이상) • 수신기(10회로 이상, 교류입력측과 외함간 제외)
	1000MΩ 이상	• 정온식 감지선형 감지기

답 ②

79 소방시설용 비상전원수전설비의 화재안전기준에 따라 소방시설용 비상전원수전설비의 인입구 배선은 「옥내소화전설비의 화재안전기술기준(NFTC 102)」에 따른 어떤 배선으로 하여야 하는가?

① 나전선 ② 내열배선
③ 내화배선 ④ 차폐배선

해설 **인입선** 및 **인입구 배선**의 **시설**(NFPC 602 4조, NFTC 602 2.1)

(1) **인**입선은 특정소방대상물에 **화**재가 발생할 경우에도 화재로 인한 손상을 받지 않도록 설치

(2) 인입구 배선은 「**옥내**소화전설비의 화재안전기술기준(NFTC 102 2.7.2)」에 따른 **내화배선**으로 할 것 보기 ③

기억법 인화 옥내

중요

옥내소화전설비의 **화재안전기준**(NFTC 102 2.7.2)

▮내화배선▮

사용전선의 종류	공사방법
① 450/750V 저독성 난연 가교 폴리올레핀 절연전선 ② 0.6/1kV 가교 폴리에틸렌 절연 저독성 난연 폴리올레핀 시스 전력 케이블 ③ 6/10kV 가교 폴리에틸렌 절연 저독성 난연 폴리올레핀 시스 전력용 케이블 ④ 가교 폴리에틸렌 절연 비닐시스 트레이용 난연 전력 케이블 ⑤ 0.6/1kV EP 고무절연 클로로프렌 시스 케이블 ⑥ 300/500V 내열성 실리콘 고무절연전선(180℃) ⑦ 내열성 에틸렌-비닐 아세테이트 고무절연 케이블 ⑧ 버스덕트(Bus duct)	**금속관** · **2종 금속제 가요전선관** 또는 **합성수지관**에 수납하여 내화구조로 된 벽 또는 바닥 등에 벽 또는 바닥의 표면으로부터 **25mm** 이상의 깊이로 매설하여야 한다. 기억법 금2가합25 단, 다음의 기준에 적합하게 설치하는 경우에는 그러하지 아니하다. ① 배선을 **내**화성능을 갖는 배선**전**용실 또는 배선용 **샤**프트 · **피**트 · **덕**트 등에 설치하는 경우 ② 배선전용실 또는 배선용 샤프트 · 피트 · 덕트 등에 **다**른 설비의 배선이 있는 경우에는 이로부터 **15cm** 이상 떨어지게 하거나 소화설비의 배선과 이웃하는 다른 설비의 배선 사이에 배선지름(배선의 지름이 다른 경우에는 가장 큰 것을 기준으로 한다)의 **1.5배** 이상의 높이의 **불연성 격벽**을 설치하는 경우 기억법 내전샤피덕, 다15
내화전선	케이블 공사

답 ③

80 유도등 및 유도표지의 화재안전기준에 따라 설치하는 유도표지는 계단에 설치하는 것을 제외하고는 각 층마다 복도 및 통로의 각 부분으로부터 하나의 유도표지까지의 보행거리가 몇 m 이하가 되는 곳과 구부러진 모퉁이의 벽에 설치하여야 하는가?

15.05.문67
10.05.문64

① 10 ② 15
③ 20 ④ 25

해설 **유도표지**의 **설치기준**(NFPC 303 8조, NFTC 303 2.5.1)

(1) 각 층 복도의 각 부분에서 유도표지까지의 보행거리 **15m** 이하(계단에 설치하는 것 제외) 보기 ②
(2) 구부러진 모퉁이의 벽에 설치
(3) 통로유도표지는 높이 **1m** 이하에 설치
(4) 주위에 등화, 광고물, 게시물 등을 설치하지 않을 것

중요

(1) **수평거리**와 **보행거리**

① **수평거리**

수평거리	적용대상
수평거리 **25m** 이하	• 발신기 • 음향장치(확성기) • 비상콘센트(지하상가 · 바닥면적 **3000m²** 이상)
수평거리 **50m** 이하	• 비상콘센트(기타)

② **보행거리**

보행거리	적용대상
보행거리 **15m** 이하	• 유도표지
보행거리 **20m** 이하	• 복도통로유도등 • 거실통로유도등 • 3종 연기감지기
보행거리 **30m** 이하	• 1 · 2종 연기감지기

③ **수직거리**

수직거리	적용대상
수직거리 **10m** 이하	• 3종 연기감지기
수직거리 **15m** 이하	• 1 · 2종 연기감지기

(2) **설치높이**

통로유도표지	피난구유도표지
1m 이하	출입구 상단에 설치

답 ②

기억전략법

읽었을 때 10% 기억

들었을 때 20% 기억

보았을 때 30% 기억

보고 들었을 때 50% 기억

친구(동료)와 이야기를 통해 70% 기억

누군가를 가르쳤을 때 95% 기억

과년도 기출문제

2020년

소방설비기사 필기(전기분야)

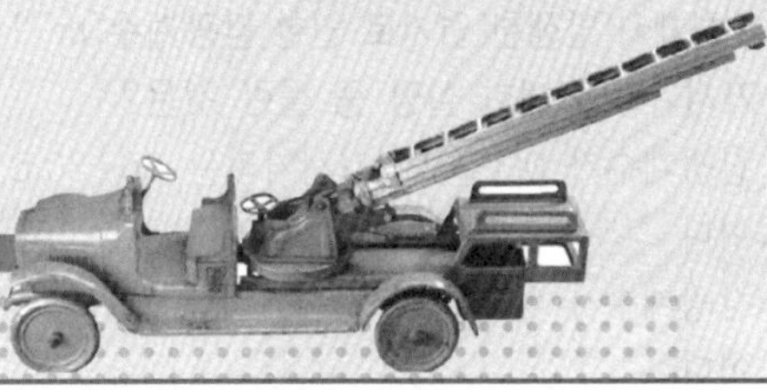

** 수험자 유의사항 **

1. 문제지를 받는 즉시 **본인**이 **응시한 종목**이 맞는지 확인하시기 바랍니다.
2. 문제지 표지에 본인의 **수험번호**와 **성명**을 기재하여야 합니다.
3. 문제지의 **총면수**, **문제번호 일련순서**, **인쇄상태**, **중복 및 누락 페이지 유무**를 확인하시기 바랍니다.
4. 답안은 각 문제마다 요구하는 가장 적합하거나 가까운 답 1개만을 선택하여야 합니다.
5. 답안카드는 뒷면의 「수험자 유의사항」에 따라 작성하시고, 답안카드 작성 시 형별누락, 마킹착오로 인한 불이익은 전적으로 수험자에게 책임이 있음을 알려드립니다.
6. 문제지는 시험 종료 후 본인이 가져갈 수 있습니다.

** 안내사항 **

• 가답안/최종정답은 큐넷(www.q-net.or.kr)에서 확인하실 수 있습니다. 가답안에 대한 의견은 큐넷의 [가답안 의견 제시]를 통해 제시할 수 있으며, 확정된 답안은 최종정답으로 갈음합니다.
• 공단에서 제공하는 자격검정서비스에 대해 개선할 점이 있으시면 고객참여(http://hrdkorea.or.kr/7/1/1)를 통해 건의하여 주시기 바랍니다.

2020. 6. 6 시행

20년

▌2020년 기사 제1·2회 통합 필기시험▐

자격종목	종목코드	시험시간	형별	수험번호	성명
소방설비기사(전기분야)		2시간			

※ 각 문항은 4지택일형으로 질문에 가장 적합한 보기 항을 선택하여 체크하여야 합니다.

제 1 과목 소방원론

★★★
01 실내 화재시 발생한 연기로 인한 감광계수[m^{-1}]와 가시거리에 대한 설명 중 틀린 것은?

17.03.문10 / 16.10.문16 / 14.05.문06 / 13.09.문11

유사문제부터 풀어보세요. 실력이 팍!팍! 올라갑니다.

① 감광계수가 0.1일 때 가시거리는 20~30m이다.
② 감광계수가 0.3일 때 가시거리는 15~20m이다.
③ 감광계수가 1.0일 때 가시거리는 1~2m이다.
④ 감광계수가 10일 때 가시거리는 0.2~0.5m이다.

해설 **감광계수**와 **가시거리**

감광계수 [m^{-1}]	가시거리 [m]	상 황
0.1	20~30	연기**감**지기가 작동할 때의 농도(연기감지기가 작동하기 직전의 농도)
0.3	5	건물 내부에 **익**숙한 사람이 피난에 지장을 느낄 정도의 농도
0.5	3	**어**두운 것을 느낄 정도의 농도
1	1~2	앞이 거의 **보**이지 않을 정도의 농도
10	0.2~0.5	화재 **최**성기 때의 농도
30	-	출화실에서 연기가 **분**출할 때의 농도

기억법
0123 감
035 익
053 어
112 보
100205 최
30 분

② 15~20m → 5m

답 ②

★★★
02 종이, 나무, 섬유류 등에 의한 화재에 해당하는 것은?

19.03.문08 / 17.09.문07 / 16.05.문09 / 15.09.문19 / 13.09.문07

① A급 화재 ② B급 화재
③ C급 화재 ④ D급 화재

해설 **화재**의 **종류**

구 분	표시색	적응물질
일반화재(A급)	백색	• 일반가연물 • 종이류 화재 • 목재·섬유화재
유류화재(B급)	황색	• 가연성 액체 • 가연성 가스 • 액화가스화재 • 석유화재
전기화재(C급)	청색	• 전기설비
금속화재(D급)	무색	• 가연성 금속
주방화재(K급)	-	• 식용유화재

※ 요즘은 표시색의 의무규정은 없음

답 ①

★★
03 다음 중 소화에 필요한 이산화탄소 소화약제의 최소설계농도값이 가장 높은 물질은?

15.03.문11

① 메탄 ② 에틸렌
③ 천연가스 ④ 아세틸렌

해설 **설계농도**

방호대상물	설계농도[vol%]
① 부탄	34
② **메탄**	34
③ 프로판	36
④ 이소부탄	36
⑤ 사이크로 프로판	37
⑥ 석탄가스, 천연가스	37
⑦ 에탄	40
⑧ 에틸렌	49
⑨ 산화에틸렌	53
⑩ 일산화탄소	64
⑪ **아**세틸렌	**66**
⑫ 수소	75

기억법 아66

※ **설계농도** : 소화농도에 20%의 여유분을 더한 값

답 ④

★★★

04 가연물이 연소가 잘 되기 위한 구비조건으로 틀린 것은?

17.05.문18
08.03.문11

① 열전도율이 클 것
② 산소와 화학적으로 친화력이 클 것
③ 표면적이 클 것
④ 활성화에너지가 작을 것

해설 **가연물**이 **연소**하기 쉬운 **조건**
(1) 산소와 **친화력**이 클 것
(2) **발열량**이 클 것
(3) **표면적**이 넓을 것
(4) **열전도율**이 **작을 것**
(5) **활성화에너지**가 **작을 것**
(6) **연쇄반응**을 일으킬 수 있을 것
(7) 산소가 포함된 **유기물**일 것

① 클 것 → 작을 것

※ **활성화에너지**: 가연물이 처음 연소하는 데 필요한 열

답 ①

★★

05 다음 중 상온·상압에서 액체인 것은?

18.03.문04
13.09.문04
12.03.문17

① 탄산가스 ② 할론 1301
③ 할론 2402 ④ 할론 1211

해설

상온·상압에서 **기체상태**	상온·상압에서 **액체상태**
• 할론 1301 • 할론 1211 • 이산화탄소(CO_2)	• 할론 1011 • 할론 104 • **할론 2402**

※ **상온·상압**: 평상시의 온도·평상시의 압력

답 ③

★★★

06 $NH_4H_2PO_4$를 주성분으로 한 분말소화약제는 제 몇 종 분말소화약제인가?

19.03.문01
18.04.문06
17.09.문10
16.10.문06
16.05.문15
16.03.문09
15.09.문01
15.05.문08
14.09.문10
14.03.문03
14.03.문14
12.03.문13

① 제1종
② 제2종
③ 제3종
④ 제4종

해설 (1) **분말소화약제**

종 별	주성분	착 색	적응 화재	비 고
제**1**종	중탄산나트륨($NaHCO_3$)	백색	BC급	**식용유** 및 **지방질유**의 화재에 적합
제2종	중탄산칼륨($KHCO_3$)	담자색(담회색)	BC급	–
제**3**종	**제1인산암모늄($NH_4H_2PO_4$)**	담홍색	**ABC급**	**차고·주차장**에 적합
제4종	중탄산칼륨+요소($KHCO_3$+$(NH_2)_2CO$)	회(백)색	BC급	–

기억법 1식분(일식 분식)
3분 차주(삼보컴퓨터 차주)

(2) **이산화탄소 소화약제**

주성분	적응화재
이산화탄소(CO_2)	BC급

답 ③

★★★

07 제거소화의 예에 해당하지 않는 것은?

19.04.문18
16.10.문07
16.03.문12
14.05.문11
13.03.문01
11.03.문04
08.09.문17

① 밀폐 공간에서의 화재시 공기를 제거한다.
② 가연성 가스화재시 가스의 밸브를 닫는다.
③ 산림화재시 확산을 막기 위하여 산림의 일부를 벌목한다.
④ 유류탱크 화재시 연소되지 않은 기름을 다른 탱크로 이동시킨다.

해설 **제거소화**의 **예**
(1) **가연성 기체** 화재시 **주밸브**를 **차단**한다(화학반응기의 화재시 원료공급관의 **밸브**를 **잠금**). 보기 ②
(2) **가연성 액체** 화재시 펌프를 이용하여 **연료**를 제거한다.
(3) **연료탱크**를 **냉각**하여 가연성 가스의 발생속도를 작게 하여 연소를 억제한다.
(4) 금속화재시 **불활성 물질**로 가연물을 덮는다.
(5) **목재**를 **방염처리**한다.
(6) 전기화재시 **전원**을 **차단**한다.
(7) 산불이 발생하면 화재의 진행방향을 앞질러 **벌목**한다(산불의 확산방지를 위하여 **산림**의 **일부**를 **벌채**). 보기 ③
(8) 가스화재시 **밸브**를 **잠궈** 가스흐름을 차단한다(가스화재시 중간밸브를 잠금).
(9) 불타고 있는 장작더미 속에서 아직 타지 않은 것을 안전한 곳으로 **운반**한다.
(10) 유류탱크 화재시 주변에 있는 유류탱크의 **유류**를 **다른 곳**으로 **이동**시킨다. 보기 ④
(11) 촛불을 입김으로 불어서 끈다.

① **질식소화**

용어

제거효과
가연물을 반응계에서 제거하든지 또는 반응계로의 공급을 정지시켜 소화하는 효과

답 ①

★★
08 위험물안전관리법령상 제2석유류에 해당하는 것으로만 나열된 것은?

19.03.문45
14.09.문06
07.05.문09

① 아세톤, 벤젠
② 중유, 아닐린
③ 에터, 이황화탄소
④ 아세트산, 아크릴산

해설 **제4류 위험물**

품 명	대표물질
특수인화물	이황화탄소 · 다이에틸에터 · 아세트알데하이드 · 산화프로필렌 · 이소프렌 · 펜탄 · 디비닐에터 · 트리클로로실란
제1석유류	• **아세톤** · 휘발유 · **벤젠** • 톨루엔 · 시클로헥산 • 아크롤레인 · 초산에스터류 • 의산에스터류 • 메틸에틸케톤 · 에틸벤젠 · 피리딘
제2석유류	• 등유 · 경유 · 의산 • 테레빈유 · 장뇌유 • **아세트산**(=초산) · **아크릴산** 보기 ④ • 송근유 · 스티렌 · 크실렌 · 메틸셀로솔브 • 에틸셀로솔브 · **클로로벤젠** · 알릴알코올 기억법 2클(이크!)
제3석유류	• **중유** · 크레오소트유 · 에틸렌글리콜 • 글리세린 · 나이트로벤젠 · **아닐린** • 담금질유
제4석유류	• 기어유 · 실린더유

답 ④

★★★
09 산소의 농도를 낮추어 소화하는 방법은?

19.09.문13
18.09.문19
17.05.문06
16.03.문08
15.03.문17
14.03.문19
11.10.문19
03.08.문11

① 냉각소화
② 질식소화
③ 제거소화
④ 억제소화

해설 **소화의 형태**

구 분	설 명
냉각소화	① **점화원**을 냉각하여 소화하는 방법 ② **증**발잠열을 이용하여 열을 빼앗아 가연물의 온도를 떨어뜨려 화재를 진압하는 소화방법 ③ **다량**의 **물**을 뿌려 소화하는 방법 ④ 가연성 물질을 **발화점 이하**로 **냉각**하여 소화하는 방법 ⑤ **식용유화재**에 신선한 **야채**를 넣어 소화하는 방법 ⑥ 용융잠열에 의한 **냉각효과**를 이용하여 소화하는 방법 기억법 냉점증발
질식소화	① 공기 중의 **산소농도**를 **16%**(10~15%) 이하로 희박하게 하여 소화하는 방법 ② 산화제의 농도를 낮추어 연소가 지속될 수 없도록 소화하는 방법 ③ 산소공급을 차단하여 소화하는 방법 ④ **산소**의 **농도**를 **낮추어** 소화하는 방법 보기 ② ⑤ 화학반응으로 발생한 **탄산가스**에 의한 소화방법 기억법 질산
제거소화	**가연물**을 **제거**하여 소화하는 방법
부촉매 소화 (억제소화, 화학소화)	① **연쇄반응**을 **차단**하여 소화하는 방법 ② 화학적인 방법으로 화재를 억제하여 소화하는 방법 ③ **활성기**(free radical, 자유라디칼)의 **생성**을 **억제**하여 소화하는 방법 ④ 할론계 소화약제 기억법 부억(부엌)
희석소화	① 기체 · 고체 · 액체에서 나오는 분해가스나 증기의 농도를 낮춰 소화하는 방법 ② 불연성 가스의 **공기** 중 **농도**를 높여 소화하는 방법 ③ 불활성기체를 방출하여 연소범위 이하로 낮추어 소화하는 방법

중요

화재의 **소화원리**에 따른 **소화방법**

소화원리	소화설비
냉각소화	① 스프링클러설비 ② 옥내 · 외소화전설비
질식소화	① 이산화탄소 소화설비 ② 포소화설비 ③ 분말소화설비 ④ 불활성기체 소화약제
억제소화 (부촉매효과)	① 할론소화약제 ② 할로겐화합물 소화약제

답 ②

★★★
10 유류탱크 화재시 기름 표면에 물을 살수하면 기름이 탱크 밖으로 비산하여 화재가 확대되는 현상은?

17.05.문04

① 슬롭오버(Slop over)
② 플래시오버(Flash over)
③ 프로스오버(Froth over)
④ 블레비(BLEVE)

해설 **유류탱크, 가스탱크**에서 **발생**하는 **현상**

구 분	설 명
블래비=블레비 (BLEVE)	• 과열상태의 탱크에서 내부의 액화가스가 분출하여 기화되어 폭발하는 현상

보일오버 (Boil over)	• 중질유의 석유탱크에서 장시간 조용히 연소하다 탱크 내의 잔존기름이 갑자기 분출하는 현상 • 유류탱크에서 **탱크바닥**에 **물**과 기름의 **에멀션**이 섞여 있을 때 이로 인하여 화재가 발생하는 현상 • 연소유면으로부터 100℃ 이상의 열파가 탱크 저부에 고여 있는 물을 비등하게 하면서 연소유를 탱크 밖으로 비산시키며 연소하는 현상
오일오버 (Oil over)	• 저장탱크에 저장된 유류저장량이 내용적의 **50%** 이하로 충전되어 있을 때 화재로 인하여 탱크가 폭발하는 현상
프로스오버 (Froth over)	• 물이 점성의 뜨거운 기름표면 아래에서 끓을 때 화재를 수반하지 않고 용기가 넘치는 현상
슬롭오버 (Slop over)	• **유류탱크 화재시** 기름 표면에 물을 살수하면 **기름**이 **탱크** 밖으로 **비산**하여 화재가 확대되는 현상(연소유가 비산되어 탱크 외부까지 화재가 확산) 보기 ① • 물이 연소유의 뜨거운 표면에 들어갈 때 기름 표면에서 화재가 발생하는 현상 • 유화제로 소화하기 위한 물이 수분의 급격한 증발에 의하여 액면이 거품을 일으키면서 열유층 밑의 냉유가 급히 열팽창하여 기름의 일부가 불이 붙은 채 탱크벽을 넘어서 일출하는 현상 • 연소면의 온도가 100℃ 이상일 때 물을 주수하면 발생 • 소화시 외부에서 방사하는 포에 의해 발생

답 ①

★★
11 물질의 화재 위험성에 대한 설명으로 틀린 것은?

14.05.문03
13.03.문14

① 인화점 및 착화점이 낮을수록 위험
② 착화에너지가 작을수록 위험
③ 비점 및 융점이 높을수록 위험
④ 연소범위가 넓을수록 위험

해설 **화재 위험성**

(1) **비**점 및 **융**점이 **낮을수록** 위험하다. 보기 ③
(2) **발**화점(착화점) 및 **인**화점이 **낮**을수록 **위**험하다. 보기 ①
(3) 착화에너지가 작을수록 위험하다. 보기 ②
(4) 연소하한계가 낮을수록 위험하다.
(5) 연소범위가 넓을수록 위험하다. 보기 ④
(6) 증기압이 클수록 위험하다.

기억법 **비융발인 낮위**

③ 높을수록 → 낮을수록

• 연소한계＝연소범위＝폭발한계＝폭발범위＝가연한계＝가연범위

답 ③

★
12 인화알루미늄의 화재시 주수소화하면 발생하는 물질은?

18.04.문18

① 수소 ② 메탄
③ 포스핀 ④ 아세틸렌

해설 **인화알루미늄**과 **물**과의 반응식 보기 ③

$AlP + 3H_2O \rightarrow Al(OH)_3 + PH_3$

인화알루미늄 물 수산화알루미늄 포스핀＝인화수소

비교

(1) 인화칼슘과 물의 반응식
$Ca_3P_2 + 6H_2O \rightarrow 3Ca(OH)_2 + 2PH_3\uparrow$
인화칼슘 물 수산화칼슘 포스핀
(2) 탄화알루미늄과 물의 반응식
$Al_4C_3 + 12H_2O \rightarrow 4Al(OH)_3 + 3CH_4\uparrow$
탄화알루미늄 물 수산화알루미늄 메탄

답 ③

★★★
13 이산화탄소의 증기비중은 약 얼마인가? (단, 공기의 분자량은 29이다.)

19.03.문18
16.03.문01
15.03.문05
14.09.문15
12.09.문18
07.05.문17

① 0.81 ② 1.52
③ 2.02 ④ 2.51

해설 (1) **증기비중**

$$\text{증기비중} = \frac{\text{분자량}}{29}$$

여기서, 29 : 공기의 평균 분자량

(2) **분자량**

원 소	원자량
H	1
C	12
N	14
O	16

이산화탄소(CO_2) 분자량$=12+16\times2=44$

$$\text{증기비중} = \frac{44}{29} \fallingdotseq 1.52$$

• 증기비중 ＝가스비중

중요

이산화탄소의 **물성**

구 분	물 성
임계압력	72.75atm
임계온도	31.35℃(약 31.1℃)
3중점	－**56**.3℃(약 －56℃)
승화점(**비**점)	－**78**.5℃
허용농도	0.5%
증기비중	**1.5**29
수분	0.05% 이하(함량 99.5% 이상)

기억법 **이356, 이비78, 이증15**

답 ②

★★★
14 다음 물질의 저장창고에서 화재가 발생하였을 때 주수소화를 할 수 없는 물질은?

16.10.문19
13.06.문19

① 부틸리튬
② 질산에틸
③ 나이트로셀룰로오스
④ 적린

해설 **주수소화**(물소화)시 **위험**한 **물질**

구 분	현 상
• 무기과산화물	**산소** 발생
• **금**속분 • **마**그네슘 • 알루미늄 • 칼륨 • 나트륨 • 수소화리튬 • **부틸리튬** 보기 ①	**수소** 발생
• 가연성 액체의 유류화재	**연소면**(화재면) 확대

기억법 **금마수**

※ **주수소화** : 물을 뿌려 소화하는 방법

답 ①

★★
15 이산화탄소에 대한 설명으로 틀린 것은?

19.03.문11
16.03.문15
14.05.문08
13.06.문20
11.03.문06

① 임계온도는 97.5℃이다.
② 고체의 형태로 존재할 수 있다.
③ 불연성 가스로 공기보다 무겁다.
④ 드라이아이스와 분자식이 동일하다.

해설 **이산화탄소**의 **물성**

구 분	물 성
임계압력	72.75atm
임계온도	31.35℃(약 31.1℃) 보기 ①
3중점	−**56**.3℃(약 −56℃)
승화점(**비**점)	−**78**.5℃
허용농도	0.5%
증기비중	**1.5**29
수분	0.05% 이하(함량 99.5% 이상)
형상	**고체**의 형태로 존재할 수 있음
가스 종류	**불연성 가스**로 공기보다 무거움
분자식	**드라이아이스**와 분자식이 동일

기억법 **이356, 이비78, 이증15**

① 97.5℃ → 31.35℃

답 ①

★
16 다음 물질 중 연소하였을 때 시안화수소를 가장 많이 발생시키는 물질은?

① Polyethylene
② Polyurethane
③ Polyvinyl chloride
④ Polystyrene

해설 연소시 **시안화수소**(HCN) 발생물질
(1) 요소
(2) 멜라닌
(3) 아닐린
(4) Polyurethane(**폴**리**우**레탄) 보기 ②

기억법 **시폴우**

답 ②

★★★
17 0℃, 1기압에서 44.8m³의 용적을 가진 이산화탄소를 액화하여 얻을 수 있는 액화탄산가스의 무게는 약 몇 kg인가?

18.09.문11
14.09.문07
12.03.문19
06.09.문13
97.03.문03

① 88　② 44
③ 22　④ 11

해설 (1) **기호**
- T : 0℃=(273+0℃)K
- P : 1기압=1atm
- V : 44.8m³
- m : ?

(2) **이상기체상태 방정식**

$$PV = nRT$$

여기서, P : 기압〔atm〕
V : 부피〔m³〕
n : 몰수$\left(n = \dfrac{m(\text{질량})[\text{kg}]}{M(\text{분자량})[\text{kg/kmol}]}\right)$
R : 기체상수(0.082atm·m³/kmol·K)
T : 절대온도(273+℃)〔K〕

$PV = \dfrac{m}{M}RT$에서

$$m = \frac{PVM}{RT}$$

$$= \frac{1\text{atm} \times 44.8\text{m}^3 \times 44\text{kg/kmol}}{0.082\text{atm}\cdot\text{m}^3/\text{kmol}\cdot\text{K} \times (273+0℃)\text{K}}$$

≒ 88kg

• 이산화탄소 분자량(M)=44kg/kmol

답 ①

★
18 밀폐된 내화건물의 실내에 화재가 발생했을 때 그 실내의 환경변화에 대한 설명 중 틀린 것은?

16.10.문17
01.03.문03

① 기압이 급강하한다.
② 산소가 감소된다.
③ 일산화탄소가 증가한다.
④ 이산화탄소가 증가한다.

해설 **밀폐된 내화건물**

실내에 화재가 발생하면 **기압**이 **상승**한다. 보기 ①

① 급강하 → 상승

답 ①

★★★
19 다음 중 연소범위를 근거로 계산한 위험도값이 가장 큰 물질은?

19.03.문03
15.09.문08
10.03.문14

① 이황화탄소 ② 메탄
③ 수소 ④ 일산화탄소

해설 **위험도**

$$H=\frac{U-L}{L}$$

여기서, H : 위험도
U : 연소상한계
L : 연소하한계

① **이황화탄소** $=\frac{50-1}{1}=49$

② **메탄** $=\frac{15-5}{5}=2$

③ **수소** $=\frac{75-4}{4}=17.75$

④ **일산화탄소** $=\frac{75-12}{12}=5.25$

중요

공기 중의 **폭발한계**(상온, 1atm)

가 스	하한계 〔vol%〕	상한계 〔vol%〕
에터($(C_2H_5)_2O$)	1.7	48
보기 ③ → 수소(H_2) →	4	75
에틸렌(C_2H_4)	2.7	36
부탄(C_4H_{10})	1.8	8.4
아세틸렌(C_2H_2)	2.5	81
보기 ④ → 일산화탄소(CO) →	12	75
보기 ① → 이황화탄소(CS_2) →	1	50
암모니아(NH_3)	15	25
보기 ② → 메탄(CH_4) →	5	15
에탄(C_2H_6)	3	12.4
프로판(C_3H_8)	2.1	9.5

• 연소한계=연소범위=가연한계=가연범위=폭발한계=폭발범위

답 ①

★★★
20 화재시 나타나는 인간의 피난특성으로 볼 수 없는 것은?

18.04.문03
16.05.문03
12.05.문15
11.10.문09
10.09.문11

① 어두운 곳으로 대피한다.
② 최초로 행동한 사람을 따른다.
③ 발화지점의 반대방향으로 이동한다.
④ 평소에 사용하던 문, 통로를 사용한다.

해설 **화재발생**시 **인간**의 **피난특성**

구 분	설 명
귀소본능 보기 ④	• **친숙한 피난경로**를 선택하려는 행동 • 무의식 중에 평상시 사용하는 출입구나 통로를 사용하려는 행동
지광본능 보기 ①	• **밝은 쪽**을 지향하는 행동 • 화재의 공포감으로 인하여 **빛**을 따라 외부로 달아나려고 하는 행동
퇴피본능 보기 ③	• 화염, 연기에 대한 공포감으로 **발화**의 **반대방향**으로 이동하려는 행동
추종본능 보기 ②	• 많은 사람이 달아나는 방향으로 쫓아가려는 행동 • 화재시 최초로 행동을 개시한 사람을 따라 전체가 움직이려는 행동
좌회본능	• **좌측통행**을 하고 **시계반대방향**으로 회전하려는 행동
폐쇄공간 지향본능	가능한 **넓은 공간**을 찾아 **이동**하다가 위험성이 높아지면 의외의 좁은 공간을 찾는 본능
초능력본능	비상시 **상상**도 **못할 힘**을 내는 본능
공격본능	**이상심리현상**으로서 구조용 헬리콥터를 부수려고 한다든지 무차별적으로 주변사람과 구조인력 등에게 공격을 가하는 본능
패닉(panic) 현상	인간의 비이성적인 또는 부적합한 **공포반응행동**으로서 무모하게 높은 곳에서 뛰어내리는 행위라든지, 몸이 굳어서 움직이지 못하는 행동

① 어두운 곳 → 밝은 곳

답 ①

제 2 과목 소방전기일반

★
21 인덕턴스가 0.5H인 코일의 리액턴스가 753.6Ω일 때 주파수는 약 몇 Hz인가?

① 120 ② 240
③ 360 ④ 480

해설 (1) **기호**

- L : 0.5H
- X_L : 753.6Ω
- f : ?

(2) **유도리액턴스**

$$X_L = 2\pi f L$$

여기서, X_L : 유도리액턴스〔Ω〕

f : 주파수〔Hz〕

L : 인덕턴스〔H〕

주파수 f는

$$f = \frac{X_L}{2\pi L} = \frac{753.6}{2\pi \times 0.5} \fallingdotseq 240\text{Hz}$$

답 ②

★★★

22 최고 눈금 50mV, 내부저항이 100Ω인 직류 전압계에 1.2MΩ의 배율기를 접속하면 측정할 수 있는 최대전압은 약 몇 V인가?

19.09.문30 17.03.문21 13.09.문31 11.06.문34

① 3　② 60

③ 600　④ 1200

해설 (1) **기호**

- V : 50mV=50×10^{-3}V(1mV=10^{-3}V)
- R_v : 100Ω
- R_m : 1.2MΩ=1.2×10^{6}Ω(1MΩ=10^{6}Ω)
- V_0 : ?

(2) **배율기**

$$V_0 = V\left(1+\frac{R_m}{R_v}\right)\text{〔V〕}$$

여기서, V_0 : 측정하고자 하는 전압〔V〕

V : 전압계의 최대눈금〔V〕

R_v : 전압계의 내부저항〔Ω〕

R_m : 배율기저항〔Ω〕

$$V_0 = V\left(1+\frac{R_m}{R_v}\right)$$

$$= (50\times10^{-3})\times\left(1+\frac{1.2\times10^6}{100}\right) \fallingdotseq 600\text{V}$$

비교

분류기

$$I_0 = I\left(1+\frac{R_A}{R_S}\right)\text{〔A〕}$$

여기서, I_0 : 측정하고자 하는 전류〔A〕

I : 전류계의 최대눈금〔A〕

R_A : 전류계 내부저항〔Ω〕

R_S : 분류기저항〔Ω〕

답 ③

★★

23 그림과 같은 블록선도에서 출력 $C(s)$는?

14.09.문34 10.03.문28

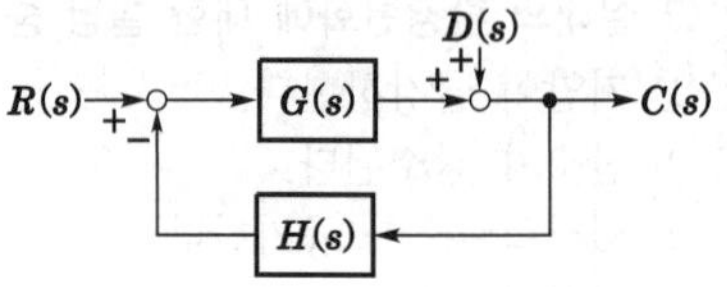

① $\dfrac{G(s)}{1+G(s)H(s)}R(s)+\dfrac{G(s)}{1+G(s)H(s)}D(s)$

② $\dfrac{1}{1+G(s)H(s)}R(s)+\dfrac{1}{1+G(s)H(s)}D(s)$

③ $\dfrac{G(s)}{1+G(s)H(s)}R(s)+\dfrac{1}{1+G(s)H(s)}D(s)$

④ $\dfrac{1}{1+G(s)H(s)}R(s)+\dfrac{G(s)}{1+G(s)H(s)}D(s)$

해설 계산편의를 위해 (s)를 삭제하고 계산하면

$$RG+D-CHG=C$$
$$RG+D=C+CHG$$
$$C+CHG=RG+D$$
$$C(1+HG)=RG+D$$
$$C=\frac{RG+D}{1+HG}$$
$$=\frac{RG}{1+HG}+\frac{D}{1+HG}$$
$$=\frac{G}{1+HG}R+\frac{1}{1+HG}D$$
$$=\frac{G}{1+GH}R+\frac{1}{1+GH}D$$
$$=\frac{G(s)}{1+G(s)H(s)}R(s)+\frac{1}{1+G(s)H(s)}D(s)$$

└ 삭제한 (s)를 다시 붙임

용어

블록선도(block diagram)

제어계에서 신호가 전달되는 모양을 표시하는 선도

답 ③

★★★

24 변위를 전압으로 변환시키는 장치가 아닌 것은?

18.09.문40 13.06.문21 12.09.문24 03.08.문22

① 포텐셔미터　② 차동변압기

③ 전위차계　④ 측온저항체

해설 **변환요소**

구 분	변 환
•측온저항(측온저항체) •정온식 감지선형 감지기	**온도 → 임피던스**
•광전다이오드 •열전대식 감지기 •열반도체식 감지기	**온도 → 전압**
•광전지	**빛 → 전압**

• 전자	전압(전류) → 변위
• 유압분사관 • 노즐 플래퍼	변위 → 압력
• **포텐셔미터** • **차동변압기** • **전위차계**	**변위 → 전압**
• 가변저항기	변위 → 임피던스

④ 측온저항체 : **온도**를 **임피던스**로 변환시키는 장치

답 ④

25

18.03.문35
07.09.문26

단상 변압기의 권수비가 $a=8$이고, 1차 교류전압의 실효치는 110V이다. 변압기 2차 전압을 단상 반파정류회로를 이용하여 정류했을 때 발생하는 직류 전압의 평균치는 약 몇 V인가?

① 6.19　② 6.29
③ 6.39　④ 6.88

해설 (1) **기호**

- a : 8
- V_1 : 110V
- E_{av} : ?

(2) **권수비**

$$a=\frac{N_1}{N_2}=\frac{V_1}{V_2}=\frac{I_2}{I_1}$$

여기서, a : 권수비
N_1 : 1차 코일권수
N_2 : 2차 코일권수
V_1 : 정격 1차 전압[V]
V_2 : 정격 2차 전압[V]
I_1 : 정격 1차 전류[A]
I_2 : 정격 2차 전류[A]

2차 전압 V_2 는

$$V_2=\frac{V_1}{a}=\frac{110}{8}=13.75\text{V}$$

(3) **직류 평균전압**

단상 반파정류회로	단상 전파정류회로
$E_{av}=0.45E$	$E_{av}=0.9E$
여기서, E_{av} : 직류 평균전압[V] E : 교류 실효값[V]	여기서, E_{av} : 직류 평균전압[V] E : 교류 실효값[V]

$E_{av}=0.45E=0.45\times 13.75 \fallingdotseq 6.19\text{V}$

답 ①

26

19.03.문26
13.09.문32

그림과 같은 유접점회로의 논리식은?

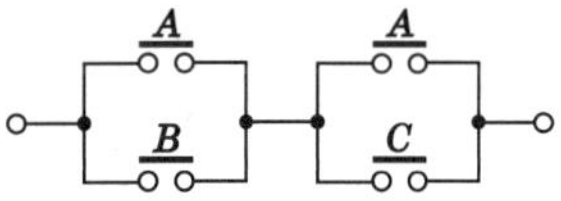

① $A+B\cdot C$
② $A\cdot B+C$
③ $B+A\cdot C$
④ $A\cdot B+B\cdot C$

해설

회 로	시퀀스 회로	논리식	논리회로
직렬 회로	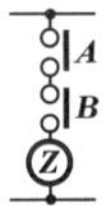	$Z=A\cdot B$ $Z=AB$	
병렬 회로	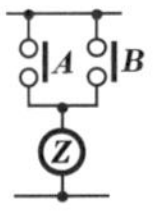	$Z=A+B$	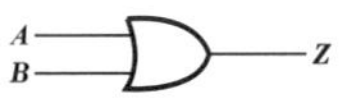
a 접점	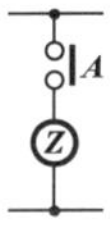	$Z=A$	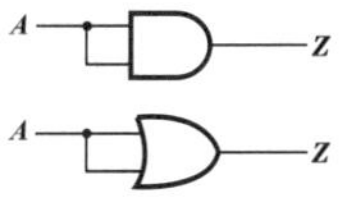
b 접점	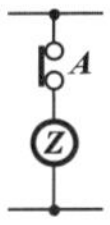	$Z=\overline{A}$	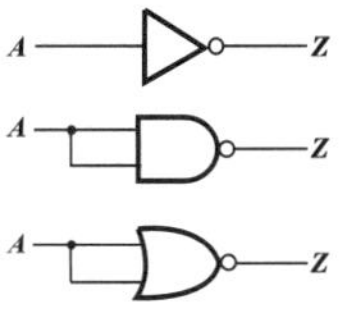

$$(A+B)(A+C)=\underbrace{AA}_{X\cdot X=X}+AC+AB+BC$$
$$=A+AC+AB+BC$$
$$=\underbrace{A(1+C+B)}_{X\cdot 1=X}+BC$$
$$=A+BC$$

중요

불대수의 **정리**

논리합	논리곱	비 고
$X+0=X$	$X\cdot 0=0$	-
$X+1=1$	$X\cdot 1=X$	-
$X+X=X$	$X\cdot X=X$	-
$X+\overline{X}=1$	$X\cdot \overline{X}=0$	-
$X+Y=Y+X$	$X\cdot Y=Y\cdot X$	교환법칙

$X+(Y+Z)$ $=(X+Y)+Z$	$X(YZ)=(XY)Z$	결합 법칙
$X(Y+Z)$ $=XY+XZ$	$(X+Y)(Z+W)$ $=XZ+XW+YZ+YW$	분배 법칙
$X+XY=X$	$\overline{X}+XY=\overline{X}+Y$ $\overline{X}+X\overline{Y}=\overline{X}+\overline{Y}$ $X+\overline{X}Y=X+Y$ $X+\overline{X}\,\overline{Y}=X+\overline{Y}$	흡수 법칙
$(\overline{X+Y})$ $=\overline{X}\cdot\overline{Y}$	$(\overline{X\cdot Y})=\overline{X}+\overline{Y}$	드모르간의 정리

답 ①

★★★
27 평형 3상 부하의 선간전압이 200V, 전류가 10A, 역률이 70.7%일 때 무효전력은 약 몇 Var인가?

18.09.문32 16.10.문21 12.05.문21 07.09.문27 03.05.문34

① 2880 ② 2450
③ 2000 ④ 1410

해설 (1) 기호

- V_l : 200V
- I_l : 10A
- $\cos\theta$: 70.7%=0.707
- $P_{\rm Var}$: ?

(2) 무효율

$$\cos\theta^2+\sin\theta^2=1$$

여기서, $\cos\theta$: 역률
$\sin\theta$: 무효율

$\sin\theta^2=1-\cos\theta^2$

$\sqrt{\sin\theta^2}=\sqrt{1-\cos\theta^2}$

$\sin\theta=\sqrt{1-\cos\theta^2}$

$=\sqrt{1-0.707^2}\fallingdotseq 0.707$

(3) 3상 무효전력

$$P_{\rm Var}=3V_PI_P\sin\theta=\sqrt{3}\,V_lI_l\sin\theta=3I_P^{\,2}X\text{[Var]}$$

여기서, $P_{\rm Var}$: 3상 무효전력[W]
$V_P,\ I_P$: 상전압[V], 상전류[A]
$V_l,\ I_l$: 선간전압[V], 선전류[A]

3상 무효전력 $P_{\rm Var}$는

$P_{\rm Var}=\sqrt{3}\,V_lI_l\sin\theta$

$=\sqrt{3}\times200\times10\times0.707\fallingdotseq 2450\text{Var}$

답 ②

★★
28 제어대상에서 제어량을 측정하고 검출하여 주궤환 신호를 만드는 것은?

16.03.문38

① 조작부 ② 출력부
③ 검출부 ④ 제어부

해설 피드백제어의 용어

용 어	설 명
검출부 보기 ③	• 제어대상에서 **제어량**을 **측정**하고 **검출**하여 **주궤환 신호**를 만드는 것
제어량 (controlled value)	• 제어대상에 속하는 양으로, 제어대상을 제어하는 것을 목적으로 하는 물리적인 양이다.
조작량 (manipulated value)	• **제어장치**의 **출력**인 동시에 **제어대상**의 **입력**으로 제어장치가 제어대상에 가해지는 제어신호이다. • **제어요소**에서 **제어대상**에 인가되는 양이다. 기억법 조제대상
제어요소 (control element)	• 동작신호를 조작량으로 변환하는 요소이고, **조절부**와 **조작부**로 이루어진다.
제어장치 (control device)	• 제어하기 위해 제어대상에 부착되는 장치이고, **조절부**, **설정부**, **검출부** 등이 이에 해당된다.
오차검출기	• 제어량을 설정값과 비교하여 오차를 계산하는 장치이다.

답 ③

★
29 복소수로 표시된 전압 10－j[V]를 어떤 회로에 가하는 경우 5＋j[A]의 전류가 흘렀다면 이 회로의 저항은 약 몇 Ω인가?

① 1.88 ② 3.6
③ 4.5 ④ 5.46

해설 (1) 기호

- V : $10-j$[V]
- I : $5+j$[A]
- R : ?

(2) 임피던스

$$Z=\frac{V}{I}$$

여기서, Z : 임피던스[Ω]
V : 전압[V]
I : 전류[A]

임피던스 Z는

$Z=\dfrac{V}{I}$

$=\dfrac{10-j}{5+j}$

$=\dfrac{(10-j)(5-j)}{(5+j)(5-j)}$ ← 분모의 허수를 없애고자 분모의 $5+j$에서 허수의 반대부호인 $5-j$를 분자·분모에 곱해 줌

$=\dfrac{50-10j-5j-1}{25-5j+5j+1}$ ← $j\times j=-1$, $j\times(-j)=1$, $(-j)\times(-j)=-1$

$=\dfrac{49-15j}{26}$

$=\dfrac{49-j15}{26}$

- $V=V_R+jV_x=49-j15$

(3) **저항**

$$R=\frac{V_R}{I}$$

여기서, R : 저항[Ω]
V_R : 저항의 전압[V]
I : 전류[A]

저항 R은

$$R=\frac{V_R}{I}=\frac{49}{26}\fallingdotseq 1.88\,\Omega$$

비교

리액턴스

$$X=\frac{V_x}{I}$$

여기서, X : 리액턴스[Ω]
V_x : 리액턴스의 전압[V]
I : 전류[A]

리액턴스 X는

$$X=\frac{V_x}{I}=\frac{15}{26}\fallingdotseq 0.58\,\Omega$$

답 ①

30 다음 중 직류전동기의 제동법이 아닌 것은?

15.09.문31
11.10.문25

① 회생제동
② 정상제동
③ 발전제동
④ 역전제동

해설 **직류전동기의 제동법**

제동법	설 명
발전제동 보기 ③	직류전동기를 **발전기**로 하고 운동에너지를 저항기 속에서 **열**로 바꾸어 제동하는 방법
역전제동 보기 ④	운전 중에 전동기의 **전기자**를 **반대**로 전환하여 **역방향**의 **토크**를 발생시켜 급속히 제동하는 방법
회생제동 보기 ①	전동기를 **발전기**로 하고 그 발생전력을 **전원**으로 **회수**하여 효율 좋게 제어하는 방법

기억법 **역발회**

답 ②

31 자동화재탐지설비의 감지기회로의 길이가 500m이고, 종단에 8kΩ의 저항이 연결되어 있는 회로에 24V의 전압이 가해졌을 경우 도통시험시 전류는 약 몇 mA인가? (단, 동선의 저항률은 $1.69\times10^{-8}\Omega\cdot m$이며, 동선의 단면적은 $2.5mm^2$이고, 접촉저항 등은 없다고 본다.)

17.05.문30
97.07.문39

① 2.4 ② 3.0
③ 4.8 ④ 6.0

해설 (1) **기호**

- l : 500m
- R_2 : $8k\Omega=8\times10^3\Omega(1k\Omega=10^3\Omega)$
- V : 24V
- I : ?
- ρ : $1.69\times10^{-8}\Omega\cdot m$
- A : $2.5mm^2=2.5\times10^{-6}m^2$
- $1m=1000mm=10^3mm$이고
$1mm=10^{-3}m$
$2.5mm^2=2.5\times(10^{-3}m)^2=2.5\times10^{-6}m^2$

(2) **저항**

$$R=\rho\frac{l}{A}$$

여기서, R : 저항[Ω]
ρ : 고유저항[Ω·m]
A : 전선의 단면적[m²]
l : 전선의 길이[m]

배선의 저항 R_1은

$$R_1=\rho\frac{l}{A}=1.69\times10^{-8}\times\frac{500}{2.5\times10^{-6}}=3.38\,\Omega$$

(3) **도통시험전류** I는

$$I=\frac{V}{R_1+R_2}=\frac{24}{3.38+(8\times10^3)}\fallingdotseq 3\times10^{-3}A=3mA$$

- $1\times10^{-3}A=1mA$이므로 $3\times10^{-3}A=3mA$

※ **도통시험** : 감지기회로의 단선 유무확인

답 ②

32 다음 회로에서 출력전압은 몇 V인가? (단, $A=5V$, $B=0V$인 경우이다.)

18.09.문27
11.06.문22
09.08.문34
08.03.문24

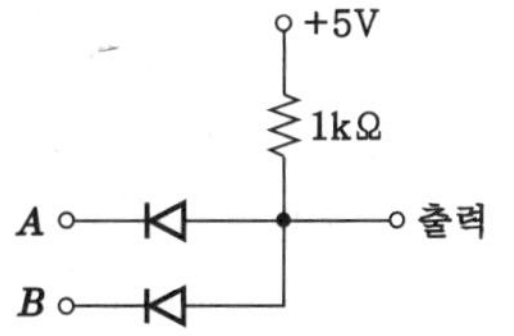

① 0 ② 5
③ 10 ④ 15

해설 AND 게이트이므로 입력신호에서 $A=5V$, $B=0V$ 중 **모두 5**일 때만 출력신호 X가 **5**가 된다. 그러므로 0V가 정답

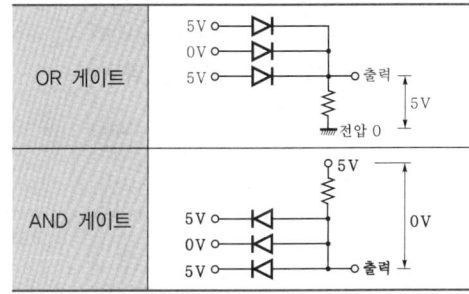

OR 게이트	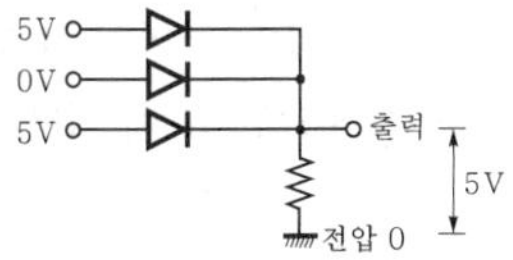
AND 게이트	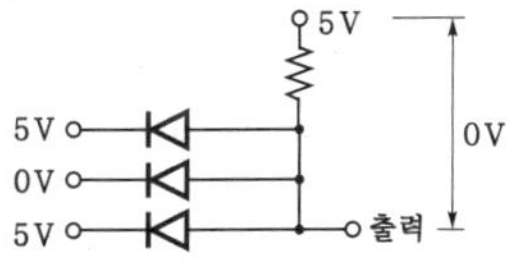

중요

논리회로

명 칭	회 로
AND 게이트	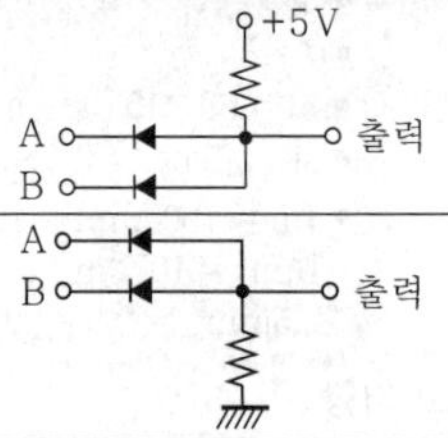
OR 게이트	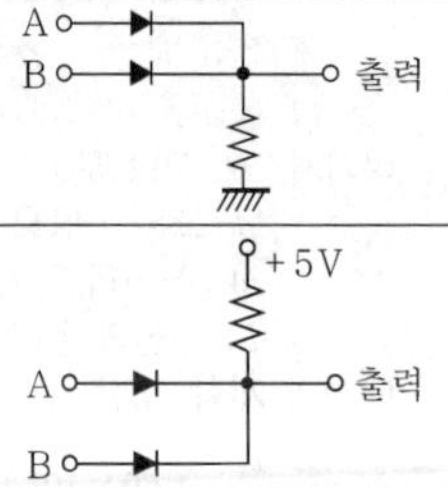
NOR 게이트	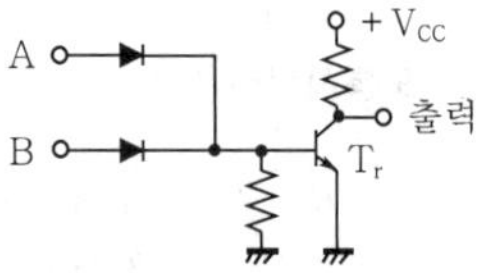
NAND 게이트	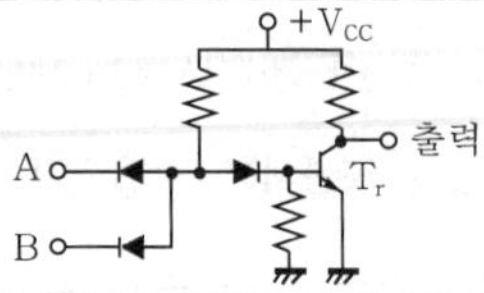

답 ①

★★

33 평행한 왕복전선에 10A의 전류가 흐를 때 전선 사이에 작용하는 전자력[N/m]은? (단, 전선의 간격은 40cm이다.)

18.09.문34
14.09.문37

① 5×10^{-5}N/m, 서로 반발하는 힘
② 5×10^{-5}N/m, 서로 흡인하는 힘
③ 7×10^{-5}N/m, 서로 반발하는 힘
④ 7×10^{-5}N/m, 서로 흡인하는 힘

해설 (1) **기호**

- $I_1 = I_2$: 10A
- F : ?
- r : 40cm=0.4m(100cm=1m)

(2) **평행도체 사이에 작용하는 힘**

$$F=\frac{\mu_0 I_1 I_2}{2\pi r}\text{[N/m]}$$

여기서, F : 평행전류의 힘[N/m]
μ_0 : 진공의 투자율($4\pi\times10^{-7}$)[H/m]
I_1, I_2 : 전류[A]
r : 거리[m]

평행도체 사이에 작용하는 힘 F는

$$F=\frac{\mu_0 I_1 I_2}{2\pi r}=\frac{(4\pi\times10^{-7})\times10\times10}{2\pi\times0.4}=5\times10^{-5}\text{N/m}$$

- μ_0 : $4\pi\times10^{-7}$[H/m]

힘의 방향은 전류가 **같은 방향**이면 **흡인력**, **다른 방향**이면 **반발력**이 작용한다.

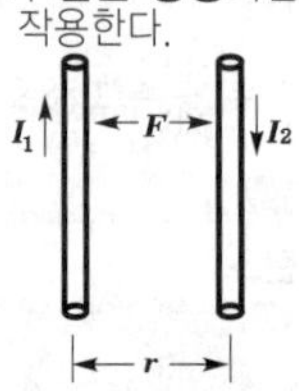

▮평행전류의 힘▮

평행 왕복전선은 두 전선의 전류방향이 다른 방향이므로 **반발력**

용어

반발력
서로 반발하는 힘

답 ①

★★★

34 수정, 전기석 등의 결정에 압력을 가하여 변형을 주면 변형에 비례하여 전압이 발생하는 현상을 무엇이라 하는가?

18.09.문26
12.05.문32
11.06.문36

① 국부작용 ② 전기분해
③ 압전현상 ④ 성극작용

해설 **여러 가지 효과**

효 과	설 명
핀치효과 (Pinch effect)	전류가 **도선 중심**으로 흐르려고 하는 현상
톰슨효과 (Thomson effect)	① 균질의 철사에 **온도구배**가 있을 때 여기에 전류가 흐르면 열의 흡수 또는 발생이 일어나는 현상 ② 동종 금속도선의 두 점 간에 온도차를 주고 고온쪽에서 저온쪽으로 **전류**를 흘리면, 줄열 이외에 도선 속에서 **열**이 발생하거나 흡수가 일어나는 현상
홀효과 (Hall effect)	도체에 **자계**를 가하면 전위차가 발생하는 현상
제벡효과 (Seebeck effect)	① 다른 종류의 금속선으로 된 폐회로의 두 접합점의 온도를 달리하였을 때 열기전력이 발생하는 효과. **열전대식**·**열반도체식** 감지기는 이 원리를 이용하여 만들어졌다. ② 이종 금속을 접합하여 **폐회로**를 만든 후 두 접합점의 온도를 다르게 하여 **열전류**를 얻는 열전현상
펠티어효과 (Peltier effect)	두 종류의 금속으로 폐회로를 만들어 **전류**를 흘리면 양 접속점에서 한쪽은 **온도**가 올라가고, 다른 쪽은 온도가 내려가는 현상
압전효과 (piezoelectric effect) 보기 ③	① **수정**, **전기석**, **로셸염** 등의 결정에 전압을 가하면 일그러짐이 생기고, 반대로 압력을 가하여 일그러지게 하면 전압을 발생하는 현상 ② **수정**, **전기석** 등의 결정에 압력을 가하여 변형을 주면 변형에 비례하여 전압이 발생하는 현상
광전효과	반도체에 빛을 쬐이면 전자가 방출되는 현상

기억법 온펠

- 압전현상＝압전효과＝압전기효과

비교

국부작용	분극(성극)작용
① 전지의 전극에 사용하고 있는 아연판이 **불순물**에 의한 전지작용으로 인해 자기방전하는 현상 ② 전지를 쓰지 않고 오래 두면 못 쓰게 되는 현상	① 전지에 부하를 걸면 양극표면에 수소가스가 생겨 전류의 흐름을 방해하는 현상 ② 일정한 전압을 가진 전지에 부하를 걸면 단자전압이 저하되는 현상

답 ③

★
35 그림과 같이 전류계 A_1, A_2를 접속할 경우 A_1은 25A, A_2는 5A를 지시하였다. 전류계 A_2의 내부저항은 몇 Ω인가?

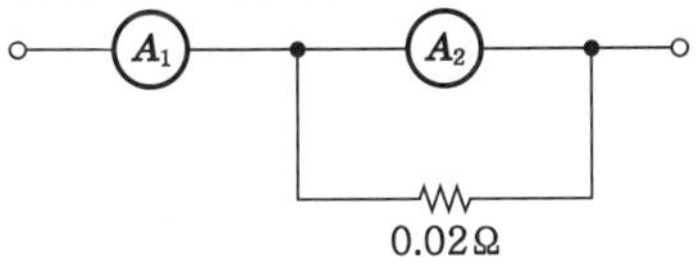

① 0.05　　② 0.08
③ 0.12　　④ 0.15

해설

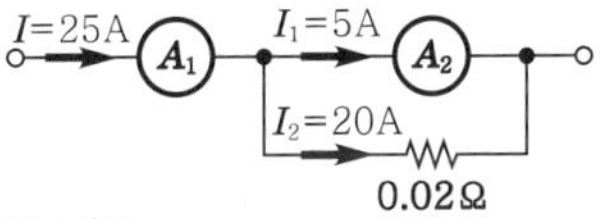

(1) **기호**

- I : 25A
- I_1 : 5A
- R : 0.02Ω

(2) **전류**

A_2와 0.02Ω이 병렬회로이므로

$I = I_1 + I_2$ 에서

$I_2 = I - I_1$
$= 25 - 5 = 20A$

(3) **전압**

$$V = IR$$

여기서, V : 전압〔V〕
I : 전류〔A〕
R : 저항〔Ω〕

0.02Ω에 가해지는 전압 V는

$V = I_2 R$
$= 20 \times 0.02 = 0.4V$

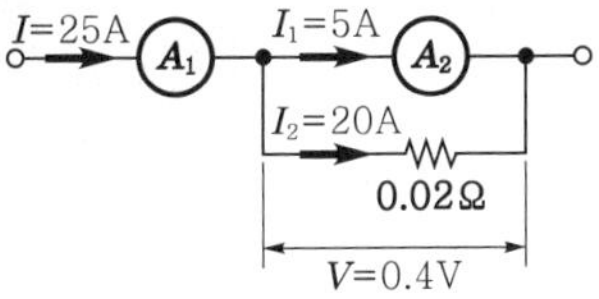

A_2의 내부저항 R은

$R = \frac{V}{I_1} = \frac{0.4}{5} = 0.08Ω$

답 ②

★★
36 반지름 20cm, 권수 50회인 원형 코일에 2A의 전류를 흘려주었을 때 코일 중심에서 자계(자기장)의 세기〔AT/m〕는?

15.09.문26
09.03.문27

① 70　　② 100
③ 125　　④ 250

해설 (1) **기호**

- a : 20cm＝0.2m(100cm＝1m)
- N : 50
- I : 2A
- H : ?

(2) **원형 코일 중심의 자계**

$$H = \frac{NI}{2a} \text{〔AT/m〕}$$

여기서, H : 자계의 세기〔AT/m〕
N : 코일권수
I : 전류〔A〕
a : 반지름〔m〕

자계의 세기 H는

$H = \frac{NI}{2a} = \frac{50 \times 2}{2 \times 0.2} = 250\text{AT/m}$

답 ④

★★
37 그림과 같은 무접점회로의 논리식(Y)은?

19.03.문26
13.09.문32

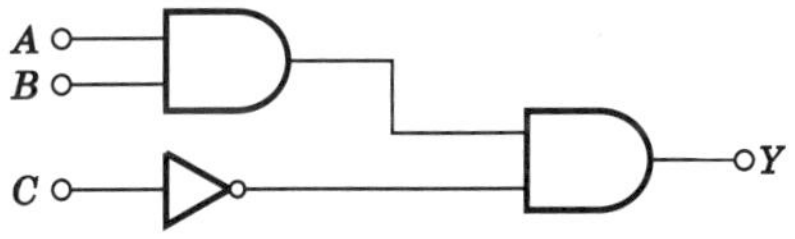

① $A \cdot B + \overline{C}$　　② $A + B + \overline{C}$
③ $(A + B) \cdot \overline{C}$　　④ $A \cdot B \cdot \overline{C}$

해설 **무접점회로의 논리식**

$Y = A \cdot B \cdot \overline{C}$

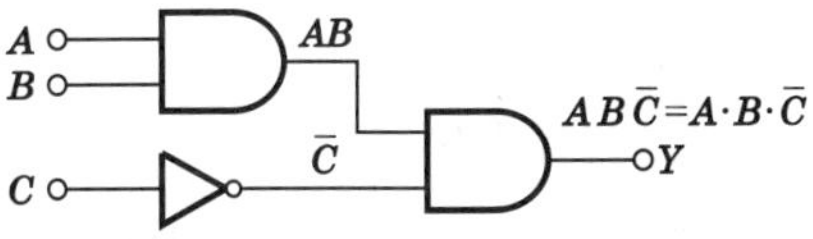

중요

회로	시퀀스 회로	논리식	논리회로
직렬회로	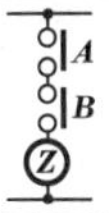	$Z = A \cdot B$ $Z = AB$	
병렬회로	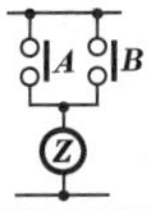	$Z = A + B$	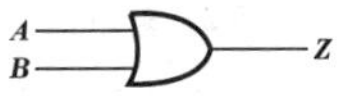

a 접점	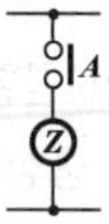	$Z=A$	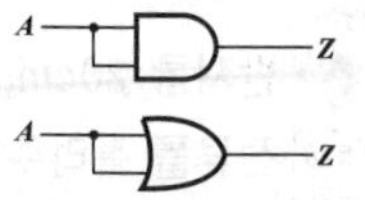
b 접점	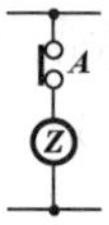	$Z=\overline{A}$	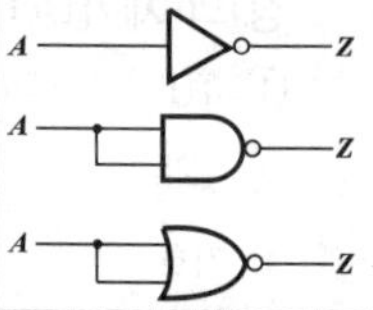

답 ④

★★★
38 전원전압을 일정하게 유지하기 위하여 사용하는 다이오드는?

19.03.문35 18.09.문31 16.10.문30 15.05.문38 14.09.문40 14.05.문24 14.03.문27 12.03.문34 11.06.문37 00.10.문25

① 쇼트키다이오드
② 터널다이오드
③ 제너다이오드
④ 버랙터다이오드

해설 **반도체소자**

명 칭	심 벌
제너다이오드(zener diode) 보기 ③ ① 주로 정전압 전원회로에 사용된다. ② **전원전압**을 **일정**하게 **유지**한다.	
서미스터(thermistor) : 부온도특성을 가진 저항기의 일종으로서 주로 **온**도보정용(온도보상용)으로 쓰인다. 기억법 서온(서운해)	
SCR(Silicon Controlled Rectifier) : 단방향 대전류 스위칭소자로서 제어를 할 수 있는 정류소자이다.	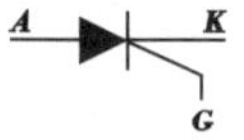
바리스터(varistor) ① 주로 **서**지전압에 대한 회로보호용(과도전압에 대한 회로보호) ② **계**전기접점의 불꽃제거 기억법 바리서계	
UJT(Unijunction Transistor, **단일접합 트랜지스터**) : 증폭기로는 사용이 불가능하며 톱니파나 펄스발생기로 작용하며 SCR의 트리거소자로 쓰인다.	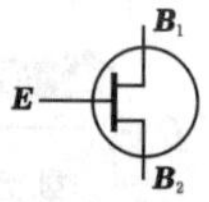
가변용량 다이오드(버랙터 다이오드) ① **가변용량** 특성을 FM 변조 AFC 동조에 이용 ② 제너현상을 이용한 다이오드	
터널 다이오드 : 음저항 특성을 **마이크로파 발진**에 이용	
쇼트키 다이오드 : N형 반도체와 금속을 접합하여 금속부분이 반도체와 같은 기능을 하도록 만들어진 다이오드	

답 ③

★★★
39 동기발전기의 병렬운전조건으로 틀린 것은?

17.03.문40 13.09.문33

① 기전력의 크기가 같을 것
② 기전력의 위상이 같을 것
③ 기전력의 주파수가 같을 것
④ 극수가 같을 것

해설 **병렬운전조건**

동기발전기의 병렬운전조건	변압기의 병렬운전조건
• 기전력의 **크기**가 같을 것 • 기전력의 **위상**이 같을 것 • 기전력의 **주파수**가 같을 것 • 기전력의 **파형**이 같을 것 • 상회전 **방향**이 같을 것 기억법 주파위크방	• **권**수비가 같을 것 • **극**성이 같을 것 • 1·2차 정격전**압**이 같을 것 • %**임**피던스 강하가 같을 것 기억법 압임권극

답 ④

★★★
40 메거(megger)는 어떤 저항을 측정하기 위한 장치인가?

19.09.문35 12.05.문34 05.05.문35

① 절연저항 ② 접지저항
③ 전지의 내부저항 ④ 궤조저항

해설 **계측기**

구 분	용 도
메거 (megger) =**절연저항계**	**절연저항** 측정  ▮메거▮
어스테스터 (earth tester)	접지저항 측정  ▮어스테스터▮

코올라우시 브리지 (Kohlrausch bridge)	전지(축전지)의 내부저항 측정  ‖ 코올라우시 브리지 ‖
C.R.O (Cathode Ray Oscilloscope)	음극선을 사용한 오실로스코프
휘트스톤 브리지 (Wheatstone bridge)	0.5~10^5Ω의 중저항 측정

비교

코올라우시 브리지
(1) 축전지의 내부저항 측정
(2) 전해액의 저항 측정
(3) 접지저항 측정

답 ①

제 3 과목 소방관계법규

★★★
41 17.09.문41 15.09.문42 11.10.문60
소방시설 설치 및 관리에 관한 법령상 방염성능 기준 이상의 실내 장식물 등을 설치해야 하는 특정소방대상물이 아닌 것은?

① 숙박이 가능한 수련시설
② 층수가 11층 이상인 아파트
③ 건축물 옥내에 있는 종교시설
④ 방송통신시설 중 방송국 및 촬영소

해설 **소방시설법 시행령 30조**
방염성능기준 이상 적용 특정소방대상물
(1) 층수가 **11층 이상**인 것(아파트는 제외 : 2026. 12. 1. 삭제) 보기 ②
(2) 체력단련장, 공연장 및 종교집회장
(3) 문화 및 집회시설
(4) 종교시설 보기 ③
(5) 운동시설(수영장은 제외)
(6) 의료시설(종합병원, 정신의료기관)
(7) 의원, 치과의원, 한의원, 조산원, 산후조리원
(8) 교육연구시설 중 합숙소
(9) 노유자시설
(10) **숙박**이 가능한 **수련시설** 보기 ①
(11) 숙박시설
(12) 방송국 및 촬영소 보기 ④
(13) 다중이용업소(단란주점영업, 유흥주점영업, 노래연습장의 영업장 등)

② 아파트 → 아파트 제외

• 11층 이상 : '**고층건축물**'에 해당된다.

답 ②

★★
42 18.09.문41 17.05.문42
화재의 예방 및 안전관리에 관한 법령상 불꽃을 사용하는 용접 · 용단 기구의 용접 또는 용단 작업장에서 지켜야 하는 사항 중 다음 ( ) 안에 알맞은 것은?

> • 용접 또는 용단 작업장 주변 반경 (㉠)m 이내에 소화기를 갖추어 둘 것
> • 용접 또는 용단 작업장 주변 반경 (㉡)m 이내에는 가연물을 쌓아두거나 놓아두지 말 것. 다만, 가연물의 제거가 곤란하여 방화포 등으로 방호조치를 한 경우는 제외한다.

① ㉠ 3, ㉡ 5
② ㉠ 5, ㉡ 3
③ ㉠ 5, ㉡ 10
④ ㉠ 10, ㉡ 5

해설 **화재예방법 시행령 〔별표 1〕**
보일러 등의 위치 · 구조 및 관리와 화재예방을 위하여 불의 사용에 있어서 지켜야 할 사항

구 분	기 준
불꽃을 사용하는 용접 · 용단 기구	① 용접 또는 용단 작업장 주변 반경 **5m** 이내에 **소화기**를 갖추어 둘 것 보기 ㉠ ② 용접 또는 용단 작업장 주변 반경 **10m** 이내에는 **가연물**을 쌓아두거나 놓아두지 말 것(단, 가연물의 제거가 곤란하여 방화포 등으로 방호조치를 한 경우는 제외) 보기 ㉡ 기억법 5소(오소서)

답 ③

★
43 17.05.문43
소방시설 설치 및 관리에 관한 법령상 화재위험도가 낮은 특정소방대상물 중 석재, 불연성 금속, 불연성 건축재료 등의 가공공장 · 기계조립공장 또는 불연성 물품을 저장하는 창고에 설치하지 않을 수 있는 소방시설은?

① 피난기구
② 비상방송설비
③ 연결송수관설비
④ 옥외소화전설비

해설 **소방시설법 시행령 [별표 6]**
소방시설을 설치하지 않을 수 있는 특정소방대상물 및 소방시설의 범위

구 분	특정소방대상물	소방시설
화재 위험도가 낮은 특정소방대상물	**석**재, **불**연성 **금**속, **불**연성 건축재료 등의 가공공장·기계조립공장 또는 불연성 물품을 저장하는 창고	① 옥**외**소화전설비 보기 ④ ② 연결살수설비 기억법 석불금외

중요

소방시설법 시행령 [별표 6]
소방시설을 설치하지 않을 수 있는 소방시설의 범위
(1) **화재위험도**가 낮은 특정소방대상물
(2) 화재안전기준을 적용하기가 어려운 특정소방대상물
(3) 화재안전기준을 달리 적용하여야 하는 특수한 **용도·구조**를 가진 특정소방대상물
(4) **자체소방대**가 설치된 특정소방대상물

답 ④

★★★
44 소방기본법령에 따른 소방용수시설 급수탑 개폐밸브의 설치기준으로 맞는 것은?
19.03.문58 17.03.문54 16.10.문55 09.08.문43
① 지상에서 1.0m 이상 1.5m 이하
② 지상에서 1.2m 이상 1.8m 이하
③ 지상에서 1.5m 이상 1.7m 이하
④ 지상에서 1.5m 이상 2.0m 이하

해설 **기본규칙 [별표 3]**
소방용수시설별 설치기준

소화전	급수탑
• 65mm : 연결금속구의 구경	• 100mm : 급수배관의 구경 • 1.5~1.7m 이하 : 개폐밸브 높이 보기 ③ 기억법 57탑(57층 탑)

답 ③

★★★
45 소방기본법령상 소방업무 상호응원협정 체결시 포함되어야 하는 사항이 아닌 것은?
19.04.문47 15.05.문55 11.03.문54
① 응원출동의 요청방법
② 응원출동 훈련 및 평가
③ 응원출동 대상지역 및 규모
④ 응원출동시 현장지휘에 관한 사항

해설 **기본규칙 8조**
소방업무의 상호응원협정
(1) 다음의 **소방활동**에 관한 사항
 ㉠ 화재의 경계·진압활동
 ㉡ 구조·구급업무의 지원
 ㉢ 화재조사활동
(2) **응원출동 대상지역** 및 **규모** 보기 ③
(3) **소요경비**의 **부담**에 관한 사항
 ㉠ 출동대원의 수당·식사 및 의복의 수선
 ㉡ 소방장비 및 기구의 정비와 연료의 보급
(4) **응원출동**의 **요청방법** 보기 ①
(5) **응원출동 훈련** 및 **평가** 보기 ②

④ 현장지휘는 해당 없음

답 ④

★★
46 소방기본법령에 따라 주거지역·상업지역 및 공업지역에 소방용수시설을 설치하는 경우 소방대상물과의 수평거리를 몇 m 이하가 되도록 해야 하는가?
17.09.문56 10.05.문41
① 50
② 100
③ 150
④ 200

해설 **기본규칙 [별표 3]**
소방용수시설의 설치기준

거리기준	지 역
수평거리 100m 이하	• **공**업지역 • **상**업지역 • **주**거지역 기억법 주상공100(주상공 백지에 사인을 하시오.)
수평거리 140m 이하	• 기타지역

답 ②

★★★
47 소방시설 설치 및 관리에 관한 법률상 소방용품의 형식승인을 받지 아니하고 소방용품을 제조하거나 수입한 자에 대한 벌칙기준은?
19.09.문47 14.09.문58 07.09.문58
① 100만원 이하의 벌금
② 300만원 이하의 벌금
③ 1년 이하의 징역 또는 1천만원 이하의 벌금
④ 3년 이하의 징역 또는 3천만원 이하의 벌금

해설 3년 이하의 징역 또는 3000만원 이하의 벌금

(1) **화재안전조사** 결과에 따른 조치명령 위반(화재예방법 50조)
(2) **소방시설관리업** 무등록자(소방시설법 57조)
(3) **소방시설업** 무등록자(공사업법 35조)
(4) 부정한 청탁을 받고 재물 또는 재산상의 이익을 취득하거나 부정한 청탁을 하면서 재물 또는 재산상의 이익을 제공한 자(공사업법 35조)
(5) 형식승인을 받지 않은 **소방용품** 제조·수입자(소방시설법 57조)
(6) **제품검사**를 받지 않은 자(소방시설법 57조)
(7) **거짓**이나 그 밖의 **부정한 방법**으로 **제품검사 전문기관**의 지정을 받은 자(소방시설법 57조)

중요

3년 이하의 징역 또는 3000만원 이하의 벌금	5년 이하의 징역 또는 1억원 이하의 벌금
① 소방시설업 무등록 ② 소방시설관리업 무등록	제조소 무허가(위험물법 34조 2)

답 ④

★★★

48 위험물안전관리법령에 따라 위험물안전관리자를 해임하거나 퇴직한 때에는 해임하거나 퇴직한 날부터 며칠 이내에 다시 안전관리자를 선임하여야 하는가?

19.03.문59 18.03.문56 16.10.문54 16.03.문55 11.03.문56

① 30일　② 35일
③ 40일　④ 55일

해설 30일

(1) 소방시설업 등록사항 변경신고(공사업규칙 6조)
(2) <u>위험물안전관리자의 재선임</u>(위험물안전관리법 15조)
(3) 소방안전관리자의 재선임(화재예방법 시행규칙 14조)
(4) **도급계약 해지**(공사업법 23조)
(5) 소방시설공사 중요사항 변경시의 신고일(공사업규칙 12조)
(6) 소방기술자 실무교육기관 지정서 발급(공사업규칙 32조)
(7) 소방공사감리자 변경서류 제출(공사업규칙 15조)
(8) **승계**(위험물법 10조)
(9) 위험물안전관리자의 직무대행(위험물법 15조)
(10) 탱크시험자의 변경신고일(위험물법 16조)

답 ①

★

49 위험물안전관리법령상 정밀정기검사를 받아야 하는 특정·준특정옥외탱크저장소의 관계인은 특정·준특정옥외탱크저장소의 설치허가에 따른 완공검사합격확인증을 발급받은 날부터 몇 년 이내에 정밀정기검사를 받아야 하는가?

12.05.문54

① 9　② 10
③ 11　④ 12

해설 위험물규칙 65조
특정옥외탱크저장소의 구조안전점검기간

점검기간	조 건
• 11년 이내	최근의 정밀정기검사를 받은 날부터
• 12년 이내	완공검사합격확인증을 발급받은 날부터
• 13년 이내	최근의 정밀정기검사를 받은 날부터(연장신청을 한 경우)

비교

위험물규칙 68조 ②항
정기점검기록

특정옥외탱크저장소의 구조안전점검	기 타
25년	3년

답 ④

★

50 다음 소방시설 중 경보설비가 아닌 것은?

12.03.문47

① 통합감시시설
② 가스누설경보기
③ 비상콘센트설비
④ 자동화재속보설비

해설 **소방시설법 시행령 〔별표 1〕**
경보설비

(1) 비상경보설비 ┬ 비상벨설비
　　　　　　　└ 자동식 사이렌설비
(2) 단독경보형 감지기
(3) 비상방송설비
(4) 누전경보기
(5) 자동화재탐지설비 및 시각경보기
(6) 화재알림설비
(7) 자동화재속보설비
(8) 가스누설경보기
(9) 통합감시시설

※ **경보설비** : 화재발생 사실을 통보하는 기계·기구 또는 설비

③ 비상콘센트설비 : 소화활동설비

비교

소방시설법 시행령 〔별표 1〕
소화활동설비
화재를 진압하거나 인명구조활동을 위하여 사용하는 설비
(1) <u>연</u>결송수관설비
(2) <u>연</u>결살수설비
(3) <u>연</u>소방지설비
(4) <u>무</u>선통신보조설비
(5) <u>제</u>연설비
(6) <u>비</u>상<u>콘</u>센트설비

기억법 **3연무제비콘**

답 ③

★★
51 소방시설공사업법령에 따른 소방시설업의 등록 권자는?

16.03.문49
08.03.문56

① 국무총리
② 소방서장
③ 시 · 도지사
④ 한국소방안전원장

해설 **시 · 도지사 등록**
(1) 소방시설관리업(소방시설법 29조)
(2) 소방시설업(공사업법 4조)
(3) 탱크안전성능시험자(위험물법 16조)

답 ③

★
52 화재의 예방 및 안전관리에 관한 법령상 정당한 사유 없이 화재의 예방조치에 관한 명령에 따르지 아니한 경우에 대한 벌칙은?

① 100만원 이하의 벌금
② 200만원 이하의 벌금
③ 300만원 이하의 벌금
④ 500만원 이하의 벌금

해설 **300만원 이하의 벌금**(화재예방법 50조)
화재의 **예**방조치명령 위반

기억법 예3(예삼)

답 ③

★
53 위험물안전관리법령상 다음의 규정을 위반하여 위험물의 운송에 관한 기준을 따르지 아니한 자에 대한 과태료 기준은?

17.09.문43

> 위험물운송자는 이동탱크저장소에 의하여 위험물을 운송하는 때에는 행정안전부령으로 정하는 기준을 준수하는 등 당해 위험물의 안전확보를 위하여 세심한 주의를 기울여야 한다.

① 50만원 이하
② 100만원 이하
③ 200만원 이하
④ 500만원 이하

해설 **500만원 이하의 과태료**
(1) **화재** 또는 **구조 · 구급**이 필요한 상황을 **거짓**으로 알린 사람(기본법 56조)
(2) 화재, 재난 · 재해, 그 밖의 위급한 상황을 소방본부, 소방서 또는 관계행정기관에 알리지 아니한 관계인(기본법 56조)
(3) 위험물의 임시저장 미승인(위험물법 39조)
(4) 위험물의 저장 또는 취급에 관한 세부기준 위반(위험물법 39조)
(5) 제조소 등의 지위 승계 거짓신고(위험물법 39조)
(6) 예방규정을 준수하지 아니한 자(위험물법 39조)
(7) **제조소** 등의 **점검결과**를 기록 · 보존하지 아니한 자(위험물법 39조)
(8) **위험물**의 **운송기준** 미준수자(위험물법 39조)
(9) 제조소 등의 폐지 허위신고(위험물법 39조)

답 ④

★
54 소방시설공사업법령상 소방공사감리를 실시함에 있어 용도와 구조에서 특별히 안전성과 보안성이 요구되는 소방대상물로서 소방시설물에 대한 감리를 감리업자가 아닌 자가 감리할 수 있는 장소는?

① 정보기관의 청사
② 교도소 등 교정관련시설
③ 국방 관계시설 설치장소
④ 원자력안전법상 관계시설이 설치되는 장소

해설 (1) **공사업법 시행령 8조**
감리업자가 아닌 자가 감리할 수 있는 보안성 등이 요구되는 소방대상물의 시공장소 「원자력안전법」 제2조 제10호에 따른 관계시설이 설치되는 장소
(2) **원자력안전법 2조 10호**
"**관계시설**"이란 **원자로**의 **안전**에 **관계**되는 **시설**로서 **대통령령**으로 정하는 것을 말한다.

답 ④

★
55 소방시설 설치 및 관리에 관한 법령상 소방시설등에 대한 자체점검 중 종합점검 대상인 것은?

18.03.문41

① 제연설비가 설치되지 않은 터널
② 스프링클러설비가 설치된 연면적이 $5000m^2$이고, 12층인 아파트
③ 물분무등소화설비가 설치된 연면적이 $5000m^2$인 위험물제조소
④ 호스릴방식의 물분무등소화설비만을 설치한 연면적 $3000m^2$인 특정소방대상물

해설 **소방시설법 시행규칙 〔별표 3〕**
소방시설 등 자체점검의 점검대상, 점검자의 자격, 점검횟수 및 시기

<table>
<tr><th>점검구분</th><th>정 의</th><th>점검대상</th><th>점검자의 자격(주된 인력)</th><th>점검횟수 및 점검시기</th></tr>
<tr><td rowspan="3">작동점검</td><td rowspan="3">소방시설 등을 인위적으로 조작하여 정상적으로 작동하는지를 점검하는 것</td><td>① 간이스프링클러설비·자동화재탐지설비</td><td>• 관계인
• 소방안전관리자로 선임된 소방시설관리사 또는 소방기술사
• 소방시설관리업에 등록된 기술인력 중 소방시설관리사 또는 「소방시설공사업법 시행규칙」에 따른 특급 점검자</td><td rowspan="3">• 작동점검은 연 1회 이상 실시하며, 종합점검대상은 종합점검(최초점검 제외)을 받은 달부터 6개월이 되는 달에 실시
• 종합점검대상 외의 특정소방대상물은 사용승인일이 속하는 달의 말일까지 실시</td></tr>
<tr><td>② ①에 해당하지 아니하는 특정소방대상물</td><td>• 소방시설관리업에 등록된 기술인력 중 소방시설관리사
• 소방안전관리자로 선임된 소방시설관리사 또는 소방기술사</td></tr>
<tr><td colspan="2">③ 작동점검 제외대상
• 특정소방대상물 중 소방안전관리자를 선임하지 않는 대상
• 위험물제조소 등
• 특급 소방안전관리대상물</td></tr>
<tr><td>종합점검</td><td>소방시설 등의 작동점검을 포함하여 소방시설 등의 설비별 주요 구성 부품의 구조기준이 화재안전기준과 「건축법」 등 관련 법령에서 정하는 기준에 적합한지 여부를 점검하는 것
(1) 최초점검 : 특정소방대상물의 소방시설이 신설된 경우 건축물을 사용할 수 있게 된 날부터 60일 이내에 점검하는 것
(2) 그 밖의 종합점검 : 최초점검을 제외한 종합점검</td><td>④ 소방시설 등이 신설된 경우에 해당하는 특정소방대상물
⑤ 스프링클러설비가 설치된 특정소방대상물
⑥ 물분무등소화설비(호스릴방식의 물분무등소화설비만을 설치한 경우는 제외)가 설치된 연면적 5000m² 이상인 특정소방대상물(위험물제조소 등 제외)
⑦ 다중이용업의 영업장이 설치된 특정소방대상물로서 연면적이 2000m² 이상인 것
⑧ 제연설비가 설치된 터널
⑨ 공공기관 중 연면적(터널·지하구의 경우 그 길이와 평균폭을 곱하여 계산된 값)이 1000m² 이상인 것으로서 옥내소화전설비 또는 자동화재탐지설비가 설치된 것(단, 소방대가 근무하는 공공기관 제외)

중요
종합점검
① 공공기관 : 1000m²
② 다중이용업 : 2000m²
③ 물분무등(호스릴 ×) : 5000m²</td><td>• 소방시설관리업에 등록된 기술인력 중 소방시설관리사
• 소방안전관리자로 선임된 소방시설관리사 또는 소방기술사</td><td>〈점검횟수〉
㉠ 연 1회 이상(특급 소방안전관리대상물은 반기에 1회 이상) 실시
㉡ ㉠에도 불구하고 소방본부장 또는 소방서장은 소방청장이 소방안전관리가 우수하다고 인정한 특정소방대상물에 대해서는 3년의 범위에서 소방청장이 고시하거나 정한 기간 동안 종합점검을 면제할 수 있다(단, 면제기간 중 화재가 발생한 경우는 제외).
〈점검시기〉
㉠ ④에 해당하는 특정소방대상물은 건축물을 사용할 수 있게 된 날부터 60일 이내 실시
㉡ ㉠을 제외한 특정소방대상물은 건축물의 사용승인일이 속하는 달에 실시(단, 학교의 경우 해당 건축물의 사용승인일이 1월에서 6월 사이에 있는 경우에는 6월 30일까지 실시할 수 있다.)
㉢ 건축물 사용승인일 이후 ⑦에 따라 종합점검대상에 해당하게 된 경우에는 그 다음 해부터 실시
㉣ 하나의 대지경계선 안에 2개 이상의 자체점검대상 건축물 등이 있는 경우 그 건축물 중 사용승인일이 가장 빠른 연도의 건축물의 사용승인일을 기준으로 점검할 수 있다.</td></tr>
</table>

[비고] 작동점검 및 종합점검(최초점검 제외)은 건축물 사용승인 후 그 다음 해부터 실시한다.

답 ②

★★★
56 소방기본법에 따라 화재 등 그 밖의 위급한 상황이 발생한 현장에서 소방활동을 위하여 필요한 때에는 그 관할구역에 사는 사람 또는 그 현장에 있는 사람으로 하여금 사람을 구출하는 일 또는 불을 끄는 등의 일을 하도록 명령할 수 있는 권한이 없는 사람은?

19.03.문56 18.04.문43 17.05.문48

① 소방서장 ② 소방대장
③ 시 · 도지사 ④ 소방본부장

해설 **소방본부장 · 소방서장 · 소방대장**

(1) 소방활동 **종**사명령(기본법 24조) 질문
(2) **강**제처분 · 제거(기본법 25조)
(3) **피**난명령(기본법 26조)
(4) 댐 · 저수지 사용 등 위험시설 등에 대한 긴급조치(기본법 27조)

기억법 **소대종강피(소방대의 종강파티)**

용어

소방활동 종사명령
화재, 재난 · 재해, 그 밖의 위급한 상황이 발생한 현장에서 소방활동을 위하여 필요할 때에는 그 관할구역에 사는 사람 또는 그 현장에 있는 사람으로 하여금 사람을 구출하는 일 또는 불을 끄거나 불이 번지지 아니하도록 하는 일을 하게 할 수 있는 것

답 ③

★★★
57 소방시설공사업법령에 따른 소방시설업 등록이 가능한 사람은?

15.03.문41 12.09.문44 11.03.문53

① 피성년후견인
② 위험물안전관리법에 따른 금고 이상의 형의 집행유예를 선고받고 그 유예기간 중에 있는 사람
③ 등록하려는 소방시설업 등록이 취소된 날부터 3년이 지난 사람
④ 소방기본법에 따른 금고 이상의 실형을 선고받고 그 집행이 면제된 날부터 1년이 지난 사람

해설 **공사업법 5조**
소방시설업의 등록결격사유

(1) 피성년후견인
(2) 금고 이상의 실형을 선고받고 그 집행이 끝나거나 집행이 면제된 날부터 **2년**이 지나지 아니한 사람
(3) 금고 이상의 형의 집행유예를 선고받고 그 유예기간 중에 있는 사람
(4) 시설업의 등록이 취소된 날부터 **2년**이 지나지 아니한 자
(5) **법인**의 **대표자**가 위 (1)~(4)에 해당되는 경우
(6) **법인**의 **임원**이 위 (2)~(4)에 해당되는 경우

③ 2년이 지났으므로 등록 가능

비교

소방시설법 30조
소방시설관리업의 등록결격사유
(1) 피성년후견인
(2) 금고 이상의 실형을 선고받고 그 집행이 끝나거나 집행이 면제된 날부터 **2년**이 지나지 아니한 사람
(3) 금고 이상의 형의 집행유예를 선고받고 그 유예기간 중에 있는 사람
(4) 관리업의 등록이 취소된 날부터 **2년**이 지나지 아니한 자

답 ③

★★★
58 위험물안전관리법령상 제조소 등의 경보설비 설치기준에 대한 설명으로 틀린 것은?

16.03.문53 15.05.문44 13.06.문47

① 제조소 및 일반취급소의 연면적이 $500m^2$ 이상인 것에는 자동화재탐지설비를 설치한다.
② 자동신호장치를 갖춘 스프링클러설비 또는 물분무등소화설비를 설치한 제조소 등에 있어서는 자동화재탐지설비를 설치한 것으로 본다.
③ 경보설비는 자동화재탐지설비 · 자동화재속보설비 · 비상경보설비(비상벨장치 또는 경종 포함) · 확성장치(휴대용 확성기 포함) 및 비상방송설비로 구분한다.
④ 지정수량의 10배 이상의 위험물을 저장 또는 취급하는 제조소 등(이동탱크저장소를 포함한다)에는 화재발생시 이를 알릴 수 있는 경보설비를 설치하여야 한다.

해설 (1) **위험물규칙 [별표 17]**

‖ 제조소 등별로 설치하여야 하는 경보설비의 종류 ‖

구 분	경보설비
① 연면적 **500m²** 이상인 것 보기 ① ② 옥내에서 지정수량의 **100배** 이상을 취급하는 것	• **자동화재탐지설비**
③ 지정수량의 **10배** 이상을 저장 또는 취급하는 것	• **자동화재탐지설비** • **비상경보설비** • **확성장치** • **비상방송설비** (1종 이상)

(2) **위험물규칙 42조**
㉠ 자동신호장치를 갖춘 **스프링클러설비** 또는 **물분무등소화설비**를 설치한 제조소 등에 있어서는 자동화재탐지설비를 설치한 것으로 본다. 보기 ②
㉡ 경보설비는 **자동화재탐지설비 · 자동화재속보설비 · 비상경보설비**(비상벨장치 또는 경종 포함) · **확성장치**(휴대용 확성기 포함) 및 **비상방송설비**로 구분한다. 보기 ③

ⓒ 지정수량의 **10배** 이상의 위험물을 저장 또는 취급하는 제조소 등(이동탱크저장소 제외)에는 화재발생시 이를 알릴 수 있는 경보설비를 설치하여야 한다. 보기 ④

④ (이동탱크저장소를 포함한다) → (이동탱크저장소를 제외한다)

답 ④

59 (★)

17.09.문53

소방시설 설치 및 관리에 관한 법령상 건축허가 등의 동의대상물이 아닌 것은?

① 항공기격납고
② 연면적이 300m²인 공연장
③ 바닥면적이 300m²인 차고
④ 연면적이 300m²인 노유자시설

해설 **소방시설법 시행령 7조**
건축허가 등의 동의대상물
(1) 연면적 **400m²**(학교시설 : **100m²**, 수련시설 · 노유자시설 : **200m²**, 정신의료기관 · 장애인 의료재활시설 : **300m²**) 이상
(2) **6층** 이상인 건축물
(3) 차고 · 주차장으로서 바닥면적 **200m²** 이상(**자**동차 **20대** 이상)
(4) **항공기격납고, 관망탑, 항공관제탑, 방송용 송수신탑**
(5) 지하층 또는 무창층의 바닥면적 **150m²**(공연장은 **100m²**) 이상
(6) **위험물저장** 및 **처리시설, 지하구**
(7) **결핵환자**나 **한센인**이 24시간 생활하는 **노유자시설**
(8) 전기저장시설, 풍력발전소
(9) 공동주택 · 숙박시설
(10) 노인주거복지시설 · 노인의료복지시설 및 재가노인복지시설 · 학대피해노인 전용쉼터 · 아동복지시설 · 장애인거주시설
(11) 정신질환자 관련시설(공동생활가정을 제외한 재활훈련시설과 종합시설 중 24시간 주거를 제공하지 않은 시설 제외)
(12) 조산원, 산후조리원, 의원(입원실 또는 인공신장실이 있는 것)
(13) 노숙인자활시설, 노숙인재활시설 및 노숙인요양시설
(14) 요양병원(의료재활시설 제외)
(15) 공장 또는 창고시설로서 지정수량의 **750배** 이상의 특수가연물을 저장 · 취급하는 것
(16) 가스시설로서 지상에 노출된 탱크의 저장용량의 합계가 **100t** 이상인 것

기억법 **2자(이자)**

② 300m² → 400m²
연면적 300m²인 공연장은 지하층 및 무창층이 아니므로 연면적 400m² 이상이어야 건축허가 동의대상물이 된다.
③ 차고는 200m² 이상이므로 300m²는 정답
④ 노유자시설은 200m² 이상이므로 300m²는 정답

답 ②

60 (★★★)

19.03.문51
15.03.문12
14.09.문52
14.09.문53
13.06.문48
08.05.문53

화재의 예방 및 안전관리에 관한 법률상 소방안전관리대상물의 소방안전관리자의 업무가 아닌 것은?

① 소방시설 공사
② 소방훈련 및 교육
③ 소방계획서의 작성 및 시행
④ 자위소방대의 구성 · 운영 · 교육

해설 **화재예방법 24조 ⑤항**
관계인 및 소방안전관리자의 업무

특정소방대상물(관계인)	소방안전관리대상물(소방안전관리자)
• 피난시설 · 방화구획 및 방화시설의 관리 • 소방시설, 그 밖의 소방관련시설의 관리 • **화기취급**의 감독 • 소방안전관리에 필요한 업무 • 화재발생시 초기대응	• 피난시설 · 방화구획 및 방화시설의 관리 • 소방시설, 그 밖의 소방관련시설의 관리 • **화기취급**의 감독 • 소방안전관리에 필요한 업무 • **소방계획서**의 작성 및 시행(대통령령으로 정하는 사항 포함) • **자위소방대** 및 **초기대응체계**의 구성 · 운영 · 교육 • 소방훈련 및 교육 • 소방안전관리에 관한 업무수행에 관한 기록 · 유지 • 화재발생시 초기대응

① 소방시설공사업자의 업무

용어

특정소방대상물	소방안전관리대상물
건축물 등의 규모 · 용도 및 수용인원 등을 고려하여 소방시설을 설치하여야 하는 소방대상물로서 대통령령으로 정하는 것	대통령령으로 정하는 특정소방대상물

답 ①

제 4 과목 소방전기시설의 구조 및 원리

61 (★★★)

19.04.문67
15.09.문61
09.05.문69
08.03.문72

소방시설용 비상전원수전설비의 화재안전기준에 따라 소방시설용 비상전원수전설비에서 소방회로 및 일반회로 겸용의 것으로서 수전설비, 변전설비, 그 밖의 기기 및 배선을 금속제 외함에 수납한 것은?

① 공용분전반
② 전용배전반
③ 공용큐비클식
④ 전용큐비클식

해설 **소방시설용 비상전원수전설비**(NFPC 602 3조, NFTC 602 1.7)

용 어	설 명
소방회로	소방부하에 전원을 공급하는 전기회로
일반회로	소방회로 이외의 전기회로
수전설비	전력수급용 **계기용 변성기 · 주차단장치** 및 그 **부속기기**
변전설비	**전력용 변압기** 및 그 **부속장치**

전용 **큐**비클식	**소방회로용**의 것으로 **수전설비**, **변전설비**, 그 밖의 기기 및 배선을 **금속제 외함**에 수납한 것 기억법 **큐수변**
공용 **큐**비클식 ←	**소방회로** 및 **일반회로 겸용**의 것으로서 **수**전설비, **변**전설비, 그 밖의 기기 및 배선을 금속제 외함에 수납한 것 기억법 **공큐겸수변**
전용 배전반	**소방회로 전용**의 것으로서 개폐기, 과전류차단기, 계기, 그 밖의 배선용 기기 및 배선을 금속제 외함에 수납한 것
공용 배전반	**소방회로** 및 **일반회로 겸용**의 것으로서 개폐기, 과전류차단기, 계기, 그 밖의 배선용 기기 및 배선을 금속제 외함에 수납한 것
전용 분전반	**소방회로 전용**의 것으로서 분기개폐기, 분기과전류차단기, 그 밖의 배선용 기기 및 배선을 금속제 외함에 수납한 것
공용 분전반	**소방회로** 및 **일반회로 겸용**의 것으로서 분기개폐기, 분기과전류차단기, 그 밖의 배선용 기기 및 배선을 금속제 외함에 수납한 것

답 ③

★

62 13.09.문76

비상조명등의 화재안전기준에 따른 비상조명등의 시설기준에 적합하지 않은 것은?

① 조도는 비상조명등이 설치된 장소의 각 부분의 바닥에서 0.5 lx가 되도록 하였다.

② 특정소방대상물의 각 거실과 그로부터 지상에 이르는 복도·계단 및 그 밖의 통로에 설치하였다.

③ 예비전원을 내장하는 비상조명등에 평상시 점등여부를 확인할 수 있는 점검스위치를 설치하였다.

④ 예비전원을 내장하는 비상조명등에 해당 조명등을 유효하게 작동시킬 수 있는 용량의 축전지와 예비전원 충전장치를 내장하도록 하였다.

해설 **비상조명등**의 **설치기준**(NFPC 304 4조, NFTC 304 2.1.1)

(1) 특정소방대상물의 각 거실과 지상에 이르는 복도·계단·통로에 설치할 것

(2) 조도는 각 부분의 바닥에서 **1 lx** 이상일 것

(3) **점검스위치**를 설치하고 **20분** 이상 작동시킬 수 있는 용량의 **축전지**와 **예비전원 충전장치**를 내장할 것

① 0.5 lx → 1 lx 이상

중요

조명도(조도)

기 기	조 명
통로유도등	1 lx 이상
비상조명등	1 lx 이상
객석유도등	0.2 lx 이상

답 ①

★★★

63 19.03.문72 17.03.문61 15.05.문69 12.05.문66 11.03.문78 01.03.문63 98.07.문75 97.03.문68

자동화재탐지설비 및 시각경보장치의 화재안전기준에 따른 공기관식 차동식 분포형 감지기의 설치기준으로 틀린 것은?

① 검출부는 3° 이상 경사되지 아니하도록 부착할 것

② 공기관의 노출부분은 감지구역마다 20m 이상이 되도록 할 것

③ 하나의 검출부분에 접속하는 공기관의 길이는 100m 이하로 할 것

④ 공기관과 감지구역의 각 변과의 수평거리는 1.5m 이하가 되도록 할 것

해설 **감지기 설치기준**(NFPC 203 7조, NFTC 203 2.4.3.3~2.4.3.7)

(1) 공기관의 노출부분은 감지구역마다 20m 이상이 되도록 할 것

(2) 하나의 검출부분에 접속하는 공기관의 길이는 100m 이하로 할 것

(3) 공기관과 감지구역의 각 변과의 수평거리는 1.5m 이하가 되도록 할 것

(4) 감지기(**차동식 분포형** 및 **특수한 것** 제외)는 실내로의 공기유입구로부터 **1.5m** 이상 떨어진 위치에 설치

(5) 감지기는 천장 또는 반자의 옥내의 면하는 부분에 설치

(6) **보상식 스포트형 감지기**는 정온점이 감지기 주위의 평상시 최고온도보다 **20℃** 이상 높은 것으로 설치

(7) **정온식 감지기**는 **주방**·**보일러실** 등으로 다량의 화기를 단속적으로 취급하는 장소에 설치하되, 공칭작동온도가 최고주위온도보다 **20℃** 이상 높은 것으로 설치

(8) 스포트형 감지기는 **45°** 이상 경사지지 않도록 부착

(9) **공기관식** 차동식 분포형 감지기 설치시 공기관은 **도중**에서 **분기**하지 않도록 부착

(10) **공기관식** 차동식 분포형 감지기의 검출부는 5° 이상 경사되지 않도록 설치

① 3° 이상 → 5° 이상

중요

경사제한각도

공기관식 감지기의 검출부	스포트형 감지기
5° 이상	45° 이상

답 ①

★★★

64

18.04.문79
17.05.문69
16.10.문63
14.03.문70
13.06.문72
13.03.문80
11.03.문75
07.05.문79

무선통신보조설비의 화재안전기준에 따라 무선통신보조설비의 주회로 전원이 정상인지 여부를 확인하기 위해 증폭기의 전면에 설치하는 것은?

① 상순계 ② 전류계
③ 전압계 및 전류계 ④ 표시등 및 전압계

해설 **증폭기** 및 **무선중계기**의 **설치기준**(NFPC 505 8조, NFTC 505 2.5.1)

(1) 전원은 **축전지설비**, **전기저장장치** 또는 **교류전압 옥내간선**으로 하고, 전원까지의 배선은 전용으로 할 것
(2) 증폭기의 전면에는 전원확인 **표시등** 및 **전압계**를 설치할 것
(3) **증**폭기의 비상전원 용량은 **30분** 이상일 것
(4) **증폭기** 및 **무선중계기**를 설치하는 경우 「전파법」에 따른 적합성 평가를 받은 제품으로 설치하고 임의로 변경하지 않도록 할 것
(5) 디지털방식의 무전기를 사용하는 데 지장이 없도록 설치할 것

기억법 **증표압증3**

용어

전기저장장치
외부 전기에너지를 저장해 두었다가 필요한 때 전기를 공급하는 장치

답 ④

★★★

65

19.04.문61
17.03.문77
13.06.문72
07.09.문80

유도등 및 유도표지의 화재안전기준에 따라 지하층을 제외한 층수가 11층 이상인 특정소방대상물의 유도등의 비상전원을 축전지로 설치한다면 피난층에 이르는 부분의 유도등을 몇 분 이상 유효하게 작동시킬 수 있는 용량으로 하여야 하는가?

① 10 ② 20
③ 50 ④ 60

해설 **비상전원 용량**

설비의 종류	비상전원 용량
• **자**동화재탐지설비 • 비상**경**보설비 • **자**동화재속보설비	**10분** 이상
• 유도등 • 비상콘센트설비 • 제연설비 • 물분무소화설비 • 옥내소화전설비(**30층** 미만) • 특별피난계단의 계단실 및 부속실 제연설비(**30층** 미만)	**20분** 이상
• 무선통신보조설비의 **증**폭기	**30분** 이상
• 옥내소화전설비(30~**49층** 이하) • 특별피난계단의 계단실 및 부속실 제연설비(30~**49층** 이하) • 연결송수관설비(30~**49층** 이하) • 스프링클러설비(30~**49층** 이하)	**40분** 이상
• 유도등 · 비상조명등(지하상가 및 **11층** 이상) • 옥내소화전설비(**50층** 이상) • 특별피난계단의 계단실 및 부속실 제연설비(**50층** 이상) • 연결송수관설비(**50층** 이상) • 스프링클러설비(**50층** 이상)	**60분** 이상

기억법 **경자비1**(**경자**라는 이름은 **비일**비재하게 많다.)
3증(**3중**고)

중요

비상전원의 종류

소방시설	비상전원
유도등	축전지
비상콘센트설비	① 자가발전설비 ② 축전지설비 ③ 비상전원수전설비 ④ 전기저장장치
옥내소화전설비, 물분무소화설비	① 자가발전설비 ② 축전지설비 ③ 전기저장장치

답 ④

★★★

66

19.03.문75
18.03.문49
17.09.문60
10.03.문55
06.09.문61

비상경보설비 및 단독경보형 감지기의 화재안전기준에 따라 바닥면적이 450m² 일 경우 단독경보형 감지기의 최소 설치개수는?

① 1개 ② 2개
③ 3개 ④ 4개

해설 **단독경보형 감지기**의 **설치기준**(NFPC 201 5조, NFTC 201 2.2.1)

(1) 각 실(이웃하는 실내의 바닥면적이 각각 **30m² 미만**이고 벽체의 상부의 전부 또는 일부가 개방되어 이웃하는 실내와 공기가 상호 유통되는 경우에는 이를 1개의 실로 본다)마다 설치하되, 바닥면적이 **150m²**를 초과하는 경우에는 **150m²**마다 1개 이상 설치할 것
(2) 최상층의 계단실의 **천장**(외기가 상통하는 계단실의 경우 제외)에 설치할 것
(3) 건전지를 주전원으로 사용하는 단독경보형 감지기는 정상적인 작동상태를 유지할 수 있도록 건전지를 교환할 것
(4) 상용전원을 주전원으로 사용하는 단독경보형 감지기의 **2차 전지**는 제품검사에 합격한 것을 사용할 것

$$\text{단독경보형 감지기수} = \frac{\text{바닥면적}}{150\text{m}^2}$$

$$(\text{소수점이 발생하면 절상}) = \frac{450\text{m}^2}{150\text{m}^2} = 3\text{개}$$

※ **단독경보형 감지기**: 화재발생상황을 단독으로 감지하여 자체에 내장된 음향장치로 경보하는 감지기

비교

소방시설법 시행령 [별표 4]
단독경보형 감지기의 설치대상

연면적	설치대상
$400m^2$ 미만	• 유치원
$2000m^2$ 미만	• 교육연구시설·수련시설 내에 있는 **합숙소** 또는 **기숙사**
모두 적용	• 100명 미만의 수련시설(숙박시설이 있는 것) • 연립주택 • 다세대주택

답 ③

★
67 비상방송설비의 배선공사 종류 중 합성수지관공사에 대한 설명으로 틀린 것은?

① 금속관공사에 비해 중량이 가벼워 시공이 용이하다.
② 절연성이 있고 절단이 용이하다.
③ 열에 약하며, 기계적 충격 및 중량물에 의한 압력 등 외력에 약하다.
④ 내식성이 있어 부식성 가스가 체류하는 화학공장 등에 적합하며, 금속관과 비교하여 가격이 비싸다.

해설 **합성수지관공사**
(1) 금속관공사에 비해 중량이 가벼워 **시공**이 **용이**하다.
(2) **절연성**이 있고 **절단**이 **용이**하다.
(3) **열**에 **약하며**, 기계적 충격 및 중량물에 의한 압력 등 **외력**에 **약하다**.
(4) **내식성**이 있어 부식성 가스가 체류하는 화학공장 등에 적합하며, 금속관과 비교하여 **가격**이 **싸다**.

④ 비싸다 → 싸다

중요

합성수지관공사의 **장단점**

장 점	단 점
① **가**볍고 **시**공이 용이하다. ② **내부식성**이다. ③ **금속관**에 비해 **가격**이 **저렴**하다. ④ **절단**이 용이하다. ⑤ **접지**가 **불필요**하다. 기억법 가시내금접절	① **열**에 약하다. ② **충격**에 약하다.

답 ④

★★★
68 자동화재탐지설비 및 시각경보장치의 화재안전기준에 따른 청각장애인용 시각경보장치의 설치높이는? (단, 천장의 높이가 2m 초과인 경우이다.)

18.09.문75
16.03.문79
14.09.문72
12.09.문73
10.09.문77

① 바닥으로부터 0.8m 이상 1.5m 이하
② 바닥으로부터 1.0m 이상 1.5m 이하
③ 바닥으로부터 1.5m 이상 2.0m 이하
④ 바닥으로부터 2.0m 이상 2.5m 이하

해설 **설치높이**(NFPC 203 8조, NFTC 203 2.5.2.3)

기타기기 (비상콘센트설비 등)	시각경보장치
0.8~1.5m 이하	**2~2.5m** 이하 (단, 천장높이가 2m 이하는 천장으로부터 **0.15m** 이내)

중요

청각장애인용 시각경보장치의 **설치기준**(NFPC 203 8조, NFTC 203 2.5.2)
(1) **복도·통로·청각장애인용 객실** 및 공용으로 사용하는 **거실**에 설치하며, 각 부분으로부터 유효하게 경보를 발할 수 있는 위치에 설치
(2) **공연장·집회장·관람장** 또는 이와 유사한 장소에 설치하는 경우에는 시선이 집중되는 **무대부 부분** 등에 설치
(3) 바닥으로부터 **2~2.5m** 이하의 장소에 설치(단, 천장의 높이가 **2m 이하**인 경우에는 천장으로부터 **0.15m 이내**의 장소에 설치)

답 ④

★★★
69 비상경보설비 및 단독경보형 감지기의 화재안전기준에 따라 비상경보설비의 발신기 설치시 복도 또는 별도로 구획된 실로서 보행거리가 몇 m 이상일 경우에는 추가로 설치하여야 하는가?

18.03.문77
17.05.문63
16.05.문63
14.03.문71
12.03.문73
10.03.문68

① 25
② 30
③ 40
④ 50

해설 **비상경보설비**의 **발신기 설치기준**(NFPC 201 4조, NFTC 201 2.1.5)
(1) 전원 : **축전지설비**, **전기저장장치**, **교류전압**의 옥내**간선**으로 하고 배선은 **전용**
(2) 감시상태 : **60분**, 경보시간 : **10분**
(3) 조작이 **쉬운 장소**에 설치하고, 조작스위치는 바닥으로부터 **0.8~1.5m** 이하의 높이에 설치할 것
(4) 특정소방대상물의 **층**마다 설치하되, 해당 소방대상물의 각 부분으로부터 하나의 발신기까지의 **수평거리**가 **25m** 이하가 되도록 할 것(단, 복도 또는 별도로 구획된 실로서 **보행거리**가 **40m** 이상일 경우에는 추가로 설치할 것)
(5) 발신기의 **위치표시등**은 **함**의 **상부**에 설치하되, 그 불빛은 부착면으로부터 15° 이상의 범위 안에서 부착지점으로부터 10m 이내의 어느 곳에서도 쉽게 식별할 수 있는 **적색등**으로 할 것

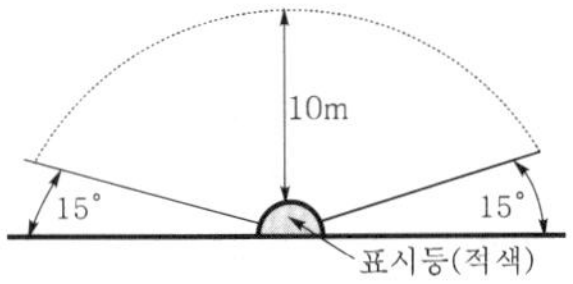

| 위치표시등의 식별 |

용어

전기저장장치
외부 전기에너지를 저장해 두었다가 필요할 때 전기를 공급하는 장치

답 ③

★★★
70 비상방송설비의 화재안전기준에 따라 비상방송설비에서 기동장치에 따른 화재신고를 수신한 후 필요한 음량으로 화재발생상황 및 피난에 유효한 방송이 자동으로 개시될 때까지의 소요시간은 몇 초 이하로 하여야 하는가?

19.09.문76 19.04.문68 18.09.문77 18.03.문73 16.10.문69 16.10.문73 16.05.문67 16.03.문68 15.05.문73 15.05.문76 15.03.문62 14.05.문63 14.05.문75 14.03.문61 13.09.문70 13.06.문62 13.06.문80

① 5
② 10
③ 15
④ 20

해설 **소요시간**

기 기	시 간
• P형 · P형 복합식 · R형 · R형 복합식 · GP형 · GP형 복합식 · GR형 · GR형 복합식 수신기 • 중계기	5초 이내
비상방송설비	10초 이하
가스누설경보기	60초 이내

기억법 **시중5(시중을 드시오!)**
6가(육체미가 아름답다.)

중요

축적형 수신기

전원차단시간	축적시간	화재표시감지시간
1~3초 이하	30~60초 이하	60초(1회 이상 반복)

비교

비상방송설비의 설치기준(NFPC 202 4조, NFTC 202 2.1)
(1) 확성기의 음성입력은 실외 **3W**(**실내 1W**) 이상일 것
(2) 확성기는 **각 층**마다 설치하되, 각 부분으로부터의 수평거리는 **25m** 이하일 것
(3) 음량조정기는 **3선식** 배선일 것
(4) 조작스위치는 바닥으로부터 **0.8~1.5m** 이하의 높이에 설치할 것
(5) 다른 전기회로에 의하여 **유도장애**가 생기지 아니하도록 할 것
(6) 비상방송 개시시간은 **10초** 이하일 것
(7) 다른 방송설비와 공용할 경우 화재시 비상경보 외의 방송을 차단할 수 있을 것

답 ②

★
71 비상콘센트설비의 화재안전기준에 따른 비상콘센트의 시설기준에 적합하지 않은 것은?

① 바닥으로부터 높이 1.45m에 움직이지 않게 고정시켜 설치된 경우
② 바닥면적이 $800m^2$인 층의 계단의 출입구로부터 4m에 설치된 경우
③ 바닥면적의 합계가 $12000m^2$인 지하상가의 수평거리 30m마다 추가로 설치한 경우
④ 바닥면적의 합계가 $2500m^2$인 지하층의 수평거리 40m마다 추가로 설치한 경우

해설 **비상콘센트의 설치기준**(NFPC 504 4조, NFTC 504 2.1.5)
(1) 바닥으로부터 높이 **0.8~1.5m** 이하의 위치에 설치할 것
(2) 비상콘센트의 배치는 바닥면적이 **$1000m^2$ 미만**인 층은 계단의 출입구(계단의 부속실을 포함하며 계단이 2 이상 있는 경우에는 그 중 1개의 계단을 말한다)로부터 **5m** 이내에, 바닥면적 **$1000m^2$ 이상**인 층은 각 계단의 출입구 또는 계단부속실의 출입구(계단의 부속실을 포함하며 계단이 3 이상 있는 층의 경우에는 그 중 2개의 계단을 말한다)로부터 **5m** 이내에 설치하되, 그 비상콘센트로부터 그 층의 각 부분까지의 거리가 다음의 기준을 초과하는 경우에는 그 기준 이하가 되도록 비상콘센트를 추가하여 설치할 것
㉠ **지하상가** 또는 **지하층**의 **바닥면적**의 **합계**가 $3000m^2$ 이상인 것은 **수평거리 25m**
㉡ ㉠에 해당하지 아니하는 것은 **수평거리 50m**

비교

공동주택의 비상콘센트 설치기준(NFPC 608 18조, NFTC 608 2.14)
아파트 등의 경우에는 계단의 출입구(계단의 부속실을 포함하며 계단이 **2개 이상** 있는 경우에는 그 중 1개의 계단)로부터 **5m 이내**에 비상콘센트를 설치하되, 그 비상콘센트로부터 해당 층의 각 부분까지의 수평거리가 **50m**를 초과하는 경우에는 비상콘센트를 추가로 설치해야 한다.

① 0.8~1.5m 이하이므로 1.45m는 **적합**
② $1000m^2$ 미만은 계단 출입구로부터 5m 이내에 설치하므로 $800m^2$에 4m 설치는 **적합**
③ $3000m^2$ 이상의 지하상가는 수평거리 25m 이하에 설치하므로 30m는 **부적합**
④ $3000m^2$ 미만의 지하상가는 수평거리 50m 이하에 설치하므로 40m는 **적합**

답 ③

★★
72 누전경보기의 형식승인 및 제품검사의 기술기준에 따라 누전경보기의 수신부는 그 정격전압에서 몇 회의 누전작동시험을 실시하는가?

15.09.문73 10.05.문63

① 1000회 ② 5000회
③ 10000회 ④ 20000회

해설 **반복시험 횟수**

횟 수	기 기
1000회	속보기 기억법 속1
2000회	중계기 기억법 중2(중이염)
2500회	유도등
5000회	전원스위치 · 발신기 기억법 5발전(5개 발에 전을 부치자.)
6000회	감지기
10000회 ←	비상조명등, 스위치접점, 기타의 설비 및 기기(수신기, **누전경보기**)

답 ③

★★★
73 무선통신보조설비의 화재안전기준에 따라 서로 다른 주파수의 합성된 신호를 분리하기 위하여 사용하는 장치는?

19.04.문72 16.05.문61 16.03.문65 15.09.문62 11.03.문80

① 분배기 ② 혼합기
③ 증폭기 ④ 분파기

해설 **무선통신보조설비**(NFPC 505 3조, NFTC 505 1.7)

용 어	설 명
누설동축케이블	동축케이블의 외부도체에 가느다란 홈을 만들어서 **전파**가 **외부**로 **새어나갈 수 있도록** 한 케이블
분배기	신호의 전송로가 분기되는 장소에 설치하는 것으로 **임피던스 매칭**(matching)과 **신호균등분배**를 위해 사용하는 장치 기억법 배임(배임죄)
분파기	← 서로 다른 **주**파수의 합성된 **신호**를 **분리**하기 위해서 사용하는 장치 기억법 파주
혼합기	**두 개 이상**의 **입력신호**를 원하는 비율로 **조합**한 **출력**이 발생하도록 하는 장치
증폭기	신호전송시 신호가 약해져 수신이 불가능해지는 것을 방지하기 위해서 **증폭**하는 장치
무선중계기	안테나를 통하여 수신된 무전기 신호를 증폭한 후 음영지역에 재방사하여 무전기 상호간 송수신이 가능하도록 하는 장치
옥외안테나	감시제어반 등에 설치된 무선중계기의 입력과 출력포트에 연결되어 송수신 신호를 원활하게 방사 · 수신하기 위해 옥외에 설치하는 장치

답 ④

★★★
74 비상콘센트설비의 화재안전기준에 따라 비상콘센트설비의 전원부와 외함 사이의 절연저항은 전원부와 외함 사이를 500V 절연저항계로 측정할 때 몇 MΩ 이상이어야 하는가?

19.04.문62 18.09.문72 16.05.문71 12.05.문80

① 20 ② 30
③ 40 ④ 50

해설 **절연저항시험**

절연저항계	절연저항	대 상
직류 250V	0.1MΩ 이상	1경계구역의 절연저항
직류 500V	5MΩ 이상	① **누전경보기** ② 가스누설경보기 ③ 수신기(10회로 미만, 절연된 충전부와 외함간) ④ 자동화재속보설비 ⑤ 비상경보설비 ⑥ 유도등(교류입력측과 외함 간 포함) ⑦ 비상조명등(교류입력측과 외함 간 포함)
	20MΩ 이상 ←	① 경종 ② 발신기 ③ 중계기 ④ **비상콘센트** ⑤ 기기의 절연된 선로 간 ⑥ 기기의 충전부와 비충전부 간 ⑦ 기기의 교류입력측과 외함 간(유도등 · 비상조명등 제외)
	50MΩ 이상	① 감지기(정온식 감지선형 감지기 제외) ② 가스누설경보기(10회로 이상) ③ 수신기(10회로 이상, 교류입력측과 외함간 제외)
	1000MΩ 이상	정온식 감지선형 감지기

기억법 5누(오누이)

답 ①

★
75 비상경보설비의 구성요소로 옳은 것은?

① 기동장치, 경종, 화재표시등, 전원, 감지기
② 전원, 경종, 기동장치, 위치표시등
③ 위치표시등, 경종, 화재표시등, 전원, 감지기
④ 경종, 기동장치, 화재표시등, 위치표시등, 감지기

해설 **비상경보설비의 구성요소**

(1) 전원
(2) 경종 또는 사이렌
(3) 기동장치
(4) 화재표시등
(5) 위치표시등(표시등)
(6) 배선

①, ③, ④ 감지기는 해당 없음

답 ②

76 수신기를 나타내는 소방시설 도시기호로 옳은 것은?

15.05.문75

①  ② 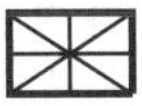

③ 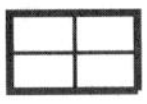 ④ 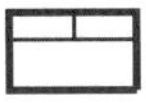

해설 **도시기호**

명 칭	그림기호	적 요
수신기	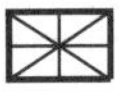	• 가스누설경보설비와 일체인 것 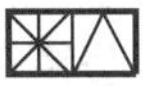 • 가스누설경보설비 및 방배연 연동과 일체인 것 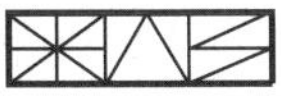
부수신기 (표시기)	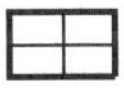	
중계기		
제어반		
표시반		• 창이 3개인 표시반 : 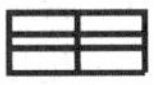

① 소방시설 도시기호가 아님

답 ②

77 비상경보설비 및 단독경보형 감지기의 화재안전기준에 따른 비상벨설비 또는 자동식 사이렌설비에 대한 설명이다. 다음 ( )의 ㉠, ㉡에 들어갈 내용으로 옳은 것은?

19.03.문64
16.03.문66
15.09.문67
13.06.문63
10.05.문69

> 비상벨설비 또는 자동식 사이렌설비에는 그 설비에 대한 감시상태를 (㉠)분간 지속한 후 유효하게 (㉡)분 이상 경보할 수 있는 축전지설비(수신기에 내장하는 경우를 포함한다) 또는 전기저장장치(외부 전기에너지를 저장해 두었다가 필요한 때 전기를 공급하는 장치)를 설치하여야 한다.

① ㉠ 30, ㉡ 10 ② ㉠ 60, ㉡ 10
③ ㉠ 30, ㉡ 20 ④ ㉠ 60, ㉡ 20

해설 **축전지설비 · 자동식 사이렌설비 · 자동화재탐지설비 · 비상방송설비 · 비상벨설비**(NFPC 201 4조, NFTC 201 2.1.7)

감시시간	경보시간
60분(1시간) 이상	**10분** 이상 (30층 이상 : **30분**)

기억법 **6감(육감)**

답 ②

78 비상경보설비 및 단독경보형 감지기의 화재안전기준에 따라 비상벨설비 또는 자동식 사이렌설비의 전원회로 배선 중 내열배선에 사용하는 전선의 종류가 아닌 것은?

① 버스덕트(bus duct)
② 600V 1종 비닐절연전선
③ 0.6/1kV EP 고무절연 클로로프렌 시스 케이블
④ 450/750V 저독성 난연 가교 폴리올레핀 절연전선

해설 (1) **비상벨설비** 또는 **자동식 사이렌설비**의 **배선**(NFTC 201 2.1.8.1)
전원회로의 배선은 「옥내소화전설비의 화재안전기술기준[NFTC 102 2.7.2(1)]」에 따른 내화배선에 의하고 그 밖의 배선은 「옥내소화전설비의 화재안전기술기준[NFTC 102 2.7.2(1), 2.7.2(2)]」에 따른 **내화배선** 또는 **내열배선**에 따를 것

(2) **옥내소화전설비**의 **화재안전기술기준**(NFTC 102 2.7.2)
㉠ **내화배선**

사용전선의 종류	공사방법
① 450/750V 저독성 난연 가교 폴리올레핀 절연전선 ② 0.6/1kV 가교 폴리에틸렌 절연 저독성 난연 폴리올레핀 시스 전력 케이블 ③ 6/10kV 가교 폴리에틸렌 절연 저독성 난연 폴리올레핀 시스 전력용 케이블 ④ 가교 폴리에틸렌 절연 비닐시스 트레이용 난연 전력 케이블 ⑤ 0.6/1kV EP 고무절연 클로로프렌 시스 케이블 ⑥ 300/500V 내열성 실리콘 고무절연전선(180℃) ⑦ 내열성 에틸렌-비닐 아세테이트 고무절연 케이블 ⑧ 버스덕트(bus duct)	**금속관** · **2종 금속제 가요전선관** 또는 **합성수지관**에 수납하여 내화구조로 된 벽 또는 바닥 등에 벽 또는 바닥의 표면으로부터 **25mm** 이상의 깊이로 매설하여야 한다. 기억법 **금2가합25** 단, 다음의 기준에 적합하게 설치하는 경우에는 그러하지 아니하다. ① 배선을 **내**화성능을 갖는 배선**전**용실 또는 배선용 **샤**프트 · **피**트 · **덕**트 등에 설치하는 경우 ② 배선전용실 또는 배선용 샤프트 · 피트 · 덕트 등에 **다**른 설비의 배선이 있는 경우에는 이로부터 **15cm** 이상 떨어지게 하거나 소화설비의 배선과 이웃하는 다른 설비의 배선 사이에 배선지름(배선의 지름이 다른 경우에는 가장 큰 것을 기준으로 한다)의 **1.5배** 이상의 높이의 **불연성 격벽**을 설치하는 경우 기억법 **내전샤피덕 다15**
내화전선	**케이블공사**

㉡ 내열배선

사용전선의 종류	공사방법
① 450/750V 저독성 난연 가교 폴리올레핀 절연전선 ② 0.6/1kV 가교 폴리에틸렌 절연 저독성 난연 폴리올레핀 시스 전력 케이블 ③ 6/10kV 가교 폴리에틸렌 절연 저독성 난연 폴리올레핀 시스 전력용 케이블 ④ 가교 폴리에틸렌 절연 비닐시스 트레이용 난연 전력 케이블 ⑤ 0.6/1kV EP 고무절연 클로로프렌 시스 케이블 ⑥ 300/500V 내열성 실리콘 고무절연전선(180℃) ⑦ 내열성 에틸렌-비닐 아세테이트 고무절연 케이블 ⑧ 버스덕트(bus duct)	**금속관·금속제 가요전선관·금속덕트** 또는 **케이블**(불연성 덕트에 설치하는 경우에 한한다) **공사**방법에 따라야 한다. 단, 다음의 기준에 적합하게 설치하는 경우에는 그러하지 아니하다. ① 배선을 내화성능을 갖는 배선전용실 또는 배선용 샤프트·피트·덕트 등에 설치하는 경우 ② 배선전용실 또는 배선용 샤프트·피트·덕트 등에 다른 설비의 배선이 있는 경우에는 이로부터 **15cm** 이상 떨어지게 하거나 소화설비의 배선과 이웃하는 다른 설비의 배선 사이에 배선지름(배선의 지름이 다른 경우에는 지름이 가장 큰 것을 기준으로 한다)의 **1.5배** 이상의 높이의 **불연성 격벽**을 설치하는 경우
내화전선	**케이블공사**

② 해당 없음

답 ②

★
79
13.03.문78

자동화재탐지설비 및 시각경보장치의 화재안전기준에 따라 감지기회로의 도통시험을 위한 종단저항의 설치기준으로 틀린 것은?

① 동일층 발신기함 외부에 설치할 것
② 점검 및 관리가 쉬운 장소에 설치할 것
③ 전용함을 설치하는 경우 그 설치높이는 바닥으로부터 1.5m 이내로 할 것
④ 종단감지기에 설치할 경우에는 구별이 쉽도록 해당 감지기의 기판 등에 별도의 표시를 할 것

해설 **감지기회로**의 **도통시험**을 위한 **종단저항**의 **기준**(NFPC 203 11조, NFTC 203 2.8.1.3)

(1) 점검 및 관리가 쉬운 장소에 설치할 것
(2) 전용함 설치시 **바닥**에서 **1.5m** 이내의 높이에 설치할 것
(3) 감지기회로의 **끝부분**에 설치하며, 종단감지기에 설치할 경우 구별이 쉽도록 해당 감지기의 기판 및 감지기외부 등에 별도의 표시를 할 것

※ **도통시험** : 감지기회로의 단선유무 확인

① 동일층 발신기함 **외부** → 일반적으로 동일층 발신기함 **내부**

답 ①

★★★
80
17.03.문67
14.05.문68
11.03.문77

자동화재속보설비의 속보기의 성능인증 및 제품검사의 기술기준에 따른 자동화재속보설비의 속보기에 대한 설명이다. 다음 ( )의 ㉠, ㉡에 들어갈 내용으로 옳은 것은?

> 작동신호를 수신하거나 수동으로 동작시키는 경우 (㉠)초 이내에 소방관서에 자동적으로 신호를 발하여 통보하되, (㉡)회 이상 속보할 수 있어야 한다.

① ㉠ 20, ㉡ 3　　② ㉠ 20, ㉡ 4
③ ㉠ 30, ㉡ 3　　④ ㉠ 30, ㉡ 4

해설 **속보기**의 **기준**(자동화재속보설비의 속보기의 성능인증 및 제품검사의 기술기준 3·5조)

(1) **수동통화**용 송수화기를 설치
(2) **20초** 이내에 **3회** 이상 **소방관서**에 자동속보
(3) 예비전원은 감시상태를 **60분**간 지속한 후 **10분** 이상 동작이 지속될 수 있는 용량일 것
(4) 다이얼링 : **10회** 이상

기억법 속203

답 ①

▌2020년 기사 제3회 필기시험▐

자격종목	종목코드	시험시간	형별	수험번호	성명
소방설비기사(전기분야)		2시간			

※ 각 문항은 4지택일형으로 질문에 가장 적합한 보기 항을 선택하여 체크하여야 합니다.

제 1 과목 소방원론

★★★

01 밀폐된 공간에 이산화탄소를 방사하여 산소의 체적농도를 12%가 되게 하려면 상대적으로 방사된 이산화탄소의 농도는 얼마가 되어야 하는가?

19.09.문10 15.05.문13 14.05.문07 13.09.문16 12.05.문14

① 25.40%
② 28.70%
③ 38.35%
④ 42.86%

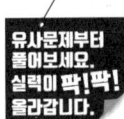

유사문제부터 풀어보세요. 실력이 팍!팍! 올라갑니다.

해설 **이산화탄소**의 **농도**

$$CO_2 = \frac{21 - O_2}{21} \times 100$$

여기서, CO_2 : CO_2의 농도[%]
O_2 : O_2의 농도[%]

$$CO_2 = \frac{21 - O_2}{21} \times 100 = \frac{21 - 12}{21} \times 100 \fallingdotseq 42.86\%$$

중요

이산화탄소 소화설비와 관련된 식

$$CO_2 = \frac{\text{방출가스량}}{\text{방호구역체적} + \text{방출가스량}} \times 100 = \frac{21 - O_2}{21} \times 100$$

여기서, CO_2 : CO_2의 농도[%]
O_2 : O_2의 농도[%]

$$\text{방출가스량} = \frac{21 - O_2}{O_2} \times \text{방호구역체적}$$

여기서, O_2 : O_2의 농도[%]

답 ④

★★★

02 Halon 1301의 분자식은?

19.09.문07 17.03.문05 16.10.문08 15.03.문04 14.09.문04 14.03.문02

① CH_3Cl
② CH_3Br
③ CF_3Cl
④ CF_3Br

해설 **할론소화약제**의 **약칭** 및 **분자식**

종 류	약 칭	분자식
할론 1011	CB	CH_2ClBr
할론 104	CTC	CCl_4
할론 1211	BCF	$CF_2ClBr(CClF_2Br)$
할론 1301	BTM	**CF_3Br**
할론 2402	FB	$C_2F_4Br_2$

답 ④

★★★

03 화재의 종류에 따른 분류가 틀린 것은?

19.03.문08 17.09.문07 16.05.문09 15.09.문19 13.09.문07

① A급 : 일반화재
② B급 : 유류화재
③ C급 : 가스화재
④ D급 : 금속화재

해설 **화재**의 **종류**

구 분	표시색	적응물질
일반화재(A급)	백색	• 일반가연물 • 종이류 화재 • 목재 · 섬유화재
유류화재(B급)	황색	• 가연성 액체 • 가연성 가스 • 액화가스화재 • 석유화재
전기화재(C급)	청색	• 전기설비
금속화재(D급)	무색	• 가연성 금속
주방화재(K급)	–	• 식용유화재

※ 요즘은 표시색의 의무규정은 없음

③ 가스화재 → 전기화재

답 ③

★★★

04 건축물의 내화구조에서 바닥의 경우에는 철근콘크리트의 두께가 몇 cm 이상이어야 하는가?

16.05.문05 15.05.문02 14.05.문12

① 7
② 10
③ 12
④ 15

해설 **피난·방화구조 3조**
내화구조의 기준

구 분	기 준
벽·바닥	철골·철근콘크리트조로서 두께가 10cm 이상인 것
기둥	철골을 두께 5cm 이상의 콘크리트로 덮은 것
보	두께 5cm 이상의 콘크리트로 덮은 것

기억법 **벽바내1(벽을 바라보면 내일이 보인다.)**

비교

피난·방화구조 4조
방화구조의 기준

구조 내용	기 준
• **철망모르타르** 바르기	두께 2cm 이상
• 석고판 위에 시멘트모르타르를 바른 것 • 석고판 위에 회반죽을 바른 것 • 시멘트모르타르 위에 타일을 붙인 것	두께 2.5cm 이상
• 심벽에 흙으로 맞벽치기 한 것	모두 해당

답 ②

★★
05 소화약제인 IG-541의 성분이 아닌 것은?

19.09.문06

① 질소
② 아르곤
③ 헬륨
④ 이산화탄소

해설 **불활성기체 소화약제**

구 분	화학식
IG-01	• Ar(아르곤)
IG-100	• N_2(질소)
IG-541	• N_2(질소) : 52% • Ar(아르곤) : 40% • CO_2(이산화탄소) : 8% 기억법 NACO(내코) 5240
IG-55	• N_2(질소) : 50% • Ar(아르곤) : 50%

③ 해당 없음

답 ③

★★★
06 다음 중 발화점이 가장 낮은 물질은?

19.09.문02
18.03.문07
15.09.문02
14.05.문05
12.09.문04
12.03.문01

① 휘발유
② 이황화탄소
③ 적린
④ 황린

해설 **물질의 발화점**

물질의 종류	발화점
• 황린	30~50℃
• 황화인 • 이황화탄소	100℃
• 나이트로셀룰로오스	180℃
• 적린	260℃
• 휘발유(가솔린)	300℃

답 ④

★★★
07 화재시 발생하는 연소가스 중 인체에서 헤모글로빈과 결합하여 혈액의 산소운반을 저해하고 두통, 근육조절의 장애를 일으키는 것은?

19.09.문17
14.03.문05
00.03.문04

① CO_2
② CO
③ HCN
④ H_2S

해설 **연소가스**

구 분	설 명
일산화탄소 (CO)	화재시 흡입된 일산화탄소(CO)의 화학적 작용에 의해 **헤모글로빈**(Hb)이 혈액의 산소운반작용을 저해하여 사람을 질식·사망하게 한다.
이산화탄소 (CO_2)	연소가스 중 **가장 많은 양**을 차지하고 있으며 가스 그 자체의 독성은 거의 없으나 다량이 존재할 경우 호흡속도를 증가시키고, 이로 인하여 화재가스에 혼합된 유해가스의 혼입을 증가시켜 위험을 가중시키는 가스이다.
암모니아 (NH_3)	나무, 페놀수지, 멜라민수지 등의 **질소 함유물**이 연소할 때 발생하며, 냉동시설의 **냉매**로 쓰인다.
포스겐 ($COCl_2$)	매우 독성이 강한 가스로서 소화제인 **사염화탄소**(CCl_4)를 화재시에 사용할 때도 발생한다.
황화수소 (H_2S)	달걀 썩는 냄새가 나는 특성이 있다. 기억법 **황달**
아크롤레인 (CH_2=CHCHO)	독성이 매우 높은 가스로서 **석유제품**, **유지** 등이 연소할 때 생성되는 가스이다. 기억법 **유아석**

용어

유지(油脂)
들기름 및 지방을 통틀어 일컫는 말

답 ②

★★★
08 다음 중 연소와 가장 관련 있는 화학반응은?

13.03.문02

① 중화반응 ② 치환반응
③ 환원반응 ④ 산화반응

해설 **연소**(combustion) : 가연물이 공기 중에 있는 산소와 반응하여 **열**과 **빛**을 동반하여 급격히 **산화반응**하는 현상

- **산화속도**는 가연물이 산소와 반응하는 속도이므로 **연소속도**와 직접 관계된다.

답 ④

★
09 다음 중 고체 가연물이 덩어리보다 가루일 때 연소되기 쉬운 이유로 가장 적합한 것은?

① 발열량이 작아지기 때문이다.
② 공기와 접촉면이 커지기 때문이다.
③ 열전도율이 커지기 때문이다.
④ 활성에너지가 커지기 때문이다.

해설 **가루**가 **연소**되기 **쉬운 이유**
고체가연물이 가루가 되면 **공기**와 **접촉면**이 커져서(넓어져서) 연소가 더 잘 된다.

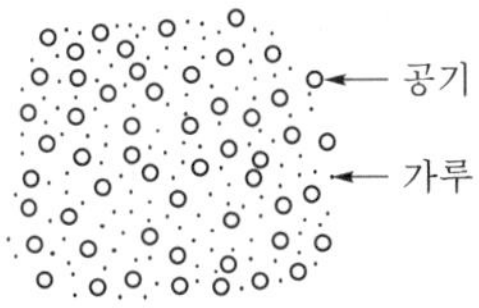

| 가루와 공기의 접촉 |

답 ②

★★★
10 이산화탄소 소화약제 저장용기의 설치장소에 대한 설명 중 옳지 않은 것은?

19.04.문70
15.03.문74
12.09.문69
02.09.문63

① 반드시 방호구역 내의 장소에 설치한다.
② 온도의 변화가 작은 곳에 설치한다.
③ 방화문으로 구획된 실에 설치한다.
④ 해당 용기가 설치된 곳임을 표시하는 표지를 한다.

해설 **이산화탄소 소화약제 저장용기 설치기준**
(1) 온도가 **40℃** 이하인 장소
(2) **방호구역 외**의 장소에 설치할 것
(3) 직사광선 및 빗물이 침투할 우려가 없는 곳
(4) 온도의 변화가 작은 곳에 설치
(5) **방화문**으로 구획된 실에 설치할 것
(6) **방호구역 내에 설치할 경우에는 피난 및 조작이 용이하도록 피난구 부근에 설치**
(7) 용기의 설치장소에는 해당 용기가 설치된 곳임을 표시하는 표지할 것
(8) 용기 간의 간격은 점검에 지장이 없도록 **3cm 이상**의 간격 유지
(9) 저장용기와 집합관을 연결하는 연결배관에는 **체크밸브** 설치

① 반드시 방호구역 내 → 방호구역 외

답 ①

★★★
11 질식소화시 공기 중의 산소농도는 일반적으로 약 몇 vol% 이하로 하여야 하는가?

19.09.문13
18.09.문19
17.05.문06
16.03.문08
15.03.문17
14.03.문19
11.10.문19
03.08.문11

① 25
② 21
③ 19
④ 15

해설 **소화**의 **형태**

구 분	설 명
냉각소화	① **점화원**을 냉각하여 소화하는 방법 ② **증**발잠열을 이용하여 열을 빼앗아 가연물의 온도를 떨어뜨려 화재를 진압하는 소화방법 ③ **다량**의 **물**을 뿌려 소화하는 방법 ④ 가연성 물질을 **발화점 이하**로 **냉각**하여 소화하는 방법 ⑤ **식용유화재**에 신선한 **야채**를 넣어 소화하는 방법 ⑥ 용융잠열에 의한 **냉각효과**를 이용하여 소화하는 방법 기억법 **냉점증발**
질식소화	① 공기 중의 **산소농도**를 **16%(10~15%)** 이하로 희박하게 하여 소화하는 방법 ② 산화제의 농도를 낮추어 연소가 지속될 수 없도록 소화하는 방법 ③ 산소공급을 차단하여 소화하는 방법 ④ 산소의 농도를 낮추어 소화하는 방법 ⑤ 화학반응으로 발생한 **탄산가스**에 의한 소화방법 기억법 **질산**
제거소화	**가연물**을 **제거**하여 소화하는 방법
부촉매 소화 (억제소화, 화학소화)	① **연쇄반응**을 **차단**하여 소화하는 방법 ② 화학적인 방법으로 화재를 억제하여 소화하는 방법 ③ **활성기**(free radical, 자유라디칼)의 **생성**을 **억제**하여 소화하는 방법 ④ 할론계 소화약제 기억법 **부억(부엌)**
희석소화	① 기체·고체·액체에서 나오는 분해가스나 증기의 농도를 낮춰 소화하는 방법 ② 불연성 가스의 **공기** 중 **농도**를 높여 소화하는 방법 ③ 불활성기체를 방출하여 연소범위 이하로 낮추어 소화하는 방법

중요

화재의 소화원리에 따른 소화방법

소화원리	소화설비
냉각소화	① 스프링클러설비 ② 옥내 · 외소화전설비
질식소화	① 이산화탄소 소화설비 ② 포소화설비 ③ 분말소화설비 ④ 불활성기체 소화약제
억제소화 (부촉매효과)	① 할론소화약제 ② 할로겐화합물 소화약제

답 ④

★★

12 소화효과를 고려하였을 경우 화재시 사용할 수 있는 물질이 아닌 것은?

19.09.문07 17.03.문05 16.10.문08 15.03.문04 14.09.문04 14.03.문02

① 이산화탄소

② 아세틸렌

③ Halon 1211

④ Halon 1301

해설 **소화약제**

(1) **이산화탄소 소화약제**

주성분	적응화재
이산화탄소(CO_2)	BC급

(2) **할론소화약제**의 **약칭** 및 **분자식**

종 류	약 칭	분자식
할론 1011	CB	CH_2ClBr
할론 104	CTC	CCl_4
할론 1211	BCF	$CF_2ClBr(CClF_2Br)$
할론 1301	BTM	CF_3Br
할론 2402	FB	$C_2F_4Br_2$

② 아세틸렌 : **가연성 가스**로서 화재시 사용불가

답 ②

★★★

13 다음 원소 중 전기음성도가 가장 큰 것은?

17.05.문20 15.03.문16 12.03.문04

① F　② Br

③ Cl　④ I

해설 **할론소화약제**

부촉매효과(소화능력) 크기	전기음성도(친화력, 결합력) 크기
I > Br > Cl > F	F > Cl > Br > I

• 전기음성도 크기=수소와의 결합력 크기

중요

할로젠족 원소

(1) 불소 : F

(2) 염소 : Cl

(3) 브로민(취소) : Br

(4) 아이오딘(옥소) : I

기억법 FClBrI

답 ①

★★★

14 화재하중의 단위로 옳은 것은?

16.10.문18 15.09.문17 01.06.문06 97.03.문19

① kg/m^2

② $℃/m^2$

③ $kg \cdot L/m^3$

④ $℃ \cdot L/m^3$

해설 **화재하중**

(1) 가연물 등의 **연소시 건축물**의 **붕괴** 등을 고려하여 설계하는 하중

(2) 화재실 또는 화재구획의 **단위면적당 가연물**의 **양**

(3) 일반건축물에서 가연성의 건축구조재와 **가연성 수용물**의 **양**으로서 건물화재시 발열량 및 화재위험성을 나타내는 용어

(4) 화재하중이 크면 단위면적당의 발열량이 크다.

(5) 화재하중이 같더라도 물질의 상태에 따라 가혹도는 달라진다.

(6) 화재하중은 화재구획실 내의 가연물 총량을 목재 중량당비로 환산하여 면적으로 나눈 수치이다.

(7) 건물화재에서 가열온도의 정도를 의미한다.

(8) 건물의 내화설계시 고려되어야 할 사항이다.

(9)
$$q=\frac{\Sigma G_t H_t}{HA}=\frac{\Sigma Q}{4500A}$$

여기서, q : 화재하중[kg/m²] 또는 [N/m²]

G_t : 가연물의 양[kg]

H_t : 가연물의 단위발열량[kcal/kg]

H : 목재의 단위발열량[kcal/kg] **(4500kcal/kg)**

A : 바닥면적[m²]

ΣQ : 가연물의 전체 발열량[kcal]

비교

화재가혹도

화재로 인하여 건물 내에 수납되어 있는 재산 및 건물 자체에 손상을 주는 능력의 정도

답 ①

★★★

15 제1종 분말소화약제의 주성분으로 옳은 것은?

19.03.문01 18.04.문06 17.09.문10 16.10.문06 16.05.문15 16.03.문09 15.09.문01 15.05.문08 14.09.문10

① $KHCO_3$

② $NaHCO_3$

③ $NH_4H_2PO_4$

④ $Al_2(SO_4)_3$

해설 (1) **분말소화약제**

종 별	주성분	착 색	적응 화재	비 고
제1종	중탄산나트륨 ($NaHCO_3$)	백색	BC급	**식용유** 및 **지방질유**의 화재에 적합
제2종	중탄산칼륨 ($KHCO_3$)	담자색 (담회색)	BC급	-
제3종	제1인산암모늄 ($NH_4H_2PO_4$)	담홍색	ABC 급	**차고·주차장**에 적합
제4종	중탄산칼륨 +요소 ($KHCO_3$ + $(NH_2)_2CO$)	회(백)색	BC급	-

기억법 **1식분(일식 분식)**
3분 차주(삼보컴퓨터 차주)

(2) **이산화탄소 소화약제**

주성분	적응화재
이산화탄소(CO_2)	BC급

답 ②

★★★
16 탄화칼슘이 물과 반응시 발생하는 가연성 가스는?

19.03.문17
17.05.문09
11.10.문05
10.09.문12

① 메탄
② 포스핀
③ 아세틸렌
④ 수소

해설 **탄화칼슘**과 **물**의 **반응식**

$CaC_2 + 2H_2O \rightarrow Ca(OH)_2 + C_2H_2 \uparrow$
탄화칼슘 물 수산화칼슘 아세틸렌

답 ③

★★★
17 화재의 소화원리에 따른 소화방법의 적용으로 틀린 것은?

19.09.문13
18.09.문19
17.05.문06
16.03.문08
15.03.문17
14.03.문19
11.10.문19
03.08.문11

① 냉각소화 : 스프링클러설비
② 질식소화 : 이산화탄소 소화설비
③ 제거소화 : 포소화설비
④ 억제소화 : 할로겐화합물 소화설비

해설 **화재**의 **소화원리**에 따른 **소화방법**

소화원리	소화설비
냉각소화	① 스프링클러설비 ② 옥내·외소화전설비
질식소화	① 이산화탄소 소화설비 ② 포소화설비 ③ 분말소화설비 ④ 불활성기체 소화약제
억제소화 (부촉매효과)	① 할론소화약제 ② 할로겐화합물 소화약제
제거소화	물(봉상주수)

③ 포소화설비 → 물(봉상주수)

답 ③

★★★
18 공기의 평균 분자량이 29일 때 이산화탄소 기체의 증기비중은 얼마인가?

19.03.문18
16.03.문01
15.03.문05
14.09.문15
12.09.문18
07.05.문17

① 1.44
② 1.52
③ 2.88
④ 3.24

해설 (1) **분자량**

원 소	원자량
H	1
C →	12
N	14
O →	16

이산화탄소(CO_2) : $12+16\times2=44$

(2) **증기비중**

$$증기비중=\frac{분자량}{29}$$

여기서, 29 : 공기의 평균 분자량[g/mol]

이산화탄소 증기비중$=\frac{분자량}{29}=\frac{44}{29}\fallingdotseq 1.52$

비교

증기밀도

$$증기밀도=\frac{분자량}{22.4}$$

여기서, 22.4 : 기체 1몰의 부피[L]

중요

이산화탄소의 **물성**

구 분	물 성
임계압력	72.75atm
임계온도	31.35℃(약 31.1℃)
3중점	-56.3℃(약 -56℃)
승화점(비점)	-78.5℃
허용농도	0.5%
증기비중	1.529
수분	0.05% 이하(함량 99.5% 이상)

기억법 **이356, 이비78, 이증15**

답 ②

19 인화점이 20℃인 액체위험물을 보관하는 창고의 인화 위험성에 대한 설명 중 옳은 것은?

12.05.문17

① 여름철에 창고 안이 더워질수록 인화의 위험성이 커진다.

② 겨울철에 창고 안이 추워질수록 인화의 위험성이 커진다.

③ 20℃에서 가장 안전하고 20℃보다 높아지거나 낮아질수록 인화의 위험성이 커진다.

④ 인화의 위험성은 계절의 온도와는 상관없다.

해설

① 여름철에 창고 안이 더워질수록 액체위험물에 점도가 낮아져서 점화가 쉽게 될 수 있기 때문에 인화의 위험성이 커진다고 판단함이 합리적이다.

답 ①

20 위험물과 위험물안전관리법령에서 정한 지정수량을 옳게 연결한 것은?

19.03.문06
16.05.문01
09.05.문57

① 무기과산화물－300kg

② 황화인－500kg

③ 황린－20kg

④ 질산에스터류(제1종)－200kg

해설 **위험물**의 **지정수량**

위험물	지정수량
질산에스터류	제1종 : 10kg, 제2종 : 100kg
황린	20kg
• 무기과산화물 • 과산화나트륨	50kg
• 황화인 • 적린	100kg
트리나이트로톨루엔	제1종 : 10kg, 제2종 : 100kg
탄화알루미늄	300kg

① 300kg → 50kg
② 500kg → 100kg
④ 200kg → 10kg

답 ③

제2과목 소방전기일반

21 개루프 제어와 비교하여 폐루프 제어에서 반드시 필요한 장치는?

17.03.문35
16.05.문21
15.05.문22
11.06.문24

① 안정도를 좋게 하는 장치

② 제어대상을 조작하는 장치

③ 동작신호를 조절하는 장치

④ 기준입력신호와 주궤환신호를 비교하는 장치

해설 **피드백제어**(feedback control＝**폐루프제어**)

(1) 출력신호를 입력신호로 되돌려서 **입력**과 **출력**을 **비교**함으로써 **정확한 제어**가 가능하도록 한 제어

(2) 기준입력신호와 주궤환신호를 비교하는 장치가 있는 제어

중요

피드백제어의 **특징**

(1) **정확도**(정확성)가 **증가**한다.
(2) **대역폭**이 **크다**(**대역폭**이 **증가**한다).
(3) 계의 특성 변화에 대한 입력 대 출력비의 감도가 감소한다.
(4) 구조가 **복잡**하고 설치비용이 고가이다.
(5) 폐회로로 구성되어 있다.
(6) 입력과 출력을 비교하는 장치가 있다.
(7) 오차를 **자동정정**한다.
(8) **발진**을 일으키고 **불안정한 상태**로 되어가는 경향성이 있다.
(9) 비선형과 왜형에 대한 효과가 **감소**한다.

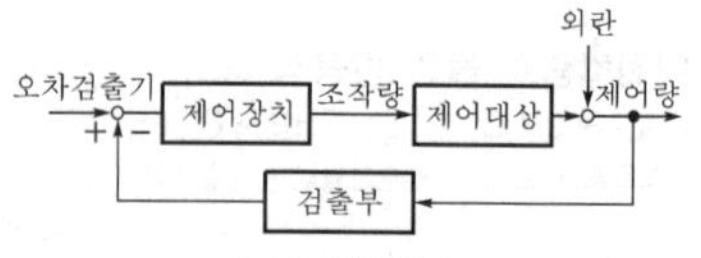

| 피드백제어 |

답 ④

22 3상 농형 유도전동기의 기동법이 아닌 것은?

17.09.문34
17.05.문23
06.05.문22
04.09.문30

① Y－△기동법 ② 기동보상기법

③ 2차 저항기동법 ④ 리액터 기동법

해설 **3상 유도전동기**의 **기동법**

농 형	권선형
① 전전압기동법(직입기동법) ② Y－△기동법 보기 ① ③ 리액터법(리액터 기동법) 보기 ④ ④ 기동보상기법 보기 ② ⑤ 콘도르퍼기동법	① 2차 저항법(2차 저항기동법) 보기 ③ ② 게르게스법

기억법 권2(권위)

답 ③

★
23 다음 중 강자성체에 속하지 않는 것은?

① 니켈 ② 알루미늄
③ 코발트 ④ 철

해설 **자성체**의 **종류**

자성체	종 류
상자성체 (paramagnetic material)	① **알**루미늄(Al) ② **백**금(Pt) 기억법 **상알백**
반자성체 (diamagnetic material)	① 금(Au) ② 은(Ag) ③ 구리(동)(Cu) ④ 아연(Zn) ⑤ 탄소(C)
강자성체 (ferromagnetic material)	① **니**켈(Ni) ② **코**발트(Co) ③ **망**가니즈(Mn) ④ **철**(Fe) 기억법 **강니코망철** • **자기차폐**와 관계 깊음

② 알루미늄 : 상자성체

답 ②

★★★
24 프로세스제어의 제어량이 아닌 것은?

19.03.문32 17.09.문22 17.09.문39 17.05.문29 16.10.문35 16.05.문22 16.03.문32 15.05.문23

① 액위
② 유량
③ 온도
④ 자세

해설 **제어량**에 의한 **분류**

분 류	종 류
프로세스제어	① **온**도 ② **압**력 ③ **유**량 ④ **액**면(액위) 기억법 **프온압유액**
서보기구 (서보제어, 추종제어)	① **위**치 ② **방**위 ③ **자**세 기억법 **서위방자**
자동조정	① 전압 ② 전류 ③ 주파수 ④ 회전속도(**발**전기의 **속**도조절기) ⑤ 장력 기억법 **자발속**

※ **프로세스제어**(공정제어) : 공업공정의 상태량을 제어량으로 하는 제어

④ 자세 : 서보기구

중요

제어의 **종류**

종 류	설 명
정치제어 (fixed value control)	• 일정한 **목**표값을 **유**지하는 것으로 **프로세스제어, 자동조정**이 이에 해당된다. 예 **연속식 압연기** • **목표값**이 시간에 관계없이 항상 일정한 값을 가지는 제어이다. 기억법 **유목정**
추종제어 (follow-up control, 서보제어)	미지의 시간적 변화를 하는 목표값에 제어량을 추종시키기 위한 제어로 **서보기구**가 이에 해당된다. 예 **대공포의 포신**
비율제어 (ratio control)	둘 이상의 제어량을 소정의 비율로 제어하는 것이다.
프로그램제어 (program control)	목표값이 **미리 정해진 시간적 변화**를 하는 경우 제어량을 그것에 추종시키기 위한 제어이다. 예 **열차 · 산업로봇의 무인운전**

답 ④

★★
25 100V, 500W의 전열선 2개를 같은 전압에서 직렬로 접속한 경우와 병렬로 접속한 경우에 각 전열선에서 소비되는 전력은 각각 몇 W인가?

17.09.문28

① 직렬 : 250, 병렬 : 500
② 직렬 : 250, 병렬 : 1000
③ 직렬 : 500, 병렬 : 500
④ 직렬 : 500, 병렬 : 1000

해설 (1) **기호**

- V : 100V
- P : 500W
- $P_{직렬}$: ?
- $P_{병렬}$: ?

(2) **전력**

$$P=\frac{V^2}{R}$$

여기서, P : 전력[W]
V : 전압[V]
R : 저항[Ω]

저항 R은

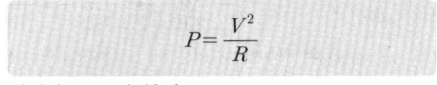

$$R=\frac{V^2}{P}=\frac{100^2}{500}=20\,\Omega$$

(3) **전열선 2개 직렬접속**

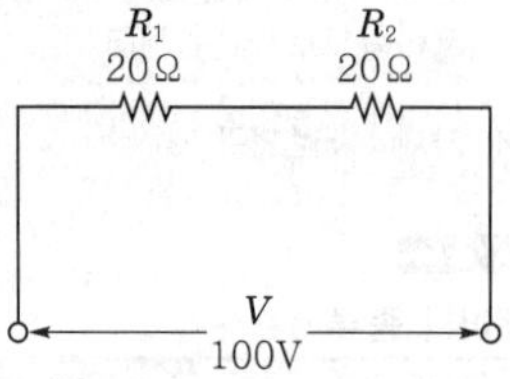

전력 $P=\frac{V^2}{R}=\frac{V^2}{R_1+R_2}=\frac{100^2}{20+20}=250\text{W}$

(4) **전열선 2개 병렬접속**

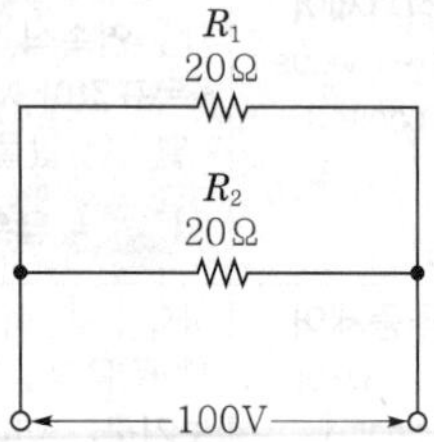

전력 $P=\frac{V^2}{R}=\frac{V^2}{\frac{R_1R_2}{R_1+R_2}}=\frac{100^2}{\frac{20\times20}{20+20}}=1000\text{W}$

답 ②

★ 26 열팽창식 온도계가 아닌 것은?

17.03.문39

① 열전대 온도계 ② 유리 온도계
③ 바이메탈 온도계 ④ 압력식 온도계

해설 **온도계**의 **종류**

열팽창식 온도계	열전 온도계
• **유**리 온도계 • **압**력식 온도계 • **바**이메탈 온도계 • 알코올 온도계 • 수은 온도계 기억법 **유압바**	• 열전대 온도계

답 ①

★ 27 그림과 같은 회로에서 전압계 ⓥ가 10V일 때 단자 A-B 간의 전압은 몇 V인가?

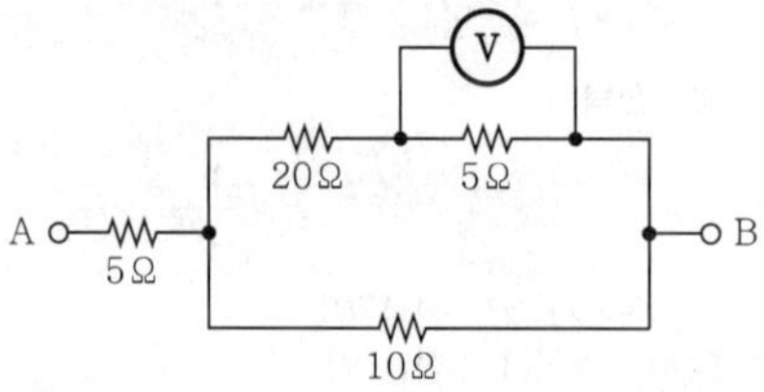

① 50 ② 85
③ 100 ④ 135

해설 문제 조건에 의해 회로를 일부 수정하면 다음과 같다.

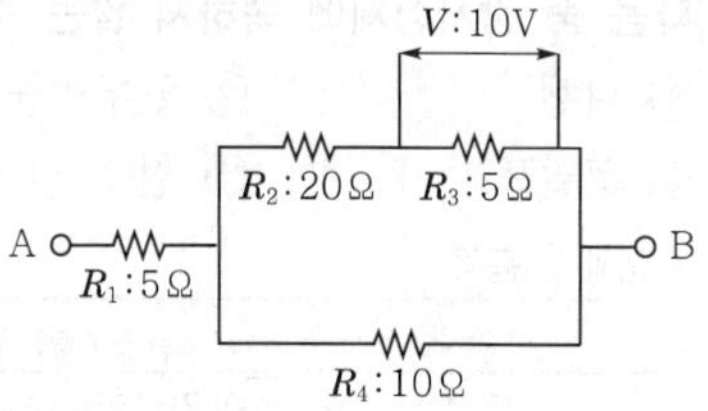

(1) **전류**

$$I=\frac{V}{R}$$

여기서, I : 전류[A]
V : 전압[V]
R : 저항[Ω]

전류 I_3는

$I_3=\frac{V}{R_3}=\frac{10}{5}=2\text{A}$

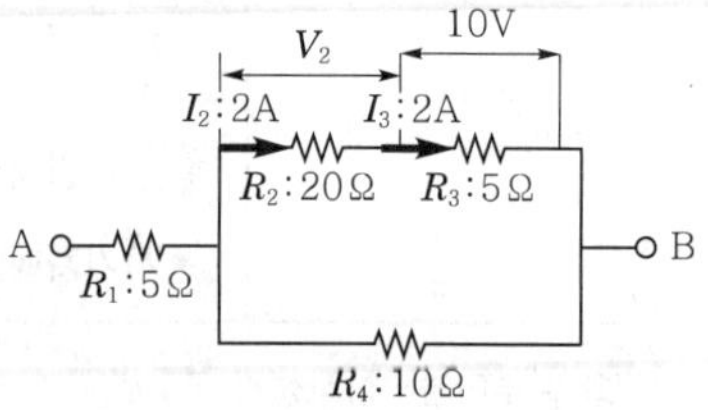

같은 선에 전류가 흐르므로

$$I_2=I_3$$

전압 V_2는

$V_2=I_2R_2=2\times20=40\text{V}$

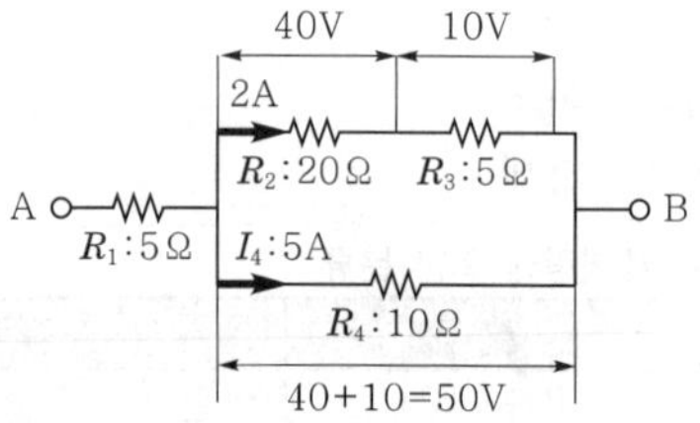

전류 I_4는

$I_4=\frac{V}{R_4}=\frac{50}{10}=5\text{A}$

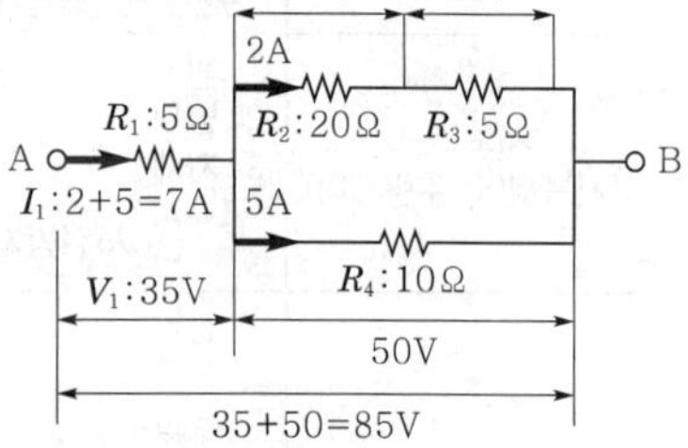

전압 V_1은

$V_1=I_1R_1=7\times5=35\text{V}$

단자 A-B 간 전압 $V=35+50=85\text{V}$

답 ②

★★★

28 최대눈금이 200mA, 내부저항이 0.8Ω인 전류계가 있다. 8mΩ의 분류기를 사용하여 전류계의 측정범위를 넓히면 몇 A까지 측정할 수 있는가?

19.09.문30
13.09.문31
11.06.문34

① 19.6 ② 20.2
③ 21.4 ④ 22.8

해설 (1) **기호**

- I : 200mA=0.2A(1000mA=1A)
- R_A : 0.8Ω
- R_S : 8mΩ=8×10^{-3}Ω(1mΩ=10^{-3}Ω)
- I_0 : ?

(2) **분류기**

$$I_0=I\left(1+\frac{R_A}{R_S}\right)$$

여기서, I_0 : 측정하고자 하는 전류[A]
I : 전류계의 최대눈금[A]
R_A : 전류계 내부저항[Ω]
R_S : 분류기저항[Ω]

측정하고자 하는 전류 I_0는

$$I_0=I\left(1+\frac{R_A}{R_S}\right)$$
$$=0.2\left(1+\frac{0.8}{8\times10^{-3}}\right)=20.2\text{A}$$

※ **분류기** : 전류계와 **병렬**접속

비교

배율기

$$V_0=V\left(1+\frac{R_m}{R_v}\right)$$

여기서, V_0 : 측정하고자 하는 전압[V]
V : 전압계의 최대눈금[V]
R_v : 전압계의 내부저항[Ω]
R_m : 배율기저항[Ω]

※ **배율기** : 전압계와 **직렬**접속

답 ②

★

29 공기 중에서 50kW 방사전력이 안테나에서 사방으로 균일하게 방사될 때, 안테나에서 1km 거리에 있는 점에서의 전계의 실효값은 약 몇 V/m인가?

① 0.87 ② 1.22
③ 1.73 ④ 3.98

해설 (1) **기호**

- P : 50kW=50000W(1kW=1000W)
- r : 1km=1000m(1km=1000m)
- E : ?

(2) **구의 단위면적당 전력**

$$W=\frac{E^2}{377}=\frac{P}{4\pi r^2}$$

여기서, W : 구의 단위면적당 전력[W/m²]
E : 전계의 실효값[V/m]
P : 전력[W]
r : 거리[m]

$$\frac{E^2}{377}=\frac{P}{4\pi r^2}$$
$$E^2=\frac{P}{4\pi r^2}\times377$$
$$E=\sqrt{\frac{P}{4\pi r^2}\times377}=\sqrt{\frac{50000}{4\pi\times1000^2}\times377}\fallingdotseq1.22\text{V/m}$$

답 ②

★

30 대칭 n상의 환상결선에서 선전류와 상전류(환상전류) 사이의 위상차는?

① $\frac{n}{2}\left(1-\frac{2}{\pi}\right)$ ② $\frac{n}{2}\left(1-\frac{\pi}{2}\right)$
③ $\frac{\pi}{2}\left(1-\frac{2}{n}\right)$ ④ $\frac{\pi}{2}\left(1-\frac{n}{2}\right)$

해설 **환상결선 n상의 위상차**

$$\theta=\frac{\pi}{2}-\frac{\pi}{n}$$

여기서, θ : 위상차
n : 상

- 환상결선=△결선

n상의 위상차 θ는

$$\theta=\frac{\pi}{2}-\frac{\pi}{n}$$
$$=\frac{\pi}{2}\left(1-\frac{2}{n}\right)$$

비교

환상결선 n상의 선전류

$$I_l=\left(2\times\sin\frac{\pi}{n}\right)\times I_p$$

여기서, I_l : 선전류[A]
n : 상
I_p : 상전류[A]

답 ③

★★★
31 지하 1층, 지상 2층, 연면적이 $1500m^2$인 기숙사에서 지상 2층에 설치된 차동식 스포트형 감지기가 작동하였을 때 전 층의 지구경종이 동작되었다. 각 층 지구경종의 정격전류가 60mA이고, 24V가 인가되고 있을 때 모든 지구경종에서 소비되는 총 전력[W]은?

19.03.문33
11.03.문23
10.05.문35

① 4.23　② 4.32
③ 5.67　④ 5.76

해설 (1) **기호**

- I : 60mA×3개=180mA=0.18A(1000mA=1A)
  지구경종은 **지하 1층, 지상 1층, 지상 2층**에 1개씩 총 **3개** 설치
- V : 24V

(2) **전력**

$$P = VI$$

여기서, P : 전력[W]
V : 전압[V]
I : 전류[A]

전력 P는
$P = VI$
$= 24 \times 0.18 = 4.32\text{W}$

답 ②

★★★
32 역률 0.8인 전동기에 200V의 교류전압을 가하였더니 10A의 전류가 흘렀다. 피상전력은 몇 VA인가?

19.03.문27
09.08.문31
01.09.문30

① 1000
② 1200
③ 1600
④ 2000

해설 (1) **기호**

- $\cos\theta$: 0.8
- V : 200V
- I : 10A
- P_a : ?

(2) **피상전력**

$$P_a = VI$$

여기서, P_a : 피상전력[VA]
V : 전압[V]
I : 전류[A]

피상전력 P_a는
$P_a = VI = 200 \times 10 = 2000\text{VA}$

- **역률** $\cos\theta$는 적용하지 않음에 주의! **함정**이다.

답 ④

★★
33 50Hz의 3상 전압을 전파정류하였을 때 리플(맥동)주파수[Hz]는?

15.09.문27
09.03.문32

① 50　② 100
③ 150　④ 300

해설 **맥동주파수**

구 분	맥동주파수(60Hz)	맥동주파수(50Hz)
단상 반파	60Hz	50Hz
단상 전파	120Hz	100Hz
3상 반파	180Hz	150Hz
3상 전파	360Hz	300Hz

- 맥동주파수=리플주파수

답 ④

★★
34 5Ω의 저항과 2Ω의 유도성 리액턴스를 직렬로 접속한 회로에 5A의 전류를 흘렸을 때 이 회로의 복소전력[VA]은?

14.09.문35
12.09.문37

① $25 + j10$　② $10 + j25$
③ $125 + j50$　④ $50 + j125$

해설 (1) **기호**

- R : 5Ω
- X_L : 2Ω
- I : 5A
- P : ?

문제 지문을 회로로 바꾸면

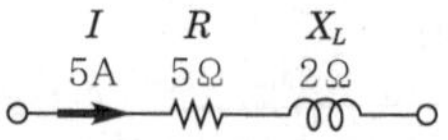

(2) **전압**

$$V = IZ = I(R + X_L)$$

여기서, V : 전압[VA]
I : 전류[A]
Z : 임피던스[Ω]
R : 저항[Ω]
X_L : 유도리액턴스[Ω]

전압 V는
$V = I(R + X_L) = 5(5 + j2) = 25 + 10j\text{V}$

(3) **복소전력**

$$P = V\overline{I}$$

여기서, P : 복소전력[VA]
V : 전압[V]
$\overline{I}$: 허수에 반대부호를 취한 전류[A]

복소전력 $P = V\overline{I}$
$= (25 + 10j) \times 5$
$= 125 + 50j = 125 + j50\text{VA}$

답 ③

★★★
35 3상 유도전동기를 Y결선으로 기동할 때 전류의 크기($|I_{\text{Y}}|$)와 △ 결선으로 기동할 때 전류의 크기($|I_{\triangle}|$)의 관계로 옳은 것은?

17.05.문36
15.05.문40
04.03.문36

① $|I_{\text{Y}}| = \dfrac{1}{3}|I_{\triangle}|$

② $|I_{\text{Y}}| = \sqrt{3}\,|I_{\triangle}|$

③ $|I_{\text{Y}}| = \dfrac{1}{\sqrt{3}}|I_{\triangle}|$

④ $|I_{\text{Y}}| = \dfrac{\sqrt{3}}{2}|I_{\triangle}|$

해설 **Y－△기동방식**의 **기동전류**

$$I_{\text{Y}} = \frac{1}{3}I_{\triangle}$$

여기서, I_{Y} : Y결선시 전류[A]
$I_{\triangle}$: △결선시 전류[A]

중요

기동전류	소비전력	기동토크
$\dfrac{\text{Y}-\triangle\text{기동방식}}{\text{직입기동방식}} = \dfrac{1}{3}$		

※ 3상 유도전동기의 기동시 직입기동방식을 Y－△ 기동방식으로 변경하면 **기동전류**, **소비전력**, **기동토크**가 모두 $\dfrac{1}{3}$로 감소한다.

답 ①

★★★
36 그림의 시퀀스회로와 등가인 논리게이트는?

17.09.문25
15.09.문23
13.09.문30
13.06.문35

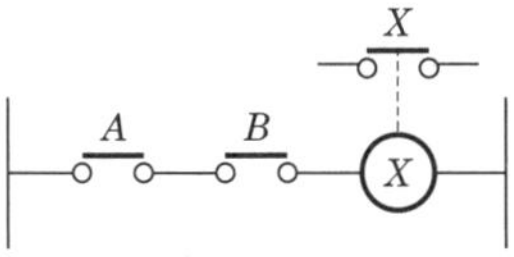

① OR게이트
② AND게이트
③ NOT게이트
④ NOR게이트

해설 **시퀀스회로**와 **논리회로**

명 칭	시퀀스회로	논리회로
AND 회로 (**직렬 회로**)	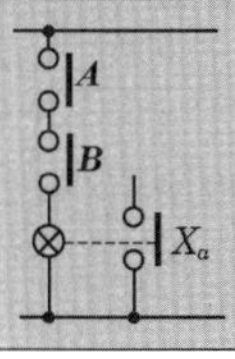	 $X = A \cdot B$ 입력신호 A, B가 동시에 1일 때만 출력신호 X가 1이 된다.
OR 회로 (**병렬 회로**)	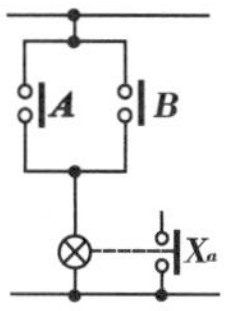	 $X = A + B$ 입력신호 A, B 중 어느 하나라도 1이면 출력신호 X가 1이 된다.
NOT 회로 (**b접점**)	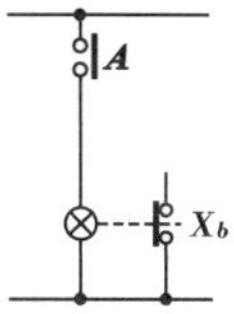	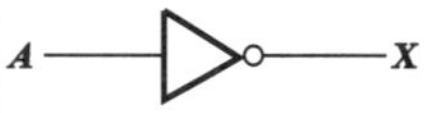 $X = \overline{A}$ 입력신호 A가 0일 때만 출력신호 X가 1이 된다.
NAND 회로	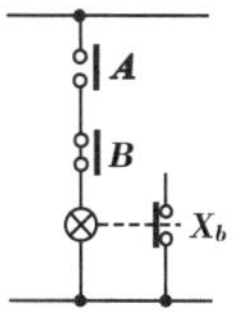	 $X = \overline{A \cdot B}$ 입력신호 A, B가 동시에 1일 때만 출력신호 X가 0이 된다(AND회로의 부정).
NOR 회로	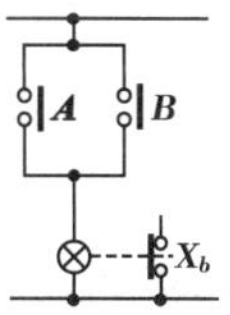	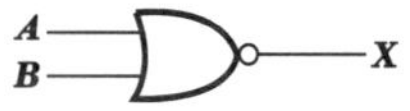 $X = \overline{A + B}$ 입력신호 A, B가 동시에 0일 때만 출력신호 X가 1이 된다(OR회로의 부정).
EXCL-USIVE OR 회로	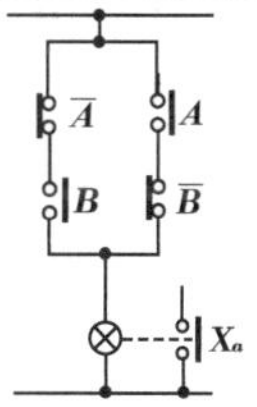	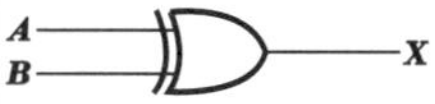 $X = A \oplus B = \overline{A}B + A\overline{B}$ 입력신호 A, B 중 어느 한쪽만이 1이면 출력신호 X가 1이 된다.
EXCL-USIVE NOR 회로	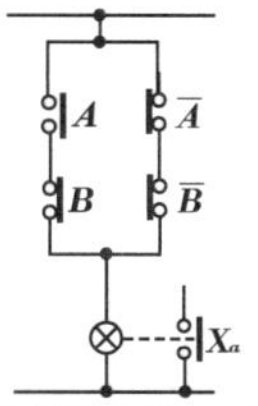	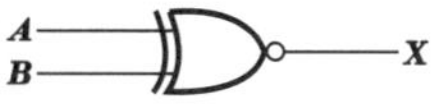 $X = \overline{A \oplus B} = AB + \overline{A}\,\overline{B}$ 입력신호 A, B가 동시에 0이거나 1일 때만 출력신호 X가 1이 된다.

• 회로＝게이트

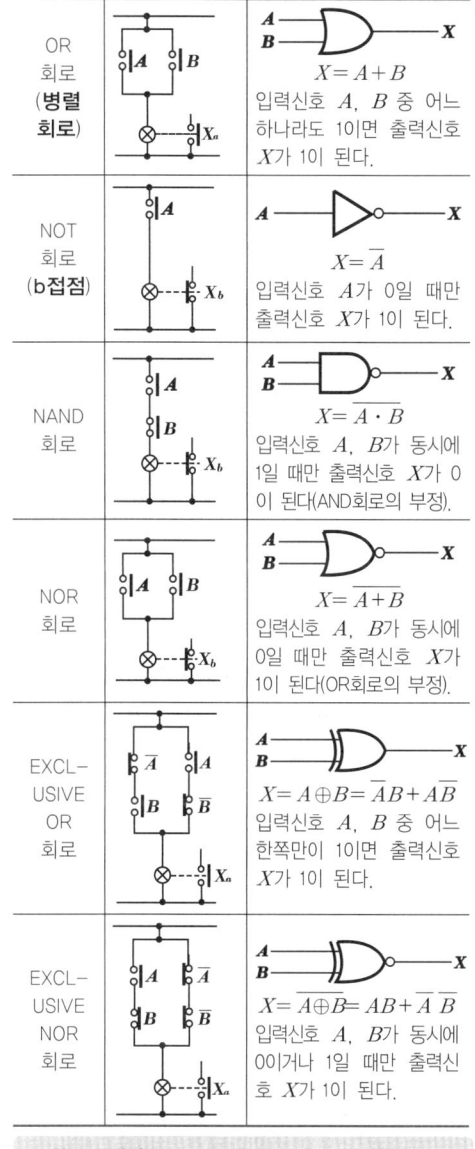

시퀀스회로는 해설과 같이 세로로 그려도 된다.

답 ②

★★★
37 진공 중에 놓인 5μC의 점전하에서 2m되는 점에서의 전계는 몇 V/m인가?

17.09.문32
16.05.문33
07.09.문22

① 11.25×10^3　② 16.25×10^3

③ 22.25×10^3　④ 28.25×10^3

해설 (1) **기호**

- Q : $5\mu\text{C} = 5 \times 10^{-6}\text{C}\,(\mu = 10^{-6})$
- r : 2m
- E : ?

(2) **전계의 세기**(intensity of electric field)

$$E=\frac{Q}{4\pi\varepsilon r^2}$$

여기서, E : 전계의 세기〔V/m〕
Q : 전하〔C〕
ε : 유전율〔F/m〕($\varepsilon=\varepsilon_0 \cdot \varepsilon_s$)
(ε_0 : 진공의 유전율〔F/m〕
ε_s : 비유전율)
r : 거리〔m〕

전계의 세기(전장의 세기) E는

$$E=\frac{Q}{4\pi\varepsilon r^2}=\frac{Q}{4\pi\varepsilon_0\varepsilon_s r^2}=\frac{Q}{4\pi\varepsilon_0 r^2}$$
$$=\frac{(5\times10^{-6})}{4\pi\times(8.855\times10^{-12})\times2^2}$$
$$\fallingdotseq 11.25\times10^3\text{V/m}$$

- **진공의 유전율** : $\varepsilon_0=8.855\times10^{-12}$F/m
- ε_s(비유전율) : 진공 중 또는 공기 중 $\varepsilon_s \fallingdotseq 1$이므로 생략

답 ①

★★
38 전압이득이 60dB인 증폭기와 궤환율(β)이 0.01인 궤환회로를 부궤환 증폭기로 구성하였을 때 전체 이득은 약 몇 dB인가?

19.04.문22
13.09.문38

① 20 ② 40
③ 60 ④ 80

해설 (1) **기호**

- A_{vg} : 60dB
- β : 0.01
- A_f : ?

(2) **전압이득**

$$Av_f=20\log A$$

여기서, Av_f : 전압이득〔dB〕
A : 전압이득(증폭기이득)〔dB〕

$Av_f=20\log A$
$60\text{dB}=20\log A$
$60\text{dB}=20\log_{10}A$ ⬅ 상용로그이므로 $\log=\log_{10}$
$10^{\frac{60}{20}}=A$
$1000=A$
$A=1000$

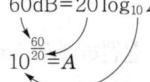

※ 수학
$B=20\log_{10}A$
$10^{\frac{B}{20}}=A$

(3) **부궤환 증폭기이득**

$$A_f=\frac{A}{1+\beta A}$$

여기서, A_f : 부궤환 증폭기이득〔dB〕
β : 궤환율
A : 전압이득〔dB〕

증폭기이득 A_f는

$$A_f=\frac{A}{1+\beta A}=\frac{1000}{1+(0.01\times1000)}\fallingdotseq 91$$

부궤환 증폭기이득 Av_f는

$$Av_f=20\log A_f=20\log 91\fallingdotseq 40\text{dB}$$

중요

부궤한 증폭기

장 점	단 점
• **안**정도 **증**진 • 대역폭 확장 • 잡음 감소 • 왜곡 감소	• 이득 감소

기억법 부안증

답 ②

★★★
39 그림과 같은 논리회로의 출력 Y는?

18.09.문33
16.05.문40
13.03.문24
10.05.문21
00.07.문36

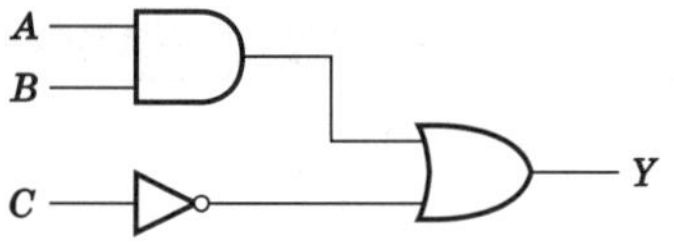

① $AB+\overline{C}$
② $A+B+\overline{C}$
③ $(A+B)\overline{C}$
④ $AB\overline{C}$

해설

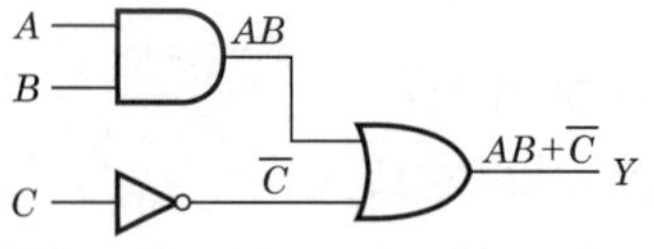

중요

논리회로

시퀀스	논리식	논리회로
직렬 회로	$Z=A\cdot B$ $Z=AB$	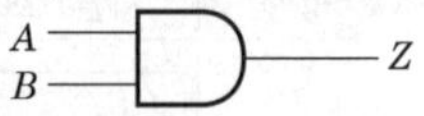
병렬 회로	$Z=A+B$	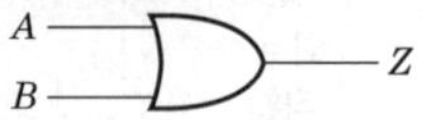

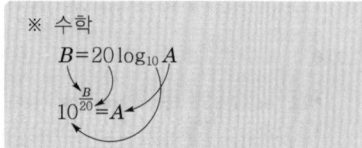

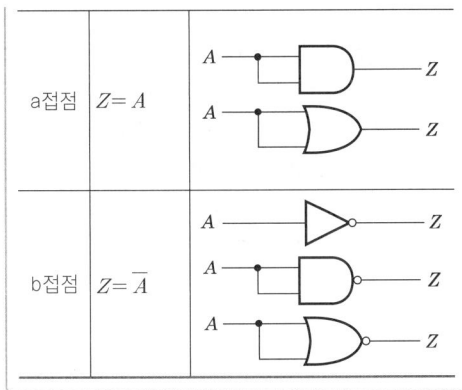

a접점	$Z=A$	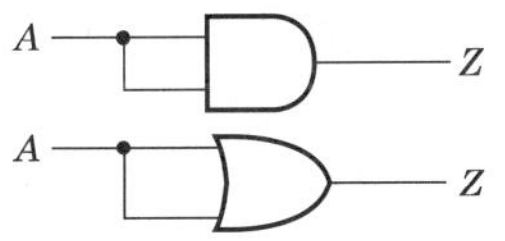
b접점	$Z=\overline{A}$	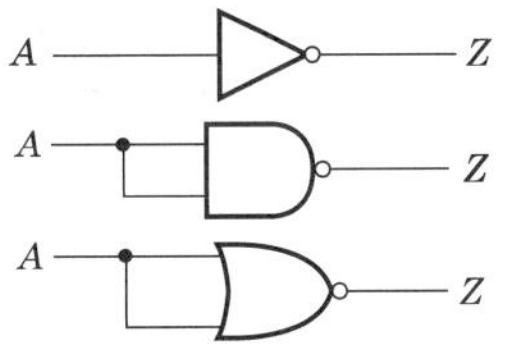

답 ①

☆☆
40 단상 변압기 3대를 △결선하여 부하에 전력을 공급하고 있는 중 변압기 1대가 고장나서 V결선으로 바꾼 경우에 고장 전과 비교하여 몇 % 출력을 낼 수 있는가?

16.05.문37
13.03.문36

① 50　　② 57.7
③ 70.7　　④ 86.6

해설 **V 결선**

변압기 1대의 **이용률**	△ → V 결선시의 **출력비**
$U=\frac{\sqrt{3}\ VI\cos\theta}{2\ VI\cos\theta}$ $=\frac{\sqrt{3}}{2}$ $=0.866(86.6\%)$	$\frac{P_V}{P_\triangle}=\frac{\sqrt{3}\ VI\cos\theta}{3\,VI\cos\theta}$ $=\frac{\sqrt{3}}{3}$ $=0.577(57.7\%)$

답 ②

제 3 과목 소방관계법규

☆☆☆
41 소방시설 설치 및 관리에 관한 법령상 단독경보형 감지기를 설치하여야 하는 특정소방대상물의 기준으로 옳은 것은?

18.03.문49
17.09.문60
10.03.문55
06.09.문61

① 연면적 400m² 미만의 유치원
② 연면적 600m² 미만의 숙박시설
③ 수련시설 내에 있는 합숙소 또는 기숙사로서 연면적 1000m² 미만인 것
④ 교육연구시설 내에 있는 합숙소 또는 기숙사로서 연면적 1000m² 미만인 것

해설 **소방시설법 시행령 〔별표 4〕**
단독경보형 감지기의 설치대상

연면적	설치대상
400m² 미만	• 유치원
2000m² 미만	• 교육연구시설 · 수련시설 내에 있는 **합숙소** 또는 **기숙사**
모두 적용	• 100명 미만의 수련시설(숙박시설이 있는 것) • 연립주택 • 다세대주택

※ **단독경보형 감지기**: 화재발생상황을 단독으로 감지하여 자체에 내장된 음향장치로 경보하는 감지기

비교

단독경보형 감지기의 **설치기준**(NFPC 201 5조, NFTC 201 2.2.1)
(1) 각 실(이웃하는 실내의 바닥면적이 각각 **30m² 미만**이고 벽체의 상부의 전부 또는 일부가 개방되어 이웃하는 실내와 공기가 상호 유통되는 경우에는 이를 1개의 실로 본다)마다 설치하되, 바닥면적이 **150m²**를 초과하는 경우에는 **150m²**마다 1개 이상 설치할 것
(2) 최상층의 계단실의 **천장**(외기가 상통하는 계단실의 경우 제외)에 설치할 것
(3) 건전지를 주전원으로 사용하는 단독경보형 감지기는 정상적인 작동상태를 유지할 수 있도록 건전지를 교환할 것
(4) 상용전원을 주전원으로 사용하는 단독경보형 감지기의 **2차 전지**는 제품검사에 합격한 것을 사용할 것

답 ①

☆☆
42 위험물안전관리법령상 위험물취급소의 구분에 해당하지 않는 것은?

15.09.문44
08.09.문45

① 이송취급소　　② 관리취급소
③ 판매취급소　　④ 일반취급소

해설 **위험물령 〔별표 3〕**
위험물취급소의 구분

구 분	설 명
주유취급소	고정된 주유설비에 의하여 **자동차** · **항공기** 또는 **선박** 등의 연료탱크에 직접 주유하기 위하여 위험물을 취급하는 장소
판매취급소	**점포**에서 위험물을 용기에 담아 판매하기 위하여 지정수량의 **40배** 이하의 위험물을 취급하는 장소 기억법 **판4(판사** 검사)
이송취급소	배관 및 이에 부속된 설비에 의하여 위험물을 **이송**하는 장소
일반취급소	주유취급소 · 판매취급소 · 이송취급소 이외의 장소

답 ②

★

43 소방시설 설치 및 관리에 관한 법률상 주택의 소유자가 설치하여야 하는 소방시설의 설치대상으로 틀린 것은?

① 다세대주택　② 다가구주택
③ 아파트　④ 연립주택

해설 **소방시설법 10조**
주택의 소유자가 설치하는 소방시설의 설치대상
(1) **단독주택**
(2) **공동주택**(아파트 및 기숙사 제외) : **연립주택**, **다세대주택**, **다가구주택**

답 ③

★★★

44 화재의 예방 및 안전관리에 관한 법령상 1급 소방안전관리 대상물에 해당하는 건축물은?

19.03.문60 17.09.문55 16.03.문52 15.03.문60 13.09.문51

① 지하구
② 층수가 15층인 공공업무시설
③ 연면적 15000m^2 이상인 동물원
④ 층수가 20층이고, 지상으로부터 높이가 100m인 아파트

해설 **화재예방법 시행령 〔별표 4〕**
소방안전관리자를 두어야 할 특정소방대상물
(1) 특급 소방안전관리대상물 : 동식물원, 철강 등 불연성 물품 저장·취급창고, 지하구, 위험물제조소 등 제외
　㉠ **50층** 이상(지하층 제외) 또는 지상 **200m** 이상 **아파트**
　㉡ **30층** 이상(지하층 포함) 또는 지상 **120m** 이상(아파트 제외)
　㉢ 연면적 **10만m^2** 이상(아파트 제외)
(2) 1급 소방안전관리대상물 : 동식물원, 철강 등 불연성 물품 저장·취급창고, 지하구, 위험물제조소 등 제외
　㉠ **30층** 이상(지하층 제외) 또는 지상 **120m** 이상 아파트
　㉡ 연면적 **15000m^2** 이상인 것(아파트 및 연립주택 제외)
　㉢ **11층** 이상(아파트 제외)
　㉣ 가연성 가스를 **1000t** 이상 저장·취급하는 시설
(3) 2급 소방안전관리대상물
　㉠ 지하구
　㉡ 가스제조설비를 갖추고 도시가스사업 허가를 받아야 하는 시설 또는 가연성 가스를 **100~1000t** 미만 저장·취급하는 시설
　㉢ 옥내소화전설비·스프링클러설비 설치대상물
　㉣ 물분무등소화설비(호스릴방식의 물분무등소화설비만을 설치한 경우 제외) 설치대상물
　㉤ **공동주택**(옥내소화전설비 또는 스프링클러설비가 설치된 공동주택 한정)
　㉥ **목조건축물**(국보·보물)
(4) 3급 소방안전관리대상물
　㉠ **자동화재탐지설비** 설치대상물
　㉡ 간이스프링클러설비(주택전용 간이스프링클러설비 제외) 설치대상물

답 ②

★★

45 위험물안전관리법령상 제조소의 기준에 따라 건축물의 외벽 또는 이에 상당하는 공작물의 외측으로부터 제조소의 외벽 또는 이에 상당하는 공작물의 외측까지의 안전거리기준으로 틀린 것은? (단, 제6류 위험물을 취급하는 제조소를 제외하고, 건축물에 불연재료로 된 방화상 유효한 담 또는 벽을 설치하지 않은 경우이다.)

19.03.문50 08.05.문52

① 의료법에 의한 종합병원에 있어서는 30m 이상
② 도시가스사업법에 의한 가스공급시설에 있어서는 20m 이상
③ 사용전압 35000V를 초과하는 특고압가공전선에 있어서는 5m 이상
④ 문화유산의 보존 및 활용에 관한 법률과 지정문화유산 및 자연유산의 보존 및 활용에 관한 법률에 따른 천연기념물 등에 있어서는 30m 이상

해설 **위험물규칙 〔별표 4〕**
위험물제조소의 안전거리

안전거리	대 상
3m 이상	• **7~35kV** 이하의 특고압가공전선
5m 이상	• **35kV**를 초과하는 특고압가공전선
10m 이상	• **주거용**으로 사용되는 것
20m 이상	• 고압가스 **제조**시설(용기에 충전하는 것 포함) • 고압가스 **사용**시설(1일 **30m^3** 이상 용적 취급) • 고압가스 **저장**시설 • 액화산소 **소비**시설 • 액화석유가스 제조·저장시설 • 도시가스 공급시설
30m 이상	• 학교 • 병원급 의료기관 • 공연장, • 영화상영관 ─ **300명** 이상 수용시설 • 아동복지시설 • 노인복지시설 • 장애인복지시설 • 한부모가족 복지시설 • 어린이집 • 성매매 피해자 등을 위한 지원시설 • 정신건강증진시설 • 가정폭력 피해자 보호시설 (아동복지시설~가정폭력 피해자 보호시설) ─ **20명** 이상 수용시설
50m 이상	• 지정문화유산 • 천연기념물 등

④ 30m → 50m

답 ④

★★
46 11.10.문46

소방시설 설치 및 관리에 관한 법령상 터널로서 길이가 1000m일 때 설치하지 않아도 되는 소방시설은?

① 인명구조기구 ② 옥내소화전설비
③ 연결송수관설비 ④ 무선통신보조설비

해설 **소방시설법 시행령 〔별표 4〕**
터널길이

터널길이	적용설비
500m 이상	• 비상조명등설비 • 비상경보설비 • 무선통신보조설비 • 비상콘센트설비
1000m 이상	• 옥내소화전설비 • 자동화재탐지설비 • 연결송수관설비

① 1000m일 때이므로 500m 이상, 1000m 이상 모두 해당된다.

중요

소방시설법 시행령 〔별표 4〕
인명구조기구의 설치장소
(1) 지하층을 포함한 **7층** 이상의 **관광호텔**[방열복, 방화복(안전모, 보호장갑, 안전화 포함), 인공소생기, 공기호흡기]
(2) 지하층을 포함한 **5층** 이상의 **병원**[방열복, 방화복(안전모, 보호장갑, 안전화 포함), 공기호흡기]

기억법 **5병(오병이어의 기적)**

(3) 공기호흡기를 설치하여야 하는 특정소방대상물
㉠ 수용인원 **100명** 이상인 **영화상영관**
㉡ **대규모점포**
㉢ **지하역사**
㉣ **지하상가**
㉤ **이산화탄소 소화설비**(호스릴 이산화탄소 소화설비 제외)를 설치하여야 하는 특정소방대상물

답 ①

★★★
47 19.03.문48 15.03.문56 12.05.문51

소방시설 설치 및 관리에 관한 법령상 스프링클러설비를 설치하여야 하는 특정소방대상물의 기준으로 틀린 것은? (단, 위험물 저장 및 처리 시설 중 가스시설 또는 지하구는 제외한다.)

① 복합건축물로서 연면적 $3500m^2$ 이상인 경우에는 모든 층
② 창고시설(물류터미널은 제외)로서 바닥면적 합계가 $5000m^2$ 이상인 경우에는 모든 층
③ 숙박이 가능한 수련시설 용도로 사용되는 시설의 바닥면적의 합계가 $600m^2$ 이상인 것은 모든 층
④ 판매시설, 운수시설 및 창고시설(물류터미널에 한정)로서 바닥면적의 합계가 $5000m^2$ 이상이거나 수용인원이 500명 이상인 경우에는 모든 층

해설 **스프링클러설비**의 **설치대상**

설치대상	조 건
① 문화 및 집회시설, 운동시설 ② 종교시설	• 수용인원 : **100명** 이상 • 영화상영관 : 지하층 · 무창층 **500m²**(기타 **1000m²**) 이상 • 무대부 – 지하층 · 무창층 · **4층** 이상 **300m²** 이상 – 1~3층 **500m²** 이상
③ 판매시설 ④ 운수시설 ⑤ 물류터미널	• 수용인원 : **500명** 이상 • 바닥면적 합계 : **5000m²** 이상
⑥ 노유자시설 ⑦ 정신의료기관 ⑧ 수련시설(숙박 가능한 것) ⑨ 종합병원, 병원, 치과병원, 한방병원 및 요양병원(정신병원 제외) ⑩ 숙박시설	• 바닥면적 합계 **600m²** 이상
⑪ 지하층 · 무창층 · **4층** 이상	• 바닥면적 **1000m²** 이상
⑫ 창고시설(물류터미널 제외)	• 바닥면적 합계 : **5000m²** 이상 : 전층
⑬ **지하상가**	• 연면적 **1000m²** 이상
⑭ **10m** 넘는 랙식 창고	• 연면적 **1500m²** 이상
⑮ 복합건축물 → ⑯ 기숙사	• 연면적 **5000m²** 이상 : 전층
⑰ **6층** 이상	• 전층
⑱ 보일러실 · 연결통로	• 전부
⑲ 특수가연물 저장 · 취급	• 지정수량 **1000배** 이상
⑳ 발전시설	• 전기저장시설 : 전부

① $3500m^2$ → $5000m^2$

답 ①

★★★
48 19.03.문42 18.04.문54 13.03.문48 12.05.문55 10.09.문49

소방시설 설치 및 관리에 관한 법령상 1년 이하의 징역 또는 1천만원 이하의 벌금기준에 해당하는 경우는?

① 소방용품의 형식승인을 받지 아니하고 소방용품을 제조하거나 수입한 자
② 형식승인을 받은 소방용품에 대하여 제품검사를 받지 아니한 자
③ 거짓이나 그 밖의 부정한 방법으로 제품검사 전문기관으로 지정을 받은 자
④ 소방용품에 대하여 형상 등의 일부를 변경한 후 형식승인의 변경승인을 받지 아니한 자

해설 1년 이하의 징역 또는 1000만원 이하의 벌금
(1) 소방시설의 **자체점검** 미실시자(소방시설법 58조)
(2) **소방시설관리사증** 대여(소방시설법 58조)
(3) **소방시설관리업**의 등록증 또는 등록수첩 대여(소방시설법 58조)
(4) 제조소 등의 정기점검기록 허위작성(위험물법 35조)
(5) **자체소방대**를 두지 않고 제조소 등의 허가를 받은 자(위험물법 35조)
(6) **위험물 운반용기**의 검사를 받지 않고 유통시킨 자(위험물법 35조)
(7) 소방용품 형상 일부 변경 후 변경 미승인(소방시설법 58조)

비교

3년 이하의 징역 또는 3000만원 이하의 벌금
(1) **화재안전조사** 결과에 따른 조치명령 위반(화재예방법 50조)
(2) **소방시설관리업** 무등록자(소방시설법 57조)
(3) **소방시설업** 무등록자(공사업법 35조)
(4) 부정한 청탁을 받고 재물 또는 재산상의 이익을 취득하거나 부정한 청탁을 하면서 재물 또는 재산상의 이익을 제공한 자(공사업법 35조)
(5) 형식승인을 받지 않은 **소방용품** 제조·수입자(소방시설법 57조)
(6) **제품검사**를 받지 않은 자(소방시설법 57조)
(7) **거짓**이나 그 밖의 **부정한 방법**으로 **제품검사 전문기관**의 지정을 받은 자(소방시설법 57조)

①, ②, ③ : 3년 이하의 징역 또는 3000만원 이하의 벌금

답 ④

★★★
49 소방기본법령상 소방대장의 권한이 아닌 것은?

19.04.문43
19.03.문56
18.04.문43
17.05.문48
16.03.문44
08.05.문54

① 화재현장에 대통령령으로 정하는 사람 외에는 그 구역에 출입하는 것을 제한할 수 있다.
② 화재진압 등 소방활동을 위하여 필요할 때에는 소방용수 외에 댐·저수지 등의 물을 사용할 수 있다.
③ 국민의 안전의식을 높이기 위하여 소방박물관 및 소방체험관을 설립하여 운영할 수 있다.
④ 불이 번지는 것을 막기 위하여 필요할 때에는 불이 번질 우려가 있는 소방대상물 및 토지를 일시적으로 사용할 수 있다.

해설 (1) 소방**대**장 : 소방**활**동**구**역의 설정(기본법 23조)

기억법 **대구활(대구의 활동)**

(2) **소**방본부장·**소**방서장·소방**대**장
㉠ 소방활동 **종**사명령(기본법 24조)
㉡ **강**제처분(기본법 25조)
㉢ **피**난명령(기본법 26조)
㉣ 댐·저수지 사용 등 위험시설 등에 대한 긴급조치(기본법 27조)

기억법 **소대종강피(소방대의 종강파티)**

비교

기본법 5조 ①항
설립과 운영

소방박물관	소방체험관
소방청장	시·도지사

답 ③

★★★
50 위험물안전관리법령상 위험물시설의 설치 및 변경 등에 관한 기준 중 다음 (   ) 안에 들어갈 내용으로 옳은 것은?

19.09.문42
18.04.문49
17.05.문46
15.03.문55
14.05.문44
13.09.문60

> 제조소 등의 위치·구조 또는 설비의 변경 없이 당해 제조소 등에서 저장하거나 취급하는 위험물의 품명·수량 또는 지정수량의 배수를 변경하고자 하는 자는 변경하고자 하는 날의 (㉠)일 전까지 (㉡)이 정하는 바에 따라 (㉢)에게 신고하여야 한다.

① ㉠ : 1, ㉡ : 대통령령, ㉢ : 소방본부장
② ㉠ : 1, ㉡ : 행정안전부령, ㉢ : 시·도지사
③ ㉠ : 14, ㉡ : 대통령령, ㉢ : 소방서장
④ ㉠ : 14, ㉡ : 행정안전부령, ㉢ : 시·도지사

해설 **위험물법 6조**
제조소 등의 설치허가
(1) **설치허가자** : **시·도지사**
(2) **설치허가 제외 장소**
㉠ 주택의 난방시설(공동주택의 중앙난방시설은 제외)을 위한 **저장소** 또는 **취급소**
㉡ 지정수량 **20배** 이하의 **농**예용·**축**산용·**수**산용 난방시설 또는 건조시설의 **저장소**
(3) **제조소 등의 변경신고** : 변경하고자 하는 날의 **1일** 전까지 **시·도지사**에게 **신고(행정안전부령)**

기억법 **농축수2**

참고

시·도지사
(1) 특별시장
(2) 광역시장
(3) 특별자치시장
(4) 도지사
(5) 특별자치도지사

답 ②

51
19.09.문42
18.04.문49
17.05.문46
15.03.문55
14.05.문44
13.09.문60

위험물안전관리법령상 허가를 받지 아니하고 당해 제조소 등을 설치하거나 그 위치 · 구조 또는 설비를 변경할 수 있으며, 신고를 하지 아니하고 위험물의 품명 · 수량 또는 지정수량의 배수를 변경할 수 있는 기준으로 옳은 것은?

① 축산용으로 필요한 건조시설을 위한 지정수량 40배 이하의 저장소
② 수산용으로 필요한 건조시설을 위한 지정수량 30배 이하의 저장소
③ 농예용으로 필요한 난방시설을 위한 지정수량 40배 이하의 저장소
④ 주택의 난방시설(공동주택의 중앙난방시설 제외)을 위한 저장소

해설 문제 50 참조

① 40배 → 20배
② 30배 → 20배
③ 40배 → 20배

답 ④

52
18.04.문51
14.09.문50

소방시설공사업법령상 공사감리자 지정대상 특정소방대상물의 범위가 아닌 것은?

① 제연설비를 신설 · 개설하거나 제연구역을 증설할 때
② 연소방지설비를 신설 · 개설하거나 살수구역을 증설할 때
③ 캐비닛형 간이스프링클러설비를 신설 · 개설하거나 방호 · 방수 구역을 증설할 때
④ 물분무등소화설비(호스릴방식의 소화설비 제외)를 신설 · 개설하거나 방호 · 방수 구역을 증설할 때

해설 **공사업령 10조**
소방공사감리자 지정대상 특정소방대상물의 범위
(1) **옥내소화전설비**를 신설 · 개설 또는 **증설**할 때
(2) **스프링클러설비** 등(캐비닛형 간이스프링클러설비 제외)을 신설 · 개설하거나 방호 · **방수구역**을 **증설**할 때
(3) **물분무등소화설비**(호스릴방식의 소화설비 제외)를 신설 · 개설하거나 방호 · 방수구역을 **증설**할 때
(4) **옥외소화전설비**를 신설 · 개설 또는 **증설**할 때
(5) **자동화재탐지설비**를 신설 또는 개설할 때
(6) **화재알림설비**를 신설 또는 개설할 때
(7) **비상방송설비**를 신설 또는 개설할 때
(8) **통합감시시설**을 신설 또는 **개설**할 때
(9) **소화용수설비**를 신설 또는 **개설**할 때
(10) 다음의 **소화활동설비**에 대하여 시공할 때
㉠ 제연설비를 신설 · 개설하거나 제연구역을 증설할 때
㉡ 연결송수관설비를 신설 또는 개설할 때
㉢ 연결살수설비를 신설 · 개설하거나 송수구역을 증설할 때
㉣ 비상콘센트설비를 신설 · 개설하거나 전용회로를 증설할 때
㉤ 무선통신보조설비를 신설 또는 개설할 때
㉥ 연소방지설비를 신설 · 개설하거나 살수구역을 증설할 때

③ 캐비닛형 간이스프링클러설비는 제외

답 ③

53
19.03.문56
18.04.문43
17.05.문48

화재의 예방 및 안전관리에 관한 법령상 화재안전조사 결과 소방대상물의 위치 상황이 화재예방을 위하여 보완될 필요가 있을 것으로 예상되는 때에 소방대상물의 개수 · 이전 · 제거, 그 밖의 필요한 조치를 관계인에게 명령할 수 있는 사람은?

① 소방서장　② 경찰청장
③ 시 · 도지사　④ 해당 구청장

해설 **화재예방법 14조**
화재안전조사 결과에 따른 조치명령
(1) **명령권자** : **소방청장, 소방본부장 · 소방서장**(소방관서장)
(2) **명령사항**
㉠ **개수**명령
㉡ **이전**명령
㉢ **제거**명령
㉣ **사용**의 **금지** 또는 제한명령, 사용폐쇄
㉤ **공사**의 **정지** 또는 중지명령

중요

소방본부장 · 소방서장 · 소방대장
(1) 소방활동 종사명령(기본법 24조)
(2) 강제처분 · 제거(기본법 25조)
(3) 피난명령(기본법 26조)
(4) 댐 · 저수지 사용 등 위험시설 등에 대한 긴급조치(기본법 27조)

기억법 **소대종강피(소방대의 종강파티)**

용어

소방활동 종사명령
화재, 재난 · 재해, 그 밖의 위급한 상황이 발생한 현장에서 소방활동을 위하여 필요할 때에는 그 관할구역에 사는 사람 또는 그 현장에 있는 사람으로 하여금 사람을 구출하는 일 또는 불을 끄거나 불이 번지지 아니하도록 하는 일을 하게 할 수 있는 것

답 ①

중요

화재예방법 18조
화재예방강화지구

지 정	지정요청	화재안전조사
시·도지사	**소방청장**	**소방청장·소방본부장** 또는 **소방서장**

※ **화재예방강화지구**: 화재발생 우려가 크거나 화재가 발생할 경우 피해가 클 것으로 예상되는 지역에 대하여 화재의 예방 및 안전관리를 강화하기 위해 지정·관리하는 지역

답 ①

54 소방기본법령상 시장지역에서 화재로 오인할 만한 우려가 있는 불을 피우거나 연막소독을 하려는 자가 신고를 하지 아니하여 소방자동차를 출동하게 한 자에 대한 과태료 부과·징수권자는?

19.03.문56
18.04.문43
17.05.문49

① 국무총리
② 시·도지사
③ 행정안전부장관
④ 소방본부장 또는 소방서장

해설 **기본법 57조**
연막소독 과태료 징수
(1) **20만원** 이하 **과태료**
(2) **소방본부장**·**소방서장**이 부과·징수

중요

기본법 19조
화재로 오인할 만한 불을 피우거나 연막소독시 신고지역
(1) **시장**지역
(2) **공장**·**창고**가 밀집한 지역
(3) **목조건물**이 밀집한 지역
(4) **위험물**의 **저장** 및 **처리시설**이 **밀집**한 지역
(5) **석유화학제품**을 생산하는 공장이 있는 지역
(6) 그 밖에 **시**·**도**의 **조례**로 정하는 지역 또는 장소

답 ④

55 화재의 예방 및 안전관리에 관한 법령상 특수가연물에 해당하는 품명별 기준수량으로 틀린 것은?

15.09.문47
15.05.문49
14.03.문52
12.05.문60

① 사류 1000kg 이상
② 면화류 200kg 이상
③ 나무껍질 및 대팻밥 400kg 이상
④ 넝마 및 종이부스러기 500kg 이상

해설 **화재예방법 시행령 〔별표 2〕**
특수가연물

품 명		수 량
가연성 **액**체류		**2**m^3 이상
목재가공품 및 나무부스러기		**1**0m^3 이상
면화류		**2**00kg 이상
나무껍질 및 대팻밥		**4**00kg 이상
넝마 및 종이부스러기		**1**000kg 이상
사류(絲類)		**1**000kg 이상
볏짚류		**1**000kg 이상
가연성 **고**체류		**3**000kg 이상
고무류·플라스틱류	발포시킨 것	20m^3 이상
고무류·플라스틱류	그 밖의 것	**3**000kg 이상
석탄·목탄류		**1**0000kg 이상

④ 500kg → 1000kg

※ **특수가연물**: 화재가 발생하면 그 확대가 빠른 물품

기억법 **가액목면나 넝사볏가고 고석**
2 1 2 4 1 3 3 1

답 ④

56 소방시설공사업법상 소방시설공사 결과 소방시설의 하자발생시 통보를 받은 공사업자는 며칠 이내에 하자를 보수해야 하는가?

14.05.문47
11.06.문59

① 3
② 5
③ 7
④ 10

해설 **공사업법 15조**
소방시설공사의 하자보수기간: **3일** 이내

중요

3일
(1) **하**자보수기간(공사업법 15조)
(2) 소방시설업 **등**록증 **분**실 등의 **재발급**(공사업규칙 4조)
(3) 소방시설 등의 자체점검 면제 또는 연기신청(소방시설법 시행규칙 22조)
(4) 소방안전관리자 선임연기신청서 관계인 통보(화재예방법 시행규칙 14조)

기억법 3하등분재(**상하**이에서 **동**생이 **분재**를 가져왔다.)

답 ①

★★★
57 다음 중 소방시설 설치 및 관리에 관한 법령상 소방시설관리업을 등록할 수 있는 자는?

15.09.문45
15.03.문41
12.09.문44

① 피성년후견인
② 소방시설관리업의 등록이 취소된 날부터 2년이 경과된 자
③ 금고 이상의 형의 집행유예를 선고받고 그 유예기간 중에 있는 자
④ 금고 이상의 실형을 선고받고 그 집행이 면제된 날부터 2년이 지나지 아니한 자

해설 **소방시설법 30조**
소방시설관리업의 등록결격사유
(1) 피성년후견인
(2) 금고 이상의 실형을 선고받고 그 집행이 끝나거나 집행이 면제된 날부터 **2년**이 지나지 아니한 사람
(3) 금고 이상의 형의 집행유예를 선고받고 그 유예기간 중에 있는 사람
(4) 관리업의 등록이 취소된 날부터 **2년**이 지나지 아니한 자

답 ②

★★★
58 소방시설 설치 및 관리에 관한 법령상 수용인원 산정방법 중 침대가 없는 숙박시설로서 해당 특정소방대상물의 종사자의 수는 5명, 복도, 계단 및 화장실의 바닥면적을 제외한 바닥면적이 158m²인 경우의 수용인원은 약 몇 명인가?

19.04.문51
18.09.문43
17.03.문57

① 37　　② 45
③ 58　　④ 84

해설 **소방시설법 시행령 〔별표 7〕**
수용인원의 산정방법

특정소방대상물		산정방법
• 강의실 • 교무실 • 상담실 • 실습실 • 휴게실		$\dfrac{\text{바닥면적 합계}}{1.9\text{m}^2}$
• 숙박시설	침대가 있는 경우	종사자수 + 침대수
	침대가 없는 경우 →	종사자수 + $\dfrac{\text{바닥면적 합계}}{3\text{m}^2}$
• 기타		$\dfrac{\text{바닥면적 합계}}{3\text{m}^2}$
• 강당 • 문화 및 집회시설, 운동시설 • 종교시설		$\dfrac{\text{바닥면적 합계}}{4.6\text{m}^2}$

• **소수점 이하**는 **반올림**한다.

기억법 **수반(수반! 동반!)**

숙박시설(침대가 없는 경우)

$$= 종사자수 + \frac{바닥면적\ 합계}{3\text{m}^2} = 5명 + \frac{158\text{m}^2}{3\text{m}^2} = 58명$$

답 ③

★★★
59 소방시설공사업법령상 소방시설공사의 하자보수 보증기간이 3년이 아닌 것은?

17.05.문51
16.10.문56
15.05.문59
15.03.문52
12.05.문59

① 자동소화장치
② 무선통신보조설비
③ 자동화재탐지설비
④ 스프링클러설비

해설 **공사업령 6조**
소방시설공사의 하자보수 보증기간

보증기간	소방시설
2년	① 유도등 · 피난기구 ② 비상조명등 · 비상경보설비 · 비상방송설비 ③ 무선통신보조설비
3년	① 자동소화장치 ② 옥내 · 외소화전설비 ③ 스프링클러설비 ④ 물분무등소화설비 · 소화용수설비 ⑤ 자동화재탐지설비 · 소화활동설비(무선통신보조설비 제외) ⑥ 화재알림설비

기억법 **유비 조경방무피2**

② 2년

답 ②

★
60 국민의 안전의식과 화재에 대한 경각심을 높이고 안전문화를 정착시키기 위한 소방의 날은 몇 월 며칠인가?

① 1월 19일　　② 10월 9일
③ 11월 9일　　④ 12월 19일

해설 **소방기본법 7조**
소방의 날 제정과 운영 등
(1) 소방의 날 : **11월 9일**
(2) 소방의 날 행사에 관하여 필요한 사항 : **소방청장** 또는 **시 · 도지사**

답 ③

제 4 과목 소방전기시설의 구조 및 원리

★★★
61 비상조명등의 화재안전기준에 따라 조도는 비상조명등이 설치된 장소의 각 부분의 바닥에서 몇 lx 이상이 되도록 하여야 하는가?
[13.06.문68]

① 1 ② 3
③ 5 ④ 10

해설 **조명도**(조도)

기 기	조명도
객석유도등	0.2 lx 이상
통로유도등	1 lx 이상
비상조명등 ⟶	1 lx 이상

참고

통로유도등의 **조명도**

조 건	조명도
지상설치시	수평으로 **0.5m** 떨어진 지점에서 **1럭스(lx)** 이상
바닥매설시	직상부 **1m**의 높이에서 **1럭스(lx)** 이상

답 ①

★★
62 자동화재탐지설비 및 시각경보장치의 화재안전기준에 따라 지하층·무창층 등으로서 환기가 잘 되지 아니하거나 실내면적이 $40m^2$ 미만인 장소에 설치하여야 하는 적응성이 있는 감지기가 아닌 것은?
[17.09.문66] [17.03.문79] [09.03.문69]

① 불꽃감지기
② 광전식 분리형 감지기
③ 정온식 스포트형 감지기
④ 아날로그방식의 감지기

해설 **지하층·무창층** 등으로서 환기가 잘 되지 아니하거나 실내면적이 **$40m^2$ 미만**인 장소, 감지기의 부착면과 실내바닥과의 거리가 **2.3m 이하**인 곳으로서 일시적으로 발생한 열·연기 또는 먼지 등으로 인하여 화재신호를 발신할 우려가 있는 장소의 적응감지기(NFPC 203 7조, NFTC 203 2.2.2)

(1) **불꽃**감지기
(2) **정온식 감지선형** 감지기
(3) **분포형** 감지기
(4) **복합형** 감지기
(5) **광전식 분리형** 감지기
(6) **아날로그방식**의 감지기
(7) **다신호방식**의 감지기
(8) **축적방식**의 감지기

기억법 **불정감 복분 광아다축**

③ 정온식 스포트형 감지기 → 정온식 감지선형 감지기

답 ③

★★★
63 무선통신보조설비의 화재안전기준에 따른 옥외안테나의 설치기준으로 옳지 않은 것은?

① 건축물, 지하가, 터널 또는 공동구의 출입구 및 출입구 인근에서 통신이 가능한 장소에 설치할 것
② 다른 용도로 사용되는 안테나로 인한 통신장애가 발생하지 않도록 설치할 것
③ 옥외안테나는 견고하게 설치하며 파손의 우려가 없는 곳에 설치하고 그 가까운 곳의 보기 쉬운 곳에 "옥외안테나"라는 표시와 함께 통신가능거리를 표시한 표지를 설치할 것
④ 수신기가 설치된 장소 등 사람이 상시 근무하는 장소에는 옥외안테나의 위치가 모두 표시된 옥외안테나 위치표시도를 비치할 것

해설 **무선통신보조설비 옥외안테나 설치기준**(NFPC 505 6조, NFTC 505 2.3.1)

(1) **건축물**, **지하가**, **터널** 또는 공동구의 출입구 및 출입구 인근에서 통신이 가능한 장소에 설치할 것
(2) 다른 용도로 사용되는 안테나로 인한 **통신장애**가 발생하지 않도록 설치할 것
(3) 옥외안테나는 견고하게 설치하며 파손의 우려가 없는 곳에 설치하고 그 가까운 곳의 보기 쉬운 곳에 **"무선통신보조설비 안테나"**라는 표시와 함께 통신가능거리를 표시한 표지를 설치할 것
(4) 수신기가 설치된 장소 등 사람이 상시 근무하는 장소에는 옥외안테나의 위치가 모두 표시된 옥외안테나 **위치표시도**를 비치할 것

③ 옥외안테나 → 무선통신보조설비 안테나

답 ③

★★★
64

19.04.문63 18.04.문61 17.03.문72 16.10.문61 16.05.문76 15.09.문80 14.03.문64 11.10.문67

비상콘센트설비의 화재안전기준에 따라 비상콘센트용의 풀박스 등은 방청도장을 한 것으로서, 두께 몇 mm 이상의 철판으로 하여야 하는가?

① 1.2　　② 1.6
③ 2.0　　④ 2.4

해설 **비상콘센트설비**(NFPC 504 4조, NFTC 504 2.1)

구 분	전 압	용 량	플러그접속기
단상 교류	220V	1.5kVA 이상	접지형 2극

(1) 하나의 전용 회로에 설치하는 비상콘센트는 **10개** 이하로 할 것(전선의 용량은 최대 **3개**)

설치하는 비상콘센트 수량	전선의 용량산정시 적용하는 비상콘센트 수량	단상 전선의 용량
1개	1개 이상	1.5kVA 이상
2개	2개 이상	3.0kVA 이상
3~10개	3개 이상	4.5kVA 이상

(2) 전원회로는 각 층에 있어서 **2 이상**이 되도록 설치할 것(단, 설치하여야 할 층의 콘센트가 **1개**인 때에는 하나의 회로로 할 수 있다.)
(3) 플러그접속기의 칼받이 접지극에는 **접지공사**를 하여야 한다.
(4) 풀박스는 **1.6mm** 이상의 철판을 사용할 것
(5) 절연저항은 **전원부**와 **외함** 사이를 **직류 500V 절연저항계**로 측정하여 **20MΩ** 이상일 것
(6) 전원으로부터 각 층의 비상콘센트에 분기되는 경우에는 **분기배선용 차단기**를 보호함 안에 설치할 것
(7) 바닥으로부터 **0.8~1.5m** 이하의 높이에 설치할 것
(8) 전원회로는 주배전반에서 **전용 회로**로 하며, 배선의 종류는 **내화배선**이어야 한다.

답 ②

★★★
65

19.03.문80 17.05.문68 16.10.문72 15.09.문78 14.05.문78 12.05.문78 10.05.문76 08.09.문70

무선통신보조설비의 화재안전기준에 따라 금속제 지지금구를 사용하여 무선통신보조설비의 누설동축케이블을 벽에 고정시키고자 하는 경우 몇 m 이내마다 고정시켜야 하는가? (단, 불연재료로 구획된 반자 안에 설치하는 경우는 제외한다.)

① 2　　② 3
③ 4　　④ 5

해설 **누설동축케이블**의 **설치기준**(NFPC 505 5조, NFTC 505 2.2.1)
(1) 소방전용 주파수대에서 전파의 **전송** 또는 **복사**에 적합한 것으로서 소방전용의 것
(2) 누설동축케이블과 이에 접속하는 안테나 또는 동축케이블과 이에 접속하는 안테나
(3) 누설동축케이블 및 동축케이블은 화재에 따라 해당 케이블의 피복이 소실된 경우에 케이블 본체가 떨어지지 아니하도록 4m 이내마다 금속제 또는 자기제 등의 지지금구로 벽·천장·기둥 등에 견고하게 고정시킬 것(단, 불연재료로 구획된 반자 안에 설치하는 경우 제외)
(4) **누설동축케이블** 및 **안테나**는 **고**압전로로부터 **1.5m** 이상 떨어진 위치에 설치(단, 해당 전로에 **정전기 차폐장치**를 유효하게 설치한 경우에는 제외)
(5) 누설동축케이블의 끝부분에는 **무반사종단저항**을 설치

기억법 누고15

용어

무반사종단저항
전송로로 전송되는 전자파가 전송로의 종단에서 반사되어 **교신**을 **방해**하는 것을 막기 위한 저항

답 ③

★★★
66

19.03.문77 18.09.문68 18.04.문74 16.05.문63 15.03.문67 14.09.문65 11.03.문72 10.09.문70 09.05.문75

비상방송설비의 화재안전기준에 따른 음향장치의 구조 및 성능에 대한 기준이다. 다음 ( )에 들어갈 내용으로 옳은 것은?

> • 정격전압의 (㉠)% 전압에서 음향을 발할 수 있는 것을 할 것
> • (㉡)의 작동과 연동하여 작동할 수 있는 것으로 할 것

① ㉠ 65, ㉡ 자동화재탐지설비
② ㉠ 80, ㉡ 자동화재탐지설비
③ ㉠ 65, ㉡ 단독경보형 감지기
④ ㉠ 80, ㉡ 단독경보형 감지기

해설 **비상방송설비 음향장치**의 **구조** 및 **성능기준**(NFPC 202 4조, NFTC 202 2.1.1.12)
(1) 정격전압의 **80%** 전압에서 음향을 발할 것
(2) **자동화재탐지설비**의 작동과 연동하여 작동할 것

비교

자동화재탐지설비 음향장치의 **구조** 및 **성능 기준**
(1) 정격전압의 **80%** 전압에서 음향을 발할 것
(2) 음량은 **1m** 떨어진 곳에서 **90dB** 이상일 것
(3) **감지기**·**발신기**의 작동과 **연동**하여 작동할 것

답 ②

★
67

예비전원의 성능인증 및 제품검사의 기술기준에 따른 예비전원의 구조 및 성능에 대한 설명으로 틀린 것은?

① 예비전원을 병렬로 접속하는 경우는 역충전 방지 등의 조치를 강구하여야 한다.
② 배선은 충분한 전류용량을 갖는 것으로서 배선의 접속이 적합하여야 한다.
③ 예비전원에 연결되는 배선의 경우 양극은 청색, 음극은 적색으로 오접속방지 조치를 하여야 한다.
④ 축전지를 직렬 또는 병렬로 사용하는 경우에는 용량(전압, 전류)이 균일한 축전지를 사용하여야 한다.

해설 **예비전원**의 **구조** 및 **성능**(예비전원의 성능인증 및 제품검사의 기술기준 4조)

(1) 취급 및 보수점검이 쉽고 내구성이 있을 것
(2) 먼지, 습기 등에 의하여 기능에 이상이 생기지 아니할 것
(3) 배선은 충분한 **전류용량**을 갖는 것으로서 배선의 접속이 적합할 것
(4) 부착방향에 따라 누액이 없고 기능에 이상이 없을 것
(5) 외부에서 쉽게 접촉할 우려가 있는 충전부는 충분히 보호되도록 하고 외함(축전지의 보호커버를 말함)과 단자 사이는 절연물로 보호할 것
(6) 예비전원에 연결되는 배선의 경우 **양극**은 **적색**, **음극**은 **청색** 또는 **흑색**으로 오접속방지 조치할 것

‖ 예비전원 연결배선 ‖

양 극	음 극
적색	**청색** 또는 **흑색**

(7) 충전장치의 이상 등에 의하여 내부가스압이 이상 상승할 우려가 있는 것은 안전조치를 강구할 것
(8) 축전지에 배선 등을 직접 납땜하지 아니하여야 하며 축전지 개개의 연결부분은 **스포트용접** 등으로 확실하고 견고하게 접속할 것
(9) 예비전원을 병렬로 접속하는 경우는 **역충전방지** 등의 조치를 강구할 것
(10) 겉모양은 현저한 오염, 변형 등이 없을 것
(11) 축전지를 **직렬** 또는 **병렬**로 사용하는 경우에는 용량(전압, 전류)이 균일한 축전지를 사용할 것

③ 양극은 청색, 음극은 적색 → 양극은 적색, 음극은 청색 또는 흑색

답 ③

★★★
68 비상경보설비 및 단독경보형 감지기의 화재안전기준에 따라 비상벨설비의 음향장치의 음량은 부착된 음향장치의 중심으로부터 1m 떨어진 위치에서 몇 dB 이상이 되는 것으로 하여야 하는가?

19.09.문64 / 18.04.문74 / 16.05.문63 / 15.03.문67 / 14.09.문65 / 10.09.문70

① 60 ② 70
③ 80 ④ 90

해설 **음향장치**

(1) **비상경보설비 음향장치**의 **설치기준**(NFPC 201 4조, NFTC 201 2.1)

구 분	설 명
전원	교류전압 옥내간선, **전용**
정격전압	**80%** 전압에서 음향 발할 것
음량	**1m** 위치에서 **90dB** 이상
지구음향장치	**층**마다 설치, 수평거리 **25m** 이하

(2) **비상방송설비 음향장치**의 **구조** 및 **성능기준**(NFPC 202 4조, NFTC 202 2.1.1.12)

구 분	설 명
정격전압	**80%** 전압에서 음향을 발할 것
연동	**자동화재탐지설비**의 작동과 연동하여 작동

(3) **자동화재탐지설비 음향장치**의 **구조** 및 **성능기준**(NFPC 203 8조, NFTC 203 2.5.1.4)

구 분	설 명
정격전압	**80%** 전압에서 음향을 발할 것
음량	**1m 떨어진 곳**에서 **90dB** 이상
연동	**감지기·발신기**의 작동과 **연동**하여 작동

(4) **누전경보기**의 **음향장치**

구 분	설 명
정격전압	**80%** 전압에서 소리를 낼 것

중요

대상에 **따른 음압**

음 압	대 상
40dB 이하	**유**도등 · **비**상조명등의 소음
60dB 이상	① **고**장표시장치용 ② **전**화용 부저 ③ 단독경보형 감지기(건전지 교체 **음성안내**)
70dB 이상	① 가스누설경보기(단독형 · 영업용) ② 누전경보기 ③ 단독경보형 감지기(건전지 교체 **음향경보**)
85dB 이상	단독경보형 감지기(화재경보음)
90dB 이상	① 가스누설경보기(**공**업용) ② **자**동화재탐지설비의 음향장치 ③ 비상벨설비의 음향장치

기억법 **유비음4**(**유비**는 **음**식 중 **사**발면을 좋아한다.)
고진음6(**고진음**악을 **유**창하게 해.)
9공자

답 ④

★
69 자동화재탐지설비 및 시각경보장치의 화재안전기준에 따른 중계기에 대한 시설기준으로 틀린 것은?

13.03.문64

① 조작 및 점검에 편리하고 화재 및 침수 등의 재해로 인한 피해를 받을 우려가 없는 장소에 설치할 것
② 수신기에서 직접 감지기회로의 도통시험을 행하지 아니하는 것에 있어서는 수신기와 발신기 사이에 설치할 것
③ 수신기에 따라 감시되지 아니하는 배선을 통하여 전력을 공급받는 것에 있어서는 전원입력측의 배선에 과전류차단기를 설치할 것
④ 수신기에 따라 감시되지 아니하는 배선을 통하여 전력을 공급받는 것에 있어서는 해당 전원의 정전이 즉시 수신기에 표시되는 것으로 할 것

해설 **중계기**의 **설치기준**(NFPC 203 6조, NFTC 203 2.3)

(1) 수신기에서 직접 감지기회로의 도통시험을 행하지 않는 경우에는 **수신기**와 **감지기** 사이에 설치할 것

(2) **조작** 및 **점검**이 편리하고 화재 및 침수 등의 재해로 인한 피해를 받을 우려가 없는 장소에 설치할 것
(3) 수신기에 따라 감시되지 아니하는 배선을 통하여 전력을 공급받는 것에 있어서는 **전원입력측**의 배선에 **과전류차단기**를 설치하고 전원의 정전이 즉시 수신기에 표시되는 것으로 하며, **상용전원** 및 **예비전원**의 시험을 할 수 있도록 할 것

기억법 **과중**

② 발신기 → 감지기

답 ②

70 비상방송설비의 화재안전기준에 따른 용어의 정의에서 소리를 크게 하여 멀리까지 전달될 수 있도록 하는 장치로서 일명 "스피커"를 말하는 것은?

19.04.문77
14.09.문67
13.03.문75

① 확성기　　② 증폭기
③ 사이렌　　④ 음량조절기

해설 (1) **비상방송설비에 사용되는 용어**(NFPC 202 3조, NFTC 202 1.7)

용 어	설 명
확성기 (스피커)	소리를 크게 하여 멀리까지 전달될 수 있도록 하는 장치
음량조절기	**가변저항**을 이용하여 **전류**를 **변화**시켜 음량을 크게 하거나 작게 조절할 수 있는 장치
증폭기	전압전류의 **진폭**을 늘려 감도를 좋게 하고 미약한 **음성전류**를 커다란 음성전류로 변화시켜 **소리**를 **크게** 하는 장치

(2) **비상경보설비에 사용되는 용어**(NFPC 201 3조, NFTC 201 1.7)

용 어	설 명
비상벨설비	화재발생상황을 **경종**으로 경보하는 설비
자동식 사이렌설비	화재발생상황을 **사이렌**으로 경보하는 설비
발신기	화재발생신호를 수신기에 **수동**으로 **발신**하는 장치
수신기	발신기에서 발하는 **화재신호**를 **직접 수신**하여 화재의 발생을 **표시** 및 **경보**하여 주는 장치

답 ①

71 누전경보기의 형식승인 및 제품검사의 기술기준에 따른 누전경보기 수신부의 기능검사항목이 아닌 것은?

16.10.문71
15.09.문72

① 충격시험　　② 진공가압시험
③ 과입력 전압시험　　④ 전원전압 변동시험

해설 **시험항목**

중계기	속보기의 예비전원	누전경보기
• 주위온도시험 • 반복시험 • 방수시험 • 절연저항시험 • 절연내력시험 • 충격전압시험 • 충격시험 • 진동시험 • 습도시험 • 전자파 내성시험	• 충·방전시험 • 안전장치시험	• **전**원전압 변동시험 • 온도특성시험 • **과**입력 전**압**시험 • 개폐기의 조작시험 • 반복시험 • 진동시험 • **충**격시험 • 방**수**시험 • **절**연저항시험 • **절**연내력시험 • **충**격파 내전압시험 • 단락전류 **강**도시험 기억법 **누수 충수 절충 강전 과압**

답 ②

72 자동화재속보설비의 속보기의 성능인증 및 제품검사의 기술기준에 따라 교류입력측과 외함 간의 절연저항은 직류 500V의 절연저항계로 측정한 값이 몇 MΩ 이상이어야 하는가?

19.04.문62
18.09.문72
16.05.문71
12.05.문80

① 5　　② 10
③ 20　　④ 50

해설 **절연저항시험**

절연 저항계	절연 저항	대 상
직류 250V	0.1MΩ 이상	• 1경계구역의 절연저항
직류 500V	5MΩ 이상	• 누전경보기 • 가스누설경보기 • 수신기(10회로 미만, 절연된 충전부와 외함간) • 자동화재속보설비 • 비상경보설비 • 유도등(교류입력측과 외함 간 포함) • 비상조명등(교류입력측과 외함 간 포함)
	20MΩ 이상	• 경종 • 발신기 • 중계기 • 비상콘센트 • 기기의 절연된 선로 간 • 기기의 충전부와 비충전부 간 • 기기의 **교류입력측**과 **외함** 간 (유도등·비상조명등 제외)
	50MΩ 이상	• 감지기(정온식 감지선형 감지기 제외) • 가스누설경보기(10회로 이상) • 수신기(10회로 이상, 교류입력측과 외함간 제외)
	1000MΩ 이상	• 정온식 감지선형 감지기

기억법 5누(오누이)

답 ③

★★
73

유도등 및 유도표지의 화재안전기준에 따른 피난구유도등의 설치장소로 틀린 것은?

① 직통계단
② 직통계단의 계단실
③ 안전구획된 거실로 통하는 출입구
④ 옥외로부터 직접 지하로 통하는 출입구

해설 **피난구유도등**의 **설치장소**(NFPC 303 5조, NFTC 303 2.2.1)

설치장소	도 해
옥내로부터 직접 지상으로 통하는 출입구 및 그 부속실의 출입구	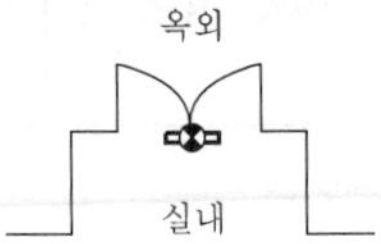
직통계단·직통계단의 **계단실** 및 그 부속실의 출입구	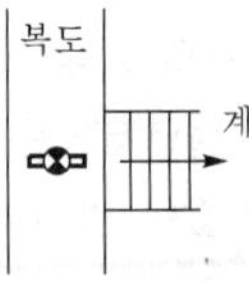
출입구에 이르는 **복도** 또는 **통로**로 통하는 출입구	
안전구획된 거실로 통하는 출입구	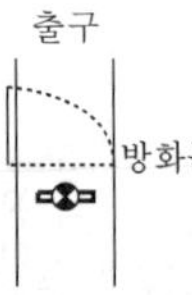

기억법 **피옥직안출**

④ 옥외 → 옥내, 지하 → 지상

비교

피난구유도등의 **설치 제외 장소**(NFTC 303 2.8)
(1) 옥내에서 직접 지상으로 통하는 출입구(바닥면적 1000m² 미만 층)
(2) 대각선길이가 15m 이내인 구획된 실의 출입구
(3) 비상조명등·유도표지가 설치된 거실 출입구(거실 각 부분에서 출입구까지의 **보행거리 20m** 이하)
(4) 출입구가 **3 이상**인 거실(거실 각 부분에서 출입구까지의 **보행거리 30m** 이하는 주된 출입구 **2개 외**의 출입구)

답 ④

★★★
74

18.03.문77
17.05.문63
16.05.문63
14.03.문71
12.03.문73
10.03.문68

비상경보설비 및 단독경보형 감지기의 화재안전기준에 따른 발신기의 시설기준으로 틀린 것은?

① 발신기의 위치표시등은 함의 하부에 설치한다.
② 조작스위치는 바닥으로부터 0.8m 이상 1.5m 이하의 높이에 설치할 것
③ 복도 또는 별도로 구획된 실로서 보행거리가 40m 이상일 경우에는 추가로 설치하여야 한다.
④ 특정소방대상물의 층마다 설치하되, 해당 특정소방대상물의 각 부분으로부터 하나의 발신기까지의 수평거리가 25m 이하가 되도록 할 것

해설 **비상경보설비**의 **발신기 설치기준**(NFPC 201 4조, NFTC 201 2.1.5)
(1) 전원 : **축전지설비**, **전기저장장치**, **교류전압**의 **옥내 간선**으로 하고 배선은 **전용**
(2) 감시상태 : **60분**, 경보시간 : **10분**
(3) 조작이 **쉬운 장소**에 설치하고, 조작스위치는 바닥으로부터 **0.8~1.5m** 이하의 높이에 설치할 것
(4) 특정소방대상물의 **층**마다 설치하되, 해당 소방대상물의 각 부분으로부터 하나의 발신기까지의 **수평거리**가 **25m** 이하가 되도록 할 것(단, 복도 또는 별도로 구획된 실로서 **보행거리**가 **40m** 이상일 경우에는 추가로 설치할 것)
(5) 발신기의 **위치표시등**은 **함**의 **상부**에 설치하되, 그 불빛은 부착면으로부터 **15°** 이상의 범위 안에서 부착지점으로부터 **10m** 이내의 어느 곳에서도 쉽게 식별할 수 있는 **적색등**으로 할 것

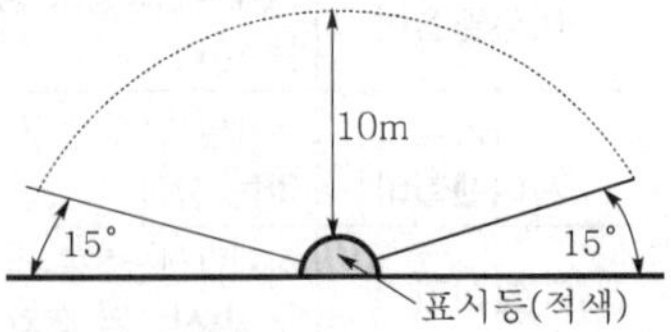

| 위치표시등의 식별 |

① 하부 → 상부

용어

전기저장장치
외부 전기에너지를 저장해 두었다가 필요한 때 전기를 공급하는 장치

답 ①

★
75 **소방시설용 비상전원수전설비의 화재안전기준에 따른 제1종 배전반 및 제1종 분전반의 시설기준으로 틀린 것은?**

① 전선의 인입구 및 입출구는 외함에 누출하여 설치하면 아니 된다.
② 외함의 문은 2.3mm 이상의 강판과 이와 동등 이상의 강도와 내화성능이 있는 것으로 제작하여야 한다.
③ 공용배전반 및 공용분전반의 경우 소방회로와 일반회로에 사용하는 배선 및 배선용 기기는 불연재료로 구획되어야 한다.
④ 외함은 금속관 또는 금속제 가요전선관을 쉽게 접속할 수 있도록 하고, 당해 접속부분에는 단열조치를 하여야 한다.

해설 **제1종 배전반** 및 **제1종 분전반**의 **시설기준**(NFPC 602 6조, NFTC 602 2.3.1.1)
(1) 외함은 두께 **1.6mm**(전면판 및 문은 **2.3mm**) 이상의 강판과 이와 동등 이상의 강도와 내화성능이 있는 것으로 제작할 것
(2) 외함의 내부는 외부의 열에 의해 영향을 받지 않도록 **내열성** 및 **단열성**이 있는 재료를 사용하여 단열할 것. 이 경우 단열부분은 열 또는 진동에 따라 쉽게 변형되지 않을 것
(3) 다음에 해당하는 것은 외함에 노출하여 설치
  ㉠ **표시등**(불연성 또는 난연성 재료로 덮개를 설치한 것에 한함)
  ㉡ 전선의 **인입구** 및 **입출구**
(4) 외함은 **금속관** 또는 **금속제 가요전선관**을 쉽게 접속할 수 있도록 하고, 당해 접속부분에는 **단열조치**를 할 것
(5) 공용배전반 및 공용분전반의 경우 소방회로와 일반회로에 사용하는 배선 및 배선용 기기는 **불연재료**로 구획되어야 할 것

① 설치하면 아니 된다. → 설치할 수 있다.

비교

제2종 배전반 및 **제2종 분전반**의 **시설기준**(NFPC 602 6조, NFTC 602 2.3.1.2)
(1) 외함은 두께 **1mm**(함 전면의 면적이 $1000cm^2$를 초과하고 $2000cm^2$ 이하인 경우에는 **1.2mm**, $2000cm^2$를 초과하는 경우에는 **1.6mm**) 이상의 강판과 이와 동등 이상의 강도와 내화성능이 있는 것으로 제작
(2) **120℃**의 온도를 가했을 때 이상이 없는 **전압계** 및 **전류계**는 외함에 노출하여 설치
(3) 단열을 위해 배선용 **불연전용실 내**에 설치

답 ①

★★★
76 **자동화재탐지설비 및 시각경보장치의 화재안전기준에 따른 배선의 시설기준으로 틀린 것은?**

18.03.문65
17.09.문71
16.10.문74

① 감지기 사이의 회로의 배선은 송배선식으로 할 것
② 자동화재탐지설비의 감지기 회로의 전로저항은 50Ω 이하가 되도록 할 것
③ 수신기의 각 회로별 종단에 설치되는 감지기에 접속되는 배선의 전압은 감지기 정격전압의 80% 이상이어야 할 것
④ 피(P)형 수신기 및 지피(G.P.)형 수신기의 감지기 회로의 배선에 있어서 하나의 공통선에 접속할 수 있는 경계구역은 10개 이하로 할 것

해설 **자동화재탐지설비 배선**의 **설치기준**(NFPC 203 11조, NFTC 203 2.8)
(1) 감지기 사이의 회로배선 : **송배선식**
(2) P형 수신기 및 GP형 수신기의 감지기 회로의 배선에 있어서 하나의 공통선에 접속할 수 있는 경계구역은 **7개** 이하
(3) ㉠ 감지기 회로의 전로저항 : **50Ω 이하**
  ㉡ 감지기에 접속하는 배선전압 : 정격전압의 **80% 이상**
(4) 자동화재탐지설비의 배선은 다른 전선과 **별도**의 관·덕트·몰드 또는 풀박스 등에 설치할 것(단, **60V** 미만의 약전류회로에 사용하는 전선으로서 각각의 전압이 같을 때는 제외)

④ 10개 → 7개

답 ④

★
77 **유도등의 형식승인 및 제품검사의 기술기준에 따른 유도등의 일반구조에 대한 설명으로 틀린 것은?**

① 축전지에 배선 등을 직접 납땜하지 아니하여야 한다.
② 충전부가 노출되지 아니한 것은 300V를 초과할 수 있다.
③ 예비전원을 직렬로 접속하는 경우는 역충전 방지 등의 조치를 강구하여야 한다.
④ 유도등에는 점멸, 음성 또는 이와 유사한 방식 등에 의한 유도장치를 설치할 수 있다.

해설 **유도등**의 **일반구조**(유도등의 형식승인 및 제품검사의 기술기준 3조)
(1) 축전지에 배선 등을 직접 납땜하지 아니할 것
(2) 사용전압은 **300V 이하**이어야 한다(단, 충전부가 노출되지 아니한 것은 **300V** 초과 가능)

(3) 예비전원을 **병렬**로 접속하는 경우는 **역충전방지 등**의 조치를 강구할 것
(4) 유도등에는 **점멸**, **음성** 또는 이와 유사한 방식 등에 의한 **유도장치** 설치 가능

③ 직렬 → 병렬

답 ③

78 16.03.문75 06.03.문70

자동화재탐지설비 및 시각경보장치의 화재안전기준에 따라 외기에 면하여 상시 개방된 부분이 있는 차고 · 주차장 · 창고 등에 있어서는 외기에 면하는 각 부분으로부터 몇 m 미만의 범위 안에 있는 부분은 경계구역의 면적에 산입하지 아니 하는가?

① 1 ② 3
③ 5 ④ 10

해설 **5m 미만 경계구역 면적산입 제외**(NFPC 203 4조, NFTC 203 2.1.3)
(1) 차고
(2) 주차장
(3) 창고

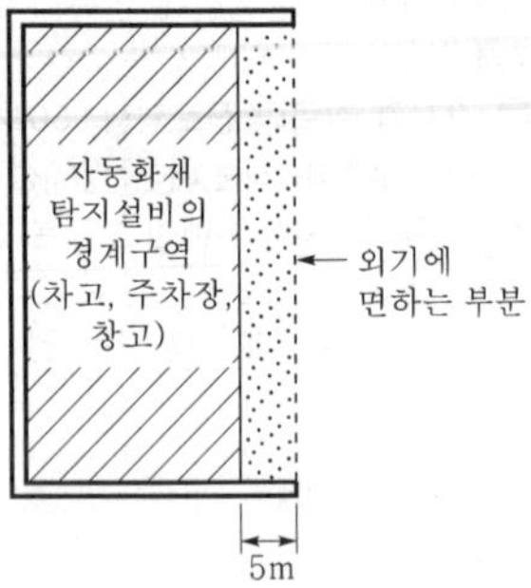

| 외기에 면하는 경우 |

답 ③

79 16.05.문80 12.03.문76

누전경보기의 형식승인 및 제품검사의 기술기준에 따라 누전경보기의 변류기는 경계전로에 정격전류를 흘리는 경우, 그 경계전로의 전압강하는 몇 V 이하이어야 하는가? (단, 경계전로의 전선을 그 변류기에 관통시키는 것은 제외한다.)

① 0.3 ② 0.5
③ 1.0 ④ 3.0

해설 **대상**에 따른 **전압**

전 압	대 상
0.5V 이하	• 누전경보기의 **경**계전로 **전**압강하
0.6V 이하	• 완전방전
60V 이하	• 약전류회로
60V 초과	• 접지단자 설치
300V 이하	• 전원**변**압기의 1차 전압 • 유도등 · 비상조명등의 사용전압
600V 이하	• **누**전경보기의 경계전로전압

기억법 05경전(공오경전), 변3(변상해), 누6(누룩)

답 ②

80

비상콘센트설비의 성능인증 및 제품검사의 기술기준에 따라 비상콘센트설비에 사용되는 부품에 대한 설명으로 틀린 것은?

① 진공차단기는 KS C 8321(진공차단기)에 적합하여야 한다.
② 접속기는 KS C 8305(배선용 꽂음 접속기)에 적합하여야 한다.
③ 표시등의 소켓은 접속이 확실하여야 하며 쉽게 전구를 교체할 수 있도록 부착하여야 한다.
④ 단자는 충분한 전류용량을 갖는 것으로 하여야 하며 단자의 접속이 정확하고 확실하여야 한다.

해설 **비상콘센트설비 부품**의 **구조** 및 **기능**(비상콘센트설비의 성능인증 및 제품검사의 기술기준 4조)
(1) 배선용 차단기는 KS C 8321(**배선용 차단기**)에 적합할 것
(2) 접속기는 KS C 8305(**배선용 꽂음 접속기**)에 적합할 것
(3) **표시등**의 **구조** 및 **기능**
 ㉠ 전구는 사용전압의 **130%**인 교류전압을 **20시간** 연속하여 가하는 경우 **단선**, **현저한 광속변화**, **흑화**, **전류**의 **저하** 등이 발생하지 아니할 것
 ㉡ 소켓은 접속이 확실하여야 하며 쉽게 전구를 교체할 수 있도록 부착할 것
 ㉢ 전구에는 적당한 **보호커버**를 설치할 것(단, **발광다이오드** 제외)
 ㉣ 적색으로 표시되어야 하며 주위의 밝기가 **300 lx** 이상인 장소에서 측정하여 앞면으로부터 **3m** 떨어진 곳에서 켜진 등이 확실히 식별될 것
(4) 단자는 충분한 **전류용량**을 갖는 것으로 하여야 하며 단자의 접속이 정확하고 확실할 것

① 진공차단기 → 배선용 차단기

답 ①

2020년 기사 제4회 필기시험

자격종목	종목코드	시험시간	형별	수험번호	성명
소방설비기사(전기분야)		2시간			

※ 각 문항은 4지택일형으로 질문에 가장 적합한 보기 항을 선택하여 체크하여야 합니다.

제 1 과목 소방원론

01 ★★ (16.10.문14, 14.03.문07)

피난시 하나의 수단이 고장 등으로 사용이 불가능하더라도 다른 수단 및 방법을 통해서 피난할 수 있도록 하는 것으로 2방향 이상의 피난통로를 확보하는 피난대책의 일반원칙은?

유사문제부터 풀어보세요. 실력이 팍!팍! 올라갑니다.

① Risk－down 원칙
② Feed back 원칙
③ Fool－proof 원칙
④ Fail－safe 원칙

해설 Fail safe와 Fool proof

용 어	설 명
페일 세이프 (fail safe)	• 한 가지 피난기구가 고장이 나도 다른 수단을 이용할 수 있도록 고려하는 것(한 가지가 고장이 나도 다른 수단을 이용하는 원칙) • **두 방향**의 피난동선을 항상 확보하는 원칙
풀 프루프 (fool proof)	• 피난경로는 **간단명료**하게 한다. • 피난구조설비는 **고정식 설비**를 위주로 설치한다. • 피난수단은 **원시적 방법**에 의한 것을 원칙으로 한다. • 피난통로를 **완전불연화**한다. • 막다른 복도가 없도록 계획한다. • 간단한 **그림**이나 **색채**를 이용하여 표시한다.

기억법 **풀그색 간고원**

용어

피드백제어(feedback control)
출력신호를 입력신호로 되돌려서 **입력**과 **출력**을 **비교**함으로써 **정확한 제어**가 가능하도록 한 제어

답 ④

02 ★ (17.05.문10)

열분해에 의해 가연물 표면에 유리상의 메타인산 피막을 형성하여 연소에 필요한 산소의 유입을 차단하는 분말약제는?

① 요소
② 탄산수소칼륨
③ 제1인산암모늄
④ 탄산수소나트륨

해설 **제3종 분말**(제1인산암모늄)의 **열분해 생성물**

(1) H_2O(물)
(2) NH_3(암모니아)
(3) P_2O_5(오산화인)
(4) **HPO_3(메타인산)** : 산소 차단

중요

분말소화약제

종별	분자식	착 색	적응화재	비 고
제1종	중탄산나트륨 ($NaHCO_3$)	백색	BC급	**식용유** 및 **지방질유**의 화재에 적합
제2종	중탄산칼륨 ($KHCO_3$)	담자색 (담회색)	BC급	－
제3종	제1인산암모늄 ($NH_4H_2PO_4$)	담홍색	ABC급	**차고 · 주차장**에 적합
제4종	중탄산칼륨＋요소 ($KHCO_3$＋$(NH_2)_2CO$)	회(백)색	BC급	－

답 ③

03 ★ (16.03.문19)

공기 중의 산소의 농도는 약 몇 vol%인가?

① 10
② 13
③ 17
④ 21

해설 **공기**의 **구성 성분**

구성성분	비 율
산소	21vol%
질소	78vol%
아르곤	1vol%

중요

공기 중 산소농도

구 분	산소농도
체적비(부피백분율, vol%)	약 21vol%
중량비(중량백분율, wt%)	약 23wt%

• 일반적인 산소농도라 함은 '**체적비**'를 말한다.

답 ④

★★★
04 일반적인 플라스틱 분류상 열경화성 플라스틱에 해당하는 것은?

18.03.문03
13.06.문15
10.09.문07
06.05.문20

① 폴리에틸렌 ② 폴리염화비닐
③ 페놀수지 ④ 폴리스티렌

해설 **합성수지의 화재성상**

열가소성 수지	열경화성 수지
• **P**VC수지 • **폴**리에틸렌수지 • **폴**리스티렌수지	• 페놀수지 • 요소수지 • 멜라민수지

기억법 **열가P폴**

• 수지=플라스틱

용어

열가소성 수지	열경화성 수지
열에 의해 변형되는 수지	열에 의해 변형되지 않는 수지

답 ③

★★★
05 자연발화 방지대책에 대한 설명 중 틀린 것은?

18.04.문02
16.10.문05
16.03.문14
15.05.문19
15.03.문09
14.09.문09
14.09.문17
12.03.문09
10.03.문13

① 저장실의 온도를 낮게 유지한다.
② 저장실의 환기를 원활히 시킨다.
③ 촉매물질과의 접촉을 피한다.
④ 저장실의 습도를 높게 유지한다.

해설 (1) **자연발화의 방지법**
㉠ **습**도가 높은 곳을 **피**할 것(건조하게 유지할 것)
㉡ 저장실의 온도를 낮출 것
㉢ 통풍이 잘 되게 할 것(**환기**를 원활히 시킨다)
㉣ 퇴적 및 수납시 열이 쌓이지 않게 할 것(**열축적 방지**)
㉤ 산소와의 접촉을 차단할 것(**촉매물질**과의 접촉을 피한다)
㉥ **열전도성**을 좋게 할 것

기억법 **자습피**

(2) **자연발화 조건**
㉠ 열전도율이 작을 것
㉡ 발열량이 클 것
㉢ 주위의 온도가 높을 것
㉣ 표면적이 넓을 것

④ 높게 → 낮게

답 ④

★★★
06 공기 중에서 수소의 연소범위로 옳은 것은?

17.03.문03
16.03.문13
15.09.문14
13.06.문04
09.03.문02

① 0.4~4vol%
② 1~12.5vol%
③ 4~75vol%
④ 67~92vol%

해설 (1) **공기 중의 폭발한계**(일사천리로 나와야 한다.)

가 스	하한계[vol%]	상한계[vol%]
아세틸렌(C_2H_2)	2.5	81
수소(H_2)	**4**	**75**
일산화탄소(CO)	12	75
암모니아(NH_3)	15	25
메탄(CH_4)	5	15
에탄(C_2H_6)	3	12.4
프로판(C_3H_8)	2.1	9.5
부탄(C_4H_{10})	**1**.8	**8**.4

기억법 **수475(수사 후 치료하세요.)**
부18(부자의 일반적인 팔자)

(2) **폭발한계**와 **같은 의미**
㉠ 폭발범위 ㉡ 연소한계
㉢ 연소범위 ㉣ 가연한계
㉤ 가연범위

답 ③

★★★
07 탄산수소나트륨이 주성분인 분말소화약제는?

19.03.문01
18.04.문06
17.09.문10
16.10.문06
16.10.문10
16.05.문15
16.03.문09
16.03.문11
15.05.문08

① 제1종 분말
② 제2종 분말
③ 제3종 분말
④ 제4종 분말

해설 **분말소화약제**

종 별	분자식	착 색	적응 화재	비 고
제**1**종	**탄산수소나트륨** ($NaHCO_3$)	백색	BC급	**식용유** 및 **지방질유**의 화재에 적합
제2종	탄산수소칼륨 ($KHCO_3$)	담자색 (담회색)	BC급	-
제**3**종	제1인산암모늄 ($NH_4H_2PO_4$)	담홍색	ABC급	**차고 · 주차장**에 적합
제4종	탄산수소칼륨+요소 ($KHCO_3$+ $(NH_2)_2CO$)	회(백)색	BC급	-

기억법 1식분 (일식 분식)
3분 차주 (삼보컴퓨터 차주)

답 ①

★★★
08 불연성 기체나 고체 등으로 연소물을 감싸 산소공급을 차단하는 소화방법은?

19.09.문13
18.09.문19
17.05.문06
16.03.문08
15.03.문17
14.03.문19
11.10.문19
11.03.문02
03.08.문11

① 질식소화
② 냉각소화
③ 연쇄반응차단소화
④ 제거소화

해설 **소화**의 **형태**

구 분	설 명
냉각소화	① **점화원**을 냉각하여 소화하는 방법 ② **증발잠열**을 **이용**하여 열을 빼앗아 가연물의 온도를 떨어뜨려 화재를 진압하는 소화방법 ③ **다량**의 **물**을 뿌려 소화하는 방법 ④ 가연성 물질을 **발화점 이하**로 **냉각**하여 소화하는 방법 ⑤ **식용유화재**에 신선한 **야채**를 넣어 소화하는 방법 ⑥ 용융잠열에 의한 **냉각효과**를 이용하여 소화하는 방법 기억법 **냉점증발**
질식소화	① 공기 중의 **산소농도**를 **16%**(10~15%) 이하로 희박하게 하여 소화하는 방법 ② 산화제의 농도를 낮추어 연소가 지속될 수 없도록 소화하는 방법 ③ **산소공급**을 **차단**하여 소화하는 방법 ④ 산소의 농도를 낮추어 소화하는 방법 ⑤ 화학반응으로 발생한 **탄산가스**에 의한 소화방법 기억법 **질산**
제거소화	**가연물**을 **제거**하여 소화하는 방법
부촉매 소화 (억제소화, 화학소화)	① **연쇄반응**을 **차단**하여 소화하는 방법 ② 화학적인 방법으로 화재를 억제하여 소화하는 방법 ③ **활성기**(free radical, 자유라디칼)의 **생성**을 **억제**하여 소화하는 방법 ④ 할론계 소화약제 기억법 **부억(부엌)**
희석소화	① 기체·고체·액체에서 나오는 분해가스나 증기의 농도를 낮춰 소화하는 방법 ② 불연성 가스의 **공기** 중 **농도**를 높여 소화하는 방법 ③ 불활성기체를 방출하여 연소범위 이하로 낮추어 소화하는 방법

중요

화재의 **소화원리**에 따른 **소화방법**

소화원리	소화설비
냉각소화	① 스프링클러설비 ② 옥내·외소화전설비
질식소화	① 이산화탄소 소화설비 ② 포소화설비 ③ 분말소화설비 ④ 불활성기체 소화약제
억제소화 (부촉매효과)	① 할론소화약제 ② 할로겐화합물 소화약제

답 ①

★★★
09 증발잠열을 이용하여 가연물의 온도를 떨어뜨려 화재를 진압하는 소화방법은?

16.05.문13
13.09.문13

① 제거소화 ② 억제소화
③ 질식소화 ④ 냉각소화

해설 **문제 8 참조**

④ 냉각소화 : **증발잠열** 이용

답 ④

★★★
10 화재발생시 인간의 피난특성으로 틀린 것은?

18.04.문03
16.05.문03
11.10.문09
12.05.문15
10.09.문11

① 본능적으로 평상시 사용하는 출입구를 사용한다.
② 최초로 행동을 개시한 사람을 따라서 움직인다.
③ 공포감으로 인해서 빛을 피하여 어두운 곳으로 몸을 숨긴다.
④ 무의식 중에 발화장소의 반대쪽으로 이동한다.

해설 **화재발생**시 **인간**의 **피난 특성**

구 분	설 명
귀소본능	• **친숙한 피난경로**를 선택하려는 행동 • 무의식 중에 평상시 사용하는 출입구나 통로를 사용하려는 행동
지광본능	• **밝은 쪽**을 지향하는 행동 • 화재의 공포감으로 인하여 **빛**을 따라 외부로 달아나려고 하는 행동
퇴피본능	• 화염, 연기에 대한 공포감으로 **발화**의 **반대방향**으로 이동하려는 행동
추종본능	• 많은 사람이 달아나는 방향으로 쫓아가려는 행동 • 화재시 최초로 행동을 개시한 사람을 따라 전체가 움직이려는 행동

좌회본능	• **좌측통행**을 하고 **시계반대방향**으로 회전하려는 행동
폐쇄공간 지향본능	• 가능한 **넓은 공간**을 찾아 **이동**하다가 위험성이 높아지면 의외의 좁은 공간을 찾는 본능
초능력 본능	• 비상시 **상상**도 **못할 힘**을 내는 본능
공격본능	• **이상심리현상**으로서 구조용 헬리콥터를 부수려고 한다든지 무차별적으로 주변사람과 구조인력 등에게 공격을 가하는 본능
패닉(panic) 현상	• 인간의 비이성적인 또는 부적합한 **공포반응행동**으로서 무모하게 높은 곳에서 뛰어내리는 행위라든지, 몸이 굳어서 움직이지 못하는 행동

③ 공포감으로 인해서 빛을 따라 외부로 달아나려는 경향이 있다.

답 ③

★★
11 공기와 할론 1301의 혼합기체에서 할론 1301에 비해 공기의 확산속도는 약 몇 배인가? (단, 공기의 평균분자량은 29, 할론 1301의 분자량은 149이다.)

17.05.문16
12.09.문07

① 2.27배　　② 3.85배
③ 5.17배　　④ 6.46배

해설 **그레이엄**의 **확산속도법칙**

$$\frac{V_B}{V_A}=\sqrt{\frac{M_A}{M_B}}$$

여기서, V_A, V_B : 확산속도[m/s]
(V_A : 공기의 확산속도[m/s]
V_B : 할론 1301의 확산속도[m/s])
M_A, M_B : 분자량
(M_A : 공기의 분자량
M_B : 할론 1301의 분자량)

$\frac{V_B}{V_A}=\sqrt{\frac{M_A}{M_B}}$ 는 $\boxed{\frac{V_A}{V_B}=\sqrt{\frac{M_B}{M_A}}}$ 로 쓸 수 있으므로

$$\therefore \frac{V_A}{V_B}=\sqrt{\frac{M_B}{M_A}}=\sqrt{\frac{149}{29}}=2.27\text{배}$$

답 ①

★★★
12 다음 원소 중 할로젠족 원소인 것은?

17.09.문15
15.03.문16
12.05.문20
12.03.문04

① Ne
② Ar
③ Cl
④ Xe

해설 **할로젠족 원소**(할로젠원소)
(1) 불소 : F
(2) 염소 : Cl
(3) 브로민(취소) : Br
(4) 아이오딘(옥소) : I

기억법 FClBrI

답 ③

★★★
13 건물 내 피난동선의 조건으로 옳지 않은 것은?

17.05.문15
14.09.문02
10.03.문11

① 2개 이상의 방향으로 피난할 수 있어야 한다.
② 가급적 단순한 형태로 한다.
③ 통로의 말단은 안전한 장소이어야 한다.
④ 수직동선은 금하고 수평동선만 고려한다.

해설 **피난동선**의 **특성**
(1) 가급적 **단순형태**가 좋다.
(2) **수평동선**과 **수직동선**으로 구분한다.
(3) 가급적 **상호 반대방향**으로 다수의 출구와 연결되는 것이 좋다.
(4) 어느 곳에서도 2개 이상의 방향으로 피난할 수 있으며, 그 말단은 화재로부터 안전한 장소이어야 한다.

④ 수직동선과 수평동선을 모두 고려해야 한다.

※ **피난동선** : 복도 · 통로 · 계단과 같은 피난전용의 통행구조

답 ④

★★★
14 실내화재에서 화재의 최성기에 돌입하기 전에 다량의 가연성 가스가 동시에 연소되면서 급격한 온도상승을 유발하는 현상은?

14.05.문18
14.03.문11
13.06.문17
11.06.문11

① 패닉(Panic)현상
② 스택(Stack)현상
③ 파이어볼(Fire Ball)현상
④ 플래쉬오버(Flash Over)현상

해설 **플래시오버**(flash over) : 순발연소
(1) 폭발적인 착화현상
(2) 폭발적인 **화재확대현상**
(3) 건물화재에서 발생한 가연성 가스가 일시에 인화하여 화염이 **충**만하는 단계
(4) 실내의 가연물이 연소됨에 따라 생성되는 가연성 가스가 실내에 누적되어 **폭**발적으로 연소하여 실 전체가 순간적으로 불길에 싸이는 현상
(5) **옥내화재**가 서서히 진행하여 열이 축적되었다가 일시에 화염이 크게 발생하는 상태
(6) **다량**의 **가연성 가스**가 동시에 연소되면서 **급**격한 온도상승을 유발하는 현상
(7) 건축물에서 한순간에 폭발적으로 화재가 확산되는 현상

기억법 플확충 폭급

• 플래시오버=플래쉬오버

비교

(1) **패닉(panic)현상**
인간의 비이성적인 또는 부적합한 **공포반응행동**으로서 무모하게 높은 곳에서 뛰어내리는 행위라든지, 몸이 굳어서 움직이지 못하는 행동

(2) **굴뚝효과**(stack effect)
㉠ 건물 내외의 **온도차**에 따른 공기의 흐름현상이다.
㉡ 굴뚝효과는 **고층건물**에서 주로 나타난다.
㉢ 평상시 건물 내의 기류분포를 지배하는 중요 요소이며 화재시 **연기**의 **이동**에 큰 영향을 미친다.
㉣ 건물 외부의 온도가 내부의 온도보다 높은 경우 저층부에서는 내부에서 외부로 공기의 흐름이 생긴다.

(3) **블레비(BLEVE)=블레이브(BLEVE)현상**
과열상태의 탱크에서 내부의 액화가스가 분출하여 기화되어 폭발하는 현상
㉠ 가연성 액체
㉡ 화구(fire ball)의 형성
㉢ 복사열의 대량 방출

답 ④

★★★
15 과산화수소와 과염소산의 공통성질이 아닌 것은?

19.09.문44
16.03.문05
15.05.문05
11.10.문03
07.09.문18

① 산화성 액체이다.
② 유기화합물이다.
③ 불연성 물질이다.
④ 비중이 1보다 크다.

해설 **위험물령 [별표 1]**
위험물

유 별	성 질	품 명
제1류	**산**화성 **고**체	• 아염소산염류 • 염소산염류(**염소산나트륨**) • 과염소산염류 • 질산염류 • 무기과산화물 기억법 **1산고염나**
제2류	가연성 고체	• **황화**인 • **적**린 • **황** • **마**그네슘 기억법 **황화적황마**
제3류	자연발화성 물질 및 금수성 물질	• **황**린 • **칼**륨 • **나**트륨 • **알**칼리토금속 • **트**리에틸알루미늄 기억법 **황칼나알트**
제4류	인화성 액체	• 특수인화물 • 석유류(벤젠) • 알코올류 • 동식물유류
제5류	자기반응성 물질	• 유기과산화물 • 나이트로화합물 • 나이트로소화합물 • 아조화합물 • 질산에스터류(셀룰로이드)
제6류	산화성 액체 →	• **과염소산** • **과산화수소** • 질산

중요

제6류 위험물의 **공통성질**
(1) 대부분 비중이 **1보다 크다.**
(2) **산화성 액체**이다.
(3) **불연성 물질**이다.
(4) 모두 **산소**를 함유하고 있다.
(5) 유기화합물과 혼합하면 산화시킨다.

② 모두 제6류 위험물로서 유기화합물과 혼합하면 산화시킨다.

답 ②

★★★
16 화재를 소화하는 방법 중 물리적 방법에 의한 소화가 아닌 것은?

17.05.문12
15.09.문15
14.05.문13
13.03.문12
11.03.문16

① 억제소화
② 제거소화
③ 질식소화
④ 냉각소화

해설

물리적 방법에 의한 소화	화학적 방법에 의한 소화
• 질식소화 • 냉각소화 • 제거소화	• 억제소화

① 억제소화 : 화학적 방법

중요

소화방법

소화방법	설 명
냉각소화	• 다량의 물 등을 이용하여 **점화원**을 **냉각**시켜 소화하는 방법 • 다량의 물을 뿌려 소화하는 방법
질식소화	• 공기 중의 **산소농도**를 16%(10~15%) 이하로 희박하게 하여 소화하는 방법
제거소화	• 가연물을 제거하여 소화하는 방법

화학소화 (부촉매효과)	• 연쇄반응을 차단하여 소화하는 방법 (=**억제작용**)
희석소화	• 고체 · 기체 · 액체에서 나오는 **분해가스**나 **증기**의 **농도**를 낮추어 연소를 중지시키는 방법
유화소화	• 물을 무상으로 방사하여 유류 표면에 **유화층**의 막을 형성시켜 공기의 접촉을 막아 소화하는 방법
피복소화	• 비중이 공기의 **1.5배** 정도로 무거운 소화약제를 방사하여 가연물의 구석구석까지 침투 · 피복하여 소화하는 방법

답 ①

★★★
17 물과 반응하여 가연성 기체를 발생하지 않는 것은?

18.04.문13
15.05.문03
13.03.문03
12.09.문17

① 칼륨
② 인화아연
③ 산화칼슘
④ 탄화알루미늄

해설 **분진폭발을 일으키지 않는 물질**

물과 반응하여 가연성 기체를 발생하지 않는 것

(1) **시**멘트
(2) **석**회석
(3) **탄**산칼슘($CaCO_3$)
(4) **생**석회(CaO)=**산화칼슘**

기억법 **분시석탄생**

답 ③

★★★
18 목재건축물의 화재진행과정을 순서대로 나열한 것은?

19.04.문01
11.06.문07
01.09.문02
99.04.문04

① 무염착화－발염착화－발화－최성기
② 무염착화－최성기－발염착화－발화
③ 발염착화－발화－최성기－무염착화
④ 발염착화－최성기－무염착화－발화

해설 **목조건축물**의 **화재진행상황**

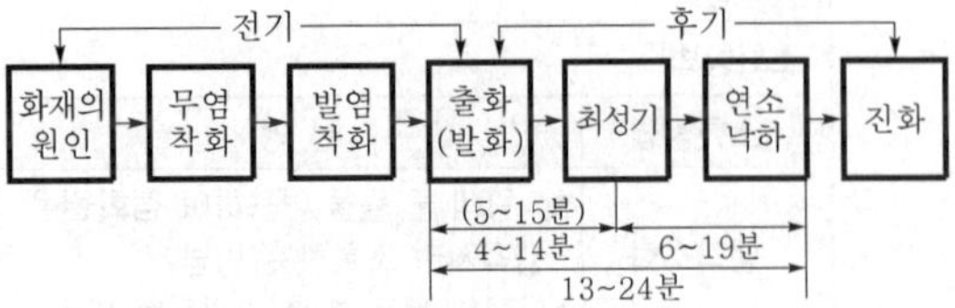

• 최성기＝성기＝맹화
• 진화＝소화

답 ①

★★
19 다음 물질을 저장하고 있는 장소에서 화재가 발생하였을 때 주수소화가 적합하지 않은 것은?

16.03.문20
07.09.문05

① 적린 ② 마그네슘 분말
③ 과염소산칼륨 ④ 황

해설 **주수소화**(물소화)시 **위험**한 **물질**

구 분	현 상
• 무기과산화물	**산소** 발생
• **금**속분 • **마**그네슘(마그네슘 분말) • 알루미늄 • 칼륨 • 나트륨 • 수소화리튬	**수소** 발생
• 가연성 액체의 유류화재	**연소면**(화재면) 확대

기억법 **금마수**

※ **주수소화** : 물을 뿌려 소화하는 방법

답 ②

★★★
20 다음 중 가연성 가스가 아닌 것은?

17.03.문07
16.10.문03
16.03.문04
14.05.문10
12.09.문08
11.10.문02

① 일산화탄소
② 프로판
③ 아르곤
④ 메탄

해설 **가연성 가스**와 **지연성 가스**

가연성 가스	지연성 가스(**조**연성 가스)
• **수**소 • **메**탄 • **일**산화탄소 • **천**연가스 • **부**탄 • **에**탄 • **암**모니아 • **프**로판 기억법 **가수일천 암부 메에프**	• **산**소 • **공**기 • **염**소 • **오**존 • **불**소 기억법 **조산공 염오불**

③ 아르곤 : 불연성 가스

용어

가연성 가스와 **지연성 가스**

가연성 가스	지연성 가스(조연성 가스)
물질 자체가 연소하는 것	자기 자신은 연소하지 않지만 연소를 도와주는 가스

답 ③

제 2 과목 소방전기일반

21 ★★ 다음 중 쌍방향성 전력용 반도체 소자인 것은?

16.10.문34
13.06.문39

① SCR ② IGBT
③ TRIAC ④ DIODE

해설

구 분		심 벌
DIAC	네온관과 같은 성질을 가진 것으로서 주로 SCR, TRIAC 등의 **트리거소자**로 이용된다.	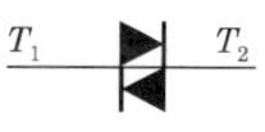
TRIAC	**양방향성 스위칭소자**로서 SCR 2개를 역병렬로 접속한 것과 같다(**AC전력**의 **제어용**, **쌍방향성 사이리스터**).	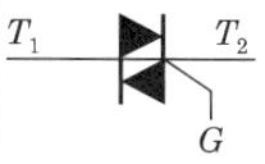
RCT (역도통 사이리스터)	비대칭 사이리스터와 고속회복 다이오드를 직접화한 단일 실리콘칩으로 만들어져서 직렬공진형 인버터에 대해 이상적이다.	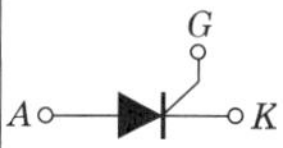
IGBT	고전력 스위치용 반도체로서 전기흐름을 막거나 통하게 하는 스위칭 기능을 빠르게 수행한다.	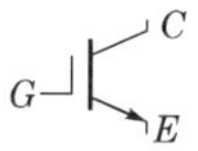

답 ③

22 ★★★ 그림의 시퀀스(계전기 접점) 회로를 논리식으로 표현하면?

18.09.문33
16.05.문40
13.03.문24
10.05.문21
00.07.문36

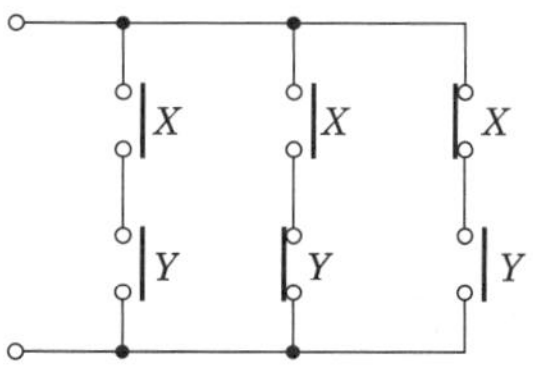

① $X+Y$
② $(XY)+(X\overline{Y})(\overline{X}Y)$
③ $(X+Y)(X+\overline{Y})(\overline{X}+Y)$
④ $(X+Y)+(X+\overline{Y})+(\overline{X}+Y)$

해설 논리식 $= X\cdot Y + X\cdot\overline{Y} + \overline{X}\cdot Y = XY + X\overline{Y} + \overline{X}Y$

$= X\underbrace{(Y+\overline{Y})}_{X+\overline{X}=1} + \overline{X}Y$

$= \underbrace{X\cdot 1}_{X\cdot 1 = X} + \overline{X}Y$

$= \underbrace{X+\overline{X}Y}_{X+\overline{X}Y = X+Y}$

$= X+Y$

※ 논리식 산정시 **직렬**은 '·', **병렬**은 '+'로 표시하는 것을 기억하라.

중요

(1) **불대수**의 **정리**

논리합	논리곱	비 고
$X+0=X$	$X\cdot 0=0$	-
$X+1=1$	$X\cdot 1=X$	-
$X+X=X$	$X\cdot X=X$	-
$X+\overline{X}=1$	$X\cdot\overline{X}=0$	-
$X+Y=Y+X$	$X\cdot Y=Y\cdot X$	교환법칙
$X+(Y+Z)=(X+Y)+Z$	$X(YZ)=(XY)Z$	결합법칙
$X(Y+Z)=XY+XZ$	$(X+Y)(Z+W)=XZ+XW+YZ+YW$	분배법칙
$X+XY=X$	$\overline{X}+XY=\overline{X}+Y$ $X+\overline{X}Y=X+Y$ $X+\overline{X}\,\overline{Y}=X+\overline{Y}$	흡수법칙
$(\overline{X+Y})=\overline{X}\cdot\overline{Y}$	$(\overline{X\cdot Y})=\overline{X}+\overline{Y}$	드모르간의 정리

(2) **논리회로**

시퀀스	논리식	논리회로
직렬회로	$Z=A\cdot B$ $Z=AB$	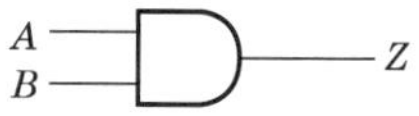
병렬회로	$Z=A+B$	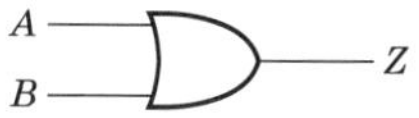
a접점	$Z=A$	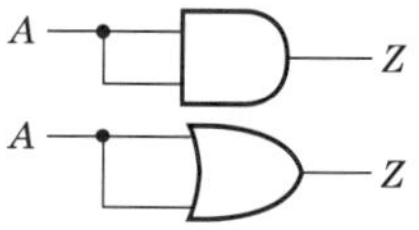
b접점	$Z=\overline{A}$	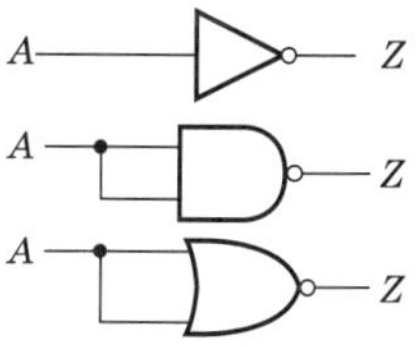

용어

불대수
여러 가지 조건의 논리적 관계를 논리기호로 나타내고 이것을 수식적으로 표현하는 방법, 논리대수라고도 한다.

답 ①

★★★
23 그림의 블록선도와 같이 표현되는 제어시스템의 전달함수 $G(s)$는?

19.09.문22
17.09.문27
16.03.문25
09.05.문32
08.03.문39

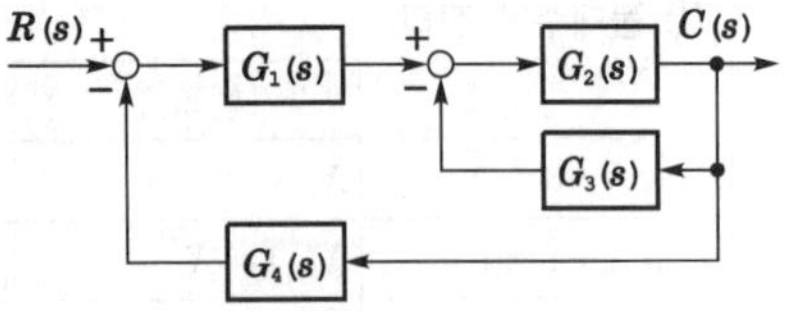

① $\dfrac{G_1(s)G_2(s)}{1+G_2(s)G_3(s)+G_1(s)G_2(s)G_4(s)}$

② $\dfrac{G_3(s)G_4(s)}{1+G_2(s)G_3(s)+G_1(s)G_2(s)G_4(s)}$

③ $\dfrac{G_1(s)G_2(s)}{1+G_1(s)G_2(s)+G_1(s)G_2(s)G_3(s)}$

④ $\dfrac{G_3(s)G_4(s)}{1+G_1(s)G_2(s)+G_1(s)G_2(s)G_3(s)}$

해설 $C=R(s)G_1(s)G_2(s)-CG_1(s)G_2(s)G_4(s)$
$-CG_2(s)G_3(s)$

계산편의를 위해 잠시 (s)를 생략하고 계산하면

$$C=RG_1G_2-CG_1G_2G_4-CG_2G_3$$

$$C+CG_1G_2G_4+CG_2G_3=RG_1G_2$$

$$C(1+G_1G_2G_4+G_2G_3)=RG_1G_2$$

$$\frac{C}{R}=\frac{G_1G_2}{1+G_1G_2G_4+G_2G_3}$$

$$G=\frac{C}{R}=\frac{G_1G_2}{1+G_2G_3+G_1G_2G_4}$$

$$G(s)=\frac{C(s)}{R(s)}=\frac{G_1(s)G_2(s)}{1+G_2(s)G_3(s)+G_1(s)G_2(s)G_4(s)}$$

용어

전달함수
모든 초기값을 0으로 하였을 때 출력신호의 라플라스 변환과 입력신호의 라플라스변환의 **비**

답 ①

★★★
24 조작기기는 직접 제어대상에 작용하는 장치이고 빠른 응답이 요구된다. 다음 중 전기식 조작기기가 아닌 것은?

17.09.문35
13.06.문36
11.10.문23

① 서보전동기
② 전동밸브
③ 다이어프램밸브
④ 전자밸브

해설 **조작기기**

전기식 조작기기	기계식 조작기기
• 전동밸브 • 전자밸브(솔레노이드밸브) • 서보전동기	다이어프램밸브

③ 기계식 조작기기

비교

증폭기기

구 분	종 류
전기식	• SCR • 앰플리다인 • 다이라트론 • 트랜지스터 • 자기증폭기
공기식	• **벨**로스 • **노**즐플래퍼 • **파**일럿밸브
유압식	• 분사관 • 안내밸브

기억법 **공벨노파**

답 ③

★★
25 전기자 제어 직류 서보전동기에 대한 설명으로 옳은 것은?

19.03.문31
11.03.문24

① 교류 서보전동기에 비하여 구조가 간단하여 소형이고 출력이 비교적 낮다.
② 제어권선과 콘덴서가 부착된 여자권선으로 구성된다.
③ 전기적 신호를 계자권선의 입력전압으로 한다.
④ 계자권선의 전류가 일정하다.

해설 **전기자 제어 직류 서보전동기**
(1) 교류 서보전동기에 비하여 **구조**가 **간단**하여 **소형**이고 **출력**이 비교적 **높다.**
(2) **계자권선**의 **전류**가 **일정**

중요

서보전동기의 **특징**
(1) **직류전동기**와 **교류전동기**가 있다.
(2) **정 · 역회전**이 가능하다.
(3) **급가속, 급감속**이 가능하다.
(4) **저속운전**이 용이하다.

답 ④

★★★
26 절연저항을 측정할 때 사용하는 계기는?

19.09.문35
12.05.문34
05.05.문35

① 전류계
② 전위차계
③ 메거
④ 휘트스톤브리지

해설 **계측기**

구 분	용 도
메거 (megger)	절연저항 측정  ▌메거▐
어스테스터 (earth tester)	접지저항 측정 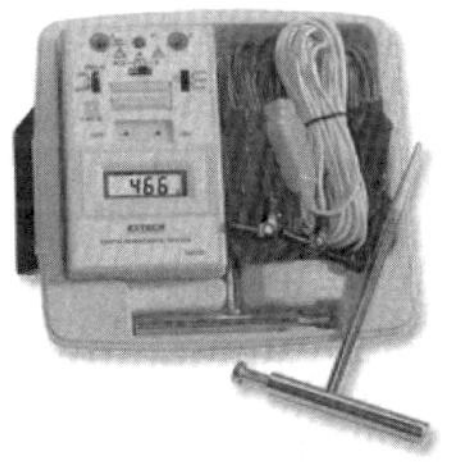 ▌어스테스터▐
코올라우시 브리지 (Kohlrausch bridge)	전지(축전지)의 내부저항 측정 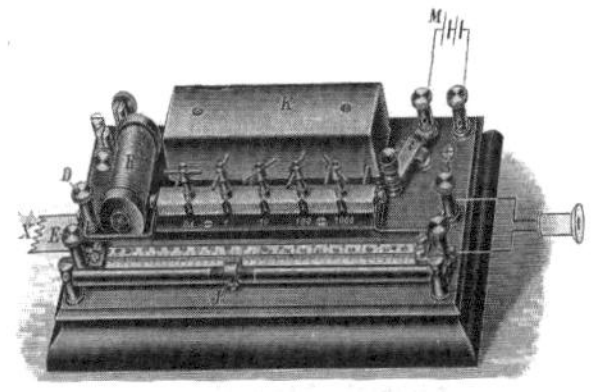 ▌코올라우시 브리지▐
C.R.O. (Cathode Ray Oscilloscope)	음극선을 사용한 오실로스코프
휘트스톤 브리지 (Wheatstone bridge)	0.5~10^5Ω의 중저항 측정

비교

코올라우시 브리지
(1) 축전지의 내부저항 측정
(2) 전해액의 저항 측정
(3) 접지저항 측정

답 ③

27 $R=10\,\Omega$, $\omega L=20\,\Omega$**인 직렬회로에** $220\angle 0°$**V의 교류전압을 가하는 경우 이 회로에 흐르는 전류는 약 몇 A인가?**

① $24.5\angle -26.5°$ ② $9.8\angle -63.4°$
③ $12.2\angle -13.2°$ ④ $73.6\angle -79.6°$

해설 (1) **기호**

- R : 10Ω
- X_L : 20Ω
- V : $220\angle 0°$V
- I : ?

(2) **복소수**로 **벡터 표시**하는 **방법**

$\nu = V(\text{실효값})\angle\theta$
$= V(\text{실효값})(\cos\theta + i\sin\theta)$

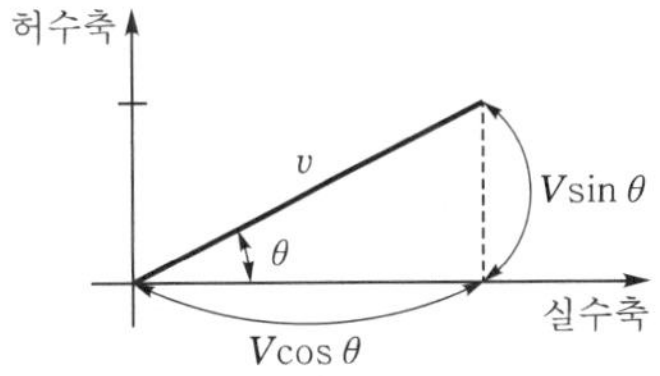

$\nu = 220\angle 0°$
$= 220(\cos 0° + j\sin 0°)$
$= 220 + j0 = 220\text{V}$

(3) **전류**

$$I = \frac{V}{Z} = \frac{V}{R+jX}$$

여기서, I : 전류[A]
V : 전압[V]
Z : 임피던스[Ω]
X : 리액턴스[Ω]

전류 I는

$I = \dfrac{V}{R+jX}$

$= \dfrac{220}{10+j20}$

$= \dfrac{220(10-j20)}{(10+j20)(10-j20)}$ ← 분모의 허수를 없애기 위해 분자, 분모에 $10-j20$ 곱함

$= \dfrac{2200-j4400}{(100-\cancel{j200})+\cancel{j200}-(j\times j)400}$ ← $j\times j=-1$

$= \dfrac{2200-j4400}{100+400} = \dfrac{2200-j4400}{500}$

$= 4.4 - j8.8$

$= \sqrt{4.4^2+8.8^2}$

$\therefore\ I = 9.8\angle\theta\,\text{A}$

(4) **위상차**

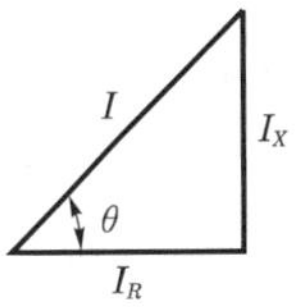

$\tan\theta = \dfrac{I_X}{I_R} = \dfrac{-8.8}{4.4}$

$\theta = \tan^{-1}\dfrac{-8.8}{4.4} \fallingdotseq -63.4°$

$\therefore\ I = 9.8\angle\theta = 9.8\angle -63.4°\,\text{A}$

답 ②

★★★
28 다음의 논리식 중 틀린 것은?

19.09.문21
18.03.문31
17.09.문33
17.03.문23
16.05.문36
16.03.문39
15.09.문23
13.09.문30

① $(\overline{A}+B)\cdot(A+B)=B$
② $(\overline{A}+B)\cdot\overline{B}=\overline{A}\,\overline{B}$
③ $\overline{AB+AC}+\overline{A}=\overline{A}+\overline{B}\,\overline{C}$
④ $\overline{(\overline{A}+B)+CD}=A\overline{B}(C+D)$

해설 **불대수**의 **정리**

논리합	논리곱	비 고
$X+0=X$	$X\cdot 0=0$	-
$X+1=1$	$X\cdot 1=X$	-
$X+X=X$	$X\cdot X=X$	-
$X+\overline{X}=1$	$X\cdot\overline{X}=0$	-
$X+Y=Y+X$	$X\cdot Y=Y\cdot X$	교환법칙
$X+(Y+Z)$ $=(X+Y)+Z$	$X(YZ)=(XY)Z$	결합법칙
$X(Y+Z)$ $=XY+XZ$	$(X+Y)(Z+W)$ $=XZ+XW+YZ+YW$	분배법칙
$X+XY=X$	$\overline{X}+XY=\overline{X}+Y$ $X+\overline{X}Y=X+Y$ $X+\overline{X}\,\overline{Y}=X+\overline{Y}$	흡수법칙
$(\overline{X+Y})$ $=\overline{X}\cdot\overline{Y}$	$(\overline{X\cdot Y})=\overline{X}+\overline{Y}$	드모르간의 정리

④ $\overline{(\overline{A}+B)+CD}=\overline{\overline{A}}\cdot\overline{B}\cdot(\overline{C}+\overline{D})$
$=A\cdot\overline{B}\cdot(\overline{C}+\overline{D})$
$=A\overline{B}(\overline{C}+\overline{D})$

답 ④

★★★
29 $R=4\Omega$, $\dfrac{1}{\omega C}=9\Omega$인 RC 직렬회로에 전압 $e(t)$를 인가할 때, 제3고조파 전류의 실효값 크기는 몇 A인가? (단, $e(t)=50+10\sqrt{2}\sin\omega t++120\sqrt{2}\sin 3\omega t$[V])

19.09.문34
13.03.문28
12.03.문31

① 4.4 ② 12.2
③ 24 ④ 34

해설 (1) **기호**

- R : 4Ω
- $\dfrac{1}{\omega C}$: 9Ω
- I_3 : ?

제3고조파 성분만 계산하면 되므로 리액턴스$\left(\dfrac{1}{\omega C}\right)$의 주파수 부분에 ω대신 3ω 대입

$$\frac{1}{\cancel{\omega C}}:9=\frac{1}{3\cancel{\omega C}}:X$$

$$X=\frac{9}{3}=3\left(\therefore\ \frac{1}{3\omega C}=3\ \Omega\right)$$

(2) **임피던스**

$$Z=R+jX$$

여기서, Z : 임피던스[Ω]
R : 저항[Ω]
X : 리액턴스[Ω]

제3고조파 임피던스 Z는
$Z=R+jX$
$=R+j\dfrac{1}{3\omega C}$
$=4+j3$

(3) **순시값**

$$v=V_m\sin\omega t$$

여기서, v : 전압의 순시값[V]
V_m : 전압의 최대값[V]
ω : 각주파수[rad/s]
t : 주기[s]

제3고조파만 고려하면
$v=V_m\sin\omega t$
$=120\sqrt{2}\sin 3\omega t\left(\therefore\ V_m=120\sqrt{2}\right)$

(4) **전압**의 **최대값**

$$V_m=\sqrt{2}\,V$$

여기서, V_m : 전압의 최대값[V]
V : 전압의 실효값[V]

전압의 실효값 V는
$$V=\frac{V_m}{\sqrt{2}}=\frac{120\sqrt{2}}{\sqrt{2}}=120\text{V}$$

(5) **전류**

$$I=\frac{V}{Z}=\frac{V}{R+jX}=\frac{V}{\sqrt{R^2+X^2}}$$

여기서, I : 전류[A]
V : 전압[V]
Z : 임피던스[Ω]
R : 저항[Ω]
X : 리액턴스[Ω]

전류 I는
$$I=\frac{V}{\sqrt{R^2+X^2}}=\frac{120}{\sqrt{4^2+3^2}}=24\text{A}$$

답 ③

★★★
30 분류기를 사용하여 전류를 측정하는 경우에 전류계의 내부저항이 0.28Ω이고 분류기의 저항이 0.07Ω이라면, 이 분류기의 배율은?

19.03.문22
18.04.문25
18.03.문36
17.09.문24
16.03.문26
14.09.문36
08.03.문30
04.09.문28
03.03.문37

① 4
② 5
③ 6
④ 7

해설 (1) **기호**

- R_A : 0.28Ω
- R_S : 0.07Ω
- M : ?

(2) **분류기의 배율**

$$M=\frac{I_0}{I}=1+\frac{R_A}{R_S}$$

여기서, M : 분류기의 배율
I_0 : 측정하고자 하는 전류[A]
I : 전류계 최대 눈금[A]
R_A : 전류계 내부저항[Ω]
R_S : 분류기저항[Ω]

$$M=1+\frac{R_A}{R_S}=1+\frac{0.28}{0.07}=5$$

비교

배율기 배율

$$M=\frac{V_0}{V}=1+\frac{R_m}{R_v}$$

여기서, M : 배율기 배율
V_0 : 측정하고자 하는 전압[V]
V : 전압계의 최대 눈금[A]
R_m : 배율기 저항[Ω]
R_v : 전압계 내부저항[Ω]

답 ②

★★★
31 옴의 법칙에 대한 설명으로 옳은 것은?

16.05.문32
15.05.문35
14.03.문22
03.05.문33

① 전압은 저항에 반비례한다.
② 전압은 전류에 비례한다.
③ 전압은 전류에 반비례한다.
④ 전압은 전류의 제곱에 비례한다.

해설 (1) **옴의 법칙**(Ohm's law)

$$I=\frac{V(\text{비례})}{R(\text{반비례})}\text{[A]}$$

여기서, I : 전류[A]
V : 전압[V]
R : 저항[Ω]

(2) **여러 가지 법칙**

법 칙	설 명
옴의 **법칙**	"저항은 전류에 반비례하고, 전압에 비례한다"는 법칙
플레밍의 **오른손 법칙**	**도**체운동에 의한 **유**기기전력의 **방**향 결정 기억법 **방유도오**(**방**에 우**유**를 **도로** 갔다 놓게!)
플레밍의 **왼손 법칙**	**전**자력의 방향 결정 기억법 **왼전**(**왠 전**쟁이냐?)
렌츠의 **법칙**	자속변화에 의한 **유**도기전력의 **방**향 결정 기억법 **렌유방**(오**렌**지가 **유**일한 **방**법이다.)
패러데이의 **전자유도 법칙**	자속변화에 의한 **유**기기전력의 **크**기 결정 기억법 **패유크**(**패유**를 버리면 **큰**일난다.)
앙페르의 **오른나사 법칙**	**전**류에 의한 **자**기장의 방향을 결정하는 법칙 기억법 **앙전자**(**양전자**)
비오-사바르의 **법칙**	**전**류에 의해 발생되는 **자**기장의 크기(전류에 의한 자계의 세기) 기억법 **비전자**(**비전**공**자**)
키르히호프의 **법칙**	옴의 법칙을 응용한 것으로 복잡한 회로의 전류와 전압계산에 사용
줄의 **법칙**	• 어떤 도체에 일정시간 동안 전류를 흘리면 도체에는 열이 발생되는데 이에 관한 법칙 • 저항이 있는 도체에 전류를 흘리면 **열**이 발생되는 법칙 기억법 **줄열**
쿨롱의 **법칙**	"두 자극 사이에 작용하는 힘은 두 **자극**의 **세기**의 **곱**에 **비례**하고, 두 자극 사이의 **거리**의 **제곱**에 **반비례**한다."는 법칙

① 전압은 저항에 비례
②, ③, ④ 전압은 전류에 비례

답 ②

32 3상 직권 정류자전동기에서 고정자권선과 회전자권선 사이에 중간변압기를 사용하는 주된 이유가 아닌 것은?

17.03.문26

① 경부하시 속도의 이상 상승 방지
② 철심을 포화시켜 회전자 상수를 감소
③ 중간변압기의 권수비를 바꾸어서 전동기 특성을 조정
④ 전원전압의 크기에 관계없이 정류에 알맞은 회전자전압 선택

해설 **중간변압기**의 **사용이유**(3상 직권 정류자전동기)

(1) 경부하시 **속도**의 **이상** 상승 **방지**
(2) 실효 **권수비** 선정 **조정**(권수비를 바꾸어서 전동기의 특성 조정)
(3) 전원전압의 크기에 관계없이 정류에 알맞은 **회전자전압** 선택
(4) 철심을 포화시켜 회전자상수 **증가**

② 감소 → 증가

답 ②

33 공기 중에 10μC과 20μC인 두 개의 점전하를 1m 간격으로 놓았을 때 발생되는 정전기력은 몇 N인가?

19.03.문25
13.06.문34
12.09.문29

① 1.2　　② 1.8
③ 2.4　　④ 3.0

해설 (1) **기호**

- ε_s ≒ 1(공기 중이므로)
- Q_1 : 10μC=10×10^{-6}C(1μC=10^{-6}C)
- Q_2 : 20μC=20×10^{-6}C(1μC=10^{-6}C)
- r : 1m
- F : ?

(2) **정전력** : 두 전하 사이에 작용하는 힘

$$F=\frac{Q_1Q_2}{4\pi\varepsilon r^2}=QE$$

여기서, F : 정전력〔N〕
Q, Q_1, Q_2 : 전하〔C〕
ε : 유전율〔F/m〕($\varepsilon=\varepsilon_0\cdot\varepsilon_s$)
ε_0 : 진공의 유전율(8.855×10^{-12})〔F/m〕
r : 거리〔m〕
E : 전계의 세기〔V/m〕

정전력 F는

$$F=\frac{Q_1Q_2}{4\pi\varepsilon_0\varepsilon_s r^2}=\frac{(10\times10^{-6})\times(20\times10^{-6})}{4\pi\times8.855\times10^{-12}\times1\times1^2}$$

$$\fallingdotseq 1.8\text{N}$$

비교

자기력
자석이 금속을 끌어당기는 힘

$$F=\frac{m_1m_2}{4\pi\mu r^2}=mH$$

여기서, F : 자기력〔N〕
m, m_1, m_2 : 자하〔Wb〕
μ : 투자율〔H/m〕($\mu=\mu_0\cdot\mu_s$)
μ_0 : 진공의 투자율($4\pi\times10^{-7}$)〔H/m〕
r : 거리〔m〕
H : 자계의 세기〔A/m〕

답 ②

34 교류회로에 연결되어 있는 부하의 역률을 측정하는 경우 필요한 계측기의 구성은?

15.03.문38
12.05.문39

① 전압계, 전력계, 회전계
② 상순계, 전력계, 전류계
③ 전압계, 전류계, 전력계
④ 전류계, 전압계, 주파수계

해설

$$P=V\;I\;\cos\theta$$

↑ 전력　↑ 전압　↖ 전류　↖ 역률

위 식에서 **역률측정계기**는 다음과 같다.

(1) 전압계 : Ⓥ
(2) 전류계 : Ⓐ
(3) 전력계 : Ⓦ

답 ③

35 평형 3상 회로에서 측정된 선간전압과 전류의 실효값이 각각 28.87V, 10A이고, 역률이 0.8일 때 3상 무효전력의 크기는 약 몇 Var인가?

① 400　　② 300
③ 231　　④ 173

해설 (1) **기호**

- V_l : 28.87V
- I_l : 10A
- $\cos\theta$: 0.8
- P_r : ?

(2) **무효율**

$$\sin\theta=\sqrt{1-\cos\theta^2}$$

여기서, $\sin\theta$: 무효율
$\cos\theta$: 역률

무효율 $\sin\theta$는

$$\sin\theta=\sqrt{1-\cos\theta^2}=\sqrt{1-0.8^2}=0.6$$

(3) **3상 무효전력**

$$P_r = 3V_pI_p\sin\theta = \sqrt{3}\,V_lI_l\sin\theta = 3I_p^{\,2}X\text{[Var]}$$

여기서, P_r : 3상 무효전력[Var]
V_p : 상전압[V]
I_p : 상전류[A]
$\sin\theta$: 무효율
V_l : 선간전압[V]
I_l : 선전류[A]
X : 리액턴스[Ω]

3상 무효전력 P_r는

$$P_r = \sqrt{3}\,V_lI_l\sin\theta$$
$$= \sqrt{3}\times 28.87\times 10\times 0.6 \fallingdotseq 300\text{Var}$$

답 ②

36 다음 회로에서 a, b 사이의 합성저항은 몇 Ω인가?

17.05.문21
13.03.문34

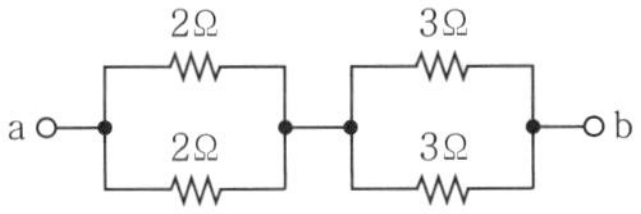

① 2.5 ② 5
③ 7.5 ④ 10

해설

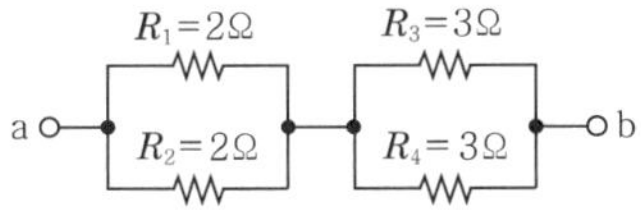

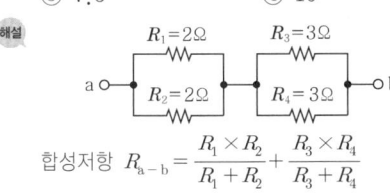

합성저항 $R_{a-b} = \dfrac{R_1\times R_2}{R_1+R_2} + \dfrac{R_3\times R_4}{R_3+R_4}$

$$= \frac{2\times 2}{2+2} + \frac{3\times 3}{3+3} = 2.5\,\Omega$$

답 ①

37 60Hz의 3상 전압을 전파정류하였을 때 맥동주파수[Hz]는?

15.09.문27
09.03.문32

① 120 ② 180
③ 360 ④ 720

해설 **맥동률 · 맥동주파수**(60Hz)

구 분	맥동률	맥동주파수
단상 반파	1.21	60Hz
단상 전파	0.482	120Hz
3상 반파	0.183	180Hz
3상 전파	0.042	360Hz

답 ③

38 두 개의 입력신호 중 한 개의 입력만이 1일 때 출력신호가 1이 되는 논리게이트는?

12.05.문40

① EXCLUSIVE NOR
② NAND
③ EXCLUSIVE OR
④ AND

해설 **시퀀스회로와 논리회로**

명칭	시퀀스회로	논리회로	진리표
AND 회로 **(직렬회로)**	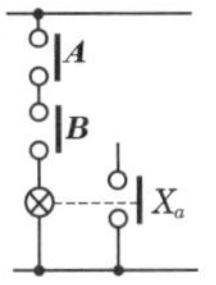	 $X=A\cdot B$ 입력신호 A, B가 동시에 1일 때만 출력신호 X가 1이 된다.	A B X 0 0 0 0 1 0 1 0 0 1 1 1
OR 회로 **(병렬회로)**	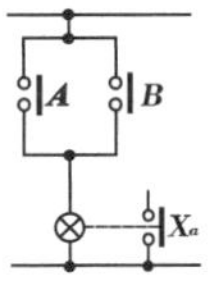	 $X=A+B$ 입력신호 A, B 중 어느 하나라도 1이면 출력신호 X가 1이 된다.	A B X 0 0 0 0 1 1 1 0 1 1 1 1
NOT 회로 (b접점)	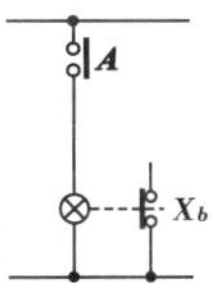	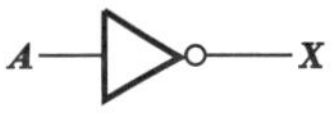 $X=\overline{A}$ 입력신호 A가 0일 때만 출력신호 X가 1이 된다.	A X 0 1 1 0
NAND 회로	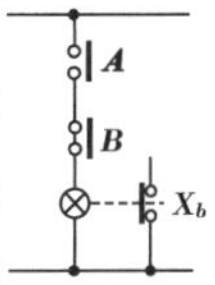	 $X=\overline{A\cdot B}$ 입력신호 A, B가 동시에 1일 때만 출력신호 X가 0이 된다(AND회로의 부정).	A B X 0 0 1 0 1 1 1 0 1 1 1 0
NOR 회로	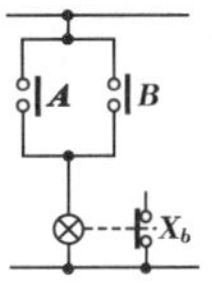	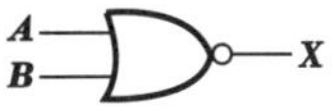 $X=\overline{A+B}$ 입력신호 A, B가 동시에 0일 때만 출력신호 X가 1이 된다(OR회로의 부정).	A B X 0 0 1 0 1 0 1 0 0 1 1 0
EXCLUSIVE OR 회로	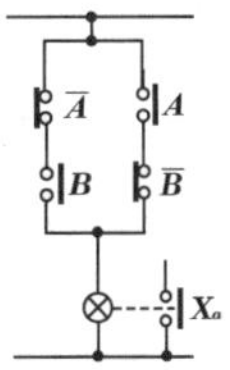	 $X=A\oplus B$ $=\overline{A}B+A\overline{B}$ 입력신호 A, B 중 어느 한쪽만이 1이면 출력신호 X가 1이 된다.	A B X 0 0 0 0 1 1 1 0 1 1 1 0
EXCLUSIVE NOR 회로	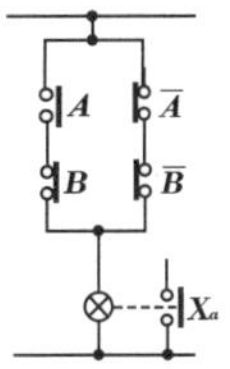	 $X=\overline{A\oplus B}$ $=AB+\overline{A}\,\overline{B}$ 입력신호 A, B가 동시에 0이거나 1일 때만 출력신호 X가 1이 된다.	A B X 0 0 1 0 1 0 1 0 0 1 1 1

답 ③

★
39 진공 중 대전된 도체의 표면에 면전하밀도 σ [C/m²]가 균일하게 분포되어 있을 때, 이 도체 표면에서의 전계의 세기 E[V/m]는? (단, ε_0는 진공의 유전율이다.)

① $E=\dfrac{\sigma}{\varepsilon_0}$　　② $E=\dfrac{\sigma}{2\varepsilon_0}$

③ $E=\dfrac{\sigma}{2\pi\varepsilon_0}$　　④ $E=\dfrac{\sigma}{4\pi\varepsilon_0}$

해설 **전계의 세기**(intensity of electric field)

$$E=\frac{Q}{4\pi\varepsilon r^2}=\frac{\sigma}{\varepsilon}$$

여기서, E : 전계의 세기[V/m]
Q : 전하[C]
ε : 유전율[F/m]($\varepsilon=\varepsilon_0\cdot\varepsilon_s$)
(ε_0 : 진공의 유전율[F/m], ε_s : 비유전율)
σ : 면전하밀도[C/m²]
r : 거리[m]

전계의 세기(전장의 세기) E는

$$E=\frac{\sigma}{\varepsilon}=\frac{\sigma}{\varepsilon_0\varepsilon_s}=\frac{\sigma}{\varepsilon_0}$$

• 진공 중 $\varepsilon_s\fallingdotseq 1$이므로 $\varepsilon=\varepsilon_0\varepsilon_s=\varepsilon_0$

답 ①

★
40 3상 유도전동기의 출력이 25HP, 전압이 220V, 효율이 85%, 역률이 85%일 때, 이 전동기로 흐르는 전류는 약 몇 A인가? (단, 1HP=0.746kW)

① 40　　② 45

③ 68　　④ 70

해설 (1) **기호**

• P : 25HP=25×0.746=18.65kW
=18650W(1HP=0.746kW)
• V : 220V
• η : 85%=0.85
• $\cos\theta$: 85%=0.85
• I : ?

(2) **3상 출력(3상 유효전력)**

$$P=\sqrt{3}\,VI\cos\theta\eta$$

여기서, P : 3상 출력[W]
V : 전압[V]
I : 전류[A]
$\cos\theta$: 역률
η : 효율

전류 I는

$$I=\frac{P}{\sqrt{3}\,V\cos\theta\eta}=\frac{18650}{\sqrt{3}\times220\times0.85\times0.85}\fallingdotseq 68\text{A}$$

답 ③

제 3 과목　소방관계법규

★
41 위험물안전관리법령상 위험물 중 제1석유류에 속하는 것은?
17.09.문42

① 경유　　② 등유

③ 중유　　④ 아세톤

해설 **위험물령 [별표 1]**

제4류 위험물

성 질	품 명		지정수량	대표물질
인화성 액체	특수인화물		50L	• 다이에틸에터 • 이황화탄소
	제1 석유류	비수용성	200L	• 휘발유 • 콜로디온
		수용성	400L	• 아세톤 기억법 수4
	알코올류		400L	• 변성알코올
	제2 석유류	비수용성	1000L	• 등유 • 경유
		수용성	2000L	• 아세트산
	제3 석유류	비수용성	2000L	• 중유 • 크레오소트유
		수용성	4000L	• 글리세린
	제4석유류		6000L	• 기어유 • 실린더유
	동식물유류		10000L	• 아마인유

① 제2석유류
② 제2석유류
③ 제3석유류

답 ④

★★
42 소방시설 설치 및 관리에 관한 법령상 소방시설 등의 자체점검 중 종합점검을 받아야 하는 특정소방대상물 대상 기준으로 틀린 것은?
16.05.문55
12.05.문45

① 제연설비가 설치된 터널
② 스프링클러설비가 설치된 특정소방대상물
③ 공공기관 중 연면적이 1000m² 이상인 것으로서 옥내소화전설비 또는 자동화재탐지설비가 설치된 것(단, 소방대가 근무하는 공공기관은 제외한다.)
④ 호스릴방식의 물분무등소화설비만이 설치된 연면적 5000m² 이상인 특정소방대상물(단, 위험물제조소 등은 제외한다.)

해설 **소방시설법 시행규칙 〔별표 3〕**
소방시설 등 자체점검의 점검대상, 점검자의 자격, 점검횟수 및 시기

점검구분	정 의	점검대상	점검자의 자격(주된 인력)	점검횟수 및 점검시기
작동점검	소방시설 등을 인위적으로 조작하여 정상적으로 작동하는지를 점검하는 것	① 간이스프링클러설비 · 자동화재탐지설비	• 관계인 • 소방안전관리자로 선임된 소방시설관리사 또는 소방기술사 • 소방시설관리업에 등록된 기술인력 중 소방시설관리사 또는 「소방시설공사업법 시행규칙」에 따른 특급 점검자	• 작동점검은 **연 1회** 이상 실시하며, 종합점검대상은 종합점검(최초점검 제외)을 받은 달부터 **6개월**이 되는 달에 실시 • 종합점검대상 외의 특정소방대상물은 사용승인일이 속하는 달의 말일까지 실시
		② ①에 해당하지 아니하는 특정소방대상물	• 소방시설관리업에 등록된 기술인력 중 소방시설관리사 • 소방안전관리자로 선임된 소방시설관리사 또는 소방기술사	
		③ 작동점검 제외대상 • 특정소방대상물 중 소방안전관리자를 선임하지 않는 대상 • 위험물제조소 등 • 특급 소방안전관리대상물		
종합점검	소방시설 등의 작동점검을 포함하여 소방시설 등의 설비별 주요 구성 부품의 구조기준이 화재안전기준과 「건축법」 등 관련 법령에서 정하는 기준에 적합한지 여부를 점검하는 것 (1) 최초점검 : 특정소방대상물의 소방시설이 신설된 경우 건축물을 사용할 수 있게 된 날부터 60일 이내에 점검하는 것 (2) 그 밖의 종합점검 : 최초점검을 제외한 종합점검	④ 소방시설 등이 신설된 경우에 해당하는 특정소방대상물 ⑤ **스프링클러설비**가 설치된 특정소방대상물 ⑥ **물분무등소화설비**(호스릴방식의 물분무등소화설비만을 설치한 경우는 제외)가 설치된 연면적 **$5000m^2$** 이상인 특정소방대상물(위험물제조소 등 제외) ⑦ 다중이용업의 영업장이 설치된 특정소방대상물로서 연면적이 **$2000m^2$** 이상인 것 ⑧ **제연설비**가 설치된 터널 ⑨ **공공기관** 중 연면적(터널 · 지하구의 경우 그 길이와 평균 폭을 곱하여 계산된 값)이 **$1000m^2$** 이상인 것으로서 옥내소화전설비 또는 자동화재탐지설비가 설치된 것(단, 소방대가 근무하는 공공기관 제외) 중요 **종합점검** ① 공공기관 : $1000m^2$ ② 다중이용업 : $2000m^2$ ③ 물분무등(호스릴 ×) : $5000m^2$	• 소방시설관리업에 등록된 기술인력 중 **소방시설관리사** • 소방안전관리자로 선임된 **소방시설관리사** 또는 **소방기술사**	〈점검횟수〉 ㉠ 연 1회 이상(특급 소방안전관리대상물은 반기에 1회 이상) 실시 ㉡ ㉠에도 불구하고 소방본부장 또는 소방서장은 소방청장이 소방안전관리가 우수하다고 인정한 특정소방대상물에 대해서는 3년의 범위에서 소방청장이 고시하거나 정한 기간 동안 종합점검을 면제할 수 있다(단, 면제기간 중 화재가 발생한 경우는 제외). 〈점검시기〉 ㉠ ④에 해당하는 특정소방대상물은 건축물을 사용할 수 있게 된 날부터 60일 이내 실시 ㉡ ㉠을 제외한 특정소방대상물은 건축물의 사용승인일이 속하는 달에 실시(단, 학교의 경우 해당 건축물의 사용승인일이 1월에서 6월 사이에 있는 경우에는 6월 30일까지 실시할 수 있다.) ㉢ 건축물 사용승인일 이후 ⑦에 따라 종합점검대상에 해당하게 된 경우에는 그 다음 해부터 실시 ㉣ 하나의 대지경계선 안에 2개 이상의 자체점검대상 건축물 등이 있는 경우 그 건축물 중 사용승인일이 가장 빠른 연도의 건축물의 사용승인일을 기준으로 점검할 수 있다.

[비고] 작동점검 및 종합점검(최초점검 제외)은 건축물 사용승인 후 그 다음 해부터 실시한다.

④ 호스릴방식의 물분무등소화설비만을 설치한 경우는 제외

답 ④

★★
43 소방시설 설치 및 관리에 관한 법령상 소방시설이 아닌 것은?

11.03.문44

① 소화설비　② 경보설비
③ 방화설비　④ 소화활동설비

해설 **소방시설법 2조**
정의

용 어	뜻
소방시설	**소화설비**, **경보설비**, **피난구조설비**, **소화용수설비**, 그 밖에 **소화활동설비**로서 **대통령령**으로 정하는 것
소방시설 등	**소방시설**과 **비상구**, 그 밖에 소방 관련 시설로서 **대통령령**으로 정하는 것
특정소방대상물	건축물 등의 규모·용도 및 수용인원 등을 고려하여 **소방시설**을 **설치**하여야 하는 소방대상물로서 **대통령령**으로 정하는 것
소방용품	소방시설 등을 구성하거나 소방용으로 사용되는 **제품** 또는 **기기**로서 **대통령령**으로 정하는 것

③ 해당 없음

답 ③

★★★
44 소방기본법상 소방대장의 권한이 아닌 것은?

19.03.문56
18.04.문43
17.05.문48

① 소방활동을 할 때에 긴급한 경우에는 이웃한 소방본부장 또는 소방서장에게 소방업무의 응원을 요청할 수 있다.
② 화재, 재난·재해, 그 밖의 위급한 상황이 발생한 현장에서 소방활동을 위하여 필요할 때에는 그 관할구역에 사는 사람 또는 그 현장에 있는 사람으로 하여금 사람을 구출하는 일 또는 불을 끄거나 불이 번지지 아니하도록 하는 일을 하게 할 수 있다.
③ 사람을 구출하거나 불이 번지는 것을 막기 위하여 필요할 때에는 화재가 발생하거나 불이 번질 우려가 있는 소방대상물 및 토지를 일시적으로 사용하거나 그 사용의 제한 또는 소방활동에 필요한 처분을 할 수 있다.
④ 소방활동을 위하여 긴급하게 출동할 때에는 소방자동차의 통행과 소방활동에 방해가 되는 주차 또는 정차된 차량 및 물건 등을 제거하거나 이동시킬 수 있다.

해설 (1) 소방**대**장 : 소방**활**동**구**역의 설정(기본법 23조)

기억법 **대구활(대구의 활동)**

(2) **소**방본부장 · **소**방서장 · 소방**대**장
㉠ 소방활동 **종**사명령(기본법 24조) 보기 ②
㉡ **강**제처분(기본법 25조) 보기 ③④
㉢ **피**난명령(기본법 26조)
㉣ 댐 · 저수지 사용 등 위험시설 등에 대한 긴급조치(기본법 27조)

기억법 **소대종강피(소방대의 종강파티)**

비교

소방본부장 · 소방서장(기본법 11조)
소방업무의 응원 요청

① 소방본부장, 소방서장의 권한

답 ①

★★★
45 위험물안전관리법령상 제조소 등이 아닌 장소에서 지정수량 이상의 위험물을 취급할 수 있는 경우에 대한 기준으로 맞는 것은? (단, 시·도의 조례가 정하는 바에 따른다.)

19.09.문43
16.03.문47
07.09.문41

① 관할 소방서장의 승인을 받아 지정수량 이상의 위험물을 60일 이내의 기간 동안 임시로 저장 또는 취급하는 경우
② 관할 소방대장의 승인을 받아 지정수량 이상의 위험물을 60일 이내의 기간 동안 임시로 저장 또는 취급하는 경우
③ 관할 소방서장의 승인을 받아 지정수량 이상의 위험물을 90일 이내의 기간 동안 임시로 저장 또는 취급하는 경우
④ 관할 소방대장의 승인을 받아 지정수량 이상의 위험물을 90일 이내의 기간 동안 임시로 저장 또는 취급하는 경우

해설 **90일**
(1) 소방시설업 **등**록신청 자산평가액 · 기업진단보고서 **유**효기간(공사업규칙 2조)
(2) 위험물 임시저장 · 취급 기준(위험물법 5조)

기억법 **등유9(등유 구해와!)**

① 60일 → 90일
② 소방대장 → 소방서장, 60일 → 90일
④ 소방대장 → 소방서장

중요

위험물법 5조
임시저장 승인 : 관할소방서장

답 ③

46 ★★

15.05.문41
13.09.문54

위험물안전관리법령상 제4류 위험물별 지정수량 기준의 연결이 틀린 것은?

① 특수인화물－50리터
② 알코올류－400리터
③ 동식물류－1000리터
④ 제4석유류－6000리터

해설 **위험물령 [별표 1]**
제4류 위험물

성 질	품 명		지정수량	대표물질
인화성 액체	특수인화물		50L	• 다이에틸에터 • 이황화탄소
	제1 석유류	비수용성	200L	• 휘발유 • 콜로디온
		수용성	400L	• 아세톤
	알코올류		400L	• 변성알코올
	제2 석유류	비수용성	1000L	• 등유 • 경유
		수용성	2000L	• 아세트산
	제3 석유류	비수용성	2000L	• 중유 • 크레오소트유
		수용성	4000L	• 글리세린
	제4석유류		6000L	• 기어유 • 실린더유
	동식물유류		10000L	• 아마인유

③ 1000리터 → 10000리터

답 ③

47 ★★★

19.09.문50
17.09.문49
16.05.문53
13.09.문56

화재의 예방 및 안전관리에 관한 법률상 화재예방강화지구의 지정권자는?

① 소방서장 ② 시·도지사
③ 소방본부장 ④ 행정안전부장관

해설 **화재예방법 18조**
화재예방강화지구의 지정
(1) **지정권자** : **시**·도지사
(2) **지정지역**
㉠ **시장**지역
㉡ **공장**·**창고** 등이 밀집한 지역
㉢ **목조건물**이 밀집한 지역
㉣ 노후·불량 건축물이 밀집한 지역
㉤ **위험물**의 **저장** 및 **처리시설**이 **밀집**한 지역
㉥ **석유화학제품**을 생산하는 공장이 있는 지역
㉦ **소방시설**·**소방용수시설** 또는 **소방출동로**가 **없는** 지역
㉧ 「**산업입지 및 개발에 관한 법률**」에 따른 산업단지
㉨ 「물류시설의 개발 및 운영에 관한 법률」에 따른 물류단지
㉩ **소방청장**·**소방본부장**·**소방서장**(소방관서장)이 화재예방강화지구로 지정할 필요가 있다고 인정하는 지역

※ **화재예방강화지구** : 화재발생 우려가 크거나 화재가 발생할 경우 피해가 클 것으로 예상되는 지역에 대하여 화재의 예방 및 안전관리를 강화하기 위해 지정·관리하는 지역

기억법 **화강시**

답 ②

48 ★★★

19.04.문53
17.03.문41
17.03.문55
15.09.문48
15.03.문58
14.05.문41
12.09.문52

위험물안전관리법령상 관계인이 예방규정을 정하여야 하는 위험물을 취급하는 제조소의 지정수량 기준으로 옳은 것은?

① 지정수량의 10배 이상
② 지정수량의 100배 이상
③ 지정수량의 150배 이상
④ 지정수량의 200배 이상

해설 **위험물령 15조**
예방규정을 정하여야 할 제조소 등

배 수	제조소 등
10배 이상	• **제**조소 • **일**반취급소
100배 이상	• 옥**외**저장소
150배 이상	• 옥**내**저장소
200배 이상	• 옥외**탱**크저장소
모두 해당	• 이송취급소 • 암반탱크저장소

기억법
1 제일
0 외
5 내
2 탱

※ **예방규정** : 제조소 등의 화재예방과 화재 등 재해발생시의 비상조치를 위한 규정

답 ①

49 ★

17.09.문45 (산업)

소방시설 설치 및 관리에 관한 법령상 주택의 소유자가 소방시설을 설치하여야 하는 대상이 아닌 것은?

① 아파트 ② 연립주택
③ 다세대주택 ④ 다가구주택

해설 **소방시설법 10조**
주택의 소유자가 설치하는 소방시설의 설치대상
(1) **단독주택**
(2) **공동주택**(아파트 및 기숙사 제외) : **연립주택**, **다세대주택**, **다가구주택**

답 ①

★★
50 소방시설공사업법령상 정의된 업종 중 소방시설업의 종류에 해당되지 않는 것은?

15.09.문51
10.09.문48

① 소방시설설계업 ② 소방시설공사업
③ 소방시설정비업 ④ 소방공사감리업

해설 **공사업법 2조**
소방시설업의 종류

소방시설 설계업	소방시설 공사업	소방공사 감리업	방염처리업
소방시설공사에 기본이 되는 **공사계획·설계도면·설계설명서·기술계산서** 등을 작성하는 영업	설계도서에 따라 소방시설을 **신설·증설·개설·이전·정비**하는 영업	소방시설공사에 관한 발주자의 권한을 대행하여 소방시설공사가 **설계도서**와 관계법령에 따라 **적법**하게 **시공**되는지를 확인하고, 품질·시공 관리에 대한 **기술지도**를 하는 영업	방염대상물품에 대하여 **방염처리**하는 영업

답 ③

★★★
51 소방시설 설치 및 관리에 관한 법령상 특정소방대상물로서 숙박시설에 해당되지 않는 것은?

19.04.문50
17.03.문50
14.09.문54
11.06.문50
09.03.문56

① 오피스텔
② 일반형 숙박시설
③ 생활형 숙박시설
④ 근린생활시설에 해당하지 않는 고시원

해설 **소방시설법 시행령 〔별표 2〕**
업무시설
(1) 주민자치센터(동사무소)
(2) 경찰서
(3) 소방서
(4) 우체국
(5) 보건소
(6) 공공도서관
(7) 국민건강보험공단
(8) 금융업소·오피스텔·신문사
(9) 변전소·양수장·정수장·대피소·공중화장실

① 오피스텔 : 업무시설

중요

숙박시설
(1) 일반형 숙박시설
(2) 생활형 숙박시설
(3) 고시원

답 ①

★
52 화재의 예방 및 안전관리에 관한 법령상 특수가연물의 저장 및 취급기준을 위반한 경우 과태료 부과기준은?

11.03.문57

① 50만원
② 100만원
③ 150만원
④ 200만원

해설 **화재예방법 시행령 〔별표 9〕**
과태료의 부과기준

위반사항	과태료금액
① 소방용수시설·소화기구 및 설비 등의 설치명령을 위반한 자	200
② 불의 사용에 있어서 지켜야 하는 사항을 위반한 자	
③ 특수가연물의 저장 및 취급의 기준을 위반한 자	

중요

기본령 〔별표 3〕
과태료의 부과기준

위반사항	과태료금액
화재 또는 구조·구급이 필요한 상황을 거짓으로 알린 자	1회 위반시 : 200 2회 위반시 : 400 3회 이상 위반시 : 500
소방활동구역 출입제한을 위반한 자	100
한국소방안전원 또는 이와 유사한 명칭을 사용한 경우	200

답 ④

★★★
53 소방시설 설치 및 관리에 관한 법령상 수용인원 산정방법 중 다음과 같은 시설의 수용인원은 몇 명인가?

19.09.문41
19.04.문51
18.09.문43
17.03.문57
15.09.문67

숙박시설이 있는 특정소방대상물로서 종사자 수는 5명, 숙박시설은 모두 2인용 침대이며 침대수량은 50개이다.

① 55 ② 75
③ 85 ④ 105

해설 **소방시설법 시행령 〔별표 7〕**
수용인원의 산정방법

특정소방대상물		산정방법
• 강의실 • 교무실 • 상담실 • 실습실 • 휴게실		$\frac{\text{바닥면적 합계}}{1.9\text{m}^2}$
• 숙박시설	침대가 있는 경우 ⟶	종사자수 + 침대수
	침대가 없는 경우	종사자수 + $\frac{\text{바닥면적 합계}}{3\text{m}^2}$
• 기타		$\frac{\text{바닥면적 합계}}{3\text{m}^2}$
• 강당 • 문화 및 집회시설, 운동시설 • 종교시설		$\frac{\text{바닥면적 합계}}{4.6\text{m}^2}$

• **소수점 이하**는 **반올림**한다.

기억법 **수반(수반! 동반!)**

숙박시설(침대가 있는 경우)
=종사자수+침대수 = 5명+(2인용×50개) =105명

답 ④

★★★
54 **소방시설 설치 및 관리에 관한 법률상 소방시설 등에 대한 자체점검을 하지 아니하거나 관리업자 등으로 하여금 정기적으로 점검하게 하지 아니한 자에 대한 벌칙기준으로 옳은 것은?**

19.03.문42
18.04.문54
13.03.문48
12.05.문55
10.09.문49

① 6개월 이하의 징역 또는 1000만원 이하의 벌금
② 1년 이하의 징역 또는 1000만원 이하의 벌금
③ 3년 이하의 징역 또는 1500만원 이하의 벌금
④ 3년 이하의 징역 또는 3000만원 이하의 벌금

해설 **1년 이하의 징역 또는 1000만원 이하의 벌금**
(1) 소방시설의 **자체점검** 미실시자(소방시설법 58조)
(2) **소방시설관리사증** 대여(소방시설법 58조)
(3) **소방시설관리업**의 등록증 또는 등록수첩 대여(소방시설법 58조)
(4) 제조소 등의 정기점검기록 허위작성(위험물법 35조)
(5) **자체소방대**를 두지 않고 제조소 등의 허가를 받은 자(위험물법 35조)
(6) **위험물 운반용기**의 검사를 받지 않고 유통시킨 자(위험물법 35조)
(7) 제조소 등의 긴급사용정지 위반자(위험물법 35조)
(8) 영업정지처분 위반자(공사업법 36조)
(9) **거짓 감리자**(공사업법 36조)
(10) 공사감리자 미지정자(공사업법 36조)
(11) 소방시설 설계 · 시공 · 감리 하도급자(공사업법 36조)
(12) 소방시설공사 재하도급자(공사업법 36조)
(13) 소방시설업자가 아닌 자에게 **소방시설공사** 등을 도급한 관계인(공사업법 36조)

답 ②

★★★
55 **화재의 예방 및 안전관리에 관한 법률상 화재예방강화지구의 지정대상이 아닌 것은? (단, 소방청장 · 소방본부장 또는 소방서장이 화재예방강화지구로 지정할 필요가 있다고 인정하는 지역은 제외한다.)**

19.09.문50
17.09.문49
16.05.문53
13.09.문56

① 시장지역
② 농촌지역
③ 목조건물이 밀접한 지역
④ 공장 · 창고가 밀집한 지역

해설 **화재예방법 18조**
화재예방강화지구의 지정
(1) **지정권자** : 시 · 도지사
(2) **지정지역**
㉠ **시장**지역
㉡ **공장 · 창고** 등이 밀집한 지역
㉢ **목조건물**이 밀집한 지역
㉣ 노후 · 불량 건축물이 밀집한 지역
㉤ **위험물**의 **저장** 및 **처리시설**이 **밀집**한 지역
㉥ **석유화학제품**을 생산하는 공장이 있는 지역
㉦ **소방시설 · 소방용수시설** 또는 **소방출동로**가 **없는** 지역
㉧ 「**산업입지 및 개발에 관한 법률**」에 따른 산업단지
㉨ 「물류시설의 개발 및 운영에 관한 법률」에 따른 물류단지
㉩ **소방청장 · 소방본부장 · 소방서장**(소방관서장)이 화재예방강화지구로 지정할 필요가 있다고 인정하는 지역

② 해당없음

※ **화재예방강화지구** : 화재발생 우려가 크거나 화재가 발생할 경우 피해가 클 것으로 예상되는 지역에 대하여 화재의 예방 및 안전관리를 강화하기 위해 지정 · 관리하는 지역

답 ②

★★★
56 **화재의 예방 및 안전관리에 관한 법령상 특수가연물의 품명과 지정수량 기준의 연결이 틀린 것은?**

15.09.문47
15.05.문49
14.03.문52
12.05.문60

① 사류－1000kg 이상
② 볏짚류－3000kg 이상
③ 석탄 · 목탄류－10000kg 이상
④ 고무류 · 플라스틱류 중 발포시킨 것－20m^3 이상

해설 **화재예방법 시행령 〔별표 2〕**
특수가연물

품 명		수 량
가연성 액체류		2m³ 이상
목재가공품 및 나무부스러기		10m³ 이상
면화류		200kg 이상
나무껍질 및 대팻밥		400kg 이상
넝마 및 종이부스러기		1000kg 이상
사류(絲類)		1000kg 이상
볏짚류		1000kg 이상
가연성 고체류		3000kg 이상
고무류 · 플라스틱류	발포시킨 것	20m³ 이상
고무류 · 플라스틱류	그 밖의 것	3000kg 이상
석탄 · 목탄류		10000kg 이상

② 3000kg 이상 → 1000kg 이상

• **특수가연물** : 화재가 발생하면 그 확대가 빠른 물품

기억법
가액목면나 넝사볏가고 고석
2 124 1 3 31

답 ②

★
57
13.09.문46
소방기본법령상 소방안전교육사의 배치대상별 배치기준으로 틀린 것은?

① 소방청 : 2명 이상 배치
② 소방서 : 1명 이상 배치
③ 소방본부 : 2명 이상 배치
④ 한국소방안전원(본회) : 1명 이상 배치

해설 **기본령 〔별표 2의 3〕**
소방안전교육사의 배치대상별 배치기준

배치대상	배치기준
소방서	• 1명 이상
한국소방안전원	• 시 · 도지부 : 1명 이상 • 본회 : **2명** 이상
소방본부	• 2명 이상
소방청	• 2명 이상
한국소방산업기술원	• 2명 이상

④ 1명 이상 → 2명 이상

답 ④

★★
58
18.03.문59
16.03.문42
06.03.문60
화재의 예방 및 안전관리에 관한 법령상 관리의 권원이 분리된 특정소방대상물이 아닌 것은?

① 판매시설 중 도매시장 및 소매시장
② 전통시장
③ 지하층을 제외한 층수가 7층 이상인 복합건축물
④ 복합건축물로서 연면적이 30000m² 이상인 것

해설 **화재예방법 35조, 화재예방법 시행령 35조**
관리의 권원이 분리된 특정소방대상물
(1) **복합건축물**(지하층을 제외한 **11층** 이상 또는 연면적 **3만m²** 이상인 건축물)
(2) **지하가**
(3) **도매시장, 소매시장, 전통시장**

③ 7층 → 11층

답 ③

★★★
59
19.03.문42
18.04.문54
13.03.문48
12.05.문55
10.09.문49
소방시설공사업법상 도급을 받은 자가 제3자에게 소방시설공사의 시공을 하도급한 경우에 대한 벌칙기준으로 옳은 것은? (단, 내통령령으로 정하는 경우는 제외한다.)

① 100만원 이하의 벌금
② 300만원 이하의 벌금
③ 1년 이하의 징역 또는 1000만원 이하의 벌금
④ 3년 이하의 징역 또는 1500만원 이하의 벌금

해설 **1년 이하의 징역 또는 1000만원 이하의 벌금**
(1) 소방시설의 **자체점검** 미실시자(소방시설법 58조)
(2) **소방시설관리사증** 대여(소방시설법 58조)
(3) **소방시설관리업**의 등록증 또는 등록수첩 대여(소방시설법 58조)
(4) 제조소 등의 정기점검기록 허위작성(위험물법 35조)
(5) **자체소방대**를 두지 않고 제조소 등의 허가를 받은 자(위험물법 35조)
(6) **위험물 운반용기**의 검사를 받지 않고 유통시킨 자(위험물법 35조)
(7) 제조소 등의 긴급사용정지 위반자(위험물법 35조)
(8) 영업정지처분 위반자(공사업법 36조)
(9) **거짓 감리자**(공사업법 36조)
(10) 공사감리자 미지정자(공사업법 36조)
(11) 소방시설 설계 · 시공 · 감리 하도급자(공사업법 36조)
(12) 소방시설공사 재하도급자(공사업법 36조)
(13) 소방시설업자가 아닌 자에게 **소방시설공사** 등을 도급한 관계인(공사업법 36조)

답 ③

60
11.10.문55

소방시설 설치 및 관리에 관한 법령상 정당한 사유없이 피난시설 방화구획 및 방화시설의 관리에 필요한 조치명령을 위반한 경우 이에 대한 벌칙 기준으로 옳은 것은?

① 200만원 이하의 벌금
② 300만원 이하의 벌금
③ 1년 이하의 징역 또는 1000만원 이하의 벌금
④ 3년 이하의 징역 또는 3000만원 이하의 벌금

해설 **소방시설법 57조**
3년 이하의 징역 또는 3000만원 이하의 벌금
(1) **소방시설관리업** 무등록자
(2) **형식승인**을 받지 않은 소방용품 제조 · 수입자
(3) **제품검사**를 받지 않은 자
(4) **거짓**이나 그 밖의 **부정한 방법**으로 **제품검사 전문기관**의 지정을 받은 자
(5) **피난시설**, **방화구획** 및 방화시설의 관리에 따른 **명령**을 정당한 사유없이 **위반**한 자

답 ④

제 4 과목 소방전기시설의 구조 및 원리

61

비상경보설비 및 단독경보형 감지기의 화재안전기준에 따라 화재신호 및 상태신호 등을 송수신하는 방식으로 옳은 것은?

① 자동식 ② 수동식
③ 반자동식 ④ 유 · 무선식

해설 **신호처리방식**(NFPC 201 3조의 2, NFTC 201 1.8.2)

신호처리방식	설 명
유선식	화재신호 등을 **배선**으로 송수신하는 방식의 것
무선식	화재신호 등을 **전파**에 의해 송수신하는 방식의 것
유 · 무선식	① 유선식과 무선식을 **겸용**으로 사용하는 방식의 것 ② **화재신호** 및 **상태신호** 등을 송수신하는 방식

답 ④

62

감지기의 형식승인 및 제품검사의 기술기준에 따른 연기감지기의 종류로 옳은 것은?

① 연복합형 ② 공기흡입형
③ 차동식 스포트형 ④ 보상식 스포트형

해설 **연기감지기**의 **종류**(감지기의 형식승인 및 제품검사의 기술기준 3조)
(1) 이온화식 스포트형
(2) 광전식 스포트형
(3) 광전식 분리형
(4) 공기흡입형

답 ②

63
14.05.문76

비상콘센트설비의 화재안전기준에 따른 비상콘센트설비의 전원회로(비상콘센트에 전력을 공급하는 회로를 말한다)의 시설기준으로 옳은 것은?

① 하나의 전용회로에 설치하는 비상콘센트는 12개 이하로 할 것
② 전원회로는 단상 교류 220V인 것으로서 그 공급용량은 1.0kVA 이상인 것으로 할 것
③ 비상콘센트용의 풀박스 등은 방청도장을 한 것으로서, 두께 1.2mm 이상의 철판으로 할 것
④ 전원으로부터 각 층의 비상콘센트에 분기되는 경우에는 분기배선용 차단기를 보호함 안에 설치할 것

해설 **비상콘센트설비**(NFPC 504 4조, NFTC 504 2.1)

구 분	전 압	용 량	플러그접속기
단상 교류	220V	1.5kVA 이상	접지형 2극

보기 ②

(1) 하나의 전용회로에 설치하는 비상콘센트는 **10개** 이하로 할 것(전선의 용량은 최대 **3개**) 보기 ①
(2) 전원회로는 각 층에 있어서 **2 이상**이 되도록 설치할 것(단, 설치하여야 할 층의 콘센트가 **1개**인 때에는 하나의 회로로 할 수 있다.)
(3) 플러그접속기의 칼받이 접지극에는 **접지공사**를 하여야 한다.
(4) 풀박스는 **1.6mm** 이상의 철판을 사용할 것 보기 ③
(5) 절연저항은 **전원부**와 **외함** 사이를 **직류 500V 절연저항계**로 측정하여 **20MΩ** 이상일 것
(6) 전원으로부터 각 층의 비상콘센트에 분기되는 경우에는 **분기배선용 차단기**를 보호함 안에 설치할 것 보기 ④
(7) 바닥으로부터 **0.8~1.5m** 이하의 높이에 설치할 것
(8) 전원회로는 주배전반에서 **전용회로**로 하며, 배선의 종류는 **내화배선**이어야 한다.

① 12개 → 10개
② 1.0kVA → 1.5kVA
③ 1.2mm → 1.6mm

답 ④

★★★
64 비상방송설비의 화재안전기준에 따라 기동장치에 따른 화재신고를 수신한 후 필요한 음량으로 화재발생 상황 및 피난에 유효한 방송이 자동으로 개시될 때까지의 소요시간은 몇 초 이하로 하여야 하는가?

12.03.문64

① 3　　② 5
③ 7　　④ 10

해설 소요시간

기 기	시 간
• P형 · P형 복합식 · R형 · R형 복합식 · GP형 · GP형 복합식 · GR형 · GR형 복합식 수신기 • 중계기	5초 이내
비상방송설비	10초 이하
가스누설경보기	60초 이내

기억법 시중5(시중을 드시오!)
6가(육체미가 뛰어나다.)

중요

축적형 수신기

전원차단시간	축적시간	화재표시감지시간
1~3초 이하	30~60초 이하	60초(1회 이상 반복)

답 ④

★★★
65 비상조명등의 화재안전기준에 따른 휴대용 비상조명등의 설치기준이다. 다음 ( )에 들어갈 내용으로 옳은 것은?

19.03.문74
17.05.문67
15.09.문64
15.05.문61
14.09.문75
13.03.문68
12.03.문61
09.05.문76

> 지하상가 및 지하역사에는 보행거리 (㉠)m 이내마다 (㉡)개 이상 설치할 것

① ㉠ 25, ㉡ 1　　② ㉠ 25, ㉡ 3
③ ㉠ 50, ㉡ 1　　④ ㉠ 50, ㉡ 3

해설 **휴대용 비상조명등**의 **설치기준**(NFPC 304 4조, NFTC 304 2.1.2)

설치개수	설치장소
1개 이상	• **숙박시설** 또는 **다중이용업소**에는 객실 또는 영업장 안의 구획된 실마다 잘 보이는 곳(외부에 설치시 출입문 손잡이로부터 **1m 이내** 부분)
3개 이상	• **지하상가** 및 **지하역사**의 **보행거리 25m** 이내마다 • **대규모점포(백화점 · 대형점 · 쇼핑센터)** 및 **영화상영관**의 **보행거리 50m** 이내마다

(1) 바닥으로부터 0.8~1.5m 이하의 높이에 설치할 것
(2) 어둠 속에서 **위치**를 **확인**할 수 있도록 할 것
(3) 사용시 **자동**으로 **점등**되는 구조일 것

(4) 외함은 **난연성능**이 있을 것
(5) 건전지를 사용하는 경우에는 **방전방지조치**를 하여야 하고, **충전식 배터리**의 경우에는 **상시 충전**되도록 할 것
(6) 건전지 및 충전식 배터리의 용량은 **20분** 이상 유효하게 사용할 수 있는 것으로 할 것

답 ②

★
66 자동화재탐지설비 및 시각경보장치의 화재안전기준에 따른 자동화재탐지설비의 중계기의 시설기준으로 틀린 것은?

12.05.문68

① 조작 및 점검에 편리하고 화재 및 침수 등의 재해로 인한 피해를 받을 우려가 없는 장소에 설치할 것
② 수신기에서 직접 감지기회로의 도통시험을 행하지 아니하는 것에 있어서는 수신기와 감지기 사이에 설치할 것
③ 감지기에 따라 감시되지 아니하는 배선을 통하여 전력을 공급받는 것에 있어서는 전원입력측의 배선에 누전경보기를 설치할 것
④ 수신기에 따라 감시되지 아니하는 배선을 통하여 전력을 공급받는 것에 있어서는 해당 전원의 정전이 즉시 수신기에 표시되는 것으로 할 것

해설 **중계기**의 **설치기준**(NFPC 203 6조, NFTC 203 2.3.1)
(1) 수신기에서 직접 감지기회로의 도통시험을 행하지 않는 경우에는 **수신기**와 **감지기** 사이에 설치할 것

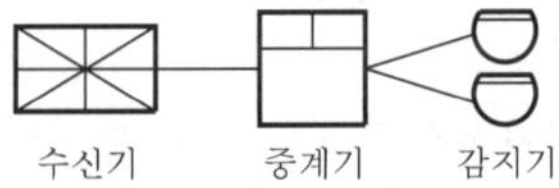

| 중계기의 설치위치 |

(2) **조작** 및 **점검**이 편리하고 화재 및 침수 등의 재해로 인한 피해를 받을 우려가 없는 장소에 설치할 것
(3) **수신기**에 따라 감시되지 아니하는 배선을 통하여 전력을 공급받는 것에 있어서는 **전원입력측**의 배선에 **과전류차단기**를 설치하고 해당 전원의 정전이 즉시 수신기에 표시되는 것으로 하며, **상용전원** 및 **예비전원**의 시험을 할 수 있도록 할 것

③ 감지기 → 수신기, 누전경보기 → 과전류차단기

답 ③

★★★
67 자동화재탐지설비 및 시각경보장치의 화재안전기준에 따라 부착높이 8m 이상 15m 미만에 설치 가능한 감지기가 아닌 것은?

19.04.문79
16.05.문69
15.09.문69
14.05.문66
14.03.문78
12.09.문61

① 불꽃감지기
② 보상식 분포형 감지기
③ 차동식 분포형 감지기
④ 광전식 분리형 1종 감지기

해설 **감지기**의 **부착높이**(NFPC 203 7조, NFTC 203 2.4.1)

부착높이	감지기의 종류
4m **미**만	• 차동식(스포트형, 분포형) • 보상식 스포트형 • 정온식(스포트형, 감지선형) ─ **열**감지기 • 이온화식 또는 광전식(스포트형, 분리형, 공기흡입형) : **연**기감지기 • 열복합형 • 연기복합형 • 열연기복합형 ─ **복**합형 감지기 • **불**꽃감지기 기억법 **열연불복 4미**
4~**8**m **미**만	• 차동식(스포트형, 분포형) • 보상식 스포트형 • **정**온식(스포트형, 감지선형) ─ **열**감지기 **특**종 또는 **1**종 • **이**온화식 **1**종 또는 **2**종 • **광**전식(스포트형, 분리형, 공기흡입형) 1종 또는 2종 ─ 연기감지기 • 열복합형 • 연기복합형 • 열연기복합형 ─ **복**합형 감지기 • **불**꽃감지기 기억법 **8미열 정특1 이광12 복불**
8~**15**m 미만	• 차동식 **분**포형 • **이**온화식 **1**종 또는 **2**종 • **광**전식(스포트형, 분리형, 공기흡입형) 1종 또는 2종 • **연**기**복**합형 • **불**꽃감지기 기억법 **15분 이광12 연복불**
15~**20**m 미만	• **이**온화식 1종 • **광**전식(스포트형, 분리형, 공기흡입형) 1종 • **연**기**복**합형 • **불**꽃감지기 기억법 **이광불연복2**
20m 이상	• **불**꽃감지기 • **광**전식(분리형, 공기흡입형) 중 **아**날로그방식 기억법 **불광아**

답 ②

★

68 예비전원의 성능인증 및 제품검사의 기술기준에 서 정의하는 "예비전원"에 해당하지 않는 것은?

12.09.문72

① 리튬계 2차 축전지
② 알칼리계 2차 축전지
③ 용융염 전해질 연료전지
④ 무보수 밀폐형 연축전지

해설 **예비전원**(예비전원의 성능인증 및 제품검사의 기술기준 2조)

기 기	예비전원
• 수신기 • 중계기 • 자동화재속보기	• **원통 밀폐형 니켈카드뮴 축전지** • **무보수 밀폐형 연축전지**
• 간이형 수신기	• **원통 밀폐형 니켈카드뮴 축전지** 또는 이와 동등 이상의 **밀폐형 축전지**
• 유도등	• **알칼리계 2차 축전지** • **리튬계 2차 축전지**
• 비상조명등	• **알칼리계 2차 축전지** • **리튬계 2차 축전지** • **무보수 밀폐형 연축전지**
• 가스누설경보기	• 알칼리계 2차 축전지 • 리튬계 2차 축전지 • 무보수밀폐형 연축전지

답 ③

★★

69 누전경보기의 형식승인 및 제품검사의 기술기준에 따라 누전경보기에서 사용되는 표시등에 대한 설명으로 틀린 것은?

① 지구등은 녹색으로 표시되어야 한다.
② 전구는 2개 이상을 병렬로 접속하여야 한다(단, 방전등 또는 발광다이오드는 제외).
③ 주위의 밝기가 300 lx인 장소에서 측정하여 앞면으로부터 3m 떨어진 곳에서 켜진 등이 확실히 식별되어야 한다.
④ 전구에는 적당한 보호덮개를 설치하여야 한다(단, 발광다이오드는 제외).

해설 **부품**의 **구조** 및 **기능**(누전경보기의 형식승인 및 제품검사의 기술기준 4조)

(1) 전구는 **2개** 이상을 **병렬**로 접속하여야 한다(단, **방전등** 또는 **발광다이오드**는 제외).
(2) 전구에는 적당한 **보호덮개**를 설치하여야 한다(단, **발광다이오드**는 제외).
(3) 주위의 밝기가 **300 lx**인 장소에서 측정하여 앞면으로부터 **3m** 떨어진 곳에서 켜진 등이 확실히 식별될 것
(4) 누전화재의 발생을 표시하는 표시등(누전등)이 설치된 것은 등이 켜질 때 **적색**으로 표시되어야 하며, 누전화재가 발생한 경계전로의 위치를 표시하는 표시등(지구등)과 기타의 표시등은 다음과 같아야 한다.

종 류	색
• 누전등 • **지구등**	**적색**
기타 표시등	적색 외의 색

① 녹색 → 적색

답 ①

★★★
70 비상콘센트설비의 화재안전기준에 따라 바닥면적이 $1000m^2$ 미만인 층은 비상콘센트를 계단의 출입구로부터 몇 m 이내에 설치해야 하는가? (단, 계단의 부속실을 포함하며 계단이 2 이상 있는 경우에는 그 중 1개의 계단을 말한다.)

17.03.문65
16.10.문78
12.05.문63

① 10 ② 8
③ 5 ④ 3

해설 **비상콘센트 설치기준**(NFPC 504 4조, NFTC 504 2.1.5)
(1) **11층** 이상의 각 층마다 설치
(2) 바닥으로부터 **0.8m** 이상 **1.5m** 이하의 위치에 설치
(3) **수평거리 기준**

수평거리 25m 이하	수평거리 50m 이하
지하상가 또는 **지하층**의 바닥면적의 합계가 **3000m²** 이상	기타

(4) **바닥면적 기준**

바닥면적 1000m² 미만	바닥면적 1000m² 이상
계단의 출입구로부터 **5m** 이내 설치	각 계단의 출입구 또는 **계단부속실**의 출입구로부터 **5m** 이내 설치

답 ③

★★★
71 무선통신보조설비의 화재안전기준에 따른 설치제외에 대한 내용이다. 다음 ( )에 들어갈 내용으로 옳은 것은?

19.09.문80
18.03.문70
17.03.문68
16.03.문80
14.09.문64
08.03.문62
06.05.문79

(㉠)으로서 특정소방대상물의 바닥부분 2면 이상이 지표면과 동일하거나 지표면으로부터의 깊이가 (㉡)m 이하인 경우에는 해당층에 한하여 무선통신보조설비를 설치하지 아니할 수 있다.

① ㉠ 지하층, ㉡ 1 ② ㉠ 지하층, ㉡ 2
③ ㉠ 무창층, ㉡ 1 ④ ㉠ 무창층, ㉡ 2

해설 **무선통신보조설비의 설치 제외**(NFPC 505 4조, NFTC 505 2.1)
(1) **지하층**으로서 특정소방대상물의 바닥부분 **2면 이상**이 지표면과 동일한 경우의 해당층
(2) 지하층으로서 지표면으로부터의 깊이가 **1m 이하**인 경우의 해당층

기억법 **2면무지(이면 계약의 무지)**

답 ①

★★★
72 비상방송설비의 화재안전기준에 따른 정의에서 가변저항을 이용하여 전류를 변화시켜 음량을 크게 하거나 작게 조절할 수 있는 장치를 말하는 것은?

19.04.문77
14.09.문67
13.03.문75

① 증폭기 ② 변류기
③ 중계기 ④ 음량조절기

해설 **비상방송설비에 사용되는 용어**(NFPC 202 3조, NFTC 202 1.7)

용 어	설 명
확성기 (스피커)	소리를 크게 하여 멀리까지 전달될 수 있도록 하는 장치
음량조절기	**가변저항**을 이용하여 **전류**를 **변화**시켜 음량을 크게 하거나 작게 조절할 수 있는 장치
증폭기	전압전류의 **진폭**을 늘려 감도를 좋게 하고 미약한 **음성전류**를 커다란 음성전류로 변화시켜 **소리**를 **크게** 하는 장치

비교

(1) **자동화재탐지설비의 용어**(NFPC 203 3조, NFTC 203 1.7)

용 어	설 명
발신기	화재발생신호를 수신기에 **수동**으로 **발신**하는 것
경계구역	특정소방대상물 중 **화재신호**를 **발신**하고 그 **신호**를 **수신** 및 유효하게 제어할 수 있는 구역
거실	**거주·집무·작업·집회·오락**, 그 밖에 이와 유사한 목적을 위하여 사용하는 방
중계기	감지기·발신기 또는 전기적 접점 등의 작동에 따른 **신호**를 받아 이를 수신기의 제어반에 **전송**하는 장치
시각경보장치	**자동화재탐지설비**에서 발하는 화재신호를 시각경보기에 전달하여 **청각장애인**에게 **점멸형태**의 **시각경보**를 하는 것

(2) **누전경보기**(NFPC 205 3조, NFTC 205 1.7)

용 어	설 명
수신부	변류기로부터 검출된 **신호**를 **수신**하여 누전의 발생을 해당 소방대상물의 **관계인**에게 **경보**하여 주는 것(**차단기구**를 갖는 것 포함)
변류기	경계전로의 **누설전류**를 자동적으로 **검출**하여 이를 누전경보기의 수신부에 송신하는 것

기억법 **수수변누**

답 ④

★
73 소방시설용 비상전원수전설비의 화재안전기준에 따라 큐비클형의 시설기준으로 틀린 것은?

11.03.문79

① 전용큐비클 또는 공용큐비클식으로 설치할 것
② 외함은 건축물의 바닥 등에 견고하게 고정할 것
③ 자연환기구에 따라 충분히 환기할 수 없는 경우에는 환기설비를 설치할 것
④ 공용큐비클식의 소방회로와 일반회로에 사용되는 배선 및 배선용 기기는 난연재료로 구획할 것

해설 **큐비클형**의 **설치기준**(NFPC 602 5조, NFTC 602 2.2.3)
(1) **전용큐비클** 또는 **공용큐비클식**으로 설치 보기 ①
(2) 외함은 두께 2.3mm 이상의 **강판**과 이와 동등 이상의 강도와 내화성능이 있는 것으로 제작
(3) 개구부에는 60분+방화문, 60분 방화문 또는 30분 방화문 설치
(4) 외함은 **건축물**의 **바닥** 등에 견고하게 고정할 것 보기 ②
(5) **환**기장치는 다음에 적합하게 설치할 것
㉠ 내부의 **온**도가 상승하지 않도록 **환기장치**를 할 것
㉡ 자연환기구의 **개**구부 면적의 합계는 외함의 한 면에 대하여 해당 면적의 $\frac{1}{3}$ 이하로 할 것. 이 경우 하나의 통기구의 크기는 직경 10mm 이상의 **둥근 막대**가 들어가서는 아니 된다.
㉢ 자연환기구에 따라 충분히 환기할 수 없는 경우에는 **환기설비**를 설치할 것 보기 ③
㉣ 환기구에는 **금속망**, **방화댐퍼** 등으로 방화조치를 하고, 옥외에 설치하는 것은 **빗물** 등이 들어가지 않도록 할 것

기억법 **큐환 온개설 망댐빗**

(6) 공용큐비클식의 소방회로와 일반회로에 사용되는 배선 및 배선용 기기는 **불연재료**로 구획할 것 보기 ④

④ 난연재료 → 불연재료

답 ④

★★★
74 비상경보설비 및 단독경보형 감지기의 화재안전기준에 따른 발신기의 시설기준에 대한 내용이다. 다음 ( )에 들어갈 내용으로 옳은 것은?

18.03.문77
17.05.문63
16.05.문63
14.03.문71
12.03.문73
10.03.문68

> 조작이 쉬운 장소에 설치하고, 조작스위치는 바닥으로부터 (㉠)m 이상 (㉡)m 이하의 높이에 설치할 것

① ㉠ 0.6, ㉡ 1.2 ② ㉠ 0.8, ㉡ 1.5
③ ㉠ 1.0, ㉡ 1.8 ④ ㉠ 1.2, ㉡ 2.0

해설 **비상경보설비**의 **발신기 설치기준**(NFPC 201 4조, NFTC 201 2.1.5)
(1) 전원 : **축전지설비**, **전기저장장치**, **교류전압**의 **옥내간선**으로 하고 배선은 **전용**
(2) 감시상태 : **60분**, 경보시간 : **10분**
(3) 조작이 **쉬운 장소**에 설치하고, 조작스위치는 바닥으로부터 **0.8~1.5m** 이하의 높이에 설치할 것
(4) 특정소방대상물의 **층**마다 설치하되, 해당 소방대상물의 각 부분으로부터 하나의 발신기까지의 **수평거리**가 **25m** 이하가 되도록 할 것(단, 복도 또는 별도로 구획된 실로서 **보행거리**가 **40m** 이상일 경우에는 추가로 설치할 것)
(5) 발신기의 **위치표시등**은 **함**의 **상부**에 설치하되, 그 불빛은 부착면으로부터 **15°** 이상의 범위 안에서 부착지점으로부터 **10m** 이내의 어느 곳에서도 쉽게 식별할 수 있는 **적색등**으로 할 것

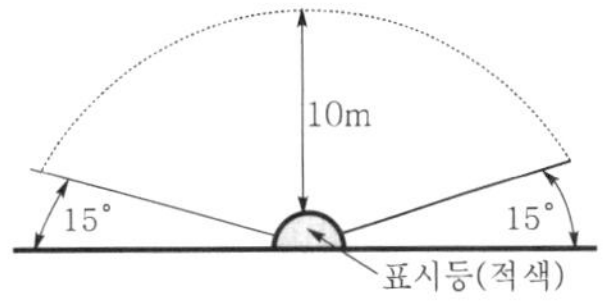

| 위치표시등의 식별 |

용어

전기저장장치
외부 전기에너지를 저장해 두었다가 필요한 때 전기를 공급하는 장치

답 ②

★
75 누전경보기의 형식승인 및 제품검사의 기술기준에 따라 누전경보기에 차단기구를 설치하는 경우 차단기구에 대한 설명으로 틀린 것은?

① 개폐부는 정지점이 명확하여야 한다.
② 개폐부는 원활하고 확실하게 작동하여야 한다.
③ 개폐부는 KS C 8321(배선용 차단기)에 적합한 것이어야 한다.
④ 개폐부는 수동으로 개폐되어야 하며 자동적으로 복귀하지 아니하여야 한다.

해설 **누전경보기**에 **차단기구**를 **설치**하는 **경우 적합기준**(누전경보기의 형식승인 및 제품검사의 기술기준 4조 9호)
(1) 개폐부는 원활하고 확실하게 작동하여야 하며 정지점이 명확하여야 한다.
(2) 개폐부는 **수동**으로 **개폐**되어야 하며 **자동적**으로 **복귀**하지 아니하여야 한다.
(3) 개폐부는 KS C 4613(**누전차단기**)에 적합한 것이어야 한다.

③ KS C 8321(배선용 차단기) → KS C 4613(누전차단기)

답 ③

★
76 **감지기의 형식승인 및 제품검사의 기술기준에 따른 단독경보형 감지기(주전원이 교류전원 또는 건전지인 것을 포함한다)의 일반기능에 대한 설명으로 틀린 것은?**

① 작동되는 경우 작동표시등에 의하여 화재의 발생을 표시할 수 있는 기능이 있어야 한다.
② 작동되는 경우 내장된 음향장치의 명동에 의하여 화재경보음을 발할 수 있는 기능이 있어야 한다.
③ 전원의 정상상태를 표시하는 전원표시등의 섬광주기는 3초 이내의 점등과 60초 이내의 소등으로 이루어져야 한다.
④ 자동복귀형 스위치(자동적으로 정위치에 복귀될 수 있는 스위치를 말한다)에 의하여 수동으로 작동시험을 할 수 있는 기능이 있어야 한다.

해설 **단독경보형**의 **감지기**(주전원이 교류전원 또는 건전지인 것 포함)의 **적합 기준**(감지기의 형식승인 및 제품검사의 기술기준 5조 2)

(1) **자동복귀형 스위치**(자동적으로 정위치에 복귀될 수 있는 스위치)에 의하여 **수동**으로 작동시험을 할 수 있는 기능이 있을 것
(2) 작동되는 경우 **작동표시등**에 의하여 화재의 발생을 표시하고, 내장된 **음향장치**의 명동에 의하여 **화재경보음**을 발할 수 있는 기능이 있을 것
(3) 주기적으로 **섬광**하는 **전원표시등**에 의하여 전원의 **정상여부**를 **감시**할 수 있는 기능이 있어야 하며, 전원의 정상상태를 표시하는 전원표시등의 섬광주기는 **1초 이내**의 점등과 **30초**에서 **60초** 이내의 소등으로 이루어질 것

③ 섬광주기는 3초 이내 → 섬광주기는 1초 이내,
60초 이내의 소등 → 30초에서 60초 이내의 소등

답 ③

★
77 **자동화재속보설비의 속보기의 성능인증 및 제품검사의 기술기준에 따라 자동화재속보설비의 속보기가 소방관서에 자동적으로 통신망을 통해 통보하는 신호의 내용으로 옳은 것은?**

① 당해 소방대상물의 위치 및 규모
② 당해 소방대상물의 위치 및 용도
③ 당해 화재발생 및 당해 소방대상물의 위치
④ 당해 고장발생 및 당해 소방대상물의 위치

해설 **자동화재속보설비**의 **속보기**(자동화재속보설비의 속보기의 성능인증 및 제품검사의 기술기준 2조)
수동작동 및 자동화재탐지설비 **수신기**의 화재신호와 연동으로 작동하여 **관계인**에게 화재발생을 경보함과 동시에 **소방관서**에 자동적으로 통신망을 통한 **당해 화재발생** 및 **당해 소방대상물의 위치** 등을 음성으로 통보하여 주는 것

답 ③

★
78 13.09.문67 **유도등의 우수품질인증 기술기준에 따른 유도등의 일반구조에 대한 내용이다. 다음 (　)에 들어갈 내용으로 옳은 것은?**

> 전선의 굵기는 인출선인 경우에는 단면적이 (㉠)mm^2 이상, 인출선의 길이는 (㉡)mm 이상이어야 한다.

① ㉠ 0.75, ㉡ 150　② ㉠ 0.75, ㉡ 175
③ ㉠ 1.5, ㉡ 175　④ ㉠ 2.5, ㉡ 150

해설 **비상조명등 · 유도등의 전선굵기 및 길이**(유도등의 우수품질인증 기술기준 2조)

인출선 굵기	인출선 길이
0.75mm^2 이상	150mm 이상

기억법 인75(인(사람) 치료)

답 ①

★★
79 19.03.문64(산업) 12.09.문76(산업) **유도등 및 유도표지의 화재안전기준에 따라 객석유도등을 설치하여야 하는 장소로 틀린 것은?**

① 벽　② 천장
③ 바닥　④ 통로

해설 **객석유도등**의 **설치위치**(NFPC 303 7조, NFTC 303 2.4.1)
(1) 객석의 **통로**
(2) 객석의 **바닥**
(3) 객석의 **벽**

기억법 통바벽

답 ②

★★
80 14.05.문62 13.06.문75 **무선통신보조설비의 화재안전기준에 따라 누설동축케이블 또는 동축케이블의 임피던스는 몇 Ω인가?**

① 5　② 10
③ 30　④ 50

해설 **누설동축케이블 · 동축케이블**의 **임피던스**(NFPC 505 5조, NFTC 505 2.2.2) : **50Ω**

참고

무선통신보조설비의 **분배기 · 분파기 · 혼합기 설치기준**(NFPC 505 7조, NFTC 505 2.4.1)
(1) 먼지 · 습기 · 부식 등에 이상이 없을 것
(2) 임피던스 **50Ω**의 것
(3) 점검이 편리하고 화재 등의 피해 우려가 없는 장소

답 ④

과년도 기출문제

2019년

소방설비기사 필기(전기분야)

** 수험자 유의사항 **

1. 문제지를 받는 즉시 **본인**이 **응시한 종목**이 맞는지 확인하시기 바랍니다.
2. 문제지 표지에 본인의 **수험번호**와 **성명**을 기재하여야 합니다.
3. 문제지의 **총면수, 문제번호 일련순서, 인쇄상태, 중복 및 누락 페이지 유무**를 확인하시기 바랍니다.
4. 답안은 각 문제마다 요구하는 가장 적합하거나 가까운 답 1개만을 선택하여야 합니다.
5. 답안카드는 뒷면의 「수험자 유의사항」에 따라 작성하시고, 답안카드 작성 시 형별누락, 마킹착오로 인한 불이익은 전적으로 수험자에게 책임이 있음을 알려드립니다.
6. 문제지는 시험 종료 후 본인이 가져갈 수 있습니다.

** 안내사항 **

- 가답안/최종정답은 큐넷(www.q-net.or.kr)에서 확인하실 수 있습니다. 가답안에 대한 의견은 큐넷의 [가답안 의견 제시]를 통해 제시할 수 있으며, 확정된 답안은 최종정답으로 갈음합니다.
- 공단에서 제공하는 자격검정서비스에 대해 개선할 점이 있으시면 고객참여(http://hrdkorea.or.kr/7/1/1)를 통해 건의하여 주시기 바랍니다.

2019. 3. 3 시행

2019년 기사 제1회 필기시험

자격종목	종목코드	시험시간	형별	수험번호	성명
소방설비기사(전기분야)		2시간			

※ 각 문항은 4지택일형으로 질문에 가장 적합한 보기 항을 선택하여 체크하여야 합니다.

제 1 과목 소방원론

★★★

01 분말소화약제 중 A급 · B급 · C급 화재에 모두 사용할 수 있는 것은?

18.04.문06 17.09.문10 16.10.문06 16.05.문15 16.03.문09 15.09.문01 15.05.문08 14.09.문10 14.03.문03 14.03.문14 12.03.문13

① Na_2CO_3

② $NH_4H_2PO_4$

③ $KHCO_3$

④ $NaHCO_3$

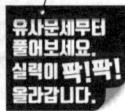

유사문세무터 풀어보세요. 실력이 팍!팍! 올라갑니다.

해설 (1) **분말소화약제**

종 별	주성분	착 색	적응 화재	비 고
제1종	중탄산나트륨 ($NaHCO_3$)	백색	BC급	**식용유** 및 **지방질유**의 화재에 적합
제2종	중탄산칼륨 ($KHCO_3$)	담자색 (담회색)	BC급	-
제3종	제1인산암모늄 ($NH_4H_2PO_4$)	담홍색	AB C급	**차고 · 주차장**에 적합
제4종	중탄산칼륨 +요소 ($KHCO_3$+ $(NH_2)_2CO$)	회(백)색	BC급	-

기억법 1식분(일식 분식)
3분 차주(삼보컴퓨터 차주)

(2) **이산화탄소 소화약제**

주성분	적응화재
이산화탄소(CO_2)	BC급

답 ②

★★★

02 물의 기화열이 539.6cal/g인 것은 어떤 의미인가?

14.09.문20 10.09.문20

① 0℃의 물 1g이 얼음으로 변화하는 데 539.6cal의 열량이 필요하다.

② 0℃의 얼음 1g이 물로 변화하는 데 539.6cal의 열량이 필요하다.

③ 0℃의 물 1g이 100℃의 물로 변화하는 데 539.6cal의 열량이 필요하다.

④ 100℃의 물 1g이 수증기로 변화하는 데 539.6cal의 열량이 필요하다.

해설 **기화열**과 **융해열**

기화열(증발열)	융해열
100℃의 **물 1g**이 **수증기**로 변화하는 데 필요한 열량	**0℃**의 **얼음 1g**이 **물**로 변화하는 데 필요한 열량

참고

물(H_2O)

기화잠열(증발잠열)	융해잠열(융해열)
539cal/g	80cal/g

기억법 기53, 융8

④ 물의 기화열 539.6cal : 100℃의 물 1g이 수증기로 변화하는 데 539.6cal의 열량이 필요하다.

답 ④

★★★

03 공기와 접촉되었을 때 위험도(H)가 가장 큰 것은?

18.03.문18 15.09.문08 10.03.문14

① 에터 ② 수소

③ 에틸렌 ④ 부탄

해설 **위험도**

$$H=\frac{U-L}{L}$$

여기서, H : 위험도

U : 연소상한계

L : 연소하한계

① **에터** $=\frac{48-1.7}{1.7}=27.23$

② 수소 $=\frac{75-4}{4}=17.75$

③ 에틸렌 $=\frac{36-2.7}{2.7}=12.33$

④ 부탄 $=\frac{8.4-1.8}{1.8}=3.67$

중요

공기 중의 폭발한계(상온, 1atm)

가 스	하한계 [vol%]	상한계 [vol%]
보기 ① → 에터($(C_2H_5)_2O$) →	1.7	48
보기 ② → 수소(H_2) →	4	75
보기 ③ → 에틸렌(C_2H_4) →	2.7	36
보기 ④ → 부탄(C_4H_{10}) →	1.8	8.4
아세틸렌(C_2H_2)	2.5	81
일산화탄소(CO)	12	75
이황화탄소(CS_2)	1	50
암모니아(NH_3)	15	25
메탄(CH_4)	5	15
에탄(C_2H_6)	3	12.4
프로판(C_3H_8)	2.1	9.5

• 연소한계=연소범위=가연한계=가연범위=폭발한계=폭발범위

답 ①

★★★

04 **마그네슘의 화재에 주수하였을 때 물과 마그네슘의 반응으로 인하여 생성되는 가스는?**

15.09.문06
15.09.문13
14.03.문06
12.09.문16
12.05.문05

① 산소　　② 수소
③ 일산화탄소　　④ 이산화탄소

해설 **주수소화**(물소화)시 위험한 물질

위험물	발생물질
• **무**기과산화물	**산소**(O_2) 발생 기억법 **무산**(**무산**되다.)
• 금속분 • **마**그네슘 → • 알루미늄 • 칼륨 • 나트륨 • 수소화리튬	**수소**(H_2) 발생 기억법 **마수**
• 가연성 액체의 유류화재(경유)	**연소면**(화재면) 확대

답 ②

★

05 **이산화탄소의 질식 및 냉각 효과에 대한 설명 중 틀린 것은?**

① 이산화탄소의 증기비중이 산소보다 크기 때문에 가연물과 산소의 접촉을 방해한다.
② 액체 이산화탄소가 기화되는 과정에서 열을 흡수한다.
③ 이산화탄소는 불연성 가스로서 가연물의 연소반응을 방해한다.
④ 이산화탄소는 산소와 반응하며 이 과정에서 발생한 연소열을 흡수하므로 냉각효과를 나타낸다.

해설 ④ 이산화탄소(CO_2)는 산소와 더 이상 반응하지 않는다.

중요

(1) **이산화탄소**의 **냉각효과**원리
㉠ 이산화탄소는 방사시 발생하는 미세한 **드라이아이스** 입자에 의해 **냉각효과**를 나타낸다.
㉡ 이산화탄소 방사시 **기화열**을 **흡수**하여 **점화원**을 **냉각**시키므로 **냉각효과**를 나타낸다.
(2) **가연물**이 **될 수 없는 물질**(불연성 물질)

특 징	불연성 물질
주기율표의 0족 원소	• 헬륨(He) • 네온(Ne) • **아르곤**(Ar) • 크립톤(Kr) • 크세논(Xe) • 라돈(Rn) — 불활성 가스
산소와 더 이상 반응하지 않는 물질	• 물(H_2O) • 이산화탄소(CO_2) • 산화알루미늄(Al_2O_3) • 오산화인(P_2O_5)
흡열반응물질	• 질소(N_2)

답 ④

★★

06 **위험물안전관리법령상 위험물의 지정수량이 틀린 것은?**

16.05.문01
09.05.문57

① 과산화나트륨－50kg
② 적린－100kg
③ 트리나이트로톨루엔(제2종)－100kg
④ 탄화알루미늄－400kg

해설 **위험물**의 **지정수량**

위험물	지정수량
과산화나트륨	50kg
적린	100kg
트리나이트로톨루엔	제1종 : 10kg, 제2종 : 100kg
탄화알루미늄 →	300kg

④ 400kg → 300kg

답 ④

★★★

07 **제2류 위험물에 해당하지 않는 것은?**

15.09.문18
15.05.문42
14.03.문18

① 황　　② 황화인
③ 적린　　④ 황린

해설 **위험물령 [별표 1]**
위험물

유 별	성 질	품 명
제1류	산화성 고체	• 아염소산염류 • 염소산염류 • 과염소산염류 • 질산염류 • 무기과산화물 기억법 1산고(일산GO)
제2류	가연성 고체	• 황화인 • 적린 • 황 • 마그네슘 • 금속분 기억법 2황화적황마
제3류	자연발화성 물질 및 금수성 물질	• 황린 • 칼륨 • 나트륨 • 트리에틸알루미늄 • 금속의 수소화물 기억법 황칼나트알
제4류	인화성 액체	• 특수인화물 • 석유류(벤젠) • 알코올류 • 동식물유류
제5류	자기반응성 물질	• 유기과산화물 • 나이트로화합물 • 나이트로소화합물 • 아조화합물 • 질산에스터류(셀룰로이드)
제6류	산화성 액체	• 과염소산 • 과산화수소 • 질산

④ 황린 : 제3류 위험물

답 ④

★★★
08 화재의 분류방법 중 유류화재를 나타낸 것은?

17.09.문07 16.05.문09 15.09.문19 13.09.문07

① A급 화재 ② B급 화재
③ C급 화재 ④ D급 화재

해설 **화재의 종류**

구 분	표시색	적응물질
일반화재(A급)	백색	• 일반가연물 • 종이류 화재 • 목재 · 섬유화재
유류화재(B급)	황색	• 가연성 액체 • 가연성 가스 • 액화가스화재 • 석유화재
전기화재(C급)	청색	• 전기설비
금속화재(D급)	무색	• 가연성 금속
주방화재(K급)	–	• 식용유화재

※ 요즘은 표시색의 의무규정은 없음

답 ②

★
09 주요구조부가 내화구조로 된 건축물에서 거실 각 부분으로부터 하나의 직통계단에 이르는 보행거리는 피난자의 안전상 몇 m 이하이어야 하는가?

99.08.문10

① 50 ② 60
③ 70 ④ 80

해설 **건축령 34조**
직통계단의 설치거리
(1) 일반건축물 : 보행거리 **30m** 이하
(2) 16층 이상인 공동주택 : 보행거리 **40m** 이하
(3) 내화구조 또는 불연재료로 된 건축물 : **50m** 이하

답 ①

★★★
10 불활성 가스에 해당하는 것은?

16.03.문04 11.10.문02

① 수증기 ② 일산화탄소
③ 아르곤 ④ 아세틸렌

해설 **가연물이 될 수 없는 물질**(불연성 물질)

특 징	불연성 물질
주기율표의 0족 원소	• 헬륨(He) • 네온(Ne) • **아르곤**(Ar) • 크립톤(Kr) • 크세논(Xe) • 라돈(Rn) (헬륨~라돈: **불활성 가스**)
산소와 더 이상 반응하지 않는 물질	• 물(H_2O) • 이산화탄소(CO_2) • 산화알루미늄(Al_2O_3) • 오산화인(P_2O_5)
흡열반응물질	• 질소(N_2)

답 ③

★★
11 이산화탄소 소화약제의 임계온도로 옳은 것은?

16.03.문15 14.05.문08 13.06.문20 11.03.문06

① 24.4℃ ② 31.1℃
③ 56.4℃ ④ 78.2℃

해설 **이산화탄소의 물성**

구 분	물 성
임계압력	72.75atm
임계온도 →	31.35℃(약 31.1℃)
3중점	–56.3℃(약 –56℃)
승화점(비점)	–78.5℃
허용농도	0.5%
증기비중	1.529
수분	0.05% 이하(함량 99.5% 이상)

기억법 이356, 이비78, 이증15

답 ②

★★
12 인화점이 40℃ 이하인 위험물을 저장, 취급하는 장소에 설치하는 전기설비는 방폭구조로 설치하는데, 용기의 내부에 기체를 압입하여 압력을 유지하도록 함으로써 폭발성 가스가 침입하는 것을 방지하는 구조는?

17.09.문17
12.03.문02
97.07.문15

① 압력방폭구조
② 유입방폭구조
③ 안전증방폭구조
④ 본질안전방폭구조

해설 **방폭구조**의 **종류**

① **내압**(압력)**방폭구조**(P) : 용기 내부에 질소 등의 보호용 가스를 충전하여 외부에서 폭발성 가스가 침입하지 못하도록 한 구조

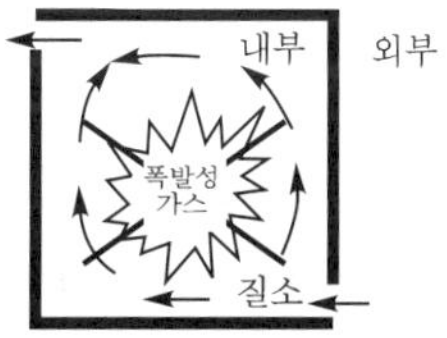

② **유입방폭구조**(o) : 전기불꽃, 아크 또는 고온이 발생하는 부분을 기름 속에 넣어 폭발성 가스에 의해 인화가 되지 않도록 한 구조

③ **안전증방폭구조**(e) : 기기의 정상운전 중에 폭발성 가스에 의해 점화원이 될 수 있는 전기불꽃 또는 고온이 되어서는 안 될 부분에 기계적, 전기적으로 특히 안전도를 증가시킨 구조

④ **본질안전방폭구조**(i) : 폭발성 가스가 단선, 단락, 지락 등에 의해 발생하는 전기불꽃, 아크 또는 고온에 의하여 점화되지 않는 것이 확인된 구조

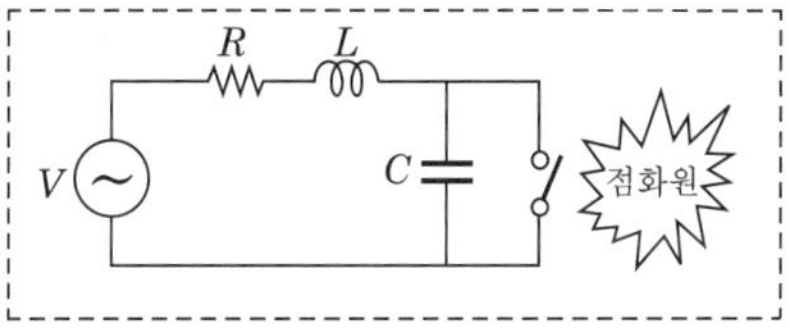

답 ①

★★★
13 물질의 취급 또는 위험성에 대한 설명 중 틀린 것은?

14.03.문12
07.05.문03

① 융해열은 점화원이다.
② 질산은 물과 반응시 발열반응하므로 주의를 해야 한다.
③ 네온, 이산화탄소, 질소는 불연성 물질로 취급한다.
④ 암모니아를 충전하는 공업용 용기의 색상은 백색이다.

해설 **점화원**이 될 수 없는 것
(1) **기**화열(증발열)
(2) **융**해열
(3) **흡**착열

기억법 **점기융흡**

답 ①

★★★
14 분말소화약제 분말입도의 소화성능에 관한 설명으로 옳은 것은?

① 미세할수록 소화성능이 우수하다.
② 입도가 클수록 소화성능이 우수하다.
③ 입도와 소화성능과는 관련이 없다.
④ 입도가 너무 미세하거나 너무 커도 소화성능은 저하된다.

해설 **미세도(입도)**
20~25μm의 입자로 미세도의 분포가 골고루 되어 있어야 하며, 입도가 너무 미세하거나 너무 커도 소화성능은 저하된다.

• μm : '**미크론**' 또는 '**마이크로미터**'라고 읽는다.

답 ④

★★
15 방화구획의 설치기준 중 스프링클러, 기타 이와 유사한 자동식 소화설비를 설치한 10층 이하의 층은 몇 m^2 이내마다 구획하여야 하는가?

18.04.문04

① 1000
② 1500
③ 2000
④ 3000

해설 **건축령 46조, 피난 · 방화구조 14조**
방화구획의 기준

대상 건축물	대상 규모	층 및 구획방법		구획부분의 구조
주요 구조부가 내화구조 또는 불연재료로 된 건축물	연면적 1000m² 넘는 것	10층 이하 →	• 바닥면적 **1000m²** 이내마다	• 내화구조로 된 바닥 · 벽 • 60분+방화문, 60분 방화문 • 자동방화셔터
		매 층마다	• 지하 1층에서 지상으로 직접 연결하는 경사로 부위는 제외	
		11층 이상	• 바닥면적 **200m²** 이내마다(실내마감을 불연재료로 한 경우 **500m²** 이내마다)	

• **스프링클러**, 기타 이와 유사한 **자동식 소화설비**를 설치한 경우 바닥면적은 위의 **3배** 면적으로 산정한다.
• **필로티**나 그 밖의 비슷한 구조의 부분을 주차장으로 사용하는 경우 그 부분은 건축물의 다른 부분과 구획할 것

④ 스프링클러소화설비를 설치했으므로 1000m²×3배=**3000m²**

답 ④

★★
16 연면적이 1000m² 이상인 목조건축물은 그 외벽 및 처마 밑의 연소할 우려가 있는 부분을 방화구조로 하여야 하는데 이때 연소우려가 있는 부분은? (단, 동일한 대지 안에 2동 이상의 건물이 있는 경우이며, 공원 · 광장 · 하천의 공지나 수면 또는 내화구조의 벽, 기타 이와 유사한 것에 접하는 부분을 제외한다.)

01.09.문08
98.10.문05

① 상호의 외벽 간 중심선으로부터 1층은 3m 이내의 부분
② 상호의 외벽 간 중심선으로부터 2층은 7m 이내의 부분
③ 상호의 외벽 간 중심선으로부터 3층은 11m 이내의 부분
④ 상호의 외벽 간 중심선으로부터 4층은 13m 이내의 부분

해설 **피난 · 방화구조 22조**
연소할 우려가 있는 부분
인접대지경계선 · 도로중심선 또는 동일한 대지 안에 있는 2동 이상의 건축물 상호의 외벽 간의 중심선으로부터의 거리

1층	2층 이상
3m 이내	5m 이내

비교

소방시설법 시행규칙 17조
연소 우려가 있는 건축물의 구조
(1) **1층** : 타건축물 외벽으로부터 **6m** 이하
(2) **2층 이상** : 타건축물 외벽으로부터 **10m** 이하
(3) 대지경계선 안에 2 이상의 건축물이 있는 경우
(4) 개구부가 다른 건축물을 향하여 설치된 구조

답 ①

★★
17 탄화칼슘의 화재시 물을 주수하였을 때 발생하는 가스로 옳은 것은?

17.05.문09
11.10.문05
10.09.문12

① C_2H_2　② H_2
③ O_2　④ C_2H_6

해설 **탄화칼슘**과 **물**의 **반응식**

$CaC_2 + 2H_2O \rightarrow Ca(OH)_2 + C_2H_2\uparrow$
탄화칼슘　물　수산화칼슘　아세틸렌

답 ①

★★★
18 증기비중의 정의로 옳은 것은? (단, 분자, 분모의 단위는 모두 g/mol이다.)

16.03.문01
15.03.문05
14.09.문15
12.09.문18
07.05.문17

① $\frac{분자량}{22.4}$
② $\frac{분자량}{29}$
③ $\frac{분자량}{44.8}$
④ $\frac{분자량}{100}$

해설 **증기비중**

$$증기비중 = \frac{분자량}{29}$$

여기서, 29 : 공기의 평균 분자량[g/mol]

비교

증기밀도

$$증기밀도 = \frac{분자량}{22.4}$$

여기서, 22.4 : 기체 1몰의 부피[L]

답 ②

★
19 화재에 관련된 국제적인 규정을 제정하는 단체는?

① IMO(International Maritime Organization)
② SFPE(Society of Fire Protection Engineers)
③ NFPA(National Fire Protection Association)
④ ISO(International Organization for Standardization) TC 92

해설

단체명	설 명
IMO(International Maritime Organization)	• 국제해사기구 • 선박의 항로, 교통규칙, 항만시설 등을 국제적으로 통일하기 위하여 설치된 유엔전문기구
SFPE(Society of Fire Protection Engineers)	• 미국소방기술사회
NFPA(National Fire Protection Association)	• 미국방화협회 • 방화 · 안전설비 및 산업안전 방지장치 등에 대해 약 270규격을 제정
ISO(International Organization for Standardization)	• 국제표준화기구 • 지적 활동이나 과학 · 기술 · 경제활동 분야에서 세계 상호간의 협력을 위해 1946년에 설립한 국제기구 ※ TC 92 : Fire Safety, ISO의 237개 전문기술위원회(TC)의 하나로서, 화재로부터 인명 안전 및 건물 보호, 환경을 보전하기 위하여 건축자재 및 구조물의 화재시험 및 시뮬레이션 개발에 필요한 세부지침을 국제규격으로 제 · 개정하는 것

답 ④

★★★
20 화재하중에 대한 설명 중 틀린 것은?

16.10.문18
15.09.문17
01.06.문06
97.03.문19

① 화재하중이 크면 단위면적당의 발열량이 크다.
② 화재하중이 크다는 것은 화재구획의 공간이 넓다는 것이다.
③ 화재하중이 같더라도 물질의 상태에 따라 가혹도는 달라진다.
④ 화재하중은 화재구획실 내의 가연물 총량을 목재 중량당비로 환산하여 면적으로 나눈 수치이다.

해설 **화재하중**

(1) 가연물 등의 **연소시 건축물**의 **붕괴** 등을 고려하여 설계하는 하중
(2) 화재실 또는 화재구획의 **단위면적당 가연물**의 **양**
(3) 일반건축물에서 가연성의 건축구조재와 **가연성 수용물**의 **양**으로서 건물화재시 발열량 및 화재위험성을 나타내는 용어
(4) 화재하중이 크면 단위면적당의 발열량이 크다.
(5) 화재하중이 같더라도 물질의 상태에 따라 가혹도는 달라진다.
(6) 화재하중은 화재구획실 내의 가연물 총량을 목재 중량당비로 환산하여 면적으로 나눈 수치이다.
(7) 건물화재에서 가열온도의 정도를 의미한다.
(8) 건물의 내화설계시 고려되어야 할 사항이다.
(9)

$$q=\frac{\Sigma G_t H_t}{HA}=\frac{\Sigma Q}{4500A}$$

여기서, q : 화재하중〔kg/m^2〕 또는 〔N/m^2〕
G_t : 가연물의 양〔kg〕
H_t : 가연물의 단위발열량〔kcal/kg〕
H : 목재의 단위발열량〔kcal/kg〕(**4500kcal/kg**)
A : 바닥면적〔m^2〕
ΣQ : 가연물의 전체 발열량〔kcal〕

비교

화재가혹도
화재로 인하여 건물 내에 수납되어 있는 재산 및 건물 자체에 손상을 주는 능력의 정도

답 ②

제 2 과목 소방전기일반

★★
21 줄의 법칙에 관한 수식으로 틀린 것은?

06.09.문31

① $H=I^2Rt$〔J〕
② $H=0.24I^2Rt$〔cal〕
③ $H=0.12VIt$〔J〕
④ $H=\dfrac{1}{4.2}I^2Rt$〔cal〕

해설 **줄**의 **법칙**(Joule's law)

$$H=0.24Pt$$
$$=0.24VIt=0.24I^2Rt$$
$$=\frac{1}{4.2}I^2Rt=0.24\frac{V^2}{R}t$$

여기서, H : 발열량〔cal〕
P : 전력〔W〕
t : 시간〔s〕
V : 전압〔V〕
I : 전류〔A〕
R : 저항〔Ω〕

1J=0.24cal 이므로

①, ② $H=I^2Rt$〔J〕$=0.24I^2Rt$〔cal〕
③ $H=0.12VIt$〔J〕 → $H=VIt$〔J〕

중요

전류의 **열**작용(발열작용) = **줄의 법칙**(Joule's law)

답 ③

★★★
22 그림과 같은 회로에서 분류기의 배율은? (단, 전류계 A의 내부저항은 R_A이며 R_S는 분류기저항이다.)

18.03.문36
17.09.문24
16.03.문26
14.09.문36
08.03.문30
04.09.문28
03.03.문37

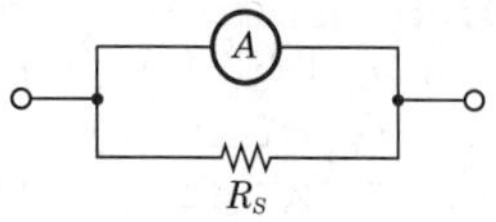

① $\dfrac{R_A}{R_A+R_S}$　② $\dfrac{R_S}{R_A+R_S}$

③ $\dfrac{R_A+R_S}{R_S}$　④ $\dfrac{R_A+R_S}{R_A}$

해설 **분류기**의 **배율**

$$M=\frac{I_0}{I}=1+\frac{R_A}{R_S}$$

여기서, M : 분류기의 배율
I_0 : 측정하고자 하는 전류〔A〕
I : 전류계 최대 눈금〔A〕
R_A : 전류계 내부저항〔Ω〕
R_S : 분류기저항〔Ω〕

분류기의 배율 M은

$$M=1+\frac{R_A}{R_S}=\frac{R_S}{R_S}+\frac{R_A}{R_S}=\frac{R_S+R_A}{R_S}=\frac{R_A+R_S}{R_S}$$

답 ③

★★★
23 SCR의 양극 전류가 10A일 때 게이트전류를 반으로 줄이면 양극 전류는 몇 A인가?

16.10.문27
15.05.문30
13.06.문32
10.05.문30

① 20
② 10
③ 5
④ 0.1

해설 **SCR**(Silicon Controlled Rectifier)
처음에는 게이트전류에 의해 양극 전류가 변화되다가 일단 완전 도통상태가 되면 게이트전류에 관계없이 양극 전류는 더 이상 변화하지 않는다. 그러므로 게이트전류를 **반**으로 줄여도 또는 **2배**로 늘려도 양극 전류는 그대로 **10A**가 되는 것이다. (이것을 알라!!)

답 ②

★★★
24 논리식 $\overline{X}+XY$를 간략화한 것은?

18.04.문38
17.09.문33
17.03.문23
16.05.문36
16.03.문39
15.09.문23
13.09.문30
13.06.문35

① $\overline{X}+Y$
② $X+\overline{Y}$
③ $\overline{X}\,Y$
④ $X\overline{Y}$

해설 **불대수**의 **정리**

논리합	논리곱	비 고
$X+0=X$	$X\cdot 0=0$	–
$X+1=1$	$X\cdot 1=X$	–
$X+X=X$	$X\cdot X=X$	–
$X+\overline{X}=1$	$X\cdot\overline{X}=0$	–
$X+Y=Y+X$	$X\cdot Y=Y\cdot X$	교환법칙
$X+(Y+Z)$ $=(X+Y)+Z$	$X(YZ)=(XY)Z$	결합법칙
$X(Y+Z)$ $=XY+XZ$	$(X+Y)(Z+W)$ $=XZ+XW+YZ+YW$	분배법칙
$X+XY=X$	$\overline{X}+XY=\overline{X}+Y$ $\overline{X}+X\overline{Y}=\overline{X}+\overline{Y}$ $X+\overline{X}Y=X+Y$ $X+\overline{X}\,\overline{Y}=X+\overline{Y}$	흡수법칙
$(\overline{X+Y})$ $=\overline{X}\cdot\overline{Y}$	$(\overline{X\cdot Y})=\overline{X}+\overline{Y}$	드모르간의 정리

답 ①

★
25 공기 중에 2m의 거리에 10μC, 20μC의 두 점전하가 존재할 때 이 두 전하 사이에 작용하는 정전력은 약 몇 N인가?

12.09.문29

① 0.45　② 0.9
③ 1.8　④ 3.6

해설 (1) **기호**

- r : 2m
- Q_1 : 10μC$=10\times10^{-6}$C($\mu=10^{-6}$)
- Q_2 : 20μC$=20\times10^{-6}$C($\mu=10^{-6}$)
- F : ?

(2) **정전력** : 두 전하 사이에 작용하는 힘

$$F=\frac{Q_1Q_2}{4\pi\varepsilon r^2}=QE$$

여기서, F : 정전력〔N〕, Q, Q_1, Q_2 : 전하〔C〕
ε : 유전율〔F/m〕($\varepsilon=\varepsilon_0\cdot\varepsilon_s$)
ε_0 : 진공의 유전율(8.855×10^{-12})〔F/m〕
r : 거리〔m〕, E : 전계의 세기〔V/m〕

정전력 F는

$$F=\frac{Q_1Q_2}{4\pi\varepsilon_0\varepsilon_s r^2}=\frac{(10\times10^{-6})\times(20\times10^{-6})}{4\pi\times8.855\times10^{-12}\times1\times2^2}$$

$\fallingdotseq 0.45$N

- 공기 중 $\varepsilon_s\fallingdotseq1$

비교

자기력

자석이 금속을 끌어당기는 힘

$$F = \frac{m_1 m_2}{4\pi\mu r^2} = mH$$

여기서, F : 자기력[N]

m, m_1, m_2 : 자하[Wb]

μ : 투자율[H/m]($\mu = \mu_0 \cdot \mu_s$)

μ_0 : 진공의 투자율($4\pi \times 10^{-7}$)[H/m]

r : 거리[m]

H : 자계의 세기[A/m]

답 ①

★★★ 26 그림의 논리기호를 표시한 것으로 옳은 식은?

13.09.문32

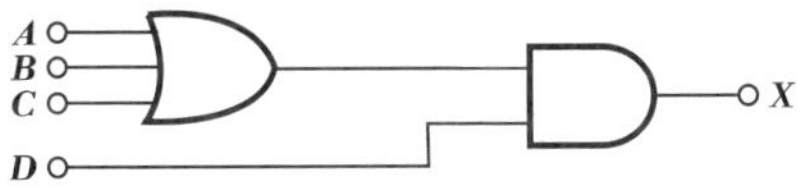

① $X = (A \cdot B \cdot C) \cdot D$

② $X = (A + B + C) \cdot D$

③ $X = (A \cdot B \cdot C) + D$

④ $X = A + B + C + D$

해설 $X = (A + B + C) \cdot D$

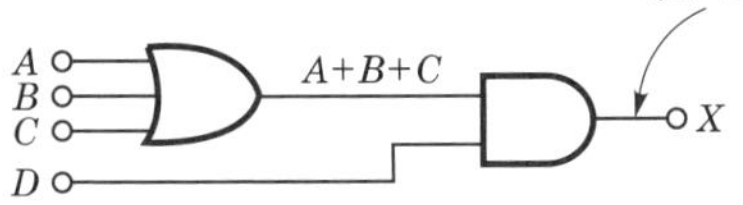

중요

회로	시퀀스 회로	논리식	논리회로
직렬 회로	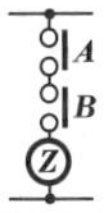	$Z = A \cdot B$ $Z = AB$	
병렬 회로	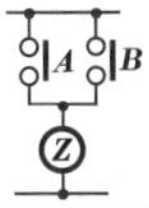	$Z = A + B$	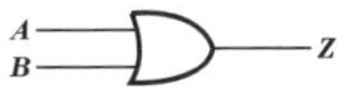
a 접점	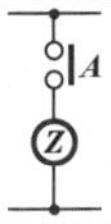	$Z = A$	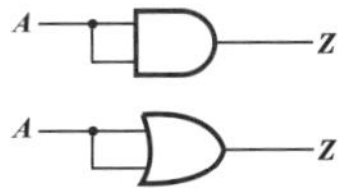
b 접점	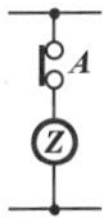	$Z = \overline{A}$	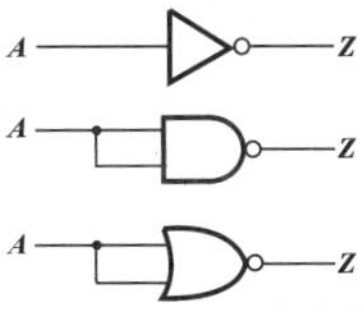

답 ②

★★ 27 역률 80%, 유효전력 80kW일 때, 무효전력[kVar]은?

09.08.문31
01.09.문30

① 10

② 16

③ 60

④ 64

해설 (1) **기호**

- $\cos\theta$: 80%=0.8
- P : 80kW
- P_r : ?

(2) **무효율**

$$\sin\theta = \sqrt{1-\cos\theta^2}$$

여기서, $\sin\theta$: 무효율

$\cos\theta$: 역률

무효율 $\sin\theta$는

$\sin\theta = \sqrt{1-\cos\theta^2} = \sqrt{1-0.8^2} = 0.6$

(3) **역률**

$$\cos\theta = \frac{P}{P_a}$$

여기서, $\cos\theta$: 역률

P : 유효전력[kW]

P_a : 피상전력[kVA]

피상전력 P_a는

$P_a = \frac{P}{\cos\theta} = \frac{80}{0.8} = 100\text{kVA}$

(4) **무효전력**

$$P_r = VI\sin\theta = P_a \sin\theta$$

여기서, P_r : 무효전력[kVar]

V : 전압[V]

I : 전류[A]

$\sin\theta$: 무효율

P_a : 피상전력[kVA]

무효전력 P_r는

$P_r = P_a \sin\theta = 100 \times 0.6 = 60\text{kVar}$

답 ③

★★ 28 두 콘덴서 C_1, C_2를 병렬로 접속하고 전압을 인가하였더니 전체 전하량이 Q[C]이었다. C_2에 충전된 전하량은?

① $\frac{C_1}{C_1 + C_2} Q$　　② $\frac{C_1 + C_2}{C_1} Q$

③ $\frac{C_1 + C_2}{C_2} Q$　　④ $\frac{C_2}{C_1 + C_2} Q$

해설 **각각의 전기량(전하량)**

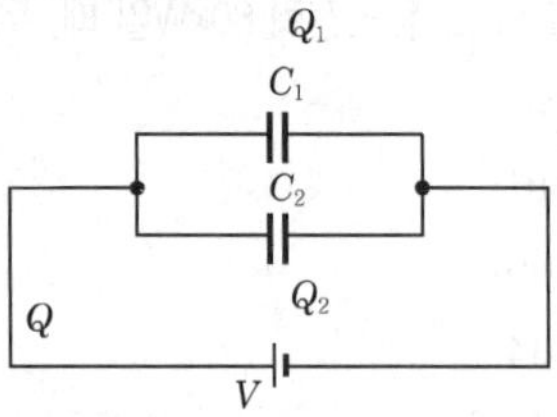

$$Q_1 = \frac{C_1}{C_1 + C_2} Q, \; Q_2 = \frac{C_2}{C_1 + C_2} Q$$

여기서, Q_1 : C_1의 전기량(전하량)[C]
Q_2 : C_2의 전기량(전하량)[C]
C_1, C_2 : 각각의 정전용량[F]
Q : 전체 전기량(전하량)[C]

비교

각각의 전압

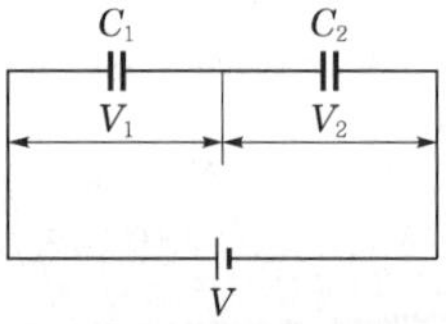

$$V_1 = \frac{C_2}{C_1 + C_2} V, \; V_2 = \frac{C_1}{C_1 + C_2} V$$

여기서, V_1 : C_1에 걸리는 전압[V]
V_2 : C_2에 걸리는 전압[V]
C_1, C_2 : 각각의 정전용량[F]
V : 전체 전압[V]

답 ④

★
29 비례＋적분＋미분동작(PID동작) 식을 바르게 나타낸 것은?

① $x_0 = K_p\left(x_i + \frac{1}{T_I}\int x_i dt + T_D \frac{dx_i}{dt}\right)$

② $x_0 = K_p\left(x_i - \frac{1}{T_I}\int x_i dt - T_D \frac{dx_i}{dt}\right)$

③ $x_0 = K_p\left(x_i + \frac{1}{T_I}\int x_i dt + T_D \frac{dt}{dx_i}\right)$

④ $x_0 = K_p\left(x_i - \frac{1}{T_I}\int x_i dt - T_D \frac{dt}{dx_i}\right)$

해설 **동작특성**

비례미분동작(PD동작)	비례적분미분동작(PID동작)
$x_0 = K_p\left(x_i + T_D \frac{dx_i}{dt}\right)$ 여기서, x_0 : 비례미분동작 출력신호 K_p : 감도 T_D : 미분시간 dt : 시간의 변화율 dx_i : 제어편차 변화율 x_i : 제어편차	$x_0 = K_p\left(x_i + \frac{1}{T_I}\int x_i dt + T_D \frac{dx_i}{dt}\right)$ 여기서, x_0 : 비례적분미분동작 출력신호 K_p : 감도 T_I : 적분시간 x_i : 제어편차 T_D : 미분시간 dx_i : 제어편차 변화율 dt : 시간의 변화율
$x_0 = K_p\left(x_i + \frac{1}{T_I}\int x_i dt\right)$ 여기서, x_0 : 비례적분동작 출력신호 K_p : 감도 x_i : 제어편차 T_I : 적분시간 dt : 시간의 변화율	$x_0 = K_p + x_i$ 여기서, x_0 : 비례동작 출력신호 K_p : 감도 x_i : 제어편차

답 ①

★★
30 PNPN 4층 구조로 되어 있는 소자가 아닌 것은?

16.03.문37
00.07.문33

① SCR　　② TRIAC
③ Diode　　④ GTO

해설

PN 2층 구조	PNP 또는 NPN 3층 구조	PNPN 4층 구조
• Diode(다이오드)	• Transistor (트랜지스터)	• SCR • TRIAC(트라이액) • GTO

답 ③

★★★
31 서보전동기는 제어기기의 어디에 속하는가?

14.03.문24
11.03.문24

① 검출부　　② 조절부
③ 증폭부　　④ 조작부

해설 **서보전동기**(servo motor)

(1) 제어기기의 **조작부**에 속한다.
(2) 서보기구의 최종단에 설치되는 **조작기기**(조작부)로서, **직선운동** 또는 **회전운동**을 하며 **정확한 제어**가 가능하다.

기억법 작서(작심)

참고

서보전동기의 특징
(1) **직류전동기**와 **교류전동기**가 있다.
(2) **정 · 역회전**이 가능하다.
(3) **급가속, 급감속**이 가능하다.
(4) **저속운전**이 용이하다.

답 ④

★★★
32 자동제어계를 제어목적에 의해 분류한 경우 틀린 것은?

17.09.문22 17.09.문39 17.05.문29 16.10.문35 16.05.문22 16.03.문32 15.05.문23 15.05.문37 14.09.문23 13.09.문27

① 정치제어 : 제어량을 주어진 일정 목표로 유지시키기 위한 제어
② 추종제어 : 목표치가 시간에 따라 변화하는 제어
③ 프로그램제어 : 목표치가 프로그램대로 변하는 제어
④ 서보제어 : 선박의 방향제어계인 서보제어는 정치제어와 같은 성질

해설 **제어의 종류**

종 류	설 명
정치제어 (fixed value control)	• 일정한 **목**표값을 **유**지하는 것으로 **프로세스제어, 자동조정**이 이에 해당된다. 예 **연속식 압연기** • **목표값**이 시간에 관계없이 항상 일정한 값을 가지는 제어이다. 기억법 **유목정**
추종제어 (follow-up control, 서보제어)	미지의 시간적 변화를 하는 목표값에 제어량을 추종시키기 위한 제어로 **서보기구**가 이에 해당된다. 예 **대공포의 포신**
비율제어 (ratio control)	둘 이상의 제어량을 소정의 비율로 제어하는 것이다.
프로그램제어 (program control)	목표값이 **미리 정해진 시간적 변화**를 하는 경우 제어량을 그것에 추종시키기 위한 제어이다. 예 **열차 · 산업로봇의 무인운전**

④ 서보제어는 **정치제어** → 서보제어는 **추종제어**

중요

제어량에 의한 **분류**

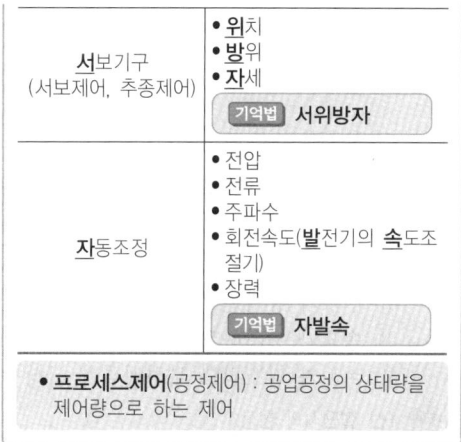

분 류	종 류
프로세스제어	• **온**도 • **압**력 • **유**량 • **액**면 기억법 **프온압유액**
서보기구 (서보제어, 추종제어)	• **위**치 • **방**위 • **자**세 기억법 **서위방자**
자동조정	• 전압 • 전류 • 주파수 • 회전속도(**발**전기의 **속**도조절기) • 장력 기억법 **자발속**

• **프로세스제어**(공정제어) : 공업공정의 상태량을 제어량으로 하는 제어

답 ④

★
33 100V, 1kW의 니크롬선을 3/4의 길이로 잘라서 사용할 때 소비전력은 약 몇 W인가?

11.03.문23 10.05.문35

① 1000 ② 1333
③ 1430 ④ 2000

해설 (1) **기호**
• V : 100V
• P : 1kW=1000W
• l : $\frac{3}{4}$
• P' : ?

(2) **전력**

$$P = VI = I^2R = \frac{V^2}{R}$$

여기서 P : 전력[W]
V : 전압[V]
I : 전류[A]
R : 저항[Ω]

저항 R은

$$R = \frac{V^2}{P} = \frac{100^2}{1000} = 10\,\Omega$$

(3) **고유저항**

$$R = \rho\frac{l}{A} = \rho\frac{l}{\pi r^2}$$

여기서, R : 저항[Ω]
ρ : 고유저항[Ω · m]
A : 도체의 단면적[m^2]
l : 도체의 길이[m]
r : 도체의 반지름[m]

$R = \rho\frac{l}{A} \propto l$ 이므로 니크롬선을 $\frac{3}{4}$ 길이로 자르면 저항(R')도 $\frac{3}{4}$으로 줄어든다. 이것을 식으로 나타내면 다음과 같다

$$R' = \frac{3}{4}R$$

(4) **전력**

$$P' = \frac{V^2}{R'} = \frac{V^2}{\frac{3}{4}R} = \frac{100^2}{\frac{3}{4}\times 10} \fallingdotseq 1333\text{W}$$

답 ②

★★
34 3상 유도전동기가 중부하로 운전되던 중 1선이 절단되면 어떻게 되는가?

① 전류가 감소한 상태에서 회전이 계속된다.
② 전류가 증가한 상태에서 회전이 계속된다.
③ 속도가 증가하고 부하전류가 급상승한다.
④ 속도가 감소하고 부하전류가 급상승한다.

해설 **1선 절단**시의 현상

경부하 운전시	중부하 운전시
전류가 **증가**한 상태에서 **회전**이 **계속**된다.	**속도**가 **감소**하고 부하**전류**가 **급상승**한다.

답 ④

★★★
35 전자회로에서 온도보상용으로 많이 사용되고 있는 소자는?

18.09.문31 16.10.문30 15.05.문38 14.09.문40 14.05.문24 14.03.문27 12.03.문34 11.06.문37 00.10.문25

① 저항
② 리액터
③ 콘덴서
④ 서미스터

해설 **반도체소자**

명 칭	심 벌
제너다이오드(zener diode) : 주로 정전압 전원회로에 사용된다.	
서미스터(thermistor) : 부온도특성을 가진 저항기의 일종으로서 주로 **온**도보정용(온도보상용)으로 쓰인다. 기억법 **서온(서운해)**	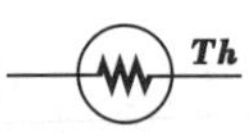
SCR(Silicon Controlled Rectifier) : 단방향 대전류 스위칭소자로서 제어를 할 수 있는 정류소자이다.	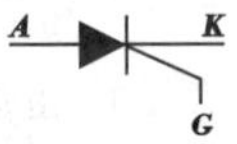
바리스터(varistor) • 주로 **서**지전압에 대한 회로보호용(과도전압에 대한 회로보호) • **계**전기접점의 불꽃제거 기억법 **바리서계**	
UJT(Unijunction Transistor, **단일접합 트랜지스터**) : 증폭기로는 사용이 불가능하며 톱니파나 펄스발생기로 작용하며 SCR의 트리거소자로 쓰인다.	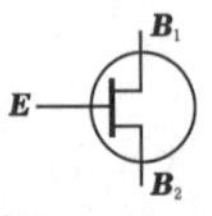
버랙터(varactor) : 제너현상을 이용한 다이오드이다.	–

답 ④

★★
36 변류기에 결선된 전류계가 고장이 나서 교체하는 경우 옳은 방법은?

16.05.문30 02.05.문26

① 변류기의 2차를 개방시키고 전류계를 교체한다.
② 변류기의 2차를 단락시키고 전류계를 교체한다.
③ 변류기의 2차를 접지시키고 전류계를 교체한다.
④ 변류기에 피뢰기를 연결하고 전류계를 교체한다.

해설 **변류기**(CT) 교환시 2차측 단자는 반드시 **단락**하여야 한다. 단락하지 않으면 2차측에 **고압**이 **유발**(발생)되어 변류기가 **소손**될 우려가 있다.

중요

변류기와 **영상변류기**

명 칭	기 능	그림기호
변류기 (CT)	일반전류 검출	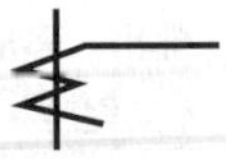
영상변류기 (ZCT)	누설전류 검출	

답 ②

★★
37 전기화재의 원인이 되는 누전전류를 검출하기 위해 사용되는 것은?

17.09.문69 15.09.문21 14.09.문69 13.03.문62

① 접지계전기　② 영상변류기
③ 계기용 변압기　④ 과전류계전기

해설 **누전경보기**의 **구성요소**

구성요소	설 명
영상**변**류기(ZCT)	**누설전류**를 **검출**한다. 기억법 **변검(변검술)**
수신기	**누설전류**를 **증폭**한다.
음향장치	경보를 발한다.
차단기	차단릴레이를 포함한다.

기억법 **변수음차**

• 소방에서는 변류기(CT)와 영상변류기(ZCT)를 혼용하여 사용한다.

답 ②

★

38 어떤 옥내배선에 380V의 전압을 가하였더니 0.2mA의 누설전류가 흘렀다. 이 배선의 절연저항은 몇 MΩ인가?

18.03.문37
09.08.문26

① 0.2 ② 1.9
③ 3.8 ④ 7.6

해설 (1) 기호

- V : 380V
- I : 0.2mA=0.2×10^{-3}A(1mA=10^{-3}A)
- R : ?

(2) 누설전류

$$I=\frac{V}{R}$$

여기서, I : 누설전류[A]
V : 전압[V]
R : 절연저항[Ω]

절연저항 R은

$$R=\frac{V}{I}=\frac{380}{0.2\times10^{-3}}$$
$$=1900000\,\Omega=1.9\times10^{6}\,\Omega$$
$$=1.9\text{M}\Omega$$

- M : 10^6이므로 1900000Ω=1.9×10^6Ω=1.9MΩ

답 ②

★★

39 20Ω과 40Ω의 병렬회로에서 20Ω에 흐르는 전류가 10A라면, 이 회로에 흐르는 총 전류는 몇 A인가?

① 5 ② 10
③ 15 ④ 20

해설 (1) 기호

- R_1 : 20Ω
- R_2 : 40Ω
- I_1 : 10A
- I : ?

(2) 병렬회로

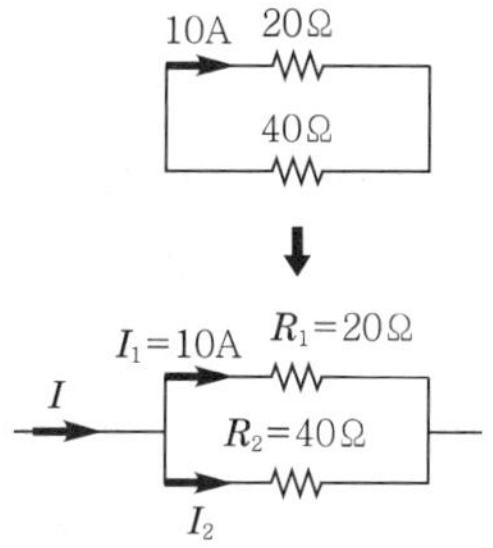

(3) 병렬회로에서 I_1의 전류

$$I_1=\frac{R_2}{R_1+R_2}I$$

여기서, I_1 : R_1에 흐르는 전류[A]
I_2 : R_2에 흐르는 전류[A]
R_1, R_2 : 저항[Ω]
I : 전체 전류(전전류)[A]

$$I_1=\frac{R_2}{R_1+R_2}I$$ 에서

$$I_1\frac{R_1+R_2}{R_2}=I$$
$$I=I_1\frac{R_1+R_2}{R_2}$$
$$=10\times\frac{20+40}{40}=15\text{A}$$

답 ③

★★★

40 R=10Ω, C=33μF, L=20mH인 RLC 직렬회로의 공진주파수는 약 몇 Hz인가?

10.05.문22
08.05.문27

① 169
② 176
③ 196
④ 206

해설 (1) 기호

- R : 10Ω
- C : 33μF=33×10^{-6}F(1μF=1×10^{-6})
- L : 20mH=20×10^{-3}H(1mH=1×10^{-3})
- f_0 : ?

(2) 공진주파수

$$f_0=\frac{1}{2\pi\sqrt{LC}}$$

여기서, f_0 : 공진주파수[Hz]
L : 인덕턴스[H]
C : 정전용량[F]

공진주파수 f_0는

$$f_0=\frac{1}{2\pi\sqrt{LC}}$$
$$=\frac{1}{2\pi\sqrt{(20\times10^{-3})\times(33\times10^{-6})}}$$
$$\fallingdotseq 196\text{Hz}$$

- 20mH=0.02H(m=10^{-3})

답 ③

제 3 과목 소방관계법규

★★★
41 화재의 예방 및 안전관리에 관한 법령상 보일러, 난로, 건조설비, 가스 · 전기시설, 그 밖에 화재 발생 우려가 있는 설비 또는 기구 등의 위치 · 구조 및 관리와 화재 예방을 위하여 불을 사용할 때 지켜야 하는 사항은 무엇으로 정하는가?

13.03.문53
07.05.문54

① 총리령
② 대통령령
③ 시 · 도 조례
④ 행정안전부령

해설 **대통령령**
(1) 소방장비 등에 대한 국고보조기준(기본법 9조)
(2) **불**을 **사용**하는 **설비**의 관리사항을 정하는 기준(화재예방법 17조)
(3) 특수가연물 저장 · 취급(화재예방법 17조)
(4) **방염성능**기준(소방시설법 20조)

중요

불을 사용하는 설비의 관리
(1) 보일러
(2) 난로
(3) 건조설비
(4) 가스 · 전기시설

답 ②

★★★
42 소방시설 설치 및 관리에 관한 법률상 소방시설 등에 대한 자체점검을 하지 아니하거나 관리업자 등으로 하여금 정기적으로 점검하게 하지 아니한 자에 대한 벌칙기준으로 옳은 것은?

18.04.문54
13.03.문48
12.05.문55
10.09.문49

① 1년 이하의 징역 또는 1000만원 이하의 벌금
② 3년 이하의 징역 또는 1500만원 이하의 벌금
③ 3년 이하의 징역 또는 3000만원 이하의 벌금
④ 6개월 이하의 징역 또는 1000만원 이하의 벌금

해설 **1년 이하의 징역 또는 1000만원 이하의 벌금**
(1) 소방시설의 **자체점검** 미실시자(소방시설법 58조)
(2) **소방시설관리사증** 대여(소방시설법 58조)
(3) **소방시설관리업**의 등록증 또는 등록수첩 대여(소방시설법 58조)
(4) 제조소 등의 정기점검기록 허위작성(위험물법 35조)
(5) **자체소방대**를 두지 않고 제조소 등의 허가를 받은 자(위험물법 35조)
(6) **위험물 운반용기**의 검사를 받지 않고 유통시킨 자(위험물법 35조)

답 ①

★★
43 화재의 예방 및 안전관리에 관한 법령상 화재안전조사위원회의 위원에 해당하지 아니하는 사람은?

16.10.문60

① 소방기술사
② 소방시설관리사
③ 소방 관련 분야의 석사학위 이상을 취득한 사람
④ 소방 관련 법인 또는 단체에서 소방 관련 업무에 3년 이상 종사한 사람

해설 **화재예방법 시행령 11조**
화재안전조사위원회의 구성
(1) **과장급** 직위 이상의 소방공무원
(2) 소방기술사
(3) 소방시설관리사
(4) 소방 관련 분야의 **석사**학위 이상을 취득한 사람
(5) 소방 관련 법인 또는 단체에서 소방 관련 업무에 **5년** 이상 종사한 사람
(6) 소방공무원 교육훈련기관, 학교 또는 연구소에서 소방과 관련한 교육 또는 연구에 **5년** 이상 종사한 사람

④ 3년 → 5년

답 ④

★★★
44 화재의 예방 및 안전관리에 관한 법령상 소방관서장은 소방상 필요한 훈련 및 교육을 실시하고자 하는 때에는 화재예방강화지구 안의 관계인에게 훈련 또는 교육 며칠 전까지 그 사실을 통보하여야 하는가?

13.06.문52

① 5 ② 7
③ 10 ④ 14

해설 **화재예방법 18조, 화재예방법 시행령 20조**
화재예방강화지구 안의 화재안전조사 · 소방훈련 및 교육
(1) 실시자 : **소방청장 · 소방본부장 · 소방서장**(소방관서장)
(2) 횟수 : **연 1회** 이상
(3) 훈련 · 교육 : **10일 전** 통보

답 ③

★
45 경유의 저장량이 2000리터, 중유의 저장량이 4000리터, 등유의 저장량이 2000리터인 저장소에 있어서 지정수량의 배수는?

① 동일 ② 6배
③ 3배 ④ 2배

해설 **제4류 위험물의 종류 및 지정수량**

성질	품 명		지정수량	대표물질
인화성 액체	특수인화물		50L	다이에틸에터 · 이황화탄소 · 아세트알데하이드 · 산화프로필렌 · 이소프렌 · 펜탄 · 디비닐에터 · 트리클로로실란
	제1 석유류	비수용성	200L	휘발유 · 벤젠 · 톨루엔 · 시클로헥산 · 아크롤레인 · 에틸벤젠 · 초산에스터류 · 의산에스터류 · 콜로디온 · 메틸에틸케톤
		수용성	400L	아세톤 · 피리딘
	알코올류		400L	메틸알코올 · 에틸알코올 · 프로필알코올 · 이소프로필알코올 · 퓨젤유 · 변성알코올
	제2 석유류	비수용성	**1000L**	**등유** · **경유** · 테레빈유 · 장뇌유 · 송근유 · 스티렌 · 클로로벤젠 · 크실렌
		수용성	2000L	의산 · 초산 · 메틸셀로솔브 · 에틸셀로솔브 · 알릴알코올
	제3 석유류	비수용성	**2000L**	**중유** · 크레오소트유 · 니트로벤젠 · 아닐린 · 담금질유
		수용성	4000L	에틸렌글리콜 · 글리세린
	제4석유류		6000L	기어유 · 실린더유
	동식물유류		10000L	아마인유 · 해바라기유 · 들기름 · 대두유 · 야자유 · 올리브유 · 팜유

지정수량의 배수

$$= \frac{\text{저장량}}{\text{지정수량(경유)}} + \frac{\text{저장량}}{\text{지정수량(중유)}} + \frac{\text{저장량}}{\text{지정수량(등유)}}$$

$$= \frac{2000\text{L}}{1000\text{L}} + \frac{4000\text{L}}{2000\text{L}} + \frac{2000\text{L}}{1000\text{L}} = 6\text{배}$$

답 ②

★★

46 **소방시설공사업법령상 상주공사감리 대상기준 중 다음 ㉠, ㉡, ㉢에 알맞은 것은?**

19.09.문58
18.04.문59
07.05.문49

- 연면적 (㉠)m^2 이상의 특정소방대상물(아파트는 제외)에 대한 소방시설의 공사
- 지하층을 포함한 층수가 (㉡)층 이상으로서 (㉢)세대 이상인 아파트에 대한 소방시설의 공사

① ㉠ 10000, ㉡ 11, ㉢ 600
② ㉠ 10000, ㉡ 16, ㉢ 500
③ ㉠ 30000, ㉡ 11, ㉢ 600
④ ㉠ 30000, ㉡ 16, ㉢ 500

해설 **공사업령 〔별표 3〕**
소방공사감리 대상

종 류	대 상
상주공사감리	• 연면적 **30000m²** 이상 • **16층** 이상(지하층 포함)이고 **500세대** 이상 **아파트**
일반공사감리	• 기타

답 ④

★★★

47 **소방기본법령상 소방본부 종합상황실 실장이 소방청의 종합상황실에 서면 · 모사전송 또는 컴퓨터통신 등으로 보고하여야 하는 화재의 기준에 해당하지 않는 것은?**

17.05.문53
16.03.문46
05.09.문55

① 항구에 매어둔 총 톤수가 1000톤 이상인 선박에서 발생한 화재
② 연면적 15000m^2 이상인 공장 또는 화재예방강화지구에서 발생한 화재
③ 지정수량의 1000배 이상의 위험물의 제조소 · 저장소 · 취급소에서 발생한 화재
④ 층수가 5층 이상이거나 병상이 30개 이상인 종합병원 · 정신병원 · 한방병원 · 요양소에서 발생한 화재

해설 **기본규칙 3조**
종합상황실 실장의 보고화재

(1) 사망자 **5명** 이상 화재
(2) 사상자 **10명** 이상 화재
(3) 이재민 **100명** 이상 화재
(4) 재산피해액 **50억원** 이상 화재
(5) 관광호텔, 층수가 11층 이상인 건축물, 지하상가, 시장, 백화점
(6) **5층** 이상 또는 객실 **30실** 이상인 **숙박시설**
(7) **5층** 이상 또는 병상 **30개** 이상인 **종합병원 · 정신병원 · 한방병원 · 요양소**
(8) **1000t** 이상인 선박(항구에 매어둔 것)
(9) 지정수량 **3000배** 이상의 위험물 제조소 · 저장소 · 취급소
(10) 연면적 **15000m²** 이상인 **공장** 또는 **화재예방강화지구**에서 발생한 화재
(11) **가스** 및 **화약류**의 폭발에 의한 화재
(12) **관공서 · 학교 · 정부미도정공장 · 문화재 · 지하철** 또는 지하구의 **화재**
(13) 철도차량, 항공기, 발전소 또는 변전소
(14) 다중이용업소의 화재

③ 1000배 → 3000배

용어

종합상황실
화재·재난·재해·구조·구급 등이 필요한 때에 신속한 소방활동을 위한 정보를 수집·전파하는 소방서 또는 소방본부의 지령관제실

답 ③

★★★
48 아파트로 층수가 20층인 특정소방대상물에서 스프링클러설비를 하여야 하는 층수는? (단, 아파트는 신축을 실시하는 경우이다.)

15.03.문56
12.05.문51

① 전층　② 15층 이상
③ 11층 이상　④ 6층 이상

해설 **소방시설법 시행령 〔별표 4〕**
스프링클러설비의 설치대상

설치대상	조 건
① 문화 및 집회시설, 운동시설 ② 종교시설	• 수용인원 : **100명** 이상 • 영화상영관 : 지하층·무창층 $500m^2$(기타 $1000m^2$) 이상 • 무대부 − 지하층·무창층·**4층** 이상 $300m^2$ 이상 − 1~3층 $500m^2$ 이상
③ 판매시설 ④ 운수시설 ⑤ 물류터미널	• 수용인원 : **500명** 이상 • 바닥면적 합계 : $5000m^2$ 이상
⑥ 노유자시설 ⑦ 정신의료기관 ⑧ 수련시설(숙박 가능한 것) ⑨ 종합병원, 병원, 치과병원, 한방병원 및 요양병원(정신병원 제외) ⑩ 숙박시설	• 바닥면적 합계 $600m^2$ 이상
⑪ 지하층·무창층·**4층** 이상	• 바닥면적 $1000m^2$ 이상
⑫ 창고시설(물류터미널 제외)	• 바닥면적 합계 $5000m^2$ 이상 : 전층
⑬ **지하상가**	• 연면적 $1000m^2$ 이상
⑭ **10m** 넘는 랙식 창고	• 연면적 $1500m^2$ 이상
⑮ 복합건축물 ⑯ 기숙사	• 연면적 $5000m^2$ 이상 : 전층
⑰ **6층** 이상 →	• 전층
⑱ 보일러실·연결통로	• 전부
⑲ 특수가연물 저장·취급	• 지정수량 **1000배** 이상
⑳ 발전시설	• 전기저장시설 : 전부

답 ①

★★★
49 제3류 위험물 중 금수성 물품에 적응성이 있는 소화약제는?

16.03.문45
09.05.문11

① 물　② 강화액
③ 팽창질석　④ 인산염류분말

해설 **금수성 물품에 적응성이 있는 소화약제**
(1) 마른모래
(2) 팽창질석
(3) 팽창진주암

참고

위험물령 〔별표 1〕
금수성 물품(금수성 물질)
(1) **칼륨**
(2) **나트륨**
(3) **알킬알루미늄**
(4) **알킬리튬**
(5) 알칼리금속(칼륨 및 나트륨 제외) 및 알칼리토금속
(6) 유기금속화합물(알킬알루미늄 및 알킬리튬 제외)
(7) 금속의 수소화물
(8) 금속의 인화물
(9) **칼슘** 또는 **알루미늄**의 **탄화물**

답 ③

★★
50 문화유산의 보존 및 활용에 관한 법률의 규정과 지정문화유산 및 자연유산의 보존 및 활용에 관한 법률에 따른 천연기념물 등에 있어서는 제조소 등과의 수평거리를 몇 m 이상 유지하여야 하는가?

08.05.문52

① 20　② 30
③ 50　④ 70

해설 **위험물규칙 〔별표 4〕**
위험물제조소의 안전거리

안전거리	대 상
3m 이상	• **7~35kV** 이하의 특고압가공전선
5m 이상	• **35kV**를 초과하는 특고압가공전선
10m 이상	• **주거용**으로 사용되는 것
20m 이상	• 고압가스 **제조**시설(용기에 충전하는 것 포함) • 고압가스 **사용**시설(1일 $30m^3$ 이상 용적 취급) • 고압가스 **저장**시설 • 액화산소 **소비**시설 • 액화석유가스 제조·저장시설 • 도시가스 공급시설
30m 이상	• 학교 • 병원급의료기관 • 공연장, 영화상영관 — **300명** 이상 수용시설 • 아동복지시설, 노인복지시설, 장애인복지시설, 한부모가족 복지시설, 어린이집, 성매매 피해자 등을 위한 지원시설, 정신건강증진시설, 가정폭력 피해자 보호시설 — **20명** 이상 수용시설
50m 이상 →	• 지정문화유산 • 천연기념물 등

답 ③

★★★

51 화재의 예방 및 안전관리에 관한 법률상 소방안전관리대상물의 소방안전관리자 업무가 아닌 것은?

15.03.문12
14.09.문52
14.09.문53
13.06.문48
08.05.문53

① 소방훈련 및 교육
② 피난시설, 방화구획 및 방화시설의 관리
③ 자위소방대 및 본격대응체계의 구성·운영·교육
④ 피난계획에 관한 사항과 대통령령으로 정하는 사항이 포함된 소방계획서의 작성 및 시행

해설 **화재예방법 24조 ⑤항**
관계인 및 소방안전관리자의 업무

특정소방대상물 (관계인)	소방안전관리대상물 (소방안전관리자)
• 피난시설·방화구획 및 방화시설의 관리 • 소방시설, 그 밖의 소방관련 시설의 관리 • **화기취급**의 감독 • 소방안전관리에 필요한 업무 • 화재발생시 초기대응	• 피난시설·방화구획 및 방화시설의 관리 • 소방시설, 그 밖의 소방관련 시설의 관리 • **화기취급**의 감독 • 소방안전관리에 필요한 업무 • **소방계획서**의 작성 및 시행(대통령령으로 정하는 사항 포함) • **자위소방대** 및 **초기대응체계**의 구성·운영·교육 • 소방훈련 및 교육 • 소방안전관리에 관한 업무수행에 관한 기록·유지 • 화재발생시 초기대응

③ 본격대응체계 → 초기대응체계

용어

특정소방대상물	소방안전관리대상물
건축물 등의 규모·용도 및 수용인원 등을 고려하여 소방시설을 설치하여야 하는 소방대상물로서 대통령령으로 정하는 것	대통령령으로 정하는 특정소방대상물

답 ③

★

52 다음 중 중급기술자의 학력·경력자에 대한 기준으로 옳은 것은? (단, "학력·경력자"란 고등학교·대학 또는 이와 같은 수준 이상의 교육기관의 소방관련학과의 정해진 교육과정을 이수하고 졸업하거나 그 밖의 관계법령에 따라 국내 또는 외국에서 이와 같은 수준 이상의 학력이 있다고 인정되는 사람을 말한다.)

① 일반고등학교를 졸업 후 10년 이상 소방관련업무를 수행한 자
② 학사학위를 취득한 후 5년 이상 소방관련업무를 수행한 자
③ 석사학위를 취득한 후 1년 이상 소방관련업무를 수행한 자
④ 박사학위를 취득한 후 1년 이상 소방관련업무를 수행한 자

해설 **공사업규칙 〔별표 4의 2〕**
소방기술자

구분	기술자격	학력·경력	경력
특급 기술자	① 소방기술사 ② 소방시설관리사+5년 ③ 건축사, 건축기계설비기술사, 건축전기설비기술사, 건설기계기술사, 공조냉동기계기술사, 화공기술사, 가스기술사+5년 ④ 소방설비기사+8년 ⑤ 소방설비산업기사+11년 ⑥ 위험물기능장+13년	① 박사+3년 ② 석사+7년 ③ 학사+11년 ④ 전문학사+15년	−
고급 기술자	① 소방시설관리사 ② 건축사, 건축기계설비기술사, 건축전기설비기술사, 건설기계기술사, 공조냉동기계기술사, 화공기술사, 가스기술사+3년 ③ 소방설비기사+5년 ④ 소방설비산업기사+8년 ⑤ 위험물기능장+11년 ⑥ 위험물산업기사+13년	① 박사+1년 ② 석사+4년 ③ 학사+7년 ④ 전문학사+10년 ⑤ 고등학교(소방)+13년 ⑥ 고등학교(일반)+15년	① 학사+12년 ② 전문학사+15년 ③ 고등학교+18년 ④ 실무경력+22년
중급 기술자	① 건축사, 건축기계설비기술사, 건축전기설비기술사, 건설기계기술사, 공조냉동기계기술사, 화공기술사, 가스기술사 ② 소방설비기사 ③ 소방설비산업기사+3년 ④ 위험물기능장+5년 ⑤ 위험물산업기사+8년	① 박사 보기 ④ ② 석사+2년 보기 ③ ③ 학사+5년 보기 ② ④ 전문학사+8년 ⑤ 고등학교(소방)+10년 ⑥ 고등학교(일반)+12년 보기 ①	① 학사+9년 ② 전문학사+12년 ③ 고등학교+15년 ④ 실무경력+18년
초급 기술자	① 소방설비산업기사 ② 위험물기능장+2년 ③ 위험물산업기사+4년 ④ 위험물기능사+6년	① 석사 ② 학사 ③ 전문학사+2년 ④ 고등학교(소방)+3년 ⑤ 고등학교(일반)+5년	① 학사+3년 ② 전문학사+5년 ③ 고등학교+7년 ④ 실무경력+9년

① 10년 → 12년
③ 1년 → 2년
④ 박사학위만 소지해도 중급(1년 이상 경력이 필요 없음)기술자

답 ②

★★★
53 05.05.문57
화재안전조사 결과에 따른 조치명령으로 손실을 입어 손실을 보상하는 경우 그 손실을 입은 자는 누구와 손실보상을 협의하여야 하는가?

① 소방서장　② 시 · 도지사
③ 소방본부장　④ 행정안전부장관

해설 **화재예방법 15조**
화재안전조사 결과에 따른 조치명령에 따른 손실보상 : **소방청장, 시 · 도지사**

중요

시 · 도지사
(1) 특별시장
(2) 광역시장
(3) 도지사
(4) 특별자치도지사
(5) 특별자치시장

답 ②

★★★
54 14.03.문57
위험물운송자 자격을 취득하지 아니한 자가 위험물 이동탱크저장소 운전시의 벌칙으로 옳은 것은?

① 100만원 이하의 벌금
② 300만원 이하의 벌금
③ 500만원 이하의 벌금
④ 1000만원 이하의 벌금

해설 **위험물법 37조**
1000만원 이하의 벌금
(1) **위험물취급**에 관한 안전관리와 감독하지 않은 자
(2) **위험물운반**에 관한 중요기준 위반
(3) 위험물운반자 요건을 갖추지 아니한 위험물운반자
(4) 위험물 저장 · 취급장소의 **출입** · **검사**시 관계인의 정당업무 **방해** 또는 **비밀누설**
(5) 위험물 운송규정을 위반한 위험물운송자(무면허 위험물운송자)

기억법 천운

답 ④

★★★
55 18.03.문60 14.05.문46 14.03.문46 13.03.문60
화재의 예방 및 안전관리에 관한 법령상 특수가연물의 저장 및 취급 기준 중 석탄 · 목탄류를 저장하는 경우 쌓는 부분의 바닥면적은 몇 m^2 이하인가? (단, 살수설비를 설치하거나, 방사능력범위에 해당 특수가연물이 포함되도록 대형 수동식 소화기를 설치하는 경우이다.)

① 200　② 250
③ 300　④ 350

해설 **화재예방법 시행령 〔별표 3〕**
특수가연물의 저장 · 취급기준
(1) **품명별**로 구분하여 쌓을 것
(2) 쌓는 높이는 **10m** 이하가 되도록 할 것
(3) 쌓는 부분의 바닥면적은 **50m²**(석탄 · 목탄류는 **200m²**) 이하가 되도록 할 것(단, 살수설비를 설치하거나 대형수동식 소화기를 설치하는 경우에는 높이 **15m** 이하, 바닥면적 **200m²**(석탄 · 목탄류는 **300m²**) 이하)
(4) 쌓는 부분의 바닥면적 사이는 실내의 경우 **1.2m** 또는 **쌓는 높이**의 $\frac{1}{2}$ 중 **큰 값**(실외 **3m** 또는 **쌓는 높이** 중 **큰 값**) 이상으로 간격을 둘 것
(5) 취급장소에는 **품명, 최대저장수량, 단위부피당 질량** 또는 **단위체적당 질량, 관리책임자 성명 · 직책 · 연락처** 및 **화기취급**의 **금지표지** 설치

답 ③

★★★
56 18.04.문43 17.05.문48
소방기본법상 명령권자가 소방본부장, 소방서장 또는 소방대장에게 있는 사항은?

① 소방활동을 할 때에 긴급한 경우에는 이웃한 소방본부장 또는 소방서장에게 소방업무의 응원을 요청할 수 있다.
② 화재, 재난 · 재해, 그 밖의 위급한 상황이 발생한 현장에서 소방활동을 위하여 필요할 때에는 그 관할구역에 사는 사람 또는 그 현장에 있는 사람으로 하여금 사람을 구출하는 일 또는 불을 끄거나 불이 번지지 아니하도록 하는 일을 하게 할 수 있다.
③ 특정소방대상물의 근무자 및 거주자에 대해 관계인이 실시하는 소방훈련을 지도 · 감독할 수 있다.
④ 화재, 재난 · 재해, 그 밖의 위급한 상황이 발생하였을 때에는 소방대를 현장에 신속하게 출동시켜 화재진압과 인명구조 · 구급 등 소방에 필요한 활동을 하게 하여야 한다.

해설 **소방본부장 · 소방서장 · 소방대장**
(1) 소방활동 종사명령(기본법 24조) 보기 ②
(2) 강제처분 · 제거(기본법 25조)
(3) 피난명령(기본법 26조)
(4) 댐 · 저수지 사용 등 위험시설 등에 대한 긴급조치(기본법 27조)

기억법 소대종강피(소방대의 종강파티)

① 소방업무의 응원 : **소방본부장, 소방서장**(기본법 11조)
③ 소방훈련의 지도 · 감독 : 소방본부장, 소방서장(화재예방법 37조)
④ 소방활동 : **소방청장, 소방본부장, 소방서장**(기본법 16조)

용어

소방활동 종사명령
화재, 재난 · 재해, 그 밖의 위급한 상황이 발생한 현장에서 소방활동을 위하여 필요할 때에는 그 관할구역에 사는 사람 또는 그 현장에 있는 사람으로 하여금 사람을 구출하는 일 또는 불을 끄거나 불이 번지지 아니하도록 하는 일을 하게 할 수 있는 것

답 ②

★★★

57 화재가 발생하는 경우 인명 또는 재산의 피해가 클 것으로 예상되는 때 소방대상물의 개수 · 이전 · 제거, 사용금지 등의 필요한 조치를 명할 수 있는 자는?

15.03.문57
05.05.문46

① 시 · 도지사
② 의용소방대장
③ 기초자치단체장
④ 소방청장, 소방본부장 또는 소방서장

해설 **화재예방법 14조**
화재안전조사 결과에 따른 조치명령
(1) **명령권자** : 소방청장 · 소방본부장 · 소방서장(소방관서장)
(2) **명령사항**
㉠ 화재안전조사 조치명령
㉡ **개수**명령
㉢ **이전**명령
㉣ **제거**명령
㉤ **사용**의 **금지** 또는 제한명령, 사용폐쇄
㉥ **공사**의 **정지** 또는 중지명령

중요

화재예방법 18조
화재예방강화지구

지 정	지정요청	화재안전조사
시 · 도지사	**소방청장**	**소방청장 · 소방본부장** 또는 **소방서장**

※ **화재예방강화지구** : 화재발생 우려가 크거나 화재가 발생할 경우 피해가 클 것으로 예상되는 지역에 대하여 화재의 예방 및 안전관리를 강화하기 위해 지정 · 관리하는 지역

답 ④

★★★

58 소방용수시설 중 소화전과 급수탑의 설치기준으로 틀린 것은?

17.03.문54
16.10.문55
09.08.문43

① 급수탑 급수배관의 구경은 100mm 이상으로 할 것
② 소화전은 상수도와 연결하여 지하식 또는 지상식의 구조로 할 것
③ 소방용 호스와 연결하는 소화전의 연결금속구의 구경은 65mm로 할 것
④ 급수탑의 개폐밸브는 지상에서 1.5m 이상 1.8m 이하의 위치에 설치할 것

해설 **기본규칙 〔별표 3〕**
소방용수시설별 설치기준

소화전	급수탑
• **65mm** : 연결금속구의 구경	• **100mm** : 급수배관의 구경 • **1.5~1.7m** 이하 : 개폐밸브 높이 기억법 57탑(57층 탑)

④ 1.5m 이상 1.8m 이하 → 1.5m 이상 1.7m 이하

답 ④

★★★

59 특정소방대상물의 관계인이 소방안전관리자를 해임한 경우 재선임을 해야 하는 기준은? (단, 해임한 날부터를 기준일로 한다.)

16.10.문54
16.03.문55
11.03.문56

① 10일 이내 ② 20일 이내
③ 30일 이내 ④ 40일 이내

해설 **화재예방법 시행규칙 14조**
소방안전관리자의 재선임
30일 이내

답 ③

★★★

60 1급 소방안전관리대상물이 아닌 것은?

17.09.문55
16.03.문52
15.03.문60
13.09.문51

① 15층인 특정소방대상물(아파트는 제외)
② 가연성 가스를 2000톤 저장 · 취급하는 시설
③ 21층인 아파트로서 300세대인 것
④ 연면적 $20000m^2$인 문화 · 집회 및 운동시설

해설 **화재예방법 시행령 〔별표 4〕**
소방안전관리자를 두어야 할 특정소방대상물
(1) 특급 소방안전관리대상물 : 동식물원, 철강 등 불연성 물품 저장 · 취급장고, 지하구, 위험물제조소 등 제외
㉠ **50층** 이상(지하층 제외) 또는 지상 **200m** 이상 **아파트**
㉡ **30층** 이상(지하층 포함) 또는 지상 **120m** 이상(아파트 제외)
㉢ 연면적 **10만**m^2 이상(아파트 제외)
(2) 1급 소방안전관리대상물 : 동식물원, 철강 등 불연성 물품 저장 · 취급장고, 지하구, 위험물제조소 등 제외
㉠ **30층** 이상(지하층 제외) 또는 지상 **120m** 이상 아파트
㉡ 연면적 **15000**m^2 이상인 것(아파트 및 연립주택 제외)
㉢ **11층** 이상(아파트 제외)
㉣ 가연성 가스를 **1000t** 이상 저장 · 취급하는 시설
(3) 2급 소방안전관리대상물
㉠ 지하구
㉡ 가스제조설비를 갖추고 도시가스사업 허가를 받아야 하는 시설 또는 가연성 가스를 **100~1000t** 미만 저장 · 취급하는 시설
㉢ 옥내소화전설비 · 스프링클러설비 설치대상물
㉣ 물분무등소화설비(호스릴방식의 물분무등소화설비만을 설치한 경우 제외) 설치대상물
㉤ **공동주택**(옥내소화전설비 또는 스프링클러설비가 설치된 공동주택 한정)
㉥ **목조건축물**(국보 · 보물)
(4) 3급 소방안전관리대상물
㉠ **자동화재탐지설비** 설치대상물
㉡ 간이스프링클러설비(주택전용 간이스프링클러설비 제외) 설치대상물

③ 21층인 아파트로서 300세대인 것 → 30층 이상(지하층 제외) 아파트

답 ③

제 4 과목 소방전기시설의 구조 및 원리

★★
61 정온식 감지선형 감지기에 관한 설명으로 옳은 것은?
09.05.문66

① 일국소의 주위온도 변화에 따라서 차동 및 정온식의 성능을 갖는 것을 말한다.
② 일국소의 주위온도가 일정한 온도 이상이 되었을 때 작동하는 것으로서 외관이 전선으로 되어 있는 것을 말한다.
③ 그 주위온도가 일정한 온도상승률 이상이 되었을 때 작동하는 것으로서 일국소의 열효과에 의해서 동작하는 것을 말한다.
④ 그 주위온도가 일정한 온도상승률 이상이 되었을 때 작동하는 것으로서 광범위한 열효과의 누적에 의하여 동작하는 것을 말한다.

해설 **감지기**(감지기의 형식승인 및 제품검사의 기술기준 3조)

종 류	설 명
차동식 분포형 감지기	**넓은 범위**에서의 **열효과**의 누적에 의하여 작동
차동식 스포트형 감지기	**일국소**에서의 **열효과**에 의하여 작동
이온화식 연기감지기	**이온전류**가 **변화**하여 작동
광전식 연기감지기	**광량**의 **변화**로 작동
보상식 스포트형 감지기	**차동식**+**정온식**을 겸용한 것으로 **한 가지** 기능이 작동되면 신호를 발함
열복합형 감지기	**차동식**+**정온식**을 겸용한 것으로 **두 가지** 기능이 동시에 작동되면 신호를 발하거나 또는 **두 개**의 화재신호를 각각 발신
정온식 감지선형 감지기	외관이 **전선**으로 되어 있는 것
단독경보형 감지기	감지기에 **음향장치**가 내장되어 **일체**로 되어 있는 것

① 보상식 스포트형 감지기 또는 열복합형 감지기
② 정온식 감지선형 감지기
③ 차동식 스포트형 감지기
④ 차동식 분포형 감지기

답 ②

★★★
62 비상콘센트설비의 화재안전기준에서 정하고 있는 저압의 정의는?
19.09.문68 17.05.문65 16.05.문64 13.09.문80 12.09.문77 05.03.문76

① 직류는 1.5kV 이하, 교류는 1kV 이하인 것
② 직류는 750V 이하, 교류는 380V 이하인 것
③ 직류는 750V를, 교류는 600V를 넘고 7000V 이하인 것
④ 직류는 750V를, 교류는 380V를 넘고 7000V 이하인 것

해설 **전압**(NFTC 504 1.7)

구 분	설 명
저압	**직류 1.5kV** 이하, **교류 1kV** 이하
고압	저압의 범위를 초과하고 **7kV** 이하
특고압	**7kV**를 초과하는 것

답 ①

★★★
63 무선통신보조설비의 화재안전기준에 따른 옥외안테나의 설치기준으로 옳지 않은 것은?

① 건축물, 지하가, 터널 또는 공동구의 출입구 및 출입구 인근에서 통신이 가능한 장소에 설치할 것
② 다른 용도로 사용되는 안테나로 인한 통신장애가 발생하지 않도록 설치할 것
③ 옥외안테나는 견고하게 설치하며 파손의 우려가 없는 곳에 설치하고 그 가까운 곳의 보기 쉬운 곳에 "옥외안테나"라는 표시와 함께 통신가능거리를 표시한 표지를 설치할 것
④ 수신기가 설치된 장소 등 사람이 상시 근무하는 장소에는 옥외안테나의 위치가 모두 표시된 옥외안테나 위치표시도를 비치할 것

해설 **무선통신보조설비 옥외안테나 설치기준**(NFPC 505 6조, NFTC 505 2.3.1)

(1) **건축물**, **지하가**, **터널** 또는 공동구의 출입구 및 출입구 인근에서 통신이 가능한 장소에 설치할 것
(2) 다른 용도로 사용되는 안테나로 인한 **통신장애**가 발생하지 않도록 설치할 것
(3) 옥외안테나는 견고하게 설치하며 파손의 우려가 없는 곳에 설치하고 그 가까운 곳의 보기 쉬운 곳에 "**무선통신보조설비 안테나**"라는 표시와 함께 통신가능거리를 표시한 표지를 설치할 것

(4) 수신기가 설치된 장소 등 사람이 상시 근무하는 장소에는 옥외안테나의 위치가 모두 표시된 옥외안테나 **위치표시도**를 비치할 것

③ 옥외안테나 → 무선통신보조설비 안테나

답 ③

★★★
64 비상벨설비 또는 자동식 사이렌설비에는 그 설비에 대한 감시상태를 몇 시간 지속한 후 유효하게 10분 이상 경보할 수 있는 축전지설비(수신기에 내장하는 경우를 포함한다.)를 설치하여야 하는가?

19.09.문63 16.03.문66 15.09.문67 13.06.문63 10.05.문69

① 1시간 ② 2시간
③ 4시간 ④ 6시간

해설 **축전지설비 · 자동식 사이렌설비 · 자동화재탐지설비 · 비상방송설비 · 비상벨설비**(NFPC 201 4조, NFTC 201 2.1.7)

감시시간	경보시간
60분(1시간) 이상	**10분** 이상(30층 이상 : **30분**)

기억법 **6감**

답 ①

★★
65 자동화재탐지설비의 수신기의 각 회로별 종단에 설치되는 감지기에 접속되는 배선의 전압은 감지기 정격전압의 최소 몇 % 이상이어야 하는가?

16.10.문74 07.03.문80

① 50 ② 60
③ 70 ④ 80

해설 **자동화재탐지설비**(NFPC 203 11조, NFTC 203 2.8.1)
(1) 감지기 회로의 전로저항 : **50Ω 이하**
(2) 1경계구역의 절연저항 : **0.1MΩ 이상**
(3) 감지기에 접속하는 배선전압 : 정격전압의 **80% 이상**

답 ④

★★
66 불꽃감지기의 설치기준으로 틀린 것은?

① 수분이 많이 발생할 우려가 있는 장소에는 방수형으로 설치할 것
② 감지기를 천장에 설치하는 경우에는 감지기는 천장을 향하여 설치할 것
③ 감지기는 화재감지를 유효하게 감지할 수 있는 모서리 또는 벽 등에 설치할 것
④ 감지기는 공칭감시거리와 공칭시야각을 기준으로 감시구역이 모두 포용될 수 있도록 설치할 것

해설 **불꽃감지기**의 **설치기준**(NFPC 203 7조, NFTC 203 2.4.3.13)
(1) 감지기는 **공칭감시거리**와 **공칭시야각**을 기준으로 감시구역이 모두 포용될 수 있도록 설치할 것
(2) 감지기는 화재감지를 유효하게 감지할 수 있는 **모서리** 또는 **벽** 등에 설치할 것
(3) 감지기를 **천장**에 설치하는 경우에는 감지기는 **바닥**을 향하여 설치할 것
(4) 수분이 많이 발생할 우려가 있는 장소에는 **방수형**으로 설치할 것

② 천장을 → 바닥을

중요

불꽃감지기의 **공칭감시거리 · 공칭시야각**(감지기 형식승인 19조 ②항)

조 건	공칭감시거리	공칭시야각
20m 미만의 장소에 적합한 것	1m 간격	5° 간격
20m 이상의 장소에 적합한 것	5m 간격	

답 ②

★★★
67 자동화재속보설비의 설치기준으로 틀린 것은?

15.05.문70 07.05.문70 03.08.문74

① 조작스위치는 바닥으로부터 1m 이상 1.5m 이하의 높이에 설치할 것
② 속보기는 소방관서에 통신망으로 통보하도록 하며, 데이터 또는 코드전송방식을 부가적으로 설치할 수 있다.
③ 자동화재탐지설비와 연동으로 작동하여 자동적으로 화재신호를 소방관서에 전달되는 것으로 할 것
④ 속보기는 소방청장이 정하여 고시한 「자동화재속보설비의 속보기의 성능인증 및 제품검사의 기술기준」에 적합한 것으로 설치하여야 한다.

해설 **자동화재속보설비**의 **설치기준**(NFPC 204 4조, NFTC 204 2.1.1)
(1) **자동화재탐지설비**와 연동으로 작동하여 자동적으로 화재신호를 **소방관서**에 전달되는 것으로 할 것
(2) 스위치는 바닥으로부터 **0.8~1.5m** 이하의 높이에 설치하고, 보기 쉬운 곳에 스위치임을 표시한 표지를 할 것

중요

자동화재속보설비의 **설치제외**
사람이 **24시간** 상시 근무하고 있는 경우

답 ①

68 자동화재탐지설비의 화재안전기준에서 사용하는 용어가 아닌 것은?

14.09.문68 09.08.문69 07.09.문64

① 중계기 ② 경계구역
③ 시각경보장치 ④ 단독경보형 감지기

해설 **자동화재탐지설비**의 **용어**(NFPC 203 3조, NFTC 203 1.7)

용 어	설 명
발신기	화재발생신호를 수신기에 **수동**으로 **발신**하는 것
경계구역	특정소방대상물 중 **화재신호**를 **발신**하고 그 **신호**를 **수신** 및 유효하게 제어할 수 있는 구역
거실	**거주**·**집무**·**작업**·**집회**·**오락**, 그 밖에 이와 유사한 목적을 위하여 사용하는 방
중계기	감지기·발신기 또는 전기적 접점 등의 작동에 따른 **신호**를 받아 이를 수신기의 제어반에 **전송**하는 장치
시각경보장치	**자동화재탐지설비**에서 발하는 화재신호를 시각경보기에 전달하여 **청각장애인**에게 **점멸형태**의 **시각경보**를 하는 것

④ 비상경부설비 및 단독경보형 감지기의 회재안전기준

답 ④

69 계단통로유도등은 각 층의 경사로참 또는 계단참마다 설치하도록 하고 있는데 1개층에 경사로참 또는 계단참이 2 이상 있는 경우에는 몇 개의 계단참마다 계단통로유도등을 설치하여야 하는가?

16.05.문78 15.05.문80 08.05.문68

① 2개 ② 3개
③ 4개 ④ 5개

해설 **계단통로유도등**의 **설치기준**(NFPC 303 6조, NFTC 303 2.3.1.3)

(1) 각 층의 **경사로참** 또는 **계단참**마다(1개층에 경사로참 또는 계단참이 **2 이상** 있는 경우에는 **2개**의 계단참마다) 설치할 것. 1개층에 참이 2 이상인 경우는 다음 식과 같다.

$$\text{계단통로유도등 설치개수} = \frac{\text{경사로참(계단참) 개수}}{2}\text{(절상)}$$

(2) 바닥으로부터 높이 **1m 이하**의 위치에 설치할 것

용어

계단통로유도등
피난통로가 되는 계단이나 경사로에 설치하는 통로유도등으로 바닥면 및 디딤바닥면을 비추는 것

답 ①

70 비상경보설비를 설치하여야 할 특정소방대상물로 옳은 것은? (단, 지하구, 모래·석재 등 불연재료 창고 및 위험물 저장·처리 시설 중 가스시설은 제외한다.)

18.04.문63 17.09.문74 15.05.문52 12.05.문56

① 터널로서 길이가 400m 이상인 것
② 30명 이상의 근로자가 작업하는 옥내작업장
③ 지하층 또는 무창층의 바닥면적이 $150m^2$(공연장의 경우 $100m^2$) 이상인 것
④ 연면적 $300m^2$(사람이 거주하지 않거나 벽이 없는 축사 등 동식물 관련시설은 제외) 이상인 것

해설 **소방시설법 시행령 〔별표 4〕**
비상경보설비의 설치대상

설치대상	조 건
지하층·무창층	바닥면적 **150m²**(공연장 **100m²**) 이상
전부	연면적 **400m²** 이상(사람이 거주하지 않거나 **벽**이 **없는 축사** 등 동식물 관련시설은 제외)
터널길이	길이 **500m** 이상
옥내작업장	**50명** 이상 작업

① 400m → 500m
② 30명 → 50명
④ $300m^2$ → $400m^2$

답 ③

71 축전지의 자기방전을 보충함과 동시에 상용부하에 대한 전력공급은 충전기가 부담하도록 하되 충전기가 부담하기 어려운 일시적인 대전류부하는 축전지로 하여금 부담하게 하는 충전방식은?

16.03.문29 15.03.문34 09.03.문78 05.09.문30

① 과충전방식
② 균등충전방식
③ 부동충전방식
④ 세류충전방식

해설 **충전방식**

구 분	설 명
보통충전	• 필요할 때마다 **표준시간율**로 충전하는 방식
급속충전	• 보통 충전전류의 **2배**의 **전류**로 충전하는 방식

부동충전	• 축전지의 자기방전을 보충함과 동시에 상용부하에 대한 전력공급은 충전기가 부담하되 부담하기 어려운 일시적인 대전류부하는 축전지가 부담하도록 하는 방식 • 축전지와 **부하**를 **충전기**에 **병렬**로 **접속**하여 사용하는 충전방식 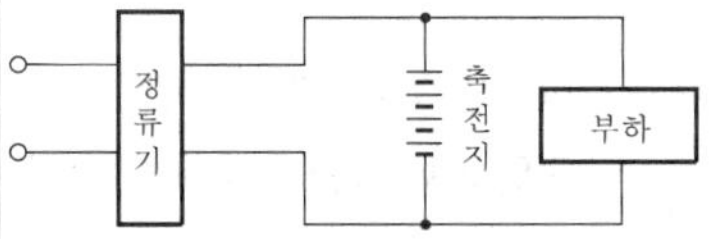 ‖ 부동충전방식 ‖
균등충전	• 1~3개월마다 1회 정전압으로 충전하는 방식
세류충전 (트리클충전)	• 자기방전량만 항상 충전하는 방식

① 과충전방식 : 이런 충전방식은 없음

답 ③

72

17.03.문61
15.05.문69
12.05.문66
11.03.문78
01.03.문63
98.07.문75
97.03.문68

정온식 감지기의 설치시 공칭작동온도가 최고주위온도보다 최소 몇 ℃ 이상 높은 것으로 설치하여야 하나?

① 10
② 20
③ 30
④ 40

해설 **감지기 설치기준**(NFPC 203 7조, NFTC 203 2.4.3)

(1) 감지기(**차동식 분포형** 및 **특수한 것** 제외)는 실내로의 공기유입구로부터 **1.5m** 이상 떨어진 위치에 설치
(2) 감지기는 천장 또는 반자의 옥내의 면하는 부분에 설치
(3) **보상식 스포트형 감지기**는 정온점이 감지기 주위의 평상시 최고온도보다 **20℃** 이상 높은 것으로 설치
(4) **정온식 감지기는 주방·보일러실** 등으로 다량의 화기를 단속적으로 취급하는 장소에 설치하되, 공칭작동온도가 최고주위온도보다 **20℃** 이상 높은 것으로 설치
(5) 스포트형 감지기는 **45°** 이상 경사지지 않도록 부착
(6) **공기관식** 차동식 분포형 감지기 설치시 공기관은 **도중**에서 **분기**하지 않도록 부착
(7) **공기관식** 차동식 분포형 감지기의 검출부는 **5°** 이상 경사되지 않도록 설치

중요

경사제한각도

공기관식 감지기의 검출부	스포트형 감지기
5° 이상	45° 이상

답 ②

73

17.03.문69

누전경보기의 5~10회로까지 사용할 수 있는 집합형 수신기 내부결선도에서 구성요소가 아닌 것은?

① 제어부 ② 증폭부
③ 조작부 ④ 자동입력절환부

해설 **5~10회로 집합형 수신기**의 **내부결선도**

(1) 자동입력절환부
(2) **증**폭부
(3) **제**어부
(4) 회로접합부
(5) 전원부
(6) **도**통시험 및 동작시험부
(7) 동작회로표시부

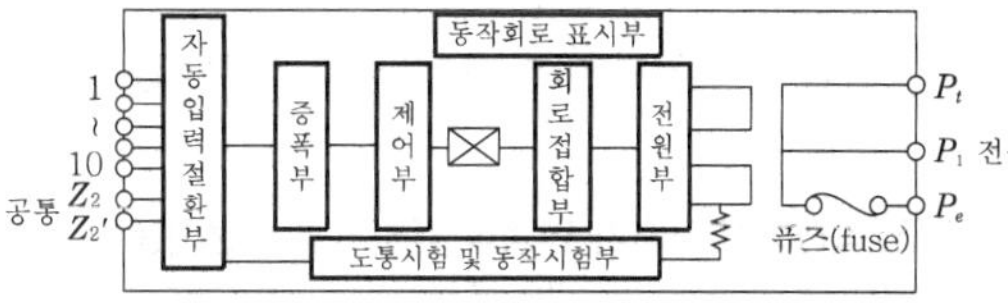

기억법 **제도 증5**(나쁜 **제도**를 **증오**한다.)

답 ③

74

17.05.문67
15.09.문64
15.05.문61
14.09.문75
13.03.문68
12.03.문61
09.05.문76

휴대용 비상조명등의 설치높이는?

① 0.8~1.0m
② 0.8~1.5m
③ 1.0~1.5m
④ 1.0~1.8m

해설 **휴대용 비상조명등**의 **적합기준**(NFPC 304 4조, NFTC 304 2.1.2)

설치개수	설치장소
1개 이상	• **숙박시설** 또는 **다중이용업소**에는 객실 또는 영업장 안의 구획된 실마다 잘 보이는 곳(외부에 설치시 출입문 손잡이로부터 **1m 이내** 부분)
3개 이상	• **지하상가** 및 **지하역사**의 **보행거리 25m** 이내마다 • **대규모점포(백화점·대형점·쇼핑센터)** 및 **영화상영관**의 **보행거리 50m** 이내마다

(1) 바닥으로부터 **0.8~1.5m 이하**의 높이에 설치할 것
(2) 어둠 속에서 **위치**를 **확인**할 수 있도록 할 것
(3) 사용시 **자동**으로 **점등**되는 구조일 것
(4) 외함은 **난연성능**이 있을 것
(5) 건전지를 사용하는 경우에는 **방전방지조치**를 하여야 하고, **충전식 배터리**의 경우에는 **상시 충전**되도록 할 것
(6) 건전지 및 충전식 배터리의 용량은 **20분** 이상 유효하게 사용할 수 있는 것으로 할 것

기억법 **2휴(이유)**

답 ②

★★
75 단독경보형 감지기 중 연동식 감지기의 무선기능에 대한 설명으로 옳은 것은?

① 화재신호를 수신한 단독경보형 감지기는 60초 이내에 경보를 발해야 한다.
② 무선통신점검은 단독경보형 감지기가 서로 송수신하는 방식으로 한다.
③ 작동한 단독경보형 감지기는 화재경보가 정지하기 전까지 100초 이내 주기마다 화재신호를 발신해야 한다.
④ 무선통신점검은 24시간 이내에 자동으로 실시하고 이때 통신이상이 발생하는 경우에는 300초 이내에 통신이상 상태의 단독경보형 감지기를 확인할 수 있도록 표시 및 경보를 해야 한다.

해설 **단독경보형 감지기(연동식 감지기의 무선기능)**(감지기의 형식승인 및 제품검사의 기술기준 5조 4)
(1) 화재신호를 수신한 단독경보형 감지기는 **10초 이내**에 경보를 발할 것
(2) 무선통신점검은 단독경보형 감지기가 서로 송수신하는 방식으로 할 것
(3) 작동한 단독경보형 감지기는 화재경보가 정지하기 전까지 **60초 이내** 주기마다 화재신호를 발신할 것
(4) 무선통신점검은 **24시간** 이내에 자동으로 실시하고 이때 통신이상이 발생하는 경우에는 **200초** 이내에 통신이상 상태의 단독경보형 감지기를 확인할 수 있도록 표시 및 경보할 것

① 60초 이내 → 10초 이내
③ 100초 이내 → 60초 이내
④ 300초 이내 → 200초 이내

답 ②

★
76 소화활동시 안내방송에 사용하는 증폭기의 종류로 옳은 것은?

① 탁상형　② 휴대형
③ Desk형　④ Rack형

해설 **증폭기**의 **종류**

종 류		용 량	특 징
이동형	휴대형	5~15W	① 소화활동시 안내방송에 사용 ② 마이크, 증폭기, 확성기를 일체화하여 소형 경량
이동형	탁상형	10~60W	① 소규모 방송설비에 사용 ② 입력장치 : 마이크, 라디오, 사이렌, 카세트테이프
고정형	Desk형	30~180W	① 책상식의 형태 ② 입력장치 : Rack형과 유사
고정형	Rack형	200W 이상	① 유닛(unit)화되어 교체, 철거, 신설 용이 ② 용량 무제한

답 ②

★★★
77 비상방송설비의 음향장치는 정격전압의 몇 % 전압에서 음향을 발할 수 있는 것으로 하여야 하는가?

18.09.문68
18.04.문74
16.05.문63
15.03.문67
14.09.문65
11.03.문72
10.09.문70
09.05.문75

① 80　② 90
③ 100　④ 110

해설 **비상방송설비 음향장치**의 **구조** 및 **성능기준**(NFPC 202 4조, NFTC 202 2.1.1.12)
(1) 정격전압의 **80%** 전압에서 음향을 발할 것
(2) **자동화재탐지설비**의 작동과 연동하여 작동할 것

비교

자동화재탐지설비 음향장치의 **구조** 및 **성능 기준**
(1) 정격전압의 **80%** 전압에서 음향을 발할 것
(2) 음량은 **1m** 떨어진 곳에서 **90dB** 이상일 것
(3) **감지기ㆍ발신기**의 작동과 **연동**하여 작동할 것

답 ①

★★★
78 경계전로의 누설전류를 자동적으로 검출하여 이를 누전경보기의 수신부에 송신하는 것을 무엇이라고 하는가?

19.09.문73
15.03.문66
10.09.문67

① 수신부　② 확성기
③ 변류기　④ 증폭기

해설 **누전경보기**(NFPC 205 3조, NFTC 205 1.7)

용 어	설 명
수신부	변류기로부터 검출된 **신호**를 **수신**하여 누전의 발생을 해당 소방대상물의 **관계인**에게 **경보**하여 주는 것(**차단기구**를 갖는 것 포함)
변류기	경계전로의 **누설전류**를 자동적으로 **검출**하여 이를 누전경보기의 수신부에 송신하는 것

기억법 **수수변누**

비교

누전경보기의 **구성요소(세부적인 구분)**

구성요소	설 명
변류기	**누설전류**를 **검출**한다.
수신기	**누설전류**를 **증폭**한다.
음향장치	**경보**한다.
차단기	차단릴레이 포함

답 ③

★★
79 자가발전설비, 비상전원수전설비, 축전지설비 또는 전기저장장치(외부 전기에너지를 저장해 두었다가 필요한 때 전기를 공급하는 장치)를 비상콘센트설비의 비상전원으로 설치하여야 하는 특정소방대상물로 옳은 것은?

14.09.문79
12.09.문70

① 지하층을 제외한 층수가 4층 이상으로서 연면적 $600m^2$ 이상인 특정소방대상물
② 지하층을 제외한 층수가 5층 이상으로서 연면적 $1000m^2$ 이상인 특정소방대상물
③ 지하층을 제외한 층수가 6층 이상으로서 연면적 $1500m^2$ 이상인 특정소방대상물
④ 지하층을 제외한 층수가 7층 이상으로서 연면적 $2000m^2$ 이상인 특정소방대상물

해설 **비상콘센트설비**의 **비상전원 설치대상**(NFPC 504 4조, NFTC 504 2.1.1.2)
(1) 지하층을 **제**외한 **7층** 이상으로 연면적 **$2000m^2$** 이상
(2) 지하층의 **바**닥면적 합계 **$3000m^2$** 이상

기억법 제72000콘 바3

답 ④

★★★
80 무선통신보조설비의 누설동축케이블의 설치기준으로 틀린 것은?

17.05.문68
16.10.문72
15.09.문78
14.05.문78
12.05.문78
10.05.문76
08.09.문70

① 끝부분에는 반사종단저항을 견고하게 설치할 것
② 고압의 전로로부터 1.5m 이상 떨어진 위치에 설치할 것
③ 금속판 등에 따라 전파의 복사 또는 특성이 현저하게 저하되지 아니하는 위치에 설치할 것
④ 누설동축케이블 및 동축케이블은 불연 또는 난연성의 것으로서 습기 등의 환경조건에 따라 전기의 특성이 변질되지 아니하는 것으로 하고, 노출하여 설치한 경우에는 피난 및 통행에 장애가 없도록 할 것

해설 **누설동축케이블**의 **설치기준**(NFPC 505 5조, NFTC 505 2.2.1)
(1) 소방전용 주파수대에서 전파의 **전송** 또는 **복사**에 적합한 것으로서 소방전용의 것일 것
(2) 누설동축케이블과 이에 접속하는 안테나 또는 동축케이블과 이에 접속하는 안테나일 것
(3) 누설동축케이블 및 동축케이블은 화재에 따라 해당 케이블의 피복이 소실된 경우에 케이블 본체가 떨어지지 아니하도록 4m 이내마다 금속제 또는 자기제 등의 지지금구로 벽·천장·기둥 등에 견고하게 고정시킬 것(단, 불연재료로 구획된 반자 안에 설치하는 경우 제외)
(4) 누설동축케이블 및 안테나는 **고**압전로로부터 **1.5m** 이상 떨어진 위치에 설치할 것(해당 전로에 **정전기 차폐장치**를 유효하게 설치한 경우에는 제외)

기억법 누고15

(5) 누설동축케이블의 끝부분에는 **무반사종단저항**을 설치할 것
(6) 누설동축케이블 및 동축케이블은 불연 또는 난연성의 것으로서 **습기** 등의 환경조건에 따라 전기의 특성이 변질되지 아니하는 것으로 하고, 노출하여 설치한 경우에는 피난 및 통행에 장애가 없도록 할 것

용어

무반사종단저항
전송로로 전송되는 전자파가 전송로의 종단에서 반사되어 교신을 방해하는 것을 막기 위한 저항

답 ①

▌2019년 기사 제2회 필기시험▌

자격종목	종목코드	시험시간	형별	수험번호	성명
소방설비기사(전기분야)		2시간			

※ 각 문항은 4지택일형으로 질문에 가장 적합한 보기 항을 선택하여 체크하여야 합니다.

제 1 과목 소방원론

★★★
01 목조건축물의 화재진행상황에 관한 설명으로 옳은 것은?

11.06.문07
01.09.문02
99.04.문04

유사문제부터 풀어보세요. 실력이 팍!팍! 올라갑니다.

① 화원－발염착화－무염착화－출화－최성기－소화
② 화원－발염착화－무염착화－소화－연소낙하
③ 화원－무염착화－발염착화－출화－최성기－소화
④ 화원－무염착화－출화－발염착화－최성기－소화

해설 목조건축물의 화재진행상황

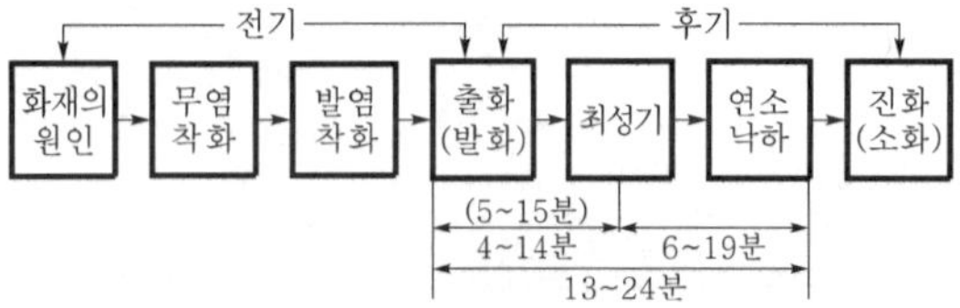

• 최성기＝성기＝맹화

답 ③

★★★
02 연면적이 $1000m^2$ 이상인 건축물에 설치하는 방화벽이 갖추어야 할 기준으로 틀린 것은?

18.03.문14
17.09.문16
13.03.문16
12.03.문10
08.09.문05

① 내화구조로서 홀로 설 수 있는 구조일 것
② 방화벽의 양쪽 끝과 위쪽 끝을 건축물의 외벽면 및 지붕면으로부터 0.1m 이상 튀어나오게 할 것
③ 방화벽에 설치하는 출입문의 너비는 2.5m 이하로 할 것
④ 방화벽에 설치하는 출입문의 높이는 2.5m 이하로 할 것

해설 건축령 57조, 피난·방화구조 21조
방화벽의 구조

대상 건축물	주요구조부가 내화구조 또는 불연재료가 아닌 연면적 $1000m^2$ 이상인 건축물
구획단지	연면적 **$1000m^2$** 미만마다 구획
방화벽의 구조	① **내화구조**로서 홀로 설 수 있는 구조일 것 ② 방화벽의 양쪽 끝과 위쪽 끝을 건축물의 외벽면 및 지붕면으로부터 **0.5m** 이상 튀어나오게 할 것 ③ 방화벽에 설치하는 **출입문**의 **너비** 및 높이는 각각 **2.5m** 이하로 하고 해당 출입문에는 60분+방화문 또는 60분 방화문을 설치할 것

② 0.1m → 0.5m

답 ②

★★
03 화재의 일반적 특성으로 틀린 것은?

15.09.문10
11.03.문17

① 확대성
② 정형성
③ 우발성
④ 불안정성

해설 화재의 특성
(1) **우**발성(화재가 돌발적으로 발생)
(2) **확**대성
(3) **불**안정성

기억법 우확불

답 ②

★★
04 공기의 부피비율이 질소 79%, 산소 21%인 전기실에 화재가 발생하여 이산화탄소 소화약제를 방출하여 소화하였다. 이때 산소의 부피농도가 14%이었다면 이 혼합공기의 분자량은 약 얼마인가? (단, 화재시 발생한 연소가스는 무시한다.)

17.09.문11
15.05.문13
12.05.문12

① 28.9 ② 30.9
③ 33.9 ④ 35.9

해설 (1) **이산화탄소의 농도**

$$CO_2 = \frac{21 - O_2}{21} \times 100$$

여기서, CO_2 : CO_2의 농도〔vol%〕
O_2 : O_2의 농도〔vol%〕

$$CO_2 = \frac{21 - O_2}{21} \times 100 = \frac{21 - 14}{21} \times 100 ≒ 33.3\text{vol\%}$$

• 원칙적인 단위 vol% = 간략 단위 %

(2) **CO_2 방출시 공기의 부피비율 변화**
㉠ 산소(O_2)=14vol%
㉡ 이산화탄소(CO_2)=33.3vol%
㉢ 질소(N_2)=100vol%−(O_2 농도+CO_2 농도)〔vol%〕
=100vol%−(14+33.3)vol%=52.7vol%

(3) **분자량**

원 소	원자량
H	1
C →	12
N →	14
O →	16

산소(O_2) : 16×2×0.14(14vol%) =4.48
이산화탄소(CO_2) : (12+16×2)×0.333(33.3vol%)=14.652
질소(N_2) : 14×2×0.527(52.7vol%) =14.756
혼합공기의 분자량 =33.9

답 ③

05 다음 가연성 기체 1몰이 완전 연소하는 데 필요한 이론공기량으로 틀린 것은? (단, 체적비로 계산하며 공기 중 산소의 농도를 21vol%로 한다.)

① 수소−약 2.38몰
② 메탄−약 9.52몰
③ 아세틸렌−약 16.91몰
④ 프로판−약 23.81몰

해설 (1) **화학반응식**
㉠ 수소 : ②H_2+①O_2 → $2H_2O$

$$\text{필요한 산소 몰수} = \frac{\text{산소 몰수}}{\text{수소 몰수}} = \frac{1}{2} = 0.5\text{몰}$$

㉡ 메탄 : ①CH_4+②O_2 → CO_2+$2H_2O$

$$\text{필요한 산소 몰수} = \frac{\text{산소 몰수}}{\text{메탄 몰수}} = \frac{2}{1} = 2\text{몰}$$

㉢ 아세틸렌 : ②C_2H_2+⑤O_2 → $4CO_2$+$2H_2O$

$$\text{필요한 산소 몰수} = \frac{\text{산소 몰수}}{\text{아세틸렌 몰수}} = \frac{5}{2} = 2.5\text{몰}$$

㉣ 프로판 : ①C_3H_8+⑤O_2 → $3CO_2$+$4H_2O$

$$\text{필요한 산소 몰수} = \frac{\text{산소 몰수}}{\text{프로판 몰수}} = \frac{5}{1} = 5\text{몰}$$

(2) **필요한 이론공기량**

$$\text{필요한 이론공기량} = \frac{\text{몰수}}{\text{공기 중 산소농도}}$$

㉠ 수소 $= \frac{0.5\text{몰}}{0.21(21\text{vol\%})} ≒ 2.38\text{몰}$

㉡ 메탄 $= \frac{2\text{몰}}{0.21(21\text{vol\%})} ≒ 9.52\text{몰}$

㉢ 아세틸렌 $= \frac{2.5\text{몰}}{0.21(21\text{vol\%})} ≒ 11.9\text{몰}$

㉣ 프로판 $= \frac{5\text{몰}}{0.21(21\text{vol\%})} ≒ 23.81\text{몰}$

답 ③

06 물의 소화능력에 관한 설명 중 틀린 것은?

18.03.문19
15.05.문04
99.08.문06

① 다른 물질보다 비열이 크다.
② 다른 물질보다 융해잠열이 작다.
③ 다른 물질보다 증발잠열이 크다.
④ 밀폐된 장소에서 증발가열되면 산소희석작용을 한다.

해설 물의 **소화능력**
(1) **비열**이 크다.
(2) **증발잠열**(기화잠열)이 크다.
(3) 밀폐된 장소에서 증발가열하면 수증기에 의해서 **산소희석작용** 또는 **질식소화작용**을 한다.
(4) **무상**으로 주수하면 **중질유화재**에도 사용할 수 있다.

② 융해잠열과는 무관

참고

물이 **소화약제**로 많이 쓰이는 이유

장 점	단 점
• 쉽게 구할 수 있다. • 증발잠열(기화잠열)이 크다. • 취급이 간편하다.	• 가스계 소화약제에 비해 사용 후 **오염**이 **크다.** • 일반적으로 **전기화재**에는 **사용**이 **불가**하다.

답 ②

07 화재실의 연기를 옥외로 배출시키는 제연방식으로 효과가 가장 적은 것은?

00.03.문15

① 자연제연방식
② 스모크타워 제연방식
③ 기계식 제연방식
④ 냉난방설비를 이용한 제연방식

해설 **제연방식**의 종류
(1) **밀폐제연방식** : 밀폐도가 많은 벽이나 문으로서 화재가 발생하였을 때 밀폐하여 **연기**의 **유출** 및 **공기** 등의 **유입**을 **차단**시켜 제연하는 방식
(2) **자연제연방식** : 건물에 설치된 창

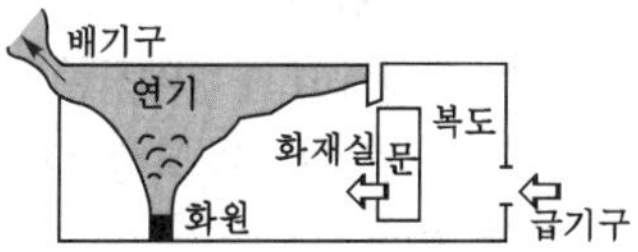

| 자연제연방식 |

(3) **스모크타워 제연방식** : 고층 건물에 적합

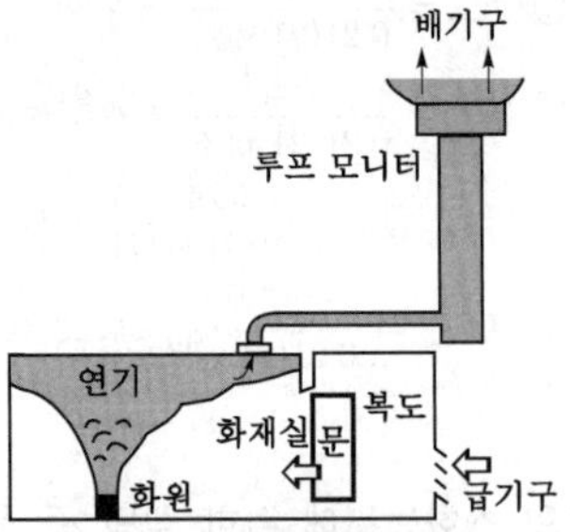

▌스모크타워 제연방식▐

(4) **기계제연방식**(기계식 제연방식)

㉠ 제1종 : 송풍기+배연기

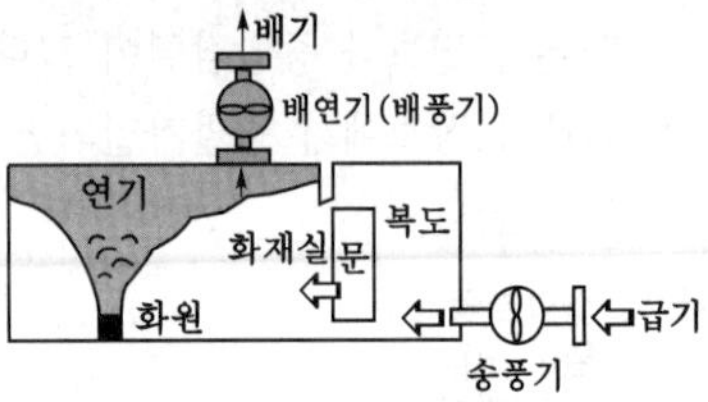

▌제1종 기계제연방식▐

㉡ 제2종 : 송풍기

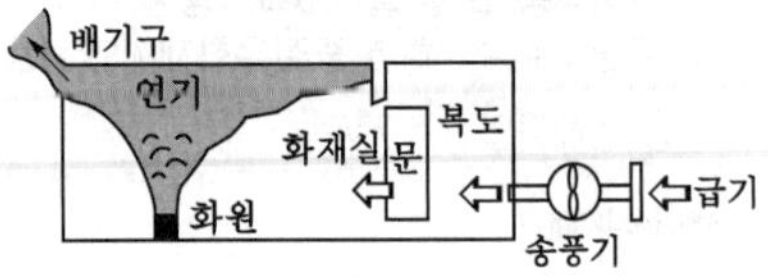

▌제2종 기계제연방식▐

㉢ 제3종 : 배연기

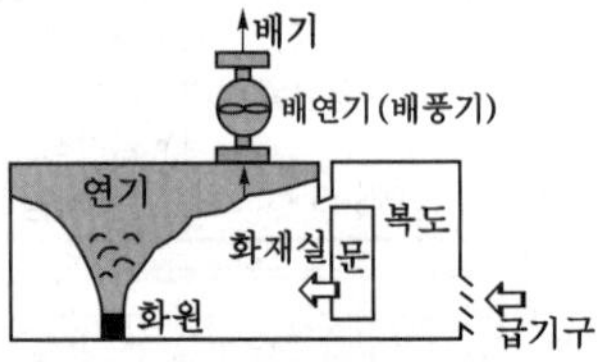

▌제3종 기계제연방식▐

④ 이런 제연방식은 없음

답 ④

★★★
08 분말소화약제의 취급시 주의사항으로 틀린 것?

15.05.문09
15.05.문20
13.06.문03

① 습도가 높은 공기 중에 노출되면 고화되므로 항상 주의를 기울인다.
② 충진시 다른 소화약제와 혼합을 피하기 위하여 종별로 각각 다른 색으로 착색되어 있다.
③ 실내에서 다량 방사하는 경우 분말을 흡입하지 않도록 한다.
④ 분말소화약제와 수성막포를 함께 사용할 경우 포의 소포현상을 발생시키므로 병용해서는 안 된다.

해설 **분말소화약제 취급시 주의사항**

(1) 습도가 높은 공기 중에 노출되면 고화되므로 항상 주의를 기울인다.
(2) 충진시 다른 소화약제와 혼합을 피하기 위하여 종별로 각각 다른 색으로 착색되어 있다.
(3) 실내에서 다량 방사하는 경우 분말을 흡입하지 않도록 한다.

중요

수성막포 소화약제
(1) 안전성이 좋아 장기보관이 가능하다.
(2) 내약품성이 좋아 **분말소화약제**와 **겸용** 사용이 가능하다.
(3) 석유류 표면에 신속히 피막을 형성하여 유류증발을 억제한다.
(4) 일명 **AFFF**(**A**queous **F**ilm **F**orming **F**oam)라고 한다.
(5) 점성이 작기 때문에 가연성 기름의 표면에서 쉽게 피막을 형성한다.
(6) 단백포 소화약제와도 병용이 가능하다.

기억법 **분수**

④ 소포현상도 발생되지 않으므로 병용 가능

답 ④

★★★
09 건축물의 화재를 확산시키는 요인이라 볼 수 없는 것은?

16.03.문10
15.03.문06
14.05.문02
09.03.문19
06.05.문18

① 비화(飛火)
② 복사열(輻射熱)
③ 자연발화(自然發火)
④ 접염(接炎)

해설 **목조건축물**의 **화재원인**

종 류	설 명
접염 (화염의 접촉)	화염 또는 열의 **접촉**에 의하여 불이 다른 곳으로 옮겨붙는 것
비화	불티가 **바람**에 **날**리거나 화재현장에서 상승하는 **열기류** 중심에 휩쓸려 원거리 가연물에 착화하는 현상 기억법 **비날**(**비**가 **날**린다!)
복사열	복사파에 의하여 열이 **고온**에서 **저온**으로 이동하는 것

비교

열전달의 **종류**

종 류	설 명
전도 (conduction)	하나의 물체가 다른 **물체**와 **직접** 접촉하여 열이 이동하는 현상
대류 (convection)	**유체**의 흐름에 의하여 열이 이동하는 현상

복사 (radiation)	① 화재시 화원과 격리된 인접 가연물에 불이 옮겨붙는 현상 ② 열전달 **매질**이 **없이** 열이 전달되는 형태 ③ 열에너지가 **전자파**의 형태로 옮겨지는 현상으로, 가장 크게 작용

답 ③

★★★
10 석유, 고무, 동물의 털, 가죽 등과 같이 황성분을 함유하고 있는 물질이 불완전연소될 때 발생하는 연소가스로 계란 썩는 듯한 냄새가 나는 기체는?

11.03.문10
04.09.문14

① 아황산가스 ② 시안화수소
③ 황화수소 ④ 암모니아

해설 **연소가스**

구 분	특 징
일산화탄소 (CO)	화재시 흡입된 일산화탄소(CO)의 화학적 작용에 의해 **헤모글로빈**(Hb)이 혈액의 산소운반작용을 저해하여 사람을 질식·사망하게 한다.
이산화탄소 (CO_2)	연소가스 중 **가장 많은 양**을 차지하고 있으며 가스 그 자체의 독성은 거의 없으나 다량이 존재할 경우 호흡속도를 증가시키고, 이로 인하여 화재가스에 혼합된 유해가스의 혼입을 증가시켜 위험을 가중시키는 가스이다.
암모니아 (NH_3)	나무, 페놀수지, 멜라민수지 등의 **질소 함유물**이 연소할 때 발생하며, 냉동시설의 **냉매**로 쓰인다.
포스겐 ($COCl_2$)	매우 독성이 강한 가스로서 소화제인 **사염화탄소**(CCl_4)를 화재시에 사용할 때도 발생한다.
황화수소 (H_2S)	**달걀**(계란) **썩는 냄새**가 나는 특성이 있다. 기억법 **황달**
아크롤레인 ($CH_2=CHCHO$)	독성이 매우 높은 가스로서 **석유제품, 유지** 등이 연소할 때 생성되는 가스이다.

답 ③

★★
11 다음 중 동일한 조건에서 증발잠열[kJ/kg]이 가장 큰 것은?

14.03.문09
11.06.문04

① 질소
② 할론 1301
③ 이산화탄소
④ 물

해설 **증발잠열**

약 제	증발잠열
할론 1301	**119kJ/kg**
아르곤	**156kJ/kg**
질소	**199kJ/kg**
이산화탄소	**574kJ/kg**
물	**2245kJ/kg(539kcal/kg)**

중요

물의 증발잠열

1J=0.24cal 이므로

1kJ=0.24kcal, 1kJ/kg=0.24kcal/kg

$$539\text{kcal/kg}=\frac{539\text{kcal/kg}}{0.24\text{kcal/kg}}\times 1\text{kJ/kg}$$

$$\fallingdotseq 2245\text{kJ/kg}$$

답 ④

★★★
12 탱크화재시 발생되는 보일오버(Boil Over)의 방지방법으로 틀린 것은?

① 탱크내용물의 기계적 교반
② 물의 배출
③ 과열방지
④ 위험물탱크 내의 하부에 냉각수 저장

해설 **보일오버(Boil Over)**

구 분	설 명
정의	① 중질유의 탱크에서 장시간 조용히 연소하다 **탱크 내**의 **잔존기름**이 갑자기 분출하는 현상 ② 유류탱크에서 탱크바닥에 물과 기름의 **에멀션**이 섞여 있을 때 이로 인하여 화재가 발생하는 현상 ③ 연소유면으로부터 100℃ 이상의 열파가 **탱크 저부**에 고여 있는 **물**을 비등하게 하면서 연소유를 탱크 밖으로 비산시키며 연소하는 현상
방지대책	① 탱크내용물의 **기계적 교반** ② 탱크하부 **물**의 **배출** ③ 탱크 내부 **과열방지**

답 ④

★★★
13 화재시 CO_2를 방사하여 산소농도를 11vol%로 낮추어 소화하려면 공기 중 CO_2의 농도는 약 몇 vol%가 되어야 하는가?

17.05.문01
15.03.문14
14.05.문07
12.05.문14

① 47.6 ② 42.9
③ 37.9 ④ 34.5

해설 **CO_2의 농도(이론소화농도)**

$$CO_2 = \frac{21 - O_2}{21} \times 100$$

여기서, CO_2 : CO_2의 농도[%] 또는 [vol%]
O_2 : O_2의 농도[%] 또는 [vol%]

$$CO_2 = \frac{21 - O_2}{21} \times 100$$
$$= \frac{21 - 11}{21} \times 100$$
$$\fallingdotseq 47.6\text{vol\%}$$

- 단위가 원래는 vol% 또는 vol.%인데 줄여서 %로 쓰기도 한다.

중요

이산화탄소 소화설비와 관련된 식

$$CO_2 = \frac{\text{방출가스량}}{\text{방호구역체적} + \text{방출가스량}} \times 100$$
$$= \frac{21 - O_2}{21} \times 100$$

여기서, CO_2 : CO_2의 농도[%]
O_2 : O_2의 농도[%]

$$\text{방출가스량} = \frac{21 - O_2}{O_2} \times \text{방호구역체적}$$

여기서, O_2 : O_2의 농도[%]

용어

%	vol%
수를 100의 비로 나타낸 것	어떤 공간에 차지하는 부피를 백분율로 나타낸 것
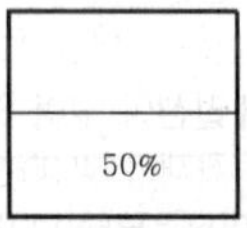	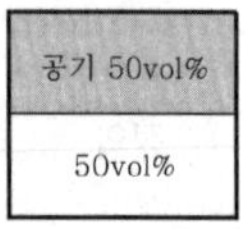
∥50%∥	∥50vol%∥

답 ①

★★

14 **물소화약제를 어떠한 상태로 주수할 경우 전기화재의 진압에서도 소화능력을 발휘할 수 있는가?**

① 물에 의한 봉상주수
② 물에 의한 적상주수
③ 물에 의한 무상주수
④ 어떤 상태의 주수에 의해서도 효과가 없다.

해설 **전기화재(변전실화재) 적응방법**
(1) 무상주수
(2) 할론소화약제 방사
(3) 분말소화설비
(4) 이산화탄소 소화설비
(5) 할로겐화합물 및 불활성기체 소화설비

참고

물을 주수하는 방법

주수방법	설 명
봉상주수	화점이 멀리 있을 때 또는 고체가연물의 대규모 화재시 사용 예 **옥내소화전**
적상주수	일반 고체가연물의 화재시 사용 예 **스프링클러헤드**
무상주수	화점이 가까이 있을 때 또는 질식효과, 에멀션효과를 필요로 할 때 사용 예 **물분무헤드**

답 ③

★

15 **도장작업 공정에서의 위험도를 설명한 것으로 틀린 것은?**

① 도장작업 그 자체 못지않게 건조공정도 위험하다.
② 도장작업에서는 인화성 용제가 쓰이지 않으므로 폭발의 위험이 없다.
③ 도장작업장은 폭발시를 대비하여 지붕을 시공한다.
④ 도장실의 환기덕트를 주기적으로 청소하여 도료가 덕트 내에 부착되지 않게 한다.

해설 **도장작업 공정에서의 위험도**
(1) 도장작업 그 자체 못지않게 **건조공정**도 **위험**하다.
(2) 도장작업에서는 **인화성** 또는 **가연성 용제**가 쓰이므로 **폭발**의 **위험**이 있다.
(3) 도장작업장은 폭발시를 대비하여 **지붕**을 시공한다.
(4) 도장실의 환기덕트를 주기적으로 청소하여 도료가 덕트 내에 부착되지 않게 한다.

② 인화성 용제가 쓰이지 않으므로 폭발의 위험이 없다. → **인화성** 또는 **가연성 용제**가 쓰이므로 **폭발**의 **위험**이 있다.

답 ②

★★★

16 **방호공간 안에서 화재의 세기를 나타내고 화재가 진행되는 과정에서 온도에 따라 변하는 것으로 온도-시간 곡선으로 표시할 수 있는 것은?**

02.03.문19

① 화재저항
② 화재가혹도
③ 화재하중
④ 화재플럼

해설

구 분	화재하중(fire load)	화재가혹도(fire severity)
정의	화재실 또는 화재구획의 단위바닥면적에 대한 등가 가연물량값	① 화재의 양과 질을 반영한 화재의 강도 ② 방호공간 안에서 화재의 세기를 나타냄
계산식	화재하중 $q=\frac{\Sigma G_t H_t}{HA}=\frac{\Sigma Q}{4500A}$ 여기서, q : 화재하중[kg/m^2] G_t : 가연물의 양[kg] H_t : 가연물의 단위발열량[kcal/kg] H : 목재의 단위발열량[kcal/kg] A : 바닥면적[m^2] ΣQ : 가연물의 전체 발열량[kcal]	화재가혹도 =지속시간×최고온도 화재시 지속시간이 긴 것은 가연물량이 많은 양적 개념이며, 연소시 최고온도는 최성기 때의 온도로서 화재의 질적 개념이다.
비교	① 화재의 **규모**를 판단하는 척도 ② **주수시간**을 결정하는 인자	① 화재의 **강도**를 판단하는 척도 ② **주수율**을 결정하는 인자

용어

화재플럼	화재저항
상승력이 커진 부력에 의해 연소가스와 유입공기가 상승하면서 화염이 섞인 연기 기둥형태를 나타내는 현상	화재시 최고온도의 지속시간을 견디는 내력

답 ②

★★
17 다음 위험물 중 특수인화물이 아닌 것은?

08.09.문06

① 아세톤 ② 다이에틸에터
③ 산화프로필렌 ④ 아세트알데하이드

해설 **특수인화물**

(1) 다이에틸에터
(2) 이황화탄소
(3) 아세트알데하이드
(4) 산화프로필렌
(5) 이소프렌
(6) 펜탄
(7) 디비닐에터
(8) 트리클로로실란

① 아세톤 : 제1석유류

답 ①

★★★
18 다음 중 가연물의 제거를 통한 소화방법과 무관한 것은?

16.10.문07
16.03.문12
14.05.문11
13.03.문01
11.03.문04
08.09.문17

① 산불의 확산방지를 위하여 산림의 일부를 벌채한다.
② 화학반응기의 화재시 원료공급관의 밸브를 잠근다.
③ 전기실 화재시 IG-541 약제를 방출한다.
④ 유류탱크 화재시 주변에 있는 유류탱크의 유류를 다른 곳으로 이동시킨다.

해설 **제거소화**의 **예**

(1) **가연성 기체** 화재시 **주밸브**를 **차단**한다(화학반응기의 화재시 원료공급관의 **밸브**를 **잠금**).
(2) **가연성 액체** 화재시 펌프를 이용하여 **연료**를 제거한다.
(3) **연료탱크**를 **냉각**하여 가연성 가스의 발생속도를 작게 하여 연소를 억제한다.
(4) 금속화재시 **불활성 물질**로 가연물을 덮는다.
(5) **목재**를 **방염처리**한다.
(6) 전기화재시 **전원**을 **차단**한다.
(7) 산불이 발생하면 화재의 진행방향을 앞질러 **벌목**한다(산불의 확산방지를 위하여 **산림**의 **일부**를 **벌채**).
(8) 가스화재시 **밸브**를 **잠궈** 가스흐름을 차단한다(가스화재시 중간밸브를 잠금).
(9) 불타고 있는 장작더미 속에서 아직 타지 않은 것을 안전한 곳으로 **운반**한다.
(10) 유류탱크 화재시 주변에 있는 유류탱크의 유류를 다른 곳으로 이동시킨다.
(11) 촛불을 입김으로 불어서 끈다.

③ **질식소화** : IG-541(불활성기체 소화약제)

용어

제거효과
가연물을 반응계에서 제거하든지 또는 반응계로의 공급을 정지시켜 소화하는 효과

답 ③

★★★
19 화재 표면온도(절대온도)가 2배로 되면 복사에너지는 몇 배로 증가되는가?

14.09.문14
13.09.문01
13.06.문08

① 2 ② 4
③ 8 ④ 16

해설 **스테판-볼츠만**의 **법칙**(Stefan-Boltzman's law)

$$\frac{Q_2}{Q_1}=\frac{(273+T_2)^4}{(273+T_1)^4}=(2\text{배})^4=16\text{배}$$

- 열복사량은 복사체의 **절대온도**의 **4제곱**에 **비례**하고, **단면적**에 **비례**한다.

참고

스테판-볼츠만의 법칙(Stefan-Boltzman's law)

$$Q = aAF(T_1^{\ 4} - T_2^{\ 4})$$

여기서, Q : 복사열[W]
a : 스테판-볼츠만 상수[W/m^2 · K^4]
A : 단면적[m^2]
F : 기하학적 Factor
T_1 : 고온[K]
T_2 : 저온[K]

답 ④

★★
20 산불화재의 형태로 틀린 것은?

02.05.문14

① 지중화형태　② 수평화형태
③ 지표화형태　④ 수관화형태

해설 **산림화재의 형태**

구 분	설 명
지중화	나무가 썩어서 그 **유기물**이 타는 것
지표화	나무 주위에 떨어져 있는 **낙엽** 등이 타는 것
수간화	나무**기둥**부터 타는 것
수관화	나뭇**가지**부터 타는 것

답 ②

제 2 과목 소방전기일반

★★
21 그림과 같은 회로에서 A-B 단자에 나타나는 전압은 몇 V인가?

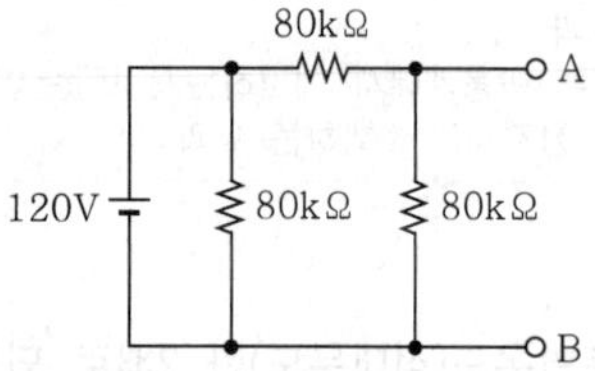

① 20　② 40
③ 60　④ 80

해설 (1) 회로를 이해하기 쉽도록 변형

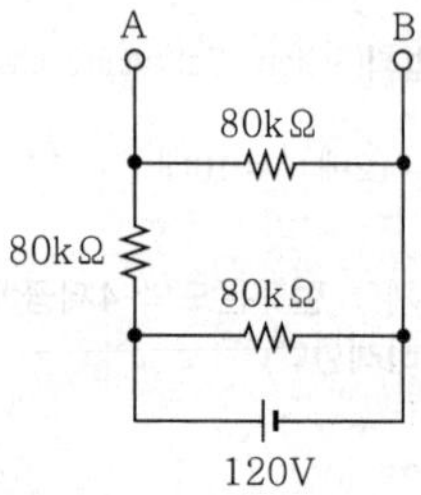

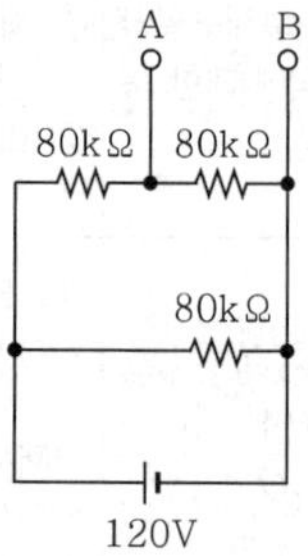

직렬저항값=80+80=160kΩ

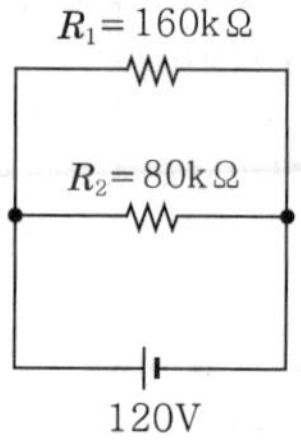

(2) **전체 저항**

$$R = \frac{R_1 \times R_2}{R_1 + R_2}$$

여기서, R : 전체 저항[Ω]
R_1, R_2 : 각각의 저항[Ω]

전체 저항 R은

$$R = \frac{R_1 \times R_2}{R_1 + R_2} = \frac{160 \times 80}{160 + 80} \fallingdotseq 53.3\text{k}\Omega = 53.3 \times 10^3 \Omega$$

(3) **전체 전류**

$$I = \frac{V}{R}$$

여기서, I : 전체 전류[A]
V : 전압[V]
R : 전체 저항[Ω]

전체 전류 I는

$$I = \frac{V}{R} = \frac{120}{53.3 \times 10^3} \fallingdotseq 2.25 \times 10^{-3}\text{A}$$

• 53.3kΩ=53.3×10^{3}Ω

(4) **각각의 전류**

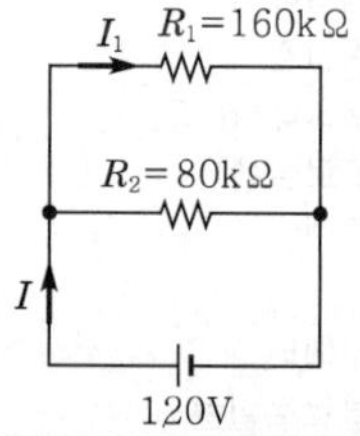

$$I_1 = \frac{R_2}{R_1 + R_2} I$$

여기서, I_1 : R_1에 흐르는 전류〔A〕

R_1, R_2 : 각각의 저항〔Ω〕

I : 전체 전류〔A〕

R_1에 흐르는 **전류** I_1은

$$I_1 = \frac{R_2}{R_1+R_2}I$$

$$= \frac{80\times 10^3}{(160+80)\times 10^3}\times 2.25\times 10^{-3}$$

$$= 7.5\times 10^{-4}\text{A}$$

(5) **A－B 단자전압**

$I_1 = 7.5\times 10^{-4}\text{A}$

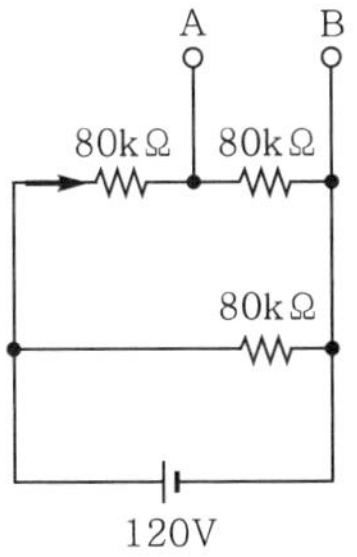

$$V_{A-B} = I_1 R_{A-B}$$

여기서, V_{A-B} : A－B 단자전압〔V〕

I_1 : 전류〔A〕

R_{A-B} : A－B 단자저항〔Ω〕

A－B 단자전압 V_{A-B}는

$V_{A-B} = I_1 R_{A-B}$

$= (7.5\times 10^{-4})\times(80\times 10^3)$

$= 60\text{V}$

• $80\text{k}\Omega = 80\times 10^3\Omega$

답 ③

★★
22 부궤한증폭기의 장점에 해당되는 것은?

13.09.문38

① 전력이 절약된다.
② 안정도가 증진된다.
③ 증폭도가 증가된다.
④ 능률이 증대된다.

해설 **부궤환증폭기**

장 점	단 점
① **안**정도 **증**진 ② 대역폭 확장 ③ 잡음 감소 ④ 왜곡 감소	이득 감소

기억법 **부안증**

답 ②

★★★
23 전기기기에서 생기는 손실 중 권선의 저항에 의하여 생기는 손실은?

16.10.문36
14.09.문22
11.10.문24

① 철손 ② 동손
③ 표유부하손 ④ 히스테리시스손

해설

동 손	철 손
권선의 **저항**에 의하여 생기는 손실	**철심 속**에서 생기는 손실

기억법 **권동철철**

중요

무부하손
(1) 철손
(2) 저항손
(3) 유전체손

답 ②

★★★
24 그림과 같은 무접점회로는 어떤 논리회로인가?

16.10.문28
13.03.문29
11.06.문25

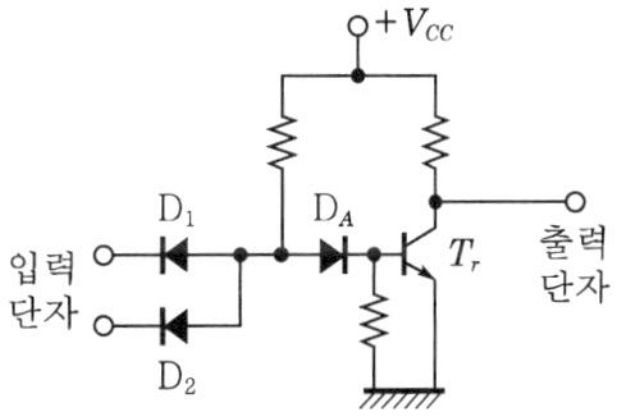

① NOR ② OR
③ NAND ④ AND

해설 **논리회로**와 **전자회로**

명 칭	회 로
AND 게이트	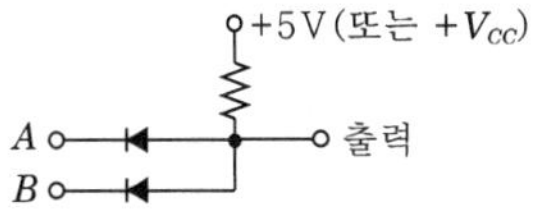
	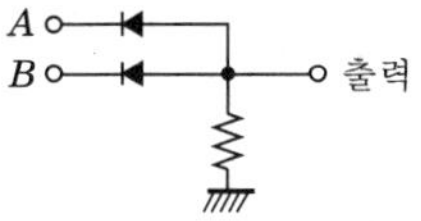
OR 게이트	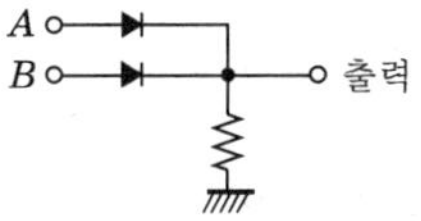
	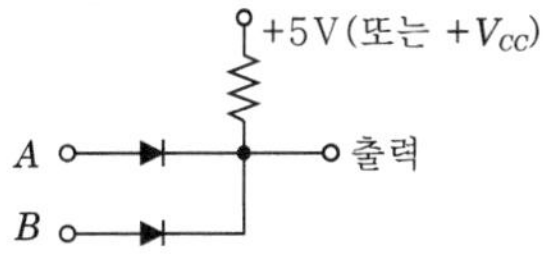

NOT 게이트	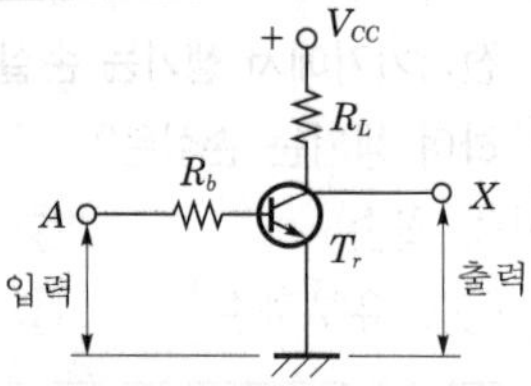
NOR 게이트	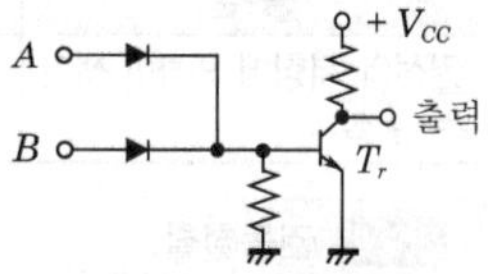
NAND 게이트	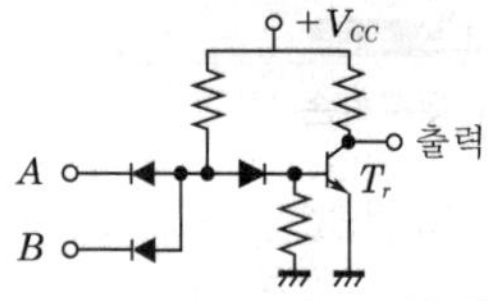

답 ③

★★★
25 열감지기의 온도감지용으로 사용하는 소자는?

17.05.문35 16.10.문30 15.05.문38 14.09.문40 14.05.문24 14.03.문27 11.06.문37

① 서미스터
② 바리스터
③ 제너다이오드
④ 발광다이오드

해설 **반도체소자**

명 칭	심 벌
제너다이오드(zener diode) : 주로 정전압 전원회로에 사용된다.	
서미스터(thermistor) : 부온도 특성을 가진 저항기의 일종으로서 주로 **온**도 보정용(**온도감지용**)으로 쓰인다. 기억법 **서온(서운해)**	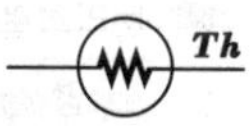
SCR(Silicon Controlled Rectifier) : 단방향 대전류 스위칭소자로서 제어를 할 수 있는 정류소자이다.	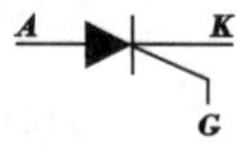
바리스터(varistor) • 주로 **서**지전압(과도전압)에 대한 회로보호용 • **계**전기접점의 불꽃제거 기억법 **바리서계**	
UJT(Unijunction transistor, **단일접합 트랜지스터**) : 증폭기로는 사용이 불가능하고 톱니파나 펄스발생기로 작용하며 SCR의 트리거소자로 쓰인다.	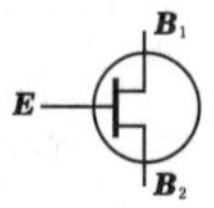
버랙터(varactor) : 제너현상을 이용한 다이오드	-

중요

서미스터의 종류

소 자	설 명
NTC	화재시 온도 상승으로 인해 저항값이 **감소**하는 반도체소자 기억법 N감(인감)
PTC	온도 상승으로 인해 저항값이 **증가**하는 반도체소자
CTR	특정 온도에서 저항값이 **급격히 변하는** 반도체소자

답 ①

★★★
26 그림과 같은 회로에서 각 계기의 지시값이 Ⓥ는 180V, Ⓐ는 5A, W는 720W라면 이 회로의 무효전력〔Var〕은?

10.09.문27 06.03.문32 98.10.문22 97.10.문35

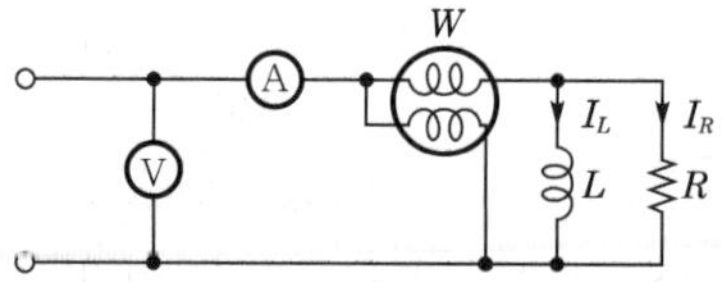

① 480 ② 540
③ 960 ④ 1200

해설 **피상전력**

$$P_a = VI = \sqrt{P^2 + P_r^{\ 2}} = I^2 Z$$

여기서, P_a : 피상전력〔VA〕
V : 전압〔V〕
I : 전류〔A〕
P : 유효전력〔W〕
P_r : 무효전력〔Var〕
Z : 임피던스〔Ω〕

피상전력 P_a는

$P_a = VI = 180 \times 5 = 900\text{VA}$

$P_a = \sqrt{P^2 + P_r^{\ 2}}$ 에서

$P_a^{\ 2} = (\sqrt{P^2 + P_r^{\ 2}})^2$

$P_a^{\ 2} = P^2 + P_r^{\ 2}$

$P_a^{\ 2} - P^2 = P_r^{\ 2}$

$P_r^{\ 2} = P_a^{\ 2} - P^2$

$\sqrt{P_r^{\ 2}} = \sqrt{P_a^{\ 2} - P^2}$

$P_r = \sqrt{P_a^{\ 2} - P^2}$

무효전력 P_r은

$P_r = \sqrt{P_a^{\ 2} - P^2}$
$= \sqrt{900^2 - 720^2} = 540\text{Var}$

답 ②

★★
27 정현파 신호 $\sin t$의 전달함수는?

08.05.문30

① $\frac{1}{s^2+1}$ ② $\frac{1}{s^2-1}$

③ $\frac{s}{s^2+1}$ ④ $\frac{s}{s^2-1}$

해설 **계의 전달함수**

$\sin t$	$\cos t$
$\sin t = \frac{1}{s^2+1}$	$\cos t = \frac{s}{s^2+1}$

비교

계의 전달함수

$\sin\omega t$	$\cos\omega t$
$\sin\omega t = \frac{\omega}{s^2+\omega^2}$	$\cos\omega t = \frac{s}{s^2+\omega^2}$

답 ①

★★★
28 제어량이 압력, 온도 및 유량 등과 같은 공업량일 경우의 제어는?

19.03.문32 17.09.문22 17.09.문39 17.05.문29 16.10.문35 16.05.문22 16.03.문32 15.05.문23 15.03.문22 14.09.문23 13.09.문27 11.03.문30

① 시퀀스제어

② 프로세스제어

③ 추종제어

④ 프로그램제어

해설 **제어량**에 의한 **분류**

분류방법	제어량
프로세스제어 (공정제어)	• **온**도 • **압**력 • **유**량 • **액**면 기억법 프온압유액
서보기구	• **위**치 • **방**위 • **자**세 기억법 서위방자
자동조정	• **전**압 • **전**류 • **주**파수 • **회**전속도 (발전기의 속도조절기) • **장**력 기억법 전전주회장

용어

프로세스제어(공정제어)

공업공정의 상태량을 제어량으로 하는 제어

답 ②

★★
29 SCR를 턴온시킨 후 게이트전류를 0으로 하여도 온(ON)상태를 유지하기 위한 최소의 애노드전류를 무엇이라 하는가?

13.03.문38 08.03.문35

① 래칭전류

② 스텐드온전류

③ 최대전류

④ 순시전류

해설 **래칭전류**(latching current)

(1) **트**리거신호가 제거된 직후에 사이리스터를 **ON상태**로 유지하는 데 필요로 하는 **최소**한의 주전류

(2) SCR를 **턴**온시킨 후 **게이트전류**를 **0**으로 하여도 **온(ON)상태**를 유지하기 위한 **최소**의 애노드전류

기억법 래트턴(편지턴)

답 ①

★★★
30 인덕턴스가 1H인 코일과 정전용량이 0.2μF인 콘덴서를 직렬로 접속할 때 이 회로의 공진주파수는 약 몇 Hz인가?

10.05.문22 08.05.문27

① 89 ② 178

③ 267 ④ 356

해설 (1) **기호**

- L : 1H
- C: $0.2\mu\text{F} = 0.2\times10^{-6}\text{F}\,(1\mu\text{F}=10^{-6}\text{F})$
- f_0 : ?

(2) **공진주파수**

$$f_0 = \frac{1}{2\pi\sqrt{LC}}$$

여기서, f_0 : 공진주파수[Hz]

L : 인덕턴스[H]

C: 정전용량[F]

공진주파수 f_0는

$$f_0 = \frac{1}{2\pi\sqrt{LC}} = \frac{1}{2\pi\sqrt{1\times(0.2\times10^{-6})}} \fallingdotseq 356\text{Hz}$$

답 ④

★★★
31 단상 반파정류회로에서 교류 실효값 220V를 정류하면 직류 평균전압은 약 몇 V인가? (단, 정류기의 전압강하는 무시한다.)

16.05.문27 16.05.문31 13.06.문33 12.03.문35 07.05.문34

① 58 ② 73

③ 88 ④ 99

해설 **직류 평균전압**

단상 반파정류회로	단상 전파정류회로
$E_{av} = 0.45E$	$E_{av} = 0.9E$
여기서, E_{av} : 직류 평균전압〔V〕 E : 교류 실효값〔V〕	여기서, E_{av} : 직류 평균전압〔V〕 E : 교류 실효값〔V〕

$E_{av} = 0.45E = 0.45 \times 220 = 99\text{V}$

답 ④

★★★
32 논리식 $X + \overline{X}Y$를 간단히 하면?

17.09.문33
17.03.문23
16.05.문36
16.03.문39
15.09.문23
15.03.문39
13.09.문30
13.06.문35

① X

② $X\overline{Y}$

③ $\overline{X}Y$

④ $X + Y$

해설 **불대수의 정리**

논리합	논리곱	비 고
$X+0=X$	$X \cdot 0=0$	-
$X+1=1$	$X \cdot 1=X$	-
$X+X=X$	$X \cdot X=X$	-
$X+\overline{X}=1$	$X \cdot \overline{X}=0$	-
$X+Y=Y+X$	$X \cdot Y=Y \cdot X$	교환법칙
$X+(Y+Z)$ $=(X+Y)+Z$	$X(YZ)=(XY)Z$	결합법칙
$X(Y+Z)$ $=XY+XZ$	$(X+Y)(Z+W)$ $=XZ+XW+YZ+YW$	분배법칙
$X+XY=X$	$\overline{X}+XY=\overline{X}+Y$ $X+\overline{X}Y=X+Y$ $X+\overline{X}\,\overline{Y}=X+\overline{Y}$	흡수법칙
$(\overline{X+Y})=\overline{X}\cdot\overline{Y}$	$(\overline{X\cdot Y})=\overline{X}+\overline{Y}$	드모르간의 정리

답 ④

★
33 온도 t〔℃〕에서 저항이 R_1, R_2이고 저항의 온도계수가 각각 α_1, α_2인 두 개의 저항을 직렬로 접속했을 때 합성저항 온도계수는?

① $\dfrac{R_1\alpha_2 + R_2\alpha_1}{R_1 + R_2}$

② $\dfrac{R_1\alpha_1 + R_2\alpha_2}{R_1 R_2}$

③ $\dfrac{R_1\alpha_1 + R_2\alpha_2}{R_1 + R_2}$

④ $\dfrac{R_1\alpha_2 + R_2\alpha_1}{R_1 R_2}$

해설 (1) **도체의 저항**

$$R_2 = R_1[1+\alpha_{t_1}(t_2-t_1)]〔\Omega〕$$

여기서, R_1 : t_1〔℃〕에 있어서의 도체의 저항〔Ω〕

R_2 : t_2〔℃〕에 있어서의 도체의 저항〔Ω〕

t_1 : 상승 전의 온도〔℃〕

t_2 : 상승 후의 온도〔℃〕

α_{t_1} : t_1〔℃〕에서의 저항온도계수

(2) **변형식**

$R_1 = R_1\alpha_1 t,\ R_2 = R_2\alpha_2 t$

합성저항 $R = R_1 + R_2 = R\alpha t$

$$R_1 + R_2 = R_1\alpha_1 t + R_2\alpha_2 t = (R_1\alpha_1 + R_2\alpha_2)t$$

$$R\alpha t = (R_1\alpha_1 + R_2\alpha_2)t$$

$$\alpha = \frac{(R_1\alpha_1 + R_2\alpha_2)t}{Rt} = \frac{(R_1\alpha_1 + R_2\alpha_2)t}{(R_1 + R_2)t} = \frac{R_1\alpha_1 + R_2\alpha_2}{R_1 + R_2}$$

답 ③

★★★
34 단상 전력을 간접적으로 측정하기 위해 3전압계법을 사용하는 경우 단상 교류전력 P〔W〕는?

18.09.문23
15.09.문32
15.05.문34
08.09.문39
97.10.문23

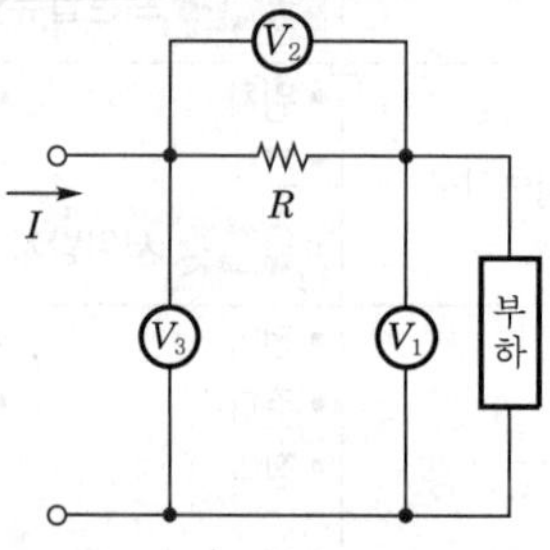

① $P = \dfrac{1}{2R}(V_3 - V_2 - V_1)^2$

② $P = \dfrac{1}{R}({V_3}^2 - {V_1}^2 - {V_2}^2)$

③ $P = \dfrac{1}{2R}({V_3}^2 - {V_1}^2 - {V_2}^2)$

④ $P = V_3 I\cos\theta$

해설 3전압계법 vs 3전류계법

3전압계법	3전류계법
$P=\frac{1}{2R}(V_3{}^2-V_1{}^2-V_2{}^2)$	$P=\frac{R}{2}(I_3{}^2-I_1{}^2-I_2{}^2)$
여기서, P : 교류전력(소비전력)〔kW〕 R : 저항〔Ω〕 V_1, V_2, V_3 : 전압계의 지시값〔V〕	여기서, P : 교류전력(소비전력)〔kW〕 R : 저항〔Ω〕 I_1, I_2, I_3 : 전류계의 지시값〔A〕
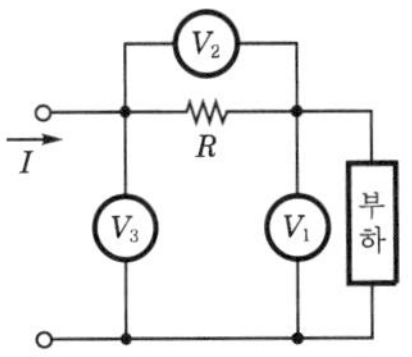	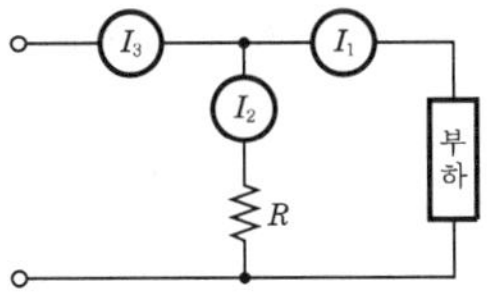

답 ③

★★
35 그림과 같은 RL직렬회로에서 소비되는 전력은 몇 W인가?
06.05.문38

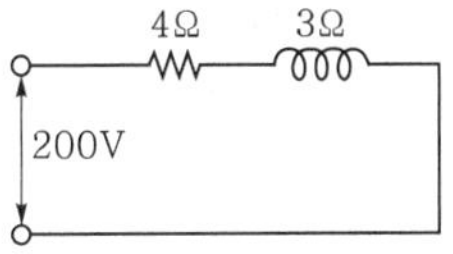

① 6400 ② 8800
③ 10000 ④ 12000

해설 RL **직렬회로**

$$P=I^2R$$

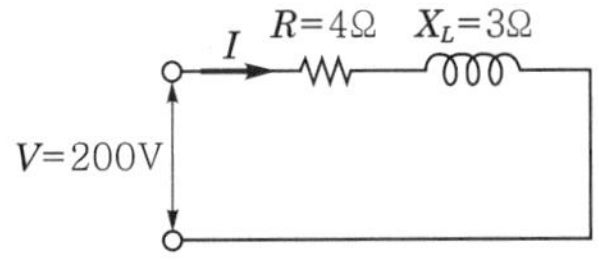

(1) 전류

$$I=\frac{V}{\sqrt{R^2+X_L{}^2}}$$

여기서, I : 전류〔A〕
V : 전압〔V〕
R : 저항〔Ω〕
X_L : 유도리액턴스〔Ω〕

전류 I는

$$I=\frac{V}{\sqrt{R^2+X_L{}^2}}=\frac{200}{\sqrt{4^2+3^2}}=40\text{A}$$

(2) 전력

$$P=I^2R$$

여기서, P : 전력〔W〕
I : 전류〔A〕
R : 저항〔Ω〕

소비되는 **전력** P는

$$P=I^2R=40^2\times4=6400\text{W}$$

답 ①

★★★
36 선간전압 E〔V〕의 3상 평형 전원에 대칭 3상 저항 부하 R〔Ω〕이 그림과 같이 접속되었을 때 a, b 두 상 간에 접속된 전력계의 지시값이 W〔W〕라면 c상의 전류는?
16.05.문34
06.05.문21

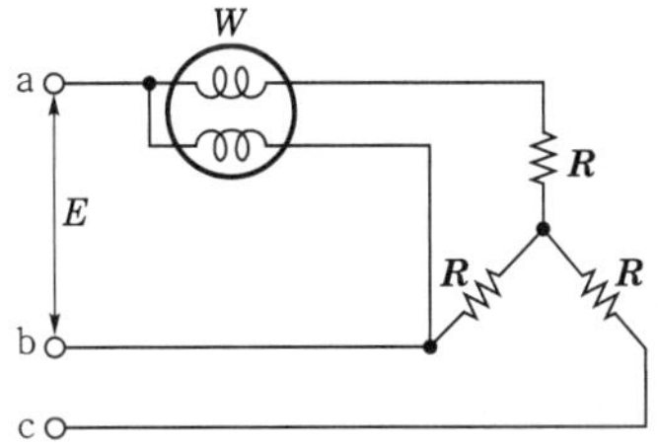

① $\frac{2W}{\sqrt{3}E}$ ② $\frac{3W}{\sqrt{3}E}$
③ $\frac{W}{\sqrt{3}E}$ ④ $\frac{\sqrt{3}W}{\sqrt{E}}$

해설 **전력계법**

구분	접속도	전 류
1전력계법	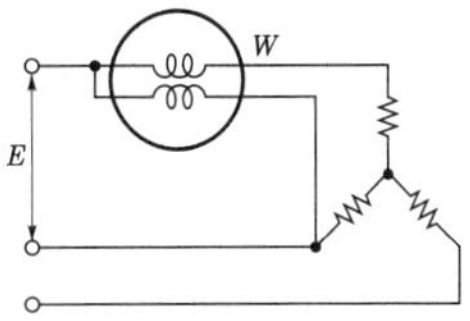	$I=\frac{2W}{\sqrt{3}E}$ 여기서, I : 전류〔A〕 W : 전력계의 지시값〔W〕 E : 선간전압〔V〕
2전력계법	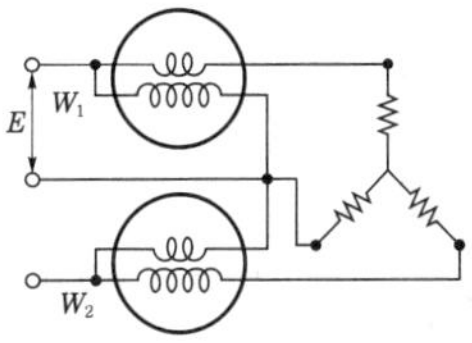	$I=\frac{W_1+W_2}{\sqrt{3}E}$ 여기서, I : 전류〔A〕 W_1, W_2 : 각 전력계의 지시값〔W〕 E : 선간전압〔V〕
3전력계법	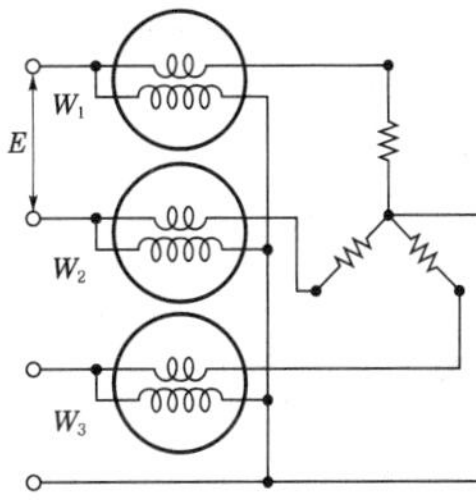	$I=\frac{W_1+W_2+W_3}{\sqrt{3}E}$ 여기서, I : 전류〔A〕 W_1, W_2, W_3 : 각 전력계의 지시값〔W〕 E : 선간전압〔V〕

답 ①

★★
37 교류전력변환장치로 사용되는 인버터회로에 대한 설명으로 옳지 않은 것은?

07.03.문38
04.05.문23
00.10.문36

① 직류전력을 교류전력으로 변환하는 장치를 인버터라고 한다.
② 전류형 인버터와 전압형 인버터로 구분할 수 있다.
③ 전류방식에 따라서 타려식과 자려식으로 구분할 수 있다.
④ 인버터의 부하장치에는 직류직권전동기를 사용할 수 있다.

해설 **인버터**(inverter)
(1) 직류전력을 교류전력으로 변환하는 장치
(2) 전류형 인버터와 전압형 인버터로 구분
(3) 전류방식에 따라서 타려식과 자려식으로 구분
(4) 인버터의 부하장치에는 **교류직권전동기** 사용

④ 직류직권전동기 → 교류직권전동기

답 ④

★★★
38 다이오드를 사용한 정류회로에서 과전압 방지를 위한 대책으로 가장 알맞은 것은?

08.05.문33

① 다이오드를 직렬로 추가한다.
② 다이오드를 병렬로 추가한다.
③ 다이오드의 양단에 적당한 값의 저항을 추가한다.
④ 다이오드의 양단에 적당한 값의 콘덴서를 추가한다.

해설 **다이오드 접속**
(1) **직렬접속** : **과전압**으로부터 보호

기억법 **직압(지갑)**

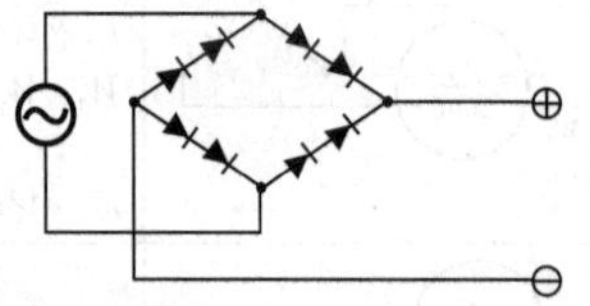

(2) **병렬접속** : **과전류**로부터 보호

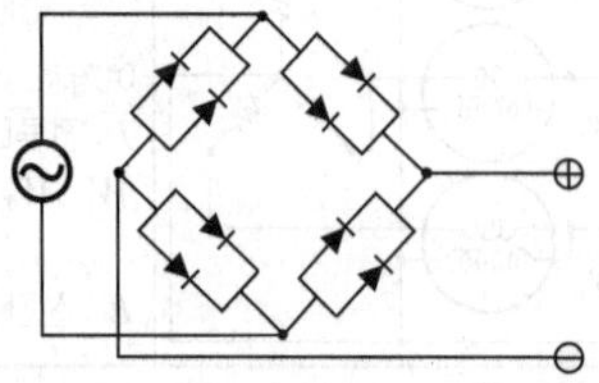

① **과전압 방지** : **다이오드**를 **직렬**로 **추가**한다.

답 ①

★★
39 이미터전류를 1mA 증가시켰더니 컬렉터전류는 0.98mA 증가되었다. 이 트랜지스터의 증폭률 β는?

17.09.문21
10.03.문26

① 4.9 ② 9.8
③ 49.0 ④ 98.0

해설 (1) **기호**
- I_E : 1mA
- I_C : 0.98mA
- β : ?

(2) **이미터접지(트랜지스터) 전류증폭률**

$$\beta = \frac{I_C}{I_B} = \frac{I_C}{I_E - I_C}$$

여기서, β : 이미터접지 전류증폭률(이미터접지 전류증폭정수)
I_C : 컬렉터전류[mA]
I_B : 베이스전류[mA]
I_E : 이미터전류[mA]

이미터접지 전류증폭률 β는

$$\beta = \frac{I_C}{I_E - I_C} = \frac{0.98}{1-0.98} = 49$$

- 분자, 분모의 단위만 일치시켜 주면 mA → A로 환산하지 않아도 된다. 그래도 의심되면 mA → A로 환산하자. 값은 동일하게 나온다.

$$\beta = \frac{I_C}{I_E - I_C} = \frac{0.98 \times \cancel{10^{-3}}}{(1-0.98) \times \cancel{10^{-3}}} = 49$$

비교

베이스접지 전류증폭률

$$\alpha = \frac{\beta}{1+\beta}$$

여기서, α : 베이스접지 전류증폭률
β : 이미터접지 전류증폭률

- 이상적인 트랜지스터의 베이스접지 전류증폭률 α는 1이다.
- 전류증폭률=전류증폭정수
- 베이스접지=베이스접지 증폭기

답 ③

★★★
40 저항이 4Ω, 인덕턴스가 8mH인 코일을 직렬로 연결하고 100V, 60Hz인 전압을 공급할 때 유효전력은 약 몇 kW인가?

16.03.문28
07.05.문24

① 0.8 ② 1.2
③ 1.6 ④ 2.0

해설 (1) **기호**

- R : 4Ω
- L : 8mH=8×10^{-3}H(1mH=10^{-3}H)
- V : 100V
- f : 60Hz
- P : ?

(2) **유도리액턴스**

$$X_L = 2\pi f L$$

여기서, X_L : 유도리액턴스〔Ω〕
f : 주파수〔Hz〕
L : 인덕턴스〔H〕

유도리액턴스 X_L는

$X_L = 2\pi f L = 2\pi \times 60 \times (8 \times 10^{-3}) \fallingdotseq 3\,\Omega$

(3) **전류**

$$I = \frac{V}{Z} = \frac{V}{\sqrt{R^2 + X_L^{\ 2}}}$$

여기서, I : 전류〔A〕
V : 전압〔V〕
Z : 임피던스〔Ω〕
R : 저항〔Ω〕
X_L : 유도리액턴스〔Ω〕

전류 I는

$I = \frac{V}{\sqrt{R^2 + X_L^{\ 2}}} = \frac{100}{\sqrt{4^2 + 3^2}} = 20\text{A}$

(4) **유효전력**

$$P = I^2 R$$

여기서, P : 유효전력〔W〕
I : 전류〔A〕
R : 저항〔Ω〕

유효전력 P는

$P = I^2 R = 20^2 \times 4 = 1600\text{W} = 1.6\text{kW}$

답 ③

제 3 과목 소방관계법규

★★★
41 17.03.문59 14.03.문60 11.10.문58

소방본부장 또는 소방서장은 건축허가 등의 동의 요구서류를 접수한 날부터 최대 며칠 이내에 건축허가 등의 동의 여부를 회신하여야 하는가? (단, 허가 신청한 건축물은 지상으로부터 높이가 200m인 아파트이다.)

① 5일 ② 7일
③ 10일 ④ 15일

해설 **소방시설법 시행규칙 3조**
건축허가 등의 동의 여부 회신

날 짜	연면적
5일 이내	• 기타
10일 이내	• **50층** 이상(지하층 제외) 또는 지상으로부터 높이 **200m** 이상인 **아파트** 보기 ③ • **30층** 이상(지하층 포함) 또는 지상 **120m** 이상(아파트 제외) • 연면적 **10만**m^2 이상(아파트 제외)

답 ③

★★★
42 15.03.문43 11.06.문48 06.03.문44

소방기본법령상 소방활동구역의 출입자에 해당되지 않는 자는?

① 소방활동구역 안에 있는 소방대상물의 소유자 · 관리자 또는 점유자
② 전기 · 가스 · 수도 · 통신 · 교통의 업무에 종사하는 사람으로서 원활한 소방활동을 위하여 필요한 자
③ 화재건물과 관련 있는 부동산업자
④ 취재인력 등 보도업무에 종사하는 자

해설 **기본령 8조**
소방활동구역 출입자
(1) 소방활동구역 **안**에 있는 소방대상물의 **소유자** · **관리자** 또는 **점유자**
(2) **전기** · **가스** · **수도** · **통신** · **교통**의 업무에 종사하는 자로서 원활한 **소방활동**을 위하여 필요한 자
(3) **의사** · **간호사**, 그 밖의 구조 · 구급업무에 종사하는 자
(4) **취재인력** 등 보도업무에 종사하는 자
(5) **수사업무**에 종사하는 자
(6) **소방대장**이 소방활동을 위하여 **출입**을 **허가**한 자

③ 부동산업자는 관계인이 아니므로 해당 없음

용어
소방활동구역
화재, 재난 · 재해, 그 밖의 위급한 상황이 발생한 현장에 정하는 구역

답 ③

★★★
43 16.03.문44 08.05.문54

소방기본법상 화재현장에서의 피난 등을 체험할 수 있는 소방체험관의 설립 · 운영권자는?

① 시 · 도지사
② 행정안전부장관
③ 소방본부장 또는 소방서장
④ 소방청장

해설 **기본법 5조 ①항**
설립과 운영

소방박물관	소방체험관
소방청장	시 · 도지사

중요

시·도지사
(1) 제조소 등의 설치허가(위험물법 6조)
(2) 소방업무의 지휘·감독(기본법 3조)
(3) 소방체험관의 설립·운영(기본법 5조)
(4) 소방업무에 관한 세부적인 종합계획 수립 및 소방업무 수행(기본법 6조)
(5) 화재예방강화지구의 지정(화재예방법 18조)

기억법 **시허화**

용어

시·도지사
(1) 특별시장
(2) 광역시장
(3) 도지사
(4) 특별자치시
(5) 특별자치도

답 ①

★★★
44 산화성 고체인 제1류 위험물에 해당되는 것은?

16.05.문46 15.09.문03 15.09.문18 15.05.문10 15.05.문42 15.03.문51 14.09.문18 14.03.문18 11.06.문54

① 질산염류
② 특수인화물
③ 과염소산
④ 유기과산화물

해설 **위험물령 [별표 1]**
위험물

유 별	성 질	품 명
제1류	산화성 고체	• 아염소산염류 • 염소산염류 • 과염소산염류 • 질산염류 • 무기과산화물 기억법 1산고(일산GO), ~염류, 무기과산화물
제2류	가연성 고체	• 황화인 • 적린 • 황 • 마그네슘 • 금속분 기억법 2황화적황마
제3류	자연발화성 물질 및 금수성 물질	• 황린 • 칼륨 • 나트륨 • 트리에틸알루미늄 • 금속의 수소화물 기억법 황칼나트알
제4류	인화성 액체	• 특수인화물 • 석유류(벤젠) • 알코올류 • 동식물유류
제5류	자기반응성 물질	• 유기과산화물 • 나이트로화합물 • 나이트로소화합물 • 아조화합물 • 질산에스터류(셀룰로이드)
제6류	산화성 액체	• 과염소산 • 과산화수소 • 질산

② 제4류 위험물
③ 제6류 위험물
④ 제5류 위험물

답 ①

★
45 소방시설관리업자가 기술인력을 변경하는 경우, 시·도지사에게 제출하여야 하는 서류로 틀린 것은?

12.09.문56

① 소방시설관리업 등록수첩
② 변경된 기술인력의 기술자격증(경력수첩 포함)
③ 소방기술인력대장
④ 사업자등록증 사본

해설 **소방시설법 시행규칙 34조**
소방시설관리업의 기술인력을 변경하는 경우의 서류
(1) 소방시설관리업 등록수첩
(2) 변경된 기술인력의 기술자격증(경력수첩 포함)
(3) 소방기술인력대장

답 ④

★★★
46 소방대라 함은 화재를 진압하고 화재, 재난·재해, 그 밖의 위급한 상황에서 구조·구급 활동 등을 하기 위하여 구성된 조직체를 말한다. 소방대의 구성원으로 틀린 것은?

19.09.문52 13.03.문42 10.03.문45

① 소방공무원
② 소방안전관리원
③ 의무소방원
④ 의용소방대원

해설 **기본법 2조**
소방대
(1) 소방공무원
(2) 의무소방원
(3) 의용소방대원

답 ②

★★
47 소방기본법령상 인접하고 있는 시·도 간 소방업무의 상호응원협정을 체결하고자 할 때, 포함되어야 하는 사항으로 틀린 것은?

15.05.문55
11.03.문54

① 소방교육·훈련의 종류에 관한 사항
② 화재의 경계·진압활동에 관한 사항
③ 출동대원의 수당·식사 및 의복의 수선의 소요경비의 부담에 관한 사항
④ 화재조사활동에 관한 사항

해설 **기본규칙 8조**
소방업무의 상호응원협정
(1) 다음의 **소방활동**에 관한 사항
㉠ 화재의 경계·진압활동
㉡ 구조·구급업무의 지원
㉢ 화재조사활동
(2) **응원출동 대상지역** 및 **규모**
(3) **소요경비**의 **부담**에 관한 사항
㉠ 출동대원의 수당·식사 및 의복의 수선
㉡ 소방장비 및 기구의 정비와 연료의 보급
(4) **응원출동**의 **요청방법**
(5) **응원출동 훈련** 및 **평가**

① 소방교육·훈련의 종류는 해당 없음

답 ①

★★★
48 소방시설 설치 및 관리에 관한 법령상 건축허가 등의 동의를 요구한 기관이 그 건축허가 등을 취소하였을 때, 취소한 날부터 최대 며칠 이내에 건축물 등의 시공지 또는 소재지를 관할하는 소방본부장 또는 소방서장에게 그 사실을 통보하여야 하는가?

18.04.문56
16.05.문49
14.03.문58
11.06.문49

① 3일
② 4일
③ 7일
④ 10일

해설 7일
(1) 옮긴 물건 등의 보관기간(화재예방법 시행령 17조)
(2) 건축허가 등의 취소통보(소방시설법 시행규칙 3조) 보기 ③
(3) **소방공사 감리원**의 **배치통보일**(공사업규칙 17조)
(4) 소방공사 감리결과 통보·보고일(공사업규칙 19조)

기억법 감배7(감 배치)

답 ③

★★★
49 다음 중 300만원 이하의 벌금에 해당되지 않는 것은?

15.09.문57
10.03.문57

① 등록수첩을 다른 자에게 빌려준 자
② 소방시설공사의 완공검사를 받지 아니한 자
③ 소방기술자가 동시에 둘 이상의 업체에 취업한 사람
④ 소방시설공사 현장에 감리원을 배치하지 아니한 자

해설 **300만원 이하의 벌금**
(1) 화재안전조사를 정당한 사유없이 거부·방해·기피(화재예방법 50조)
(2) **소방안전관리자**, **총괄소방안전관리자** 또는 **소방안전관리보조자 미선임**(화재예방법 50조)
(3) 위탁받은 업무종사자의 **비밀누설**(소방시설법 59조)
(4) 성능위주설계평가단 비밀누설(소방시설법 59조)
(5) 방염성능검사 합격표시 위조(소방시설법 59조)
(6) 다른 자에게 자기의 성명이나 상호를 사용하여 소방시설공사 등을 수급 또는 시공하게 하거나 소방시설업의 등록증·**등록수첩을 빌려준 자**(공사업법 37조)
(7) **감리원 미배치자**(공사업법 37조)
(8) 소방기술인정 자격수첩을 빌려준 자(공사업법 37조)
(9) **2 이상의 업체에 취업**한 자(공사업법 37조)
(10) 소방시설업자나 관계인 감독시 관계인의 업무를 방해하거나 비밀누설(공사업법 37조)

기억법 비3(비상)

② 200만원 이하의 과태료

중요

200만원 이하의 과태료
(1) 소방용수시설·소화기구 및 설비 등의 설치명령 위반(화재예방법 52조)
(2) 특수가연물의 저장·취급 기준 위반(화재예방법 52조)
(3) 한국119청소년단 또는 이와 유사한 명칭을 사용한 자(기본법 56조)
(4) 소방활동구역 출입(기본법 56조)
(5) 소방자동차의 출동에 지장을 준 자(기본법 56조)
(6) 한국소방안전원 또는 이와 유사한 명칭을 사용한 자(기본법 56조)
(7) 관계서류 미보관자(공사업법 40조)
(8) **소방기술자 미배치자**(공사업법 40조)
(9) **완공검사를 받지 아니한 자**(공사업법 40조)
(10) 하도급 미통지자(공사업법 40조)
(11) 방염성능기준 미만으로 방염한 자(공사업법 40조)

답 ②

★★
50 소방시설 설치 및 관리에 관한 법령상 특정소방대상물 중 오피스텔은 어느 시설에 해당하는가?

17.03.문50
14.09.문54
11.06.문50
09.03.문56

① 숙박시설 ② 일반업무시설
③ 공동주택 ④ 근린생활시설

해설 **소방시설법 시행령 〔별표 2〕**
일반업무시설
(1) 금융업소
(2) 사무소
(3) 신문사
(4) 오피스텔

기억법 **업오(업어주세요!)**

답 ②

★★★
51 18.09.문43 17.03.문57 **소방시설 설치 및 관리에 관한 법령상 종사자수가 5명이고, 숙박시설이 모두 2인용 침대이며 침대수량은 50개인 청소년 시설에서 수용인원은 몇 명인가?**

① 55 ② 75
③ 85 ④ 105

해설 **소방시설법 시행령 〔별표 7〕**
수용인원의 산정방법

특정소방대상물		산정방법
• 강의실 • 교무실 • 상담실 • 실습실 • 휴게실		$\frac{\text{바닥면적 합계}}{1.9m^2}$
• 숙박시설	침대가 있는 경우 →	종사자수 + 침대수
	침대가 없는 경우	종사자수 + $\frac{\text{바닥면적 합계}}{3m^2}$
• 기타		$\frac{\text{바닥면적 합계}}{3m^2}$
• 강당 • 문화 및 집회시설, 운동시설 • 종교시설		$\frac{\text{바닥면적 합계}}{4.6m^2}$

• 소수점 이하는 반올림한다.

기억법 **수반(수반! 동반!)**

숙박시설(침대가 있는 경우)
=종사자수 + 침대수 = 5명+(2인용×50개) =105명

답 ④

★
52 **다음 중 중급기술자에 해당하는 학력 · 경력 기준으로 옳은 것은?**

① 박사학위를 취득한 후 2년 이상 소방관련업무를 수행한 사람
② 석사학위를 취득한 후 2년 이상 소방관련업무를 수행한 사람
③ 학사학위를 취득한 후 8년 이상 소방관련업무를 수행한 사람
④ 일반고등학교를 졸업 후 10년 이상 소방관련업무를 수행한 사람

해설 **공사업규칙 〔별표 4의 2〕**
소방기술자

구 분	기술자격	학력 · 경력	경력
특급 기술자	① 소방기술사 ② 소방시설관리사+5년 ③ 건축사, 건축기계설비기술사, 건축전기설비기술사, 건설기계기술사, 공조냉동기계기술사, 화공기술사, 가스기술사+5년 ④ 소방설비기사+8년 ⑤ 소방설비산업기사+11년 ⑥ 위험물기능장+13년	① 박사+3년 ② 석사+7년 ③ 학사+11년 ④ 전문학사+15년	–
고급 기술자	① 소방시설관리사 ② 건축사, 건축기계설비기술사, 건축전기설비기술사, 건설기계기술사, 공조냉동기계기술사, 화공기술사, 가스기술사+3년 ③ 소방설비기사+5년 ④ 소방설비산업기사+8년 ⑤ 위험물기능장+11년 ⑥ 위험물산업기사+13년	① 박사+1년 ② 석사+4년 ③ 학사+7년 ④ 전문학사+10년 ⑤ 고등학교(소방)+13년 ⑥ 고등학교(일반)+15년	① 학사+12년 ② 전문학사+15년 ③ 고등학교+10년 ④ 실무경력+22년
중급 기술자	① 건축사, 건축기계설비기술사, 건축전기설비기술사, 건설기계기술사, 공조냉동기계기술사, 화공기술사, 가스기술사 ② 소방설비기사 ③ 소방설비산업기사+3년 ④ 위험물기능장+5년 ⑤ 위험물산업기사+8년	① 박사 보기 ① ② 석사+2년 보기 ② ③ 학사+5년 보기 ③ ④ 전문학사+8년 ⑤ 고등학교(소방)+10년 ⑥ 고등학교(일반)+12년 보기 ④	① 학사+9년 ② 전문학사+12년 ③ 고등학교+15년 ④ 실무경력+18년
초급 기술자	① 소방설비산업기사 ② 위험물기능장+2년 ③ 위험물산업기사+4년 ④ 위험물기능사+6년	① 석사 ② 학사 ③ 전문학사+2년 ④ 고등학교(소방)+3년 ⑤ 고등학교(일반)+5년	① 학사+3년 ② 전문학사+5년 ③ 고등학교+7년 ④ 실무경력+9년

① 박사학위를 가진 사람
③ 8년 이상 → 5년 이상
④ 10년 → 12년

답 ②

★★★
53 지정수량의 최소 몇 배 이상의 위험물을 취급하는 제조소에는 피뢰침을 설치해야 하는가? (단, 제6류 위험물을 취급하는 위험물제조소는 제외하고, 제조소 주위의 상황에 따라 안전상 지장이 없는 경우도 제외한다.)

17.03.문55 15.09.문48 15.03.문58 14.05.문41 12.09.문52

① 5배 ② 10배
③ 50배 ④ 100배

해설 **위험물규칙 〔별표 4〕**
피뢰침의 설치
지정수량의 **10배** 이상의 위험물을 취급하는 제조소(제6류 위험물을 취급하는 위험물제조소 제외)에는 **피뢰침**을 설치하여야 한다(단, 제조소 주위의 상황에 따라 안전상 지장이 없는 경우에는 피뢰침을 설치하지 아니할 수 있음).

기억법 피10(피식 웃다!)

비교

위험물령 15조
예방규정을 정하여야 할 제조소 등
(1) **10배** 이상의 **제조소** · **일반취급소**
(2) **100배** 이상의 **옥외저장소**
(3) **150배** 이상의 **옥내저장소**
(4) **200배** 이상의 **옥외탱크저장소**
(5) **이송취급소**
(6) **암반탱크저장소**

기억법 0 제일
0 외
5 내
2 탱

답 ②

★★★
54 화재안전조사 결과 소방대상물의 위치 · 구조 · 설비 또는 관리의 상황이 화재나 재난 · 재해 예방을 위하여 보완될 필요가 있거나 화재가 발생하면 인명 또는 재산의 피해가 클 것으로 예상되는 때에 관계인에게 그 소방대상물의 개수 · 이전 · 제거, 사용의 금지 또는 제한, 사용폐쇄, 공사의 정지 또는 중지, 그 밖의 필요한 조치를 명할 수 있는 자로 틀린 것은?

17.03.문47 15.05.문56 15.03.문57 13.06.문42 05.05.문46

① 시 · 도지사 ② 소방서장
③ 소방청장 ④ 소방본부장

해설 **화재예방법 14조**
화재안전조사 결과에 따른 조치명령
(1) **명령권자** : **소방청장** · **소방본부장** · **소방서장**(소방관서장)
(2) **명령사항**
㉠ 화재안전조사 조치명령
㉡ **이전**명령
㉢ **제거**명령
㉣ **개수**명령
㉤ **사용**의 **금지** 또는 제한명령, 사용폐쇄
㉥ **공사**의 **정지** 또는 중지명령

기억법 장본서 이제개사공

답 ①

★★★
55 다음 중 품질이 우수하다고 인정되는 소방용품에 대하여 우수품질인증을 할 수 있는 자는?

11.10.문41

① 산업통상자원부장관
② 시 · 도지사
③ 소방청장
④ 소방본부장 또는 소방서장

해설 **소방청장**
(1) **방**염성능**검**사(소방시설법 21조)
(2) 소방박물관의 설립 · 운영(기본법 5조)
(3) 한국소방안전원의 정관 변경(기본법 43조)
(4) 한국소방안전원의 감독(기본법 48조)
(5) 소방대원의 소방교육 · 훈련 정하는 것(기본규칙 9조)
(6) 소방용품의 형식승인(소방시설법 37조)
(7) 우수품질제품 인증(소방시설법 43조)

기억법 검방청(검사는 방청객)

답 ③

★★★
56 화재의 예방 및 안전관리에 관한 법령상 옮긴 물건 등의 보관기간은 해당 소방관서의 인터넷 홈페이지에 공고하는 기간의 종료일 다음 날부터 며칠로 하는가?

18.04.문56 16.05.문49 14.03.문58 11.06.문49

① 3일 ② 5일
③ 7일 ④ 14일

해설 **7일**
(1) 옮긴 물건 등의 보관기간(화재예방법 시행령 17조) 보기 ③
(2) 건축허가 등의 취소통보(소방시설법 시행규칙 3조)
(3) **소방공사 감리원**의 **배치**통보일(공사업규칙 17조)
(4) 소방공사 감리결과 통보 · 보고일(공사업규칙 19조)

기억법 감배7(감 배치)

답 ③

★
57 소방시설 설치 및 관리에 관한 법령상 둘 이상의 특정소방대상물이 내화구조로 된 연결통로가 벽이 없는 구조로서 그 길이가 몇 m 이하인 경우 하나의 소방대상물로 보는가?

① 6 ② 9
③ 10 ④ 12

해설 **소방시설법 시행령 〔별표 2〕**
하나의 소방대상물로 보는 경우
둘 이상의 특정소방대상물이 내화구조의 복도 또는 통로(연결통로)로 연결된 경우로 하나의 소방대상물로 보는 경우

벽이 없는 경우	벽이 있는 경우
길이 **6m** 이하	길이 **10m** 이하

답 ①

★★★
58 제4류 위험물을 저장 · 취급하는 제조소에 "화기엄금"이란 주의사항을 표시하는 게시판을 설치할 경우 게시판의 색상은?

16.10.문53
15.03.문44
11.10.문45

① 청색바탕에 백색문자
② 적색바탕에 백색문자
③ 백색바탕에 적색문자
④ 백색바탕에 흑색문자

해설 **위험물규칙 〔별표 4〕**
위험물제조소의 게시판 설치기준

위험물	주의사항	비 고
• 제1류 위험물(알칼리금속의 과산화물) • 제3류 위험물(금수성 물질)	물기엄금	**청색**바탕에 **백색**문자
• 제2류 위험물(인화성 고체 제외)	화기주의	**적색**바탕에 **백색**문자
• 제2류 위험물(인화성 고체) • 제3류 위험물(자연발화성 물질) • **제4류 위험물** → • 제5류 위험물	**화기엄금**	
• 제6류 위험물	별도의 표시를 하지 않는다.	

비교

위험물규칙 〔별표 19〕
위험물 운반용기의 주의사항

위험물		주의사항
제1류 위험물	알칼리금속의 과산화물	• 화기 · 충격주의 • 물기엄금 • 가연물 접촉주의
	기타	• 화기 · 충격주의 • 가연물 접촉주의
제2류 위험물	철분 · 금속분 · 마그네슘	• 화기주의 • 물기엄금
	인화성 고체	• 화기엄금
	기타	• 화기주의
제3류 위험물	자연발화성 물질	• 화기엄금 • 공기접촉엄금
	금수성 물질	• 물기엄금
제4류 위험물		• 화기엄금
제5류 위험물		• 화기엄금 • 충격주의
제6류 위험물		• 가연물 접촉주의

답 ②

★★★
59 소방시설을 구분하는 경우 소화설비에 해당되지 않는 것은?

12.09.문60
08.09.문55
08.03.문53

① 스프링클러설비 ② 제연설비
③ 자동확산소화기 ④ 옥외소화전설비

해설 **소방시설법 시행령 〔별표 1〕**
소화설비
(1) 소화기구 · 자동확산소화기 · 자동소화장치(주거용 주방자동소화장치)
(2) 옥내소화전설비 · 옥외소화전설비
(3) 스프링클러설비 · 간이스프링클러설비 · 화재조기진압용 스프링클러설비
(4) 물분무소화설비 · 강화액소화설비

② 소화활동설비

비교

소방시설법 시행령 〔별표 1〕
소화활동설비
화재를 진압하거나 인명구조활동을 위하여 사용하는 설비
(1) **연**결송수관설비
(2) **연**결살수설비
(3) **연**소방지설비
(4) **무**선통신보조설비
(5) **제**연설비
(6) **비**상**콘**센트설비

기억법 **3연무제비콘**

답 ②

★★
60 위험물안전관리법상 청문을 실시하여 처분해야 하는 것은?

16.10.문41
15.05.문46

① 제조소 등 설치허가의 취소
② 제조소 등 영업정지처분
③ 탱크시험자의 영업정지처분
④ 과징금 부과처분

해설 **위험물법 29조**
청문실시
(1) 제조소 등 설치허가의 취소
(2) 탱크시험자의 등록 취소

중요

위험물법 29조
청문실시자
(1) 시 · 도지사
(2) 소방본부장
(3) 소방서장

비교

공사업법 32조 · 소방시설법 49조
청문실시
(1) 소방시설업 등록취소처분(공사업법 32조)
(2) 소방시설업 영업정지처분(공사업법 32조)
(3) 소방기술인정 자격취소처분(공사업법 32조)
(4) 소방시설관리사 자격의 취소 및 정지(소방시설법 49조)
(5) 소방시설관리업의 등록취소 및 영업정지(소방시설법 49조)
(6) 소방용품의 형식승인 취소 및 제품검사 중지(소방시설법 49조)
(7) 우수품질인증의 취소(소방시설법 49조)
(8) 제품검사전문기관의 지정취소 및 업무정지(소방시설법 49조)
(9) 소방용품의 성능인증 취소(소방시설법 49조)

답 ①

제 4 과목 소방전기시설의 구조 및 원리

★★★
61

17.03.문77
13.06.문72
07.09.문80

무선통신보조설비의 증폭기에는 비상전원이 부착된 것으로 하고 비상전원의 용량은 무선통신보조설비를 유효하게 몇 분 이상 작동시킬 수 있는 것이어야 하는가?

① 10분 ② 20분
③ 30분 ④ 40분

해설 **비상전원 용량**

설비의 종류	비상전원 용량
• **자**동화재탐지설비 • 비상**경**보설비 • **자**동화재속보설비	**10분** 이상
• 유도등 • 비상콘센트설비 • 제연설비 • 물분무소화설비 • 옥내소화전설비(**30층** 미만) • 특별피난계단의 계단실 및 부속실 제연설비(**30층** 미만)	**20분** 이상
• 무선통신보조설비의 **증**폭기	**30분** 이상
• 옥내소화전설비(30~**49층** 이하) • 특별피난계단의 계단실 및 부속실 제연설비(30~**49층** 이하) • 연결송수관설비(30~**49층** 이하) • 스프링클러설비(30~**49층** 이하)	**40분** 이상
• 유도등 · 비상조명등(지하상가 및 11층 이상) • 옥내소화전설비(**50층** 이상) • 특별피난계단의 계단실 및 부속실 제연설비(**50층** 이상) • 연결송수관설비(**50층** 이상) • 스프링클러설비(**50층** 이상)	**60분** 이상

기억법 **경자비1(경자라는 이름은 비일비재하게 많다.)**
3증(3중고)

중요

비상전원의 종류

소방시설	비상전원
유도등	축전지
비상콘센트설비	① 자가발전설비 ② 축전지설비 ③ 비상전원수전설비 ④ 전기저장장치
옥내소화전설비, 물분무소화설비	① 자가발전설비 ② 축전지설비 ③ 전기저장장치

답 ③

★★★
62

18.09.문72
16.05.문71
12.05.문80

비상방송설비의 배선에 대한 설치기준으로 틀린 것은?

① 배선은 다른 용도의 전선과 동일한 관, 덕트, 몰드 또는 풀박스 등에 설치할 것
② 전원회로의 배선은 옥내소화전설비의 화재안전기준에 따른 내화배선으로 설치할 것
③ 화재로 인하여 하나의 층의 확성기 또는 배선이 단락 또는 단선되어도 다른 층의 화재통보에 지장이 없도록 할 것
④ 부속회로의 전로와 대지 사이 및 배선 상호간의 절연저항은 1경계구역마다 직류 250V의 절연저항측정기를 사용하여 측정한 절연저항이 0.1MΩ 이상이 되도록 할 것

해설 **비상방송설비의 배선**(NFPC 202 5조, NFTC 202 2.2.1.4)
비상방송설비의 배선은 다른 전선과 **별도의 관**, 덕트, **몰드** 또는 **풀박스** 등에 설치할 것(단, **60V** 미만의 약전류회로에 사용하는 전선으로서 각각의 전압이 같을 때는 제외)

① 동일한 관 → 별도의 관

중요

절연저항시험

절연저항계	절연저항	대 상
직류 250V	0.1MΩ 이상	1경계구역의 절연저항
직류 500V	5MΩ 이상	① 누전경보기 ② 가스누설경보기 ③ 수신기(10회로 미만, 절연된 충전부와 외함간) ④ 자동화재속보설비 ⑤ 비상경보설비 ⑥ 유도등(교류입력측과 외함 간 포함) ⑦ 비상조명등(교류입력측과 외함 간 포함)
	20MΩ 이상	① 경종 ② 발신기 ③ 중계기 ④ 비상콘센트 ⑤ 기기의 절연된 선로 간 ⑥ 기기의 충전부와 비충전부 간 ⑦ 기기의 교류입력측과 외함 간(유도등 · 비상조명등 제외)
	50MΩ 이상	① 감지기(정온식 감지선형 감지기 제외) ② 가스누설경보기(10회로 이상) ③ 수신기(10회로 이상, 교류입력측과 외함간 제외)
	1000MΩ 이상	정온식 감지선형 감지기

기억법 **5누(오누이)**

답 ①

★★★

63 비상콘센트설비의 설치기준으로 틀린 것은?

18.04.문61
17.03.문72
16.10.문61
16.05.문76
15.09.문80
14.03.문64
11.10.문67

① 개폐기에는 "비상콘센트"라고 표시한 표지를 할 것
② 하나의 전용 회로에 설치하는 비상콘센트는 10개 이하로 할 것
③ 비상전원을 실내에 설치하는 때에는 그 실내에 비상조명등을 설치할 것
④ 비상전원은 비상콘센트설비를 유효하게 10분 이상 작동시킬 수 있는 용량으로 할 것

해설 **비상전원 용량**

설비의 종류	비상전원 용량
• **자**동화재탐지설비 • 비상**경**보설비 • **자**동화재속보설비	**1**0분 이상
• 유도등 • **비상콘센트설비** → • 제연설비 • 물분무소화설비 • 옥내소화전설비(**30층** 미만) • 특별피난계단의 계단실 및 부속실 제연설비(**30층** 미만)	**20분** 이상
• 무선통신보조설비의 **증**폭기	**3**0분 이상
• 옥내소화전설비(30~**49층** 이하) • 특별피난계단의 계단실 및 부속실 제연설비(30~**49층** 이하) • 연결송수관설비(30~**49층** 이하) • 스프링클러설비(30~**49층** 이하)	**40분** 이상
• 유도등 · 비상조명등(지하상가 및 11층 이상) • 옥내소화전설비(**50층** 이상) • 특별피난계단의 계단실 및 부속실 제연설비(**50층** 이상) • 연결송수관설비(**50층** 이상) • 스프링클러설비(**50층** 이상)	**60분** 이상

기억법 **경자비1(경자**라는 이름은 **비일**비재하게 많다.)
3증(3중고)

④ 10분 이상 → 20분 이상

중요

비상콘센트설비(NFPC 504 4조, NFTC 504 2.1)

구 분	전 압	용 량	플러그접속기
단상 교류	220V	1.5kVA 이상	접지형 2극

(1) 하나의 전용 회로에 설치하는 비상콘센트는 **10개** 이하로 할 것(전선의 용량은 최대 **3개**)

설치하는 비상콘센트 수량	전선의 용량산정시 적용하는 비상콘센트 수량	단상 전선의 용량
1개	1개 이상	1.5kVA 이상
2개	2개 이상	3.0kVA 이상
3~10개	3개 이상	4.5kVA 이상

(2) 전원회로는 각 층에 있어서 **2 이상**이 되도록 설치할 것(단, 설치하여야 할 층의 콘센트가 **1개**인 때에는 하나의 회로로 할 수 있다.)
(3) 플러그접속기의 칼받이 접지극에는 **접지공사**를 하여야 한다.
(4) 풀박스는 **1.6mm** 이상의 철판을 사용할 것
(5) 절연저항은 **전원부**와 **외함** 사이를 **직류 500V 절연저항계**로 측정하여 **20MΩ** 이상일 것
(6) 전원으로부터 각 층의 비상콘센트에 분기되는 경우에는 **분기배선용 차단기**를 보호함 안에 설치할 것
(7) 바닥으로부터 **0.8~1.5m** 이하의 높이에 설치할 것
(8) 전원회로는 주배전반에서 **전용 회로**로 하며, 배선의 종류는 **내화배선**이어야 한다.

답 ④

★★★

64 비상전원이 비상조명등을 60분 이상 유효하게 작동시킬 수 있는 용량으로 하지 않아도 되는 특정소방대상물은?

19.09.문74
17.03.문73
16.03.문73
14.05.문65
14.05.문73
08.03.문77

① 지하상가
② 숙박시설
③ 무창층으로서 용도가 소매시장
④ 지하층을 제외한 층수가 11층 이상의 층

해설 **비상조명등**의 **60분 이상 작동용량**(NFPC 304 4조, NFTC 304 2.1.1.5)

(1) **11층** 이상(지하층 제외)
(2) 지하층 · 무창층으로서 **도매시장** · **소매시장** · **여객자동차터미널** · **지하역사** · **지하상가**

기억법 **도소여지**

② 해당 없음

중요

비상전원 용량

설비의 종류	비상전원 용량
• **자**동화재탐지설비 • 비상**경**보설비 • **자**동화재속보설비	**1**0분 이상
• 유도등 • 비상콘센트설비 • 제연설비 • 물분무소화설비 • 옥내소화전설비(**30층** 미만) • 특별피난계단의 계단실 및 부속실 제연설비(**30층** 미만)	**20분** 이상

• 무선통신보조설비의 **증**폭기	**30분** 이상
• 옥내소화전설비(30~**49층** 이하) • 특별피난계단의 계단실 및 부속실 제연설비(30~**49층** 이하) • 연결송수관설비(30~**49층** 이하) • 스프링클러설비(30~**49층** 이하)	**40분** 이상
• 유도등 · 비상조명등(지하상가 및 11층 이상) • 옥내소화전설비(**50층** 이상) • 특별피난계단의 계단실 및 부속실 제연설비(**50층** 이상) • 연결송수관설비(**50층** 이상) • 스프링클러설비(**50층** 이상)	**60분** 이상

기억법 **경자비1(경자**라는 이름은 **비일**비재하게 많다.) **3증(3중**고)

답 ②

65 (09.05.문66)

일국소의 주위온도가 일정한 온도 이상이 되는 경우에 작동하는 것으로서 외관이 전선으로 되어 있는 감지기는 어떤 것인가?

① 공기흡입형 ② 광전식 분리형
③ 차동식 스포트형 ④ 정온식 감지선형

해설 **감지기**(감지기의 형식승인 및 제품검사의 기술기준 3조)

감지기 종류	설 명
차동식 분포형 감지기	**넓은 범위**에서의 **열효과**의 누적에 의하여 작동한다.
차동식 스포트형 감지기	**일국소**에서의 **열효과**에 의하여 작동한다.
이온화식 연기감지기	**이온전류**가 **변화**하여 작동한다.
광전식 연기감지기	**광량**의 **변화**로 작동한다.
보상식 스포트형 감지기	**차동식+정온식**을 겸용한 것으로 **한 가지** 기능이 작동되면 신호를 발한다.
열복합형 감지기	**차동식+정온식**을 겸용한 것으로 **두 가지** 기능이 동시에 작동되면 신호를 발하거나 또는 **두 개**의 화재신호를 각각 발신한다.
정온식 감지선형 감지기 ←	외관이 **전선**으로 되어 있는 것
단독경보형 감지기	감지기에 **음향장치**가 내장되어 **일체**로 되어 있는 것
광전식 분리형 감지기	**발광부**와 **수광부**로 구성된 구조로 발광부와 수광부 사이의 공간에 일정한 농도의 연기를 포함하게 되는 경우에 작동하는 것
공기흡입형 감지기	감지기 내부에 장착된 **공기흡입장치**로 감지하고자 하는 위치의 공기를 흡입하고 흡입된 공기에 일정한 농도의 연기가 포함된 경우 작동하는 것

답 ④

66 (15.05.문71, 10.09.문76)

비상콘센트를 보호하기 위한 비상콘센트 보호함의 설치기준으로 틀린 것은?

① 비상콘센트 보호함에는 쉽게 개폐할 수 있는 문을 설치하여야 한다.
② 비상콘센트 보호함 상부에 적색의 표시등을 설치하여야 한다.
③ 비상콘센트 보호함에는 그 내부에 "비상콘센트"라고 표시한 표식을 하여야 한다.
④ 비상콘센트 보호함을 옥내소화전함 등과 접속하여 설치하는 경우에는 옥내소화전함 등의 표시등과 겸용할 수 있다.

해설 **비상콘센트설비**의 **보호함 설치기준**(NFPC 504 5조, NFTC 504 2.2.1)
(1) 보호함에는 **쉽게 개폐**할 수 있는 문을 설치할 것
(2) 보호함 **표면**에 **"비상콘센트"**라고 표시한 표식을 할 것
(3) 보호함 **상부**에 **적색**의 **표시등**을 설치할 것
(4) 보호함을 옥내소화전함 등과 접속하여 설치시 옥내소화전함 등의 표시등과 **겸용**

③ 내부 → 표면

답 ③

67 (15.09.문61, 09.05.문69, 08.03.문72)

소방회로용의 것으로 수전설비, 변전설비, 그 밖의 기기 및 배선을 금속제 외함에 수납한 것으로 정의되는 것은?

① 전용 분전반
② 공용 분전반
③ 공용 큐비클식
④ 전용 큐비클식

해설 **소방시설용 비상전원수전설비**(NFPC 602 3조, NFTC 602 1.7)

용 어	설 명
소방회로	소방부하에 전원을 공급하는 전기회로
일반회로	소방회로 이외의 전기회로
수전설비	전력수급용 **계기용 변성기 · 주차단장치** 및 그 **부속기기**
변전설비	**전력용 변압기** 및 그 **부속장치**
전용 **큐**비클식 ←	**소방회로용**의 것으로 **수전설비**, **변전설비**, 그 밖의 기기 및 배선을 **금속제 외함**에 수납한 것 **기억법** **큐수변**
공용 큐비클식	**소방회로** 및 **일반회로 겸용**의 것으로서 수전설비, 변전설비, 그 밖의 기기 및 배선을 금속제 외함에 수납한 것

전용 배전반	**소방회로 전용**의 것으로서 개폐기, 과전류차단기, 계기, 그 밖의 배선용 기기 및 배선을 금속제 외함에 수납한 것
공용 배전반	**소방회로** 및 **일반회로 겸용**의 것으로서 개폐기, 과전류차단기, 계기, 그 밖의 배선용 기기 및 배선을 금속제 외함에 수납한 것
전용 분전반	**소방회로 전용**의 것으로서 분기개폐기, 분기과전류차단기, 그 밖의 배선용 기기 및 배선을 금속제 외함에 수납한 것
공용 분전반	**소방회로** 및 **일반회로 겸용**의 것으로서 분기개폐기, 분기과전류차단기, 그 밖의 배선용 기기 및 배선을 금속제 외함에 수납한 것

답 ④

★★★
68 비상방송설비 음향장치에 대한 설치기준으로 옳은 것은?

18.09.문77 18.03.문73 16.10.문69 16.10.문73 16.05.문67 16.03.문68 15.05.문76 15.03.문62 14.05.문63 14.05.문75 14.03.문61 13.09.문70 13.06.문62 13.06.문80

① 다른 전기회로에 따라 유도장애가 생기지 않도록 한다.
② 음량조정기를 설치하는 경우 음량조정기의 배선은 2선식으로 한다.
③ 다른 방송설비와 공용하는 것에 있어서는 화재시 비상경보 외의 방송을 차단되는 구조가 아니어야 한다.
④ 기동장치에 따른 화재신고를 수신한 후 필요한 음량으로 화재발생상황 및 피난에 유효한 방송이 자동으로 개시될 때까지의 소요시간은 60초 이하로 한다.

해설 **비상방송설비**의 **설치기준**(NFPC 202 4조, NFTC 202 2.1)
(1) 확성기의 음성입력은 3W(**실**내 1W) 이상일 것
(2) 확성기는 **각 층**마다 설치하되, 각 부분으로부터의 수평거리는 **25m** 이하일 것
(3) **음**량조정기는 **3선식** 배선일 것
(4) 조작스위치는 바닥으로부터 **0.8~1.5m** 이하의 높이에 설치할 것
(5) 다른 전기회로에 의하여 **유도장애**가 생기지 아니하도록 할 것
(6) 비상방송 **개**시시간은 **10초** 이하일 것
(7) 다른 방송설비와 공용할 경우 화재시 비상경보 외의 방송을 차단할 수 있을 것
(8) 음향장치 : **자동화재탐지설비**의 작동과 연동
(9) 음향장치의 정격전압 : **80%**

기억법 방3실1, 3음방(삼엄한 방송실), 개10방

② 2선식 → 3선식
③ 구조가 아니어야 한다. → 구조이어야 한다.
④ 60초 → 10초

답 ①

★★★
69 객석 내의 통로의 직선부분의 길이가 85m이다. 객석유도등을 몇 개 설치하여야 하는가?

17.05.문74 14.09.문62 14.03.문62 13.03.문76 12.03.문63

① 17개 ② 19개
③ 21개 ④ 22개

해설 **최소 설치개수 산정식**(NFPC 303 7조, NFTC 303 2.4.2)
설치개수 산정시 소수가 발생하면 반드시 **절상**한다.
(1) **객석유도등**

$$설치개수 = \frac{객석통로의\ 직선부분의\ 길이[m]}{4} - 1$$
$$= \frac{85}{4} - 1 = 20.25 ≒ 21개$$

기억법 객4

(2) **유도표지**

$$설치개수 = \frac{구부러진\ 곳이\ 없는\ 부분의\ 보행거리[m]}{15} - 1$$

기억법 유15

(3) **복도통로유도등**, **거실통로유도등**

$$설치개수 = \frac{구부러진\ 곳이\ 없는\ 부분의\ 보행거리[m]}{20} - 1$$

기억법 통2

용어

절상
'소수점 이하는 무조건 올린다.'는 뜻

답 ③

★★★
70 자동화재탐지설비의 감지기회로에 설치하는 종단저항의 설치기준으로 틀린 것은?

12.09.문64 11.06.문78 08.09.문71

① 감지기회로 끝부분에 설치한다.
② 점검 및 관리가 쉬운 장소에 설치하여야 한다.
③ 전용함에 설치하는 경우 그 설치높이는 바닥으로부터 0.8m 이내에 설치하여야 한다.
④ 종단감지기에 설치할 경우에는 구별이 쉽도록 해당 감지기의 기판 및 감지기 외부 등에 별도의 표시를 하여야 한다.

해설 **감지기회로**의 **도통시험**을 위한 **종단저항**의 **기준**(NFPC 203 11조, NFTC 203 2.8.1.3)
(1) 점검 및 관리가 쉬운 장소에 설치할 것
(2) 전용함 설치시 **바닥**에서 **1.5m** 이내의 높이에 설치할 것
(3) 감지기회로의 **끝부분**에 설치하며, 종단감지기에 설치할 경우 구별이 쉽도록 해당 감지기의 기판 및 감지기 외부 등에 별도의 표시를 할 것

용어

도통시험
감지기회로의 단선 유무 확인

③ 0.8m 이내 → 1.5m 이내

답 ③

★
71 **비상경보설비의 축전지설비의 구조에 대한 설명으로 틀린 것은?**

① 예비전원을 병렬로 접속하는 경우에는 역충전 방지 등의 조치를 하여야 한다.
② 내부에 주전원의 양극을 동시에 개폐할 수 있는 전원스위치를 설치하여야 한다.
③ 축전지설비는 접지전극에 교류전류를 통하는 회로방식을 사용하여서는 아니 된다.
④ 예비전원은 축전지설비용 예비전원과 외부부하 공급용 예비전원을 별도로 설치하여야 한다.

해설 **비상경보설비**의 **축전지 구조**(비상경보설비의 축전지의 성능인증 및 제품검사의 기술기준 3조)

(1) 접지전극에 **직류전류**를 통하는 회로방식 사용 금지
(2) 예비전원을 **병렬**로 접속하는 경우에는 **역충전 방지** 등의 조치를 할 것
(3) 예비전원은 축전지설비용 예비전원과 **외부부하 공급용 예비전원** 별도 설치
(4) 외부에서 쉽게 사람이 접촉할 우려가 있는 충전부는 충분히 보호되어야 하며 정격전압이 **60V**를 넘고 금속제 외함을 사용하는 경우에는 외함에 **접지단자** 설치

③ 교류전류 → 직류전류

답 ③

★★★
72 **신호의 전송로가 분기되는 장소에 설치하는 것으로 임피던스 매칭과 신호균등분배를 위해 사용되는 장치는?**

16.05.문61 16.03.문65 15.09.문62 11.03.문80

① 혼합기　　② 분배기
③ 증폭기　　④ 분파기

해설 **무선통신보조설비**(NFPC 505 3조, NFTC 505 1.7)

용 어	설 명
누설동축케이블	동축케이블의 외부도체에 가느다란 홈을 만들어서 **전파**가 **외부**로 **새어나갈 수 있도록** 한 케이블
분**배**기	신호의 전송로가 분기되는 장소에 설치하는 것으로 **임피던스 매칭**(matching)과 **신호균등분배**를 위해 사용하는 장치 기억법 **배임(배임죄)**
분**파**기	서로 다른 **주**파수의 합성된 **신호**를 **분리**하기 위해서 사용하는 장치 기억법 **파주**
혼합기	**두 개 이상**의 **입력신호**를 원하는 비율로 **조합**한 **출력**이 발생하도록 하는 장치
증폭기	신호전송시 신호가 약해져 수신이 불가능해지는 것을 방지하기 위해서 **증폭**하는 장치
무선중계기	안테나를 통하여 수신된 무전기 신호를 증폭한 후 음영지역에 재방사하여 무전기 상호간 송수신이 가능하도록 하는 장치
옥외안테나	감시제어반 등에 설치된 무선중계기의 입력과 출력포트에 연결되어 송수신 신호를 원활하게 방사·수신하기 위해 옥외에 설치하는 장치

답 ②

★★★
73 **부착높이 3m, 바닥면적 50m²인 주요구조부를 내화구조로 한 소방대상물에 1종 열반도체식 차동식 분포형 감지기를 설치하고자 할 때 감지부의 최소 설치개수는?**

14.09.문77 13.09.문71 05.03.문79

① 1개　　② 2개
③ 3개　　④ 4개

해설 **열반도체식 감지기**(NFPC 203 7조, NFTC 203 2.4.3.9.1)

(단위 : m²)

부착높이 및 소방대상물의 구분		감지기의 종류	
		1종	2종
8m 미만	내화구조 →	65	36
	기타구조	40	23
8~15m 미만	내화구조	50	36
	기타구조	30	23

1종 감지기 1개가 담당하는 바닥면적은 **65m²**이므로

$\frac{50}{65} = 0.77 ≒ 1$개

- 하나의 검출기에 접속하는 감지부는 **2~15개** 이하이지만 부착높이가 **8m** 미만이고 바닥면적이 **기준면적 이하**인 경우 1개로 할 수 있다. 그러므로 최소개수는 2개가 아닌 **1개**가 되는 것이다. **주의!**

답 ①

★★★
74 **3선식 배선에 따라 상시 충전되는 유도등의 전기회로에 점멸기를 설치하는 경우 유도등이 점등되어야 할 경우로 관계없는 것은?**

14.09.문63 08.03.문67

① 제연설비가 작동한 때
② 자동소화설비가 작동한 때
③ 비상경보설비의 발신기가 작동한 때
④ 자동화재탐지설비의 감지기가 작동한 때

해설 **유도등**의 **3선식 배선**시 **점등**되는 경우(**점멸기 설치시**)(NFPC 303 10조, NFTC 303 2.7.4)

(1) **자동화재탐지설비**의 감지기 또는 발신기가 작동되는 때
(2) **비상경보설비**의 발신기가 작동되는 때
(3) **상**용전원이 정전되거나 전원선이 단선되는 때
(4) **방**재업무를 통제하는 곳 또는 전기실의 배전반에서 **수**동적으로 점등하는 때
(5) **자동소화설비**가 작동되는 때

기억법 **3탐경상 방수자**

답 ①

★★★
75 누전경보기의 전원은 분전반으로부터 전용 회로로 하고 각 극에 개폐기와 몇 A 이하의 과전류차단기를 설치하여야 하는가?

18.09.문62 17.09.문67 15.09.문76 14.05.문71 14.03.문75 13.06.문67 12.05.문74

① 15 ② 20
③ 25 ④ 30

해설 **누전경보기**의 **설치기준**(NFPC 205 6조, NFTC 205 2.3.1)

과전류차단기	배선용 차단기
15A 이하	**20A** 이하 기억법 2배(이 배에 탈 사람!)

(1) 각 극에 개폐기 및 **15A** 이하의 **과전류차단기**를 설치할 것(**배선용 차단기**는 **20A** 이하)
(2) 분전반으로부터 **전용 회로**로 할 것
(3) 개폐기에는 누전경보기임을 표시할 것

중요

누전경보기(NFPC 205 4조, NFTC 205 2.1.1.1)

60A 이하	60A 초과
• **1급** 누전경보기 • **2급** 누전경보기	• **1급** 누전경보기

답 ①

★★★
76 자동화재속보설비의 설치기준으로 틀린 것은?

15.05.문70 07.05.문70

① 조작스위치는 바닥으로부터 0.8m 이상 1.5m 이하의 높이에 설치한다.
② 비상경보설비와 연동으로 작동하여 자동적으로 화재신호를 소방관서에 전달하도록 한다.
③ 속보기는 소방관서에 통신망으로 통보하도록 하며, 데이터 또는 코드전송방식을 부가적으로 설치할 수 있다.
④ 속보기는 소방청장이 정하여 고시한 '자동화재속보설비의 속보기의 성능인증 및 제품검사의 기술기준'에 적합한 것으로 설치하여야 한다.

해설 **자동화재속보설비**의 **설치기준**(NFPC 204 4조, NFTC 204 2.1.1)

(1) **자동화재탐지설비**와 연동으로 작동하여 자동적으로 화재신호를 **소방관서**에 전달되는 것으로 할 것
(2) 스위치는 바닥으로부터 **0.8~1.5m** 이하의 높이에 설치하고, 보기 쉬운 곳에 스위치임을 표시한 표지를 할 것

중요

자동화재속보설비의 **설치제외**
사람이 24시간 상시 근무하고 있는 경우

② 비상경보설비 → 자동화재탐지설비

답 ②

★★
77 다음 비상경보설비 및 비상방송설비에 사용되는 용어 설명 중 틀린 것은?

14.09.문67 13.03.문75

① 비상벨설비라 함은 화재발생상황을 경종으로 경보하는 설비를 말한다.
② 증폭기라 함은 전압전류의 주파수를 늘려 감도를 좋게 하고 소리를 크게 하는 장치를 말한다.
③ 확성기라 함은 소리를 크게 하여 멀리까지 전달될 수 있도록 하는 장치로써 일명 스피커를 말한다.
④ 음량조절기라 함은 가변저항을 이용하여 전류를 변화시켜 음량을 크게 하거나 작게 조절할 수 있는 장치를 말한다.

해설 (1) **비상경보설비에 사용되는 용어**(NFPC 201 3조, NFTC 201 1.7)

용 어	설 명
비상벨설비	화재발생상황을 **경종**으로 경보하는 설비
자동식 사이렌설비	화재발생상황을 **사이렌**으로 경보하는 설비
발신기	화재발생신호를 수신기에 **수동**으로 **발신**하는 장치
수신기	발신기에서 발하는 **화재신호**를 **직접 수신**하여 화재의 발생을 **표시** 및 **경보**하여 주는 장치

(2) **비상방송설비에 사용되는 용어**(NFPC 202 3조, NFTC 202 1.7)

용 어	설 명
확성기 (스피커)	소리를 크게 하여 멀리까지 전달될 수 있도록 하는 장치
음량조절기	**가변저항**을 이용하여 **전류**를 **변화**시켜 음량을 크게 하거나 작게 조절할 수 있는 장치
증폭기	전압전류의 **진폭**을 늘려 감도를 좋게 하고 미약한 **음성전류**를 커다란 음성전류로 변화시켜 **소리**를 **크게** 하는 장치

② 주파수를 → 진폭을

답 ②

★★★
78 **부착높이가 11m인 장소에 적응성 있는 감지기는?**

16.05.문69
15.09.문69
14.05.문66
14.03.문78
12.09.문61

① 차동식 분포형
② 정온식 스포트형
③ 차동식 스포트형
④ 정온식 감지선형

해설 **감지기**의 **부착높이**(NFPC 203 7조, NFTC 203 2.4.1)

부착높이	감지기의 종류
4m **미**만	• **차동식**(**스포트형**, 분포형) — **열**감지기 • 보상식 스포트형 — **열**감지기 • **정온식**(**스포트형**, **감지선형**) — **열**감지기 • 이온화식 또는 광전식(스포트형, 분리형, 공기흡입형) : **연**기감지기 • 열복합형 — **복**합형 감지기 • 연기복합형 — **복**합형 감지기 • 열연기복합형 — **복**합형 감지기 • **불**꽃감지기 기억법 **열연불복 4미**
4~**8**m **미**만	• **차동식**(**스포트형**, 분포형) — **열**감지기 • 보상식 스포트형 — **열**감지기 • **정온식**(**스포트형**, **감지선형**) **특**종 또는 **1**종 — **열**감지기 • **이**온화식 **1**종 또는 **2**종 — 연기감지기 • **광**전식(스포트형, 분리형, 공기흡입형) 1종 또는 2종 — 연기감지기 • 열복합형 — **복**합형 감지기 • 연기복합형 — **복**합형 감지기 • 열연기복합형 — **복**합형 감지기 • **불**꽃감지기 기억법 **8미열 정특1 이광12 복불**
8~**15**m 미만 →	• 차동식 **분**포형 • **이**온화식 **1**종 또는 **2**종 • **광**전식(스포트형, 분리형, 공기흡입형) 1종 또는 2종 • **연**기**복**합형 • **불**꽃감지기 기억법 **15분 이광12 연복불**
15~**20**m 미만	• **이**온화식 1종 • **광**전식(스포트형, 분리형, 공기흡입형) 1종 • **연**기**복**합형 • **불**꽃감지기 기억법 **이광불연복2**
20m 이상	• **불**꽃감지기 • **광**전식(분리형, 공기흡입형) 중 **아**날로그방식 기억법 **불광아**

② ③, ④ 4m 미만, 4~8m 미만

답 ①

★★★
79 **다음 ( ) 안에 들어갈 내용으로 옳은 것은?**

16.10.문80
15.05.문68
13.06.문66

> 누전경보기란 ( ) 이하인 경계전로의 누설전류를 검출하여 당해 소방대상물의 관계자에게 경보를 발하는 설비로서 변류기와 수신부로 구성된 것을 말한다.

① 사용전압 220V　　② 사용전압 380V
③ 사용전압 600V　　④ 사용전압 750V

해설 **누전경보기**(누전경보기의 형식승인 및 제품검사의 기술기준 2조)
사용전압 600V 이하인 경계전로의 누설전류를 검출하여 당해 소방대상물의 관계자에게 경보를 발하는 설비로서 변류기와 수신부로 구성된 것을 말한다.

중요

대상에 따른 **전압**

전 압	대 상
0.5V 이하	• 누전경보기 **경계전로**의 **전**압강하 기억법 05경전(공오경전)
0.6V 이하	• 완전방전
60V 이하	• 약전류회로
60V 초과	• 접지단자 설치
300V 이하	• 전원**변**압기의 1차 전압 • 유도등 · 비상조명등의 사용전압 기억법 변3(변상해)
600V 이하	• **누**전경보기의 **경계전로**전압 기억법 누6(누륙)

답 ③

★★
80 **비상콘센트설비 상용전원회로의 배선이 고압수전 또는 특고압수전인 경우의 설치기준은?**

97.10.문64

① 인입개폐기의 직전에서 분기하여 전용 배선으로 할 것
② 인입개폐기의 직후에서 분기하여 전용 배선으로 할 것
③ 전력용 변압기 1차측의 주차단기 2차측에서 분기하여 전용 배선으로 할 것
④ 전력용 변압기 2차측의 주차단기 1차측 또는 2차측에서 분기하여 전용 배선으로 할 것

해설 **비상콘센트설비**의 **전원**(NFTC 504 2.1.1.1)

저압수전	고압수전 또는 특고압수전
인입개폐기 **직후**에서 분기하여 전용 배선	전력용 변압기 2차측의 주차단기 **1차측** 또는 **2차측**에서 분기하여 전용 배선

비교

옥내소화전설비의 **전원**(NFTC 102 2.5.1)

저압수전	고압수전 또는 특고압수전
인입개폐기 **직후**에서 분기하여 전용 배선	전력용 변압기 2차측의 주차단기 **1차측**에서 분기하여 전용 배선

답 ④

2019. 9. 21 시행

2019년 기사 제4회 필기시험

자격종목	종목코드	시험시간	형별	수험번호	성명
소방설비기사(전기분야)		2시간			

※ 각 문항은 4지택일형으로 질문에 가장 적합한 보기 항을 선택하여 체크하여야 합니다.

제 1 과목 소방원론

01 특정소방대상물(소방안전관리대상물은 제외)의 관계인과 소방안전관리대상물의 소방안전관리자의 업무가 아닌 것은?

18.04.문45 14.09.문52 14.09.문53 13.06.문48 12.03.문54

유사문제부터 풀어보세요. 실력이 팍!팍! 올라갑니다.

① 화기취급의 감독
② 자체소방대의 운용
③ 소방관련시설의 관리
④ 피난시설, 방화구획 및 방화시설의 관리

해설 **화재예방법 24조 ⑤항**
관계인 및 소방안전관리자의 업무

특정소방대상물 (관계인)	소방안전관리대상물 (소방안전관리자)
• 피난시설·방화구획 및 방화시설의 관리 • 소방시설, 그 밖의 소방관련 시설의 관리 • **화기취급**의 감독 • 소방안전관리에 필요한 업무 • 화재발생시 초기대응	• 피난시설·방화구획 및 방화시설의 관리 • 소방시설, 그 밖의 소방관련 시설의 관리 • **화기취급**의 감독 • 소방안전관리에 필요한 업무 • **소방계획서**의 작성 및 시행(대통령령으로 정하는 사항 포함) • **자위소방대** 및 **초기대응체계**의 구성·운영·교육 • 소방훈련 및 교육 • 소방안전관리에 관한 업무수행에 관한 기록·유지 • 화재발생시 초기대응

② 자체소방대의 운용 → 자위소방대의 운영

용어

특정소방대상물	소방안전관리대상물
건축물 등의 규모·용도 및 수용인원 등을 고려하여 소방시설을 설치하여야 하는 소방대상물로서 대통령령으로 정하는 것	대통령령으로 정하는 특정소방대상물

답 ②

02 다음 중 인화점이 가장 낮은 물질은?

15.09.문02 14.05.문05 12.03.문01

① 산화프로필렌
② 이황화탄소
③ 메틸알코올
④ 등유

해설 **인화점** vs **착화점**(발화점)

물 질	인화점	착화점
• 프로필렌	−107℃	497℃
• 에틸에터 • 다이에틸에터	−45℃	180℃
• 가솔린(휘발유)	−43℃	300℃
• **산화프로필렌** →	**−37℃**	465℃
• **이황화탄소** →	**−30℃**	100℃
• 아세틸렌	−18℃	335℃
• 아세톤	−18℃	538℃
• 벤젠	−11℃	562℃
• 톨루엔	4.4℃	480℃
• **메틸알코올** →	**11℃**	464℃
• 에틸알코올	13℃	423℃
• 아세트산	40℃	−
• **등유** →	**43~72℃**	210℃
• 경유	50~70℃	200℃
• 적린	−	260℃

• 착화점=발화점=착화온도=발화온도
• 인화점=인화온도

답 ①

03 다음 중 인명구조기구에 속하지 않는 것은?

18.09.문20 14.09.문59 13.09.문50 12.03.문52

① 방열복
② 공기안전매트
③ 공기호흡기
④ 인공소생기

해설 **소방시설법 시행령 〔별표 1〕**
피난구조설비
(1) 피난기구 ┬ 피난사다리
├ 구조대
├ 완강기
└ 소방청장이 정하여 고시하는 화재안전기준으로 정하는 것(미끄럼대, 피난교, 공기안전매트, 피난용 트랩, 다수인 피난장비, 승강식 피난기, 간이완강기, 하향식 피난구용 내림식 사다리)

(2) **인**명구조기구 ┬ **방열**복
├ 방**화**복(안전모, 보호장갑, 안전화 포함)
├ **공**기호흡기
└ **인**공소생기

기억법 **방화열공인**

(3) 유도등 ┬ 피난유도선
├ 피난구유도등
├ 통로유도등
├ 객석유도등
└ 유도표지

(4) 비상조명등 · 휴대용 비상조명등

② 피난기구

답 ②

★★★
04 물의 소화력을 증대시키기 위하여 첨가하는 첨가제 중 물의 유실을 방지하고 건물, 임야 등의 입체면에 오랫동안 잔류하게 하기 위한 것은?

18.04.문12
09.08.문19
06.09.문20

① 증점제　② 강화액
③ 침투제　④ 유화제

해설 물의 **첨가제**

첨가제	설 명
강화액	알칼리금속염을 주성분으로 한 것으로 **황색** 또는 **무색**의 점성이 있는 수용액
침투제	① 침투성을 높여 주기 위해서 첨가하는 계면활성제의 총칭 ② 물의 소화력을 보강하기 위해 첨가하는 약제로서 물의 **표면장력**을 **낮추어** 침투효과를 높이기 위한 첨가제
유화제	고비점 유류에 사용을 가능하게 하기 위한 것
증점제	① 물의 점도를 높여 줌 ② 물의 유실을 방지하고 건물, 임야 등의 입체면에 오랫동안 잔류하게 하기 위한 것
부동제	물이 저온에서 동결되는 단점을 보완하기 위해 첨가하는 액체

용어

wet water	wetting agent
침투제가 첨가된 물	주수소화시 물의 표면장력에 의해 연소물의 침투속도를 향상시키기 위해 첨가하는 침투제

답 ①

★★★
05 가연물의 제거와 가장 관련이 없는 소화방법은?

17.03.문16
16.10.문07
16.03.문12
14.05.문11
13.03.문01
11.03.문04

① 유류화재시 유류공급밸브를 잠근다.
② 산불화재시 나무를 잘라 없앤다.
③ 팽창진주암을 사용하여 진화한다.
④ 가스화재시 중간밸브를 잠근다.

해설 **제거소화**의 **예**
(1) **가연성 기체** 화재시 **주밸브**를 **차단**한다(화학반응기의 화재시 원료공급관의 **밸브**를 **잠금**).
(2) **가연성 액체** 화재시 펌프를 이용하여 **연료**를 제거한다.
(3) **연료탱크**를 **냉각**하여 가연성 가스의 발생속도를 작게 하여 연소를 억제한다.
(4) 금속화재시 **불활성 물질**로 가연물을 덮는다.
(5) **목재**를 **방염처리**한다.
(6) 전기화재시 **전원**을 **차단**한다.
(7) 산불이 발생하면 화재의 진행방향을 앞질러 **벌목**한다(산불의 확산 방지를 위하여 **산림**의 **일부**를 **벌채**).
(8) 가스화재시 밸브를 잠궈 가스흐름을 차단한다.
(9) 불타고 있는 장작더미 속에서 아직 타지 않은 것을 안전한 곳으로 **운반**한다.
(10) 유류탱크 화재시 주변에 있는 유류탱크의 유류를 다른 곳으로 이동시킨다.
(11) **양초**를 입으로 불어서 끈다.

③ **질식소화** : 팽창진주암을 사용하여 진화한다.

용어

제거효과
가연물을 반응계에서 **제거**하든지 또는 반응계로의 공급을 정지시켜 소화하는 효과

답 ③

★★★
06 할로겐화합물 소화약제는 일반적으로 열을 받으면 할로겐족(할로젠족)이 분해되어 가연물질의 연소과정에서 발생하는 활성종과 화합하여 연소의 연쇄반응을 차단한다. 연쇄반응의 차단과 가장 거리가 먼 소화약제는?

① FC-3-1-10　② HFC-125
③ IG-541　④ FIC-13I1

해설 **할로겐화합물 및 불활성기체 소화약제**의 **종류**

구 분	할로겐화합물 소화약제	불활성기체 소화약제
정의	• **불소**, **염소**, **브로민** 또는 **아이오딘** 중 하나 이상의 원소를 포함하고 있는 유기화합물을 기본성분으로 하는 소화약제	• **헬륨**, **네온**, **아르곤** 또는 **질소가스** 중 하나 이상의 원소를 기본성분으로 하는 소화약제

종류	• FC-3-1-10 • HCFC BLEND A • HCFC-124 • HFC-125 • HFC-227ea • HFC-23 • HFC-236fa • FIC-13I1 • FK-5-1-12	• IG-01 • IG-100 • IG-541 • IG-55
저장 상태	액체	기체
효과	부촉매효과 (연쇄반응 차단)	질식효과

③ 질식효과

답 ③

★★★
07 CF_3Br 소화약제의 명칭을 옳게 나타낸 것은?

17.03.문05
16.10.문08
15.03.문04
14.09.문04
14.03.문02

① 할론 1011
② 할론 1211
③ 할론 1301
④ 할론 2402

해설 **할론소화약제**의 **약칭** 및 **분자식**

종 류	약 칭	분자식
할론 1011	CB	CH_2ClBr
할론 104	CTC	CCl_4
할론 1211	BCF	$CF_2ClBr(CClF_2Br)$
할론 1301	BTM	**CF_3Br**
할론 2402	FB	$C_2F_4Br_2$

답 ③

★★★
08 불포화섬유지나 석탄에 자연발화를 일으키는 원인은?

18.03.문10
16.10.문05
16.03.문14
15.05.문19
15.03.문09
14.09.문09
14.09.문17
12.03.문09
09.05.문08
03.03.문13
02.09.문01

① 분해열
② 산화열
③ 발효열
④ 중합열

해설 **자연발화**의 **형태**

구 분	종 류
분해열	① 셀룰로이드 ② 나이트로셀룰로오스
산화열	① **건**성유(정어리유, 아마인유, 해바라기유) ② **석**탄 ③ **원**면 ④ **고**무분말 ⑤ 불포화섬유지
발효열	① 퇴비 ② 먼지 ③ 곡물
흡착열	① 목탄 ② 활성탄

기억법 **산건석원고**

답 ②

★★★
09 프로판가스의 연소범위[vol%]에 가장 가까운 것은?

14.09.문16
12.03.문12
10.09.문02

① 9.8~28.4 ② 2.5~81
③ 4.0~75 ④ 2.1~9.5

해설 (1) **공기 중**의 **폭발한계**

가 스	하한계 (하한점, [vol%])	상한계 (상한점, [vol%])
아세틸렌(C_2H_2)	2.5	81
수소(H_2)	4	75
일산화탄소(CO)	12	75
에터($C_2H_5OC_2H_5$)	1.7	48
이황화탄소(CS_2)	1	50
에틸렌(C_2H_4)	2.7	36
암모니아(NH_3)	15	25
메탄(CH_4)	5	15
에탄(C_2H_6)	3	12.4
프로판(C_3H_8) →	2.1	9.5
부탄(C_4H_{10})	1.8	8.4

(2) **폭발한계**와 **같은 의미**
㉠ 폭발범위
㉡ 연소한계
㉢ 연소범위
㉣ 가연한계
㉤ 가연범위

답 ④

★★★
10 화재시 이산화탄소를 방출하여 산소농도를 13vol%로 낮추어 소화하기 위한 공기 중 이산화탄소의 농도는 약 몇 vol%인가?

17.05.문01
15.05.문13
14.05.문07
13.09.문16
12.05.문14

① 9.5 ② 25.8
③ 38.1 ④ 61.5

해설 **이산화탄소**의 **농도**

$$CO_2 = \frac{21 - O_2}{21} \times 100$$

여기서, CO_2 : CO_2의 농도[vol%]
　　　O_2 : O_2의 농도[vol%]

$$CO_2 = \frac{21 - O_2}{21} \times 100 = \frac{21 - 13}{21} \times 100 \fallingdotseq 38.1\text{vol\%}$$

중요

이산화탄소 소화설비와 관련된 식

$$CO_2 = \frac{\text{방출가스량}}{\text{방호구역체적} + \text{방출가스량}} \times 100$$
$$= \frac{21 - O_2}{21} \times 100$$

여기서, CO_2 : CO_2의 농도[vol%]
O_2 : O_2의 농도[vol%]

$$\text{방출가스량} = \frac{21 - O_2}{O_2} \times \text{방호구역체적}$$

여기서, O_2 : O_2의 농도[vol%]

답 ③

★★★
11 화재의 지속시간 및 온도에 따라 목재건물과 내화건물을 비교했을 때, 목재건물의 화재성상으로 가장 적합한 것은?

18.03.문05 16.10.문04 14.05.문01 10.09.문08

① 저온장기형이다. ② 저온단기형이다.
③ 고온장기형이다. ④ 고온단기형이다.

해설 (1) **목조건물**(목재건물)
㉠ 화재성상 : **고**온**단**기형
㉡ 최고온도(최성기온도) : 1300℃

기억법 목고단 13

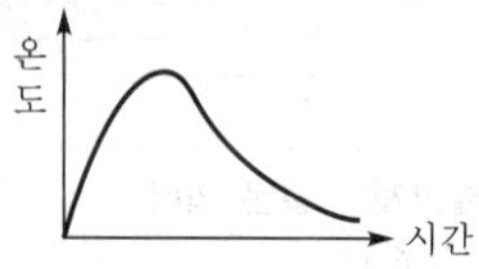

| 목조건물의 표준 화재온도－시간곡선 |

(2) **내화건물**
㉠ 화재성상 : 저온장기형
㉡ 최고온도(최성기온도) : 900～1000℃

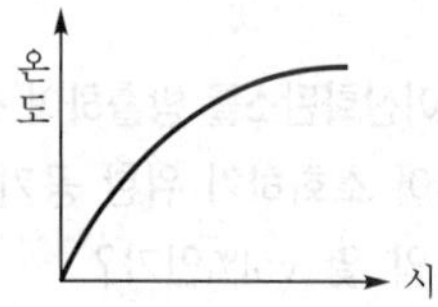

| 내화건물의 표준 화재온도－시간곡선 |

답 ④

★★
12 에테, 케톤, 에스터, 알데하이드, 카르복실산, 아민 등과 같은 가연성인 수용성 용매에 유효한 포소화약제는?

17.05.문05

① 단백포 ② 수성막포
③ 불화단백포 ④ 내알코올포

해설 **내알코올형포**(알코올포)
(1) 알코올류 위험물(**메탄올**)의 소화에 사용
(2) **수용성** 유류화재(**아세트알데하이드, 에스터류**)에 사용 : 수용성 용매에 사용
(3) **가연성 액체**에 사용

기억법 내알 메아에가

• 메탄올＝메틸알코올

참고

포소화약제의 특징

약제의 종류	특 징
단백포	① 흑갈색이다. ② 냄새가 지독하다. ③ 포안정제로서 **제1철염**을 첨가한다. ④ 다른 포약제에 비해 **부식성**이 **크다**.
수성막포	① 안전성이 좋아 장기보관이 가능하다. ② 내약품성이 좋아 **분말소화약제**와 **겸용** 사용이 가능하다. ③ 석유류 표면에 신속히 피막을 형성하여 유류증발을 억제한다. ④ 일명 AFFF(Aqueous Film Forming Foam)라고 한다. ⑤ 점성이 작기 때문에 가연성 기름의 표면에서 쉽게 피막을 형성한다. ⑥ 단백포 소화약제와도 병용이 가능하다. 기억법 분수
불화단백포	① 소화성능이 가장 우수하다. ② 단백포와 수성막포의 결점인 열안정성을 보완시킨다. ③ **표면하 주입방식**에도 적합하다.
합성 계면 활성제포	① **저**팽창포와 **고**팽창포 모두 사용이 가능하다. ② 유동성이 좋다. ③ 카바이트 저장소에는 부적합하다. 기억법 합저고

• 저팽창포＝저발포
• 고팽창포＝고발포

답 ④

★★★
13 소화원리에 대한 설명으로 틀린 것은?

18.09.문19 17.05.문06 16.03.문08 15.03.문17 14.03.문19 11.10.문19 03.08.문11

① 냉각소화 : 물의 증발잠열에 의해서 가연물의 온도를 저하시키는 소화방법
② 제거소화 : 가연성 가스의 분출화재시 연료공급을 차단시키는 소화방법
③ 질식소화 : 포소화약제 또는 불연성 가스를 이용해서 공기 중의 산소공급을 차단하여 소화하는 방법
④ 억제소화 : 불활성기체를 방출하여 연소범위 이하로 낮추어 소화하는 방법

해설 **소화의 형태**

구 분	설 명
냉각소화	① **점화원**을 냉각하여 소화하는 방법 ② **증**발잠열을 이용하여 열을 빼앗아 가연물의 온도를 떨어뜨려 화재를 진압하는 소화방법 ③ **다량**의 **물**을 뿌려 소화하는 방법 ④ 가연성 물질을 **발화점 이하**로 **냉각**하여 소화하는 방법 ⑤ **식용유화재**에 신선한 **야채**를 넣어 소화하는 방법 ⑥ 용융잠열에 의한 **냉각효과**를 이용하여 소화하는 방법 기억법 **냉점증발**
질식소화	① 공기 중의 **산소농도**를 **16%(10~15%)** 이하로 희박하게 하여 소화하는 방법 ② 산화제의 농도를 낮추어 연소가 지속될 수 없도록 소화하는 방법 ③ 산소공급을 차단하여 소화하는 방법 ④ 산소의 농도를 낮추어 소화하는 방법 ⑤ 화학반응으로 발생한 **탄산가스**에 의한 소화방법 기억법 **질산**
제거소화	**가연물**을 **제거**하여 소화하는 방법
부촉매 소화 (억제소화, 화학소화)	① **연쇄반응**을 **차단**하여 소화하는 방법 ② 화학적인 방법으로 화재를 억제하여 소화하는 방법 ③ **활성기**(free radical, 자유라디칼)의 **생성**을 **억제**하여 소화하는 방법 ④ 할론계 소화약제 기억법 **부억(부엌)**
희석소화	① 기체·고체·액체에서 나오는 분해가스나 증기의 농도를 낮춰 소화하는 방법 ② 불연성 가스의 **공기** 중 **농도**를 높여 소화하는 방법 ③ 불활성기체를 방출하여 연소범위 이하로 낮추어 소화하는 방법

④ 억제소화 → 희석소화

중요

화재의 소화원리에 따른 소화방법

소화원리	소화설비
냉각소화	① 스프링클러설비 ② 옥내·외소화전설비
질식소화	① 이산화탄소 소화설비 ② 포소화설비 ③ 분말소화설비 ④ 불활성기체 소화약제
억제소화 (부촉매효과)	① 할론소화약제 ② 할로겐화합물 소화약제

답 ④

★★★
14 방화벽의 구조 기준 중 다음 ( ) 안에 알맞은 것은?

17.09.문16
13.03.문16
12.03.문10

- 방화벽의 양쪽 끝과 위쪽 끝을 건축물의 외벽면 및 지붕면으로부터 (㉠)m 이상 튀어 나오게 할 것
- 방화벽에 설치하는 출입문의 너비 및 높이는 각각 (㉡)m 이하로 하고, 해당 출입문에는 60분+방화문 또는 60분 방화문을 설치할 것

① ㉠ 0.3, ㉡ 2.5
② ㉠ 0.3, ㉡ 3.0
③ ㉠ 0.5, ㉡ 2.5
④ ㉠ 0.5, ㉡ 3.0

해설 **건축령 57조, 피난·방화구조 21조**
방화벽의 구조

구 분	설 명
대상 건축물	• 주요 구조부가 내화구조 또는 불연재료가 아닌 연면적 $1000m^2$ 이상인 건축물
구획단지	• 연면적 **$1000m^2$** 미만마다 구획
방화벽의 구조	• **내화구조**로서 홀로 설 수 있는 구조일 것 • 방화벽의 양쪽 끝과 위쪽 끝을 건축물의 외벽면 및 지붕면으로부터 **0.5m** 이상 튀어나오게 할 것 • 방화벽에 설치하는 **출입문**의 **너비** 및 높이는 각각 **2.5m** 이하로 하고 해당 출입문에는 60분+방화문 또는 60분 방화문을 설치할 것

답 ③

★★★
15 BLEVE 현상을 설명한 것으로 가장 옳은 것은?

18.09.문08
17.03.문17
16.05.문02
15.03.문01
14.09.문12
14.03.문01
09.05.문10
05.09.문07
05.05.문07
03.03.문11
02.03.문20

① 물이 뜨거운 기름 표면 아래에서 끓을 때 화재를 수반하지 않고 Over flow 되는 현상
② 물이 연소유의 뜨거운 표면에 들어갈 때 발생되는 Over flow 현상
③ 탱크바닥에 물과 기름의 에멀션이 섞여 있을 때 물의 비등으로 인하여 급격하게 Over flow 되는 현상
④ 탱크 주위 화재로 탱크 내 인화성 액체가 비등하고 가스부분의 압력이 상승하여 탱크가 파괴되고 폭발을 일으키는 현상

해설 **가스탱크 · 건축물 내**에서 발생하는 현상

(1) **가스탱크**

현 상	정 의
블래비 (BLEVE)	• 과열상태의 탱크에서 내부의 액화가스가 분출하여 기화되어 폭발하는 현상 • 탱크 주위 화재로 탱크 내 인화성 액체가 비등하고 가스부분의 압력이 상승하여 탱크가 파괴되고 폭발을 일으키는 현상

(2) **건축물 내**

현 상	정 의
플래시오버 (flash over)	• 화재로 인하여 실내의 온도가 급격히 상승하여 화재가 순간적으로 실내 전체에 확산되어 연소되는 현상
백드래프트 (back draft)	• **통기력**이 좋지 않은 상태에서 연소가 계속되어 산소가 심히 부족한 상태가 되었을 때 **개구부**를 통하여 산소가 공급되면 실내의 가연성 혼합기가 공급되는 **산소**의 **방향**과 **반대**로 흐르며 급격히 연소하는 현상 • 소방대가 소화활동을 위하여 화재실의 문을 개방할 때 신선한 공기가 유입되어 실내에 축적되었던 가연성 가스가 **단시간**에 **폭발적**으로 **연소**함으로써 화재가 폭풍을 동반하며 **실외**로 **분출**되는 현상

중요

유류탱크에서 **발생**하는 **현상**

현 상	정 의
보일오버 (boil over)	• 중질유의 석유탱크에서 장시간 조용히 연소하다 탱크 내의 잔존기름이 갑자기 분출하는 현상 • 유류탱크에서 탱크바닥에 물과 기름의 **에멀션**이 섞여 있을 때 이로 인하여 화재가 발생하는 현상 • 연소유면으로부터 100℃ 이상의 열파가 탱크 **저부**에 고여 있는 물을 비등하게 하면서 연소유를 탱크 밖으로 비산시키며 연소하는 현상 기억법 **보저(보자**기)
오일오버 (oil over)	• 저장탱크에 저장된 유류저장량이 내용적의 50% 이하로 충전되어 있을 때 화재로 인하여 탱크가 폭발하는 현상
프로스오버 (froth over)	• 물이 점성의 뜨거운 기름 표면 아래에서 끓을 때 화재를 수반하지 않고 용기가 넘치는 현상
슬롭오버 (slop over)	• 물이 연소유의 뜨거운 표면에 들어갈 때 기름 표면에서 화재가 발생하는 현상 • 유화제로 소화하기 위한 물이 수분의 급격한 증발에 의하여 액면이 거품을 일으키면서 열유층 밑의 냉유가 급히 열팽창하여 기름의 일부가 불이 붙은 채 탱크벽을 넘어서 일출하는 현상

답 ④

★★★
16 17.09.문07 16.05.문09 15.09.문19 13.09.문07

화재의 유형별 특성에 관한 설명으로 옳은 것은?

① A급 화재는 무색으로 표시하며, 감전의 위험이 있으므로 주수소화를 엄금한다.
② B급 화재는 황색으로 표시하며, 질식소화를 통해 화재를 진압한다.
③ C급 화재는 백색으로 표시하며, 가연성이 강한 금속의 화재이다.
④ D급 화재는 청색으로 표시하며, 연소 후에 재를 남긴다.

해설 **화재**의 **종류**

구 분	표시색	적응물질
일반화재(A급)	백색	① 일반가연물 ② 종이류 화재 ③ 목재 · 섬유화재
유류화재(B급)	황색	① 가연성 액체 ② 가연성 가스 ③ 액화가스화재 ④ 석유화재
전기화재(C급)	청색	전기설비
금속화재(D급)	무색	가연성 금속
주방화재(K급)	–	식용유화재

※ 요즘은 표시색의 의무규정은 없음

① 무색 → 백색, 감전의 위험이 있으므로 주수소화를 엄금한다. → 감전의 위험이 없으므로 주수소화를 한다.
③ 백색 → 청색, 가연성이 강한 금속의 화재 → 전기화재
④ 청색 → 무색, 연소 후에 재를 남긴다. → 가연성이 강한 금속의 화재이다.

답 ②

★★★
17 14.03.문05 00.03.문04

독성이 매우 높은 가스로서 석유제품, 유지(油脂) 등이 연소할 때 생성되는 알데하이드계통의 가스는?

① 시안화수소 ② 암모니아
③ 포스겐 ④ 아크롤레인

해설 연소가스

구 분	설 명
일산화탄소 (CO)	화재시 흡입된 일산화탄소(CO)의 화학적 작용에 의해 **헤모글로빈**(Hb)이 혈액의 산소운반작용을 저해하여 사람을 질식·사망하게 한다.
이산화탄소 (CO_2)	연소가스 중 **가장 많은 양**을 차지하고 있으며 가스 그 자체의 독성은 거의 없으나 다량이 존재할 경우 호흡속도를 증가시키고, 이로 인하여 화재가스에 혼합된 유해가스의 혼입을 증가시켜 위험을 가중시키는 가스이다.
암모니아 (NH_3)	나무, 페놀수지, 멜라민수지 등의 **질소 함유물**이 연소할 때 발생하며, 냉동시설의 **냉매**로 쓰인다.
포스겐 ($COCl_2$)	매우 독성이 강한 가스로서 소화제인 **사염화탄소**(CCl_4)를 화재시에 사용할 때도 발생한다.
황화수소 (H_2S)	달걀 썩는 냄새가 나는 특성이 있다.
아크롤레인 ($CH_2=CHCHO$)	독성이 매우 높은 가스로서 석유제품, 유지 등이 연소할 때 생성되는 가스이다. 기억법 유아석

용어

유지(油脂)
들기름 및 지방을 통틀어 일컫는 말

답 ④

★★★
18 다음 중 전산실, 통신기기실 등에서의 소화에 가장 적합한 것은?
06.05.문16
① 스프링클러설비
② 옥내소화전설비
③ 분말소화설비
④ 할로겐화합물 및 불활성기체 소화설비

해설 **이산화탄소·할론·할로겐화합물 및 불활성기체 소화기**(소화설비) **적용대상**
(1) 주차장
(2) 전산실 ┐
(3) 통신기기실 ┘ 전기설비
(4) 박물관
(5) 석탄창고
(6) 면화류창고
(7) 가솔린
(8) 인화성 고체위험물
(9) 건축물, 기타 공작물
(10) 가연성 고체
(11) 가연성 가스

답 ④

★★
19 화재강도(fire intensity)와 관계가 없는 것은?
15.05.문01
① 가연물의 비표면적
② 발화원의 온도
③ 화재실의 구조
④ 가연물의 발열량

해설 **화재강도**(fire intensity)에 영향을 미치는 인자
(1) 가연물의 비표면적
(2) 화재실의 구조
(3) 가연물의 배열상태(발열량)

용어

화재강도
열의 집중 및 방출량을 상대적으로 나타낸 것. 즉, **화재**의 **온도**가 높으면 화재강도는 커진다(발화원의 온도가 아님).

답 ②

★
20 화재발생시 인명피해 방지를 위한 건물로 적합한 것은?
① 피난설비가 없는 건물
② 특별피난계단의 구조로 된 건물
③ 피난기구가 관리되고 있지 않은 건물
④ 피난구 폐쇄 및 피난구유도등이 미비되어 있는 건물

해설 **인명피해 방지건물**
(1) 피난설비가 **있는** 건물
(2) 특별피난계단의 구조로 된 건물
(3) 피난기구가 관리되고 **있는** 건물
(4) 피난구 **개방** 및 피난구유도등이 **잘 설치되어 있는** 건물

① 없는 → 있는
③ 있지 않은 → 있는
④ 폐쇄 → 개방, 미비되어 있는 → 잘 설치되어 있는

답 ②

제 2 과목 소방전기일반

★★★
21 다음 논리식 중 틀린 것은?
18.03.문31
17.09.문33
17.03.문23
16.05.문36
16.03.문39
15.09.문23
13.09.문30
13.06.문35
11.03.문32
① $X+X=X$
② $X\cdot X=X$
③ $X+\overline{X}=1$
④ $X\cdot\overline{X}=1$

해설 **불대수의 정리**

논리합	논리곱	비 고
$X+0=X$	$X\cdot 0=0$	-
$X+1=1$	$X\cdot 1=X$	-
$X+X=X$ 보기 ①	$X\cdot X=X$ 보기 ②	-
$X+\overline{X}=1$ 보기 ③	$X\cdot\overline{X}=0$	-
$X+Y=Y+X$	$X\cdot Y=Y\cdot X$	교환법칙
$X+(Y+Z)$ $=(X+Y)+Z$	$X(YZ)=(XY)Z$	결합법칙
$X(Y+Z)$ $=XY+XZ$	$(X+Y)(Z+W)$ $=XZ+XW+YZ+YW$	분배법칙
$X+XY=X$	$\overline{X}+XY=\overline{X}+Y$ $X+\overline{X}Y=X+Y$ $X+\overline{X}\,\overline{Y}=X+\overline{Y}$	흡수법칙
$(\overline{X+Y})$ $=\overline{X}\cdot\overline{Y}$	$(\overline{X\cdot Y})=\overline{X}+\overline{Y}$	드모르간의 정리

④ $X\cdot\overline{X}=0$

답 ④

★★★
22 다음과 같은 블록선도의 전체 전달함수는?

17.09.문27
16.03.문25
09.05.문32
08.03.문39

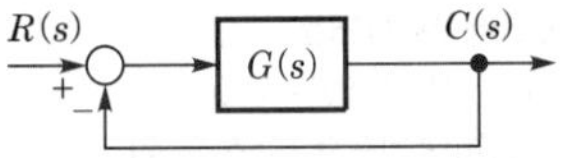

① $\dfrac{C(s)}{R(s)}=\dfrac{G(s)}{1+G(s)}$

② $\dfrac{C(s)}{R(s)}=\dfrac{G(s)}{1-G(s)}$

③ $\dfrac{C(s)}{R(s)}=1+G(s)$

④ $\dfrac{C(s)}{R(s)}=1-G(s)$

해설 $C=RG-CG,\ C+CG=RG$

$R(s)G(s)-C(s)G(s)=C(s)$

$R(s)G(s)=C(s)G(s)+C(s)$

$R(s)G(s)=C(s)(G(s)+1)$

$\dfrac{G(s)}{G(s)+1}=\dfrac{C(s)}{R(s)}$

$\dfrac{C(s)}{R(s)}=\dfrac{G(s)}{G(s)+1}$

용어

전달함수
모든 초기값을 **0**으로 하였을 때 출력신호의 라플라스변환과 입력신호의 라플라스변환의 **비**

답 ①

★★★
23 바리스터(varistor)의 용도는?

10.03.문34
09.05.문33

① 정전류 제어용
② 정전압 제어용
③ 과도한 전류로부터 회로보호
④ 과도한 전압으로부터 회로보호

해설 **반도체소자**

명 칭	심 벌
제너다이오드(zener diode) : 주로 정전압 전원회로에 사용된다.	
서미스터(thermistor) : 부온도특성을 가진 저항기의 일종으로서 주로 온도보정용으로 쓰인다.	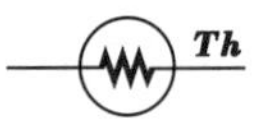
SCR(Silicon Controlled Rectifier) : 단방향 대전류 스위칭소자로서 제어를 할 수 있는 정류소자이다.	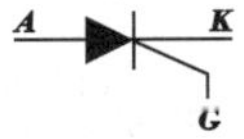
바리스터(varistor) • 주로 **서**지전압(과도전**압**)에 대한 회로보호용 • **계**전기접점의 불꽃제거 기억법 **바리서계압(바로서게)**	
UJT(Unijunction transistor, **단일접합 트랜지스터**) : 증폭기로는 사용이 불가능하고 톱니파나 펄스발생기로 작용하며 SCR의 트리거소자로 쓰인다.	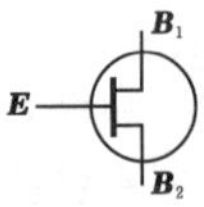
버랙터(varactor) : 제너현상을 이용한 다이오드	-

답 ④

★★
24 SCR(Silicon-Controlled Rectifier)에 대한 설명으로 틀린 것은?

14.05.문21
11.03.문35

① PNPN 소자이다.
② 스위칭 반도체소자이다.
③ 양방향 사이리스터이다.
④ 교류의 전력제어용으로 사용된다.

해설 SCR(**실**리콘제어 정류소자)의 **특징**
(1) **과전압**에 비교적 **약하다.**
(2) 게이트에 신호를 인가한 때부터 도통시까지 시간이 짧다.
(3) **순방향** 전압강하는 **작게** 발생한다.
(4) **역방향** 전압강하는 **크게** 발생한다.
(5) **열**의 발생이 **적은 편**이다.

(6) **PNPN**의 구조를 하고 있다(PNPN 소자).
(7) 특성곡선에 **부저항부분**이 있다.
(8) **게이트전류**에 의하여 방전개시전압을 제어할 수 있다.
(9) 단방향성 사이리스터
(10) 직류 및 교류의 **전력제어용** 또는 **위상제어용**으로 사용한다.
(11) 스위칭소자(스위칭 반도체소자)

기억법 **실순작**

③ 양방향 → 단방향

답 ③

★★★
25 변압기의 내부 보호에 사용되는 계전기는?

16.05.문26 16.03.문36 13.09.문28 12.09.문21

① 비율차동계전기
② 부족전압계전기
③ 역전류계전기
④ 온도계전기

해설 **계전기**

구 분	역 할
• **비**율차동계전기(차동계전기) • 브흐홀츠계전기	**발**전기나 **변**압기의 내부 고장 보호용 기억법 **비발변**
• **역**상**과**전류계전기	발전기의 부하 **불**평형 방지 기억법 **역과불**
• 접지계전기	지락전류 검출

답 ①

★★★
26 직류회로에서 도체를 균일한 체적으로 길이를 10배 늘리면 도체의 저항은 몇 배가 되는가? (단, 도체의 전체 체적은 변함이 없다.)

10.05.문35 10.03.문38

① 10 ② 20
③ 100 ④ 1000

해설 **고유저항**

$$R=\rho\frac{l}{A}=\rho\frac{l}{\pi r^2}$$

여기서, R : 저항〔Ω〕
ρ : 고유저항〔Ω·m〕
A : 도체의 단면적〔m²〕
l : 도체의 길이〔m〕
r : 도체의 반지름〔m〕

$R=\rho\frac{l}{\pi r^2}$에서 체적이 균일하면 **길이**를 **10배**로 늘리면 **반경**은 $\frac{1}{10}$**배**로 줄어들므로 $R=\rho\frac{l}{\pi r^2}$ 에서

$R'=\rho\frac{10l}{\pi\frac{1}{10}r^2}=\rho\frac{100l}{\pi r^2}=100$배

답 ③

★★★
27 1W · s와 같은 것은?

06.05.문03 06.03.문24

① 1J ② 1kg · m
③ 1kWh ④ 860kcal

해설 **단위환산**
(1) 1W=1J/s
(2) 1J=1N · m
(3) 1kg=9.8N
(4) 1Wh=860cal
(5) 1BTU=252cal
(6) 1N=10^5dyne

답 ①

★★
28 가동철편형 계기의 구조형태가 아닌 것은?

00.10.문35 98.10.문24

① 흡인형
② 회전자장형
③ 반발형
④ 반발흡인형

해설 **가동철편형 계기**의 **구조형태**
(1) **흡**인형(attraction type)
(2) **반**발형(repulsion type)
(3) **반**발흡인형(repulsion attraction type)

기억법 **흡반철**

참고

유도형 계기의 구조형태
(1) 회전자장형(revolving field type)
(2) 이동자장형(shifting field type)

답 ②

★★
29 교류전압계의 지침이 지시하는 전압은 다음 중 어느 것인가?

12.09.문30

① 실효값 ② 평균값
③ 최대값 ④ 순시값

해설

실효값 보기 ①	평균값
교류	직류

중요

교류 표시	설 명
실효값 ←	① 일반적으로 사용되는 값으로 교류의 각 순시값의 제곱에 대한 **1주기**의 **평균**의 **제곱근**을 말함 ② **교류전압계**의 지침이 지시하는 값
최대값	교류의 순시값 중에서 가장 큰 값
순시값	교류의 임의의 시간에 있어서 전압 또는 전류의 값
평균값	순시값의 반주기에 대하여 평균한 값

답 ①

★★★
30 내부저항이 200Ω이며 직류 120mA인 전류계를 6A까지 측정할 수 있는 전류계로 사용하고자 한다. 어떻게 하면 되겠는가?

13.09.문31
11.06.문34

① 24Ω의 저항을 전류계와 직렬로 연결한다.
② 12Ω의 저항을 전류계와 병렬로 연결한다.
③ 약 6.24Ω의 저항을 전류계와 직렬로 연결한다.
④ 약 4.08Ω의 저항을 전류계와 병렬로 연결한다.

해설 **분류기**

$$I_0 = I\left(1+\frac{R_A}{R_S}\right)$$

여기서, I_0 : 측정하고자 하는 전류[A]
I : 전류계의 최대눈금[A]
R_A : 전류계 내부저항[Ω]
R_S : 분류기저항[Ω]

$$I_0 = I\left(1+\frac{R_A}{R_S}\right)$$

$$\frac{I_0}{I} = 1+\frac{R_A}{R_S}$$

$$\frac{I_0}{I} - 1 = \frac{R_A}{R_S}$$

$$R_S = \frac{R_A}{\frac{I_0}{I}-1} = \frac{200}{\frac{6}{(120\times10^{-3})}-1} = 4.08\,\Omega$$

• **분류기** : 전류계와 **병렬**접속

비교

배율기

$$V_0 = V\left(1+\frac{R_m}{R_v}\right)$$

여기서, V_0 : 측정하고자 하는 전압[V]
V : 전압계의 최대눈금[V]
R_v : 전압계의 내부저항[Ω]
R_m : 배율기저항[Ω]

• **배율기** : 전압계와 **직렬**접속

답 ④

★
31 상순이 a, b, c인 경우 V_a, V_b, V_c를 3상 불평형 전압이라 하면 정상분전압은? (단, $\alpha = e^{j2\pi/3} = 1\angle 120°$)

99.08.문24

① $\frac{1}{3}(V_a + V_b + V_c)$
② $\frac{1}{3}(V_a + \alpha V_b + \alpha^2 V_c)$
③ $\frac{1}{3}(V_a + \alpha^2 V_b + \alpha V_c)$
④ $\frac{1}{3}(V_a + \alpha V_b + \alpha V_c)$

해설 **정상분전압**

$$\text{정상분전압} = \frac{1}{3}(V_a + \alpha V_b + \alpha^2 V_c)$$

여기서, V_a : a상의 전압[V]
V_b : b상의 전압[V]
V_c : c상의 전압[V]
$\alpha = e^{j2\pi/3} = 1\angle 120°$

답 ②

★★★
32 수신기에 내장된 축전지의 용량이 6Ah인 경우 0.4A의 부하전류로는 몇 시간 동안 사용할 수 있는가?

08.05.문31

① 2.4시간
② 15시간
③ 24시간
④ 30시간

해설 **축전지의 용량**

$$C = \frac{1}{L}KI = It$$

여기서, C : 축전지용량[Ah]
L : 용량저하율(보수율)
K : 용량환산시간[h]
I : 방전전류[A]
t : 시간[h]

시간 t는

$$t = \frac{C}{I} = \frac{6}{0.4} = 15\text{h}$$

답 ②

★★
33 변압기의 임피던스전압을 구하기 위하여 행하는 시험은?

06.03.문26

① 단락시험
② 유도저항시험
③ 무부하 통전시험
④ 무극성 시험

해설 **변압기**의 **시험**

(1) 단락시험 : **임피던스전압**을 구하기 위한 시험
(2) 온도시험 : **등가부하법** 사용
(3) 극성 시험
(4) 무부하시험
(5) 권선저항 측정시험
(6) 내전압시험 ─ 가압시험
 ├ 유도시험
 ├ 충격전압시험
 └ 절연파괴시험

참고

변압기의 **온도시험**에는 **등가부하법**을 가장 많이 사용한다.

- 등가부하법=반환부하법

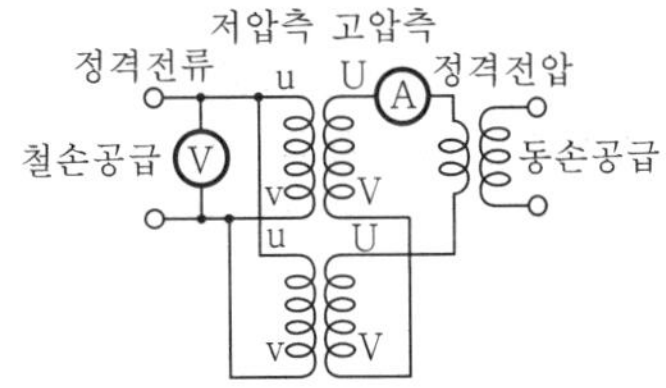

등가부하법

답 ①

★★
34 어떤 회로에 $v(t)=150\sin\omega t$[V]의 전압을 가하니 $i(t)=6\sin(\omega t-30°)$[A]의 전류가 흘렀다. 이 회로의 소비전력(유효전력)은 약 몇 W인가?

12.03.문31

① 390 ② 450
③ 780 ④ 900

해설

cos → sin 변경	sin → cos 변경
+90° 붙임	−90° 붙임

$v(t)=V_m\sin\omega t=150\sin\omega t=150\cos(\omega t-90°)$[V]

$i(t)=I_m\sin\omega t=6\sin(\omega t-30°)$
$=6\cos(\omega t-30°-90°)$
$=6\cos(\omega t-120°)$[A]

(1) **전압**의 **최대값**

$$V_m=\sqrt{2}\,V$$

여기서, V_m : 전압의 최대값[V]
V : 전압의 실효값[V]

전압의 **실효값** V는

$$V=\frac{V_m}{\sqrt{2}}=\frac{150}{\sqrt{2}}$$

(2) **전류**의 **최대값**

$$I_m=\sqrt{2}\,I$$

여기서, I_m : 전류의 최대값[A]
I : 전류의 실효값[A]

전류의 **실효값** I는

$$I=\frac{I_m}{\sqrt{2}}=\frac{6}{\sqrt{2}}$$

(3) **소비전력**

$$P=VI\cos\theta$$

여기서, P : 소비전력[W]
V : 전압의 실효값[V]
I : 전류의 실효값[A]
θ : 위상차[rad]

소비전력 P는

$$P=VI\cos\theta$$
$$=\frac{150}{\sqrt{2}}\times\frac{6}{\sqrt{2}}\times\cos[-90°-(-120°)]$$
$$=\frac{150}{\sqrt{2}}\times\frac{6}{\sqrt{2}}\times\cos[-90°+120°]$$
$$=\frac{150}{\sqrt{2}}\times\frac{6}{\sqrt{2}}\times\cos30° ≒ 390\text{W}$$

답 ①

★★★
35 배선의 절연저항은 어떤 측정기를 사용하여 측정하는가?

12.05.문34
05.05.문35

① 전압계 ② 전류계
③ 메거 ④ 서미스터

해설 **계측기**

구 분	용 도
메거 (megger)	절연저항 측정  메거
어스테스터 (earth tester)	접지저항 측정 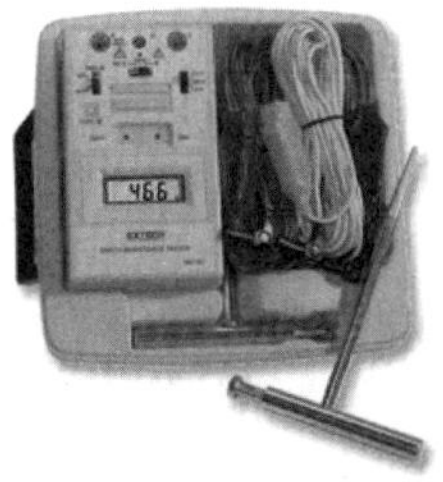 어스테스터
코올라우시 브리지 (Kohlrausch bridge)	전지(축전지)의 내부저항 측정  코올라우시 브리지

C.R.O (Cathode Ray Oscilloscope)	음극선을 사용한 오실로스코프
휘트스톤 브리지 (Wheatstone bridge)	0.5~10^5Ω의 중저항 측정

비교

코올라우시 브리지
(1) 축전지의 내부저항 측정
(2) 전해액의 저항 측정
(3) 접지저항 측정

답 ③

★★ 36

10.05.문31

50F의 콘덴서 2개를 직렬로 연결하면 합성정전용량은 몇 F인가?

① 25 ② 50
③ 100 ④ 1000

해설 **콘덴서**의 **직렬접속**

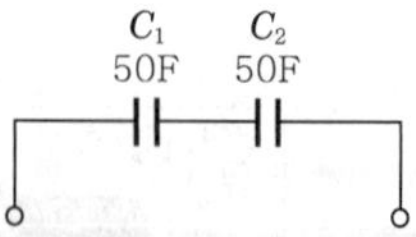

$$C = \frac{1}{\frac{1}{C_1}+\frac{1}{C_2}} = \frac{C_1 C_2}{C_1 + C_2}$$

여기서, C: 합성정전용량[F]
C_1, C_2 : 각각의 정전용량[F]

콘덴서의 직렬접속시 합성정전용량 C는

$$C = \frac{C_1 C_2}{C_1 + C_2} = \frac{50 \times 50}{50 + 50} = 25\text{F}$$

비교

콘덴서의 **병렬접속**

$$C = C_1 + C_2$$

여기서, C: 합성정전용량[F]
C_1, C_2 : 각각의 정전용량[F]

답 ①

★★★ 37

15.05.문28
10.09.문39
98.10.문38

반파정류회로를 통해 정현파를 정류하여 얻은 반파정류파의 최대값이 1일 때, 실효값과 평균값은?

① $\frac{1}{\sqrt{2}}$, $\frac{2}{\pi}$ ② $\frac{1}{2}$, $\frac{\pi}{2}$
③ $\frac{1}{\sqrt{2}}$, $\frac{\pi}{2\sqrt{2}}$ ④ $\frac{1}{2}$, $\frac{1}{\pi}$

해설 **최대값 · 실효값 · 평균값**

파 형	최대값	실효값	평균값
① 정현파 ② 전파정류파	1	$\frac{1}{\sqrt{2}}$	$\frac{2}{\pi}$
③ 반구형파	1	$\frac{1}{\sqrt{2}}$	$\frac{1}{2}$
④ 삼각파(3각파) ⑤ 톱니파	1	$\frac{1}{\sqrt{3}}$	$\frac{1}{2}$
⑥ 구형파	1	1	1
⑦ 반파정류파	1 →	$\frac{1}{2}$	$\frac{1}{\pi}$

답 ④

★★★ 38

18.03.문32
09.08.문23
99.08.문27

제연용으로 사용되는 3상 유도전동기를 Y−Δ 기동방식으로 하는 경우, 기동을 위해 제어회로에서 사용되는 것과 거리가 먼 것은?

① 타이머 ② 영상변류기
③ 전자접촉기 ④ 열동계전기

해설 **Y−Δ 기동방식**의 **기동용 회로구성품**(제어요소)

구성품	기 호
타이머 (Timer)	T
열동계전기 (THermal Relay)	THR
전자접촉기 (Magnetic Contactor starter)	MC
누름버튼스위치 (Push Button switch)	PB
배선용 차단기 (Molded-Case Circuit Breaker)	MCCB

② 영상변류기(ZCT) : 누전경보기의 누설전류 검출요소

답 ②

★★★ 39

15.09.문28
14.03.문30
13.03.문21

제어요소의 구성으로 옳은 것은?

① 조절부와 조작부 ② 비교부와 검출부
③ 설정부와 검출부 ④ 설정부와 비교부

해설 **제어요소**(control element)
동작신호를 조작량으로 변환하는 요소이고, **조절부**와 **조작부**로 이루어진다.

참고

구성요소

제어요소	제어장치	조절기
• 조**절**부 • 조**작**부 기억법 요절작	• 조**절**부 • **설**정부 • **검**출부 기억법 제장검설절 (대장검 설정)	• 조절부 • 설정부 • 비교부

답 ①

★★★
40 논리식 $X\cdot(X+Y)$를 간략화하면?

15.03.문39
11.03.문32

① X　　② Y
③ $X+Y$　　④ $X\cdot Y$

해설 $X\cdot(X+Y)=\underline{XX}+XY$(분배법칙)
　　$X\cdot X=X$
$=X+XY$(흡수법칙)
$=X\underline{(1+Y)}$
　　$X+1=1$
$=\underline{X\cdot 1}$
　　$X\cdot 1=X$
$=X$

중요

불대수

논리합	논리곱	비 고
$X+0=X$	$X\cdot 0=0$	-
$X+1=1$	$X\cdot 1=X$	-
$X+X=X$	$X\cdot X=X$	-
$X+\overline{X}=1$	$X\cdot\overline{X}=0$	-
$X+Y=Y+X$	$X\cdot Y=Y\cdot X$	교환법칙
$X+(Y+Z)$ $=(X+Y)+Z$	$X(YZ)=(XY)Z$	결합법칙
$X(Y+Z)$ $=XY+XZ$	$(X+Y)(Z+W)$ $=XZ+XW+YZ+YW$	분배법칙
$X+XY=X$	$\overline{X}+XY=\overline{X}+Y$ $X+\overline{X}Y=X+Y$ $X+\overline{X}\,\overline{Y}=X+\overline{Y}$	흡수법칙
$\overline{(X+Y)}$ $=\overline{X}\cdot\overline{Y}$	$\overline{(X\cdot Y)}=\overline{X}+\overline{Y}$	드모르간의 정리

답 ①

제 3 과목 소방관계법규

★★★
41 다음 조건을 참고하여 숙박시설이 있는 특정소방대상물의 수용인원 산정수로 옳은 것은?

17.03.문57

> 침대가 있는 숙박시설로서 1인용 침대의 수는 20개이고, 2인용 침대의 수는 10개이며, 종업원의 수는 3명이다.

① 33명　　② 40명
③ 43명　　④ 46명

해설 **소방시설법 시행령 〔별표 7〕**
수용인원의 산정방법

특정소방대상물		산정방법
• 강의실 • 교무실 • 상담실 • 실습실 • 휴게실		$\frac{\text{바닥면적 합계}}{1.9\text{m}^2}$
• 숙박시설	침대가 있는 경우 →	종사자수 + 침대수
	침대가 없는 경우	종사자수 + $\frac{\text{바닥면적 합계}}{3\text{m}^2}$
• 기타		$\frac{\text{바닥면적 합계}}{3\text{m}^2}$
• 강당 • 문화 및 집회시설, 운동시설 • 종교시설		$\frac{\text{바닥면적 합계}}{4.6\text{m}^2}$

숙박시설(침대가 있는 경우)
=종사자수 + 침대수
=3명+(1인용×20개+2인용×10개)=43명

• **소수점 이하는 반올림**한다.

③ **침대**가 있는 **숙박시설** : 해당 특정소방대상물의 **종사자수**에 **침대의 수**(2인용 침대는 2인으로 산정)를 **합한 수**

답 ③

★★★
42 제조소 등의 위치·구조 또는 설비의 변경 없이 당해 제조소 등에서 저장하거나 취급하는 위험물의 품명·수량 또는 지정수량의 배수를 변경하고자 할 때는 누구에게 신고해야 하는가?

18.04.문49
17.05.문46
15.03.문55
14.05.문44
13.09.문60

① 국무총리　　② 시·도지사
③ 관할소방서장　　④ 행정안전부장관

해설 **위험물법 6조**
제조소 등의 설치허가
(1) **설치허가자** : **시·도지사**
(2) **설치허가 제외 장소**
　㉠ 주택의 난방시설(공동주택의 중앙난방시설은 제외)을 위한 **저장소** 또는 **취급소**
　㉡ 지정수량 **20배** 이하의 **농예용·축산용·수산용** 난방시설 또는 건조시설의 **저장소**
(3) **제조소 등의 변경신고** : 변경하고자 하는 날의 **1일** 전까지 **시·도지사**에게 **신고**(행정안전부령)

기억법 농축수2

참고

시·도지사
(1) 특별시장
(2) 광역시장
(3) 특별자치시장
(4) 도지사
(5) 특별자치도지사

답 ②

★★★
43 위험물안전관리법령상 제조소 등이 아닌 장소에서 지정수량 이상의 위험물을 취급할 수 있는 기준 중 다음 ( ) 안에 알맞은 것은?

16.03.문47
07.09.문41

> 시·도의 조례가 정하는 바에 따라 관할소방서장의 승인을 받아 지정수량 이상의 위험물을 ( )일 이내의 기간 동안 임시로 저장 또는 취급하는 경우

① 15 ② 30
③ 60 ④ 90

해설 **90일**

(1) 소방시설업 **등**록신청 자산평가액·기업진단보고서 **유**효기간(공사업규칙 2조)
(2) 위험물 임시저장·취급 기준(위험물법 5조)

기억법 **등유9(등유 구해와!)**

중요

위험물법 5조
임시저장 승인 : 관할소방서장

답 ④

★★★
44 제6류 위험물에 속하지 않는 것은?

16.03.문05
15.05.문05
11.10.문03
07.09.문18

① 질산 ② 과산화수소
③ 과염소산 ④ 과염소산염류

해설 **위험물령 [별표 1]**
위험물

유 별	성 질	품 명
제1류	산화성 고체	• 아염소산염류 • 염소산염류(**염소산나트륨**) • 과염소산염류 • 질산염류 • 무기과산화물 기억법 **1산고염나**
제2류	가연성 고체	• **황화**인 • **적**린 • **황** • **마**그네슘 기억법 **황화적황마**
제3류	자연발화성 물질 및 금수성 물질	• **황**린 • **칼**륨 • **나**트륨 • **알**칼리토금속 • **트**리에틸알루미늄 기억법 **황칼나알트**
제4류	인화성 액체	• 특수인화물 • 석유류(벤젠) • 알코올류 • 동식물유류
제5류	자기반응성 물질	• 유기과산화물 • 나이트로화합물 • 나이트로소화합물 • 아조화합물 • 질산에스터류(셀룰로이드)
제6류	산화성 액체	• **과염소산** • 과산화수소 • 질산

④ 과염소산염류 : 제1류 위험물

중요

제6류 위험물의 **공통성질**
(1) 대부분 비중이 **1보다 크다.**
(2) **산화성 액체**이다.
(3) **불연성 물질**이다.
(4) 모두 **산소**를 함유하고 있다.
(5) 유기화합물과 혼합하면 산화시킨다.

답 ④

★★
45 항공기격납고는 특정소방대상물 중 어느 시설에 해당하는가?

12.05.문42

① 위험물 저장 및 처리 시설
② 항공기 및 자동차관련 시설
③ 창고시설
④ 업무시설

해설 **소방시설법 시행령 [별표 2]**
항공기 및 자동차관련 시설
(1) **항공기격납고**
(2) 주차용 건축물, 차고 및 기계장치에 의한 주차시설
(3) 세차장
(4) 폐차장
(5) 자동차 검사장
(6) 자동차 매매장
(7) 자동차 정비공장
(8) 운전학원·정비학원
(9) 차고 및 주기장(駐機場)

중요

운수시설
(1) 여객자동차터미널
(2) 철도 및 도시철도시설(정비창 등 관련 시설 포함)
(3) 공항시설(항공관제탑 포함)
(4) 항만시설 및 종합여객시설

답 ②

★★★
46 **위험물안전관리법령상 제조소 등의 관계인은 위험물의 안전관리에 관한 직무를 수행하게 하기 위하여 제조소 등마다 위험물의 취급에 관한 자격이 있는 자를 위험물안전관리자로 선임하여야 한다. 이 경우 제조소 등의 관계인이 지켜야 할 기준으로 틀린 것은?**

18.09.문55
16.03.문55
13.09.문47
11.03.문56

① 제조소 등의 관계인은 안전관리자를 해임하거나 안전관리자가 퇴직한 때에는 해임하거나 퇴직한 날로부터 15일 이내에 다시 안전관리자를 선임하여야 한다.
② 제조소 등의 관계인이 안전관리자를 선임한 경우에는 선임한 날부터 14일 이내에 소방본부장 또는 소방서장에게 신고하여야 한다.
③ 제조소 등의 관계인은 안전관리자가 여행·질병, 그 밖의 사유로 인하여 일시적으로 직무를 수행할 수 없는 경우에는 국가기술자격법에 따른 위험물의 취급에 관한 자격취득자 또는 위험물안전에 관한 기본지식과 경험이 있는 자를 대리자로 지정하여 그 직무를 대행하게 하여야 한다. 이 경우 대행하는 기간은 30일을 초과할 수 없다.
④ 안전관리자는 위험물을 취급하는 작업을 하는 때에는 작업자에게 안전관리에 관한 필요한 지시를 하는 등 위험물의 취급에 관한 안전관리와 감독을 하여야 하고, 제조소 등의 관계인은 안전관리자의 위험물 안전관리에 관한 의견을 존중하고 그 권고에 따라야 한다.

해설 **화재예방법 시행규칙 14조**
소방안전관리자의 재선임
30일 이내

① 15일 이내 → 30일 이내

중요

30일
(1) 소방시설업 등록사항 변경신고(공사업규칙 6조)
(2) 위험물안전관리자의 재선임(위험물안전관리법 15조)
(3) 소방안전관리자의 재선임(화재예방법 시행규칙 14조)
(4) 도급계약 해지(공사업법 23조)
(5) 소방시설공사 중요사항 변경시의 신고일(공사업규칙 12조)
(6) 소방기술자 실무교육기관 지정서 발급(공사업규칙 32조)
(7) 소방공사감리자 변경서류 제출(공사업규칙 15조)
(8) 승계(위험물법 10조)
(9) 위험물안전관리자의 직무대행(위험물법 15조)
(10) 탱크시험자의 변경신고일(위험물법 16조)

답 ①

★★★
47 **화재의 예방 및 안전관리에 관한 법령상 정당한 사유 없이 화재안전조사 결과에 따른 조치명령을 위반한 자에 대한 벌칙으로 옳은 것은?**

14.09.문58
07.09.문58

① 100만원 이하의 벌금
② 300만원 이하의 벌금
③ 1년 이하의 징역 또는 1천만원 이하의 벌금
④ 3년 이하의 징역 또는 3천만원 이하의 벌금

해설 **3년 이하의 징역 또는 3000만원 이하의 벌금**
(1) **화재안전조사** 결과에 따른 조치명령 위반(화재예방법 50조)
(2) **소방시설관리업** 무등록자(소방시설법 57조)
(3) **소방시설업** 무등록자(공사업법 35조)
(4) 부정한 청탁을 받고 재물 또는 재산상의 이익을 취득하거나 부정한 청탁을 하면서 재물 또는 재산상의 이익을 제공한 자(공사업법 35조)
(5) 형식승인을 받지 않은 **소방용품** 제조·수입자(소방시설법 57조)
(6) **제품검사**를 받지 않은 자(소방시설법 57조)
(7) **거짓**이나 그 밖의 **부정한 방법**으로 **제품검사 전문기관**의 지정을 받은 자(소방시설법 57조)

답 ④

★★
48 **소방시설 설치 및 관리에 관한 법령상 간이스프링클러설비를 설치하여야 하는 특정소방대상물의 기준으로 옳은 것은?**

10.03.문41

① 근린생활시설로 사용하는 부분의 바닥면적 합계가 $1000m^2$ 이상인 것은 모든 층
② 교육연구시설 내에 있는 합숙소로서 연면적 $500m^2$ 이상인 것
③ 의료재활시설을 제외한 요양병원으로 사용되는 바닥면적의 합계가 $300m^2$ 이상 $600m^2$ 미만인 시설
④ 정신의료기관 또는 의료재활시설로 사용되는 바닥면적의 합계가 $600m^2$ 미만인 시설

해설 **소방시설법 시행령 〔별표 4〕**
간이스프링클러설비의 설치대상

설치대상	조 건
교육연구시설 내 합숙소	• 연면적 **100m²** 이상 보기 ②
노유자시설·정신의료기관·의료재활시설	• 창살설치 : **300m²** 미만 • 기타 : **300m²** 이상 **600m²** 미만 보기 ④
숙박시설	• 바닥면적 합계 **300m²** 이상 **600m²** 미만
종합병원, 병원, 치과병원, 한방병원 및 요양병원(의료재활시설 제외)	• 바닥면적 합계 **600m²** 미만 보기 ③
근린생활시설	• 바닥면적 합계 **1000m²** 이상은 **전층** 보기 ① • **의원**, 치과의원 및 한의원으로서 **입원실** 또는 인공신장실이 **있는 시설** • 조산원 및 산후조리원으로서 연면적 600m² 미만

연립주택, 다세대주택	• 주택 전용 간이스프링클러 설비 설치

② $500m^2$ 이상 → $100m^2$ 이상
③ $300m^2$ 이상 $600m^2$ 미만 → $600m^2$ 미만
④ $600m^2$ 미만 → $300m^2$ 이상 $600m^2$ 미만

답 ①

★★★
49 소방관서장은 화재예방강화지구 안의 관계인에 대하여 소방상 필요한 훈련 및 교육은 연 몇 회 이상 실시할 수 있는가?

18.09.문59
13.06.문52

① 1 ② 2
③ 3 ④ 4

해설 **화재예방법 18조, 화재예방법 시행령 20조**
화재예방강화지구 안의 화재안전조사 · 소방훈련 및 교육
(1) 실시자 : **소방청장 · 소방본부장 · 소방서장**－소방관서장
(2) 횟수 : **연 1회** 이상
(3) 훈련 · 교육 : **10일 전** 통보

중요

연 1회 이상
(1) 화재예방강화지구 안의 화재안전조사 · 훈련 · 교육(화재예방법 시행령 20조)
(2) 특정소방대상물의 소방훈련 · 교육(화재예방법 시행규칙 36조)
(3) 제조소 등의 **정**기점검(위험물규칙 64조)
(4) **종**합점검(소방시설법 시행규칙 〔별표 3〕)
(5) 작동점검(소방시설법 시행규칙 〔별표 3〕)

기억법 **연1정종(연일 정종**술을 마셨다.)

답 ①

★★★
50 화재예방강화지구로 지정할 수 있는 대상이 아닌 것은?

17.09.문49
16.05.문53
13.09.문56

① 시장지역
② 소방출동로가 있는 지역
③ 공장 · 창고가 밀집한 지역
④ 목조건물이 밀집한 지역

해설 **화재예방법 18조**
화재예방강화지구의 지정
(1) **지정권자** : 시 · 도지사
(2) **지정지역**
㉠ **시장**지역
㉡ **공장 · 창고** 등이 밀집한 지역
㉢ **목조건물**이 밀집한 지역
㉣ 노후 · 불량 건축물이 밀집한 지역
㉤ **위험물**의 **저장** 및 **처리시설**이 **밀집**한 지역
㉥ **석유화학제품**을 생산하는 공장이 있는 지역
㉦ **소방시설 · 소방용수시설** 또는 **소방출동로**가 **없는** 지역
㉧ 「**산업입지 및 개발에 관한 법률**」에 따른 산업단지
㉨ 「물류시설의 개발 및 운영에 관한 법률」에 따른 물류단지
㉩ **소방청장 · 소방본부장 · 소방서장**(소방관서장)이 화재예방강화지구로 지정할 필요가 있다고 인정하는 지역

② 있는 → 없는

용어

화재예방강화지구
화재발생 우려가 크거나 화재가 발생할 경우 피해가 클 것으로 예상되는 지역에 대하여 화재의 예방 및 안전관리를 강화하기 위해 지정 · 관리하는 지역

답 ②

★★
51 소방시설 설치 및 관리에 관한 법령상 소방시설 등의 소방시설관리업의 자체점검시 점검인력 배치기준 중 작동점검에서 점검인력 1단위가 하루 동안 점검할 수 있는 특정소방대상물의 연면적(점검한도면적) 기준은? (단, 일반건축물의 경우이다.)

16.03.문43

① $5000m^2$ ② $8000m^2$
③ $10000m^2$ ④ $12000m^2$

해설 **소방시설법 시행규칙 〔별표 4〕**
소방시설관리업 점검인력 배치기준

구 분	일반건축물	아파트
종합점검	점검인력 1단위 **$8000m^2$** (보조점검인력 1명 추가시 : **$2000m^2$**)	점검인력 1단위 **250세대** (보조점검인력 1명 추가시 : **60세대**)
작동점검	점검인력 1단위 **$10000m^2$** (보조점검인력 1명 추가시 : **$2500m^2$**)	

답 ③

★★★
52 소방기본법상 소방대의 구성원에 속하지 않는 자는?

19.04.문46
13.03.문42
05.09.문44
05.03.문57

① 소방공무원법에 따른 소방공무원
② 의용소방대 설치 및 운영에 관한 법률에 따른 의용소방대원
③ 위험물안전관리법에 따른 자체소방대원
④ 의무소방대설치법에 따라 임용된 의무소방원

해설 **기본법 2조**
소방대
(1) 소방**공**무원
(2) **의**무소방원
(3) **의**용소방대원

기억법 **소공의**

답 ③

★★
53 다음 중 한국소방안전원의 업무에 해당하지 않는 것은?

13.03.문41

① 소방용 기계 · 기구의 형식승인
② 소방업무에 관하여 행정기관이 위탁하는 업무
③ 화재예방과 안전관리의식 고취를 위한 대국민 홍보
④ 소방기술과 안전관리에 관한 교육, 조사 · 연구 및 각종 간행물 발간

해설 기본법 41조
한국소방안전원의 업무
(1) 소방기술과 안전관리에 관한 **교육** 및 **조사 · 연구**
(2) 소방기술과 안전관리에 관한 각종 **간행물**의 **발간**
(3) 화재예방과 안전관리의식의 고취를 위한 **대국민 홍보**
(4) 소방업무에 관하여 **행정기관**이 위탁하는 **사업**
(5) 소방안전에 관한 **국제협력**
(6) **회원**에 대한 **기술지원** 등 정관이 정하는 사항

① 한국소방산업기술원의 업무

답 ①

★★★
54 소방기본법령상 국고보조 대상사업의 범위 중 소방활동장비와 설비에 해당하지 않는 것은?

14.09.문46
14.05.문52
14.03.문59
06.05.문60

① 소방자동차
② 소방헬리콥터 및 소방정
③ 소화용수설비 및 피난구조설비
④ 방화복 등 소방활동에 필요한 소방장비

해설 기본령 2조
(1) 국고보조의 대상
㉠ 소방활동장비와 설비의 구입 및 설치
• 소방**자**동차
• 소방**헬**리콥터 · 소방**정**
• 소방**전**용통신설비 · 전산설비
• 방**화**복
㉡ 소방관서용 **청**사
(2) **소방활동장비 및 설비의 종류와 규격**: **행정안전부령**
(3) **대상사업의 기준보조율**: 「보조금관리에 관한 법률 시행령」에 따름

기억법 자헬 정전화 청국

답 ③

★★
55 소방안전관리자 및 소방안전관리보조자에 대한 실무교육의 교육대상, 교육일정 등 실무교육에 필요한 계획을 수립하여 매년 누구의 승인을 얻어 교육을 실시하는가?

① 한국소방안전원장 ② 소방본부장
③ 소방청장 ④ 시 · 도지사

해설 공사업법 33조
권한의 위탁

업 무	위 탁	권 한
• 실무교육	• 한국소방안전원 • 실무교육기관	• 소방청장
• 소방기술과 관련된 자격 · 학력 · 경력의 인정 • 소방기술자 양성 · 인정 교육훈련 업무	• 소방시설업자협회 • 소방기술과 관련된 법인 또는 단체	• 소방청장
• 시공능력평가	• 소방시설업자협회	• 소방청장 • 시 · 도지사

답 ③

★★★
56 화재의 예방 및 안전관리에 관한 법령상 소방청장, 소방본부장 또는 소방서장은 관할구역에 있는 소방대상물에 대하여 화재안전조사를 실시할 수 있다. 화재안전조사 대상과 거리가 먼 것은? (단, 개인 주거에 대하여는 관계인의 승낙을 득한 경우이다.)

14.09.문60
14.03.문41
13.06.문54

① 화재예방강화지구 등 법령에서 화재안전조사를 하도록 규정되어 있는 경우
② 관계인이 법령에 따라 실시하는 소방시설 등, 방화시설, 피난시설 등에 대한 자체점검 등이 불성실하거나 불완전하다고 인정되는 경우
③ 화재가 발생할 우려는 없으나 소방대상물의 정기점검이 필요한 경우
④ 국가적 행사 등 주요 행사가 개최되는 장소에 대하여 소방안전관리 실태를 조사할 필요가 있는 경우

해설 화재예방법 7조
화재안전조사 실시대상
(1) **관계인**이 이 법 또는 다른 법령에 따라 실시하는 소방시설 등, 방화시설, 피난시설 등에 대한 자체점검이 불성실하거나 불완전하다고 인정되는 경우
(2) **화재예방강화지구** 등 법령에서 화재안전조사를 하도록 규정되어 있는 경우
(3) 화재예방안전진단이 불성실하거나 불완전하다고 인정되는 경우
(4) **국가적 행사** 등 주요 행사가 개최되는 장소 및 그 주변의 관계지역에 대하여 소방안전관리 실태를 조사할 필요가 있는 경우
(5) 화재가 **자주 발생**하였거나 발생할 우려가 뚜렷한 곳에 대한 조사가 필요한 경우
(6) **재난예측정보, 기상예보** 등을 분석한 결과 소방대상물에 화재의 발생 위험이 크다고 판단되는 경우
(7) 화재, 그 밖의 긴급한 상황이 발생할 경우 인명 또는 재산 피해의 우려가 현저하다고 판단되는 경우

기억법 화관국안

중요

화재예방법 7 · 8조
화재안전조사
소방대상물에 대한 화재예방을 위하여 관계인에게 필요한 자료제출을 명하거나 위치 · 구조 · 설비 또는 관리의 상황을 조사하는 것
(1) 실시자 : 소방청장 · 소방본부장 · 소방서장
(2) 관계인의 승낙이 필요한 곳 : **주거**(주택)

답 ③

★★
57 **소방대상물의 방염 등과 관련하여 방염성능기준은 무엇으로 정하는가?**

① 대통령령
② 행정안전부령
③ 소방청훈령
④ 소방청예규

해설 **소방시설법 20 · 21조**

대통령령	행정안전부령
방염성능기준	방염성능검사의 방법과 검사결과에 따른 합격표시 등에 관하여 필요한 사항

답 ①

★★
58 **다음 중 상주공사감리를 하여야 할 대상의 기준으로 옳은 것은?**
18.04.문59
05.03.문44

① 지하층을 포함한 층수가 16층 이상으로서 300세대 이상인 아파트에 대한 소방시설의 공사
② 지하층을 포함한 층수가 16층 이상으로서 500세대 이상인 아파트에 대한 소방시설의 공사
③ 지하층을 포함하지 않은 층수가 16층 이상으로서 300세대 이상인 아파트에 대한 소방시설의 공사
④ 지하층을 포함하지 않은 층수가 16층 이상으로서 500세대 이상인 아파트에 대한 소방시설의 공사

해설 **공사업령 [별표 3]**
소방공사감리 대상

종 류	대 상
상주공사감리	• 연면적 30000m^2 이상 • **16층** 이상(지하층 포함)이고 **500세대** 이상 **아파트**
일반공사감리	• 기타

답 ②

★★★
59 **다음 소방시설 중 소방시설공사업법령상 하자보수 보증기간이 3년이 아닌 것은?**
21.05.문59
17.05.문51
16.10.문56
15.05.문59
15.03.문52
12.05.문59

① 비상방송설비
② 옥내소화전설비
③ 자동화재탐지설비
④ 물분무등소화설비

해설 **공사업령 6조**
소방시설공사의 하자보수 보증기간

보증기간	소방시설
2년	① **유**도등 · **피**난기구 ② **비**상**조**명등 · 비상**경**보설비 · **비상방송설비** ③ **무**선통신보조설비 기억법 **유비조경방무피2**
3년	① 자동소화장치 ② **옥내** · 외소화전설비 ③ 스프링클러설비 ④ **물분무등소화설비** · 소화용수설비 ⑤ **자동화재탐지설비** · 소화활동설비(무선통신보조설비 제외) ⑥ 화재알림설비

① 2년

답 ①

★
60 **화재의 예방 및 안전관리에 관한 법령상 소방대상물의 개수 · 이전 · 제거, 사용의 금지 또는 제한, 사용폐쇄, 공사의 정지 또는 중지, 그 밖의 필요한 조치로 인하여 손실을 받은 자가 손실보상청구서에 첨부하여야 하는 서류로 틀린 것은?**

① 손실보상합의서
② 손실을 증명할 수 있는 사진
③ 손실을 증명할 수 있는 증빙자료
④ 소방대상물의 관계인임을 증명할 수 있는 서류(건축물대장은 제외)

해설 **화재예방법 시행규칙 6조**
손실보상 청구자가 제출하여야 하는 서류
(1) 소방대상물의 **관계인**임을 증명할 수 있는 서류(건축물대장 제외)
(2) 손실을 증명할 수 있는 **사진**, 그 밖의 **증빙자료**

> **기억법** 사증관손(사정관의 손)

답 ①

제 4 과목 소방전기시설의 구조 및 원리

★★★ 61

18.09.문66 / 17.03.문75 / 15.09.문75 / 15.03.문64 / 14.05.문80 / 14.03.문72 / 13.09.문66 / 13.03.문67

자동화재탐지설비 및 시각경보장치의 화재안전기준에 따른 경계구역에 관한 기준이다. 다음 ( )에 들어갈 내용으로 옳은 것은?

> 하나의 경계구역의 면적은 (㉠) 이하로 하고, 한 변의 길이는 (㉡) 이하로 하여야 한다.

① ㉠ 600m^2, ㉡ 50m
② ㉠ 600m^2, ㉡ 100m
③ ㉠ 1200m^2, ㉡ 50m
④ ㉠ 1200m^2, ㉡ 100m

해설 **경계구역**(NFPC 203 3·4조, NFTC 203 1.7, 2.1)
(1) **정의** : 특정소방대상물 중 **화재신호**를 **발신**하고 그 **신호**를 **수신** 및 유효하게 **제어**할 수 있는 구역
(2) **경계구역**의 **설정기준**
㉠ 1경계구역이 2개 이상의 **건축물**에 미치지 않을 것
㉡ 1경계구역이 2개 이상의 **층**에 미치지 않을 것(**500m^2** 이하는 2개 층을 1경계구역으로 할 수 있음)
㉢ 1경계구역의 면적은 **600m^2** 이하로 하고, 1변의 길이는 **50m** 이하로 할 것(내부 전체가 보이면 **1000m^2** 이하)
(3) **1경계구역**의 **높이** : **45m** 이하

답 ①

★★ 62

차동식 분포형 감지기의 동작방식이 아닌 것은?

① 공기관식　② 열전대식
③ 열반도체식　④ 불꽃자외선식

해설 **차동식 감지기**

- 차동식
  - **분**포형
    - **공**기관식
    - **열**전대식
    - **열**반도체식
  - 스포트형

> **기억법** 분열공

> ④ 연기감지기의 종류

답 ④

★★★ 63

19.03.문64 / 16.03.문66 / 15.09.문67 / 13.06.문63

비상방송설비의 화재안전기준에 따라 다음 ( )의 ㉠, ㉡에 들어갈 내용으로 옳은 것은?

> 비상방송설비에는 그 설비에 대한 감시상태를 (㉠)분간 지속한 후 유효하게 (㉡)분 이상 경보할 수 있는 축전지설비(수신기에 내장하는 경우를 포함)를 설치하여야 한다.

① ㉠ 30, ㉡ 5　② ㉠ 30, ㉡ 10
③ ㉠ 60, ㉡ 5　④ ㉠ 60, ㉡ 10

해설 **비상방송설비 · 비상벨설비 · 자동식 사이렌설비**(NFPC 202 6조, NFTC 202 2.3.2)

감시시간	경보시간
60분	**10분** 이상(30층 이상 : **30분**)

> **기억법** 6감

답 ④

★★★ 64

18.04.문74 / 16.05.문63 / 15.03.문67 / 14.09.문65 / 10.09.문70

누전경보기의 형식승인 및 제품검사의 기술기준에 따라 누전경보기의 경보기구에 내장하는 음향장치는 사용전압의 몇 %인 전압에서 소리를 내어야 하는가?

① 40　② 60
③ 80　④ 100

해설 **누전경보기**의 **음향장치**(누전경보기의 형식승인 및 제품검사의 기술기준 4조)
80% 전압에서 소리를 낼 것

> **비교**
> 음향장치
> (1) **비상경보설비 음향장치**의 **설치기준**(NFPC 201 4조, NFTC 201 2.1)
>
> | 구 분 | 설 명 |
> |---|---|
> | 전원 | 교류전압 옥내간선, **전용** |
> | 정격전압 | **80%** 전압에서 음향 발할 것 |
> | 음량 | 1m 위치에서 **90dB** 이상 |
> | 지구음향장치 | **층**마다 설치, 수평거리 **25m** 이하 |
>
> (2) **비상방송설비 음향장치**의 **구조** 및 **성능기준**(NFPC 202 4조, NFTC 202 2.1.1.12)
> ㉠ 정격전압의 **80%** 전압에서 음향을 발할 것
> ㉡ **자동화재탐지설비**의 작동과 연동하여 작동할 것
> (3) **자동화재탐지설비 음향장치**의 **구조** 및 **성능기준**(NFPC 203 8조, NFTC 203 2.5.1.4)
> ㉠ 정격전압의 **80%** 전압에서 음향을 발할 것
> ㉡ 음량은 **1m 떨어진 곳**에서 **90dB** 이상일 것
> ㉢ **감지기 · 발신기**의 작동과 **연동**하여 작동할 것

답 ③

★★★
65 자동화재속보설비의 속보기의 성능인증 및 제품검사의 기술기준에 따라 자동화재속보설비의 속보기의 외함에 합성수지를 사용할 경우 외함의 최소두께[mm]는?

17.05.문80

① 1.2 ② 3
③ 6.4 ④ 7

해설 **축전지 외함 · 속보기**의 **외함두께**(자동화재속보설비의 속보기의 성능인증 및 제품검사의 기술기준 4조)

강 판	합성수지
1.2mm 이상	**3mm 이상**

비교

발신기의 **외함두께**(발신기의 형식승인 및 제품검사의 기술기준 4조)

강 판		합성수지	
외함	외함(벽 속 매립)	외함	외함(벽 속 매립)
1.2mm 이상	1.6mm 이상	**3mm** 이상	4mm 이상

답 ②

★★★
66 소방시설용 비상전원수전설비의 화재안전기준에 따라 일반전기사업자로부터 특별고압 또는 고압으로 수전하는 비상전원수전설비의 경우에 있어 소방회로배선과 일반회로배선을 몇 cm 이상 떨어져 설치하는 경우 불연성 벽으로 구획하지 않을 수 있는가?

14.05.문74
13.06.문69
09.08.문62

① 5 ② 10
③ 15 ④ 20

해설 **특별고압 또는 고압으로 수전하는 경우**(NFPC 602 5조, NFTC 602 2.2.1)

(1) 전용의 **방화구획 내**에 설치할 것
(2) 소방회로배선은 일반회로배선과 **불연성 벽**으로 구획할 것(단, 소방회로배선과 일반회로배선을 **15cm** 이상 떨어져 설치한 경우는 제외)

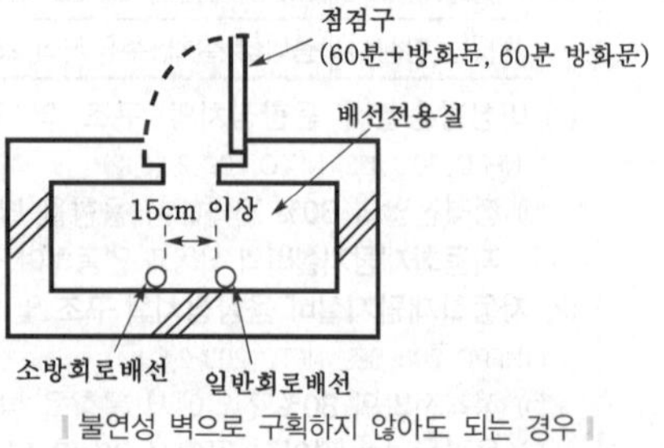

∥ 불연성 벽으로 구획하지 않아도 되는 경우 ∥

(3) 일반회로에서 **과부하**, **지락사고** 또는 **단락사고**가 발생한 경우에도 이에 영향을 받지 아니하고 계속하여 소방회로에 전원을 공급시켜 줄 수 있어야 할 것
(4) 소방회로용 **개폐기** 및 **과전류차단기**에는 **"소방시설용"**이라 표시할 것

답 ③

★★★
67 비상콘센트설비의 화재안전기준에 따라 비상콘센트설비의 전원회로(비상콘센트에 전력을 공급하는 회로를 말한다.)에 대한 전압과 공급용량으로 옳은 것은?

09.08.문74
08.05.문71
08.03.문78

① 전압 : 단상 교류 110V, 공급용량 : 1.5kVA 이상
② 전압 : 단상 교류 220V, 공급용량 : 1.5kVA 이상
③ 전압 : 단상 교류 110V, 공급용량 : 3kVA 이상
④ 전압 : 단상 교류 220V, 공급용량 : 3kVA 이상

해설 **비상콘센트 전원회로**의 **설치기준**(NFPC 504 4조, NFTC 504 2.1)

구 분	전 압	용 량	플러그접속기
단상 교류	220V	1.5kVA 이상	접지형 2극

(1) 1전용회로에 설치하는 비상콘센트는 **10개** 이하로 할 것
(2) 풀박스는 **1.6mm** 이상의 철판을 사용할 것

기억법 **10콘(시큰둥!)**

답 ②

★★★
68 비상콘센트설비의 화재안전기준에 따른 용어의 정의 중 옳은 것은?

19.03.문62
17.05.문65
16.05.문64
14.05.문23
13.09.문80
12.09.문77
05.03.문76

① "저압"이란 직류는 1.5kV 이하, 교류는 1kV 이하인 것을 말한다.
② "저압"이란 직류는 700V 이하, 교류는 600V 이하인 것을 말한다.
③ "고압"이란 직류는 700V를, 교류는 600V를 초과하는 것을 말한다.
④ "고압"이란 직류는 750V를, 교류는 600V를 초과하는 것을 말한다.

해설 **전압**(NFTC 504 1.7)

구 분	설 명
저압	**직류 1.5kV** 이하, **교류 1kV** 이하
고압	저압의 범위를 초과하고 **7kV** 이하
특고압	**7kV**를 초과하는 것

답 ①

★★★
69 유도등 및 유도표지의 화재안전기준에 따라 운동시설에 설치하지 아니할 수 있는 유도등은?

16.05.문75
15.03.문77
14.03.문68
12.05.문62
11.03.문64

① 통로유도등
② 객석유도등
③ 대형 피난구유도등
④ 중형 피난구유도등

해설 **유도등** 및 **유도표지**의 **종류**(NFPC 303 4조, NFTC 303 2.1.1)

설치장소	유도등 및 유도표지의 종류
• **공**연장 · **집**회장 · **관**람장 · **운**동시설 • 유흥주점 영업시설(카바레, 나이트클럽)	• **대**형 피난구유도등 • **통**로유도등 • **객**석유도등
• 위락시설 · 판매시설 • 관광숙박업 · 의료시설 · 방송통신시설 • 전시장 · 지하상가 · 지하철역사 • 운수시설 · 장례식장	• 대형 피난구유도등 • 통로유도등
• 숙박시설 · 오피스텔 • 지하층 · 무창층 및 11층 이상의 부분	• 중형 피난구유도등 • 통로유도등

기억법 **공집관운 대통객**

답 ④

★★★
70 유도등 및 유도표지의 화재안전기준에 따른 통로유도등의 설치기준에 대한 설명으로 틀린 것은?

16.10.문64
14.09.문66
14.05.문67
14.03.문80
11.03.문68
08.05.문69

① 거실통로유도등은 구부러진 모퉁이 및 보행거리 20m마다 설치
② 복도 · 계단통로유도등은 바닥으로부터 높이 1m 이하의 위치에 설치
③ 통로유도등은 녹색바탕에 백색으로 피난방향을 표시한 등으로 할 것
④ 거실통로유도등은 바닥으로부터 높이 1.5m 이상의 위치에 설치

해설 **색 표시**(유도등의 형식승인 및 제품검사의 기술기준 9조)

피난구유도등	통로유도등
녹색바탕에 **백색**문자	**백색**바탕에 **녹색**문자

③ 녹색바탕에 백색 → 백색바탕에 녹색

중요

(1) **설치높이**

구 분	설치높이
계단통로유도등 · **복**도통로유도등 · 통로유도표지	바닥으로부터 높이 **1m** 이하 기억법 **계복1**
피난구**유**도등	피난구의 바닥으로부터 높이 **1.5m** 이**상** 기억법 **피유15상**
거실통로유도등	바닥으로부터 높이 **1.5m** 이상 (단, 거실통로의 기둥은 1.5m 이하)
피난구유도표지	출입구 상단

(2) **설치거리**

구 분	설치거리
복도통로유도등	구부러진 모퉁이 및 피난구유도등이 설치된 출입구의 맞은편 복도에 입체형 또는 바닥에 설치한 통로유도등을 기점으로 보행거리 20m마다 설치
거실통로유도등	구부러진 모퉁이 및 **보행거리 20m**마다 설치
계단통로유도등	각 층의 **경사로참** 또는 **계단참**마다 설치

답 ③

★★★
71 자동화재탐지설비 및 시각경보장치의 화재안전기준에 따른 감지기의 설치기준으로 틀린 것은?

17.03.문61
11.03.문78
08.03.문76

① 스포트형 감지기는 45° 이상 경사되지 아니하도록 부착할 것
② 감지기(차동식 분포형의 것을 제외)는 실내로의 공기유입구로부터 1.5m 이상 떨어진 위치에 설치할 것
③ 보상식 스포트형 감지기는 정온점이 감지기 주위의 평상시 최고온도보다 10℃ 이상 높은 것으로 설치할 것
④ 정온식 감지기는 주방 · 보일러실 등으로서 다량의 화기를 취급하는 장소에 설치하되 공칭작동온도가 최고주위온도보다 20℃ 이상 높은 것으로 설치할 것

해설 **감지기 설치기준**(NFPC 203 7조, NFTC 203 2.4.3)

(1) 감지기(**차동식 분포형** 및 **특수한 것** 제외)는 실내로의 공기유입구로부터 **1.5m** 이상 떨어진 위치에 설치
(2) 감지기는 천장 또는 반자의 옥내의 면하는 부분에 설치
(3) **보상식 스포트형 감지기**는 정온점이 감지기 주위의 평상시 최고온도보다 20℃ 이상 높은 것으로 설치
(4) **정온식 감지기는 주방 · 보일러실** 등으로 다량의 화기를 단속적으로 취급하는 장소에 설치하되, 공칭작동온도가 최고주위온도보다 20℃ 이상 높은 것으로 설치할 것
(5) 스포트형 감지기는 **45°** 이상 경사지지 않도록 부착
(6) **공기관식** 차동식 분포형 감지기 설치시 공기관은 **도중**에서 **분기**하지 않도록 부착
(7) **공기관식** 차동식 분포형 감지기의 검출부는 **5°** 이상 경사되지 않도록 설치

③ 10℃ 이상 → 20℃ 이상

중요

경사제한각도

공기관식 감지기의 검출부	스포트형 감지기
5° 이상	45° 이상

답 ③

72 무선통신보조설비의 화재안전기준에 따라 무선통신보조설비의 누설동축케이블의 설치기준으로 틀린 것은?

12.05.문78
08.09.문70

① 누설동축케이블은 불연 또는 난연성으로 할 것
② 누설동축케이블의 중간부분에는 무반사 종단저항을 견고하게 설치할 것
③ 누설동축케이블 및 안테나는 고압의 전로로부터 1.5m 이상 떨어진 위치에 설치할 것
④ 누설동축케이블과 이에 접속하는 안테나 또는 동축케이블과 이에 접속하는 안테나로 구성할 것

해설 **누설동축케이블**의 **설치기준**(NFPC 505 5조, NFTC 505 2.2.1)

(1) 소방전용 주파수대에서 전파의 **전송** 또는 **복사**에 적합한 것으로서 소방전용의 것일 것
(2) 누설동축케이블과 이에 접속하는 안테나 또는 동축케이블과 이에 접속하는 안테나일 것
(3) 누설동축케이블 및 동축케이블은 화재에 따라 해당 케이블의 피복이 소실된 경우에 케이블 본체가 떨어지지 아니하도록 4m 이내마다 금속제 또는 자기제 등의 지지금구로 벽·천장·기둥 등에 견고하게 고정시킬 것(단, 불연재료로 구획된 반자 안에 설치하는 경우 제외)
(4) 누설동축케이블 및 안테나는 고압전로로부터 **1.5m** 이상 떨어진 위치에 설치할 것(해당 전로에 **정전기 차폐장치**를 유효하게 설치한 경우에는 제외)
(5) 누설동축케이블의 **끝부분**에는 **무반사 종단저항**을 설치할 것
(6) 누설동축케이블 및 동축케이블은 불연 또는 난연성의 것으로서 **습기** 등의 환경조건에 따라 전기의 특성이 변질되지 아니하는 것으로 하고, 노출하여 설치한 경우에는 피난 및 통행에 장애가 없도록 할 것

② 중간부분 → 끝부분

용어

무반사 종단저항
전송로로 전송되는 전자파가 전송로의 종단에서 반사되어 교신을 방해하는 것을 막기 위한 저항

답 ②

73 누전경보기의 화재안전기준의 용어 정의에 따라 변류기로부터 검출된 신호를 수신하여 누전의 발생을 해당 특정소방대상물의 관계인에게 경보하여 주는 것은?

19.03.문78
15.03.문66
10.09.문67

① 축전지
② 수신부
③ 경보기
④ 음향장치

해설 **누전경보기**(NFPC 205 3조, NFTC 205 1.7)

용 어	설 명
수신부	변류기로부터 검출된 **신호**를 **수신**하여 누전의 발생을 해당 특정소방대상물의 **관계인**에게 **경보**하여 주는 것(**차단기구**를 갖는 것 포함) 기억법 수신
변류기	경계전로의 **누설전류**를 자동적으로 **검출**하여 이를 누전경보기의 수신부에 송신하는 것

답 ②

74 비상조명등의 화재안전기준에 따라 비상조명등의 비상전원을 설치하는 데 있어서 어떤 특정소방대상물의 경우에는 그 부분에서 피난층에 이르는 부분의 비상조명등을 60분 이상 유효하게 작동시킬 수 있는 용량으로 하여야 한다. 이 특정소방대상물에 해당하지 않는 것은?

19.04.문64
17.03.문73
16.03.문73
14.05.문65
14.05.문73
08.03.문77

① 무창층인 지하역사
② 무창층인 소매시장
③ 지하층인 관람시설
④ 지하층을 제외한 층수가 11층 이상의 층

해설 **비상조명등**의 **60분 이상 작동용량**(NFPC 304 4조, NFTC 304 2.1.1.5)

(1) **11층 이상**(지하층 제외)
(2) 지하층·무창층으로서 **도매시장**·**소매시장**·**여객자동차터미널**·**지하역사**·**지하상가**

③ 해당 없음

중요

비상전원 용량

설비의 종류	비상전원 용량
• 자동화재탐지설비 • 비상경보설비 • 자동화재속보설비	10분 이상
• 유도등 • 비상콘센트설비 • 제연설비 • 물분무소화설비 • 옥내소화전설비(**30층** 미만) • 특별피난계단의 계단실 및 부속실 제연설비(**30층** 미만)	20분 이상

• 무선통신보조설비의 **증**폭기	**30분** 이상
• 옥내소화전설비(30~**49층** 이하) • 특별피난계단의 계단실 및 부속실 제연설비(30~**49층** 이하) • 연결송수관설비(30~**49층** 이하) • 스프링클러설비(30~**49층** 이하)	**40분** 이상
• 유도등 · 비상조명등(지하상가 및 11층 이상) • 옥내소화전설비(**50층** 이상) • 특별피난계단의 계단실 및 부속실 제연설비(**50층** 이상) • 연결송수관설비(**50층** 이상) • 스프링클러설비(**50층** 이상)	**60분** 이상

기억법 **경자비1(경자**라는 이름은 **비일**비재하게 많다.) **3증(3중**고)

답 ③

★★★
75 자동화재탐지설비 및 시각경보장치의 화재안전기준에 따른 수신기 설치기준에 대한 설명으로 틀린 것은?

17.09.문78 16.03.문72 13.06.문65 13.06.문70 11.03.문71

① 하나의 경계구역은 하나의 표시등 또는 하나의 문자로 표시되도록 할 것
② 감지기 · 중계기 또는 발신기가 작동하는 경계구역을 표시할 수 있는 것으로 할 것
③ 음향기구는 그 음량 및 음색이 다른 기기의 소음 등과 명확히 구별될 수 있는 것으로 할 것
④ 사람이 상시 근무하는 장소가 없는 경우에는 관계인이 쉽게 접근할 수 없는 장소에 설치할 것

해설 **자동화재탐지설비 수신기**의 **설치기준**(NFPC 203 5조, NFTC 203 2.2.3)

(1) **감지기 · 중계기** 또는 **발신기**가 작동하는 경계구역을 표시할 수 있는 것으로 할 것
(2) 조작스위치는 바닥으로부터의 높이가 **0.8m** 이상 **1.5m** 이하인 장소에 설치할 것
(3) 하나의 소방대상물에 **2 이상**의 수신기를 설치하는 경우에는 수신기 상호간 연동하여 화재발생상황을 각 수신기마다 확인할 수 있도록 할 것
(4) 수신기가 설치된 장소에는 **경계구역 일람도**를 비치할 것
(5) **수위실** 등 상시 사람이 근무하는 **장**소에 설치할 것 (단, 사람이 상시 근무하는 장소가 없는 경우에는 **관계인**이 쉽게 접근할 수 있고 관리가 용이한 장소에 설치 가능)

④ 없는 → 있고 관리가 용이한

답 ④

★★★
76 비상방송설비의 화재안전기준에 따라 비상방송설비 음향장치의 정격전압이 220V인 경우 최소 몇 V 이상에서 음향을 발할 수 있어야 하는가?

19.04.문68 18.03.문73 16.10.문69 16.10.문73 16.05.문67 16.03.문68 15.05.문76 15.03.문62 14.05.문63 14.05.문75 14.03.문61 13.09.문70 13.06.문62 13.06.문80

① 165
② 176
③ 187
④ 198

해설 **비상방송설비**의 **설치기준**(NFPC 202 4조, NFTC 202 2.1.1)

(1) 확성기의 음성입력은 **3**W(**실**내 **1**W) 이상일 것
(2) 확성기는 **각 층**마다 설치하되, 각 부분으로부터의 수평거리는 **25m** 이하일 것
(3) **음**량조정기는 **3선식** 배선일 것
(4) 조작스위치는 바닥으로부터 **0.8~1.5m** 이하의 높이에 설치할 것
(5) 다른 전기회로에 의하여 **유도장애**가 생기지 아니하도록 할 것
(6) 비상방송 **개**시시간은 **10초** 이하일 것
(7) 다른 방송설비와 공용할 경우 화재시 비상경보 외의 방송을 차단할 수 있을 것
(8) 음향장치 : **자동화재탐지설비**의 작동과 연동
(9) 음향장치의 정격전압 : **80%**

기억법 **방3실1, 3음방(삼엄**한 **방**송실), **개10방**

∴ 음향장치 최소전압 = 정격전압 × 80%(0.8)
= 220 × 0.8 = 176V

답 ②

★★
77 유도등 및 유도표지의 화재안전기준에 따라 광원점등방식 피난유도선의 설치기준으로 틀린 것은?

17.03.문66

① 구획된 각 실로부터 주출입구 또는 비상구까지 설치할 것
② 피난유도표시부는 바닥으로부터 높이 1m 이하의 위치 또는 바닥면에 설치할 것
③ 피난유도제어부는 조작 및 관리가 용이하도록 바닥으로부터 0.8m 이상 1.5m 이하의 높이에 설치할 것
④ 피난유도표시부는 50cm 이내의 간격으로 연속되도록 설치하되 실내장식물 등으로 설치가 곤란할 경우 2m 이내로 설치할 것

해설 **광원점등방식**의 **피난유도선 설치기준**(NFPC 303 9조, NFTC 303 2.6.2)

(1) 구획된 각 실로부터 **주출입구** 또는 **비상구**까지 설치
(2) 피난유도표시부는 바닥으로부터 높이 **1m 이하**의 위치 또는 바닥면에 설치

(3) 피난유도표시부는 **50cm 이내**의 간격으로 연속되도록 설치하되 실내장식물 등으로 설치가 곤란할 경우 **1m 이내**로 설치
(4) 수신기로부터의 **화재신호** 및 **수동조작**에 의하여 광원이 점등되도록 설치
(5) 비상전원이 **상시 충전상태**를 유지하도록 설치
(6) 바닥에 설치되는 피난유도표시부는 **매립**하는 방식을 사용
(7) 피난유도제어부는 조작 및 관리가 용이하도록 바닥으로부터 **0.8~1.5m** 이하의 높이에 설치

④ 2m 이내 → 1m 이내

비교

축광방식의 **피난유도선 설치기준**
(1) 구획된 각 실로부터 **주출입구** 또는 **비상구**까지 설치
(2) 바닥으로부터 높이 **50cm 이하**의 위치 또는 바닥면에 설치
(3) 피난유도표시부는 **50cm 이내**의 간격으로 연속되도록 설치
(4) 부착대에 의하여 견고하게 설치
(5) **외부**의 **빛** 또는 **조명장치**에 의하여 상시 조명이 제공되거나 비상조명등에 따른 조명이 제공되도록 설치

답 ④

★
78 예비전원의 성능인증 및 제품검사의 기술기준에 따라 다음의 ( )에 들어갈 내용으로 옳은 것은?

15.09.문70

예비전원은 $\frac{1}{5}$C 이상 1C 이하의 전류로 역충전하는 경우 ( )시간 이내에 안전장치가 작동하여야 하며, 외관이 부풀어 오르거나 누액 등이 없어야 한다.

① 1 ② 3
③ 5 ④ 10

해설 **안전장치시험**(예비전원의 성능인증 및 제품검사의 기술기준 8조)
예비전원은 $\frac{1}{5}$~1C 이하의 전류로 역충전하는 경우 **5시간** 이내에 안전장치가 작동하여야 하며, 외관이 부풀어 오르거나 누액 등이 생기지 않을 것

답 ③

★★★
79 비상경보설비 및 단독경보형 감지기의 화재안전기준에 따라 비상벨설비 또는 자동식 사이렌설비의 지구음향장치는 특정소방대상물의 층마다 설치하되, 해당 특정소방대상물의 각 부분으로부터 하나의 음향장치까지의 수평거리가 몇 m 이하가 되도록 하여야 하는가?

17.05.문63
14.03.문71
12.03.문73
09.05.문79

① 15 ② 25
③ 40 ④ 50

해설 **수평거리 · 보행거리 · 수직거리**
(1) **수평거리**

구 분	기 기
25m 이하	• 발신기 • 음향장치(확성기) • 비상콘센트(지하상가 · 지하층 바닥면적 3000m² 이상) 기억법 음25(음이온)
50m 이하	• 비상콘센트(기타)

(2) **보행거리**

구 분	기 기
15m 이하	• 유도표지
20m 이하	• 복도통로유도등 • 거실통로유도등 • 3종 연기감지기
30m 이하	• 1 · 2종 연기감지기

(3) **수직거리**

구 분	기 기
15m 이하	1 · 2종 연기감지기
10m 이하	3종 연기감지기

답 ②

★★★
80 무선통신보조설비의 화재안전기준에 따라 지하층으로서 특정소방대상물의 바닥부분 2면 이상이 지표면과 동일하거나 지표면으로부터의 깊이가 몇 m 이하인 경우에는 해당층에 한하여 무선통신보조설비를 설치하지 않을 수 있는가?

18.03.문70
17.03.문68
16.03.문80
14.09.문64
08.03.문62
06.05.문79

① 0.5 ② 1.0
③ 1.5 ④ 2.0

해설 **무선통신보조설비**의 **설치 제외**(NFPC 505 4조, NFTC 505 2.1)
(1) **지하층**으로서 특정소방대상물의 바닥부분 **2면** 이상이 지표면과 동일한 경우의 해당층
(2) 지하층으로서 지표면으로부터의 깊이가 **1m 이하**인 경우의 해당층

기억법 2면무지(이면 계약의 무지)

답 ②

과년도 기출문제

2018년

소방설비기사 필기(전기분야)

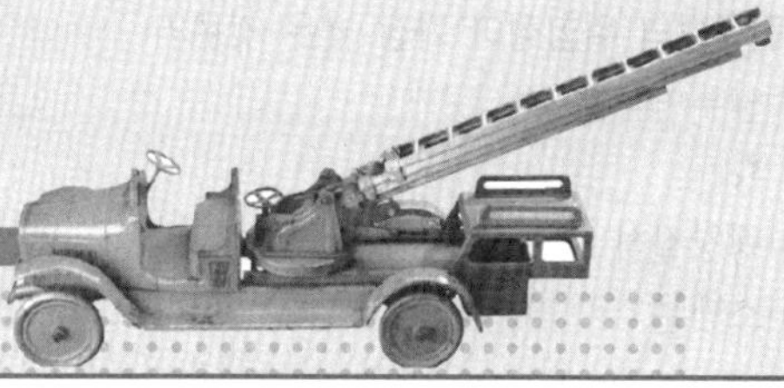

** 수험자 유의사항 **

1. 문제지를 받는 즉시 **본인**이 **응시한 종목**이 맞는지 확인하시기 바랍니다.
2. 문제지 표지에 본인의 **수험번호**와 **성명**을 기재하여야 합니다.
3. 문제지의 **총면수**, **문제번호 일련순서**, **인쇄상태**, **중복 및 누락 페이지 유무**를 확인하시기 바랍니다.
4. 답안은 각 문제마다 요구하는 가장 적합하거나 가까운 답 1개만을 선택하여야 합니다.
5. 답안카드는 뒷면의 「수험자 유의사항」에 따라 작성하시고, 답안카드 작성 시 형별누락, 마킹착오로 인한 불이익은 전적으로 수험자에게 책임이 있음을 알려드립니다.
6. 문제지는 시험 종료 후 본인이 가져갈 수 있습니다.

** 안내사항 **

- 가답안/최종정답은 큐넷(www.q-net.or.kr)에서 확인하실 수 있습니다. 가답안에 대한 의견은 큐넷의 [가답안 의견 제시]를 통해 제시할 수 있으며, 확정된 답안은 최종정답으로 갈음합니다.
- 공단에서 제공하는 자격검정서비스에 대해 개선할 점이 있으시면 고객참여(http://hrdkorea.or.kr/7/1/1)를 통해 건의하여 주시기 바랍니다.

2018. 3. 4 시행

▌2018년 기사 제1회 필기시험▌

자격종목	종목코드	시험시간	형별	수험번호	성명
소방설비기사(전기분야)		2시간			

※ 각 문항은 4지택일형으로 질문에 가장 적합한 보기 항을 선택하여 체크하여야 합니다.

제 1 과목 소방원론

★★★
01 분진폭발의 위험성이 가장 낮은 것은?

15.05.문03
13.03.문03
12.09.문17
11.10.문01
10.05.문16
03.05.문08
01.03.문20
00.10.문02
00.07.문15

① 알루미늄분
② 황
③ 팽창질석
④ 소맥분

유사문제부터 풀어보세요. 실력이 팍!팍! 올라갑니다.

해설 **분진폭발**의 **위험성**이 있는 것
(1) 알루미늄분
(2) 황
(3) 소맥분

③ **팽창질석** : **소화제**로서 분진폭발의 위험성이 없다.

중요

분진폭발을 일으키지 않는 물질
=물과 반응하여 가연성 기체를 발생하지 않는 것
(1) **시**멘트
(2) **석**회석
(3) **탄**산칼슘($CaCO_3$)
(4) **생**석회(CaO)=산화칼슘

기억법 분시석탄생

답 ③

★★
02 0℃, 1atm 상태에서 부탄(C_4H_{10}) 1mol을 완전 연소시키기 위해 필요한 산소의 mol수는?

14.09.문19
07.09.문10

① 2　② 4
③ 5.5　④ 6.5

해설 **부탄**과 **산소**의 **화학반응식**

부탄　산소　이산화탄소　물
$2C_4H_{10} + 13O_2 \rightarrow 8CO_2 + 10H_2O$
2mol　13mol
1mol　x

2mol : 13mol=1mol : x

$2x = 13$

$$x = \frac{13}{2} = 6.5\text{mol}$$

답 ④

★★★
03 고분자 재료와 열적 특성의 연결이 옳은 것은?

13.06.문15
10.09.문07
06.05.문20

① 폴리염화비닐수지 – 열가소성
② 페놀수지 – 열가소성
③ 폴리에틸렌수지 – 열경화성
④ 멜라민수지 – 열가소성

해설 **합성수지**의 **화재성상**

열가소성 수지	열경화성 수지
• PVC수지 • 폴리에틸렌수지 • 폴리스티렌수지	• 페놀수지 • 요소수지 • 멜라민수지

기억법 열가P폴

수지=플라스틱

② 열가소성 → 열경화성
③ 열경화성 → 열가소성
④ 열가소성 → 열경화성

용어

열가소성 수지	열경화성 수지
열에 의해 변형되는 수지	열에 의해 변형되지 않는 수지

답 ①

★★
04 상온·상압에서 액체인 물질은?

13.09.문04
12.03.문17

① CO_2　② Halon 1301
③ Halon 1211　④ Halon 2402

해설

상온·상압에서 기체상태	상온·상압에서 액체상태
• Halon 1301 • Halon 1211 • 이산화탄소(CO_2)	• Halon 1011 • Halon 104 • Halon 2402

※ **상온·상압** : 평상시의 온도·평상시의 압력

답 ④

★★★
05 다음 그림에서 목조건물의 표준 화재온도-시간 곡선으로 옳은 것은?

19.09.문11
16.10.문04
14.05.문01
10.09.문08

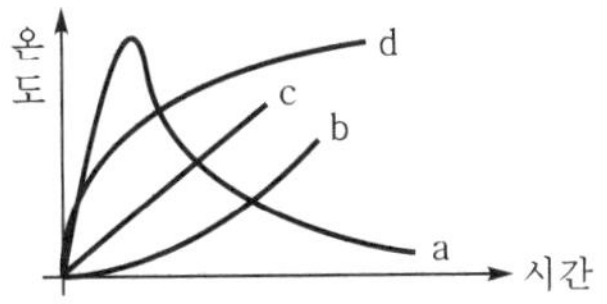

① a ② b
③ c ④ d

해설 (1) **목조건물**
㉠ 화재성상 : 고온 단기형
㉡ 최고온도(최성기온도) : 1300℃

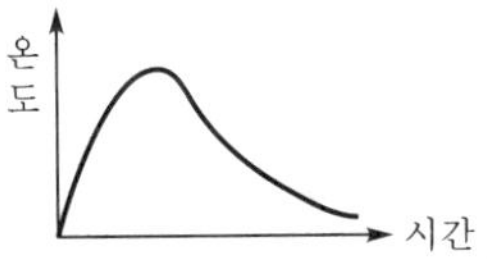

| 목조건물의 표준 화재온도-시간곡선 |

(2) **내화건물**
㉠ 화재성상 : 저온 장기형
㉡ 최고온도(최성기온도) : 900~1000℃

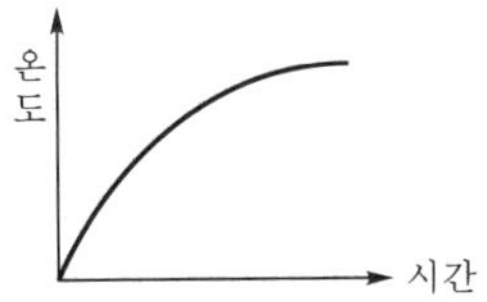

| 내화건물의 표준 화재온도-시간곡선 |

목조건물=목재건물

기억법 목고단 13

답 ①

★★★
06 1기압상태에서, 100℃ 물 1g이 모두 기체로 변할 때 필요한 열량은 몇 cal인가?

17.03.문08
14.09.문20
13.09.문09
13.06.문18
10.09.문20

① 429 ② 499
③ 539 ④ 639

해설 물(H_2O)

기화잠열(증발잠열)	융해잠열
539cal/g	80cal/g

기억법 기53, 융8

③ 물의 기화잠열 539cal : 1기압 100℃의 물 1g이 모두 기체로 변화하는 데 539cal의 열량이 필요

중요

기화잠열과 융해잠열

기화잠열(증발잠열)	융해잠열
100℃의 물 1g이 수증기로 변화하는 데 필요한 열량	0℃의 얼음 1g이 물로 변화하는 데 필요한 열량

답 ③

★★★
07 pH 9 정도의 물을 보호액으로 하여 보호액 속에 저장하는 물질은?

14.05.문20
07.09.문12

① 나트륨 ② 탄화칼슘
③ 칼륨 ④ 황린

해설 **저장물질**

물질의 종류	보관장소
• 황린 • 이황화탄소(CS_2)	• 물속 기억법 황이물
• 나이트로셀룰로오스	• 알코올 속
• 칼륨(K) • 나트륨(Na) • 리튬(Li)	• 석유류(등유) 속
• 아세틸렌(C_2H_2)	• 디메틸포름아미드(DMF) • 아세톤

참고

물질의 발화점

물질의 종류	발화점
• 황린	30~50℃
• 황화인 • 이황화탄소	100℃
• 나이트로셀룰로오스	180℃

답 ④

★
08 포소화약제가 갖추어야 할 조건이 아닌 것은?

① 부착성이 있을 것
② 유동성과 내열성이 있을 것
③ 응집성과 안정성이 있을 것
④ 소포성이 있고 기화가 용이할 것

해설 **포소화약제**의 **구비조건**
(1) **부착성**이 있을 것
(2) **유동성**을 가지고 **내열성**이 있을 것
(3) **응집성**과 **안정성**이 있을 것
(4) 소포성이 **없고** 기화가 용이하지 않을 것
(5) **독성**이 적을 것
(6) 바람에 견디는 힘이 클 것
(7) 수용액의 침전량이 **0.1%** 이하일 것

④ 있고 → 없고, 용이할 것 → 용이하지 않을 것

용어

수용성과 **소포성**

용 어	설 명
수용성	어떤 물질이 물에 녹는 성질
소포성	포가 깨지는 성질

답 ④

★★★
09 소화의 방법으로 틀린 것은?

16.05.문13
13.09.문13

① 가연성 물질을 제거한다.
② 불연성 가스의 공기 중 농도를 높인다.
③ 산소의 공급을 원활히 한다.
④ 가연성 물질을 냉각시킨다.

해설 **소화**의 **형태**

소화형태	설 명
냉각소화	• **점화원** 또는 **가연성 물질**을 **냉각**시켜 소화하는 방법 • **증**발잠열을 이용하여 열을 빼앗아 가연물의 온도를 떨어뜨려 화재를 진압하는 소화 • 다량의 물을 뿌려 소화하는 방법 • 가연성 물질을 **발화점 이하**로 **냉각** 기억법 **냉점증발**
질식소화	• 공기 중의 **산소농도**를 **16%**(10~15%) 이하로 희박하게 하여 소화 • 산화제의 농도를 낮추어 연소가 지속될 수 없도록 함 • **산소공급**을 **차단**하는 소화방법 기억법 **질산**
제거소화	• **가연물**을 **제거**하여 소화하는 방법
부촉매소화 (=화학소화)	• **연쇄반응**을 **차단**하여 소화하는 방법 • 화학적인 방법으로 화재억제
희석소화	• 기체·고체·액체에서 나오는 분해가스나 증기의 농도를 낮추어 소화하는 방법 • 불연성 가스의 **공기** 중 **농도**를 높임

① 제거소화
② 희석소화
③ 원활히 한다 → 차단한다(질식소화)
④ 냉각소화

답 ③

★★★
10 대두유가 침적된 기름걸레를 쓰레기통에 장시간 방치한 결과 자연발화에 의하여 화재가 발생한 경우 그 이유로 옳은 것은?

19.09.문08
16.10.문05
16.03.문14
15.05.문19
15.03.문09
14.09.문09
14.09.문17
12.03.문09
09.05.문08
03.03.문13
02.09.문01

① 분해열 축적
② 산화열 축적
③ 흡착열 축적
④ 발효열 축적

해설 **자연발화**

구 분	설 명
정의	가연물이 공기 중에서 산화되어 **산화열**의 **축적**으로 발화
일어나는 경우	기름걸레를 쓰레기통에 장기간 방치하면 **산화열**이 **축적**되어 자연발화가 일어남
일어나지 않는 경우	기름걸레를 빨랫줄에 걸어 놓으면 **산화열**이 **축적**되지 않아 **자**연발화는 일어나지 않음 기억법 **자산축**

용어

산화열
물질이 산소와 화합하여 반응하는 과정에서 생기는 열

답 ②

★★★
11 탄화칼슘이 물과 반응시 발생하는 가연성 가스는?

17.05.문09
11.10.문05
10.09.문12

① 메탄 ② 포스핀
③ 아세틸렌 ④ 수소

해설 **탄화칼슘**과 **물**의 **반응식**

$CaC_2 + 2H_2O \rightarrow Ca(OH)_2 + C_2H_2 \uparrow$
탄화칼슘 물 수산화칼슘 **아세틸렌**

답 ③

★★★
12 위험물안전관리법령에서 정하는 위험물의 한계에 대한 정의로 틀린 것은?

16.10.문43
15.05.문47
12.09.문49

① 황은 순도가 60 중량퍼센트 이상인 것
② 인화성 고체는 고형 알코올 그 밖에 1기압에서 인화점이 섭씨 40도 미만인 고체
③ 과산화수소는 그 농도가 35 중량퍼센트 이상인 것
④ 제1석유류는 아세톤, 휘발유 그 밖에 1기압에서 인화점이 섭씨 21도 미만인 것

해설 **위험물령** [**별표 1**]
위험물
(1) **과산화수소** : 농도 **36wt%** 이상
(2) **황** : 순도 **60wt%** 이상
(3) **질산** : 비중 **1.49** 이상

① **황**은 순도가 **60 중량퍼센트** 이상인 것
② **인화성 고체란** 고형 알코올 그 밖에 1기압에서 인화점이 **40℃ 미만**인 고체
③ 35 중량퍼센트 → 36 중량퍼센트
④ **제1석유류**는 **아세톤**, **휘발유** 그 밖에 1기압에서 인화점이 **섭씨 21도** 미만인 것

• 중량퍼센트=wt%

답 ③

★★★
13 Fourier법칙(전도)에 대한 설명으로 틀린 것은?

① 이동열량은 전열체의 단면적에 비례한다.
② 이동열량은 전열체의 두께에 비례한다.
③ 이동열량은 전열체의 열전도도에 비례한다.
④ 이동열량은 전열체 내·외부의 온도차에 비례한다.

해설 **열전달의 종류**

종 류	설 명	관련 법칙
전도 (conduction)	하나의 물체가 다른 물체와 직접 **접촉**하여 열이 이동하는 현상	**푸리에**(Fourier)의 법칙
대류 (convection)	**유체**의 흐름에 의하여 열이 이동하는 현상	**뉴턴**의 법칙
복사 (radiation)	① 화재시 화원과 **격리**된 인접 가연물에 불이 옮겨 붙는 현상 ② 열전달 **매질**이 **없이** 열이 전달되는 형태 ③ 열에너지가 **전자파**의 형태로 옮겨지는 현상으로, **가장 크게 작용**한다.	**스테판-볼츠만**의 법칙

중요

공식

(1) **전도**

$$Q=\frac{kA(T_2-T_1)}{l}$$

여기서, Q : 전도열[W]
k : 열전도율[W/m·K]
A : 단면적[m^2]
(T_2-T_1) : 온도차[K]
l : 벽체 두께[m]

(2) **대류**

$$Q=h(T_2-T_1)$$

여기서, Q : 대류열[W/m^2]
h : 열전달률[W/m^2·℃]
(T_2-T_1) : 온도차[℃]

(3) **복사**

$$Q=aAF(T_1^{\ 4}-T_2^{\ 4})$$

여기서, Q : 복사열[W]
a : 스테판-볼츠만 상수[W/m^2·K^4]
A : 단면적[m^2]
F : 기하학적 Factor
T_1 : 고온[K]
T_2 : 저온[K]

답 ②

★★
14 건축물 내 방화벽에 설치하는 출입문의 너비 및 높이의 기준은 각각 몇 m 이하인가?

19.04.문02
17.09.문16
13.03.문16
12.03.문10
08.09.문05

① 2.5　② 3.0
③ 3.5　④ 4.0

해설 **건축령 57조, 피난·방화구조 21조**
방화벽의 구조

대상 건축물	• 주요구조부가 내화구조 또는 불연재료가 아닌 연면적 1000m^2 이상인 건축물
구획단지	• 연면적 1000m^2 미만마다 구획
방화벽의 구조	• **내화구조**로서 홀로 설 수 있는 구조일 것 • 방화벽의 양쪽 끝과 위쪽 끝을 건축물의 외벽면 및 지붕면으로부터 0.5m 이상 튀어나오게 할 것 • 방화벽에 설치하는 **출입문**의 **너비** 및 높이는 각각 **2.5m** 이하로 하고 해당 출입문에는 60분+방화문 또는 60분 방화문을 설치할 것

답 ①

★★★
15 다음 중 발화점이 가장 낮은 물질은?

12.05.문01
11.03.문13
08.09.문04

① 휘발유　② 이황화탄소
③ 적린　④ 황린

해설 **물질의 발화점**

종 류	발화점
• 황린	**30~50℃**
• 황화인 • 이황화탄소	100℃
• 나이트로셀룰로오스	180℃
• 적린	260℃
• 휘발유(가솔린)	300℃

중요

저장물질

물질의 종류	보관장소
• **황**린 • **이**황화탄소(CS_2)	• **물**속 기억법 **황이물**
• 나이트로셀룰로오스	• 알코올 속
• 칼륨(K) • 나트륨(Na) • 리튬(Li)	• 석유류(등유) 속
• 아세틸렌(C_2H_2)	• 디메틸포름아미드(DMF) • 아세톤

답 ④

★
16 MOC(Minimum Oxygen Concentration : 최소 산소농도)가 가장 작은 물질은?

① 메탄
② 에탄
③ 프로판
④ 부탄

해설

MOC=산소몰수×하한계〔vol%〕

① **메탄**(하한계 : **5vol%**)

$$CH_4 + \textcircled{2}O_2 \rightarrow CO_2 + 2H_2O$$
메탄 산소

MOC=2몰×5vol%=**10vol%**

② **에탄**(하한계 : **3vol%**)

$$\textcircled{2}C_2H_6 + \textcircled{7}O_2 \rightarrow 4CO_2 + 6H_2O \text{ 또는}$$
$$C_2H_6 + \frac{7}{2}O_2 \rightarrow 2CO_2 + 3H_2O$$
에탄 산소

$$MOC = \frac{7}{2}\text{몰} \times 3\text{vol\%} = \mathbf{10.5vol\%}$$

③ **프로판**(하한계 : **2.1vol%**)

$$C_3H_8 + \textcircled{5}O_2 \rightarrow 3CO_2 + 4H_2O$$
프로판 산소

MOC=5몰×2.1vol%=**10.5vol%**

④ **부탄**(하한계 : **1.8vol%**)

$$C_4H_{10} + \frac{13}{2}O_2 \rightarrow 4CO_2 + 5H_2O$$
부탄 산소

$$MOC = \frac{13}{2}\text{몰} \times 1.8\text{vol\%} = \mathbf{11.7vol\%}$$

용어

MOC(Minimum Oxygen Concentration : 최소 산소농도)
화염을 전파하기 위해서 필요한 최소한의 산소농도

답 ①

★★
17 수성막포 소화약제의 특성에 대한 설명으로 틀린 것은?

15.05.문09

① 내열성이 우수하여 고온에서 수성막의 형성이 용이하다.
② 기름에 의한 오염이 적다.
③ 다른 소화약제와 병용하여 사용이 가능하다.
④ 불소계 계면활성제가 주성분이다.

해설 (1) **단백포**의 장단점

장 점	단 점
① **내열성**이 우수하다. ② **유면봉쇄성**이 우수하다.	① 소화기간이 길다. ② 유동성이 좋지 않다. ③ 변질에 의한 저장성이 불량하다. ④ 유류오염의 문제가 있다.

(2) **수성막포**의 장단점

장 점	단 점
① 석유류 표면에 신속히 **피막**을 **형성**하여 유류증발을 억제한다. ② **안전성**이 좋아 장기 보존이 가능하다. ③ **내약품성**이 좋아 타 약제와 겸용사용도 가능하다. ④ **내유염성**이 우수하다(기름에 의한 오염이 적다). ⑤ **불소계 계면활성제**가 주성분이다.	① 가격이 비싸다. ② 내열성이 좋지 않다. ③ 부식방지용 저장설비가 요구된다.

(3) **합성계면활성제포**의 장단점

징 점	단 점
① **유동성**이 우수하다. ② **저장성**이 우수하다.	① 적열된 기름탱크 주위에는 효과가 적다. ② 가연물에 양이온이 있을 경우 발포성능이 저하된다. ③ 타약제와 겸용시 소화효과가 좋지 않을 수 있다.

① 단백포 소화약제의 특성 : 내열성 우수

답 ①

★★★
18 다음 가연성 물질 중 위험도가 가장 높은 것은?

15.09.문08
10.03.문14

① 수소 ② 에틸렌
③ 아세틸렌 ④ 이황화탄소

해설 **위험도**

$$H = \frac{U-L}{L}$$

여기서, H : 위험도
U : 연소상한계
L : 연소하한계

① **수소** $= \frac{75-4}{4} = 17.75$

② **에틸렌** $= \frac{36-2.7}{2.7} = 12.33$

③ **아세틸렌** $= \frac{81-2.5}{2.5} = 31.4$

④ **이황화탄소** $= \frac{50-1}{1} = 49$

중요

공기 중의 **폭발한계**(상온, 1atm)

가 스	하한계 〔vol%〕	상한계 〔vol%〕
아세틸렌(C_2H_2)	2.5	81
수소(H_2)	4	75
일산화탄소(CO)	12	75
에터($(C_2H_5)_2O$)	1.7	48
이황화탄소(CS_2)	1	50
에틸렌(C_2H_4)	2.7	36
암모니아(NH_3)	15	25
메탄(CH_4)	5	15
에탄(C_2H_6)	3	12.4
프로판(C_3H_8)	2.1	9.5
부탄(C_4H_{10})	1.8	8.4

연소한계=연소범위=가연한계=가연범위=폭발한계=폭발범위

답 ④

★★★
19 소화약제로 물을 사용하는 주된 이유는?

15.05.문04
99.08.문06

① 촉매역할을 하기 때문에
② 증발잠열이 크기 때문에
③ 연소작용을 하기 때문에
④ 제거작용을 하기 때문에

해설 물의 **소화능력**
(1) **비열**이 크다.
(2) **증발잠열**(기화잠열)이 크다.
(3) 밀폐된 장소에서 증발가열하면 수증기에 의해서 **산소희석작용** 또는 **질식소화작용**을 한다.
(4) **무상**으로 주수하면 **중질유 화재**에도 사용할 수 있다.

참고

물이 **소화약제**로 많이 쓰이는 이유

장 점	단 점
① 쉽게 구할 수 있다. ② 증발잠열(기화잠열)이 크다. ③ 취급이 간편하다.	① 가스계 소화약제에 비해 사용 후 **오염**이 **크다.** ② 일반적으로 **전기화재**에는 **사용**이 **불가**하다.

답 ②

★★
20 건축물의 바깥쪽에 설치하는 피난계단의 구조기준 중 계단의 유효너비는 몇 m 이상으로 하여야 하는가?

10.09.문13

① 0.6 ② 0.7
③ 0.8 ④ 0.9

해설 **피난·방화구조 9조**
건축물의 바깥쪽에 설치하는 피난계단의 구조
(1) 계단은 그 계단으로 통하는 출입구 외의 창문 등으로부터 **2m** 이상의 거리를 두고 설치
(2) 건축물의 내부에서 계단으로 통하는 출입구에는 60분+방화문 또는 60분 방화문 설치
(3) 계단의 유효너비 : **0.9m** 이상
(4) 계단은 **내화구조**로 하고 지상까지 직접 연결되도록 할 것

답 ④

제 2 과목 소방전기일반

★★★
21 대칭 3상 Y부하에서 각 상의 임피던스는 20Ω이고, 부하전류가 8A일 때 부하의 선간전압은 약 몇 V인가?

10.03.문37
03.05.문35

① 160 ② 226
③ 277 ④ 480

해설

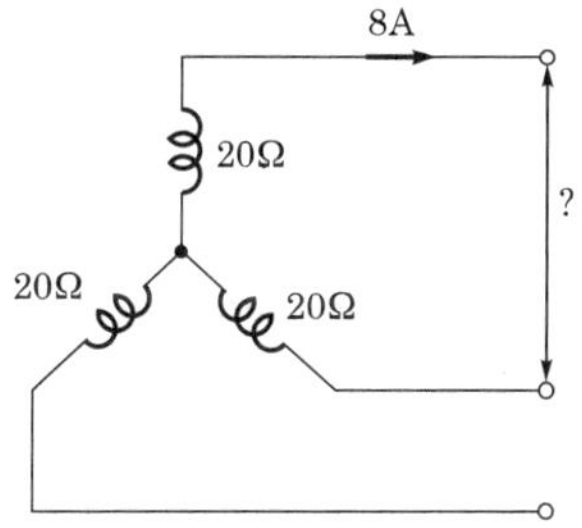

Y결선 선전류

$$I_Y = \frac{V_L}{\sqrt{3}\,Z}$$

여기서, I_Y : 선전류〔A〕
V_L : 선간전압〔V〕
Z : 임피던스〔Ω〕

선전류=부하전류

선간전압 V_L은

$V_L = \sqrt{3}\,I_Y Z = \sqrt{3} \times 8 \times 20 ≒ 277\text{V}$

- I_Y : 8A(문제에서 주어짐)
- Z : 20Ω(문제에서 주어짐)

비교

△결선 선전류

$$I_\triangle = \frac{\sqrt{3}\,V_L}{Z}$$

여기서, $I_\triangle$: 선전류〔A〕
V_L : 선간전압〔V〕
Z : 임피던스〔Ω〕

답 ③

★★★
22 터널 다이오드를 사용하는 목적이 아닌 것은?

15.03.문31 (산업)
01.09.문37 (산업)

① 스위칭작용
② 증폭작용
③ 발진작용
④ 정전압 정류작용

해설 **터널 다이오드**(tunnel diode)의 **작용**
(1) **발**진작용
(2) **증**폭작용
(3) **스**위칭작용(개폐작용)

기억법 **터발증스**

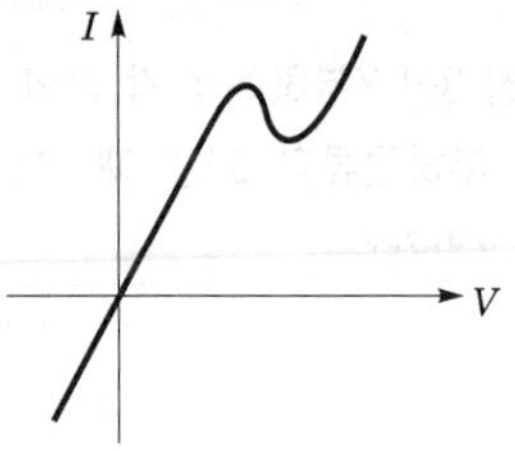

| 터널 다이오드의 $V-I$ 특성곡선 |

④ 정전압 정류작용 : 제너 다이오드

답 ④

★★★
23 제어동작에 따른 제어계의 분류에 대한 설명 중 틀린 것은?

16.10.문40
15.03.문37
14.05.문28
11.06.문22

① 미분동작 : D동작 또는 rate동작이라고 부르며, 동작신호의 기울기에 비례한 조작신호를 만든다.
② 적분동작 : I동작 또는 리셋동작이라고 부르며, 적분값의 크기에 비례하여 조절신호를 만든다.
③ 2위치제어 : on/off 동작이라고도 하며, 제어량이 목표값보다 작은지 큰지에 따라 조작량으로 on 또는 off의 두 가지 값의 조절신호를 발생한다.
④ 비례동작 : P동작이라고도 부르며, 제어동작신호에 반비례하는 조절신호를 만드는 제어동작이다.

해설

구 분	설 명
비례제어 (P동작)	① **잔류편차**가 있는 제어 ② 제어동작신호에 비례한 **조작신호**를 내는 제어동작
적분제어 (I동작)	**잔류편차**를 **제거**하기 위한 제어
미분제어 (D동작)	① **지연특성**이 제어에 주는 악영향을 **감소**한다. ② **진**동을 억제시키는 데 가장 효과적인 제어동작 **기억법** **진미**(맛의 **진미**) ③ 동작신호의 **기울기**에 비례한 **조작신호**를 만든다.
비례**적**분제어 (PI동작)	① **간헐현상**이 있는 제어 ② 이득교점 주파수가 낮아지며, 대역폭은 감소한다. **기억법** **비적간**
비례적분미분제어 (PID동작)	① **간헐현상**을 **제거**하기 위한 제어 ② 사이클링과 오프셋이 제거되는 제어 ③ 정상특성과 응답의 속응성을 동시에 개선시키기 위한 제어

미분동작=미분제어
비례동작=비례제어

④ 반비례하는 조절신호를 만드는 → 비례하는 조작신호를 내는

답 ④

★★
24 PB$_{-on}$ 스위치와 병렬로 접속된 보조접점 X$_{-a}$의 역할은?

14.09.문29
09.05.문35
01.06.문22

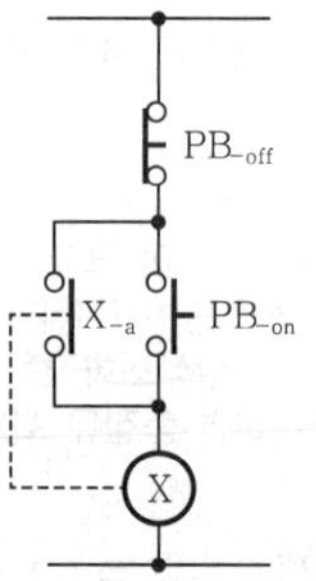

① 인터록회로　　② 자기유지회로
③ 전원차단회로　④ 램프점등회로

해설

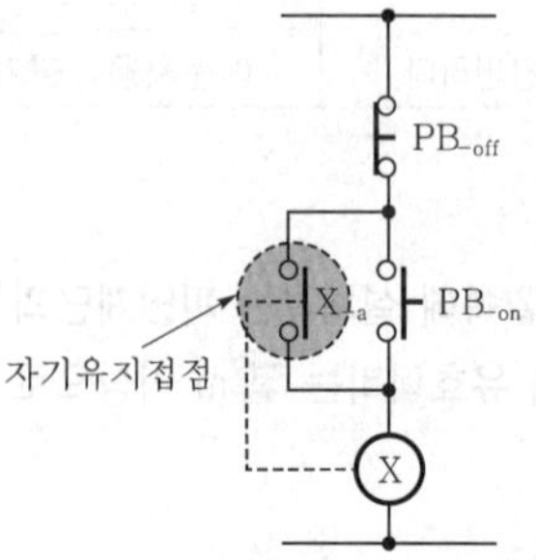

자기유지접점이 있으므로 **자기유지회로**이다.

> ※ **자기유지회로** : 일단 on이 된 것을 기억하는 기능을 가진 회로

답 ②

★★
25 집적회로(IC)의 특징으로 옳은 것은?

16.05.문29
06.09.문22

① 시스템이 대형화된다.
② 신뢰성이 높으나, 부품의 교체가 어렵다.
③ 열에 강하다.
④ 마찰에 의한 정전기 영향에 주의해야 한다.

해설 **집적회로**(IC)

장 점	단 점
① 시스템의 **소형화** ② 신뢰성이 높고, 부품의 **교체**가 간단 ③ 가격 **저렴** ④ 기능 **확대**	① **열**에 **약함** ② **전압 · 전류**에 **약함** ③ **발진**이나 **잡음**이 나기 쉬움 ④ **마찰**에 의한 **정전기** 영향에 주의

> ① 대형화 → 소형화
> ② 높으나, 부품의 교체가 어렵다 → 높고, 부품의 교체가 쉽다.
> ③ 강하다 → 약하다

용어

IC(Integrated Circuit)
한 조각의 실리콘 속에 여러 개의 **트랜지스터**, **다이오드**, **저항** 등을 넣고 상호 배선을 하여 하나의 회로로서의 기능을 갖게 한 것으로 '집적회로'라고도 부른다.

| IC |

답 ④

★★
26 $R=10\,\Omega$, $\omega L=20\,\Omega$인 직렬회로에 220V의 전압을 가하는 경우 전류와 전압과 전류의 위상각은 각각 어떻게 되는가?

06.03.문39

① 24.5A, 26.5°　② 9.8A, 63.4°
③ 12.2A, 13.2°　④ 73.6A, 79.6°

해설 $R-L$ 직렬회로

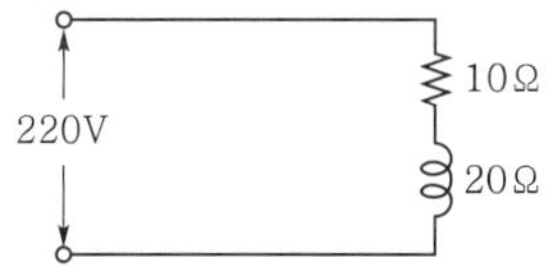

$$I=\frac{V}{Z}=\frac{V}{\sqrt{R^2+X_L^{\ 2}}}$$

여기서, I : 전류[A]
V : 전압[V]
Z : 임피던스[Ω]
R : 저항[Ω]
X_L : 유도리액턴스[Ω]

전류 I는

$I=\dfrac{V}{\sqrt{R^2+X_L^{\ 2}}}=\dfrac{220}{\sqrt{10^2+20^2}}$ ≒9.8A

$$\theta=\tan^{-1}\frac{X_L}{R}$$

여기서, θ : 위상차(위상각)[rad]
X_L : 유도리액턴스[Ω]
R : 저항[Ω]

위상차 θ는

$\theta=\tan^{-1}\dfrac{X_L}{R}=\tan^{-1}\dfrac{20}{10}$ ≒63.4°

답 ②

★★★
27 그림과 같이 전압계 V_1, V_2, V_3 와 5Ω의 저항 R을 접속하였다. 전압계의 지시가 V_1 =20V, V_2 =40V, V_3 =50V라면 부하전력은 몇 W인가?

15.09.문32
08.09.문39
07.05.문39

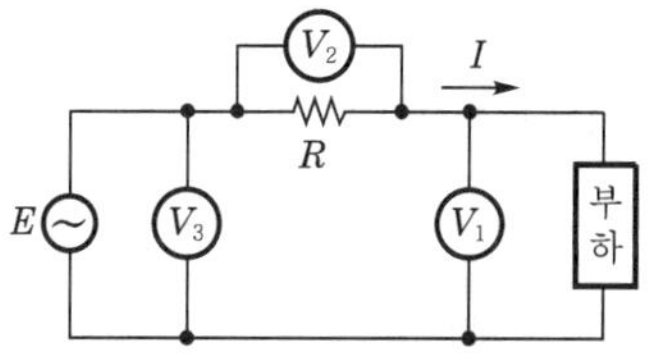

① 50　② 100
③ 150　④ 200

해설 **3전압계법**

$$P=\frac{1}{2R}(V_3^{\ 2}-V_1^{\ 2}-V_2^{\ 2})$$

여기서, P : 유효전력(소비전력)[W]
R : 저항[Ω]
V_1, V_2, V_3 : 전압계의 지시값[V]

유효전력 P는

$P=\dfrac{1}{2R}(V_3^{\ 2}-V_1^{\ 2}-V_2^{\ 2})$
$=\dfrac{1}{2\times5}\times(50^2-20^2-40^2)$
$=50\text{W}$

비교

3전류계법

$$P=\frac{R}{2}(I_3{}^2-I_1{}^2-I_2{}^2)\text{[W]}$$

여기서, P : 유효전력[W]
R : 저항[Ω]
I_1, I_2, I_3 : 전류계의 지시값[A]

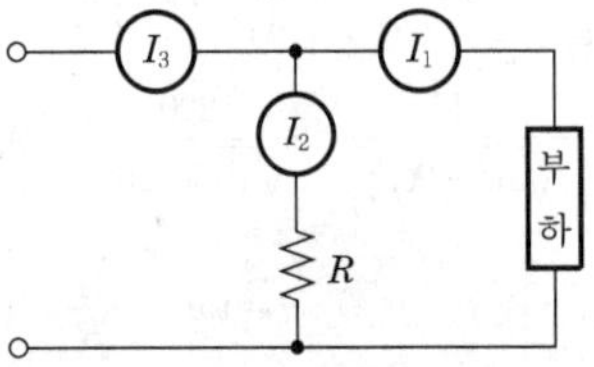

답 ①

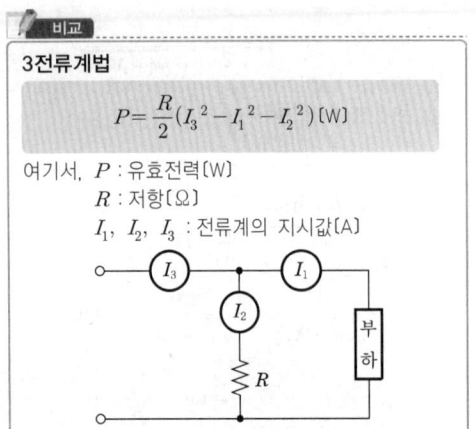

★★★
28 교류에서 파형의 개략적인 모습을 알기 위해 사용하는 파고율과 파형률에 대한 설명으로 옳은 것은?

14.03.문29

① 파고율 $=\frac{\text{실효값}}{\text{평균값}}$, 파형률 $=\frac{\text{평균값}}{\text{실효값}}$

② 파고율 $=\frac{\text{최대값}}{\text{실효값}}$, 파형률 $=\frac{\text{실효값}}{\text{평균값}}$

③ 파고율 $=\frac{\text{실효값}}{\text{최대값}}$, 파형률 $=\frac{\text{평균값}}{\text{실효값}}$

④ 파고율 $=\frac{\text{최대값}}{\text{평균값}}$, 파형률 $=\frac{\text{평균값}}{\text{실효값}}$

해설 **파형률과 파고율**

파형률	파고율
$\frac{\text{실효값}}{\text{평균값}}$	$\frac{\text{최대값}}{\text{실효값}}$
기억법 형실평	기억법 고최실

답 ②

★★
29 단상 유도전동기의 Slip은 5.5%, 회전자의 속도가 1700rpm인 경우 동기속도(N_s)는?

08.05.문39 (산업)

① 3090rpm ② 9350rpm
③ 1799rpm ④ 1750rpm

해설 (1) **동기속도** …… ①

$$N_s=\frac{120f}{P}$$

여기서, N_s : 동기속도[rpm]
f : 주파수[Hz]
P : 극수

(2) **회전속도** …… ②

$$N=\frac{120f}{P}(1-s)\text{[rpm]}$$

여기서, N : 회전속도[rpm]
P : 극수
f : 주파수[Hz]
s : 슬립

①식을 ②식에 대입하면

$$N=N_s(1-s)$$

동기속도 N_s는

$$N_s=\frac{N}{(1-s)}=\frac{1700}{(1-0.055)}\fallingdotseq 1799\text{rpm}$$

- N : 1700rpm(문제에서 주어짐)
- s : 5.5%=0.055(문제에서 주어짐)

답 ③

★★★
30 다음 그림과 같은 계통의 전달함수는?

14.03.문26
05.03.문26
04.03.문27

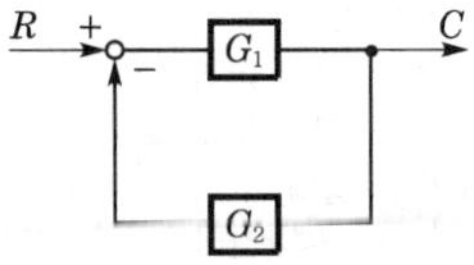

① $\frac{G_1}{1+G_2}$ ② $\frac{G_2}{1+G_1}$

③ $\frac{G_2}{1+G_1G_2}$ ④ $\frac{G_1}{1+G_1G_2}$

해설 **전달함수**

$RG_1-CG_1G_2=C$
$RG_1=C+CG_1G_2$
$RG_1=C(1+G_1G_2)$
$\therefore \frac{C}{R}=\frac{G_1}{1+G_1G_2}$

용어

전달함수
모든 초기값을 0으로 하였을 때 출력신호의 라플라스 변환과 입력신호의 라플라스 변환의 비

답 ④

★★★
31 불대수의 기본정리에 관한 설명으로 틀린 것은?

19.09.문21
17.09.문33
17.03.문23
16.05.문36
16.03.문39
15.09.문23
13.09.문30
13.06.문35
11.03.문32

① $A+A=A$
② $A+1=1$
③ $A\cdot 0=1$
④ $A+0=A$

해설 **불대수의 정리**

논리합	논리곱	비 고
④ $X+0=X$	③ $X\cdot 0=0$	-
② $X+1=1$	$X\cdot 1=X$	-
① $X+X=X$	$X\cdot X=X$	-
$X+\overline{X}=1$	$X\cdot\overline{X}=0$	-
$X+Y=Y+X$	$X\cdot Y=Y\cdot X$	교환법칙
$X+(Y+Z)$ $=(X+Y)+Z$	$X(YZ)=(XY)Z$	결합법칙
$X(Y+Z)$ $=XY+XZ$	$(X+Y)(Z+W)$ $=XZ+XW+YZ+YW$	분배법칙
$X+XY=X$	$\overline{X}+XY=\overline{X}+Y$ $X+\overline{X}Y=X+Y$ $X+\overline{X}\,\overline{Y}=X+\overline{Y}$	흡수법칙
$(\overline{X+Y})$ $=\overline{X}\cdot\overline{Y}$	$(\overline{X\cdot Y})=\overline{X}+\overline{Y}$	드모르간의 정리

① $X+X=X$이므로 $A+A=A$
② $X+1=1$이므로 $A+1=1$
③ $X\cdot 0=0$이므로 $A\cdot 0=0$
④ $X+0=X$이므로 $A+0=A$

답 ③

32 3상유도전동기 $Y-\triangle$ 기동회로의 제어요소가 아닌 것은?

19.09.문38 09.08.문23 99.08.문27

① MCCB ② THR
③ MC ④ ZCT

해설 **Y-△ 기동방식의 기동용 회로 구성품**(제어요소)

(1) 타이머(Timer) : **T**
(2) 열동계전기(THermal Relay) : **THR**
(3) 전자접촉기(Magnetic Contactor starter) : **MC**
(4) 누름버튼스위치(Push Button switch) : **PB**
(5) 배선용 차단기(Molded-Case Circuit Breaker) : **MCCB**

④ 영상변류기(ZCT) : 누전경보기의 누설전류 검출요소

답 ④

33 권선수가 100회인 코일을 200회로 늘리면 코일에 유기되는 유도기전력은 어떻게 변화하는가?

14.03.문32

① $\frac{1}{2}$로 감소 ② $\frac{1}{4}$로 감소
③ 2배로 증가 ④ 4배로 증가

해설 (1) **유도기전력**(induced electromitive force)

$$e=-N\frac{d\phi}{dt}=-L\frac{di}{dt}=Bl\,v\sin\theta\,[\mathrm{V}]\propto L$$

여기서, e : 유기기전력[V]
N : 코일권수
$d\phi$: 자속의 변화량[Wb]
dt : 시간의 변화량[s]
L : 자기인덕턴스[H]
di : 전류의 변화량[A]
B : 자속밀도[Wb/m^2]
l : 도체의 길이[m]
v : 도체의 이동속도[m/s]
θ : 이루는 각[rad]

• 유도기전력(e)은 자기인덕턴스(L)에 비례

(2) **자기인덕턴스**(self inductance)

$$L=\frac{\mu AN^2}{l}\,[\mathrm{H}]$$

여기서, L : 자기인덕턴스[H]
μ : 투자율[H/m]
A : 단면적[m^2]
N : 코일권수
l : 평균자로의 길이[m]

자기인덕턴스 $L=\frac{\mu AN^2}{l}\propto N^2=\left(\frac{200}{100}\right)^2=4$배

답 ④

34 용량 0.02μF 콘덴서 2개와 0.01μF 콘덴서 1개를 병렬로 접속하여 24V의 전압을 가하였다. 합성용량은 몇 μF이며, 0.01μF 콘덴서에 축적되는 전하량은 몇 C인가?

15.03.문33

① 0.05, 0.12×10^{-6} ② 0.05, 0.24×10^{-6}
③ 0.03, 0.12×10^{-6} ④ 0.03, 0.24×10^{-6}

해설

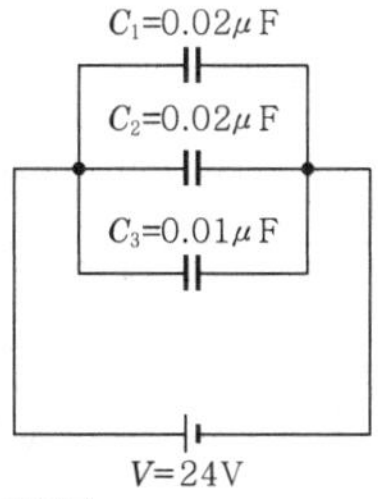

(1) **콘덴서의 병렬접속**

$C=C_1+C_2+C_3=0.02+0.02+0.01=0.05\mu$F

(2) **전하량**

$$Q=CV$$

여기서, Q : 전하량[C]
C : 정전용량[F]
V : 전압[V]

C_3의 **전하량** Q_3는

$Q_3=C_3V=(0.01\times10^{-6})\times24$
$=2.4\times10^{-7}=0.24\times10^{-6}$C

• 1μF=10^{-6}F이므로 $C_3=0.01\mu\mathrm{F}=(0.01\times10^{-6})$F

답 ②

★
35 1차 권선수 10회, 2차 권선수 300회인 변압기에서 2차 단자전압 1500V가 유도되기 위한 1차 단자전압은 몇 V인가?

07.09.문26

① 30 ② 50
③ 120 ④ 150

해설 **권수비**

$$a=\frac{N_1}{N_2}=\frac{V_1}{V_2}=\frac{I_2}{I_1}$$

여기서, a : 권수비
N_1 : 1차 코일권수
N_2 : 2차 코일권수
V_1 : 정격 1차 전압(V)
V_2 : 정격 2차 전압(V)
I_1 : 정격 1차 전류(A)
I_2 : 정격 2차 전류(A)

$$\frac{N_1}{N_2}=\frac{V_1}{V_2}$$

1차전압 V_1 은

$$V_1=V_2\times\frac{N_1}{N_2}=1500\times\frac{10}{300}=50\text{V}$$

답 ②

★★★
36 회로의 전압과 전류를 측정하기 위한 계측기의 연결방법으로 옳은 것은?

19.03.문22
17.09.문24
16.03.문26
14.09.문36
08.03.문30
04.09.문98
03.03.문37

① 전압계 : 부하와 직렬, 전류계 : 부하와 병렬
② 전압계 : 부하와 직렬, 전류계 : 부하와 직렬
③ 전압계 : 부하와 병렬, 전류계 : 부하와 병렬
④ 전압계 : 부하와 병렬, 전류계 : 부하와 직렬

해설 **전압계**와 **전류계**의 **연결**

전압계	전류계
부하와 **병렬**연결	부하와 **직렬**연결

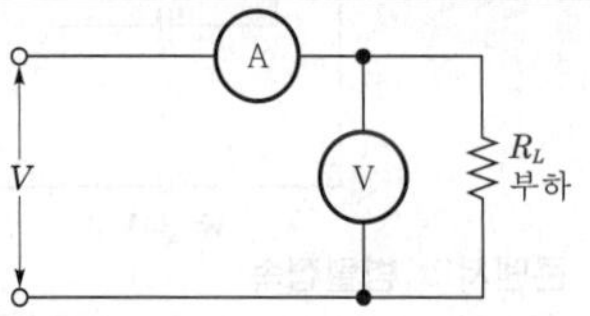

비교

배율기와 **분류기**

배율기

전압계와 **직렬**연결

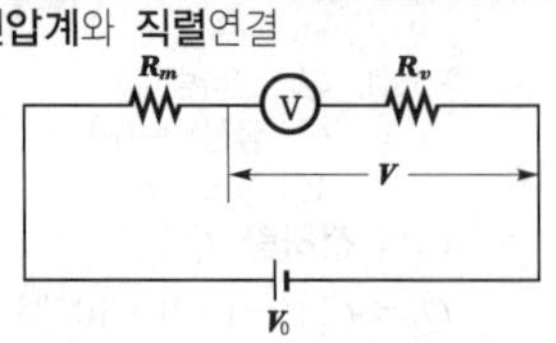

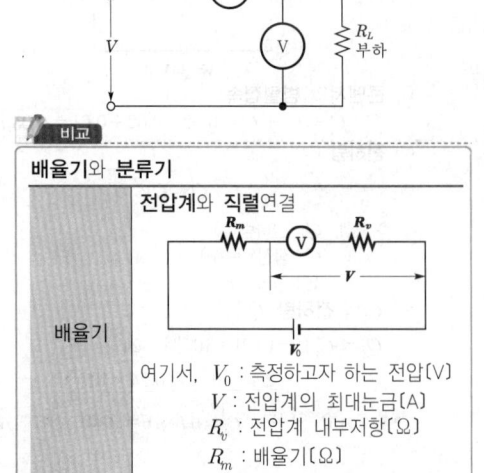

여기서, V_0 : 측정하고자 하는 전압(V)
V : 전압계의 최대눈금(A)
R_v : 전압계 내부저항(Ω)
R_m : 배율기(Ω)

분류기

전류계와 **병렬**연결

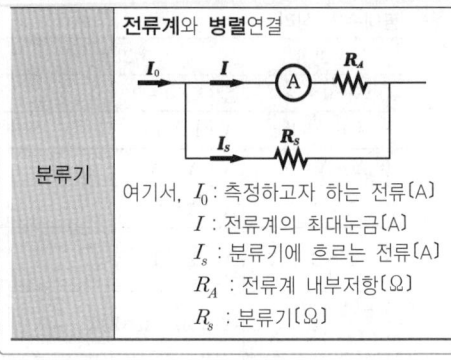

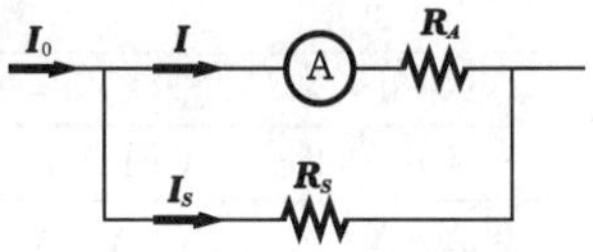

여기서, I_0 : 측정하고자 하는 전류(A)
I : 전류계의 최대눈금(A)
I_s : 분류기에 흐르는 전류(A)
R_A : 전류계 내부저항(Ω)
R_s : 분류기(Ω)

답 ④

★
37 배전선에 6000V의 전압을 가하였더니 2mA의 누설전류가 흘렀다. 이 배전선의 절연저항은 몇 MΩ인가?

19.03.문38
09.08.문26

① 3 ② 6
③ 8 ④ 12

해설 **누설전류**

$$I=\frac{V}{R}$$

여기서, I : 누설전류(A)
V : 전압(V)
R : 절연저항(Ω)

절연저항 R은

$$R=\frac{V}{I}=\frac{6000}{2\times10^{-3}}=3000000\,\Omega=3\text{M}\Omega$$

- m : 10^{-3}이므로 2mA=2×10^{-3}A
- M : 10^{6}이므로 3 000 000Ω=3MΩ

답 ①

★★★
38 RLC 직렬공진회로에서 제n고조파의 공진주파수(f_n)는?

14.09.문30

① $\dfrac{1}{2\pi n\sqrt{LC}}$

② $\dfrac{1}{\pi n\sqrt{LC}}$

③ $\dfrac{1}{2\pi\sqrt{nLC}}$

④ $\dfrac{n}{2\pi\sqrt{LC}}$

해설 **제n고조파의 공진주파수**

$$f_n=\frac{1}{2\pi n\sqrt{LC}}\text{(Hz)}$$

여기서, f_n : 제n고조파의 공진주파수〔Hz〕

n : 제n고조파

L : 인덕턴스〔H〕

C : 정전용량〔F〕

정전용량=커패시턴스

비교

일반적인 공진주파수

$$f_0 = \frac{1}{2\pi\sqrt{LC}} \text{〔Hz〕}$$

여기서, f_0 : 공진주파수〔Hz〕

L : 인덕턴스〔H〕

C : 정전용량〔F〕

답 ①

★★★

39 다음과 같은 결합회로의 합성인덕턴스로 옳은 것은?

06.03.문29
03.08.문26
01.06.문36

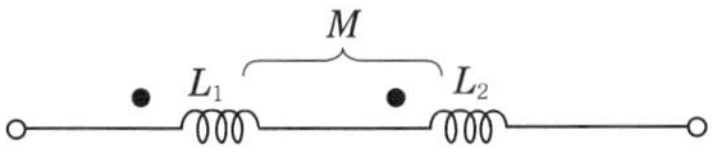

① $L_1 + L_2 + 2M$

② $L_1 + L_2 - 2M$

③ $L_1 + L_2 - M$

④ $L_1 + L_2 + M$

해설 **합성인덕턴스**

(1) 자속이 **같은 방향**

$$L = L_1 + L_2 + 2M \text{〔H〕}$$

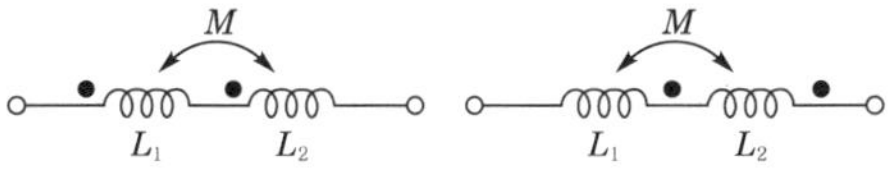

(a) (b)

| 결합접속 |

(2) 자속이 **반대방향**

$$L = L_1 + L_2 - 2M \text{〔H〕}$$

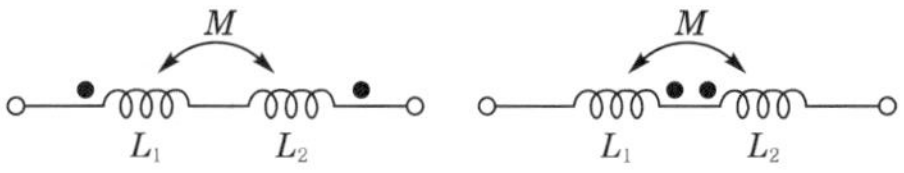

(a) (b)

| 차동접속 |

답 ①

★★

40 자동화재탐지설비의 수신기에서 교류 220V를 직류 24V로 정류시 필요한 구성요소가 아닌 것은?

① 변압기

② 트랜지스터

③ 정류다이오드

④ 평활콘덴서

해설 **정류회로**

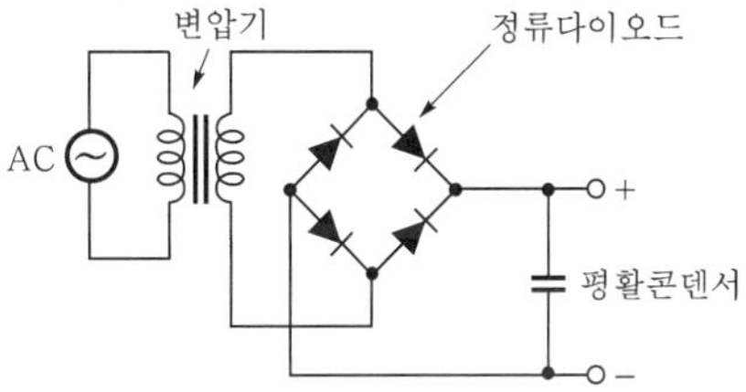

용어

평활콘덴서

직류를 더 직류답게 만들어주기 위한 콘덴서

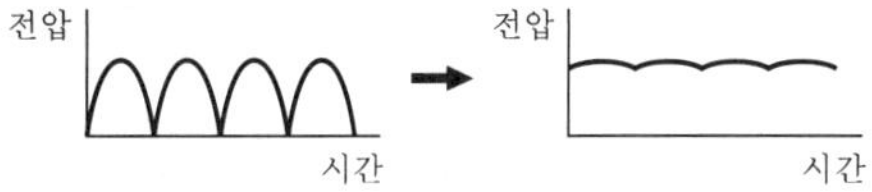

답 ②

제 3 과목 소방관계법규

★★★

41 소방시설 설치 및 관리에 관한 법령상 종합점검 실시대상이 되는 특정소방대상물의 기준 중 다음 ( ) 안에 알맞은 것은?

14.05.문51 (산업)

- (㉠)가 설치된 특정소방대상물
- 물분무등소화설비(호스릴방식의 물분무등소화설비만을 설치한 경우는 제외)가 설치된 연면적 (㉡)m^2 이상인 특정소방대상물(위험물제조소 등은 제외)

① ㉠ 스프링클러설비, ㉡ 2000

② ㉠ 스프링클러설비, ㉡ 5000

③ ㉠ 옥내소화전설비, ㉡ 2000

④ ㉠ 옥내소화전설비, ㉡ 5000

해설 **소방시설법 시행규칙 [별표 3]**
소방시설 등 자체점검의 점검대상, 점검자의 자격, 점검횟수 및 시기

<table>
<tr><th>점검구분</th><th>정 의</th><th>점검대상</th><th>점검자의 자격(주된 인력)</th><th>점검횟수 및 점검시기</th></tr>
<tr><td rowspan="3">작동점검</td><td rowspan="3">소방시설 등을 인위적으로 조작하여 정상적으로 작동하는지를 점검하는 것</td><td>① 간이스프링클러설비 · 자동화재탐지설비</td><td>• 관계인
• 소방안전관리자로 선임된 소방시설관리사 또는 소방기술사
• 소방시설관리업에 등록된 기술인력 중 소방시설관리사 또는 「소방시설공사업법 시행규칙」에 따른 특급 점검자</td><td rowspan="3">• 작동점검은 연 1회 이상 실시하며, 종합점검대상은 종합점검(최초점검 제외)을 받은 달부터 6개월이 되는 달에 실시
• 종합점검대상 외의 특정소방대상물은 사용승인일이 속하는 달의 말일까지 실시</td></tr>
<tr><td>② ①에 해당하지 아니하는 특정소방대상물</td><td>• 소방시설관리업에 등록된 기술인력 중 소방시설관리사
• 소방안전관리자로 선임된 소방시설관리사 또는 소방기술사</td></tr>
<tr><td colspan="2">③ 작동점검 제외대상
• 특정소방대상물 중 소방안전관리자를 선임하지 않는 대상
• 위험물제조소 등
• 특급 소방안전관리대상물</td></tr>
<tr><td>종합점검</td><td>소방시설 등의 작동점검을 포함하여 소방시설 등의 설비별 주요 구성 부품의 구조기준이 화재안전기준과 「건축법」 등 관련 법령에서 정하는 기준에 적합한지 여부를 점검하는 것
(1) 최초점검 : 특정소방대상물의 소방시설이 신설된 경우 건축물을 사용할 수 있게 된 날부터 60일 이내에 점검하는 것
(2) 그 밖의 종합점검 : 최초점검을 제외한 종합점검</td><td>④ 소방시설 등이 신설된 경우에 해당하는 특정소방대상물
⑤ 스프링클러설비가 설치된 특정소방대상물
⑥ 물분무등소화설비(호스릴방식의 물분무등소화설비만을 설치한 경우는 제외)가 설치된 연면적 5000m² 이상인 특정소방대상물(위험물제조소 등 제외)
⑦ 다중이용업의 영업장이 설치된 특정소방대상물로서 연면적이 2000m² 이상인 것
⑧ 제연설비가 설치된 터널
⑨ 공공기관 중 연면적(터널 · 지하구의 경우 그 길이와 평균폭을 곱하여 계산된 값)이 1000m² 이상인 것으로서 옥내소화전설비 또는 자동화재탐지설비가 설치된 것(단, 소방대가 근무하는 공공기관 제외)

중요
종합점검
① 공공기관 : 1000m²
② 다중이용업 : 2000m²
③ 물분무등(호스릴 ×) : 5000m²</td><td>• 소방시설관리업에 등록된 기술인력 중 소방시설관리사
• 소방안전관리자로 선임된 소방시설관리사 또는 소방기술사</td><td>〈점검횟수〉
㉠ 연 1회 이상(특급 소방안전관리대상물은 반기에 1회 이상) 실시
㉡ ㉠에도 불구하고 소방본부장 또는 소방서장은 소방청장이 소방안전관리가 우수하다고 인정한 특정소방대상물에 대해서는 3년의 범위에서 소방청장이 고시하거나 정한 기간 동안 종합점검을 면제할 수 있다(단, 면제기간 중 화재가 발생한 경우는 제외).
〈점검시기〉
㉠ ④에 해당하는 특정소방대상물은 건축물을 사용할 수 있게 된 날부터 60일 이내 실시
㉡ ㉠을 제외한 특정소방대상물은 건축물의 사용승인일이 속하는 달에 실시(단, 학교의 경우 해당 건축물의 사용승인일이 1월에서 6월 사이에 있는 경우에는 6월 30일까지 실시할 수 있다.)
㉢ 건축물 사용승인일 이후 ⑦에 따라 종합점검대상에 해당하게 된 경우에는 그 다음 해부터 실시
㉣ 하나의 대지경계선 안에 2개 이상의 자체점검대상 건축물 등이 있는 경우 그 건축물 중 사용승인일이 가장 빠른 연도의 건축물의 사용승인일을 기준으로 점검할 수 있다.</td></tr>
</table>

[비고] 작동점검 및 종합점검(최초점검 제외)은 건축물 사용승인 후 그 다음 해부터 실시한다.

답 ②

★
42
15.09.문53

화재의 예방 및 안전관리에 관한 법령상 일반음식점에서 조리를 위하여 불을 사용하는 설비를 설치하는 경우 지켜야 하는 사항 중 다음 ( ) 안에 알맞은 것은?

> • 주방설비에 부속된 배출덕트는 (㉠)mm 이상의 아연도금강판 또는 이와 같거나 그 이상의 내식성 불연재료로 설치할 것
> • 열을 발생하는 조리기구로부터 (㉡)m 이내의 거리에 있는 가연성 주요구조부는 단열성이 있는 불연재료로 덮어 씌울 것

① ㉠ 0.5, ㉡ 0.15 ② ㉠ 0.5, ㉡ 0.6
③ ㉠ 0.6, ㉡ 0.15 ④ ㉠ 0.6, ㉡ 0.5

해설 **화재예방법 시행령 〔별표 1〕**
음식조리를 위하여 설치하는 설비
(1) 주방설비에 부속된 배출덕트(공기 배출통로)는 **0.5mm** 이상의 **아연도금강판** 또는 이와 같거나 그 이상의 내식성 **불연재료**로 설치
(2) 열을 발생하는 조리기구로부터 **0.15m** 이내의 거리에 있는 가연성 주요구조부는 **단열성**이 있는 불연재료로 덮어 씌울 것
(3) 주방시설에는 동물 또는 식물의 기름을 제거할 수 있는 **필터** 등을 설치
(4) 열을 발생하는 조리기구는 반자 또는 선반으로부터 **0.6m** 이상 떨어지게 할 것

답 ①

★★★
43
17.05.문46
14.05.문44
13.09.문60
06.03.문58

위험물안전관리법상 시·도지사의 허가를 받지 아니하고 당해 제조소 등을 설치할 수 있는 기준 중 다음 ( ) 안에 알맞은 것은?

> 농예용·축산용 또는 수산용으로 필요한 난방시설 또는 건조시설을 위한 지정수량 ( )배 이하의 저장소

① 20 ② 30
③ 40 ④ 50

해설 **위험물법 6조**
제조소 등의 설치허가
(1) **설치허가자**: **시·도지사**
(2) **설치허가 제외장소**
㉠ 주택의 난방시설(공동주택의 중앙난방시설은 제외)을 위한 **저장소** 또는 **취급소**
㉡ 지정수량 **20배** 이하의 **농예용·축산용·수산용** 난방시설 또는 건조시설의 **저장소**
(3) **제조소 등의 변경신고**: 변경하고자 하는 날의 **1일** 전까지

기억법 **농축수2**

참고

시·도지사
(1) 특별시장
(2) 광역시장
(3) 특별자치시장
(4) 도지사
(5) 특별자치도지사

답 ①

★★
44
15.05.문55
11.03.문54

소방기본법상 소방업무의 응원에 대한 설명 중 틀린 것은?

① 소방본부장이나 소방서장은 소방활동을 할 때에 긴급한 경우에는 이웃한 소방본부장 또는 소방서장에게 소방업무의 응원을 요청할 수 있다.
② 소방업무의 응원 요청을 받은 소방본부장 또는 소방서장은 정당한 사유 없이 그 요청을 거절하여서는 아니 된다.
③ 소방업무의 응원을 위하여 파견된 소방대원은 응원을 요청한 소방본부장 또는 소방서장의 지휘에 따라야 한다.
④ 시·도지사는 소방업무의 응원을 요청하는 경우를 대비하여 출동 대상지역 및 규모와 필요한 경비의 부담 등에 관하여 필요한 사항을 대통령령으로 정하는 바에 따라 이웃하는 시·도지사와 협의하여 미리 규약으로 정하여야 한다.

해설 **기본법 11조**
④ 대통령령 → 행정안전부령

중요

기본규칙 8조
소방업무의 상호응원협정
(1) 다음의 **소방활동**에 관한 사항
㉠ 화재의 경계·진압활동
㉡ 구조·구급업무의 지원
㉢ 화재**조**사활동
(2) **응원출동 대상지역** 및 **규모**
(3) 소요경비의 **부담**에 관한 사항
㉠ 출동대원의 수당·식사 및 의복의 수선
㉡ 소방장비 및 기구의 정비와 연료의 보급
(4) **응원출동**의 **요청방법**
(5) **응원출동 훈련** 및 **평가**

기억법 **조응(조아?)**

답 ④

★

45 화재의 예방 및 안전관리에 관한 법령상 소방안전관리대상물의 소방안전관리자가 소방훈련 및 교육을 하지 않은 경우 1차 위반시 과태료 금액 기준으로 옳은 것은?

15.03.문47

① 200만원　② 100만원

③ 50만원　④ 30만원

해설 **화재예방법 시행령 〔별표 9〕**

소방훈련 및 교육을 하지 않은 경우

1차 위반	2차 위반	3차 이상 위반
100만원	200만원	300만원

비교

소방시설법 시행령 〔별표 10〕

피난시설, 방화구획 또는 방화시설을 폐쇄·훼손·변경 등의 행위

1차 위반	2차 위반	3차 이상 위반
100만원	200만원	300만원

답 ②

★★★

46 소방기본법령상 소방용수시설별 설치기준 중 옳은 것은?

17.03.문54
16.10.문52
16.10.문55
16.05.문44
16.03.문41
13.03.문49
09.08.문43

① 저수조는 지면으로부터의 낙차가 4.5m 이상일 것

② 소화전은 상수도와 연결하여 지하식 또는 지상식의 구조로 하고, 소방용 호스와 연결하는 소화전의 연결금속구의 구경은 50mm로 할 것

③ 저수조 흡수관의 투입구가 사각형의 경우에는 한 변의 길이가 60cm 이상일 것

④ 급수탑 급수배관의 구경은 65mm 이상으로 하고, 개폐밸브는 지상에서 0.8m 이상 1.5m 이하의 위치에 설치하도록 할 것

해설 **기본규칙 〔별표 3〕**

소방용수시설의 저수조에 대한 설치기준

(1) 낙차 : **4.5m** 이하

(2) 수심 : **0.5m** 이상

(3) 투입구의 길이 또는 지름 : **60cm** 이상

(4) 소방펌프자동차가 **쉽게 접근**할 수 있도록 할 것

(5) 흡수에 지장이 없도록 **토사** 및 **쓰레기** 등을 제거할 수 있는 설비를 갖출 것

(6) 저수조에 물을 공급하는 방법은 **상수도**에 연결하여 **자동**으로 **급수**되는 구조일 것

기억법 수5(수호천사)

소화전	급수탑
• **65mm** : 연결금속구의 구경	• **100mm** : 급수배관의 구경 • **1.5~1.7m** 이하 : 개폐밸브 높이 기억법 57탑(57층 탑)

① 4.5m 이상 → 4.5m 이하
② 50mm → 65mm
④ 65mm → 100mm, 0.8m 이상 1.5m 이하 → 1.5m 이상 1.7m 이하

답 ③

★★

47 소방시설 설치 및 관리에 관한 법률상 중앙소방기술심의위원회의 심의사항이 아닌 것은?

① 화재안전기준에 관한 사항

② 소방시설의 설계 및 공사감리의 방법에 관한 사항

③ 소방시설에 하자가 있는지의 판단에 관한 사항

④ 소방시설공사의 하자를 판단하는 기준에 관한 사항

해설 **소방시설법 18조**

소방기술심의위원회의 심의사항

중앙소방기술심의위원회	지방소방기술심의위원회
① 화재안전기준에 관한 사항 ② 소방시설의 구조 및 원리 등에서 공법이 특수한 설계 및 시공에 관한 사항 ③ 소방시설의 설계 및 공사감리의 방법에 관한 사항 ④ **소방시설공사**의 하자를 판단하는 기준에 관한 사항	**소방시설**에 하자가 있는지의 판단에 관한 사항

③ 지방소방기술심의위원회의 심의사항

답 ③

★★★

48 화재의 예방 및 안전관리에 관한 법령상 특수가연물의 품명별 수량기준으로 틀린 것은?

15.09.문47
15.05.문49
14.03.문52
12.05.문60

① 고무류 · 플라스틱류(발포시킨 것) : $20m^3$ 이상

② 가연성 액체류 : $2m^3$ 이상

③ 넝마 및 종이부스러기 : 400kg 이상

④ 볏짚류 : 1000kg 이상

해설 **화재예방법 시행령 〔별표 2〕**

특수가연물

품 명		수 량
가연성 액체류		2m³ 이상
목재가공품 및 나무부스러기		10m³ 이상
면화류		200kg 이상
나무껍질 및 대팻밥		400kg 이상
넝마 및 종이부스러기		1000kg 이상
사류(絲類)		1000kg 이상
볏짚류		1000kg 이상
가연성 고체류		3000kg 이상
고무류 · 플라스틱류	발포시킨 것	20m³ 이상
고무류 · 플라스틱류	그 밖의 것	3000kg 이상
석탄 · 목탄류		10000kg 이상

③ 400kg 이상 → 1000kg 이상

※ **특수가연물** : 화재가 발생하면 그 확대가 빠른 물품

기억법 가액목면나 넝사볏가고 고석
2 1 2 4 1 3 3 1

답 ③

49 소방시설 설치 및 관리에 관한 법령상 단독경보형 감지기를 설치하여야 하는 특정소방대상물의 기준으로 옳은 것은?

17.09.문60 10.03.문55 06.09.문61

① 연면적 $400m^2$ 미만의 유치원
② 연면적 $600m^2$ 미만의 숙박시설
③ 수련시설 내에 있는 합숙소 또는 기숙사로서 연면적 $1000m^2$ 미만인 것
④ 교육연구시설 내에 있는 합숙소 또는 기숙사로서 연면적 $1000m^2$ 미만인 것

해설 **소방시설법 시행령 〔별표 4〕**

단독경보형 감지기의 설치대상

연면적	설치대상
$400m^2$ 미만	• 유치원
$2000m^2$ 미만	• 교육연구시설 · 수련시설 내에 있는 **합숙소** 또는 **기숙사**
모두 적용	• 100명 미만의 수련시설(숙박시설이 있는 것) • 연립주택 • 다세대주택

※ **단독경보형 감지기** : 화재발생상황을 단독으로 감지하여 자체에 내장된 음향장치로 경보하는 감지기

비교

단독경보형 감지기의 설치기준(NFPC 201 5조, NFTC 201 2.2.1)

(1) 각 실(이웃하는 실내의 바닥면적이 각각 **$30m^2$ 미만**이고 벽체의 상부의 전부 또는 일부가 개방되어 이웃하는 실내와 공기가 상호 유통되는 경우에는 이를 1개의 실로 본다)마다 설치하되, 바닥면적이 **$150m^2$**를 초과하는 경우에는 **$150m^2$**마다 1개 이상 설치할 것
(2) 최상층의 계단실의 **천장**(외기가 상통하는 계단실의 경우 제외)에 설치할 것
(3) 건전지를 주전원으로 사용하는 단독경보형 감지기는 정상적인 작동상태를 유지할 수 있도록 건전지를 교환할 것
(4) 상용전원을 주전원으로 사용하는 단독경보형 감지기의 **2차 전지**는 제품검사에 합격한 것을 사용할 것

답 ①

50 소방시설 설치 및 관리에 관한 법령상 화재안전기준을 달리 적용하여야 하는 특수한 용도 또는 구조를 가진 특정소방대상물인 원자력발전소에 설치하지 않을 수 있는 소방시설은?

17.03.문53

① 물분무등소화설비
② 스프링클러설비
③ 상수도소화용수설비
④ 연결살수설비

해설 **소방시설법 시행령 〔별표 6〕**

소방시설을 설치하지 않을 수 있는 특정소방대상물 및 소방시설의 범위

구 분	특정소방대상물	소방시설
화재안전기준을 달리 적용해야 하는 특수한 용도 또는 구조를 가진 특정소방대상물	• 원자력발전소 • 중 · 저준위 방사성 폐기물의 저장시설	• 연결송수관설비 • 연결살수설비 기억법 화기연(화기연구)
자체소방대가 설치된 특정소방대상물	자체소방대가 설치된 위험물 제조소 등에 부속된 사무실	• 옥내소화전설비 • 소화용수설비 • 연결살수설비 • 연결송수관설비
화재위험도가 낮은 특정소방대상물	석재, 불연성 금속, 불연성 건축재료 등의 가공공장 · 기계조립공장 · 또는 불연성 물품을 저장하는 창고	• 옥외소화전설비 • 연결살수설비 기억법 석불금외

중요

소방시설법 시행령 〔별표 6〕
소방시설을 설치하지 않을 수 있는 소방시설의 범위
(1) **화재위험도**가 낮은 특정소방대상물
(2) 화재안전기준을 적용하기가 어려운 특정소방대상물
(3) 화재안전기준을 달리 적용하여야 하는 특수한 **용도·구조**를 가진 특정소방대상물
(4) **자체소방대**가 설치된 특정소방대상물

답 ④

★★★
51 17.03.문43 15.03.문59 14.05.문54
소방시설공사업법령상 소방시설공사 완공검사를 위한 현장확인대상 특정소방대상물의 범위가 아닌 것은?
① 위락시설 ② 판매시설
③ 운동시설 ④ 창고시설

해설 **공사업령 5조**
완공검사를 위한 현장확인 대상 특정소방대상물의 범위
(1) **문**화 및 집회시설, **종**교시설, **판**매시설, **노**유자시설, **수**련시설, **운**동시설, **숙**박시설, **창**고시설, 지하**상**가 및 다중이용업소
(2) 다음의 어느 하나에 해당하는 설비가 설치되는 특정소방대상물
㉠ 스프링클러설비 등
㉡ 물분무등소화설비(호스릴방식의 소화설비 제외)
(3) 연면적 **10000m²** 이상이거나 **11층** 이상인 특정소방대상물(아파트 제외)
(4) 가연성 가스를 제조·저장 또는 취급하는 시설 중 지상에 노출된 가연성 가스탱크의 저장용량 합계가 **1000t** 이상인 시설

기억법 **문종판 노수운 숙창상현**

답 ①

★★
52 15.09.문50 12.05.문53
화재의 예방 및 안전관리에 관한 법률상 시·도지사가 화재예방강화지구로 지정할 필요가 있는 지역을 화재예방강화지구로 지정하지 아니하는 경우 해당 시·도지사에게 해당 지역의 화재예방강화지구 지정을 요청할 수 있는 자는?
① 행정안전부장관 ② 소방청장
③ 소방본부장 ④ 소방서장

해설 **화재예방법 18조**
화재예방강화지구

지 정	지정요청	화재안전조사
시·도지사	**소방청장**	**소방청장·소방본부장** 또는 **소방서장**

※ **화재예방강화지구** : 화재발생 우려가 크거나 화재가 발생할 경우 피해가 클 것으로 예상되는 지역에 대하여 화재의 예방 및 안전관리를 강화하기 위해 지정·관리하는 지역

중요

화재예방법 18조
화재예방강화지구의 지정
(1) **지정권자** : **시**·도지사
(2) **지정지역**
㉠ **시장**지역
㉡ **공장·창고** 등이 밀집한 지역
㉢ **목조건물**이 밀집한 지역
㉣ 노후·불량 건축물이 밀집한 지역
㉤ **위험물**의 **저장** 및 **처리시설**이 **밀집**한 지역
㉥ **석유화학제품**을 생산하는 공장이 있는 지역
㉦ **소방시설·소방용수시설** 또는 **소방출동로**가 **없는** 지역
㉧ 「**산업입지 및 개발에 관한 법률**」에 따른 산업단지
㉨ 「물류시설의 개발 및 운영에 관한 법률」에 따른 물류단지
㉩ **소방청장·소방본부장** 또는 **소방서장**(소방관서장)이 화재예방강화지구로 지정할 필요가 있다고 인정하는 지역

기억법 **화강시**

답 ②

★
53 08.09.문51
위험물안전관리법령상 제조소의 위치·구조 및 설비의 기준 중 위험물을 취급하는 건축물 그 밖의 시설의 주위에는 그 취급하는 위험물의 최대수량이 지정수량의 10배 이하인 경우 보유하여야 할 공지의 너비는 몇 m 이상이어야 하는가?
① 3 ② 5
③ 8 ④ 10

해설 **위험물규칙 〔별표 4〕**
위험물제조소의 보유공지

지정수량의 10배 이하	지정수량의 10배 초과
3m 이상	5m 이상

답 ①

★
54
소방시설 설치 및 관리에 관한 법령상 용어의 정의 중 다음 (   ) 안에 알맞은 것은?

특정소방대상물이란 건축물 등의 규모·용도 및 수용인원 등을 고려하여 소방시설을 설치하여야 하는 소방대상물로서 (   )으로 정하는 것

① 행정안전부령 ② 국토교통부령
③ 고용노동부령 ④ 대통령령

해설 **소방시설법 2조**
정의

용 어	뜻
소방시설	**소화설비**, **경보설비**, **피난구조설비**, **소화용수설비**, 그 밖에 **소화활동설비**로서 **대통령령**으로 정하는 것

소방시설 등	**소방시설**과 **비상구**, 그 밖에 소방 관련 시설로서 **대통령령**으로 정하는 것
특정소방대상물	건축물 등의 규모·용도 및 수용인원 등을 고려하여 소방시설을 설치하여야 하는 소방대상물로서 **대통령령**으로 정하는 것
소방용품	소방시설 등을 구성하거나 소방용으로 사용되는 **제품** 또는 **기기**로서 **대통령령**으로 정하는 것

답 ④

★★★
55 15.03.문07 14.05.문45 08.09.문58 03.03.문75

위험물안전관리법령상 인화성 액체위험물(이황화탄소를 제외)의 옥외탱크저장소의 탱크 주위에 설치하여야 하는 방유제의 설치기준 중 틀린 것은?

① 방유제 내의 면적은 60000m^2 이하로 하여야 한다.

② 방유제는 높이 0.5m 이상 3m 이하, 두께 0.2m 이상, 지하매설깊이 1m 이상으로 할 것. 다만, 방유제와 옥외저장탱크 사이의 지반면 아래에 불침윤성 구조물을 설치하는 경우에는 지하매설깊이를 해당 불침윤성 구조물까지로 할 수 있다.

③ 방유제의 용량은 방유제 안에 설치된 탱크가 하나인 때에는 그 탱크 용량의 110% 이상, 2기 이상인 때에는 그 탱크 중 용량이 최대인 것의 용량의 110% 이상으로 하여야 한다.

④ 방유제는 철근콘크리트로 하고, 방유제와 옥외저장탱크 사이의 지표면은 불연성과 불침윤성이 있는 구조(철근콘크리트 등)로 할 것. 다만, 누출된 위험물을 수용할 수 있는 전용유조 및 펌프 등의 설비를 갖춘 경우에는 방유제와 옥외저장탱크 사이의 지표면을 흙으로 할 수 있다.

해설 **위험물규칙 〔별표 6〕**
옥외탱크저장소의 방유제

구 분	설 명
높이	**0.5~3m** 이하
탱크	**10기**(모든 탱크용량이 **20만L** 이하, 인화점이 70~200℃ 미만은 **20**기) 이하
면적	**80000m^2** 이하
용량	① 1기 이상 : **탱크용량**×110% 이상 ② 2기 이상 : **최대탱크용량**×110% 이상

① 60000m^2 이하 → 80000m^2 이하

답 ①

★★★
56 19.03.문59 16.10.문54 16.03.문55

소방시설공사업법상 특정소방대상물의 관계인 또는 발주자가 해당 도급계약의 수급인을 도급계약 해지할 수 있는 경우의 기준 중 틀린 것은?

① 하도급계약의 적정성 심사 결과 하수급인 또는 하도급계약 내용의 변경 요구에 정당한 사유 없이 따르지 아니하는 경우

② 정당한 사유 없이 15일 이상 소방시설공사를 계속하지 아니하는 경우

③ 소방시설업이 등록취소되거나 영업정지된 경우

④ 소방시설업을 휴업하거나 폐업한 경우

해설 **30일**

(1) 소방시설업 등록사항 변경신고(공사업규칙 6조)
(2) 위험물안전관리자의 재선임(위험물안전관리법 15조)
(3) 소방안전관리자의 재선임(화재예방법 시행규칙 14조)
(4) **도급계약 해지**(공사업법 23조)
(5) 소방시설공사 중요사항 변경시의 신고일(공사업규칙 12조)
(6) 소방기술자 실무교육기관 지정서 발급(공사업규칙 32조)
(7) 소방공사감리자 변경서류 제출(공사업규칙 15조)
(8) 승계(위험물법 10조)
(9) 위험물안전관리자의 직무대행(위험물법 15조)
(10) 탱크시험자의 변경신고일(위험물법 16조)

② 15일 이상 → 30일 이상

답 ②

★★
57 17.05.문41

위험물안전관리법상 업무상 과실로 제조소 등에서 위험물을 유출·방출 또는 확산시켜 사람의 생명·신체 또는 재산에 대하여 위험을 발생시킨 자에 대한 벌칙기준으로 옳은 것은?

① 10년 이하의 징역 또는 금고나 1억원 이하의 벌금

② 7년 이하의 금고 또는 7천만원 이하의 벌금

③ 5년 이하의 징역 또는 1억원 이하의 벌금

④ 3년 이하의 징역 또는 3천만원 이하의 벌금

해설 **위험물법 34조**

벌 칙	행 위
7년 이하의 금고 또는 **7천만원** 이하의 벌금	업무상 과실로 제조소 등에서 위험물을 유출·방출 또는 확산시켜 사람의 생명·신체 또는 재산에 대하여 **위험**을 발생시킨 자
10년 이하의 징역 또는 금고나 **1억원** 이하의 벌금	업무상 과실로 제조소 등에서 위험물을 유출·방출 또는 확산시켜 사람을 **사상**에 이르게 한 자

비교

소방시설법 56조

벌 칙	행 위
5년 이하의 징역 또는 **5천만원 이하**의 벌금	소방시설에 폐쇄·차단 등의 **행위**를 한 자
7년 이하의 징역 또는 **7천만원** 이하의 벌금	소방시설에 폐쇄·차단 등의 행위를 하여 사람을 **상해**에 이르게 한 때
10년 이하의 징역 또는 **1억원 이하**의 벌금	소방시설에 폐쇄·차단 등의 행위를 하여 사람을 **사망**에 이르게 한 때

답 ②

★★
58 화재의 예방 및 안전관리에 관한 법률상 소방안전특별관리시설물의 대상기준 중 틀린 것은?

12.05.문42

① 수련시설
② 항만시설
③ 전력용 및 통신용 지하구
④ 지정문화유산인 시설(시설이 아닌 지정문화유산을 보호하거나 소장하고 있는 시설을 포함)

해설 **화재예방법 40조**
소방안전특별관리시설물의 안전관리
(1) 공항시설
(2) 철도시설
(3) 도시철도시설
(4) **항만시설**
(5) **지정문화유산** 및 **천연기념물** 등인 시설(시설이 아닌 지정문화유산 및 천연기념물 등을 보호하거나 소장하고 있는 시설 포함)
(6) 산업기술단지
(7) 산업단지
(8) 초고층 건축물 및 지하연계 복합건축물
(9) 영화상영관 중 수용인원 **1000명** 이상인 영화상영관
(10) **전력용 및 통신용 지하구**
(11) 석유비축시설
(12) 천연가스 인수기지 및 공급망
(13) 전통시장(**대통령령**으로 정하는 전통시장)

답 ①

★★
59 화재의 예방 및 안전관리에 관한 법령상 관리의 권원이 분리된 특정소방대상물이 아닌 것은?

16.03.문42
06.03.문60

① 판매시설 중 도매시장 및 소매시장
② 전통시장
③ 지하층을 제외한 층수가 7층 이상인 복합건축물
④ 복합건축물로서 연면적이 30000m^2 이상인 것

해설 **화재예방법 35조, 화재예방법 시행령 35조**
관리의 권원이 분리된 특정소방대상물
(1) 복합건축물(지하층을 제외한 **11층** 이상 또는 연면적 **3만m^2** 이상인 건축물)
(2) 지하가
(3) **도매시장, 소매시장, 전통시장**

③ 7층 → 11층

답 ③

★★★
60 화재의 예방 및 안전관리에 관한 법령상 특수가연물의 저장 및 취급의 기준 중 다음 ( ) 안에 알맞은 것은?

19.03.문55
14.05.문46
14.03.문46
13.03.문60

> 살수설비를 설치하거나, 방사능력 범위에 해당 특수가연물이 포함되도록 대형 수동식 소화기를 설치하는 경우에는 쌓는 높이를 (㉠)m 이하, 석탄·목탄류의 경우에는 쌓는 부분의 바닥면적을 (㉡)m^2 이하로 할 수 있다.

① ㉠ 10, ㉡ 50 ② ㉠ 10, ㉡ 200
③ ㉠ 15, ㉡ 200 ④ ㉠ 15, ㉡ 300

해설 **화재예방법 시행령 [별표 3]**
특수가연물의 저장·취급기준
(1) **품명별**로 구분하여 쌓을 것
(2) 쌓는 높이는 **10m** 이하가 되도록 할 것
(3) 쌓는 부분의 바닥면적은 **50m^2**(석탄·목탄류는 **200m^2**) 이하가 되도록 할 것[단, 살수설비를 설치하거나 대형 수동식 소화기를 설치하는 경우에는 높이 **15m** 이하, 바닥면적 **200m^2**(석탄·목탄류는 **300m^2**) 이하]
(4) 쌓는 부분의 바닥면적 사이는 실내의 경우 **1.2m** 또는 **쌓는 높이**의 $\frac{1}{2}$ 중 **큰 값**(실외 **3m** 또는 **쌓는 높이** 중 **큰 값**) 이상으로 간격을 둘 것
(5) 취급장소에는 **품명, 최대저장수량, 단위부피당 질량** 또는 **단위체적당 질량, 관리책임자 성명·직책·연락처** 및 **화기취급**의 **금지표지** 설치

답 ④

제 4 과목 소방전기시설의 구조 및 원리

★★★
61 복도통로유도등의 식별도 기준 중 다음 ( ) 안에 알맞은 것은?

16.10.문64
14.09.문66
14.05.문67
14.03.문80
04.09.문69

> 복도통로유도등에 있어서 사용전원으로 등을 켜는 경우에는 직선거리 (㉠)m의 위치에서, 비상전원으로 등을 켜는 경우에는 직선거리 (㉡)m의 위치에서 보통시력에 의하여 표시면의 화살표가 쉽게 식별되어야 한다.

① ㉠ 15, ㉡ 20 ② ㉠ 20, ㉡ 15
③ ㉠ 30, ㉡ 20 ④ ㉠ 20, ㉡ 30

해설 **식별도 시험**(유도등의 형식승인 및 제품검사의 기술기준 16조)

유도등의 종류	시험방법
• 피난구유도등 • 거실통로유도등	① **상용전원** : 10~30lx의 주위조도로 **30m**에서 식별 ② **비상전원** : 0~1lx의 주위조도로 **20m**에서 식별
• 복도통로유도등	① **상용전원**(사용전원) : 직선거리 **20m**에서 식별 ② **비상전원** : 직선거리 **15m**에서 식별

비교

(1) **설치높이**

구 분	설치높이
계단통로유도등 · 복도통로유도등 · 통로유도표지	바닥으로부터 높이 1m 이하
피난구유도등	피난구의 바닥으로부터 높이 **1.5m** 이**상**
거실통로유도등	바닥으로부터 높이 **1.5m** 이상(단, 거실통로의 기둥은 1.5m 이하)
피난구유도표지	출입구 상단

기억법 **계복1, 피유15상**

(2) **설치거리**

구 분	설치거리
복도통로유도등	구부러진 모퉁이 및 피난구유도등이 설치된 출입구의 맞은편 복도에 입체형 또는 바닥에 설치한 통로유도등을 기점으로 보행거리 20m마다 설치
거실통로유도등	구부러진 모퉁이 및 **보행거리 20m**마다 설치
계단통로유도등	각 층의 **경사로참** 또는 **계단참**마다 설치

기억법 **복거2**

답 ②

★★★

62 누전경보기의 전원은 분전반으로부터 전용회로로 하고, 각 극에 개폐기와 몇 A 이하의 과전류차단기를 설치해야 하는가?

23.03.문62
16.03.문74
11.03.문65

① 10 ② 15
③ 20 ④ 30

해설 **누전경보기**의 **설치기준**(NFPC 205 6조, NFTC 205 2.3.1)

과전류차단기	배선용차단기
15A 이하	**20A** 이하

중요

누전경보기(NFPC 205 4조, NFTC 205 2.1.1.1)

60A 이하	60A 초과
• **1급** 누전경보기 • **2급** 누전경보기	• **1급** 누전경보기

답 ②

★

63 누전경보기 수신부의 구조기준 중 옳은 것은?

17.05.문79

① 감도조정장치와 감도조정부는 외함의 바깥쪽에 노출되지 아니하여야 한다.
② 2급 수신부는 전원을 표시하는 장치를 설치하여야 한다.
③ 전원입력측의 양선(1회선용은 1선 이상) 및 외부부하에 직접 전원을 송출하도록 구성된 회로에는 퓨즈 또는 브레이커 등을 설치하여야 한다.
④ 2급 수신부에는 전원 입력측의 회로에 단락이 생기는 경우에는 유효하게 보호되는 조치를 강구하여야 한다.

해설 **누전경보기 수신부**의 **구조**(누전경보기의 형식승인 및 제품검사의 기술기준 23조)

(1) 감도조정장치를 제외하고 감도조정부는 외함의 **바깥쪽**에 노출되지 아니하여야 한다.
(2) 전원을 표시하는 장치 설치(단, **2급**은 제외)
(3) 전원입력측의 양선(**1회선용**은 **1선** 이상) 및 외부부하에 직접 전원을 송출하도록 구성된 회로에는 **퓨즈** 또는 **브레이커** 등 설치
(4) 수신부는 다음 회로에 **단락**이 생기는 경우에는 유효하게 보호되는 조치를 강구하여야 한다.
 ㉠ 전원입력측의 회로(단, **2급 수신부**는 제외)
 ㉡ 수신부에서 외부의 음향장치와 표시등에 대하여 직접 전력을 공급하도록 구성된 외부회로
(5) 주전원의 양극을 동시에 개폐할 수 있는 **전원스위치**를 설치하여야 한다(단, 보수시에 전원공급이 자동적으로 중단되는 방식은 제외).

① 감도조정장치와 → 감도조정장치를 제외하고
② 2급 수신부는 → 2급 수신부를 제외하고
④ 2급 수신부에는 → 2급 수신부를 제외하고

답 ③

★★
64 비상콘센트설비의 전원부와 외함 사이의 절연내력기준 중 다음 ( ) 안에 알맞은 것은?
[11.06.문73]

> 전원부와 외함 사이에 정격전압이 150V 초과인 경우에는 그 정격전압에 (㉠)을/를 곱하여 (㉡)을 더한 실효전압을 가하는 시험에서 1분 이상 견디는 것으로 할 것

① ㉠ 2, ㉡ 1500 ② ㉠ 3, ㉡ 1500
③ ㉠ 2, ㉡ 1000 ④ ㉠ 3, ㉡ 1000

해설 **비상콘센트설비**의 **절연내력시험**(NFPC 504 4조, NFTC 504 2.1.6.2)

구 분	150V 이하	150V 초과
실효전압	**1000V**	**(정격전압×2)+1000V** 예 220V인 경우 (220×2)+1000=1440V
견디는 시간	**1분** 이상	**1분** 이상

③ 전원부와 외함 사이에 정격전압이 150V 초과인 경우에는 그 **정격전압**에 **2**를 **곱**하여 **1000**을 **더한** 실효전압을 가하는 시험에서 **1분** 이상 견디는 것으로 할 것

비교

절연저항시험

절연 저항계	절연저항	대 상
직류 250V	0.1MΩ 이상	• 1경계구역의 절연저항
직류 500V	5MΩ 이상	• 누전경보기 • 가스누설경보기 • 수신기(10회로 미만, 절연된 충전부와 외함간) • 자동화재속보설비 • 비상경보설비 • 유도등(교류입력측과 외함간 포함) • 비상조명등(교류입력측과 외함간 포함)
	20MΩ 이상	• 경종 • 발신기 • 중계기 • 비상**콘**센트 • 기기의 절연된 선로간 • 기기의 충전부와 비충전부간 • 기기의 교류입력측과 외함간(유도등 · 비상조명등 제외) 기억법 **2콘(이크)**
	50MΩ 이상	• 감지기(정온식 감지선형 감지기 제외) • 가스누설경보기(10회로 이상) • 수신기(10회로 이상, 교류입력측과 외함간 제외)
	1000MΩ 이상	• 정온식 감지선형 감지기

답 ③

★★★
65 자동화재탐지설비 배선의 설치기준 중 옳은 것은?
[17.09.문71] [16.10.문74]

① 감지기 사이의 회로의 배선은 교차회로방식으로 설치하여야 한다.
② 피(P)형 수신기 및 지피(G.P.)형 수신기의 감지기 회로의 배선에 있어서 하나의 공통선에 접속할 수 있는 경계구역은 10개 이하로 설치하여야 한다.
③ 자동화재탐지설비의 감지기회로의 전로저항은 80Ω 이하가 되도록 하여야 하며, 수신기의 각 회로별 종단에 설치되는 감지기에 접속되는 배선의 전압은 감지기 정격전압의 50% 이상이어야 한다.
④ 자동화재탐지설비의 배선은 다른 전선과 별도의 관·덕트·몰드 또는 풀박스 등에 설치할 것. 다만, 60V 미만의 약 전류회로에 사용하는 전선으로서 각각의 전압이 같을 때에는 그러하지 아니하다.

해설 **자동화재탐지설비 배선**의 **설치기준**(NFPC 203 11조, NFTC 203 2.8.1)

(1) 감지기 사이의 회로배선 : **송배선식**
(2) P형 수신기 및 GP형 수신기의 감지기 회로의 배선에 있어서 하나의 공통선에 접속할 수 있는 경계구역은 **7개** 이하
(3) 감지기 회로의 전로저항 : **50Ω 이하**
감지기에 접속하는 배선전압 : 정격전압의 **80% 이상**
(4) 자동화재탐지설비의 배선은 다른 전선과 **별도**의 관·덕트·몰드 또는 풀박스 등에 설치할 것(단, **60V** 미만의 약전류회로에 사용하는 전선으로서 각각의 전압이 같을 때는 제외)

① 교차회로방식 → 송배선식
② 10개 이하 → 7개 이하
③ 80Ω 이하 → 50Ω 이하
50% 이상 → 80% 이상

답 ④

★★★
66 광전식 분리형 감지기의 설치기준 중 틀린 것은?
[16.10.문65] [13.03.문65]

① 감지기의 수광면은 햇빛을 직접 받지 않도록 설치할 것
② 광축은 나란한 벽으로부터 0.6m 이상 이격하여 설치할 것
③ 감지기의 송광부와 수광부는 설치된 뒷벽으로부터 0.5m 이내 위치에 설치할 것
④ 광축의 높이는 천장 등 높이의 80% 이상일 것

해설 **광전식 분리형 감지기**의 **설치기준**(NFPC 203 7조, NFTC 203 2.4.3.15)

(1) 감지기의 광축의 길이는 공칭감시거리 범위 이내이어야 한다.
(2) 감지기의 송광부와 수광부는 설치된 뒷벽으로부터 **1m 이내**의 위치에 설치해야 한다.
(3) 감지기의 수광면은 햇빛을 직접 받지 않도록 설치해야 한다.
(4) 광축은 나란한 벽으로부터 **0.6m 이상** 이격하여야 한다.
(5) 광축의 높이는 천장 등 높이의 **80%** 이상일 것

기억법 **광분8**(**광** **분**할해서 **팔**아요.)

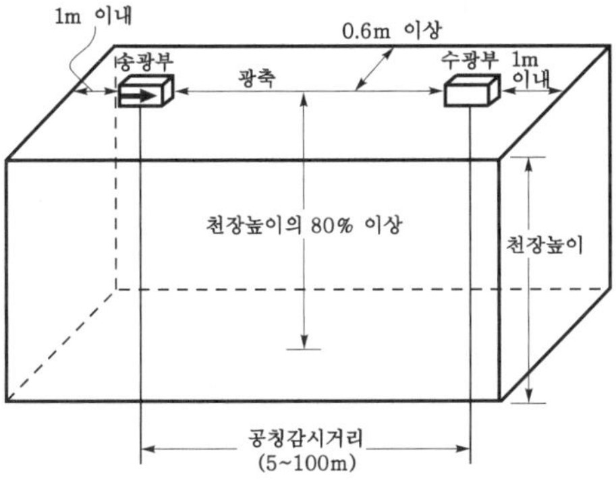

| 광전식 분리형 감지기의 설치 |

③ 0.5m 이내 → 1m 이내

중요

광전식 분리형 감지기의 동작원리

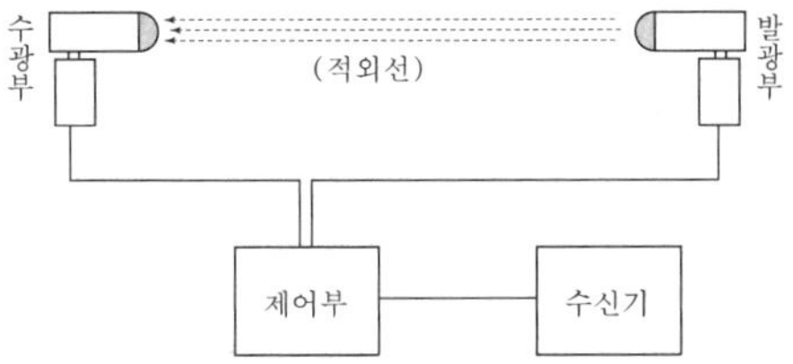

(1) 화재발생시 연기확산
(2) 연기에 의해 수광부로 유입되는 **적외선**의 **진로 방해**
(3) 수광부의 **수광량** 감소
(4) **제어부**에서 검출
(5) **수신기**에 화재신호 발생

답 ③

67 지하층을 제외한 층수가 7층 이상으로서 연면적이 2000m^2 이상이거나 지하층의 바닥면적의 합계가 3000m^2 이상인 특정소방대상물의 비상콘센트설비에 설치하여야 할 비상전원의 종류가 아닌 것은?

14.09.문79
13.03.문77
12.09.문72

① 비상전원수전설비 ② 자가발전설비
③ 전기저장장치 ④ 축전기설비

해설 각 **설비**의 **비상전원 종류**

설 비	비상전원
• 자동화재탐지설비	• 축전지
• 비상경보설비	• 축전지
• 비상방송설비	• 축전지
• 유도등	• 축전지
• 무선통신보조설비	• 축전지
• 비상콘센트설비	• 자가발전설비 • 축전지설비 • 비상전원수전설비 • 전기저장장치
• 스프링클러설비	• 자가발전설비 • 축전지설비 • 전기저장장치 • 비상전원수전설비(차고·주차장으로서 스프링클러설비가 설치된 부분의 바닥면적합계가 **1000m^2** 미만인 경우)
• 간이스프링클러설비	• 비상전원수전설비
• 옥내소화전설비 • 제연설비 • 연결송수관설비 • 분말소화설비 • 포소화설비 • 이산화탄소소화설비 • 물분무소화설비 • 할론소화설비 • 할로겐화합물 및 불활성기체 소화설비 • 화재조기진압용 스프링클러설비 • 비상조명등	• 자가발전설비 • 축전지설비 • 전기저장장치

중요

비상콘센트설비의 비상전원 설치대상(NFPC 504 4조, NFTC 504 2.1.1.2)

(1) 지하층을 **제**외한 **7**층 이상으로 연면적 **2000m^2** 이상
(2) 지하층의 **바**닥면적 합계 **3000m^2** 이상

기억법 **제72000콘 바3**

비교

예비전원

기 기	예비전원
• 수신기 • 중계기 • 자동화재속보기	• **원통밀폐형 니켈카드뮴축전지** • **무보수밀폐형 연축전지**
• 간이형 수신기	• **원통밀폐형 니켈카드뮴축전지** 또는 이와 동등 이상의 **밀폐형 축전지**
• 유도등	• **알칼리계 2차 축전지** • **리튬계 2차 축전지**

• 비상조명등	• **알칼리계 2차 축전지** • **리튬계 2차 축전지** • **무보수밀폐형 연축전지**
• 가스누설경보기	• 알칼리계 2차 축전지 • 리튬계 2차 축전지 • 무보수밀폐형 연축전지

답 ④

★
68 승강식 피난기 및 하향식 피난구용 내림식 사다리의 설치기준 중 틀린 것은?
16.10.문76

① 착지점과 하강구는 상호 수평거리 15cm 이상의 간격을 두어야 한다.
② 대피실 출입문이 개방되거나, 피난기구 작동 시 해당층 및 직상층 거실에 설치된 표시등 및 경보장치가 작동되고, 감시제어반에서는 피난기구의 작동을 확인할 수 있어야 한다.
③ 하강구 내측에는 기구의 연결금속구 등이 없어야 하며 전개된 피난기구는 하강구 수평투영면적 공간 내의 범위를 침범하지 않는 구조이어야 할 것. 단, 직경 60cm 크기의 범위를 벗어난 경우이거나, 직하층의 바닥면으로부터 높이 50cm 이하의 범위는 제외한다.
④ 대피실 내에는 비상조명등을 설치하여야 한다.

해설 **승강식 피난기 및 하향식 피난구용 내림식 사다리의 설치기준**(NFPC 301 5조, NFTC 301 2.1.3.9)

(1) 대피실의 면적은 **$2m^2$**(**2세대 이상**일 경우에는 **$3m^2$**) 이상으로 하고, 하강구(개구부) 규격은 직경 **60cm** 이상일 것
(2) 하강구 내측에는 기구의 **연결금속구** 등이 없어야 하며 전개된 피난기구는 하강구 수평투영면적 공간 내의 범위를 침범하지 않는 구조이어야 할 것(단, 직경 **60cm** 크기의 범위를 벗어난 경우이거나, 직하층의 바닥면으로부터 높이 **50cm** 이하의 범위는 제외)
(3) 대피실의 출입문은 60분+방화문 또는 60분 방화문으로 설치하고, 피난방향에서 식별할 수 있는 위치에 **"대피실"** 표지판을 부착할 것(단, 외기와 개방된 장소 제외)
(4) 착지점과 하강구는 상호 **수평거리 15cm** 이상의 간격을 둘 것
(5) 대피실 내에는 **비상조명등**을 설치할 것
(6) 대피실에는 **층**의 **위치표시**와 **피난기구 사용설명서** 및 **주의사항 표지판**을 부착할 것
(7) 대피실 출입문이 개방되거나, 피난기구 작동 시 해당층 및 **직하층** 거실에 설치된 **표시등** 및 **경보장치**가 작동되고, **감시제어반**에서는 피난기구의 작동을 확인할 수 있어야 할 것
(8) 사용시 기울거나 흔들리지 않도록 설치할 것

② 직상층 → 직하층

비교

다수인 피난장비의 **설치기준**(NFPC 301 5조, NFTC 301 2.1.3.8)
(1) **피난**에 **용이**하고 안전하게 하강할 수 있는 장소에 적재하중을 충분히 견딜 수 있도록 구조안전의 확인을 받아 견고하게 설치할 것
(2) **보관실**은 건물 외측보다 돌출되지 아니하고, 빗물·먼지 등으로부터 장비를 보호할 수 있는 구조일 것
(3) 사용시에 보관실 **외측 문**이 먼저 열리고 **탑승기**가 외측으로 **자동**으로 **전개**될 것
(4) 하강시에 **탑**승기가 건물 외벽이나 돌출물에 충돌하지 않도록 설치할 것
(5) 상·하층에 설치할 경우에는 탑승기의 **하강경로**가 **중첩되지 않도록** 할 것
(6) 하강시에는 안전하고 **일정**한 **속도**를 유지하도록 하고 전복, 흔들림, 경로이탈 방지를 위한 안전조치를 할 것
(7) 보관실의 문에는 **오작동 방지조치**를 하고, 문 개방시에는 해당 소방대상물에 설치된 **경보설비**와 연동하여 유효한 경보음을 발하도록 할 것
(8) 피난층에는 해당층에 설치된 피난기구가 **착**지에 지장이 없도록 충분한 공간을 확보할 것
(9) 한국소방산업기술원 또는 **성**능시험기관으로 지정받은 기관에서 그 성능을 검증받은 것으로 설치할 것

기억법 **다피보 외탑중오 속성착**

답 ②

★★★
69 소방대상물의 설치장소별 피난기구의 적응성기준 중 다음 ( ) 안에 알맞은 것은?
17.05.문73
16.10.문68
16.05.문74
06.03.문65
05.09.문73
05.03.문73

간이완강기의 적응성은 숙박시설의 ( )층 이상에 있는 객실에 추가로 설치하는 경우에 한한다.

① 1
② 2
③ 3
④ 4

해설 **피난기구**의 **적응성**(NFTC 301 2.1.1)

층별 설치장소별 구분	1층	2층	3층	4층 이상 10층 이하
노유자시설	• 미끄럼대 • 구조대 • 피난교 • 다수인 피난장비 • 승강식 피난기	• 미끄럼대 • 구조대 • 피난교 • 다수인 피난장비 • 승강식 피난기	• 미끄럼대 • 구조대 • 피난교 • 다수인 피난장비 • 승강식 피난기	• 구조대[1)] • 피난교 • 다수인 피난장비 • 승강식 피난기

의료시설·입원실이 있는 의원·접골원·조산원	–	–	•미끄럼대 •구조대 •피난교 •피난용 트랩 •다수인 피난장비 •승강식 피난기	•구조대 •피난교 •피난용 트랩 •다수인 피난장비 •승강식 피난기
영업장의 위치가 4층 이하인 다중이용업소	–	•미끄럼대 •피난사다리 •구조대 •완강기 •다수인 피난장비 •승강식 피난기	•미끄럼대 •피난사다리 •구조대 •완강기 •다수인 피난장비 •승강식 피난기	•미끄럼대 •피난사다리 •구조대 •완강기 •다수인 피난장비 •승강식 피난기
그 밖의 것	–	–	•미끄럼대 •피난사다리 •구조대 •완강기 •피난교 •피난용 트랩 •간이완강기[2)] •공기안전매트 •다수인 피난장비 •승강식 피난기	•피난사다리 •구조대 •완강기 •피난교 •간이완강기[2)] •공기안전매트 •다수인 피난장비 •승강식 피난기

[비고] 1) **구조대**의 적응성은 **장애인관련시설**로서 주된 사용자 중 **스스로 피난**이 **불가**한 자가 있는 경우 추가로 설치하는 경우에 한한다.
2) 간이완강기의 적응성은 **숙박시설**의 **3층 이상**에 있는 객실에 추가로 설치하는 경우에 한한다.

중요

의무관리대상 공동주택(NFPC 608 13조, NFTC 608 2.9.1.3)
공동주택 구역마다 공기안전매트 1개 이상을 추가로 설치할 것

비교

피난기구 적응성

간이완강기	공기안전매트	구조대
숙박시설의 **3층 이상**에 있는 객실	공동주택	장애인관련시설

답 ③

★★★
70 무선통신보조설비를 설치하지 아니할 수 있는 기준 중 다음 ( ) 안에 알맞은 것은?

19.09.문80
17.03.문68
16.03.문80
14.09.문64
08.03.문62
06.05.문79

(㉠)으로서 특정소방대상물의 바닥부분 2면 이상이 지표면과 동일하거나 지표면으로부터의 깊이가 (㉡)m 이하인 경우에는 해당층에 한하여 무선통신보조설비를 설치하지 아니할 수 있다.

① ㉠ 지하층, ㉡ 1
② ㉠ 지하층, ㉡ 2
③ ㉠ 무창층, ㉡ 1
④ ㉠ 무창층, ㉡ 2

해설 **무선통신보조설비**의 **설치 제외**(NFPC 505 4조, NFTC 505 2.1)
(1) **지하층**으로서 특정소방대상물의 바닥부분 **2면 이상**이 지표면과 동일한 경우의 해당층
(2) 지하층으로서 지표면으로부터의 깊이가 **1m 이하**인 경우의 해당층

기억법 **2면무지(이면 계약의 무지)**

답 ①

★★
71 피난기구 설치개수의 기준 중 다음 ( ) 안에 알맞은 것은?

17.03.문71
15.09.문68

층마다 설치하되, 숙박시설·노유자시설 및 의료시설로 사용되는 층에 있어서는 그 층의 바닥면적 (㉠)m^2마다, 위락시설·판매시설로 사용되는 층 또는 복합용도의 층에 있어서는 그 층의 바닥면적 (㉡)m^2마다, 아파트 등에 있어서는 각 세대마다, 그 밖의 용도의 층에 있어서는 그 층의 바닥면적 (㉢)m^2마다 1개 이상 설치할 것

① ㉠ 300, ㉡ 500, ㉢ 1000
② ㉠ 500, ㉡ 800, ㉢ 1000
③ ㉠ 300, ㉡ 500, ㉢ 1500
④ ㉠ 500, ㉡ 800, ㉢ 1500

해설 **피난기구**의 **설치개수**(NFPC 301 5조, NFTC 301 2.1.2)
(1) **층**마다 설치할 것

조 건	설치대상
500m^2마다 (층마다 설치)	숙박시설·노유자시설·의료시설
800m^2마다 (층마다 설치)	위락시설·문화 및 집회시설·운동시설·판매시설·복합용도의 층
1000m^2마다 (층마다 설치)	그 밖의 용도의 층
각 세대마다	아파트 등(계단실형 아파트)

(2) 피난기구 외에 **숙박시설**(휴양콘도미니엄 제외)의 경우에는 추가로 객실마다 완강기 또는 **둘** 이상의 간이완강기를 설치할 것
(3) 피난기구 외에 4층 이상의 층에 설치된 노유자시설 중 장애인관련시설로서 주된 사용자 중 스스로 피난이 불가한 자가 있는 경우에는 층마다 구조대를 1개 이상 추가로 설치할 것

답 ②

★

72 수신기의 구조 및 일반기능에 대한 설명 중 틀린 것은? (단, 간이형 수신기는 제외한다.)

11.03.문61
99.10.문76

① 수신기(1회선용은 제외한다)는 2회선이 동시에 작동하여도 화재표시가 되어야 하며, 감지기의 감지 또는 발신기의 발신개시로부터 P형, P형 복합식, GP형, GP형 복합식, R형, R형 복합식, GR형 또는 GR형 복합식 수신기의 수신완료까지의 소요시간은 5초 이내이어야 한다.

② 수신기의 외부배선 연결용 단자에 있어서 공통신호선용 단자는 10개 회로마다 1개 이상 설치하여야 한다.

③ 화재신호를 수신하는 경우 P형, P형 복합식, GP형, GP형 복합식, R형, R형 복합식, GR형 또는 GR형 복합식의 수신기에 있어서는 2 이상의 지구표시장치에 의하여 각각 화재를 표시할 수 있어야 한다.

④ 정격전압이 60V를 넘는 기구의 금속제 외함에는 접지단자를 설치하여야 한다.

해설 **수신기**의 **구조** 및 **일반기능**(수신기의 형식승인 및 제품검사의 기술기준 3조)

(1) 수신기(**1회선용**은 **제외**)는 2회선이 동시에 작동하여도 화재표시가 되어야 하며, 감지기의 감지 또는 발신기의 발신개시로부터 **P형**, P형 복합식, GP형, GP형 복합식, **R형**, R형 복합식, GR형 또는 GR형 복합식 수신기의 수신완료까지의 소요시간은 **5초** 이내 보기 ①

(2) 정격전압이 **60V**를 넘는 기구의 금속제 외함에는 **접지단자** 설치 보기 ④

(3) 예비전원회로에는 단락사고 등으로부터 보호하기 위한 **퓨즈** 설치

(4) 극성이 있는 경우에는 오접속방지장치를 하여야 한다.

(5) 내부에는 주전원의 양극을 **동시**에 **개폐**할 수 있는 **전원스위치** 설치

(6) 공통신호용 단자는 **7개 회로**마다 1개씩 설치해야 한다. 보기 ②

(7) 외함은 **불연성** 또는 **난연성 재질**로 만들어져야 한다.

(8) 화재신호 수신시 **복합식 수신기**는 **2 이상**의 **지구표시장치**에 화재표시 보기 ③

② 10개 회로 → 7개 회로

답 ②

★★★

73 비상방송설비 음향장치의 설치기준 중 옳은 것은?

19.09.문76
19.04.문68
18.09.문77
16.10.문69
16.10.문73
16.05.문67
16.03.문68
15.05.문76
15.03.문62
14.05.문63
14.05.문75
14.03.문61
13.09.문70
13.06.문62
13.06.문80

① 확성기는 각 층마다 설치하되, 그 층의 각 부분으로부터 하나의 확성기까지의 수평거리가 15m 이하가 되도록 하고, 해당층의 각 부분에 유효하게 경보를 발할 수 있도록 설치할 것

② 층수가 11층 이상으로서 연면적이 $3000m^2$를 초과하는 특정소방대상물의 지하층에서 발화한 때에는 직상층에만 경보를 발할 것

③ 음향장치는 자동화재탐지설비의 작동과 연동하여 작동할 수 있는 것으로 할 것

④ 음향장치는 정격전압의 60% 전압에서 음향을 발할 수 있는 것으로 할 것

해설 **비상방송설비**의 **설치기준**(NFPC 202 4조, NFTC 202 2.1.1)

(1) 확성기의 음성입력은 **3**W(**실**내 **1**W) 이상일 것

(2) 확성기는 **각 층**마다 설치하되, 각 부분으로부터의 수평거리는 **25m** 이하일 것

(3) **음**량조정기는 **3선식** 배선일 것

(4) 조작스위치는 바닥으로부터 **0.8~1.5m** 이하의 높이에 설치할 것

(5) 다른 전기회로에 의하여 **유도장애**가 생기지 아니하도록 할 것

(6) 비상방송 **개**시시간은 **10초** 이하일 것

(7) 다른 방송설비와 공용할 경우 화재시 비상경보 외의 방송을 차단할 수 있을 것

(8) 음향장치 : **자동화재탐지설비**의 작동과 연동

(9) 음향장치의 정격전압 : **80%**

기억법 **방3실1, 3음방(삼엄한 방송실), 개10방**

① 15m 이하 → 25m 이하
② 직상층에만 → 발화층, 직상층, 기타의 지하층에
④ 60% → 80%

중요

비상방송설비의 **우선경보방식**(NFPC 202 4조, NFTC 202 2.1.1.7)

| 11층(공동주택 16층) 이상의 특정소방대상물의 경보 |

발화층	경보층	
	11층(공동주택 16층) 미만	11층(공동주택 16층) 이상
2층 이상 발화	전층 일제경보	• 발화층 • 직상 4개층
1층 발화		• 발화층 • 직상 4개층 • 지하층
지하층 발화		• 발화층 • 직상층 • 기타의 지하층

답 ③

★
74 비상조명등의 일반구조기준 중 틀린 것은?

13.09.문67
10.09.문68

① 상용전원전압의 130% 범위 안에서는 비상조명등 내부의 온도상승이 그 기능에 지장을 주거나 위해를 발생시킬 염려가 없어야 한다.

② 사용전압은 300V 이하이어야 한다. 다만, 충전부가 노출되지 아니한 것은 300V를 초과할 수 있다.

③ 전선의 굵기가 인출선인 경우에는 단면적이 $0.75mm^2$ 이상이어야 한다.

④ 인출선의 길이는 전선인출 부분으로부터 150mm 이상이어야 한다. 다만, 인출선으로 하지 아니할 경우에는 풀어지지 아니하는 방법으로 전선을 쉽고 확실하게 부착할 수 있도록 접속단자를 설치하여야 한다.

해설 **비상조명등**의 **일반구조기준**(비상조명등의 형식승인 및 제품검사의 기술기준 3조)

(1) 상용전원전압의 **110%** 범위 안에서는 비상조명등 내부의 온도상승이 그 기능에 지장을 주거나 위해를 발생시킬 염려가 없어야 한다.

(2) 사용전압은 **300V** 이하이어야 한다(단, 충전부가 노출되지 아니한 것은 300V를 초과 가능).

(3) **인출선**의 **굵기** : 0.**75**mm^2 이상

기억법 **인75(인(사람) 치료)**

(4) **인출선**의 **길이** : **150mm 이상**(단, 인출선으로 하지 아니할 경우에는 풀어지지 아니하는 방법으로 전선을 쉽고 확실하게 부착할 수 있도록 **접속단자** 설치)

① 130% → 110%

답 ①

★★★
75 비상조명등의 비상전원은 지하층 또는 무창층으로서 용도가 도매시장·소매시장·여객자동차터미널·지하역사 또는 지하상가인 경우 그 부분에서 피난층에 이르는 부분의 비상조명등을 몇 분 이상 유효하게 작동시킬 수 있는 용량으로 하여야 하는가?

17.03.문73
16.03.문73
14.05.문65
14.05.문73
08.03.문77

① 10
② 20
③ 30
④ 60

해설 **비상조명등**의 **설치기준**(NFPC 304 4조, NFTC 304 2.1.1)

(1) 특정소방대상물의 각 거실과 지상에 이르는 복도·계단·통로에 설치할 것

(2) 조도는 각 부분의 바닥에서 **1lx** 이상일 것

(3) **점검스위치**를 설치하고 **20분** 이상 작동시킬 수 있는 용량의 **축전지**와 **예비전원 충전장치**를 내장할 것

예외규정

비상조명등의 **60분 이상 작동용량**(NFPC 304 4조, NFTC 304 2.1.1.5)

(1) **11층** 이상(지하층 제외)

(2) 지하층·무창층으로서 **도매시장·소매시장·여객자동차터미널·지하역사·지하상가**

중요

비상전원 용량

설비의 종류	비상전원 용량
• **자**동화재탐지설비 • 비상**경**보설비 • **자**동화재속보설비 기억법 **경자비1(경자라는 이름은 비일비재하게 많다.)**	**1**0분 이상
• 유도등 • 비상콘센트설비 • 제연설비 • 물분무소화설비 • 옥내소화전설비(30층 미만) • 특별피난계단의 계단실 및 부속실 제연설비(30층 미만)	**20분** 이상
• 무선통신보조설비의 **증**폭기 기억법 **3증(3중고)**	**3**0분 이상
• 옥내소화전설비(30~49층 이하) • 특별피난계단의 계단실 및 부속실 제연설비(30~49층 이하) • 연결송수관설비(30~49층 이하) • 스프링클러설비(30~49층 이하)	**40분** 이상
• 유도등·비상조명등(지하상가 및 11층 이상) • 옥내소화전설비(50층 이상) • 특별피난계단의 계단실 및 부속실 제연설비(50층 이상) • 연결송수관설비(50층 이상) • 스프링클러설비(50층 이상)	**60분** 이상

답 ④

★★★
76 자동화재속보설비 속보기의 기능에 대한 기준 중 틀린 것은?

17.05.문66
16.10.문77
16.05.문62

① 작동신호를 수신하거나 수동으로 동작시키는 경우 30초 이내에 소방관서에 자동적으로 신호를 발하여 통보하되, 3회 이상 속보할 수 있어야 한다.

② 예비전원을 병렬로 접속하는 경우에는 역충전방지 등의 조치를 하여야 한다.

③ 연동 또는 수동으로 소방관서에 화재발생 음성정보를 속보 중인 경우에도 송수화장치를 이용한 통화가 우선적으로 가능하여야 한다.

④ 속보기의 송수화장치가 정상위치가 아닌 경우에도 연동 또는 수동으로 속보가 가능하여야 한다.

해설 **속보기**의 **적합기능**(자동화재속보설비의 속보기의 성능인증 및 제품검사의 기술기준 5조)

(1) 작동신호를 수신하거나 수동으로 동작시키는 경우 **20초** 이내에 소방관서에 자동적으로 신호를 발하여 통보하되, **3회** 이상 속보할 수 있을 것
(2) 예비전원은 **감시상태**를 **60분**간 지속한 후 **10분** 이상 **동작**이 지속될 수 있는 용량일 것
(3) 속보기는 연동 또는 수동 작동에 의한 다이얼링 후 소방관서와 전화접속이 이루어지지 않는 경우에는 최초 **다**이얼링을 포함하여 **10회** 이상 반복적으로 접속을 위한 다이얼링이 이루어져야 한다. 이 경우 매회 다이얼링 완료 후 호출은 **30초** 이상 지속될 것

기억법 다10(다 쉽다.)

(4) 예비전원을 **병렬**로 접속하는 경우 **역충전방지** 등의 조치를 할 것
(5) **연동** 또는 **수동**으로 소방관서에 화재발생 음성정보를 속보 중인 경우에도 송수화장치를 이용한 통화가 우선적으로 가능할 것
(6) 속보기의 송수화장치가 정상위치가 아닌 경우에도 **연동** 또는 **수동**으로 속보가 가능할 것

① 30초 → 20초

답 ①

77 비상벨설비 또는 자동식 사이렌설비의 설치기준 중 틀린 것?

17.05.문63 16.05.문63 14.03.문71 12.03.문73 10.03.문68

① 전원은 전기가 정상적으로 공급되는 축전지설비, 전기저장장치 또는 교류전압의 옥내 간선으로 하고, 전원까지의 배선은 전용으로 설치하여야 한다.
② 비상벨설비 또는 자동식 사이렌설비에는 그 설비에 대한 감시상태를 60분간 지속한 후 유효하게 10분 이상 경보할 수 있는 축전지설비(수신기에 내장하는 경우를 포함) 또는 전기저장장치를 설치하여야 한다.
③ 특정소방대상물의 층마다 설치하되, 해당 특정소방대상물의 각 부분으로부터 하나의 발신기까지의 수평거리가 25m 이하가 되도록 할 것. 다만, 복도 또는 별도로 구획된 실로서 보행거리가 40m 이상일 경우에는 추가로 설치하여야 한다.
④ 발신기의 위치표시등은 함의 상부에 설치하되, 그 불빛은 부착면으로부터 45° 이상의 범위 안에서 부착지점으로부터 10m 이내의 어느 곳에서도 쉽게 식별할 수 있는 적색등으로 설치하여야 한다.

해설 **비상경보설비**의 **발신기 설치기준**(NFPC 201 4조, NFTC 201 2.1.5)

(1) 전원 : **축전지설비**, **전기저장장치**, **교류전압**의 **옥내 간선**으로 하고 배선은 **전용**
(2) 감시상태 : **60분**, 경보시간 : **10분**
(3) 조작이 **쉬운 장소**에 설치하고, 조작스위치는 바닥으로부터 **0.8~1.5m** 이하의 높이에 설치할 것
(4) 특정소방대상물의 **층**마다 설치하되, 해당 소방대상물의 각 부분으로부터 하나의 발신기까지의 **수평거리**가 **25m** 이하가 되도록 할 것(단, 복도 또는 별도로 구획된 실로서 **보행거리**가 **40m** 이상일 경우에는 추가로 설치할 것)
(5) 발신기의 **위치표시등**은 **함**의 **상부**에 설치하되, 그 불빛은 부착면으로부터 **15°** 이상의 범위 안에서 부착지점으로부터 **10m** 이내의 어느 곳에서도 쉽게 식별할 수 있는 **적색등**으로 할 것

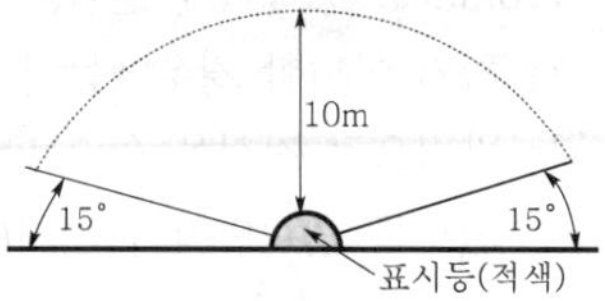

| 위치표시등의 식별 |

④ 45° 이상 → 15° 이상

용어

전기저장장치
외부 전기에너지를 저장해 두었다가 필요한 때 전기를 공급하는 장치

답 ④

78 비상벨설비 음향장치의 음량은 부착된 음향장치의 중심으로부터 1m 떨어진 위치에서 몇 dB 이상이 되는 것으로 하여야 하는가?

16.05.문63 14.03.문71 12.03.문73 11.06.문67 07.03.문78 06.09.문72

① 90 ② 80
③ 70 ④ 60

해설 **비상경보설비**(비상벨 또는 자동식 사이렌설비)의 **설치기준**(NFPC 201 4조, NFTC 201 2.1)

(1) 음향장치의 음량은 부착된 음향장치의 중심으로부터 **1m** 떨어진 위치에서 **90dB** 이상이 되는 것으로 할 것

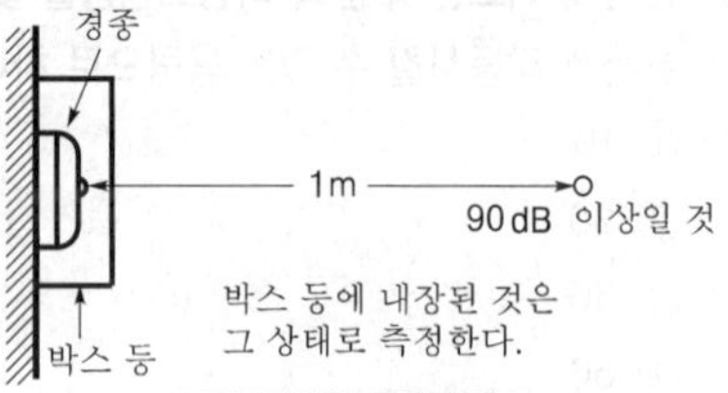

| 음향장치의 음량측정 |

(2) 발신기의 위치표시등은 바닥으로부터 **0.8m 이상 1.5m 이하**의 높이에 설치할 것
(3) 발신기는 각 소방대상물의 각 부분으로부터 **수평거리 25m 이하**가 되도록 할 것
(4) 지구음향장치는 **수평거리 25m** 이하가 되도록 할 것

답 ①

★★★
79

17.09.문66
17.03.문79
09.03.문69

일시적으로 발생한 열·연기 또는 먼지 등으로 인하여 화재신호를 발신할 우려가 있는 장소의 설치장소별 감지기 적응성기준 중 항공기 격납고, 높은 천장의 창고 등 감지기 부착높이가 8m 이상의 장소에 적응성을 갖는 감지기가 아닌 것은? (단, 연기감지기를 설치할 수 있는 장소이며, 설치장소는 넓은 공간으로 천장이 높아 열 및 연기가 확산하는 환경상태이다.)

① 광전식 스포트형 감지기
② 차동식 분포형 감지기
③ 광전식 분리형 감지기
④ 불꽃감지기

해설 **지하층·무창층** 등으로서 환기가 잘 되지 아니하거나 실내면적이 **40m² 미만**인 장소, 감지기의 부착면과 실내바닥과의 거리가 **2.3m 이하**인 곳으로서 일시적으로 발생한 열·연기 또는 먼지 등으로 인하여 화재신호를 발신할 우려가 있는 장소의 적응감지기(NFPC 203 7조, NFTC 203 2.2.2)

(1) **불꽃**감지기
(2) **정온식 감지선형** 감지기
(3) **분포형** 감지기(차동식 분포형 감지기)
(4) **복합형** 감지기
(5) **광전식 분리형** 감지기
(6) **아날로그방식**의 감지기
(7) **다신호방식**의 감지기
(8) **축적방식**의 감지기

기억법 **불정감 복분 광아다축**

① 해당 없음

답 ①

★★
80

17.09.문48
14.09.문78
14.03.문53

특정소방대상물의 비상방송설비 설치의 면제기준 중 다음 ( ) 안에 알맞은 것은?

> 비상방송설비를 설치하여야 하는 특정소방대상물에 ( ) 또는 비상경보설비와 같은 수준 이상의 음향을 발하는 장치를 부설한 방송설비를 화재안전기준에 적합하게 설치한 경우에는 그 설비의 유효범위에서 설치가 면제된다.

① 자동화재속보설비
② 시각경보기
③ 단독경보형 감지기
④ 자동화재탐지설비

해설 **소방시설 면제기준**(소방시설법 시행령 [별표 5])

면제대상	대체설비
스프링클러설비	• **물분무등소화설비**
물분무등소화설비	• **스프링클러설비**
간이스프링클러설비	• 스프링클러설비 • **물분무소화설비** • **미분무소화설비**
비상**경**보설비 또는 **단**독경보형 감지기	• **자동화재탐지설비** 기억법 **탐경단**
비상**경**보설비	• **2개 이상 단독경보형 감지기 연동** 기억법 **경단2**
비상방송설비	• 자동화재탐지설비 • 비상경보설비
연결살수설비	• 스프링클러설비 • 간이스프링클러설비 • 물분무소화설비 • 미분무소화설비
제연설비	• **공기조화설비**
연소방지설비	• 스프링클러설비 • 물분무소화설비 • 미분무소화설비
연결송수관설비	• 옥내소화전설비 • 스프링클러설비 • 간이스프링클러설비 • 연결살수설비
자동화재탐지설비	• 자동화재탐지설비의 기능을 가진 스프링클러설비 • 물분무등소화설비
옥내소화전설비	• 옥외소화전설비 • 미분무소화설비(호스릴방식)

답 ④

2018년 기사 제2회 필기시험

자격종목	종목코드	시험시간	형별	수험번호	성명
소방설비기사(전기분야)		2시간			

※ 각 문항은 4지택일형으로 질문에 가장 적합한 보기 항을 선택하여 체크하여야 합니다.

제 1 과목 소방원론

01 다음의 소화약제 중 오존파괴지수(ODP)가 가장 큰 것은?

17.09.문06 (산업)

① 할론 104 ② 할론 1301
③ 할론 1211 ④ 할론 2402

해설 **할론 1301**(Halon 1301)
(1) 할론약제 중 **소화효과**가 **가장 좋다.**
(2) 할론약제 중 **독성**이 **가장 약하다.**
(3) 할론약제 중 **오존파괴지수**가 **가장 높다.**

유사문제부터 풀어보세요. 실력이 팍!팍! 올라갑니다.

용어

오존파괴지수(ODP ; Ozone Depletion Potential)
어떤 물질의 오존파괴능력을 상대적으로 나타내는 지표

$$ODP = \frac{\text{어떤 물질 1kg이 파괴하는 오존량}}{\text{CFC 11의 1kg이 파괴하는 오존량}}$$

답 ②

02 자연발화 방지대책에 대한 설명 중 틀린 것은?

16.10.문05 16.03.문14 15.05.문19 15.03.문09 14.09.문09 14.09.문17 12.03.문09 10.03.문13

① 저장실의 온도를 낮게 유지한다.
② 저장실의 환기를 원활히 시킨다.
③ 촉매물질과의 접촉을 피한다.
④ 저장실의 습도를 높게 유지한다.

해설 (1) **자연발화의 방지법**
㉠ **습**도가 높은 곳을 **피**할 것(건조하게 유지할 것)
㉡ 저장실의 온도를 낮출 것
㉢ 통풍이 잘 되게 할 것(**환기**를 원활히 시킨다)
㉣ 퇴적 및 수납시 열이 쌓이지 않게 할 것(**열축적 방지**)
㉤ 산소와의 접촉을 차단할 것(**촉매물질**과의 접촉을 피한다)
㉥ **열전도성**을 좋게 할 것

기억법 **자습피**

(2) **자연발화 조건**
㉠ 열전도율이 작을 것
㉡ 발열량이 클 것
㉢ 주위의 온도가 높을 것
㉣ 표면적이 넓을 것

④ 높게 → 낮게

답 ④

03 건축물의 화재발생시 인간의 피난 특성으로 틀린 것은?

16.05.문03 11.10.문09 12.05.문15 10.09.문11

① 평상시 사용하는 출입구나 통로를 사용하는 경향이 있다.
② 화재의 공포감으로 인하여 빛을 피해 어두운 곳으로 몸을 숨기는 경향이 있다.
③ 화염, 연기에 대한 공포감으로 발화지점의 반대방향으로 이동하는 경향이 있다.
④ 화재시 최초로 행동을 개시한 사람을 따라 전체가 움직이는 경향이 있다.

해설 **화재발생시 인간의 피난 특성**

구 분	설 명
귀소본능	• **친숙한 피난경로**를 선택하려는 행동 • 무의식 중에 평상시 사용하는 출입구나 통로를 사용하려는 행동
지광본능	• **밝은 쪽**을 지향하는 행동 • 화재의 공포감으로 인하여 **빛**을 따라 외부로 달아나려고 하는 행동
퇴피본능	• 화염, 연기에 대한 공포감으로 **발화**의 **반대방향**으로 이동하려는 행동
추종본능	• 많은 사람이 달아나는 방향으로 쫓아가려는 행동 • 화재시 최초로 행동을 개시한 사람을 따라 전체가 움직이려는 행동
좌회본능	• **좌측통행**을 하고 **시계반대방향**으로 회전하려는 행동
폐쇄공간 지향본능	가능한 **넓은 공간**을 찾아 **이동**하다가 위험성이 높아지면 의외의 좁은 공간을 찾는 본능
초능력 본능	비상시 **상상**도 **못할 힘**을 내는 본능

공격본능	**이상심리현상**으로서 구조용 헬리콥터를 부수려고 한다든지 무차별적으로 주변사람과 구조인력 등에게 공격을 가하는 본능
패닉(panic) 현상	인간의 비이성적인 또는 부적합한 **공포반응행동**으로서 무모하게 높은 곳에서 뛰어내리는 행위라든지, 몸이 굳어서 움직이지 못하는 행동

② 공포감으로 인해서 빛을 따라 외부로 달아나려는 경향이 있다.

답 ②

04 19.03.문15

건축물에 설치하는 방화구획의 설치기준 중 스프링클러설비를 설치한 11층 이상의 층은 바닥면적 몇 m^2 이내마다 방화구획을 하여야 하는가? (단, 벽 및 반자의 실내에 접하는 부분의 마감은 불연재료가 아닌 경우이다.)

① 200 ② 600
③ 1000 ④ 3000

해설 **건축령 46조, 피난·방화구조 14조**
방화구획의 기준

대상 건축물	대상 규모	층 및 구획방법		구획부분의 구조
주요구조부가 내화구조 또는 불연재료로 된 건축물	연면적 1000m^2 넘는 것	10층 이하	바닥면적 **1000m^2** 이내마다	• 내화구조로 된 바닥·벽 • 60분+방화문, 60분 방화문 • 자동방화셔터
		매 층마다	지하 1층에서 지상으로 직접 연결하는 경사로 부위는 제외	
		11층 이상	바닥면적 200m^2 이내마다(실내마감을 불연재료로 한 경우 **500m^2** 이내마다)	

- **스프링클러**, 기타 이와 유사한 **자동식 소화설비**를 설치한 경우 바닥면적은 위의 **3배** 면적으로 산정한다.
- **필로티**나 그 밖의 비슷한 구조의 부분을 주차장으로 사용하는 경우 그 부분은 건축물의 다른 부분과 구획할 것

② 스프링클러설비를 설치했으므로 200m^2×3배=**600m^2**

답 ②

05 15.09.문02 14.05.문05 14.03.문10 12.03.문01 11.06.문09 11.03.문12 10.05.문11

인화점이 낮은 것부터 높은 순서로 옳게 나열된 것은?

① 에틸알코올< 이황화탄소< 아세톤
② 이황화탄소< 에틸알코올< 아세톤
③ 에틸알코올< 아세톤< 이황화탄소
④ 이황화탄소< 아세톤< 에틸알코올

해설

물 질	인화점	착화점
• 프로필렌	−107℃	497℃
• 에틸에터 • 다이에틸에터	−45℃	180℃
• 가솔린(휘발유)	−43℃	300℃
• **이황화탄소**	−30℃	**100℃**
• 아세틸렌	−18℃	335℃
• **아세톤**	−18℃	**538℃**
• 벤젠	−11℃	562℃
• 톨루엔	4.4℃	480℃
• **에틸알코올**	13℃	**423℃**
• 아세트산	40℃	−
• 등유	43~72℃	210℃
• 경유	50~70℃	200℃
• 적린	−	260℃

답 ④

06 17.09.문10 16.10.문06 16.05.문15 16.03.문09 15.09.문01 15.05.문08 14.09.문10 14.05.문07 14.03.문03 14.03.문14 12.03.문13

분말소화약제로서 ABC급 화재에 적응성이 있는 소화약제의 종류는?

① $NH_4H_2PO_4$
② $NaHCO_3$
③ Na_2CO_3
④ $KHCO_3$

해설 (1) **분말소화약제**

종 별	주성분	착 색	적응 화재	비 고
제1종	중탄산나트륨($NaHCO_3$)	백색	BC급	**식용유** 및 **지방질유**의 화재에 적합
제2종	중탄산칼륨($KHCO_3$)	담자색(담회색)	BC급	−
제3종	제1인산암모늄($NH_4H_2PO_4$)	담홍색	ABC급	**차고·주차장**에 적합
제4종	중탄산칼륨+요소($KHCO_3$+$(NH_2)_2CO$)	회(백)색	BC급	−

기억법 1식분(일식 분식)
3분 차주(삼보컴퓨터 차주)

(2) **이산화탄소 소화약제**

주성분	적응화재
이산화탄소(CO_2)	BC급

답 ①

★★★
07 조연성 가스에 해당하는 것은?

17.03.문07 16.10.문03 16.03.문04 14.05.문10 12.09.문08 10.05.문18

① 일산화탄소
② 산소
③ 수소
④ 부탄

해설 **가연성 가스**와 **지연성 가스**(조연성 가스)

가연성 가스	지연성 가스(조연성 가스)
• **수**소 • **메**탄 • **일**산화탄소 • **천**연가스 • **부**탄 • **에**탄 • **암**모니아 • **프**로판 기억법 가수일천 암부 메에프	• **산**소 • **공**기 • **염**소 • **오**존 • **불**소 기억법 조산공 염오불

용어

가연성 가스와 **지연성 가스**

가연성 가스	지연성 가스(조연성 가스)
물질 자체가 연소하는 것	자기 자신은 연소하지 않지만 연소를 도와주는 가스

답 ②

★★★
08 액화석유가스(LPG)에 대한 성질로 틀린 것은?

16.05.문18 13.06.문10 12.09.문02 12.03.문16 10.05.문08

① 주성분은 프로판, 부탄이다.
② 천연고무를 잘 녹인다.
③ 물에 녹지 않으나 유기용매에 용해된다.
④ 공기보다 1.5배 가볍다.

해설

종 류	주성분	증기비중
도시가스	• **메**탄(CH_4)	0.55
액화천연가스(LNG)		
액화석유가스(L**P**G)	• **프**로판(C_3H_8)	1.51
	• **부**탄(C_4H_{10})	2

증기비중이 1보다 작으면 공기보다 가볍다.

기억법 도메, P프부

④ 공기보다 **1.5배** 또는 **2배** 무겁다.

중요

액화석유가스(LPG)의 **화재성상**

(1) 주성분은 **프로판**(C_3H_8)과 **부탄**(C_4H_{10})이다.
(2) **무색, 무취이다.**
(3) 독성이 없는 가스이다.
(4) 액화하면 물보다 가볍고, 기화하면 **공기보다 무겁다.**
(5) 휘발유 등 **유기용매**에 잘 녹는다.
(6) 천연고무를 잘 녹인다.
(7) 공기 중에서 쉽게 연소, 폭발한다.

답 ④

★
09 과산화칼륨이 물과 접촉하였을 때 발생하는 것은?

① 산소 ② 수소
③ 메탄 ④ 아세틸렌

해설 **과산화칼륨**과 **물과의 반응식**

$2K_2O_2 + 2H_2O \rightarrow 4KOH + O_2\uparrow$
과산화칼륨 물 수산화칼륨 산소

흡습성이 있으며 물과 반응하여 발열하고 **산소**를 발생시킨다.

답 ①

★★★
10 제2류 위험물에 해당하는 것은?

15.09.문18 15.05.문10 15.05.문42 14.03.문18 12.09.문01 10.05.문17

① 황
② 질산칼륨
③ 칼륨
④ 톨루엔

해설 **위험물령 [별표 1]**
위험물

유 별	성 질	품 명
제**1**류	**산**화성 **고**체	• 아염소산염류 • 염소산염류 • 과염소산염류 • 질산염류(질산칼륨) • 무기과산화물 기억법 1산고(일산GO)
제**2**류	가연성 고체	• **황화**인 • **적**린 • **황** • **마**그네슘 • 금속분 기억법 2황화적황마
제3류	자연발화성 물질 및 금수성 물질	• **황**린 • **칼**륨 • **나**트륨 • **트**리에틸**알**루미늄 • 금속의 수소화물 기억법 황칼나트알
제4류	인화성 액체	• 특수인화물 • 석유류(벤젠)(제1석유류 : 톨루엔) • 알코올류 • 동식물유류

제5류	자기반응성 물질	• 유기과산화물 • 나이트로화합물 • 나이트로소화합물 • 아조화합물 • 질산에스터류(셀룰로이드)
제6류	산화성 액체	• 과염소산 • 과산화수소 • 질산

① 황 : 제2류위험물
② 질산칼륨 : 제1류위험물
③ 칼륨 : 제3류위험물
④ 톨루엔 : 제4류위험물(제1석유류)

답 ①

★★
11 물리적 폭발에 해당하는 것은?

17.09.문04

① 분해폭발　② 분진폭발
③ 증기운폭발　④ 수증기폭발

해설 **폭발의 종류**

화학적 폭발	물리적 폭발
• 가스폭발 • 유증기폭발 • 분진폭발 • 화약류의 폭발 • 산화폭발 • 분해폭발 • 중합폭발 • 증기운폭발	• 증기폭발(수증기폭발) • 전선폭발 • 상전이폭발 • 압력방출에 의한 폭발

답 ④

★
12 산림화재시 소화효과를 증대시키기 위해 물에 첨가하는 증점제로서 적합한 것은?

19.09.문04
09.08.문19
06.09.문20

① Ethylene Glycol
② Potassium Carbonate
③ Ammonium Phosphate
④ Sodium Carboxy Methyl Cellulose

해설 **증점제**

(1) **CMC**(Sodium Carboxy Methyl Cellulose) : **산림화재**에 적합
(2) **Gelgard**(Dow Chemical=상품명)
(3) **Organic-Gel 제품**(무기물을 끈적끈적하게 하는 물품)
(4) **Bentonite Clay**=Short Term fire retardant=물 침투를 막는 재료
(5) **Ammonium phosphate** : **long term**에서 사용 가능(긴 시간 사용 가능)
$(NH_4)_3PO_4$=불연성, 내화성, 난연성의 성능이 있다.

중요

물의 첨가제

첨가제	설 명
강화액	알칼리 금속염을 주성분으로 한 것으로 **황색** 또는 **무색**의 점성이 있는 수용액
침투제	① 침투성을 높여 주기 위해서 첨가하는 **계면활성제**의 총칭 ② 물의 소화력을 보강하기 위해 첨가하는 약제로서 물의 **표면장력**을 **낮추어** 침투효과를 높이기 위한 첨가제
유화제	**고비점 유류**에 사용을 가능하게 하기 위한 것 기억법 **유유**
증점제	물의 **점도**를 높여 줌
부동제	물이 저온에서 **동결**되는 단점을 보완하기 위해 첨가하는 액체

답 ④

★★★
13 물과 반응하여 가연성 기체를 발생하지 않는 것은?

15.05.문03
13.03.문03
12.09.문17

① 칼륨　② 인화아연
③ 산화칼슘　④ 탄화알루미늄

해설 **분진폭발을 일으키지 않는 물질**

=물과 반응하여 가연성 기체를 발생하지 않는 것

(1) **시**멘트
(2) **석**회석
(3) **탄**산칼슘($CaCO_3$)
(4) **생**석회(CaO)=산화칼슘

기억법 **분시석탄생**

답 ③

★★★
14 피난계획의 일반원칙 중 Fool proof 원칙에 대한 설명으로 옳은 것은?

16.10.문14
12.05.문16
11.10.문08

① 1가지가 고장이 나도 다른 수단을 이용하는 원칙
② 2방향의 피난동선을 항상 확보하는 원칙
③ 피난수단을 이동식 시설로 하는 원칙
④ 피난수단을 조작이 간편한 원시적 방법으로 하는 원칙

해설 **Fail safe**와 **Fool proof**

용 어	설 명
페일 세이프 (fail safe)	① 한 가지 피난기구가 고장이 나도 다른 수단을 이용할 수 있도록 고려하는 것 ② 한 가지가 고장이 나도 다른 수단을 이용하는 원칙 ③ **두 방향**의 피난동선을 항상 확보하는 원칙

풀 프루프 (fool proof)	① 피난경로는 **간단명료**하게 한다. ② 피난구조설비는 **고정식 설비**를 위주로 설치한다. ③ 피난수단은 **원시적 방법**에 의한 것을 원칙으로 한다. ④ 피난통로를 **완전불연화**한다. ⑤ 막다른 복도가 없도록 계획한다. ⑥ 간단한 그림이나 색채를 이용하여 표시한다.

① Fail safe
② Fail safe
③ Fool proof : 피난수단을 고정식 시설로 하는 원칙
④ Fool proof : 피난수단을 조작이 간편한 **원시적 방법**으로 하는 원칙

답 ④

★★★
15 물체의 표면온도가 250℃에서 650℃로 상승하면 열복사량은 약 몇 배 정도 상승하는가?

17.05.문11 14.09.문14 13.06.문08

① 2.5 ② 5.7
③ 7.5 ④ 9.7

해설 **스테판-볼츠만**의 **법칙**(Stefan-Boltzman's law)

$$\frac{Q_2}{Q_1}=\frac{(273+t_2)^4}{(273+t_1)^4}=\frac{(273+650)^4}{(273+250)^4}\fallingdotseq 9.7$$

※ 열복사량은 복사체의 **절대온도**의 **4제곱**에 **비례**하고, **단면적**에 **비례**한다.

참고

스테판-볼츠만의 법칙(Stefan-Boltzman's law)

$$Q=aAF(T_1^{\,4}-T_2^{\,4})$$

여기서, Q : 복사열[W]
a : 스테판-볼츠만 상수[W/m²·K⁴]
A : 단면적[m²]
F : 기하학적 Factor
T_1 : 고온$(273+t_1)$[K]
T_2 : 저온$(273+t_2)$[K]
t_1 : 저온[℃]
t_2 : 고온[℃]

답 ④

★★
16 화재발생시 발생하는 연기에 대한 설명으로 틀린 것은?

① 연기의 유동속도는 수평방향이 수직방향보다 빠르다.
② 동일한 가연물에 있어 환기지배형 화재가 연료지배형 화재에 비하여 연기발생량이 많다.
③ 고온상태의 연기는 유동확산이 빨라 화재전파의 원인이 되기도 한다.
④ 연기는 일반적으로 불완전 연소시에 발생한 고체, 액체, 기체 생성물의 집합체이다.

해설 **연기**의 **특성**
(1) 연기의 유동속도는 **수평방향**이 수직방향보다 **느리다.**
(2) 동일한 가연물에 있어 **환기지배형 화재**가 연료지배형 화재에 비하여 **연기발생량**이 **많다.**
(3) **고온상태**의 **연기**는 **유동확산**이 빨라 화재전파의 원인이 되기도 한다.
(4) 연기는 일반적으로 **불완전 연소**시에 발생한 **고체**, **액체**, **기체** 생성물의 집합체이다.

① 빠르다 → 느리다.

중요

연료지배형 화재와 **환기지배형 화재**

구 분	연료지배형 화재	환기지배형 화재
지배조건	• 연료량에 의하여 지배 • 가연물이 적음 • 개방된 공간에서 발생	• 환기량에 의하여 지배 • 가연물이 많음 • 지하 무창층 등에서 발생
발생장소	• 목조건물 • 큰 개방형 창문이 있는 건물	• 내화구조건물 • 극장이나 밀폐된 소규모 건물
연소속도	• 빠르다.	• 느리다
화재성상	• 구획화재시 **플래시오버 이전**에서 발생	• 구획화재시 **플래시오버 이후**에서 발생
위험성	• 개구부를 통하여 상층 연소 확대	• 실내공기 유입시 **백드래프트 발생**
온도	• 실내온도가 **낮다.**	• 실내온도가 **높다.**

답 ①

★★★
17 소화방법 중 제거소화에 해당되지 않는 것은?

17.03.문16 16.10.문07 16.03.문12 11.03.문04

① 산불이 발생하면 화재의 진행방향을 앞질러 벌목
② 방 안에서 화재가 발생하면 이불이나 담요로 덮음
③ 가스화재시 밸브를 잠궈 가스흐름을 차단
④ 불타고 있는 장작더미 속에서 아직 타지 않은 것을 안전한 곳으로 운반

해설 ② **질식소화** : 방 안에서 화재가 발생하면 이불이나 담요로 덮는다.

중요

제거소화의 **예**
(1) **가연성 기체**화재시 **주밸브**를 **차단**한다.
(2) **가연성 액체**화재시 펌프를 이용하여 **연료**를 제거한다.
(3) **연료탱크**를 **냉각**하여 가연성 가스의 발생속도를 작게 하여 연소를 억제한다.
(4) 금속화재시 **불활성 물질**로 가연물을 덮는다.

(5) **목재**를 **방염처리**한다.
(6) 전기화재시 **전원**을 **차단**한다.
(7) 산불이 발생하면 화재의 진행방향을 앞질러 **벌목**한다.
(8) 가스화재시 **밸브**를 **잠궈** 가스흐름을 차단한다.
(9) 불타고 있는 장작더미 속에서 아직 타지 않은 것을 안전한 곳으로 **운반**한다.
(10) 유류탱크화재시 주변에 있는 유류탱크의 유류를 다른 곳으로 이동시킨다.
(11) **양초**를 입으로 불어서 끈다.

※ **제거효과** : 가연물을 반응계에서 제거하든지 또는 반응계로의 공급을 정지시켜 소화하는 효과

답 ②

★
18 주수소화시 가연물에 따라 발생하는 가연성 가스의 연결이 틀린 것은?

11.10.문05
10.09.문12

① 탄화칼슘－아세틸렌
② 탄화알루미늄－프로판
③ 인화칼슘－포스핀
④ 수소화리튬－수소

해설 (1) **탄화칼슘**과 **물**의 **반응식**

$$CaC_2 + 2H_2O \rightarrow Ca(OH)_2 + C_2H_2\uparrow$$
탄화칼슘 물 수산화칼슘 아세틸렌

(2) **탄화알루미늄**과 **물**의 **반응식**

$$Al_4C_3 + 12H_2O \rightarrow 4Al(OH)_3 + 3CH_4\uparrow$$
탄화알루미늄 물 수산화알루미늄 메탄

(3) **인화칼슘**과 **물**의 **반응식**

$$Ca_3P_2 + 6H_2O \rightarrow 3Ca(OH)_2 + 2PH_3\uparrow$$
인화칼슘 물 수산화칼슘 포스핀

(4) **수소화리튬**과 **물**의 **반응식**

$$LiH + H_2O \rightarrow LiOH + H_2$$
수소화리튬 물 수산화리튬 수소

② 프로판 → 메탄

비교

주수소화(물소화)시 위험한 물질

구 분	현 상
• 무기과산화물	**산소** 발생
• **금**속분 • **마**그네슘 • 알루미늄 • 칼륨 • 나트륨 • 수소화리튬	**수소** 발생
• 가연성 액체의 유류화재	**연소면**(화재면) 확대

기억법 **금마수**

※ **주수소화** : 물을 뿌려 소화하는 방법

답 ②

★
19 포소화약제의 적응성이 있는 것은?

12.09.문44 (산업)

① 칼륨 화재 ② 알킬리튬 화재
③ 가솔린 화재 ④ 인화알루미늄 화재

해설 **포소화약제** : 제4류위험물 적응소화약제

① 칼륨 : 제3류위험물
② 알킬리튬 : 제3류위험물
③ 가솔린 : 제4류위험물
④ 인화알루미늄 : 제3류위험물

중요

위험물별 적응소화약제

위험물	적응소화약제
제1류 위험물	• 물소화약제(단, **무기과산화물**은 **마른모래**)
제2류 위험물	• 물소화약제(단, **금속분**은 **마른모래**)
제3류 위험물	• 마른모래
제4류 위험물	• 포소화약제 • 물분무 · 미분무 소화설비 • 제1~4종 분말소화약제 • CO_2 소화약제 • 할론소화약제 • 할로겐화합물 및 불활성기체 소화설비
제5류 위험물	• 물소화약제
제6류 위험물	• 마른모래(단, **과산화수소**는 **물소화약제**)
특수가연물	• 제3종 분말소화약제 • 포소화약제

답 ③

★★★
20 위험물안전관리법령상 지정된 동식물유류의 성질에 대한 설명으로 틀린 것은?

17.03.문07
14.05.문16
11.06.문16

① 아이오딘가가 작을수록 자연발화의 위험성이 크다.
② 상온에서 모두 액체이다.
③ 물에는 불용성이지만 에터 및 벤젠 등의 유기용매에는 잘 녹는다.
④ 인화점은 1기압하에서 250℃ 미만이다.

해설 **"아이오딘값이 크다."라는 의미**

(1) **불포**화도가 높다.
(2) **건성유**이다.
(3) 자연발화성이 크다.
(4) 산소와 결합이 쉽다.

※ **아이오딘값** : 기름 100g에 첨가되는 아이오딘의 g수

기억법 **아불포**

아이오딘값＝아이오딘가

① 위험성이 크다 → 위험성이 작다.

답 ①

제 2 과목 소방전기일반

★★
21 **다음 그림과 같은 브리지 회로의 평형조건은?**

17.05.문21 (산업) 99.10.문21

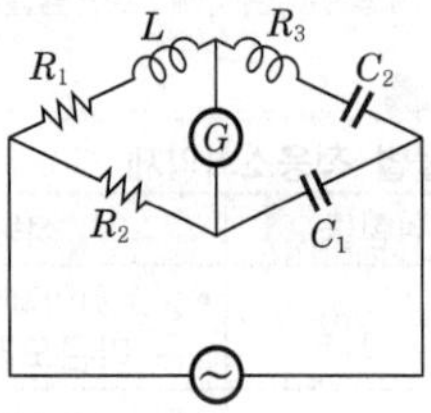

① $R_1C_1 = R_2C_2$, $R_2R_3 = C_1L$

② $R_1C_1 = R_2C_2$, $R_2R_3C_1 = L$

③ $R_1C_2 = R_2C_1$, $R_2R_3 = C_1L$

④ $R_1C_2 = R_2C_1$, $L = R_2R_3C_1$

해설 **교류브리지 평형조건**

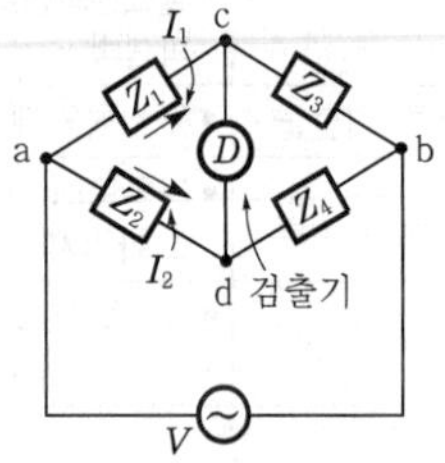

$I_1Z_1 = I_2Z_2$

$I_1Z_3 = I_2Z_4$

$\therefore\ Z_1Z_4 = Z_2Z_3$

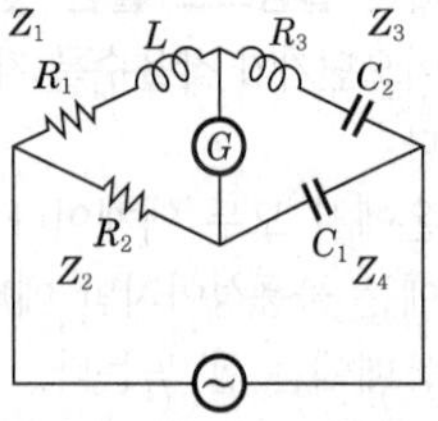

$Z_1 = R_1 + j\omega L$

$Z_2 = R_2$

계산의 편의를 위해 분모, 분자에 $j\omega C_2$ 곱해 줌

$Z_3 = R_3 + \dfrac{1}{j\omega C_2} = \dfrac{j\omega C_2 R_3}{j\omega C_2} + \dfrac{1}{j\omega C_2} = \dfrac{1+j\omega C_2R_3}{j\omega C_2}$

$Z_4 = \dfrac{1}{j\omega C_1}$

$Z_1Z_4 = Z_2Z_3$이므로

$(R_1 + j\omega L) \times \dfrac{1}{j\omega C_1} = R_2 \times \dfrac{1+j\omega C_2R_3}{j\omega C_2}$

$\dfrac{R_1 + j\omega L}{j\omega C_1} = \dfrac{R_2 + j\omega C_2R_2R_3}{j\omega C_2}$

계산 편의를 위해 분모, 분자에 각각 $\dfrac{1}{R_1}$, $\dfrac{1}{R_2}$을 곱해 줌

$$\frac{\frac{1}{R_1}(R_1 + j\omega L)}{j\omega C_1 \times \frac{1}{R_1}} = \frac{\frac{1}{R_2}(R_2 + j\omega C_2R_2R_3)}{j\omega C_2 \times \frac{1}{R_2}}$$

분자에 있는 $\dfrac{1}{R_1}$, $\dfrac{1}{R_2}$을 각각 곱해 주고,

분모에 있는 $\dfrac{1}{R_1}$, $\dfrac{1}{R_2}$을 서로 이항하면

$$\frac{1 + j\omega L\frac{1}{R_1}}{j\omega C_1R_2} = \frac{1 + j\omega C_2R_3}{j\omega C_2R_1}$$

$C_1R_2 = C_2R_1$ ⬇ $\boxed{R_1C_2 = R_2C_1}$ $C_2 = \dfrac{R_2C_1}{R_1}$

$L\dfrac{1}{R_1} = C_2R_3$

$L = C_2R_3R_1$

$L = \left(\dfrac{R_2C_1}{\cancel{R_1}}\right)R_3\cancel{R_1} = R_2R_3C_1$

$\therefore\ \boxed{L = R_2R_3C_1}$

답 ④

★
22 **$R-C$ 직렬회로에서 저항 R을 고정시키고 X_C를 0에서 ∞까지 변화시킬 때 어드미턴스 궤적은?**

04.09.문38

① 1사분면 내의 반원이다.

② 1사분면 내의 직선이다.

③ 4사분면 내의 반원이다.

④ 4사분면 내의 직선이다.

해설 R을 고정시키고 리액턴스 X_C를 0에서 ∞까지 변화시키면 지름이 $\dfrac{1}{R}$로 하는 **제1상한** 내의 **반원**이 된다.

제1상한=1사분면

답 ①

★
23 **비투자율 $\mu_s=500$, 평균 자로의 길이 1m의 환상 철심 자기회로에 2mm의 공극을 내면 전체의 자기저항은 공극이 없을 때의 약 몇 배가 되는가?**

17.03.문24

① 5　　② 2.5

③ 2　　④ 0.5

해설 **자기저항 배수**

$$m = 1 + \frac{l_0}{l} \times \frac{\mu_0\mu_s}{\mu_0}$$

여기서, m : 자기저항 배수
l_0 : 공극〔m〕
l : 길이〔m〕
μ_0 : 진공의 투자율($4\pi \times 10^{-7}$)〔H/m〕
μ_s : 비투자율

자기저항 배수 m은

$$m = 1 + \frac{l_0}{l} \times \frac{\mu_0 \mu_s}{\mu_0}$$
$$= 1 + \frac{(2 \times 10^{-3})}{1} \times \frac{\not{\mu_0} \times 500}{\not{\mu_0}} = 2$$

- l_0(2mm) : $2\text{mm} = 2 \times 10^{-3}\text{m}$

용어

공극
철심과 철심 사이의 간격

비교

자기저항

$$R_m = \frac{l}{\mu S} = \frac{F}{\phi} \text{〔AT/Wb〕}$$

여기서, R_m : 자기저항〔AT/Wb〕
l : 자로의 길이〔m〕
μ : 투자율〔H/m〕($\mu = \mu_0 \mu_s$)
S : 단면적〔m^2〕
F : 기자력〔AT〕
ϕ : 자속〔Wb〕
μ_0 : 진공의 투자율($4\pi \times 10^{-7}$H/m)
μ_s : 비투자율

답 ③

★★
24 1개의 용량이 25W인 객석유도등 10개가 연결되어 있다. 이 회로에 흐르는 전류는 약 몇 A인가? (단, 전원 전압은 220V이고, 기타 선로손실 등은 무시한다.)

① 0.88A ② 1.14A
③ 1.25A ④ 1.36A

해설 **전력**

$$P = VI$$

여기서, P : 전력〔W〕
V : 전압〔V〕
I : 전류〔A〕

전류 I는

$$I = \frac{P}{V} = \frac{25 \times 10\text{개}}{220} \fallingdotseq 1.14\text{A}$$

답 ②

★★★
25 분류기를 써서 배율을 9로 하기 위한 분류기의 저항은 전류계 내부저항의 몇 배인가?

17.03.문35 (산업)

① $\frac{1}{8}$ ② $\frac{1}{9}$
③ 8 ④ 9

해설 **분류기 배율**

$$M = \frac{I_0}{I} = 1 + \frac{R_A}{R_S}$$

여기서, M : 분류기 배율
I_0 : 측정하고자 하는 전류〔A〕
I : 전류계 최대 눈금〔A〕
R_A : 전류계 내부저항〔Ω〕
R_S : 분류기 저항〔Ω〕

$$M = 1 + \frac{R_A}{R_S}$$
$$M - 1 = \frac{R_A}{R_S}$$
$$R_S = \frac{R_A}{M-1} = \frac{R_A}{9-1} = \frac{R_A}{8} = \frac{1}{8}R_A\left(\frac{1}{8}\text{배}\right)$$

비교

배율기 배율

$$M = \frac{V_0}{V} = 1 + \frac{R_m}{R_v}$$

여기서, M : 배율기 배율
V_0 : 측정하고자 하는 전압〔V〕
V : 전압계의 최대 눈금〔A〕
R_m : 배율기 저항〔Ω〕
R_v : 전압계 내부저항〔Ω〕

답 ①

★
26 $R-L$ 직렬회로의 설명으로 옳은 것은?

① v_i, i는 각 다른 주파수를 가지는 정현파이다.
② v는 i보다 위상이 $\theta = \tan^{-1}\left(\frac{\omega L}{R}\right)$만큼 앞선다.
③ 임피던스는 $\sqrt{R^2 + \left(\frac{1}{X_L}\right)^2}$ 이다.
④ 용량성 회로이다.

해설 **$R-L$ 직렬회로**

(1) v_i, i는 각 **같은 주파수**를 가지는 **정현파**이다.
(2) v는 i보다 위상이 $\theta = \tan^{-1}\left(\frac{\omega L}{R}\right)$만큼 앞선다.
(3) 임피던스는 $\sqrt{R^2 + {X_L}^2}$ 이다.
(4) **유도성** 회로이다.

① 다른 → 같은
③ $\sqrt{R^2 + \left(\frac{1}{X_L}\right)^2}$ → $\sqrt{R^2 + {X_L}^2}$
④ 용량성 → 유도성

답 ②

27 두 개의 코일 L_1과 L_2를 동일방향으로 직렬 접속하였을 때 합성인덕턴스가 140mH이고, 반대방향으로 접속하였더니 합성인덕턴스가 20mH이었다. 이때, L_1 =40mH이면 결합계수 K는?

① 0.38　② 0.5
③ 0.75　④ 1.3

해설 (1) **가극성**(코일이 동일방향)

$$L = L_1 + L_2 + 2M$$

여기서, L : 합성인덕턴스[H]
L_1, L_2 : 자기인덕턴스[H]
M : 상호인덕턴스[H]

(2) **감극성**(코일이 반대방향)

$$L = L_1 + L_2 - 2M$$

여기서, L : 합성인덕턴스[H]
L_1, L_2 : 자기인덕턴스[H]
M : 상호인덕턴스[H]

동일방향 합성인덕턴스 : **140mH**
반대방향 합성인덕턴스 : **20mH**이므로

$$\begin{array}{r|l} & 140 = L_1 + L_2 + 2M \\ - & 20 = L_1 + L_2 - 2M \\ \hline & 120 = 4M \end{array}$$

$$\frac{120}{4} = M$$

$$30\text{mH} = M$$

$$\therefore M = 30\text{mH}$$

(3) **가극성**(코일이 동일방향) 식에서

$$\boxed{L = L_1 + L_2 + 2M}$$

$$140 = 40 + L_2 + (2\times30)$$

$$140 - 40 - (2\times30) = L_2$$

$$40 = L_2$$

$$\therefore L_2 = 40\text{mH}$$

• L_1 : 40mH(문제에서 주어짐)

(4) **상호인덕턴스(mutual inductance)**

$$M = K\sqrt{L_1 L_2}\ \text{[H]}$$

여기서, M : 상호인덕턴스[H]
K : 결합계수
L_1, L_2 : 자기인덕턴스[H]

결합계수 K는

$$K = \frac{M}{\sqrt{L_1 L_2}} = \frac{30}{\sqrt{40\times40}} = 0.75$$

답 ③

28 삼각파의 파형률 및 파고율은?

15.05.문28 (산업)

① 1.0, 1.0　② 1.04, 1.226
③ 1.11, 1.414　④ 1.155, 1.732

해설 **파형률**과 **파고율**

파 형	최대값	실효값	평균값	파형률	파고율
• 정현파 • 전파정류파	V_m	$\frac{V_m}{\sqrt{2}}$	$\frac{2V_m}{\pi}$	1.11	1.414 ($\sqrt{2}$)
• 반구형파	V_m	$\frac{V_m}{\sqrt{2}}$	$\frac{V_m}{2}$	1.414	1.414
• **삼각파** (3각파) • 톱니파	V_m	$\frac{V_m}{\sqrt{3}}$	$\frac{V_m}{2}$	1.155	1.732 ($\sqrt{3}$)
• 구형파	V_m	V_m	V_m	1	1
• 반파정류파	V_m	$\frac{V_m}{2}$	$\frac{V_m}{\pi}$	1.571	2

중요

여러 가지 파형

(1) **정현파**

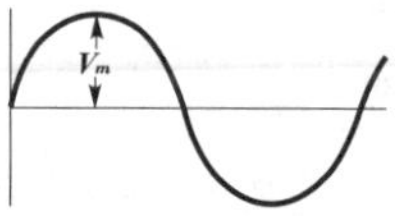

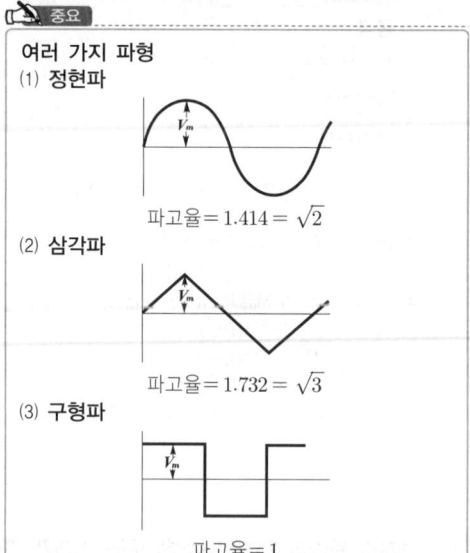

파고율 $= 1.414 = \sqrt{2}$

(2) **삼각파**

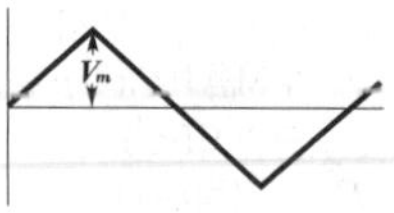

파고율 $= 1.732 = \sqrt{3}$

(3) **구형파**

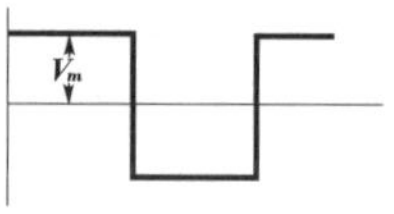

파고율 $= 1$

답 ④

29 P형 반도체에 첨가되는 불순물에 관한 설명으로 옳은 것은?

16.10.문38
14.03.문35

① 5개의 가전자를 갖는다.
② 억셉터 불순물이라 한다.
③ 과잉전자를 만든다.
④ 게르마늄에는 첨가할 수 있으나 실리콘에는 첨가가 되지 않는다.

해설 **n형 반도체와 P형 반도체**

n형 반도체	P형 반도체
도너(donor)	억셉터
5가원소	**3가**원소
부(⊖, negative)	정(⊕, positive)
과잉전자 : 가전자가 1개 남는 불순물	**부족전자** : 가전자가 1개 모자라는 불순물
게르마늄, **실리콘**에 모두 첨가	**게르마늄**, **실리콘**에 모두 첨가

① 5개 → 3개
③ 과잉전자 → 부족전자
④ 게르마늄, 실리콘에 모두 첨가됨

중요

n형 반도체 불순물	P형 반도체 불순물
① **인**	① 인듐
② **비**소	② 붕소
③ **안**티몬	③ 알루미늄

기억법 **인비안(인비안** 인디안)

답 ②

★★★
30 그림과 같은 게이트의 명칭은?

17.09.문25 (산업)

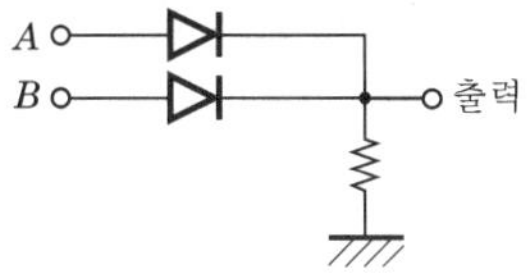

① AND ② OR
③ NOR ④ NAND

해설 **OR 게이트**이므로 2개의 입력신호 중 **어느 하나**라도 1이면 출력신호가 1이 된다.

명 칭	회 로
OR 게이트	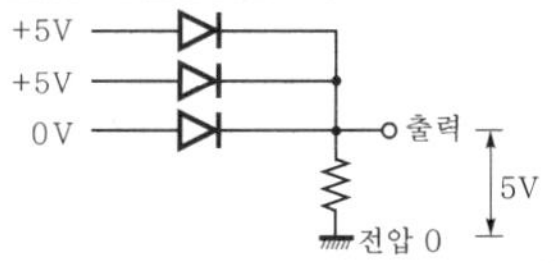
AND 게이트	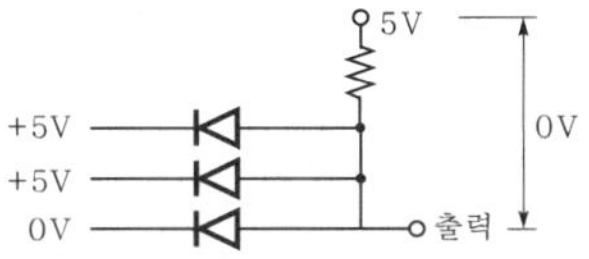

중요

논리회로

명 칭	회 로
AND 게이트	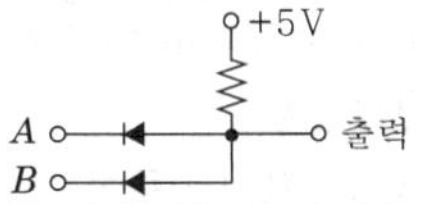
	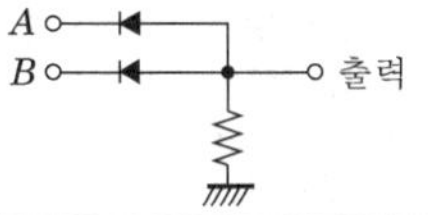
OR 게이트	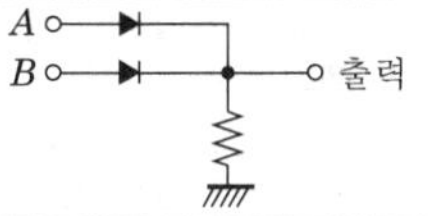
	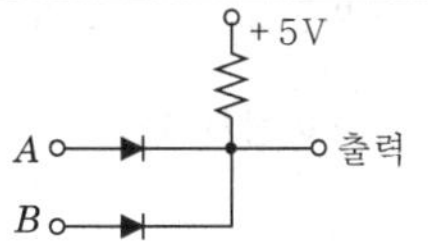
NOR 게이트	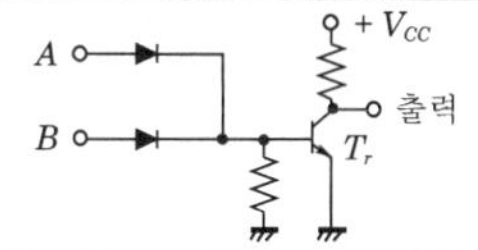
NAND 게이트	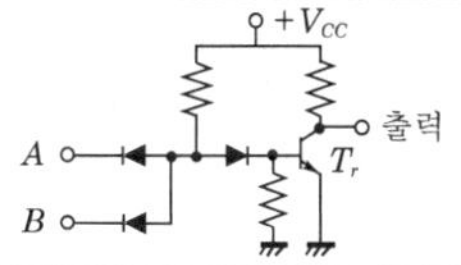

답 ②

★★
31 어떤 코일의 임피던스를 측정하고자 직류전압 30V를 가했더니 300W가 소비되고, 교류전압 100V를 가했더니 1200W가 소비되었다. 이 코일의 리액턴스는 몇 Ω인가?

98.07.문33
97.03.문25

① 2
② 4
③ 6
④ 8

해설 (1) **직류전력**

$$P=VI=\frac{V^2}{R}=I^2R$$

여기서, P : 직류전력[W]
V : 전압[V]
I : 전류[A]

직류전압시 **저항** R는

$$R=\frac{V^2}{P}=\frac{30^2}{300}=3\,\Omega$$

(2) **단상 교류전력**

$$P=VI\cos\theta=I^2R$$

여기서, P : 단상교류전력[W]
V : 전압[V]
I : 전류[A]
$\cos\theta$: 역률
R : 저항[Ω]

교류전압시 **전력** P는

$$P=I^2R=\left(\frac{V}{\sqrt{R^2+X_L^2}}\right)^2R\text{[W]에서}$$

$$P=\left(\frac{V}{\sqrt{R^2+X_L^{\,2}}}\right)^2R$$

$$P=\left(\frac{V^2}{(\sqrt{R^2+X_L^{\,2}})^2}\right)R$$

$$P=\frac{V^2}{R^2+X_L^{\,2}}R$$

$$P(R^2+X_L^{\,2})=V^2R$$

$$R^2+X_L^{\,2}=\frac{V^2R}{P}$$

$$X_L^{\,2}=\frac{V^2R}{P}-R^2$$

$$\sqrt{{X_L}^2} = \sqrt{\frac{V^2R}{P} - R^2}$$

$$X_L = \sqrt{\frac{V^2R}{P} - R^2}$$

코일의 **리액턴스** X_L은

$$X_L = \sqrt{\frac{V^2R}{P} - R^2} = \sqrt{\frac{100^2 \times 3}{1200} - 3^2} = 4\,\Omega$$

답 ②

★★
32 저항 6Ω과 유도리액턴스 8Ω이 직렬로 접속된 회로에 100V의 교류전압을 가할 때 흐르는 전류의 크기는 몇 A인가?

06.03.문39
97.07.문22

① 10 ② 20
③ 50 ④ 80

해설 $R-L$ **직렬회로**

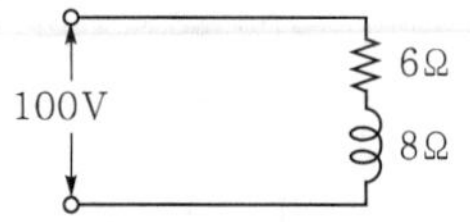

$$I = \frac{V}{Z} = \frac{V}{\sqrt{R^2 + {X_L}^2}}$$

여기서, I : 전류[A]
V : 전압[V]
Z : 임피던스[Ω]
R : 저항[Ω]
X_L : 유도리액턴스[Ω]

전류 I는

$$I = \frac{V}{\sqrt{R^2 + {X_L}^2}} = \frac{100}{\sqrt{6^2 + 8^2}} = 10\text{A}$$

답 ①

★
33 백열전등의 점등스위치로는 다음 중 어떤 스위치를 사용하는 것이 적합한가?

① 복귀형 a접점스위치
② 복귀형 b접점스위치
③ 유지형 스위치
④ 전자접촉기

해설 **스위치**

구 분	복귀형 스위치	유지형 스위치
정의	조작 중에만 접점 상태가 변하고 조작을 중지하면 **원래 상태**로 **복귀**하는 스위치	조작하면 접점의 개폐상태가 그대로 **유지**되는 스위치
종류	① **푸시버튼스위치**(push button switch) ② **풋스위치**(foot switch)	① **마이크로스위치** ② **텀블러스위치**(전등 점등스위치) ③ **셀렉터스위치**

답 ③

★
34 $L-C$ 직렬회로에서 직류전압 E를 $t=0$에서 인가할 때 흐르는 전류는?

① $\dfrac{E}{\sqrt{L/C}}\cos\dfrac{1}{\sqrt{LC}}t$

② $\dfrac{E}{\sqrt{L/C}}\sin\dfrac{1}{\sqrt{LC}}t$

③ $\dfrac{E}{\sqrt{C/L}}\cos\dfrac{1}{\sqrt{LC}}t$

④ $\dfrac{E}{\sqrt{C/L}}\sin\dfrac{1}{\sqrt{LC}}t$

해설 $L-C$ **직렬회로 과도현상**

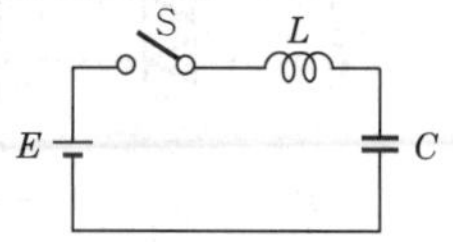

S를 ON하고 t**초 후**에 **전류**는

$$i(t) = \frac{E}{\sqrt{\frac{L}{C}}}\sin\frac{1}{\sqrt{LC}}t\,[\text{A}] : \text{불변진동 전류}$$

여기서, $i(t)$: 과도전류[A]
E : 직류전압[V]
L : 인덕턴스[H]
C : 커패시턴스[F]

답 ②

★★★
35 피드백제어계에 대한 설명 중 틀린 것은?

13.03.문22 (산업)

① 감대역폭이 증가한다.
② 정확성이 있다.
③ 비선형에 대한 효과가 증대된다.
④ 발진을 일으키는 경향이 있다.

해설 **피드백제어**(feedback control)
출력신호를 입력신호로 되돌려서 **입력**과 **출력**을 **비교**함으로써 **정확한 제어**가 가능하도록 한 제어

중요

피드백제어의 **특징**
(1) **정확도**(정확성)가 **증가**한다.
(2) **대역폭**이 **크다**.
(3) 계의 특성변화에 대한 입력 대 출력비의 감도가 **감소**한다.
(4) 구조가 **복잡**하고 **설치비용**이 **고가**이다.
(5) **폐회로**로 구성되어 있다.
(6) 입력과 출력을 비교하는 장치가 있다.
(7) 오차를 **자동정정**한다.
(8) **발진**을 일으키고 **불안정한 상태**로 되어가는 경향성이 있다.
(9) **제어장치**, **제어대상**, **검출부** 등으로 구성한다.
(10) 제어결과를 측정, 목표로 하는 동작과 비교 수정동작한다.

(11) **비선형**과 **왜형**에 대한 **효과**는 **감소**한다.

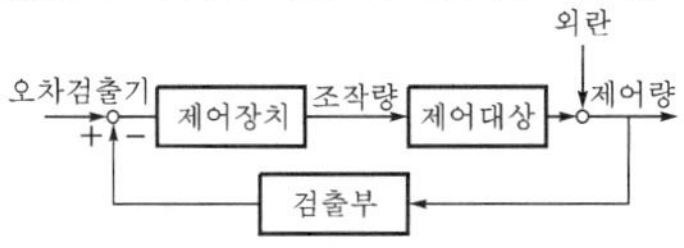

| 피드백제어 |

③ 증대 → 감소

답 ③

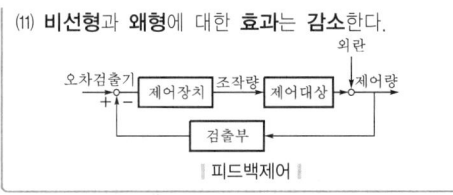

36 어떤 계를 표시하는 미분방정식이 $5\dfrac{d^2}{dt^2}y(t)+3\dfrac{d}{dt}y(t)-2y(t)=x(t)$라고 한다. $x(t)$는 입력신호, $y(t)$는 출력신호라고 하면 이 계의 전달함수는?

24.05.문24
17.09.문22 (산업)

① $\dfrac{1}{(s+1)(s-5)}$ ② $\dfrac{1}{(s-1)(s+5)}$

③ $\dfrac{1}{(5s-1)(s+2)}$ ④ $\dfrac{1}{(5s-2)(s+1)}$

해설 **전달함수**

$$G(s)=\frac{Y(s)}{X(s)}$$

여기서, $G(s)$: 전달함수
$Y(s)$: 출력신호
$X(s)$: 입력신호

• $5\dfrac{d^2}{dt^2}\rightarrow 5s^2$, $3\dfrac{d}{dt}\rightarrow 3s$, $2\rightarrow 2$

라플라스 변환하면

$(5s^2+3s-2)Y(s)=X(s)$

전달함수

$G(s)=\dfrac{Y(s)}{X(s)}=\dfrac{1}{(5s^2+3s-2)}=\dfrac{1}{(5s-2)(s+1)}$

용어

전달함수
모든 초기값을 0으로 하였을 때 출력신호의 라플라스 변환과 입력신호의 라플라스 변환의 비

답 ④

37 측정기의 측정범위 확대를 위한 방법의 설명으로 틀린 것은?

19.03.문22
18.03.문36
17.09.문24
07.03.문39
04.09.문28
02.05.문36

① 전류의 측정범위 확대를 위하여 분류기를 사용하고, 전압의 측정범위 확대를 위하여 배율기를 사용한다.
② 분류기는 계기에 직렬로, 배율기는 병렬로 접속한다.
③ 측정기 내부저항을 R_a, 분류기저항을 R_s라 할 때, 분류기의 배율은 $1+\dfrac{R_a}{R_s}$로 표시된다.
④ 측정기 내부저항을 R_v, 배율기저항을 R_m이라 할 때, 배율기의 배율은 $1+\dfrac{R_m}{R_v}$으로 표시된다.

해설 **배율기**와 **분류기**

배율기	① **전압계**와 **직렬**접속 ② 전압의 측정범위 확대 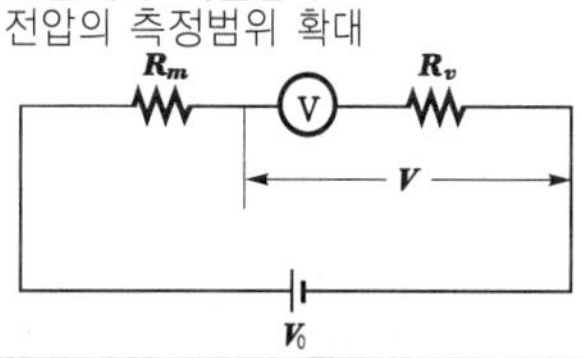 $M=1+\dfrac{R_m}{R_v}$ 여기서, M : 배율기 배율 V_0 : 측정하고자 하는 전압[V] V : 전압계의 최대눈금[A] R_v : 전압계 내부저항[Ω] R_m : 배율기[Ω]
분류기	① **전류계**와 **병렬**접속 ② 전류의 측정범위 확대 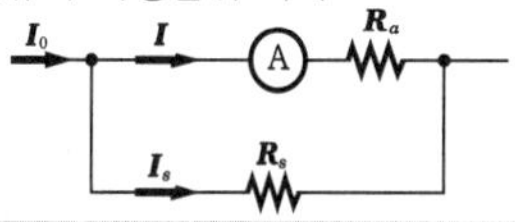 $M=1+\dfrac{R_a}{R_s}$ 여기서, M : 분류기 배율 I_0 : 측정하고자 하는 전류[A] I : 전류계의 최대눈금[A] I_s : 분류기에 흐르는 전류[A] R_a : 전류계 내부저항[Ω] R_s : 분류기[Ω]

② 직렬 → 병렬, 병렬 → 직렬

비교

전압계와 **전류계**의 **연결**

전압계	전류계
부하와 **병렬**연결	부하와 **직렬**연결

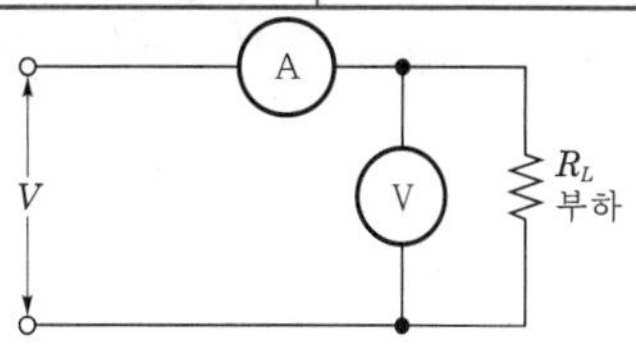

답 ②

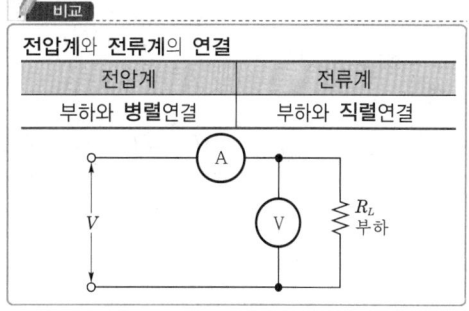

38 논리식 $X=AB\overline{C}+\overline{A}BC+\overline{A}B\overline{C}$를 가장 간소화하면?

19.03.문24
17.09.문33
17.03.문23
16.05.문36
16.03.문39
15.09.문23
13.09.문30
13.06.문35
09.05.문22 (산업)

① $B(\overline{A}+\overline{C})$ ② $B(\overline{A}+A\overline{C})$
③ $B(\overline{A}C+\overline{C})$ ④ $B(A+C)$

해설 **논리식**

$$
\begin{aligned}
X &= AB\overline{C} + \overline{A}BC + \overline{A}B\overline{C} \\
&= AB\overline{C} + \overline{A}B\underbrace{(C+\overline{C})}_{X+\overline{X}=1} \\
&= AB\overline{C} + \underbrace{\overline{A}B1}_{X\cdot 1=X} \\
&= AB\overline{C} + \overline{A}B \\
&= B\underbrace{(A\overline{C}+\overline{A})}_{\overline{X}+X\overline{Y}=\overline{X}+\overline{Y}} \\
&= B(\overline{A}+\overline{C})
\end{aligned}
$$

중요

불대수의 정리

논리합	논리곱	비고
$X+0=X$	$X\cdot 0=0$	-
$X+1=1$	$X\cdot 1=X$	-
$X+X=X$	$X\cdot X=X$	-
$X+\overline{X}=1$	$X\cdot \overline{X}=0$	-
$X+Y=Y+X$	$X\cdot Y=Y\cdot X$	교환법칙
$X+(Y+Z)$ $=(X+Y)+Z$	$X(YZ)=(XY)Z$	결합법칙
$X(Y+Z)$ $=XY+XZ$	$(X+Y)(Z+W)$ $=XZ+XW+YZ+YW$	분배법칙
$X+XY=X$	$\overline{X}+XY=\overline{X}+Y$ $\overline{X}+X\overline{Y}=\overline{X}+\overline{Y}$ $X+\overline{X}Y=X+Y$ $X+\overline{X}\,\overline{Y}=X+\overline{Y}$	흡수법칙
$(\overline{X+Y})$ $=\overline{X}\cdot\overline{Y}$	$(\overline{X\cdot Y})=\overline{X}+\overline{Y}$	드모르간의 정리

답 ①

★
39 원형 단면적이 S〔m²〕, 평균자로의 길이가 l〔m〕, 1m당 권선수가 N회인 공심 환상솔레노이드에 I〔A〕의 전류를 흘릴 때 철심 내의 자속은?

① $\dfrac{NI}{l}$　② $\dfrac{\mu_0 SNI}{l}$

③ $\mu_0 SNI$　④ $\dfrac{\mu_0 SN^2 I}{l}$

해설 **자속**

$$\phi = BS = \mu HS = \frac{\mu SNI}{l} = \frac{NI}{\dfrac{l}{\mu S}} = \frac{NI}{R_m} = \frac{F}{R_m}\text{〔Wb〕}$$

여기서, ϕ : 자속〔Wb〕
B : 자속밀도〔Wb/m²〕
H : 자계의 세기〔AT/m〕
F : 기자력〔AT〕
l : 자로의 길이〔m〕
N : 권선수
I : 전류〔A〕
R_m : 자기저항〔AT/Wb〕
S : 단면적〔m²〕

$\phi = \dfrac{\mu SNI}{l} = \dfrac{\mu_0 \mu_s SNI}{l}$ 에서 공심이므로 $\mu_s ≒ 1$

$\phi = \dfrac{\mu_0 SNI}{l}$ 에서

1m당 권선수가 N회라고 했으므로 자로의 길이 삭제

$\phi = \mu_0 SNI$

답 ③

★★
40 무한장 솔레노이드 자계의 세기에 대한 설명으로 틀린 것은?

16.03.문22

① 전류의 세기에 비례한다.
② 코일의 권수에 비례한다.
③ 솔레노이드 내부에서의 자계의 세기는 위치에 관계없이 일정한 평등자계이다.
④ 자계의 방향과 암페어 경로 간에 서로 수직인 경우 자계의 세기가 최고이다.

해설 **무한장 솔레노이드**

(1) **내부자계**

$$H_i = nI$$

여기서, H_i : 내부자계의 세기〔AT/m〕
n : 단위길이당 권수(1m당 권수)
I : 전류(전류의 세기)〔A〕

일반적으로 자계의 세기는 내부자계를 의미하므로 위 식에서

① 전류의 세기에 비례
② 코일의 권수에 비례
③ 내부자계는 평등자계

(2) **외부자계**

$$H_e = 0$$

여기서, H_e : 외부자계의 세기〔AT/m〕

④ 자계의 방향과 무관

답 ④

제 3 과목　소방관계법규

★★★
41 소방기본법령상 소방본부 종합상황실 실장이 소방청의 종합상황실에 서면·모사전송 또는 컴퓨터통신 등으로 보고하여야 하는 화재의 기준 중 틀린 것은?

17.05.문53

① 항구에 매어둔 총 톤수가 1000톤 이상인 선박에서 발생한 화재
② 층수가 5층 이상이거나 병상이 30개 이상인 종합병원·정신병원·한방병원·요양소에서 발생한 화재
③ 지정수량의 1000배 이상의 위험물의 제조소·저장소·취급소에서 발생한 화재
④ 연면적 15000m² 이상인 공장 또는 화재예방강화지구에서 발생한 화재

해설 **기본규칙 3조**
종합상황실 실장의 보고화재
(1) 사망자 **5명** 이상 화재
(2) 사상자 **10명** 이상 화재
(3) 이재민 **100명** 이상 화재
(4) 재산피해액 **50억원** 이상 화재
(5) 관광호텔, 층수가 11층 이상인 건축물, 지하상가, 시장, 백화점
(6) **5층** 이상 또는 객실 **30실** 이상인 **숙박시설**
(7) **5층** 이상 또는 병상 **30개** 이상인 **종합병원·정신병원·한방병원·요양소**
(8) **1000t** 이상인 선박(항구에 매어둔 것)
(9) 지정수량 **3000배** 이상의 위험물 제조소·저장소·취급소
(10) 연면적 **15000m²** 이상인 **공장** 또는 **화재예방강화지구**에서 발생한 화재
(11) **가스** 및 **화약류**의 폭발에 의한 화재
(12) **관공서·학교·정부미도정공장·문화재·지하철** 또는 지하구의 **화재**
(13) 철도차량, 항공기, 발전소 또는 변전소
(14) 다중이용업소의 화재

③ 1000배 → 3000배

※ **종합상황실** : 화재·재난·재해·구조·구급 등이 필요한 때에 신속한 소방활동을 위한 정보를 수집·전파하는 소방서 또는 소방본부의 지령관제실

답 ③

★★★
42 소방기본법령상 소방용수시설별 설치기준 중 틀린 것은?
17.03.문54 16.05.문44

① 급수탑 개폐밸브는 지상에서 1.5m 이상 1.7m 이하의 위치에 설치하도록 할 것
② 소화전은 상수도와 연결하여 지하식 또는 지상식의 구조로 하고, 소방용 호스와 연결하는 소화전의 연결금속구의 구경은 100mm로 할 것
③ 저수조 흡수관의 투입구가 사각형의 경우에는 한 변의 길이가 60cm 이상, 원형의 경우에는 지름이 60cm 이상일 것
④ 저수조는 지면으로부터의 낙차가 4.5m 이하일 것

해설 **기본규칙 [별표 3]**
소방용수시설별 설치기준
(1) **소화전 및 급수탑**

소화전	급수탑
• **65mm** : 연결금속구의 구경	• **100mm** : 급수배관의 구경 • **1.5~1.7m** 이하 : 개폐밸브 높이 기억법 **57탑(57층 탑)**

(2) **투입구** : **60cm** 이상
(3) **낙차** : **4.5m** 이하

② 100mm → 65mm

답 ②

★★
43 소방기본법상 소방본부장, 소방서장 또는 소방대장의 권한이 아닌 것은?
19.03.문56 17.05.문48

① 화재, 재난·재해, 그 밖의 위급한 상황이 발생한 현장에서 소방활동을 위하여 필요할 때에는 그 관할구역에 사는 사람 또는 그 현장에 있는 사람으로 하여금 사람을 구출하는 일 또는 불을 끄거나 불이 번지지 아니하도록 하는 일을 하게 할 수 있다.
② 소방활동을 할 때에 긴급한 경우에는 이웃한 소방본부장 또는 소방서장에게 소방업무의 응원을 요청할 수 있다.
③ 사람을 구출하거나 불이 번지는 것을 막기 위하여 필요할 때에는 화재가 발생하거나 불이 번질 우려가 있는 소방대상물 및 토지를 일시적으로 사용하거나 그 사용의 제한 또는 소방활동에 필요한 처분을 할 수 있다.
④ 소방활동을 위하여 긴급하게 출동할 때에는 소방자동차의 통행과 소방활동에 방해가 되는 주차 또는 정차된 차량 및 물건 등을 제거하거나 이동시킬 수 있다.

해설 **소방본부장·소방서장·소방대장**
(1) 소방활동 **종**사명령(기본법 24조) 보기 ①
(2) **강**제처분·제거(기본법 25조) 보기 ③④
(3) **피**난명령(기본법 26조)
(4) 댐·저수지 사용 등 위험시설 등에 대한 긴급조치(기본법 27조)

기억법 **소대종강피(소방대의 종강파티)**

② 소방본부장, 소방서장의 권한(기본법 11조)

답 ②

★
44 위험물안전관리법령상 위험물의 안전관리와 관련된 업무를 수행하는 자로서 소방청장이 실시하는 안전교육대상자가 아닌 것은?

① 안전관리자로 선임된 자
② 탱크시험자의 기술인력으로 종사하는 자
③ 위험물운송자로 종사하는 자
④ 제조소 등의 관계인

해설 **위험물령 20조**
안전교육대상자

(1) **안전관리자**로 선임된 자
(2) 탱크시험자의 **기술인력**으로 종사하는 자
(3) **위험물운반자**로 종사하는 자
(4) **위험물운송자**로 종사하는 자

답 ④

45
19.09.문01
14.09.문52

화재의 예방 및 안전관리에 관한 법률상 소방안전관리대상물의 소방안전관리자 업무가 아닌 것은?

① 소방훈련 및 교육
② 자위소방대 및 초기대응체계의 구성·운영·교육
③ 피난시설, 방화구획 및 방화시설의 설치
④ 피난계획에 관한 사항과 대통령령으로 정하는 사항이 포함된 소방계획서의 작성 및 시행

해설 **화재예방법 24조 ⑤항**
관계인 및 소방안전관리자의 업무

특정소방대상물(관계인)	소방안전관리대상물(소방안전관리자)
① 피난시설·방화구획 및 방화시설의 관리 ② 소방시설, 그 밖의 소방관련시설의 관리 ③ **화기취급**의 감독 ④ 소방안전관리에 필요한 업무 ⑤ 화재발생시 초기대응	① 피난시설·방화구획 및 방화시설의 관리 ② 소방시설, 그 밖의 소방관련시설의 관리 ③ **화기취급**의 감독 ④ 소방안전관리에 필요한 업무 ⑤ **소방계획서**의 작성 및 시행(대통령령으로 정하는 사항 포함) ⑥ **자위소방대** 및 **초기대응체계**의 구성·운영·교육 ⑦ 소방훈련 및 교육 ⑧ 소방안전관리에 관한 업무수행에 관한 기록·유지 ⑨ 화재발생시 초기대응

③ 설치 → 관리

용어

특정소방대상물	소방안전관리대상물
건축물 등의 규모·용도 및 수용인원 등을 고려하여 소방시설을 설치하여야 하는 소방대상물로서 대통령령으로 정하는 것	대통령령으로 정하는 특정소방대상물

답 ③

46
16.05.문58
15.09.문41
15.05.문57
10.05.문56

소방시설 설치 및 관리에 관한 법령상 소방용품이 아닌 것은?

① 소화약제 외의 것을 이용한 간이소화용구
② 자동소화장치
③ 가스누설경보기
④ 소화용으로 사용하는 방염제

해설 **소방시설법 시행령 6조**
소방용품 제외 대상
(1) 주거용 주방자동소화장치용 소화약제
(2) 가스자동소화장치용 소화약제
(3) 분말자동소화장치용 소화약제
(4) 고체에어로졸자동소화장치용 소화약제
(5) 소화약제 외의 것을 이용한 간이소화용구
(6) 휴대용 비상조명등
(7) 유도표지
(8) 벨용 푸시버튼스위치
(9) 피난밧줄
(10) 옥내소화전함
(11) 방수구
(12) 안전매트
(13) 방수복

답 ①

47
15.05.문53
15.03.문56
14.03.문55
13.06.문43
12.05.문51

소방시설 설치 및 관리에 관한 법령상 스프링클러설비를 설치하여야 하는 특정소방대상물의 기준 중 틀린 것은? (단, 위험물 저장 및 처리 시설 중 가스시설 또는 지하구는 제외한다.)

① 숙박이 가능한 수련시설 용도로 사용되는 시설의 바닥면적의 합계가 600m^2 이상인 것은 모든 층
② 창고시설(물류터미널은 제외)로서 바닥면적 합계가 5000m^2 이상인 경우에는 모든 층
③ 판매시설, 운수시설 및 창고시설(물류터미널에 한정)로서 바닥면적의 합계가 5000m^2 이상이거나 수용인원이 500명 이상인 경우에는 모든 층
④ 복합건축물로서 연면적이 3000m^2 이상인 경우에는 모든 층

해설 **소방시설법 시행령 〔별표 4〕**
스프링클러설비의 설치대상

설치대상	조 건
① 문화 및 집회시설, 운동시설 ② 종교시설	• 수용인원 : **100명** 이상 • 영화상영관 : 지하층·무창층 **500m^2**(기타 **1000m^2**) 이상 • 무대부 – 지하층·무창층·**4층** 이상 **300m^2** 이상 – 1~3층 **500m^2** 이상
③ 판매시설 ④ 운수시설 ⑤ 물류터미널	• 수용인원 : **500명** 이상 • 바닥면적 합계 : **5000m^2** 이상
⑥ 노유자시설 ⑦ 정신의료기관 ⑧ 수련시설(숙박 가능한 것) ⑨ 종합병원, 병원, 치과병원, 한방병원 및 요양병원(정신병원 제외) ⑩ 숙박시설	• 바닥면적 합계 **600m^2** 이상
⑪ 지하층·무창층·**4층** 이상	• 바닥면적 **1000m^2** 이상

⑫ 창고시설(물류터미널 제외)	• 바닥면적 합계 **5000m²** 이상 : 전층
⑬ **지하상가**	• 연면적 **1000m²** 이상
⑭ **10m** 넘는 랙식 창고	• 연면적 **1500m²** 이상
⑮ 복합건축물 ⑯ 기숙사	• 연면적 **5000m²** 이상 : 전층
⑰ **6층** 이상	• 전층
⑱ 보일러실 · 연결통로	• 전부
⑲ 특수가연물 저장 · 취급	• 지정수량 **1000배** 이상
⑳ 발전시설	• 전기저장시설 : 전부

④ 3000m² → 5000m²

답 ④

★★
48 화재의 예방 및 안전관리에 관한 법령상 특수가연물의 저장 및 취급기준 중 다음 ( ) 안에 알맞은 것은? (단, 석탄 · 목탄류를 발전용으로 저장하는 경우는 제외한다.)

14.05.문46
13.03.문60

> 살수설비를 설치하거나, 방사능력 범위에 해당 특수가연물이 포함되도록 대형 수동식 소화기를 설치하는 경우에는 쌓는 높이를 (㉠)m 이하, 쌓는 부분의 바닥면적을 (㉡)m² 이하로 할 수 있다.

① ㉠ 10, ㉡ 30
② ㉠ 10, ㉡ 5
③ ㉠ 15, ㉡ 100
④ ㉠ 15, ㉡ 200

해설 **화재예방법 시행령 [별표 3]**
특수가연물의 저장 · 취급기준
(1) **품명별**로 구분하여 쌓을 것
(2) 쌓는 높이는 **10m** 이하가 되도록 할 것
(3) 쌓는 부분의 바닥면적은 **50m²**(석탄 · 목탄류는 **200m²**) 이하가 되도록 할 것[단, 살수설비를 설치하거나 **대형 수동식 소화기**를 설치하는 경우에는 높이 **15m** 이하, 바닥면적 **200m²**(석탄 · 목탄류는 **300m²** 이하) 가능]
(4) 쌓는 부분의 바닥면적 사이는 실내의 경우 **1.2m** 또는 **쌓는 높이**의 $\frac{1}{2}$ 중 **큰 값**(실외 3m 또는 **쌓는 높이** 중 **큰 값**) 이상으로 간격을 둘 것
(5) 취급장소에는 **품명, 최대저장수량, 단위부피당 질량** 또는 **단위체적당 질량, 관리책임자 성명 · 직책 · 연락처** 및 **화기취급**의 **금지표지** 설치

답 ④

★★★
49 위험물안전관리법상 위험물시설의 설치 및 변경 등에 관한 기준 중 다음 ( ) 안에 알맞은 것은?

19.09.문42
17.05.문46
15.03.문55
14.05.문44
13.09.문60

> 제조소 등의 위치 · 구조 또는 설비의 변경 없이 당해 제조소 등에서 저장하거나 취급하는 위험물의 품명 · 수량 또는 지정수량의 배수를 변경하고자 하는 자는 변경하고자 하는 날의 (㉠)일 전까지 (㉡)이 정하는 바에 따라 (㉢)에게 신고하여야 한다.

① ㉠ 1, ㉡ 행정안전부령, ㉢ 시 · 도지사
② ㉠ 1, ㉡ 대통령령, ㉢ 소방본부장 · 소방서장
③ ㉠ 14, ㉡ 행정안전부령, ㉢ 시 · 도지사
④ ㉠ 14, ㉡ 대통령령, ㉢ 소방본부장 · 소방서장

해설 **위험물법 6조**
제조소 등의 설치허가
(1) **설치허가자** : **시 · 도지사**
(2) **설치허가 제외 장소**
  ㉠ 주택의 난방시설(공동주택의 중앙난방시설은 제외)을 위한 **저장소** 또는 **취급소**
  ㉡ 지정수량 **20배** 이하의 **농예용 · 축산용 · 수산용** 난방시설 또는 건조시설의 **저장소**
(3) **제조소 등의 변경신고** : 변경하고자 하는 날의 **1일** 전까지 **시 · 도지사**에게 **신고**(행정안전부령)

기억법 **농축수2**

참고

시 · 도지사
(1) 특별시장
(2) 광역시장
(3) 특별자치시장
(4) 도지사
(5) 특별자치도지사

답 ①

★
50 화재의 예방 및 안전관리에 관한 법령상 소방안전관리대상물의 소방계획서에 포함되어야 하는 사항이 아닌 것은?

13.09.문57

① 예방규정을 정하는 제조소 등의 위험물 저장 · 취급에 관한 사항
② 소방시설 · 피난시설 및 방화시설의 점검 · 정비계획
③ 특정소방대상물의 근무자 및 거주자의 자위소방대 조직과 대원의 임무에 관한 사항
④ 방화구획, 제연구획, 건축물의 내부 마감재료(불연재료 · 준불연재료 또는 난연재료로 사용된 것) 및 방염대상물품의 사용현황과 그 밖의 방화구조 및 설비의 유지 · 관리계획

해설 **화재예방법 시행령 27조**
소방안전관리대상물의 소방계획서 작성
(1) 소방안전관리대상물의 위치 · 구조 · 연면적 · 용도 및 수용인원 등의 **일반현황**
(2) 화재예방을 위한 **자체점검계획** 및 **대응대책**
(3) 특정소방대상물의 **근무자** 및 거주자의 **자위소방대** 조직과 대원의 임무에 관한 사항
(4) **소방시설 · 피난시설** 및 **방화시설**의 점검 · 정비계획
(5) 방화구획, 제연구획, 건축물의 내부 마감재료(불연재료 · 준불연재료 또는 난연재료로 사용된 것) 및 방염대상물품의 사용현황과 그 밖의 방화구조 및 설비의 유지 · 관리계획

① 해당 없음

답 ①

★
51 14.09.문50
소방공사업법령상 공사감리자 지정대상 특정소방대상물의 범위가 아닌 것은?

① 캐비닛형 간이스프링클러설비를 신설·개설하거나 방호·방수구역을 증설할 때
② 물분무등소화설비(호스릴방식의 소화설비는 제외)를 신설·개설하거나 방호·방수구역을 증설할 때
③ 제연설비를 신설·개설하거나 제연구역을 증설할 때
④ 연소방지설비를 신설·개설하거나 살수구역을 증설할 때

해설 **공사업령 10조**
소방공사감리자 지정대상 특정소방대상물의 범위
(1) **옥내소화전설비**를 신설·개설 또는 **증설**할 때
(2) **스프링클러설비** 등(캐비닛형 간이스프링클러설비 제외)을 신설·개설하거나 방호·**방수구역**을 **증설**할 때
(3) **물분무등소화설비**(호스릴방식의 소화설비 제외)를 신설·개설하거나 방호·방수구역을 **증설**할 때
(4) **옥외소화전설비**를 신설·개설 또는 **증설**할 때
(5) **자동화재탐지설비**를 신설 또는 개설할 때
(6) **화재알림설비**를 신설 또는 개설할 때
(7) **비상방송설비**를 신설 또는 개설할 때
(8) **통합감시시설**을 신설 또는 **개설**할 때
(9) **소화용수설비**를 신설 또는 **개설**할 때
(10) 다음의 **소화활동설비**에 대하여 시공할 때
㉠ 제연설비를 신설·개설하거나 제연구역을 증설할 때
㉡ 연결송수관설비를 신설 또는 개설할 때
㉢ 연결살수설비를 신설·개설하거나 송수구역을 증설할 때
㉣ 비상콘센트설비를 신설·개설하거나 전용회로를 증설할 때
㉤ 무선통신보조설비를 신설 또는 개설할 때
㉥ 연소방지설비를 신설·개설하거나 살수구역을 증설할 때

① 캐비닛형 간이스프링클러설비는 제외

답 ①

★★★
52 13.03.문52 10.09.문52
소방시설 설치 및 관리에 관한 법률상 특정소방대상물에 소방시설이 화재안전기준에 따라 설치 또는 유지·관리되어 있지 아니할 때 해당 특정소방대상물의 관계인에게 필요한 조치를 명할 수 있는 자는?

① 소방본부장
② 소방청장
③ 시·도지사
④ 행정안전부장관

해설 **소방시설법 12조**
특정소방대상물에 설치하는 소방시설 등의 관리 명령 :
소방본부장·소방서장

답 ①

★★
53 15.03.문50(산업)
위험물안전관리법상 업무상 과실로 제조소 등에서 위험물을 유출·방출 또는 확산시켜 사람의 생명·신체 또는 재산에 대하여 위험을 발생시킨 자에 대한 벌칙기준으로 옳은 것은?

① 5년 이하의 금고 또는 2000만원 이하의 벌금
② 5년 이하의 금고 또는 7000만원 이하의 벌금
③ 7년 이하의 금고 또는 2000만원 이하의 벌금
④ 7년 이하의 금고 또는 7000만원 이하의 벌금

해설 **위험물법 34조**
위험물 유출·방출·확산

위험발생	사람사상
7년 이하의 금고 또는 **7000만원** 이하의 벌금	**10년** 이하의 징역 또는 금고나 **1억원** 이하의 벌금

답 ④

★★★
54 19.03.문42 13.03.문48 12.05.문55 10.09.문49
소방시설 설치 및 관리에 관한 법상 소방시설 등에 대한 자체점검을 하지 아니하거나 관리업자 등으로 하여금 정기적으로 점검하게 하지 아니한 자에 대한 벌칙기준으로 옳은 것은?

① 6개월 이하의 징역 또는 1000만원 이하의 벌금
② 1년 이하의 징역 또는 1000만원 이하의 벌금
③ 3년 이하의 징역 또는 1500만원 이하의 벌금
④ 3년 이하의 징역 또는 3000만원 이하의 벌금

해설 **1년 이하의 징역 또는 1000만원 이하의 벌금**
(1) 소방시설의 **자체점검** 미실시자(소방시설법 58조)
(2) **소방시설관리사증** 대여(소방시설법 58조)
(3) **소방시설관리업**의 등록증 또는 등록수첩 대여(소방시설법 58조)
(4) 제조소 등의 정기점검기록 허위작성(위험물법 35조)
(5) **자체소방대**를 두지 않고 제조소 등의 허가를 받은 자(위험물법 35조)
(6) **위험물 운반용기**의 검사를 받지 않고 유통시킨 자(위험물법 35조)

(7) 제조소 등의 긴급사용정지 위반자(위험물법 35조)
(8) 영업정지처분 위반자(공사업법 36조)
(9) **거짓 감리자**(공사업법 36조)
(10) 공사감리자 미지정자(공사업법 36조)
(11) 소방시설 설계·시공·감리 하도급자(공사업법 36조)
(12) 소방시설공사 재하도급자(공사업법 36조)
(13) 소방시설업자가 아닌 자에게 소방시설공사 등을 도급한 관계인(공사업법 36조)

답 ②

★★★
55 소방기본법상 소방활동구역의 설정권자로 옳은 것은?
17.05.문48

① 소방본부장　　② 소방서장
③ 소방대장　　④ 시·도지사

해설 (1) 소방**대**장 : 소방**활**동**구**역의 설정(기본법 23조)

기억법 **대구활(대구의 활동)**

(2) **소**방본부장·**소**방서장·소방**대**장
㉠ 소방활동 **종**사명령(기본법 24조)
㉡ **강**제처분(기본법 25조)
㉢ **피**난명령(기본법 26조)
㉣ 댐·저수지 사용 등 위험시설 등에 대한 긴급조치(기본법 27조)

기억법 **소대종강피(소방대의 종강파티)**

답 ③

★★★
56 화재의 예방 및 안전관리에 관한 법령상 옮긴 물건 등의 보관기간은 해당 소방관서의 인터넷 홈페이지에 공고하는 기간의 종료일 다음 날부터 며칠로 하는가?
19.04.문48
19.04.문56
16.05.문49
14.03.문58
11.06.문49

① 3　　② 4
③ 5　　④ 7

해설 **7일**
(1) 옮긴 물건 등의 보관기간(화재예방법 시행령 17조) 보기 ④
(2) 건축허가 등의 취소통보(소방시설법 시행규칙 3조)
(3) **소방공사 감리원**의 **배치**통보일(공사업규칙 17조)
(4) 소방공사 감리결과 통보·보고일(공사업규칙 19조)

기억법 **감배7(감 배치)**

답 ④

★★★
57 소방시설 설치 및 관리에 관한 법령상 자동화재속보설비를 설치하여야 하는 특정소방대상물의 기준으로 틀린 것은? (단, 사람이 24시간 상시 근무하고 있는 경우는 제외한다.)
23.03.문66
16.03.문63
14.05.문58
12.05.문79

① 정신병원으로서 바닥면적이 500m^2 이상인 층이 있는 것
② 문화유산의 보존 및 활용에 관한 법률에 따라 보물 또는 국보로 지정된 목조건축물
③ 노유자 생활시설에 해당하지 않는 노유자시설로서 바닥면적이 300m^2 이상인 층이 있는 것
④ 수련시설(숙박시설이 있는 건축물만 해당)로서 바닥면적이 500m^2 이상인 층이 있는 것

해설 ③ 300m^2 → 500m^2

소방시설법 시행령 [별표 4]
자동화재속보설비의 설치대상

설치대상	조 건
• 수련시설(숙박시설이 있는 것) 보기 ④ • 노유자시설(노유자 생활시설 제외) 보기 ③ • 정신병원 및 의료재활시설 보기 ①	• 바닥면적 **500m^2** 이상
• 목조건축물 보기 ②	• 국보 · 보물
• 노유자 생활시설 • 종합병원, 병원, 치과병원, 한방병원 및 요양병원(의료재활시설 제외) • 의원, 치과의원 및 한의원(입원실이 있는 시설) • 조산원 및 산후조리원 • 전통시장	• 전부

답 ③

★★
58 소방시설 설치 및 관리에 관한 법률상 특정소방대상물의 피난시설, 방화구획 또는 방화시설의 폐쇄·훼손·변경 등의 행위를 한 자에 대한 과태료 기준으로 옳은 것은?

① 200만원 이하의 과태료
② 300만원 이하의 과태료
③ 500만원 이하의 과태료
④ 600만원 이하의 과태료

해설 **소방시설법 61조**
300만원 이하의 과태료
(1) 소방시설을 화재안전기준에 따라 설치·관리하지 아니한 자
(2) **피난시설·방화구획** 또는 **방화시설**의 **폐쇄·훼손·변경** 등의 행위를 한 자
(3) 임시소방시설을 설치·관리하지 아니한 자

비교

(1) **300만원 이하**의 **벌금**
㉠ 화재안전조사를 정당한 사유없이 거부·방해·기피(화재예방법 50조)
㉡ 소방안전관리자, 총괄소방안전관리자 또는 소방안전관리보조자 미선임(화재예방법 50조)
㉢ 성능위주설계평가단 비밀누설(소방시설법 59조)
㉣ 방염성능검사 합격표시 위조(소방시설법 59조)
㉤ 위탁받은 업무종사자의 비밀누설(소방시설법 59조)
㉥ 다른 자에게 자기의 성명이나 상호를 사용하여 소방시설공사 등을 수급 또는 시공하게 하거나 소방시설업의 등록증·등록수첩을 빌려준 자(공사업법 37조)
㉦ 감리원 미배치자(공사업법 37조)

ⓞ 소방기술인정 자격수첩을 빌려준 자(공사업법 37조)
ⓧ 2 이상의 업체에 취업한 자(공사업법 37조)
ⓧ 소방시설업자나 관계인 감독시 관계인의 업무를 방해하거나 비밀누설(공사업법 37조)

(2) **200만원 이하의 과태료**
㉠ 소방용수시설·소화기구 및 설비 등의 설치명령 위반(화재예방법 52조)
㉡ **특수가연물의 저장·취급 기준 위반**(화재예방법 52조)
㉢ 한국119청소년단 또는 이와 유사한 명칭을 사용한 자(기본법 56조)
㉣ **소방활동구역 출입**(기본법 56조)
㉤ 소방자동차의 출동에 지장을 준 자(기본법 56조)
㉥ 한국소방안전원 또는 이와 유사한 명칭을 사용한 자(기본법 56조)
㉦ 관계서류 미보관자(공사업법 40조)
ⓞ 소방기술자 미배치자(공사업법 40조)
ⓧ 하도급 미통지자(공사업법 40조)

답 ②

★★★
59 소방시설공사업법령상 상주공사감리 대상기준 중 다음 (   ) 안에 알맞은 것은?

19.09.문58 19.03.문46 07.05.문49 05.03.문44

- 연면적 (㉠)m^2 이상의 특정소방대상물(아파트는 제외)에 대한 소방시설의 공사
- 지하층을 포함한 층수가 (㉡)층 이상으로서 (㉢)세대 이상인 아파트에 대한 소방시설의 공사

① ㉠ 10000, ㉡ 11, ㉢ 600
② ㉠ 10000, ㉡ 16, ㉢ 500
③ ㉠ 30000, ㉡ 11, ㉢ 600
④ ㉠ 30000, ㉡ 16, ㉢ 500

해설 **공사업령 〔별표 3〕**
소방공사감리 대상

종 류	대 상
상주공사감리	• 연면적 <u>30000m²</u> 이상 • **16층** 이상(지하층 포함)이고 **500세대** 이상 **아파트**
일반공사감리	• 기타

답 ④

★★★
60 위험물안전관리법상 지정수량 미만인 위험물의 저장 또는 취급에 관한 기술상의 기준은 무엇으로 정하는가?

17.03.문52 10.05.문53

① 대통령령
② 총리령
③ 시·도의 조례
④ 행정안전부령

해설 **시·도의 조례**
(1) 소방**체**험관(기본법 5조)
(2) 지정수량 **미**만인 위험물의 저장·취급(위험물법 4조)
(3) 위험물의 **임**시저장 취급기준(위험물법 5조)

기억법 **시체임미(시체를 임시로 저장하는 것은 의미가 없다.)**

답 ③

제 4 과목 소방전기시설의 구조 및 원리

★★★
61 비상콘센트설비 전원회로의 설치기준 중 틀린 것은?

19.04.문63 17.03.문72 16.10.문61 16.05.문76 15.09.문80 14.03.문64 11.10.문67

① 전원회로는 3상 교류 380V인 것으로서, 그 공급용량은 3kVA 이상인 것으로 하여야 한다.
② 전원회로는 각 층에 2 이상이 되도록 설치할 것. 다만, 설치하여야 할 층의 비상콘센트가 1개인 때에는 하나의 회로로 할 수 있다.
③ 비상콘센트용의 풀박스 등은 방청도장을 한 것으로서, 두께 1.6mm 이상의 철판으로 하여야 한다.
④ 하나의 전용회로에 설치하는 비상콘센트는 10개 이하로 할 것. 이 경우 전선의 용량은 각 비상콘센트(비상콘센트가 3개 이상인 경우에는 3개)의 공급용량을 합한 용량 이상의 것으로 하여야 한다.

해설 **비상콘센트설비**(NFPC 504 4조, NFTC 504 2.1)

구 분	전 압	용 량	플러그접속기
단상 교류	220V	1.5kVA 이상	접지형 2극

(1) 하나의 전용회로에 설치하는 비상콘센트는 **10개** 이하로 할 것(전선의 용량은 최대 **3개**)

설치하는 비상콘센트 수량	전선의 용량산정시 적용하는 비상콘센트 수량	단상전선의 용량
1개	1개 이상	1.5kVA 이상
2개	2개 이상	3.0kVA 이상
3~10개	3개 이상	4.5kVA 이상

(2) 전원회로는 각 층에 있어서 **2 이상**이 되도록 설치할 것(단, 설치하여야 할 층의 콘센트가 **1개**인 때에는 하나의 회로로 할 수 있다)
(3) 플러그접속기의 칼받이 접지극에는 **접지공사**를 하여야 한다.
(4) 풀박스는 **1.6mm** 이상의 철판을 사용할 것
(5) 절연저항은 **전원부**와 **외함** 사이를 **직류 500V 절연저항계**로 측정하여 **20MΩ** 이상일 것

(6) 전원으로부터 각 층의 비상콘센트에 분기되는 경우에는 **분기배선용 차단기**를 보호함 안에 설치할 것
(7) 바닥으로부터 **0.8~1.5m** 이하의 높이에 설치할 것
(8) 전원회로는 주배전반에서 **전용회로**로 하며, 배선의 종류는 **내화배선**이어야 한다.

① 3상 교류 380V → 단상 교류 220V,
3kVA 이상 → 1.5kVA 이상

답 ①

62 15.03.문72

불꽃감지기 중 도로형의 최대시야각 기준으로 옳은 것은?

① 30° 이상 ② 45° 이상
③ 90° 이상 ④ 180° 이상

해설 **불꽃감지기 도로형**의 **최대시야각** : **180°** 이상

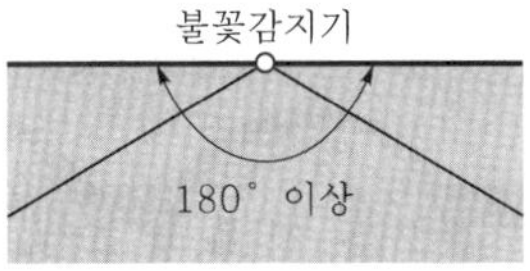

답 ④

63 19.03.문70 17.09.문74 15.05.문52 12.05.문56

비상경보설비를 설치하여야 하는 특정소방대상물의 기준으로 옳은 것은? (단, 지하구, 모래·석재 등 불연재료 창고 및 위험물 저장·처리시설 중 가스시설은 제외한다.)

① 공연장의 경우 지하층 또는 무창층의 바닥면적이 $100m^2$ 이상인 것
② 층수가 11층 이상인 것
③ 지하층의 층수가 3층 이상인 것
④ 30명 이상의 근로자가 작업하는 옥내작업장

해설 **비상경보설비**의 **설치대상**(소방시설법 시행령 [별표 4])

설치대상	조 건
① 지하층·무창층	• 바닥면적 **$150m^2$**(공연장 **$100m^2$**) 이상
② 전부	• 연면적 **$400m^2$** 이상
③ 터널길이	• 길이 **500m** 이상
④ 옥내작업장	• **50명** 이상 작업

②, ③ 비상방송설비의 설치대상
④ 30명 → 50명

답 ①

64 19.03.문74 17.05.문67 17.03.문62 15.09.문64 15.05.문61 14.03.문77 12.03.문61 09.05.문76

휴대용 비상조명등의 설치기준 중 틀린 것은?

① 대규모점포(지하상가 및 지하역사는 제외)와 영화상영관에는 보행거리 50m 이내마다 3개 이상 설치할 것
② 사용시 수동으로 점등되는 구조일 것
③ 건전지 및 충전식 배터리의 용량은 20분 이상 유효하게 사용할 수 있는 것으로 할 것
④ 지하상가 및 지하역사에는 보행거리 25m 이내마다 3개 이상 설치할 것

해설 **휴대용 비상조명등**의 **설치기준**(NFPC 304 4조, NFTC 304 2.1.2)

설치개수	설치장소
1개 이상	• **숙박시설** 또는 **다중이용업소**에는 객실 또는 영업장 안의 구획된 실마다 잘 보이는 곳(외부에 설치시 출입문 손잡이로부터 **1m 이내** 부분)
3개 이상	• **지하상가** 및 **지하역사**의 **보행거리** 25m 이내마다 • **대규모점포(백화점·대형점·쇼핑센터)** 및 **영화상영관**의 **보행거리 50m** 이내마다

(1) 바닥으로부터 **0.8~1.5m** 이하의 높이에 설치할 것
(2) 어둠 속에서 **위치**를 **확인**할 수 있도록 할 것
(3) 사용시 **자동**으로 **점등**되는 구조일 것
(4) 외함은 **난연성능**이 있을 것
(5) 건전지를 사용하는 경우에는 **방전방지조치**를 하여야 하고, **충전식 배터리**의 경우에는 **상시 충전**되도록 할 것
(5) 건전지 및 충전식 배터리의 용량은 **20분** 이상 유효하게 사용할 수 있는 것으로 할 것

② 수동 → 자동

답 ②

65 17.05.문74 14.09.문62 14.03.문62 13.03.문76 12.03.문63

객석 내의 통로가 경사로 또는 수평로로 되어 있는 부분에 설치하여야 하는 객석유도등의 설치개수 산출공식으로 옳은 것은?

① $\dfrac{\text{객석통로의 직선부분의 길이[m]}}{3}-1$

② $\dfrac{\text{객석통로의 직선부분의 길이[m]}}{4}-1$

③ $\dfrac{\text{객석통로의 넓이}[m^2]}{3}-1$

④ $\dfrac{\text{객석통로의 넓이}[m^2]}{4}-1$

해설 **설치개수**(NFPC 303 7조, NFTC 303 2.4.2)

(1) 복도·거실 통로유도등

$$\text{개수} \geq \frac{\text{보행거리}}{20}-1$$

(2) 유도표지

$$\text{개수} \geq \frac{\text{보행거리}}{15}-1$$

(3) 객석유도등

$$개수 \geq \frac{직선부분\ 길이}{4} - 1$$

답 ②

★★★
66 객석유도등을 설치하지 아니하는 경우의 기준 중 다음 (　　) 안에 알맞은 것은?

17.09.문61 17.03.문76 13.03.문73 11.06.문76

> 거실 등의 각 부분으로부터 하나의 거실 출입구에 이르는 보행거리가 (　　)m 이하인 객석의 통로로서 그 통로에 통로유도등이 설치된 객석

① 15　② 20
③ 30　④ 50

해설 (1) **휴대용 비상조명등의 설치 제외 장소**(NFPC 304 5조, NFTC 304 2.2.2) : 복도·통로·창문 등을 통해 **피**난이 용이한 경우(**지상 1층·피난층**)

기억법 **휴피(휴지로 피닦아!)**

(2) **통로유도등의 설치 제외 장소**(NFPC 303 11조, NFTC 303 2.8.2)
㉠ 길이 **30m** 미만의 복도·통로(구부러지지 않은 복도·통로)
㉡ 보행거리 **20m** 미만의 복도·통로(출입구에 **피난구유도등**이 설치된 복도·통로)

(3) **객석유도등의 설치 제외 장소**(NFPC 303 11조, NFTC 303 2.8.3)
㉠ **채광**이 충분한 객석(**주간**에만 사용)
㉡ **통**로유도등이 설치된 객석(거실 각 부분에서 거실 출입구까지의 **보행거리 20m** 이하)

기억법 **채객보통(채소는 객관적으로 보통이다.)**

답 ②

★★★
67 비상벨설비의 설치기준 중 다음 (　　) 안에 알맞은 것은?

16.03.문66 15.09.문67 13.06.문63

> 비상벨설비에는 그 설비에 대한 감시상태를 (㉠)분간 지속한 후 유효하게 (㉡)분 이상 경보할 수 있는 축전지설비 또는 전기저장장치를 설치하여야 한다.

① ㉠ 30, ㉡ 10　② ㉠ 10, ㉡ 30
③ ㉠ 60, ㉡ 10　④ ㉠ 10, ㉡ 60

해설 **비상방송설비·비상벨설비·자동식 사이렌설비**(NFPC 201 4조, NFTC 201 2.1.7)

감시시간	경보시간
60분	**10분** 이상(30층 이상 : **30분**)

기억법 6감(육감)

답 ③

★★
68 누전경보기 변류기의 절연저항시험 부위가 아닌 것은?

13.09.문68

① 절연된 1차 권선과 단자판 사이
② 절연된 1차 권선과 외부금속부 사이
③ 절연된 1차 권선과 2차 권선 사이
④ 절연된 2차 권선과 외부금속부 사이

해설 **누전경보기의 절연저항시험**(누전경보기의 형식승인 및 제품검사의 기술기준 19조)

구 분	수신부	변류기
측정개소	• 절연된 충전부와 외함 간 • 차단기구의 개폐부(열린 상태에서는 같은 극의 전원단자와 부하측 단자와의 사이, 닫힌 상태에서는 충전부와 손잡이 사이)	• 절연된 1차 권선과 **2**차 권선 간의 절연저항 • 절연된 1차 권선과 **외**부금속부 간의 절연저항 • 절연된 2차 권선과 **외**부금속부 간의 절연저항
측정계기	직류 500V 절연저항계	직류 500V 절연저항계
절연저항의 적정성 판단의 정도	**5MΩ** 이상	**5MΩ** 이상

기억법 **변2외**

답 ①

★
69 피난기구의 설치기준 중 틀린 것은?

16.10.문76

① 피난기구를 설치하는 개구부는 서로 동일 직선상이 아닌 위치에 있을 것. 다만, 피난교·피난용 트랩·간이완강기·아파트에 설치되는 피난기구(다수인 피난장비는 제외) 기타 피난상 지장이 없는 것에 있어서는 그러하지 아니하다.
② 4층 이상의 층에 하향식 피난구용 내림식 사다리를 설치하는 경우에는 금속성 고정사다리를 설치하고, 당해 고정사다리에는 쉽게 피난할 수 있는 구조의 노대를 설치하여야 한다.
③ 다수인 피난장비 보관실은 건물 외측보다 돌출되지 아니하고, 빗물·먼지 등으로부터 장비를 보호할 수 있는 구조이어야 한다.
④ 승강식 피난기 및 하향식 피난구용 내림식 사다리의 착지점과 하강구는 상호 수평거리 15cm 이상의 간격을 두어야 한다.

해설 **피난기구**의 **설치기준**(NFPC 301 5조, NFTC 301 2.1.3)

(1) 피난기구는 **계단·피난구** 기타 피난시설로부터 적당한 거리에 있는 안전한 구조로 된 피난 또는 소화활동상 유효한 **개구부**에 고정하여 설치하거나 필요한 때에 신속하고 유효하게 설치할 수 있는 상태에 둘 것
(2) 피난기구를 설치하는 **개구부**는 서로 **동일직선상**이 **아닌 위치**에 있을 것(단, 피난교·피난용 트랩·간이완강기·아파트에 설치되는 피난기구 기타 피난상 지장이 없는 것은 제외)
(3) 피난기구는 소방대상물의 **기둥·바닥·보** 기타 구조상 견고한 부분에 **볼트조임·매입·용접** 기타의 방법으로 견고하게 부착할 것
(4) **4층** 이상의 층에 **피난사다리**를 설치하는 경우에는 **금속성 고정사다리**를 설치하고, 해당 고정사다리에는 쉽게 피난할 수 있는 구조의 **노대**를 설치할 것
(5) 완강기는 강하시 로프가 소방대상물과 접촉하여 손상되지 아니하도록 할 것
(6) **완강기 로프**의 길이는 부착위치에서 지면 기타 피난상 유효한 **착지면**까지의 길이로 할 것
(7) 미끄럼대는 안전한 강하속도를 유지하도록 하고, 전락방지를 위한 안전조치를 할 것
(8) 구조대의 길이는 피난상 지장이 없고 안전한 강하속도를 유지할 수 있는 길이로 할 것
(9) 다수인 피난장비 보관실은 건물 **외측**보다 돌출되지 아니하고, **빗물·먼지** 등으로부터 장비를 보호할 수 있는 구조일 것
(10) 승강식 피난기 및 하향식 피난구용 내림식 사다리의 착지점과 하강구는 상호 **수평거리 15cm** 이상의 간격을 둘 것

② 하향식 피난구용 내림식 사다리 → 피난사다리

답 ②

★★★
70 소방시설용 비상전원수전설비에서 전력수급용 계기용 변성기·주차단장치 및 그 부속기기로 정의되는 것은?

15.09.문61 15.03.문70 12.09.문78 11.06.문72 09.05.문69

① 큐비클설비 ② 배전반설비
③ 수전설비 ④ 변전설비

해설 **소방시설용 비상전원수전설비**(NFPC 602 3조, NFTC 602 1.7)

용 어	설 명
수전설비	전력수급용 **계기용 변성기·주차단장치** 및 그 **부속기기** 기억법 수변주
변전설비	**전력용 변압기** 및 그 **부속장치**
전용 큐비클식	**소방회로용**의 것으로 수전설비, 변전설비, 그 밖의 기기 및 배선을 금속제 외함에 수납한 것
공용 큐비클식	**소방회로** 및 **일반회로 겸용**의 것으로서 수전설비, 변전설비, 그 밖의 기기 및 배선을 금속제 외함에 수납한 것
소방회로	소방부하에 전원을 공급하는 전기회로
일반회로	소방회로 이외의 전기회로
전용 배전반	**소방회로 전용**의 것으로서 **개폐기, 과전류차단기, 계기**, 그 밖의 배선용 기기 및 배선을 금속제 외함에 수납한 것
공용 배전반	**소방회로** 및 **일반회로 겸용**의 것으로서 개폐기, 과전류차단기, 계기, 그 밖의 배선용 기기 및 배선을 금속제 외함에 수납한 것
전용 분전반	**소방회로 전용**의 것으로서 **분기개폐기, 분기과전류차단기**, 그 밖의 배선용 기기 및 배선을 금속제 외함에 수납한 것
공용 분전반	**소방회로** 및 **일반회로 겸용**의 것으로서 분기개폐기, 분기과전류차단기, 그 밖의 배선용 기기 및 배선을 금속제 외함에 수납한 것

③ 수전설비 : 전력수급용 **계기용 변성기·주차단장치** 및 그 **부속기기**

답 ③

★
71 비상콘센트설비의 설치기준 중 다음 ( ) 안에 알맞은 것은?

13.06.문74

> 도로터널의 비상콘센트설비는 주행차로의 우측 측벽에 ( )m 이내의 간격으로 바닥으로부터 0.8m 이상 1.5m 이하의 높이에 설치할 것

① 15 ② 25
③ 30 ④ 50

해설 **도로터널**의 **비상콘센트 설치기준**(NFPC 603 14조, NFTC 603 2.10.1.4)
주행차로의 우측 측벽에 **50m** 이내의 간격으로 바닥으로부터 **0.8~1.5m** 이하의 높이에 설치할 것

답 ④

★
72 자동화재속보설비 속보기 예비전원의 주위온도 충방전시험기준 중 다음 ( ) 안에 알맞은 것은?

14.03.문65

> 무보수 밀폐형 연축전지는 방전종지전압 상태에서 0.1C으로 48시간 충전한 다음 1시간 방치 후 0.05C으로 방전시킬 때 정격용량의 95% 용량을 지속하는 시간이 ( )분 이상이어야 하며, 외관이 부풀어 오르거나 누액 등이 생기지 아니하여야 한다.

① 10 ② 25
③ 30 ④ 40

해설 **예비전원**의 **주위온도 충방전시험**(자동화재속보설비의 속보기의 성능인증 및 제품검사의 기술기준 6조)

구 분	주위온도 충방전시험
알칼리계 2차 축전지	방전종지전압 상태의 축전지를 주위온도 −10℃ 및 50℃의 조건에서 1/20C의 전류로 **48시간** 충전한 다음 1C으로 방전하는 충·방전을 3회 반복하는 경우 방전종지전압이 되는 시간이 **25분** 이상이어야 하며, 외관이 부풀어 오르거나 누액 등이 생기지 아니할 것
리튬계 2차 축전지	방전종지전압 상태의 축전지를 주위온도 −10℃ 및 50℃의 조건에서 정격충전전압 및 1/5C의 정전류로 **6시간** 충전한 다음 1C의 전류로 방전하는 충·방전을 3회 반복하는 경우 방전종지전압이 되는 시간이 **40분** 이상이어야 하며, 외관이 부풀어 오르거나 누액 등이 생기지 아니할 것
무보수 밀폐형 연축전지	방전종지전압 상태에서 0.1C으로 **48시간** 충전한 다음 1시간 방치하여 0.05C으로 방전시킬 때 정격용량의 95% 용량을 지속하는 시간이 **30분** 이상이어야 하며, 외관이 부풀어 오르거나 누액 등이 생기지 아니할 것

기억법 알25, 리40, 무30

답 ③

★★★
73 비상방송설비 음향장치 설치기준 중 층수가 11층 이상으로서 연면적 3000m²를 초과하는 특정소방대상물의 1층에서 발화한 때의 경보기준으로 옳은 것은?

17.03.문80 15.03.문61 14.03.문73 13.03.문72

① 발화층에 경보를 발할 것
② 발화층 및 그 직상층에 경보를 발할 것
③ 발화층·그 직상층 및 기타의 지하층에 경보를 발할 것
④ 발화층·그 직상 4개층 및 지하층에 경보를 발할 것

해설 **비상방송설비**의 **우선경보방식**(NFPC 202 4조, NFTC 202 2.1.1.7)
11층(공동주택 16층) 이상의 특정소방대상물의 경보

| 음향장치의 경보 |

발화층	경보층	
	11층 (공동주택 16층) 미만	11층 (공동주택 16층) 이상
2층 이상 발화	전층 일제경보	• 발화층 • 직상 **4개층**
1층 발화	전층 일제경보	• 발화층 • 직상 **4개층** • 지하층
지하층 발화	전층 일제경보	• 발화층 • 직상층 • 기타의 지하층

기억법 21 14개층

답 ④

★★★
74 비상방송설비 음향장치의 구조 및 성능기준 중 다음 (   ) 안에 알맞은 것은?

19.09.문64 19.03.문77 18.09.문68 16.05.문63 15.03.문67 14.09.문65 11.03.문72 10.09.문70 09.05.문75

> • 정격전압의 (㉠)% 전압에서 음향을 발할 수 있는 것을 할 것
> • (㉡)의 작동과 연동하여 작동할 수 있는 것으로 할 것

① ㉠ 65, ㉡ 자동화재탐지설비
② ㉠ 80, ㉡ 자동화재탐지설비
③ ㉠ 65, ㉡ 단독경보형 감지기
④ ㉠ 80, ㉡ 단독경보형 감지기

해설 **비상방송설비 음향장치**의 **구조** 및 **성능기준**(NFPC 202 4조, NFTC 202 2.1.1.12)
(1) 정격전압의 **80%** 전압에서 음향을 발할 것
(2) **자동화재탐지설비**의 작동과 연동하여 작동할 것

비교

> **자동화재탐지설비 음향장치**의 **구조** 및 **성능기준**
> (1) 정격전압의 **80%** 전압에서 음향을 발할 것(단, **건전지**를 **주전원**으로 사용한 음향장치는 제외)
> (2) 음량은 **1m 떨**어진 곳에서 **90dB** 이상일 것
> (3) **감지기·발신기**의 작동과 **연동**하여 작동할 것

답 ②

★★
75 무선통신보조설비를 설치하여야 할 특정소방대상물의 기준 중 다음 (   ) 안에 알맞은 것은?

17.09.문79

> 층수가 30층 이상인 것으로서 (   )층 이상 부분의 모든 층

① 11 ② 15
③ 16 ④ 20

해설 **무선통신보조설비**의 **설치대상**(소방시설법 시행령 [별표 4])

설치대상	조 건
지하상가	• 연면적 **1000m²** 이상
지하층의 모든 층	• 지하층 바닥면적합계 **3000m²** 이상 • 지하 **3층** 이상이고 지하층 바닥면적합계 **1000m²** 이상
터널길이	• 길이 **500m** 이상
모든 층	• **30층** 이상으로서 **16층** 이상의 부분

답 ③

★★★
76 자동화재탐지설비 및 시각경보장치의 화재안전기준에 따른 수신기 설치기준에 대한 설명으로 틀린 것은?

19.09.문75
17.09.문78
16.03.문72
13.06.문65
13.06.문70
11.03.문71

① 하나의 경계구역은 하나의 표시등 또는 하나의 문자로 표시되도록 할 것
② 감지기·중계기 또는 발신기가 작동하는 경계구역을 표시할 수 있는 것으로 할 것
③ 음향기구는 그 음량 및 음색이 다른 기기의 소음 등과 명확히 구별될 수 있는 것으로 할 것
④ 사람이 상시 근무하는 장소가 없는 경우에는 관계인이 쉽게 접근할 수 없는 장소에 설치할 것

해설 **자동화재탐지설비 수신기**의 **설치기준**(NFPC 203 5조, NFTC 203 2.2.3)
(1) **감지기·중계기** 또는 **발신기**가 작동하는 경계구역을 표시할 수 있는 것으로 할 것
(2) 조작스위치는 바닥으로부터의 높이가 **0.8m** 이상 **1.5m** 이하인 장소에 설치할 것
(3) 하나의 소방대상물에 **2 이상**의 수신기를 설치하는 경우에는 수신기 상호간 연동하여 화재발생상황을 각 수신기마다 확인할 수 있도록 할 것
(4) 수신기가 설치된 장소에는 **경계구역 일람도**를 비치할 것
(5) **수위실** 등 상시 사람이 근무하는 **장**소에 설치할 것 (단, 사람이 상시 근무하는 장소가 없는 경우에는 **관계인**이 쉽게 접근할 수 있고 관리가 용이한 장소에 설치 가능)

④ 없는 → 있고 관리가 용이한

답 ④

★★★
77 노유자시설 1층에 적응성을 가진 피난기구가 아닌 것은?

17.05.문77
16.10.문68
16.05.문74
06.03.문65
05.03.문73

① 미끄럼대　② 다수인 피난장비
③ 피난교　④ 피난용 트랩

해설 **피난기구**의 **적응성**(NFTC 301 2.1.1)

층별 / 설치장소별 구분	1층	2층	3층	4층 이상 10층 이하
노유자시설	• 미끄럼대 • 구조대 • 피난교 • 다수인 피난장비 • 승강식 피난기	• 미끄럼대 • 구조대 • 피난교 • 다수인 피난장비 • 승강식 피난기	• 미끄럼대 • 구조대 • 피난교 • 다수인 피난장비 • 승강식 피난기	• 구조대[1] • 피난교 • 다수인 피난장비 • 승강식 피난기
의료시설·입원실이 있는 의원·접골원·조산원	–	–	• 미끄럼대 • 구조대 • 피난교 • 피난용 트랩 • 다수인 피난장비 • 승강식 피난기	• 구조대 • 피난교 • 피난용 트랩 • 다수인 피난장비 • 승강식 피난기
영업장의 위치가 4층 이하인 다중이용업소	–	• 미끄럼대 • 피난사다리 • 구조대 • 완강기 • 다수인 피난장비 • 승강식 피난기	• 미끄럼대 • 피난사다리 • 구조대 • 완강기 • 다수인 피난장비 • 승강식 피난기	• 미끄럼대 • 피난사다리 • 구조대 • 완강기 • 다수인 피난장비 • 승강식 피난기
그 밖의 것	–	–	• 미끄럼대 • 피난사다리 • 구조대 • 완강기 • 피난교 • 피난용 트랩 • 간이완강기[2] • 공기안전매트 • 다수인 피난장비 • 승강식 피난기	• 피난사다리 • 구조대 • 완강기 • 피난교 • 간이완강기[2] • 공기안전매트 • 다수인 피난장비 • 승강식 피난기

[비고] 1) **구조대**의 적응성은 **장애인관련시설**로서 주된 사용자 중 **스스로 피난**이 **불가**한 자가 있는 경우 추가로 설치하는 경우에 한한다.
2) 간이완강기의 적응성은 **숙박시설**의 **3층 이상**에 있는 객실에 추가로 설치하는 경우에 한한다.

중요

의무관리대상 공동주택(NFPC 608 13조, NFTC 608 2.9.1.3)
공동주택 구역마다 공기안전매트 1개 이상을 추가로 설치할 것

비교

피난기구 적응성

간이완강기	공기안전매트	구조대
숙박시설의 **3층 이상**에 있는 객실	공동주택	장애인관련시설

답 ④

★
78 자동화재탐지설비의 감지기 중 연기를 감지하는 감지기는 감시챔버로 몇 mm 크기의 물체가 침입할 수 없는 구조이어야 하는가?

16.05.문68
10.03.문71

① (1.3±0.05)　② (1.5±0.05)
③ (1.8±0.05)　④ (2.0±0.05)

해설 **연기**를 **감지**하는 **감지기**의 **구조**(감지기의 형식승인 및 제품검사의 기술기준 5조)
(1) 연기를 감지하는 감지기는 감시챔버로 **1.3±0.05mm** 크기의 물체가 침입할 수 없는 구조
(2) 차동식 분포형 감지기의 검출기 외함 두께

두 께	구 분
1.0mm 이상	차동식 분포형 감지기의 검출기
1.6mm 이상	직접 벽면에 접하여 벽 속에 매립되는 외함의 부분

※ **합성수지를 사용하는 경우** : 강판의 **2.5배** 이상 두께

답 ①

★★★
79 무선통신보조설비 증폭기의 비상전원 용량은 무선통신보조설비를 유효하게 몇 분 이상 작동시킬 수 있는 것으로 설치하여야 하는가?

17.05.문69 16.10.문63 14.03.문70 13.06.문72 13.03.문80 11.03.문75 07.05.문79

① 10 ② 20
③ 30 ④ 60

해설 **증폭기** 및 **무선중계기**의 **설치기준**(NFPC 505 8조, NFTC 505 2.5.1)
(1) 전원은 **축전지설비**, **전기저장장치** 또는 **교류전압 옥내간선**으로 하고, 전원까지의 배선은 전용으로 할 것
(2) 증폭기의 전면에는 전원확인 **표시등** 및 **전압계**를 설치할 것
(3) **증**폭기의 비상전원 용량은 **30분** 이상일 것
(4) **증폭기** 및 **무선중계기**를 설치하는 경우 전파법에 따른 적합성 평가를 받은 제품으로 설치하고 임의로 변경하지 않도록 할 것
(5) 디지털방식의 무전기를 사용하는 데 지장이 없도록 설치할 것

기억법 **증표압증3**

용어

전기저장장치
외부 전기에너지를 저장해 두었다가 필요한 때 전기를 공급하는 장치

중요

비상전원 용량

설비의 종류	비상전원 용량
• **자**동화재탐지설비 • 비상**경**보설비 • **자**동화재속보설비	10분 이상
• 유도등 • 비상콘센트설비 • 제연설비 • 물분무소화설비 • 옥내소화전설비(30층 미만) • 특별피난계단의 계단실 및 부속실 제연설비(30층 미만)	20분 이상
• 무선통신보조설비의 **증**폭기	30분 이상
• 옥내소화전설비(30~49층 이하) • 특별피난계단의 계단실 및 부속실 제연설비(30~49층 이하) • 연결송수관설비(30~49층 이하) • 스프링클러설비(30~49층 이하)	40분 이상
• 유도등 · 비상조명등(지하상가 및 11층 이상) • 옥내소화전설비(50층 이상) • 특별피난계단의 계단실 및 부속실 제연설비(50층 이상) • 연결송수관설비(50층 이상) • 스프링클러설비(50층 이상)	60분 이상

기억법 **경자비1**(**경자**라는 이름은 **비일**비재하게 많다.)
3증(**3중**고)

답 ③

★★★
80 광전식 분리형 감지기의 설치기준 중 옳은 것은?

17.05.문76 16.10.문65 06.03.문68

① 감지기의 수광면은 햇빛을 직접 받도록 설치할 것
② 광축(송광면과 수광면의 중심을 연결한 선)은 나란한 벽으로부터 1.5m 이상 이격하여 설치할 것
③ 감지기의 송광부와 수광부는 설치된 뒷벽으로부터 0.6m 이내 위치에 설치할 것
④ 광축의 높이는 천장 등(천장의 실내에 면한 부분 또는 상층의 바닥하부면) 높이의 80% 이상일 것

해설 **광전식 분리형 감지기**의 **설치기준**(NFPC 203 7조, NFTC 203 2.4.3.15)
(1) 감지기의 광축의 길이는 공칭감시거리 범위 이내이어야 한다.
(2) 감지기의 송광부와 수광부는 설치된 뒷벽으로부터 **1m 이내**의 위치에 설치해야 한다.
(3) 감지기의 수광면은 햇빛을 직접 받지 않도록 설치해야 한다.
(4) 광축은 나란한 벽으로부터 **0.6m 이상** 이격하여야 한다.
(5) 광축의 높이는 천장 등 높이의 **80%** 이상일 것

기억법 **광분8**(**광 분**할해서 **팔**아요.)

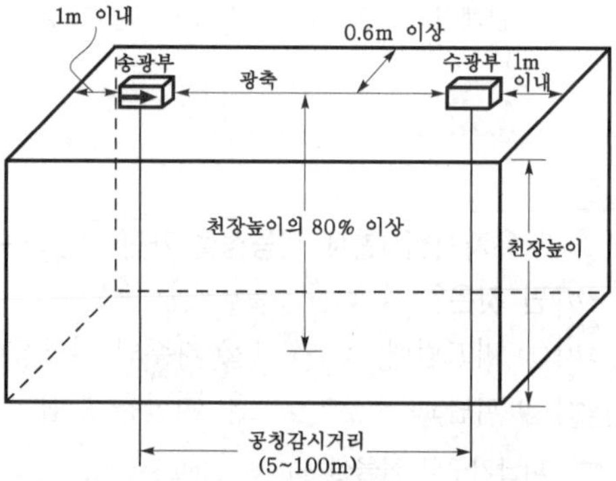

| 광전식 분리형 감지기의 설치 |

① 직접 받도록 → 직접 받지 않도록
② 1.5m 이상 → 0.6m 이상
③ 0.6m 이내 → 1m 이내

답 ④

2018. 9. 15 시행

2018년 기사 제4회 필기시험

자격종목	종목코드	시험시간	형별	수험번호	성명
소방설비기사(전기분야)		2시간			

※ 각 문항은 4지택일형으로 질문에 가장 적합한 보기 항을 선택하여 체크하여야 합니다.

제 1 과목 소방원론

★★★
01 60분 방화문과 30분 방화문이 연기 및 불꽃을 차단할 수 있는 시간으로 옳은 것은?
15.09.문12

유사문제부터 풀어보세요. 실력이 팍!팍! 올라갑니다.

① 60분 방화문 : 60분 이상 90분 미만
30분 방화문 : 30분 이상 60분 미만
② 60분 방화문 : 60분 이상
30분 방화문 : 30분 이상 60분 미만
③ 60분 방화문 : 60분 이상 90분 미만
30분 방화문 : 30분 이상
④ 60분 방화문 : 60분 이상
30분 방화문 : 30분 이상

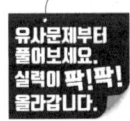

해설 **건축령 64조**
방화문의 구분

60분+방화문	60분 방화문	30분 방화문
연기 및 불꽃을 차단할 수 있는 시간이 60분 이상이고, 열을 차단할 수 있는 시간이 30분 이상인 방화문	연기 및 불꽃을 차단할 수 있는 시간이 60분 이상인 방화문	연기 및 불꽃을 차단할 수 있는 시간이 30분 이상 60분 미만인 방화문

용어

방화문
화재시 상당한 시간 동안 연소를 차단할 수 있도록 하기 위하여 방화구획선상 또는 방화벽에 개구부 부분에 설치하는 것
(1) 직접 손으로 열 수 있을 것
(2) 자동으로 닫히는 구조(자동폐쇄장치)일 것

답 ②

★
02 염소산염류, 과염소산염류, 알칼리 금속의 과산화물, 질산염류, 과망가니즈산염류의 특징과 화재시 소화방법에 대한 설명 중 틀린 것은?

① 가열 등에 의해 분해하여 산소를 발생하고 화재시 산소의 공급원 역할을 한다.
② 가연물, 유기물, 기타 산화하기 쉬운 물질과 혼합물은 가열, 충격, 마찰 등에 의해 폭발하는 수도 있다.
③ 알칼리 금속의 과산화물을 제외하고 다량의 물로 냉각소화한다.
④ 그 자체가 가연성이며 폭발성을 지니고 있어 화약류 취급시와 같이 주의를 요한다.

해설 **제1류 위험물의 특징**과 **화재시 소화방법**
(1) 가열 등에 의해 분해하여 **산소**를 **발생**하고 화재시 **산소**의 **공급원** 역할을 한다.
(2) **가연물**, **유기물**, 기타 산화하기 쉬운 물질과 혼합물은 가열, 충격, 마찰 등에 의해 폭발하는 수도 있다.
(3) **알칼리 금속**의 **과산화물**을 **제외**하고 다량의 물로 **냉각소화**한다.
(4) 일반적으로 **불연성**이며 폭발성을 지니고 있어 화약류 취급시와 같이 주의를 요한다.

④ 그 자체가 가연성이며 → 일반적으로 불연성이며

중요

제1류 위험물

구 분	설 명
종 류	① 염소산염류 ② 과염소산염류 ③ 알칼리 금속의 과산화물 ④ 질산염류 ⑤ 과망가니즈산염류
일반성질	① 상온에서 **고체상태**이며, 산화위험성·폭발위험성·유해성 등을 지니고 있다. ② **반응속도**가 대단히 **빠르다.** ③ 가열·충격 및 다른 화학제품과 접촉시 쉽게 분해하여 산소를 방출한다. ④ **조연성·조해성** 물질이다. ⑤ 일반적으로 불연성이며 강산화성 물질로서 비중은 1보다 크다. ⑥ 모두 **무기화합물**이다. ⑦ 물보다 **무겁다.**

답 ④

★
03 비열이 가장 큰 물질은?

12.09.문10
08.09.문20

① 구리 ② 수은
③ 물 ④ 철

해설 **비열**

(1) 어떤 물질 **1kg**의 온도를 **1K**(1℃) 높이는 데 필요한 열량
(2) 단위 : **J/kg · K** 또는 **kcal/kg · ℃**
(3) 고체, 액체 중에서 **물**의 **비열**이 **가장 크다**.

비교

열용량
(1) 어떤 물질의 온도를 **1K**만큼 높이는 데 필요한 열량
(2) 같은 질량의 물체라도 열용량이 클수록 온도변화가 작고, 가열시간이 많이 걸린다.
(3) 단위 : **J/K** 또는 **kcal/K**

답 ③

★★★
04 건축물의 피난 · 방화구조 등의 기준에 관한 규칙에 따른 철망모르타르로서 그 바름두께가 최소 몇 cm 이상인 것을 방화구조로 규정하는가?

13.06.문14
11.10.문07
00.10.문11

① 2 ② 2.5
③ 3 ④ 3.5

해설 **피난 · 방화구조 4조**
방화구조의 기준

구조내용	기 준
• **철망모르타르** 바르기	두께 **2cm** 이상
• 석고판 위에 시멘트모르타르를 바른 것 • 회반죽을 바른 것 • 시멘트모르타르 위에 타일을 붙인 것	두께 **2.5cm** 이상
• 심벽에 흙으로 맞벽치기한 것	모두 해당

답 ①

★★★
05 제3종 분말소화약제에 대한 설명으로 틀린 것은?

12.05.문10

① ABC급 화재에 모두 적응한다.
② 주성분은 탄산수소칼륨과 요소이다.
③ 열분해시 발생되는 불연성 가스에 의한 질식효과가 있다.
④ 분말운무에 의한 열방사를 차단하는 효과가 있다.

해설 **분말소화약제**

종 별	분자식	착 색	적응 화재	비 고
제1종	탄산수소나트륨 ($NaHCO_3$)	백색	BC급	**식용유** 및 **지방질유**의 화재에 적합
제2종	탄산수소칼륨 ($KHCO_3$)	담자색 (담회색)	BC급	−
제3종	인산암모늄 ($NH_4H_2PO_4$)	담홍색	ABC급	**차고 · 주차장**에 적합
제4종	탄산수소칼륨 + 요소 ($KHCO_3$ + $(NH_2)_2CO$)	회(백)색	BC급	−

기억법 1식분(**일식 분**식)
3분 차주(**삼보**컴퓨터 **차주**)

② 탄산수소칼륨과 요소 → 인산암모늄

답 ②

★
06 어떤 유기화합물을 원소 분석한 결과 중량백분율이 C : 39.9%, H : 6.7%, O : 53.4%인 경우 이 화합물의 분자식은? (단, 원자량은 C = 12, O = 16, H = 1이다.)

① $C_3H_8O_2$ ② $C_2H_4O_2$
③ C_2H_4O ④ $C_2H_6O_2$

해설

$$\text{화합물의 분자식} = \frac{\text{중량백분율}}{\text{원자량 C}} : \frac{\text{중량백분율}}{\text{원자량 H}} : \frac{\text{중량백분율}}{\text{원자량 O}}$$

$$= \frac{39.9\%}{12} : \frac{6.7\%}{1} : \frac{53.4\%}{16}$$

$$= 3.325 : 6.7 : 3.3375$$

$$\fallingdotseq 1 : 2 : 1$$

$$= C_2 : H_4 : O_2 \quad (\therefore C_2H_4O_2)$$

답 ②

★★
07 제4류 위험물의 물리 · 화학적 특성에 대한 설명으로 틀린 것은?

① 증기비중은 공기보다 크다.
② 정전기에 의한 화재발생위험이 있다.
③ 인화성 액체이다.
④ 인화점이 높을수록 증기발생이 용이하다.

해설 **제4류 위험물**

(1) 증기비중은 공기보다 크다.
(2) 정전기에 의한 화재발생위험이 있다.
(3) 인화성 액체이다.
(4) 인화점이 낮을수록 증기발생이 용이하다.
(5) 상온에서 **액체상태**이다(**가연성 액체**).
(6) 상온에서 **안정**하다.

④ 높을수록 → 낮을수록

답 ④

★★★

08

19.09.문15
17.03.문17
16.05.문02
15.03.문01
14.09.문12
14.03.문01
09.05.문10
05.09.문07
05.05.문07
03.03.문11
02.03.문20

유류탱크의 화재시 탱크 저부의 물이 뜨거운 열류층에 의하여 수증기로 변하면서 급작스런 부피팽창을 일으켜 유류가 탱크 외부로 분출하는 현상은?

① 슬롭오버(slop over)
② 블래비(BLEVE)
③ 보일오버(boil over)
④ 파이어볼(fire ball)

해설 **유류탱크**에서 **발생**하는 **현상**

현 상	정 의
보일오버 (boil over)	• 중질유의 석유탱크에서 장시간 조용히 연소하다 탱크 내의 잔존기름이 갑자기 분출하는 현상 • 유류탱크에서 탱크 바닥에 물과 기름의 **에멀션**이 섞여 있을 때 이로 인하여 화재가 발생하는 현상 • 연소유면으로부터 100℃ 이상의 열파가 탱크 **저부**에 고여 있는 물을 비등하게 하면서 연소유를 탱크 밖으로 비산시키며 연소하는 현상 기억법 보저(**보**자기)
오일오버 (oil over)	• 저장탱크에 저장된 유류저장량이 내용적의 50% 이하로 충전되어 있을 때 화재로 인하여 탱크가 폭발하는 현상
프로스오버 (froth over)	• 물이 점성의 뜨거운 기름 표면 아래에서 끓을 때 화재를 수반하지 않고 용기가 넘치는 현상
슬롭오버 (slop over)	• 물이 연소유의 뜨거운 표면에 들어갈 때 기름 표면에서 화재가 발생하는 현상 • 유화제로 소화하기 위한 물이 수분의 급격한 증발에 의하여 액면이 거품을 일으키면서 열유층 밑의 냉유가 급히 열팽창하여 기름의 일부가 불이 붙은 채 탱크벽을 넘어서 일출하는 현상

중요

(1) **가스탱크**에서 발생하는 현상

현 상	정 의
블래비 (BLEVE)	과열상태의 탱크에서 내부의 액화가스가 분출하여 기화되어 폭발하는 현상

(2) **건축물 내**에서 발생하는 현상

현 상	정 의
플래시오버 (flash over)	• 화재로 인하여 실내의 온도가 급격히 상승하여 화재가 순간적으로 실내 전체에 확산되어 연소되는 현상
백드래프트 (back draft)	• **통기력**이 좋지 않은 상태에서 연소가 계속되어 산소가 심히 부족한 상태가 되었을 때 **개구부**를 통하여 산소가 공급되면 실내의 가연성 혼합기가 공급되는 **산소**의 **방향**과 **반대**로 흐르며 급격히 연소하는 현상 • 소방대가 소화활동을 위하여 화재실의 문을 개방할 때 신선한 공기가 유입되어 실내에 축적되었던 가연성 가스가 **단시간**에 **폭발적**으로 **연소**함으로써 화재가 폭풍을 동반하며 **실외**로 **분출**되는 현상

답 ③

★★

09

10.05.문52
06.09.문57
05.03.문49

소방시설 설치 및 관리에 관한 법령에 따른 개구부의 기준으로 틀린 것은?

① 해당 층의 바닥면으로부터 개구부 밑부분까지의 높이가 1.5m 이내일 것
② 크기는 지름 50cm 이상의 원이 통과할 수 있을 것
③ 도로 또는 차량이 진입할 수 있는 빈터를 향할 것
④ 내부 또는 외부에서 쉽게 부수거나 열 수 있을 것

해설 **소방시설법 시행령 2조**
무창층의 개구부의 기준
(1) 개구부의 크기는 지름 50cm 이상의 원이 통과할 수 있을 것
(2) 해당 층의 바닥면으로부터 개구부 밑부분까지의 높이가 **1.2m 이내**일 것
(3) 개구부는 **도로** 또는 **차량**이 진입할 수 있는 **빈터**를 향할 것
(4) 화재시 건축물로부터 **쉽게 피난**할 수 있도록 개구부에 창살, 그 밖의 장애물이 설치되지 않을 것
(5) 내부 또는 외부에서 **쉽게 부수거나 열 수** 있을 것

① 1.5m 이내 → 1.2m 이내

용어

소방시설법 시행령 2조
무창층
지상층 중 기준에 의해 개구부의 면적의 합계가 해당 층의 바닥면적의 $\frac{1}{30}$ **이하**가 되는 층

답 ①

★★★
10 소화약제로 사용할 수 없는 것은?

17.09.문10 16.10.문06 16.10.문10 16.05.문15 16.05.문17 16.03.문09 16.03.문11 15.09.문01 15.05.문08 14.09.문10 14.05.문17

① $KHCO_3$
② $NaHCO_3$
③ CO_2
④ NH_3

해설 (1) **분말소화약제**

종 별	주성분	착 색	적응 화재	비 고
제1종	중탄산나트륨 ($NaHCO_3$)	백색	BC급	**식용유** 및 **지방질유**의 화재에 적합
제2종	중탄산칼륨 ($KHCO_3$)	담자색 (담회색)	BC급	–
제3종	제1인산암모늄 ($NH_4H_2PO_4$)	담홍색 (황색)	ABC급	**차고·주차장**에 적합
제4종	중탄산칼륨 +요소 ($KHCO_3$+ $(NH_2)_2CO$)	회(백)색	BC급	–

기억법 1식분(**일**식 **분**식)
3분 차주(**삼보**컴퓨터 **차주**)

(2) **이산화탄소소화약제**

주성분	적응화재
이산화탄소(CO_2)	BC급

④ 암모니아(NH_3) : 독성이 있으므로 소화약제로 사용할 수 없음

답 ④

★★
11 어떤 기체가 0℃, 1기압에서 부피가 11.2L, 기체 질량이 22g이었다면 이 기체의 분자량은? (단, 이상기체로 가정한다.)

14.09.문07 12.03.문19 06.09.문13 97.03.문03

① 22　② 35
③ 44　④ 56

해설 **이상기체상태 방정식**

$$PV = nRT$$

여기서, P : 기압〔atm〕
V : 부피〔m^3〕
n : 몰수$\left(n=\frac{m(\text{질량})[\text{kg}]}{M(\text{분자량})[\text{kg/kmol}]}\right)$
R : 기체상수
(0.082〔atm·m^3/kmol·K〕)
T : 절대온도(273+℃)〔K〕

$PV=\frac{m}{M}RT$에서

$$M=\frac{mRT}{PV}$$
$$=\frac{22\text{g}\times0.082\text{atm}\cdot\text{m}^3/\text{kmol}\cdot\text{K}\times(273+0)\text{K}}{1\text{atm}\times11.2\text{L}}$$
$$=\frac{22\text{g}\times0.082\text{atm}\cdot1000\text{L}/1000\text{mol}\cdot\text{K}\times273\text{K}}{1\text{atm}\times11.2\text{L}}$$
$$=\frac{22\text{g}\times0.082\text{atm}\cdot\text{L}/\text{mol}\cdot\text{K}\times273\text{K}}{1\text{atm}\times11.2\text{L}}$$
$$≒44\text{kg/kmol}$$

• $1m^3$=1000L, 1kmol=1000mol

답 ③

★★★
12 다음 중 분진폭발의 위험성이 가장 낮은 것은?

12.09.문17 11.10.문01 10.05.문16

① 소석회
② 알루미늄분
③ 석탄분말
④ 밀가루

해설 **분진폭발을 일으키지 않는 물질**
=물과 반응하여 가연성 기체를 발생하지 않는 것
(1) **시**멘트
(2) **석**회석
(3) **탄**산칼슘($CaCO_3$)
(4) **생**석회(CaO)=산화칼슘

기억법 분시석탄생

답 ①

★
13 폭연에서 폭굉으로 전이되기 위한 조건에 대한 설명으로 틀린 것은?

16.05.문14

① 정상연소속도가 작은 가스일수록 폭굉으로 전이가 용이하다.
② 배관 내에 장애물이 존재할 경우 폭굉으로 전이가 용이하다.
③ 배관의 관경이 가늘수록 폭굉으로 전이가 용이하다.
④ 배관 내 압력이 높을수록 전이가 용이하다.

해설 **폭연에서 폭굉으로 전이되기 위한 조건**
(1) 정상연소속도가 **큰 가스일수록**
(2) 배관 내에 장애물이 존재할 경우
(3) 배관의 **관경**이 **가늘수록**
(4) 배관 내 **압력**이 **높을수록**(고압)
(5) 점화원의 **에너지**가 **강할수록**

① 작은 가스 → 큰 가스

중요

연소반응(전파형태에 따른 분류)

폭연(deflagration)	폭굉(detonation)
연소속도가 음속보다 느릴 때 발생	연소속도가 음속보다 빠를 때 발생

※ **음속** : 소리의 속도로서 약 **340m/s**이다.

답 ①

★★★
14 연소의 4요소 중 자유활성기(free radical)의 생성을 저하시켜 연쇄반응을 중지시키는 소화방법은?

15.09.문05 14.05.문13 13.03.문12 11.03.문16

① 제거소화 ② 냉각소화
③ 질식소화 ④ 억제소화

해설 **소화**의 **방법**

소화방법	설 명
냉각소화	• 다량의 물 등을 이용하여 **점화원**을 **냉각**시켜 소화하는 방법 • 다량의 물을 뿌려 소화하는 방법
질식소화	• 공기 중의 **산소농도**를 16%(10~15%) 이하로 희박하게 하여 소화하는 방법
제거소화	• 가연물을 제거하여 소화하는 방법
억제소화 (부촉매효과)	• 연쇄반응을 차단하여 소화하는 방법으로 '**화학소화**'라고도 함 • **자유활성기**(free radical ; **자유라디칼**)의 생성을 저하시켜 연쇄반응을 중지시키는 소화방법

중요

물리적 소화방법	화학적 소화방법
• 질식소화(공기와의 접속차단) • 냉각소화(냉각) • 제거소화(가연물 제거)	• **억**제소화(연쇄반응의 억제) 기억법 **억화(억화감정)**

답 ④

★★★
15 내화구조에 해당하지 않는 것은?

17.05.문17 16.05.문05 15.05.문02 14.05.문12 13.03.문07 12.09.문20 07.05.문19

① 철근콘크리트조로 두께가 10cm 이상인 벽
② 철근콘크리트조로 두께가 5cm 이상인 외벽 중 비내력벽
③ 벽돌조로서 두께가 19cm 이상인 벽
④ 철골철근콘크리트조로서 두께가 10cm 이상인 벽

해설 **피난 · 방화구조 3조**
내화구조의 기준

모든 벽	비내력벽
① 철골·철근콘크리트조로서 두께가 **10cm** 이상인 것 ② 골구를 철골조로 하고 그 양면을 두께 **4cm** 이상의 철망모르타르로 덮은 것 ③ 두께 **5cm** 이상의 콘크리트 블록·벽돌 또는 석재로 덮은 것 ④ 석조로서 철재에 덮은 콘크리트 블록의 두께가 5cm 이상인 것 ⑤ **벽돌조**로서 두께가 **19cm** 이상인 것 ⑥ 고온·고압의 증기로 양생된 경량기포 콘크리트패널 또는 경량기포 콘크리트블록조로서 두께가 10cm 이상인 것	① 철골·철근콘크리트조로서 두께가 **7cm** 이상인 것 ② 골구를 철골조로 하고 그 양면을 두께 **3cm** 이상의 철망모르타르로 덮은 것 ③ 두께 **4cm** 이상의 콘크리트 블록·벽돌 또는 석재로 덮은 것 ④ 석조로서 두께가 **7cm** 이상인 것

※ 공동주택의 각 세대 간의 경계벽의 구조는 **내화구조**이다.

② 5cm 이상 → 7cm 이상

답 ②

★★★
16 피난로의 안전구획 중 2차 안전구획에 속하는 것은?

05.05.문18 05.03.문02 04.09.문11 04.05.문12

① 복도
② 계단부속실(계단전실)
③ 계단
④ 피난층에서 외부와 직면한 현관

해설 **피난시설**의 **안전구획**

안전구획	장 소
1차 안전구획	**복도**
2차 안전구획	**계단부속실**(전실)
3차 안전구획	**계단**

※ **계단부속실**(전실) : 계단으로 들어가는 입구부분

기억법 **복부계**

답 ②

★★★
17 경유화재가 발생했을 때 주수소화가 오히려 위험할 수 있는 이유는?

15.09.문13 15.09.문06 14.03.문06 12.09.문16 04.05.문06 03.03.문15

① 경유는 물과 반응하여 유독가스를 발생하므로
② 경유의 연소열로 인하여 산소가 방출되어 연소를 돕기 때문에
③ 경유는 물보다 비중이 가벼워 화재면의 확대 우려가 있으므로
④ 경유가 연소할 때 수소가스를 발생하여 연소를 돕기 때문에

해설 **경유화재시 주수소화가 부적당한 이유**
물보다 비중이 가벼워 물 위에 떠서 **화재 확대**의 우려가 있기 때문이다.

중요

주수소화(물소화)시 위험한 물질

위험물	발생물질
• 무기과산화물	**산소**(O_2) 발생
• 금속분 • 마그네슘 • 알루미늄 • 칼륨 • 나트륨 • 수소화리튬	**수소**(H_2) 발생
• 가연성 액체의 유류화재(경유)	**연소면**(화재면) 확대

답 ③

★

18 TLV(Threshold Limit Value)가 가장 높은 가스는?

① 시안화수소 ② 포스겐
③ 일산화탄소 ④ 이산화탄소

해설 **독성가스**의 **허용농도**(TLV ; Threshold Limit Value)

독성가스	허용농도
• 포스겐($COCl_2$) • 아크롤레인($CH_2=CHCHO$)	0.1ppm
• 염소(Cl_2)	1ppm
• 염화수소(HCl)	5ppm
• 황화수소(H_2S) • 시안화수소(HCN) • 벤젠(C_6H_6)	10ppm
• 암모니아(NH_3) • 일산화질소(NO)	25ppm
• 일산화탄소(CO)	50ppm
• 이산화탄소(CO_2)	5000ppm

답 ④

★★

19 할론계 소화약제의 주된 소화효과 및 방법에 대한 설명으로 옳은 것은?

19.09.문13
17.05.문06
16.03.문08
15.03.문17
14.03.문19
11.10.문19
03.08.문11

① 소화약제의 증발잠열에 의한 소화방법이다.
② 산소의 농도를 15% 이하로 낮게 하는 소화방법이다.
③ 소화약제의 열분해에 의해 발생하는 이산화탄소에 의한 소화방법이다.
④ 자유활성기(free radical)의 생성을 억제하는 소화방법이다.

해설 **소화의 형태**

구 분	설 명
냉각소화	① **점화원**을 냉각하여 소화하는 방법 ② **증**발잠열을 이용하여 열을 빼앗아 가연물의 온도를 떨어뜨려 화재를 진압하는 소화방법 ③ **다량**의 **물**을 뿌려 소화하는 방법 ④ 가연성 물질을 **발화점 이하**로 **냉각**하여 소화하는 방법 ⑤ **식용유화재**에 신선한 **야채**를 넣어 소화하는 방법 ⑥ 용융잠열에 의한 **냉각효과**를 이용하여 소화하는 방법 기억법 **냉점증발**
질식소화	① 공기 중의 **산소농도**를 **16%**(10~15%) 이하로 희박하게 하여 소화하는 방법 ② 산화제의 농도를 낮추어 연소가 지속될 수 없도록 소화하는 방법 ③ 산소공급을 차단하여 소화하는 방법 ④ 산소의 농도를 낮추어 소화하는 방법 ⑤ 화학반응으로 발생한 **탄산가스**에 의한 소화방법 기억법 **질산**
제거소화	**가연물**을 **제거**하여 소화하는 방법
부촉매 소화 (억제소화, 화학소화)	① **연쇄반응**을 **차단**하여 소화하는 방법 ② 화학적인 방법으로 화재를 억제하여 소화하는 방법 ③ **활성기**(free radical ; 자유라디칼)의 **생성**을 **억제**하여 소화하는 방법 ④ 할론계 소화약제 기억법 **부억(부엌)**
희석소화	① 기체 · 고체 · 액체에서 나오는 분해가스나 증기의 농도를 낮춰 소화하는 방법 ② 불연성 가스의 **공기** 중 **농도**를 높여 소화하는 방법

중요

화재의 **소화원리**에 따른 **소화방법**

소화원리	소화설비
냉각소화	① 스프링클러설비 ② 옥내 · 외소화전설비
질식소화	① 이산화탄소소화설비 ② 포소화설비 ③ 분말소화설비 ④ 불활성기체 소화약제
억제소화 (부촉매효과)	① 할론소화약제 ② 할로겐화합물 소화약제

답 ④

20 소방시설 중 피난구조설비에 해당하지 않는 것은?

19.09.문03
14.09.문59
13.09.문50
12.03.문52
10.05.문10
10.03.문51

① 무선통신보조설비
② 완강기
③ 구조대
④ 공기안전매트

해설 **소방시설법 시행령 〔별표 1〕**
피난구조설비
(1) 피난기구
- 피난사다리
- 구조대
- 완강기
- 소방청장이 정하여 고시하는 화재안전기준으로 정하는 것(미끄럼대, 피난교, 공기안전매트, 피난용 트랩, 다수인 피난장비, 승강식 피난기, 간이완강기, 하향식 피난구용 내림식 사다리)

(2) **인**명구조기구
- **방열**복
- 방**화**복(안전모, 보호장갑, 안전화 포함)
- **공**기호흡기
- **인**공소생기

기억법 **방화열공인**

(3) 유도등
- 피난유도선
- 피난구유도등
- 통로유도등
- 객석유도등
- 유도표지

(4) 비상조명등 · 휴대용 비상조명등

① 소화활동설비

답 ①

제 2 과목 소방전기일반

21 전지의 내부저항이나 전해액의 도전율 측정에 사용되는 것은?

15.03.문32
13.09.문22
10.03.문25
06.09.문33

① 접지저항계
② 켈빈 더블 브리지법
③ 콜라우시 브리지법
④ 메거

해설 **계측기**

계측기	용 도
메거 (megger)	절연저항 측정
어스테스터 (earth tester)	접지저항 측정
콜라우시 브리지 (Kohlrausch bridge)	① 전지(축전지)의 내부저항 측정 ② **전해액**의 **도전율** 측정
C.R.O (Cathode Ray Oscilloscope)	음극선을 사용한 오실로스코프
휘트스톤 브리지 (Wheatstone bridge)	$0.5 \sim 10^5 \Omega$의 중저항 측정

콜라우시 브리지=코올라우시 브리지

비교

콜라우시 브리지
(1) 축전지의 내부저항 측정
(2) 전해액의 저항 측정
(3) 접지저항 측정

답 ③

22 입력신호와 출력신호가 모두 직류(DC)로서 출력이 최대 5kW까지로 견고성이 좋고 토크가 에너지원이 되는 전기식 증폭기기는?

17.09.문29
13.03.문30

① 계전기
② SCR
③ 자기증폭기
④ 앰플리다인

해설 **증폭기기**

구 분	종 류
전기식	• SCR • **앰플리다인** • 다이라트론 • 트랜지스터 • 자기증폭기
공기식	• 벨로즈 • 노즐플래프 • 파일럿밸브
유압식	• 분사관 • 안내밸브

중요

전기동력계	앰플리다인(amplidyne)
대형 직류전동기의 **토크** 측정	정속도 운전의 **직류발전기**로 작은 전력의 변화를 큰 전력의 변화로 증폭하는 발전기  ｜앰플리다인｜

답 ④

★★★
23 그림과 같은 회로에서 전압계 3개로 단상전력을 측정하고자 할 때의 유효전력은?

19.04.문34
15.09.문32
15.05.문34
08.09.문39
97.10.문23

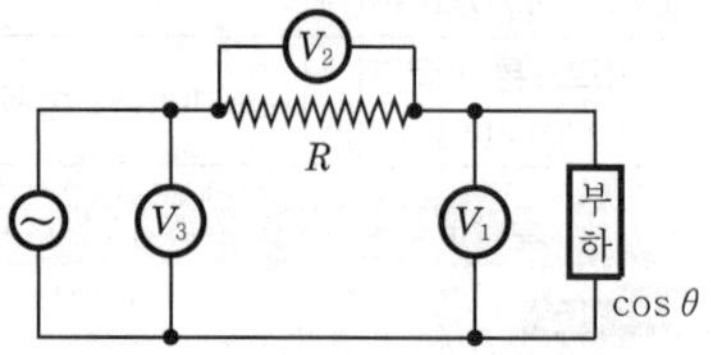

① $P=\frac{R}{2}(V_3^{\ 2}-V_1^{\ 2}-V_2^{\ 2})$

② $P=\frac{1}{2R}(V_3^{\ 2}-V_1^{\ 2}-V_2^{\ 2})$

③ $P=\frac{R}{2}(V_3^{\ 2}+V_1^{\ 2}+V_2^{\ 2})$

④ $P=\frac{1}{2R}(V_3^{\ 2}+V_1^{\ 2}+V_2^{\ 2})$

해설 **3전압계법**

$$P=\frac{1}{2R}(V_3^{\ 2}-V_1^{\ 2}-V_2^{\ 2})$$

여기서, P : 유효전력(소비전력)〔W〕
R : 저항〔Ω〕
V_1, V_2, V_3 : 전압계의 지시값〔V〕

비교

3전류계법

$$P=\frac{R}{2}(I_3^{\ 2}-I_1^{\ 2}-I_2^{\ 2})\text{〔W〕}$$

여기서, P : 유효전력〔W〕
R : 저항〔Ω〕
I_1, I_2, I_3 : 전류계의 지시값〔A〕

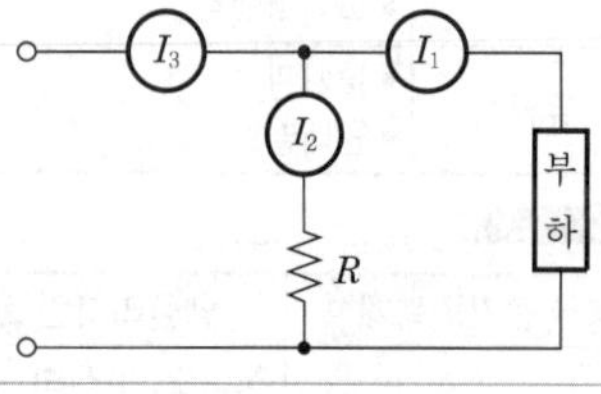

답 ②

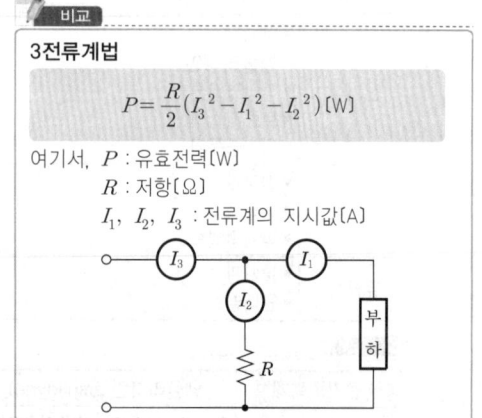

★★
24 어느 도선의 길이를 2배로 하고 전기저항을 5배로 하려면 도선의 단면적은 몇 배로 되는가?

16.10.문23
02.03.문33

① 10배 ② 0.4배
③ 2배 ④ 2.5배

해설 **저항**

$$R=\rho\frac{l}{A}$$

여기서, R : 저항〔Ω〕
ρ : 고유저항〔Ω · mm²/m〕
A : 전선의 단면적〔mm²〕
l : 전선의 길이〔m〕

길이 2배($2l$), **전기저항 5배**($5R$)로 했을 때의 **단면적** A는

$A=\rho\frac{l}{R}\propto\frac{l}{R}=\frac{2l}{5R}=0.4\frac{l}{R}$(∵ 0.4배)

중요

전선의 고유저항

전선의 종류	고유저항〔Ω · mm²/m〕
알루미늄선	$\frac{1}{35}$
경동선	$\frac{1}{55}$
연동선	$\frac{1}{58}$

답 ②

★★★
25 시퀀스제어에 관한 설명 중 틀린 것은?

14.03.문38
13.09.문29
11.10.문33

① 기계적 계전기접점이 사용된다.
② 논리회로가 조합 사용된다.
③ 시간 지연요소가 사용된다.
④ 전체 시스템에 연결된 접점들이 일시에 동작할 수 있다.

해설 ④ 전체 시스템에 연결된 접점들이 **순차적**으로 **동작**한다.

참고

시퀀스제어의 **신호전달계통**

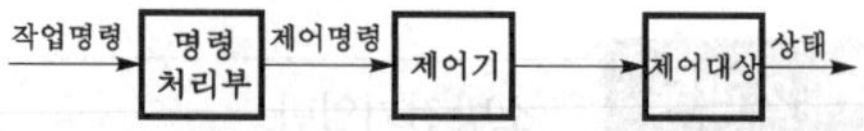

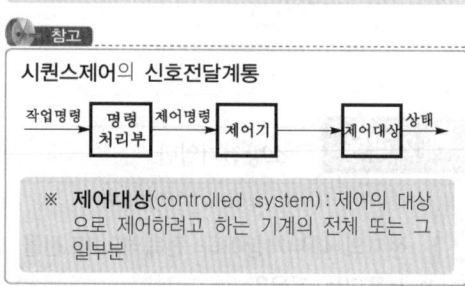

※ **제어대상**(controlled system) : 제어의 대상으로 제어하려고 하는 기계의 전체 또는 그 일부분

용어

프로그램제어 (프로그래밍 제어, program control)	**시퀀스제어** (sequence control)
목표값이 **미리 정해진 시간적 변화**를 하는 경우 제어량을 그것에 추종시키기 위한 제어 예 **열차 · 산업로봇**의 **무인운전**	미리 정해진 **순**서에 따라 각 단계가 순차적으로 진행되는 제어 예 **무인 커피판매기**

기억법 **프시변, 순시**

답 ④

★★★
26 반도체에 빛을 쬐이면 전자가 방출되는 현상은?

12.05.문32

① 홀효과 ② 광전효과
③ 펠티어효과 ④ 압전기효과

해설 **여러 가지 효과**

효 과	설 명
핀치효과 (Pinch effect)	전류가 **도선 중심**으로 흐르려고 하는 현상
톰슨효과 (Thomson effect)	① 균질의 철사에 **온도구배**가 있을 때 여기에 전류가 흐르면 열의 흡수 또는 발생이 일어나는 현상 ② 동종 금속도선의 두 점 간에 온도차를 주고 고온쪽에서 저온쪽으로 **전류**를 흘리면, 줄열 이외에 도선 속에서 **열**이 발생하거나 흡수가 일어나는 현상
홀효과 (Hall effect)	도체에 **자계**를 가하면 전위차가 발생하는 현상
제벡효과 (Seebeck effect)	① 다른 종류의 금속선으로 된 폐회로의 두 접합점의 온도를 달리하였을 때 열기전력이 발생하는 효과. **열전대식·열반도체식** 감지기는 이 원리를 이용하여 만들어졌다. ② 이종 금속을 접합하여 **폐회로**를 만든 후 두 접합점의 온도를 다르게 하여 **열전류**를 얻는 열전현상
펠티어효과 (Peltier effect)	두 종류의 금속으로 폐회로를 만들어 **전류**를 흘리면 양 접속점에서 한쪽은 **온도**가 올라가고, 다른 쪽은 온도가 내려가는 현상
압전기효과 (piezoelectric effect)	수정, 전기석, 로셸염 등의 결정에 전압을 가하면 일그러짐이 생기고, 반대로 압력을 가하여 일그러지게 하면 전압을 발생하는 현상
광전효과	반도체에 빛을 쬐이면 전자가 방출되는 현상

기억법 온펠

답 ②

중요

논리회로

명 칭	회 로
AND 게이트	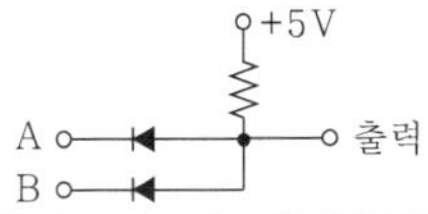 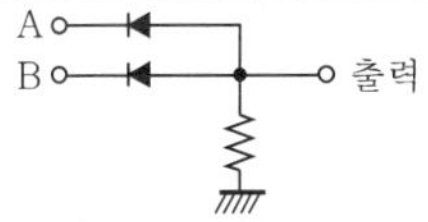
OR 게이트	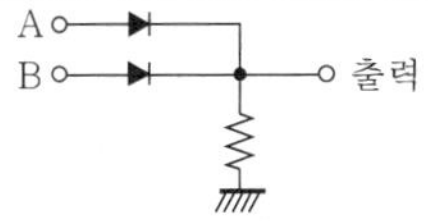 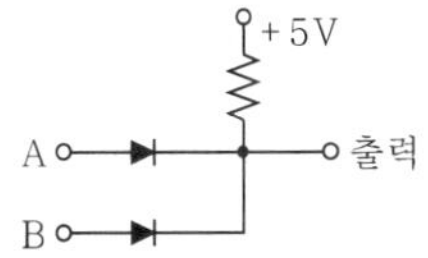
NOR 게이트	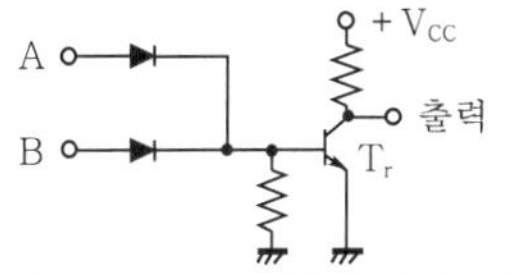
NAND 게이트	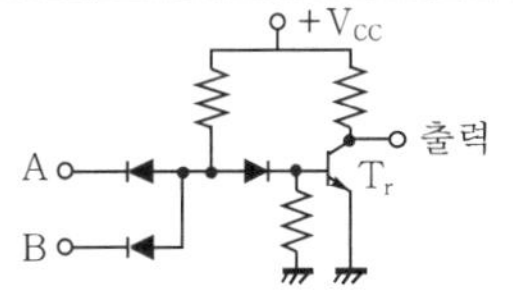

답 ②

★★
27 그림과 같은 다이오드 게이트 회로에서 출력전압은? (단, 다이오드 내의 전압강하는 무시한다.)

11.06.문22
09.08.문34
08.03.문24

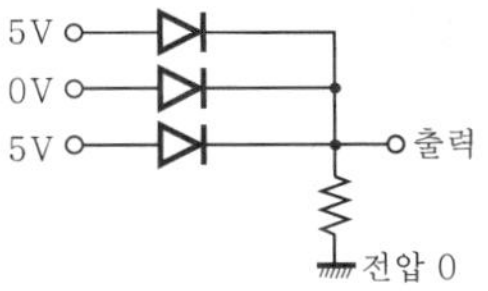

① 10V ② 5V
③ 1V ④ 0V

해설 OR 게이트이므로 입력신호 중 5V, 0V, 5V 중 **어느 하나**라도 1이면 출력신호 X가 5가 된다.

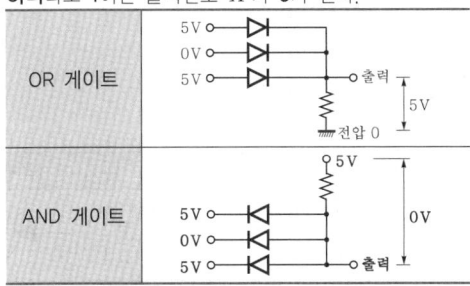

OR 게이트	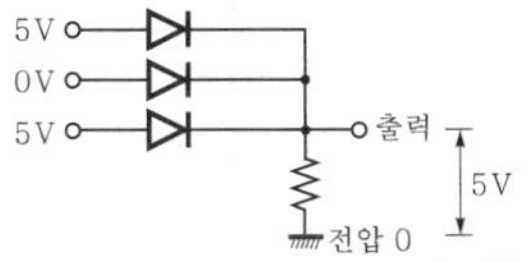
AND 게이트	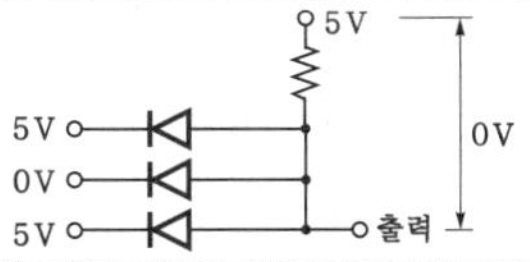

★
28 용량 10kVA의 단권 변압기를 그림과 같이 접속하면 역률 80%의 부하에 몇 kW의 전력을 공급할 수 있는가?

17.09.문36 (산업)

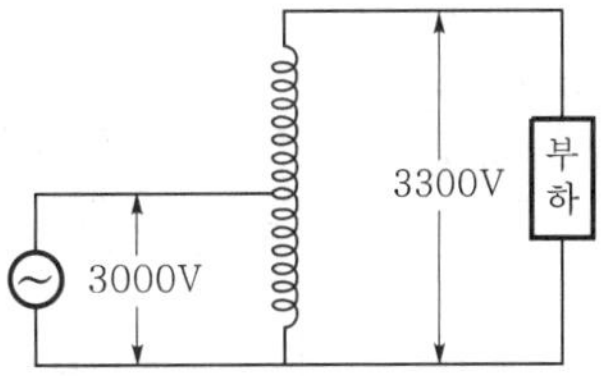

① 8 ② 54
③ 80 ④ 88

해설

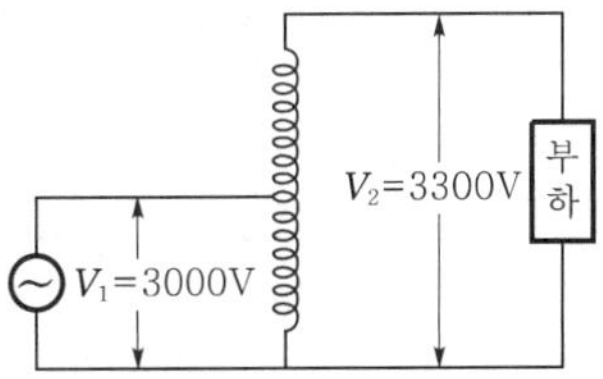

(1) **기호**

- V_1 : 3000V
- V_2 : 3300V
- P : 10kVA=10000VA
- $\cos\theta$: 80%=0.8
- P_L : ?

(2) **부하전류**

$$I_2 = \frac{P}{V_2 - V_1}$$

여기서, I_2 : 부하전류[A]
P : 자가용량[VA]
V_2 : 부하전압[V]
V_1 : 입력전압[V]

부하전류 I_2는

$$I_2 = \frac{P}{V_2 - V_1} = \frac{10000}{(3300-3000)} \fallingdotseq 33.33\text{A}$$

(3) **부하측 소비전력**(공급전력)

$$P_L = V_2 I_2 \cos\theta$$

여기서, P_L : 부하측 소비전력[VA]
V_2 : 부하전압[V]
I_2 : 부하전류[A]
$\cos\theta$: 역률

부하측 소비전력 P_L는

$$P_L = V_2 I_2 \cos\theta$$
$$= 3300 \times 33.33 \times 0.8$$
$$\fallingdotseq 87991\text{W} \fallingdotseq 88000\text{W} = 88\text{kW}$$

답 ④

★★
29 전자유도현상에서 코일에 생기는 유도기전력의 방향을 정의한 법칙은?

12.03.문29
11.10.문29
00.07.문28

① 플레밍의 오른손법칙
② 플레밍의 왼손법칙
③ 렌츠의 법칙
④ 패러데이의 법칙

해설 **여러 가지 법칙**

법 칙	설 명
플레밍의 **오**른손법칙	**도**체운동에 의한 **유**도기전력의 **방**향 결정 기억법 **방유도오**(**방**에 우**유**를 **도로** 갖다 놓게!)
플레밍의 **왼**손법칙	**전**자력의 방향 결정 기억법 **왼전**(**왠 전**쟁이냐?)
렌츠의 법칙 (렌쯔의 법칙)	자속변화에 의한 **유**도기전력의 **방**향 결정 기억법 **렌유방**(오**렌**지가 **유**일한 **방**법이다.)
패러데이의 전자유도법칙 (페러데이의 법칙)	① 자속변화에 의한 **유**기기전력의 **크**기 결정 ② 전자유도현상에 의하여 생기는 **유도기전력**의 **크기**를 정의하는 법칙 기억법 **패유크**(**폐유**를 버리면 **큰**일난다.)
앙페르의 오른나사법칙 (앙페에르의 법칙)	**전**류에 의한 **자**기장의 방향 결정 기억법 **앙전자**(**양전자**)
비오-사바르의 법칙	**전**류에 의해 발생되는 **자**기장의 크기 결정 기억법 **비전자**(**비전**공**자**)

답 ③

★
30 입력 $r(t)$, 출력 $c(t)$인 제어시스템에서 전달함수 $G(s)$는? (단, 초기값은 0이다.)

17.09.문22
(산업)

$$\frac{d^2c(t)}{dt^2} + 3\frac{dc(t)}{dt} + 2c(t) = \frac{dr(t)}{dt} + 3r(t)$$

① $\dfrac{3s+1}{2s^2+3s+1}$　② $\dfrac{s^2+3s+2}{s+3}$
③ $\dfrac{s+1}{s^2+3s+2}$　④ $\dfrac{s+3}{s^2+3s+2}$

해설 **라플라스 변환**하면

$$\frac{d^2c(t)}{dt^2} + 3\frac{dc(t)}{dt} + 2c(t) = \frac{dr(t)}{dt} + 3r(t)$$

$$(s^2+3s+2)c(s) = (s+3)r(s)$$

전달함수 $G(s)$는

$$G(s) = \frac{c(s)}{r(s)} = \frac{s+3}{s^2+3s+2}$$

용어

전달함수
모든 초기값을 0으로 하였을 때 출력신호의 라플라스 변환과 입력신호의 라플라스 변환의 비

답 ④

★★★
31 다음 소자 중에서 온도보상용으로 쓰이는 것은?

19.03.문35
16.10.문30
15.05.문38
14.09.문40
14.05.문24
14.03.문27
12.03.문34
11.06.문37
00.10.문25

① 서미스터
② 바리스터
③ 제너다이오드
④ 터널다이오드

해설 **반도체 소자**

명 칭	심 벌
① **제너다이오드**(Zener Diode) : 주로 정전압 전원회로에 사용된다.	

② **서미스터**(Thermistor) : 부온도 특성을 가진 저항기의 일종으로서 주로 **온**도보정용(온도보상용)으로 쓰인다.	
③ **SCR**(Silicon Controlled Rectifier) : 단방향 대전류 스위칭 소자로서 제어를 할 수 있는 정류 소자이다.	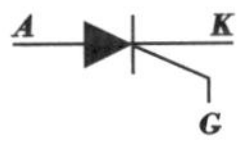
④ **바리스터**(Varistor) ㉠ 주로 **서**지전압에 대한 회로 보호용(과도전압에 대한 회로보호) ㉡ **계**전기접점의 불꽃제거	
⑤ **UJT**(Unijunction Transistor) = **단일접합 트랜지스터** : 증폭기로는 사용이 불가능하며 톱니파나 펄스발생기로 작용하며 SCR의 트리거 소자로 쓰인다.	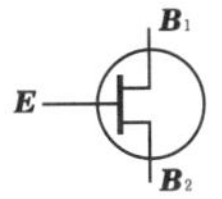
⑥ **바랙터**(Varactor) : 제너현상을 이용한 다이오드	–

기억법 서온(서운해), 바리서계

답 ①

★★
32 한 상의 임피던스가 $Z=16+j12\Omega$인 Y결선 부하에 대칭 3상 선간전압 380V를 가할 때 유효전력은 약 몇 kW인가?

16.10.문21 12.05.문21 07.09.문27 03.05.문34

① 5.8 ② 7.2
③ 17.3 ④ 21.6

해설

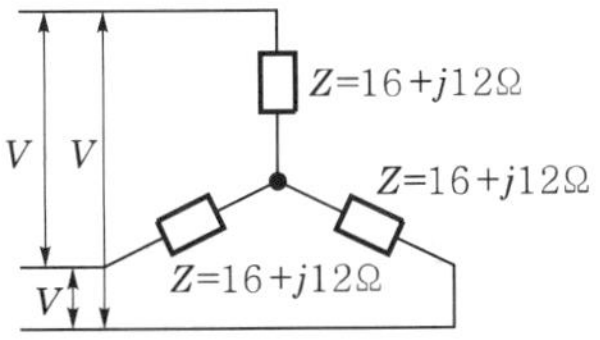

(1) **선전류**

Y결선 : 선전류 $I_Y=\dfrac{V_l}{\sqrt{3}\,Z}$ [A]

△결선 : 선전류 $I_\triangle=\dfrac{\sqrt{3}\,V_l}{Z}$ [A]

여기서, V_L : 선간전압[V]
Z : 임피던스[Ω]

Y결선에서는 **선전류 = 상전류**이므로

상전류 $I_Y=\dfrac{V_L}{\sqrt{3}\,Z}$

$=\dfrac{380}{\sqrt{3}\,(16+j12)}$

$=\dfrac{380}{\sqrt{3}\,(\sqrt{16^2+12^2})}$

$=\dfrac{380}{20\sqrt{3}}\fallingdotseq 10.96\text{A}$

(2) **3상 유효전력**

$P=3V_PI_P\cos\theta=\sqrt{3}\,V_L\,I_L\cos\theta=3I_P^{\,2}R$ [W]

여기서, P : 3상 유효전력[W]
V_P, I_P : 상전압[V], 상전류[A]
V_L, I_L : 선간전압[V], 선전류[A]
R : 저항[Ω]

3상 유효전력 P는

$P=3I_P^{\,2}R$

$=3\times10.96^2\times16=5765\fallingdotseq5800\text{W}=5.8\text{kW}$

• $Z=16+j12$이므로 $R=16\Omega$
($16 \uparrow R$, $12 \uparrow X$)

답 ①

★★★
33 그림과 같은 계전기 접점회로의 논리식은?

16.05.문40 13.03.문24 10.05.문21 00.07.문36

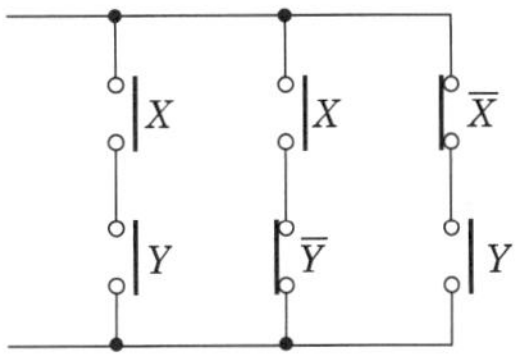

① $(X+Y)(X+\overline{Y})(\overline{X}+Y)$
② $(X+Y)+(X+\overline{Y})+(\overline{X}+Y)$
③ $(XY)+(X\overline{Y})+(\overline{X}Y)$
④ $(XY)(X\overline{Y})(\overline{X}Y)$

해설 논리식 $=X\cdot Y+X\cdot\overline{Y}+\overline{X}\cdot Y=XY+X\overline{Y}+\overline{X}Y$

※ 논리식 산정시 **직렬**은 '·', **병렬**은 '+'로 표시하는 것을 기억하라.

중요

논리회로

시퀀스	논리식	논리회로
직렬 회로	$Z=A\cdot B$ $Z=AB$	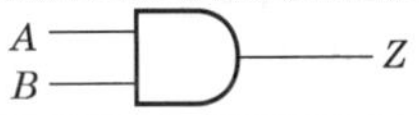
병렬 회로	$Z=A+B$	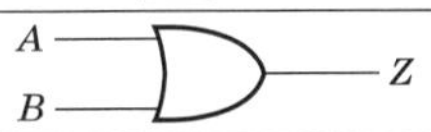
a접점	$Z=A$	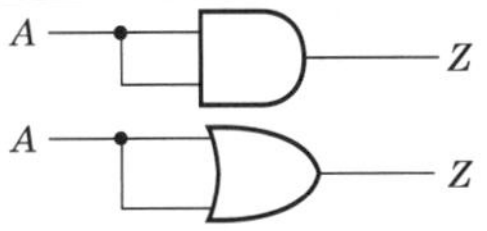
b접점	$Z=\overline{A}$	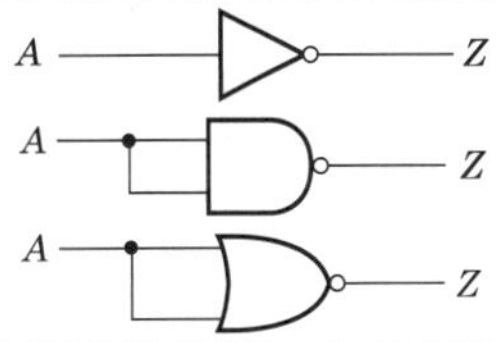

답 ③

34 1cm의 간격을 둔 평행 왕복전선에 25A의 전류가 흐른다면 전선 사이에 작용하는 전자력은 몇 N/m이며, 이것은 어떤 힘인가?

[14.09.문37]

① 2.5×10^{-2}, 반발력
② 1.25×10^{-2}, 반발력
③ 2.5×10^{-2}, 흡인력
④ 1.25×10^{-2}, 흡인력

해설 **평행도체 사이에 작용하는 힘**

$$F=\frac{\mu_0 I_1 I_2}{2\pi r}\text{[N/m]}$$

여기서, F : 평행전류의 힘[N/m]
μ_0 : 진공의 투자율($4\pi\times10^{-7}$)[H/m]
I_1, I_2 : 전류[A]
r : 거리[m]

평행도체 사이에 작용하는 힘 F는

$$F=\frac{\mu_0 I_1 I_2}{2\pi r}=\frac{(4\pi\times10^{-7})\times25\times25}{2\pi\times0.01}=0.0125=1.25\times10^{-2}\text{N/m}$$

- r : 0.1cm=0.01m(100cm=1m)
- μ_0 : $4\pi\times10^{-7}$[H/m]
- I : 25A

힘의 방향은 전류가 **같은 방향**이면 **흡인력**, **다른 방향**이면 **반발력**이 작용한다.

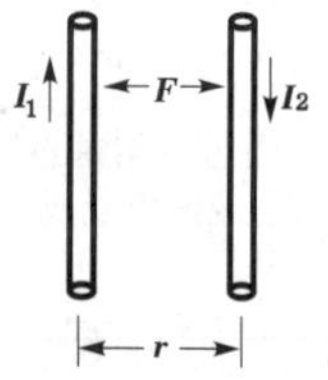

| 평행전류의 힘 |

평행 왕복전선은 두 전선의 전류방향이 다른 방향이므로 **반발력**

답 ②

35 다음 단상 유도전동기 중 기동토크가 가장 큰 것은?

[14.05.문26]
[05.03.문25]
[03.08.문33]

① 셰이딩 코일형 ② 콘덴서 기동형
③ 분상 기동형 ④ 반발 기동형

해설 **기동토크가 큰 순서**

반발 기동형 > 반발 유도형 > 콘덴서 기동형 > 분상 기동형 > **셰이딩 코일형**

기억법 **반기큰**

답 ④

36 정현파 전압의 평균값이 150V이면 최대값은 약 몇 V인가?

[06.09.문30]
[01.06.문32]

① 235.6 ② 212.1
③ 106.1 ④ 95.5

해설 **전압의 평균값**

$$V_{av}=0.637\,V_m$$

여기서, V_{av} : 전압의 평균값[V]
V_m : 전압의 최대값[V]

전압의 최대값 V_m은

$$V_m=\frac{V_{av}}{0.637}=\frac{150}{0.637}\fallingdotseq235.47\text{V}(\therefore\ 235.6\text{V 정답})$$

답 ①

37 각 전류의 대칭분 I_0, I_1, I_2가 모두 같게 되는 고장의 종류는?

① 1선 지락 ② 2선 지락
③ 2선 단락 ④ 3선 단락

해설 **지락**

1선 지락	2선 지락
$I_0=I_1=I_2$	$V_0=V_1=V_2$

용어

지락
전류가 전선이 아닌 대지로 흐르는 것

답 ①

38 10μF인 콘덴서를 60Hz 전원에 사용할 때 용량 리액턴스는 약 몇 Ω인가?

[02.09.문37]

① 250.5 ② 265.3
③ 350.5 ④ 465.3

해설 **용량 리액턴스**

$$X_C=\frac{1}{\omega C}=\frac{1}{2\pi f C}[\Omega]$$

여기서, X_C : 용량 리액턴스[Ω]
ω : 각주파수[rad/s]
C : 정전용량[F]
f : 주파수[Hz]

용량 리액턴스 X_C는

$$X_C=\frac{1}{2\pi f C}=\frac{1}{2\pi\times60\times(10\times10^{-6})}\fallingdotseq265.3\Omega$$

- C : $10\mu\text{F}=10\times10^{-6}\text{F}(1\mu\text{F}=1\times10^{-6}\text{F})$

비교

유도 리액턴스

$$X_L = \omega L = 2\pi f L \,[\Omega]$$

여기서, X_L : 유도 리액턴스[Ω]
ω : 각주파수[rad/s]
L : 인덕턴스[H]
f : 주파수[Hz]

답 ②

★★★
39 $X = A\overline{B}C + \overline{A}BC + \overline{A}\,\overline{B}C + \overline{A}\,\overline{B}\,\overline{C} + A\overline{B}\,\overline{C}$ 를 가장 간소화한 것은?

17.09.문33 17.03.문23 16.05.문36 16.03.문39 15.09.문23 13.09.문30 13.06.문35

① $\overline{A}BC + \overline{B}$ ② $B + \overline{A}C$
③ $\overline{B} + \overline{A}C$ ④ $\overline{A}\,\overline{B}C + B$

해설 논리식 $X = A\overline{B}C + \overline{A}BC + \overline{A}\,\overline{B}C + \overline{A}\,\overline{B}\,\overline{C} + A\overline{B}\,\overline{C}$

$= A\overline{B}C + A\overline{B}\,\overline{C} + \overline{A}\,\overline{B}C + \overline{A}\,\overline{B}\,\overline{C} + \overline{A}BC$

$= A\overline{B}\underbrace{(C + \overline{C})}_{X+\overline{X}=1} + \overline{A}\,\overline{B}\underbrace{(C + \overline{C})}_{X+\overline{X}=1} + \overline{A}BC$

$= \underbrace{A\overline{B}1}_{X\cdot 1 = X} + \underbrace{\overline{A}\,\overline{B}1}_{X\cdot 1 = X} + \overline{A}BC$

$= A\overline{B} + \overline{A}\,\overline{B} + \overline{A}BC$

$= \overline{B}\underbrace{(A + \overline{A})}_{X+\overline{X}=1} + \overline{A}BC$

$= \underbrace{\overline{B}1}_{X\cdot 1 = X} + \overline{A}BC$

$= \underbrace{\overline{B} + \overline{A}BC}_{\overline{X}+XY=\overline{X}+Y}$

$= \overline{B} + \overline{A}C$

중요

불대수의 정리

논리합	논리곱	비 고
$X+0=X$	$X\cdot 0=0$	-
$X+1=1$	$X\cdot 1=X$	-
$X+X=X$	$X\cdot X=X$	-
$X+\overline{X}=1$	$X\cdot \overline{X}=0$	-
$X+Y=Y+X$	$X\cdot Y=Y\cdot X$	교환법칙
$X+(Y+Z)=(X+Y)+Z$	$X(YZ)=(XY)Z$	결합법칙
$X(Y+Z)=XY+XZ$	$(X+Y)(Z+W)=XZ+XW+YZ+YW$	분배법칙
$X+XY=X$	$\overline{X}+XY=\overline{X}+Y$ $X+\overline{X}Y=X+Y$ $X+\overline{X}\,\overline{Y}=X+\overline{Y}$	흡수법칙
$(\overline{X+Y})=\overline{X}\cdot\overline{Y}$	$(\overline{X\cdot Y})=\overline{X}+\overline{Y}$	드모르간의 정리

답 ③

★★
40 변위를 압력으로 변환하는 소자로 옳은 것은?

13.06.문21 12.09.문24 03.08.문22

① 다이어프램 ② 가변 저항기
③ 벨로우즈 ④ 노즐 플래퍼

해설 **변환요소**

구 분	변 환
• 측온저항 • 정온식 감지선형 감지기	온도 → 임피던스
• 광전다이오드 • 열전대식 감지기 • 열반도체식 감지기	온도 → 전압
• 광전지	빛 → 전압
• 전자	전압(전류) → 변위
• 유압분사관 • 노즐 플래퍼	변위 → 압력
• 포텐셔미터 • 차동변압기 • 전위차계	변위 → 전압
• 가변저항기	변위 → 임피던스

답 ④

제3과목 소방관계법규

★
41 화재의 예방 및 안전관리에 관한 법령에 따른 용접 또는 용단작업장에서 불꽃을 사용하는 용접·용단기구 사용에 있어서 작업장 주변 반경 몇 m 이내에 소화기를 갖추어야 하는가? (단, 산업안전보건법에 따른 안전조치의 적용을 받는 사업장의 경우는 제외한다.)

17.05.문42

① 1 ② 3
③ 5 ④ 7

해설 **화재예방법 시행령 [별표 1]**
보일러 등의 위치·구조 및 관리와 화재예방을 위하여 불의 사용에 있어서 지켜야 할 사항

구 분	기 준
불꽃을 사용하는 용접·용단기구	① 용접 또는 용단작업장 주변 반경 **5m** 이내에 **소화기**를 갖추어 둘 것 ② 용접 또는 용단작업장 주변 반경 **10m** 이내에는 **가연물**을 쌓아두거나 놓아두지 말 것(단, 가연물의 제거가 곤란하여 방화포 등으로 방호조치를 한 경우는 제외) 기억법 5소(오소서)

답 ③

★★★
42 소방기본법에 따른 벌칙의 기준이 다른 것은?

17.03.문49 16.10.문42 16.05.문57 15.09.문43 15.05.문58 11.10.문51 10.09.문54

① 정당한 사유 없이 모닥불, 흡연, 화기취급, 풍등 등 소형 열기구 날리기, 그 밖에 화재예방상 위험하다고 인정되는 행위의 금지 또는 제한에 따른 명령에 따르지 아니하거나 이를 방해한 사람
② 소방활동 종사 명령에 따른 사람을 구출하는 일 또는 불을 끄거나 불이 번지지 아니하도록 하는 일을 방해한 사람
③ 정당한 사유 없이 소방용수시설 또는 비상소화장치를 사용하거나 소방용수시설 또는 비상소화장치의 효용을 해치거나 그 정당한 사용을 방해한 사람
④ 출동한 소방대의 소방장비를 파손하거나 그 효용을 해하여 화재진압·인명구조 또는 구급활동을 방해하는 행위를 한 사람

해설 **기본법 50조**
5년 이하의 징역 또는 5000만원 이하의 벌금
(1) 소방자동차의 **출동 방해**
(2) **사람구출** 방해
(3) **소방용수시설** 또는 **비상소화장치**의 효용 방해
(4) 출동한 소방대의 화재진압·인명구조 또는 구급활동 **방해**
(5) 소방대의 현장출동 **방해**
(6) 출동한 소방대원에게 **폭행·협박** 행사

① **200만원** 이하의 벌금

답 ①

★★
43 소방시설 설치 및 관리에 관한 법령에 따른 특정소방대상물의 수용인원의 산정방법 기준 중 틀린 것은?

19.04.문51 17.03.문57

① 침대가 있는 숙박시설의 경우는 해당 특정소방대상물의 종사자수에 침대수(2인용 침대는 2인으로 산정)를 합한 수
② 침대가 없는 숙박시설의 경우는 해당 특정소방대상물의 종사자수에 숙박시설 바닥면적의 합계를 $3m^2$로 나누어 얻은 수를 합한 수
③ 강의실 용도로 쓰이는 특정소방대상물의 경우는 해당 용도로 사용하는 바닥면적의 합계를 $1.9m^2$로 나누어 얻은 수
④ 문화 및 집회시설의 경우는 해당 용도로 사용하는 바닥면적의 합계를 $2.6m^2$로 나누어 얻은 수

해설 **소방시설법 시행령 〔별표 7〕**
수용인원의 산정방법

특정소방대상물		산정방법
• 강의실 • 교무실 • 상담실 • 실습실 • 휴게실		$\frac{\text{바닥면적 합계}}{1.9m^2}$
• 숙박시설	침대가 있는 경우	종사자수+침대수
	침대가 없는 경우	종사자수+ $\frac{\text{바닥면적 합계}}{3m^2}$
• 기타		$\frac{\text{바닥면적 합계}}{3m^2}$
• 강당 • 문화 및 집회시설, 운동시설 • 종교시설		$\frac{\text{바닥면적의 합계}}{4.6m^2}$

※ **소수점 이하**는 **반올림**한다.

기억법 **수반(수반!** 동반!)

④ $2.6m^2$ → $4.6m^2$

답 ④

★
44 소방시설공사업법령에 따른 소방시설공사 중 특정소방대상물에 설치된 소방시설 등을 구성하는 것의 전부 또는 일부를 개설, 이전 또는 정비하는 공사의 착공신고대상이 아닌 것은?

17.05.문59 11.10.문49

① 수신반
② 소화펌프
③ 동력(감시)제어반
④ 제연설비의 제연구역

해설 **공사업령 4조**
소방시설공사의 착공신고대상
(1) **수**신반
(2) 소화**펌**프
(3) **동**력(감시)제어반

기억법 **동수펌착**

비교

공사업령 4조
증설공사 착공신고대상
(1) 옥내·외 소화전설비
(2) 스프링클러설비·간이스프링클러설비·물분무등 소화설비
(3) 자동화재탐지설비·화재알림설비
(4) 제연설비
(5) 연결살수설비·연결송수관설비·연소방지설비
(6) 비상콘센트설비

답 ④

★★
45 15.03.문54

소방기본법에 따른 소방력의 기준에 따라 관할구역의 소방력을 확충하기 위하여 필요한 계획을 수립하여 시행하여야 하는 자는?

① 소방서장
② 소방본부장
③ 시·도지사
④ 행정안전부장관

해설 **기본법 8조 ②항**
시·도지사는 **소방력**의 **기준**에 따라 관할구역 안의 소방력을 확충하기 위하여 필요한 **계획**을 **수립**하여 시행하여야 한다.

중요

기본법 8조

구 분	대 상
행정안전부령	**소방력**에 관한 기준
시·도지사	**소방력 확충**의 계획·수립·시행

답 ③

★★
46 17.03.문42 14.03.문49

소방시설 설치 및 관리에 관한 법령에 따른 화재안전기준을 달리 적용하여야 하는 특수한 용도 또는 구조를 가진 특정소방대상물 중 중·저준위 방사성 폐기물의 저장시설에 설치하지 않을 수 있는 소방시설은?

① 소화용수설비
② 옥외소화전설비
③ 물분무등소화설비
④ 연결송수관설비 및 연결살수설비

해설 **소방시설법 시행령 〔별표 6〕**
소방시설을 설치하지 않을 수 있는 특정소방대상물 및 소방시설의 범위

구 분	특정소방대상물	소방시설
화재안전**기**준을 달리 적용해야 하는 특수한 용도 또는 구조를 가진 특정소방대상물	• 원자력발전소 • 중·저준위 방사성 폐기물의 저장시설	• **연**결송수관설비 • **연**결살수설비 기억법 **화기연(화기연구)**
자체소방대가 설치된 특정소방대상물	자체소방대가 설치된 위험물 제조소 등에 부속된 사무실	• 옥내소화전설비 • 소화용수설비 • 연결살수설비 • 연결송수관설비
화재위험도가 낮은 특정소방대상물	**석**재, **불**연성 **금**속, **불**연성 건축재료 등의 가공공장·기계조립공장 또는 불연성 물품을 저장하는 창고	• 옥**외**소화전설비 • 연결살수설비 기억법 **석불금외**

답 ④

★★★
47 15.03.문07 14.05.문45 08.09.문58

위험물안전관리법령에 따른 인화성 액체위험물(이황화탄소를 제외)의 옥외탱크저장소의 탱크 주위에 설치하는 방유제의 설치기준 중 옳은 것은?

① 방유제의 높이는 0.5m 이상 2.0m 이하로 할 것
② 방유제 내의 면적은 100000m^2 이하로 할 것
③ 방유제의 용량은 방유제 안에 설치된 탱크가 2기 이상인 때에는 그 탱크 중 용량이 최대인 것의 용량의 120% 이상으로 할 것
④ 높이가 1m를 넘는 방유제 및 간막이 둑의 안팎에는 방유제 내에 출입하기 위한 계단 또는 경사로를 약 50m마다 설치할 것

해설 **위험물규칙 〔별표 6〕**
옥외탱크저장소의 방유제
(1) 높이 : **0.5~3m** 이하
(2) 탱크 : 10기(모든 탱크용량이 **20만L** 이하, 인화점이 70~200℃ 미만은 **20**기) 이하
(3) 면적 : **80000m^2** 이하
(4) **용량**

1기 이상	2기 이상
탱크용량×**110%** 이상	**최대용량**×**110%** 이상

(5) 높이가 **1m**를 넘는 방유제 및 간막이 둑의 안팎에는 방유제 내에 출입하기 위한 계단 또는 경사로를 약 **50m**마다 설치할 것

① 0.5m 이상 2.0m 이하 → 0.5m 이상 3.0m 이하
② 100000m^2 이하 → 80000m^2 이하
③ 120% 이상 → 110% 이상

답 ④

★
48 소방시설 설치 및 관리에 관한 법령에 따른 임시소방시설 중 간이소화장치를 설치하여야 하는 공사의 작업현장의 규모의 기준 중 다음 ( ) 안에 알맞은 것은?

17.09.문54 (산업)

- 연면적 (㉠)m^2 이상
- 지하층, 무창층 또는 (㉡)층 이상의 층이 경우 해당 층의 바닥면적이 (㉢)m^2 이상인 경우만 해당

① ㉠ 1000, ㉡ 6, ㉢ 150
② ㉠ 1000, ㉡ 6, ㉢ 600
③ ㉠ 3000, ㉡ 4, ㉢ 150
④ ㉠ 3000, ㉡ 4, ㉢ 600

해설 **소방시설법 시행령 [별표 8]**
임시소방시설을 설치하여야 하는 공사의 종류와 규모

공사 종류	규 모
간이소화장치	• 연면적 **3000m^2** 이상 • 지하층, 무창층 또는 **4층** 이상의 층. 바닥면적이 **600m^2** 이상인 경우만 해당
비상경보장치	• 연면적 **400m^2** 이상 • 지하층 또는 무창층. 바닥면적이 **150m^2** 이상인 경우만 해당
간이피난유도선	바닥면적이 **150m^2** 이상인 지하층 또는 무창층의 화재위험작업현장에 설치
소화기	건축허가 등을 할 때 소방본부장 또는 소방서장의 동의를 받아야 하는 특정소방대상물의 신축·증축·개축·재축·이전·용도변경 또는 대수선 등을 위한 공사 중 화재위험작업현장에 설치
가스누설경보기	바닥면적이 **150m^2** 이상인 지하층 또는 무창층의 화재위험작업현장에 설치
비상조명등	바닥면적이 **150m^2** 이상인 지하층 또는 무창층의 화재위험작업현장에 설치
방화포	용접·용단 작업이 진행되는 화재위험작업현장에 설치

답 ④

★★
49 피난시설, 방화구획 또는 방화시설을 폐쇄·훼손·변경 등의 행위를 3차 이상 위반한 경우에 대한 과태료 부과기준으로 옳은 것은?

15.03.문47

① 200만원 ② 300만원
③ 500만원 ④ 1000만원

해설 **소방시설법 시행령 [별표 10]**
피난시설, 방화구획 또는 방화시설을 폐쇄·훼손·변경 등의 행위

1차 위반	2차 위반	3차 이상 위반
100만원	200만원	300만원

중요

300만원 이하의 과태료
(1) 관계인의 소방안전관리 업무 미수행(화재예방법 52조)
(2) **소방훈련** 및 **교육** 미실시자(화재예방법 52조)
(3) 소방시설의 점검결과 미보고(소방시설법 61조)
(4) 관계인의 거짓자료제출(소방시설법 61조)
(5) 정당한 사유없이 공무원의 출입 또는 검사를 거부·방해 또는 기피한 자(소방시설법 61조)

답 ②

★★
50 소방시설 설치 및 관리에 관한 법령에 따른 성능위주설계를 할 수 있는 자의 설계범위 기준 중 틀린 것은?

17.03.문58
14.09.문48
12.09.문41

① 연면적 30000m^2 이상인 특정소방대상물로서 공항시설
② 연면적 100000m^2 이상인 특정소방대상물(단, 아파트 등은 제외)
③ 지하층을 포함한 층수가 30층 이상인 특정소방대상물(단, 아파트 등은 제외)
④ 하나의 건축물에 영화상영관이 10개 이상인 특정소방대상물

해설 **소방시설법 시행령 9조**
성능위주설계를 해야 할 특정소방대상물의 범위
(1) 연면적 **20만m^2** 이상인 특정소방대상물(아파트 등 제외)
(2) **50층** 이상(지하층 제외)이거나 지상으로부터 높이가 **200m** 이상인 아파트
(3) **30층** 이상(지하층 포함)이거나 지상으로부터 높이가 **120m** 이상인 특정소방대상물(아파트 등 제외)
(4) 연면적 **3만m^2** 이상인 철도 및 도시철도 시설, **공항시설**
(5) 하나의 건축물에 관련법에 따른 **영화상영관**이 **10개** 이상인 특정소방대상물
(6) 연면적 **10만m^2** 이상이거나 **지하 2층** 이하이고 지하층의 바닥면적의 합이 **3만m^2** 이상인 창고시설
(7) 지하연계 복합건축물에 해당하는 특정소방대상물
(8) 터널 중 수저터널 또는 길이가 **5000m** 이상인 것

② 100000m^2 이상 → 200000m^2 이상

답 ②

★★★
51 소방시설 설치 및 관리에 관한 법령에 따른 특정소방대상물 중 의료시설에 해당하지 않는 것은?

16.10.문48
13.06.문45

① 요양병원 ② 마약진료소
③ 한방병원 ④ 노인의료복지시설

해설 **소방시설법 시행령 [별표 2]**
의료시설

구 분	종 류	
병원	• 종합병원 • 치과병원 • 요양병원	• 병원 • 한방병원
격리병원	• 전염병원	• 마약진료소
정신의료기관	–	
장애인 의료재활시설	–	

④ 노유자시설

비교

소방시설법 시행령 〔별표 2〕
노유자시설

구 분	종 류
노인관련시설	• 노인주거복지시설 • 노인의료복지시설 • 노인여가복지시설 • 재가노인복지시설 • 노인보호전문기관 • 노인일자리 지원기관 • 학대피해노인 전용쉼터
아동관련시설	• 아동복지시설 • 어린이집 • 유치원
장애인관련시설	• 장애인거주시설 • 장애인지역사회재활시설(장애인 심부름센터, 한국수어 통역센터, 점자도서 및 녹음서 출판시설 제외) • 장애인 직업재활시설
정신질환자관련시설	• 정신재활시설 • 정신요양시설
노숙인관련시설	• 노숙인복지시설 • 노숙인종합지원센터

답 ④

★★★

52 소방기본법령에 따른 소방대원에게 실시할 교육·훈련 횟수 및 기간의 기준 중 다음 ( ) 안에 알맞은 것은?

14.09.문51
13.09.문44

횟 수	기 간
(㉠)년마다 1회	(㉡)주 이상

① ㉠ 2, ㉡ 2 ② ㉠ 2, ㉡ 4
③ ㉠ 1, ㉡ 2 ④ ㉠ 1, ㉡ 4

해설 **기본규칙 9조**
소방대원의 소방교육·훈련

실 시	**2년**마다 **1회** 이상 실시	
기 간	**2주** 이상	
정하는 자	소방청장	
종 류	• 화재진압훈련 • 응급처치훈련 • 현장지휘훈련	• 인명구조훈련 • 인명대피훈련

답 ①

★

53 위험물안전관리법령에 따른 정기점검의 대상인 제조소 등의 기준 중 틀린 것은?

17.09.문51
16.10.문45
10.03.문52

① 암반탱크저장소
② 지하탱크저장소
③ 이동탱크저장소
④ 지정수량의 150배 이상의 위험물을 저장하는 옥외탱크저장소

해설 **위험물령 16조**
정기점검의 대상인 제조소 등
(1) **제조소** 등(**이**송취급소·**암**반탱크저장소)
(2) **지하탱크**저장소
(3) **이동탱크**저장소
(4) 위험물을 취급하는 탱크로서 지하에 매설된 탱크가 있는 **제조소·주유취급소** 또는 **일반취급소**

기억법 **정이암 지이**

비교

위험물령 15조
예방규정을 정하여야 할 제조소 등
(1) **10배** 이상의 **제조소·일반취급소**
(2) **100배** 이상의 **옥외저장소**
(3) **150배** 이상의 **옥내저장소**
(4) **200배** 이상의 **옥외탱크저장소**
(5) **이송취급소**
(6) **암반탱크저장소**

답 ④

★

54 화재의 예방 및 안전관리에 관한 법령에 따른 소방안전 특별관리시설물의 안전관리대상 전통시장의 기준 중 다음 ( ) 안에 알맞은 것은?

> 전통시장으로서 대통령령으로 정하는 전통시장
> : 점포가 ( )개 이상인 전통시장

① 100 ② 300
③ 500 ④ 600

해설 **화재예방법 시행령 41조**
대통령령으로 정하는 전통시장
점포가 **500개** 이상인 전통시장

답 ③

★★★

55 소방시설 설치 및 관리에 관한 법령에 따른 소방시설관리업자로 선임된 소방시설관리사 및 소방기술사는 자체점검을 실시한 경우 그 점검이 끝난 날부터 며칠 이내에 소방시설 등 자체점검 실시 결과보고서를 관계인에게 제출하여야 하는가?

19.03.문59
16.10.문54
16.03.문55
13.09.문47
11.03.문56
10.05.문43

① 10일 ② 15일
③ 30일 ④ 60일

해설 **소방시설법 시행규칙 23조**
소방시설 등의 자체점검 결과의 조치 등
(1) 관리업자 또는 소방안전관리자로 선임된 소방시설관리사 및 소방기술사는 자체점검을 실시한 경우에는 그 점검이 끝난 날부터 **10일 이내**에 소방시설 등 자체점검 실시 결과보고서를 관계인에게 제출하여야 한다.
(2) 자체점검 실시 결과보고서를 제출받거나 스스로 자체점검을 실시한 관계인은 점검이 끝난 날부터 **15일 이내**에 소방시설 등 자체점검 실시 결과보고서에 소방시설 등의 자체점검 결과 이행계획서를 첨부하여 소방본부장 또는 소방서장에게 보고해야 한다. 이 경우 소방청장이 지정하는 전산망을 통하여 그 점검결과를 보고할 수 있다.

답 ①

★★★
56 08.05.문51
위험물안전관리법령에 따른 위험물제조소의 옥외에 있는 위험물취급탱크 용량이 $100m^3$ 및 $180m^3$인 2개의 취급탱크 주위에 하나의 방유제를 설치하는 경우 방유제의 최소 용량은 몇 m^3이어야 하는가?

① 100 ② 140
③ 180 ④ 280

해설 **위험물규칙 〔별표 4〕**
위험물제조소 방유제의 용량
2개 이상 탱크이므로
방유제 용량
=최대 탱크용량×0.5+기타 탱크용량의 합×0.1
$=180m^3 \times 0.5 + 100m^3 \times 0.1$
$=100m^3$

중요

위험물제조소의 방유제 용량

1개의 탱크	2개 이상의 탱크
탱크용량×**0.5**	최대 탱크용량×**0.5**+기타 탱크용량의 합×**0.1**

비교

위험물규칙 〔별표 6〕
옥외탱크저장소의 방유제 용량

1기 이상	2기 이상
탱크용량×**1.1**(110%) 이상	최대 탱크용량×**1.1**(110%) 이상

답 ①

★★
57 17.09.문41 15.09.문42 11.10.문60
소방시설 설치 및 관리에 관한 법령에 따른 방염성능기준 이상의 실내 장식물 등을 설치하여야 하는 특정소방대상물의 기준 중 틀린 것은?

① 건축물의 옥내에 있는 시설로서 종교시설
② 층수가 11층 이상인 아파트
③ 의료시설 중 종합병원
④ 노유자시설

해설 **소방시설법 시행령 30조**
방염성능기준 이상 적용 특정소방대상물
(1) 층수가 **11층 이상**인 것(아파트는 제외 : 2026. 12. 1. 삭제)
(2) 체력단련장, 공연장 및 종교집회장
(3) 문화 및 집회시설
(4) 종교시설
(5) 운동시설(수영장은 제외)
(6) 의료시설(종합병원, 정신의료기관)
(7) 의원, 치과의원, 한의원, 조산원, 산후조리원
(8) 교육연구시설 중 합숙소
(9) 노유자시설
(10) 숙박이 가능한 수련시설
(11) 숙박시설
(12) 방송국 및 촬영소
(13) 다중이용업소(단란주점영업, 유흥주점영업, 노래연습장의 영업장 등)

② 아파트 → 아파트 제외

답 ②

★★
58 16.03.문42
화재의 예방 및 안전관리에 관한 법령에 따른 관리의 권원이 분리된 특정소방대상물 중 복합건축물은 지하층을 제외한 층수가 몇 층 이상인 건축물만 해당되는가?

① 6층 ② 11층
③ 20층 ④ 30층

해설 **화재예방법 35조, 화재예방법 시행령 35조**
관리의 권원이 분리된 특정소방대상물
(1) 복합건축물(**지하층**을 **제외**한 **11층** 이상 또는 연면적 **3만**m^2 이상인 건축물)
(2) 지하가
(3) **도매시장, 소매시장, 전통시장**

답 ②

★★★
59 19.09.문49 13.06.문52
화재의 예방 및 안전관리법령에 따른 화재예방강화지구의 관리기준 중 다음 ( ) 안에 알맞은 것은?

- 소방관서장은 화재예방강화지구 안의 소방대상물의 위치·구조 및 설비 등에 대한 화재안전조사를 (㉠)회 이상 실시하여야 한다.
- 소방관서장은 소방에 필요한 훈련 및 교육을 실시하려는 경우에는 화재예방강화지구 안의 관계인에게 훈련 또는 교육 (㉡)일 전까지 그 사실을 통보하여야 한다.

① ㉠ 월 1, ㉡ 7 ② ㉠ 월 1, ㉡ 10
③ ㉠ 연 1, ㉡ 7 ④ ㉠ 연 1, ㉡ 10

해설 **화재예방법 18조, 화재예방법 시행령 20조**
화재예방강화지구 안의 화재안전조사 · 소방훈련 및 교육
(1) 실시자 : **소방청장 · 소방본부장 · 소방서장** – 소방관서장
(2) 횟수 : **연 1회** 이상
(3) 훈련 · 교육 : **10일 전** 통보

중요

연 1회 이상
(1) 화재예방강화지구 안의 화재안전조사 · 훈련 · 교육(화재예방법 시행령 20조)
(2) 특정소방대상물의 소방훈련 · 교육(화재예방법 시행규칙 36조)
(3) 제조소 등의 **정**기점검(위험물규칙 64조)
(4) **종**합점검(소방시설법 시행규칙 〔별표 3〕)
(5) 작동점검(소방시설법 시행규칙 〔별표 3〕)

기억법 **연1정종(연일 정종술을 마셨다.)**

답 ④

★
60 16.10.문44 **위험물안전관리법령에 따른 소화난이도 등급 I의 옥내탱크저장소에서 황만을 저장 · 취급할 경우 설치하여야 하는 소화설비로 옳은 것은?**
① 물분무소화설비
② 스프링클러설비
③ 포소화설비
④ 옥내소화전설비

해설 **위험물규칙 〔별표 17〕**
황만을 저장 · 취급하는 옥내 · 외탱크저장소 · 암반탱크저장소에 설치해야 하는 소화설비
물분무소화설비

답 ①

제 4 과목 소방전기시설의 구조 및 원리

★★★
61 13.09.문73 11.06.문73 **비상콘센트설비의 전원부와 외함 사이의 절연내력기준 중 다음 ( ) 안에 알맞은 것은?**

> 절연내력은 전원부와 외함 사이에 정격전압이 150V 이하인 경우에는 (㉠)V의 실효전압을, 정격전압이 150V 초과인 경우에는 그 정격전압에 (㉡)를 곱하여 1000을 더한 실효전압을 가하는 시험에서 1분 이상 견디는 것으로 할 것

① ㉠ 500, ㉡ 2 ② ㉠ 500, ㉡ 3
③ ㉠ 1000, ㉡ 2 ④ ㉠ 1000, ㉡ 3

해설 **비상콘센트설비**의 **절연내력시험**
절연내력은 전원부와 외함 사이에 정격전압이 **150V 이하**인 경우에는 **1000V**의 실효전압을, 정격전압이 **150V 초과**인 경우에는 그 **정격전압**에 **2**를 곱하여 **1000**을 더한 실효전압을 가하는 시험에서 **1분** 이상 견디는 것으로 할 것

중요

절연내력시험(NFPC 504 4조, NFTC 504 2.1.6.2)

구 분	150V 이하	150V 초과
실효전압	**1000V**	**(정격전압×2)+1000V** 예 220V인 경우 (220×2)+1000=1440V
견디는 시간	**1분** 이상	**1분** 이상

답 ③

★★★
62 19.04.문75 17.09.문67 15.09.문76 14.05.문71 14.03.문75 13.06.문67 12.05.문74 **누전경보기 전원의 설치기준 중 다음 ( ) 안에 알맞은 것은?**

> 전원은 분전반으로부터 전용회로로 하고, 각 극에 개폐기 및 (㉠)A 이하의 과전류차단기(배선용 차단기에 있어서는 (㉡)A 이하의 것으로 각 극을 개폐할 수 있는 것)를 설치할 것

① ㉠ 15, ㉡ 30
② ㉠ 15, ㉡ 20
③ ㉠ 10, ㉡ 30
④ ㉠ 10, ㉡ 20

해설 **누전경보기**의 **설치기준**(NFPC 205 6조, NFTC 205 2.3.1)

과전류차단기	**배**선용 차단기
15A 이하	**2**0A 이하 기억법 **2배(이 배에 탈 사람!)**

(1) 각 극에 개폐기 및 **15A** 이하의 **과전류차단기**를 설치할 것(**배선용 차단기**는 **20A** 이하)
(2) 분전반으로부터 **전용회로**로 할 것
(3) 개폐기에는 누전경보기임을 표시할 것

중요

누전경보기(NFPC 205 4조, NFTC 205 2.1.1.1)

60A 이하	60A 초과
• **1급** 누전경보기 • **2급** 누전경보기	• **1급** 누전경보기

답 ②

63 비상경보설비를 설치하여야 하는 특정소방대상물의 기준 중 옳은 것은? (단, 지하구, 모래·석재 등 불연재료 창고 및 위험물 저장·처리 시설 중 가스시설은 제외한다.)

17.09.문74
15.05.문52
12.05.문56

① 지하층 또는 무창층의 바닥면적이 $150m^2$ 이상인 것
② 공연장으로서 지하층 또는 무창층의 바닥면적이 $200m^2$ 이상인 것
③ 터널로서 길이가 400m 이상인 것
④ 30명 이상의 근로자가 작업하는 옥내작업장

해설 **비상경보설비**의 **설치대상**(소방시설법 시행령 [별표 4])

설치대상	조 건
① 지하층·무창층	• 바닥면적 **$150m^2$**(공연장 **$100m^2$**) 이상
② 전부	• 연면적 **$400m^2$** 이상
③ 터널길이	• 길이 **500m** 이상
④ 옥내작업장	• **50명** 이상 작업

② $200m^2$ → $100m^2$
③ 400m → 500m
④ 30명 → 50명

답 ①

64 무선통신보조설비의 화재안전기준에 따른 옥외안테나의 설치기준으로 옳지 않은 것은?

① 건축물, 지하가, 터널 또는 공동구의 출입구 및 출입구 인근에서 통신이 가능한 장소에 설치할 것
② 다른 용도로 사용되는 안테나로 인한 통신장애가 발생하지 않도록 설치할 것
③ 옥외안테나는 견고하게 설치하며 파손의 우려가 없는 곳에 설치하고 그 가까운 곳의 보기 쉬운 곳에 "옥외안테나"라는 표시와 함께 통신가능거리를 표시한 표지를 설치할 것
④ 수신기가 설치된 장소 등 사람이 상시 근무하는 장소에는 옥외안테나의 위치가 모두 표시된 옥외안테나 위치표시도를 비치할 것

해설 **무선통신보조설비 옥외안테나 설치기준**(NFPC 505 6조, NFTC 505 2.3.1)
(1) **건축물**, **지하가**, **터널** 또는 공동구의 출입구 및 출입구 인근에서 통신이 가능한 장소에 설치할 것
(2) 다른 용도로 사용되는 안테나로 인한 **통신장애**가 발생하지 않도록 설치할 것
(3) 옥외안테나는 견고하게 설치하며 파손의 우려가 없는 곳에 설치하고 그 가까운 곳의 보기 쉬운 곳에 **"무선통신보조설비 안테나"**라는 표시와 함께 통신가능거리를 표시한 표지를 설치할 것
(4) 수신기가 설치된 장소 등 사람이 상시 근무하는 장소에는 옥외안테나의 위치가 모두 표시된 옥외안테나 **위치표시도**를 비치할 것

③ 옥외안테나 → 무선통신보조설비 안테나

답 ③

65 비상조명등의 설치제외기준 중 다음 ( ) 안에 알맞은 것은?

17.09.문61
13.09.문65
08.03.문80
04.09.문79

거실의 각 부분으로부터 하나의 출입구에 이르는 보행거리가 ( )m 이내인 부분

① 2 ② 5
③ 15 ④ 25

해설 **비상조명등**의 **설치제외 장소**(NFPC 304 5조, NFTC 304 2.2.1)
(1) **의**원
(2) **경**기장
(3) **공**동주택
(4) **의**료시설
(5) **학**교의 거실
(6) 거실의 각 부분으로부터 하나의 출입구에 이르는 **보행거리**가 **15m** 이내인 부분

기억법 **조공 경의학**

비교

(1) **휴대용 비상조명등**의 **설치제외 장소**
㉠ 복도·통로·창문 등을 통해 **피**난이 용이한 경우(**지상 1층·피난층**)
㉡ **숙박시설**로서 **복**도에 비상조명등을 설치한 경우

기억법 **휴피(휴**지로 **피**닦아!), **휴숙복**

(2) **통로유도등**의 **설치제외 장소**
㉠ 길이 **30m** 미만의 복도·통로(구부러지지 않은 복도·통로)
㉡ 보행거리 **20m** 미만의 복도·통로(출입구에 **피난구유도등**이 설치된 복도·통로)

(3) **객석유도등**의 **설치제외 장소**
㉠ **채광**이 충분한 객석(**주간**에만 사용)
㉡ **통**로유도등이 설치된 객석(거실 각 부분에서 거실 출입구까지의 **보행거리 20m** 이하)

기억법 **채객보통(채**소는 **객**관적으로 **보통**이다.)

답 ③

66 자동화재탐지설비의 경계구역에 대한 설정기준 중 틀린 것은?

19.09.문61
17.03.문75
15.09.문75
15.03.문64
14.05.문80
14.03.문72
13.09.문66
13.03.문67

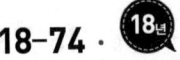

① $600m^2$ 이하의 범위 안에서는 2개의 층을 하나의 경계구역으로 할 것
② 하나의 경계구역이 2개 이상의 층에 미치지 아니하도록 할 것
③ 하나의 경계구역의 면적은 $600m^2$ 이하로 하고 한 변의 길이는 50m 이하로 할 것
④ 하나의 경계구역이 2개 이상의 건축물에 미치지 아니하도록 할 것

해설 **경계구역**

(1) **정의**(NFPC 203 3조, NFTC 203 1.7)
특정소방대상물 중 **화재신호**를 **발신**하고 그 **신호**를 **수신** 및 유효하게 **제어**할 수 있는 구역

(2) **경계구역의 설정기준**(NFPC 203 4조, NFTC 203 2.1)
㉠ 1경계구역이 2개 이상의 **건축물**에 미치지 않을 것
㉡ 1경계구역이 2개 이상의 **층**에 미치지 않을 것 (**500m²** 이하는 2개 층을 1경계구역으로 할 수 있음)
㉢ 1경계구역의 면적은 **600m²** 이하로 하고, 1변의 길이는 **50m** 이하로 할 것(내부 전체가 보이면 **1000m²** 이하)

(3) **1경계구역의 높이** : **45m** 이하

기억법 **경600**

① 600m² → 500m²

답 ①

★★★
67

17.05.문69
16.03.문61
14.05.문62
13.06.문75
11.10.문74
07.05.문79

무선통신보조설비의 분배기·분파기 및 혼합기의 설치기준 중 틀린 것은?

① 먼지·습기 및 부식 등에 따라 기능에 이상을 가져오지 아니하도록 할 것
② 임피던스는 50Ω의 것으로 할 것
③ 전원은 전기가 정상적으로 공급되는 축전지설비, 전기저장장치 또는 교류전압 옥내간선으로 하고, 전원까지의 배선은 전용으로 할 것
④ 점검에 편리하고 화재 등의 재해로 인한 피해의 우려가 없는 장소에 설치할 것

해설 **무선통신보조설비의 분배기·분파기·혼합기 설치기준**(NFPC 505 7조, NFTC 505 2.4)
(1) 먼지·습기·부식 등에 이상이 없을 것
(2) 임피던스 **50Ω**의 것
(3) 점검이 편리하고 화재 등의 피해 우려가 없는 장소

③ 증폭기 및 무선중계기의 설치기준

비교

증폭기 및 **무선중계기**의 **설치기준**(NFPC 505 8조, NFTC 505 2.5.1)
(1) 전원은 **축전지설비**, **전기저장장치** 또는 **교류전압 옥내간선**으로 하고, 전원까지의 배선은 **전용**으로 할 것
(2) 증폭기의 전면에는 전원확인 **표시등** 및 **전압계**를 설치할 것
(3) 증폭기의 비상전원 용량은 **30분** 이상일 것
(4) **증폭기** 및 **무선중계기**를 설치하는 경우 전파법에 따른 적합성 평가를 받은 제품으로 설치하고 임의로 변경하지 않도록 할 것
(5) 디지털방식의 무전기를 사용하는 데 지장이 없도록 설치할 것

용어

전기저장장치
외부 전기에너지를 저장해 두었다가 필요한 때 전기를 공급하는 장치

답 ③

★★★
68

19.03.문77
18.04.문74
16.05.문63
15.03.문67
14.09.문65
11.03.문72
10.09.문70
09.05.문75

비상방송설비의 음향장치 구조 및 성능기준 중 다음 ( ) 안에 알맞은 것은?

- 정격전압의 (㉠)% 전압에서 음향을 발할 수 있는 것을 할 것
- (㉡)의 작동과 연동하여 작동할 수 있는 것으로 할 것

① ㉠ 65, ㉡ 단독경보형감지기
② ㉠ 65, ㉡ 자동화재탐지설비
③ ㉠ 80, ㉡ 단독경보형감지기
④ ㉠ 80, ㉡ 자동화재탐지설비

해설 **비상방송설비 음향장치**의 **구조** 및 **성능기준**(NFPC 202 4조, NFTC 202 2.1.1.12)
(1) 정격전압의 **80%** 전압에서 음향을 발할 것
(2) **자동화재탐지설비**의 작동과 연동하여 작동할 것

비교

자동화재탐지설비 음향장치의 **구조** 및 **성능기준**(NFPC 203 8조, NFTC 203 2.5)
① 정격전압의 **80%** 전압에서 음향을 발할 것(단, **건전지**를 **주전원**으로 사용한 음향장치는 제외)
② 음량은 **1m 떨어진** 곳에서 **90dB** 이상일 것
③ **감지기·발신기**의 작동과 **연동**하여 작동할 것

답 ④

★
69

12.03.문79

축광방식의 피난유도선 설치기준 중 다음 ( ) 안에 알맞은 것은?

- 바닥으로부터 높이 (㉠) cm 이하의 위치 또는 바닥면에 설치할 것
- 피난유도 표시부는 (㉡) cm 이내의 간격으로 연속되도록 설치할 것

① ㉠ 50, ㉡ 50
② ㉠ 50, ㉡ 100
③ ㉠ 100, ㉡ 50
④ ㉠ 100, ㉡ 100

해설 **축광방식**의 **피난유도선 설치기준**(NFPC 303 9조, NFTC 303 2.6)
(1) 구획된 각 실로부터 **주출입구** 또는 **비상구**까지 설치
(2) 바닥으로부터 높이 **50cm** 이하의 위치 또는 바닥면에 설치
(3) 피난유도 표시부는 **50cm** 이내의 간격으로 연속되도록 설치
(4) 부착대에 의하여 견고하게 설치
(5) 외부의 빛 또는 조명장치에 의하여 상시 조명이 제공되거나 **비상조명등**에 의한 조명이 제공되도록 설치

중요

축광표지의 **성능인증** 및 **제품검사**의 **기술기준 8·9조**

(1) **식별도시험**

축광유도표지 및 축광위치표지는 **200lx** 밝기의 광원으로 **20분**간 조사시킨 상태에서 다시 주위조도를 0lx로 하여 **60분**간 발광시킨 후 직선거리 **20m**(축광위치표지의 경우 **10m**) 떨어진 위치에서 유도표지 또는 위치표지가 있다는 것이 식별되어야 하고, 유도표지는 직선거리 **3m**의 거리에서 표시면의 표시 중 주체가 되는 문자 또는 주체가 되는 화살표 등이 쉽게 식별되어야 한다.

(2) **휘도시험**

축광표지의 표시면을 **0lx** 상태에서 **1시간** 이상 방치한 후 **200lx** 밝기의 광원으로 **20분**간 조사시킨 상태에서 다시 주위조도를 **0lx**로 하여 휘도시험 실시

발광시간	휘 도
5분	110mcd/m^2 이상
10분	50mcd/m^2 이상
20분	24mcd/m^2 이상
60분	7mcd/m^2 이상

답 ①

★★★
70 비상콘센트용의 풀박스 등은 방청도장을 한 것으로서 두께는 최소 몇 mm 이상의 철판으로 하여야 하는가?

17.03.문72 15.09.문80 12.09.문74 11.10.문67

① 1.0 ② 1.2
③ 1.5 ④ 1.6

해설 **비상콘센트설비**(NFPC 504 4조, NFTC 504 2.1)

구 분	전 압	용 량	플러그접속기
단상 교류	220V	1.5kVA 이상	접지형 2극

(1) 1전용회로에 설치하는 비상콘센트는 **10개** 이하로 할 것(전선의 용량은 최대 **3개**)
(2) 풀박스는 **1.6mm** 이상의 철판을 사용할 것

답 ④

★★
71 유도등 예비전원의 종류로 옳은 것은?

12.09.문72

① 알칼리계 2차 축전지
② 리튬계 1차 축전지
③ 리튬-이온계 2차 축전지
④ 수은계 1차 축전지

해설 **예비전원**(유도등의 형식승인 및 제품검사의 기술기준 3조)

기 기	예비전원
• 수신기 • 중계기 • 자동화재속보기	• **원통밀폐형 니켈카드뮴축전지** • **무보수밀폐형 연축전지**
• 간이형 수신기	• **원통밀폐형 니켈카드뮴축전지** 또는 이와 동등 이상의 **밀폐형 축전지**
• 유도등	• **알칼리계 2차 축전지** • **리튬계 2차 축전지**
• 비상조명등	• **알칼리계 2차 축전지** • **리튬계 2차 축전지** • **무보수밀폐형 연축전지**
• 가스누설경보기	• 알칼리계 2차 축전지 • 리튬계 2차 축전지 • 무보수밀폐형 연축전지

답 ①

★★★
72 비상방송설비의 배선과 전원에 관한 설치기준 중 옳은 것은?

19.04.문62 16.05.문71 15.09.문67 12.05.문80 11.10.문76 06.09.문68

① 부속회로의 전로와 대지 사이 및 배선 상호간의 절연저항은 1경계구역마다 직류 110V의 절연저항측정기를 사용하여 측정한 절연저항이 1MΩ 이상이 되도록 한다.
② 전원은 전기가 정상적으로 공급되는 축전지 또는 교류전압의 옥내 간선으로 하고, 전원까지의 배선은 전용이 아니어도 무방하다.
③ 비상방송설비에는 그 설비에 대한 감시상태를 30분간 지속한 후 유효하게 10분 이상 경보할 수 있는 축전지설비를 설치하여야 한다.
④ 비상방송설비의 배선은 다른 전선과 별도의 관·덕트 몰드 또는 풀박스 등에 설치하되 60V 미만의 약전류회로에 사용하는 전선으로서 각각의 전압이 같을 때에는 그러하지 아니하다.

해설 (1) **절연저항시험**

절연 저항계	절연 저항	대 상
직류 250V	0.1MΩ 이상	• 1경계구역의 절연저항
직류 500V	5MΩ 이상	• **누전경보기** • 가스누설경보기 • 수신기(10회로 미만, 절연된 충전부와 외함간) • 자동화재속보설비 • 비상경보설비 • 유도등(교류입력측과 외함 간 포함) • 비상조명등(교류입력측과 외함 간 포함)

직류 500V	20MΩ 이상	• 경종 • 발신기 • 중계기 • 비상콘센트 • 기기의 절연된 선로 간 • 기기의 충전부와 비충전부 간 • 기기의 교류입력측과 외함 간 (유도등 · 비상조명등 제외)
	50MΩ 이상	• 감지기(정온식 감지선형 감지기 제외) • 가스누설경보기(10회로 이상) • 수신기(10회로 이상, 교류입력측과 외함간 제외)
	1000MΩ 이상	• 정온식 감지선형 감지기

기억법 5누(오누이)

① 직류 110V → 직류 250V
② 전용이 아니어도 무방하다. → 전용으로 할 것

(2) **비상방송설비**(NFPC 202 6조, NFTC 202 2.3.2)

감시시간	경보시간
60분	**10분**(30층 이상 : **30분**) 이상

기억법 6감(육감)

③ 30분간 → 60분간

(3) 비상방송설비의 배선은 다른 전선과 **별도의 관**, 덕트, **몰드** 또는 **풀박스** 등에 설치할 것(단, **60V** 미만의 약전류회로에 사용하는 전선으로서 각각의 전압이 같을 때는 제외)

답 ④

★★★
73 자동화재탐지설비의 연기복합형 감지기를 설치할 수 없는 부착높이는?

16.05.문69
15.09.문69
14.05.문66
14.03.문78
12.09.문61

① 4m 이상 8m 미만
② 8m 이상 15m 미만
③ 15m 이상 20m 미만
④ 20m 이상

해설 **감지기**의 **부착높이**(NFPC 203 7조, NFTC 203 2.4.1)

부착높이	감지기의 종류
4~8m 미만	• 차동식(스포트형, 분포형) • 보상식 스포트형 • 정온식(스포트형, 감지선형) 특종 또는 1종 • 이온화식 1종 또는 2종 • 광전식(스포트형, 분리형, 공기흡입형) 1종 또는 2종 • 열복합형 • 연기복합형 • 열연기복합형 • 불꽃감지기
8~15m 미만	• **차동식 분포형** • 이온화식 1종 또는 2종 • 광전식(스포트형, 분리형, 공기흡입형) 1종 또는 2종 • 연기복합형 • 불꽃감지기
15~20m 미만	• 이온화식 1종 • 광전식(스포트형, 분리형, 공기흡입형) 1종 • 연기복합형 • 불꽃감지기
20m 이상	• 불꽃감지기 • 광전식(분리형, 공기흡입형) 중 아날로그 방식

답 ④

★★★
74 7층인 의료시설에 적응성을 갖는 피난기구가 아닌 것은?

17.05.문77
16.10.문68
16.05.문74
06.03.문65
05.03.문73

① 구조대 ② 피난교
③ 피난용 트랩 ④ 미끄럼대

해설 **피난기구**의 **적응성**(NFTC 301 2.1.1)

설치장소별 구분 \ 층별	1층	2층	3층	4층 이상 10층 이하
노유자시설	• 미끄럼대 • 구조대 • 피난교 • 다수인 피난장비 • 승강식 피난기	• 미끄럼대 • 구조대 • 피난교 • 다수인 피난장비 • 승강식 피난기	• 미끄럼대 • 구조대 • 피난교 • 다수인 피난장비 • 승강식 피난기	• 구조대[1] • 피난교 • 다수인 피난장비 • 승강식 피난기
의료시설 · 입원실이 있는 의원 · 접골원 · 조산원	-	-	• 미끄럼대 • 구조대 • 피난교 • 피난용 트랩 • 다수인 피난장비 • 승강식 피난기	• 구조대 • 피난교 • 피난용 트랩 • 다수인 피난장비 • 승강식 피난기
영업장의 위치가 4층 이하인 다중이용업소	-	• 미끄럼대 • 피난사다리 • 구조대 • 완강기 • 다수인 피난장비 • 승강식 피난기	• 미끄럼대 • 피난사다리 • 구조대 • 완강기 • 다수인 피난장비 • 승강식 피난기	• 미끄럼대 • 피난사다리 • 구조대 • 완강기 • 다수인 피난장비 • 승강식 피난기
그 밖의 것	-	-	• 미끄럼대 • 피난사다리 • 구조대 • 완강기 • 피난교 • 피난용 트랩 • 간이완강기[2] • 공기안전매트 • 다수인 피난장비 • 승강식 피난기	• 피난사다리 • 구조대 • 완강기 • 피난교 • 간이완강기[2] • 공기안전매트 • 다수인 피난장비 • 승강식 피난기

[비고] 1) **구조대**의 적응성은 **장애인관련시설**로서 주된 사용자 중 **스스로 피난**이 **불가**한 자가 있는 경우 추가로 설치하는 경우에 한한다.
2) 간이완강기의 적응성은 **숙박시설**의 **3층 이상**에 있는 객실에 추가로 설치하는 경우에 한한다.

중요

의무관리대상 공동주택(NFPC 608 13조, NFTC 608 2.9.1.3)
공동주택 구역마다 공기안전매트 1개 이상을 추가로 설치할 것

비교

피난기구 적응성

간이완강기	공기안전매트	구조대
숙박시설의 **3층 이상**에 있는 객실	공동주택	장애인관련시설

답 ④

★★★
75 청각장애인용 시각경보장치는 천장의 높이가 2m 이하인 경우에는 천장으로부터 몇 m 이내의 장소에 설치하여야 하는가?

16.03.문79 14.09.문72 12.09.문73 10.09.문77

① 0.1 ② 0.15
③ 1.0 ④ 1.5

해설 **설치높이**(NFPC 203 8조, NFTC 203 2.5.2.3)

기타 모두	시각경보장치
0.8~1.5m 이하	**2~2.5m** 이하 (천장높이 **2m 이하**는 천장에서 **0.15m** 이내)

답 ②

★★★
76 각 소방설비별 비상전원의 종류와 비상전원 최소용량의 연결이 틀린 것은? (단, 소방설비－비상전원의 종류－비상전원 최소용량 순서이다.)

17.03.문77 15.09.문63

① 자동화재탐지설비－축전지설비－20분
② 비상조명등설비－축전지설비 또는 자가발전설비－20분
③ 할로겐화합물 및 불활성기체 소화설비－축전지설비 또는 자가발전설비－20분
④ 유도등－축전지설비－20분

해설 각 **설비**의 **비상전원 종류**

설 비	비상전원	비상전원용량
• 자동화재**탐**지설비	• **축**전지	**10분** 이상(30층 미만) **30분** 이상(30층 이상)
• 비상**방**송설비	• 축전지	(위와 같음)
• 비상**경**보설비	• 축전지	**10분** 이상
• **유**도등	• 축전지	**20분** 이상 ※ 예외규정 : **60분** 이상 (1) **11층** 이상(지하층 제외) (2) 지하층 · 무창층으로서 **도매시장 · 소매시장 · 여객자동차터미널 · 지하철역사 · 지하상가**
• **무**선통신보조설비	• 축전지	**30분** 이상 기억법 **탐경유방무축**
• 비상콘센트설비	• 자가발전설비 • 축전지설비 • 비상전원수전설비 • 전기저장장치	**20분** 이상
• **스**프링클러설비 • **미**분무소화설비	• **자**가발전설비 • **축**전지설비 • **전**기저장장치 • 비상전원**수**전설비(차고 · 주차장으로서 스프링클러설비(또는 미분무소화설비)가 설치된 부분의 바닥면적 합계가 1000m² 미만인 경우)	**20분** 이상(30층 미만) **40분** 이상(30~49층 이하) **60분** 이상(50층 이상) 기억법 **스미자 수전축**
• 포소화설비	• 자가발전설비 • 축전지설비 • 전기저장장치 • 비상전원수전설비 – 호스릴포소화설비 또는 포소화전만을 설치한 차고 · 주차장 – 포헤드설비 또는 고정포방출설비가 설치된 부분의 바닥면적(스프링클러설비가 설치된 차고 · 주차장의 바닥면적 포함)의 합계가 1000m² 미만인 것	**20분** 이상
• **간**이스프링클러설비	• 비상전원**수**전설비	**10분**(생활형 숙박시설 바닥면적 합계 600m² 이상, 근린생활시설 바닥면적 합계 1000m² 이상, 복합건축물 연면적 1000m² 이상은 5개 간이헤드에서 **20분**) 이상 기억법 **간수**
• 옥내소화전설비 • 연결송수관설비	• 자가발전설비 • 축전지설비 • 전기저장장치	**20분** 이상(30층 미만) **40분** 이상(30~49층 이하) **60분** 이상(50층 이상)
• 제연설비 • 분말소화설비 • 이산화탄소소화설비 • 물분무소화설비 • 할론소화설비 • 할로겐화합물 및 불활성기체 소화설비 • 화재조기진압용 스프링클러설비	• 자가발전설비 • 축전지설비 • 전기저장장치	**20분** 이상
• 비상조명등	• 자가발전설비 • 축전지설비 • 전기저장장치	**20분** 이상 ※ 예외규정 : **60분** 이상 (1) **11층** 이상(지하층 제외) (2) 지하층 · 무창층으로서 **도매시장 · 소매시장 · 여객자동차터미널 · 지하철역사 · 지하상가**

① 20분 → 10분

※ 층수가 주어지지 않은 경우 일반적으로 **30층 미만**으로 판단하므로 자동화재탐지설비의 비상전원용량은 **10분**이다.

답 ①

77 비상방송설비 음향장치의 설치기준 중 다음 (   ) 안에 알맞은 것은?

19.04.문68 18.03.문73 16.10.문69 16.05.문67 16.03.문68 15.09.문66 15.05.문76 15.03.문62 14.05.문63 14.05.문75 14.03.문61 13.09.문70 13.06.문62 13.06.문80 11.06.문79

- 음량조정기를 설치하는 경우 음량조정기의 배선은 (㉠)선식으로 할 것
- 확성기는 각 층마다 설치하되, 그 층의 각 부분으로부터 하나의 확성기까지의 수평거리가 (㉡)m 이하가 되도록 하고, 해당 층의 각 부분에 유효하게 경보를 발할 수 있도록 설치할 것

① ㉠ 2, ㉡ 15　② ㉠ 2, ㉡ 25
③ ㉠ 3, ㉡ 15　④ ㉠ 3, ㉡ 25

해설 **비상방송설비**의 **설치기준**(NFPC 202 4조, NFTC 202 2.1)
(1) 확성기의 음성입력은 3W(**실**내 1W) 이상일 것
(2) 확성기는 **각 층**마다 설치하되, 각 부분으로부터의 수평거리는 **25m** 이하일 것
(3) 음량조정기는 **3선식** 배선일 것
(4) 조작스위치는 바닥으로부터 **0.8~1.5m** 이하의 높이에 설치할 것
(5) 다른 전기회로에 의하여 **유도장애**가 생기지 아니하도록 할 것
(6) 비상방송 **개**시시간은 **10초** 이하일 것
(7) 다른 방송설비와 공용할 경우 화재시 비상경보 외의 방송을 차단할 수 있을 것

기억법 **방3실1, 3음방(삼엄한 방송실), 개10방**

중요

3선식 배선의 **종류**
(1) 공통선
(2) 업무용 배선
(3) 긴급용 배선

답 ④

78 연기감지기의 설치기준 중 틀린 것은?

16.10.문62 13.03.문79 00.10.문79

① 부착높이 4m 이상 20m 미만에는 3종 감지기를 설치할 수 없다.
② 복도 및 통로에 있어서 2종은 보행거리 30m 마다 설치한다.
③ 계단 및 경사로에 있어서 3종은 수직거리 10m마다 설치한다.
④ 감지기는 벽이나 보로부터 1.5m 이상 떨어진 곳에 설치하여야 한다.

해설 **연기감지기**의 **설치기준**(NFPC 203 7조, NFTC 203 2.4.3.10)
(1) 연기감지기 1개의 유효바닥면적

(단위 : m^2)

부착높이	감지기의 종류	
	1종 및 2종	3종
4m 미만	150	50
4~20m 미만	75	설치할 수 없다.

(2) 복도 및 통로는 보행거리 **30m**(3종은 **20m**)마다 1개 이상으로 할 것
(3) 계단 및 경사로는 수직거리 **15m**(3종은 **10m**)마다 1개 이상으로 할 것
(4) 천장 또는 반자가 **낮은 실내** 또는 **좁은 실내**는 **출입구**의 가까운 부분에 설치할 것
(5) 천장 또는 반자 부근에 **배기구**가 있는 경우에는 그 부근에 설치할 것
(6) 감지기는 벽 또는 보로부터 **0.6m** 이상 떨어진 곳에 설치할 것

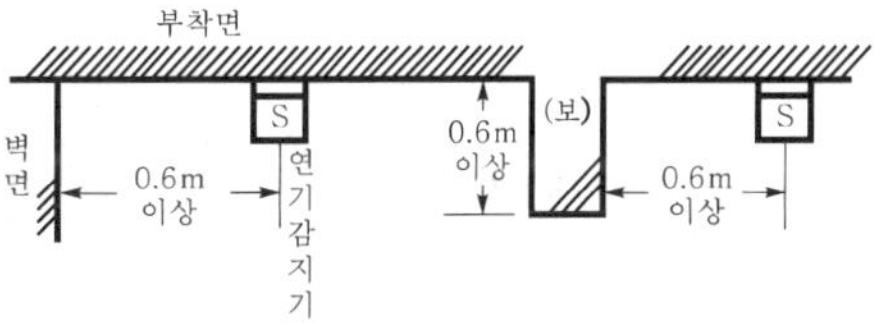

④ 1.5m 이상 → 0.6m 이상

답 ④

79 자동화재속보설비를 설치하여야 하는 특정소방대상물의 기준 중 틀린 것은? (단, 사람이 24시간 상시 근무하고 있는 경우는 제외한다.)

17.09.문75 16.03.문63 14.05.문58 12.05.문79

① 판매시설 중 전통시장
② 터널로서 길이가 1000m 이상인 것
③ 수련시설(숙박시설이 있는 건축물만 해당)로서 바닥면적이 500m^2 이상인 층이 있는 것
④ 보물 또는 국보로 지정된 목조건축물

해설 **자동화재속보설비**의 **설치대상**(소방시설법 시행령 [별표 4])

설치대상	조 건
① 수련시설(숙박시설이 있는 것) ② 노유자시설(노유자 생활시설 제외) ③ 정신병원 및 의료재활시설	바닥면적 **500m^2** 이상
④ 목조건축물	국보·보물

⑤ 노유자 생활시설 ⑥ 종합병원, 병원, 치과병원, 한방병원 및 요양병원(의료재활시설 제외) ⑦ 의원, 치과의원 및 한의원(입원실이 있는 시설) ⑧ 조산원 및 산후조리원 ⑨ 전통시장	전부

기억법 **5수노속**

② 해당없음

답 ②

★★
80 **피난기구의 용어의 정의 중 다음 (   ) 안에 알맞은 것은?**

17.09.문76
06.09.문77

> (   )란 사용자의 몸무게에 따라 자동적으로 내려올 수 있는 기구 중 사용자가 연속적으로 사용할 수 없는 것을 말한다.

① 구조대　② 완강기
③ 간이완강기　④ 다수인 피난장비

해설 **완강기**와 **간이완강기**(NFPC 301 4조, NFTC 301 1.8)

완강기	간이완강기
사용자의 **몸무게**에 따라 **자동적**으로 내려올 수 있는 기구 중 사용자가 **연속**적으로 **사용**할 수 **있는** 피난기구	사용자의 **몸무게**에 따라 **자동적**으로 내려올 수 있는 기구 중 사용자가 **연속**적으로 **사용**할 수 **없는** 피난기구

답 ③

과년도 기출문제

2017년

소방설비기사 필기(전기분야)

**** 수험자 유의사항 ****

1. 문제지를 받는 즉시 **본인**이 **응시한 종목**이 맞는지 확인하시기 바랍니다.
2. 문제지 표지에 본인의 **수험번호**와 **성명**을 기재하여야 합니다.
3. 문제지의 **총면수, 문제번호 일련순서, 인쇄상태, 중복 및 누락 페이지 유무**를 확인하시기 바랍니다.
4. 답안은 각 문제마다 요구하는 가장 적합하거나 가까운 답 1개만을 선택하여야 합니다.
5. 답안카드는 뒷면의 「수험자 유의사항」에 따라 작성하시고, 답안카드 작성 시 형별누락, 마킹착오로 인한 불이익은 전적으로 수험자에게 책임이 있음을 알려드립니다.
6. 문제지는 시험 종료 후 본인이 가져갈 수 있습니다.

**** 안내사항 ****

- 가답안/최종정답은 큐넷(www.q-net.or.kr)에서 확인하실 수 있습니다. 가답안에 대한 의견은 큐넷의 [가답안 의견 제시]를 통해 제시할 수 있으며, 확정된 답안은 최종정답으로 갈음합니다.
- 공단에서 제공하는 자격검정서비스에 대해 개선할 점이 있으시면 고객참여(http://hrdkorea.or.kr/7/1/1)를 통해 건의하여 주시기 바랍니다.

17년 2017. 3. 5 시행

▌2017년 기사 제1회 필기시험▌

자격종목	종목코드	시험시간	형별	수험번호	성명
소방설비기사(전기분야)		2시간			

※ 각 문항은 4지택일형으로 질문에 가장 적합한 보기 항을 선택하여 체크하여야 합니다.

제 1 과목 소방원론

★★★

01 고층건축물 내 연기거동 중 굴뚝효과에 영향을 미치는 요소가 아닌 것은?

16.05.문16 / 04.03.문19 / 01.06.문11

유사문제부터 풀어보세요. 실력이 팍!팍! 올라갑니다.

① 건물 내외의 온도차

② 화재실의 온도

③ 건물의 높이

④ 층의 면적

해설 연기거동 중 **굴뚝효과**(연돌효과)와 관계있는 것

(1) 건물 내외의 온도차

(2) 화재실의 온도

(3) 건물의 높이

용어

굴뚝효과와 같은 의미

(1) 연돌효과

(2) stack effect

중요

굴뚝효과(stack effect)

(1) 건물 내외의 **온도차**에 따른 공기의 흐름현상이다.

(2) 굴뚝효과는 **고층건물**에서 주로 나타난다.

(3) 평상시 건물 내의 기류분포를 지배하는 중요 요소이며 화재시 **연기**의 **이동**에 큰 영향을 미친다.

(4) 건물 외부의 온도가 내부의 온도보다 높은 경우 저층부에서는 내부에서 외부로 공기의 흐름이 생긴다.

답 ④

★★

02 섭씨 30도는 랭킨(Rankine)온도로 나타내면 몇 도인가?

12.03.문08

① 546도 ② 515도

③ 498도 ④ 463도

해설 (1) **화씨온도**

$$°F = \frac{9}{5}℃ + 32$$

여기서, °F : 화씨온도[°F]

℃ : 섭씨온도[℃]

화씨온도 $°F = \frac{9}{5}℃ + 32 = \frac{9}{5} \times 30 + 32 = 86°F$

(2) **랭킨온도**

$$°R = 460 + °F$$

여기서, °R : 랭킨온도[°R]

°F : 화씨온도[°F]

랭킨온도 $°R = 460 + °F = 460 + 86 = 546°R$

중요

화씨온도	랭킨온도
$°F = \frac{9}{5}℃ + 32$ 여기서, °F : 화씨온도[°F] ℃ : 섭씨온도[℃]	$°R = 460 + °F$ 여기서, °R : 랭킨온도[°R] °F : 화씨온도[°F]

답 ①

★★★

03 물질의 연소범위와 화재위험도에 대한 설명으로 틀린 것은?

16.03.문13 / 15.09.문14 / 13.06.문04 / 09.03.문02

① 연소범위의 폭이 클수록 화재위험이 높다.

② 연소범위의 하한계가 낮을수록 화재위험이 높다.

③ 연소범위의 상한계가 높을수록 화재위험이 높다.

④ 연소범위의 하한계가 높을수록 화재위험이 높다.

해설 **연소범위**와 **화재위험도**

(1) 연소범위의 폭이 클수록 화재위험이 높다.

(2) 연소범위의 하한계가 낮을수록 화재위험이 높다.

(3) 연소범위의 상한계가 높을수록 화재위험이 높다.

(4) 연소범위의 **하한계**가 높을수록 화재위험이 **낮다**.

④ 높다. → 낮다.

- 연소범위＝연소한계＝가연한계＝가연범위＝폭발한계＝폭발범위
- 하한계＝연소하한값
- 상한계＝연소상한값

중요

폭발한계와 **같은 의미**
(1) 폭발범위
(2) 연소한계
(3) 연소범위
(4) 가연한계
(5) 가연범위

답 ④

★★★
04 A급, B급, C급 화재에 사용이 가능한 제3종 분말소화약제의 분자식은?

16.10.문03
16.10.문06
16.10.문10
16.05.문15
16.03.문09
16.03.문11
15.05.문08
14.05.문17
12.03.문13

① $NaHCO_3$
② $KHCO_3$
③ $NH_4H_2PO_4$
④ Na_2CO_3

해설 **분말소화기(질식효과)**

종별	소화약제	약제의 착색	화학반응식	적응화재
제1종	탄산수소나트륨 ($NaHCO_3$)	백색	$2NaHCO_3 \rightarrow Na_2CO_3+\mathbf{CO_2}+H_2O$	BC급
제2종	탄산수소칼륨 ($KHCO_3$)	담자색 (담회색)	$2KHCO_3 \rightarrow K_2CO_3+CO_2+H_2O$	
제3종	**인산암모늄 ($NH_4H_2PO_4$)**	담홍색	$NH_4H_2PO_4 \rightarrow \mathbf{HPO_3+NH_3+H_2O}$	**ABC급**
제4종	탄산수소칼륨+요소 ($KHCO_3+(NH_2)_2CO$)	회(백)색	$2KHCO_3+(NH_2)_2CO \rightarrow K_2CO_3+2NH_3+2CO_2$	BC급

- 탄산수소나트륨 = 중탄산나트륨
- 탄산수소칼륨 = 중탄산칼륨
- 제1인산암모늄 = 인산암모늄 = 인산염
- 탄산수소칼륨 + 요소 = 중탄산칼륨 + 요소

답 ③

★★
05 할론(Halon) 1301의 분자식은?

19.09.문07
16.10.문08
15.03.문04
14.09.문04
14.03.문02

① CH_3Cl ② CH_3Br
③ CF_3Cl ④ CF_3Br

해설 **할론소화약제**의 **약칭** 및 **분자식**

종 류	약 칭	분자식
할론 1011	CB	CH_2ClBr
할론 104	CTC	CCl_4
할론 1211	BCF	$CF_2ClBr(CClF_2Br)$
할론 1301	BTM	CF_3Br
할론 2402	FB	$C_2F_4Br_2$

답 ④

★
06 소화약제의 방출수단에 대한 설명으로 가장 옳은 것은?

① 액체 화학반응을 이용하여 발생되는 열로 방출한다.
② 기체의 압력으로 폭발, 기화작용 등을 이용하여 방출한다.
③ 외기의 온도, 습도, 기압 등을 이용하여 방출한다.
④ 가스압력, 동력, 사람의 손 등에 의하여 방출한다.

해설 **소화약제**의 **방출수단**
(1) 가스압력(CO_2, N_2 등)
(2) 동력(전동기 등)
(3) 사람의 손

답 ④

★★★
07 다음 중 가연성 가스가 아닌 것은?

16.10.문03
16.03.문04
14.05.문10
12.09.문08
11.10.문02

① 일산화탄소
② 프로판
③ 아르곤
④ 수소

해설 **가연성 가스**와 **지연성 가스**

가연성 가스	지연성 가스(조연성 가스)
• 수소 • 메탄 • 일산화탄소 • 천연가스 • 부탄 • 에탄 • 암모니아 • 프로판 기억법 **가수일천 암부 메에프**	• 산소 • 공기 • 염소 • 오존 • 불소 기억법 **조산공 염오불**

용어

가연성 가스와 **지연성 가스**

가연성 가스	지연성 가스(조연성 가스)
물질 자체가 연소하는 것	자기 자신은 연소하지 않지만 연소를 도와주는 가스

답 ③

★★
08 **1기압, 100℃에서의 물 1g의 기화잠열은 약 몇 cal인가?**

14.09.문20
13.06.문18
10.09.문20

① 425 ② 539
③ 647 ④ 734

해설 물(H_2O)

기화잠열(증발잠열)	융해잠열
539cal/g	80cal/g

기억법 기53, 융8

② 물의 기화잠열 539cal : 1기압 100℃의 물 1g이 수증기로 변화하는 데 539cal의 열량이 필요

중요

기화잠열과 **융해잠열**

기화잠열(증발잠열)	융해잠열
100℃의 **물** 1g이 **수증기**로 변화하는 데 필요한 열량	0℃의 **얼음** 1g이 **물**로 변화하는 데 필요한 열량

답 ②

★★★
09 **건축물의 화재시 피난자들의 집중으로 패닉(panic)현상이 일어날 수 있는 피난방향은?**

12.03.문06
08.05.문20

① 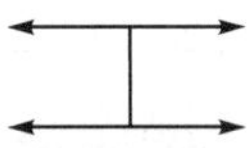

② 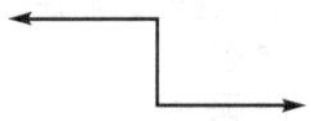

③ 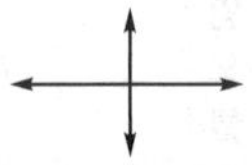

④ 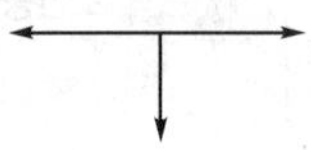

해설 **피난형태**

형 태	피난방향	상 황
X형	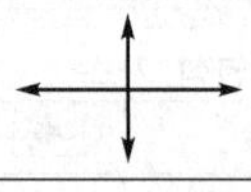	**확실한 피난통로**가 보장되어 신속한 피난이 가능하다.
Y형	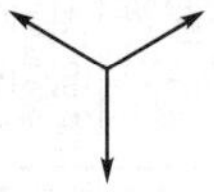	
CO형	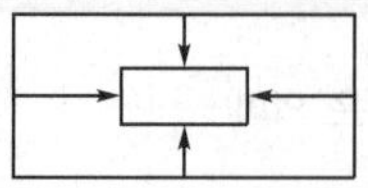	피난자들의 집중으로 **패닉**(panic)**현상**이 일어날 수 있다.
H형	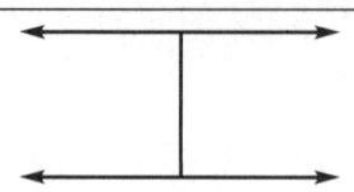	

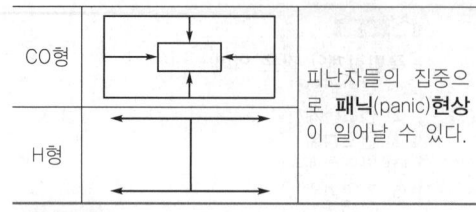

중요

패닉(panic)의 **발생원인**
(1) 연기에 의한 시계제한
(2) 유독가스에 의한 호흡장애
(3) 외부와 단절되어 고립

답 ①

★★★
10 **연기의 감광계수(m^{-1})에 대한 설명으로 옳은 것은?**

16.10.문16
14.05.문06
13.09.문11

① 0.5는 거의 앞이 보이지 않을 정도이다.
② 10은 화재 최성기 때의 농도이다.
③ 0.5는 가시거리가 20~30m 정도이다.
④ 10은 연기감지기가 작동하기 직전의 농도이다.

해설

감광계수 〔m^{-1}〕	가시거리 〔m〕	상 황
0.1	20~30	연기**감**지기가 작동할 때의 농도(연기감지기가 작동하기 직전의 농도)
0.3	5	건물 내부에 **익**숙한 사람이 피난에 지장을 느낄 정도의 농도
0.5	3	**어**두운 것을 느낄 정도의 농도
1	1~2	앞이 거의 **보**이지 않을 정도의 농도
10	0.2~0.5	화재 **최**성기 때의 농도
30	-	출화실에서 연기가 **분**출할 때의 농도

기억법
0123 감
035 익
053 어
112 보
100205 최
30 분

① 0.5 → 1
③ 0.5 → 0.1
④ 10 → 0.1

답 ②

★★★
11 위험물의 저장방법으로 틀린 것은?

16.05.문19
16.03.문07
10.03.문09
09.03.문16

① 금속나트륨－석유류에 저장
② 이황화탄소－수조에 저장
③ 알킬알루미늄－벤젠액에 희석하여 저장
④ 산화프로필렌－구리용기에 넣고 불연성 가스를 봉입하여 저장

해설 **물질**에 따른 **저장장소**

물 질	저장장소
황린, **이**황화탄소(CS_2)	**물**속
나이트로셀룰로오스	알코올 속
칼륨(K), 나트륨(Na), 리튬(Li)	석유류(등유) 속
알킬알루미늄	벤젠액 속
아세틸렌(C_2H_2)	디메틸포름아미드(DMF), 아세톤에 용해

기억법 **황물이(황**토색 **물이** 나온다.)

중요

산화프로필렌, 아세트알데하이드
구리, **마**그네슘, **은**, **수**은 및 그 합금과 저장 금지

기억법 **구마은수**

답 ④

★★
12 건축방화계획에서 건축구조 및 재료를 불연화하여 화재를 미연에 방지하고자 하는 공간적 대응방법은?

15.05.문16
03.08.문10

① 회피성 대응
② 도피성 대응
③ 대항성 대응
④ 설비적 대응

해설 **건축방재**의 **계획**(건축방화계획)
(1) **공간적 대응**

종 류	설 명
대항성	내화성능·방연성능·초기 소화대응 등의 화재사상의 저항능력
회피성	**불연화**·난연화·내장제한·구획의 세분화·방화훈련(소방훈련)·불조심 등 출화유발·확대 등을 저감시키는 예방조치 강구 기억법 **불회**(물회, **불회**)
도피성	화재가 발생한 경우 안전하게 피난할 수 있는 시스템

기억법 **도대회**

(2) **설비적 대응** : 화재에 대응하여 설치하는 **소화설비, 경보설비, 피난구조설비, 소화활동설비** 등의 제반 소방시설

기억법 **설설**

답 ①

★★
13 할론가스 45kg과 함께 기동가스로 질소 2kg을 충전하였다. 이때 질소가스의 몰분율은? (단, 할론가스의 분자량은 149이다.)

12.03.문14

① 0.19　　② 0.24
③ 0.31　　④ 0.39

해설 (1) **분자량**

원 소	원자량
H	1
C	12
N	14
O	16

질소(N_2)의 분자량 $=14\times2=28$kg/kmol

(2) **몰수**

$$\text{몰수}=\frac{\text{질량[kg]}}{\text{분자량[kg/kmol]}}$$

㉠ 할론가스의 몰수 $=\dfrac{\text{질량[kg]}}{\text{분자량[kg/kmol]}}=\dfrac{45\text{kg}}{149\text{kg/kmol}}\fallingdotseq0.3\text{kmol}$

㉡ 질소가스의 몰수 $=\dfrac{\text{질량[kg]}}{\text{분자량[kg/kmol]}}=\dfrac{2\text{kg}}{28\text{kg/kmol}}\fallingdotseq0.07\text{kmol}$

(3) **몰분율**

$$\text{몰분율}=\frac{\text{어떤 성분의 몰수}}{\text{전체 몰수}}$$

질소가스의 몰분율 $=\dfrac{\text{질소의 몰수}}{\text{전체 몰수}}=\dfrac{0.07\text{kmol}}{(0.3+0.07)\text{kmol}}\fallingdotseq0.19$

• **몰분율** : 어떤 성분의 몰수와 전체 성분의 몰수와의 비

답 ①

★★★
14 다음 중 착화온도가 가장 낮은 것은?

15.09.문02
14.05.문05
12.09.문04
12.03.문01

① 에틸알코올
② 톨루엔
③ 등유
④ 가솔린

해설

물 질	인화온도	착화온도
• 프로필렌	−107℃	497℃
• 에틸에터 • 다이에틸에터	−45℃	180℃
• **가솔린**(휘발유)	−43℃	**300℃**
• 이황화탄소	−30℃	100℃
• 아세틸렌	−18℃	335℃
• 아세톤	−18℃	538℃
• **톨루엔**	4.4℃	**480℃**
• **에틸알코올**	13℃	**423℃**
• 아세트산	40℃	−
• **등유**	43~72℃	**210℃**
• 경유	50~70℃	200℃
• 적린	−	260℃

※ 착화온도=착화점=발화온도=발화점

답 ③

★★
15 B급 화재시 사용할 수 없는 소화방법은?

① CO_2 소화약제로 소화한다.
② 봉상주수로 소화한다.
③ 3종 분말약제로 소화한다.
④ 단백포로 소화한다.

해설 **B급 화재시 소화방법**
(1) CO_2 소화약제(이산화탄소소화약제)
(2) 분말약제(1~4종)
(3) 포(단백포, 수성막포 등 모든 포)
(4) 할론소화약제
(5) 할로겐화합물 및 불활성기체 소화약제

② 봉상주수는 연소면(화재면)이 확대되어 B급 화재에는 오히려 더 위험하다.

용어

봉상주수
물줄기 모양으로 물을 방사하는 형태로서 화점이 멀리 있을 때 또는 고체가연물의 대규모 화재시 사용(예) 옥내소화전)

중요

화재의 종류

구 분 \ 등 급	A급	B급	C급	D급	K급
화재 종류	일반 화재	유류 화재	전기 화재	금속 화재	주방 화재
표시색	백색	황색	청색	무색	−

※ 요즘은 표시색의 의무규정은 없음

• CO_2=이산화탄소

답 ②

★★
16 가연물의 제거와 가장 관련이 없는 소화방법은?

19.09.문05
16.10.문07
16.03.문12
14.05.문11
13.03.문01
11.03.문04

① 촛불을 입김으로 불어서 끈다.
② 산불 화재시 나무를 잘라 없앤다.
③ 팽창 진주암을 사용하여 진화한다.
④ 가스 화재시 중간밸브를 잠근다.

해설 **제거소화**의 **예**
(1) **가연성 기체** 화재시 **주밸브**를 **차단**한다.(화학반응기의 화재시 원료공급관의 **밸브**를 **잠근다**.)
(2) **가연성 액체** 화재시 펌프를 이용하여 **연료**를 제거한다.
(3) **연료탱크**를 **냉각**하여 가연성 가스의 발생속도를 작게 하여 연소를 억제한다.
(4) 금속 화재시 **불활성 물질**로 가연물을 덮는다.
(5) **목재**를 **방염처리**한다.
(6) 전기 화재시 **전원**을 **차단**한다.
(7) 산불이 발생하면 화재의 진행방향을 앞질러 **벌목**한다.(산불의 확산방지를 위하여 **산림**의 **일부**를 **벌채**한다.)
(8) 가스 화재시 밸브를 잠궈 가스흐름을 차단한다.
(9) 불타고 있는 장작더미 속에서 아직 타지 않은 것을 안전한 곳으로 **운반**한다.
(10) 유류탱크 화재시 주변에 있는 유류탱크의 유류를 다른 곳으로 이동시킨다.
(11) **양초**를 입으로 불어서 끈다.

※ **제거효과** : 가연물을 반응계에서 제거하든지 또는 반응계로의 공급을 정지시켜 소화하는 효과

③ **질식소화** : 팽창 진주암을 사용하여 진화한다.

답 ③

★★★
17 유류 저장탱크의 화재에서 일어날 수 있는 현상이 아닌 것은?

19.09.문15
18.09.문08
16.05.문02
15.03.문01
14.09.문12
14.03.문01
09.05.문10
05.09.문07
05.05.문07
03.03.문11
02.03.문20

① 플래시오버(Flash over)
② 보일오버(Boil over)
③ 슬롭오버(Slop over)
④ 프로스오버(Froth over)

해설 **유류탱크**에서 **발생**하는 **현상**

현 상	정 의
보일오버 (Boil over)	• 중질유의 석유탱크에서 장시간 조용히 연소하다 탱크 내의 잔존기름이 갑자기 분출하는 현상 • 유류탱크에서 탱크 바닥에 물과 기름의 **에멀션**이 섞여 있을 때 이로 인하여 화재가 발생하는 현상 • 연소유면으로부터 100℃ 이상의 열파가 탱크 저부에 고여 있는 물을 비등하게 하면서 연소유를 탱크 밖으로 비산시키며 연소하는 현상

오일오버 (Oil over)	• 저장탱크에 저장된 유류저장량이 내용적의 50% 이하로 충전되어 있을 때 화재로 인하여 탱크가 폭발하는 현상
프로스오버 (Froth over)	• 물이 점성의 뜨거운 기름 표면 아래에서 끓을 때 화재를 수반하지 않고 용기가 넘치는 현상
슬롭오버 (Slop over)	• 물이 연소유의 뜨거운 표면에 들어갈 때 기름 표면에서 화재가 발생하는 현상 • 유화제로 소화하기 위한 물이 수분의 급격한 증발에 의하여 액면이 거품을 일으키면서 열유층 밑의 냉유가 급히 열팽창하여 기름의 일부가 불이 붙은 채 탱크벽을 넘어서 일출하는 현상

① 건축물 내에서 발생하는 현상

중요

(1) **가스탱크**에서 발생하는 현상

현 상	정 의
블래비 (BLEVE)	과열상태의 탱크에서 내부의 액화가스가 분출하여 기화되어 폭발하는 현상

(2) **건축물 내**에서 발생하는 현상

현 상	정 의
플래시오버 (Flash over)	• 화재로 인하여 실내의 온도가 급격히 상승하여 화재가 순간적으로 실내 전체에 확산되어 연소되는 현상
백드래프트 (Back draft)	• **통기력**이 좋지 않은 상태에서 연소가 계속되어 산소가 심히 부족한 상태가 되었을 때 **개구부**를 통하여 산소가 공급되면 실내의 가연성 혼합기가 공급되는 **산소**의 **방향**과 **반대**로 흐르며 급격히 연소하는 현상 • 소방대가 소화활동을 위하여 화재실의 문을 개방할 때 신선한 공기가 유입되어 실내에 축적되었던 가연성 가스가 **단시간**에 **폭발적**으로 **연소**함으로써 화재가 폭풍을 동반하며 **실외**로 **분출**되는 현상

답 ①

★★★
18 분말소화약제 중 탄산수소칼륨($KHCO_3$)과 요소($(NH_2)_2CO$)와의 반응물을 주성분으로 하는 소화약제는?

12.09.문15
09.03.문01

① 제1종 분말　　② 제2종 분말
③ 제3종 분말　　④ 제4종 분말

해설 **분말소화약제**(질식효과)

종 별	분자식	착 색	적응 화재	비 고
제**1**종	탄산수소나트륨 ($NaHCO_3$)	백색	BC급	**식용유** 및 **지방질유**의 화재에 적합
제2종	탄산수소칼륨 ($KHCO_3$)	담자색 (담회색)	BC급	-
제**3**종	제1인산암모늄 ($NH_4H_2PO_4$)	담홍색	ABC급	**차고**·**주차장**에 적합
제4종	탄산수소칼륨+요소 ($KHCO_3$+$(NH_2)_2CO$)	회(백)색	BC급	-

기억법 **1식분(일식 분식)**
3분 차주(삼보컴퓨터 차주)

• $KHCO_3+(NH_2)_2CO=KHCO_3+CO(NH_2)_2$

답 ④

★
19 소화효과를 고려하였을 경우 화재시 사용할 수 있는 물질이 아닌 것은?

① 이산화탄소
② 아세틸렌
③ Halon 1211
④ Halon 1301

해설 **소화약제**
(1) 물
(2) 이산화탄소
(3) 할론(Halon 1301, Halon 1211 등)
(4) 할로겐화합물 및 불활성기체 소화약제
(5) 포

② 아세틸렌(C_2H_2) : **가연성 가스**로서 화재시 사용하면 화재가 더 확대된다.

답 ②

★★
20 인화성 액체의 연소점, 인화점, 발화점을 온도가 높은 것부터 옳게 나열한 것은?

06.03.문05

① 발화점 > 연소점 > 인화점
② 연소점 > 인화점 > 발화점
③ 인화점 > 발화점 > 연소점
④ 인화점 > 연소점 > 발화점

해설 **인화성 액체의 온도가 높은 순서**
발화점>연소점>인화점

용어

연소와 관계되는 용어

용 어	설 명
발화점	가연성 물질에 불꽃을 접하지 아니하였을 때 연소가 가능한 **최저온도**
인화점	휘발성 물질에 불꽃을 접하여 연소가 가능한 **최저온도**
연소점	① 인화점보다 **10℃** 높으며 연소를 **5초** 이상 지속할 수 있는 온도 ② 어떤 인화성 액체가 공기 중에서 열을 받아 점화원의 존재하에 **지속**적인 연소를 일으킬 수 있는 온도 ③ 가연성 액체에 점화원을 가져가서 인화된 후에 점화원을 제거하여도 가연물이 **계속** 연소되는 **최저온도**

답 ①

제 2 과목 소방전기일반

☆☆
21 최대눈금이 70V인 직류전압계에 5kΩ의 배율기를 접속하여 전압의 최대측정치가 350V라면 내부저항은 몇 kΩ인가?

14.09.문22 (산업) 11.10.문23 (산업)

① 0.8　② 1
③ 1.25　④ 20

해설 **배율기**

$$V_0 = V\left(1+\frac{R_m}{R_v}\right) \text{[V]}$$

여기서, V_0 : 측정하고자 하는 전압[V]
V : 전압계의 최대눈금[V]
R_v : 전압계의 내부저항[Ω]
R_m : 배율기 저항[Ω]

$$V_0 = V\left(1+\frac{R_m}{R_v}\right)$$

$$\frac{V_0}{V} = 1+\frac{R_m}{R_v}$$

$$\frac{V_0}{V} - 1 = \frac{R_m}{R_v}$$

$$R_v = \frac{R_m}{\frac{V_0}{V}-1} = \frac{5\times10^3}{\frac{350}{70}-1} = 1250\,\Omega = 1.25\text{k}\Omega$$

• R_m(5kΩ) : k$=10^3$이므로 5kΩ$=5\times10^3$Ω

중요

(1) **배율기 배율**

$$M = \frac{V_0}{V} = 1+\frac{R_m}{R_v}$$

여기서, M : 배율기 배율
V_0 : 측정하고자 하는 전압[V]
V : 전압계의 최대눈금[V]
R_v : 전압계 내부저항[Ω]
R_m : 배율기 저항[Ω]

(2) **접속방법**

배율기	분류기
전압계와 **직렬**접속	전류계와 **병렬**접속

답 ③

☆☆☆
22 발전기에서 유도기전력의 방향을 나타내는 법칙은?

16.05.문32 15.05.문35 14.03.문22 03.05.문33

① 패러데이의 전자유도법칙
② 플레밍의 오른손법칙
③ 앙페르의 오른나사법칙
④ 플레밍의 왼손법칙

해설

플레밍의 오른손법칙	플레밍의 왼손법칙
발전기	**전**동기
기억법 **오발(오발탄)**	기억법 **왼전(운전)**

중요

여러 가지 법칙

법 칙	설 명
플레밍의 오른손법칙	• **도**체운동에 의한 **유**기기전력의 **방**향 결정 기억법 **방유도오(방에 우유를 도로 갖다 놓게!)**
플레밍의 왼손법칙	• **전**자력의 방향 결정 기억법 **왼전(왠 전쟁이냐?)**
렌츠의 법칙	• 자속변화에 의한 **유**도기전력의 **방**향 결정 기억법 **렌유방(오렌지가 유일한 방법이다.)**
패러데이의 전자유도 법칙	• 자속변화에 의한 **유**기기전력의 **크**기 결정 기억법 **패유크(패유를 버리면 큰일난다.)**
앙페르의 오른나사 법칙	• **전**류에 의한 **자**기장의 방향을 결정하는 법칙 기억법 **앙전자(양전자)**

비오-사바르의 **법칙**	• **전**류에 의해 발생되는 **자**기장의 크기(전류에 의한 자계의 세기) 기억법 **비전자(비전공자)**
키르히호프의 **법칙**	• 옴의 법칙을 응용한 것으로 복잡한 회로의 전류와 전압계산에 사용 • 회로망의 임의의 접속점에 유입하는 여러 전류의 **총**합은 0이라고 하는 법칙 기억법 **키총**
줄의 **법칙**	• 어떤 도체에 일정 시간 동안 전류를 흘리면 도체에는 **열**이 발생되는데 이에 관한 법칙 • 전류의 **열작용**과 관계있는 법칙 기억법 **줄열**
쿨롱의 **법칙**	• 두 자극 사이에 작용하는 힘은 두 **자극**의 **세기**의 **곱**에 **비례**하고, 두 자극 사이의 **거리**의 **제곱**에 **반비례**한다는 법칙

답 ②

★★
23 다음의 논리식들 중 틀린 것은?

19.09.문21
19.04.문32
19.03.문24
18.04.문38
18.03.문31
17.09.문33
16.05.문36
16.03.문39
15.09.문23
13.09.문30
13.06.문35
11.03.문32

① $(\overline{A}+B)\cdot(A+B)=B$

② $(A+B)\cdot\overline{B}=A\overline{B}$

③ $\overline{AB+AC}+\overline{A}=\overline{A}+\overline{B}\,\overline{C}$

④ $\overline{(\overline{A}+B)+CD}=A\overline{B}(C+D)$

해설 **불대수**의 **정리**

논리합	논리곱	비 고
$X+0=X$	$X\cdot 0=0$	-
$X+1=1$	$X\cdot 1=X$	-
$X+X=X$	$X\cdot X=X$	-
$X+\overline{X}=1$	$X\cdot\overline{X}=0$	-
$X+Y=Y+X$	$X\cdot Y=Y\cdot X$	교환법칙
$X+(Y+Z)$ $=(X+Y)+Z$	$X(YZ)=(XY)Z$	결합법칙
$X(Y+Z)$ $=XY+XZ$	$(X+Y)(Z+W)$ $=XZ+XW+YZ+YW$	분배법칙
$X+XY=X$	$\overline{X}+XY=\overline{X}+Y$ $X+\overline{X}Y=X+Y$ $X+\overline{X}\,\overline{Y}=X+\overline{Y}$	흡수법칙
$(\overline{X+Y})$ $=\overline{X}\cdot\overline{Y}$	$(\overline{X\cdot Y})=\overline{X}+\overline{Y}$	드모르간의 정리

① $(\overline{A}+B)\cdot(A+B)=\underbrace{\overline{A}A}_{X\cdot\overline{X}=0}+\overline{A}B+AB+\underbrace{BB}_{X\cdot X=X}$

$=0+\overline{A}B+AB+B$

$=B(\underbrace{\overline{A}+A+1}_{X+1=1})$

$=\underbrace{B\cdot 1}_{X\cdot 1=X}$

$=B$

② $(A+B)\cdot\overline{B}=A\overline{B}+\underbrace{B\overline{B}}_{X\cdot\overline{X}=0}$

$=A\overline{B}+0$

$=A\overline{B}$

③ $\overline{AB+AC}+\overline{A}=\underbrace{\overline{AB}}_{\overline{X\cdot Y}=\overline{X}+\overline{Y}}\cdot\underbrace{\overline{AC}}_{\overline{X\cdot Y}=\overline{X}+\overline{Y}}+\overline{A}$

$=(\overline{A}+\overline{B})\cdot(\overline{A}+\overline{C})+\overline{A}$

$=\underbrace{\overline{A}\,\overline{A}}_{X\cdot X=X}+\overline{A}\,\overline{C}+\overline{A}\,\overline{B}+\overline{B}\,\overline{C}+\overline{A}$

$=\overline{A}+\overline{A}\,\overline{C}+\overline{A}\,\overline{B}+\overline{B}\,\overline{C}+\overline{A}$

$=\overline{A}(\underbrace{1+\overline{C}+\overline{B}+1}_{X+1=1})+\overline{B}\,\overline{C}$

$=\underbrace{\overline{A}\cdot 1}_{X\cdot 1=X}+\overline{B}\,\overline{C}$

$=\overline{A}+\overline{B}\,\overline{C}$

④ $\overline{(\overline{A}+B)+CD}=\overline{\overline{A}}\cdot\overline{B}\cdot\underbrace{\overline{CD}}_{\overline{X\cdot Y}=\overline{X}+\overline{Y}}$

$=A\cdot\overline{B}\cdot(\overline{C}+\overline{D})$

④ $A\overline{B}(C+D)\rightarrow A\overline{B}(\overline{C}+\overline{D})$

답 ④

★
24 길이 1m의 철심(비투자율 $\mu_s=700$) 자기회로에 2mm의 공극이 생겼다면 자기저항은 몇 배 증가하는가? (단, 각 부의 단면적은 일정하다.)

① 1.4

② 1.7

③ 2.4

④ 2.7

해설 **자기저항 배수**

$$m=1+\frac{l_0}{l}\times\frac{\mu_0\mu_s}{\mu_0}$$

여기서, m : 자기저항 배수

l_0 : 공극[m]

l : 길이[m]

μ_0 : 진공의 투자율($4\pi\times10^{-7}$)[H/m]

μ_s : 비투자율

자기저항 배수 m은

$m=1+\frac{l_0}{l}\times\frac{\mu_0\mu_s}{\mu_0}$

$=1+\frac{(2\times10^{-3})}{1}\times\frac{\cancel{\mu_0}\times700}{\cancel{\mu_0}}$

$=2.4$

• l_0(2mm) : 2mm $=2\times10^{-3}$m

용어

공극
철심과 철심 사이의 간격

답 ③

★★★
25 빛이 닿으면 전류가 흐르는 다이오드로 광량의 변화를 전류값으로 대치하므로 광센서에 주로 사용하는 다이오드는?

15.05.문39
14.05.문29
11.06.문32

① 제너다이오드 ② 터널다이오드
③ 발광다이오드 ④ 포토다이오드

해설 **다이오드의 종류**

종 류	설 명
터널다이오드 (tunnel diode)	**부성저항 특성**을 나타내며, **증폭 · 발진 · 개폐작용**에 응용한다.
포토다이오드 (photo diode)	**빛**이 닿으면 전류가 흐르는 다이오드로 광량의 변화를 전류값으로 대치하므로 광센서에 주로 사용하는 다이오드이다. 기억법 **포토빛**
제너다이오드 (zener diode)	**정전압회로용**으로 사용되는 소자로서 '**정전압다이오드**'라고도 한다.
발광다이오드 (LED ; Light Emitting Diode)	전류가 통과하면 빛을 발산하는 다이오드이다.

답 ④

★
26 3상 직권 정류자전동기에서 중간변압기를 사용하는 이유 중 틀린 것은?

① 경부하시 속도의 이상 상승 방지
② 실효 권수비 선정 조정
③ 전원전압의 크기에 관계없이 정류에 알맞은 회전자전압 선택
④ 회전자상수의 감소

해설 **중간변압기의 사용이유**(3상 직권 정류자전동기)
(1) 경부하시 속도의 이상 상승 방지
(2) 실효 권수비 선정 조정
(3) 전원전압의 크기에 관계없이 정류에 알맞은 회전자전압 선택
(4) 회전자상수 **증가**

④ 감소 → 증가

답 ④

★★★
27 피드백제어계에서 제어요소에 대한 설명 중 옳은 것은?

12.05.문29

① 조작부와 검출부로 구성되어 있다.
② 조절부와 변환부로 구성되어 있다.
③ 동작신호를 조작량으로 변환시키는 요소이다.
④ 목표값에 비례하는 신호를 발생하는 요소이다.

해설 **제어요소**(control element)
동작신호를 **조작량**으로 변환하는 요소이고, **조절부**와 **조작부**로 이루어진다.

기억법 **제조**

중요

구성요소

제어요소	제어장치	조절기
① 조절부 ② 조작부	① 조절부 ② 설정부 ③ 검출부	① 조절부 ② 설정부 ③ 비교부

용어

설정부
목표값에 비례하는 신호를 발생하는 요소

답 ③

★★
28 균등 눈금을 사용하며 소비전력이 적게 소요되고 정확도가 높은 지시계기는?

02.05.문37

① 가동코일형 계기 ② 전류력계형 계기
③ 정전형 계기 ④ 열전형 계기

해설 **가동코일형**
(1) 직류전용으로 눈금이 **균**등하고 감도가 높으며 **정**밀용으로 적합한 계기
(2) **균등 눈금**을 사용하며 소비전력이 적게 소요되고 정확도가 높은 지시계기

기억법 **균정**

중요

지시전기계기의 종류

종 류	특 징	사용회로	사용계기
가동 철편형	• 구조가 간단하다. • 튼튼하게 만들 수 있다. • 가격이 저렴하다.	교류	• 전압계 • 전류계 • 저항계
정전형	• 눈금이 균일하다. • 계기 내부의 전력손실이 없다. • 고전압계기로 적합하다. • 외부 정전장의 영향을 받는다.	교직양용	• 전압계
가동 코일형	• 정확도(accuracy)가 높다. • 사용범위가 넓다. • 외부 자장의 영향이 적다.	직류	• 전압계 • 전류계 • 저항계
열전 대형	• 주파수의 변화에 의한 오차가 극히 작다. • 과전류에 약하다. • 지시에 시간적 늦음이 있다.	교직양용	• 전압계 • 전류계 • 전력계

답 ①

29 그림과 같은 유접점회로의 논리식은?

15.05.문27
14.09.문33
11.10.문21

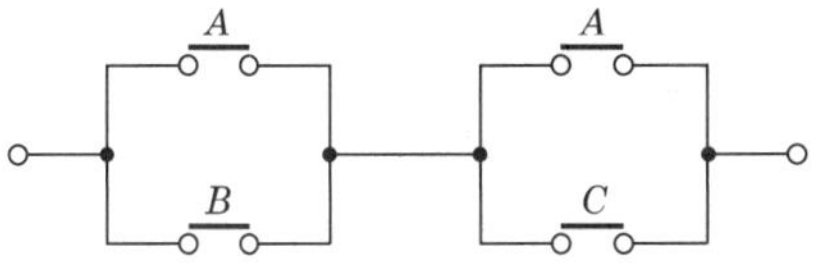

① $A+BC$　　② $AB+C$
③ $B+AC$　　④ $AB+BC$

해설 $(A+B)\cdot(A+C)=\underbrace{AA}_{X\cdot X=X}+AC+AB+BC$

$=A+AC+AB+BC$

$=A\underbrace{(1+C+B)}_{X+1=1}+BC$

$=\underbrace{A\cdot 1}_{X\cdot 1=X}+BC$

$=A+BC$

※ 논리식 산정시 **직렬**은 " · 또는 **생략**", **병렬**은 "**+**"로 표시하는 것을 기억하라.

중요

불대수의 정리

논리합	논리곱	비 고
$X+0=X$	$X\cdot 0=0$	-
$X+1=1$	$X\cdot 1=X$	-
$X+X=X$	$X\cdot X=X$	-
$X+\overline{X}=1$	$X\cdot\overline{X}=0$	-
$X+Y=Y+X$	$X\cdot Y=Y\cdot X$	교환법칙
$X+(Y+Z)=(X+Y)+Z$	$X(YZ)=(XY)Z$	결합법칙
$X(Y+Z)=XY+XZ$	$(X+Y)(Z+W)=XZ+XW+YZ+YW$	분배법칙
$X+XY=X$	$\overline{X}+XY=\overline{X}+Y$ $X+\overline{X}Y=X+Y$ $X+\overline{X}\,\overline{Y}=X+\overline{Y}$	흡수법칙
$\overline{(X+Y)}=\overline{X}\cdot\overline{Y}$	$\overline{(X\cdot Y)}=\overline{X}+\overline{Y}$	드모르간의 정리

답 ①

30 50kW의 전력이 안테나에서 사방으로 균일하게 방사될 때, 안테나에서 1km 거리에 있는 점에서의 전계의 실효값은 약 몇 V/m인가?

① 0.87　　② 1.22
③ 1.73　　④ 3.98

해설

$$W=\frac{E^2}{377}=\frac{P}{4\pi r^2}$$

여기서, W : 구의 단위면적당 전력[W/m²]
E : 전계의 실효값[V/m]
P : 전력[W]
r : 거리[m]

$$\frac{E^2}{377}=\frac{P}{4\pi r^2}$$

$$E^2=\frac{P}{4\pi r^2}\times 377$$

$$E=\sqrt{\frac{P}{4\pi r^2}\times 377}=\sqrt{\frac{50\times 10^3}{4\pi\times(1\times 10^3)^2}\times 377}\fallingdotseq 1.22$$

- P(50kW) : k $=10^3$이므로 50kW $=50\times 10^3$W
- r(1km) : k $=10^3$이므로 1km $=1\times 10^3$m

답 ②

31 그림과 같은 반파정류회로에 스위치 A를 사용하여 부하저항 R_L을 떼어냈을 경우, 콘덴서 C의 충전전압은 몇 V인가?

06.03.문31

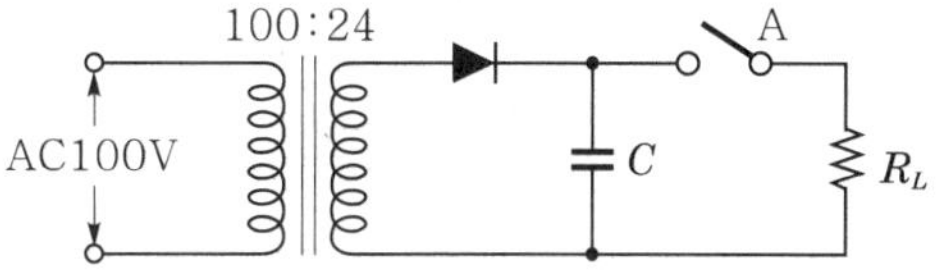

① 12π　　② 24π
③ $12\sqrt{2}$　　④ $24\sqrt{2}$

해설

파 형	최대값	실효값	평균값
반파정류파	V_m	$\frac{V_m}{2}$	$\frac{V_m}{\pi}$

콘덴서가 충전할 수 있는 최대값

$\boxed{V_m=\sqrt{2}\,V}=\sqrt{2}\times 24=24\sqrt{2}$

실효값 $\boxed{V=\frac{V_m}{2}}=\frac{24\sqrt{2}}{2}=12\sqrt{2}$

평균값 $\boxed{V_{av}=\frac{V_m}{\pi}}=\frac{24\sqrt{2}}{\pi}$

여기서, V_m : 최대값[V]
V : 실효값[V]
V_{av} : 평균값[V]

- 그림과 같은 회로에서 콘덴서 C의 단자간에는 최대값(V_m)이 인가되므로 ④가 답이 된다.

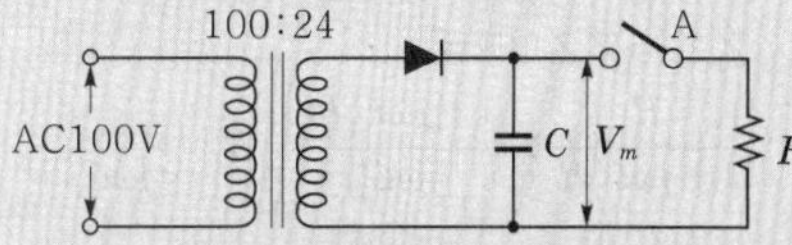

- 일반적으로 반파정류회로의 최대값 $V_m=2V$이지만 위의 회로는 콘덴서가 부착된 반파정류회로로서 콘덴서가 충전할 수 있는 최대값 $V_m=\sqrt{2}\,V$가 된다.

답 ④

★★
32 그림과 같은 교류브리지의 평형조건으로 옳은 것은?

16.03.문24
13.06.문23

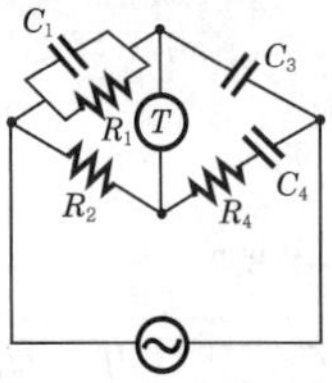

① $R_2C_4 = R_1C_3$, $R_2C_1 = R_4C_3$
② $R_1C_1 = R_4C_4$, $R_2C_3 = R_1C_1$
③ $R_2C_4 = R_4C_3$, $R_1C_3 = R_2C_1$
④ $R_1C_1 = R_4C_4$, $R_2C_3 = R_1C_4$

해설 **교류브리지 평형조건**은

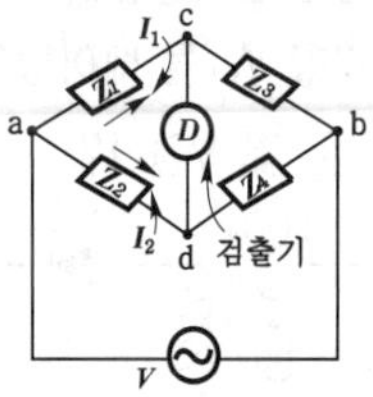

$I_1Z_1 = I_2Z_2$
$I_1Z_3 = I_2Z_4$
$\therefore\ Z_1Z_4 = Z_2Z_3$

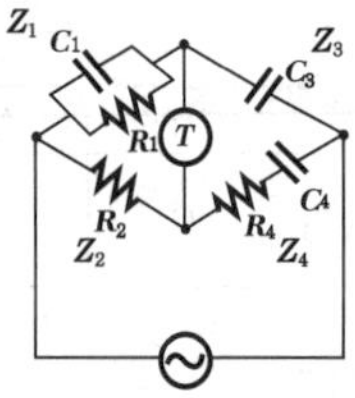

$$Z_1 = \frac{1}{\dfrac{1}{R_1}+\dfrac{1}{\dfrac{1}{j\omega C_1}}} = \frac{1}{\dfrac{1}{R_1}+j\omega C_1} = \frac{R_1}{R_1\left(\dfrac{1}{R_1}+j\omega C_1\right)}$$

$$= \frac{R_1}{\dfrac{R_1}{R_1}+j\omega C_1R_1} = \frac{R_1}{1+j\omega C_1R_1}$$

$$Z_2 = R_2$$

$$Z_3 = \frac{1}{j\omega C_3}$$

$$Z_4 = R_4 + \frac{1}{j\omega C_4} = \frac{j\omega C_4R_4}{j\omega C_4} + \frac{1}{j\omega C_4} = \frac{1+j\omega C_4R_4}{j\omega C_4}$$

$Z_1Z_4 = Z_2Z_3$이므로

$$\frac{R_1}{1+j\omega C_1R_1} \times \frac{1+j\omega C_4R_4}{j\omega C_4} = R_2 \times \frac{1}{j\omega C_3}$$

$$\frac{j\omega C_3R_1}{1+j\omega C_1R_1} = \frac{j\omega C_4R_2}{1+j\omega C_4R_4}$$

$C_3R_1 = C_4R_2$, $C_1R_1 = C_4R_4$

⬇

$\boxed{R_2C_4 = R_1C_3}$, $R_1 = \dfrac{C_4R_2}{C_3}$

$C_1R_1 = C_4R_4$

$C_1\left(\dfrac{C_4R_2}{C_3}\right) = C_4R_4$

$C_1\not{C_4}R_2 = \not{C_4}C_3R_4$, $C_1R_2 = C_3R_4$

$\therefore\ \boxed{R_2C_1 = R_4C_3}$

답 ①

★
33 MOSFET(금속-산화물 반도체 전계효과 트랜지스터)의 특성으로 틀린 것은?

① 2차 항복이 없다.
② 직접도가 낮다.
③ 소전력으로 작동한다.
④ 큰 입력저항으로 게이트전류가 거의 흐르지 않는다.

해설 MOSFET의 **특성**

(1) 산화절연막을 가지고 있어서 **큰 입력저항**을 가지고 게이트전류가 거의 흐르지 않는다.
(2) **2차 항복**이 없다.
(3) **안정적**이다.
(4) 열폭주현상을 보이지 않는다.
(5) **소전력**으로 작동한다.
(6) **직접도**가 **높다.**

② 낮다. → 높다.

답 ②

★★★
34 인덕턴스가 0.5H인 코일의 리액턴스가 753.6Ω일 때 주파수는 약 몇 Hz인가?

02.09.문37

① 120 ② 240
③ 360 ④ 480

해설 **유도리액턴스**

$$X_L = \omega L = 2\pi f L\,[\Omega]$$

여기서, X_L : 유도리액턴스[Ω]
ω : 각주파수[rad/s]
L : 인덕턴스[H]
f : 주파수[Hz]

주파수 f는

$$f = \frac{X_L}{2\pi L} = \frac{753.6}{2\pi \times 0.5} ≒ 240\text{Hz}$$

비교

용량리액턴스

$$X_C = \frac{1}{\omega C} = \frac{1}{2\pi f C}\,[\Omega]$$

여기서, X_C : 용량리액턴스[Ω]
ω : 각주파수[rad/s]
C : 정전용량[F]
V : 전압[V]
f : 주파수[Hz]

답 ②

★★★
35 **페루프제어의 특징에 대한 설명으로 옳은 것은?**

16.05.문21
15.05.문22
11.06.문24

① 외부의 변화에 대한 영향을 증가시킬 수 있다.
② 제어기 부품의 성능 차이에 따라 영향을 많이 받는다.
③ 대역폭이 증가한다.
④ 정확도와 전체 이득이 증가한다.

해설 **피드백제어**(feedback control=폐루프제어)
출력신호를 입력신호로 되돌려서 **입력**과 **출력**을 **비교**함으로써 **정확한 제어**가 가능하도록 한 제어

중요

피드백제어의 **특징**
(1) **정확도**(정확성)가 **증가**한다.
(2) **대역폭**이 **크다**.(**대역폭**이 **증가**한다.)
(3) 계의 특성 변화에 대한 입력 대 출력비의 감도가 감소한다.
(4) 구조가 **복잡**하고 설치비용이 고가이다.
(5) 폐회로로 구성되어 있다.
(6) 입력과 출력을 비교하는 장치가 있다.
(7) 오차를 **자동정정**한다.
(8) **발진**을 일으키고 **불안정한 상태**로 되어가는 경향성이 있다.
(9) 비선형과 왜형에 대한 효과가 **감소**한다.

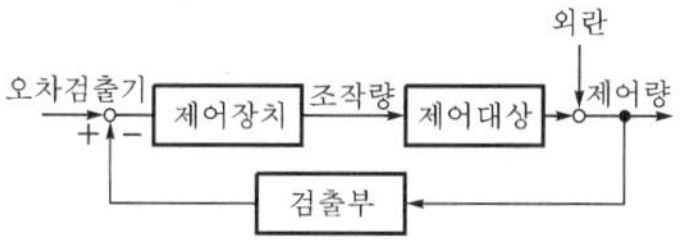

| 피드백제어 |

① 증가 → 감소
② 영향을 많이 받는다. → 영향을 적게 받는다.
④ 정확도와 전체 이득이 증가한다. → 정확도는 증가하지만 전체 이득은 감소한다.

답 ③

★★
36 **20℃의 물 2L를 64℃가 되도록 가열하기 위해 400W의 온수기를 20분 사용하였을 때 이 온수기의 효율은 약 몇 %인가?**

① 27 ② 59
③ 77 ④ 89

해설 **전열기**의 **용량**

$$860P\eta t = M(T_2 - T_1)$$

여기서, P : 용량〔kW〕
η : 효율
t : 소요시간〔h〕
M : 질량〔L〕
T_2 : 상승 후 온도〔℃〕
T_1 : 상승 전 온도〔℃〕

효율 η는

$$\eta = \frac{M(T_2 - T_1)}{860Pt} = \frac{2(64-20)}{860 \times 0.4 \times \frac{20}{60}}$$

$$= 0.767 = 76.7\% \fallingdotseq 77\%$$

- P(400W) : 400W=0.4kW
- t(20분) : 1h = 60분이고, 1분 $= \frac{1}{60}$ h이므로
20분 $= \frac{20}{60}$h

비교

열량

$$H = 0.24Pt = m(T_2 - T_1)$$

여기서, H : 열량〔cal〕
m : 질량〔g〕
P : 전력〔W〕
T_2 : 상승 후 온도〔℃〕
t : 시간〔s〕
T_1 : 상승 전 온도〔℃〕

답 ③

★★★
37 **PD(비례미분제어)동작의 특징으로 옳은 것은?**

16.10.문40
14.09.문25
08.09.문22

① 잔류편차 제거 ② 간헐현상 제거
③ 불연속제어 ④ 응답 속응성 개선

해설 **연속제어**

제어 종류	설 명
비례제어(**P동작**)	**잔류편차**(off-set)가 있는 제어
미분제어(**D동작**)	오차가 커지는 것을 **미연에 방지**하고 **진동**을 **억제**하는 제어(=rate 동작)
적분제어(**I동작**)	**잔류편차**를 **제거**하기 위한 제어
비례**적**분제어 (PI동작)	**간헐현상**이 있는 제어, 잔류편차가 없는 제어 기억법 **간비적**
비례미분제어 (PD동작)	**응**답 속응성을 개선하는 제어 기억법 PD응(PD 좋아? 응!)
비례적분미분제어 (PID동작)	적분제어로 **잔류편차**를 **제거**하고, 미분제어로 **응답**을 **빠르게** 하는 제어

용어

용 어	설 명
간헐현상	제어계에서 동작신호가 연속적으로 변하여도 조작량이 **일정**한 **시간**을 두고 **간헐**적으로 변하는 현상
잔류편차	비례제어에서 급격한 목표값의 변화 또는 외란이 있는 경우 제어계가 정상상태로 된 후에도 **제어량**이 **목표값**과 **차이**가 난 채로 있는 것

답 ④

★★★
38 정현파전압의 평균값과 최대값과의 관계식 중 옳은 것은?

① $V_{av}=0.707V_m$ ② $V_{av}=0.840V_m$
③ $V_{av}=0.637V_m$ ④ $V_{av}=0.956V_m$

해설

평균값	실효값
$V_{av}=0.637V_m$	$V=0.707V_m$
여기서, V_{av} : 전압의 평균값〔V〕 V_m : 전압의 최대값〔V〕	여기서, V : 전압의 실효값〔V〕 V_m : 전압의 최대값〔V〕

비교

$$V_m=\sqrt{2}\,V$$

여기서, V_m : 전압의 최대값〔V〕
V : 전압의 실효값〔V〕

답 ③

★
39 열팽창식 온도계가 아닌 것은?

① 열전대 온도계 ② 유리 온도계
③ 바이메탈 온도계 ④ 압력식 온도계

해설 **온도계의 종류**

열팽창식 온도계	열전 온도계
• **유**리 온도계 • **압**력식 온도계 • **바**이메탈 온도계 • 알코올 온도계 • 수은 온도계 기억법 **유압바**	• 열전대 온도계

답 ①

★★★
40 동기발전기의 병렬운전조건으로 틀린 것은?
13.09.문33
① 기전력의 크기가 같을 것
② 기전력의 위상이 같을 것
③ 기전력의 주파수가 같을 것
④ 극수가 같을 것

해설 **병렬운전조건**

동기발전기의 병렬운전조건	변압기의 병렬운전조건
• 기전력의 **크기**가 같을 것 • 기전력의 **위상**이 같을 것 • 기전력의 **주파수**가 같을 것 • 기전력의 **파형**이 같을 것 • 상회전 **방향**이 같을 것 기억법 **주파위크방**	• **권**수비가 같을 것 • **극**성이 같을 것 • 1·2차 정격전**압**이 같을 것 • %**임**피던스 강하가 같을 것 기억법 **압임권극**

답 ④

제 3 과목 소방관계법규

★★★
41 관계인이 예방규정을 정하여야 하는 제조소 등의 기준이 아닌 것은?
19.04.문53
15.09.문48
① 지정수량의 10배 이상의 위험물을 취급하는 제조소
② 지정수량의 50배 이상의 위험물을 저장하는 옥외저장소
③ 지정수량의 150배 이상의 위험물을 저장하는 옥내저장소
④ 지정수량의 200배 이상의 위험물을 저장하는 옥외탱크저장소

해설 **위험물령 15조**
예방규정을 정하여야 할 제조소 등

배 수	제조소 등
10배 이상	• **제**조소 • **일**반취급소
1**0**0배 이상	• 옥**외**저장소
1**5**0배 이상	• 옥**내**저장소
200배 이상	• 옥외**탱**크저장소
모두 해당	• 이송취급소 • 암반탱크저장소

기억법
1 제일
0 외
5 내
2 탱

※ **예방규정** : 제조소 등의 화재예방과 화재 등 재해발생시의 비상조치를 위한 규정

② 50배 → 100배

답 ②

★
42 특정소방대상물이 증축되는 경우 기존부분에 대해서 증축 당시의 소방시설의 설치에 관한 대통령령 또는 화재안전기준을 적용하지 않는 경우로 틀린 것은?
11.10.문53
11.03.문60
① 증축으로 인하여 천장·바닥·벽 등에 고정되어 있는 가연성 물질의 양이 줄어드는 경우
② 자동차 생산공장 등 화재위험이 낮은 특정소방대상물 내부에 연면적 $33m^2$ 이하의 직원 휴게실을 증축하는 경우
③ 기존부분과 증축부분이 자동방화셔터 또는 60분+방화문으로 구획되어 있는 경우
④ 자동차 생산공장 등 화재위험이 낮은 특정소방대상물에 캐노피(3면 이상에 벽이 없는 구조의 캐노피)를 설치하는 경우

해설 **소방시설법 시행령 15조**
화재안전기준 적용제외
(1) 기존부분과 증축부분이 **내화구조**로 된 **바닥**과 **벽**으로 구획된 경우
(2) 기존부분과 증축부분이 **자동방화셔터** 또는 **60분+방화문**으로 구획되어 있는 경우
(3) 자동차 생산공장 등 화재위험이 낮은 특정소방대상물 내부에 연면적 **33m²** 이하의 직원 휴게실을 증축하는 경우
(4) 자동차 생산공장 등 화재위험이 낮은 특정소방대상물에 **캐노피**(**3면** 이상에 벽이 없는 구조의 것)를 설치하는 경우

비교
소방시설법 시행령 15조
용도변경 전의 대통령령 또는 화재안전기준을 적용하는 경우
(1) 특정소방대상물의 구조·설비가 **화재연소 확대 요인**이 **적어지거나 피난** 또는 **화재진압활동**이 **쉬워**지도록 변경되는 경우
(2) 용도변경으로 인하여 천장·바닥·벽 등에 고정되어 있는 **가연성 물질**의 **양**이 **줄어드는** 경우

답 ①

★
43
15.03.문59
14.05.문54

대통령령으로 정하는 특정소방대상물 소방시설공사의 완공검사를 위하여 소방본부장이나 소방서장의 현장확인 대상범위가 아닌 것은?

① 문화 및 집회시설
② 수계 소화설비가 설치되는 것
③ 연면적 10000m² 이상이거나 11층 이상인 특정소방대상물(아파트는 제외)
④ 가연성 가스를 제조·저장 또는 취급하는 시설 중 지상에 노출된 가연성 가스탱크의 저장용량 합계가 1000톤 이상인 시설

해설 **공사업령 5조**
완공검사를 위한 현장확인 대상 특정소방대상물의 범위
(1) **문**화 및 집회시설, **종**교시설, **판**매시설, **노**유자시설, **수**련시설, **운**동시설, **숙**박시설, **창**고시설, 지하**상**가 및 다중이용업소
(2) 다음의 어느 하나에 해당하는 설비가 설치되는 특정소방대상물
㉠ 스프링클러설비 등
㉡ 물분무등소화설비(호스릴방식의 소화설비 제외)
(3) 연면적 **10000m²** 이상이거나 **11층** 이상인 특정소방대상물(아파트 제외)
(4) 가연성 가스를 제조·저장 또는 취급하는 시설 중 지상에 노출된 가연성 가스탱크의 저장용량 합계가 **1000t** 이상인 시설

기억법 문종판 노수운 숙창상현가

답 ②

★★
44
05.03.문59 (산업)

소화난이도 등급 Ⅲ인 지하탱크저장소에 설치하여야 하는 소화설비의 설치기준으로 옳은 것은?

① 능력단위 수치가 3 이상의 소형 수동식 소화기 등 1개 이상
② 능력단위 수치가 3 이상의 소형 수동식 소화기 등 2개 이상
③ 능력단위 수치가 2 이상의 소형 수동식 소화기 등 1개 이상
④ 능력단위 수치가 2 이상의 소형 수동식 소화기 등 2개 이상

해설 **위험물규칙 〔별표 17〕**
소화난이도 등급 Ⅲ의 제조소 등에 설치하여야 하는 소화설비

제조소 등의 구분	소화설비	설치기준	
지하 **탱**크 저장소	소형 수동식 소화기 등	능력단위의 수치가 **3** 이상	**2**개 이상 (기억법 지탱32)
이동 탱크 저장소	마른모래, 팽창질석, 팽창진주암	• 마른모래 150L 이상 • 팽창질석·팽창진주암 640L 이상	

답 ②

★★★
45
11.06.문43 (산업)

화재안전조사의 연기를 신청하려는 자는 화재안전조사 시작 며칠 전까지 소방청장, 소방본부장 또는 소방서장에게 화재안전조사 연기신청서에 증명서류를 첨부하여 제출해야 하는가? (단, 천재지변 및 그 밖에 대통령령으로 정하는 사유로 화재안전조사를 받기 곤란한 경우이다.)

① 3
② 5
③ 7
④ 10

해설 **화재예방법 7·8조, 화재예방법 시행규칙 4조**
화재안전조사
(1) 실시자 : **소방청장·소방본부장·소방서장**
(2) 관계인의 승낙이 필요한 곳 : **주거**(주택)
(3) 화재안전조사 연기신청 : **3일 전**

용어

화재안전조사
소방대상물, 관계지역 또는 관계인에 대하여 소방시설 등이 소방관계법령에 적합하게 설치·관리되고 있는지, 소방대상물에 화재의 발생위험이 있는지 등을 확인하기 위하여 실시하는 현장조사·문서열람·보고요구 등을 하는 활동

답 ①

★★
46 시장지역에서 화재로 오인할 만한 우려가 있는 불을 피우거나 연막소독을 하려는 자가 소방본부장 또는 소방서장에게 신고를 하지 아니하여 소방자동차를 출동하게 한 자에 대한 과태료 부과금액 기준으로 옳은 것은?

12.05.문56 (산업)

① 20만원 이하　② 50만원 이하
③ 100만원 이하　④ 200만원 이하

해설 **기본법 57조**
과태료 20만원 이하
연막소독 신고를 하지 아니하여 소방자동차를 출동하게 한 자

기억법 20연(20년)

중요

기본법 19조
화재로 오인할 만한 불을 피우거나 연막소독시 신고지역
(1) **시장**지역
(2) **공장·창고**가 밀집한 지역
(3) **목조건물**이 밀집한 지역
(4) **위험물**의 **저장** 및 **처리시설**이 **밀집**한 지역
(5) **석유화학제품**을 생산하는 공장이 있는 지역
(6) 그 밖에 **시·도**의 **조례**로 정하는 지역 또는 장소

답 ①

★★★
47 소방청장, 소방본부장 또는 소방서장이 화재안전조사 조치명령서를 해당 소방대상물의 관계인에게 발급하는 경우가 아닌 것은?

19.04.문54
15.05.문56
15.03.문57
13.06.문42
05.05.문46

① 소방대상물의 신축
② 소방대상물의 개수
③ 소방대상물의 이전
④ 소방대상물의 제거

해설 **화재예방법 14조**
화재안전조사 결과에 따른 조치명령
(1) **명령권자**: **소방청장·소방본부장·소방서장**–소방관서장
(2) **명령사항**
㉠ 화재안전조사 조치명령
㉡ **이전**명령
㉢ **제거**명령
㉣ **개수**명령
㉤ **사용**의 **금지** 또는 제한명령, 사용폐쇄
㉥ **공사**의 **정지** 또는 중지명령

기억법 장본서 이제개사공

① **신축**은 해당없음

답 ①

★★★
48 대통령령 또는 화재안전기준이 변경되어 그 기준이 강화되는 경우에 기존 특정소방대상물의 소방시설에 대하여 변경으로 강화된 기준을 적용하여야 하는 소방시설은?

14.09.문41
12.03.문53

① 비상경보설비　② 비상콘센트설비
③ 비상방송설비　④ 옥내소화전설비

해설 **소방시설법 13조**
변경강화기준 적용설비
(1) 소화기구
(2) **비**상**경**보설비
(3) 자동화재탐지설비
(4) **자**동화재**속**보설비
(5) **피**난구조설비
(6) 소방시설(공동구 설치용, 전력 및 통신사업용 지하구)
(7) **노**유자시설
(8) 의료시설

기억법 강비경 자속피노

중요

소방시설법 시행령 13조
변경강화기준 적용설비

공동구, 전력 및 통신사업용 지하구	**노유자시설**에 설치하여야 하는 소방시설	**의료시설**에 설치하여야 하는 소방시설
• 소화기 • 자동소화장치 • 자동화재탐지설비 • 통합감시시설 • 유도등 및 연소방지설비	• 간이스프링클러설비 • 자동화재탐지설비 • 단독경보형 감지기	• 간이스프링클러설비 • 스프링클러설비 • 자동화재탐지설비 • 자동화재속보설비

답 ①

★★
49 출동한 소방대의 화재진압 및 인명구조·구급 등 소방활동 방해에 따른 벌칙이 5년 이하의 징역 또는 5000만원 이하의 벌금에 처하는 행위가 아닌 것은?

16.10.문42
16.05.문57
15.09.문43
15.05.문58
11.10.문51
10.09.문54

① 위력을 사용하여 출동한 소방대의 구급활동을 방해하는 행위
② 화재진압을 마치고 소방서로 복귀 중인 소방자동차의 통행을 고의로 방해하는 행위
③ 출동한 소방대원에게 협박을 행사하여 구급활동을 방해하는 행위
④ 출동한 소방대의 소방장비를 파손하거나 그 효용을 해하여 구급활동을 방해하는 행위

해설 **기본법 50조**
5년 이하의 징역 또는 5000만원 이하의 벌금
(1) 소방자동차의 **출동 방해**
(2) **사람구출** 방해
(3) **소방용수시설** 또는 **비상소화장치**의 효용 방해
(4) 출동한 소방대의 화재진압·인명구조 또는 구급활동 **방해**
(5) 소방대의 현장출동 **방해**
(6) 출동한 소방대원에게 **폭행·협박** 행사

② 소방서로 복귀 중인 경우에는 관계없다.

답 ②

★★★
50 **소방시설 설치 및 관리에 관한 법률상 특정소방대상물 중 오피스텔이 해당하는 것은?**

19.04.문50 14.09.문54 11.06.문50 09.03.문56

① 숙박시설 ② 업무시설
③ 공동주택 ④ 근린생활시설

해설 **소방시설법 시행령 〔별표 2〕**
업무시설
(1) 주민자치센터(동사무소) (2) 경찰서
(3) 소방서 (4) 우체국
(5) 보건소 (6) 공공도서관
(7) 국민건강보험공단
(8) 금융업소·오피스텔·신문사
(9) 양수장·정수장·대피소·공중화장실

기억법 업오(업어주세요!)

답 ②

★
51 **소방시설업에 대한 행정처분기준 중 1차 처분이 영업정지 3개월이 아닌 경우는?**

① 국가, 지방자치단체 또는 공공기관이 발주하는 소방시설의 설계·감리업자 선정에 따른 사업수행능력 평가에 관한 서류를 위조하거나 변조하는 등 거짓이나 그 밖의 부정한 방법으로 입찰에 참여한 경우
② 소방시설업의 감독을 위하여 필요한 보고나 자료제출 명령을 위반하여 보고 또는 자료제출을 하지 아니하거나 거짓으로 보고 또는 자료제출을 한 경우
③ 정당한 사유 없이 출입·검사업무에 따른 관계공무원의 출입 또는 검사·조사를 거부·방해 또는 기피한 경우
④ 감리업자의 감리시 소방시설공사가 설계도서에 맞지 아니하여 공사업자에게 공사의 시정 또는 보완 등의 요구를 하였으나 따르지 아니한 경우

해설 **공사업규칙 〔별표 1〕**
1차 영업정지 3개월
(1) 국가, 지방자치단체 또는 공공기관이 발주하는 소방시설의 설계·감리업자 선정에 따른 사업수행능력 평가에 관한 서류를 위조하거나 변조하는 등 **거짓**이나 그 밖의 **부정한 방법**으로 **입찰**에 참여한 경우
(2) 소방시설업의 감독을 위하여 필요한 보고나 자료제출 명령을 위반하여 보고 또는 자료제출을 하지 아니하거나 **거짓**으로 **보고** 또는 자료제출을 한 경우
(3) 정당한 사유 없이 출입·검사업무에 따른 관계공무원의 출입 또는 검사·조사를 **거부·방해** 또는 **기피**한 경우

④ 1차 영업정지 **1개월**

답 ④

★★★
52 **지정수량 미만인 위험물의 저장 또는 취급에 관한 기술상의 기준은 무엇으로 정하는가?**

10.05.문53

① 대통령령
② 행정안전부령
③ 소방청장 고시
④ 시·도의 조례

해설 **시·도**의 **조례**
(1) 소방**체**험관(기본법 5조)
(2) 지정수량 **미**만인 위험물의 저장·취급(위험물법 4조)
(3) 위험물의 **임**시저장 취급기준(위험물법 5조)

기억법 시체임미(시체를 임시로 저장하는 것은 의미가 없다.)

답 ④

★
53 **소방시설기준 적용의 특례 중 특정소방대상물의 관계인이 소방시설을 갖추어야 함에도 불구하고 관련 소방시설을 설치하지 않을 수 있는 소방시설의 범위로 옳은 것은? (단, 화재위험도가 낮은 특정소방대상물로서 석재, 불연성 금속, 불연성 건축재료 등의 가공공장·기계조립공장 또는 불연성 물품을 저장하는 창고이다.)**

18.03.문50 15.09.문48 (산업)

① 옥외소화전설비 및 연결살수설비
② 연결송수관설비 및 연결살수설비
③ 자동화재탐지설비, 상수도소화용수설비 및 연결살수설비
④ 스프링클러설비, 상수도소화용수설비 및 연결살수설비

해설 **소방시설법 시행령 〔별표 6〕**
소방시설을 설치하지 않을 수 있는 특정소방대상물 및 소방시설의 범위

구 분	특정소방대상물	소방시설
화재위험도가 낮은 특정소방대상물	**석**재, **불**연성 **금**속, **불**연성 건축재료 등의 가공공장·기계조립공장 또는 불연성 물품을 저장하는 창고	• 옥**외**소화전설비 • 연결살수설비 기억법 석불금외

중요
소방시설법 시행령 〔별표 6〕
소방시설을 설치하지 않을 수 있는 소방시설의 범위
(1) **화재위험도**가 낮은 특정소방대상물
(2) 화재안전기준을 적용하기가 어려운 특정소방대상물
(3) 화재안전기준을 달리 적용하여야 하는 특수한 **용도·구조**를 가진 특정소방대상물
(4) **자체소방대**가 설치된 특정소방대상물

답 ①

★★★
54 **소방용수시설 급수탑 개폐밸브의 설치기준으로 옳은 것은?**
19.03.문58 16.10.문55 09.08.문43
① 지상에서 1.0m 이상 1.5m 이하
② 지상에서 1.5m 이상 1.7m 이하
③ 지상에서 1.2m 이상 1.8m 이하
④ 지상에서 1.5m 이상 2.0m 이하

해설 **기본규칙 〔별표 3〕**
소방용수시설별 설치기준

소화전	급수탑
• **65mm** : 연결금속구의 구경	• **100mm** : 급수배관의 구경 • **1.5~1.7m** 이하 : 개폐밸브 높이 기억법 57탑(57층 탑)

답 ②

★★★
55 **옥내저장소의 위치·구조 및 설비의 기준 중 지정수량의 몇 배 이상의 저장창고(제6류 위험물의 저장창고 제외)에 피뢰침을 설치해야 하는가? (단, 저장창고 주위의 상황이 안전상 지장이 없는 경우는 제외한다.)**
19.04.문53 15.09.문48 15.03.문58 14.05.문41 12.09.문52
① 10배
② 20배
③ 30배
④ 40배

해설 **위험물규칙 〔별표 4〕**
지정수량의 **10배** 이상의 위험물을 취급하는 제조소(제6류 위험물을 취급하는 위험물제조소 제외)에는 **피뢰침**을 설치하여야 한다.(단, 제조소 주위의 상황에 따라 안전상 지장이 없는 경우에는 피뢰침을 설치하지 아니할 수 있다.)

기억법 피10(피식 웃다!)

비교
위험물령 15조
예방규정을 정하여야 할 제조소 등
(1) **10배** 이상의 **제조소·일반취급소**
(2) **100배** 이상의 **옥외저장소**
(3) **150배** 이상의 **옥내저장소**
(4) **200배** 이상의 **옥외탱크저장소**
(5) **이송취급소**
(6) **암반탱크저장소**

기억법
0 제일
0 외
5 내
2 탱

답 ①

★★
56 **우수품질인증을 받지 아니한 제품에 우수품질인증 표시를 하거나 우수품질인증 표시를 위조 또는 변조하여 사용한 자에 대한 벌칙기준은?**
14.05.문59 12.05.문52
① 100만원 이하의 벌금
② 200만원 이하의 벌금
③ 300만원 이하의 벌금
④ 1000만원 이하의 벌금

해설 **1년 이하의 징역 또는 1000만원 이하의 벌금**
(1) 소방시설의 **자체점검** 미실시자(소방시설법 58조)
(2) **소방시설관리사증** 대여(소방시설법 58조)
(3) **소방시설관리업**의 등록증 또는 등록수첩 대여(소방시설법 58조)
(4) 관계인의 정당업무방해 또는 **비밀누설**(소방시설법 58조)
(5) **제품검사** 합격표시 위조(소방시설법 58조)
(6) **성능인증** 합격표시 위조(소방시설법 58조)
(7) **우수품질 인증표시** 위조(소방시설법 58조)
(8) 제조소 등의 정기점검 기록 허위 작성(위험물법 35조)
(9) **자체소방대**를 두지 않고 제조소 등의 허가를 받은 자(위험물법 35조)
(10) **위험물 운반용기**의 검사를 받지 않고 유통시킨 자(위험물법 35조)
(11) 제조소 등의 긴급 사용정지 위반자(위험물법 35조)
(12) 영업정지처분 위반자(공사업법 36조)
(13) 거짓 감리자(공사업법 36조)
(14) 공사감리자 미지정자(공사업법 36조)
(15) 소방시설 설계·시공·감리 하도급자(공사업법 36조)
(16) 소방시설공사 재하도급자(공사업법 36조)
(17) 소방시설업자가 아닌 자에게 소방시설공사 등을 도급한 관계인(공사업법 36조)
(18) 공사업법의 명령에 따르지 않은 소방기술자(공사업법 36조)

답 ④

57 ★★

19.09.문41 19.04.문51 18.09.문43 15.09.문67 13.06.문42 (산업)

다음 조건을 참고하여 숙박시설이 있는 특정소방대상물의 수용인원 산정수로 옳은 것은?

> 침대가 있는 숙박시설로서 1인용 침대의 수는 20개이고, 2인용 침대의 수는 10개이며, 종업원의 수는 3명이다.

① 33 ② 40
③ 43 ④ 46

해설 **소방시설법 시행령 〔별표 7〕**
수용인원의 산정방법

특정소방대상물		산정방법
• 강의실 • 교무실 • 상담실 • 실습실 • 휴게실		$\frac{\text{바닥면적 합계}}{1.9m^2}$
• 숙박시설	침대가 있는 경우 ⟶	종사자수+침대수
	침대가 없는 경우	종사자수+ $\frac{\text{바닥면적 합계}}{3m^2}$
• 기타		$\frac{\text{바닥면적 합계}}{3m^2}$
• 강당 • 문화 및 집회시설, 운동시설 • 종교시설		$\frac{\text{바닥면적의 합계}}{4.6m^2}$

※ **소수점 이하**는 **반올림**한다.

기억법 수반(수반! 동반!)

숙박시설(침대가 있는 경우)
=종사자수+침대수
=3명+(1인용×20개+2인용×10개)=43명

답 ③

58 ★★★

10.03.문54 (산업)

성능위주설계를 실시하여야 하는 특정소방대상물의 범위기준으로 틀린 것은?

① 연면적 200000m² 이상인 특정소방대상물(아파트 등은 제외)
② 지하층을 포함한 층수가 30층 이상인 특정소방대상물(아파트 등은 제외)
③ 건축물의 높이가 120m 이상인 특정소방대상물(아파트 등은 제외)
④ 하나의 건축물에 영화상영관이 5개 이상인 특정소방대상물

해설 **소방시설법 시행령 9조**
성능위주설계를 해야 할 특정소방대상물의 범위
(1) 연면적 **20만m²** 이상인 특정소방대상물(아파트 등 제외)
(2) **50층** 이상(지하층 제외)이거나 지상으로부터 높이가 **200m** 이상인 아파트
(3) **30층** 이상(지하층 포함)이거나 지상으로부터 높이가 **120m** 이상인 특정소방대상물(아파트 등 제외)
(4) 연면적 **3만m²** 이상인 철도 및 도시철도 시설, **공항시설**
(5) 하나의 건축물에 관련법에 따른 **영화상영관**이 **10개** 이상인 특정소방대상물 [보기 ④]
(6) 연면적 **10만m²** 이상이거나 **지하 2층** 이하이고 지하층의 바닥면적의 합이 **3만m²** 이상인 창고시설
(7) 지하연계 복합건축물에 해당하는 특정소방대상물
(8) 터널 중 수저터널 또는 길이가 **5000m** 이상인 것

④ 5개 이상 → 10개 이상

답 ④

59 ★★★

19.04.문41 14.03.문60 11.10.문58

소방본부장 또는 소방서장은 건축허가 등의 동의요구서류를 접수한 날부터 최대 며칠 이내에 건축허가 등의 동의 여부를 회신하여야 하는가? (단, 허가 신청한 건축물은 지상으로부터 높이가 200m인 아파트이다.)

① 5일 ② 7일
③ 10일 ④ 15일

해설 **소방시설법 시행규칙 3조**
건축허가 등의 동의 여부 회신

날 짜	설 명
5일 이내	기타
10일 이내	• **50층** 이상(지하층 제외) 또는 높이 **200m** 이상인 아파트 • **30층** 이상(지하층 포함) 또는 높이 **120m** 이상(아파트 제외) • 연면적 **10만m²** 이상(아파트 제외)

답 ③

60 ★★

13.06.문55

행정안전부령으로 정하는 고급감리원 이상의 소방공사 감리원의 소방시설공사 배치 현장기준으로 옳은 것은?

① 연면적 5000m² 이상 30000m² 미만인 특정소방대상물의 공사현장
② 연면적 30000m² 이상 200000m² 미만인 아파트의 공사현장
③ 연면적 30000m² 이상 200000m² 미만인 특정소방대상물(아파트는 제외)의 공사현장
④ 연면적 200000m² 이상인 특정소방대상물의 공사현장

해설 **공사업령 〔별표 4〕**
소방공사감리원의 배치기준

공사현장	배치기준	
	책임감리원	보조감리원
• 연면적 **5천m²** 미만 • **지하구**	**초급**감리원 이상 (기계 및 전기)	
• 연면적 **5천~3만m²** 미만	**중급**감리원 이상 (기계 및 전기)	

• **물분무등소화설비**(호스릴 제외) 설치 • **제연설비** 설치 • 연면적 **3만~20만m^2** 미만(아파트)	**고급**감리원 이상 (기계 및 전기)	**초급**감리원 이상 (기계 및 전기)
• 연면적 **3만~20만m^2** 미만(아파트 제외) • **16~40층** 미만(지하층 포함)	**특급**감리원 이상 (기계 및 전기)	**초급**감리원 이상 (기계 및 전기)
• 연면적 **20만m^2** 이상 • **40층** 이상(지하층 포함)	특급감리원 중 **소방기술사**	**초급**감리원 이상 (기계 및 전기)

비교

공사업령 〔별표 2〕
소방기술자의 배치기준

공사현장	배치기준
• 연면적 **1천m^2** 미만	소방기술인정자격수첩 발급자
• 연면적 **1천~5천m^2** 미만(아파트 제외) • 연면적 **1천~1만m^2** 미만(아파트) • **지하구**	**초급**기술자 이상 (기계 및 전기분야)
• **물분무등소화설비**(호스릴 제외) 또는 **제연설비** 설치 • 연면적 **5천~3만m^2** 미만(아파트 제외) • 연면적 **1만~20만m^2** 미만(아파트)	**중급**기술자 이상 (기계 및 전기분야)
• 연면적 **3만~20만m^2** 미만(아파트 제외) • **16~40층** 미만(지하층 포함)	**고급**기술자 이상 (기계 및 전기분야)
• 연면적 **20만m^2** 이상 • **40층** 이상(지하층 포함)	**특급**기술자 이상 (기계 및 전기분야)

답 ②

제 4 과목 소방전기시설의 구조 및 원리

★★★
61 감지기의 설치기준 중 옳은 것은?

19.09.문71
19.03.문72
15.05.문69
12.05.문66
11.03.문78
08.03.문76
01.03.문63
98.07.문75
97.03.문68

① 보상식 스포트형 감지기는 정온점이 감지기 주위의 평상시 최고온도보다 20℃ 이상 높은 것으로 설치할 것
② 정온식 감지기는 주방·보일러실 등으로서 다량의 화기를 취급하는 장소에 설치하되, 공칭작동온도가 최고주위온도보다 30℃ 이상 높은 것으로 설치할 것
③ 스포트형 감지기는 15° 이상 경사되지 아니하도록 부착할 것
④ 공기관식 차동식 분포형 감지기의 검출부는 45° 이상 경사되지 아니하도록 부착할 것

해설 **감지기 설치기준**(NFPC 203 7조, NFTC 203 2.4.3)
(1) 감지기(**차동식 분포형** 및 **특수한 것** 제외)는 실내로의 공기유입구로부터 **1.5m** 이상 떨어진 위치에 설치
(2) 감지기는 천장 또는 반자의 옥내의 면하는 부분에 설치
(3) **보상식 스포트형 감지기**는 정온점이 감지기 주위의 평상시 최고온도보다 **20℃** 이상 높은 것으로 설치
(4) **정온식 감지기는 주방·보일러실** 등으로 다량의 화기를 단속적으로 취급하는 장소에 설치
(5) 스포트형 감지기는 **45°** 이상 경사지지 않도록 부착
(6) **공기관식** 차동식 분포형 감지기 설치시 공기관은 **도중**에서 **분기**하지 않도록 부착
(7) **공기관식** 차동식 분포형 감지기의 검출부는 **5°** 이상 경사되지 않도록 설치

중요

경사제한각도

공기관식 감지기의 검출부	스포트형 감지기
5° 이상	45° 이상

② 30℃ → 20℃
③ 15° → 45°
④ 45° → 5°

답 ①

★★★
62 휴대용 비상조명등의 설치기준 중 틀린 것은?

15.09.문64
15.05.문61
14.09.문75
13.03.문68

① 영화상영관에는 보행거리 50m 이내마다 3개 이상 설치할 것
② 지하상가 및 지하역사에는 보행거리 30m 이내마다 3개 이상 설치할 것
③ 숙박시설 또는 다중이용업소에는 객실 또는 영업장 안의 구획된 실마다 잘 보이는 곳에 1개 이상 설치할 것
④ 건전지 및 충전식 배터리의 용량은 20분 이상 유효하게 사용할 수 있는 것으로 할 것

해설 **휴대용 비상조명등의 적합기준**(NFPC 304 4조, NFTC 304 2.1.2)

설치개수	설치장소
1개 이상	• **숙박시설** 또는 **다중이용업소**에는 객실 또는 영업장 안의 구획된 실마다 잘 보이는 곳(외부에 설치시 출입문 손잡이로부터 **1m 이내** 부분)
3개 이상	• **지하상가** 및 **지하역사**의 **보행거리 25m** 이내마다 • **대규모점포(백화점·대형점·쇼핑센터)** 및 **영화상영관**의 **보행거리 50m** 이내마다

(1) 바닥으로부터 **0.8~1.5m 이하**의 높이에 설치할 것
(2) 어둠 속에서 **위치**를 **확인**할 수 있도록 할 것
(3) 사용시 **자동**으로 **점등**되는 구조일 것
(4) 외함은 **난연성능**이 있을 것
(5) 건전지를 사용하는 경우에는 **방전방지조치**를 하여야 하고, **충전식 배터리**의 경우에는 **상시 충전**되도록 할 것
(6) 건전지 및 충전식 배터리의 용량은 **20분 이상** 유효하게 사용할 수 있는 것으로 할 것

기억법 2휴(이유)

② 보행거리 30m → 보행거리 25m

용어

휴대용 비상조명등
화재발생 등으로 정전시 안전하고 원활한 피난을 위하여 피난자가 휴대할 수 있는 조명등

답 ②

63 경사강하식 구조대의 구조기준 중 틀린 것은?

① 손잡이는 출구 부근에 좌우 각 3개 이상 균일한 간격으로 견고하게 부착하여야 한다.
② 입구틀 및 고정틀의 입구는 지름 30cm 이상의 구체가 통과할 수 있어야 한다.
③ 구조대 본체의 활강부는 낙하방지를 위해 포를 2중구조로 하거나 또는 망목의 변의 길이가 8cm 이하인 망을 설치하여야 한다.
④ 구조대 본체의 끝부분에는 길이 4m 이상, 지름 4mm 이상의 유도선을 부착하여야 하며, 유도선 끝에는 중량 3N(300g) 이상의 모래주머니 등을 설치하여야 한다.

해설 **경사강하식 구조대의 구조기준**(구조대의 형식승인 및 제품검사의 기술기준 3조)
(1) 손잡이는 출구 부근에 좌우 각 **3개** 이상 균일한 간격으로 견고하게 부착하여야 한다.
(2) 입구틀 및 고정틀의 입구는 **지름 60cm 이상**의 구체가 통과할 수 있어야 한다.
(3) 구조대 본체의 활강부는 낙하방지를 위해 포를 **2중구조**로 하거나 또는 망목의 **변의 길이**가 **8cm 이하**인 망을 설치하여야 한다.
(4) 구조대 본체의 끝부분에는 **길이 4m 이상**, **지름 4mm 이상**의 유도선을 부착하여야 하며, 유도선 끝에는 중량 **3N(300g) 이상**의 모래주머니 등을 설치하여야 한다.
(5) 포지는 사용시에 **수직방향**으로 현저하게 늘어나지 아니하여야 한다.
(6) 구조대 본체는 강하방향으로 봉합부가 설치되지 아니하여야 한다.
(7) 본체의 포지는 하부지지장치에 인장력이 균등하게 걸리도록 부착하여야 하며 하부지지장치는 쉽게 조작할 수 있어야 한다.

② 지름 30cm → 지름 60cm

답 ②

64 15.05.문78 10.09.문73
전기사업자로부터 저압으로 수전하는 경우 비상전원설비로 옳은 것은?

① 방화구획형 ② 전용배전반(1·2종)
③ 큐비클형 ④ 옥외개방형

해설 **비상전원수전설비**(NFPC 602 5·6조/NFTC 602 2.2.1, 2.3.1)

저압수전	특고압수전
• 전용배전반(1·2종) • 전용분전반(1·2종) • 공용분전반(1·2종) 기억법 저배분(저기 있는 것 배분해!)	• 방화구획형 • 옥외개방형 • 큐비클형

답 ②

65 16.10.문78 12.05.문63
비상콘센트의 배치기준 중 바닥면적이 $1000m^2$ 미만인 층은 계단의 출입구로부터 몇 m 이내에 설치하여야 하는가?

① 1.5 ② 5
③ 7 ④ 10

해설 **비상콘센트 설치기준**(NFPC 504 4조, NFTC 504 2.1.5)
(1) **11층** 이상의 각 층마다 설치
(2) 바닥으로부터 **0.8m** 이상 **1.5m** 이하의 위치에 설치
(3) **수평거리 기준**

수평거리 25m 이하	수평거리 50m 이하
지하상가 또는 **지하층**의 바닥면적의 합계가 **$3000m^2$** 이상	기타

(4) **바닥면적 기준**

바닥면적 $1000m^2$ 미만	바닥면적 $1000m^2$ 이상
계단의 출입구로부터 **5m** 이내 설치	각 계단의 출입구 또는 **계단부속실**의 출입구로부터 **5m** 이내 설치

답 ②

66 19.09.문77
광원점등방식 피난유도선의 설치기준 중 틀린 것은?

① 피난유도 표시부는 50cm 이내의 간격으로 연속되도록 설치하되 실내장식물 등으로 설치가 곤란할 경우 2m 이내로 설치할 것
② 피난유도 표시부는 바닥으로부터 높이 1m 이하의 위치 또는 바닥면에 설치할 것
③ 피난유도 제어부는 조작 및 관리가 용이하도록 바닥으로부터 0.8m 이상 1.5m 이하의 높이에 설치할 것
④ 구획된 각 실로부터 주출입구 또는 비상구까지 설치할 것

해설 **광원점등방식**의 **피난유도선 설치기준**(NFPC 303 9조, NFTC 303 2.6.2)
(1) 구획된 각 실로부터 **주출입구** 또는 **비상구**까지 설치
(2) 피난유도 표시부는 바닥으로부터 높이 **1m 이하**의 위치 또는 바닥면에 설치
(3) 피난유도 표시부는 **50cm 이내**의 간격으로 연속되도록 설치하되 실내장식물 등으로 설치가 곤란할 경우 **1m 이내**로 설치
(4) 수신기로부터의 **화재신호** 및 **수동조작**에 의하여 광원이 점등되도록 설치
(5) 비상전원이 **상시 충전상태**를 유지하도록 설치
(6) 바닥에 설치되는 피난유도 표시부는 **매립**하는 방식을 사용
(7) 피난유도 제어부는 조작 및 관리가 용이하도록 바닥으로부터 **0.8~1.5m** 이하의 높이에 설치

① 2m 이내 → 1m 이내

비교

축광방식의 **피난유도선 설치기준**(NFPC 303 9조, NFTC 303 2.6.1)
(1) 구획된 각 실로부터 **주출입구** 또는 **비상구**까지 설치
(2) 바닥으로부터 높이 **50cm 이하**의 위치 또는 바닥면에 설치
(3) 피난유도 표시부는 **50cm 이내**의 간격으로 연속되도록 설치
(4) 부착대에 의하여 견고하게 설치
(5) **외부의 빛** 또는 **조명장치**에 의하여 상시 조명이 제공되거나 비상조명등에 따른 조명이 제공되도록 설치

답 ①

★★
67

14.05.문68
11.03.문77

자동화재속보설비의 속보기는 연동 또는 수동작동에 의한 다이얼링 후 소방관서와 전화접속이 이루어지지 않는 경우에는 최초 다이얼링을 포함하여 몇 회 이상 반복적으로 접속을 위한 다이얼링이 이루어져야 하는가? (단, 이 경우 매회 다이얼링 완료 후 호출은 30초 이상 지속한다.)

① 3회 ② 5회
③ 10회 ④ 20회

해설 **속보기**의 **적합기능**(자동화재속보설비의 속보기의 성능인증 및 제품검사의 기술기준 5조)
(1) 작동신호를 수신하거나 수동으로 동작시키는 경우 **20초** 이내에 소방관서에 자동적으로 신호를 발하여 통보하되, **3회** 이상 속보할 수 있을 것
(2) 예비전원은 **감시상태**를 **60분**간 지속한 후 **10분** 이상 **동작**(화재속보 후 화재표시 및 경보를 **10분**간 유지하는 것)이 지속될 수 있는 용량이어야 한다.
(3) 속보기는 연동 또는 수동작동에 의한 다이얼링 후 소방관서와 전화접속이 이루어지지 않는 경우에는 최초 다이얼링을 포함하여 **10회** 이상 **반복**적으로 접속을 위한 **다이얼링**이 이루어져야 한다. 이 경우 매회 다이얼링 완료 후 **호출**은 **30초** 이상 지속될 것

기억법 반복10다(반복은 쉽다.)

답 ③

★★★
68

19.09.문80
18.03.문70
16.03.문80
14.09.문64
08.03.문62
06.05.문79

무선통신보조설비의 설치 제외기준 중 다음 ( ) 안에 알맞은 것으로 연결된 것은?

> 지하층으로서 특정소방대상물의 바닥부분 (㉠)면 이상이 지표면과 동일하거나 지표면으로부터의 깊이가 (㉡)m 이하인 경우에는 해당층에 한하여 무선통신보조설비를 설치하지 아니할 수 있다.

① ㉠ 2, ㉡ 1 ② ㉠ 2, ㉡ 2
③ ㉠ 3, ㉡ 1 ④ ㉠ 3, ㉡ 2

해설 **무선통신보조설비**의 **설치 제외**(NFPC 505 4조, NFTC 505 2.1)
(1) **지하층**으로서 특정소방대상물의 바닥부분 **2면** 이상이 지표면과 동일한 경우의 해당층
(2) 지하층으로서 지표면으로부터의 깊이가 **1m 이하**인 경우의 해당층

기억법 2면무지(이면 계약의 무지)

답 ①

★
69

19.03.문73
11.03.문75(산업)

5~10회로까지 사용할 수 있는 누전경보기의 집합형 수신기 내부결선도에서 그 구성요소가 아닌 것은?

① 제어부
② 조작부
③ 증폭부
④ 도통시험 및 동작시험부

해설 **5~10회로 집합형 수신기**의 **내부결선도**
(1) 자동입력 절환부
(2) 증폭부
(3) 제어부
(4) 회로접합부
(5) 전원부
(6) 도통시험 및 동작시험부
(7) 동작회로표시부

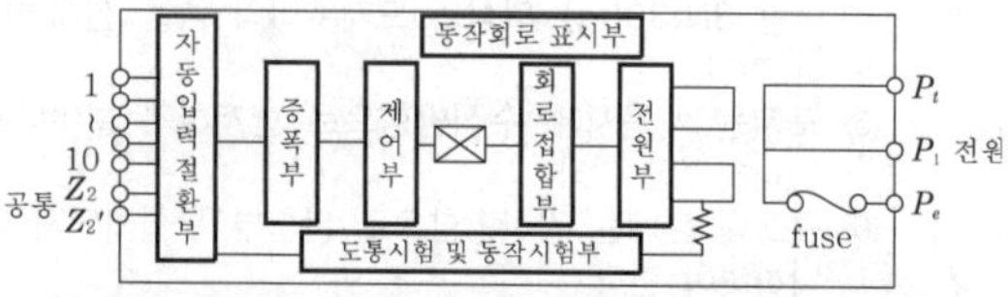

기억법 제도 증5(나쁜 제도를 증오한다.)

답 ②

★★★
70 08.09.문79 (산업)

무선통신보조설비의 증폭기 전면에 주회로의 전원이 정상인지의 여부를 표시할 수 있도록 설치하는 것으로 옳은 것은?

① 전력계 및 전류계 ② 전류계 및 전압계
③ 표시등 및 전압계 ④ 표시등 및 전력계

해설 **증폭기** 및 **무선중계기**의 **설치기준**(NFPC 505 8조, NFTC 505 2.5.1)

(1) 전원은 **축전지설비**, **전기저장장치** 또는 **교류전압 옥내간선**으로 하고, 전원까지의 배선은 **전용**으로 할 것
(2) 증폭기의 전면에는 전원확인 **표시등** 및 **전압계**를 설치할 것
(3) 증폭기의 비상전원 용량은 **30분** 이상일 것
(4) **증폭기** 및 **무선중계기**를 설치하는 경우 전파법에 따른 적합성 평가를 받은 제품으로 설치하고 임의로 변경하지 않도록 할 것
(5) 디지털방식의 무전기를 사용하는 데 지장이 없도록 설치할 것

기억법 **3무증표축전(상무님이 증표로 축전을 보냈다.)**

용어

전기저장장치
외부 전기에너지를 저장해 두었다가 필요한 때 전기를 공급하는 장치

답 ③

★★
71 15.09.문68

피난기구의 설치개수기준 중 틀린 것은?

① 피난기구 외에 4층 이상의 층에 설치된 장애인 관련시설로서 주된 사용자 중 스스로 피난이 불가한 자가 있는 경우에는 층마다 구조대를 1개 이상 추가로 설치할 것
② 휴양콘도미니엄을 제외한 숙박시설의 경우에는 추가로 객실마다 완강기 또는 1개 이상의 간이완강기를 설치할 것
③ 층마다 설치하되, 숙박시설·노유자시설 및 의료시설로 사용되는 층에 있어서는 그 층의 바닥면적 500m^2마다 1개 이상 설치할 것
④ 층마다 설치하되, 위락시설, 문화·집회 및 운동시설·판매시설로 사용되는 층 또는 복합용도의 층에 있어서는 그 층은 바닥면적 800m^2마다 1개 이상 설치할 것

해설 **피난기구**의 **설치개수**(NFPC 301 5조, NFTC 301 2.1.2)

(1) **층**마다 설치할 것

시 설	설치기준
• 숙박시설·노유자시설·의료시설	바닥면적 **500m^2**마다 (층마다 설치)
• **위락시설**·문화 및 집회시설, 운동시설 • 판매시설·복합용도의 층	바닥면적 **800m^2**마다 (층마다 설치)
• 그 밖의 용도의 층	바닥면적 **1000m^2**마다 (층마다 설치)
• 아파트 등(계단실형 아파트)	각 세대마다

(2) 피난기구 외에 **숙박시설**(휴양콘도미니엄 제외)의 경우에는 추가로 객실마다 완강기 또는 **둘** 이상의 간이완강기를 설치할 것
(3) 피난기구 외에 **4층 이상**의 층에 설치된 **장애인관련시설**로서 주된 사용자 중 스스로 피난이 불가한 자가 있는 경우에는 층마다 **구조대**를 **1개** 이상 추가로 설치할 것

② 1개 → 2개

답 ②

★★★
72 19.04.문63 18.04.문61 16.10.문61 16.05.문76 15.09.문80 14.03.문64 11.10.문67

비상콘센트설비의 전원회로의 설치기준 중 틀린 것은?

① 비상콘센트용 풀박스 등은 방청도장을 한 것으로서, 두께 1.6mm 이상의 철판으로 할 것
② 하나의 전용회로에 설치하는 비상콘센트는 10개 이하로 할 것
③ 콘센트마다 배선용 차단기(KS C 8321)를 설치하여야 하며, 충전부가 노출되지 아니하도록 할 것
④ 전원회로는 단상교류 220V인 것으로서, 그 공급용량은 3kVA 이상인 것으로 할 것

해설 **비상콘센트설비**(NFPC 504 4조, NFTC 504 2.1)

구 분	전 압	용 량	플러그 접속기
단상교류	**2**20V	1.5kVA 이상	**접**지형 **2**극

(1) 1전용회로에 설치하는 비상콘센트는 **10**개 이하로 할 것
(2) 풀박스는 **1.6mm** 이상의 **철**판을 사용할 것

기억법 **단2(단위), 10콘(시큰둥!), 16철콘, 접2(접이식)**

(3) 전원회로는 주배전반에서 **전용**회로로 할 것
(4) 전원으로부터 각 층의 비상콘센트에 분기되는 경우 **분기배선용 차단기**를 보호함 안에 설치할 것
(5) 콘센트마다 **배선용 차단기**(KS C 8321)를 설치하여야 하며, 충전부는 노출되지 않도록 할 것

④ 3kVA 이상 → 1.5kVA 이상

답 ④

★★
73 19.09.문74 19.04.문64 16.03.문73 14.05.문65 14.05.문73 08.03.문77

특정소방대상물의 그 부분에서 피난층에 이르는 부분의 비상조명등을 60분 이상 유효하게 작동시킬 수 있는 용량으로 하여야 하는 경우가 아닌 것은?

① 지하층을 제외한 층수가 11층 이상의 층
② 지하층 또는 무창층으로서 용도가 도매시장·소매시장
③ 지하층 또는 무창층으로서 용도가 여객자동차터미널·지하역사 또는 지하상가
④ 터널로서 길이 500m 이상

해설 **비상조명등**의 **60분 이상 작동용량**(NFPC 304 4조, NFTC 304 2.1.1.5)

(1) **11층** 이상(지하층 제외)

(2) 지하층·무창층으로서 **도매시장·소매시장·여객자동차터미널·지하역사·지하상가**

④ 해당없음

중요

비상전원 용량

설비의 종류	비상전원 용량
• **자**동화재탐지설비 • 비상**경**보설비 • **자**동화재속보설비	**10분** 이상
• 유도등 • 비상콘센트설비 • 제연설비 • 물분무소화설비 • 옥내소화전설비(**30층** 미만) • 특별피난계단의 계단실 및 부속실 제연설비(**30층** 미만)	**20분** 이상
• 무선통신보조설비의 **증**폭기	**30분** 이상
• 옥내소화전설비(30~**49층** 이하) • 특별피난계단의 계단실 및 부속실 제연설비(30~**49층** 이하) • 연결송수관설비(30~**49층** 이하) • 스프링클러설비(30~**49층** 이하)	**40분** 이상
• 유도등·비상조명등(지하상가 및 11층 이상) • 옥내소화전설비(**50층** 이상) • 특별피난계단의 계단실 및 부속실 제연설비(**50층** 이상) • 연결송수관설비(**50층** 이상) • 스프링클러설비(**50층** 이상)	**60분** 이상

기억법 **경자비1**(**경자**라는 이름은 **비일**비재하게 많다.) **3증**(**3중**고)

답 ④

★★★

74 **주요구조부를 내화구조로 한 특정소방대상물의 바닥면적이 370m²인 부분에 설치해야 하는 감지기의 최소수량은? (단, 감지기 부착높이는 바닥으로부터 4.5m이고, 보상식 스포트형 1종을 설치한다.)**

12.09.문63 (산업)

① 6개 ② 7개

③ 8개 ④ 9개

해설 **감지기**의 **바닥면적**(m^2)(NFPC 203 7조, NFTC 203 2.4.3.5)

부착높이 및 소방대상물의 구분		감지기의 종류				
		차동식·보상식 스포트형		정온식 스포트형		
		1종	2종	특종	1종	2종
4m 미만	내화구조	90	70	70	60	20
	기타구조	50	40	40	30	15
4m 이상 8m 미만	내화구조	45	35	35	30	–
	기타구조	30	25	25	15	–

4m 이상의 **내화구조**이고 보상식 스포트형 감지기 1종이므로 기준면적 **45m²**

$$\text{설치개수} = \frac{\text{바닥면적}}{\text{기준면적}} = \frac{370\text{m}^2}{45\text{m}^2} = 8.2 \fallingdotseq 9\text{개(절상)}$$

용어

절상
'**소수점 이하는 무조건 올린다**'는 뜻

중요

감지기·유도등 개수	수용인원 산정
소수점 이하는 **절상**	소수점 이하는 **반올림** 기억법 **수반**(**수반**! 동반)

답 ④

★★★

75 **자동화재탐지설비의 경계구역 설정 기준으로 옳은 것은?**

19.09.문61 18.09.문66 15.09.문75 15.03.문64 14.05.문80 14.03.문72 13.09.문66 13.03.문67

① 하나의 경계구역이 3개 이상의 건축물에 미치지 아니하도록 하여야 한다.

② 하나의 경계구역의 면적은 500m² 이하로 하고 한 변의 길이는 60m 이하로 하여야 한다.

③ 500m² 이하는 2개 층을 하나의 경계구역으로 할 수 있다.

④ 특정소방대상물의 주된 출입구에서 그 내부 전체가 보이는 것에 있어서는 한 변의 길이가 100m의 범위 내에서 1500m² 이하로 할 수 있다.

해설 **경계구역**(NFPC 203 3조, NFTC 203 1.7)

(1) **정의**: 특정소방대상물 중 **화재신호**를 **발신**하고 그 **신호**를 **수신** 및 유효하게 **제어**할 수 있는 구역

(2) **경계구역의 설정기준**(NFPC 203 4조, NFTC 203 2.1)

㉠ 1경계구역이 2개 이상의 **건축물**에 미치지 않을 것

㉡ 1경계구역이 2개 이상의 **층**에 미치지 않을 것(단, 500m² 이하는 2개 층을 하나의 경계구역으로 가능)

㉢ 1경계구역의 면적은 **600m²** 이하로 하고, 1변의 길이는 **50m** 이하로 할 것(내부 전체가 보이면 **50m** 범위 내에서 **1000m²** 이하)

(3) **1경계구역의 높이**: **45m** 이하

① 3개 이상 → 2개 이상
② 500m² 이하 → 600m² 이하, 60m 이하 → 50m 이하
④ 100m → 50m, 1500m² 이하 → 1000m² 이하

답 ③

★
76 피난구유도등의 설치 제외기준 중 틀린 것은?

11.06.문76

① 거실 각 부분으로부터 하나의 출입구에 이르는 보행거리가 20m 이하이고 비상조명등과 유도표지가 설치된 거실의 출입구
② 바닥면적이 500m² 미만인 층으로서 옥내로부터 직접 지상으로 통하는 출입구(외부의 식별이 용이하지 않은 경우에 한함)
③ 출입구가 3 이상 있는 거실로서 그 거실 각 부분으로부터 하나의 출입구에 이르는 보행거리가 30m 이하인 경우에는 주된 출입구 2개소 외의 출입구(유도표지가 부착된 출입구)
④ 대각선 길이가 15m 이내인 구획된 실의 출입구

해설 **피난구유도등의 설치 제외 장소**(NFTC 303 2.8)

(1) 옥내에서 직접 지상으로 통하는 출입구(바닥면적 **1000m²** 미만 층)
(2) **대각선** 길이가 **15m 이내**인 구획된 실의 출입구
(3) 비상조명등·유도표지가 설치된 거실 출입구(거실 각 부분에서 출입구까지의 **보행거리 20m** 이하)
(4) 출입구가 **3 이상**인 거실(거실 각 부분에서 출입구까지의 **보행거리 30m** 이하는 주된 출입구 **2개소 외**의 출입구)

② 500m² 미만 → 1000m² 미만, 용이하지 않은 → 용이한

비교

(1) **휴대용 비상조명등의 설치 제외 장소**(NFPC 304 5조, NFTC 304 2.2.2) : 복도·통로·창문 등을 통해 **피**난이 용이한 경우(**지상 1층·피난층**)

기억법 **휴피(휴지로 피닦아!)**

(2) **통로유도등의 설치 제외 장소**(NFPC 303 11조, NFTC 303 2.8.2)
㉠ 길이 **30m** 미만의 복도·통로(구부러지지 않은 복도·통로)
㉡ 보행거리 **20m** 미만의 복도·통로(출입구에 **피난구유도등**이 설치된 복도·통로)

(3) **객석유도등의 설치 제외 장소**(NFPC 303 11조, NFTC 303 2.8.3)
㉠ **채광**이 충분한 객석(**주간**에만 사용)
㉡ **통**로유도등이 설치된 객석(거실 각 부분에서 거실 출입구까지의 **보행거리 20m** 이하)

기억법 **채객보통(채소는 객관적으로 보통이다.)**

답 ②

★★★
77 각 설비와 비상전원의 최소용량 연결이 틀린 것은?

19.04.문61
15.03.문79 (산업)
13.06.문72
07.09.문80

① 비상콘센트설비－20분 이상
② 제연설비－20분 이상
③ 비상경보설비－20분 이상
④ 무선통신보조설비의 증폭기－30분 이상

해설 **비상전원 용량**

설비의 종류	비상전원 용량
• **자**동화재탐지설비 • 비상**경**보설비 • **자**동화재속보설비	**1**0분 이상
• 유도등 • 비상콘센트설비 • 제연설비 • 물분무소화설비 • 옥내소화전설비(**30층** 미만) • 특별피난계단의 계단실 및 부속실 제연설비(**30층** 미만)	**20분** 이상
• 무선통신보조설비의 **증**폭기	**3**0분 이상
• 옥내소화전설비(30~**49층** 이하) • 특별피계난의 계단실 및 부속실 제연설비(30~**49층** 이하) • 연결송수관설비(30~**49층** 이하) • 스프링클러설비(30~**49층** 이하)	**40분** 이상
• 유도등·비상조명등(지하상가 및 11층 이상) • 옥내소화전설비(**50층** 이상) • 특별피난계단의 계단실 및 부속실 제연설비(**50층** 이상) • 연결송수관설비(**50층** 이상) • 스프링클러설비(**50층** 이상)	**60분** 이상

기억법 **경자비1(경자라는 이름은 비일비재하게 많다.) 3증(3중고)**

③ 20분 이상 → 10분 이상

중요

비상전원의 종류

(1) 유도등－축전지
(2) 비상콘센트설비 ─ 자가발전설비, 축전지설비, 비상전원수전설비, 전기저장장치
(3) 옥내소화전설비 ─ 자가발전설비, 축전지설비, 전기저장장치
(4) 물분무소화설비 ─ 자가발전설비, 축전지설비, 전기저장장치

→ **20분 이상**

답 ③

★★★
78 비상방송설비의 배선의 설치기준 중 부속회로의 전로와 대지 사이 및 배선 상호간의 절연저항은 1경계구역마다 직류 250V의 절연저항측정기를 사용하여 측정한 절연저항이 몇 MΩ 이상이 되도록 해야 하는가?

16.05.문73 16.03.문69 14.05.문77 11.03.문62

① 0.1 ② 0.2
③ 10 ④ 20

해설 **절연저항시험**

절연저항계	절연저항	대 상
직류 250V	0.1MΩ 이상	• 1경계구역의 절연저항 기억법 경2501
직류 500V	5MΩ 이상	• 누전경보기 • 가스누설경보기 • 수신기(10회로 미만, 절연된 충전부와 외함간) • 자동화재속보설비 • 비상경보설비 • 유도등(교류입력측과 외함간 포함) • 비상조명등(교류입력측과 외함간 포함) 기억법 5누(오누이)
	20MΩ 이상	• 경종 • 발신기 • 중계기 • 비상콘센트 • 기기의 절연된 선로간 • 기기의 충전부와 비충전부간 • 기기의 교류입력측과 외함간(유도등·비상조명등 제외)
	50MΩ 이상	• 감지기(정온식 감지선형 감지기 제외) • 가스누설경보기(10회로 이상) • 수신기(10회로 이상, 교류입력측과 외함간 제외)
	1000MΩ 이상	• 정온식 감지선형 감지기

답 ①

★★
79 감지기의 부착면과 실내바닥과의 거리가 2.3m 이하인 곳으로서 일시적으로 발생한 열·연기 또는 먼지 등으로 인하여 화재신호를 발신할 우려가 있는 장소에 적응성이 있는 감지기가 아닌 것은?

05.09.문78 (산업)

① 불꽃감지기
② 축적방식의 감지기
③ 정온식 감지선형 감지기
④ 광전식 스포트형 감지기

해설 바닥에서 부착면까지 **2.3m 이하**에 **설치 가능한 감지기** (NFPC 203 7조)

(1) **불꽃**감지기
(2) **정온식 감지선형** 감지기
(3) **분포형** 감지기
(4) **복합형** 감지기
(5) **광전식 분리형** 감지기
(6) **아날로그방식**의 감지기
(7) **다신호방식**의 감지기
(8) **축적방식**의 감지기

기억법 **불정감 복분 광아다축**

④ 해당없음

답 ④

★★★
80 비상방송설비의 음향장치의 설치기준 중 다음 ( ) 안에 알맞은 것으로 연결된 것은?

15.03.문61 14.03.문73 13.03.문72

> 층수가 11층 이상으로서 연면적이 3000m²를 초과하는 특정소방대상물의 (㉠) 이상의 층에서 발화한 때에는 발화층 및 그 직상 4개층에, (㉡)에서 발화한 때에는 발화층·그 직상 4개층 및 지하층에, (㉢)에서 발화한 때에는 발화층·그 직상층 및 기타의 지하층에 경보를 발할 것

① ㉠ 2층, ㉡ 1층, ㉢ 지하층
② ㉠ 1층, ㉡ 2층, ㉢ 지하층
③ ㉠ 2층, ㉡ 지하층, ㉢ 1층
④ ㉠ 2층, ㉡ 1층, ㉢ 모든 층

해설 **비상방송설비**의 **우선경보방식**(NFPC 202 4조, NFTC 202 2.1.1.7)

‖ 11층(공동주택 16층) 이상의 특정소방대상물의 경보 ‖

발화층	경보층	
	11층(공동주택 16층) 미만	11층(공동주택 16층) 이상
2층 이상 발화	전층 일제경보	• 발화층 • 직상 4개층
1층 발화		• 발화층 • 직상 4개층 • 지하층
지하층 발화		• 발화층 • 직상층 • 기타의 지하층

답 ①

17년 2017. 5. 7 시행

▌2017년 기사 제2회 필기시험▐

자격종목	종목코드	시험시간	형별	수험번호	성명
소방설비기사(전기분야)		**2시간**			

※ 각 문항은 4지택일형으로 질문에 가장 적합한 보기 항을 선택하여 체크하여야 합니다.

제 1 과목 소방원론

01 화재시 이산화탄소를 사용하여 화재를 진압하려고 할 때 산소의 농도를 13vol%로 낮추어 화재를 진압하려면 공기 중 이산화탄소의 농도는 약 몇 vol%가 되어야 하는가?

19.04.문13 / 15.05.문13 / 14.05.문07 / 13.09.문16 / 12.05.문14

① 18.1 ② 28.1
③ 38.1 ④ 48.1

유사문제부터 풀어보세요. 실력이 팍!팍! 올라갑니다.

해설

$$CO_2 = \frac{21 - O_2}{21} \times 100$$

여기서, CO_2 : CO_2의 농도〔vol%〕
O_2 : O_2의 농도〔vol%〕

$$CO_2 = \frac{21 - O_2}{21} \times 100$$

$$CO_2 = \frac{21 - 13}{21} \times 100$$

$\fallingdotseq 38.1\text{vol\%}$

중요

이산화탄소소화설비와 관련된 **식**

$$CO_2 = \frac{\text{방출가스량}}{\text{방호구역체적} + \text{방출가스량}} \times 100 = \frac{21 - O_2}{21} \times 100$$

여기서, CO_2 : CO_2의 농도〔vol%〕
O_2 : O_2의 농도〔vol%〕

$$\text{방출가스량} = \frac{21 - O_2}{O_2} \times \text{방호구역체적}$$

여기서, O_2 : O_2의 농도〔vol%〕

• 단위가 원래는 vol% 또는 v%, vol.%인데 줄여서 %로 쓰기도 한다.

용어

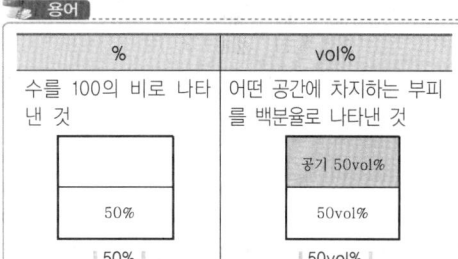

%	vol%
수를 100의 비로 나타낸 것	어떤 공간에 차지하는 부피를 백분율로 나타낸 것
50%	공기 50vol% / 50vol%
50%	50vol%

답 ③

02 건물화재의 표준시간-온도곡선에서 화재발생 후 1시간이 경과할 경우 내부온도는 약 몇 ℃ 정도 되는가?

① 225 ② 625
③ 840 ④ 925

해설 **시간경과시**의 **온도**

경과시간	온도
30분 후	840℃
1시간 후	925~**95**0℃
2시간 후	1010℃

기억법 **1시 95**

답 ④

03 프로판 50vol%, 부탄 40vol%, 프로필렌 10vol%로 된 혼합가스의 폭발하한계는 약 vol%인가? (단, 각 가스의 폭발하한계는 프로판은 2.2vol%, 부탄은 1.9vol%, 프로필렌은 2.4vol%이다.)

① 0.83 ② 2.09
③ 5.05 ④ 9.44

해설 **혼합가스**의 **폭발하한계**

$$\frac{100}{L} = \frac{V_1}{L_1} + \frac{V_2}{L_2} + \frac{V_3}{L_3}$$

여기서, L : 혼합가스의 폭발하한계〔vol%〕

$L_1 \sim L_3$: 가연성 가스의 폭발하한계〔vol%〕

$V_1 \sim V_3$: 가연성 가스의 용량〔vol%〕

$$\frac{100}{L} = \frac{V_1}{L_1} + \frac{V_2}{L_2} + \frac{V_3}{L_3}$$

$$\frac{100}{L} = \frac{50}{2.2} + \frac{40}{1.9} + \frac{10}{2.4}$$

$$\frac{100}{\frac{50}{2.2} + \frac{40}{1.9} + \frac{10}{2.4}} = L$$

$$L = \frac{100}{\frac{50}{2.2} + \frac{40}{1.9} + \frac{10}{2.4}} \fallingdotseq 2.09\text{vol\%}$$

• 단위가 원래는 vol% 또는 v%, vol.%인데 줄여서 %로 쓰기도 한다.

답 ②

★★★
04 유류탱크 화재시 발생하는 슬롭오버(Slop over) 현상에 관한 설명으로 틀린 것은?

① 소화시 외부에서 방사하는 포에 의해 발생한다.

② 연소유가 비산되어 탱크 외부까지 화재가 확산된다.

③ 탱크의 바닥에 고인물의 비등팽창에 의해 발생한다.

④ 연소면의 온도가 100℃ 이상일 때 물을 주수하면 발생한다.

해설 **유류탱크, 가스탱크**에서 **발생**하는 **현상**

구 분	설 명
블래비 (BLEVE)	• 과열상태의 탱크에서 내부의 액화가스가 분출하여 기화되어 폭발하는 현상
보일오버 (Boil over)	• 중질유의 석유탱크에서 장시간 조용히 연소하다 탱크 내의 잔존기름이 갑자기 분출하는 현상 • 유류탱크에서 **탱크바닥**에 **물**과 기름의 **에멀션**이 섞여 있을 때 이로 인하여 화재가 발생하는 현상 • 연소유면으로부터 100℃ 이상의 열파가 탱크 저부에 고여 있는 물을 비등하게 하면서 연소유를 탱크 밖으로 비산시키며 연소하는 현상
오일오버 (Oil over)	• 저장탱크에 저장된 유류저장량이 내용적의 **50%** 이하로 충전되어 있을 때 화재로 인하여 탱크가 폭발하는 현상
프로스오버 (Froth over)	• 물이 점성의 뜨거운 기름표면 아래에서 끓을 때 화재를 수반하지 않고 용기가 넘치는 현상
슬롭오버 (Slop over)	• 물이 연소유의 뜨거운 표면에 들어갈 때 기름표면에서 화재가 발생하는 현상 • 유화제로 소화하기 위한 물이 수분의 급격한 증발에 의하여 액면이 거품을 일으키면서 열유층 밑의 냉유가 급히 열팽창하여 기름의 일부가 불이 붙은 채 탱크벽을 넘어서 일출하는 현상 • 연소면의 온도가 100℃ 이상일 때 물을 주수하면 발생 • 소화시 외부에서 방사하는 포에 의해 발생 • 연소유가 비산되어 탱크 외부까지 화재가 확산

③ 보일오버(Boil over)에 대한 설명

답 ③

★★★
05 에터, 케톤, 에스터, 알데하이드, 카르복실산, 아민 등과 같은 가연성인 수용성 용매에 유효한 포소화약제는?

19.09.문12

① 단백포　　② 수성막포

③ 불화단백포　　④ 내알콜포

해설 **내알코올형포**(알코올포)

(1) 알코올류 위험물(**메탄올**)의 소화에 사용

(2) **수용성** 유류화재(**아세트알데하이드**, **에스터류**)에 사용
: 수용성 용매에 사용

(3) **가연성 액체**에 사용

• 메탄올=메틸알코올

기억법 내알 메아에가

답 ④

★★
06 화재의 소화원리에 따른 소화방법의 적용이 틀린 것은?

19.09.문13
18.09.문19
16.03.문08
15.03.문17
14.03.문19
11.10.문19
03.08.문11

① 냉각소화 : 스프링클러설비

② 질식소화 : 이산화탄소소화설비

③ 제거소화 : 포소화설비

④ 억제소화 : 할론소화설비

해설 화재의 **소화원리**에 따른 **소화방법**

소화원리	소화설비
냉각소화	① 스프링클러설비 ② 옥내·외소화전설비
질식소화	① 이산화탄소소화설비 ② 포소화설비 ③ 분말소화설비 ④ 불활성기체 소화약제
억제소화 (부촉매효과)	① 할론소화설비 ② 할로겐화합물소화약제

③ 질식소화 : 포소화설비

답 ③

★★
07 동식물유류에서 "아이오딘값이 크다."라는 의미를 옳게 설명한 것은?

14.05.문16
11.06.문16

① 불포화도가 높다.
② 불건성유이다.
③ 자연발화성이 낮다.
④ 산소와의 결합이 어렵다.

해설 **"아이오딘값이 크다."**라는 **의미**
(1) **불포**화도가 높다.
(2) **건성유**이다.
(3) 자연발화성이 높다.
(4) 산소와 결합이 쉽다.

※ **아이오딘값** : 기름 100g에 첨가되는 아이오딘의 g수

기억법 **아불포**

답 ①

★
08 다음 중 연소시 아황산가스를 발생시키는 것은?

07.09.문11

① 적린
② 황
③ 트리에틸알루미늄
④ 황린

해설 $S+O_2 \rightarrow SO_2$
황 산소 아황산가스

답 ②

★
09 탄화칼슘이 물과 반응할 때 발생되는 가스는?

19.03.문17
11.10.문05
10.09.문12

① 일산화탄소 ② 아세틸렌
③ 황화수소 ④ 수소

해설 **탄화칼슘**과 **물**의 **반응식**
$CaC_2+2H_2O \rightarrow Ca(OH)_2+C_2H_2\uparrow$
탄화칼슘 물 수산화칼슘 아세틸렌

답 ②

★★★
10 주성분이 인산염류인 제3종 분말소화약제가 다른 분말소화약제와 다르게 A급 화재에 적용할 수 있는 이유는?

20.09.문02

① 열분해 생성물인 CO_2가 열을 흡수하므로 냉각에 의하여 소화된다.
② 열분해 생성물인 수증기가 산소를 차단하여 탈수작용을 한다.
③ 열분해 생성물인 메타인산(HPO_3)이 산소의 차단역할을 하므로 소화가 된다.
④ 열분해 생성물인 암모니아가 부촉매작용을 하므로 소화가 된다.

해설 **제3종 분말**의 **열분해 생성물**
(1) H_2O(물)
(2) NH_3(암모니아)
(3) P_2O_5(오산화인)
(4) **HPO_3(메타인산)** : 산소 차단

중요

분말소화약제

종별	분자식	착 색	적응 화재	비 고
제1종	중탄산나트륨 ($NaHCO_3$)	백색	BC급	**식용유** 및 **지방질유**의 화재에 적합
제2종	중탄산칼륨 ($KHCO_3$)	담자색 (담회색)	BC급	–
제3종	제1인산암모늄 ($NH_4H_2PO_4$)	담홍색	ABC급	**차고·주차장**에 적합
제4종	중탄산칼륨 + 요소 ($KHCO_3+(NH_2)_2CO$)	회(백)색	BC급	–

답 ③

★★★
11 표면온도가 300℃에서 안전하게 작동하도록 설계된 히터의 표면온도가 360℃로 상승하면 300℃에 비하여 약 몇 배의 열을 방출할 수 있는가?

12.05.문09

① 1.1배 ② 1.5배
③ 2.0배 ④ 2.5배

해설 **스테판-볼츠만**의 **법칙**(Stefan-Boltzman's law)

$$\frac{Q_2}{Q_1}=\frac{(273+t_2)^4}{(273+t_1)^4}$$

$$\frac{Q_2}{Q_1}=\frac{(273+360)^4}{(273+300)^4} \fallingdotseq 1.5\text{배}$$

• 열복사량은 복사체의 **절대온도**의 **4제곱**에 **비례**하고, **단면적**에 **비례**한다.

참고

스테판-볼츠만의 **법칙**(Stefan-Boltzman's law)

$$Q=aAF(T_1^{\ 4}-T_2^{\ 4})$$

여기서, Q : 복사열[W]
a : 스테판-볼츠만 상수[W/m^2·K^4]
A : 단면적[m^2], F : 기하학적 Factor
T_1 : 고온[K], T_2 : 저온[K]

답 ②

★★★
12 화재를 소화하는 방법 중 물리적 방법에 의한 소화가 아닌 것은?

13.03.문12

① 억제소화 ② 제거소화
③ 질식소화 ④ 냉각소화

해설

물리적 방법에 의한 소화	화학적 방법에 의한 소화
• 질식소화 • 냉각소화 • 제거소화	• 억제소화

중요

소화방법

소화방법	설 명
냉각소화	• 다량의 물 등을 이용하여 **점화원**을 **냉각**시켜 소화하는 방법 • 다량의 물을 뿌려 소화하는 방법
질식소화	• 공기 중의 **산소농도**를 16%(10~15%) 이하로 희박하게 하여 소화하는 방법
제거소화	• 가연물을 제거하여 소화하는 방법
화학소화 (부촉매효과)	• 연쇄반응을 차단하여 소화하는 방법(=**억제작용**)
희석소화	• 고체·기체·액체에서 나오는 **분해가스**나 **증기**의 **농도**를 낮추어 연소를 중지시키는 방법
유화소화	• 물을 무상으로 방사하여 유류표면에 **유화층**의 막을 형성시켜 공기의 접촉을 막아 소화하는 방법
피복소화	• 비중이 공기의 **1.5배** 정도로 무거운 소화약제를 방사하여 가연물의 구석구석까지 침투·피복하여 소화하는 방법

답 ①

★★★
13 위험물의 유별 성질이 자연발화성 및 금수성 물질은 제 몇류 위험물인가?

14.03.문51
13.03.문19

① 제1류 위험물 ② 제2류 위험물
③ 제3류 위험물 ④ 제4류 위험물

해설 위험물령 〔별표 1〕
위험물

유 별	성 질	품 명
제1류	산화성 고체	• 아염소산염류 • 염소산염류 • 과염소산염류 • 질산염류 • 무기과산화물
제2류	가연성 고체	• 황화인 • **적린** • **황** • **철분** • 마그네슘
제3류	**자연발화성 물질** 및 **금수성 물질**	• 황린 • 칼륨 • 나트륨
제4류	인화성 액체	• 특수인화물 • 알코올류 • 석유류 • 동식물유류
제5류	자기반응성 물질	• 나이트로화합물 • 유기과산화물 • 나이트로소화합물 • 아조화합물 • 질산에스터류(셀룰로이드)
제6류	산화성 액체	• 과염소산 • 과산화수소 • 질산

답 ③

★
14 다음 중 열전도율이 가장 작은 것은?

09.05.문15

① 알루미늄
② 철재
③ 은
④ 암면(광물섬유)

해설 27℃에서 **물질**의 **열전도율**

물질	열전도율
암면(광물섬유)	0.046W/m·℃
철재	80.3W/m·℃
알루미늄	237W/m·℃
은	427W/m·℃

중요

열전도와 관계있는 것
(1) 열전도율〔kcal/m·h·℃, W/m·deg〕
(2) 비열〔cal/g·℃〕
(3) 밀도〔kg/m^3〕
(4) 온도〔℃〕

답 ④

★★★
15 건축물의 피난동선에 대한 설명으로 틀린 것은?

14.09.문02
10.03.문11

① 피난동선은 가급적 단순한 형태가 좋다.
② 피난동선은 가급적 상호 반대방향으로 다수의 출구와 연결되는 것이 좋다.
③ 피난동선은 수평동선과 수직동선으로 구분된다.
④ 피난동선은 복도, 계단을 제외한 엘리베이터와 같은 피난전용의 통행구조를 말한다.

해설 **피난동선**의 **특성**

(1) 가급적 **단순형태**가 좋다.
(2) **수평동선**과 **수직동선**으로 구분한다.
(3) 가급적 **상호 반대방향**으로 다수의 출구와 연결되는 것이 좋다.
(4) 어느 곳에서도 2개 이상의 방향으로 피난할 수 있으며, 그 말단은 화재로부터 안전한 장소이어야 한다.

④ **피난동선** : 복도·통로·계단과 같은 피난전용의 통행구조

답 ④

16

12.09.문07

공기와 할론 1301의 혼합기체에서 할론 1301에 비해 공기의 확산속도는 약 몇 배인가? (단, 공기의 평균분자량은 29, 할론 1301의 분자량은 149이다.)

① 2.27배　② 3.85배
③ 5.17배　④ 6.46배

해설 **그레이엄**의 **확산속도법칙**

$$\frac{V_B}{V_A}=\sqrt{\frac{M_A}{M_B}}$$

여기서, V_A, V_B : 확산속도〔m/s〕
(V_A : 공기의 확산속도〔m/s〕
V_B : 할론 1301의 확산속도〔m/s〕)
M_A, M_B : 분자량
(M_A : 공기의 분자량
M_B : 할론 1301의 분자량)

$\frac{V_B}{V_A}=\sqrt{\frac{M_A}{M_B}}$ 는 $\frac{V_A}{V_B}=\sqrt{\frac{M_B}{M_A}}$ 로 쓸 수 있으므로

$$\therefore \frac{V_A}{V_B}=\sqrt{\frac{M_B}{M_A}}=\sqrt{\frac{149}{29}}=2.27\text{배}$$

답 ①

17

내화구조의 기준 중 벽의 경우 벽돌조로서 두께가 최소 몇 cm 이상이어야 하는가?

① 5　② 10
③ 12　④ 19

해설 **내화구조**의 **기준**(피난·방화구조 3)

내화구분		기 준
벽	모든 벽	① 철골·철근콘크리트조로서 두께가 10cm 이상인 것 ② 골구를 철골조로 하고 그 양면을 두께 4cm 이상의 철망 모르타르로 덮은 것 ③ 두께 5cm 이상의 콘크리트 블록·벽돌 또는 석재로 덮은 것 ④ 석조로서 철재에 덮은 콘크리트 블록의 두께가 5cm 이상인 것 ⑤ **벽돌조**로서 두께가 **19cm** 이상인 것 ⑥ 고온·고압의 증기로 양생된 경량기포 콘크리트패널 또는 경량기포 콘크리트블록조로서 두께가 10cm 이상인 것
벽	외벽 중 비내력벽	① 철골·철근콘크리트조로서 두께가 7cm 이상인 것 ② 골구를 철골조로 하고 그 양면을 두께 3cm 이상의 철망 모르타르로 덮은 것 ③ 두께 4cm 이상의 콘크리트 블록·벽돌 또는 석재로 덮은 것 ④ 석조로서 두께가 7cm 이상인 것
기둥(작은 지름이 25cm 이상인 것)		① 철골을 두께 6cm 이상의 철망 모르타르로 덮은 것 ② 두께 7cm 이상의 콘크리트 블록·벽돌 또는 석재로 덮은 것 ③ 철골을 두께 5cm 이상의 콘크리트로 덮은 것
바닥		① 철골·철근콘크리트조로서 두께가 10cm 이상인 것 ② 석조로서 철재에 덮은 콘크리트 블록 등의 두께가 5cm 이상인 것 ③ 철재의 양면을 두께 5cm 이상의 철망 모르타르로 덮은 것
보		① 철골을 두께 6cm 이상의 철망 모르타르로 덮은 것 ② 두께 5cm 이상의 콘크리트로 덮은 것

※ 공동주택의 각 세대간의 경계벽의 구조는 **내화구조**이다.

④ 내화구조 벽 : 벽돌조 두께 19cm 이상

답 ④

18

08.03.문11

가연물이 연소가 잘 되기 위한 구비조건으로 틀린 것은?

① 열전도율이 클 것
② 산소와 화학적으로 친화력이 클 것
③ 표면적이 클 것
④ 활성화에너지가 작을 것

해설 **가연물**이 **연소**하기 쉬운 **조건**

(1) 산소와 **친화력**이 클 것
(2) **발열량**이 클 것
(3) **표면적**이 넓을 것
(4) **열전도율**이 **작을 것**
(5) **활성화에너지**가 **작을 것**
(6) **연쇄반응**을 일으킬 수 있을 것
(7) 산소가 포함된 **유기물**일 것

① 클 것 → 작을 것

※ **활성화에너지** : 가연물이 처음 연소하는 데 필요한 열

답 ①

★★★
19 질식소화시 공기 중의 산소농도는 일반적으로 약 몇 vol% 이하로 하여야 하는가?

08.09.문09

① 25　② 21
③ 19　④ 15

해설 **소화형태**

소화형태	설 명
냉각소화	• **점화원**을 냉각하여 소화하는 방법 • 증발잠열을 이용하여 열을 빼앗아 가연물의 온도를 떨어뜨려 화재를 진압하는 소화 • 다량의 물을 뿌려 소화하는 방법
질식소화	• 공기 중의 **산소농도**를 **16vol%**(또는 15vol%) 이하로 희박하게 하여 소화
제거소화	• **가연물**을 **제거**하여 소화하는 방법
부촉매 소화 (=화학소화)	• **연쇄반응**을 **차단**하여 소화하는 방법
희석소화	• 기체·고체·액체에서 나오는 분해가스나 증기의 농도를 낮춰 소화하는 방법

용어

vol% 또는 vol.%
어떤 공간에 차지하는 부피를 백분율로 나타낸 것

답 ④

★★
20 다음 원소 중 수소와의 결합력이 가장 큰 것은?

12.03.문04

① F
② Cl
③ Br
④ I

해설 **할론소화약제**
(1) 부촉매효과(소화능력) 크기 : I > Br > Cl > F
(2) 전기음성도(친화력, 결합력) 크기 : F > Cl > Br > I

※ 전기음성도 크기=수소와의 결합력 크기

중요

할로젠족 원소
(1) 불소 : F
(2) 염소 : Cl
(3) 브로민(취소) : Br
(4) 아이오딘(옥소) : I

기억법 FClBrI

답 ①

제 2 과목 소방전기일반

★★★
21 다음과 같은 회로에서 a-b간의 합성저항은 몇 Ω인가?

13.03.문34

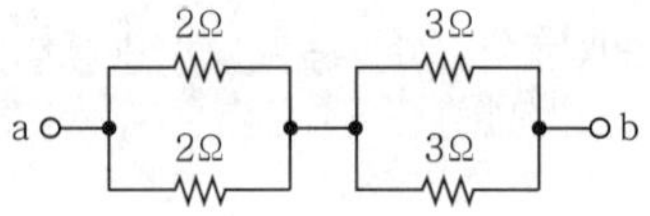

① 2.5　② 5
③ 7.5　④ 10

해설

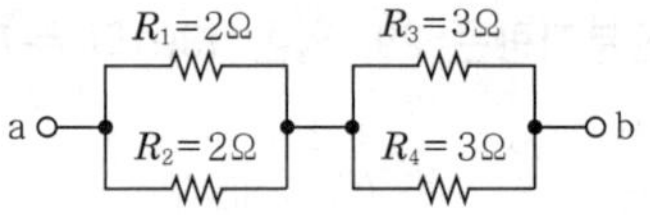

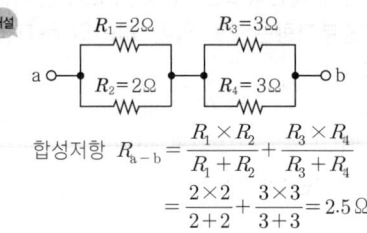

합성저항 $R_{a-b} = \dfrac{R_1 \times R_2}{R_1 + R_2} + \dfrac{R_3 \times R_4}{R_3 + R_4}$

$= \dfrac{2 \times 2}{2+2} + \dfrac{3 \times 3}{3+3} = 2.5\,\Omega$

답 ①

★★★
22 그림은 개루프제어계의 신호전달계통도이다. 다음 ( ) 안에 알맞은 제어계의 동작요소는?

14.09.문32
11.03.문39

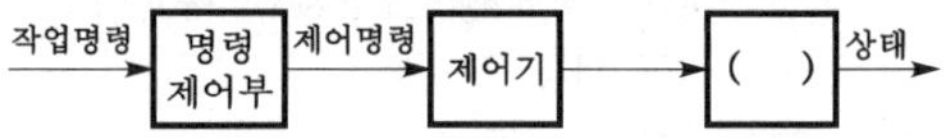

① 제어량　② 제어대상
③ 제어장치　④ 제어요소

해설 **개루프제어계**(시퀀스제어)의 **신호전달계통**

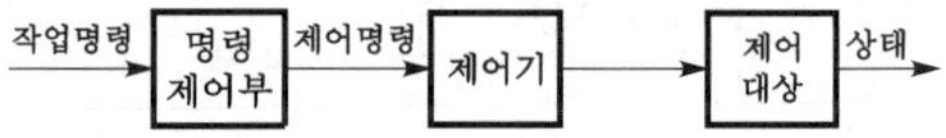

※ **제어대상**(controlled system) : 제어의 대상으로 제어하려고 하는 기계의 전체 또는 그 일부분

답 ②

★★★
23 3상 농형 유도전동기의 기동방식으로 옳은 것은?

17.09.문34
06.05.문22
04.09.문30

① 분상기동형
② 콘덴서기동형
③ 기동보상기법
④ 셰이딩코일형

해설 **3상 유도전동기**의 **기동법**

농 형	권선형
① 전전압기동법(직입기동법) ② Y-△기동법 ③ 리액터법 ④ 기동보상기법 ⑤ 콘도르퍼기동법	① 2차 저항법 ② 게르게스법

기억법 권2(권위)

답 ③

★★★
24
00.07.문33

제어기기 및 전자회로에서 반도체소자별 용도에 대한 설명 중 틀린 것은?

① 서미스터 : 온도보상용으로 사용
② 사이리스터 : 전기신호를 빛으로 변환
③ 제너다이오드 : 정전압소자(전원전압을 일정하게 유지)
④ 바리스터 : 계전기접점에서 발생하는 불꽃소거에 사용

해설

구 분	설 명
서미스터 (thermistor)	**부온도 특성**을 가진 저항기의 일종으로서 주로 **온도보상용**으로 쓰인다.
발광다이오드 (light emitting diode)	전기신호를 **빛**으로 변환하여 쓰인다.
제너다이오드 (zener diode)	**정전압소자**(전원전압을 일정하게 유지)
바리스터 (varistor)	계전기접점의 불꽃제거나 **서지전압**에 대한 과입력보호용 반도체소자
사이리스터 (thyristor)	PNPN 접합의 4층 구조로 제어용으로 주로 쓰인다.
트랜지스터 (transistor)	PNP 접합 또는 NPN 접합의 3층 구조로 **증폭용**으로 주로 쓰인다.

② 사이리스터 → 발광다이오드

답 ②

★
25
14.03.문25

2차계에서 무제동으로 무한 진동이 일어나는 감쇠율(damping ratio) δ는 어떤 경우인가?

① $\delta=0$
② $\delta>1$
③ $\delta=1$
④ $0<\delta<1$

해설 **2차계**에서의 **감쇠율**

감쇠율	특 성
$\delta=0$	무제동
$\delta>1$	과제동
$\delta=1$	임계제동
$0<\delta<1$	감쇠제동

답 ①

★★
26
11.10.문26

$R-L-C$회로의 전압과 전류 파형의 위상차에 대한 설명으로 틀린 것은?

① $R-L$ 병렬회로 : 전압과 전류는 동상이다.
② $R-L$ 직렬회로 : 전압이 전류보다 θ만큼 앞선다.
③ $R-C$ 병렬회로 : 전류가 전압보다 θ만큼 앞선다.
④ $R-C$ 직렬회로 : 전류가 전압보다 θ만큼 앞선다.

해설 **위상차**

직렬회로, 병렬회로 관계없이 **L회로**, **C회로**는 위상차가 있다.

‖위상차‖

L회로	C회로
전압이 전류보다 **위상**이 **앞선다.**	전압이 전류보다 **위상**이 **뒤진다.**

① 전압과 전류가 동상이다. → 전압이 전류보다 θ만큼 앞선다.

답 ①

★★
27
16.10.문23
02.03.문33

지름 8mm의 경동선 1km의 저항을 측정하였더니 0.63536Ω이었다. 같은 재료로 지름 2mm, 길이 500m의 경동선의 저항은 약 몇 Ω인가?

① 2.8 ② 5.1
③ 10.2 ④ 20.4

해설 **저항**

$$R=\rho\frac{l}{A}=\rho\frac{l}{\pi r^2}$$

여기서, R : 저항[Ω]
ρ : 고유저항[Ω·m]
A : 전선의 단면적[m^2]
l : 전선의 길이[m]
r : 반지름[m]

고유저항 ρ는

$$\rho=\frac{RA}{l}=\frac{R(\pi r^2)}{l}$$
$$=\frac{0.63536\times(\pi\times0.004^2)}{1000}\fallingdotseq3.19\times10^{-8}\,\Omega\cdot\text{m}$$

- $A=\pi r^2=\pi\times(0.004\text{m})^2$
  여기서, r : 반지름[m]
  1m=1000mm이고, 1mm=0.001m이므로 반지름 4mm=0.004m
- $l=1\text{km}=1000\text{m}$

경동선의 **저항** R은

$$R=\rho\frac{l}{A}=\rho\frac{l}{\pi r^2}=3.19\times10^{-8}\times\frac{500}{\pi\times0.001^2}≒5.1\Omega$$

- $A=\pi r^2=\pi\times(0.001\text{m})^2$
  여기서, r : 반지름[m]
  1m=1000mm이고 1mm=0.001m이므로 반지름 1mm=0.001m

중요

일반적인 전선의 고유저항

전선의 종류	고유저항
알루미늄선	$\frac{1}{35}\Omega\cdot\text{mm}^2/\text{m}=\frac{1}{35}\times10^{-6}\Omega\cdot\text{m}$ $=2.8571\times10^{-8}\Omega\cdot\text{m}$
경동선	$\frac{1}{55}\Omega\cdot\text{mm}^2/\text{m}=\frac{1}{55}\times10^{-6}\Omega\cdot\text{m}$ $=1.8181\times10^{-8}\Omega\cdot\text{m}$
연동선	$\frac{1}{58}\Omega\cdot\text{mm}^2/\text{m}=\frac{1}{58}\times10^{-6}\Omega\cdot\text{m}$ $=1.7241\times10^{-8}\Omega\cdot\text{m}$

- $1\Omega\cdot\text{m}=10^2\Omega\cdot\text{cm}=10^6\Omega\cdot\text{mm}^2/\text{m}$이므로
  $1\Omega\cdot\text{mm}^2/\text{m}=10^{-6}\Omega\cdot\text{m}$

답 ②

★★★
28 정현파교류의 최대값이 100V인 경우 평균값은 몇 V인가?

99.04.문26

① 45.04
② 50.64
③ 63.69
④ 68.34

해설 **평균값**

$$V_{av}=\frac{2}{\pi}V_m\,[\text{V}]$$

여기서, V_{av} : 평균값[V]
V_m : 최대값[V]

평균값 V_{av}는

$$V_{av}=\frac{2}{\pi}V_m=\frac{2}{\pi}\times100≒63.69\text{V}$$

비교

실효값

$$V=\frac{1}{\sqrt{2}}V_m\,[\text{V}]$$

여기서, V : 실효값[V]
V_m : 최대값[V]

답 ③

★★★
29 자동제어 중 플랜트나 생산공정 중의 상태량을 제어량으로 하는 제어방법은?

19.03.문32
17.09.문22
17.09.문39
16.10.문35
16.05.문22
16.03.문32
15.05.문23
15.05.문37
14.09.문23
13.09.문27

① 정치제어
② 추종제어
③ 비율제어
④ 프로세스제어

해설 **제어량**에 의한 **분류**

분 류	종 류
프로세스제어 (공정제어)	• **온**도 • **압**력 • **유**량 • **액**면 기억법 **프온압유액**
서보기구 (서보제어, 추종제어)	• **위**치 • **방**위 • **자**세 기억법 **서위방자**
자동조정	• 전압 • 전류 • 주파수 • 회전속도(**발**전기의 **속**도조절기) • 장력 기억법 **자발속**

※ **프로세스제어**(공정제어) : 공업공정(생산공정)의 상태량을 제어량으로 하는 제어

중요

제어의 종류

종 류	설 명
정치제어 (fixed value control)	• 일정한 **목**표값을 **유**지하는 것으로 **프로세스제어, 자동조정**이 이에 해당된다. 예 **연속식 압연기** • **목표값**이 시간에 관계없이 항상 일정한 값을 가지는 제어이다. 기억법 **유목정**
추종제어 (follow-up control)	• 미지의 시간적 변화를 하는 목표값에 제어량을 추종시키기 위한 제어로 **서보기구**가 이에 해당된다. 예 **대공포의 포신**
비율제어 (ratio control)	• 둘 이상의 제어량을 소정의 비율로 제어하는 것이다.
프로그램 제어 (program control)	• 목표값이 **미리 정해진 시간적 변화**를 하는 경우 제어량을 그것에 추종시키기 위한 제어이다. 예 **열차·산업로봇의 무인운전**

답 ④

★★
30 자동화재탐지설비의 감지기회로의 길이가 500m 이고, 종단에 8kΩ의 저항이 연결되어 있는 회로에 24V의 전압이 가해졌을 경우 도통시험시 전류는 약 몇 mA인가? (단, 동선의 저항률은 $1.69\times10^{-8}\Omega\cdot m$이며, 동선의 단면적은 $2.5mm^2$이고, 접촉저항 등은 없다고 본다.)

97.07.문39

① 2.4
② 3.0
③ 4.8
④ 6.0

해설 (1) **저항**

$$R=\rho\frac{l}{A}$$

여기서, R : 저항[Ω]
ρ : 고유저항[Ω·m]
A : 전선의 단면적[m^2]
l : 전선의 길이[m]

배선의 **저항** R_1은

$$R_1=\rho\frac{l}{A}=1.69\times10^{-8}\times\frac{500}{2.5\times10^{-6}}=3.38\,\Omega$$

• $A=2.5mm^2$
$1m=1000mm=10^3mm$이고 $1mm=10^{-3}m$
$2.5mm^2=2.5\times(10^{-3}m)^2=2.5\times10^{-6}m^2$

(2) **도통시험전류** I는

$$I=\frac{V}{R_1+R_2}=\frac{24}{3.38+(8\times10^3)}$$
$$\fallingdotseq 3\times10^{-3}A=3mA$$

• $1\times10^{-3}A=1mA$이므로 $3\times10^{-3}A=3mA$

※ **도통시험** : 감지기회로의 단선 유무확인

답 ②

★★★
31 그림과 같은 회로의 A, B 양단에 전압을 인가하여 서서히 상승시킬 때 제일 먼저 파괴되는 콘덴서는? (단, 유전체의 재질 및 두께는 동일한 것으로 한다.)

02.09.문25

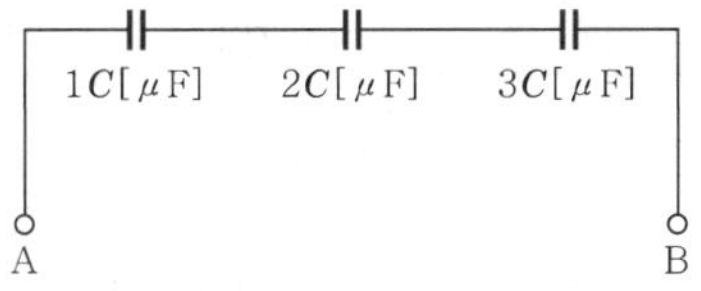

① $1C$　　② $2C$
③ $3C$　　④ 모두

해설

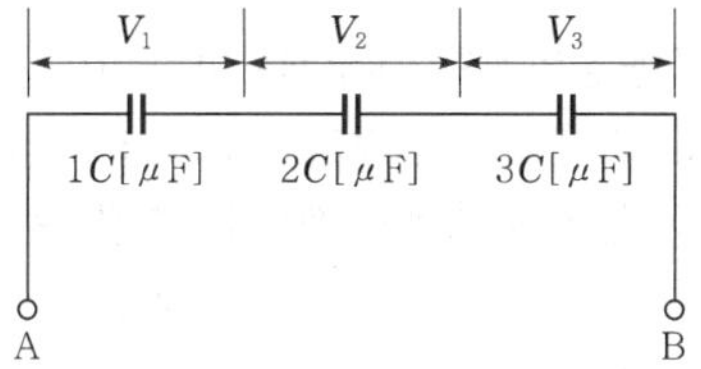

전압

$$V=IX_C=I\frac{1}{2\pi fC}\propto\frac{1}{C}$$

여기서, V : 전압[V]
I : 전류[A]
X_C : 용량리액턴스[Ω]
f : 주파수[Hz]
C : 정전용량[F]

전압(V)과 **정전용량**(C)은 **반비례**하므로 각 콘덴서에 걸리는 전압을 V_1, V_2, V_3[V]라 하면

$$V_1:V_2:V_3=\frac{1}{1}:\frac{1}{2}:\frac{1}{3}=6:3:2$$

양단에 가한 전압을 1000V라 하면

$$V_1=\frac{6}{6+3+2}V=\frac{6}{11}\times1000\fallingdotseq545.4V$$
$$V_2=\frac{3}{6+3+2}V=\frac{3}{11}\times1000\fallingdotseq272.7V$$
$$V_3=\frac{2}{6+3+2}V=\frac{2}{11}\times1000\fallingdotseq181.8V$$

※ 용량이 제일 작은 $1C$[μF]이 제일 먼저 파괴된다.

답 ①

★★★
32 정현파 교류회로에서 최대값은 V_m, 평균값은 V_{av}일 때 실효값(V)은?

08.05.문24

① $\frac{\pi}{\sqrt{2}}V_m$
② $\frac{\pi}{2\sqrt{2}}V_{av}$
③ $\frac{\pi}{2\sqrt{2}}V_m$
④ $\frac{1}{\pi}V_m$

해설

최대값 ↔ 실효값	최대값 ↔ 평균값
$V_m=\sqrt{2}\,V$ 여기서, V_m : 최대값[V] V : 실효값[V]	$V_m=\frac{\pi}{2}V_{av}$ 여기서, V_m : 최대값[V] V_{av} : 평균값[V]

$$V_m=\frac{\pi}{2}V_{av}$$
$$\sqrt{2}\,V=\frac{\pi}{2}V_{av}$$
$$V=\frac{\pi}{2\sqrt{2}}V_{av}$$

답 ②

★★★
33 직류전압계의 내부저항이 500Ω, 최대눈금이 50V라면, 이 전압계에 3kΩ의 배율기를 접속하여 전압을 측정할 때 최대측정치는 몇 V인가?

14.05.문28
09.03.문33

① 250　② 300
③ 350　④ 500

해설 **배율기**

$$V_0 = V\left(1+\frac{R_m}{R_v}\right)[\text{V}]$$

여기서, V_0 : 측정하고자 하는 전압(최대전압)[V]
V: 전압계의 최대눈금[V]
R_v : 전압계 내부저항[Ω]
R_m : 배율기저항[Ω]

최대전압 V_0는

$$V_0 = V\left(1+\frac{R_m}{R_v}\right) = 50\times\left[1+\frac{(3\times10^3)}{500}\right] = 350\text{V}$$

• 3kΩ : $k=10^3$이므로 $3k\Omega = 3\times10^3\Omega$

비교

분류기

$$I_0 = I\left(1+\frac{R_A}{R_S}\right)[\text{A}]$$

여기서, I_0 : 측정하고자 하는 전류[A]
I : 전류계의 최대눈금[A]
R_A : 전류계 내부저항[Ω]
R_S : 분류기저항[Ω]

답 ③

★★
34 저항 R_1, R_2와 인덕턴스 L의 직렬회로가 있다. 이 회로의 시정수는?

16.03.문33
12.09.문31

① $-\dfrac{R_1+R_2}{L}$　② $\dfrac{R_1+R_2}{L}$

③ $-\dfrac{L}{R_1+R_2}$　④ $\dfrac{L}{R_1+R_2}$

해설 **시정수**

(1) 

: $\tau = \dfrac{L}{R}$[s]

(2) 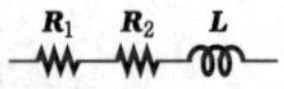

: $\tau = \dfrac{L}{R_1+R_2}$[s]

비교

RC **직렬회로**

$$\tau = RC$$

여기서, τ : 시정수[s], R : 저항[Ω], C : 정전용량[F]

용어

시정수(Time Constant)
과도상태에 대한 변화의 속도를 나타내는 척도가 되는 상수

답 ④

★
35 화재시 온도 상승으로 인해 저항값이 감소하는 반도체소자는?

19.04.문25
16.10.문30
15.09.문25
15.05.문38
14.09.문40
14.05.문24
14.03.문27
12.05.문33
11.06.문37

① 서미스터(NTC)
② 서미스터(PTC)
③ 서미스터(CTR)
④ 바리스터

해설 **반도체소자**

소 자	설 명
서미스터(NTC)	화재시 온도 상승으로 인해 저항값이 **감소**하는 반도체소자 기억법 N감(인감)
서미스터(PTC)	온도 상승으로 인해 저항값이 **증가**하는 반도체소자
서미스터(CTR)	특정 온도에서 저항값이 **급격히 변하는** 반도체소자
바리스터	주로 **서지전압**에 대한 **회로보호용**으로 사용

답 ①

★★★
36 Y－△ 기동방식으로 운전하는 3상 농형 유도전동기의 Y결선의 기동전류(I_Y)와 △ 결선의 기동전류($I_\triangle$)의 관계로 옳은 것은?

15.05.문40
04.03.문36

① $I_Y = \dfrac{1}{3}I_\triangle$　② $I_Y = \sqrt{3}\,I_\triangle$

③ $I_Y = \dfrac{1}{\sqrt{3}}I_\triangle$　④ $I_Y = \dfrac{\sqrt{3}}{2}I_\triangle$

해설 **Y－△기동방식**의 **기동전류**

$$I_Y = \frac{1}{3}I_\triangle$$

여기서, I_Y : Y결선시 전류[A]
$I_\triangle$: △결선시 전류[A]

중요

기동전류	소비전력	기동토크
$\dfrac{\text{Y－△기동방식}}{\text{직입기동방식}} = \dfrac{1}{3}$		

※ 3상 유도전동기의 기동시 직입기동방식을 Y－△ 기동방식으로 변경하면 **기동전류**, **소비전력**, **기동토크**가 모두 $\dfrac{1}{3}$로 감소한다.

답 ①

★★★
37 그림과 같은 회로에 전압 $v=\sqrt{2}\,V\sin\omega t$〔V〕를 인가하였을 때 옳은 것은?

03.03.문27

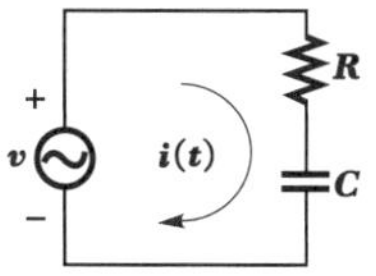

① 역률 : $\cos\theta=\dfrac{R}{\sqrt{R^2+\omega C^2}}$

② i의 실효값 : $I=\dfrac{V}{\sqrt{R^2+\omega C^2}}$

③ 전압과 전류의 위상차 : $\theta=\tan^{-1}\dfrac{R}{\omega C}$

④ 전압평형방정식 : $Ri+\dfrac{1}{C}\int i\,dt=\sqrt{2}\,V\sin\omega t$

해설 ① 역률 : $\cos\theta=\dfrac{R}{\sqrt{R^2+\left(\dfrac{1}{\omega C}\right)^2}}$

② i의 실효값 : $I=\dfrac{V}{\sqrt{R^2+\left(\dfrac{1}{\omega C}\right)^2}}$〔A〕

③ 전압과 전류의 위상차 : $\theta=\tan^{-1}\dfrac{1}{\omega CR}$〔rad〕

④ 전압평형방정식 : $Ri+\dfrac{1}{C}\int i\,dt=\sqrt{2}\,V\sin\omega t$

답 ④

★★★
38 다음 무접점회로의 논리식(X)은?

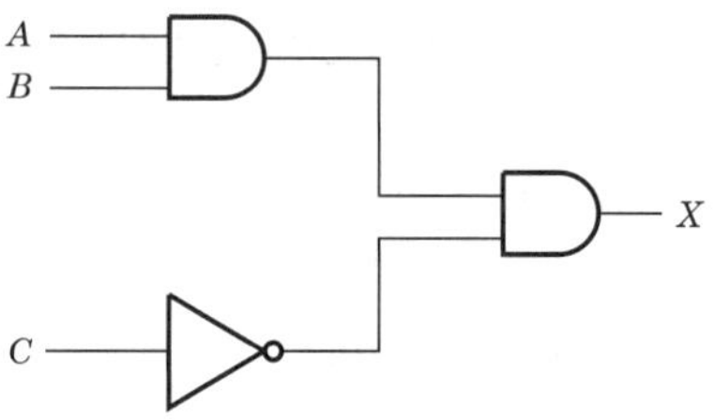

① $A\cdot B+\overline{C}$　　② $A+B+\overline{C}$

③ $(A+B)\cdot\overline{C}$　　④ $A\cdot B\cdot\overline{C}$

해설

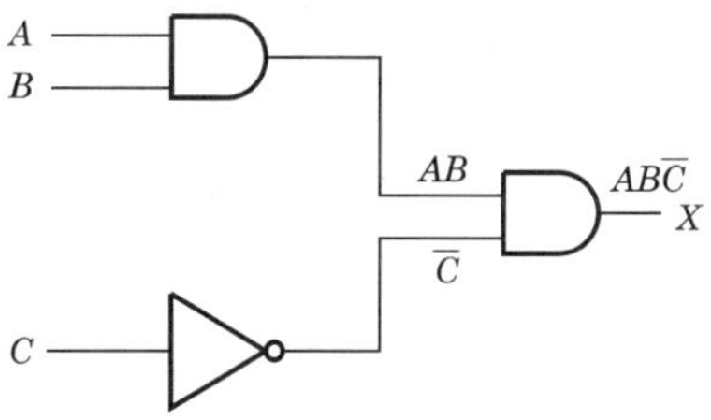

$X=AB\overline{C}=A\cdot B\cdot\overline{C}$

중요

무접점회로(무접점 논리회로)

시퀀스	논리식	논리회로
직렬 회로	$Z=A\cdot B$ $Z=AB$	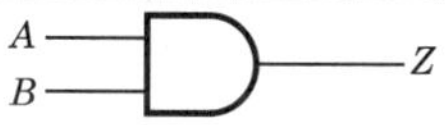
병렬 회로	$Z=A+B$	
a접점	$Z=A$	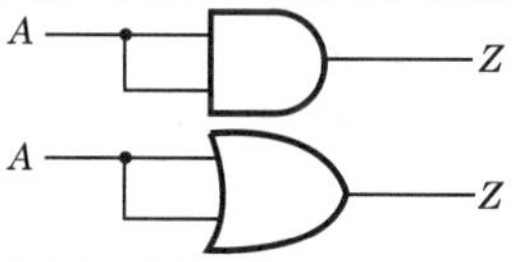
b접점	$Z=\overline{A}$	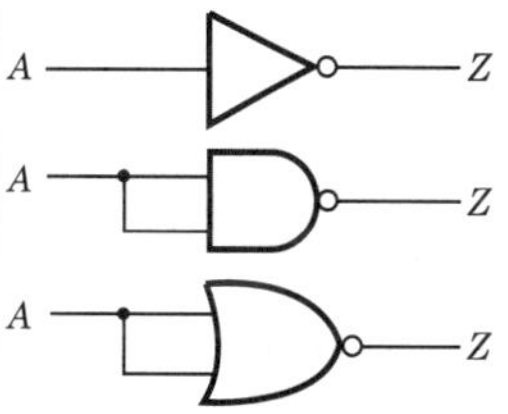

답 ④

★★
39 동선의 저항이 20℃일 때 0.8Ω이라 하면 60℃일 때의 저항은 약 몇 Ω인가? (단, 동선의 20℃의 온도계수는 0.0039이다.)

08.09.문26

① 0.034　　② 0.925

③ 0.644　　④ 2.4

해설 **저항의 온도계수**

$$R_2=R_1[1+\alpha_{t_1}(t_2-t_1)]〔\Omega〕$$

여기서, R_2 : t_2의 저항〔Ω〕

R_1 : t_1의 저항〔Ω〕

α_{t_1} : t_1의 온도계수

t_2 : 상승 후의 온도〔℃〕

t_1 : 상승 전의 온도〔℃〕

t_2의 저항 R_2는

$R_2=R_1[1+\alpha_{t_1}(t_2-t_1)]$

$=0.8[1+0.0039(60-20)]$

$≒0.925\,\Omega$

답 ②

★★
40 어떤 전지의 부하로 6Ω을 사용하니 3A의 전류가 흐르고, 이 부하에 직렬로 4Ω을 연결했더니 2A가 흘렀다. 이 전지의 기전력은 몇 V인가?

05.03.문40

① 8　　② 16

③ 24　　④ 32

해설

$$E = V + Ir = IR + Ir = I(R+r)$$

여기서, E : 기전력〔V〕
V : 단자전압〔V〕
I : 전류〔A〕
r : 내부저항〔Ω〕
R : 외부저항〔Ω〕

$E = I(R+r)$

$E = 3(6+r) = 18 + 3r$ ············ ㉠

$E = 2(6+4+r) = 2(10+r) = 20 + 2r$ ············ ㉡

$$\begin{array}{r} E = 18+3r \\ -\; E = 20+2r \\ \hline = -2+r \end{array}$$

$r = 2$

$\therefore\ r = 2\Omega$

㉠식에서 $r=2$를 대입하면

$E = 3(6+2) = 24\text{V}$

답 ③

제 3 과목 소방관계법규

41 소방시설 설치 및 관리에 관한 법률상 특정소방대상물의 관계인이 소방시설에 폐쇄(잠금을 포함)·차단 등의 행위를 하여서 사람을 상해에 이르게 한 때에 대한 벌칙기준으로 옳은 것은?

① 10년 이하의 징역 또는 1억원 이하의 벌금
② 7년 이하의 징역 또는 7000만원 이하의 벌금
③ 5년 이하의 징역 또는 5000만원 이하의 벌금
④ 3년 이하의 징역 또는 3000만원 이하의 벌금

해설 **소방시설법 56조**

벌 칙	행 위
5년 이하의 징역 또는 **5천만원 이하**의 벌금	소방시설에 폐쇄·차단 등의 **행위**를 한 자
7년 이하의 징역 또는 **7천만원** 이하의 벌금	소방시설에 폐쇄·차단 등의 행위를 하여 사람을 **상해**에 이르게 한 때
10년 이하의 징역 또는 **1억 이하**의 벌금	소방시설에 폐쇄·차단 등의 행위를 하여 사람을 **사망**에 이르게 한 때

답 ②

42 16.03.문60 (산업) 화재의 예방 및 안전관리에 관한 법령상 불꽃을 사용하는 용접·용단기구의 용접 또는 용단작업장에서 지켜야 하는 사항 중 다음 ( ) 안에 알맞은 것은?

- 용접 또는 용단작업장 주변 반경 (㉠)m 이내에 소화기를 갖추어 둘 것
- 용접 또는 용단작업장 주변 반경 (㉡)m 이내에는 가연물을 쌓아두거나 놓아두지 말 것. 다만, 가연물의 제거가 곤란하여 방화포 등으로 방호조치를 한 경우는 제외한다.

① ㉠ 3, ㉡ 5
② ㉠ 5, ㉡ 3
③ ㉠ 5, ㉡ 10
④ ㉠ 10, ㉡ 5

해설 **화재예방법 시행령 〔별표 1〕**
보일러 등의 위치·구조 및 관리와 화재예방을 위하여 불의 사용에 있어서 지켜야 할 사항

구 분	기 준
불꽃을 사용하는 용접·용단기구	① 용접 또는 용단작업장 주변 반경 **5m** 이내에 **소화기**를 갖추어 둘 것 ② 용접 또는 용단작업장 주변 반경 **10m** 이내에는 **가연물**을 쌓아두거나 놓아두지 말 것(단, 가연물의 제거가 곤란하여 방화포 등으로 방호조치를 한 경우는 제외) 기억법 5소(오소서)

답 ③

43 소방시설 설치 및 관리에 관한 법률상 화재위험도가 낮은 특정소방대상물 중 석재, 불연성 금속, 불연성 건축재료 등의 가공공장·기계조립공장 또는 불연성 물품을 저장하는 창고에 설치하지 않아야 하는 소방시설은?

① 피난기구
② 비상방송설비
③ 연결송수관설비
④ 옥외소화전설비

해설 **소방시설법 시행령 〔별표 6〕**
소방시설을 설치하지 않을 수 있는 특정소방대상물 및 소방시설의 범위

구 분	특정소방대상물	소방시설
화재 위험도가 낮은 특정소방대상물	**석**재, **불**연성 **금**속, **불**연성 건축재료 등의 가공공장·기계조립공장 또는 불연성 물품을 저장하는 창고	① 옥**외**소화전설비 ② 연결살수설비 기억법 석불금외

④ 해당 없음

중요

소방시설법 시행령 〔별표 6〕
소방시설을 설치하지 않을 수 있는 소방시설의 범위
(1) **화재위험도**가 낮은 특정소방대상물
(2) 화재안전기준을 적용하기가 어려운 특정소방대상물
(3) 화재안전기준을 달리 적용하여야 하는 특수한 **용도·구조**를 가진 특정소방대상물
(4) **자체소방대**가 설치된 특정소방대상물

답 ④

44 05.03.문48 소방시설 설치 및 관리에 관한 법령상 시·도지사가 실시하는 방염성능검사 대상으로 옳은 것은?

① 설치현장에서 방염처리를 하는 합판·목재
② 제조 또는 가공공정에서 방염처리를 한 카펫
③ 제조 또는 가공공정에서 방염처리를 한 창문에 설치하는 블라인드
④ 설치현장에서 방염처리를 하는 암막·무대막

해설 **소방시설법 시행령 32조**
시·도지사가 실시하는 방염성능검사
설치현장에서 방염처리를 하는 **합판·목재류**

비교

소방시설법 시행령 31조
방염대상물품

제조 또는 가공 공정에서 방염처리를 한 물품	건축물 내부의 천장이나 벽에 부착하거나 설치하는 것
① 창문에 설치하는 **커튼류**(블라인드 포함) ② 카펫 ③ **벽지류**(두께 2mm 미만인 **종이벽지 제외**) ④ **전시용 합판·목재** 또는 **섬유판** ⑤ **무대용 합판·목재** 또는 **섬유판** ⑥ **암막·무대막**(영화상영관·가상체험 체육시설업의 **스크린** 포함) ⑦ 섬유류 또는 합성수지류 등을 원료로 하여 제작된 소파·의자(단란주점영업, 유흥주점영업 및 노래연습장업의 영업장에 설치하는 것만 해당)	① 종이류(두께 2mm 이상), **합성수지류** 또는 **섬유류**를 주원료로 한 물품 ② **합판**이나 **목재** ③ 공간을 구획하기 위하여 설치하는 **간이칸막이** ④ **흡음재**(흡음용 커튼 포함) 또는 **방음재**(방음용 커튼 포함) ※ 가구류(옷장, 찬장, 식탁, 식탁용 의자, 사무용 책상, 사무용 의자, 계산대)와 너비 10cm 이하인 반자돌림대, 내부 마감재료 제외

답 ①

★★★
45 06.05.문56 제조소 등의 위치·구조 및 설비의 기준 중 위험물을 취급하는 건축물의 환기설비 설치기준으로 다음 ( ) 안에 알맞은 것은?

> 급기구는 당해 급기구가 설치된 실의 바닥면적 (㉠)m^2마다 1개 이상으로 하되, 급기구의 크기는 (㉡)cm^2 이상으로 할 것

① ㉠ 100, ㉡ 800 ② ㉠ 150, ㉡ 800
③ ㉠ 100, ㉡ 1000 ④ ㉠ 150, ㉡ 1000

해설 **위험물규칙 〔별표 4〕**
위험물제조소의 환기설비
(1) 환기는 **자연배기방식**으로 할 것
(2) 급기구는 바닥면적 **150m^2**마다 1개 이상으로 하되, 그 크기는 **800cm^2** 이상일 것

바닥면적	급기구의 면적
60m^2 미만	150cm^2 이상
60~90m^2 미만	300cm^2 이상
90~120m^2 미만	450cm^2 이상
120~150m^2 미만	600cm^2 이상

(3) 급기구는 **낮은 곳**에 설치하고, 가는 눈의 구리망 등으로 **인화방지망**을 설치할 것
(4) 환기구는 지붕 위 또는 지상 **2m** 이상의 높이에 **회전식 고정 벤틸레이터** 또는 **루프팬방식**으로 설치할 것

답 ②

★★★
46 19.09.문42 18.04.문49 15.03.문55 14.05.문44 13.09.문60 위험물안전관리법상 위험물시설의 변경기준 중 다음 ( ) 안에 알맞은 것은?

> 제조소 등의 위치·구조 또는 설비의 변경 없이 당해 제조소 등에서 저장하거나 취급하는 위험물의 품명·수량 또는 지정수량의 배수상 변경하고자 하는 자는 변경하고자 하는 날의 (㉠)일 전까지 행정안전부령이 정하는 바에 따라 (㉡)에게 신고하여야 한다.

① ㉠ 1, ㉡ 소방본부장 또는 소방서장
② ㉠ 1, ㉡ 시·도지사
③ ㉠ 7, ㉡ 소방본부장 또는 소방서장
④ ㉠ 7, ㉡ 시·도지사

해설 **위험물법 6조**
제조소 등의 설치허가
(1) **설치허가자** : **시·도지사**
(2) **설치허가 제외 장소**

㉠ 주택의 난방시설(공동주택의 중앙난방시설은 제외)을 위한 **저장소** 또는 **취급소**
㉡ 지정수량 **20배** 이하의 **농예용**·**축산용**·**수산용** 난방시설 또는 건조시설의 **저장소**

(3) **제조소 등의 변경신고**:변경하고자 하는 날의 **1일** 전까지 **시·도지사**에게 **신고**

기억법 농축수2

참고

시·도지사
(1) 특별시장
(2) 광역시장
(3) 특별자치시장
(4) 도지사
(5) 특별자치도지사

답 ②

★★★
47 소방기본법상 관계인의 소방활동을 위반하여 정당한 사유 없이 소방대가 현장에 도착할 때까지 사람을 구출하는 조치 또는 불을 끄거나 불이 번지지 아니하도록 하는 조치를 하지 아니한 자에 대한 벌칙기준으로 옳은 것은?
13.09.문42

① 100만원 이하의 벌금
② 200만원 이하의 벌금
③ 300만원 이하의 벌금
④ 400만원 이하의 벌금

해설 기본법 54조
100만원 이하의 벌금
(1) 피난명령 위반
(2) 위험시설 등에 대한 긴급조치 방해
(3) **소방활동**을 하지 않은 관계인
(4) 정당한 사유없이 **물**의 **사용**이나 **수도**의 **개폐장치**의 사용 또는 조작을 하지 못하게 하거나 **방해**한 자
(5) 소방대의 생활안전활동을 방해한 자

기억법 활1(할일)

용어

소방활동
사람을 구출하는 조치 또는 불을 끄거나 불이 번지지 않도록 조치하는 일

답 ①

★★★
48 소방기본법상 소방대장의 권한이 아닌 것은?
19.03.문56
18.04.문43

① 화재가 발생하였을 때에는 화재의 원인 및 피해 등에 대한 조사
② 화재, 재난·재해, 그 밖의 위급한 상황이 발생한 현장에 소방활동구역을 정하여 소방활동에 필요한 사람으로서 대통령령으로 정하는 사람 외에는 그 구역에 출입하는 것을 제한
③ 사람을 구출하거나 불이 번지는 것을 막기 위하여 필요할 때에는 화재가 발생하거나 불이 번질 우려가 있는 소방대상물 및 토지를 일시적으로 사용하거나 그 사용의 제한 또는 소방활동에 필요한 처분
④ 화재진압 등 소방활동을 위하여 필요할 때에는 소방용수 외에 댐·저수지 또는 수영장 등의 물을 사용하거나 수도의 개폐장치 등을 조작

해설 (1) 소방대장:소방활동구역의 설정(기본법 23조) 보기 ②

기억법 대구활(대구의 활동)

(2) 소방본부장·소방서장·소방대장
㉠ 소방활동 종사명령(기본법 24조)
㉡ 강제처분(기본법 25조) 보기 ③
㉢ 피난명령(기본법 26조)
㉣ 댐·저수지 사용 등 위험시설 등에 대한 긴급조치(기본법 27조) 보기 ④

기억법 소대종강피(소방대의 종강파티)

답 ①

★★★
49 시장지역에서 화재로 오인할 만한 우려가 있는 불을 피우거나 연막소독을 하려는 자가 신고를 하지 아니하여 소방자동차를 출동하게 한 자에 대한 과태료 부과·징수권자는?

① 국무총리
② 소방청장
③ 시·도지사
④ 소방서장

해설 기본법 57조
연막소독 과태료 징수
(1) **20만원** 이하 **과태료**
(2) **소방본부장**·**소방서장**이 부과·징수

중요

기본법 19조
화재로 오인할 만한 불을 피우거나 연막소독시 신고지역
(1) **시장**지역
(2) **공장**·창고가 밀집한 지역
(3) **목조건물**이 밀집한 지역
(4) **위험물**의 **저장** 및 **처리시설**이 **밀집**한 지역
(5) **석유화학제품**을 생산하는 공장이 있는 지역
(6) 그 밖에 **시·도**의 **조례**로 정하는 지역 또는 장소

답 ④

★★
50 위험물안전관리법령상 제조소 등의 완공검사 신청시기기준으로 틀린 것은?

14.09.문47

① 지하탱크가 있는 제조소 등의 경우에는 해당 지하탱크를 매설하기 전
② 이동탱크저장소의 경우에는 이동저장탱크를 완공하고 상치장소를 확보한 후
③ 이송취급소의 경우에는 이송배관공사의 전체 또는 일부 완료한 후
④ 배관을 지하에 설치하는 경우에는 소방서장이 지정하는 부분을 매몰하고 난 직후

해설 **위험물규칙 20조**
제조소 등의 완공검사 신청시기
(1) **지하탱크**가 있는 **제조소** : 해당 지하탱크를 매설하기 전
(2) **이동탱크저장소** : 이동저장탱크를 완공하고 상치장소를 확보한 후
(3) **이송취급소** : 이송배관공사의 전체 또는 일부를 완료한 후(지하·하천 등에 매설하는 것은 이송배관을 매설하기 전)

④ 매몰하고 난 직후 → 매몰하기 전

답 ④

★★★
51 소방시설공사업법령상 하자를 보수하여야 하는 소방시설과 소방시설별 하자보수 보증기간으로 옳은 것은?

16.10.문56
15.05.문59
15.03.문52
12.05.문59

① 유도등 : 1년
② 자동소화장치 : 3년
③ 자동화재탐지설비 : 2년
④ 소화용수설비 : 2년

해설 **공사업령 6조**
소방시설공사의 하자보수 보증기간

보증기간	소방시설
2년	① **유**도등 · **피**난기구 ② **비**상**조**명등 · 비상**경**보설비 · 비상**방**송설비 ③ **무**선통신보조설비
3년	① 자동소화장치 ② 옥내 · 외소화전설비 ③ 스프링클러설비 ④ 물분무등소화설비 · 소화용수설비 ⑤ 자동화재탐지설비 · 소화활동설비(무선통신보조설비 제외) ⑥ 화재알림설비

기억법 **유비 조경방무피2**

① 2년
③, ④ 3년

답 ②

★★
52 위험물안전관리법령상 제조소 또는 일반취급소에서 취급하는 제4류 위험물의 최대수량의 합이 지정수량의 24만배 이상 48만배 미만인 사업소의 관계인이 두어야 하는 화학소방자동차와 자체소방대원의 수의 기준으로 옳은 것은? (단, 화재, 그 밖의 재난발생시 다른 사업소 등과 상호응원에 관한 협정을 체결하고 있는 사업소는 제외한다.)

11.10.문56

① 화학소방자동차–2대, 자체소방대원의 수–10인
② 화학소방자동차–3대, 자체소방대원의 수–10인
③ 화학소방자동차–3대, 자체소방대원의 수–15인
④ 화학소방자동차–4대, 자체소방대원의 수–20인

해설 **위험물령 〔별표 8〕**
자체소방대에 두는 화학소방자동차 및 인원

구 분	화학소방자동차	자체소방대원의 수
지정수량 **3천~12만배** 미만	1대	5인
지정수량 **12~24만배** 미만	2대	10인
지정수량 **24~48만배** 미만 →	**3대**	**15인**
지정수량 **48만배** 이상	4대	20인
옥외탱크저장소에 저장하는 제4류 위험물의 최대수량이 지정수량의 50만배 이상	2대	10인

답 ③

★★★
53 소방기본법령상 소방서 종합상황실의 실장이 서면·모사전송 또는 컴퓨터통신 등으로 소방본부의 종합상황실에 지체없이 보고하여야 하는 기준으로 틀린 것은?

19.03.문47
16.03.문46
05.09.문55

① 사망자가 5명 이상 발생하거나 사상자가 10명 이상 발생한 화재
② 층수가 11층 이상인 건축물에서 발생한 화재
③ 이재민이 50명 이상 발생한 화재
④ 재산피해액이 50억원 이상 발생한 화재

해설 **기본규칙 3조**
종합상황실 실장의 보고화재
(1) 사망자 **5명** 이상 화재
(2) 사상자 **10명** 이상 화재
(3) 이재민 **100명** 이상 화재
(4) 재산피해액 **50억원** 이상 화재
(5) 관광호텔, 층수가 11층 이상인 건축물, 지하상가, 시장, 백화점
(6) **5층** 이상 또는 객실 **30실** 이상인 **숙박시설**

(7) **5층** 이상 또는 병상 **30개** 이상인 **종합병원·정신병원·한방병원·요양소**
(8) **1000t** 이상인 선박(항구에 매어둔 것)
(9) 지정수량 **3000배** 이상의 위험물 제조소·저장소·취급소
(10) 연면적 **15000m²** 이상인 **공장** 또는 **화재예방강화지구**에서 발생한 화재
(11) **가스** 및 **화약류**의 폭발에 의한 화재
(12) **관공서·학교·정부미도정공장·문화재·지하철** 또는 지하구의 **화재**
(13) 철도차량, 항공기, 발전소 또는 변전소
(14) 다중이용업소의 화재

③ 50명 이상 → 100명 이상

※ **종합상황실** : 화재·재난·재해·구조·구급 등이 필요한 때에 신속한 소방활동을 위한 정보를 수집·전파하는 소방서 또는 소방본부의 지령관제실

답 ③

★★
54 08.09.문42
지하층을 포함한 층수가 16층 이상 40층 미만인 특정소방대상물의 소방시설 공사현장에 배치하여야 할 소방공사 책임감리원의 배치기준으로 옳은 것은?

① 행정안전부령으로 정하는 특급감리원 중 소방기술사
② 행정안전부령으로 정하는 특급감리원 이상의 소방공사감리원(기계분야 및 전기분야)
③ 행정안전부령으로 정하는 고급감리원 이상의 소방공사감리원(기계분야 및 전기분야)
④ 행정안전부령으로 정하는 중급감리원 이상의 소방공사감리원(기계분야 및 전기분야)

해설 **공사업령 [별표 4]**
소방공사감리원의 배치기준

공사현장	배치기준	
	책임감리원	보조감리원
• 연면적 **5천m²** 미만 • **지하구**	**초급**감리원 이상 (기계 및 전기)	
• 연면적 **5천~3만m²** 미만	**중급**감리원 이상 (기계 및 전기)	
• **물분무등소화설비**(호스릴 제외) 설치 • **제연설비** 설치 • 연면적 **3만~20만m²** 미만(아파트)	**고급**감리원 이상 (기계 및 전기)	**초급**감리원 이상 (기계 및 전기)
• 연면적 **3만~20만m²** 미만(아파트 제외) • **16~40층** 미만(지하층 포함)	**특급**감리원 이상 (기계 및 전기)	**초급**감리원 이상 (기계 및 전기)
• 연면적 **20만m²** 이상 • **40층** 이상(지하층 포함)	특급감리원 중 **소방기술사**	**초급**감리원 이상 (기계 및 전기)

비교

공사업령 [별표 2]
소방기술자의 배치기준

공사현장	배치기준
• 연면적 **1천m²** 미만	소방기술인정자격수첩 발급자
• 연면적 **1천~5천m²** 미만(아파트 제외) • 연면적 **1천~1만m²** 미만(아파트) • **지하구**	**초급**기술자 이상 (기계 및 전기분야)
• **물분무등소화설비**(호스릴 제외) 또는 **제연설비** 설치 • 연면적 **5천~3만m²** 미만(아파트 제외) • 연면적 **1만~20만m²** 미만(아파트)	**중급**기술자 이상 (기계 및 전기분야)
• 연면적 **3만~20만m²** 미만(아파트 제외) • **16~40층** 미만(지하층 포함)	**고급**기술자 이상 (기계 및 전기분야)
• 연면적 **20만m²** 이상 • **40층** 이상(지하층 포함)	**특급**기술자 이상 (기계 및 전기분야)

답 ②

★
55 **특정소방대상물에서 사용하는 방염대상물품의 방염성능검사 방법과 검사 결과에 따른 합격표시 등에 필요한 사항은 무엇으로 정하는가?**

① 대통령령
② 행정안전부령
③ 소방청 고시
④ 시·도의 조례

해설 **행정안전부령**
(1) 119 종합상황실의 설치·운영에 관하여 필요한 사항(기본법 4조)
(2) 소방**박**물관(기본법 5조)
(3) 소방**력** 기준(기본법 8조)
(4) 소방**용**수시설의 **기**준(기본법 10조)
(5) 소방대원의 소방교육·훈련 실시규정(기본법 17조)
(6) 소방신호의 종류와 방법(기본법 18조)
(7) 소방활동장비 및 설비의 종류와 규격(기본령 2조)
(8) **방염성능검사**의 방법과 검사 결과에 따른 합격표시(소방시설법 21조 ③항)

기억법 **행박력 용기**

답 ②

★★
56 소방시설 설치 및 관리에 관한 법령상 자동화재 탐지설비를 설치하여야 하는 특정소방대상물의 기준으로 틀린 것은?

14.03.문79
12.03.문74

① 문화 및 집회시설로서 연면적이 $1000m^2$ 이상인 것
② 지하상가로서 연면적이 $1000m^2$ 이상인 것
③ 의료시설(정신의료기관 또는 요양병원은 제외)로서 연면적 $1000m^2$ 이상인 것
④ 터널로서 길이가 1000m 이상인 것

해설 **소방시설법 시행령 〔별표 4〕**
자동화재탐지설비의 설치대상

설치대상	조 건
① 정신의료기관 · 의료재활시설	• 창살설치 : 바닥면적 **300m²** 미만 • 기타 : 바닥면적 **300m²** 이상
② 노유자시설	• 연면적 **400m²** 이상
③ 근린생활시설 · 위락시설 ④ 의료시설(정신의료기관, 요양병원 제외) ⑤ 복합건축물 · 장례시설	• 연면적 **600m²** 이상
⑥ 목욕장 · 문화 및 집회시설, 운동시설 ⑦ 종교시설 ⑧ 방송통신시설 · 관광휴게시설 ⑨ 업무시설 · 판매시설 ⑩ 항공기 및 자동차 관련시설 · 공장 · 창고시설 ⑪ 지하상가 · 운수시설 · 발전시설 · 위험물 저장 및 처리시설 ⑫ 교정 및 군사시설 중 국방 · 군사시설	• 연면적 **1000m²** 이상
⑬ 교육연구시설 · 동식물관련시설 ⑭ 자원순환관련시설 · 교정 및 군사시설(국방 · 군사시설 제외) ⑮ 수련시설(숙박시설이 있는 것 제외) ⑯ 묘지관련시설	• 연면적 **2000m²** 이상
⑰ 터널	• 길이 **1000m** 이상
⑱ 지하구 ⑲ 노유자생활시설 ⑳ 아파트 등 기숙사 ㉑ 숙박시설 ㉒ **6층** 이상인 건축물 ㉓ 조산원 및 산후조리원 ㉔ 전통시장 ㉕ 요양병원(정신병원, 의료재활시설 제외)	• 전부
㉖ 특수가연물 저장 · 취급	• 지정수량 **500배** 이상
㉗ 수련시설(숙박시설이 있는 것)	• 수용인원 **100명** 이상
㉘ 발전시설	• 전기저장시설

기억법 **근위의복 6, 교동자교수 2**

③ $1000m^2$ 이상 → $600m^2$ 이상

답 ③

★★★
57 소방시설 설치 및 관리에 관한 법률상 시 · 도지사는 소방시설관리업자에게 영업정지를 명하는 경우로서 그 영업정지가 국민에게 심한 불편을 주거나 그 밖에 공익을 해칠 우려가 있을 때에는 영업정지처분을 갈음하여 얼마 이하의 과징금을 부과할 수 있는가?

17.09.문52

① 1000만원 ② 2000만원
③ 3000만원 ④ 5000만원

해설 **소방시설법 36조, 위험물법 13조, 공사업법 10조**
과징금

3000만원 이하	2억원 이하
• **소방시설관리업** 영업정지 처분 갈음	• **제조소** 사용정지처분 갈음 • **소방시설업** 영업정지처분 갈음

중요

소방시설업
(1) 소방시설설계업
(2) 소방시설공사업
(3) 소방공사감리업
(4) 방염처리업

답 ③

★★★
58 소방기본법령상 소방용수시설에 대한 설명으로 틀린 것은?

15.03.문48

① 시 · 도지사는 소방활동에 필요한 소방용수시설을 설치하고 유지 · 관리하여야 한다.
② 수도법의 규정에 따라 설치된 소화전도 시 · 도지사가 유지 · 관리하여야 한다.
③ 소방본부장 또는 소방서장은 원활한 소방활동을 위하여 소방용수시설에 대한 조사를 월 1회 이상 실시하여야 한다.
④ 소방용수시설 조사의 결과는 2년간 보관하여야 한다.

해설 **기본법 10조 ①항**
소방용수시설
(1) 종류 : **소화전 · 급수탑 · 저수조**
(2) 기준 : **행정안전부령**
(3) 설치 · 유지 · 관리 : **시 · 도**(단, 수도법에 의한 소화전은 일반수도사업자가 관할소방서장과 협의하여 설치)

② 시 · 도지사 → 일반수도사업자

답 ②

★★
59 소방시설공사업법령상 특정소방대상물에 설치된 소방시설 등을 구성하는 것의 전부 또는 일부를 개설, 이전 또는 정비하는 공사의 경우 소방시설공사의 착공신고대상이 아닌 것은? (단, 고장 또는 파손 등으로 인하여 작동시킬 수 없는 소방시설을 긴급히 교체하거나 보수하여야 하는 경우는 제외한다.)

① 수신반 ② 소화펌프
③ 동력(감시)제어반 ④ 압력챔버

해설 **공사업령 4조**
소방시설공사의 착공신고대상
(1) 수신반
(2) 소화펌프
(3) 동력(감시)제어반

답 ④

★
60 소방시설 설치 및 관리에 관한 법령상 건축허가 등의 동의를 요구하는 때 동의요구서에 첨부하여야 하는 설계도서 중 건축물 설계도서가 아닌 것은? (단, 소방시설공사 착공신고대상에 해당하는 경우이다.)

06.03.문55

① 창호도 ② 실내전개도
③ 층별 평면도 ④ 실내 마감재료표

해설 **설계도서**(소방시설법 시행규칙 3조)
(1) 건축물 설계도서
㉠ 건축개요 및 배치도
㉡ 주단면도 및 입면도
㉢ 층별 평면도(용도별 기준층 평면도 포함) 보기 ③
㉣ 방화구획도(창호도 포함) 보기 ①
㉤ 실내·실외 마감재료표 보기 ④
㉥ 소방자동차 진입 동선도 및 부서 공간 위치도(조경계획 포함)
(2) 소방시설 설계도서
㉠ 소방시설(기계·전기분야의 시설)의 계통도(시설별 계산서 포함)
㉡ 소방시설별 층별 평면도
㉢ 실내장식물 방염대상물품 설치 계획(마감재료 제외)
㉣ 소방시설의 내진설계 계통도 및 기준층 평면도(내진시방서 및 계산서 등 세부내용이 포함된 설계도면은 제외)

② 실내전개도 : 필요없음

비교

공사업규칙 12조
소방시설공사 착공신고서류
(1) **설계도서**
(2) 기술관리를 하는 기술인력의 **기술등급을 증명하는 서류 사본**
(3) 소방시설공사업 **등록증 사본 1부**
(4) 소방시설공사업 **등록수첩 사본 1부**
(5) 소방시설공사를 하도급하는 경우의 서류
㉠ 소방시설공사 등의 하도급통지서 사본 1부
㉡ 하도급대금 지급에 관한 다음의 어느 하나에 해당하는 서류
• 「하도급거래 공정화에 관한 법률」 제13조의 2에 따라 공사대금 지급을 보증한 경우에는 하도급대금 지급보증서 사본 1부
• 「하도급거래 공정화에 관한 법률」 제13조의 2 제1항 외의 부분 단서 및 같은 법 시행령 제8조 제1항에 따라 보증이 필요하지 않거나 보증이 적합하지 않다고 인정되는 경우에는 이를 증빙하는 서류 사본 1부

답 ②

제 4 과목 소방전기시설의 구조 및 원리

★★★
61 비상방송설비는 기동장치에 따른 화재신고를 수신한 후 필요한 음량으로 화재발생상황 및 피난에 유효한 방송이 자동으로 개시될 때까지의 소요시간은 몇 초 이하로 하여야 하는가?

19.09.문76
19.04.문68
18.09.문77
18.03.문73
16.10.문69
16.10.문73
16.05.문67
16.03.문68
15.05.문73
15.05.문76
15.03.문62
14.05.문63
14.05.문75
13.06.문62
13.06.문80

① 5
② 10
③ 20
④ 30

해설 소요시간

기 기	시 간
• P형·P형 복합식·R형·R형 복합식·GP형·GP형 복합식·GR형·GR형 복합식 수신기 • 중계기	5초 이내
비상방송설비	**10초** 이하
가스누설경보기	60초 이내

기억법 **시중5(시중을 드시오!)**
6가(육체미가 아름답다.)

중요

축적형 수신기

전원차단시간	축적시간	화재표시감지시간
1~3초 이하	30~60초 이하	60초(1회 이상 반복)

비교

비상방송설비의 **설치기준**(NFPC 202 4조, NFTC 202 2.1)
(1) 음량조정기를 설치하는 경우 배선은 **3선식**으로 할 것
(2) 확성기의 음성입력은 **실외 3W, 실내 1W** 이상일 것
(3) 조작부의 조작스위치는 **0.8~1.5m** 이하의 높이에 설치할 것
(4) 기동장치에 의한 화재신고를 수신한 후 필요한 음량으로 방송이 개시될 때까지의 소요시간은 **10초** 이하로 할 것

답 ②

★★★
62 비상콘센트설비 전원회로의 설치기준 중 옳은 것은?

19.04.문63 18.04.문61 17.03.문72 16.05.문76 15.09.문65 15.03.문73 16.10.문61 16.05.문76 14.03.문64

① 전원회로는 단상교류 220V인 것으로서, 그 공급용량은 3.0kVA 이상인 것으로 할 것
② 비상콘센트용의 풀박스 등은 방청도장을 한 것으로서, 두께 2.0mm 이상의 철판으로 할 것
③ 하나의 전용회로에 설치하는 비상콘센트는 8개 이하로 할 것
④ 전원으로부터 각 층의 비상콘센트에 분기되는 경우에는 분기배선용 차단기를 보호함 안에 설치할 것

해설 **비상콘센트설비**(NFPC 504 4조, NFTC 504 2.1)

구 분	전 압	용 량	플러그접속기
단상교류	220V	1.5kVA 이상	접지형 2극

(1) 하나의 전용회로에 설치하는 비상콘센트는 **10개** 이하로 할 것
(2) 풀박스는 **1.6mm** 이상의 철판을 사용할 것
(3) 전원회로는 각 층에 있어서 **2** 이상이 되도록 설치할 것
(4) 콘센트마다 배선용 차단기를 설치하며, 충전부가 **노출되지 아니하도록** 할 것
(5) 전원으로부터 각 층의 비상콘센트에 분기되는 경우에는 **분기배선용 차단기**를 보호함 안에 설치할 것

① 3.0kVA 이상 → 1.5kVA 이상
② 2.0mm 이상 → 1.6mm 이상
③ 8개 이하 → 10개 이하

답 ④

★★★
63 비상벨설비 또는 자동식 사이렌설비의 지구음향장치는 특정소방대상물의 층마다 설치하되, 해당 특정소방대상물의 각 부분으로부터 하나의 음향장치까지의 수평거리가 몇 m 이하가 되도록 하여야 하는가?

19.09.문79 14.03.문71 12.03.문73 09.05.문79

① 15　　② 25
③ 40　　④ 50

해설 (1) **수평거리**

구 분	기 기
25m 이하	• 발신기 • **음**향장치(확성기) : 비상벨설비, 자동식 사이렌설비 등 • 비상콘센트(지하상가 · 지하층 바닥면적 **3000m²** 이상)
50m 이하	• 비상콘센트(기타)

(2) **보행거리**

구 분	기 기
15m 이하	• 유도표지
20m 이하	• 복도통로유도등 • 거실통로유도등 • 3종 연기감지기
30m 이하	• 1 · 2종 연기감지기

(3) **수직거리**

구 분	기 기
15m 이하	• 1 · 2종 연기감지기
10m 이하	• 3종 연기감지기

기억법 음25(음이온)

답 ②

★
64 자동화재탐지설비 중계기에 예비전원을 사용하는 경우 구조 및 기능 기준 중 다음 (　　) 안에 알맞은 것은?

> 축전지의 충전시험 및 방전시험은 방전종지전압을 기준하여 시작한다. 이 경우 방전종지전압이라 함은 원통형 니켈카드뮴축전지는 셀당 (㉠)V의 상태를, 무보수밀폐형 연축전지는 단전지당 (㉡)V의 상태를 말한다.

① ㉠ 1.0, ㉡ 1.5　　② ㉠ 1.0, ㉡ 1.75
③ ㉠ 1.6, ㉡ 1.5　　④ ㉠ 1.6, ㉡ 1.75

해설 **중계기 예비전원**의 **구조** 및 **기능**(중계기의 형식승인 및 제품검사의 기술기준 3 · 4조)
(1) 중계기의 예비전원은 **원통밀폐형 니켈카드뮴축전지** 또는 **무보수밀폐형 연축전지**로서 그 용량은 **감시상태**를 **60분**간 계속한 후, 자동화재탐지설비용은 **최대소비전류**로 **10분**간 계속 흘릴 수 있는 용량, 가스누설경보기용은 가스누설경보기의 기준에 규정된 용량, GP형, GP형 복합식, GR형, GR형 복합식의 수신기에 사용되는 중계기는 각각 그 용량을 합한 용량일 것
(2) 축전지의 충전시험 및 방전시험은 방전종지전압을 기준하여 시작한다. 이 경우 **방전종지전압**이라 함은 **원통형 니켈카드뮴축전지**는 **셀당 1.0V**의 상태를, **무보수밀폐형 연축전지**는 **단전지당 1.75V**의 상태를 말한다.

중요

방전종지전압

원통형 니켈카드뮴축전지	무보수밀폐형 연축전지
셀당 1.0V	단전지당 1.75V 기억법 무연75(무연 휘발유를 쓰면 치료된다.)

답 ②

☆☆
65 비상콘센트설비의 화재안전기준에 따른 용어의 정의 중 옳은 것은?

19.09.문68 19.03.문62 16.05.문64 14.05.문23 13.09.문80 12.09.문77 05.03.문76

① "저압"이란 직류는 1.5kV 이하, 교류는 1kV 이하인 것을 말한다.
② "저압"이란 직류는 700V 이하, 교류는 600V 이하인 것을 말한다.
③ "고압"이란 직류는 700V를, 교류는 600V를 초과하는 것을 말한다.
④ "특고압"이란 8kV를 초과하는 것을 말한다.

해설 **전압**(NFTC 504 1.7)

구 분	설 명
저압	**직류 1.5kV** 이하, **교류 1kV** 이하
고압	저압의 범위를 초과하고 **7kV** 이하
특고압	7kV를 초과하는 것

답 ①

☆☆
66 자동화재속보설비 속보기의 기능 기준 중 옳은 것은?

16.05.문62

① 작동신호를 수신하거나 수동으로 동작시키는 경우 10초 이내에 소방관서에 자동적으로 신호를 발하여 통보하되, 3회 이상 속보할 수 있어야 한다.
② 예비전원을 병렬로 접속하는 경우에는 역충전 방지 등의 조치를 하여야 한다.
③ 예비전원은 감시상태를 30분간 지속한 후 10분 이상 동작이 지속될 수 있는 용량이어야 한다.
④ 속보기는 연동 또는 수동 작동에 의한 다이얼링 후 소방관서와 전화접속이 이루어지지 않는 경우에는 최초 다이얼링을 포함하여 20회 이상 반복적으로 접속을 위한 다이얼링이 이루어져야 한다. 이 경우 매회 다이얼링 완료 후 호출은 30초 이상 지속되어야 한다.

해설 **속보기의 적합기능**(자동화재속보설비의 속보기의 성능인증 및 제품검사의 기술기준 5조)

(1) 작동신호를 수신하거나 수동으로 동작시키는 경우 **20초** 이내에 소방관서에 자동적으로 신호를 발하여 통보하되, **3회** 이상 속보할 수 있을 것
(2) 예비전원은 **감시상태**를 **60분**간 지속한 후 **10분** 이상 **동작**이 지속될 수 있는 용량일 것
(3) 속보기는 연동 또는 수동 작동에 의한 다이얼링 후 소방관서와 전화접속이 이루어지지 않는 경우에는 최초 **다**이얼링을 포함하여 **10회** 이상 반복적으로 접속을 위한 다이얼링이 이루어져야 한다. 이 경우 매회 다이얼링 완료 후 호출은 **30초** 이상 지속될 것

기억법 다10(다 쉽다.)

(4) 예비전원을 **병렬**로 접속하는 경우 **역충전 방지** 등의 조치를 할 것

① 10초 → 20초
③ 30분간 → 60분간
④ 20회 → 10회

답 ②

☆☆☆
67 휴대용 비상조명등의 설치기준 중 다음 (　　) 안에 알맞은 것은?

19.03.문74 15.09.문64 15.05.문61 14.07.문75 13.03.문68 12.03.문61 09.05.문76

> 지하상가 및 지하역사에는 보행거리 (㉠)m 이내마다 (㉡)개 이상 설치할 것

① ㉠ 25, ㉡ 1　　② ㉠ 25, ㉡ 3
③ ㉠ 50, ㉡ 1　　④ ㉠ 50, ㉡ 3

해설 **휴대용 비상조명등의 설치기준**(NFPC 304 4조, NFTC 304 2.1.2)

설치개수	설치장소
1개 이상	• **숙박시설** 또는 **다중이용업소**에는 객실 또는 영업장 안의 구획된 실마다 잘 보이는 곳(외부에 설치시 출입문 손잡이로부터 **1m 이내** 부분)
3개 이상	• **지하상가** 및 **지하역사**의 **보행거리 25m** 이내마다 • **대규모점포(백화점 · 대형점 · 쇼핑센터)** 및 **영화상영관**의 **보행거리 50m** 이내마다

(1) 바닥으로부터 **0.8~1.5m** 이하의 높이에 설치할 것
(2) 어둠 속에서 **위치**를 **확인**할 수 있도록 할 것
(3) 사용시 **자동**으로 **점등**되는 구조일 것
(4) 외함은 **난연성능**이 있을 것
(5) 건전지를 사용하는 경우에는 **방전방지조치**를 하여야 하고, **충전식 배터리**의 경우에는 **상시 충전**되도록 할 것
(6) 건전지 및 충전식 배터리의 용량은 **20분** 이상 유효하게 사용할 수 있는 것으로 할 것

답 ②

☆☆☆
68 무선통신보조설비의 누설동축케이블 또는 동축케이블의 임피던스는 몇 Ω으로 하여야 하는가?

19.03.문80 16.10.문72 15.09.문78 14.05.문78 12.05.문76 10.05.문76 08.09.문70

① 5Ω　　② 10Ω
③ 50Ω　　④ 100Ω

해설 **무선통신보조설비의 설치기준**(NFPC 505 5 · 7조/NFTC 505 2.2.2, 2.4.1.2)

(1) 소방전용 주파수대에서 전파의 **전송** 또는 **복사**에 적합한 것으로서 소방전용의 것일 것
(2) 누설동축케이블과 이에 접속하는 안테나 또는 동축케이블과 이에 접속하는 안테나일 것

(3) 누설동축케이블 및 동축케이블은 화재에 따라 해당 케이블의 피복이 소실된 경우에 케이블 본체가 떨어지지 아니하도록 4m 이내마다 금속제 또는 자기제 등의 지지금구로 벽·천장·기둥 등에 견고하게 고정시킬 것(단, 불연재료로 구획된 반자 안에 설치하는 경우 제외)

(4) 누설동축케이블 및 안테나는 고압전로로부터 1.5m 이상 떨어진 위치에 설치할 것(해당 전로에 **정전기 차폐장치**를 유효하게 설치한 경우에는 제외)

기억법 누고15

(5) 누설동축케이블의 끝부분에는 **무반사 종단저항**을 견고하게 설치할 것

(6) 임피던스 : **50Ω**

※ **무반사 종단저항** : 전송로로 전송되는 전자파가 전송로의 종단에서 반사되어 교신을 방해하는 것을 막기 위한 저항

답 ③

69

07.05.문79

무선통신보조설비 증폭기 무선이동중계기를 설치하는 경우의 설치기준으로 틀린 것은?

① 전원은 전기가 정상적으로 공급되는 축전지설비, 전기저장장치 또는 교류전압 옥내간선으로 하고, 전원까지의 배선은 전용으로 할 것

② 증폭기의 전면에는 주회로의 전원이 정상인지의 여부를 표시할 수 있는 표시등 및 전류계를 설치할 것

③ 증폭기에는 비상전원이 부착된 것으로 하고 해당 비상전원 용량은 무선통신보조설비를 유효하게 30분 이상 작동시킬 수 있는 것으로 할 것

④ 증폭기 및 무선중계기를 설치하는 경우에는 전파법에 따른 적합성 평가를 받은 제품으로 설치하고 임의로 변경하지 않도록 할 것

해설 **증폭기** 및 **무선중계기**의 **설치기준**(NFPC 505 8조, NFTC 505 2.5.1)

(1) 전원은 **축전지설비**, **전기저장장치** 또는 **교류전압 옥내간선**으로 하고, 전원까지의 배선은 **전용**으로 할 것

(2) 증폭기의 전면에는 전원확인 **표시등** 및 **전압계**를 설치할 것

(3) 증폭기의 비상전원 용량은 **30분** 이상일 것

(4) **증폭기** 및 **무선중계기**를 설치하는 경우 전파법에 따른 적합성 평가를 받은 제품으로 설치하고 임의로 변경하지 않도록 할 것

(5) 디지털방식의 무전기를 사용하는 데 지장이 없도록 설치할 것

② 전류계 → 전압계

용어

전기저장장치
외부 전기에너지를 저장해 두었다가 필요한 때 전기를 공급하는 장치

답 ②

70

피난구조설비의 설치면제요건의 규정에 따라 옥상의 면적이 몇 m^2 이상이어야 그 옥상의 직하층 또는 최상층(관람집회 및 운동시설 또는 판매시설 제외) 그 부분에 피난기구를 설치하지 아니할 수 있는가? (단, 숙박시설(휴양콘도미니엄을 제외)에 설치되는 완강기 및 간이완강기의 경우는 제외한다.)

① 500 ② 800
③ 1000 ④ 1500

해설 **피난구조설비**의 **설치면제요건**(**옥상**의 **직하층** 또는 **최상층**으로 **관람집회** 및 **운동시설** 또는 **판매시설 제외**)(NFTC 301 2.2.1.2)

(1) 주요구조부가 **내화구조**로 되어 있어야 할 것

(2) 옥상의 면적이 **1500m^2 이상**이어야 할 것

(3) 옥상으로 쉽게 통할 수 있는 창 또는 출입구가 설치되어 있어야 할 것

(4) 옥상이 소방사다리차가 쉽게 통행할 수 있는 도로(폭 **6m 이상**의 것) 또는 공지에 면하여 설치되어 있거나 옥상으로부터 피난층 또는 지상으로 통하는 **2 이상**의 **피난계단** 또는 **특별피난계단**이 건축법 시행령 제35조의 규정에 적합하게 설치되어 있어야 할 것

답 ④

71

16.03.문79
14.09.문72
12.09.문73

청각장애인용 시각경보장치의 설치기준 중 천장의 높이가 2m 이하인 경우에는 천장으로부터 몇 m 이내의 장소에 설치하여야 하는가?

① 0.15 ② 0.3
③ 0.5 ④ 0.7

해설 **청각장애인용 시각경보장치**의 **설치기준**(NFPC 203 8조, NFTC 203 2.5.2)

(1) **복도·통로·청각장애인용 객실** 및 **공용**으로 사용하는 **거실**에 설치하며, 각 부분으로부터 유효하게 경보를 발할 수 있는 위치에 설치

(2) **공연장·집회장·관람장** 또는 이와 유사한 장소에 설치하는 경우에는 시선이 집중되는 **무대부 부분** 등에 설치

(3) 설치높이는 바닥으로부터 **2~2.5m 이하**의 장소에 설치(단, 천장의 높이가 **2m 이하**인 경우에는 천장으로부터 **0.15m 이내**의 장소에 설치)

(4) 시각경보장치의 광원은 **전용**의 **축전지설비** 또는 **전기저장장치**에 의하여 점등되도록 할 것

(5) 하나의 소방대상물에 2 이상의 수신기가 설치된 경우 어느 수신기에서도 **지구음향장치** 및 **시각경보장치**를 작동할 수 있도록 할 것

답 ①

★★
72 주요구조부가 내화구조인 특정소방대상물에 자동화재탐지설비의 감지기를 열전대식 차동식 분포형으로 설치하려고 한다. 바닥면적이 $256m^2$일 경우 열전대부와 검출부는 각각 최소 몇 개 이상으로 설치하여야 하는가?

12.03.문71 / 03.08.문70

① 열전대부 11개, 검출부 1개
② 열전대부 12개, 검출부 1개
③ 열전대부 11개, 검출부 2개
④ 열전대부 12개, 검출부 2개

해설 **열전대식 감지기의 설치기준**(NFPC 203 7조, NFTC 203 2.4.8.3)
(1) **1개**의 **검출부**에 접속하는 열전대부는 **4~20개** 이하로 할 것(단, **주소형 열전대식 감지기**는 제외)
(2) 바닥면적

분 류	바닥면적	설치개수
내화구조	$22m^2$	4~20개 이하
기타구조	$18m^2$	

$$\text{열전대부 개수} = \frac{\text{바닥면적}}{22m^2} = \frac{256m^2}{22m^2} = 11.6 ≒ 12\text{개}$$

※ 문제에서 **내화구조**라고 명시

중요

열전대부 개수

기타구조	내화구조
열전대부 개수 $= \frac{\text{바닥면적}}{18m^2}$ (최소 4개 이상)	열전대부 개수 $= \frac{\text{바닥면적}}{22m^2}$ (최소 4개 이상)

답 ②

★
73 자동화재탐지설비 발신기의 작동기능기준 중 다음 ( ) 안에 알맞은 것은? (단, 이 경우 누름판이 있는 구조로서 손끝으로 눌러 작동하는 방식의 작동스위치는 누름판을 포함한다.)

10.09.문72

> 발신기의 조작부는 작동스위치의 동작방향으로 가하는 힘이 (㉠)kg을 초과하고 (㉡)kg 이하인 범위에서 확실하게 동작되어야 하며, (㉠)kg 힘을 가하는 경우 동작되지 아니하여야 한다.

① ㉠ 2, ㉡ 8 ② ㉠ 3, ㉡ 7
③ ㉠ 2, ㉡ 7 ④ ㉠ 3, ㉡ 8

해설 **발신기**의 **작동기능**(발신기의 형식승인 및 제품검사의 기술기준 4조 2)

② 작동스위치의 동작방향으로 가하는 힘이 <u>2kg</u>을 초과하고 <u>8kg</u> 이하인 범위에서 확실하게 동작(단, 2kg의 힘을 가하는 경우 동작하지 않을 것)

답 ①

★★★
74 객석통로의 직선부분의 길이가 25m인 영화관의 통로에 객석유도등을 설치하는 경우 최소설치개수는?

19.04.문69 / 14.09.문62 / 14.03.문62 / 13.03.문76 / 12.03.문63

① 5 ② 6
③ 7 ④ 8

해설 **설치개수**(NFPC 303 7조, NFTC 303 2.4.2)
(1) 복도 · 거실 통로유도등

$$\text{개수} \geq \frac{\text{보행거리}}{20} - 1$$

(2) 유도표지

$$\text{개수} \geq \frac{\text{보행거리}}{15} - 1$$

(3) 객석유도등

$$\text{개수} \geq \frac{\text{직선부분 길이}}{4} - 1$$

$$= \frac{25m}{4} - 1 = 5.25 ≒ 6\text{개(절상)}$$

용어

절상
'소수점 이하는 무조건 올린다.'는 뜻

답 ②

★★★
75 공기관식 차동식 분포형 감지기의 구조 및 기능기준 중 다음 ( ) 안에 알맞은 것은?

04.05.문80

> • 공기관은 하나의 길이(이음매가 없는 것)가 (㉠)m 이상의 것으로 안지름 및 관의 두께가 일정하고 흠, 갈라짐 및 변형이 없어야 하며 부식되지 아니하여야 한다.
> • 공기관의 두께는 (㉡)mm 이상, 바깥지름은 (㉢)mm 이상이어야 한다.

① ㉠ 10, ㉡ 0.5, ㉢ 1.5
② ㉠ 20, ㉡ 0.3, ㉢ 1.9
③ ㉠ 10, ㉡ 0.3, ㉢ 1.9
④ ㉠ 20, ㉡ 0.5, ㉢ 1.5

해설 **공기관식 감지기**의 **구조** 및 **기능**(감지기의 형식승인 및 제품검사의 기술기준 5조)

(1) 공기관은 하나의 길이가 **20m** 이상이어야 한다. 보기 ㉠
(2) 공기관의 두께는 **0.3mm** 이상, 바깥지름은 **1.9mm** 이상이어야 한다. 보기 ㉡㉢
(3) **리크저항** 및 **접점수고**를 쉽게 시험할 수 있다.

답 ②

★★★
76

06.03.문68

광전식 분리형 감지기의 설치기준 중 광축은 나란한 벽으로부터 몇 m 이상 이격하여 설치하여야 하는가?

① 0.6　② 0.8
③ 1　④ 1.5

해설 **광전식 분리형 감지기**의 **설치기준**(NFPC 203 7조, NFTC 203 2.4.3.15)

(1) 감지기의 광축의 길이는 공칭감시거리 범위 이내여야 한다.
(2) 감지기의 송광부와 수광부는 설치된 뒷벽으로부터 **1m 이내**의 위치에 설치해야 한다.
(3) 감지기의 수광면은 햇빛을 직접 받지 않도록 설치해야 한다.
(4) 광축은 나란한 벽으로부터 **0.6m 이상** 이격하여야 한다.
(5) 광축의 높이는 천장 등 높이의 **80%** 이상일 것

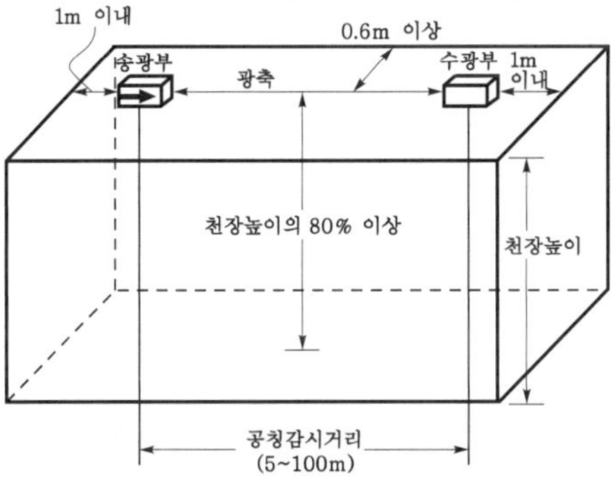

| 광전식 분리형 감지기의 설치 |

중요

광전식 분리형 감지기의 동작원리

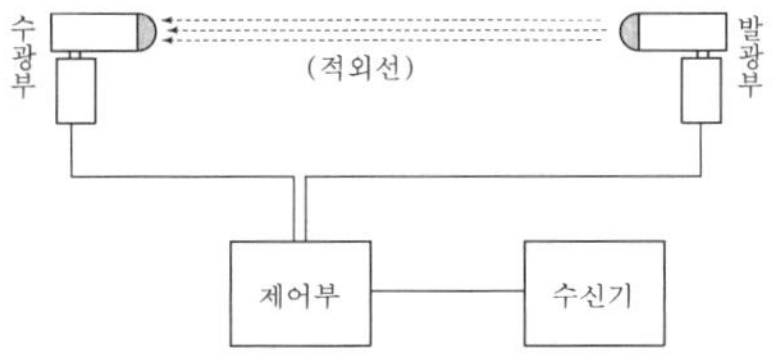

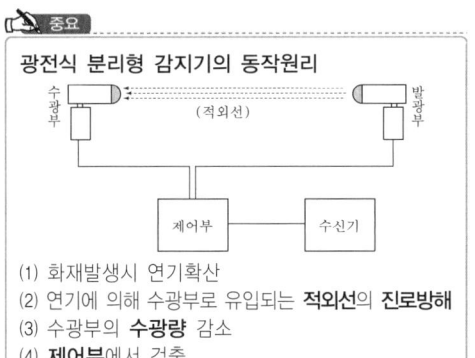

(1) 화재발생시 연기확산
(2) 연기에 의해 수광부로 유입되는 **적외선**의 **진로방해**
(3) 수광부의 **수광량** 감소
(4) **제어부**에서 검출
(5) **수신기**에 화재신호 발생

답 ①

★★
77

16.10.문68
16.05.문74
06.03.문65
05.03.문73

근린생활시설 중 입원실이 있는 의원 3층에 적응성이 없는 피난기구는?

① 피난용 트랩　② 피난사다리
③ 피난교　④ 구조대

해설 **피난기구**의 **적응성**(NFTC 301 2.1.1)

설치장소별 구분 \ 층별	1층	2층	3층	4층 이상 10층 이하
노유자시설	• 미끄럼대 • 구조대 • 피난교 • 다수인 피난장비 • 승강식 피난기	• 미끄럼대 • 구조대 • 피난교 • 다수인 피난장비 • 승강식 피난기	• 미끄럼대 • 구조대 • 피난교 • 다수인 피난장비 • 승강식 피난기	• 구조대[1)] • 피난교 • 다수인 피난장비 • 승강식 피난기
의료시설 · 입원실이 있는 의원 · 접골원 · 조산원	–	–	• 미끄럼대 • 구조대 • 피난교 • 피난용 트랩 • 다수인 피난장비 • 승강식 피난기	• 구조대 • 피난교 • 피난용 트랩 • 다수인 피난장비 • 승강식 피난기
영업장의 위치가 4층 이하인 다중 이용업소	–	• 미끄럼대 • 피난사다리 • 구조대 • 완강기 • 다수인 피난장비 • 승강식 피난기	• 미끄럼대 • 피난사다리 • 구조대 • 완강기 • 다수인 피난장비 • 승강식 피난기	• 미끄럼대 • 피난사다리 • 구조대 • 완강기 • 다수인 피난장비 • 승강식 피난기
그 밖의 것	–	–	• 미끄럼대 • 피난사다리 • 구조대 • 완강기 • 피난교 • 피난용 트랩 • 간이완강기[2)] • 공기안전매트 • 다수인 피난장비 • 승강식 피난기	• 피난사다리 • 구조대 • 완강기 • 피난교 • 간이완강기[2)] • 공기안전매트 • 다수인 피난장비 • 승강식 피난기

[비고] 1) **구조대**의 적응성은 **장애인관련시설**로서 주된 사용자 중 **스스로 피난**이 **불가**한 자가 있는 경우 추가로 설치하는 경우에 한한다.
2) 간이완강기의 적응성은 **숙박시설**의 **3층 이상**에 있는 객실에 추가로 설치하는 경우에 한한다.

중요

의무관리대상 공동주택(NFPC 608 13조, NFTC 608 2.9.1.3)
공동주택 구역마다 공기안전매트 1개 이상을 추가로 설치할 것

비교

피난기구 적응성

간이완강기	공기안전매트	구조대
숙박시설의 **3층 이상**에 있는 객실	공동주택	장애인관련시설

답 ②

☆☆☆
78 누전경보기의 형식승인 및 제품검사의 기술기준에 따라 변류기(경계전로의 전선을 그 변류기에 관통시키는 것은 제외한다)는 경계전로에 정격전류를 흘리는 경우, 그 경계전로의 전압강하는 몇 V 이하이어야 하는가?

20.08.문79
16.05.문80
12.03.문76

① 0.3 ② 0.5
③ 1 ④ 2

해설 **대상**에 따른 **전압**

전 압	대 상
0.5V 이하	누전경보기 경계전로의 전압강하 기억법 05경전(공오경전)
0.6V 이하	완전방전
60V 이하	약전류회로
60V 초과	접지단자 설치
300V 이하	• 전원변압기의 1차 전압 • 유도등 · 비상조명등의 사용전압 기억법 변3(변상해.)
600V 이하	누전경보기의 경계전로전압 기억법 누6(누룩)

답 ②

☆
79 누전경보기 수신부의 구조기준 중 틀린 것은?

① 2급 수신부에는 전원입력측의 회로에 단락이 생기는 경우에 유효하게 보호되는 조치를 강구하여야 한다.
② 주전원의 양극을 동시에 개폐할 수 있는 전원스위치를 설치하여야 한다. 다만, 보수시에 전원공급이 자동적으로 중단되는 방식은 그러하지 아니하다.
③ 감도조정장치를 제외하고 감도조정부는 외함의 바깥쪽에 노출되지 아니하여야 한다.
④ 전원입력측의 양선(1회선용은 1선 이상) 및 외부부하에 직접 전원을 송출하도록 구성된 회로에는 퓨즈 또는 브레이커 등을 설치하여야 한다.

해설 **누전경보기 수신부**의 **구조**(누전경보기의 형식승인 및 제품검사의 기술기준 23조)
(1) 전원을 표시하는 장치 설치(단, **2급**은 제외)
(2) 수신부는 다음 회로에 **단락**이 생기는 경우에는 유효하게 보호되는 조치를 강구하여야 한다.
㉠ 전원입력측의 회로(단, **2급 수신부**는 제외)
㉡ 수신부에서 외부의 음향장치와 표시등에 대하여 직접 전력을 공급하도록 구성된 외부회로
(3) 감도조정장치를 제외하고 감도조정부는 외함의 **바깥쪽**에 노출되지 아니하여야 한다.
(4) 전원입력측의 양선(**1회선용**은 **1선** 이상) 및 외부부하에 직접 전원을 송출하도록 구성된 회로에는 **퓨즈** 또는 **브레이커** 등 설치
(5) 주전원의 양극을 동시에 개폐할 수 있는 **전원스위치**를 설치하여야 한다.(단, 보수시에 전원공급이 자동적으로 중단되는 방식은 제외)

① 2급 수신부는 제외

답 ①

☆☆
80 발신기의 외함을 합성수지를 사용하는 경우 외함의 최소두께는 몇 mm 이상이어야 하는가?

19.09.문65

① 5 ② 3
③ 1.6 ④ 1.2

해설 **발신기**의 **구조** 및 **일반기능**(발신기의 형식승인 및 제품검사의 기술기준 4조)
발신기의 외함에 강판을 사용하는 경우에는 다음에 기재된 두께 이상의 강판을 사용하여야 한다. 다만, 합성수지를 사용하는 경우에는 강판의 **2.5배** 이상의 두께일 것
(1) 외함 **1.2mm** 이상
(2) 직접 벽면에 접하여 벽 속에 매립되는 외함의 부분은 **1.6mm** 이상

중요

발신기의 외함두께

강 판		합성수지	
외 함	외함 (벽 속 매립)	외 함	외함 (벽 속 매립)
1.2mm 이상	1.6mm 이상	**3mm 이상**	4mm 이상

② 합성수지를 사용하므로 외함두께는 **3mm** 이상

답 ②

2017. 9. 23 시행

▌2017년 기사 제4회 필기시험▐

자격종목	종목코드	시험시간	형별	수험번호	성명
소방설비기사(전기분야)		2시간			

※ 각 문항은 4지택일형으로 질문에 가장 적합한 보기 항을 선택하여 체크하여야 합니다.

제 1 과목 소방원론

★★★

01 연소확대 방지를 위한 방화구획과 관계없는 것은?

① 일반 승강기의 승강장구획
② 층 또는 면적별 구획
③ 용도별 구획
④ 방화댐퍼

해설 **연소확대 방지**를 위한 **방화구획**
(1) 층 또는 면적별 구획
(2) 피난용 승강기의 승강로구획
(3) 위험용도별 구획(용도별 구획)
(4) 방화댐퍼 설치

① 일반 승강기 → 피난용 승강기
승강장 → 승강로

※ **방화구획의 종류** : 층단위, 용도단위, 면적단위

답 ①

★★

02 공기 중에서 자연발화 위험성이 높은 물질은?

16.05.문46
16.05.문52
15.09.문03
15.05.문10
15.03.문51
14.09.문18
11.06.문54

① 벤젠
② 톨루엔
③ 이황화탄소
④ 트리에틸알루미늄

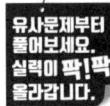

유사문제부터 풀어보세요. 실력이 팍!팍! 올라갑니다.

해설 **위험물령 [별표 1]**
위험물

유 별	성 질	품 명
제1류	산화성 고체	• 아염소산염류 • 염소산염류(**염소산나트륨**) • 과염소산염류 • 질산염류 • 무기과산화물 기억법 1산고염나
제2류	가연성 고체	• **황화**인 • **적**린 • **황** • **마**그네슘 기억법 황화적황마
제3류	**자연발화성 물질** 및 **금수성 물질**	• **황**린 • **칼**륨 • **나**트륨 • **알**칼리토금속 • **트**리에틸알루미늄 기억법 황칼나알트
제4류	인화성 액체	• 특수인화물 • 석유류(벤젠) • 알코올류 • 동식물유류
제5류	자기반응성 물질	• 유기과산화물 • 나이트로화합물 • 나이트로소화합물 • 아조화합물 • 질산에스터류(셀룰로이드)
제6류	산화성 액체	• **과염소산** • 과산화수소 • 질산

※ 자연발화성 물질 : 자연발화 위험성이 높은 물질

답 ④

★★★

03 목재화재시 다량의 물을 뿌려 소화할 경우 기대되는 주된 소화효과는?

12.09.문09

① 제거효과 ② 냉각효과
③ 부촉매효과 ④ 희석효과

해설 **소화**의 **형태**

구 분	설 명
냉각소화	• **점화원**을 냉각하여 소화하는 방법 • **증**발잠열을 이용하여 열을 빼앗아 가연물의 온도를 떨어뜨려 화재를 진압하는 소화방법 • **다량의 물을 뿌려 소화하는 방법** • 가연성 물질을 **발화점 이하**로 **냉각**하여 소화하는 방법 • **식용유화재**에 신선한 **야채**를 넣어 소화하는 방법 • 용융잠열에 의한 **냉각효과**를 이용하여 소화하는 방법 기억법 냉점증발

질식소화	• 공기 중의 **산소농도**를 **16%**(10~15%) 이하로 희박하게 하여 소화하는 방법 • 산화제의 농도를 낮추어 연소가 지속될 수 없도록 소화하는 방법 • 산소공급을 차단하여 소화하는 방법 • 산소의 농도를 낮추어 소화하는 방법 • 화학반응으로 발생한 **탄산가스**에 의한 소화방법 기억법 질산
제거소화	• **가연물**을 **제거**하여 소화하는 방법
부촉매 소화 (=화학 소화)	• **연쇄반응**을 **차단**하여 소화하는 방법 • 화학적인 방법으로 화재를 억제하여 소화하는 방법 • **활성기**(free radical)의 **생성**을 **억제**하여 소화하는 방법 기억법 부억(부엌)
희석소화	• 기체·고체·액체에서 나오는 분해가스나 증기의 농도를 낮춰 소화하는 방법 • 불연성 가스의 **공기** 중 **농도**를 높여 소화하는 방법

답 ②

★★
04 폭발의 형태 중 화학적 폭발이 아닌 것은?

① 분해폭발
② 가스폭발
③ 수증기폭발
④ 분진폭발

해설 **폭발**의 **종류**

화학적 폭발	물리적 폭발
• 가스폭발 • 유증기폭발 • 분진폭발 • 화약류의 폭발 • 산화폭발 • 분해폭발 • 중합폭발	• 증기폭발(=수증기폭발) • 전선폭발 • 상전이폭발 • 압력방출에 의한 폭발

③ 수증기폭발 → 유증기폭발

답 ③

★★
05 포소화약제 중 고팽창포로 사용할 수 있는 것은?

23.09.문15
19.09.문12
15.05.문09
15.05.문20
14.03.문78
13.06.문03

① 단백포
② 불화단백포
③ 내알코올포
④ 합성계면활성제포

해설 **포소화약제**

저팽창포	고팽창포
• 단백포소화약제 • 수성막포소화약제 • 내알코올형포소화약제 • 불화단백포소화약제 • 합성계면활성제포소화약제	• **합**성계면활성제포소화약제 기억법 고합(고합그룹)

• 저팽창포=저발포
• 고팽창포=고발포

중요

포소화약제의 **특징**

약제의 종류	특 징
단백포	• 흑갈색이다. • 냄새가 지독하다. • 포안정제로서 **제1철염**을 첨가한다. • 다른 포약제에 비해 **부식성**이 **크다**.
수성막포	• 안전성이 좋아 장기보관이 가능하다. • 내약품성이 좋아 **분말소화약제**와 **겸용** 사용이 가능하다. • 석유류 표면에 신속히 피막을 형성하여 유류증발을 억제한다. • 일명 **AFFF**(Aqueous Film Forming Foam)라고 한다. • 점성이 작기 때문에 가연성 기름의 표면에서 쉽게 피막을 형성한다. • 단백포 소화약제와도 병용이 가능하다. 기억법 분수
내알코올형포 (내알코올포)	• 알코올류 위험물(**메탄올**)의 소화에 사용한다. • 수용성 유류화재(**아세트알데하이드, 에스터류**)에 사용한다. • 가연성 액체에 사용한다.
불화단백포	• 소화성능이 가장 우수하다. • 단백포와 수성막포의 결점인 열안정성을 보완시킨다. • **표면하 주입방식**에도 적합하다.
합성계면 활성제포	• **저**팽창포와 **고**팽창포 모두 사용 가능하다. • 유동성이 좋다. • 카바이트 저장소에는 부적합하다. 기억법 합저고

답 ④

★★
06 FM200이라는 상품명을 가지며 오존파괴지수(ODP)가 0인 할론 대체소화약제는 무슨 계열인가?

16.10.문12
15.03.문20
14.03.문15

① HFC계열 ② HCFC계열
③ FC계열 ④ Blend계열

해설 **할로겐화합물 및 불활성기체 소화약제**의 **종류**(NFPC 107A 4조, NFTC 107A 2.1.1)

계 열	소화약제	상품명	화학식
FC 계열	퍼플루오로부탄 (FC-3-1-10)	CEA-410	C_4F_{10}
HFC 계열	트리플루오로메탄 (HFC-23)	FE-13	CHF_3
	펜타플루오로에탄 (HFC-125)	FE-25	CHF_2CF_3
	헵타플루오로프로판 (HFC-227ea)	**FM-200**	CF_3CHFCF_3
HCFC 계열	클로로테트라플루오로에탄 (HCFC-124)	FE-241	$CHClFCF_3$
	하이드로클로로플루오로카본 혼화제 (HCFC BLEND A)	NAF S-Ⅲ	• $C_{10}H_{16}$: 3.75% • HCFC-123 ($CHCl_2CF_3$) : 4.75% • HCFC-124 ($CHClFCF_3$) : 9.5% • HCFC-22 ($CHClF_2$) : 82%
IG 계열	불연성·불활성 기체혼합가스 (IG-541)	Inergen	• CO_2 : 8% • Ar : 40% • N_2 : 52%

답 ①

★★★

07 **화재의 종류에 따른 분류가 틀린 것은?**

19.09.문16 19.03.문08 16.05.문09 15.09.문19 13.09.문07

① A급 : 일반화재
② B급 : 유류화재
③ C급 : 가스화재
④ D급 : 금속화재

해설 **화재**의 **종류**

구 분	표시색	적응물질
일반화재(A급)	백색	• 일반가연물 • 종이류 화재 • 목재·섬유화재
유류화재(B급)	황색	• 가연성 액체 • 가연성 가스 • 액화가스화재 • 석유화재
전기화재(C급)	청색	• 전기설비
금속화재(D급)	무색	• 가연성 금속
주방화재(K급)	-	• 식용유화재

※ 요즘은 표시색의 의무규정은 없음

③ 가스화재 → 전기화재

답 ③

★★★

08 **고비점 유류의 탱크화재시 열류층에 의해 탱크 아래의 물이 비등·팽창하여 유류를 탱크 외부로 분출시켜 화재를 확대시키는 현상은?**

97.03.문04

① 보일오버(Boil over)
② 롤오버(Roll over)
③ 백드래프트(Back draft)
④ 플래시오버(Flash over)

해설 **보일오버**(Boil over)

(1) **중**질유의 탱크에서 장시간 조용히 연소하다 탱크 내의 잔존기름이 갑자기 분출하는 현상
(2) 유류탱크에서 탱크바닥에 물과 기름의 **에멀션**이 섞여 있을 때 이로 인하여 화재가 발생하는 현상
(3) 연소유면으로부터 100℃ 이상의 **열**파가 탱크 저부에 고여 있는 물을 비등하게 하면서 연소유를 탱크 밖으로 비산시키며 연소하는 현상
(4) **고비점 유류**의 탱크화재시 열류층에 의해 **탱크 아래**의 **물**이 비등·팽창하여 유류를 탱크 외부로 분출시켜 화재를 확대시키는 현상

※ **에멀션** : 물의 미립자가 기름과 섞여서 기름의 증발능력을 떨어뜨려 연소를 억제하는 것

기억법 **보중에열**

중요

유류탱크, **가스탱크**에서 **발생**하는 현상

여러 가지 현상	정 의
블래비 (BLEVE)	• 과열상태의 탱크에서 내부의 액화가스가 분출하여 기화되어 폭발하는 현상
보일오버 (Boil over)	• 중질유의 탱크에서 장시간 조용히 연소하다 탱크 내의 잔존기름이 갑자기 분출하는 현상 • 유류탱크에서 탱크바닥에 물과 기름의 **에멀션**이 섞여 있을 때 이로 인하여 화재가 발생하는 현상 • 연소유면으로부터 100℃ 이상의 열파가 탱크 저부에 고여 있는 물을 비등하게 하면서 연소유를 탱크 밖으로 비산시키며 연소하는 현상 • 탱크 **저부**의 물이 급격히 증발하여 기름이 탱크 밖으로 화재를 동반하여 방출하는 현상 기억법 **보저(보자기)**
오일오버 (Oil over)	• 저장탱크에 저장된 유류저장량이 내용적의 **50%** 이하로 충전되어 있을 때 화재로 인하여 탱크가 폭발하는 현상
프로스오버 (Froth over)	• **물**이 점성의 뜨거운 **기름표면 아래에서 끓을 때** 화재를 수반하지 않고 용기가 넘치는 현상
슬롭오버 (Slop over)	• **물**이 연소유의 **뜨거운 표면**에 **들어갈 때** 기름표면에서 화재가 발생하는 현상 • 유화제로 소화하기 위한 **물**이 수분의 급격한 증발에 의하여 액면이 거품을 일으키면서 **열유층 밑**의 **냉유**가 급히 열팽창하여 **기름**의 **일부**가 불이 붙은 채 탱크벽을 넘어서 일출하는 현상

답 ①

★★★
09 제3류 위험물로서 자연발화성만 있고 금수성이 없기 때문에 물속에 보관하는 물질은?

10.03.문09

① 염소산암모늄　② 황린
③ 칼륨　④ 질산

해설 **물질**에 따른 **저장장소**

물 질	저장장소
황린, **이**황화탄소(CS_2)	**물**속
나이트로셀룰로오스	알코올 속
칼륨(K), 나트륨(Na), 리튬(Li)	석유류(등유) 속
아세틸렌(C_2H_2)	디메틸포름아미드(DMF), 아세톤에 용해

기억법 **황물이**(**황**토색 **물이** 나온다.)

중요

위험물령 〔별표 1〕
위험물

유 별	성 질	품 명
제**1**류	**산**화성 **고**체	• 아염소산염류 • 염소산염류(**염소산나트륨**) • 과염소산염류 • 질산염류 • 무기과산화물 기억법 **1산고염나**
제2류	가연성 고체	• **황화**인 • **적**린 • **황** • **마**그네슘 기억법 **황화적황마**
제3류	자연발화성 물질 및 금수성 물질	• **황린** : 자연발화성 물질 • **칼**륨 • **나**트륨 • **알**칼리토금속 • **트**리에틸알루미늄 기억법 **황칼나알트**
제4류	인화성 액체	• 특수인화물 • 석유류(벤젠) • 알코올류 • 동식물유류
제5류	자기반응성 물질	• 유기과산화물 • 나이트로화합물 • 나이트로소화합물 • 아조화합물 • 질산에스터류(셀룰로이드)
제6류	산화성 액체	• **과염소산** • 과산화수소 • 질산

답 ②

★★
10 분말소화약제에 관한 설명 중 틀린 것은?

19.03.문01
18.04.문06
16.10.문06
16.10.문10
16.05.문15
16.05.문17
16.03.문09
16.03.문11
15.09.문01
15.05.문08
14.09.문10
14.05.문17
14.03.문03
12.03.문13

① 제1종 분말은 담홍색 또는 황색으로 착색되어 있다.
② 분말의 고화를 방지하기 위하여 실리콘수지 등으로 방습 처리한다.
③ 일반화재에도 사용할 수 있는 분말소화약제는 제3종 분말이다.
④ 제2종 분말의 열분해식은 $2KHCO_3 \rightarrow K_2CO_3 + CO_2 + H_2O$이다.

해설 **분말소화약제**

종 별	주성분	착 색	적응 화재	비 고
제**1**종	중탄산나트륨 ($NaHCO_3$)	백색	BC급	**식용유** 및 **지방질유**의 화재에 적합
제2종	중탄산칼륨 ($KHCO_3$)	담자색 (담회색)	BC급	–
제**3**종	제1인산암모늄 ($NH_4H_2PO_4$)	담홍색 (황색)	ABC급	**차고**·**주차장**에 적합
제4종	중탄산칼륨 +요소 ($KHCO_3$+ $(NH_2)_2CO$)	회(백)색	BC급	–

기억법 1식분(**일식** **분**식)
3분 차주(**삼보**컴퓨터 **차주**)

① 담홍색 또는 황색 → 백색

답 ①

★★
11 질소 79.2vol%, 산소 20.8vol%로 이루어진 공기의 평균분자량은?

19.04.문04
16.10.문02 (산업)
12.05.문12

① 15.44
② 20.21
③ 28.83
④ 36.00

해설 **분자량**

원 소	원자량
H	1
C	12
N ⟶	14
O ⟶	16

질소 N_2 : $14 \times 2 \times 0.792 = 22.176$
산소 O_2 : $16 \times 2 \times 0.208 = 6.656$

공기의 평균분자량 $= 28.832 \fallingdotseq 28.83$

• 질소 79.2vol%=0.792
• 산소 20.8vol%=0.208
• 단위가 원래는 vol% 또는 v%, vol.%인데 줄여서 %로 쓰기도 한다.

답 ③

★
12 휘발유의 위험성에 관한 설명으로 틀린 것은?

① 일반적인 고체가연물에 비해 인화점이 낮다.
② 상온에서 가연성 증기가 발생한다.
③ 증기는 공기보다 무거워 낮은 곳에 체류한다.
④ 물보다 무거워 화재발생시 물분무소화는 효과가 없다.

해설 **휘발유의 위험성**
(1) 일반적인 고체가연물에 비해 인화점이 낮다.
(2) 상온에서 **가연성 증기**가 발생한다.
(3) **증기**는 공기보다 **무거워** 낮은 곳에 체류한다.
(4) 물보다 가벼워 화재발생시 물분무소화도 효과가 있다.

④ 무거워 → 가벼워
물분무소화는 효과가 없다. → 물분무소화도 효과가 있다.

답 ④

★★
13 피난층에 대한 정의로 옳은 것은?

12.05.문54
① 지상으로 통하는 피난계단이 있는 층
② 비상용 승강기의 승강장이 있는 층
③ 비상용 출입구가 설치되어 있는 층
④ 직접 지상으로 통하는 출입구가 있는 층

해설 **소방시설법 시행령 2조**
피난층 : 곧바로 지상으로 갈 수 있는 출입구가 있는 층(직접 지상으로 통하는 출입구가 있는 층)

답 ④

★★
14 이산화탄소 20g은 몇 mol인가?

① 0.23 ② 0.45
③ 2.2 ④ 4.4

해설 **원자량**

원 소	원자량
H	1
C →	12
N	14
O →	16

이산화탄소 CO_2=12+16×2=44g/mol
그러므로 이산화탄소는 44g=1mol 이다.

비례식으로 풀면 44g : 1mol=20g : x

$$x=\frac{20g}{44g}\times 1mol \fallingdotseq 0.45mol$$

답 ②

★★★
15 할로젠원소의 소화효과가 큰 순서대로 배열된 것은?

15.03.문16
12.03.문04
① I > Br > Cl > F ② Br > I > F > Cl
③ Cl > F > I > Br ④ F > Cl > Br > I

해설 **할론소화약제**

부촉매효과(소화효과) 크기	전기음성도(친화력) 크기
I > Br > Cl > F	F > Cl > Br > I

• 소화효과=소화능력
• 전기음성도 크기=수소와의 결합력 크기

중요

할로젠족 원소
(1) 불소 : F
(2) 염소 : Cl
(3) 브로민(취소) : Br
(4) 아이오딘(옥소) : I

기억법 FClBrI

답 ①

★★★
16 건축물에 설치하는 방화벽의 구조에 대한 기준 중 틀린 것은?

19.09.문14
19.04.문02
18.03.문14
13.03.문16
12.03.문10
08.09.문05
① 내화구조로서 홀로 설 수 있는 구조이어야 한다.
② 방화벽의 양쪽 끝은 지붕면으로부터 0.2m 이상 튀어나오게 하여야 한다.
③ 방화벽의 위쪽 끝은 지붕면으로부터 0.5m 이상 튀어나오게 하여야 한다.
④ 방화벽에 설치하는 출입문은 너비 및 높이가 각각 2.5m 이하인 해당 출입문에는 60분+방화문 또는 60분 방화문을 설치하여야 한다.

해설 **건축령 제57조**
방화벽의 구조

대상 건축물	• 주요구조부가 내화구조 또는 불연재료가 아닌 연면적 1000m^2 이상인 건축물
구획단지	• 연면적 1000m^2 미만마다 구획
방화벽의 구조	• **내화구조**로서 홀로 설 수 있는 구조일 것 • 방화벽의 양쪽 끝과 위쪽 끝을 건축물의 외벽면 및 지붕면으로부터 **0.5m** 이상 튀어나오게 할 것 • 방화벽에 설치하는 **출입문**의 **너비** 및 높이는 각각 **2.5m** 이하로 하고 해당 출입문에는 60분+방화문 또는 60분 방화문을 설치할 것

② 0.2m → 0.5m

답 ②

★★★
17 **전기불꽃, 아크 등이 발생하는 부분을 기름 속에 넣어 폭발을 방지하는 방폭구조는?**

19.03.문12
12.03.문02
97.07.문15

① 내압방폭구조 ② 유입방폭구조
③ 안전증방폭구조 ④ 특수방폭구조

해설 **방폭구조**의 **종류**

(1) **내압(內壓)방폭구조** : P
용기 내부에 질소 등의 보호용 가스를 충전하여 외부에서 폭발성 가스가 침입하지 못하도록 한 구조

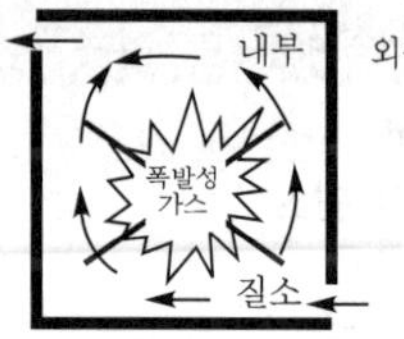

(2) **유입방폭구조** : o
전기불꽃, 아크 또는 고온이 발생하는 부분을 **기름** 속에 넣어 폭발성 가스에 의해 인화가 되지 않도록 한 구조

기억법 **유기**(**유기** 그릇)

(3) **안전증방폭구조** : e
기기의 정상운전 중에 폭발성 가스에 의해 점화원이 될 수 있는 전기불꽃 또는 고온이 되어서는 안될 부분에 기계적, 전기적으로 특히 안전도를 증가시킨 구조

(4) **본질안전방폭구조** : i
폭발성 가스가 단선, 단락, 지락 등에 의해 발생하는 전기불꽃, 아크 또는 고온에 의하여 점화되지 않는 것이 확인된 구조

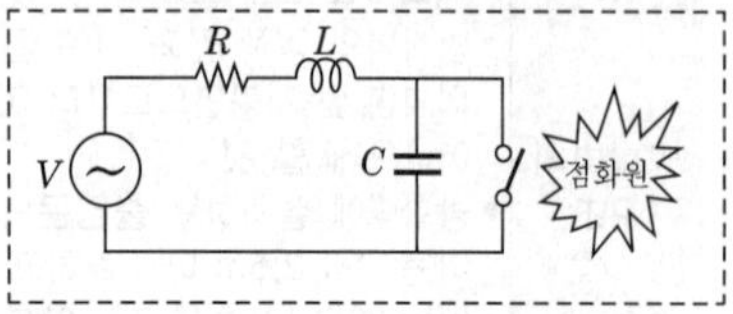

답 ②

★★★
18 **화재시 소화에 관한 설명으로 틀린 것은?**

① 내알코올포소화약제는 수용성 용제의 화재에 적합하다.
② 물은 불에 닿을 때 증발하면서 다량의 열을 흡수하여 소화한다.
③ 제3종 분말소화약제는 식용유화재에 적합하다.
④ 할론소화약제는 연쇄반응을 억제하여 소화한다.

해설 **분말소화약제**

종 별	주성분	착 색	적응 화재	비 고
제1종	중탄산나트륨 ($NaHCO_3$)	백색	BC급	**식용유** 및 **지방질유**의 화재에 적합
제2종	중탄산칼륨 ($KHCO_3$)	담자색 (담회색)	BC급	-
제3종	제1인산암모늄 ($NH_4H_2PO_4$)	담홍색 (황색)	ABC급	**차고 · 주차장**에 적합
제4종	중탄산칼륨 +요소 ($KHCO_3$+ $(NH_2)_2CO$)	회(백)색	BC급	-

③ 제3종 → 제1종

중요

소화약제

보 기	소화약제	특 징
①	내알코올포	**수용성** 용제의 화재에 적합
②	물	**다량**의 **열**을 흡수하여 소화 (**냉각소화**)
④	할론	**연쇄반응**을 억제하여 소화

답 ③

★★★
19 **건물의 주요구조부에 해당되지 않는 것은?**

15.03.문18
13.09.문18

① 바닥 ② 천장
③ 기둥 ④ 주계단

해설 **주요구조부**

(1) 내력**벽**
(2) **보**(작은 보 제외)
(3) **지**붕틀(차양 제외)
(4) **바**닥(최하층 바닥 제외)
(5) **주**계단(옥외계단 제외)
(6) **기**둥(사잇기둥 제외)

기억법 벽보지 바주기

답 ②

★★★

20 공기 중에서 연소범위가 가장 넓은 물질은?

① 수소 ② 이황화탄소

③ 아세틸렌 ④ 에터

해설 **공기 중의 폭발한계**(상온, 1atm)

가 스	하한계[vol%]	상한계[vol%]
아세틸렌(C_2H_2)	2.5	81
수소(H_2)	4	75
일산화탄소(CO)	12	75
에터($(C_2H_5)_2O$)	1.7	48
이황화탄소(CS_2)	1	50
에틸렌(C_2H_4)	2.7	36
암모니아(NH_3)	15	25
메탄(CH_4)	5	15
에탄(C_2H_6)	3	12.4
프로판(C_3H_8)	2.1	9.5
부탄(C_4H_{10})	1.8	8.4
가솔린(C_5H_{12}~C_9G_{20})	1.2	7.6

기억법 아수일에이

- 연소한계=연소범위=가연한계=가연범위=폭발한계=폭발범위
- 하한계=연소하한값
- 상한계=연소상한값
- 가솔린=휘발유

답 ③

제 2 과목 소방전기일반

★

21 이상적인 트랜지스터의 α값은? (단, α는 베이스접지 증폭기의 전류증폭률이다.)

19.04.문39
10.03.문26

① 0 ② 1

③ 100 ④ ∞

해설 **베이스접지 전류증폭률**

$$\alpha = \frac{\beta}{1+\beta}$$

여기서, α : 베이스접지 전류증폭률
β : 이미터접지 전류증폭률

- 이상적인 트랜지스터의 베이스접지 전류증폭률 α는 1이다.
- 전류증폭률=전류증폭정수
- 베이스접지=베이스접지 증폭기

중요

이미터접지 전류증폭률

$$\beta = \frac{I_C}{I_B} = \frac{I_C}{I_E - I_C}$$

여기서, β : 이미터접지 전류증폭률
(이미터접지 전류증폭정수)
I_C : 컬렉터전류[mA]
I_B : 베이스전류[mA]
I_E : 이미터전류[mA]

답 ②

★★★

22 제어목표에 의한 분류 중 미지의 임의 시간적 변화를 하는 목표값에 제어량을 추종시키는 것을 목적으로 하는 제어법은?

19.03.문32
17.09.문39
17.05.문29
16.10.문35
16.05.문22
16.03.문32
15.05.문23
15.05.문37
14.09.문23
13.09.문27

① 정치제어

② 비율제어

③ 추종제어

④ 프로그램제어

해설 **제어의 종류**

종 류	설 명
정치제어 (fixed value control)	• 일정한 **목**표값을 **유**지하는 것으로 **프로세스제어, 자동조정**이 이에 해당된다. 예 **연속식 압연기** • **목표값**이 시간에 관계없이 항상 일정한 값을 가지는 제어이다. 기억법 **유목정**
추종제어 (follow-up control)	• 미지의 시간적 변화를 하는 **목표값**에 제어량을 **추종**시키기 위한 제어로 **서보기구**가 이에 해당된다. 예 **대공포의 포신**
비율제어 (ratio control)	• 둘 이상의 제어량을 소정의 비율로 제어하는 것이다. • 연료의 유량과 공기의 유량과의 사이의 비율을 연소에 적합한 것으로 유지하고자 하는 제어방식이다.
프로그램제어 (program control)	• 목표값이 **미리 정해진 시간적 변화**를 하는 경우 제어량을 그것에 **추종**시키기 위한 제어이다. 예 **열차·산업로봇의 무인운전, 엘리베이터**

중요

제어량에 의한 **분류**

분 류	종 류
프로세스제어 (공정제어)	• **온**도 • **압**력 • **유**량 • **액**면 기억법 **프온압유액**

서보기구 (서보제어, 추종제어)	• **위**치 • **방**위 • **자**세 기억법 서위방자
자동조정	• 전압 • 전류 • 주파수 • 회전속도(**발**전기의 **속**도조절기) • 장력 기억법 자발속

※ **프로세스제어**(공정제어) : 공업공정(생산공정)의 상태량을 제어량으로 하는 제어

답 ③

★

23 공진작용과 관계가 없는 것은?

① C급 증폭회로

② 발진회로

③ LC병렬회로

④ 변조회로

해설 **공진작용**과 **관계있는 것**

(1) C급 증폭회로

(2) 발진회로

(3) LC병렬회로

답 ④

★★★

24 전류 측정 범위를 확대시키기 위하여 전류계와 병렬로 연결해야만 되는 것은?

19.03.문22 18.03.문36 16.03.문26 14.09.문36 08.03.문30 04.09.문28 03.03.문37

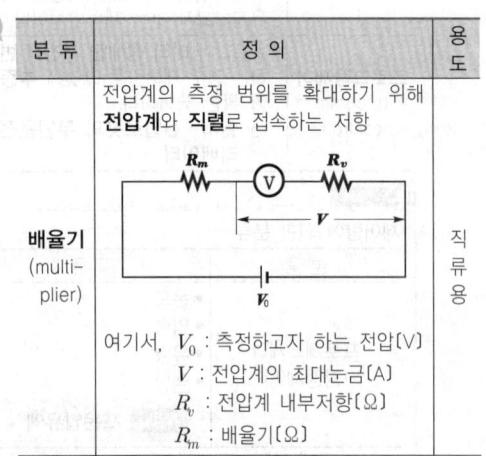

① 배율기

② 분류기

③ 중계기

④ CT

해설

분 류	정 의	용도
배율기 (multi-plier)	전압계의 측정 범위를 확대하기 위해 **전압계**와 **직렬**로 접속하는 저항 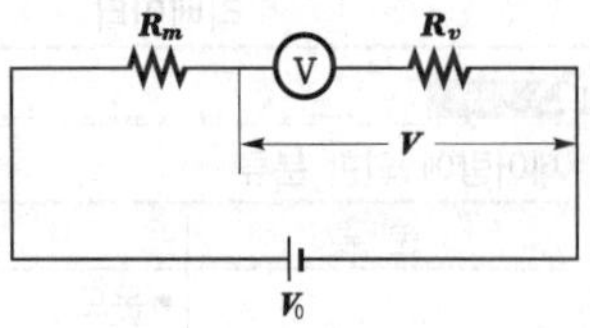 여기서, V_0 : 측정하고자 하는 전압[V] V : 전압계의 최대눈금[A] R_v : 전압계 내부저항[Ω] R_m : 배율기[Ω]	직류용
분류기 (shunt)	전류계의 측정 범위를 확대하기 위해 **전류계**와 **병렬**로 접속하는 저항 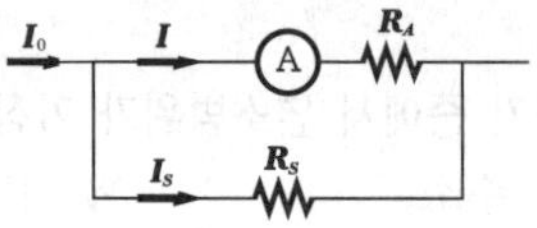 여기서, I_0 : 측정하고자 하는 전류[A] I : 전류계의 최대눈금[A] I_s : 분류기에 흐르는 전류[A] R_A : 전류계 내부저항[Ω] R_s : 분류기[Ω]	직류용
PT (Potential Trans former)	**전압계**의 **전압변환**에 사용되는 변압기로서, **"계기용 변압기"**라고도 부른다. 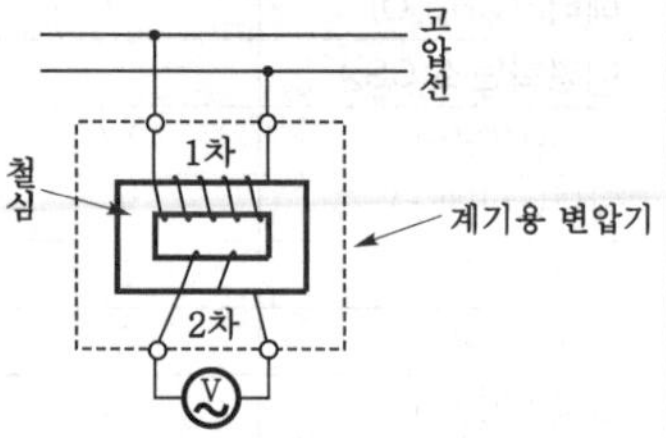 ∥ PT ∥	교류용
CT (Current Trans former)	**교류전류계**의 측정 범위를 확대하기 위해 사용되는 일종의 변압기로서, **"변류기"**라고도 부른다. 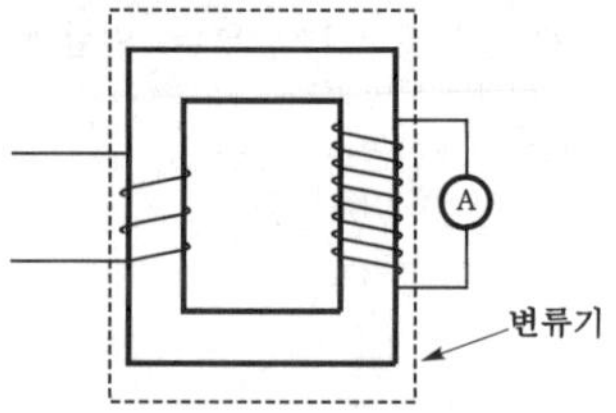 ∥ CT ∥	교류용

답 ②

★★★

25 다음 그림과 같은 논리회로로 옳은 것은?

19.09.문21 19.04.문32 19.03.문24 18.04.문38 18.03.문31 17.03.문23 16.05.문36 16.03.문39 15.09.문23 13.09.문30 13.06.문35

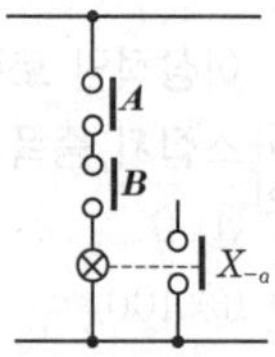

① OR회로

② AND회로

③ NOT회로

④ NOR회로

해설 **시퀀스회로**와 **논리회로**

명 칭	시퀀스회로	논리회로
AND 회로 (**직렬 회로**)	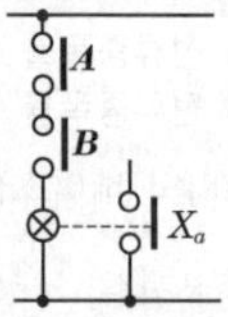	 $X = A \cdot B$ 입력신호 A, B가 동시에 1일 때만 출력신호 X가 1이 된다.

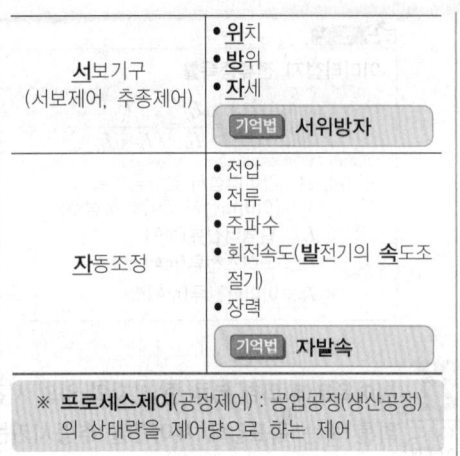

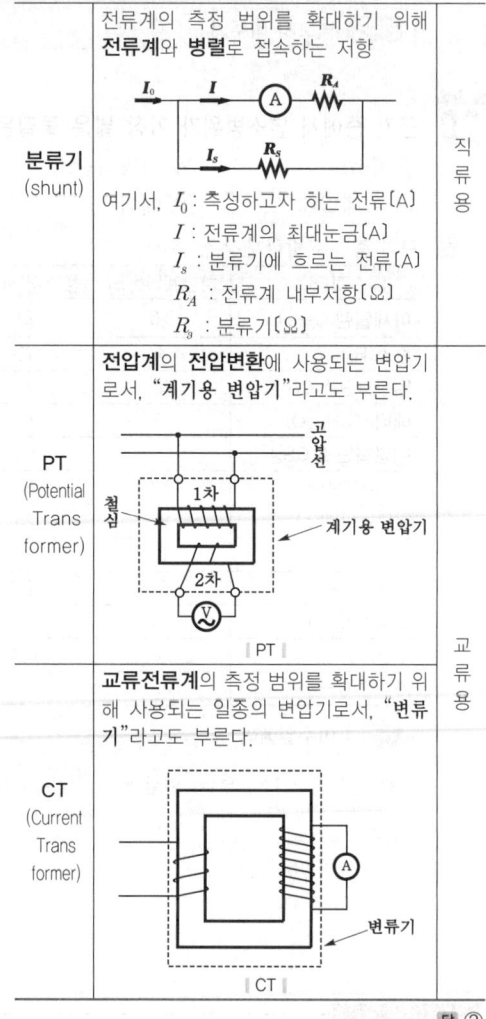

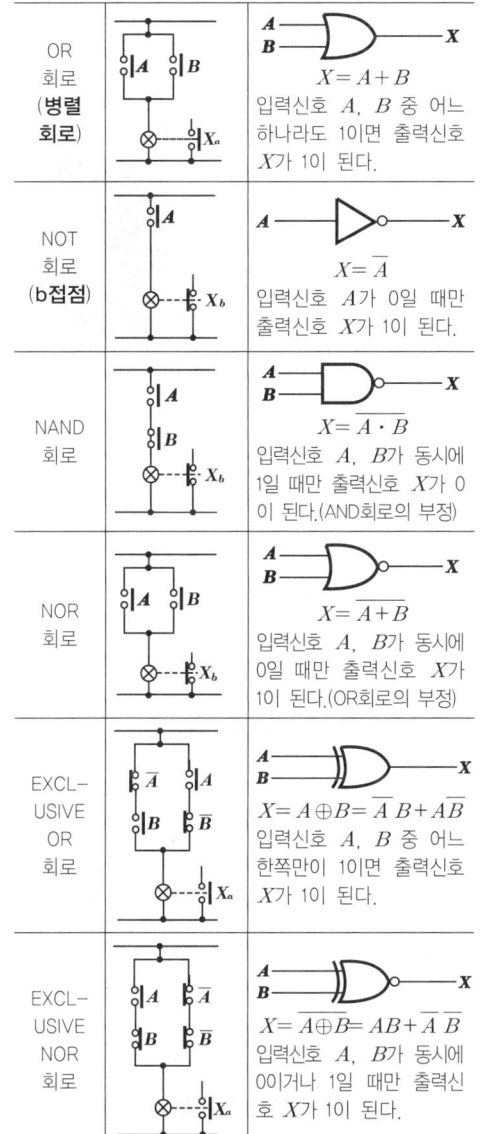

OR 회로 (**병렬 회로**)	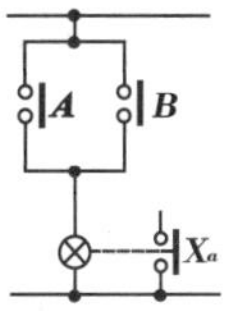	 $X = A + B$ 입력신호 A, B 중 어느 하나라도 1이면 출력신호 X가 1이 된다.
NOT 회로 (b접점)	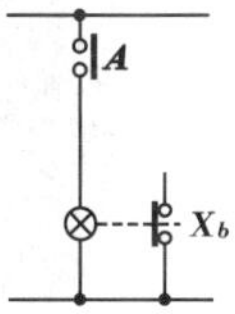	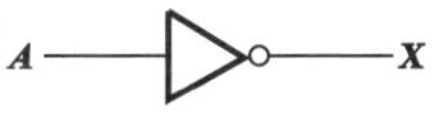 $X = \overline{A}$ 입력신호 A가 0일 때만 출력신호 X가 1이 된다.
NAND 회로	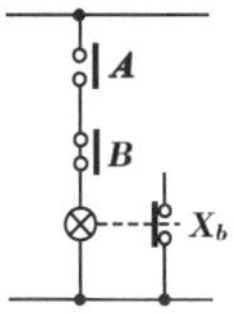	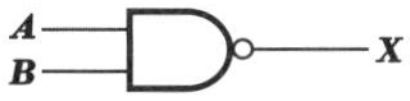 $X = \overline{A \cdot B}$ 입력신호 A, B가 동시에 1일 때만 출력신호 X가 0이 된다.(AND회로의 부정)
NOR 회로	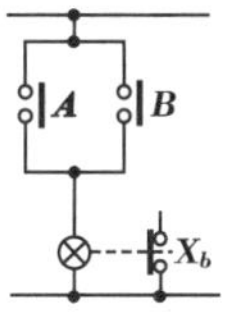	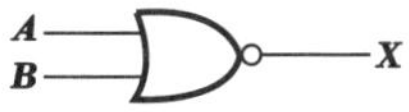 $X = \overline{A + B}$ 입력신호 A, B가 동시에 0일 때만 출력신호 X가 1이 된다.(OR회로의 부정)
EXCL-USIVE OR 회로	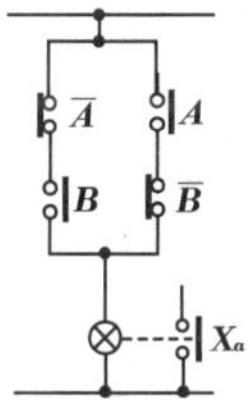	 $X = A \oplus B = \overline{A}B + A\overline{B}$ 입력신호 A, B 중 어느 한쪽만이 1이면 출력신호 X가 1이 된다.
EXCL-USIVE NOR 회로	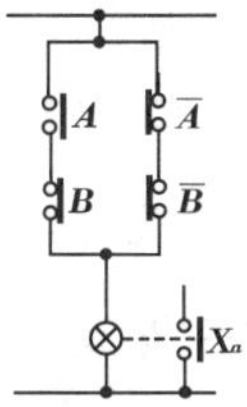	 $X = \overline{A \oplus B} = AB + \overline{A}\,\overline{B}$ 입력신호 A, B가 동시에 0이거나 1일 때만 출력신호 X가 1이 된다.

답 ②

★★★
26 14.09.문30

그림과 같은 회로에서 단자 a, b 사이에 주파수 f[Hz]의 정현파전압을 가했을 때 전류계 A_1, A_2의 값이 같았다. 이 경우 f, L, C 사이의 관계로 옳은 것은?

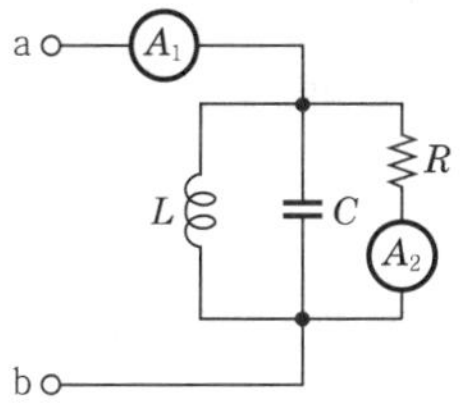

① $f = \dfrac{1}{2\pi^2 LC}$

② $f = \dfrac{1}{4\pi\sqrt{LC}}$

③ $f = \dfrac{1}{\sqrt{2\pi^2 LC}}$

④ $f = \dfrac{1}{2\pi\sqrt{LC}}$

해설 **일반적인 정현파**의 **공진주파수**

전류계 $A_1 = A_2$ 이면 공진되었다는 뜻이므로

$$f_0 = \frac{1}{2\pi\sqrt{LC}}$$

여기서, f_0 : 공진주파수[Hz]

L : 인덕턴스[H]

C : 정전용량[F]

비교

제n 고조파의 **공진주파수** f_n은

$$f_n = \frac{1}{2\pi n\sqrt{LC}}$$

여기서, f_n : 제n고조파의 공진주파수[Hz]

n : 제n고조파

L : 인덕턴스[H]

C : 정전용량[F]

답 ④

★
27 19.09.문22 16.03.문25 09.05.문32 08.03.문39

다음 그림과 같은 회로에서 전달함수로 옳은 것은?

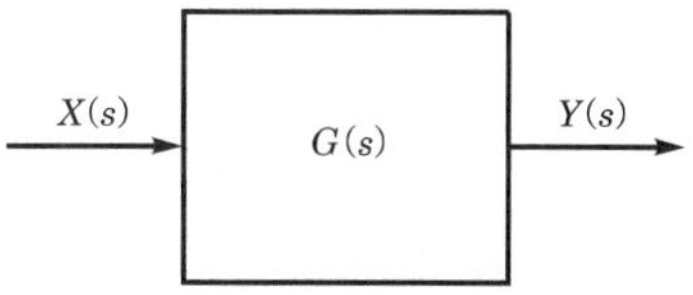

① $X(s) + Y(s)$　　② $X(s)Y(s)$

③ $Y(s)/X(s)$　　④ $X(s)/Y(s)$

해설 $Y(s) = X(s)G(s)$

$\dfrac{Y(s)}{X(s)} = G(s)$

$\therefore\ Y(s)/X(s) = G(s)$

※ **전달함수** : 모든 초기값을 0으로 했을 때 출력신호의 라플라스 변환과 입력신호의 라플라스 변환의 비

답 ③

★★★
28 100V, 500W의 전열선 2개를 같은 전압에서 직렬로 접속한 경우와 병렬로 접속한 경우의 전력은 각각 몇 W인가?

① 직렬 : 250, 병렬 : 500
② 직렬 : 250, 병렬 : 1000
③ 직렬 : 500, 병렬 : 500
④ 직렬 : 500, 병렬 : 1000

해설 (1) **전력**

$$P=\frac{V^2}{R}$$

여기서, P : 전력〔W〕
V : 전압〔V〕
R : 저항〔Ω〕

저항 R은

$R=\frac{V^2}{P}=\frac{100^2}{500}=20\,\Omega$

(2) **전열선 2개 직렬접속**

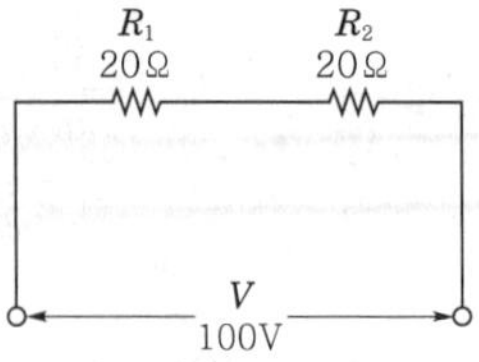

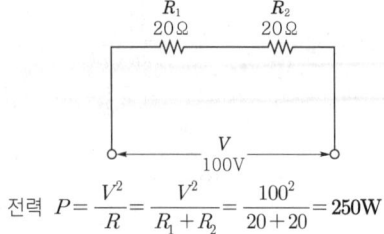

전력 $P=\frac{V^2}{R}=\frac{V^2}{R_1+R_2}=\frac{100^2}{20+20}=250\text{W}$

(3) **전열선 2개 병렬접속**

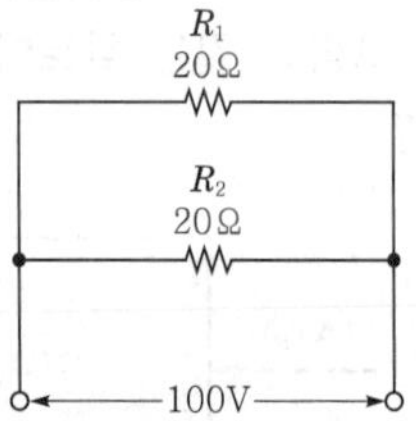

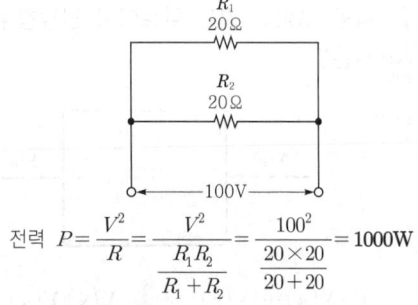

전력 $P=\frac{V^2}{R}=\frac{V^2}{\frac{R_1R_2}{R_1+R_2}}=\frac{100^2}{\frac{20\times20}{20+20}}=1000\text{W}$

답 ②

★★
29 정속도운전의 직류발전기로 작은 전력의 변화를 큰 전력의 변화로 증폭하는 발전기는?

13.03.문30

① 앰플리다인
② 로젠베르그발전기
③ 솔레노이드
④ 서보전동기

해설

전기동력계	앰플리다인(amplidyne)
대형 직류전동기의 **토크** 측정	정속도운전의 **직류발전기**로 작은 전력의 변화를 큰 전력의 변화로 증폭하는 발전기  ∥ 앰플리다인 ∥

중요

증폭기기

구 분	종 류
전기식 증폭기기	• SCR • 앰플리다인 • 사이러트론(다이라트론) • 트랜지스터 • 자기증폭기
공기식 증폭기기	• 벨로즈 • 노즐플래프 • 파일럿밸브
유압식 증폭기기	• 분사관 • 안내밸브

답 ①

★★
30 0.5kVA의 수신기용 변압기가 있다. 변압기의 철손이 7.5W, 전부하동손이 16W이다. 화재가 발생하여 처음 2시간은 전부하운전되고, 다음 2시간은 $\frac{1}{2}$의 부하가 걸렸다고 한다. 4시간에 걸친 전손실전력량은 약 몇 Wh인가?

11.03.문29

① 65 ② 70
③ 75 ④ 80

해설 (1) **기호**

- P_i : 7.5W
- P_c : 16W
- t : 2h
- $\frac{1}{2}$ 부하가 걸렸으므로 $\frac{1}{n}=\frac{1}{2}$

(2) **전손실전력량**

$$W=[P_i+P_c]t+\left[P_i+\left(\frac{1}{n}\right)^2P_c\right]t$$

여기서, W : 전손실전력량〔Wh〕
P_i : 철손〔W〕

P_c : 동손[W]
t : 시간[h]
n : 부하가 걸리는 비율

$W = [7.5+16]\times 2 + \left[7.5+\left(\frac{1}{2}\right)^2\times 16\right]\times 2$
$= 70\text{Wh}$

답 ②

★★
31 저항이 R, 유도리액턴스가 X_L, 용량리액턴스가 X_C인 RLC 직렬회로에서의 $\dot{Z}$와 Z값으로 옳은 것은?

① $\dot{Z} = R + j(X_L - X_C)$
$Z = \sqrt{R^2 + (X_L - X_C)^2}$
② $\dot{Z} = R + j(X_L + X_C)$
$Z = \sqrt{R + (X_L + X_C)^2}$
③ $\dot{Z} = R + j(X_C - X_L)$
$Z = \sqrt{R^2 + (X_C - X_L)^2}$
④ $\dot{Z} = R + j(X_C + X_L)$
$Z = \sqrt{R^2 + (X_C + X_L)^2}$

해설 **임피던스**

RLC 직렬회로	RLC 병렬회로
$\dot{Z} = R + j(X_L - X_C)$ $Z = \sqrt{R^2 + (X_L - X_C)^2}$	$\dot{Z} = \frac{1}{R} + j\left(\frac{1}{X_C} - \frac{1}{X_L}\right)$ $Z = \sqrt{\left(\frac{1}{R}\right)^2 + \left(\frac{1}{X_C} - \frac{1}{X_L}\right)^2}$

여기서, $\dot{Z}$: 임피던스(벡터)[Ω]
Z : 임피던스[Ω]
R : 저항[Ω]
j : 허수($\sqrt{-1}$)
X_L : 유도리액턴스[Ω]
X_C : 용량리액턴스[Ω]

답 ①

★★
32 진공 중에 놓인 $5\mu\text{C}$의 점전하에서 2m가 되는 점의 전계는 몇 V/m인가?
16.05.문33
07.09.문22

① 11.25×10^3 ② 16.25×10^3
③ 22.25×10^3 ④ 28.25×10^3

해설 (1) **기호**

- Q : $5\mu\text{C} = 5\times 10^{-6}\text{C}(\mu = 10^{-6})$
- r : 2m

(2) **전계의 세기**(intensity of electric field)

$$E = \frac{Q}{4\pi\varepsilon r^2}$$

여기서, E : 전계의 세기[V/m]
Q : 전하[C]
ε : 유전율[F/m]($\varepsilon = \varepsilon_0 \cdot \varepsilon_s$)
(ε_0 : 진공의 유전율[F/m]
ε_s : 비유전율)
r : 거리[m]

전계의 세기(전장의 세기) E는

$E = \frac{Q}{4\pi\varepsilon r^2} = \frac{Q}{4\pi\varepsilon_0\varepsilon_s r^2} = \frac{Q}{4\pi\varepsilon_0 r^2}$
$= \frac{(5\times 10^{-6})}{4\pi\times(8.855\times 10^{-12})\times 2^2}$
$\fallingdotseq 11.25\times 10^3\text{V/m}$

- **진공의 유전율** : $\varepsilon_0 = 8.855\times 10^{-12}\text{F/m}$
- ε_s(비유전율) : 진공 중 또는 공기 중 $\varepsilon_s \fallingdotseq 1$이므로 생략

답 ①

★★★
33 논리식 $X = \overline{A \cdot B}$와 같은 것은?
19.09.문21
19.04.문32
19.03.문24
18.03.문31
17.03.문23
16.05.문36
16.03.문39
15.09.문23
13.09.문30
13.06.문35
11.03.문32

① $X = \overline{A} + \overline{B}$
② $X = A + B$
③ $X = \overline{A} \cdot \overline{B}$
④ $X = A \cdot B$

해설 드모르간의 정리에 의해서
$X = \underset{(\overline{X\cdot Y}) = \overline{X} + \overline{Y}}{\underline{\overline{A\cdot B}}} = \overline{A} + \overline{B}$

중요

불대수의 정리

논리합	논리곱	비 고
$X+0=X$	$X\cdot 0=0$	-
$X+1=1$	$X\cdot 1=X$	-
$X+X=X$	$X\cdot X=X$	-
$X+\overline{X}=1$	$X\cdot\overline{X}=0$	-
$X+Y=Y+X$	$X\cdot Y=Y\cdot X$	교환법칙
$X+(Y+Z)$ $=(X+Y)+Z$	$X(YZ)=(XY)Z$	결합법칙
$X(Y+Z)$ $=XY+XZ$	$(X+Y)(Z+W)$ $=XZ+XW+YZ+YW$	분배법칙
$X+XY=X$	$\overline{X}+XY=\overline{X}+Y$ $X+\overline{X}Y=X+Y$ $X+\overline{X}\,\overline{Y}=X+\overline{Y}$	흡수법칙
$(\overline{X+Y})$ $=\overline{X}\cdot\overline{Y}$	$(\overline{X\cdot Y})=\overline{X}+\overline{Y}$	드모르간의 정리

답 ①

★★
34 3상 유도전동기의 기동법이 아닌 것은?

17.05.문23
06.05.문22
04.09.문30

① Y－△ 기동법
② 기동보상기법
③ 1차 저항기동법
④ 전진압기동법

해설 **3상 유도전동기의 기동법**

농 형	권선형
• 전전압기동법(직입기동법) • Y－△기동법 • 리액터법 • 기동보상기법 • 콘도르퍼기동법	• 2차 저항법(2차 저항기동법) • 게르게스법

기억법 권2(권위)

③ 1차 저항기동법 → 2차 저항기동법

답 ③

★★
35 조작기기는 직접 제어대상에 작용하는 장치이고 빠른 응답이 요구된다. 다음 중 전기식 조작기기가 아닌 것은?

13.06.문36

① 서보전동기
② 전동밸브
③ 다이어프램밸브
④ 전자밸브

해설 **조작기기**

전기식 조작기기	기계식 조작기기
• 전동밸브 • 전자밸브(솔레노이드밸브) • 서보전동기	• 다이어프램밸브

비교

증폭기기

구 분	종 류
전기식 증폭기기	• SCR • 앰플리다인 • 사이러트론(다이라트론) • 트랜지스터 • 자기증폭기
공기식 증폭기기	• 벨로스 • 노즐플래퍼 • 파일럿밸브 기억법 공벨노파
유압식 증폭기기	• 분사관 • 안내밸브

답 ③

★★
36 그림과 같은 회로에서 a, b단자에 흐르는 전류 I가 인가전압 E와 동위상이 되었다. 이때 L값은?

14.09.문27

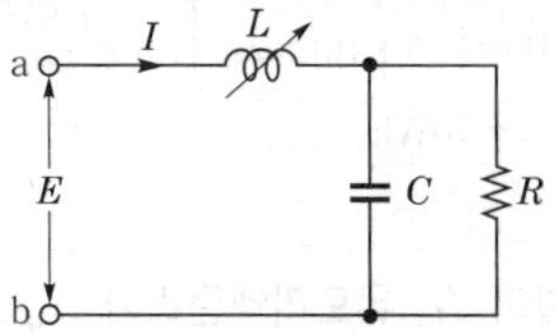

① $\dfrac{R}{1+\omega CR}$ ② $\dfrac{R^2}{1+(\omega CR)^2}$

③ $\dfrac{CR^2}{1+\omega CR}$ ④ $\dfrac{CR^2}{1+(\omega CR)^2}$

해설

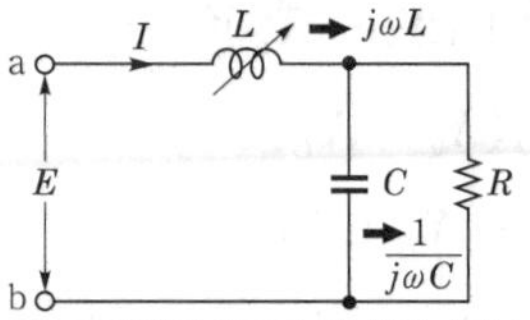

(1) RC 병렬회로의 합성임피던스 Z는

$$Z=\frac{X_C\times R}{X_C+R}=\frac{\frac{1}{j\omega C}\times R}{\frac{1}{j\omega C}+R}$$

여기서, Z : 합성임피던스[Ω]
X_C : 용량리액턴스[Ω]
R : 저항[Ω]
j : 허수($\sqrt{-1}$)
ω : 각속도[rad/s]
C : 정전용량[F]

$$Z=\frac{\frac{1}{j\omega C}\times R}{\frac{1}{j\omega C}+R}=\frac{j\omega C\left(\frac{1}{j\omega C}\times R\right)}{j\omega C\left(\frac{1}{j\omega C}+R\right)}$$

$$=\frac{\frac{\cancel{j\omega C}}{\cancel{j\omega C}}\times R}{\frac{\cancel{j\omega C}}{\cancel{j\omega C}}+j\omega CR}=\frac{R}{1+j\omega CR}$$

$$=\frac{R(1-j\omega CR)}{(1+j\omega CR)(1-j\omega CR)} \quad \boxed{j\times(-j)=1}$$

$$=\frac{R-j\omega CR^2}{1+\omega^2C^2R^2}$$

$$=\frac{R}{1+\omega^2C^2R^2}-j\frac{\omega CR^2}{1+\omega^2C^2R^2}$$

여기서, 허수부분이 $j\omega L$과 같으면 허수가 상쇄되고 R만 남는 회로가 되어 I와 E가 동위상이 된다.

(2) I와 E의 동위상

$j\omega L$ —— $\frac{R}{1+\omega^2C^2R^2}-j\frac{\omega CR^2}{1+\omega^2C^2R^2}$

$$\cancel{j\omega}L=\cancel{j}\frac{\cancel{\omega}CR^2}{1+\omega^2C^2R^2}$$

$$L=\frac{CR^2}{1+(\omega^2C^2R^2)}=\frac{CR^2}{1+(\omega CR)^2}$$

답 ④

★★
37 07.09.문30

지름 1.2m, 저항 7.6Ω의 동선에서 이 동선의 저항률을 0.0172Ω·m라고 하면 동선의 길이는 약 몇 m인가?

① 200 ② 300
③ 400 ④ 500

해설 (1) **기호**

- r : 지름이 1.2m이므로 반지름은 **0.6m**
- R : 7.6Ω
- ρ : 0.0172Ω·m

(2) **저항**

$$R=\rho\frac{l}{A}=\rho\frac{l}{\pi r^2}$$

여기서, R : 저항(회로저항)〔Ω〕
ρ : 고유저항(저항률)〔Ω·m〕
A : 도체의 단면적〔m²〕
l : 도체의 길이〔m〕
r : 도체의 반지름〔m〕

길이 l은

$$l=\frac{\pi r^2 R}{\rho}=\frac{\pi\times0.6^2\times7.6}{0.0172}\fallingdotseq 500\text{m}$$

답 ④

★★
38 14.09.문36 08.03.문30 03.03.문37

전압 및 전류 측정 방법에 대한 설명 중 틀린 것은?

① 전압계를 저항 양단에 병렬로 접속한다.
② 전류계는 저항에 직렬로 접속한다.
③ 전압계의 측정 범위를 확대하기 위하여 배율기는 전압계와 직렬로 접속한다.
④ 전류계의 측정 범위를 확대하기 위하여 저항 분류기는 전류계와 직렬로 접속한다.

해설 (1) **전압계**와 **전류계**

전압계	전류계
저항에 **병렬**접속	저항에 **직렬**접속

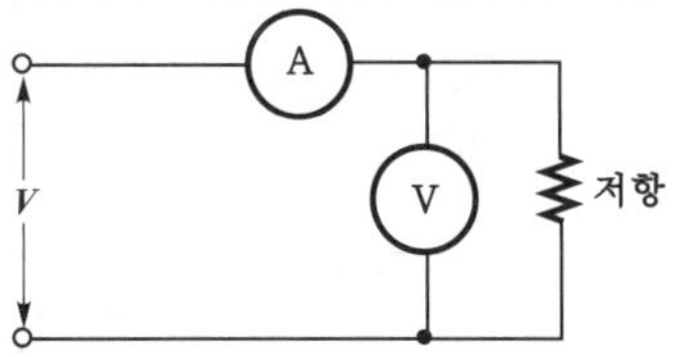

(2) **배율기**와 **분류기**

배율기(multiplier)	분류기(shunt)
전압계의 측정 범위를 확대하기 위해 전압계와 **직렬**로 **접속**하는 저항	전류계의 측정 범위를 확대하기 위해 전류계와 **병렬**로 **접속**하는 저항
$V_0=V\left(1+\frac{R_m}{R_v}\right)$〔V〕	$I_0=I\left(1+\frac{R_a}{R_s}\right)$〔A〕
여기서, V_0 : 측정하고자 하는 전압〔V〕 V : 전압계의 최대 눈금〔V〕 R_v : 전압계의 내부저항〔Ω〕 R_m : 배율기저항〔Ω〕	여기서, I_0 : 측정하고자 하는 전류〔A〕 I : 전류계의 최대 눈금〔A〕 R_a : 전류계의 내부저항〔Ω〕 R_s : 분류기저항〔Ω〕

④ 직렬로 접속 → 병렬로 접속

답 ④

★★★
39 19.03.문32 17.09.문22 17.05.문29 16.10.문35 16.05.문22 16.03.문32 15.05.문23 15.05.문37 14.09.문23 13.09.문27

추종제어에 대한 설명으로 가장 옳은 것은?

① 제어량의 종류에 의하여 분류한 자동제어의 일종
② 목표값이 시간에 따라 임의로 변하는 제어
③ 제어량이 공업프로세스의 상태량일 경우의 제어
④ 정치제어의 일종으로 주로 유량, 위치, 주파수, 전압 등을 제어

해설 **제어**의 **종류**

종 류	설 명
정치제어 (fixed value control)	• 일정한 **목**표값을 **유**지하는 것으로 **프로세스제어, 자동조정**이 이에 해당된다. 예 **연속식 압연기** • **목표값**이 시간에 관계없이 항상 일정한 값을 가지는 제어이다. 기억법 **유목정**
추종제어 (follow-up control)	• 미지의 시간적 변화를 하는 **목표값**에 제어량을 **추종**시키기 위한 제어로 **서보기구**가 이에 해당된다. • 목표값이 시간에 따라 임의로 변하는 제어이다. 예 **대공포의 포신**
비율제어 (ratio control)	• 둘 이상의 제어량을 소정의 비율로 제어하는 것이다. • 연료의 유량과 공기의 유량과의 사이의 비율을 연소에 적합한 것으로 유지하고자 하는 제어방식이다.
프로그램 제어 (program control)	• 목표값이 **미리 정해진 시간적 변화**를 하는 경우 제어량을 그것에 **추종**시키기 위한 제어이다. 예 **열차·산업로봇의 무인운전, 엘리베이터**

중요

제어량에 의한 **분류**

분 류	종 류
프로세스제어 (공정제어)	• **온**도 • **압**력 • **유**량 • **액**면 기억법 프온압유액
서보기구 (서보제어, 추종제어)	• **위**치 • **방**위 • **자**세 기억법 서위방자
자동조정	• 전압 • 전류 • 주파수 • 회전속도(**발**전기의 **속**도조절기) • 장력 기억법 자발속

※ **프로세스제어**(공정제어) : 공업공정(생산공정)의 상태량을 제어량으로 하는 제어

답 ②

40 다이오드를 여러 개 병렬로 접속하는 경우에 대한 설명으로 옳은 것은?

01.06.문37

① 과전류로부터 보호할 수 있다.
② 과전압으로부터 보호할 수 있다.
③ 부하측의 맥동률을 감소시킬 수 있다.
④ 정류기의 역방향전류를 감소시킬 수 있다.

해설 **다이오드**의 **접속**

(1) **직렬접속** : **과전압**으로부터 보호

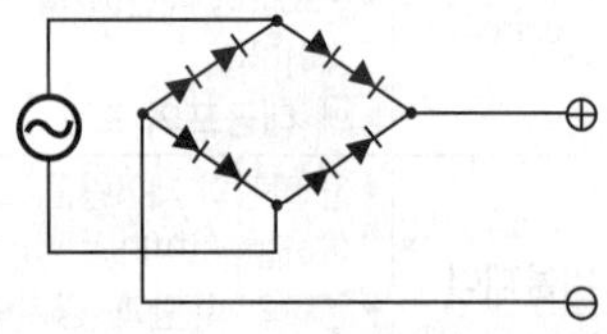

기억법 직압(지갑)

(2) **병렬접속** : **과전류**로부터 보호

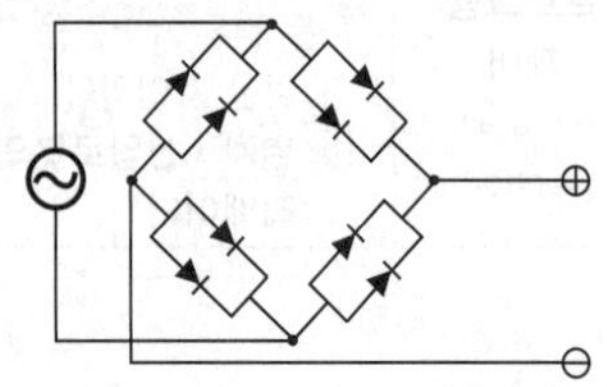

답 ①

제 3 과목 소방관계법규

41 방염성능기준 이상의 실내장식물 등을 설치해야 하는 특정소방대상물이 아닌 것은?

15.09.문42
11.10.문60

① 건축물 옥내에 있는 종교시설
② 방송통신시설 중 방송국 및 촬영소
③ 층수가 11층 이상인 아파트
④ 숙박이 가능한 수련시설

해설 **소방시설법 시행령 30조**

방염성능기준 이상 적용 특정소방대상물

(1) 층수가 **11층 이상**인 것(아파트는 제외 : 2026. 12. 1. 삭제)
(2) 체력단련장, 공연장 및 종교집회장
(3) 문화 및 집회시설
(4) 종교시설
(5) 운동시설(수영장은 제외)
(6) 의료시설(종합병원, 정신의료기관)
(7) 의원, 치과의원, 한의원, 조산원, 산후조리원
(8) 교육연구시설 중 합숙소
(9) 노유자시설
(10) 숙박이 가능한 수련시설
(11) 숙박시설
(12) 방송국 및 촬영소
(13) 다중이용업소(단란주점영업, 유흥주점영업, 노래연습장의 영업장 등)

③ 아파트 → 아파트 제외

답 ③

42 위험물로서 제1석유류에 속하는 것은?

20.09.문41

① 중유 ② 휘발유
③ 실린더유 ④ 등유

해설 **위험물령 [별표 1]**

제4류 위험물

성 질	품 명		지정수량	대표물질
인화성 액체	특수인화물		50L	• 다이에틸에터 • 이황화탄소
	제1석유류	비수용성	200L	• **휘발유** • 콜로디온
		수용성	**4**00L	• 아세톤 기억법 수4
	알코올류		400L	• 변성알코올
	제2석유류	비수용성	1000L	• 등유 • 경유
		수용성	2000L	• 아세트산
	제3석유류	비수용성	2000L	• 중유 • 크레오소트유
		수용성	4000L	• 글리세린
	제4석유류		6000L	• 기어유 • 실린더유
	동식물유류		10000L	• 아마인유

① 제3석유류 ③ 제4석유류 ④ 제2석유류

답 ②

★★
43 다음 중 과태료 대상이 아닌 것은?

① 소방안전관리대상물의 소방안전관리자를 선임하지 아니한 자
② 소방안전관리 업무를 수행하지 아니한 자
③ 특정소방대상물의 근무자 및 거주자에 대한 소방훈련 및 교육을 하지 아니한 자
④ 특정소방대상물 소방시설 등의 점검결과를 보고하지 아니한 자

해설 **300만원 이하의 과태료**
(1) 관계인의 **소방안전관리업무** 미수행(화재예방법 52조) 보기 ②
(2) **소방훈련** 및 **교육** 미실시자(화재예방법 52조) 보기 ③
(3) 소방시설의 점검결과 미보고(소방시설법 61조) 보기 ④

① 300만원 이하의 벌금(소방시설법 50조)

답 ①

★
44 건축물의 공사현장에 설치하여야 하는 임시소방시설과 기능 및 성능이 유사하여 임시소방시설을 설치한 것으로 보는 소방시설로 연결이 틀린 것은? (단, 임시소방시설-임시소방시설을 설치한 것으로 보는 소방시설 순이다.)

① 간이소화장치-옥내소화전
② 간이피난유도선-유도표지
③ 비상경보장치-비상방송설비
④ 비상경보장치-자동화재탐지설비

해설 **소방시설법 시행령 〔별표 8〕**
임시소방시설을 설치한 것으로 보는 소방시설

설치한 것으로 보는 소방시설	소방시설
간이소화장치	• 옥내소화전 • 소방청장이 정하여 고시하는 기준에 맞는 소화기
비상경보장치	• 비상방송설비 • 자동화재탐지설비
간이피난유도선	• 피난유도선 • 피난구유도등 • 통로유도등 • 비상조명등

② 간이피난유도선-피난유도선, 피난구유도등, 통로유도등, 비상조명등

답 ②

★★★
45 화재의 예방조치 등과 관련하여 모닥불, 흡연, 화기취급, 풍등 등 소형 열기구 날리기, 그 밖에 화재예방상 위험하다고 인정되는 행위의 금지 또는 제한의 명령을 할 수 있는 자는?

① 시·도지사
② 국무총리
③ 소방대상물의 관리자
④ 소방본부장

해설 **소방청장·소방본부장·소방서장** : 소방관서장
(1) **화재의 예방조치**(화재예방법 17조)
(2) 옮긴 물건 등의 보관(화재예방법 17조)
(3) 화재예방강화지구의 화재안전조사·소방훈련 및 교육(화재예방법 18조)
(4) 화재위험경보발령(화재예방법 20조)

답 ④

★★
46 행정안전부령으로 정하는 연소우려가 있는 구조에 대한 기준 중 다음 ( ) 안에 알맞은 것은?

16.05.문41
09.08.문59

건축물대장의 건축물현황도에 표시된 대지경계선 안에 2 이상의 건축물이 있는 경우로서 각각의 건축물이 다른 건축물의 외벽으로부터 수평거리가 1층의 경우에는 (㉠)m 이하, 2층 이상의 층의 경우에는 (㉡)m 이하이고 개구부가 다른 건축물을 향하여 설치된 구조를 말한다.

① ㉠ 3, ㉡ 5 ② ㉠ 5, ㉡ 8
③ ㉠ 6, ㉡ 8 ④ ㉠ 6, ㉡ 10

해설 **소방시설법 시행규칙 17조**
연소우려가 있는 건축물의 구조
(1) **1층** : 타건축물 외벽으로부터 **6m** 이하
(2) **2층 이상** : 타건축물 외벽으로부터 **10m** 이하
(3) 대지경계선 안에 2 이상의 건축물이 있는 경우
(4) 개구부가 다른 건축물을 향하여 설치된 구조

답 ④

★★★
47 2급 소방안전관리대상물의 소방안전관리자 선임기준으로 틀린 것은?

① 위험물기능장 자격을 가진 자로 2급 소방안전관리자 자격증을 받은 사람
② 소방공무원으로 3년 이상 근무한 경력이 있는 자로 2급 소방안전관리자 자격증을 받은 사람
③ 의용소방대원으로 2년 이상 근무한 경력이 있는 자로 2급 소방안전관리자 시험 합격자
④ 위험물산업기사 자격을 가진 자로 2급 소방안전관리자 자격증을 받은 사람

해설 **2급 소방안전관리대상물의 소방안전관리자 선임조건**

자 격	경 력	비 고
• 위험물기능장 · 위험물산업기사 · 위험물기능사	경력 필요 없음	2급 소방안전관리자 자격증을 받은 사람
• 소방공무원	3년	
• 소방청장이 실시하는 2급 소방안전관리대상물의 소방안전관리에 관한 시험에 합격한 사람	경력 필요 없음	
• 「기업활동 규제완화에 관한 특별조치법」에 따라 소방안전관리자로 선임된 사람(소방안전관리자로 선임된 기간으로 한정)		
• 특급 또는 1급 소방안전관리대상물의 소방안전관리자 자격이 인정되는 사람		

③ 2년 → 3년

중요

2급 소방안전관리대상물
(1) 지하구
(2) 가연성 가스를 100~1000t 미만 저장 · 취급하는 시설
(3) 옥내소화전설비 · 스프링클러설비 설치대상물
(4) 물분무등소화설비(호스릴방식의 물분무등소화설비만을 설치한 경우 제외) 설치대상물
(5) **공동주택**(옥내소화전설비 또는 스프링클러설비가 설치된 공동주택 한정)
(6) **목조건축물**(국보 · 보물)

답 ③

★★★
48 특정소방대상물의 소방시설 설치의 면제기준 중 다음 ( ) 안에 알맞은 것은?

14.09.문78
14.03.문53

> 비상경보설비 또는 단독경보형 감지기를 설치하여야 하는 특정소방대상물에 ( )를 화재안전기준에 적합하게 설치한 경우에는 그 설비의 유효범위에서 설치가 면제된다.

① 자동화재탐지설비 ② 스프링클러설비
③ 비상조명등 ④ 무선통신보조설비

해설 **소방시설법 시행령 〔별표 5〕**
소방시설 면제기준

면제대상	대체설비
스프링클러설비	• **물분무등소화설비**
물분무등소화설비	• **스프링클러설비**
간이스프링클러설비	• 스프링클러설비 • **물분무소화설비** • **미분무소화설비**
비상**경**보설비 또는 **단**독경보형 감지기	• **자동화재탐지설비** 기억법 **탐경단**
비상**경**보설비	• **2개 이상 단독경보형 감지기 연동** 기억법 **경단2**
비상방송설비	• 자동화재탐지설비 • 비상경보설비
연결살수설비	• 스프링클러설비 • 간이스프링클러설비 • 물분무소화설비 • 미분무소화설비
제연설비	• **공기조화설비**
연소방지설비	• 스프링클러설비 • 물분무소화설비 • 미분무소화설비
연결송수관설비	• 옥내소화전설비 • 스프링클러설비 • 간이스프링클러설비 • 연결살수설비
자동화재탐지설비	• 자동화재탐지설비의 기능을 가진 스프링클러설비 • 물분무등소화설비
옥내소화전설비	• 옥외소화전설비 • 미분무소화설비(호스릴방식)

답 ①

★★★
49 화재예방강화지구의 지정대상이 아닌 것은?

19.09.문50
17.05.문58 (산업)
16.05.문53
13.09.문56

① 공장 · 창고가 밀집한 지역
② 목조건물이 밀집한 지역
③ 농촌지역
④ 시장지역

해설 **화재예방법 18조**
화재예방강화지구의 지정
(1) **지정권자** : 시 · 도지사
(2) **지정지역**
㉠ **시장**지역
㉡ **공장 · 창고** 등이 밀집한 지역
㉢ **목조건물**이 밀집한 지역
㉣ 노후 · 불량 건축물이 밀집한 지역
㉤ **위험물**의 **저장** 및 **처리시설**이 **밀집**한 지역
㉥ **석유화학제품**을 생산하는 공장이 있는 지역

ⓢ **소방시설 · 소방용수시설** 또는 **소방출동로**가 **없**는 지역
ⓞ 「**산업입지 및 개발에 관한 법률**」에 따른 산업단지
ⓩ 「물류시설의 개발 및 운영에 관한 법률」에 따른 물류단지
ⓒ **소방청장 · 소방본부장 · 소방서장**(소방관서장)이 화재예방강화지구로 지정할 필요가 있다고 인정하는 지역

※ **화재예방강화지구** : 화재발생 우려가 크거나 화재가 발생할 경우 피해가 클 것으로 예상되는 지역에 대하여 화재의 예방 및 안전관리를 강화하기 위해 지정 · 관리하는 지역

답 ③

★★
50

위험물안전관리자로 선임할 수 있는 위험물취급자격자가 취급할 수 있는 위험물기준으로 틀린 것은?

① 위험물기능장 자격취득자 : 모든 위험물
② 안전관리자 교육이수자 : 위험물 중 제4류 위험물
③ 소방공무원으로 근무한 경력이 3년 이상인 자 : 위험물 중 제4류 위험물
④ 위험물산업기사 자격취득자 : 위험물 중 제4류 위험물

해설 **위험물령 〔별표 5〕**
위험물취급자격자의 자격

위험물취급자격자의 구분	취급할 수 있는 위험물
• 위험물기능장, 위험물산업기사, 위험물기능사의 자격을 취득한 사람	모든 위험물
• 소방청장이 실시하는 안전관리자 교육을 이수한 자 • 소방공무원으로 근무한 경력이 **3년** 이상인 자	제4류 위험물

④ 제4류 위험물 → 모든 위험물

답 ④

★★★
51

17.10.문45

정기점검의 대상이 되는 제조소 등이 아닌 것은?

① 옥내탱크저장소 ② 지하탱크저장소
③ 이동탱크저장소 ④ 이송취급소

해설 **위험물령 16조**
정기점검의 대상인 제조소 등
(1) **제조소** 등(**이**송취급소 · **암**반탱크저장소)
(2) **지하탱크**저장소
(3) **이동탱크**저장소
(4) 위험물을 취급하는 탱크로서 지하에 매설된 탱크가 있는 **제조소 · 주유취급소** 또는 **일반취급소**

기억법 **정이암 지이**

답 ①

★★★
52

17.05.문57

시 · 도지사가 소방시설업의 영업정지처분에 갈음하여 부과할 수 있는 최대과징금의 범위로 옳은 것은?

① 2000만원 이하 ② 3000만원 이하
③ 5000만원 이하 ④ 2억원 이하

해설 **과징금**

3000만원 이하	2억원 이하
• **소방시설관리업** 영업정지처분 갈음(소방시설법 36조)	• **제조소** 사용정지처분 갈음(위험물법 13조) • **소방시설업** 영업정지처분 갈음(공사업법 10조)

중요

소방시설업
(1) 소방시설설계업
(2) 소방시설공사업
(3) 소방공사감리업
(4) 방염처리업

답 ④

★★★
53

건축허가 등을 함에 있어서 미리 소방본부장 또는 소방서장의 동의를 받아야 하는 건축물 등의 범위기준이 아닌 것은?

① 노유자시설 및 수련시설로서 연면적 $100m^2$ 이상인 건축물
② 지하층 또는 무창층이 있는 건축물로서 바닥면적이 $150m^2$ 이상인 층이 있는 것
③ 차고 · 주차장으로 사용되는 바닥면적이 $200m^2$ 이상인 층이 있는 건축물이나 주차시설
④ 장애인 의료재활시설로서 연면적 $300m^2$ 이상인 건축물

해설 **소방시설법 시행령 7조**
건축허가 등의 동의대상물
(1) 연면적 **$400m^2$**(학교시설 : **$100m^2$**, 수련시설 · 노유자시설 : **$200m^2$**, 정신의료기관 · 장애인 의료재활시설 : **$300m^2$**) 이상
(2) **6층** 이상인 건축물
(3) 차고 · 주차장으로서 바닥면적 **$200m^2$** 이상(**자**동차 **20대** 이상)
(4) **항공기격납고, 관망탑, 항공관제탑, 방송용 송수신탑**
(5) 지하층 또는 무창층의 바닥면적 **$150m^2$**(공연장은 **$100m^2$**) 이상
(6) **위험물저장** 및 **처리시설, 지하구**
(7) **결핵환자**나 **한센인**이 24시간 생활하는 **노유자시설**
(8) 전기저장시설, 풍력발전소
(9) 공동주택 · 숙박시설
(10) 노인주거복지시설 · 노인의료복지시설 및 재가노인복지시설 · 학대피해노인 전용쉼터 · 아동복지시설 · 장애인거주시설
(11) 정신질환자 관련시설(공동생활가정을 제외한 재활훈련시설과 종합시설 중 24시간 주거를 제공하지 않는 시설 제외)
(12) 조산원, 산후조리원, 의원(입원실 또는 인공신장실이 있는 것)

⒀ 노숙인자활시설, 노숙인재활시설 및 노숙인요양시설
⒁ 요양병원(의료재활시설 제외)
⒂ 공장 또는 창고시설로서 지정수량의 **750배** 이상의 특수가연물을 저장·취급하는 것
⒃ 가스시설로서 지상에 노출된 탱크의 저장용량의 합계가 **100t** 이상인 것

기억법 2자(이자)

① $100m^2$ 이상 → $200m^2$ 이상

답 ①

54 자동화재탐지설비의 일반 공사감리기간으로 포함시켜 산정할 수 있는 항목은?

① 고정금속구를 설치하는 기간
② 전선관의 매립을 하는 공사기간
③ 공기유입구의 설치기간
④ 소화약제 저장용기 설치기간

해설 **공사업규칙 〔별표 3〕**
일반 공사감리기간

소방시설	일반 공사감리기간
•자동화재탐지설비 •시각경보기 •비상경보설비 •비상방송설비 •통합감시시설 •유도등 •비상콘센트설비 •무선통신보조설비	•전선관의 매립 •감지기·유도등·조명등 및 비상콘센트의 설치 •증폭기의 접속 •누설동축케이블 등의 부설 •무선기기의 접속단자·분배기·증폭기의 설치 •동력전원의 접속공사를 하는 기간
•피난기구	•고정금속구를 설치하는 기간
•비상전원이 설치되는 소방시설	•비상전원의 설치 및 소방시설과의 접속을 하는 기간

답 ②

55 1급 소방안전관리대상물에 대한 기준이 아닌 것은? (단, 동식물원, 철강 등 불연성 물품을 저장·취급하는 창고, 위험물 저장 및 처리시설 중 위험물제조소 등, 지하구를 제외한 것이다.)

19.03.문60 16.03.문52 15.03.문60 13.09.문51

① 연면적 $15000m^2$ 이상인 특정소방대상물(아파트 및 연립주택 제외)
② 150세대 이상으로서 승강기가 설치된 공동주택
③ 가연성 가스를 1000톤 이상 저장·취급하는 시설
④ 30층 이상(지하층은 제외)이거나 지상으로부터 높이가 120m 이상인 아파트

해설 **화재예방법 시행령 〔별표 4〕**
소방안전관리자를 두어야 할 특정소방대상물
(1) 특급 소방안전관리대상물 (동식물원, 철강 등 불연성 물품 저장·취급창고, 지하구, 위험물제조소 등 제외)
㉠ **50층** 이상(지하층 제외) 또는 지상 **200m** 이상 **아파트**
㉡ **30층** 이상(지하층 포함) 또는 지상 **120m** 이상(아파트 제외)
㉢ 연면적 **10만**m^2 이상(아파트 제외)
(2) 1급 소방안전관리대상물 (동식물원, 철강 등 불연성 물품 저장·취급창고, 지하구, 위험물제조소 등 제외)
㉠ **30층** 이상(지하층 제외) 또는 지상 **120m** 이상 아파트
㉡ 연면적 **15000**m^2 이상인 것(아파트 및 연립주택 제외)
㉢ **11층** 이상(아파트 제외)
㉣ 가연성 가스를 **1000t** 이상 저장·취급하는 시설
(3) 2급 소방안전관리대상물
㉠ 지하구
㉡ 가스제조설비를 갖추고 도시가스사업 허가를 받아야 하는 시설 또는 가연성 가스를 **100~1000t** 미만 저장·취급하는 시설
㉢ 옥내소화전설비·스프링클러설비 설치대상물
㉣ 물분무등소화설비(호스릴방식의 물분무등소화설비만을 설치한 경우 제외) 설치대상물
㉤ **공동주택**(옥내소화전설비 또는 스프링클러설비가 설치된 공동주택 한정)
㉥ **목조건축물**(국보·보물)
(4) 3급 소방안전관리대상물
㉠ **자동화재탐지설비** 설치대상물
㉡ 간이스프링클러설비(주택전용 간이스프링클러설비 제외) 설치대상물

② 2급 소방안전관리대상물

답 ②

56 소방용수시설의 설치기준 중 주거지역·상업지역 및 공업지역에 설치하는 경우 소방대상물과의 수평거리는 최대 몇 m 이하인가?

10.05.문41

① 50 ② 100
③ 150 ④ 200

해설 **기본규칙 〔별표 3〕**
소방용수시설의 설치기준

거리기준	지 역
수평거리 100m 이하	•**공**업지역 •**상**업지역 •**주**거지역 기억법 주상공100(주상공 백지에 사인을 하시오.)
수평거리 140m 이하	•기타지역

답 ②

57 스프링클러설비가 설치된 소방시설 등의 자체점검에서 종합점검을 받아야 하는 아파트의 기준으로 옳은 것은?

16.05.문55 12.05.문45

① 연면적이 $3000m^2$ 이상이고 층수가 11층 이상인 것만 해당
② 연면적이 $3000m^2$ 이상이고 층수가 16층 이상인 것만 해당
③ 연면적이 $5000m^2$ 이상이고 층수가 11층 이상인 것만 해당
④ 스프링클러설비가 설치되었다면 모두 해당

해설 **소방시설법 시행규칙 〔별표 3〕**
소방시설 등 자체점검의 점검대상, 점검자의 자격, 점검횟수 및 시기

점검구분	정 의	점검대상	점검자의 자격(주된 인력)	점검횟수 및 점검시기
작동점검	소방시설 등을 인위적으로 조작하여 정상적으로 작동하는지를 점검하는 것	① 간이스프링클러설비·자동화재탐지설비	• 관계인 • 소방안전관리자로 선임된 소방시설관리사 또는 소방기술사 • 소방시설관리업에 등록된 기술인력 중 소방시설관리사 또는 「소방시설공사업법 시행규칙」에 따른 특급 점검자	• 작동점검은 **연 1회** 이상 실시하며, 종합점검대상은 종합점검(최초점검 제외)을 받은 달부터 **6개월**이 되는 달에 실시 • 종합점검대상 외의 특정소방대상물은 사용승인일이 속하는 달의 말일까지 실시
		② ①에 해당하지 아니하는 특정소방대상물	• 소방시설관리업에 등록된 기술인력 중 소방시설관리사 • 소방안전관리자로 선임된 소방시설관리사 또는 소방기술사	
		③ 작동점검 제외대상 • 특정소방대상물 중 소방안전관리자를 선임하지 않는 대상 • 위험물제조소 등 • 특급 소방안전관리대상물		
종합점검	소방시설 등의 작동점검을 포함하여 소방시설 등의 설비별 주요 구성 부품의 구조기준이 화재안전기준과 「건축법」 등 관련 법령에서 정하는 기준에 적합한지 여부를 점검하는 것 (1) 최초점검 : 특정소방대상물의 소방시설이 신설된 경우 건축물을 사용할 수 있게 된 날부터 60일 이내에 점검하는 것 (2) 그 밖의 종합점검 : 최초점검을 제외한 종합점검	④ 소방시설 등이 신설된 경우에 해당하는 특정소방대상물 ⑤ **스프링클러설비**가 설치된 특정소방대상물 ⑥ **물분무등소화설비**(호스릴방식의 물분무등소화설비만을 설치한 경우는 제외)가 설치된 연면적 **5000m²** 이상인 특정소방대상물(위험물제조소 등 제외) ⑦ 다중이용업의 영업장이 설치된 특정소방대상물로서 연면적이 **2000m²** 이상인 것 ⑧ **제연설비**가 설치된 터널 ⑨ **공공기관** 중 연면적(터널·지하구의 경우 그 길이와 평균 폭을 곱하여 계산된 값)이 **1000m²** 이상인 것으로서 옥내소화전설비 또는 자동화재탐지설비가 설치된 것(단, 소방대가 근무하는 공공기관 제외) 중요 **종합점검** ① 공공기관 : 1000m² ② 다중이용업 : 2000m² ③ 물분무등(호스릴 ×) : 5000m²	• 소방시설관리업에 등록된 기술인력 중 **소방시설관리사** • 소방안전관리자로 선임된 **소방시설관리사** 또는 **소방기술사**	〈점검횟수〉 ㉠ 연 1회 이상(특급 소방안전관리대상물은 반기에 1회 이상) 실시 ㉡ ㉠에도 불구하고 소방본부장 또는 소방서장은 소방청장이 소방안전관리가 우수하다고 인정한 특정소방대상물에 대해서는 3년의 범위에서 소방청장이 고시하거나 정한 기간 동안 종합점검을 면제할 수 있다(단, 면제기간 중 화재가 발생한 경우는 제외). 〈점검시기〉 ㉠ ④에 해당하는 특정소방대상물은 건축물을 사용할 수 있게 된 날부터 60일 이내 실시 ㉡ ㉠을 제외한 특정소방대상물은 건축물의 사용승인일이 속하는 달에 실시(단, 학교의 경우 해당 건축물의 사용승인일이 1월에서 6월 사이에 있는 경우에는 6월 30일까지 실시할 수 있다.) ㉢ 건축물 사용승인일 이후 ⑦에 따라 종합점검대상에 해당하게 된 경우에는 그 다음 해부터 실시 ㉣ 하나의 대지경계선 안에 2개 이상의 자체점검대상 건축물 등이 있는 경우 그 건축물 중 사용승인일이 가장 빠른 연도의 건축물의 사용승인일을 기준으로 점검할 수 있다.

[비고] 작동점검 및 종합점검(최초점검 제외)은 건축물 사용승인 후 그 다음 해부터 실시한다.

답 ④

★
58 대통령령으로 정하는 특정소방대상물의 소방시설 중 내진설계대상이 아닌 것은?

① 옥내소화전설비 ② 스프링클러설비
③ 미분무소화설비 ④ 연결살수설비

해설 **소방시설법 시행령 8조**
소방시설의 내진설계대상
(1) 옥내소화전설비
(2) 스프링클러설비
(3) 물분무등소화설비

기억법 **스물내(스물네살)**

중요

물분무등소화설비
(1) 분말소화설비
(2) 포소화설비
(3) 할론소화설비
(4) 이산화탄소 소화설비
(5) 할로겐화합물 및 불활성기체 소화설비
(6) 강화액소화설비
(7) 미분무소화설비
(8) 물분무소화설비
(9) 고체에어로졸 소화설비

답 ④

★★★
59 소방시설업의 반드시 등록 취소에 해당하는 경우는?
16.03.문48 09.05.문50 05.05.문42

① 거짓이나 그 밖의 부정한 방법으로 등록한 경우
② 다른 자에게 등록증 또는 등록수첩을 빌려준 경우
③ 소속 소방기술자를 공사현장에 배치하지 아니하거나 거짓으로 한 경우
④ 등록을 한 후 정당한 사유 없이 1년이 지날 때까지 영업을 시작하지 아니하거나 계속하여 1년 이상 휴업한 경우

해설 **공사업법 9조**
소방시설업 등록의 취소와 영업정지
(1) **등록의 취소 또는 영업정지**
㉠ 등록기준에 미달하게 된 후 30일 경과
㉡ 등록의 결격사유에 해당하는 경우
㉢ **거짓**, 그 밖의 **부정한 방법**으로 등록을 한 경우
㉣ 계속하여 **1년** 이상 휴업한 때
㉤ 등록을 한 후 정당한 사유 없이 **1년**이 지날 경우
㉥ 등록증 또는 등록수첩을 빌려준 경우

(2) **등록 취소**
㉠ 거짓, 그 밖의 **부정한 방법**으로 등록을 한 경우
㉡ 등록 **결격사유**에 해당된 경우
㉢ 영업정지기간 중에 소방시설공사 등을 한 경우

답 ①

★★
60 경보설비 중 단독경보형 감지기를 설치해야 하는 특정소방대상물의 기준으로 틀린 것은?
18.03.문49 10.03.문55

① 연면적 $400m^2$ 미만의 유치원
② 교육연구시설 내에 있는 연면적 $2000m^2$ 미만의 합숙소
③ 수련시설 내에 있는 연면적 $2000m^2$ 미만의 기숙사
④ 연면적 $2000m^2$ 미만의 아파트

해설 **소방시설법 시행령 [별표 4]**
단독경보형 감지기의 설치대상

연면적	설치대상
$400m^2$ 미만	• 유치원 보기 ①
$2000m^2$ 미만	• 교육연구시설·수련시설 내에 있는 **합숙소** 또는 **기숙사** 보기 ②③
모두 적용	• 100명 미만의 수련시설(숙박시설이 있는 것) • 연립주택 • 다세대주택

④ 아파트는 해당없음

※ **단독경보형 감지기**: 화재발생상황을 단독으로 감지하여 자체에 내장된 음향장치로 경보하는 감지기

비교

단독경보형 감지기의 **설치기준**(NFPC 201 5조, NFTC 201 2.2.1)
(1) 각 실(이웃하는 실내의 바닥면적이 각각 **$30m^2$ 미만**이고 벽체의 상부의 전부 또는 일부가 개방되어 이웃하는 실내와 공기가 상호 유통되는 경우에는 이를 1개의 실로 본다)마다 설치하되, 바닥면적이 **$150m^2$**를 초과하는 경우에는 **$150m^2$**마다 1개 이상 설치할 것
(2) 최상층의 계단실의 **천장**(외기가 상통하는 계단실의 경우 제외)에 설치할 것
(3) 건전지를 주전원으로 사용하는 단독경보형 감지기는 정상적인 작동상태를 유지할 수 있도록 건전지를 교환할 것
(4) 상용전원을 주전원으로 사용하는 단독경보형 감지기의 **2차 전지**는 제품검사에 합격한 것을 사용할 것

답 ④

제 4 과목 소방전기시설의 구조 및 원리

61 비상조명등의 설치제외 기준 중 다음 (　) 안에 알맞은 것은?

13.09.문65

> 거실의 각 부분으로부터 하나의 출입구에 이르는 보행거리가 (　　)m 이내인 부분

① 2　② 5
③ 15　④ 25

해설 **비상조명등**의 **설치제외 장소**(NFPC 304 5조, NFTC 304 2.2.1)
(1) 거실 각 부분에서 출입구까지의 **보행거리 15m** 이내
(2) **공동주택·경기장·의원·의료시설·학교·거실**

기억법 조공 경의학

비교
(1) **휴대용 비상조명등**의 **설치제외 장소**
㉠ 복도·통로·창문 등을 통해 **피**난이 용이한 경우(**지상 1층·피난층**)
㉡ **숙박시설**로서 **복**도에 비상조명등을 설치한 경우
기억법 **휴피(휴지로 피닦아!), 휴숙복**
(2) **통로유도등**의 **설치제외 장소**
㉠ 길이 **30m** 미만의 복도·통로(구부러지지 않은 복도·통로)
㉡ 보행거리 **20m** 미만의 복도·통로(출입구에 **피난구유도등**이 설치된 복도·통로)
(3) **객석유도등**의 **설치제외 장소**
㉠ **채광**이 충분한 객석(**주간**에만 사용)
㉡ **통**로유도등이 설치된 객석(거실 각 부분에서 거실 출입구까지의 **보행거리 20m** 이하)
기억법 **채객보통(채소는 객관적으로 보통이다.)**

답 ③

62 피난기구의 종류가 아닌 것은?

① 미끄럼대　② 공기호흡기
③ 승강식 피난기　④ 공기안전매트

해설 **피난구조설비**(소방시설법 시행령 [별표 1])
(1) 피난기구
- 피난사다리
- 구조대
- 완강기
- 소방청장이 정하여 고시하는 화재안전기준으로 정하는 것(미끄럼대, 피난교, 공기안전매트, 피난용 트랩, 다수인 피난장비, 승강식 피난기, 간이완강기, 하향식 피난구용 내림식 사다리)

(2) **인**명구조기구
- **방열**복
- 방**화**복(안전모, 보호장갑, 안전화 포함)
- **공**기호흡기
- **인**공소생기

기억법 **방화열공인**

(3) 유도등
- 피난유도선
- 피난구유도등
- 통로유도등
- 객석유도등
- 유도표지

(4) 비상조명등·휴대용 비상조명등

② 인명구조기구

답 ②

63 자동화재탐지설비 수신기의 구조기준 중 정격전압이 몇 V를 넘는 기구의 금속제외함에는 접지단자를 설치하여야 하는가?

16.05.문80
12.03.문76

① 30　② 60
③ 100　④ 300

해설 **대상**에 따른 **전압**

전 압	대 상
0.5V 이하	• 누전경보기의 **경**계전로 **전**압강하 기억법 **05경전(공오경전)**
0.6V 이하	• 완전방전
60V 이하	• 약전류회로
60V 초과	• **접**지단자 설치 기억법 **6접(육즙)**
300V 이하	• 선원**번**입기의 1차 전압 • 유도등·비상조명등의 사용전압 기억법 **변3(변상해!)**
600V 이하	• **누**전경보기의 경계전로전압 기억법 **누6(누룩)**

② 정격전압이 **60V**를 넘는 기구의 금속제외함에는 **접지단자**를 설치하여야 한다.

답 ②

64 단독경보형 감지기의 설치기준 중 다음 (　) 안에 알맞은 것은?

03.08.문62

> 이웃하는 실내의 바닥면적이 각각 (　)m^2 미만이고 벽체의 상부의 전부 또는 일부가 개방되어 이웃하는 실내와 공기가 상호 유통되는 경우에는 이를 1개의 실로 본다.

① 30　② 50
③ 100　④ 150

해설 **단독경보형 감지기의 각 실을 1개로 보는 경우** : 이웃하는 실내의 바닥면적이 각각 **30**m^2 미만이고 **벽**체의 상부의 전부 또는 일부가 개방되어 이웃하는 실내와 공기가 상호 유통되는 경우

기억법 **단3벽(단상의 벽)**

※ **단독경보형 감지기**: 화재발생상황을 단독으로 감지하여 자체에 내장된 음향장치로 경보하는 감지기

중요

단독경보형 감지기의 **설치기준**(NFPC 201 5조, NFTC 201 2.2.1)

(1) 각 실(이웃하는 실내의 바닥면적이 각각 **30m²** **미만**이고 벽체의 상부의 전부 또는 일부가 개방되어 이웃하는 실내와 공기가 상호 유통되는 경우에는 이를 1개의 실로 본다)마다 설치하되, 바닥면적이 **150m²**를 초과하는 경우에는 **150m²**마다 1개 이상 설치할 것
(2) 최상층의 계단실의 **천장**(외기가 상통하는 계단실의 경우 제외)에 설치할 것
(3) 건전지를 주전원으로 사용하는 단독경보형 감지기는 정상적인 작동상태를 유지할 수 있도록 건전지를 교환할 것
(4) 상용전원을 주전원으로 사용하는 단독경보형 감지기의 **2차 전지**는 제품검사에 합격한 것을 사용할 것

답 ①

★★★
65 15.03.문74 09.08.문61

비상콘센트설비의 전원부와 외함 사이의 절연저항은 전원부와 외함 사이를 500V 절연저항계로 측정할 때 몇 MΩ 이상이어야 하는가?

① 10 ② 15
③ 20 ④ 25

해설 **절연저항시험**

절연저항계	절연저항	대 상
직류 250V	0.1MΩ 이상	• 1경계구역의 절연저항
직류 500V	5MΩ 이상	• 누전경보기 • 가스누설경보기 • 수신기(10회로 미만, 절연된 충전부와 외함간) • 자동화재속보설비 • 비상경보설비 • 유도등(교류입력측과 외함간 포함) • 비상조명등(교류입력측과 외함간 포함)
	20MΩ 이상	• 경종 • 발신기 • 중계기 • 비상**콘**센트 • 기기의 절연된 선로간 • 기기의 충전부와 비충전부간 • 기기의 교류입력측과 외함간(유도등·비상조명등 제외) 기억법 2콘(이크)
	50MΩ 이상	• 감지기(정온식 감지선형 감지기 제외) • 가스누설경보기(10회로 이상) • 수신기(10회로 이상, 교류입력측과 외함간 제외)
	1000MΩ 이상	• 정온식 감지선형 감지기

답 ③

★
66 09.03.문69

지하층·무창층 등으로서 환기가 잘 되지 아니하거나 실내면적이 40m² 미만인 장소에 설치하여야 하는 적응성이 있는 감지기가 아닌 것은?

① 정온식 스포트형 감지기
② 불꽃감지기
③ 광전식 분리형 감지기
④ 아날로그방식의 감지기

해설 **지하층·무창층** 등으로서 환기가 잘 되지 아니하거나 실내면적이 **40m²** **미만**인 장소, 감지기의 부착면과 실내바닥과의 거리가 **2.3m 이하**인 곳으로서 일시적으로 발생한 열·연기 또는 먼지 등으로 인하여 화재신호를 발신할 우려가 있는 장소의 적응감지기(NFPC 203 7조, NFTC 203 2.2.2)

(1) **불꽃**감지기
(2) **정온식 감지선형** 감지기
(3) **분포형** 감지기
(4) **복합형** 감지기
(5) **광전식 분리형** 감지기
(6) **아날로그방식**의 감지기
(7) **다신호방식**의 감지기
(8) **축적방식**의 감지기

기억법 **불정감 복분 광아다축**

① 정온식 스포트형 감지기 → 정온식 감지선형 감지기

답 ①

★★★
67 19.04.문75 18.09.문62 15.09.문76 14.05.문71 14.03.문75 13.06.문67 12.05.문74

누전경보기의 전원은 배선용 차단기에 있어서는 몇 A 이하의 것으로 각 극을 개폐할 수 있는 것을 설치하여야 하는가?

① 10 ② 15
③ 20 ④ 30

해설 **누전경보기**의 **설치기준**(NFPC 205 6조, NFTC 205 2.3.1)

과전류차단기	**배**선용 차단기
15A 이하	**20**A 이하 기억법 2배(이 배에 탈 사람!)

(1) 각 극에 개폐기 및 **15A** 이하의 **과전류차단기**를 설치할 것(**배선용 차단기**는 **20A** 이하)
(2) 분전반으로부터 **전용회로**로 할 것
(3) 개폐기에는 누전경보기임을 표시할 것

중요

누전경보기(NFPC 205 4조, NFTC 205 2.1.1.1)

60A 이하	60A 초과
• 1급 누전경보기 • 2급 누전경보기	• 1급 누전경보기

답 ③

★★★
68 비상방송설비의 설치기준 중 기동장치에 따른 화재신고를 수신한 후 필요한 음량으로 화재발생 상황 및 피난에 유효한 방송이 자동으로 개시될 때까지의 소요시간은 몇 초 이하로 하여야 하는가?

19.09.문76
19.04.문68
18.09.문77
18.03.문73
17.05.문61
16.10.문69
16.10.문73
16.05.문67
15.05.문73
15.05.문76
15.03.문62

① 10 ② 15
③ 20 ④ 25

해설 **소요시간**

기 기	시 간
• P형 · P형 복합식 · R형 · R형 복합식 · GP형 · GP형 복합식 · GR형 · GR형 복합식 수신기 • **중**계기	5초 이내
비상**방**송설비	**10초** 이하
가스누설경보기	60초 이내

기억법 **시중5(시중**을 드시**오**!)
1방(일본을 **방**문하다.)
6가(육체미**가** 아름답다.)

중요

축적형 수신기

전원차단시간	축적시간	화재표시감지시간
1~3초 이하	30~60초 이하	60초(1회 이상 반복)

비교

비상방송설비의 **설치기준**(NFPC 202 4조, NFTC 202 2.1)
(1) 음량조정기를 설치하는 경우 배선은 **3선식**으로 할 것
(2) 확성기의 음성입력은 **실외 3W, 실내 1W** 이상일 것
(3) 조작부의 조작스위치는 **0.8~1.5m** 이하의 높이에 설치할 것
(4) 기동장치에 의한 화재신고를 수신한 후 필요한 음량으로 방송이 개시될 때까지의 소요시간은 **10초** 이하로 할 것

답 ①

★★
69 누전경보기의 구성요소에 해당하지 않는 것은?

19.03.문37
15.09.문21
14.09.문69
13.03.문62

① 차단기 ② 영상변류기(ZCT)
③ 음향장치 ④ 발신기

해설 **누전경보기**의 **구성요소**

구성요소	설 명
영상**변**류기(ZCT)	**누설전류**를 **검출**한다. 기억법 **변검(변검**술)
수신기	**누설전류**를 **증폭**한다.
음향장치	경보를 발한다.
차단기	차단릴레이를 포함한다.

기억법 **변수음차**

④ **자동화재탐지설비**의 **구성요소**

답 ④

★★★
70 무선통신보조설비의 화재안전기준에 따른 옥외안테나의 설치기준으로 옳지 않은 것은?

① 건축물, 지하가, 터널 또는 공동구의 출입구 및 출입구 인근에서 통신이 가능한 장소에 설치할 것
② 다른 용도로 사용되는 안테나로 인한 통신장애가 발생하지 않도록 설치할 것
③ 옥외안테나는 견고하게 설치하며 파손의 우려가 없는 곳에 설치하고 그 가까운 곳의 보기 쉬운 곳에 "옥외안테나"라는 표시와 함께 통신가능거리를 표시한 표지를 설치할 것
④ 수신기가 설치된 장소 등 사람이 상시 근무하는 장소에는 옥외안테나의 위치가 모두 표시된 옥외안테나 위치표시도를 비치할 것

해설 **무선통신보조설비 옥외안테나 설치기준**(NFPC 505 6조, NFTC 505 2.3.1)
(1) **건축물**, **지하가**, **터널** 또는 공동구의 출입구 및 출입구 인근에서 통신이 가능한 장소에 설치할 것
(2) 다른 용도로 사용되는 안테나로 인한 **통신장애**가 발생하지 않도록 설치할 것
(3) 옥외안테나는 견고하게 설치하며 파손의 우려가 없는 곳에 설치하고 그 가까운 곳의 보기 쉬운 곳에 **"무선통신보조설비 안테나"**라는 표시와 함께 통신가능거리를 표시한 표지를 설치할 것
(4) 수신기가 설치된 장소 등 사람이 상시 근무하는 장소에는 옥외안테나의 위치가 모두 표시된 옥외안테나 **위치표시도**를 비치할 것

③ 옥외안테나 → 무선통신보조설비 안테나

답 ③

★
71 자동화재탐지설비 배선의 설치기준 중 틀린 것은?

① 감지기 사이의 회로의 배선은 송배선식으로 할 것
② 감지기회로의 도통시험을 위한 종단저항은 전용함을 설치하는 경우 그 설치높이는 바닥으로부터 1.5m 이내로 할 것
③ 감지기회로 및 부속회로의 전로와 대지 사이 및 배선 상호간의 절연저항은 1경계구역마다 직류 250V의 절연저항측정기를 사용하여 측정한 절연저항이 0.1MΩ 이상이 되도록 할 것
④ 피(P)형 수신기 및 지피(GP)형 수신기의 감지기회로의 배선에 있어서 하나의 공통선에 접속할 수 있는 경계구역은 9개 이하로 할 것

해설 **배선**(NFPC 203 11조, NFTC 203 2.8.1.7)

P형 수신기 및 GP형 수신기의 감지기회로의 배선에 있어서 하나의 공통선에 접속할 수 있는 경계구역은 **7개** 이하로 할 것

④ 9개 → 7개

다른문제

경계구역수가 15개라면 공통선수는?

해설 하나의 공통선에 접속할 수 있는 경계구역은 **7개** 이하이므로

$$공통선수 = \frac{경계구역}{7개}$$

$$공통선수 = \frac{15개}{7개} = 2.1 ≒ 3개(절상한다.)$$

용어

절상

"**소수점을 올린다.**"는 의미이다.

답 ④

★★

72 단독경보형 감지기를 설치하여야 하는 특정소방대상물의 기준 중 옳은 것은?

06.09.문61

① 연면적 $400m^2$ 미만의 유치원

② 연면적 $2000m^2$ 미만의 기숙사

③ 교육연구시설 또는 수련시설 내에 있는 합숙소 또는 기숙사로서 연면적 $3000m^2$ 미만인 것

④ 연면적 $1000m^2$ 미만의 숙박시설

해설 **단독경보형 감지기**의 **설치대상**(소방시설법 시행령 [별표 4])

연면적	설치대상
$400m^2$ 미만	• 유치원
$2000m^2$ 미만	• 교육연구시설 · 수련시설 내에 있는 **합숙소** 또는 **기숙사**
모두 적용	• 100명 미만의 수련시설(숙박시설이 있는 것) • 연립주택 • 다세대주택

※ **단독경보형 감지기**: 화재발생상황을 단독으로 감지하여 자체에 내장된 음향장치로 경보하는 감지기

② 교육시설 또는 수련시설 내에 있는 기숙사만 해당됨
③ $3000m^2$ → $2000m^2$
④ 숙박시설이 있는 100명 미만의 수련시설만 해당됨

비교

단독경보형 감지기의 **설치기준**(NFPC 201 5조, NFTC 201 2.2.1)

(1) 각 실(이웃하는 실내의 바닥면적이 각각 **$30m^2$ 미만**이고 벽체의 상부의 전부 또는 일부가 개방되어 이웃하는 실내와 공기가 상호 유통되는 경우에는 이를 1개의 실로 본다)마다 설치하되, 바닥면적이 **$150m^2$**를 초과하는 경우에는 **$150m^2$**마다 1개 이상 설치할 것
(2) 최상층의 계단실의 **천장**(외기가 상통하는 계단실의 경우 제외)에 설치할 것
(3) 건전지를 주전원으로 사용하는 단독경보형 감지기는 정상적인 작동상태를 유지할 수 있도록 건전지를 교환할 것
(4) 상용전원을 주전원으로 사용하는 단독경보형 감지기의 **2차 전지**는 제품검사에 합격한 것을 사용할 것

답 ①

★★★

73 객석유도등을 설치하여야 하는 특정소방대상물의 대상으로 옳은 것은?

19.09.문70
16.05.문75
15.03.문77
11.03.문64

① 운수시설 ② 운동시설
③ 의료시설 ④ 근린생활시설

해설 **유도등** 및 **유도표지**의 **종류**(NFPC 303 4조, NFTC 303 2.1.1)

설치장소	유도등 및 유도표지의 종류
① **공**연장 · **집**회장 · **관**람장 · **운**동시설	• 대형피난구유도등 • 통로유도등 • **객**석유도등 기억법 공객관운집 (고객이 관에 운집했다.)
② 위락시설 · 판매시설 ③ 관광숙박시설 · 의료시설 · 방송통신시설 ④ 전시장 · 지하상가 · 지하철역사 ⑤ 운수시설 · 장례식장	• 대형피난구유도등 • 통로유도등
⑥ 숙박시설 · 오피스텔 ⑦ 지하층 · 무창층 및 11층 이상의 부분	• 중형피난구유도등 • 통로유도등
⑧ 근린생활시설 · 노유자시설 · 업무시설 ⑨ 종교시설 · 교육연구시설 · 공장 ⑩ 교정 및 군사시설 ⑪ 자동차정비공장 · 운전학원 및 정비학원 ⑫ 다중이용업소 ⑬ 수련시설 · 발전시설 ⑭ 복합건축물	• 소형피난구유도등 • 통로유도등
⑮ 그 밖의 것	• 피난구유도표지 • 통로유도표지

답 ②

74 비상경보설비를 설치하여야 할 특정소방대상물의 기준 중 옳은 것은? (단, 지하구, 모래·석재 등 불연재료창고 및 위험물 저장·처리시설 중 가스시설은 제외한다.)

19.03.문70
18.04.문63
15.05.문52
12.05.문56

① 지하층 또는 무창층의 바닥면적이 150m²(공연장의 경우 100m²) 이상인 것
② 연면적 500m²(사람이 거주하지 않거나 벽이 없는 축사 등 동식물 관련시설은 제외) 이상인 것
③ 30명 이상의 근로자가 작업하는 옥내작업장
④ 터널로서 길이가 1000m 이상인 것

해설 **비상경보설비**의 **설치대상**(소방시설법 시행령 [별표 4])

설치대상	조 건
지하층·무창층	• 바닥면적 **150m²**(공연장 **100m²**) 이상
전부	• 연면적 **400m²** 이상
터널길이	• 길이 **500m** 이상
옥내작업장	• **50명** 이상 작업

② 500m² → 400m²
③ 30명 → 50명
④ 1000m → 500m

답 ①

75 자동화재속보설비를 설치하여야 하는 특정소방대상물의 기준 중 다음 ( ) 안에 알맞은 것은?

16.03.문63
14.05.문58
12.05.문79

> 의료시설 중 요양병원으로서 정신병원과 의료재활시설로 사용되는 바닥면적의 합계가 ( )m² 이상인 층이 있는 것

① 300 ② 500
③ 1000 ④ 1500

해설 **자동화재속보설비**의 **설치대상**(소방시설법 시행령 [별표 4])

설치대상	조 건
① **수**련시설(숙박시설이 있는 것) ② **노**유자시설(노유자 생활시설 제외) ③ 정신병원 및 의료재활시설 보기 ②	바닥면적 **500m²** 이상
④ 목조건축물	국보·보물
⑤ 노유자 생활시설 ⑥ 종합병원, 병원, 치과병원, 한방병원 및 요양병원(의료재활시설 제외) ⑦ 의원, 치과의원 및 한의원(입원실이 있는 시설) ⑧ 조산원 및 산후조리원 ⑨ 전통시장	전부

기억법 5수노속

답 ②

76 피난기구 용어의 정의 중 다음 ( ) 안에 알맞은 것은?

06.09.문77

> ( )란 사용자의 몸무게에 따라 자동적으로 내려올 수 있는 기구 중 사용자가 연속적으로 사용할 수 없는 것을 말한다.

① 간이완강기 ② 공기안전매트
③ 완강기 ④ 승강식 피난기

해설 **완강기**와 **간이완강기**(NFPC 301 4조, NFTC 301 1.8)

완강기	간이완강기
사용자의 **몸무게**에 따라 **자동적**으로 내려올 수 있는 기구 중 사용자가 **연속**적으로 **사용**할 수 **있는** 피난기구	사용자의 **몸무게**에 따라 **자동적**으로 내려올 수 있는 기구 중 사용자가 **연속**적으로 **사용**할 수 **없는** 피난기구

답 ①

77 비상방송설비를 설치하여야 하는 특정소방대상물의 기준 중 틀린 것은? (단, 위험물 저장 및 처리시설 중 가스시설, 사람이 거주하지 않는 동물 및 식물 관련시설, 터널, 축사 및 지하구는 제외한다.)

① 연면적 3500m² 이상인 것
② 층수가 11층 이상인 것
③ 지하층의 층수가 3층 이상인 것
④ 50명 이상의 근로자가 작업하는 옥내작업장

해설 **비상방송설비**의 **설치대상**(소방시설법 시행령 [별표 4])
(1) 연면적 **3500m²** 이상
(2) **11층** 이상
(3) **지하 3층** 이상

④ 비상경보설비의 설치대상

비교

소방시설법 시행령 [별표 4]
비상경보설비의 설치대상

설치대상	조 건
지하층·무창층	바닥면적 **150m²**(공연장 **100m²**) 이상
전부	연면적 **400m²** 이상
터널길이	길이 **500m** 이상
옥내작업장	**50명** 이상 작업

중요

조 건	특정소방대상물
지하가 연면적 **1000m²** 이상	• 자동화재탐지설비 • 스프링클러설비 • 무선통신보조설비 • 제연설비
목조건축물(국보 · 보물)	• 옥외소화전설비 • 자동화재속보설비

답 ④

★★★
78
19.09.문75 16.03.문72 13.06.문65 13.06.문70 11.03.문71

자동화재탐지설비 및 시각경보장치의 화재안전기준에 따른 수신기 설치기준에 대한 설명으로 틀린 것은?

① 하나의 경계구역은 하나의 표시등 또는 하나의 문자로 표시되도록 할 것
② 감지기 · 중계기 또는 발신기가 작동하는 경계구역을 표시할 수 있는 것으로 할 것
③ 음향기구는 그 음량 및 음색이 다른 기기의 소음 등과 명확히 구별될 수 있는 것으로 할 것
④ 사람이 상시 근무하는 장소가 없는 경우에는 관계인이 쉽게 접근할 수 없는 장소에 설치할 것

해설 **자동화재탐지설비 수신기의 설치기준**(NFPC 203 5조, NFTC 203 2.2.3)
(1) **감지기 · 중계기** 또는 **발신기**가 작동하는 경계구역을 표시할 수 있는 것으로 할 것
(2) 조작스위치는 바닥으로부터의 높이가 **0.8m** 이상 **1.5m** 이하인 장소에 설치할 것
(3) 하나의 소방대상물에 **2 이상**의 수신기를 설치하는 경우에는 수신기 상호간 연동하여 화재발생상황을 각 수신기마다 확인할 수 있도록 할 것
(4) 수신기가 설치된 장소에는 **경계구역 일람도**를 비치할 것
(5) **수위실** 등 상시 사람이 근무하는 **장**소에 설치할 것(단, 사람이 상시 근무하는 장소가 없는 경우에는 **관계인**이 쉽게 접근할 수 있고 관리가 용이한 장소에 설치 가능) 보기 ④

④ 접근할 수 없는 → 접근할 수 있고 관리가 용이한

답 ④

★★
79

무선통신보조설비를 설치하여야 하는 특정소방대상물의 기준 중 옳은 것은? (단, 위험물 저장 및 처리시설 중 가스시설은 제외한다.)

① 지하상가로서 연면적 500m² 이상인 것
② 터널로서 길이가 1000m 이상인 것
③ 층수가 30층 이상인 것으로서 15층 이상 부분의 모든 층
④ 지하층의 층수가 3층 이상이고 지하층의 바닥면적의 합계가 1000m² 이상인 것은 지하층의 모든 층

해설 **무선통신보조설비**의 **설치대상**(소방시설법 시행령 [별표 4])

설치대상	조 건
지하상가	• 연면적 **1000m²** 이상
지하층의 모든 층	• 지하층 바닥면적 합계 **3000m²** 이상 • 지하 **3층** 이상이고 지하층 바닥면적 합계 **1000m²** 이상
터널길이	• 길이 **500m** 이상
모든 층	• 30층 이상으로서 **16층** 이상의 부분

① 500m² → 1000m²
② 1000m → 500m
③ 15층 → 16층

답 ④

★★★
80
14.03.문76

비상콘센트설비를 설치하여야 하는 특정소방대상물의 기준으로 옳은 것은? (단, 위험물 저장 및 처리시설 중 가스시설 또는 지하구는 제외한다.)

① 지하상가로서 연면적 1000m² 이상인 것
② 층수가 11층 이상인 특정소방대상물의 경우에는 11층 이상의 층
③ 지하층의 층수가 3층 이상이고 지하층의 바닥면적의 합계가 1500m² 이상인 것은 지하층의 모든 층
④ 창고시설 중 물류터미널로서 해당 용도로 사용되는 부분의 바닥면적의 합계가 1000m² 이상인 것

해설 **비상콘센트설비**의 **설치대상**(소방시설법 시행령 [별표 4])
(1) **11층** 이상의 층
(2) **지하 3층** 이상이고, 지하층의 바닥면적 합계가 **1000m²** 이상은 **지하 모든 층**

비교

비상콘센트 설치기준(NFPC 504 4조, NFTC 504 2.1.5)
(1) 바닥으로부터 **0.8m** 이상 **1.5m** 이하의 위치에 설치
(2) **수평거리 기준**

수평거리 25m 이하	수평거리 50m 이하
지하상가 또는 **지하층**의 바닥면적의 합계가 **3000m²** 이상	기타

(3) **바닥면적 기준**

바닥면적 1000m² 미만	바닥면적 1000m² 이상
계단의 출입구로부터 **5m** 이내 설치	각 계단의 출입구 또는 **계단부속실**의 출입구로부터 **5m** 이내 설치

답 ②

과년도 기출문제

2016년

소방설비기사 필기(전기분야)

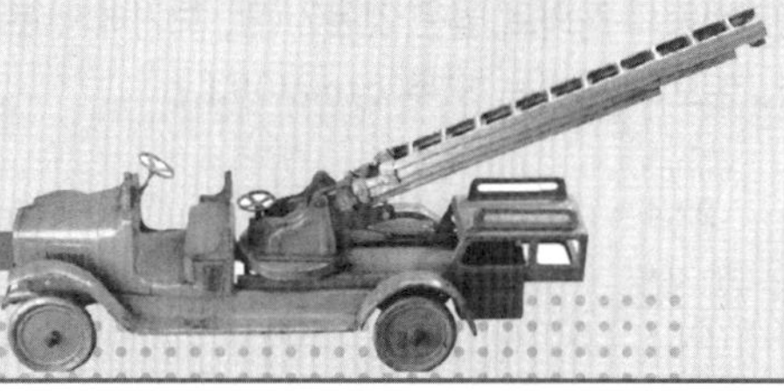

** 수험자 유의사항 **

1. 문제지를 받는 즉시 **본인**이 **응시한 종목**이 맞는지 확인하시기 바랍니다.
2. 문제지 표지에 본인의 **수험번호**와 **성명**을 기재하여야 합니다.
3. 문제지의 **총면수**, **문제번호 일련순서**, **인쇄상태**, **중복 및 누락 페이지 유무**를 확인하시기 바랍니다.
4. 답안은 각 문제마다 요구하는 가장 적합하거나 가까운 답 1개만을 선택하여야 합니다.
5. 답안카드는 뒷면의 「수험자 유의사항」에 따라 작성하시고, 답안카드 작성 시 형별누락, 마킹착오로 인한 불이익은 전적으로 수험자에게 책임이 있음을 알려드립니다.
6. 문제지는 시험 종료 후 본인이 가져갈 수 있습니다.

** 안내사항 **

• 가답안/최종정답은 큐넷(www.q-net.or.kr)에서 확인하실 수 있습니다. 가답안에 대한 의견은 큐넷의 [가답안 의견제시]를 통해 제시할 수 있으며, 확정된 답안은 최종정답으로 갈음합니다.

• 공단에서 제공하는 자격검정서비스에 대해 개선할 점이 있으시면 고객참여(http://hrdkorea.or.kr/7/1/1)를 통해 건의하여 주시기 바랍니다.

2016. 3. 6 시행

2016년 기사 제1회 필기시험

자격종목	종목코드	시험시간	형별	수험번호	성명
소방설비기사(전기분야)		2시간			

※ 각 문항은 4지택일형으로 질문에 가장 적합한 보기 항을 선택하여 체크하여야 합니다.

제 1 과목 소방원론

01 증기비중의 정의로 옳은 것은? (단, 보기에서 분자, 분모의 단위는 모두 g/mol이다.)

19.03.문18 15.03.문05 14.09.문15 12.09.문18 07.05.문17

① $\frac{\text{분자량}}{22.4}$ ② $\frac{\text{분자량}}{29}$

③ $\frac{\text{분자량}}{44.8}$ ④ $\frac{\text{분자량}}{100}$

유사문제부터 풀어보세요. 실력이 팍!팍! 올라갑니다.

해설 **증기비중**

$$\text{증기비중} = \frac{\text{분자량}}{29}$$

여기서, 29 : 공기의 평균 분자량

답 ②

02 위험물안전관리법령상 제4류 위험물의 화재에 적응성이 있는 것은?

10.09.문19

① 옥내소화전설비
② 옥외소화전설비
③ 봉상수소화기
④ 물분무소화설비

해설 **위험물**의 **일반사항**

종 류	성 질	소화방법
제1류	강산화성 물질(산화성 고체)	물에 의한 **냉각소화**(단, **무기과산화물**은 **마른모래** 등에 의한 **질식소화**)
제2류	환원성 물질(가연성 고체)	물에 의한 **냉각소화**(단, **황화인**·**철분**·**마그네슘**·**금속분**은 **마른모래** 등에 의한 질식소화)
제3류	금수성 물질 및 자연발화성 물질	마른모래, 팽창질석, 팽창진주암에 의한 **질식소화**(마른모래보다 **팽창질석** 또는 **팽창진주암**이 더 효과적)
제4류	인화성 물질(인화성 액체)	포·분말·이산화탄소(CO_2)·할론·물분무 소화약제에 의한 **질식소화**
제5류	폭발성 물질(자기반응성 물질)	화재 초기에만 대량의 물에 의한 **냉각소화**(단, 화재가 진행되면 자연진화되도록 기다릴 것)
제6류	산화성 물질(산화성 액체)	마른모래 등에 의한 **질식소화**(단, **과산화수소**는 다량의 **물**로 **희석소화**)

답 ④

03 화재 최성기 때의 농도로 유도등이 보이지 않을 정도의 연기농도는? (단, 감광계수로 나타낸다.)

12.03.문07

① 0.1m^{-1} ② 1m^{-1}

③ 10m^{-1} ④ 30m^{-1}

해설

감광계수 [m^{-1}]	가시거리 [m]	상 황
0.1	20~30	**연기감지기**가 작동할 때의 농도(연기감지기가 작동하기 직전의 농도)
0.3	5	건물 내부에 **익숙한 사람**이 피난에 지장을 느낄 정도의 농도
0.5	3	**어두운 것**을 느낄 정도의 농도
1	1~2	앞이 거의 보이지 않을 정도의 농도
10	0.2~0.5	화재 **최성기** 때의 농도
30	–	출화실에서 **연기**가 **분출**할 때의 농도

답 ③

04 가연성 가스가 아닌 것은?

19.03.문10 17.03.문07 16.10.문03 16.03.문04 14.05.문10 12.09.문08 11.10.문02

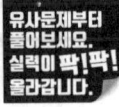

① 일산화탄소
② 프로판
③ 수소
④ 아르곤

해설 **가연물**이 **될 수 없는 물질**(불연성 물질)

특 징	불연성 물질
주기율표의 0족 원소	• 헬륨(He) • 네온(Ne) • **아르곤**(Ar) • 크립톤(Kr) • 크세논(Xe) • 라돈(Rn) – 불활성 가스
산소와 더 이상 반응하지 않는 물질	• 물(H_2O) • 이산화탄소(CO_2) • 산화알루미늄(Al_2O_3) • 오산화인(P_2O_5)
흡열반응물질	• 질소(N_2)

답 ④

★★★
05

19.09.문44 15.05.문05 11.10.문03 07.09.문18

위험물안전관리법령상 위험물 유별에 따른 성질이 잘못 연결된 것은?

① 제1류 위험물 – 산화성 고체
② 제2류 위험물 – 가연성 고체
③ 제4류 위험물 – 인화성 액체
④ 제6류 위험물 – 자기반응성 물질

해설 **위험물령 〔별표 1〕**
위험물

유 별	성 질	품 명
제1류	산화성 고체	• 아염소산염류 • 염소산염류(**염소산나트륨**) • 과염소산염류 • 질산염류 • 무기과산화물 기억법 **1산고염나**
제2류	가연성 고체	• **황화**인 • **적**린 • **황** • **마**그네슘 기억법 **황화적황마**
제3류	자연발화성 물질 및 금수성 물질	• **황린** • **칼륨** • **나트륨** • **알**칼리토금속 • **트**리에틸알루미늄 기억법 **황칼나알트**
제4류	인화성 액체	• 특수인화물 • 석유류(벤젠) • 알코올류 • 동식물유류
제5류	자기반응성 물질	• 유기과산화물 • 나이트로화합물 • 나이트로소화합물 • 아조화합물 • 질산에스터류(셀룰로이드)
제6류	산화성 액체	• **과염소산** • 과산화수소 • 질산

④ 제6류 위험물 – 산화성 액체

답 ④

★★
06

15.03.문46

무창층 여부를 판단하는 개구부로서 갖추어야 할 조건으로 옳은 것은?

① 개구부 크기가 지름 30cm의 원이 통과할 수 있을 것
② 해당층의 바닥면으로부터 개구부 밑부분까지의 높이가 1.5m인 것
③ 내부 또는 외부에서 쉽게 부수거나 열 수 있을 것
④ 창에 방범을 위하여 40cm 간격으로 창살을 설치한 것

해설 **소방시설법 시행령 2조**
개구부
(1) 개구부의 크기는 지름 **50cm**의 원이 통과할 수 있을 것
(2) 해당층의 바닥면으로부터 개구부 밑부분까지의 높이가 **1.2m** 이내일 것
(3) 내부 또는 외부에서 쉽게 부수거나 열 수 있을 것
(4) 화재시 건축물로부터 쉽게 피난할 수 있도록 **창살**, 그 밖의 **장애물**이 설치되지 않을 것
(5) 도로 또는 차량이 진입할 수 있는 **빈터**를 향할 것

① 지름 30cm → 지름 50cm
② 1.5m → 1.2m 이내
④ 창살을 설치한 것 → 창살을 설치하지 아니할 것

용어

개구부
화재시 쉽게 피난할 수 있는 출입문, 창문 등을 말한다.

답 ③

★★★
07

17.03.문11 16.05.문19 10.03.문09 09.03.문16

황린의 보관방법으로 옳은 것은?

① 물속에 보관
② 이황화탄소 속에 보관
③ 수산화칼륨 속에 보관
④ 통풍이 잘 되는 공기 중에 보관

해설 **물질**에 따른 **저장장소**

위험물	저장장소
• 황린 • 이황화탄소(CS_2)	물속
• 나이트로셀룰로오스	알코올 속
• 칼륨(K) • 나트륨(Na) • 리튬(Li)	석유류(등유) 속
• 아세틸렌(C_2H_2)	디메틸포름아미드(DMF), 아세톤

답 ①

★★★

08 가연성 가스나 산소의 농도를 낮추어 소화하는 방법은?

19.09.문13
18.09.문19
17.05.문06
15.03.문17
14.03.문19
11.10.문19
03.08.문11

① 질식소화
② 냉각소화
③ 제거소화
④ 억제소화

해설 **소화의 형태**

구 분	설 명
냉각소화	• **점화원**을 냉각하여 소화하는 방법 • **증**발잠열을 이용하여 열을 빼앗아 가연물의 온도를 떨어뜨려 화재를 진압하는 소화방법 • **다량**의 **물**을 뿌려 소화하는 방법 • 가연성 물질을 **발화점 이하**로 **냉각**하여 소화하는 방법 • **식용유화재**에 신선한 **야채**를 넣어 소화하는 방법 • 용융잠열에 의한 **냉각효과**를 이용하여 소화하는 방법 기억법 **냉점증발**
질식소화	• 공기 중의 **산소농도**를 **16%(10~15%)** 이하로 희박하게 하여 소화하는 방법 • 산화제의 농도를 낮추어 연소가 지속될 수 없도록 소화하는 방법 • 산소공급을 차단하여 소화하는 방법 • 산소의 농도를 낮추어 소화하는 방법 • 화학반응으로 발생한 **탄산가스**에 의한 소화방법 기억법 **질산**
제거소화	• **가연물**을 **제거**하여 소화하는 방법
부촉매 소화 (=화학소화)	• **연쇄반응**을 **차단**하여 소화하는 방법 • 화학적인 방법으로 화재를 억제하여 소화하는 방법 • **활성기**(free radical)의 **생성**을 **억제**하여 소화하는 방법 기억법 **부억(부엌)**
희석소화	• 기체·고체·액체에서 나오는 분해가스나 증기의 농도를 낮춰 소화하는 방법 • 불연성 가스의 **공기 중 농도**를 높여 소화하는 방법

답 ①

★★★

09 분말소화약제 중 A급, B급, C급 화재에 모두 사용할 수 있는 것은?

19.03.문01
18.04.문06
17.03.문04
16.10.문06
16.10.문10
16.05.문15
16.03.문09
16.03.문11
15.05.문08
14.05.문17
12.03.문13

① Na_2CO_3
② $NH_4H_2PO_4$
③ $KHCO_3$
④ $NaHCO_3$

해설 **분말소화기(질식효과)**

종 별	소화약제	약제의 착색	화학반응식	적응 화재
제1종	탄산수소나트륨 ($NaHCO_3$)	백색	$2NaHCO_3 \rightarrow Na_2CO_3+\mathbf{CO_2}+H_2O$	BC급
제2종	탄산수소칼륨 ($KHCO_3$)	담자색 (담회색)	$2KHCO_3 \rightarrow K_2CO_3+CO_2+H_2O$	BC급
제3종	**인산암모늄 ($NH_4H_2PO_4$)**	담홍색	$NH_4H_2PO_4 \rightarrow \mathbf{HPO_3+NH_3+H_2O}$	**AB C급**
제4종	탄산수소칼륨+요소 ($KHCO_3+(NH_2)_2CO$)	회(백)색	$2KHCO_3+(NH_2)_2CO \rightarrow K_2CO_3+2NH_3+2CO_2$	BC급

• 탄산수소나트륨=중탄산나트륨
• 탄산수소칼륨=중탄산칼륨
• 제1인산암모늄=인산암모늄=인산염
• 탄산수소칼륨+요소=중탄산칼륨+요소

답 ②

★★

10 화재 발생시 건축물의 화재를 확대시키는 주요인이 아닌 것은?

19.04.문09
15.03.문06
14.05.문02
09.03.문19
06.05.문18

① 비화
② 복사열
③ 화염의 접촉(접염)
④ 흡착열에 의한 발화

해설 **목조건축물의 화재원인**

종 류	설 명
접염 (화염의 접촉)	화염 또는 열의 **접촉**에 의하여 불이 다른 곳으로 옮겨붙는 것
비화	불티가 **바람**에 **날**리거나 화재현장에서 상승하는 **열기류** 중심에 휩쓸려 원거리 가연물에 착화하는 현상 기억법 **비날(비가 날린다!)**
복사열	복사파에 의하여 열이 **고온**에서 **저온**으로 이동하는 것

비교

열전달의 종류

종 류	설 명
전도 (conduction)	하나의 물체가 다른 **물체**와 **직접** 접촉하여 열이 이동하는 현상
대류 (convection)	**유체**의 흐름에 의하여 열이 이동하는 현상
복사 (radiation)	• 화재시 화원과 격리된 인접 가연물에 불이 옮겨붙는 현상 • 열전달 **매질**이 **없이** 열이 전달되는 형태 • 열에너지가 **전자파**의 형태로 옮겨지는 현상으로, 가장 크게 작용

답 ④

★★
11 제2종 분말소화약제가 열분해되었을 때 생성되는 물질이 아닌 것은?

16.10.문06
16.10.문10
16.05.문15
16.03.문09
15.05.문08
14.05.문17
12.03.문13

① CO_2
② H_2O
③ H_3PO_4
④ K_2CO_3

해설 **분말소화약제**

종 별	열분해 반응식
제1종	$2NaHCO_3 \rightarrow Na_2CO_3+H_2O+CO_2$
제2종	$2KHCO_3 \rightarrow K_2CO_3+H_2O+CO_2$
제3종	190℃ : $NH_4H_2PO_4 \rightarrow H_3PO_4$(오쏘인산)$+NH_3$ 215℃ : $2H_3PO_4 \rightarrow H_4P_2O_7$(피로인산)$+H_2O$ 300℃ : $H_4P_2O_7 \rightarrow 2HPO_3$(메타인산)$+H_2O$ 250℃ : $2HPO_3 \rightarrow P_2O_5$(오산화인)$+H_2O$
제4종	$2KHCO_3+(NH_2)_2CO \rightarrow K_2CO_3+2NH_3+2CO_2$

답 ③

★★
12 제거소화의 예가 아닌 것은?

19.09.문05
19.04.문18
17.03.문16
16.10.문07
14.05.문11
13.03.문01
11.03.문04
08.09.문17

① 유류화재시 다량의 포를 방사한다.
② 전기화재시 신속하게 전원을 차단한다.
③ 가연성 가스 화재시 가스의 밸브를 닫는다.
④ 산림화재시 확산을 막기 위하여 산림의 일부를 벌목한다.

해설 ① **질식소화** : 유류화재시 가연물을 **포**로 덮는다.

중요

제거소화의 **예**
(1) **가연성 기체** 화재시 **주밸브**를 **차단**한다.(화학반응기의 화재시 원료공급관의 **밸브**를 **잠근다**.)
(2) **가연성 액체** 화재시 펌프를 이용하여 **연료**를 제거한다.
(3) **연료탱크**를 **냉각**하여 가연성 가스의 발생속도를 작게 하여 연소를 억제한다.
(4) 금속화재시 **불활성 물질**로 가연물을 덮는다.
(5) **목재**를 **방염처리**한다.
(6) 전기화재시 **전원**을 **차단**한다.
(7) 산불이 발생하면 화재의 진행방향을 앞질러 **벌목**한다.(산불의 확산방지를 위하여 **산림**의 **일부**를 **벌채**한다.)
(8) 가스화재시 **밸브**를 **잠궈** 가스흐름을 차단한다.
(9) 불타고 있는 장작더미 속에서 아직 타지 않은 것을 안전한 곳으로 **운반**한다.
(10) 유류탱크 화재시 주변에 있는 유류탱크의 유류를 다른 곳으로 이동시킨다.
(11) **양초**를 입으로 불어서 끈다.

※ **제거효과** : 가연물을 반응계에서 제거하든지 또는 반응계로의 공급을 정지시켜 소화하는 효과

답 ①

★★★
13 공기 중에서 수소의 연소범위로 옳은 것은?

17.03.문03
15.09.문14
13.06.문04
09.03.문02

① 0.4~4vol%
② 1~12.5vol%
③ 4~75vol%
④ 67~92vol%

해설 (1) **공기 중**의 **폭발한계**(일사천리로 나와야 한다.)

가 스	하한계[vol%]	상한계[vol%]
아세틸렌(C_2H_2)	2.5	81
수소(H_2)	4	75
일산화탄소(CO)	12	75
암모니아(NH_3)	15	25
메탄(CH_4)	5	15
에탄(C_2H_6)	3	12.4
프로판(C_3H_8)	2.1	9.5
부탄(C_4H_{10})	1.8	8.4

기억법 **수475**(**수사**후 **치료**하세요.)
부18(**부**자의 **일**반적인 **팔**자)

(2) **폭발한계**와 **같은 의미**
㉠ 폭발범위 ㉡ 연소한계
㉢ 연소범위 ㉣ 가연한계
㉤ 가연범위

답 ③

★★★
14 일반적인 자연발화의 방지법으로 틀린 것은?

19.09.문08
18.03.문10
16.10.문05
15.05.문19
15.03.문09
14.09.문09
14.09.문17
12.03.문09
09.05.문08
03.03.문13
02.09.문01

① 습도를 높일 것
② 저장실의 온도를 낮출 것
③ 정촉매작용을 하는 물질을 피할 것
④ 통풍을 원활하게 하여 열축적을 방지할 것

해설 **자연발화**
가연물이 공기 중에서 산화되어 **산화열**의 **축적**으로 발화

중요

(1) **자연발화**의 **방지법**
㉠ **습**도가 높은 곳을 **피**할 것(건조하게 유지할 것)
㉡ 저장실의 온도를 낮출 것
㉢ 통풍이 잘 되게 할 것
㉣ 퇴적 및 수납시 열이 쌓이지 않게 할 것(**열축적 방지**)
㉤ 산소와의 접촉을 차단할 것
㉥ **열전도성**을 좋게 할 것
㉦ **정촉매작용**을 하는 물질을 피할 것

기억법 **자습피**

(2) **자연발화 조건**
㉠ 열전도율이 작을 것
㉡ 발열량이 클 것
㉢ 주위의 온도가 높을 것
㉣ 표면적이 넓을 것

답 ①

★
15 이산화탄소(CO_2)에 대한 설명으로 틀린 것은?

19.03.문11
14.05.문08
13.06.문20
11.03.문06

① 임계온도는 97.5℃이다.
② 고체의 형태로 존재할 수 있다.
③ 불연성 가스로 공기보다 무겁다.
④ 상온, 상압에서 기체상태로 존재한다.

해설 **이산화탄소의 물성**

구 분	물 성
임계압력	72.75atm
임계온도	31℃
3중점	−56.3℃(약 −56℃)
승화점(비점)	−78.5℃
허용농도	0.5%
수 분	0.05% 이하(함량 99.5% 이상)

기억법 **이356, 이비78**

① 97.5℃ → 31℃

답 ①

★★
16 건물화재시 패닉(panic)의 발생원인과 직접적인 관계가 없는 것은?

11.03.문19

① 연기에 의한 시계제한
② 유독가스에 의한 호흡장애
③ 외부에 단절되어 고립
④ 불연내장재의 사용

해설 **패닉(panic)의 발생원인**
(1) 연기에 의한 시계제한
(2) 유독가스에 의한 호흡장애
(3) 외부와 단절되어 고립

용어

패닉(panic)
인간이 극도로 긴장되어 돌출행동을 하는 것

답 ④

★
17 화학적 소화방법에 해당하는 것은?

① 모닥불에 물을 뿌려 소화한다.
② 모닥불을 모래로 덮어 소화한다.
③ 유류화재를 할론 1301로 소화한다.
④ 지하실 화재를 이산화탄소로 소화한다.

해설 **물리적 소화와 화학적 소화**

구 분	물리적 소화	화학적 소화
소화 형태	① 질식소화 ② 냉각소화 ③ 제거소화 ④ 희석소화 ⑤ 피복소화	① 화학소화(억제소화, 부촉매효과)
소화 약제	① 물소화약제 ② 이산화탄소소화약제 ③ 포소화약제 ④ 불활성기체소화약제 ⑤ 마른모래	① 할론소화약제 ② 할로겐화합물소화약제

답 ③

★★
18 목조건축물에서 발생하는 옥외출화 시기를 나타낸 것으로 옳은 것은?

15.05.문14

① 창, 출입구 등에 발염착화한 때
② 천장 속, 벽 속 등에서 발염착화한 때
③ 가옥구조에서는 천장면에 발염착화한 때
④ 불연천장인 경우 실내의 그 뒷면에 발염착화한 때

해설 **옥외출화와 옥내출화**

옥외출화	옥내출화
① **창·출입구** 등에 **발염착화**한 경우 ② 목재 사용 가옥에서는 **벽·추녀 밑**의 판자나 목재에 **발염착화**한 경우	① **천장 속·벽 속** 등에서 **발염착화**한 경우 ② 가옥구조시에는 천장판에 **발염착화**한 경우 ③ 불연벽체나 칸막이의 불연천장인 경우 실내에서는 그 뒤판에 **발염착화**한 경우

기억법 **외창출**

②, ③, ④ 옥내출화

답 ①

★★★
19 공기 중의 산소의 농도는 약 몇 vol%인가?

20.09.문03

① 10 ② 13
③ 17 ④ 21

해설 **공기의 구성 성분**
(1) 산소 : 21vol%
(2) 질소 : 78vol%
(3) 아르곤 : 1vol%

중요

공기 중 산소농도

구 분	산소농도
체적비(부피백분율)	약 21vol%
중량비(중량백분율)	약 23wt%

• 일반적인 산소농도라 함은 '**체적비**'를 말한다.

답 ④

★★★
20 **화재 발생시 주수소화가 적합하지 않은 물질은?**

07.09.문05
① 적린 ② 마그네슘 분말
③ 과염소산칼륨 ④ 황

해설 **주수소화**(물소화)시 **위험**한 **물질**

구 분	현 상
• 무기과산화물	**산소** 발생
• **금**속분 • **마**그네슘 • 알루미늄 • 칼륨 • 나트륨 • 수소화리튬	**수소** 발생
• 가연성 액체의 유류화재	**연소면**(화재면) 확대

기억법 **금마수**

※ **주수소화** : 물을 뿌려 소화하는 방법

답 ②

제 2 과목 소방전기일반

★★
21 **알칼리축전지의 음극재료는?**

03.08.문36
① 수산화니켈 ② 카드뮴
③ 이산화연 ④ 연

해설

구 분	연축전지	알칼리축전지
양극재료	이산화연(PbO_2)	수산화니켈(NiOOH)
음극재료	연(Pb)	카드뮴(Cd)

참고

화학반응식
(1) **연축전지**
$$\underset{(+)}{PbO_2} + \underset{(전해액)}{2H_2SO_4} + \underset{(-)}{Pb} \underset{충전}{\overset{방전}{\rightleftharpoons}} \underset{(+)}{PbSO_4} + \underset{(물)}{2H_2O} + \underset{(-)}{PbSO_4}$$
(2) **알칼리축전지**
$$\underset{(+)}{2NiOOH} + \underset{(물)}{2H_2O} + \underset{(-)}{Cd} \underset{충전}{\overset{방전}{\rightleftharpoons}} \underset{(+)}{2Ni(OH)_2} + \underset{(-)}{Cd(OH)_2}$$

답 ②

★
22 **무한장 솔레노이드 자계의 세기에 대한 설명으로 틀린 것은?**

① 전류의 세기에 비례한다.
② 코일의 권수에 비례한다.
③ 솔레노이드 내부에서의 자계의 세기는 위치에 관계없이 일정한 평등자계이다.
④ 자계의 방향과 암페어 경로 간에 서로 수직인 경우 자계의 세기가 최고이다.

해설 **무한장 솔레노이드**
(1) **내부자계**
$$H_i = nI$$
여기서, H_i : 내부자계의 세기[AT/m]
n : 단위길이당 권수(1m당 권수)
I : 전류[A]
(2) **외부자계**
$$H_e = 0$$
여기서, H_e : 외부자계의 세기[AT/m]

④ 자계의 방향과 무관

답 ④

★★★
23 **그림과 같은 $R-C$ 필터회로에서 리플 함유율을 가장 효과적으로 줄일 수 있는 방법은?**

11.06.문23

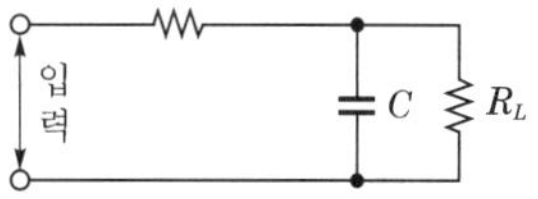

① C를 크게 한다.
② R을 크게 한다.
③ C와 R을 크게 한다.
④ C와 R을 적게 한다.

해설 $R-C$ 필터회로에서 리플 함유율을 가장 효과적으로 줄이기 위해서는 C와 R을 크게 하면 된다.

중요

맥동률
$$\gamma = \frac{V_{AC}}{V_{DC}} \times 100$$
여기서, γ : 맥동률
V_{AC} : 직류 출력전압의 교류분[V]
V_{DC} : 직류 출력전압[V]

• 맥동률 = 리플 함유율 = 리플 백분율

답 ③

★★
24 **그림과 같은 브리지회로의 평형 조건은?**

13.06.문23

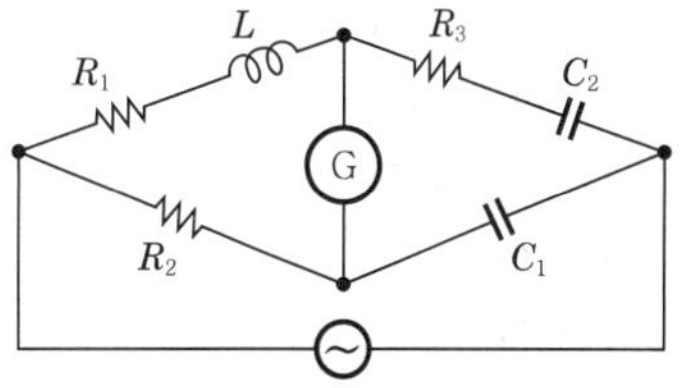

① $R_1C_1 = R_2C_2$, $R_2R_3 = C_1L$
② $R_1C_1 = R_2C_2$, $R_2R_3C_1 = L$
③ $R_1C_2 = R_2C_1$, $R_2R_3 = C_1L$
④ $R_1C_2 = R_2C_1$, $L = R_2R_3C_1$

해설 **교류브리지 평형 조건은**

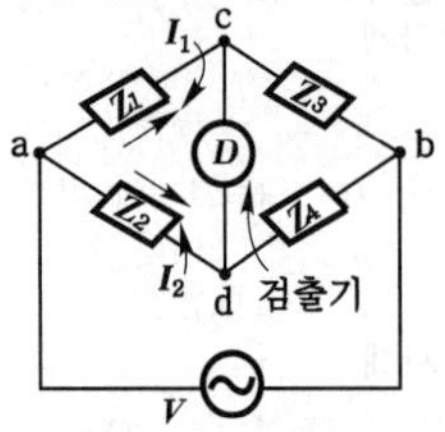

$I_1 Z_1 = I_2 Z_2$, $I_1 Z_3 = I_2 Z_4$ $\therefore Z_1 Z_4 = Z_2 Z_3$

$Z_1 = R_1 + j\omega L$

$Z_2 = R_2$

$Z_3 = R_3 + \dfrac{1}{j\omega C_2} = \dfrac{j\omega C_2 R_3}{j\omega C_2} + \dfrac{1}{j\omega C_2} = \dfrac{j\omega C_2 R_3 + 1}{j\omega C_2}$

$Z_4 = \dfrac{1}{j\omega C_1}$

$Z_1 Z_4 = Z_2 Z_3$

$(R_1 + j\omega L) \times \dfrac{1}{j\omega C_1} = R_2 \times \left(R_3 + \dfrac{1}{j\omega C_2}\right)$

$\dfrac{R_1 + j\omega L}{j\omega C_1} = R_2 \times \dfrac{j\omega C_2 R_3 + 1}{j\omega C_2}$

$\dfrac{R_1 + j\omega L}{j\omega C_1} = \dfrac{j\omega C_2 R_2 R_3 + R_2}{j\omega C_2}$

$\dfrac{R_1 + j\omega L}{j\omega C_1} = \dfrac{R_2 + j\omega C_2 R_2 R_3}{j\omega C_2}$

$$L = C_2 R_2 R_3,\ C_1 = C_2,\ R_1 = R_2$$

$L = C_2 R_2 R_3 = R_2 R_3 C_2$

$C_1 = C_2$ 이므로

$L = R_2 R_3 C_1$

$R_2 R_3 C_2 = R_2 R_3 C_1$

$R_1 = R_2$ 이므로

$R_1 \cancel{R_3} C_2 = R_2 \cancel{R_3} C_1$

$R_1 C_2 = R_2 C_1$

답 ④

★★
25 다음과 같은 블록선도의 전달함수는?

19.09.문22
17.09.문27
09.05.문32
08.03.문39

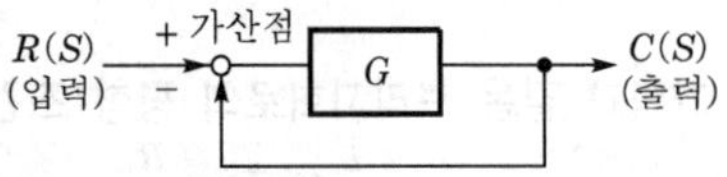

① $G/(1+G)$
② $G/(1-G)$
③ $1+G$
④ $1-G$

해설 $C = RG - CG$

$C + CG = RG$

$C(1+G) = RG$

$\dfrac{C}{R} = \dfrac{G}{1+G}$

※ **전달함수**: 모든 초기값을 0으로 했을 때 출력신호의 라플라스 변환과 입력신호의 라플라스 변환의 비

답 ①

★★
26 분류기를 써서 배율을 9로 하기 위한 분류기의 저항은 전류계 내부저항의 몇 배인가?

19.03.문22
18.03.문36
17.09.문24
14.09.문36
08.03.문30
04.09.문28
03.03.문37

① $\dfrac{1}{8}$　② $\dfrac{1}{9}$
③ 8　④ 9

해설 **분류기 배율**

$$M = \frac{I_0}{I} = 1 + \frac{R_A}{R_S}$$

여기서, M : 분류기 배율
I_0 : 측정하고자 하는 전류[A]
I : 전류계 최대 눈금[A]
R_A : 전류계 내부저항[Ω]
R_S : 분류기 저항[Ω]

$M = 1 + \dfrac{R_A}{R_S}$

$M - 1 = \dfrac{R_A}{R_S}$

$R_S = \dfrac{R_A}{M-1} = \dfrac{R_A}{9-1} = \dfrac{1}{8} R_A$

비교

배율기 배율

$$M = \frac{V_0}{V} = 1 + \frac{R_m}{R_v}$$

여기서, M : 배율기 배율
V_0 : 측정하고자 하는 전압[V]
V : 전압계의 최대 눈금[A]
R_m : 배율기 저항[Ω]
R_v : 전압계 내부저항[Ω]

별해

분류기	배율기
$\dfrac{1}{M-1}$	$M-1$

답 ①

★★★
27 저항 6Ω과 유도리액턴스 8Ω이 직렬로 접속된 회로에 100V의 교류전압을 가할 때 흐르는 전류의 크기는 몇 A인가?

① 10　② 20
③ 50　④ 80

해설 **직렬회로**

$$I=\frac{V}{\sqrt{R^2+X_L^{\ 2}}}$$

여기서, I : 전류〔A〕
V : 전압〔V〕
R : 저항〔Ω〕
X_L : 유도리액턴스〔Ω〕

직렬회로 전류 I는

$$I=\frac{V}{\sqrt{R^2+X_L^{\ 2}}}=\frac{100}{\sqrt{6^2+8^2}}=10\text{A}$$

비교

병렬회로

$$I=\sqrt{\left(\frac{1}{R}\right)^2+\left(\frac{1}{X_L}\right)^2}\cdot V$$

여기서, I : 전류〔A〕
R : 저항〔Ω〕
X_L : 유도리액턴스〔Ω〕
V : 전압〔V〕

답 ①

★★
28 $R=9\,\Omega$, $X_L=10\,\Omega$, $X_C=5\,\Omega$**인 직렬부하회로에 220V의 정현파 전압을 인가시켰을 때의 유효전력은 약 몇 kW인가?**

19.04.문40
07.05.문24

① 1.98 ② 2.41
③ 2.77 ④ 4.1

해설 (1) **전류**

$$I=\frac{V}{Z}=\frac{V}{\sqrt{R^2+(X_L-X_C)^2}}$$

여기서, I : 전류〔A〕
V : 전압〔V〕
Z : 임피던스〔Ω〕
R : 저항〔Ω〕
X_L : 유도리액턴스〔Ω〕
X_C : 용량리액턴스〔Ω〕

전류 I는

$$I=\frac{V}{\sqrt{R^2+(X_L-X_C)^2}}=\frac{220}{\sqrt{9^2+(10-5)^2}}≒21.36\text{A}$$

(2) **유효전력**

$$P=I^2R$$

여기서, P : 유효전력〔W〕
I : 전류〔A〕
R : 저항〔Ω〕

유효전력 P는

$P=I^2R=21.36^2\times 9≒4100\text{W}=4.1\text{kW}$

- 1000W=1kW이므로 4100W=4.1kW

답 ④

★★
29 **전지의 자기방전을 보충함과 동시에 상용부하에 대한 전력공급은 충전기가 부담하도록 하되, 충전기가 부담하기 어려운 일시적인 대전류부하는 축전지로 하여금 부담하게 하는 충전방식은?**

19.03.문71
15.03.문34
09.03.문78
05.09.문30

① 급속충전 ② 부동충전
③ 균등충전 ④ 세류충전

해설 **충전방식**

구 분	설 명
보통충전	필요할 때마다 **표준시간율**로 충전하는 방식
급속충전	보통 충전전류의 **2배**의 **전류**로 충전하는 방식
부동충전	• 전지의 자기방전을 보충함과 동시에 상용부하에 대한 전력공급은 충전기가 부담하되 부담하기 어려운 일시적인 대전류부하는 축전지가 부담하도록 하는 방식 • 축전지와 **부하**를 **충전기**에 **병렬**로 **접속**하여 사용하는 충전방식 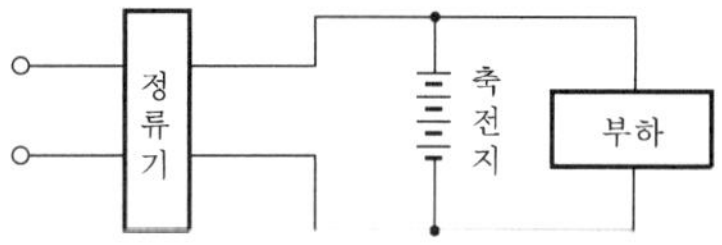 ∥부동충전방식∥
균등충전	1~3개월마다 1회 정전압으로 충전하는 방식
세류충전(트리클 충전)	자기방전량만 항상 충전하는 방식

답 ②

★★★
30 **그림과 같은 릴레이 시퀀스회로의 출력식을 간략화한 것은?**

08.05.문39

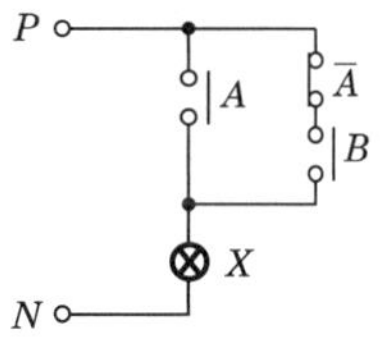

① $\overline{AB}$ ② $\overline{A+B}$
③ AB ④ $A+B$

해설
- 직렬회로 : · 또는 아무 표시도 하지 않음
예 $\overline{A}\cdot B=\overline{A}B$
- 병렬회로 : +
예 $\overline{A}+B$

$X = A + (\overline{A} \cdot B)$
$= A + B$

$$X + \overline{X}Y = X + Y$$

중요

불대수의 **정리**

논리합	논리곱	비 고
$X+0=X$	$X \cdot 0=0$	-
$X+1=1$	$X \cdot 1=X$	-
$X+X=X$	$X \cdot X=X$	-
$X+\overline{X}=1$	$X \cdot \overline{X}=0$	-
$X+Y=Y+X$	$X \cdot Y=Y \cdot X$	교환법칙
$X+(Y+Z)$ $=(X+Y)+Z$	$X(YZ)=(XY)Z$	결합법칙
$X(Y+Z)$ $=XY+XZ$	$(X+Y)(Z+W)$ $=XZ+XW+YZ+YW$	분배법칙
$X+XY=X$	$\overline{X}+XY=\overline{X}+Y$ $X+\overline{X}Y=X+Y$ $X+\overline{X}\,\overline{Y}=X+\overline{Y}$	흡수법칙
$(\overline{X+Y})$ $=\overline{X} \cdot \overline{Y}$	$(\overline{X \cdot Y})=\overline{X}+\overline{Y}$	드모르간의 정리

답 ④

★★
31 어떤 측정계기의 참값을 T, 지시값을 M이라 할 때 보정률과 오차율이 옳은 것은?

15.09.문36 14.09.문24 11.06.문21 07.03.문36

① 보정률$=\dfrac{T-M}{T}$, 오차율$=\dfrac{M-T}{M}$

② 보정률$=\dfrac{M-T}{M}$, 오차율$=\dfrac{T-M}{T}$

③ 보정률$=\dfrac{T-M}{M}$, 오차율$=\dfrac{M-T}{T}$

④ 보정률$=\dfrac{M-T}{T}$, 오차율$=\dfrac{T-M}{M}$

해설 **전기계기**의 **오차**

오차율$=\dfrac{\boldsymbol{M-T}}{\boldsymbol{T}}\times 100\%$

보정률$=\dfrac{\boldsymbol{T-M}}{\boldsymbol{M}}\times 100\%$

여기서, T : 참값
M : 측정값(지시값)

- 오차율 = 백분율 오차
- 보정률 = 백분율 보정

기억법 오MTT
보TMM

답 ③

★★★
32 미지의 임의 시간적 변화를 하는 목표값에 제어량을 추종시키는 것을 목적으로 하는 제어는?

19.04.문28 19.03.문32 17.09.문22 17.09.문39 17.05.문29 16.10.문35 16.05.문22 15.05.문23 15.05.문37 14.09.문23 13.09.문27 11.03.문30

① 추종제어
② 정치제어
③ 비율제어
④ 프로그래밍제어

해설 **제어**의 **종류**

종 류	설 명
정치제어 (fixed value control)	• 일정한 **목**표값을 **유**지하는 것으로 **프로세스제어, 자동조정**이 이에 해당된다. 예 **연속식 압연기** • **목표값**이 시간에 관계없이 항상 일정한 값을 가지는 제어이다. 기억법 **유목정**
추종제어 (follow-up control)	미지의 시간적 변화를 하는 목표값에 제어량을 **추종**시키기 위한 제어로 **서보기구**가 이에 해당된다. 예 **대공포의 포신**
비율제어 (ratio control)	둘 이상의 제어량을 소정의 비율로 제어하는 것이다.
프로그램제어 (program control)	목표값이 **미리 정해진 시간적 변화**를 하는 경우 제어량을 그것에 추종시키기 위한 제어이다. 예 **열차 · 산업로봇의 무인운전**

- 프로그램제어 = 프로그래밍제어

중요

제어량에 의한 **분류**

분 류	종 류
프로세스제어	• **온**도 • **압**력 • **유**량 • **액**면 기억법 **프온압유액**
서보기구 (서보제어, 추종제어)	• **위**치 • **방**위 • **자**세 기억법 **서위방자**
자동조정	• 전압 • 전류 • 주파수 • 회전속도(**발**전기의 **속**도조절기) • 장력 기억법 **자발속**

※ **프로세스제어**(공정제어) : 공업공정의 상태량을 제어량으로 하는 제어

답 ①

★★
33 저항 R_1, R_2와 인덕턴스 L이 직렬로 연결된 회로에서 시정수[s]는?

17.05.문34
12.09.문31

① $\dfrac{R_1 - R_2}{2L}$

② $\dfrac{R_1 + R_2}{2L}$

③ $\dfrac{L}{R_1 - R_2}$

④ $\dfrac{L}{R_1 + R_2}$

해설 **시정수**

(1) 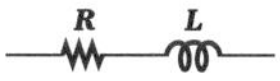

: $\tau = \dfrac{L}{R}$ [s]

(2) 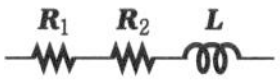

: $\tau = \dfrac{L}{R_1 + R_2}$ [s]

비교

RC 직렬회로

$$\tau = RC$$

여기서, τ : 시정수[s]
R : 저항[Ω]
C : 정전용량[F]

답 ④

★
34 아날로그와 디지털 통신에서 데시벨의 단위로 나타내는 SN비를 올바르게 풀어쓴 것은?

① SIGN TO NUMBER RATING
② SIGNAL TO NOISE RATIO
③ SOURCE NULL RESISTANCE
④ SOURCE NETWORK RANGE

해설 **SN비** 또는 **SNR비(Signal-to-Noise Ratio, 신호 대 잡음비)**
아날로그와 디지털 통신에서, 즉 신호 대 잡음의 상대적인 크기를 나타내는 것으로서, 단위는 **데시벨**(dB)이다.

답 ②

★
35 콘덴서와 정전유도에 관한 설명으로 틀린 것은?

09.03.문31

① 정전용량이란 콘덴서가 전하를 축적하는 능력을 말한다.
② 콘덴서에서 전압을 가하는 순간 콘덴서는 단락상태가 된다.
③ 정전유도에 의하여 작용하는 힘은 반발력이다.
④ 같은 부호의 전하끼리는 반발력이 생긴다.

해설 **흡인력**
정전유도에 의해 작용하는 힘

용어

정전유도
대전체에 대전되지 않은 도체를 가까이하면 대전체에 **가까운 쪽**에는 대전체와 **다른 종류**의 **전하가**, 먼 쪽에는 **같은 종류**의 **전하**가 나타나는 현상

답 ③

★★★
36 변압기의 내부고장 보호에 사용되는 계전기는 다음 중 어느 것인가?

19.09.문25
16.05.문26
13.09.문28
12.09.문21

① 비율차동계전기
② 저전압계전기
③ 고전압계전기
④ 압력계전기

해설 **계전기**

구 분	역 할
• **비**율차동계전기(차동계전기) • 브흐홀츠계전기	**발**전기나 **변**압기의 내부고장 보호용
• **역**상**과**전류계전기	발전기의 부하 **불**평형 방지
• 접지계전기	지락전류 검출

기억법 **비발변, 역과불**

답 ①

★★
37 PNPN 4층 구조로 되어 있는 사이리스터 소자가 아닌 것은?

19.03.문30
00.07.문33

① SCR
② TRIAC
③ Diode
④ GTO

해설

PN 2층 구조	PNP 또는 NPN 3층 구조	PNPN 4층 구조
• Diode(다이오드)	• 트랜지스터(transistor)	• SCR • TRIAC(트라이액) • GTO

답 ③

★★★
38 작동신호를 조작량으로 변환하는 요소이며, 조절부와 조작부로 이루어진 것은?

16.05.문25
15.09.문24
12.03.문38

① 제어요소
② 제어대상
③ 피드백요소
④ 기준입력요소

해설 **피드백제어의 용어**

용 어	설 명
제어량 (controlled value)	제어대상에 속하는 양으로, 제어대상을 제어하는 것을 목적으로 하는 물리적인 양이다.
조작량 (manipulated value)	• **제어장치**의 **출력**인 동시에 **제어대상**의 **입력**으로 제어장치가 제어대상에 가해지는 제어신호이다. • **제어요소**에서 **제어대상**에 인가되는 양이다. 기억법 **조제대상**
제어요소 (control element)	동작신호를 조작량으로 변환하는 요소이고, **조절부**와 **조작부**로 이루어진다.
제어장치 (control device)	제어하기 위해 제어대상에 부착되는 장치이고, **조절부, 설정부, 검출부** 등이 이에 해당된다.
오차검출기	제어량을 설정값과 비교하여 오차를 계산하는 장치이다.

답 ①

★★★
39 **논리식을 간략화한 것 중 그 값이 다른 것은?**

19.09.문21 19.04.문32 19.03.문24 18.04.문38 18.03.문31 17.09.문33 17.03.문23 16.05.문36 15.09.문23 13.09.문30 13.06.문35 11.03.문32

① $AB+A\overline{B}$

② $A(\overline{A}+B)$

③ $A(A+B)$

④ $(A+B)(A+\overline{B})$

해설 ① $AB+A\overline{B}=A(\underbrace{B+\overline{B}}_{X+\overline{X}=1})$

$=\underbrace{A\cdot 1}_{X\cdot 1=X}$

$=A$

② $A(\overline{A}+B)=\underbrace{A\overline{A}}_{X\cdot\overline{X}=0}+AB$

$=\underbrace{0+AB}_{X+0=X}$

$=AB$

③ $A(A+B)=\underbrace{AA}_{X\cdot X=X}+AB$

$=A+AB$

$=A(\underbrace{1+B}_{X+1=1})$

$=\underbrace{A\cdot 1}_{X\cdot 1=X}$

$=A$

④ $(A+B)(A+\overline{B})=\underbrace{AA}_{X\cdot X=X}+A\overline{B}+AB+\underbrace{B\overline{B}}_{X\cdot\overline{X}=0}$

$=A+A\overline{B}+AB$

$=A(\underbrace{1+\overline{B}+B}_{X+1=1})$

$=\underbrace{A\cdot 1}_{X\cdot 1=X}$

$=A$

중요

불대수의 정리

논리합	논리곱	비 고
$X+0=X$	$X\cdot 0=0$	-
$X+1=1$	$X\cdot 1=X$	-
$X+X=X$	$X\cdot X=X$	-
$X+\overline{X}=1$	$X\cdot\overline{X}=0$	-
$X+Y=Y+X$	$X\cdot Y=Y\cdot X$	교환법칙
$X+(Y+Z)=(X+Y)+Z$	$X(YZ)=(XY)Z$	결합법칙
$X(Y+Z)=XY+XZ$	$(X+Y)(Z+W)=XZ+XW+YZ+YW$	분배법칙
$X+XY=X$	$\overline{X}+XY=\overline{X}+Y$ $X+\overline{X}Y=X+Y$ $X+\overline{X}\,\overline{Y}=X+\overline{Y}$	흡수법칙
$(\overline{X+Y})=\overline{X}\cdot\overline{Y}$	$(\overline{X\cdot Y})=\overline{X}+\overline{Y}$	드모르간의 정리

답 ②

★
40 **금속이나 반도체에 압력이 가해진 경우 전기저항이 변화하는 성질을 이용한 압력센서는?**

① 벨로우즈

② 다이어프램

③ 가변저항기

④ 스트레인 게이지

해설

용 어	설 명
벨로우즈	**물**의 **압력**에 의해 늘어났다 줄어들었다 하는 것
다이어프램	**공기**의 **압력**에 의해 늘어났다 줄어들었다 하는 것
가변저항기	저항값을 **임의**로 **조정**할 수 있는 저항기
스트레인 게이지	**금속**이나 **반도체**에 **압력**이 가해진 경우 전기저항이 변화하는 성질을 이용한 압력센서

답 ④

제 3 과목 소방관계법규

★★★
41 소방용수시설 저수조의 설치기준으로 틀린 것은?

16.10.문52
16.05.문44
13.03.문49

① 지면으로부터의 낙차가 4.5m 이하일 것
② 흡수부분의 수심이 0.3m 이상일 것
③ 흡수관의 투입구가 사각형의 경우에는 한 변의 길이가 60cm 이상일 것
④ 흡수관의 투입구가 원형의 경우에는 지름이 60cm 이상일 것

해설 **기본규칙 〔별표 3〕**
소방용수시설의 저수조에 대한 설치기준
(1) 낙차 : **4.5m** 이하
(2) **수**심 : **0.5m** 이상
(3) 투입구의 길이 또는 지름 : **60cm** 이상
(4) 소방펌프자동차가 **쉽게 접근**할 수 있도록 할 것
(5) 흡수에 지장이 없도록 **토사** 및 **쓰레기** 등을 제거할 수 있는 설비를 갖출 것
(6) 저수조에 물을 공급하는 방법은 **상수도**에 연결하여 **자동**으로 **급수**되는 구조일 것

② 0.3m 이상 → 0.5m 이상

기억법 **수5(수호천사)**

답 ②

★★★
42 화재의 예방 및 안전관리에 관한 법령상 관리의 권원이 분리된 특정소방대상물의 기준으로 틀린 것은?

06.03.문60

① 지하가
② 지하층을 포함한 층수가 11층 이상의 복합건축물
③ 복합건축물로서 연면적 3만m^2 이상인 건축물
④ 판매시설 중 도매시장 또는 소매시장

해설 **화재예방법 35조, 화재예방법 시행령 35조**
관리의 권원이 분리된 특정소방대상물
(1) 복합건축물(**지하층**을 **제외**한 **11층** 이상 또는 연면적 **3만m^2** 이상인 건축물)
(2) 지하가
(3) **도매시장, 소매시장, 전통시장**

② 지하층을 **포함**한 → 지하층을 **제외**한

답 ②

★
43 소방시설관리업의 종합점검의 경우 점검인력 1단위가 하루 동안 점검할 수 있는 특정소방대상물의 연면적 기준으로 옳은 것은?

19.09.문51

① 12000m^2 ② 10000m^2
③ 8000m^2 ④ 6000m^2

해설 **소방시설법 시행규칙 〔별표 4〕**
점검한도면적

종합점검	작동점검
8000m^2	10000m^2

용어

점검한도면적
점검인력 1단위가 하루 동안 점검할 수 있는 특정소방대상물의 연면적

답 ③

★★★
44 화재현장에서의 피난 등을 체험할 수 있는 소방체험관의 설립·운영권자는?

19.04.문43
08.05.문54

① 시·도지사
② 소방청장
③ 소방본부장 또는 소방서장
④ 한국소방안전원장

해설 **기본법 5조 ①항**
설립과 운영

소방박물관	소방체험관
소방청장	시·도지사

중요

시·도지사
(1) 제조소 등의 설치**허**가(위험물법 6조)
(2) 소방업무의 지휘·감독(기본법 3조)
(3) 소방체험관의 설립·운영(기본법 5조)
(4) 소방업무에 관한 세부적인 종합계획 수립 및 소방업무 수행(기본법 6조)
(5) **화**재예방강화지구의 지정(화재예방법 18조)

기억법 **시허화**

용어

시·도지사
(1) 특별시장
(2) 광역시장
(3) 도지사
(4) 특별자치시
(5) 특별자치도

답 ①

★★★
45 제3류 위험물 중 금수성 물품에 적응성이 있는 소화약제는?
19.03.문49 09.05.문11

① 물 ② 강화액
③ 팽창질석 ④ 인산염류분말

해설 **위험물**의 **일반사항**

종 류	성 질	소화방법
제1류	강산화성 물질 (산화성 고체)	물에 의한 **냉각소화**(단, **무기과산화물**은 **마른모래** 등에 의한 **질식소화**)
제2류	환원성 물질 (가연성 고체)	물에 의한 **냉각소화**(단, **황화인·철분·마그네슘·금속분**은 **마른모래** 등에 의한 질식소화)
제3류	금수성 물질 및 자연발화성 물질	마른모래, 팽창질석, 팽창진주암에 의한 **질식소화**(마른모래보다 **팽창질석** 또는 **팽창진주암**이 더 효과적)
제4류	인화성 물질 (인화성 액체)	포·분말·이산화탄소(CO_2)·할론·물분무 소화약제에 의한 **질식소화**
제5류	폭발성 물질 (자기반응성 물질)	화재 초기에만 대량의 물에 의한 **냉각소화**(단, 화재가 진행되면 자연진화되도록 기다릴 것)
제6류	산화성 물질 (산화성 액체)	마른모래 등에 의한 **질식소화**(단, **과산화수소**는 다량의 **물**로 **희석소화**)

답 ③

★★★
46 소방서의 종합상황실 실장이 서면·모사전송 또는 컴퓨터 통신 등으로 소방본부의 종합상황실에 보고하여야 하는 화재가 아닌 것은?
19.03.문47 17.05.문53 05.09.문55

① 사상자가 10명 발생한 화재
② 이재민이 100명 발생한 화재
③ 관공서·학교·정부미도정공장의 화재
④ 재산피해액이 10억원 발생한 일반화재

해설 **기본규칙 3조**
종합상황실 실장의 보고화재
(1) 사망자 **5명** 이상 화재
(2) 사상자 **10명** 이상 화재
(3) 이재민 **100명** 이상 화재
(4) 재산피해액 **50억원** 이상 화재
(5) 관광호텔, 층수가 11층 이상인 건축물, 지하상가, 시장, 백화점
(6) **5층** 이상 또는 객실 **30실** 이상인 **숙박시설**
(7) **5층** 이상 또는 병상 **30개** 이상인 **종합병원·정신병원·한방병원·요양소**
(8) **1000t** 이상인 선박(항구에 매어둔 것)
(9) 지정수량 **3000배** 이상의 위험물 제조소·저장소·취급소
(10) 연면적 **15000m²** 이상인 **공장** 또는 **화재예방강화지구**에서 발생한 화재
(11) **가스** 및 **화약류**의 폭발에 의한 화재
(12) **관공서·학교·정부미도정공장·문화재·지하철** 또는 지하구의 **화재**
(13) 철도차량, 항공기, 발전소 또는 변전소
(14) 다중이용업소의 화재

④ 10억원 → 50억원 이상

※ **종합상황실**: 화재·재난·재해·구조·구급 등이 필요한 때에 신속한 소방활동을 위한 정보를 수집·전파하는 소방서 또는 소방본부의 지령관제실

답 ④

★★★
47 시·도의 조례가 정하는 바에 따라 지정수량 이상의 위험물을 임시로 저장·취급할 수 있는 기간(㉠)과 임시저장 승인권자(㉡)는?
19.09.문43 07.09.문41

① ㉠ 30일 이내, ㉡ 시·도지사
② ㉠ 60일 이내, ㉡ 소방본부장
③ ㉠ 90일 이내, ㉡ 관할소방서장
④ ㉠ 120일 이내, ㉡ 소방청장

해설 **90일**
(1) 소방시설업 **등**록신청 자산평가액·기업진단보고서 **유**효기간(공사업규칙 2조)
(2) 위험물 임시저장·취급 기준(위험물법 5조)

기억법 등유9(등유 구해와)

중요

위험물법 5조
임시저장 승인 : 관할소방서장

답 ③

★★★
48 소방시설관리업의 등록을 반드시 취소해야 하는 사유에 해당하지 않는 것은?
17.09.문59

① 거짓으로 등록을 한 경우
② 등록기준에 미달하게 된 경우
③ 다른 사람에게 등록증을 빌려준 경우
④ 등록의 결격사유에 해당하게 된 경우

해설 **소방시설법 34조**
소방시설관리업 반드시 등록 취소
(1) 거짓이나 그 밖의 **부정한 방법**으로 등록한 경우
(2) **등록**의 **결격사유**에 해당하게 된 경우
(3) 다른 자에게 등록증이나 등록수첩을 **빌려준 경우**

② 등록을 취소하거나 6개월 이내의 기간을 정하여 이의 시정이나 그 **영업**의 **정지**를 명할 수 있는 경우

답 ②

★★★
49 소방시설업의 등록권자로 옳은 것은?

08.03.문56
① 국무총리
② 시·도지사
③ 소방서장
④ 한국소방안전원장

해설 **시·도지사 등록**
(1) 소방시설관리업(소방시설법 29조)
(2) 소방시설업(공사업법 4조)
(3) 탱크안전성능시험자(위험물법 16조)

답 ②

★
50 ( ) 안의 내용으로 알맞은 것은?

08.03.문54

> 다량의 위험물을 저장·취급하는 제조소 등으로서 ( ) 위험물을 취급하는 제조소 또는 일반취급소가 있는 동일한 사업소에서 지정수량의 3천배 이상의 위험물을 저장 또는 취급하는 경우 해당 사업소의 관계인은 대통령령이 정하는 바에 따라 해당 사업소에 자체소방대를 설치하여야 한다.

① 제1류 ② 제2류
③ 제3류 ④ 제4류

해설 **위험물령 18조**
자체소방대를 설치하여야 하는 사업소
(1) **제4류** 위험물을 취급하는 **제조소** 또는 **일반취급소** (대통령령이 정하는 제조소 등)
(2) 제4류 위험물을 저장하는 옥외탱크저장소

중요

위험물령 18조
자체소방대를 설치하여야 하는 사업소
대통령령이 정하는 수량은 다음과 같다.
(1) 위 (1)에 해당하는 경우 : 제조소 또는 일반취급소에서 취급하는 제4류 위험물의 최대수량의 합이 지정수량의 3천배 이상
(2) 위 (2)에 해당하는 경우 : 옥외탱크저장소에 저장하는 제4류 위험물의 최대수량이 지정수량의 50만배 이상

답 ④

★★★
51 화재의 예방 및 안전관리에 관한 법률상 소방용수시설·소화기구 및 설비 등의 설치명령을 위반한 자의 과태료는?

16.10.문46
15.09.문57

① 100만원 이하 ② 200만원 이하
③ 300만원 이하 ④ 500만원 이하

해설 **200만원 이하의 과태료**
(1) 소방용수시설·소화기구 및 설비 등의 설치명령 위반(화재예방법 52조)
(2) 특수가연물의 저장·취급 기준 위반(화재예방법 52조)
(3) 한국119청소년단 또는 이와 유사한 명칭을 사용한 자(기본법 56조)
(4) 소방활동구역 출입(기본법 56조)
(5) **소방자동차**의 **출동**에 **지장**을 준 자(기본법 56조)
(6) 한국소방안전원 또는 이와 유사한 명칭을 사용한 자(기본법 56조)
(7) 관계서류 미보관자(공사업법 40조)
(8) **소방기술자 미배치자**(공사업법 40조)
(9) 하도급 미통지자(공사업법 40조)

답 ②

★★★
52 가연성 가스를 저장·취급하는 시설로서 1급 소방안전관리대상물의 가연성 가스 저장·취급 기준으로 옳은 것은?

19.03.문60
17.09.문55
15.03.문60
13.09.문51

① 100톤 미만
② 100톤 이상~1000톤 미만
③ 500톤 이상~1000톤 미만
④ 1000톤 이상

해설 **화재예방법 시행령 〔별표 4〕**
소방안전관리자를 두어야 할 특정소방대상물
(1) 특급 소방안전관리대상물 (동식물원, 철강 등 불연성 물품 저장·취급창고, 지하구, 위험물제조소 등 제외)
㉠ **50층** 이상(지하층 제외) 또는 지상 **200m** 이상 **아파트**
㉡ **30층** 이상(지하층 포함) 또는 지상 **120m** 이상(아파트 제외)
㉢ 연면적 **10만**m^2 이상(아파트 제외)
(2) 1급 소방안전관리대상물 (동식물원, 철강 등 불연성 물품 저장·취급창고, 지하구, 위험물제조소 등 제외)
㉠ **30층** 이상(지하층 제외) 또는 지상 **120m** 이상 아파트
㉡ 연면적 **15000**m^2 이상인 것(아파트 및 연립주택 제외)
㉢ **11층** 이상(아파트 제외)
㉣ 가연성 가스를 **1000t** 이상 저장·취급하는 시설
(3) 2급 소방안전관리대상물
㉠ 지하구
㉡ 가스제조설비를 갖추고 도시가스사업 허가를 받아야 하는 시설 또는 가연성 가스를 **100~1000t** 미만 저장·취급하는 시설
㉢ 옥내소화전설비·스프링클러설비 설치대상물
㉣ 물분무등소화설비(호스릴방식의 물분무등소화설비만을 설치한 경우 제외) 설치대상물
㉤ **공동주택**(옥내소화전설비 또는 스프링클러설비가 설치된 공동주택 한정)
㉥ **목조건축물**(국보·보물)
(4) 3급 소방안전관리대상물
㉠ **자동화재탐지설비** 설치대상물
㉡ 간이스프링클러설비(주택전용 간이스프링클러설비 제외) 설치대상물

답 ④

★
53 연면적이 500m^2 이상인 위험물제조소 및 일반취급소에 설치하여야 하는 경보설비는?

15.05.문44

① 자동화재탐지설비 ② 확성장치
③ 비상경보설비 ④ 비상방송설비

해설 **위험물규칙 〔별표 17〕**
제조소 등별로 설치하여야 하는 경보설비의 종류

구 분	경보설비
① 연면적 **500m²** 이상인 것 ② 옥내에서 지정수량의 **100배** 이상을 취급하는 것	• **자동화재탐지설비**
③ 지정수량의 **10배** 이상을 저장 또는 취급하는 것	• **자동화재탐지설비** • **비상경보설비** • **확성장치** • **비상방송설비** 1종 이상

답 ①

★★
54 방염처리업의 종류가 아닌 것은?
12.03.문49
① 섬유류 방염업
② 합성수지류 방염업
③ 합판·목재류 방염업
④ 실내장식물류 방염업

해설 **공사업령 〔별표 1〕**
방염업

종 류	설 명
섬유류 방염업	커튼·카펫 등 섬유류를 주된 원료로 하는 방염대상물품을 제조 또는 가공 공정에서 방염처리
합성수지류 방염업	합성수지류를 주된 원료로 하는 방염대상물품을 제조 또는 가공공정에서 방염처리
합판·목재류 방염업	합판 또는 목재를 제조·가공공정 또는 설치현장에서 방염처리

답 ④

★★★
55 특정소방대상물의 관계인이 소방안전관리자를 해임한 경우 재선임을 해야 하는 기준은? (단, 해임한 날부터를 기준일로 한다.)
19.03.문59
18.09.문55
16.10.문54
13.09.문47
11.03.문56
① 10일 이내
② 20일 이내
③ 30일 이내
④ 40일 이내

해설 **화재예방법 시행규칙 14조**
소방안전관리자의 재선임
30일 이내

중요

30일
(1) 소방시설업 등록사항 변경신고(공사업규칙 6조)
(2) 위험물안전관리자의 재선임(위험물안전관리법 15조)
(3) 소방안전관리자의 재선임(화재예방법 시행규칙 14조)
(4) 도급계약 해지(공사업법 23조)
(5) 소방시설공사 중요사항 변경시의 신고일(공사업규칙 12조)
(6) 소방기술자 실무교육기관 지정서 발급(공사업규칙 32조)
(7) 소방공사감리자 변경서류 제출(공사업규칙 15조)
(8) 승계(위험물법 10조)
(9) 위험물안전관리자의 직무대행(위험물법 15조)
(10) 탱크시험자의 변경신고일(위험물법 16조)

답 ③

★★
56 소방시설공사업자의 시공능력평가 방법에 대한 설명 중 틀린 것은?
09.08.문60
① 시공능력평가액은 실적평가액＋자본금평가액＋기술력평가액＋경력평가액±신인도평가액으로 산출한다.
② 신인도평가액 산정시 최근 1년간 국가기관으로부터 우수시공업자로 선정된 경우에는 3% 가산한다.
③ 신인도평가액 산정시 최근 1년간 부도가 발생된 사실이 있는 경우에는 2%를 감산한다.
④ 실적평가액은 최근 5년간의 연평균 공사실적액을 의미한다.

해설 **공사업규칙 〔별표 4〕**
시공능력평가의 산정식
(1) **시공능력평가액**＝실적평가액＋자본금평가액＋기술력평가액＋**경력평가액**±신인도평가액
(2) **실적평가액**＝연평균 공사실적액
(3) **자본금평가액**＝(실질자본금×실질자본금의 평점＋소방청장이 지정한 금융회사 또는 소방산업공제조합에 출자·예치·담보한 금액)×**70/100**
(4) **기술력평가액**＝전년도 공사업계의 기술자 1인당 평균 생산액×보유기술인력 가중치합계×**30/100**＋전년도 기술개발투자액
(5) **경력평가액**＝실적평가액×공사업경영기간평점×**20/100**
(6) **신인도평가액**＝(실적평가액＋자본금평가액＋기술력평가액＋경력평가액)×신인도반영비율 합계

④ 최근 5년간 → 최근 3년간

답 ④

★★
57 자동화재탐지설비를 설치하여야 하는 특정소방대상물의 기준으로 틀린 것은?

16.05.문43
14.03.문79
12.03.문74

① 지하구
② 터널로서 길이 700m 이상인 것
③ 교정시설로서 연면적 $2000m^2$ 이상인 것
④ 복합건축물로서 연면적 $600m^2$ 이상인 것

해설 **소방시설법 시행령 〔별표 4〕**
자동화재탐지설비의 설치대상

설치대상	조 건
① 정신의료기관 · 의료재활시설	• 창살설치 : 바닥면적 **300m²** 미만 • 기타 : 바닥면적 **300m²** 이상
② 노유자시설	• 연면적 **400m²** 이상
③ **근**린생활시설 · **위**락시설 ④ **의**료시설(정신의료기관, 요양병원 제외) ⑤ **복**합건축물 · 장례시설	• 연면적 **6̲00m²** 이상
⑥ 목욕장 · 문화 및 집회시설, 운동시설 ⑦ 종교시설 ⑧ 방송통신시설 · 관광휴게시설 ⑨ 업무시설 · 판매시설 ⑩ 항공기 및 자동차 관련시설 · 공장 · 창고시설 ⑪ 지하상가 · 운수시설 · 발전시설 · 위험물 저장 및 처리시설 ⑫ 교정 및 군사시설 중 국방 · 군사시설	• 연면적 **1000m²** 이상
⑬ **교**육연구시설 · **동**식물관련시설 ⑭ **자**원순환관련시설 · **교**정 및 군사시설(국방 · 군사시설 제외) ⑮ **수**련시설(숙박시설이 있는 것 제외) ⑯ 묘지관련시설	• 연면적 **2̲000m²** 이상
⑰ 터널	• 길이 **1000m** 이상 보기 ②
⑱ 지하구 ⑲ 노유자생활시설 ⑳ 아파트 등 기숙사 ㉑ 숙박시설 ㉒ **6층** 이상인 건축물 ㉓ 조산원 및 산후조리원 ㉔ 전통시장 ㉕ 요양병원(정신병원, 의료재활시설 제외)	• 전부
㉖ 특수가연물 저장 · 취급	• 지정수량 **500배** 이상
㉗ 수련시설(숙박시설이 있는 것)	• 수용인원 **100명** 이상
㉘ 발전시설	• 전기저장시설

기억법 **근위의복6, 교동자교수 2**

② 700m 이상 → 1000m 이상

답 ②

★
58 소방시설공사의 착공신고시 첨부서류가 아닌 것은?

06.03.문55

① 공사업자의 소방시설공사업 등록증 사본
② 공사업자의 소방시설공사업 등록수첩 사본
③ 해당 소방시설공사의 책임시공 및 기술관리를 하는 기술인력의 기술등급을 증명하는 서류 사본
④ 해당 소방시설을 설계한 기술인력자의 기술자격증 사본

해설 **공사업규칙 12조**
소방시설공사 착공신고서류
(1) **설계도서**
(2) 기술관리를 하는 기술인력의 **기술등급을 증명하는 서류 사본**
(3) 소방시설공사업 **등록증 사본 1부**
(4) 소방시설공사업 **등록수첩 사본 1부**
(5) 소방시설공사를 하도급하는 경우의 서류
  ㉠ 소방시설공사 등의 하도급통지서 사본 1부
  ㉡ 하도급대금 지급에 관한 다음의 어느 하나에 해당하는 서류
    • 「하도급거래 공정화에 관한 법률」 제13조의 2에 따라 공사대금 지급을 보증한 경우에는 하도급대금 지급보증서 사본 1부
    • 「하도급거래 공정화에 관한 법률」 제13조의 2 제1항 외의 부분 단서 및 같은 법 시행령 제8조 제1항에 따라 보증이 필요하지 않거나 보증이 적합하지 않다고 인정되는 경우에는 이를 증빙하는 서류 사본 1부

비교

소방시설법 시행규칙 3조
설계도서
(1) 건축물 설계도서
  ㉠ 건축개요 및 배치도
  ㉡ 주단면도 및 입면도
  ㉢ 층별 평면도(용도별 기준층 평면도 포함) 보기 ③
  ㉣ 방화구획도(창호도 포함) 보기 ①
  ㉤ 실내 · 실외 마감재료표 보기 ④
  ㉥ 소방자동차 진입 동선도 및 부서 공간 위치도(조경계획 포함)
(2) 소방시설 설계도서
  ㉠ 소방시설(기계 · 전기분야의 시설)의 계통도(시설별 계산서 포함)
  ㉡ 소방시설별 층별 평면도
  ㉢ 실내장식물 방염대상물품 설치 계획(마감재료 제외)
  ㉣ 소방시설의 내진설계 계통도 및 기준층 평면도(내진시방서 및 계산서 등 세부내용이 포함된 설계도면은 제외)

답 ④

★
59 소방시설의 자체점검에 관한 설명으로 옳지 않은 것은?

① 작동점검은 소방시설 등을 인위적으로 조작하여 정상적으로 작동하는 것을 점검하는 것이다.
② 종합점검은 설비별 주요 구성 부품의 구조기준이 화재안전기준 및 관련 법령에 적합한지 여부를 점검하는 것이다.
③ 종합점검에는 작동점검의 사항이 해당되지 않는다.
④ 종합점검은 소방시설관리업에 등록된 기술인력 중 소방시설관리사, 소방안전관리자로 선임된 소방시설관리사 또는 소방기술사를 점검자로 한다.

해설 **소방시설법 시행규칙 〔별표 3〕**

작동점검	종합점검
소방시설 등을 인위적으로 조작하여 정상적으로 작동하는지를 점검하는 것	① 소방시설 등의 **작동점검**을 **포함**하여 소방시설 등의 설비별 주요 구성 부품의 구조기준이 **소방청장**이 정하여 고시하는 화재안전기준 및 건축법 등 관련 법령에서 정하는 기준에 적합한지 여부를 점검하는 것 ② 소방시설관리업에 등록된 기술인력 중 **소방시설관리사**, **소방안전관리자**로 선임된 소방시설관리사 또는 **소방기술사**를 점검자로 한다.

③ 작동점검의 사항이 해당되지 않는다. → **작동점검**을 **포함**한다.

답 ③

★★★
60 시·도지사가 설치하고 유지·관리하여야 하는 소방용수시설이 아닌 것은?
09.05.문44

① 저수조 ② 상수도
③ 소화전 ④ 급수탑

해설 **기본법 10조**
소방용수시설

구 분	설 명
종 류	**소화전·급수탑·저수조**
기 준	**행정안전부령**
설치·유지·관리	**시·도**(단, 수도법에 의한 소화전은 일반수도사업자가 관할 소방서장과 협의하여 설치)

기억법 소용저급소

답 ②

제 4 과목 소방전기시설의 구조 및 원리

★★★
61 무선통신보조설비에 대한 설명으로 틀린 것은?
11.10.문74

① 소화활동설비이다.
② 증폭기에는 비상전원이 부착된 것으로 하고 비상전원의 용량은 30분 이상이다.
③ 누설동축케이블의 끝부분에는 무반사 종단저항을 부착한다.
④ 누설동축케이블 또는 동축케이블의 임피던스는 100Ω의 것으로 한다.

해설 **누설동축케이블·동축케이블**의 **임피던스**(NFPC 505 5조, NFTC 505 2.2.2)
50Ω

참고

무선통신보조설비의 분배기·분파기·혼합기 설치기준(NFPC 505 7조, NFTC 505 2.4)
(1) 먼지·습기·부식 등에 이상이 없을 것
(2) 임피던스 **50**Ω의 것
(3) 점검이 편리하고 화재 등의 피해 우려가 없는 장소

답 ④

★★★
62 화재안전기준에서 정하고 있는 연기감지기를 설치하지 않아도 되는 장소는?
15.05.문72
09.05.문65

① 에스컬레이터 경사로
② 길이가 15m인 복도
③ 엘리베이터 승강로(권상기실이 있는 것은 권상기실)
④ 천장의 높이가 15m 이상 20m 미만인 장소

해설 **연기감지기**의 **설치장소**(NFPC 203 7조, NFTC 203 2.4.2)
(1) 계단·경사로 및 에스컬레이터 경사로
(2) 복도(**30m** 미만 제외)
(3) 엘리베이터 **승강로**(권상기실이 있는 것은 권상기실)·리넨슈트·파이프피트 및 덕트 기타 이와 유사한 장소
(4) 천장 또는 반자의 높이가 **15~20m** 미만인 장소
(5) 공동주택·오피스텔·숙박시설·노유자시설·수련시설
(6) 합숙소
(7) 의료시설, 입원실이 있는 의원·조산원
(8) 교정 및 군사시설
(9) 고시원
[(5)~(9): 취침·숙박·입원 등 이와 유사한 용도로 사용되는 거실]

② 30m 미만 복도는 설치 제외

답 ②

★★★
63 노유자시설로서 바닥면적이 몇 m^2 이상인 층이 있는 경우에 자동화재속보설비를 설치하는가?
14.05.문58
12.05.문79

① 200 ② 300
③ 500 ④ 600

해설 **자동화재속보설비의 설치대상**(소방시설법 시행령 [별표 4])

설치대상	조 건
① 수련시설(숙박시설이 있는 것) ② 노유자시설(노유자 생활시설 제외) ③ 정신병원 및 의료재활시설	바닥면적 **500m²** 이상
④ 목조건축물	국보 · 보물
⑤ 노유자 생활시설 ⑥ 종합병원, 병원, 치과병원, 한방병원 및 요양병원(의료재활시설 제외) ⑦ 의원, 치과의원 및 한의원(입원실이 있는 시설) ⑧ 조산원 및 산후조리원 ⑨ 전통시장	전부

기억법 **5수노속**

답 ③

64 환경상태가 현저하게 고온으로 되어 연기감지기를 설치할 수 없는 건조실 또는 살균실 등에 적응성 있는 열감지기가 아닌 것은?

08.05.문74

① 정온식 1종 ② 정온식 특종
③ 열아날로그식 ④ 보상식 스포트형 1종

해설 **감지기 설치장소**(NFPC 203 2.4.6(1))

구 분		정온식		열아날로그식	불꽃감지기
환경상태	적응장소	특종	1종		
주방, 기타 평상시에 연기가 체류하는 장소	• 주방 • 조리실 • 용접작업장	○	○	○	○
현저하게 고온으로 되는 장소	• 건조실 • 살균실 • 보일러실 • 주조실 • 영사실 • 스튜디오	○	○	○	×

• **주방, 조리실** 등 습도가 많은 장소에는 **방수형** 감지기를 설치할 것
• **불꽃감지기**는 UV/IR형을 설치할 것

답 ④

65 신호의 전송로가 분기되는 장소에 설치하는 것으로 임피던스 매칭과 신호 균등분배를 위해 사용되는 장치는?

19.04.문72
16.05.문61
15.09.문62
11.03.문80

① 분배기 ② 혼합기
③ 증폭기 ④ 분파기

해설 **무선통신보조설비**(NFPC 505 3조, NFTC 505 1.7)

용 어	설 명
누설동축케이블	동축케이블의 외부도체에 가느다란 홈을 만들어서 **전파**가 **외부**로 **새어나갈 수 있도록** 한 케이블
분배기	신호의 전송로가 분기되는 장소에 설치하는 것으로 **임피던스 매칭**(matching)과 **신호 균등분배**를 위해 사용하는 장치 기억법 **배임(배임죄)**
분파기	서로 다른 주파수의 합성된 **신호**를 **분리**하기 위해서 사용하는 장치 기억법 **파주**
혼합기	**두 개 이상**의 **입력신호**를 원하는 비율로 **조합**한 **출력**이 발생하도록 하는 장치
증폭기	신호전송시 신호가 약해져 수신이 불가능해지는 것을 방지하기 위해서 **증폭**하는 장치
무선중계기	안테나를 통하여 수신된 무전기 신호를 증폭한 후 음영지역에 재방사하여 무전기 상호간 송수신이 가능하도록 하는 장치
옥외안테나	감시제어반 등에 설치된 무선중계기의 입력과 출력포트에 연결되어 송수신 신호를 원활하게 방사 · 수신하기 위해 옥외에 설치하는 장치

답 ①

66 비상방송설비의 특징에 대한 설명으로 틀린 것은?

19.09.문63
19.03.문64
15.09.문67
13.06.문63
10.05.문69

① 다른 방송설비와 공용하는 경우에는 화재시 비상경보 외의 방송을 차단할 수 있는 구조로 하여야 한다.
② 비상방송설비의 축전지는 감시상태를 10분간 지속한 후 유효하게 60분 이상 경보할 수 있어야 한다.
③ 확성기의 음성입력은 실외에 설치한 경우 3W 이상이어야 한다.
④ 음량조정기의 배선은 3선식으로 한다.

해설 **비상방송설비 · 비상벨설비 · 자동식 사이렌설비**(NFPC 202 8조, NFTC 202 2.3.2)

감시시간	경보시간
60분	**10분** 이상(30층 이상 : **30분**)

기억법 **6감**

② 감시상태를 10분간 → 감시상태를 60분간
60분 이상 경보 → 10분 이상 경보

답 ②

★
67 축광표지의 식별도시험에 관련한 기준에서 (　) 안에 알맞은 것은?

12.03.문65

> 축광유도표지는 200lx 밝기의 광원으로 20분간 조사시킨 상태에서 다시 주위조도를 0lx로 하여 60분간 발광시킨 후 직선거리 (　)m 떨어진 위치에서 유도표지가 있다는 것이 식별되어야 한다.

① 20　　② 10
③ 5　　④ 3

해설 **식별도시험**(축광표지의 성능인증 및 제품검사의 기술기준 8조)
축광유도표지 및 축광위치표지는 **200lx** 밝기의 광원으로 **20분**간 조사시킨 상태에서 다시 주위조도를 0lx로 하여 **60분**간 발광시킨 후 직선거리 **20m**(축광위치표지의 경우 **10m**) 떨어진 위치에서 유도표지 또는 위치표지가 있다는 것이 식별되어야 하고, 유도표지는 직선거리 **3m**의 거리에서 표시면의 표시 중 주체가 되는 문자 또는 주체가 되는 화살표 등이 쉽게 식별되어야 한다.

비교

휘도시험(축광표지의 성능인증 및 제품검사의 기술기준 9조)
축광표지의 표시면을 0lx 상태에서 1시간 이상 방치한 후 200lx 밝기의 광원으로 20분간 조사시킨 상태에서 다시 주위조도를 0lx로 하여 휘도시험 실시

발광시간	휘 도
5분	110mcd/m^2 이상
10분	50mcd/m^2 이상
20분	24mcd/m^2 이상
60분	7mcd/m^2 이상

축광유도표지	축광위치표지
20m	10m

답 ①

★★★
68 비상방송설비가 기동장치에 의한 화재신고를 수신한 후 필요한 음량으로 화재 발생 상황 및 피난에 유효한 방송이 자동으로 개시될 때까지의 소요시간은 최대 몇 초 이하인가?

19.09.문76 19.04.문68 18.09.문77 18.03.문73 16.10.문69 16.10.문73 16.05.문67 15.05.문73 15.05.문76 15.03.문62 14.05.문63 14.05.문75 14.03.문61 13.09.문70 13.06.문62 13.06.문80

① 5　　② 10
③ 20　　④ 30

해설 **소요시간**

기 기	시 간
• P형 · P형 복합식 · R형 · R형 복합식 · GP형 · GP형 복합식 · GR형 · GR형 복합식 수신기 • 중계기	5초 이내
비상방송설비	10초 이하
가스누설경보기	60초 이내

기억법 시중5(시중을 드시오!)
6가(육체미가 아름답다.)

중요

축적형 수신기

전원차단시간	축적시간	화재표시감지시간
1~3초 이하	30~60초 이하	60초(1회 이상 반복)

비교

비상방송설비의 **설치기준**(NFPC 202 4조, NFTC 202 2.1)
(1) 확성기의 음성입력은 실내 **1W**, 실외 **3W** 이상일 것
(2) 확성기는 **각 층**마다 설치하되, 각 부분으로부터의 수평거리는 **25m** 이하일 것
(3) 음량조정기는 **3선식** 배선일 것
(4) 조작스위치는 바닥으로부터 **0.8~1.5m** 이하의 높이에 설치할 것
(5) 다른 전기회로에 의하여 **유도장애**가 생기지 아니하도록 할 것
(6) 비상방송 개시시간은 **10초** 이하일 것
(7) 다른 방송설비와 공용할 경우 화재시 비상경보 외의 방송을 차단할 수 있을 것

답 ②

★★
69 절연저항시험에 관한 기준에서 (　) 안에 알맞은 것은?

17.03.문78 16.05.문73 14.05.문77 11.03.문62

> 누전경보기 수신부의 절연된 충전부와 외함 간 및 차단기구의 개폐부 절연저항은 직류 500V의 절연저항계로 측정하여 최소 (　)MΩ 이상이어야 한다.

① 0.1　　② 3
③ 5　　④ 10

해설 **절연저항시험**

절연 저항계	절연 저항	대 상
직류 250V	0.1MΩ 이상	• 1경계구역의 절연저항
직류 500V	5MΩ 이상	• **누전경보기** • 가스누설경보기 • 수신기(10회로 미만, 절연된 충전부와 외함간) • 자동화재속보설비 • 비상경보설비 • 유도등(교류입력측과 외함 간 포함) • 비상조명등(교류입력측과 외함 간 포함)
	20MΩ 이상	• 경종 • 발신기 • 중계기 • 비상콘센트 • 기기의 절연된 선로 간 • 기기의 충전부와 비충전부 간 • 기기의 교류입력측과 외함 간(유도등 · 비상조명등 제외)
	50MΩ 이상	• 감지기(정온식 감지선형 감지기 제외) • 가스누설경보기(10회로 이상) • 수신기(10회로 이상, 교류입력측과 외함 간 제외)
	1000MΩ 이상	• 정온식 감지선형 감지기

기억법 5누(오누이)

답 ③

★★
70 08.09.문77
자동화재탐지설비의 GP형 수신기에 감지기회로의 배선을 접속하려고 할 때 경계구역이 15개인 경우 필요한 공통선의 최소 개수는?

① 1 ② 2
③ 3 ④ 4

해설 하나의 공통선에 접속할 수 있는 경계구역은 **7개** 이하이므로

$$\text{공통선 수} = \frac{\text{경계구역}}{7\text{개}}$$

$\text{공통선 수} = \frac{15\text{개}}{7\text{개}} = 2.1 ≒ 3\text{개}$(절상한다.)

- P형 수신기 및 GP형 수신기의 감지기회로의 배선에 있어서 하나의 공통선에 접속할 수 있는 경계구역은 **7개** 이하로 할 것(NFPC 203 11조, NFTC 203 2.8.1.7)

용어

절상
"소수점을 올린다."는 의미이다.

답 ③

★
71
상용전원이 서로 다른 소방시설은?

① 옥내소화전설비 ② 비상방송설비
③ 비상콘센트설비 ④ 스프링클러설비

해설 **상용전원**

소방시설	상용전원
비상방송설비	① 축전지설비 ② 전기저장장치 ③ 교류전압의 옥내간선
옥내소화전설비, 비상콘센트설비, 스프링클러설비	① 저압수전 ② 고압수전 ③ 특고압수전

답 ②

★★★
72 19.09.문75 17.09.문78 13.06.문65 13.06.문70 11.03.문71
자동화재탐지설비 및 시각경보장치의 화재안전기준에 따른 수신기 설치기준에 대한 설명으로 틀린 것은?

① 하나의 경계구역은 하나의 표시등 또는 하나의 문자로 표시되도록 할 것
② 감지기·중계기 또는 발신기가 작동하는 경계구역을 표시할 수 있는 것으로 할 것
③ 음향기구는 그 음량 및 음색이 다른 기기의 소음 등과 명확히 구별될 수 있는 것으로 할 것
④ 사람이 상시 근무하는 장소가 없는 경우에는 관계인이 쉽게 접근할 수 없는 장소에 설치할 것

해설 **자동화재탐지설비 수신기**의 **설치기준**(NFPC 203 5조, NFTC 203 2.2.3)

(1) **감지기·중계기** 또는 **발신기**가 작동하는 경계구역을 표시할 수 있는 것으로 할 것
(2) 조작스위치는 바닥으로부터의 높이가 **0.8m** 이상 **1.5m** 이하인 장소에 설치할 것
(3) 하나의 소방대상물에 **2 이상**의 수신기를 설치하는 경우에는 수신기 상호간 연동하여 화재발생상황을 각 수신기마다 확인할 수 있도록 할 것
(4) 수신기가 설치된 장소에는 **경계구역 일람도**를 비치할 것
(5) **수위실** 등 상시 사람이 근무하는 **장소**에 설치할 것 (단, 사람이 상시 근무하는 장소가 없는 경우에는 **관계인**이 쉽게 접근할 수 있고 관리가 용이한 장소에 설치 가능)

④ 없는 → 있고 관리가 용이한

답 ④

★★★
73 19.09.문74 19.04.문64 17.03.문73 14.05.문65 14.05.문73 08.03.문77
무창층의 도매시장에 설치하는 비상조명등용 비상전원은 해당 비상조명등을 몇 분 이상 유효하게 작동시킬 수 있는 용량으로 하여야 하는가?

① 10 ② 20
③ 40 ④ 60

해설 **비상조명등**의 **설치기준**(NFPC 304 4조, NFTC 304 2.1.1)

(1) 특정소방대상물의 각 거실과 지상에 이르는 복도·계단·통로에 설치할 것
(2) 조도는 각 부분의 바닥에서 **1lx** 이상일 것
(3) **점검스위치**를 설치하고 **20분** 이상 작동시킬 수 있는 용량의 **축전지**와 **예비전원 충전장치**를 내장할 것

예외규정

비상조명등의 60분 이상 작동용량
(1) **11층** 이상(지하층 제외)
(2) 지하층·무창층으로서 **도매시장·소매시장·여객자동차터미널·지하역사·지하상가**

중요

비상전원 용량

설비의 종류	비상전원 용량
• **자**동화재탐지설비 • 비상**경**보설비 • **자**동화재속보설비	**10분** 이상
• 유도등 • 비상콘센트설비 • 제연설비 • 물분무소화설비 • 옥내소화전설비(30층 미만) • 특별피난계단의 계단실 및 부속실 제연설비(30층 미만)	**20분** 이상

• 무선통신보조설비의 **증**폭기	**30분** 이상
• 옥내소화전설비(30~49층 이하) • 특별피난계단의 계단실 및 부속실 제연설비(30~49층 이하) • 연결송수관설비(30~49층 이하) • 스프링클러설비(30~49층 이하)	**40분** 이상
• 유도등 · 비상조명등(지하상가 및 11층 이상) • 옥내소화전설비(50층 이상) • 특별피난계단의 계단실 및 부속실 제연설비(50층 이상) • 연결송수관설비(50층 이상) • 스프링클러설비(50층 이상)	**60분** 이상

기억법 **경자비1(경자**라는 이름은 **비일**비재하게 많다.)
3증(3중고)

답 ④

74

11.03.문65

누전경보기의 화재안전기준에서 규정한 용어, 설치방법, 전원 등에 관한 설명으로 틀린 것은?

① 경계전로의 정격전류가 60A를 초과하는 전로에 있어서는 1급 누전경보기를 설치한다.
② 변류기는 옥외인입선 제1지점의 전원측에 설치한다.
③ 누전경보기 전원은 분전반으로부터 전용으로 하고, 각 극에 개폐기 및 15A 이하의 과전류차단기를 설치한다.
④ 누전경보기는 변류기와 수신부로 구성되어 있다.

해설 **누전경보기**의 **설치방법**(NFPC 205 4조, NFTC 205 2.1.1)

60A 초과	60A 이하
1급 누전경보기 설치	**1급** 또는 **2급** 누전경보기 설치

(1) 변류기는 옥외인입선의 **제1지점**의 **부하측** 또는 **제2종**의 **접지선측**의 점검이 쉬운 위치에 설치할 것
(2) 옥외전로에 설치하는 변류기는 **옥외형**으로 설치할 것

② 전원측 → 부하측

답 ②

75

06.03.문70

경계구역에 관한 다음 내용 중 ( ) 안에 맞는 것은?

외기에 면하여 상시 개방된 부분이 있는 차고, 주차장, 창고 등에 있어서는 외기에 면하는 각 부분으로부터 최대 ( )m 미만의 범위 안에 있는 부분은 자동화재탐지설비 경계구역의 면적에 산입하지 아니한다.

① 3　　② 5
③ 7　　④ 10

해설 **5m 미만 경계구역 면적 산입 제외**(NFPC 203 4조, NFTC 203 2.1.3)
(1) 차고
(2) 주차장
(3) 창고

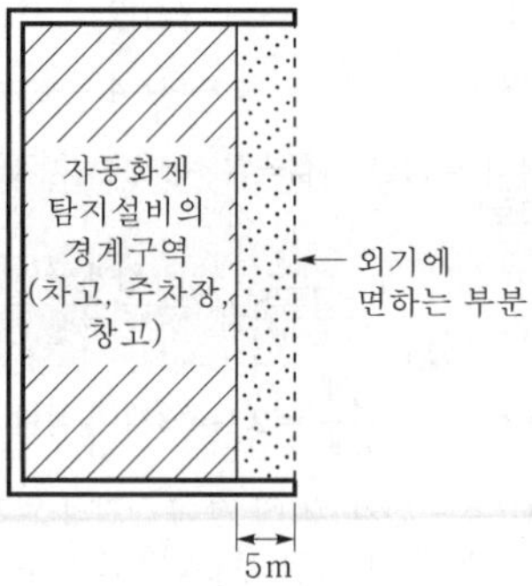

| 외기에 면하는 경우 |

답 ②

76

16.05.문66
14.09.문61
12.09.문63

누전경보기의 수신부 설치 제외 장소로서 틀린 것은?

① 습도가 높은 장소
② 온도의 변화가 급격한 장소
③ 고주파 발생회로 등에 따른 영향을 받을 우려가 있는 장소
④ 부식성의 증기 · 가스 등이 체류하지 않는 장소

해설 **누전경보기**의 **수신부 설치 제외 장소**(NFPC 205 5조, NFTC 205 2.2.2)
(1) **온**도변화가 급격한 장소
(2) **습**도가 높은 장소
(3) **가**연성의 증기, 가스 등 또는 부식성의 증기, 가스 등의 다량 체류장소
(4) **대전류회로, 고주파 발생회로** 등의 영향을 받을 우려가 있는 장소
(5) **화**약류 제조, 저장, 취급 장소

기억법 **온습누가대화(온**도 · **습**도가 높으면 **누가 대화**하냐?)

비교

누전경보기 수신부의 **설치장소**(NFPC 205 5조, NFTC 205 2.2.1)
옥내의 점검이 편리한 **건조**한 장소

답 ④

77

15.05.문79
10.03.문76

누전경보기에서 감도조정장치의 조정범위는 최대 몇 mA인가?

① 1　　② 20
③ 1000　　④ 1500

해설 **누전경보기**(누전경보기의 형식승인 및 제품검사의 기술기준 7·8조)

공칭작동전류치	감도조정장치의 조정범위
200mA 이하	1A(1000mA) 이하

기억법 공2

참고

검출누설전류 설정치 범위
(1) 경계전로 : 100~400mA
(2) 제2종 접지선 : 400~700mA

답 ③

78 15.09.문63 15.05.문63

지하층을 제외한 층수가 11층 이상의 층에서 피난층에 이르는 부분의 소방시설에 있어 비상전원을 60분 이상 유효하게 작동시킬 수 있는 용량으로 하여야 하는 설비들로 옳게 나열된 것은?

① 비상조명등설비, 유도등설비
② 비상조명등설비, 비상경보설비
③ 비상방송설비, 유도등설비
④ 비상방송설비, 비상경보설비

해설 **비상전원 용량**

설비의 종류	비상전원 용량
• 자동화재탐지설비 • 비상경보설비 • 자동화재속보설비	10분 이상
• 유도등 • 비상콘센트설비 • 제연설비 • 물분무소화설비 • 옥내소화전설비(30층 미만) • 특별피난계단의 계단실 및 부속실 제연설비(30층 미만)	20분 이상
• 무선통신보조설비의 증폭기	30분 이상
• 옥내소화전설비(30~49층 이하) • 특별피난계단의 계단실 및 부속실 제연설비(30~49층 이하) • 연결송수관설비(30~49층 이하) • 스프링클러설비(30~49층 이하)	40분 이상
• 유도등·비상조명등(지하상가 및 11층 이상) • 옥내소화전설비(50층 이상) • 특별피난계단의 계단실 및 부속실 제연설비(50층 이상) • 연결송수관설비(50층 이상) • 스프링클러설비(50층 이상)	60분 이상

기억법 경자비1(경자라는 이름은 비일비재하게 많다.)
3증(3중고)

답 ①

79 14.09.문72 12.09.문73

청각장애인용 시각경보장치는 천장의 높이가 2m 이하인 경우 천장으로부터 몇 m 이내의 장소에 설치해야 하는가?

① 0.1　② 0.15
③ 2.0　④ 2.5

해설 **청각장애인용 시각경보장치**의 **설치기준**(NFPC 203 8조, NFTC 203 2.5.2)

(1) **복도·통로·청각장애인용 객실** 및 **공용**으로 사용하는 **거실**에 설치하며, 각 부분으로부터 유효하게 경보를 발할 수 있는 위치에 설치
(2) **공연장·집회장·관람장** 또는 이와 유사한 장소에 설치하는 경우에는 시선이 집중되는 **무대부 부분** 등에 설치
(3) 설치높이는 바닥으로부터 **2~2.5m 이하**의 장소에 설치(단, 천장의 높이가 **2m 이하**인 경우에는 천장으로부터 **0.15m 이내**의 장소에 설치)
(4) 시각경보장치의 광원은 **전용**의 **축전지설비** 또는 **전기저장장치**에 의하여 점등되도록 할 것
(5) 하나의 소방대상물에 2 이상의 수신기가 설치된 경우 어느 수신기에서도 **지구음향장치** 및 **시각경보장치**를 작동할 수 있도록 할 것

답 ②

80 19.09.문80 18.03.문70 17.03.문68 14.09.문64 08.03.문62 06.05.문79

지하층으로서 특정소방대상물의 바닥부분 중 최소 몇 면이 지표면과 동일한 경우에 무선통신보조설비의 설치를 제외할 수 있는가?

① 1면 이상　② 2면 이상
③ 3면 이상　④ 4면 이상

해설 **무선통신보조설비**의 **설치 제외**(NFPC 505 4조, NFTC 505 2.1)

(1) **지**하층으로서 특정소방대상물의 바닥부분 **2면 이상**이 지표면과 동일한 경우의 해당층
(2) 지하층으로서 지표면으로부터의 깊이가 **1m 이하**인 경우의 해당층

기억법 2면무지(이면 계약의 무지)

답 ②

2016. 5. 8 시행

▌2016년 기사 제2회 필기시험▌

자격종목	종목코드	시험시간	형별	수험번호	성명
소방설비기사(전기분야)		2시간			

※ 각 문항은 4지택일형으로 질문에 가장 적합한 보기 항을 선택하여 체크하여야 합니다.

제 1 과목 소방원론

☆
01 위험물안전관리법상 위험물의 지정수량이 틀린 것은?

19.03.문06
09.05.문57

유사문제부터 풀어보세요. 실력이 팍!팍! 올라갑니다.

① 과산화나트륨 – 50kg
② 적린 – 100kg
③ 트리나이트로톨루엔(제2종) – 100kg
④ 탄화알루미늄 – 400kg

해설 **위험물의 지정수량**

위험물	지정수량
과산화나트륨	50kg
적린	100kg
트리나이트로톨루엔	제1종 : 10kg, 제2종 : 100kg
탄화알루미늄	300kg

답 ④

☆
02 블레비(BLEVE)현상과 관계가 없는 것은?

19.09.문15
18.09.문08
17.03.문17
16.10.문15
15.05.문18
15.03.문01
14.09.문12
14.03.문01
09.05.문10

① 핵분열
② 가연성 액체
③ 화구(fire ball)의 형성
④ 복사열의 대량 방출

해설 **블레비(BLEVE)현상**
(1) 가연성 액체
(2) 화구(fire ball)의 형성
(3) 복사열의 대량 방출

용어

블레비=블레이브(BLEVE)
과열상태의 탱크에서 내부의 액화가스가 분출하여 기화되어 폭발하는 현상

답 ①

☆☆
03 화재 발생시 인간의 피난 특성으로 틀린 것은?

12.05.문15

① 본능적으로 평상시 사용하는 출입구를 사용한다.
② 최초로 행동을 개시한 사람을 따라서 움직인다.
③ 공포감으로 인해서 빛을 피하여 어두운 곳으로 몸을 숨긴다.
④ 무의식 중에 발화장소의 반대쪽으로 이동한다.

해설 **화재 발생시 인간의 피난 특성**

구 분	설 명
귀소본능	• **친숙한 피난경로**를 선택하려는 행동 • 무의식 중에 평상시 사용하는 출입구나 통로를 사용하려는 행동
지광본능	• **밝은 쪽**을 지향하는 행동 • 화재의 공포감으로 인하여 **빛**을 따라 외부로 달아나려고 하는 행동
퇴피본능	• 화염, 연기에 대한 공포감으로 **발화**의 **반대방향**으로 이동하려는 행동
추종본능	• 많은 사람이 달아나는 방향으로 쫓아가려는 행동 • 화재시 최초로 행동을 개시한 사람을 따라 전체가 움직이려는 행동
좌회본능	• **좌측통행**을 하고 **시계반대방향**으로 회전하려는 행동

③ 공포감으로 인해서 빛을 따라 외부로 달아나려는 경향이 있다.

답 ③

☆☆
04 에스터가 알칼리의 작용으로 가수분해되어 알코올과 산의 알칼리염이 생성되는 반응은?

11.03.문14

① 수소화 분해반응
② 탄화반응
③ 비누화반응
④ 할로젠화반응

해설 **비누화현상(saponification phenomenon)**

에스터가 알칼리에 의해 가수분해되어 알코올과 산의 알칼리염이 되는 반응으로 주방의 식용유 화재시에 나트륨이 기름을 둘러싸 외부와 분리시켜 **질식소화** 및 **재발화 억제효과**를 나타낸다.

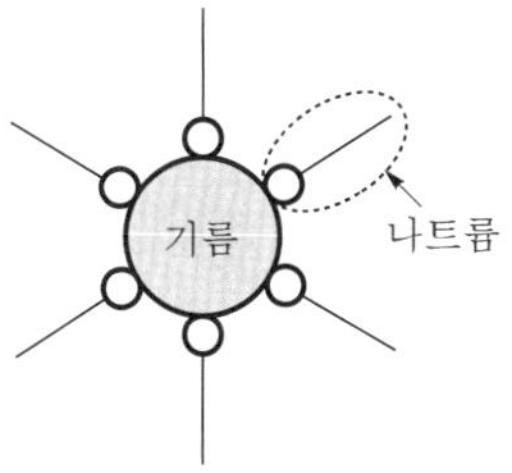

| 비누화현상 |

- 비누화현상=비누화반응

답 ③

★★★
05 건축물의 내화구조 바닥이 철근콘크리트조 또는 철골·철근콘크리트조인 경우 두께가 몇 cm 이상이어야 하는가?

15.05.문02 14.05.문12 07.05.문19

① 4　② 5
③ 7　④ 10

해설 **피난·방화구조 3조**
내화구조의 기준

구 분	기 준
벽·바닥	철골·철근콘크리트조로서 두께가 10cm 이상인 것
기둥	철골을 두께 5cm 이상의 콘크리트로 덮은 것
보	두께 5cm 이상의 콘크리트로 덮은 것

기억법 **벽바내1(벽을 바라보면 내일이 보인다.)**

비교

피난·방화구조 4조
방화구조의 기준

구조 내용	기 준
• **철망모르타르** 바르기	두께 2cm 이상
• 석고판 위에 시멘트모르타르를 바른 것 • 석고판 위에 회반죽을 바른 것 • 시멘트모르타르 위에 타일을 붙인 것	두께 2.5cm 이상
• 심벽에 흙으로 맞벽치기 한 것	모두 해당

답 ④

★★★
06 스테판-볼츠만의 법칙에 의해 복사열과 절대온도와의 관계를 옳게 설명한 것은?

14.03.문20

① 복사열은 절대온도의 제곱에 비례한다.
② 복사열은 절대온도의 4제곱에 비례한다.
③ 복사열은 절대온도의 제곱에 반비례한다.
④ 복사열은 절대온도의 4제곱에 반비례한다.

해설 **스테판-볼츠만의 법칙**(Stefan-Boltzman's law)

$$Q = aAF(T_1^{\,4} - T_2^{\,4}) \propto T^4$$

여기서, Q : 복사열[W]
a : 스테판-볼츠만 상수[W/m²·K⁴]
A : 단면적[m²]
F : 기하학적 factor
T_1 : 고온[K]
T_2 : 저온[K]

※ 열복사량은 **복**사체의 **절대온도**의 **4제곱**에 **비례**하고, **단면적**에 **비례**한다.

기억법 **복스(복수)**

답 ②

★★★
07 물을 사용하여 소화가 가능한 물질은?

① 트리메틸알루미늄
② 나트륨
③ 칼륨
④ 적린

해설 **주수소화**(물소화)시 **위험**한 **물질**

구 분	현 상
• 무기과산화물	**산소** 발생
• **금**속분 • **마**그네슘 • 알루미늄(트리메틸알루미늄 등) • 칼륨 • 나트륨 • 수소화리튬	**수소** 발생
• 가연성 액체의 유류화재	**연소면**(화재면) 확대

기억법 **금마수**

※ **주수소화** : 물을 뿌려 소화하는 방법

답 ④

★★★
08 연쇄반응을 차단하여 소화하는 약제는?

① 물　② 포
③ 할론 1301　④ 이산화탄소

해설 **연쇄반응**을 **차단**하여 소화하는 약제
(1) 할론소화약제(할론 1301 등)
(2) 할로겐화합물소화약제
(3) 분말소화약제

답 ③

★★★
09 화재의 종류에 따른 표시색 연결이 틀린 것은?

19.09.문16 19.03.문08 17.09.문07 16.05.문09 15.09.문19 13.09.문07

① 일반화재 - 백색
② 전기화재 - 청색
③ 금속화재 - 흑색
④ 유류화재 - 황색

해설 **화재**의 **종류**

구 분	표시색	적응물질
일반화재(A급)	백색	• 일반가연물 • 종이류 화재 • 목재, 섬유화재
유류화재(B급)	황색	• 가연성 액체 • 가연성 가스 • 액화가스화재 • 석유화재
전기화재(C급)	청색	• 전기설비
금속화재(D급)	무색	• 가연성 금속
주방화재(K급)	-	• 식용유화재

※ 요즘은 표시색의 의무규정은 없음

③ 흑색 → 무색

답 ③

★★★
10 제4류 위험물의 화재시 사용되는 주된 소화방법은?

15.09.문58 14.09.문13

① 물을 뿌려 냉각한다.
② 연소물을 제거한다.
③ 포를 사용하여 질식소화한다.
④ 인화점 이하로 냉각한다.

해설 **위험물**의 **소화방법**

종 류	성 질	소화방법
제1류	강산화성 물질(산화성 고체)	물에 의한 **냉각소화**(단, **무기과산화물**은 **마른모래** 등에 의한 **질식소화**)
제2류	환원성 물질(가연성 고체)	물에 의한 **냉각소화**(단, **황화인 · 철분 · 마그네슘 · 금속분**은 **마른모래** 등에 의한 질식소화)
제3류	금수성 물질 및 자연발화성 물질	마른모래, 팽창질석, 팽창진주암에 의한 **질식소화**(마른모래보다 **팽창질석** 또는 **팽창진주암**이 더 효과적)
제4류	인화성 물질(인화성 액체)	포 · 분말 · 이산화탄소(CO_2) · 할론 · 물분무 소화약제에 의한 **질식소화**
제5류	폭발성 물질(자기반응성 물질)	화재 초기에만 대량의 물에 의한 **냉각소화**(단, 화재가 진행되면 자연진화되도록 기다릴 것)
제6류	산화성 물질(산화성 액체)	마른모래 등에 의한 **질식소화**(단, **과산화수소**는 다량의 **물**로 **희석소화**)

답 ③

★★
11 화씨 95도를 켈빈(Kelvin)온도로 나타내면 약 몇 K인가?

11.06.문02

① 178 ② 252
③ 308 ④ 368

해설 (1) **섭씨온도**

$$℃ = \frac{5}{9}(°F - 32)$$

여기서, ℃ : 섭씨온도[℃]
°F : 화씨온도[°F]

섭씨온도(℃)는

$℃ = \frac{5}{9}(95 - 32) = 35℃$

(2) **켈빈온도**

$$K = 273 + ℃$$

여기서, K : 켈빈온도[K]
℃ : 섭씨온도[℃]

켈빈온도(K)는

$K = 273 + ℃ = 273 + 35 = 308K$

비교

화씨온도	랭킨온도
$°F = \frac{9}{5}℃ + 32$ 여기서, °F : 화씨온도[°F] ℃ : 섭씨온도[℃]	$°R = 460 + °F$ 여기서, °R : 랭킨온도[°R] °F : 화씨온도[°F]

답 ③

★★★
12 소화기구는 바닥으로부터 높이 몇 m 이하의 곳에 비치하여야 하는가? (단, 자동소화장치를 제외한다.)

11.03.문01

① 0.5 ② 1.0
③ 1.5 ④ 2.0

해설 **설치높이**

0.5~1m 이하	0.8~1.5m 이하	1.5m 이하
• 연결송수관설비의 송수구 · 방수구 • 연결살수설비의 송수구 • 소화용수설비의 채수구 기억법 연소용 51 (연소용 오일은 잘 탄다.)	• 제어밸브(수동식 개방밸브) • 유수검지장치 • 일제개방밸브 기억법 제유일 85 (제가 유일하게 팔았어요.)	• 옥내소화전설비의 방수구 • 호스릴함 • 소화기구 기억법 옥내호소 5 (옥내에서 호소하시오.)

답 ③

★★★
13 증발잠열을 이용하여 가연물의 온도를 떨어뜨려 화재를 진압하는 소화방법은?

13.09.문13

① 제거소화 ② 억제소화
③ 질식소화 ④ 냉각소화

해설 **소화의 형태**

구 분	설 명
냉각소화	• **점화원**을 냉각하여 소화하는 방법 • **증**발잠열을 이용하여 열을 빼앗아 가연물의 온도를 떨어뜨려 화재를 진압하는 소화방법 • **다량**의 **물**을 뿌려 소화하는 방법 • 가연성 물질을 **발화점 이하**로 **냉각**하여 소화하는 방법 • **식용유화재**에 신선한 **야채**를 넣어 소화하는 방법 • 용융잠열에 의한 **냉각효과**를 이용하여 소화하는 방법 기억법 **냉점증발**
질식소화	• 공기 중의 **산소농도**를 **16%(10~15%)** 이하로 희박하게 하여 소화하는 방법 • 산화제의 농도를 낮추어 연소가 지속될 수 없도록 소화하는 방법 • 산소공급을 차단하여 소화하는 방법 • 산소의 농도를 낮추어 소화하는 방법 • 화학반응으로 발생한 **탄산가스**에 의한 소화방법 기억법 **질산**
제거소화	• **가연물**을 **제거**하여 소화하는 방법
부촉매 소화 (=화학소화)	• **연쇄반응**을 **차단**하여 소화하는 방법 • 화학적인 방법으로 화재를 억제하여 소화하는 방법 • **활성기**(free radical)의 **생성**을 **억제**하여 소화하는 방법 기억법 **부억(부엌)**
희석소화	• 기체·고체·액체에서 나오는 분해가스나 증기의 농도를 낮춰 소화하는 방법 • 불연성 가스의 **공기** 중 **농도**를 높여 소화하는 방법

답 ④

★★★
14 폭굉(detonation)에 관한 설명으로 틀린 것은?

03.05.문10

① 연소속도가 음속보다 느릴 때 나타난다.
② 온도의 상승은 충격파의 압력에 기인한다.
③ 압력상승은 폭연의 경우보다 크다.
④ 폭굉의 유도거리는 배관의 지름과 관계가 있다.

해설 **연소반응**(전파형태에 따른 분류)

폭연(deflagration)	폭굉(detonation)
연소속도가 음속보다 느릴 때 발생	연소속도가 음속보다 빠를 때 발생

※ **음속** : 소리의 속도로서 약 **340m/s**이다.

답 ①

★★
15 제1종 분말소화약제의 열분해반응식으로 옳은 것은?

19.03.문01
18.04.문06
17.09.문10
16.10.문06
16.10.문10
16.10.문11
16.05.문17
16.03.문09
15.09.문01
15.05.문08
14.09.문10
14.05.문17
14.03.문03
12.03.문13

① $2NaHCO_3 \rightarrow Na_2CO_3 + CO_2 + H_2O$
② $2KHCO_3 \rightarrow K_2CO_3 + CO_2 + H_2O$
③ $2NaHCO_3 \rightarrow Na_2CO_3 + 2CO_2 + H_2O$
④ $2KHCO_3 \rightarrow K_2CO_3 + 2CO_2 + H_2O$

해설 **분말소화기(질식효과)**

종 별	소화약제	약제의 착색	화학반응식	적응 화재
제1종	탄산수소 나트륨 ($NaHCO_3$)	백색	$2NaHCO_3 \rightarrow$ $Na_2CO_3 + \mathbf{CO_2} + H_2O$	BC급
제2종	탄산수소 칼륨 ($KHCO_3$)	담자색 (담회색)	$2KHCO_3 \rightarrow$ $K_2CO_3 + CO_2 + H_2O$	BC급
제3종	인산암모늄 **($NH_4H_2PO_4$)**	담홍색	$NH_4H_2PO_4 \rightarrow$ $\mathbf{HPO_3 + NH_3 + H_2O}$	**AB C급**
제4종	탄산수소 칼륨+요소 ($KHCO_3$+ $(NH_2)_2CO$)	회(백)색	$2KHCO_3 +$ $(NH_2)_2CO \rightarrow$ $K_2CO_3 +$ $2NH_3 + 2CO_2$	BC급

• 탄산수소나트륨 = 중탄산나트륨
• 탄산수소칼륨 = 중탄산칼륨
• 제1인산암모늄 = 인산암모늄 = 인산염
• 탄산수소칼륨 + 요소 = 중탄산칼륨 + 요소

답 ①

★★
16 굴뚝효과에 관한 설명으로 틀린 것은?

17.03.문01
04.03.문19
01.06.문11

① 건물 내·외부의 온도차에 따른 공기의 흐름 현상이다.
② 굴뚝효과는 고층건물에서는 잘 나타나지 않고 저층건물에서 주로 나타난다.
③ 평상시 건물 내의 기류분포를 지배하는 중요 요소이며 화재시 연기의 이동에 큰 영향을 미친다.
④ 건물외부의 온도가 내부의 온도보다 높은 경우 저층부에서는 내부에서 외부로 공기의 흐름이 생긴다.

해설 **굴뚝효과**(stack effect)

(1) 건물 내·외부의 **온도차**에 따른 공기의 흐름현상이다.
(2) 굴뚝효과는 **고층건물**에서 주로 나타난다.
(3) 평상시 건물 내의 기류분포를 지배하는 중요 요소이며 화재시 **연기**의 **이동**에 큰 영향을 미친다.
(4) 건물외부의 온도가 내부의 온도보다 높은 경우 저층부에서는 내부에서 외부로 공기의 흐름이 생긴다.

이상기체 상태방정식

$$\rho = \frac{P}{RT}$$

여기서, ρ : 밀도[kg/m³], P : 압력[kPa]
R : 기체상수(공기의 기체상수 0.287kJ/kg·K)
T : 절대온도(273+℃)[K]

위 식에서 밀도와 온도는 반비례하므로 건물 외부온도>건물 내부온도인 경우 건물 외부밀도<건물 내부밀도이므로 저층부에서는 내부에서 외부로 공기의 흐름이 생긴다. 건물 내부밀도가 높다는 것은 건물 내부의 공기입자가 빽빽하게 들어 있다는 뜻이므로 공기입자가 빽빽한 내부에서 외부로 공기의 흐름이 생기는 것이다.

중요

연기거동 중 **굴뚝효과**와 관계있는 것
(1) 건물 내외의 온도차
(2) 화재실의 온도
(3) 건물의 높이

답 ②

★★★
17 분말소화약제 중 담홍색 또는 황색으로 착색하여 사용하는 것은?

17.09.문10 16.10.문06 16.10.문10 16.05.문15 16.03.문09 16.03.문11 15.09.문01 15.05.문08 14.09.문10 14.05.문17 14.03.문03 12.03.문13

① 탄산수소나트륨
② 탄산수소칼륨
③ 제1인산암모늄
④ 탄산수소칼륨과 요소와의 반응물

해설 (1) **분말소화약제**

종 별	주성분	착 색	적응 화재	비 고
제1종	중탄산나트륨 ($NaHCO_3$)	백색	BC급	**식용유** 및 **지방질유**의 화재에 적합
제2종	중탄산칼륨 ($KHCO_3$)	담자색 (담회색)	BC급	–
제3종	제1인산암모늄 ($NH_4H_2PO_4$)	담홍색 (황색)	ABC급	**차고·주차장**에 적합
제4종	중탄산칼륨+요소 ($KHCO_3$+$(NH_2)_2CO$)	회(백)색	BC급	–

기억법 1식분(일식 분식)
3분 차주(삼보컴퓨터 차주)

(2) **이산화탄소소화약제**

주성분	적응화재
이산화탄소(CO_2)	BC급

답 ③

★★
18 화재 및 폭발에 관한 설명으로 틀린 것은?

13.06.문10

① 메탄가스는 공기보다 무거우므로 가스탐지부는 가스기구의 직하부에 설치한다.
② 옥외저장탱크의 방유제는 화재시 화재의 확대를 방지하기 위한 것이다.
③ 가연성 분진이 공기 중에 부유하면 폭발할 수도 있다.
④ 마그네슘의 화재시 주수소화는 화재를 확대할 수 있다.

해설 LPG와 LNG

구 분	액화석유가스(LPG)		액화천연가스(LNG)
특 징	공기보다 무겁다.		공기보다 가볍다.
주성분	프로판 (C_3H_8)	부탄 (C_4H_{10})	메탄(CH_4)
증기비중	1.51	2	0.55

① 메탄가스는 공기보다 **가벼우므로** 가스탐지부는 가스기구의 **직상부**에 설치한다.

답 ①

★★★
19 위험물에 관한 설명으로 틀린 것은?

17.03.문11 16.03.문07 09.03.문16

① 유기금속화합물인 사에틸납은 물로 소화할 수 없다.
② 황린은 자연발화를 막기 위해 통상 물속에 저장한다.
③ 칼륨, 나트륨은 등유 속에 보관한다.
④ 황은 자연발화를 일으킬 가능성이 없다.

해설
① 물로 소화할 수 없다. → 물로 소화할 수 있다.
④ **황**은 자연발화를 일으키지 않는다.

중요

물질에 따른 **저장장소**

물 질	저장장소
황린, **이**황화탄소(CS_2)	**물**속
나이트로셀룰로오스	알코올 속
칼륨(K), 나트륨(Na), 리튬(Li)	석유류(등유) 속
아세틸렌(C_2H_2)	디메틸포름아미드(DMF), 아세톤에 용해

기억법 **황물이(황토색 물이 나온다.)**

답 ①

★★
20 알킬알루미늄 화재에 적합한 소화약제는?

07.09.문03

① 물 ② 이산화탄소
③ 팽창질석 ④ 할론

해설 알킬알루미늄 소화약제

위험물	소화약제
• 알킬알루미늄	• 마른모래 • 팽창질석 • 팽창진주암

답 ③

제 2 과목 소방전기일반

★ 21

15.05.문22
11.06.문24

제어계가 부정확하고 신뢰성은 없으나 출력과 입력이 서로 독립인 제어계는?

① 자동제어계 ② 개회로제어계
③ 폐회로제어계 ④ 피드백제어계

해설 **개회로제어계**와 **피드백제어계**

개회로제어계	피드백제어계
제어계가 부정확하고 신뢰성은 없으나 **출력**과 **입력**이 서로 **독립**인 제어계	출력신호를 입력신호로 되돌려서 **입력**과 **출력**을 **비교**함으로써 **정확한 제어**가 가능하도록 한 제어

답 ②

★★ 22

19.04.문28
19.03.문32
17.09.문22
17.09.문39
17.05.문29
16.10.문35
16.03.문32
15.05.문23
15.05.문37
14.09.문23
13.09.문27
11.03.문30

제어량을 어떤 일정한 목표값으로 유지하는 것을 목적으로 하는 제어방식은?

① 정치제어
② 추종제어
③ 프로그램제어
④ 비율제어

해설 **제어**의 **종류**

종 류	설 명
정치제어 (fixed value control)	• 일정한 **목**표값을 **유**지하는 것으로 **프로세스제어, 자동조정**이 이에 해당된다. 예 **연속식 압연기** • **목표값**이 시간에 관계없이 항상 일정한 값을 가지는 제어이다. 기억법 **유목정**
추종제어 (follow-up control)	미지의 시간적 변화를 하는 목표값에 제어량을 **추종**시키기 위한 제어로 **서보기구**가 이에 해당된다. 예 **대공포의 포신**
비율제어 (ratio control)	둘 이상의 제어량을 소정의 비율로 제어하는 것이다.
프로그램제어 (program control)	목표값이 **미리 정해진 시간적 변화**를 하는 경우 제어량을 그것에 추종시키기 위한 제어이다. 예 **열차 · 산업로봇의 무인운전**

중요

제어량에 의한 **분류**

분 류	종 류
프로세스제어	• **온**도 • **압**력 • **유**량 • **액**면 기억법 **프온압유액**
서보기구 (서보제어, 추종제어)	• **위**치 • **방**위 • **자**세 기억법 **서위방자**
자동조정	• 전압 • 전류 • 주파수 • 장력 • 회전속도(**발**전기의 **속**도조절기) 기억법 **자발속**

※ **프로세스제어**(공정제어) : 공업공정의 상태량을 제어량으로 하는 제어

답 ①

★★ 23

00.10.문70

서로 다른 두 개의 금속도선 양끝을 연결하여 폐회로를 구성한 후, 양단에 온도차를 주었을 때 두 접점 사이에서 기전력이 발생하는 효과는?

① 톰슨효과 ② 제에벡효과
③ 펠티에효과 ④ 핀치효과

해설 **제에벡효과**(seebeck effect)

(1) 2종의 금속을 양단에 결합하여 양단에 **온도차**를 주었을 때 **기**전력이 발생하는 원리
(2) 이종 금속을 접합하여 **폐회로**를 만든 후 두 접합점의 온도를 다르게 하여 **열선류**를 얻는 열전현상

기억법 **제기**

※ **제에벡효과**를 이용한 **감지기**
(1) 열전대식 감지기
(2) 열반도체식 감지기

답 ②

★★ 24

일정 전압의 직류전원에 저항을 접속하고 전류를 흘릴 때 전류의 값을 20% 감소시키기 위한 저항값은 처음의 몇 배인가?

① 0.05 ② 0.83
③ 1.25 ④ 1.5

해설 (1) **전류**값을 **20% 감소**시키므로
$I_2=(1-0.2)I_1=0.8I_1$ 이 되어

$$I=\frac{V}{R},\ R=\frac{V}{I}$$

여기서, I : 전류[A]
V : 전압[V]
R : 저항[Ω]

(2) $R_2=\frac{V}{0.8I_1}=\frac{1}{0.8}I_1=1.25I_1$

답 ③

★★★ 25

16.03.문38
15.09.문24
12.03.문38

제어량을 조절하기 위하여 제어대상에 주어지는 양으로 제어부의 출력이 되는 것은?

① 제어량 ② 주피드백신호
③ 기준입력 ④ 조작량

해설 **피드백제어의 용어**

용 어	설 명
제어량 (controlled value)	제어대상에 속하는 양으로, 제어대상을 제어하는 것을 목적으로 하는 물리적인 양이다.
조작량 (manipulated value)	• **제어장치**의 **출력**인 동시에 **제어대상**의 **입력**으로 제어장치가 제어대상에 가해지는 제어신호이다. • **제어요소**에서 **제어대상**에 인가되는 양이다. 기억법 **조제대상**
제어요소 (control element)	동작신호를 조작량으로 변환하는 요소이고, **조절부**와 **조작부**로 이루어진다.
제어장치 (control device)	제어하기 위해 제어대상에 부착되는 장치이고, **조절부**, **설정부**, **검출부** 등이 이에 해당된다.
오차검출기	제어량을 설정값과 비교하여 오차를 계산하는 장치이다.

답 ④

★★★
26 변압기의 내부회로 고장검출용으로 사용되는 계전기는?

19.09.문25
16.03.문36
13.09.문28
12.09.문21

① 비율차동계전기 ② 과전류계전기
③ 온도계전기 ④ 접지계전기

해설

비율차동계전기, 브흐홀츠계전기	접지계전기
• **발**전기나 **변**압기의 내부고장 보호용(내부회로 고장검출용)	• 지락전류 검출

기억법 **비발변**

• 차동계전기=비율차동계전기

답 ①

★
27 단상 반파정류회로에서 출력되는 전력은?

19.04.문31
16.05.문31
13.06.문33
12.03.문35
07.05.문34

① 입력전압의 제곱에 비례한다.
② 입력전압에 비례한다.
③ 부하저항에 비례한다.
④ 부하임피던스에 비례한다.

해설 **단상 반파정류회로**

(1) **직류 평균전압**

$$E_{av} = 0.45E$$

여기서, E_{av} : 직류 평균전압[V]
E : 교류 실효값[V]

(2) **출력전력**

$$P = \frac{{E_{av}}^2}{R} = \frac{(0.45E)^2}{R}$$

여기서, P : 출력전력[W]
E_{av} : 직류 평균전압[V]
E : 교류 실효값(입력전압)[V]
R : 저항[Ω]

∴ 출력전력 $P = \frac{(0.45E)^2}{R} \propto E^2$

① 출력전력은 입력전압의 **제곱**에 **비례**

답 ①

★★★
28 100Ω인 저항 3개를 같은 전원에 △결선으로 접속할 때와 Y결선으로 접속할 때, 선전류의 크기의 비는?

11.10.문28

① 3 ② $\frac{1}{3}$
③ $\sqrt{3}$ ④ $\frac{1}{\sqrt{3}}$

해설 (1) **Y결선**의 **선류**

$$I_{\text{Y}} = \frac{V}{\sqrt{3}R}$$

여기서, I_{Y} : Y결선의 전류[A]
V : 전압[V]
R : 저항[Ω]

(2) **△결선**의 **전류**

$$I_{\triangle} = \frac{\sqrt{3}V}{R}$$

여기서, $I_{\triangle}$: △결선의 전류[A]
V : 전압[V]
R : 저항[Ω]

$$\therefore \frac{I_{\triangle}}{I_{\text{Y}}} = \frac{\frac{\sqrt{3}V}{R}}{\frac{V}{\sqrt{3}R}} = 3\text{배}$$

※ 문제의 지문 중에서 **먼저 나온 말**을 **분자**, **나중에 나온 말**을 **분모**로 하여 계산하면 된다. 쉽지 않은가?

답 ①

★★
29 한 조각의 실리콘 속에 많은 트랜지스터, 다이오드, 저항 등을 넣고 상호 배선을 하여 하나의 회로에서의 기능을 갖게 한 것은?

06.09.문22

① 포토 트랜지스터 ② 서미스터
③ 바리스터 ④ IC

해설 **IC**(Integrated Circuit)
한 조각의 실리콘 속에 여러 개의 **트랜지스터**, **다이오드**, **저항** 등을 넣고 상호 배선을 하여 하나의 회로로서의 기능을 갖게 한 것으로 '집적회로'라고도 부른다.

| IC |

답 ④

30 변류기에 결선된 전류계가 고장이 나서 교환하는 경우 옳은 방법은?

19.03.문36
02.05.문26

① 변류기의 2차를 개방시키고 한다.
② 변류기의 2차를 단락시키고 한다.
③ 변류기의 2차를 접지시키고 한다.
④ 변류기에 피뢰기를 달고 한다.

해설 **변류기**(CT) 교환시 2차측 단자는 반드시 **단락**하여야 한다. 단락하지 않으면 2차측에 **고압**이 **유발**(발생)되어 변류기가 **소손**될 우려가 있다.

중요

변류기와 **영상변류기**

명 칭	기 능	그림기호
변류기 (CT)	일반전류 검출	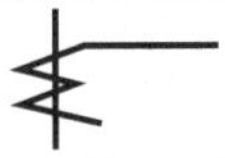
영상변류기 (ZCT)	누설전류 검출	

답 ②

31 단상변압기 권수비 $a=8$이고, 1차 교류전압은 110V이다. 변압기 2차 전압을 단상 반파정류회로를 이용하여 정류했을 때 발생하는 직류전압의 평균치는 약 몇 V인가?

19.04.문31
16.05.문27
13.06.문33
12.03.문35
07.05.문34

① 6.19
② 6.29
③ 6.39
④ 6.88

해설 (1) **권수비**

$$a=\frac{N_1}{N_2}=\frac{V_1}{V_2}=\frac{I_2}{I_1}=\sqrt{\frac{R_1}{R_2}}$$

여기서, a : 권수비
N_1 : 1차 코일권수
N_2 : 2차 코일권수
V_1 : 1차 교류전압[V]
V_2 : 2차 교류전압[V]
I_1 : 1차 전류[A]
I_2 : 2차 전류[A]
R_1 : 1차 저항[Ω]
R_2 : 2차 저항[Ω]

$$a=\frac{V_1}{V_2}$$

2차 교류전압 V_2는

$$V_2=\frac{V_1}{a}=\frac{110}{8}=13.75\text{V}$$

(2) **단상 반파정류회로**

$$E_{av}=0.45E$$

여기서, E_{av} : 직류 평균전압[V]
E : 교류 실효값[V]

$E_{av}=0.45E=0.45\times13.75 ≒ 6.19\text{V}$

• 2차 교류전압(V_2)=교류 실효값(E)

비교

단상 전파정류회로

$$E_{av}=0.9E$$

여기서, E_{av} : 직류 평균전압[V]
E : 교류 실효값[V]

답 ①

32 전류에 의한 자계의 세기를 구하는 법칙은?

17.03.문22
15.05.문35
14.03.문22
03.05.문33

① 쿨롱의 법칙
② 패러데이의 법칙
③ 비오-사바르의 법칙
④ 렌츠의 법칙

해설 **여러 가지 법칙**

법 칙	설 명
옴의 **법칙**	'저항은 전류에 반비례하고 전압에 비례한다'는 법칙
플레밍의 **오른손 법칙**	**도**체운동에 의한 **유**기기전력의 **방**향 결정 기억법 **방유도오**(**방**에 **우유**를 **도로** 갖다 놓게!)
플레밍의 **왼손 법칙**	**전**자력의 방향 결정 기억법 **왼전**(**왼** **전**쟁이냐?)
렌츠의 **법칙**	자속변화에 의한 **유**도기전력의 **방**향 결정 기억법 **렌유방**(오**렌**지가 **유**일한 **방**법이다.)

패러데이의 전자유도법칙	자속변화에 의한 **유**기기전력의 **크**기 결정 기억법 패유크(패유를 버리면 큰일난다.)
앙페르의 오른나사법칙	**전**류에 의한 **자**기장의 방향을 결정하는 법칙 기억법 앙전자(양전자)
비오-사바르의 법칙	**전**류에 의해 발생되는 **자**기장의 크기(전류에 의한 자계의 세기) 기억법 비전자(비전공자)
키르히호프의 법칙	옴의 법칙을 응용한 것으로 복잡한 회로의 전류와 전압계산에 사용
줄의 법칙	• 어떤 도체에 일정 시간 동안 전류를 흘리면 도체에는 열이 발생되는데 이에 관한 법칙 • 저항이 있는 도체에 전류를 흘리면 **열**이 발생되는 법칙 기억법 줄열
쿨롱의 법칙	"두 자극 사이에 작용하는 힘은 두 **자극**의 **세기**의 **곱**에 **비례**하고, 두 자극 사이의 **거리**의 **제곱**에 **반비례**한다."는 법칙

답 ③

★★★
33 공기 중에 1×10^{-7}C의 (+)전하가 있을 때, 이 전하로부터 15cm의 거리에 있는 점의 전장의 세기는 몇 V/m인가?

17.09.문32
07.09.문22

① 1×10^4　② 2×10^4
③ 3×10^4　④ 4×10^4

해설 **전계의 세기**(intensity of electric field)

$$E=\frac{Q}{4\pi\varepsilon r^2}$$

여기서, E : 전계의 세기[V/m]
Q : 전하[C]
ε : 유전율[F/m]($\varepsilon=\varepsilon_0\cdot\varepsilon_s$)
r : 거리[m]

전계의 세기(전장의 세기) E는

$$E=\frac{Q}{4\pi\varepsilon r^2}=\frac{Q}{4\pi\varepsilon_0\varepsilon_s r^2}$$
$$=\frac{Q}{4\pi\varepsilon_0 r^2}$$
$$=\frac{(1\times10^{-7})}{4\pi\times(8.855\times10^{-12})\times0.15^2}$$
$$\fallingdotseq 40000$$
$$=4\times10^4\text{V/m}$$

• **진공의 유전율** : $\varepsilon_0=8.855\times10^{-12}$F/m
• **거리** : $r=15\text{cm}=0.15\text{m}$
• ε_s(비유전율) : 진공 중 또는 공기 중 $\varepsilon_s\fallingdotseq1$이므로 생략

답 ④

★★
34 선간전압 E[V]의 3상 평형 전원에 대칭 3상 저항부하 R[Ω]이 그림과 같이 접속되었을 때 a, b 두 상간에 접속된 전력계의 지시값이 W[W]라면 c상의 전류는 몇 A인가?

19.04.문36
06.05.문21

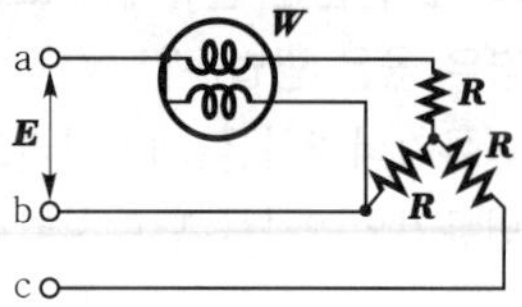

① $\dfrac{2W}{\sqrt{3}E}$　② $\dfrac{3W}{\sqrt{3}E}$
③ $\dfrac{W}{\sqrt{3}E}$　④ $\dfrac{\sqrt{3}W}{\sqrt{E}}$

해설 **전력계법**

전력계법	접속도	전 류
1전력계법	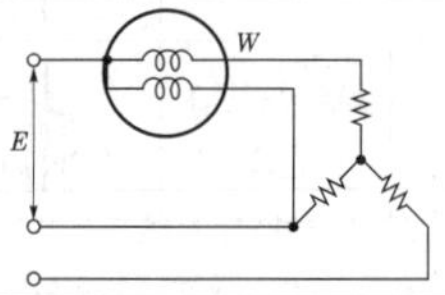	$I=\dfrac{2W}{\sqrt{3}E}$
2전력계법	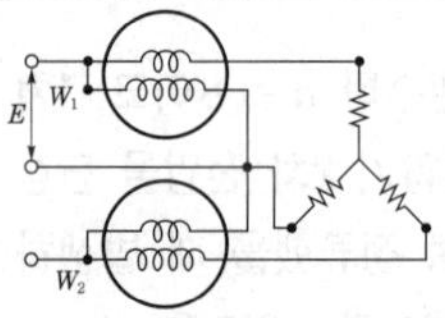	$I=\dfrac{W_1+W_2}{\sqrt{3}E}$
3전력계법	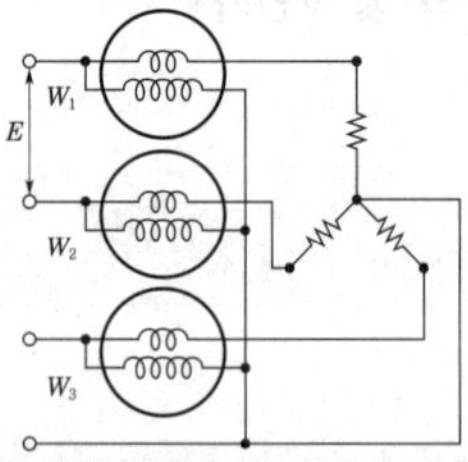	$I=\dfrac{W_1+W_2+W_3}{\sqrt{3}E}$

여기서, I : 전류[A]
W : 전력계의 지시값[W]
E : 선간전압[V]

답 ①

★★
35 그림과 같은 회로에서 2Ω에 흐르는 전류는 몇 A 인가? (단, 저항의 단위는 모두 Ω이다.)

07.09.문36

① 0.8
② 1.0
③ 1.2
④ 2.0

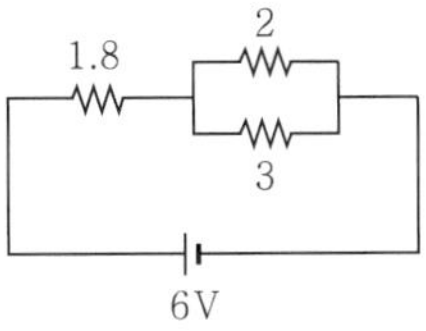

해설

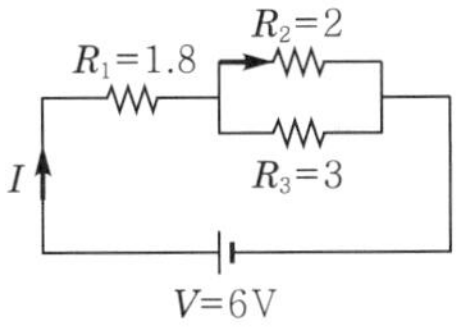

(1) **전체저항**

$$R=R_1+\frac{R_2R_3}{R_2+R_3}=1.8+\frac{2\times3}{2+3}=3\Omega$$

(2) **전체전류**

$$I=\frac{V}{R}$$

여기서, I: 전체전류〔A〕
V: 전압〔V〕
R: 전체저항〔Ω〕

전체전류 I는

$$I=\frac{V}{R}=\frac{6}{3}=2\text{A}$$

(3) **2Ω에 흐르는 전류**

$$I_2=\frac{R_3}{R_2+R_3}I$$

여기서, I_2 : 2Ω에 흐르는 전류〔A〕
R_3 : R_3의 저항〔Ω〕
R_2 : R_2의 저항〔Ω〕
I : 전체전류〔A〕

2Ω에 흐르는 전류 I_2는

$$I_2=\frac{R_3}{R_2+R_3}I=\frac{3}{2+3}\times2=1.2\text{A}$$

답 ③

★★★
36 논리식 $X\cdot(X+Y)$를 간략화하면?

19.09.문21
19.04.문32
19.03.문24
18.04.문38
18.03.문31
17.09.문33
17.03.문23
16.03.문39
15.09.문23
13.09.문30
13.06.문35
11.03.문32

① X
② Y
③ $X+Y$
④ $X\cdot Y$

해설

$$\begin{aligned}X\cdot(X+Y)&=\underbrace{XX}_{X\cdot X=X}+XY\\&=X+XY\\&=X\underbrace{(1+Y)}_{X+1=1}\\&=\underbrace{X\cdot1}_{X\cdot1=X}\\&=X\end{aligned}$$

중요

불대수의 정리

논리합	논리곱	비 고
$X+0=X$	$X\cdot0=0$	-
$X+1=1$	$X\cdot1=X$	-
$X+X=X$	$X\cdot X=X$	-
$X+\overline{X}=1$	$X\cdot\overline{X}=0$	-
$X+Y=Y+X$	$X\cdot Y=Y\cdot X$	교환법칙
$X+(Y+Z)=(X+Y)+Z$	$X(YZ)=(XY)Z$	결합법칙
$X(Y+Z)=XY+XZ$	$(X+Y)(Z+W)=XZ+XW+YZ+YW$	분배법칙
$X+XY=X$	$\overline{X}+XY=\overline{X}+Y$ $X+\overline{X}Y=X+Y$ $X+X\overline{Y}=X+\overline{Y}$	흡수법칙
$\overline{(X+Y)}=\overline{X}\cdot\overline{Y}$	$\overline{(X\cdot Y)}=\overline{X}+\overline{Y}$	드모르간의 정리

답 ①

★★★
37 단상변압기 3대를 △결선하여 부하에 전력을 공급하고 있는데 변압기 1대의 고장으로 V결선을 한 경우 고장 전의 몇 % 출력을 낼 수 있는가?

13.03.문36

① 51.6
② 53.6
③ 55.7
④ 57.7

해설 **V결선**

변압기 1대의 **이용률**	△ → V 결선시의 **출력비**
$U=\frac{\sqrt{3}\,VI\cos\theta}{2\,VI\cos\theta}=\frac{\sqrt{3}}{2}=0.866(86.6\%)$	$\frac{P_V}{P_\triangle}=\frac{\sqrt{3}\,VI\cos\theta}{3\,VI\cos\theta}=\frac{\sqrt{3}}{3}=0.577(57.7\%)$

답 ④

★★★
38 그림과 같은 다이오드 논리회로의 명칭은?

10.09.문33

① NOR 회로
② AND 회로
③ OR 회로
④ NAND 회로

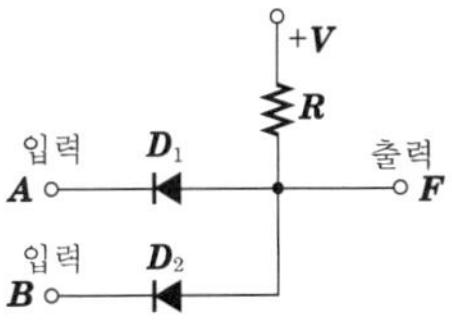

해설 **논리회로와 전자회로**

명 칭	회 로
AND 게이트	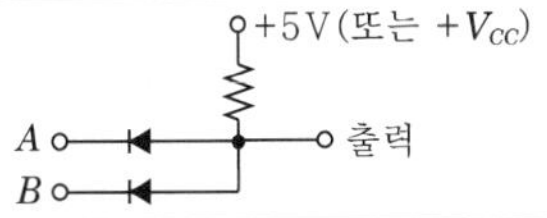

AND 게이트	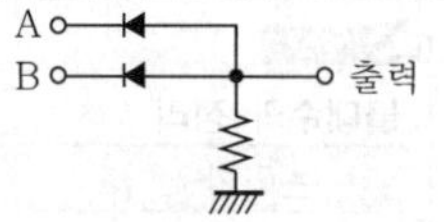
OR 게이트	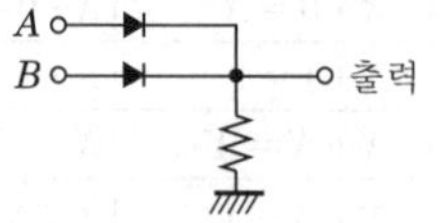
	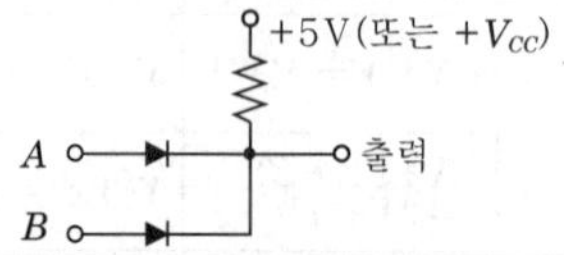
NOR 게이트	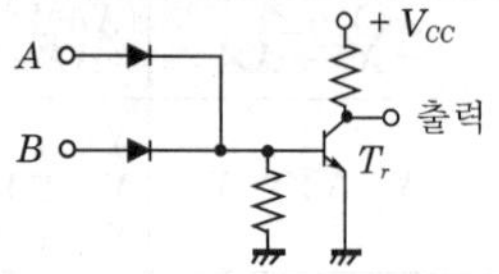
NAND 게이트	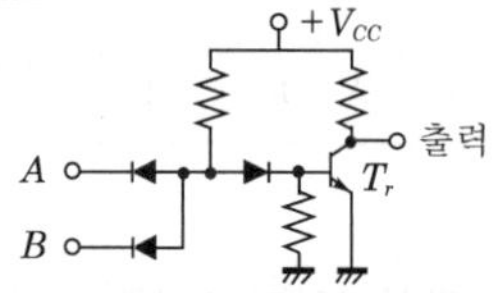

답 ②

39 $i=50\sin\omega t$ **인 교류전류의 평균값은 약 몇 A 인가?**

04.05.문34

① 25 ② 31.8
③ 35.9 ④ 50

해설 (1) **교류전류**의 **순시값**

$$i=I_m\sin\omega t$$

여기서, i : 교류전류의 순시값[A]
I_m : 교류전류의 최대값[A]

$i=I_m\sin\omega t=50\sin\omega t$ 이므로
$I_m=50\text{A}$

(2) **교류전류**의 **평균값**

$$I_{av}=0.637I_m$$

여기서, I_{av} : 전류의 평균값[A]
I_m : 전류의 최대값[A]

전류의 평균값 I_{av} 는
$I_{av}=0.637I_m=0.637\times50≒31.8\text{A}$

답 ②

40 그림과 같은 계전기 접점회로를 논리식으로 나타내면?

13.03.문24

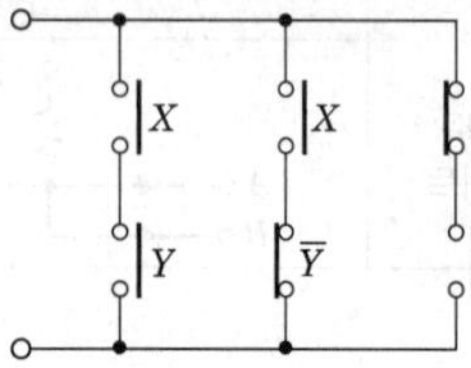

① $XY+X\overline{Y}+\overline{X}Y$
② $(XY)+(X\overline{Y})(\overline{X}Y)$
③ $(X+Y)(X+\overline{Y})(\overline{X}+Y)$
④ $(X+Y)+(X+\overline{Y})+(\overline{X}+Y)$

해설 논리식 $=X\cdot Y+X\cdot\overline{Y}+\overline{X}\cdot Y=XY+X\overline{Y}+\overline{X}Y$

※ 논리식 산정시 **직렬**은 '·', **병렬**은 '+'로 표시하는 것을 기억하라.

중요

논리회로

시퀀스	논리식	논리회로
직렬 회로	$Z=A\cdot B$ $Z=AB$	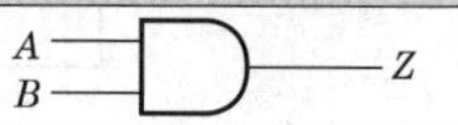
병렬 회로	$Z=A+B$	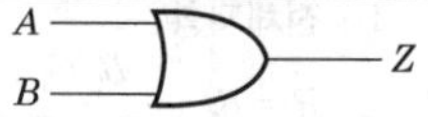
a접점	$Z=A$	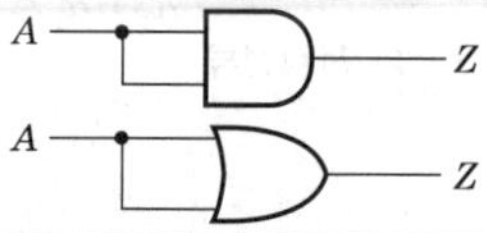
b접점	$Z=\overline{A}$	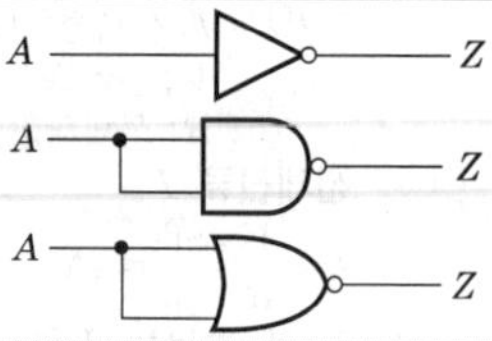

답 ①

제 3 과목 소방관계법규

41 연소 우려가 있는 건축물의 구조에 대한 기준 중 다음 (㉠), (㉡)에 들어갈 수치로 알맞은 것은?

17.09.문46
09.08.문59

> 건축물대장의 건축물현황도에 표시된 대지경계선 안에 2 이상의 건축물이 있는 경우로서 각각의 건축물이 다른 건축물의 외벽으로부터 수평거리가 1층에 있어서는 (㉠)m 이하, 2층 이상의 층에 있어서는 (㉡)m 이하이고 개구부가 다른 건축물을 향하여 설치된 구조를 말한다.

① ㉠ 5, ㉡ 10 ② ㉠ 6, ㉡ 10
③ ㉠ 10, ㉡ 5 ④ ㉠ 10, ㉡ 6

해설 **소방시설법 시행규칙 17조**
연소우려가 있는 건축물의 구조
(1) **1층** : 타건축물 외벽으로부터 **6m** 이하

(2) **2층 이상** : 타건축물 외벽으로부터 **10m** 이하
(3) 대지경계선 안에 2 이상의 건축물이 있는 경우
(4) 개구부가 다른 건축물을 향하여 설치된 구조

답 ②

★★★
42 위험물제조소에서 저장 또는 취급하는 위험물에 따른 주의사항을 표시한 게시판 중 화기엄금을 표시하는 게시판의 바탕색은?

10.09.문47

① 청색 ② 적색
③ 흑색 ④ 백색

해설 **위험물규칙 〔별표 4〕**
위험물제조소의 게시판 설치기준

위험물	주의사항	비 고
• 제1류 위험물(알칼리금속의 과산화물) • 제3류 위험물(금수성 물질)	물기엄금	**청색**바탕에 **백색**문자
• 제2류 위험물(인화성 고체 제외)	화기주의	**적색**바탕에 **백색**문자
• 제2류 위험물(인화성 고체) • 제3류 위험물(자연발화성 물질) • 제4류 위험물 • 제5류 위험물	화기엄금	**적색**바탕에 **백색**문자
• 제6류 위험물	별도의 표시를 하지 않는다.	

② 화기엄금 : 적색바탕에 백색문자

답 ②

★★
43 다음 중 자동화재탐지설비를 설치해야 하는 특정소방대상물은?

16.03.문57
14.03.문79
12.03.문74

① 길이가 1.3km인 터널
② 연면적 $600m^2$인 볼링장
③ 연면적 $500m^2$인 산후조리원
④ 지정수량 100배의 특수가연물을 저장하는 창고

해설 **소방시설법 시행령 〔별표 4〕**
자동화재탐지설비의 설치대상

설치대상	조 건
① 정신의료기관 · 의료재활시설	• 창살설치 : 바닥면적 **300m²** 미만 • 기타 : 바닥면적 **300m²** 이상
② 노유자시설	• 연면적 **400m²** 이상
③ <u>근</u>린생활시설 · <u>위</u>락시설 ④ <u>의</u>료시설(정신의료기관, 요양병원 제외) ⑤ <u>복</u>합건축물 · 장례시설	• 연면적 <u>6</u>**00m²** 이상
⑥ 목욕장 · 문화 및 집회시설, 운동시설 ⑦ 종교시설 ⑧ 방송통신시설 · 관광휴게시설 ⑨ 업무시설 · 판매시설 ⑩ 항공기 및 자동차 관련시설 · 공장 · 창고시설 ⑪ 지하상가 · 운수시설 · 발전시설 · 위험물 저장 및 처리시설 ⑫ 교정 및 군사시설 중 국방 · 군사시설	• 연면적 **1000m²** 이상
⑬ <u>교</u>육연구시설 · <u>동</u>식물관련시설 ⑭ <u>자</u>원순환관련시설 · <u>교</u>정 및 군사시설(국방 · 군사시설 제외) ⑮ <u>수</u>련시설(숙박시설이 있는 것 제외) ⑯ 묘지관련시설	• 연면적 <u>2</u>**000m²** 이상
⑰ 터널	• 길이 **1000m** 이상
⑱ 지하구 ⑲ 노유자생활시설 ⑳ 아파트 등 기숙사 ㉑ 숙박시설 ㉒ **6층** 이상인 건축물 ㉓ 조산원 및 산후조리원 ㉔ 전통시장 ㉕ 요양병원(정신병원, 의료재활시설 제외)	• 전부
㉖ 특수가연물 저장 · 취급	• 지정수량 **500배** 이상
㉗ 수련시설(숙박시설이 있는 것)	• 수용인원 **100명** 이상
㉘ 발전시설	• 전기저장시설

기억법 **근위의복 6, 교동자교수 2**

② $600m^2$ → $1000m^2$ 이상
③ $500m^2$ → 전부
④ 100배 → 500배 이상

답 ①

★★★
44 소방용수시설 중 저수조 설치시 지면으로부터 낙차기준은?

16.10.문52
16.03.문41
13.03.문49

① 2.5m 이하
② 3.5m 이하
③ 4.5m 이하
④ 5.5m 이하

해설 **기본규칙 〔별표 3〕**
소방용수시설의 저수조에 대한 설치기준
(1) 낙차 : **4.5m** 이하
(2) <u>수</u>심 : **0.5m** 이상

(3) 투입구의 길이 또는 지름 : 60cm 이상
(4) 소방펌프자동차가 **쉽게 접근**할 수 있도록 할 것
(5) 흡수에 지장이 없도록 **토사** 및 **쓰레기** 등을 제거할 수 있는 설비를 갖출 것
(6) 저수조에 물을 공급하는 방법은 **상수도**에 연결하여 **자동**으로 **급수**되는 구조일 것

③ 낙차 : 4.5m 이하

기억법 수5(수호천사)

답 ③

45 소방시설업 등록사항의 변경신고사항이 아닌 것은?
13.03.문56

① 상호　② 대표자
③ 보유설비　④ 기술인력

해설 **공사업규칙 6조**
등록사항 변경신고사항
(1) 명칭·**상호** 또는 영업소 소재지를 변경하는 경우 : 소방시설업 **등록증** 및 **등록수첩**
(2) **대표자**를 변경하는 경우
㉠ 소방시설업 **등록증** 및 **등록수첩**
㉡ 변경된 대표자의 성명, 주민등록번호 및 주소지 등의 인적사항이 적힌 서류
(3) **기술인력**이 변경된 경우
㉠ 소방시설업 등록수첩
㉡ 기술인력 증빙서류

답 ③

46 다음 중 그 성질이 자연발화성 물질 및 금수성 물질인 제3류 위험물에 속하지 않는 것은?
19.04.문44 17.09.문02 16.05.문52 15.09.문03 15.09.문18 15.05.문10 15.05.문42 15.03.문51 14.09.문18 14.03.문18 11.06.문54

① 황린
② 황화인
③ 칼륨
④ 나트륨

해설 **위험물령 [별표 1]**
위험물

유 별	성 질	품 명
제1류	산화성 고체	• 아염소산염류 • 염소산염류(염소산나트륨) • 과염소산염류 • 질산염류 • 무기과산화물 기억법 1산고염나
제2류	가연성 고체	• **황화**인 • **적**린 • **황** • **마**그네슘 기억법 황화적황마
제3류	자연발화성 물질 및 금수성 물질	• **황린** • **칼륨** • **나트륨** • **알**칼리토금속 • **트**리에틸알루미늄 기억법 황칼나알트
제4류	인화성 액체	• 특수인화물 • 석유류(벤젠) • 알코올류 • 동식물유류
제5류	자기반응성 물질	• 유기과산화물 • 나이트로화합물 • 나이트로소화합물 • 아조화합물 • 질산에스터류(셀룰로이드)
제6류	산화성 액체	• **과염소산** • 과산화수소 • 질산

답 ②

47 옥내주유취급소에 있어서 해당 사무소 등의 출입구 및 피난구와 해당 피난구로 통하는 통로·계단 및 출입구에 설치해야 하는 피난구조설비는?
12.03.문50

① 유도등
② 구조대
③ 피난사다리
④ 완강기

해설 **위험물규칙 [별표 17]**
피난구조설비
(1) 옥내주유취급소에 있어서는 해당 사무소 등의 출입구 및 피난구와 해당 피난구로 통하는 통로·계단 및 출입구에 **유도등** 설치
(2) 유도등에는 **비상전원 설치**

답 ①

48 완공된 소방시설 등의 성능시험을 수행하는 자는?

① 소방시설공사업자
② 소방공사감리업자
③ 소방시설설계업자
④ 소방기구제조업자

해설 **공사업법 16조**
소방공사감리업(자)의 업무수행
(1) 소방시설 등의 설치계획표의 적법성 검토
(2) 소방시설 등 설계도서의 적합성 검토
(3) 소방시설 등 설계변경사항의 적합성 검토

(4) 소방용품 등의 위치·규격 및 사용자재에 대한 적합성 검토
(5) 공사업자가 한 소방시설 등의 시공이 설계도서와 화재안전기준에 맞는지에 대한 지도·감독
(6) **완공**된 **소방시설** 등의 **성능시험**
(7) 공사업자가 작성한 시공상세도면의 적합성 검토
(8) 피난·방화시설의 적법성 검토
(9) 실내장식물의 불연화 및 방염물품의 적법성 검토

기억법 감성

답 ②

★★★
49 소방시설 설치 및 관리에 관한 법령상 건축허가 등의 동의를 요구한 기관이 그 건축허가 등을 취소하였을 때, 취소한 날부터 최대 며칠 이내에 건축물 등의 시공지 또는 소재지를 관할하는 소방본부장 또는 소방서장에게 그 사실을 통보하여야 하는가?

18.04.문56
16.05.문49
14.03.문58
11.06.문49

① 3일 ② 4일
③ 7일 ④ 10일

해설 7일
(1) 옮긴 불선 등의 보관기간(화재예방법 시행령 17조)
(2) 건축허가 등의 취소통보(소방시설법 시행규칙 3조) 보기 ③
(3) **소방공사 감리원**의 **배치통보일**(공사업규칙 17조)
(4) 소방공사 감리결과 통보·보고일(공사업규칙 19조)

기억법 감배7(감 배치)

답 ③

★★★
50 소방시설공사업자가 소방시설공사를 하고자 하는 경우 소방시설공사 착공신고서를 누구에게 제출해야 하는가?

05.09.문49

① 시·도지사
② 소방청장
③ 한국소방시설협회장
④ 소방본부장 또는 소방서장

해설 **공사업법 13·14·15조**
착공신고·완공검사 등
(1) 소방시설공사의 착공신고 ┐
(2) 소방시설공사의 완공검사 ┘ **소방본부장·소방서장**
(3) 하자보수기간 : **3일** 이내

답 ④

★★★
51 소방의 역사와 안전문화를 발전시키고 국민의 안전의식을 높이기 위하여 ㉠ 소방박물관과 ㉡ 소방체험관을 설립 및 운영할 수 있는 사람은?

① ㉠ : 소방청장
 ㉡ : 소방청장
② ㉠ : 소방청장
 ㉡ : 시·도지사
③ ㉠ : 시·도지사
 ㉡ : 시·도지사
④ ㉠ : 소방본부장
 ㉡ : 시·도지사

해설 **기본법 5조 ①항**
설립과 운영

소방박물관	소방체험관
소방청장	시·도지사

답 ②

★★★
52 다음 중 위험물별 성질로서 틀린 것은?

16.05.문46
15.09.문03
15.05.문10
15.03.문51
14.09.문18
11.06.문54

① 제1류 : 산화성 고체
② 제2류 : 가연성 고체
③ 제4류 : 인화성 액체
④ 제6류 : 인화성 고체

해설 **위험물령 〔별표 1〕**
위험물

유 별	성 질	품 명
제1류	산화성 고체	• 아염소산염류 • 염소산염류(**염소산나트륨**) • 과염소산염류 • 질산염류 • 무기과산화물 **기억법** 1산고염나
제2류	가연성 고체	• **황화**인 • **적**린 • **황** • **마**그네슘 **기억법** 황화적황마

제3류	자연발화성 물질 및 금수성 물질	• **황**린 • **칼**륨 • **나트륨** • **알**칼리토금속 • **트**리에틸알루미늄 기억법 **황칼나알트**
제4류	인화성 액체	• 특수인화물 • 석유류(벤젠) • 알코올류 • 동식물유류
제5류	자기반응성 물질	• 유기과산화물 • 나이트로화합물 • 나이트로소화합물 • 아조화합물 • 질산에스터류(셀룰로이드)
제6류	산화성 액체	• **과염소산** • 과산화수소 • 질산

④ 인화성 고체 → 산화성 액체

답 ④

★★★
53 화재가 발생할 우려가 높거나 화재가 발생하는 경우 그로 인하여 피해가 클 것으로 예상되는 일정한 구역을 화재예방강화지구로 지정할 수 있는 권한을 가진 사람은?

19.09.문50
17.09.문49
13.09.문56

① 시·도지사 ② 소방청장
③ 소방서장 ④ 소방본부장

해설 **화재예방법 18조**
화재예방강화지구의 지정
(1) **지정권자**: **시**·도지사
(2) **지정지역**
㉠ **시장**지역
㉡ **공장**·**창고** 등이 밀집한 지역
㉢ **목조건물**이 밀집한 지역
㉣ 노후·불량 건축물이 밀집한 지역
㉤ **위험물**의 **저장** 및 **처리시설**이 **밀집**한 지역
㉥ **석유화학제품**을 생산하는 공장이 있는 지역
㉦ **소방시설**·**소방용수시설** 또는 **소방출동로**가 **없는** 지역
㉧ 「**산업입지 및 개발에 관한 법률**」에 따른 산업단지
㉨ 「물류시설의 개발 및 운영에 관한 법률」에 따른 물류단지
㉩ **소방청장**·**소방본부장**·**소방서장**(소방관서장)이 화재예방강화지구로 지정할 필요가 있다고 인정하는 지역

※ **화재예방강화지구**: 화재발생 우려가 크거나 화재가 발생할 경우 피해가 클 것으로 예상되는 지역에 대하여 화재의 예방 및 안전관리를 강화하기 위해 지정·관리하는 지역

기억법 **화강시**

답 ①

★
54 소방활동에 종사하여 시·도지사로부터 소방활동의 비용을 지급받을 수 있는 자는?

① 소방대상물에 화재, 재난·재해, 그 밖의 위급한 상황이 발생한 경우 그 관계인
② 소방대상물에 화재, 재난·재해, 그 밖의 위급한 상황이 발생한 경우 구급활동을 한 자
③ 화재 또는 구조·구급현장에서 물건을 가져간 자
④ 고의 또는 과실로 인하여 화재 또는 구조·구급활동이 필요한 상황을 발생시킨 자

해설 **기본법 24조 ③항**
소방활동의 비용을 지급받을 수 없는 경우
(1) 소방대상물에 화재, 재난·재해, 그 밖의 위급한 상황이 발생한 경우 그 **관계인**
(2) 고의 또는 과실로 인하여 **화재** 또는 **구조·구급활동**이 필요한 **상황**을 **발생시킨 자**
(3) 화재 또는 구조·구급 현장에서 **물건**을 **가져간 자**

답 ②

★★
55 소방시설 설치 및 관리에 관한 법률상 소방시설 등에 대한 자체점검 중 종합점검 대상기준으로 옳지 않은 것은?

17.09.문57
12.05.문45

① 제연설비가 설치된 터널
② 노래연습장으로서 연면적이 $2000m^2$ 이상인 것
③ 물분무등소화설비가 설치된 아파트로서 연면적 $3000m^2$이고, 11층 이상인 것
④ 소방대가 근무하지 않는 국공립학교 중 연면적이 $1000m^2$ 이상인 것으로서 자동화재탐지설비가 설치된 것

해설

공공기관	다중이용업	물분무등
$1000m^2$	$2000m^2$	$5000m^2$

소방시설법 시행규칙 〔별표 3〕
소방시설 등 자체점검의 점검대상, 점검자의 자격, 점검횟수 및 시기

점검구분	정 의	점검대상	점검자의 자격(주된 인력)	점검횟수 및 점검시기
작동점검	소방시설 등을 인위적으로 조작하여 정상적으로 작동하는지를 점검하는 것	① 간이스프링클러설비 · 자동화재탐지설비	• 관계인 • 소방안전관리자로 선임된 소방시설관리사 또는 소방기술사 • 소방시설관리업에 등록된 기술인력 중 소방시설관리사 또는 「소방시설공사업법 시행규칙」에 따른 특급 점검자	• 작동점검은 **연 1회** 이상 실시하며, 종합점검대상은 종합점검(최초점검 제외)을 받은 달부터 **6개월**이 되는 달에 실시 • 종합점검대상 외의 특정소방대상물은 사용승인일이 속하는 달의 말일까지 실시
		② ①에 해당하지 아니하는 특정소방대상물	• 소방시설관리업에 등록된 기술인력 중 소방시설관리사 • 소방안전관리자로 선임된 소방시설관리사 또는 소방기술사	
		③ 작동점검 제외대상 • 특정소방대상물 중 소방안전관리자를 선임하지 않는 대상 • 위험물제조소 등 • 특급 소방안전관리대상물		
종합점검	소방시설 등의 작동점검을 포함하여 소방시설 등의 설비별 주요 구성 부품의 구조기준이 화재안전기준과 「건축법」 등 관련 법령에서 정하는 기준에 적합한지 여부를 점검하는 것 (1) 최초점검 : 특정소방대상물의 소방시설이 신설된 경우 건축물을 사용할 수 있게 된 날부터 60일 이내에 점검하는 것 (2) 그 밖의 종합점검 : 최초점검을 제외한 종합점검	④ 소방시설 등이 신설된 경우에 해당하는 특정소방대상물 ⑤ **스프링클러설비**가 설치된 특정소방대상물 ⑥ **물분무등소화설비**(호스릴방식의 물분무등소화설비만을 설치한 경우는 제외)가 설치된 연면적 **5000m²** 이상인 특정소방대상물(위험물제조소 등 제외) ⑦ 다중이용업의 영업장이 설치된 특정소방대상물로서 연면적이 **2000m²** 이상인 것 ⑧ **제연설비**가 설치된 터널 ⑨ **공공기관** 중 연면적(터널 · 지하구의 경우 그 길이와 평균 폭을 곱하여 계산된 값)이 **1000m²** 이상인 것으로서 옥내소화전설비 또는 자동화재탐지설비가 설치된 것(단, 소방대가 근무하는 공공기관 제외) 중요 **종합점검** ① 공공기관 : 1000m² ② 다중이용업 : 2000m² ③ 물분무등(호스릴 ×) : 5000m²	• 소방시설관리업에 등록된 기술인력 중 **소방시설관리사** • 소방안전관리자로 선임된 **소방시설관리사** 또는 **소방기술사**	〈점검횟수〉 ㉠ 연 1회 이상(특급 소방안전관리대상물은 반기에 1회 이상) 실시 ㉡ ㉠에도 불구하고 소방본부장 또는 소방서장은 소방청장이 소방안전관리가 우수하다고 인정한 특정소방대상물에 대해서는 3년의 범위에서 소방청장이 고시하거나 정한 기간 동안 종합점검을 면제할 수 있다(단, 면제기간 중 화재가 발생한 경우는 제외). 〈점검시기〉 ㉠ ④에 해당하는 특정소방대상물은 건축물을 사용할 수 있게 된 날부터 60일 이내 실시 ㉡ ㉠을 제외한 특정소방대상물은 건축물의 사용승인일이 속하는 달에 실시(단, 학교의 경우 해당 건축물의 사용승인일이 1월에서 6월 사이에 있는 경우에는 6월 30일까지 실시할 수 있다.) ㉢ 건축물 사용승인일 이후 ⑦에 따라 종합점검대상에 해당하게 된 경우에는 그 다음 해부터 실시 ㉣ 하나의 대지경계선 안에 2개 이상의 자체점검대상 건축물 등이 있는 경우 그 건축물 중 사용승인일이 가장 빠른 연도의 건축물의 사용승인일을 기준으로 점검할 수 있다.

[비고] 작동점검 및 종합점검(최초점검 제외)은 건축물 사용승인 후 그 다음 해부터 실시한다.

③ $3000m^2$ → $5000m^2$ 이상, 층수는 무관

답 ③

★
56 보일러 등의 위치 · 구조 및 관리와 화재예방을 위하여 불의 사용에 있어서 지켜야 하는 사항 중 보일러에 경유 · 등유 등 액체연료를 사용하는 경우에 연료탱크는 보일러 본체로부터 수평거리 최소 몇 m 이상의 간격을 두어 설치해야 하는가?

12.03.문57

① 0.5 ② 0.6
③ 1 ④ 2

해설 **화재예방법 시행령 〔별표 1〕**
경유 · 등유 등 액체연료를 사용하는 경우
(1) 연료탱크는 보일러 본체로부터 수평거리 **1m** 이상의 간격을 두어 설치할 것
(2) 연료탱크에는 화재 등 긴급상황이 발생할 때 연료를 차단할 수 있는 개폐밸브를 연료탱크로부터 **0.5m** 이내에 설치할 것

비교

화재예방법 시행령 〔별표 1〕
벽 · 천장 사이의 거리

종 류	벽 · 천장 사이의 거리
건조설비	**0.5m** 이상
보일러	**0.6m** 이상
보일러(경유 · 등유)	수평거리 **1m** 이상

답 ③

★★★
57 위력을 사용하여 출동한 소방대의 화재진압 · 인명구조 또는 구급활동을 방해하는 행위를 한 자에 대한 벌칙기준은?

16.10.문42
15.09.문43
15.05.문58
11.10.문51
10.09.문54

① 200만원 이하의 벌금
② 300만원 이하의 벌금
③ 3년 이하의 징역 또는 1500만원 이하의 벌금
④ 5년 이하의 징역 또는 5000만원 이하의 벌금

해설 **기본법 50조**
5년 이하의 징역 또는 5000만원 이하의 벌금
(1) 소방자동차의 **출동 방해**
(2) **사람구출** 방해
(3) **소방용수시설** 또는 **비상소화장치**의 효용 방해
(4) **위력**을 사용하여 출동한 소방대의 화재진압 · 인명구조 또는 구급활동을 방해

답 ④

★★★
58 형식승인을 얻어야 할 소방용품이 아닌 것은?

15.09.문41
10.05.문56

① 감지기 ② 휴대용 비상조명등
③ 소화기 ④ 방염액

해설 **소방시설법 시행령 6조**
소방용품 제외 대상
(1) 주거용 주방자동소화장치용 소화약제
(2) 가스자동소화장치용 소화약제
(3) 분말자동소화장치용 소화약제
(4) 고체에어로졸자동소화장치용 소화약제
(5) 소화약제 외의 것을 이용한 간이소화용구
(6) 휴대용 비상조명등
(7) 유도표지
(8) 벨용 푸시버튼스위치
(9) 피난밧줄
(10) 옥내소화전함
(11) 방수구
(12) 안전매트
(13) 방수복

답 ②

★★★
59 특정소방대상물의 근린생활시설에 해당되는 것은?

14.03.문45

① 전시장 ② 기숙사
③ 유치원 ④ 의원

해설 **소방시설법 시행령 〔별표 2〕**

구 분	설 명
전시장	문화 및 집회시설
기숙사	공동주택
유치원	노유자시설
의원	근린생활시설

중요

근린생활시설

면 적	적용장소
$150m^2$ 미만	• 단란주점
$300m^2$ 미만	• 종교집회장 • 공연장 • 비디오물 감상실업 • 비디오물 소극장업
$500m^2$ 미만	• 탁구장 • 서점 • 테니스장 • 볼링장 • 체육도장 • 금융업소 • 사무소 • 부동산 중개사무소 • 학원 • 골프연습장 • 당구장
$1000m^2$ 미만	• 자동차영업소 • 슈퍼마켓 • 일용품 • 의료기기 판매소 • 의약품 판매소
전부	• 이용원 · 미용원 · 목욕장 및 세탁소 • 휴게음식점 · 일반음식점, 제과점 • 안마원(안마시술소 포함) • 조산원(산후조리원 포함) • 의원, 치과의원, 한의원, 침술원, 접골원 • 기원 • 노래연습장업

답 ④

★★★

60 09.08.문49

신축 · 증축 · 개축 · 재축 · 대수선 또는 용도변경으로 해당 특정소방대상물의 소방안전관리자를 신규로 선임하는 경우 해당 특정소방대상물의 관계인은 특정소방대상물의 완공일로부터 며칠 이내에 소방안전관리자를 선임하여야 하는가?

① 7일 ② 14일

③ 30일 ④ 60일

해설 30일

(1) 소방시설업 등록사항 변경신고(공사업규칙 6조)
(2) 위험물안전관리자의 **신규선임 · 재선임**(위험물안전관리법 15조)
(3) 소방안전관리자의 **신규선임 · 재선임**(화재예방법 시행규칙 14조)

기억법 3재

답 ③

제 4 과목 소방전기시설의 구조 및 원리

★★★

61 19.04.문72 16.03.문65 15.09.문62 11.03.문80

무선통신보조설비의 화재안전기준에서 사용하는 용어의 정의로 옳은 것은?

① 혼합기는 신호의 전송로가 분기되는 장소에 설치하는 장치를 말한다.
② 분배기는 서로 다른 주파수의 합성된 신호를 분리하기 위해서 사용하는 장치를 말한다.
③ 증폭기는 두 개 이상의 입력신호를 원하는 비율로 조합한 출력이 발생되도록 하는 장치를 말한다.
④ 누설동축케이블은 동축케이블의 외부도체에 가느다란 홈을 만들어서 전파가 외부로 새어나갈 수 있도록 한 케이블을 말한다.

해설 **무선통신보조설비**(NFPC 505 3조, NFTC 505 1.7)

용 어	설 명
누설동축케이블	동축케이블의 외부도체에 가느다란 홈을 만들어서 **전파**가 **외부**로 **새어나갈 수 있도록** 한 케이블
분배기	신호의 전송로가 분기되는 장소에 설치하는 것으로 **임피던스 매칭**(matching)과 **신호 균등분배**를 위해 사용하는 장치 기억법 배임(배임죄)
분파기	서로 다른 주파수의 합성된 **신호**를 **분리**하기 위해서 사용하는 장치 기억법 파주
혼합기	**두 개 이상**의 **입력신호**를 원하는 비율로 **조합**한 **출력**이 발생하도록 하는 장치
증폭기	신호전송시 신호가 약해져 수신이 불가능해지는 것을 방지하기 위해서 **증폭**하는 장치
무선중계기	안테나를 통하여 수신된 무전기 신호를 증폭한 후 음영지역에 재방사하여 무전기 상호간 송수신이 가능하도록 하는 장치
옥외안테나	감시제어반 등에 설치된 무선중계기의 입력과 출력포트에 연결되어 송수신 신호를 원활하게 방사 · 수신하기 위해 옥외에 설치하는 장치

답 ④

★

62 17.05.문66

자동화재속보설비 속보기의 예비전원을 병렬로 접속하는 경우 필요한 조치는?

① 역충전 방지 조치
② 자동직류 전환 조치
③ 세류충전 유지 조치
④ 접지 조치

해설 **속보기**의 **예비전원**(자동화재속보설비의 속보기의 성능인증 및 제품검사의 기술기준 5조)

(1) 예비전원을 병렬로 접속하는 경우에는 **역충전 방지** 등의 조치를 할 것
(2) 예비전원은 **감시상태**를 **60분**간 지속한 후 **10분** 이상 **동작**이 지속될 수 있는 용량일 것

답 ①

★

63 19.09.문64 19.03.문77 18.09.문68 18.04.문74 15.03.문67 14.09.문65 11.03.문72 10.09.문70 09.05.문75

비상벨설비 또는 자동식 사이렌설비에 사용하는 벨 등의 음향장치의 설치기준이 틀린 것은?

① 음향장치용 전원은 교류전압의 옥내간선으로 하고 배선은 다른 설비와 겸용으로 할 것
② 음향장치는 정격전압의 80% 전압에서 음향을 발할 수 있도록 할 것
③ 음향장치의 음량은 부착된 음향장치의 중심으로부터 1m 떨어진 위치에서 90dB 이상일 것
④ 지구음향장치는 특정소방대상물의 층마다 설치하되, 해당 특정소방대상물의 각 부분으로부터 하나의 음향장치까지의 수평거리가 25m 이하가 되도록 할 것

해설 **음향장치**의 **설치기준**(NFPC 201 4조, NFTC 201 2.1)

구 분	설 명
전 원	교류전압 옥내간선, **전용**
정격전압	**80%** 전압에서 음향 발할 것
음 량	**1m** 위치에서 **90dB** 이상
지구음향장치	**층**마다 설치, 수평거리 **25m** 이하

① 겸용 → 전용

답 ①

★★★
64 **비상콘센트설비의 화재안전기준에서 정하고 있는 저압의 정의는?**

19.09.문68
19.03.문62
17.05.문65
14.05.문23
13.09.문80
12.09.문77
05.03.문76

① 직류는 1.5kV 이하, 교류는 1kV 이하인 것
② 직류는 750V 이하, 교류는 380V 이하인 것
③ 직류는 750V를, 교류는 600V를 넘고 7000V 이하인 것
④ 직류는 750V를, 교류는 380V를 넘고 7000V 이하인 것

해설 **전압**(NFTC 504 1.7)

구 분	설 명
저압	**직류 1.5kV** 이하, **교류 1kV** 이하
고압	저압의 범위를 초과하고 **7kV** 이하
특고압	**7kV**를 초과하는 것

답 ①

★★★
65 **부착높이가 6m이고 주요구조부를 내화구조로 한 특정소방대상물 또는 그 부분에 정온식 스포트형 감지기 특종을 설치하고자 하는 경우 바닥면적 몇 m^2마다 1개 이상 설치해야 하는가?**

07.09.문70

① 15 ② 25
③ 35 ④ 45

해설 **바닥면적**(NFPC 203 7조, NFTC 203 2.4.3.5)

(단위 : m^2)

부착높이 및 특정소방대상물의 구분		감지기의 종류				
		차동식·보상식 스포트형		정온식 스포트형		
		1종	2종	특종	1종	2종
4m 미만	내화구조	90	70	70	60	20
	기타구조	50	40	40	30	15
4m 이상 8m 미만	내화구조	45	35	**35**	30	–
	기타구조	30	25	25	15	–

답 ③

★★★
66 **누전경보기의 수신부의 설치장소로서 옳은 것은?**

16.03.문76
14.09.문61
12.09.문63

① 습도가 높은 장소
② 온도의 변화가 급격한 장소
③ 고주파 발생회로 등에 따른 영향을 받을 우려가 있는 장소
④ 부식성의 증기·가스 등이 체류하지 않는 장소

해설 **누전경보기**의 **수신부 설치 제외 장소**(NFPC 205 5조, NFTC 205 2.2.2)

(1) **온**도변화가 급격한 장소
(2) **습**도가 높은 장소
(3) **가**연성의 증기, 가스 등 또는 부식성의 증기, 가스 등의 다량 체류장소
(4) **대전류회로, 고주파 발생회로** 등의 영향을 받을 우려가 있는 장소
(5) **화**약류 제조, 저장, 취급 장소

기억법 **온습누가대화**(**온**도·**습**도가 높으면 **누가 대화**하나?)

비교

누전경보기 수신부의 **설치장소**(NFPC 205 5조, NFTC 205 2.2.1)
옥내의 점검이 편리한 **건조**한 장소

답 ④

★★★
67 **비상방송설비는 기동장치에 의한 화재신고를 수신한 후 필요한 음량으로 화재 발생 상황 및 피난에 유효한 방송이 자동으로 개시될 때까지의 소요시간은 몇 초 이하가 되도록 하여야 하는가?**

19.09.문76
19.04.문68
18.07.문77
18.03.문73
16.10.문69
16.10.문73
16.03.문68
15.05.문73
15.05.문76
15.03.문62
14.05.문63
14.05.문75
14.03.문61
13.09.문70
13.06.문62
13.06.문80

① 5
② 10
③ 20
④ 30

해설 **비상방송설비**의 **설치기준**(NFPC 202 4조, NFTC 202 2.1)

(1) 확성기의 음성입력은 실외 **3W**(**실내 1W**) 이상일 것
(2) 확성기는 **각 층**마다 설치하되, 각 부분으로부터의 수평거리는 **25m** 이하일 것
(3) 음량조정기는 **3선식** 배선일 것
(4) 조작스위치는 바닥으로부터 **0.8~1.5m** 이하의 높이에 설치할 것
(5) 다른 전기회로에 의하여 **유도장애**가 생기지 아니하도록 할 것
(6) 비상방송 개시시간은 **10초** 이하일 것
(7) 다른 방송설비와 공용할 경우 화재시 비상경보 외의 방송을 차단할 수 있을 것

중요

(1) 소요시간

기 기	시 간
• P형·P형 복합식·R형·R형 복합식·GP형·GP형 복합식·GR형·GR형 복합식 수신기 • 중계기	5초 이내
비상방송설비	10초 이하
가스누설경보기	60초 이내

기억법 시중5(시중을 드시오!)
6가(육체미가 아름답다.)

(2) 축적형 수신기

전원차단시간	축적시간	화재표시감지시간
1~3초 이하	30~60초 이하	60초(1회 이상 반복)

답 ②

★★★
68 자동화재탐지설비 감지기의 구조 및 기능에 대한 설명으로 틀린 것은?

15.03.문76
10.05.문70
09.08.문76

① 차동식 분포형 감지기는 그 기판면을 부착한 정위치로부터 45°를 경사시킨 경우 그 기능에 이상이 생기지 않아야 한다.
② 연기를 감지하는 감지기는 감시챔버로 1.3±0.05mm 크기의 물체가 침입할 수 없는 구조이어야 한다.
③ 방사성 물질을 사용하는 감지기는 그 방사성 물질을 밀봉선원으로 하여 외부에서 직접 접촉할 수 없도록 하여야 한다.
④ 차동식 분포형 감지기로서 공기관식 공기관의 두께는 0.3mm 이상, 바깥지름은 1.9mm 이상이어야 한다.

해설 **경사제한각도**

공기관식 차동식 분포형 감지기	스포트형 감지기
5° 이상	45° 이상

기억법 5공(손오공)

중요

공기관식 감지기의 설치기준(NFPC 203 7조, NFTC 203 2.4.3.7)
(1) 노출부분은 감지구역마다 **20m** 이상이 되도록 할 것
(2) 각 변과의 **수평거리**는 **1.5m 이하**가 되도록 하고, 공기관 상호간의 거리는 **6m**(**내화구조**는 **9m**) 이하가 되도록 할 것
(3) 공기관은 도중에서 **분기**하지 아니하도록 할 것
(4) 하나의 검출부분에 접속하는 공기관의 길이는 **100m** 이하로 할 것
(5) 검출부는 **5°** 이상 경사되지 아니하도록 부착할 것
(6) 검출부는 바닥으로부터 **0.8~1.5m** 이하의 위치에 설치할 것

답 ①

★★★
69 자동화재탐지설비의 연기복합형 감지기를 설치할 수 없는 부착높이는?

19.04.문78
15.09.문69
14.05.문66
14.03.문78
12.09.문61

① 4m 이상 8m 미만
② 8m 이상 15m 미만
③ 15m 이상 20m 미만
④ 20m 이상

해설 **감지기의 부착높이**(NFPC 203 7조, NFTC 203 2.4.1)

부착높이	감지기의 종류
4~8m 미만	• 차동식(스포트형, 분포형) • 보상식 스포트형 • 정온식(스포트형, 감지선형) 특종 또는 1종 • 이온화식 1종 또는 2종 • 광전식(스포트형, 분리형, 공기흡입형) 1종 또는 2종 • 열복합형 • 연기복합형 • 열연기복합형 • 불꽃감지기
8~15m 미만	• **차동식 분포형** • 이온화식 1종 또는 2종 • 광전식(스포트형, 분리형, 공기흡입형) 1종 또는 2종 • 연기복합형 • 불꽃감지기
15~20m 미만	• 이온화식 1종 • 광전식(스포트형, 분리형, 공기흡입형) 1종 • 연기복합형 • 불꽃감지기
20m 이상	• 불꽃감지기 • 광전식(분리형, 공기흡입형) 중 아날로그 방식

답 ④

★★★
70 3종 연기감지기의 설치기준 중 다음 (   ) 안에 알맞은 것으로 연결된 것은?

15.09.문74
14.05.문70
11.03.문76

> 3종 연기감지기는 복도 및 통로에 있어서 보행거리 (㉠)m마다, 계단 및 경사로에 있어서는 수직거리 (㉡)m마다 1개 이상으로 설치해야 한다.

① ㉠ 15, ㉡ 10
② ㉠ 20, ㉡ 10
③ ㉠ 30, ㉡ 15
④ ㉠ 30, ㉡ 20

해설 **수평 · 보행 · 수직거리**

(1) **수평거리**

구 분	적용대상
수평거리 **25m** 이하	• 발신기 • 음향장치(확성기) • 비상콘센트(지하상가 · 바닥면적 **3000m²** 이상)
수평거리 **50m** 이하	• 비상콘센트(기타)

(2) **보행거리**

구 분	적용대상
보행거리 **15m** 이하	• **유도표지**
보행거리 **20m** 이하 ←	• 복도통로유도등 • 거실통로유도등 • 3종 연기감지기
보행거리 **30m** 이하	• 1 · 2종 연기감지기
보행거리 **40m** 이상	• 복도 또는 별도로 구획된 실

(3) **수직거리**

구 분	적용대상
10m 이하 ←	• 3종 연기감지기
15m 이하	• 1 · 2종 연기감지기

답 ②

★
71 비상방송설비의 배선에 대한 설치기준으로 옳지 않은 것은?

19.04.문62
18.09.문72
12.05.문80

① 배선은 다른 전선과 동일한 관, 덕트, 몰드 또는 풀박스 등에 설치할 것
② 전원회로의 배선은 화재안전기준에 따른 내화배선을 설치할 것
③ 화재로 인하여 하나의 층의 확성기 또는 배선이 단락 또는 단선되어도 다른 층의 화재통보에 지장이 없도록 할 것
④ 부속회로의 전로와 대지 사이 및 배선 상호간의 절연저항은 1경계구역마다 직류 250V의 절연저항측정기를 사용하여 측정한 절연저항이 0.1MΩ 이상이 되도록 할 것

해설 **NFPC 202 5조, NFTC 202 2.2.1.4**
비상방송설비의 배선은 다른 전선과 **별도의 관**, 덕트, **몰드** 또는 **풀박스** 등에 설치할 것(단, **60V** 미만의 약전류회로에 사용하는 전선으로서 각각의 전압이 같을 때는 제외)

① 동일한 관 → 별도의 관

답 ①

★★
72 무선통신보조설비의 설치기준으로 틀린 것은?

① 누설동축케이블 또는 동축케이블의 임피던스는 50Ω으로 한다.
② 누설동축케이블 및 안테나는 고압의 전로로부터 0.5m 이상 떨어진 위치에 설치한다.
③ 옥외안테나는 다른 용도로 사용되는 안테나로 인한 통신장애가 발생하지 않도록 설치한다.
④ 누설동축케이블의 끝부분에는 무반사 종단저항을 견고하게 설치한다.

해설 **무선통신보조설비**의 **설치기준**(NFPC 505 5 · 6조, NFTC 505 2.2, 2.3)

(1) 소방전용 주파수대에서 전파의 **전송** 또는 **복사**에 적합한 것으로서 소방 전용의 것일 것
(2) 누설동축케이블과 이에 접속하는 안테나 또는 동축케이블과 이에 접속하는 안테나일 것
(3) 누설동축케이블 및 동축케이블은 화재에 따라 해당 케이블의 피복이 소실된 경우에 케이블 본체가 떨어지지 아니하도록 4m 이내마다 금속제 또는 자기제 등의 지지금구로 벽 · 천장 · 기둥 등에 견고하게 고정시킬 것(단, 불연재료로 구획된 반자 안에 설치하는 경우 제외)
(4) **누**설동축케이블 및 안테나는 **고**압전로로부터 **1.5m** 이상 떨어진 위치에 설치할 것(해당 전로에 **정전기 차폐장치**를 유효하게 설치한 경우에는 제외)

기억법 **누고15**

(5) 누설동축케이블의 끝부분에는 **무반사 종단저항**을 견고하게 설치할 것
(6) 임피던스 : **50**Ω
(7) 옥외안테나는 다른 용도로 사용되는 안테나로 인한 통신장애가 발생하지 않도록 설치한다.

② 0.5m 이상 → 1.5m 이상

※ **무반사 종단저항** : 전송로로 전송되는 전자파가 전송로의 종단에서 반사되어 교신을 방해하는 것을 막기 위한 저항

답 ②

★★★
73 누전경보기의 수신부의 절연된 충전부와 외함 간의 절연저항은 DC 500V의 절연저항계로 측정하는 경우 몇 MΩ 이상이어야 하는가?

17.03.문78
16.05.문73
16.03.문69
14.05.문77
11.03.문62

① 0.5 ② 5
③ 10 ④ 20

해설 **절연저항시험**

절연 저항계	절연 저항	대 상
직류 250V	0.1MΩ 이상	• 1경계구역의 절연저항

직류 500V	**5**MΩ 이상	• **누전경보기** • 가스누설경보기 • 수신기(10회로 미만, 절연된 충전부와 외함간) • 자동화재속보설비 • 비상경보설비 • 유도등(교류입력측과 외함 간 포함) • 비상조명등(교류입력측과 외함 간 포함)
	20MΩ 이상	• 경종 • 발신기 • 중계기 • 비상콘센트 • 기기의 절연된 선로 간 • 기기의 충전부와 비충전부 간 • 기기의 교류입력측과 외함 간 (유도등 · 비상조명등 제외)
	50MΩ 이상	• 감지기(정온식 감지선형 감지기 제외) • 가스누설경보기(10회로 이상) • 수신기(10회로 이상, 교류입력측과 외함간 제외)
	1000MΩ 이상	• 정온식 감지선형 감지기

기억법 5누(오누이)

답 ②

★★★

74 지상 4층인 교육연구시설에 적응성이 없는 피난기구는?

17.05.문77
16.10.문68
06.03.문65
05.03.문73

① 완강기 ② 구조대
③ 피난교 ④ 미끄럼대

해설 **피난기구**의 **적응성**(NFTC 301 2.1.1)

층별 / 설치장소별 구분	1층	2층	3층	4층 이상 10층 이하
노유자시설	• 미끄럼대 • 구조대 • 피난교 • 다수인 피난장비 • 승강식 피난기	• 미끄럼대 • 구조대 • 피난교 • 다수인 피난장비 • 승강식 피난기	• 미끄럼대 • 구조대 • 피난교 • 다수인 피난장비 • 승강식 피난기	• 구조대[1)] • 피난교 • 다수인 피난장비 • 승강식 피난기
의료시설 · 입원실이 있는 의원 · 접골원 · 조산원	−	−	• 미끄럼대 • 구조대 • 피난교 • 피난용 트랩 • 다수인 피난장비 • 승강식 피난기	• 구조대 • 피난교 • 피난용 트랩 • 다수인 피난장비 • 승강식 피난기
영업장의 위치가 4층 이하인 다중 이용업소	−	• 미끄럼대 • 피난사다리 • 구조대 • 완강기 • 다수인 피난장비 • 승강식 피난기	• 미끄럼대 • 피난사다리 • 구조대 • 완강기 • 다수인 피난장비 • 승강식 피난기	• 미끄럼대 • 피난사다리 • 구조대 • 완강기 • 다수인 피난장비 • 승강식 피난기
그 밖의 것 (교육연구시설)	−	−	• 미끄럼대 • 피난사다리 • 구조대 • 완강기 • 피난교 • 피난용 트랩 • 간이완강기[2)] • 공기안전매트 • 다수인 피난장비 • 승강식 피난기	• 피난사다리 • 구조대 • 완강기 • 피난교 • 간이완강기[2)] • 공기안전매트 • 다수인 피난장비 • 승강식 피난기

[비고] 1) **구조대**의 적응성은 **장애인관련시설**로서 주된 사용자 중 **스스로 피난**이 **불가**한 자가 있는 경우 추가로 설치하는 경우에 한한다.
2) 간이완강기의 적응성은 **숙박시설**의 **3층 이상**에 있는 객실에 추가로 설치하는 경우에 한한다.

중요

의무관리대상 공동주택(NFPC 608 13조, NFTC 608 2.9.1.3)
공동주택 구역마다 공기안전매트 1개 이상을 추가로 설치할 것

비교

피난기구 적응성

간이완강기	공기안전매트	구조대
숙박시설의 **3층 이상**에 있는 객실	공동주택	장애인관련시설

답 ④

★★★

75 대형 피난구유도등의 설치장소가 아닌 것은?

19.09.문70
17.09.문73
15.03.문77
14.03.문68
12.05.문62
11.03.문64

① 위락시설 ② 판매시설
③ 지하철역사 ④ 아파트

해설 **유도등** 및 **유도표지**의 **종류**(NFPC 303 4조, NFTC 303 2.1.1)

설치장소	유도등 및 유도표지의 종류
• **공**연장 · **집**회장 · **관**람장 · **운**동시설 • 유흥주점 영업시설(카바레, 나이트클럽)	• **대**형 피난구유도등 • **통**로유도등 • **객**석유도등
• 위락시설 · 판매시설 • 관광숙박업 · 의료시설 · 방송통신시설 • 전시장 · 지하상가 · 지하철역사 • 운수시설 · 장례식장	• 대형 피난구유도등 • 통로유도등
• 숙박시설 · 오피스텔 • 지하층 · 무창층 및 11층 이상의 부분	• 중형 피난구유도등 • 통로유도등

기억법 공집관운 대통객

답 ④

★★★

76 비상콘센트설비의 전원회로에서 하나의 전용 회로에 설치하는 비상콘센트는 최대 몇 개 이하로 하여야 하는가?

19.04.문63
18.04.문61
17.03.문72
16.10.문61
15.09.문80
14.03.문64
11.10.문67

① 2 ② 3
③ 10 ④ 20

해설 **비상콘센트설비**(NFPC 504 4조, NFTC 504 2.1)

(1) 하나의 전용 회로에 설치하는 비상콘센트는 **10개** 이하로 할 것(전선의 용량은 최대 **3개**)

설치하는 비상콘센트 수량	전선의 용량산정시 적용하는 비상콘센트 수량	단상전선의 용량
1개	1개 이상	1.5kVA 이상
2개	2개 이상	3.0kVA 이상
3~10개	3개 이상	4.5kVA 이상

(2) 전원회로는 각 층에 있어서 **2 이상**이 되도록 설치할 것(단, 설치하여야 할 층의 콘센트가 **1개**인 때에는 하나의 회로로 할 수 있다.)

(3) 플러그접속기의 칼받이 접지극에는 **접지공사**를 하여야 한다.
(4) 풀박스는 **1.6mm** 이상의 철판을 사용할 것
(5) 절연저항은 **전원부**와 **외함** 사이를 **직류 500V 절연저항계**로 측정하여 **20MΩ** 이상일 것
(6) 전원으로부터 각 층의 비상콘센트에 분기되는 경우에는 **분기배선용 차단기**를 보호함 안에 설치할 것
(7) 바닥으로부터 **0.8~1.5m** 이하의 높이에 설치할 것
(8) 전원회로는 주배전반에서 **전용 회로**로 하며, 배선의 종류는 **내화배선**이어야 한다.

답 ③

★★
77 비상조명등의 설치 제외 장소가 아닌 것은?
13.03.문73
① 의원의 거실 ② 경기장의 거실
③ 의료시설의 거실 ④ 종교시설의 거실

해설 **비상조명등**의 **설치 제외 장소**(NFPC 304 5조, NFTC 304 2.2.1)
(1) 거실 각 부분에서 출입구까지의 **보행거리 15m** 이내
(2) **공동주택 · 경기장 · 의원 · 의료시설 · 학교 · 거실**

기억법 조공 경의학

비교
(1) **휴대용 비상조명등**의 **설치 제외 장소**(NFPC 304 5조, NFTC 304 2.2.2)
㉠ 복도 · 통로 · 창문 등을 통해 **피**난이 용이한 경우(**지상 1층 · 피난층**)
㉡ **숙박시설**로서 복도에 비상조명등을 설치할 경우
기억법 휴피(휴지로 피닦아.)
(2) **통로유도등**의 **설치 제외 장소**(NFPC 303 11조, NFTC 303 2.8.2)
㉠ 길이 **30m** 미만의 복도 · 통로(구부러지지 않은 복도 · 통로)
㉡ 보행거리 **20m** 미만의 복도 · 통로(출입구에 **피난구유도등**이 설치된 복도 · 통로)
(3) **객석유도등**의 **설치 제외 장소**(NFPC 303 11조, NFTC 303 2.8.3)
㉠ **채광**이 충분한 객석(**주간**에만 사용)
㉡ **통**로유도등이 설치된 객석(거실 각 부분에서 거실 출입구까지의 **보행거리 20m** 이하)
기억법 **채객보통**(채소는 객관적으로 보통이다.)

답 ④

★★
78 1개층에 계단참이 4개 있을 경우 계단통로유도등은 최소 몇 개 이상 설치해야 하는가?
15.05.문80
08.05.문68
① 1 ② 2
③ 3 ④ 4

해설 **계단통로유도등**의 **설치기준**(NFPC 303 6조, NFTC 303 2.3.1.3)
(1) 각 층의 **경사로참** 또는 **계단참**마다(1개층에 경사로참 또는 계단참이 2 이상 있는 경우에는 2개의 계단참마다) 설치할 것
1개층에 참이 2 이상인 경우

계단통로유도등 설치개수

$$= \frac{\text{경사로참(계단참) 개수}}{2}(\text{절상}) = \frac{4\text{개}}{2} = 2\text{개}$$

(2) 바닥으로부터 높이 **1m 이하**의 위치에 설치할 것

용어
계단통로유도등
피난통로가 되는 계단이나 경사로에 설치하는 통로유도등으로 바닥면 및 디딤 바닥면을 비추는 것

답 ②

★★★
79 바닥면적이 450m^2일 경우 단독경보형 감지기의 최소 설치개수는?
08.03.문74
① 1개 ② 2개
③ 3개 ④ 4개

해설 단독경보형 감지기는 바닥면적 **150m^2**마다 1개 이상 설치하므로

$$\text{단독경보형 감지기 수} = \frac{\text{바닥면적}}{150\text{m}^2}$$

$$= \frac{450\text{m}^2}{150\text{m}^2} = 3\text{개}$$

중요
단독경보형 감지기의 **설치기준**(NFPC 201 5조, NFTC 201 2.2.1)
(1) 각 실(이웃하는 실내의 바닥면적이 각각 **30m^2 미만**이고 벽체의 상부의 전부 또는 일부가 개방되어 이웃하는 실내와 공기가 상호 유통되는 경우에는 이를 1개의 실로 본다)마다 설치하되, 바닥면적이 **150m^2**를 초과하는 경우에는 **150m^2**마다 1개 이상 설치할 것
(2) 최상층의 계단실의 **천장**(외기가 상통하는 계단실의 경우 제외)에 설치할 것
(3) 건전지를 주전원으로 사용하는 단독경보형 감지기는 정상적인 작동상태를 유지할 수 있도록 건전지를 교환할 것
(4) 상용전원을 주전원으로 사용하는 단독경보형 감지기의 **2차 전지**는 제품검사에 합격한 것을 사용할 것

답 ③

★★★
80 누전경보기의 정격전압이 몇 V를 넘는 기구의 금속제 외함에는 접지단자를 설치해야 하는가?
12.03.문76
① 30V ② 60V
③ 70V ④ 100V

해설 **대상**에 따른 **전압**

전 압	대 상
0.5V 이하	• 누전경보기의 경계전로 전압강하
0.6V 이하	• 완전방전
60V 이하	• 약전류회로
60V 초과	• 접지단자 설치
300V 이하	• 전원변압기의 1차전압 • 유도등 · 비상조명등의 사용전압
600V 이하	• 누전경보기의 경계전로전압

기억법 05경전(공오경전), 변3(변상해), 누6(누룩)

② 정격전압이 **60V**를 넘는 기구의 금속제 외함에는 **접지단자**를 설치하여야 한다.

답 ②

2016. 10. 1 시행

▌2016년 기사 제4회 필기시험▌

자격종목	종목코드	시험시간	형별	수험번호	성명
소방설비기사(전기분야)		2시간			

※ 각 문항은 4지택일형으로 질문에 가장 적합한 보기 항을 선택하여 체크하여야 합니다.

제 1 과목 소방원론

★
01 물의 물리·화학적 성질로 틀린 것은?

① 증발잠열은 539.6cal/g으로 다른 물질에 비해 매우 큰 편이다.
② 대기압하에서 100℃의 물이 액체에서 수증기로 바뀌면 체적은 약 1603배 정도 증가한다.
③ 수소 1분자와 산소 1/2분자로 이루어져 있으며 이들 사이의 화학결합은 극성 공유결합이다.
④ 분자 간의 결합은 쌍극자-쌍극자 상호작용의 일종인 산소결합에 의해 이루어진다.

해설 **물 분자의 결합**
(1) 물 분자 간 결합은 분자 간 인력인 **수소결합**이다.
(2) 물 분자 내의 결합은 수소원자와 산소원자 사이의 결합인 **공유결합**이다.
(3) **공유결합**은 수소결합보다 **강한 결합**이다.

④ 산소결합 → 수소결합

답 ④

★★★
02 나이트로셀룰로오스에 대한 설명으로 틀린 것은?

13.09.문08

① 질화도가 낮을수록 위험성이 크다.
② 물을 첨가하여 습윤시켜 운반한다.
③ 화약의 원료로 쓰인다.
④ 고체이다.

유사문제부터 풀어보세요. 실력이 팍!팍! 올라갑니다.

해설 **나이트로셀룰로오스**
질화도가 클수록 위험성이 크다.

※ **질화도** : 나이트로셀룰로오스의 질소함유율

답 ①

★★★
03 조연성 가스로만 나열되어 있는 것은?

17.03.문07
16.03.문04
14.05.문10
12.09.문08

① 질소, 불소, 수증기
② 산소, 불소, 염소
③ 산소, 이산화탄소, 오존
④ 질소, 이산화탄소, 염소

해설 **가연성 가스와 지연성 가스**

가연성 가스	지연성 가스(조연성 가스)
• 수소 • 메탄 • 일산화탄소 • 천연가스 • 부탄 • 에탄	• 산소 • 공기 • 염소 • 오존 • 불소

기억법 조산공 염오불

용어

가연성 가스와 지연성 가스

가연성 가스	지연성 가스(조연성 가스)
물질 자체가 연소하는 것	자기 자신은 연소하지 않지만 연소를 도와주는 가스

답 ②

★★★
04 건축물의 화재성상 중 내화건축물의 화재성상으로 옳은 것은?

19.09.문11
18.03.문05
14.05.문01
10.09.문08

① 저온 장기형 ② 고온 단기형
③ 고온 장기형 ④ 저온 단기형

해설 (1) **목조건물**의 화재온도 표준곡선
㉠ 화재성상 : 고온 단기형
㉡ 최고온도(최성기 온도) : 1300℃

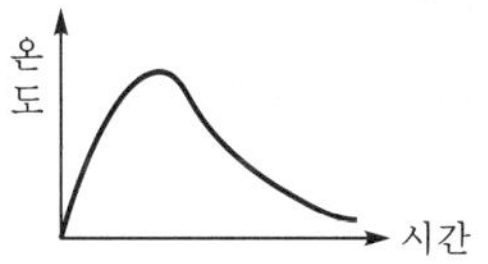

(2) **내화건물**의 화재온도 표준곡선
㉠ 화재성상 : 저온 장기형
㉡ 최고온도(최성기 온도) : 900~1000℃

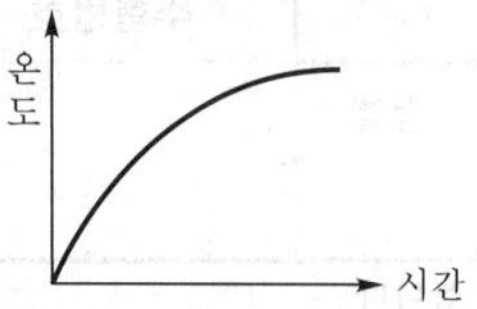

• 목조건물=목재건물

기억법 목고단 13

답 ①

★★★
05 자연발화의 예방을 위한 대책이 아닌 것은?

19.09.문08 18.03.문10 16.03.문14 15.05.문19 15.03.문09 14.09.문09 14.09.문17 12.03.문09 09.05.문08 03.03.문13 02.09.문01

① 열의 축적을 방지한다.
② 주위 온도를 낮게 유지한다.
③ 열전도성을 나쁘게 한다.
④ 산소와의 접촉을 차단한다.

해설 (1) **자연발화**의 **방지법**
㉠ **습**도가 높은 곳을 **피**할 것(건조하게 유지할 것)
㉡ 저장실의 온도를 낮출 것
㉢ 통풍이 잘 되게 할 것
㉣ 퇴적 및 수납시 열이 쌓이지 않게 할 것 (**열축적방지**)
㉤ 산소와의 접촉을 차단할 것
㉥ **열전도성**을 좋게 할 것

기억법 자습피

(2) **자연발화 조건**
㉠ 열전도율이 작을 것
㉡ 발열량이 클 것
㉢ 주위의 온도가 높을 것
㉣ 표면적이 넓을 것

답 ③

★★★
06 제1종 분말소화약제인 탄산수소나트륨은 어떤 색으로 착색되어 있는가?

19.03.문01 18.04.문06 17.09.문10 16.10.문10 16.05.문15 16.03.문09 16.03.문11 15.05.문08 14.05.문17 12.03.문13

① 담회색
② 담홍색
③ 회색
④ 백색

해설 **분말소화기(질식효과)**

종 별	소화약제	약제의 착색	화학반응식	적응 화재
제1종	탄산수소 나트륨 ($NaHCO_3$)	**백색**	$2NaHCO_3 \rightarrow Na_2CO_3+CO_2+H_2O$	BC급
제2종	탄산수소 칼륨 ($KHCO_3$)	담자색 (담회색)	$2KHCO_3 \rightarrow K_2CO_3+CO_2+H_2O$	
제3종	인산암모늄 ($NH_4H_2PO_4$)	담홍색	$NH_4H_2PO_4 \rightarrow HPO_3+NH_3+H_2O$	ABC급
제4종	탄산수소 칼륨+요소 ($KHCO_3+(NH_2)_2CO$)	회(백)색	$2KHCO_3+(NH_2)_2CO \rightarrow K_2CO_3+2NH_3+2CO_2$	BC급

• 탄산수소나트륨=중탄산나트륨
• 탄산수소칼륨=중탄산칼륨
• 제1인산암모늄=인산암모늄=인산염
• 탄산수소칼륨+요소=중탄산칼륨+요소

답 ④

★★
07 다음 중 제거소화방법과 무관한 것은?

19.09.문05 19.04.문18 17.03.문16 16.03.문12 14.05.문11 13.03.문01 11.03.문04 08.09.문17

① 산불의 확산방지를 위하여 산림의 일부를 벌채한다.
② 화학반응기의 화재시 원료공급관의 밸브를 잠근다.
③ 유류화재시 가연물을 포로 덮는다.
④ 유류탱크 화재시 주변에 있는 유류탱크의 유류를 다른 곳으로 이동시킨다.

해설 ③ **질식소화** : 유류화재시 가연물을 포로 덮는다.

중요

제거소화의 **예**
(1) **가연성 기체** 화재시 **주밸브**를 **차단**한다.
(2) **가연성 액체** 화재시 펌프를 이용하여 **연료**를 제거한다.
(3) **연료탱크**를 **냉각**하여 가연성 가스의 발생속도를 작게 하여 연소를 억제한다.
(4) 금속화재시 **불활성 물질**로 가연물을 덮는다.
(5) **목재**를 **방염처리**한다.
(6) 전기화재시 **전원**을 **차단**한다.
(7) 산불이 발생하면 화재의 진행방향을 앞질러 **벌목**한다.
(8) 가스화재시 **밸브**를 **잠궈** 가스흐름을 차단한다.
(9) 불타고 있는 장작더미 속에서 아직 타지 않은 것을 안전한 곳으로 **운반**한다.

※ **제거효과** : 가연물을 반응계에서 제거하든지 또는 반응계로의 공급을 정지시켜 소화하는 효과

답 ③

☆☆
08 할론소화설비에서 Halon 1211 약제의 분자식은?

19.09.문07
17.03.문05
15.03.문04
14.09.문04
14.03.문02

① CBr_2ClF
② CF_2BrCl
③ CCl_2BrF
④ BrC_2ClF

해설 **할론소화약제**의 **약칭** 및 **분자식**

종 류	약 칭	분자식
할론 1011	CB	CH_2ClBr
할론 104	CTC	CCl_4
할론 1211	BCF	**CF_2ClBr (CF_2BrCl, $CClF_2Br$)**
할론 1301	BTM	CF_3Br
할론 2402	FB	$C_2F_4Br_2$

② 할론 1211 : CF_2BrCl

답 ②

☆
09 위험물안전관리법상 위험물의 적재시 혼재기준 중 혼재가 가능한 위험물로 짝지어진 것은? (단, 각 위험물은 지정수량의 10배로 가정한다.)

13.06.문01

① 질산칼륨과 가솔린
② 과산화수소와 황린
③ 철분과 유기과산화물
④ 등유와 과염소산

해설 **위험물규칙** 〔**별표 19**〕
위험물의 혼재기준
(1) 제1류 + 제6류
(2) 제2류 + 제4류
(3) 제2류 + 제5류
(4) 제3류 + 제4류
(5) 제4류 + 제5류

① 질산칼륨(**제1류**)과 가솔린(**제4류**)
② 과산화수소(**제6류**)와 황린(**제3류**)
③ 철분(**제2류**)과 유기과산화물(**제5류**)
④ 등유(**제4류**)와 과염소산(**제6류**)

답 ③

☆☆☆
10 분말소화약제의 열분해 반응식 중 다음 (　) 안에 알맞은 화학식은?

16.10.문06
16.05.문15
16.03.문09
16.03.문11
15.05.문08
14.05.문17
12.03.문13

$$2NaHCO_3 \rightarrow Na_2CO_3 + H_2O + (\quad)$$

① CO
② CO_2
③ Na
④ Na_2

해설 **분말소화기**(**질식효과**)

종 별	소화약제	약제의 착색	화학반응식	적응 화재
제1종	탄산수소 나트륨 ($NaHCO_3$)	백색	$2NaHCO_3 \rightarrow Na_2CO_3 + \mathbf{CO_2} + H_2O$	BC급
제2종	탄산수소 칼륨 ($KHCO_3$)	담자색 (담회색)	$2KHCO_3 \rightarrow K_2CO_3 + CO_2 + H_2O$	BC급
제3종	인산암모늄 ($NH_4H_2PO_4$)	담홍색	$NH_4H_2PO_4 \rightarrow HPO_3 + NH_3 + H_2O$	AB C급
제4종	탄산수소 칼륨+요소 ($KHCO_3$+ $(NH_2)_2CO$)	회(백)색	$2KHCO_3 + (NH_2)_2CO \rightarrow K_2CO_3 + 2NH_3 + 2CO_2$	BC급

• 탄산수소나트륨 = 중탄산나트륨
• 탄산수소칼륨 = 중탄산칼륨
• 제1인산암모늄 = 인산암모늄 = 인산염
• 탄산수소칼륨 + 요소 = 중탄산칼륨 + 요소

답 ②

☆
11 정전기에 의한 발화과정으로 옳은 것은?

① 방전 → 전하의 축적 → 전하의 발생 → 발화
② 전하의 발생 → 전하의 축적 → 방전 → 발화
③ 전하의 발생 → 방전 → 전하의 축적 → 발화
④ 전하의 축적 → 방전 → 전하의 발생 → 발화

해설 **정전기**의 **발화과정**

전하의 **발**생 → 전하의 **축**적 → **방**전 → 발화

기억법 **발축방**

답 ②

☆☆
12 할로겐화합물 및 불활성기체 소화약제 중 HCFC-22를 82% 포함하고 있는 것은?

15.03.문20
14.03.문15

① IG-541
② HFC-227ea
③ IG-55
④ HCFC BLEND A

해설 **할로겐화합물 및 불활성기체 소화약제**

구 분	소화약제	화학식
할로겐 화합물 소화 약제	FC-3-1-10 기억법 FC31(FC 서울의 3.1절)	C_4F_{10}

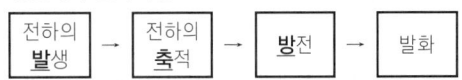

할로겐 화합물 소화 약제	HCFC BLEND A	HCFC-123($CHCl_2CF_3$) : 4.75% HCFC-22($CHClF_2$) : 82% HCFC-124($CHClFCF_3$) : 9.5% $C_{10}H_{16}$: 3.75% 기억법 475 82 95 375 (사시오. 빨리 그래서 구어 삼키시오!)
	HCFC-124	$CHClFCF_3$
	HFC-125 기억법 125(이리온)	CHF_2CF_3
	HFC-227ea 기억법 227e(둘둘치 킨이 맛있다.)	CF_3CHFCF_3
	HFC-23	CHF_3
	HFC-236fa	$CF_3CH_2CF_3$
	FIC-13I1	CF_3I
불활성 기체 소화 약제	IG-01	Ar
	IG-100	N_2
	IG-541	• N_2(질소) : 52% • Ar(아르곤) : 40% • CO_2(이산화탄소) : 8% 기억법 NACO(내코) 52408
	IG-55	N_2 : 50%, Ar : 50%
	FK-5-1-12	$CF_3CF_2C(O)CF(CF_3)_2$

답 ④

13 13.03.문06

실내에서 화재가 발생하여 실내의 온도가 21℃에서 650℃로 되었다면, 공기의 팽창은 처음의 약 몇 배가 되는가? (단, 대기압은 공기가 유동하여 화재 전후가 같다고 가정한다.)

① 3.14 ② 4.27
③ 5.69 ④ 6.01

해설 **샤를의 법칙**

$$\frac{V_1}{T_1} = \frac{V_2}{T_2}$$

여기서, V_1, V_2 : 부피[m³]
T_1, T_2 : 절대온도(273+℃)[K]

팽창된 공기의 부피 V_2는

$$V_2 = \frac{V_1}{T_1} \times T_2 = \frac{T_2}{T_1} \times V_1$$

$$= \frac{(273+650)}{(273+21)} \times V_1 \fallingdotseq 3.14\,V_1$$

답 ①

14 14.03.문07

피난계획의 일반원칙 중 fool proof 원칙에 해당하는 것은?

① 저지능인 상태에서도 쉽게 식별이 가능하도록 그림이나 색채를 이용하는 원칙
② 피난구조설비를 반드시 이동식으로 하는 원칙
③ 한 가지 피난기구가 고장이 나도 다른 수단을 이용할 수 있도록 고려하는 원칙
④ 피난구조설비를 첨단화된 전자식으로 하는 원칙

해설 **fail safe와 fool proof**

용 어	설 명
페일 세이프 (fail safe)	• 한 가지 피난기구가 고장이 나도 다른 수단을 이용할 수 있도록 고려하는 것 • 한 가지가 고장이 나도 다른 수단을 이용하는 원칙 • **두 방향**의 피난동선을 항상 확보하는 원칙
풀 프루프 (fool proof)	• 피난경로는 **간단명료**하게 한다. • 피난구조설비는 **고정식 설비**를 위주로 설치한다. • 피난수단은 **원시적 방법**에 의한 것을 원칙으로 한다. • 피난통로를 **완전불연화**한다. • 막다른 복도가 없도록 계획한다. • 간단한 **그림**이나 **색채**를 이용하여 표시한다.

기억법 **풀그색 간고원**

① fool proof
② fool proof : 이동식 → 고정식
③ fail safe
④ fool proof : 피난수단을 조작이 간편한 **원시적 방법**으로 하는 원칙

답 ①

15 16.05.문02 15.05.문18 15.03.문01 14.09.문12 14.03.문01

보일오버(boil over)현상에 대한 설명으로 옳은 것은?

① 아래층에서 발생한 화재가 위층으로 급격히 옮겨 가는 현상
② 연소유의 표면이 급격히 증발하는 현상
③ 기름이 뜨거운 물 표면 아래에서 끓는 현상
④ 탱크 저부의 물이 급격히 증발하여 기름이 탱크 밖으로 화재를 동반하여 방출하는 현상

해설 **유류탱크, 가스탱크**에서 **발생**하는 현상

여러 가지 현상	정 의
블래비 (BLEVE)	과열상태의 탱크에서 내부의 액화가스가 분출하여 기화되어 폭발하는 현상
보일오버 (boil over)	• 중질유의 석유탱크에서 장시간 조용히 연소하다 탱크 내의 잔존기름이 갑자기 분출하는 현상 • 유류탱크에서 탱크 바닥에 물과 기름의 **에멀션**이 섞여 있을 때 이로 인하여 화재가 발생하는 현상 • 연소유면으로부터 100℃ 이상의 열파가 탱크 저부에 고여 있는 물을 비등하게 하면서 연소유를 탱크 밖으로 비산시키며 연소하는 현상 • 탱크 **저부**의 물이 급격히 증발하여 기름이 탱크 밖으로 화재를 동반하여 방출하는 현상 기억법 **보저(보자기)**
오일오버 (oil over)	저장탱크에 저장된 유류저장량이 내용적의 **50%** 이하로 충전되어 있을 때 화재로 인하여 탱크가 폭발하는 현상
프로스오버 (froth over)	**물**이 점성의 뜨거운 **기름표면 아래서 끓을 때** 화재를 수반하지 않고 용기가 넘치는 현상
슬롭오버 (slop over)	• **물**이 연소유의 **뜨거운 표면**에 **들어갈 때** 기름표면에서 화재가 발생하는 현상 • 유화제로 소화하기 위한 **물**이 수분의 급격한 증발에 의하여 액면이 거품을 일으키면서 **열유층 밑**의 **냉유**가 급히 열팽창하여 **기름**의 **일부**가 불이 붙은 채 탱크벽을 넘어서 일출하는 현상

답 ④

★★★
16 17.03.문10 14.05.문06 13.09.문11

연기에 의한 감광계수가 0.1m^{-1}, 가시거리가 20~30m일 때의 상황을 옳게 설명한 것은?

① 건물 내부에 익숙한 사람이 피난에 지장을 느낄 정도
② 연기감지기가 작동할 정도
③ 어두운 것을 느낄 정도
④ 앞이 거의 보이지 않을 정도

해설

감광계수 (m^{-1})	가시거리 (m)	상 황
0.1	20~30	연기감지기가 작동할 때의 농도 (연기감지기가 작동하기 직전의 농도)
0.3	5	건물 내부에 익숙한 사람이 피난에 지장을 느낄 정도의 농도
0.5	3	어두운 것을 느낄 정도의 농도
1	1~2	앞이 거의 보이지 않을 정도의 농도
10	0.2~0.5	화재 최성기 때의 농도
30	–	출화실에서 연기가 분출할 때의 농도

답 ②

★
17 01.03.문03

밀폐된 내화건물의 실내에 화재가 발생했을 때 그 실내의 환경변화에 대한 설명 중 틀린 것은?

① 기압이 강하한다.
② 산소가 감소된다.
③ 일산화탄소가 증가한다.
④ 이산화탄소가 증가한다.

해설 ① 밀폐된 내화건물의 실내에 화재가 발생하면 **기압**이 **상승**한다.

답 ①

★★★
18 19.03.문20 15.09.문17 01.06.문06 97.03.문19

화재실 혹은 화재공간의 단위바닥면적에 대한 등가가연물량의 값을 화재하중이라 하며, 식으로 표시할 경우에는 $Q=\Sigma(G_t \cdot H_t)/H \cdot A$와 같이 표현할 수 있다. 여기에서 H는 무엇을 나타내는가?

① 목재의 단위발열량
② 가연물의 단위발열량
③ 화재실 내 가연물의 전체 발열량
④ 목재의 단위발열량과 가연물의 단위발열량을 합한 것

해설

$$q=\frac{\Sigma G_t H_t}{HA}=\frac{\Sigma Q}{4500A}$$

여기서, q : 화재하중(kg/m^2)
G_t : 가연물의 양(kg)
H_t : 가연물의 단위발열량(kcal/kg)
H : 목재의 단위발열량(kcal/kg)
A : 바닥면적(m^2)
ΣQ : 가연물의 전체 발열량(kcal)

• 목재의 단위발열량 : 4500kcal/kg

답 ①

★★★
19 [13.06.문19]

칼륨에 화재가 발생할 경우에 주수를 하면 안 되는 이유로 가장 옳은 것은?

① 산소가 발생하기 때문에
② 질소가 발생하기 때문에
③ 수소가 발생하기 때문에
④ 수증기가 발생하기 때문에

해설 **주수소화**(물소화)시 **위험**한 **물질**

구 분	현 상
• 무기과산화물	**산소** 발생
• **금**속분 • **마**그네슘 • 알루미늄 • 칼륨 • 나트륨 • 수소화리튬	**수소** 발생
• 가연성 액체의 유류화재	**연소면**(화재면) 확대

기억법 **금마수**

※ **주수소화** : 물을 뿌려 소화하는 방법

답 ③

★★★
20 [11.06.문06]

다음 중 증기비중이 가장 큰 것은?

① 이산화탄소 ② 할론 1301
③ 할론 1211 ④ 할론 2402

해설 **증기비중**이 **큰 순서**

Halon 2402>Halon 1211>Halon 104>Halon 1301

중요

증기비중

$$증기비중 = \frac{분자량}{29}$$

여기서, 29 : 공기의 평균분자량

답 ④

제 2 과목 소방전기일반

★★★
21 [03.05.문34]

전원과 부하가 다같이 △결선된 3상 평형 회로가 있다. 전원전압이 200V, 부하 1상의 임피던스가 $4+j3\,\Omega$인 경우 선전류는 몇 A인가?

① $\frac{40}{\sqrt{3}}$ ② $\frac{40}{3}$
③ 40 ④ $40\sqrt{3}$

해설 **△결선**

$$I_{\triangle} = \frac{\sqrt{3}\,V}{Z}$$

여기서, $I_{\triangle}$: 선전류〔A〕
V : 선간전압(상전압)〔V〕
Z : 임피던스〔Ω〕

△결선 선전류 $I_{\triangle}$는

$$I_{\triangle} = \frac{\sqrt{3}\,V}{Z} = \frac{\sqrt{3}\times 200}{4+j3} = \frac{\sqrt{3}\times 200}{\sqrt{4^2+3^2}} = 40\sqrt{3}$$

비교

Y결선

$$I_{Y} = \frac{V}{\sqrt{3}\,Z}$$

여기서, I_Y : 선전류(상전류=부하전류)〔A〕
V : 선간전압〔V〕
Z : 임피던스〔Ω〕

답 ④

★★
22 [00.03.문22]

$v=141\sin 377t$〔V〕인 정현파 전압의 주파수는 몇 Hz인가?

① 50 ② 55
③ 60 ④ 65

해설 **순시값**(instantaneous value)

$$v = V_m \sin\omega t$$

여기서, v : 전압의 순시값〔V〕
V_m : 전압의 최대값〔V〕
ω : 각주파수〔rad/s〕($\omega = 2\pi f$)
t : 주기〔s〕
f : 주파수〔Hz〕

$v = V_m\sin\omega t = V_m\sin(2\pi f)t$에서
문제에서
$2\pi f = 377$이므로
주파수 f는

$$f = \frac{377}{2\pi} \fallingdotseq 60\text{Hz}$$

답 ③

★
23 [17.05.문27] [02.03.문33]

국제 표준 연동 고유저항은 몇 Ω·m인가?

① 1.7241×10^{-9} ② 1.7241×10^{-8}
③ 1.7241×10^{-7} ④ 1.7241×10^{-6}

해설 **전선의 고유저항**

전선의 종류	고유저항
알루미늄선	$\frac{1}{35}\Omega\cdot\text{mm}^2/\text{m}=\frac{1}{35}\times10^{-6}\Omega\cdot\text{m}$ $=2.8571\times10^{-8}\Omega\cdot\text{m}$
경동선	$\frac{1}{55}\Omega\cdot\text{mm}^2/\text{m}=\frac{1}{55}\times10^{-6}\Omega\cdot\text{m}$ $=1.8181\times10^{-8}\Omega\cdot\text{m}$
연동선	$\frac{1}{58}\Omega\cdot\text{mm}^2/\text{m}=\frac{1}{58}\times10^{-6}\Omega\cdot\text{m}$ $=1.7241\times10^{-8}\Omega\cdot\text{m}$

$1\Omega\cdot\text{m}=10^2\Omega\cdot\text{cm}=10^6\Omega\cdot\text{mm}^2/\text{m}$이므로

$$1\Omega\cdot\text{mm}^2/\text{m}=10^{-6}\Omega\cdot\text{m}$$

답 ②

24

4단자 정수 $A=\frac{5}{3}$, $B=800$, $C=\frac{1}{450}$, $D=\frac{5}{3}$일 때 영상임피던스 Z_{01}과 Z_{02}는 각각 몇 Ω인가?

① $Z_{01}=300$, $Z_{02}=300$
② $Z_{01}=600$, $Z_{02}=600$
③ $Z_{01}=800$, $Z_{02}=800$
④ $Z_{01}=1000$, $Z_{02}=1000$

해설 **영상임피던스**

(1) **입력단**에서 본 임피던스 Z_{01}

$$Z_{01}=\sqrt{\frac{AB}{CD}}=\sqrt{\frac{\frac{5}{3}\times800}{\frac{1}{450}\times\frac{5}{3}}}=600\,\Omega$$

(2) **출력단**에서 본 임피던스 Z_{02}

$$Z_{02}=\sqrt{\frac{BD}{AC}}=\sqrt{\frac{800\times\frac{5}{3}}{\frac{5}{3}\times\frac{1}{450}}}=600\,\Omega$$

용어

영상임피던스
4단자망의 입출력 단자에 임피던스를 접속하는 경우 좌우에서 본 임피던스 값이 **거울**의 **영상**과 같은 관계에 있는 임피던스

답 ②

25

14.05.문36
13.03.문40

자기인덕턴스 L_1, L_2가 각각 4mH, 9mH인 두 코일이 이상적인 결합이 되었다면 상호인덕턴스는 몇 mH인가? (단, 결합계수는 1이다.)

① 6　② 12
③ 24　④ 36

해설 **상호인덕턴스**(mutual inductance)

$$M=K\sqrt{L_1L_2}$$

여기서, M: 상호인덕턴스〔H〕
K: 결합계수
L_1, L_2 : 자기인덕턴스〔H〕

상호인덕턴스 M은
$M=K\sqrt{L_1L_2}=1\sqrt{4\times9}=6\text{mH}$

중요

결합계수

$K=0$	$K=1$
두 코일 직교시	이상결합 · 완전결합시

답 ①

26

200Ω의 저항을 가진 경종 10개와 50Ω의 저항을 가진 표시등 3개가 있다. 이들을 모두 직렬로 접속할 때의 합성저항은 몇 Ω인가?

① 250　② 1250
③ 1750　④ 2150

해설 **저항 n개의 직렬접속**

$$R_0=n_1R_1+n_2R_2+\cdots$$

여기서, R_0 : 합성저항〔Ω〕
n_1, n_2 : 저항의 개수
R_1, R_2 : 1개의 저항〔Ω〕

합성저항 R_0는
$R_0=n_1R_1+n_2R_2=10\times200+3\times50=2150\,\Omega$

비교

저항 n개의 병렬접속

$$R_0=\frac{R_1}{n_1}+\frac{R_2}{n_2}+\cdots$$

여기서, R_0 : 합성저항〔Ω〕
n_1, n_2 : 저항의 개수
R_1, R_2 : 1개의 저항〔Ω〕

답 ④

27

19.03.문23
15.05.문30
13.06.문32
10.05.문30

SCR의 양극전류가 10A일 때 게이트전류를 반으로 줄이면 양극전류는 몇 A인가?

① 20　② 10
③ 5　④ 0.1

해설 SCR(Silicon Controlled Rectifier) : 처음에는 게이트전류에 의해 양극전류가 변화되다가 일단 완전 도통상태가 되면 게이트전류에 관계없이 양극전류는 더 이상 변화하지 않는다. 그러므로 게이트전류를 **반**으로 줄여도 또는 **2배**로 늘려도 양극전류는 그대로 **10A**가 되는 것이다. (이것을 알라!!)

답 ②

★★★
28 그림과 같은 무접점회로는 어떤 논리회로인가?

19.04.문24
13.03.문29
11.06.문25

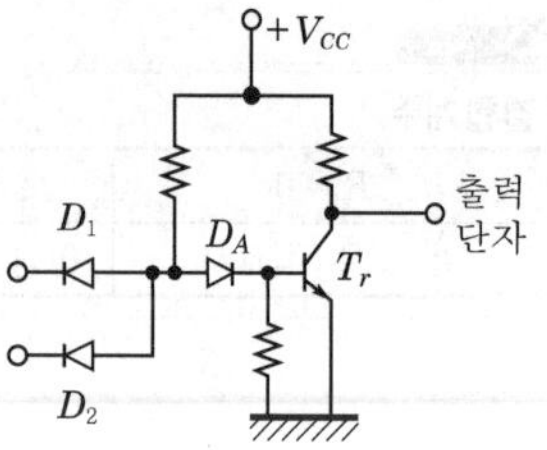

① NOR ② OR
③ NAND ④ AND

해설 **논리회로**와 **전자회로**

명 칭	회 로
AND 게이트	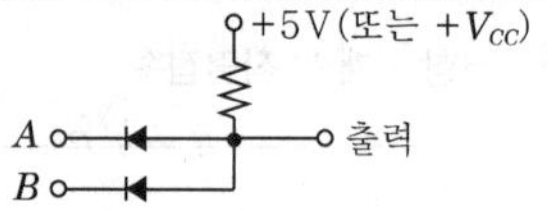
	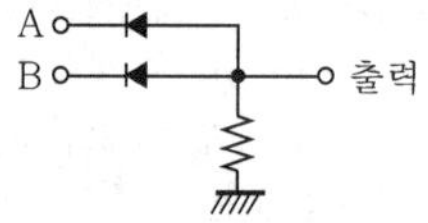
OR 게이트	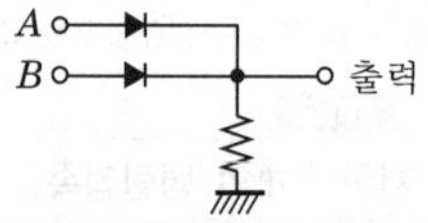
	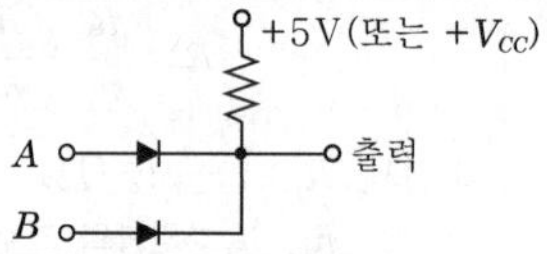
NOR 게이트	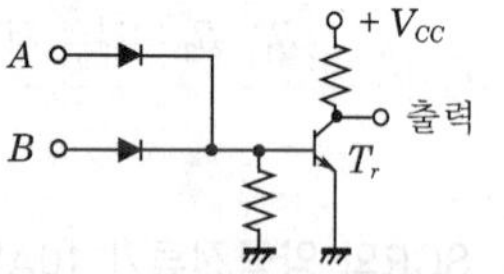
NAND 게이트	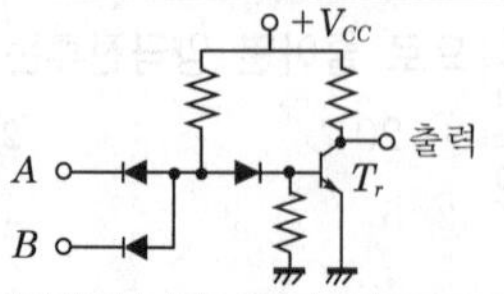

답 ③

★★★
29 어떤 측정계기의 지시값을 M, 참값을 T라 할 때 보정률은?

13.06.문38

① $\frac{T-M}{M}\times 100\%$ ② $\frac{M}{M-T}\times 100\%$
③ $\frac{T-M}{T}\times 100\%$ ④ $\frac{T}{M-T}\times 100\%$

해설 **전기계기**의 **오차**

백분율 **오**차 : $\frac{M-T}{T}\times 100\%$

백분율 **보**정 : $\frac{T-M}{M}\times 100\%$

여기서, T : 참값
M : 측정값(지시값)

- 백분율 오차=오차율
- 백분율 보정=보정률

기억법 오MTT
보TMM

답 ①

★★★
30 온도 측정을 위하여 사용하는 소자로서 온도-저항 부특성을 가지는 일반적인 소자는?

19.04.문25
19.03.문35
18.09.문31
17.05.문35
15.05.문38
14.09.문40
14.05.문24
14.03.문27
12.03.문34
11.06.문37
00.10.문25

① 노즐플래퍼
② 서미스터
③ 앰플리다인
④ 트랜지스터

해설 **반도체소자**

명 칭	심 벌
• **제너 다이오드**(zener diode) : 주로 정전압 전원회로에 사용된다.	
• **서미스터**(thermistor) : 부온도특성을 가진 저항기의 일종으로서 주로 **온**도보정용으로 쓰인다.	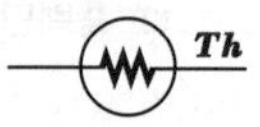
• SCR(Silicon Controlled Rectifier) : 단방향 대전류 스위칭 소자로서 제어를 할 수 있는 정류소자이다.	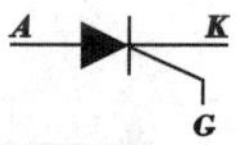
• **바리스터**(varistor) – 주로 **서**지전압에 대한 회로보호용(과도전압에 대한 회로보호) – **계**전기 접점의 불꽃 제거	
• UJT(UniJunction Transistor)=**단일접합 트랜지스터** : 증폭기로는 사용이 불가능하며 톱니파나 펄스발생기로 작용하며 SCR의 트리거 소자로 쓰인다.	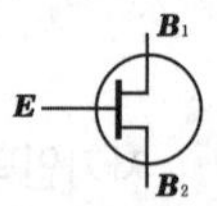
• **바랙터**(varactor) : 제너현상을 이용한 다이오드이다.	–

기억법 서온(서운해), 바리서계

② 서미스터 : '부온도특성', '온도-저항 부특성'을 가짐

답 ②

★★
31 그림과 같은 트랜지스터를 사용한 정전압회로에서 Q_1의 역할로서 옳은 것은?

13.06.문22

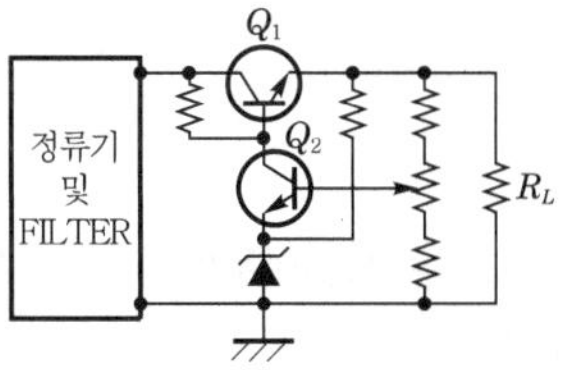

① 증폭용 ② 비교부용
③ 제어용 ④ 기준부용

해설

Q_1 : 제어용, Q_2 : 증폭용

답 ③

★★
32 히스테리시스곡선의 종축과 횡축은?

07.03.문21

① 종축 : 자속밀도, 횡축 : 투자율
② 종축 : 자계의 세기, 횡축 : 투자율
③ 종축 : 자계의 세기, 횡축 : 자속밀도
④ 종축 : 자속밀도, 횡축 : 자계의 세기

해설 **히스테리시스곡선**

구 분	설 명
횡축	자계의 세기(H)
종축	자속밀도(B)
횡축과 만나는 점	보자력
종축과 만나는 점	잔류자기

- 히스테리시스곡선 = $B-H$ 곡선
- 자계의 세기 = 자장의 세기

답 ④

★★
33 자기장 내에 있는 도체에 전류를 흘리면 힘이 작용한다. 이 힘을 무엇이라고 하는가?

① 자속력 ② 기전력
③ 전기력 ④ 전자력

해설

용 어	설 명
자속	자극에서 나오는 전체의 **자기력선**의 **수**
기전력	전류를 연속해서 흘리기 위해 **전압**을 **연속적**으로 만들어 주는 힘
전기력	**전하**를 갖고 있는 물체 사이에 작용하는 **힘**
전자력	**자기장** 내에 있는 도체에 **전류**를 흘릴 때 작용하는 **힘**

답 ④

★★★
34 다음 중 쌍방향성 사이리스터인 것은?

13.06.문39

① 브리지 정류기 ② SCR
③ IGBT ④ TRIAC

해설

구 분		심 벌
DIAC	네온관과 같은 성질을 가진 것으로서 주로 SCR, TRIAC 등의 **트리거소자**로 이용된다.	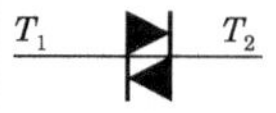
TRIAC	**양방향성 스위칭소자**로서 SCR 2개를 역병렬로 접속한 것과 같다.(**AC전력**의 **제어용**, **쌍방향성 사이리스터**)	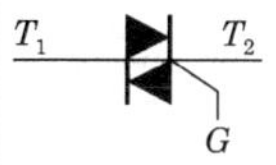
RCT (역도통 사이리스터)	비대칭 사이리스터와 고속회복 다이오드를 직접화한 단일실리콘 칩으로 만들어져서 직렬공진형 인버터에 대해 이상적이다.	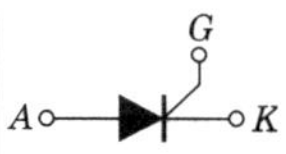
IGBT	고전력 스위치용 반도체로서 전기흐름을 막거나 통하게 하는 스위칭 기능을 빠르게 수행한다.	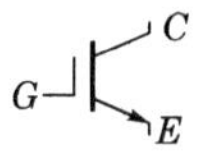

답 ④

★★★
35 자동제어계를 제어목적에 의해 분류한 경우를 설명한 것 중 틀린 것은?

19.04.문28
19.03.문32
17.09.문22
17.09.문39
17.05.문29
16.05.문22
16.03.문32
15.05.문23
15.05.문37
14.09.문23
13.09.문27
11.03.문30

① 정치제어 : 제어량을 주어진 일정 목표로 유지시키기 위한 제어
② 추종제어 : 목표치가 시간에 따라 일정한 변화를 하는 제어
③ 프로그램제어 : 목표치가 프로그램대로 변하는 제어
④ 서보제어 : 선박의 방향제어계인 서보제어는 정치제어와 같은 성질

해설 **제어의 종류**

종 류	설 명
정치제어 (fixed value control)	• 일정한 **목**표값을 **유**지하는 것으로 **프로세스제어, 자동조정**이 이에 해당된다. 예 **연속식 압연기** • **목표값**이 시간에 관계없이 항상 일정한 값을 가지는 제어이다. 기억법 **유목정**

추종제어 (follow-up control)	미지의 시간적 변화를 하는 목표값에 제어량을 추종시키기 위한 제어로 **서보기구**가 이에 해당된다. 예 **대공포의 포신**
비율제어 (ratio control)	둘 이상의 제어량을 소정의 비율로 제어하는 것이다.
프로그램제어 (program control)	목표값이 **미리 정해진 시간적 변화**를 하는 경우 제어량을 그것에 추종시키기 위한 제어이다. 예 **열차 · 산업로봇의 무인운전**

④ 서보제어는 **정치제어** → 서보제어는 **추종제어**

중요

제어량에 의한 **분류**

분 류	종 류
프로세스제어	• **온**도 • **압**력 • **유**량 • **액**면 기억법 **프온압유액**
서보기구 (서보제어, 추종제어)	• **위**치 • **방**위 • **자**세 기억법 **서위방자**
자동조정	• 전압 • 전류 • 주파수 • 회전속도(**발**전기의 **속**도조절기) • 장력 기억법 **자발속**

※ **프로세스제어**(공정제어) : 공업공정의 상태량을 제어량으로 하는 제어

답 ④

36

19.04.문23
14.09.문22
11.10.문24
03.05.문33
(산업)

변압기의 철심구조를 여러 겹으로 성층시켜 사용하는 이유는 무엇인가?

① 와전류로 인한 전력손실을 감소시키기 위해
② 전력공급 능력을 높이기 위해
③ 변압비를 크게 하기 위해
④ 변압기의 중량을 적게 하기 위해

해설 **철심**의 **손실**

이 유	설 명
규소강판 사용 이유	히스테리시스손의 감소
성층 이유	와류손의 감소(와전류로 인한 전력손실 감소)
규소강판 성층 이유	**철손**의 감소

• **철손**= 히스테리시스손 + 와류손

용어

철손과 **동손**

철 손	동 손
철심 속에서 생기는 손실	**권선**의 저항에 의하여 생기는 손실

답 ①

37

11.03.문31

그림과 같은 정류회로에서 부하 R에 흐르는 직류 전류의 크기는 약 몇 A인가? (단, V=200V, $R=20\sqrt{2}\ \Omega$이며, 이상적인 다이오드이다.)

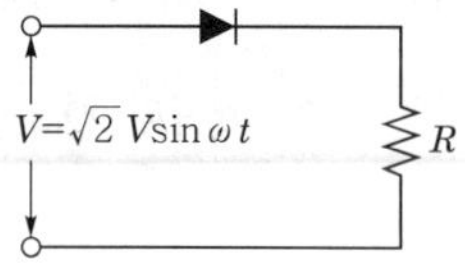

① 3.2
② 3.8
③ 4.4
④ 5.2

해설 (1) **일반전류**

$$I=\frac{V}{R}$$

여기서, I : 일반전류〔A〕
V : 전압〔V〕
R : 저항〔Ω〕

일반전류 I는

$$I=\frac{V}{R}=\frac{200}{20\sqrt{2}}=7.07\text{A}$$

(2) **직류전류**(단상반파정류회로)
그림은 다이오드(diode) 1개를 사용한 **단상반파정류회로**이므로

$$I_0=0.45I$$

여기서, I_0 : 직류전류〔A〕, I : 일반전류〔A〕

직류전류 I_0는

$I_0=0.45I=0.45\times7.07\fallingdotseq3.2\text{A}$

참고

정류방식에 따른 **전류**

(1) 단상반파정류 : $I_0=0.45I$
(2) 단상전파정류 : $I_0=0.9I$
(3) 3상반파정류 : $I_0=1.17I$
(4) 3상전파정류 : $I_0=1.35I$

답 ①

38 도너(donor)와 억셉터(acceptor)의 설명 중 틀린 것은?

14.03.문35

① 반도체 결정에서 Ge이나 Si에 넣는 5가의 불순물을 도너라고 한다.
② 반도체 결정에서 Ge이나 Si에 넣는 3가의 불순물에는 In, Ga, B 등이 있다.
③ 진성반도체는 불순물이 전혀 섞이지 않은 반도체이다.
④ N형 반도체의 불순물이 억셉터이고, P형 반도체의 불순물이 도너이다.

해설 **N형 반도체**와 **P형 반도체**

N형 반도체	P형 반도체
도너(donor)	억셉터
5가원소	**3가**원소
부(⊖, negative)	정(⊕, positive)
가전자가 1개 남는 불순물	가전자가 1개 모자라는 불순물

④ N형 반도체의 불순물이 **도너**이고, P형 반도체의 불순물이 **억셉터**이다.

답 ④

39 지시계기에 대한 동작원리가 틀린 것은?

14.03.문31
11.03.문40

① 열전형 계기－대전된 도체 사이에 작용하는 정전력을 이용
② 가동철편형 계기－전류에 의한 자기장이 연철편에 작용하는 힘을 이용
③ 전류력계형 계기－전류 상호간에 작용하는 힘을 이용
④ 유도형 계기－회전 자기장 또는 이동 자기장과 이것에 의한 유도전류와의 상호작용을 이용

해설 **지시계기**의 **동작원리**

계기명	동작원리
열**전**대형 계기(열전형 계기)	**금**속선의 팽창
유도형 계기	회전자장 및 이동자장
전류력계형 계기	코일의 자계(전류 상호간에 작용하는 힘)
열선형 계기	열선의 팽창
가동철편형 계기	연철편의 작용
정전형 계기	정전력 이용

기억법 **금전**

중요

지시전기계기의 **종류**

계기의 종류	기 호	사용회로
가동코일형		직류
가동철편형		교류
정류형		교류
유도형		교류
전류력계형		교직양용
열선형		교직양용
정전형		교직양용

• 정류기형 계기＝정류형 계기

답 ①

40 계단변화에 대하여 잔류편차가 없는 것이 장점이며, 간헐현상이 있는 제어계는?

17.03.문37
14.09.문25
08.09.문22

① 비례제어계
② 비례미분제어계
③ 비례적분제어계
④ 비례적분미분제어계

해설 **연속제어**

제어 종류	설 명
비례제어(**P동작**)	• **잔류편차**(off－set)가 있는 제어
미분제어(**D동작**)	• 오차가 커지는 것을 **미연에 방지**하고 **진동**을 **억제**하는 제어로 rate **동작**이라고도 한다.
적분제어(**I동작**)	• **잔류편차**를 **제거**하기 위한 제어
비례**적**분제어(**PI동작**)	• **간헐현상**이 있는 제어, 잔류편차가 없는 제어 기억법 **간비적**
비례적분미분제어(**PID동작**)	• 적분제어로 **잔류편차**를 **제거**하고, 미분제어로 **응답**을 **빠르게** 하는 제어

용어

용 어	설 명
간헐현상	제어계에서 동작신호가 연속적으로 변하여도 조작량이 **일정**한 **시간**을 두고 **간헐**적으로 변하는 현상
잔류편차	비례제어에서 급격한 목표값의 변화 또는 외란이 있는 경우 제어계가 정상상태로 된 후에도 **제어량**이 **목표값**과 **차이**가 난 채로 있는 것

답 ③

제 3 과목 소방관계법규

★
41 위험물안전관리법상 행정처분을 하고자 하는 경우 청문을 실시해야 하는 것은?

19.04.문60
15.05.문46

① 제조소 등 설치허가의 취소
② 제조소 등 영업정지 처분
③ 탱크시험자의 영업정지
④ 과징금 부과처분

해설 **위험물법 29조**
청문실시
(1) 제조소 등 설치허가의 취소
(2) 탱크시험자의 등록 취소

중요

위험물법 29조
청문실시자
(1) 시·도지사
(2) 소방본부장
(3) 소방서장

답 ①

★★★
42 소방기본법상의 벌칙으로 5년 이하의 징역 또는 5000만원 이하의 벌금에 해당하지 않는 것은?

17.03.문49
16.05.문57
15.09.문43
15.05.문58
11.10.문51
10.09.문54

① 소방자동차가 화재진압 및 구조·구급활동을 위하여 출동할 때 그 출동을 방해한 자
② 사람을 구출하거나 불이 번지는 것을 막기 위하여 불이 번질 우려가 있는 소방대상물의 사용제한의 강제처분을 방해한 자
③ 출동한 소방대의 소방장비를 파손하거나 그 효용을 해하여 화재진압·인명구조 또는 구급활동을 방해한 자
④ 정당한 사유 없이 소방용수시설 또는 비상소화장치의 효용을 해치거나 그 정당한 사용을 방해한 자

해설 **기본법 50조**
5년 이하의 징역 또는 5000만원 이하의 벌금
(1) 소방자동차의 **출동 방해**
(2) **사람구출** 방해
(3) **소방용수시설** 또는 **비상소화장치**의 효용 방해
(4) 출동한 소방대의 화재진압·인명구조 또는 구급활동 **방해**
(5) 소방대의 현장출동 **방해**
(6) 출동한 소방대원에게 **폭행·협박** 행사

② **3년** 이하의 징역 또는 **3000만원** 이하의 벌금

답 ②

★
43 고형 알코올 그 밖에 1기압 상태에서 인화점이 40℃ 미만인 고체에 해당하는 것은?

15.05.문47
12.09.문49

① 가연성 고체 ② 산화성 고체
③ 인화성 고체 ④ 자연발화성 물질

해설 **위험물령 [별표 1]**
위험물

구 분	설 명
가연성 고체	**고체**로서 화염에 의한 발화의 위험성 또는 인화의 위험성을 판단하기 위하여 고시로 정하는 시험에서 고시로 정하는 성질과 상태를 나타내는 것
산화성 고체	**고체** 또는 **기체**로서 산화력의 잠재적인 위험성 또는 충격에 대한 민감성을 판단하기 위하여 소방청장이 정하여 고시하는 시험에서 고시로 정하는 성질과 상태를 나타내는 것
인화성 고체	**고형 알코올** 그 밖에 1기압에서 인화점이 **40℃ 미만**인 고체
자연발화성 물질 및 금수성 물질	**고체** 또는 **액체**로서 공기 중에서 발화의 위험성이 있거나 **물**과 **접촉**하여 발화하거나 가연성 가스를 발생하는 위험성이 있는 것

답 ③

★
44 소화난이도등급 Ⅰ의 제조소 등에 설치해야 하는 소화설비기준 중 황만을 저장·취급하는 옥내탱크저장소에 설치해야 하는 소화설비는?

① 옥내소화전설비
② 옥외소화전설비
③ 물분무소화설비
④ 고정식 포소화설비

해설 **위험물규칙 [별표 17]**
황만을 저장·취급하는 옥내·외탱크저장소·암반탱크저장소에 설치해야 하는 소화설비
물분무소화설비

답 ③

★★
45 정기점검의 대상인 제조소 등에 해당하지 않는 것은?

17.09.문51

① 이송취급소
② 이동탱크저장소
③ 암반탱크저장소
④ 판매취급소

해설 **위험물령 16조**
정기점검의 대상인 제조소 등
(1) **제조소** 등(이송취급소·암반탱크저장소)
(2) **지하탱크**저장소
(3) **이동탱크**저장소
(4) 위험물을 취급하는 탱크로서 지하에 매설된 탱크가 있는 **제조소·주유취급소** 또는 **일반취급소**

답 ④

★★
46
16.03.문51
15.09.문57

화재의 예방 및 안전관리에 관한 법률에 따른 소방안전관리 업무를 하지 아니한 특정소방대상물의 관계인에게는 몇 만원 이하의 과태료를 부과하는가?

① 100
② 200
③ 300
④ 500

해설 **300만원 이하의 과태료**
(1) 관계인의 소방안전관리 업무 미수행(화재예방법 52조)
(2) **소방훈련** 및 **교육** 미실시자(화재예방법 52조)
(3) 소방시설의 점검결과 미보고(소방시설법 61조)

답 ③

★★★
47

소방체험관의 설립·운영권자는?

① 국무총리
② 소방청장
③ 시·도지사
④ 소방본부장 및 소방서장

해설 **시·도지사**
(1) 제조소 등의 설치**허**가(위험물법 6조)
(2) 소방업무의 지휘·감독(기본법 3조)
(3) 소방**체**험관의 설립·운영(기본법 5조)
(4) 소방업무에 관한 세부적인 종합계획 수립 및 소방업무 수행(기본법 6조)
(5) **화**재예방강화지구의 지정(화재예방법 18조)

중요

시·도지사
(1) 특별시장
(2) 광역시장
(3) 도지사
(4) 특별자치시
(5) 특별자치도

기억법 **시체허화**

답 ③

★
48
13.06.문45

특정소방대상물 중 의료시설에 해당되지 않는 것은?

① 노숙인 재활시설
② 장애인 의료재활시설
③ 정신의료기관
④ 마약진료소

해설 **소방시설법 시행령 〔별표 2〕**
의료시설

구 분	종 류
병원	• 종합병원 • 병원 • 치과병원 • 한방병원 • 요양병원
격리병원	• 전염병원 • 마약진료소
정신의료기관	–
장애인 의료재활시설	–

① 노유자시설

답 ①

★★★
49

교육연구시설 중 학교 지하층은 바닥면적의 합계가 몇 m^2 이상인 경우 연결살수설비를 설치해야 하는가?

① 500
② 600
③ 700
④ 1000

해설 **소방시설법 시행령 〔별표 4〕**
연결살수설비의 설치대상

설치대상	조 건
① 지하층	• 바닥면적 합계 **150m²**(학교 **700m²**) 이상
② 판매시설 ③ 운수시설 ④ 물류터미널	• 바닥면적 합계 **1000m²** 이상
⑤ 가스시설	• **30t** 이상 탱크시설
⑥ 전부	• 연결통로

답 ③

★★
50
06.03.문59

소방장비 등에 대한 국고보조 대상사업의 범위와 기준보조율은 무엇으로 정하는가?

① 행정안전부령
② 대통령령
③ 시·도의 조례
④ 국토교통부령

해설 **기본법 8·9조**
소방력 및 소방장비
(1) 소방력의 기준 : **행정안전부령**
(2) 소방장비 등에 대한 국고보조 기준 : **대통령령**

- **소방력**: 소방기관이 소방업무를 수행하는 데 필요한 **인력과 장비**

답 ②

★
51 **제2류 위험물의 품명에 따른 지정수량의 연결이 틀린 것은?**

① 황화인 – 100kg ② 황 – 300kg
③ 철분 – 500kg ④ 인화성 고체 – 1000kg

해설 **위험물령 〔별표 1〕**
제2류 위험물

성 질	품 명	지정수량
가연성 고체	황화인	100kg
	적린	
	황	
	철분	500kg
	금속분	
	마그네슘	
	인화성 고체	1000kg

② 황 – 100kg

답 ②

★★★
52 **소방기본법상 소방용수시설의 저수조는 지면으로부터 낙차가 몇 m 이하가 되어야 하는가?**

16.05.문44
16.03.문41
13.03.문49

① 3.5 ② 4
③ 4.5 ④ 6

해설 **기본규칙 〔별표 3〕**
소방용수시설의 저수조에 대한 설치기준
(1) 낙차 : **4.5m** 이하
(2) 수심 : **0.5m** 이상
(3) 투입구의 길이 또는 지름 : **60cm** 이상
(4) 소방펌프 자동차가 **쉽게 접근**할 수 있도록 할 것
(5) 흡수에 지장이 없도록 **토사** 및 **쓰레기** 등을 제거할 수 있는 설비를 갖출 것
(6) 저수조에 물을 공급하는 방법은 **상수도**에 연결하여 **자동**으로 **급수**되는 구조일 것

기억법 낙45(낙산사로 오세요!), 수5(수호천사)

답 ③

★★★
53 **위험물제조소 게시판의 바탕 및 문자의 색으로 올바르게 연결된 것은?**

19.04.문58
15.03.문44
11.10.문45

① 바탕 – 백색, 문자 – 청색
② 바탕 – 청색, 문자 – 흑색
③ 바탕 – 흑색, 문자 – 백색
④ 바탕 – 백색, 문자 – 흑색

해설 **위험물규칙 〔별표 4〕**
위험물제조소의 표지의 설치기준(게시판)
(1) 한 변의 길이가 **0.3m 이상**, 다른 한 변의 길이가 **0.6m 이상**인 **직사각형**일 것
(2) **바**탕은 **백색**으로, 문자는 **흑색**일 것

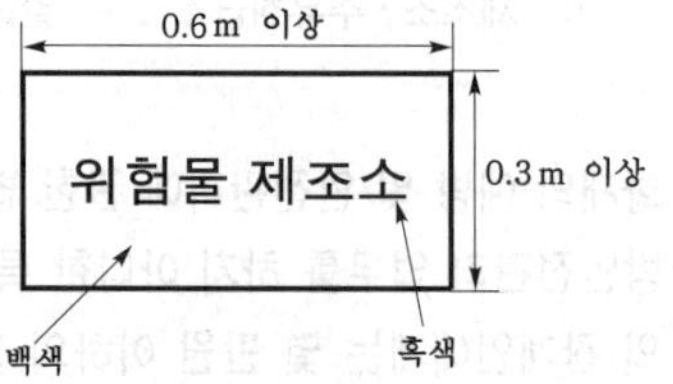

| 제조소의 표지 |

기억법 표바백036

답 ④

★★★
54 **소방시설 설치 및 관리에 관한 법령에 따른 소방시설관리업자로 선임된 소방시설관리사 및 소방기술사는 자체점검을 실시한 경우 그 점검이 끝난 날부터 며칠 이내에 소방시설 등 자체점검 실시결과 보고서를 관계인에게 제출하여야 하는가?**

16.03.문55
13.09.문47
11.03.문56
10.05.문43

① 10일 ② 15일
③ 30일 ④ 60일

해설 **소방시설법 시행규칙 23조**
소방시설 등의 자체점검 결과의 조치 등
(1) 관리업자 또는 소방안전관리자로 선임된 소방시설관리사 및 소방기술사는 자체점검을 실시한 경우에는 그 점검이 끝난 날부터 **10일 이내**에 소방시설 등 자체점검 실시결과 보고서를 관계인에게 제출하여야 한다.
(2) 자체점검 실시결과 보고서를 제출받거나 스스로 자체점검을 실시한 관계인은 점검이 끝난 날부터 **15일 이내**에 소방시설 등 자체점검 실시결과 보고서에 소방시설 등의 자체점검결과 이행계획서를 첨부하여 소방본부장 또는 소방서장에게 보고해야 한다. 이 경우 소방청장이 지정하는 전산망을 통하여 그 점검결과를 보고할 수 있다.

답 ①

★★
55 **소방용수시설 중 소화전과 급수탑의 설치기준으로 틀린 것은?**

19.03.문58
17.03.문54
09.08.문43

① 소화전은 상수도와 연결하여 지하식 또는 지상식의 구조로 할 것
② 소방용 호스와 연결하는 소화전의 연결금속구의 구경은 65mm로 할 것
③ 급수탑 급수배관의 구경은 100mm 이상으로 할 것
④ 급수탑의 개폐밸브는 지상에서 1.5m 이상 1.8m 이하의 위치에 설치할 것

해설 기본규칙 〔별표 3〕

소방용수시설별 설치기준

소화전	급수탑
• 65mm : 연결금속구의 구경	• 100mm : 급수배관의 구경 • 1.5~1.7m 이하 : 개폐밸브 높이

④ 1.5m 이상 1.8m 이하 → 1.5m 이상 1.7m 이하

답 ④

56 하자보수 대상 소방시설 중 하자보수 보증기간이 2년이 아닌 것은?

17.05.문51 15.05.문59 15.03.문52 12.05.문59

① 유도등 ② 비상경보설비
③ 무선통신보조설비 ④ 자동화재탐지설비

해설 공사업령 6조

소방시설공사의 하자보수 보증기간

보증기간	소방시설
2년	① 유도등 · 피난기구 ② 비상조명등 · 비상경보설비 · 비상방송설비 ③ 무선통신보조설비
3년	① 자동소화장치 ② 옥내 · 외소화전설비 ③ 스프링클러설비 ④ 물분무등소화설비 · 소화용수설비 ⑤ 자동화재탐지설비 · 소화활동설비(무선통신보조설비 제외) ⑥ 화재알림설비

기억법 유비조경방무피2

④ 3년

답 ④

57 소방시설공사업법상 소방시설업 등록신청서 및 첨부서류에 기재되어야 할 내용이 명확하지 아니한 경우 서류의 보완기간은 며칠 이내인가?

① 14 ② 10
③ 7 ④ 5

해설 공사업규칙 2조 2

10일 이내

(1) 소방시설업 등록신청 첨부서류 보완
(2) 소방시설업 등록신청서 및 첨부서류 기재사항 보완

답 ②

58 일반 소방시설설계업(기계분야)의 영업범위는 공장의 경우 연면적 몇 m^2 미만의 특정소방대상물에 설치되는 기계분야 소방시설의 설계에 한하는가? (단, 제연설비가 설치되는 특정소방대상물은 제외한다.)

05.05.문44

① $10000m^2$ ② $20000m^2$
③ $30000m^2$ ④ $40000m^2$

해설 공사업령 〔별표 1〕

소방시설설계업

종류	기술인력	영업범위
전문	• 주된기술인력 : **1명** 이상 • 보조기술인력 : **1명** 이상	• 모든 특정소방대상물
일반	• 주된기술인력 : **1명** 이상 • 보조기술인력 : **1명** 이상	• **아파트**(기계분야 제연설비 제외) • 연면적 **30000m²**(공장 **10000m²**) 미만(기계분야 제연설비 제외) • **위험물제조소** 등

답 ①

59 소방용품의 형식승인을 반드시 취소하여야 하는 경우가 아닌 것은?

① 거짓 또는 부정한 방법으로 형식승인을 받은 경우
② 시험시설의 시설기준에 미달되는 경우
③ 거짓 또는 부정한 방법으로 제품검사를 받은 경우
④ 변경승인을 받지 아니한 경우

해설 소방시설법 39조

소방용품 형식승인 취소

(1) **거짓**이나 그 밖의 **부정한 방법**으로 **형식승인**을 받은 경우
(2) **거짓**이나 그 밖의 **부정한 방법**으로 **제품검사**를 받은 경우
(3) 변경승인을 받지 아니하거나 **거짓**이나 그 밖의 **부정한 방법**으로 **변경승인**을 받은 경우

② 6개월 이내의 기간을 정하여 제품검사 중지

답 ②

60 소방본부장이 화재안전조사위원회 위원으로 임명하거나 위촉할 수 있는 사람이 아닌 것은?

19.03.문43

① 소방시설관리사
② 과장급 직위 이상의 소방공무원
③ 소방 관련 분야의 석사학위 이상을 취득한 사람
④ 소방 관련 법인 또는 단체에서 소방 관련 업무에 3년 이상 종사한 사람

해설 화재예방법 시행령 11조

화재안전조사위원회의 구성

(1) **과장급** 직위 이상의 소방공무원
(2) 소방기술사

(3) 소방시설관리사
(4) 소방 관련 분야의 **석사**학위 이상을 취득한 사람
(5) 소방 관련 법인 또는 단체에서 소방 관련 업무에 **5년** 이상 종사한 사람
(6) 소방공무원 교육훈련기관, 학교 또는 연구소에서 소방과 관련한 교육 또는 연구에 **5년** 이상 종사한 사람

④ 3년 → 5년

답 ④

제 4 과목 소방전기시설의 구조 및 원리

★★★
61 19.04.문63 18.04.문61 17.03.문72 16.05.문76 15.09.문65 15.09.문80 15.03.문73 14.03.문64 13.06.문77 11.10.문67

비상콘센트설비의 전원회로의 공급용량은 최소 몇 kVA 이상인 것으로 설치해야 하는가?

① 1.5
② 2
③ 2.5
④ 3

해설 **비상콘센트**의 **설비**(NFPC 504 4조, NFTC 504 2.1)

구 분	전 압	용 량	플러그접속기
단상교류	220V	1.5kVA 이상	접지형 2극

(1) 하나의 전용회로에 설치하는 비상콘센트는 **10개** 이하로 할 것
(2) 풀박스는 **1.6mm** 이상의 철판을 사용할 것
(3) 전원회로는 각 층에 있어서 **2** 이상이 되도록 설치할 것
(4) 콘센트마다 배선용 차단기를 설치하며, 충전부가 **노출되지 아니하도록** 할 것

답 ①

★★
62 13.03.문79

연기감지기 설치시 천장 또는 반자 부근에 배기구가 있는 경우에 감지기의 설치위치로 옳은 것은?

① 배기구가 있는 그 부근
② 배기구로부터 가장 먼 곳
③ 배기구로부터 0.6m 이상 떨어진 곳
④ 배기구로부터 1.5m 이상 떨어진 곳

해설 **연기감지기**의 **설치기준**(NFPC 203 7조, NFTC 203 2.4.3.10)
(1) 복도 및 통로는 보행거리 **30m**(3종은 **20m**)마다 1개 이상으로 할 것
(2) 계단 및 경사로는 수직거리 **15m**(3종은 **10m**)마다 1개 이상으로 할 것
(3) 천장 또는 반자가 **낮은 실내** 또는 **좁은 실내**는 **출입구**의 가까운 부분에 설치할 것
(4) 천장 또는 반자 부근에 **배기구**가 있는 경우에는 **그 부근**에 설치할 것
(5) 감지기는 벽 또는 보로부터 **0.6m** 이상 떨어진 곳에 설치할 것

중요

연기감지기의 **설치**

배기구	공기유입구
그 부근	1.5m 이상 떨어진 곳

답 ①

★★★
63 11.03.문75

무선통신보조설비 증폭기의 설치기준으로 틀린 것은?

① 증폭기는 비상전원이 부착된 것으로 한다.
② 증폭기의 전면에는 표시등 및 전류계를 설치한다.
③ 전원은 전기가 정상적으로 공급되는 축전지설비, 전기저장장치 또는 교류전압 옥내간선으로 하고 전원까지의 배선은 전용으로 한다.
④ 증폭기의 비상전원용량은 무선통신보조설비가 유효하게 30분 이상 작동시킬 수 있는 것으로 한다.

해설 **무선통신보조설비**의 **증폭기** 및 **무선중계기**의 **설치기준**(NFPC 505 8조, NFTC 505 2.5.1)
(1) 전원은 **축전지설비**, 전기저장장치 또는 **교류전압 옥내간선**으로 하고, 전원까지의 배선은 **전용**으로 할 것
(2) 증폭기의 전면에는 전원확인 **표시등** 및 **전압계** 설치
(3) 증폭기의 비상전원용량은 **30분** 이상
(4) **증폭기** 및 **무선중계기**를 설치하는 경우 전파법 규정에 따른 적합성 평가를 받은 제품으로 설치
(5) 디지털방식의 무전기를 사용하는 데 지장이 없도록 설치할 것

② 전류계 → 전압계

용어

전기저장장치
외부 전기에너지를 저장해 두었다가 필요한 때 전기를 공급하는 장치

답 ②

★★
64 19.09.문69 14.09.문66 14.05.문67 14.03.문80 11.03.문68 08.05.문69

통로유도등의 설치기준 중 틀린 것은?

① 거실의 통로가 벽체 등으로 구획된 경우에는 거실통로유도등을 설치한다.
② 거실통로유도등은 거실통로에 기둥이 설치된 경우에는 기둥부분의 바닥으로부터 높이 1.5m 이하의 위치에 설치할 수 있다.
③ 복도통로유도등은 구부러진 모퉁이 및 피난구유도등이 설치된 출입구의 맞은편 복도에 입체형 또는 바닥에 설치한 통로유도등을 기점으로 보행거리 20m마다 설치한다.
④ 계단통로유도등은 바닥으로부터 높이 1m 이하의 위치에 설치한다.

해설 **거실통로유도등**의 **설치기준**(NFPC 303 6조, NFTC 303 2.3.1.2)
(1) **거실**의 **통로**에 설치할 것(단, 거실의 통로가 **벽체** 등으로 **구획**된 경우에는 **복도통로유도등** 설치)
(2) 구부러진 **모**퉁이 및 **보행거리 20m**마다 설치할 것
(3) 바닥으로부터 **높**이 **1.5m** 이상의 위치에 설치할 것 (단, **거실통로**에 **기둥**이 설치된 경우에는 기둥부분의 바닥으로부터 높이 **1.5m 이하**의 위치에 설치 가능)

기억법 **거통복 모거높**

① 거실통로유도등 → 복도통로유도등

중요

(1) **설치높이**

구 분	설치높이
계단통로유도등 · 복도통로유도등 · 통로유도표지	바닥으로부터 높이 1m 이하
피난구유도등	피난구의 바닥으로부터 높이 1.5m 이상
거실통로유도등	바닥으로부터 높이 **1.5m** 이상 (단, 거실통로의 기둥은 1.5m 이하)
피난구유도표지	출입구 상단

기억법 **계복1, 피유15상**

(2) **설치거리**

구 분	설치거리
복도통로유도등	구부러진 모퉁이 및 피난구유도등이 설치된 출입구의 맞은편 복도에 입체형 또는 바닥에 설치한 통로유도등을 기점으로 **보행거리 20m**마다 설치
거실통로유도등	구부러진 모퉁이 및 **보행거리 20m**마다 설치
계단통로유도등	각 층의 **경사로참** 또는 **계단참**마다 설치

답 ①

★★★
65 **광전식 분리형 감지기의 설치기준 중 틀린 것은?**
13.09.문78
① 감지기의 광축의 길이는 공칭감시거리 범위 이내일 것
② 감지기의 송광부와 수광부는 설치된 뒷벽으로부터 1m 이내 위치에 설치할 것
③ 광축의 높이는 천장 등(천장의 실내에 면한 부분 또는 상층의 바닥하부면) 높이의 80% 이상일 것
④ 광축은 나란한 벽으로부터 0.5m 이상 이격하여 설치할 것

해설 **광전식 분리형 감지기**의 **설치기준**(NFPC 203 7조, NFTC 203 2.4.3.15)
(1) 감지기의 광축의 길이는 공칭감시거리 범위 이내이어야 한다.
(2) 감지기의 송광부와 수광부는 설치된 뒷벽으로부터 **1m 이내**의 위치에 설치해야 한다.
(3) 감지기의 수광면은 햇빛을 직접 받지 않도록 설치해야 한다.
(4) 광축은 나란한 벽으로부터 **0.6m 이상** 이격하여야 한다.
(5) 광축의 높이는 천장 등 높이의 **80%** 이상일 것

기억법 **광분8(광 분할해서 팔아요.)**

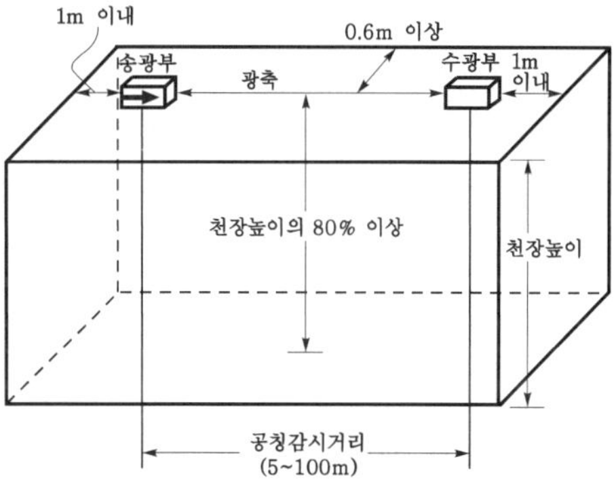

| 광전식 분리형 감지기의 설치 |

④ 0.5m 이상 → 0.6m 이상

답 ④

★★★
66 **감지기의 설치기준 중 부착높이 20m 이상에 설치되는 광전식 중 아날로그방식의 감지기는 공칭감지농도 하한값이 감광률 몇 %/m 미만인 것으로 하는가?**
15.05.문74
08.03.문75
① 3 ② 5
③ 7 ④ 10

해설 **감지기**의 **부착높이**(NFPC 203 7조, NFTC 203 2.4.1)

부착높이	감지기의 종류
8~15m 미만	• 차동식 분포형 • 이온화식 1종 또는 2종 • 광전식(스포트형, 분리형, 공기흡입형) 1종 또는 2종 • 연기복합형 • 불꽃감지기
15~20m 미만	• 이온화식 1종 • 광전식(스포트형, 분리형, 공기흡입형) 1종 • 연기복합형 • 불꽃감지기
20m 이상	• 불꽃감지기 • 광전식(분리형, 공기흡입형) 중 아날로그방식

② 부착높이 **20m** 이상에 설치되는 광전식 중 아날로그방식의 감지기는 공칭감지농도 하한값이 감광률 **5%/m** 미만인 것으로 한다.

답 ②

★★
67 각 실별 실내의 바닥면적이 $25m^2$인 4개의 실에 단독경보형 감지기를 설치시 몇 개의 실로 보아야 하는가? (단, 각 실은 이웃하고 있으며, 벽체 상부가 일부 개방되어 이웃하는 실내와 공기가 상호유통되는 경우이다.)

12.05.문61

① 1　② 2
③ 3　④ 4

해설 **단독경보형 감지기**의 **설치기준**(NFPC 201 5조, NFTC 201 2.2.1)

(1) 각 실(이웃하는 실내의 바닥면적이 각각 $30m^2$ **미만**이고 벽체의 상부의 전부 또는 일부가 개방되어 이웃하는 실내와 공기가 상호 유통되는 경우에는 이를 1개의 실로 본다)마다 설치하되, 바닥면적이 $150m^2$를 초과하는 경우에는 $150m^2$마다 1개 이상 설치할 것
(2) 최상층의 계단실의 **천장**(외기가 상통하는 계단실의 경우 제외)에 설치할 것
(3) 건전지를 주전원으로 사용하는 단독경보형 감지기는 정상적인 작동상태를 유지할 수 있도록 건전지를 교환할 것
(4) 상용전원을 주전원으로 사용하는 단독경보형 감지기의 **2차 전지**는 제품검사에 합격한 것을 사용할 것

중요

단독경보형 감지기 수
단독경보형 감지기는 바닥면적 $150m^2$마다 1개 이상 설치하므로

$$\text{단독경보형 감지기 수} = \frac{\text{바닥면적}}{150m^2}\text{(절상)}$$

※ **절상** : '**소수점 이하는 무조건 올린다.**'는 뜻

답 ①

★★★
68 장애인관련시설로서 주된 사용자 중 스스로 피난이 불가한 자가 있는 경우 추가로 설치하는 피난기구는?

16.05.문74
06.03.문65
05.03.문73

① 간이완강기　② 피난용 트랩
③ 미끄럼대　④ 구조대

해설 **피난기구**의 **적응성**(NFTC 301 2.1.1)

설치장소별 구분 \ 층별	1층	2층	3층	4층 이상 10층 이하
노유자시설	• 미끄럼대 • 구조대 • 피난교 • 다수인 피난장비 • 승강식 피난기	• 미끄럼대 • 구조대 • 피난교 • 다수인 피난장비 • 승강식 피난기	• 미끄럼대 • 구조대 • 피난교 • 다수인 피난장비 • 승강식 피난기	• 구조대1) • 피난교 • 다수인 피난장비 • 승강식 피난기
의료시설·입원실이 있는 의원·접골원·조산원	–	–	• 미끄럼대 • 구조대 • 피난교 • 피난용 트랩 • 다수인 피난장비 • 승강식 피난기	• 구조대 • 피난교 • 피난용 트랩 • 다수인 피난장비 • 승강식 피난기
영업장의 위치가 4층 이하인 다중이용업소	–	• 미끄럼대 • 피난사다리 • 구조대 • 완강기 • 다수인 피난장비 • 승강식 피난기	• 미끄럼대 • 피난사다리 • 구조대 • 완강기 • 다수인 피난장비 • 승강식 피난기	• 미끄럼대 • 피난사다리 • 구조대 • 완강기 • 다수인 피난장비 • 승강식 피난기
그 밖의 것	–	–	• 미끄럼대 • 피난사다리 • 구조대 • 완강기 • 피난교 • 피난용 트랩 • 간이완강기2) • 공기안전매트 • 다수인 피난장비 • 승강식 피난기	• 피난사다리 • 구조대 • 완강기 • 피난교 • 간이완강기2) • 공기안전매트 • 다수인 피난장비 • 승강식 피난기

[비고] 1) **구조대**의 적응성은 **장애인관련시설**로서 주된 사용자 중 **스스로 피난**이 **불가**한 자가 있는 경우 추가로 설치하는 경우에 한한다. 보기 ④
2) 간이완강기의 적응성은 **숙박시설**의 **3층 이상**에 있는 객실에 추가로 설치하는 경우에 한한다.

중요

의무관리대상 공동주택(NFPC 608 13조, NFTC 608 2.9.1.3)
공동주택 구역마다 공기안전매트 1개 이상을 추가로 설치할 것

비교

피난기구 적응성

간이완강기	공기안전매트	구조대
숙박시설의 **3층 이상**에 있는 객실	공동주택	장애인관련시설

④ **구**조대 : **장**애인관련시설

기억법 **장구**

답 ④

★★★
69 비상방송설비는 기동장치에 따른 화재신고를 수신한 후 필요한 음량으로 화재발생 상황 및 피난에 유효한 방송이 자동으로 개시될 때까지의 소요시간은 몇 초 이하여야 하는가?

19.09.문76
19.04.문68
18.09.문77
18.03.문73
17.05.문61
16.10.문73
16.05.문67
16.03.문68
15.05.문73
15.05.문76
15.03.문62
14.05.문63
14.05.문75
14.03.문61
13.06.문62
13.06.문80

① 5
② 10
③ 30
④ 60

해설 **소요시간**

기 기	시 간
• P형·P형 복합식·R형·R형 복합식·GP형·GP형 복합식·GR형·GR형 복합식 수신기 • **중**계기	**5**초 이내
비상방송설비	10초 이하
가스누설경보기	**6**0초 이내

기억법 **시중5(시중을 드시오!)**
6가(육체미가 아름답다.)

중요

축적형 수신기

전원차단시간	축적시간	화재표시감지시간
1~3초 이하	30~60초 이하	60초(1회 이상 반복)

답 ②

★★★
70 누전경보기 음향장치의 설치위치로 옳은 것은?

11.10.문73

① 옥내의 점검에 편리한 장소
② 옥외인입선의 제1지점의 부하측의 점검이 쉬운 위치
③ 수위실 등 상시 사람이 근무하는 장소
④ 옥외인입선의 제2종 접지선측의 점검이 쉬운 위치

해설 **누전경보기**의 **음향장치**(NFPC 205 5조, NFTC 205 2.2.3)
(1) **수위실** 등 상시 사람이 근무하는 장소에 설치
(2) 음량 및 음색은 다른 기기의 소음 등과 명확히 **구별**할 수 있는 것

비교

(1) **변류기**의 **설치위치**
㉠ 옥외인입선의 **제1지점**의 부하측
㉡ **제2종** 접지선측
(2) **누전경보기**의 **수신부**(NFPC 205 5조, NFTC 205 2.2)

구 분	설 명
설치 장소	옥내의 점검에 편리한 장소
설치 제외 장소	① 습도가 높은 장소 ② 온도의 변화가 급격한 장소 ③ 화약류 제조·저장·취급 장소 ④ 대전류회로·고주파 발생회로 등의 영향을 받을 우려가 있는 장소 ⑤ 가연성의 증기·먼지·가스·부식성의 증기·가스 다량체류장소

답 ③

★
71 누전경보기 수신부의 기능검사 항목이 아닌 것은?

15.09.문72
14.05.문69 (산업)
06.09.문80 (산업)

① 충격시험
② 절연저항시험
③ 내식성 시험
④ 전원전압 변동시험

해설 **시험항목**

중계기	속보기의 예비전원	누전경보기
• 주위온도시험 • 반복시험 • 방수시험 • 절연저항시험 • 절연내력시험 • 충격전압시험 • 충격시험 • 진동시험 • 습도시험 • 전자파 내성시험	• 충·방전시험 • 안전장치시험	• **전**원전압 변동시험 • 온도특성시험 • 과입력 전압시험 • 개폐기의 조작시험 • 반복시험 • 진동시험 • **충**격시험 • 방**수**시험 • **절**연저항시험 • **절**연내력시험 • **충**격파 내전압시험 • 단락전류 **강**도시험 기억법 누수 충수 절충 강전

답 ③

★★
72 무선통신보조설비의 누설동축케이블 및 안테나는 고압의 전로로부터 1.5m 이상 떨어진 위치에 설치해야 하나 그렇게 하지 않아도 되는 경우는?

19.03.문80
17.05.문68
15.09.문78
14.05.문78
12.05.문78
10.05.문76
08.09.문70

① 해당 전로에 정전기 차폐장치를 유효하게 설치한 경우
② 금속제 등의 지지금구로 일정한 간격으로 고정한 경우
③ 끝부분에 무반사 종단저항을 설치한 경우
④ 불연재료로 구획된 반자 안에 설치한 경우

해설 **무선통신보조설비**의 **설치기준**(NFPC 505 5조, NFTC 505 2.2.1)
(1) 소방전용 주파수대에서 전파의 **전송** 또는 **복사**에 적합한 것으로서 소방 전용의 것일 것
(2) 누설동축케이블과 이에 접속하는 안테나 또는 동축케이블과 이에 접속하는 안테나일 것
(3) 누설동축케이블 및 동축케이블은 화재에 따라 해당 케이블의 피복이 소실된 경우에 케이블 본체가 떨어지지 아니하도록 4m 이내마다 금속제 또는 자기제 등의 지지금구로 벽·천장·기둥 등에 견고하게 고정시킬 것(단, 불연재료로 구획된 반자 안에 설치하는 경우 제외)
(4) **누**설동축케이블 및 안테나는 **고**압전로로부터 **1.5**m 이상 떨어진 위치에 설치할 것(해당 전로에 **정전기차폐장치**를 유효하게 설치한 경우에는 제외) 보기 ①

기억법 누고15

(5) 누설동축케이블의 끝부분에는 **무반사 종단저항**을 견고하게 설치할 것
(6) 임피던스 : **50Ω**

※ **무반사 종단저항** : 전송로로 전송되는 전자파가 전송로의 종단에서 반사되어 교신을 방해하는 것을 막기 위한 저항

답 ①

★★★
73 아파트형 공장의 지하 주차장에 설치된 비상방송용 스피커의 음량조정기 배선방식은?

19.09.문76
19.04.문68
18.09.문77
18.03.문73
16.10.문69
16.05.문67
16.03.문68
15.05.문73
15.05.문76
15.03.문62
14.05.문63
14.05.문75
14.03.문61

① 단선식
② 2선식
③ 3선식
④ 복합식

해설 **비상방송설비**의 **설치기준**(NFPC 202 4조, NFTC 202 2.1)
(1) 확성기의 음성입력은 실외 **3W**(**실내 1W**) 이상일 것
(2) 확성기는 **각 층**마다 설치하되, 각 부분으로부터의 수평거리는 **25m** 이하일 것
(3) 음량조정기는 **3선식** 배선일 것
(4) 조작스위치는 바닥으로부터 **0.8~1.5m** 이하의 높이에 설치할 것
(5) 다른 전기회로에 의하여 **유도장애**가 생기지 아니하도록 할 것
(6) 비상방송 개시시간은 **10초** 이하일 것
(7) 다른 방송설비와 공용할 경우 화재시 비상경보 외의 방송을 차단할 수 있을 것

중요

비상방송설비 3선식 배선 종류
(1) 공통선
(2) 업무용 배선
(3) 긴급용 배선

답 ③

74 자동화재탐지설비 배선의 설치기준 중 다음 ( ) 안에 알맞은 것은?

19.03.문65
07.03.문80

자동화재탐지설비 감지기 회로의 전로저항은 (㉠)이(가) 되도록 하여야 하며, 수신기 각 회로별 종단에 설치되는 감지기에 접속되는 배선의 전압은 감지기 정격전압의 (㉡)% 이상이어야 한다.

① ㉠ 50Ω 이상, ㉡ 70
② ㉠ 50Ω 이하, ㉡ 80
③ ㉠ 40Ω 이상, ㉡ 70
④ ㉠ 40Ω 이하, ㉡ 80

해설 **자동화재탐지설비 배선**의 **설치기준**(NFPC 203 11조, NFTC 203 2.8)
(1) 감지기 회로의 전로저항 : **50Ω 이하**
(2) 1 경계구역의 절연저항 : **0.1MΩ 이상**
(3) 감지기에 접속하는 배선전압 : 정격전압의 **80% 이상**

답 ②

75 비상조명등 비상점등회로의 보호를 위한 기준 중 다음 ( ) 안에 알맞은 것은?

12.03.문77

비상조명등은 비상점등을 위하여 비상전원으로 전환되는 경우 비상점등회로로 정격전류의 (㉠)배 이상의 전류가 흐르거나 램프가 없는 경우에는 (㉡)초 이내에 예비전원으로부터 비상전원 공급을 차단해야 한다.

① ㉠ 2, ㉡ 1
② ㉠ 1.2, ㉡ 3
③ ㉠ 3, ㉡ 1
④ ㉠ 2.1, ㉡ 5

해설 **비상점등회로**의 **보호**(비상조명등의 형식승인 및 제품검사의 기술기준 5조 2)
비상조명등은 비상점등을 위하여 비상전원으로 전환되는 경우 비상점등회로로 정격전류의 **1.2배** 이상의 전류가 흐르거나 램프가 없는 경우에는 **3초** 이내에 예비전원으로부터 비상전원 공급을 차단할 것

답 ②

76 피난기구 중 다수인 피난장비의 설치기준으로 틀린 것은?

① 사용시에 보관실 외측 문이 먼저 열리고 탑승기가 외측으로 자동으로 전개될 것
② 하강시에 탑승기가 건물 외벽이나 돌출물에 충돌하지 않도록 설치할 것
③ 상·하층에 설치할 경우에는 탑승기의 하강경로가 중첩되도록 할 것
④ 보관실은 건물 외측보다 돌출되지 아니하고, 빗물·먼지 등으로부터 장비를 보호할 수 있는 구조일 것

해설 **다수인 피난장비**의 **설치기준**(NFPC 301 5조, NFTC 301 2.1.3.8)
(1) **피난**에 **용이**하고 안전하게 하강할 수 있는 장소에 적재하중을 충분히 견딜 수 있도록 구조안전의 확인을 받아 견고하게 설치할 것
(2) **보관실**은 건물 외측보다 돌출되지 아니하고, 빗물·먼지 등으로부터 장비를 보호할 수 있는 구조일 것
(3) 사용시에 보관실 **외측 문**이 먼저 열리고 **탑승기**가 외측으로 **자동**으로 **전개**될 것
(4) 하강시에 **탑**승기가 건물 외벽이나 돌출물에 충돌하지 않도록 설치할 것
(5) 상·하층에 설치할 경우에는 탑승기의 **하강경로**가 **중첩되지 않도록** 할 것
(6) 하강시에는 안전하고 **일정**한 **속도**를 유지하도록 하고 전복, 흔들림, 경로이탈 방지를 위한 안전조치를 할 것
(7) 보관실의 문에는 **오작동 방지조치**를 하고, 문 개방시에는 해당 소방대상물에 설치된 **경보설비**와 연동하여 유효한 경보음을 발하도록 할 것
(8) 피난층에는 해당 층에 설치된 피난기구가 **착**지에 지장이 없도록 충분한 공간을 확보할 것
(9) 한국소방산업기술원 또는 **성**능시험기관으로 지정받은 기관에서 그 성능을 검증받은 것으로 설치할 것

기억법 다피보 외탑중오 속성착

③ 중첩되도록 할 것 → 중첩되지 않도록 할 것

답 ③

77 자동화재속보설비 속보기의 구조에 대한 설명 중 틀린 것은?

① 수동통화용 송수화장치를 설치하여야 한다.
② 접지전극에 직류전류를 통하는 회로방식을 사용하여야 한다.
③ 작동시 그 작동시간과 작동횟수를 표시할 수 있는 장치를 하여야 한다.
④ 부식에 의한 기계적 기능에 영향을 초래할 우려가 있는 부분은 기계식 내식가공을 하거나 방청가공을 하여야 한다.

해설 **자동화재속보설비**의 **속보기**에 **적용할 수 없는 회로방식**(자동화재속보설비의 속보기의 성능인증 및 제품검사의 기술기준 3조)
(1) **접지전극**에 **직류전류**를 통하는 회로방식
(2) 수신기에 접속되는 외부배선과 다른 설비(화재신호의 전달에 영향을 미치지 않는 것 제외)의 외부배선을 **공용**으로 하는 회로방식

답 ②

★★
78 비상콘센트의 배치는 바닥면적이 $1000m^2$ 미만인 층은 계단의 출입구로부터 몇 m 이내에 설치해야 하는가? (단, 계단의 부속실을 포함하며 계단이 2 이상 있는 경우에는 그중 1개의 계단을 말한다.)

17.03.문65
12.05.문63

① 10
② 8
③ 5
④ 3

해설 **비상콘센트 설치기준**(NFPC 504 4조, NFTC 504 2.1.5)
(1) **11층** 이상의 각 층마다 설치
(2) 바닥으로부터 **0.8m** 이상 **1.5m** 이하의 위치에 설치
(3) **수평거리 기준**

수평거리 25m 이하	수평거리 50m 이하
지하상가 또는 **지하층**의 바닥면적의 합계가 $3000m^2$ 이상	기타

(4) **바닥면적 기준**

바닥면적 $1000m^2$ 미만	바닥면적 $1000m^2$ 이상
계단의 출입구로부터 **5m** 이내 설치	각 계단의 출입구 또는 **계단부속실**의 출입구로부터 **5m** 이내 설치

답 ③

★★★
79 유도등의 전기회로에 점멸기를 설치할 수 있는 장소에 해당되지 않는 것은? (단, 유도등은 3선식 배선에 따라 상시 충전되는 구조이다.)

12.05.문76

① 공연장으로서 어두워야 할 필요가 있는 장소
② 특정소방대상물의 관계인이 주로 사용하는 장소
③ 외부의 빛에 의해 피난구 또는 피난방향을 쉽게 식별할 수 있는 장소
④ 지하층을 제외한 층수가 11층 이상의 장소

해설 다음의 장소로서 3선식 배선에 따라 상시 **충**전되는 구조인 경우(NFTC 303 2.7.3.2)
(1) **외**부의 빛에 의해 **피난구** 또는 **피난방향**을 쉽게 식별할 수 있는 장소
(2) **공연장**, **암실**(暗室) 등으로서 어두워야 할 필요가 있는 장소
(3) 특정소방대상물의 **관계인** 또는 **종사원**이 주로 사용하는 장소

기억법 외충관공(외부충격을 받아도 관공서는 끄떡 없음)

답 ④

★★★
80 누전경보기의 변류기는 경계전로에 정격전류를 흘리는 경우 그 경계전로의 전압강하는 몇 V 이하여야 하는가? (단, 경계전로의 전선을 그 변류기에 관통시키는 것은 제외한다.)

19.04.문79
15.05.문68
13.06.문66

① 0.3 ② 0.5
③ 1.0 ④ 3.0

해설 **대상**에 따른 **전압**

전 압	대 상
0.5V 이하	• 누전경보기의 **경**계전로 **전**압강하
0.6V 이하	• 완전방전
60V 이하	• 약전류회로
60V 초과	• 접지단자 설치
300V 이하	• 전원**변**압기의 1차전압 • 유도등 · 비상조명등의 사용전압
600V 이하	• **누**전경보기의 경계전로전압

기억법 05경전(공오경전), 변3(변상해), 누6(누룩)

답 ②

장수를 위한 10가지 비결

1. 고기는 적게 먹고 야채를 많이 먹으라.
2. 술은 적게 마시고 과일을 많이 먹으라.
3. 차는 적게 타고 걸음을 많이 걸으라.
4. 욕심은 적게 선행을 많이 베풀라.
5. 옷은 얇게 입고 목욕을 자주 하라.
6. 번민은 적게 하고 잠은 충분히 자라.
7. 말은 적게 하고 실행은 많이 하라.
8. 싱겁게 먹고 식초는 많이 먹으라.
9. 적게 먹고 많이 씹으라.
10. 분한 것을 참고 많이 웃으라.

•김형모의 「마음의 고통을 돕기 위한 10가지 충고 1」 중에서•

찾아보기

ㄱ

ㄴ

ㄷ

ㅅ

ㅈ

ㅊ

ㅋ

ㅌ

ㅍ

ㅎ

VISION 연속 판매1위

교재 및 인강을 통한 합격 수기

"한번에! 빠르게! 합격하기!!"

고졸 인문계 출신 합격!

필기시험을 치르고 실기 책을 펼치는 순간 머리가 하얗게 되더군요. 그래서 어떻게 공부를 해야 하나 인터넷을 뒤적이다가 공하성 교수님 강의가 제일 좋다는 이야기를 듣고 공부를 시작했습니다. 관련학과도 아닌 고졸 인문계 출신인 저도 제대로 이해할 수 있을 정도로 정말 정리가 잘 되어 있더군요. 문제 하나하나 풀어가면서 설명해주시는데 머릿속에 쏙쏙 들어왔습니다. 약 3주간 미친 듯이 문제를 풀고 부족한 부분은 강의를 들었습니다. 그렇게 약 6주간 공부 후 시험결과 실기점수 74점으로 최종 합격하게 되었습니다. 정말 빠른 시간에 합격하게 되어 뿌듯했고 공하성 교수님 강의를 접한 게 정말 잘했다는 생각이 들었습니다. 저도 할 수 있다는 것을 깨닫게 해준 성안당 출판사와 공하성 교수님께 정말 감사의 말씀을 올립니다.

_ 김○건님의 글

시간 단축 및 이해도 높은 강의!

소방은 전공분야가 아닌 관계로 다른 방법의 공부를 필요로 하게 되어 공하성 교수님의 패키지 강의를 수강하게 되었습니다. 전공이든, 비전공이든 학원을 다니거나 동영상강의를 집중적으로 듣고 공부하는 것이 혼자 공부하는 것보다 엄청난 시간적 이점이 있고 이해도도 훨씬 높은 것 같습니다. 주로 공하성 교수님 실기 강의를 3번 이상 반복 수강하고 남는 시간은 노트정리 및 암기하여 실기 역시 높은 점수로 합격을 하였습니다. 처음 기사시험을 준비할 때 '할 수 있을까?'하는 의구심도 들었지만 나이 60세에 새로운 자격증을 하나둘 새로 취득하다 보니 미래에 대한 막연한 두려움도 극복이 되는 것 같습니다.

_ 김○규님의 글

단 한번에 합격!

퇴직 후 진로를 소방감리로 결정하고 먼저 공부를 시작한 친구로부터 공하성 교수님 인강과 교재를 추천받았습니다. 이것이 단 한번에 필기와 실기를 합격한 지름길이었다고 생각합니다. 인강을 듣는 중 공하성 교수님 특유의 기억법과 유사 항목에 대한 정리가 공부에 큰 도움이 되었습니다. 인강 후 공하성 교수님께서 강조한 항목을 중심으로 이론교재로만 암기를 했는데 이때는 처음부터 끝까지 하지 않고 네 과목을 번갈아 가면서 암기를 했습니다. 지루함을 피하기 위함이고 이는 공하성 교수님께서 추천하는 공부법이었습니다. 필기시험을 거뜬히 합격하고 실기시험에 매진하여 시험을 봤는데, 문제가 예상했던 것보다 달라서 당황하기도 했고 그래서 약간의 실수도 있었지만 실기도 한번에 합격을 할 수 있었습니다. 실기시험이 끝나고 바로 성안당의 공하성 교수님 교재로 소방설비기사 전기 공부를 하고 있습니다. 전공이 달라 이해하고 암기하는 데 어려움이 있긴 하지만 반복해서 하면 반드시 합격하리라 확신합니다. 나이가 많은 데도 불구하고 단 한번에 합격하는 데 큰 도움을 준 성안당과 공하성 교수님께 감사드립니다.

_ 최○수님의 글

2026 최신개정판

소방설비기사 전기❶ 필기

2004. 1. 15. 초 판 1쇄 발행
2017. 1. 10. 4차 개정증보 19판 1쇄(통산 43쇄) 발행
2017. 1. 24. 4차 개정증보 19판 2쇄(통산 44쇄) 발행
2017. 2. 22. 4차 개정증보 19판 3쇄(통산 45쇄) 발행
2017. 7. 20. 4차 개정증보 19판 4쇄(통산 46쇄) 발행
2017. 7. 25. 4차 개정증보 19판 5쇄(통산 47쇄) 발행
2018. 1. 5. 5차 개정증보 20판 1쇄(통산 48쇄) 발행
2018. 3. 20. 5차 개정증보 20판 2쇄(통산 49쇄) 발행
2019. 1. 7. 6차 개정증보 21판 1쇄(통산 50쇄) 발행
2019. 4. 19. 6차 개정증보 21판 2쇄(통산 51쇄) 발행
2020. 1. 6. 7차 개정증보 22판 1쇄(통산 52쇄) 발행
2020. 2. 21. 7차 개정증보 22판 2쇄(통산 53쇄) 발행
2020. 9. 10. 7차 개정증보 22판 3쇄(통산 54쇄) 발행
2021. 1. 5. 8차 개정증보 23판 1쇄(통산 55쇄) 발행
2021. 3. 25. 8차 개정증보 23판 2쇄(통산 56쇄) 발행
2022. 1. 5. 9차 개정증보 24판 1쇄(통산 57쇄) 발행
2022. 4. 7. 9차 개정증보 24판 2쇄(통산 58쇄) 발행
2023. 1. 11. 10차 개정증보 25판 1쇄(통산 59쇄) 발행
2023. 2. 15. 10차 개정증보 25판 2쇄(통산 60쇄) 발행
2023. 5. 17. 10차 개정증보 25판 3쇄(통산 61쇄) 발행
2023. 8. 23. 10차 개정증보 25판 4쇄(통산 62쇄) 발행
2024. 1. 3. 11차 개정증보 26판 1쇄(통산 63쇄) 발행
2024. 3. 20. 11차 개정증보 26판 2쇄(통산 64쇄) 발행
2025. 1. 8. 12차 개정증보 27판 1쇄(통산 65쇄) 발행
2025. 1. 22. 12차 개정증보 27판 2쇄(통산 66쇄) 발행
2025. 5. 14. 12차 개정증보 27판 3쇄(통산 67쇄) 발행
2026. 1. 7. 13차 개정증보 28판 1쇄(통산 68쇄) 발행
2026. 2. 4. 13차 개정증보 28판 2쇄(통산 69쇄) 발행

지은이 | 공하성
펴낸이 | 이종춘
펴낸곳 | BM (주)도서출판 성안당
주소 | 04032 서울시 마포구 양화로 127 첨단빌딩 3층(출판기획 R&D 센터)
10881 경기도 파주시 문발로 112 파주 출판 문화도시(제작 및 물류)
전화 | 02) 3142-0036
031) 950-6300
팩스 | 031) 955-0510
등록 | 1973. 2. 1. 제406-2005-000046호
출판사 홈페이지 | www.cyber.co.kr
ISBN | 978-89-315-1401-8 (13530)
정가 | **46,000원**(별책부록, 해설가리개 포함)

이 책을 만든 사람들
기획 | 최옥현
진행 | 박경희
교정·교열 | 김혜린, 최주연
전산편집 | 이지연
표지 디자인 | 박현정
홍보 | 김계향, 임진성, 김주승, 최정민
국제부 | 이선민, 조혜란
마케팅 | 구본철, 차정욱, 오영일, 나진호, 강호묵
마케팅 지원 | 장상범
제작 | 김유석

www.cyber.co.kr 성안당 Web 사이트